생명과학 I

Bible of Science
Bible of Science

# 기출의 바이블

KB212810

**1권** 문제편

# 구성과 특징

## ▶ 개념 정리

수능에 자주 출제되는 개념을 체계적으로 정리하여
기본적인 개념을 확인할 수 있도록 하였습니다.

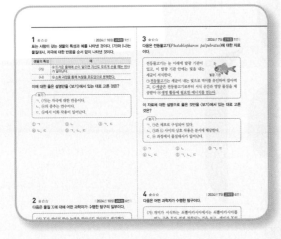

## ▶ 교육청 문항

교육청 문항을 최신 연도 순으로 배치하여 주요 개념을
교육청 문항에 적용할 수 있도록 하였습니다.

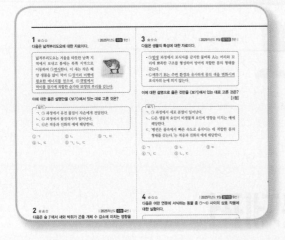

## ▶ 수능, 평가원 문항

수능, 평가원 문항을 최신 연도 순으로 배치하여 출제
경향을 파악하고, 수준 높은 문항들로 실전을 대비할
수 있도록 하였습니다.

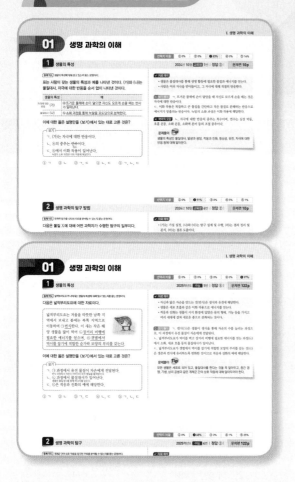

## 2권 | 정답 및 해설편

**❶ 출제 의도**
문항의 출제 의도를 파악할 수 있도록 제시하였습니다.

**❷ 선택지 비율**
문항의 난이도를 파악할 수 있도록 해당 문항의 정답률을 제시하였습니다.

**❸ 첨삭 설명**
정답, 오답인 이유를 한 눈에 확인할 수 있도록 핵심을 첨삭으로 설명하였습니다.

**❹ 자료 해석**
주어진 자료를 상세하게 분석하여 문제를 푸는 데 필요한 정보를 제공하였습니다.

**❺ 보기 풀이**
보기의 선택지 내용을 상세하게 설명하였습니다.

**❻ 매력적 오답**
오답이 되는 이유를 상세하게 분석하여 오답의 함정에 빠지지 않도록 하였습니다.

**❼ 문제풀이 TIP**
문제를 접근하는 방식과 문제를 쉽고 빠르게 풀 수 있는 비법을 소개하였습니다.

## 3권 | 고난도편

**◉ 고난도 문항 및 해설**
교육청, 평가원 문항 중 고난도 주제에 해당하는 문항을 선별하여 수록하였고, 고난도 문항 해설을 한눈에 확인할 수 있는 자세한 첨삭을 제공하였습니다.

# 목차 & 학습 계획

# Part Ⅱ 수능 평가원

# I

# 생명 과학의 이해

# 01

생명 과학의 이해

# 01 생명 과학의 이해

## A 생명 과학의 특성

1. **생명 과학** : 지구에서 살아가고 있는 생명체의 특성을 탐구하는 과학의 한 분야
2. **생명 과학의 통합적 특성** : 최근 생명 과학은 물리학, 화학 등 다른 과학 분야의 연구 성과와 연계하여 통합 발전하면서 생화학, 분자 생물학, 생명 공학 등의 학문 분야로 확대되고 있다.

### 생명 과학의 연구 대상
분자와 세포 수준의 미시적인 영역과 유전, 생물 다양성, 생태, 진화 등을 연구하는 거시적이고 종합적인 영역으로 구분할 수 있다.

## B 생명 과학의 탐구 방법

1. **귀납적 탐구 방법** : 자연 현상을 관찰하여 얻은 자료를 분석하고 종합하여 일반적인 원리나 법칙을 이끌어 내는 탐구 방법

▲ 귀납적 탐구 방법의 과정

### 출제 tip
**귀납적 탐구 방법과 연역적 탐구 방법**
귀납적 탐구 방법은 관찰을 통해 얻은 정보를 분석하여 문제에 대한 결론을 얻고, 연역적 탐구 방법은 문제에 대한 잠정적 답인 가설을 먼저 설정한다. 이후 가설을 검증하기 위한 탐구를 설계 · 실시하여 결과를 얻은 후 결론을 내리는 방법이다.

2. **연역적 탐구 방법** : 자연 현상을 관찰하면서 인식한 문제를 설명하기 위한 가설을 세우고, 실험을 통해 가설의 옳고 그름을 검증하는 탐구 방법

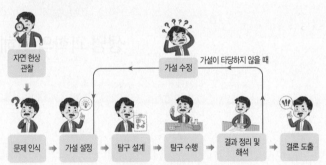

▲ 연역적 탐구 방법의 과정

### 가설
의문에 대한 답을 추측하여 내린 잠정적인 결론이다.

(1) **대조 실험 실시** : 탐구를 수행할 때 대조군을 설정하고 실험군과 비교하는 대조 실험을 실시하여 실험 결과의 타당성을 높인다.
   ① 대조군 : 실험 결과를 비교하는 기준이 되는 집단
   ② 실험군 : 실험 조건을 인위적으로 변화시킨 집단
(2) 실험 결과에 영향을 미치는 변인을 통제하고, 실험을 반복하여 실험 결과의 신뢰도를 높인다.
   ① 독립변인 : 실험 결과에 영향을 미치는 요인으로, 조작 변인과 통제 변인이 있다.
   ② 종속변인 : 조작 변인의 영향을 받아서 달라지는 요인으로, 실험 결과에 해당한다.

### 변인
**조작 변인** : 실험에서 의도적으로 변화시키는 변인
**통제 변인** : 실험에서 일정하게 유지해야 하는 변인

## C 생물의 특성

1. **생물의 특성**
(1) 생물은 세포로 구성되어 있다.
   ① 모든 생물은 구조적 기능적 단위인 세포로 구성되어 있다.
   ② 생물은 단세포 생물과 다세포 생물로 구분된다.
   ③ 다세포 생물의 구성 체제 : 세포 → 조직 → 기관 → 개체
(2) 생물은 물질대사를 한다.

### 물질대사의 종류

| | |
|---|---|
| 동화<br>작용 | 저분자 물질을 고분자 물질로 합성하는 과정으로, 에너지를 흡수(흡열 반응)한다.<br>예 광합성, 단백질 합성 |
| 이화<br>작용 | 고분자 물질을 저분자 물질로 분해하는 반응으로 에너지를 방출(발열 반응)한다.<br>예 소화, 세포 호흡 |

① 물질대사 : 생명을 유지하기 위해 생물의 체내에서 일어나는 모든 화학 반응으로, 물질대사가 일어날 때는 효소가 관여하며, 에너지 출입이 일어난다.

② 물질대사는 동화 작용과 이화 작용으로 구분한다.

(3) 자극에 대해 반응하고 항상성을 유지한다.

① **자극에 대한 반응** : 생물은 체내 또는 체외의 환경 변화인 자극에 대해 적절히 반응한다.

② **항상성** : 환경 변화에 대하여 체내 상태를 일정하게 유지 하려는 성질

(4) 생물은 발생과 생장을 한다.

① **발생** : 다세포 생물에서 생식세포의 수정으로 생성된 수정란이 하나의 개체가 되는 과정

② **생장** : 다세포 생물에서 어린 개체가 체세포 분열을 통해 세포 수를 늘리면서 자라는 과정

(5) 생물은 생식과 유전을 한다.

① **생식** : 생물이 자손을 만드는 현상

② **유전** : 어버이의 형질이 자손에게 전해지는 현상

(6) 생물은 적응과 진화를 한다.

① **적응** : 서식 환경에 적합하도록 몸의 형태와 기능, 생활 습성 등을 가지도록 변화하는 현상

② **진화** : 오랜 시간 여러 세대를 거치면서 환경에 적응한 결과 집단의 유전자 구성이 변하여 새로운 종이 나타나는 현상

## 2. 바이러스

(1) **바이러스의 구조**

① 모양이 매우 다양하고, 세균보다 크기가 작다.

② 단백질 껍질 속에 핵산(DNA 또는 RNA)이 들어 있는 단순한 구조이다.

(2) **바이러스의 특성** : 생물적 특성과 비생물적 특성을 모두 나타낸다.

| 생물적 특성 | 비생물적 특성 |
| --- | --- |
| • 유전 물질인 핵산을 가지고 있다. | • 세포로 되어 있지 않아 세포막과 세포 소기관을 가지지 않는다. |
| • 살아 있는 숙주 세포 내에서 물질대사를 하고 증식할 수 있다. | • 자신의 효소를 가지고 있지 않아 숙주 세포 밖에서는 독자적으로 물질대사를 하지 못하며, 핵산과 단백질로 이루어진 입자 상태로 존재한다. |
| • 증식 과정에서 돌연변이가 일어나 새로운 형질이 나타나면서 다양한 환경에 적응하고 진화할 수 있다. | |

(3) **바이러스의 증식 과정**

> 자신의 유전 물질(핵산)을 숙주 세포 안으로 주입함 → 숙주 세포 안에서 바이러스의 유전 물질이 복제되고, 단백질이 합성됨 → 자손 바이러스가 조립된 후 숙주 세포의 세포벽을 뚫고 바깥으로 방출됨

---

**실전 자료**　과학의 탐구 방법(연역적 탐구)

그림은 동일한 수의 건강한 양, 염소, 소를 대상으로 각각 A, B 두 집단으로 나눈 후, 집단 A에만 탄저병 백신을 주사하고 각각 A, B 두 집단 모두 탄저균을 주사했을 때의 결과를 나타낸 것이다.

집단 A　양 24마리, 염소 1마리, 소 6마리 → 백신 주사함 → 탄저균 주사 → 모두 건강 유지

집단 B　양 24마리, 염소 1마리, 소 6마리 → 백신 주사 안 함 → 탄저균 주사 → 양과 염소는 모두 죽었고, 소는 열병 증세를 보임

❶ **과학의 탐구 방법의 이해**

이 실험은 대조 실험을 통해 결과를 도출하는 과정이 있으므로 연역적 탐구 방법이 이용되었다.

❷ **대조 실험과 변인**

• 집단 A는 실험군, 집단 B는 대조군이다.

• 조작 변인은 탄저병 백신의 주사 여부이고, 종속변인은 탄저병의 발병 여부이다.

• 통제변인은 탄저균 주사, 양, 염소, 소의 종류와 건강 상태, 사육 조건 등이 있다.

---

**자극에 대한 반응의 예**

• 뜨거운 것에 손이 닿으면 재빨리 손을 떼는 현상

• 식물이 빛을 향해 굽어 자라는 현상

**항상성의 예**

• 더울 때 땀을 흘리는 현상

• 물을 많이 마셨을 때 오줌량이 늘어나는 현상

• 혈당량이 높아졌을 때 체내 혈당량을 일정하게 조절하는 현상

**발생과 생장**

발생과 생장은 몸이 자라는 것뿐만 아니라 복잡하게 분화하여 구조적 기능적으로 완전한 개체가 되어 가는 과정이다.

**숙주**

한 개체가 다른 개체에 기생하여 살 때 영양을 공급하는 생물이다.

**탄저병**

탄저균(세균)에 감염된 동물과 접촉하거나 공중에 퍼져 있는 탄저병 포자를 흡입해 전파되는 감염성 질병이다.

**백신**

인공적으로 면역을 주기 위하여 투여하는 물질로, 병원성을 약화시키거나 제거한 병원체 등이 백신으로 사용된다.

## 1 ★☆☆

| 2024년 10월 교육청 1번 |

표는 사람이 갖는 생물의 특성과 예를 나타낸 것이다. (가)와 (나)는 물질대사, 자극에 대한 반응을 순서 없이 나타낸 것이다.

| 생물의 특성 | 예 |
|---|---|
| (가) | ⓐ뜨거운 물체에 손이 닿으면 자신도 모르게 손을 떼는 반사가 일어난다. |
| (나) | ⓑ소화 과정을 통해 녹말을 포도당으로 분해한다. |

이에 대한 옳은 설명만을 〈보기〉에서 있는 대로 고른 것은?

> **보기**
> ㄱ. (가)는 자극에 대한 반응이다.
> ㄴ. ⓐ의 중추는 연수이다.
> ㄷ. ⓑ에서 이화 작용이 일어난다.

① ㄱ      ② ㄴ      ③ ㄱ, ㄷ
④ ㄴ, ㄷ      ⑤ ㄱ, ㄴ, ㄷ

## 2 ★☆☆

| 2024년 10월 교육청 6번 |

다음은 물질 X에 대해 어떤 과학자가 수행한 탐구의 일부이다.

> (가) X가 개미의 학습 능력을 향상시킬 것이라고 생각했다.
> (나) 개미를 두 집단 A와 B로 나누고, A는 X가 함유되지 않은 설탕물을, B는 X가 함유된 설탕물을 먹었다.
> (다) A와 B의 개미가 일정한 위치에 있는 먹이를 찾아가는 실험을 여러 번 반복 수행하면서 먹이에 도달하기까지 걸린 시간을 측정하였다.
> (라) (다)의 결과 먹이에 도달하기까지 걸린 시간이 ㉠에서는 점점 감소하였고, ㉡에서는 변화가 없었다. ㉠과 ㉡은 A와 B를 순서 없이 나타낸 것이다.
> (마) X가 개미의 학습 능력을 향상시킨다는 결론을 내렸다.

이 자료에 대한 옳은 설명만을 〈보기〉에서 있는 대로 고른 것은? [3점]

> **보기**
> ㄱ. ㉠은 A이다.
> ㄴ. 조작 변인은 먹이에 도달하기까지 걸린 시간이다.
> ㄷ. 연역적 탐구 방법이 이용되었다.

① ㄱ      ② ㄷ      ③ ㄱ, ㄴ
④ ㄱ, ㄷ      ⑤ ㄴ, ㄷ

## 3 ★☆☆

| 2024년 7월 교육청 1번 |

다음은 전등물고기(*Photoblepharon palpebratus*)에 대한 자료이다.

> 전등물고기는 눈 아래에 발광 기관이 있고, 이 발광 기관 안에는 빛을 내는 세균이 서식한다.
> ㉠전등물고기는 세균이 내는 빛으로 먹이를 유인하여 잡아먹고, ㉡세균은 전등물고기로부터 서식 공간과 영양 물질을 제공받아 ⓐ생명 활동에 필요한 에너지를 얻는다.

눈
발광 기관

이 자료에 대한 설명으로 옳은 것만을 〈보기〉에서 있는 대로 고른 것은?

> **보기**
> ㄱ. ㉠은 세포로 구성되어 있다.
> ㄴ. ㉠과 ㉡ 사이의 상호 작용은 분서에 해당한다.
> ㄷ. ⓐ 과정에서 물질대사가 일어난다.

① ㄱ      ② ㄴ      ③ ㄱ, ㄷ
④ ㄴ, ㄷ      ⑤ ㄱ, ㄴ, ㄷ

## 4 ★☆☆

| 2024년 7월 교육청 4번 |

다음은 어떤 과학자가 수행한 탐구이다.

> (가) 개미가 서식하는 쇠뿔아카시아에서는 쇠뿔아카시아를 먹는 곤충 X가 적게 관찰되는 것을 보고, 개미가 X의 접근을 억제할 것이라고 생각했다.
> (나) 같은 지역에 있는 쇠뿔아카시아를 집단 A와 B로 나눈 후 A에서만 개미를 지속적으로 제거하였다.
> (다) 일정 시간이 지난 후 ㉠과 ㉡에서 관찰되는 X의 수를 조사한 결과는 그림과 같다. ㉠과 ㉡은 A와 B를 순서 없이 나타낸 것이다.
>
> (라) 쇠뿔아카시아에 서식하는 개미가 X의 접근을 억제한다는 결론을 내렸다.

이 자료에 대한 설명으로 옳은 것만을 〈보기〉에서 있는 대로 고른 것은? [3점]

> **보기**
> ㄱ. ㉠은 A이다.
> ㄴ. (나)에서 대조 실험이 수행되었다.
> ㄷ. (다)에서 X의 수는 조작 변인이다.

① ㄱ      ② ㄴ      ③ ㄷ
④ ㄱ, ㄴ      ⑤ ㄴ, ㄷ

## 5 ★☆☆ | 2024년 5월 교육청 1번 |

다음은 민달팽이 A에 대한 설명이다.

바다에 사는 A는 배에 공기주머니가 있어 뒤집혀서 수면으로 떠오를 수 있다. ㉠A의 배 쪽은 푸른색을, 등 쪽은 은회색을 띠어 수면 위와 아래에 있는 천적에게 잘 발견되지 않는다.

㉠에 나타난 생물의 특성과 가장 관련이 깊은 것은?

① 아메바는 분열법으로 번식한다.
② 식물은 빛에너지를 이용하여 포도당을 합성한다.
③ 적록 색맹인 어머니로부터 적록 색맹인 아들이 태어난다.
④ 장수풍뎅이의 알은 애벌레와 번데기 시기를 거쳐 성체가 된다.
⑤ 더운 지역에 사는 사막여우는 열 방출에 효과적인 큰 귀를 갖는다.

## 6 ★☆☆ | 2024년 5월 교육청 9번 |

다음은 어떤 과학자가 수행한 탐구이다.

(가) 유채가 꽃을 피우는 기간에 기온이 높으면 유채꽃에 곤충이 덜 오는 것을 관찰하였다.
(나) ㉠유채가 꽃을 피우는 기간에 평균 기온보다 온도가 높으면 유채꽃에서 곤충을 유인하는 물질의 방출량이 감소할 것이라고 생각하였다.
(다) 유채를 집단 A와 B로 나눠 꽃을 피우는 기간 동안 온도 조건을 A는 ⓐ로, B는 ⓑ로 한 후, A와 B 각각에서 곤충을 유인하는 물질의 방출량을 측정하여 그래프로 나타내었다. ⓐ와 ⓑ는 '평균 기온과 같음'과 '평균 기온보다 높음'을 순서 없이 나타낸 것이다.

(라) 유채가 꽃을 피우는 기간에 평균 기온보다 온도가 높으면 유채꽃에서 곤충을 유인하는 물질의 방출량이 감소한다는 결론을 내렸다.

이에 대한 설명으로 옳은 것만을 〈보기〉에서 있는 대로 고른 것은? [3점]

보기
ㄱ. ㉠은 (가)에서 관찰한 현상을 설명할 수 있는 잠정적인 결론에 해당한다.
ㄴ. ⓐ는 '평균 기온보다 높음'이다.
ㄷ. 연역적 탐구 방법이 이용되었다.

① ㄱ ② ㄴ ③ ㄱ, ㄷ
④ ㄴ, ㄷ ⑤ ㄱ, ㄴ, ㄷ

## 7 ★☆☆ | 2024년 3월 교육청 1번 |

다음은 사막에 서식하는 식물 X에 대한 자료이다.

X는 낮과 밤의 기온 차이로 인해 생기는 이슬을 흡수하여 ㉠광합성에 이용한다. ㉡X는 주변의 돌과 모양이 비슷하여 초식 동물의 눈에 잘 띄지 않는다.

이에 대한 옳은 설명만을 〈보기〉에서 있는 대로 고른 것은?

보기
ㄱ. X는 세포로 구성된다.
ㄴ. ㉠에 효소가 이용된다.
ㄷ. ㉡은 적응과 진화의 예이다.

① ㄱ ② ㄷ ③ ㄱ, ㄴ
④ ㄴ, ㄷ ⑤ ㄱ, ㄴ, ㄷ

## 8 ★☆☆ | 2024년 3월 교육청 10번 |

다음은 어떤 학생이 수행한 탐구의 일부이다.

(가) 밀웜이 스티로폼을 먹을 것이라고 생각했다.
(나) 상자 A와 B에 각각 스티로폼 50.00 g을 넣고 표와 같이 밀웜을 넣었다.

| 구분 | A | B |
|---|---|---|
| 밀웜의 수 (마리) | 100 | 0 |

(다) 한 달간 매일 ㉠스티로폼의 질량을 측정한 결과, A에서만 ㉠이 하루 평균 0.03 g씩 감소했다.

이에 대한 옳은 설명만을 〈보기〉에서 있는 대로 고른 것은?

보기
ㄱ. 연역적 탐구 방법이 이용되었다.
ㄴ. 대조 실험이 수행되었다.
ㄷ. ㉠은 조작 변인이다.

① ㄱ ② ㄷ ③ ㄱ, ㄴ
④ ㄴ, ㄷ ⑤ ㄱ, ㄴ, ㄷ

## 9 ★☆☆

| 2023년 10월 교육청 1번 |

다음은 심해 열수구에 서식하는 관벌레에 대한 자료이다.

(가) 붓 모양의 ㉠관벌레에는 세균이 서식하는 영양체라는 기관이 있다.

(나) 관벌레는 영양체 내 세균에게 서식 공간을 제공하고, 세균이 합성한 ㉡유기물을 섭취하여 에너지를 얻는다.

이에 대한 옳은 설명만을 〈보기〉에서 있는 대로 고른 것은?

┌─ 보기 ─
ㄱ. ㉠은 세포로 구성된다.
ㄴ. ㉡ 과정에서 이화 작용이 일어난다.
ㄷ. (나)는 상리 공생의 예이다.
└─

① ㄱ          ② ㄷ          ③ ㄱ, ㄴ
④ ㄴ, ㄷ          ⑤ ㄱ, ㄴ, ㄷ

## 10 ★☆☆

| 2023년 10월 교육청 3번 |

그림 (가)와 (나)는 연역적 탐구 방법과 귀납적 탐구 방법을 순서 없이 나타낸 것이다.

(가) 탐색 및 문제 파악 → 관찰 방법 고안 및 수행 → 관찰 결과 분석 → 결론 도출

(나) 문제 인식 및 가설 설정 → 탐구 설계 및 수행 → 자료 분석 및 해석 → 결론 도출

이에 대한 옳은 설명만을 〈보기〉에서 있는 대로 고른 것은?

┌─ 보기 ─
ㄱ. (가)는 귀납적 탐구 방법이다.
ㄴ. 여러 과학자가 생물을 관찰하여 생물은 세포로 이루어져 있다는 결론을 내리는 과정에 (가)가 사용되었다.
ㄷ. (나)에서는 대조 실험을 하여 결과의 타당성을 높인다.
└─

① ㄱ          ② ㄷ          ③ ㄱ, ㄴ
④ ㄴ, ㄷ          ⑤ ㄱ, ㄴ, ㄷ

## 11 ★☆☆

| 2023년 7월 교육청 1번 |

다음은 습지에 서식하는 식물 A에 대한 자료이다.

(가) A는 물 밖으로 나와 있는 뿌리를 통해 산소를 흡수할 수 있어 산소가 부족한 습지에서 살기에 적합하다.

(나) A의 씨앗이 물이나 진흙에 떨어져 어린 개체가 된다.

이에 대한 설명으로 옳은 것만을 〈보기〉에서 있는 대로 고른 것은?

┌─ 보기 ─
ㄱ. A에서 물질대사가 일어난다.
ㄴ. (가)는 적응과 진화의 예에 해당한다.
ㄷ. (나)에서 세포 분열이 일어난다.
└─

① ㄱ          ② ㄷ          ③ ㄱ, ㄴ
④ ㄴ, ㄷ          ⑤ ㄱ, ㄴ, ㄷ

## 12 ★★☆

| 2023년 7월 교육청 4번 |

다음은 어떤 과학자가 수행한 탐구이다.

(가) 해조류를 먹지 않는 돌돔이 서식하는 지역에서 해조류를 먹는 성게의 개체 수가 적게 관찰되는 것을 보고, 돌돔이 있으면 성게에게 먹히는 해조류의 양이 감소할 것이라고 생각했다.

(나) 같은 양의 해조류가 있는 지역 A와 B에 동일한 개체 수의 성게를 각각 넣은 후 ㉠에만 돌돔을 넣었다. ㉠은 A와 B 중 하나이다.

(다) 일정 시간이 지난 후 남아 있는 해조류의 양은 A에서가 B에서보다 많았다.

(라) 돌돔이 있으면 성게에게 먹히는 해조류의 양이 감소한다는 결론을 내렸다.

이 자료에 대한 설명으로 옳은 것만을 〈보기〉에서 있는 대로 고른 것은? (단, 제시된 조건 이외는 고려하지 않는다.)

┌─ 보기 ─
ㄱ. ㉠은 B이다.
ㄴ. 종속변인은 돌돔의 유무이다.
ㄷ. 연역적 탐구 방법이 이용되었다.
└─

① ㄱ          ② ㄷ          ③ ㄱ, ㄴ
④ ㄱ, ㄷ          ⑤ ㄴ, ㄷ

## 13 ★☆☆

다음은 누에나방에 대한 자료이다.

> (가) 누에나방은 알, 애벌레, 번데기 시기를 거쳐 성충이 된다.
> (나) 누에나방의 ㉠애벌레는 뽕나무 잎을 먹고 생명 활동에 필요한 에너지를 얻는다.
> (다) 인간은 누에나방의 애벌레가 만든 고치에서 실을 얻어 의복의 재료로 사용한다.

이에 대한 설명으로 옳은 것만을 〈보기〉에서 있는 대로 고른 것은?

> ┌─ 보기 ┐
> ㄱ. (가)는 생물의 특성 중 발생과 생장의 예에 해당한다.
> ㄴ. ㉠은 세포로 되어 있다.
> ㄷ. (다)는 생물 자원을 활용한 예이다.

① ㄱ     ② ㄴ     ③ ㄱ, ㄷ
④ ㄴ, ㄷ     ⑤ ㄱ, ㄴ, ㄷ

## 14 ★☆☆

다음은 어떤 과학자가 수행한 탐구 과정의 일부이다.

> (가) 비둘기가 포식자인 참매가 있는 지역에서 무리지어 활동하는 모습을 관찰하였다.
> (나) 비둘기 무리의 개체 수가 많을수록, 비둘기 무리가 참매를 발견했을 때의 거리($d$)가 클 것이라고 생각하였다.
>
>  비둘기 무리    $d$    참매
>
> (다) 비둘기 무리의 개체 수를 표와 같이 달리하여 집단 A~C로 나눈 후, 참매를 풀어놓았다.
>
> | 집단 | A | B | C |
> |------|---|----|----|
> | 개체 수 | 5 | 25 | 50 |
>
> (라) 그림은 A~C에서 ㉠비둘기 무리가 참매를 발견했을 때의 거리($d$)를 나타낸 것이다.
>
>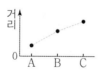

이 자료에 대한 설명으로 옳은 것만을 〈보기〉에서 있는 대로 고른 것은? [3점]

> ┌─ 보기 ┐
> ㄱ. (가)는 관찰한 현상을 설명할 수 있는 잠정적인 결론을 설정하는 단계이다.
> ㄴ. ㉠은 조작 변인이다.
> ㄷ. (다)의 C에 환경 저항이 작용한다.

① ㄱ     ② ㄷ     ③ ㄱ, ㄴ
④ ㄴ, ㄷ     ⑤ ㄱ, ㄴ, ㄷ

## 15 ★☆☆

다음은 히말라야산양에 대한 자료이다.

> (가) 털이 길고 발굽이 갈라져 있어 춥고 험준한 히말라야 산악 지대에서 살아가는 데 적합하다.
> (나) 수컷은 단독 생활을 하지만 번식 시기에는 무리로 들어가 암컷과 함께 자신과 닮은 새끼를 만든다.

(가)와 (나)에 나타난 생물의 특성으로 가장 적절한 것은?

| | (가) | (나) |
|---|------|------|
| ① | 적응과 진화 | 물질대사 |
| ② | 적응과 진화 | 생식과 유전 |
| ③ | 발생과 생장 | 항상성 |
| ④ | 발생과 생장 | 생식과 유전 |
| ⑤ | 물질대사 | 항상성 |

## 16 ★☆☆

다음은 어떤 과학자가 수행한 탐구이다.

> (가) 뒷날개에 긴 꼬리가 있는 나방이 박쥐에게 잡히지 않는 것을 보고, 긴 꼬리는 이 나방이 박쥐에게 잡히지 않는 데 도움이 된다고 생각했다.
> (나) 이 나방을 집단 A와 B로 나눈 후 A에서는 긴 꼬리를 그대로 두고, B에서는 긴 꼬리를 제거했다.
> (다) 일정 시간 박쥐에게 잡힌 나방의 비율은 ㉠이 ㉡보다 높았다. ㉠과 ㉡은 A와 B를 순서 없이 나타낸 것이다.
> (라) 긴 꼬리는 이 나방이 박쥐에게 잡히지 않는 데 도움이 된다는 결론을 내렸다.

이 자료에 대한 옳은 설명만을 〈보기〉에서 있는 대로 고른 것은? [3점]

> ┌─ 보기 ┐
> ㄱ. ㉠은 B이다.
> ㄴ. 연역적 탐구 방법이 이용되었다.
> ㄷ. 박쥐에게 잡힌 나방의 비율은 종속변인이다.

① ㄱ     ② ㄷ     ③ ㄱ, ㄴ
④ ㄴ, ㄷ     ⑤ ㄱ, ㄴ, ㄷ

Part I 교육청

## 17 ★☆☆

| 2022년 10월 교육청 1번 |

다음은 문어가 갖는 생물의 특성에 대한 자료이다.

(가) 게, 조개 등의 먹이를 섭취
하여 생명 활동에 필요한
에너지를 얻는다.

(나) 반응 속도가 빠르고 몸이
유연하여 주변 환경에 따
라 피부색과 체형을 바꾸어 천적을 피하는 데 유리하다.

(가)와 (나)에 나타난 생물의 특성으로 가장 적절한 것은?

|  | (가) | (나) |
|---|---|---|
| ① | 물질대사 | 생식과 유전 |
| ② | 물질대사 | 적응과 진화 |
| ③ | 물질대사 | 항상성 |
| ④ | 항상성 | 생식과 유전 |
| ⑤ | 항상성 | 적응과 진화 |

## 18 ★☆☆

| 2022년 10월 교육청 6번 |

다음은 어떤 과학자가 수행한 탐구의 일부이다.

(가) 식물 주변 $O_2$ 농도가 높을수록 식물의 $CO_2$ 흡수량이 많
을 것으로 생각하였다.

(나) 같은 종의 식물 집단 A와 B를 준비하고, 표와 같은 조
건에서 일정 기간 기르면서 측정한 $CO_2$ 흡수량은 그림과
같았다. ㉠과 ㉡은 각각 A와 B 중 하나이다.

| 집단 | 주변 $O_2$ 농도 |
|---|---|
| A | 1 % |
| B | 21 % |

(다) 가설과 맞지 않는 결과가 나와 가설을 수정하였다.

이에 대한 옳은 설명만을 <보기>에서 있는 대로 고른 것은? [3점]

┌─ 보기 ─┐
ㄱ. 연역적 탐구 방법이 이용되었다.
ㄴ. 주변 $O_2$ 농도는 종속변인이다.
ㄷ. ㉠은 A이다.
└────────┘

① ㄱ      ② ㄴ      ③ ㄷ
④ ㄱ, ㄴ      ⑤ ㄱ, ㄷ

## 19 ★☆☆

| 2022년 7월 교육청 1번 |

표는 생물의 특성 (가)와 (나)의 예를, 그림은 애벌레가 번데기를 거
쳐 나비가 되는 과정을 나타낸 것이다. (가)와 (나)는 항상성, 발생과
생장을 순서 없이 나타낸 것이다.

| 구분 | 예 |
|---|---|
| (가) | ㉠ |
| (나) | 더운 날씨에 체온 유지를 위해 땀을 흘린다. |

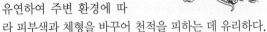

애벌레 → 번데기 → 나비

이에 대한 설명으로 옳은 것만을 <보기>에서 있는 대로 고른 것은?

┌─ 보기 ─┐
ㄱ. (가)는 발생과 생장이다.
ㄴ. 그림에 나타난 생물의 특성은 (가)보다 (나)와 관련이 깊다.
ㄷ. '북극토끼는 겨울이 되면 털 색깔이 흰색으로 변하여
천적의 눈에 띄지 않는다.'는 ㉠에 해당한다.
└────────┘

① ㄱ      ② ㄴ      ③ ㄷ
④ ㄱ, ㄴ      ⑤ ㄱ, ㄷ

## 20 ★☆☆

| 2022년 7월 교육청 16번 |

다음은 어떤 과학자가 수행한 탐구 과정의 일부이다.

(가) 동물 X는 사료 외에 플라스틱도 먹이로 섭취하여 에너
지를 얻을 수 있을 것이라고 생각했다.

(나) 동일한 조건의 X를 각각 20마리씩 세 집단 A, B, C로
나눈 후 A에는 물과 사료를, B에는 물과 플라스틱을, C
에는 물만 주었다.

(다) 일정 기간이 지난 후 ㉠X의 평균 체중을 확인한 결과 A
에서는 증가했고, B에서는 유지되었으며, C에서는 감소
했다.

이 자료에 대한 설명으로 옳은 것만을 <보기>에서 있는 대로 고른
것은?

┌─ 보기 ─┐
ㄱ. ㉠은 조작 변인이다.
ㄴ. 연역적 탐구 방법이 이용되었다.
ㄷ. (나)에서 대조 실험이 수행되었다.
└────────┘

① ㄱ      ② ㄴ      ③ ㄱ, ㄷ
④ ㄴ, ㄷ      ⑤ ㄱ, ㄴ, ㄷ

## 21 ★☆☆

| 2022년 4월 교육청 1번 |

다음은 어떤 문어에 대한 설명이다.

> 문어는 자리돔이 서식하는 곳에서 6개의 다리를 땅속에 숨기고 2개의 다리로 자리돔의 포식자인 줄무늬 바다뱀을 흉내 낸다. ㉠문어의 이러한 특성은 자리돔으로부터 자신을 보호하기에 적합하다.

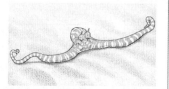

㉠에 나타난 생물의 특성과 가장 관련이 깊은 것은?

① 짚신벌레는 분열법으로 번식한다.
② 개구리알은 올챙이를 거쳐 개구리가 된다.
③ 식물은 빛에너지를 이용하여 포도당을 합성한다.
④ 적록 색맹인 어머니로부터 적록 색맹인 아들이 태어난다.
⑤ 핀치는 서식 환경에 따라 서로 다른 모양의 부리를 갖게 되었다.

## 22 ★☆☆

| 2022년 4월 교육청 8번 |

다음은 어떤 과학자가 수행한 탐구 과정의 일부이다.

> (가) '황조롱이는 양육하는 새끼 수가 많을수록 부모 새의 생존율이 낮아질 것이다.'라고 생각하였다.
> (나) 황조롱이를 세 집단 A~C로 나눈 후 표와 같이 각 집단의 둥지당 새끼 수를 다르게 하였다.
>
> | 집단 | A | B | C |
> |---|---|---|---|
> | 둥지당 새끼 수 | 3 | 5 | 7 |
>
> (다) 일정 시간이 지난 후 A~C에서 ㉠부모 새의 생존율을 조사하여 그래프로 나타내었다. Ⅰ~Ⅲ은 A~C를 순서 없이 나타낸 것이다.
> (라) 황조롱이는 양육하는 새끼 수가 많을수록 부모 새의 생존율이 낮아진다는 결론을 내렸다.

이에 대한 설명으로 옳은 것만을 〈보기〉에서 있는 대로 고른 것은? [3점]

> 보기
> ㄱ. (가)는 가설 설정 단계이다.
> ㄴ. ㉠은 종속변인이다.
> ㄷ. Ⅲ은 C이다.

① ㄱ  ② ㄷ  ③ ㄱ, ㄴ
④ ㄴ, ㄷ  ⑤ ㄱ, ㄴ, ㄷ

## 23 ★☆☆

| 2022년 3월 교육청 1번 |

다음은 가랑잎벌레에 대한 자료이다.

> ㉠몸의 형태가 주변의 잎과 비슷하여 포식자의 눈에 잘 띄지 않는 가랑잎벌레는 참나무나 산딸기 등의 잎을 먹어 ㉡생명 활동에 필요한 에너지를 얻는다.

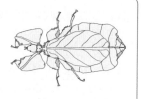

㉠과 ㉡에 나타난 생물의 특성으로 가장 적절한 것은?

| | ㉠ | ㉡ |
|---|---|---|
| ① | 적응과 진화 | 발생과 생장 |
| ② | 적응과 진화 | 물질대사 |
| ③ | 물질대사 | 적응과 진화 |
| ④ | 항상성 | 적응과 진화 |
| ⑤ | 항상성 | 물질대사 |

## 24 ★☆☆

| 2022년 3월 교육청 2번 |

다음은 어떤 과학자가 수행한 탐구이다.

> (가) 아스피린은 사람의 세포에서 통증을 유발하는 물질 X의 생성을 억제할 것으로 생각하였다.
> (나) 사람에서 얻은 세포를 집단 ㉠과 ㉡으로 나눈 후 둘 중 하나에 아스피린 처리를 하였다.
> (다) ㉠과 ㉡에서 단위 시간당 X의 생성량을 측정한 결과는 그림과 같았다.
> (라) 아스피린은 X의 생성을 억제한다는 결론을 내렸다.

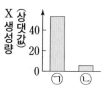

이에 대한 옳은 설명만을 〈보기〉에서 있는 대로 고른 것은? (단, 아스피린 처리의 여부 이외의 조건은 같다.) [3점]

> 보기
> ㄱ. 대조 실험이 수행되었다.
> ㄴ. 아스피린 처리의 여부는 종속변인이다.
> ㄷ. 아스피린 처리를 한 집단은 ㉠이다.

① ㄱ  ② ㄴ  ③ ㄷ
④ ㄱ, ㄴ  ⑤ ㄱ, ㄷ

## 25 ★☆☆

다음은 어떤 산에 서식하는 도마뱀 A에 대한 자료이다.

A는 고도가 낮은 지역에서는 주로 음지에서, 높은 지역에서는 주로 양지에서 관찰된다. ㉠ 두 지역의 기온 차이는 약 4 ℃이지만, 두 지역에 서식하는 A의 체온 차이는 약 1 ℃이다.

㉠과 가장 관련이 깊은 생물의 특성은?

① 발생  ② 생식  ③ 생장

④ 유전  ⑤ 항상성

## 26 ★☆☆

다음은 곰팡이 ㉠과 옥수수를 이용한 탐구의 일부를 순서 없이 나타낸 것이다.

(가) '㉠이 옥수수의 생장을 촉진한다.'라고 결론을 내렸다.
(나) 생장이 빠른 옥수수의 뿌리에 ㉠이 서식하는 것을 관찰하고, ㉠이 옥수수의 생장에 영향을 미칠 것으로 생각했다.
(다) ㉠이 서식하는 옥수수 10개체와 ㉠이 제거된 옥수수 10개체를 같은 조건에서 배양하면서 질량 변화를 측정했다.

이에 대한 옳은 설명만을 〈보기〉에서 있는 대로 고른 것은? [3점]

보기
ㄱ. 옥수수에서 ㉠의 제거 여부는 종속변인이다.
ㄴ. 이 탐구에서는 대조 실험이 수행되었다.
ㄷ. 탐구는 (나) → (다) → (가)의 순으로 진행되었다.

① ㄱ  ② ㄷ  ③ ㄱ, ㄴ

④ ㄴ, ㄷ  ⑤ ㄱ, ㄴ, ㄷ

## 27 ★☆☆

표는 강아지와 강아지 로봇의 특징을 나타낸 것이다.

| 구분 | 특징 |
|---|---|
| 강아지 | • ㉠낯선 사람이 다가오는 것을 보면 짖는다.<br>• 사료를 소화·흡수하여 생활에 필요한 에너지를 얻는다. |
| 강아지 로봇 | • 금속과 플라스틱으로 구성된다.<br>• 건전지에 저장된 에너지를 통해 움직인다. |

이에 대한 옳은 설명만을 〈보기〉에서 있는 대로 고른 것은?

보기
ㄱ. 강아지는 세포로 되어 있다.
ㄴ. 강아지 로봇은 물질대사를 통해 에너지를 얻는다.
ㄷ. ㉠과 가장 관련이 깊은 생물의 특성은 자극에 대한 반응이다.

① ㄱ  ② ㄴ  ③ ㄱ, ㄷ

④ ㄴ, ㄷ  ⑤ ㄱ, ㄴ, ㄷ

## 28 ★☆☆

다음은 철수가 수행한 탐구 과정의 일부를 순서 없이 나타낸 것이다.

(가) 화분 A~C를 준비하여 A에는 염기성 토양을, B에는 중성 토양을, C에는 산성 토양을 각각 500 g씩 넣은 후 수국을 심었다.
(나) 일정 기간이 지난 후 ㉠수국의 꽃 색깔을 확인하였더니 A에서는 붉은색, B에서는 흰색, C에서는 푸른색으로 나타났다.
(다) 서로 다른 지역에 서식하는 수국의 꽃 색깔이 다른 것을 관찰하고 의문이 생겼다.
(라) 토양의 pH에 따라 수국의 꽃 색깔이 다를 것이라고 생각하였다.

이 자료에 대한 설명으로 옳은 것만을 〈보기〉에서 있는 대로 고른 것은?

보기
ㄱ. ㉠은 종속변인이다.
ㄴ. 연역적 탐구 방법이 이용되었다.
ㄷ. 탐구는 (다) → (라) → (가) → (나) 순으로 진행되었다.

① ㄱ  ② ㄷ  ③ ㄱ, ㄴ

④ ㄴ, ㄷ  ⑤ ㄱ, ㄴ, ㄷ

## 29 ★☆☆ | 2021년 4월 교육청 1번 |

다음은 어떤 지역에 서식하는 소에 대한 설명이다.

이 소는 크고 긴 뿔을 가질수록 포식자의 공격을 잘 방어할 수 있어 포식자가 많은 이 지역에서 살기에 적합하다.

이 자료에 나타난 생물의 특성과 가장 관련이 깊은 것은?

① 물질대사
② 적응과 진화
③ 발생과 생장
④ 생식과 유전
⑤ 자극에 대한 반응

## 30 ★☆☆ | 2021년 3월 교육청 1번 |

다음은 어떤 과학자가 수행한 탐구의 일부이다.

(가) ㉠도마뱀 알 20개 중 10개는 27 ℃에, 나머지 10개는 33 ℃에 두었다.
(나) ㉡일정 시간이 지난 후 알에서 자란 새끼가 부화하면, 알을 둔 온도별로 새끼의 성별을 확인하였다.

이에 대한 옳은 설명만을 〈보기〉에서 있는 대로 고른 것은?

보기
ㄱ. ㉠은 세포로 구성된다.
ㄴ. 알을 둔 온도는 조작 변인이다.
ㄷ. ㉡은 생물의 특성 중 발생의 예이다.

① ㄱ           ② ㄴ           ③ ㄱ, ㄷ
④ ㄴ, ㄷ        ⑤ ㄱ, ㄴ, ㄷ

## 31 ★☆☆ | 2020년 10월 교육청 1번 |

다음은 항생제 내성 세균에 대한 자료이다.

㉠항생제 과다 사용으로 항생제 내성 세균의 비율이 증가하고 있다. 항생제 내성 세균은 항생제 작용 부위가 변형되거나 ㉡항생제를 분해하는 단백질을 합성하기 때문에 항생제에 죽지 않는다.

㉠과 ㉡에 나타난 생물의 특성으로 가장 적절한 것은?

|   | ㉠ | ㉡ |
|---|---|---|
| ① | 적응과 진화 | 물질대사 |
| ② | 적응과 진화 | 항상성 |
| ③ | 물질대사 | 생식과 유전 |
| ④ | 물질대사 | 항상성 |
| ⑤ | 항상성 | 물질대사 |

## 32 ★☆☆ | 2020년 7월 교육청 1번 |

다음은 아프리카에 사는 어떤 도마뱀에 대한 설명이다.

이 도마뱀은 나뭇잎과 비슷한 외형을 갖고 있어 포식자에게 발견되기 어려우므로 나무가 많은 환경에 살기 적합하다.

이 자료에 나타난 생명 현상의 특성과 가장 관련이 깊은 것은?

① 올챙이가 자라서 개구리가 된다.
② 짚신벌레는 분열법으로 번식한다.
③ 소나무는 빛을 흡수하여 포도당을 합성한다.
④ 핀치새는 먹이의 종류에 따라 부리 모양이 다르다.
⑤ 적록 색맹인 어머니에게서 적록 색맹인 아들이 태어난다.

## 33 ★☆☆ | 2020년 7월 교육청 2번 |

다음은 생명 과학의 탐구 방법에 대한 자료이다. (가)는 귀납적 탐구 방법에 대한 사례이고, (나)는 연역적 탐구 방법에 대한 사례이다.

(가) 카로 박사는 오랜 시간 동안 가젤 영양이 공중으로 뛰어오르며 하얀 엉덩이를 치켜드는 뜀뛰기 행동을 다양한 상황에서 관찰하였다. 관찰된 특성을 종합한 결과 가젤 영양은 포식자가 주변에 나타나면 엉덩이를 치켜드는 뜀뛰기 행동을 한다는 결론을 내렸다.
(나) 에이크만은 건강한 닭들을 두 집단으로 나누어 현미와 백미를 각각 먹여 기른 후 각기병 증세의 발생 여부를 관찰하였다. 그 결과 백미를 먹인 닭에서는 각기병 증세가 나타났고, 현미를 먹인 닭에서는 각기병 증세가 나타나지 않았다. 이를 통해 현미에는 각기병을 예방하는 물질이 들어 있다는 결론을 내렸다.

이에 대한 설명으로 옳은 것만을 〈보기〉에서 있는 대로 고른 것은?

보기
ㄱ. (가)의 탐구 방법에서는 여러 가지 관찰 사실을 분석하고 종합하여 일반적인 원리나 법칙을 도출한다.
ㄴ. (나)에서 대조 실험이 수행되었다.
ㄷ. (나)에서 각기병 증세의 발생 여부는 종속변인이다.

① ㄱ           ② ㄷ           ③ ㄱ, ㄴ
④ ㄴ, ㄷ        ⑤ ㄱ, ㄴ, ㄷ

# II

# 사람의 물질대사

# 01 생명 활동과 에너지

## A 세포의 생명 활동과 에너지

**1. 세포의 생명 활동** : 생명체는 물질대사를 통해 생명 활동 유지에 필요한 에너지와 생명체의 구성 물질, 생리 작용을 조절하는 물질을 얻는다.

**2. 물질대사** : 생명체 내에서 일어나는 모든 화학 반응

**(1) 물질대사의 특징**

① 생명체 내에서 효소의 도움을 받아 일어나며, 동화 작용과 이화 작용이 있다.

② 물질대사가 일어날 때는 반드시 에너지 출입이 함께 일어나므로 에너지 대사라고도 한다.

③ 반응이 단계적으로 일어나기 때문에 에너지도 단계별로 출입한다.

**(2) 물질대사의 종류**

| 동화 작용 | 이화 작용 |
|---|---|
| • 간단하고 작은 물질을 복잡하고 큰 물질로 합성하는 반응이다. | • 복잡하고 큰 물질을 간단하고 작은 물질로 분해하는 반응이다. |
| • 에너지를 흡수하는 흡열 반응이며, 흡수된 에너지는 생성물에 저장된다. | • 에너지를 방출하는 발열 반응이며, 반응이 일어날 때 반응물 속의 에너지가 방출된다. |
| 예 광합성, 단백질 합성, DNA 합성, 글리코젠 합성 | 예 세포 호흡, 소화 |
| ▲ 동화 작용(흡열 반응) | ▲ 이화 작용(발열 반응) |

## B 세포 호흡과 ATP 에너지

**1. 세포 호흡** : 세포 내에서 영양소를 분해하여 생명 활동에 필요한 에너지를 생성하는 반응

**(1) 세포 호흡의 장소** : 주로 미토콘드리아에서 일어나며, 일부 과정은 세포질에서 진행된다.

**(2) 세포 호흡의 과정**

① 포도당이 산소와 반응하여 물과 이산화 탄소로 최종 분해되고, 그 결과 에너지가 방출된다.

② 이때 방출된 에너지의 일부는 ADP와 무기 인산이 합성되는 데 사용되어 ATP에 화학 에너지의 형태로 저장된다. 나머지는 열에너지로 방출된다.

포도당+산소($O_2$) ——→ 이산화 탄소($CO_2$) + 물($H_2O$)+에너지(ATP, 열에너지)

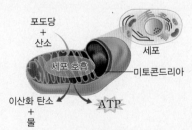

▲ 세포 호흡의 과정

**2. ATP** : 생명 활동에 직접 이용되는 에너지 저장 물질이자, 에너지 전달 물질

**(1) ATP의 구조** : 아데노신(아데닌＋리보스)에 3개의 인산기가 결합한 구조이다.

**출제tip**

**물질대사**

엽록체와 미토콘드리아에서 일어나는 물질대사 과정을 비교하는 문항이 자주 출제되고 있다.

**효소**

• 생명체 내에서 일어나는 화학 반응 과정에서 활성화 에너지를 낮추어 반응 속도를 증가시켜 주는 생체 촉매이다.
• 생명체 내에서 일어나는 화학 반응인 물질대사에는 효소가 관여하므로 물질대사는 체온(37 ℃) 정도의 낮은 온도에서 반응이 일어난다.

**광합성**

물과 이산화 탄소를 원료로 빛에너지를 이용하여 양분(포도당)을 만드는 과정

**엽록체**

식물 세포에서 광합성을 하는 세포 소기관

**동화 작용과 이화 작용의 예**

| 동화 작용 의 예 | • 단백질 합성 : 여러 분자의 아미노산이 결합하여 단백질이 합성된다.<br>• DNA 합성 : 여러 분자의 뉴클레오타이드가 결합하여 DNA가 합성된다.<br>• 광합성 : 이산화 탄소와 물로 포도당을 합성한다. |
|---|---|
| 이화 작용 의 예 | • 세포 호흡 : 포도당이 산소와 반응하여 이산화 탄소와 물로 분해된다.<br>• 소화 : 녹말이 엿당을 거쳐 포도당으로 분해된다. |

## (2) 에너지의 저장과 방출

① ATP의 2번째와 3번째 인산기 사이에 있는 고에너지 인산 결합이 끊어져 ATP가 ADP와 무기 인산($P_i$)으로 분해될 때 에너지가 방출된다.

② ADP는 세포 호흡을 통해 생성한 에너지를 이용해 무기 인산($P_i$)과 결합하여 다시 ATP로 합성되면서 에너지를 저장한다.

▲ ATP와 ADP의 전환

## (3) 에너지의 전환과 이용

① 세포 호흡을 통해 포도당의 화학 에너지 중 일부가 ATP의 화학 에너지로 저장되며, 나머지는 열에너지로 방출된다.

② ATP에 저장된 화학 에너지는 여러 형태의 에너지로 전환되어 다양한 생명 활동에 이용된다.

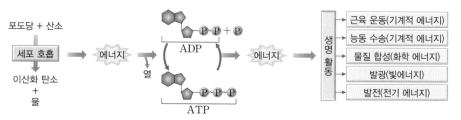

▲ 세포 호흡과 ATP에 의한 에너지 이용

## (4) 산소 호흡과 발효

① 산소 호흡 : 산소를 이용하여 영양소(포도당)를 이산화 탄소와 물로 완전히 분해시키고 다량의 ATP를 생성한다.

② 발효 : 산소가 부족하거나 없는 상태에서 영양소(포도당)가 이산화 탄소와 물로 완전히 분해되지 않아 중간 산물이 생성되고, 산소 호흡에 비해 적은 양의 ATP가 생성되며 세포질에서 일어난다.

---

**실전 자료**   **생명 활동과 에너지**

그림은 체내에서 일어나는 물질대사 ⓐ와 ⓑ를 나타낸 것이다. ⓐ와 ⓑ는 각각 광합성과 세포 호흡 중 하나이다.

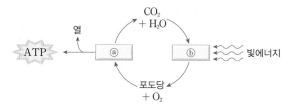

**❶ 생명 활동과 에너지**

• ⓐ는 큰 분자인 포도당이 산소($O_2$)를 이용하여 작은 분자인 이산화 탄소($CO_2$)와 물($H_2O$)로 분해되는 과정이므로 이화 작용 중 하나인 세포 호흡이고, 이때 에너지가 방출(발열 반응)된다.

• ⓑ는 작은 분자인 이산화 탄소($CO_2$)와 물($H_2O$)이 큰 분자인 포도당으로 합성되는 과정이므로 동화 작용 중 하나인 광합성이고, 이때 에너지가 흡수(흡열 반응)된다.

**❷ ATP 에너지**

• ATP는 아데노신(아데닌＋리보스)에 3개의 인산기가 결합한 화합물로 생명 활동에 이용되는 에너지 저장 물질이자, 에너지 전달 물질이다.

• 세포 호흡에 의해 포도당의 화학 에너지는 일부는 ATP의 화학 에너지로 저장된다.

**고에너지 인산 결합**

대부분의 화학 결합은 2 kcal~3 kcal의 화학 에너지를 갖는다. 그러나 ATP에 존재하는 인산과 인산 사이의 결합은 약 7.3 kcal의 에너지를 갖는데, 이를 고에너지 인산 결합이라고 한다.

**ATP의 이용**

ATP에 저장된 에너지는 ATP가 ADP와 무기 인산($P_i$)으로 가수 분해되면서 방출되며, 이렇게 방출된 에너지는 근육 운동(기계적 에너지), 능동 수송(기계적 에너지), 물질 합성(화학 에너지), 발광(빛에너지), 발전(전기 에너지) 등에 이용된다.

**동화 작용과 이화 작용의 공통점**

• 에너지 출입이 일어난다.
• 체내에서 효소가 작용하는 화학 반응이다.

## 1 ★☆☆

| 2024년 7월 교육청 5번 |

그림 (가)는 사람에서 일어나는 물질대사 과정 Ⅰ과 Ⅱ를, (나)는 ATP와 ADP 사이의 전환 과정 Ⅲ과 Ⅳ를 나타낸 것이다.

아미노산 ⇄(Ⅰ/Ⅱ) 단백질 (가)    ⬡-(P)(P)(P) ⇄(Ⅲ/Ⅳ) ⬡-(P)(P)+(P) (나)

이에 대한 설명으로 옳은 것만을 〈보기〉에서 있는 대로 고른 것은? [3점]

보기
ㄱ. Ⅰ에서 효소가 이용된다.
ㄴ. 미토콘드리아에서 Ⅳ가 일어난다.
ㄷ. Ⅱ와 Ⅲ에서 모두 에너지가 방출된다.

① ㄱ     ② ㄷ     ③ ㄱ, ㄴ
④ ㄴ, ㄷ     ⑤ ㄱ, ㄴ, ㄷ

## 2 ★☆☆

| 2024년 5월 교육청 5번 |

그림은 사람에서 일어나는 물질대사 과정 Ⅰ과 Ⅱ를 나타낸 것이다.
이에 대한 설명으로 옳은 것만을 〈보기〉에서 있는 대로 고른 것은?

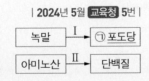

녹말 —Ⅰ→ ㉠포도당
아미노산 —Ⅱ→ 단백질

보기
ㄱ. Ⅰ에서 이화 작용이 일어난다.
ㄴ. Ⅰ과 Ⅱ에서 모두 효소가 이용된다.
ㄷ. ㉠이 세포 호흡에 사용된 결과 생성되는 노폐물에는 암모니아가 있다.

① ㄱ     ② ㄴ     ③ ㄷ
④ ㄱ, ㄴ     ⑤ ㄱ, ㄷ

## 3 ★☆☆

| 2024년 3월 교육청 2번 |

다음은 사람에서 일어나는 물질대사에 대한 자료이다. ㉠~㉢은 ADP, ATP, 단백질을 순서 없이 나타낸 것이다.

(가) ㉠은 세포 호흡을 통해 물, 이산화 탄소, 암모니아로 분해된다.
(나) 미토콘드리아에서 일어나는 세포 호흡을 통해 ㉡이 ㉢으로 전환된다.

이에 대한 옳은 설명만을 〈보기〉에서 있는 대로 고른 것은?

보기
ㄱ. ㉠은 ATP이다.
ㄴ. (가)에서 이화 작용이 일어난다.
ㄷ. ㉢에 저장된 에너지는 생명 활동에 사용된다.

① ㄱ     ② ㄴ     ③ ㄱ, ㄷ
④ ㄴ, ㄷ     ⑤ ㄱ, ㄴ, ㄷ

## 4 ★☆☆

| 2023년 7월 교육청 6번 |

그림은 사람의 미토콘드리아에서 일어나는 세포 호흡을 나타낸 것이다. ㉠~㉢은 각각 ADP, ATP, $CO_2$ 중 하나이다.

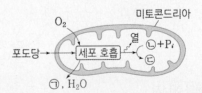

$O_2$    미토콘드리아
포도당→ →세포 호흡← 열 → ㉡+$P_i$ / ㉢
㉠, $H_2O$

이에 대한 설명으로 옳은 것만을 〈보기〉에서 있는 대로 고른 것은?

보기
ㄱ. 순환계를 통해 ㉠이 운반된다.
ㄴ. ㉡의 구성 원소에는 인(P)이 포함된다.
ㄷ. 근육 수축 과정에는 ㉢에 저장된 에너지가 사용된다.

① ㄱ     ② ㄷ     ③ ㄱ, ㄴ
④ ㄴ, ㄷ     ⑤ ㄱ, ㄴ, ㄷ

## 5 ★☆☆   | 2023년 4월 교육청 2번 |

그림 (가)는 미토콘드리아에서 일어나는 세포 호흡을, (나)는 ADP
와 ATP 사이의 전환을 나타낸 것이다.

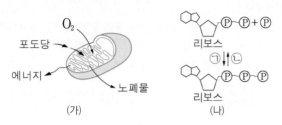

(가)                    (나)

이에 대한 설명으로 옳은 것만을 〈보기〉에서 있는 대로 고른 것은?
[3점]

보기
ㄱ. 포도당이 세포 호흡에 사용된 결과 생성되는 노폐물에는
   암모니아가 있다.
ㄴ. 과정 ⓛ에서 에너지가 방출된다.
ㄷ. (가)에서 과정 ⊙이 일어난다.

① ㄱ          ② ㄴ          ③ ㄱ, ㄷ
④ ㄴ, ㄷ      ⑤ ㄱ, ㄴ, ㄷ

## 6 ★☆☆   | 2023년 3월 교육청 2번 |

다음은 사람에서 일어나는 세포 호흡에 대한 자료이다. ⊙은 포도당
과 아미노산 중 하나이다.

- 세포 호흡 과정에서 방출되는 에너지의 일부는 ⓐATP 합
  성에 이용된다.
- ⊙이 세포 호흡에 이용된 결과 ⓑ질소(N)가 포함된 노폐물
  이 만들어진다

이에 대한 옳은 설명만을 〈보기〉에서 있는 대로 고른 것은?

보기
ㄱ. 미토콘드리아에서 ⓐ가 일어난다.
ㄴ. 암모니아는 ⓑ에 해당한다.
ㄷ. ⊙은 포도당이다.

① ㄱ          ② ㄷ          ③ ㄱ, ㄴ
④ ㄴ, ㄷ      ⑤ ㄱ, ㄴ, ㄷ

## 7 ★☆☆   | 2022년 7월 교육청 17번 |

그림 (가)는 사람에서 일어나는 물질 이동 과정의 일부와 조직 세포
에서 일어나는 물질대사 과정의 일부를, (나)는 ADP와 ATP 사
이의 전환을 나타낸 것이다. ⊙과 ⓛ은 각각 $CO_2$와 포도당 중 하나
이다.

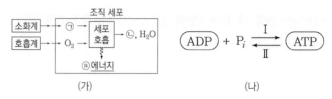

(가)                                  (나)

이에 대한 설명으로 옳은 것만을 〈보기〉에서 있는 대로 고른 것은?

보기
ㄱ. ⊙은 포도당이다.
ㄴ. ⓐ의 일부가 과정 Ⅰ에 사용된다.
ㄷ. 과정 Ⅱ는 동화 작용에 해당한다.

① ㄱ          ② ㄴ          ③ ㄷ
④ ㄱ, ㄴ      ⑤ ㄱ, ㄷ

## 8 ★☆☆   | 2021년 10월 교육청 20번 |

그림은 체내에서 일어나는 어떤 물질대사 과정을 나타낸 것이다.

이에 대한 옳은 설명만을 〈보기〉에서 있는 대로 고른 것은?

보기
ㄱ. 인슐린에 의해 ⓐ가 촉진된다.
ㄴ. ⓑ에서 동화 작용이 일어난다.
ㄷ. ⓐ와 ⓑ에 모두 효소가 관여한다.

① ㄱ          ② ㄷ          ③ ㄱ, ㄴ
④ ㄴ, ㄷ      ⑤ ㄱ, ㄴ, ㄷ

## 9 ★☆☆
| 2021년 4월 교육청 2번 |

그림은 ATP와 ADP 사이의 전환을 나타낸 것이다.

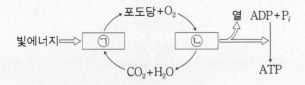

이에 대한 설명으로 옳은 것만을 〈보기〉에서 있는 대로 고른 것은?

보기
ㄱ. ㉠은 아데닌이다.
ㄴ. 과정 Ⅰ에서 에너지가 방출된다.
ㄷ. 미토콘드리아에서 과정 Ⅱ가 일어난다.

① ㄱ      ② ㄷ      ③ ㄱ, ㄴ
④ ㄴ, ㄷ      ⑤ ㄱ, ㄴ, ㄷ

## 10 ★☆☆
| 2021년 3월 교육청 2번 |

그림은 광합성과 세포 호흡에서의 에너지와 물질의 이동을 나타낸 것이다. ㉠과 ㉡은 각각 광합성과 세포 호흡 중 하나이다.

포도당+$O_2$
빛에너지 ⇒ [ ㉠ ] → [ ㉡ ] → 열   ADP+$P_i$
$CO_2$+$H_2O$
ATP

이에 대한 옳은 설명만을 〈보기〉에서 있는 대로 고른 것은? [3점]

보기
ㄱ. ㉠에서 빛에너지가 화학 에너지로 전환된다.
ㄴ. ㉡에서 방출된 에너지는 모두 ATP에 저장된다.
ㄷ. ATP에는 인산 결합이 있다.

① ㄱ      ② ㄴ      ③ ㄱ, ㄷ
④ ㄴ, ㄷ      ⑤ ㄱ, ㄴ, ㄷ

## 11 ★☆☆
| 2020년 10월 교육청 2번 |

다음은 효모를 이용한 물질대사 실험이다.

[실험 과정]
(가) 발효관 A와 B에 표와 같이 용액을 넣고, 맹관부에 공기가 들어가지 않도록 발효관을 세운 후, 입구를 솜으로 막는다.

| 발효관 | 용액 |
|---|---|
| A | 증류수 20 mL+효모액 20 mL |
| B | 5 % 포도당 용액 20 mL+효모액 20 mL |

(나) A와 B를 37 °C로 맞춘 항온기에 두고 일정 시간이 지난 후 ㉠맹관부에 모인 기체의 양을 측정한다.

이 실험에 대한 옳은 설명만을 〈보기〉에서 있는 대로 고른 것은? [3점]

보기
ㄱ. ㉠은 조작 변인이다.
ㄴ. (나)의 B에서 $CO_2$가 발생한다.
ㄷ. 실험 결과 맹관부 수면의 높이는 A가 B보다 낮다.

① ㄱ      ② ㄴ      ③ ㄷ
④ ㄱ, ㄴ      ⑤ ㄴ, ㄷ

## 12 ★☆☆
| 2020년 7월 교육청 3번 |

그림은 ADP와 ATP 사이의 전환을 나타낸 것이다. ㉠과 ㉡은 각각 ADP와 ATP 중 하나이다.

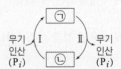

이에 대한 설명으로 옳은 것만을 〈보기〉에서 있는 대로 고른 것은?

보기
ㄱ. ㉠은 ATP이다.
ㄴ. 미토콘드리아에서 과정 Ⅰ이 일어난다.
ㄷ. 과정 Ⅱ에서 에너지가 방출된다.

① ㄱ      ② ㄷ      ③ ㄱ, ㄴ
④ ㄴ, ㄷ      ⑤ ㄱ, ㄴ, ㄷ

## 13 ★☆☆

| 2020년 3월 교육청 5번 |

다음은 효모를 이용한 실험 과정을 나타낸 것이다.

---

(가) 증류수에 효모를 넣어 효모액을 만든다.

(나) 발효관 I과 II에 표와 같이 용액을 넣는다.

| 비커 | 용액 |
|------|------|
| I | 증류수 15 mL + 효모액 15 mL |
| II | 3 % 포도당 용액 15 mL + 효모액 15 mL |

(다) I과 II를 모두 항온기에 넣고 각 발효관에서 10분 동안 발생한 ㉠기체의 부피를 측정한다.

---

이에 대한 옳은 설명만을 〈보기〉에서 있는 대로 고른 것은?

┌─ 보기 ┐

ㄱ. ㉠에 이산화 탄소가 있다.

ㄴ. II에서 이화 작용이 일어난다.

ㄷ. (다)에서 측정한 ㉠의 부피는 I에서가 II에서보다 크다.

① ㄱ        ② ㄷ        ③ ㄱ, ㄴ

④ ㄴ, ㄷ        ⑤ ㄱ, ㄴ, ㄷ

# 02 물질대사와 건강

## A 사람의 기관계

**1. 소화계** : 소화계는 음식물 속의 영양소를 분해하고 몸속으로 흡수하는 역할을 한다.

(1) **영양소의 소화** : 음식물 속의 녹말, 단백질, 지방은 소화 기관을 지나는 동안 각각 포도당, 아미노산, 지방산과 모노글리세리드로 분해되어 소장의 융털로 흡수된다.

(2) **영양소의 흡수와 이동** : 소장에서 최종 소화된 영양소는 소장 내벽의 융털로 흡수된 후 심장으로 이동한다.

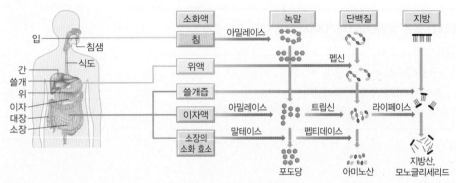

▲ 영양소의 소화 과정

**2. 호흡계** : 공기 중의 산소를 몸속으로 흡수하고 몸속의 이산화 탄소를 몸 밖으로 배출한다.

(1) **산소와 이산화 탄소의 이동** : 숨을 들이마시면 외부의 공기는 코, 기관, 기관지를 거쳐 폐로 들어가고, 숨을 내쉬면 폐에서 기체 교환을 한 공기가 몸 밖으로 나간다.

(2) **폐와 조직 세포에서의 기체 교환** : 폐와 조직 세포에서의 기체 교환은 기체의 분압 차에 의한 확산으로 일어난다.

**3. 순환계** : 각 기관계를 서로 연결하며, 영양소, 산소, 질소 노폐물, 이산화 탄소 등을 운반하고, 각 기관계가 원활하게 작용할 수 있도록 물질을 공급한다.

**4. 배설계** : 세포 호흡 과정에서 생성된 노폐물을 몸 밖으로 내보내는 역할을 한다.

(1) **노폐물의 생성**

① 탄수화물과 지방은 탄소($C$), 수소($H$), 산소($O$)로 구성되어 있어 노폐물로 이산화 탄소($CO_2$)와 물($H_2O$)이 생성된다.

② 단백질은 탄소($C$), 수소($H$), 산소($O$), 질소($N$)로 구성되어 있어 노폐물로 이산화 탄소($CO_2$), 물($H_2O$)과 함께 암모니아($NH_3$)가 생성된다.

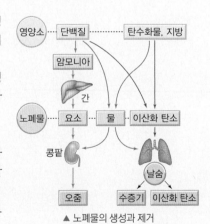

(2) **노폐물의 배설**

① 단백질 분해 과정에서 생성된 암모니아는 독성이 강하기 때문에 간에서 독성이 약한 요소로 전환된 후 콩팥에서 오줌으로 배설된다.

② 이산화 탄소는 폐에서 날숨으로 배출되고, 물은 주로 콩팥에서 오줌으로 배설된다.

▲ 노폐물의 생성과 제거

## B 기관계의 통합적 작용

**1. 기관계의 통합적 작용**

(1) 소화계, 호흡계, 배설계는 순환계를 중심으로 유기적으로 연결되어 있으며, 각 기관계는 고유의 기능을 수행하면서 통합적으로 작용하여 생명 활동이 원활하게 이루어지도록 한다.

(2) 어느 한 기관계라도 이상이 생기면 정상적인 생명 활동을 유지하기 어렵다.

---

**각 기관계를 구성하는 기관의 예**

| 기관계 | 기관의 예 |
|---|---|
| 소화계 | 입, 식도, 위, 소장, 대장, 간, 쓸개, 이자, 항문 |
| 호흡계 | 코, 기관, 기관지, 폐 |
| 순환계 | 심장, 혈관 |
| 배설계 | 콩팥, 오줌관, 방광, 요도 |

**영양소의 흡수와 이동**

| 수용성 영양소 | 소장 융털의 모세 혈관으로 흡수 → 혈관 → 간 → 심장 |
|---|---|
| 지용성 영양소 | 소장 융털의 암죽관으로 흡수 → 림프관 → 심장 |

**혈액의 순환 경로**

• **폐순환** : 심장(우심실)에서 나온 혈액이 폐를 지나면서 산소를 공급받고 이산화 탄소를 내보내는 과정
• **온몸 순환(체순환)** : 심장(좌심실)에서 나온 혈액이 온몸을 지나면서 조직 세포에 산소와 영양소를 공급하고, 이산화 탄소 등의 노폐물을 받아오는 과정

**동맥혈과 정맥혈**

• **동맥혈** : 산소가 많고, 이산화 탄소가 적은 혈액
• **정맥혈** : 산소가 적고, 이산화 탄소가 많은 혈액

**출제 tip**

**기관계의 통합적 작용**

사람의 기관계의 기능과 각 기관계의 통합적 과정을 묻는 문항이 자주 출제되고 있다.

## C 대사성 질환과 에너지 균형

1. **대사성 질환** : 우리 몸에서 물질대사 장애에 의해 발생하는 질환
(1) **대사성 질환의 종류** : 당뇨병, 고혈압, 고지혈증, 심혈관 질환, 구루병 등
(2) **대사 증후군** : 체내의 물질대사 장애로 인해 높은 혈압, 높은 혈당, 비만, 이상 지혈증 등의 증상이 한 사람에게서 동시에 나타난 것을 말한다.
(3) **대사 증후군의 예방** : 방치하면 당뇨병, 심혈관 질환 등 심각한 질환으로 발전할 가능성이 높으로 식이 요법, 운동 요법 등을 포함한 생활 습관 개선을 통해 적정 체중을 유지하는 것이 치료 및 예방에 중요하다.

2. **에너지 균형**
(1) **에너지 대사량**
　① 기초 대사량 : 체온 유지, 호흡 운동, 심장 박동 등 생명 활동을 유지하는 데 필요한 최소한의 에너지양이다.
　② 활동 대사량 : 기초 대사량 이외에 운동하기, 밥 먹기, 책 읽기 등 다양한 신체 활동을 하는 데 필요한 에너지양이다.
　③ 1일 대사량 : 기초 대사량과 활동 대사량, 음식물의 소화, 흡수에 필요한 에너지양 등을 더한 값으로 하루 동안 생활하는 데 필요한 총 에너지양이다.
(2) **영양소 섭취와 에너지 균형** : 생명 활동을 정상적으로 유지하고, 건강한 생활을 하기 위해서는 음식물에서 섭취하는 에너지양과 활동으로 소비하는 에너지양 사이에 균형이 잘 이루어져야 한다.
　① 에너지 섭취량이 에너지 소비량보다 많을 때 : 사용하고 남은 에너지가 체내에 축적되어 비만이 될 수 있다. ➡ 비만은 다양한 질병의 원인이 된다.
　② 에너지 소비량이 에너지 섭취량보다 많을 때 : 에너지가 부족하여 우리 몸에 저장된 지방이나 단백질로부터 에너지를 얻게 된다. ➡ 체중이 감소하고 영양 부족 상태가 된다.

▲ 에너지 부족 상태

▲ 에너지 균형 상태

▲ 에너지 과잉 상태

---

**영양소의 종류**

| 탄수화물 | 1 g당 4 kcal의 열량을 내며, 단당류가 기본 단위이다. |
|---|---|
| 단백질 | 1 g당 4 kcal의 열량을 내며, 아미노산이 기본 단위이며, 효소, 항체, 호르몬의 성분이다. |
| 지방 | 1 g당 9 kcal의 열량을 내며, 지방산과 글리세롤이 기본 단위이다. |

**1일 대사량 계산**
- **기초 대사량** : 체중 1 kg당 1시간 동안 남자는 약 1 kcal, 여자는 약 0.9 kcal가 필요하다. 성인의 경우 1일 기초 대사량은 약 1,440 kcal이다.
- **활동 대사량** : 활동 정도에 따라 기초 대사량에 대한 비율로 계산한다.
- **1일 대사량** : 기초 대사량＋활동 대사량＋음식물의 소화 흡수에 필요한 에너지양이다.

---

---

**[실전 자료]** **기관계의 통합적 작용**

그림은 사람의 기관계 A~C와 순환계의 통합적 작용을 나타낸 것이다. 기관계 A~C는 각각 호흡계, 배설계, 소화계를 순서 없이 나타낸 것이다.

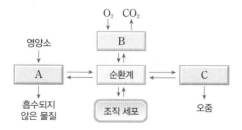

**❶ 기관계의 종류와 특징**
　영양소를 흡수하고 흡수되지 않은 물질을 배출하는 A는 소화계, $O_2$를 받아들이고 $CO_2$를 배출하는 B는 호흡계, 오줌을 배설하는 C는 배설계이다.

**❷ 기관계의 통합적 작용**
　• 소화계, 호흡계, 배설계는 순환계를 중심으로 유기적으로 연결되어 있다.
　• 생명 활동이 지속적으로 이루어지기 위해서는 소화계, 순환계, 호흡계, 배설계의 상호 작용이 원활하게 일어나야 한다.

**1** ★☆☆ | 2024년 10월 교육청 4번 |

그림은 사람 Ⅰ~Ⅲ의 에너지 섭취량과 에너지 소비량을, 표는 Ⅰ~Ⅲ의 에너지 섭취량과 에너지 소비량이 그림과 같이 일정 기간 동안 지속되었을 때 Ⅰ~Ⅲ의 체중 변화를 나타낸 것이다. ㉠과 ㉡은 Ⅱ와 Ⅲ을 순서 없이 나타낸 것이며, Ⅲ에서 고지혈증이 나타난다.

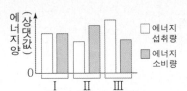

| 사람 | 체중 변화 |
|---|---|
| Ⅰ | 변화 없음 |
| ㉠ | 감소함 |
| ㉡ | 증가함 |

이에 대한 옳은 설명만을 〈보기〉에서 있는 대로 고른 것은?

> **보기**
> ㄱ. ㉡은 Ⅱ이다.
> ㄴ. 고지혈증은 대사성 질환에 해당한다.
> ㄷ. Ⅰ은 에너지 섭취량과 에너지 소비량이 균형을 이루고 있다.

① ㄱ     ② ㄴ     ③ ㄱ, ㄷ
④ ㄴ, ㄷ     ⑤ ㄱ, ㄴ, ㄷ

**2** ★☆☆ | 2024년 10월 교육청 5번 |

사람의 몸을 구성하는 기관계에 대한 옳은 설명만을 〈보기〉에서 있는 대로 고른 것은?

> **보기**
> ㄱ. 소화계에서 암모니아가 요소로 전환된다.
> ㄴ. 배설계를 통해 물이 몸 밖으로 배출된다.
> ㄷ. 호흡계로 들어온 산소의 일부는 순환계를 통해 콩팥으로 운반된다.

① ㄱ     ② ㄴ     ③ ㄱ, ㄷ
④ ㄴ, ㄷ     ⑤ ㄱ, ㄴ, ㄷ

**3** ★☆☆ | 2024년 7월 교육청 9번 |

표는 사람 몸을 구성하는 기관계 A와 B에서 특징의 유무를 나타낸 것이다. A와 B는 배설계와 소화계를 순서 없이 나타낸 것이다.

| 구분 | A | B |
|---|---|---|
| 음식물을 분해하여 영양소를 흡수한다. | 있음 | 없음 |
| 오줌을 통해 요소를 몸 밖으로 내보낸다. | ? | 있음 |
| ⓐ | 있음 | 있음 |

이에 대한 설명으로 옳은 것만을 〈보기〉에서 있는 대로 고른 것은?

> **보기**
> ㄱ. A는 소화계이다.
> ㄴ. 소장은 B에 속한다.
> ㄷ. '자율 신경이 작용하는 기관이 있다.'는 ⓐ에 해당한다.

① ㄱ     ② ㄴ     ③ ㄱ, ㄷ
④ ㄴ, ㄷ     ⑤ ㄱ, ㄴ, ㄷ

**4** ★☆☆ | 2024년 7월 교육청 19번 |

다음은 비만에 대한 자료이다.

(가) 그림은 사람 Ⅰ과 Ⅱ의 에너지 섭취량과 에너지 소비량을 나타낸 것이다. Ⅰ과 Ⅱ에서 에너지양이 일정 기간 동안 그림과 같이 지속되었을 때 Ⅰ은 체중이 변하지 않았고, Ⅱ는 영양 과잉으로 비만이 되었다. ㉠과 ㉡은 각각 에너지 섭취량과 에너지 소비량 중 하나이다.

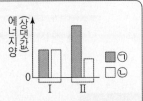

(나) 비만은 영양 과잉이 지속되어 체지방이 과다하게 축적된 상태를 의미하며, ⓐ가 발생할 가능성을 높인다. ⓐ는 혈액 속에 콜레스테롤이나 중성 지방이 많은 상태로 동맥 경화 등 심혈관계 질환의 원인이 된다. ⓐ는 당뇨병과 고지혈증 중 하나이다.

이 자료에 대한 설명으로 옳은 것만을 〈보기〉에서 있는 대로 고른 것은?

> **보기**
> ㄱ. ⓐ는 당뇨병이다.
> ㄴ. ㉠은 에너지 섭취량이다.
> ㄷ. 당뇨병과 고지혈증은 모두 대사성 질환에 해당한다.

① ㄱ     ② ㄷ     ③ ㄱ, ㄴ
④ ㄴ, ㄷ     ⑤ ㄱ, ㄴ, ㄷ

## 5 ★☆☆
|2024년 5월 교육청 2번|

그림은 사람 몸에 있는 각 기관계의 통합적 작용을, 표는 기관계의 특징을 나타낸 것이다. (가)~(다)는 배설계, 소화계, 호흡계를 순서 없이 나타낸 것이다.

| 기관계 | 특징 |
|---|---|
| (가) | ㉠ |
| (나) | 음식물을 분해하여 영양소를 흡수한다. |

이에 대한 설명으로 옳은 것만을 〈보기〉에서 있는 대로 고른 것은? [3점]

보기
ㄱ. (가)는 호흡계이다.
ㄴ. (나)에서 흡수된 영양소 중 일부는 (다)에서 사용된다.
ㄷ. '이산화 탄소를 몸 밖으로 배출한다.'는 ㉠에 해당한다.

① ㄱ      ② ㄷ      ③ ㄱ, ㄴ
④ ㄴ, ㄷ      ⑤ ㄱ, ㄴ, ㄷ

## 6 ★☆☆
|2024년 3월 교육청 3번|

다음은 사람의 질환 A에 대한 자료이다. A는 고지혈증과 당뇨병 중 하나이다.

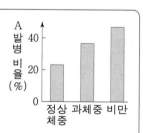

A는 혈액 속에 콜레스테롤과 중성 지방 등이 많은 질환이다. 콜레스테롤이 혈관 내벽에 쌓이면 혈관이 좁아져 ㉠고혈압이 발생할 수 있다. 그림은 비만도에 따른 A의 발병 비율을 나타낸 것이다.

이에 대한 옳은 설명만을 〈보기〉에서 있는 대로 고른 것은?

보기
ㄱ. A는 고지혈증이다.
ㄴ. A의 발병 비율은 비만에서가 정상 체중에서보다 높다.
ㄷ. 대사성 질환 중에는 ㉠이 있다.

① ㄱ      ② ㄷ      ③ ㄱ, ㄴ
④ ㄴ, ㄷ      ⑤ ㄱ, ㄴ, ㄷ

## 7 ★☆☆
|2023년 10월 교육청 2번|

다음은 대사성 질환에 대한 자료이다.

㉠에너지 섭취량이 에너지 소비량보다 많은 상태가 지속되면 비만이 되기 쉽다. 비만이 되면 ㉡혈당량 조절 과정에 이상이 생겨 나타나는 당뇨병과 같은 ㉢대사성 질환의 발생 가능성이 높아진다.

이에 대한 옳은 설명만을 〈보기〉에서 있는 대로 고른 것은?

보기
ㄱ. ㉠은 에너지 균형 상태이다.
ㄴ. ㉡에서 혈당량이 감소하면 인슐린 분비가 촉진된다.
ㄷ. 고혈압은 ㉢의 예이다.

① ㄱ      ② ㄴ      ③ ㄷ
④ ㄱ, ㄴ      ⑤ ㄴ, ㄷ

## 8 ★☆☆
|2023년 10월 교육청 12번|

그림은 사람의 배설계와 호흡계를 나타낸 것이다. A와 B는 각각 폐와 방광 중 하나이다.

배설계      호흡계

이에 대한 옳은 설명만을 〈보기〉에서 있는 대로 고른 것은?

보기
ㄱ. 간은 배설계에 속한다.
ㄴ. B를 통해 $H_2O$이 몸 밖으로 배출된다.
ㄷ. B로 들어온 $O_2$의 일부는 순환계를 통해 A로 운반된다.

① ㄱ      ② ㄴ      ③ ㄱ, ㄷ
④ ㄴ, ㄷ      ⑤ ㄱ, ㄴ, ㄷ

## 9 ★☆☆

| 2023년 7월 교육청 2번 |

표는 사람의 몸을 구성하는 기관계 A와 B를 통해 노폐물이 배출되는 과정의 일부를 나타낸 것이다. A와 B는 배설계와 호흡계를 순서 없이 나타낸 것이며, ㉠은 $H_2O$와 요소 중 하나이다.

| 기관계 | 과정 |
|---|---|
| A | 아미노산이 세포 호흡에 사용된 결과 생성된 ㉠을 오줌으로 배출 |
| B | 물질대사 결과 생성된 ㉠을 날숨으로 배출 |

이에 대한 설명으로 옳은 것만을 〈보기〉에서 있는 대로 고른 것은? [3점]

보기
ㄱ. ㉠은 $H_2O$이다.
ㄴ. 대장은 A에 속한다.
ㄷ. B는 호흡계이다.

① ㄱ      ② ㄴ      ③ ㄱ, ㄷ
④ ㄴ, ㄷ      ⑤ ㄱ, ㄴ, ㄷ

## 10 ★☆☆

| 2023년 3월 교육청 3번 |

다음은 사람의 기관 A와 B에 대한 자료이다. A와 B는 이자와 콩팥을 순서 없이 나타낸 것이다.

- A에서 생성된 오줌을 통해 요소가 배설된다.
- B에서 분비되는 호르몬 ⓐ의 부족은 ㉠대사성 질환인 당뇨병의 원인 중 하나이다.

이에 대한 옳은 설명만을 〈보기〉에서 있는 대로 고른 것은? [3점]

보기
ㄱ. A는 소화계에 속한다.
ㄴ. ⓐ의 일부는 순환계를 통해 간으로 이동한다.
ㄷ. 고지혈증은 ㉠에 해당한다.

① ㄱ      ② ㄴ      ③ ㄷ
④ ㄱ, ㄷ      ⑤ ㄴ, ㄷ

## 11 ★☆☆

| 2022년 10월 교육청 2번 |

그림은 사람 몸에 있는 각 기관계의 통합적 작용을 나타낸 것이다. A~C는 각각 배설계, 소화계, 순환계 중 하나이다.

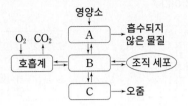

이에 대한 옳은 설명만을 〈보기〉에서 있는 대로 고른 것은? [3점]

보기
ㄱ. A에는 인슐린의 표적 기관이 있다.
ㄴ. 심장은 B에 속한다.
ㄷ. 호흡계로 들어온 $O_2$ 중 일부는 B를 통해 C로 운반된다.

① ㄱ      ② ㄷ      ③ ㄱ, ㄴ
④ ㄴ, ㄷ      ⑤ ㄱ, ㄴ, ㄷ

## 12 ★☆☆

| 2022년 10월 교육청 5번 |

다음은 대사량과 대사성 질환에 대한 학생 A~C의 발표 내용이다.

제시한 내용이 옳은 학생만을 있는 대로 고른 것은?

① A      ② B      ③ A, C
④ B, C      ⑤ A, B, C

## 13 ★☆☆
| 2022년 7월 **교육청** 3번 |

그림은 사람에서 일어나는 물질대사 과정 I ~ III을 나타낸 것이다.

단백질 —I→ 아미노산

암모니아 —II→ 요소

녹말 —III→ 포도당

이에 대한 설명으로 옳은 것만을 〈보기〉에서 있는 대로 고른 것은?

┌─ 보기 ┐
ㄱ. I 에서 에너지가 방출된다.
ㄴ. 간에서 II 가 일어난다.
ㄷ. III에 효소가 관여한다.
└───────┘

① ㄱ  ② ㄷ  ③ ㄱ, ㄴ
④ ㄴ, ㄷ  ⑤ ㄱ, ㄴ, ㄷ

## 14 ★☆☆
| 2022년 7월 **교육청** 18번 |

표는 대사량 ㉠과 ㉡의 의미를, 그림은 사람 I 과 II 에서 하루 동안 소비한 에너지 총량과 섭취한 에너지 총량을 나타낸 것이다. ㉠과 ㉡은 기초 대사량과 활동 대사량을 순서 없이 나타낸 것이다. I 과 II 에서 에너지양이 일정 기간 동안 그림과 같이 지속되었을 때, I 은 체중이 증가했고 II 는 체중이 감소했다.

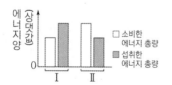

| 대사량 | 의미 |
|---|---|
| ㉠ | 생명을 유지하는 데 필요한 최소한의 에너지양 |
| ㉡ | ? |

이에 대한 설명으로 옳은 것만을 〈보기〉에서 있는 대로 고른 것은?

┌─ 보기 ┐
ㄱ. ㉡은 기초 대사량이다.
ㄴ. II 의 하루 동안 소비한 에너지 총량에 ㉠이 포함되어 있다.
ㄷ. 하루 동안 섭취한 에너지 총량이 소비한 에너지 총량보다 적은 상태가 지속되면 체중이 감소한다.
└───────┘

① ㄱ  ② ㄴ  ③ ㄱ, ㄷ
④ ㄴ, ㄷ  ⑤ ㄱ, ㄴ, ㄷ

## 15 ★☆☆
| 2022년 4월 **교육청** 2번 |

그림 (가)는 간에서 일어나는 물질의 전환 과정 A와 B를, (나)는 A와 B 중 한 과정에서의 에너지 변화를 나타낸 것이다.

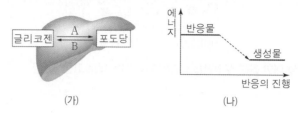

(가)   (나)

이에 대한 설명으로 옳은 것만을 〈보기〉에서 있는 대로 고른 것은? [3점]

┌─ 보기 ┐
ㄱ. (나)는 A에서의 에너지 변화이다.
ㄴ. 글루카곤에 의해 B가 촉진된다.
ㄷ. A와 B에서 모두 효소가 이용된다.
└───────┘

① ㄱ  ② ㄴ  ③ ㄱ, ㄷ
④ ㄴ, ㄷ  ⑤ ㄱ, ㄴ, ㄷ

## 16 ★☆☆
| 2022년 4월 **교육청** 4번 |

그림은 사람 몸에 있는 각 기관계의 통합적 작용을 나타낸 것이다. (가)~(다)는 배설계, 소화계, 호흡계를 순서 없이 나타낸 것이다.

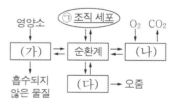

이에 대한 설명으로 옳은 것만을 〈보기〉에서 있는 대로 고른 것은?

┌─ 보기 ┐
ㄱ. (가)는 호흡계이다.
ㄴ. ㉠의 미토콘드리아에서 $O_2$가 사용된다.
ㄷ. (다)를 통해 질소 노폐물이 배설된다.
└───────┘

① ㄱ  ② ㄴ  ③ ㄱ, ㄷ
④ ㄴ, ㄷ  ⑤ ㄱ, ㄴ, ㄷ

## 17 ★☆☆
|2022년 3월 교육청 3번|

그림은 사람에서 일어나는 물질대사 과정 ㉠과 ㉡을 나타낸 것이다.

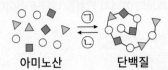

이에 대한 옳은 설명만을 〈보기〉에서 있는 대로 고른 것은?

보기
ㄱ. ㉠에서 동화 작용이 일어난다.
ㄴ. ㉡에서 에너지가 방출된다.
ㄷ. ㉡에 효소가 관여한다.

① ㄱ      ② ㄷ      ③ ㄱ, ㄴ
④ ㄴ, ㄷ      ⑤ ㄱ, ㄴ, ㄷ

## 18 ★☆☆
|2022년 3월 교육청 4번|

표 (가)는 사람의 기관이 가질 수 있는 3가지 특징을, (나)는 (가)의 특징 중 심장과 기관 A, B가 갖는 특징의 개수를 나타낸 것이다. A와 B는 각각 방광과 소장 중 하나이다.

| 특징 |
|---|
| • 오줌을 저장한다. |
| • 순환계에 속한다. |
| • 자율 신경과 연결된다. |

| 기관 | 특징의 개수 |
|---|---|
| 심장 | ㉠ |
| A | 2 |
| B | 1 |

(가)           (나)

이에 대한 옳은 설명만을 〈보기〉에서 있는 대로 고른 것은? [3점]

보기
ㄱ. ㉠은 1이다.
ㄴ. A는 방광이다.
ㄷ. B에서 아미노산이 흡수된다.

① ㄱ      ② ㄷ      ③ ㄱ, ㄴ
④ ㄴ, ㄷ      ⑤ ㄱ, ㄴ, ㄷ

## 19 ★☆☆
|2021년 10월 교육청 3번|

그림은 사람의 배설계와 소화계를 나타낸 것이다. A~C는 각각 간, 소장, 콩팥 중 하나이다.

이에 대한 옳은 설명만을 〈보기〉에서 있는 대로 고른 것은?

보기
ㄱ. B에서 생성된 요소의 일부는 A를 통해 체외로 배출된다.
ㄴ. B는 글루카곤의 표적 기관이다.
ㄷ. C에서 흡수된 포도당의 일부는 순환계를 통해 B로 이동한다.

① ㄱ      ② ㄴ      ③ ㄱ, ㄷ
④ ㄴ, ㄷ      ⑤ ㄱ, ㄴ, ㄷ

## 20 ★☆☆
|2021년 7월 교육청 2번|

다음은 비만에 대한 자료이다.

기초 대사량과 ㉠활동 대사량을 합한 에너지양보다 섭취한 음식물에서 얻은 에너지양이 많은 에너지 불균형 상태가 지속되면 비만이 되기 쉽다. 비만은 ㉡고혈압, 당뇨병, 심혈관계 질환이 발생할 가능성을 높인다.

이에 대한 설명으로 옳은 것만을 〈보기〉에서 있는 대로 고른 것은?

보기
ㄱ. ㉠은 생명 활동을 유지하는 데 필요한 최소한의 에너지양이다..
ㄴ. ㉡은 대사성 질환에 해당한다.
ㄷ. 규칙적인 운동은 비만을 예방하는 데 도움이 된다.

① ㄱ      ② ㄷ      ③ ㄱ, ㄴ
④ ㄴ, ㄷ      ⑤ ㄱ, ㄴ, ㄷ

## 21 ★☆☆ | 2021년 7월 교육청 4번 |

그림은 사람에서 일어나는 물질대사 과정의 일부와 노폐물 ㉠~㉢이 기관계 A와 B를 통해 배출되는 경로를 나타낸 것이다. ㉠~㉢은 물, 요소, 이산화 탄소를 순서 없이 나타낸 것이고, A와 B는 호흡계와 배설계를 순서 없이 나타낸 것이다.

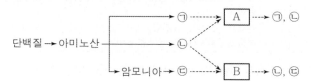

이에 대한 설명으로 옳은 것만을 〈보기〉에서 있는 대로 고른 것은? [3점]

┌ 보기 ┐
ㄱ. 폐는 A에 속한다.
ㄴ. ㉠은 이산화 탄소이다.
ㄷ. B에서 ㉡의 재흡수가 일어난다.
└─────┘

① ㄱ          ② ㄷ          ③ ㄱ, ㄴ
④ ㄴ, ㄷ          ⑤ ㄱ, ㄴ, ㄷ

## 22 ★☆☆ | 2021년 4월 교육청 9번 |

그림은 사람에서 일어나는 영양소의 물질대사 과정 일부를, 표는 노폐물 ㉠~㉢에서 탄소(C), 산소(O), 질소(N)의 유무를 나타낸 것이다. (가)와 (나)는 각각 단백질과 지방 중 하나이고, ㉠~㉢은 물, 암모니아, 이산화 탄소를 순서 없이 나타낸 것이다.

| 구분 | 탄소(C) | 산소(O) | 질소(N) |
|---|---|---|---|
| ㉠ | × | ○ | × |
| ㉡ | ? | ○ | × |
| ㉢ | × | × | ○ |

(○: 있음, ×: 없음)

이에 대한 설명으로 옳은 것만을 〈보기〉에서 있는 대로 고른 것은?

┌ 보기 ┐
ㄱ. (가)는 단백질이다.
ㄴ. 호흡계를 통해 ㉡이 몸 밖으로 배출된다.
ㄷ. 간에서 ㉢이 요소로 전환된다.
└─────┘

① ㄱ          ② ㄴ          ③ ㄱ, ㄷ
④ ㄴ, ㄷ          ⑤ ㄱ, ㄴ, ㄷ

## 23 ★☆☆ | 2021년 3월 교육청 3번 |

표는 사람의 기관계 A~C 각각에 속하는 기관 중 하나를 나타낸 것이다. A~C는 각각 소화계, 순환계, 호흡계 중 하나이다.

| 기관계 | A | B | C |
|---|---|---|---|
| 기관 | 소장 | 폐 | 심장 |

이에 대한 옳은 설명만을 〈보기〉에서 있는 대로 고른 것은?

┌ 보기 ┐
ㄱ. A에서 포도당이 흡수된다.
ㄴ. B에서 기체 교환이 일어난다.
ㄷ. C를 통해 요소가 배설계로 운반된다.
└─────┘

① ㄱ          ② ㄷ          ③ ㄱ, ㄴ
④ ㄴ, ㄷ          ⑤ ㄱ, ㄴ, ㄷ

## 24 ★☆☆ | 2020년 10월 교육청 3번 |

그림은 사람에서 일어나는 기관계의 통합적 작용을 나타낸 것이다. A~C는 각각 배설계, 소화계, 호흡계 중 하나이다.

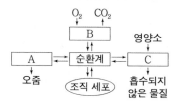

이에 대한 옳은 설명만을 〈보기〉에서 있는 대로 고른 것은?

┌ 보기 ┐
ㄱ. 대장은 A에 속한다.
ㄴ. B는 호흡계이다.
ㄷ. C에서 아미노산이 흡수된다.
└─────┘

① ㄱ          ② ㄷ          ③ ㄱ, ㄴ
④ ㄴ, ㄷ          ⑤ ㄱ, ㄴ, ㄷ

## 25 ★☆☆ | 2020년 7월 교육청 4번 |

그림은 사람 몸에 있는 각 기관계의 통합적 작용을, 표는 단백질과 탄수화물이 물질대사를 통해 분해되어 생성된 최종 분해 산물 중 일부를 나타낸 것이다. A∼C는 배설계, 소화계, 호흡계를, ㉠과 ㉡은 암모니아와 이산화 탄소를 순서 없이 나타낸 것이다.

| 물질 | 최종 분해 산물 |
|---|---|
| 단백질 | ㉠, ㉡ |
| 탄수화물 | ㉡ |

이에 대한 옳은 설명만을 〈보기〉에서 있는 대로 고른 것은? [3점]

보기
ㄱ. 콩팥은 A에 속하는 기관이다.
ㄴ. ㉠의 구성 원소 중 질소(N)가 있다.
ㄷ. B를 통해 ㉡이 체외로 배출된다.

① ㄱ          ② ㄷ          ③ ㄱ, ㄴ
④ ㄴ, ㄷ          ⑤ ㄱ, ㄴ, ㄷ

## 26 ★☆☆ | 2020년 4월 교육청 4번 |

그림은 사람 몸에 있는 각 기관계의 통합적 작용을 나타낸 것이며, 표는 기관계 (가)~(다)에 대한 자료이다. (가)~(다)는 배설계, 소화계, 순환계를 순서 없이 나타낸 것이다.

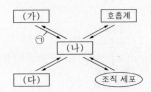

- (가)에서 영양소의 소화와 흡수가 일어난다.
- (나)는 조직 세포에서 생성된 $CO_2$를 호흡계로 운반한다.
- (다)를 통해 질소성 노폐물이 배설된다.

이에 대한 설명으로 옳은 것만을 〈보기〉에서 있는 대로 고른 것은?

보기
ㄱ. ㉠에는 요소의 이동이 포함된다.
ㄴ. (나)는 순환계이다.
ㄷ. 콩팥은 (다)에 속한다.

① ㄱ          ② ㄷ          ③ ㄱ, ㄴ
④ ㄴ, ㄷ          ⑤ ㄱ, ㄴ, ㄷ

## 27 ★☆☆ | 2020년 3월 교육청 7번 |

표는 사람의 질환 (가)와 (나)의 특징을 나타낸 것이다. (가)와 (나)는 당뇨병과 고지혈증을 순서 없이 나타낸 것이다.

| 질환 | 특징 |
|---|---|
| (가) | 혈액에 콜레스테롤과 중성 지방 등이 정상 범위 이상으로 많이 들어 있다. |
| (나) | 호르몬 ㉠의 분비 부족이나 작용 이상으로 혈당량이 조절되지 못하고 오줌에서 포도당이 검출된다. |

이에 대한 옳은 설명만을 〈보기〉에서 있는 대로 고른 것은?

보기
ㄱ. (가)는 당뇨병이다.
ㄴ. ㉠은 이자에서 분비된다.
ㄷ. (가)와 (나)는 모두 대사성 질환이다.

① ㄱ          ② ㄴ          ③ ㄱ, ㄷ
④ ㄴ, ㄷ          ⑤ ㄱ, ㄴ, ㄷ

Memo

# 항상성과 몸의 조절

# 01 자극의 전달

## A 뉴런의 구조와 종류

1. **뉴런** : 신경계를 구성하는 기본 단위인 신경 세포로, 자극을 전달하고 통합하여 명령을 반응기에 전달한다.
2. **뉴런의 구조와 기능** : 기본적으로 신경 세포체, 가지 돌기, 축삭 돌기로 이루어져 있다.

| 신경 세포체 | 핵과 대부분의 세포 소기관이 존재하며, 뉴런의 생명 활동을 조절한다. |
|---|---|
| 가지 돌기 | 신경 세포체에서 뻗어 나온 짧은 돌기로, 다른 뉴런(세포)으로부터 흥분을 받아들인다. |
| 축삭 돌기 | 신경 세포체에서 뻗어 나온 긴 돌기로, 흥분을 다른 뉴런(세포)으로 이동시킨다. |

**구심성 뉴런과 원심성 뉴런**

| 구심성 뉴런 | 우리 몸의 중심에 해당하는 중추 신경계로 정보를 전달하는 뉴런 |
|---|---|
| 원심성 뉴런 | 중추 신경계에서 만들어진 반응 명령을 반응기로 전달하는 뉴런 |

3. **뉴런의 종류**
(1) **구심성 뉴런** : 감각기에서 받아들인 자극을 중추 신경으로 전달하는 뉴런으로, 감각 뉴런이 이에 해당한다.
(2) **연합 뉴런** : 뇌와 척수 같은 중추 신경을 이루며, 구심성 뉴런에서 온 정보를 종합하여 적절한 반응 명령을 내린다.
(3) **원심성 뉴런** : 중추 신경의 반응 명령을 반응기로 전달하는 뉴런으로, 운동 뉴런이 이에 해당한다.

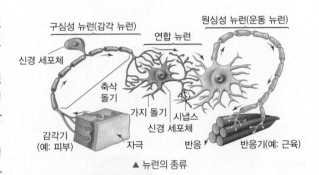

▲ 뉴런의 종류

## B 흥분의 전도와 전달

1. **흥분의 발생** : 역치 이상의 자극을 받으면 흥분이 발생하며, 자극을 받은 뉴런의 축삭 돌기에서 분극(휴지 전위) → 탈분극(활동 전위) → 재분극의 순서로 막전위가 변한다.

2. **흥분의 발생 과정** : 분극 → 탈분극 → 재분극 → 휴지 전위(분극)
(1) **분극** : 자극을 받지 않은 휴지 전위 상태(약 −70 mV)
① $Na^+-K^+$ 펌프가 ATP를 소모하여 $Na^+$은 세포 밖으로, $K^+$은 세포 안으로 이동시킨다. 따라서 $Na^+$의 농도는 세포 밖이 안보다 높고, $K^+$의 농도는 세포 안이 밖보다 높다.
② 분극 상태에서는 세포막을 경계로 세포 안이 밖보다 상대적으로 음(−)전하를 띠며, 약 −70 mV의 휴지 전위가 생성된다.

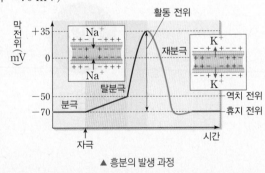

▲ 흥분의 발생 과정

(2) **탈분극** : 자극을 받아 막전위가 상승하는 현상
① 자극을 받은 부위에서 $Na^+$ 통로가 열려 $Na^+$이 세포 안으로 유입(확산)되며, 이때 막전위가 상승한다.
② 막전위가 역치 전위에 도달하면 많은 수의 $Na^+$ 통로가 열려 많은 양의 $Na^+$이 세포 안으로 유입되며, 막전위가 약 +35 mV까지 급격히 상승해 활동 전위가 발생된다.
③ 활동 전위가 발생하면 세포막 안쪽은 양(+)전하, 세포막 바깥쪽은 음(−)전하를 띤다.
(3) **재분극** : 탈분극이 일어난 후 막전위가 하강하는 현상
① $Na^+$ 통로는 닫히고, $K^+$ 통로가 열려 $K^+$이 세포 밖으로 유출(확산)되며, 이때 막전위가 하강한다.
② 막전위가 휴지 전위보다 하강했다가(과분극) 다시 휴지 전위로 돌아간다.

**역치**

뉴런에서 활동 전위를 일으킬 수 있는 최소한의 자극 세기이다.

**활동 전위**

뉴런에 역치 이상의 자극이 전해질 때 뉴런에서 나타나는 막전위의 변화

**$Na^+-K^+$ 펌프**

뉴런의 세포막에 있는 막단백질로 에너지(ATP)를 사용하여 $Na^+$은 3분자씩 세포 밖으로, $K^+$은 2분자씩 세포 안으로 능동 수송시킨다.

**$Na^+$ 통로와 $K^+$ 통로**

• 뉴런의 세포막에 있는 이온 통로로 에너지(ATP) 소모 없이 $Na^+$은 $Na^+$ 통로를 통해, $K^+$은 $K^+$ 통로를 통해 농도가 높은 곳에서 낮은 곳으로 확산된다.
• 뉴런의 세포막에는 막전위에 따라 열리고 닫히는 $Na^+$ 통로와 $K^+$ 통로가 있으며, $K^+$ 통로 중 일부는 항상 열려 있다.

## 3. 흥분의 전도

(1) **흥분의 전도** : 한 뉴런 내에서 발생한 흥분이 축삭 돌기를 따라 이동하는 현상이다.

(2) **한 뉴런 내에서 흥분의 전도 과정** : 뉴런의 한 지점에서 활동 전위가 발생하면 세포 안으로 유입된 $Na^+$은 이웃한 부위의 막전위와 막 투과도를 변화시켜 연속적으로 탈분극이 일어나도록 하며, 이웃한 부위에서 새로운 활동 전위를 발생시킨다. ➡ 활동 전위가 축삭 돌기를 따라 연속적으로 발생하면서 전도된다.

**출제 tip**

**흥분의 전도**

여러 민말이집 신경에서 흥분의 전도와 전달 과정 및 흥분의 전도 속도를 구할 수 있는지를 묻는 문항이 자주 출제된다.

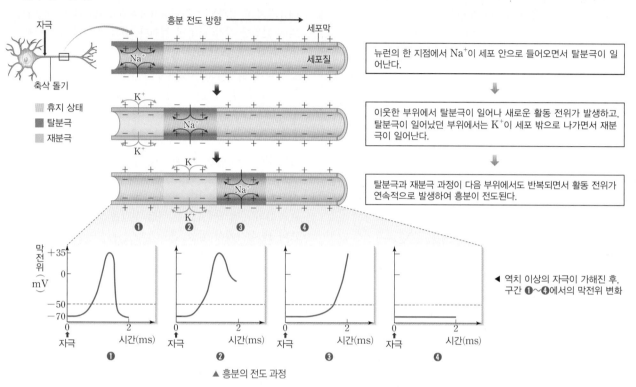

뉴런의 한 지점에서 $Na^+$이 세포 안으로 들어오면서 탈분극이 일어난다.

이웃한 부위에서 탈분극이 일어나 새로운 활동 전위가 발생하고, 탈분극이 일어났던 부위에서는 $K^+$이 세포 밖으로 나가면서 재분극이 일어난다.

탈분극과 재분극 과정이 다음 부위에서도 반복되면서 활동 전위가 연속적으로 발생하여 흥분이 전도된다.

◀ 역치 이상의 자극이 가해진 후, 구간 ❶~❹에서의 막전위 변화

▲ 흥분의 전도 과정

## 4. 흥분의 전달
두 뉴런의 연결 부위인 시냅스에서 신경 전달 물질에 의해 한 뉴런의 흥분이 다른 뉴런으로 전달되는 현상

**실전 자료** 흥분의 발생과 이온의 막 투과도 변화

그림 (가)는 뉴런의 구조를, (나)는 뉴런에 역치 이상의 자극을 주었을 때 이온 ㉠과 ㉡의 막 투과도 변화를 나타낸 것이다. ㉠과 ㉡은 각각 $K^+$과 $Na^+$ 중 하나이다.

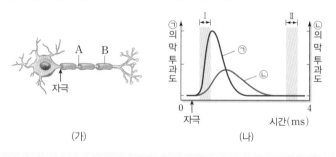

(가)  (나)

- (가)에서 뉴런에 역치 이상의 자극을 주면 랑비에 결절(A)에서는 이온의 이동에 의한 막 투과도 변화가 일어나 활동 전위가 발생하지만, 말이집(B)에서는 활동 전위가 발생하지 않는다.
- (나)에서 ㉠의 막 투과도가 ㉡의 막 투과도보다 먼저 증가했으므로 ㉠은 탈분극을 일으키는 $Na^+$이고, ㉡은 재분극을 일으키는 $K^+$이다.
- 구간 Ⅰ에서 탈분극이 일어난다. ➡ Ⅰ에서 $Na^+$(㉠) 통로가 열려 $Na^+$이 세포 밖에서 세포 안으로 빠르게 유입(확산)된다.
- 구간 Ⅱ에서 뉴런은 분극 상태이다. ➡ Ⅱ에서 $Na^+-K^+$ 펌프가 작동하며, ATP를 소모하면서 $Na^+$(㉠)은 세포 밖으로, $K^+$(㉡)은 세포 안으로 이동시킨다.

**자극의 세기에 따른 활동 전위의 변화**

뉴런에 주어지는 자극의 세기가 강할수록 활동 전위의 발생 빈도가 증가한다.

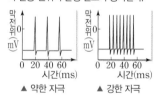

▲ 약한 자극   ▲ 강한 자극

**시냅스**

한 뉴런의 축삭 돌기 말단부와 다음 뉴런의 가지 돌기 또는 신경 세포체가 틈을 두고 접한 부위를 말하며, 두 뉴런 사이의 틈을 시냅스 틈이라고 한다.

**신경 전달 물질**

뉴런의 축삭 돌기 말단에서 분비되어 이웃한 뉴런이나 반응기에 신호를 전달하는 화학 물질이다.

**흥분 이동의 방향성**

- 흥분은 하나의 뉴런 내에서는 자극을 받은 지점을 중심으로 양방향으로 전도된다.
- 신경 전달 물질이 들어 있는 시냅스 소포는 축삭 돌기 말단에 있기 때문에 두 뉴런 사이에서의 흥분은 시냅스 이전 뉴런의 축삭 돌기 말단에서 시냅스 이후 뉴런의 가지 돌기나 신경 세포체 쪽으로만 전달된다.

**1** ☆☆☆ | 2024년 10월 교육청 12번 |

다음은 민말이집 신경 A와 B의 흥분 전도와 전달에 대한 자료이다.

- 그림은 A와 B에서 지점 $d_1 \sim d_4$의 위치를, 표는 A와 B의 $d_1$에 역치 이상의 자극을 동시에 1회 주고 경과한 시간이 5 ms일 때 $d_1 \sim d_4$에서의 막전위를 나타낸 것이다. Ⅰ ~ Ⅳ는 $d_1 \sim d_4$를 순서 없이 나타낸 것이고, ㉠~㉣은 −80, −70, −60, 0을 순서 없이 나타낸 것이다.

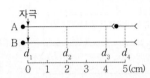

| 신경 | 5 ms일 때 막전위(mV) | | | |
|---|---|---|---|---|
| | Ⅰ | Ⅱ | Ⅲ | Ⅳ |
| A | ㉠ | ㉡ | ? | ㉢ |
| B | ? | ㉣ | ㉢ | ㉡ |

- A를 구성하는 두 뉴런의 흥분 전도 속도는 ⓐ로 같고, B의 흥분 전도 속도는 ⓑ이다. ⓐ와 ⓑ는 1 cm/ms와 2 cm/ms를 순서 없이 나타낸 것이다.

- A와 B 각각에서 활동 전위가 발생하였을 때, 각 지점에서의 막전위 변화는 그림과 같다.

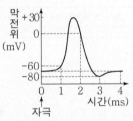

이에 대한 옳은 설명만을 〈보기〉에서 있는 대로 고른 것은? (단, A와 B에서 흥분 전도는 각각 1회 일어났고, 휴지 전위는 −70 mV이다.) [3점]

보기
ㄱ. Ⅳ는 $d_2$이다.
ㄴ. ㉠은 −60이다.
ㄷ. 5 ms일 때 B의 Ⅱ에서 탈분극이 일어나고 있다.

① ㄱ  ② ㄴ  ③ ㄱ, ㄷ
④ ㄴ, ㄷ  ⑤ ㄱ, ㄴ, ㄷ

---

**2** ☆☆☆ | 2024년 7월 교육청 17번 |

다음은 민말이집 신경 A와 B의 흥분 전도와 전달에 대한 자료이다.

- 그림은 A와 B의 지점 $d_1 \sim d_4$의 위치를, 표는 A와 B의 지점 P에 역치 이상의 자극을 동시에 1회 주고 경과된 시간이 4 ms와 6 ms일 때 $d_1 \sim d_4$에서의 막전위를 각각 나타낸 것이다. P는 $d_1 \sim d_4$ 중 하나이고, Ⅰ과 Ⅱ는 A와 B를 순서 없이 나타낸 것이다.

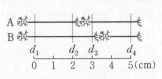

| 신경 | 4 ms일 때 측정한 막전위(mV) | | | | 6 ms일 때 측정한 막전위(mV) | | | |
|---|---|---|---|---|---|---|---|---|
| | $d_1$ | $d_2$ | $d_3$ | $d_4$ | $d_1$ | $d_2$ | $d_3$ | $d_4$ |
| Ⅰ | ㉠ | ? | −80 | −68 | ? | ? | ? | −60 |
| Ⅱ | −80 | ? | −60 | ? | ? | ? | −80 | ㉠ |

- A와 B를 구성하는 4개의 뉴런 중 3개 뉴런의 흥분 전도 속도는 ⓐ cm/ms로 같고, 나머지 1개 뉴런의 흥분 전도 속도는 ⓑ cm/ms이다. ⓐ와 ⓑ는 서로 다르다.

- A와 B의 시냅스에서 흥분 전달 시간은 서로 다르다.

- A와 B 각각에서 활동 전위가 발생하였을 때, 각 지점에서의 막전위 변화는 그림과 같다. 휴지 전위는 −70 mV이다.

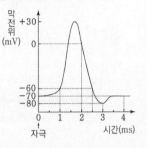

이에 대한 설명으로 옳은 것만을 〈보기〉에서 있는 대로 고른 것은? (단, A와 B에서 흥분의 전도는 각각 1회 일어났고, 제시된 조건 이외의 다른 조건은 동일하다.) [3점]

보기
ㄱ. ㉠은 −70이다.
ㄴ. A를 구성하는 뉴런의 흥분 전도 속도는 모두 2 cm/ms이다.
ㄷ. B의 $d_3$에 역치 이상의 자극을 주고 경과된 시간이 5 ms일 때 $d_4$에서 탈분극이 일어난다.

① ㄱ  ② ㄴ  ③ ㄷ
④ ㄱ, ㄴ  ⑤ ㄴ, ㄷ

## 3 ★★☆

다음은 민말이집 신경 A와 B의 흥분 전도와 전달에 대한 자료이다.

- 그림은 A와 B의 지점 $d_1 \sim d_4$의 위치를, 표는 ㉮ A와 B의 $d_1$에 역치 이상의 자극을 동시에 1회 주고 경과된 시간이 5 ms일 때 $d_2 \sim d_4$에서의 막전위를 나타낸 것이다. (가)와 (나) 중 한 곳에만 시냅스가 있으며, ㉠과 ㉡은 각각 $-80$과 $+30$ 중 하나이다.

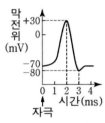

| 신경 | 5 ms일 때 측정한 막전위(mV) | | |
|---|---|---|---|
| | $d_2$ | $d_3$ | $d_4$ |
| A | ㉠ | ㉡ | $-10$ |
| B | ㉡ | ? | ? |

- A와 B 중 1개의 신경은 한 뉴런으로 구성되고, 나머지 1개의 신경은 두 뉴런으로 구성된다. A와 B를 구성하는 뉴런의 흥분 전도 속도는 모두 같다.

- A와 B 각각에서 활동 전위가 발생하였을 때, 각 지점에서의 막전위 변화는 그림과 같다.

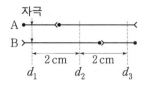

이에 대한 설명으로 옳은 것만을 〈보기〉에서 있는 대로 고른 것은? (단, A와 B에서 흥분의 전도는 각각 1회 일어났고, 휴지 전위는 $-70$ mV이다.) [3점]

〈보기〉
ㄱ. 시냅스는 (나)에 있다.
ㄴ. $\dfrac{ⓐ}{ⓑ} = \dfrac{1}{2}$이다.
ㄷ. ㉮가 6 ms일 때 B의 $d_4$에서 재분극이 일어나고 있다.

① ㄱ  ② ㄴ  ③ ㄷ
④ ㄱ, ㄷ  ⑤ ㄴ, ㄷ

## 4 ★★☆

다음은 민말이집 신경 A와 B의 흥분 전도와 전달에 대한 자료이다.

- A와 B는 각각 2개의 뉴런으로 구성되고, 각 뉴런의 흥분 전도 속도는 ⓐ로 같다.

- 그림은 A와 B에서 지점 $d_1 \sim d_3$의 위치를, 표는 A와 B의 $d_1$에 역치 이상의 자극을 동시에 1회 주고 경과된 시간이 4 ms일 때 Ⅰ과 Ⅱ에서의 막전위를 나타낸 것이다. Ⅰ과 Ⅱ는 $d_2$와 $d_3$을 순서 없이 나타낸 것이다.

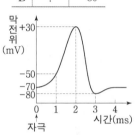

| 신경 | 막전위(mV) | |
|---|---|---|
| | Ⅰ | Ⅱ |
| A | $-50$ | ㉠ |
| B | ? | $-80$ |

- A와 B에서 활동 전위가 발생했을 때, 각 지점에서의 막전위 변화는 그림과 같다.

이에 대한 옳은 설명만을 〈보기〉에서 있는 대로 고른 것은? (단, A와 B에서 흥분의 전도는 각각 1회 일어났고, 휴지 전위는 $-70$ mV이다.) [3점]

〈보기〉
ㄱ. Ⅰ은 $d_3$이다.
ㄴ. ⓐ는 2 cm/ms이다.
ㄷ. ㉠은 $+30$이다.

① ㄱ  ② ㄷ  ③ ㄱ, ㄴ
④ ㄴ, ㄷ  ⑤ ㄱ, ㄴ, ㄷ

다음은 민말이집 신경 A와 B의 흥분 전도에 대한 자료이다.

- 그림은 A와 B에서 지점 $d_1 \sim d_4$의 위치를, 표는 A의 $d_1$과 B의 $d_3$에 역치 이상의 자극을 동시에 1회 주고 경과한 시간이 $t_1 \sim t_4$일 때 A의 ㉠과 B의 ㉡에서 측정한 막전위를 나타낸 것이다. ㉠과 ㉡은 $d_2$와 $d_4$를 순서 없이 나타낸 것이고, $t_1 \sim t_4$는 1 ms, 2 ms, 4 ms, 5 ms를 순서 없이 나타낸 것이다.

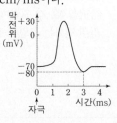

| 신경 | 지점 | 막전위(mV) | | | |
|---|---|---|---|---|---|
| | | $t_1$ | $t_2$ | $t_3$ | $t_4$ |
| A | ㉠ | ? | ⓐ | +20 | ? |
| B | ㉡ | −80 | −70 | ? | ⓑ |

- A와 B의 흥분 전도 속도는 모두 1 cm/ms이다.
- A와 B 각각에서 활동 전위가 발생하였을 때, 각 지점에서의 막전위 변화는 그림과 같다.

이에 대한 옳은 설명만을 〈보기〉에서 있는 대로 고른 것은? (단, A와 B에서 흥분 전도는 각각 1회 일어났고, 휴지 전위는 −70 mV이다.) [3점]

보기
ㄱ. $t_3$는 5 ms이다.
ㄴ. ㉡은 $d_4$이다.
ㄷ. ⓐ와 ⓑ는 모두 −70이다.

① ㄱ　　　　② ㄴ　　　　③ ㄱ, ㄴ
④ ㄱ, ㄷ　　　⑤ ㄴ, ㄷ

다음은 민말이집 신경 A~C의 흥분 전도와 전달에 대한 자료이다.

- 그림은 A, B, C의 지점 $d_1 \sim d_6$의 위치를, 표는 A의 $d_1$과 C의 $d_2$에 역치 이상의 자극을 동시에 1회 주고 경과된 시간이 4 ms와 5 ms일 때 $d_3 \sim d_6$에서의 막전위를 순서 없이 나타낸 것이다.

| 시간(ms) | $d_3 \sim d_6$에서의 막전위(mV) |
|---|---|
| 4 | ㉠, −70, 0, +10 |
| 5 | −80, −70, −60, −50 |

- A와 B의 흥분 전도 속도는 모두 ⓐ cm/ms, C의 흥분 전도 속도는 ⓑ cm/ms이다. ⓐ와 ⓑ는 각각 1과 2 중 하나이다.
- A~C에서 활동 전위가 발생하였을 때, 각 지점에서의 막전위 변화는 그림과 같다.

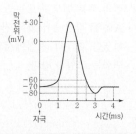

이에 대한 설명으로 옳은 것만을 〈보기〉에서 있는 대로 고른 것은? (단, A~C에서 흥분의 전도는 각각 1회 일어났고, 휴지 전위는 −70 mV이다.) [3점]

보기
ㄱ. ⓐ는 1이다.
ㄴ. ㉠은 −80이다.
ㄷ. 4 ms일 때 B의 $d_5$에서는 탈분극이 일어나고 있다.

① ㄱ　　　　② ㄴ　　　　③ ㄱ, ㄷ
④ ㄴ, ㄷ　　　⑤ ㄱ, ㄴ, ㄷ

## 7 ☆☆☆
| 2023년 4월 교육청 15번 |

다음은 민말이집 신경 A의 흥분 전도에 대한 자료이다.

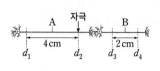

- 그림은 A의 지점 $d_1 \sim d_4$의 위치를 나타낸 것이다. A는 1개의 뉴런이다.

- 표 (가)는 $d_2$에 역치 이상의 자극 I을 주고 경과된 시간이 4 ms일 때 $d_1 \sim d_4$에서의 막전위를, (나)는 $d_3$에 역치 이상의 자극 II를 주고 경과된 시간이 4 ms일 때 $d_1 \sim d_4$에서의 막전위를 나타낸 것이다. A에서 활동 전위가 발생하였을 때, 각 지점에서의 막전위 변화는 그림과 같다.

| (가) | 지점 | $d_1$ | $d_2$ | $d_3$ | $d_4$ |
|---|---|---|---|---|---|
| | 막전위(mV) | −80 | ? | ? | −60 |

| (나) | 지점 | $d_1$ | $d_2$ | $d_3$ | $d_4$ |
|---|---|---|---|---|---|
| | 막전위(mV) | −60 | 0 | ? | ? |

이에 대한 설명으로 옳은 것만을 〈보기〉에서 있는 대로 고른 것은? (단, I과 II에 의해 흥분의 전도는 각각 1회 일어났고, 휴지 전위는 −70 mV이다.) [3점]

**보기**

ㄱ. ㉡이 ㉠보다 크다.

ㄴ. A의 흥분 전도 속도는 1 cm/ms이다.

ㄷ. $d_1$에 역치 이상의 자극을 주고 경과된 시간이 5 ms일 때 $d_4$에서 탈분극이 일어나고 있다.

① ㄱ  ② ㄴ  ③ ㄷ
④ ㄱ, ㄴ  ⑤ ㄴ, ㄷ

## 8 ☆☆☆
| 2023년 3월 교육청 16번 |

다음은 민말이집 신경 A와 B의 흥분 전도와 전달에 대한 자료이다.

- 그림은 A와 B에서 지점 $d_1 \sim d_4$의 위치를, 표는 ㉠$d_2$에 역치 이상의 자극을 1회 주고 경과된 시간이 4 ms와 ⓐms일 때 $d_3$과 $d_4$의 막전위를 나타낸 것이다.

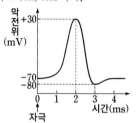

| 시간 (ms) | 막전위(mV) | |
|---|---|---|
| | $d_3$ | $d_4$ |
| 4 | +30 | ? |
| ⓐ | ? | −80 |

- A와 B의 흥분 전도 속도는 각각 2 cm/ms이다.

- A와 B 각각에서 활동 전위가 발생했을 때, 각 지점의 막전위 변화는 그림과 같다.

이에 대한 옳은 설명만을 〈보기〉에서 있는 대로 고른 것은? (단, A와 B에서 흥분의 전도는 각각 1회 일어났고, 휴지 전위는 −70 mV이다.) [3점]

**보기**

ㄱ. ⓐ는 6이다.

ㄴ. ㉠이 5 ms일 때 $d_4$의 막전위는 +30 mV이다.

ㄷ. ㉠이 3 ms일 때 $d_1$과 $d_3$에서 모두 탈분극이 일어나고 있다.

① ㄱ  ② ㄷ  ③ ㄱ, ㄴ
④ ㄴ, ㄷ  ⑤ ㄱ, ㄴ, ㄷ

다음은 민말이집 신경 A와 B의 흥분 전도에 대한 자료이다.

- 그림은 A와 B의 지점 $d_1$과 $d_2$의 위치를, 표는 A의 $d_1$과 B의 $d_2$에 역치 이상의 자극을 동시에 1회 준 후 시점 $t_1$과 $t_2$일 때 A와 B의 I과 II에서의 막전위를 나타낸 것이다. I과 II는 각각 $d_1$과 $d_2$ 중 하나이고, ㉠과 ㉡은 각각 $-10$과 $+20$ 중 하나이다. $t_2$는 $t_1$ 이후의 시점이다.

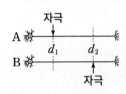

| 시점 | 막전위(mV) | | | |
|---|---|---|---|---|
| | A의 I | A의 II | B의 I | B의 II |
| $t_1$ | ㉠ | $-70$ | ? | ㉡ |
| $t_2$ | ㉡ | ? | $-80$ | ㉠ |

- 흥분 전도 속도는 B가 A보다 빠르다.
- A와 B 각각에서 활동 전위가 발생하였을 때, 각 지점에서의 막전위 변화는 그림과 같다.

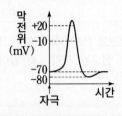

이에 대한 옳은 설명만을 〈보기〉에서 있는 대로 고른 것은? (단, A와 B에서 흥분 전도는 각각 1회 일어났고, 휴지 전위는 $-70\,\mathrm{mV}$이다.) [3점]

┌ 보기 ┐
ㄱ. I은 $d_1$이다.
ㄴ. ㉡은 $+20$이다.
ㄷ. $t_1$일 때 A의 $d_2$에서 탈분극이 일어나고 있다.
└────┘

① ㄱ          ② ㄴ          ③ ㄷ
④ ㄱ, ㄴ      ⑤ ㄴ, ㄷ

다음은 민말이집 신경 A와 B의 흥분 이동에 대한 자료이다.

- 그림은 민말이집 신경 A와 B에서 지점 $d_1$~$d_4$의 위치를, 표는 $d_1$에 역치 이상의 자극을 1회 주고 경과된 시간이 각각 11 ms, ⓐ ms일 때, $d_3$와 $d_4$에서 측정한 막전위를 나타낸 것이다.

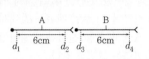

| 시간 (ms) | 막전위(mV) | |
|---|---|---|
| | $d_3$ | $d_4$ |
| 11 | $-80$ | ? |
| ⓐ | ? | $+30$ |

- ㉠$d_2$에 역치 이상의 자극을 1회 주고 경과된 시간이 8 ms일 때 $d_3$의 막전위는 $+30\,\mathrm{mV}$이다.
- B의 흥분 전도 속도는 $2\,\mathrm{cm/ms}$이다.
- A와 B의 $d_1$~$d_4$에서 활동 전위가 발생하였을 때, 각 지점에서의 막전위 변화는 그림과 같다. 휴지 전위는 $-70\,\mathrm{mV}$이다.

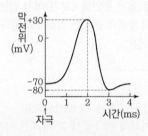

이에 대한 설명으로 옳은 것만을 〈보기〉에서 있는 대로 고른 것은? (단, $d_1$과 $d_2$에 준 자극에 의해 A와 B에서 흥분의 전도는 각각 1회 일어났고, 제시된 조건 이외의 다른 조건은 동일하다.) [3점]

┌ 보기 ┐
ㄱ. ⓐ는 15이다.
ㄴ. A의 흥분 전도 속도는 $3\,\mathrm{cm/ms}$이다.
ㄷ. ㉠이 10 ms일 때 $d_4$에서 탈분극이 일어나고 있다.
└────┘

① ㄱ          ② ㄴ          ③ ㄷ
④ ㄱ, ㄴ      ⑤ ㄴ, ㄷ

## 11 ★★☆

다음은 민말이집 신경 (가)와 (나)의 흥분 전도에 대한 자료이다.

- 그림은 (가)와 (나)의 지점 $d_1 \sim d_5$의 위치를, 표는 ⓐ(가)와 (나)의 지점 X에 역치 이상의 자극을 동시에 1회 주고 경과된 시간이 4 ms일 때 $d_2$, A, B에서의 막전위를 나타낸 것이다. X는 $d_1$과 $d_5$ 중 하나이고, A와 B는 $d_3$과 $d_4$를 순서 없이 나타낸 것이다. ⊙~©은 0, −70, −80을 순서 없이 나타낸 것이다.

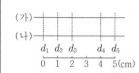

| 신경 | 4 ms일 때 막전위(mV) | | |
|---|---|---|---|
| | $d_2$ | A | B |
| (가) | ⊙ | © | © |
| (나) | © | © | ⊙ |

- 흥분 전도 속도는 (나)에서가 (가)에서의 2배이다.
- (가)와 (나) 각각에서 활동 전위가 발생하였을 때, 각 지점에서의 막전위 변화는 그림과 같다.

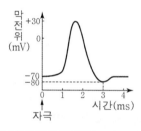

이에 대한 설명으로 옳은 것만을 〈보기〉에서 있는 대로 고른 것은? (단, (가)와 (나)에서 흥분의 전도는 각각 1회 일어났고, 휴지 전위는 −70 mV이다.) [3점]

┌─ 보기 ──────────────────────┐
ㄱ. X는 $d_5$이다.
ㄴ. ⊙은 −80이다.
ㄷ. ⓐ가 5 ms일 때 (나)의 B에서 탈분극이 일어나고 있다.
└────────────────────────────┘

① ㄱ　　　　② ㄴ　　　　③ ㄷ
④ ㄱ, ㄷ　　⑤ ㄴ, ㄷ

## 12 ★★☆

다음은 민말이집 신경 A와 B의 흥분 전도에 대한 자료이다.

- 그림은 A와 B의 지점 $d_1 \sim d_3$의 위치를, 표는 ⊙A와 B의 $d_1$에 역치 이상의 자극을 동시에 1회 주고 경과된 시간이 Ⅰ~Ⅲ일 때 A의 $d_2$에서의 막전위를 나타낸 것이다. Ⅰ~Ⅲ은 각각 3 ms, 4 ms, 5 ms 중 하나이다.

| 시간 | Ⅰ | Ⅱ | Ⅲ |
|---|---|---|---|
| 막전위(mV) | −80 | +30 | −70 |

- 흥분 전도 속도는 A가 B의 2배이다.
- A와 B 각각에서 활동 전위가 발생하였을 때, 각 지점에서의 막전위 변화는 그림과 같다.

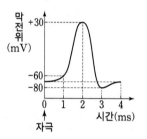

이에 대한 옳은 설명만을 〈보기〉에서 있는 대로 고른 것은? (단, A와 B에서 흥분의 전도는 각각 1회 일어났고, 휴지 전위는 −70 mV이다.) [3점]

┌─ 보기 ──────────────────────┐
ㄱ. Ⅲ은 4 ms이다.
ㄴ. B의 흥분 전도 속도는 1 cm/ms이다.
ㄷ. ⊙이 5 ms일 때 B의 $d_3$에서 탈분극이 일어나고 있다.
└────────────────────────────┘

① ㄱ　　　　　② ㄴ　　　　　③ ㄱ, ㄷ
④ ㄴ, ㄷ　　　⑤ ㄱ, ㄴ, ㄷ

다음은 민말이집 신경 A~C의 흥분 전도와 전달에 대한 자료이다.

• 그림은 A와 B의 지점 $d_1$으로부터 $d_2$~$d_5$까지의 거리를, 표는 A와 B의 $d_1$에 역치 이상의 자극을 동시에 1회 주고 경과된 시간이 @ ms일 때 A의 $d_2$와 $d_5$, B의 $d_2$, C의 $d_3$~$d_5$에서의 막전위를 나타낸 것이다. @는 4와 5 중 하나이다.

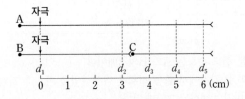

| @ms일 때 막전위(mV) | | | | | |
|---|---|---|---|---|---|
| A의 $d_2$ | A의 $d_5$ | B의 $d_2$ | C의 $d_3$ | C의 $d_4$ | C의 $d_5$ |
| −80 | ㉠ | −70 | +30 | ㉡ | −70 |

• A~C의 흥분 전도 속도는 서로 다르며 각각 1 cm/ms, 1.5 cm/ms, 3 cm/ms 중 하나이다.
• A~C 각각에서 활동 전위가 발생했을 때 각 지점에서의 막전위 변화는 그림과 같다.

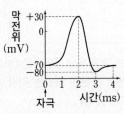

이에 대한 옳은 설명만을 〈보기〉에서 있는 대로 고른 것은? (단, A~C에서 흥분의 전도는 각각 1회 일어났고, 휴지 전위는 −70 mV이다.) [3점]

〈보기〉
ㄱ. @는 5이다.
ㄴ. ㉠과 ㉡은 같다.
ㄷ. 흥분 전도 속도는 B가 A의 2배이다.

① ㄱ  ② ㄷ  ③ ㄱ, ㄴ
④ ㄴ, ㄷ  ⑤ ㄱ, ㄴ, ㄷ

다음은 민말이집 신경 A의 흥분 전도에 대한 자료이다.

• 그림은 A의 지점 $d_1$~$d_4$의 위치를, 표는 ㉠$d_1$~$d_4$ 중 한 지점에 역치 이상의 자극을 1회 주고 경과된 시간이 2~5 ms일 때 A의 어느 한 지점에서 측정한 막전위를 나타낸 것이다. Ⅰ~Ⅳ는 $d_1$~$d_4$를 순서 없이 나타낸 것이다.

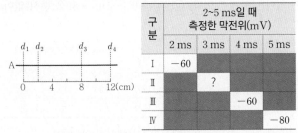

| 구분 | 2~5 ms일 때 측정한 막전위(mV) | | | |
|---|---|---|---|---|
| | 2 ms | 3 ms | 4 ms | 5 ms |
| Ⅰ | −60 | | | |
| Ⅱ | | ? | | |
| Ⅲ | | | −60 | |
| Ⅳ | | | | −80 |

• A에서 활동 전위가 발생하였을 때, 각 지점에서의 막전위 변화는 그림과 같다.

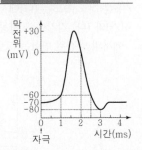

이 자료에 대한 설명으로 옳은 것만을 〈보기〉에서 있는 대로 고른 것은? (단, A에서 흥분의 전도는 1회 일어났고, 휴지 전위는 −70 mV이다.) [3점]

〈보기〉
ㄱ. Ⅳ는 $d_1$이다.
ㄴ. A의 흥분 전도 속도는 2 cm/ms이다.
ㄷ. ㉠이 3 ms일 때 $d_4$에서 재분극이 일어나고 있다.

① ㄱ  ② ㄴ  ③ ㄱ, ㄷ
④ ㄴ, ㄷ  ⑤ ㄱ, ㄴ, ㄷ

## 15 ☆☆☆

| 2021년 4월 교육청 15번 |

다음은 민말이집 신경 (가)와 (나)의 흥분 전도에 대한 자료이다.

- 그림은 (가)와 (나)의 지점 $d_1$으로부터 세 지점 $d_2 \sim d_4$까지의 거리를, 표는 ㉠(가)와 (나)의 $d_1$에 역치 이상의 자극을 동시에 1회 주고 경과된 시간이 4 ms일 때 $d_2 \sim d_4$에서의 막전위를 나타낸 것이다.

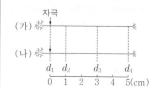

| 신경 | 4 ms일 때 막전위(mV) | | |
|---|---|---|---|
| | $d_2$ | $d_3$ | $d_4$ |
| (가) | −80 | −60 | ⓐ |
| (나) | −70 | −60 | ⓑ |

- (가)와 (나)의 흥분 전도 속도는 각각 1 cm/ms와 2 cm/ms 중 하나이다.

- (가)와 (나) 각각에서 활동 전위가 발생하였을 때, 각 지점에서의 막전위 변화는 그림과 같다.

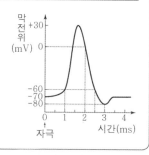

이에 대한 설명으로 옳은 것만을 〈보기〉에서 있는 대로 고른 것은? (단, (가)와 (나)에서 흥분의 전도는 각각 1회 일어났고, 휴지 전위는 −70 mV이다.) [3점]

보기
ㄱ. (가)의 흥분 전도 속도는 1 cm/ms이다.
ㄴ. ⓐ와 ⓑ는 같다.
ㄷ. ㉠이 3 ms일 때 (나)의 $d_3$에서 재분극이 일어나고 있다.

① ㄱ      ② ㄴ      ③ ㄱ, ㄷ
④ ㄴ, ㄷ      ⑤ ㄱ, ㄴ, ㄷ

## 16 ☆☆☆

| 2021년 3월 교육청 15번 |

표는 어떤 뉴런의 지점 $d_1$과 $d_2$ 중 한 지점에 역치 이상의 자극을 1회 주고 경과된 시간이 $t_1$, $t_2$, $t_3$일 때 $d_1$과 $d_2$에서의 막전위를, 그림은 $d_1$과 $d_2$에서 활동 전위가 발생하였을 때 각 지점에서의 막전위 변화를 나타낸 것이다. ㉠과 ㉡은 0과 −38을 순서 없이 나타낸 것이고, $t_1 < t_2 < t_3$이다.

| 경과된 시간 | 막전위(mV) | |
|---|---|---|
| | $d_1$ | $d_2$ |
| $t_1$ | −10 | −33 |
| $t_2$ | ㉠ | ㉡ |
| $t_3$ | −80 | +25 |

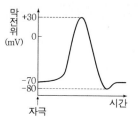

이에 대한 옳은 설명만을 〈보기〉에서 있는 대로 고른 것은? (단, 흥분 전도는 1회 일어났고, 휴지 전위는 −70 mV이다.)

보기
ㄱ. 자극을 준 지점은 $d_1$이다.
ㄴ. ㉠은 0이다.
ㄷ. $t_2$일 때 $d_2$에서 재분극이 일어나고 있다.

① ㄱ      ② ㄴ      ③ ㄱ, ㄷ
④ ㄴ, ㄷ      ⑤ ㄱ, ㄴ, ㄷ

## 17 ☆★☆

| 2020년 10월 교육청 13번 |

다음은 민말이집 신경 A와 B에 대한 자료이다.

- 그림 (가)는 A와 B에서 지점 $p_1 \sim p_4$의 위치를, (나)는 A와 B 각각에서 활동 전위가 발생했을 때 각 지점에서의 막전위 변화를 나타낸 것이다.

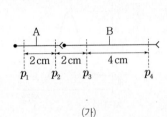 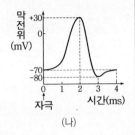

(가)                     (나)

- 흥분 전도 속도는 A가 B의 2배이다.
- ⓐ $p_2$에 역치 이상의 자극을 주고 경과된 시간이 4 ms일 때 $p_1$에서의 막전위는 $-80$ mV이다.
- $p_2$에 준 자극으로 발생한 흥분이 $p_4$에 도달한 후, ⓑ $p_3$에 역치 이상의 자극을 주고 경과된 시간이 6 ms일 때 $p_4$에서의 막전위는 ⊙ mV이다.

이에 대한 옳은 설명만을 〈보기〉에서 있는 대로 고른 것은? (단, $p_2$와 $p_3$에 준 자극에 의해 흥분의 전도는 각각 1회 일어났고, 휴지 전위는 $-70$ mV이다.) [3점]

보기
ㄱ. ⊙은 $+30$이다.
ㄴ. ⓐ가 3 ms일 때 $p_3$에서 재분극이 일어나고 있다.
ㄷ. ⓑ가 5 ms일 때 $p_1$과 $p_4$에서의 막전위는 같다.

① ㄱ       ② ㄴ       ③ ㄱ, ㄴ
④ ㄱ, ㄷ       ⑤ ㄴ, ㄷ

## 18 ☆★☆

| 2020년 7월 교육청 5번 |

다음은 민말이집 신경 (가)와 (나)의 흥분 이동에 대한 자료이다.

- 그림은 (가)와 (나)의 지점 $d_1 \sim d_4$의 위치를, 표는 (가)와 (나)의 ⓐ $d_1$에 역치 이상의 자극을 동시에 1회 주고 경과한 시간이 4 ms일 때 $d_2 \sim d_4$에서 측정한 막전위를 나타낸 것이다. (가)와 (나) 중 한 신경에서만 $d_2 \sim d_4$ 사이에 하나의 시냅스가 있으며, 시냅스 전 뉴런과 시냅스 후 뉴런의 흥분 전도 속도는 서로 같다.

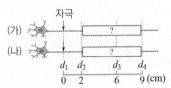

| 신경 | 4 ms일 때 측정한 막전위(mV) | | |
|---|---|---|---|
| | $d_2$ | $d_3$ | $d_4$ |
| (가) | ⊙ | $+21$ | ? |
| (나) | $-80$ | ? | ⓛ |

- (가)와 (나)를 구성하는 뉴런의 흥분 전도 속도는 각각 2 cm/ms, 4 cm/ms 중 하나이다.
- (가)와 (나)의 $d_1 \sim d_4$에서 활동 전위가 발생하였을 때, 각 지점에서의 막전위 변화는 그림과 같다. 휴지 전위는 $-70$ mV이다.

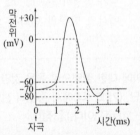

이에 대한 설명으로 옳은 것만을 〈보기〉에서 있는 대로 고른 것은? (단, (가)와 (나)를 구성하는 뉴런에서 흥분의 전도는 각각 1회 일어났고, 제시된 조건 이외의 다른 조건은 동일하다.) [3점]

보기
ㄱ. ⊙과 ⓛ은 모두 $-70$이다.
ㄴ. 시냅스는 (가)의 $d_2$와 $d_3$ 사이에 있다.
ㄷ. ⓐ가 5 ms일 때 (나)의 $d_3$에서 재분극이 일어나고 있다.

① ㄱ       ② ㄷ       ③ ㄱ, ㄴ
④ ㄴ, ㄷ       ⑤ ㄱ, ㄴ, ㄷ

# 19 ☆☆☆

다음은 민말이집 신경 A와 B의 흥분 전도에 대한 자료이다.

- 그림 (가)는 A와 B의 지점 $d_1$으로부터 세 지점 $d_2 \sim d_4$까지의 거리를, (나)는 A와 B 각각에서 활동 전위가 발생하였을 때 각 지점에서의 막전위 변화를 나타낸 것이다.

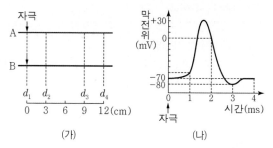

(가)                    (나)

- A와 B의 흥분 전도 속도는 각각 1 cm/ms와 3 cm/ms 중 하나이다.
- 표는 A와 B의 $d_1$에 역치 이상의 자극을 동시에 1회 주고, 경과된 시간이 $t_1$일 때와 $t_2$일 때 $d_2 \sim d_4$에서 측정한 막전위를 나타낸 것이다.

| 신경 | $t_1$일 때 측정한 막전위(mV) | | | $t_2$일 때 측정한 막전위(mV) | | |
|---|---|---|---|---|---|---|
| | $d_2$ | $d_3$ | $d_4$ | $d_2$ | $d_3$ | $d_4$ |
| A | ? | -70 | ? | -80 | ? | -70 |
| B | -70 | 0 | -60 | -70 | ? | 0 |

이에 대한 설명으로 옳은 것만을 〈보기〉에서 있는 대로 고른 것은? (단, A와 B에서 흥분의 전도는 각각 1회 일어났고, 휴지 전위는 -70 mV이다.) [3점]

┌─ 보기 ─────────────────────────┐
ㄱ. $t_1$은 5 ms이다.
ㄴ. B의 흥분 전도 속도는 1 cm/ms이다.
ㄷ. $t_2$일 때 B의 $d_3$에서 탈분극이 일어나고 있다.
└──────────────────────────────┘

① ㄱ              ② ㄴ              ③ ㄱ, ㄷ
④ ㄴ, ㄷ          ⑤ ㄱ, ㄴ, ㄷ

# 20 ☆☆☆

다음은 어떤 민말이집 신경의 흥분 전도에 대한 자료이다.

- 이 신경의 흥분 전도 속도는 2 cm/ms이다.
- 그림 (가)는 이 신경의 지점 $P_1 \sim P_3$ 중 ㉠$P_2$에 역치 이상의 자극을 1회 주고 경과된 시간이 3 ms일 때 $P_3$에서의 막전위를, (나)는 $P_1 \sim P_3$에서 활동 전위가 발생하였을 때 각 지점에서의 막전위 변화를 나타낸 것이다.

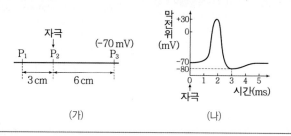

(가)                    (나)

㉠일 때, 이에 대한 옳은 설명만을 〈보기〉에서 있는 대로 고른 것은? (단, 이 신경에서 흥분 전도는 1회 일어났다.) [3점]

┌─ 보기 ─────────────────────────┐
ㄱ. $P_1$에서 탈분극이 일어나고 있다.
ㄴ. $P_2$에서의 막전위는 -70 mV이다.
ㄷ. $P_3$에서 $Na^+ - K^+$ 펌프를 통해 $K^+$이 세포 밖으로 이동한다.
└──────────────────────────────┘

① ㄱ              ② ㄷ              ③ ㄱ, ㄴ
④ ㄱ, ㄷ          ⑤ ㄴ, ㄷ

# 02 근수축

### A 골격근의 구조

**1. 골격근 :** 뼈에 붙어 골격의 움직임을 만들어 내는 근육이다.

**2. 골격근의 구조**

(1) 골격근은 평행하게 배열된 여러 개의 근육 섬유 다발로 구성된다.

(2) 하나의 근육 섬유는 여러 가닥의 근육 원섬유로 구성되고, 근육 원섬유는 가는 액틴 필라멘트와 굵은 마이오신 필라멘트로 구성되며, 근육 원섬유 마디가 반복되어 길게 연결되어 있다.

(3) **근육 원섬유 마디(근절) :** Z선을 기준으로 나누어지는 각각의 단위로, 근육 수축의 기본 단위이다.

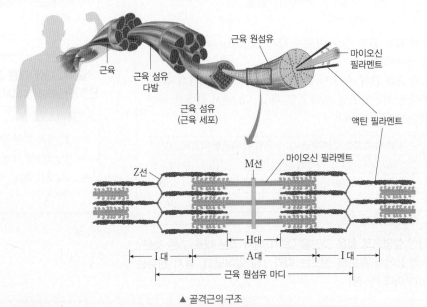

▲ 골격근의 구조

**(4) 근육 원섬유 마디의 구조**

| | |
|---|---|
| I대(명대) | 액틴 필라멘트만 있는 부분으로 전자 현미경으로 관찰했을 때 밝게 보인다. |
| A대(암대) | 마이오신 필라멘트가 있는 부분으로 전자 현미경으로 관찰했을 때 어둡게 보인다. |
| H대 | A대 중에서 마이오신 필라멘트만 있는 부분으로 전자 현미경으로 관찰했을 때 액틴 필라멘트와 마이오신 필라멘트가 겹쳐져 있는 부분보다 조금 밝게 보인다. |
| Z선 | I대 중앙의 수직선으로 액틴 필라멘트가 결합되어 있으며, 근육 원섬유 마디를 구분하는 경계선이다. |
| M선 | 근육 원섬유 마디의 중심부에 있는 선으로 마이오신 필라멘트를 연결한다. |

### B 골격근의 수축 과정

**1. 운동 뉴런의 흥분 전달과 골격근의 수축** 근육 섬유에 접해 있는 운동 뉴런의 축삭 돌기 말단에 흥분이 전도되면 축삭 돌기 말단에 있는 시냅스 소포가 세포막과 융합하여 아세틸콜린이 방출된다. ➡ 근육 섬유의 세포막이 탈분극되어 활동 전위가 발생하고 근육 원섬유 마디가 짧아지면서 근육 원섬유가 수축한다.

**2. 근수축 과정**

(1) **활주설 :** 근육 원섬유 마디에 있는 마이오신 필라멘트가 ATP를 소모하여 액틴 필라멘트를 끌어당김 → 액틴 필라멘트가 마이오신 필라멘트 사이에서 M선이 있는 가운데 방향으로 활주하듯이 움직인다.

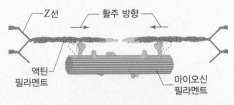

▲ 골격근의 수축 과정

---

**근육 섬유(근육 세포)**

골격근을 구성하는 근육 섬유는 발생 과정에서 여러 개의 세포가 융합되어 만들어지므로 하나의 세포에 여러 개의 핵이 있는 다핵 세포이다.

**근육의 종류**

| | |
|---|---|
| 골격근 | • 우리 몸에서 뼈에 붙어 골격의 움직임을 만들어낸다.<br>• 수의근, 가로무늬근 |
| 심장근 | • 심장의 박동을 일으킨다.<br>• 불수의근, 가로무늬근 |
| 내장근 | • 소화관 등을 둘러싸고 있다.<br>• 불수의근, 민무늬근 |

**골격근의 작용**

골격근의 양끝은 서로 다른 뼈에 붙어 있으며, 두 뼈는 인대와 관절에 의해 서로 연결되어 있다. 뼈와 근육의 작용으로 몸의 움직임이 만들어진다.

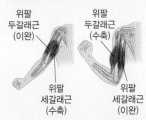

▲ 팔을 펼 때    ▲ 팔을 굽힐 때

(2) 근수축 시 근육 원섬유 마디의 변화

① 액틴 필라멘트와 마이오신 필라멘트가 겹치는 부위의 길이는 늘어나고, I대와 H대의 길이는 모두 짧아진다. ➡ 근육 원섬유 마디가 짧아진다.

> 근육 원섬유 마디가 짧아진 길이=H대가 짧아진 길이=I대가 짧아진 길이
> =마이오신 필라멘트와 액틴 필라멘트가 겹치는 부위가 길어진 길이

② 액틴 필라멘트와 마이오신 필라멘트의 길이는 변하지 않으므로 A대의 길이도 변하지 않는다.
③ 근수축이 강하게 일어나면 H대는 사라지기도 한다.

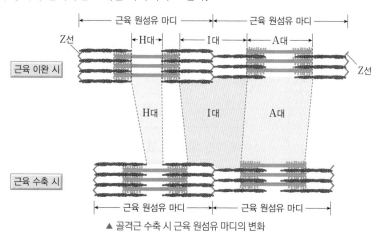

▲ 골격근 수축 시 근육 원섬유 마디의 변화

## 3. 근수축의 에너지원

(1) 근육이 수축하기 위해서는 에너지가 공급되어야 하는데, ATP가 ADP로 분해될 때 방출되는 에너지를 이용해 근육이 수축된다.

(2) 근육 섬유에서 ATP는 크레아틴 인산이 크레아틴으로 분해되거나, 글리코젠(포도당)이 세포 호흡과 젖산 발효에 이용될 때 합성된다.

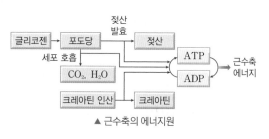

▲ 근수축의 에너지원

### 출제 tip

**근수축 시 근육 원섬유 마디의 변화**

골격근 수축 과정에 대한 자료를 분석하여 각 시점별 구간의 길이를 파악할 수 있는지를 묻는 문항이 자주 출제된다.

**ATP의 공급**

근육 섬유에는 약 3초 정도 수축을 지속할 수 있는 ATP가 저장되어 있다. 오랜 시간 근육 수축이 일어나려면 소모된 ATP를 재생해야 한다.

**ATP의 재생**

• 크레아틴 인산을 이용하여 ATP를 빠르게 생성한다. ➡ 크레아틴 인산의 양이 충분하지 않아 지속 시간이 짧다.
• 포도당, 아미노산, 지방산을 이용한 세포 호흡으로부터 ATP를 생성하여 공급한다.

---

### 실전 자료 · 근수축 시 근육 원섬유 마디의 길이 변화

그림은 근육 원섬유 마디 X의 구조를, 표는 $t_1$일 때와 $t_2$일 때 X와 ㉠의 길이를 나타낸 것이다. ㉠은 액틴 필라멘트와 마이오신 필라멘트가 겹치는 부분, ㉡은 액틴 필리만트만 있는 부분이다.

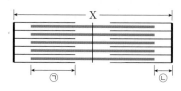

| 시점 | X | ㉠ |
|---|---|---|
| $t_1$ | 2.2 $\mu$m | 0.7 $\mu$m |
| $t_2$ | ? | 0.4 $\mu$m |

❶ **근수축 시 근육 원섬유 마디의 길이 변화**

• 근수축 시 액틴 필라 멘트가 마이오신 필라멘트 사이에서 M선이 있는 가운데 방향으로 활주하듯이 움직이므로 X의 길이는 짧아진다.
• 근수축 시 H대와 I대는 짧아진다. ➡ ㉡(I대의 절반)의 길이는 짧아진다.
• 근수축 시 액틴 필라 멘트와 마이오신 필라멘트가 겹치는 부위의 길이는 길어진다. ➡ ㉠(액틴 필라 멘트와 마이오신 필라멘트가 겹치는 부분의 절반)의 길이는 길어진다.

❷ $t_1$**일 때와** $t_2$**일 때 X와 ㉠, ㉡의 길이 변화**

• ㉠의 길이는 $t_2$일 때가 $t_1$일 때보다 0.3 $\mu$m 짧다. ➡ 시간이 $t_1$에서 $t_2$로 흐르면서 X는 이완하였다.
• ㉠의 길이는 $t_2$일 때가 $t_1$일 때보다 0.3 $\mu$m 짧으므로 ㉡의 길이는 $t_2$일 때가 $t_1$일 때보다 0.3 $\mu$m 길다.
• X의 길이는 $t_2$일 때가 $t_1$일 때보다 0.3×2=0.6 $\mu$m 길다. ➡ $t_2$일 때 X의 길이는 2.8 $\mu$m이다.

## 1 ★★☆

다음은 골격근의 수축 과정에 대한 자료이다.

- 그림은 근육 원섬유 마디 X의 구조를 나타낸 것이다. X는 좌우 대칭이고, $Z_1$과 $Z_2$는 X의 Z선이다.

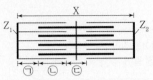

- 구간 ㉠은 액틴 필라멘트만 있는 부분이고, ㉡은 액틴 필라멘트와 마이오신 필라멘트가 겹치는 부분이며, ㉢은 마이오신 필라멘트만 있는 부분이다.

- 표는 골격근 수축 과정의 두 시점 $t_1$과 $t_2$일 때, 각 시점의 $Z_1$로부터 $Z_2$ 방향으로 거리가 각각 $l_1$, $l_2$, $l_3$인 세 지점이 ㉠~㉢ 중 어느 구간에 해당하는지를 나타낸 것이다. ⓐ~ⓒ는 ㉠~㉢을 순서 없이 나타낸 것이다.

| 거리 | 지점이 해당하는 구간 | |
|---|---|---|
| | $t_1$ | $t_2$ |
| $l_1$ | ? | ⓐ |
| $l_2$ | ⓑ | ⓒ |
| $l_3$ | ⓒ | ㉡ |

- $t_1$일 때 ⓐ의 길이는 $4d$이고 X의 길이는 $14d$이며, $t_2$일 때 X의 길이는 $L$이다. $t_1$과 $t_2$일 때 ⓑ의 길이는 각각 $2d$와 $3d$ 중 하나이고, $d$는 0보다 크다.

- $t_1$과 $t_2$일 때 각각 $l_1$~$l_3$은 모두 $\dfrac{\text{X의 길이}}{2}$ 보다 작다.

이에 대한 옳은 설명만을 〈보기〉에서 있는 대로 고른 것은? [3점]

> **보기**
> ㄱ. ⓑ는 ㉠이다.
> ㄴ. $t_2$일 때 H대의 길이는 $t_1$일 때 ㉡의 길이의 2배이다.
> ㄷ. $t_2$일 때 $Z_1$로부터 $Z_2$ 방향으로 거리가 $\dfrac{2}{5}L$인 지점은 ⓒ에 해당한다.

① ㄱ  ② ㄴ  ③ ㄷ
④ ㄱ, ㄴ  ⑤ ㄱ, ㄷ

## 2 ★★☆

다음은 골격근의 수축 과정에 대한 자료이다.

- 그림은 근육 원섬유 마디 X의 구조를 나타낸 것이다. X는 좌우 대칭이다.

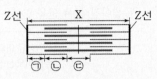

- 구간 ㉠은 액틴 필라멘트만 있는 부분이고, ㉡은 액틴 필라멘트와 마이오신 필라멘트가 겹치는 부분이며, ㉢은 마이오신 필라멘트만 있는 부분이다.

- 골격근 수축 과정의 두 시점 $t_1$과 $t_2$ 중, $t_1$일 때 X의 길이는 3.2 $\mu$m이고, $\dfrac{ⓐ}{ⓑ}$ 는 $\dfrac{1}{4}$, $\dfrac{ⓐ}{ⓒ}$ 는 $\dfrac{1}{6}$ 이다.

- $t_2$일 때 $\dfrac{ⓐ}{ⓑ}$ 는 $\dfrac{3}{2}$, $\dfrac{ⓑ}{ⓒ}$ 는 1이다.

- ⓐ~ⓒ는 ㉠~㉢의 길이를 순서 없이 나타낸 것이다.

이에 대한 설명으로 옳은 것만을 〈보기〉에서 있는 대로 고른 것은?

> **보기**
> ㄱ. ⓐ는 ㉠의 길이이다.
> ㄴ. $t_2$일 때 H대의 길이는 0.4 $\mu$m이다.
> ㄷ. X의 길이가 2.8 $\mu$m일 때 $\dfrac{ⓒ}{ⓐ}$ 는 2이다.

① ㄱ  ② ㄴ  ③ ㄷ
④ ㄱ, ㄴ  ⑤ ㄴ, ㄷ

## 3 ★★☆

## Part II

다음은 골격근의 수축 과정에 대한 자료이다.

- 그림은 근육 원섬유 마디 X의 구조를, 표는 골격근 수축 과정의 두 시점 $t_1$과 $t_2$일 때 ㉠의 길이와 ㉢의 길이를 더한 값(㉠+㉢)과 X의 길이를 나타낸 것이다. X는 좌우 대칭이고, $Z_1$과 $Z_2$는 X의 Z선이다.

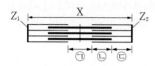

| 시점 | ㉠+㉢ | X의 길이 |
|---|---|---|
| $t_1$ | 1.4 $\mu$m | ? |
| $t_2$ | ⓐ | 2.6 $\mu$m |

- 구간 ㉠은 마이오신 필라멘트만 있는 부분이고, ㉡은 액틴 필라멘트와 마이오신 필라멘트가 겹치는 부분이며, ㉢은 액틴 필라멘트만 있는 부분이다.
- $t_1$일 때 ㉡의 길이는 $2d$, ㉢의 길이는 $3d$이다.
- $t_2$일 때 A대의 길이는 1.6 $\mu$m이다.

이에 대한 설명으로 옳은 것만을 〈보기〉에서 있는 대로 고른 것은?

〈보기〉
ㄱ. ⓐ는 1.1 $\mu$m이다.
ㄴ. H대의 길이는 $t_1$일 때가 $t_2$일 때보다 0.2 $\mu$m 길다.
ㄷ. $t_1$일 때 $Z_1$로부터 $Z_2$ 방향으로 거리가 1.9 $\mu$m인 지점은 ㉠에 해당한다.

① ㄱ  ② ㄷ  ③ ㄱ, ㄴ
④ ㄴ, ㄷ  ⑤ ㄱ, ㄴ, ㄷ

## 4 ★☆☆

그림은 좌우 대칭인 근육 원섬유 마디 X의 구조를, 표는 시점 $t_1$과 $t_2$일 때 H대, ㉠, ㉡ 각각의 길이를 나타낸 것이다. 구간 ㉠은 액틴 필라멘트와 마이오신 필라멘트가 겹치는 부분이고, ㉡은 액틴 필라멘트만 있는 부분이다.

| 시 점 | 길이($\mu$m) | | |
|---|---|---|---|
| | H대 | ㉠ | ㉡ |
| $t_1$ | ? | 0.6 | 0.2 |
| $t_2$ | 0.8 | ⓐ | ⓐ |

이에 대한 옳은 설명만을 〈보기〉에서 있는 대로 고른 것은? [3점]

〈보기〉
ㄱ. ⓐ는 0.4이다.
ㄴ. $t_1$일 때 X의 길이는 2.2 $\mu$m이다.
ㄷ. H대의 길이는 $t_1$일 때가 $t_2$일 때보다 길다.

① ㄱ  ② ㄴ  ③ ㄱ, ㄷ
④ ㄴ, ㄷ  ⑤ ㄱ, ㄴ, ㄷ

## 5 ★★☆

다음은 골격근의 수축 과정에 대한 자료이다.

- 그림은 근육 원섬유 마디 X의 구조를, 표는 골격근 수축 과정의 시점 $t_1$~$t_3$일 때 ㉠의 길이, ㉡의 길이, Ⅰ의 길이와 Ⅱ의 길이를 더한 값(Ⅰ+Ⅱ), Ⅰ의 길이와 Ⅲ의 길이를 더한 값(Ⅰ+Ⅲ)을 나타낸 것이다. X는 좌우 대칭이고, Ⅰ ~ Ⅲ은 ㉠~㉢을 순서 없이 나타낸 것이다.

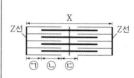

| 시점 | 길이($\mu$m) | | | |
|---|---|---|---|---|
| | ㉠ | ㉡ | Ⅰ+Ⅱ | Ⅰ+Ⅲ |
| $t_1$ | ⓐ | ⓐ | ? | 1.2 |
| $t_2$ | 0.7 | ⓑ | 1.3 | ? |
| $t_3$ | ⓑ | 0.4 | ⓒ | ⓒ |

- 구간 ㉠은 액틴 필라멘트만 있는 부분이고, ㉡은 액틴 필라멘트와 마이오신 필라멘트가 겹치는 부분이며, ㉢은 마이오신 필라멘트만 있는 부분이다.

이에 대한 옳은 설명만을 〈보기〉에서 있는 대로 고른 것은? [3점]

〈보기〉
ㄱ. $t_1$일 때 ㉡의 길이는 0.4 $\mu$m이다.
ㄴ. ⓒ는 1.0이다.
ㄷ. Ⅱ는 ㉢이다.

① ㄱ  ② ㄷ  ③ ㄱ, ㄴ
④ ㄴ, ㄷ  ⑤ ㄱ, ㄴ, ㄷ

다음은 골격근의 수축 과정에 대한 자료이다.

- 그림은 골격근을 구성하는 근육 원섬유 마디 X의 구조를, 표는 두 시점 $t_1$과 $t_2$일 때 ⓐ의 길이와 ⓑ의 길이를 더한 값(ⓐ+ⓑ)과 ⓐ의 길이와 ⓒ의 길이를 더한 값(ⓐ+ⓒ)을 나타낸 것이다. ⓐ~ⓒ는 ㉠~㉢을 순서 없이 나타낸 것이며, X는 M선을 기준으로 좌우 대칭이다. ⓐ에는 액틴 필라멘트가 있다.

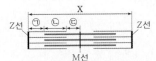

| 시점 | ⓐ+ⓑ | ⓐ+ⓒ |
|---|---|---|
| $t_1$ | 1.4 $\mu m$ | 1.0 $\mu m$ |
| $t_2$ | 1.2 $\mu m$ | 1.0 $\mu m$ |

- 구간 ㉠은 액틴 필라멘트만 있는 부분이고, ㉡은 액틴 필라멘트와 마이오신 필라멘트가 겹치는 부분이며, ㉢은 마이오신 필라멘트만 있는 부분이다.

이에 대한 설명으로 옳은 것만을 〈보기〉에서 있는 대로 고른 것은?

보기
ㄱ. ⓑ는 ㉠이다.
ㄴ. ⓒ는 A대의 일부이다.
ㄷ. X의 길이는 $t_1$일 때가 $t_2$일 때보다 0.2 $\mu m$ 길다.

① ㄱ      ② ㄴ      ③ ㄷ
④ ㄱ, ㄷ      ⑤ ㄴ, ㄷ

---

그림은 좌우 대칭인 근육 원섬유 마디 X의 구조를, 표는 시점 $t_1$과 $t_2$일 때 X, (가), (나) 각각의 길이를 나타낸 것이다. 구간 ㉠은 액틴 필라멘트만 있는 부분이고, ㉡은 액틴 필라멘트와 마이오신 필라멘트가 겹치는 부분이다. (가)와 (나)는 각각 ㉠과 ㉡ 중 하나이다.

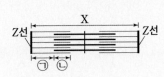

| 시점 | 길이($\mu m$) | | |
|---|---|---|---|
| | X | (가) | (나) |
| $t_1$ | 2.5 | ⓐ | ⓐ |
| $t_2$ | 2.3 | 0.6 | 0.4 |

이에 대한 옳은 설명만을 〈보기〉에서 있는 대로 고른 것은?

보기
ㄱ. (가)는 ㉠이다.
ㄴ. $t_1$일 때 ㉡과 H대의 길이는 같다.
ㄷ. $t_2$일 때 A대의 길이는 1.5 $\mu m$이다.

① ㄱ      ② ㄷ      ③ ㄱ, ㄴ
④ ㄴ, ㄷ      ⑤ ㄱ, ㄴ, ㄷ

---

다음은 골격근의 수축 과정에 대한 자료이다.

- 그림은 근육 원섬유 마디 X의 구조를 나타낸 것이며, X는 좌우 대칭이다. 구간 ㉠은 액틴 필라멘트만 있는 부분이고, ㉡은 액틴 필라멘트와 마이오신 필라멘트가 겹치는 부분이며, ㉢은 마이오신 필라멘트만 있는 부분이다.

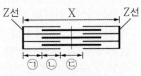

- 표는 골격근 수축 과정의 두 시점 $t_1$과 $t_2$일 때 ㉠의 길이, ㉡의 길이, ㉢의 길이, X의 길이를 나타낸 것이고, ⓐ~ⓒ는 0.4 $\mu m$, 0.6 $\mu m$, 0.8 $\mu m$를 순서 없이 나타낸 것이다.

| 시점 | ㉠의 길이 | ㉡의 길이 | ㉢의 길이 | X의 길이 |
|---|---|---|---|---|
| $t_1$ | ⓐ | ⓑ | ⓐ | ? |
| $t_2$ | ⓒ | ? | ⓑ | 2.8 $\mu m$ |

이에 대한 설명으로 옳은 것만을 〈보기〉에서 있는 대로 고른 것은? [3점]

보기
ㄱ. $t_1$일 때 H대의 길이는 0.8 $\mu m$이다.
ㄴ. X의 길이는 $t_2$일 때가 $t_1$일 때보다 0.4 $\mu m$ 길다.
ㄷ. $t_1$에서 $t_2$로 될 때 ATP에 저장된 에너지가 사용된다.

① ㄱ      ② ㄴ      ③ ㄱ, ㄷ
④ ㄴ, ㄷ      ⑤ ㄱ, ㄴ, ㄷ

## 9 ★★☆ | 2022년 10월 교육청 15번 |

다음은 골격근의 수축 과정에 대한 자료이다.

- 그림은 근육 원섬유 마디 X의 구조를, 표는 시점 $t_1$과 $t_2$일 때 X의 길이, I의 길이와 III의 길이를 더한 값(I + III), II의 길이에서 I의 길이를 뺀 값(II − I)을 나타낸 것이다. X는 좌우 대칭이고, I ~ III은 ㉠~㉢을 순서 없이 나타낸 것이다.

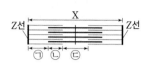

| 시점 | X의 길이 | I + III | II − I |
|---|---|---|---|
| $t_1$ | ⓐ | 0.8 $\mu$m | 0.2 $\mu$m |
| $t_2$ | ⓑ | ⓒ | ⓒ |

- 구간 ㉠은 액틴 필라멘트만 있는 부분이고, ㉡은 액틴 필라멘트와 마이오신 필라멘트가 겹치는 부분이며, ㉢은 마이오신 필라멘트만 있는 부분이다.
- ⓐ와 ⓑ는 각각 2.4 $\mu$m와 2.2 $\mu$m 중 하나이다.

이에 대한 옳은 설명만을 〈보기〉에서 있는 대로 고른 것은? [3점]

〈보기〉
ㄱ. II는 ㉡이다.
ㄴ. $t_1$일 때 A대의 길이는 1.4 $\mu$m이다.
ㄷ. $t_2$일 때 ㉠의 길이는 ㉢의 길이보다 길다.

① ㄱ    ② ㄴ    ③ ㄱ, ㄷ    ④ ㄴ, ㄷ    ⑤ ㄱ, ㄴ, ㄷ

## 10 ☆☆☆ | 2022년 7월 교육청 11번 |

다음은 골격근의 수축 과정에 대한 자료이다.

- 그림은 사람의 골격근을 구성하는 근육 원섬유 마디 X의 구조를 나타낸 것이다. X는 좌우 대칭이다.

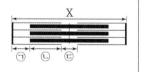

- ㉠은 액틴 필라멘트만 있는 부분, ㉡은 액틴 필라멘트와 마이오신 필라멘트가 겹쳐진 부분, ㉢은 마이오신 필라멘트만 있는 부분이다.
- X의 길이가 2.0 $\mu$m일 때, ㉠의 길이 : ㉡의 길이 = 1 : 3 이다.
- X의 길이가 2.4 $\mu$m일 때, ㉡의 길이 : ㉢의 길이 = 1 : 2 이다.

이에 대한 설명으로 옳은 것만을 〈보기〉에서 있는 대로 고른 것은? [3점]

〈보기〉
ㄱ. X에서 A대의 길이는 1.6 $\mu$m이다.
ㄴ. X에서 ㉢은 밝게 보이는 부분(명대)이다.
ㄷ. X의 길이가 3.0 $\mu$m일 때, $\dfrac{\text{H대의 길이}}{㉠\text{의 길이}}$ 는 2이다.

① ㄱ    ② ㄴ    ③ ㄷ    ④ ㄱ, ㄷ    ⑤ ㄴ, ㄷ

## 11 ★★☆ | 2022년 4월 교육청 16번 |

다음은 골격근의 수축 과정에 대한 자료이다.

- 그림은 근육 원섬유 마디 X의 구조를, 표는 골격근 수축 과정의 두 시점 $t_1$과 $t_2$일 때 ㉠~㉢의 길이를 나타낸 것이다. X는 M선을 기준으로 좌우 대칭이고, A대의 길이는 1.6 $\mu$m이다. $t_2$일 때 ㉠의 길이와 ㉡의 길이는 같다.

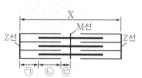

| 시점 | ㉠의 길이 | ㉡의 길이 | ㉢의 길이 |
|---|---|---|---|
| $t_1$ | ? | 0.7 $\mu$m | ? |
| $t_2$ | ? | ? | 0.3 $\mu$m |

- 구간 ㉠은 액틴 필라멘트만 있는 부분이고, ㉡은 액틴 필라멘트와 마이오신 필라멘트가 겹치는 부분이며, ㉢은 마이오신 필라멘트만 있는 부분이다.

이에 대한 설명으로 옳은 것만을 〈보기〉에서 있는 대로 고른 것은? [3점]

〈보기〉
ㄱ. X의 길이는 $t_1$일 때가 $t_2$일 때보다 길다.
ㄴ. $t_2$일 때 ㉡의 길이는 0.5 $\mu$m이다.
ㄷ. $t_1$일 때 ㉠의 길이는 $t_2$일 때 H대의 길이와 같다.

① ㄱ    ② ㄴ    ③ ㄱ, ㄷ
④ ㄴ, ㄷ    ⑤ ㄱ, ㄴ, ㄷ

## 12 ★★☆ | 2022년 3월 교육청 15번 |

그림은 좌우 대칭인 근육 원섬유 마디 X의 구조를, 표는 시점 $t_1$과 $t_2$일 때 X의 길이와 ㉡의 길이를 나타낸 것이다. 구간 ㉠은 액틴 필라멘트와 마이오신 필라멘트가 겹치는 부분이고, ㉡은 액틴 필라멘트만 있는 부분이다.

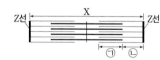

| 시점 | X의 길이 | ㉡의 길이 |
|---|---|---|
| $t_1$ | ? | 0.5 $\mu$m |
| $t_2$ | 2.4 $\mu$m | 0.4 $\mu$m |

이에 대한 옳은 설명만을 〈보기〉에서 있는 대로 고른 것은? [3점]

〈보기〉
ㄱ. ㉠은 H대의 일부이다.
ㄴ. $t_1$일 때 A대의 길이는 1.6 $\mu$m이다.
ㄷ. ㉠의 길이와 ㉡의 길이를 더한 값은 $t_1$일 때와 $t_2$일 때가 같다.

① ㄱ    ② ㄴ    ③ ㄱ, ㄷ
④ ㄴ, ㄷ    ⑤ ㄱ, ㄴ, ㄷ

## 13 ☆☆☆

표는 좌우 대칭인 근육 원섬유 마디 X가 수축하는 과정에서 시점 $t_1$과 $t_2$일 때 X의 길이, A대의 길이, H대의 길이를, 그림은 X의 단면을 나타낸 것이다. ⓒ과 ⓒ은 각각 액틴 필라멘트와 마이오신 필라멘트 중 하나이다.

| 시점 | X의 길이 | A대의 길이 | H대의 길이 |
|---|---|---|---|
| $t_1$ | 2.4 $\mu$m | ? | 0.6 $\mu$m |
| $t_2$ | ⓐ | 1.6 $\mu$m | 0.2 $\mu$m |

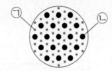

이에 대한 옳은 설명만을 〈보기〉에서 있는 대로 고른 것은? [3점]

보기
ㄱ. I대에 ⓒ이 있다.
ㄴ. ⓐ는 2.0 $\mu$m이다.
ㄷ. $t_1$일 때 X에서 ⓒ과 ⓒ이 모두 있는 부분의 길이는 1.4 $\mu$m 이다.

① ㄱ  ② ㄷ  ③ ㄱ, ㄴ
④ ㄴ, ㄷ  ⑤ ㄱ, ㄴ, ㄷ

## 14 ★★☆

다음은 골격근의 수축 과정에 대한 자료이다.

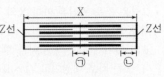

- 그림은 근육 원섬유 마디 X의 구조를 나타낸 것이다. X는 좌우 대칭이다.
- 구간 ⓒ은 마이오신 필라멘트만 있는 부분이고, ⓒ은 액틴 필라멘트만 있는 부분이다.
- 표는 골격근 수축 과정의 두 시점 $t_1$과 $t_2$일 때 ⓒ의 길이, ⓒ의 길이, A대의 길이에서 ⓒ의 길이를 뺀 값(A대−ⓒ)을 나타낸 것이다.

(단위: $\mu$m)

| 구분 | ⓒ의 길이 | ⓒ의 길이 | A대−ⓒ |
|---|---|---|---|
| $t_1$ | ? | 0.3 | 1.2 |
| $t_2$ | 0.6 | 0.5+ⓐ | 1.2+2ⓐ |

이에 대한 옳은 설명만을 〈보기〉에서 있는 대로 고른 것은? [3점]

보기
ㄱ. ⓒ은 H대이다.
ㄴ. $t_1$일 때 A대의 길이는 1.4 $\mu$m이다.
ㄷ. $t_2$일 때 ⓒ의 길이는 ⓒ의 길이보다 짧다.

① ㄱ  ② ㄴ  ③ ㄷ
④ ㄱ, ㄴ  ⑤ ㄱ, ㄷ

## 15 ★★☆ | 2021년 4월 교육청 10번 |

다음은 골격근의 수축 과정에 대한 자료이다.

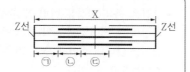

- 그림은 근육 원섬유 마디 X의 구조를 나타낸 것이다. 구간 ㉠은 액틴 필라멘트만 있는 부분이고, ㉡은 액틴 필라멘트와 마이오신 필라멘트가 겹치는 부분이며, ㉢은 마이오신 필라멘트만 있는 부분이다. X는 좌우 대칭이다.
- 표는 골격근 수축 과정의 시점 $t_1$과 $t_2$일 때 X의 길이, A대의 길이, H대의 길이를 나타낸 것이다. ⓐ와 ⓑ는 2.4 $\mu$m와 2.8 $\mu$m를 순서 없이 나타낸 것이다.

| 시점 | X의 길이 | A대의 길이 | H대의 길이 |
|------|---------|-----------|-----------|
| $t_1$ | ⓐ | 1.6 $\mu$m | ? |
| $t_2$ | ⓑ | ? | 0.4 $\mu$m |

- $t_1$일 때 ㉡의 길이와 $t_2$일 때 ㉠의 길이는 같다.

이에 대한 설명으로 옳은 것만을 〈보기〉에서 있는 대로 고른 것은? [3점]

보기
ㄱ. ⓐ는 2.8 $\mu$m이다.
ㄴ. $t_1$일 때 ㉠의 길이는 0.4 $\mu$m이다.
ㄷ. X에서 $\dfrac{㉡의 길이}{액틴 필라멘트의 길이}$ 는 $t_1$일 때가 $t_2$일 때보다 크다.

① ㄱ          ② ㄴ          ③ ㄷ
④ ㄱ, ㄷ       ⑤ ㄴ, ㄷ

## 16 ★☆☆ | 2021년 3월 교육청 18번 |

다음은 골격근의 수축 과정에 대한 자료이다.

- 그림은 좌우 대칭인 근육 원섬유 마디 X의 구조를 나타낸 것이다. 구간 ㉠은 액틴 필라멘트와 마이오신 필라멘트가 겹치는 부분이고, ㉡은 마이오신 필라멘트만 있는 부분이다.
- 표는 골격근 수축 과정의 시점 $t_1$과 $t_2$일 때 X, ⓐ, ⓑ의 길이를 나타낸 것이다. ⓐ와 ⓑ는 각각 ㉠과 ㉡ 중 하나이다.

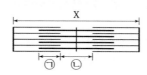

| 시점 | 길이($\mu$m) | | |
|------|:---:|:---:|:---:|
|      | X | ⓐ | ⓑ |
| $t_1$ | ? | 0.5 | 0.6 |
| $t_2$ | 2.2 | 0.7 | 0.2 |

이에 대한 옳은 설명만을 〈보기〉에서 있는 대로 고른 것은?

보기
ㄱ. ⓑ는 ㉠이다.
ㄴ. $t_1$일 때 X의 길이는 2.4 $\mu$m이다.
ㄷ. $t_2$일 때 A대의 길이는 1.6 $\mu$m이다.

① ㄱ   ② ㄷ   ③ ㄱ, ㄴ   ④ ㄴ, ㄷ   ⑤ ㄱ, ㄴ, ㄷ

## 17 ★☆☆ | 2020년 10월 교육청 15번 |

다음은 동물 (가)와 (나)의 골격근 수축에 대한 자료이다.

- 그림은 (가)의 근육 원섬유 마디 X와 (나)의 근육 원섬유 마디 Y의 구조를 나타낸 것이다. 구간 ㉠과 ㉢은 액틴 필라멘트만 있는 부분이고, ㉡은 액틴 필라멘트와 마이오신 필라멘트가 겹치는 부분이며, ㉣은 마이오신 필라멘트만 있는 부분이다. X와 Y는 모두 좌우 대칭이다.

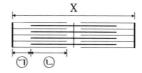
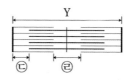

- 표는 시점 $t_1$과 $t_2$일 때 X, ㉠, ㉡, Y, ㉢, ㉣의 길이를 나타낸 것이다.

(단위 : $\mu$m)

| 구분 | X | ㉠ | ㉡ | Y | ㉢ | ㉣ |
|------|---|----|----|----|----|----|
| $t_1$ | ? | ⓐ | 0.6 | ? | 0.3 | ⓑ |
| $t_2$ | 2.6 | 0.5 | 0.5 | 2.6 | 0.6 | 1.0 |

이에 대한 옳은 설명만을 〈보기〉에서 있는 대로 고른 것은?

보기
ㄱ. ⓐ와 ⓑ는 같다.
ㄴ. $t_1$일 때 X의 H대 길이는 0.4 $\mu$m이다.
ㄷ. X의 A대 길이에서 Y의 A대 길이를 뺀 값은 0.2 $\mu$m이다.

① ㄱ   ② ㄴ   ③ ㄱ, ㄷ   ④ ㄴ, ㄷ   ⑤ ㄱ, ㄴ, ㄷ

## 18 ★★☆

다음은 골격근의 수축 과정에 대한 자료이다.

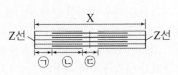

- 그림은 근육 원섬유 마디 X의 구조를 나타낸 것이다. X는 좌우 대칭이며, 구간 ㉠은 액틴 필라멘트만 있는 부분, ㉡은 액틴 필라멘트와 마이오신 필라멘트가 겹치는 부분, ㉢은 마이오신 필라멘트만 있는 부분이다.

- 표는 골격근 수축 과정의 두 시점 $t_1$과 $t_2$일 때 X의 길이, ⓐ의 길이와 ⓒ의 길이를 더한 값(ⓐ+ⓒ), ⓑ의 길이와 ⓒ의 길이를 더한 값(ⓑ+ⓒ)을 나타낸 것이다. ⓐ~ⓒ는 ㉠~㉢을 순서 없이 나타낸 것이다.

| 시점 | X의 길이 | ⓐ+ⓒ | ⓑ+ⓒ |
|---|---|---|---|
| $t_1$ | 2.4 $\mu$m | 1.0 $\mu$m | 0.8 $\mu$m |
| $t_2$ | ? | 1.3 $\mu$m | 1.7 $\mu$m |

이에 대한 설명으로 옳은 것만을 〈보기〉에서 있는 대로 고른 것은? [3점]

보기

ㄱ. ⓐ는 ㉡이다.

ㄴ. $t_1$일 때 $\dfrac{\text{A대의 길이}}{\text{H대의 길이}}$ 는 4이다.

ㄷ. $t_2$일 때 X의 길이는 3.2 $\mu$m이다.

① ㄱ      ② ㄷ      ③ ㄱ, ㄴ
④ ㄴ, ㄷ      ⑤ ㄱ, ㄴ, ㄷ

## 19 ★☆☆

다음은 골격근의 수축 과정에 대한 자료이다.

- 그림은 근육 원섬유 마디 X의 구조를, 표는 골격근 수축 과정의 두 시점 $t_1$과 $t_2$일 때 X의 길이, A대의 길이, ㉡의 길이를 나타낸 것이다. X는 좌우 대칭이고, $t_2$일 때 H대의 길이는 1.0 $\mu$m이다.

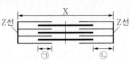

| 시점 | X의 길이 | A대의 길이 | ㉡의 길이 |
|---|---|---|---|
| $t_1$ | ? | 1.6 $\mu$m | 0.2 $\mu$m |
| $t_2$ | 3.0 $\mu$m | ? | ? |

- 구간 ㉠은 액틴 필라멘트와 마이오신 필라멘트가 겹치는 부분이고, ㉡은 액틴 필라멘트만 있는 부분이다.

이에 대한 설명으로 옳은 것만을 〈보기〉에서 있는 대로 고른 것은? [3점]

보기

ㄱ. $t_1$일 때 X의 길이는 2.0 $\mu$m이다.

ㄴ. ㉡의 길이는 $t_1$일 때가 $t_2$일 때보다 짧다.

ㄷ. $t_2$일 때 $\dfrac{\text{㉠의 길이}}{\text{A대의 길이}} = \dfrac{3}{8}$이다.

① ㄱ      ② ㄷ      ③ ㄱ, ㄴ
④ ㄴ, ㄷ      ⑤ ㄱ, ㄴ, ㄷ

## 20 ★☆☆

그림은 좌우 대칭인 근육 원섬유 마디 X의 구조를, 표는 시점 $t_1$과 $t_2$일 때 X와 ㉡의 길이를 나타낸 것이다. ㉠은 마이오신 필라멘트만, ㉡은 액틴 필라멘트만 있는 부분이다.

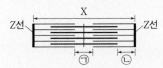

| 시점 | X의 길이 | ㉡의 길이 |
|---|---|---|
| $t_1$ | ? | 0.4 $\mu$m |
| $t_2$ | 2.0 $\mu$m | 0.2 $\mu$m |

이에 대한 옳은 설명만을 〈보기〉에서 있는 대로 고른 것은? [3점]

보기

ㄱ. ㉠은 H대이다.

ㄴ. $t_1$일 때 X의 길이는 2.4 $\mu$m이다.

ㄷ. A대의 길이는 $t_1$일 때가 $t_2$일 때보다 길다.

① ㄱ      ② ㄴ      ③ ㄷ
④ ㄱ, ㄴ      ⑤ ㄴ, ㄷ

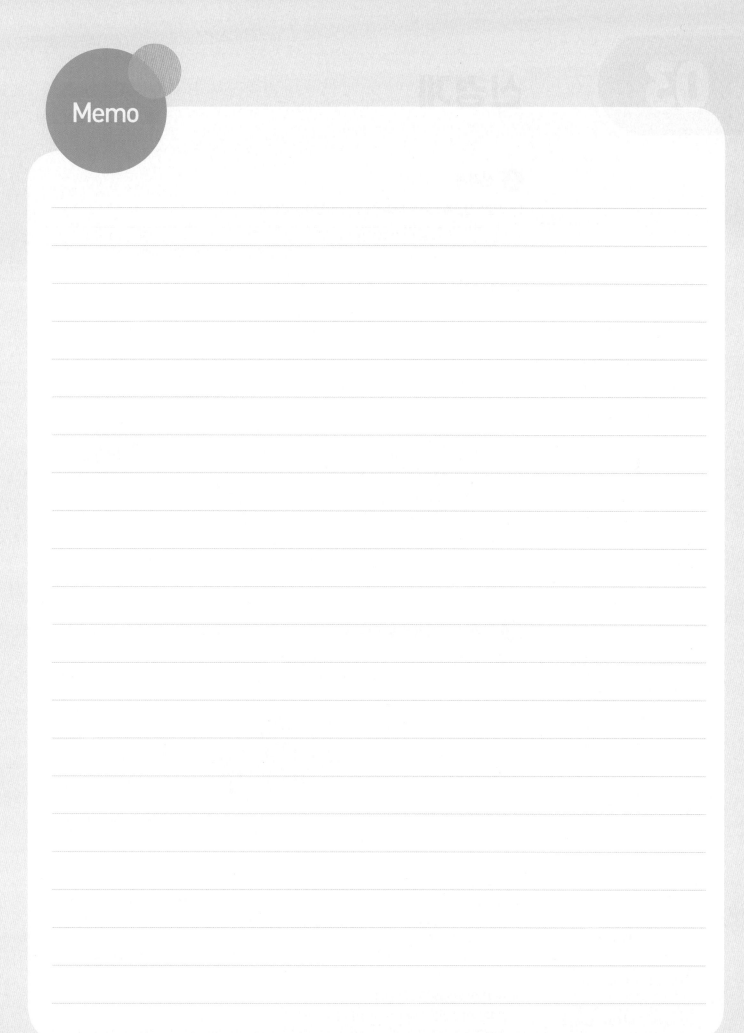

Memo

# 03 신경계

## Ⓐ 신경계

1. **사람의 신경계** : 중추 신경계와 말초 신경계로 구분한다.

| 중추 신경계 | • 뇌와 척수로 구성된다.<br>• 감각 신경을 통해 들어온 정보를 통합하고 분석하여 반응 명령을 내린다. |
|---|---|
| 말초 신경계 | • 뇌 신경과 척수 신경으로 구성된다.<br>• 감각기에서 받아들인 자극을 중추 신경계로 전달하고, 중추 신경계가 내린 명령을 반응기로 전달한다. |

2. **신경계에 의한 반응 경로** : 자극 → 감각기 → 구심성 신경(말초 신경계) → 뇌, 척수(중추 신경계) → 원심성 신경(말초 신경계) → 반응기 → 반응

**신경계의 기능에 따른 구분**
• 구심성 신경 : 감각기에서 받아들인 자극(감각 정보)을 중추 신경계로 전달한다.
• 원심성 신경 : 중추 신경계에서 내린 반응 명령을 골격근으로 전달하는 체성 신경과 자율 신경이 있다.

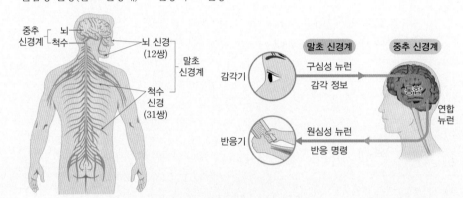

▲ 사람의 신경계 구성과 신호 전달 경로

## Ⓑ 중추 신경계와 말초 신경계

1. **중추 신경계** : 뇌와 척수로 구성되며, 자극에 대한 반응의 중추이다.
(1) **뇌** : 대뇌, 소뇌, 간뇌, 중간뇌, 연수, 뇌교로 구성된다.

**뇌줄기(뇌간)**
중간뇌, 뇌교, 연수를 합하여 뇌줄기라고 하며, 생명 유지와 관련된 중요한 역할을 하기 때문에 뇌줄기의 일부만 손상되어도 생명을 잃을 수 있다. 학자에 따라 간뇌, 중간뇌, 뇌교, 연수를 합하여 뇌줄기라고 하는 경우도 있다.

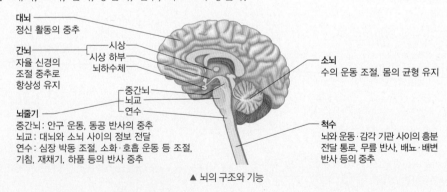

▲ 뇌의 구조와 기능

**무조건 반사의 예**

| 중간뇌 반사 | 동공 반사, 안구 운동 등 |
|---|---|
| 연수 반사 | 기침, 재채기, 하품, 침 분비, 눈물 분비 등 |
| 척수 반사 | 무릎 반사, 회피 반사, 배변·배뇨 반사, 젖분비, 땀분비 등 |

(2) **척수** : 겉질은 백색질, 속질은 회색질이다.
① 뇌와 말초 신경(척수 신경) 사이에서 정보를 전달하는 연결 통로이며, 척수 반사의 중추이다.
② 척추의 각 마디마다 배 쪽으로 원심성 신경 다발이 나와 전근을 이루고, 등 쪽으로 구심성 신경 다발이 들어가 후근을 이룬다.
③ 대뇌와 달리 척수의 겉질은 주로 축삭 돌기로 이루어진 백색질이고, 속질은 신경 세포체로 이루어진 회색질이다.

**무조건 반사와 자극의 감각**
무조건 반사에는 대뇌가 관여하지 않지만, 자극은 감각 신경이 대뇌로 연결되는 신경과 시냅스를 이루고 있기 때문에 대뇌로 전달되어 감각을 느낄 수 있다. 하지만 무조건 반사보다 자극 전달 경로가 더 길기 때문에 무조건 반사가 일어난 후에 감각을 느끼게 된다.

(3) **의식적인 반응과 무조건 반사**
① 의식적인 반응 : 대뇌가 중추가 되어 일어난다.
② 무조건 반사 : 척수, 연수, 중간뇌 등이 중추가 되며, 의식적인 반응보다 빠르게 일어난다.

**2. 말초 신경계** : 몸의 각 부분을 연결하며, 구심성 신경과 원심성 신경으로 구성된다.

**(1) 구심성 신경(감각 신경)**
  ① 감각 기관에서 수용한 자극을 중추 신경계로 전달한다.
  ② 구심성 신경에는 몸 감각을 전달하는 체성 감각 신경, 내장 기관의 정보를 전달하는 내장 감각 기관, 시각, 청각, 후각, 미각 등을 담당하는 특수 감각 신경이 있다.

**(2) 원심성 신경(운동 신경)**
  ① 중추 신경계의 명령을 반응 기관으로 전달하며, 체성 신경과 자율 신경이 있다.
  ② **체성 신경** : 주로 대뇌의 지배를 받고, 신경절이 없이 하나의 신경으로 이루어져 있으며, 골격근에 아세틸콜린을 분비하여 명령을 전달한다.
  ③ **자율 신경** : 대뇌의 직접적인 영향을 받지 않고, 하나의 신경절이 있으며, 중간뇌·연수·척수에서 뻗어 나와 자율적으로 심장·내장 기관·분비샘의 작용을 조절한다.
  • **교감 신경** : 신경 세포체가 척수와 연결되어 있으며, 신경절 이전 뉴런(아세틸콜린 분비)이 신경절 이후 뉴런(노르에피네프린 분비)보다 짧다.
  • **부교감 신경** : 신경 세포체가 중간뇌, 연수, 척수와 연결되어 있으며, 신경절 이전 뉴런(아세틸콜린 분비)이 신경절 이후 뉴런(아세틸콜린 분비)보다 길다.
  • **교감 신경과 부교감 신경의 작용**

| 구분 | 동공 | 방광 | 심장 박동 | 글리코젠 | 소화 작용 |
|------|------|------|-----------|----------|-----------|
| 교감 신경 | 확대 | 확장 | 촉진 | 분해 촉진 | 억제 |
| 부교감 신경 | 축소 | 수축 | 억제 | 합성 촉진 | 촉진 |

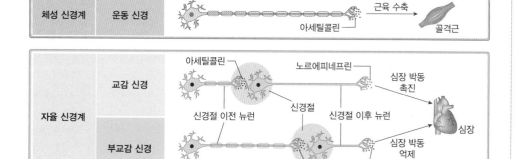

▲ 체성 신경계와 자율 신경계의 비교

**실전 자료** 신경계

그림은 중추 신경계와 반응 기관(심장, 골격근)을 연결하는 신경을 나타낸 것이다. ㉠~㉤은 서로 다른 뉴런이다.

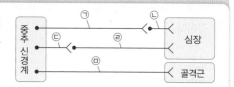

❶ **말초 신경계의 구분**
  • 신경절이 있고, ㉠이 ㉡보다 길이가 길므로 ㉠과 ㉡은 부교감 신경을 구성하는 뉴런이다.
  • 신경절이 있고, ㉢이 ㉣보다 길이가 짧으므로 ㉢과 ㉣은 교감 신경을 구성하는 뉴런이다.
  • ㉤은 신경절이 없고 하나의 뉴런으로 구성되어 있으므로 체성 신경이다.
❷ **말초 신경의 작용**
  • 심장과 연결되어 있는 부교감 신경의 신경절 이전 뉴런(㉠)의 신경 세포체는 연수에 있고, 부교감 신경의 신경절 이후 뉴런(㉡)의 말단에서 아세틸콜린이 분비되면 심장 박동이 억제된다.
  • 심장과 연결되어 있는 교감 신경의 신경절 이전 뉴런(㉢)의 신경 세포체는 척수의 속질(회색질)에 있고, 부교감 신경의 신경절 이후 뉴런(㉣)에서 노르에피네프린이 분비되면 심장 박동이 촉진된다.
  • 체성 신경(㉤)의 말단에서 아세틸콜린이 분비되면 골격근이 수축된다.

**출제 tip**

**말초 신경계**

말초 신경계 중 구심성 신경(감각 신경)과 원심성 신경(운동 신경)의 특징을 파악할 수 있는지를 묻는 문항이 자주 출제된다.

**말초 신경계의 구분**

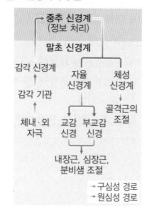

**교감 신경과 부교감 신경의 작용**

교감 신경은 몸이 긴장하거나 흥분했을 때 활발히 작용하여 그 상황에 알맞게 대처하도록 조절하고, 부교감 신경은 긴장 및 흥분 상태에 있던 몸을 평상시의 상태로 회복하도록 조절한다.

**노르에피네프린**

교감 신경의 신경절 이후 뉴런에서 분비되며, 노르아드레날린이라고도 한다. 아드레날린(에피네프린)과 기능이 거의 유사하다.

**1** ☆☆☆ | 2024년 10월 교육청 3번 |

그림은 중추 신경계로부터 말초 신경이 심장과 다리 골격근에 연결된 경로를 나타낸 것이다.

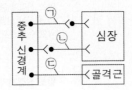

이에 대한 옳은 설명만을 〈보기〉에서 있는 대로 고른 것은? [3점]

보기
ㄱ. ㉠의 신경 세포체는 뇌줄기에 있다.
ㄴ. ㉡의 말단에서 심장 박동을 억제하는 신경 전달 물질이 분비된다.
ㄷ. ㉢은 구심성 신경이다.

① ㄱ　　　② ㄴ　　　③ ㄷ
④ ㄱ, ㄴ　　　⑤ ㄴ, ㄷ

**2** ☆☆☆ | 2024년 7월 교육청 2번 |

그림 (가)는 중추 신경계의 구조를, (나)는 동공의 크기 조절에 관여하는 자율 신경이 중추 신경계에 연결된 경로를 나타낸 것이다. A와 B는 대뇌와 중간뇌를 순서 없이 나타낸 것이다.

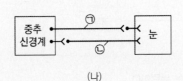

(가)　　　(나)

이에 대한 설명으로 옳은 것만을 〈보기〉에서 있는 대로 고른 것은?

보기
ㄱ. A는 뇌줄기를 구성한다.
ㄴ. ㉠의 신경 세포체는 B에 있다.
ㄷ. ㉡의 말단에서 노르에피네프린이 분비된다.

① ㄱ　　　② ㄴ　　　③ ㄱ, ㄷ
④ ㄴ, ㄷ　　　⑤ ㄱ, ㄴ, ㄷ

**3** ★★☆ | 2024년 5월 교육청 3번 |

그림은 중추 신경계의 구조를, 표는 반사의 중추를 나타낸 것이다. A와 B는 중간뇌와 척수를 순서 없이 나타낸 것이고, ㉠과 ㉡은 A와 B를 순서 없이 나타낸 것이다.

| 반사 | 중추 |
|------|------|
| 무릎 반사 | ㉠ |
| 동공 반사 | ㉡ |

이에 대한 설명으로 옳은 것만을 〈보기〉에서 있는 대로 고른 것은? [3점]

보기
ㄱ. ㉠은 B이다.
ㄴ. ㉡에 교감 신경의 신경절 이전 뉴런의 신경 세포체가 있다.
ㄷ. A와 B는 모두 뇌줄기에 속한다.

① ㄱ　　　② ㄴ　　　③ ㄱ, ㄷ
④ ㄴ, ㄷ　　　⑤ ㄱ, ㄴ, ㄷ

**4** ★★☆ | 2024년 3월 교육청 7번 |

그림은 사람의 중추 신경계와 위가 자율 신경으로 연결된 경로를 나타낸 것이다. A와 B는 각각 간뇌와 대뇌 중 하나이다.

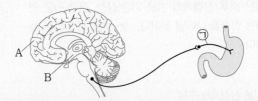

이에 대한 옳은 설명만을 〈보기〉에서 있는 대로 고른 것은?

보기
ㄱ. A의 겉질은 회색질이다.
ㄴ. B는 뇌줄기에 속한다.
ㄷ. ㉠의 활동 전위 발생 빈도가 증가하면 위액 분비가 억제된다.

① ㄱ　　　② ㄷ　　　③ ㄱ, ㄴ
④ ㄴ, ㄷ　　　⑤ ㄱ, ㄴ, ㄷ

## 5 ★☆☆
| 2023년 10월 교육청 7번 |

그림은 중추 신경계와 심장을 연결하는 자율 신경 A를, 표는 A의 특징을 나타낸 것이다. ⓐ와 ⓑ 중 하나에 신경절이 있고, ⊙은 노르에피네프린과 아세틸콜린 중 하나이다.

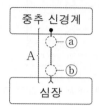

| A의 특징 |
| 신경절 이전 뉴런 말단과 신경절 이후 뉴런 말단에서 모두 ⊙이 분비된다. |

이에 대한 옳은 설명만을 〈보기〉에서 있는 대로 고른 것은?

┌─ 보기 ─────────────────────────────┐
ㄱ. ⓐ에 신경절이 있다.
ㄴ. ⊙은 노르에피네프린이다.
ㄷ. A에서 활동 전위 발생 빈도가 증가하면 심장 박동 속도가 감소한다.
└────────────────────────────────────┘

① ㄱ          ② ㄷ          ③ ㄱ, ㄴ
④ ㄱ, ㄷ       ⑤ ㄴ, ㄷ

## 6 ★★☆
| 2023년 7월 교육청 17번 |

그림은 중추 신경계에 속한 A와 B로부터 다리 골격근과 심장에 연결된 말초 신경을 나타낸 것이다. A와 B는 연수와 척수를 순서 없이 나타낸 것이고, ⓐ와 ⓑ 중 한 곳에 신경절이 있다.

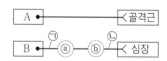

이에 대한 설명으로 옳은 것만을 〈보기〉에서 있는 대로 고른 것은?

┌─ 보기 ─────────────────────────────┐
ㄱ. A는 척수이다.
ㄴ. ⓑ에 신경절이 있다.
ㄷ. ⊙과 ⓒ의 말단에서 모두 아세틸콜린이 분비된다.
└────────────────────────────────────┘

① ㄱ          ② ㄷ          ③ ㄱ, ㄴ
④ ㄴ, ㄷ       ⑤ ㄱ, ㄴ, ㄷ

## 7 ★★☆
| 2023년 4월 교육청 8번 |

표 (가)는 사람 신경의 3가지 특징을, (나)는 (가)의 특징 중 방광에 연결된 신경 A~C가 갖는 특징의 개수를 나타낸 것이다. A~C는 감각 신경, 교감 신경, 부교감 신경을 순서 없이 나타낸 것이다.

| 특징 |
| --- |
| • 원심성 신경이다. |
| • 자율 신경계에 속한다. |
| • 신경절 이후 뉴런의 말단에서 노르에피네프린이 분비된다. |

(가)

| 구분 | 특징의 개수 |
| --- | --- |
| A | 0 |
| B | ⊙ |
| C | 3 |

(나)

이에 대한 설명으로 옳은 것만을 〈보기〉에서 있는 대로 고른 것은?

┌─ 보기 ─────────────────────────────┐
ㄱ. ⊙은 1이다.
ㄴ. A는 말초 신경계에 속한다.
ㄷ. C의 신경절 이전 뉴런의 신경 세포체는 척수에 있다.
└────────────────────────────────────┘

① ㄱ          ② ㄴ          ③ ㄷ
④ ㄱ, ㄴ       ⑤ ㄴ, ㄷ

## 8 ★★☆
| 2023년 3월 교육청 8번 |

그림은 사람의 중추 신경계와 홍채가 자율 신경으로 연결된 경로를 나타낸 것이다.

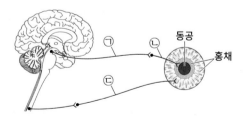

이에 대한 옳은 설명만을 〈보기〉에서 있는 대로 고른 것은?

┌─ 보기 ─────────────────────────────┐
ㄱ. ⊙의 신경 세포체는 뇌줄기에 있다.
ㄴ. ⊙과 ⓒ의 말단에서 분비되는 신경 전달 물질은 같다.
ㄷ. ⓒ의 활동 전위 발생 빈도가 증가하면 동공이 작아진다.
└────────────────────────────────────┘

① ㄱ          ② ㄷ          ③ ㄱ, ㄴ
④ ㄴ, ㄷ       ⑤ ㄱ, ㄴ, ㄷ

Part I
교육청

**9** ☆☆☆ |2022년 10월 교육청 13번|

그림은 무릎 반사가 일어날 때 흥분 전달 경로를 나타낸 것이다.

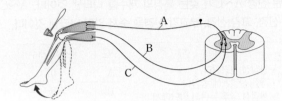

이에 대한 옳은 설명만을 〈보기〉에서 있는 대로 고른 것은?

> **보기**
> ㄱ. A와 B는 모두 척수 신경이다.
> ㄴ. B는 자율 신경계에 속한다.
> ㄷ. C는 후근을 이룬다.

① ㄱ  ② ㄴ  ③ ㄱ, ㄴ
④ ㄱ, ㄷ  ⑤ ㄴ, ㄷ

**10** ☆☆☆ |2022년 7월 교육청 12번|

그림 (가)는 중추 신경계로부터 나온 자율 신경이 방광에 연결된 경로를, (나)는 뉴런 ㉠에 역치 이상의 자극을 주었을 때와 주지 않았을 때 방광의 부피를 나타낸 것이다. ㉠은 ⓑ와 ⓓ 중 하나이다.

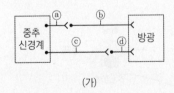   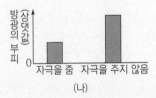

(가)              (나)

이에 대한 설명으로 옳은 것만을 〈보기〉에서 있는 대로 고른 것은?

> **보기**
> ㄱ. ㉠은 ⓓ이다.
> ㄴ. ⓐ는 척수의 후근을 이룬다.
> ㄷ. ⓑ와 ⓒ의 축삭 돌기 말단에서 분비되는 신경 전달 물질은 같다.

① ㄱ  ② ㄴ  ③ ㄷ
④ ㄱ, ㄴ  ⑤ ㄴ, ㄷ

**11** ☆☆☆ |2022년 4월 교육청 5번|

그림은 중추 신경계로부터 말초 신경을 통해 홍채와 골격근에 연결된 경로를 나타낸 것이다.

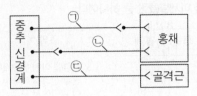

이에 대한 설명으로 옳은 것만을 〈보기〉에서 있는 대로 고른 것은?

> **보기**
> ㄱ. ㉠은 구심성 뉴런이다.
> ㄴ. ㉡이 흥분하면 동공이 축소된다.
> ㄷ. ㉢의 말단에서 아세틸콜린이 분비된다.

① ㄱ  ② ㄴ  ③ ㄷ
④ ㄱ, ㄷ  ⑤ ㄴ, ㄷ

**12** ☆☆☆ |2022년 3월 교육청 7번|

그림은 사람에서 ㉠과 팔의 골격근을 연결하는 말초 신경과, ㉡과 눈을 연결하는 말초 신경을 나타낸 것이다. ㉠과 ㉡은 각각 척수와 중간뇌 중 하나이다.

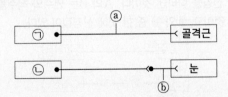

이에 대한 옳은 설명만을 〈보기〉에서 있는 대로 고른 것은? [3점]

> **보기**
> ㄱ. ㉠은 척수이다.
> ㄴ. ⓐ는 자율 신경계에 속한다.
> ㄷ. ⓑ의 말단에서 노르에피네프린이 분비된다.

① ㄱ  ② ㄴ  ③ ㄱ, ㄴ
④ ㄱ, ㄷ  ⑤ ㄴ, ㄷ

## 13 ★☆☆

| 2021년 10월 교육청 7번 |

그림은 중추 신경계와 심장을 연결하는 자율 신경을 나타낸 것이다. ⓐ에 하나의 신경절이 있으며, 뉴런 ㉠과 ㉡의 말단에서 분비되는 신경 전달 물질은 다르다.

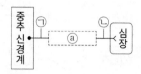

이에 대한 옳은 설명만을 〈보기〉에서 있는 대로 고른 것은?

보기
ㄱ. ㉠의 신경 세포체는 연수에 있다.
ㄴ. ㉠의 길이는 ㉡의 길이보다 길다.
ㄷ. ㉡의 말단에서 분비되는 신경 전달 물질은 노르에피네프린이다.

① ㄱ　　　　② ㄷ　　　　③ ㄱ, ㄴ
④ ㄴ, ㄷ　　　⑤ ㄱ, ㄴ, ㄷ

## 14 ★☆☆

| 2021년 7월 교육청 10번 |

그림은 중추 신경계로부터 말초 신경을 통해 소장과 골격근에 연결된 경로를, 표는 뉴런 ⓐ~ⓒ의 특징을 나타낸 것이다. ⓐ~ⓒ는 ㉠~㉢을 순서 없이 나타낸 것이다.

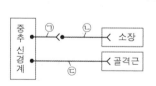

| 구분 | 특징 |
|---|---|
| ⓐ | ? |
| ⓑ | 체성 신경계에 속한다. |
| ⓒ | 축삭 돌기 말단에서 노르에피네프린이 분비된다. |

이에 대한 설명으로 옳은 것만을 〈보기〉에서 있는 대로 고른 것은? [3점]

보기
ㄱ. ⓐ는 ㉡이다.
ㄴ. ㉠의 신경 세포체는 척수에 있다.
ㄷ. ㉢은 운동 신경이다.

① ㄱ　　　　② ㄷ　　　　③ ㄱ, ㄴ
④ ㄴ, ㄷ　　　⑤ ㄱ, ㄴ, ㄷ

## 15 ★☆☆

| 2021년 4월 교육청 13번 |

그림 (가)는 중추 신경계로부터 자율 신경을 통해 심장에 연결된 경로를, (나)는 ㉠과 ㉡ 중 하나를 자극했을 때 심장 세포에서 활동 전위가 발생하는 빈도의 변화를 나타낸 것이다.

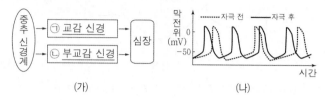

(가)　　　　　　　　(나)

이에 대한 설명으로 옳은 것만을 〈보기〉에서 있는 대로 고른 것은?

보기
ㄱ. ㉠의 신경절 이전 뉴런의 신경 세포체는 척수에 있다.
ㄴ. ㉡은 신경절 이전 뉴런이 신경절 이후 뉴런보다 길다.
ㄷ. (나)는 ㉡을 자극했을 때의 변화를 나타낸 것이다.

① ㄱ　　　　② ㄷ　　　　③ ㄱ, ㄴ
④ ㄴ, ㄷ　　　⑤ ㄱ, ㄴ, ㄷ

## 16 ★★☆

| 2021년 3월 교육청 5번 |

그림은 동공 크기의 조절에 관여하는 자율 신경이 중간뇌에, 심장 박동의 조절에 관여하는 자율 신경이 연수에 연결된 경로를 나타낸 것이다. ⓐ와 ⓑ에는 각각 하나의 신경절이 있다.

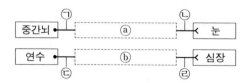

이에 대한 옳은 설명만을 〈보기〉에서 있는 대로 고른 것은? [3점]

보기
ㄱ. ㉠은 부교감 신경을 구성한다.
ㄴ. ㉡과 ㉢의 말단에서 모두 아세틸콜린이 분비된다.
ㄷ. ㉣의 말단에서 심장 박동을 촉진하는 신경 전달 물질이 분비된다.

① ㄱ　　　　② ㄷ　　　　③ ㄱ, ㄴ
④ ㄴ, ㄷ　　　⑤ ㄱ, ㄴ, ㄷ

## 17 ★☆☆ | 2020년 10월 교육청 5번 |

그림은 사람의 중추 신경계와 심장을 연결하는 자율 신경을 나타낸 것이다. ㉠과 ㉡은 각각 연수와 척수 중 하나이다.

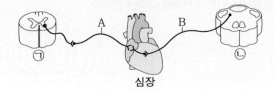

이에 대한 옳은 설명만을 〈보기〉에서 있는 대로 고른 것은?

> **보기**
> ㄱ. ㉠의 속질은 백색질이다.
> ㄴ. ㉡은 뇌줄기를 구성한다.
> ㄷ. 뉴런 A와 B의 말단에서 분비되는 신경 전달 물질은 같다.

① ㄱ      ② ㄴ      ③ ㄷ
④ ㄱ, ㄴ      ⑤ ㄴ, ㄷ

## 18 ★★☆ | 2020년 7월 교육청 16번 |

그림 (가)는 중추 신경계의 구조를, (나)는 중추 신경계와 심장이 자율 신경으로 연결된 모습을 나타낸 것이다. A~C는 각각 척수, 연수, 대뇌 중 하나이다.

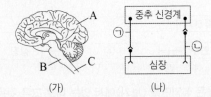

이에 대한 설명으로 옳은 것만을 〈보기〉에서 있는 대로 고른 것은?

> **보기**
> ㄱ. A의 겉질은 회색질이다.
> ㄴ. ㉠의 신경 세포체는 C에 존재한다.
> ㄷ. ㉡에서 흥분 발생 빈도가 증가하면 심장 박동이 촉진된다.

① ㄱ      ② ㄴ      ③ ㄱ, ㄷ
④ ㄴ, ㄷ      ⑤ ㄱ, ㄴ, ㄷ

## 19 ★☆☆ | 2020년 4월 교육청 6번 |

그림은 사람에서 자극에 의한 반사가 일어날 때 흥분 전달 경로를 나타낸 것이다.

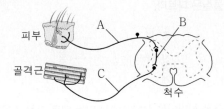

이에 대한 설명으로 옳은 것만을 〈보기〉에서 있는 대로 고른 것은?
[3점]

> **보기**
> ㄱ. A는 구심성 뉴런이다.
> ㄴ. B는 연합 뉴런이다.
> ㄷ. C의 축삭 돌기 말단에서 분비되는 신경 전달 물질은 아세틸콜린이다.

① ㄱ      ② ㄷ      ③ ㄱ, ㄴ
④ ㄴ, ㄷ      ⑤ ㄱ, ㄴ, ㄷ

## 20 ★★☆ | 2020년 3월 교육청 6번 |

그림은 사람에서 중추 신경계와 심장이 자율 신경으로 연결된 모습의 일부를 나타낸 것이다. A와 B는 각각 연수와 중간뇌 중 하나이고, ㉠과 ㉡ 중 한 부위에 신경절이 있다.

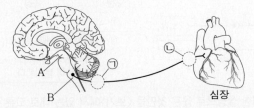

이에 대한 옳은 설명만을 〈보기〉에서 있는 대로 고른 것은?

> **보기**
> ㄱ. A는 동공 반사의 중추이다.
> ㄴ. B는 중간뇌이다.
> ㄷ. ㉠에 신경절이 있다.

① ㄱ      ② ㄷ      ③ ㄱ, ㄴ
④ ㄱ, ㄷ      ⑤ ㄴ, ㄷ

Memo

# 04 호르몬과 항상성

## A 호르몬

**1. 호르몬** : 특정 세포나 조직, 기관의 생리 작용을 조절하는 화학 물질이다.

**2. 호르몬의 특성**

(1) 내분비샘에서 생성되어 분비되며, 혈액에 의해 온몸으로 운반된다.

(2) 특정 호르몬에 대한 수용체를 가진 표적 세포(표적 기관)에만 작용한다.

(3) 적은 양으로 생리 작용을 조절하며, 분비량이 많으면 과다증, 부족하면 결핍증이 나타난다.

**3. 사람의 내분비샘과 호르몬**

| 내분비샘 | | 호르몬의 종류 | 특징 |
|---|---|---|---|
| 뇌하수체 | 전엽 | 생장 호르몬 | 생장 촉진 |
| | | 갑상샘 자극 호르몬 | 갑생샘에서 티록신 분비 촉진 |
| | | 부신 겉질 자극 호르몬 | 부신 겉질에서 코르티코이드 분비 촉진 |
| | 후엽 | 항이뇨 호르몬(ADH) | 콩팥에서 물의 재흡수 촉진 |
| 갑상샘 | | 티록신 | 물질대사 촉진 |
| 부신 | 겉질 | 당질 코르티코이드 | 혈당량 증가(지방이나 단백질을 포도당으로 전환) |
| | 속질 | 에피네프린 | 혈당량 증가(글리코젠이 포도당으로 전환되는 과정 촉진), 심장 박동 촉진, 혈압 상승 |
| 이자 | $\beta$세포 | 인슐린 | 혈당량 감소 |
| | $\alpha$세포 | 글루카곤 | 혈당량 증가 |
| 정소 | | 테스토스테론 | 남자의 2차 성질 발현 |
| 난소 | | 에스트로젠 | 여자의 2차 성질 발현 |

## B 항상성

**1. 항상성 유지** : 항상성 유지의 최고 조절 중추는 간뇌의 시상 하부이며, 자율 신경과 호르몬으로 반응을 조절하여 체내 환경을 일정하게 유지한다.

(1) **항상성 유지 원리** : 대부분 음성 피드백(음성 되먹임)과 길항 작용으로 이루어진다.

① 음성 피드백 : 어떤 과정의 산물이 다시 그 과정을 억제하는 조절 방식이다.

② 길항 작용 : 두 가지 요인이 같은 기관에 대해 서로 반대로 작용하여 서로의 효과를 줄이는 작용을 말한다.

**2. 혈당량 조절**

(1) 혈당량 변화는 간뇌의 시상 하부와 이자에서 감지하며, 정상인의 혈중 포도당 농도는 자율 신경과 호르몬에 의해 일정하게 유지된다.

(2) **혈당량 조절 과정**

| 혈당량이 높을 때 | 이자의 $\beta$세포에서 인슐린 분비 촉진 → 인슐린의 작용으로 간에서 글리코젠의 합성 촉진, 혈액에서 조직 세포로의 포도당 흡수 촉진 → 혈당량이 정상 수준으로 감소 |
|---|---|
| 혈당량이 낮을 때 | • 이자의 $\alpha$세포에서 글루카곤 분비 촉진 → 글루카곤의 작용으로 간에서 글리코젠의 분해 촉진 → 혈당량이 정상 수준으로 증가 <br> • 시상 하부에 의한 교감 신경의 자극으로 부신 속질에서 에피네프린 분비 촉진 → 에피네프린의 작용으로 혈당량이 정상 수준으로 증가 |

(3) **내분비계 질환 – 당뇨병**

① 당뇨병은 혈액 내 포도당의 농도가 높아서 나타나는 질병으로 인슐린 분비 이상이나 표적 세포가 인슐린에 적절하게 반응하지 못하기 때문에 나타난다.

② 당뇨병에 걸린 사람은 오줌이 자주 마렵고 갈증과 식욕을 많이 느끼며, 시각이 흐려지거나 쉽게 피곤해지는 증상이 나타난다.

---

### 호르몬과 신경의 작용 비교

| 구분 | 호르몬 | 신경 |
|---|---|---|
| 신호 전달 속도 | 비교적 느림 | 빠름 |
| 작용 범위 | 넓음 | 좁음 |
| 효과 지속성 | 오래 지속됨 | 빨리 사라짐 |
| 전달 매체 | 혈액 | 뉴런 |

### 호르몬 분비 이상에 따른 질환

| 생장 호르몬 | • 과다증 : 거인증, 말단 비대증 <br> • 결핍증 : 소인증 |
|---|---|
| 티록신 | • 과다증 : 갑상샘 기능 항진증 <br> • 결핍증 : 갑상샘 기능 저하증 |
| 항이뇨 호르몬 | • 결핍증 : 요붕증(정상보다 많은 오줌량) |
| 인슐린 | • 결핍증 : 당뇨병 |

### 음성 피드백의 예
• 티록신의 분비 조절

| 혈중 티록신 농도가 낮을 때 | 시상 하부에서 갑상샘 자극 호르몬 방출 호르몬(TRH) 분비 촉진 → 뇌하수체 전엽에서 갑상샘 자극 호르몬(TSH) 분비 촉진 → 갑상샘에서 티록신 분비 증가 |
|---|---|
| 혈중 티록신 농도가 높을 때 | 티록신이 시상 하부에서의 TRH 분비와 뇌하수체 전엽에서의 TSH 분비 억제 → 갑상샘에서 티록신 분비 감소 |

### 양성 피드백
어떤 과정의 산물이 그 과정을 촉진시키는 조절 방식
예 옥시토신에 의한 자궁 수축

### 길항 작용의 예
교감 신경과 부교감 신경의 소화액 분비 조절, 인슐린과 글루카곤의 혈당량 조절

## 3. 체온 조절

(1) 체온 변화 감지와 조절의 중추는 간뇌의 시상 하부이며, 자율 신경과 호르몬의 작용으로 체온이 일정하게 유지된다.

(2) **체온 조절 과정**

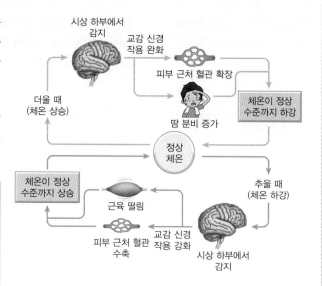

① **추울 때** : 피부를 통한 열 방출량 감소와 체내의 열 생산량 증가로 체온을 정상 수준으로 높인다.

- 피부를 통한 열 방출량 감소 : 교감 신경의 작용이 강화되어 피부 근처의 혈관이 수축하여 피부 근처를 흐르는 혈액의 양이 감소한다.
- 체내 열 생산량 증가 : 체성 신경의 작용으로 골격근이 수축하여 몸이 떨린다.

② **더울 때** : 피부를 통한 열 방출량 증가와 체내의 열 생산량 감소로 체온을 정상 수준으로 낮춘다.

- 피부를 통한 열 방출량 증가 : 교감 신경의 작용이 완화되어 피부 근처의 혈관이 확장하여 피부 근처를 흐르는 혈액의 양이 증가하고, 땀 분비가 증가하다.
- 체내 열 생산량 감소 : 갑상샘에서 티록신 분비량이 감소한다.

## 4. 삼투압 조절

간뇌의 시상 하부가 삼투압 조절 중추이며, 항이뇨 호르몬(ADH)의 분비량 조절에 의해 혈장 삼투압이 일정하게 유지된다.

| 혈장 삼투압이 높을 때 | 시상 하부의 뇌하수체 후엽에서 항이뇨 호르몬(ADH)의 분비 촉진 → 콩팥에서 수분 재흡수량 증가 → 오줌량 감소(오줌 삼투압 증가) → 혈장 삼투압이 정상 수준으로 감소 |
|---|---|
| 혈장 삼투압이 낮을 때 | 시상 하부의 뇌하수체 후엽에서 항이뇨 호르몬(ADH)의 분비 억제 → 콩팥에서 수분 재흡수량 감소 → 오줌량 증가(오줌 삼투압 감소) → 혈장 삼투압이 정상 수준으로 증가 |

### 실전 자료 | 체내 삼투압 조절

그림은 정상인이 다량의 물을 섭취했을 때 시간에 따른 오줌 생성량과 혈장 삼투압 변화를 나타낸 것이다.

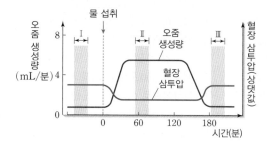

- 물을 섭취하면 체내 수분량이 많아져 혈장 삼투압이 감소한다. ➡ 항이뇨 호르몬의 분비가 억제되므로 혈중 항이뇨 호르몬 농도는 구간 Ⅱ에서가 구간 Ⅰ에서보다 낮다.
- 물을 섭취한 후 많은 양의 오줌이 생성되고 배설됨으로써 감소한 혈장 삼투압이 정상 수준으로 높아진다. ➡ 혈중 항이뇨 호르몬 농도는 구간 Ⅲ에서가 Ⅱ에서보다 높다.
- 오줌 생성량은 Ⅱ에서가 Ⅰ에서보다 많으므로 오줌의 삼투압은 Ⅱ에서가 Ⅰ에서보다 낮다.
- 물을 섭취하고 일정 시간 후, 오줌 생성량은 Ⅲ에서가 Ⅱ에서보다 적어진다. ➡ 오줌의 삼투압은 Ⅲ에서가 Ⅱ에서보다 높다.

---

**성인과 유아의 체온 조절**

성인은 주로 골격근의 수축과 이완에 따른 몸의 떨림을 이용하여 열을 발생시키지만, 유아는 교감 신경과 티록신의 작용으로 물질대사 속도를 증가시켜 열을 발생시킨다. 이와 같은 유아의 열 발생을 비떨림 열 생산이라고 한다.

**땀 분비와 체온 조절**

땀샘에서 땀 분비가 증가하면 기화열에 따른 열 손실이 증가한다.

**출제 tip**

**삼투압 조절**

혈중 항이뇨 호르몬(ADH) 농도에 따른 오줌 삼투압과 단위 시간당 수분 재흡수량 차이를 파악할 수 있는지를 묻는 문항이 자주 출제된다.

**항이뇨 호르몬 분비가 활발할 때**

- 혈장 삼투압이 낮아지고, 혈액량과 혈압이 증가한다.
- 오줌량이 감소하고, 오줌의 삼투압이 높아진다.

**1** ☆☆☆ | 2024년 10월 교육청 11번 |

표 (가)는 사람 몸에서 분비되는 호르몬 A~C에서 특징 ㉠~㉢의 유무를 나타낸 것이고, (나)는 ㉠~㉢을 순서 없이 나타낸 것이다. A~C는 TSH, 티록신, 항이뇨 호르몬을 순서 없이 나타낸 것이다.

| 특징<br>호르몬 | ㉠ | ㉡ | ㉢ |
|---|---|---|---|
| A | × | × | ○ |
| B | ? | ⓐ | ? |
| C | × | ○ | ⓑ |

(○: 있음, ×: 없음)

특징(㉠~㉢)
- 표적 기관에 작용한다.
- 뇌하수체에서 분비된다.
- 콩팥에서 물의 재흡수를 촉진한다.

(가)　　　　　　　　　(나)

이에 대한 옳은 설명만을 〈보기〉에서 있는 대로 고른 것은?

보기
ㄱ. ⓐ와 ⓑ는 모두 '○'이다.
ㄴ. ㉠은 '뇌하수체에서 분비된다.'이다.
ㄷ. A의 분비는 음성 피드백에 의해 조절된다.

① ㄱ　　　② ㄴ　　　③ ㄱ, ㄷ
④ ㄴ, ㄷ　　　⑤ ㄱ, ㄴ, ㄷ

---

**2** ☆☆☆ | 2024년 10월 교육청 18번 |

다음은 사람의 항상성에 대한 자료이다.

- 혈중 포도당 농도가 감소하면 ㉠의 분비가 촉진된다. ㉠은 글루카곤과 인슐린 중 하나이다.
- 체온 조절 중추에 ⓐ를 주면 피부 근처 혈관을 흐르는 단위 시간당 혈액량이 증가한다. ⓐ는 고온 자극과 저온 자극 중 하나이다.

이에 대한 옳은 설명만을 〈보기〉에서 있는 대로 고른 것은?

보기
ㄱ. ㉠은 간에서 글리코젠 합성을 촉진한다.
ㄴ. 간뇌에 체온 조절 중추가 있다.
ㄷ. ⓐ는 고온 자극이다.

① ㄱ　　　② ㄴ　　　③ ㄱ, ㄷ
④ ㄴ, ㄷ　　　⑤ ㄱ, ㄴ, ㄷ

---

**3** ☆☆☆ | 2024년 7월 교육청 14번 |

그림 (가)는 이자에서 분비되는 호르몬 ㉠과 ㉡의 분비 조절 과정 일부를, (나)는 정상인이 탄수화물을 섭취한 후 시간에 따른 혈중 호르몬 X의 농도를 나타낸 것이다. ㉠과 ㉡은 인슐린과 글루카곤을 순서 없이 나타낸 것이고, X는 ㉠과 ㉡ 중 하나이다.

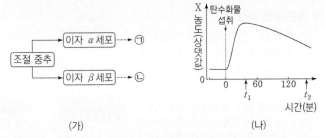

(가)　　　　　　　　　(나)

이에 대한 설명으로 옳은 것만을 〈보기〉에서 있는 대로 고른 것은? (단, 제시된 조건 이외는 고려하지 않는다.) [3점]

보기
ㄱ. X는 ㉡이다.
ㄴ. ㉠은 세포로의 포도당 흡수를 촉진한다.
ㄷ. 혈중 포도당 농도는 $t_1$일 때가 $t_2$일 때보다 낮다.

① ㄱ　　　② ㄴ　　　③ ㄱ, ㄷ
④ ㄴ, ㄷ　　　⑤ ㄱ, ㄴ, ㄷ

---

**4** ★☆☆ | 2024년 5월 교육청 6번 |

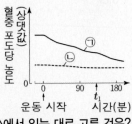

그림은 정상인 A와 당뇨병 환자 B가 운동을 하는 동안 혈중 포도당 농도 변화를 나타낸 것이다. ㉠과 ㉡은 A와 B를 순서 없이 나타낸 것이다. B는 이자의 β세포가 파괴되어 인슐린이 정상적으로 생성되지 못한다.

이에 대한 설명으로 옳은 것만을 〈보기〉에서 있는 대로 고른 것은? (단, 제시된 조건 이외는 고려하지 않는다.) [3점]

보기
ㄱ. ㉠은 B이다.
ㄴ. 인슐린은 세포로의 포도당 흡수를 촉진한다.
ㄷ. A의 간에서 단위 시간당 생성되는 포도당의 양은 운동 시작 시점일 때가 $t_1$일 때보다 많다.

① ㄱ　　　② ㄷ　　　③ ㄱ, ㄴ
④ ㄱ, ㄷ　　　⑤ ㄴ, ㄷ

## 5 ★☆☆ | 2024년 5월 교육청 7번 |

그림은 정상인에게 ㉠을 투여하고 일정 시간이 지난 후 ㉡을 투여했을 때 측정한 혈장 삼투압을 시간에 따라 나타낸 것이다. ㉠과 ㉡은 물과 소금물을 순서 없이 나타낸 것이다.

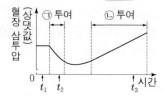

이에 대한 설명으로 옳은 것만을 〈보기〉에서 있는 대로 고른 것은? (단, 제시된 조건 이외는 고려하지 않는다.)

─〈보기〉─
ㄱ. ㉠은 소금물이다.
ㄴ. 혈중 ADH의 농도는 $t_1$일 때가 $t_2$일 때보다 낮다.
ㄷ. 단위 시간당 오줌 생성량은 $t_2$일 때가 $t_3$일 때보다 많다.

① ㄱ          ② ㄷ          ③ ㄱ, ㄴ
④ ㄴ, ㄷ      ⑤ ㄱ, ㄴ, ㄷ

## 6 ★★☆ | 2024년 3월 교육청 9번 |

그림 (가)는 정상인이 탄수화물을 섭취한 후 시간에 따른 혈중 호르몬 X의 농도를, (나)는 이 사람에서 혈중 X의 농도에 따른 단위 시간당 혈액에서 조직 세포로의 포도당 유입량을 나타낸 것이다. X는 인슐린과 글루카곤 중 하나이다.

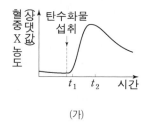 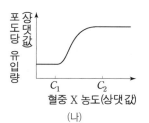

(가)          (나)

이에 대한 옳은 설명만을 〈보기〉에서 있는 대로 고른 것은? (단, 제시된 조건 이외는 고려하지 않는다.) [3점]

─〈보기〉─
ㄱ. X는 이자의 $\beta$세포에서 분비된다.
ㄴ. 단위 시간당 혈액에서 조직 세포로의 포도당 유입량은 $t_2$일 때가 $t_1$일 때보다 많다.
ㄷ. 간에서 글리코젠의 분해는 $C_2$에서가 $C_1$에서보다 활발하다.

① ㄱ          ② ㄷ          ③ ㄱ, ㄴ
④ ㄴ, ㄷ      ⑤ ㄱ, ㄴ, ㄷ

## 7 ★★★ | 2024년 3월 교육청 16번 |

그림은 정상인에서 티록신 분비량이 일시적으로 증가했다가 회복되는 과정에서 측정한 혈중 티록신과 TSH의 농도를 시간에 따라 나타낸 것이다.

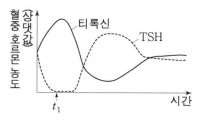

이에 대한 옳은 설명만을 〈보기〉에서 있는 대로 고른 것은? (단, 제시된 조건 이외는 고려하지 않는다.) [3점]

─〈보기〉─
ㄱ. $t_1$일 때 이 사람에게 TSH를 투여하면 투여 전보다 티록신의 분비가 억제된다.
ㄴ. 티록신의 분비는 음성 피드백에 의해 조절된다.
ㄷ. 갑상샘은 TSH의 표적 기관이다.

① ㄱ          ② ㄷ          ③ ㄱ, ㄴ
④ ㄴ, ㄷ      ⑤ ㄱ, ㄴ, ㄷ

## 8 ★☆☆ | 2023년 10월 교육청 8번 |

그림은 정상인에게서 일어나는 혈장 삼투압 조절 과정의 일부를 나타낸 것이다. ㉠~㉢은 각각 증가와 감소 중 하나이다.

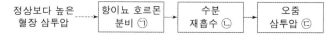

이에 대한 옳은 설명만을 〈보기〉에서 있는 대로 고른 것은?

─〈보기〉─
ㄱ. ㉠~㉢은 모두 증가이다.
ㄴ. 콩팥은 항이뇨 호르몬의 표적 기관이다.
ㄷ. 짠 음식을 많이 먹었을 때 이 과정이 일어난다.

① ㄱ          ② ㄴ          ③ ㄱ, ㄷ
④ ㄴ, ㄷ      ⑤ ㄱ, ㄴ, ㄷ

**9** ☆☆☆ | 2023년 7월 **교육청** 7번 |

그림 (가)는 정상인에서 ㉠의 변화량에 따른 혈중 항이뇨 호르몬 (ADH)의 농도를, (나)는 이 사람이 1 L의 물을 섭취한 후 시간에 따른 혈장과 오줌의 삼투압을 나타낸 것이다. ㉠은 혈장 삼투압과 전체 혈액량 중 하나이다.

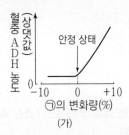 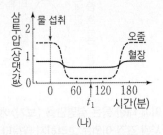

(가)                    (나)

이에 대한 설명으로 옳은 것만을 〈보기〉에서 있는 대로 고른 것은? (단, 제시된 자료 이외에 체내 수분량에 영향을 미치는 요인은 없다.) [3점]

보기
ㄱ. ㉠은 전체 혈액량이다.
ㄴ. ADH는 뇌하수체 후엽에서 분비된다.
ㄷ. 콩팥에서의 단위 시간당 수분 재흡수량은 물 섭취 시점일 때가 $t_1$일 때보다 적다.

① ㄱ              ② ㄴ              ③ ㄱ, ㄷ
④ ㄴ, ㄷ          ⑤ ㄱ, ㄴ, ㄷ

---

**10** ☆☆☆ | 2023년 10월 **교육청** 19번 |

그림은 정상인이 운동할 때 체온의 변화와 ㉠, ㉡의 변화를 나타낸 것이다. ㉠과 ㉡은 각각 열 발산량(열 방출량)과 열 발생량(열 생산량) 중 하나이다.

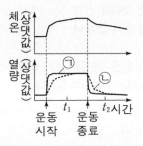

이에 대한 옳은 설명만을 〈보기〉에서 있는 대로 고른 것은?

보기
ㄱ. ㉠은 열 발산량(열 방출량)이다.
ㄴ. 체온 조절 중추는 간뇌의 시상 하부이다.
ㄷ. 피부 근처 혈관을 흐르는 단위 시간당 혈액량은 $t_1$일 때가 $t_2$일 때보다 적다.

① ㄱ              ② ㄴ              ③ ㄷ
④ ㄱ, ㄴ          ⑤ ㄴ, ㄷ

---

**11** ★☆☆ | 2023년 7월 **교육청** 13번 |

그림 (가)는 정상인에서 혈중 호르몬 X의 농도에 따른 혈액에서 조직 세포로의 포도당 유입량을, (나)는 사람 A와 B에서 탄수화물 섭취 후 시간에 따른 혈중 X의 농도를 나타낸 것이다. X는 인슐린과 글루카곤 중 하나이고, A와 B는 각각 정상인과 당뇨병 환자 중 하나이다.

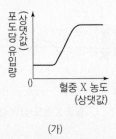 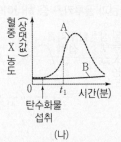

(가)                    (나)

이에 대한 설명으로 옳은 것만을 〈보기〉에서 있는 대로 고른 것은? (단, 제시된 조건 이외는 고려하지 않는다.) [3점]

보기
ㄱ. X는 인슐린이다.
ㄴ. B는 당뇨병 환자이다.
ㄷ. A의 혈액에서 조직 세포로의 포도당 유입량은 탄수화물 섭취 시점일 때가 $t_1$일 때보다 많다.

① ㄱ              ② ㄷ              ③ ㄱ, ㄴ
④ ㄴ, ㄷ          ⑤ ㄱ, ㄴ, ㄷ

## 12 ★★☆

| 2023년 4월 교육청 12번 |

그림 (가)는 정상인에서 시상 하부 온도에 따른 ㉠을, (나)는 이 사람의 체온 변화에 따른 털세움근과 피부 근처 혈관을 나타낸 것이다. ㉠은 '근육에서의 열 발생량'과 '피부에서의 열 발산량' 중 하나이다.

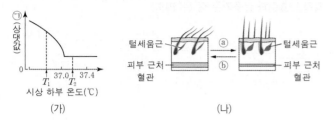

(가)                    (나)

이에 대한 설명으로 옳은 것만을 〈보기〉에서 있는 대로 고른 것은?

〈보기〉
ㄱ. ㉠은 '근육에서의 열 발생량'이다.
ㄴ. 과정 ⓐ에 교감 신경이 작용한다.
ㄷ. 시상 하부 온도가 $T_1$에서 $T_2$로 변하면 과정 ⓑ가 일어난다.

① ㄱ        ② ㄷ        ③ ㄱ, ㄴ
④ ㄴ, ㄷ        ⑤ ㄱ, ㄴ, ㄷ

## 14 ★★☆

| 2023년 3월 교육청 7번 |

그림 (가)는 탄수화물을 섭취한 사람에서 혈중 호르몬 ㉠의 농도 변화를, (나)는 세포 A와 B에서 세포 밖 포도당 농도에 따른 세포 안 포도당 농도를 나타낸 것이다. ㉠은 인슐린과 글루카곤 중 하나이며, A와 B 중 하나에만 처리됐다.

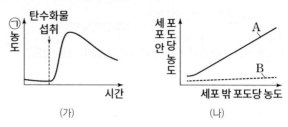

(가)                    (나)

㉠에 대한 옳은 설명만을 〈보기〉에서 있는 대로 고른 것은? [3점]

〈보기〉
ㄱ. 인슐린이다.
ㄴ. 이자의 $\alpha$세포에서 분비된다.
ㄷ. B에 처리됐다.

① ㄱ        ② ㄴ        ③ ㄷ
④ ㄱ, ㄴ        ⑤ ㄱ, ㄷ

## 13 ★★☆

| 2023년 4월 교육청 13번 |

그림 (가)는 정상인의 혈장 삼투압에 따른 혈중 ADH 농도를, (나)는 이 사람의 혈중 포도당 농도에 따른 혈중 인슐린 농도를 나타낸 것이다.

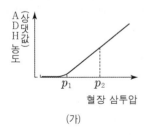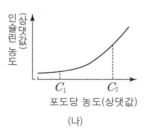

(가)                    (나)

이에 대한 설명으로 옳은 것만을 〈보기〉에서 있는 대로 고른 것은? (단, 제시된 조건 이외는 고려하지 않는다.) [3점]

〈보기〉
ㄱ. 생성되는 오줌의 삼투압은 $p_1$일 때가 $p_2$일 때보다 작다.
ㄴ. 혈중 글루카곤의 농도는 $C_2$일 때가 $C_1$일 때보다 높다.
ㄷ. 혈장 삼투압과 혈당량 조절 중추는 모두 연수이다.

① ㄱ        ② ㄴ        ③ ㄱ, ㄷ
④ ㄴ, ㄷ        ⑤ ㄱ, ㄴ, ㄷ

## 15 ★★☆

| 2023년 3월 교육청 12번 |

그림은 티록신 분비 조절 과정의 일부를 나타낸 것이다. A는 갑상샘과 뇌하수체 전엽 중 하나이고, ㉠과 ㉡은 각각 TRH와 TSH 중 하나이다.

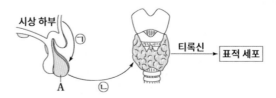

이에 대한 옳은 설명만을 〈보기〉에서 있는 대로 고른 것은?

〈보기〉
ㄱ. A는 뇌하수체 전엽이다.
ㄴ. ㉡은 TRH이다.
ㄷ. 혈중 티록신 농도가 증가하면 ㉠의 분비가 촉진된다.

① ㄱ        ② ㄴ        ③ ㄷ
④ ㄱ, ㄴ        ⑤ ㄱ, ㄷ

## 16 ★☆☆   | 2022년 10월 교육청 8번 |

그림은 정상인에게 ㉠ 자극을 주었을 때 일어나는 체온 조절 과정의 일부를 나타낸 것이다. ㉠은 고온과 저온 중 하나이고, ⓐ는 억제와 촉진 중 하나이다.

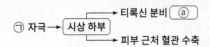

이에 대한 옳은 설명만을 〈보기〉에서 있는 대로 고른 것은?

〈보기〉
ㄱ. ㉠은 저온이다.
ㄴ. ⓐ는 억제이다.
ㄷ. 피부 근처 혈관 수축이 일어나면 열 발산량(열 방출량)이 감소한다.

① ㄱ          ② ㄴ          ③ ㄱ, ㄴ
④ ㄱ, ㄷ       ⑤ ㄴ, ㄷ

## 17 ★★☆   | 2022년 10월 교육청 12번 |

그림은 정상인 A~C의 오줌 생성량 변화를 나타낸 것이다. $t_2$일 때 B는 물 1 L를 마시고, A와 C 중 한 명은 물질 ㉠을 물에 녹인 용액 1 L를 마시고, 다른 한 명은 아무것도 마시지 않았다. ㉠은 항이뇨 호르몬(ADH)의 분비를 억제하는 물질과 촉진하는 물질 중 하나이다.

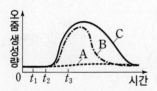

이에 대한 옳은 설명만을 〈보기〉에서 있는 대로 고른 것은? [3점]

〈보기〉
ㄱ. ㉠은 ADH의 분비를 촉진한다.
ㄴ. ㉠을 물에 녹인 용액을 마신 사람은 C이다.
ㄷ. B의 혈중 ADH 농도는 $t_3$일 때가 $t_1$일 때보다 높다.

① ㄱ          ② ㄴ          ③ ㄷ
④ ㄱ, ㄴ       ⑤ ㄴ, ㄷ

## 18 ★★☆   | 2022년 7월 교육청 6번 |

그림 (가)는 이자에서 분비되는 호르몬 A와 B의 분비 조절 과정 일부를, (나)는 어떤 정상인이 단식할 때와 탄수화물 식사를 할 때 간에 있는 글리코젠의 양을 시간에 따라 나타낸 것이다. A와 B는 각각 인슐린과 글루카곤 중 하나이다.

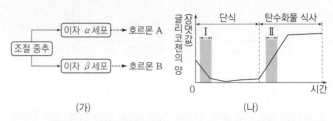

(가)          (나)

이에 대한 설명으로 옳은 것만을 〈보기〉에서 있는 대로 고른 것은?
[3점]

〈보기〉
ㄱ. (가)에서 조절 중추는 척수이다.
ㄴ. A는 세포로의 포도당 흡수를 촉진한다.
ㄷ. B의 분비량은 구간 Ⅱ에서가 구간 Ⅰ에서보다 많다.

① ㄱ          ② ㄷ          ③ ㄱ, ㄴ
④ ㄴ, ㄷ       ⑤ ㄱ, ㄴ, ㄷ

## 19 ★★☆   | 2022년 4월 교육청 3번 |

표는 정상인의 3가지 호르몬 TSH, (가), (나)가 분비되는 내분비샘을 나타낸 것이다. (가)와 (나)는 티록신과 TRH를 순서 없이 나타낸 것이고, ㉠과 ㉡은 갑상샘과 뇌하수체 전엽을 순서 없이 나타낸 것이다.

| 호르몬 | 내분비샘 |
| --- | --- |
| TSH | ㉠ |
| (가) | ㉡ |
| (나) | 시상 하부 |

이에 대한 설명으로 옳은 것만을 〈보기〉에서 있는 대로 고른 것은?
[3점]

〈보기〉
ㄱ. ㉡은 갑상샘이다.
ㄴ. ㉠에 (나)의 표적 세포가 있다.
ㄷ. 혈중 TSH의 농도가 증가하면 (가)의 분비가 촉진된다.

① ㄱ          ② ㄴ          ③ ㄱ, ㄷ
④ ㄴ, ㄷ       ⑤ ㄱ, ㄴ, ㄷ

## 20 ★☆☆
| 2022년 4월 교육청 10번 |

그림은 정상인이 물 1 L를 섭취한 후 시간에 따른 ㉠과 ㉡을 나타낸 것이다. ㉠과 ㉡은 각각 혈장 삼투압과 단위 시간당 오줌 생성량 중 하나이다.

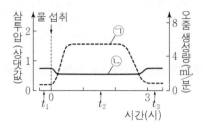

이에 대한 설명으로 옳은 것만을 〈보기〉에서 있는 대로 고른 것은? (단, 제시된 자료 이외의 체내 수분량에 영향을 미치는 요인은 없다.)

〈보기〉
ㄱ. ㉠은 단위 시간당 오줌 생성량이다.
ㄴ. 혈중 ADH 농도는 $t_1$일 때가 $t_2$일 때보다 높다.
ㄷ. 생성되는 오줌의 삼투압은 $t_2$일 때가 $t_3$일 때보다 높다.

① ㄱ          ② ㄷ          ③ ㄱ, ㄴ
④ ㄴ, ㄷ      ⑤ ㄱ, ㄴ, ㄷ

## 22 ★★☆
| 2022년 3월 교육청 13번 |

표는 사람의 호르몬 ㉠~㉢을 분비하는 기관을 나타낸 것이다. ㉠~㉢은 티록신, 에피네프린, 항이뇨 호르몬을 순서 없이 나타낸 것이다.

| 호르몬 | 분비 기관 |
|--------|-----------|
| ㉠ | 부신 |
| ㉡ | 갑상샘 |
| ㉢ | 뇌하수체 |

이에 대한 옳은 설명만을 〈보기〉에서 있는 대로 고른 것은?

〈보기〉
ㄱ. ㉠은 에피네프린이다.
ㄴ. ㉡의 분비는 음성 피드백에 의해 조절된다.
ㄷ. 땀을 많이 흘리면 ㉢의 분비가 억제된다.

① ㄱ          ② ㄷ          ③ ㄱ, ㄴ
④ ㄴ, ㄷ      ⑤ ㄱ, ㄴ, ㄷ

## 21 ★★☆
| 2022년 3월 교육청 10번 |

그림 (가)는 사람의 이자에서 분비되는 호르몬 ㉠과 ㉡을, (나)는 간에서 일어나는 물질 A와 B 사이의 전환을 나타낸 것이다. ㉠과 ㉡은 각각 인슐린과 글루카곤 중 하나이고, A와 B는 각각 포도당과 글리코젠 중 하나이다. ㉠은 과정 Ⅰ을, ㉡은 과정 Ⅱ를 촉진한다.

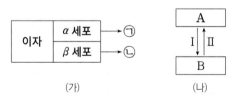

(가)                    (나)

이에 대한 옳은 설명만을 〈보기〉에서 있는 대로 고른 것은? [3점]

〈보기〉
ㄱ. B는 글리코젠이다.
ㄴ. ㉡은 세포로의 포도당 흡수를 촉진한다.
ㄷ. 혈중 포도당 농도가 증가하면 Ⅰ이 촉진된다.

① ㄱ          ② ㄴ          ③ ㄱ, ㄷ
④ ㄴ, ㄷ      ⑤ ㄱ, ㄴ, ㄷ

## 23 ★☆☆
| 2021년 10월 교육청 8번 |

그림은 정상인이 A를 섭취했을 때 시간에 따른 혈장 삼투압을 나타낸 것이다. A는 물과 소금물 중 하나이다.

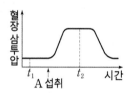

이에 대한 옳은 설명만을 〈보기〉에서 있는 대로 고른 것은? [3점]

〈보기〉
ㄱ. A는 소금물이다.
ㄴ. 단위 시간당 오줌 생성량은 $t_2$일 때가 $t_1$일 때보다 많다.
ㄷ. 혈중 항이뇨 호르몬 농도는 $t_1$일 때가 $t_2$일 때보다 높다.

① ㄱ          ② ㄷ          ③ ㄱ, ㄴ
④ ㄴ, ㄷ      ⑤ ㄱ, ㄴ, ㄷ

## 24 ★☆☆

| 2021년 10월 교육청 16번 |

그림은 정상인에게 자극 ㉠이 주어졌을 때, 이에 대한 중추 신경계의 명령이 골격근과 피부 근처 혈관에 전달되는 경로를 나타낸 것이다. ㉠은 고온 자극과 저온 자극 중 하나이며, ㉠이 주어지면 피부 근처 혈관이 수축한다.

이에 대한 옳은 설명만을 〈보기〉에서 있는 대로 고른 것은?

〈보기〉
ㄱ. ㉠은 저온 자극이다.
ㄴ. 피부 근처 혈관이 수축하면 열 발산량이 증가한다.
ㄷ. ㉠이 주어지면 A에서 분비되는 신경 전달 물질의 양이 감소한다.

① ㄱ      ② ㄴ      ③ ㄱ, ㄴ
④ ㄱ, ㄷ      ⑤ ㄴ, ㄷ

## 25 ★★☆

| 2021년 7월 교육청 3번 |

그림 (가)는 호르몬 A와 B에 의해 촉진되는 글리코젠과 포도당 사이의 전환 과정을, (나)는 어떤 세포에 ㉠을 처리했을 때와 처리하지 않았을 때 세포 밖 포도당 농도에 따른 세포 안 포도당 농도를 나타낸 것이다. A와 B는 각각 인슐린과 글루카곤 중 하나이며, ㉠은 A와 B 중 하나이다.

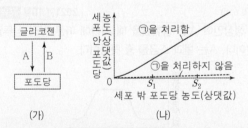

(가)          (나)

이에 대한 설명으로 옳은 것만을 〈보기〉에서 있는 대로 고른 것은? (단, 제시된 조건 이외는 고려하지 않는다.) [3점]

〈보기〉
ㄱ. ㉠은 B이다.
ㄴ. A는 이자의 $\alpha$세포에서 분비된다.
ㄷ. ㉠을 처리했을 때 세포 밖에서 세포 안으로 이동하는 포도당의 양은 $S_1$일 때가 $S_2$일 때보다 많다.

① ㄱ      ② ㄴ      ③ ㄷ
④ ㄱ, ㄴ      ⑤ ㄴ, ㄷ

## 26 ★☆☆

| 2021년 4월 교육청 5번 |

표는 사람의 내분비샘의 특징을 나타낸 것이다. A와 B는 갑상샘과 뇌하수체를 순서 없이 나타낸 것이다.

| 내분비샘 | 특징 |
|---|---|
| A | ㉠TSH를 분비한다. |
| B | ㉡티록신을 분비한다. |

이에 대한 설명으로 옳은 것만을 〈보기〉에서 있는 대로 고른 것은? [3점]

〈보기〉
ㄱ. A는 뇌하수체이다.
ㄴ. ㉡의 분비는 음성 피드백에 의해 조절된다.
ㄷ. ㉠과 ㉡은 모두 순환계를 통해 표적 세포로 이동한다.

① ㄱ      ② ㄷ      ③ ㄱ, ㄴ
④ ㄴ, ㄷ      ⑤ ㄱ, ㄴ, ㄷ

## 27 ★★☆

| 2021년 4월 교육청 14번 |

그림 (가)는 정상인에서 식사 후 시간에 따른 혈당량을, (나)는 이 사람의 혈장 삼투압에 따른 혈중 ADH 농도를 나타낸 것이다.

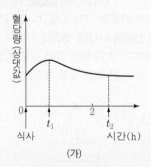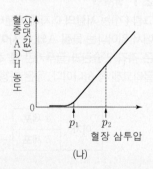

(가)          (나)

이에 대한 설명으로 옳은 것만을 〈보기〉에서 있는 대로 고른 것은? (단, 제시된 조건 이외는 고려하지 않는다.) [3점]

〈보기〉
ㄱ. 혈중 인슐린 농도는 $t_1$일 때가 $t_2$일 때보다 낮다.
ㄴ. 생성되는 오줌의 삼투압은 $p_1$일 때가 $p_2$일 때보다 낮다.
ㄷ. 혈당량과 혈장 삼투압의 조절 중추는 모두 연수이다.

① ㄱ      ② ㄴ      ③ ㄷ
④ ㄱ, ㄴ      ⑤ ㄴ, ㄷ

## 28 ★☆☆

|2021년 3월 교육청 7번|

그림은 정상인이 온도 $T_1$과 $T_2$에 각각 노출되었을 때, 피부 혈관의 일부를 나타낸 것이다. $T_1$과 $T_2$는 각각 20 ℃와 40 ℃ 중 하나이고, $T_1$과 $T_2$ 중 하나의 온도에 노출되었을 때만 골격근의 떨림이 발생하였다.

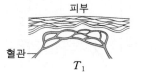
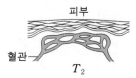

이에 대한 옳은 설명만을 〈보기〉에서 있는 대로 고른 것은? [3점]

┌─ 보기 ─────────────────────────┐
ㄱ. $T_1$은 40 ℃이다.
ㄴ. 골격근의 떨림이 발생한 온도는 $T_2$이다.
ㄷ. 피부 혈관이 수축하는 데 교감 신경이 관여한다.
└──────────────────────────────┘

① ㄴ      ② ㄷ      ③ ㄱ, ㄴ
④ ㄱ, ㄷ      ⑤ ㄴ, ㄷ

## 29 ★☆☆

|2021년 3월 교육청 13번|

그림은 정상인이 포도당 용액을 섭취한 후 시간에 따른 혈중 포도당의 농도와 호르몬 ㉠의 농도를 나타낸 것이다. ㉠은 글루카곤과 인슐린 중 하나이다.

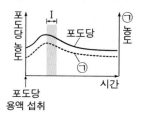

이에 대한 옳은 설명만을 〈보기〉에서 있는 대로 고른 것은? [3점]

┌─ 보기 ─────────────────────────┐
ㄱ. ㉠은 글루카곤이다.
ㄴ. 이자의 $\beta$세포에서 ㉠이 분비된다.
ㄷ. 구간 Ⅰ에서 글리코젠의 합성이 일어난다.
└──────────────────────────────┘

① ㄱ      ② ㄴ      ③ ㄱ, ㄷ
④ ㄴ, ㄷ      ⑤ ㄱ, ㄴ, ㄷ

## 30 ★☆☆

|2020년 10월 교육청 4번|

그림은 정상인과 당뇨병 환자가 포도당을 섭취했을 때 혈당량 변화를 나타낸 것이다. 이 환자는 이자에서 혈당량 조절 호르몬 X가 적게 분비되어 당뇨병이 나타났다.

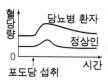

X에 대한 옳은 설명만을 〈보기〉에서 있는 대로 고른 것은?

┌─ 보기 ─────────────────────────┐
ㄱ. 인슐린이다.
ㄴ. 이자의 $\alpha$ 세포에서 분비된다.
ㄷ. 간에서 글리코젠 분해를 촉진한다.
└──────────────────────────────┘

① ㄱ      ② ㄴ      ③ ㄱ, ㄴ
④ ㄱ, ㄷ      ⑤ ㄴ, ㄷ

## 31 ★★☆

|2020년 10월 교육청 9번|

그림은 어떤 정상인이 1 L의 물을 섭취했을 때 단위 시간당 오줌 생성량의 변화를 나타낸 것이다.

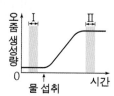

구간 Ⅰ에서가 구간 Ⅱ에서보다 높은 것만을 〈보기〉에서 있는 대로 고른 것은? (단, 제시된 조건 이외는 고려하지 않는다.) [3점]

┌─ 보기 ─────────────────────────┐
ㄱ. 혈장 삼투압
ㄴ. 오줌 삼투압
ㄷ. 혈중 항이뇨 호르몬 농도
└──────────────────────────────┘

① ㄱ      ② ㄴ      ③ ㄱ, ㄷ
④ ㄴ, ㄷ      ⑤ ㄱ, ㄴ, ㄷ

## 32 ★★☆

| 2020년 7월 교육청 13번 |

그림은 어떤 동물에서 오줌 생성
이 정상일 때와 ㉠일 때 시간에
따른 혈중 항이뇨 호르몬(ADH)
의 농도를 나타낸 것이다.
이에 대한 설명으로 옳은 것만을
〈보기〉에서 있는 대로 고른 것
은? (단, 제시된 자료 이외에 체내 수분량에 영향을 미치는 요인은
없다.) [3점]

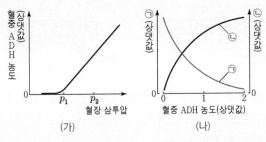

보기
ㄱ. 항이뇨 호르몬의 분비 조절 중추는 간뇌의 시상 하부이다.
ㄴ. 정상일 때 오줌 삼투압은 구간 Ⅰ에서가 Ⅱ에서보다 높다.
ㄷ. 구간 Ⅰ에서 콩팥의 단위 시간당 수분 재흡수량은 정상일
 때가 ㉠일 때보다 적다.

① ㄱ       ② ㄷ       ③ ㄱ, ㄴ
④ ㄱ, ㄷ       ⑤ ㄴ, ㄷ

## 33 ★★☆

| 2020년 4월 교육청 11번 |

그림 (가)는 간에서 호르몬 X와 Y에 의해 일어나는 글리코젠과 포
도당 사이의 전환을, (나)는 정상인에서 식사 후 시간에 따른 혈당량
과 호르몬 ㉠의 혈중 농도를 나타낸 것이다. X와 Y는 각각 글루카
곤과 인슐린 중 하나이고, ㉠은 X와 Y 중 하나이다.

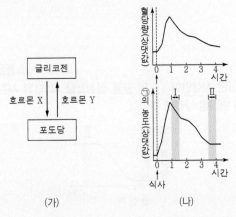

(가)            (나)

이에 대한 옳은 설명만을 〈보기〉에서 있는 대로 고른 것은? [3점]

보기
ㄱ. X는 이자섬의 $\beta$세포에서 분비된다.
ㄴ. ㉠은 Y이다.
ㄷ. 간에서 글리코젠 합성량은 구간 Ⅰ에서가 구간 Ⅱ에서보
 다 많다.

① ㄱ       ② ㄴ       ③ ㄱ, ㄷ
④ ㄴ, ㄷ       ⑤ ㄱ, ㄴ, ㄷ

## 34 ★☆☆

| 2020년 4월 교육청 16번 |

그림 (가)는 정상인의 혈장 삼투압에 따른 혈중 ADH 농도를, (나)
는 이 사람에서 혈중 ADH 농도에 따른 ㉠과 ㉡의 변화를 나타낸
것이다. ㉠과 ㉡은 각각 오줌 삼투압과 단위 시간당 오줌 생성량 중
하나이다.

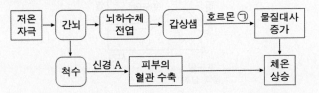

(가)            (나)

이에 대한 설명으로 옳은 것만을 〈보기〉에서 있는 대로 고른 것은?
(단, 제시된 자료 이외에 체내 수분량에 영향을 미치는 요인은 없다.)

보기
ㄱ. ADH는 뇌하수체 후엽에서 분비된다.
ㄴ. ㉠은 오줌 삼투압이다.
ㄷ. 단위 시간당 오줌 생성량은 $p_1$에서가 $p_2$에서보다 적다.

① ㄱ       ② ㄴ       ③ ㄷ
④ ㄱ, ㄷ       ⑤ ㄴ, ㄷ

## 35 ★☆☆

| 2020년 3월 교육청 4번 |

그림은 어떤 사람에게 저온 자극이 주어졌을 때 일어나는 체온 조
절 과정의 일부를 나타낸 것이다.

| 저온 자극 | → | 간뇌 | → | 뇌하수체 전엽 | → | 갑상샘 | 호르몬 ㉠ → | 물질대사 증가 |

척수 ← 간뇌, 신경 A → 피부의 혈관 수축, 피부의 혈관 수축 → 체온 상승, 물질대사 증가 → 체온 상승

이에 대한 옳은 설명만을 〈보기〉에서 있는 대로 고른 것은? [3점]

보기
ㄱ. ㉠은 티록신이다.
ㄴ. A는 원심성 신경이다.
ㄷ. 피부의 혈관 수축으로 열 발산량이 증가한다.

① ㄱ       ② ㄷ       ③ ㄱ, ㄴ
④ ㄱ, ㄷ       ⑤ ㄴ, ㄷ

Memo

# 05

# 질병과 병원체, 혈액형

III. 항상성과 몸의 조절

## A 질병과 병원체

### 1. 질병의 구분

(1) **감염성 질병** : 병원체가 원인이 되어 발생하는 질병 ⑩ 결핵, 독감, 말라리아 등

(2) **비감염성 질병** : 병원체 없이 발생하는 질병으로, 생활 방식, 환경, 유전 등 여러 가지 원인이 복합적으로 작용하여 발생한다. ⑩ 고혈압, 당뇨병, 뇌졸중, 혈우병 등

### 2. 병원체 : 질병을 일으키는 감염 인자(세균, 바이러스, 원생생물, 균류, 변형 프라이온)

(1) **세균과 바이러스**

| 세균 | • 핵이 없는 단세포 원핵생물로, 막으로 된 세포 소기관이 없다.<br>• 대부분 분열법으로 증식하며, 효소가 있어서 스스로 물질대사를 할 수 있다.<br>• 질병의 예 : 결핵, 파상풍, 탄저병, 콜레라, 위궤양, 흑사병, 장티푸스, 세균성 이질, 세균성 식중독, 세균성 폐렴 등<br>• 치료 방법 : 항생제를 이용하여 치료한다. |
|---|---|
| 바이러스 | • 핵산과 단백질 껍질로 구성되어 있으며, 세포의 구조를 갖추고 있지 않다.<br>• 스스로 물질대사를 하지 못하며, 살아 있는 숙주 세포 내에서만 증식한다.<br>• 질병의 예 : 감기, 독감, 홍역, 소아마비, 대상포진, 천연두, B형 간염, 에볼라, 후천성 면역 결핍증(AIDS), 중동 호흡기 증후군(MERS), 코로나 바이러스 감염증−19(COVID−19) 등<br>• 치료 방법 : 항바이러스제를 이용하여 치료한다. |

(2) **원생생물과 균류**

| 원생생물 | • 대부분 단세포 진핵생물이다.<br>• 독립적으로 생활하기도 하고, 동물 세포나 식물 세포에 기생하기도 한다.<br>• 질병의 예 : 말라리아, 수면병, 아메바성 이질 등<br>• 치료 방법 : 약물을 사용해 치료한다. |
|---|---|
| 균류 | • 균계에 속하는 다세포 진핵생물이며, 몸이 실 모양의 균사로 이루어져 있다.<br>• 습한 환경에서 살며, 포자로 번식한다.<br>• 질병의 예 : 무좀, 칸디다증 등<br>• 치료 방법 : 항진균제를 사용해 치료한다. |

(3) **변형 프라이온**

① 바이러스보다 크기가 작으며 단백질로만 구성되어 있는 감염성 입자이다.

② 변형 프라이온이 축적되면 신경 세포가 파괴되면서 질병이 나타난다.

③ 질병의 예 : 크로이츠펠트 야코프병(사람), 광우병(소) 등

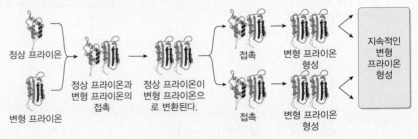

▲ 변형 프라이온의 형성 과정

## B 혈액형

### 1. ABO식 혈액형 : 응집원의 종류에 따라 A형, B형, O형, AB형으로 구분한다.

(1) 응집원은 A와 B 두 종류가, 응집소는 $\alpha$와 $\beta$ 두 종류가 있으며, 응집원(항원)은 적혈구 표면에, 응

---

### 사이드바

**출제 tip**

**질병과 병원체의 구분**

병원체인 세균과 바이러스의 특징 및 비감염성 질병과 감염성 질병의 차이를 파악할 수 있는지를 묻는 문항이 자주 출제된다.

**세균에 의한 감염**

소화 기관, 호흡 기관 등을 통해 인체에 침입한 후 증식하여 세포 또는 조직을 파괴하거나 독소를 분비하며, 이 과정에서 질병을 일으킨다.

**바이러스에 의한 감염**

숙주 세포 내에 자신의 유전 물질(DNA 또는 RNA)을 주입해 숙주 세포의 효소를 이용하여 증식한 후, 숙주 세포를 파괴하고 나와 더 많은 세포를 감염시키며, 이 과정에서 질병을 일으킨다.

**원생생물에 의한 감염**

오염된 물 또는 음식물, 매개 동물(모기, 파리 등)에 의해 감염된다.

**균류에 의한 감염**

피부에서 번식하거나 소화 기관이나 호흡 기관을 통해 포자가 침입하여 질병을 일으킨다.

**정상 프라이온의 기능**

정상 프라이온은 포유류의 신경 세포에 존재하며, 뇌세포의 기능에 중요한 역할을 하는 것으로 알려져 있다.

**크로이츠펠트 야코프병**

사람의 뇌에 변형 프라이온 단백질이 축적된 결과 신경 조직이 파괴되어 스펀지처럼 구멍이 생기는 퇴행성 뇌질환이다.

집소(항체)는 혈장에 있다.

(2) 응집원 A는 응집소 $\alpha$와, 응집원 B는 응집소 $\beta$와 결합하면 응집 반응이 일어난다.

(3) ABO식 혈액형 판정

| 구분 | A형 (응집원 A) | B형 (응집원 B) | AB형 (응집원 A, B) | O형 (응집원 없음) |
|---|---|---|---|---|
| 항 A 혈청 (응집소 $\alpha$) | 응집함 | 응집 안 함 | 응집함 | 응집 안 함 |
| 항 B 혈청 (응집소 $\beta$) | 응집 안 함 | 응집함 | 응집함 | 응집 안 함 |

(4) ABO식 혈액형의 수혈 관계
① 같은 혈액형끼리 수혈하는 것이 원칙이지만, 부득이한 상황이라면 일부 다른 혈액형 사이에서 소량의 혈액을 수혈할 수 있다.
② 수혈을 할 때에는 혈액을 주는 사람의 응집원과 받는 사람의 응집소 사이에서 응집 반응이 일어나지 않아야 한다.

▲ ABO식 혈액형의 수혈 관계

2. Rh식 혈액형

(1) Rh식 혈액형 : 혈액의 적혈구 표면에 존재하는 Rh 응집원(항원)의 존재 여부에 따라 $Rh^+$형과 $Rh^-$형으로 구분한다.

(2) Rh 응집원은 적혈구 표면에 존재하며, Rh 응집소는 혈장에 존재한다.

| 구분 | $Rh^+$형 | $Rh^-$형 |
|---|---|---|
| Rh 응집원 | 있음 | 없음 |
| Rh 응집소 | 없음 | 없음(Rh 응집원이 노출되면 생성됨) |

(3) Rh 혈액형은 동일한 혈액형끼리 수혈이 가능하며, Rh 응집원에 노출되지 않은 $Rh^-$형은 $Rh^+$형에게 수혈할 수 있다.

**실전 자료** | **질병과 병원체**

그림은 사람의 세 가지 질병을 분류하는 과정을 나타낸 것이다.

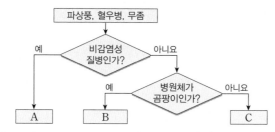

❶ 질병의 구분
파상풍, 무좀은 병원체가 원인이 되어 발생하는 감염성 질병이고, 혈우병은 병원체 없이 발생하는 비감염성 질병이다.

❷ 세 가지 질병의 분류
• A는 비감염성 질병이므로 혈우병이다. 혈우병은 선천적으로 타고나는 유전병이다.
• B는 감염성 질병이고 병원체가 곰팡이이므로 무좀이다.
• C는 감염성 질병이고 병원체가 곰팡이가 아니므로 파상풍이다. 파상풍은 상처 부위에서 자란 파상풍균이 만들어내는 신경 독소에 의해 몸이 쑤시고 아프며 근육 수축이 나타나는 질환이다.

## 1 ★☆☆
| 2024년 10월 교육청 2번 |

표 (가)는 사람의 질병 A~C의 병원체가 갖는 특징을 나타낸 것이고, (나)는 특징 ㉠~㉢을 순서 없이 나타낸 것이다. A~C는 독감, 무좀, 말라리아를 순서 없이 나타낸 것이다.

| 질병 | 병원체가 갖는 특징 |
|---|---|
| A | ㉠ |
| B | ㉠, ㉡ |
| C | ㉠, ㉡, ㉢ |

(가)

| 특징(㉠~㉢) |
|---|
| • 단백질을 갖는다. |
| • 원생생물에 속한다. |
| • 스스로 물질대사를 한다. |

(나)

이에 대한 옳은 설명만을 〈보기〉에서 있는 대로 고른 것은?

┌─ 보기 ──────────────────────┐
│ ㄱ. A는 독감이다. │
│ ㄴ. C는 모기를 매개로 전염된다. │
│ ㄷ. ㉢은 '스스로 물질대사를 한다.'이다. │
└───────────────────────────┘

① ㄱ      ② ㄷ      ③ ㄱ, ㄴ
④ ㄴ, ㄷ      ⑤ ㄱ, ㄴ, ㄷ

## 2 ★☆☆
| 2024년 7월 교육청 6번 |

표 (가)는 질병의 특징을, (나)는 (가) 중에서 질병 A, B, 말라리아가 갖는 특징의 개수를 나타낸 것이다. A와 B는 독감과 무좀을 순서 없이 나타낸 것이다.

| 특징 |
|---|
| • 모기를 매개로 전염된다. |
| • 병원체가 유전 물질을 갖는다. |
| • ⓐ병원체는 독립적으로 물질대사를 한다. |

(가)

| 질병 | 특징의 개수 |
|---|---|
| A | ? |
| B | 2 |
| 말라리아 | ㉠ |

(나)

이에 대한 설명으로 옳은 것만을 〈보기〉에서 있는 대로 고른 것은?

┌─ 보기 ──────────────────────┐
│ ㄱ. A의 병원체는 곰팡이다. │
│ ㄴ. B는 특징 ⓐ를 갖는다. │
│ ㄷ. ㉠은 2이다. │
└───────────────────────────┘

① ㄱ      ② ㄴ      ③ ㄷ
④ ㄱ, ㄴ      ⑤ ㄴ, ㄷ

## 3 ★☆☆
| 2024년 5월 교육청 8번 |

표는 사람 질병의 특징을 나타낸 것이다. (가)와 (나)는 말라리아와 독감을 순서 없이 나타낸 것이다.

| 질병 | 특징 |
|---|---|
| (가) | 병원체는 바이러스이다. |
| (나) | 모기를 매개로 전염된다. |
| 결핵 | ㉠ |

이에 대한 설명으로 옳은 것만을 〈보기〉에서 있는 대로 고른 것은?

┌─ 보기 ──────────────────────┐
│ ㄱ. (가)는 독감이다. │
│ ㄴ. (가)와 (나)의 병원체는 모두 유전 물질을 갖는다. │
│ ㄷ. '치료에 항생제가 사용된다.'는 ㉠에 해당한다. │
└───────────────────────────┘

① ㄱ      ② ㄴ      ③ ㄱ, ㄷ
④ ㄴ, ㄷ      ⑤ ㄱ, ㄴ, ㄷ

## 4 ★☆☆
| 2024년 3월 교육청 8번 |

사람의 질병에 대한 옳은 설명만을 〈보기〉에서 있는 대로 고른 것은?

┌─ 보기 ──────────────────────┐
│ ㄱ. 결핵은 감염성 질병이다. │
│ ㄴ. 말라리아의 병원체는 원생생물이다. │
│ ㄷ. 독감의 병원체는 세포 분열을 통해 증식한다. │
└───────────────────────────┘

① ㄱ      ② ㄷ      ③ ㄱ, ㄷ
④ ㄴ, ㄷ      ⑤ ㄱ, ㄴ, ㄷ

## 5 ★☆☆

| 2023년 10월 교육청 5번 |

다음은 질병 ㉠의 병원체와 월별 발병률 자료에 대한 학생 A~C의 발표 내용이다. ㉠은 독감과 헌팅턴 무도병 중 하나이다.

제시한 내용이 옳은 학생만을 있는 대로 고른 것은?

① A
② B
③ C
④ A, B
⑤ B, C

## 6 ★☆☆

| 2023년 7월 교육청 19번 |

표는 사람의 3가지 질병을 병원체의 특징에 따라 구분하여 나타낸 것이다. ㉠~㉢은 결핵, 독감, 무좀을 순서 없이 나타낸 것이다.

| 병원체의 특징 | 질병 |
|---|---|
| 곰팡이에 속한다. | ㉠ |
| 스스로 물질대사를 하지 못한다. | ㉡ |
| ⓐ | ㉠, ㉢ |

이에 대한 설명으로 옳은 것만을 〈보기〉에서 있는 대로 고른 것은?

보기
ㄱ. ㉠은 무좀이다.
ㄴ. ㉡의 병원체는 단백질을 갖는다.
ㄷ. '세포 구조로 되어 있다.'는 ⓐ에 해당한다.

① ㄱ
② ㄷ
③ ㄱ, ㄴ
④ ㄴ, ㄷ
⑤ ㄱ, ㄴ, ㄷ

## 7 ★★☆

| 2023년 4월 교육청 6번 |

표는 사람 질병의 특징을 나타낸 것이다.

| 질병 | 특징 |
|---|---|
| 독감 | ㉠ |
| (가) | 병원체는 원생생물이다. |
| 페닐케톤뇨증 | 페닐알라닌이 체내에 비정상적으로 축적된다. |

이에 대한 설명으로 옳은 것만을 〈보기〉에서 있는 대로 고른 것은?

보기
ㄱ. '병원체는 독립적으로 물질대사를 한다.'는 ㉠에 해당한다.
ㄴ. 무좀은 (가)에 해당한다.
ㄷ. 페닐케톤뇨증은 비감염성 질병이다.

① ㄱ
② ㄷ
③ ㄱ, ㄴ
④ ㄴ, ㄷ
⑤ ㄱ, ㄴ, ㄷ

## 8 ★☆☆

| 2023년 3월 교육청 4번 |

그림 (가)와 (나)는 결핵과 독감의 병원체를 순서 없이 나타낸 것이다.

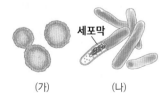

(가)          (나)

이에 대한 옳은 설명만을 〈보기〉에서 있는 대로 고른 것은?

보기
ㄱ. (가)는 독감의 병원체이다.
ㄴ. (나)는 스스로 물질대사를 하지 못한다.
ㄷ. (가)와 (나)는 모두 단백질을 갖는다.

① ㄱ
② ㄴ
③ ㄱ, ㄷ
④ ㄴ, ㄷ
⑤ ㄱ, ㄴ, ㄷ

**9** ★☆☆ | 2022년 10월 교육청 3번 |

표는 병원체 A~C에서 2가지 특징의 유무를 나타낸 것이다. A~C는 각각 독감, 말라리아, 무좀의 병원체 중 하나이다.

| 병원체＼특징 | 세포 구조로 되어 있다. | 원생생물에 속한다. |
|---|---|---|
| A | ㉠ | × |
| B | ○ | ○ |
| C | × | × |

(○: 있음, ×: 없음)

이에 대한 옳은 설명만을 〈보기〉에서 있는 대로 고른 것은?

보기
ㄱ. ㉠은 '○'이다.
ㄴ. B는 무좀의 병원체이다.
ㄷ. C는 바이러스에 속한다.

① ㄱ ② ㄴ ③ ㄷ
④ ㄱ, ㄷ ⑤ ㄴ, ㄷ

**10** ★☆☆ | 2022년 7월 교육청 2번 |

표 (가)는 질병 A~C에서 특징 ㉠~㉢의 유무를, (나)는 ㉠~㉢을 순서 없이 나타낸 것이다. A~C는 결핵, 말라리아, 헌팅턴 무도병을 순서 없이 나타낸 것이다.

| 질병＼특징 | ㉠ | ㉡ | ㉢ |
|---|---|---|---|
| A | ○ | × | ? |
| B | ○ | ? | × |
| C | ? | ○ | × |

(○: 있음, ×: 없음)

(가)

| 특징(㉠~㉢) |
|---|
| • 비감염성 질병이다. |
| • 병원체가 원생생물이다. |
| • 병원체가 세포 구조로 되어 있다. |

(나)

이에 대한 설명으로 옳은 것만을 〈보기〉에서 있는 대로 고른 것은?

보기
ㄱ. A는 모기를 매개로 전염된다.
ㄴ. B의 치료에는 항생제가 사용된다.
ㄷ. C는 헌팅턴 무도병이다.

① ㄱ ② ㄷ ③ ㄱ, ㄴ
④ ㄴ, ㄷ ⑤ ㄱ, ㄴ, ㄷ

**11** ★☆☆ | 2022년 3월 교육청 5번 |

표는 사람에게서 발병하는 3가지 질병의 특징을 나타낸 것이다.

| 질병 | 특징 |
|---|---|
| 결핵 | 치료에 항생제가 사용된다. |
| 페닐케톤뇨증 | (가) |
| 후천성 면역 결핍증(AIDS) | (나) |

이에 대한 옳은 설명만을 〈보기〉에서 있는 대로 고른 것은?

보기
ㄱ. 결핵은 세균성 질병이다.
ㄴ. '유전병이다.'는 (가)에 해당한다.
ㄷ. '병원체는 사람 면역 결핍 바이러스(HIV)이다.'는 (나)에 해당한다.

① ㄱ ② ㄴ ③ ㄱ, ㄷ ④ ㄴ, ㄷ ⑤ ㄱ, ㄴ, ㄷ

**12** ★☆☆ | 2021년 10월 교육청 4번 |

그림은 질병 (가)를 일으키는 병원체 X를 나타낸 것이다.

이에 대한 옳은 설명만을 〈보기〉에서 있는 대로 고른 것은?

세포막

보기
ㄱ. X는 바이러스이다.
ㄴ. X는 단백질을 갖는다.
ㄷ. (가)는 감염성 질병이다.

① ㄱ ② ㄴ ③ ㄱ, ㄷ ④ ㄴ, ㄷ ⑤ ㄱ, ㄴ, ㄷ

**13** ★☆☆ | 2021년 7월 교육청 8번 |

표는 사람의 질병 ㉠~㉢을 일으키는 병원체의 종류를, 그림은 ㉠이 전염되는 과정의 일부를 나타낸 것이다. ㉠~㉢은 결핵, 무좀, 말라리아를 순서 없이 나타낸 것이다.

| 질병 | 병원체의 종류 |
|---|---|
| ㉠ | ? |
| ㉡ | ⓐ |
| ㉢ | 세균 |

모기 (매개체)

이에 대한 설명으로 옳은 것만을 〈보기〉에서 있는 대로 고른 것은?

보기
ㄱ. ㉠은 말라리아이다.
ㄴ. ⓐ는 세포 구조를 갖는다.
ㄷ. ㉢의 치료에는 항생제가 사용된다.

① ㄱ ② ㄴ ③ ㄱ, ㄷ ④ ㄴ, ㄷ ⑤ ㄱ, ㄴ, ㄷ

## 14 ★★☆

| 2021년 4월 교육청 8번 |

표 (가)는 질병의 특징 3가지를, (나)는 (가) 중에서 질병 A~C에 있는 특징의 개수를 나타낸 것이다. A~C는 말라리아, 무좀, 홍역을 순서 없이 나타낸 것이다.

| 특징 |
|---|
| • 병원체가 원생생물이다. |
| • 병원체가 세포 구조로 되어 있다. |
| • ㉠ |

(가)

| 질병 | 특징의 개수 |
|---|---|
| A | 3 |
| B | 2 |
| C | 1 |

(나)

이에 대한 설명으로 옳은 것만을 〈보기〉에서 있는 대로 고른 것은? [3점]

┌─ 보기 ┐
ㄱ. A는 무좀이다.
ㄴ. C의 병원체는 세포 분열을 통해 증식한다.
ㄷ. '감염성 질병이다.'는 ㉠에 해당한다.
└─────┘

① ㄱ      ② ㄷ      ③ ㄱ, ㄴ
④ ㄴ, ㄷ      ⑤ ㄱ, ㄴ, ㄷ

## 15 ★☆☆

| 2021년 3월 교육청 4번 |

그림은 독감을 일으키는 병원체 X를 나타낸 것이다.

핵산

X에 대한 옳은 설명만을 〈보기〉에서 있는 대로 고른 것은?

┌─ 보기 ┐
ㄱ. 세균이다.
ㄴ. 유전 물질을 갖는다.
ㄷ. 스스로 물질대사를 한다.
└─────┘

① ㄴ      ② ㄷ      ③ ㄱ, ㄴ
④ ㄱ, ㄷ      ⑤ ㄴ, ㄷ

## 16 ★☆☆

| 2020년 10월 교육청 12번 |

표는 사람의 3가지 질병이 갖는 특징을 나타낸 것이다. A와 B는 각각 말라리아와 헌팅턴 무도병 중 하나이다.

| 질병 | 특징 |
|---|---|
| A | 비감염성 질병이다. |
| B | 병원체는 세포로 이루어져 있다. |
| 후천성 면역 결핍증 | ㉠ |

이에 대한 옳은 설명만을 〈보기〉에서 있는 대로 고른 것은?

┌─ 보기 ┐
ㄱ. A는 유전병이다.
ㄴ. B는 모기를 매개로 전염된다.
ㄷ. '병원체는 스스로 물질대사를 하지 못한다.'는 ㉠에 해당한다.
└─────┘

① ㄱ      ② ㄴ      ③ ㄱ, ㄷ
④ ㄴ, ㄷ      ⑤ ㄱ, ㄴ, ㄷ

## 17 ★★☆

| 2020년 10월 교육청 10번 |

표 (가)는 사람 Ⅰ~Ⅲ의 혈액에서 응집원 B와 응집소 $\beta$의 유무를, (나)는 Ⅰ~Ⅲ의 혈액을 혈청 ㉠~㉢과 각각 섞었을 때의 ABO식 혈액형에 대한 응집 반응 결과를 나타낸 것이다. Ⅰ~Ⅲ의 ABO식 혈액형은 모두 다르며, ㉠~㉢은 Ⅰ의 혈청, Ⅱ의 혈청, 항 B 혈청을 순서 없이 나타낸 것이다.

| 구분 | 응집원 B | 응집소 $\beta$ |
|---|---|---|
| Ⅰ | ○ | ? |
| Ⅱ | ? | × |
| Ⅲ | ? | ○ |

(＋ : 있음, － : 없음)

(가)

| 구분 | ㉠ | ㉡ | ㉢ |
|---|---|---|---|
| Ⅰ의 혈액 | － | ? | ? |
| Ⅱ의 혈액 | ? | ＋ | ＋ |
| Ⅲ의 혈액 | ? | ＋ | － |

(＋ : 응집됨, － : 응집 안 됨)

(나)

이에 대한 옳은 설명만을 〈보기〉에서 있는 대로 고른 것은?

┌─ 보기 ┐
ㄱ. ㉢은 항 B 혈청이다.
ㄴ. Ⅰ의 ABO식 혈액형은 B형이다.
ㄷ. Ⅱ의 혈액에는 응집소 $\alpha$가 있다.
└─────┘

① ㄱ      ② ㄴ      ③ ㄷ
④ ㄱ, ㄴ      ⑤ ㄴ, ㄷ

## 18 ★☆☆

| 2020년 7월 교육청 6번 |

표 (가)는 병원체 A~C의 특징을, (나)는 사람의 6가지 질병을 Ⅰ~Ⅲ으로 구분하여 나타낸 것이다. A~C는 세균, 균류(곰팡이), 바이러스를 순서 없이 나타낸 것이고, Ⅰ~Ⅲ은 세균성 질병, 바이러스성 질병, 비감염성 질병을 순서 없이 나타낸 것이다.

| 병원체 | 특징 |
|---|---|
| A | 핵이 있음 |
| B | 항생제에 의해 제거됨 |
| C | 세포 구조가 아님 |

(가)

| 구분 | 질병 |
|---|---|
| Ⅰ | ㉠당뇨병, 고혈압 |
| Ⅱ | 독감, 홍역 |
| Ⅲ | 결핵, 파상풍 |

(나)

이에 대한 설명으로 옳은 것만을 〈보기〉에서 있는 대로 고른 것은?

보기
ㄱ. ㉠은 대사성 질환이다.
ㄴ. Ⅱ의 병원체는 B이다.
ㄷ. Ⅲ의 병원체는 유전 물질을 갖는다.

① ㄱ　　　② ㄴ　　　③ ㄱ, ㄴ
④ ㄱ, ㄷ　　　⑤ ㄴ, ㄷ

## 19 ★★☆

| 2020년 7월 교육청 19번 |

다음은 철수 가족의 ABO식 혈액형에 관한 자료이다.

• 철수 가족의 ABO식 혈액형은 서로 다르다.
• 표는 아버지, 어머니, 철수의 혈액을 각각 혈구와 혈장으로 분리하여 서로 섞었을 때 응집 여부를 나타낸 것이다.

| 구분 | 어머니의 혈장 | 철수의 혈장 |
|---|---|---|
| 아버지의 혈구 | 응집됨 | 응집 안 됨 |

이에 대한 설명으로 옳은 것만을 〈보기〉에서 있는 대로 고른 것은? (단, ABO식 혈액형만 고려한다.)

보기
ㄱ. 어머니는 O형이다.
ㄴ. 철수의 혈구와 어머니의 혈장을 섞으면 응집된다.
ㄷ. 아버지와 철수의 혈장에는 동일한 종류의 응집소가 있다.

① ㄴ　　　② ㄷ　　　③ ㄱ, ㄴ
④ ㄱ, ㄷ　　　⑤ ㄱ, ㄴ, ㄷ

## 20 ★☆☆

| 2020년 4월 교육청 12번 |

표 (가)는 사람에서 질병을 일으키는 병원체의 특징 3가지를, (나)는 (가) 중에서 병원체 A~C가 가지는 특징의 개수를 나타낸 것이다. A~C는 결핵균, 무좀균, 인플루엔자 바이러스를 순서 없이 나타낸 것이다.

| 특징 |
|---|
| • 곰팡이이다. |
| • 유전 물질을 가진다. |
| • 독립적으로 물질대사를 한다. |

(가)

| 병원체 | 특징의 개수 |
|---|---|
| A | 1 |
| B | 2 |
| C | ㉠ |

(나)

이에 대한 설명으로 옳은 것만을 〈보기〉에서 있는 대로 고른 것은?

보기
ㄱ. ㉠은 3이다.
ㄴ. A는 무좀균이다.
ㄷ. B에 의한 질병의 치료에 항생제가 사용된다.

① ㄱ　　　② ㄴ　　　③ ㄷ
④ ㄱ, ㄷ　　　⑤ ㄴ, ㄷ

## 21 ★☆☆

| 2020년 3월 교육청 3번 |

표는 3가지 감염성 질병의 병원체를 나타낸 것이다. A와 B는 결핵과 무좀을 순서 없이 나타낸 것이다.
이에 대한 설명으로 옳은 것만을 〈보기〉에서 있는 대로 고른 것은?

| 질병 | 병원체 |
|---|---|
| A | 곰팡이 |
| B | 세균 |
| 독감 | ? |

보기
ㄱ. A는 결핵이다.
ㄴ. B의 치료에 항생제가 이용된다.
ㄷ. 독감의 병원체는 바이러스이다.

① ㄱ　　　② ㄴ　　　③ ㄱ, ㄷ
④ ㄴ, ㄷ　　　⑤ ㄱ, ㄴ, ㄷ

Memo

# 06 우리 몸의 방어 작용

## A 비특이적 방어 작용(선천성 면역)

### 1. 방어 작용의 구분

| 비특이적<br>방어 작용 | • 병원체의 감염 경험의 유무와 관계없이 일어난다.<br>• 병원체의 종류를 구분하지 않고 동일한 방식으로 일어나며, 광범위하고 신속하게 일어난다.<br>• 장벽을 이용한 방어(피부, 점막 등)와 내부 방어(식균 작용, 염증 반응) 등이 있다. |
|---|---|
| 특이적<br>방어 작용 | • 병원체의 종류에 따라 선별적으로 일어난다.<br>• 세포독성 T 림프구가 감염된 세포를 제거하는 세포성 면역과 항체가 항원과 결합함으로써 항원을 제거하는 체액성 면역이 있다. |

### 2. 비특이적 방어 작용 : 병원체의 종류나 감염 경험의 유무와 관계없이 감염 발생 시 광범위하고 신속하게 반응이 일어난다.

(1) **피부** : 피부는 병원체의 침투를 막는 물리적 장벽 역할을 하며, 땀, 눈물, 침 속에는 세균의 세포벽을 분해하는 라이소자임이 들어 있어 세균의 증식을 억제한다.

(2) **점막** : 소화기, 호흡기, 배설기 등의 내벽은 점막으로 덮여 있으며, 라이소자임이 들어 있는 점액으로 덮여 있어 세균의 증식을 억제하고, 기관과 기관지 내벽의 섬모와 점액은 호흡 과정에서 들어오는 병원체와 먼지를 제거한다.

(3) **식균 작용** : 병원체가 몸속으로 침입하면 백혈구가 병원체를 세포 안으로 끌어들인 뒤 효소를 이용하여 분해하는 작용으로, 식세포 작용이라고도 한다.

(4) **염증 반응** : 피부나 점막이 손상되어 병원체가 침투하였을 때 체내에서 일어나는 방어 작용으로, 열, 부어오름, 붉어짐, 통증 등의 증상이 나타난다.

## B 특이적 방어 작용(후천성 면역)

### 1. 특이적 방어 작용 : 병원체의 종류에 따라 선별적으로 일어나는 방어 작용이다.

### 2. 세포성 면역과 체액성 면역

(1) **세포성 면역** : 활성화된 세포독성 T 림프구가 병원체에 감염된 세포를 직접 공격하여 제거하는 면역 반응이다.

(2) **체액성 면역** : B 림프구로부터 분화된 형질 세포가 생성하여 분비하는 항체가 항원을 제거하는 면역 반응이다.

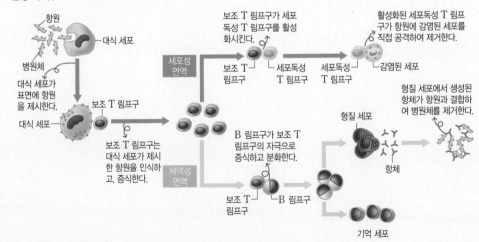

### 3. 1차 면역 반응과 2차 면역 반응

(1) **1차 면역 반응** : 항원이 처음 침입하였을 때 일어나는 면역 반응으로, B 림프구가 보조 T 림프구의 도움을 받아 형질 세포와 기억 세포로 분화하며, 형질 세포로부터 항체가 생성된다. 1차 면역 반응 후 체내에서 항원이 사라진 뒤에도 침입한 항원에 대한 기억 세포가 남아 있다.

---

**라이소자임**

세균의 세포벽을 분해하여 세균의 감염을 막는 효소로 사람의 눈물, 콧물, 침 등에 포함되어 있다.

**항원**

체내에서 면역 반응을 일으키는 원인 물질이다.

**항체**

B 림프구로부터 분화된 형질 세포가 생성하여 분비하는 면역 단백질로, 항원과 결합하여 항원을 무력화시킨다.

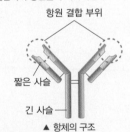

▲ 항체의 구조

**항원 항체 반응의 특이성**

특정 항체는 항원 결합 부위에 맞는 특정 항원에만 결합하는데, 이를 항원 항체 반응의 특이성이라고 한다.

**T 림프구(T 세포)**

가슴샘(Thymus gland)에서 성숙되기 때문에 첫 글자를 따서 T 림프구라는 이름이 붙여졌다.

**B 림프구(B 세포)**

골수(bone marrow)에서 성숙되기 때문에 첫 글자를 따서 B 림프구라는 이름이 붙여졌다.

(2) **2차 면역 반응** : 동일한 항원이 재침입하면 침입한 항원에 대한 기억 세포가 빠르게 증식하고 형질 세포와 기억 세포로 분화하며, 형질 세포로부터 항체가 생성된다. 2차 면역 반응에서는 1차 면역 반응에서보다 신속하게 많은 양의 항체가 생성된다.

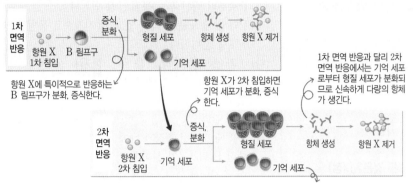

1차 면역 반응
항원 X
1차 침입
B 림프구
증식, 분화
형질 세포 → 항체 생성 → 항원 X 제거
기억 세포

항원 X에 특이적으로 반응하는 B 림프구가 분화, 증식한다.

항원 X가 2차 침입하면 기억 세포가 분화, 증식한다.

1차 면역 반응과 달리 2차 면역 반응에서는 기억 세포로부터 형질 세포가 분화되므로 신속하게 다량의 항체가 생긴다.

2차 면역 반응
항원 X
2차 침입
기억 세포
증식, 분화
형질 세포 → 항체 생성 → 항원 X 제거
기억 세포

형질 세포는 수명이 며칠로 짧지만, 기억 세포는 수명이 비교적 길기 때문에 2차 면역 반응이 오랫동안 나타날 수 있다.

(3) **백신** : 1차 면역 반응을 일으키기 위해 체내에 주입하는 항원을 포함하는 물질이다.
① 백신은 질병을 일으키지 않을 정도로 병원성을 제거하거나 약화시킨 병원체 등으로 만든다.
② 백신을 주사하면 주입한 항원에 대한 기억 세포가 생성되어 동일한 항원이 다시 침입하였을 때 2차 면역 반응이 일어나 질병을 예방할 수 있다.

## C 면역 관련 질환

1. **알레르기** : 꽃가루, 먼지, 음식물 등과 같이 보통 사람들에게 문제를 일으키지 않는 항원에 면역계가 과민하게 반응하여 발생하는 질환이다. 예 알레르기성 비염, 천식, 아토피 등

2. **자가 면역 질환** : 면역계가 자기 몸을 구성하는 세포나 조직을 외부 항원으로 인식하여 공격함으로써 발생하는 질환이다. 예 류머티즘 관절염, 홍반성 루푸스 등

3. **면역 결핍 질환** : 면역계를 구성하는 세포나 기관에 이상이 생겨 면역 기능이 저하되는 질환이다. 예 후천성 면역 결핍증(AIDS) 등

출제 tip
**1차 면역 반응과 2차 면역 반응**

면역 반응에 관여하는 B 림프구의 특징 및 1차 면역 반응과 2차 면역 반응의 차이점을 이해할 수 있는지를 묻는 문항이 자주 출제된다.

**백신**

제너는 우두에 걸린 소의 고름을 건강한 사람에게 주입하여 천연두를 예방하는 우두법을 확립했다. 백신(vaccine)이라는 용어는 소를 뜻하는 라틴어 vacca라고 부른 것에서 유래했다.

**후천성 면역 결핍증**

사람 면역 결핍 바이러스(HIV)에 감염되어 면역 기능이 저하되는 질병이다.

---

**실전 자료** 1차 면역 반응과 2차 면역 반응

그림 (가)는 어떤 사람에 세균 X가 침입했을 때 일어나는 방어 작용의 일부를, (나)는 X의 침입 후 생성되는 혈중 항체의 농도 변화를 나타낸 것이다. 세포 ⊙과 ⓒ은 각각 형질 세포와 기억 세포 중 하나이다.

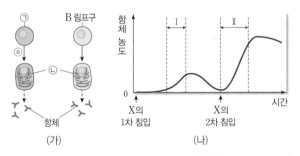

⊙
B 림프구
ⓐ
ⓒ
항체
(가)

항체 농도
Ⅰ  Ⅱ
0
X의 1차 침입
X의 2차 침입
시간
(나)

• ⊙은 기억 세포, ⓒ은 형질 세포이다.
• (나)의 구간 Ⅰ과 Ⅱ에서는 특이적 방어 작용에 해당하는 체액성 면역이 일어난다.
• 구간 Ⅱ에서는 X가 1차 침입했을 때보다 신속하게 많은 양의 항체가 생성되므로 X에 대한 2차 면역 반응이 일어났다. 따라서 구간 Ⅱ에서는 기억 세포(⊙)가 형질 세포(ⓒ)로 전환되는 ⓐ 과정이 일어난다.
• 동일한 항원(세균)이 재침입하면 2차 면역 반응이 일어나며 1차 면역 반응에서 생성된 기억 세포가 빠르게 증식하고 형질 세포와 기억 세포로 분화하며, 형질 세포로부터 항체가 생성되기 때문에 1차 면역 반응에서보다 신속하게 많은 양의 항체가 생성된다.

**1** ☆☆☆　　　　　　　　　　| 2024년 10월 교육청 13번 |

병원체 X에는 항원 ㉠과 ㉡이 모두 있고, 병원체 Y에는 ㉠과 ㉡ 중 하나만 있다. 그림은 X와 Y에 노출된 적이 없는 어떤 생쥐에게 ⓐ를 주사하고, 일정 시간이 지난 후 ⓑ를 주사했을 때 ㉠과 ㉡에 대한 혈중 항체 농도의 변화를 나타낸 것이다. ⓐ와 ⓑ는 X와 Y를 순서 없이 나타낸 것이다.

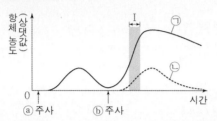

이에 대한 옳은 설명만을 〈보기〉에서 있는 대로 고른 것은? [3점]

┌─ 보기 ─────────────────────────┐
ㄱ. ⓑ는 X이다.
ㄴ. Y에는 ㉠이 있다.
ㄷ. 구간 Ⅰ에서 ㉠에 대한 체액성 면역 반응이 일어났다.
└────────────────────────────┘

① ㄱ　　　　② ㄴ　　　　③ ㄱ, ㄷ
④ ㄴ, ㄷ　　⑤ ㄱ, ㄴ, ㄷ


**2** ☆☆☆　　　　　　　　　　| 2024년 7월 교육청 7번 |

그림 (가)는 어떤 사람이 항원 X에 감염되었을 때 일어나는 방어 작용의 일부를, (나)는 이 사람에서 X의 침입에 의해 생성되는 X에 대한 혈중 항체 농도 변화를 나타낸 것이다. 세포 ㉠과 ㉡은 형질 세포와 B 림프구를 순서 없이 나타낸 것이다.

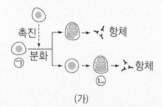 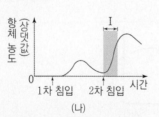

이에 대한 설명으로 옳은 것만을 〈보기〉에서 있는 대로 고른 것은? [3점]

┌─ 보기 ─────────────────────────┐
ㄱ. ㉠은 B 림프구이다.
ㄴ. 구간 Ⅰ에는 X에 대한 기억 세포가 있다.
ㄷ. ㉡에서 분비되는 항체에 의한 방어 작용은 체액성 면역에 해당한다.
└────────────────────────────┘

① ㄱ　　　　② ㄴ　　　　③ ㄱ, ㄷ
④ ㄴ, ㄷ　　⑤ ㄱ, ㄴ, ㄷ


**3** ☆☆☆　　　　　　　　　　| 2024년 5월 교육청 13번 |

다음은 병원체 P에 대한 백신을 개발하기 위한 실험이다.

┌──────────────────────────────┐
[실험 과정 및 결과]
(가) P로부터 백신 후보 물질 ㉠을 얻는다.
(나) P와 ㉠에 노출된 적이 없고, 유전적으로 동일한 생쥐 Ⅰ ~Ⅴ를 준비한다.
(다) Ⅰ과 Ⅱ에게 각각 ㉠을 주사한다. Ⅰ에서 ㉠에 대한 혈중 항체 농도 변화는 그림과 같다.

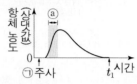

(라) $t_1$일 때 Ⅰ에서 혈장과 ㉠에 대한 B 림프구가 분화한 기억 세포를 분리한다. 표와 같이 주사액을 Ⅱ~Ⅴ에게 주사하고 일정 시간이 지난 후, 생쥐의 생존 여부를 확인한다.

| 생쥐 | 주사액 조성 | 생존 여부 |
|---|---|---|
| Ⅱ | P | 산다 |
| Ⅲ | P | 죽는다 |
| Ⅳ | Ⅰ의 혈장+P | 죽는다 |
| Ⅴ | Ⅰ의 기억 세포+P | 산다 |
└──────────────────────────────┘

이에 대한 설명으로 옳은 것만을 〈보기〉에서 있는 대로 고른 것은? (단, 제시된 조건 이외는 고려하지 않는다.)

┌─ 보기 ─────────────────────────┐
ㄱ. ㉠은 (다)의 Ⅰ에서 항원으로 작용하였다.
ㄴ. 구간 ⓐ에서 체액성 면역 반응이 일어났다.
ㄷ. (라)의 Ⅴ에서 형질 세포가 기억 세포로 분화되었다.
└────────────────────────────┘

① ㄱ　　　　② ㄷ　　　　③ ㄱ, ㄴ
④ ㄴ, ㄷ　　⑤ ㄱ, ㄴ, ㄷ

## 4 ★☆☆

| 2024년 3월 교육청 14번 |

그림 (가)는 항원 X와 Y에 노출된 적이 없는 생쥐 A에게 ⓐ를 주사했을 때 일어나는 면역 반응의 일부를, (나)는 일정 시간이 지난 후 A에게 X와 Y를 함께 주사했을 때 A에서 X와 Y에 대한 혈중 항체 농도 변화를 나타낸 것이다. ⓐ는 X와 Y 중 하나이고, ㉠~㉢은 각각 항체, 기억 세포, 형질 세포 중 하나이다.

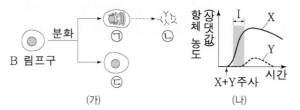

(가)                    (나)

이에 대한 옳은 설명만을 〈보기〉에서 있는 대로 고른 것은? [3점]

보기
ㄱ. ㉡에 의한 방어 작용은 체액성 면역에 해당한다.
ㄴ. ⓐ는 X이다.
ㄷ. 구간 Ⅰ에서 ㉠이 ㉢으로 분화한다.

① ㄱ　　　　② ㄴ　　　　③ ㄷ
④ ㄱ, ㄴ　　　⑤ ㄴ, ㄷ

## 5 ★★★

| 2023년 7월 교육청 9번 |

다음은 사람의 몸에서 일어나는 방어 작용에 대한 자료이다. 세포 ⓐ~ⓒ는 대식세포, B 림프구, 보조 T 림프구를 순서 없이 나타낸 것이다.

(가) 위의 점막에서 위산이 분비되어 외부에서 들어온 세균을 제거한다.
(나) ⓐ가 제시한 항원 조각을 인식하여 활성화된 ⓑ가 ⓒ의 증식과 분화를 촉진한다. ⓒ는 형질 세포로 분화하여 항체를 생성한다.

이에 대한 설명으로 옳은 것만을 〈보기〉에서 있는 대로 고른 것은?
[3점]

보기
ㄱ. (가)는 비특이적 방어 작용에 해당한다.
ㄴ. ⓑ는 B 림프구이다.
ㄷ. ⓒ는 가슴샘에서 성숙한다.

① ㄱ　　　　② ㄴ　　　　③ ㄱ, ㄷ
④ ㄴ, ㄷ　　　⑤ ㄱ, ㄴ, ㄷ

## 6 ★☆☆

| 2023년 10월 교육청 17번 |

다음은 병원체 P와 Q에 대한 생쥐의 방어 작용 실험이다.

• Q에 항원 ㉠과 ㉡이 있다.

[실험 과정 및 결과]
(가) 유전적으로 동일하고, P와 Q에 노출된 적이 없는 생쥐 Ⅰ~Ⅴ를 준비한다.
(나) Ⅰ에게 P를, Ⅱ에게 Q를 각각 주사하고 일정 시간이 지난 후, 생쥐의 생존 여부를 확인한다.

| 생쥐 | 생존 여부 |
|---|---|
| Ⅰ | 죽는다 |
| Ⅱ | 산다 |

(다) (나)의 Ⅱ에서 혈청, ㉠에 대한 B 림프구가 분화한 기억 세포 ⓐ, ㉡에 대한 B 림프구가 분화한 기억 세포 ⓑ를 분리한다.
(라) Ⅲ에게 (다)의 혈청을, Ⅳ에게 (다)의 ⓐ를, Ⅴ에게 (다)의 ⓑ를 주사한다.
(마) (라)의 Ⅲ~Ⅴ에게 P를 각각 주사하고 일정 시간이 지난 후, 생쥐의 생존 여부를 확인한다.

| 생쥐 | 생존 여부 |
|---|---|
| Ⅲ | 산다 |
| Ⅳ | 죽는다 |
| Ⅴ | 산다 |

이에 대한 옳은 설명만을 〈보기〉에서 있는 대로 고른 것은? (단, 제시된 조건 이외는 고려하지 않는다.) [3점]

보기
ㄱ. (나)의 Ⅱ에서 1차 면역 반응이 일어났다.
ㄴ. (마)의 Ⅲ에서 P와 항체의 결합이 일어났다.
ㄷ. (마)의 Ⅴ에서 ⓑ가 형질 세포로 분화했다.

① ㄱ　　　　② ㄷ　　　　③ ㄱ, ㄴ
④ ㄴ, ㄷ　　　⑤ ㄱ, ㄴ, ㄷ

**7** ☆☆☆      | 2023년 4월 교육청 14번 |

그림 (가)는 어떤 사람이 항원 X에 감염되었을 때 일어나는 방어 작용의 일부를, (나)는 이 사람에서 X의 침입에 의해 생성되는 X에 대한 혈중 항체 농도 변화를 나타낸 것이다. ㉠과 ㉡은 기억 세포와 보조 T 림프구를 순서 없이 나타낸 것이다.

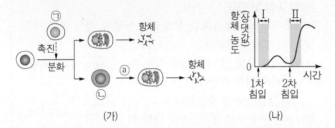

(가)                  (나)

이에 대한 설명으로 옳은 것만을 〈보기〉에서 있는 대로 고른 것은?

┌─ 보기 ┐
ㄱ. ㉠은 보조 T 림프구이다.
ㄴ. 구간 Ⅰ에서 비특이적 방어 작용이 일어난다.
ㄷ. 구간 Ⅱ에서 과정 ⓐ가 일어난다.
└─────┘

① ㄱ        ② ㄷ        ③ ㄱ, ㄴ
④ ㄴ, ㄷ        ⑤ ㄱ, ㄴ, ㄷ

---

**8** ★★☆      | 2023년 3월 교육청 11번 |

그림은 항원 X에 노출된 적이 없는 어떤 생쥐에 ㉠을 1회, X를 2회 주사했을 때 X에 대한 혈중 항체 농도의 변화를 나타낸 것이다. ㉠은 X에 대한 항체가 포함된 혈청과 X에 대한 기억 세포 중 하나이다.

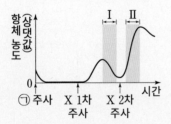

이에 대한 옳은 설명만을 〈보기〉에서 있는 대로 고른 것은? [3점]

┌─ 보기 ┐
ㄱ. ㉠은 X에 대한 기억 세포이다.
ㄴ. 구간 Ⅰ에서 X에 대한 형질 세포가 기억 세포로 분화했다.
ㄷ. 구간 Ⅱ에서 체액성 면역 반응이 일어났다.
└─────┘

① ㄱ        ② ㄴ        ③ ㄷ
④ ㄱ, ㄷ        ⑤ ㄴ, ㄷ

---

**9** ★☆☆      | 2022년 10월 교육청 10번 |

다음은 병원체 ㉠에 대한 생쥐의 방어 작용 실험이다.

┌────────────────────────────────────┐
[실험 과정 및 결과]
(가) 유전적으로 같고 ㉠에 노출된 적이 없는 생쥐 Ⅰ~Ⅴ를 준비한다.
(나) Ⅰ에는 생리식염수를, Ⅱ에는 죽은 ㉠을 각각 주사한다.
(다) 2주 후 Ⅰ에서는 혈장을, Ⅱ에서는 혈장과 기억 세포를 분리하여 표와 같이 살아 있는 ㉠과 함께 Ⅲ~Ⅴ에게 각각 주사하고, 일정 시간이 지난 후 생쥐의 생존 여부를 확인한다.

| 생쥐 | 주사액의 조성 | 생존 여부 |
|------|------------|----------|
| Ⅲ | ⓐ Ⅰ의 혈장+㉠ | 죽는다 |
| Ⅳ | Ⅱ의 혈장+㉠ | 산다 |
| Ⅴ | Ⅱ의 기억 세포+㉠ | 산다 |
└────────────────────────────────────┘

이에 대한 옳은 설명만을 〈보기〉에서 있는 대로 고른 것은? (단, 제시된 조건 이외는 고려하지 않는다.) [3점]

┌─ 보기 ┐
ㄱ. ⓐ에는 ㉠에 대한 항체가 있다.
ㄴ. (나)의 Ⅱ에서 체액성 면역 반응이 일어났다.
ㄷ. (다)의 Ⅴ에서 ㉠에 대한 기억 세포로부터 형질 세포로의 분화가 일어났다.
└─────┘

① ㄱ        ② ㄴ        ③ ㄷ
④ ㄱ, ㄷ        ⑤ ㄴ, ㄷ

## 10 ★★☆
| 2022년 7월 교육청 9번 |

다음은 병원체 P와 Q에 대한 쥐의 방어 작용 실험이다.

[실험 과정]

(가) 유전적으로 동일하고 P와 Q에 노출된 적이 없는 쥐 ㉠과 ㉡을 준비한다.

(나) ㉠에 P를, ㉡에 Q를 주사한 후 $t_1$일 때 ㉠과 ㉡의 혈액에서 병원체 수, 세포독성 T림프구 수, 항체 농도를 측정한다.

(다) 일정 기간이 지난 후 $t_2$일 때 ㉠과 ㉡의 혈액에서 병원체 수, 세포독성 T림프구 수, 항체 농도를 측정한다.

[실험 결과]

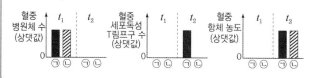

이 자료에 대한 설명으로 옳은 것만을 〈보기〉에서 있는 대로 고른 것은? (단, $t_1$과 $t_2$ 사이에 P와 Q에 대한 림프구와 항체는 모두 면역 반응에 관여하였다.) [3점]

보기
ㄱ. 세포독성 T림프구에서 항체가 생성된다.
ㄴ. ㉠에서 P가 제거되는 과정에 세포성 면역이 일어났다.
ㄷ. $t_2$ 이전에 ㉡에서 Q에 대한 특이적 방어 작용이 일어났다.

① ㄱ　　　　② ㄷ　　　　③ ㄱ, ㄴ
④ ㄴ, ㄷ　　　⑤ ㄱ, ㄴ, ㄷ

## 11 ★☆☆
| 2022년 4월 교육청 14번 |

그림 (가)와 (나)는 사람의 면역 반응의 일부를 나타낸 것이다. (가)와 (나)는 각각 세포성 면역과 체액성 면역 중 하나이고, ㉠과 ㉡은 각각 세포독성 T림프구와 형질 세포 중 하나이다.

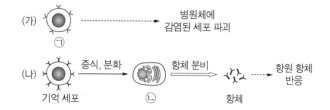

이에 대한 설명으로 옳은 것만을 〈보기〉에서 있는 대로 고른 것은?

보기
ㄱ. ㉠은 세포독성 T림프구이다.
ㄴ. (나)는 2차 면역 반응에 해당한다.
ㄷ. (가)와 (나)는 모두 특이적 방어 작용에 해당한다.

① ㄱ　　　　② ㄴ　　　　③ ㄱ, ㄴ
④ ㄴ, ㄷ　　　⑤ ㄱ, ㄴ, ㄷ

## 12 ★★☆
| 2022년 3월 교육청 9번 |

다음은 병원체 X가 사람에 침입했을 때의 방어 작용에 대한 자료이다.

(가) X가 1차 침입했을 때 B 림프구가 ㉠과 ㉡으로 분화한다. ㉠과 ㉡은 각각 기억 세포와 형질 세포 중 하나이다.

(나) X에 대한 항체와 X가 항원 항체 반응을 한다.

(다) X가 2차 침입했을 때 ㉠이 ㉡으로 분화한다.

이에 대한 옳은 설명만을 〈보기〉에서 있는 대로 고른 것은?

보기
ㄱ. B 림프구는 가슴샘에서 성숙한 세포이다.
ㄴ. ㉠은 기억 세포이다.
ㄷ. X에 대한 체액성 면역 반응에서 (나)가 일어난다.

① ㄱ　　　　② ㄷ　　　　③ ㄱ, ㄴ
④ ㄴ, ㄷ　　　⑤ ㄱ, ㄴ, ㄷ

## 13 ★☆☆
| 2021년 10월 교육청 10번 |

그림은 어떤 병원체가 사람의 몸속에 침입했을 때 일어나는 방어 작용의 일부를 나타낸 것이다. ㉠~㉢은 보조 T 림프구, 형질 세포, B 림프구를 순서 없이 나타낸 것이다.

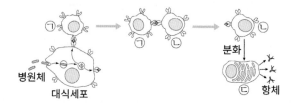

이에 대한 옳은 설명만을 〈보기〉에서 있는 대로 고른 것은?

보기
ㄱ. ㉠은 보조 T 림프구이다.
ㄴ. ㉡은 가슴샘에서 성숙한다.
ㄷ. ㉢은 체액성 면역 반응에 관여한다.

① ㄱ　　　　② ㄷ　　　　③ ㄱ, ㄴ
④ ㄱ, ㄷ　　　⑤ ㄴ, ㄷ

## 14 ★★☆
| 2021년 7월 교육청 5번 |

그림 (가)와 (나)는 사람의 체내에 항원 X가 침입했을 때 일어나는 방어 작용 중 일부를 나타낸 것이다. ㉠과 ㉡은 각각 기억 세포와 형질 세포 중 하나이다.

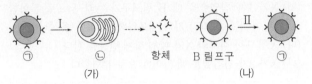

이에 대한 설명으로 옳은 것만을 〈보기〉에서 있는 대로 고른 것은? [3점]

〈보기〉
ㄱ. ㉠은 형질 세포이다.
ㄴ. 과정 I은 X에 대한 1차 면역 반응에서 일어난다.
ㄷ. 보조 T 림프구는 과정 II를 촉진한다.

① ㄱ      ② ㄴ      ③ ㄷ
④ ㄱ, ㄷ      ⑤ ㄴ, ㄷ

## 15 ★★☆
| 2021년 4월 교육청 18번 |

다음은 항원 A와 B의 면역학적 특성을 알아보기 위한 자료이다.

- A에 노출된 적이 없는 생쥐 X에게 A를 2회에 걸쳐 주사하였고, B에 노출된 적이 없는 생쥐 Y에게 B를 2회에 걸쳐 주사하였다.
- 그림은 X의 A에 대한 혈중 항체 농도 변화와 Y의 B에 대한 혈중 항체 농도 변화를 각각 나타낸 것이다.

<생쥐 X>        <생쥐 Y>

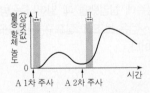 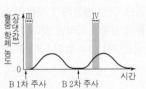

- X에서 A에 대한 기억 세포는 형성되었고, Y에서 B에 대한 기억 세포는 형성되지 않았다.

이에 대한 설명으로 옳은 것만을 〈보기〉에서 있는 대로 고른 것은?

〈보기〉
ㄱ. 구간 I과 III에서 모두 비특이적 방어 작용이 일어났다.
ㄴ. 구간 II에서 A에 대한 형질 세포가 기억 세포로 분화되었다.
ㄷ. 구간 IV에서 B에 대한 체액성 면역 반응이 일어났다.

① ㄱ      ② ㄴ      ③ ㄱ, ㄷ
④ ㄴ, ㄷ      ⑤ ㄱ, ㄴ, ㄷ

## 16 ★★☆
| 2021년 3월 교육청 10번 |

다음은 항원 X와 Y에 대한 생쥐의 방어 작용 실험이다.

[실험 과정]
(가) 유전적으로 동일하고, X와 Y에 노출된 적이 없는 생쥐 ㉠~㉢을 준비한다.
(나) ㉠에 X와 Y 중 하나를 주사한다.
(다) 2주 후, ㉠에 주사한 항원에 대한 기억 세포를 분리하여 ㉡에 주사한다.
(라) 1주 후, ㉡과 ㉢에 X를 주사하고, 일정 시간이 지난 후 Y를 주사한다.

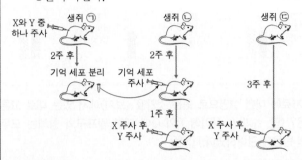

[실험 결과]
㉡과 ㉢에서 X와 Y에 대한 혈중 항체 농도의 변화는 그림과 같다.

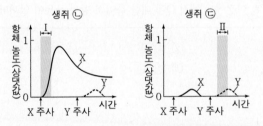

이에 대한 옳은 설명만을 〈보기〉에서 있는 대로 고른 것은? [3점]

〈보기〉
ㄱ. (나)에서 ㉠에 주사한 항원은 Y이다.
ㄴ. 구간 I에서 X에 대한 형질 세포가 기억 세포로 분화된다.
ㄷ. 구간 II에서 Y에 대한 체액성 면역이 일어난다.

① ㄱ      ② ㄷ      ③ ㄱ, ㄴ
④ ㄱ, ㄷ      ⑤ ㄴ, ㄷ

## 17 ★☆☆
| 2020년 10월 교육청 7번 |

표는 세균 X가 사람에 침입했을 때의 방어 작용에 관여하는 세포 Ⅰ~Ⅲ의 특징을 나타낸 것이다. Ⅰ~Ⅲ은 대식 세포, 형질 세포, 보조 T 림프구를 순서 없이 나타낸 것이다.

| 세포 | 특징 |
|---|---|
| Ⅰ | ⊙X에 대한 항체를 분비한다. |
| Ⅱ | B 림프구의 분화를 촉진한다. |
| Ⅲ | X를 세포 안으로 끌어들여 분해한다. |

이에 대한 옳은 설명만을 〈보기〉에서 있는 대로 고른 것은? [3점]

보기
ㄱ. ⊙에 의한 방어 작용은 체액성 면역에 해당한다.
ㄴ. Ⅱ는 골수에서 성숙되었다.
ㄷ. Ⅲ은 비특이적 방어 작용에 관여한다.

① ㄱ       ② ㄴ       ③ ㄱ, ㄷ
④ ㄴ, ㄷ       ⑤ ㄱ, ㄴ, ㄷ

## 18 ★☆☆
| 2020년 7월 교육청 8번 |

그림 (가)는 어떤 사람의 체내에 병원균 X가 처음 침입하였을 때 일어나는 방어 작용의 일부를, (나)는 이 사람에서 X의 침입에 의해 생성되는 X에 대한 혈중 항체의 농도 변화를 나타낸 것이다. ⊙과 ⓒ은 각각 기억 세포와 형질 세포 중 하나이다.

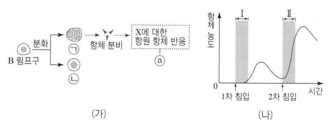

(가)                    (나)

이에 대한 설명으로 옳은 것만을 〈보기〉에서 있는 대로 고른 것은? [3점]

보기
ㄱ. ⓐ는 세포성 면역에 해당한다.
ㄴ. 구간 Ⅱ에서 ⊙이 ⓒ으로 분화한다.
ㄷ. 구간 Ⅰ에서 비특이적 방어 작용이 일어난다.

① ㄱ       ② ㄷ       ③ ㄱ, ㄴ
④ ㄴ, ㄷ       ⑤ ㄱ, ㄴ, ㄷ

## 19 ★★☆
| 2020년 4월 교육청 18번 |

다음은 항원 A와 B에 대한 생쥐의 방어 작용 실험이다.

[실험 과정]
(가) A와 B에 노출된 적이 없는 생쥐 X를 준비한다.
(나) X에게 A를 1차 주사하고, 일정 시간이 지난 후 X에게 A를 2차, B를 1차 주사한다.

[실험 결과]
X에서 A와 B에 대한 혈중 항체 농도 변화는 그림과 같다.

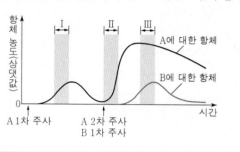

이에 대한 설명으로 옳은 것만을 〈보기〉에서 있는 대로 고른 것은?

보기
ㄱ. 구간 Ⅰ에서 A에 대한 1차 면역 반응이 일어났다.
ㄴ. 구간 Ⅱ에서 A에 대한 형질 세포가 기억 세포로 분화되었다.
ㄷ. 구간 Ⅲ에서 B에 대한 특이적 방어 작용이 일어났다.

① ㄱ       ② ㄴ       ③ ㄱ, ㄷ
④ ㄴ, ㄷ       ⑤ ㄱ, ㄴ, ㄷ

## 20 ★☆☆
| 2020년 3월 교육청 9번 |

그림 (가)는 어떤 생쥐에 항원 A를 1차로 주사하였을 때 일어나는 면역 반응의 일부를, (나)는 A를 주사하였을 때 이 생쥐에서 생성되는 A에 대한 혈중 항체의 농도 변화를 나타낸 것이다. ⊙~ⓒ은 기억 세포, 형질 세포, 보조 T 림프구를 순서 없이 나타낸 것이다.

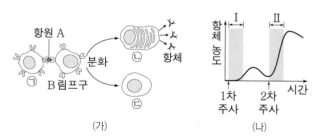

(가)                    (나)

이에 대한 옳은 설명만을 〈보기〉에서 있는 대로 고른 것은? [3점]

보기
ㄱ. ⊙은 보조 T 림프구이다.
ㄴ. 구간 Ⅰ에서 ⓒ이 형성된다.
ㄷ. 구간 Ⅱ에서 ⓒ이 ⓒ으로 분화된다.

① ㄱ       ② ㄴ       ③ ㄷ
④ ㄱ, ㄴ       ⑤ ㄱ, ㄷ

# V

# 생태계와 상호 작용

**01**

생태계의 구성과 기능

**02**

에너지 흐름과 물질 순환, 생물 다양성

# 01 생태계의 구성과 기능

V. 생태계와 상호 작용

**생태계의 구성 요소**

생태계를 구성하는 요소 사이의 상호 작용과 그 예에 대해 묻는 문제가 자주 출제된다.

## A 생태계의 구성과 상호 작용

### 1. 생태계의 구성 요소

(1) **생물적 요인**

| 생산자 | 식물, 조류 등과 같이 광합성을 하여 무기물로부터 유기물을 합성하는 생물이다. |
|---|---|
| 소비자 | 다른 생물을 먹어서 양분을 얻는 생물로, 동물이 해당한다. |
| 분해자 | 다른 생물의 사체나 배설물 속의 유기물을 무기물로 분해하여 필요한 에너지를 얻는 생물로, 세균, 곰팡이, 버섯 등이 있다. |

(2) **비생물적 요인** : 생물을 둘러싼 빛, 온도, 토양, 공기, 물 등 환경 요소이다.

### 2. 생태계 구성 요소 사이의 관계

| 작용 | 비생물적 요인이 생물적 요인에 영향을 주는 것 |
|---|---|
| 반작용 | 생물적 요인이 비생물적 요인에 영향을 주는 것 |
| 상호 작용 | 생물들 간에 서로 영향을 주고받는 것 |

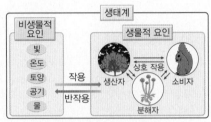

▲ 생태계 구성 요소 사이의 관계

**개체군 밀도**

• 밀도가 높은 개체군일수록 자신의 개체군뿐만 아니라 다른 개체군에도 영향을 미치게 된다.
• 개체의 출생이나 이입에 의해 증가하고, 사망이나 이출에 의해 감소한다.

### 3. 환경이 생물에 미치는 영향

| 빛과 생물 | • 빛의 세기 : 빛의 세기가 약한 곳에 서식하는 식물의 잎은 빛의 세기가 강한 곳에 서식하는 식물의 잎보다 일반적으로 얇고 넓다. |
|---|---|
| | • 빛의 파장 : 해조류는 바다의 깊이에 따라 주로 서식하는 종류가 다르다. 이는 바다의 깊이에 따라 투과되는 빛의 파장과 양이 다르기 때문이다. |
| 온도와 생물 | 추운 지역에 사는 동물일수록 몸집이 커지고, 귀와 같은 몸의 말단 부위가 작아지는 경향이 있다. |
| 토양과 생물 | 토양 속 미생물은 죽은 생물이나 배설물 속의 유기물을 무기물로 분해하여 다른 생물에게 제공하거나 환경으로 돌려보낸다. |
| 공기와 생물 | 산소는 생물의 호흡에, 이산화 탄소는 식물의 광합성에 이용된다. |
| 물과 생물 | • 육상 식물은 뿌리, 잎, 줄기가 발달한다.<br>• 수생 식물 일부는 통기 조직이 발달되어 있다. |

**개체군의 생존 곡선**

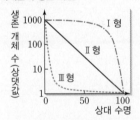

• I형 : 어릴 때 사망률이 낮다. 예 사람, 대형 포유류 등
• II형 : 각 연령대의 사망률이 일정하다. 예 다람쥐, 조류 등
• III형 : 어릴 때 사망률이 매우 높다. 예 어류, 굴 등

## B 개체군

### 1. 개체군의 특성

(1) **개체군** : 한 지역에서 같이 생활하는 동일한 종으로 이루어진 집단이다.

(2) **개체군 밀도** : 개체군이 서식하는 공간의 단위 면적당 개체 수를 의미한다.

(3) **개체군의 생장 곡선** : 시간에 따른 개체군의 개체 수 변화를 나타낸 그래프로, 자연 상태에서는 환경 저항에 의해 S자형 곡선으로 나타난다.

① 환경 저항 : 개체군의 생장을 억제하는 환경 요인(먹이 부족, 생활 공간 부족, 질병 등)이다.

② 환경 수용력 : 한 서식지에서 증가할 수 있는 개체군의 최대 개체 수이다.

(4) **개체군의 생존 곡선** : 동시에 출생한 개체들의 상대 연령에 따른 생존 개체 수를 나타낸 그래프이다.

(5) **개체군의 주기적 변동**

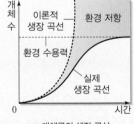

▲ 개체군의 생장 곡선

**개체군의 연령 분포**

• 개체군의 연령대별 개체 수 분포를 말하며, 한 개체군 내에서 전체 개체 수에 대한 각 연령대별 개체 수의 비율로 나타낸다.
• 연령 분포를 낮은 연령층부터 차례대로 쌓아 올린 그림을 연령 피라미드라고 하며, 발전형, 안정형, 쇠퇴형이 있다.

| 계절적 변동 | 계절에 따라 환경이 변하면 개체 수도 주기적으로 변동한다. 예 돌말 개체군의 계절적 변동 |
|---|---|
| 포식과 피식 관계에 따른 변동 | 포식과 피식에 의해 두 개체군의 크기가 주기적으로 변동한다. 예 눈신토끼와 스라소니 개체군의 개체 수 변동 |

## 2. 개체군 내의 상호 작용

| 종류 | 의미와 예 |
|------|-----------|
| 텃세 | 개체 또는 무리가 일정한 생활 공간을 먼저 차지하고 다른 개체의 접근을 막는 것 ➡ 개체를 분산시켜 개체군의 밀도를 조절하고 불필요한 경쟁이나 싸움을 방지할 수 있다. 예 은어, 치타, 얼룩말 |
| 순위제 | 힘의 세기에 따라 일정한 순위를 정하는 행동이나 관계 ➡ 개체군 내의 질서가 유지되며 불필요한 경쟁을 줄일 수 있다. 예 닭, 큰뿔양, 일본원숭이 |
| 리더제 | 한 개체가 리더가 되어 개체군의 행동을 지휘하는 것 ➡ 개체군의 행동을 지휘하여 질서를 유지한다. 예 양, 기러기, 코끼리, 늑대 |
| 사회생활 | 각 개체들이 역할을 분담하고, 이들의 협력으로 전체 개체군이 유지되는 것 ➡ 독자적인 생활이 어렵다. 예 꿀벌, 개미 |
| 가족생활 | 혈연관계의 개체들이 무리 지어 생활한다. 예 사자, 호랑이, 제비 |

## C 군집

### 1. 군집의 특성
(1) **군집** : 일정한 지역 내에 서식하는 여러 개체군들의 집합이다.
(2) **군집 조사 – 방형구법**
  ① 우점종 : 군집을 대표할 수 있는 종으로 중요치가 가장 크다.
  ② 중요치＝상대 밀도＋상대 빈도＋상대 피도

- 밀도＝$\dfrac{\text{특정 종의 개체 수}}{\text{방형구 전체의 면적(m}^2)}$
- 빈도＝$\dfrac{\text{특정 종이 출현한 방형구 수}}{\text{전체 방형구의 수}}$
- 피도＝$\dfrac{\text{특정 종의 점유 면적(m}^2)}{\text{방형구 전체의 면적(m}^2)}$

- 상대 밀도(%)＝$\dfrac{\text{특정 종의 밀도}}{\text{모든 종의 밀도 합}}\times 100$
- 상대 빈도(%)＝$\dfrac{\text{특정 종의 빈도}}{\text{모든 종의 빈도 합}}\times 100$
- 상대 피도(%)＝$\dfrac{\text{특정 종의 피도}}{\text{모든 종의 피도 합}}\times 100$

(3) **층상 구조** : 삼림처럼 많은 개체군으로 이루어진 군집에서의 수직적인 층 구조이다.

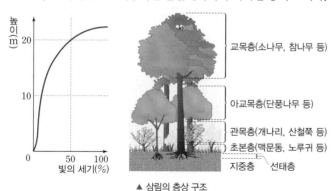

▲ 삼림의 층상 구조

### 2. 군집의 종류

| 육상 군집 | 기온과 강수량의 영향을 크게 받으며, 삼림, 초원, 사막 등으로 구분된다. |
|-----------|------|
| 수생 군집 | 강, 호수에 형성되는 담수 군집과 바다에 형성되는 해수 군집이 있다. |

### 3. 군집의 분포

| 수평 분포 | • 위도에 따라 기온과 강수량 등의 환경 조건이 달라지며, 이에 따라 식물 군집의 분포가 달라지는 것이다.<br>• 저위도에서 고위도로 가면서 열대 우림 → 낙엽수림 → 침엽수림 → 툰드라 순으로 분포한다. |
|-----------|------|
| 수직 분포 | • 특정 지역에서 고도에 따른 기온 차이에 의해 수직적으로 다른 식물 군집이 나타나는 것이다.<br>• 고도가 낮은 곳에서 높은 곳으로 가면서 상록 활엽수림대 → 낙엽 활엽수림대 → 혼합림대 → 침엽수림대 → 관목대 순으로 분포한다. |

**개체군 내의 상호 작용**

개체군 내의 개체들 사이에 먹이, 서식 공간, 배우자 등을 차지하기 위해 경쟁이 일어난다. 따라서 개체군 내의 경쟁을 피하고 질서를 유지하기 위해 다양한 상호 작용이 일어난다.

**생태적 지위**

각 개체군들이 군집 내에서 차지하는 위치로, 먹이 지위와 공간 지위가 있다.

**출제 tip**

**군집 조사**

방형구법을 이용한 식물 군집 조사에 대한 자료를 분석하여 종 수와 개체군 밀도를 파악하는 문제가 자주 출제된다.

**방형구법**

조사하고자 하는 지역에 여러 개의 방형구를 설치하고 방형구에 나타난 생물종과 각 종의 밀도, 빈도, 피도를 조사하여 우점종을 알아보는 방법이다.

**핵심종**
- 군집 안에서 우점종은 아니지만 군집의 구조에 중요한 역할을 하는 종이다.
- 예 수달, 불가사리 등

**지표종**
- 특정한 지역이나 환경에서만 볼 수 있는 종
- 예 지의류, 에델바이스 등

**극상**

양수림이 형성되면 숲의 상층에서 많은 빛이 흡수되어 하층에 도달하는 빛의 세기가 약해진다. 이에 따라 약한 빛에서도 잘 자라는 음수의 어린나무가 자라면서 양수와 음수의 혼합림이 형성되며, 점차 음수가 번성하여 음수림이 극상을 이룬다.

**출제 tip**

**개체군 사이의 상호 작용**

종 사이의 상호 작용을 나타낸 자료를 분석하여 개체군 간의 상호 작용의 종류를 파악하는 문제가 자주 출제된다.

**개체군 사이의 상호 작용**

| 상호 작용 | 종 1 | 종 2 |
|---|---|---|
| 기생 또는 포식과 피식 | 손해 | 이익 |
| 종간 경쟁 | 손해 | 손해 |
| 상리 공생 | 이익 | 이익 |
| 편리공생 | 이익 | 이익도 손해도 없음 |

**개체군 밀도와 상대 밀도**

개체군 밀도는 서식지 면적에 대한 개체군의 개체 수이며, 상대 밀도는 전체 개체 수에 대한 특정 종의 개체 수를 백분율로 나타낸 것이다.

**4. 군집의 천이** 한 지역에서 군집의 구성과 특성이 시간이 지남에 따라 달라지는 현상이다.

**(1) 1차 천이** : 생명체가 없고 토양이 형성되지 않은 곳에서 시작하여 안정된 군집이 될 때까지의 과정이다.

| 건성 천이 | 용암 대지 → 지의류(개척자) → 초원 → 관목림 → 양수림 → 혼합림 → 음수림(극상) |
|---|---|
| 습성 천이 | 빈영양호 → 부영양호 → 습원 → 초원 → 관목림 → 양수림 → 혼합림 → 음수림(극상) |

**(2) 2차 천이** : 산불, 홍수, 산사태 등이 일어나 기존 군집이 사라진 지역에서 천이가 다시 시작된다.
  ① 토양층이 형성된 상태에서 일어나므로 1차 천이에 비해 진행 속도가 빠르다.
  ② 초원(초본류 : 개척자) → 관목림 → 양수림 → 혼합림 → 음수림(극상)

**5. 군집 내 개체군 사이의 상호 작용**

| 종류 | 의미와 예 |
|---|---|
| 종간 경쟁 | 생태적 지위가 비슷한 두 개체군 사이에서 먹이와 생활 공간을 차지하기 위해 일어난다. ➡ 경쟁·배타 원리 : 두 개체군의 경쟁 결과 한 개체군이 그 지역에서 사라진다. 예 짚신벌레와 애기짚신벌레 |
| 분서 (생태 지위 분화) | 두 개체군의 생태적 지위가 비슷할 때 먹이, 생활 공간, 활동 시기, 산란 시기 등을 다르게 하여 경쟁을 피한다. 예 피라미와 은어 |
| 포식과 피식 | 두 개체군 사이의 먹고 먹히는 관계 ➡ 먹는 종을 포식자, 먹히는 종을 피식자라 하며, 두 개체군의 크기는 주기적으로 변동한다. 예 눈신토끼와 스라소니 |
| 공생 | • 상리 공생 : 두 개체군이 모두 이익을 얻는다. 예 흰동가리와 말미잘<br>• 편리공생 : 한 개체군은 이익을 얻고, 다른 개체군은 이익도 손해도 없다. 예 빨판상어와 거북 |
| 기생 | 서로 다른 두 개체군이 함께 살면서 한 개체군(기생자)은 이익을 얻고, 다른 개체군(숙주)은 손해를 본다. 예 사람과 기생충, 새삼과 숙주 식물 |

---

**실전 자료** **개체군과 군집**

그림은 어떤 군집을 이루는 종 A와 종 B의 시간에 따른 개체 수를 나타낸 것이고, 표는 상대 밀도에 대한 자료이다.

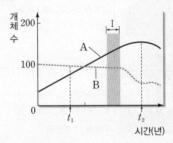

상대 밀도는 어떤 지역에서 조사한 모든 종의 개체 수에 대한 특정 종의 개체 수를 백분율로 나타낸 것이다.

**❶ 개체군의 의미 파악**
  • 개체군이란 한 지역에서 같이 생활하는 동일한 종의 개체들로 이루어진 집단이다.
  • 서로 다른 종인 A와 B는 한 개체군을 이루지 않는다.

**❷ 구간 I에서 환경 저항 작용 유무 파악**
  • 환경 저항은 실제 환경에서는 항상 작용한다.
  • 구간 I에서 A에 환경 저항이 작용한다.

**❸ $t_1$에서와 $t_2$에서 B의 상대 밀도 비교**
  • B의 상대 밀도(%)$=\dfrac{\text{B의 개체 수}}{\text{A의 개체 수}+\text{B의 개체 수}}\times 100$이다.
  • $t_1$에서 B의 개체 수는 A의 개체 수보다 많고, $t_2$에서 B의 개체 수는 A의 개체 수보다 적다.
  • B의 상대 밀도는 $t_1$에서가 $t_2$에서보다 크다.

## 1 ☆☆☆

표는 종 사이의 상호 작용을 나타낸 것이다. ㉠과 ㉡은 경쟁과 기생을 순서 없이 나타낸 것이다.

| 상호 작용 | 종1 | 종2 |
|---|---|---|
| ㉠ | 손해 | ? |
| ㉡ | 이익 | ⓐ |

이에 대한 옳은 설명만을 〈보기〉에서 있는 대로 고른 것은?

〈보기〉
ㄱ. ㉠은 경쟁이다.
ㄴ. ⓐ는 '손해'이다.
ㄷ. '촌충은 숙주의 소화관에 서식하며 영양분을 흡수한다.'는 ㉡의 예에 해당한다.

① ㄱ      ② ㄷ      ③ ㄱ, ㄴ
④ ㄴ, ㄷ      ⑤ ㄱ, ㄴ, ㄷ

## 2 ☆☆☆

표 (가)는 종 사이의 상호 작용을 나타낸 것이고, (나)는 ㉠에 대한 자료이다. Ⅰ~Ⅲ은 경쟁, 상리 공생, 포식과 피식을 순서 없이 나타낸 것이고, ㉠은 Ⅰ~Ⅲ 중 하나이다.

| 상호 작용 | 종1 | 종2 |
|---|---|---|
| Ⅰ | ⓐ | ? |
| Ⅱ | ? | 손해 |
| Ⅲ | 손해 | 이익 |

(가)

㉠은 하나의 군집 내에서 동일한 먹이 등 한정된 자원을 서로 차지하기 위해 두 종 사이에서 일어나는 상호 작용으로, 생태적 지위가 비슷할수록 일어나기 쉽다.

(나)

이에 대한 설명으로 옳은 것만을 〈보기〉에서 있는 대로 고른 것은?

〈보기〉
ㄱ. ㉠은 Ⅱ이다.
ㄴ. ⓐ는 '손해'이다.
ㄷ. 스라소니가 눈신토끼를 잡아먹는 것은 Ⅲ의 예에 해당한다.

① ㄱ      ② ㄴ      ③ ㄷ
④ ㄱ, ㄴ      ⑤ ㄱ, ㄷ

## 3 ☆☆☆

표 (가)는 어떤 지역에 방형구를 설치하여 식물 군집을 조사한 자료의 일부를, (나)는 이 자료를 바탕으로 종 A와 ㉠의 상대 밀도, 상대 빈도, 상대 피도를 구한 결과를 나타낸 것이다. ㉠은 종 B~D 중 하나이다.

| 구분 | A | B | C | D |
|---|---|---|---|---|
| 개체 수 | 42 | 120 | ? | 90 |
| 출현한 방형구 수 | ? | 24 | 16 | 22 |

(가)

| 구분 | A | ㉠ |
|---|---|---|
| 상대 밀도(%) | 14.0 | 40.0 |
| 상대 빈도(%) | 22.5 | 30.0 |
| 상대 피도(%) | 17.0 | 41.0 |

(나)

이 자료에 대한 설명으로 옳은 것만을 〈보기〉에서 있는 대로 고른 것은? (단, A~D 이외의 종은 고려하지 않는다.) [3점]

〈보기〉
ㄱ. C의 개체 수는 48이다.
ㄴ. 이 지역의 우점종은 B이다.
ㄷ. A가 출현한 방형구 수는 38이다.

① ㄱ      ② ㄷ      ③ ㄱ, ㄴ
④ ㄴ, ㄷ      ⑤ ㄱ, ㄴ, ㄷ

## 4 ☆☆☆

다음은 어떤 지역 X의 식물 군집에 대한 자료이다.

- 그림은 X에서 산불이 일어나기 전과 일어난 후 천이 과정의 일부를 나타낸 것이다. A~C는 양수림, 음수림, 초원을 순서 없이 나타낸 것이다.

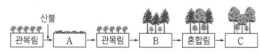

관목림 → (산불) A → 관목림 → B → 혼합림 → C

- X에서의 ⓐ종 다양성은 천이 중기에서 가장 높게 나타났고, 이후에 다시 감소하였다.

이에 대한 설명으로 옳은 것만을 〈보기〉에서 있는 대로 고른 것은?

〈보기〉
ㄱ. A는 초원이다.
ㄴ. X의 식물 군집은 양수림에서 극상을 이룬다.
ㄷ. ⓐ는 동일한 생물 종이라도 형질이 각 개체 간에 다르게 나타나는 것을 의미한다.

① ㄱ      ② ㄴ      ③ ㄷ
④ ㄱ, ㄴ      ⑤ ㄱ, ㄷ

표는 방형구법을 이용하여 어떤 지역의 식물 군집을 조사한 결과를 나타낸 것이다.

| 종 | 상대 밀도(%) | 상대 빈도(%) | 상대 피도(%) | 중요치 |
|---|---|---|---|---|
| A | 18 | ㉠ | ? | 73 |
| B | 38 | ㉠ | ㉡ | 83 |
| C | ? | 15 | ㉡ | ? |
| D | 30 | ? | 30 | ? |

이 자료에 대한 설명으로 옳은 것만을 〈보기〉에서 있는 대로 고른 것은? (단, A~D 이외의 종은 고려하지 않는다.) [3점]

〈보기〉
ㄱ. C의 상대 밀도는 14 %이다.
ㄴ. A가 출현한 방형구의 수는 D가 출현한 방형구의 수보다 많다.
ㄷ. 우점종은 B이다.

① ㄱ          ② ㄷ          ③ ㄱ, ㄴ
④ ㄱ, ㄷ       ⑤ ㄴ, ㄷ

표는 어떤 지역에 면적이 $1\ m^2$인 방형구를 200개 이용한 식물 군집 조사 결과를 나타낸 것이다.

| 종 | 개체 수 | 1개체당 지표를 덮는 면적($m^2$) | 상대 빈도(%) |
|---|---|---|---|
| A | 30 | 0.8 | 30 |
| B | 60 | 0.4 | ㉠ |
| C | 40 | 0.6 | 35 |
| D | 70 | 0.4 | 20 |

이에 대한 옳은 설명만을 〈보기〉에서 있는 대로 고른 것은? (단, 각 개체는 서로 겹쳐 있지 않으며, A~D 이외의 종은 고려하지 않는다.) [3점]

〈보기〉
ㄱ. ㉠은 15이다.
ㄴ. A의 상대 밀도는 D의 상대 피도보다 크다.
ㄷ. 우점종은 C이다.

① ㄱ          ② ㄷ          ③ ㄱ, ㄴ
④ ㄱ, ㄷ       ⑤ ㄴ, ㄷ

그림 (가)는 생태계를 구성하는 요소 사이의 상호 관계를, (나)는 영양염류를 이용하는 종 X를 배양했을 때 시간에 따른 X의 개체 수와 영양염류의 농도를 나타낸 것이다.

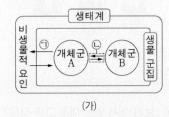 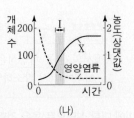

(가)                    (나)

이에 대한 설명으로 옳은 것만을 〈보기〉에서 있는 대로 고른 것은?

〈보기〉
ㄱ. 개체군 A는 동일한 종으로 구성된다.
ㄴ. 구간 Ⅰ에서 X에 환경 저항이 작용한다.
ㄷ. X에 의해 영양염류의 농도가 감소하는 것은 ㉡에 해당한다.

① ㄱ          ② ㄴ          ③ ㄷ
④ ㄱ, ㄴ       ⑤ ㄱ, ㄷ

그림은 동일한 배양 조건에서 종 A와 B를 혼합 배양했을 때와 B를 단독 배양했을 때 시간에 따른 B의 개체 수를 나타낸 것이다.

이에 대한 옳은 설명만을 〈보기〉에서 있는 대로 고른 것은?

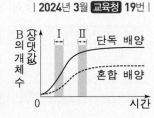

〈보기〉
ㄱ. 혼합 배양했을 때 구간 Ⅰ에서 A와 B는 한 군집을 이룬다.
ㄴ. 구간 Ⅱ에서 B에 작용하는 환경 저항은 단독 배양했을 때가 혼합 배양했을 때보다 크다.
ㄷ. A와 B 사이의 상호 작용은 상리 공생이다.

① ㄱ          ② ㄴ          ③ ㄱ, ㄷ
④ ㄴ, ㄷ       ⑤ ㄱ, ㄴ, ㄷ

## 9 ★★☆

그림은 생태계 구성 요소 사이의 상호 관계를 나타낸 것이다.

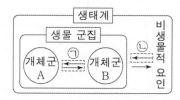

이에 대한 옳은 설명만을 〈보기〉에서 있는 대로 고른 것은? [3점]

┌ 보기 ┐
ㄱ. A는 여러 종으로 구성되어 있다.
ㄴ. 분서(생태 지위 분화)는 ㉠의 예이다.
ㄷ. 음수림에서 층상 구조의 발달이 높이에 따른 빛의 세기에
　영향을 주는 것은 ㉡에 해당한다.

① ㄱ　　　　　　② ㄴ　　　　　　③ ㄱ, ㄷ
④ ㄴ, ㄷ　　　　　⑤ ㄱ, ㄴ, ㄷ

## 10 ★☆☆

다음은 학생 A와 B가 면적이 서로 다른 방형구를 이용해 어떤 지역에서 같은 식물 군집을 각각 조사한 자료이다.

• 이 지역에는 토끼풀, 민들레, 꽃잔디가 서식한다.
• 그림 (가)는 A가 면적이 같은 8개의 방형구를, (나)는 B가 면적이 같은 2개의 방형구를 설치한 모습을 나타낸 것이다.

☙ 토끼풀　🌼 민들레　✿ 꽃잔디

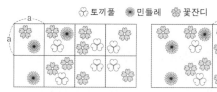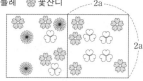

• 표는 B가 구한 각 종의 상대 피도를 나타낸 것이다.

| 종 | 토끼풀 | 민들레 | 꽃잔디 |
|---|---|---|---|
| 상대 피도(%) | 27 | ? | 52 |

이에 대한 옳은 설명만을 〈보기〉에서 있는 대로 고른 것은? (단, 방형구에 나타낸 각 도형은 식물 1개체를 의미하며, 제시된 종 이외의 종은 고려하지 않는다.) [3점]

┌ 보기 ┐
ㄱ. A가 구한 꽃잔디의 상대 밀도는 50 %이다.
ㄴ. B가 구한 민들레의 상대 피도는 21 %이다.
ㄷ. A와 B가 구한 토끼풀의 상대 빈도는 서로 같다.

① ㄱ　　　　　　② ㄷ　　　　　　③ ㄱ, ㄴ
④ ㄴ, ㄷ　　　　　⑤ ㄱ, ㄴ, ㄷ

## 11 ★☆☆

다음은 식물 종 A, B와 토양 세균 X의 상호 작용을 알아보기 위한 실험이다.

• A와 X 사이의 상호 작용은 ㉠, B와 X 사이의 상호 작용은 ㉡이다. ㉠과 ㉡은 각각 기생과 상리 공생 중 하나이다.

[실험 과정 및 결과]
(가) ⓐ멸균된 토양을 넣은 화분 Ⅰ~Ⅳ에 표와 같이 Ⅲ과 Ⅳ에만 X를 접종한 후 Ⅰ과 Ⅲ에는 A의 식물을 심고, Ⅱ와 Ⅳ에는 B의 식물을 심는다.

| 화분 | X의 접종 여부 | 식물 종 |
|---|---|---|
| Ⅰ | 접종 안 함 | A |
| Ⅱ | 접종 안 함 | B |
| Ⅲ | 접종함 | A |
| Ⅳ | 접종함 | B |

(나) 일정 시간이 지난 후, Ⅰ~Ⅳ에서 식물의 증가한 질량을 측정한 결과는 그림과 같다.

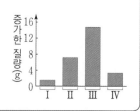

이에 대한 설명으로 옳은 것만을 〈보기〉에서 있는 대로 고른 것은? (단, 제시된 조건 이외는 고려하지 않는다.) [3점]

┌ 보기 ┐
ㄱ. ㉠은 상리 공생이다.
ㄴ. ⓐ는 생태계의 구성 요소 중 비생물적 요인에 해당한다.
ㄷ. (나)의 Ⅳ에서 B와 X는 한 개체군을 이룬다.

① ㄱ　　　　　　② ㄴ　　　　　　③ ㄷ
④ ㄱ, ㄴ　　　　　⑤ ㄴ, ㄷ

# 12
★☆☆ | 2023년 7월 교육청 8번 |

다음은 어떤 지역에서 일어나는 식물 군집의 1차 천이 과정을 순서대로 나타낸 자료이다. ㉠~㉢은 음수림, 양수림, 관목림을 순서 없이 나타낸 것이다.

> (가) 용암 대지에서 지의류에 의해 암석의 풍화가 촉진되어 토양이 형성되었다.
> (나) 식물 군집의 천이가 진행됨에 따라 초원에서 ㉠을 거쳐 ㉡이 형성되었다.
> (다) 이 지역에 ㉢이 형성된 후 식물 군집의 변화 없이 안정적으로 ㉢이 유지되고 있다.

이에 대한 설명으로 옳은 것만을 〈보기〉에서 있는 대로 고른 것은?

> 보기
> ㄱ. ㉢은 관목림이다.
> ㄴ. 이 지역의 천이는 건성 천이이다.
> ㄷ. 이 지역의 식물 군집은 ㉡에서 극상을 이룬다.

① ㄱ  ② ㄴ  ③ ㄱ, ㄷ
④ ㄴ, ㄷ  ⑤ ㄱ, ㄴ, ㄷ

# 13
★★☆ | 2023년 7월 교육청 12번 |

표는 방형구법을 이용하여 어떤 지역의 식물 군집을 조사한 결과를 나타낸 것이다. A~C의 개체 수의 합은 100이고, 순위 1, 2, 3은 값이 큰 것부터 순서대로 나타낸 것이다.

| 종 | 상대 밀도(%) | | 상대 빈도(%) | | 상대 피도(%) | | 중요치(중요도) | |
|---|---|---|---|---|---|---|---|---|
| | 값 | 순위 | 값 | 순위 | 값 | 순위 | 값 | 순위 |
| A | 32 | 2 | 38 | 1 | ? | ? | ? | ? |
| B | ㉠ | 1 | ? | 3 | ? | ? | 97 | ? |
| C | ? | 3 | ㉠ | 2 | 26 | ? | ? | ? |

이에 대한 설명으로 옳은 것만을 〈보기〉에서 있는 대로 고른 것은? (단, A~C 이외의 종은 고려하지 않는다.) [3점]

> 보기
> ㄱ. 지표를 덮고 있는 면적이 가장 큰 종은 A이다.
> ㄴ. B의 상대 빈도 값은 26이다.
> ㄷ. C의 중요치(중요도) 값은 96이다.

① ㄱ  ② ㄴ  ③ ㄷ
④ ㄱ, ㄴ  ⑤ ㄴ, ㄷ

# 14
★☆☆ | 2023년 4월 교육청 3번 |

표는 생태계를 구성하는 요소 사이의 상호 관계 (가)~(다)의 예를 나타낸 것이다.

| 상호 관계 | 예 |
|---|---|
| (가) | ㉠물 부족은 식물의 생장에 영향을 준다. |
| (나) | ㉡스라소니가 ㉢눈신토끼를 잡아먹는다. |
| (다) | 같은 종의 큰뿔양은 뿔 치기를 통해 먹이를 먹는 순위를 정한다. |

이에 대한 설명으로 옳은 것만을 〈보기〉에서 있는 대로 고른 것은?

> 보기
> ㄱ. ㉠은 비생물적 요인에 해당한다.
> ㄴ. ㉡과 ㉢의 상호 작용은 포식과 피식에 해당한다.
> ㄷ. (다)는 개체군 내의 상호 작용에 해당한다.

① ㄱ  ② ㄷ  ③ ㄱ, ㄴ
④ ㄴ, ㄷ  ⑤ ㄱ, ㄴ, ㄷ

# 15
★★☆ | 2023년 4월 교육청 9번 |

그림 (가)는 어떤 식물 군집에서 총생산량, 순생산량, 생장량의 관계를, (나)는 이 식물 군집에서 시간에 따른 A와 B를 나타낸 것이다. A와 B는 총생산량과 호흡량을 순서 없이 나타낸 것이다.

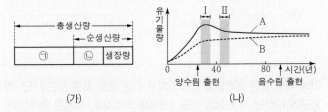

(가)        (나)

이에 대한 설명으로 옳은 것만을 〈보기〉에서 있는 대로 고른 것은?

> 보기
> ㄱ. B는 ㉡에 해당한다.
> ㄴ. 구간 Ⅰ에서 이 식물 군집은 극상을 이룬다.
> ㄷ. 구간 Ⅱ에서 순생산량은 시간에 따라 감소한다.

① ㄱ  ② ㄴ  ③ ㄷ
④ ㄱ, ㄴ  ⑤ ㄱ, ㄷ

## 16 ★★☆ | 2023년 4월 교육청 20번 |

표는 어떤 지역에 면적이 1 m²인 방형구를 10개 설치한 후 식물 군집을 조사한 결과를 나타낸 것이다.

| 종 | 개체 수 | 출현한 방형구 수 | 점유한 면적(m²) |
|---|---|---|---|
| A | 30 | 5 | 0.5 |
| B | 20 | 6 | 1.5 |
| C | 40 | 4 | 2.0 |
| D | 10 | 5 | 1.0 |

이에 대한 설명으로 옳은 것만을 〈보기〉에서 있는 대로 고른 것은? (단, A~D 이외의 종은 고려하지 않는다.) [3점]

보기
ㄱ. B의 빈도는 0.6이다.
ㄴ. A는 D와 한 개체군을 이룬다.
ㄷ. 중요치가 가장 큰 종은 C이다.

① ㄱ      ② ㄴ      ③ ㄷ
④ ㄱ, ㄷ      ⑤ ㄴ, ㄷ

## 18 ★☆☆ | 2023년 3월 교육청 18번 |

다음은 상호 작용 (가)와 (나)에 대한 자료이다. (가)와 (나)는 텃세와 종간 경쟁을 순서 없이 나타낸 것이다.

(가) 은어 개체군에서 한 개체가 일정한 생활 공간을 차지하면서 다른 개체의 접근을 막았다.
(나) 같은 곳에 서식하던 ㉠애기짚신벌레와 ㉡짚신벌레 중 애기짚신벌레만 살아남았다.

이에 대한 옳은 설명만을 〈보기〉에서 있는 대로 고른 것은?

보기
ㄱ. (가)는 종간 경쟁이다.
ㄴ. ㉠은 ㉡과 다른 종이다.
ㄷ. (나)가 일어나 ㉠과 ㉡이 모두 이익을 얻는다.

① ㄱ      ② ㄴ      ③ ㄷ
④ ㄱ, ㄴ      ⑤ ㄴ, ㄷ

## 17 ★★☆ | 2023년 3월 교육청 9번 |

표는 방형구법을 이용하여 어떤 지역의 식물 군집을 조사한 결과를 나타낸 것이다.

| 종 | 개체 수 | 빈도 | 상대 피도(%) | 중요치(중요도) |
|---|---|---|---|---|
| A | 36 | 0.8 | 38 | ? |
| B | ? | 0.5 | 27 | 72 |
| C | 12 | 0.7 | 35 | 90 |

이에 대한 옳은 설명만을 〈보기〉에서 있는 대로 고른 것은? (단, A~C 이외의 종은 고려하지 않는다.) [3점]

보기
ㄱ. A의 상대 빈도는 40 %이다.
ㄴ. B의 개체 수는 20이다.
ㄷ. 우점종은 C이다.

① ㄱ      ② ㄴ      ③ ㄷ
④ ㄱ, ㄴ      ⑤ ㄴ, ㄷ

## 19 ★★☆ | 2022년 10월 교육청 7번 |

그림은 동물 종 A와 B를 같은 공간에서 혼합 배양하였을 때 개체 수 변화를 나타낸 것이다. A와 B 중 하나는 다른 하나를 잡아먹는 포식자이다.

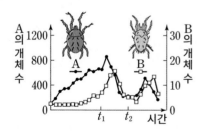

이에 대한 옳은 설명만을 〈보기〉에서 있는 대로 고른 것은?

보기
ㄱ. B는 포식자이다.
ㄴ. $t_1$일 때 A는 환경 저항을 받지 않는다.
ㄷ. $t_1$일 때 B의 개체군 밀도는 $t_2$일 때 A의 개체군 밀도보다 크다.

① ㄱ      ② ㄴ      ③ ㄱ, ㄴ
④ ㄱ, ㄷ      ⑤ ㄴ, ㄷ

## 20 ★☆☆
| 2022년 7월 교육청 4번 |

표 (가)는 어떤 지역에서 시점 $t_1$과 $t_2$일 때 서식하는 식물 종 A~C의 개체 수를 나타낸 것이고, (나)는 C에 대한 설명이다. $t_1$일 때 A~C의 개체 수의 합과 B의 상대 밀도는 $t_2$일 때와 같고, $t_1$과 $t_2$일 때 이 지역의 면적은 변하지 않았다.

| 구분 | 개체 수 | | |
|---|---|---|---|
| | A | B | C |
| $t_1$ | 16 | 17 | ? |
| $t_2$ | 28 | ㉠ | 5 |

(가)

C는 대기 중 오염 물질의 농도가 높아지면 개체 수가 감소하므로, C의 개체 수를 통해 대기 오염 정도를 알 수 있다.

(나)

이에 대한 설명으로 옳은 것만을 〈보기〉에서 있는 대로 고른 것은? (단, A~C 이외의 다른 종은 고려하지 않고, 대기 오염 외에 C의 개체 수 변화에 영향을 주는 요인은 없다.) [3점]

보기
ㄱ. ㉠은 17이다.
ㄴ. 식물의 종 다양성은 $t_1$일 때가 $t_2$일 때보다 높다.
ㄷ. 대기 중 오염 물질의 농도는 $t_1$일 때가 $t_2$일 때보다 높다.

① ㄱ        ② ㄷ        ③ ㄱ, ㄴ
④ ㄴ, ㄷ     ⑤ ㄱ, ㄴ, ㄷ

## 21 ★☆☆
| 2022년 7월 교육청 19번 |

그림 (가)는 산불이 난 지역의 식물 군집에서 천이 과정을, (나)는 식물 군집의 시간에 따른 총생산량과 호흡량을 나타낸 것이다. A~C는 음수림, 양수림, 초원을 순서 없이 나타낸 것이다.

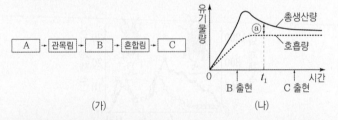

(가)                          (나)

이에 대한 설명으로 옳은 것만을 〈보기〉에서 있는 대로 고른 것은? [3점]

보기
ㄱ. (가)는 2차 천이를 나타낸 것이다.
ㄴ. $t_1$일 때 ⓐ는 순생산량이다.
ㄷ. 이 식물 군집의 호흡량은 양수림이 출현했을 때가 음수림이 출현했을 때보다 크다.

① ㄱ        ② ㄷ        ③ ㄱ, ㄴ
④ ㄴ, ㄷ     ⑤ ㄱ, ㄴ, ㄷ

## 22 ★★☆
| 2022년 4월 교육청 15번 |

그림은 빙하가 사라져 맨땅이 드러난 어떤 지역에서 일어나는 식물 군집 X의 천이 과정에서 A~C의 피도 변화를 나타낸 것이다. A~C는 관목, 교목, 초본을 순서 없이 나타낸 것이다.

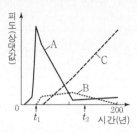

이 자료에 대한 설명으로 옳은 것만을 〈보기〉에서 있는 대로 고른 것은? [3점]

보기
ㄱ. A는 초본이다.
ㄴ. $t_1$일 때 X는 극상을 이룬다.
ㄷ. X의 평균 높이는 $t_1$일 때가 $t_2$일 때보다 높다.

① ㄱ        ② ㄴ        ③ ㄱ, ㄷ
④ ㄴ, ㄷ     ⑤ ㄱ, ㄴ, ㄷ

## 23 ★☆☆
| 2022년 4월 교육청 20번 |

그림 (가)는 동물 종 A의 시간에 따른 개체 수를, (나)는 A의 상대 수명에 따른 생존 개체 수를 나타낸 것이다. 특정 구간의 사망률은 그 구간 동안 사망한 개체 수를 그 구간이 시작된 시점의 총개체 수로 나눈 값이다.

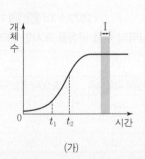  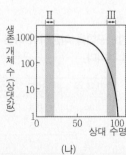

(가)                          (나)

이에 대한 설명으로 옳은 것만을 〈보기〉에서 있는 대로 고른 것은? (단, 이입과 이출은 없으며, 서식지의 면적은 일정하다.)

보기
ㄱ. 구간 Ⅰ에서 A에게 환경 저항이 작용하지 않는다.
ㄴ. A의 개체군 밀도는 $t_1$일 때가 $t_2$일 때보다 작다.
ㄷ. A의 사망률은 구간 Ⅱ에서가 구간 Ⅲ에서보다 높다.

① ㄱ        ② ㄴ        ③ ㄷ
④ ㄱ, ㄴ     ⑤ ㄴ, ㄷ

## 24 ★★☆

| 2022년 3월 교육청 12번 |

그림은 어떤 식물 개체군의 시간에 따른 개체 수를 나타낸 것이다.

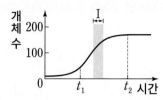

이에 대한 옳은 설명만을 〈보기〉에서 있는 대로 고른 것은? (단, 이입과 이출은 없으며, 서식지의 면적은 일정하다.)

┌─ 보기 ┐
ㄱ. 환경 저항은 $t_1$일 때가 $t_2$일 때보다 크다.
ㄴ. 구간 Ⅰ에서 개체군 밀도는 시간에 따라 증가한다.
ㄷ. 환경 수용력은 100보다 크다.

① ㄱ      ② ㄴ      ③ ㄱ, ㄷ
④ ㄴ, ㄷ      ⑤ ㄱ, ㄴ, ㄷ

## 25 ★★☆

| 2022년 3월 교육청 18번 |

다음은 어떤 지역에서 방형구를 이용해 식물 군집을 조사한 자료이다.

• 면적이 같은 4개의 방형구 A~D를 설치하여 조사한 질경이, 토끼풀, 강아지풀의 분포는 그림과 같으며, D에서의 분포는 나타내지 않았다.

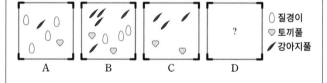

• 토끼풀의 빈도는 $\frac{3}{4}$이다.
• 질경이의 밀도는 강아지풀의 밀도와 같고, 토끼풀의 밀도의 2배이다.
• 중요치가 가장 큰 종은 질경이다.

이에 대한 옳은 설명만을 〈보기〉에서 있는 대로 고른 것은? (단, 방형구에 나타낸 각 도형은 식물 1개체를 의미하며, 제시된 종 이외의 종은 고려하지 않는다.) [3점]

┌─ 보기 ┐
ㄱ. D에 질경이가 있다.
ㄴ. 토끼풀의 상대 밀도는 20 %이다.
ㄷ. 상대 피도는 질경이가 강아지풀보다 크다.

① ㄱ      ② ㄷ      ③ ㄱ, ㄴ
④ ㄴ, ㄷ      ⑤ ㄱ, ㄴ, ㄷ

## 26 ★☆☆

| 2021년 10월 교육청 18번 |

그림 (가)는 영양염류를 이용하는 종 A와 B를 각각 단독 배양했을 때 시간에 따른 개체 수와 영양염류의 농도를, (나)는 (가)와 같은 조건에서 A와 B를 혼합 배양했을 때 시간에 따른 개체 수를 나타낸 것이다.

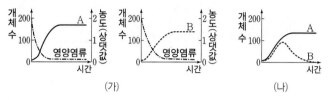

(가)                  (나)

이에 대한 옳은 설명만을 〈보기〉에서 있는 대로 고른 것은?

┌─ 보기 ┐
ㄱ. (가)에서 영양염류의 농도 감소는 환경 저항에 해당한다.
ㄴ. (가)에서 환경 수용력은 B가 A보다 크다.
ㄷ. (나)에서 경쟁 배타가 일어났다.

① ㄱ      ② ㄴ      ③ ㄱ, ㄷ
④ ㄴ, ㄷ      ⑤ ㄱ, ㄴ, ㄷ

## 27 ★☆☆

| 2021년 7월 교육청 6번 |

그림은 어떤 지역의 식물 군집에 산불이 일어나기 전과 후 천이 과정의 일부를 나타낸 것이다. A~C는 초원(초본), 양수림, 음수림을 순서 없이 나타낸 것이다.

이에 대한 설명으로 옳은 것만을 〈보기〉에서 있는 대로 고른 것은?

┌─ 보기 ┐
ㄱ. B는 초원(초본)이다.
ㄴ. 이 지역의 식물 군집은 A에서 극상을 이룬다.
ㄷ. 산불이 일어난 후 진행되는 식물 군집의 천이 과정은 1차 천이이다.

① ㄱ      ② ㄴ      ③ ㄱ, ㄷ
④ ㄴ, ㄷ      ⑤ ㄱ, ㄴ, ㄷ

## 28 ★★☆　　　　　　　　　　　　| 2021년 7월 교육청 12번 |

그림 (가)는 고도에 따른 지역 I~Ⅲ에 서식하는 종 A와 B의 분포를 나타낸 것이다. 그림 (나)는 (가)에서 A를, (다)는 (가)에서 B를 각각 제거했을 때 A와 B의 분포를 나타낸 것이다.

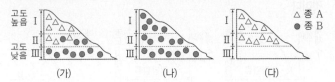

이에 대한 설명으로 옳은 것만을 〈보기〉에서 있는 대로 고른 것은? [3점]

보기
ㄱ. (가)의 Ⅱ에서 A는 B와 한 군집을 이룬다.
ㄴ. (가)의 Ⅲ에서 A와 B 사이에 경쟁 배타가 일어났다.
ㄷ. (나)의 I에서 B는 환경 저항을 받지 않는다.

① ㄱ　　　　② ㄴ　　　　③ ㄷ
④ ㄱ, ㄴ　　　⑤ ㄱ, ㄷ

## 29 ★★☆　　　　　　　　　　　　| 2021년 7월 교육청 17번 |

표 (가)는 어떤 지역의 식물 군집을 조사한 결과를 나타낸 것이고, (나)는 종 A와 B의 상대 피도와 상대 빈도에 대한 자료이다.

| 종 | 개체 수 | 빈도 |
|---|---|---|
| A | 240 | 0.20 |
| B | 60 | ㉠ |
| C | 200 | 0.32 |

(가)

· A의 상대 피도는 55 %이다.
· B의 상대 빈도는 35 %이다.

(나)

이에 대한 설명으로 옳은 것만을 〈보기〉에서 있는 대로 고른 것은? (단, A~C 이외의 종은 고려하지 않는다.)

보기
ㄱ. ㉠은 0.35이다.
ㄴ. B의 상대 밀도는 12 %이다.
ㄷ. 중요치는 A가 C보다 낮다.

① ㄱ　　　　② ㄴ　　　　③ ㄷ
④ ㄱ, ㄴ　　　⑤ ㄴ, ㄷ

## 30 ★☆☆　　　　　　　　　　　　| 2021년 4월 교육청 6번 |

그림은 생태계를 구성하는 요소 사이의 상호 관계를, 표는 상호 관계 (가)와 (나)의 예를 나타낸 것이다. (가)와 (나)는 ㉠과 ㉡을 순서 없이 나타낸 것이다.

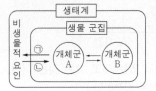

| 상호 관계 | 예 |
|---|---|
| (가) | 빛의 파장에 따라 해조류의 분포가 달라진다. |
| (나) | ? |

이에 대한 설명으로 옳은 것만을 〈보기〉에서 있는 대로 고른 것은? [3점]

보기
ㄱ. 개체군 A는 동일한 종으로 구성된다.
ㄴ. (가)는 ㉠이다.
ㄷ. 지렁이에 의해 토양의 통기성이 증가하는 것은 (나)의 예에 해당한다.

① ㄱ　　　　② ㄴ　　　　③ ㄱ, ㄷ
④ ㄴ, ㄷ　　　⑤ ㄱ, ㄴ, ㄷ

## 31 ★★☆　　　　　　　　　　　　| 2021년 4월 교육청 12번 |

표는 서로 다른 지역 (가)와 (나)의 식물 군집을 조사한 결과를 나타낸 것이다. (가)의 면적은 (나)의 면적의 2배이다.

| 지역 | 종 | 개체 수 | 상대 빈도(%) | 총개체 수 |
|---|---|---|---|---|
| (가) | A | ? | 29 | |
| | B | 33 | 41 | 100 |
| | C | 27 | ? | |
| (나) | A | 25 | 32 | |
| | B | ? | 35 | 100 |
| | C | 44 | ? | |

이에 대한 설명으로 옳은 것만을 〈보기〉에서 있는 대로 고른 것은? (단, A~C 이외의 종은 고려하지 않는다.) [3점]

보기
ㄱ. A의 개체군 밀도는 (가)에서가 (나)에서보다 크다.
ㄴ. (나)에서 B의 상대 밀도는 31 %이다.
ㄷ. C의 상대 빈도는 (가)에서가 (나)에서보다 작다.

① ㄱ　　　　② ㄷ　　　　③ ㄱ, ㄴ
④ ㄴ, ㄷ　　　⑤ ㄱ, ㄴ, ㄷ

## 32 ★★☆
| 2021년 3월 교육청 9번 |

표는 생물 사이의 상호 작용을 (가)와 (나)로 구분하여 나타낸 것이다.

| 구분 | 상호 작용 |
|------|-----------|
| (가) | ㉠기생, 포식과 피식 |
| (나) | 순위제, ㉡사회생활 |

이에 대한 옳은 설명만을 〈보기〉에서 있는 대로 고른 것은?

보기
ㄱ. (가)는 개체군 사이의 상호 작용이다.
ㄴ. ㉠의 관계인 두 종에서는 손해를 입는 종이 있다.
ㄷ. 꿀벌이 일을 분담하며 협력하는 것은 ㉡의 예이다.

① ㄱ      ② ㄴ      ③ ㄱ, ㄷ
④ ㄴ, ㄷ      ⑤ ㄱ, ㄴ, ㄷ

## 33 ★☆☆
| 2020년 10월 교육청 11번 |

그림은 생태계를 구성하는 요소 사이의 상호 관계를 나타낸 것이다.

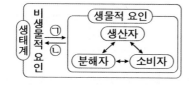

이에 대한 옳은 설명만을 〈보기〉에서 있는 대로 고른 것은?

보기
ㄱ. 소나무는 생산자에 해당한다.
ㄴ. 소비자에서 분해자로 유기물이 이동한다.
ㄷ. 질소 고정 세균에 의해 토양의 암모늄 이온이 증가하는 것은 ㉠에 해당한다.

① ㄱ      ② ㄷ      ③ ㄱ, ㄴ
④ ㄴ, ㄷ      ⑤ ㄱ, ㄴ, ㄷ

## 34 ★☆☆
| 2020년 10월 교육청 17번 |

그림 (가)~(다)는 동물 종 A와 B의 시간에 따른 개체 수를 나타낸 것이다. (가)는 고온 다습한 환경에서 단독 배양한 결과이고, (나)는 (가)와 같은 환경에서 혼합 배양한 결과이며, (다)는 저온 건조한 환경에서 혼합 배양한 결과이다.

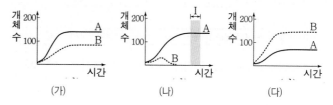

이에 대한 옳은 설명만을 〈보기〉에서 있는 대로 고른 것은? [3점]

보기
ㄱ. 구간 Ⅰ에서 A는 환경 저항을 받는다.
ㄴ. (나)에서 A와 B 사이에 상리 공생이 일어났다.
ㄷ. B에 대한 환경 수용력은 (가)에서가 (다)에서보다 작다.

① ㄱ      ② ㄴ      ③ ㄷ
④ ㄱ, ㄷ      ⑤ ㄴ, ㄷ

## 35 ★☆☆
| 2020년 10월 교육청 19번 |

표는 지역 (가)와 (나)에 서식하는 식물 종 A~C의 개체 수를 나타낸 것이다. 면적은 (나)가 (가)의 2배이다.

| 종<br>지역 | A | B | C |
|------|------|------|------|
| (가) | 11 | 24 | 15 |
| (나) | 46 | 24 | 30 |

이에 대한 옳은 설명만을 〈보기〉에서 있는 대로 고른 것은? (단, A~C 이외의 종은 고려하지 않는다.)

보기
ㄱ. (가)에서 A는 B와 한 개체군을 이룬다.
ㄴ. B의 밀도는 (가)에서가 (나)에서의 2배이다.
ㄷ. C의 상대 밀도는 (나)에서가 (가)에서의 2배이다.

① ㄱ      ② ㄴ      ③ ㄷ
④ ㄱ, ㄴ      ⑤ ㄴ, ㄷ

## 36 ☆☆☆  | 2020년 7월 교육청 7번 |

그림 (가)와 (나)는 서로 다른 두 지역에서 일어나는 천이 과정의 일부를 나타낸 것이다. A~C는 초원, 양수림, 지의류를 순서 없이 나타낸 것이다.

(가) 용암 대지 → [ A ] → [ B ] → 관목림

(나) 호수 → 습지(습원) → [ B ] → 관목림 → [ C ]

이에 대한 설명으로 옳은 것만을 〈보기〉에서 있는 대로 고른 것은?

┌ 보기 ┐
ㄱ. C는 양수림이다.
ㄴ. (가)의 개척자는 지의류이다.
ㄷ. (나)는 습성 천이 과정의 일부이다.
└────┘

① ㄱ　　　　　② ㄴ　　　　　③ ㄱ, ㄷ
④ ㄴ, ㄷ　　　　⑤ ㄱ, ㄴ, ㄷ

## 37 ☆☆☆  | 2020년 7월 교육청 14번 |

표는 종 사이의 상호 작용과 예를 나타낸 것이다. (가)~(다)는 기생, 상리 공생, 포식과 피식을 순서 없이 나타낸 것이다. ⓐ와 ⓑ는 각각 '손해'와 '이익' 중 하나이다.

| 구분 | (가) | | (나) | | (다) | |
|---|---|---|---|---|---|---|
| 상호 작용 | 종 Ⅰ | 종 Ⅱ | 종 Ⅰ | 종 Ⅱ | 종 Ⅰ | 종 Ⅱ |
| | 이익 | ? | ⓐ | 손해 | ⓑ | 손해 |
| 예 | 흰동가리는 말미잘의 보호를 받고, 말미잘은 흰동가리로부터 먹이를 얻는다. | | 겨우살이는 숙주 식물로부터 영양소와 물을 흡수하여 살아간다. | | ? | |

이에 대한 설명으로 옳은 것만을 〈보기〉에서 있는 대로 고른 것은?

┌ 보기 ┐
ㄱ. (가)는 기생이다.
ㄴ. ⓐ와 ⓑ는 모두 '이익'이다.
ㄷ. '스라소니는 눈신토끼를 잡아먹는다.'는 (다)의 예이다.
└────┘

① ㄱ　　　　　② ㄴ　　　　　③ ㄱ, ㄷ
④ ㄴ, ㄷ　　　　⑤ ㄱ, ㄴ, ㄷ

## 38 ★★☆  | 2020년 4월 교육청 5번 |

그림 (가)와 (나)는 1차 천이 과정과 2차 천이 과정을 순서 없이 나타낸 것이다. ㉠~㉢은 양수림, 지의류, 초원을 순서 없이 나타낸 것이다.

(가) [ ㉠ ] → 관목림 → [ ㉡ ]

(나) 용암 대지 → [ ㉢ ] → [ ㉠ ]

이에 대한 설명으로 옳은 것만을 〈보기〉에서 있는 대로 고른 것은?

[3점]

┌ 보기 ┐
ㄱ. (가)에서 개척자는 지의류이다.
ㄴ. (나)는 1차 천이를 나타낸 것이다.
ㄷ. ㉡은 양수림이다.
└────┘

① ㄱ　　　　　② ㄷ　　　　　③ ㄱ, ㄴ
④ ㄴ, ㄷ　　　　⑤ ㄱ, ㄴ, ㄷ

## 39 ☆☆☆  | 2020년 4월 교육청 9번 |

그림은 생태계를 구성하는 요소 사이의 상호 관계를 나타낸 것이다.

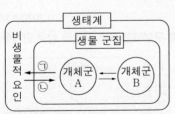

이에 대한 설명으로 옳은 것만을 〈보기〉에서 있는 대로 고른 것은?

┌ 보기 ┐
ㄱ. 개체군 A는 동일한 종으로 구성된다.
ㄴ. 수온이 돌말의 개체 수에 영향을 미치는 것은 ㉠에 해당한다.
ㄷ. 식물의 낙엽으로 인해 토양이 비옥해지는 것은 ㉡에 해당한다.
└────┘

① ㄱ　　　　　② ㄷ　　　　　③ ㄱ, ㄴ
④ ㄴ, ㄷ　　　　⑤ ㄱ, ㄴ, ㄷ

## 40 ★☆☆

| 2020년 4월 교육청 20번 |

표는 종 사이의 상호 작용을 나타낸 것이다. ㉠과 ㉡은 상리 공생, 포식과 피식을 순서 없이 나타낸 것이다.

| 상호 작용 | 종 1 | 종 2 |
|---|---|---|
| ㉠ | 손해 | ? |
| ㉡ | ⓐ | 이익 |

이에 대한 설명으로 옳은 것만을 〈보기〉에서 있는 대로 고른 것은?

보기
ㄱ. ⓐ는 '이익'이다.
ㄴ. ㉠은 포식과 피식이다.
ㄷ. 뿌리혹박테리아와 콩과식물 사이의 상호 작용은 ㉡에 해당한다.

① ㄱ          ② ㄷ          ③ ㄱ, ㄴ
④ ㄴ, ㄷ       ⑤ ㄱ, ㄴ, ㄷ

## 41 ★☆☆

| 2020년 3월 교육청 17번 |

그림은 생태계 구성 요소 사이의 상호 관계와 물질 이동의 일부를 나타낸 것이다. A와 B는 생산자와 소비자를 순서 없이 나타낸 것이다.

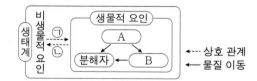

이에 대한 옳은 설명만을 〈보기〉에서 있는 대로 고른 것은?

보기
ㄱ. 사람은 A에 속한다.
ㄴ. A에서 B로 유기물 형태의 탄소가 이동한다.
ㄷ. 지렁이에 의해 토양의 통기성이 증가하는 것은 ㉠에 해당한다.

① ㄱ          ② ㄴ          ③ ㄷ
④ ㄱ, ㄴ       ⑤ ㄴ, ㄷ

## 42 ★★☆

| 2020년 3월 교육청 19번 |

다음은 하와이 주변의 얕은 바다에 서식하는 하와이짧은꼬리오징어에 대한 자료이다.

㉠하와이짧은꼬리오징어는 주로 밤에 활동하는데, 달빛이 비치면 그림자가 생겨 ㉡포식자의 눈에 잘 띄게 된다. 하지만 오징어의 몸에 사는 ㉢발광 세균이 달빛과 비슷한 빛을 내면 그림자가 사라져 포식자에게 쉽게 발견되지 않는다. 이렇게 오징어에게 도움을 주는 발광 세균은 오징어로부터 영양분을 얻는다.

하와이짧은꼬리오징어

이에 대한 옳은 설명만을 〈보기〉에서 있는 대로 고른 것은?

보기
ㄱ. ㉠과 ㉡은 같은 군집에 속한다.
ㄴ. ㉠과 ㉢ 사이의 상호 작용은 상리 공생이다.
ㄷ. ㉡을 제거하면 ㉠의 개체군 밀도가 일시적으로 증가한다.

① ㄱ          ② ㄴ          ③ ㄱ, ㄷ
④ ㄴ, ㄷ       ⑤ ㄱ, ㄴ, ㄷ

**출제 tip**

**생태 피라미드**
생태 피라미드에서 각 영양 단계의 에너지양과 에너지 효율을 계산하는 문제가 자주 출제된다.

**생태계 평형**
• 생태계에서 생물 군집의 종류나 개체 수, 물질의 양, 에너지 흐름이 안정된 상태를 유지하는 것이다.
• 생태계 평형은 주로 먹이 그물에 의해 유지되며, 먹이 그물이 복잡할수록 생태계 평형이 잘 유지된다.

## A 에너지 흐름

1. **에너지 흐름** 생태계 에너지의 근원은 태양의 빛에너지이며, 각 영양 단계에서 전달받은 에너지의 일부는 호흡을 통해 열에너지로 방출되고, 일부 에너지만 상위 영양 단계로 전달된다. 이처럼 에너지는 먹이 사슬을 따라 한 방향으로 흐른다.

2. **에너지 효율** 생태계의 한 영양 단계에서 다음 영양 단계로 이동하는 에너지의 비율이다.

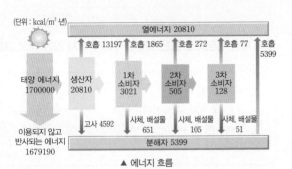

▲ 에너지 흐름

$$에너지 효율(\%) = \frac{현 영양 단계의 에너지 총량}{전 영양 단계의 에너지 총량} \times 100$$

3. **생태 피라미드** 먹이 사슬에서 각 영양 단계에 속하는 생물의 개체 수, 생물량, 에너지양을 하위 영양 단계부터 상위 영양 단계로 순서대로 쌓아 올린 것이다.

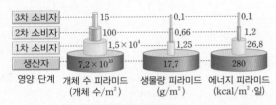

▲ 생태 피라미드

## B 물질 순환 및 물질 생산과 소비

### 1. 탄소 순환
(1) 대기 중의 이산화 탄소는 생산자의 광합성을 통해 유기물로 합성된 후 먹이 사슬을 따라 소비자에게 전달된다.
(2) 소비자는 전달받은 유기물을 이용하여 몸을 구성하거나 호흡으로 분해하여 이산화 탄소로 방출한다.
(3) 생물 사체의 유기물 중 일부는 석유, 석탄과 같은 화석 연료가 된다.

### 2. 질소 순환
(1) **질소 고정** : 대기 중의 질소 기체는 질소 고정 세균(뿌리혹박테리아 등)에 의해 암모늄 이온($NH_4^+$)으로, 공중 방전에 의해 질산 이온($NO_3^-$)으로 고정된다.
(2) **질산화 작용** : 토양 속 암모늄 이온($NH_4^+$)이 질산화 세균에 의해 질산 이온($NO_3^-$)으로 전환된다.
(3) **질소 동화 작용** : 식물은 뿌리를 통해 흡수한 암모늄 이온($NH_4^+$)이나 질산 이온($NO_3^-$)을 이용해 단백질, 핵산과 같은 유기 질소 화합물을 합성한다.
(4) 식물체 내의 유기 질소 화합물은 먹이 사슬을 따라 소비자에게 전달되며, 동식물의 사체나 배설물의 유기 질소 화합물은 분해자에 의해 암모늄 이온으로 분해되어 토양으로 돌아간다.
(5) **탈질산화 작용** : 토양 속 질산 이온($NO_3^-$)의 일부는 탈질산화 세균에 의해 질소 기체가 되어 대기 중으로 돌아간다.

**콩과식물과 뿌리혹박테리아**
뿌리혹박테리아는 콩과식물의 뿌리에 있는 혹에 서식하며, 질소 고정으로 합성한 암모늄 이온을 콩과식물에 전달하고, 콩과식물로부터 유기물을 제공받는다.

**질소 순환과 관련된 과정**

| 질소 고정 | 질소($N_2$) → 암모늄 이온($NH_4^+$) |
|---|---|
| 공중 방전 | 질소($N_2$) → 질산 이온($NO_3^-$) |
| 질산화 작용 | 암모늄 이온($NH_4^+$) → 질산 이온($NO_3^-$) |
| 질소 동화 작용 | 암모늄 이온($NH_4^+$), 질산 이온($NO_3^-$) → 단백질, 핵산 |
| 탈질산화 작용 | 질산 이온($NO_3^-$) → 질소($N_2$) |

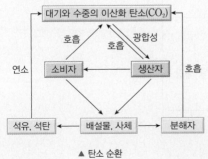

▲ 탄소 순환

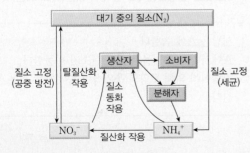

▲ 질소 순환

### 3. 물질의 생산과 소비

| | |
|---|---|
| 총생산량 | 생산자가 일정 기간 동안 광합성을 통해 생산한 유기물의 총량이다. |
| 순생산량 | 총생산량에서 생산자의 호흡량을 제외한 유기물의 양이다. |
| 생장량 | 순생산량 중 피식량과 고사·낙엽량을 제외한 유기물의 양이다. |

▲ 식물과 초식 동물에서의 물질 생산과 소비

## C 생물 다양성

### 1. 생물 다양성의 의미

| | |
|---|---|
| 유전적 다양성 | • 집단 내 같은 종 사이의 유전자가 다양한 정도이다.<br>• 같은 종 내 개체들 사이의 형질 차이는 유전적 다양성 때문에 나타난다.<br>• 유전적 다양성이 높은 종은 환경 조건이 급격히 변했을 때 살아남을 확률이 높다.<br>• 예 유럽정원달팽이 껍질 무늬, 무당벌레 점무늬 등 |
| 종 다양성 | • 특정 지역에 얼마나 많은 종이 균등하게 분포하여 살고 있는지를 나타낸다.<br>• 생물종은 지역에 따라 다르게 분포하므로 지역마다 종 다양성이 다르다.<br>• 종 다양성이 높을수록 먹이 그물이 복잡하게 형성되어 생태계가 안정적으로 유지된다.<br>• 예 초원 생태계 : 기린, 사자, 코끼리, 얼룩말 등 다양한 생물종으로 구성 |
| 생태계 다양성 | • 특정 지역에 존재하는 생태계의 다양한 정도를 의미한다.<br>• 생태계의 종류에 따라 환경 요인과 서식하는 생물종이 다르며, 생물의 상호 작용도 다양하게 나타난다.<br>• 예 사막, 갯벌, 열대 우림, 습지, 산호초, 초지, 농경지 등 |

### 2. 생물 다양성의 감소 요인
서식지 파괴, 서식지 단편화, 외래종 도입, 불법 포획과 남획, 환경 오염과 기후 변화 등이 있다.

---

**출제 tip**

**물질 생산과 소비**

식물 군집에서의 총생산량, 순생산량, 생장량 및 군집의 천이에 따른 생물량, 총생산량, 호흡량을 묻는 문제가 자주 출제된다.

**피식량**

식물의 피식량은 초식 동물의 섭식량과 같으며, 초식 동물의 동화량은 섭식량에서 배출량을 제외한 유기물의 양이다.

**고사·낙엽량**

말라죽거나 잎이나 줄기가 식물체에서 떨어져 나가 식물이 잃어버리는 유기물의 양이다.

**서식지 단편화와 생태 통로**

단편화된 서식지에 생태 통로를 설치하여 생물의 이동 경로를 확보하고 생물들의 사고를 방지한다.

**생물 다양성 보전 방법**
• 서식지 보전 및 연결
• 보호 지역 지정
• 멸종 위기종 지정 및 복원
• 국제 협약 제정
• 종자 은행 운영

**천이와 물질 생산과 소비**

천이가 진행되어 음수림에 가까워질수록 순생산량은 줄어들고, 호흡량과 생물량은 증가한다.

---

**실전 자료**    물질 생산과 소비

그림 (가)는 어떤 식물 군집에서 총생산량, 순생산량, 생장량의 관계를, (나)는 이 식물 군집의 시간에 따른 생물량(생체량), ㉠, ㉡을 나타낸 것이다. ㉠과 ㉡은 각각 총생산량과 호흡량 중 하나이다.

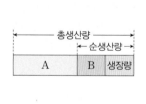

(가)

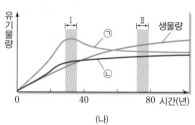

(나)

❶ A와 B 중 초식 동물의 호흡량이 포함되는 것을 파악
• A는 식물 군집의 호흡량, B는 피식량, 고사·낙엽량의 합이다.
• A는 식물의 호흡량이므로 초식 동물의 호흡량은 A에 포함되지 않는다. ➡ 초식 동물의 호흡량은 B 중 피식량에 포함된다.

❷ ㉠과 ㉡이 나타내는 것을 파악
• 식물 군집에서 총생산량이 호흡량보다 많으므로 ㉠은 총생산량, ㉡은 호흡량이다.

• 구간 Ⅰ에서와 구간 Ⅱ에서의 $\dfrac{순생산량}{생물량}$ 비교하면 $\dfrac{순생산량}{생물량}$ 은 구간 Ⅱ에서가 구간 Ⅰ에서보다 작다.

**1** ☆☆☆　　　　　　　　　　　| 2024년 10월 교육청 8번 |

그림은 생태계에서 일어나는 질소 순환 과정의 일부를 나타낸 것이다. Ⅰ과 Ⅱ는 질산화 작용과 질소 고정 작용을 순서 없이 나타낸 것이고, ㉠과 ㉡은 암모늄 이온($NH_4^+$)과 질산 이온($NO_3^-$)을 순서 없이 나타낸 것이다.

이에 대한 옳은 설명만을 〈보기〉에서 있는 대로 고른 것은?

┌─ 보기 ┐
ㄱ. 뿌리혹박테리아는 Ⅰ에 관여한다.
ㄴ. Ⅱ는 질소 고정 작용이다.
ㄷ. ㉡은 암모늄 이온($NH_4^+$)이다.
└──────┘

① ㄱ　　　　　② ㄴ　　　　　③ ㄱ, ㄷ
④ ㄴ, ㄷ　　　⑤ ㄱ, ㄴ, ㄷ

**2** ☆☆☆　　　　　　　　　　　| 2024년 10월 교육청 16번 |

그림은 식물 군집 A의 시간에 따른 총생산량과 호흡량을 나타낸 것이다.

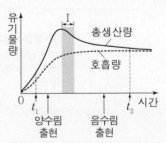

이에 대한 옳은 설명만을 〈보기〉에서 있는 대로 고른 것은?

┌─ 보기 ┐
ㄱ. A의 생장량은 호흡량에 포함된다.
ㄴ. A에서 우점종의 평균 키는 $t_2$일 때가 $t_1$일 때보다 크다.
ㄷ. 구간 Ⅰ에서 A의 순생산량은 시간에 따라 증가한다.
└──────┘

① ㄱ　　　　　② ㄴ　　　　　③ ㄱ, ㄷ
④ ㄴ, ㄷ　　　⑤ ㄱ, ㄴ, ㄷ

**3** ☆☆☆　　　　　　　　　　　| 2024년 7월 교육청 3번 |

표는 생태계의 질소 순환 과정에서 일어나는 물질의 전환을 나타낸 것이다. Ⅰ~Ⅲ은 질산화 작용, 질소 고정 작용, 탈질산화 작용을 순서 없이 나타낸 것이고, ⓐ와 ⓑ는 암모늄 이온($NH_4^+$)과 대기 중의 질소 기체($N_2$)를 순서 없이 나타낸 것이다.

| 구분 | 물질의 전환 |
|------|-------------|
| Ⅰ | ⓐ → ⓑ |
| Ⅱ | ⓑ → 질산 이온($NO_3^-$) |
| Ⅲ | 질산 이온($NO_3^-$) → ⓐ |

이에 대한 설명으로 옳은 것만을 〈보기〉에서 있는 대로 고른 것은?

┌─ 보기 ┐
ㄱ. Ⅱ는 질소 고정 작용이다.
ㄴ. ⓐ는 암모늄 이온($NH_4^+$)이다.
ㄷ. 탈질산화 세균은 Ⅲ에 관여한다.
└──────┘

① ㄱ　　　　　② ㄷ　　　　　③ ㄱ, ㄴ
④ ㄴ, ㄷ　　　⑤ ㄱ, ㄴ, ㄷ

**4** ☆☆☆　　　　　　　　　　　| 2024년 5월 교육청 20번 |

다음은 어떤 꿀벌 종에 대한 자료이다.

┌──────────────────────────────────┐
(가) 꿀벌은 여왕벌, 수벌, 일벌이 서로 일을 분담하여 협력한다.
(나) 꿀벌이 벌집을 만들기 위해 분비하는 물질인 밀랍은 광택제, 모형 제작, 방수제, 화장품 등에 사용된다.
(다) 환경이 급격하게 변화하였을 때 ㉠유전적 다양성이 높은 집단에서가 낮은 집단에서보다 더 많은 수의 개체가 살아남았다.
└──────────────────────────────────┘

이에 대한 설명으로 옳은 것만을 〈보기〉에서 있는 대로 고른 것은?
　　　　　　　　　　　　　　　　　　　　　　　　[3점]

┌─ 보기 ┐
ㄱ. (가)는 개체군 내의 상호 작용의 예에 해당한다.
ㄴ. (나)에서 생물 자원이 활용되었다.
ㄷ. 동일한 종의 무당벌레에서 반점 무늬가 다양하게 나타나는 것은 ㉠의 예에 해당한다.
└──────┘

① ㄱ　　　　　② ㄴ　　　　　③ ㄱ, ㄴ
④ ㄴ, ㄷ　　　⑤ ㄱ, ㄴ, ㄷ

## 5 ★★☆ | 2024년 3월 교육청 5번 |

그림은 어떤 생태계의 식물 군집에서 물질 생산과 소비의 관계를 나타낸 것이다. ⊙과 ⓒ은 각각 순생산량과 피식량 중 하나이다.

| 총생산량 | | | |
|---|---|---|---|
| | ⓒ | | |
| 호흡량 | ⊙ | 고사량, 낙엽량 | 생장량 |

이에 대한 옳은 설명만을 〈보기〉에서 있는 대로 고른 것은?

보기
ㄱ. 식물 군집의 광합성량이 증가하면 총생산량이 증가한다.
ㄴ. 1차 소비자의 생장량은 ⊙과 같다.
ㄷ. 분해자의 호흡량은 ⓒ에 포함된다.

① ㄱ      ② ㄴ      ③ ㄷ
④ ㄱ, ㄷ      ⑤ ㄴ, ㄷ

## 6 ★☆☆ | 2023년 10월 교육청 11번 |

다음은 생태계에서 일어나는 탄소 순환 과정에 대한 자료이다. ⊙과 ⓒ은 생산자와 소비자를 순서 없이 나타낸 것이고, ⓐ와 ⓑ는 유기물과 $CO_2$를 순서 없이 나타낸 것이다.

• 탄소는 먹이 사슬을 따라 ⊙에서 ⓒ으로 이동한다.
• 식물은 광합성을 통해 대기 중 ⓐ로부터 ⓑ를 합성한다.

이에 대한 옳은 설명만을 〈보기〉에서 있는 대로 고른 것은?

보기
ㄱ. 식물은 ⊙에 해당한다.
ㄴ. 대기에서 탄소는 주로 ⓐ의 형태로 존재한다.
ㄷ. 분해자는 사체나 배설물에 포함된 ⓑ를 분해한다.

① ㄱ      ② ㄷ      ③ ㄱ, ㄴ
④ ㄴ, ㄷ      ⑤ ㄱ, ㄴ, ㄷ

## 7 ★★☆ | 2023년 7월 교육청 11번 |

그림은 생태계에서 일어나는 질소 순환 과정 일부를 나타낸 것이다. ⊙~ⓒ은 암모늄 이온($NH_4^+$), 질소 기체($N_2$), 질산 이온($NO_3^-$)을 순서 없이 나타낸 것이고, 과정 Ⅰ과 Ⅱ는 각각 질소 고정 작용과 탈질산화 작용 중 하나이다.

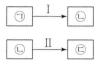

이에 대한 설명으로 옳은 것만을 〈보기〉에서 있는 대로 고른 것은?

보기
ㄱ. ⓒ은 암모늄 이온($NH_4^+$)이다.
ㄴ. 뿌리혹박테리아에 의해 Ⅱ가 일어난다.
ㄷ. 식물은 ⊙을 이용하여 단백질과 같은 질소 화합물을 합성할 수 있다.

① ㄱ      ② ㄴ      ③ ㄱ, ㄷ
④ ㄴ, ㄷ      ⑤ ㄱ, ㄴ, ㄷ

## 8 ★★☆ | 2023년 4월 교육청 5번 |

생물 다양성에 대한 설명으로 옳은 것만을 〈보기〉에서 있는 대로 고른 것은?

보기
ㄱ. 한 생태계 내에 존재하는 생물종의 다양한 정도를 생태계 다양성이라고 한다.
ㄴ. 남획은 생물 다양성을 감소시키는 원인에 해당한다.
ㄷ. 서식지 단편화에 의한 피해를 줄이기 위한 방법에 생태 통로 설치가 있다.

① ㄱ      ② ㄴ      ③ ㄱ, ㄷ
④ ㄴ, ㄷ      ⑤ ㄱ, ㄴ, ㄷ

## 9 ★☆☆ | 2023년 3월 교육청 5번 |

다음은 생태계에서 일어나는 에너지 흐름에 대한 학생 A~C의 발표 내용이다.

빛에너지를 화학 에너지로 전환하는 생물은 생산자입니다. (학생 A)

1차 소비자의 생장량은 생산자의 호흡량에 포함됩니다. (학생 B)

1차 소비자에서 2차 소비자로 유기물에 저장된 에너지가 이동합니다. (학생 C)

제시한 내용이 옳은 학생만을 있는 대로 고른 것은?

① A      ② B      ③ A, C
④ B, C      ⑤ A, B, C

## 10 ★☆☆

그림 (가)는 어떤 생태계에서 탄소 순환 과정의 일부를, (나)는 이 생태계에서 각 영양 단계의 에너지양을 상댓값으로 나타낸 생태 피라미드를 나타낸 것이다. Ⅰ~Ⅲ은 각각 1차 소비자, 3차 소비자, 생산자 중 하나이고, A와 B는 각각 생산자와 소비자 중 하나이다.

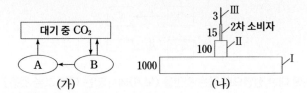

이에 대한 옳은 설명만을 〈보기〉에서 있는 대로 고른 것은? [3점]

보기
ㄱ. Ⅲ은 B에 해당한다.
ㄴ. Ⅰ에서 Ⅱ로 유기물 형태의 탄소가 이동한다.
ㄷ. (나)에서 1차 소비자의 에너지 효율은 10 %이다.

① ㄱ      ② ㄴ      ③ ㄱ, ㄴ
④ ㄱ, ㄷ      ⑤ ㄴ, ㄷ

## 11 ★☆☆

그림은 식물 군집 A의 60년 전과 현재의 ㉠과 ㉡을 나타낸 것이다. ㉠과 ㉡은 각각 총생산량과 호흡량 중 하나이다.

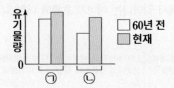

이에 대한 옳은 설명만을 〈보기〉에서 있는 대로 고른 것은?

보기
ㄱ. ㉠은 총생산량이다.
ㄴ. A의 생장량은 ㉡에 포함된다.
ㄷ. A의 순생산량은 현재가 60년 전보다 많다.

① ㄱ      ② ㄴ      ③ ㄱ, ㄷ
④ ㄴ, ㄷ      ⑤ ㄱ, ㄴ, ㄷ

## 12 ★★☆

그림은 생태계를 구성하는 요소 사이의 상호 관계를, 표는 세균 ⓐ와 ⓑ에 의해 일어나는 물질 전환 과정의 일부를 나타낸 것이다. ⓐ와 ⓑ는 탈질소 세균과 질소 고정 세균을 순서 없이 나타낸 것이다.

| 세균 | 물질 전환 과정 |
|---|---|
| ⓐ | $N_2 \rightarrow NH_4^+$ |
| ⓑ | $NO_3^- \rightarrow N_2$ |

이에 대한 설명으로 옳은 것만을 〈보기〉에서 있는 대로 고른 것은?

보기
ㄱ. 순위제는 ㉢에 해당한다.
ㄴ. ⓑ는 탈질소 세균이다.
ㄷ. ⓐ에 의해 토양의 $NH_4^+$ 양이 증가하는 것은 ㉡에 해당한다.

① ㄱ      ② ㄴ      ③ ㄷ
④ ㄱ, ㄴ      ⑤ ㄴ, ㄷ

## 13 ★★☆

그림은 어떤 안정된 생태계에서 포식과 피식 관계인 개체군 ㉠과 ㉡의 시간에 따른 개체 수를, 표는 이 생태계에서 각 영양 단계의 에너지양을 나타낸 것이다. ㉠과 ㉡은 각각 1차 소비자와 2차 소비자 중 하나이고, A~C는 각각 1차 소비자, 2차 소비자, 3차 소비자 중 하나이다. 1차 소비자의 에너지 효율은 15 %이다.

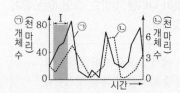

| 구분 | 에너지양(상댓값) |
|---|---|
| A | 5 |
| B | 15 |
| C | ? |
| 생산자 | 500 |

이에 대한 설명으로 옳은 것만을 〈보기〉에서 있는 대로 고른 것은?

보기
ㄱ. ㉡은 B이다.
ㄴ. Ⅰ 시기 동안 ㉠에 환경 저항이 작용하지 않았다.
ㄷ. 이 생태계에서 2차 소비자의 에너지 효율은 20 %이다.

① ㄱ      ② ㄴ      ③ ㄱ, ㄷ
④ ㄴ, ㄷ      ⑤ ㄱ, ㄴ, ㄷ

## 14 ★★☆

다음은 생태계에서 일어나는 질소 순환 과정에 대한 자료이다. ㉠~㉢은 암모늄 이온($NH_4^+$), 질산 이온($NO_3^-$), 질소 기체($N_2$)를 순서 없이 나타낸 것이다.

> (가) 뿌리혹박테리아의 질소 고정 작용에 의해 ㉠이 ㉡으로 전환된다.
> (나) 생산자는 ㉡, ㉢을 이용하여 단백질과 같은 질소 화합물을 합성한다.
> (다) 탈질산화 세균에 의해 ㉢이 ㉠으로 전환된다.

이에 대한 설명으로 옳은 것만을 〈보기〉에서 있는 대로 고른 것은?

> **보기**
> ㄱ. ㉠은 질산 이온이다.
> ㄴ. (나)는 질소 동화 작용에 해당한다.
> ㄷ. 질산화 세균은 ㉡이 ㉢으로 전환되는 과정에 관여한다.

① ㄱ      ② ㄴ      ③ ㄱ, ㄷ
④ ㄴ, ㄷ      ⑤ ㄱ, ㄴ, ㄷ

## 15 ★☆☆

그림 (가)는 서대서양에서 위도에 따른 해양 달팽이의 종 수를, (나)는 이 해양에서 평균 해수면 온도에 따른 해양 달팽이의 종 수를 나타낸 것이다.

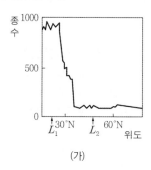
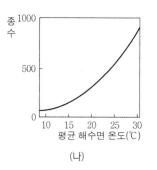

(가)              (나)

이에 대한 설명으로 옳은 것만을 〈보기〉에서 있는 대로 고른 것은? [3점]

> **보기**
> ㄱ. 해양 달팽이의 종 수는 위도 $L_2$에서가 $L_1$에서보다 많다.
> ㄴ. (나)에서 평균 해수면 온도가 높을수록 해양 달팽이의 종 수가 증가하는 것은 비생물적 요인이 생물에 영향을 미치는 예에 해당한다.
> ㄷ. 종 다양성이 높을수록 생태계가 안정적으로 유지된다.

① ㄱ      ② ㄷ      ③ ㄱ, ㄴ
④ ㄴ, ㄷ      ⑤ ㄱ, ㄴ, ㄷ

## 16 ★☆☆

그림은 어떤 안정된 생태계의 에너지 흐름을 나타낸 것이다. A~C는 각각 생산자, 1차 소비자, 2차 소비자 중 하나이며, 에너지양은 상댓값이다.

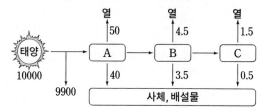

이에 대한 옳은 설명만을 〈보기〉에서 있는 대로 고른 것은?

> **보기**
> ㄱ. 곰팡이는 A에 속한다.
> ㄴ. B에서 C로 유기물이 이동한다.
> ㄷ. A에서 B로 이동한 에너지양은 B에서 C로 이동한 에너지양보다 적다.

① ㄱ      ② ㄴ      ③ ㄷ
④ ㄱ, ㄴ      ⑤ ㄴ, ㄷ

## 17 ★☆☆

그림은 식물 X의 뿌리혹에 서식하는 세균 Y를 나타낸 것이다. Y는 $N_2$를 이용해 합성한 $NH_4^+$을 X에게 제공하며, X는 양분을 Y에게 제공한다.

세균 Y
식물 X
뿌리혹

이에 대한 옳은 설명만을 〈보기〉에서 있는 대로 고른 것은? [3점]

> **보기**
> ㄱ. X는 단백질 합성에 $NH_4^+$을 이용한다.
> ㄴ. Y에서 질소 고정이 일어난다.
> ㄷ. X와 Y 사이의 상호 작용은 상리 공생이다.

① ㄱ      ② ㄷ      ③ ㄱ, ㄴ
④ ㄴ, ㄷ      ⑤ ㄱ, ㄴ, ㄷ

## 18 ☆☆☆ | 2021년 10월 교육청 14번 |

표는 어떤 생태계에서 각 영양 단계의 에너지양을 나타낸 것이다. 에너지 효율은 3차 소비자가 1차 소비자의 2배이다.

| 영양 단계 | 에너지양(상댓값) |
|---|---|
| 생산자 | 1000 |
| 1차 소비자 | ⓐ |
| 2차 소비자 | 15 |
| 3차 소비자 | 3 |

이에 대한 옳은 설명만을 〈보기〉에서 있는 대로 고른 것은? [3점]

보기
ㄱ. ⓐ는 100이다.
ㄴ. 1차 소비자의 에너지는 모두 2차 소비자에게 전달된다.
ㄷ. 소비자에서 상위 영양 단계로 갈수록 에너지 효율은 증가한다.

① ㄱ　② ㄴ　③ ㄱ, ㄷ　④ ㄴ, ㄷ　⑤ ㄱ, ㄴ, ㄷ


## 19 ☆☆☆ | 2021년 7월 교육청 9번 |

표는 생태계에서 일어나는 질소 순환 과정과 탄소 순환 과정의 일부를 나타낸 것이다. (가)~(다)는 세포 호흡, 질산화 작용, 질소 고정 작용을 순서 없이 나타낸 것이다.

| 구분 | 과정 |
|---|---|
| (가) | $N_2 \rightarrow NH_4^+$ |
| (나) | $NH_4^+ \rightarrow NO_3^-$ |
| (다) | 유기물 $\rightarrow CO_2$ |

이에 대한 설명으로 옳은 것만을 〈보기〉에서 있는 대로 고른 것은?

보기
ㄱ. 뿌리혹박테리아에 의해 (가)가 일어난다.
ㄴ. (나)는 질소 고정 작용이다.
ㄷ. (다)에 효소가 관여한다.

① ㄱ　② ㄴ　③ ㄱ, ㄷ　④ ㄴ, ㄷ　⑤ ㄱ, ㄴ, ㄷ


## 20 ☆☆☆ | 2021년 7월 교육청 19번 |

생물 다양성에 대한 설명으로 옳은 것만을 〈보기〉에서 있는 대로 고른 것은?

보기
ㄱ. 불법 포획과 남획에 의한 멸종은 생물 다양성 감소의 원인이 된다.
ㄴ. 생태계 다양성은 어느 한 군집에 서식하는 생물종의 다양한 정도를 의미한다.
ㄷ. 같은 종의 기린에서 털 무늬가 다양하게 나타나는 것은 유전적 다양성에 해당한다.

① ㄱ　② ㄴ　③ ㄱ, ㄷ　④ ㄴ, ㄷ　⑤ ㄱ, ㄴ, ㄷ


## 21 ☆☆☆ | 2021년 4월 교육청 4번 |

다음은 생물 다양성에 대한 학생 A~C의 발표 내용이다.

한 생태계 내에 존재하는 생물종의 다양한 정도를 종 다양성이라고 합니다. — 학생 A
같은 종의 무당벌레에서 반점 무늬가 다양하게 나타나는 것은 유전적 다양성에 해당합니다. — 학생 B
삼림, 초원, 사막, 습지 등이 다양하게 나타날수록 생물 다양성은 증가합니다. — 학생 C

제시한 내용이 옳은 학생만을 있는 대로 고른 것은?

① A　② B　③ A, C
④ B, C　⑤ A, B, C


## 22 ★★☆ | 2021년 4월 교육청 20번 |

그림은 생태계에서 일어나는 질소 순환 과정의 일부를 나타낸 것이다. (가)와 (나)는 질소 고정과 탈질산화 작용을 순서 없이 나타낸 것이고, ⓐ와 ⓑ는 각각 암모늄 이온과 질산 이온 중 하나이다.

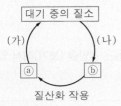

이에 대한 설명으로 옳은 것만을 〈보기〉에서 있는 대로 고른 것은?

보기
ㄱ. ⓑ는 질산 이온이다.
ㄴ. (가)는 탈질산화 작용이다.
ㄷ. 뿌리혹박테리아는 (나)에 관여한다.

① ㄱ　② ㄴ　③ ㄱ, ㄷ
④ ㄴ, ㄷ　⑤ ㄱ, ㄴ, ㄷ

## 23 ★★☆
| 2021년 3월 교육청 11번 |

그림은 어떤 식물 군집의 시간에 따른 총생산량과 순생산량을 나타 낸 것이다. ㉠과 ㉡은 각각 양수림과 음수림 중 하나이다.

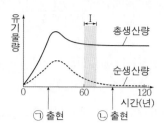

이에 대한 옳은 설명만을 〈보기〉에서 있는 대로 고른 것은? [3점]

보기
ㄱ. ㉠은 음수림이다.
ㄴ. 구간 Ⅰ에서 호흡량은 시간에 따라 증가한다.
ㄷ. 순생산량은 생산자가 광합성으로 생산한 유기물의 총량 이다.

① ㄱ          ② ㄴ          ③ ㄷ
④ ㄱ, ㄴ       ⑤ ㄴ, ㄷ

## 24 ★☆☆
| 2021년 3월 교육청 14번 |

그림은 생태계에서 탄소 순환 과정의 일부를 나타낸 것이다. A와 B는 각각 분해자와 생산자 중 하나이다.

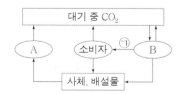

이에 대한 옳은 설명만을 〈보기〉에서 있는 대로 고른 것은?

보기
ㄱ. A는 생산자이다.
ㄴ. B는 호흡을 통해 $CO_2$를 방출한다.
ㄷ. 과정 ㉠에서 유기물이 이동한다.

① ㄱ          ② ㄴ          ③ ㄱ, ㄷ
④ ㄴ, ㄷ       ⑤ ㄱ, ㄴ, ㄷ

## 25 ★★☆
| 2021년 3월 교육청 20번 |

다음은 생물 다양성에 대한 학생 A~C의 대화 내용이다.

제시한 내용이 옳은 학생만을 있는 대로 고른 것은?

① A          ② C          ③ A, B
④ B, C        ⑤ A, B, C

## 26 ★☆☆
| 2020년 7월 교육청 18번 |

표 (가)는 면적이 동일한 서로 다른 지역 Ⅰ과 Ⅱ에 서식하는 식물 종 A~E의 개체수를, (나)는 Ⅰ과 Ⅱ 중 한 지역에서 ㉠과 ㉡의 상대 밀도를 나타낸 것이다. ㉠과 ㉡은 각각 A~E 중 하나이다.

| 구분 | A | B | C | D | E |
|------|----|----|----|----|----|
| Ⅰ | 9 | 10 | 12 | 8 | 11 |
| Ⅱ | 18 | 10 | 20 | 0 | 2 |

(가)

| 구분 | 상대 밀도(%) |
|------|------------|
| ㉠ | 18 |
| ㉡ | 20 |

(나)

이에 대한 설명으로 옳은 것만을 〈보기〉에서 있는 대로 고른 것은? (단, A~E 이외의 종은 고려하지 않는다.) [3점]

보기
ㄱ. ㉡은 C이다.
ㄴ. B의 개체군 밀도는 Ⅰ과 Ⅱ에서 같다.
ㄷ. 식물의 종 다양성은 Ⅰ에서가 Ⅱ에서보다 낮다.

① ㄱ          ② ㄴ          ③ ㄷ
④ ㄱ, ㄴ       ⑤ ㄱ, ㄷ

## 27 ★★☆

그림은 생태계에서 일어나는 질소 순환 과정의 일부를 나타낸 것이다.

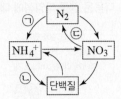

이에 대한 설명으로 옳은 것만을 〈보기〉 에서 있는 대로 고른 것은?

보기
ㄱ. 과정 ㉠은 탈질산화 작용이다.
ㄴ. 과정 ㉡에서 동화 작용이 일어난다.
ㄷ. 과정 ㉢은 질소 고정 작용이다.

① ㄱ　　② ㄴ　　③ ㄱ, ㄷ　　④ ㄴ, ㄷ　　⑤ ㄱ, ㄴ, ㄷ

## 29 ★★☆

그림은 생태계에서 일어나는 질소 순환 과정의 일부를 나타낸 것이다.

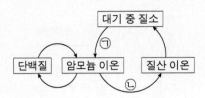

이에 대한 옳은 설명만을 〈보기〉에서 있는 대로 고른 것은?

보기
ㄱ. 뿌리혹박테리아는 ㉠에 관여한다.
ㄴ. ㉡은 탈질산화 작용이다.
ㄷ. 식물은 암모늄 이온을 이용하여 단백질을 합성한다.

① ㄱ　　　　　② ㄴ　　　　　③ ㄱ, ㄴ
④ ㄱ, ㄷ　　　⑤ ㄴ, ㄷ

## 28 ★★☆

그림은 어떤 생태계에서 생산자와 A~C의 에너지양을 나타낸 생태 피라미드이고, 표는 이 생태계를 구성하는 영양 단계에서 에너지양과 에너지 효율을 나타낸 것이다. A~C는 각각 1차 소비자, 2차 소비자, 3차 소비자 중 하나이고, Ⅰ~Ⅲ은 A~C를 순서 없이 나타낸 것이다. 에너지 효율은 C가 A의 2배이다.

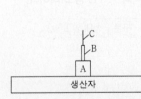

| 영양 단계 | 에너지양 (상댓값) | 에너지 효율(%) |
|---|---|---|
| Ⅰ | 3 | ? |
| Ⅱ | ? | 10 |
| Ⅲ | ㉠ | 15 |
| 생산자 | 1000 | ? |

이에 대한 설명으로 옳은 것만을 〈보기〉에서 있는 대로 고른 것은? [3점]

보기
ㄱ. Ⅱ는 A이다.
ㄴ. ㉠은 150이다.
ㄷ. C의 에너지 효율은 30 %이다.

① ㄱ　　　　　② ㄴ　　　　　③ ㄷ
④ ㄱ, ㄷ　　　⑤ ㄴ, ㄷ

## 30 ★☆☆

생물 다양성에 대한 옳은 설명만을 〈보기〉에서 있는 대로 고른 것은? [3점]

보기
ㄱ. 생물 다양성이 낮을수록 생태계의 평형이 깨지기 쉽다.
ㄴ. 사람의 눈동자 색깔이 다양한 것은 유전적 다양성에 해당한다.
ㄷ. 한 지역에서 종의 수가 일정할 때, 각 종의 개체 수 비율이 균등할수록 종 다양성이 낮다.

① ㄱ　　　　　② ㄷ　　　　　③ ㄱ, ㄴ
④ ㄴ, ㄷ　　　⑤ ㄱ, ㄴ, ㄷ

# 01

# 생명 과학의 이해

## 2026학년도 수능 출제 예측

**2025학년도
수능, 평가원
분석**

2025학년도 6월 모의평가와 9월 모의평가에서는 생물의 특성에 대한 문제와 생명 과학의 탐구와 관련한 문제가 각각 2문항씩 출제되었다. 2025학년도 수능에서도 생물의 특성과 생명 과학의 탐구와 관련한 문제가 2문항 출제되었다.

**2026학년도
수능 예측**

2025학년도 수능에서 2문제가 출제되었으므로 2026학년도 수능에서도 2문제가 출제될 것으로 예측된다. 생물의 특성에서는 기본적인 문제가, 생명 과학의 탐구는 다른 단원의 내용과 연계하여 출제될 가능성이 높으므로 기출 문제를 모두 찾아서 풀어두도록 하자.

**1** ☆☆☆       | 2025학년도 수능 1번 |

다음은 넓적부리도요에 대한 자료이다.

> 넓적부리도요는 겨울을 따뜻한 남쪽 지역에서 보내고 봄에는 북쪽 지역으로 이동하여 ㉠번식한다. 이 새는 작은 해양 생물을 많이 먹어 ㉡장거리 비행에 필요한 에너지를 얻으며, ㉢갯벌에서 먹이를 잡기에 적합한 숟가락 모양의 부리를 갖는다.

이에 대한 옳은 설명만을 〈보기〉에서 있는 대로 고른 것은?

> **보기**
> ㄱ. ㉠ 과정에서 유전 물질이 자손에게 전달된다.
> ㄴ. ㉡ 과정에서 물질대사가 일어난다.
> ㄷ. ㉢은 적응과 진화의 예에 해당한다.

① ㄱ       ② ㄴ       ③ ㄱ, ㄷ
④ ㄴ, ㄷ       ⑤ ㄱ, ㄴ, ㄷ

---

**2** ★★☆       | 2025학년도 수능 4번 |

다음은 숲 F에서 새와 박쥐가 곤충 개체 수 감소에 미치는 영향을 알아보기 위한 탐구이다.

> (가) F를 동일한 조건의 구역 ⓐ~ⓒ로 나눈 후, ⓐ에는 새와 박쥐의 접근을 차단하지 않았고, ⓑ에는 새의 접근만 차단하였으며, ⓒ에는 박쥐의 접근만 차단하였다.
> (나) 일정 시간이 지난 후, ⓐ~ⓒ에서 곤충 개체 수를 조사한 결과는 그림과 같다.

이 자료에 대한 설명으로 옳은 것만을 〈보기〉에서 있는 대로 고른 것은? (단, 제시된 조건 이외는 고려하지 않는다.) [3점]

> **보기**
> ㄱ. 조작 변인은 곤충 개체 수이다.
> ㄴ. ⓒ에서 곤충에 환경 저항이 작용하였다.
> ㄷ. 곤충 개체 수 감소에 미치는 영향은 새가 박쥐보다 크다.

① ㄱ       ② ㄴ       ③ ㄷ
④ ㄱ, ㄷ       ⑤ ㄴ, ㄷ

---

**3** ☆☆☆       | 2025학년도 9월 평가원 1번 |

다음은 생물의 특성에 대한 자료이다.

> • ㉠발생 과정에서 포식자를 감지한 물벼룩 A는 머리와 꼬리에 뾰족한 구조를 형성하여 방어에 적합한 몸의 형태를 갖는다.
> • ㉡메뚜기 B는 주변 환경과 유사하게 몸의 색을 변화시켜 포식자의 눈에 띄지 않는다.

이에 대한 설명으로 옳은 것만을 〈보기〉에서 있는 대로 고른 것은? [3점]

> **보기**
> ㄱ. ㉠ 과정에서 세포 분열이 일어난다.
> ㄴ. ㉡은 생물적 요인이 비생물적 요인에 영향을 미치는 예에 해당한다.
> ㄷ. '펭귄은 물속에서 빠른 속도로 움직이는 데 적합한 몸의 형태를 갖는다.'는 적응과 진화의 예에 해당한다.

① ㄱ       ② ㄴ       ③ ㄷ
④ ㄱ, ㄷ       ⑤ ㄴ, ㄷ

---

**4** ☆☆☆       | 2025학년도 9월 평가원 5번 |

다음은 어떤 연못에 서식하는 동물 종 ㉠~㉢ 사이의 상호 작용에 대한 실험이다.

> • ㉠과 ㉡은 같은 먹이를 두고 경쟁하며, ㉢은 ㉠과 ㉡의 천적이다.
> [실험 과정 및 결과]
> (가) 인공 연못 A와 B 각각에 같은 개체 수의 ㉠과 ㉡을 넣고, A에만 ㉢을 추가한다.
> (나) 일정 시간이 지난 후, A와 B 각각에서 ㉠과 ㉡의 개체 수를 조사한 결과는 그림과 같다.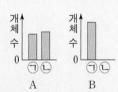

이 자료에 대한 설명으로 옳은 것만을 〈보기〉에서 있는 대로 고른 것은? (단, 제시된 조건 이외는 고려하지 않는다.)

> **보기**
> ㄱ. 조작 변인은 ㉢의 추가 여부이다.
> ㄴ. A에서 ㉠은 ㉡과 한 개체군을 이룬다.
> ㄷ. B에서 ㉠과 ㉡ 사이에 경쟁 배타가 일어났다.

① ㄱ       ② ㄴ       ③ ㄷ
④ ㄱ, ㄴ       ⑤ ㄱ, ㄷ

## 5 ★☆☆
| 2025학년도 6월 평가원 1번 |

표는 생물의 특성의 예를 나타낸 것이다. (가)와 (나)는 발생과 생장, 항상성을 순서 없이 나타낸 것이다.

| 생물의 특성 | 예 |
|---|---|
| (가) | 사람은 더울 때 땀을 흘려 체온을 일정하게 유지한다. |
| (나) | 달걀은 병아리를 거쳐 닭이 된다. |
| 적응과 진화 | ⓐ |

이에 대한 설명으로 옳은 것만을 〈보기〉에서 있는 대로 고른 것은?

─ 보기 ─
ㄱ. (가)는 항상성이다.
ㄴ. (나) 과정에서 세포 분열이 일어난다.
ㄷ. '더운 지역에 사는 사막여우는 열 방출에 효과적인 큰 귀를 갖는다.'는 ⓐ에 해당한다.

① ㄱ          ② ㄷ          ③ ㄱ, ㄴ
④ ㄴ, ㄷ      ⑤ ㄱ, ㄴ, ㄷ

## 6 ★☆☆
| 2025학년도 6월 평가원 6번 |

다음은 어떤 과학자가 수행한 탐구이다.

(가) 암이 있는 생쥐에서 면역 세포가 암세포를 인식하지 못해 암세포를 제거하지 못하는 것을 관찰하고, 면역 세포가 암세포를 인식하도록 도우면 암세포의 수가 줄어들 것이라고 생각했다.
(나) 동일한 암이 있는 생쥐 집단 Ⅰ과 Ⅱ를 준비하고, Ⅱ에만 ㉠면역 세포가 암세포를 인식하도록 돕는 물질을 주사했다.
(다) 일정 시간이 지난 후 Ⅰ과 Ⅱ에서 암세포의 수를 측정한 결과, ⓐ에서만 암세포의 수가 줄어들었다. ⓐ는 Ⅰ과 Ⅱ 중 하나이다.
(라) 암이 있는 생쥐에서 면역 세포가 암세포를 인식하도록 도우면 암세포의 수가 줄어든다는 결론을 내렸다.

이 자료에 대한 설명으로 옳은 것만을 〈보기〉에서 있는 대로 고른 것은? [3점]

─ 보기 ─
ㄱ. 조작 변인은 ㉠의 주사 여부이다.
ㄴ. ⓐ는 Ⅱ이다.
ㄷ. (라)는 탐구 과정 중 결론 도출 단계에 해당한다.

① ㄱ          ② ㄴ          ③ ㄱ, ㄷ
④ ㄴ, ㄷ      ⑤ ㄱ, ㄴ, ㄷ

## 7 ★☆☆
| 2024학년도 수능 3번 |

다음은 플랑크톤에서 분비되는 독소 ㉠과 세균 S에 대해 어떤 과학자가 수행한 탐구이다.

(가) S의 밀도가 낮은 호수에서보다 높은 호수에서 ㉠의 농도가 낮은 것을 관찰하고, S가 ㉠을 분해할 것이라고 생각했다.
(나) 같은 농도의 ㉠이 들어 있는 수조 Ⅰ과 Ⅱ를 준비하고 한 수조에만 S를 넣었다. 일정 시간이 지난 후 Ⅰ과 Ⅱ 각각에 남아 있는 ㉠의 농도를 측정했다.
(다) 수조에 남아 있는 ㉠의 농도는 Ⅰ에서가 Ⅱ에서보다 높았다.
(라) S가 ㉠을 분해한다는 결론을 내렸다.

이 자료에 대한 설명으로 옳은 것만을 〈보기〉에서 있는 대로 고른 것은? [3점]

─ 보기 ─
ㄱ. (나)에서 대조 실험이 수행되었다.
ㄴ. 조작 변인은 수조에 남아 있는 ㉠의 농도이다.
ㄷ. S를 넣은 수조는 Ⅰ이다.

① ㄱ          ② ㄴ          ③ ㄱ, ㄷ
④ ㄴ, ㄷ      ⑤ ㄱ, ㄴ, ㄷ

## 8 ★☆☆
| 2024학년도 수능 1번 |

다음은 식물 X에 대한 자료이다.

X는 ㉠잎에 있는 털에서 달콤한 점액을 분비하여 곤충을 유인한다. ㉡X는 털에 곤충이 닿으면 잎을 구부려 곤충을 잡는다. X는 효소를 분비하여 곤충을 분해하고 영양분을 얻는다.

이 자료에 대한 설명으로 옳은 것만을 〈보기〉에서 있는 대로 고른 것은?

─ 보기 ─
ㄱ. ㉠은 세포로 구성되어 있다.
ㄴ. ㉡은 자극에 대한 반응의 예에 해당한다.
ㄷ. X와 곤충 사이의 상호 작용은 상리 공생에 해당한다.

① ㄱ          ② ㄷ          ③ ㄱ, ㄴ
④ ㄴ, ㄷ      ⑤ ㄱ, ㄴ, ㄷ

## 9 ★☆☆
| 2024학년도 9월 평가원 1번 |

표는 생물의 특성의 예를 나타낸 것이다. (가)와 (나)는 생식과 유전, 적응과 진화를 순서 없이 나타낸 것이다.

| 생물의 특성 | 예 |
|---|---|
| (가) | 아메바는 분열법으로 번식한다. |
| (나) | ⊙뱀은 큰 먹이를 먹기에 적합한 몸의 구조를 갖는다. |
| 자극에 대한 반응 | ⓐ |

이에 대한 설명으로 옳은 것만을 〈보기〉에서 있는 대로 고른 것은? [3점]

ㄱ. (가)는 생식과 유전이다.
ㄴ. ⊙은 세포로 구성되어 있다.
ㄷ. '뜨거운 물체에 손이 닿으면 반사적으로 손을 뗀다.'는 ⓐ에 해당한다.

① ㄱ     ② ㄷ     ③ ㄱ, ㄴ
④ ㄴ, ㄷ     ⑤ ㄱ, ㄴ, ㄷ

## 10 ★☆☆
| 2024학년도 6월 평가원 1번 |

다음은 어떤 기러기에 대한 자료이다.

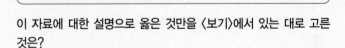

- 화산섬에 서식하는 이 기러기는 풀과 열매를 섭취하여 ⊙활동에 필요한 에너지를 얻는다.
- 이 기러기는 ⓒ발생과 생장 과정에서 물갈퀴가 완전하게 발달하지는 않지만, ⓒ길고 강한 발톱과 두꺼운 발바닥을 가져 화산섬에 서식하기에 적합하다.

이 자료에 대한 설명으로 옳은 것만을 〈보기〉에서 있는 대로 고른 것은?

ㄱ. ⊙ 과정에서 물질대사가 일어난다.
ㄴ. ⓒ 과정에서 세포 분열이 일어난다.
ㄷ. ⓒ은 적응과 진화의 예에 해당한다.

① ㄱ     ② ㄷ     ③ ㄱ, ㄴ
④ ㄴ, ㄷ     ⑤ ㄱ, ㄴ, ㄷ

## 11 ★☆☆
| 2024학년도 6월 평가원 20번 |

다음은 동물 종 A에 대해 어떤 과학자가 수행한 탐구이다.

(가) A의 수컷 꼬리에 긴 장식물이 있는 것을 관찰하고, ⊙A의 암컷은 꼬리 장식물의 길이가 긴 수컷을 배우자로 선호할 것이라는 가설을 세웠다.
(나) 꼬리 장식물의 길이가 긴 수컷 집단 I과 꼬리 장식물의 길이가 짧은 수컷 집단 II에서 각각 한 마리씩 골라 암컷 한 마리와 함께 두고, 암컷이 어떤 수컷을 배우자로 선택하는지 관찰하였다.
(다) (나)의 과정을 반복하여 얻은 결과, I의 개체가 선택된 비율이 II의 개체가 선택된 비율보다 높았다.
(라) A의 암컷은 꼬리 장식물의 길이가 긴 수컷을 배우자로 선호한다는 결론을 내렸다.

이 자료에 대한 설명으로 옳은 것만을 〈보기〉에서 있는 대로 고른 것은? [3점]

ㄱ. ⊙은 관찰한 현상을 설명할 수 있는 잠정적인 결론(잠정적인 답)에 해당한다.
ㄴ. 조작 변인은 암컷이 I의 개체를 선택한 비율이다.
ㄷ. (라)는 탐구 과정 중 결론 도출 단계에 해당한다.

① ㄱ    ② ㄴ    ③ ㄱ, ㄷ    ④ ㄴ, ㄷ    ⑤ ㄱ, ㄴ, ㄷ

## 12 ★☆☆
| 2023학년도 수능 18번 |

다음은 어떤 과학자가 수행한 탐구이다.

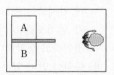

(가) 갑오징어가 먹이의 많고 적음을 구분하여 먹이가 더 많은 곳으로 이동할 것이라고 생각했다.
(나) 그림과 같이 대형 수조 안에 서로 다른 양의 먹이가 들어 있는 수조 A와 B를 준비했다.
(다) 갑오징어 1마리를 대형 수조에 넣고 A와 B 중 어느 수조로 이동하는지 관찰했다.
(라) 여러 마리의 갑오징어로 (다)의 과정을 반복하여 ⓐA와 B 각각으로 이동한 갑오징어 개체의 빈도를 조사한 결과는 그림과 같다.
(마) 갑오징어가 먹이의 많고 적음을 구분하여 먹이가 더 많은 곳으로 이동한다는 결론을 내렸다.

이에 대한 설명으로 옳은 것만을 〈보기〉에서 있는 대로 고른 것은?

ㄱ. ⓐ는 조작 변인이다.
ㄴ. 먹이의 양은 B에서가 A에서보다 많다.
ㄷ. (마)는 탐구 과정 중 결론 도출 단계에 해당한다.

① ㄱ   ② ㄷ   ③ ㄱ, ㄴ   ④ ㄱ, ㄷ   ⑤ ㄴ, ㄷ

## 13 ★☆☆
| 2023학년도 수능 1번 |

다음은 어떤 해파리에 대한 자료이다.

이 해파리의 유생은 ㉠발생과 생장 과정을 거쳐 성체가 된다. 성체의 촉수에는 독이 있는 세포 ⓐ가 분포하는데, ㉡촉수에 물체가 닿으면 ⓐ에서 독이 분비된다.

이 자료에 대한 설명으로 옳은 것만을 〈보기〉에서 있는 대로 고른 것은? [3점]

보기
ㄱ. ㉠ 과정에서 세포 분열이 일어난다.
ㄴ. ⓐ에서 물질대사가 일어난다.
ㄷ. ㉡은 자극에 대한 반응의 예에 해당한다.

① ㄱ         ② ㄴ         ③ ㄱ, ㄷ
④ ㄴ, ㄷ      ⑤ ㄱ, ㄴ, ㄷ

## 14 ★☆☆
| 2023학년도 9월 평가원 20번 |

다음은 어떤 과학자가 수행한 탐구이다.

(가) 물질 X가 살포된 지역에서 비정상적인 생식 기관을 갖는 수컷 개구리가 많은 것을 관찰하고, X가 수컷 개구리의 생식 기관에 기형을 유발할 것이라고 생각했다.
(나) X에 노출된 적이 없는 올챙이를 집단 A와 B로 나눈 후 A에만 X를 처리했다.
(다) 일정 시간이 지난 후, ㉠과 ㉡ 각각의 수컷 개구리 중 비정상적인 생식 기관을 갖는 개체의 빈도를 조사한 결과는 그림과 같다. ㉠과 ㉡은 A와 B를 순서 없이 나타낸 것이다.

(라) X가 수컷 개구리의 생식 기관에 기형을 유발한다는 결론을 내렸다.

이 자료에 대한 설명으로 옳은 것만을 〈보기〉에서 있는 대로 고른 것은? [3점]

보기
ㄱ. ㉠은 B이다.
ㄴ. 연역적 탐구 방법이 이용되었다.
ㄷ. (나)에서 조작 변인은 X의 처리 여부이다.

① ㄱ         ② ㄴ         ③ ㄱ, ㄷ
④ ㄴ, ㄷ      ⑤ ㄱ, ㄴ, ㄷ

## 15 ★☆☆
| 2023학년도 9월 평가원 1번 |

다음은 소가 갖는 생물의 특성에 대한 자료이다.

소는 식물의 섬유소를 직접 분해할 수 없지만 소화 기관에 섬유소를 분해하는 세균이 있어 세균의 대사산물을 에너지원으로 이용한다. ㉠세균에 의한 섬유소 분해 과정은 소의 되새김질에 의해 촉진된다. 되새김질은 삼킨 음식물을 위에서 입으로 토해내 씹고 삼키는 것을 반복하는 것으로, ㉡소는 되새김질에 적합한 구조의 소화 기관을 갖는다.

이 자료에 대한 설명으로 옳은 것만을 〈보기〉에서 있는 대로 고른 것은?

보기
ㄱ. ㉠에 효소가 이용된다.
ㄴ. ㉡은 적응과 진화의 예에 해당한다.
ㄷ. 소는 세균과의 상호 작용을 통해 이익을 얻는다.

① ㄱ         ② ㄷ         ③ ㄱ, ㄴ
④ ㄴ, ㄷ      ⑤ ㄱ, ㄴ, ㄷ

## 16 ★☆☆
| 2023학년도 6월 평가원 1번 |

다음은 곤충 X에 대한 자료이다.

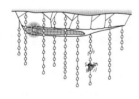

(가) 암컷 X는 짝짓기 후 알을 낳는다.
(나) 알에서 깨어난 애벌레는 동굴 천장에 둥지를 짓고 끈적끈적한 실을 늘어뜨려 덫을 만든다.
(다) 애벌레는 ATP를 분해하여 얻은 에너지로 청록색 빛을 낸다.
(라) 빛에 유인된 먹이가 덫에 걸리면 애벌레는 움직임을 감지하여 실을 끌어 올린다.

이에 대한 설명으로 옳은 것만을 〈보기〉에서 있는 대로 고른 것은?

보기
ㄱ. (가)에서 유전 물질이 자손에게 전달된다.
ㄴ. (다)에서 물질대사가 일어난다.
ㄷ. (라)는 자극에 대한 반응의 예에 해당한다.

① ㄱ         ② ㄴ         ③ ㄱ, ㄷ
④ ㄴ, ㄷ      ⑤ ㄱ, ㄴ, ㄷ

## 17 ★☆☆

| 2023학년도 6월 평가원 18번 |

다음은 어떤 과학자가 수행한 탐구이다.

(가) 벼가 잘 자라지 못하는 논에 벼를 갉아먹는 왕우렁이의 개체 수가 많은 것을 관찰하고, 왕우렁이의 포식자인 자라를 논에 넣어주면 벼의 생물량이 증가할 것이라고 생각했다.

(나) 같은 지역의 면적이 동일한 논 A와 B에 각각 같은 수의 왕우렁이를 넣은 후, A에만 자라를 풀어놓았다.

(다) 일정 시간이 지난 후 조사한 왕우렁이의 개체 수는 ㉠에서가 ㉡에서보다 적었고, 벼의 생물량은 ㉠에서가 ㉡에서보다 많았다. ㉠과 ㉡은 A와 B를 순서 없이 나타낸 것이다.

(라) 자라가 왕우렁이의 개체 수를 감소시켜 벼의 생물량이 증가한다는 결론을 내렸다.

이 자료에 대한 설명으로 옳은 것만을 〈보기〉에서 있는 대로 고른 것은?

─ 보기 ─
ㄱ. ㉡은 B이다.
ㄴ. 조작 변인은 벼의 생물량이다.
ㄷ. ㉠에서 왕우렁이 개체군에 환경 저항이 작용하였다.

① ㄱ  ② ㄴ  ③ ㄱ, ㄷ
④ ㄴ, ㄷ  ⑤ ㄱ, ㄴ, ㄷ

## 18 ★☆☆

| 2022학년도 수능 1번 |

다음은 벌새가 갖는 생물의 특성에 대한 자료이다.

(가) 벌새의 날개 구조는 공중에서 정지한 상태로 꿀을 빨아먹기에 적합하다.
(나) 벌새는 자신의 체중보다 많은 양의 꿀을 섭취하여 ㉠활동에 필요한 에너지를 얻는다.
(다) 짝짓기 후 암컷이 낳은 알은 ㉡발생과 생장 과정을 거쳐 성체가 된다.

이에 대한 설명으로 옳은 것만을 〈보기〉에서 있는 대로 고른 것은?

─ 보기 ─
ㄱ. (가)는 적응과 진화의 예에 해당한다.
ㄴ. ㉠ 과정에서 물질대사가 일어난다.
ㄷ. '개구리알은 올챙이를 거쳐 개구리가 된다.'는 ㉡의 예에 해당한다.

① ㄱ  ② ㄷ  ③ ㄱ, ㄴ
④ ㄴ, ㄷ  ⑤ ㄱ, ㄴ, ㄷ

## 19 ★☆☆

| 2022학년도 수능 6번 |

다음은 어떤 과학자가 수행한 탐구이다.

(가) 바다 달팽이가 갉아 먹던 갈조류를 다 먹지 않고 이동하여 다른 갈조류를 먹는 것을 관찰하였다.

(나) ㉠바다 달팽이가 갉아 먹은 갈조류에서 바다 달팽이가 기피하는 물질 X의 생성이 촉진될 것이라는 가설을 세웠다.

(다) 갈조류를 두 집단 ⓐ와 ⓑ로 나눠 한 집단만 바다 달팽이가 갉아 먹도록 한 후, ⓐ와 ⓑ 각각에서 X의 양을 측정하였다.

(라) 단위 질량당 X의 양은 ⓑ에서가 ⓐ에서보다 많았다.

(마) 바다 달팽이가 갉아 먹은 갈조류에서 X의 생성이 촉진된다는 결론을 내렸다.

이 자료에 대한 설명으로 옳은 것만을 〈보기〉에서 있는 대로 고른 것은? [3점]

─ 보기 ─
ㄱ. ㉠은 (가)에서 관찰한 현상을 설명할 수 있는 잠정적인 결론(잠정적인 답)에 해당한다.
ㄴ. (다)에서 대조 실험이 수행되었다.
ㄷ. (라)의 ⓐ는 바다 달팽이가 갉아 먹은 갈조류 집단이다.

① ㄱ  ② ㄷ  ③ ㄱ, ㄴ  ④ ㄴ, ㄷ  ⑤ ㄱ, ㄴ, ㄷ

## 20 ★☆☆

| 2022학년도 9월 평가원 3번 |

다음은 어떤 과학자가 수행한 탐구이다.

(가) 초파리는 짝짓기 상대로 서로 다른 종류의 먹이를 먹고 자란 개체보다 같은 먹이를 먹고 자란 개체를 선호할 것이라고 생각했다.

(나) 초파리를 두 집단 A와 B로 나눈 후 A는 먹이 ⓐ를, B는 먹이 ⓑ를 주고 배양했다. ⓐ와 ⓑ는 서로 다른 종류의 먹이다.

(다) 여러 세대를 배양한 후, ㉠같은 먹이를 먹고 자란 초파리 사이에서의 짝짓기 빈도와 ㉡서로 다른 종류의 먹이를 먹고 자란 초파리 사이에서의 짝짓기 빈도를 관찰했다.

(라) (다)의 결과, Ⅰ이 Ⅱ보다 높게 나타났다. Ⅰ과 Ⅱ는 ㉠과 ㉡을 순서 없이 나타낸 것이다.

(마) 초파리는 짝짓기 상대로 서로 다른 종류의 먹이를 먹고 자란 개체보다 같은 먹이를 먹고 자란 개체를 선호한다는 결론을 내렸다.

이 자료에 대한 설명으로 옳은 것만을 〈보기〉에서 있는 대로 고른 것은? [3점]

─ 보기 ─
ㄱ. 연역적 탐구 방법이 이용되었다.
ㄴ. 조작 변인은 짝짓기 빈도이다.
ㄷ. Ⅰ은 ㉡이다.

① ㄱ  ② ㄴ  ③ ㄷ  ④ ㄱ, ㄴ  ⑤ ㄱ, ㄷ

## 21 ★☆☆

| 2022학년도 6월 평가원 1번 |

표는 생물의 특성의 예를 나타낸 것이다. (가)와 (나)는 생식과 유전, 항상성을 순서 없이 나타낸 것이다.

| 생물의 특성 | 예 |
|---|---|
| (가) | 혈중 포도당 농도가 증가하면 ⓐ인슐린의 분비가 촉진된다. |
| (나) | 짚신벌레는 분열법으로 번식한다. |
| 적응과 진화 | 고산 지대에 사는 사람은 낮은 지대에 사는 사람보다 적혈구 수가 많다. |

이에 대한 설명으로 옳은 것만을 〈보기〉에서 있는 대로 고른 것은?

─ 보기 ─
ㄱ. ⓐ는 이자의 $\beta$세포에서 분비된다.
ㄴ. (나)는 생식과 유전이다.
ㄷ. '더운 지역에 사는 사막여우는 열 방출에 효과적인 큰 귀를 갖는다.'는 적응과 진화의 예에 해당한다.

① ㄱ        ② ㄴ        ③ ㄱ, ㄷ
④ ㄴ, ㄷ        ⑤ ㄱ, ㄴ, ㄷ

## 22 ★☆☆

| 2022학년도 6월 평가원 20번 |

다음은 초식 동물 종 A와 식물 종 P의 상호 작용에 대해 어떤 과학자가 수행한 탐구이다.

가시

(가) P가 사는 지역에 A가 유입된 후 P의 가시의 수가 많아진 것을 관찰하고, A가 P를 뜯어 먹으면 P의 가시의 수가 많아질 것이라고 생각했다.
(나) 같은 지역에 서식하는 P를 집단 ㉠과 ㉡으로 나눈 후, ㉠에만 A의 접근을 차단하여 P를 뜯어 먹지 못하도록 했다.
(다) 일정 시간이 지난 후, P의 가시의 수는 Ⅰ에서가 Ⅱ에서보다 많았다. Ⅰ과 Ⅱ는 ㉠과 ㉡을 순서 없이 나타낸 것이다.
(라) A가 P를 뜯어 먹으면 P의 가시의 수가 많아진다는 결론을 내렸다.

이 자료에 대한 설명으로 옳은 것만을 〈보기〉에서 있는 대로 고른 것은? [3점]

─ 보기 ─
ㄱ. Ⅱ는 ㉠이다.
ㄴ. 연역적 탐구 방법이 이용되었다.
ㄷ. 조작 변인은 P의 가시의 수이다.

① ㄱ        ② ㄷ        ③ ㄱ, ㄴ
④ ㄴ, ㄷ        ⑤ ㄱ, ㄴ, ㄷ

## 23 ★☆☆

| 2021학년도 수능 18번 |

다음은 어떤 과학자가 수행한 탐구이다.

(가) 딱총새우가 서식하는 산호의 주변에는 산호의 천적인 불가사리가 적게 관찰되는 것을 보고, 딱총새우가 산호를 불가사리로부터 보호해 줄 것이라고 생각했다.
(나) 같은 지역에 있는 산호들을 집단 A와 B로 나눈 후, A에서는 딱총새우를 그대로 두고, B에서는 딱총새우를 제거하였다.
(다) 일정 시간 동안 불가사리에게 잡아먹힌 산호의 비율은 ㉠에서가 ㉡에서보다 높았다. ㉠과 ㉡은 A와 B를 순서 없이 나타낸 것이다.
(라) 산호에 서식하는 딱총새우가 산호를 불가사리로부터 보호해 준다는 결론을 내렸다.

이 자료에 대한 설명으로 옳은 것만을 〈보기〉에서 있는 대로 고른 것은? [3점]

─ 보기 ─
ㄱ. ㉠은 A이다.
ㄴ. (나)에서 조작 변인은 딱총새우의 제거 여부이다.
ㄷ. (다)에서 불가사리와 산호 사이의 상호 작용은 포식과 피식에 해당한다.

① ㄱ        ② ㄷ        ③ ㄱ, ㄴ
④ ㄴ, ㄷ        ⑤ ㄱ, ㄴ, ㄷ

## 24 ★☆☆

| 2021학년도 9월 평가원 1번 |

다음은 어떤 과학자가 수행한 탐구이다.

(가) 서식 환경과 비슷한 털색을 갖는 생쥐가 포식자의 눈에 잘 띄지 않아 생존에 유리할 것이라고 생각했다.
(나) ㉠갈색 생쥐 모형과 ㉡흰색 생쥐 모형을 준비해서 지역 A와 B 각각에 두 모형을 설치했다. A와 B는 각각 갈색 모래 지역과 흰색 모래 지역 중 하나이다.
(다) A에서는 ㉠이 ㉡보다, B에서는 ㉡이 ㉠보다 포식자로부터 더 많은 공격을 받았다.
(라) ⓐ서식 환경과 비슷한 털색을 갖는 생쥐가 생존에 유리하다는 결론을 내렸다.

이 자료에 대한 설명으로 옳은 것만을 〈보기〉에서 있는 대로 고른 것은?

─ 보기 ─
ㄱ. A는 갈색 모래 지역이다.
ㄴ. 연역적 탐구 방법이 이용되었다.
ㄷ. ⓐ는 생물의 특성 중 적응과 진화의 예에 해당한다.

① ㄱ        ② ㄴ        ③ ㄱ, ㄷ
④ ㄴ, ㄷ        ⑤ ㄱ, ㄴ, ㄷ

Part Ⅱ
수능 평가원

## 25 ☆☆☆
| 2021학년도 6월 평가원 1번 |

표는 생물의 특성의 예를 나타낸 것이다. (가)와 (나)는 물질대사, 발생과 생장을 순서 없이 나타낸 것이다.

| 생물의 특성 | 예 |
|---|---|
| (가) | 개구리 알은 올챙이를 거쳐 개구리가 된다. |
| (나) | ⓐ식물은 빛에너지를 이용하여 포도당을 합성한다. |
| 적응과 진화 | ㉠ |

이에 대한 설명으로 옳은 것만을 〈보기〉에서 있는 대로 고른 것은?

―〔보기〕――
ㄱ. (가)는 발생과 생장이다.
ㄴ. ⓐ에서 효소가 이용된다.
ㄷ. '가랑잎벌레의 몸의 형태가 주변의 잎과 비슷하여 포식자의 눈에 띄지 않는다.'는 ㉠에 해당한다.

① ㄱ  ② ㄷ  ③ ㄱ, ㄴ
④ ㄴ, ㄷ  ⑤ ㄱ, ㄴ, ㄷ

## 26 ☆☆☆
| 2021학년도 6월 평가원 20번 |

다음은 먹이 섭취량이 동물 종 ⓐ의 생존에 미치는 영향을 알아보기 위한 실험이다.

―〔실험 과정〕――
(가) 유전적으로 동일하고 같은 시기에 태어난 ⓐ의 수컷 개체 200마리를 준비하여, 100마리씩 집단 A와 B로 나눈다.
(나) A에는 충분한 양의 먹이를 제공하고, B에는 먹이 섭취량을 제한하면서 배양한다. 한 개체당 먹이 섭취량은 A의 개체가 B의 개체보다 많다.
(다) A와 B에서 시간에 따른 ⓐ의 생존 개체 수를 조사한다.

―〔실험 결과〕――
그림은 A와 B에서 시간에 따른 ⓐ의 생존 개체 수를 나타낸 것이다.

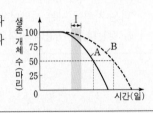

이 자료에 대한 설명으로 옳은 것만을 〈보기〉에서 있는 대로 고른 것은? (단, 제시된 조건 이외는 고려하지 않는다.) [3점]

―〔보기〕――
ㄱ. 이 실험에서의 조작 변인은 ⓐ의 생존 개체 수이다.
ㄴ. 구간 Ⅰ에서 사망한 ⓐ의 개체 수는 A에서가 B에서보다 많다.
ㄷ. 각 집단에서 ⓐ의 생존 개체 수가 50마리가 되는 데 걸린 시간은 A에서가 B에서보다 길다.

① ㄱ  ② ㄴ  ③ ㄷ
④ ㄱ, ㄴ  ⑤ ㄴ, ㄷ

# 01

# 생명 활동과 에너지

## 2026학년도 수능 출제 예측

**2025학년도 수능, 평가원 분석**

2025학년도 6월 모의평가에서는 사람에서 일어나는 물질대사와 관련한 문제가 1문항 출제되었고, 9월 모의평가에서는 문제가 출제되지 않았다. 2025학년도 수능에서는 사람에서 일어나는 물질대사에 대한 기본적인 문제가 1문항 출제되었다.

**2026학년도 수능 예측**

매년 수능에서 1문제가 출제되고 있다. 2026학년도 수능에서는 동화 작용의 대표적인 예인 광합성과 이화 작용의 대표적인 예인 세포 호흡을 비교하는 문제가 출제될 가능성이 높다. 문제의 난이도는 어렵지 않게 출제되고 있으므로 관련 개념을 꼼꼼하게 학습해 두도록 하자.

**1** ☆☆☆ | 2025학년도 수능 11번 |

사람에서 일어나는 물질대사에 대한 설명으로 옳은 것만을 〈보기〉에서 있는 대로 고른 것은?

〈보기〉
ㄱ. 녹말이 포도당으로 분해되는 과정에서 이화 작용이 일어난다.
ㄴ. 암모니아가 요소로 전환되는 과정에서 효소가 이용된다.
ㄷ. 지방이 세포 호흡에 사용된 결과 생성되는 노폐물에는 물과 이산화 탄소가 있다.

① ㄱ      ② ㄴ      ③ ㄱ, ㄷ
④ ㄴ, ㄷ      ⑤ ㄱ, ㄴ, ㄷ

**3** ☆☆☆ | 2024학년도 수능 2번 |

다음은 사람에서 일어나는 물질대사에 대한 자료이다.

(가) 녹말이 소화 과정을 거쳐 ㉠포도당으로 분해된다.
(나) 포도당이 세포 호흡을 통해 물과 이산화 탄소로 분해된다.
(다) ㉡포도당이 글리코젠으로 합성된다.

이에 대한 설명으로 옳은 것만을 〈보기〉에서 있는 대로 고른 것은?

〈보기〉
ㄱ. 소화계에서 ㉠이 흡수된다.
ㄴ. (가)와 (나)에서 모두 이화 작용이 일어난다.
ㄷ. 글루카곤은 간에서 ㉡을 촉진한다.

① ㄱ      ② ㄷ      ③ ㄱ, ㄴ
④ ㄴ, ㄷ      ⑤ ㄱ, ㄴ, ㄷ

**2** ☆☆☆ | 2025학년도 6월 평가원 2번 |

그림은 사람에서 일어나는 물질대사 과정 Ⅰ과 Ⅱ를 나타낸 것이다. ㉠과 ㉡은 암모니아와 이산화 탄소를 순서 없이 나타낸 것이다.

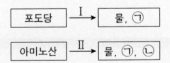

이에 대한 설명으로 옳은 것만을 〈보기〉에서 있는 대로 고른 것은?

〈보기〉
ㄱ. ㉠은 이산화 탄소이다.
ㄴ. 간에서 ㉡이 요소로 전환된다.
ㄷ. Ⅰ과 Ⅱ에서 모두 이화 작용이 일어난다.

① ㄱ      ② ㄷ      ③ ㄱ, ㄴ
④ ㄴ, ㄷ      ⑤ ㄱ, ㄴ, ㄷ

**4** ☆☆☆ | 2024학년도 9월 평가원 2번 |

다음은 사람에서 일어나는 물질대사에 대한 자료이다.

(가) 암모니아가 ㉠요소로 전환된다.
(나) 지방은 세포 호흡을 통해 물과 이산화 탄소로 분해된다.

이에 대한 설명으로 옳은 것만을 〈보기〉에서 있는 대로 고른 것은?

〈보기〉
ㄱ. 간에서 (가)가 일어난다.
ㄴ. (나)에서 효소가 이용된다.
ㄷ. 배설계를 통해 ㉠이 몸 밖으로 배출된다.

① ㄱ      ② ㄷ      ③ ㄱ, ㄴ
④ ㄴ, ㄷ      ⑤ ㄱ, ㄴ, ㄷ

## 5 ★☆☆
| 2024학년도 6월 평가원 2번 |

다음은 사람에서 일어나는 물질대사에 대한 자료이다.

(가) 단백질은 소화 과정을 거쳐 아미노산으로 분해된다.
(나) 포도당이 세포 호흡을 통해 분해된 결과 생성되는 노폐물에는 ⊙이 있다.

이에 대한 설명으로 옳은 것만을 〈보기〉에서 있는 대로 고른 것은? [3점]

보기
ㄱ. (가)에서 이화 작용이 일어난다.
ㄴ. 이산화 탄소는 ⊙에 해당한다.
ㄷ. (가)와 (나)에서 모두 효소가 이용된다.

① ㄱ          ② ㄷ          ③ ㄱ, ㄴ
④ ㄴ, ㄷ       ⑤ ㄱ, ㄴ, ㄷ

## 6 ★☆☆
| 2023학년도 수능 3번 |

다음은 세포 호흡에 대한 자료이다. ⊙과 ⓒ은 각각 ADP와 ATP 중 하나이다.

(가) 포도당은 세포 호흡을 통해 물과 이산화 탄소로 분해된다.
(나) 세포 호흡 과정에서 방출된 에너지의 일부는 ⊙에 저장되며, ⊙이 ⓒ과 무기 인산($P_i$)으로 분해될 때 방출된 에너지는 생명 활동에 사용된다.

이에 대한 설명으로 옳은 것만을 〈보기〉에서 있는 대로 고른 것은? [3점]

보기
ㄱ. (가)에서 이화 작용이 일어난다.
ㄴ. 미토콘드리아에서 ⓒ이 ⊙으로 전환된다.
ㄷ. 포도당이 분해되어 생성된 에너지의 일부는 체온 유지에 사용된다.

① ㄱ          ② ㄴ          ③ ㄱ, ㄷ
④ ㄴ, ㄷ       ⑤ ㄱ, ㄴ, ㄷ

## 7 ★☆☆
| 2023학년도 9월 평가원 4번 |

사람에서 일어나는 물질대사에 대한 설명으로 옳은 것만을 〈보기〉에서 있는 대로 고른 것은?

보기
ㄱ. 지방이 분해되는 과정에서 이화 작용이 일어난다.
ㄴ. 단백질이 합성되는 과정에서 에너지의 흡수가 일어난다.
ㄷ. 포도당이 세포 호흡에 사용된 결과 생성되는 노폐물에는 이산화 탄소가 있다.

① ㄱ          ② ㄴ          ③ ㄱ, ㄷ
④ ㄴ, ㄷ       ⑤ ㄱ, ㄴ, ㄷ

## 8 ★☆☆
| 2023학년도 6월 평가원 2번 |

그림은 사람에서 세포 호흡을 통해 포도당으로부터 생성된 에너지가 생명 활동에 사용되는 과정을 나타낸 것이다. ⓐ와 ⓑ는 $H_2O$와 $O_2$를 순서 없이 나타낸 것이고, ⊙과 ⓒ은 각각 ADP와 ATP 중 하나이다.

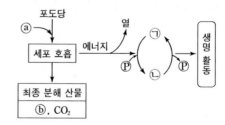

이에 대한 설명으로 옳은 것만을 〈보기〉에서 있는 대로 고른 것은?

보기
ㄱ. 세포 호흡에서 이화 작용이 일어난다.
ㄴ. 호흡계를 통해 ⓑ가 몸 밖으로 배출된다.
ㄷ. 근육 수축 과정에는 ⓒ에 저장된 에너지가 사용된다.

① ㄱ          ② ㄴ          ③ ㄱ, ㄷ
④ ㄴ, ㄷ       ⑤ ㄱ, ㄴ, ㄷ

## 9 ★☆☆

| 2022학년도 수능 2번 |

그림은 사람에서 일어나는 물질대사 과정 (가)와 (나)를 나타낸 것이다. 이에 대한 설명으로 옳은 것만을 〈보기〉에서 있는 대로 고른 것은?

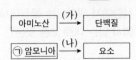

보기
ㄱ. (가)에서 동화 작용이 일어난다.
ㄴ. 간에서 (나)가 일어난다.
ㄷ. 포도당이 세포 호흡에 사용된 결과 생성되는 노폐물에는 ㉠이 있다.

① ㄱ
② ㄴ
③ ㄷ
④ ㄱ, ㄴ
⑤ ㄴ, ㄷ

## 10 ★☆☆

| 2022학년도 9월 평가원 7번 |

그림 (가)는 사람에서 녹말(다당류)이 포도당으로 되는 과정을, (나)는 미토콘드리아에서 일어나는 세포 호흡을 나타낸 것이다.

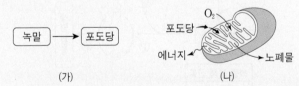

(가)                    (나)

이에 대한 설명으로 옳은 것만을 〈보기〉에서 있는 대로 고른 것은?
[3점]

보기
ㄱ. (가)에서 이화 작용이 일어난다.
ㄴ. (나)에서 생성된 노폐물에는 $CO_2$가 있다.
ㄷ. (가)와 (나)에서 모두 효소가 이용된다.

① ㄱ
② ㄷ
③ ㄱ, ㄴ
④ ㄴ, ㄷ
⑤ ㄱ, ㄴ, ㄷ

## 11 ★☆☆

| 2021학년도 수능 1번 |

그림은 사람에서 일어나는 영양소의 물질대사 과정 일부를 나타낸 것이다. ㉠과 ㉡은 암모니아와 이산화 탄소를 순서 없이 나타낸 것이다.

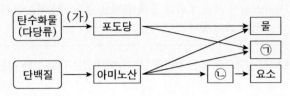

이에 대한 설명으로 옳은 것만을 〈보기〉에서 있는 대로 고른 것은?
[3점]

보기
ㄱ. 과정 (가)에서 이화 작용이 일어난다.
ㄴ. 호흡계를 통해 ㉠이 몸 밖으로 배출된다.
ㄷ. 간에서 ㉡이 요소로 전환된다.

① ㄱ
② ㄷ
③ ㄱ, ㄴ
④ ㄴ, ㄷ
⑤ ㄱ, ㄴ, ㄷ

## 12 ★☆☆

| 2021학년도 6월 평가원 2번 |

그림은 ATP와 ADP 사이의 전환을 나타낸 것이다.

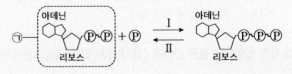

이에 대한 설명으로 옳은 것만을 〈보기〉에서 있는 대로 고른 것은?

보기
ㄱ. ㉠은 ATP이다.
ㄴ. 미토콘드리아에서 과정 Ⅰ이 일어난다.
ㄷ. 과정 Ⅱ에서 인산 결합이 끊어진다.

① ㄱ
② ㄷ
③ ㄱ, ㄴ
④ ㄴ, ㄷ
⑤ ㄱ, ㄴ, ㄷ

# 02

# 물질대사와 건강

## 2026학년도 수능 출제 예측

2025학년 6월 모의평가에서는 사람 몸을 구성하는 기관계에 대한 문제가 1문항 출제되었고, 9월 모의평가에서는 노폐물의 생성과 배설, 에너지 대사에 대한 문제가 2문항 출제되었다. 2025학년도 수능에서는 에너지 대사에 대한 문제가 1문항 출제되었다.

매년 1문제 정도가 출제되고 있다. 2026학년도 수능에서는 각 기관계의 통합적 작용 및 노폐물의 생성과 분비에 대한 문제가 출제될 가능성이 높다. 대사성 질환과 에너지 균형에 대한 문제도 출제될 수 있으므로 당뇨병, 고혈압, 고지혈증에 대해서 잘 살펴두도록 하자.

## 1 ★☆☆

그림 (가)는 정상인 A와 B에서 시간에 따라 측정한 체중을, (나)는 시점 $t_1$과 $t_2$일 때 A와 B에서 측정한 혈중 지질 농도를 나타낸 것이다. A와 B는 '규칙적으로 운동을 한 사람'과 '운동을 하지 않은 사람'을 순서 없이 나타낸 것이다.

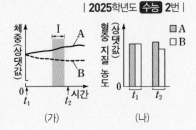

(가)        (나)

이 자료에 대한 설명으로 옳은 것만을 〈보기〉에서 있는 대로 고른 것은? (단, 제시된 조건 이외의 다른 조건은 동일하다.) [3점]

〈보기〉
ㄱ. B는 '규칙적으로 운동을 한 사람'이다.
ㄴ. 구간 Ⅰ에서 $\dfrac{\text{에너지 섭취량}}{\text{에너지 소비량}}$ 은 A에서가 B에서보다 작다.
ㄷ. $t_2$일 때 혈중 지질 농도는 A에서가 B에서보다 낮다.

① ㄱ          ② ㄷ          ③ ㄱ, ㄴ
④ ㄴ, ㄷ       ⑤ ㄱ, ㄴ, ㄷ

## 2 ★☆☆

표는 사람에서 영양소 (가)와 (나)가 세포 호흡에 사용된 결과 생성되는 노폐물을 나타낸 것이다. (가)와 (나)는 단백질과 탄수화물을 순서 없이 나타낸 것이고, ⊙과 ⓒ은 암모니아와 이산화 탄소를 순서 없이 나타낸 것이다.

| 영양소 | 노폐물 |
|---|---|
| (가) | 물, ⊙ |
| (나) | 물, ⊙, ⓒ |

이에 대한 설명으로 옳은 것만을 〈보기〉에서 있는 대로 고른 것은?

〈보기〉
ㄱ. (가)는 단백질이다.
ㄴ. 호흡계를 통해 ⊙이 몸 밖으로 배출된다.
ㄷ. 사람에서 지방이 세포 호흡에 사용된 결과 생성되는 노폐물에는 ⓒ이 있다.

① ㄱ          ② ㄴ          ③ ㄷ
④ ㄱ, ㄴ       ⑤ ㄱ, ㄷ

## 3 ★☆☆

그림 (가)는 같은 종의 동물 A와 B 중 A에게는 충분히 먹이를 섭취하게 하고, B에게는 구간 Ⅰ에서만 적은 양의 먹이를 섭취하게 하면서 측정한 체중의 변화를, (나)는 시점 $t_1$과 $t_2$일 때 A와 B에서 측정한 체지방량을 나타낸 것이다. ⊙과 ⓒ은 A와 B를 순서 없이 나타낸 것이다.

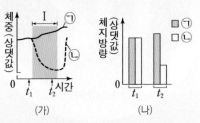

(가)        (나)

이 자료에 대한 설명으로 옳은 것만을 〈보기〉에서 있는 대로 고른 것은? (단, 제시된 조건 이외는 고려하지 않는다.) [3점]

〈보기〉
ㄱ. ⊙은 A이다.
ㄴ. 구간 Ⅰ에서 ⓒ은 에너지 소비량이 에너지 섭취량보다 많다.
ㄷ. B의 체지방량은 $t_1$일 때가 $t_2$일 때보다 적다.

① ㄱ          ② ㄴ          ③ ㄷ
④ ㄱ, ㄴ       ⑤ ㄱ, ㄷ

## 4 ★☆☆

다음은 사람 몸을 구성하는 기관계에 대한 자료이다. A와 B는 배설계와 소화계를 순서 없이 나타낸 것이다.

· A에서 음식물을 분해하여 영양소를 흡수한다.
· B에서 오줌을 통해 노폐물을 몸 밖으로 내보낸다.

이에 대한 설명으로 옳은 것만을 〈보기〉에서 있는 대로 고른 것은? [3점]

〈보기〉
ㄱ. A는 소화계이다.
ㄴ. 소장은 B에 속한다.
ㄷ. A에서 흡수된 영양소의 일부는 순환계를 통해 조직 세포로 운반된다.

① ㄱ          ② ㄴ          ③ ㄱ, ㄷ
④ ㄴ, ㄷ       ⑤ ㄱ, ㄴ, ㄷ

## 5 ★☆☆
| 2024학년도 수능 5번 |

다음은 에너지 섭취와 소비에 대한 실험이다.

(가) 유전적으로 동일하고 체중이 같은 생쥐 A~C를 준비한다.
(나) A와 B에게 고지방 사료를, C에게 일반 사료를 먹이면서 시간에 따른 A~C의 체중을 측정한다. $t_1$일 때부터 B에게만 운동을 시킨다.
(다) $t_1$일 때 A~C의 혈중 지질 농도를 측정한다.
(라) (나)와 (다)에서 측정한 결과는 그림과 같다. ㉠과 ㉡은 A와 B를 순서 없이 나타낸 것이다.

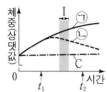 

이에 대한 설명으로 옳은 것만을 〈보기〉에서 있는 대로 고른 것은? (단, 제시된 조건 이외는 고려하지 않는다.) [3점]

보기
ㄱ. ㉠은 A이다.
ㄴ. 구간 Ⅰ에서 B는 에너지 소비량이 에너지 섭취량보다 많다.
ㄷ. 대사성 질환 중에는 고지혈증이 있다.

① ㄱ          ② ㄴ          ③ ㄱ, ㄷ
④ ㄴ, ㄷ       ⑤ ㄱ, ㄴ, ㄷ

## 6 ★☆☆
| 2023학년도 수능 4번 |

사람의 몸을 구성하는 기관계에 대한 설명으로 옳은 것만을 〈보기〉에서 있는 대로 고른 것은?

보기
ㄱ. 소화계에서 흡수된 영양소의 일부는 순환계를 통해 폐로 운반된다.
ㄴ. 간에서 생성된 노폐물의 일부는 배설계를 통해 몸 밖으로 배출된다.
ㄷ. 호흡계에서 기체 교환이 일어난다.

① ㄱ          ② ㄷ          ③ ㄱ, ㄴ
④ ㄴ, ㄷ       ⑤ ㄱ, ㄴ, ㄷ

## 7 ★☆☆
| 2024학년도 9월 평가원 4번 |

다음은 사람의 몸을 구성하는 기관계에 대한 자료이다. A와 B는 소화계와 순환계를 순서 없이 나타낸 것이고, ㉠은 인슐린과 글루카곤 중 하나이다.

• A는 음식물을 분해하여 포도당을 흡수한다. 그 결과 혈중 포도당 농도가 증가하면 ㉠의 분비가 촉진된다.
• B를 통해 ㉠이 표적 기관으로 운반된다.

이에 대한 설명으로 옳은 것만을 〈보기〉에서 있는 대로 것은? [3점]

보기
ㄱ. A에서 이화 작용이 일어난다.
ㄴ. 심장은 B에 속한다.
ㄷ. ㉠은 세포로의 포도당 흡수를 촉진한다.

① ㄱ          ② ㄷ          ③ ㄱ, ㄴ
④ ㄴ, ㄷ       ⑤ ㄱ, ㄴ, ㄷ

## 8 ★☆☆
| 2023학년도 6월 평가원 5번 |

그림은 사람의 혈액 순환 경로를 나타낸 것이다. ㉠~㉢은 각각 간, 콩팥, 폐 중 하나이다.

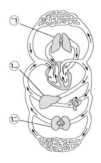

이에 대한 설명으로 옳은 것만을 〈보기〉에서 있는 대로 고른 것은?

보기
ㄱ. ㉠으로 들어온 산소 중 일부는 순환계를 통해 운반된다.
ㄴ. ㉡에서 암모니아가 요소로 전환된다.
ㄷ. ㉢은 소화계에 속한다.

① ㄱ          ② ㄷ          ③ ㄱ, ㄴ
④ ㄴ, ㄷ       ⑤ ㄱ, ㄴ, ㄷ

## 9 ★☆☆

그림은 사람 몸에 있는 각 기관계의 통합적 작용을 나타낸 것이다. A와 B는 배설계와 소화계를 순서 없이 나타낸 것이다.

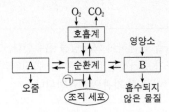

이에 대한 설명으로 옳은 것만을 〈보기〉에서 있는 대로 고른 것은?

┌─ 보기 ─────────────────────────────┐
ㄱ. 콩팥은 A에 속한다.
ㄴ. B에는 부교감 신경이 작용하는 기관이 있다.
ㄷ. ㉠에는 $O_2$의 이동이 포함된다.
└──────────────────────────────────┘

① ㄱ      ② ㄴ      ③ ㄱ, ㄷ
④ ㄴ, ㄷ   ⑤ ㄱ, ㄴ, ㄷ

## 10 ★☆☆

표는 사람 몸을 구성하는 기관계의 특징을 나타낸 것이다. A~C는 배설계, 소화계, 신경계를 순서 없이 나타낸 것이다.

| 기관계 | 특징 |
|---|---|
| A | 오줌을 통해 노폐물을 몸 밖으로 내보낸다. |
| B | 대뇌, 소뇌, 연수가 속한다. |
| C | ㉠ |

이에 대한 설명으로 옳은 것만을 〈보기〉에서 있는 대로 고른 것은? [3점]

┌─ 보기 ─────────────────────────────┐
ㄱ. A는 배설계이다.
ㄴ. '음식물을 분해하여 영양소를 흡수한다.'는 ㉠에 해당한다.
ㄷ. C에는 B의 조절을 받는 기관이 있다.
└──────────────────────────────────┘

① ㄱ      ② ㄷ      ③ ㄱ, ㄴ
④ ㄴ, ㄷ   ⑤ ㄱ, ㄴ, ㄷ

## 11 ★☆☆

표는 영양소 (가), (나), 지방이 세포 호흡에 사용된 결과 생성되는 노폐물을 나타낸 것이다. (가)와 (나)는 단백질과 탄수화물을 순서 없이 나타낸 것이다.

| 영양소 | 노폐물 |
|---|---|
| (가) | 물, 이산화 탄소 |
| (나) | 물, 이산화 탄소, ⓐ암모니아 |
| 지방 | ? |

이에 대한 설명으로 옳은 것만을 〈보기〉에서 있는 대로 고른 것은? [3점]

┌─ 보기 ─────────────────────────────┐
ㄱ. (가)는 탄수화물이다.
ㄴ. 간에서 ⓐ가 요소로 전환된다.
ㄷ. 지방의 노폐물에는 이산화 탄소가 있다.
└──────────────────────────────────┘

① ㄱ      ② ㄴ      ③ ㄱ, ㄷ
④ ㄴ, ㄷ   ⑤ ㄱ, ㄴ, ㄷ

## 12 ★☆☆

그림은 사람 Ⅰ~Ⅲ의 에너지 소비량과 에너지 섭취량을, 표는 Ⅰ~Ⅲ의 에너지 소비량과 에너지 섭취량이 그림과 같이 일정 기간 동안 지속되었을 때 Ⅰ~Ⅲ의 체중 변화를 나타낸 것이다. ㉠과 ㉡은 에너지 소비량과 에너지 섭취량을 순서 없이 나타낸 것이다.

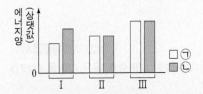

| 사람 | 체중 변화 |
|---|---|
| Ⅰ | 증가함 |
| Ⅱ | 변화 없음 |
| Ⅲ | 변화 없음 |

이에 대한 설명으로 옳은 것만을 〈보기〉에서 있는 대로 고른 것은?

┌─ 보기 ─────────────────────────────┐
ㄱ. ㉠은 에너지 섭취량이다.
ㄴ. Ⅲ은 에너지 소비량과 에너지 섭취량이 균형을 이루고 있다.
ㄷ. 에너지 섭취량이 에너지 소비량보다 적은 상태가 지속되면 체중이 증가한다.
└──────────────────────────────────┘

① ㄱ      ② ㄴ      ③ ㄷ
④ ㄱ, ㄷ   ⑤ ㄴ, ㄷ

## 13 ★☆☆
| 2021학년도 수능 2번 |

표는 성인의 체질량 지수에 따른 분류를, 그림은 이 분류에 따른 고지혈증을 나타내는 사람의 비율을 나타낸 것이다.

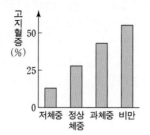

| 체질량 지수* | 분류 |
|---|---|
| 18.5 미만 | 저체중 |
| 18.5 이상 23.0 미만 | 정상 체중 |
| 23.0 이상 25.0 미만 | 과체중 |
| 25.0 이상 | 비만 |

*체질량 지수 = $\dfrac{몸무게(kg)}{키의 제곱(m^2)}$

이에 대한 설명으로 옳은 것만을 〈보기〉에서 있는 대로 고른 것은?

보기
ㄱ. 체질량 지수가 20.0인 성인은 정상 체중으로 분류된다.
ㄴ. 고지혈증을 나타내는 사람의 비율은 비만인 사람 중에서가 정상 체중인 사람 중에서보다 높다.
ㄷ. 대사성 질환 중에는 고지혈증이 있다.

① ㄱ  ② ㄴ  ③ ㄱ, ㄷ
④ ㄴ, ㄷ  ⑤ ㄱ, ㄴ, ㄷ

## 14 ★☆☆
| 2021학년도 9월 평가원 2번 |

그림 (가)와 (나)는 각각 사람의 소화계와 호흡계를 나타낸 것이다. A와 B는 각각 간과 폐 중 하나이다.

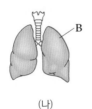

(가)   (나)

이에 대한 설명으로 옳은 것만을 〈보기〉에서 있는 대로 고른 것은? [3점]

보기
ㄱ. A에서 동화 작용이 일어난다.
ㄴ. B에서 기체 교환이 일어난다.
ㄷ. (가)에서 흡수된 영양소 중 일부는 (나)에서 사용된다.

① ㄱ  ② ㄷ  ③ ㄱ, ㄴ
④ ㄴ, ㄷ  ⑤ ㄱ, ㄴ, ㄷ

## 15 ★☆☆
| 2021학년도 9월 평가원 4번 |

그림 (가)와 (나)는 각각 사람 A와 B의 수축기 혈압과 이완기 혈압의 변화를 나타낸 것이다. A와 B는 정상인과 고혈압 환자를 순서 없이 나타낸 것이다.

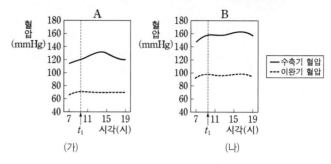

(가)   (나)

이에 대한 설명으로 옳은 것만을 〈보기〉에서 있는 대로 고른 것은?

보기
ㄱ. 대사성 질환 중에는 고혈압이 있다.
ㄴ. $t_1$일 때 수축기 혈압은 A가 B보다 높다.
ㄷ. B는 고혈압 환자이다.

① ㄱ  ② ㄴ  ③ ㄱ, ㄷ
④ ㄴ, ㄷ  ⑤ ㄱ, ㄴ, ㄷ

Memo

# 01

# 자극의 전달

## 2026학년도 수능 출제 예측

**2025학년도 수능, 평가원 분석**

2025학년 6월 모의평가에는 두 개의 신경에서 흥분의 전도와 전달에 문제가, 9월 모의평가에서는 세 개의 신경에서 흥분의 전도와 전달에 대한 문제가 각각 1문항씩 출제되었다. 2025학년도 수능에서는 세 개의 신경에서 흥분의 전도와 전달에 대한 문제가 1문항 출제되었다.

**2026학년도 수능 예측**

매년 1문제가 출제되고 있다. 2026학년도 수능에서는 세 신경에서 흥분의 전도와 전달에 대한 문제가 출제될 가능성이 높다. 특히, 자극을 준 지점과 각 신경의 흥분 전도 속도를 구하고, 특정 지점에서의 막전위 값을 유추할 수 있는지를 묻는 문제가 출제될 것으로 보인다.

**1** ☆☆☆　　　　　　　　　　　| 2025학년도 수능 12번 |

다음은 민말이집 신경 A~C의 흥분 전도와 전달에 대한 자료이다.

- 그림은 A~C의 지점 $d_1$~$d_5$의 위치를, 표는 ㉮A와 B의 P에, C의 Q에 역치 이상의 자극을 동시에 1회 주고 경과된 시간이 4 ms일 때 $d_1$, $d_3$, $d_5$에서의 막전위를 나타낸 것이다. P와 Q는 각각 $d_2$, $d_3$, $d_4$ 중 하나이고, ㉠~㉰ 중 세 곳에만 시냅스가 있다.

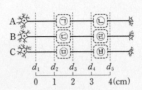

| 신경 | 4 ms일 때 막전위(mV) | | |
|---|---|---|---|
| | $d_1$ | $d_3$ | $d_5$ |
| A | +30 | −70 | −60 |
| B | ⓐ | ? | +30 |
| C | −70 | −80 | −80 |

- A를 구성하는 모든 뉴런의 흥분 전도 속도는 1 cm/ms로 같다. B를 구성하는 모든 뉴런의 흥분 전도 속도는 $x$로 같고, C를 구성하는 모든 뉴런의 흥분 전도 속도는 $y$로 같다. $x$와 $y$는 1 cm/ms와 2 cm/ms를 순서 없이 나타낸 것이다.

- A~C 각각에서 활동 전위가 발생하였을 때, 각 지점에서의 막전위 변화는 그림과 같다.

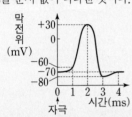

이에 대한 설명으로 옳은 것만을 〈보기〉에서 있는 대로 고른 것은? (단, A~C에서 흥분의 전도는 각각 1회 일어났고, 휴지 전위는 −70 mV이다.) [3점]

---
보기
---
ㄱ. ⓐ는 +30이다.
ㄴ. ㉰에 시냅스가 있다.
ㄷ. ㉮가 3 ms일 때, B의 $d_5$에서 탈분극이 일어나고 있다.

① ㄱ　　　　② ㄴ　　　　③ ㄱ, ㄷ
④ ㄴ, ㄷ　　　　⑤ ㄱ, ㄴ, ㄷ

---

**2** ☆☆☆　　　　　　　　　　　| 2025학년도 9월 평가원 10번 |

다음은 민말이집 신경 A~C의 흥분 전도와 전달에 대한 자료이다.

- 그림은 A~C의 지점 $d_1$~$d_5$의 위치를, 표는 ㉠A와 B의 P에, C의 Q에 역치 이상의 자극을 동시에 1회 주고 경과된 시간이 $t_1$일 때 $d_1$~$d_5$에서의 막전위를 나타낸 것이다 P와 Q는 각각 $d_1$~$d_5$ 중 하나이고, ㉮와 ㉯ 중 한 곳에만 시냅스가 있다.

- Ⅰ~Ⅲ은 A~C를 순서 없이 나타낸 것이고, ⓐ~ⓒ는 −80, −70, +30을 순서 없이 나타낸 것이다.

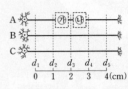

| 신경 | $t_1$일 때 막전위(mV) | | | | |
|---|---|---|---|---|---|
| | $d_1$ | $d_2$ | $d_3$ | $d_4$ | $d_5$ |
| Ⅰ | ? | ⓑ | ⓒ | ⓑ | ? |
| Ⅱ | ⓐ | ? | ⓑ | ? | ⓒ |
| Ⅲ | ? | ⓒ | ⓐ | ⓑ | ⓒ |

- A를 구성하는 두 뉴런의 흥분 전도 속도는 1 cm/ms로 같고, B와 C의 흥분 전도 속도는 각각 1 cm/ms와 2 cm/ms 중 하나이다.

- A~C 각각에서 활동 전위가 발생하였을 때, 각 지점에서의 막전위 변화는 그림과 같다.

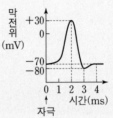

이에 대한 설명으로 옳은 것만을 〈보기〉에서 있는 대로 고른 것은? (단, A~C에서 흥분의 전도는 각각 1회 일어났고, 휴지 전위는 −70 mV이다.) [3점]

---
보기
---
ㄱ. ⓐ는 −70이다.
ㄴ. ㉮에 시냅스가 있다.
ㄷ. ㉠이 3 ms일 때, B의 $d_2$에서 재분극이 일어나고 있다.

① ㄱ　　　　② ㄴ　　　　③ ㄱ, ㄷ
④ ㄴ, ㄷ　　　　⑤ ㄱ, ㄴ, ㄷ

## 3 ★★☆

다음은 민말이집 신경의 흥분 전도와 전달에 대한 자료이다.

- 그림은 뉴런 A~C의 지점 P, Q와 $d_1$~$d_6$의 위치를, 표는 P와 Q에 역치 이상의 자극을 동시에 1회 주고 경과된 시간이 3 ms일 때 $d_1$과 $d_2$, 6 ms일 때 $d_3$과 $d_4$, 7 ms일 때 $d_5$와 $d_6$의 막전위를 나타낸 것이다. $t_1$과 $t_2$는 3 ms와 7 ms를 순서 없이 나타낸 것이고, ㉠~㉣은 $d_1$, $d_2$, $d_5$, $d_6$을 순서 없이 나타낸 것이다.
- P와 $d_1$ 사이의 거리는 1 cm이다.

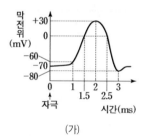

| 시간 | 6 ms | | $t_1$ | | $t_2$ | |
|---|---|---|---|---|---|---|
| 지점 | $d_3$ | $d_4$ | ㉠ | ㉡ | ㉢ | ㉣ |
| 막전위 (mV) | $x$ | $y$ | $-80$ | $y$ | $y$ | 0 |

- $x$와 $y$는 +30과 −60을 순서 없이 나타낸 것이다.
- A와 B의 흥분 전도 속도는 1 cm/ms이고, C의 흥분 전도 속도는 2 cm/ms이다.
- A와 C 각각에서 활동 전위가 발생하였을 때, A의 각 지점에서의 막전위 변화는 그림 (가)와 (나) 중 하나이고, C의 각 지점에서의 막전위 변화는 나머지 하나이다.

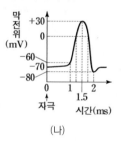

(가)                    (나)

이에 대한 설명으로 옳은 것만을 〈보기〉에서 있는 대로 고른 것은? (단, A~C에서 흥분의 전도는 각각 1회 일어났고, 휴지 전위는 −70 mV이다.) [3점]

┌─ 보기 ─
ㄱ. $x$는 +30이다.
ㄴ. ㉣은 $d_6$이다.
ㄷ. Q에 역치 이상의 자극을 1회 주고 경과된 시간이 6 ms일 때 $d_5$에서 탈분극이 일어나고 있다.
└──

① ㄱ        ② ㄴ        ③ ㄷ
④ ㄱ, ㄷ      ⑤ ㄴ, ㄷ

## 4 ★★☆

다음은 민말이집 신경 A의 흥분 전도와 전달에 대한 자료이다.

- A는 2개의 뉴런으로 구성되고, 각 뉴런의 흥분 전도 속도는 ㉮로 같다. 그림은 A의 지점 $d_1$~$d_5$의 위치를, 표는 ㉠ $d_1$에 역치 이상의 자극을 1회 주고 경과된 시간이 2 ms, 4 ms, 8 ms일 때 $d_1$~$d_5$에서의 막전위를 나타낸 것이다. Ⅰ~Ⅲ은 2 ms, 4 ms, 8 ms를 순서 없이 나타낸 것이다.

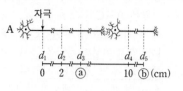

| 시간 | 막전위(mV) | | | | |
|---|---|---|---|---|---|
| | $d_1$ | $d_2$ | $d_3$ | $d_4$ | $d_5$ |
| Ⅰ | ? | $-70$ | ? | $+30$ | 0 |
| Ⅱ | $+30$ | ? | $-70$ | ? | ? |
| Ⅲ | ? | $-80$ | $+30$ | ? | ? |

- A에서 활동 전위가 발생하였을 때, 각 지점에서의 막전위 변화는 그림과 같다.

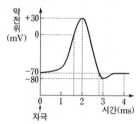

이에 대한 설명으로 옳은 것만을 〈보기〉에서 있는 대로 고른 것은? (단, A에서 흥분의 전도는 1회 일어났고, 휴지 전위는 −70 mV이다.)

┌─ 보기 ─
ㄱ. ㉮는 2 cm/ms이다.
ㄴ. ⓐ는 4이다.
ㄷ. ㉠이 9 ms일 때 $d_5$에서 재분극이 일어나고 있다.
└──

① ㄱ        ② ㄷ        ③ ㄱ, ㄴ
④ ㄴ, ㄷ      ⑤ ㄱ, ㄴ, ㄷ

## 5 ☆☆☆

다음은 민말이집 신경 A~C의 흥분 전도와 전달에 대한 자료이다.

- 그림은 A~C의 지점 $d_1$~$d_5$의 위치를, 표는 ⊙A~C의 P에 역치 이상의 자극을 동시에 1회 주고 경과된 시간이 4 ms일 때 $d_1$~$d_5$에서의 막전위를 나타낸 것이다. P는 $d_1$~$d_5$ 중 하나이고, (가)~(다) 중 두 곳에만 시냅스가 있다. Ⅰ~Ⅲ은 $d_2$~$d_4$를 순서 없이 나타낸 것이다.

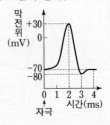

| 신경 | 4 ms일 때 막전위(mV) | | | | |
|---|---|---|---|---|---|
| | $d_1$ | Ⅰ | Ⅱ | Ⅲ | $d_5$ |
| A | ? | ? | +30 | +30 | −70 |
| B | +30 | −70 | ? | +30 | ? |
| C | ? | ? | ? | −80 | +30 |

- A~C 중 2개의 신경은 각각 두 뉴런으로 구성되고, 각 뉴런의 흥분 전도 속도는 ⓐ로 같다. 나머지 1개의 신경의 흥분 전도 속도는 ⓑ이다. ⓐ와 ⓑ는 서로 다르다.

- A~C 각각에서 활동 전위가 발생하였을 때, 각 지점에서의 막전위 변화는 그림과 같다.

이에 대한 설명으로 옳은 것만을 〈보기〉에서 있는 대로 고른 것은? (단, A~C에서 흥분의 전도는 각각 1회 일어났고, 휴지 전위는 −70 mV이다.) [3점]

보기
ㄱ. Ⅱ는 $d_2$이다.
ㄴ. ⓐ는 1 cm/ms이다.
ㄷ. ⊙이 5 ms일 때 B의 $d_5$에서의 막전위는 −80 mV이다.

① ㄱ  ② ㄴ  ③ ㄱ, ㄷ
④ ㄴ, ㄷ  ⑤ ㄱ, ㄴ, ㄷ

## 6 ★☆☆

그림은 조건 Ⅰ~Ⅲ에서 뉴런 P의 한 지점에 역치 이상의 자극을 주고 측정한 시간에 따른 막전위를 나타낸 것이고, 표는 Ⅰ~Ⅲ에 대한 자료이다. ⊙과 ⓒ은 $Na^+$과 $K^+$을 순서 없이 나타낸 것이다.

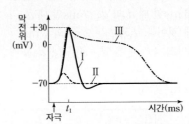

| 구분 | 조건 |
|---|---|
| Ⅰ | 물질 A와 B를 처리하지 않음 |
| Ⅱ | 물질 A를 처리하여 세포막에 있는 이온 통로를 통한 ⊙의 이동을 억제함 |
| Ⅲ | 물질 B를 처리하여 세포막에 있는 이온 통로를 통한 ⓒ의 이동을 억제함 |

이에 대한 설명으로 옳은 것만을 〈보기〉에서 있는 대로 고른 것은? (단, 제시된 조건 이외는 고려하지 않는다.) [3점]

보기
ㄱ. ⊙은 $Na^+$이다.
ㄴ. $t_1$일 때, Ⅰ에서 ⓒ의 $\dfrac{세포\ 안의\ 농도}{세포\ 밖의\ 농도}$ 는 1보다 작다.
ㄷ. 막전위가 +30 mV에서 −70 mV가 되는 데 걸리는 시간은 Ⅲ에서가 Ⅰ에서보다 짧다.

① ㄱ  ② ㄴ  ③ ㄷ
④ ㄱ, ㄴ  ⑤ ㄴ, ㄷ

## 7 ☆☆☆

| 2023학년도 수능 15번 |

다음은 민말이집 신경 I~III의 흥분 전도와 전달에 대한 자료이다.

- 그림은 I~III의 지점 $d_1$~$d_5$의 위치를, 표는 ㉠ I과 II의 P에, III의 Q에 역치 이상의 자극을 동시에 1회 주고 경과된 시간이 4 ms일 때 $d_1$~$d_5$에서의 막전위를 나타낸 것이다. P와 Q는 각각 $d_1$~$d_5$ 중 하나이다.

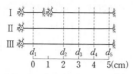

| 신경 | 4 ms일 때 막전위(mV) | | | | |
|---|---|---|---|---|---|
| | $d_1$ | $d_2$ | $d_3$ | $d_4$ | $d_5$ |
| I | −70 | ⓐ | ? | ⓑ | ? |
| II | ⓒ | ⓐ | ? | ⓒ | ⓑ |
| III | ⓒ | −80 | ? | ⓐ | ? |

- I을 구성하는 두 뉴런의 흥분 전도 속도는 $2v$로 같고, II와 III의 흥분 전도 속도는 각각 $3v$와 $6v$이다.
- I~III 각각에서 활동 전위가 발생하였을 때, 각 지점에서의 막전위 변화는 그림과 같다.

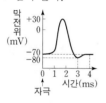

이에 대한 설명으로 옳은 것만을 〈보기〉에서 있는 대로 고른 것은? (단, I~III에서 흥분의 전도는 각각 1회 일어났고, 휴지 전위는 −70 mV이다.) [3점]

보기
ㄱ. Q는 $d_4$이다.
ㄴ. II의 흥분 전도 속도는 2 cm/ms이다.
ㄷ. ㉠이 5 ms일 때 I의 $d_5$에서 재분극이 일어나고 있다.

① ㄱ  ② ㄴ  ③ ㄱ, ㄷ
④ ㄴ, ㄷ  ⑤ ㄱ, ㄴ, ㄷ

## 8 ☆☆☆

| 2023학년도 9월 평가원 15번 |

다음은 민말이집 신경 A와 B의 흥분 전도에 대한 자료이다.

- 그림은 A와 B의 지점 $d_1$~$d_4$의 위치를, 표는 A의 ㉠과 B의 ㉡에 역치 이상의 자극을 동시에 1회 주고 경과된 시간이 3 ms일 때 $d_1$~$d_4$에서의 막전위를 나타낸 것이다. ㉠과 ㉡은 각각 $d_1$~$d_4$ 중 하나이다.

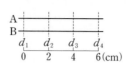

| 신경 | 3 ms일 때 막전위(mV) | | | |
|---|---|---|---|---|
| | $d_1$ | $d_2$ | $d_3$ | $d_4$ |
| A | ⓒ | +10 | ⓐ | ⓑ |
| B | ⓑ | ⓐ | ⓒ | ⓐ |

- A와 B의 흥분 전도 속도는 각각 1 cm/ms와 2 cm/ms 중 하나이다.
- A와 B 각각에서 활동 전위가 발생 하였을 때, 각 지점에서의 막전위 변화는 그림과 같다

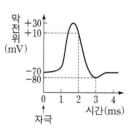

이에 대한 설명으로 옳은 것만을 〈보기〉에서 있는 대로 고른 것은? (단, A와 B에서 흥분의 전도는 각각 1회 일어났고, 휴지 전위는 −70 mV이다.) [3점]

보기
ㄱ. ㉡은 $d_1$이다.
ㄴ. A의 흥분 전도 속도는 2 cm/ms이다.
ㄷ. 3 ms일 때 B의 $d_2$에서 재분극이 일어나고 있다.

① ㄱ  ② ㄴ  ③ ㄷ
④ ㄱ, ㄷ  ⑤ ㄴ, ㄷ

다음은 민말이집 신경 A와 B의 흥분 전도와 전달에 대한 자료이다.

- 그림은 A와 B의 지점 $d_1 \sim d_4$의 위치를, 표는 ㉠A와 B의 지점 X에 역치 이상의 자극을 동시에 1회 주고 경과된 시간이 3 ms일 때 $d_1 \sim d_4$에서의 막전위를 나타낸 것이다. X는 $d_1 \sim d_4$ 중 하나이고, I~Ⅳ는 $d_1 \sim d_4$를 순서 없이 나타낸 것이다.

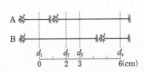

| 신경 | 3 ms일 때 막전위(mV) | | | |
|------|------|------|------|------|
|      | I | Ⅱ | Ⅲ | Ⅳ |
| A | +30 | ? | −70 | ㉮ |
| B | ? | −80 | ? | +30 |

- A를 구성하는 두 뉴런의 흥분 전도 속도는 ⓐ로 같고, B를 구성하는 두 뉴런의 흥분 전도 속도는 ⓑ로 같다. ⓐ와 ⓑ는 1 cm/ms와 2 cm/ms를 순서 없이 나타낸 것이다.

- A와 B 각각에서 활동 전위가 발생하였을 때, 각 지점에서의 막전위 변화는 그림과 같다.

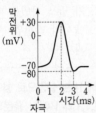

이에 대한 설명으로 옳은 것만을 〈보기〉에서 있는 대로 고른 것은? (단, A와 B에서 흥분의 전도는 각각 1회 일어났고, 휴지 전위는 −70 mV이다.)

┌─ 보기 ─
ㄱ. X는 $d_3$이다.
ㄴ. ㉮는 −70이다.
ㄷ. ㉠이 5 ms일 때 A의 Ⅲ에서 재분극이 일어나고 있다.
└─

① ㄱ　　　　　② ㄴ　　　　　③ ㄷ
④ ㄱ, ㄴ　　　　⑤ ㄴ, ㄷ

다음은 민말이집 신경 A~C의 흥분 전도에 대한 자료이다.

- 그림은 A~C의 지점 $d_1 \sim d_4$의 위치를 나타낸 것이다. A~C의 흥분 전도 속도는 각각 서로 다르다.

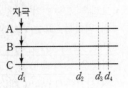

- 그림은 A~C 각각에서 활동 전위가 발생하였을 때 각 지점에서의 막전위 변화를, 표는 ⓐA~C의 $d_1$에 역치 이상의 자극을 동시에 1회 주고 경과된 시간이 4 ms일 때 $d_2 \sim d_4$에서의 막전위가 속하는 구간을 나타낸 것이다. I~Ⅲ은 $d_2 \sim d_4$를 순서 없이 나타낸 것이고, ⓐ일 때 각 지점에서의 막전위는 구간 ㉠~㉢ 중 하나에 속한다.

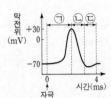

| 신경 | 4 ms일 때 측정한 막전위(mV) | | |
|------|------|------|------|
|      | I | Ⅱ | Ⅲ |
| A | ㉡ | ? | ㉢ |
| B | ? | ㉠ | ? |
| C | ㉡ | ㉢ | ㉡ |

이에 대한 설명으로 옳은 것만을 〈보기〉에서 있는 대로 고른 것은? (단, A~C에서 흥분의 전도는 각각 1회 일어났고, 휴지 전위는 −70 mV이다.) [3점]

┌─ 보기 ─
ㄱ. ⓐ일 때 A의 Ⅱ에서의 막전위는 ㉢에 속한다.
ㄴ. ⓐ일 때 B의 $d_3$에서 재분극이 일어나고 있다.
ㄷ. A~C 중 C의 흥분 전도 속도가 가장 빠르다.
└─

① ㄱ　　　　　② ㄴ　　　　　③ ㄷ
④ ㄱ, ㄴ　　　　⑤ ㄱ, ㄷ

## 11 ☆☆☆

다음은 민말이집 신경 A와 B의 흥분 전도와 전달에 대한 자료이다.

- 그림은 A와 B의 지점 $d_1 \sim d_4$의 위치를 나타낸 것이다. B는 2개의 뉴런으로 구성되어 있고, ㉠~㉢ 중 한 곳에만 시냅스가 있다.
- 표는 A와 B의 $d_3$에 역치 이상의 자극을 동시에 1회 주고 경과된 시간이 $t_1$일 때 $d_1 \sim d_4$에서의 막전위를 나타낸 것이다. Ⅰ~Ⅳ는 $d_1 \sim d_4$를 순서 없이 나타낸 것이다.

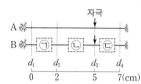

| 신경 | $t_1$일 때 막전위(mV) | | | |
|---|---|---|---|---|
| | Ⅰ | Ⅱ | Ⅲ | Ⅳ |
| A | −80 | 0 | ? | 0 |
| B | 0 | −60 | ? | ? |

- B를 구성하는 두 뉴런의 흥분 전도 속도는 1 cm/ms로 같다.
- A와 B 각각에서 활동 전위가 발생하였을 때, 각 지점에서의 막전위 변화는 그림과 같다.

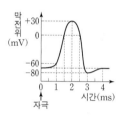

이에 대한 설명으로 옳은 것만을 〈보기〉에서 있는 대로 고른 것은? (단, A와 B에서 흥분의 전도는 각각 1회 일어났고, 휴지 전위는 −70 mV이다.) [3점]

〈보기〉
ㄱ. $t_1$은 5 ms이다.
ㄴ. 시냅스는 ㉢에 있다.
ㄷ. $t_1$일 때, A의 Ⅱ에서 탈분극이 일어나고 있다.

① ㄱ
② ㄴ
③ ㄱ, ㄷ
④ ㄴ, ㄷ
⑤ ㄱ, ㄴ, ㄷ

## 12 ☆☆☆

다음은 민말이집 신경 A의 흥분 전도에 대한 자료이다.

- 그림은 A의 지점 $d_1$로부터 네 지점 $d_2 \sim d_5$까지의 거리를, 표는 $d_1$과 $d_5$ 중 한 지점에 역치 이상의 자극을 1회 주고 경과된 시간이 4 ms, 5 ms, 6 ms일 때 Ⅰ과 Ⅱ에서의 막전위를 나타낸 것이다. Ⅰ과 Ⅱ는 각각 $d_2$와 $d_4$ 중 하나이다.

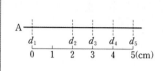

| 시간 | 막전위(mV) | |
|---|---|---|
| | Ⅰ | Ⅱ |
| 4 ms | ? | +30 |
| 5 ms | −60 | ⓐ |
| 6 ms | +30 | −70 |

- A에서 활동 전위가 발생하였을 때, 각 지점에서의 막전위 변화는 그림과 같다.

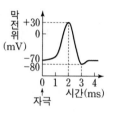

이에 대한 설명으로 옳은 것만을 〈보기〉에서 있는 대로 고른 것은? (단, A에서 흥분의 전도는 1회 일어났고, 휴지 전위는 −70 mV이다.) [3점]

〈보기〉
ㄱ. A의 흥분 전도 속도는 2 cm/ms이다.
ㄴ. ⓐ는 −80이다.
ㄷ. 4 ms일 때 $d_3$에서 탈분극이 일어나고 있다.

① ㄱ
② ㄴ
③ ㄱ, ㄷ
④ ㄴ, ㄷ
⑤ ㄱ, ㄴ, ㄷ

그림은 어떤 뉴런에 역치 이상의 자극을 주었을 때, 이 뉴런 세포막의 한 지점 P에서 측정한 이온 ㉠과 ㉡의 막 투과도를 시간에 따라 나타낸 것이다. ㉠과 ㉡은 각각 $Na^+$과 $K^+$ 중 하나이다.

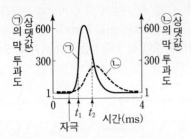

이에 대한 설명으로 옳은 것만을 〈보기〉에서 있는 대로 고른 것은?

보기
ㄱ. $t_1$일 때, P에서 탈분극이 일어나고 있다.
ㄴ. $t_2$일 때, ㉡의 농도는 세포 안에서가 세포 밖에서보다 높다.
ㄷ. 뉴런 세포막의 이온 통로를 통한 ㉠의 이동을 차단하고 역치 이상의 자극을 주었을 때, 활동 전위가 생성되지 않는다.

① ㄱ      ② ㄴ      ③ ㄱ, ㄷ
④ ㄴ, ㄷ      ⑤ ㄱ, ㄴ, ㄷ

다음은 민말이집 신경 A~D의 흥분 전도와 전달에 대한 자료이다.

- 그림은 A, C, D의 지점 $d_1$으로부터 두 지점 $d_2$, $d_3$까지의 거리를, 표는 ㉠A, C, D의 $d_1$에 역치 이상의 자극을 동시에 1회 주고 경과된 시간이 5 ms일 때 $d_2$와 $d_3$에서의 막전위를 나타낸 것이다.

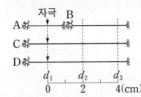

| 신경 | 5 ms일 때 막전위(mV) | |
|---|---|---|
| | $d_2$ | $d_3$ |
| B | −80 | ⓐ |
| C | ? | −80 |
| D | +30 | ? |

- B와 C의 흥분 전도 속도는 같다.
- A~D 각각에서 활동 전위가 발생 하였을 때, 각 지점에서의 막전위의 변화는 그림과 같다.

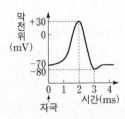

이에 대한 설명으로 옳은 것만을 〈보기〉에서 있는 대로 고른 것은? (단, A~D에서 흥분의 전도는 각각 1회 일어났고, 휴지 전위는 −70 mV이다.) [3점]

보기
ㄱ. 흥분의 전도 속도는 C에서가 D에서보다 빠르다.
ㄴ. ⓐ는 +30이다.
ㄷ. ㉠이 3 ms일 때 C의 $d_3$에서 탈분극이 일어나고 있다.

① ㄱ      ② ㄷ      ③ ㄱ, ㄴ
④ ㄴ, ㄷ      ⑤ ㄱ, ㄴ, ㄷ

## 15 ★☆☆
| 2021학년도 6월 평가원 4번 |

그림 (가)는 시냅스로 연결된 두 뉴런 A와 B를, (나)는 A와 B 사이의 시냅스에서 일어나는 흥분 전달 과정을 나타낸 것이다. X와 Y는 A의 가지 돌기와 B의 축삭 돌기 말단을 순서 없이 나타낸 것이다.

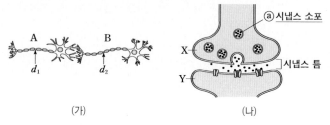

(가)                    (나)

이에 대한 설명으로 옳은 것만을 〈보기〉에서 있는 대로 고른 것은? [3점]

보기
ㄱ. ⓐ에 신경 전달 물질이 들어 있다.
ㄴ. X는 B의 축삭 돌기 말단이다.
ㄷ. 지점 $d_1$에 역치 이상의 자극을 주면 지점 $d_2$에서 활동 전위가 발생한다.

① ㄱ                  ② ㄷ                  ③ ㄱ, ㄴ
④ ㄴ, ㄷ             ⑤ ㄱ, ㄴ, ㄷ

Memo

III
항상성과
몸의 조절

# 02

# 근수축

## 2026학년도 수능 출제 예측

**2025학년도 수능, 평가원 분석**

2025학년도 6월 모의평가와 9월 모의평가에서는 골격근 수축 과정의 두 시점에서 근육 원섬유 마디의 길이 변화를 찾는 문제가 각각 1문항씩 출제되었다. 2025학년도 수능에서는 골격근 수축 과정의 세 시점에서 근육 원섬유 마디의 길이 변화를 찾는 문제가 1문항 출제되었다.

**2026학년도 수능 예측**

매년 1문제가 출제되고 있다. 2026학년도 수능에서는 근수축 과정의 세 시점에서 근육 원섬유 마디의 길이 변화를 찾는 문제가 출제될 가능성이 높다. 근수축 문제는 계산을 요구하는 신유형 문제로 출제될 수 있으므로 관련 기출 문제를 모두 풀어두도록 하자.

다음은 골격근의 수축 과정에 대한 자료이다.

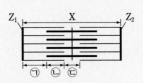

- 그림은 근육 원섬유 마디 X의 구조를 나타낸 것이다. X는 좌우 대칭이고, $Z_1$과 $Z_2$는 X의 Z선이다.
- 구간 ㉠은 액틴 필라멘트만 있는 부분이고, ㉡은 액틴 필라멘트와 마이오신 필라멘트가 겹치는 부분이며, ㉢은 마이오신 필라멘트만 있는 부분이다.
- 표는 골격근 수축 과정의 세 시점 $t_1$, $t_2$, $t_3$일 때, ㉠의 길이에서 ㉡의 길이를 뺀 값을 ㉢의 길이로 나눈 값($\frac{㉠ - ㉡}{㉢}$)과 X의 길이를 나타낸 것이다.

| 시점 | $\dfrac{㉠-㉡}{㉢}$ | X의 길이 |
|---|---|---|
| $t_1$ | $\dfrac{5}{8}$ | 3.4 $\mu$m |
| $t_2$ | $\dfrac{1}{2}$ | ? |
| $t_3$ | $\dfrac{1}{4}$ | L |

- $t_3$일 때 A대의 길이는 1.6 $\mu$m이다.

이에 대한 설명으로 옳은 것만을 〈보기〉에서 있는 대로 고른 것은?

> **보기**
> ㄱ. H대의 길이는 $t_3$일 때가 $t_1$일 때보다 0.2 $\mu$m 짧다.
> ㄴ. $t_2$일 때 ㉠의 길이는 $t_1$일 때 ㉡의 길이의 2배이다.
> ㄷ. $t_3$일 때 $Z_1$로부터 $Z_2$ 방향으로 거리가 $\dfrac{1}{4}$ L인 지점은 ㉠에 해당한다.

① ㄱ      ② ㄴ      ③ ㄷ
④ ㄱ, ㄴ      ⑤ ㄴ, ㄷ

다음은 골격근의 수축 과정에 대한 자료이다.

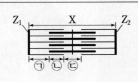

- 그림은 근육 원섬유 마디 X의 구조를 나타낸 것이다. X는 좌우 대칭이고, $Z_1$과 $Z_2$는 X의 Z선이다.
- 구간 ㉠은 액틴 필라멘트만 있는 부분이고, ㉡은 액틴 필라멘트와 마이오신 필라멘트가 겹치는 부분이며, ㉢은 마이오신 필라멘트만 있는 부분이다.
- 표는 골격근 수축 과정의 두 시점 $t_1$과 $t_2$일 때 ⓐ의 길이를 ⓑ의 길이로 나눈 값($\frac{ⓐ}{ⓑ}$), H대의 길이, X의 길이를 나타낸 것이다. ⓐ와 ⓑ는 ㉠과 ㉡을 순서 없이 나타낸 것이고, $d$는 0보다 크다.

| 시점 | $\dfrac{ⓐ}{ⓑ}$ | H대의 길이 | X의 길이 |
|---|---|---|---|
| $t_1$ | 2 | $2d$ | $8d$ |
| $t_2$ | 1 | $d$ | ? |

이에 대한 설명으로 옳은 것만을 〈보기〉에서 있는 대로 고른 것은?

> **보기**
> ㄱ. ⓐ는 ㉠이다.
> ㄴ. $t_1$일 때, ㉠의 길이와 ㉢의 길이는 서로 같다.
> ㄷ. $t_2$일 때, $Z_1$로부터 $Z_2$ 방향으로 거리가 $2d$인 지점은 ㉡에 해당한다.

① ㄱ      ② ㄷ      ③ ㄱ, ㄴ
④ ㄴ, ㄷ      ⑤ ㄱ, ㄴ, ㄷ

## 3 ☆☆☆　　　　　　　　　　　| 2025학년도 6월 **평가원** 13번 |

다음은 골격근의 수축 과정에 대한 자료이다.

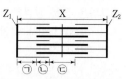

- 그림은 근육 원섬유 마디 X의 구조를 나타낸 것이다. X는 좌우 대칭이고, $Z_1$과 $Z_2$는 X의 Z선이다.
- 구간 ㉠은 액틴 필라멘트만 있는 부분이고, ㉡은 액틴 필라멘트와 마이오신 필라멘트가 겹치는 부분이며, ㉢은 마이오신 필라멘트만 있는 부분이다.
- 표는 골격근 수축 과정의 두 시점 $t_1$과 $t_2$일 때, ㉠의 길이와 ㉢의 길이를 더한 값(㉠+㉢), ㉡의 길이와 ㉢의 길이를 더한 값(㉡+㉢), X의 길이를 나타낸 것이다.

| 시점 | ㉠+㉢ | ㉡+㉢ | X의 길이 |
|---|---|---|---|
| $t_1$ | ? | 1.4 | ? |
| $t_2$ | 1.4 | ? | 2.8 |

(단위: $\mu$m)

- $t_1$일 때 X의 길이는 L이고, A대의 길이는 1.6 $\mu$m이다.

이에 대한 설명으로 옳은 것만을 〈보기〉에서 있는 대로 고른 것은?

〈보기〉
ㄱ. X의 길이는 $t_1$일 때가 $t_2$일 때보다 0.2 $\mu$m 길다.
ㄴ. $t_1$일 때 ㉡의 길이와 $t_2$일 때 ㉢의 길이를 더한 값은 1.0 $\mu$m이다.
ㄷ. $t_1$일 때 X의 $Z_1$로부터 $Z_2$ 방향으로 거리가 $\dfrac{3}{8}$ L인 지점은 ㉢에 해당한다.

① ㄱ　　　　　② ㄴ　　　　　③ ㄱ, ㄷ
④ ㄴ, ㄷ　　　　　⑤ ㄱ, ㄴ, ㄷ

## 4 ★★☆　　　　　　　　　　　| 2024학년도 **수능** 12번 |

다음은 골격근의 수축 과정에 대한 자료이다.

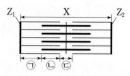

- 그림은 근육 원섬유 마디 X의 구조를 나타낸 것이다. X는 좌우 대칭이고, $Z_1$과 $Z_2$는 X의 Z선이다.
- 구간 ㉠은 액틴 필라멘트만 있는 부분이고, ㉡은 액틴 필라멘트와 마이오신 필라멘트가 겹치는 부분이며, ㉢은 마이오신 필라멘트만 있는 부분이다.
- 표는 골격근 수축 과정의 두 시점 $t_1$과 $t_2$일 때 각 시점의 $Z_1$로부터 $Z_2$ 방향으로 거리가 각각 $l_1$, $l_2$, $l_3$인 세 지점이 ㉠~㉢ 중 어느 구간에 해당하는지를 나타낸 것이다. ⓐ~ⓒ는 ㉠~㉢을 순서 없이 나타낸 것이다.

| 거리 | 지점이 해당하는 구간 | |
|---|---|---|
| | $t_1$ | $t_2$ |
| $l_1$ | ⓐ | ㉡ |
| $l_2$ | ⓑ | ? |
| $l_3$ | ? | ⓒ |

- $t_1$일 때 ⓐ~ⓒ의 길이는 순서 없이 $5d$, $6d$, $8d$이고, $t_2$일 때 ⓐ~ⓒ의 길이는 순서 없이 $2d$, $6d$, $7d$이다. $d$는 0보다 크다.
- $t_1$일 때, A대의 길이는 ⓒ의 길이의 2배이다.
- $t_1$과 $t_2$일 때 각각 $l_1$~$l_3$은 모두 $\dfrac{\text{X의 길이}}{2}$보다 작다.

이에 대한 설명으로 옳은 것만을 〈보기〉에서 있는 대로 고른 것은? [3점]

〈보기〉
ㄱ. $l_2 > l_1$이다.
ㄴ. $t_1$일 때, $Z_1$로부터 $Z_2$ 방향으로 거리가 $l_3$인 지점은 ㉡에 해당한다.
ㄷ. $t_2$일 때, ⓐ의 길이는 H대의 길이의 3배이다.

① ㄱ　　　　　② ㄴ　　　　　③ ㄷ
④ ㄱ, ㄴ　　　　　⑤ ㄱ, ㄷ

다음은 골격근의 수축과 이완 과정에 대한 자료이다.

- 그림 (가)는 팔을 구부리는 과정의 두 시점 $t_1$과 $t_2$일 때 팔의 위치와 이 과정에 관여하는 골격근 P와 Q를, (나)는 P와 Q 중 한 골격근의 근육 원섬유 마디 X의 구조를 나타낸 것이다. X는 좌우 대칭이고, $Z_1$과 $Z_2$는 X의 Z선이다.

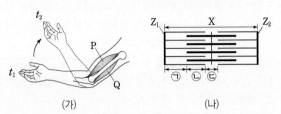

(가)          (나)

- 구간 ㉠은 액틴 필라멘트만 있는 부분이고, ㉡은 액틴 필라멘트와 마이오신 필라멘트가 겹치는 부분이며, ㉢은 마이오신 필라멘트만 있는 부분이다.

- 표는 $t_1$과 $t_2$일 때 각 시점의 $Z_1$로부터 $Z_2$ 방향으로 거리가 각각 $l_1$, $l_2$, $l_3$인 세 지점이 ㉠~㉢ 중 어느 구간에 해당하는지를 나타낸 것이다. ⓐ~ⓒ는 ㉠~㉢을 순서 없이 나타낸 것이다.

| 거리 | 지점이 해당하는 구간 | |
|---|---|---|
| | $t_1$ | $t_2$ |
| $l_1$ | ⓐ | ? |
| $l_2$ | ⓑ | ⓐ |
| $l_3$ | ⓒ | ㉢ |

- ㉢의 길이는 $t_1$일 때가 $t_2$일 때보다 짧다.
- $t_1$과 $t_2$일 때 각각 $l_1$~$l_3$은 모두 $\dfrac{\text{X의 길이}}{2}$보다 작다.

이에 대한 설명으로 옳은 것만을 〈보기〉에서 있는 대로 고른 것은?

〈보기〉
ㄱ. $l_1 > l_2$이다.
ㄴ. X는 P의 근육 원섬유 마디이다.
ㄷ. $t_2$일 때 $Z_1$로부터 $Z_2$ 방향으로 거리가 $l_1$인 지점은 ㉠에 해당한다.

① ㄱ        ② ㄴ        ③ ㄷ
④ ㄱ, ㄴ        ⑤ ㄱ, ㄷ

다음은 골격근의 수축 과정에 대한 자료이다.

- 그림은 근육 원섬유 마디 X의 구조를 나타낸 것이다. X는 좌우 대칭이다.
- 구간 ㉠은 액틴 필라멘트만 있는 부분이고, ㉡은 액틴 필라멘트와 마이오신 필라멘트가 겹치는 부분이며, ㉢은 마이오신 필라멘트만 있는 부분이다.
- 골격근 수축 과정의 두 시점 $t_1$과 $t_2$ 중 $t_1$일 때 ㉠의 길이와 ㉡의 길이를 더한 값은 1.0 $\mu$m이고, X의 길이는 3.2 $\mu$m이다.
- $t_1$일 때 $\dfrac{\text{ⓐ의 길이}}{\text{ⓒ의 길이}} = \dfrac{2}{3}$이고, $t_2$일 때 $\dfrac{\text{ⓐ의 길이}}{\text{ⓒ의 길이}} = 1$이며, $\dfrac{t_1\text{일 때 ⓑ의 길이}}{t_2\text{일 때 ⓑ의 길이}} = \dfrac{1}{3}$이다. ⓐ와 ⓑ는 ㉠과 ㉡을 순서 없이 나타낸 것이다.

이에 대한 설명으로 옳은 것만을 〈보기〉에서 있는 대로 고른 것은?

〈보기〉
ㄱ. ⓑ는 ㉠이다.
ㄴ. $t_1$일 때 A대의 길이는 1.6 $\mu$m이다.
ㄷ. X의 길이는 $t_1$일 때가 $t_2$일 때보다 0.8 $\mu$m 길다.

① ㄱ        ② ㄷ        ③ ㄱ, ㄴ
④ ㄴ, ㄷ        ⑤ ㄱ, ㄴ, ㄷ

## 7 ★★☆

다음은 골격근의 수축 과정에 대한 자료이다.

- 그림은 근육 원섬유 마디 X 의 구조를 나타낸 것이다. X 는 좌우 대칭이고, $Z_1$과 $Z_2$ 는 X의 Z선이다.

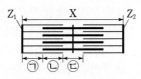

- 구간 ㉠은 액틴 필라멘트만 있는 부분이고, ㉡은 액틴 필라멘트와 마이오신 필라멘트가 겹치는 부분이며, ㉢은 마이오신 필라멘트만 있는 부분이다.
- 골격근 수축 과정의 두 시점 $t_1$과 $t_2$ 중, $t_1$일 때 X의 길이는 L이고, $t_2$일 때만 ㉠~㉢의 길이가 모두 같다.
- $\dfrac{t_2일때 @의 길이}{t_1일 때 @의 길이}$ 와 $\dfrac{t_1일 때 ㉡의 길이}{t_2일 때 ㉡의 길이}$ 는 서로 같다. @ 는 ㉠과 ㉢ 중 하나이다.

이에 대한 설명으로 옳은 것만을 〈보기〉에서 있는 대로 고른 것은?

---

보기

ㄱ. @는 ㉢이다.

ㄴ. H대의 길이는 $t_1$일 때가 $t_2$일 때보다 짧다.

ㄷ. $t_1$일 때, X의 $Z_1$로부터 $Z_2$ 방향으로 거리가 $\dfrac{3}{10}$ L인 지점은 ㉡에 해당한다.

---

① ㄱ       ② ㄴ       ③ ㄱ, ㄷ

④ ㄴ, ㄷ       ⑤ ㄱ, ㄴ, ㄷ

## 8 ★★☆

다음은 골격근 수축 과정에 대한 자료이다.

- 그림 (가)는 근육 원섬유 마디 X의 구조를, (나)는 구간 ㉡의 길이에 따른 @X가 생성할 수 있는 힘을 나타낸 것이다. X는 좌우 대칭이고, @가 $F_1$일 때 A대의 길이는 1.6 $\mu$m이다.

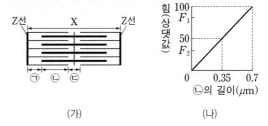

(가)            (나)

- 구간 ㉠은 액틴 필라멘트만 있는 부분이고, ㉡은 액틴 필라멘트와 마이오신 필라멘트가 겹치는 부분이며, ㉢은 마이오신 필라멘트만 있는 부분이다.
- 표는 @가 $F_1$과 $F_2$일 때 ㉢의 길이를 ㉠의 길이로 나눈 값($\dfrac{㉢}{㉠}$) 과 X의 길이를 ㉡의 길이로 나눈 값($\dfrac{X}{㉡}$)을 나타낸 것이다.

| 힘 | $\dfrac{㉢}{㉠}$ | $\dfrac{X}{㉡}$ |
|---|---|---|
| $F_1$ | 1 | 4 |
| $F_2$ | $\dfrac{3}{2}$ | ? |

이 자료에 대한 설명으로 옳은 것만을 〈보기〉에서 있는 대로 고른 것은? [3점]

---

보기

ㄱ. @는 H대의 길이가 0.3 $\mu$m일 때가 0.6 $\mu$m일 때보다 작다.

ㄴ. $F_1$일 때 ㉠의 길이와 ㉡의 길이를 더한 값은 1.0 $\mu$m이다.

ㄷ. $F_2$일 때 X의 길이는 3.2 $\mu$m이다.

---

① ㄱ       ② ㄴ       ③ ㄷ

④ ㄱ, ㄴ       ⑤ ㄴ, ㄷ

다음은 골격근의 수축 과정에 대한 자료이다.

---

- 그림은 근육 원섬유 마디 X의 구조를, 표는 골격근 수축 과정의 두 시점 $t_1$과 $t_2$일 때 ㉠의 길이에서 ㉢의 길이를 뺀 값을 ㉡의 길이로 나눈 값($\frac{㉠-㉢}{㉡}$)과 X의 길이를 나타낸 것이다. X는 좌우 대칭이고, $t_1$일 때 A대의 길이는 1.6 $\mu$m 이다.

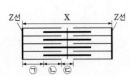

| 시점 | $\frac{㉠-㉢}{㉡}$ | X의 길이 |
|---|---|---|
| $t_1$ | $\frac{1}{4}$ | ? |
| $t_2$ | $\frac{1}{2}$ | 3.0 $\mu$m |

- 구간 ㉠은 액틴 필라멘트만 있는 부분이고, ㉡은 액틴 필라멘트와 마이오신 필라멘트가 겹치는 부분이며, ㉢은 마이오신 필라멘트만 있는 부분이다.

---

이에 대한 설명으로 옳은 것만을 〈보기〉에서 있는 대로 고른 것은?

보기
ㄱ. 근육 원섬유는 근육 섬유로 구성되어 있다.
ㄴ. $t_2$일 때 H대의 길이는 0.4 $\mu$m이다.
ㄷ. X의 길이는 $t_1$일 때가 $t_2$일 때보다 0.2 $\mu$m 길다.

① ㄱ     ② ㄴ     ③ ㄱ, ㄷ
④ ㄴ, ㄷ     ⑤ ㄱ, ㄴ, ㄷ

---

다음은 골격근의 수축과 이완 과정에 대한 자료이다.

---

- 그림 (가)는 팔을 구부리는 과정의 세 시점 $t_1$, $t_2$, $t_3$일 때 팔의 위치와 이 과정에 관여하는 골격근 P와 Q를, (나)는 P와 Q 중 한 골격근의 근육 원섬유 마디 X의 구조를 나타낸 것이다. X는 좌우 대칭이다.

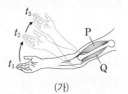 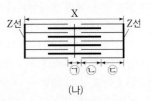

(가)        (나)

- 구간 ㉠은 마이오신 필라멘트만 있는 부분이고, ㉡은 액틴 필라멘트와 마이오신 필라멘트가 겹치는 부분이며, ㉢은 액틴 필라멘트만 있는 부분이다.
- 표는 $t_1$~$t_3$일 때 ㉠의 길이와 ㉡의 길이를 더한 값(㉠+㉡), ㉢의 길이, X의 길이를 나타낸 것이다.

| 시점 | ㉠+㉡ | ㉢의 길이 | X의 길이 |
|---|---|---|---|
| $t_1$ | 1.2 | ⓐ | ? |
| $t_2$ | ? | 0.7 | 3.0 |
| $t_3$ | ⓐ | 0.6 | ? |

(단위 : $\mu$m)

---

이에 대한 설명으로 옳은 것만을 〈보기〉에서 있는 대로 고른 것은?

보기
ㄱ. X는 P의 근육 원섬유 마디이다.
ㄴ. X에서 A대의 길이는 $t_1$일 때가 $t_3$일 때보다 길다.
ㄷ. $t_1$일 때 ㉡의 길이와 ㉢의 길이를 더한 값은 1.3 $\mu$m이다.

① ㄱ     ② ㄴ     ③ ㄷ
④ ㄱ, ㄴ     ⑤ ㄱ, ㄷ

## 11 ★★☆ | 2022학년도 9월 평가원 9번 |

다음은 골격근의 수축 과정에 대한 자료이다.

> • 그림은 근육 원섬유 마디 X의 구조를 나타낸 것이다. X는 M선을 기준으로 좌우 대칭이다.
>
>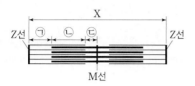
>
> • 구간 ㉠은 액틴 필라멘트만 있는 부분이고, ㉡은 액틴 필라멘트와 마이오신 필라멘트가 겹치는 부분이며, ㉢은 마이오신 필라멘트만 있는 부분이다.
> • 골격근 수축 과정의 시점 $t_1$일 때 ⓐ의 길이는 시점 $t_2$일 때 ⓑ의 길이와 ㉢의 길이를 더한 값과 같다. ⓐ와 ⓑ는 ㉠과 ㉡을 순서 없이 나타낸 것이다.
> • ⓐ의 길이와 ⓑ의 길이를 더한 값은 1.0 $\mu$m이다.
> • $t_1$일 때 ⓑ의 길이는 0.2 $\mu$m이고, $t_2$일 때 ⓐ의 길이는 0.7 $\mu$m이다. X의 길이는 $t_1$과 $t_2$ 중 한 시점일 때 3.0 $\mu$m이고, 나머지 한 시점일 때 3.0 $\mu$m보다 길다.

이에 대한 설명으로 옳은 것만을 〈보기〉에서 있는 대로 고른 것은?

> 〈보기〉
> ㄱ. ⓐ는 ㉠이다.
> ㄴ. $t_1$일 때 H대의 길이는 1.2 $\mu$m이다.
> ㄷ. X의 길이는 $t_1$일 때가 $t_2$일 때보다 짧다.

① ㄱ  ② ㄴ  ③ ㄷ
④ ㄱ, ㄴ  ⑤ ㄴ, ㄷ

## 12 ★★★ | 2022학년도 6월 평가원 8번 |

그림은 골격근 수축 과정의 두 시점 (가)와 (나)일 때 관찰된 근육 원섬유를, 표는 (가)와 (나)일 때 ㉠의 길이와 ㉡의 길이를 나타낸 것이다. ⓐ와 ⓑ는 근육 원섬유에서 각각 어둡게 보이는 부분(암대)과 밝게 보이는 부분(명대)이고, ㉠과 ㉡은 ⓐ와 ⓑ를 순서 없이 나타낸 것이다.

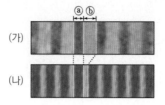

| 시점 | ㉠의 길이 | ㉡의 길이 |
|---|---|---|
| (가) | 1.6 $\mu$m | 0.8 $\mu$m |
| (나) | 1.6 $\mu$m | 0.6 $\mu$m |

이에 대한 설명으로 옳은 것만을 〈보기〉에서 있는 대로 고른 것은?

> 〈보기〉
> ㄱ. (가)일 때 ⓑ에 Z선이 있다.
> ㄴ. (나)일 때 ㉠에 액틴 필라멘트가 있다.
> ㄷ. (가)에서 (나)로 될 때 ATP에 저장된 에너지가 사용된다.

① ㄱ  ② ㄴ  ③ ㄱ, ㄷ  ④ ㄴ, ㄷ  ⑤ ㄱ, ㄴ, ㄷ

## 13 ★★★ | 2021학년도 수능 16번 |

다음은 골격근의 수축 과정에 대한 자료이다.

> • 그림은 근육 원섬유 마디 X의 구조를 나타낸 것이다. X는 좌우 대칭이다.
>
>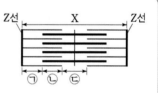
>
> • 구간 ㉠은 액틴 필라멘트만 있는 부분이고, ㉡은 액틴 필라멘트와 마이오신 필라멘트가 겹치는 부분이며, ㉢은 마이오신 필라멘트만 있는 부분이다.
> • 골격근 수축 과정의 시점 $t_1$일 때 ㉠~㉢의 길이는 순서 없이 ⓐ, $3d$, $10d$이고, 시점 $t_2$일 때 ㉠~㉢의 길이는 순서 없이 ⓐ, $2d$, $3d$이다. $d$는 0보다 크다.

이에 대한 설명으로 옳은 것만을 〈보기〉에서 있는 대로 고른 것은? [3점]

> 〈보기〉
> ㄱ. 근육 원섬유는 근육 섬유로 구성되어 있다.
> ㄴ. H대의 길이는 $t_1$일 때가 $t_2$일 때보다 길다.
> ㄷ. $t_2$일 때 ㉠의 길이는 $2d$이다.

① ㄱ  ② ㄴ  ③ ㄷ  ④ ㄱ, ㄴ  ⑤ ㄴ, ㄷ

## 14 ☆☆☆

다음은 골격근의 수축 과정에 대한 자료이다.

- 그림 (가)는 근육 원섬유 마디 X의 구조를, (나)의 ㉠~㉢은 X를 ㉮ 방향으로 잘랐을 때 관찰되는 단면의 모양을 나타낸 것이다. X는 좌우 대칭이다.

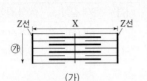
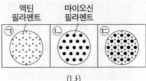

(가)          (나)

- 표는 골격근 수축 과정의 두 시점 $t_1$과 $t_2$일 때 각 시점의 한 쪽 Z선으로부터의 거리가 각각 $l_1$, $l_2$, $l_3$인 세 지점에서 관찰되는 단면의 모양을 나타낸 것이다. ⓐ~ⓒ는 ㉠~㉢을 순서 없이 나타낸 것이며, X의 길이는 $t_2$일 때가 $t_1$일 때보다 짧다.

| 거리 | 단면의 모양 | |
|---|---|---|
| | $t_1$ | $t_2$ |
| $l_1$ | ⓐ | ⓑ |
| $l_2$ | ㉢ | ⓒ |
| $l_3$ | ⓑ | ? |

- $l_1$~$l_3$은 모두 $\dfrac{t_2일 때 X의 길이}{2}$ 보다 작다.

이에 대한 설명으로 옳은 것만을 〈보기〉에서 있는 대로 고른 것은? [3점]

보기
ㄱ. 마이오신 필라멘트의 길이는 $t_1$일 때가 $t_2$일 때보다 길다.
ㄴ. ⓐ는 ㉠이다.
ㄷ. $l_3 < l_1$이다.

① ㄱ          ② ㄴ          ③ ㄷ
④ ㄱ, ㄴ          ⑤ ㄴ, ㄷ

## 15 ★☆☆

다음은 골격근의 수축 과정에 대한 자료이다.

- 그림은 근육 원섬유 마디 X의 구조를, 표는 골격근 수축 과정의 두 시점 $t_1$과 $t_2$일 때 X의 길이와 ㉠의 길이를 나타낸 것이다. X는 좌우 대칭이다.

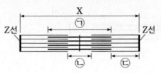

| 시점 | X의 길이 | ㉠의 길이 |
|---|---|---|
| $t_1$ | 3.0 $\mu m$ | 1.6 $\mu m$ |
| $t_2$ | 2.6 $\mu m$ | ? |

- 구간 ㉠은 마이오신 필라멘트가 있는 부분이고, ㉡은 마이오신 필라멘트만 있는 부분이며, ㉢은 액틴 필라멘트만 있는 부분이다.

이에 대한 설명으로 옳은 것만을 〈보기〉에서 있는 대로 고른 것은?

보기
ㄱ. $t_1$에서 $t_2$로 될 때 ATP에 저장된 에너지가 사용된다.
ㄴ. ㉠의 길이에서 ㉡의 길이를 뺀 값은 $t_2$일 때가 $t_1$일 때보다 0.2 $\mu m$ 크다.
ㄷ. $t_2$일 때 ㉢의 길이는 0.3 $\mu$m이다.

① ㄱ          ② ㄴ          ③ ㄷ
④ ㄱ, ㄴ          ⑤ ㄱ, ㄷ

# 03

# 신경계

## 2026학년도 수능 출제 예측

2025학년도
수능, 평가원
분석

2025학년도 6월 모의평가에서는 방광과 연결된 자율 신경에 대해 묻는 문제가, 9월 모의평가에서는 심장과 연결된 자율 신경에 대해 묻는 문제가 각각 1문항씩 출제되었다. 2025학년도 수능에서는 중추 신경계에 속하는 연수, 간뇌, 소뇌에 대해 묻는 문제가 1문항 출제되었다.

2026학년도
수능 예측

매년 1문제가 출제되고 있다. 2026학년도 수능에서는 교감 신경과 부교감 신경에 의한 내장 기관의 조절 작용을 묻는 문제가 출제될 가능성이 높다. 신경계의 구성과 특징을 묻는 문제도 출제될 수 있으므로 관련 내용을 꼭 살펴 두도록 하자.

**1** ☆☆☆　　　　　　　　　　　| 2025학년도 수능 3번 |

표는 사람의 중추 신경계에 속하는 구조 A~C에서 특징의 유무를 나타낸 것이다. A~C는 간뇌, 소뇌, 연수를 순서 없이 나타낸 것이다.

| 특징＼구조 | A | B | C |
|---|---|---|---|
| 시상 하부가 있다. | × | ○ | × |
| 뇌줄기를 구성한다. | ○ | ? | ⓐ |
| (가) | ○ | × | × |

(○: 있음, ×: 없음)

이에 대한 설명으로 옳은 것만을 〈보기〉에서 있는 대로 고른 것은?

┌─ 보기 ─────────────────────────┐
ㄱ. ⓐ는 '○'이다.
ㄴ. B는 간뇌이다.
ㄷ. '심장 박동을 조절하는 부교감 신경의 신경절 이전 뉴런의 신경 세포체가 있다.'는 (가)에 해당한다.
└────────────────────────────┘

① ㄱ　　　　　② ㄴ　　　　　③ ㄱ, ㄷ
④ ㄴ, ㄷ　　　　⑤ ㄱ, ㄴ, ㄷ

---

**2** ☆☆☆　　　　　　　　　　　| 2025학년도 9월 평가원 8번 |

그림 (가)는 중추 신경계로부터 자율 신경이 심장에 연결된 경로를, (나)는 정상인에서 운동에 의한 심장 박동 수 변화를 나타낸 것이다.

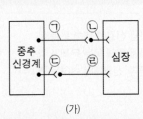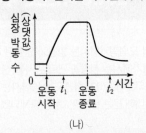

이에 대한 설명으로 옳은 것만을 〈보기〉에서 있는 대로 고른 것은?
[3점]

┌─ 보기 ─────────────────────────┐
ㄱ. ㉠의 신경 세포체는 연수에 있다.
ㄴ. ㉡과 ㉢의 말단에서 아세틸콜린이 분비된다.
ㄷ. ㉣의 말단에서 분비되는 신경 전달 물질의 양은 $t_2$일 때가 $t_1$일 때보다 많다.
└────────────────────────────┘

① ㄱ　　　　　② ㄷ　　　　　③ ㄱ, ㄴ
④ ㄴ, ㄷ　　　　⑤ ㄱ, ㄴ, ㄷ

---

**3** ★★☆　　　　　　　　　　　| 2025학년도 6월 평가원 7번 |

그림은 중추 신경계로부터 자율 신경 A와 B가 방광에 연결된 경로를, 표는 A와 B가 각각 방광에 작용할 때의 반응을 나타낸 것이다.

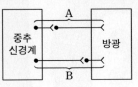

| 자율 신경 | 반응 |
|---|---|
| A | 방광 확장(이완) |
| B | 방광 수축 |

이에 대한 설명으로 옳은 것만을 〈보기〉에서 있는 대로 고른 것은?
[3점]

┌─ 보기 ─────────────────────────┐
ㄱ. A의 신경절 이후 뉴런의 축삭 돌기 말단에서 노르에피네프린이 분비된다.
ㄴ. B의 신경절 이전 뉴런의 신경 세포체는 척수에 있다.
ㄷ. A와 B는 모두 말초 신경계에 속한다.
└────────────────────────────┘

① ㄱ　　　　　② ㄴ　　　　　③ ㄱ, ㄷ
④ ㄴ, ㄷ　　　　⑤ ㄱ, ㄴ, ㄷ

---

**4** ★★☆　　　　　　　　　　　| 2024학년도 수능 7번 |

표는 사람의 자율 신경 Ⅰ~Ⅲ의 특징을 나타낸 것이다. (가)와 (나)는 척수와 뇌줄기를 순서 없이 나타낸 것이고, ㉠은 아세틸콜린과 노르에피네프린 중 하나이다.

| 자율 신경 | 신경절 이전 뉴런의 신경 세포체 위치 | 신경절 이후 뉴런의 축삭 돌기 말단에서 분비되는 신경 전달 물질 | 연결된 기관 |
|---|---|---|---|
| Ⅰ | (가) | 아세틸콜린 | 위 |
| Ⅱ | (가) | ㉠ | 심장 |
| Ⅲ | (나) | ㉠ | 방광 |

이에 대한 설명으로 옳은 것만을 〈보기〉에서 있는 대로 고른 것은?
[3점]

┌─ 보기 ─────────────────────────┐
ㄱ. (가)는 뇌줄기이다.
ㄴ. ㉠은 노르에피네프린이다.
ㄷ. Ⅲ은 부교감 신경이다.
└────────────────────────────┘

① ㄱ　　　　　② ㄴ　　　　　③ ㄷ
④ ㄱ, ㄴ　　　　⑤ ㄱ, ㄷ

## 5 ★☆☆

| 2024학년도 9월 평가원 5번 |

그림은 동공의 크기 조절에 관여하는 자율 신경 X가 중추 신경계에 연결된 경로를 나타낸 것이다. A~C는 대뇌, 연수, 중간뇌를 순서 없이 나타낸 것이고, ㉠에 하나의 신경절이 있다.

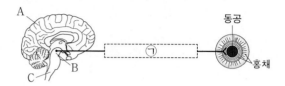

이에 대한 설명으로 옳은 것만을 〈보기〉에서 있는 대로 고른 것은?

〈보기〉
ㄱ. X는 신경절 이전 뉴런이 신경절 이후 뉴런보다 짧다.
ㄴ. A의 겉질은 회색질이다.
ㄷ. B와 C는 모두 뇌줄기에 속한다.

① ㄱ      ② ㄷ      ③ ㄱ, ㄴ
④ ㄴ, ㄷ      ⑤ ㄱ, ㄴ, ㄷ

## 6 ★☆☆

| 2024학년도 6월 평가원 10번 |

그림은 중추 신경계의 구조를 나타낸 것이다. ㉠~㉣은 간뇌, 소뇌, 연수, 중간뇌를 순서 없이 나타낸 것이다.

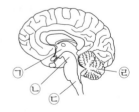

이에 대한 설명으로 옳은 것만을 〈보기〉에서 있는 대로 고른 것은?

〈보기〉
ㄱ. ㉠에 시상 하부가 있다.
ㄴ. ㉡과 ㉣은 모두 뇌줄기에 속한다.
ㄷ. ㉢은 호흡 운동을 조절한다.

① ㄱ      ② ㄴ      ③ ㄱ, ㄷ
④ ㄴ, ㄷ      ⑤ ㄱ, ㄴ, ㄷ

## 7 ★☆☆

| 2023학년도 수능 5번 |

그림은 자극에 의한 반사가 일어날 때 흥분 전달 경로를 나타낸 것이다.

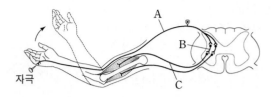

이에 대한 설명으로 옳은 것만을 〈보기〉에서 있는 대로 고른 것은?

〈보기〉
ㄱ. A는 운동 뉴런이다.
ㄴ. C의 신경 세포체는 척수에 있다.
ㄷ. 이 반사 과정에서 A에서 B로 흥분의 전달이 일어난다.

① ㄱ      ② ㄴ      ③ ㄱ, ㄷ
④ ㄴ, ㄷ      ⑤ ㄱ, ㄴ, ㄷ

## 8 ★☆☆

| 2023학년도 6월 평가원 8번 |

표는 사람의 중추 신경계에 속하는 A~C의 특징을 나타낸 것이다. A~C는 간뇌, 연수, 척수를 순서 없이 나타낸 것이다.

| 구분 | 특징 |
|------|------|
| A | 뇌줄기를 구성한다. |
| B | ㉠체온 조절 중추가 있다. |
| C | 교감 신경의 신경절 이전 뉴런의 신경 세포체가 있다. |

이에 대한 설명으로 옳은 것만을 〈보기〉에서 있는 대로 고른 것은?

〈보기〉
ㄱ. A는 호흡 운동을 조절한다.
ㄴ. ㉠은 시상 하부이다.
ㄷ. C는 척수이다.

① ㄱ      ② ㄴ      ③ ㄱ, ㄷ
④ ㄴ, ㄷ      ⑤ ㄱ, ㄴ, ㄷ

**9** ★★☆　　　　　　　　　　| 2023학년도 9월 **평가원** 13번 |

다음은 자율 신경 A에 의한 심장 박동 조절 실험이다.

[실험 과정]

(가) 같은 종의 동물로부터 심장 Ⅰ과 Ⅱ를 준비하고, Ⅱ에서만 자율 신경을 제거한다.

(나) Ⅰ과 Ⅱ를 각각 생리식염수가 담긴 용기 ㉠과 ㉡에 넣고, ㉠에서 ㉡으로 용액이 흐르도록 두 용기를 연결한다.

(다) Ⅰ에 연결된 A에 자극을 주고 Ⅰ과 Ⅱ의 세포에서 활동 전위 발생 빈도를 측정한다. A는 교감 신경과 부교감 신경 중 하나이다.

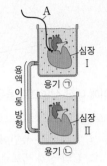

[실험 결과]

• A의 신경절 이후 뉴런의 축삭 돌기 말단에서 물질 ㉮가 분비되었다. ㉮는 아세틸콜린과 노르에피네프린 중 하나이다.

• Ⅰ과 Ⅱ의 세포에서 측정한 활동 전위 발생 빈도는 그림과 같다.

이 자료에 대한 설명으로 옳은 것만을 〈보기〉에서 있는 대로 고른 것은? (단, 제시된 조건 이외는 고려하지 않는다.)

보기

ㄱ. A는 말초 신경계에 속한다.

ㄴ. ㉮는 노르에피네프린이다.

ㄷ. (나)의 ㉡에 아세틸콜린을 처리하면 Ⅱ의 세포에서 활동 전위 발생 빈도가 증가한다.

① ㄱ　　　　② ㄴ　　　　③ ㄱ, ㄴ

④ ㄱ, ㄷ　　　⑤ ㄴ, ㄷ

---

**10** ★★☆　　　　　　　　　　| 2022학년도 **수능** 10번 |

그림은 중추 신경계의 구조를 나타낸 것이다. ㉠~㉣은 간뇌, 대뇌, 소뇌, 중간뇌를 순서 없이 나타낸 것이다.

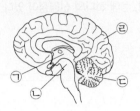

이에 대한 설명으로 옳은 것만을 〈보기〉에서 있는 대로 고른 것은? [3점]

보기

ㄱ. ㉠은 중간뇌이다.

ㄴ. ㉢은 몸의 평형(균형) 유지에 관여한다.

ㄷ. ㉣에는 시각 기관으로부터 오는 정보를 받아들이는 영역이 있다.

① ㄱ　　　　② ㄴ　　　　③ ㄱ, ㄷ

④ ㄴ, ㄷ　　　⑤ ㄱ, ㄴ, ㄷ

---

**11** ★★☆　　　　　　　　　　| 2022학년도 9월 **평가원** 2번 |

그림은 무릎 반사가 일어날 때 흥분 전달 경로를 나타낸 것이다. A와 B는 감각 뉴런과 운동 뉴런을 순서 없이 나타낸 것이다.

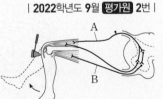

이에 대한 설명으로 옳은 것만을 〈보기〉에서 있는 대로 고른 것은?

보기

ㄱ. A는 감각 뉴런이다.

ㄴ. B는 자율 신경계에 속한다.

ㄷ. 이 반사의 중추는 뇌줄기를 구성한다.

① ㄱ　　　　② ㄴ　　　　③ ㄱ, ㄴ

④ ㄱ, ㄷ　　　⑤ ㄴ, ㄷ

## 12 ★☆☆

| 2022학년도 6월 평가원 7번 |

그림 (가)는 심장 박동을 조절하는 자율 신경 A와 B 중 A를 자극했을 때 심장 세포에서 활동 전위가 발생하는 빈도의 변화를, (나)는 물질 ㉠의 주사량에 따른 심장 박동 수를 나타낸 것이다. ㉠은 심장 세포에서의 활동 전위 발생 빈도를 변화시키는 물질이며, A와 B는 교감 신경과 부교감 신경을 순서 없이 나타낸 것이다.

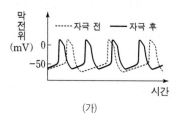
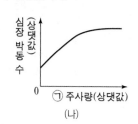

(가)

(나)

이에 대한 설명으로 옳은 것만을 〈보기〉에서 있는 대로 고른 것은? [3점]

보기
ㄱ. A의 신경절 이후 뉴런의 축삭 돌기 말단에서 분비되는 신경 전달 물질은 아세틸콜린이다.
ㄴ. ㉠이 작용하면 심장 세포에서의 활동 전위 발생 빈도가 감소한다.
ㄷ. A와 B는 심장 박동 조절에 길항적으로 작용한다.

① ㄱ      ② ㄴ      ③ ㄷ
④ ㄱ, ㄷ      ⑤ ㄴ, ㄷ

## 13 ★☆☆

| 2021학년도 수능 4번 |

그림 (가)는 동공의 크기 조절에 관여하는 말초 신경이 중추 신경계에 연결된 경로를, (나)는 무릎 반사에 관여하는 말초 신경이 중추 신경계에 연결된 경로를 나타낸 것이다.

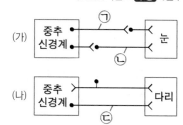

이에 대한 설명으로 옳은 것만을 〈보기〉에서 있는 대로 고른 것은?

보기
ㄱ. ㉠~㉢은 모두 자율 신경계에 속한다.
ㄴ. ㉠과 ㉡의 말단에서 분비되는 신경 전달 물질은 같다.
ㄷ. 무릎 반사의 중추는 척수이다.

① ㄱ      ② ㄷ      ③ ㄱ, ㄴ
④ ㄴ, ㄷ      ⑤ ㄱ, ㄴ, ㄷ

## 14 ★★☆

| 2021학년도 9월 평가원 16번 |

그림 (가)는 동공의 크기 조절에 관여하는 교감 신경과 부교감 신경이 중추 신경계에 연결된 경로를, (나)는 빛의 세기에 따른 동공의 크기를 나타낸 것이다. ⓐ와 ⓑ에 각각 하나의 신경절이 있으며, ㉠과 ㉣의 말단에서 분비되는 신경 전달 물질은 같다.

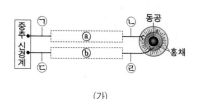
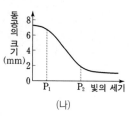

(가)

(나)

이에 대한 설명으로 옳은 것만을 〈보기〉에서 있는 대로 고른 것은?

보기
ㄱ. ㉠의 신경 세포체는 척수의 회색질에 있다.
ㄴ. ㉡의 말단에서 분비되는 신경 전달 물질의 양은 $P_2$일 때가 $P_1$일 때보다 많다.
ㄷ. ㉣의 말단에서 분비되는 신경 전달 물질은 노르에피네프린이다.

① ㄱ      ② ㄷ      ③ ㄱ, ㄴ
④ ㄴ, ㄷ      ⑤ ㄱ, ㄴ, ㄷ

## 15 ★★☆

| 2021학년도 6월 평가원 3번 |

그림은 중추 신경계로부터 자율 신경을 통해 심장과 위에 연결된 경로를, 표는 ㉠이 심장에, ㉡이 위에 각각 작용할 때 나타나는 기관의 반응을 나타낸 것이다. ⓐ는 '억제됨'과 '촉진됨' 중 하나이다.

| 기관 | 반응 |
|---|---|
| 심장 | 심장 박동 촉진됨 |
| 위 | 소화 작용 ( ⓐ ) |

이에 대한 설명으로 옳은 것만을 〈보기〉에서 있는 대로 고른 것은? [3점]

보기
ㄱ. ㉠은 신경절 이전 뉴런이 신경절 이후 뉴런보다 짧다.
ㄴ. ㉡은 감각 신경이다.
ㄷ. ⓐ는 '억제됨'이다.

① ㄱ      ② ㄴ      ③ ㄷ
④ ㄱ, ㄴ      ⑤ ㄴ, ㄷ

Memo

# 04

# 호르몬과 항상성

## 2026학년도 수능 출제 예측

**2025학년도 수능, 평가원 분석**

2025학년도 6월 모의평가에서는 호르몬의 종류와 특징, 혈당량 조절에 대한 문제가, 9월 모의평가에서는 혈당량 조절, 삼투압 조절에 대한 문제가 각각 2문항씩 출제되었다. 2025학년도 수능에서는 삼투압 조절, 혈당량 조절에 대한 문제가 2문항 출제되었다.

**2026학년도 수능 예측**

2026학년도 수능에서는 삼투압 조절과 혈당량 조절에 대한 문제가 출제될 가능성이 가장 높으므로 호르몬에 의한 삼투압 조절과 혈당량 조절 과정을 자세하게 살펴두도록 하자. 각 내분비샘에서 분비되는 호르몬의 종류와 특징도 자세하게 알아두도록 하자.

**1** ☆☆☆ | **2025학년도** 수능 **5번** |

그림은 동물 종 X에서 ㉠ 섭취량에 따른 혈장 삼투압을 나타낸 것이다. ㉠은 물과 소금 중 하나이고, Ⅰ과 Ⅱ는 '항이뇨 호르몬(ADH)이 정상적으로 분비되는 개체'와 '항이뇨 호르몬(ADH)이 정상보다 적게 분비되는 개체'를 순서 없이 나타낸 것이다.

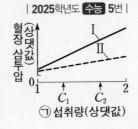

이에 대한 설명으로 옳은 것만을 〈보기〉에서 있는 대로 고른 것은? (단, 제시된 조건 이외는 고려하지 않는다.) [3점]

> **보기**
> ㄱ. 콩팥은 ADH의 표적 기관이다.
> ㄴ. Ⅰ은 'ADH가 정상적으로 분비되는 개체'이다.
> ㄷ. Ⅱ에서 단위 시간당 오줌 생성량은 $C_1$일 때가 $C_2$일 때보다 적다.

① ㄱ      ② ㄴ      ③ ㄱ, ㄷ
④ ㄴ, ㄷ      ⑤ ㄱ, ㄴ, ㄷ

---

**2** ★★☆ | **2025학년도** 수능 **10번** |

그림은 어떤 동물에게 호르몬 X를 투여한 후 시간에 따른 ⓐ와 ⓑ를 나타낸 것이다. X는 글루카곤과 인슐린 중 하나이고, ⓐ와 ⓑ는 '간에서 단위 시간당 글리코젠으로부터 생성되는 포도당의 양'과 '혈중 포도당 농도'를 순서 없이 나타낸 것이다.

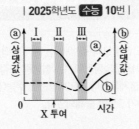

이 자료에 대한 설명으로 옳은 것만을 〈보기〉에서 있는 대로 고른 것은? (단, 제시된 조건 이외는 고려하지 않는다.) [3점]

> **보기**
> ㄱ. 혈중 포도당 농도는 구간 Ⅰ에서가 구간 Ⅲ에서보다 낮다.
> ㄴ. 혈중 인슐린 농도는 구간 Ⅰ에서가 구간 Ⅱ에서보다 낮다.
> ㄷ. 혈중 글루카곤 농도는 구간 Ⅱ에서가 구간에서 Ⅲ보다 높다.

① ㄱ      ② ㄴ      ③ ㄷ
④ ㄱ, ㄴ      ⑤ ㄴ, ㄷ

---

**3** ★★☆ | **2025학년도** 9월 평가원 **6번** |

그림은 어떤 동물에게 호르몬 X를 투여한 후 시간에 따른 ⓐ와 ⓑ를 나타낸 것이다. X는 글루카곤과 인슐린 중 하나이고, ⓐ와 ⓑ는 '간에서 단위 시간당 글리코젠으로부터 생성되는 포도당의 양'과 '혈중 포도당 농도'를 순서 없이 나타낸 것이다.

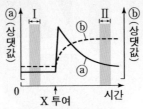

이에 대한 설명으로 옳은 것만을 〈보기〉에서 있는 대로 고른 것은? (단, 제시된 조건 이외는 고려하지 않는다.)

> **보기**
> ㄱ. ⓑ는 '혈중 포도당 농도'이다.
> ㄴ. 혈중 인슐린 농도는 구간 Ⅰ에서가 구간 Ⅱ에서보다 높다.
> ㄷ. 혈중 포도당 농도가 증가하면 X의 분비가 촉진된다.

① ㄱ      ② ㄴ      ③ ㄷ
④ ㄱ, ㄴ      ⑤ ㄴ, ㄷ

---

**4** ★★☆ | **2025학년도** 9월 평가원 **9번** |

그림 (가)는 사람에서 시간에 따른 혈중 호르몬 ㉠과 ㉡의 농도를, (나)는 혈중 ㉡의 농도에 따른 물질대사량을 나타낸 것이다. ㉠과 ㉡은 티록신과 TSH를 순서 없이 나타낸 것이다.

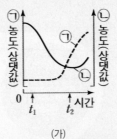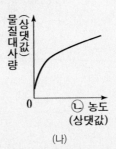

(가)                 (나)

이에 대한 설명으로 옳은 것만을 〈보기〉에서 있는 대로 고른 것은? (단, 제시된 조건 이외는 고려하지 않는다.) [3점]

> **보기**
> ㄱ. ㉠은 티록신이다.
> ㄴ. ㉡의 분비는 음성 피드백에 의해 조절된다.
> ㄷ. $\dfrac{\text{물질대사량}}{\text{혈중 TSH 농도}}$ 은 $t_1$일 때가 $t_2$일 때보다 크다.

① ㄱ      ② ㄴ      ③ ㄱ, ㄷ
④ ㄴ, ㄷ      ⑤ ㄱ, ㄴ, ㄷ

## 5 ★☆☆

| 2025학년도 6월 평가원 4번 |

표는 사람의 내분비샘 ㉠과 ㉡에서 분비되는 호르몬과 표적 기관을 나타낸 것이다. ㉠과 ㉡은 뇌하수체 전엽과 뇌하수체 후엽을 순서 없이 나타낸 것이다.

| 내분비샘 | 호르몬 | 표적 기관 |
|---|---|---|
| ㉠ | 갑상샘 자극 호르몬(TSH) | 갑상샘 |
| ㉡ | 항이뇨 호르몬(ADH) | ? |

이에 대한 설명으로 옳은 것만을 〈보기〉에서 있는 대로 고른 것은? [3점]

┌─ 보기 ─────────────────────────┐
ㄱ. ㉠은 뇌하수체 후엽이다.
ㄴ. ADH는 콩팥에서 물의 재흡수를 촉진한다.
ㄷ. TSH와 ADH는 모두 혈액을 통해 표적 기관으로 운반된다.
└────────────────────────────┘

① ㄱ　　　　② ㄷ　　　　③ ㄱ, ㄴ
④ ㄴ, ㄷ　　　⑤ ㄱ, ㄴ, ㄷ

## 6 ★☆☆

| 2025학년도 6월 평가원 11번 |

그림은 정상인이 탄수화물을 섭취한 후 시간에 따른 혈중 호르몬 ㉠과 ㉡의 농도를 나타낸 것이다. ㉠과 ㉡은 글루카곤과 인슐린을 순서 없이 나타낸 것이다.

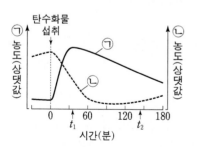

이에 대한 설명으로 옳은 것만을 〈보기〉에서 있는 대로 고른 것은?

┌─ 보기 ─────────────────────────┐
ㄱ. ㉠은 세포로의 포도당 흡수를 촉진한다.
ㄴ. 혈중 포도당 농도는 $t_2$일 때가 $t_1$일 때보다 높다.
ㄷ. ㉠과 ㉡의 분비를 조절하는 중추는 중간뇌이다.
└────────────────────────────┘

① ㄱ　　　　② ㄴ　　　　③ ㄱ, ㄷ
④ ㄴ, ㄷ　　　⑤ ㄱ, ㄴ, ㄷ

## 7 ★☆☆

| 2024학년도 수능 9번 |

그림 (가)는 정상인에서 갈증을 느끼는 정도를 ⓐ의 변화량에 따라 나타낸 것이다. 그림 (나)는 정상인 A에게는 소금과 수분을, 정상인 B에게는 소금만 공급하면서 측정한 ⓐ를 시간에 따라 나타낸 것이다. ⓐ는 전체 혈액량과 혈장 삼투압 중 하나이다.

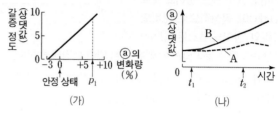

이에 대한 설명으로 옳은 것만을 〈보기〉에서 있는 대로 고른 것은? (단, 제시된 조건 이외는 고려하지 않는다.)

┌─ 보기 ─────────────────────────┐
ㄱ. 생성되는 오줌의 삼투압은 안정 상태일 때가 $p_1$일 때보다 높다.
ㄴ. $t_2$일 때 갈증을 느끼는 정도는 B에서가 A에서보다 크다.
ㄷ. B의 혈중 항이뇨 호르몬(ADH) 농도는 $t_1$일 때가 $t_2$일 때보다 높다.
└────────────────────────────┘

① ㄱ　　　　② ㄴ　　　　③ ㄷ
④ ㄱ, ㄴ　　　⑤ ㄴ, ㄷ

## 8 ★☆☆

| 2024학년도 수능 14번 |

사람 A~C는 모두 혈중 티록신 농도가 정상적이지 않다. 표 (가)는 A~C의 혈중 티록신 농도가 정상적이지 않은 원인을, (나)는 사람 ㉠~㉢의 혈중 티록신과 TSH의 농도를 나타낸 것이다. ㉠~㉢은 A~C를 순서 없이 나타낸 것이고, ⓐ는 '+'와 '−' 중 하나이다.

| 사람 | 원인 |
|---|---|
| A | 뇌하수체 전엽에 이상이 생겨 TSH 분비량이 정상보다 적음 |
| B | 갑상샘에 이상이 생겨 티록신 분비량이 정상보다 많음 |
| C | 갑상샘에 이상이 생겨 티록신 분비량이 정상보다 적음 |

(가)

| 사람 | 혈중 농도 | |
|---|---|---|
| | 티록신 | TSH |
| ㉠ | − | + |
| ㉡ | + | ⓐ |
| ㉢ | − | − |

(+: 정상보다 높음, −: 정상보다 낮음)

(나)

이에 대한 설명으로 옳은 것만을 〈보기〉에서 있는 대로 고른 것은? (단, 제시된 조건 이외는 고려하지 않는다.) [3점]

┌─ 보기 ─────────────────────────┐
ㄱ. ⓐ는 '−'이다.
ㄴ. ㉠에게 티록신을 투여하면 투여 전보다 TSH의 분비가 촉진된다.
ㄷ. 정상인에서 뇌하수체 전엽에 TRH의 표적 세포가 있다.
└────────────────────────────┘

① ㄱ　　　　② ㄴ　　　　③ ㄷ
④ ㄱ, ㄴ　　　⑤ ㄴ, ㄷ

## 9 ★★☆

그림은 어떤 동물 종의 개체 A와 B를 고온 환경에 노출시켜 같은 양의 땀을 흘리게 하면서 측정한 혈장 삼투압을 시간에 따라 나타낸 것이다. A와 B는 '항이뇨 호르몬(ADH)이 정상적으로 분비되는 개체'와 '항이뇨 호르몬(ADH)

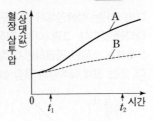

이 정상보다 적게 분비되는 개체'를 순서 없이 나타낸 것이다.

이에 대한 설명으로 옳은 것만을 〈보기〉에서 있는 대로 고른 것은? (단, 제시된 조건 이외는 고려하지 않는다.) [3점]

보기
ㄱ. ADH는 콩팥에서 물의 재흡수를 촉진한다.
ㄴ. A는 'ADH가 정상적으로 분비되는 개체'이다.
ㄷ. B에서 생성되는 오줌의 삼투압은 $t_1$일 때가 $t_2$일 때보다 높다.

① ㄱ      ② ㄴ      ③ ㄷ
④ ㄱ, ㄴ      ⑤ ㄱ, ㄷ

## 10 ★☆☆

사람 A와 B는 모두 혈중 티록신 농도가 정상보다 낮다. 표 (가)는 A와 B의 혈중 티록신 농도가 정상보다 낮은 원인을, (나)는 사람 ㉠과 ㉡의 TSH 투여 전과 후의 혈중 티록신 농도를 나타낸 것이다. ㉠과 ㉡은 A와 B를 순서 없이 나타낸 것이다.

| 사람 | 원인 |
|---|---|
| A | TSH가 분비되지 않음 |
| B | TSH의 표적 세포가 TSH에 반응하지 못함 |

(가)

| 사람 | 티록신 농도 | |
|---|---|---|
| | TSH 투여 전 | TSH 투여 후 |
| ㉠ | 정상보다 낮음 | 정상 |
| ㉡ | 정상보다 낮음 | 정상보다 낮음 |

(나)

이에 대한 설명으로 옳은 것만을 〈보기〉에서 있는 대로 고른 것은? (단, 제시된 조건 이외는 고려하지 않는다.)

보기
ㄱ. ㉠은 B이다.
ㄴ. TSH 투여 후, A의 갑상샘에서 티록신이 분비된다.
ㄷ. 정상인에서 혈중 티록신 농도가 증가하면 TSH의 분비가 촉진된다.

① ㄱ      ② ㄴ      ③ ㄷ
④ ㄱ, ㄴ      ⑤ ㄱ, ㄷ

## 11 ★☆☆

다음은 호르몬 X에 대한 자료이다.

X는 이자의 $\beta$세포에서 분비되며, 세포로의 ⓐ포도당 흡수를 촉진한다. X가 정상적으로 생성되지 못하거나 X의 표적 세포가 X에 반응하지 못하면, 혈중 포도당 농도가 정상적으로 조절되지 못한다.

이에 대한 설명으로 옳은 것만을 〈보기〉에서 있는 대로 고른 것은?

보기
ㄱ. X는 간에서 ⓐ가 글리코젠으로 전환되는 과정을 촉진한다.
ㄴ. 순환계를 통해 X가 표적 세포로 운반된다.
ㄷ. 혈중 포도당 농도가 증가하면 X의 분비가 억제된다.

① ㄱ      ② ㄷ      ③ ㄱ, ㄴ
④ ㄴ, ㄷ      ⑤ ㄱ, ㄴ, ㄷ

## 12 ★☆☆

그림은 사람에서 혈중 티록신 농도에 따른 물질대사량을, 표는 갑상샘 기능에 이상이 있는 사람 A와 B의 혈중 티록신 농도, 물질대사량, 증상을 나타낸 것이다. ㉠과 ㉡은 '정상보다 높음'과 '정상보다 낮음'을 순서 없이 나타낸 것이다.

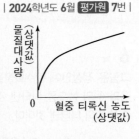

| 사람 | 티록신 농도 | 물질대사량 | 증상 |
|---|---|---|---|
| A | ㉠ | 정상보다 증가함 | 심장 박동 수가 증가하고 더위에 약함 |
| B | ㉡ | 정상보다 감소함 | 체중이 증가하고 추위를 많이 탐 |

이에 대한 설명으로 옳은 것만을 〈보기〉에서 있는 대로 고른 것은? (단, 제시된 조건 이외는 고려하지 않는다.)

보기
ㄱ. 갑상샘에서 티록신이 분비된다.
ㄴ. ㉠은 '정상보다 높음'이다.
ㄷ. B에게 티록신을 투여하면 투여 전보다 물질대사량이 감소한다.

① ㄱ      ② ㄷ      ③ ㄱ, ㄴ
④ ㄱ, ㄷ      ⑤ ㄴ, ㄷ

## 13 ★☆☆ | 2024학년도 6월 평가원 11번 |

그림 (가)는 정상인의 혈중 항이뇨 호르몬(ADH) 농도에 따른 ㉠을, (나)는 정상인 A와 B 중 한 사람에게만 수분 공급을 중단하고 측정한 시간에 따른 ㉠을 나타낸 것이다. ㉠은 오줌 삼투압과 단위 시간당 오줌 생성량 중 하나이다.

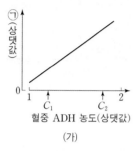
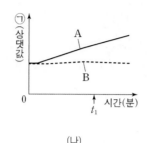

(가)                (나)

이에 대한 설명으로 옳은 것만을 〈보기〉에서 있는 대로 고른 것은? (단, 제시된 조건 이외는 고려하지 않는다.) [3점]

보기
ㄱ. 단위 시간당 오줌 생성량은 $C_2$일 때가 $C_1$일 때보다 많다.
ㄴ. $t_1$일 때 $\dfrac{\text{B의 혈중 ADH 농도}}{\text{A의 혈중 ADH 농도}}$ 는 1보다 크다.
ㄷ. 콩팥은 ADH의 표적 기관이다.

① ㄱ
② ㄷ
③ ㄱ, ㄴ
④ ㄴ, ㄷ
⑤ ㄱ, ㄴ, ㄷ

## 14 ★☆☆ | 2023학년도 수능 8번 |

그림은 사람 Ⅰ과 Ⅱ에서 전체 혈액량의 변화량에 따른 혈중 항이뇨 호르몬(ADH) 농도를 나타낸 것이다. Ⅰ과 Ⅱ는 'ADH가 정상적으로 분비되는 사람'과 'ADH가 과다하게 분비되는 사람'을 순서 없이 나타낸 것이다.

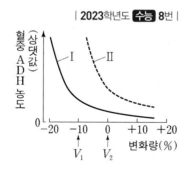

이에 대한 설명으로 옳은 것만을 〈보기〉에서 있는 대로 고른 것은? (단, 제시된 조건 이외는 고려하지 않는다.)

보기
ㄱ. ADH는 혈액을 통해 표적 세포로 이동한다.
ㄴ. Ⅱ는 'ADH가 정상적으로 분비되는 사람'이다.
ㄷ. Ⅰ에서 단위 시간당 오줌 생성량은 $V_1$일 때가 $V_2$일 때보다 많다.

① ㄱ
② ㄴ
③ ㄱ, ㄷ
④ ㄴ, ㄷ
⑤ ㄱ, ㄴ, ㄷ

## 15 ★☆☆ | 2023학년도 수능 10번 |

그림 (가)와 (나)는 정상인 Ⅰ과 Ⅱ에서 ㉠과 ㉡의 변화를 각각 나타낸 것이다. $t_1$일 때 Ⅰ과 Ⅱ 중 한 사람에게만 인슐린을 투여하였다. ㉠과 ㉡은 각각 혈중 글루카곤 농도와 혈중 포도당 농도 중 하나이다.

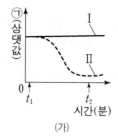
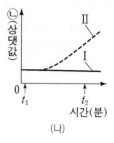

(가)                (나)

이에 대한 설명으로 옳은 것만을 〈보기〉에서 있는 대로 고른 것은? (단, 제시된 조건 이외는 고려하지 않는다.) [3점]

보기
ㄱ. 인슐린은 세포로의 포도당 흡수를 촉진한다.
ㄴ. ㉡은 혈중 포도당 농도이다.
ㄷ. $\dfrac{\text{Ⅰ의 혈중글루카곤농도}}{\text{Ⅱ의 혈중글루카곤농도}}$ 는 $t_2$일 때가 $t_1$일 때보다 크다.

① ㄱ
② ㄴ
③ ㄷ
④ ㄱ, ㄴ
⑤ ㄱ, ㄷ

## 16 ★☆☆ | 2023학년도 9월 평가원 5번 |

그림은 어떤 동물 종에서 ㉠이 제거된 개체 Ⅰ과 정상 개체 Ⅱ에 각각 자극 ⓐ를 주고 측정한 단위 시간당 오줌 생성량을 시간에 따라 나타낸 것이다. ㉠은 뇌하수체 전엽과 뇌하수체 후엽 중 하나이고, ⓐ는 ㉠에서 호르몬 X의 분비를 촉진한다.

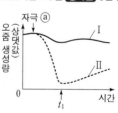

이에 대한 설명으로 옳은 것만을 〈보기〉에서 있는 대로 고른 것은? (단, 제시된 조건 이외는 고려하지 않는다.) [3점]

보기
ㄱ. ㉠은 뇌하수체 후엽이다.
ㄴ. $t_1$일 때 콩팥에서의 단위 시간당 수분 재흡수량은 Ⅰ에서가 Ⅱ에서보다 많다.
ㄷ. $t_1$일 때 Ⅰ에게 항이뇨 호르몬(ADH)을 주사하면 생성되는 오줌의 삼투압이 감소한다.

① ㄱ
② ㄴ
③ ㄷ
④ ㄱ, ㄴ
⑤ ㄱ, ㄷ

## 17 ★☆☆
| 2023학년도 9월 평가원 7번 |

다음은 사람의 항상성에 대한 자료이다.

---

(가) 티록신은 음성 피드백으로 ㉠에서의 TSH 분비를 조절한다.

(나) ㉡체온 조절 중추에 ⓐ를 주면 피부 근처 혈관이 수축된다. ⓐ는 고온 자극과 저온 자극 중 하나이다.

---

이에 대한 설명으로 옳은 것만을 〈보기〉에서 있는 대로 고른 것은?

---
보기
ㄱ. 티록신은 혈액을 통해 표적 세포로 이동한다.
ㄴ. ㉠과 ㉡은 모두 뇌줄기에 속한다.
ㄷ. ⓐ는 고온 자극이다.

---

① ㄱ          ② ㄴ          ③ ㄱ, ㄴ
④ ㄱ, ㄷ       ⑤ ㄴ, ㄷ

---

## 18 ★☆☆
| 2023학년도 9월 평가원 10번 |

그림은 정상인이 Ⅰ과 Ⅱ일 때 혈중 글루카곤 농도의 변화를 나타낸 것이다. Ⅰ과 Ⅱ는 '혈중 포도당 농도가 높은 상태'와 '혈중 포도당 농도가 낮은 상태'를 순서 없이 나타낸 것이다.

이에 대한 설명으로 옳은 것만을 〈보기〉에서 있는 대로 고른 것은? (단, 제시된 조건 이외는 고려하지 않는다.)

---
보기
ㄱ. Ⅰ은 '혈중 포도당 농도가 높은 상태'이다.
ㄴ. 이자의 $\alpha$세포에서 글루카곤이 분비된다.
ㄷ. $t_1$일 때 $\dfrac{\text{혈중 인슐린 농도}}{\text{혈중 글루카곤 농도}}$ 는 Ⅰ에서가 Ⅱ에서보다 크다.

---

① ㄱ          ② ㄴ          ③ ㄷ
④ ㄱ, ㄴ       ⑤ ㄴ, ㄷ

---

## 19 ★☆☆
| 2023학년도 6월 평가원 16번 |

그림 (가)는 정상인이 탄수화물을 섭취한 후 시간에 따른 혈중 호르몬 ㉠과 ㉡의 농도를, (나)는 이자의 세포 X와 Y에서 분비되는 ㉠과 ㉡을 나타낸 것이다. ㉠과 ㉡은 글루카곤과 인슐린을 순서 없이 나타낸 것이고, X와 Y는 $\alpha$세포와 $\beta$세포를 순서 없이 나타낸 것이다.

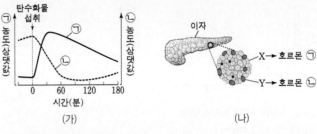

이에 대한 설명으로 옳은 것만을 〈보기〉에서 있는 대로 고른 것은?

---
보기
ㄱ. ㉠과 ㉡은 혈중 포도당 농도 조절에 길항적으로 작용한다.
ㄴ. ㉡은 간에서 포도당이 글리코젠으로 전환되는 과정을 촉진한다.
ㄷ. X는 $\alpha$세포이다.

---

① ㄱ          ② ㄴ          ③ ㄱ, ㄷ
④ ㄴ, ㄷ       ⑤ ㄱ, ㄴ, ㄷ

---

## 20 ★☆☆
| 2023학년도 6월 평가원 6번 |

표는 사람의 호르몬과 이 호르몬이 분비되는 내분비샘을 나타낸 것이다. A와 B는 티록신과 항이뇨 호르몬(ADH)을 순서 없이 나타낸 것이다.

| 호르몬 | 내분비샘 |
|---|---|
| A | 갑상샘 |
| B | 뇌하수체 후엽 |
| 갑상샘 자극 호르몬(TSH) | ㉠ |

이에 대한 설명으로 옳은 것만을 〈보기〉에서 있는 대로 고른 것은?

---
보기
ㄱ. A는 티록신이다.
ㄴ. B는 콩팥에서 물의 재흡수를 촉진한다.
ㄷ. ㉠은 뇌하수체 전엽이다.

---

① ㄱ          ② ㄷ          ③ ㄱ, ㄴ
④ ㄴ, ㄷ       ⑤ ㄱ, ㄴ, ㄷ

## 21 ★★☆　|2022학년도 수능 15번|

그림 (가)와 (나)는 정상인이 서로 다른 온도의 물에 들어갔을 때 체온의 변화와 A, B의 변화를 각각 나타낸 것이다. A와 B는 땀 분비량과 열 발생량(열 생산량)을 순서 없이 나타낸 것이고, ⊙과 ⓒ은 '체온보다 낮은 온도의 물에 들어갔을 때'와 '체온보다 높은 온도의 물에 들어갔을 때'를 순서 없이 나타낸 것이다.

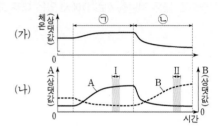

이에 대한 설명으로 옳은 것만을 〈보기〉에서 있는 대로 고른 것은? [3점]

〈보기〉

ㄱ. ⊙은 '체온보다 낮은 온도의 물에 들어갔을 때'이다.
ㄴ. 열 발생량은 구간 Ⅰ에서가 구간 Ⅱ에서보다 많다.
ㄷ. 시상 하부가 체온보다 높은 온도를 감지하면 땀 분비량은 증가한다.

① ㄱ　　　　② ㄷ　　　　③ ㄱ, ㄴ
④ ㄴ, ㄷ　　　⑤ ㄱ, ㄴ, ㄷ

## 22 ★★☆　|2022학년도 수능 8번|

그림은 정상인이 운동을 하는 동안 혈중 포도당 농도와 혈중 ⊙ 농도의 변화를 나타낸 것이다. ⊙은 글루카곤과 인슐린 중 하나이다.

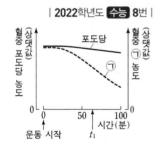

이에 대한 설명으로 옳은 것만을 〈보기〉에서 있는 대로 고른 것은? (단, 제시된 조건 이외는 고려하지 않는다.)

〈보기〉

ㄱ. 이자의 α세포에서 글루카곤이 분비된다.
ㄴ. ⊙은 세포로의 포도당 흡수를 촉진한다.
ㄷ. 간에서 단위 시간당 생성되는 포도당의 양은 운동 시작 시점일 때가 $t_1$일 때보다 많다.

① ㄱ　　　　② ㄷ　　　　③ ㄱ, ㄴ
④ ㄴ, ㄷ　　　⑤ ㄱ, ㄴ, ㄷ

## 23 ★☆☆　|2022학년도 9월 평가원 5번|

그림 (가)는 정상인이 탄수화물을 섭취한 후 시간에 따른 혈중 호르몬 ⊙과 ⓒ의 농도를, (나)는 간에서 ⓒ에 의해 촉진되는 물질 A에서 B로의 전환을 나타낸 것이다. ⊙과 ⓒ은 인슐린과 글루카곤을 순서 없이 나타낸 것이고, A와 B는 포도당과 글리코젠을 순서 없이 나타낸 것이다.

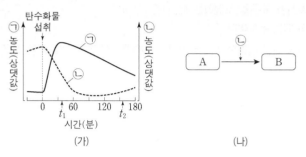

이에 대한 설명으로 옳은 것만을 〈보기〉에서 있는 대로 고른 것은? [3점]

〈보기〉

ㄱ. B는 글리코젠이다.
ㄴ. 혈중 포도당 농도는 $t_1$일 때가 $t_2$일 때보다 낮다.
ㄷ. ⊙과 ⓒ은 혈중 포도당 농도 조절에 길항적으로 작용한다.

① ㄱ　　　　② ㄷ　　　　③ ㄱ, ㄴ
④ ㄱ, ㄷ　　　⑤ ㄴ, ㄷ

## 24 ★☆☆　|2022학년도 9월 평가원 8번|

표는 사람 몸에서 분비되는 호르몬 ⊙과 ⓒ의 기능을 나타낸 것이다. ⊙과 ⓒ은 항이뇨 호르몬(ADH)과 갑상샘 자극 호르몬(TSH)을 순서 없이 나타낸 것이다.

| 호르몬 | 기능 |
|---|---|
| ⊙ | 콩팥에서 물의 재흡수를 촉진한다. |
| ⓒ | 갑상샘에서 티록신의 분비를 촉진한다. |

이에 대한 설명으로 옳은 것만을 〈보기〉에서 있는 대로 고른 것은?

〈보기〉

ㄱ. ⊙은 혈액을 통해 콩팥으로 이동한다.
ㄴ. 뇌하수체에서는 ⊙과 ⓒ이 모두 분비된다.
ㄷ. 혈중 티록신 농도가 증가하면 ⓒ의 분비가 촉진된다.

① ㄱ　　　　② ㄷ　　　　③ ㄱ, ㄴ
④ ㄴ, ㄷ　　　⑤ ㄱ, ㄴ, ㄷ

## 25 ★☆☆

| 2022학년도 9월 평가원 13번 |

그림은 사람의 시상 하부에 설정된 온도가 변화함에 따른 체온 변화를 나타낸 것이다. 시상 하부에 설정된 온도는 열 발산량(열 방출량)과 열 발생량(열 생산량)을 변화시켜 체온을 조절하는 데 기준이 되는 온도이다.

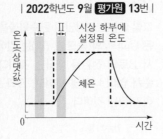

이에 대한 설명으로 옳은 것만을 〈보기〉에서 있는 대로 고른 것은?

┌─ 보기 ┐

ㄱ. 시상 하부에 설정된 온도가 체온보다 낮아지면 체온이 내려간다.

ㄴ. $\dfrac{\text{열 발생량}}{\text{열 발산량}}$ 은 구간 Ⅱ에서가 구간 Ⅰ에서보다 크다.

ㄷ. 피부 근처 혈관을 흐르는 단위 시간당 혈액량이 증가하면 열 발산량이 감소한다.

① ㄱ     ② ㄴ     ③ ㄷ

④ ㄱ, ㄴ     ⑤ ㄴ, ㄷ

## 26 ★☆☆

| 2022학년도 6월 평가원 9번 |

그림은 정상인의 혈중 항이뇨 호르몬(ADH) 농도에 따른 ㉠을 나타낸 것이다. ㉠은 오줌 삼투압과 단위 시간당 오줌 생성량 중 하나이다.

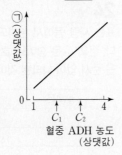

이에 대한 설명으로 옳은 것만을 〈보기〉에서 있는 대로 고른 것은? (단, 제시된 자료 이외에 체내 수분량에 영향을 미치는 요인은 없다.)

┌─ 보기 ┐

ㄱ. ADH는 뇌하수체 후엽에서 분비된다.

ㄴ. ㉠은 단위 시간당 오줌 생성량이다.

ㄷ. 콩팥에서의 단위 시간당 수분 재흡수량은 $C_1$일 때가 $C_2$일 때보다 많다.

① ㄱ     ② ㄴ     ③ ㄷ

④ ㄱ, ㄴ     ⑤ ㄱ, ㄷ

## 27 ★☆☆

| 2022학년도 6월 평가원 12번 |

그림은 어떤 동물의 체온 조절 중추에 ㉠ 자극과 ㉡ 자극을 주었을 때 시간에 따른 체온을 나타낸 것이다. ㉠과 ㉡은 고온과 저온을 순서 없이 나타낸 것이다.

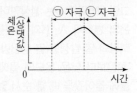

이에 대한 설명으로 옳은 것만을 〈보기〉에서 있는 대로 고른 것은?

[3점]

┌─ 보기 ┐

ㄱ. ㉠은 고온이다.

ㄴ. 사람의 체온 조절 중추에 ㉡ 자극을 주면 피부 근처 혈관이 수축된다.

ㄷ. 사람의 체온 조절 중추는 시상 하부이다.

① ㄱ     ② ㄴ     ③ ㄷ

④ ㄱ, ㄴ     ⑤ ㄱ, ㄷ

## 28 ★☆☆

| 2021학년도 수능 7번 |

그림은 당뇨병 환자 A와 B가 탄수화물을 섭취한 후 인슐린을 주사하였을 때 시간에 따른 혈중 포도당 농도를, 표는 당뇨병 (가)와 (나)의 원인을 나타낸 것이다. A와 B의 당뇨병은 각각 (가)와 (나) 중 하나에 해당한다. ㉠은 $\alpha$세포와 $\beta$세포 중 하나이다.

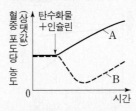

| 당뇨병 | 원인 |
|---|---|
| (가) | 이자의 ㉠이 파괴되어 인슐린이 생성되지 못함. |
| (나) | 인슐린의 표적 세포가 인슐린에 반응하지 못함. |

이에 대한 설명으로 옳은 것만을 〈보기〉에서 있는 대로 고른 것은? (단, 제시된 조건 이외는 고려하지 않는다.) [3점]

┌─ 보기 ┐

ㄱ. ㉠은 $\beta$세포이다.

ㄴ. B의 당뇨병은 (나)에 해당한다.

ㄷ. 정상인에서 혈중 포도당 농도가 증가하면 인슐린의 분비가 억제된다.

① ㄱ     ② ㄴ     ③ ㄷ

④ ㄱ, ㄴ     ⑤ ㄴ, ㄷ

## 29 ★☆☆
| 2021학년도 수능 8번 |

그림 (가)와 (나)는 정상인에서 ㉠의 변화량에 따른 혈중 항이뇨 호르몬(ADH) 농도와 갈증을 느끼는 정도를 각각 나타낸 것이다. ㉠은 혈장 삼투압과 전체 혈액량 중 하나이다.

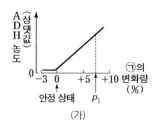
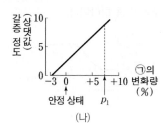

이에 대한 설명으로 옳은 것만을 〈보기〉에서 있는 대로 고른 것은? (단, 제시된 자료 이외에 체내 수분량에 영향을 미치는 요인은 없다.) [3점]

〈보기〉
ㄱ. ㉠은 혈장 삼투압이다.
ㄴ. 생성되는 오줌의 삼투압은 안정 상태일 때가 $p_1$일 때보다 크다.
ㄷ. 갈증을 느끼는 정도는 안정 상태일 때가 $p_1$일 때보다 크다.

① ㄱ  ② ㄴ  ③ ㄷ
④ ㄱ, ㄴ  ⑤ ㄱ, ㄷ

## 30 ★★☆
| 2021학년도 수능 19번 |

다음은 티록신의 분비 조절 과정에 대한 실험이다.

• ㉠과 ㉡은 각각 티록신과 TSH 중 하나이다.

[실험 과정 및 결과]
(가) 유전적으로 동일한 생쥐 A, B, C를 준비한다.
(나) B와 C의 갑상샘을 각각 제거한 후, A~C에서 혈중 ㉠의 농도를 측정한다.
(다) (나)의 B와 C 중 한 생쥐에만 ㉠을 주사한 후, A~C에서 혈중 ㉡의 농도를 측정한다.
(라) (나)와 (다)에서 측정한 결과는 그림과 같다.

  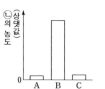

이에 대한 설명으로 옳은 것만을 〈보기〉에서 있는 대로 고른 것은? (단, 제시된 조건 이외는 고려하지 않는다.)

〈보기〉
ㄱ. 갑상샘은 ㉡의 표적 기관이다.
ㄴ. (다)에서 ㉠을 주사한 생쥐는 B이다.
ㄷ. 티록신의 분비는 음성 피드백에 의해 조절된다.

① ㄱ  ② ㄴ  ③ ㄱ, ㄷ
④ ㄴ, ㄷ  ⑤ ㄱ, ㄴ, ㄷ

## 31 ★☆☆
| 2021학년도 9월 평가원 3번 |

그림은 티록신 분비 조절 과정의 일부를 나타낸 것이다. ㉠과 ㉡은 각각 TRH와 TSH 중 하나이다.

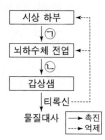

이에 대한 설명으로 옳은 것만을 〈보기〉에서 있는 대로 고른 것은?

〈보기〉
ㄱ. ㉠은 혈액을 통해 표적 세포로 이동한다.
ㄴ. ㉡은 TRH이다.
ㄷ. 티록신의 분비는 음성 피드백에 의해 조절된다.

① ㄱ  ② ㄴ  ③ ㄷ
④ ㄱ, ㄷ  ⑤ ㄴ, ㄷ

## 32 ★☆☆
| 2021학년도 9월 평가원 7번 |

그림 (가)는 자율 신경 X에 의한 체온 조절 과정을, (나)는 항이뇨 호르몬(ADH)에 의한 체내 삼투압 조절 과정을 나타낸 것이다. ㉠은 '피부 근처 혈관 수축'과 '피부 근처 혈관 확장' 중 하나이다.

이에 대한 설명으로 옳은 것만을 〈보기〉에서 있는 대로 고른 것은?

〈보기〉
ㄱ. ㉠은 '피부 근처 혈관 수축'이다.
ㄴ. 혈중 ADH의 농도가 증가하면, 생성되는 오줌의 삼투압이 감소한다.
ㄷ. (가)와 (나)에서 조절 중추는 모두 연수이다.

① ㄱ  ② ㄴ  ③ ㄷ
④ ㄱ, ㄴ  ⑤ ㄱ, ㄷ

## 33 ★☆☆ | 2021학년도 9월 평가원 8번 |

그림은 정상인과 당뇨병 환자 A가 탄수화물을 섭취한 후 시간에 따른 혈중 인슐린 농도를, 표는 당뇨병 (가)와 (나)의 원인을 나타낸 것이다. A의 당뇨병은 (가)와 (나) 중 하나에 해당한다.

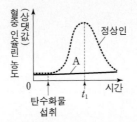

| 당뇨병 | 원인 |
|---|---|
| (가) | 이자의 $\beta$세포가 파괴되어 인슐린이 정상적으로 생성되지 못함 |
| (나) | 인슐린은 정상적으로 분비되나 표적 세포가 인슐린에 반응하지 못함 |

이에 대한 설명으로 옳은 것만을 〈보기〉에서 있는 대로 고른 것은? (단, 제시된 조건 이외는 고려하지 않는다.) [3점]

〈보기〉
ㄱ. A의 당뇨병은 (가)에 해당한다.
ㄴ. 인슐린은 세포로의 포도당 흡수를 촉진한다.
ㄷ. $t_1$일 때 혈중 포도당 농도는 A가 정상인보다 낮다.

① ㄱ　　　　② ㄷ　　　　③ ㄱ, ㄴ
④ ㄴ, ㄷ　　　⑤ ㄱ, ㄴ, ㄷ

## 34 ★☆☆ | 2021학년도 6월 평가원 5번 |

그림은 정상인에게 저온 자극과 고온 자극을 주었을 때 ㉠의 변화를 나타낸 것이다. ㉠은 근육에서의 열 발생량(열 생산량)과 피부 근처 모세 혈관을 흐르는 단위 시간당 혈액량 중 하나이다.

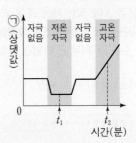

이에 대한 설명으로 옳은 것만을 〈보기〉에서 있는 대로 고른 것은?

〈보기〉
ㄱ. ㉠은 근육에서의 열 발생량이다.
ㄴ. 피부 근처 모세 혈관을 흐르는 단위 시간당 혈액량은 $t_2$일 때가 $t_1$일 때보다 많다.
ㄷ. 체온 조절 중추는 시상 하부이다.

① ㄱ　　　　② ㄴ　　　　③ ㄷ
④ ㄱ, ㄷ　　　⑤ ㄴ, ㄷ

## 35 ★☆☆ | 2021학년도 6월 평가원 8번 |

그림 (가)와 (나)는 탄수화물을 섭취한 후 시간에 따른 A와 B의 혈중 포도당 농도와 혈중 X 농도를 각각 나타낸 것이다. A와 B는 정상인과 당뇨병 환자를 순서 없이 나타낸 것이고, X는 인슐린과 글루카곤 중 하나이다.

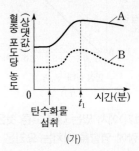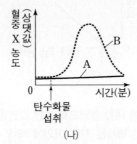

이에 대한 설명으로 옳은 것만을 〈보기〉에서 있는 대로 고른 것은? (단, 제시된 조건 이외는 고려하지 않는다.)

〈보기〉
ㄱ. B는 당뇨병 환자이다.
ㄴ. X는 이자의 $\beta$세포에서 분비된다.
ㄷ. 정상인에서 혈중 글루카곤의 농도는 탄수화물 섭취 시점에서가 $t_1$에서보다 낮다.

① ㄱ　　　　② ㄴ　　　　③ ㄷ
④ ㄱ, ㄷ　　　⑤ ㄴ, ㄷ

## 36 ★☆☆ | 2021학년도 6월 평가원 12번 |

그림 (가)와 (나)는 정상인에서 각각 ㉠과 ㉡의 변화량에 따른 혈중 항이뇨 호르몬(ADH)의 농도를 나타낸 것이다. ㉠과 ㉡은 각각 혈장 삼투압과 전체 혈액량 중 하나이다.

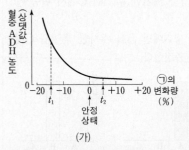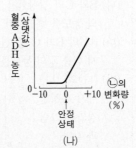

이에 대한 설명으로 옳은 것만을 〈보기〉에서 있는 대로 고른 것은? (단, 제시된 자료 이외에 체내 수분량에 영향을 미치는 요인은 없다.)

〈보기〉
ㄱ. ㉡은 혈장 삼투압이다.
ㄴ. 콩팥은 ADH의 표적 기관이다.
ㄷ. (가)에서 단위 시간당 오줌 생성량은 $t_1$에서가 $t_2$에서보다 많다.

① ㄱ　　　　② ㄷ　　　　③ ㄱ, ㄴ
④ ㄴ, ㄷ　　　⑤ ㄱ, ㄴ, ㄷ

# 05

# 질병과 병원체, 혈액형

## 2026학년도 수능 출제 예측

2025학년도 6월 모의평가에서는 3가지 병원체의 특징에 대한 문제가, 9월 모의평가에서는 말라리아와 낫 모양 적혈구 빈혈증에 대한 자료 분석형 문제가 각각 1문항씩 출제되었다. 2025학년도 수능에서는 사람 면역 결핍 바이러스와 결핵의 병원체에 대한 문제가 1문항 출제되었다.

매년 1문제가 출제되고 있다. 2026학년도 수능에서는 질병의 종류와 특징에 대해 묻는 문제가 자료 분석형 문제로 출제될 가능성이 높다. ABO식 혈액형에 대한 응집 반응 결과를 분석할 수 있는지를 묻는 문제도 출제 가능성이 높으므로 관련 기출 문제를 모두 풀어두도록 하자.

**1** ☆☆☆

| 2025학년도 수능 7번 |

그림은 사람 면역 결핍 바이러스(HIV)에 감염된 사람에서 체내 HIV의 수(ⓐ)와 HIV에 감염된 사람이 결핵의 병원체에 노출되었을 때 결핵 발병 확률(ⓑ)을 시간에 따라 각각 나타낸 것이다.

이에 대한 설명으로 옳은 것만을 〈보기〉에서 있는 대로 고른 것은?

〈보기〉
ㄱ. 결핵의 치료에 항생제가 사용된다.
ㄴ. HIV는 살아 있는 숙주 세포 안에서만 증식할 수 있다.
ㄷ. ⓑ는 구간 Ⅰ에서가 구간 Ⅱ에서보다 높다.

① ㄱ      ② ㄷ      ③ ㄱ, ㄴ
④ ㄴ, ㄷ      ⑤ ㄱ, ㄴ, ㄷ

**2** ☆☆☆

| 2025학년도 9월 평가원 4번 |

그림은 같은 수의 정상 적혈구 R와 낫 모양 적혈구 S를 각각 말라리아 병원체와 혼합하여 배양한 후, 말라리아 병원체에 감염된 R와 S의 빈도를 나타낸 것이다.

이에 대한 설명으로 옳은 것만을 〈보기〉에서 있는 대로 고른 것은? (단, 제시된 조건 이외는 고려하지 않는다.)

〈보기〉
ㄱ. 말라리아 병원체는 원생생물이다.
ㄴ. 낫 모양 적혈구 빈혈증은 비감염성 질병에 해당한다.
ㄷ. 말라리아 병원체에 노출되었을 때, S를 갖는 사람은 R만 갖는 사람보다 말라리아가 발병할 확률이 높다.

① ㄱ      ② ㄷ      ③ ㄱ, ㄴ
④ ㄴ, ㄷ      ⑤ ㄱ, ㄴ, ㄷ

**3** ☆☆☆

| 2025학년도 6월 평가원 10번 |

표는 사람의 질병 A~C의 병원체에서 특징의 유무를 나타낸 것이다. A~C는 결핵, 독감, 말라리아를 순서 없이 나타낸 것이다.

| 질병 \ 병원체 | A의 병원체 | B의 병원체 | C의 병원체 |
|---|---|---|---|
| 유전 물질을 갖는다. | ㉠ | ? | ○ |
| 스스로 물질대사를 한다. | ○ | ? | × |
| 원생생물에 속한다. | × | ○ | × |

(○: 있음, ×: 없음)

이에 대한 설명으로 옳은 것만을 〈보기〉에서 있는 대로 고른 것은?

〈보기〉
ㄱ. ㉠은 '×'이다.
ㄴ. B는 비감염성 질병이다.
ㄷ. C의 병원체는 바이러스이다.

① ㄱ      ② ㄷ      ③ ㄱ, ㄴ
④ ㄴ, ㄷ      ⑤ ㄱ, ㄴ, ㄷ

**4** ★★☆

| 2024학년도 수능 16번 |

표는 사람 Ⅰ~Ⅲ 사이의 ABO식 혈액형에 대한 응집 반응 결과를 나타낸 것이다. ㉠~㉢은 Ⅰ~Ⅲ의 혈장을 순서 없이 나타낸 것이다. Ⅰ~Ⅲ의 ABO식 혈액형은 각각 서로 다르며, A형, AB형, O형 중 하나이다.

| 혈장 \ 적혈구 | ㉠ | ㉡ | ㉢ |
|---|---|---|---|
| Ⅰ의 적혈구 | ? | − | + |
| Ⅱ의 적혈구 | − | ? | − |
| Ⅲ의 적혈구 | ? | + | ? |

(+: 응집됨, −: 응집 안 됨)

이에 대한 설명으로 옳은 것만을 〈보기〉에서 있는 대로 고른 것은?

〈보기〉
ㄱ. Ⅰ의 ABO식 혈액형은 A형이다.
ㄴ. ㉡은 Ⅱ의 혈장이다.
ㄷ. Ⅲ의 적혈구와 ㉢을 섞으면 항원 항체 반응이 일어난다.

① ㄱ      ② ㄴ      ③ ㄱ, ㄷ
④ ㄴ, ㄷ      ⑤ ㄱ, ㄴ, ㄷ

## 5 ⭐☆☆

| 2024학년도 9월 평가원 7번 |

표는 사람의 질병 A~C의 병원체에서 특징의 유무를 나타낸 것이다. A~C는 결핵, 무좀, 후천성 면역 결핍증(AIDS)을 순서 없이 나타낸 것이다.

| 특징 \ 병원체 | A의 병원체 | B의 병원체 | C의 병원체 |
|---|---|---|---|
| 스스로 물질대사를 한다. | ○ | ○ | × |
| 세균에 속한다. | × | ○ | × |

(○: 있음, ×: 없음)

이에 대한 설명으로 옳은 것만을 〈보기〉에서 있는 대로 고른 것은?

┌ 보기 ┐
ㄱ. A는 후천성 면역 결핍증이다.
ㄴ. B의 치료에 항생제가 사용된다.
ㄷ. C의 병원체는 유전 물질을 갖는다.
└─────┘

① ㄱ      ② ㄷ      ③ ㄱ, ㄴ
④ ㄴ, ㄷ      ⑤ ㄱ, ㄴ, ㄷ

## 6 ⭐☆☆

| 2024학년도 6월 평가원 4번 |

사람의 질병에 대한 설명으로 옳은 것만을 〈보기〉에서 있는 대로 고른 것은?

┌ 보기 ┐
ㄱ. 독감의 병원체는 바이러스이다.
ㄴ. 결핵의 병원체는 독립적으로 물질대사를 한다.
ㄷ. 낫 모양 적혈구 빈혈증은 비감염성 질병에 해당한다.
└─────┘

① ㄱ      ② ㄴ      ③ ㄱ, ㄷ
④ ㄴ, ㄷ      ⑤ ㄱ, ㄴ, ㄷ

## 7 ⭐☆☆

| 2023학년도 수능 2번 |

표는 사람의 5가지 질병을 병원체의 특징에 따라 구분하여 나타낸 것이다.

| 병원체의 특징 | 질병 |
|---|---|
| 세포 구조로 되어 있다. | 결핵, 무좀, 말라리아 |
| (가) | 독감, 후천성 면역 결핍증(AIDS) |

이에 대한 설명으로 옳은 것만을 〈보기〉에서 있는 대로 고른 것은?

┌ 보기 ┐
ㄱ. '스스로 물질대사를 하지 못한다.'는 (가)에 해당한다.
ㄴ. 무좀과 말라리아의 병원체는 모두 곰팡이다.
ㄷ. 결핵과 독감은 모두 감염성 질병이다.
└─────┘

① ㄱ      ② ㄴ      ③ ㄱ, ㄷ
④ ㄴ, ㄷ      ⑤ ㄱ, ㄴ, ㄷ

## 8 ⭐☆☆

| 2023학년도 9월 평가원 2번 |

표는 사람의 질병 A와 B의 특징을 나타낸 것이다. A와 B는 후천성 면역 결핍증(AIDS)과 헌팅턴 무도병을 순서 없이 나타낸 것이다.

| 질병 | 특징 |
|---|---|
| A | 신경계가 점진적으로 파괴되면서 몸의 움직임이 통제되지 않으며, 자손에게 유전될 수 있다. |
| B | 면역력이 약화되어 세균과 곰팡이에 쉽게 감염된다. |

이에 대한 설명으로 옳은 것만을 〈보기〉에서 있는 대로 고른 것은?

┌ 보기 ┐
ㄱ. A는 헌팅턴 무도병이다.
ㄴ. B의 병원체는 바이러스이다.
ㄷ. A와 B는 모두 감염성 질병이다.
└─────┘

① ㄱ      ② ㄷ      ③ ㄱ, ㄴ
④ ㄴ, ㄷ      ⑤ ㄱ, ㄴ, ㄷ

## 9 ⭐☆☆

| 2023학년도 6월 평가원 3번 |

표는 사람 질병의 특징을 나타낸 것이다.

| 질병 | 특징 |
|---|---|
| 무좀 | 병원체는 독립적으로 물질대사를 한다. |
| 독감 | (가) |
| ⓐ 낫 모양 적혈구 빈혈증 | 비정상적인 헤모글로빈이 적혈구 모양을 변화시킨다. |

이에 대한 설명으로 옳은 것만을 〈보기〉에서 있는 대로 고른 것은?

┌ 보기 ┐
ㄱ. 무좀의 병원체는 세균이다.
ㄴ. '병원체는 살아 있는 숙주 세포 안에서만 증식할 수 있다.' 는 (가)에 해당한다.
ㄷ. 유전자 돌연변이에 의한 질병 중에는 ⓐ가 있다.
└─────┘

① ㄱ      ② ㄴ      ③ ㄱ, ㄷ
④ ㄴ, ㄷ      ⑤ ㄱ, ㄴ, ㄷ

Part Ⅱ
수능 평가원

## 10 ★☆☆
| 2022학년도 수능 5번 |

표는 사람 질병의 특징을 나타낸 것이다.

| 질병 | 기능 |
|---|---|
| 말라리아 | 모기를 매개로 전염된다. |
| 결핵 | (가) |
| 헌팅턴 무도병 | 신경계의 손상(퇴화)이 일어난다. |

이에 대한 설명으로 옳은 것만을 〈보기〉에서 있는 대로 고른 것은?

〔보기〕
ㄱ. 말라리아의 병원체는 바이러스이다.
ㄴ. '치료에 항생제가 사용된다.'는 (가)에 해당한다.
ㄷ. 헌팅턴 무도병은 유전병으로, 비감염성 질병이다.

① ㄱ  ② ㄷ  ③ ㄱ, ㄴ  ④ ㄴ, ㄷ  ⑤ ㄱ, ㄴ, ㄷ

## 11 ★☆☆
| 2022학년도 9월 평가원 1번 |

그림 (가)와 (나)는 결핵의 병원체와 후천성 면역 결핍증(AIDS)의 병원체를 순서 없이 나타낸 것이다. (나)는 세포 구조로 되어 있다.

(가)　　　　(나)

이에 대한 설명으로 옳은 것만을 〈보기〉에서 있는 대로 고른 것은?

〔보기〕
ㄱ. (가)는 결핵의 병원체이다.
ㄴ. (나)는 원생생물이다.
ㄷ. (가)와 (나)는 모두 단백질을 갖는다.

① ㄱ  ② ㄷ  ③ ㄱ, ㄴ  ④ ㄴ, ㄷ  ⑤ ㄱ, ㄴ, ㄷ

## 12 ★☆☆
| 2022학년도 6월 평가원 5번 |

표 (가)는 병원체의 3가지 특징을, (나)는 (가)의 특징 중 사람의 질병 A~C의 병원체가 갖는 특징의 개수를 나타낸 것이다. A~C는 독감, 무좀, 말라리아를 순서 없이 나타낸 것이다.

| 특징 |
|---|
| • 독립적으로 물질대사를 한다. |
| • ㉠단백질을 갖는다. |
| • 곰팡이에 속한다. |

| 질병 | 병원체가 갖는 특징의 개수 |
|---|---|
| A | 3 |
| B | ? |
| C | 2 |

(가)　　　　　　　(나)

이에 대한 설명으로 옳은 것만을 〈보기〉에서 있는 대로 고른 것은?

〔보기〕
ㄱ. A는 무좀이다.
ㄴ. B의 병원체는 특징 ㉠을 갖는다.
ㄷ. C는 모기를 매개로 전염된다.

① ㄱ  ② ㄴ  ③ ㄱ, ㄷ  ④ ㄴ, ㄷ  ⑤ ㄱ, ㄴ, ㄷ

## 13 ★☆☆
| 2021학년도 수능 3번 |

표 (가)는 사람의 5가지 질병을 A~C로 구분하여 나타낸 것이고, (나)는 병원체의 3가지 특징을 나타낸 것이다.

| 구분 | 질병 |
|---|---|
| A | 말라리아 |
| B | 독감, 홍역 |
| C | 결핵, 탄저병 |

| 특징 |
|---|
| • 유전 물질을 갖는다. |
| • 세포 구조로 되어 있다. |
| • 독립적으로 물질대사를 한다. |

(가)　　　　　　　　　(나)

이에 대한 설명으로 옳은 것만을 〈보기〉에서 있는 대로 고른 것은?

〔보기〕
ㄱ. 말라리아의 병원체는 곰팡이다.
ㄴ. 독감의 병원체는 세포 구조로 되어 있다.
ㄷ. C의 병원체는 (나)의 특징을 모두 갖는다.

① ㄱ  ② ㄷ  ③ ㄱ, ㄴ
④ ㄴ, ㄷ  ⑤ ㄱ, ㄴ, ㄷ

## 14 ★☆☆
| 2021학년도 9월 평가원 5번 |

표는 사람의 4가지 질병을 A와 B로 구분하여 나타낸 것이다.
이에 대한 설명으로 옳은 것만을 〈보기〉에서 있는 대로 고른 것은?

| 구분 | 질병 |
|---|---|
| A | 천연두, 홍역 |
| B | 결핵, 콜레라 |

〔보기〕
ㄱ. A의 병원체는 원생생물이다.
ㄴ. 결핵의 치료에는 항생제가 사용된다.
ㄷ. A와 B는 모두 감염성 질병이다.

① ㄱ  ② ㄴ  ③ ㄱ, ㄷ
④ ㄴ, ㄷ  ⑤ ㄱ, ㄴ, ㄷ

## 15 ★☆☆
| 2021학년도 6월 평가원 6번 |

다음은 사람의 질병에 대한 학생 A~C의 대화 내용이다.

제시한 내용이 옳은 학생만을 있는 대로 고른 것은?
① A  ② C  ③ A, B
④ B, C  ⑤ A, B, C

# 06

# 우리 몸의 방어 작용

## 2026학년도 수능 출제 예측

**2025학년도 수능, 평가원 분석**

2025학년도 6월 모의평가에서는 항원 항체 반응과 항체의 구조에 대한 문제가, 9월 모의평가에서는 침과 눈물을 이용한 사람의 방어 작용에 대한 실험 문제가 각각 1문항씩 출제되었다. 2025학년도 수능에서는 병원체를 이용한 생쥐의 방어 작용 실험 문제가 1문항 출제되었다.

**2026학년도 수능 예측**

매년 1문제가 출제되고 있다. 2026학년도 수능에서는 비특이적 방어 작용에 관한 실험 분석 문제가 출제될 가능성이 높다. 특히, 체액성 면역과 세포성 면역, 1차 면역 반응과 2차 면역 반응을 비교 분석하는 문제가 출제될 수 있다.

**1** ☆☆☆ | 2025학년도 **수능** 9번 |

다음은 병원체 ㉠과 ㉡에 대한 생쥐의 방어 작용 실험이다.

[실험 과정 및 결과]

(가) 유전적으로 동일하고 가슴샘이 없는 생쥐 Ⅰ~Ⅵ을 준비한다. Ⅰ~Ⅵ은 ㉠과 ㉡에 노출된 적이 없다.

(나) Ⅰ과 Ⅱ에 ㉠을, Ⅲ과 Ⅳ에 ㉡을, Ⅴ와 Ⅵ에 ㉠과 ㉡ 모두를 감염시키고, Ⅱ, Ⅳ, Ⅵ에 ⓐ에 대한 보조 T 림프구를 각각 주사한다. ⓐ는 ㉠과 ㉡ 중 하나이다.

(다) 일정 시간이 지난 후, Ⅰ~Ⅵ에서 ⓐ에 대한 항원 항체 반응 여부와 생존 여부를 확인한 결과는 표와 같다.

| 생쥐 | Ⅰ | Ⅱ | Ⅲ | Ⅳ | Ⅴ | Ⅵ |
|---|---|---|---|---|---|---|
| 항원 항체 반응 여부 | 일어나지 않음 | 일어나지 않음 | ? | 일어남 | ? | 일어남 |
| 생존 여부 | 죽는다 | ? | 죽는다 | 산다 | 죽는다 | 죽는다 |

이에 대한 설명으로 옳은 것만을 〈보기〉에서 있는 대로 고른 것은? (단, 제시된 조건 이외는 고려하지 않는다.) [3점]

보기
ㄱ. ⓐ는 ㉠이다.
ㄴ. (다)의 Ⅳ에서 B 림프구로부터 형질 세포로의 분화가 일어났다.
ㄷ. (다)의 Ⅵ에서 ㉡에 대한 특이적 방어 작용이 일어났다.

① ㄱ　② ㄴ　③ ㄱ, ㄷ　④ ㄴ, ㄷ　⑤ ㄱ, ㄴ, ㄷ

---

**2** ☆☆☆ | 2025학년도 9월 **평가원** 18번 |

다음은 사람의 방어 작용에 대한 실험이다.

• 침과 눈물에는 ㉠세균의 증식을 억제하는 물질이 있다.

[실험 과정 및 결과]

(가) 사람의 침과 눈물을 각각 표와 같은 농도로 준비한다.

(나) (가)에서 준비한 침과 눈물에 같은 양의 세균 G를 각각 넣고 일정 시간 동안 배양한 후, G의 증식 여부를 확인한 결과는 표와 같다.

| 농도 (상댓값) | 침 | 눈물 |
|---|---|---|
| 1 | ⓐ | × |
| 0.1 | × | ? |
| 0.01 | ○ | × |

(○: 증식됨, ×: 증식 안 됨)

이에 대한 설명으로 옳은 것만을 〈보기〉에서 있는 대로 고른 것은? (단, 제시된 조건 이외는 고려하지 않는다.) [3점]

보기
ㄱ. 라이소자임은 ㉠에 해당한다.
ㄴ. ⓐ는 '×'이다.
ㄷ. 사람의 침과 눈물은 비특이적 방어 작용에 관여한다.

① ㄱ　② ㄷ　③ ㄱ, ㄴ　④ ㄴ, ㄷ　⑤ ㄱ, ㄴ, ㄷ

---

**3** ☆☆☆ | 2025학년도 6월 **평가원** 3번 |

그림 (가)는 어떤 사람이 병원체 X에 감염되었을 때 생성된 X에 대한 항체 Y의 구조를, (나)는 X와 Y의 항원 항체 반응을 나타낸 것이다. ㉠과 ㉡ 중 하나는 항원 결합 부위이다.

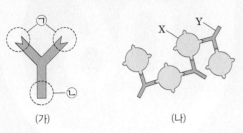

(가)　(나)

이에 대한 설명으로 옳은 것만을 〈보기〉에서 있는 대로 고른 것은? [3점]

보기
ㄱ. Y는 형질 세포로부터 생성된다.
ㄴ. ㉡은 X에 특이적으로 결합하는 부위이다.
ㄷ. X에 대한 체액성 면역 반응에서 (나)가 일어난다.

① ㄱ　② ㄴ　③ ㄱ, ㄷ
④ ㄴ, ㄷ　⑤ ㄱ, ㄴ, ㄷ

---

**4** ☆☆☆ | 2024학년도 9월 **평가원** 9번 |

다음은 항원 X에 대한 생쥐의 방어 작용 실험이다.

[실험 과정 및 결과]

(가) 정상 생쥐 A와 가슴샘이 없는 생쥐 B를 준비한다. A와 B는 유전적으로 동일하고 X에 노출된 적이 없다.

(나) A와 B에 X를 각각 2회에 걸쳐 주사한다. A와 B에서 X에 대한 혈중 항체 농도 변화는 그림과 같다.

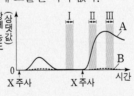

이에 대한 설명으로 옳은 것만을 〈보기〉에서 있는 대로 고른 것은? (단, 제시된 조건 이외는 고려하지 않는다.) [3점]

보기
ㄱ. 구간 Ⅰ의 A에는 X에 대한 기억 세포가 있다.
ㄴ. 구간 Ⅱ의 A에서 X에 대한 2차 면역 반응이 일어났다.
ㄷ. 구간 Ⅲ의 A에서 X에 대한 항체는 세포독성 T 림프구에서 생성된다.

① ㄱ　② ㄴ　③ ㄱ, ㄴ
④ ㄱ, ㄷ　⑤ ㄴ, ㄷ

## 5 ☆☆☆  | 2024학년도 수능 18번 |

다음은 바이러스 X에 대한 생쥐의 방어 작용 실험이다.

(가) 유전적으로 동일하고 X에 노출된 적이 없는 생쥐 A~D
를 준비한다. A와 B는 ㉠이고, C와 D는 ㉡이다. ㉠과
㉡은 '정상 생쥐'와 '가슴샘이 없는 생쥐'를 순서 없이 나
타낸 것이다.

(나) A~D 중 B와 D에 X를 각각 주사 후 A~D에서 ⓐ X에
감염된 세포의 유무를 확인한 결과, B와 D에서만 ⓐ가
있었다.

(다) 일정 시간이 지난 후, 각 생쥐에 대해 조사한 결과는 표
와 같다.

| 구분 | ㉠ | | ㉡ | |
|---|---|---|---|---|
| | A | B | C | D |
| X에 대한 세포성<br>면역 반응 여부 | 일어나지<br>않음 | 일어남 | 일어나지<br>않음 | 일어나지<br>않음 |
| 생존 여부 | 산다 | 산다 | 산다 | 죽는다 |

이에 대한 설명으로 옳은 것만을 〈보기〉에서 있는 대로 고른 것은?
(단, 제시된 조건 이외는 고려하지 않는다.) [3점]

보기
ㄱ. X는 유전 물질을 갖는다.
ㄴ. ㉡은 '가슴샘이 없는 생쥐'이다.
ㄷ. (다)의 B에서 세포독성 T 림프구가 ⓐ를 파괴하는 면역
반응이 일어났다.

① ㄱ  ② ㄷ  ③ ㄱ, ㄴ
④ ㄴ, ㄷ  ⑤ ㄱ, ㄴ, ㄷ

## 6 ☆☆☆  | 2024학년도 6월 평가원 13번 |

다음은 검사 키트를 이용하여 병원체 P와 Q의 감염 여부를 확인하
기 위한 실험이다.

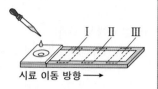

- 사람으로부터 채취한 시료
를 검사 키트에 떨어뜨리
면 시료는 물질 ⓐ와 함께
이동한다. ⓐ는 P와 Q에
각각 결합할 수 있고, 색소
가 있다.

- 검사 키트의 Ⅰ에는 'P에 대한 항체'가, Ⅱ에는 'Q에 대한
항체'가, Ⅲ에는 'ⓐ에 대한 항체'가 각각 부착되어 있다. Ⅰ
~Ⅲ의 항체에 각각 항원이 결합하면, ⓐ의 색소에 의해 띠
가 나타난다.

[실험 과정 및 결과]

(가) 사람 A와 B로부터 시료를 각각 준비한 후, 검사 키트에
각 시료를 떨어뜨린다.

(나) 일정 시간이 지난 후 검사 키트
를 확인한 결과는 표와 같다.

(다) A는 P와 Q에 모두 감염되지
않았고, B는 Q에만 감염되었다.

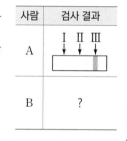

B의 검사 결과로 가장 적절한 것은? (단, 제시된 조건 이외는 고려
하지 않는다.) [3점]

①   ②   ③

④   ⑤

다음은 병원체 X와 Y에 대한 생쥐의 방어 작용 실험이다.

---

- X와 Y에 모두 항원 ㉮가 있다.

[실험 과정 및 결과]

(가) 유전적으로 동일하고 X와 Y에 노출된 적이 없는 생쥐 Ⅰ~Ⅳ를 준비한다.

(나) Ⅰ에게 X를, Ⅱ에게 Y를 주사하고 일정 시간이 지난 후, 생쥐의 생존 여부를 확인한다.

| 생쥐 | 생존 여부 |
|------|-----------|
| Ⅰ | 산다 |
| Ⅱ | 죽는다 |

(다) (나)의 Ⅰ에서 ㉮에 대한 B 림프구가 분화한 기억 세포를 분리한다.

(라) Ⅲ에게 X를, Ⅳ에게 (다)의 기억 세포를 주사한다.

(마) 일정 시간이 지난 후, Ⅲ과 Ⅳ에게 Y를 각각 주사한다. Ⅲ과 Ⅳ에서 ㉮에 대한 혈중 항체 농도 변화는 그림과 같다.

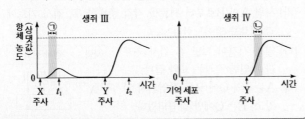

---

이에 대한 설명으로 옳은 것만을 〈보기〉에서 있는 대로 고른 것은? (단, 제시된 조건 이외는 고려하지 않는다.) [3점]

보기
ㄱ. Ⅲ에서 ㉮에 대한 혈중 항체 농도는 $t_1$일 때가 $t_2$일 때보다 높다.
ㄴ. 구간 ㉠에서 ㉮에 대한 특이적 방어 작용이 일어났다.
ㄷ. 구간 ㉡에서 형질 세포가 기억 세포로 분화되었다.

① ㄱ　　　　　② ㄴ　　　　　③ ㄱ, ㄷ
④ ㄴ, ㄷ　　　　⑤ ㄱ, ㄴ, ㄷ

---

다음은 검사 키트를 이용하여 병원체 X의 감염 여부를 확인하기 위한 실험이다.

---

- 사람으로부터 채취한 시료를 검사 키트에 떨어뜨리면 시료는 물질 ⓐ와 함께 이동한다. ⓐ는 X에 결합할 수 있고, 색소가 있다.
- 검사 키트의 Ⅰ에는 ㉠이, Ⅱ에는 ㉡이 각각 부착되어 있다. ㉠과 ㉡ 중 하나는 'X에 대한 항체'이고, 나머지 하나는 'ⓐ에 대한 항체'이다.
- ㉠과 ㉡에 각각 항원이 결합하면, ⓐ의 색소에 의해 띠가 나타난다.

[실험 과정 및 결과]

(가) 사람 A와 B로부터 시료를 각각 준비한 후, 검사 키트에 각 시료를 떨어뜨린다.

(나) 일정 시간이 지난 후 검사 키트를 확인한 결과는 그림과 같고, A와 B 중 한 사람만 X에 감염되었다.

---

이 자료에 대한 설명으로 옳은 것만을 〈보기〉에서 있는 대로 고른 것은? (단, 제시된 조건 이외는 고려하지 않는다.) [3점]

보기
ㄱ. ㉡은 'ⓐ에 대한 항체'이다.
ㄴ. B는 X에 감염되었다.
ㄷ. 검사 키트에는 항원 항체 반응의 원리가 이용된다.

① ㄱ　　　　　② ㄴ　　　　　③ ㄱ, ㄷ
④ ㄴ, ㄷ　　　　⑤ ㄱ, ㄴ, ㄷ

## 9 ★☆☆
| 2023학년도 6월 평가원 12번 |

그림은 사람 P가 병원체 X에 감염되었을 때 일어난 방어 작용의 일부를 나타낸 것이다. ㉠과 ㉡은 보조 T 림프구와 세포독성 T 림프구를 순서 없이 나타낸 것이다.

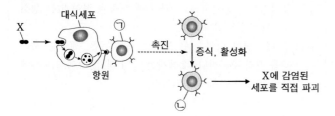

이에 대한 설명으로 옳은 것만을 〈보기〉에서 있는 대로 고른 것은?

보기
ㄱ. ㉠은 대식세포가 제시한 항원을 인식한다.
ㄴ. ㉡은 형질 세포로 분화된다.
ㄷ. P에서 세포성 면역 반응이 일어났다.

① ㄱ         ② ㄴ         ③ ㄱ, ㄷ
④ ㄴ, ㄷ        ⑤ ㄱ, ㄴ, ㄷ

## 10 ★☆☆
| 2022학년도 수능 9번 |

다음은 어떤 사람이 병원체 X에 감염되었을 때 나타나는 방어 작용에 대한 자료이다.

(가) ㉠형질 세포에서 X에 대한 항체가 생성된다.
(나) 세포독성 T 림프구가 X에 감염된 세포를 파괴한다.

이에 대한 설명으로 옳은 것만을 〈보기〉에서 있는 대로 고른 것은? [3점]

보기
ㄱ. X에 대한 체액성 면역 반응에서 (가)가 일어난다.
ㄴ. (나)는 특이적 방어 작용에 해당한다.
ㄷ. 이 사람이 X에 다시 감염되었을 때 ㉠이 기억 세포로 분화한다.

① ㄱ         ② ㄷ         ③ ㄱ, ㄴ
④ ㄴ, ㄷ        ⑤ ㄱ, ㄴ, ㄷ

## 11 ★☆☆
| 2022학년도 9월 평가원 18번 |

다음은 병원체 P에 대한 백신을 개발하기 위한 실험이다.

[실험 과정 및 결과]
(가) P로부터 두 종류의 백신 후보 물질 ㉠과 ㉡을 얻는다.
(나) P, ㉠, ㉡에 노출된 적이 없고, 유전적으로 동일한 생쥐 Ⅰ~Ⅴ를 준비한다.
(다) 표와 같이 주사액을 Ⅰ~Ⅳ에게 주사하고 일정 시간이 지난 후, 생쥐의 생존 여부를 확인한다.

| 생쥐 | 주사액 조성 | 생존 여부 |
|---|---|---|
| Ⅰ | ㉠ | 산다 |
| Ⅱ, Ⅲ | ㉡ | 산다 |
| Ⅳ | P | 죽는다 |

(라) (다)의 Ⅲ에서 ㉡에 대한 B 림프구가 분화한 기억 세포를 분리하여 Ⅴ에게 주사한다.
(마) (다)의 Ⅰ과 Ⅱ, (라)의 Ⅴ에게 각각 P를 주사하고 일정 시간이 지난 후, 생쥐의 생존 여부를 확인한다.

| 생쥐 | 생존 여부 |
|---|---|
| Ⅰ | 죽는다 |
| Ⅱ | 산다 |
| Ⅴ | 산다 |

이에 대한 설명으로 옳은 것만을 〈보기〉에서 있는 대로 고른 것은? (단, 제시된 조건 이외는 고려하지 않는다.) [3점]

보기
ㄱ. P에 대한 백신으로 ㉠이 ㉡보다 적합하다.
ㄴ. (다)의 Ⅱ에서 ㉡에 대한 1차 면역 반응이 일어났다.
ㄷ. (마)의 Ⅴ에서 기억 세포로부터 형질 세포로의 분화가 일어났다.

① ㄱ         ② ㄴ         ③ ㄱ, ㄷ
④ ㄴ, ㄷ        ⑤ ㄱ, ㄴ, ㄷ

## 12 ☆☆☆ | 2022학년도 6월 평가원 10번 |

다음은 항원 X에 대한 생쥐의 방어 작용 실험이다.

[실험 과정 및 결과]
(가) 유전적으로 동일하고 X에 노출된 적이 없는 생쥐 A~D를 준비한다.

(나) A와 B에 X를 각각 2회에 걸쳐 주사한 후, A와 B에서 특이적 방어 작용이 일어났는지 확인한다.

| 생쥐 | 특이적 방어 작용 |
|------|------------------|
| A | ○ |
| B | ⓐ |

(○: 일어남, ×: 일어나지 않음)

(다) 일정 시간이 지난 후, (나)의 A에서 ㉠을 분리하여 C에, (나)의 B에서 ㉡을 분리하여 D에 주사한다. ㉠과 ㉡은 혈장과 기억 세포를 순서 없이 나타낸 것이다.

(라) 일정 시간이 지난 후, C와 D에 X를 각각 주사한다. C와 D에서 X에 대한 혈중 항체 농도 변화는 그림과 같다.

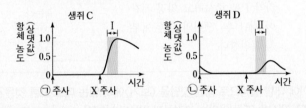

이에 대한 설명으로 옳은 것만을 〈보기〉에서 있는 대로 고른 것은? [3점]

┌─ 보기 ─────────────────────────────┐
ㄱ. ⓐ는 '○'이다.
ㄴ. 구간 I에서 X에 대한 항체가 형질 세포로부터 생성되었다.
ㄷ. 구간 II에서 X에 대한 1차 면역 반응이 일어났다.
└────────────────────────────────────┘

① ㄱ      ② ㄷ      ③ ㄱ, ㄴ
④ ㄴ, ㄷ      ⑤ ㄱ, ㄴ, ㄷ

## 13 ☆☆☆ | 2021학년도 수능 14번 |

다음은 병원체 ㉠과 ㉡에 대한 생쥐의 방어 작용 실험이다.

[실험 과정 및 결과]
(가) 유전적으로 동일하고, ㉠과 ㉡에 노출된 적이 없는 생쥐 I~VI을 준비한다.

(나) I에는 생리 식염수를, II에는 죽은 ㉠을, III에는 죽은 ㉡을 각각 주사한다. II에서는 ㉠에 대한, III에서는 ㉡에 대한 항체가 각각 생성되었다.

(다) 2주 후 (나)의 I~III에서 각각 혈장을 분리하여 표와 같이 살아 있는 ㉠과 함께 IV~VI에게 주사하고, 1일 후 생쥐의 생존 여부를 확인한다.

| 생쥐 | 주사액의 조성 | 생존 여부 |
|------|---------------|-----------|
| IV | I의 혈장+㉠ | 죽는다 |
| V | II의 혈장+㉠ | 산다 |
| VI | ⓐIII의 혈장+㉠ | 죽는다 |

이에 대한 설명으로 옳은 것만을 〈보기〉에서 있는 대로 고른 것은? (단, 제시된 조건 이외는 고려하지 않는다.) [3점]

┌─ 보기 ─────────────────────────────┐
ㄱ. (나)의 II에서 ㉠에 대한 특이적 방어 작용이 일어났다.
ㄴ. (다)의 V에서 ㉠에 대한 2차 면역 반응이 일어났다.
ㄷ. ⓐ에는 ㉡에 대한 형질 세포가 있다.
└────────────────────────────────────┘

① ㄱ      ② ㄴ      ③ ㄱ, ㄷ
④ ㄴ, ㄷ      ⑤ ㄱ, ㄴ, ㄷ

# 14 ★☆☆

| 2021학년도 9월 평가원 12번 |

그림 (가)와 (나)는 사람의 면역 반응을 나타낸 것이다. (가)와 (나)는 각각 세포성 면역과 체액성 면역 중 하나이며, ㉠~㉢은 기억 세포, 세포독성 T 림프구, B 림프구를 순서 없이 나타낸 것이다.

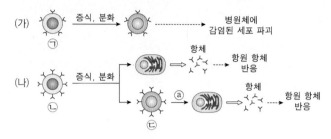

이에 대한 설명으로 옳은 것만을 〈보기〉에서 있는 대로 고른 것은? [3점]

보기
ㄱ. (가)는 체액성 면역이다.
ㄴ. 보조 T 림프구는 ㉡에서 ㉢으로의 분화를 촉진한다.
ㄷ. 2차 면역 반응에서 과정 ⓐ가 일어난다.

① ㄱ      ② ㄴ      ③ ㄱ, ㄷ
④ ㄴ, ㄷ      ⑤ ㄱ, ㄴ, ㄷ

# 15 ★☆☆

| 2021학년도 6월 평가원 15번 |

표 (가)는 세포 Ⅰ~Ⅲ에서 특징 ㉠~㉢의 유무를 나타낸 것이고, (나)는 ㉠~㉢을 순서 없이 나타낸 것이다. Ⅰ~Ⅲ은 각각 보조 T 림프구, 세포독성 T 림프구, 형질 세포 중 하나이다.

| 특징<br>질병 | ㉠ | ㉡ | ㉢ |
|---|---|---|---|
| Ⅰ | ○ | ○ | ○ |
| Ⅱ | × | ○ | × |
| Ⅲ | ○ | ○ | × |

(○ : 있음, × : 없음)

(가)

**특징(㉠~㉢)**
• 특이적 방어 작용에 관여한다.
• 가슴샘에서 성숙된다.
• 병원체에 감염된 세포를 직접 파괴한다.

(나)

이에 대한 설명으로 옳은 것만을 〈보기〉에서 있는 대로 고른 것은? [3점]

보기
ㄱ. Ⅰ은 보조 T 림프구이다.
ㄴ. Ⅱ에서 항체가 분비된다.
ㄷ. ㉢은 '병원체에 감염된 세포를 직접 파괴한다.'이다.

① ㄱ      ② ㄴ      ③ ㄱ, ㄷ
④ ㄴ, ㄷ      ⑤ ㄱ, ㄴ, ㄷ

Memo

# 01

# 생태계의 구성과 기능

## 2026학년도 수능 출제 예측

**2025학년도
수능, 평가원
분석**

2025학년도 6월 모의평가에서는 생태계를 구성하는 요소 사이의 상호 관계와 방형구법에 대한 문제가, 9월 모의평가에서는 식물 군집의 천이와 종 사이의 상호 작용에 대한 문제가 각각 2문항씩 출제되었다. 2025학년도 수능에서는 생태계의 구성 요소와 상호 관계, 식물 군집의 천이와 방형구법에 대한 문제가 2문항 출제되었다.

**2026학년도
수능 예측**

매년 2문제 정도가 출제되고 있다. 2026학년도 수능에서는 생태계 구성 요소와 상호 관계, 종 사이의 상호 작용, 방형구법에 대한 문제가 출제될 수 있다. 방형구법에 관한 문항은 조금 난이도가 높은 문제로 출제될 수 있으므로 관련 기출 문제를 찾아 모두 풀어두도록 하자.

**1** ★☆☆ |2025학년도 수능 6번|

그림은 생태계를 구성하는 요소 사이의 상호 관계를, 표는 상호 작용의 예를 나타낸 것이다. (가)와 (나)는 순위제의 예와 텃세의 예를 순서 없이 나타낸 것이다.

(가) 갈색벌새는 꿀을 확보하기 위해 다른 갈색 벌새가 서식 공간에 접근하는 것을 막는다.
(나) 유럽산비둘기 무리에서는 서열이 높은 개체일수록 무리의 가운데 위치를 차지한다.

이에 대한 설명으로 옳은 것만을 〈보기〉에서 있는 대로 고른 것은?

보기
ㄱ. (가)는 텃세의 예이다.
ㄴ. (나)의 상호 작용은 ㉠에 해당한다.
ㄷ. 거북이의 성별이 발생 시기 알의 주변 온도에 의해 결정되는 것은 ㉣의 예에 해당한다.

① ㄱ          ② ㄷ          ③ ㄱ, ㄴ
④ ㄴ, ㄷ      ⑤ ㄱ, ㄴ, ㄷ

**2** ★☆☆ |2025학년도 수능 16번|

그림은 어떤 식물 군집의 천이 과정 일부를, 표는 이 과정 중 ㉠에서 방형구법을 이용하여 식물 군집을 조사한 결과를 나타낸 것이다. ㉠은 A와 B 중 하나이고, A와 B는 양수림과 음수림을 순서 없이 나타낸 것이다. 종 Ⅰ과 Ⅱ는 침엽수(양수)에 속하고, 종 Ⅲ과 Ⅳ는 활엽수(음수)에 속한다. ㉠에서 Ⅳ의 상대 밀도는 5 %이다.

| 구분 | Ⅰ | Ⅱ | Ⅲ | Ⅳ |
|---|---|---|---|---|
| 빈도 | 0.39 | 0.32 | 0.22 | 0.07 |
| 개체 수 | ⓐ | 36 | 18 | 6 |
| 상대 피도(%) | 37 | 53 | ⓑ | 5 |

이 자료에 대한 설명으로 옳은 것만을 〈보기〉에서 있는 대로 고른 것은? (단, Ⅰ~Ⅳ 이외의 종은 고려하지 않는다.) [3점]

보기
ㄱ. ㉠은 B이다.
ㄴ. ⓐ+ⓑ=65이다.
ㄷ. ㉠에서 중요치(중요도)가 가장 큰 종은 Ⅰ이다.

① ㄱ          ② ㄴ          ③ ㄱ, ㄷ
④ ㄴ, ㄷ      ⑤ ㄱ, ㄴ, ㄷ

**3** ★☆☆ |2025학년도 9월 평가원 3번|

그림은 어떤 지역에서 호수(습지)로부터 시작된 식물 군집의 1차 천이 과정을 나타낸 것이다. A와 B는 관목림과 혼합림을 순서 없이 나타낸 것이다.

호수(습지) → 초원 → A → 양수림 → B → 음수림

이에 대한 설명으로 옳은 것만을 〈보기〉에서 있는 대로 고른 것은? [3점]

보기
ㄱ. A는 관목림이다.
ㄴ. 이 지역에서 일어난 천이는 습성 천이이다.
ㄷ. 이 식물 군집은 B에서 극상을 이룬다.

① ㄱ          ② ㄴ          ③ ㄷ
④ ㄱ, ㄴ      ⑤ ㄴ, ㄷ

**4** ★☆☆ |2025학년도 9월 평가원 14번|

다음은 종 사이의 상호 작용에 대한 자료이다. (가)와 (나)는 분서와 상리 공생의 예를 순서 없이 나타낸 것이다.

(가) 꿀잡이새는 꿀잡이오소리를 벌집으로 유도해 꿀을 얻도록 돕고, 자신은 벌의 공격에서 벗어나 먹이인 벌집을 얻는다.
(나) 붉은뺨솔새와 밤색가슴솔새는 서로 ㉠경쟁을 피하기 위해 한 나무에서 서식 공간을 달리하여 산다.

이에 대한 설명으로 옳은 것만을 〈보기〉에서 있는 대로 고른 것은?

보기
ㄱ. (가)는 상리 공생의 예이다.
ㄴ. (나)의 결과 붉은뺨솔새에 환경 저항이 작용하지 않는다.
ㄷ. '서로 다른 종의 새가 번식 장소를 차지하기 위해 서로 다툰다.'는 ㉠의 예에 해당한다.

① ㄱ          ② ㄴ          ③ ㄱ, ㄷ
④ ㄴ, ㄷ      ⑤ ㄱ, ㄴ, ㄷ

## 5 ★☆☆

| 2025학년도 6월 평가원 16번 |

그림은 생태계를 구성하는 요소 사이의 상호 관계를 나타낸 것이다.

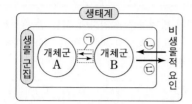

이에 대한 설명으로 옳은 것만을 〈보기〉에서 있는 대로 고른 것은?

┌─ 보기 ┐
ㄱ. 늑대가 말코손바닥사슴을 잡아먹는 것은 ㉠의 예에 해당
한다.
ㄴ. 지의류에 의해 암석의 풍화가 촉진되어 토양이 형성되는
것은 ㉡의 예에 해당한다.
ㄷ. 분해자는 비생물적 요인에 해당한다.

① ㄱ          ② ㄷ          ③ ㄱ, ㄴ
④ ㄴ, ㄷ       ⑤ ㄱ, ㄴ, ㄷ

## 6 ★★☆

| 2025학년도 6월 평가원 18번 |

다음은 서로 다른 지역 Ⅰ과 Ⅱ의 식물 군집에서 우점종을 알아보기 위한 탐구이다.

(가) Ⅰ과 Ⅱ 각각에 방형구를 설치하여 식물 종 A~C의 분포를 조사했다.
(나) 조사한 자료를 바탕으로 각각의 지역에서 A~C의 개체수와 상대 빈도, 상대 피도, 중요치(중요도)를 구한 결과는 표와 같다.

| 지역 | 종 | 개체 수 | 상대 빈도(%) | 상대 피도(%) | 중요치 |
|---|---|---|---|---|---|
| Ⅰ | A | 10 | ? | 30 | ? |
| | B | 5 | 40 | 25 | 90 |
| | C | ? | 40 | 45 | 110 |
| Ⅱ | A | 30 | 40 | ? | 125 |
| | B | 15 | 30 | ? | ? |
| | C | ? | ? | 35 | 75 |

이 자료에 대한 설명으로 옳은 것만을 〈보기〉에서 있는 대로 고른 것은? (단, A~C 이외의 종은 고려하지 않는다.) [3점]

┌─ 보기 ┐
ㄱ. Ⅰ에서 C의 상대 밀도는 25 %이다.
ㄴ. Ⅱ에서 지표를 덮고 있는 면적이 가장 큰 종은 B이다.
ㄷ. Ⅰ에서의 우점종과 Ⅱ에서의 우점종은 모두 A이다.

① ㄱ          ② ㄷ          ③ ㄱ, ㄴ
④ ㄴ, ㄷ       ⑤ ㄱ, ㄴ, ㄷ

## 7 ★☆☆

| 2024학년도 수능 6번 |

그림은 생태계를 구성하는 요소 사이의 상호 관계를 나타낸 것이다.

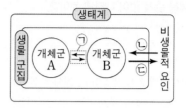

이에 대한 설명으로 옳은 것만을 〈보기〉에서 있는 대로 고른 것은?

┌─ 보기 ┐
ㄱ. 곰팡이는 생물 군집에 속한다.
ㄴ. 같은 종의 개미가 일을 분담하며 협력하는 것은 ㉠의 예에 해당한다.
ㄷ. 빛의 세기가 참나무의 생장에 영향을 미치는 것은 ㉡의 예에 해당한다.

① ㄱ          ② ㄴ          ③ ㄷ
④ ㄱ, ㄷ       ⑤ ㄴ, ㄷ

## 8 ★☆☆

| 2024학년도 수능 8번 |

그림 (가)는 천이 A와 B의 과정 일부를, (나)는 식물 군집 K의 시간에 따른 총생산량과 호흡량을 나타낸 것이다. A와 B는 1차 천이와 2차 천이를 순서 없이 나타낸 것이고, ㉠과 ㉡은 양수림과 지의류를 순서 없이 나타낸 것이다.

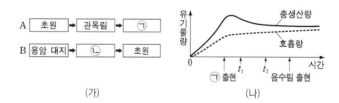

(가)                    (나)

이에 대한 설명으로 옳은 것만을 〈보기〉에서 있는 대로 고른 것은?

┌─ 보기 ┐
ㄱ. B는 2차 천이이다.
ㄴ. ㉠은 양수림이다.
ㄷ. K의 $\frac{순생산량}{호흡량}$ 은 $t_2$일 때가 $t_1$일 때보다 크다.

① ㄱ          ② ㄴ          ③ ㄱ, ㄷ
④ ㄴ, ㄷ       ⑤ ㄱ, ㄴ, ㄷ

**9** ★☆☆  | 2024학년도 9월 평가원 14번 |

다음은 종 사이의 상호 작용에 대한 자료이다. (가)와 (나)는 경쟁과 상리 공생의 예를 순서 없이 나타낸 것이다.

> (가) 캥거루쥐와 주머니쥐는 같은 종류의 먹이를 두고 서로 다툰다.
> (나) 꽃은 벌새에게 꿀을 제공하고, 벌새는 꽃의 수분을 돕는다.

이에 대한 설명으로 옳은 것만을 〈보기〉에서 있는 대로 고른 것은?

> **보기**
> ㄱ. (가)에서 캥거루쥐는 주머니쥐와 한 개체군을 이룬다.
> ㄴ. (나)는 상리 공생의 예이다.
> ㄷ. 스라소니가 눈신토끼를 잡아먹는 것은 경쟁의 예에 해당한다.

① ㄱ      ② ㄴ      ③ ㄷ
④ ㄱ, ㄴ      ⑤ ㄴ, ㄷ

---

**10** ★☆☆  | 2024학년도 9월 평가원 20번 |

그림은 생태계를 구성하는 요소 사이의 상호 관계를 나타낸 것이고, 표는 습지에 서식하는 식물 종 X에 대한 자료이다.

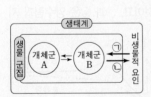

> • ⓐX는 그늘을 만들어 수분 증발을 감소시켜 토양 속 염분 농도를 낮춘다.
> • X는 습지의 토양 성분을 변화시켜 습지에 서식하는 생물의 ⓑ종 다양성을 높인다.

이에 대한 설명으로 옳은 것만을 〈보기〉에서 있는 대로 고른 것은?
[3점]

> **보기**
> ㄱ. X는 생물 군집에 속한다.
> ㄴ. ⓐ는 ㉠에 해당한다.
> ㄷ. ⓑ는 동일한 생물 종이라도 형질이 각 개체 간에 다르게 나타나는 것을 의미한다.

① ㄱ      ② ㄴ      ③ ㄷ
④ ㄱ, ㄴ      ⑤ ㄱ, ㄷ

---

**11** ★★☆  | 2024학년도 9월 평가원 18번 |

다음은 어떤 지역의 식물 군집에서 우점종을 알아보기 위한 탐구이다.

> (가) 이 지역에 방형구를 설치하여 식물 종 A~E의 분포를 조사했다. 표는 조사한 자료 중 A~E의 개체 수와 A~E가 출현한 방형구 수를 나타낸 것이다.

| 구분 | A | B | C | D | E |
|---|---|---|---|---|---|
| 개체 수 | 96 | 48 | 18 | 48 | 30 |
| 출현한 방형구 수 | 22 | 20 | 10 | 16 | 12 |

> (나) 표는 A~E의 분포를 조사한 자료를 바탕으로 각 식물 종의 ㉠~㉢을 구한 결과를 나타낸 것이다. ㉠~㉢은 상대 밀도, 상대 빈도, 상대 피도를 순서 없이 나타낸 것이다.

| 구분 | A | B | C | D | E |
|---|---|---|---|---|---|
| ㉠(%) | 27.5 | ? | ⓐ | 20 | 15 |
| ㉡(%) | 40 | ? | 7.5 | 20 | 12.5 |
| ㉢(%) | 36 | 17 | 13 | ? | 10 |

이 자료에 대한 설명으로 옳은 것만을 〈보기〉에서 있는 대로 고른 것은? (단, A~E 이외의 종은 고려하지 않는다.) [3점]

> **보기**
> ㄱ. ⓐ는 12.5이다.
> ㄴ. 지표를 덮고 있는 면적이 가장 작은 종은 E이다.
> ㄷ. 우점종은 A이다.

① ㄱ      ② ㄴ      ③ ㄱ, ㄷ
④ ㄴ, ㄷ      ⑤ ㄱ, ㄴ, ㄷ

## 12 ★☆☆

| 2024학년도 6월 평가원 9번 |

그림은 어떤 지역의 식물 군집에서 산불이 난 후의 천이 과정 일부를, 표는 이 과정 중 ㉠에서 방형구법을 이용하여 식물 군집을 조사한 결과를 나타낸 것이다. ㉠은 A와 B 중 하나이고, A와 B는 양수림과 음수림을 순서 없이 나타낸 것이다. 종 Ⅰ과 Ⅱ는 침엽수(양수)에 속하고, 종 Ⅲ과 Ⅳ는 활엽수(음수)에 속한다.

| 구분 | 침엽수 | | 활엽수 | |
|---|---|---|---|---|
| | Ⅰ | Ⅱ | Ⅲ | Ⅳ |
| 상대 밀도(%) | 30 | 42 | 12 | 16 |
| 상대 빈도(%) | 32 | 38 | 16 | 14 |
| 상대 피도(%) | 34 | 38 | 17 | 11 |

이에 대한 설명으로 옳은 것만을 〈보기〉에서 있는 대로 고른 것은? (단, Ⅰ∼Ⅳ 이외의 종은 고려하지 않는다.) [3점]

**보기**
ㄱ. ㉠은 B이다.
ㄴ. 이 지역에서 일어난 천이는 2차 천이이다.
ㄷ. 이 식물 군집은 혼합림에서 극상을 이룬다.

① ㄱ         ② ㄴ         ③ ㄷ
④ ㄱ, ㄴ         ⑤ ㄱ, ㄷ

## 13 ★★☆

| 2024학년도 6월 평가원 12번 |

그림은 생존 곡선 Ⅰ형, Ⅱ형, Ⅲ형을, 표는 동물 종 ㉠, ㉡, ㉢의 특징과 생존 곡선 유형을 나타낸 것이다. ⓐ와 ⓑ는 Ⅰ형과 Ⅲ형을 순서 없이 나타낸 것이며, 특정 시기의 사망률은 그 시기 동안 사망한 개체 수를 그 시기가 시작된 시점의 총개체 수로 나눈 값이다.

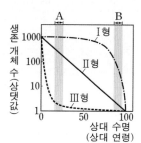

| 종 | 특징 | 유형 |
|---|---|---|
| ㉠ | 한 번에 많은 수의 자손을 낳으며 초기 사망률이 후기 사망률보다 높다. | ⓐ |
| ㉡ | 한 번에 적은 수의 자손을 낳으며 초기 사망률이 후기 사망률보다 낮다. | ⓑ |
| ㉢ | ? | Ⅱ형 |

이에 대한 설명으로 옳은 것만을 〈보기〉에서 있는 대로 고른 것은?

**보기**
ㄱ. ⓑ는 Ⅰ형이다.
ㄴ. ㉢에서 $\dfrac{\text{A 시기 동안 사망한 개체 수}}{\text{B 시기 동안 사망한 개체 수}}$ 는 1이다.
ㄷ. 대형 포유류와 같이 대부분의 개체가 생리적 수명을 다하고 죽는 종의 생존 곡선 유형은 Ⅲ형에 해당한다.

① ㄱ    ② ㄴ    ③ ㄷ    ④ ㄱ, ㄴ    ⑤ ㄴ, ㄷ

## 14 ★☆☆

| 2024학년도 6월 평가원 18번 |

다음은 동물 종 A와 B 사이의 상호 작용에 대한 자료이다.

- A와 B 사이의 상호 작용은 경쟁과 상리 공생 중 하나에 해당한다.
- A와 B가 함께 서식하는 지역을 ㉠과 ㉡으로 나눈 후, ㉠에서만 A를 제거하였다. 그림은 지역 ㉠과 ㉡에서 B의 개체 수 변화를 나타낸 것이다.

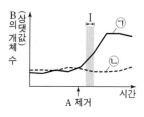

이 자료에 대한 설명으로 옳은 것만을 〈보기〉에서 있는 대로 고른 것은? (단, 제시된 조건 이외는 고려하지 않는다.) [3점]

**보기**
ㄱ. A와 B 사이의 상호 작용은 경쟁에 해당한다.
ㄴ. ㉡에서 A는 B와 한 개체군을 이룬다.
ㄷ. 구간 Ⅰ에서 B에 작용하는 환경 저항은 ㉠에서가 ㉡에서보다 크다.

① ㄱ    ② ㄷ    ③ ㄱ, ㄴ    ④ ㄴ, ㄷ    ⑤ ㄱ, ㄴ, ㄷ

Part Ⅱ

수능 평가원

## 15 ★★☆

| 2023학년도 수능 11번 |

표는 방형구법을 이용하여 어떤 지역의 식물 군집을 두 시점 $t_1$과 $t_2$일 때 조사한 결과를 나타낸 것이다.

| 시점 | 종 | 개체 수 | 상대 빈도(%) | 상대 피도(%) | 중요치(중요도) |
|---|---|---|---|---|---|
| $t_1$ | A | 9 | ? | 30 | 68 |
| | B | 19 | 20 | 20 | ? |
| | C | ? | 20 | 15 | 49 |
| | D | 15 | 40 | ? | ? |
| $t_2$ | A | 0 | ? | ? | ? |
| | B | 33 | ? | 39 | ? |
| | C | ? | 20 | 24 | ? |
| | D | 21 | 40 | ? | 112 |

이 자료에 대한 설명으로 옳은 것만을 〈보기〉에서 있는 대로 고른 것은? (단, A~D 이외의 종은 고려하지 않는다.) [3점]

〈보기〉
ㄱ. $t_1$일 때 우점종은 D이다.
ㄴ. $t_2$일 때 지표를 덮고 있는 면적이 가장 큰 종은 B이다.
ㄷ. C의 상대 밀도는 $t_1$일 때가 $t_2$일 때보다 작다.

① ㄱ      ② ㄷ      ③ ㄱ, ㄴ
④ ㄴ, ㄷ      ⑤ ㄱ, ㄴ, ㄷ

## 16 ★☆☆

| 2023학년도 수능 20번 |

표는 종 사이의 상호 작용 (가)~(다)의 예를, 그림은 동일한 배양 조건에서 종 A와 B를 각각 단독 배양했을 때와 혼합 배양했을 때 시간에 따른 개체 수를 나타낸 것이다. (가)~(다)는 경쟁, 상리 공생, 포식과 피식을 순서 없이 나타낸 것이고, A와 B 사이의 상호 작용은 (가)~(다) 중 하나에 해당한다.

| 상호 작용 | 예 |
|---|---|
| (가) | ⓐ늑대는 말코손바닥사슴을 잡아먹는다. |
| (나) | 캥거루쥐와 주머니쥐는 같은 종류의 먹이를 두고 서로 다툰다. |
| (다) | 딱총새우는 산호를 천적으로부터 보호하고, 산호는 딱총새우에게 먹이를 제공한다. |

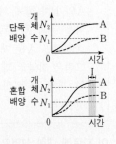

이에 대한 설명으로 옳은 것만을 〈보기〉에서 있는 대로 고른 것은?

〈보기〉
ㄱ. ⓐ에서 늑대는 말코손바닥사슴과 한 개체군을 이룬다.
ㄴ. 구간 Ⅰ에서 A에 환경 저항이 작용한다.
ㄷ. A와 B 사이의 상호 작용은 (다)에 해당한다.

① ㄱ      ② ㄷ      ③ ㄱ, ㄴ
④ ㄴ, ㄷ      ⑤ ㄱ, ㄴ, ㄷ

## 17 ★☆☆

| 2023학년도 9월 평가원 3번 |

그림은 생태계를 구성하는 요소 사이의 상호 관계를, 표는 상호 관계 (가)~(다)의 예를 나타낸 것이다. (가)~(다)는 ㉠~㉢을 순서 없이 나타낸 것이다.

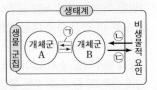

| 상호 관계 | 예 |
|---|---|
| (가) | 식물의 광합성으로 대기의 산소 농도가 증가한다. |
| (나) | ⓐ영양염류의 유입으로 식물성 플랑크톤의 개체 수가 증가한다. |
| (다) | ? |

이 자료에 대한 설명으로 옳은 것만을 〈보기〉에서 있는 대로 고른 것은?

〈보기〉
ㄱ. (가)는 ㉢이다.
ㄴ. ⓐ는 비생물적 요인에 해당한다.
ㄷ. 생태적 지위가 비슷한 서로 다른 종의 새가 경쟁을 피해 활동 영역을 나누어 살아가는 것은 (다)의 예에 해당한다.

① ㄱ      ② ㄷ      ③ ㄱ, ㄴ
④ ㄴ, ㄷ      ⑤ ㄱ, ㄴ, ㄷ

## 18 ★★☆

| 2023학년도 9월 평가원 12번 |

표는 방형구법을 이용하여 어떤 지역의 식물 군집을 조사한 결과를 나타낸 것이다.

| 종 | 개체 수 | 상대 밀도(%) | 빈도 | 상대 빈도(%) | 상대 피도(%) |
|---|---|---|---|---|---|
| A | ? | 20 | 0.4 | 20 | 16 |
| B | 36 | 30 | 0.7 | ? | 24 |
| C | 12 | ? | 0.2 | 10 | ? |
| D | ㉠ | ? | ? | ? | 30 |

이 자료에 대한 설명으로 옳은 것만을 〈보기〉에서 있는 대로 고른 것은? (단, A~D 이외의 종은 고려하지 않는다.) [3점]

〈보기〉
ㄱ. ㉠은 24이다.
ㄴ. 지표를 덮고 있는 면적이 가장 작은 종은 A이다.
ㄷ. 우점종은 B이다.

① ㄱ      ② ㄴ      ③ ㄷ
④ ㄱ, ㄴ      ⑤ ㄴ, ㄷ

## 19 ★☆☆

| 2023학년도 6월 평가원 20번 |

표는 종 사이의 상호 작용과 예를 나타낸 것이다. (가)와 (나)는 기생과 상리 공생을 순서 없이 나타낸 것이다.

| 상호 작용 | 종 1 | 종 2 | 예 |
|---|---|---|---|
| (가) | 손해 | ? | 촌충은 숙주의 소화관에 서식하며 영양분을 흡수한다. |
| (나) | 이익 | 이익 | ? |
| 경쟁 | ㉠ | 손해 | 캥거루쥐와 주머니쥐는 같은 종류의 먹이를 두고 서로 다툰다. |

이에 대한 설명으로 옳은 것만을 〈보기〉에서 있는 대로 고른 것은?

보기
ㄱ. (가)는 상리 공생이다.
ㄴ. ㉠은 '이익'이다.
ㄷ. '꽃은 벌새에게 꿀을 제공하고, 벌새는 꽃의 수분을 돕는다.'는 (나)의 예에 해당한다.

① ㄱ
② ㄷ
③ ㄱ, ㄴ
④ ㄴ, ㄷ
⑤ ㄱ, ㄴ, ㄷ

## 20 ★☆☆

| 2023학년도 6월 평가원 14번 |

그림은 생태계를 구성하는 요소 사이의 상호 관계를 나타낸 것이다.

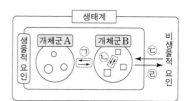

이에 대한 설명으로 옳은 것만을 〈보기〉에서 있는 대로 고른 것은?

보기
ㄱ. 같은 종의 기러기가 무리를 지어 이동할 때 리더를 따라 이동하는 것은 ㉠에 해당한다.
ㄴ. 빛의 세기가 소나무의 생장에 영향을 미치는 것은 ㉢에 해당한다.
ㄷ. 군집에는 비생물적 요인이 포함된다.

① ㄱ
② ㄴ
③ ㄷ
④ ㄱ, ㄴ
⑤ ㄱ, ㄷ

## 21 ★☆☆

| 2022학년도 수능 18번 |

그림은 어떤 지역에서 늑대의 개체 수를 인위적으로 감소시켰을 때 늑대, 사슴의 개체 수와 식물 군집의 생물량 변화를, 표는 (가)와 (나) 시기 동안 이 지역의 사슴과 식물 군집 사이의 상호 작용을 나타낸 것이다. (가)와 (나)는 Ⅰ과 Ⅱ를 순서 없이 나타낸 것이다.

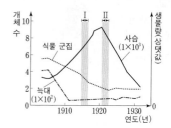

| 시기 | 상호 작용 |
|---|---|
| (가) | 식물 군집의 생물량이 감소하여 사슴의 개체 수가 감소한다. |
| (나) | 사슴의 개체 수가 증가하여 식물 군집의 생물량이 감소한다. |

이 자료에 대한 설명으로 옳은 것만을 〈보기〉에서 있는 대로 고른 것은? [3점]

보기
ㄱ. (가)는 Ⅱ이다.
ㄴ. Ⅰ 시기 동안 사슴 개체군에 환경 저항이 작용하였다.
ㄷ. 사슴의 개체 수는 포식자에 의해서만 조절된다.

① ㄱ
② ㄴ
③ ㄷ
④ ㄱ, ㄴ
⑤ ㄱ, ㄷ

## 22 ★☆☆

| 2022학년도 9월 평가원 20번 |

그림은 생존 곡선 Ⅰ형, Ⅱ형, Ⅲ형을, 표는 동물 종 ㉠의 특징을 나타낸 것이다. 특정 시기의 사망률은 그 시기 동안 사망한 개체 수를 그 시기가 시작된 시점의 총개체 수로 나눈 값이다.

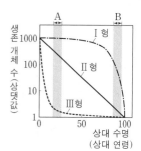

• ㉠은 한 번에 많은 수의 자손을 낳으며, 초기 사망률이 후기 사망률보다 높다.
• ㉠의 생존 곡선은 Ⅰ형, Ⅱ형, Ⅲ형 중 하나에 해당한다.

이에 대한 설명으로 옳은 것만을 〈보기〉에서 있는 대로 고른 것은?

보기
ㄱ. Ⅰ형의 생존 곡선을 나타내는 종에서 A 시기의 사망률은 B 시기의 사망률보다 높다.
ㄴ. Ⅱ형의 생존 곡선을 나타내는 종에서 A 시기 동안 사망한 개체 수는 B 시기 동안 사망한 개체 수와 같다.
ㄷ. ㉠의 생존 곡선은 Ⅲ형에 해당한다.

① ㄱ
② ㄴ
③ ㄷ
④ ㄱ, ㄴ
⑤ ㄱ, ㄷ

## 23 ☆☆☆ |2022학년도 9월 평가원 6번|

다음은 생태계의 구성 요소에 대한 학생 A~C의 발표 내용이다.

생물적 요인에는 생산자, 소비자, 분해자가 있습니다.

영양염류는 비생물적 요인입니다.

지의류에 의해 암석의 풍화가 촉진되어 토양이 형성되는 것은 생물적 요인이 비생물적 요인에 영향을 미치는 예입니다.

학생 A   학생 B   학생 C

제시한 내용이 옳은 학생만을 있는 대로 고른 것은?

① A      ② C      ③ A, B
④ B, C      ⑤ A, B, C

## 24 ☆☆☆ |2022학년도 9월 평가원 11번|

다음은 어떤 섬에 서식하는 동물 종 A~C 사이의 상호 작용에 대한 자료이다.

- A와 B는 같은 먹이를 먹고, C는 A와 B의 천적이다.
- 그림은 I~IV 시기에 서로 다른 영역 (가)와 (나) 각각에 서식하는 종의 분포 변화를 나타낸 것이다.

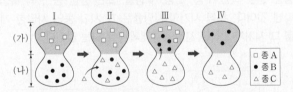

□ 종 A
● 종 B
△ 종 C

- I 시기에 ⊙A와 B는 서로 경쟁을 피하기 위해 A는 (가)에, B는 (나)에 서식하였다.
- II 시기에 C가 (나)로 유입되었고, C가 B를 포식하였다.
- III 시기에 B는 C를 피해 (가)로 이주하였다.
- IV 시기에 (가)에서 A와 B 사이의 경쟁의 결과로 A가 사라졌다.

이 자료에 대한 설명으로 옳은 것만을 <보기>에서 있는 대로 고른 것은? (단, 제시된 조건 이외는 고려하지 않는다.) [3점]

보기
ㄱ. ⊙에서 A와 B 사이의 상호 작용은 분서에 해당한다.
ㄴ. II 시기에 (나)에서 C는 B와 한 개체군을 이루었다.
ㄷ. IV 시기에 (가)에서 A와 B 사이에 경쟁 배타가 일어났다.

① ㄱ      ② ㄴ      ③ ㄱ, ㄷ
④ ㄴ, ㄷ      ⑤ ㄱ, ㄴ, ㄷ

## 25 ☆☆☆ |2022학년도 6월 평가원 13번|

그림 (가)는 어떤 지역에서 일정 기간 동안 조사한 종 A~C의 단위 면적당 생물량(생체량) 변화를, (나)는 A~C 사이의 먹이 사슬을 나타낸 것이다. A~C는 생산자, 1차 소비자, 2차 소비자를 순서 없이 나타낸 것이다.

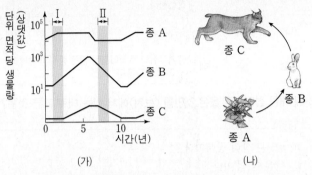

(가)          (나)

이에 대한 설명으로 옳은 것만을 <보기>에서 있는 대로 고른 것은?

보기
ㄱ. I 시기 동안 $\dfrac{\text{B의 생물량}}{\text{C의 생물량}}$ 은 증가했다.
ㄴ. C는 1차 소비자이다.
ㄷ. II 시기에 A와 B 사이에 경쟁 배타가 일어났다.

① ㄱ      ② ㄷ      ③ ㄱ, ㄴ      ④ ㄴ, ㄷ      ⑤ ㄱ, ㄴ, ㄷ

## 26 ★★☆ |2022학년도 6월 평가원 18번|

다음은 어떤 지역의 식물 군집에서 우점종을 알아보기 위한 탐구이다.

(가) 이 지역에 방형구를 설치하여 식물 종 A~E의 분포를 조사했다.
(나) 표는 조사한 자료를 바탕으로 각 식물 종의 상대 밀도, 상대 빈도, 상대 피도를 구한 결과를 나타낸 것이다.

| 종 | 상대 밀도(%) | 상대 빈도(%) | 상대 피도(%) |
|---|---|---|---|
| A | 30 | 20 | 20 |
| B | 5 | 24 | 26 |
| C | 25 | 25 | 10 |
| D | 10 | 26 | 24 |
| E | 30 | 5 | 20 |

(다) 이 지역의 우점종이 A임을 확인했다.

이 자료에 대한 설명으로 옳은 것만을 <보기>에서 있는 대로 고른 것은? (단, A~E 이외의 종은 고려하지 않는다.) [3점]

보기
ㄱ. 중요치(중요도)가 가장 큰 종은 A이다.
ㄴ. 지표를 덮고 있는 면적이 가장 큰 종은 B이다.
ㄷ. E가 출현한 방형구의 수는 D가 출현한 방형구의 수보다 많다.

① ㄱ      ② ㄴ      ③ ㄷ      ④ ㄱ, ㄴ      ⑤ ㄱ, ㄷ

## 27 ★☆☆

그림은 평균 기온이 서로 다른 계절 I과 II에 측정한 식물 A의 온도에 따른 순생산량을 나타낸 것이다.

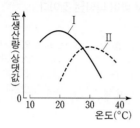

이에 대한 설명으로 옳은 것만을 〈보기〉에서 있는 대로 고른 것은? [3점]

보기
ㄱ. 순생산량은 총생산량에서 호흡량을 제외한 양이다.
ㄴ. A의 순생산량이 최대가 되는 온도는 I일 때가 II일 때 보다 높다.
ㄷ. 계절에 따라 A의 순생산량이 최대가 되는 온도가 달라 지는 것은 비생물적 요인이 생물에 영향을 미치는 예에 해당한다.

① ㄱ  ② ㄴ  ③ ㄱ, ㄷ
④ ㄴ, ㄷ  ⑤ ㄱ, ㄴ, ㄷ

## 28 ★☆☆

다음은 종 사이의 상호 작용에 대한 자료이다. (가)와 (나)는 기생과 상리 공생의 예를 순서 없이 나타낸 것이다.

(가) 겨우살이는 다른 식물의 줄기에 뿌리를 박아 물과 양분 을 빼앗는다.
(나) 뿌리혹박테리아는 콩과식물에게 질소 화합물을 제공 하고, 콩과식물은 뿌리혹박테리아에게 양분을 제공한다.

이에 대한 설명으로 옳은 것만을 〈보기〉에서 있는 대로 고른 것은?

보기
ㄱ. (가)는 기생의 예이다.
ㄴ. (가)와 (나) 각각에는 이익을 얻는 종이 있다.
ㄷ. 꽃이 벌새에게 꿀을 제공하고, 벌새가 꽃의 수분을 돕는 것은 상리 공생의 예에 해당한다.

① ㄱ  ② ㄷ  ③ ㄱ, ㄴ
④ ㄴ, ㄷ  ⑤ ㄱ, ㄴ, ㄷ

## 29 ★☆☆

그림은 서로 다른 종으로 구성된 개체군 A와 B를 각각 단독 배양 했을 때와 혼합 배양했을 때, A와 B가 서식하는 온도의 범위를 나타낸 것이다. 혼합 배양했을 때 온도의 범위가 $T_1 \sim T_2$인 구간 에서 A와 B 사이의 경쟁이 일어났다.

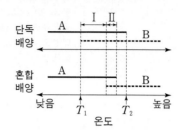

이에 대한 설명으로 옳은 것만을 〈보기〉에서 있는 대로 고른 것은? (단, 제시된 조건 이외는 고려하지 않는다.) [3점]

보기
ㄱ. A가 서식하는 온도의 범위는 단독 배양했을 때가 혼합 배양했을 때보다 넓다.
ㄴ. 혼합 배양했을 때, 구간 I에서 B가 생존하지 못한 것은 경쟁 배타의 결과이다.
ㄷ. 혼합 배양했을 때, 구간 II에서 A는 B와 군집을 이룬다.

① ㄱ  ② ㄷ  ③ ㄱ, ㄴ
④ ㄴ, ㄷ  ⑤ ㄱ, ㄴ, ㄷ

## 30 ★★☆

그림 (가)는 어떤 식물 군집의 천이 과정 일부를, (나)는 이 과정 중 ㉠에서 조사한 침엽수(양수)와 활엽수(음수)의 크기(높이)에 따른 개체 수를 나타낸 것이다. ㉠은 A와 B 중 하나이며, A와 B는 양수림 과 음수림을 순서 없이 나타낸 것이다.

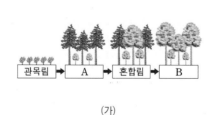 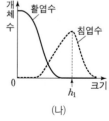

(가)                    (나)

이에 대한 설명으로 옳은 것만을 〈보기〉에서 있는 대로 고른 것은? [3점]

보기
ㄱ. ㉠은 양수림이다.
ㄴ. ㉠에서 $h_1$보다 작은 활엽수는 없다.
ㄷ. 이 식물 군집은 혼합림에서 극상을 이룬다.

① ㄱ  ② ㄴ  ③ ㄷ
④ ㄱ, ㄴ  ⑤ ㄱ, ㄷ

## 31 ★★☆

표 (가)는 어떤 지역의 식물 군집을 조사한 결과를 나타낸 것이고, (나)는 우점종에 대한 자료이다.

| 종 | 개체 수 | 빈도 | 상대 피도(%) |
|---|---|---|---|
| A | 198 | 0.32 | ㉠ |
| B | 81 | 0.16 | 23 |
| C | 171 | 0.32 | 45 |

(가)

• 어떤 군집의 우점종은 중요치가 가장 높아 그 군집을 대표할 수 있는 종을 의미하며, 각 종의 중요치는 상대 밀도, 상대 빈도, 상대 피도를 더한 값이다.

(나)

이에 대한 설명으로 옳은 것만을 〈보기〉에서 있는 대로 고른 것은? (단, A~C 이외의 종은 고려하지 않는다.) [3점]

보기
ㄱ. ㉠은 32이다.
ㄴ. B의 상대 빈도는 20 %이다.
ㄷ. 이 식물 군집의 우점종은 C이다.

① ㄱ          ② ㄷ          ③ ㄱ, ㄴ
④ ㄴ, ㄷ      ⑤ ㄱ, ㄴ, ㄷ

## 32 ★☆☆

표 (가)는 종 사이의 상호 작용을 나타낸 것이고, (나)는 바다에 서식하는 산호와 조류 간의 상호 작용에 대한 자료이다. Ⅰ과 Ⅱ는 경쟁과 상리 공생을 순서 없이 나타낸 것이다.

| 상호 작용 | 종 1 | 종 2 |
|---|---|---|
| Ⅰ | 이익 | ⓐ |
| Ⅱ | ⓑ | 손해 |

(가)

• 산호와 함께 사는 조류는 산호에게 산소와 먹이를 공급하고, 산호는 조류에게 서식지와 영양소를 제공한다.

(나)

이 자료에 대한 설명으로 옳은 것만을 〈보기〉에서 있는 대로 고른 것은?

보기
ㄱ. ⓐ와 ⓑ는 모두 '손해'이다.
ㄴ. (나)의 상호 작용은 Ⅰ의 예에 해당한다.
ㄷ. (나)에서 산호는 조류와 한 개체군을 이룬다.

① ㄱ          ② ㄴ          ③ ㄷ
④ ㄱ, ㄷ      ⑤ ㄴ, ㄷ

# 02

# 에너지 흐름과 물질 순환, 생물 다양성

## 2026학년도 수능 출제 예측

**2025학년도 수능, 평가원 분석**

2025학년도 6월 모의평가에서는 종 다양성에 대한 문제가, 9월 모의평가에서는 생태 피라미드와 생태계의 평형에 대한 문제가 각각 1문항씩 출제되었다. 2025학년도 수능에서는 질소 순환 과정에 대한 기본적인 문제가 1문항 출제되었다.

**2026학년도 수능 예측**

매년 1문제 정도가 출제되고 있다. 2026학년도 수능에서는 물질의 생산과 소비, 질소 순환 과정을 묻는 문제가 출제될 가능성이 높다. 생물 다양성은 식물 군집 조사(방형구법)와 연계하여 출제될 수 있으므로 관련 개념을 잘 정리해 두도록 하자.

**1** ☆☆☆ | 2025학년도 수능 20번 |

표 (가)는 질소 순환 과정에서 나타나는 두 가지 특징을, (나)는 (가)의 특징 중 A와 B가 갖는 특징의 개수를 나타낸 것이다. A와 B는 질소 고정 작용과 탈질산화 작용을 순서 없이 나타낸 것이다.

| 특징 |
| --- |
| • 세균이 관여한다. |
| • 대기 중의 질소 기체가 ㉠ 암모늄 이온($NH_4^+$)으로 전환된다. |

(가)

| 구분 | 특징의 개수 |
| --- | --- |
| A | 2 |
| B | 1 |

(나)

이에 대한 설명으로 옳은 것만을 〈보기〉에서 있는 대로 고른 것은?

보기
ㄱ. B는 탈질산화 작용이다.
ㄴ. 뿌리혹박테리아는 A에 관여한다.
ㄷ. 질산화 세균은 ㉠이 질산 이온($NO_3^-$)으로 전환되는 과정에 관여한다.

① ㄱ        ② ㄴ        ③ ㄱ, ㄷ
④ ㄴ, ㄷ        ⑤ ㄱ, ㄴ, ㄷ

---

**2** ☆☆☆ | 2025학년도 6월 평가원 20번 |

다음은 생물 다양성에 대한 자료이다. A와 B는 유전적 다양성과 종 다양성을 순서 없이 나타낸 것이다.

• A는 한 생태계 내에 존재하는 생물종의 다양한 정도를 의미한다.
• 같은 종의 개체들이 서로 다른 대립유전자를 가져 형질이 다양하게 나타나는 것은 B에 해당한다.

이에 대한 설명으로 옳은 것만을 〈보기〉에서 있는 대로 고른 것은?

보기
ㄱ. A는 종 다양성이다.
ㄴ. A가 감소하는 원인 중에는 서식지 파괴가 있다.
ㄷ. B가 높은 종은 환경이 급격히 변했을 때 멸종될 확률이 높다.

① ㄱ        ② ㄷ        ③ ㄱ, ㄴ
④ ㄴ, ㄷ        ⑤ ㄱ, ㄴ, ㄷ

---

**3** ☆☆☆ | 2025학년도 9월 평가원 20번 |

그림은 평형 상태인 생태계 S에서 1차 소비자의 개체 수가 일시적으로 증가한 후 평형 상태로 회복되는 과정의 시점 $t_1 \sim t_5$에서의 개체 수 피라미드를, 표는 구간 Ⅰ~Ⅳ에서의 생산자, 1차 소비자, 2차 소비자의 개체 수 변화를 나타낸 것이다. ㉠은 증가와 감소 중 하나이다.

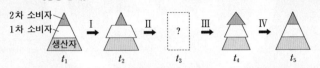

| 구간<br>영양 단계 | Ⅰ | Ⅱ | Ⅲ | Ⅳ |
| --- | --- | --- | --- | --- |
| 2차 소비자 | 변화 없음 | 증가 | ? | ㉠ |
| 1차 소비자 | 증가 | ? | 감소 | ? |
| 생산자 | 변화 없음 | 감소 | ? | 증가 |

이에 대한 설명으로 옳은 것만을 〈보기〉에서 있는 대로 고른 것은? (단, 제시된 조건 이외는 고려하지 않는다.)

보기
ㄱ. ㉠은 '감소'이다.
ㄴ. $\dfrac{\text{2차 소비자의 개체 수}}{\text{생산자의 개체 수}}$ 는 $t_2$일 때가 $t_3$일 때보다 크다.
ㄷ. $t_5$일 때, 상위 영양 단계로 갈수록 각 영양 단계의 에너지양은 증가한다.

① ㄱ        ② ㄴ        ③ ㄷ
④ ㄱ, ㄴ        ⑤ ㄱ, ㄷ

## 4 ★☆☆

표는 생태계의 물질 순환 과정 (가)와 (나)에서 특징의 유무를 나타낸 것이다. (가)와 (나)는 질소 순환 과정과 탄소 순환 과정을 순서 없이 나타낸 것이다.

| 특징 \ 물질 순환 과정 | (가) | (나) |
|---|---|---|
| 토양 속의 ⊙ 암모늄 이온($NH_4^+$)이 질산 이온($NO_3^-$)로 전환된다. | × | ○ |
| 식물의 광합성을 통해 대기 중의 이산화 탄소($CO_2$)가 유기물로 합성된다. | ○ | × |
| ⓐ | ○ | ○ |

(○: 있음, ×: 없음)

이에 대한 설명으로 옳은 것만을 〈보기〉에서 있는 대로 고른 것은? [3점]

**보기**
ㄱ. (나)는 탄소 순환 과정이다.
ㄴ. 질산화 세균은 ⊙에 관여한다.
ㄷ. '물질이 생산자에서 소비자로 먹이 사슬을 따라 이동한다.'는 ⓐ에 해당한다.

① ㄱ     ② ㄷ     ③ ㄱ, ㄴ
④ ㄴ, ㄷ     ⑤ ㄱ, ㄴ, ㄷ

## 5 ★☆☆

표는 생태계의 질소 순환 과정에서 일어나는 물질의 전환을 나타낸 것이다. Ⅰ과 Ⅱ는 탈질산화 작용과 질소 고정 작용을 순서 없이 나타낸 것이고, ⊙과 ⓒ은 질산 이온($NO_3^-$)과 암모늄 이온($NH_4^+$)을 순서 없이 나타낸 것이다.

| 구분 | 물질의 전환 |
|---|---|
| 질산화 작용 | ⊙ → ⓒ |
| Ⅰ | 대기 중의 질소($N_2$) → ⊙ |
| Ⅱ | ⓒ → 대기 중의 질소($N_2$) |

이에 대한 설명으로 옳은 것만을 〈보기〉에서 있는 대로 고른 것은?

**보기**
ㄱ. ⊙은 질산 이온($NO_3^-$)이다.
ㄴ. Ⅰ은 질소 고정 작용이다.
ㄷ. 탈질산화 세균은 Ⅱ에 관여한다.

① ㄱ     ② ㄴ     ③ ㄱ, ㄷ
④ ㄴ, ㄷ     ⑤ ㄱ, ㄴ, ㄷ

## 6 ★☆☆

그림은 어떤 생태계를 구성하는 생물 군집의 단위 면적당 생물량(생체량)의 변화를 나타낸 것이다. $t_1$일 때 이 군집에 산불에 의한 교란이 일어났고, $t_2$일 때 이 생태계의 평형이 회복되었다. ⊙은 1차 천이와 2차 천이 중 하나이다.

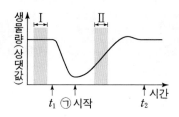

이 자료에 대한 설명으로 옳은 것만을 〈보기〉에서 있는 대로 고른 것은? [3점]

**보기**
ㄱ. ⊙은 1차 천이다.
ㄴ. Ⅰ 시기에 이 생물 군집의 호흡량은 0이다.
ㄷ. Ⅱ 시기에 생산자의 총생산량은 순생산량보다 크다.

① ㄱ     ② ㄷ     ③ ㄱ, ㄴ
④ ㄴ, ㄷ     ⑤ ㄱ, ㄴ, ㄷ

## 7 ★☆☆

표 (가)는 질소 순환 과정의 작용 A와 B에서 특징 ⊙과 ⓒ의 유무를 나타낸 것이고, (나)는 ⊙과 ⓒ을 순서 없이 나타낸 것이다. A와 B는 질산화 작용과 질소 고정 작용을 순서 없이 나타낸 것이다.

| 작용 \ 특징 | ⊙ | ⓒ |
|---|---|---|
| A | ○ | × |
| B | ○ | ? |

(○: 있음, ×: 없음)

(가)

| 특징(⊙, ⓒ) |
|---|
| • 암모늄 이온($NH_4^+$)이 ⓐ질산 이온($NO_3^-$)으로 전환된다. |
| • 세균이 관여한다. |

(나)

이에 대한 설명으로 옳은 것만을 〈보기〉에서 있는 대로 고른 것은? [3점]

**보기**
ㄱ. B는 질산화 작용이다.
ㄴ. ⓒ은 '세균이 관여한다.'이다.
ㄷ. 탈질산화 세균은 ⓐ가 질소 기체로 전환되는 과정에 관여한다.

① ㄱ     ② ㄴ     ③ ㄱ, ㄷ
④ ㄴ, ㄷ     ⑤ ㄱ, ㄴ, ㄷ

**8** ☆☆☆      | 2023학년도 6월 평가원 9번 |

다음은 생물 다양성에 대한 학생 A~C의 대화 내용이다

제시한 내용이 옳은 학생만을 있는 대로 고른 것은?

① A      ② B      ③ A, C

④ B, C      ⑤ A, B, C

---

**9** ☆☆☆      | 2022학년도 수능 12번 |

다음은 생태계에서 일어나는 질소 순환 과정에 대한 자료이다. ㉠과 ㉡은 질소 고정 세균과 탈질산화 세균을 순서 없이 나타낸 것이다.

> (가) 토양 속 ⓐ질산 이온($NO_3^-$)의 일부는 ㉠에 의해 질소 기체로 전환되어 대기 중으로 돌아간다.
>
> (나) ㉡에 의해 대기 중의 질소 기체가 ⓑ암모늄 이온($NH_4^+$) 으로 전환된다.

이에 대한 설명으로 옳은 것만을 〈보기〉에서 있는 대로 고른 것은?

> **보기**
> ㄱ. (가)는 질소 고정 작용이다.
> ㄴ. 질산화 세균은 ⓑ가 ⓐ로 전환되는 과정에 관여한다.
> ㄷ. ㉠과 ㉡은 모두 생태계의 구성 요소 중 비생물적 요인에 해당한다.

① ㄱ      ② ㄴ      ③ ㄷ

④ ㄱ, ㄴ      ⑤ ㄱ, ㄷ

---

**10** ☆☆☆      | 2022학년도 수능 20번 |

그림 (가)는 어떤 숲에 사는 새 5종 ㉠~㉤이 서식하는 높이 범위를, (나)는 숲을 이루는 나무 높이의 다양성에 따른 새의 종 다양성을 나타낸 것이다. 나무 높이의 다양성은 숲을 이루는 나무의 높이가 다양할수록, 각 높이의 나무가 차지하는 비율이 균등할수록 높아진다.

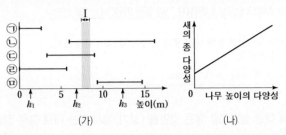

(가)      (나)

이 자료에 대한 설명으로 옳은 것만을 〈보기〉에서 있는 대로 고른 것은?

> **보기**
> ㄱ. ㉠이 서식하는 높이는 ㉤이 서식하는 높이보다 낮다.
> ㄴ. 구간 I에서 ㉡은 ㉢과 한 개체군을 이루어 서식한다.
> ㄷ. 새의 종 다양성은 높이가 $h_3$인 나무만 있는 숲에서가 높이가 $h_1$, $h_2$, $h_3$인 나무가 고르게 분포하는 숲에서보다 높다.

① ㄱ      ② ㄴ      ③ ㄷ

④ ㄱ, ㄴ      ⑤ ㄴ, ㄷ

---

**11** ☆☆☆      | 2022학년도 6월 평가원 6번 |

다음은 생태계에서 물질의 순환에 대한 학생 A~C의 발표 내용이다.

제시한 내용이 옳은 학생만을 있는 대로 고른 것은?

① A      ② C      ③ A, B

④ B, C      ⑤ A, B, C

## 12 ★★☆
| 2021학년도 수능 20번 |

표 (가)는 면적이 동일한 서로 다른 지역 I과 II의 식물 군집을
조사한 결과를 나타낸 것이고, (나)는 우점종에 대한 자료이다.

| 지역 | 종 | 상대<br>밀도(%) | 상대<br>빈도(%) | 상대<br>피도(%) | 총 개체 수 |
|---|---|---|---|---|---|
| I | A | 30 | ? | 19 | |
| | B | ? | 24 | 22 | 100 |
| | C | 29 | 31 | ? | |
| II | A | 5 | ? | 13 | |
| | B | ? | 13 | 25 | 120 |
| | C | 70 | 42 | ? | |

(가)

- 어떤 군집의 우점종은 중요치가 가장 높아 그 군집을 대표할 수 있는
  종을 의미하며, 각 종의 중요치는 상대 밀도, 상대 빈도, 상대 피도를
  더한 값이다.

(나)

이에 대한 설명으로 옳은 것만을 〈보기〉에서 있는 대로 고른 것은?
(단, A~C 이외의 종은 고려하지 않는다.)

보기
ㄱ. I의 식물 군집에서 우점종은 C이다.
ㄴ. 개체군 밀도는 I의 A가 II의 B보다 크다.
ㄷ. 종 다양성은 I에서가 II에서보다 높다.

① ㄱ      ② ㄴ      ③ ㄱ, ㄷ
④ ㄴ, ㄷ      ⑤ ㄱ, ㄴ, ㄷ

## 13 ★☆☆
| 2021학년도 9월 평가원 20번 |

그림 (가)는 어떤 생태계에서 영양 단계의 생체량(생물량)과 에너지양
을 상댓값으로 나타낸 생태 피라미드를, (나)는 이 생태계에서
생산자의 총생산량, 순생산량, 생장량의 관계를 나타낸 것이다.

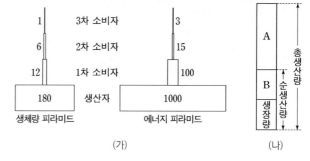

(가)                (나)

이 자료에 대한 설명으로 옳은 것만을 〈보기〉에서 있는 대로 고른
것은?

보기
ㄱ. 1차 소비자의 생체량은 A에 포함된다.
ㄴ. 2차 소비자의 에너지 효율은 20 %이다.
ㄷ. 상위 영양 단계로 갈수록 에너지양은 감소한다.

① ㄱ      ② ㄷ      ③ ㄱ, ㄴ
④ ㄴ, ㄷ      ⑤ ㄱ, ㄴ, ㄷ

Part II

수능 평가원

Memo

Memo

Memo

Memo

Memo

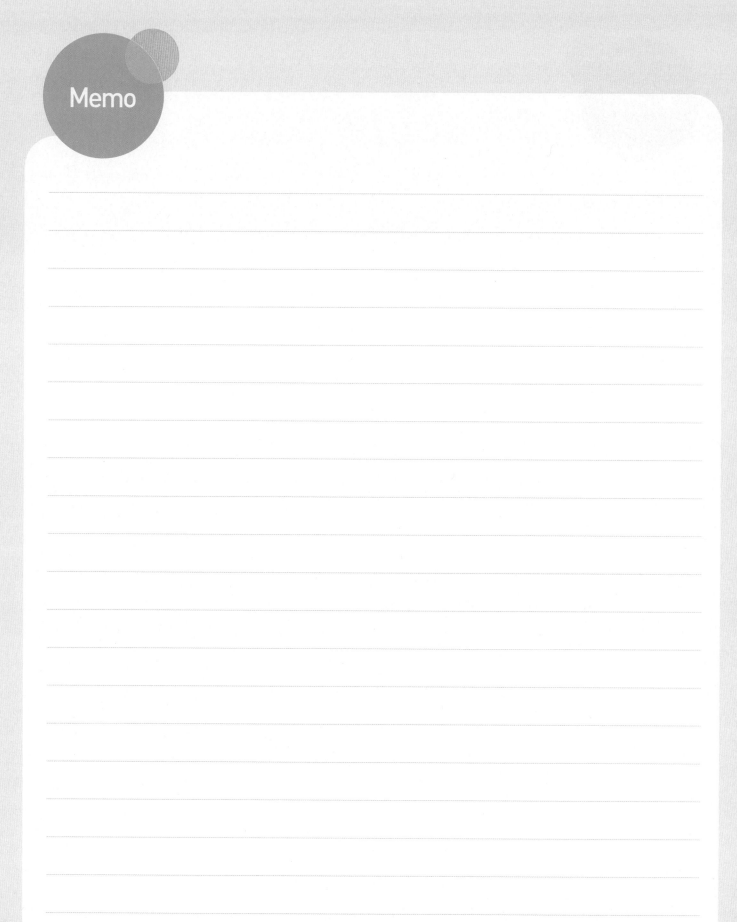

Memo

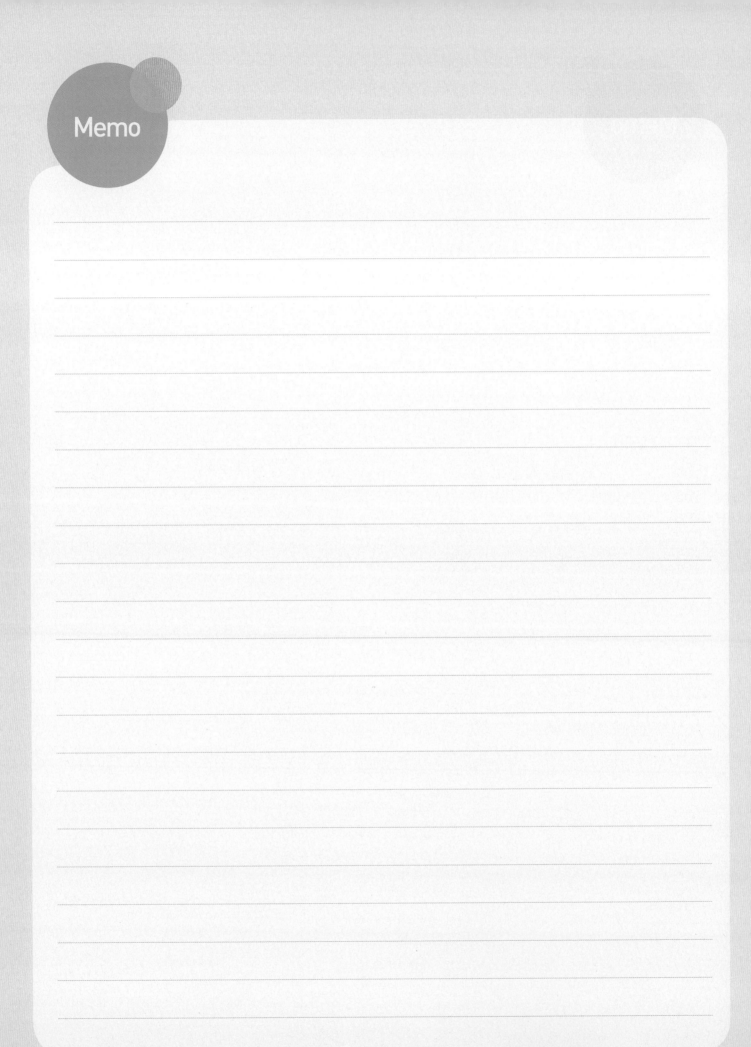

Memo

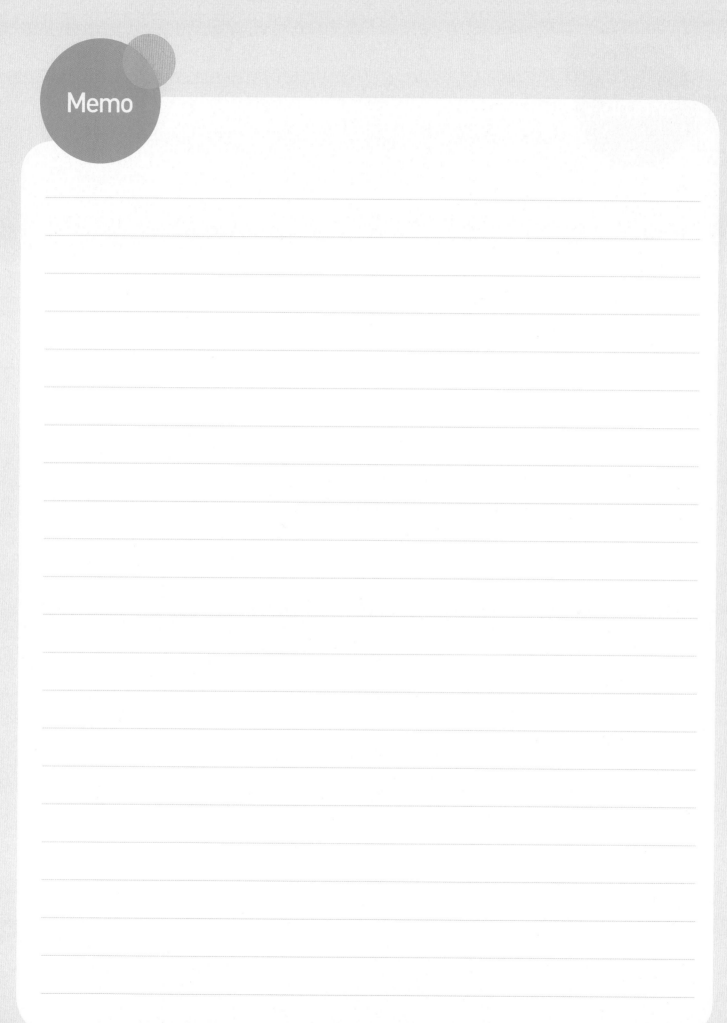

Memo

Memo

# 빠른 정답 찾기 — 수능 기출의 바이블 | 생명과학 I

## ❶ 권 문제편 Part I 교육청 기출

### I. 생명 과학의 이해

**01 생명 과학의 이해**

01③ 02② 03③ 04④ 05⑤ 06③ 07⑤ 08③ 09⑤ 10⑤
11⑤ 12② 13⑤ 14② 15② 16⑤ 17② 18① 19① 20④
21⑤ 22③ 23③ 24① 25⑤ 26④ 27③ 28⑤ 29② 30⑤
31① 32④ 33⑤

### II. 사람의 물질대사

**01 생명 활동과 에너지**

01⑤ 02② 03④ 04⑤ 05④ 06③ 07④ 08④ 09⑤ 10③
11② 12④ 13③

**02 물질대사와 건강**

01④ 02⑤ 03④ 04④ 05⑤ 06⑤ 07③ 08④ 09③ 10⑤
11⑤ 12⑤ 13⑤ 14④ 15③ 16④ 17⑤ 18④ 19⑤ 20④
21⑤ 22④ 23⑤ 24④ 25⑤ 26⑤ 27④

### III. 항상성과 몸의 조절

**01 자극의 전달**

01③ 02② 03① 04⑤ 05① 06④ 07⑤ 08⑤ 09⑤ 10⑤
11② 12④ 13⑤ 14③ 15① 16① 17① 18⑤ 19① 20①

**02 근수축**

01⑤ 02⑤ 03③ 04① 05③ 06⑤ 07④ 08③ 09③ 10④
11② 12④ 13③ 14① 15① 16② 17⑤ 18③ 19③ 20④

**03 신경계**

01① 02④ 03① 04① 05② 06⑤ 07⑤ 08③ 09① 10①
11① 12① 13② 14③ 15③ 16③ 17② 18③ 19⑤ 20①

**04 호르몬과 항상성**

01② 02④ 03① 04③ 05② 06③ 07④ 08⑤ 09② 10②
11② 12⑤ 13① 14① 15① 16④ 17② 18② 19⑤ 20③
21② 22③ 23① 24① 25④ 26⑤ 27② 28② 29④ 30①
31⑤ 32① 33④ 34① 35③

**05 질병과 병원체, 혈액형**

01③ 02② 03⑤ 04③ 05④ 06⑤ 07② 08③ 09④ 10⑤
11⑤ 12④ 13⑤ 14② 15① 16⑤ 17④ 18④ 19① 20④
21④

**06 우리 몸의 방어 작용**

01② 02⑤ 03③ 04④ 05① 06⑤ 07⑤ 08③ 09⑤ 10④
11⑤ 12④ 13④ 14③ 15④ 16② 17③ 18② 19③ 20④

### V. 생태계와 상호 작용

**01 생태계의 구성과 기능**

01⑤ 02⑤ 03③ 04① 05① 06④ 07④ 08① 09② 10③
11④ 12② 13① 14⑤ 15③ 16④ 17① 18② 19① 20③
21③ 22① 23② 24④ 25⑤ 26③ 27① 28① 29② 30③
31④ 32⑤ 33③ 34④ 35④ 36⑤ 37④ 38④ 39① 40⑤
41② 42⑤

**02 에너지 흐름과 물질 순환, 생물 다양성**

01① 02② 03② 04⑤ 05④ 06⑤ 07④ 08④ 09③ 10⑤
11② 12② 13④ 14④ 15② 16② 17⑤ 18③ 19③ 20③
21④ 22④ 23② 24④ 25④ 26② 27② 28① 29③ 30③

## ❶ 권 문제편 Part II 수능 평가원 기출

### I. 생명 과학의 이해

**01 생명 과학의 이해**

01⑤ 02② 03④ 04⑤ 05⑤ 06⑤ 07① 08③ 09⑤ 10⑤
11⑤ 12② 13⑤ 14④ 15⑤ 16⑤ 17③ 18⑤ 19③ 20①
21⑤ 22③ 23④ 24④ 25⑤ 26②

### II. 사람의 물질대사

**01 생명 활동과 에너지**

01⑤ 02⑤ 03③ 04⑤ 05⑤ 06⑤ 07⑤ 08⑤ 09④ 10⑤
11⑤ 12④

**02 물질대사와 건강**

01① 02② 03④ 04③ 05⑤ 06⑤ 07⑤ 08③ 09⑤ 10⑤
11⑤ 12② 13⑤ 14⑤ 15③

### III. 항상성과 몸의 조절

**01 자극의 전달**

01④ 02② 03④ 04⑤ 05① 06① 07① 08② 09② 10①
11② 12④ 13⑤ 14⑤ 15③

**02 근수축**

01② 02⑤ 03④ 04① 05⑤ 06④ 07③ 08⑤ 09② 10⑤
11④ 12⑤ 13② 14② 15①

**03 신경계**

01④ 02③ 03⑤ 04⑤ 05④ 06③ 07④ 08⑤ 09① 10④
11① 12③ 13② 14① 15①

**04 호르몬과 항상성**

01② 02③ 03④ 04④ 05④ 06① 07② 08④ 09① 10②
11④ 12④ 13① 14① 15① 16① 17⑤ 18② 19② 20⑤
21② 22③ 23④ 24② 25④ 26① 27③ 28① 29① 30③
31④ 32① 33③ 34⑤ 35② 36①

**05 질병과 병원체, 혈액형**

01③ 02④ 03④ 04⑤ 05④ 06⑤ 07② 08③ 09④ 10④
11② 12④ 13④ 14④ 15③

**06 우리 몸의 방어 작용**

01④ 02⑤ 03③ 04③ 05⑤ 06④ 07② 08⑤ 09③ 10③
11④ 12⑤ 13① 14④ 15④

### V. 생태계와 상호 작용

**01 생태계의 구성과 기능**

01③ 02④ 03④ 04③ 05① 06③ 07④ 08② 09② 10①
11⑤ 12② 13① 14① 15③ 16④ 17④ 18② 19② 20②
21④ 22③ 23⑤ 24② 25① 26④ 27② 28⑤ 29⑤ 30①
31⑤ 32②

**02 에너지 흐름과 물질 순환, 생물 다양성**

01⑤ 02③ 03① 04④ 05④ 06② 07③ 08② 09② 10①
11④ 12③ 13②

# 기출의 바이블

## 생명과학Ⅰ

1권 │ 문제편

### 문제편

· 기본 개념 정리, 실전 자료 분석
· 교육청+평가원 문항 수록

### 정답 및 해설편

· 선택지 비율, 자료 해석, 보기 풀이, 매력적 오답, 문제풀이 Tip 등의 다양한 요소를 통한 완벽 해설
· 문항 해설을 한눈에 확인할 수 있는 자세한 첨삭 제공

### 고난도편

· 교육청+평가원 고난도 주제 및 문항만을 선별하여 수록
· 고난도 문항 해설을 한눈에 확인할 수 있는 자세한 첨삭 제공

가르치기 쉽고 빠르게 배울 수 있는 **이투스북**

## www.etoosbook.com

○ **도서 내용 문의**
홈페이지 > 이투스북 고객센터 > 1:1 문의

○ **도서 정답 및 해설**
홈페이지 > 도서자료실 > 정답/해설

○ **도서 정오표**
홈페이지 > 도서자료실 > 정오표

○ **선생님을 위한 강의 지원 서비스 T폴더**
홈페이지 > 교강사 T폴더

2026
학년도

필수 문항
첨삭 해설 제공

생명과학 I

Bible of Science

# 기출의 바이블

2권 정답 및 해설편

이투스북

기출의
바이블

Bible of Science

# 기출의 바이블

생명과학 I

 **2권** 정답 및 해설편

# 01 생명 과학의 이해

## 1 생물의 특성

2024년 10월 교육청 1번 | 정답 ③ | 문제편 10p

출제의도 생물의 특성에 대해 알고 있는지 묻는 문항이다.

표는 사람이 갖는 생물의 특성과 예를 나타낸 것이다. (가)와 (나)는 물질대사, 자극에 대한 반응을 순서 없이 나타낸 것이다.

| 생물의 특성 | 예 |
|---|---|
| 자극에 대한 반응 (가) | ⓐ뜨거운 물체에 손이 닿으면 자신도 모르게 손을 떼는 반사가 일어난다. |
| 물질대사 (나) | ⓑ소화 과정을 통해 녹말을 포도당으로 분해한다. |

이에 대한 옳은 설명만을 〈보기〉에서 있는 대로 고른 것은?

보기
ㄱ. (가)는 자극에 대한 반응이다.
ㄴ. ⓐ의 중추는 연수이다.
　　　　　　　　척수
ㄷ. ⓑ에서 이화 작용이 일어난다.
　녹말의 소화 과정은 이화 작용에 해당한다.

① ㄱ　② ㄴ　③ ㄱ, ㄷ　④ ㄴ, ㄷ　⑤ ㄱ, ㄴ, ㄷ

✓ 자료 해석
• 생물은 물질대사를 통해 생명 활동에 필요한 물질과 에너지를 얻는다.
• 사람은 여러 자극을 받아들이고, 그 자극에 대해 적절히 반응한다.

○ 보기 풀이 ㄱ. 뜨거운 물체에 손이 닿았을 때 자신도 모르게 손을 떼는 것은 자극에 대한 반응이다.
ㄷ. 이화 작용은 복잡하고 큰 물질(고분자 물질)을 간단하고 작은 물질(저분자 물질)로 분해하는 반응으로 에너지가 방출되는 반응이다. 녹말의 소화 과정은 이화 작용에 해당한다.

✕ 매력적 오답 ㄴ. 자극에 대한 회피 반응(ⓐ)의 중추는 척수이며, 연수는 심장 박동, 호흡 운동, 소화 운동, 소화액 분비 등의 조절 중추이다.

문제풀이 Tip
생물의 특성인 물질대사, 발생과 생장, 적응과 진화, 항상성, 유전, 자극에 대한 반응 등에 대해 알아둔다.

## 2 생명 과학의 탐구 방법

2024년 10월 교육청 6번 | 정답 ② | 문제편 10p

출제의도 연역적 탐구를 나타낸 자료를 분석할 수 있는지 묻는 문항이다.

다음은 물질 X에 대해 어떤 과학자가 수행한 탐구의 일부이다.

(가) X가 개미의 학습 능력을 향상시킬 것이라고 생각했다. 가설 설정
(나) 개미를 두 집단 A와 B로 나누고, A는 X가 함유되지 않은 설탕물을, B는 X가 함유된 설탕물을 먹었다. 탐구 설계 및 수행
(다) A와 B의 개미가 일정한 위치에 있는 먹이를 찾아가는 실험을 여러 번 반복 수행하면서 먹이에 도달하기까지 걸린 시간을 측정하였다. 탐구 설계 및 수행
(라) (다)의 결과 먹이에 도달하기까지 걸린 시간이 ㉠에서는 점점 감소하였고, ㉡에서는 변화가 없었다. ㉠과 ㉡은 A와 B를 순서 없이 나타낸 것이다. 결과 정리 및 분석
(마) X가 개미의 학습 능력을 향상시킨다는 결론을 내렸다. 결론 도출

이 자료에 대한 옳은 설명만을 〈보기〉에서 있는 대로 고른 것은? [3점]

보기
ㄱ. ㉠은 A이다.
　　　　　B
ㄴ. 조작 변인은 먹이에 도달하기까지 걸린 시간이다.
　　종속변인
ㄷ. 연역적 탐구 방법이 이용되었다.

① ㄱ　② ㄷ　③ ㄱ, ㄴ　④ ㄱ, ㄷ　⑤ ㄴ, ㄷ

✓ 자료 해석
• (가)는 가설 설정, (나)와 (다)는 탐구 설계 및 수행, (라)는 결과 정리 및 분석, (마)는 결론 도출이다.
• 물질 X의 효과를 알아보기 위한 탐구에서 과학자는 가설을 설정한 후 탐구를 수행하였으므로 연역적 탐구 방법을 이용하였다.
• 이 탐구의 조작 변인은 설탕물에 넣은 X의 유무이고, 종속변인은 개미가 먹이에 도달하기까지 걸린 시간이다.

○ 보기 풀이 ㄷ. 가설 설정을 한 후 탐구를 수행하고 검증하여 결론을 이끌어 냈으므로 연역적 탐구 방법이 이용되었다.

✕ 매력적 오답 ㄱ. 결론을 통해 실험 결과가 가설을 지지했음을 알 수 있으므로 ㉠은 B, ㉡은 A이다.
ㄴ. 먹이에 도달하기까지 걸린 시간은 종속변인이다.

문제풀이 Tip
연역적 탐구 과정 및 조작 변인과 종속 변인에 대해 알아두고 자료에 적용할 수 있어야 한다.

## 3 생물의 특성

출제 의도 전등물고기와 세균에서 나타나는 생물의 특성에 대해 알고 있는지 묻는 문항이다.

**다음은 전등물고기(*Photoblepharon palpebratus*)에 대한 자료이다.**

> 전등물고기는 눈 아래에 발광 기관이 있고, 이 발광 기관 안에는 빛을 내는 세균이 서식한다.
>
> 눈
> 발광 기관
> ㉠전등물고기는 세균이 내는 빛으로 먹이를 유인하여 잡아먹고, ㉡세균은 전등물고기로부터 서식 공간과 영양 물질을 제공받아 ⓐ생명 활동에 필요한 에너지를 얻는다.

**이 자료에 대한 설명으로 옳은 것만을 <보기>에서 있는 대로 고른 것은?**

보기
ㄱ. ㉠은 세포로 구성되어 있다.
　　㉠은 생명체로, 세포로 구성되어 있다.
ㄴ. ㉠과 ㉡ 사이의 상호 작용은 <del>분서</del>에 해당한다.
　　　　　　　　　　　　　　상리 공생에
ㄷ. ⓐ 과정에서 물질대사가 일어난다.
　　생명 활동에 필요한 에너지는 물질대사를 통해 얻는다.

① ㄱ　② ㄴ　③ ㄱ, ㄷ　④ ㄴ, ㄷ　⑤ ㄱ, ㄴ, ㄷ

### ✓ 자료 해석
- 모든 생명체는 세포로 구성되어 있다.
- 전등물고기(㉠)와 세균(㉡) 사이의 상호 작용은 상리 공생에 해당한다.
- 생명 활동에 필요한 에너지를 얻는 과정은 세포 호흡을 통해 일어나며, 세포 호흡은 물질대사에 해당한다.

### ○ 보기 풀이
ㄱ. 생명체인 전등물고기(㉠)는 세포로 구성되어 있다.
ㄷ. 세균(㉡)은 물질대사를 통해 생명 활동에 필요한 에너지를 얻는다.

### ✗ 매력적 오답
ㄴ. 전등물고기(㉠)와 세균(㉡)은 모두 이익을 얻으므로 전등물고기(㉠)와 세균(㉡) 사이의 상호 작용은 상리 공생에 해당한다.

### 문제풀이 **Tip**
생물의 특성과 개체군 간의 상호 작용을 함께 물어보는 유형이 출제되고 있으므로 잘 정리해 둔다.

---

## 4 생명 과학의 탐구 방법

출제 의도 연역적 탐구 방법이 적용된 탐구 자료를 분석할 수 있는지 묻는 문항이다.

**다음은 어떤 과학자가 수행한 탐구이다.**

> (가) 개미가 서식하는 쇠뿔아카시아에서는 쇠뿔아카시아를 먹는 곤충 X가 적게 관찰되는 것을 보고, 개미가 X의 접근을 억제할 것이라고 생각했다. 문제 인식 및 가설 설정
> (나) 같은 지역에 있는 쇠뿔아카시아를 집단 A와 B로 나눈 후 A에서만 개미를 지속적으로 제거하였다. 탐구 설계 및 수행
> (다) 일정 시간이 지난 후 ㉠과 ㉡에서 관찰되는 X의 수를 조사한 결과는 그림과 같다. ㉠과 ㉡은 A와 B를 순서 없이 나타낸 것이다. 결과 분석 및 정리
>
> X의 수(상댓값)
> ㉠A　㉡B
> (라) 쇠뿔아카시아에 서식하는 개미가 X의 접근을 억제한다는 결론을 내렸다. 결론 도출

**이 자료에 대한 설명으로 옳은 것만을 <보기>에서 있는 대로 고른 것은? [3점]**

보기
ㄱ. ㉠은 A이다.
ㄴ. (나)에서 대조 실험이 수행되었다.
　　개미를 지속적으로 제거한 A(실험군)와 제거하지 않은 B(대조군)를 설정하였다.
ㄷ. (다)에서 X의 수는 <del>조작 변인</del>이다.
　　　　　　　　　　　　종속변인

① ㄱ　② ㄴ　③ ㄷ　④ ㄱ, ㄴ　⑤ ㄴ, ㄷ

### ✓ 자료 해석
- (가)는 문제 인식 및 가설 설정, (나)는 탐구 설계 및 수행, (다)는 결과 정리 및 분석, (라)는 결론 도출이다.
- ㉠은 A, ㉡은 B이다.
- 조작 변인은 개미의 제거 여부, 종속변인은 관찰되는 곤충 X의 수이다.

### ○ 보기 풀이
ㄱ. ㉠은 개미를 지속적으로 제거하여 X의 수가 많은 A이고, ㉡은 개미를 제거하지 않아 X의 수가 적은 B이다.
ㄴ. (나)에서 개미를 지속적으로 제거한 A(실험군)와 제거하지 않은 B(대조군)를 설정하였으므로 대조 실험이 수행되었다.

### ✗ 매력적 오답
ㄷ. 종속변인은 조작 변인의 영향을 받아 변하는 요인이므로 X의 수이며, 조작 변인은 가설 검증을 위해 실험에서 의도적으로 변화시키는 변인이므로 개미의 제거 여부이다.

### 문제풀이 **Tip**
연역적 탐구 과정에서의 순서와 종속변인, 조작 변인에 대해 알아두고 자료에 적용할 수 있어야 한다.

**5** 생물의 특성

2024년 5월 교육청 1번 | 정답 ⑤ | 문제편 11 p

출제 의도 생물의 특성에 대해 알고 있는지 묻는 문항이다.

**다음은 민달팽이 A에 대한 설명이다.**

바다에 사는 A는 배에 공기주머니가 있어 뒤집혀서 수면으로 떠오를 수 있다. ㉠A의 배 쪽은 푸른색을, 등 쪽은 은회색을 띠어 수면 위와 아래에 있는 천적에게 잘 발견되지 않는다. <sub>적응과 진화</sub>

**㉠에 나타난 생물의 특성과 가장 관련이 깊은 것은?**

① 아메바는 분열법으로 번식한다. <sub>생식</sub>
② 식물은 빛에너지를 이용하여 포도당을 합성한다. <sub>물질대사</sub>
③ 적록 색맹인 어머니로부터 적록 색맹인 아들이 태어난다. <sub>유전</sub>
④ 장수풍뎅이의 알은 애벌레와 번데기 시기를 거쳐 성체가 된다. <sub>발생과 생장</sub>
⑤ 더운 지역에 사는 사막여우는 열 방출에 효과적인 큰 귀를 갖는다. <sub>적응과 진화</sub>

✔ 자료 해석
• 적응과 진화 : 생물이 서식 환경에 알맞은 몸의 형태, 기능 등을 갖고, 생물이 여러 세대를 거치면서 새로운 종으로 분화되는 과정이다.
• ㉠은 적응과 진화에 해당한다.

○ 보기 풀이 민달팽이 A가 배 쪽은 푸른색을, 등 쪽은 은회색을 띠어 수면 위와 아래에 있는 천적에게 잘 발견되지 않는 것은 생물의 특성 중 적응과 진화에 해당한다.

✕ 매력적 오답 ①은 생식, ②는 물질대사, ③은 유전, ④는 발생과 생장, ⑤는 적응과 진화에 해당한다.

**문제풀이 Tip**
생물의 특성에 해당하는 물질대사, 자극에 대한 반응, 생식, 유전, 발생과 생장, 적응과 진화의 예에 대해 잘 정리해 둔다.

**6** 생명 과학의 탐구

2024년 5월 교육청 9번 | 정답 ③ | 문제편 11 p

출제 의도 연역적 탐구 방법이 적용된 탐구 자료를 분석할 수 있는지 묻는 문항이다.

**다음은 어떤 과학자가 수행한 탐구이다.**

(가) 유채가 꽃을 피우는 기간에 기온이 높으면 유채꽃에 곤충이 덜 오는 것을 관찰하였다. <sub>관찰 및 문제 인식</sub>

(나) ㉠유채가 꽃을 피우는 기간에 평균 기온보다 온도가 높으면 유채꽃에서 곤충을 유인하는 물질의 방출량이 감소할 것이라고 생각하였다. <sub>가설 설정</sub>

(다) 유채를 집단 A와 B로 나눠 꽃을 피우는 기간 동안 온도 조건을 A는 ⓐ로, B는 ⓑ로 한 후, A와 B 각각에서 곤충을 유인하는 물질의 방출량을 측정하여 그래프로 나타내었다. ⓐ와 ⓑ는 '평균 기온과 같음'과 '평균 기온보다 높음'을 순서 없이 나타낸 것이다. <sub>탐구 설계 및 수행, 결과 분석</sub>

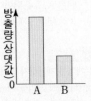

(라) 유채가 꽃을 피우는 기간에 평균 기온보다 온도가 높으면 유채꽃에서 곤충을 유인하는 물질의 방출량이 감소한다는 결론을 내렸다. <sub>결론 도출</sub>

**이에 대한 설명으로 옳은 것만을 <보기>에서 있는 대로 고른 것은?**
[3점]

〈보기〉
ㄱ. ㉠은 (가)에서 관찰한 현상을 설명할 수 있는 잠정적인 결론에 해당한다. <sub>㉠은 가설에 해당한다.</sub>
ㄴ. ⓐ는 '평균 기온보다 높음'이다. <sub>ⓐ는 '평균 기온과 같음', ⓑ는 '평균 기온보다 높음'이다.</sub>
ㄷ. 연역적 탐구 방법이 이용되었다. <sub>가설을 검증하는 연역적 탐구 방법이 이용되었다.</sub>

① ㄱ      ② ㄴ      ③ ㄱ, ㄷ      ④ ㄴ, ㄷ      ⑤ ㄱ, ㄴ, ㄷ

✔ 자료 해석
• (가)는 관찰 및 문제 인식, (나)는 가설 설정, (다)는 탐구 설계 및 수행, 결과 분석, (라)는 결론 도출이다.
• 가설(㉠)은 의문에 대한 답을 추측하여 내린 잠정적인 결론이다.
• ⓐ는 '평균 기온과 같음', ⓑ는 '평균 기온보다 높음'이다.

○ 보기 풀이 ㄱ. ㉠은 (가)에서 관찰한 현상을 설명할 수 있는 잠정적인 결론인 가설에 해당한다.
ㄷ. 유채가 꽃을 피우는 기간에 기온이 높으면 유채꽃에 곤충이 덜 오는 것을 알아보기 위해 수행한 탐구에서 가설을 설정하고 탐구 설계 및 수행하는 과정을 통해 가설을 검증하는 연역적 탐구 방법이 이용되었다.

✕ 매력적 오답 ㄴ. A는 ⓐ로, B는 ⓑ로 온도 조건을 하였는데, 곤충을 유인하는 물질의 방출량은 A가 B보다 더 많았다. 따라서 ⓐ는 '평균 기온과 같음', ⓑ는 '평균 기온보다 높음'이다.

**문제풀이 Tip**
연역적 탐구에서 가설에 따른 조작 변인, 종속변인 등을 유추하는 연습을 많이 해두어야 한다.

## 7 생물의 특성

출제 의도 생물의 특성에 대해 알고 있는지 묻는 문항이다.

다음은 사막에 서식하는 식물 X에 대한 자료이다.

동화 작용의 대표적인 예

X는 낮과 밤의 기온 차이로 인해 생기는 이슬을 흡수하여 ㉠광합성에 이용한다. ㉡X는 주변의 돌과 모양이 비슷하여 초식 동물의 눈에 잘 띄지 않는다. 적응과 진화의 예

이에 대한 옳은 설명만을 〈보기〉에서 있는 대로 고른 것은?

보기
ㄱ. X는 세포로 구성된다.
  모든 생물은 세포로 구성된다.
ㄴ. ㉠에 효소가 이용된다.
  물질대사에 효소가 이용된다.
ㄷ. ㉡은 적응과 진화의 예이다.

① ㄱ　② ㄷ　③ ㄱ, ㄴ　④ ㄴ, ㄷ　⑤ ㄱ, ㄴ, ㄷ

✔ 자료 해석

• 적응과 진화 : 생물이 서식 환경에 알맞은 몸의 형태, 기능 등을 갖고, 생물이 여러 세대를 거치면서 새로운 종으로 분화되는 과정이다.
• 광합성, 세포 호흡과 같은 물질대사는 반드시 에너지 출입이 일어나며, 효소가 관여한다.

○ 보기 풀이 ㄱ. 세포는 생물의 구조적, 기능적 기본 단위이며, 모든 생명체는 세포로 구성되어 있다. 따라서 X는 세포로 구성된다.
ㄴ. 광합성(㉠)은 빛에너지를 이용하여 이산화 탄소와 물로부터 포도당을 합성하는 물질대사 중 동화 작용에 해당하며, 광합성(㉠)이 일어날 때 효소가 이용된다.
ㄷ. X가 주변의 돌과 모양이 비슷하여 초식 동물의 눈에 잘 띄지 않는 것(㉡)은 적응과 진화의 예이다.

문제풀이 **Tip**

생물의 특성에 해당하는 물질대사, 자극에 대한 반응, 항상성, 발생과 생장, 생식과 유전, 적응과 진화에 해당하는 예에 대해 알아둔다.

---

## 8 생명 과학의 탐구

출제 의도 연역적 탐구 방법이 적용된 탐구에서 조작 변인과 종속변인을 파악할 수 있는지 묻는 문항이다.

다음은 어떤 학생이 수행한 탐구의 일부이다.

(가) 밀웜이 스티로폼을 먹을 것이라고 생각했다. 가설 설정
(나) 상자 A와 B에 각각 스티로폼 50.00 g을 넣고 표와 같이 밀웜을 넣었다. 탐구 설계 및 수행

| 구분 | A | B |
|---|---|---|
| 밀웜의 수 (마리) | 100 | 0 |

(다) 한 달간 매일 ㉠스티로폼의 질량을 측정한 결과, A에서만 ㉠이 하루 평균 0.03 g씩 감소했다. 결과 정리 및 분석

이에 대한 옳은 설명만을 〈보기〉에서 있는 대로 고른 것은?

보기
ㄱ. 연역적 탐구 방법이 이용되었다.
ㄴ. 대조 실험이 수행되었다.
  밀웜을 넣은 A가 실험군, 밀웜을 넣지 않은 B가 대조군이다.
ㄷ. ㉠은 조작 변인이다.
  종속변인

① ㄱ　② ㄷ　③ ㄱ, ㄴ　④ ㄴ, ㄷ　⑤ ㄱ, ㄴ, ㄷ

✔ 자료 해석

• 연역적 탐구 방법은 가설을 세우고, 이를 실험으로 검증해 결론을 이끌어내는 탐구 방법이다.
• A는 실험군, B는 대조군이며, 밀웜의 수는 조작 변인, 스티로폼의 질량은 종속변인이다.

○ 보기 풀이 ㄱ. 밀웜이 스티로폼을 먹을 것이라는 가설을 세우고, 이를 실험으로 검증하고 있으므로 연역적 탐구 방법이 이용되었다.
ㄴ. 밀웜을 넣은 A는 실험군, 밀웜을 넣지 않은 B는 대조군으로 대조 실험이 수행되었다.

✖ 매력적 오답 ㄷ. 스티로폼의 질량(㉠)은 조작 변인(밀웜의 수)의 영향을 받아 변하는 요인인 종속변인이다. 조작 변인은 독립변인 중 실험군에서 의도적으로 변화시키는 변인으로 밀웜의 수이다.

문제풀이 **Tip**

연역적 탐구 방법에서는 가설 설정 단계가 있음을 알아둔다. 탐구 자료를 분석할 때 조작 변인은 밀웜의 수이고, 종속변인은 스티로폼의 질량임을 파악할 수 있어야 한다.

## 9 생물의 특성

출제 의도 생물의 특성에 대해 알고 있는지 묻는 문항이다.

다음은 심해 열수구에 서식하는 관벌레에 대한 자료이다.

(가) 붓 모양의 ㉠관벌레에는 세균이 서식하는 영양체라는 기관이 있다.

(나) 관벌레는 영양체 내 세균에게 서식 공간을 제공하고, 세균이 합성한 ㉡유기물을 섭취하여 에너지를 얻는다. 상리 공생

이에 대한 옳은 설명만을 〈보기〉에서 있는 대로 고른 것은?

보기
ㄱ. ㉠은 세포로 구성된다.
ㄴ. ㉡ 과정에서 이화 작용이 일어난다.
　　세포 호흡
ㄷ. (나)는 상리 공생의 예이다.
관벌레, 세균 모두 이익

① ㄱ　　② ㄷ　　③ ㄱ, ㄴ　　④ ㄴ, ㄷ　　⑤ ㄱ, ㄴ, ㄷ

✔ 자료 해석
• 관벌레는 세포 호흡과 같은 이화 작용으로 에너지를 얻는다.
• 관벌레와 영양체 내 세균 사이의 상호 작용은 상리 공생이다.

○ 보기 풀이 ㄱ. 관벌레(㉠)는 생물의 구조적 · 기능적 기본 단위인 세포로 구성된다.

ㄴ. 이화 작용은 복잡하고 큰 물질을 간단하고 작은 물질로 분해하는 반응으로 에너지가 방출되는 반응이다. 관벌레가 세균이 합성한 유기물을 섭취하여 에너지를 얻는 과정에서 이화 작용이 일어난다.

ㄷ. 관벌레는 세균에게 서식 공간을 제공하고, 세균이 합성한 유기물을 섭취하여 에너지를 얻으므로 관벌레와 세균의 상호 작용은 모두 이익을 얻는 상리 공생에 해당한다.

문제풀이 Tip
생물의 특성과 개체군 간의 상호 작용에 대해 정리해 둔다.

---

## 10 생명 과학의 탐구 방법

출제 의도 연역적 탐구 방법과 귀납적 탐구 방법에 대해 알고 있는지 묻는 문항이다.

그림 (가)와 (나)는 연역적 탐구 방법과 귀납적 탐구 방법을 순서 없이 나타낸 것이다.

(가) 귀납적 탐구 방법: 탐색 및 문제 파악 → 관찰 방법 고안 및 수행 → 관찰 결과 분석 → 결론 도출

(나) 연역적 탐구 방법: 문제 인식 및 가설 설정 → 탐구 설계 및 수행 → 자료 분석 및 해석 → 결론 도출

이에 대한 옳은 설명만을 〈보기〉에서 있는 대로 고른 것은?

보기
ㄱ. (가)는 귀납적 탐구 방법이다.
ㄴ. 여러 과학자가 생물을 관찰하여 생물은 세포로 이루어져 있다는 결론을 내리는 과정에 (가)가 사용되었다.
　　　　　　　　　　　　귀납적 탐구 방법
ㄷ. (나)에서는 대조 실험을 하여 결과의 타당성을 높인다.
연역적 탐구 방법

① ㄱ　　② ㄷ　　③ ㄱ, ㄴ　　④ ㄴ, ㄷ　　⑤ ㄱ, ㄴ, ㄷ

✔ 자료 해석
• (가)는 자연 현상을 관찰하여 얻은 자료를 종합하고 분석하여 규칙성을 발견하고 이로부터 일반적인 원리나 법칙을 이끌어내는 귀납적 탐구 방법이다.
• (나)는 자연 현상을 관찰하면서 생긴 의문에 대한 답을 찾기 위해 가설을 세우고, 이를 실험적으로 검증해 결론을 이끌어내는 연역적 탐구 방법이다.

○ 보기 풀이 ㄱ. (가)는 귀납적 탐구 방법, (나)는 연역적 탐구 방법이다.
ㄴ. 다양한 생물을 관찰하여 결론을 내리는 데 귀납적 탐구 방법(가)이 사용되었다.
ㄷ. 연역적 탐구 방법(나)에서는 대조 실험을 통해 결과의 타당성을 높인다.

문제풀이 Tip
귀납적 탐구 방법과 연역적 탐구 방법의 특징에 대해 알아둔다. 특히 연역적 탐구 방법은 가설 설정 단계와 탐구 설계 및 수행 단계에서 대조 실험이 있음을 알아둔다.

## 11 생물의 특성

출제 의도 생물의 특성에 대해 알고 있는지 묻는 문항이다.

다음은 습지에 서식하는 식물 A에 대한 자료이다.

(가) A는 물 밖으로 나와 있는 뿌리를 통해 산소를 흡수할 수 있어 산소가 부족한 습지에서 살기에 적합하다. 적응과 진화

(나) A의 씨앗이 물이나 진흙에 떨어져 어린 개체가 된다. 발생과 생장

이에 대한 설명으로 옳은 것만을 〈보기〉에서 있는 대로 고른 것은?

보기
ㄱ. A에서 물질대사가 일어난다.
　　광합성, 세포 호흡
ㄴ. (가)는 적응과 진화의 예에 해당한다.
ㄷ. (나)에서 세포 분열이 일어난다.
　발생과 생장

① ㄱ　　② ㄷ　　③ ㄱ, ㄴ　　④ ㄴ, ㄷ　　⑤ ㄱ, ㄴ, ㄷ

✔ 자료 해석

• 물질대사는 생명을 유지하기 위해 생물체에서 일어나는 모든 화학 반응으로 대표적인 예로 광합성과 세포 호흡이 있다.
• 적응과 진화의 예
　– 가랑잎벌레는 포식자의 눈에 띄지 않게 나뭇잎과 비슷한 모습을 가진다.
　– 선인장의 잎이 가시로 변해 물의 손실을 줄이고, 물을 저장하는 조직이 발달해 있다.

○ 보기 풀이 ㄱ. 생물체는 물질대사를 통해 생명 활동에 필요한 물질과 에너지를 얻으므로 생물체인 A에서 물질대사가 일어난다.
ㄴ. 산소가 부족한 습지에서 물 밖으로 A의 뿌리가 나와 산소를 흡수할 수 있는 것(가)은 적응과 진화의 예에 해당한다.
ㄷ. A의 씨앗이 어린 개체가 되는 과정(나)에서 세포 분열이 일어난다.

문제풀이 Tip

생물의 특성인 적응과 진화, 물질대사, 발생과 생장에 대해 잘 알아둔다. 특히, 적응과 진화의 예에 대해 정리해 둔다.

---

## 12 생명 과학의 탐구 방법

출제 의도 연역적 탐구를 나타낸 자료를 분석할 수 있는지 묻는 문항이다.

다음은 어떤 과학자가 수행한 탐구이다.

(가) 해조류를 먹지 않는 돌돔이 서식하는 지역에서 해조류를 먹는 성게의 개체 수가 적게 관찰되는 것을 보고, 돌돔이 있으면 성게에게 먹히는 해조류의 양이 감소할 것이라고 생각했다. 관찰 및 가설 설정

(나) 같은 양의 해조류가 있는 지역 A와 B에 동일한 개체 수의 성게를 각각 넣은 후 ㉠에만 돌돔을 넣었다. ㉠은 A와 B 중 하나이다. 탐구 설계 및 수행 ㅡ A

(다) 일정 시간이 지난 후 남아 있는 해조류의 양은 A에서가 B에서보다 많았다. 결과 정리 및 분석

(라) 돌돔이 있으면 성게에게 먹히는 해조류의 양이 감소한다는 결론을 내렸다. 결론 도출

이 자료에 대한 설명으로 옳은 것만을 〈보기〉에서 있는 대로 고른 것은? (단, 제시된 조건 이외는 고려하지 않는다.)

보기
ㄱ. ㉠은 B이다.
　　　　A
ㄴ. 종속변인은 돌돔의 유무이다.
　　　　　　　조작 변인
ㄷ. 연역적 탐구 방법이 이용되었다.

① ㄱ　　② ㄷ　　③ ㄱ, ㄴ　　④ ㄱ, ㄷ　　⑤ ㄴ, ㄷ

✔ 자료 해석

• (가)는 관찰 및 가설 설정, (나)는 탐구 설계 및 수행, (다)는 결과 정리 및 분석, (라)는 결론 도출이다. → 연역적 탐구
• 돌돔이 있으면 성게에게 먹히는 해조류의 양이 감소한다는 결론을 내렸으므로 ㉠은 남아 있는 해조류의 양이 많은 A이다.
• 돌돔의 유무는 조작 변인, 남아 있는 해조류의 양은 종속변인이다.

○ 보기 풀이 ㄷ. 연역적 탐구 방법은 가설을 세우고 이를 실험적으로 검증해 결론을 이끌어내는 탐구 방법이다. 따라서 이 자료는 연역적 탐구 방법이 이용되었다.

✕ 매력적 오답 ㄱ. ㉠은 남아 있는 해조류의 양이 많은 A이다.
ㄴ. 종속변인은 조작 변인의 영향을 받아 변하는 요인이므로 남아 있는 해조류의 양이다. 돌돔의 유무는 의도적으로 변화시킨 요인인 조작 변인이다.

문제풀이 Tip

연역적 탐구 방법에서 종속변인과 조작 변인에 대해 알아두고 자료에 적용할 수 있어야 한다.

## 13 생물의 특성

출제 의도 생물의 특성에 대해 알고 있는지 묻는 문항이다.

**다음은 누에나방에 대한 자료이다.**

발생과 생장

(가) 누에나방은 알, 애벌레, 번데기 시기를 거쳐 성충이 된다.

(나) 누에나방의 ㉠애벌레는 뽕나무 잎을 먹고 생명 활동에 필요한 에너지를 얻는다. 세포로 구성

(다) 인간은 누에나방의 애벌레가 만든 고치에서 실을 얻어 의복의 재료로 사용한다. 생물 자원을 활용한 예

**이에 대한 설명으로 옳은 것만을 〈보기〉에서 있는 대로 고른 것은?**

보기
ㄱ. (가)는 생물의 특성 중 발생과 생장의 예에 해당한다.
ㄴ. ㉠은 세포로 되어 있다. 모든 생물은 세포로 되어 있다.
ㄷ. (다)는 생물 자원을 활용한 예이다.

① ㄱ　② ㄴ　③ ㄱ, ㄷ　④ ㄴ, ㄷ　⑤ ㄱ, ㄴ, ㄷ

✔ **자료 해석**

• 발생과 생장 : 수정란이 세포 분열과 분화를 통해 새로운 개체로 되고, 어린 개체가 세포 분열을 통해 자라나는 과정이다.
• 생물 자원 : 인간이 생물로부터 얻는 자원이다. 의식주, 의약품 등 직접 이용하는 것과 휴식처 제공, 관광 자원 등 간접 이용하는 것으로 나눌 수 있다.

○ **보기 풀이** ㄱ. 누에나방이 알, 애벌레, 번데기 시기를 거쳐 성충이 되는 것은 생물의 특성 중 발생과 생장의 예에 해당한다.
ㄴ. 생물인 애벌레(㉠)는 세포로 되어 있다.
ㄷ. 인간이 누에나방의 애벌레가 만든 고치에서 실을 얻어 의복의 재료로 사용하는 것은 생물 자원을 활용한 예이다.

**문제풀이 Tip**

생물의 특성에 해당하는 예에 대해 잘 정리해 두고, 생물 자원에 대해 알아둔다.

## 14 생명 과학의 탐구 방법

출제 의도 연역적 탐구를 나타낸 자료를 분석할 수 있는지 묻는 문항이다.

**다음은 어떤 과학자가 수행한 탐구 과정의 일부이다.**

(가) 비둘기가 포식자인 참매가 있는 지역에서 무리지어 활동하는 모습을 관찰하였다. 관찰

(나) 비둘기 무리의 개체 수가 많을수록, 비둘기 무리가 참매를 발견했을 때의 거리(d)가 클 것이라고 생각하였다. 가설 설정

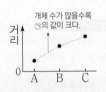

비둘기 무리　　d　　참매

(다) 비둘기 무리의 개체 수를 표와 같이 달리하여 집단 A~C로 나눈 후, 참매를 풀어놓았다. 탐구 설계 및 수행

| 집단 | A | B | C |
|---|---|---|---|
| 개체 수 | 5 | 25 | 50 |

(라) 그림은 A~C에서 ㉠비둘기 무리가 참매를 발견했을 때의 거리(d)를 나타낸 것이다. 결과 정리 및 분석

개체 수가 많을수록 ㉠의 값이 크다.

거리 / A B C

**이 자료에 대한 설명으로 옳은 것만을 〈보기〉에서 있는 대로 고른 것은? [3점]**

보기
ㄱ. (카)는 관찰한 현상을 설명할 수 있는 잠정적인 결론을 설정하는 단계이다. (나) 가설
ㄴ. ㉠은 조작 변인이다. 종속변인
ㄷ. (다)의 C에 환경 저항이 작용한다. 개체군의 생장을 억제하는 요인

① ㄱ　② ㄷ　③ ㄱ, ㄴ　④ ㄴ, ㄷ　⑤ ㄱ, ㄴ, ㄷ

✔ **자료 해석**

• (가)는 관찰, (나)는 가설 설정, (다)는 탐구 설계 및 수행, (라)는 결과 정리 및 분석이다.
• 집단 A~C에서 비둘기 무리의 개체 수가 다른 것은 조작 변인, 비둘기 무리가 참매를 발견했을 때의 거리(d)는 종속변인이다.

○ **보기 풀이** ㄷ. 환경 저항은 개체군의 생장을 억제하는 요인으로 실제 개체군에서는 항상 환경 저항이 작용한다. 따라서 (다)의 C에 환경 저항이 작용한다.

✕ **매력적 오답** ㄱ. 관찰한 현상을 설명할 수 있는 잠정적인 결론을 설정하는 단계는 가설 설정 단계이다. (가)는 관찰 단계이며, (나)가 가설 설정 단계이다.
ㄴ. 비둘기 무리가 참매를 발견했을 때의 거리(㉠)는 조작 변인의 영향을 받아 변하는 요인인 종속변인이다. 조작 변인은 의도적으로 변화시키는 변인으로 집단 A~C에서 비둘기 무리의 개체 수가 다른 것이다.

**문제풀이 Tip**

가설 설정 단계가 있는 연역적 탐구에서 조작 변인과 종속변인을 파악할 수 있어야 한다.

## 15 생물의 특성

출제 의도 생물의 특성에 대해 알고 있는지 묻는 문항이다.

**다음은 히말라야산양에 대한 자료이다.**

(가) 털이 길고 발굽이 갈라져 있어 춥고 험준한 히말라야 산악 지대에서 살아가는 데 적합하다. 적응과 진화

(나) 수컷은 단독 생활을 하지만 번식 시기에는 무리로 들어가 암컷과 함께 자신과 닮은 새끼를 만든다. 생식과 유전

**(가)와 (나)에 나타난 생물의 특성으로 가장 적절한 것은?**

|  | <u>(가)</u> | <u>(나)</u> |
|---|---|---|
| ① | 적응과 진화 | 물질대사 |
| ② | 적응과 진화 | 생식과 유전 |
| ③ | 발생과 생장 | 항상성 |
| ④ | 발생과 생장 | 생식과 유전 |
| ⑤ | 물질대사 | 항상성 |

✓ 자료 해석

- 적응과 진화는 생물이 서식 환경에 알맞은 몸의 형태, 기능 등을 갖고, 생물이 여러 세대를 거치면서 새로운 종으로 분화되는 과정이다.
- 생식과 유전은 생물이 자신과 닮은 자손을 만드는 생식을 통해 어버이의 유전 물질이 자손에게 전달되는 것이다.

○ 보기 풀이 (가) 히말라야산양이 험준한 히말라야 산악 지대에 살아가는 데 적합한 형태를 가진다는 것은 적응과 진화에 해당한다.

(나) 자신과 닮은 자손을 만드는 것은 생식과 유전에 해당한다.

문제풀이 **Tip**

생물의 특성에 해당하는 물질대사, 자극에 대한 반응, 항상성, 발생과 생장, 생식과 유전, 적응과 진화에 대해 정리해 둔다.

---

## 16 생명 과학의 탐구

출제 의도 연역적 탐구를 나타낸 자료를 분석할 수 있는지 묻는 문항이다.

**다음은 어떤 과학자가 수행한 탐구이다.**

(가) 뒷날개에 긴 꼬리가 있는 나방이 박쥐에게 잡히지 않는 것을 보고, 긴 꼬리는 이 나방이 박쥐에게 잡히지 않는 데 도움이 된다고 생각했다. – 관찰 및 가설 설정

(나) 이 나방을 집단 A와 B로 나눈 후 A에서는 긴 꼬리를 그대로 두고, B에서는 긴 꼬리를 제거했다. – 탐구 설계 및 수행

(다) 일정 시간 박쥐에게 잡힌 나방의 비율은 ㉠이 ㉡보다 높았다. ㉠과 ㉡은 A와 B를 순서 없이 나타낸 것이다. – 결과 분석
B-㉠  ㉡-A

(라) 긴 꼬리는 이 나방이 박쥐에게 잡히지 않는 데 도움이 된다는 결론을 내렸다. – 결론 도출

**이 자료에 대한 옳은 설명만을 〈보기〉에서 있는 대로 고른 것은?**

[3점]

보기

ㄱ. ㉠은 B이다. ㉡은 A이다.

ㄴ. 연역적 탐구 방법이 이용되었다.

ㄷ. 박쥐에게 잡힌 나방의 비율은 종속변인이다.
긴 꼬리의 제거 여부는 조작 변인이다.

① ㄱ  ② ㄷ  ③ ㄱ, ㄴ  ④ ㄴ, ㄷ  ⑤ ㄱ, ㄴ, ㄷ

✓ 자료 해석

- (가)는 관찰 및 가설 설정, (나)는 탐구 설계 및 수행, (다)는 결과 분석, (라)는 결론 도출 → 연역적 탐구 방법
- ㉠은 실험군인 긴 꼬리를 제거한 B이고, ㉡은 대조군인 긴 꼬리를 제거하지 않은 A이다.

○ 보기 풀이 ㄱ. 긴 꼬리는 나방이 박쥐에게 잡히지 않는 데 도움이 된다고 결론을 내렸으므로 박쥐에게 잡힌 비율이 높은 ㉠이 긴 꼬리를 제거한 B이고, ㉡이 긴 꼬리를 제거하지 않은 A이다.

ㄴ. 관찰 및 가설 설정(가) → 탐구 설계 및 수행(나) → 결과 분석(다) → 결론 도출(라) 단계가 있으므로 연역적 탐구 방법이 이용되었다.

ㄷ. 긴 꼬리의 제거 여부는 조작 변인이고, 박쥐에게 잡힌 나방의 비율은 종속변인이다.

문제풀이 **Tip**

가설 설정 단계가 있는 연역적 탐구에서 대조군과 실험군 및 조작 변인과 종속변인을 파악할 수 있어야 한다.

## 17 생물의 특성

2022년 10월 **교육청** 1번 | 정답 ② | **문제편 14p**

출제 의도 생물의 특성에 대해 알고 있는지 묻는 문항이다.

다음은 문어가 갖는 생물의 특성에 대한 자료이다.

(가) 게, 조개 등의 먹이를 섭취하여 생명 활동에 필요한 에너지를 얻는다. – 물질대사의 예

(나) 반응 속도가 빠르고 몸이 유연하여 주변 환경에 따라 피부색과 체형을 바꾸어 천적을 피하는 데 유리하다. – 적응과 진화의 예

(가)와 (나)에 나타난 생물의 특성으로 가장 적절한 것은?

|  | (가) | (나) |
| --- | --- | --- |
| ① | 물질대사 | 생식과 유전 |
| ② | 물질대사 | 적응과 진화 |
| ③ | 물질대사 | 항상성 |
| ④ | 항상성 | 생식과 유전 |
| ⑤ | 항상성 | 적응과 진화 |

✔ **자료 해석**

- (가) : 먹이를 섭취하여 생명 활동에 필요한 에너지를 얻는 것은 물질대사의 예에 해당한다.
- (나) : 주변 환경에 따라 피부색과 체형을 바꾸어 천적을 피하는 데 유리한 것은 적응과 진화의 예에 해당한다.

○ **보기 풀이** 물질대사는 생명체 내에서 생명 현상을 유지하기 위해 일어나는 모든 화학 반응이며, 적응과 진화는 생물이 서식 환경에 알맞은 몸의 형태, 기능 등을 갖고 여러 세대에 걸쳐 환경에 적응한 결과 새로운 종으로 분화되는 과정이다.
(가)에 물질대사, (나)에 적응과 진화가 나타난다.

**문제풀이 Tip**
생물의 특성인 적응과 진화, 물질대사, 발생과 생장, 항상성, 유전, 자극에 대한 반응 등에 대해 알아둔다.

## 18 생명 과학의 탐구 방법

2022년 10월 **교육청** 6번 | 정답 ① | **문제편 14p**

출제 의도 연역적 탐구를 나타낸 자료를 분석할 수 있는지 묻는 문항이다.

다음은 어떤 과학자가 수행한 탐구의 일부이다.

(가) 식물 주변 $O_2$ 농도가 높을수록 식물의 $CO_2$ 흡수량이 많을 것으로 생각하였다.

(나) 같은 종의 식물 집단 A와 B를 준비하고, 표와 같은 조건에서 일정 기간 기르면서 측정한 $CO_2$ 흡수량은 그림과 같았다. ㉠과 ㉡은 각각 A와 B 중 하나이다.

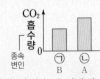

조작 변인

| 집단 | 주변 $O_2$ 농도 |
| --- | --- |
| A | 1 % |
| B | 21 % |

$CO_2$ 흡수량 (종속변인) / B ㉠ A ㉡

(다) 가설과 맞지 않는 결과가 나와 가설을 수정하였다.
— B의 $CO_2$ 흡수량이 A의 $CO_2$ 흡수량보다 적다.

이에 대한 옳은 설명만을 〈보기〉에서 있는 대로 고른 것은? [3점]

┌ 보기 ┐
ㄱ. 연역적 탐구 방법이 이용되었다. 가설 설정 단계가 있다.
ㄴ. 주변 $O_2$ 농도는 종속변인이다. 조작 변인
ㄷ. ㉠은 A이다. ㉠은 B, ㉡은 A이다.
└────┘

① ㄱ　② ㄴ　③ ㄷ　④ ㄱ, ㄴ　⑤ ㄱ, ㄷ

✔ **자료 해석**

- (가) : 가설 설정, (나) : 탐구 설계 및 수행, (다) : 결론 도출 및 가설 수정 → 연역적 탐구
- 조작 변인은 주변 $O_2$ 농도, 종속변인은 $CO_2$ 흡수량이다.

○ **보기 풀이** ㄱ. 제시된 탐구 과정에서 가설을 설정하고 대조 실험을 수행하였으므로 연역적 탐구 방법이 이용되었다.

✕ **매력적 오답** ㄴ. 종속변인은 조작 변인의 영향을 받아 변하는 요인으로 $CO_2$ 흡수량이다. 주변 $O_2$ 농도는 의도적으로 변화시키는 요인이므로 조작 변인이다.
ㄷ. $CO_2$ 흡수량은 ㉡이 ㉠보다 많고, 가설을 수정하였으므로 ㉠은 ㉡보다 주변 $O_2$ 농도가 높다. 따라서 ㉠은 B(주변 $O_2$ 농도 21 %)이고 ㉡은 A(주변 $O_2$ 농도 1 %)이다.

**문제풀이 Tip**
연역적 탐구 방법의 특징을 알아두고 연역적 탐구에서 종속변인과 조작 변인을 자료를 분석하여 파악할 수 있어야 한다.

## 19 생물의 특성

출제 의도 생물의 특성에 대해 알고 있는지 묻는 문항이다.

표는 생물의 특성 (가)와 (나)의 예를, 그림은 애벌레가 번데기를 거쳐 나비가 되는 과정을 나타낸 것이다. (가)와 (나)는 항상성, 발생과 생장을 순서 없이 나타낸 것이다.

| 구분 | 예 |
|---|---|
| 발생과 생장 (가) | ㉠ |
| 항상성 (나) | 더운 날씨에 체온 유지를 위해 땀을 흘린다. |

애벌레 번데기 나비
발생과 생장의 예

이에 대한 설명으로 옳은 것만을 〈보기〉에서 있는 대로 고른 것은?

보기
ㄱ. (가)는 발생과 생장이다. (나)는 항상성이다.
ㄴ. 그림에 나타난 생물의 특성은 (가)보다 (나)와 관련이 깊다.
   (나)보다 (가)
ㄷ. '북극토끼는 겨울이 되면 털 색깔이 흰색으로 변하여 천적의 눈에 띄지 않는다.'는 ㉠에 해당한다.
   적응과 진화의 예

① ㄱ   ② ㄴ   ③ ㄷ   ④ ㄱ, ㄴ   ⑤ ㄱ, ㄷ

✔ 자료 해석
• 더운 날씨에 체온 유지를 위해 땀을 흘리는 것은 항상성(나)의 예에 해당하므로 (가)는 발생과 생장이다.
• 발생과 생장의 예 : 개구리 알은 올챙이를 거쳐 개구리가 된다. 식물의 종자가 발아하여 뿌리, 줄기, 잎으로 분화한다. 등

O 보기 풀이 ㄱ. (가)는 발생과 생장, (나)는 항상성이다.

✖ 매력적 오답 ㄴ. 그림에서 애벌레가 번데기를 거쳐 나비가 되는 과정은 항상성(나)보다 발생과 생장(가)과 관련이 깊다.
ㄷ. '북극토끼는 겨울이 되면 털 색깔이 흰색으로 변하여 천적의 눈에 띄지 않는다.'는 적응과 진화의 예이다.

문제풀이 Tip
생물의 특성인 적응과 진화, 물질대사, 발생과 생장, 항상성, 유전, 자극에 대한 반응의 예에 대해 정리해 둔다.

---

## 20 생명 과학의 탐구 방법

출제 의도 연역적 탐구를 나타낸 자료를 분석할 수 있는지 묻는 문항이다.

다음은 어떤 과학자가 수행한 탐구 과정의 일부이다.

(가) 동물 X는 사료 외에 플라스틱도 먹이로 섭취하여 에너지를 얻을 수 있을 것이라고 생각했다. ― 가설 설정
(나) 동일한 조건의 X를 각각 20마리씩 세 집단 A, B, C로 나눈 후 A에는 물과 사료를, B에는 물과 플라스틱을, C에는 물만 주었다. ― 대조 실험
(다) 일정 기간이 지난 후 ㉠X의 평균 체중을 확인한 결과 A에서는 증가했고, B에서는 유지되었으며, C에서는 감소했다. ― 종속변인
탐구 설계 및 수행

이 자료에 대한 설명으로 옳은 것만을 〈보기〉에서 있는 대로 고른 것은?

보기
ㄱ. ㉠은 조작 변인이다.
   종속변인
ㄴ. 연역적 탐구 방법이 이용되었다.
ㄷ. (나)에서 대조 실험이 수행되었다.

① ㄱ   ② ㄴ   ③ ㄱ, ㄷ   ④ ㄴ, ㄷ   ⑤ ㄱ, ㄴ, ㄷ

✔ 자료 해석
• (가) : 가설 설정, (나)와 (다) : 탐구 설계 및 수행 → 연역적 탐구
• 조작 변인은 먹이의 종류, 종속변인은 X의 평균 체중이다.

O 보기 풀이 ㄴ. 제시된 탐구 과정에서 가설을 설정하고 대조 실험을 수행하였으므로 연역적 탐구 방법이 이용되었다.
ㄷ. (나)에서 실험군과 비교하기 위해 실험 조건을 변화시키지 않은 집단인 대조군이 설정되었으므로, 대조 실험이 수행되었다.

✖ 매력적 오답 ㄱ. 조작 변인은 가설 검증을 위해 실험에서 의도적이고 체계적으로 변화시키는 변인으로, 이 탐구에서는 먹이의 종류이다. X의 평균 체중(㉠)은 종속변인이다.

문제풀이 Tip
연역적 탐구 과정, 조작변인과 종속변인에 대해 학습하고 자료를 분석할 수 있어야 한다.

## 21 생물의 특성

출제 의도 생물의 특성에 대해 알고 있는지 묻는 문항이다.

**다음은 어떤 문어에 대한 설명이다.**

> 문어는 자리돔이 서식하는 곳에서 6개의 다리를 땅속에 숨기고 2개의 다리로 자리돔의 포식자인 줄무늬 바다뱀을 흉내 낸다. ㉠문어의 이러한 특성은 자리돔으로부터 자신을 보호하기에 적합하다.
> — 적응과 진화의 예

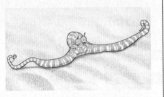

**㉠에 나타난 생물의 특성과 가장 관련이 깊은 것은?**

① 짚신벌레는 분열법으로 번식한다. — 생식의 예
② 개구리알은 올챙이를 거쳐 개구리가 된다. — 발생과 생장의 예
③ 식물은 빛에너지를 이용하여 포도당을 합성한다. — 물질대사의 예
④ 적록 색맹인 어머니로부터 적록 색맹인 아들이 태어난다. — 유전의 예
⑤ 핀치는 서식 환경에 따라 서로 다른 모양의 부리를 갖게 되었다.
— 적응과 진화의 예

✔ 자료 해석
• 자리돔으로부터 자신을 보호하기 위해 문어가 줄무늬 바다뱀을 흉내 내는 특성은 생물의 특성 중 적응과 진화의 예에 해당한다.
• 적응과 진화는 생물이 서식 환경에 알맞은 몸의 형태, 기능 등을 갖고, 여러 세대에 걸쳐 환경에 적응한 결과 새로운 종으로 분화되는 과정이다.

○ 보기 풀이　㉠은 적응과 진화의 예에 해당한다.
①은 생식, ②는 발생과 생장, ③은 물질대사, ④는 유전, ⑤는 적응과 진화의 예에 해당한다.

문제풀이 **Tip**
생물의 특성인 적응과 진화, 물질대사, 발생과 생장, 항상성, 유전, 자극에 대한 반응의 예에 대해 잘 알아둔다.

---

## 22 생명 과학의 탐구 방법

출제 의도 연역적 탐구를 나타낸 자료를 분석할 수 있는지 묻는 문항이다.

**다음은 어떤 과학자가 수행한 탐구 과정의 일부이다.**

> (가) '황조롱이는 양육하는 새끼 수가 많을수록 부모 새의 생존율이 낮아질 것이다.'라고 생각하였다. — 가설 설정
> (나) 황조롱이를 세 집단 A~C로 나눈 후 표와 같이 각 집단의 둥지당 새끼 수를 다르게 하였다.

| | 집단 | A | B | C |
|---|---|---|---|---|
| 조작 변인 | 둥지당 새끼 수 | 3 | 5 | 7 |

> (다) 일정 시간이 지난 후 A~C에서 ㉠부모 새의 생존율을 조사하여 그래프로 나타내었다. Ⅰ~Ⅲ은 A~C를 순서 없이 나타낸 것이다.
> (라) 황조롱이는 양육하는 새끼 수가 많을수록 부모 새의 생존율이 낮아진다는 결론을 내렸다.

부모 새의 생존율(%) ─ 종속변인
Ⅰ C　Ⅱ B　Ⅲ A

**이에 대한 설명으로 옳은 것만을 〈보기〉에서 있는 대로 고른 것은?**
[3점]

> **보기**
> ㄱ. (가)는 가설 설정 단계이다.
> ㄴ. ㉠은 종속변인이다.
> ㄷ. ~~Ⅲ은 C이다.~~
> 　Ⅰ은 C, Ⅱ는 B, Ⅲ은 A이다.

① ㄱ　② ㄷ　③ ㄱ, ㄴ　④ ㄴ, ㄷ　⑤ ㄱ, ㄴ, ㄷ

✔ 자료 해석
• 조작 변인은 둥지당 새끼 수이며, 종속변인은 부모 새의 생존율이다.
• 황조롱이는 양육하는 새끼 수가 많을수록 부모 새의 생존율이 낮아지므로 Ⅰ은 C, Ⅱ는 B, Ⅲ은 A이다.

○ 보기 풀이　ㄱ. 이 탐구에서 연역적 탐구 방법이 이용되었다. (가)는 탐구의 잠정적 결론인 가설을 설정하는 단계이다.
ㄴ. 종속변인은 조작 변인의 영향을 받아 변하는 변인으로 실험 결과에 해당한다. 부모 새의 생존율(㉠)은 종속변인이다.

✕ 매력적 오답　ㄷ. (라)에서 황조롱이는 양육하는 새끼 수가 많을수록 부모 새의 생존율이 낮아진다고 결론을 내렸으므로 부모의 생존율이 가장 높은 Ⅲ은 둥지당 새끼 수가 가장 적은 A이다.

문제풀이 **Tip**
연역적 탐구에서 설정된 가설과 탐구 결과, 이를 토대로 도출된 결론을 분석하여 조작 변인과 종속변인을 파악할 수 있어야 한다.

## 23 생물의 특성

출제 의도 생물의 특성에 대해 알고 있는지 묻는 문항이다.

**다음은 가랑잎벌레에 대한 자료이다.**

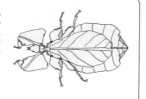

┌─ 적응과 진화의 예
㉠몸의 형태가 주변의 잎과 비슷하여 포식자의 눈에 잘 띄지 않는 가랑잎벌레는 참나무나 산딸기 등의 잎을 먹어 ㉡생명 활동에 필요한 에너지를 얻는다. ─ 물질대사의 예

**㉠과 ㉡에 나타난 생물의 특성으로 가장 적절한 것은?**

| | ㉠ | ㉡ |
|---|---|---|
| ① | 적응과 진화 | 발생과 생장 |
| ② | 적응과 진화 | 물질대사 |
| ③ | 물질대사 | 적응과 진화 |
| ④ | 항상성 | 적응과 진화 |
| ⑤ | 항상성 | 물질대사 |

✔ 자료 해석

- 적응과 진화의 예
  - 사막에 사는 선인장은 잎이 가시로 변하였다.
  - 사막여우는 귀가 크고 몸집이 작으며, 북극여우는 귀가 작고 몸집이 크다.
- 물질대사의 예
  - 식물이 광합성을 통해 유기물을 합성한다.
  - 효모는 포도당을 분해하여 에너지를 얻는다.

○ 보기 풀이 적응과 진화는 생물이 서식 환경에 알맞은 몸의 형태, 기능 등을 갖고, 여러 세대에 걸쳐 환경에 적응한 결과 새로운 종으로 분화되는 과정이다. 물질대사는 생명체 내에서 생명 현상을 유지하기 위해 일어나는 모든 화학 반응이다. ㉠에 적응과 진화, ㉡에 물질대사가 나타난다.

문제풀이 **Tip**

생물의 특성인 적응과 진화, 물질대사, 발생과 생장, 항상성, 유전, 자극에 대한 반응의 예에 대해 잘 알아둔다.

---

## 24 생명 과학의 탐구 방법

출제 의도 연역적 탐구를 나타낸 자료를 분석할 수 있는지 묻는 문항이다.

**다음은 어떤 과학자가 수행한 탐구이다.**

(가) 아스피린은 사람의 세포에서 통증을 유발하는 물질 X의 생성을 억제할 것으로 생각하였다.

(나) 사람에서 얻은 세포를 집단 ㉠과 ㉡으로 나눈 후 둘 중 하나에 아스피린 처리를 하였다.

(다) ㉠과 ㉡에서 단위 시간당 X의 생성량을 측정한 결과는 그림과 같았다.

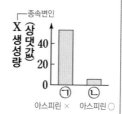

(라) 아스피린은 X의 생성을 억제한다는 결론을 내렸다.

**이에 대한 옳은 설명만을 〈보기〉에서 있는 대로 고른 것은? (단, 아스피린 처리의 여부 이외의 조건은 같다.) [3점]**

┌ 보기 ┐
ㄱ. 대조 실험이 수행되었다.
ㄴ. 아스피린 처리의 여부는 종속변인이다. (조작 변인)
ㄷ. 아스피린 처리를 한 집단은 ㉠이다. (㉡)
└────┘

① ㄱ    ② ㄴ    ③ ㄷ    ④ ㄱ, ㄴ    ⑤ ㄱ, ㄷ

✔ 자료 해석

- 아스피린 처리의 여부는 조작 변인, X 생성량은 종속변인이다.
- ㉠ : 아스피린을 처리하지 않은 집단, ㉡ : 아스피린을 처리한 집단

○ 보기 풀이 ㄱ. 세포를 두 집단으로 나눈 후, 하나는 아스피린을 처리하고 다른 하나는 아스피린을 처리하지 않았으므로 대조 실험이 수행되었다.

✕ 매력적 오답 ㄴ. 아스피린 처리의 여부는 조작 변인이며, X 생성량이 종속변인이다.

ㄷ. 아스피린이 X의 생성을 억제한다고 결론을 내렸으므로 아스피린 처리를 한 집단은 X의 생성이 억제된 ㉡이다.

문제풀이 **Tip**

연역적 탐구 과정, 조작 변인과 종속변인에 대해 학습하고 자료를 분석할 수 있어야 한다.

## 25 생물의 특성

출제 의도 도마뱀 A의 자료에 해당하는 생물의 특성에 대해 묻는 문항이다.

**다음은 어떤 산에 서식하는 도마뱀 A에 대한 자료이다.**

A는 고도가 낮은 지역에서는 주로 음지에서, 높은 지역에서는 주로 양지에서 관찰된다.
㉠ 두 지역의 기온 차이는 약 4 ℃이지만, 두 지역에 서식하는 A의 체온 차이는 약 1 ℃이다.

**㉠과 가장 관련이 깊은 생물의 특성은?**

① 발생　　　② 생식　　　③ 생장
④ 유전　　　⑤ 항상성

✓ **자료 해석**

• 항상성은 체내·외의 환경 변화에 대해 생물이 체내 환경을 정상 범위로 유지하려는 성질이다.
• 고도가 높은 지역과 낮은 지역의 기온 차이는 4 ℃이다. 하지만 A는 고도가 낮아 기온이 높은 지역에서는 주로 음지에서 생활하며, 고도가 높아 기온이 낮은 지역에서는 주로 양지에서 생활함으로써 두 지역에 서식하는 A의 체온 차이는 약 1 ℃이다. 이는 체온을 일정하게 유지하려는 항상성의 예에 해당한다.
• 항상성의 예 : 물을 많이 마시면 오줌의 양이 늘어난다. 더울 때 땀을 흘려 체온을 조절한다. 혈당 조절 호르몬의 분비를 조절함으로써 혈당량을 일정하게 유지한다 등

○ **보기 풀이** 환경이 변해도 체온, 혈당량, 삼투압 등 체내 상태를 일정하게 유지하려는 생물의 특성을 항상성이라고 한다. 두 지역의 기온 차이는 약 4 ℃이지만, 두 지역에 서식하는 A의 체온 차이가 약 1 ℃가 나는 것은 생물의 특성 중 항상성의 예에 해당한다.

✕ **매력적 오답** 다세포 생물은 발생과 생장을 통해 구조적·기능적으로 완전한 개체가 된다. 생식은 생물이 자손을 만드는 현상이고, 유전은 어버이의 형질이 자손에게 전해지는 현상이다.

**문제풀이 Tip**
생물의 특성 중 항상성에 대해 묻는 문항으로, A의 체온이 일정하게 조절되는 생물의 특성에 대해 알아야 한다. 생물의 특성과 그 예에 대해 살펴두도록 하자.

---

## 26 생명 과학의 탐구 방법

출제 의도 곰팡이 ㉠과 옥수수를 이용한 탐구 과정을 분석할 수 있는지를 묻는 문항이다.

**다음은 곰팡이 ㉠과 옥수수를 이용한 탐구의 일부를 순서 없이 나타낸 것이다.**

(가) '㉠이 옥수수의 생장을 촉진한다.'라고 결론을 내렸다.
(나) 생장이 빠른 옥수수의 뿌리에 ㉠이 서식하는 것을 관찰하고, ㉠이 옥수수의 생장에 영향을 미칠 것으로 생각했다.
(다) ㉠이 서식하는 옥수수 10개체와 ㉠이 제거된 옥수수 10개체를 같은 조건에서 배양하면서 질량 변화를 측정했다.

**이에 대한 옳은 설명만을 〈보기〉에서 있는 대로 고른 것은? [3점]**

보기
ㄱ. 옥수수에서 ㉠의 제거 여부는 종속변인이다.
　㉠의 제거 여부는 조작 변인, 옥수수의 질량 변화가 종속변인이다.
ㄴ. 이 탐구에서는 대조 실험이 수행되었다.
　대조군을 설정하고 실험군과 비교하는 대조 실험이 수행되었다.
ㄷ. 탐구는 (나) → (다) → (가)의 순으로 진행되었다.
　(가)는 결론 도출, (나)는 관찰 및 가설 설정, (다)는 탐구 설계 및 수행에 해당한다.

① ㄱ　　② ㄷ　　③ ㄱ, ㄴ　　④ ㄴ, ㄷ　　⑤ ㄱ, ㄴ, ㄷ

✓ **자료 해석**

• 이 탐구에서 가설은 '㉠이 옥수수의 생장에 영향을 미칠 것이다.'이고, (다)에서 ㉠이 서식하는 옥수수 10개체와 ㉠이 제거된 옥수수 10개체를 같은 조건에서 배양하는 대조 실험이 수행되었다. 따라서 가설을 검증하기 위해 의도적으로 변화시키는 조작 변인은 옥수수에서 ㉠의 제거 여부이다. 조작 변인의 영향을 받아 변하는 종속변인은 옥수수의 질량 변화, 즉 ㉠이 옥수수의 생장에 미치는 영향의 여부이다.
• 관찰 및 가설 설정(나) → 탐구 설계 및 수행(다) → 결론 도출(가)의 순으로 진행되었다. 따라서 이 탐구 과정은 관찰하면서 생긴 의문에 대한 답을 추측하여 내린 가설을 세우고, 이를 대조 실험을 통해 검증함으로써 결론을 이끌어내는 탐구 방법인 연역적 탐구 방법이 이용되었다.

○ **보기 풀이** ㄴ. (다)에서 실험군과 대조군을 설정하는 대조 실험이 수행되었다.
ㄷ. (가)는 결론 도출, (나)는 관찰 및 가설 설정, (다)는 탐구 설계 및 수행에 해당한다. 따라서 탐구는 (나) → (다) → (가)의 순으로 진행되었다.

✕ **매력적 오답** ㄱ. ㉠의 제거 여부는 조작 변인이다. 종속변인은 ㉠이 옥수수의 생장에 미치는 영향의 여부(옥수수의 질량 변화)이다.

**문제풀이 Tip**
연역적 탐구 방법에 대해 묻는 문항으로, 연역적 탐구 과정의 각 단계와 대조 실험 및 변인의 뜻을 이해하고 있어야 한다. 탐구 관련 문항은 어렵지 않게 출제되는 경향이 있으므로 탐구에 대한 개념을 정확하게 알아두도록 하자.

## 27 생물의 특성

출제 의도 생물의 특성에 대한 이해를 바탕으로 강아지와 강아지 로봇을 비교할 수 있는지를 묻는 문항이다.

**표는 강아지와 강아지 로봇의 특징을 나타낸 것이다.**

| 구분 | 특징 |
|---|---|
| 강아지 | • ㉠낯선 사람이 다가오는 것을 보면 짖는다.<br>• 사료를 소화·흡수하여 생활에 필요한 에너지를 얻는다. |
| 강아지 로봇 | • 금속과 플라스틱으로 구성된다.<br>• 건전지에 저장된 에너지를 통해 움직인다. |

**이에 대한 옳은 설명만을 〈보기〉에서 있는 대로 고른 것은?**

보기
ㄱ. 강아지는 세포로 되어 있다.

ㄴ. 강아지 로봇은 물질대사를 통해 에너지를 얻는다.
　비생물인 강아지 로봇은 물질대사를 하지 않는다.

ㄷ. ㉠과 가장 관련이 깊은 생물의 특성은 자극에 대한 반응이다.

① ㄱ　② ㄴ　③ ㄱ, ㄷ　④ ㄴ, ㄷ　⑤ ㄱ, ㄴ, ㄷ

✓ 자료 해석

• 강아지는 세포로 구성되어 있고, 물질대사를 하며, 발생과 생장, 생식과 유전 등의 생물의 특성을 모두 나타낸다. 그러나 강아지 로봇은 세포로 구성되어 있지 않고, 생물의 특성을 거의 나타내지 않는다.

• 자극에 대한 반응 : 생물은 환경 변화를 자극으로 받아들이고, 그 자극에 적절히 반응한다. 예 지렁이가 빛을 피해 이동한다. 뜨거운 물체에 손이 닿으면 순간적으로 손을 뗀다 등

○ 보기 풀이 ㄱ. 강아지를 비롯한 모든 생물은 세포로 구성되어 있다.

ㄷ. 낯선 사람이라는 자극에 대해 짖는 반응이 나타나는 것과 가장 관련이 깊은 생물의 특성은 자극에 대한 반응이다.

✕ 매력적 오답 ㄴ. 물질대사를 통해 에너지를 얻는 것은 생물의 특성이다. 강아지 로봇은 생물이 아니므로 물질대사를 하지 않는다.

문제풀이 **Tip**
생물과 비생물의 차이에 대해 묻는 문항으로 강아지와 강아지 로봇을 비교할 수 있어야 한다. 강아지 로봇은 생물의 특성이 거의 나타나지 않으므로 둘의 공통점과 차이점을 정리해 두도록 하자.

---

## 28 생명 과학의 탐구 방법

출제 의도 생명 과학의 탐구 방법 중 하나인 연역적 탐구 방법에 대해 묻는 문항이다.

**다음은 철수가 수행한 탐구 과정의 일부를 순서 없이 나타낸 것이다.**

(가) 화분 A~C를 준비하여 A에는 염기성 토양을, B에는 중성 토양을, C에는 산성 토양을 각각 500 g씩 넣은 후 수국을 심었다. – 탐구 설계 및 수행

(나) 일정 기간이 지난 후 ㉠수국의 꽃 색깔을 확인하였더니 A에서는 붉은색, B에서는 흰색, C에서는 푸른색으로 나타났다. – 결과 정리 및 해석

(다) 서로 다른 지역에 서식하는 수국의 꽃 색깔이 다른 것을 관찰하고 의문이 생겼다. – 관찰 및 문제 인식

(라) 토양의 pH에 따라 수국의 꽃 색깔이 다를 것이라고 생각하였다. – 가설 설정

**이 자료에 대한 설명으로 옳은 것만을 〈보기〉에서 있는 대로 고른 것은?**

보기
ㄱ. ㉠은 종속변인이다.
　수국의 꽃 색깔(㉠)은 종속변인, 토양의 pH는 조작 변인이다.

ㄴ. 연역적 탐구 방법이 이용되었다.
　가설 설정과 대조 실험을 수행하였으므로 연역적 탐구 방법이 이용되었다.

ㄷ. 탐구는 (다) → (라) → (가) → (나) 순으로 진행되었다.

① ㄱ　② ㄷ　③ ㄱ, ㄴ　④ ㄴ, ㄷ　⑤ ㄱ, ㄴ, ㄷ

✓ 자료 해석

• 철수의 탐구 과정은 가설을 설정하는 과정과 이를 실험적으로 검증하는 과정을 포함하므로 연역적 탐구 방법이 이용되었다.

• 연역적 탐구 방법은 자연 현상을 관찰하면서 생긴 의문에 답을 찾기 위해 가설을 세우고, 이를 실험적으로 검증해 결론을 이끌어내는 탐구 방법이다.

• 종속변인은 가설을 검증하기 위해 의도적으로 변화시키는 조작 변인의 영향을 받아 변하는 변인으로, 실험 결과에 해당한다. 철수의 탐구 과정에서 조작 변인은 토양의 pH이고, 종속변인은 수국의 꽃 색깔이다.

○ 보기 풀이 ㄱ. 종속변인은 조작 변인에 따라 변하는 변인이므로 이 실험에서 종속변인은 수국의 꽃 색깔(㉠)이다.

ㄴ. 연역적 탐구 방법은 문제를 인식하고 가설을 세운 후 이를 실험적으로 검증하는 탐구 방법이다.

ㄷ. (가)는 탐구 설계 및 수행, (나)는 결과 정리 및 해석, (다)는 관찰 및 문제 인식, (라)는 가설 설정 단계이다. 따라서 탐구는 (다) → (라) → (가) → (나) 순으로 진행되었다.

문제풀이 **Tip**
생명 과학의 탐구 방법에 대해 묻는 문항으로 연역적 탐구 방법의 절차에 대해 자세하게 알고 있어야 한다. 가끔 탐구 과정이 복잡하게 제시되는 경우가 있는데, 이를 해결하기 위해 빠르고 정확하게 내용을 파악할 수 있는 능력이 요구되기도 한다. 기출 문항을 풀어보면서 문제 해결력을 높이도록 하자.

## 29　생물의 특성

출제 의도 포식자가 많은 지역에서 사는 소에서 나타나는 생물의 특성에 대해 묻는 문항이다.

다음은 어떤 지역에 서식하는 소에 대한 설명이다.

이 소는 크고 긴 뿔을 가질수록 포식자의 공격을 잘 방어할 수 있어 포식자가 많은 이 지역에서 살기에 적합하다.
→ 생물의 특성: 적응과 진화

이 자료에 나타난 생물의 특성과 가장 관련이 깊은 것은?

① 물질대사 – 생물체에서 일어나는 모든 화학 반응
② 적응과 진화 – 생물은 환경에 적응해 나가면서 새로운 종으로 진화한다.
③ 발생과 생장 – 다세포 생물은 발생과 생장을 통해 구조적·기능적으로 완전한 개체가 된다.
④ 생식과 유전 – 생식과 유전을 통해 종족을 유지한다.
⑤ 자극에 대한 반응 – 환경 변화를 자극으로 받아들이고, 그 자극에 적절히 반응한다.

✔ 자료 해석

• 적응 : 생물이 자신이 살아가는 환경에 적합한 몸의 형태와 기능, 생활 습성 등을 갖게 되는 것
• 진화 : 생물이 여러 세대에 걸쳐 환경에 적응한 결과 집단의 유전적 구성이 변하고, 형질이 달라져 새로운 종이 나타나는 것
• 적응과 진화의 예 : 특정 지역의 소는 포식자의 공격에 대비하기 위해 크고 긴 뿔을 가진다. 건조한 사막에 사는 캥거루쥐는 진한 오줌을 소량만 배설해 물의 손실을 줄인다. 가랑잎벌레는 포식자의 눈에 띄지 않게 나뭇잎과 비슷한 모습을 가진다. 사막에 사는 선인장은 잎이 가시로 변해 물의 손실을 줄이고 물을 저장하는 조직이 발달해 있다 등

○ 보기 풀이 크고 긴 뿔을 가진 소가 포식자의 공격이 많은 이 지역에서 살기에 적합하게 변화한 것과 가장 관련이 깊은 생물의 특성은 적응과 진화이다.

문제풀이 **Tip**
생물의 특성에 대해 묻는 문항으로 소에서 나타나는 생물의 특성을 이해할 수 있어야 한다. 생물의 특성인 물질대사, 자극에 대한 반응, 항상성, 발생과 생장, 생식과 유전, 적응과 진화에 대한 개념을 이해하고, 각 생물의 특성에 대한 예를 알아두도록 하자.

---

## 30　생물의 특성과 과학의 탐구 방법

출제 의도 도마뱀이 나타내는 생물의 특성 및 탐구에서 수행한 대조 실험에 대해 묻는 문항이다.

다음은 어떤 과학자가 수행한 탐구의 일부이다.

(가) ㉠도마뱀 알 20개 중 10개는 27 ℃에, 나머지 10개는 33 ℃에 두었다.
(나) ㉡일정 시간이 지난 후 알에서 사란 새끼가 부화하면, 알을 둔 온도별로 새끼의 성별을 확인하였다.　└ 발생의 예

이에 대한 옳은 설명만을 〈보기〉에서 있는 대로 고른 것은?

보기
ㄱ. ㉠은 세포로 구성된다.
　세포는 생물을 이루는 구조적 기능적 단위이다.
ㄴ. 알을 둔 온도는 조작 변인이다.
　실험군과 대조군의 차이는 온도를 다르게 해 준 것이다.
ㄷ. ㉡은 생물의 특성 중 발생의 예이다.

① ㄱ　　② ㄴ　　③ ㄱ, ㄷ　　④ ㄴ, ㄷ　　⑤ ㄱ, ㄴ, ㄷ

✔ 자료 해석

• 세포 : 생물의 몸을 구성하는 구조적 단위이며, 생명 활동이 일어나는 기능적 단위이다. 단세포 생물은 몸이 하나의 세포로 이루어져 있으며, 다세포 생물은 몸이 많은 수의 세포로 이루어져 있다.
• 조작 변인은 실험에서 의도적으로 변화시키는 변인이다. (가)에서 도마뱀 알 20개 중 10개는 27 ℃에, 나머지 10개는 33 ℃에 두었으므로, 실험에서 의도적으로 변화시킨 조작 변인은 온도이다.
• 발생은 하나의 수정란이 세포 분열을 하여 세포 수가 늘어나고, 세포 분화를 통해 세포의 종류와 기능이 다양해지면서 개체가 되는 것이다.

○ 보기 풀이 ㄱ. 모든 생물은 세포로 구성된다. 도마뱀은 많은 수의 세포로 이루어진 다세포 생물이다.
ㄴ. 이 탐구에서 알을 둔 온도를 달리하였으므로 알을 둔 온도는 조작 변인이다.
ㄷ. 알로부터 새끼가 부화한 것은 발생의 예이다.

문제풀이 **Tip**
과학의 탐구 방법에 대해 묻는 문항으로 생물의 특성에 대해서도 알고 있어야 한다. 조작 변인, 통제 변인, 종속변인이 각각 무엇인지 구별할 수 있도록 관련 탐구 문항을 많이 풀어두도록 하자.

# 31  생물의 특성

**출제 의도** 생물의 특성 중 적응과 진화 및 물질대사를 이해하는지 확인하는 문항이다.

**다음은 항생제 내성 세균에 대한 자료이다.**

> ㉠항생제 과다 사용으로 항생제 내성 세균의 비율이 증가하고 있다. 항생제 내성 세균은 항생제 작용 부위가 변형되거나 ㉡항생제를 분해하는 단백질을 합성하기 때문에 항생제에 죽지 않는다.

**㉠과 ㉡에 나타난 생물의 특성으로 가장 적절한 것은?**

|  | ㉠ | ㉡ |
|---|---|---|
| ① | 적응과 진화 | 물질대사 |
| ② | 적응과 진화 | 항상성 |
| ③ | 물질대사 | 생식과 유전 |
| ④ | 물질대사 | 항상성 |
| ⑤ | 항상성 | 물질대사 |

**✓ 자료 해석**

- 적응 : 생물이 서식 환경에 알맞은 몸의 형태나 기능, 생활 습성 등을 갖게 되는 과정이나 결과이다. ⑩ 항생제 내성 세균, 선인장의 굵은 줄기와 가시, 온도에 따라 생김새가 다른 여우의 형태
- 진화 : 생물이 여러 세대를 거치면서 환경에 적응한 결과 집단의 유전자 구성이 변하여 새로운 종이 나타나는 현상이다. ⑩ 갈라파고스 군도의 핀치
- 물질대사 : 생명체에서 일어나는 모든 화학 반응이다. ⑩ 단백질 합성, 광합성, 소화, 세포 호흡

**○ 보기 풀이** ① 항생제 과다 사용으로 항생제 내성 세균의 비율이 증가하는 것(㉠)은 적응과 진화에 해당하며, 단백질을 합성하는 것(㉡)은 물질대사에 해당한다.

**✕ 매력적 오답** 항상성은 환경이 변해도 체내 상태를 항상 일정하게 유지하려는 성질이며, 생식은 생물이 자손을 만드는 현상이고, 유전은 어버이의 형질이 자손에게 전해지는 현상이다.

**문제풀이 Tip**
생물의 특성 중 적응과 진화, 물질대사에 대한 이해를 묻는 문항이다. 생물의 특성에 대한 문항은 각 특성에 해당하는 예를 제시한 후 가장 적절한 것을 찾는 형태로 출제된다. 따라서 각 생물의 특성에 맞는 다양한 예를 알아두도록 하자.

---

# 32  생물의 특성

**출제 의도** 생물의 특성과 그 예를 이해하는지 확인하는 문항이다.

**다음은 아프리카에 사는 어떤 도마뱀에 대한 설명이다.**

> 이 도마뱀은 나뭇잎과 비슷한 외형을 갖고 있어 포식자에게 발견되기 어려우므로 나무가 많은 환경에 살기 적합하다. → 서식 환경에 알맞은 몸의 형태를 갖게 되었다.

**이 자료에 나타난 생명 현상의 특성과 가장 관련이 깊은 것은?**

① 올챙이가 자라서 개구리가 된다. – 발생과 생장
② 짚신벌레는 분열법으로 번식한다. – 생식
③ 소나무는 빛을 흡수하여 포도당을 합성한다. – 물질대사
④ 핀치새는 먹이의 종류에 따라 부리 모양이 다르다. – 적응과 진화
⑤ 적록 색맹인 어머니에게서 적록 색맹인 아들이 태어난다. – 유전

**✓ 자료 해석**

- 적응 : 생물이 서식 환경에 알맞은 몸의 형태나 기능, 생활 습성 등을 갖게 되는 과정이나 결과이다.
- 진화 : 생물이 여러 세대를 거치면서 집단 내의 유전자 구성이 변하는 과정이나 결과이며, 이를 통해 새로운 종이 분화되기도 한다.

**○ 보기 풀이** 도마뱀이 나뭇잎과 비슷한 외형을 가지고 있어 포식자로부터 발견되기 어려운 현상 및 핀치가 먹이의 종류에 따라 부리 모양이 다른 것은 모두 생물의 특성 중 적응과 진화에 해당한다.

**✕ 매력적 오답** ①은 발생과 생장, ②는 생식, ③은 물질대사, ⑤는 유전에 해당한다.

**문제풀이 Tip**
생물의 특성에 대한 문항으로, 난이도가 쉬운 문항이다. 생물의 특성과 그 예에 대해 묻는 문항은 앞으로도 출제 가능성이 높으므로 각 생물의 특성의 예를 살펴두도록 하자.

Part I

교육청

출제 의도 귀납적 탐구 방법과 연역적 탐구 방법의 특징 및 차이점을 파악하는지 확인하는 문항이다.

**다음은 생명 과학의 탐구 방법에 대한 자료이다. (가)는 귀납적 탐구 방법에 대한 사례이고, (나)는 연역적 탐구 방법에 대한 사례이다.**

---

(가) 카로 박사는 오랜 시간 동안 가젤 영양이 공중으로 뛰어 오르며 하얀 엉덩이를 치켜드는 뜀뛰기 행동을 다양한 상황에서 관찰하였다. 관찰된 특성을 종합한 결과 가젤 영양은 포식자가 주변에 나타나면 엉덩이를 치켜드는 뜀 뛰기 행동을 한다는 결론을 내렸다. – 관찰한 자료로부터 결론을 도출

(나) 에이크만은 건강한 닭들을 두 집단으로 나누어 현미와 백미를 각각 먹여 기른 후 각기병 증세의 발생 여부를 관 찰하였다. 그 결과 백미를 먹인 닭에서는 각기병 증세가 나타났고, 현미를 먹인 닭에서는 각기병 증세가 나타나 지 않았다. 이를 통해 현미에는 각기병을 예방하는 물질 이 들어 있다는 결론을 내렸다. – 탐구 수행을 통해 결론을 도출

---

**이에 대한 설명으로 옳은 것만을 〈보기〉에서 있는 대로 고른 것은?**

┌─ 보기 ─────────────────────────┐
ㄱ. (가)의 탐구 방법에서는 여러 가지 관찰 사실을 분석하고 종합하여 일반적인 원리나 법칙을 도출한다.
(가)는 귀납적 탐구 방법에 대한 사례이다.
ㄴ. (나)에서 대조 실험이 수행되었다.
(나)에서 대조군과 실험군을 설정하여 비교하는 대조 실험이 수행되었다.
ㄷ. (나)에서 각기병 증세의 발생 여부는 종속변인이다.
(나)에서 먹이의 종류는 조작 변인, 각기병 증세의 발생 여부는 종속변인이다.
└────────────────────────────┘

① ㄱ   ② ㄷ   ③ ㄱ, ㄴ   ④ ㄴ, ㄷ   ⑤ ㄱ, ㄴ, ㄷ

---

✔ **자료 해석**

• 귀납적 탐구 방법 : 자연 현상을 관찰하여 얻은 자료를 종합하고 분석한 후 결론을 도출해 내는 탐구 방법이다.

• 연역적 탐구 방법 : 자연 현상을 관찰하면서 인식한 문제를 해결하기 위 한 잠정적 답인 가설을 세우고, 실험을 통해 가설의 옳고 그름을 검증하 는 탐구 방법이다.

• 대조 실험 : 연역적 탐구 방법에서 탐구를 수행할 때는 대조군을 설정하 고 실험군과 비교하는 대조 실험을 수행한다.

○ **보기 풀이** ㄱ. 귀납적 탐구 방법에서는 여러 가지 관찰 사실을 분석하고 종 합하여 일반적인 원리나 법칙을 도출한다. (가)는 귀납적 탐구 방법에 대한 사례 이다.

ㄴ. (나)에서 건강한 닭들을 백미를 먹인 닭과 현미를 먹인 닭으로 나누어 대조 실험을 하였다.

ㄷ. (나)에서 각기병 증세의 발생 여부는 먹이의 종류(조작 변인)의 영향을 받아 서 달라지는 것으로 종속변인에 해당한다.

**문제풀이 Tip**

귀납적 탐구 방법과 연역적 탐구 방법의 사례를 각각 제공하고 각 탐구 방법의 특징을 묻는 문항이다. 자주 출제되지는 않지만 두 탐구 방법의 차이점을 정확 하게 알아두도록 하자.

# 01 생명 활동과 에너지

선택지 비율   ① 3%   ② 2%   ③ 9%   ④ 1%   ❺ 82%

## 1 물질대사와 에너지

2024년 7월 교육청 5번 | 정답 ⑤ | 문제편 22 p

출제 의도 단백질 합성, ADP와 ATP 사이의 전환 과정에 대해 알고 있는지 묻는 문항이다.

그림 (가)는 사람에서 일어나는 물질대사 과정 Ⅰ과 Ⅱ를, (나)는 ATP와 ADP 사이의 전환 과정 Ⅲ과 Ⅳ를 나타낸 것이다.

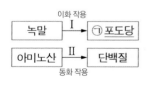

이에 대한 설명으로 옳은 것만을 〈보기〉에서 있는 대로 고른 것은? [3점]

보기
ㄱ. Ⅰ에서 효소가 이용된다.
　Ⅰ은 물질대사에 해당하므로 효소가 이용된다.
ㄴ. 미토콘드리아에서 Ⅳ가 일어난다.
　미토콘드리아에서 세포 호흡이 일어나 ATP가 합성(Ⅳ)된다.
ㄷ. Ⅱ와 Ⅲ에서 모두 에너지가 방출된다.
　단백질 분해 과정(Ⅱ)과 ATP 분해(Ⅲ)에서 모두 에너지가 방출된다.

① ㄱ　② ㄷ　③ ㄱ, ㄴ　④ ㄴ, ㄷ　⑤ ㄱ, ㄴ, ㄷ

### ✔ 자료 해석
- 단백질 합성 과정(Ⅰ), 단백질 분해 과정(Ⅱ), ATP 분해(Ⅲ), ATP 합성(Ⅳ)에서 모두 효소가 이용된다.
- 단백질 합성 과정(Ⅰ)과 ATP 합성(Ⅳ)에서는 모두 에너지가 흡수되고, 단백질 분해 과정(Ⅱ)과 ATP 분해(Ⅲ)에서는 모두 에너지가 방출된다.

### ○ 보기풀이
ㄱ. 아미노산에서 단백질이 합성되는 과정(Ⅰ)은 물질대사에 해당하므로 효소가 이용된다.
ㄴ. 미토콘드리아에서 세포 호흡이 일어나므로 ADP에서 ATP로의 합성(Ⅳ)이 일어난다.
ㄷ. 단백질 분해 과정(Ⅱ)과 ATP 분해(Ⅲ)에서는 모두 에너지가 방출된다.

### 문제풀이 Tip
물질대사 중 동화 작용과 이화 작용에서 에너지의 출입에 대해 알아두고, 물질대사가 일어날 때 효소가 이용됨을 알아둔다.

---

선택지 비율   ① 1%   ② 5%   ③ 1%   ❹ 90%   ⑤ 1%

## 2 물질대사

2024년 5월 교육청 5번 | 정답 ④ | 문제편 22 p

출제 의도 물질대사에 대해 알고 있는지 묻는 문항이다.

그림은 사람에서 일어나는 물질대사 과정 Ⅰ과 Ⅱ를 나타낸 것이다. 이에 대한 설명으로 옳은 것만을 〈보기〉에서 있는 대로 고른 것은?

이화 작용
녹말 —Ⅰ→ ㉠포도당
아미노산 —Ⅱ→ 단백질
동화 작용

보기
ㄱ. Ⅰ에서 이화 작용이 일어난다.
　Ⅰ에서 이화 작용이, Ⅱ에서 동화 작용이 일어난다.
ㄴ. Ⅰ과 Ⅱ에서 모두 효소가 이용된다.
　물질대사인 이화 작용(Ⅰ)과 동화 작용(Ⅱ)에서 모두 효소가 이용된다.
ㄷ. ㉠이 세포 호흡에 사용된 결과 생성되는 노폐물에는 ~~암모니아가~~ 있다. 물과 이산화 탄소만 있다.

① ㄱ　② ㄴ　③ ㄷ　④ ㄱ, ㄴ　⑤ ㄱ, ㄷ

### ✔ 자료 해석
- 녹말이 포도당으로 분해되는 Ⅰ은 이화 작용이고, 아미노산이 단백질로 합성되는 Ⅱ는 동화 작용이다.
- Ⅰ과 Ⅱ에서는 모두 효소가 이용되며, 포도당이 세포 호흡에 사용된 결과 생성되는 노폐물에는 물과 이산화 탄소가 있다.

### ○ 보기풀이
ㄱ. 녹말이 포도당으로 분해되는 과정 Ⅰ에서 이화 작용이 일어난다.
ㄴ. 물질대사인 이화 작용(Ⅰ)과 동화 작용(Ⅱ)에서는 모두 효소가 이용된다.

### ✘ 매력적 오답
ㄷ. 포도당(㉠)이 세포 호흡에 사용된 결과 생성되는 노폐물에는 물과 이산화 탄소가 있다. 단백질의 분해 산물인 아미노산이 세포 호흡에 사용된 결과 생성되는 노폐물에는 물, 이산화 탄소, 암모니아가 있다.

### 문제풀이 Tip
동화 작용과 이화 작용에 모두 효소가 이용되며, 포도당과 아미노산이 각각 세포 호흡에 사용된 결과 생성되는 노폐물 종류에 대해 알아둔다.

# 3 생명 활동과 에너지

출제 의도 단백질이 세포 호흡을 통해 분해될 때 생성되는 물질을 알고 있는지 묻는 문항이다.

다음은 사람에서 일어나는 물질대사에 대한 자료이다. ㉠~㉢은 ADP, ATP, 단백질을 순서 없이 나타낸 것이다.

> (가) ㉠(단백질)은 세포 호흡을 통해 물, 이산화 탄소, 암모니아로 분해된다.
> 　　　　　　　　　　　　　　단백질의 분해 산물
> (나) 미토콘드리아에서 일어나는 세포 호흡을 통해 ㉡(ADP)이 ㉢(ATP)으로 전환된다.

이에 대한 옳은 설명만을 〈보기〉에서 있는 대로 고른 것은?

> 【보기】
> ㄱ. ㉠은 ATP이다.
> 　　　　 단백질
> ㄴ. (가)에서 이화 작용이 일어난다.
> 　　(가)에서 에너지가 방출되므로 이화 작용이 일어난다.
> ㄷ. ㉢에 저장된 에너지는 생명 활동에 사용된다.
> 　　ATP

① ㄱ　　② ㄴ　　③ ㄱ, ㄷ　　④ ㄴ, ㄷ　　⑤ ㄱ, ㄴ, ㄷ

✓ 자료 해석
- ㉠은 단백질, ㉡은 ADP, ㉢은 ATP이다.
- 단백질(㉠)의 분해 산물인 아미노산이 세포 호흡에 이용된 결과 물, 이산화 탄소 외에 질소가 포함된 암모니아가 만들어진다.
- 미토콘드리아에서 세포 호흡을 통해 ATP(㉢)가 생성되며, ATP에 저장된 에너지는 생명 활동에 사용된다.

○ 보기 풀이 ㄴ. 단백질(㉠)이 세포 호흡을 통해 물, 이산화 탄소, 암모니아로 분해될 때 에너지가 방출되므로 (가)에서 이화 작용이 일어난다.
ㄷ. 미토콘드리아에서 일어나는 세포 호흡을 통해 ADP(㉡)가 ATP(㉢)로 전환된다. ATP(㉢)에 저장된 에너지는 여러 생명 활동에 사용된다.

✕ 매력적 오답 ㄱ. 세포 호흡을 통해 ㉠이 물, 이산화 탄소, 암모니아로 분해되므로 ㉠은 단백질이다.

문제풀이 Tip
세포 호흡 결과 생성된 노폐물 종류를 통해 세포 호흡에 이용된 물질을 파악할 수 있어야 한다.

---

# 4 생명 활동과 에너지

출제 의도 세포 호흡에 대해 알고 있는지 묻는 문항이다.

그림은 사람의 미토콘드리아에서 일어나는 세포 호흡을 나타낸 것이다. ㉠~㉢은 각각 ADP, ATP, $CO_2$ 중 하나이다.

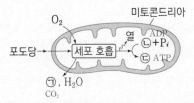

이에 대한 설명으로 옳은 것만을 〈보기〉에서 있는 대로 고른 것은?

> 【보기】
> ㄱ. 순환계를 통해 ㉠이 운반된다.
> 　　　　　　　　CO₂
> ㄴ. ㉡의 구성 원소에는 인(P)이 포함된다.
> 　　ADP
> ㄷ. 근육 수축 과정에는 ㉢에 저장된 에너지가 사용된다.
> 　아데닌+리보스+2개의 인산기=ADP
> 　　　　　　　　　　ATP

① ㄱ　　② ㄷ　　③ ㄱ, ㄴ　　④ ㄴ, ㄷ　　⑤ ㄱ, ㄴ, ㄷ

✓ 자료 해석
- ㉠은 $CO_2$, ㉡은 ADP, ㉢은 ATP이다.
- ATP는 아데노신(아데닌+리보스)에 3개의 인산기가 결합한 화합물로 생명 활동에 이용되는 에너지 저장 물질이다.

○ 보기 풀이 ㄱ. ㉠은 포도당이 세포 호흡 결과 생성된 물질이므로 $CO_2$이다. 순환계를 통해 $CO_2$(㉠)가 운반되어 호흡계를 통해 배출된다.
ㄴ. ㉡은 아데노신(아데닌+리보스)에 2개의 인산기가 결합한 화합물로 ADP이다. ADP(㉡)의 구성 원소에는 인(P)이 포함된다.
ㄷ. ㉢은 ADP(㉡)가 무기 인산 1분자와 결합하여 생성된 것이므로 ATP이다. ATP(㉢)는 생명 활동에 이용되는 에너지 저장 물질로, 근육 수축 과정에는 ATP(㉢)에 저장된 에너지가 사용된다.

문제풀이 Tip
세포 호흡 결과 생성되는 물질 및 ADP와 ATP 사이의 전환 과정에 대해 알아 둔다.

**5** 생명 활동과 에너지

2023년 4월 교육청 2번 | 정답 ④ | 문제편 23p

출제 의도 세포 호흡과 ADP, ATP 사이의 전환에 대해 알고 있는지 묻는 문항이다.

그림 (가)는 미토콘드리아에서 일어나는 세포 호흡을, (나)는 ADP 와 ATP 사이의 전환을 나타낸 것이다.

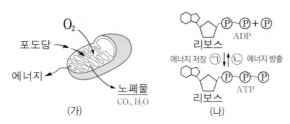

이에 대한 설명으로 옳은 것만을 〈보기〉에서 있는 대로 고른 것은? [3점]

보기
ㄱ. 포도당이 세포 호흡에 사용된 결과 생성되는 노폐물에는 암모니아가 있다.
  $CO_2$, $H_2O$
ㄴ. 과정 ㉡에서 에너지가 방출된다.
  $ATP \rightarrow ADP + P_i$
ㄷ. (가)에서 과정 ㉠이 일어난다.
  ATP 합성

① ㄱ   ② ㄴ   ③ ㄱ, ㄷ   ④ ㄴ, ㄷ   ⑤ ㄱ, ㄴ, ㄷ

✓ 자료 해석
• 물질대사는 생명체 내에서 일어나는 화학 반응으로 미토콘드리아에서 세포 호흡을 통해 ATP가 생성된다.
• ㉠은 ADP가 무기 인산 1분자와 결합하여 ATP가 생성되는 과정으로 이때 에너지가 저장된다. ㉡은 ATP가 ADP와 무기 인산 1분자로 분해되는 과정으로 이때 에너지가 방출된다.

○ 보기 풀이  ㄴ. ATP가 ADP로 분해되는 과정(㉡)에서 에너지가 방출된다.
ㄷ. 미토콘드리아에서 세포 호흡(가)을 통해 ADP가 무기 인산 1분자와 결합하여 ATP가 생성되는 과정(㉠)이 일어난다.

✕ 매력적 오답  ㄱ. 포도당이 세포 호흡에 사용된 결과 생성되는 노폐물에는 물과 이산화 탄소가 있다. 암모니아는 질소가 포함된 노폐물로 아미노산이 세포 호흡에 사용된 결과 생성된다.

문제풀이 **Tip**
포도당과 아미노산이 세포 호흡 결과 생성되는 노폐물에 대해 알아두고, ADP 와 ATP 사이의 전환에서 에너지 출입에 대해 알고 있어야 한다.

**6** 생명 활동과 에너지

2023년 3월 교육청 2번 | 정답 ③ | 문제편 23p

출제 의도 세포 호흡을 통한 ATP 합성에 대해 알고 있는지 묻는 문항이다.

다음은 사람에서 일어나는 세포 호흡에 대한 자료이다. ㉠은 포도당 과 아미노산 중 하나이다.

• 세포 호흡 과정에서 방출되는 에너지의 일부는 ⓐATP 합 성에 이용된다.
  미토콘드리아에서 일어남
• ㉠이 세포 호흡에 이용된 결과 ⓑ질소(N)가 포함된 노폐물 이 만들어진다
  아미노산    암모니아

이에 대한 옳은 설명만을 〈보기〉에서 있는 대로 고른 것은?

보기
ㄱ. 미토콘드리아에서 ⓐ가 일어난다.
ㄴ. 암모니아는 ⓑ에 해당한다.
ㄷ. ㉠은 포도당이다.
  아미노산

① ㄱ   ② ㄷ   ③ ㄱ, ㄴ   ④ ㄴ, ㄷ   ⑤ ㄱ, ㄴ, ㄷ

✓ 자료 해석
• 세포 호흡은 이화 작용의 대표적인 예이며, 주로 미토콘드리아에서 일어난다.
• 아미노산이 세포 호흡에 이용된 결과 물, 이산화 탄소 외에 질소가 포함 된 노폐물인 암모니아가 만들어진다.

○ 보기 풀이  ㄱ. 세포 호흡은 주로 미토콘드리아에서 일어나므로 미토콘드리아에서 ATP 합성(ⓐ)이 일어난다.
ㄴ. 아미노산(㉠)이 세포 호흡에 이용되면 질소(N)가 포함된 노폐물인 암모니아가 만들어진다.

✕ 매력적 오답  ㄷ. ㉠은 아미노산이다. 포도당이 세포 호흡에 이용되면 질소(N)가 포함된 노폐물이 생성되지 않는다.

문제풀이 **Tip**
세포 호흡이 일어나는 장소와 세포 호흡 결과 생성된 노폐물 종류를 통해 세포 호흡에 이용된 물질을 파악할 수 있어야 한다.

## 7 생명 활동과 에너지

출제 의도 조직 세포에서의 세포 호흡과 ADP, ATP 사이의 전환에 대해 알고 있는지 묻는 문항이다.

그림 (가)는 사람에서 일어나는 물질 이동 과정의 일부와 조직 세포에서 일어나는 물질대사 과정의 일부를, (나)는 ADP와 ATP 사이의 전환을 나타낸 것이다. ㉠과 ㉡은 각각 $CO_2$와 포도당 중 하나이다.

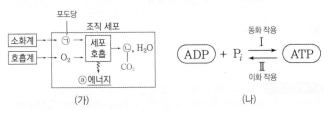

(가)　　　　　　　(나)

이에 대한 설명으로 옳은 것만을 〈보기〉에서 있는 대로 고른 것은?

보기
ㄱ. ㉠은 포도당이다. ㉡은 $CO_2$이다.
ㄴ. ⓐ의 일부가 과정 Ⅰ에 사용된다.
ㄷ. 과정 Ⅱ는 동화 작용에 해당한다.

① ㄱ　② ㄴ　③ ㄷ　④ ㄱ, ㄴ　⑤ ㄱ, ㄷ

✔ 자료 해석
• ㉠은 소화계를 통해 흡수되어 조직 세포에서 세포 호흡에 이용되므로 포도당이다. ㉡은 조직 세포에서 세포 호흡 결과 생성된 것이므로 $CO_2$ 이다.
• 과정 Ⅰ은 에너지가 흡수되는 동화 작용, 과정 Ⅱ는 에너지가 방출되는 이화 작용에 해당한다.

○ 보기풀이 ㄱ. ㉠은 포도당, ㉡은 $CO_2$이다.
ㄴ. 세포 호흡 시 발생한 에너지(ⓐ)의 일부는 ATP가 합성되는 과정(Ⅰ)에 사용된다.

✕ 매력적 오답 ㄷ. ATP가 ADP와 무기 인산($P_i$)으로 분해되는 과정(Ⅱ)은 이화 작용에 해당한다.

문제풀이 Tip
세포 호흡에 이용되는 물질과 생성되는 물질에 대해 알아두고, ADP와 ATP 사이의 전환에서 에너지 출입에 대해 알고 있어야 한다.

---

## 8 물질대사와 에너지

출제 의도 포도당과 글리코젠 사이의 물질대사에 대해 묻는 문항이다.

그림은 체내에서 일어나는 어떤 물질대사 과정을 나타낸 것이다.

이에 대한 옳은 설명만을 〈보기〉에서 있는 대로 고른 것은?

보기
ㄱ. 인슐린에 의해 ⓐ가 촉진된다.
　　인슐린에 의해 ⓑ가 촉진된다.
ㄴ. ⓑ에서 동화 작용이 일어난다.
　　ⓐ에서 이화 작용이, ⓑ에서 동화 작용이 일어난다.
ㄷ. ⓐ와 ⓑ에 모두 효소가 관여한다.
　　포도당과 글리코젠의 전환 과정에서는 모두 효소가 관여한다.

① ㄱ　② ㄷ　③ ㄱ, ㄴ　④ ㄴ, ㄷ　⑤ ㄱ, ㄴ, ㄷ

✔ 자료 해석
• 인슐린은 혈당량이 정상 범위보다 높을 때 분비가 증가되어 혈당량을 정상 수준으로 낮추는 호르몬이다. 즉 인슐린은 간에서 포도당이 글리코젠으로 전환되는 과정(ⓑ)을 촉진한다. 반대로 글루카곤은 간에서 글리코젠이 포도당으로 전환되는 과정을 촉진하여 혈당량을 정상 수준으로 높이는 호르몬이다.
• 글리코젠은 포도당의 결합으로 생성되는 다당류이다. 따라서 포도당이 글리코젠으로 합성되는 과정(ⓑ)에서 동화 작용이 일어나고, 글리코젠이 포도당으로 분해되는 과정(ⓐ)에서 이화 작용이 일어난다.

○ 보기풀이 ㄴ. ⓑ에서 글리코젠이 합성되는 동화 작용이 일어난다.
ㄷ. ⓐ와 ⓑ는 모두 효소가 관여하는 물질대사이다.

✕ 매력적 오답 ㄱ. 인슐린에 의해 촉진되는 과정은 ⓑ이다.

문제풀이 Tip
물질대사에 대해 묻는 문항으로, 포도당과 글리코젠 사이에서 일어나는 물질대사에 대해 알고 있어야 한다. 물질대사가 일어날 때는 에너지 출입도 함께 일어나므로 동화 작용과 이화 작용 시 나타나는 에너지 출입 형태도 함께 정리해 두도록 하자.

## 9 생명 활동과 에너지

출제 의도 ATP의 생성과 분해 과정에서의 에너지 전환에 대해 묻는 문항이다.

그림은 ATP와 ADP 사이의 전환을 나타낸 것이다.

리보스

이에 대한 설명으로 옳은 것만을 〈보기〉에서 있는 대로 고른 것은?

┌ 보기 ┐
ㄱ. ㉠은 아데닌이다.
  ATP는 아데닌(㉠)+리보스+3개의 인산기로 구성된다.
ㄴ. 과정 I 에서 에너지가 방출된다.
  I 에서 에너지가 방출, Ⅱ에서 에너지가 흡수된다.
ㄷ. 미토콘드리아에서 과정 Ⅱ가 일어난다.
  미토콘드리아에서 ATP 합성 반응(Ⅱ)이 일어난다.
└                                              ┘

① ㄱ    ② ㄷ    ③ ㄱ, ㄴ    ④ ㄴ, ㄷ    ⑤ ㄱ, ㄴ, ㄷ

### ✔ 자료 해석

• ATP : 아데노신(아데닌+리보스)에 3개의 인산기가 결합한 화합물이다. ATP의 인산 결합이 끊어져 ADP와 무기 인산($P_i$)으로 분해될 때 에너지가 방출되며, ADP와 무기 인산($P_i$) 1분자가 결합하여 ATP가 합성될 때 에너지가 흡수된다.
• 세포 호흡 : 포도당이 산소와 반응하여 이산화 탄소와 물로 분해되는 반응으로, 주로 미토콘드리아에서 일어난다. 세포 호흡에 의해 포도당의 화학 에너지 일부는 ATP의 화학 에너지로 저장된다.

○ 보기 풀이   과정 I 은 ATP에서 ADP로의 전환을, 과정 Ⅱ는 ADP에서 ATP로의 전환을 나타낸 것이다. ATP는 아데닌, 리보스, 3개의 인산기로 구성되어 있다. ADP는 아데닌, 리보스, 2개의 인산기로 구성되어 있다.
ㄱ. ㉠은 아데닌이다.
ㄴ. 과정 I 에서 ATP가 ADP로 전환될 때 에너지가 방출된다.
ㄷ. 미토콘드리아에서 ADP가 ATP로 전환되는 과정 Ⅱ가 일어난다.

문제풀이 **Tip**

생명 활동과 에너지 전환에 대한 문항으로, ATP와 ADP 사이의 전환 과정에 대해 알고 있어야 한다. 동화 작용과 이화 작용을 포함한 물질대사의 예 및 세포 호흡 과정에서의 에너지의 전환과 이용에 대한 문항은 출제 가능성이 높으므로 관련 기출 문항을 풀어두도록 하자.

---

## 10 광합성과 세포 호흡

출제 의도 광합성과 세포 호흡 과정에서의 에너지 전환과 이용에 대해 묻는 문항이다.

그림은 광합성과 세포 호흡에서의 에너지와 물질의 이동을 나타낸 것이다. ㉠과 ㉡은 각각 광합성과 세포 호흡 중 하나이다.

포도당+$O_2$                     열  ADP+$P_i$

빛에너지 ⟶ [ ㉠ ] ⟶ [ ㉡ ]
        광합성         세포 호흡

        $CO_2$+$H_2O$              ATP

이에 대한 옳은 설명만을 〈보기〉에서 있는 대로 고른 것은? [3점]

┌ 보기 ┐
ㄱ. ㉠에서 빛에너지가 화학 에너지로 전환된다.
  ㉠은 광합성, ㉡은 세포 호흡이다.
ㄴ. ㉡에서 방출된 에너지는 ~~모두~~ ATP에 ~~저장된다.~~
  세포 호흡(㉡)에서 방출된 에너지 중 일부만 ATP에 저장된다.
ㄷ. ATP에는 인산 결합이 있다.
  ATP에는 2개의 인산 결합이 있다.
└                                              ┘

① ㄱ    ② ㄴ    ③ ㄱ, ㄷ    ④ ㄴ, ㄷ    ⑤ ㄱ, ㄴ, ㄷ

### ✔ 자료 해석

• 광합성(㉠) : 빛에너지를 흡수하여 물과 이산화 탄소로부터 포도당을 합성한다. 광합성에 의해 빛에너지가 포도당의 화학 에너지로 전환된다.
• 세포 호흡(㉡) : 포도당이 산소와 반응하여 이산화 탄소와 물로 분해된다. 세포 호흡에 의해 포도당의 화학 에너지 일부가 ATP의 화학 에너지로 저장된다.
• ATP는 아데노신(아데닌+리보스)에 3개의 인산기가 결합한 화합물로 생명 활동에 이용하는 에너지 저장 물질이다. ATP에는 2개의 인산 결합이 있으며, ATP의 인산 결합이 끊어져 ADP와 무기 인산($P_i$)으로 분해될 때 에너지가 방출된다.

○ 보기 풀이   ㄱ. ㉠은 빛에너지가 화학 에너지로 전환되는 광합성, ㉡은 세포 호흡이다.
ㄷ. ATP는 아데닌, 리보스, 3개의 인산기가 결합한 화합물로, ATP에는 2개의 인산 결합이 있다.

✖ 매력적 오답   ㄴ. 세포 호흡을 통해 포도당이 분해되어 방출된 에너지의 일부가 ATP에 저장된다.

문제풀이 **Tip**

물질대사에 대한 문항으로, 광합성과 세포 호흡에서의 물질대사와 에너지의 전환 과정에 대해 알고 있어야 한다. 기출에서 자주 다루는 개념이 정해져 있으므로, 기출 분석을 통해 물질대사와 관련된 개념을 정확하게 파악해 두어야 한다.

Part I

생명과학Ⅰ

## 11 물질대사

출제의도 효모를 이용한 물질대사 실험의 의미를 파악하는지 확인하는 문항이다.

### 다음은 효모를 이용한 물질대사 실험이다.

[실험 과정] 효모는 O₂가 있을 때 산소 호흡으로 CO₂와 H₂O를 생성하고, O₂가 없을 때 발효로 CO₂와 알코올을 생성한다.

(가) 발효관 A와 B에 표와 같이 용액을 넣고, 맹관부에 공기가 들어가지 않도록 발효관을 세운 후, 입구를 솜으로 막는다.

맹관부

| 발효관 | 용액 |
|---|---|
| 대조군 A | 증류수 20 mL + 효모액 20 mL |
| 실험군 B | 5 % 포도당 용액 20 mL + 효모액 20 mL |

(나) A와 B를 37 ℃로 맞춘 항온기에 두고 일정 시간이 지난 후 ㉠맹관부에 모인 기체의 양을 측정한다.
맹관부에는 포도당의 분해 결과 CO₂가 생성된다

이 실험에 대한 옳은 설명만을 〈보기〉에서 있는 대로 고른 것은?
[3점]

보기
ㄱ. ㉠은 조작 변인이다.
  종속변인이다.
ㄴ. (나)의 B에서 CO₂가 발생한다.
  (나)의 B에서 효모의 세포 호흡 결과 포도당이 분해되어 CO₂가 발생한다.
ㄷ. 실험 결과 맹관부 수면의 높이는 A가 B보다 낮다.
  B가 A보다 낮다.

① ㄱ   ② ㄴ   ③ ㄷ   ④ ㄱ, ㄴ   ⑤ ㄴ, ㄷ

✔ 자료 해석

• A : 세포 호흡에 사용되는 포도당이 없어 반응이 일어나지 않으므로 이산화 탄소(CO₂)가 생성되지 않는다.
• B : 효모는 세포 호흡 결과 포도당을 분해하여 에너지를 얻고, 이산화 탄소(CO₂)를 방출하므로 시간이 지남에 따라 발생하는 CO₂의 양이 많아져 맹관부 수면의 높이가 낮아진다.

○ 보기 풀이   ㄴ. 포도당을 넣어준 B에서 효모의 세포 호흡 결과 포도당이 CO₂로 분해되므로 맹관부에 CO₂가 모인다.

✕ 매력적 오답   ㄱ. 조작 변인은 실험에서 의도적으로 변화시키는 변인이며, 종속변인은 조작 변인의 영향을 받아서 달라지는 결과에 해당하는 변인이다. 따라서 ㉠은 조작 변인이 아닌 종속변인이다.
ㄷ. 효모의 세포 호흡 결과 CO₂가 생성되므로 맹관부 수면의 높이가 낮아진다. 따라서 실험 결과 맹관부 수면의 높이는 B가 A보다 낮다.

문제풀이 Tip
효모를 이용한 물질대사 실험은 다양한 형태로 출제될 수 있으므로 관련 기출 문제를 찾아 풀어두도록 하자.

---

## 12 ADP와 ATP의 전환 과정

출제의도 ADP와 ATP 사이의 전환 과정에서 일어나는 에너지의 저장과 방출을 이해하는지 확인하는 문항이다.

### 그림은 ADP와 ATP 사이의 전환을 나타낸 것이다. ㉠과 ㉡은 각각 ADP와 ATP 중 하나이다.

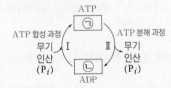

ATP
㉠
ATP 합성 과정   ATP 분해 과정
무기   Ⅰ      Ⅱ   무기
인산          인산
(Pᵢ)   ㉡   (Pᵢ)
ADP

이에 대한 설명으로 옳은 것만을 〈보기〉에서 있는 대로 고른 것은?

보기
ㄱ. ㉠은 ATP이다. ㉠은 ATP이고, ㉡은 ADP이다.
ㄴ. 미토콘드리아에서 과정 Ⅰ이 일어난다.
  미토콘드리아에서 ATP 합성 과정( Ⅰ )이 일어난다.
ㄷ. 과정 Ⅱ에서 에너지가 방출된다.
  ATP 분해 과정( Ⅱ )에서 에너지가 방출된다.

① ㄱ   ② ㄷ   ③ ㄱ, ㄴ   ④ ㄴ, ㄷ   ⑤ ㄱ, ㄴ, ㄷ

✔ 자료 해석

• ATP : 생명 활동에 직접 이용되는 에너지 저장 물질이며, 에너지 전달 물질이다.
• 에너지의 저장과 방출 : ATP의 끝에 있는 고에너지 인산 결합이 끊어져 ADP와 무기 인산(Pᵢ)으로 분해되면서 에너지가 방출된다. ADP는 세포 호흡 시 방출된 에너지에 의해 무기 인산(Pᵢ)과 결합하여 다시 ATP로 합성된다.

○ 보기 풀이   ㄱ. ㉠은 ATP, ㉡은 ADP이다.
ㄴ. 미토콘드리아에서 ATP 합성 과정( Ⅰ )이 일어난다.
ㄷ. ATP 분해 과정( Ⅱ )에서 ATP의 고에너지 인산 결합이 끊어져 ADP와 무기 인산(Pᵢ)으로 분해되면서 에너지가 방출된다.

문제풀이 Tip
ADP와 ATP 사이에서의 전환 과정에 대한 문항이다. 미토콘드리아에서의 세포 호흡과 연계하여 문항이 출제될 수 있으니 준비해 두자.

# 13 효모의 발효 실험

출제 의도　효모의 발효 실험에서 포도당이 분해되어 이산화 탄소가 생성되는 과정을 이해하는지 확인하는 문항이다.

## 다음은 효모를 이용한 실험 과정을 나타낸 것이다.

(가) 증류수에 효모를 넣어 효모액을 만든다.　┌─산소가 없을 때 발효를 한다.
(나) 발효관 Ⅰ과 Ⅱ에 표와 같이 용액을 넣는다.

| 비커 | 용액 |
|---|---|
| 대조군 Ⅰ | 증류수 15 mL + 효모액 15 mL |
| 실험군 Ⅱ | 3 % 포도당 용액 15 mL + 효모액 15 mL |

(다) Ⅰ과 Ⅱ를 모두 항온기에 넣고 각 발효관에서 10분 동안 발생한 ㉠기체의 부피를 측정한다.

## 이에 대한 옳은 설명만을 〈보기〉에서 있는 대로 고른 것은?

┌─ 보기 ──────────────────────────┐
ㄱ. ㉠에 이산화 탄소가 있다.
　효모의 발효 과정에서 이산화 탄소가 발생한다.
ㄴ. Ⅱ에서 이화 작용이 일어난다.
　Ⅱ에서 포도당이 분해되는 발효는 이화 작용에 해당한다.
ㄷ. (다)에서 측정한 ㉠의 부피는 ~~Ⅰ에서가 Ⅱ에서보다 크다.~~
　(다)에서 측정한 이산화 탄소(㉠)의 부피는 Ⅰ에서가 Ⅱ에서보다 작다.
└──────────────────────────────┘

① ㄱ　　② ㄷ　　③ ㄱ, ㄴ　　④ ㄴ, ㄷ　　⑤ ㄱ, ㄴ, ㄷ

✔ 자료 해석

- 효모 : 단세포 생물로 빵이나 술을 만드는 데 사용된다. 효모는 산소가 있을 때는 산소 호흡으로 물과 이산화 탄소를 생성하고, 산소가 없을 때는 알코올 발효로 이산화 탄소와 에탄올을 생성한다.
- 발효 : 산소가 부족하거나 없는 상태에서 영양소(포도당)가 이산화 탄소와 물로 완전히 분해되지 않아 중간 산물이 생성된다. 산소 호흡에 비해 적은 양의 ATP가 생성되며, 세포질에서 일어난다

○ 보기 풀이　ㄱ. 효모가 포도당을 이용해 발효하는 과정에서 이산화 탄소가 발생한다. 따라서 발생한 기체(㉠)에는 이산화 탄소가 있다.

ㄴ. Ⅱ에서 일어나는 발효는 포도당이 불완전 분해되는 과정이다. 즉 Ⅱ에서는 고분자 물질이 저분자 물질로 분해되는 이화 작용이 일어난다.

✕ 매력적 오답　ㄷ. Ⅰ에는 증류수가, Ⅱ에는 포도당 용액이 포함되어 있으므로 효모의 발효 작용은 Ⅱ에서가 Ⅰ에서보다 활발히 일어난다. 따라서 (다)에서 측정한 이산화 탄소(㉠)의 부피는 Ⅰ에서가 Ⅱ에서보다 작다.

문제풀이 Tip

효모의 발효에 의해 이산화 탄소가 발생한다는 것을 알아야 풀이할 수 있는 문항이다. 효모의 발효에 관한 실험으로, 발효관과 수산화 칼슘 수용액을 이용한 실험 또는 싹튼 콩의 산소 호흡 실험도 출제될 수 있으니 준비해 두자.

## 02 물질대사와 건강

### 1 에너지 균형과 대사성 질환

2024년 10월 교육청 4번 | 정답 ④ | 문제편 28 p

출제의도 에너지 섭취와 소비에 따른 에너지 균형과 대사성 질환에 대해 알고 있는지 묻는 문항이다.

그림은 사람 Ⅰ~Ⅲ의 에너지 섭취량과 에너지 소비량을, 표는 Ⅰ~Ⅲ의 에너지 섭취량과 에너지 소비량이 그림과 같이 일정 기간 동안 지속되었을 때 Ⅰ~Ⅲ의 체중 변화를 나타낸 것이다. ⊙과 ⓒ은 Ⅱ와 Ⅲ을 순서 없이 나타낸 것이며, Ⅲ에게서 고지혈증이 나타난다.

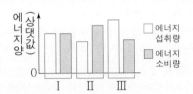

| 사람 | 체중 변화 |
|---|---|
| Ⅰ | 변화 없음 |
| Ⅱ ⊙ | 감소함 소비량 > 섭취량 |
| Ⅲ ⓒ | 증가함 섭취량 > 소비량 |

이에 대한 옳은 설명만을 〈보기〉에서 있는 대로 고른 것은?

보기
ㄱ. ⓒ은 Ⅲ이다.
ㄴ. 고지혈증은 대사성 질환에 해당한다.
ㄷ. Ⅰ은 에너지 섭취량과 에너지 소비량이 균형을 이루고 있다.

① ㄱ  ② ㄴ  ③ ㄱ, ㄷ  ④ ㄴ, ㄷ  ⑤ ㄱ, ㄴ, ㄷ

✔ 자료 해석
• 에너지 섭취량이 에너지 소비량보다 많아지면 사용하고 남은 에너지가 체내에 축적되어 체중이 증가하고, 에너지 소비량이 에너지 섭취량보다 많아지면 체중이 감소한다.
• 에너지 섭취와 소비에 따른 에너지 균형이 어긋나면 대사성 질환이 발생한다.
• 대사성 질환은 우리 몸에서 물질대사 장애에 의해 발생하는 질환으로 고혈압, 고지혈증, 당뇨병 등이 이에 해당한다.

○ 보기풀이 ㄴ. 고지혈증은 물질대사의 이상으로 발생하는 대사성 질환이다.
ㄷ. 에너지 섭취량과 에너지 소비량이 균형을 이루면 체중의 변화가 없다.

✕ 매력적 오답 ㄱ. ⓒ은 체중이 증가하는 것으로 보아 에너지 섭취량이 에너지 소비량보다 높은 Ⅲ이다.

문제풀이 Tip
에너지 섭취량과 소비량에 따라 에너지 균형이 유지되는 것과 에너지 과잉 상태, 에너지 부족 상태를 비교하여 체중 변화를 구분할 수 있어야 한다. 그리고 대사성 질환의 원인과 예에 대해 알아둔다.

### 2 기관계의 통합적 작용

2024년 10월 교육청 5번 | 정답 ⑤ | 문제편 28 p

출제의도 사람 몸을 구성하는 소화계, 배설계, 호흡계의 통합적 작용에 대해 알고 있는지를 묻는 문항이다.

사람의 몸을 구성하는 기관계에 대한 옳은 설명만을 〈보기〉에서 있는 대로 고른 것은?

보기
ㄱ. 소화계에서 암모니아가 요소로 전환된다.
   소화계에 속하는 간에서 암모니아가 요소로 전환된다.
ㄴ. 배설계를 통해 물이 몸 밖으로 배출된다.
   배설계를 통해 물이 오줌의 형태로 몸 밖으로 배출된다.
ㄷ. 호흡계로 들어온 산소의 일부는 순환계를 통해 콩팥으로 운반된다.

① ㄱ  ② ㄴ  ③ ㄱ, ㄷ  ④ ㄴ, ㄷ  ⑤ ㄱ, ㄴ, ㄷ

✔ 자료 해석
• 소화계에서는 영양소의 소화와 흡수가 이루어지고 세포 호흡과 같은 이화 작용이 일어난다. 소화계에는 식도, 위, 소장, 대장, 간, 이자 등이 포함된다.
• 배설계에서는 조직 세포에서 세포 호흡 결과 생성된 노폐물을 오줌의 형태로 몸 밖으로 내보낸다.
• 순환계는 소화계를 통해 흡수된 영양소와 호흡계를 통해 흡수된 산소를 조직 세포로 운반한다.

○ 보기풀이 ㄱ. 암모니아는 소화계인 간에서 요소로 전환된 후 배설계인 콩팥에서 걸러져 오줌으로 배출된다.
ㄴ. 배설계를 통해 물이 오줌으로 배출된다.
ㄷ. 호흡계를 통해 들어온 산소는 순환계를 통해 여러 조직으로 운반된다.

문제풀이 Tip
사람의 몸을 구성하는 여러 기관계의 특징과 기능에 대해 알아둔다.

**3** 기관계

출제 의도 기관계의 각 특징에 대해 알고 있는지 묻는 문항이다.

표는 사람 몸을 구성하는 기관계 A와 B에서 특징의 유무를 나타낸 것이다. A와 B는 배설계와 소화계를 순서 없이 나타낸 것이다.

|  |  | 소화계 | 배설계 |
|---|---|---|---|
| 구분 |  | A | B |
| 음식물을 분해하여 영양소를 흡수한다. | | 있음 | 없음 |
| 오줌을 통해 요소를 몸 밖으로 내보낸다. | | ? 없음 | 있음 |
| ⓐ | | 있음 | 있음 |

이에 대한 설명으로 옳은 것만을 〈보기〉에서 있는 대로 고른 것은?

─ 보기 ─
ㄱ. A는 소화계이다.
　A는 소화계, B는 배설계이다.
ㄴ. 소장은 B에 속한다.
　소화계(A)에 속한다.
ㄷ. '자율 신경이 작용하는 기관이 있다.'는 ⓐ에 해당한다.
　'자율 신경이 작용하는 기관이 있다.'는 소화계(A)와 배설계(B)에 모두 해당하는 특징이다.

① ㄱ　　② ㄴ　　③ ㄱ, ㄷ　　④ ㄴ, ㄷ　　⑤ ㄱ, ㄴ, ㄷ

✔ 자료 해석
• A는 소화계, B는 배설계이다.
• 소화계(A)에 속하는 위에 자율 신경이 연결되어 있어 작용하고, 배설계 (B)에 속하는 방광에도 자율 신경이 연결되어 있어 작용한다.

○ 보기 풀이 ㄱ. A는 음식물을 분해하여 영양소를 흡수하는 특징이 있으므로 소화계이고, B는 오줌을 통해 요소를 몸 밖으로 내보내는 특징이 있으므로 배설계이다.
ㄷ. '자율 신경이 작용하는 기관이 있다.'는 소화계(A)와 배설계(B)에 모두 해당하는 특징이다.

✗ 매력적 오답 ㄴ. 소장은 소화계(A)에 속하는 소화 기관이다. 배설계(B)에 속하는 기관에는 콩팥, 방광 등이 있다.

문제풀이 **Tip**
배설계와 소화계의 특징을 알아두고, 자율 신경에 의해 어떻게 조절 분비되는지 살펴두어야 한다.

---

**4** 대사성 질환

출제 의도 대사성 질환에 대해 알고 있는지 묻는 문항이다.

다음은 비만에 대한 자료이다.

(가) 그림은 사람 Ⅰ과 Ⅱ의 에너지 섭취량과 에너지 소비량을 나타낸 것이다. Ⅰ과 Ⅱ에서 에너지양이 일정 기간 동안 그림과 같이 지속되었을 때 Ⅰ은 체중이 변하지 않았고, Ⅱ는 영양 과잉으로 비만이 되었다. ㉠과 ㉡은 각각 에너지 섭취량과 에너지 소비량 중 하나이다.

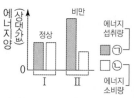

(나) 비만은 영양 과잉이 지속되어 체지방이 과다하게 축적된 상태를 의미하며, ⓐ가 발생할 가능성을 높인다. ⓐ는 혈액 속에 콜레스테롤이나 중성 지방이 많은 상태로 동맥 경화 등 심혈관계 질환의 원인이 된다. ⓐ는 당뇨병과 고지혈증 중 하나이다.
　고지혈증

이 자료에 대한 설명으로 옳은 것만을 〈보기〉에서 있는 대로 고른 것은?

─ 보기 ─
ㄱ. ⓐ는 당뇨병이다.
　고지혈증
ㄴ. ㉠은 에너지 섭취량이다.
　㉠은 에너지 섭취량, ㉡은 에너지 소비량이다.
ㄷ. 당뇨병과 고지혈증은 모두 대사성 질환에 해당한다.
　대사성 질환에는 고혈압, 당뇨병, 고지혈증 등이 있다.

① ㄱ　　② ㄷ　　③ ㄱ, ㄴ　　④ ㄴ, ㄷ　　⑤ ㄱ, ㄴ, ㄷ

✔ 자료 해석
• ㉠은 에너지 섭취량, ㉡은 에너지 소비량이다.
• ⓐ는 고지혈증이다.

○ 보기 풀이 ㄴ. Ⅱ에서 ㉠이 ㉡보다 많은데, 영양 과잉으로 비만이 되었다고 하였으므로 ㉠은 에너지 섭취량, ㉡은 에너지 소비량이다.
ㄷ. 대사성 질환은 물질대사에 이상이 생겨 발생하는 질병이다. 대사성 질환에는 고혈압, 당뇨병, 고지혈증 등이 있다.

✗ 매력적 오답 ㄱ. ⓐ는 혈액 속에 콜레스테롤이나 중성 지방이 많은 상태이므로 고지혈증이다. 당뇨병은 혈당량이 비정상적으로 높은 상태가 지속되는 질환이다.

문제풀이 **Tip**
고혈압, 당뇨병, 고지혈과 같은 대사성 질환의 종류와 증상에 대해 알아둔다.

## 5 기관계의 통합적 작용

출제의도 기관계의 통합적 작용에 대해 알고 있는지 묻는 문항이다.

그림은 사람 몸에 있는 각 기관계의 통합적 작용을, 표는 기관계의 특징을 나타낸 것이다. (가)~(다)는 배설계, 소화계, 호흡계를 순서 없이 나타낸 것이다.

| 기관계 | 특징 |
|---|---|
| 호흡계 (가) | ㉠ |
| 소화계 (나) | 음식물을 분해하여 영양소를 흡수한다. |

이에 대한 설명으로 옳은 것만을 〈보기〉에서 있는 대로 고른 것은? [3점]

보기
ㄱ. (가)는 호흡계이다.
　(가)는 호흡계, (나)는 소화계, (다)는 배설계이다.
ㄴ. (나)에서 흡수된 영양소 중 일부는 (다)에서 사용된다.
ㄷ. '이산화 탄소를 몸 밖으로 배출한다.'는 ㉠에 해당한다.
　'이산화 탄소를 몸 밖으로 배출한다.'는 호흡계(가)의 특징이다.

① ㄱ ② ㄷ ③ ㄱ, ㄴ ④ ㄴ, ㄷ ⑤ ㄱ, ㄴ, ㄷ

✔ 자료 해석
• (가)는 호흡계, (나)는 소화계, (다)는 배설계이다.
• 모든 기관계에서 세포 호흡이 일어나 영양소와 산소가 사용된다.

○ 보기 풀이 ㄱ. 음식물을 분해하여 영양소를 흡수하는 것은 소화계이므로 (나)는 소화계이며, (다)를 통해 오줌이 배설되므로 (다)는 배설계이다. 따라서 (가)는 호흡계이다.

ㄴ. 소화계(나)에서 음식물을 분해하여 영양소를 흡수하고, 흡수된 영양소 중 일부는 배설계(다)에서 사용된다.

ㄷ. '이산화 탄소를 몸 밖으로 배출한다.'는 호흡계(가)의 특징인 ㉠에 해당한다.

문제풀이 Tip
각 기관계의 특징에 대해 알아두고, 모든 기관계를 구성하는 조직 세포에서 영양소와 산소를 사용하여 세포 호흡이 일어난다는 것을 알아둔다.

## 6 대사성 질환

출제의도 대사성 질환에 대해 알고 있는지 묻는 문항이다.

다음은 사람의 질환 A에 대한 자료이다. A는 고지혈증과 당뇨병 중 하나이다.
　　　　　　　　　　　　　　　고지혈증

A는 혈액 속에 콜레스테롤과 중성 지방 등이 많은 질환이다. 콜레스테롤이 혈관 내벽에 쌓이면 혈관이 좁아져 ㉠고혈압이 발생할 수 있다. 그림은 비만도에 따른 A의 발병 비율을 나타낸 것이다.

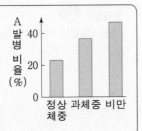

이에 대한 옳은 설명만을 〈보기〉에서 있는 대로 고른 것은?

보기
ㄱ. A는 고지혈증이다.
ㄴ. A의 발병 비율은 비만에서가 정상 체중에서보다 높다.
　고지혈증의 발병 비율은 비만에서가 정상 체중에서보다 높다.
ㄷ. 대사성 질환 중에는 ㉠이 있다.
　대사성 질환 중에는 고혈압, 고지혈증, 당뇨병이 있다.

① ㄱ ② ㄷ ③ ㄱ, ㄴ ④ ㄴ, ㄷ ⑤ ㄱ, ㄴ, ㄷ

✔ 자료 해석
• A는 고지혈증으로, 비만에서가 정상 체중에서보다 발병 비율이 높다.
• 대사성 질환은 우리 몸에서 물질대사 장애에 의해 발생하는 질환으로 당뇨병, 고혈압, 고지혈증 등이 이에 해당한다.

○ 보기 풀이 ㄱ. A는 혈액 속에 콜레스테롤과 중성 지방 등이 많은 질환이므로 고지혈증이다. 당뇨병은 혈당량 조절에 필요한 인슐린의 분비가 부족하거나 인슐린이 제대로 작용하지 못해 발생하며 오줌 속에 포도당이 섞여 나오는 질환이다.

ㄴ. 고지혈증(A)의 발병 비율은 비만에서가 정상 체중에서보다 높다.

ㄷ. 대사성 질환에는 고혈압(㉠), 고지혈증(A), 당뇨병 등이 있다.

문제풀이 Tip
고지혈증, 고혈압, 당뇨병과 같은 대사성 질환의 종류와 증상에 대해 알아둔다.

## 7 대사성 질환

2023년 10월 교육청 2번 | 정답 ③ | 문제편 29 p

선택지 비율 ① 0% ② 1% ❸ 91% ④ 0% ⑤ 5%

출제 의도 에너지 균형과 대사성 질환에 대해 알고 있는지 묻는 문항이다.

다음은 대사성 질환에 대한 자료이다.

> ㉠에너지 섭취량이 에너지 소비량보다 많은 상태가 지속되면 비만이 되기 쉽다. 비만이 되면 ㉡혈당량 조절 과정에 이상이 생겨 나타나는 당뇨병과 같은 ㉢대사성 질환의 발생 가능성이 높아진다.
> 고혈압, 당뇨병, 고지혈증

이에 대한 옳은 설명만을 〈보기〉에서 있는 대로 고른 것은?

보기
ㄱ. ㉠은 에너지 균형 상태이다.
  에너지 불균형
ㄴ. ㉡에서 혈당량이 감소하면 인슐린 분비가 촉진된다.
  억제된다
ㄷ. 고혈압은 ㉢의 예이다.

① ㄱ  ② ㄴ  ③ ㄷ  ④ ㄱ, ㄴ  ⑤ ㄴ, ㄷ

✓ 자료 해석
• 에너지 섭취량이 에너지 소비량보다 많은 에너지 불균형 상태가 지속되면 비만이 되기 쉽다.
• 대사성 질환에는 당뇨병, 고혈압, 고지혈증 등이 있다.

○ 보기 풀이 ㄷ. 대사성 질환은 물질대사 장애에 의해 발생하는 질환으로 고혈압이 이에 해당한다.

✕ 매력적 오답 ㄱ. 에너지 섭취량이 에너지 소비량보다 많은 상태(㉠)는 에너지 불균형 상태이다. 에너지 섭취량과 에너지 소비량이 같은 상태가 에너지 균형 상태이다.
ㄴ. 혈당량 조절 과정(㉡)에서 혈당량이 감소하면 인슐린 분비는 억제되고 글루카곤 분비는 촉진된다.

문제풀이 Tip
에너지 균형과 대사성 질환의 종류에 대해 알아두어야 한다.

## 8 기관계

2023년 10월 교육청 12번 | 정답 ④ | 문제편 29 p

선택지 비율 ① 1% ② 8% ③ 3% ❹ 84% ⑤ 3%

출제 의도 사람의 기관계에 대해 알고 있는지 묻는 문항이다.

그림은 사람의 배설계와 호흡계를 나타낸 것이다. A와 B는 각각 폐와 방광 중 하나이다.

폐
B
A
방광

배설계    호흡계

이에 대한 옳은 설명만을 〈보기〉에서 있는 대로 고른 것은?

보기
ㄱ. 간은 배설계에 속한다.
  소화계
ㄴ. B를 통해 $H_2O$이 몸 밖으로 배출된다.
  폐
ㄷ. B로 들어온 $O_2$의 일부는 순환계를 통해 A로 운반된다.
  폐                              방광

① ㄱ  ② ㄴ  ③ ㄱ, ㄷ  ④ ㄴ, ㄷ  ⑤ ㄱ, ㄴ, ㄷ

✓ 자료 해석
• A는 방광, B는 폐이다.
• 호흡계를 통해 흡수한 산소는 순환계를 통해 조직 세포에 공급되고 조직 세포에서 생성된 노폐물과 이산화 탄소는 순환계를 통해 각각 배설계와 호흡계로 운반된다.

○ 보기 풀이 ㄴ. 폐(B)를 포함한 호흡계는 $O_2$를 체내로 받아들이고, $H_2O$과 $CO_2$를 체외로 내보낸다.
ㄷ. 폐(B)를 포함한 호흡계로 들어온 $O_2$ 중 일부는 순환계를 통해 방광(A)을 포함한 배설계로 운반된다. $O_2$는 모든 기관으로 운반되어 세포 호흡에 이용된다.

✕ 매력적 오답 ㄱ. 간은 소화계에 속한다. 배설계에는 콩팥, 방광 등이 속한다.

문제풀이 Tip
소화계, 순환계, 호흡계, 배설계에 대한 특징을 알아둔다.

**9** 기관계의 통합적 작용

출제의도 노폐물의 생성과 배설 및 여러 기관계의 작용에 대해 알고 있는지 묻는 문항이다.

표는 사람의 몸을 구성하는 기관계 A와 B를 통해 노폐물이 배출되는 과정의 일부를 나타낸 것이다. A와 B는 배설계와 호흡계를 순서 없이 나타낸 것이며, ㉠은 $H_2O$와 요소 중 하나이다.

| 기관계 | 과정 |
|---|---|
| 배설계 A | 아미노산이 세포 호흡에 사용된 결과 생성된 ㉠을 오줌으로 배출 ┌ $H_2O$ |
| 호흡계 B | 물질대사 결과 생성된 ㉠을 날숨으로 배출 └ $H_2O$ |

이에 대한 설명으로 옳은 것만을 〈보기〉에서 있는 대로 고른 것은? [3점]

보기
ㄱ. ㉠은 $H_2O$이다.
ㄴ. 대장은 A에 속한다.
　　　　소화계
ㄷ. B는 호흡계이다.

① ㄱ　② ㄴ　③ ㄱ, ㄷ　④ ㄴ, ㄷ　⑤ ㄱ, ㄴ, ㄷ

✓ 자료 해석
- A는 배설계, B는 호흡계이고, ㉠은 $H_2O$이다.
- 아미노산이 세포 호흡에 사용된 결과 물, 암모니아, 이산화 탄소가 생성된다.
- 물은 폐에서 날숨을 통해, 콩팥에서 걸러져 오줌을 통해 배출되며, 암모니아는 간에서 요소로 전환된 후 콩팥에서 걸러져 오줌을 통해 배출된다. 이산화 탄소는 폐에서 날숨을 통해 배출된다.

○ 보기풀이 ㄱ. 아미노산이 세포 호흡에 사용된 결과 생성된 물질은 $H_2O$, 암모니아, 이산화 탄소인데, 배설계(A)에 속하는 콩팥과 호흡계(B)에 속하는 폐를 통해 모두 배출되는 것은 $H_2O$이므로 ㉠은 $H_2O$이다.
ㄷ. B는 날숨으로 $H_2O$(㉠)가 배출되는 기관계에 해당하므로 호흡계이다.

✗ 매력적오답 ㄴ. A는 $H_2O$(㉠)이 오줌으로 배출되는 기관계에 해당하므로 배설계이다. 대장은 소화계에 속한다.

문제풀이 **Tip**
여러 기관계의 특징 및 노폐물의 생성과 배설 과정에 대해 알아둔다. 특히 아미노산의 세포 호흡 결과 생성되는 물질의 배설 과정에 대해 정리해 둔다.

---

**10** 기관계의 통합 작용

출제의도 특정 기관의 특징과 대사성 질환에 대해 알고 있는지 묻는 문항이다.

다음은 사람의 기관 A와 B에 대한 자료이다. A와 B는 이자와 콩팥을 순서 없이 나타낸 것이다.

┌ 콩팥
- A에서 생성된 오줌을 통해 요소가 배설된다.
- B에서 분비되는 호르몬 ⓐ의 부족은 ㉠대사성 질환인 당뇨병의 원인 중 하나이다.　인슐린
이자

이에 대한 옳은 설명만을 〈보기〉에서 있는 대로 고른 것은? [3점]

보기
ㄱ. A는 소화계에 속한다.
　　배설계
ㄴ. ⓐ의 일부는 순환계를 통해 간으로 이동한다.
　인슐린　　　　　　　인슐린의 표적 기관
ㄷ. 고지혈증은 ㉠에 해당한다.
　　당뇨병, 고지혈증, 고혈압 등

① ㄱ　② ㄴ　③ ㄷ　④ ㄱ, ㄴ　⑤ ㄴ, ㄷ

✓ 자료 해석
- A는 콩팥, B는 이자이며, ⓐ는 인슐린이다.
- 대사성 질환은 우리 몸에서 물질대사 장애에 의해 발생하는 질환으로 당뇨병, 고혈압, 고지혈증 등이 이에 해당한다.

○ 보기풀이 ㄴ. ⓐ는 이자(B)에서 분비되는 호르몬이며 당뇨병의 원인 중 하나이므로 인슐린이다. 인슐린(ⓐ)은 순환계를 통해 간으로 이동하여 포도당이 글리코젠으로 합성되는 과정을 촉진한다.
ㄷ. 대사성 질환에는 당뇨병, 고혈압, 고지혈증 등이 있다.

✗ 매력적오답 ㄱ. A는 오줌이 생성되는 곳이므로 콩팥이며, 콩팥은 배설계에 속한다. B는 이자이며, 이자는 소화계에 속한다.

문제풀이 **Tip**
기관계에 해당되는 특정 기관의 특징과 대사성 질환의 종류에 대해 알아둔다.

# 11 기관계의 통합적 작용

2022년 10월 교육청 2번 | 정답 ⑤ | 문제편 30p

출제 의도 여러 기관계의 작용에 대해 알고 있는지 묻는 문항이다.

그림은 사람 몸에 있는 각 기관계의 통합적 작용을 나타낸 것이다. A~C는 각각 배설계, 소화계, 순환계 중 하나이다.

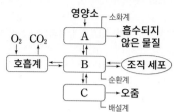

이에 대한 옳은 설명만을 〈보기〉에서 있는 대로 고른 것은? [3점]

보기
ㄱ. A에는 인슐린의 표적 기관이 있다.
　　　　　　　　　　　　　　간
ㄴ. 심장은 B에 속한다. 심장은 순환계에 속한다.
ㄷ. 호흡계로 들어온 $O_2$ 중 일부는 B를 통해 C로 운반된다.
　　배설계의 조직 세포에서의 세포 호흡에 이용된다.

① ㄱ　　② ㄷ　　③ ㄱ, ㄴ　　④ ㄴ, ㄷ　　⑤ ㄱ, ㄴ, ㄷ

✓ 자료 해석
• A는 소화계, B는 순환계, C는 배설계이다.
• 소화계를 통해 흡수한 영양소와 호흡계를 통해 흡수한 산소는 순환계를 통해 조직 세포에 공급되고, 조직 세포에서 생성된 노폐물과 이산화 탄소는 순환계를 통해 각각 배설계와 호흡계로 운반된다.

○ 보기 풀이 ㄱ. 인슐린의 표적 기관은 간이며, 간은 소화계(A)에 속한다.
ㄴ. 순환계는 심장, 혈관 등으로 구성되어 있으므로 심장은 순환계(B)에 속한다.
ㄷ. 호흡계로 들어온 $O_2$ 중 일부는 순환계(B)를 통해 배설계(C)로 운반되며, 조직 세포에서의 세포 호흡에 이용된다.

문제풀이 Tip
소화계, 순환계, 호흡계, 배설계에 대한 특징을 알아둔다.

---

# 12 대사량과 대사성 질환

2022년 10월 교육청 5번 | 정답 ③ | 문제편 30p

출제 의도 대사량과 대사성 질환에 대해 알고 있는지 묻는 문항이다.

다음은 대사량과 대사성 질환에 대한 학생 A~C의 발표 내용이다.

제시한 내용이 옳은 학생만을 있는 대로 고른 것은?

① A　　② B　　③ A, C　　④ B, C　　⑤ A, B, C

✓ 자료 해석
• 대사성 질환에는 당뇨병, 고혈압, 고지질 혈증 등이 있다.
• 에너지 소비량 < 에너지 섭취량 → 체중 증가
• 에너지 소비량 > 에너지 섭취량 → 체중 감소

○ 보기 풀이 A. 기초 대사량은 체온 조절, 심장 박동, 호흡 활동 등과 같은 생명 현상을 유지하는 데 필요한 최소한의 에너지양이다.
C. 대사성 질환은 물질대사 장애에 의해 발생하는 질환으로 당뇨병은 이에 해당한다.

✗ 매력적 오답 B. 에너지 소비량이 에너지 섭취량보다 많은 상태가 지속되면 체중이 감소하므로 비만이 될 확률이 낮다.

문제풀이 Tip
기초 대사량의 뜻을 알아두고 대사성 질환의 종류에 대해 알아두어야 한다.

## 13 물질대사

출제의도 사람에서 일어나는 여러 물질대사 과정에 대해 알고 있는지 묻는 문항이다.

그림은 사람에서 일어나는 물질대사 과정 Ⅰ~Ⅲ을 나타낸 것이다.

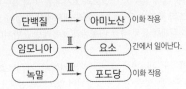

단백질 ─Ⅰ→ 아미노산 이화 작용
암모니아 ─Ⅱ→ 요소 간에서 일어난다.
녹말 ─Ⅲ→ 포도당 이화 작용

이에 대한 설명으로 옳은 것만을 〈보기〉에서 있는 대로 고른 것은?

〈보기〉
ㄱ. Ⅰ에서 에너지가 방출된다. Ⅰ은 이화 작용이다.
ㄴ. 간에서 Ⅱ가 일어난다.
ㄷ. Ⅲ에 효소가 관여한다. 물질대사에는 효소가 관여한다.

① ㄱ   ② ㄷ   ③ ㄱ, ㄴ   ④ ㄴ, ㄷ   ⑤ ㄱ, ㄴ, ㄷ

✔ 자료 해석
• Ⅰ과 Ⅲ은 모두 이화 작용이며, 에너지가 방출된다.
• Ⅱ는 소화계에 속하는 간에서 일어난다.
• Ⅰ~Ⅲ에 모두 효소가 관여한다.

○ 보기 풀이 ㄱ. 단백질이 아미노산으로 분해되는 Ⅰ은 이화 작용이며, 에너지가 방출된다.
ㄴ. 간에서 암모니아가 요소로 전환되는 과정(Ⅱ)이 일어난다.
ㄷ. 물질대사 과정에는 모두 효소가 관여하므로 Ⅰ~Ⅲ에 모두 효소가 관여한다.

문제풀이 Tip
동화 작용과 이화 작용을 포함한 물질대사의 특징에 대해 알아둔다.

---

## 14 에너지의 균형

출제의도 대사량의 의미와 에너지의 균형에 대해 알고 있는지 묻는 문항이다.

표는 대사량 ㉠과 ㉡의 의미를, 그림은 사람 Ⅰ과 Ⅱ에서 하루 동안 소비한 에너지 총량과 섭취한 에너지 총량을 나타낸 것이다. ㉠과 ㉡은 기초 대사량과 활동 대사량을 순서 없이 나타낸 것이다. Ⅰ과 Ⅱ에서 에너지양이 일정 기간 동안 그림과 같이 지속되었을 때, Ⅰ은 체중이 증가했고 Ⅱ는 체중이 감소했다.

| 대사량 | 의미 |
|---|---|
| 기초 대사량 ㉠ | 생명을 유지하는 데 필요한 최소한의 에너지양 |
| 활동 대사량 ㉡ | ? |

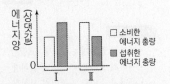

에너지양(상댓값) · Ⅰ · Ⅱ · □ 소비한 에너지 총량 · ■ 섭취한 에너지 총량

이에 대한 설명으로 옳은 것만을 〈보기〉에서 있는 대로 고른 것은?

〈보기〉
ㄱ. ㉡은 기초 대사량이다.
      활동 대사량
ㄴ. Ⅱ의 하루 동안 소비한 에너지 총량에 ㉠이 포함되어 있다.
      기초 대사량(㉠)+활동 대사량(㉡)
ㄷ. 하루 동안 섭취한 에너지 총량이 소비한 에너지 총량보다 적은 상태가 지속되면 체중이 감소한다. - Ⅱ

① ㄱ   ② ㄴ   ③ ㄱ, ㄷ   ④ ㄴ, ㄷ   ⑤ ㄱ, ㄴ, ㄷ

✔ 자료 해석
• 생명을 유지하는 데 필요한 최소한의 에너지양인 ㉠은 기초 대사량이므로, ㉡은 활동 대사량이다.
• Ⅰ : 소비한 에너지 총량 < 섭취한 에너지 총량 → 체중 증가
  Ⅱ : 소비한 에너지 총량 > 섭취한 에너지 총량 → 체중 감소

○ 보기 풀이 ㄴ. 하루 동안 소비한 에너지 총량에는 기초 대사량(㉠)과 활동 대사량(㉡)이 모두 포함된다.
ㄷ. 하루 동안 섭취한 에너지 총량이 소비한 에너지 총량보다 적은 상태가 지속된 Ⅱ에서 체중이 감소했다.

✕ 매력적 오답 ㄱ. ㉠은 기초 대사량, ㉡은 활동 대사량이다.

문제풀이 Tip
기초 대사량과 활동 대사량의 의미를 알아두고 에너지 섭취량과 에너지 소비량의 크기를 비교하여 체중 증감 여부를 파악해야 한다.

## 15 물질대사

출제 의도 동화 작용과 이화 작용에서의 에너지 변화를 알고 있는지 묻는 문항이다.

그림 (가)는 간에서 일어나는 물질의 전환 과정 A와 B를, (나)는 A와 B 중 한 과정에서의 에너지 변화를 나타낸 것이다.

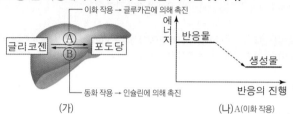

(가)

(나) A(이화 작용)

이에 대한 설명으로 옳은 것만을 〈보기〉에서 있는 대로 고른 것은? [3점]

보기
ㄱ. (나)는 A에서의 에너지 변화이다. 이화 작용
ㄴ. 글루카곤에 의해 B가 촉진된다. A
ㄷ. A와 B에서 모두 효소가 이용된다. 물질대사에는 효소가 이용된다.

① ㄱ  ② ㄴ  ③ ㄱ, ㄷ  ④ ㄴ, ㄷ  ⑤ ㄱ, ㄴ, ㄷ

✔ 자료 해석
• (가)에서 A는 이화 작용, B는 동화 작용이다.
• (나)는 이화 작용(A)에서의 에너지 변화이다.
• 물질대사 과정에는 동화 작용과 이화 작용이 있고, 두 과정에서 모두 효소가 이용된다.

○ 보기 풀이 ㄱ. (나)는 반응물의 에너지가 생성물의 에너지보다 높으므로 이화 작용에서의 에너지 변화를 나타낸 것이다. 글리코젠이 포도당으로 분해되는 A는 이화 작용에 해당하므로 (나)는 A에서의 에너지 변화이다.
ㄷ. 이화 작용(A)과 동화 작용(B)에서 모두 효소가 이용된다.

✕ 매력적 오답 ㄴ. 글루카곤에 의해 글리코젠이 포도당으로 분해되는 A가 촉진된다. 포도당이 글리코젠으로 합성되는 B는 인슐린에 의해 촉진된다.

문제풀이 Tip
동화 작용과 이화 작용에서의 에너지 변화와 각각의 예에 대해 알아둔다.

## 16 기관계의 통합적 작용

출제 의도 여러 기관계의 작용에 대해 알고 있는지 묻는 문항이다.

그림은 사람 몸에 있는 각 기관계의 통합적 작용을 나타낸 것이다. (가)~(다)는 배설계, 소화계, 호흡계를 순서 없이 나타낸 것이다.

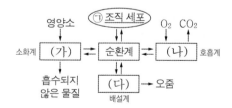

이에 대한 설명으로 옳은 것만을 〈보기〉에서 있는 대로 고른 것은?

보기
ㄱ. (가)는 호흡계이다.
    소화계
ㄴ. ㉠의 미토콘드리아에서 $O_2$가 사용된다.
    세포 호흡 시
ㄷ. (다)를 통해 질소 노폐물이 배설된다.
    요소

① ㄱ  ② ㄴ  ③ ㄱ, ㄷ  ④ ㄴ, ㄷ  ⑤ ㄱ, ㄴ, ㄷ

✔ 자료 해석
• (가)는 소화계, (나)는 호흡계, (다)는 배설계이다.
• 조직 세포의 미토콘드리아에서 세포 호흡이 일어날 때 $O_2$가 사용된다.

○ 보기 풀이 ㄴ. 조직 세포(㉠)의 미토콘드리아에서 세포 호흡이 일어날 때 $O_2$가 사용된다.
ㄷ. 배설계(다)를 통해 질소 노폐물인 요소가 배설된다.

✕ 매력적 오답 ㄱ. 영양소가 흡수되므로 (가)는 소화계이다. $O_2$가 흡수되고 $CO_2$가 배출되는 (나)가 호흡계이다.

문제풀이 Tip
소화계, 순환계, 호흡계, 배설계의 특징과 작용에 대해 알아둔다.

## 17 물질대사

출제 의도 동화 작용과 이화 작용에 대해 알고 있는지 묻는 문항이다.

그림은 사람에서 일어나는 물질대사 과정 ⊙과 ⓒ을 나타낸 것이다.

아미노산 ⇄ 단백질
동화 작용 → 에너지 흡수
이화 작용 → 에너지 방출

이에 대한 옳은 설명만을 〈보기〉에서 있는 대로 고른 것은?

보기
ㄱ. ⊙에서 동화 작용이 일어난다. — 에너지 흡수
ㄴ. ⓒ에서 에너지가 방출된다. — 이화 작용
ㄷ. ⓒ에 효소가 관여한다. 물질대사에는 효소가 관여한다.

① ㄱ  ② ㄷ  ③ ㄱ, ㄴ  ④ ㄴ, ㄷ  ⑤ ㄱ, ㄴ, ㄷ

✔ 자료 해석
• 단백질 합성 과정 ⊙에서 동화 작용이 일어나고, 단백질 분해 과정 ⓒ에서 이화 작용이 일어난다.
• 물질대사 과정인 ⊙과 ⓒ에 모두 효소가 관여한다.

○ 보기 풀이 ㄱ. 아미노산이 단백질로 합성되는 ⊙에서 동화 작용이 일어난다.
ㄴ. 단백질이 아미노산으로 분해되는 ⓒ에서 이화 작용이 일어나 에너지가 방출된다.
ㄷ. 동화 작용(⊙)과 이화 작용(ⓒ)에 모두 효소가 관여한다.

문제풀이 **Tip**
물질대사에 해당하는 동화 작용과 이화 작용의 특징에 대해 알아둔다.

---

## 18 기관계의 통합적 작용

출제 의도 여러 기관의 특징에 대해 알고 있는지 묻는 문항이다.

표 (가)는 사람의 기관이 가질 수 있는 3가지 특징을, (나)는 (가)의 특징 중 심장과 기관 A, B가 갖는 특징의 개수를 나타낸 것이다. A와 B는 각각 방광과 소장 중 하나이다.

| 특징 |
| --- |
| • 오줌을 저장한다. — 방광 |
| • 순환계에 속한다. — 심장 |
| • 자율 신경과 연결된다. |
| └ 심장, 방광, 소장 |
| (가) |

| 기관 | 특징의 개수 |
| --- | --- |
| 심장 | ⊙ 2 |
| 방광 A | 2 |
| 소장 B | 1 |
| (나) | |

이에 대한 옳은 설명만을 〈보기〉에서 있는 대로 고른 것은? [3점]

보기
ㄱ. ⊙은 ~~1~~ 2 이다.
ㄴ. A는 방광이다. B는 소장이다.
ㄷ. B에서 아미노산이 흡수된다.

① ㄱ  ② ㄷ  ③ ㄱ, ㄴ  ④ ㄴ, ㄷ  ⑤ ㄱ, ㄴ, ㄷ

✔ 자료 해석
• 심장과 방광이 갖는 특징의 개수는 2개, 소장이 갖는 특징의 개수는 1개이므로 A는 방광, B는 소장이다.

○ 보기 풀이 ㄴ. 방광은 표의 특징 중 오줌을 저장하고, 자율 신경과 연결되므로 방광이 갖는 특징의 개수는 2이고, 소장은 표의 특징 중 자율 신경과 연결되므로 소장이 갖는 특징의 개수는 1이다. 따라서 A는 방광, B는 소장이다.
ㄷ. 소장(B)에서 아미노산이 흡수된다.

✘ 매력적 오답 ㄱ. 심장은 표의 특징 중 순환계에 속하고, 자율 신경과 연결되므로 심장이 갖는 특징의 개수인 ⊙은 2이다.

문제풀이 **Tip**
사람의 각 기관계에 속하는 기관의 예와 특징에 대해 알아둔다.

# 19 기관계의 통합적 작용

출제 의도 기관계의 통합적 작용에 대해 묻는 문항이다.

그림은 사람의 배설계와 소화계를 나타낸 것이다. A~C는 각각 간, 소장, 콩팥 중 하나이다.

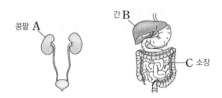

콩팥 A
간 B
C 소장

이에 대한 옳은 설명만을 <보기>에서 있는 대로 고른 것은?

[보기]
ㄱ. B에서 생성된 요소의 일부는 A를 통해 체외로 배출된다.
간(B)에서 생성된 요소의 일부는 콩팥(A)을 통해 체외로 배출된다.
ㄴ. B는 글루카곤의 표적 기관이다.
간(B)은 혈당량 조절 호르몬인 글루카곤의 표적 기관이다.
ㄷ. C에서 흡수된 포도당의 일부는 순환계를 통해 B로 이동한다.
소장(C)에서 흡수된 포도당의 일부는 순환계를 통해 간(B)으로 이동한다.

① ㄱ    ② ㄴ    ③ ㄱ, ㄷ    ④ ㄴ, ㄷ    ⑤ ㄱ, ㄴ, ㄷ

✓ 자료 해석
- 단백질의 분해 과정에서 생성된 암모니아는 간(B)에서 독성이 약한 요소로 전환된다. 이후 간(B)에서 생성된 요소의 일부는 콩팥(A)으로 운반된 후 체외로 배출된다.
- 글루카곤은 간(B)에서 글리코젠이 포도당으로 분해되는 과정을 촉진하는 호르몬이다. 따라서 간(B)은 글루카곤의 표적 기관이다.
- 소장(C)에서 최종 소화된 포도당은 소장 내벽의 융털에 있는 모세 혈관으로 흡수된다. 이후 포도당의 일부는 순환계를 통해 간(B)으로 이동되어 간의 조직 세포에서 이용되거나 글리코젠의 형태로 저장된다.

○ 보기풀이 A는 콩팥, B는 간, C는 소장이다.
ㄱ. 독성이 강한 암모니아는 간(B)에서 요소로 합성되어 생성되며, 생성된 요소의 일부는 콩팥(A)을 통해 체외로 배출된다.
ㄴ. 간(B)은 글루카곤의 표적 기관이며, 글루카곤은 간에서 글리코젠을 포도당으로 분해되는 과정을 촉진한다.
ㄷ. 소장(C)에서 흡수된 포도당의 일부는 순환계를 통해 간(B)으로 이동한다.

문제풀이 Tip
기관계의 통합적 작용에 관한 문항으로, 배설계, 소화계, 순환계의 특징 및 각 기관계에 속한 기관의 기능을 알고 있어야 한다. 기관계의 통합적 작용에 관한 문항은 대체로 어렵지 않게 출제되고 있으므로 각 기관계의 기능 및 순환계와 다른 기관계의 상호 작용, 기관계의 통합적 작용에 꼼꼼하게 살펴두도록 하자.

# 20 대사성 질환

출제 의도 기초 대사량과 활동 대사량 및 대사성 질환에 대해 묻는 문항이다.

다음은 비만에 대한 자료이다.

기초 대사량과 ㉠활동 대사량을 합한 에너지양보다 섭취한 음식물에서 얻은 에너지양이 많은 에너지 불균형 상태가 지속되면 비만이 되기 쉽다. 비만은 ㉡고혈압, 당뇨병, 심혈관계 질환이 발생할 가능성을 높인다.

이에 대한 설명으로 옳은 것만을 <보기>에서 있는 대로 고른 것은?

[보기]
ㄱ. ㉠은 생명 활동을 유지하는 데 필요한 최소한의 에너지양이다. 활동 대사량(㉠)은 다양한 활동을 하는 데 소모되는 에너지양이다.
ㄴ. ㉡은 대사성 질환에 해당한다.
고혈압, 당뇨병, 심혈관계 질환은 모두 대사성 질환에 해당한다.
ㄷ. 규칙적인 운동은 비만을 예방하는 데 도움이 된다.
규칙적인 운동은 비만과 대사성 질환을 예방하는 데 도움이 된다.

① ㄱ    ② ㄷ    ③ ㄱ, ㄴ    ④ ㄴ, ㄷ    ⑤ ㄱ, ㄴ, ㄷ

✓ 자료 해석
- 활동 대사량은 밥 먹기, 공부하기, 운동하기 등 다양한 생명 활동을 하면서 소모되는 에너지양이고, 기초 대사량은 체온 조절, 심장 박동, 혈액 순환, 호흡 활동과 같은 생명 현상을 유지하는 데 필요한 최소한의 에너지양이다.
- 에너지 섭취량이 에너지 소비량보다 많으면 비만이 될 수 있고, 반대로 에너지 소비량이 에너지 섭취량보다 많으면 체중이 감소하고 영양 부족 상태가 될 수 있다.
- 대사성 질환 : 우리 몸에서 물질대사 장애에 의해 발생하는 질환을 일컫는다. 당뇨병, 고혈압, 고지질 혈증(고지혈증), 심혈관계 질환, 뇌혈관계 질환 등이 대사성 질환에 속한다.

○ 보기풀이 ㄴ. 고혈압은 대사성 질환에 해당한다.
ㄷ. 규칙적인 운동은 비만과 대사성 질환을 예방하는 데 도움이 된다.

✕ 매력적 오답 ㄱ. 기초 대사량은 생명 활동을 유지하는 데 필요한 최소한의 에너지양이고, 활동 대사량은 다양한 활동을 하는 데 소모되는 에너지양이다.

문제풀이 Tip
대사성 질환과 에너지 대사의 균형에 대한 문항으로 기초 대사량, 활동 대사량, 대사성 질환에 대해 알고 있어야 한다. 최근 대사성 질환 문제가 자주 출제되고 있으므로 꼼꼼하게 살펴두도록 하자.

## 21 노폐물의 생성과 배설

2021년 7월 교육청 4번 | 정답 ⑤ | 문제편 33p

출제 의도 단백질의 분해 결과 생성된 노폐물의 배출 과정에 대해 묻는 문항이다.

그림은 사람에서 일어나는 물질대사 과정의 일부와 노폐물 ㉠~㉢이 기관계 A와 B를 통해 배출되는 경로를 나타낸 것이다. ㉠~㉢은 물, 요소, 이산화 탄소를 순서 없이 나타낸 것이고, A와 B는 호흡계와 배설계를 순서 없이 나타낸 것이다.

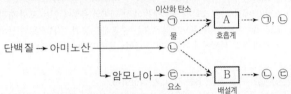

이에 대한 설명으로 옳은 것만을 〈보기〉에서 있는 대로 고른 것은? [3점]

보기
ㄱ. 폐는 A에 속한다. 폐는 호흡계(A)에 속하는 호흡 기관이다.
ㄴ. ㉠은 이산화 탄소이다. ㉠은 이산화 탄소, ㉡은 물, ㉢은 요소이다.
ㄷ. B에서 ㉡의 재흡수가 일어난다. 배설계(B)에 속하는 콩팥에서 물(㉡)의 일부가 재흡수된다.

① ㄱ  ② ㄷ  ③ ㄱ, ㄴ  ④ ㄴ, ㄷ  ⑤ ㄱ, ㄴ, ㄷ

✓ 자료 해석
• 단백질의 분해 과정에서 생성된 암모니아는 간에서 요소로 전환된 후, 배설계로 운반되어 오줌으로 배설된다. 따라서 ㉢은 요소이고, B는 배설계, A는 호흡계이다.
• 호흡계(A)는 세포 호흡에 필요한 산소를 흡수하고 세포 호흡 결과 발생한 이산화 탄소를 몸 밖으로 내보낸다. 호흡계는 폐, 코, 기관, 기관지 등으로 이루어져 있다.
• ㉠은 호흡계(A)를 통해 배출되고, ㉡은 호흡계(A)와 배설계(B)를 통해 배출되므로, ㉠은 이산화 탄소이고, ㉡은 물이다.
• 탄수화물, 단백질, 지방의 분해 결과 생성된 물은 배설계(B)에 속한 콩팥에서 재흡수되어 몸속에서 다시 이용되거나 오줌이나 날숨을 통해 배출된다.

◎ 보기 풀이 ㉠은 이산화 탄소, ㉡은 물, ㉢은 요소이고, A는 호흡계, B는 배설계이다.
ㄱ. 폐는 호흡계(A)에 속한다.
ㄴ. ㉠은 이산화 탄소, ㉡은 물, ㉢은 요소이다.
ㄷ. 배설계(B)에 속하는 콩팥에서 물(㉡)의 재흡수가 일어난다.

문제풀이 Tip
노폐물의 생성과 배설에 대한 문항으로 단백질의 물질대사 결과 생성되는 노폐물에 대해 알고 있어야 한다. 해당 문항에서 물의 재흡수까지 물어보는 등 크게 다루지 않았던 내용도 출제되었으므로 교과서를 통해 관련 개념을 세심하게 살펴두도록 하자.

---

## 22 노폐물의 생성과 배설

2021년 4월 교육청 9번 | 정답 ④ | 문제편 33p

출제 의도 세포 호흡에 의해 영양소가 분해되는 과정에서 생성되는 노폐물의 배설에 대해 묻는 문항이다.

그림은 사람에서 일어나는 영양소의 물질대사 과정 일부를, 표는 노폐물 ㉠~㉢에서 탄소(C), 산소(O), 질소(N)의 유무를 나타낸 것이다. (가)와 (나)는 각각 단백질과 지방 중 하나이고, ㉠~㉢은 물, 암모니아, 이산화 탄소를 순서 없이 나타낸 것이다.

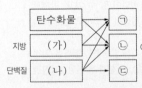

| 구분 | 탄소(C) | 산소(O) | 질소(N) |
|---|---|---|---|
| 물 ㉠ | × | ○ | × |
| 이산화탄소 ㉡ | ? | ○ | × |
| 암모니아 ㉢ | × | × | ○ |

(○: 있음, ×: 없음)

이에 대한 설명으로 옳은 것만을 〈보기〉에서 있는 대로 고른 것은?

보기
ㄱ. (가)는 단백질이다. (가)는 지방, (나)는 단백질이다.
ㄴ. 호흡계를 통해 ㉡이 몸 밖으로 배출된다. 호흡계인 폐를 통해 이산화 탄소(㉡)가 배출된다.
ㄷ. 간에서 ㉢이 요소로 전환된다. 간에서 암모니아(㉢)가 요소로 전환된다.

① ㄱ  ② ㄷ  ③ ㄱ, ㄷ  ④ ㄴ, ㄷ  ⑤ ㄱ, ㄴ, ㄷ

✓ 자료 해석
• 물, 암모니아, 이산화 탄소 중 질소(N)를 포함하는 물질은 암모니아이고, 물은 탄소(C)를 포함하지 않는다. 따라서 ㉠은 물, ㉡은 이산화 탄소, ㉢은 암모니아이다.
• 탄수화물과 지방의 분해 결과 물과 이산화 탄소가 생성되며, 단백질의 분해 결과 물, 이산화 탄소, 암모니아가 생성된다. 따라서 (가)는 지방, (나)는 단백질이다.
• 이산화 탄소는 주로 호흡계에 속한 폐로 운반되어 날숨을 통해 몸 밖으로 배출된다. 물은 몸속에서 다시 이용되거나 콩팥이나 폐로 운반되어 오줌 또는 날숨을 통해 배출된다. 암모니아는 간으로 운반되어 독성이 약한 요소로 전환된 후, 콩팥으로 운반되어 오줌으로 배설된다.

◎ 보기 풀이 이산화 탄소를 구성하는 원소는 탄소(C)와 산소(O)이므로 ㉡에 탄소(C)가 있다. 따라서 ㉠은 물, ㉡은 이산화 탄소, ㉢은 암모니아이다.
ㄴ. 호흡계를 통해 이산화 탄소(㉡)가 몸 밖으로 배출된다.
ㄷ. 간에서 암모니아(㉢)가 요소로 전환된다.

✕ 매력적 오답 ㄱ. (가)는 지방, (나)는 단백질이다.

문제풀이 Tip
노폐물의 생성과 배설에 대한 문항으로 탄수화물, 단백질, 지방의 물질대사 결과 생성되는 노폐물의 종류를 이해하고 있어야 한다. 노폐물의 생성과 배설 과정은 자주 출제되는 소재이므로 자세하게 살펴두도록 하자.

## 23 기관계의 통합적 작용

출제 의도 사람의 몸을 구성하는 각 기관계의 기능과 예를 알고 있는지를 묻는 문항이다.

표는 사람의 기관계 A~C 각각에 속하는 기관 중 하나를 나타낸 것이다. A~C는 각각 소화계, 순환계, 호흡계 중 하나이다.

| 기관계 | A 소화계 | B 호흡계 | C 순환계 |
|---|---|---|---|
| 기관 | 소장 | 폐 | 심장 |

이에 대한 옳은 설명만을 〈보기〉에서 있는 대로 고른 것은?

보기
ㄱ. A에서 포도당이 흡수된다.
　소화계(A)에서 포도당 등의 영양소가 흡수된다.
ㄴ. B에서 기체 교환이 일어난다.
　호흡계(B)에서 기체 교환이 일어난다.
ㄷ. C를 통해 요소가 배설계로 운반된다.
　순환계(C)를 통해 영양소와 요소와 같은 노폐물이 운반된다.

① ㄱ  ② ㄷ  ③ ㄱ, ㄴ  ④ ㄴ, ㄷ  ⑤ ㄱ, ㄴ, ㄷ

✔ 자료 해석
• 소화계(A) : 음식물 속의 영양소를 세포가 흡수할 수 있는 작은 크기의 영양소로 분해하고 흡수한다. 소화계는 식도, 간, 쓸개, 위, 이자, 소장, 대장 등으로 이루어져 있다.
• 호흡계(B) : 세포 호흡에 필요한 산소를 흡수하고, 세포 호흡 결과 발생한 이산화 탄소를 몸 밖으로 내보낸다. 호흡계는 코, 기관, 기관지, 폐 등으로 이루어져 있다.
• 순환계(C) : 소화계를 통해 흡수된 영양소와 호흡계를 통해 흡수된 산소를 조직 세포로 운반하고, 조직 세포에서 발생한 이산화 탄소와 요소 등의 노폐물을 각각 호흡계와 배설계로 운반한다. 순환계는 심장, 혈관 등으로 이루어져 있다.

○ 보기 풀이  A는 영양소를 흡수하는 소화계, B는 기체 교환이 일어나는 호흡계, C는 물질을 운반하는 순환계이다.
ㄱ. 소화계(A)에서 포도당, 아미노산, 지방산, 모노글리세리드 등의 영양소가 흡수된다.
ㄴ. 호흡계(B)에서 세포 호흡에 필요한 산소와 세포 호흡 결과 생성된 노폐물인 이산화 탄소의 교환이 일어난다.
ㄷ. 순환계(C)에 속하는 혈관을 따라 혈액은 온몸을 순환하고 물질을 운반한다.

문제풀이 Tip
기관계의 통합적 작용에 대해 묻는 문항으로 소화계, 호흡계, 순환계의 기능 및 각 기관계에 속하는 기관의 예를 알고 있어야 한다. 소화계, 호흡계, 순환계, 배설계는 각각 고유의 기능을 수행하면서 서로 협력하여 생명 활동이 원활하게 이루어지도록 한다.

---

## 24 기관계의 통합적 작용

출제 의도 사람 몸에 있는 배설계, 소화계, 호흡계의 기능을 파악하는지 확인하는 문항이다.

그림은 사람에서 일어나는 기관계의 통합적 작용을 나타낸 것이다. A~C는 각각 배설계, 소화계, 호흡계 중 하나이다.

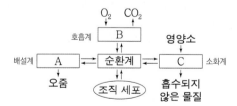

이에 대한 옳은 설명만을 〈보기〉에서 있는 대로 고른 것은?

보기
ㄱ. 대장은 A에 속한다.
　대장은 소화계(C)에 속한다.
ㄴ. B는 호흡계이다.
　B는 기체 교환이 일어나는 호흡계이다.
ㄷ. C에서 아미노산이 흡수된다.
　소화계(C)에서 아미노산, 포도당, 지방산 등이 흡수된다.

① ㄱ  ② ㄷ  ③ ㄱ, ㄴ  ④ ㄴ, ㄷ  ⑤ ㄱ, ㄴ, ㄷ

✔ 자료 해석
• 배설계 : 체내의 노폐물을 걸러 오줌의 형태로 몸 밖으로 내보낸다. 배설계는 콩팥, 오줌관, 방광, 요도 등으로 구성된다.
• 호흡계 : 세포 호흡에 필요한 산소($O_2$)를 흡수하고, 세포 호흡 결과 발생한 이산화 탄소($CO_2$)를 몸 밖으로 내보낸다.
• 소화계 : 음식물 속의 영양소를 분해하고 몸속으로 흡수하는 역할을 한다. 입, 식도, 위, 소장, 대장 등의 소화관과 침샘, 간, 쓸개, 이자 등 소화액을 분비하는 소화샘으로 이루어져 있다.

○ 보기 풀이  ㄴ. A는 배설계, B는 호흡계, C는 소화계이다.
ㄷ. 음식물 속에 들어 있는 녹말, 단백질, 지방과 같은 영양소는 분자 크기가 커서 세포막을 통과할 수 없으므로 소화 과정을 거쳐 작고 간단한 분자로 분해되어 체내로 흡수된다. 소화계(C)에서는 분해 산물인 포도당, 아미노산, 지방산, 모노글리세리드 등이 흡수된다.

✕ 매력적 오답  ㄱ. 대장은 소화계(C)에 속한다.

문제풀이 Tip
기관계의 통합적 작용에 관한 기본 문항이다. 기관계에서 일어나는 작용을 자세하게 묻는 문항도 종종 출제되므로 영양소의 소화와 흡수, 혈액 순환 경로, 노폐물의 생성과 배설 등에 대해서도 자세하게 알아두도록 하자.

2020년 7월 교육청 4번 | 정답 ⑤ | 문제편 **34 p**

출제 의도 사람 몸에 있는 배설계와 호흡계의 기능을 파악하는지 확인하는 문항이다.

그림은 사람 몸에 있는 각 기관계의 통합적 작용을, 표는 단백질과 탄수화물이 물질대사를 통해 분해되어 생성된 최종 분해 산물 중 일부를 나타낸 것이다. A~C는 배설계, 소화계, 호흡계를, ⊙과 ⓒ 은 암모니아와 이산화 탄소를 순서 없이 나타낸 것이다.

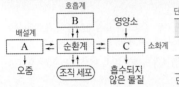

단백질만의 최종 분해 산물 → 암모니아(⊙)

| 물질 | 최종 분해 산물 |
|------|----------------|
| 단백질 | ⊙, ⓒ |
| 탄수화물 | ⓒ |

단백질과 탄수화물의 공통 분해 산물 → 이산화 탄소(ⓒ)

이에 대한 옳은 설명만을 〈보기〉에서 있는 대로 고른 것은? [3점]

보기
ㄱ. 콩팥은 A에 속하는 기관이다.
 콩팥, 방광, 요도 등은 배설계(A)에 속하는 기관이다.
ㄴ. ⊙의 구성 원소 중 질소(N)가 있다.
 암모니아(⊙)는 질소(N)를 포함하는 노폐두다.
ㄷ. B를 통해 ⓒ이 체외로 배출된다.
 호흡계(B)를 통해 이산화 탄소(ⓒ)가 몸 밖으로 배출된다.

① ㄱ    ② ㄷ    ③ ㄱ, ㄴ    ④ ㄴ, ㄷ    ⑤ ㄱ, ㄴ, ㄷ

✓ 자료 해석
• 탄수화물은 탄소(C), 수소(H), 산소(O)로 구성되어 있어 노폐물로 이산화 탄소($CO_2$)와 물($H_2O$)이 생성되고, 단백질은 탄소(C), 수소(H), 산소(O), 질소(N)로 구성되어 있어 노폐물로 이산화 탄소($CO_2$), 물($H_2O$), 암모니아($NH_3$)가 생성된다.
• 호흡계의 작용 : 세포 호흡에 필요한 산소($O_2$)를 흡수하고, 세포 호흡 결과 발생한 이산화 탄소($CO_2$)를 몸 밖으로 내보낸다.

○ 보기 풀이  A는 배설계, B는 호흡계, C는 소화계이며, 단백질만의 최종 분해 산물인 ⊙은 암모니아이고, 단백질과 탄수화물의 공통 최종 분해 산물인 ⓒ은 이산화 탄소이다.
ㄱ. 콩팥은 배설계(A)에 속하는 기관이다.
ㄴ. 암모니아(⊙)는 질소성 노폐물로, 구성 원소 중 질소(N)가 있다.
ㄷ. 호흡계(B)를 통해 이산화 탄소(ⓒ)가 체외로 배출된다.

문제풀이 **Tip**
배설계와 호흡계의 기능을 묻는 문항이다. 배설계의 구조와 오줌의 생성 과정 및 호흡계의 기체 교환 원리 등을 알아두자.

2020년 4월 교육청 4번 | 정답 ⑤ | 문제편 **34 p**

출제 의도 사람 몸에 있는 각 기관계의 통합적 작용을 이해하는지 확인하는 문항이다.

그림은 사람 몸에 있는 각 기관계의 통합적 작용을 나타낸 것이며, 표는 기관계 (가)~(다)에 대한 자료이다. (가)~(다)는 배설계, 소화계, 순환계를 순서 없이 나타낸 것이다.

• (가)에서 영양소의 소화와 흡수가 일어난다. ─ 소화계
• (나)는 조직 세포에서 생성된 $CO_2$를 호흡계로 운반한다. ─ 순환계
• (다)를 통해 질소성 노폐물이 배설된다. ─ 배설계

이에 대한 설명으로 옳은 것만을 〈보기〉에서 있는 대로 고른 것은?

보기
ㄱ. ⊙에는 요소의 이동이 포함된다.
 소화계(가)에 속하는 간에서 만들어진 요소는 순환계 (나)로 이동한다.
ㄴ. (나)는 순환계이다.
ㄷ. 콩팥은 (다)에 속한다.

① ㄱ    ② ㄷ    ③ ㄱ, ㄴ    ④ ㄴ, ㄷ    ⑤ ㄱ, ㄴ, ㄷ

✓ 자료 해석
• 영양소의 소화와 흡수가 일어나는 (가)는 소화계이다. 소화 기관으로는 입, 식도, 위, 소장, 대장, 간, 쓸개 등이 있다.
• 조직 세포에서 생성된 $CO_2$를 호흡계로 운반하는 (나)는 순환계이다. 순환 기관으로는 심장, 혈액, 혈관, 림프계 등이 있다.
• 질소성 노폐물이 배설되는 (다)는 배설계이다. 배설 기관으로는 콩팥, 오줌관, 방광, 요도 등이 있다.

○ 보기 풀이  (가)는 영양소의 소화와 흡수가 일어나는 소화계, (나)는 조직 세포에서 생성된 $CO_2$를 호흡계로 운반하는 순환계, (다)는 질소성 노폐물이 배설되는 배설계이다.
ㄱ. 암모니아는 간에서 요소로 전환된 후 혈액을 통해 순환계로 이동한다. 즉 소화계 (가)에서 순환계 (나)로 이동하는 혈액의 흐름 ⊙에는 요소의 이동이 포함된다.
ㄴ. (나)는 각 기관계를 연결하는 순환계이다.
ㄷ. 콩팥은 배설계 (다)에 속한다.

문제풀이 **Tip**
기관계의 통합적 작용에 관한 문항이다. 소화계, 호흡계, 배설계가 순환계를 중심으로 유기적으로 연결되어 통합적으로 작용한다는 것을 알아두자.

# 27 대사성 질환

출제 의도 대사성 질환인 당뇨병과 고지혈증의 특징을 파악하는지 확인하는 문항이다.

표는 사람의 질환 (가)와 (나)의 특징을 나타낸 것이다. (가)와 (나)는 당뇨병과 고지혈증을 순서 없이 나타낸 것이다.

| 질환 | 특징 |
|---|---|
| (가) 고지혈증 | 혈액에 콜레스테롤과 중성 지방 등이 정상 범위 이상으로 많이 들어 있다. |
| (나) 당뇨병 | 호르몬 ㉠의 분비 부족이나 작용 이상으로 혈당량이 조절되지 못하고 오줌에서 포도당이 검출된다. 호르몬 ㉠ : 인슐린 |

이에 대한 옳은 설명만을 〈보기〉에서 있는 대로 고른 것은?

┌ 보기 ┐
ㄱ. ~~(가)는 당뇨병이다.~~
  (가)는 고지혈증이다.
ㄴ. ㉠은 이자에서 분비된다.
  ㉠은 이자의 β세포에서 분비되는 인슐린이다.
ㄷ. (가)와 (나)는 모두 대사성 질환이다.
  고지혈증(가)과 당뇨병(나)은 모두 대사성 질환이다.
└───────────────────────┘

① ㄱ    ② ㄴ    ③ ㄱ, ㄷ    ④ ㄴ, ㄷ    ⑤ ㄱ, ㄴ, ㄷ

✔ 자료 해석

• 대사성 질환 : 물질대사 조절에 관여하는 효소나 호르몬 등에 이상이 생겼을 때 또는 생활 습관의 영향으로 발생한다.
• 고지혈증(고지질 혈증) : 혈액 속에 콜레스테롤이나 중성 지방이 많은 상태로 동맥 경화 등의 심혈관계 질환의 원인이 된다.
• 당뇨병 : 혈당량 조절에 필요한 인슐린의 분비가 부족하거나 인슐린이 제대로 작용하지 못해 발생한다.

○ 보기 풀이  (가)는 고지혈증, (나)는 당뇨병이다.
ㄴ. 당뇨병(나)은 혈당량 조절에 필요한 인슐린의 분비량이 부족하거나 인슐린에 제대로 반응하지 못해 발생하는 질환이다. 즉 ㉠은 이자에서 분비되는 인슐린이다.
ㄷ. 고지혈증(가)과 당뇨병(나)은 모두 체내 물질대사 이상에 의해 발생하는 질환인 대사성 질환이다.

✗ 매력적 오답  ㄱ. (가)는 혈액 속에 콜레스테롤이나 중성 지방이 정상 범위 이상으로 많이 들어 있는 고지혈증이다.

문제풀이 **Tip**
대사성 질환의 특징을 묻는 문항이다. 대사성 질환의 원인과 예방 방법 등도 함께 알아두도록 하자.

# 01 자극의 전달

선택지 비율 ① 9% ② 6% ❸ 68% ④ 10% ⑤ 4%

**1** 흥분의 전도

2024년 10월 교육청 12번 | 정답 ③ | **문제편 40 p**

출제 의도 흥분의 전도와 전달에 대한 자료를 분석하여 막전위의 변화에 대해 알고 있는지 묻는 문항이다.

**다음은 민말이집 신경 A와 B의 흥분 전도와 전달에 대한 자료이다.**

- 그림은 A와 B에서 지점 $d_1 \sim d_4$의 위치를, 표는 A와 B의 $d_1$에 역치 이상의 자극을 동시에 1회 주고 경과한 시간이 5 ms일 때 $d_1 \sim d_4$에서의 막전위를 나타낸 것이다. Ⅰ~Ⅳ는 $d_1 \sim d_4$를 순서 없이 나타낸 것이고, ㉠~㉣은 −80, −70, −60, 0을 순서 없이 나타낸 것이다.

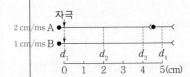

| 신경 | 5 ms일 때 막전위(mV) | | | |
|---|---|---|---|---|
| | Ⅰ $d_4$ | Ⅱ $d_3$ | Ⅲ $d_1$ | Ⅳ $d_2$ |
| A | ㉠ | ㉡ | ?㉢ | ㉣ |
| B | ?㉢ | ㉣ | ㉢ | ㉡ |

- A를 구성하는 두 뉴런의 흥분 전도 속도는 ⓐ로 같고, B의 흥분 전도 속도는 ⓑ이다. ⓐ와 ⓑ는 1 cm/ms와 2 cm/ms를 순서 없이 나타낸 것이다.

- A와 B 각각에서 활동 전위가 발생하였을 때, 각 지점에서의 막전위 변화는 그림과 같다.

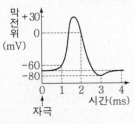

**이에 대한 옳은 설명만을 〈보기〉에서 있는 대로 고른 것은? (단, A와 B에서 흥분 전도는 각각 1회 일어났고, 휴지 전위는 −70 mV이다.) [3점]**

보기
ㄱ. Ⅳ는 $d_2$이다.
ㄴ. ㉠은 −60이다. (−60에 취소선, 아래 0)
ㄷ. 5 ms일 때 B의 Ⅱ에서 탈분극이 일어나고 있다.

① ㄱ  ② ㄴ  ③ ㄱ, ㄷ  ④ ㄴ, ㄷ  ⑤ ㄱ, ㄴ, ㄷ

## ✓ 자료 해석

- A와 B의 흥분 전도 속도는 각각 2 cm/ms, 1 cm/ms이다.
- 5 ms일 때 $d_1 \sim d_4$에서의 막전위(mV)는 A에서 각각 −70, −70, −80, 0이고, B에서 각각 −70, −80, −60, −70이다. 따라서 Ⅰ~Ⅳ는 각각 $d_4$, $d_3$, $d_1$, $d_2$이고, ㉠~㉣은 각각 0, −80, −70, −60이다.

| 신경 (흥분 전도 속도) | 5 ms일 때 막전위(mV) | | | |
|---|---|---|---|---|
| | $d_1$ | $d_2$ | $d_3$ | $d_4$ |
| A (2 cm/ms) | −70(㉢) | −70(㉢) | −80(㉡) | 0(㉠) |
| B (1 cm/ms) | −70(㉢) | −80(㉡) | −60(㉣) | −70(㉢) |

## ○ 보기 풀이

ㄱ. Ⅰ~Ⅳ는 각각 $d_4$, $d_3$, $d_1$, $d_2$이다.

ㄷ. 5 ms일 때 B의 Ⅱ에서 막전위는 −60 mV, 탈분극이 일어나고 있다.

## ✗ 매력적 오답

ㄴ. ㉠은 신경 A에서 시냅스 이후 지점 $d_4$의 막전위로 0이다.

## 문제풀이 Tip

흥분 전도 속도에 따른 막전위를 비교하고, 시냅스의 위치에 따른 막전위의 변화를 찾을 수 있어야 한다.

## 2 흥분의 전도와 전달

출제의도 흥분 전도와 전달에 대한 자료를 분석하여 자극을 준 지점과 뉴런의 흥분 전도 속도를 파악할 수 있는지 묻는 문항이다.

**다음은 민말이집 신경 A와 B의 흥분 전도와 전달에 대한 자료이다.**

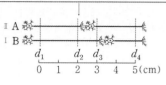

- 그림은 A와 B의 지점 $d_1 \sim d_4$의 위치를, 표는 A와 B의 지점 P에 역치 이상의 자극을 동시에 1회 주고 경과된 시간이 4 ms와 6 ms일 때 $d_1 \sim d_4$에서의 막전위를 각각 나타낸 것이다. P는 $d_1 \sim d_4$ 중 하나이고, Ⅰ과 Ⅱ는 A와 B를 순서 없이 나타낸 것이다.

| 신경 | 4 ms일 때 측정한 막전위(mV) | | | | 6 ms일 때 측정한 막전위(mV) | | | |
|---|---|---|---|---|---|---|---|---|
| | $d_1$ | $d_2$ | $d_3$ | $d_4$ | $d_1$ | $d_2$ | $d_3$ | $d_4$ |
| BⅠ | ㉠ 0 | ?−70 | −80 | −68 | ? | ?−70 | ? | −60 |
| AⅡ | −80 | ?−70 | −60 | ? | ? | ?−70 | −80 | ㉠ 0 |

- A와 B를 구성하는 4개의 뉴런 중 3개 뉴런의 흥분 전도 속도는 ⓐ cm/ms로 같고, 나머지 1개 뉴런의 흥분 전도 속도는 ⓑ cm/ms이다. ⓐ와 ⓑ는 서로 다르다.
- A와 B의 시냅스에서 흥분 전달 시간은 서로 다르다.
- A와 B 각각에서 활동 전위가 발생하였을 때, 각 지점에서의 막전위 변화는 그림과 같다. 휴지 전위는 −70 mV이다.

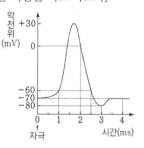

이에 대한 설명으로 옳은 것만을 〈보기〉에서 있는 대로 고른 것은? (단, A와 B에서 흥분의 전도는 각각 1회 일어났고, 제시된 조건 이외의 다른 조건은 동일하다.) [3점]

〈보기〉
ㄱ. ㉠은 ~~−70~~ 0 이다.
ㄴ. A를 구성하는 뉴런의 흥분 전도 속도는 모두 2 cm/ms 이다.  B(Ⅰ)의 시냅스 이전 뉴런의 흥분 전도 속도가 1 cm/ms이다.
ㄷ. B의 $d_3$에 역치 이상의 자극을 주고 경과된 시간이 5 ms 일 때 $d_4$에서 ~~탈분극이 일어난다.~~ 재분극이 일어난다.

① ㄱ  ② ㄴ  ③ ㄷ  ④ ㄱ, ㄴ  ⑤ ㄴ, ㄷ

---

**✓ 자료 해석**

- P는 $d_2$, Ⅰ은 B, Ⅱ는 A이며, ㉠은 '0'이다.
- A(Ⅱ)의 시냅스 이전 뉴런의 흥분 전도 속도와 시냅스 이후 뉴런의 흥분 전도 속도, B(Ⅰ)의 시냅스 이후 뉴런의 흥분 전도 속도는 모두 2(ⓐ) cm/ms이다. 그리고 B의 시냅스 이전 뉴런의 흥분 전도 속도는 1(ⓑ) cm/ms이다.

**보기풀이** P는 역치 이상의 자극을 주고 경과된 시간이 4 ms일 때 막전위가 −70 mV인 지점인데, Ⅰ과 Ⅱ의 $d_1$, $d_3$, $d_4$에서 −70 mV가 없으므로 자극을 준 지점 P는 $d_2$이다. Ⅱ에서 P($d_2$)에 역치 이상의 자극을 주고 경과된 시간이 4 ms일 때 $d_2$에서 $d_1$까지 흥분의 이동 시간은 1 ms, $d_2$에서 $d_3$까지 흥분의 이동 시간은 3 ms이므로 Ⅱ는 $d_2$와 $d_3$ 사이에 시냅스가 있는 A이고, A의 시냅스 이전 뉴런의 흥분 전도 속도는 2 cm/ms이다. Ⅰ은 B이며, $d_2$에서 $d_3$까지 흥분의 이동 시간은 1 ms이므로 B의 시냅스 이전 뉴런의 흥분 전도 속도는 1 cm/ms이고, ㉠은 0이다. A(Ⅱ)에서 P($d_2$)에 역치 이상의 자극을 주고 경과된 시간이 6 ms일 때 $d_3$의 막전위가 −80 mV, $d_4$의 막전위가 0(㉠)mV이므로 A의 시냅스 이후 뉴런의 흥분 전도 속도는 2 cm/ms이고, ⓐ는 2, ⓑ는 1이다.

ㄴ. A(Ⅱ)의 시냅스 이전 뉴런의 흥분 전도 속도와 시냅스 이후 뉴런의 흥분 전도 속도 모두 2 cm/ms이며, B(Ⅰ)의 시냅스 이후 뉴런의 흥분 전도 속도도 2 cm/ms이다.

**✗ 매력적 오답** ㄱ. P($d_2$)에 역치 이상의 자극을 주고 경과된 시간이 4 ms일 때 B(Ⅰ)의 $d_1$에서의 막전위(㉠)는 0 mV이다.

ㄷ. P($d_2$)에 역치 이상의 자극을 주고 경과된 시간이 4 ms일 때 B(Ⅰ)의 $d_3$에서의 막전위는 −80 mV이고, $d_4$에서의 막전위는 −68 mV이므로 $d_3$에서 $d_4$까지 흥분의 이동 시간은 2.5 ms이다. 따라서 B(Ⅰ)의 $d_3$에 역치 이상의 자극을 주고 경과된 시간이 5 ms일 때 $d_3$에서 $d_4$까지 흥분의 이동 시간은 2.5 ms 이므로 $d_4$에서 재분극이 일어난다.

**문제풀이 Tip**

역치 이상의 자극을 주고 경과된 시간이 4 ms일 때 자극을 준 지점은 −70 mV라는 것을 알고, 자극 지점을 파악한 후 지점 사이의 거리와 막전위를 통해 뉴런의 흥분 전도 속도를 유추하면 된다.

# 3 흥분의 전도와 전달

출제 의도　흥분의 전도와 전달을 나타낸 자료를 분석하여 시냅스가 위치하는 곳과 특정 지점에서의 막전위를 파악할 수 있는지 묻는 문항이다.

**다음은 민말이집 신경 A와 B의 흥분 전도와 전달에 대한 자료이다.**

- 그림은 A와 B의 지점 $d_1 \sim d_4$의 위치를, 표는 ㉮A와 B의 $d_1$에 역치 이상의 자극을 동시에 1회 주고 경과된 시간이 5 ms일 때 $d_2 \sim d_4$에서의 막전위를 나타낸 것이다. (가)와 (나) 중 한 곳에만 시냅스가 있으며, ㉠과 ㉡은 각각 −80과 +30 중 하나이다.

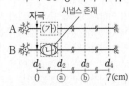

| 신경 | 5 ms일 때 막전위(mV) | | |
|---|---|---|---|
| | $d_2$ | $d_3$ | $d_4$ |
| A | ㉠ −80 | ㉡ +30 | −10 |
| B | ㉡ +30 | ? −60 | ? |

- A와 B 중 1개의 신경은 한 뉴런으로 구성되며, 나머지 1개의 신경은 두 뉴런으로 구성된다. A와 B를 구성하는 뉴런의 흥분 전도 속도는 모두 같다.

- A와 B 각각에서 활동 전위가 발생하였을 때, 각 지점에서의 막전위 변화는 그림과 같다.

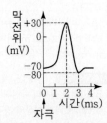

**이에 대한 설명으로 옳은 것만을 〈보기〉에서 있는 대로 고른 것은? (단, A와 B에서 흥분의 전도는 각각 1회 일어났고, 휴지 전위는 −70 mV이다.) [3점]**

보기
ㄱ. 시냅스는 (나)에 있다.

ㄴ. $\dfrac{ⓐ}{ⓑ} = \dfrac{1}{2}$이다. $\dfrac{ⓐ}{ⓑ} = \dfrac{2}{3}$이다.

ㄷ. ㉮가 6 ms일 때 B의 $d_4$에서 재분극이 일어나고 있다. 탈분극이 일어나고 있다.

① ㄱ　② ㄴ　③ ㄷ　④ ㄱ, ㄷ　⑤ ㄴ, ㄷ

---

✔ **자료 해석**

- ㉠은 −80, ㉡은 +30이며, 시냅스는 (나)에 있다.

- A의 $d_1$에서 $d_2$로 흥분이 도달하는 데 걸리는 시간 2 ms, $d_2$에서 $d_3$으로 흥분이 도달하는 데 걸리는 시간 1 ms, $d_3$에서 $d_4$로 흥분이 도달하는 데 걸리는 시간 약 0.5 ms이다. → A의 $d_1$에서 $d_4$로 흥분이 도달하는 데 걸리는 시간 약 3.5 ms이다.

- B의 $d_1$에서 $d_2$로 흥분이 도달하는 데 걸리는 시간 3 ms, $d_2$에서 $d_3$으로 흥분이 도달하는 데 걸리는 시간 1 ms, $d_3$에서 $d_4$로 흥분이 도달하는 데 걸리는 시간 약 0.5 ms이다. → B의 $d_1$에서 $d_4$로 흥분이 도달하는 데 걸리는 시간 약 4.5 ms이다.

🔾 **보기풀이**　ㄱ. ㉠이 +30, ㉡이 −80이라면 A의 $d_2$에서 +30(㉠)mV이고 $d_3$에서 −80(㉡)mV이다. 그런데 흥분이 더 늦게 도착한 곳이 −80 mV일 수 없으므로 ㉠은 −80, ㉡은 +30이다. ㉮가 5 ms일 때 A의 $d_2$에서 막전위는 −80(㉠)mV이고, B의 $d_2$에서 막전위는 +30(㉡)mV인데, A보다 B에 흥분이 도달되는 데 시간이 더 걸렸으므로 시냅스는 (나)에 있다.

✖ **매력적 오답**　ㄴ. A의 $d_1$에 역치 이상의 자극을 주었을 때 흥분이 $d_2$로 도달하는 데 걸린 시간이 2 ms(=5−3)이고, $d_3$으로 도달하는 데 걸린 시간이 3 ms(=5−2)이므로 $\dfrac{ⓐ}{ⓑ} = \dfrac{2}{3}$이다.

ㄷ. B의 $d_1$에서 $d_4$로 흥분이 도달하는 데 걸리는 시간 약 4.5 ms이다. ㉮가 6 ms일 때 B의 $d_4$에서의 막전위는 1.5 ms(=6−4.5)에 해당하는 막전위인 −10 mV이므로 탈분극이 일어나고 있다.

**문제풀이 Tip**

같은 거리에서 두 신경 중 하나에 시냅스가 있으면 흥분이 도달하는 데 걸리는 시간이 더 길다는 것을 알고 자료에 적용하면 시냅스가 위치하는 곳을 파악할 수 있다. A의 $d_2$에서 $d_4$로 흥분이 도달하는 데 걸리는 시간은 막전위가 나와 있으므로 계산이 가능하며, B의 $d_2$에서 $d_4$로 흥분이 도달하는 데 걸리는 시간은 A와 같다는 것을 파악하는 것이 중요하다.

# 4 흥분의 전도와 전달

출제 의도 흥분 전도와 전달에 대한 자료를 분석하여 흥분 전도 속도와 특정 지점에서의 막전위를 유추할 수 있는지 묻는 문항이다.

**다음은 민말이집 신경 A와 B의 흥분 전도와 전달에 대한 자료이다.**

- A와 B는 각각 2개의 뉴런으로 구성되고, 각 뉴런의 흥분 전도 속도는 ⓐ로 같다. ⓐ=2 cm/ms
- 그림은 A와 B에서 지점 $d_1 \sim d_3$의 위치를, 표는 A와 B의 $d_1$에 역치 이상의 자극을 동시에 1회 주고 경과된 시간이 4 ms일 때 Ⅰ과 Ⅱ에서의 막전위를 나타낸 것이다. Ⅰ과 Ⅱ는 $d_2$와 $d_3$을 순서 없이 나타낸 것이다.

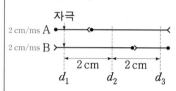

| 신경 | 막전위(mV) | |
|---|---|---|
| | Ⅰ $d_3$ | Ⅱ $d_2$ |
| A | −50 | ㉠ +30 |
| B | ? −70 | −80 |

- A와 B에서 활동 전위가 발생했을 때, 각 지점에서의 막전위 변화는 그림과 같다.

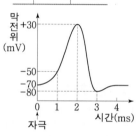

이에 대한 옳은 설명만을 〈보기〉에서 있는 대로 고른 것은? (단, A와 B에서 흥분의 전도는 각각 1회 일어났고, 휴지 전위는 −70 mV이다.) [3점]

┌ 보기 ┐

ㄱ. Ⅰ은 $d_3$이다. Ⅰ은 $d_3$이고 Ⅱ는 $d_2$이다.

ㄴ. ⓐ는 2 cm/ms이다. $\frac{2\,cm}{1\,ms}=2\,cm/ms$

ㄷ. ㉠은 +30이다.

① ㄱ  ② ㄷ  ③ ㄱ, ㄴ  ④ ㄴ, ㄷ  ⑤ ㄱ, ㄴ, ㄷ

---

✓ **자료 해석**

- Ⅰ은 $d_3$, Ⅱ는 $d_2$이며, 각 뉴런의 흥분 전도 속도(ⓐ)는 2 cm/ms이다.
- A의 $d_1$에서 $d_3$(Ⅰ)까지의 흥분 이동 시간은 3 ms(=4−1)이고, B의 $d_1$에서 $d_2$(Ⅱ)까지의 흥분 이동 시간은 1 ms(=4−3)이다.

○ **보기 풀이** ㄱ. A와 B를 구성하는 각 뉴런의 흥분 전도 속도가 같은데, B의 Ⅱ에서 막전위가 −80 mV이고, A의 Ⅰ에서 막전위가 −50 mV이므로 Ⅰ에서보다 Ⅱ에서 막전위가 더 많이 진행되었다. 따라서 Ⅰ은 $d_3$이고 Ⅱ는 $d_2$이다.

ㄴ. B의 $d_2$(Ⅱ)에서 막전위가 −80 mV이므로 B의 $d_1$에서 $d_2$(Ⅱ)까지의 흥분 이동 시간은 1 ms(=4−3)이고, 거리가 2 cm이므로 각 뉴런의 흥분 전도 속도(ⓐ)는 2 cm/ms이다.

ㄷ. A의 $d_3$(Ⅰ)에서 막전위가 −50 mV이므로, A의 $d_3$(Ⅰ)까지의 흥분 이동 시간은 3 ms이다. A의 $d_2$(Ⅱ)에서 $d_3$(Ⅰ)까지의 흥분 이동 시간은 1 ms이므로 A의 $d_2$(Ⅱ)에서의 막전위는 +30(㉠)mV이다.

**문제풀이 Tip**

막전위가 −80 mV인 지점은 자극을 준 지점과 가장 가까운 거리에 있는 지점임을 알고 있어야 한다. 흥분 전도 속도를 파악할 때에는 시냅스가 있는 곳을 제외한 지점 간의 거리와 지점 간의 이동 시간을 유추하여 계산해야 한다.

# 5 흥분의 전도

출제의도 흥분의 전도에 대한 자료를 분석하여 특정 지점에서의 막전위를 유추할 수 있는지 묻는 문항이다.

**다음은 민말이집 신경 A와 B의 흥분 전도에 대한 자료이다.**

---

• 그림은 A와 B에서 지점 $d_1 \sim d_4$의 위치를, 표는 A의 $d_1$과 B의 $d_3$에 역치 이상의 자극을 동시에 1회 주고 경과한 시간이 $t_1 \sim t_4$일 때 A의 ㉠과 B의 ㉡에서 측정한 막전위를 나타낸 것이다. ㉠과 ㉡은 $d_2$와 $d_4$를 순서 없이 나타낸 것이고, $t_1 \sim t_4$는 1 ms, 2 ms, 4 ms, 5 ms를 순서 없이 나타낸 것이다.

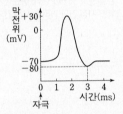

| 신경 | 지점 | 막전위(mV) | | | |
|---|---|---|---|---|---|
| | | $t_1$ 4 ms | $t_2$ 1 ms | $t_3$ 5 ms | $t_4$ 2 ms |
| A | ㉠$d_4$ | ?−60 | ⓐ−70 | +20 | ?−70 |
| B | ㉡$d_2$ | −80 | −70 | ?−70 | ⓑ−60 |

• A와 B의 흥분 전도 속도는 모두 1 cm/ms이다.

• A와 B 각각에서 활동 전위가 발생하였을 때, 각 지점에서의 막전위 변화는 그림과 같다.

**이에 대한 옳은 설명만을 〈보기〉에서 있는 대로 고른 것은? (단, A와 B에서 흥분 전도는 각각 1회 일어났고, 휴지 전위는 −70 mV이다.) [3점]**

〈보기〉

ㄱ. $t_3$은 5 ms이다.

ㄴ. ㉡은 ~~$d_4$~~이다.
　　　 $d_2$

ㄷ. ⓐ와 ⓑ는 모두 ~~−70~~이다.
　　　　 ⓐ는 −70, ⓑ는 −60

① ㄱ　② ㄴ　③ ㄱ, ㄴ　④ ㄱ, ㄷ　⑤ ㄴ, ㄷ

---

✓ **자료 해석**

• ㉠은 $d_4$, ㉡은 $d_2$이고, $t_1$은 4 ms, $t_2$는 1 ms, $t_3$은 5 ms, $t_4$는 2 ms이다.

• A의 $d_1$과 B의 $d_3$에 역치 이상의 자극을 동시에 1회 주고 경과한 시간이 $t_1 \sim t_4$일 때 A의 ㉠과 B의 ㉡에서 측정한 막전위는 표와 같다.

| 신경 | 지점 | 막전위(mV) | | | |
|---|---|---|---|---|---|
| | | $t_1$(4 ms) | $t_2$(1 ms) | $t_3$(5 ms) | $t_4$(2 ms) |
| A | $d_4$(㉠) | −60 | −70(ⓐ) | +20 | −70 |
| B | $d_2$(㉡) | −80 | −70 | −70 | −60(ⓑ) |

○ **보기 풀이** ㄱ. ㉠이 $d_2$라면 1 ms, 2 ms, 4 ms, 5 ms일 때 막전위는 각각 −70 mV, −60 mV, −80 mV, −70 mV이므로 $t_3$일 때 A의 ㉠에서의 막전위는 +20 mV가 될 수 없다. 따라서 ㉠은 $d_4$, ㉡은 $d_2$이다.

✗ **매력적 오답** ㄴ. A의 $d_4$(㉠)에서의 막전위가 1 ms, 2 ms, 4 ms, 5 ms일 때 막전위는 각각 −70 mV, −70 mV, −60 mV, +20 mV이다. B의 $d_2$(㉡)에서의 막전위가 1 ms, 2 ms, 4 ms, 5 ms일 때 막전위는 각각 −70 mV, −60 mV, −80 mV, −70 mV이다. 따라서 $t_1$은 4 ms, $t_2$는 1 ms, $t_3$은 5 ms, $t_4$는 2 ms이다.

ㄷ. 1 ms($t_2$)일 때 A의 $d_4$(㉠)에서의 막전위는 −70(ⓐ) mV이고, 2 ms($t_4$)일 때 B의 $d_2$(㉡)에서의 막전위는 −60(ⓑ) mV이다.

**문제풀이 Tip**

B의 $d_3$에 역치 이상의 자극을 주었으므로 B의 $d_2$와 $d_4$에서의 막전위는 같으므로 ㉡이 $d_2$와 $d_4$ 중 무엇인지 알 수 없다. $t_3$일 때 A의 ㉠에서의 막전위가 +20 mV인 것을 통해 ㉠은 $d_4$이므로 ㉡은 $d_2$이고, $t_3$은 5 ms임을 파악하는 것이 중요하다.

**출제 의도** 흥분의 전도와 전달에 대한 자료를 분석하여 흥분 전도 속도와 특정 지점에서의 막전위를 유추할 수 있는지 묻는 문항이다.

**다음은 민말이집 신경 A~C의 흥분 전도와 전달에 대한 자료이다.**

- 그림은 A, B, C의 지점 $d_1$~$d_6$의 위치를, 표는 A의 $d_1$과 C의 $d_2$에 역치 이상의 자극을 동시에 1회 주고 경과된 시간이 4 ms와 5 ms일 때 $d_3$~$d_6$에서의 막전위를 순서 없이 나타낸 것이다.

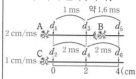

| 시간(ms) | $d_3$~$d_6$에서의 막전위(mV) |
|---|---|
| 4 | −80 ㉠, −70, 0, +10 |
| 5 | −80, −70, −60, −50 |

- A와 B의 흥분 전도 속도는 모두 ⓐ cm/ms, C의 흥분 전도 속도는 ⓑ cm/ms이다. ⓐ와 ⓑ는 각각 1과 2 중 하나이다.

- A~C에서 활동 전위가 발생하였을 때, 각 지점에서의 막전위 변화는 그림과 같다.

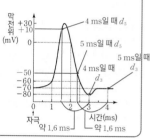

**이에 대한 설명으로 옳은 것만을 〈보기〉에서 있는 대로 고른 것은?** (단, A~C에서 흥분의 전도는 각각 1회 일어났고, 휴지 전위는 −70 mV이다.) [3점]

보기
ㄱ. ⓐ는 $\frac{1}{2}$이다.
ㄴ. ㉠은 −80이다.
ㄷ. 4 ms일 때 B의 $d_5$에서는 탈분극이 일어나고 있다. +10 mV

① ㄱ  ② ㄴ  ③ ㄱ, ㄷ  ④ ㄴ, ㄷ  ⑤ ㄱ, ㄴ, ㄷ

---

✓ **자료 해석**

- A와 B의 흥분 전도 속도는 모두 2(ⓐ)cm/ms, C의 흥분 전도 속도는 1(ⓑ)cm/ms이다.
- 시간이 4 ms와 5 ms일 때 $d_3$~$d_6$에서의 막전위를 나타내면 표와 같다.

| 시간 (ms) | 막전위(mV) | | | |
|---|---|---|---|---|
| | $d_3$ | $d_4$ | $d_5$ | $d_6$ |
| 4 | −80 | 0 | +10 | −70 |
| 5 | −70 | −80 | −50 | −60 |

○ **보기 풀이** ㄴ. ⓐ가 1, ⓑ가 2라면 5 ms일 때 A의 $d_3$에서의 막전위는 −80 mV, C의 $d_6$에서의 막전위는 −80 mV로, 두 지점에서의 막전위가 모두 −80 mV가 나와야 하는데, 표에서 나타난 4가지 막전위의 조건을 만족하지 못한다. 따라서 ⓐ는 2, ⓑ는 1이다. A와 B의 흥분 전도 속도는 모두 2(ⓐ) cm/ms, C의 흥분 전도 속도는 1(ⓑ)cm/ms이므로 4 ms일 때 A의 $d_3$에서의 막전위는 −80(㉠)mV, C의 $d_4$에서의 막전위는 0 mV, C의 $d_6$에서의 막전위는 −70 mV이다. 따라서 나머지 +10 mV는 B의 $d_5$에서의 막전위이다.

ㄷ. 5 ms일 때 A의 $d_3$에서의 막전위는 −70 mV, B의 $d_5$에서의 막전위는 −50 mV이므로 $d_3$에서 $d_5$에서까지 흥분이 이동하는 데 걸리는 시간은 약 1.6 ms이다. 따라서 4 ms일 때 A의 $d_3$에서의 막전위는 −80 mV, $d_5$에서의 막전위는 +10 mV이고 시간의 차는 약 1.6 ms이므로 $d_5$에서의 막전위 +10 mV는 탈분극 시에 해당하는 막전위이다.

✗ **매력적 오답** ㄱ. ⓐ는 2이다.

**문제풀이 Tip**

$d_3$과 $d_5$ 사이에는 시냅스가 있어서 흥분의 전달이 일어나므로 두 지점 사이의 간격을 통해서는 흥분이 이동되는 데 걸리는 시간을 알 수 없다. 따라서 5 ms일 때 A의 $d_3$에서의 막전위와 B의 $d_5$에서는 막전위를 통해 $d_3$에서 $d_5$까지 흥분이 이동하는 데 걸리는 시간을 파악하는 것이 중요하다.

출제 의도 흥분 전도에 대한 자료를 분석하여 흥분 전도 속도와 특정 지점 사이의 거리를 유추할 수 있는지 묻는 문항이다.

**다음은 민말이집 신경 A의 흥분 전도에 대한 자료이다.**

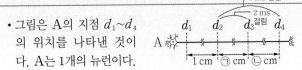

- 그림은 A의 지점 $d_1 \sim d_4$의 위치를 나타낸 것이다. A는 1개의 뉴런이다.
- 표 (가)는 $d_2$에 역치 이상의 자극 I을 주고 경과된 시간이 4 ms일 때 $d_1 \sim d_4$에서의 막전위를, (나)는 $d_3$에 역치 이상의 자극 II를 주고 경과된 시간이 4 ms일 때 $d_1 \sim d_4$에서의 막전위를 나타낸 것이다. A에서 활동 전위가 발생하였을 때, 각 지점에서의 막전위 변화는 그림과 같다.

| 지점 | $d_1$ | $d_2$ | $d_3$ | $d_4$ |
|---|---|---|---|---|
| (가) 막전위(mV) | −80 | ?−70 | ?0 | −60 |

| 지점 | $d_1$ | $d_2$ | $d_3$ | $d_4$ |
|---|---|---|---|---|
| (나) 막전위(mV) | −60 | 0 | ?−70 | ?−80 |

이에 대한 설명으로 옳은 것만을 〈보기〉에서 있는 대로 고른 것은? (단, I과 II에 의해 흥분의 전도는 각각 1회 일어났고, 휴지 전위는 −70 mV이다.) [3점]

보기
ㄱ. ⓒ이 ⓐ보다 크다. (작다)
ㄴ. A의 흥분 전도 속도는 1 cm/ms이다. $\dfrac{1 \text{ cm}}{4 \text{ ms} - 3 \text{ ms}} = 1 \text{ cm/ms}$
ㄷ. $d_1$에 역치 이상의 자극을 주고 경과된 시간이 5 ms일 때 $d_4$에서 탈분극이 일어나고 있다. 막전위: −60 mV

① ㄱ    ② ㄴ    ③ ㄷ    ④ ㄱ, ㄴ    ⑤ ㄴ, ㄷ

---

✓ **자료 해석**

- $d_2$에 역치 이상의 자극 I을 주고 경과된 시간이 4 ms일 때 $d_1$에서의 막전위가 −80 mV이므로 A의 흥분 전도 속도는 1 cm/ms이다.
- $d_1 \sim d_4$에서의 막전위는 표와 같다.

| 구분 | 4 ms일 때 막전위(mV) | | | |
|---|---|---|---|---|
| | $d_1$ | $d_2$ | $d_3$ | $d_4$ |
| $d_2$에 자극 I을 주었을 경우 | −80 | −70 | 0 | −60 |
| $d_3$에 자극 II를 주었을 경우 | −60 | 0 | −70 | −80 |

○ **보기 풀이**

ㄴ. $d_2$에 역치 이상의 자극 I을 주고 경과된 시간이 4 ms일 때 $d_1$에서의 막전위가 −80 mV이므로 $d_2$에서 $d_1$까지(1 cm) 흥분이 이동하는 데 걸리는 시간이 1 ms(4 ms−3 ms)이다. 따라서 A의 흥분 전도 속도는 1 cm/ms이다.

ㄷ. $d_1$에서 $d_4$까지(4 cm) 흥분이 이동하는 데 걸리는 시간이 4 ms이므로 $d_1$에 역치 이상의 자극을 주고 경과된 시간이 5 ms일 때 $d_4$에서의 막전위는 1 ms(5 ms−4 ms)일 때의 막전위인 −60 mV이다. 따라서 $d_4$에서 탈분극이 일어나고 있다.

✗ **매력적 오답**

ㄱ. $d_2$에 역치 이상의 자극 I을 주고 경과된 시간이 4 ms일 때 $d_4$에서의 막전위가 −60 mV이므로 $d_2$에서 $d_4$까지 흥분이 이동하는 데 걸리는 시간이 3 ms(4 ms−1 ms)이다. 따라서 A의 흥분 전도 속도는 1 cm/ms이므로 ⓐ+ⓒ=3 cm이다. $d_3$에 역치 이상의 자극 II를 주고 경과된 시간이 4 ms일 때 $d_2$에서의 막전위가 0 mV이므로 $d_3$에서 $d_2$까지 흥분이 이동하는 데 걸리는 시간이 2 ms(4 ms−2 ms)이다. 따라서 ⓐ은 2 cm, ⓒ은 1 cm이므로 ⓒ은 ⓐ보다 작다.

**문제풀이 Tip**

흥분의 전도 속도

$= \dfrac{\text{두 지점 사이의 거리(cm)}}{\text{두 지점 사이를 흥분이 전도되는 데 걸린 시간(ms)}}$ 임을 알아둔다. (가)의 막전위를 통해 ⓐ+ⓒ의 길이를 파악하고 (나)의 막전위를 통해 ⓒ의 길이를 파악하는 것이 중요하다.

# 8 흥분의 전도와 전달

**출제 의도** 흥분 이동에 대한 자료를 분석하여 특정 지점에서의 막전위를 유추할 수 있는지 묻는 문항이다.

다음은 민말이집 신경 A와 B의 흥분 전도와 전달에 대한 자료이다.

• 그림은 A와 B에서 지점 $d_1 \sim d_4$의 위치를, 표는 ㉠$d_2$에 역치 이상의 자극을 1회 주고 경과된 시간이 4 ms와 ⓐms$_6$ 일 때 $d_3$과 $d_4$의 막전위를 나타낸 것이다.

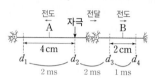

| 시간 (ms) | 막전위(mV) | |
|---|---|---|
| | $d_3$ | $d_4$ |
| 4 | +30 | ? −60 |
| ⓐ 6 | ? −70 | −80 |

• A와 B의 흥분 전도 속도는 각각 2 cm/ms이다.

• A와 B 각각에서 활동 전위가 발생했을 때, 각 지점의 막전위 변화는 그림과 같다.

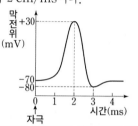

이에 대한 옳은 설명만을 〈보기〉에서 있는 대로 고른 것은? (단, A와 B에서 흥분의 전도는 각각 1회 일어났고, 휴지 전위는 −70 mV이다.) [3점]

〈보기〉

ㄱ. ⓐ는 6이다.
  5 ms−3 ms($d_2 \sim d_4$ 걸린 시간)
  =2 ms일 때의 막전위: +30 mV

ㄴ. ㉠이 5 ms일 때 $d_4$의 막전위는 +30 mV이다.

ㄷ. ㉠이 3 ms일 때 $d_1$과 $d_3$에서 모두 탈분극이 일어나고 있다.
  약 −60 mV    약 −60 mV

① ㄱ  ② ㄷ  ③ ㄱ, ㄴ  ④ ㄴ, ㄷ  ⑤ ㄱ, ㄴ, ㄷ

---

✔ **자료 해석**

• ㉠이 4 ms일 때 $d_3$의 막전위가 +30 mV이므로 흥분이 $d_2$에서 $d_3$까지 이동하는 데 걸린 시간은 2 ms이며, $d_3$과 $d_4$ 사이 거리가 2 cm이므로 흥분이 $d_2$에서 $d_4$까지 이동하는 데 걸린 시간은 3 ms이다.

• 흥분이 $d_2$에서 $d_1$까지 이동하는 데 걸린 시간은 $\dfrac{4\ cm}{2\ cm/ms} = 2$ ms이다.

○ **보기 풀이** ㄱ. ㉠이 ⓐms일 때 $d_4$의 막전위가 −80 mV인데, ⓐ는 $d_2$에서 $d_4$까지 이동하는 데 걸린 시간인 3 ms와 막전위가 −80 mV일 때의 시간인 3 ms를 합한 값이므로 6이다.

ㄴ. 흥분이 $d_2$에서 $d_4$까지 이동하는 데 걸린 시간은 3 ms이므로 ㉠이 5 ms일 때 $d_4$의 막전위는 2 ms(5 ms−3 ms)일 때의 막전위인 +30 mV이다.

ㄷ. 흥분이 $d_2$에서 $d_1$까지 이동하는 데 걸린 시간은 2 ms이므로 ㉠이 3 ms일 때 $d_1$의 막전위는 1 ms(3 ms−2 ms)일 때의 막전위인 약 −60 mV이며, 이때 탈분극이 일어나고 있다. 흥분이 $d_2$에서 $d_3$까지 이동하는 데 걸린 시간은 2 ms이므로 ㉠이 3 ms일 때 $d_3$의 막전위는 1 ms(3 ms−2 ms)일 때의 막전위인 약 −60 mV이며, 이때 탈분극이 일어나고 있다.

**문제풀이 Tip**

흥분의 전도는 탈분극 → 재분극 → 분극 순으로 일어난다. 흥분의 전달에 걸리는 시간인 $d_2$에서 $d_3$까지 이동하는 데 걸린 시간이 4 ms−2 ms(+30 mV일 때의 시간)=2 ms임을 파악하는 것이 중요하다.

**9** 흥분의 전도

출제 의도 흥분 전도에 대한 자료를 분석하여 특정 지점에서의 막전위를 유추할 수 있는지 묻는 문항이다.

**다음은 민말이집 신경 A와 B의 흥분 전도에 대한 자료이다.**

- 그림은 A와 B의 지점 $d_1$과 $d_2$의 위치를, 표는 A의 $d_1$과 B의 $d_2$에 역치 이상의 자극을 동시에 1회 준 후 시점 $t_1$과 $t_2$일 때 A와 B의 I과 II에서의 막전위를 나타낸 것이다. I과 II는 각각 $d_1$과 $d_2$ 중 하나이고, ㉠과 ㉡은 각각 −10과 +20 중 하나이다. $t_2$는 $t_1$ 이후의 시점이다.

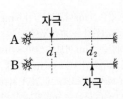

| 시점 | 막전위(mV) | | | |
|---|---|---|---|---|
| | A의 I $d_2$ | A의 II $d_1$ | B의 I $d_2$ | B의 II $d_1$ |
| $t_1$ | ㉠ −10 | −70 | ? −70 | ㉡ +20 |
| $t_2$ | ㉡ +20 | ? −80 | −80 | ㉠ −10 |

막전위가 같다.
→ 자극을 준 지점이다.
탈분극      재분극

- 흥분 전도 속도는 B가 A보다 빠르다.
- A와 B 각각에서 활동 전위가 발생하였을 때, 각 지점에서의 막전위 변화는 그림과 같다.

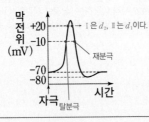

I은 $d_2$, II는 $d_1$이다.

**이에 대한 옳은 설명만을 〈보기〉에서 있는 대로 고른 것은? (단, A와 B에서 흥분 전도는 각각 1회 일어났고, 휴지 전위는 −70 mV이다.) [3점]**

보기
ㄱ. I은 $d_1$이다. ~~$d_2$~~
ㄴ. ㉡은 +20이다. ㉠은 −10이다.
ㄷ. $t_1$일 때 A의 $d_2$에서 탈분극이 일어나고 있다. $t_1$일 때 B의 $d_1$(막전위: −10 mV)에서 재분극이 일어나고 있다.
막전위: −10 mV

① ㄱ    ② ㄴ    ③ ㄷ    ④ ㄱ, ㄴ    ⑤ ㄴ, ㄷ

---

✓ 자료 해석

- 자극을 준 두 지점은 두 시점에서 막전위가 같으므로 I은 $d_2$, II는 $d_1$이다.
- ㉠은 −10, ㉡은 +20이다.

○ 보기 풀이  ㄴ. ㉠은 +20, ㉡은 −10이라고 가정하면 $t_2$일 때 B의 II($d_1$)의 막전위는 +20(㉠)이고 $t_1$일 때 B의 II($d_1$)의 막전위는 −10(㉡)인데 $t_2$는 $t_1$ 이후의 시점이므로 $t_1$일 때 B의 II($d_1$)의 막전위는 탈분극 상태이어야 한다. 그런데 $t_1$일 때 A의 I($d_2$)의 막전위는 +20(㉠)이므로 흥분 전도 속도가 A가 B보다 빠르게 된다. 이는 조건에 맞지 않으므로 ㉠은 −10, ㉡은 +20이다.
ㄷ. A의 $d_2$(I)보다 B의 $d_1$(II)에서 먼저 활동 전위가 발생하였으므로 $t_1$일 때 A의 $d_2$(I)에서 탈분극이 일어나고 있다.

✕ 매력적 오답  ㄱ. I을 $d_1$, II를 $d_2$라고 가정하면 자극을 준 두 지점은 두 시점에서 막전위가 같으므로 A의 I의 막전위와 B의 II의 막전위가 같아야 한다. 그런데 $t_1$일 때 A의 I의 막전위는 ㉠이고 B의 II의 막전위는 ㉡이므로 조건에 맞지 않는다. 따라서 I은 $d_2$, II는 $d_1$이다.

문제풀이 **Tip**

자극을 준 두 지점은 두 시점에서 막전위가 같다는 것을 통해 I과 II의 지점을 파악하며, 탈분극 시에는 +20 mV가 −10 mV보다 먼저 흥분이 전도된 상태이고 재분극 시에는 −10 mV가 +20 mV보다 먼저 흥분이 전도된 상태임을 알고 자료를 해석해야 한다.

출제의도 흥분 이동에 대한 자료를 분석하여 흥분 전도 속도와 특정 지점에서의 막전위를 유추할 수 있는지 묻는 문항이다.

## 다음은 민말이집 신경 A와 B의 흥분 이동에 대한 자료이다.

- 그림은 민말이집 신경 A와 B에서 지점 $d_1 \sim d_4$의 위치를, 표는 $d_1$에 역치 이상의 자극을 1회 주고 경과된 시간이 각각 11 ms, ⓐ ms일 때, $d_3$와 $d_4$에서 측정한 막전위를 나타낸 것이다.

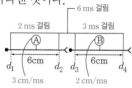

| 시간 (ms) | 막전위(mV) | |
|---|---|---|
| | $d_3$ | $d_4$ |
| 11 | −80 | ? −70 |
| ⓐ 13 | ? −70 | +30 |

- ㉠ $d_2$에 역치 이상의 자극을 1회 주고 경과된 시간이 8 ms일 때 $d_3$의 막전위는 +30 mV이다. <br> 흥분이 $d_2$에서 $d_3$까지 도달하는 데 걸리는 시간 : 8 ms − 2 ms = 6 ms
- B의 흥분 전도 속도는 2 cm/ms이다.
- A와 B의 $d_1 \sim d_4$에서 활동 전위가 발생하였을 때, 각 지점에서의 막전위 변화는 그림과 같다. 휴지 전위는 −70 mV 이다.

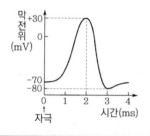

이에 대한 설명으로 옳은 것만을 〈보기〉에서 있는 대로 고른 것은? (단, $d_1$과 $d_2$에 준 자극에 의해 A와 B에서 흥분의 전도는 각각 1회 일어났고, 제시된 조건 이외의 다른 조건은 동일하다.) [3점]

보기
ㄱ. ⓐ는 ~~15~~ 13 이다.
ㄴ. A의 흥분 전도 속도는 3 cm/ms이다. <br> = 6 cm/2 ms
ㄷ. ㉠이 10 ms일 때 $d_4$에서 탈분극이 일어나고 있다. <br> 흥분이 $d_2$에서 $d_4$까지 도달하는 데 걸리는 시간 : 9 ms <br> 10 ms − 9 ms = 1 ms, 1 ms일 때의 막전위(탈분극)

① ㄱ   ② ㄴ   ③ ㄷ   ④ ㄱ, ㄴ   ⑤ ㄴ, ㄷ

---

✓ 자료 해석

- A의 흥분 전도 속도는 3 cm/ms이다.
- 흥분이 $d_1$에서 $d_2$까지 도달하는 데 걸리는 시간은 2 ms, $d_2$에서 $d_3$까지 도달하는 데 걸리는 시간은 6 ms, $d_3$에서 $d_4$까지 도달하는 데 걸리는 시간은 3 ms이다.
- ⓐ는 $d_1$에서 $d_4$까지 도달하는 데 걸리는 시간 11(ms)+막전위가 +30 mV가 되는 데 걸리는 시간 2(ms)=13이다.

○ 보기풀이 ㄴ. $d_1$에 역치 이상의 자극을 1회 주고 경과된 시간이 11 ms일 때 $d_3$에서 막전위가 −80 mV이므로 흥분이 $d_1$에서 $d_3$까지 도달하는 데 걸리는 시간은 8(=11−3) ms이다.

$d_2$에 역치 이상의 자극을 1회 주고 경과된 시간이 8 ms일 때 $d_3$의 막전위는 +30 mV이므로 흥분이 $d_2$에서 $d_3$까지 도달하는 데 걸리는 시간은 6(=8−2) ms이다. 따라서 흥분이 $d_1$에서 $d_2$까지 도달하는 데 걸리는 시간은 2(=8−6) ms이다. $d_1$과 $d_2$ 사이의 거리가 6 cm이고 흥분이 $d_1$에서 $d_2$까지 도달하는 데 걸리는 시간은 2(=8−6) ms이므로 A의 흥분 전도 속도는 3 cm/ms($=\frac{6 \text{ cm}}{2 \text{ ms}}$)이다.

B의 흥분 전도 속도가 2 cm/ms이므로 B에서 흥분이 $d_3$에서 $d_4$까지 도달하는 데 걸리는 시간은 3 ms($=\frac{6 \text{ cm}}{2 \text{ cm/ms}}$)이다.

종합하면 흥분이 $d_1$에서 $d_4$까지 도달하는 데 11(=2+6+3) ms가 걸린다. $d_4$에 흥분이 도달한 후 막전위가 +30 mV가 되는 데 2 ms가 걸리므로 ⓐ는 13(=11+2)이다.

ㄷ. 흥분이 $d_2$에서 $d_4$까지 도달하는 데 걸리는 시간이 9(=6+3) ms이다. 따라서 ㉠이 10 ms일 때 $d_4$의 막전위는 흥분이 도달한 후 1 ms가 경과하였을 때의 막전위이므로 $d_4$에서는 탈분극이 일어나고 있다.

✗ 매력적 오답 ㄱ. ⓐ는 13이다.

문제풀이 **Tip**

$d_1$에 역치 이상의 자극을 1회 주고 경과된 시간이 11 ms일 때 $d_3$에서의 막전위를 통해 흥분이 $d_1$에서 $d_3$까지 도달하는 데 걸리는 시간을 파악하고 ㉠이 8 ms일 때 $d_3$의 막전위를 통해 흥분이 $d_2$에서 $d_3$까지 도달하는 데 걸리는 시간을 파악하면 A의 흥분 전도 속도와 흥분이 $d_1$에서 $d_4$까지 도달하는 데 걸리는 시간을 알 수 있다.

# 11 흥분의 전도

2022년 4월 교육청 12번 | 정답 ② | 문제편 45 p

출제의도 흥분 전도에 대한 자료를 분석하여 자극을 준 지점과 특정 지점에서의 막전위를 유추할 수 있는지 묻는 문항이다.

**다음은 민말이집 신경 (가)와 (나)의 흥분 전도에 대한 자료이다.**

- 그림은 (가)와 (나)의 지점 $d_1$~$d_5$의 위치를, 표는 ⓐ (가)와 (나)의 지점 X에 역치 이상의 자극을 동시에 1회 주고 경과된 시간이 4 ms일 때 $d_2$, A, B에서의 막전위를 나타낸 것이다. X는 $d_1$과 $d_5$ 중 하나이고, A와 B는 $d_3$과 $d_4$를 순서 없이 나타낸 것이다. ㉠~㉢은 0, −70, −80을 순서 없이 나타낸 것이다.

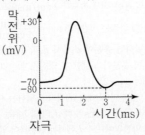

| 신경 | 4 ms일 때 막전위(mV) | | |
|---|---|---|---|
| | $d_2$ | A $d_4$ | B $d_3$ |
| (가) | ㉠ −80 | ㉡ −70 | ㉢ 0 |
| (나) | ㉡ −70 | ㉢ 0 | ㉠ −80 |

- 흥분 전도 속도는 (나)에서가 (가)에서의 2배이다.
- (가)와 (나) 각각에서 활동 전위가 발생하였을 때, 각 지점에서의 막전위 변화는 그림과 같다.

이에 대한 설명으로 옳은 것만을 〈보기〉에서 있는 대로 고른 것은? (단, (가)와 (나)에서 흥분의 전도는 각각 1회 일어났고, 휴지 전위는 −70 mV이다.) [3점]

**보기**

ㄱ. X는 $\cancel{d_5}$이다. $d_1$

ㄴ. ㉠은 −80이다. ㉡은 −70, ㉢은 0이다.

ㄷ. ⓐ가 5 ms일 때 (나)의 B에서 탈분극이 일어나고 있다.
(나)의 $d_3$(B)까지 흥분이 전도되는 데 걸린 시간 : 1 ms
5 ms−1 ms=4 ms, 4 ms일 때의 막전위=−70 mV(분극)

① ㄱ   ② ㄴ   ③ ㄷ   ④ ㄱ, ㄷ   ⑤ ㄴ, ㄷ

---

✔ 자료 해석

- X는 $d_1$, ㉠은 −80, ㉡은 −70, ㉢은 0이다.
- (가)의 A에서 막전위가 ㉡(−70), B에서 막전위가 ㉢(0)이므로 B가 A보다 자극을 준 지점과 더 가까이 있는 지점이다. 따라서 A는 $d_4$, B는 $d_3$이다.
- (가)와 (나)의 X($d_1$)에 역치 이상의 자극을 동시에 1회 주고 경과된 시간이 4 ms일 때 (나)의 B($d_3$)에서 막전위가 ㉠(−80)이므로 X($d_1$)에서 B($d_3$)까지 흥분이 전도되는 데 걸리는 시간은 1(=4−3) ms이다. 따라서 (나)에서의 흥분 전도 속도는 2 cm/ms이고 (가)에서의 흥분 전도 속도는 1 cm/ms이다.

○ 보기 풀이 ㄴ. X가 $d_5$라면 $d_2$에서 (가)가 ㉠, (나)가 ㉡이며, 흥분이 먼저 도달한 (나)의 B($d_3$)에서의 막전위가 ㉠이 되어야 하는데, (나)에서가 (가)에서보다 흥분 전도 속도가 더 빠르므로 이는 성립할 수 없다. 따라서 X는 $d_1$이다. ㉠이 −70이라면 (가)의 $d_2$에서 흥분이 지나가 분극 상태이므로 흥분 전도 속도가 빠른 (나)의 $d_2$에서도 −70 mV이어야 하는데, 이는 조건에 맞지 않다. ㉠이 0이라면 흥분 전도 속도가 빠른 (나)의 $d_2$에서의 막전위는 −80(㉡)mV이며, 이 경우 (가)의 A($d_4$)에서의 막전위가 −80(㉡)이어야 하는데, 자극을 준 지점($d_1$)에서 $d_2$보다 거리에 있는 A($d_4$)에서 0 mV보다 더 흥분이 전도된 상태인 −80 mV가 될 수 없으므로 이 또한 조건에 맞지 않다. 따라서 ㉠은 −80이다. (가)의 $d_2$에서 막전위가 −80(㉠)mV이므로 흥분 전도 속도가 빠른 (나)의 $d_2$에서 막전위는 0 mV가 될 수 없다. 따라서 ㉡은 −70이며, 나머지 ㉢은 0이다.

✕ 매력적 오답 ㄱ. X는 $d_1$이다.
ㄷ. (나)에서 $d_1$에 역치 이상의 자극을 1회 주고 B($d_3$)까지 흥분이 전도되는 데 걸리는 시간이 1 ms이다. 따라서 ⓐ가 5 ms일 때 (나)의 B($d_3$)에서 막전위는 흥분이 도달한 후 4 ms가 경과하였을 때의 막전위인 −70 mV이며, 이때 (나)의 B($d_3$)는 분극 상태이다.

**문제풀이 Tip**

활동 전위에서 막전위 변화는 −70 mV → 0 mV → −80 mV → −70 mV 순임을 알면 자극을 준 지점과 ㉠~㉢을 빨리 파악할 수 있다.

# 12 흥분의 전도

출제 의도 흥분 전도에 대한 자료를 분석하여 자극을 주고 경과된 시간과 신경의 흥분 전도 속도를 유추할 수 있는지 묻는 문항이다.

**다음은 민말이집 신경 A와 B의 흥분 전도에 대한 자료이다.**

- 그림은 A와 B의 지점 $d_1 \sim d_3$의 위치를, 표는 ㉠A와 B의 $d_1$에 역치 이상의 자극을 동시에 1회 주고 경과된 시간이 I~III일 때 A의 $d_2$에서의 막전위를 나타낸 것이다. I~III은 각각 3 ms, 4 ms, 5 ms 중 하나이다.

| 시간 | I 4 | II 3 | III 5 |
|---|---|---|---|
| 막전위(mV) | −80 | +30 | −70 |

- 흥분 전도 속도는 A가 B의 2배이다. ⟶ 2 cm/ms / 1 cm/ms

- A와 B 각각에서 활동 전위가 발생하였을 때, 각 지점에서의 막전위 변화는 그림과 같다.

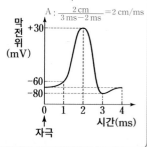

$A : \dfrac{2\,cm}{3\,ms - 2\,ms} = 2\,cm/ms$

이에 대한 옳은 설명만을 〈보기〉에서 있는 대로 고른 것은? (단, A와 B에서 흥분의 전도는 각각 1회 일어났고, 휴지 전위는 −70 mV 이다.) [3점]

**보기**

ㄱ. III은 4 ms이다. 5

ㄴ. B의 흥분 전도 속도는 1 cm/ms이다. A의 흥분 전도 속도 : 2 cm/ms

ㄷ. ㉠이 5 ms일 때 B의 $d_3$에서 탈분극이 일어나고 있다.
흥분이 B의 $d_1$에서 $d_3$까지 도달하는 데 걸리는 시간 : 4 ms
5 ms − 4 ms = 1 ms, 1 ms일 때의 막전위 = −60 mV(탈분극)

① ㄱ  ② ㄴ  ③ ㄱ, ㄷ  ④ ㄴ, ㄷ  ⑤ ㄱ, ㄴ, ㄷ

✓ **자료 해석**

- I은 4 ms, II는 3 ms, III은 5 ms이다.
- A에서 $d_1$으로부터 $d_2$까지 흥분이 전도되는 데 걸린 시간은 1 ms이므로 흥분 전도 속도는 A가 2 cm/ms, B가 1 cm/ms이다.

○ **보기 풀이** ㄴ. A의 $d_1$에서 $d_2$까지의 거리가 2 cm이고 A의 $d_1$에서 $d_2$까지 흥분이 전도되는 데 걸린 시간은 1 ms이므로 A의 흥분 전도 속도는 2 cm/ms 이다. 흥분 전도 속도는 A가 B의 2배라고 하였으므로 B의 흥분 전도 속도는 1 cm/ms이다.

ㄷ. B의 흥분 전도 속도는 1 cm/ms이므로 B의 $d_1$에서 $d_3$까지 흥분이 전도되는 데 걸리는 시간은 4 ms이다. 따라서 ㉠이 5 ms일 때 B의 $d_3$에서는 흥분이 도달하고 1 ms가 지난 후이므로 탈분극이 일어나고 있다.

✕ **매력적 오답** ㄱ. 활동 전위에서 막전위 변화는 +30 mV → −80 mV → −70 mV 순이므로 I은 4 ms, II는 3 ms, III은 5 ms이다.

**문제풀이 Tip**

흥분의 전도는 탈분극 → 재분극 → 분극 순으로 일어나며, 흥분 전도 속도는 $\dfrac{\text{두 지점 사이의 거리(cm)}}{\text{두 지점 사이를 흥분이 전도되는 데 걸린 시간(ms)}}$ 임을 알아둔다.

**13** 흥분의 전도와 전달

출제 의도 | 민말이집 신경에서 흥분 전도와 전달이 일어나는 과정에 대해 묻는 문항이다.

**다음은 민말이집 신경 A~C의 흥분 전도와 전달에 대한 자료이다.**

- 그림은 A와 B의 지점 $d_1$으로부터 $d_2 \sim d_5$까지의 거리를, 표는 A와 B의 $d_1$에 역치 이상의 자극을 동시에 1회 주고 경과된 시간이 ⓐms일 때 A의 $d_2$와 $d_5$, B의 $d_2$, C의 $d_3 \sim d_5$에서의 막전위를 나타낸 것이다. $\frac{ⓐ}{5}$는 4와 5 중 하나이다.

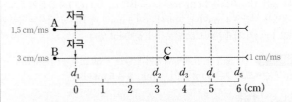

| ⓐms일 때 막전위(mV) | | | | | |
|---|---|---|---|---|---|
| A의 $d_2$ | A의 $d_5$ | B의 $d_2$ | C의 $d_3$ | C의 $d_4$ | C의 $d_5$ |
| −80 | ㉠ −60 | −70 | +30 | ㉡ −60 | −70 |

- A~C의 흥분 전도 속도는 서로 다르며 각각 1 cm/ms, 1.5 cm/ms, 3 cm/ms 중 하나이다.

- A~C 각각에서 활동 전위가 발생했을 때 각 지점에서의 막전위 변화는 그림과 같다.

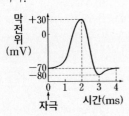

이에 대한 옳은 설명만을 〈보기〉에서 있는 대로 고른 것은? (단, A~C에서 흥분의 전도는 각각 1회 일어났고, 휴지 전위는 −70 mV 이다.) [3점]

보기
ㄱ. ⓐ는 5이다.

ㄴ. ㉠과 ㉡은 같다.
㉠과 ㉡은 모두 탈분극이 시작되고 1 ms가 지난 시점의 막전위이다.

ㄷ. 흥분 전도 속도는 B가 A의 2배이다.
흥분 전도 속도는 A가 1.5 cm/ms, B가 3 cm/ms이다.

① ㄱ   ② ㄷ   ③ ㄱ, ㄴ   ④ ㄴ, ㄷ   ⑤ ㄱ, ㄴ, ㄷ

---

✓ **자료 해석**

- A의 $d_1$에 자극을 주고 경과된 시간이 ⓐms일 때 A의 $d_2$에서의 막전위가 −80 mV이다. −80 mV는 흥분이 전도된 후 경과된 시간이 3 ms일 때의 막전위이므로 ⓐ가 4이며 A의 흥분 전도 속도는 3 cm/ms인 경우와 ⓐ가 5이고 A의 흥분 전도 속도는 1.5 cm/ms인 경우가 가능하다.

- ⓐ가 4이고 A의 흥분 전도 속도가 3 cm/ms라고 하면, B의 흥분 전도 속도와 관계없이 B의 $d_2$에서의 막전위는 −70 mV가 될 수 없다. 따라서 ⓐ는 5이고 A의 흥분 전도 속도는 1.5 cm/ms이다.

- B의 흥분 전도 속도가 1 cm/ms이면 5 ms일 때 B의 $d_2$에서의 막전위는 +30 mV이어야 하는데, 이는 주어진 자료와 맞지 않으므로 B의 흥분 전도 속도는 3 cm/ms이고, C의 흥분 전도 속도는 1 cm/ms이다.

- 5 ms일 때 C의 $d_3$에서의 막전위는 +30 mV이다. +30 mV는 흥분이 전도된 후 경과된 시간이 2 ms일 때의 막전위이므로, B의 $d_2$에서 C의 $d_3$까지 흥분이 전달되는 데 2 ms가 소요됨을 알 수 있다. 따라서 5 ms일 때 C의 $d_4$에서는 탈분극이 일어나고 있으며, ㉡은 자극이 주어진 후 1 ms가 지났을 때의 막전위와 같다.

- A의 흥분 전도 속도는 1.5 cm/ms이므로 자극을 주고 경과된 시간이 5 ms일 때 A의 $d_5$에서는 탈분극이 일어나고 있으며, ㉠은 자극이 주어진 후 1 ms가 지났을 때의 막전위와 같다.

🔾 **보기 풀이** ㄱ, ㄷ. 경과된 시간이 ⓐms일 때 A의 $d_2$에서 측정한 막전위가 −80 mV인데, A의 흥분 전도 속도가 1 cm/ms라면 ⓐ는 6이 되므로 모순된다. 따라서 A의 흥분 전도 속도는 1.5 cm/ms와 3 cm/ms 중 하나이다. A의 흥분 전도 속도가 3 cm/ms라면 A의 $d_2$에서 측정한 막전위가 −80 mV이므로 ⓐ는 4가 되며, 이때 B의 흥분 전도 속도가 1 cm/ms인 경우와 B의 흥분 전도 속도가 1.5 cm/ms인 경우 모두 B의 $d_2$에서 측정한 막전위가 −70 mV가 나올 수 없다. 따라서 A의 흥분 전도 속도는 1.5 cm/ms이며, ⓐ는 5이다. B의 흥분 전도 속도는 3 cm/ms, C의 흥분 전도 속도는 1 cm/ms이다.
ㄴ. ㉠과 ㉡은 모두 탈분극이 시작되고 1 ms가 지난 시점의 막전위(−60 mV)이다.

**문제풀이 Tip**

흥분 전도와 전달에 관한 문항으로, ⓐms일 때 측정한 막전위(mV) 값을 이용하여 A~C의 흥분 전도 속도와 각 지점에서의 막전위 값을 구할 수 있어야 한다. 흥분의 전도에 관한 문항은 준킬러 문항으로 자주 출제되고 있으므로 기출 문제를 통해 문제 해결력을 높이는 노력이 필요하다. 따라서 풀이 과정을 꼼꼼하게 정리하여 유사 문항에 대해 대비해 두도록 하자.

# 14 흥분의 전도

출제 의도 민말이집 신경에 자극이 주어졌을 때의 흥분 전도에 대해 묻는 문항이다.

다음은 민말이집 신경 A의 흥분 전도에 대한 자료이다.

- 그림은 A의 지점 $d_1 \sim d_4$의 위치를, 표는 ㉠ $d_1 \sim d_4$ 중 한 지점에 역치 이상의 자극을 1회 주고 경과된 시간이 2~5 ms일 때 A의 어느 한 지점에서 측정한 막전위를 나타낸 것이다. Ⅰ~Ⅳ는 $d_1 \sim d_4$를 순서 없이 나타낸 것이다.

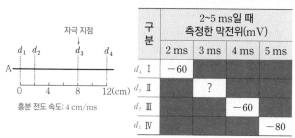

흥분 전도 속도: 4 cm/ms

| 구분 | 2~5 ms일 때 측정한 막전위(mV) | | | |
|---|---|---|---|---|
| | 2 ms | 3 ms | 4 ms | 5 ms |
| $d_4$ Ⅰ | −60 | | | |
| $d_3$ Ⅱ | | ? | | |
| $d_2$ Ⅲ | | | −60 | |
| $d_1$ Ⅳ | | | | −80 |

- A에서 활동 전위가 발생하였을 때, 각 지점에서의 막전위 변화는 그림과 같다.

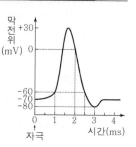

이 자료에 대한 설명으로 옳은 것만을 〈보기〉에서 있는 대로 고른 것은? (단, A에서 흥분의 전도는 1회 일어났고, 휴지 전위는 −70 mV이다.) [3점]

보기
ㄱ. Ⅳ는 $d_1$이다. Ⅰ은 $d_4$, Ⅱ는 $d_3$, Ⅲ은 $d_2$, Ⅳ는 $d_1$이다.

ㄴ. A의 흥분 전도 속도는 2 cm/ms이다.
A의 흥분 전도 속도는 4 cm/ms이다.

ㄷ. ㉠이 3 ms일 때 $d_4$에서 재분극이 일어나고 있다.
㉠이 3 ms일 때 $d_4$에서의 막전위는 0 mV이며, 재분극이 일어나고 있다.

① ㄱ    ② ㄴ    ③ ㄱ, ㄷ    ④ ㄴ, ㄷ    ⑤ ㄱ, ㄴ, ㄷ

✔ 자료 해석

- 자극을 준 지점에서의 막전위는 자극을 주고 경과된 시간이 2 ms일 때 0 mV, 4 ms일 때 −70 mV, 5 ms일 때 −70 mV이며, 이는 표에 해당하는 값이 없으므로 자극을 준 지점은 Ⅱ이다.
- 그림에서 −60 mV는 흥분이 전도된 후 경과된 시간이 1 ms 또는 2.5 ms일 때의 막전위이며, −80 mV는 3 ms일 때의 막전위이다. 즉 Ⅰ에서 2 ms일 때 측정한 막전위가 −60 mV라는 것은 이 지점에 흥분이 전도되는 데 걸린 시간이 1 ms라는 것을 말한다. 마찬가지로 Ⅲ에 흥분이 전도되는 데 걸린 시간은 3 ms이거나 1.5 ms이며, Ⅳ에 흥분이 전도되는 데 걸린 시간은 2 ms이다. 따라서 Ⅱ에서 가장 가까운 거리에 있는 지점은 Ⅰ이다.
- Ⅱ가 $d_1$, Ⅰ이 $d_2$ 또는 Ⅱ가 $d_2$, Ⅰ이 $d_1$이면, A의 흥분 전도 속도는 2 cm/ms이며 $d_4$에서 5 ms일 때의 막전위는 −70 mV이어야 하는데 이는 문제의 조건과 맞지 않다. Ⅱ가 $d_4$, Ⅰ이 $d_3$이면, 흥분 전도 속도는 4 cm/ms이며 5 ms일 때 $d_1$에서의 막전위는 0 mV, $d_2$에서의 막전위는 −60 mV이어야 하는데 이는 문제의 조건과 맞지 않다. 따라서 Ⅱ는 $d_3$이고 Ⅰ은 $d_4$, 흥분 전도 속도는 4 cm/ms이며, Ⅲ은 $d_2$, Ⅳ는 $d_1$이다.
- $d_3$(Ⅱ)에 역치 이상의 자극을 1회 주고 경과된 시간이 3 ms일 때는 $d_4$에 흥분이 전도된 지 2 ms가 지난 시점이므로, 이때 $d_4$에서의 막전위는 0 mV이며, 재분극이 일어나고 있다.

○ 보기 풀이 ㄱ. 자극을 준 지점의 막전위는 자극을 주고 경과된 시간이 2 ms일 때 0 mV, 4 ms일 때 −70 mV, 5 ms일 때 −70 mV이며, 이는 표에 해당하는 값이 없으므로 자극을 준 지점은 Ⅱ이다. 흥분이 Ⅰ에 도달하는 데 걸리는 시간은 1 ms, Ⅲ에 도달하는 데 걸리는 시간은 1.5 ms 또는 3 ms, Ⅳ에 도달하는 데 걸리는 시간은 2 ms이다. 자극을 준 지점에서 각 지점까지 흥분이 도달하는 데 걸리는 시간은 거리에 비례하므로 자극을 준 지점 Ⅱ는 $d_3$이고, Ⅰ은 $d_4$, Ⅲ은 $d_2$, Ⅳ는 $d_1$이다.

ㄷ. ㉠이 3 ms일 때 $d_4$에서의 막전위는 0 mV이며, 재분극이 일어나고 있다.

✗ 매력적 오답 ㄴ. A의 흥분 전도 속도는 4 cm/ms이다.

문제풀이 Tip

흥분 전도에 대한 문항으로, A의 흥분 전도 속도와 2~5 ms일 때 각 지점에서의 막전위 값을 구할 수 있어야 한다. 흥분의 전도에 대한 문항은 수능에서 준킬러 문항으로 출제되는 만큼 관련 문항을 많이 풀어 두어 문제 해결력을 높여야 한다.

## 15 흥분의 전도와 전달

출제의도 민말이집 신경의 한 지점에 자극이 주어졌을 때 축삭 돌기를 통한 흥분 전도에 대해 묻는 문항이다.

**다음은 민말이집 신경 (가)와 (나)의 흥분 전도에 대한 자료이다.**

- 그림은 (가)와 (나)의 지점 $d_1$으로부터 세 지점 $d_2 \sim d_4$까지의 거리를, 표는 ㉠(가)와 (나)의 $d_1$에 역치 이상의 자극을 동시에 1회 주고 경과된 시간이 4 ms일 때 $d_2 \sim d_4$에서의 막전위를 나타낸 것이다.

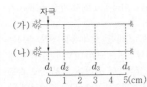

| 신경 | 4 ms일 때 막전위(mV) | | |
|---|---|---|---|
| | $d_2$ | $d_3$ | $d_4$ |
| (가) | −80 | −60 | ⓐ −70 |
| (나) | −70 | −60 | ⓑ |

- (가)와 (나)의 흥분 전도 속도는 각각 1 cm/ms와 2 cm/ms 중 하나이다.

- (가)와 (나) 각각에서 활동 전위가 발생하였을 때, 각 지점에서의 막전위 변화는 그림과 같다.

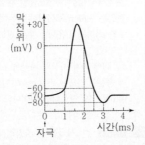

이에 대한 설명으로 옳은 것만을 〈보기〉에서 있는 대로 고른 것은? (단, (가)와 (나)에서 흥분의 전도는 각각 1회 일어났고, 휴지 전위는 −70 mV이다.) [3점]

보기
ㄱ. (가)의 흥분 전도 속도는 1 cm/ms이다.
  (가)의 흥분 전도 속도는 1 cm/ms, (나)의 흥분 전도 속도는 2 cm/ms이다.
ㄴ. ⓐ와 ⓑ는 같다.
  ⓐ는 −70이고, ⓑ는 −70이 아니다.
ㄷ. ㉠이 3 ms일 때 (나)의 $d_3$에서 ~~재분극이~~ 일어나고 있다.
  탈분극이 일어나고 있다.

① ㄱ ② ㄴ ③ ㄱ, ㄷ ④ ㄴ, ㄷ ⑤ ㄱ, ㄴ, ㄷ

### ✓ 자료 해석

- (가)의 $d_2$에서 4 ms일 때의 막전위가 −80 mV인데, 이는 자극이 주어진 후 3 ms가 지났을 때의 막전위이다. 즉 (가)의 $d_1$에서 $d_2$까지 흥분이 전도되는 데 1 ms가 소요되었다는 것이므로, (가)의 흥분 전도 속도는 $\frac{1 \text{ cm}}{1 \text{ ms}}$ =1 cm/ms이다.

- (가)의 흥분 전도 속도가 1 cm/ms이므로 (가)의 $d_1$에 역치 이상의 자극을 주고 4 ms가 경과되었을 때 $d_4$에는 흥분이 전도되지 않았다. 따라서 ⓐ는 −70이다. (나)의 흥분 전도 속도는 2 cm/ms이므로 (나)의 $d_1$에 역치 이상의 자극을 주고 4 ms가 경과되었을 때 $d_4$에는 흥분이 전도된 후 1.5 ms가 경과되었다. 따라서 ㉠이 4 ms일 때 (나)의 $d_4$에서는 탈분극이 일어나고 있으므로, ⓑ는 −70이 아니다.

- (나)의 $d_1$에서 $d_3$까지 흥분이 전도되는 데 1.5 ms가 소요되므로 ㉠이 3 ms일 때 (나)의 $d_3$에는 흥분이 전도된 후 1.5 ms가 경과되었다. 따라서 ㉠이 3 ms일 때 (나)의 $d_3$에서는 탈분극이 일어나고 있다.

○ 보기 풀이 ㄱ. 4 ms일 때 (가)의 $d_2$에서의 막전위가 −80 mV이므로 (가)의 흥분 전도 속도는 1 cm/ms이고, (나)의 흥분 전도 속도는 2 cm/ms이다.

✕ 매력적 오답 ㄴ. ⓐ와 ⓑ는 서로 같지 않다.
ㄷ. ㉠이 3 ms일 때 (나)의 $d_3$에서는 탈분극이 일어나고 있다.

### 문제풀이 Tip

흥분 전도에 대한 문항으로, 두 신경의 흥분 전도 속도와 각 지점에서 막전위 값을 구할 수 있어야 한다. 교과서에 제시된 기본 원리를 아는 것만으로는 해당 문항을 풀이하기 어려우므로 기출 문항을 풀어보면서 문제 해결력을 높이도록 하자.

# 16 흥분 전도

출제 의도 역치 이상의 자극이 주어졌을 때 뉴런에서의 흥분 전도에 대해 묻는 문항이다.

표는 어떤 뉴런의 지점 $d_1$과 $d_2$ 중 한 지점에 역치 이상의 자극을 1회 주고 경과된 시간이 $t_1$, $t_2$, $t_3$일 때 $d_1$과 $d_2$에서의 막전위를, 그림은 $d_1$과 $d_2$에서 활동 전위가 발생하였을 때 각 지점에서의 막전위 변화를 나타낸 것이다. ㉠과 ㉡은 0과 $-38$을 순서 없이 나타낸 것이고, $t_1 < t_2 < t_3$이다.

| 경과된 시간 | 막전위(mV) | |
|---|---|---|
| | $d_1$ | $d_2$ |
| $t_1$ | $-10$ | $-33$ |
| $t_2$ | ㉠$-38$ | ㉡ 0 |
| $t_3$ | $-80$ | $+25$ |

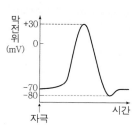

이에 대한 옳은 설명만을 〈보기〉에서 있는 대로 고른 것은? (단, 흥분 전도는 1회 일어났고, 휴지 전위는 $-70$ mV이다.)

보기
ㄱ. 자극을 준 지점은 $d_1$이다.
ㄴ. ~~㉠은 0이다.~~
　　㉠은 $-38$이고, ㉡은 0이다.
ㄷ. ~~$t_2$일 때 $d_2$에서 재분극이 일어나고 있다.~~
　　$t_2$일 때 $d_2$에서 탈분극이 일어나고 있다.

① ㄱ　② ㄴ　③ ㄱ, ㄷ　④ ㄴ, ㄷ　⑤ ㄱ, ㄴ, ㄷ

## ✔ 자료 해석

• $t_3$일 때 $d_1$에서의 막전위는 $-80$ mV이고 $d_2$에서의 막전위는 $+25$ mV이다. 막전위 변화 그래프에서 $-80$ mV는 $+25$ mV에 비해 자극이 주어진 후 시간이 더 경과되었을 때의 막전위이므로, $d_1$에서는 $d_2$에서보다 자극이 주어진 후 더 시간이 흘렸다는 것을 알 수 있다. 즉 자극을 준 지점은 $d_1$이다.

• $t_1 < t_2 < t_3$이며, $d_2$에서 $t_1$일 때의 막전위는 $-33$ mV이고 $t_3$일 때의 막전위는 $+25$ mV이다. $d_2$에서 $t_2$일 때의 막전위가 $-38$ mV라면 이때 $d_2$에서는 재분극이 일어나고 있는 것이므로 $t_3$일 때의 막전위가 $+25$ mV일 수 없다. 따라서 ㉠이 $-38$이고, ㉡이 0이다.

• $t_2 < t_3$이며, $d_2$에서 $t_2$일 때의 막전위가 0 mV이고 $t_3$일 때의 막전위는 $+25$ mV이므로, $t_2$일 때 $d_2$에서는 탈분극이 일어나고 있다.

○ 보기 풀이 ㄱ. $t_3$일 때 $d_1$과 $d_2$에서의 막전위가 각각 $-80$ mV와 $+25$ mV이므로 막전위 변화가 시작되고 경과된 시간은 $d_1$에서가 $d_2$에서보다 더 많이 걸렸다. 따라서 자극을 준 지점은 $d_1$이다.

✗ 매력적 오답 ㄴ. $t_1$일 때 $d_2$에서의 막전위가 $-33$ mV이므로 ㉡이 $-38$이면 $t_3$일 때 $d_2$에서의 막전위는 $+25$ mV일 수 없다. 따라서 ㉠은 $-38$, ㉡은 0이다.

ㄷ. $t_2$일 때 $d_2$에서는 탈분극이 일어나고 있다.

### 문제풀이 Tip

흥분 전도에 대한 문항으로, 자극을 1회 주고 경과된 시간이 $t_1$, $t_2$, $t_3$일 때 $d_1$과 $d_2$에서의 막전위 값을 구할 수 있어야 한다. 흥분의 전도와 관련된 문항은 대부분 어렵게 출제되고 있지만, 종종 쉽게 출제되는 경우도 있다. 따라서 실수 없이 풀이하는 게 중요하며, 비슷한 유형의 기출 문제를 반복하여 풀어두도록 하자.

## 17 흥분의 전도와 전달

출제 의도 ┃ 민말이집 신경 A와 B에서 흥분 이동에 관한 자료를 통해 흥분의 전도와 전달 과정을 파악하는지 확인하는 문항이다.

**다음은 민말이집 신경 A와 B에 대한 자료이다.**

- 그림 (가)는 A와 B에서 지점 $p_1 \sim p_4$의 위치를, (나)는 A와 B 각각에서 활동 전위가 발생했을 때 각 지점에서의 막전위 변화를 나타낸 것이다.

B에서 A로 흥분이 이동하지 않는다.

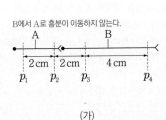

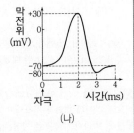

(가)　　　　　　　(나)

- 흥분 전도 속도는 A가 B의 2배이다.
- ⓐ $p_2$에 역치 이상의 자극을 주고 경과된 시간이 4 ms일 때 $p_1$에서의 막전위는 −80 mV이다. <sub>A에서 흥분 전도 속도는 $\frac{2\,\text{cm}}{1\,\text{ms}} = 2\,\text{cm/ms}$이다.</sub>
- $p_2$에 준 자극으로 발생한 흥분이 $p_4$에 도달한 후, ⓑ $p_3$에 역치 이상의 자극을 주고 경과된 시간이 6 ms일 때 $p_4$에서의 막전위는 ⑤ mV이다.

**이에 대한 옳은 설명만을 〈보기〉에서 있는 대로 고른 것은? (단, $p_2$와 $p_3$에 준 자극에 의해 흥분의 전도는 각각 1회 일어났고, 휴지 전위는 −70 mV이다.) [3점]**

┌─ 보기 ─────────────────────────────
ㄱ. ⑤은 +30이다.

ㄴ. ⓐ가 3 ms일 때 $p_3$에서 재분극이 일어나고 있다.
　　<sub>$p_3$에서는 재분극이 일어나지 않는다.</sub>

ㄷ. ⓑ가 5 ms일 때 $p_1$과 $p_4$에서의 막전위는 같다.
　　<sub>$p_1$에서의 막전위는 −70 mV이며, $p_4$에서의 막전위는 약 −60 mV이다.</sub>
└──────────────────────────────────

① ㄱ　② ㄴ　③ ㄱ, ㄴ　④ ㄱ, ㄷ　⑤ ㄴ, ㄷ

---

✔ **자료 해석**

- $p_1$과 $p_2$ 사이의 거리가 2 cm이며, −80 mV는 흥분이 도달한 후 3 ms가 지났을 때의 막전위이므로 $p_2$에서 $p_1$로 흥분이 전도되는 시간은 1 ms이다. 따라서 A에서 흥분 전도 속도는 $\frac{2\,\text{cm}}{1\,\text{ms}} = 2\,\text{cm/ms}$이며, B에서 흥분 전도 속도는 1 cm/ms이다.

🅞 **보기 풀이**　ㄱ. 흥분 전도 속도는 A가 2 cm/ms, B가 1 cm/ms이므로, ⑤은 +30이다.

✖ **매력적 오답**　ㄴ. $p_2$와 $p_3$ 사이에는 시냅스가 존재하므로 $p_2$에 자극을 준 후 흥분이 $p_1$보다 $p_3$에 늦게 도달한다. $p_2$에 역치 이상의 자극을 주고 경과된 시간(ⓐ)이 3 ms일 때 $p_1$에서의 막전위는 +30 mV이므로, 이때 $p_3$에서는 재분극이 일어나지 않는다.

ㄷ. 흥분 이동의 방향성 때문에 $p_3$에 역치 이상의 자극을 주어도 $p_1$에는 흥분이 이동하지 않는다. 따라서 $p_3$에 역치 이상의 자극을 주고 경과된 시간(ⓑ)이 5 ms일 때 $p_1$은 분극 상태로 막전위는 −70 mV이고, $p_4$는 흥분이 도달한 후 1 ms가 지났으므로 $p_4$에서의 막전위는 약 −60 mV이다.

**문제풀이 Tip**

두 신경에서 거리와 막전위 값을 이용하여 각 신경의 흥분 전도 속도와 특정 시점일 때 막전위 값을 유추해 보는 문항이다. 흥분 전도 속도를 구하는 문제는 최근 자주 출제되는 고난도 문항이므로 꼭 관련 유형의 문제를 모두 찾아 풀어두도록 하자.

# 18 흥분의 전도와 전달

출제 의도 두 민말이집 신경에서의 흥분의 전도와 전달 과정을 파악하는지 확인하는 문항이다.

## 다음은 민말이집 신경 (가)와 (나)의 흥분 이동에 대한 자료이다.

• 그림은 (가)와 (나)의 지점 $d_1 \sim d_4$의 위치를, 표는 (가)와 (나)의 ⓐ$d_1$에 역치 이상의 자극을 동시에 1회 주고 경과한 시간이 4 ms일 때 $d_2 \sim d_4$에서 측정한 막전위를 나타낸 것이다. (가)와 (나) 중 한 신경에서만 $d_2 \sim d_4$ 사이에 하나의 시냅스가 있으며, 시냅스 전 뉴런과 시냅스 후 뉴런의 흥분 전도 속도는 서로 같다.

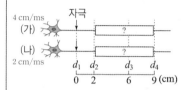

| 신경 | 4 ms일 때 측정한 막전위(mV) | | |
|---|---|---|---|
| | $d_2$ | $d_3$ | $d_4$ |
| (가) | ㉠ | +21 | ? |
| (나) | −80 | ? | ㉡ |

• (가)와 (나)를 구성하는 뉴런의 흥분 전도 속도는 각각 2 cm/ms, 4 cm/ms 중 하나이다.

• (가)와 (나)의 $d_1 \sim d_4$에서 활동 전위가 발생하였을 때, 각 지점에서의 막전위 변화는 그림과 같다. 휴지 전위는 −70 mV이다.

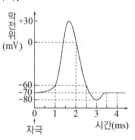

이에 대한 설명으로 옳은 것만을 〈보기〉에서 있는 대로 고른 것은? (단, (가)와 (나)를 구성하는 뉴런에서 흥분의 전도는 각각 1회 일어났고, 제시된 조건 이외의 다른 조건은 동일하다.) [3점]

보기
ㄱ. ㉠과 ㉡은 모두 −70이다.
ㄴ. 시냅스는 (가)의 $d_2$와 $d_3$ 사이에 있다.
  4 ms일 때 (가)의 $d_2$에서의 막전위가 +21 mV이므로 (가)의 $d_2$와 $d_3$ 사이에 시냅스가 있다.
ㄷ. ⓐ가 5 ms일 때 (나)의 $d_3$에서 재분극이 일어나고 있다.
  ⓐ가 5 ms일 때 (나)의 $d_3$에서의 막전위는 0 mV로 재분극이 일어나고 있다.

① ㄱ   ② ㄷ   ③ ㄱ, ㄴ   ④ ㄴ, ㄷ   ⑤ ㄱ, ㄴ, ㄷ

---

✓ 자료 해석

• ⓐ가 4 ms일 때 (나)의 $d_2$에서 측정한 막전위가 −80 mV이므로 (나)의 $d_1$에서 $d_2$까지 자극이 전도되는 데 소요된 시간은 1 ms이며, (나)의 흥분 전도 속도는 2 cm/ms이다. 따라서 (가)의 흥분 전도 속도는 4 cm/ms이다.

• (가)의 $d_2$와 $d$ 사이에 시냅스가 없다면 (가)의 흥분 전도 속도는 4 cm/ms이므로, ⓐ가 4 ms일 때는 $d_3$에 흥분이 도달한 후 2.5 ms가 지난 시점으로 $d_3$에서의 막전위는 −60 mV이어야 한다. 이는 표에서의 막전위 값과 다르므로 (가)의 $d_2$와 $d_3$ 사이에 하나의 시냅스가 있다는 것을 알 수 있다.

○ 보기풀이  ㄱ. (가)를 구성하는 뉴런의 흥분 전도 속도는 4 cm/ms이므로, 4 ms일 때는 (가)의 $d_2$에 흥분이 도달한 후 3.5 ms가 지난 시점이다. 따라서 ㉠은 −70이다. (나)의 흥분 전도 속도는 2 cm/ms이므로, ⓐ가 4 ms일 때는 (나)의 $d_4$에 아직 흥분이 전도되지 않았다. 따라서 ㉡도 −70이다.

ㄴ. ⓐ가 4 ms일 때 (가)의 $d_3$에서 측정한 막전위가 +21 mV이므로, 시냅스는 (가)의 $d_2$와 $d_3$ 사이에 있다.

ㄷ. ⓐ가 5 ms일 때는 (나)의 $d_3$에 흥분이 도달한 후 2 ms가 지난 시점이므로, (나)의 $d_3$에서는 재분극이 일어나고 있으며, 이때 측정한 막전위는 0 mV이다.

문제풀이 Tip

시냅스가 있는 뉴런에서 흥분의 전달과 시냅스가 없는 뉴런에서 흥분의 전도를 묻는 문항이다. 흥분의 전도와 전달에 대한 개념을 묻는 문항도 출제될 수 있으니 공통점과 차이점에 대해 알아두도록 하자.

Part I

교육청

# 19 흥분의 전도

출제 의도 두 신경에서의 흥분 전도 자료를 파악하는지 확인하는 문항이다.

## 다음은 민말이집 신경 A와 B의 흥분 전도에 대한 자료이다.

• 그림 (가)는 A와 B의 지점 $d_1$으로부터 세 지점 $d_2 \sim d_4$까지의 거리를, (나)는 A와 B 각각에서 활동 전위가 발생하였을 때 각 지점에서의 막전위 변화를 나타낸 것이다.

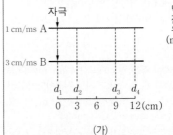

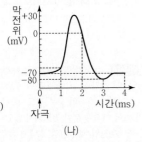

(가)                    (나)

• A와 B의 흥분 전도 속도는 각각 1 cm/ms와 3 cm/ms 중 하나이다.

• 표는 A와 B의 $d_1$에 역치 이상의 자극을 동시에 1회 주고, 경과된 시간이 $t_1$일 때와 $t_2$일 때 $d_2 \sim d_4$에서 측정한 막전위를 나타낸 것이다.

| 신경 | $t_1$일 때 측정한 막전위(mV) 〔5 ms일 때〕 | | | $t_2$일 때 측정한 막전위(mV) 〔6 ms일 때〕 | | |
|---|---|---|---|---|---|---|
| | $d_2$ | $d_3$ | $d_4$ | $d_2$ | $d_3$ | $d_4$ |
| A | ? | −70 | ? −70 | −80 | ? −70 | −70 |
| B | −70 | 0 | −60 | −70 | ? −80 | 0 |

이에 대한 설명으로 옳은 것만을 〈보기〉에서 있는 대로 고른 것은? (단, A와 B에서 흥분의 전도는 각각 1회 일어났고, 휴지 전위는 −70 mV이다.) [3점]

보기
ㄱ. $t_1$은 5 ms이다.
　$t_1$은 5 ms이고, $t_2$는 6 ms이다.
ㄴ. B의 흥분 전도 속도는 ~~1 cm/ms이다.~~
　3 cm/ms이다.
ㄷ. $t_2$일 때 B의 $d_3$에서 ~~탈분극이~~ 일어나고 있다.
　$t_2$일 때 B의 $d_3$에서의 막전위는 −80 mV이므로 재분극이 일어나고 있다.

① ㄱ    ② ㄴ    ③ ㄱ, ㄷ    ④ ㄴ, ㄷ    ⑤ ㄱ, ㄴ, ㄷ

---

✔ 자료 해석

• $t_2$일 때 $d_2$에서 측정한 막전위가 A에서는 −80이고 B에서는 −70이다. 동일한 시점일 때 B의 $d_4$에서 측정한 막전위가 0 mV이므로, 이때 B의 $d_2$에는 흥분이 전도된 상태이다. 즉, A의 흥분 전도 속도보다 B의 흥분 전도 속도가 빠르다는 것을 알 수 있다. 따라서 A의 흥분 전도 속도는 1 cm/ms이며, B의 흥분 전도 속도는 3 cm/ms이다.

• 자극이 주어진 후 3 ms일 때 막전위가 −80 mV이며, 흥분 전도 속도가 1 cm/ms인 A의 $d_2$에서 측정한 막전위가 −80 mV이므로 $t_2$는 6 ms이다. 또한 자극이 주어진 후 2 ms일 때의 막전위가 0 mV이며 흥분 전도 속도가 3 cm/ms인 B의 $d_3$에서 $t_1$일 때 측정한 막전위가 0 mV이므로 $t_1$은 5 ms이다.

○ 보기 풀이  ㄱ. $t_1$일 때 B의 $d_3$에서 측정한 막전위가 0 mV인데, 이는 자극이 전도된 지 2 ms가 지난 시점에서의 막전위 값이다. 즉 B의 흥분 전도 속도는 3 cm/ms이므로 $t_1$은 3+2=5 ms이다.

✕ 매력적 오답  ㄴ. A의 흥분 전도 속도보다 B의 흥분 전도 속도가 빠르므로, A의 흥분 전도 속도는 1 cm/ms이며, B의 흥분 전도 속도는 3 cm/ms이다.
ㄷ. $t_2$는 6 ms이며, B의 흥분 전도 속도는 3 cm/ms이므로, $t_2$(6 ms)일 때 B의 $d_3$에는 흥분이 전도된 지 3 ms가 소요되었다. 따라서 $t_2$(6 ms)일 때 B의 $d_3$에서 재분극이 일어나고 있으며, 이때 막전위는 −80 mV이다.

문제풀이 **Tip**
흥분 전도에 관한 문항은 처음 접할 때는 풀기가 쉽지 않다. 따라서 관련된 기출 문항 중 쉬운 문항부터 차근차근 풀어보도록 하자.

# 20 흥분의 전도

출제 의도 어떤 민말이집 신경에서의 흥분 전도 과정에 대해 파악하는지 확인하는 문항이다.

## 다음은 어떤 민말이집 신경의 흥분 전도에 대한 자료이다.

- 이 신경의 흥분 전도 속도는 2 cm/ms이다.
- 그림 (가)는 이 신경의 지점 $P_1 \sim P_3$ 중 ㉠$P_2$에 역치 이상 의 자극을 1회 주고 경과된 시간이 3 ms일 때 $P_3$에서의 막 전위를, (나)는 $P_1 \sim P_3$에서 활동 전위가 발생하였을 때 각 지점에서의 막전위 변화를 나타낸 것이다.

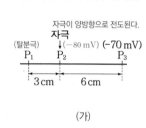

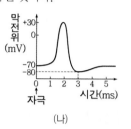

| (가) | (나) |

㉠일 때, 이에 대한 옳은 설명만을 〈보기〉에서 있는 대로 고른 것 은? (단, 이 신경에서 흥분 전도는 1회 일어났다.) [3점]

> **보기**
> ㄱ. $P_1$에서 탈분극이 일어나고 있다.
>    $P_1$에 자극이 전도된 지 1.5 ms가 지났으므로 탈분극이 일어나고 있다.
> ㄴ. $P_2$에서의 막전위는 ~~−70 mV이다.~~
>    −80 mV이다.
> ㄷ. $P_3$에서 $Na^+-K^+$ 펌프를 통해 $K^+$이 세포 밖으로 이동 ~~한다.~~ $Na^+-K^+$ 펌프를 통해 $K^+$이 세포 밖에서 안으로 이동한다.

① ㄱ  ② ㄷ  ③ ㄱ, ㄴ  ④ ㄱ, ㄷ  ⑤ ㄴ, ㄷ

---

✔ **자료 해석**

- 흥분 이동의 방향성 : 흥분은 한 뉴런 내에서 자극을 받은 지점을 중심 으로 양방향으로 전도된다. 따라서 $P_2$에 역치 이상의 자극을 주면 $P_1$과 $P_3$에 모두 자극이 전도된다.
- $Na^+-K^+$ 펌프 : 뉴런의 세포막에 있는 막단백질로 에너지(ATP)를 이용하여 $Na^+$은 3분자씩 세포 안에서 밖으로, $K^+$은 2분자씩 세포 밖 에서 안으로 능동 수송시킨다.

○ **보기 풀이** ㄱ. 이 신경의 흥분 전도 속도는 2 cm/ms이므로, ㉠일 때는 $P_1$ 에 자극이 전도된 지 1.5 ms가 흐른 시점이다. 따라서 ㉠일 때 $P_1$에서 탈분극 이 일어나고 있다.

✗ **매력적 오답** ㄴ. ㉠일 때 $P_2$는 자극을 받은 후 3 ms가 경과되었다. 그래프 에서 자극이 주어진 후 3 ms일 때의 막전위가 −80 mV이므로 ㉠일 때 $P_2$에 서의 막전위는 −80 mV이다.

ㄷ. ㉠일 때 $P_3$에는 자극이 막 도달된 상태이므로 이때 $P_3$에서의 막전위는 −70 mV이다. $Na^+-K^+$ 펌프는 뉴런의 분극 상태를 유지하기 위해 항상 작 동하므로 ㉠일 때 $Na^+-K^+$ 펌프를 통해 $K^+$은 세포 밖에서 안으로 능동 수송 된다.

**문제풀이 Tip**
한 뉴런에서의 흥분 전도에 관한 문항이다. 흥분의 전도 속도 구하는 문항 중 쉬 운 편에 해당하지만, 꼼꼼하게 풀어두도록 하자.

# 02 근수축

## 1 근수축

2024년 10월 교육청 10번 | 정답 ⑤ | 문제편 52p

출제 의도 골격근의 수축 과정이 일어나는 원리에 대해 알고 있는지를 묻는 문항이다.

다음은 골격근의 수축 과정에 대한 자료이다.

---

- 그림은 근육 원섬유 마디 X의 구조를 나타낸 것이다. X는 좌우 대칭이고, $Z_1$과 $Z_2$는 X의 Z선이다.

- 구간 ㉠은 액틴 필라멘트만 있는 부분이고, ㉡은 액틴 필라멘트와 마이오신 필라멘트가 겹치는 부분이며, ㉢은 마이오신 필라멘트만 있는 부분이다.

- 표는 골격근 수축 과정의 두 시점 $t_1$과 $t_2$일 때, 각 시점의 $Z_1$로부터 $Z_2$ 방향으로 거리가 각각 $l_1$, $l_2$, $l_3$인 세 지점이 ㉠~㉢ 중 어느 구간에 해당하는지를 나타낸 것이다. ⓐ~ⓒ는 ㉠~㉢을 순서 없이 나타낸 것이다.

| 거리 | 지점이 해당하는 구간 | |
|---|---|---|
| | $t_1$ 수축 $t_2$ | |
| $l_1$ | ? ⓒ | ⓐ ㉢ |
| $l_2$ | ⓑ ㉠ | ⓒ ㉡ |
| $l_3$ | ⓒ ㉡ | ㉡ |

- $t_1$일 때 ⓐ의 길이는 $4d$이고 X의 길이는 $14d$이며, $t_2$일 때 X의 길이는 $L$이다. $t_1$과 $t_2$일 때 ⓑ의 길이는 각각 $2d$와 $3d$ 중 하나이고, $d$는 0보다 크다.

- $t_1$과 $t_2$일 때 각각 $l_1$~$l_3$은 모두 $\dfrac{\text{X의 길이}}{2}$ 보다 작다.

---

이에 대한 옳은 설명만을 〈보기〉에서 있는 대로 고른 것은? [3점]

┌─ 보기 ─────────────────────────┐
ㄱ. ⓑ는 ㉠이다.

ㄴ. $t_2$일 때 H대의 길이는 $t_1$일 때 ㉡의 길어의 2배이다.
　　　　　　　　　　　　　　　길이와 같다.

ㄷ. $t_2$일 때 $Z_1$로부터 $Z_2$ 방향으로 거리가 $\dfrac{2}{5}L$인 지점은 ㉢에 해당한다.
└──────────────────────────────┘

① ㄱ　② ㄴ　③ ㄷ　④ ㄱ, ㄴ　⑤ ㄱ, ㄷ

---

✔ 자료 해석

- ⓐ는 ㉢, ⓑ는 ㉠, ⓒ는 ㉡이다.
- $t_1$일 때 X의 길이는 $14d$이며, ㉢의 길이가 $4d$이고, $t_1$에서 $t_2$로 될 때 근수축이 일어나므로 ㉠과 ㉡은 각각 $3d$, $2d$이다.
- $t_2$일 때 ㉠~㉢의 길이는 각각 $2d$, $3d$, $2d$이고, X의 길이는 $12d(L)$이다.

| 구분 | ㉠(ⓑ)의 길이 | ㉡(ⓒ)의 길이 | ㉢(ⓐ)의 길이 | X의 길이 |
|---|---|---|---|---|
| $t_1$ | $3d$ | $2d$ | $4d$ | $14d$ |
| $t_2$ | $2d$ | $3d$ | $2d$ | $12d$ |

○ 보기 풀이　ㄱ. ⓑ는 액틴 필라멘트만 있는 부분(㉠)이다.

ㄷ. $t_2$일 때 $Z_1$로부터 $Z_2$ 방향으로 거리가 $\dfrac{2}{5}L(4.8d)$인 지점은 ⓒ(㉡)에 해당한다.

✘ 매력적 오답　ㄴ. $t_2$일 때 H대의 길이는 $2d$이므로 $t_1$일 때 ㉡의 길이($2d$)와 같다.

문제풀이 Tip

근육이 수축했을 때 ㉠ 지점이 ㉡ 지점으로 바뀔 수 있고, 이완할 때는 ㉡ 지점이 ㉠ 지점으로 바뀔 수 있다. $t_1$에서 $t_2$로 수축할 때 지점이 바뀔 수 있는 구간을 먼저 이해하면 문제를 쉽게 풀이할 수 있다.

# 2 골격근의 수축

출제 의도 골격근의 수축 과정에 대한 자료를 분석하여 특정 시점에서의 길이를 유추할 수 있는지 묻는 문항이다.

**다음은 골격근의 수축 과정에 대한 자료이다.**

- 그림은 근육 원섬유 마디 X의 구조를 나타낸 것이다. X는 좌우 대칭이다.

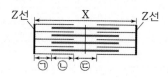

- 구간 ㉠은 액틴 필라멘트만 있는 부분이고, ㉡은 액틴 필라멘트와 마이오신 필라멘트가 겹치는 부분이며, ㉢은 마이오신 필라멘트만 있는 부분이다.
- 골격근 수축 과정의 두 시점 $t_1$과 $t_2$ 중, $t_1$일 때 X의 길이는 3.2 $\mu$m이고, $\dfrac{ⓐ}{ⓑ}$는 $\dfrac{1}{4}$, $\dfrac{ⓐ}{ⓒ}$는 $\dfrac{1}{6}$이다.
- $t_2$일 때 $\dfrac{ⓐ}{ⓑ}$는 $\dfrac{3}{2}$, $\dfrac{ⓑ}{ⓒ}$는 1이다.
- ⓐ~ⓒ는 ㉠~㉢의 길이를 순서 없이 나타낸 것이다.

**이에 대한 설명으로 옳은 것만을 〈보기〉에서 있는 대로 고른 것은?**

〈보기〉
ㄱ. ⓐ는 ~~㉠의 길어이다.~~ ㉡의 길이
ㄴ. $t_2$일 때 H대의 길이는 0.4 $\mu$m이다.
　　$t_1$일 때 H대인 ㉢(ⓒ)의 길이는 0.4 $\mu$m이다.
ㄷ. X의 길이가 2.8 $\mu$m일 때 $\dfrac{ⓒ}{ⓐ}$는 2이다.

① ㄱ　② ㄴ　③ ㄷ　④ ㄱ, ㄴ　⑤ ㄴ, ㄷ

✓ 자료 해석

- $t_1$과 $t_2$일 때 X의 길이, ㉠의 길이, ㉡의 길이, ㉢의 길이는 표와 같다.

| 시점＼길이 | X의 길이 | ㉠(ⓑ)의 길이 | ㉡(ⓐ)의 길이 | ㉢(ⓒ)의 길이 |
|---|---|---|---|---|
| $t_1$ | 3.2 $\mu$m | 0.8 $\mu$m | 0.2 $\mu$m | 1.2 $\mu$m |
| $t_2$ | 2.4 $\mu$m | 0.4 $\mu$m | 0.6 $\mu$m | 0.4 $\mu$m |

〇 보기 풀이　$t_1$일 때 X의 길이가 3.2 $\mu$m, ⓐ : ⓑ : ⓒ=1 : 4 : 6이고, $t_2$일 때 ⓐ : ⓑ : ⓒ=3 : 2 : 2이므로 ⓐ는 $t_1$일 때보다 $t_2$일 때 길이가 더 길어지고, ⓑ와 ⓒ는 각각 $t_1$일 때보다 $t_2$일 때 길이가 더 짧아지므로 ⓐ는 ㉡의 길이이다. ⓑ와 ⓒ는 각각 ㉠과 ㉢ 중 하나인데, $t_1$일 때보다 $t_2$일 때 ㉢의 변화 값이 ⓑ의 변화 값보다 2배 더 크므로 ⓒ가 H대인 ㉢의 길이이고, 나머지 ⓑ가 ㉠의 길이이다. $t_1$일 때 2㉠(ⓑ)+2㉡(ⓐ)+㉢(ⓒ)=3.2 $\mu$m이므로 $8x+2x+6x=3.2$, $x=0.2$이다. 따라서 $t_1$일 때 ㉡(ⓐ)의 길이는 0.2 $\mu$m, ㉠(ⓑ)의 길이는 0.8 $\mu$m, ㉢(ⓒ)의 길이는 1.2 $\mu$m이다.

$t_1$일 때와 $t_2$일 때 ㉠(ⓑ)의 길이+㉡(ⓐ)의 길이는 같으므로 $t_2$일 때 ㉠(ⓑ)의 길이+㉡(ⓐ)의 길이는 1.0 $\mu$m이다. $2y+3y=10$, $y=0.2$이다. 따라서 $t_2$일 때 ㉡(ⓐ)의 길이는 0.6 $\mu$m, ㉠(ⓑ)의 길이는 0.4 $\mu$m, ㉢(ⓒ)의 길이는 0.4 $\mu$m이다. 종합하면 $t_2$일 때 X의 길이는 2.4 $\mu$m이다.

ㄴ. $t_2$일 때 H대인 ㉢(ⓒ)의 길이는 0.4 $\mu$m이다.

ㄷ. $t_1$일 때 X의 길이가 3.2 $\mu$m이므로 X의 길이가 2.8 $\mu$m일 때 0.4 $\mu$m 짧으므로 ㉠(ⓑ)의 길이는 0.6 $\mu$m, ㉡(ⓐ)의 길이는 0.4 $\mu$m, ㉢(ⓒ)의 길이는 0.8 $\mu$m이다. 따라서 X의 길이가 2.8 $\mu$m일 때 $\dfrac{ⓒ}{ⓐ}=\dfrac{0.8\ \mu\text{m}}{0.4\ \mu\text{m}}=2$이다.

✕ 매력적 오답　ㄱ. ⓐ는 ㉡의 길이, ⓑ는 ㉠의 길이, ⓒ는 ㉢의 길이이다.

문제풀이 **Tip**

골격근이 수축할 때 ㉡의 길이는 증가하고 ㉠과 ㉢의 길이는 감소한다. 두 시점의 X의 길이 변화 값이 $2d$만큼 감소하면 ㉡의 길이는 $d$만큼 증가하고 ㉠의 길이는 $d$만큼 감소하며, ㉢의 길이는 $2d$만큼 감소한다는 것을 알고 자료에 적용하면 된다.

**3** 골격근의 수축

출제 의도 골격근의 수축 과정에 대한 자료를 분석하여 특정 부분의 길이를 유추할 수 있는지 묻는 문항이다.

## 다음은 골격근의 수축 과정에 대한 자료이다.

- 그림은 근육 원섬유 마디 X의 구조를, 표는 골격근 수축 과정의 두 시점 $t_1$과 $t_2$일 때 ㉠의 길이와 ㉢의 길이를 더한 값(㉠+㉢)과 X의 길이를 나타낸 것이다. X는 좌우 대칭이고, $Z_1$과 $Z_2$는 X의 Z선이다.

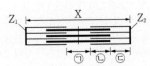

| 시점 | ㉠+㉢ | X의 길이 |
|---|---|---|
| $t_1$ | 1.4 $\mu$m | ? 2.8 |
| $t_2$ | ⓐ 1.1 | 2.6 $\mu$m |

- 구간 ㉠은 마이오신 필라멘트만 있는 부분이고, ㉡은 액틴 필라멘트와 마이오신 필라멘트가 겹치는 부분이며, ㉢은 액틴 필라멘트만 있는 부분이다.
- $t_1$일 때 ㉡의 길이는 $2d$, ㉢의 길이는 $3d$이다.
- $t_2$일 때 A대의 길이는 1.6 $\mu$m이다.

## 이에 대한 설명으로 옳은 것만을 〈보기〉에서 있는 대로 고른 것은?

보기
ㄱ. ⓐ는 1.1 $\mu$m이다.
  0.6(㉠의 길이)+0.5(㉢의 길이)=1.1 $\mu$m이다.
ㄴ. H대의 길이는 $t_1$일 때가 $t_2$일 때보다 0.2 $\mu$m 길다.
  H대(㉠)의 길이는 $t_1$일 때가 0.8 $\mu$m, $t_2$일 때가 0.6 $\mu$m이다.
ㄷ. $t_1$일 때 $Z_1$로부터 $Z_2$ 방향으로 거리가 1.9 $\mu$m인 지점은 ㉠에 해당한다.
  ㉡에

① ㄱ   ② ㄷ   ③ ㄱ, ㄴ   ④ ㄴ, ㄷ   ⑤ ㄱ, ㄴ, ㄷ

---

✓ 자료 해석
- ⓐ는 1.1 $\mu$m이다.
- 시점 $t_1$과 $t_2$일 때 ㉠, ㉡, ㉢, X의 길이는 표와 같다.

| 시점 | ㉠(H)의 길이 | ㉡의 길이 | ㉢의 길이 | X의 길이 |
|---|---|---|---|---|
| $t_1$ | 0.8 $\mu$m | 0.4 $\mu$m | 0.6 $\mu$m | 2.8 $\mu$m |
| $t_2$ | 0.6 $\mu$m | 0.5 $\mu$m | 0.5 $\mu$m | 2.6 $\mu$m |

○ 보기 풀이   A대의 길이는 1.6 $\mu$m이므로, $t_1$일 때 ㉠의 길이와 $4d$를 더한 값은 1.6 $\mu$m이다(㉠+$4d$=1.6). ㉠의 길이와 ㉡의 길이를 더한 값이 1.4 $\mu$m(㉠+$3d$=1.4)이므로 $d$는 0.2 $\mu$m이다. ㉡의 길이+㉢의 길이는 일정하므로 $t_1$일 때와 $t_2$일 때가 1.0 $\mu$m($5d$)로 같다. A대의 길이는 1.6 $\mu$m이므로, $t_1$일 때 ㉠의 길이와 0.8 $\mu$m($4d$)를 더한 값은 1.6 $\mu$m이므로 ㉠의 길이는 0.8 $\mu$m이다. $t_1$일 때 ㉡의 길이는 0.4 $\mu$m($2d$), ㉢의 길이는 0.6 $\mu$m($3d$), X의 길이는 2.8 $\mu$m(=1.6+2㉢)이다. $t_2$일 때 X의 길이가 2.6 $\mu$m이므로 $t_2$에서 $t_1$일 때 X의 길이 변화량이 0.2 $\mu$m이다. 따라서 $t_2$일 때 H대인 ㉠의 길이는 0.6 $\mu$m(=0.8-0.2), ㉡의 길이는 0.5 $\mu$m(=0.4+0.1), ㉢의 길이는 0.5 $\mu$m(=0.6-0.5)이다.

ㄱ. ⓐ는 0.6(㉠의 길이)+0.5(㉢의 길이)=1.1 $\mu$m이다.

ㄴ. H대(㉠)의 길이는 $t_1$일 때가 0.8 $\mu$m, $t_2$일 때가 0.6 $\mu$m 이므로 H대의 길이는 $t_1$일 때가 $t_2$일 때보다 0.2 $\mu$m 길다.

✕ 매력적 오답   ㄷ. $t_1$일 때 $Z_1$로부터 $Z_2$ 방향으로 ㉠까지의 거리가 1.8 $\mu$m(=1.0+0.8)이므로 $Z_1$로부터 $Z_2$ 방향으로 거리가 1.9 $\mu$m인 지점은 ㉡에 해당한다.

문제풀이 **Tip**
H대의 길이 변화량은 X의 길이 변화량과 같다는 것과 액틴 필라멘트의 길이의 반인 ㉡+㉢의 값은 시점에 상관없이 같음을 알고 자료에 적용하면 된다. $Z_1$로부터 $Z_2$ 방향으로 거리에 따른 위치를 파악할 때는 그림을 그려보면 쉽게 해결할 수 있다.

**출제 의도** 골격근의 수축 과정에 대한 자료를 분석하여 특정 시점에서의 길이를 유추할 수 있는지 묻는 문항이다.

그림은 좌우 대칭인 근육 원섬유 마디 X의 구조를, 표는 시점 $t_1$과 $t_2$일 때 H대, ㉠, ㉡ 각각의 길이를 나타낸 것이다. 구간 ㉠은 액틴 필라멘트와 마이오신 필라멘트가 겹치는 부분이고, ㉡은 액틴 필라멘트만 있는 부분이다.

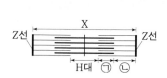

㉠＋㉡ 항상 일정

| 시점 | 길이($\mu$m) | | |
|---|---|---|---|
| | H대 | ㉠ | ㉡ |
| $t_1$ | ?0.4 | 0.6 | 0.2 |
| $t_2$ | 0.8 | ⓐ0.4 | ⓐ0.4 |

이에 대한 옳은 설명만을 〈보기〉에서 있는 대로 고른 것은? [3점]

**보기**

ㄱ. ⓐ는 0.4이다.
0.6+0.2=2ⓐ, ⓐ=0.4

ㄴ. $t_1$일 때 X의 길이는 ~~2.2 $\mu$m~~이다.
2.0 $\mu$m

ㄷ. H대의 길이는 $t_1$일 때가 $t_2$일 때보다 ~~길다.~~
짧다.

① ㄱ    ② ㄴ    ③ ㄱ, ㄷ    ④ ㄴ, ㄷ    ⑤ ㄱ, ㄴ, ㄷ

✔ **자료 해석**

• 시점 $t_1$과 $t_2$일 때 H대, ㉠, ㉡, X 각각의 길이를 나타내면 표와 같다.

| 시점 | 길이($\mu$m) | | | |
|---|---|---|---|---|
| | H대 | ㉠ | ㉡ | X |
| $t_1$ | 0.4 | 0.6 | 0.2 | 2.0 |
| $t_2$ | 0.8 | 0.4(ⓐ) | 0.4(ⓐ) | 2.4 |

⭕ **보기 풀이** ㄱ. ㉠과 ㉡의 길이를 더한 값은 액틴 필라멘트의 길이의 절반이므로 $t_1$과 $t_2$일 때 같다. 따라서 0.6+0.2=2ⓐ이므로 ⓐ는 0.4이다.

❌ **매력적 오답** ㄴ. A대 길이는 $t_1$과 $t_2$일 때 같고 $t_2$일 때 0.8+(2×0.4)=1.6 $\mu$m이므로, $t_1$일 때 H대 길이는 1.6−(2×0.6)=0.4 $\mu$m이고 X의 길이는 2.0 $\mu$m이다.

ㄷ. ㉡의 길이가 $t_1$일 때는 0.2 $\mu$m이고, $t_2$일 때 0.4(ⓐ)$\mu$m이므로 $t_1$일 때가 $t_2$일 때보다 수축된 상태이다. $t_2$에서 $t_1$로 될 때 ㉡의 변화값($d$)이 0.2이므로 H대의 길이 변화값($2d$)은 0.4이므로 $t_1$일 때 H대의 길이는 0.4 $\mu$m(=0.8−0.4)이다. 따라서 H대의 길이는 $t_2$일 때가 $t_1$일 때보다 0.4 $\mu$m 길다.

**문제풀이 Tip**

마이오신 필라멘트와 액틴 필라멘트의 길이는 변하지 않고, 두 시점에서 H대의 길이 변화는 X의 길이 변화와 같다는 것을 알고 자료에 적용할 수 있어야 한다 출제 의도 골격근의 수축 과정에 대한 자료를 분석하여 특정 부분의 길이를 유추할 수 있는지 묻는 문항이다.

### 다음은 골격근의 수축 과정에 대한 자료이다.

- 그림은 근육 원섬유 마디 X의 구조를, 표는 골격근 수축 과정의 시점 $t_1 \sim t_3$일 때 ㉠의 길이, ㉢의 길이, I의 길이와 II의 길이를 더한 값(I + II), I의 길이와 III의 길이를 더한 값(I + III)을 나타낸 것이다. X는 좌우 대칭이고, I ~ III은 ㉠~㉢을 순서 없이 나타낸 것이다.

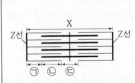

| 시점 | 길이($\mu$m) | | | |
|---|---|---|---|---|
| | ㉠ | ㉢<br>I | I + II<br>㉢ | I + III<br>㉢ㄴ |
| $t_1$ | ⓐ 0.8 | ⓐ 0.8 | ? 1.6 | 1.2 |
| $t_2$ | 0.7 | ⓑ 0.6 | 1.3 | ? 1.1 |
| $t_3$ | ⓑ 0.6 | 0.4 | ⓒ 1.0 | ⓒ 1.0 |

- 구간 ㉠은 액틴 필라멘트만 있는 부분이고, ㉡은 액틴 필라멘트와 마이오신 필라멘트가 겹치는 부분이며, ㉢은 마이오신 필라멘트만 있는 부분이다.

### 이에 대한 옳은 설명만을 〈보기〉에서 있는 대로 고른 것은? [3점]

〈 보기 〉

ㄱ. $t_1$일 때 ㉡(III)의 길이는 0.4 $\mu$m이다.

ㄴ. ⓒ는 1.0이다.

ㄷ. II는 ㉠이다.

① ㄱ  ② ㄷ  ③ ㄱ, ㄴ  ④ ㄴ, ㄷ  ⑤ ㄱ, ㄴ, ㄷ

✓ **자료 해석**

- I은 ㉢, II는 ㉠, III은 ㉡이고, ⓐ는 0.8, ⓑ는 0.6, ⓒ는 1.0이다.
- 시점 $t_1 \sim t_3$일 때 ㉠의 길이, ㉡의 길이, ㉢의 길이, I의 길이와 II의 길이를 더한 값(I + II), I의 길이와 III의 길이를 더한 값(I + III)을 나타내면 표와 같다.

| 시점 | 길이($\mu$m) | | | | |
|---|---|---|---|---|---|
| | ㉠ | ㉡ | ㉢ | I(㉢) + II(㉠) | I(㉢) + III(㉡) |
| $t_1$ | 0.8(ⓐ) | 0.4 | 0.8(ⓐ) | 1.6 | 1.2 |
| $t_2$ | 0.7 | 0.5 | 0.6(ⓑ) | 1.3 | 1.1 |
| $t_3$ | 0.6(ⓑ) | 0.6 | 0.4 | 1.0(ⓒ) | 1.0(ⓒ) |

🔾 **보기 풀이** ㄱ. ㉢의 변화값이 ㉠의 변화값의 2배이므로 $2 \times$(ⓐ$-0.7$)=ⓐ$-$ⓑ, $2 \times (0.7-$ⓑ)=ⓑ$-0.4$이다. 따라서 ⓐ는 0.8, ⓑ는 0.6이다. $t_2$일 때 I + II가 1.3 $\mu$m이므로 I과 II는 각각 ㉠과 ㉢ 중 하나이다. 따라서 나머지 III은 ㉡이다. $t_1$일 때 III(㉡)의 길이는 1.2$-$0.8(ⓐ)=0.4 $\mu$m이다.

ㄴ, ㄷ. $t_1$에서 $t_3$으로 될 때 ㉠은 0.2 $\mu$m 감소하고 ㉢은 0.4 $\mu$m 감소하므로, ㉡은 0.2 $\mu$m 증가한다. 따라서 $t_3$일 때 ㉡(III)의 길이는 0.6 $\mu$m(0.4+0.2)이므로 I은 ㉢이며 II는 ㉠이다. $t_3$일 때 I(㉢) + II(㉠)는 0.4+0.6(ⓑ)=1.0 $\mu$m이므로 ⓒ는 1.0이다.

✖ **매력적 오답** ㄷ. II는 ㉠이다.

### 문제풀이 **Tip**

근수축 과정에서 액틴 필라멘트만 있는 부분(㉠)의 길이가 $d$만큼 변한다고 가정하면 액틴 필라멘트만 있는 부분(㉠)과 마이오신 필라멘트만 있는 부분(㉢)의 길이를 더한 값은 $3d$, 액틴 필라멘트와 마이오신 필라멘트가 겹치는 부분(㉡)의 길이와 마이오신 필라멘트만 있는 부분(㉢)의 길이를 더한 값은 $d$만큼 변한다는 것을 알면 쉽게 문제를 해결할 수 있다.

# 6  골격근의 수축

**출제 의도** 골격근의 수축 과정에 대한 자료를 분석하여 특정 부분의 길이를 유추할 수 있는지 묻는 문항이다.

### 다음은 골격근의 수축 과정에 대한 자료이다.

- 그림은 골격근을 구성하는 근육 원섬유 마디 X의 구조를, 표는 두 시점 $t_1$과 $t_2$일 때 ⓐ의 길이와 ⓑ의 길이를 더한 값(ⓐ+ⓑ)과 ⓐ의 길이와 ⓒ의 길이를 더한 값(ⓐ+ⓒ)을 나타낸 것이다. ⓐ~ⓒ는 ㉠~㉢을 순서 없이 나타낸 것이며, X는 M선을 기준으로 좌우 대칭이다. ⓐ에는 액틴 필라멘트가 있다.

시점에 상관없이 길이가 일정하다.
→ 액틴 필라멘트의 길이의 절반(㉠+㉡)이다.

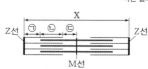

| 시점 | ⓐ+ⓑ | ⓐ+ⓒ |
|------|------|------|
| $t_1$ | 1.4 $\mu$m | 1.0 $\mu$m |
| $t_2$ | 1.2 $\mu$m | 1.0 $\mu$m |

- 구간 ㉠은 액틴 필라멘트만 있는 부분이고, ㉡은 액틴 필라멘트와 마이오신 필라멘트가 겹치는 부분이며, ㉢은 마이오신 필라멘트만 있는 부분이다.

### 이에 대한 설명으로 옳은 것만을 〈보기〉에서 있는 대로 고른 것은?

┌─ 보기 ┐
ㄱ. ⓑ는 ㉡이다.
　　　　㉢
ㄴ. ⓒ는 A대의 일부이다.
　　㉡
ㄷ. X의 길이는 $t_1$일 때가 $t_2$일 때보다 0.2 $\mu$m 길다.
　　　　　　3.6 $\mu$m　　3.4 $\mu$m
└────────────────────────┘

① ㄱ  ② ㄴ  ③ ㄷ  ④ ㄱ, ㄷ  ⑤ ㄴ, ㄷ

---

**✔ 자료 해석**

- ⓐ는 ㉠, ⓑ는 ㉢, ⓒ는 ㉡이다.
- 두 시점 $t_1$과 $t_2$일 때 각 부분의 길이를 나타내면 표와 같다.

| 시점 | ㉠(ⓐ) | ㉡(ⓒ) | ㉢(ⓑ) | X의 길이 |
|------|--------|--------|--------|----------|
| $t_1$ | 0.6 $\mu$m | 0.4 $\mu$m | 0.8 $\mu$m | 3.6 $\mu$m |
| $t_2$ | 0.5 $\mu$m | 0.5 $\mu$m | 0.7 $\mu$m | 3.4 $\mu$m |

**◯ 보기 풀이** ㉠+㉡, ㉡+㉢은 $t_1$과 $t_2$일 때 모두 같으므로 $t_1$과 $t_2$일 때 같은 값을 갖는 ⓐ+ⓒ에는 ㉡이 존재한다. ⓐ에는 액틴 필라멘트가 있으므로 ⓐ는 ㉠이 되고, ⓒ는 ㉡이 된다. 따라서 ⓑ는 ㉢이다. A대는 2(㉡(ⓒ)+㉢(ⓑ))이므로 ㉡(ⓒ)은 A대의 일부이다.

ㄷ. X의 길이가 $2d$만큼 감소할 때 ㉠과 ㉢의 길이를 더한 값도 $2d$만큼 감소하므로 X의 길이는 $t_1$일 때가 $t_2$일 때보다 0.2 $\mu$m 길다.

**✗ 매력적 오답** ㄱ. ⓑ는 ㉢이다.

**문제풀이 Tip**

㉢이 H대의 절반임을 파악한 후 X의 길이가 $2d$만큼 감소할 때 ㉠과 ㉢의 길이는 각각 $d$만큼 감소하고, ㉡의 길이는 $d$만큼 증가한다는 것을 알고 자료에 적용하면 된다.

Part I
교육청

## 7 골격근의 수축

출제 의도 골격근의 수축 과정에 대한 자료를 분석하여 특정 부분의 길이를 유추할 수 있는지 묻는 문항이다.

그림은 좌우 대칭인 근육 원섬유 마디 X의 구조를, 표는 시점 $t_1$과 $t_2$일 때 X, (가), (나) 각각의 길이를 나타낸 것이다. 구간 ㉠은 액틴 필라멘트만 있는 부분이고, ㉡은 액틴 필라멘트와 마이오신 필라멘트가 겹치는 부분이다. (가)와 (나)는 각각 ㉠과 ㉡ 중 하나이다.

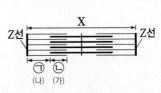

| 시점 | 길이($\mu$m) | | |
|---|---|---|---|
| | X | (가)㉡ | (나)㉠ |
| $t_1$ | 2.5 | ⓐ0.5 | ⓐ0.5 |
| $t_2$ | 2.3 | 0.6 | 0.4 |

0.2 감소 0.1 증가 0.1 감소

이에 대한 옳은 설명만을 〈보기〉에서 있는 대로 고른 것은?

보기
ㄱ. (가)는 ㉡이다. 2.5-2.3=2(ⓐ-0.4)=0.2, ⓐ=0.5
    ㉡
ㄴ. $t_1$일 때 ㉡과 H대의 길이는 같다. H대: 2.5-(2×1.0)=0.5
    (가): 0.5
ㄷ. $t_2$일 때 A대의 길이는 1.5 $\mu$m이다. A대: 2.3-(2×0.4)=1.5

① ㄱ    ② ㄷ    ③ ㄱ, ㄴ    ④ ㄴ, ㄷ    ⑤ ㄱ, ㄴ, ㄷ

✔ 자료 해석

• 시점 $t_1$과 $t_2$일 때 각 부분의 길이를 나타내면 표와 같다.

| 시점 | 길이($\mu$m) | | | | |
|---|---|---|---|---|---|
| | X | ㉡(가) | ㉠(나) | H대 | A대 |
| $t_1$ | 2.5 | 0.5(ⓐ) | 0.5(ⓐ) | 0.5 | 1.5 |
| $t_2$ | 2.3 | 0.6 | 0.4 | 0.3 | 1.5 |

○ 보기 풀이 ㄴ. H대는 X에서 액틴 필라멘트가 있는 부분(2×(㉠+㉡))을 제외한 부분이므로 $t_1$일 때 H대의 길이는 2.5-(2×1.0)=0.5 $\mu$m이다. 따라서 ㉡(가)과 H대의 길이는 0.5 $\mu$m로 같다.

ㄷ. A대는 X에서 액틴 필라멘트만 있는 부분(2×㉠)을 제외한 부분이므로 $t_2$일 때 A대의 길이는 2.3-(2×0.4)=1.5 $\mu$m이다.

✖ 매력적 오답 ㄱ. X가 수축한 길이의 절반만큼 ㉠은 짧아지고 ㉡은 길어지므로 (가)는 ㉡, (나)는 ㉠, ⓐ는 0.5이다.

문제풀이 Tip

$t_1$에서 $t_2$로 될 때 X가 0.2 $\mu$m 짧아졌으므로 ㉠은 0.1 $\mu$m 짧아지고 ㉡은 0.1 $\mu$m 길어지며, $t_1$일 때 ㉠과 ㉡의 값이 ⓐ로 같으므로 0.5임을 파악하는 것이 중요하다.

**8** 골격근의 수축

출제의도 골격근의 수축 과정에 대한 자료를 분석하여 특정 부분의 길이를 유추할 수 있는지 묻는 문항이다.

**다음은 골격근의 수축 과정에 대한 자료이다.**

- 그림은 근육 원섬유 마디 X의 구조를 나타낸 것이며, X는 좌우 대칭이다. 구간 ㉠은 액틴 필라멘트만 있는 부분이고, ㉡은 액틴 필라멘트와 마이오신 필라멘트가 겹치는 부분이며, ㉢은 마이오신 필라멘트만 있는 부분이다.

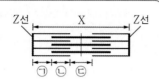

- 표는 골격근 수축 과정의 두 시점 $t_1$과 $t_2$일 때 ㉠의 길이, ㉡의 길이, ㉢의 길이, X의 길이를 나타낸 것이고, ⓐ~ⓒ는 0.4 μm, 0.6 μm, 0.8 μm를 순서 없이 나타낸 것이다.

| 시점 | ㉠의 길이 | ㉡의 길이 | ㉢의 길이 | X의 길이 |
|---|---|---|---|---|
| $t_1$ | ⓐ 0.8 | ⓑ 0.4 | H대 ⓐ 0.8 | ? 3.2 |
| $t_2$ | ⓒ 0.6 | ? 0.6 | ⓑ 0.4 | 2.8 μm |

수축 ↓　　　　　　　　　　　　0.4 μm 짧아짐

**이에 대한 설명으로 옳은 것만을 〈보기〉에서 있는 대로 고른 것은?**
[3점]

보기
ㄱ. $t_1$일 때 H대의 길이는 0.8 μm이다. (㉢)
ㄴ. X의 길이는 $t_2$일 때가 $t_1$일 때보다 0.4 μm 길다. (2.8 / 3.2 → 짧다)
ㄷ. $t_1$에서 $t_2$로 될 때 ATP에 저장된 에너지가 사용된다. (수축)

① ㄱ　② ㄴ　③ ㄱ, ㄷ　④ ㄴ, ㄷ　⑤ ㄱ, ㄴ, ㄷ

✔ **자료 해석**

- ⓐ는 0.8 μm, ⓑ는 0.4 μm, ⓒ는 0.6 μm이다.
- 시점 $t_1$과 $t_2$일 때 ㉠, ㉡, ㉢, X의 길이를 나타내면 표와 같다.

| 시점 | ㉠의 길이 | ㉡의 길이 | ㉢의 길이 | X의 길이 |
|---|---|---|---|---|
| $t_1$ | 0.8 μm | 0.4 μm | 0.8 μm | 3.2 μm |
| $t_2$ | 0.6 μm | 0.6 μm | 0.4 μm | 2.8 μm |

○ **보기 풀이** ㄱ. H대의 길이는 ㉢의 길이이므로 $t_1$일 때 H대의 길이는 0.8 μm이다.

ㄷ. $t_1$에서 $t_2$로 될 때 X는 수축하므로 이 과정에서 ATP에 저장된 에너지가 사용된다.

✘ **매력적 오답** ㄴ. $t_2$에서 $t_1$로 될 때 X가 수축한다고 가정했을 때 ㉢의 길이 변화값(ⓑ−ⓐ)이 ㉠의 길이 변화값(ⓒ−ⓐ)의 2배이므로 ⓐ는 0.4 μm, ⓑ는 0.8 μm, ⓒ는 0.6 μm이다. 이 경우 $t_2$일 때 X의 길이가 2.4 μm이어야 하므로 조건을 만족시키지 못한다. 따라서 $t_1$에서 $t_2$로 될 때 X는 수축하며, ⓐ는 0.8 μm, ⓑ는 0.4 μm, ⓒ는 0.6 μm이다. X의 길이는 $t_1$일 때 3.2 μm, $t_2$일 때 2.8 μm이므로 $t_2$일 때가 $t_1$일 때보다 0.4 μm 짧다.

**문제풀이 Tip**

X의 길이가 $2d$만큼 증가하면, ㉠의 길이는 $d$만큼 증가하고, ㉢의 길이는 $2d$만큼 증가한다는 것을 알고 자료에 적용하면 된다.

Part I

교육청

# 9  골격근의 수축

**출제 의도** 골격근의 수축 과정에 대한 자료를 분석하여 특정 부분의 길이를 유추할 수 있는지 묻는 문항이다.

## 다음은 골격근의 수축 과정에 대한 자료이다.

- 그림은 근육 원섬유 마디 X의 구조를, 표는 시점 $t_1$과 $t_2$일 때 X의 길이, Ⅰ의 길이와 Ⅲ의 길이를 더한 값(Ⅰ+Ⅲ), Ⅱ의 길이에서 Ⅰ의 길이를 뺀 값(Ⅱ−Ⅰ)을 나타낸 것이다. X는 좌우 대칭이고, Ⅰ~Ⅲ은 ㉠~㉢을 순서 없이 나타낸 것이다.

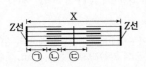

| 시점 | X의 길이 | ㉢ ㉠ Ⅰ+Ⅲ | ㉡ ㉢ Ⅱ−Ⅰ |
|---|---|---|---|
| $t_1$ | ⓐ 2.4 $\mu$m | 0.8 $\mu$m | 0.2 $\mu$m |
| $t_2$ | ⓑ 2.2 $\mu$m | ⓒ 0.5 $\mu$m | ⓒ 0.5 $\mu$m |

- 구간 ㉠은 액틴 필라멘트만 있는 부분이고, ㉡은 액틴 필라멘트와 마이오신 필라멘트가 겹치는 부분이며, ㉢은 마이오신 필라멘트만 있는 부분이다.
- ⓐ와 ⓑ는 각각 2.4 $\mu$m와 2.2 $\mu$m 중 하나이다.
  └ 변화값 : 0.2 $\mu$m

## 이에 대한 옳은 설명만을 〈보기〉에서 있는 대로 고른 것은? [3점]

**보기**

ㄱ. Ⅱ는 ㉡이다. Ⅰ은 ㉢, Ⅲ은 ㉠이다.

ㄴ. $t_1$일 때 A대의 길이는 ~~1.4 $\mu$m~~이다.
  (2×0.6)+0.4=1.6 $\mu$m

ㄷ. $t_2$일 때 ㉠의 길이는 ㉢의 길이보다 길다.
  0.3 $\mu$m      0.2 $\mu$m

① ㄱ  ② ㄴ  ③ ㄱ, ㄷ  ④ ㄴ, ㄷ  ⑤ ㄱ, ㄴ, ㄷ

---

### ✔ 자료 해석

- X의 길이 변화값이 0.2 $\mu$m이므로 Ⅰ+Ⅲ과 Ⅱ−Ⅰ의 변화값은 각각 최대 0.3 $\mu$m이다. 따라서 제시된 자료를 만족하는 ⓒ는 0.5 $\mu$m이다. Ⅰ+Ⅲ의 경우 $t_1$에서 $t_2$로 변할 때 0.8 $\mu$m에서 0.5 $\mu$m로 줄어들었으므로 $t_2$가 $t_1$보다 더 수축된 상태임을 알 수 있다. 따라서 ⓐ는 2.4 $\mu$m, ⓑ는 2.2 $\mu$m이다.
- $t_1$과 $t_2$일 때 X의 길이, ㉠~㉢의 길이를 나타내면 표와 같다.

| 시점 | X의 길이 | ㉠(Ⅲ)의 길이 | ㉡(Ⅱ)의 길이 | ㉢(Ⅰ)의 길이 |
|---|---|---|---|---|
| $t_1$ | 2.4 $\mu$m | 0.4 $\mu$m | 0.6 $\mu$m | 0.4 $\mu$m |
| $t_2$ | 2.2 $\mu$m | 0.3 $\mu$m | 0.7 $\mu$m | 0.2 $\mu$m |

### ○ 보기 풀이

ㄱ. $t_2$가 $t_1$보다 더 수축된 상태인데 Ⅱ−Ⅰ의 값의 경우 0.2 $\mu$m에서 0.5 $\mu$m로 증가했으므로 Ⅱ는 수축 시 길이가 증가하는 ㉡임을 알 수 있다. Ⅱ(㉡)의 변화값은 0.1 $\mu$m이므로 Ⅰ의 변화값은 0.2 $\mu$m이어야 한다. 따라서 Ⅰ은 ㉢이며, 나머지 Ⅲ은 ㉠이다.

ㄷ. $t_2$일 때 ㉠(Ⅲ)의 길이는 0.3 $\mu$m이고 ㉢(Ⅰ)의 길이는 0.2 $\mu$m이므로 ㉠(Ⅲ)의 길이는 ㉢(Ⅰ)의 길이보다 길다.

### ✕ 매력적 오답

ㄴ. $t_1$일 때 A대의 길이는 (2×㉡(Ⅱ)의 길이)+㉢(Ⅰ)의 길이이므로 (2×0.6)+0.4=1.6 $\mu$m이다.

### 문제풀이 **Tip**

X의 길이가 $2d$만큼 감소하면, ㉠의 길이+㉢의 길이는 $3d$만큼 감소하고, ㉡의 길이−㉢의 길이는 $3d$만큼 증가한다는 것을 파악하여 문제에 적용하면 된다.

## 10 골격근의 수축

출제 의도 골격근의 수축 과정에 대한 자료를 분석하여 특정 부분의 길이를 유추할 수 있는지 묻는 문항이다.

**다음은 골격근의 수축 과정에 대한 자료이다.**

- 그림은 사람의 골격근을 구성하는 근육 원섬유 마디 X의 구조를 나타낸 것이다. X는 좌우 대칭이다.

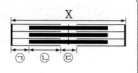

- ㉠은 액틴 필라멘트만 있는 부분, ㉡은 액틴 필라멘트와 마이오신 필라멘트가 겹쳐진 부분, ㉢은 마이오신 필라멘트만 있는 부분이다.
- X의 길이가 2.0 $\mu$m일 때, ㉠의 길이 $\overset{x}{:}$ ㉡의 길이$\overset{3x}{=}$1 : 3 이다. X의 변화값 $2d=0.4\ \mu$m

㉢의 길이 : $6x-0.4-0.4(2d)$
- X의 길이가 2.4 $\mu$m일 때, ㉡의 길이 $\overset{3x-0.2(d)}{:}$ ㉢의 길이$\overset{6x-0.4}{=}$1 : 2 이다.

**이에 대한 설명으로 옳은 것만을 〈보기〉에서 있는 대로 고른 것은?** [3점]

보기
ㄱ. X에서 A대의 길이는 1.6 $\mu$m이다.
  $2\times㉡(0.6)+㉢(0.4)=1.6$
ㄴ. X에서 ㉢은 밝게 보이는 부분(명대)이다.
  어둡게 보이는 부분(암대)
ㄷ. X의 길이가 3.0 $\mu$m일 때, $\dfrac{\text{H대의 길이}}{㉠의 길이}$는 2이다.
  X의 변화값 $2d=1.0$ $\dfrac{0.4+2d(1.0)}{0.2+d(0.5)}=\dfrac{1.4}{0.7}=2$

① ㄱ    ② ㄴ    ③ ㄷ    ④ ㄱ, ㄷ    ⑤ ㄴ, ㄷ

---

✓ **자료 해석**

- X의 길이가 2.0 $\mu$m일 때 ㉠의 길이가 $x$이면 ㉡의 길이는 $3x$이다. X의 길이가 2.4 $\mu$m일 때 ㉡의 길이는 $3x-0.2$가 되고 ㉢의 길이는 $6x-0.4$가 된다. 따라서 X의 길이가 2.0 $\mu$m일 때 ㉠의 길이는 $x$, ㉡의 길이는 $3x$, ㉢의 길이는 $6x-0.8$이며, 2.0 $\mu$m$=2(x+3x)+(6x-0.8)$ $\mu$m가 성립하므로 $x$는 0.2 $\mu$m이다.

| X의 길이 | ㉠의 길이 | ㉡의 길이 | ㉢의 길이 |
|---|---|---|---|
| 2.0 $\mu$m | 0.2 $\mu$m | 0.6 $\mu$m | 0.4 $\mu$m |
| 2.4 $\mu$m | 0.4 $\mu$m | 0.4 $\mu$m | 0.8 $\mu$m |

○ **보기풀이** ㄱ. X에서 A대의 길이는 2(㉡의 길이)+㉢의 길이이므로 $(2\times0.6)+0.4=1.6\ \mu$m이다.

ㄷ. X의 길이가 3.0 $\mu$m일 때 ㉠의 길이는 $0.7(=0.2+0.5)\mu$m, H대의 길이(㉢의 길이)는 $1.4(=0.4+1.0)\mu$m이다. 따라서 $\dfrac{\text{H대의 길이}}{㉠의 길이}=\dfrac{1.4}{0.7}=2$이다.

✗ **매력적 오답** ㄴ. X에서 ㉠은 밝게 보이는 부분(명대)이고, ㉡과 ㉢은 모두 어둡게 보이는 부분(암대)이다.

**문제풀이 Tip**
X의 길이가 $2d$ 만큼 증가하면 ㉠의 길이는 $d$ 만큼 증가하고, ㉡의 길이는 $d$ 만큼 감소하며, ㉢의 길이는 $2d$ 만큼 증가함을 알고 문제에 적용할 수 있어야 한다.

Part I

교육청

## 11 골격근의 수축

출제의도 골격근의 수축 과정에 대한 자료를 분석하여 특정 부분의 길이를 유추할 수 있는지 묻는 문항이다.

**다음은 골격근의 수축 과정에 대한 자료이다.**

- 그림은 근육 원섬유 마디 X의 구조를, 표는 골격근 수축 과정의 두 시점 $t_1$과 $t_2$일 때 ㉠~㉢의 길이를 나타낸 것이다. X는 M선을 기준으로 좌우 대칭이고, A대의 길이는 1.6 $\mu$m이다. $t_2$일 때 ㉠의 길이와 ㉡의 길이는 같다.

| 시점 | ㉠의 길이 | ㉡의 길이 | ㉢의 길이 |
|---|---|---|---|
| $t_1$ | ? 0.3 $\mu$m | 0.7 $\mu$m | ? 0.1 $\mu$m |
| $t_2$ | ? 0.5 $\mu$m | ? 0.5 $\mu$m | 0.3 $\mu$m |

- 구간 ㉠은 액틴 필라멘트만 있는 부분이고, ㉡은 액틴 필라멘트와 마이오신 필라멘트가 겹치는 부분이며, ㉢은 마이오신 필라멘트만 있는 부분이다.

**이에 대한 설명으로 옳은 것만을 〈보기〉에서 있는 대로 고른 것은?**
[3점]

보기
$t_1$일 때 : 2×(㉠+㉡+㉢)=2×(0.3+0.7+0.1)=2.2
$t_2$일 때 : 2×(㉠+㉡+㉢)=2×(0.5+0.5+0.3)=2.6

ㄱ. X의 길이는 $t_1$일 때가 $t_2$일 때보다 길다. 짧다
ㄴ. $t_2$일 때 ㉡의 길이는 0.5 $\mu$m이다. 2×(㉡+㉢)=2×(㉡+0.3)=1.6, ㉡=0.5
ㄷ. $t_1$일 때 ㉠의 길이는 $t_2$일 때 H대의 길이와 같다.
   0.3    0.6

① ㄱ   ② ㄴ   ③ ㄱ, ㄷ   ④ ㄴ, ㄷ   ⑤ ㄱ, ㄴ, ㄷ

✓ 자료 해석

- A대의 길이는 1.6 $\mu$m이고 $t_2$일 때 ㉠의 길이와 ㉡의 길이가 같으므로, $t_2$일 때 ㉠의 길이는 0.5 $\mu$m, ㉡의 길이는 0.5 $\mu$m이다. 따라서 $t_1$일 때 ㉠의 길이는 0.3 $\mu$m, ㉢의 길이는 0.1 $\mu$m이다.

| 시점 | ㉠의 길이 | ㉡의 길이 | ㉢의 길이 | H대의 길이 | X의 길이 |
|---|---|---|---|---|---|
| $t_1$ | 0.3 $\mu$m | 0.7 $\mu$m | 0.1 $\mu$m | 0.2 $\mu$m | 2.2 $\mu$m |
| $t_2$ | 0.5 $\mu$m | 0.5 $\mu$m | 0.3 $\mu$m | 0.6 $\mu$m | 2.6 $\mu$m |

○ 보기풀이 ㄴ. A대의 길이는 변함이 없으므로 $t_2$일 때 A대의 길이는 2×(㉡의 길이+㉢의 길이)=1.6 $\mu$m이다. 2×(㉡의 길이+0.3)=1.6 $\mu$m이므로 ㉡의 길이는 0.5 $\mu$m이다.

✕ 매력적 오답 ㄱ. X의 길이는 $t_1$일 때가 2.2(=2(0.3+0.7+0.1))$\mu$m, $t_2$일 때가 2.6(=2(0.5+0.5+0.3))$\mu$m이므로 X의 길이는 $t_1$일 때가 $t_2$일 때보다 짧다.

ㄷ. H대의 길이는 ㉢의 길이의 2배이다. $t_1$일 때 ㉠의 길이는 0.3 $\mu$m이고, $t_2$일 때 H대의 길이(=2×㉢의 길이)는 0.6 $\mu$m이다.

**문제풀이 Tip**

골격근의 근육 원섬유 마디 X에서 A대의 길이는 2×(㉡의 길이+㉢의 길이)이며, 시점에 상관없이 일정함을 알고 H대의 길이는 2×㉢의 길이임을 파악하는 것이 중요하다.

## 12 골격근의 수축

출제 의도 골격근의 수축 과정에 대한 자료를 분석하여 특정 부분의 길이를 유추할 수 있는지 묻는 문항이다.

그림은 좌우 대칭인 근육 원섬유 마디 X의 구조를, 표는 시점 $t_1$과 $t_2$일 때 X의 길이와 ㉡의 길이를 나타낸 것이다. 구간 ㉠은 액틴 필라멘트와 마이오신 필라멘트가 겹치는 부분이고, ㉡은 액틴 필라멘트만 있는 부분이다.

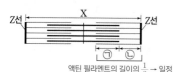

| 시점 | X의 길이 | ㉡의 길이 | X의 변화값 |
|---|---|---|---|
| $t_1$ | ? 2.6 µm | 0.5 µm | $2d=0.2$ µm |
| $t_2$ | 2.4 µm | 0.4 µm | |

액틴 필라멘트의 길이의 $\frac{1}{2}$ → 일정

이에 대한 옳은 설명만을 〈보기〉에서 있는 대로 고른 것은? [3점]

보기
ㄱ. ㉠은 H대의 일부이다.
　　A대
ㄴ. $t_1$일 때 A대의 길이는 1.6 µm이다.
　　$2.4-(2\times0.4)=1.6$
ㄷ. ㉠의 길이와 ㉡의 길이를 더한 값은 $t_1$일 때와 $t_2$일 때가 같다.
　　액틴 필라멘트의 길이의 $\frac{1}{2}$이다.

① ㄱ ② ㄴ ③ ㄱ, ㄷ ④ ㄴ, ㄷ ⑤ ㄱ, ㄴ, ㄷ

✔ 자료 해석

• A대의 길이와 액틴 필라멘트의 길이(=$2\times$㉠의 길이와 ㉡의 길이를 더한 값))는 $t_1$일 때와 $t_2$일 때가 같다.

| 시점 | X의 길이 | ㉡의 길이 | A대의 길이 |
|---|---|---|---|
| $t_1$ | 2.6 µm | 0.5 µm | 1.6 µm |
| $t_2$ | 2.4 µm | 0.4 µm | 1.6 µm |

○ 보기 풀이 ㄴ. $t_2$일 때 A대의 길이는 $2.4-(2\times0.4)=1.6$ µm이며, A대의 길이는 $t_1$일 때와 $t_2$일 때가 같으므로 $t_1$일 때 A대의 길이도 1.6 µm이다.
ㄷ. ㉠의 길이와 ㉡의 길이를 더한 값은 액틴 필라멘트의 길이의 절반이므로 근육이 수축하거나 이완할 때 변하지 않는다. 따라서 ㉠의 길이와 ㉡의 길이를 더한 값은 $t_1$일 때와 $t_2$일 때가 같다.

✖ 매력적 오답 ㄱ. ㉠은 액틴 필라멘트와 마이오신 필라멘트가 겹치는 부분이므로 A대의 일부이다. H대는 마이오신 필라멘트만 있는 부분이다.

문제풀이 Tip
A대의 길이와 액틴 필라멘트의 길이는 근수축과 이완에 상관없이 일정하다는 것을 알아둔다.

---

## 13 근수축

출제 의도 근수축의 원리와 근수축 시 각 부분의 길이에 대해 묻는 문항이다.

표는 좌우 대칭인 근육 원섬유 마디 X가 수축하는 과정에서 시점 $t_1$과 $t_2$일 때 X의 길이, A대의 길이, H대의 길이를, 그림은 X의 단면을 나타낸 것이다. ㉠과 ㉡은 각각 액틴 필라멘트와 마이오신 필라멘트 중 하나이다.

| 시점 | X의 길이 | A대의 길이 | H대의 길이 |
|---|---|---|---|
| $t_1$ | 2.4 µm | ? 1.6 µm | 0.6 µm |
| $t_2$ | ⓐ 2.0 µm | 1.6 µm | 0.2 µm |

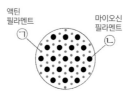
액틴 필라멘트 ㉠　　　마이오신 필라멘트 ㉡

이에 대한 옳은 설명만을 〈보기〉에서 있는 대로 고른 것은? [3점]

보기
ㄱ. I대에 ㉠이 있다.
　　I대에 액틴 필라멘트(㉠)가 있다.
ㄴ. ⓐ는 2.0 µm이다.
　　ⓐ는 $2.4-0.4=2.0$ µm이다.
ㄷ. $t_1$일 때 X에서 ㉠과 ㉡이 모두 있는 부분의 길이는 1.4 µm 이다. $t_1$일 때 두 필라멘트가 겹쳐진 부분의 길이는 1.0 µm이다.

① ㄱ ② ㄷ ③ ㄱ, ㄴ ④ ㄴ, ㄷ ⑤ ㄱ, ㄴ, ㄷ

✔ 자료 해석

• 근수축 시 H대의 길이가 줄어든 만큼 X의 길이도 감소한다. 따라서 $t_2$일 때 X의 길이는 2.4 µm$-$0.4 µm$=$2.0 µm이다.
• ㉠은 가는 액틴 필라멘트이고, ㉡은 굵은 마이오신 필라멘트이며, I대는 액틴 필라멘트(㉠)만 존재하는 부분이다.
• 근수축 시 A대의 길이는 변하지 않으므로 $t_1$일 때 A대의 길이는 1.6 µm이다. 액틴 필라멘트(㉠)와 마이오신 필라멘트(㉡)가 모두 있는 부분의 길이는 A대의 길이에서 H대의 길이를 뺀 값과 같으므로, $t_1$일 때 이 부분의 길이는 1.6 µm$-$0.6 µm$=$1.0 µm이다.

○ 보기 풀이

ㄱ. ㉠은 가는 액틴 필라멘트, ㉡은 굵은 마이오신 필라멘트이다. I대에는 가는 액틴 필라멘트(㉠)만 존재한다.
ㄴ. H대의 길이가 감소한 만큼 X의 길이가 감소하므로 ⓐ는 2.0 µm이다.

✖ 매력적 오답 ㄷ. ㉠과 ㉡이 모두 있는 부분의 길이는 액틴 필라멘트와 마이오신 필라멘트가 겹치는 부분으로 A대의 길이에서 H대의 길이를 뺀 값과 같다. 따라서 $t_1$일 때 X에서 ㉠과 ㉡이 모두 있는 부분의 길이는 1.0 µm이다.

문제풀이 Tip
근수축 시 각 부분의 길이 변화에 대해 묻는 문항으로, 골격근의 구조 및 골격근의 수축 원리에 대해 알아야 한다.

**14** 골격근의 수축 과정

출제 의도 골격근 수축 과정의 두 시점일 때 각 지점의 길이에 대해 묻는 문항이다.

## 다음은 골격근의 수축 과정에 대한 자료이다.

- 그림은 근육 원섬유 마디 X의 구조를 나타낸 것이다. X는 좌우 대칭이다.

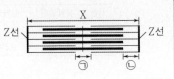

- 구간 ㉠은 마이오신 필라멘트만 있는 부분이고, ㉡은 액틴 필라멘트만 있는 부분이다.

- 표는 골격근 수축 과정의 두 시점 $t_1$과 $t_2$일 때 ㉠의 길이, ㉡의 길이, A대의 길이에서 ㉠의 길이를 뺀 값(A대−㉠)을 나타낸 것이다.

(단위: $\mu$m)

| 구분 | ㉠의 길이 | ㉡의 길이 | A대−㉠ |
|---|---|---|---|
| $t_1$ | ? 0.4 | 0.3 | 1.2 |
| $t_2$ | 0.6 | 5+ⓐ | 1.2+2ⓐ |

## 이에 대한 옳은 설명만을 〈보기〉에서 있는 대로 고른 것은? [3점]

─〈보기〉─
ㄱ. ㉠은 H대이다.
　㉠은 마이오신 필라멘트만 있는 H대이다.
ㄴ. $t_1$일 때 A대의 길이는 1.4 $\mu$m이다.
　$t_1$일 때 A대의 길이는 1.6 $\mu$m이다.
ㄷ. $t_2$일 때 ㉠의 길이는 ㉡의 길이보다 짧다.
　$t_2$일 때 ㉠의 길이는 0.6 $\mu$m이고, ㉡의 길이는 0.4 $\mu$m이다.

① ㄱ　② ㄴ　③ ㄷ　④ ㄱ, ㄴ　⑤ ㄱ, ㄷ

---

✓ 자료 해석

- 골격근의 수축 이완 시 마이오신 필라멘트의 길이와 같은 A대의 길이는 변하지 않는다. 문제에서 제시된 표에서 (㉠의 길이)+(A대−㉠)은 A대의 길이와 같으므로, $t_2$일 때 A대의 길이는 (1.8+2ⓐ) $\mu$m이다. 따라서 $t_1$일 때 ㉠의 길이는 (0.6+2ⓐ) $\mu$m이다.
- 골격근의 수축 이완 시 ㉠의 길이 변화량은 ㉡의 길이 변화량의 2배이다. 즉 $t_2$일 때에 비해 $t_1$일 때 ㉠의 길이가 2ⓐ만큼 변했으므로 ㉡의 길이는 ⓐ만큼 변한다. 따라서 0.5+ⓐ+ⓐ=0.3이므로 ⓐ는 −0.1이다. 이를 통해 두 시점일 때 각 지점의 길이를 구하면 다음 표와 같다.

| 구분 | ㉠의 길이 | ㉡의 길이 | A대−㉠ | A대 |
|---|---|---|---|---|
| $t_1$ | 0.4 $\mu$m | 0.3 $\mu$m | 1.2 $\mu$m | 1.6 $\mu$m |
| $t_2$ | 0.6 $\mu$m | 0.4 $\mu$m | 1.0 $\mu$m | 1.6 $\mu$m |

○ 보기 풀어 골격근의 수축, 이완 시 A대의 길이는 변화가 없으므로 $t_1$일 때 ㉠의 길이는 (0.6+2ⓐ) $\mu$m이다. ㉠의 길이가 2ⓐ만큼 변하면, ㉡의 길이는 ⓐ만큼 변한다. 따라서 0.3−ⓐ=0.5+ⓐ가 성립하므로 ⓐ는 −0.1이다.
ㄱ. 마이오신 필라멘트만 있는 ㉠은 H대이다.

✗ 매력적 오답 ㄴ. $t_1$일 때 A대의 길이는 1.6 $\mu$m이다.
ㄷ. $t_2$일 때 ㉠의 길이는 0.6 $\mu$m이고, ㉡의 길이는 0.4 $\mu$m이다.

문제풀이 **Tip**

근수축에 대한 문항으로, 골격근 수축의 두 시점일 때 각 구간의 길이를 구할 수 있어야 한다. 근수축 원리에 대한 이해와 수학적인 계산이 필요하므로 실수를 줄이는 연습이 필요하다.

**출제 의도** 골격근의 수축 과정에서 각 구간의 길이에 대해 묻는 문항이다.

## 다음은 골격근의 수축 과정에 대한 자료이다.

- 그림은 근육 원섬유 마디 X의 구조를 나타낸 것이다. 구간 ㉠은 액틴 필라멘트만 있는 부분이고, ㉡은 액틴 필라멘트와 마이오신 필라멘트가 겹치는 부분이며, ㉢은 마이오신 필라멘트만 있는 부분이다. X는 좌우 대칭이다.

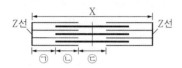

- 표는 골격근 수축 과정의 시점 $t_1$과 $t_2$일 때 X의 길이, A대의 길이, H대의 길이를 나타낸 것이다. ⓐ와 ⓑ는 2.4 $\mu$m와 2.8 $\mu$m를 순서 없이 나타낸 것이다.

| 시점 | X의 길이 | A대의 길이 | H대의 길이 |
|---|---|---|---|
| $t_1$ | ⓐ 2.8 $\mu$m | 1.6 $\mu$m | ? 0.8 $\mu$m |
| $t_2$ | ⓑ 2.4 $\mu$m | ? 1.6 $\mu$m | 0.4 $\mu$m |

- $t_1$일 때 ㉡의 길이와 $t_2$일 때 ㉠의 길이는 같다.

## 이에 대한 설명으로 옳은 것만을 〈보기〉에서 있는 대로 고른 것은? [3점]

**보기**

ㄱ. ⓐ는 2.8 $\mu$m이다.
   ⓐ는 2.8 $\mu$m, ⓑ는 2.4 $\mu$m이다.

ㄴ. $t_1$일 때 ㉠의 길이는 0.4 $\mu$m이다.
   $t_1$일 때 ㉠의 길이는 0.6 $\mu$m이다.

ㄷ. X에서 $\dfrac{㉡의\ 길이}{액틴\ 필라멘트의\ 길이}$ 는 $t_1$일 때가 $t_2$일 때보다 크다.
   $t_1$일 때가 $t_2$일 때보다 작다.

① ㄱ  ② ㄴ  ③ ㄷ  ④ ㄱ, ㄷ  ⑤ ㄴ, ㄷ

---

✓ **자료 해석**

- 근수축 시 A대의 길이는 변하지 않으므로, $t_2$일 때 A대의 길이는 1.6 $\mu$m이고 ㉡의 길이는 $\dfrac{1.6-0.4}{2}=0.6$ $\mu$m이다.

- ⓐ가 2.4 $\mu$m, ⓑ가 2.8 $\mu$m라고 하면, $t_2$일 때 ㉠의 길이는 $\dfrac{2.8-1.6}{2}=0.6$ $\mu$m이다. 자료에서 $t_1$일 때 ㉡의 길이와 $t_2$일 때 ㉠의 길이는 같다고 하였는데, 이 경우 $t_1$일 때 ㉡의 길이가 0.8 $\mu$m가 된다. 이는 문제의 조건과 맞지 않으므로 ⓐ가 2.8 $\mu$m, ⓑ가 2.4 $\mu$m이다.

- 시점 $t_1$과 $t_2$일 때 ㉠, ㉡, ㉢, X의 길이는 다음 표와 같다.

| 시점 | X의 길이 | ㉠의 길이 | ㉡의 길이 | ㉢의 길이 (H대의 길이) |
|---|---|---|---|---|
| $t_1$ | 2.8 $\mu$m | 0.6 $\mu$m | 0.4 $\mu$m | 0.8 $\mu$m |
| $t_2$ | 2.4 $\mu$m | 0.4 $\mu$m | 0.6 $\mu$m | 0.4 $\mu$m |

○ **보기 풀이**  ㄱ. ⓐ는 2.8 $\mu$m, ⓑ는 2.4 $\mu$m이다.

✕ **매력적 오답**  ㄴ. $t_1$일 때 ㉠의 길이는 $\dfrac{X의\ 길이-A대의\ 길이}{2}=\dfrac{2.8-1.6}{2}=0.6$ $\mu$m이다.

ㄷ. 골격근의 수축 과정에서 액틴 필라멘트의 길이는 변하지 않으므로, X에서 $\dfrac{㉡의\ 길이}{액틴\ 필라멘트의\ 길이}$ 는 $t_1$일 때가 $t_2$일 때보다 작다.

**문제풀이 Tip**

골격근의 수축에 대한 문항으로, 근수축 시 각 구간의 길이를 구할 수 있어야 한다. 근수축 시 H대의 길이와 I대의 길이, 마이오신 필라멘트와 액틴 필라멘트가 겹치는 부분의 길이 변화를 알아두고, 수학적 계산이 필요한 곳에서 실수를 줄이도록 노력해야 한다.

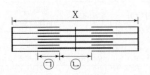
출제 의도  골격근 수축 과정의 두 시점일 때 각 구간의 길이에 대해 묻는 문항이다.

## 다음은 골격근의 수축 과정에 대한 자료이다.

- 그림은 좌우 대칭인 근육 원섬유 마디 X의 구조를 나타낸 것이다. 구간 ㉠은 액틴 필라멘트와 마이오신 필라멘트가 겹치는 부분이고, ㉡은 마이오신 필라멘트만 있는 부분이다.
- 표는 골격근 수축 과정의 시점 $t_1$과 $t_2$일 때 X, ⓐ, ⓑ의 길이를 나타낸 것이다. ⓐ와 ⓑ는 각각 ㉠과 ㉡ 중 하나이다.

| 시점 | 길이($\mu$m) | | |
|---|---|---|---|
| | X | ⓐ㉠ | ⓑ㉡ |
| $t_1$ | ?2.6 | 0.5 | 0.6 |
| $t_2$ | 2.2 | 0.7 | 0.2 |

## 이에 대한 옳은 설명만을 〈보기〉에서 있는 대로 고른 것은?

보기
ㄱ. ⓑ는 ㉠이다.
  ⓐ는 ㉠, ⓑ는 ㉡이다.
ㄴ. $t_1$일 때 X의 길이는 2.4 $\mu$m이다.
  $t_1$일 때 X의 길이는 2.6 $\mu$m이다.
ㄷ. $t_2$일 때 A대의 길이는 1.6 $\mu$m이다.
  $t_1$일 때와 $t_2$일 때 A대의 길이는 1.6 $\mu$m이다.

① ㄱ    ② ㄷ    ③ ㄱ, ㄴ    ④ ㄴ, ㄷ    ⑤ ㄱ, ㄴ, ㄷ

---

✔ **자료 해석**

- 근수축이 일어날 때 H대(㉡)의 길이가 줄어든 만큼 액틴 필라멘트와 마이오신 필라멘트가 겹쳐진 부분의 길이(㉠의 길이×2)는 증가한다. 따라서 근수축 시 ㉠의 길이는 X의 길이가 감소한 것의 절반만큼 증가하며, ㉡의 길이는 X의 길이만큼 감소한다. 표에서 $t_1$과 $t_2$일 때 ⓐ의 변화량에 비해 ⓑ의 변화량이 2배만큼 크므로, ⓐ는 ㉠, ⓑ는 ㉡이다.
- $t_1$일 때에 비해 $t_2$일 때 ㉡(ⓑ)의 길이가 짧으므로 X의 길이도 $t_1$일 때보다 $t_2$일 때가 짧다. $t_1$일 때 X의 길이는 2.2 $\mu$m+0.4 $\mu$m=2.6 $\mu$m이다.
- A대의 길이는 H대와 두 필라멘트가 겹쳐진 부분을 합한 길이이다. 따라서 $t_2$일 때 A대의 길이는 2×0.7 $\mu$m+0.2 $\mu$m=1.6 $\mu$m이며, 이는 $t_1$일 때 A대의 길이와 같다.

○ **보기 풀이**  ㄷ. $t_2$일 때 A대의 길이는 2×0.7 $\mu$m+0.2 $\mu$m=1.6 $\mu$m이다.

✗ **매력적 오답**  ㄱ. ㉠의 길이가 $d$만큼 증가하면 X와 ㉡의 길이는 각각 $2d$만큼 감소한다. 그러므로 ⓐ는 ㉠, ⓑ는 ㉡이다.
ㄴ. $t_1$일 때 X의 길이는 2.6 $\mu$m이다.

### 문제풀이 **Tip**

골격근의 수축 원리에 대한 문항으로 근수축 시 변화하는 각 부분의 길이를 구할 수 있어야 한다. 또한, 근수축 시 각 부분의 길이를 구할 때는 수학적 계산도 포함되므로 실수하지 않도록 유의해야 한다.

## 17 골격근의 수축

출제 의도 서로 다른 동물의 골격근 수축에 대한 자료를 통해 두 시점일 때 각 구간의 길이를 파악하는지 확인하는 문항이다.

**다음은 동물 (가)와 (나)의 골격근 수축에 대한 자료이다.**

• 그림은 (가)의 근육 원섬유 마디 X와 (나)의 근육 원섬유 마디 Y의 구조를 나타낸 것이다. 구간 ㉠과 ㉢은 액틴 필라멘트만 있는 부분이고, ㉡은 액틴 필라멘트와 마이오신 필라멘트가 겹치는 부분이며, ㉣은 마이오신 필라멘트만 있는 부분이다. X와 Y는 모두 좌우 대칭이다.

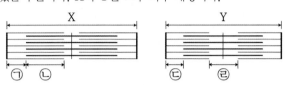

• 표는 시점 $t_1$과 $t_2$일 때 X, ㉠, ㉡, Y, ㉢, ㉣의 길이를 나타낸 것이다.

X : $t_2$일 때가 $t_1$일 때보다 0.2 $\mu$m 이완된 상태
Y : $t_2$일 때가 $t_1$일 때보다 0.6 $\mu$m 이완된 상태

(단위: $\mu$m)

| 구분 | X | ㉠ | ㉡ | Y | ㉢ | ㉣ |
|------|-----|------|-----|-----|-----|------|
| $t_1$ | ? | ⓐ | 0.6 | ? | 0.3 | ⓑ |
| $t_2$ | 2.6 | 0.5 | 0.5 | 2.6 | 0.6 | 1.0 |

**이에 대한 옳은 설명만을 〈보기〉에서 있는 대로 고른 것은?**

〈보기〉

ㄱ. ⓐ와 ⓑ는 같다.
　ⓐ와 ⓑ는 0.4로 서로 같다.

ㄴ. $t_1$일 때 X의 H대 길이는 0.4 $\mu$m이다.
　$t_1$일 때 X의 H대 길이 = 2.4 $\mu$m − 2 × (0.4 $\mu$m + 0.6 $\mu$m) = 0.4 $\mu$m이다.

ㄷ. X의 A대 길이에서 Y의 A대 길이를 뺀 값은 0.2 $\mu$m이다.
　X에서 A대 길이 = 1.6 $\mu$m, Y에서 A대 길이 = 1.4 $\mu$m이다.

① ㄱ ② ㄴ ③ ㄱ, ㄷ ④ ㄴ, ㄷ ⑤ ㄱ, ㄴ, ㄷ

---

✔ **자료 해석**

• X에서 ㉡의 길이가 $t_1$일 때 0.6 $\mu$m, $t_2$일 때 0.5 $\mu$m이므로, $t_2$일 때는 $t_1$일 때보다 0.2 $\mu$m 이완된 상태이다. 또한 Y에서 ㉢의 길이는 $t_1$일 때 0.3 $\mu$m, $t_2$일 때 0.6 $\mu$m이므로, $t_2$일 때는 $t_1$일 때보다 0.6 $\mu$m 이완된 상태이다. 두 시점일 때 X, ㉠, ㉡, Y, ㉢, ㉣의 길이를 나타내면 표와 같다.

(단위: $\mu$m)

| 구분 | X | ㉠ | ㉡ | Y | ㉢ | ㉣ |
|------|-----|------|-----|-----|-----|------|
| $t_1$ | 2.4 | 0.4 | 0.6 | 2.0 | 0.3 | 0.4 |
| $t_2$ | 2.6 | 0.5 | 0.5 | 2.6 | 0.6 | 1.0 |

○ **보기풀이** ㄱ. ⓐ는 0.5 $\mu$m − 0.1 $\mu$m = 0.4 $\mu$m이며, ⓑ는 1.0 $\mu$m − 0.6 $\mu$m = 0.4 $\mu$m이다.

ㄴ. $t_1$일 때 X의 길이는 2.4 $\mu$m이며, X의 H대 길이는 X의 길이에서 ㉠과 ㉡을 합한 값의 2배를 빼면 된다. 즉 2.4 $\mu$m − 2 × (0.4 $\mu$m + 0.6 $\mu$m) = 0.4 $\mu$m이다.

ㄷ. A대의 길이는 근육 원섬유 마디의 길이에서 ㉠ 또는 ㉢을 2배한 값을 빼면 된다. 따라서 X에서 A대 길이는 2.6 $\mu$m − (2 × 0.5 $\mu$m) = 1.6 $\mu$m이며, Y에서 A대 길이는 2.6 $\mu$m − (2 × 0.6 $\mu$m) = 1.4 $\mu$m이다. 따라서 X의 A대 길이에서 Y의 A대 길이를 뺀 값은 0.2 $\mu$m이다.

**문제풀이** **Tip**

골격근 수축 원리에 대해 묻는 문항이다. 난이도는 어렵지 않았지만, 계산을 요구하는 고난도 문항으로 출제될 수 있으므로 관련 기출 문항을 많이 풀어두도록 하자.

## 18 골격근의 수축 과정

출제 의도 골격근 수축 과정에 대한 자료를 분석하여 각 시점별 구간의 길이를 파악하는지 확인하는 문항이다.

**다음은 골격근의 수축 과정에 대한 자료이다.**

• 그림은 근육 원섬유 마디 X의 구조를 나타낸 것이다. X는 좌우 대칭이며, 구간 ㉠은 액틴 필라멘트만 있는 부분, ㉡은 액틴 필라멘트와 마이오신 필라멘트가 겹치는 부분, ㉢은 마이오신 필라멘트만 있는 부분이다.

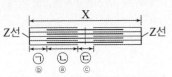

• 표는 골격근 수축 과정의 두 시점 $t_1$과 $t_2$일 때 X의 길이, ⓐ의 길이와 ⓒ의 길이를 더한 값(ⓐ+ⓒ), ⓑ의 길이와 ⓒ의 길이를 더한 값(ⓑ+ⓒ)을 나타낸 것이다. ⓐ~ⓒ는 ㉠~㉢을 순서 없이 나타낸 것이다.

| 시점 | X의 길이 | ⓐ+ⓒ | ⓑ+ⓒ |
| --- | --- | --- | --- |
| $t_1$ | 2.4 $\mu$m | 1.0 $\mu$m | 0.8 $\mu$m |
| $t_2$ | ? | 1.3 $\mu$m | 1.7 $\mu$m |

(L+c / 3.0 μm / ㉠+㉢)

**이에 대한 설명으로 옳은 것만을 〈보기〉에서 있는 대로 고른 것은?**
[3점]

〈보기〉

ㄱ. ⓐ는 ㉡이다.
  ⓐ는 ㉡, ⓑ는 ㉠, ⓒ는 ㉢이다.
ㄴ. $t_1$일 때 $\dfrac{\text{A대의 길이}}{\text{H대의 길이}}$ 는 4이다.
  $t_1$일 때 A대의 길이=1.6 $\mu$m이고, H대의 길이는 0.4 $\mu$m이다.
ㄷ. $t_2$일 때 X의 길이는 ~~3.2~~ $\mu$m이다.
  $t_2$일 때 X의 길이는 3.0 $\mu$m이다.

① ㄱ   ② ㄷ   ③ ㄱ, ㄴ   ④ ㄴ, ㄷ   ⑤ ㄱ, ㄴ, ㄷ

---

✔ **자료 해석**

• 골격근의 수축·이완 시 액틴 필라멘트의 길이에 해당하는 (㉠의 길이 + ㉡의 길이)는 변화 없으므로, ⓐ+ⓒ와 ⓑ+ⓒ는 각각 (㉠의 길이 + ㉢의 길이) 또는 (㉡의 길이 + ㉢의 길이) 중 하나이다. 또한 ⓐ+ⓒ는 $t_1$일 때에 비해 $t_2$일 때 0.3 $\mu$m 길고, ⓑ+ⓒ는 $t_1$일 때에 비해 $t_2$일 때 0.9 $\mu$m 길다. 따라서 ⓐ+ⓒ는 (㉡의 길이 + ㉢의 길이)이며, ⓑ+ⓒ는 (㉠의 길이 + ㉢의 길이)이다.

• ⓐ는 ㉡, ⓑ는 ㉠, ⓒ는 ㉢이며, $t_1$일 때와 $t_2$일 때 X의 길이, ㉠~㉢의 길이를 구하면 표와 같다.

| 시점 | X의 길이 | ㉠(ⓑ) | ㉡(ⓐ) | ㉢(ⓒ) |
| --- | --- | --- | --- | --- |
| $t_1$ | 2.4 $\mu$m | 0.4 $\mu$m | 0.6 $\mu$m | 0.4 $\mu$m |
| $t_2$ | 3.0 $\mu$m | 0.7 $\mu$m | 0.3 $\mu$m | 1.0 $\mu$m |

○ **보기 풀이** ㄱ. ⓐ는 ㉡, ⓑ는 ㉠, ⓒ는 ㉢이다.

ㄴ. $t_1$일 때 A대의 길이=(㉡의 길이×2)+㉢의 길이=(0.6 $\mu$m×2)+0.4 $\mu$m =1.6 $\mu$m이고, H대의 길이=㉢의 길이=0.4 $\mu$m이다. 따라서 $\dfrac{\text{A대의 길이}}{\text{H대의 길이}}$ $=\dfrac{1.6\ \mu\text{m}}{0.4\ \mu\text{m}}=4$이다.

✕ **매력적 오답** ㄷ. $t_2$일 때는 $t_1$일 때에 비해 0.6 $\mu$m 이완된 상태이므로, X의 길이는 3.0 $\mu$m이다.

**문제풀이 Tip**

골격근 수축 과정의 시점별 각 구간의 길이의 합을 제공하고 이를 통해 구간별 길이를 파악해야 하는 문항이다. 최근 자주 출제되는 유형이므로 문제 풀이 과정을 잘 분석해 두자.

## 19 근육 수축의 원리

출제의도 골격근 수축 과정의 두 시점일 때 자료를 통해 각 구간의 길이를 시점별로 파악하는지 확인하는 문항이다.

**다음은 골격근의 수축 과정에 대한 자료이다.**

- 그림은 근육 원섬유 마디 X의 구조를, 표는 골격근 수축 과정의 두 시점 $t_1$과 $t_2$일 때 X의 길이, A대의 길이, ⓒ의 길이를 나타낸 것이다. X는 좌우 대칭이고, $t_2$일 때 H대의 길이는 1.0 $\mu$m이다.

A대의 길이＝마이오신 필라멘트의 길이
＝골격근 수축과 이완 시 변화 없다.

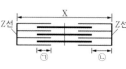

| 시점 | X의 길이 | A대의 길이 | ⓒ의 길이 |
|---|---|---|---|
| $t_1$ | ? | 1.6 $\mu$m | 0.2 $\mu$m |
| $t_2$ | 3.0 $\mu$m | ? | ? |

- 구간 ⊙은 액틴 필라멘트와 마이오신 필라멘트가 겹치는 부분이고, ⓒ은 액틴 필라멘트만 있는 부분이다.

**이에 대한 설명으로 옳은 것만을 〈보기〉에서 있는 대로 고른 것은?** [3점]

보기
ㄱ. $t_1$일 때 X의 길이는 2.0 $\mu$m이다.
　$t_1$일 때 X의 길이는 A대의 길이＋(2×ⓒ의 길이)＝2.0 $\mu$m이다.
ㄴ. ⓒ의 길이는 $t_1$일 때가 $t_2$일 때보다 짧다.
　ⓒ의 길이는 $t_1$일 때 0.2 $\mu$m, $t_2$일 때 0.7 $\mu$m이다.
ㄷ. $t_2$일 때 $\dfrac{\text{⊙의 길이}}{\text{A대의 길이}} = \dfrac{3}{8}$이다.
　$t_2$일 때 ⊙의 길이는 0.3 $\mu$m, A대의 길이는 1.6 $\mu$m이다.

① ㄱ ② ㄷ ③ ㄱ, ㄴ ④ ㄴ, ㄷ ⑤ ㄱ, ㄴ, ㄷ

✔ 자료 해석

- A대는 마이오신 필라멘트가 있는 부분으로, 골격근의 수축과 이완 시 A대의 길이는 변화하지 않는다. 따라서 $t_1$과 $t_2$일 때 모두 A대의 길이는 1.6 $\mu$m이다.
- X의 길이는 A대의 길이와 (ⓒ의 길이×2)를 더한 값과 같으므로, $t_1$일 때 X의 길이는 1.6 $\mu$m＋(0.2 $\mu$m×2)＝2.0 $\mu$m이다. 즉 $t_2$일 때는 $t_1$일 때에 비해 1.0 $\mu$m 이완된 상태이며, $t_2$일 때 A대의 길이는 1.6 $\mu$m, ⓒ의 길이는 0.2 $\mu$m＋0.5 $\mu$m＝0.7 $\mu$m이다.

O 보기 풀이 ㄱ. $t_1$일 때 X의 길이는 A대의 길이＋(ⓒ의 길이×2)이므로 1.6 $\mu$m＋0.4 $\mu$m＝2.0 $\mu$m이다.

ㄴ. ⓒ의 길이는 $t_1$일 때 0.2 $\mu$m이고 $t_2$일 때 0.7 $\mu$m이므로, $t_1$일 때가 $t_2$일 때보다 짧다.

✕ 매력적 오답 ㄷ. H대의 길이는 A대의 길이에서 (⊙의 길이×2)를 뺀 값과 같으며 $t_2$일 때 H대의 길이는 1.0 $\mu$m이므로, ⊙의 길이는 0.3 $\mu$m이다. 따라서 $t_2$일 때 $\dfrac{\text{⊙의 길이}}{\text{A대의 길이}} = \dfrac{0.3\ \mu m}{1.6\ \mu m} = \dfrac{3}{16}$이다.

문제풀이 **Tip**
골격근의 수축 과정에서 A대의 길이가 변화하지 않는다는 기본 원리만 파악하고 있다면 그리 어렵지 않은 문항이다. 골격근 수축 과정에 관한 문항은 쉬운 문항부터 어려운 자료 분석형 문항까지 고르게 출제되고 있으므로, 다양한 유형의 문항을 많이 풀어보도록 하자.

---

## 20 근육의 구조와 수축 과정

출제의도 근육 원섬유 마디를 구성하는 각 구간의 구조와 골격근 수축 과정에서 구간의 길이 변화를 파악하는지 확인하는 문항이다.

**그림은 좌우 대칭인 근육 원섬유 마디 X의 구조를, 표는 시점 $t_1$과 $t_2$일 때 X와 ⓒ의 길이를 나타낸 것이다. ⊙은 마이오신 필라멘트만, ⓒ은 액틴 필라멘트만 있는 부분이다.** 골격근의 수축 과정에서 X가 길어진 길이＝ⓒ이 길어진 길이의 2배

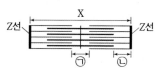

| 시점 | X의 길이 | ⓒ의 길이 |
|---|---|---|
| $t_1$ | ? | 0.4 $\mu$m |
| $t_2$ | 2.0 $\mu$m | 0.2 $\mu$m |

**이에 대한 옳은 설명만을 〈보기〉에서 있는 대로 고른 것은?** [3점]

보기
ㄱ. ⊙은 H대이다.
　⊙은 마이오신 필라멘트만 있는 H대이다.
ㄴ. $t_1$일 때 X의 길이는 2.4 $\mu$m이다.
　$t_1$일 때 X의 길이는 2.0 $\mu$m＋0.4 $\mu$m＝2.4 $\mu$m이다.
ㄷ. A대의 길이는 $t_1$일 때가 $t_2$일 때보다 길다.
　A대의 길이는 $t_1$일 때와 $t_2$일 때 같다.

① ㄱ ② ㄴ ③ ㄷ ④ ㄱ, ㄴ ⑤ ㄴ, ㄷ

✔ 자료 해석

- 골격근 수축 시 액틴 필라멘트와 마이오신 필라멘트가 겹쳐 있는 부위의 길이는 늘어나고, I대와 H대의 길이는 모두 짧아진다. 또한 근육 원섬유 마디가 짧아진 길이는 H대가 짧아진 길이와 같다.
- $t_1$일 때는 $t_2$일 때에 비해 ⓒ의 길이가 0.2 $\mu$m 길다. 즉 $t_1$일 때는 $t_2$일 때에 비해 0.4 $\mu$m 이완된 상태이다. 따라서 $t_1$일 때 X의 길이는 2.4 $\mu$m이다.

O 보기 풀이 ㄱ. ⊙은 A대 중에서 마이오신 필라멘트만 있는 부분으로 H대이다.

ㄴ. $t_1$일 때는 $t_2$일 때에 비해 ⓒ의 길이가 0.2 $\mu$m 길므로, $t_1$일 때 X의 길이는 2.0 $\mu$m＋0.4 $\mu$m＝2.4 $\mu$m이다.

✕ 매력적 오답 ㄷ. A대의 길이는 마이오신 필라멘트가 있는 부분으로, 골격근의 수축 과정에서 변화하지 않는다. 따라서 A대의 길이는 $t_1$일 때와 $t_2$일 때 같다.

문제풀이 **Tip**
골격근 수축 과정에 대한 문항 중 난이도가 다소 쉬운 문항이다. 골격근 수축과 이완 시 근육 원섬유 마디의 변화에 대해 헷갈리지 않도록 정확히 알아두는 것이 필요하다.

# 03 신경계

## 1 말초 신경계

2024년 10월 교육청 3번 | 정답 ① | 문제편 62 p

출제 의도 말초 신경계의 구조와 기능에 대해 알고 있는지 묻는 문항이다.

그림은 중추 신경계로부터 말초 신경이 심장과 다리 골격근에 연결된 경로를 나타낸 것이다.

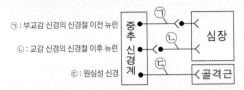

㉠ : 부교감 신경의 신경절 이전 뉴런
㉡ : 교감 신경의 신경절 이후 뉴런
㉢ : 원심성 신경

이에 대한 옳은 설명만을 〈보기〉에서 있는 대로 고른 것은? [3점]

보기
ㄱ. ㉠의 신경 세포체는 뇌줄기에 있다.
　　　　　　　　　　　　중간뇌+뇌교+연수
ㄴ. ㉡의 말단에서 심장 박동을 억제하는 신경 전달 물질이
　　　　　　　　　　　　　　　촉진하는
　　분비된다.
ㄷ. ㉢은 구심성 신경이다.
　　　　원심성 신경이다.

① ㄱ　　② ㄴ　　③ ㄷ　　④ ㄱ, ㄴ　　⑤ ㄴ, ㄷ

### ✔ 자료 해석

• 중추 신경계와 반응 기관(심장) 사이에 신경절이 존재하며, ㉠은 신경절 이전 뉴런이 신경절 이후 뉴런보다 길므로 부교감 신경, ㉡은 신경절 이전 뉴런이 신경절 이후 뉴런보다 짧으므로 교감 신경을 구성하는 뉴런이다.
• 심장에 연결된 부교감 신경(㉠)의 신경절 이전 뉴런의 신경 세포체는 연수에 있다. 연수는 뇌줄기에 포함된다.
• 교감 신경(㉡)에 의해 심장 박동이 촉진되고, 부교감 신경(㉠)에 의해 심장 박동이 억제된다.
• 중추 신경계와 골격근(반응 기관) 사이에 신경절이 없이 하나의 신경이 명령을 전달하는 것으로 보아 ㉢은 체성 신경에 속하는 원심성 신경이다.

### ⭕ 보기 풀이

ㄱ. 심장과 연결된 부교감 신경(㉠)의 신경 세포체는 연수에 있다. 연수는 뇌줄기에 포함된다.

### ✕ 매력적 오답

ㄴ. 교감 신경(㉡)의 말단에서는 심장 박동을 촉진하는 신경 전달 물질이 분비된다.
ㄷ. 중추 신경계에서 골격근으로 연결된 신경(㉢)은 원심성 신경이다.

### 문제풀이 Tip

자율 신경에 대한 문항으로, 교감 신경과 부교감 신경의 구조와 기능에 대해 알고 있어야 한다. 교감 신경과 부교감 신경에 대한 비교 또는 말초 신경계 중 체성 신경과 자율 신경의 비교에 대한 문항이 자주 출제되고 있다.

---

## 2 신경계

2024년 7월 교육청 2번 | 정답 ④ | 문제편 62 p

출제 의도 중추 신경계의 구조와 기능 및 자율 신경계에 대해 알고 있는지 묻는 문항이다.

그림 (가)는 중추 신경계의 구조를, (나)는 동공의 크기 조절에 관여하는 자율 신경이 중추 신경계에 연결된 경로를 나타낸 것이다. A와 B는 대뇌와 중간뇌를 순서 없이 나타낸 것이다.

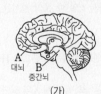 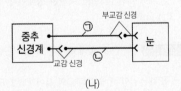

A B
대뇌 중간뇌
(가)

중추 신경계 — 부교감 신경 ㉠ — 눈 / 교감 신경 ㉡
(나)

이에 대한 설명으로 옳은 것만을 〈보기〉에서 있는 대로 고른 것은?

보기
ㄱ. A는 뇌줄기를 구성한다.
　　대뇌(A)는 뇌줄기를 구성하지 않는다.
ㄴ. ㉠의 신경 세포체는 B에 있다.
　　㉠의 신경 세포체는 중간뇌(B)에 있다.
ㄷ. ㉡의 말단에서 노르에피네프린이 분비된다.
　　눈과 연결된 교감 신경의 신경절 이후 뉴런(㉡)의 말단에서 노르에피네프린이 분비되어
　　동공의 크기가 커진다.

① ㄱ　② ㄴ　③ ㄷ　④ ㄴ, ㄷ　⑤ ㄱ, ㄴ, ㄷ

### ✔ 자료 해석

• A는 대뇌, B는 중간뇌이고, ㉠은 부교감 신경의 신경절 이전 뉴런, ㉡은 교감 신경의 신경절 이후 뉴런이다.
• 눈과 연결된 부교감 신경의 신경절 이전 뉴런(㉠)의 신경 세포체는 중간뇌에 있으며, 눈과 연결된 교감 신경의 신경절 이후 뉴런(㉡)의 말단에서 노르에피네프린이 분비된다.

### ⭕ 보기 풀이

ㄴ. 눈과 연결된 부교감 신경의 신경절 이전 뉴런(㉠)의 신경 세포체는 중간뇌(B)에 있다. 한편 눈과 연결된 교감 신경의 신경절 이전 뉴런의 신경 세포체는 척수에 있다.
ㄷ. 눈과 연결된 교감 신경의 신경절 이후 뉴런(㉡)의 말단에서 노르에피네프린이 분비되어 동공의 크기가 커진다. 한편 눈과 연결된 부교감 신경의 신경절 이후 뉴런의 말단에서 아세틸콜린이 분비되어 동공의 크기가 작아진다.

### ✕ 매력적 오답

ㄱ. 뇌줄기는 중간뇌(B), 뇌교, 연수로 구성된다. 따라서 대뇌(A)는 뇌줄기를 구성하지 않는다.

### 문제풀이 Tip

중추 신경계의 구조 중 뇌줄기를 형성하는 구조를 알아두고, 교감 신경과 부교감 신경에서 신경절 이전 뉴런의 신경 세포체가 위치하는 곳과 신경절 이후 뉴런의 말단에서 분비되는 물질을 알아둔다.

## 3 중추 신경계

2024년 5월 교육청 3번 | 정답 ① | 문제편 62 p

출제 의도 중추 신경계에 대해 알고 있는지 묻는 문항이다.

그림은 중추 신경계의 구조를, 표는 반사의 중추를 나타낸 것이다. A와 B는 중간뇌와 척수를 순서 없이 나타낸 것이고, ㉠과 ㉡은 A와 B를 순서 없이 나타낸 것이다.

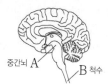

중간뇌 A ── B 척수

| 반사 | 중추 |
|------|------|
| 무릎 반사 | ㉠ B |
| 동공 반사 | ㉡ A |

이에 대한 설명으로 옳은 것만을 〈보기〉에서 있는 대로 고른 것은? [3점]

보기
ㄱ. ㉠은 B이다.
  ㉠은 척수(B), ㉡은 중간뇌(A)이다.
ㄴ. ㉡에 <del>교감</del> 신경의 신경절 이전 뉴런의 신경 세포체가 있다.
  부교감 신경의
ㄷ. A와 B는 <del>모두</del> 뇌줄기에 속한다.
  중간뇌(A)만 뇌줄기에 속한다.

① ㄱ　　② ㄴ　　③ ㄱ, ㄷ　　④ ㄴ, ㄷ　　⑤ ㄱ, ㄴ, ㄷ

✔ 자료 해석
• A는 중간뇌, B는 척수이다.
• 무릎 반사의 중추(㉠)는 척수(B)이고, 동공 반사의 중추(㉡)는 중간뇌(A)이다.

○ 보기 풀이 ㄱ. A는 중간뇌, B는 척수이다. 무릎 반사의 중추는 척수이고, 동공 반사의 중추는 중간뇌이므로 ㉠은 B이고, ㉡은 A이다.

✕ 매력적 오답 ㄴ. 중간뇌(A, ㉡)에는 부교감 신경의 신경절 이전 뉴런의 신경 세포체가 있다. 척수(B, ㉠)에는 부교감 신경의 신경절 이전 뉴런의 신경 세포체 또는 교감 신경의 신경절 이전 뉴런의 신경 세포체가 있다.
ㄷ. 뇌줄기에는 중간뇌(A, ㉡), 뇌교, 연수가 속한다. 척수(B, ㉠)는 뇌줄기에 속하지 않는다.

문제풀이 **Tip**
뇌의 구조와 기능에 대해 알아두고, 특히 부교감 신경의 신경절 이전 뉴런의 신경 세포체와 교감 신경의 신경절 이전 뉴런의 신경 세포체가 있는 뇌의 구조에 대해 알아둔다.

---

## 4 신경계

2024년 3월 교육청 7번 | 정답 ① | 문제편 62 p

출제 의도 중추 신경계를 구성하는 구조와 기능에 대해 알고 있는지 묻는 문항이다.

그림은 사람의 중추 신경계와 위가 자율 신경으로 연결된 경로를 나타낸 것이다. A와 B는 각각 간뇌와 대뇌 중 하나이다.

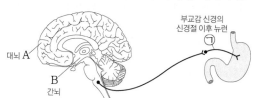

부교감 신경의 신경절 이후 뉴런 ㉠

대뇌 A

B 간뇌

이에 대한 옳은 설명만을 〈보기〉에서 있는 대로 고른 것은?

보기
ㄱ. A의 겉질은 회색질이다.
  대뇌(A)의 겉질은 회색질이고, 속질은 백색질이다.
ㄴ. B는 뇌줄기에 속한다.
  간뇌(B)는 뇌줄기에 속하지 않는다.
ㄷ. ㉠의 활동 전위 발생 빈도가 증가하면 위액 분비가 <del>억제</del>된다.
  촉진된다.

① ㄱ　　② ㄷ　　③ ㄱ, ㄴ　　④ ㄴ, ㄷ　　⑤ ㄱ, ㄴ, ㄷ

✔ 자료 해석
• A는 대뇌, B는 간뇌이고, ㉠은 부교감 신경의 신경절 이후 뉴런이다.
• 부교감 신경은 위액 분비를 촉진시키고, 교감 신경은 위액 분비를 억제시킨다.

○ 보기 풀이 ㄱ. 대뇌(A)의 겉질은 회색질이고, 속질은 백색질이다.

✕ 매력적 오답 ㄴ. 간뇌(B)는 뇌줄기에 속하지 않는다. 뇌줄기에는 중간뇌, 뇌교, 연수가 포함된다.
ㄷ. 신경절 이전 뉴런의 신경 세포체가 연수에서 뻗어나오며, 신경절 이전 뉴런이 신경절 이후 뉴런보다 길므로 ㉠은 부교감 신경의 신경절 이후 뉴런이다. 부교감 신경의 신경절 이후 뉴런(㉠)의 활동 전위 발생 빈도가 증가하면 위액 분비가 촉진된다.

문제풀이 **Tip**
뇌의 구조와 기능에 대해 알아두고, 부교감 신경과 교감 신경을 구성하는 뉴런의 길이 비교 및 기능에 대해 정리해둔다.

**5**  자율 신경

출제 의도  자료를 분석하여 자율 신경인 교감 신경과 부교감 신경에 대해 알고 있는지 묻는 문항이다.

그림은 중추 신경계와 심장을 연결하는 자율 신경 A를, 표는 A의 특징을 나타낸 것이다. ⓐ와 ⓑ 중 하나에 신경절이 있고, ㉠은 노르에피네프린과 아세틸콜린 중 하나이다.

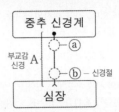

| A의 특징 |
| --- |
| 신경절 이전 뉴런 말단과 신경절 이후 뉴런 말단에서 모두 ㉠이 분비된다.  아세틸콜린 |

이에 대한 옳은 설명만을 〈보기〉에서 있는 대로 고른 것은?

보기
ㄱ. ⓐ에 신경절이 있다.
     ⓑ
ㄴ. ㉠은 노르에피네프린이다.
     아세틸콜린
ㄷ. A에서 활동 전위 발생 빈도가 증가하면 심장 박동 속도가 감소한다.
     부교감 신경

① ㄱ    ② ㄷ    ③ ㄱ, ㄴ    ④ ㄱ, ㄷ    ⑤ ㄴ, ㄷ

✓ 자료 해석
• 교감 신경을 구성하는 신경절 이전 뉴런의 말단에서는 아세틸콜린이, 신경절 이후 뉴런의 말단에서는 노르에피네프린이 분비되며, 부교감 신경을 구성하는 신경절 이전 뉴런과 신경절 이후 뉴런의 말단에서는 모두 아세틸콜린이 분비된다.
• ㉠은 아세틸콜린이고, A는 부교감 신경이며, 신경절은 ⓑ에 있다.

O 보기 풀이  ㄷ. 부교감 신경(A)에서 활동 전위 발생 빈도가 증가하면 심장 박동 속도가 감소한다.

✗ 매력적 오답  ㄱ, ㄴ. 신경절 이전 뉴런 말단과 신경절 이후 뉴런 말단에서 모두 ㉠이 분비되므로 A는 부교감 신경이며, ㉠은 아세틸콜린이다. 노르에피네프린은 교감 신경의 신경절 이후 뉴런 말단에서 분비된다. 부교감 신경(A)은 신경절 이전 뉴런의 길이가 신경절 이후 뉴런의 길이보다 길므로 ⓑ에 신경절이 있다.

문제풀이 **Tip**
자율 신경을 구성하는 두 뉴런 말단에서 분비되는 물질이 한 종류이면 부교감 신경이고, 두 종류이면 교감 신경임을 알고 자료에 적용하면 된다.

---

**6**  말초 신경계

출제 의도  자료를 분석하여 체성 신경과 자율 신경인 부교감 신경에 대해 알고 있는지 묻는 문항이다.

그림은 중추 신경계에 속한 A와 B로부터 다리 골격근과 심장에 연결된 말초 신경을 나타낸 것이다. A와 B는 연수와 척수를 순서 없이 나타낸 것이고, ⓐ와 ⓑ 중 한 곳에 신경절이 있다.

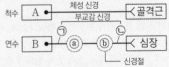

이에 대한 설명으로 옳은 것만을 〈보기〉에서 있는 대로 고른 것은?

보기
ㄱ. A는 척수이다.
ㄴ. ⓑ에 신경절이 있다.
ㄷ. ㉠과 ㉡의 말단에서 모두 아세틸콜린이 분비된다.
     부교감 신경을 구성하는 뉴런

① ㄱ    ② ㄷ    ③ ㄱ, ㄴ    ④ ㄴ, ㄷ    ⑤ ㄱ, ㄴ, ㄷ

✓ 자료 해석
• A는 척수, B는 연수이며, ㉠은 부교감 신경의 신경절 이전 뉴런, ㉡은 부교감 신경의 신경절 이후 뉴런이다.
• 부교감 신경은 신경절 이전 뉴런(㉠)이 신경절 이후 뉴런(㉡)보다 길다.

O 보기 풀이  ㄱ. 골격근에 연결된 말초 신경은 체성 신경으로, 척수와 연결되어 있으므로 A는 척수이다. 따라서 B는 연수이며, 연수로부터 심장에 연결된 말초 신경인 ㉠과 ㉡은 부교감 신경이다.
ㄴ. 부교감 신경은 신경절 이전 뉴런(㉠)이 신경절 이후 뉴런(㉡)보다 길므로 ⓑ에 신경절이 있다.
ㄷ. 부교감 신경의 신경절 이전 뉴런(㉠)과 신경절 이후 뉴런(㉡)의 말단에서 모두 아세틸콜린이 분비된다.

문제풀이 **Tip**
말초 신경계를 구성하는 체성 신경과 자율 신경의 특징 중 각 신경과 연결된 중추 신경계의 종류 및 뉴런의 말단에서 분비되는 물질에 대해 잘 정리해 둔다.

## 7 말초 신경계

2023년 4월 교육청 8번 | 정답 ⑤ | 문제편 63p

출제 의도 말초 신경계 중 감각 신경과 자율 신경인 교감 신경과 부교감 신경에 대해 알고 있는지 묻는 문항이다.

표 (가)는 사람 신경의 3가지 특징을, (나)는 (가)의 특징 중 방광에 연결된 신경 A~C가 갖는 특징의 개수를 나타낸 것이다. A~C는 감각 신경, 교감 신경, 부교감 신경을 순서 없이 나타낸 것이다.

| 특징 | 구분 | 특징의 개수 |
|---|---|---|
| • 원심성 신경이다. 교감, 부교감 | A 감각 신경 | 0 |
| • 자율 신경계에 속한다. 교감, 부교감 | B 부교감 신경 | ㉠ 2 |
| • 신경절 이후 뉴런의 말단에서 노르에피네프린이 분비된다. 교감 | C 교감 신경 | 3 |

(가)                    (나)

이에 대한 설명으로 옳은 것만을 〈보기〉에서 있는 대로 고른 것은?

보기
ㄱ. ㉠은 ₁이다.
       2
ㄴ. A는 말초 신경계에 속한다.
    감각 신경
ㄷ. C의 신경절 이전 뉴런의 신경 세포체는 척수에 있다.
    교감 신경

① ㄱ    ② ㄴ    ③ ㄷ    ④ ㄱ, ㄴ    ⑤ ㄴ, ㄷ

✓ 자료 해석
• 감각 신경은 구심성 신경이고, 교감 신경과 부교감 신경은 원심성 신경이다. 교감 신경과 부교감 신경은 자율 신경계에 속하며, 교감 신경은 신경절 이후 뉴런의 말단에서 노르에피네프린이 분비된다.
• A는 감각 신경, B는 부교감 신경, C는 교감 신경이다.

○ 보기 풀이 ㄴ. 감각 신경(A), 부교감 신경(B), 교감 신경(C)은 모두 말초 신경계에 속한다. 말초 신경계는 구심성 신경과 원심성 신경으로 구분된다.
ㄷ. 교감 신경(C)의 신경절 이전 뉴런의 신경 세포체는 척수에 있다. 방광과 연결된 부교감 신경(B)의 신경절 이전 뉴런의 신경 세포체 또한 척수에 있다.

✕ 매력적 오답 ㄱ. 부교감 신경(B)은 원심성 신경이며, 자율 신경계에 속하므로 ㉠은 2이다. 부교감 신경(B)의 신경절 이후 뉴런의 말단에서는 아세틸콜린이 분비된다.

문제풀이 Tip
말초 신경계를 구성하는 감각 신경과 자율 신경인 교감 신경과 부교감 신경의 특징에 대해 잘 정리해 둔다.

---

## 8 자율 신경

2023년 3월 교육청 8번 | 정답 ③ | 문제편 63p

출제 의도 자료를 분석하여 자율 신경인 교감 신경과 부교감 신경에 대해 알고 있는지 묻는 문항이다.

그림은 사람의 중추 신경계와 홍채가 자율 신경으로 연결된 경로를 나타낸 것이다.

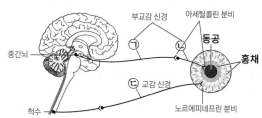

이에 대한 옳은 설명만을 〈보기〉에서 있는 대로 고른 것은?

보기
            부교감 신경의 신경절 이전 뉴런
ㄱ. ㉠의 신경 세포체는 뇌줄기에 있다.
              연수, 뇌교, 중간뇌
ㄴ. ㉠과 ㉡의 말단에서 분비되는 신경 전달 물질은 같다.
   부교감 신경의 신경절 이후 뉴런    아세틸콜린
ㄷ. ㉢의 활동 전위 발생 빈도가 증가하면 동공이 작아진다.
   교감 신경의 신경절 이후 뉴런              커진다

① ㄱ    ② ㄷ    ③ ㄱ, ㄴ    ④ ㄴ, ㄷ    ⑤ ㄱ, ㄴ, ㄷ

✓ 자료 해석
• ㉠과 ㉡은 부교감 신경을 구성하는 뉴런이며, ㉠과 ㉡의 말단에서 아세틸콜린이 분비된다.
• ㉢은 교감 신경을 구성하는 뉴런이며, ㉢의 말단에서 노르에피네프린이 분비된다.

○ 보기 풀이 ㄱ. 동공의 크기를 조절하는 데 관여하는 부교감 신경의 신경절 이전 뉴런(㉠)의 신경 세포체는 뇌줄기에 속하는 중간뇌에 있다. 뇌줄기에는 뇌교, 중간뇌, 연수가 포함된다.
ㄴ. 부교감 신경의 신경절 이전 뉴런(㉠)과 신경절 이후 뉴런(㉡)의 말단에서 아세틸콜린이 분비된다.

✕ 매력적 오답 ㄷ. 교감 신경의 신경절 이후 뉴런(㉢)의 활동 전위 발생 빈도가 증가하면 동공이 커진다. 부교감 신경의 신경절 이전 뉴런(㉠)의 활동 전위 발생 빈도가 증가하면 동공이 작아진다.

문제풀이 Tip
자율 신경인 교감 신경과 부교감 신경의 특징 중 말단에서 분비되는 물질의 종류와 신경절 이전 뉴런의 신경 세포체가 위치하는 중추 신경계에 대해 정리해 둔다.

## 9　말초 신경계

출제의도 말초 신경계에 대해 알고 있는지 묻는 문항이다.

그림은 무릎 반사가 일어날 때 흥분 전달 경로를 나타낸 것이다.

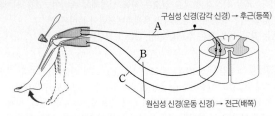

구심성 신경(감각 신경) → 후근(등쪽)

원심성 신경(운동 신경) → 전근(배쪽)

이에 대한 옳은 설명만을 〈보기〉에서 있는 대로 고른 것은?

보기
ㄱ. A와 B는 모두 척수 신경이다. 척수에 연결되어 있으므로 척수 신경이다.

ㄴ. B는 자율 신경계에 속한다.
　　　체성 신경계

ㄷ. C는 후근을 이룬다.
　　　전근

① ㄱ　② ㄴ　③ ㄱ, ㄴ　④ ㄱ, ㄷ　⑤ ㄴ, ㄷ

✔ 자료 해석
• A는 구심성 신경(감각 신경), B와 C는 원심성 신경(운동 신경)이다.
• A, B, C는 모두 척수와 연결된 척수 신경이다.
• B와 C는 모두 체성 신경계에 속한다.

○ 보기 풀이　ㄱ. A, B, C는 모두 말초 신경계에 속하며, A와 B는 모두 척수와 연결된 척수 신경이다.

✕ 매력적 오답　ㄴ. 척수와 다리의 골격근을 연결하는 신경(B)은 체성 신경이므로 자율 신경계에 속하지 않는다.

ㄷ. C는 원심성 신경(운동 신경)이므로 척수의 전근(배쪽)을 이룬다. 구심성 신경(감각 신경)(A)이 척수의 후근(등쪽)을 이룬다.

문제풀이 Tip
말초 신경계 중 자율 신경계와 체성 신경계에 대해 알고 있어야 하며, 구심성 신경은 척수에서 후근을 이루고 원심성 신경은 척수에서 전근을 이루고 있음을 알고 있어야 한다.

---

## 10　자율 신경

출제의도 자료를 분석하여 자율 신경인 교감 신경과 부교감 신경에 대해 알고 있는지 묻는 문항이다.

그림 (가)는 중추 신경계로부터 나온 자율 신경이 방광에 연결된 경로를, (나)는 뉴런 ㉠에 역치 이상의 자극을 주었을 때와 주지 않았을 때 방광의 부피를 나타낸 것이다. ㉠은 ⓑ와 ⓓ 중 하나이다.

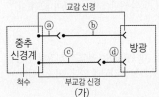

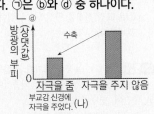

이에 대한 설명으로 옳은 것만을 〈보기〉에서 있는 대로 고른 것은?

보기
ㄱ. ㉠은 ⓓ이다.

ㄴ. ⓐ는 척수의 후근을 이룬다.
　　　　　　　전근

ㄷ. ⓑ와 ⓒ의 축삭 돌기 말단에서 분비되는 신경 전달 물질은 같다. ─── 아세틸콜린
　　　　　　　　─── 노르에피네프린

① ㄱ　② ㄴ　③ ㄷ　④ ㄱ, ㄴ　⑤ ㄴ, ㄷ

✔ 자료 해석
• ⓐ의 길이가 ⓑ의 길이보다 짧으므로 ⓐ와 ⓑ는 교감 신경을 구성하고, ⓒ의 길이가 ⓓ의 길이보다 길므로 ⓒ와 ⓓ는 부교감 신경을 구성한다.
• (나)에서 ㉠에 자극을 주었을 때 방광이 수축하여 부피가 감소하므로 ㉠은 부교감 신경을 구성하는 뉴런이다. 따라서 ㉠은 ⓓ이다.

○ 보기 풀이　ㄱ. ㉠에 자극을 주었을 때 방광이 수축하여 부피가 감소하므로 ㉠은 부교감 신경을 구성하는 신경절 이후 뉴런(ⓓ)이다.

✕ 매력적 오답　ㄴ. 교감 신경을 구성하는 신경절 이전 뉴런(ⓐ)은 원심성 뉴런(운동 뉴런)이므로 척수의 전근을 이룬다. 구심성 뉴런(감각 뉴런)이 척수의 후근을 이룬다.

ㄷ. 교감 신경을 구성하는 신경절 이후 뉴런(ⓑ)의 축삭 돌기 말단에서는 노르에피네프린이, 부교감 신경을 구성하는 신경절 이전 뉴런(ⓒ)의 축삭 돌기 말단에서는 아세틸콜린이 분비된다.

문제풀이 Tip
자극을 주었을 때 방광의 부피가 작아지는 것을 통해 방광이 수축하며, 부교감 신경을 구성하는 뉴런에 자극이 주어졌다는 것을 파악하는 것이 중요하다.

## 11 말초 신경계

출제 의도 자료를 분석하여 체성 신경과 자율 신경인 교감 신경과 부교감 신경에 대해 알고 있는지 묻는 문항이다.

그림은 중추 신경계로부터 말초 신경을 통해 홍채와 골격근에 연결된 경로를 나타낸 것이다.

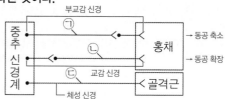

이에 대한 설명으로 옳은 것만을 〈보기〉에서 있는 대로 고른 것은?

〈보기〉
ㄱ. ㉠은 구심성 뉴런이다.
   원심성 뉴런
ㄴ. ㉡이 흥분하면 동공이 축소된다.
   확장
ㄷ. ㉢의 말단에서 아세틸콜린이 분비된다.

① ㄱ    ② ㄴ    ③ ㄷ    ④ ㄱ, ㄷ    ⑤ ㄴ, ㄷ

✔ 자료 해석
• ㉠은 부교감 신경의 신경절 이전 뉴런, ㉡은 교감 신경의 신경절 이후 뉴런, ㉢은 체성 신경을 구성하는 운동 뉴런이다.
• ㉠~㉢은 모두 원심성 뉴런(운동 뉴런)이다.

⭕ 보기 풀이  ㄷ. 체성 신경을 구성하는 운동 뉴런(㉢)의 축삭 돌기 말단에서 아세틸콜린이 분비된다.

❌ 매력적 오답  ㄱ. 부교감 신경의 신경절 이전 뉴런(㉠)은 중추 신경계에서 반응기인 홍채로 흥분을 전달하는 원심성 뉴런이다. 구심성 뉴런은 감각 기관에서 수용한 자극을 중추 신경계로 전달한다.
ㄴ. 홍채에 연결된 교감 신경의 신경절 이후 뉴런(㉡)이 흥분하면 동공이 확장된다.

문제풀이 **Tip**
자율 신경인 교감 신경과 부교감 신경 및 체성 신경을 구성하는 뉴런은 모두 원심성 뉴런임을 알고, 교감 신경과 부교감 신경의 특징을 비교하여 알고 있어야 한다.

## 12 말초 신경계

출제 의도 자료를 분석하여 체성 신경과 자율 신경인 부교감 신경에 대해 알고 있는지 묻는 문항이다.

그림은 사람에서 ㉠과 팔의 골격근을 연결하는 말초 신경과, ㉡과 눈을 연결하는 말초 신경을 나타낸 것이다. ㉠과 ㉡은 각각 척수와 중간뇌 중 하나이다.

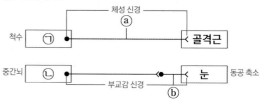

이에 대한 옳은 설명만을 〈보기〉에서 있는 대로 고른 것은? [3점]

〈보기〉
ㄱ. ㉠은 척수이다.
ㄴ. ⓐ는 자율 신경계에 속한다.
   체성 신경이다.
ㄷ. ⓑ의 말단에서 노르에피네프린이 분비된다.
   아세틸콜린이

① ㄱ    ② ㄴ    ③ ㄱ, ㄴ    ④ ㄱ, ㄷ    ⑤ ㄴ, ㄷ

✔ 자료 해석
• ㉠과 팔의 골격근을 연결하는 말초 신경은 체성 신경이므로 ㉠은 척수이고, ㉡과 눈을 연결하는 말초 신경은 부교감 신경이므로 ㉡은 중간뇌이다.
• ⓐ는 체성 신경을 구성하는 운동 뉴런, ⓑ는 부교감 신경을 구성하는 신경절 이후 뉴런이다.
• ⓐ와 ⓑ의 말단에서 모두 아세틸콜린이 분비된다.

⭕ 보기 풀이  ㄱ. ㉠은 척수, ㉡은 중간뇌이다.

❌ 매력적 오답  ㄴ. 척수와 팔의 골격근을 연결하는 ⓐ는 체성 신경을 구성하는 운동 뉴런이므로 자율 신경계에 속하지 않는다.
ㄷ. 중간뇌(㉡)와 눈을 연결하는 부교감 신경의 신경절 이후 뉴런(ⓑ)의 축삭 돌기 말단에서는 아세틸콜린이 분비된다. 노르에피네프린은 교감 신경의 신경절 이후 뉴런의 축삭 돌기 말단에서 분비된다.

문제풀이 **Tip**
말초 신경계를 구성하는 체성 신경과 자율 신경의 특징에 대해 잘 정리해 둔다.

## 13 자율 신경의 구조와 기능

출제 의도 자율 신경의 구조와 기능에 대해 묻는 문항이다.

그림은 중추 신경계와 심장을 연결하는 자율 신경을 나타낸 것이다. ⓐ에 하나의 신경절이 있으며, 뉴런 ㉠과 ㉡의 말단에서 분비되는 신경 전달 물질은 다르다.

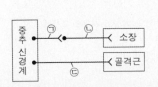

이에 대한 옳은 설명만을 〈보기〉에서 있는 대로 고른 것은?

보기
ㄱ. ㉠의 신경 세포체는 연수에 있다.
　교감 신경의 신경절 이전 뉴런(㉠)의 신경 세포체는 척수에 있다.
ㄴ. ㉠의 길이는 ㉡의 길이보다 길다.
　교감 신경의 신경절 이전 뉴런(㉠)의 길이는 신경절 이후 뉴런(㉡)의 길이보다 짧다.
ㄷ. ㉡의 말단에서 분비되는 신경 전달 물질은 노르에피네프린이다. 교감 신경의 신경절 이후 뉴런(㉡)의 말단에서는 노르에피네프린이 분비된다.

① ㄱ　② ㄷ　③ ㄱ, ㄴ　④ ㄴ, ㄷ　⑤ ㄱ, ㄴ, ㄷ

✓ 자료 해석

• 자율 신경은 대뇌의 직접적인 지배를 받지 않으며 중간뇌, 연수, 척수의 명령을 심장근, 내장근, 분비샘에 전달한다. 또한, 중추 신경계와 반응 기관 사이에 하나의 신경절이 존재한다. 자율 신경에는 교감 신경과 부교감 신경이 있으며, 일반적으로 길항 작용을 하면서 반응 기관을 조절한다.

• 뉴런 ㉠과 ㉡의 말단에서 분비되는 신경 전달 물질이 다르므로, ⓐ는 교감 신경이다. 교감 신경은 척수와 연결되어 있으며, 신경절 이전 뉴런에서는 아세틸콜린이, 신경절 이후 뉴런에서는 노르에피네프린이 분비된다. 또한 교감 신경은 일반적으로 신경절 이전 뉴런이 신경절 이후 뉴런보다 짧다.

○ 보기 풀이 ㉠과 ㉡의 말단에서 분비되는 신경 전달 물질이 서로 다르므로 ㉠은 교감 신경의 신경절 이전 뉴런이고, ㉡은 교감 신경의 신경절 이후 뉴런이다. ㄷ. 심장에 연결된 교감 신경의 말단에서 분비되는 신경 전달 물질은 노르에피네프린이다.

✕ 매력적 오답 ㄱ, ㄴ. ㉠의 신경 세포체는 척수에 있고, ㉠의 길이는 ㉡의 길이보다 짧다.

문제풀이 **Tip**
자율 신경 중 교감 신경에 대한 문항으로, 교감 신경과 부교감 신경의 차이점을 알고 있어야 한다. 말초 신경계 중 원심성 신경(운동 신경)에 대한 문항은 체성 신경과 자율 신경의 비교 또는 교감 신경과 부교감 신경의 비교에 대한 문항이 자주 출제되고 있다. 각각의 개념을 자세하게 알아두도록 하자.

## 14 신경계

출제 의도 체성 신경과 자율 신경의 구조와 기능에 대해 묻는 문항이다.

그림은 중추 신경계로부터 말초 신경을 통해 소장과 골격근에 연결된 경로를, 표는 뉴런 ⓐ~ⓒ의 특징을 나타낸 것이다. ⓐ~ⓒ는 ㉠~㉢을 순서 없이 나타낸 것이다.

| 구분 | 특징 |
|---|---|
| ⓐ ㉠ | ? |
| ⓑ ㉢ | 체성 신경계에 속한다. |
| ⓒ ㉡ | 축삭 돌기 말단에서 노르에피네프린이 분비된다. |

이에 대한 설명으로 옳은 것만을 〈보기〉에서 있는 대로 고른 것은?
[3점]

보기
ㄱ. ⓐ는 ㉡이다.
　ⓐ는 ㉠, ⓑ는 ㉢, ⓒ는 ㉡이다.
ㄴ. ㉠의 신경 세포체는 척수에 있다.
　교감 신경의 신경절 이전 뉴런(㉠)의 신경 세포체는 척수에 있다.
ㄷ. ㉢은 운동 신경이다.
　㉢은 골격근에 명령을 전달하는 운동 신경이다.

① ㄱ　② ㄷ　③ ㄱ, ㄴ　④ ㄴ, ㄷ　⑤ ㄱ, ㄴ, ㄷ

✓ 자료 해석

• 중추 신경계와 반응 기관(소장) 사이에 하나의 신경절이 존재하며, 신경절 이전 뉴런이 신경절 이후 뉴런보다 짧으므로, ㉠과 ㉡은 교감 신경을 구성하는 뉴런이다. 이중 신경절 이전 뉴런(㉠)에서는 아세틸콜린이, 신경절 이후 뉴런(㉡)에서는 노르에피네프린이 분비되므로, ⓐ는 ㉠, ⓒ는 ㉡이다.

• 교감 신경은 척수와 연결되어 있으므로, 교감 신경의 신경절 이전 뉴런(㉠)의 신경 세포체는 척수에 있다.

• 중추 신경계와 반응 기관(골격근) 사이에서는 하나의 신경이 명령을 전달하며 신경절이 없으므로, ㉢은 체성 신경계에 속하는 운동 신경이다.

○ 보기 풀이 ㄴ. 교감 신경의 신경절 이전 뉴런 ㉠의 신경 세포체는 척수에 있다. ㄷ. ㉢(ⓑ)은 운동 신경이다.

✕ 매력적 오답 ㄱ. ㉠(ⓐ)은 교감 신경의 신경절 이전 뉴런, ㉡(ⓒ)은 교감 신경의 신경절 이후 뉴런이다.

문제풀이 **Tip**
자율 신경에 대한 문항으로, 교감 신경과 부교감 신경의 구조와 기능에 대해 알고 있어야 한다. 매년 수능에서 출제되는 소재이므로 관련 기출 문항을 많이 풀어두고, 체성 신경과 자율 신경의 구조와 기능에 대해서도 자세하게 알아두도록 하자.

## 15 신경계

출제의도 자율 신경을 통한 심장 박동 조절의 특징에 대해 묻는 문항이다.

그림 (가)는 중추 신경계로부터 자율 신경을 통해 심장에 연결된 경로를, (나)는 ㉠과 ㉡ 중 하나를 자극했을 때 심장 세포에서 활동 전위가 발생하는 빈도의 변화를 나타낸 것이다.

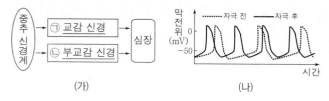

(가)          (나)

이에 대한 설명으로 옳은 것만을 〈보기〉에서 있는 대로 고른 것은?

보기
ㄱ. ㉠의 신경절 이전 뉴런의 신경 세포체는 척수에 있다.
　교감 신경(㉠)의 신경절 이전 뉴런의 신경 세포체는 척수에 있다.
ㄴ. ㉡은 신경절 이전 뉴런이 신경절 이후 뉴런보다 길다.
　부교감 신경(㉡)은 신경절 이전 뉴런이 신경절 이후 뉴런보다 길다.
ㄷ. (나)는 ㉡을 자극했을 때의 변화를 나타낸 것이다.
　(나)는 교감 신경(㉠)을 자극했을 때의 변화를 나타낸 것이다.

① ㄱ　　② ㄷ　　③ ㄱ, ㄴ　　④ ㄴ, ㄷ　　⑤ ㄱ, ㄴ, ㄷ

✔ 자료 해석

• 교감 신경은 척수와 연결되어 있으며, 부교감 신경은 중간뇌, 연수, 척수와 연결되어 있다. 따라서 심장에 연결된 교감 신경(㉠)의 신경절 이전 뉴런의 신경 세포체는 척수에 있고, 부교감 신경(㉡)의 신경절 이전 뉴런의 신경 세포체는 연수에 있다.
• 교감 신경(㉠)은 신경절 이전 뉴런이 신경절 이후 뉴런보다 짧고, 부교감 신경(㉡)은 신경절 이전 뉴런이 신경절 이후 뉴런보다 길다.
• 교감 신경에 의해 심장 박동이 촉진되고, 부교감 신경에 의해 심장 박동이 억제된다. (나)에서는 자극 후 심장 세포에서 활동 전위가 발생하는 빈도가 증가하였으므로, 교감 신경(㉠)을 자극했을 때의 변화이다.

○ 보기풀이 ㄱ. 교감 신경(㉠)의 신경절 이전 뉴런의 신경 세포체는 척수에 있다.
ㄴ. 부교감 신경(㉡)은 신경절 이전 뉴런이 신경절 이후 뉴런보다 길다.

✕ 매력적 오답 ㄷ. (나)는 교감 신경(㉠)을 자극했을 때의 변화를 나타낸 것이다.

문제풀이 **Tip**
자율 신경에 대한 문항으로, 교감 신경과 부교감 신경의 공통점과 차이점에 대해 알고 있어야 한다. 또한, (나)에서 자극을 준 후 심장 세포의 활동 전위 발생 빈도가 증가하였으므로 자극을 준 신경은 교감 신경임을 유추할 수 있어야 한다.

## 16 신경계

출제의도 동공 크기 조절에 관여하는 부교감 신경과 심장 박동 조절에 관여하는 부교감 신경의 특징에 대해 묻는 문항이다.

그림은 동공 크기의 조절에 관여하는 자율 신경이 중간뇌에, 심장 박동의 조절에 관여하는 자율 신경이 연수에 연결된 경로를 나타낸 것이다. ⓐ와 ⓑ에는 각각 하나의 신경절이 있다.

이에 대한 옳은 설명만을 〈보기〉에서 있는 대로 고른 것은? [3점]

보기
ㄱ. ㉠은 부교감 신경을 구성한다.
　중간뇌에 연결된 ㉠은 부교감 신경을 구성한다.
ㄴ. ㉡과 ㉢의 말단에서 모두 아세틸콜린이 분비된다.
　부교감 신경의 뉴런(㉡, ㉢)에서는 모두 아세틸콜린이 분비된다.
ㄷ. ㉣의 말단에서 심장 박동을 촉진하는 신경 전달 물질이 분비된다.
　심장에 연결된 부교감 신경(ⓑ)의 말단에서는 심장 박동을 억제하는 아세틸콜린이 분비된다.

① ㄱ　　② ㄷ　　③ ㄱ, ㄴ　　④ ㄴ, ㄷ　　⑤ ㄱ, ㄴ, ㄷ

✔ 자료 해석

• 자율 신경 중 교감 신경은 척수와 연결되어 있으며, 부교감 신경은 중간뇌, 연수, 척수와 연결되어 있다. 따라서 중간뇌와 연수에 각각 연결된 자율 신경은 모두 부교감 신경이다.
• 부교감 신경의 신경절 이전 뉴런과 신경절 이후 뉴런에서는 모두 아세틸콜린이 분비된다.
• 중간뇌에 연결된 부교감 신경에 의해 동공은 축소되며, 연수에 연결된 부교감 신경에 의해 심장 박동이 억제된다.

○ 보기풀이 중간뇌와 연수에 각각 연결된 자율 신경은 부교감 신경이다.
ㄱ. ㉠, ㉡, ㉢, ㉣은 모두 부교감 신경을 구성한다.
ㄴ. 부교감 신경의 신경절 이전 뉴런과 신경절 이후 뉴런의 말단에서는 모두 아세틸콜린이 분비된다. 따라서 중간뇌에 연결된 부교감 신경의 신경절 이후 뉴런(㉡)과 연수에 연결된 부교감 신경의 신경절 이전 뉴런(㉢)에서는 모두 아세틸콜린이 분비된다.

✕ 매력적 오답 ㄷ. 부교감 신경은 심장 박동을 억제한다. 따라서 연수에 연결된 부교감 신경의 신경절 이후 뉴런(㉣)의 말단에서는 심장 박동을 촉진하는 신경 전달 물질이 분비되지 않는다.

문제풀이 **Tip**
자율 신경에 관한 문항으로, 교감 신경과 부교감 신경의 신경 세포체가 존재하는 중추와 각 신경의 기능에 대해 알고 있어야 한다. 교감 신경의 신경 세포체는 척수와 연결되어 있고, 부교감 신경의 신경 세포체는 중간뇌, 연수, 척수와 연결되어 있다.

## 17 중추 신경계와 자율 신경

**출제 의도** 척수에 연결되어 심장 박동을 조절하는 교감 신경과 연수에 연결되어 심장 박동을 조절하는 부교감 신경의 특징을 이해하는지 확인하는 문항이다.

그림은 사람의 중추 신경계와 심장을 연결하는 자율 신경을 나타낸 것이다. ⊙과 ⓒ은 각각 연수와 척수 중 하나이다.

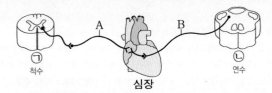

이에 대한 옳은 설명만으로 〈보기〉에서 있는 대로 고른 것은?

보기
ㄱ. ⊙의 속질은 백색질아다.
　척수(⊙)의 속질은 회색질, 겉질은 백색질이다.
ㄴ. ⓒ은 뇌줄기를 구성한다.
ㄷ. 뉴런 A와 B의 말단에서 분비되는 신경 전달 물질은 같다.
　A의 말단에서 노르에피네프린이, B의 말단에서 아세틸콜린이 분비된다.

① ㄱ　　② ㄴ　　③ ㄷ　　④ ㄱ, ㄴ　　⑤ ㄴ, ㄷ

**✓ 자료 해석**

- 척수 : 뇌와 말초 신경계 사이에서 정보를 전달하는 통로 역할을 한다. 무릎 반사, 회피 반사, 배변 · 배뇨 반사, 젖 분비, 땀 분비 등의 중추이다.
- 연수 : 뇌와 척수를 연결하는 신경 다발이 통과하는 곳으로, 대뇌와 연결된 대부분의 신경이 교차되는 장소이다. 심장 박동, 호흡 운동, 소화 운동, 소화액 분비 등의 조절 중추이며, 기침, 재채기, 하품 등의 반사 중추이다.

**○ 보기 풀이** ⊙은 척수이며, ⓒ은 연수이다.
ㄴ. 뇌줄기는 생명 유지와 관련된 중요한 역할을 하는 중간뇌, 뇌교, 연수(ⓒ)가 속해 있다.

**✕ 매력적 오답** ㄱ. 척수(⊙)의 속질은 회색질이며, 겉질은 백색질이다.
ㄷ. 교감 신경의 신경절 이후 뉴런(A)의 말단에서 분비되는 신경 전달 물질은 노르에피네프린이고, 부교감 신경의 신경절 이전 뉴런(B)의 말단에서 분비되는 신경 전달 물질은 아세틸콜린이다.

**문제풀이 Tip**
교감 신경과 부교감 신경 및 중추 신경계의 기능에 대한 문항이다. 교감 신경과 부교감 신경의 작용에 대해 자세하게 알아두도록 하자.

---

## 18 신경계

**출제 의도** 중추 신경계와 심장에 연결된 교감 신경과 부교감 신경의 특징을 파악하는지 확인하는 문항이다.

그림 (가)는 중추 신경계의 구조를, (나)는 중추 신경계와 심장이 자율 신경으로 연결된 모습을 나타낸 것이다. A~C는 각각 척수, 연수, 대뇌 중 하나이다.

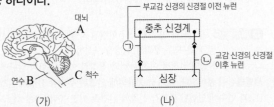

이에 대한 설명으로 옳은 것만을 〈보기〉에서 있는 대로 고른 것은?

보기
ㄱ. A의 겉질은 회색질이다.
　대뇌(A)의 겉질은 회색질, 속질은 백색질이다.
ㄴ. ⊙의 신경 세포체는 C에 존재한다.
　부교감 신경의 신경절 이전 뉴런(⊙)의 신경 세포체는 연수(B)에 존재한다.
ㄷ. ⓒ에서 흥분 발생 빈도가 증가하면 심장 박동이 촉진된다.
　교감 신경의 신경절 이후 뉴런(ⓒ)에서 흥분 발생 빈도가 증가하면 심장 박동이 촉진된다.

① ㄱ　　② ㄴ　　③ ㄱ, ㄷ　　④ ㄴ, ㄷ　　⑤ ㄱ, ㄴ, ㄷ

**✓ 자료 해석**

- 대뇌는 겉질과 속질로 구분하며, 겉질은 뉴런의 신경 세포체가 밀집되어 있는 회색질이고, 속질은 축삭 돌기가 밀집되어 있는 백색질이다.
- 심장에 연결된 부교감 신경의 신경 세포체는 연수에 있으며, 흥분 발생 빈도가 증가하면 심장 박동이 억제된다. 반면 심장에 연결된 교감 신경의 신경 세포체는 척수에 있으며, 흥분 발생 빈도가 증가하면 심장 박동이 촉진된다.

**○ 보기 풀이** A는 대뇌, B는 연수, C는 척수이고, ⊙은 부교감 신경의 신경절 이전 뉴런, ⓒ은 교감 신경의 신경절 이후 뉴런이다.
ㄱ. 대뇌(A)의 겉질은 뉴런의 신경 세포체가 밀집되어 있는 회색질이다.
ㄷ. 교감 신경의 신경절 이후 뉴런(ⓒ)에서 흥분 발생 빈도가 증가하면 심장 박동이 촉진되고, 부교감 신경의 신경절 이전 뉴런(⊙)에서 흥분 발생 빈도가 증가하면 심장 박동이 억제된다.

**✕ 매력적 오답** ㄴ. 부교감 신경의 신경절 이전 뉴런(⊙)의 신경 세포체는 연수 (B)에 존재하며, 교감 신경의 신경절 이전 뉴런의 신경 세포체는 척수(C)에 존재한다.

**문제풀이 Tip**
중추 신경계의 구조와 자율 신경계의 기능에 대한 문항이다. 이외에도 대뇌의 기능 및 교감 신경과 부교감 신경의 다양한 작용에 대해 알아두자.

## 19 신경계

출제의도 감각 뉴런, 연합 뉴런, 운동 뉴런의 형태와 기능을 파악하는지 확인하는 문항이다.

그림은 사람에서 자극에 의한 반사가 일어날 때 흥분 전달 경로를 나타낸 것이다.

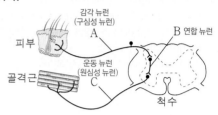

이에 대한 설명으로 옳은 것만을 〈보기〉에서 있는 대로 고른 것은? [3점]

ㄱ. A는 구심성 뉴런이다.
　　A는 감각 뉴런(구심성 뉴런)이고, C는 운동 뉴런(원심성 뉴런)이다.
ㄴ. B는 연합 뉴런이다.
　　B는 감각 뉴런과 운동 뉴런을 연결하는 연합 뉴런이다.
ㄷ. C의 축삭 돌기 말단에서 분비되는 신경 전달 물질은 아세틸콜린이다.
　　골격근에 연결된 운동 뉴런(C)의 축삭 돌기 말단에서는 아세틸콜린이 분비된다.

① ㄱ　　② ㄷ　　③ ㄱ, ㄴ　　④ ㄴ, ㄷ　　⑤ ㄱ, ㄴ, ㄷ

### ✔ 자료 해석

• 기능에 따른 뉴런의 구분 : 감각 뉴런(구심성), 연합 뉴런, 운동 뉴런(원심성)으로 구분된다.
　① 감각 뉴런(구심성 뉴런) : 감각기에서 받아들인 자극을 중추 신경계로 전달한다.
　② 연합 뉴런 : 뇌와 척수 같은 중추 신경계를 이루고, 감각 뉴런과 운동 뉴런을 연결한다.
　③ 운동 뉴런(원심성 뉴런) : 중추 신경계에서 내린 반응 명령을 반응기로 전달한다.

### ○ 보기 풀이

ㄱ, ㄴ. A는 감각 뉴런(구심성 뉴런), B는 연합 뉴런, C는 운동 뉴런(원심성 뉴런)이다. 감각 뉴런은 우리 몸의 중심에 해당하는 중추 신경계로 정보를 전달하는 뉴런이고, 운동 뉴런은 중추 신경계에서 내린 반응 명령을 반응기로 전달하는 뉴런이다.
ㄷ. 골격근에 연결된 운동 뉴런(C)의 축삭 돌기 말단에서 분비되는 신경 전달 물질은 아세틸콜린이다.

문제풀이 **Tip**
감각 뉴런, 연합 뉴런, 운동 뉴런의 특징에 대한 문항으로, 각 뉴런의 형태 상의 차이 및 기능에 대해 정확하게 숙지해 두자.

---

## 20 신경계의 구조와 기능

출제의도 중추 신경계와 자율 신경계의 구조와 기능을 파악하는지 확인하는 문항이다.

그림은 사람에서 중추 신경계와 심장이 자율 신경으로 연결된 모습의 일부를 나타낸 것이다. A와 B는 각각 연수와 중간뇌 중 하나이고, ㉠과 ㉡ 중 한 부위에 신경절이 있다.

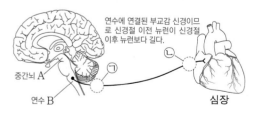

이에 대한 옳은 설명만을 〈보기〉에서 있는 대로 고른 것은?

ㄱ. A는 동공 반사의 중추이다.
　　A는 동공 반사의 중추인 중간뇌이다.
ㄴ. B는 중간뇌이다.
　　B는 뇌교와 척수 사이에 위치한 연수이다.
ㄷ. ㉠에 신경절이 있다.
　　부교감 신경이므로 ㉡에 신경절이 있다.

① ㄱ　　② ㄷ　　③ ㄱ, ㄴ　　④ ㄱ, ㄷ　　⑤ ㄴ, ㄷ

### ✔ 자료 해석

• 중간뇌 : 간뇌의 아래쪽, 연수의 위쪽, 소뇌의 앞쪽에 위치한다. 소뇌와 함께 몸의 운동과 균형을 조절하며, 안구 운동과 빛의 양에 따른 홍채 운동(동공 반사)을 조절한다.
• 연수 : 뇌교와 척수 사이에 위치하며, 대뇌와 연결된 대부분의 신경이 교차하는 장소이다. 심장 박동, 호흡 운동, 소화 운동, 소화액 분비 등의 조절 중추이다.
• 교감 신경은 신경절 이전 뉴런이 신경절 이후 뉴런보다 짧고, 부교감 신경은 신경절 이전 뉴런이 신경절 이후 뉴런보다 길다.

### ○ 보기 풀이

A는 중간뇌이고, B는 연수이다.
ㄱ. 중간뇌(A)는 안구 운동과 빛의 양에 따른 동공 반사의 중추이다.

### ✕ 매력적 오답

ㄴ. B는 심장 박동, 호흡 운동, 소화 운동, 소화액 분비 등의 조절 중추인 연수이다.
ㄷ. 그림에서 심장에 연결된 자율 신경의 신경 세포체는 연수(B)에 있으므로, 이 자율 신경은 부교감 신경이다. 따라서 ㉡에 신경절이 있다.

문제풀이 **Tip**
중추 신경계와 자율 신경계를 함께 묻는 문항으로, 신경계의 구조와 기능을 연관 지어 정확하게 암기해 두자.

# 04 호르몬과 항상성

**선택지 비율** ① 1% ② 1% ❸ 86% ④ 6% ⑤ 2%

## 1 호르몬

2024년 10월 교육청 11번 | 정답 ③ | 문제편 70p

출제 의도 사람 몸에서 분비되는 호르몬의 특성에 대해 알고 있는지 묻는 문항이다.

표 (가)는 사람 몸에서 분비되는 호르몬 A~C에서 특징 ㉠~㉢의 유무를 나타낸 것이고, (나)는 ㉠~㉢을 순서 없이 나타낸 것이다. A~C는 TSH, 티록신, 항이뇨 호르몬을 순서 없이 나타낸 것이다.

| 특징<br>호르몬 | ㉠ | ㉡ | ㉢ |
|---|---|---|---|
| 티록신 A | × | × | ○ |
| 항이뇨 호르몬 B | ?○ | ⓐ○ | ?○ |
| TSH C | × | ○ | ⓑ○ |

(○: 있음, ×: 없음)

(가)

**특징(㉠~㉢)**
- ㉢ • 표적 기관에 작용한다. – T, 티, 항
- ㉡ • 뇌하수체에서 분비된다. – T, 항
- ㉠ • 콩팥에서 물의 재흡수를 촉진한다. – 항

(나)

이에 대한 옳은 설명만을 〈보기〉에서 있는 대로 고른 것은?

**보기**
ㄱ. ⓐ와 ⓑ는 모두 '○'이다.
ㄴ. ㉠은 '뇌하수체에서 분비된다.'이다. (콩팥에서 물의 재흡수를 촉진한다.)
ㄷ. A의 분비는 음성 피드백에 의해 조절된다.

① ㄱ ② ㄴ ③ ㄱ, ㄷ ④ ㄴ, ㄷ ⑤ ㄱ, ㄴ, ㄷ

✔ **자료 해석**
- 호르몬은 혈액을 통해 온몸의 표적 기관으로 이동한다.
- 갑상샘 자극 호르몬(TSH)은 뇌하수체 전엽에서 분비되는 호르몬으로 갑상샘에서 티록신이 분비되도록 조절한다. 티록신의 분비 조절 과정은 음성 피드백의 대표적인 예이다.
- 항이뇨 호르몬(ADH)은 뇌하수체 후엽에서 분비되는 호르몬으로 콩팥에서 물의 재흡수를 촉진한다.

○ **보기 풀이** ㄱ. 항이뇨 호르몬(B)은 뇌하수체 후엽에서 분비되며, TSH(C)는 표적 기관에서 작용한다. 따라서 ⓐ와 ⓑ는 모두 '○'이다.
ㄷ. 티록신의 분비 조절 과정은 음성 피드백에 의한 것이다.

✕ **매력적 오답** ㄴ. ㉠은 '콩팥에서 물의 재흡수를 촉진한다.'이다.

**문제풀이 Tip**
호르몬의 특징에 대한 문항으로, 내분비샘에서 분비되는 호르몬의 종류와 특징, 호르몬의 분비 조절 과정을 이해하고 있어야 한다.

---

**선택지 비율** ① 1% ② 9% ③ 2% ❹ 77% ⑤ 9%

## 2 항상성의 유지

2024년 10월 교육청 18번 | 정답 ④ | 문제편 70p

출제 의도 사람의 항상성이 유지되는 원리를 이해하고 있는지 묻는 문항이다.

다음은 사람의 항상성에 대한 자료이다.

- 혈중 포도당 농도가 감소하면 ㉠의 분비가 촉진된다. ㉠은 글루카곤과 인슐린 중 하나이다. (글루카곤)
- 체온 조절 중추에 ⓐ를 주면 피부 근처 혈관을 흐르는 단위 시간당 혈액량이 증가한다. ⓐ는 고온 자극과 저온 자극 중 하나이다. (고온 자극)

이에 대한 옳은 설명만을 〈보기〉에서 있는 대로 고른 것은?

**보기**
ㄱ. ㉠은 간에서 글라코젠 합성을 촉진한다. (글리코젠이 포도당으로 분해되는 것을 촉진한다.)
ㄴ. 간뇌에 체온 조절 중추가 있다.
ㄷ. ⓐ는 고온 자극이다.

① ㄱ ② ㄴ ③ ㄱ, ㄷ ④ ㄴ, ㄷ ⑤ ㄱ, ㄴ, ㄷ

✔ **자료 해석**
- 글루카곤은 간에서 글리코젠이 포도당으로 분해되는 것을 촉진하고, 인슐린은 간에서 포도당이 글리코젠으로 합성되는 과정을 촉진한다.
- 혈중 포도당 농도가 감소하면 글루카곤(㉠)의 분비가 촉진된다.
- 간뇌에 있는 시상 하부에 고온 자극(ⓐ)을 주면 혈관을 흐르는 단위 시간당 혈액량이 증가하므로 열 발산량이 증가한다.

○ **보기 풀이** ㄴ. 체온 조절 중추는 간뇌의 시상 하부이다.
ㄷ. 체온 조절 중추에 고온 자극(ⓐ)을 주면 피부 근처 혈관을 흐르는 단위 시간당 혈액량이 증가하며, 저온 자극을 주면 피부 근처 혈관이 수축하여 단위 시간당 혈액량이 감소한다.

✕ **매력적 오답** ㄱ. 혈중 포도당 농도가 감소하면 글루카곤의 분비가 촉진된다. 글루카곤은 간에서 글리코젠이 포도당으로 분해되는 것을 촉진하여 혈중 포도당 농도를 증가시킨다.

**문제풀이 Tip**
호르몬에 의한 체온 조절 과정과 혈당량 조절 호르몬에 의한 음성 피드백 과정을 이해하고 있어야 한다.

## 3  혈당량 조절

출제 의도 혈당량 조절에 대한 자료를 분석하여 인슐린과 글루카곤의 작용을 파악할 수 있는지 묻는 문항이다.

그림 (가)는 이자에서 분비되는 호르몬 ㉠과 ㉡의 분비 조절 과정 일부를, (나)는 정상인이 탄수화물을 섭취한 후 시간에 따른 혈중 호르몬 X의 농도를 나타낸 것이다. ㉠과 ㉡은 인슐린과 글루카곤을 순서 없이 나타낸 것이고, X는 ㉠과 ㉡ 중 하나이다.

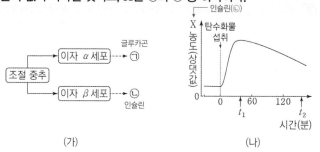

(가)                    (나)

이에 대한 설명으로 옳은 것만을 〈보기〉에서 있는 대로 고른 것은? (단, 제시된 조건 이외는 고려하지 않는다.) [3점]

보기
ㄱ. X는 ㉡이다.
ㄴ. ㉠은 세포로의 포도당 흡수를 촉진한다.
   인슐린(㉡)이 세포로의 포도당 흡수를 촉진한다.
ㄷ. 혈중 포도당 농도는 $t_1$일 때가 $t_2$일 때보다 낮다.
   높다.

① ㄱ  ② ㄴ  ③ ㄱ, ㄷ  ④ ㄴ, ㄷ  ⑤ ㄱ, ㄴ, ㄷ

✓ 자료 해석
- ㉠은 이자의 $\alpha$세포에서 분비되므로 글루카곤, ㉡은 이자의 $\beta$세포에서 분비되므로 인슐린이다.
- X는 인슐린(㉡)이며, 인슐린은 간에서 포도당을 글리코젠으로의 합성을 촉진하거나 세포로의 포도당 흡수를 촉진하여 혈중 포도당 농도를 낮춘다.

○ 보기 풀이  ㄱ. ㉠은 글루카곤, ㉡은 인슐린이다. 탄수화물을 섭취하여 혈중 포도당 농도가 높아지면 X의 농도가 증가하므로 X는 인슐린(㉡)이다.

✕ 매력적 오답  ㄴ. 글루카곤(㉠)은 간에서 글리코젠을 포도당으로의 분해를 촉진하여 혈중 포도당 농도를 높인다. 인슐린(㉡)은 세포로의 포도당 흡수를 촉진하여 혈중 포도당 농도를 낮춘다.

ㄷ. $t_1$일 때가 $t_2$일 때보다 X의 농도가 높으므로 혈중 포도당 농도는 $t_1$일 때가 $t_2$일 때보다 높다.

문제풀이 Tip
인슐린과 글루카곤의 혈당량 조절에서의 작용을 알고 자료에 적용하면 된다. 세포로의 포도당 흡수를 촉진하는 것이 인슐린임을 묻는 내용이 자주 출제되고 있다.

## 4  혈당량 조절

출제 의도 혈당량 조절에서 인슐린과 글루카곤에 대해 알고 있는지 묻는 문항이다.

그림은 정상인 A와 당뇨병 환자 B가 운동을 하는 동안 혈중 포도당 농도 변화를 나타낸 것이다. ㉠과 ㉡은 A와 B를 순서 없이 나타낸 것이다. B는 이자의 $\beta$세포가 파괴되어 인슐린이 정상적으로 생성되지 못한다.

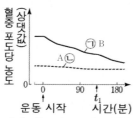

이에 대한 설명으로 옳은 것만을 〈보기〉에서 있는 대로 고른 것은? (단, 제시된 조건 이외는 고려하지 않는다.) [3점]

보기
ㄱ. ㉠은 B이다. ㉠은 당뇨병 환자 B, ㉡은 정상인 A이다.
ㄴ. 인슐린은 세포로의 포도당 흡수를 촉진한다.
ㄷ. A의 간에서 단위 시간당 생성되는 포도당의 양은 운동 시작 시점일 때가 $t_1$일 때보다 많다.
   적다.

① ㄱ  ② ㄷ  ③ ㄱ, ㄴ  ④ ㄱ, ㄷ  ⑤ ㄴ, ㄷ

✓ 자료 해석
- ㉠은 당뇨병 환자 B, ㉡은 정상인 A이다.
- 정상인 A(㉡)의 경우 운동 시작 시점과 $t_1$일 때 혈중 포도당 농도가 일정하므로 이자에서 글루카곤에 의해 간에서 글리코젠이 포도당으로 분해되는 과정이 촉진됨을 유추할 수 있다.

○ 보기 풀이  ㄱ. 운동 시작 시점일 때 ㉠은 ㉡보다 혈중 포도당 농도가 높으므로 ㉠은 당뇨병 환자 B, ㉡은 정상인 A이다.

ㄴ. 인슐린은 세포로의 포도당 흡수를 촉진하고 간에서 포도당의 글리코젠으로의 합성을 촉진하여 혈당량을 감소시킨다.

✕ 매력적 오답  ㄷ. 정상인 A(㉡)의 간에서 단위 시간당 생성되는 포도당의 양은 운동 시작 시점일 때가 $t_1$일 때보다 적다.

문제풀이 Tip
혈당량 조절에서 인슐린과 글루카곤의 작용에 대해 알아둔다. 특히 인슐린은 간에서 글리코젠의 합성을 촉진한다는 것과 세포로의 포도당 흡수를 촉진한다는 것을 알아둔다.

## 5 삼투압 조절

2024년 5월 교육청 7번 | 정답 ② | 문제편 71 p

출제 의도 혈장 삼투압의 변화를 나타낸 자료를 분석하여 ADH의 농도와 오줌 생성량을 파악할 수 있는 지 묻는 문항이다.

그림은 정상인에게 ㉠을 투여하고 일정 시간이 지난 후 ㉡을 투여했을 때 측정한 혈장 삼투압을 시간에 따라 나타낸 것이다. ㉠과 ㉡은 물과 소금물을 순서 없이 나타낸 것이다.
이에 대한 설명으로 옳은 것만을 〈보기〉에서 있는 대로 고른 것은? (단, 제시된 조건 이외는 고려하지 않는다.)

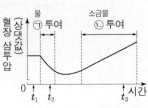

┌─ 보기 ─────────────────────
┃ ㄱ. ㉠은 소금물이다.
┃      물
┃ ㄴ. 혈중 ADH의 농도는 $t_1$일 때가 $t_2$일 때보다 낮다.
┃                                                  높다.
┃ ㄷ. 단위 시간당 오줌 생성량은 $t_2$일 때가 $t_3$일 때보다 많다.
└──────────────────────────

① ㄱ  ② ㄷ  ③ ㄱ, ㄴ  ④ ㄴ, ㄷ  ⑤ ㄱ, ㄴ, ㄷ

✔ 자료 해석
• ㉠은 물, ㉡은 소금물이다.
• ADH의 농도는 혈장 삼투압이 높을 때가 혈장 삼투압이 낮을 때보다 높고, 오줌 생성량은 혈장 삼투압이 낮을 때가 혈장 삼투압이 높을 때보다 많다.

O 보기풀이 ㄷ. 혈장 삼투압이 $t_2$일 때가 $t_3$일 때보다 낮으므로 ADH의 농도는 $t_2$일 때가 $t_3$일 때보다 낮다. 따라서 단위 시간당 오줌 생성량은 $t_2$일 때가 $t_3$일 때보다 많다.

✕ 매력적 오답 ㄱ. ㉠을 투여하면 혈장 삼투압이 낮아지고 ㉡을 투여하면 혈장 삼투압이 높아지므로, ㉠은 물, ㉡은 소금물이다.
ㄴ. ADH는 뇌하수체 후엽에서 분비되어 콩팥에서 물의 재흡수를 촉진한다. 혈장 삼투압이 $t_1$일 때가 $t_2$일 때보다 높으므로 ADH의 농도도 $t_1$일 때가 $t_2$일 때보다 높다.

문제풀이 **Tip**
혈장 삼투압에 따른 ADH의 농도와 오줌 생성량의 변화를 알아둔다. ADH의 농도에 따른 오줌 생성량, 오줌 삼투압, 혈장 삼투압 등의 변화를 정리해 둔다.

---

## 6 혈당량 조절

2024년 3월 교육청 9번 | 정답 ③ | 문제편 71 p

출제 의도 혈당량 조절에 대한 자료를 분석할 수 있는지 묻는 문항이다.

그림 (가)는 정상인이 탄수화물을 섭취한 후 시간에 따른 혈중 호르몬 X의 농도를, (나)는 이 사람에서 혈중 X의 농도에 따른 단위 시간당 혈액에서 조직 세포로의 포도당 유입량을 나타낸 것이다. X는 인슐린과 글루카곤 중 하나이다.
인슐린

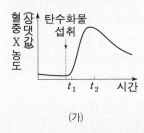 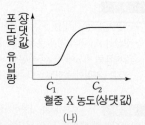

(가)                    (나)

이에 대한 옳은 설명만을 〈보기〉에서 있는 대로 고른 것은? (단, 제시된 조건 이외는 고려하지 않는다.) [3점]

┌─ 보기 ─────────────────────
┃ ㄱ. X는 이자의 $\beta$세포에서 분비된다.
┃      인슐린(X)은 이자의 $\beta$세포에서 분비된다.
┃ ㄴ. 단위 시간당 혈액에서 조직 세포로의 포도당 유입량은 $t_2$일 때가 $t_1$일 때보다 많다.
┃ ㄷ. 간에서 글리코젠의 분해는 $C_2$에서가 $C_1$에서보다 활발하다.
┃      글리코젠의 합성
└──────────────────────────

① ㄱ  ② ㄷ  ③ ㄱ, ㄴ  ④ ㄴ, ㄷ  ⑤ ㄱ, ㄴ, ㄷ

✔ 자료 해석
• 인슐린(X)은 이자의 $\beta$세포에서 분비되며, 혈액에서 조직 세포로의 포도당 유입을 촉진하고, 간에서 포도당을 글리코젠으로의 합성을 촉진한다.
• 글루카곤은 이자의 $\alpha$세포에서 분비되며, 간에서 글리코젠을 포도당으로의 분해를 촉진한다.

O 보기풀이 ㄱ. 탄수화물 섭취 후 혈중 X 농도가 증가하므로 X는 이자의 $\beta$세포에서 분비되는 인슐린이다.
ㄴ. (나)에서 혈중 인슐린(X) 농도가 높아질수록 단위 시간당 혈액에서 조직 세포로의 포도당 유입량이 증가한다. (가)에서 혈중 인슐린(X) 농도는 $t_2$일 때가 $t_1$일 때보다 높으므로 단위 시간당 혈액에서 조직 세포로의 포도당 유입량은 $t_2$일 때가 $t_1$일 때보다 많다.

✕ 매력적 오답 ㄷ. 인슐린(X)은 간에서 포도당을 글리코젠으로의 합성을 촉진하므로, 간에서 글리코젠의 합성은 $C_2$에서가 $C_1$에서보다 활발하다. 간에서 글리코젠의 분해를 촉진하는 것은 글루카곤이다.

문제풀이 **Tip**
혈당량 조절에서 인슐린과 글루카곤의 작용을 알아둔다. 특히 인슐린은 간에서 글리코젠의 합성을 촉진하고 혈액에서 조직 세포로의 포도당 유입을 촉진하여 혈당량을 감소시키는 작용을 한다는 것을 알아둔다.

# 7 호르몬 분비량 조절

출제 의도 혈중 티록신과 TSH의 농도 변화를 나타낸 자료를 분석할 수 있는지 묻는 문항이다.

그림은 정상인에서 티록신 분비량이 일시적으로 증가했다가 회복되는 과정에서 측정한 혈중 티록신과 TSH의 농도를 시간에 따라 나타낸 것이다.

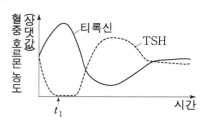

이에 대한 옳은 설명만을 〈보기〉에서 있는 대로 고른 것은? (단, 제시된 조건 이외는 고려하지 않는다.) [3점]

┌ 보기 ┐
ㄱ. $t_1$일 때 이 사람에게 TSH를 투여하면 투여 전보다 티록신의 분비가 억제된다.
　　　　　　　　　　　 촉진된다.
ㄴ. 티록신의 분비는 음성 피드백에 의해 조절된다.
ㄷ. 갑상샘은 TSH의 표적 기관이다.
└─────┘

① ㄱ　　② ㄷ　　③ ㄱ, ㄴ　　④ ㄴ, ㄷ　　⑤ ㄱ, ㄴ, ㄷ

✓ 자료 해석
• TSH 농도가 증가하면 표적 기관인 갑상샘에서 티록신 분비가 증가하고, 음성 피드백을 통해 TSH 농도가 감소한다.

○ 보기 풀이 ㄴ. 혈중 티록신의 농도가 높아지면 티록신에 의해 뇌하수체 전엽의 TSH 분비가 억제되어 혈중 티록신의 농도가 감소하는데, 이처럼 티록신의 분비는 음성 피드백에 의해 조절된다.
ㄷ. 뇌하수체 전엽에서 분비되는 TSH는 표적 기관인 갑상샘에 작용하여 티록신의 분비를 촉진한다.

✕ 매력적 오답 ㄱ. TSH는 티록신의 분비를 촉진하므로, $t_1$일 때 이 사람에게 TSH를 투여하면 투여 전보다 티록신의 분비가 촉진된다.

문제풀이 **Tip**
혈중 티록신의 농도가 높아지면 티록신에 의해 시상 하부의 TRH와 뇌하수체 전엽의 TSH 분비가 각각 억제되어 혈중 티록신의 농도가 감소한다. 음성 피드백에 의한 티록신의 분비량 조절 과정에 대해 알아둔다.

---

# 8 혈장 삼투압 조절

출제 의도 항이뇨 호르몬에 의한 혈액의 삼투압 조절에 대해 알고 있는지 묻는 문항이다.

그림은 정상인에게서 일어나는 혈장 삼투압 조절 과정의 일부를 나타낸 것이다. ㉠~㉢은 각각 증가와 감소 중 하나이다.

```
정상보다 높은      항이뇨 호르몬      수분       오줌
혈장 삼투압   →    분비 ㉠      →   재흡수 ㉡  →  삼투압 ㉢
                   증가            증가         증가
```

이에 대한 옳은 설명만을 〈보기〉에서 있는 대로 고른 것은?

┌ 보기 ┐
ㄱ. ㉠~㉢은 모두 증가이다.
ㄴ. 콩팥은 항이뇨 호르몬의 표적 기관이다.
ㄷ. 짠 음식을 많이 먹었을 때 이 과정이 일어난다.
　　혈장 삼투압이 높을 때
└─────┘

① ㄱ　　② ㄴ　　③ ㄱ, ㄷ　　④ ㄴ, ㄷ　　⑤ ㄱ, ㄴ, ㄷ

✓ 자료 해석
• 정상보다 높은 혈장 삼투압 → 항이뇨 호르몬 분비 증가(㉠) → 콩팥에서 수분 재흡수 증가(㉡) → 오줌량 감소 → 오줌 삼투압 증가(㉢)
• 정상보다 낮은 혈장 삼투압 → 항이뇨 호르몬 분비 감소 → 콩팥에서 수분 재흡수 감소 → 오줌량 증가 → 오줌 삼투압 감소

○ 보기 풀이 ㄱ. 혈장 삼투압이 정상보다 높아지면, 항이뇨 호르몬 분비가 증가(㉠)하므로 콩팥에서 수분 재흡수가 증가(㉡)하여 오줌량이 감소하며, 이에 따라 오줌 삼투압이 증가(㉢)한다.
ㄴ. 항이뇨 호르몬은 콩팥에서 수분 재흡수를 촉진하므로 항이뇨 호르몬의 표적 기관은 콩팥이다.
ㄷ. 짠 음식을 많이 먹어 혈장 삼투압이 정상보다 높아지면, 항이뇨 호르몬 분비가 증가(㉠)하므로 콩팥에서 수분 재흡수가 증가(㉡)하여 오줌 삼투압이 증가(㉢)한다.

문제풀이 **Tip**
혈장 삼투압 조절 과정에서 항이뇨 호르몬 분비량에 따른 수분 재흡수량과 오줌 삼투압 변화에 대해 정리해 둔다.

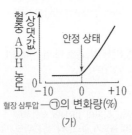
**9** 혈중 삼투압 조절

출제의도 자료를 분석하여 항이뇨 호르몬(ADH)에 의한 혈액의 삼투압 조절에 대해 알고 있는지 묻는 문항이다.

그림 (가)는 정상인에서 ㉠의 변화량에 따른 혈중 항이뇨 호르몬(ADH)의 농도를, (나)는 이 사람이 1 L의 물을 섭취한 후 시간에 따른 혈장과 오줌의 삼투압을 나타낸 것이다. ㉠은 혈장 삼투압과 전체 혈액량 중 하나이다.

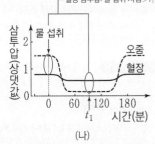

(가)        (나)

이에 대한 설명으로 옳은 것만을 〈보기〉에서 있는 대로 고른 것은? (단, 제시된 자료 이외에 체내 수분량에 영향을 미치는 요인은 없다.) [3점]

보기
ㄱ. ㉠은 전체 혈액량이다.
　　　　혈장 삼투압
ㄴ. ADH는 뇌하수체 후엽에서 분비된다.
ㄷ. 콩팥에서의 단위 시간당 수분 재흡수량은 물 섭취 시점일 때가 $t_1$일 때보다 적다.
　　　　　　　　　　　　　　　　　　　　많다

① ㄱ   ② ㄴ   ③ ㄱ, ㄷ   ④ ㄴ, ㄷ   ⑤ ㄱ, ㄴ, ㄷ

✔ 자료 해석
• 혈장 삼투압이 증가할수록 혈장 삼투압 유지를 위해 콩팥에서 수분 재흡수량이 증가해야 하므로 ㉠은 혈장 삼투압이다.
• 물 섭취 시점일 때가 $t_1$일 때보다 오줌 삼투압과 혈장 삼투압이 높으므로 ADH에 의한 콩팥에서의 단위 시간당 수분 재흡수량이 많다.

○ 보기 풀이 ㄴ. ADH는 뇌하수체 후엽에서 분비되어 콩팥에서 수분 재흡수를 촉진한다.

✘ 매력적 오답 ㄱ. ㉠이 증가할수록 혈중 ADH 농도가 증가하므로 ㉠은 혈장 삼투압이다. 전체 혈액량이 증가할수록 혈중 ADH 농도는 감소한다.
ㄷ. 콩팥에서 수분 재흡수량이 많을수록 오줌의 삼투압이 증가하므로, 콩팥에서의 단위 시간당 수분 재흡수량은 물 섭취 시점일 때가 $t_1$일 때보다 많다.

문제풀이 **Tip**
ADH 농도에 따른 전체 혈액량, 오줌 삼투압, 혈장 삼투압 등의 변화에 대해 알아둔다.

---

**10** 체온 조절

출제의도 운동에 따른 체온 변화를 나타낸 자료를 분석할 수 있는지 묻는 문항이다.

그림은 정상인이 운동할 때 체온의 변화와 ㉠, ㉡의 변화를 나타낸 것이다. ㉠과 ㉡은 각각 열 발산량(열 방출량)과 열 발생량(열 생산량) 중 하나이다. 이에 대한 옳은 설명만을 〈보기〉에서 있는 대로 고른 것은?

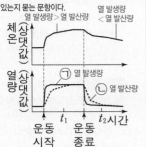

보기
ㄱ. ㉠은 열 발산량(열 방출량)이다.
　　　　　열 발생량(열 생산량)
ㄴ. 체온 조절 중추는 간뇌의 시상 하부이다.
ㄷ. 피부 근처 혈관을 흐르는 단위 시간당 혈액량은 $t_1$일 때가 $t_2$일 때보다 적다.
　　　　　　　　　　　　　　　　　　　　많다

① ㄱ   ② ㄴ   ③ ㄷ   ④ ㄱ, ㄴ   ⑤ ㄴ, ㄷ

✔ 자료 해석
• ㉠은 열 발생량, ㉡은 열 발산량이다.
• 피부 근처 혈관을 흐르는 단위 시간당 혈액량이 많을수록 열 발산량은 증가한다.

○ 보기 풀이 ㄴ. 체온 조절, 혈당량 조절, 혈중 삼투압 조절 등 항상성 유지 중추는 간뇌의 시상 하부이다.

✘ 매력적 오답 ㄱ. 열 발생량이 열 발산량보다 많을 때 체온이 상승하고 열 발산량이 열 발생량보다 많을 때 체온이 하강하므로 ㉠은 열 발생량, ㉡은 열 발산량이다.
ㄷ. $t_1$일 때가 $t_2$일 때보다 열 발산량(㉡)이 많으므로 피부 근처 혈관을 흐르는 단위 시간당 혈액량은 $t_1$일 때가 $t_2$일 때보다 많다.

문제풀이 **Tip**
운동을 하여 체온이 상승하는 과정에서는 열 발생량과 열 발산량이 모두 증가하는데, 열 발생량이 열 발산량보다 많다는 것을 자료를 통해 분석할 수 있어야 한다.

## 11 혈당량 조절

2023년 7월 교육청 13번 | 정답 ③ | 문제편 72p

출제 의도 자료를 분석하여 혈당량 조절에 관여하는 인슐린과 글루카곤에 대해 알고 있는지 묻는 문항이다.

그림 (가)는 정상인에서 혈중 호르몬 X의 농도에 따른 혈액에서 조직 세포로의 포도당 유입량을, (나)는 사람 A와 B에서 탄수화물 섭취 후 시간에 따른 혈중 X의 농도를 나타낸 것이다. X는 인슐린과 글루카곤 중 하나이고, A와 B는 각각 정상인과 당뇨병 환자 중 하나이다.

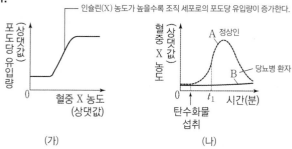

인슐린(X) 농도가 높을수록 조직 세포로의 포도당 유입량이 증가한다.

(가)

(나)

이에 대한 설명으로 옳은 것만을 〈보기〉에서 있는 대로 고른 것은? (단, 제시된 조건 이외는 고려하지 않는다.) [3점]

보기
ㄱ. X는 인슐린이다.
ㄴ. B는 당뇨병 환자이다.
ㄷ. A의 혈액에서 조직 세포로의 포도당 유입량은 탄수화물 섭취 시점일 때가 $t_1$일 때보다 많다.
　　· 인슐린 농도: $t_1$ > 탄수화물 섭취 시점
　　· 조직 세포로의 포도당 유입량:
　　　적다　$t_1$ > 탄수화물 섭취 시점

① ㄱ　② ㄷ　③ ㄱ, ㄴ　④ ㄴ, ㄷ　⑤ ㄱ, ㄴ, ㄷ

### ✔ 자료 해석
• X는 인슐린이고, A는 정상인, B는 당뇨병 환자이다.
• 인슐린(X)은 포도당이 글리코젠으로 합성되는 과정과 세포로의 포도당 흡수를 촉진하여 혈당량을 낮춘다.

### ◯ 보기 풀이
ㄱ. (가)에서 X의 농도가 증가할수록 혈액에서 조직 세포로의 포도당 유입량이 증가하므로 X는 인슐린이다.
ㄴ. 탄수화물 섭취 후 시간에 따른 혈중 인슐린(X)의 농도가 증가했다가 감소하는 A는 정상인이고, 혈중 인슐린(X)의 농도 변화가 없는 B는 당뇨병 환자이다.

### ✕ 매력적 오답
ㄷ. 정상인에서 $t_1$일 때가 탄수화물 섭취 시점일 때보다 인슐린(X)의 농도가 높으므로, 혈액에서 조직 세포로의 포도당 유입량은 $t_1$일 때가 탄수화물 섭취 시점일 때보다 많다.

### 문제풀이 Tip
혈당량 조절 과정 중 인슐린과 글루카곤의 작용에 대해 알아야 한다.

---

## 12 체온 조절

2023년 4월 교육청 12번 | 정답 ⑤ | 문제편 73p

출제 의도 자료를 분석하여 체온 조절에 대해 알고 있는지 묻는 문항이다.

그림 (가)는 정상인에서 시상 하부 온도에 따른 ㉠을, (나)는 이 사람의 체온 변화에 따른 털세움근과 피부 근처 혈관을 나타낸 것이다. ㉠은 '근육에서의 열 발생량'과 '피부에서의 열 발산량' 중 하나이다.

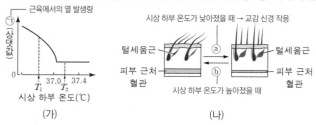

시상 하부 온도(℃)

(가)

(나)

이에 대한 설명으로 옳은 것만을 〈보기〉에서 있는 대로 고른 것은?

보기
ㄱ. ㉠은 '근육에서의 열 발생량'이다.
ㄴ. 과정 ⓐ에 교감 신경이 작용한다. 피부에서의 열 발산량이 감소한다.
ㄷ. 시상 하부 온도가 $T_1$에서 $T_2$로 변하면 과정 ⓑ가 일어난다.
　　피부에서의 열 발산량이 증가한다.

① ㄱ　② ㄷ　③ ㄱ, ㄴ　④ ㄴ, ㄷ　⑤ ㄱ, ㄴ, ㄷ

### ✔ 자료 해석
• ㉠은 '근육에서의 열 발생량'이다.
• 시상 하부 온도가 낮아졌을 때 교감 신경이 작용하는 과정 ⓐ가 일어나며, 시상 하부 온도가 높아졌을 때 과정 ⓑ가 일어난다.

### ◯ 보기 풀이
ㄱ. 시상 하부 온도가 높을수록 체온을 낮추기 위해 근육에서의 열 발생량은 감소하고, 피부에서의 열 발산량은 증가한다. 따라서 시상 하부 온도가 높아질수록 ㉠이 감소하므로 ㉠은 근육에서의 열 발생량이다.
ㄴ. 시상 하부 온도가 낮아졌을 때 체온을 높이기 위해 교감 신경이 작용하여 털세움근과 피부 근처 혈관이 수축하는 과정 ⓐ가 일어난다.
ㄷ. 시상 하부 온도가 $T_1$에서 $T_2$로 증가하면 체온을 낮추기 위해 털세움근이 이완하고 피부 근처 혈관이 확장되는 과정 ⓑ가 일어난다.

### 문제풀이 Tip
시상 하부가 각각 저온 자극을 받았을 때와 고온 자극을 받았을 때 열 발생량과 열 발산량에 따른 체온 조절 과정에 대해 정리해 둔다.

## 13 혈중 삼투압 조절과 혈당량 조절

출제 의도 자료를 분석하여 혈장 삼투압 조절과 혈당량 조절에 대해 알고 있는지 묻는 문항이다.

그림 (가)는 정상인의 혈장 삼투압에 따른 혈중 ADH 농도를, (나)는 이 사람의 혈중 포도당 농도에 따른 혈중 인슐린 농도를 나타낸 것이다.

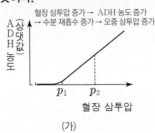

혈장 삼투압 증가 → ADH 농도 증가 → 수분 재흡수 증가 → 오줌 삼투압 증가

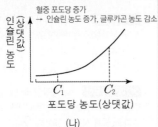

혈중 포도당 증가 → 인슐린 농도 증가, 글루카곤 농도 감소

(가)

(나)

이에 대한 설명으로 옳은 것만을 〈보기〉에서 있는 대로 고른 것은? (단, 제시된 조건 이외는 고려하지 않는다.) [3점]

보기
ㄱ. 생성되는 오줌의 삼투압은 $p_1$일 때가 $p_2$일 때보다 작다.
ㄴ. 혈중 글루카곤의 농도는 $C_2$일 때가 $C_1$일 때보다 높다. 낮다
ㄷ. 혈장 삼투압과 혈당량 조절 중추는 모두 연수이다. 간뇌의 시상 하부

① ㄱ  ② ㄴ  ③ ㄱ, ㄷ  ④ ㄴ, ㄷ  ⑤ ㄱ, ㄴ, ㄷ

✔ 자료 해석
• ADH는 콩팥에서 수분 재흡수를 촉진하므로 혈장 삼투압이 높아지면 ADH의 농도가 높아진다. → 혈장 삼투압이 증가하면 오줌 삼투압은 증가한다.
• 혈당량이 높아지면 인슐린의 분비가 촉진되고, 글루카곤의 분비는 억제된다.

○ 보기 풀이 ㄱ. 혈장 삼투압이 증가하면 혈중 ADH 농도가 증가하며, 혈중 ADH 농도가 증가하면 콩팥에서 수분 재흡수량이 증가하므로 생성되는 오줌의 삼투압은 증가한다. 따라서 생성되는 오줌의 삼투압은 $p_1$일 때가 $p_2$일 때보다 작다.

✕ 매력적 오답 ㄴ. 혈당량이 높아지면 인슐린의 분비가 촉진되고, 글루카곤의 분비는 억제된다. 따라서 혈중 글루카곤의 농도는 $C_2$일 때가 $C_1$일 때보다 낮다.
ㄷ. 혈장 삼투압과 혈당량 조절 중추는 모두 간뇌의 시상 하부이다.

문제풀이 **Tip**
ADH 농도에 따른 오줌 생성량, 오줌 삼투압, 혈장 삼투압 등의 변화를 정리해 두고, 혈당량 조절 과정 중 인슐린과 글루카곤의 작용에 대해 알아둔다.

---

## 14 혈당량 조절

출제 의도 자료를 분석하여 혈당량 조절에 관여하는 인슐린에 대해 알고 있는지 묻는 문항이다.

그림 (가)는 탄수화물을 섭취한 사람에서 혈중 호르몬 ㉠의 농도 변화를, (나)는 세포 A와 B에서 세포 밖 포도당 농도에 따른 세포 안 포도당 농도를 나타낸 것이다. ㉠은 인슐린과 글루카곤 중 하나이며, A와 B 중 하나에만 처리됐다.

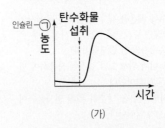

인슐린 ㉠

탄수화물 섭취

(가)

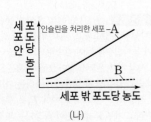

인슐린을 처리한 세포 A

B

(나)

㉠에 대한 옳은 설명만을 〈보기〉에서 있는 대로 고른 것은? [3점]
인슐린

보기
ㄱ. 인슐린이다. 인슐린은 세포로의 포도당 흡수를 촉진한다.
ㄴ. 이자의 α세포에서 분비된다. β세포
ㄷ. B에 처리됐다. A

① ㄱ  ② ㄴ  ③ ㄷ  ④ ㄱ, ㄴ  ⑤ ㄱ, ㄷ

✔ 자료 해석
• ㉠은 이자의 β세포에서 분비되는 인슐린이다.
• 인슐린은 세포로의 포도당 흡수를 촉진하므로 세포 안 포도당 농도가 높아지는 A에 인슐린이 처리됐다.

○ 보기 풀이 ㄱ. 탄수화물을 섭취했을 때 ㉠의 농도가 증가하는 것으로 보아 ㉠은 인슐린임을 알 수 있다. 인슐린(㉠)은 포도당이 글리코젠으로 합성되는 과정을 촉진하거나 세포로의 포도당 흡수를 촉진하여 혈당량을 감소시킨다.

✕ 매력적 오답 ㄴ. 인슐린(㉠)은 이자의 β세포에서 분비된다. 이자의 α세포에서 분비되는 호르몬은 글루카곤이다.
ㄷ. 인슐린(㉠)은 세포로의 포도당 흡수를 촉진하여 혈당량을 감소시키므로 세포 밖 포도당 농도가 높아질수록 세포 안 포도당 농도가 높아지는 A에 인슐린(㉠)이 처리되었다.

문제풀이 **Tip**
혈당량 조절 과정 중 인슐린의 작용에 대해 알아야 한다. 특히 인슐린은 포도당이 글리코젠으로 합성되는 과정 외에도 세포로의 포도당 흡수를 촉진한다는 것을 알아둔다.

## 15 호르몬 분비량 조절

출제 의도 자료를 분석하여 티록신 분비 조절 과정에 관여하는 호르몬과 내분비샘에 대해 알고 있는지 묻는 문항이다.

그림은 티록신 분비 조절 과정의 일부를 나타낸 것이다. A는 갑상샘과 뇌하수체 전엽 중 하나이고, ⊙과 ⓛ은 각각 TRH와 TSH 중 하나이다.

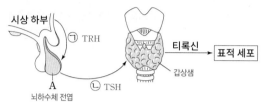

이에 대한 옳은 설명만을 〈보기〉에서 있는 대로 고른 것은?

보기

ㄱ. A는 뇌하수체 전엽이다.

ㄴ. ⓛ은 ~~TRH~~이다.
　　　　 TSH

ㄷ. 혈중 티록신 농도가 증가하면 ⊙의 분비가 ~~촉진~~된다.
　　　　　　　　　　　　　　　TRH　　　억제

① ㄱ　　② ㄴ　　③ ㄷ　　④ ㄱ, ㄴ　　⑤ ㄱ, ㄷ

### ✔ 자료 해석

- A는 뇌하수체 전엽, ⊙은 TRH, ⓛ은 TSH이다.
- TRH(⊙)(시상 하부에서 분비) → TSH(ⓛ)(뇌하수체 전엽에서 분비) → 티록신(갑상샘에서 분비) 순으로 호르몬이 분비된다.

### ○ 보기풀이

ㄱ. 시상 하부에서 분비되는 TRH(⊙)에 의해 뇌하수체 전엽에서 TSH(ⓛ) 분비가 촉진되므로 A는 뇌하수체 전엽이다.

### ✕ 매력적 오답

ㄴ. 시상 하부에서 분비되는 ⊙은 TRH이고 뇌하수체 전엽(A)에서 분비되는 ⓛ은 TSH이다.

ㄷ. 혈중 티록신 농도가 증가하면 음성 '피드백 조절에 의해 TRH(⊙)의 분비가 억제된다.

### 문제풀이 Tip

호르몬 분비의 피드백 조절 과정 중 대표적인 예인 티록신 분비량 조절 과정에 대해 정리해 둔다.

---

## 16 체온 조절

출제 의도 자료를 분석하여 체온 조절 과정에 대해 알고 있는지 묻는 문항이다.

그림은 정상인에게 ⊙ 자극을 주었을 때 일어나는 체온 조절 과정의 일부를 나타낸 것이다. ⊙은 고온과 저온 중 하나이고, ⓐ는 억제와 촉진 중 하나이다.

```
                                촉진
              ┌──→ 티록신 분비 ─ ⓐ ─→ 열 발생량 증가
⊙ 자극 ─→ 시상 하부 ┤
저온          └──→ 피부 근처 혈관 수축 ─→ 열 발산량 감소
```

이에 대한 옳은 설명만을 〈보기〉에서 있는 대로 고른 것은?

보기

ㄱ. ⊙은 저온이다. 저온 자극 시 피부 근처 혈관이 수축한다.

ㄴ. ⓐ는 ~~억제~~이다.
　　　 촉진

ㄷ. 피부 근처 혈관 수축이 일어나면 열 발산량(열 방출량)이 감소한다. 티록신 분비가 촉진되면 열 발생량이 증가한다.

① ㄱ　　② ㄴ　　③ ㄱ, ㄴ　　④ ㄱ, ㄷ　　⑤ ㄴ, ㄷ

### ✔ 자료 해석

- 시상 하부에 저온(⊙) 자극을 주면 정상 체온을 유지하기 위해 근육 떨림과 티록신 분비가 촉진(ⓐ)되어 열 발생량이 증가하고, 피부 근처 혈관의 수축으로 단위 시간당 피부 근처 혈관을 흐르는 혈액의 양이 감소하여 열 발산량(열 방출량)이 감소한다.

### ○ 보기풀이

ㄱ. 피부 근처 혈관이 수축하였으므로 저온 자극을 주었을 때이다. 따라서 ⊙은 저온이다.

ㄷ. 피부 근처 혈관 수축이 일어나면 열 발산량(열 방출량)이 감소하고 피부 근처 혈관 이완이 일어나면 열 발산량(열 방출량)이 증가한다.

### ✕ 매력적 오답

ㄴ. 저온(⊙) 자극을 주면 간뇌의 시상 하부가 이를 감지하여 피부 근처 혈관을 수축시켜 열 발산량(열 방출량)을 감소시키고 티록신 분비를 촉진(ⓐ)하여 열 발생량을 증가시킨다.

### 문제풀이 Tip

체온 조절 과정 중 저온 자극이 주어졌을 때 열 발생량이 증가하고, 열 발산량(열 방출량)이 감소하는 과정에 대해 알아둔다.

## 17 삼투압 조절

출제 의도 자료를 분석하여 ADH에 의한 혈액의 삼투압 조절에 대해 알고 있는지 묻는 문항이다.

그림은 정상인 A~C의 오줌 생성량 변화를 나타낸 것이다. $t_2$일 때 B는 물 1 L를 마시고, A와 C 중 한 명은 물질 ㉠을 물에 녹인 용액 1 L를 마시고, 다른 한 명은 아무것도 마시지 않았다. ㉠은 항이뇨 호르몬(ADH)의 분비를 억제하는 물질과 촉진하는 물질 중 하나이다.

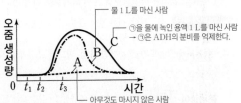

물 1 L를 마신 사람
㉠을 물에 녹인 용액 1 L를 마신 사람
→ ㉠은 ADH의 분비를 억제한다.
아무것도 마시지 않은 사람

이에 대한 옳은 설명만을 〈보기〉에서 있는 대로 고른 것은? [3점]

┌ 보기 ┐
ㄱ. ㉠은 ADH의 분비를 촉진한다.
　　　　　　　　　　억제
ㄴ. ㉠을 물에 녹인 용액을 마신 사람은 C이다.
　　아무것도 마시지 않은 사람은 A이다.
ㄷ. B의 혈중 ADH 농도는 $t_3$일 때가 $t_1$일 때보다 높다.
　　　　　　　　　　　　　　　　　　　　　　　낮다
└─────────────────────────────┘

① ㄱ ② ㄴ ③ ㄷ ④ ㄱ, ㄴ ⑤ ㄴ, ㄷ

✓ 자료 해석
• ㉠은 항이뇨 호르몬(ADH)의 분비를 억제하며, A는 아무것도 마시지 않았고, C는 ㉠을 물에 녹인 용액 1 L를 마셨다.
• ADH는 콩팥에서 수분 재흡수를 촉진하므로 혈중 ADH 농도가 감소하면 오줌 생성량이 증가한다.

○ 보기 풀이 ㄴ. 물 1 L를 마신 사람(B)의 경우 오줌 생성량이 증가하는데, A는 오줌 생성량에 변화가 없으므로 아무것도 마시지 않았음을 알 수 있다. C는 물 1 L를 마신 사람(B)보다 오줌 생성량이 증가하므로 ADH의 분비가 억제되어 콩팥에서 수분 재흡수가 억제되었음을 알 수 있다. 따라서 ㉠을 물에 녹인 용액을 마신 사람은 C이며, ㉠은 ADH의 분비를 억제한다.

✕ 매력적 오답 ㄱ. ㉠은 ADH의 분비를 억제한다.
ㄷ. 혈중 ADH 농도가 낮아지면 콩팥에서 수분 재흡수가 억제되어 오줌 생성량이 증가하므로 B(물 1 L를 마신 사람)의 혈중 ADH 농도는 오줌 생성량이 많은 $t_3$일 때가 오줌 생성량이 적은 $t_1$일 때보다 낮다.

문제풀이 Tip
항이뇨 호르몬(ADH)은 콩팥에서 수분 재흡수를 촉진하므로, ADH 분비가 억제되면 오줌 생성량이 증가한다는 것을 알고 문제에 적용하면 된다.

---

## 18 혈당량 조절

출제 의도 자료를 분석하여 혈당량 조절에 관여하는 인슐린과 글루카곤에 대해 알고 있는지 묻는 문항이다.

그림 (가)는 이자에서 분비되는 호르몬 A와 B의 분비 조절 과정 일부를, (나)는 어떤 정상인이 단식할 때와 탄수화물 식사를 할 때 간에 있는 글리코젠의 양을 시간에 따라 나타낸 것이다. A와 B는 각각 인슐린과 글루카곤 중 하나이다.

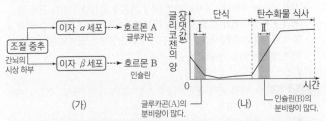

(가)　　　글루카곤(A)의 분비량이 많다.　　(나)　인슐린(B)의 분비량이 많다.

이에 대한 설명으로 옳은 것만을 〈보기〉에서 있는 대로 고른 것은? [3점]

┌ 보기 ┐
ㄱ. (가)에서 조절 중추는 척수이다.
　　　　　　　　간뇌의 시상 하부
ㄴ. A는 세포로의 포도당 흡수를 촉진한다.
　　B(인슐린)
ㄷ. B의 분비량은 구간 Ⅱ에서가 구간 Ⅰ에서보다 많다.
└─────────────────────────────┘

① ㄱ ② ㄷ ③ ㄱ, ㄴ ④ ㄴ, ㄷ ⑤ ㄱ, ㄴ, ㄷ

✓ 자료 해석
• 혈당량 조절 중추는 간뇌의 시상 하부이며, 이자의 $\alpha$세포에서 분비되는 A는 글루카곤, 이자의 $\beta$세포에서 분비되는 B는 인슐린이다.
• 구간 Ⅰ에서는 글루카곤의 분비량이 많고, 구간 Ⅱ에서는 인슐린의 분비량이 많다.

○ 보기 풀이 ㄷ. 인슐린(B)은 혈당량이 정상 범위보다 높아지면 간에서 글리코젠의 합성을 촉진한다. 따라서 인슐린(B)의 분비량은 구간 Ⅱ에서가 구간 Ⅰ에서보다 많다.

✕ 매력적 오답 ㄱ. 혈당량 조절 중추는 간뇌의 시상 하부이다.
ㄴ. 글루카곤(A)은 간에서 글리코젠을 포도당으로 분해하는 과정을 촉진하여 혈당량을 증가시킨다. 인슐린(B)이 세포로의 포도당 흡수를 촉진하여 혈당량을 감소시킨다.

문제풀이 Tip
혈당량 조절에서 조절 중추와 인슐린과 글루카곤의 특징에 대해 알아둔다.

## 19 호르몬의 분비량 조절

출제 의도 자료를 분석하여 티록신 분비 조절 과정에 관여하는 호르몬과 내분비샘에 대해 알고 있는지 묻는 문항이다.

표는 정상인의 3가지 호르몬 TSH, (가), (나)가 분비되는 내분비샘을 나타낸 것이다. (가)와 (나)는 티록신과 TRH를 순서 없이 나타낸 것이고, ㉠과 ㉡은 갑상샘과 뇌하수체 전엽을 순서 없이 나타낸 것이다.

| 호르몬 | 내분비샘 |
|---|---|
| TSH | ㉠ 뇌하수체 전엽 |
| 티록신 (가) | ㉡ 갑상샘 |
| TRH (나) | 시상 하부 |

이에 대한 설명으로 옳은 것만을 〈보기〉에서 있는 대로 고른 것은? [3점]

보기

ㄱ. ㉡은 갑상샘이다. ㉠은 뇌하수체 전엽이다.

ㄴ. ㉠에 (나)의 표적 세포가 있다. 뇌하수체 전엽에 TRH의 표적 세포가 있다.

ㄷ. 혈중 TSH의 농도가 증가하면 (가)의 분비가 촉진된다.
혈중 TSH의 농도가 증가하면 갑상샘에서 티록신의 분비가 촉진된다.

① ㄱ    ② ㄴ    ③ ㄱ, ㄷ    ④ ㄴ, ㄷ    ⑤ ㄱ, ㄴ, ㄷ

✔ 자료 해석

• TSH가 분비되는 내분비샘은 뇌하수체 전엽이므로 ㉠은 뇌하수체 전엽이다. 따라서 ㉡은 갑상샘이다.
• 갑상샘(㉡)에서 분비되는 호르몬인 (가)는 티록신이다. 따라서 (나)는 TRH이다.

○ 보기 풀이  ㄱ. ㉠은 뇌하수체 전엽, ㉡은 갑상샘이다.
ㄴ. 시상 하부에서 분비되는 TRH(나)에 의해 뇌하수체 전엽(㉠)에서 TSH의 분비가 촉진되므로 뇌하수체 전엽(㉠)에 TRH(나)의 표적 세포가 있다.
ㄷ. 혈중 TRH(나)의 농도가 증가하면 뇌하수체 전엽(㉠)에서 TSH의 분비가 촉진되고, 혈중 TSH의 농도가 증가하면 갑상샘(㉡)에서 티록신(가)의 분비가 촉진된다.

문제풀이 Tip
TRH(시상 하부에서 분비) → TSH(뇌하수체 전엽에서 분비) → 티록신(갑상샘에서 분비) 순으로 호르몬이 분비된다는 것을 알고, 호르몬 분비의 피드백 조절 과정 중 대표적인 예인 티록신의 분비량 조절 과정에 대해 정리해 둔다.

---

## 20 삼투압 조절

출제 의도 자료를 분석하여 ADH에 의한 혈액의 삼투압 조절에 대해 알고 있는지 묻는 문항이다.

그림은 정상인이 물 1 L를 섭취한 후 시간에 따른 ㉠과 ㉡을 나타낸 것이다. ㉠과 ㉡은 각각 혈장 삼투압과 단위 시간당 오줌 생성량 중 하나이다.

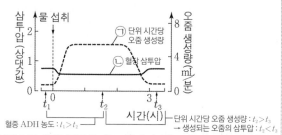

혈중 ADH 농도 : $t_1 > t_2$
단위 시간당 오줌 생성량 : $t_2 > t_3$
생성되는 오줌의 삼투압 : $t_2 < t_3$

이에 대한 설명으로 옳은 것만을 〈보기〉에서 있는 대로 고른 것은? (단, 제시된 자료 이외의 체내 수분량에 영향을 미치는 요인은 없다.)

보기

ㄱ. ㉠은 단위 시간당 오줌 생성량이다. ㉡은 혈장 삼투압이다.

ㄴ. 혈중 ADH 농도는 $t_1$일 때가 $t_2$일 때보다 높다.

ㄷ. 생성되는 오줌의 삼투압은 $t_2$일 때가 $t_3$일 때보다 높다.
낮다
단위 시간당 오줌 생성량과 반비례한다.

① ㄱ    ② ㄷ    ③ ㄱ, ㄴ    ④ ㄴ, ㄷ    ⑤ ㄱ, ㄴ, ㄷ

✔ 자료 해석

• ㉠은 물 섭취 후 증가하므로 단위 시간당 오줌 생성량이고, ㉡은 물 섭취 후 감소하므로 혈장 삼투압이다.
• ADH(항이뇨 호르몬)는 콩팥에서 수분 재흡수를 촉진하므로 혈장 삼투압이 높아지면 혈중 ADH 농도가 높아진다.

○ 보기 풀이  ㄱ. ㉠은 단위 시간당 오줌 생성량, ㉡은 혈장 삼투압이다.
ㄴ. 혈장 삼투압이 $t_1$일 때가 $t_2$일 때보다 높으므로, 콩팥에서 수분 재흡수를 촉진하는 호르몬인 ADH의 혈중 농도는 $t_1$일 때가 $t_2$일 때보다 높다.

✘ 매력적 오답  ㄷ. 단위 시간당 오줌 생성량이 많아지면 생성되는 오줌의 삼투압은 낮아진다. 따라서 단위 시간당 오줌 생성량은 $t_2$일 때가 $t_3$일 때보다 많으므로 생성되는 오줌의 삼투압은 $t_2$일 때가 $t_3$일 때보다 낮다.

문제풀이 Tip
혈중 ADH 농도에 따른 단위 시간당 오줌 생성량, 생성되는 오줌의 삼투압, 혈장 삼투압 등의 변화를 정리해 둔다.

Part I

교육청

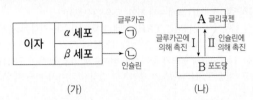

**21** 혈당량 조절

출제 의도 자료를 분석하여 혈당량 조절에 관여하는 인슐린과 글루카곤에 대해 알고 있는지 묻는 문항이다.

그림 (가)는 사람의 이자에서 분비되는 호르몬 ㉠과 ㉡을, (나)는 간에서 일어나는 물질 A와 B 사이의 전환을 나타낸 것이다. ㉠과 ㉡은 각각 인슐린과 글루카곤 중 하나이고, A와 B는 각각 포도당과 글리코젠 중 하나이다. ㉠은 과정 Ⅰ을, ㉡은 과정 Ⅱ를 촉진한다.

이에 대한 옳은 설명만을 〈보기〉에서 있는 대로 고른 것은? [3점]

┌─ 보기 ┐
ㄱ. B는 글리코젠이다.
　　　　　포도당
ㄴ. ㉡은 세포로의 포도당 흡수를 촉진한다.
ㄷ. 혈중 포도당 농도가 증가하면 ┼이 촉진된다.
　　　　　　　　　　　　　　　　　Ⅱ가
└────────┘

① ㄱ　② ㄴ　③ ㄱ, ㄷ　④ ㄴ, ㄷ　⑤ ㄱ, ㄴ, ㄷ

✔ 자료 해석
• 이자의 α세포에서 분비되는 ㉠은 글루카곤, 이자의 β세포에서 분비되는 ㉡은 인슐린이다.
• 글루카곤(㉠)이 과정 Ⅰ을 촉진하고 인슐린(㉡)이 과정 Ⅱ를 촉진하므로 A는 글리코젠, B는 포도당이다.

〇 보기 풀이 ㄴ. 글루카곤(㉠)은 간에서 글리코젠이 포도당으로 분해되는 과정을 촉진하고, 인슐린(㉡)은 간에서 포도당이 글리코젠으로 합성되는 과정을 촉진하므로 A는 글리코젠, B는 포도당이다. 인슐린(㉡)은 간에서 포도당이 글리코젠으로 합성되는 과정과 세포로의 포도당 흡수를 촉진하여 혈당량을 낮춘다.

✕ 매력적 오답 ㄱ. B는 포도당이다.
ㄷ. 혈중 포도당 농도가 증가하면 글루카곤(㉠)의 분비가 억제되고, 인슐린(㉡)의 분비가 촉진되므로 Ⅰ이 억제되고 Ⅱ가 촉진된다.

문제풀이 **Tip**
혈당량 조절 과정 중 인슐린과 글루카곤의 작용에 대해 알아야 한다. 특히 인슐린은 간에서 포도당이 글리코젠으로 합성되는 과정 외에도 세포로의 포도당 흡수를 촉진한다는 것을 알아둔다.

---

**22** 내분비계와 호르몬

출제 의도 호르몬이 분비되는 기관과 각 기관에서 분비되는 호르몬의 특징에 대해 알고 있는지 묻는 문항이다.

표는 사람의 호르몬 ㉠~㉢을 분비하는 기관을 나타낸 것이다. ㉠~㉢은 티록신, 에피네프린, 항이뇨 호르몬을 순서 없이 나타낸 것이다.

| 호르몬 | 분비 기관 |
|---|---|
| 에피네프린 ㉠ | 부신 |
| 티록신 ㉡ | 갑상샘 |
| 항이뇨 호르몬 ㉢ | 뇌하수체 |

이에 대한 옳은 설명만을 〈보기〉에서 있는 대로 고른 것은?

┌─ 보기 ┐
ㄱ. ㉠은 에피네프린이다. ㉡은 티록신, ㉢은 항이뇨 호르몬이다.
ㄴ. ㉡의 분비는 음성 피드백에 의해 조절된다.
ㄷ. 땀을 많이 흘리면 ㉢의 분비가 억재된다.
　　　　　　　　　　　　　　　　　촉진
└────────┘

① ㄱ　② ㄷ　③ ㄱ, ㄴ　④ ㄴ, ㄷ　⑤ ㄱ, ㄴ, ㄷ

✔ 자료 해석
• ㉠은 부신 속질에서 분비되는 에피네프린, ㉡은 갑상샘에서 분비되는 티록신, ㉢은 뇌하수체 후엽에서 분비되는 항이뇨 호르몬이다.

〇 보기 풀이 ㄱ. ㉠은 에피네프린, ㉡은 티록신, ㉢은 항이뇨 호르몬이다.
ㄴ. 티록신(㉡)의 혈중 농도가 높아지면 티록신에 의해 시상 하부에서 TRH 분비와 뇌하수체 전엽에서 TSH 분비가 각각 억제되어 갑상샘에서 티록신의 분비가 줄어든다. 이처럼 티록신(㉡)의 분비는 음성 피드백에 의해 조절된다.

✕ 매력적 오답 ㄷ. 땀을 많이 흘려 혈장 삼투압이 높아지면 항이뇨 호르몬(㉢)의 분비가 증가하고 콩팥에서 수분 재흡수가 촉진된다.

문제풀이 **Tip**
에피네프린, 티록신, 항이뇨 호르몬이 분비되는 내분비샘과 각 호르몬의 기능에 대해 알고 있어야 한다.

## 23 삼투압 조절

출제 의도 소금물 섭취 시 ADH에 의한 삼투압 조절에 대해 묻는 문항이다.

그림은 정상인이 A를 섭취했을 때 시간에 따른 혈장 삼투압을 나타낸 것이다. A는 물과 소금물 중 하나이다.

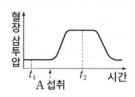

이에 대한 옳은 설명만을 〈보기〉에서 있는 대로 고른 것은? [3점]

보기
ㄱ. A는 소금물이다.
  A 섭취 후 혈장 삼투압이 증가했으므로 A는 소금물이다.
ㄴ. 단위 시간당 오줌 생성량은 $t_2$일 때가 $t_1$일 때보다 많다.
  단위 시간당 오줌 생성량은 $t_2$일 때가 $t_1$일 때보다 적다.
ㄷ. 혈중 항이뇨 호르몬 농도는 $t_1$일 때가 $t_2$일 때보다 높다.
  혈중 ADH 농도는 $t_1$일 때가 $t_2$일 때보다 낮다.

① ㄱ   ② ㄷ   ③ ㄱ, ㄴ   ④ ㄴ, ㄷ   ⑤ ㄱ, ㄴ, ㄷ

✔ 자료 해석

• 혈장 삼투압은 혈액의 농도에 비례하므로 혈액 내 물의 양이 증가하면 혈장 삼투압은 낮아지고, 반대로 혈액 내 무기염류의 농도가 높아지면 혈장 삼투압은 증가한다. A 섭취 후 혈장 삼투압이 높아졌으므로 A는 소금물이다.

• 혈장 삼투압이 정상 범위보다 높아지면 뇌하수체 후엽에서 ADH의 분비량이 증가하여 콩팥에서 물의 재흡수가 촉진된다. 그 결과 오줌량이 감소하며, 오줌의 삼투압은 증가한다.

• 소금물(A) 섭취 후 혈장 삼투압이 높아졌으므로 ADH에 의한 수분 재흡수량이 증가한다. 그 결과 단위 시간당 오줌 생성량은 감소한다.

〇 보기 풀이 ㄱ. A를 섭취한 후 혈장 삼투압이 상승했으므로 A는 소금물이다.

✕ 매력적 오답 ㄴ. 수분 재흡수가 적게 일어나는 $t_1$일 때가 수분 재흡수가 많이 일어나는 $t_2$일 때보다 오줌이 많이 생성된다.

ㄷ. 항이뇨 호르몬은 혈장 삼투압이 높은 $t_2$일 때가 혈장 삼투압이 낮은 $t_1$일 때보다 많이 분비된다.

문제풀이 **Tip**

삼투압 조절에 관한 문항으로, 혈장 삼투압이 정상 범위보다 높아졌을 때 ADH에 의한 수분 재흡수 과정을 알아야 한다. 혈장 삼투압이 높아졌을 때와 낮아졌을 때의 작용 기작을 비교하여 꼼꼼히 정리해 두도록 두자.

---

## 24 체온 조절

출제 의도 저온 자극 시 열 발생량 증가와 열 발산량 감소를 통한 체온 조절 과정에 대해 묻는 문항이다.

그림은 정상인에게 자극 ㉠이 주어졌을 때, 이에 대한 중추 신경계의 명령이 골격근과 피부 근처 혈관에 전달되는 경로를 나타낸 것이다. ㉠은 고온 자극과 저온 자극 중 하나이며, ㉠이 주어지면 피부 근처 혈관이 수축한다.

이에 대한 옳은 설명만을 〈보기〉에서 있는 대로 고른 것은?

보기
ㄱ. ㉠은 저온 자극이다.
  피부 근처 혈관이 수축하므로 ㉠은 저온 자극이다.
ㄴ. 피부 근처 혈관이 수축하면 열 발산량이 증가한다.
  피부 근처 혈관이 수축하면 열 발산량이 감소한다.
ㄷ. ㉠이 주어지면 A에서 분비되는 신경 전달 물질의 양이
  감소한다. 저온 자극(㉠)이 주어지면 A에서 분비되는 신경 전달 물질의 양이 증가한다.

① ㄱ   ② ㄴ   ③ ㄱ, ㄴ   ④ ㄴ, ㄷ   ⑤ ㄴ, ㄷ

✔ 자료 해석

• ㉠이 주어지면 피부 근처 혈관이 수축되므로 ㉠은 저온 자극이다. 저온 자극 시 교감 신경의 작용 강화에 의해 피부 근처 혈관이 수축하여 피부 근처로 흐르는 혈액량이 감소함으로써 체표면을 통한 열 발산량이 감소한다.

• 저온 자극 시 신경계와 내분비계의 조절에 의해 간과 근육에서 물질대사가 촉진되고, 몸 떨림과 같은 근육 운동이 일어나 열 발생량이 증가한다. 따라서 저온 자극(㉠)이 주어지면 신경 A에서 분비되는 신경 전달 물질의 양은 증가한다.

〇 보기 풀이 ㄱ. ㉠이 주어지면 피부 근처 혈관이 수축하므로 ㉠은 저온 자극이다.

✕ 매력적 오답 ㄴ. 저온 자극이 주어지면 피부 근처 혈관이 수축하여 열 발산량이 감소한다.

ㄷ. 저온 자극이 주어지면 A에서 분비되는 신경 전달 물질의 양이 증가하여 열 발생량이 증가한다.

문제풀이 **Tip**

체온 조절 과정을 묻는 문항으로, 저온 자극 시 열 발생량과 열 발산량의 변화 양상을 알고 있어야 한다. 체온 조절은 신경계와 내분비계의 조절 작용을 통해 일어남을 이해하고, 피부 근처 혈관은 교감 신경의 상대적 흥분 정도에 따라 수축되거나 확장되어 조절됨을 숙지하고 있도록 하자.

Part I

교육청

## 25 혈당량 조절

출제 의도 혈당량을 길항적으로 조절하는 글루카곤과 인슐린의 기능에 대해 묻는 문항이다.

그림 (가)는 호르몬 A와 B에 의해 촉진되는 글리코젠과 포도당 사이의 전환 과정을, (나)는 어떤 세포에 ㉠을 처리했을 때와 처리하지 않았을 때 세포 밖 포도당 농도에 따른 세포 안 포도당 농도를 나타낸 것이다. A와 B는 각각 인슐린과 글루카곤 중 하나이며, ㉠은 A와 B 중 하나이다.

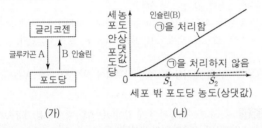

(가)      (나)

이에 대한 설명으로 옳은 것만을 〈보기〉에서 있는 대로 고른 것은? (단, 제시된 조건 이외는 고려하지 않는다.) [3점]

보기
ㄱ. ㉠은 B이다. ㉠은 인슐린(B)이다.
ㄴ. A는 이자의 $\alpha$세포에서 분비된다.
    글루카곤(A)은 이자의 $\alpha$세포에서, 인슐린(B)은 $\beta$세포에서 분비된다.
ㄷ. ㉠을 처리했을 때 세포 밖에서 세포 안으로 이동하는 포도당의 양은 $S_1$일 때가 $S_2$일 때보다 많다.
    $S_1$일 때가 $S_2$일 때보다 적다.

① ㄱ    ② ㄴ    ③ ㄷ    ④ ㄱ, ㄴ    ⑤ ㄴ, ㄷ

✔ 자료 해석

• 글루카곤은 간에서 글리코젠이 포도당으로 전환되는 과정을 촉진하고, 인슐린은 간에서 포도당이 글리코젠으로 전환되는 과정을 촉진한다. 따라서 A는 이자의 $\alpha$세포에서 분비되는 글루카곤이고, B는 이자의 $\beta$세포에서 분비되는 인슐린이다.

• ㉠을 처리했을 때 세포 밖 포도당의 농도가 증가할수록 세포 안 포도당의 농도도 증가한다. 이는 혈액에서 조직 세포로의 포도당 흡수가 촉진되었기 때문으로, ㉠은 혈당량이 정상 범위보다 높을 때 분비량이 증가하여 혈당량을 정상 범위까지 낮춰주는 인슐린임을 알 수 있다.

• ㉠을 처리한 경우 $S_2$일 때가 $S_1$일 때보다 세포 안 포도당 농도가 높다. 즉 $S_2$일 때가 $S_1$일 때보다 세포 밖에서 세포 안으로 이동하는 포도당의 양이 많다는 것을 알 수 있다.

○ 보기 풀이 ㄱ. A는 글루카곤, B(㉠)는 인슐린이다.
ㄴ. 글루카곤(A)은 이자의 $\alpha$세포에서 분비되고, 인슐린(B)은 이자의 $\beta$세포에서 분비된다.

✕ 매력적 오답 ㄷ. ㉠을 처리했을 때 세포 밖 포도당 농도가 높을수록 세포 안 포도당 농도가 높아지는 것은 세포 밖에서 세포 안으로 이동하는 포도당의 양이 많아지기 때문이다. 따라서 세포 밖에서 세포 안으로 이동하는 포도당의 양은 $S_1$일 때보다 $S_2$일 때가 많다.

문제풀이 Tip
혈당량 조절에 대한 문항으로, 이자에서 분비되는 호르몬에 의해 혈당량이 일정하게 조절되는 과정을 이해하고 있어야 한다. 글루카곤과 인슐린에 의한 길항 작용 문항은 자주 출제되는 소재이므로 신경계와 호르몬에 의한 혈당량 조절 과정을 자세하게 알아두도록 하자.

## 26 내분비계와 호르몬

출제 의도 내분비계를 구성하는 내분비샘과 호르몬의 특징에 대해 묻는 문항이다.

표는 사람의 내분비샘의 특징을 나타낸 것이다. A와 B는 갑상샘과 뇌하수체를 순서 없이 나타낸 것이다.

| 내분비샘 | 특징 |
|---|---|
| A 뇌하수체 | ㉠TSH를 분비한다. |
| B 갑상샘 | ㉡티록신을 분비한다. |

이에 대한 설명으로 옳은 것만을 〈보기〉에서 있는 대로 고른 것은? [3점]

보기
ㄱ. A는 뇌하수체이다.
    A는 뇌하수체, B는 갑상샘이다.
ㄴ. ㉡의 분비는 음성 피드백에 의해 조절된다.
    티록신(㉡)의 분비는 음성 피드백에 의해 조절된다.
ㄷ. ㉠과 ㉡은 모두 순환계를 통해 표적 세포로 이동한다.
    호르몬은 순환계의 혈액을 통해 표적 세포로 이동한다.

① ㄱ    ② ㄷ    ③ ㄱ, ㄴ    ④ ㄴ, ㄷ    ⑤ ㄱ, ㄴ, ㄷ

✔ 자료 해석

• 내분비샘은 분비관 없이 호르몬을 혈액이나 조직액으로 내보내는 기관이다. 내분비샘 중 뇌하수체에서는 TSH(갑상샘 자극 호르몬), ACTH(부신 겉질 자극 호르몬), ADH(항이뇨 호르몬) 등이 분비되며, 갑상샘에서는 티록신이 분비된다. 따라서 A는 뇌하수체, B는 갑상샘이다.

• 음성 피드백 : 어느 과정의 산물이 그 과정을 억제하는 조절을 말한다. 티록신의 분비 조절 과정이 대표적인 예이다.

• 호르몬은 혈액을 통해 온몸의 표적 세포(기관)에 신호를 전달한다. 따라서 신경의 작용보다 전달 속도는 느리지만 효과는 지속적이다.

○ 보기 풀이 ㄱ. A는 뇌하수체, B는 갑상샘이다. 뇌하수체(A)에서 TSH(㉠)가 분비되고, 갑상샘(B)에서 티록신(㉡)이 분비된다.
ㄴ. 티록신(㉡)의 분비는 음성 피드백에 의해 조절된다.
ㄷ. 호르몬은 순환계를 통해 표적 세포로 이동한다.

문제풀이 Tip
호르몬의 특징에 대해 묻는 문항으로, 사람의 내분비샘과 호르몬의 특징에 대해 이해하고 있어야 한다. 기출에서는 주로 뇌하수체와 갑상샘에서 분비되는 호르몬의 종류와 특징에 대해 출제되었지만, 부신과 이자에서 분비되는 호르몬의 종류와 특징에 대해서도 출제될 수 있으므로 잘 살펴두도록 하자.

출제 의도 혈당량 조절과 삼투압 조절에 대해 묻는 문항이다.

그림 (가)는 정상인에서 식사 후 시간에 따른 혈당량을, (나)는 이 사람의 혈장 삼투압에 따른 혈중 ADH 농도를 나타낸 것이다.

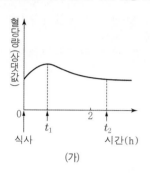
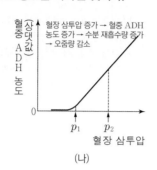

(가)                    (나)

이에 대한 설명으로 옳은 것만을 〈보기〉에서 있는 대로 고른 것은? (단, 제시된 조건 이외는 고려하지 않는다.) [3점]

보기

ㄱ. 혈중 인슐린 농도는 $t_1$일 때가 $t_2$일 때보다 낮다.
  혈중 인슐린 농도는 $t_1$일 때가 $t_2$일 때보다 높다.
ㄴ. 생성되는 오줌의 삼투압은 $p_1$일 때가 $p_2$일 때보다 낮다.
  ADH 농도가 높아지면 생성되는 오줌의 삼투압은 증가한다.
ㄷ. 혈당량과 혈장 삼투압의 조절 중추는 모두 연수이다.
  혈당량과 혈장 삼투압의 조절 중추는 모두 간뇌의 시상 하부이다.

① ㄱ　　② ㄴ　　③ ㄷ　　④ ㄱ, ㄴ　　⑤ ㄴ, ㄷ

✔ 자료 해석

• 식사 후 혈당량이 높아지면 인슐린의 농도는 증가하고, 글루카곤의 농도는 감소한다. 분비된 인슐린이 간에 작용하여 포도당이 글리코젠으로 합성되는 과정이 촉진되고, 혈액에서 조직 세포로의 포도당 흡수가 촉진된다. 그 결과 혈당량이 정상 수준으로 점차 낮아진다.

• 혈장 삼투압이 정상 범위보다 높아지면 혈중 ADH 농도가 증가한다. 분비된 ADH가 콩팥에 작용하여 물의 재흡수량이 증가하고, 혈액 내 물의 양은 증가, 오줌 내 물의 양은 감소한다. 그 결과 혈장 삼투압은 감소하고 오줌의 삼투압은 증가한다.

• 혈당량은 주로 이자에서 체내 혈당량을 직접 감지하여 조절하며, 간뇌의 시상 하부에서 자율 신경을 통한 호르몬의 분비를 조절함으로써 일정하게 유지된다. 삼투압은 간뇌의 시상 하부에서 ADH의 분비량을 조절함으로써 일정하게 유지된다.

○ 보기 풀이 정상인에서 혈당량이 높아지면 인슐린의 분비가 촉진되고, 혈장 삼투압이 증가하면 혈중 ADH 농도가 증가한다.

ㄴ. 혈중 ADH 농도가 증가하면 콩팥에서 수분 재흡수량이 증가하므로, 생성되는 오줌의 삼투압은 $p_1$일 때가 $p_2$일 때보다 낮다.

✘ 매력적 오답 ㄱ. 혈당량은 $t_1$일 때가 $t_2$일 때보다 높으므로, 혈중 인슐린 농도는 $t_1$일 때가 $t_2$일 때보다 높다.

ㄷ. 혈당량과 혈장 삼투압의 조절 중추는 모두 간뇌의 시상 하부이다.

문제풀이 Tip

항상성 조절에 대해 묻는 문항으로, 혈당량과 혈장 삼투압이 체내에서 일정하게 조절되는 과정을 이해하고 있어야 한다. 혈당량, 체온, 혈장 삼투압을 정상 범위로 유지하기 위한 내분비계와 신경계의 작용에 대해 깊이 있게 알아두는 것이 필요하다.

---

출제 의도 열 발생과 열 발산을 통한 체온 조절의 원리에 대해 묻는 문항이다.

그림은 정상인이 온도 $T_1$과 $T_2$에 각각 노출되었을 때, 피부 혈관의 일부를 나타낸 것이다. $T_1$과 $T_2$는 각각 20 ℃와 40 ℃ 중 하나이고, $T_1$과 $T_2$ 중 하나의 온도에 노출되었을 때만 골격근의 떨림이 발생하였다.

피부 피부 혈관 수축　　　　　피부 피부 혈관 확장

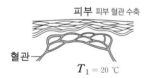
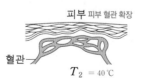

혈관　　　　　　　　　　　　혈관
$T_1 = 20$ ℃　　　　　　　　$T_2 = 40$ ℃

이에 대한 옳은 설명만을 〈보기〉에서 있는 대로 고른 것은? [3점]

보기

ㄱ. ~~$T_1$은 40 ℃이다.~~ 피부 혈관이 수축되었으므로 $T_1$은 20 ℃이다.
ㄴ. 골격근의 떨림이 발생한 온도는 $T_2$이다.
  골격근의 떨림은 저온인 $T_1$에서 발생한다.
ㄷ. 피부 혈관이 수축하는 데 교감 신경이 관여한다.
  피부 혈관의 수축에는 교감 신경이 관여한다.

① ㄴ　　② ㄷ　　③ ㄱ, ㄴ　　④ ㄱ, ㄷ　　⑤ ㄴ, ㄷ

✔ 자료 해석

• $T_1$에 노출되었을 때에 비해 $T_2$에 노출되었을 때 피부 혈관이 확장되어 있다. 따라서 $T_1$은 20 ℃이고, $T_2$는 40 ℃이다.

• 체온이 정상 범위보다 낮아졌을 때 시상 하부가 저체온을 감지하면 골격근이 빠르게 수축·이완되어 몸이 떨리고, 열 발생량이 증가한다. 또한 피부 혈관이 수축함으로써 피부 근처를 흐르는 혈액의 양이 감소하여 열 발산량이 감소한다.

• 체온이 정상 범위보다 높아졌을 때 시상 하부가 고체온을 감지하면 피부 혈관이 확장되어 피부 근처를 흐르는 혈액의 양이 증가하고, 땀 분비가 촉진됨으로써 열 발산량이 증가한다.

• 피부 혈관은 교감 신경의 상대적 흥분 정도에 따라 수축되거나 확장되어 혈류량이 조절된다.

○ 보기 풀이 ㄷ. 피부 혈관의 수축에는 교감 신경이 관여한다.

✘ 매력적 오답 ㄱ. 피부 혈관은 저온에서 수축되어 열 발산량이 감소하고, 고온에서 확장되어 열 발산량이 증가하므로 $T_1$은 20 ℃이고, $T_2$는 40 ℃이다.

ㄴ. 골격근의 떨림은 저온인 $T_1$에서 발생하였다.

문제풀이 Tip

체온 조절에 대한 문항으로, 특정 온도 시점에서 피부 혈관이 왜 수축되고 이완되는지에 대해 알고 있어야 한다. 저온 자극 시의 체온 조절 과정에 대한 문항이 자주 출제되고 있으므로, 저온 자극 시 신경계와 호르몬에 의해 체온이 일정하게 조절되는 과정에 대해 자세하게 알아두어야 한다.

## 29 혈당량 조절

출제 의도 포도당 용액을 섭취한 후 인슐린에 의한 혈당량 조절 과정에 대해 묻는 문항이다.

그림은 정상인이 포도당 용액을 섭취한 후 시간에 따른 혈중 포도당의 농도와 호르몬 ㉠의 농도를 나타낸 것이다. ㉠은 글루카곤과 인슐린 중 하나이다.

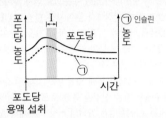

이에 대한 옳은 설명만을 〈보기〉에서 있는 대로 고른 것은? [3점]

보기
ㄱ. ㉠은 글루카곤이다. ㉠은 인슐린이다.
ㄴ. 이자의 $\beta$세포에서 ㉠이 분비된다.
　　인슐린(㉠)은 이자의 $\beta$세포에서 분비된다.
ㄷ. 구간 I에서 글리코젠의 합성이 일어난다.
　　구간 I에서 글리코젠 합성이 일어나 혈중 포도당 농도가 낮아진다.

① ㄱ　　② ㄴ　　③ ㄱ, ㄷ　　④ ㄴ, ㄷ　　⑤ ㄱ, ㄴ, ㄷ

✔ 자료 해석

• 포도당 용액을 섭취 한 후 포도당 농도가 증가함에 따라 ㉠의 농도도 증가한다. 즉 ㉠은 혈당량이 정상 범위보다 높을 때 분비가 증가하는 인슐린이다.
• 인슐린은 이자의 $\beta$세포에서 분비된다. 혈당량이 정상 범위보다 낮을 때 분비되는 글루카곤은 이자의 $\alpha$세포에서 분비된다.
• 혈당량이 정상 범위보다 높을 때의 조절 : 이자의 $\beta$세포에서 인슐린의 분비가 증가한다. → 분비된 인슐린이 간에 작용하여 포도당이 글리코젠으로 합성되는 과정이 촉진되고, 혈액에서 조직 세포로의 포도당 흡수가 촉진된다. → 혈당량이 정상 범위까지 낮아지면 음성 피드백에 따라 인슐린의 분비량이 정상 수준으로 감소된다.

○ 보기 풀이 ㄴ. 인슐린(㉠)은 이자의 $\beta$세포에서 분비된다.
ㄷ. 인슐린은 간에서 글리코젠의 합성을 촉진한다.

✕ 매력적 오답 ㄱ. ㉠은 인슐린이다.

문제풀이 Tip
혈당량 조절에 대한 문항으로, 혈당량이 증가했을 때 인슐린에 의해 혈당량이 조절되는 과정을 이해하고 있어야 한다. 혈당량은 이자에서 분비되는 인슐린과 글루카곤에 의해 길항적으로 조절되지만, 부신에서 분비되는 당질 코르티코이드와 에피네프린에 의해서도 혈당량이 증가함을 이해하고 있어야 한다.

---

## 30 혈당량 조절

출제 의도 이자에서 분비되는 혈당량 조절 호르몬인 인슐린의 기능과 분비에 대해 파악하는지 확인하는 문항이다.

그림은 정상인과 당뇨병 환자가 포도당을 섭취했을 때 혈당량 변화를 나타낸 것이다. 이 환자는 이자에서 혈당량 조절 호르몬 X가 적게 분비되어 당뇨병이 나타났다. – X는 인슐린이다.

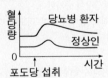

X에 대한 옳은 설명만을 〈보기〉에서 있는 대로 고른 것은?

보기
ㄱ. 인슐린이다.
　　X는 혈당량 조절 호르몬인 인슐린이다.
ㄴ. 이자의 $\alpha$세포에서 분비된다.
　　인슐린(X)은 이자의 $\beta$세포에서 분비된다.
ㄷ. 간에서 글리코젠 분해를 촉진한다.
　　인슐린(X)은 간에서 글리코젠 합성을 촉진한다.

① ㄱ　　② ㄴ　　③ ㄱ, ㄴ　　④ ㄱ, ㄷ　　⑤ ㄴ, ㄷ

✔ 자료 해석

• 당뇨병은 혈당량 조절에 필요한 인슐린의 분비량이 부족하거나 인슐린에 제대로 반응하지 못해 발생하며, 혈당량이 너무 높아 오줌 속에 포도당이 섞여 나오는 질환이다.
• 인슐린 : 고혈당일 때 간에서 포도당을 글리코젠으로 합성하여 저장하는 과정을 촉진하며, 체세포로의 포도당 흡수를 촉진함으로써 혈당량을 정상 수준으로 낮춰 준다.

○ 보기 풀이 ㄱ. 당뇨병은 혈당량 조절 호르몬인 인슐린의 분비량이 적을 때 발병한다. 따라서 X는 인슐린이다.

✕ 매력적 오답 ㄴ. 인슐린(X)은 이자의 $\beta$세포에서 분비된다.
ㄷ. 인슐린(X)은 간에서 글리코젠 합성을 촉진하여 혈당량을 정상 수준으로 낮춘다.

문제풀이 Tip
정상인과 당뇨병 환자의 혈당량을 비교해 보는 문항이다. 혈당량 조절 관련 문항은 최근 자주 출제되고 있으므로 자세하게 알아두도록 하자.

## 31 혈장 삼투압 조절

출제 의도 정상인이 1L의 물을 섭취했을 때의 삼투압 조절 과정을 이해하는지 확인하는 문항이다.

그림은 어떤 정상인이 1 L의 물을 섭취했을 때 단위 시간당 오줌 생성량의 변화를 나타낸 것이다.

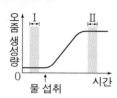

구간 I 에서가 구간 II 에서보다 높은 것만을 〈보기〉에서 있는 대로 고른 것은? (단, 제시된 조건 이외는 고려하지 않는다.) [3점]

보기
ㄱ. 혈장 삼투압 ➡ 구간 I 에서보다 구간 II 에서 감소
ㄴ. 오줌 삼투압 ➡ 구간 I 에서보다 구간 II 에서 감소
ㄷ. 혈중 항이뇨 호르몬 농도 ➡ 구간 I 에서보다 구간 II 에서 감소

① ㄱ  ② ㄴ  ③ ㄱ, ㄷ  ④ ㄴ, ㄷ  ⑤ ㄱ, ㄴ, ㄷ

✔ 자료 해석

- 혈장 삼투압이 낮을 때 : 간뇌의 시상 하부에 의해 뇌하수체 후엽에서 항이뇨 호르몬(ADH)의 분비량이 감소한다. 그 결과 콩팥에서 수분 재흡수량이 감소하여, 오줌 생성량은 증가, 오줌 삼투압은 감소되며, 혈장 삼투압이 정상 수준으로 증가한다.
- 혈장 삼투압이 높을 때 : 간뇌의 시상 하부에 의해 뇌하수체 후엽에서 항이뇨 호르몬(ADH)의 분비량이 증가한다. 그 결과 콩팥에서 수분 재흡수량이 증가하여, 오줌 생성량은 감소, 오줌 삼투압은 증가되며, 혈장 삼투압이 정상 수준으로 감소한다.

○ 보기 풀이 물을 섭취하면 혈장 삼투압이 감소하여 혈중 항이뇨 호르몬(ADH)의 농도가 감소한다. 그 결과 콩팥에서 수분 재흡수가 억제되므로 오줌 생성량은 증가하고 오줌 삼투압은 감소한다.

문제풀이 **Tip**

삼투압 조절에 관한 문항은 수능에서 자주 출제되고 있다. 따라서 혈장 삼투압이 낮을 때와 높을 때를 비교하여 자세하게 알아두도록 하자.

Part I

교육청

## 32 삼투압 조절

출제 의도 혈중 ADH 농도에 따른 오줌 삼투압과 단위 시간당 수분 재흡수량 차이를 파악하는지 확인하는 문항이다.

그림은 어떤 동물에서 오줌 생성이 정상일 때와 ㉠일 때 시간에 따른 혈중 항이뇨 호르몬(ADH)의 농도를 나타낸 것이다.

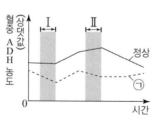

이에 대한 설명으로 옳은 것만을 〈보기〉에서 있는 대로 고른 것은? (단, 제시된 자료 이외에 체내 수분량에 영향을 미치는 요인은 없다.) [3점]

구간 I : 혈중 ADH 농도 낮다.= 단위 시간당 수분 재흡수량 적다.
구간 II : 혈중 ADH 농도 높다.= 단위 시간당 수분 재흡수량 많다.

보기
ㄱ. 항이뇨 호르몬의 분비 조절 중추는 간뇌의 시상 하부이다.
  콩팥에서 물의 재흡수를 촉진하는 ADH의 분비 조절 중추는 간뇌의 시상 하부이다.
ㄴ. 정상일 때 오줌 삼투압은 구간 I 에서가 II 에서보다 높다.
  정상일 때 오줌 삼투압은 구간 I 에서가 II 에서보다 낮다.
ㄷ. 구간 I 에서 콩팥의 단위 시간당 수분 재흡수량은 정상일 때가 ㉠일 때보다 적다.
  구간 I 에서 콩팥에서 단위 시간당 수분 재흡수량은 정상일 때가 ㉠일 때보다 많다.

① ㄱ  ② ㄷ  ③ ㄱ, ㄴ  ④ ㄱ, ㄷ  ⑤ ㄴ, ㄷ

✔ 자료 해석

- 항이뇨 호르몬(ADH) : 시상 하부에서 생성되며, 뇌하수체 후엽에 저장된 후 분비된다. 콩팥에 작용해 여과액으로부터 수분 재흡수를 촉진시킨다.
- 혈중 ADH 농도 증가 → 콩팥에서 단위 시간당 수분 재흡수량 증가 → 오줌량 감소, 오줌 삼투압 증가

○ 보기 풀이 ㄱ. 항이뇨 호르몬(ADH)은 콩팥에 작용하여 물의 재흡수를 촉진한다. 항이뇨 호르몬(ADH)의 분비 조절 중추는 간뇌의 시상 하부이다.

✘ 매력적 오답 ㄴ. 정상일 때 혈중 ADH 농도는 구간 I 에서가 구간 II 에서보다 낮으므로, 오줌 삼투압은 구간 I 에서가 구간 II 에서보다 낮다.

ㄷ. 구간 I 에서 정상일 때가 ㉠일 때보다 혈중 ADH 농도가 높으므로, 콩팥의 단위 시간당 수분 재흡수량은 정상일 때가 ㉠일 때보다 많다.

문제풀이 **Tip**

혈중 ADH 농도에 따른 오줌 삼투압과 단위 시간당 수분 재흡수량의 차이를 묻는 문항이다. ADH의 기능을 알면 어렵지 않은 문항으로, 삼투압 조절 과정에서 ADH의 역할에 대해 알아두자.

# 33 혈당량 조절

출제 의도 혈당량 조절에 관여하는 글루카곤과 인슐린의 특징을 파악하는지 확인하는 문항이다.

그림 (가)는 간에서 호르몬 X와 Y에 의해 일어나는 글리코젠과 포도당 사이의 전환을, (나)는 정상인에서 식사 후 시간에 따른 혈당량과 호르몬 ⊙의 혈중 농도를 나타낸 것이다. X와 Y는 각각 글루카곤과 인슐린 중 하나이고, ⊙은 X와 Y 중 하나이다.

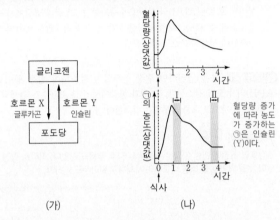

(가)                    (나)

이에 대한 옳은 설명만을 〈보기〉에서 있는 대로 고른 것은? [3점]

보기
ㄱ. X는 이자섬의 $\beta$세포에서 분비된다.
　글루카곤(X)은 이자섬의 $\alpha$세포에서, 인슐린(Y)은 $\beta$세포에서 분비된다.
ㄴ. ⊙은 Y이다.
　⊙은 혈당량 증가에 따라 농도가 높아지므로 인슐린(Y)이다.
ㄷ. 간에서 글리코젠 합성량은 구간 Ⅰ에서가 구간 Ⅱ에서보다 많다. 간에서 글리코젠 합성량은 인슐린(Y) 농도가 높은 구간 Ⅰ에서가 인슐린 농도가 낮은 구간 Ⅱ에서보다 많다.

① ㄱ　② ㄴ　③ ㄱ, ㄷ　④ ㄴ, ㄷ　⑤ ㄱ, ㄴ, ㄷ

✓ 자료 해석
• 글루카곤 : 이자의 $\alpha$세포에서 분비되며, 간에서 글리코젠을 포도당으로 분해하여 혈액으로 방출하게 한다.
• 인슐린 : 이자의 $\beta$세포에서 분비된다. 간에서 포도당을 글리코젠으로 합성·저장하게 하고, 체세포의 포도당 흡수를 촉진시킨다.

○ 보기 풀이 호르몬 X는 글리코젠을 포도당으로 분해하는 반응을 촉진하므로 글루카곤이며, 호르몬 Y는 포도당을 글리코젠으로 합성하는 반응을 촉진하므로 인슐린이다.
ㄴ. 식사 후 혈당량 증가에 따라 호르몬 ⊙의 혈중 농도도 증가하므로, ⊙은 인슐린(Y)이다.
ㄷ. 간에서 글리코젠 합성량은 인슐린(⊙) 농도가 높은 구간 Ⅰ에서가 인슐린(⊙) 농도가 낮은 구간 Ⅱ에서보다 많다.

✕ 매력적 오답 ㄱ. 글루카곤(X)은 이자섬의 $\alpha$세포에서 분비된다.

문제풀이 Tip
글루카곤과 인슐린에 의한 혈당량 조절에 관한 문항이다. 혈당량 조절 과정에서 길항 작용을 하는 두 호르몬의 기능을 헷갈리지 않게 암기해 두자.

# 34 삼투압 조절

출제의도 혈중 ADH 농도에 따른 오줌 삼투압과 단위 시간당 오줌 생성량을 파악하는지 확인하는 문항이다.

그림 (가)는 정상인의 혈장 삼투압에 따른 혈중 ADH 농도를, (나)는 이 사람에서 혈중 ADH 농도에 따른 ㉠과 ㉡의 변화를 나타낸 것이다. ㉠과 ㉡은 각각 오줌 삼투압과 단위 시간당 오줌 생성량 중 하나이다.

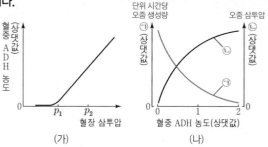

이에 대한 설명으로 옳은 것만을 〈보기〉에서 있는 대로 고른 것은? (단, 제시된 자료 이외에 체내 수분량에 영향을 미치는 요인은 없다.)

보기
ㄱ. ADH는 뇌하수체 후엽에서 분비된다.
　ADH는 시상 하부에서 생성되며, 뇌하수체 후엽에서 저장·분비된다.
ㄴ. ㉠은 오줌 삼투압이다.
　㉠은 단위 시간당 오줌 생성량, ㉡은 오줌 삼투압이다.
ㄷ. 단위 시간당 오줌 생성량은 $p_1$에서가 $p_2$에서보다 적다.
　단위 시간당 오줌 생성량은 $p_1$에서가 $p_2$에서보다 많다.

① ㄱ　② ㄴ　③ ㄷ　④ ㄱ, ㄷ　⑤ ㄴ, ㄷ

✓ 자료 해석
• 혈장 삼투압이 높을 때 : 시상 하부에 의해 뇌하수체 후엽에서 항이뇨 호르몬(ADH)의 분비가 촉진되어 콩팥에서 수분 재흡수량이 증가한다. 그 결과 단위 시간당 오줌 생성량은 감소하며, 오줌 삼투압은 증가한다.

○ 보기풀이 ㄱ. ADH는 시상 하부에서 생성되며, 뇌하수체 후엽에서 저장된 후 분비된다.

✕ 매력적오답 ㄴ. 혈중 ADH 농도가 높아질수록 감소하는 ㉠은 단위 시간당 오줌 생성량이고, 혈중 ADH 농도가 높아질수록 증가하는 ㉡은 오줌 삼투압이다.

ㄷ. 혈장 삼투압이 높아지면 혈중 ADH 농도가 높아지며, 혈중 ADH 농도가 높아질수록 단위 시간당 오줌 생성량은 감소한다. 따라서 단위 시간당 오줌 생성량은 $p_1$에서가 $p_2$에서보다 많다.

문제풀이 **Tip**
혈중 ADH 농도에 따른 오줌 삼투압과 단위 시간당 오줌 생성량의 관계를 파악해야 하는 문항이다. 삼투압 조절 문항은 자주 출제되고 있으므로, 혈장 삼투압이 높을 때와 낮을 때 체내에서 일어나는 과정을 자세하게 알아두어야 한다.

---

# 35 체온 조절

출제의도 저온 자극 시 체온 조절 과정을 이해하는지 확인하는 문항이다.

그림은 어떤 사람에게 저온 자극이 주어졌을 때 일어나는 체온 조절 과정의 일부를 나타낸 것이다.

이에 대한 옳은 설명만을 〈보기〉에서 있는 대로 고른 것은? [3점]

보기
ㄱ. ㉠은 티록신이다.
ㄴ. A는 원심성 신경이다.
　A는 척수에서 피부의 혈관으로 신호를 전달하는 원심성 신경이다.
ㄷ. 피부의 혈관 수축으로 열 발산량이 증가한다.
　피부의 혈관이 수축하면 열 발산량이 감소한다.

① ㄱ　② ㄷ　③ ㄱ, ㄴ　④ ㄱ, ㄷ　⑤ ㄴ, ㄷ

✓ 자료 해석
• 추울 때 체온 조절 과정
① 교감 신경의 작용이 강화되어 피부 근처의 혈관이 수축된다. → 피부 근처를 흐르는 혈액의 양이 감소하여 피부를 통한 열 발산량이 감소한다.
② 체성 신경의 작용으로 골격근이 수축된다. → 몸이 떨리며 체내 열 생산량이 증가한다. 그 결과 체온이 정상 수준까지 상승한다.

○ 보기풀이 ㄱ. 갑상샘에서 분비되어 물질대사를 촉진시키는 호르몬 ㉠은 티록신이다.

ㄴ. A는 척수에서 피부의 혈관으로 신호를 전달하므로(중심으로부터 멀어지므로) 원심성 신경이다.

✕ 매력적오답 ㄷ. 저온 자극 시 피부의 혈관이 수축하여 피부 근처를 흐르는 혈액의 양이 감소하면 열 발산량이 감소한다. 그 결과 체온이 상승하여 정상 범위의 체온을 유지하게 된다.

문제풀이 **Tip**
체온 조절은 혈당량 조절과 삼투압 조절에 비해 출제 빈도가 낮지만, 앞으로 출제 가능성이 높으므로 전과정에 대해 꼼꼼히 알아두자.

Part I

# 05 질병과 병원체, 혈액형

## 1 질병과 병원체

2024년 10월 교육청 2번 | 정답 ③ | 문제편 82 p

출제 의도 질병의 종류와 병원체의 특징에 대해 알고 있는지 묻는 문항이다.

표 (가)는 사람의 질병 A~C의 병원체가 갖는 특징을 나타낸 것이고, (나)는 특징 ㉠~㉢을 순서 없이 나타낸 것이다. A~C는 독감, 무좀, 말라리아를 순서 없이 나타낸 것이다.

| 질병 | 병원체가 갖는 특징 |
|---|---|
| 독감 A | ㉠ |
| 무좀 B | ㉠, ㉢ |
| 말라리아 C | ㉠, ㉡, ㉢ |

(가)

| 특징(㉠~㉢) |
|---|
| ㉠ • 단백질을 갖는다. – 독, 무, 말 |
| ㉡ • 원생생물에 속한다. – 말 |
| ㉢ • 스스로 물질대사를 한다. – 무, 말 |

(나)

이에 대한 옳은 설명만을 〈보기〉에서 있는 대로 고른 것은?

보기
ㄱ. A는 독감이다.
ㄴ. C는 모기를 매개로 전염된다.
ㄷ. ㉢은 '스스로 물질대사를 한다.'이다.
  '원생생물에 속한다.'이다.

① ㄱ　② ㄷ　③ ㄱ, ㄴ　④ ㄴ, ㄷ　⑤ ㄱ, ㄴ, ㄷ

✓ 자료 해석
• 독감은 바이러스가 병원체인 감염성 질병으로 독립적으로 물질대사를 하지 못한다.
• 무좀의 병원체는 곰팡이이며, 말라리아는 병원체가 원생생물인 질병으로 독립적으로 물질대사를 한다.

O 보기 풀이 ㄱ. 독감의 병원체는 바이러스로, 원생생물에 속하지 않으며, 바이러스는 스스로 물질대사를 할 수 없다. 병원체가 특징 ㉠~㉢ 중 하나만을 갖는 것은 독감(A)이다.
ㄴ. 병원체가 특징 ㉠~㉢을 모두 갖는 것은 말라리아(C)로, 말라리아는 모기를 매개로 전염된다.

✗ 매력적 오답 ㄷ. 말라리아의 병원체가 갖는 특징 ㉡은 '원생생물에 속한다.'이다.

문제풀이 **Tip**
질병의 종류와 질병을 일으키는 병원체의 특징에 대해 알아둔다.

---

## 2 질병의 종류

2024년 7월 교육청 6번 | 정답 ② | 문제편 82 p

출제 의도 질병의 종류에 따른 특징에 대해 알고 있는지 묻는 문항이다.

표 (가)는 질병의 특징을, (나)는 (가) 중에서 질병 A, B, 말라리아가 갖는 특징의 개수를 나타낸 것이다. A와 B는 독감과 무좀을 순서 없이 나타낸 것이다.

| 특징 |
|---|
| • 모기를 매개로 전염된다. |
| • 병원체가 유전 물질을 갖는다. |
| ⓐ 병원체는 독립적으로 물질대사를 한다. |

(가)

| 질병 | 특징의 개수 |
|---|---|
| 독감 A | ? 1 |
| 무좀 B | 2 |
| 말라리아 | ㉠ 3 |

(나)

이에 대한 설명으로 옳은 것만을 〈보기〉에서 있는 대로 고른 것은?

보기
ㄱ. A의 병원체는 곰팡이다.
  독감(A)의 병원체는 바이러스이다.
ㄴ. B는 특징 ⓐ를 갖는다.
  무좀(B)의 병원체는 곰팡이이고, 곰팡이는 독립적으로 물질대사를 한다.
ㄷ. ㉠은 ②이다.
  3

① ㄱ　② ㄴ　③ ㄷ　④ ㄱ, ㄴ　⑤ ㄴ, ㄷ

✓ 자료 해석
• A는 독감, B는 무좀이다.
• 독감의 병원체는 바이러스, 무좀의 병원체는 곰팡이, 말라리아의 병원체는 원생생물이다.

O 보기 풀이 ㄴ. 무좀(B)의 병원체는 곰팡이이며, 곰팡이는 유전 물질을 갖고, 독립적으로 물질대사를 한다(ⓐ).

✗ 매력적 오답 ㄱ. 독감의 병원체인 바이러스는 유전 물질을 갖지만 독립적으로 물질대사를 하지 못하므로 특징의 개수가 1이다. 따라서 A는 독감, B는 무좀이다. 독감(A)의 병원체는 바이러스이고, 무좀(B)의 병원체는 곰팡이이다.
ㄷ. 말라리아는 모기를 매개로 전염되고, 말라리아의 병원체는 원생생물이므로 유전 물질을 가지며 독립적으로 물질대사를 하므로 ㉠은 3이다.

문제풀이 **Tip**
질병의 종류에 따른 특징을 알아둔다. 특히 바이러스, 세균, 곰팡이, 원생생물에서의 유전 물질 유무, 독립적인 물질대사의 유무, 세포 구조의 유무, 핵의 유무에 대해 정리해 둔다.

## 3 질병의 종류

출제 의도 질병의 종류에 대해 알고 있는지 묻는 문항이다.

표는 사람 질병의 특징을 나타낸 것이다. (가)와 (나)는 말라리아와 독감을 순서 없이 나타낸 것이다.

| 질병 | 특징 |
|---|---|
| 독감 (가) | 병원체는 바이러스이다. |
| 말라리아 (나) | 모기를 매개로 전염된다. |
| 결핵 | ㉠ |

이에 대한 설명으로 옳은 것만을 〈보기〉에서 있는 대로 고른 것은?

보기
ㄱ. (가)는 독감이다.
　　(가)는 독감, (나)는 말라리아이다.
ㄴ. (가)와 (나)의 병원체는 모두 유전 물질을 갖는다.
ㄷ. '치료에 항생제가 사용된다'.는 ㉠에 해당한다.
　　결핵의 병원체는 세균이므로 치료에 항생제가 사용된다.

① ㄱ　　② ㄴ　　③ ㄱ, ㄷ　　④ ㄴ, ㄷ　　⑤ ㄱ, ㄴ, ㄷ

✔ 자료 해석
• (가)는 독감, (나)는 말라리아이다.
• 독감의 병원체는 바이러스, 말라리아의 병원체는 원생생물, 결핵의 병원체는 세균이다.

◯ 보기풀이 ㄱ. 병원체가 바이러스인 (가)는 독감이고, 모기를 매개로 전염되는 (나)는 말라리아이다.
ㄴ. 독감(가)의 병원체는 바이러스, 말라리아(나)의 병원체는 원생생물로, 모두 유전 물질을 갖는다.
ㄷ. 결핵의 병원체는 세균이므로 '치료에 항생제가 사용된다'.는 ㉠에 해당한다.

문제풀이 **Tip**
바이러스와 생물(세균, 원생생물, 균류)의 차이점, 원핵생물(세균)과 진핵생물(원생생물, 균류)의 차이점에 대해 알아둔다.

## 4 질병의 종류

출제 의도 여러 가지 감염성 질병에 대해 알고 있는지 묻는 문항이다.

사람의 질병에 대한 옳은 설명만을 〈보기〉에서 있는 대로 고른 것은?

보기
ㄱ. 결핵은 감염성 질병이다.
　　결핵은 세균에 의한 감염성 질병이다.
ㄴ. 말라리아의 병원체는 원생생물이다.
ㄷ. 독감의 병원체는 세포 분열을 통해 증식한다.
　　독감의 병원체(바이러스)는 세포 분열을 통해 증식하지 않는다.

① ㄱ　　② ㄷ　　③ ㄱ, ㄴ　　④ ㄴ, ㄷ　　⑤ ㄱ, ㄴ, ㄷ

✔ 자료 해석
• 결핵, 말라리아, 독감은 각각 세균, 원생생물, 바이러스에 의한 감염성 질병이다.
• 세균과 원생생물은 세포 분열을 통해 증식한다.

◯ 보기풀이 ㄱ. 결핵은 세균에 의한 감염성 질병이다.
ㄴ. 말라리아의 병원체는 말라리아원충으로 원생생물이다. 말라리아는 원생생물에 의한 감염성 질병이다.

✕ 매력적 오답 ㄷ. 독감의 병원체는 바이러스이다. 바이러스는 세포 분열을 통해 증식하지 않는다.

문제풀이 **Tip**
세균, 바이러스, 원생생물, 균류 등 병원체의 종류에 따른 감염성 질병에 대한 특징에 대해 알아둔다.

## 5 질병의 종류

2023년 10월 교육청 5번 | 정답 ④ | 문제편 83p

출제 의도 질병의 종류와 특징에 대해 알고 있는지 묻는 문항이다.

다음은 질병 ㉠의 병원체와 월별 발병률 자료에 대한 학생 A~C의 발표 내용이다. ㉠은 독감과 헌팅턴 무도병 중 하나이다.

비감염성 질병

㉠의 병원체
독감

(㉠ 상댓값) 발병률
1월  6월  12월

학생 A: ㉠은 감염성 질병입니다.

학생 B: ㉠의 발병률은 1월이 6월보다 높습니다.

학생 C: ㉠의 병원체는 독립적으로 물질대사를 합니다. — 바이러스

제시한 내용이 옳은 학생만을 있는 대로 고른 것은?

① A   ② B   ③ C   ④ A, B   ⑤ B, C

✔ 자료 해석
• 독감은 바이러스가 병원체인 감염성 질병이고, 헌팅턴 무도병은 유전자 돌연변이에 의한 유전병으로 비감염성 질병이다.
• ㉠은 바이러스가 병원체인 독감이다.

○ 보기 풀이 A. 독감은 감염성 질병이고, 헌팅턴 무도병은 비감염성 질병이므로 ㉠은 독감이다.
B. 독감(㉠)의 발병률은 1월이 6월보다 높다.

✖ 매력적 오답 C. 독감(㉠)의 병원체인 바이러스는 독립적으로 물질대사를 하지 못한다.

문제풀이 **Tip**
질병의 종류와 질병을 일으키는 병원체의 특징에 대해 알아둔다.

---

## 6 질병의 종류

2023년 7월 교육청 19번 | 정답 ⑤ | 문제편 83p

출제 의도 질병의 종류와 질병을 일으키는 병원체의 특징에 대해 알고 있는지 묻는 문항이다.

표는 사람의 3가지 질병을 병원체의 특징에 따라 구분하여 나타낸 것이다. ㉠~㉢은 결핵, 독감, 무좀을 순서 없이 나타낸 것이다.

| 병원체의 특징 | 질병 |
|---|---|
| 곰팡이에 속한다. | ㉠ 무좀 |
| 스스로 물질대사를 하지 못한다. | ㉡ 독감 |
| ⓐ | ㉠, ㉢ → 결핵 |

무좀

이에 대한 설명으로 옳은 것만을 <보기>에서 있는 대로 고른 것은?

보기
ㄱ. ㉠은 무좀이다.
ㄴ. ㉡의 병원체는 단백질을 갖는다. ← 독감
ㄷ. '세포 구조로 되어 있다.'는 ⓐ에 해당한다. ← 무좀과 결핵 모두에 해당하는 특징

① ㄱ   ② ㄷ   ③ ㄱ, ㄴ   ④ ㄴ, ㄷ   ⑤ ㄱ, ㄴ, ㄷ

✔ 자료 해석
• ㉠은 무좀, ㉡은 독감, ㉢은 결핵이다. 무좀의 병원체는 곰팡이, 독감의 병원체는 바이러스, 결핵의 병원체는 세균이다.

○ 보기 풀이 ㄱ. 결핵, 독감, 무좀 중 병원체가 곰팡이에 속하는 것은 무좀이므로 ㉠은 무좀이다. 결핵, 독감 중 병원체가 스스로 물질대사를 못하는 것은 바이러스이므로 ㉡은 독감이다. 따라서 나머지 ㉢은 결핵이다.
ㄴ. 독감(㉡)의 병원체는 바이러스이며, 바이러스는 단백질과 핵산을 갖는다.
ㄷ. 무좀(㉠)의 병원체인 곰팡이와 결핵(㉢)의 병원체인 세균은 모두 세포 구조로 되어 있다.

문제풀이 **Tip**
질병의 종류와 질병을 일으키는 병원체의 특징에 대해 알아둔다.

## 7 질병의 종류

출제 의도 질병의 종류와 특징에 대해 알고 있는지 묻는 문항이다.

**표는 사람 질병의 특징을 나타낸 것이다.**

| 질병 | 특징 |
|------|------|
| 독감 | ㉠ 독감의 병원체인 바이러스의 특징 |
| (가) 말라리아, 수면병 | 병원체는 원생생물이다. |
| 페닐케톤뇨증 | 페닐알라닌이 체내에 비정상적으로 축적된다. |

**이에 대한 설명으로 옳은 것만을 〈보기〉에서 있는 대로 고른 것은?**

〈보기〉
ㄱ. '병원체는 독립적으로 물질대사를 한다.'는 ㉠에 해당한다.
　병원체는 독립적으로 물질대사를 할 수 없다.
ㄴ. 무좀은 (가)에 해당한다.
　말라리아
ㄷ. 페닐케톤뇨증은 비감염성 질병이다.
　유전자 돌연변이에 의한 유전병

① ㄱ　② ㄷ　③ ㄱ, ㄴ　④ ㄴ, ㄷ　⑤ ㄱ, ㄴ, ㄷ

✔ 자료 해석

• 독감은 바이러스에 의해 발병되는 감염성 질병, 페닐케톤뇨증은 유전자 돌연변이에 의한 유전병으로 비감염성 질병이다.
• 병원체가 원생생물인 질병에는 말라리아, 수면병 등이 있다.

○ 보기 풀이　ㄷ. 유전자 돌연변이에 의한 유전병인 페닐케톤뇨증은 비감염성 질병이다.

✕ 매력적 오답　ㄱ. 독감의 병원체는 바이러스이며, 바이러스는 독립적으로 물질대사를 하지 못한다. 따라서 '병원체는 독립적으로 물질대사를 한다.'는 ㉠에 해당하지 않는다.
ㄴ. 무좀의 병원체는 곰팡이이므로 무좀은 (가)에 해당하지 않는다.

문제풀이 **Tip**
질병의 종류와 질병의 특징에 대해 잘 정리해 둔다.

---

## 8 질병의 종류

출제 의도 결핵과 독감의 병원체에 대해 알고 있는지 묻는 문항이다.

**그림 (가)와 (나)는 결핵과 독감의 병원체를 순서 없이 나타낸 것이다.**

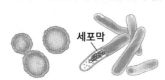

독감의 병원체 ─(가)　(나)─ 결핵의 병원체
(바이러스)　　　　　　　(세균)

세포막

**이에 대한 옳은 설명만을 〈보기〉에서 있는 대로 고른 것은?**

〈보기〉
ㄱ. (가)는 독감의 병원체이다.
ㄴ. (나)는 스스로 물질대사를 하지 못한다.
　세균　　　　　　　　　　　　　　할 수 있다
ㄷ. (가)와 (나)는 모두 단백질을 갖는다.
　바이러스　세균

① ㄱ　② ㄴ　③ ㄱ, ㄷ　④ ㄴ, ㄷ　⑤ ㄱ, ㄴ, ㄷ

✔ 자료 해석

• (가)는 독감의 병원체인 바이러스, (나)는 결핵의 병원체인 세균이다.
• 세균(나)은 스스로 물질대사를 할 수 있으며, 세균(나)과 바이러스(가)는 모두 단백질을 갖는다.

○ 보기 풀이　ㄱ. (나)의 경우 세포막이 있으므로 결핵의 병원체인 세균이다. 따라서 (가)는 독감의 병원체인 바이러스이다.
ㄷ. 바이러스(가)와 세균(나)은 모두 핵산과 단백질을 갖는다.

✕ 매력적 오답　ㄴ. 바이러스(가)는 스스로 물질대사를 할 수 없으며, 세균(나)은 스스로 물질대사를 할 수 있다.

문제풀이 **Tip**
질병의 종류와 질병을 일으키는 병원체의 특징에 대해 알아둔다.

## 9 질병의 종류

출제 의도 자료를 분석하여 질병의 종류와 특징에 대해 알고 있는지 묻는 문항이다.

표는 병원체 A~C에서 2가지 특징의 유무를 나타낸 것이다. A~C는 각각 독감, 말라리아, 무좀의 병원체 중 하나이다.

| 특징\병원체 | 세포 구조로 되어 있다. | 원생생물에 속한다. |
|---|---|---|
| 무좀A | ㉠○ | × |
| 말라리아B | ○ | ○ |
| 독감C | × | × |

(○: 있음, ×: 없음)

이에 대한 옳은 설명만을 〈보기〉에서 있는 대로 고른 것은?

┌ 보기 ┐
ㄱ. ㉠은 '○'이다. 무좀의 병원체(A)는 세포 구조로 되어 있다.

ㄴ. B는 무좀의 병원체이다.
　　말라리아

ㄷ. C는 바이러스에 속한다.
　　무좀의 병원체(A)는 곰팡이, 말라리아의 병원체(B)는 원생생물에 속한다.
└─────────────┘

① ㄱ　② ㄴ　③ ㄷ　④ ㄱ, ㄷ　⑤ ㄴ, ㄷ

✔ 자료 해석

• 독감, 말라리아, 무좀의 병원체 중 세포 구조로 되어 있고 원생생물에 속하는 병원체는 말라리아의 병원체이므로 B는 말라리아의 병원체이다. 독감, 말라리아, 무좀의 병원체 중 세포 구조로 되어 있지 않고 원생생물에 속하지 않는 병원체는 바이러스에 속하는 독감의 병원체이므로 C는 독감의 병원체이다. 따라서 A는 무좀의 병원체이다.

○ 보기 풀이 ㄱ. 무좀의 병원체(A)는 곰팡이이므로 세포 구조로 되어 있다. 따라서 ㉠은 '○'이다.
ㄷ. C(독감의 병원체)는 바이러스에 속한다.

✕ 매력적 오답 ㄴ. A는 무좀의 병원체, B는 말라리아의 병원체, C는 독감의 병원체이다.

문제풀이 Tip
질병의 종류와 질병을 일으키는 병원체의 특징에 대해 알아둔다.

---

## 10 질병의 종류

출제 의도 자료를 분석하여 질병의 종류와 특징에 대해 알고 있는지 묻는 문항이다.

표 (가)는 질병 A~C에서 특징 ㉠~㉢의 유무를, (나)는 ㉠~㉢을 순서 없이 나타낸 것이다. A~C는 결핵, 말라리아, 헌팅턴 무도병을 순서 없이 나타낸 것이다.

| 특징\질병 | ㉠ | ㉡ | ㉢ |
|---|---|---|---|
| 말라리아 A | ○ | × | ?○ |
| 결핵 B | ○ | ?× | × |
| 헌팅턴 무도병 C | ?× | ○ | × |

(○: 있음, ×: 없음)

특징(㉠~㉢)
• 비감염성 질병이다. – ㉡
• 병원체가 원생생물이다. – ㉢
• 병원체가 세포 구조로 되어 있다. – ㉠

(가)　　　　(나)

이에 대한 설명으로 옳은 것만을 〈보기〉에서 있는 대로 고른 것은?

┌ 보기 ┐
ㄱ. A는 모기를 매개로 전염된다. 말라리아는 모기를 매개로 전염된다.

ㄴ. B의 치료에는 항생제가 사용된다. 결핵의 치료에는 항생제가 사용된다.

ㄷ. C는 헌팅턴 무도병이다. A는 말라리아, B는 결핵이다.
└─────────────┘

① ㄱ　② ㄷ　③ ㄱ, ㄴ　④ ㄴ, ㄷ　⑤ ㄱ, ㄴ, ㄷ

✔ 자료 해석

• ㉠은 '병원체가 세포 구조로 되어 있다.', ㉡은 '비감염성 질병이다.', ㉢은 '병원체가 원생생물이다.'이다.
• A는 말라리아, B는 결핵, C는 헌팅턴 무도병이다.

○ 보기 풀이 ㄱ. '비감염성 질병이다.'에 해당되는 질병은 헌팅턴 무도병, '병원체가 원생생물이다.'에 해당되는 질병은 말라리아, '병원체가 세포 구조로 되어 있다.'에 해당되는 질병은 결핵과 말라리아이다. 따라서 A는 말라리아, B는 결핵, C는 헌팅턴 무도병이다. 말라리아(A)는 모기를 매개로 전염된다.
ㄴ. 결핵(B)의 병원체는 세균이므로 결핵(B)의 치료에는 항생제가 사용된다.
ㄷ. C는 비감염성 질병에 해당하는 헌팅턴 무도병이다.

문제풀이 Tip
질병의 종류와 질병을 일으키는 병원체의 특징에 대해 알아둔다.

## 11 질병의 종류

출제 의도 질병의 종류와 특징에 대해 알고 있는지 묻는 문항이다.

표는 사람에게서 발병하는 3가지 질병의 특징을 나타낸 것이다.

| 질병 | 특징 |
|---|---|
| 결핵 | 치료에 항생제가 사용된다. |
| 페닐케톤뇨증 | (가) 유전자 돌연변이에 의한 질병 |
| 후천성 면역 결핍증(AIDS) | (나) 바이러스성 질병 |

이에 대한 옳은 설명만을 〈보기〉에서 있는 대로 고른 것은?

보기

ㄱ. 결핵은 세균성 질병이다. 결핵의 병원체는 세균이다.

ㄴ. '유전병이다.'는 (가)에 해당한다.
페닐케톤뇨증은 유전자 돌연변이에 의한 유전병이다.

ㄷ. '병원체는 사람 면역 결핍 바이러스(HIV)이다.'는 (나)에
해당한다. 후천성 면역 결핍증(AIDS)의 병원체는 사람 면역 결핍 바이러스(HIV)이다.

① ㄱ　　② ㄴ　　③ ㄱ, ㄷ　　④ ㄴ, ㄷ　　⑤ ㄱ, ㄴ, ㄷ

✔ 자료 해석

• 결핵은 세균에 의해 발병되는 질병, 페닐케톤뇨증은 유전자 돌연변이에 의한 유전병이며, 후천성 면역 결핍증(AIDS)은 바이러스에 의해 발병되는 질병이다.

○ 보기 풀이 ㄱ. 결핵의 병원체는 세균인 결핵균이다. 따라서 결핵은 세균성 질병이다.

ㄴ. 페닐케톤뇨증은 유전자 돌연변이에 의한 유전병이므로 '유전병이다.'는 (가)에 해당한다.

ㄷ. 후천성 면역 결핍증은 사람 면역 결핍 바이러스(HIV)에 의해 발병되는 질병이므로 '병원체는 사람 면역 결핍 바이러스(HIV)이다.'는 (나)에 해당한다.

문제풀이 Tip

질병의 종류와 특징에 대해 잘 정리해 두어야 한다.

## 12 질병과 병원체

출제 의도 병원체 중 하나인 세균과 세균에 의한 감염성 질병에 대해 묻는 문항이다.

그림은 질병 (가)를 일으키는 병원체 X를 나타낸 것이다.

세포막

이에 대한 옳은 설명만을 〈보기〉에서 있는 대로 고른 것은?

보기

ㄱ. X는 바이러스이다.
X는 세균이다.

ㄴ. X는 단백질을 갖는다.
세균인 X는 단백질을 갖는다.

ㄷ. (가)는 감염성 질병이다.
(가)는 세균에 의한 질병인 감염성 질병이다.

① ㄱ　　② ㄴ　　③ ㄱ, ㄷ　　④ ㄴ, ㄷ　　⑤ ㄱ, ㄴ, ㄷ

✔ 자료 해석

• X는 세포막이 있는 세포 구조이다. 또한 막으로 둘러싸인 세포 소기관이나 핵이 없으며, DNA가 세포질에 분포되어 있다. 따라서 X는 세균이다.

• 질병을 일으키는 병원체는 생명체와 바이러스 등을 포함한다. 이러한 병원체에 의해 나타나는 질병을 감염성 질병이라 하며, 감염성 질병은 비감염성 질병과 달리 전염이 되기도 한다. 병원체가 숙주로 침입하는 경로에는 호흡기, 소화기, 매개 곤충, 신체적 접촉 등이 있다.

• 세균은 생명체에 해당하며 효소 등을 포함하여 구성 물질로 단백질을 갖는다.

○ 보기 풀이 ㄴ. 세균(X)은 단백질을 갖는다.

ㄷ. 세균(X)에 의해 발병하는 질병인 (가)는 감염성 질병이다.

✘ 매력적 오답 ㄱ. 세포막이 있는 X는 세균이다.

문제풀이 Tip

세균에 의한 감염성 질병에 대한 문항으로, 병원체인 세균과 바이러스의 차이점을 알고 있어야 한다. 세균과 바이러스에 의한 감염성 질병은 자주 출제되는 소재이므로 둘의 공통점과 차이점을 정확하게 이해하고 있어야 한다.

Part I

교육청

## 13 질병과 병원체

2021년 7월 교육청 8번 | 정답 ⑤ | 문제편 84p

출제 의도 감염성 질병인 말라리아, 무좀, 결핵의 특징과 각 질병의 병원체에 대해 묻는 문항이다.

표는 사람의 질병 ㉠~㉢을 일으키는 병원체의 종류를, 그림은 ㉠이 전염되는 과정의 일부를 나타낸 것이다. ㉠~㉢은 결핵, 무좀, 말라리아를 순서 없이 나타낸 것이다.

| 질병 | 병원체의 종류 |
|---|---|
| 말라리아 ㉠ | ? |
| 무좀 ㉡ | ⓐ 곰팡이 |
| 결핵 ㉢ | 세균 |

모기
(매개체)

이에 대한 설명으로 옳은 것만을 〈보기〉에서 있는 대로 고른 것은?

┌ 보기 ┐
ㄱ. ㉠은 말라리아이다.
　㉠은 말라리아, ㉡은 무좀, ㉢은 결핵이다.
ㄴ. ⓐ는 세포 구조를 갖는다.
　곰팡이(ⓐ)는 세포 구조를 갖는 진핵생물이다.
ㄷ. ㉢의 치료에는 항생제가 사용된다.
　결핵(㉢)과 같이 세균에 의한 질병의 치료에는 항생제가 사용된다.
└─────┘

① ㄱ　② ㄴ　③ ㄱ, ㄷ　④ ㄴ, ㄷ　⑤ ㄱ, ㄴ, ㄷ

✓ 자료 해석
• 그림을 보면 매개체인 모기를 통해 사람에서 사람으로 ㉠이 전염되고 있다. 즉 ㉠은 매개체를 통해 사람을 전염시키는 감염성 질병이다. 결핵, 무좀, 말라리아 중 이에 해당하는 질병은 말라리아이며, 말라리아는 원생생물 병원체가 매개 곤충인 모기를 통해 사람 몸 안으로 들어와 질병을 일으키는 질병이다.
• 무좀의 병원체는 균류인 곰팡이이고 결핵의 병원체는 세균이므로, ㉡은 무좀, ㉢은 결핵이고, ⓐ는 곰팡이이다. 곰팡이(ⓐ)는 핵을 가지고 있는 진핵생물로 세포 구조를 갖는다.
• 결핵(㉢)과 같이 세균에 의한 질병은 항생제를 이용하여 치료한다.

○ 보기 풀이 ㄱ. ㉠은 말라리아, ㉡은 무좀, ㉢은 결핵이고, ⓐ는 곰팡이이다.
ㄴ. 곰팡이(ⓐ)는 세포 구조를 갖는다.
ㄷ. 세균에 의한 질병의 치료에는 항생제가 사용된다.

문제풀이 **Tip**
질병과 병원체에 대해 묻는 문항으로, 결핵, 무좀, 말라리아의 병원체와 각 병원체의 특징에 대해 알고 있어야 한다. 모기(매개체)를 통해 질병이 감염되는 과정을 제시한 점이 신선했지만, 보기에서 묻는 내용은 기존 기출과 유사하였다. 질병과 병원체에 대한 문항은 어렵지 않게 출제되고 있으므로 기본 개념을 꼼꼼하게 살펴두도록 하자.

---

## 14 병원체

2021년 4월 교육청 8번 | 정답 ② | 문제편 85p

출제 의도 병원체에 의해 발병하는 감염성 질병에 대해 묻는 문항이다.

표 (가)는 질병의 특징 3가지를, (나)는 (가) 중에서 질병 A~C에 있는 특징의 개수를 나타낸 것이다. A~C는 말라리아, 무좀, 홍역을 순서 없이 나타낸 것이다.

| 특징 |
|---|
| • 병원체가 원생생물이다. |
| • 병원체가 세포 구조로 되어 있다. |
| • ㉠ |

(가)

| 질병 | 특징의 개수 |
|---|---|
| 말라리아 A | 3 |
| 무좀 B | 2 |
| 홍역 C | 1 |

(나)

이에 대한 설명으로 옳은 것만을 〈보기〉에서 있는 대로 고른 것은? [3점]

┌ 보기 ┐
ㄱ. A는 무좀이다.
　A는 말라리아, B는 무좀, C는 홍역이다.
ㄴ. C의 병원체는 세포 분열을 통해 증식한다.
　홍역(C)의 병원체인 바이러스는 세포 구조가 아니기에 세포 분열을 하지 않으며,
　숙주 세포 내에서만 증식을 한다.
ㄷ. '감염성 질병이다.'는 ㉠에 해당한다.
　말라리아(A), 무좀(B), 홍역(C)은 모두 감염성 질병이다.
└─────┘

① ㄱ　② ㄷ　③ ㄱ, ㄴ　④ ㄴ, ㄷ　⑤ ㄱ, ㄴ, ㄷ

✓ 자료 해석
• 원생생물은 핵을 가지고 있는 진핵생물로 대부분 열대 지역에서 매개 곤충을 통해 사람 몸 안으로 들어와 질병을 일으킨다. 대표적인 예에는 말라리아와 수면병이 있다.
• 병원체 중 세포 구조인 것은 세균, 원생생물, 균류 등이 있으며, 세포 구조를 갖추고 있지 않은 것은 바이러스이다.
• 감염성 질병은 병원체에 의해 나타나는 질병으로 전염이 되기도 한다.

○ 보기 풀이 A는 말라리아, B는 무좀, C는 홍역이다. 말라리아의 병원체는 원생생물이며, 말라리아와 무좀의 병원체는 세포 구조로 되어 있다.
ㄷ. ㉠은 말라리아, 무좀, 홍역이 모두 가지는 특징이어야 하므로, '감염성 질병이다.'는 ㉠에 해당한다.

✕ 매력적 오답 ㄱ. A는 말라리아이다.
ㄴ. 홍역(C)의 병원체는 바이러스이므로 세포 분열을 통해 증식하지 않는다.

문제풀이 **Tip**
질병과 병원체에 대해 묻는 문항으로, 각 질병을 일으키는 병원체의 특징 및 감염성 질병과 비감염성 질병의 차이점에 대해 알고 있어야 한다. 해당 유형의 문항은 평이한 수준으로 출제되는 경향이 있으므로 관련 개념을 충분하게 이해해 두도록 하자.

## 15 병원체의 특성

출제 의도 독감을 일으키는 병원체 X에 대해 묻는 문항이다.

**그림은 독감을 일으키는 병원체 X를 나타낸 것이다.**

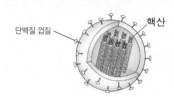

단백질 껍질 / 핵산

**X에 대한 옳은 설명만을 〈보기〉에서 있는 대로 고른 것은?**

┌─ 보기 ─────────────────────────────┐
ㄱ. 세균이다. X는 바이러스이다.

ㄴ. 유전 물질을 갖는다. 바이러스는 유전 물질인 핵산을 갖는다.

ㄷ. 스스로 물질대사를 한다. 바이러스는 스스로 물질대사를 하지 못한다.
└──────────────────────────────────┘

① ㄴ    ② ㄷ    ③ ㄱ, ㄴ    ④ ㄱ, ㄷ    ⑤ ㄴ, ㄷ

✔ 자료 해석

• 독감을 일으키는 병원체 X는 단백질 껍질 속에 유전 물질인 핵산이 들어 있는 바이러스이다.

• 바이러스는 세포의 구조를 갖추고 있지 않으며, 유전 물질인 핵산 (DNA 또는 RNA)과 단백질로 되어 있다.

• 바이러스는 스스로 물질대사를 할 수 없으며, 살아 있는 숙주 세포 내에서 증식한 후 방출될 때 숙주 세포를 파괴한다.

• 바이러스가 일으키는 질병에는 독감 외에도 감기, 홍역, 소아마비, 후천성 면역 결핍증(AIDS) 등이 있다.

○ 보기 풀이   ㄴ. 바이러스는 유전 물질인 핵산을 갖는다.

✕ 매력적 오답   ㄱ. 독감의 병원체인 X는 바이러스이다.

ㄷ. 바이러스는 스스로 물질대사를 할 수 없다.

문제풀이 **Tip**

바이러스의 특징에 대해 묻는 문항으로, 독감을 일으키는 병원체(바이러스)의 특징에 대해 알고 있어야 한다. 바이러스에 의한 질병과 세균에 의한 질병을 비교하는 문항이 자주 출제되고 있으므로 이에 대해 자세하게 살펴두도록 하자.

---

## 16 질병과 병원체

출제 의도 헌팅턴 무도병, 말라리아, 후천성 면역 결핍증의 특징을 이해하는지 확인하는 문항이다.

**표는 사람의 3가지 질병이 갖는 특징을 나타낸 것이다. A와 B는 각각 말라리아와 헌팅턴 무도병 중 하나이다.**

| 질병 | 특징 |
|---|---|
| 헌팅턴 무도병 A | 비감염성 질병이다. |
| 말라리아 B | 병원체는 세포로 이루어져 있다. |
| 후천성 면역 결핍증 | ㉠ |

**이에 대한 옳은 설명만을 〈보기〉에서 있는 대로 고른 것은?**

┌─ 보기 ─────────────────────────────┐
ㄱ. A는 유전병이다.
헌팅턴 무도병(A)은 유전자 돌연변이에 의한 유전병이다.

ㄴ. B는 모기를 매개로 전염된다.
말라리아(B)는 모기를 매개로 전염되어 적혈구가 파괴되는 질병이다.

ㄷ. '병원체는 스스로 물질대사를 하지 못한다.'는 ㉠에 해당한다.
└──────────────────────────────────┘

① ㄱ    ② ㄴ    ③ ㄱ, ㄷ    ④ ㄴ, ㄷ    ⑤ ㄱ, ㄴ, ㄷ

✔ 자료 해석

• 유전병 : 유전병은 병원체 없이 발생하는 질병인 비감염성 질병에 속한다. 염색체 이상 돌연변이에 의한 유전병에는 다운 증후군, 클라인펠터 증후군이 있으며, 유전자 이상 돌연변이에 의한 유전병에는 낫 모양 적혈구 빈혈증, 알비노증 등이 있다.

• 감염성 질병 : 병원체가 원인이 되어 발생하는 질병으로, 바이러스에 의한 후천성 면역 결핍증, 원생생물에 의한 말라리아 등이 속한다.

○ 보기 풀이   ㄱ. A는 비감염성 질병인 헌팅턴 무도병이다. 헌팅턴 무도병은 유전자 돌연변이로 인한 유전병이며, 뇌 신경계 퇴행성 질환이다.

ㄴ. B는 세포로 이루어진 원생생물에 의해 발병하는 말라리아이다. 말라리아는 말라리아 원충이 모기를 매개로 사람에게 들어와 적혈구 속에서 증식하여 적혈구를 파괴하는 질병이다.

ㄷ. 후천성 면역 결핍증의 병원체인 바이러스는 스스로 물질대사를 하지 못한다.

문제풀이 **Tip**

질병과 병원체에 관한 문항이다. 질병과 병원체에 관한 문항은 수능에서 자주 출제되고 있으므로 각각의 특징과 질병의 예에 대해 자세하게 알아두도록 하자.

## 17 ABO식 혈액형

출제 의도 혈액의 응집 반응 결과를 통해 세 사람의 ABO식 혈액형을 파악하는지 확인하는 문항이다.

표 (가)는 사람 Ⅰ~Ⅲ의 혈액에서 응집원 B와 응집소 β의 유무를, (나)는 Ⅰ~Ⅲ의 혈액을 혈청 ㉠~㉢과 각각 섞었을 때의 ABO식 혈액형에 대한 응집 반응 결과를 나타낸 것이다. Ⅰ~Ⅲ의 ABO식 혈액형은 모두 다르며, ㉠~㉢은 Ⅰ의 혈청, Ⅱ의 혈청, 항 B 혈청을 순서 없이 나타낸 것이다.

| 구분 | 응집원 B | 응집소 β |
|---|---|---|
| B형 Ⅰ | ○ | ? |
| AB형 Ⅱ | ?○ | × |
| A형 Ⅲ | ?× | ○ |

(+ : 있음, − : 없음)

(가)

| 구분 | ㉠ | ㉡ | ㉢ |
|---|---|---|---|
| Ⅰ의 혈액 | − | ? | ? |
| Ⅱ의 혈액 | ? | + | + |
| Ⅲ의 혈액 | ? | + | − |

(+ : 응집됨, − : 응집 안 됨)

(나)

이에 대한 옳은 설명만을 〈보기〉에서 있는 대로 고른 것은?

┌─ 보기 ─────────────────────┐
ㄱ. ㉢은 항 B 혈청이다.

ㄴ. Ⅰ의 ABO식 혈액형은 B형이다.

ㄷ. Ⅱ의 혈액에는 응집소 α가 있다.
  Ⅱ의 혈액에는 응집소가 존재하지 않는다.
└────────────────────────────┘

① ㄱ  ② ㄴ  ③ ㄷ  ④ ㄱ, ㄴ  ⑤ ㄴ, ㄷ

### ✔ 자료 해석

- 응집원 B가 있는 Ⅰ의 ABO식 혈액형은 AB형 또는 B형이며, 응집소 β가 없는 Ⅱ의 ABO식 혈액형은 B형 또는 AB형이고, 응집소 β가 있는 Ⅲ의 ABO식 혈액형은 A형 또는 O형이다. 이때 Ⅱ의 혈액을 ㉡, ㉢과 각각 섞으면 응집 반응이 일어나므로 ㉠이 Ⅱ의 혈청이며, Ⅱ는 AB형이다. 따라서 Ⅰ은 B형이다.
- Ⅲ의 혈액을 ㉡과 섞었을 때 응집 반응이 일어나므로 Ⅲ은 A형이다. 따라서 ㉡은 Ⅰ의 혈청이며, ㉢은 항 B 혈청이다.

### ○ 보기 풀이

ㄱ. ㉠은 Ⅱ의 혈청, ㉡은 Ⅰ의 혈청, ㉢은 항 B 혈청이다.
ㄴ. Ⅰ은 B형, Ⅱ는 AB형, Ⅲ은 A형이다.

### ✕ 매력적 오답

ㄷ. Ⅱ의 ABO 혈액형은 AB형으로, Ⅱ의 혈액에는 응집소가 존재하지 않는다.

### 문제풀이 Tip

혈액의 응집 반응을 통해 ABO식 혈액형을 판별하는 문항이다. ABO식 혈액형에 따른 응집 반응 및 수혈 관계는 자칫 헷갈릴 수 있으므로 정확하게 알아두도록 하자.

---

## 18 질병과 병원체

출제 의도 병원체인 균류(곰팡이), 세균, 바이러스의 특징 및 비감염성 질병과 감염성 질병의 차이를 파악하는지 확인하는 문항이다.

표 (가)는 병원체 A~C의 특징을, (나)는 사람의 6가지 질병을 Ⅰ~Ⅲ으로 구분하여 나타낸 것이다. A~C는 세균, 균류(곰팡이), 바이러스를 순서 없이 나타낸 것이고, Ⅰ~Ⅲ은 세균성 질병, 바이러스성 질병, 비감염성 질병을 순서 없이 나타낸 것이다.

| 병원체 | 특징 |
|---|---|
| 균류(곰팡이) A | 핵이 있음 |
| 세균 B | 항생제에 의해 제거됨 |
| 바이러스 C | 세포 구조가 아님 |

(가)

| 구분 | 질병 |
|---|---|
| 비감염성 질병 Ⅰ | ㉠당뇨병, 고혈압 |
| 바이러스성 질병 Ⅱ | 독감, 홍역 |
| 세균성 질병 Ⅲ | 결핵, 파상풍 |

(나)

이에 대한 설명으로 옳은 것만을 〈보기〉에서 있는 대로 고른 것은?

┌─ 보기 ─────────────────────┐
ㄱ. ㉠은 대사성 질환이다.
  당뇨병(㉠), 고혈압은 모두 대사성 질환이다.
ㄴ. Ⅱ의 병원체는 B이다.
  바이러스성 질병(Ⅱ)의 병원체는 바이러스(C)이다.
ㄷ. Ⅲ의 병원체는 유전 물질을 갖는다.
  세균성 질병(Ⅲ)의 병원체인 세균은 유전 물질을 갖는다.
└────────────────────────────┘

① ㄱ  ② ㄴ  ③ ㄱ, ㄴ  ④ ㄱ, ㄷ  ⑤ ㄴ, ㄷ

### ✔ 자료 해석

- 곰팡이(균류) : 핵이 있는 진핵생물이며, 막으로 둘러싸인 세포 소기관을 가진다. 피부에서 증식하거나 곰팡이가 생성하는 독성 물질 또는 포자에 의해 질병이 발생한다.
- 세균 : 핵이 없는 단세포 원핵생물이며, 대부분 분열법으로 증식한다. 세균성 질병은 항생제를 이용하여 치료한다.
- 바이러스 : 핵산과 단백질 껍질로 구성되며, 세포의 구조를 갖추고 있지 않다.

### ○ 보기 풀이

A는 핵이 있는 균류(곰팡이), B는 항생제에 의해 제거되는 세균, C는 비세포 구조인 바이러스이며, Ⅰ은 비감염성 질병, Ⅱ는 바이러스성 질병, Ⅲ은 세균성 질병이다.
ㄱ. 당뇨병(㉠)은 체내 물질대사 이상에 의해 발생하는 질환인 대사성 질환이다.
ㄷ. 세균성 질병(Ⅲ)의 병원체인 세균은 유전 물질인 핵산을 갖는다.

### ✕ 매력적 오답

ㄴ. 바이러스성 질병(Ⅱ)의 병원체는 바이러스(C)이다.

### 문제풀이 Tip

질병과 병원체에 대한 문항으로, 각 병원체의 특징 및 감염성 질병, 비감염성 질병, 대사성 질환의 차이를 알아두도록 하자.

# 19 ABO식 혈액형

출제의도 철수 가족 사이에서의 혈액 응집 반응 결과를 통해 각 구성원의 ABO식 혈액형을 파악하는지 확인하는 문항이다.

**다음은 철수 가족의 ABO식 혈액형에 관한 자료이다.**

- 철수 가족의 ABO식 혈액형은 서로 다르다.
- 표는 아버지, 어머니, 철수의 혈액을 각각 혈구와 혈장으로 분리하여 서로 섞었을 때 응집 여부를 나타낸 것이다.

| 구분 | 어머니의 혈장 | 철수의 혈장 |
|---|---|---|
| 아버지의 혈구 | 응집됨 | 응집 안 됨 |

**이에 대한 설명으로 옳은 것만을 〈보기〉에서 있는 대로 고른 것은? (단, ABO식 혈액형만 고려한다.)**

보기

ㄱ. 어머니는 O형이다.
　어머니는 B형 또는 A형이다.
ㄴ. 철수의 혈구와 어머니의 혈장을 섞으면 응집된다.
　철수의 혈구(응집원 A와 B 존재)와 어머니의 혈장(응집소 $\alpha$ 또는 $\beta$ 존재)을 섞으면 응집된다.
ㄷ. 아버지와 철수의 혈장에는 동일한 종류의 응집소가 있다.
　AB형인 철수의 혈장에는 응집소가 없다.

① ㄴ　② ㄷ　③ ㄱ, ㄴ　④ ㄱ, ㄷ　⑤ ㄱ, ㄴ, ㄷ

✔ 자료 해석

- 아버지의 혈구와 어머니의 혈장을 섞었을 때 응집되었으므로, 아버지의 혈구에는 응집원이, 어머니의 혈장에는 응집소가 있다. 또한 아버지의 혈구와 철수의 혈장을 섞었을 때 응집되지 않았으므로, 철수의 혈장에는 응집소가 없다. 따라서 철수의 ABO식 혈액형은 AB형이다.
- 철수 가족의 ABO식 혈액형은 서로 다르므로, 아버지는 A형 또는 B형, 어머니는 B형, A형, O형 중 하나인데, 이들 사이에서 AB형인 철수가 태어났다. 따라서 아버지의 ABO식 혈액형은 A형 또는 B형이며, 어머니의 ABO식 혈액형은 B형 또는 A형이다.

○ 보기 풀이 ㄴ. 철수의 혈구에는 응집원 A와 B가 있으며, 어머니의 혈장에는 응집소 $\alpha$ 또는 $\beta$가 있다. 따라서 철수의 혈구와 어머니의 혈장을 섞으면 응집된다.

✕ 매력적 오답 ㄱ. 어머니는 A형 또는 B형이다.
ㄷ. 아버지의 혈장에는 응집소 $\alpha$ 또는 $\beta$가 있으며, 철수의 혈장에는 응집소가 없다.

문제풀이 **Tip**
ABO식 혈액형에 따른 응집원과 응집소의 종류 및 가족 구성원의 유전 관계를 파악해야 하는 문항이다. ABO식 혈액형에 관한 어렵지 않은 문항이므로, 이 문항을 시작으로 고난도 문항까지 도전해 보자.

# 20 병원체

출제의도 사람에서 질병을 일으키는 병원체인 결핵균, 무좀균, 인플루엔자 바이러스의 특징을 이해하는지 확인하는 문항이다.

**표 (가)는 사람에서 질병을 일으키는 병원체의 특징 3가지를, (나)는 (가) 중에서 병원체 A~C가 가지는 특징의 개수를 나타낸 것이다. A~C는 결핵균, 무좀균, 인플루엔자 바이러스를 순서 없이 나타낸 것이다.**

| 특징 |
|---|
| • 곰팡이이다. |
| • 유전 물질을 가진다. |
| • 독립적으로 물질대사를 한다. |

(가)

| 병원체 | | 특징의 개수 |
|---|---|---|
| 인플루엔자 바이러스 | A | 1 |
| 결핵균 | B | 2 |
| 무좀균 | C | ㉠ |

(나)

**이에 대한 설명으로 옳은 것만을 〈보기〉에서 있는 대로 고른 것은?**

보기

ㄱ. ㉠은 3이다.
　무좀균(㉠)은 3가지 특징을 모두 가진다.
ㄴ. A는 무좀균이다.
　A는 인플루엔자 바이러스이다.
ㄷ. B에 의한 질병의 치료에 항생제가 사용된다.
　결핵균(B)에 의한 질병의 치료에 항생제가 사용된다.

① ㄱ　② ㄴ　③ ㄷ　④ ㄱ, ㄷ　⑤ ㄴ, ㄷ

✔ 자료 해석

- 결핵균은 세균에, 무좀균은 곰팡이에, 인플루엔자 바이러스는 바이러스에 속한다.
- 결핵균은 '유전 물질을 가진다.', '독립적으로 물질대사를 한다.'의 2가지 특징을, 무좀균은 '곰팡이이다.', '유전 물질을 가진다.', '독립적으로 물질대사를 한다.'의 3가지 특징을, 인플루엔자 바이러스는 '유전 물질을 가진다.'의 1가지 특징을 가진다. 따라서 A는 인플루엔자 바이러스, B는 결핵균, C는 무좀균이다.

○ 보기 풀이 ㄱ. 무좀균(C)은 '곰팡이이다.', '유전 물질을 가진다.', '독립적으로 물질대사를 한다.'의 특징 3가지를 모두 가지므로, ㉠은 3이다.
ㄷ. 결핵균(B)을 포함한 세균에 의한 질병의 치료에는 항생제가 사용된다.

✕ 매력적 오답 ㄴ. '유전 물질을 가진다.'의 특징 1가지를 갖는 A는 인플루엔자 바이러스이다.

문제풀이 **Tip**
두 개의 표가 제시되어 다소 복잡해 보이지만 제시된 개념은 쉬운 내용이다. 질병과 병원체에 대한 문항에서 자주 출제되는 내용을 위주로 암기해 두도록 하자.

출제 의도 결핵, 무좀, 독감의 특징과 각 질병을 일으키는 병원체의 종류를 이해하는지 확인하는 문항이다.

표는 3가지 감염성 질병의 병원체를 나타낸 것이다. A와 B는 결핵과 무좀을 순서 없이 나타낸 것이다.

| 질병 | 병원체 |
|------|--------|
| 무좀 A | 곰팡이 |
| 결핵 B | 세균 |
| 독감 | ? 바이러스 |

이에 대한 설명으로 옳은 것만을 〈보기〉에서 있는 대로 고른 것은?

보기
ㄱ. A는 결핵이다.
  A는 무좀, B는 결핵이다.
ㄴ. B의 치료에 항생제가 이용된다.
  결핵(B)의 치료에 항생제가 이용된다.
ㄷ. 독감의 병원체는 바이러스이다.
  바이러스성 질병인 독감의 병원체는 바이러스이다.

① ㄱ   ② ㄴ   ③ ㄱ, ㄷ   ④ ㄴ, ㄷ   ⑤ ㄱ, ㄴ, ㄷ

✓ 자료 해석

• 곰팡이 : 균계에 속하는 다세포 진핵생물이며, 몸이 실 모양의 균사로 이루어져 있다. 곰팡이에 의한 질병에는 무좀, 칸디다증 등이 있다.
• 세균 : 핵이 없는 단세포 원핵생물로, 대부분 분열법으로 증식하며, 효소가 있어서 스스로 물질대사를 할 수 있다. 세균에 의한 질병에는 결핵, 파상풍, 탄저병, 콜레라 등이 있다.
• 바이러스 : 세균보다 크기가 작으며, 세포의 구조를 갖추고 있지 않다. 바이러스에 의한 질병에는 감기, 독감, 홍역, 소아마비 등이 있다.

○ 보기풀이  병원체가 곰팡이인 A는 무좀이고, 병원체가 세균인 B는 결핵이다.
ㄴ. 결핵(B)을 포함한 세균에 의한 질병의 치료에는 항생제가 이용된다.
ㄷ. 독감은 바이러스에 의한 질병으로, 독감의 병원체는 바이러스이다.

✕ 매력적 오답  ㄱ. 병원체가 곰팡이인 A는 무좀이다.

문제풀이 Tip
3가지 감염성 질병에 관한 난이도가 매우 쉬운 문항이다. 무좀, 결핵, 독감은 감염성 질병 중 출제 빈도가 매우 높은 질병이며, 이외에도 파상풍, 감기, AIDS 등 자주 출제되는 질병과 병원체에 대해 익혀 두도록 하자.

# 06 우리 몸의 방어 작용

## 1 면역 반응

2024년 10월 교육청 13번 | 정답 ⑤ | 문제편 90p

출제 의도 생쥐의 방어 작용 실험을 통해 1차 면역 반응과 2차 면역 반응에 대해 알고 있는지 묻는 문항이다.

병원체 X에는 항원 ㉠과 ㉡이 모두 있고, 병원체 Y에는 ㉠과 ㉡ 중 하나만 있다. 그림은 X와 Y에 노출된 적이 없는 어떤 생쥐에게 ⓐ를 주사하고, 일정 시간이 지난 후 ⓑ를 주사했을 때 ㉠과 ㉡에 대한 혈중 항체 농도의 변화를 나타낸 것이다. ⓐ와 ⓑ는 X와 Y를 순서 없이 나타낸 것이다.

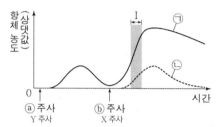

이에 대한 옳은 설명만을 〈보기〉에서 있는 대로 고른 것은? [3점]

보기
ㄱ. ⓑ는 X이다.
　ⓐ는 병원체 Y이고, ⓑ는 병원체 X이다.
ㄴ. Y에는 ㉠이 있다.
ㄷ. 구간 Ⅰ에서 ㉠에 대한 체액성 면역 반응이 일어났다.
　항원 항체 반응

① ㄱ　② ㄴ　③ ㄱ, ㄷ　④ ㄴ, ㄷ　⑤ ㄱ, ㄴ, ㄷ

✔ 자료 해석

• ⓐ를 주사했을 때 ㉠에 대한 1차 면역 반응이, ⓑ를 주사했을 때 ㉠에 대한 2차 면역 반응과 ㉡에 대한 1차 면역 반응이 일어났다. 따라서 ⓐ는 병원체 Y임을 알 수 있고, ⓑ는 병원체 X임을 알 수 있다.
• 구간 Ⅰ에서 ㉠에 대한 항체의 양이 급격히 증가하는 것은 2차 면역 반응이 일어났기 때문이다. 2차 면역 반응은 ⓐ를 주사했을 때 생성된 기억 세포가 형질 세포로 빠르게 분화하기 때문에 나타난다. 체액성 면역은 형질 세포가 생산하는 항체가 항원과 결합함으로써 더 효율적으로 항원을 제거할 수 있다.

⭕ 보기풀이 ㄱ. ⓑ를 주사했을 때 두 가지 면역 반응이 일어난 것으로 보아 ⓑ는 항원 ㉠과 ㉡을 모두 가진 병원체 X인 것을 알 수 있다.
ㄴ. ㉠에 대한 항체가 급격하게 증가한 2차 면역 반응이 나타난 것으로 보아 Y에는 ㉠이 있다.
ㄷ. 구간 Ⅰ에서는 ㉠과 ㉡에 대한 체액성 면역 반응이 모두 일어났다.

문제풀이 Tip

체액성 면역에 대해 이해하고 있어야 하며, 1차 면역 반응과 2차 면역 반응을 빠르게 구별할 수 있어야 한다.

---

## 2 방어 작용

2024년 7월 교육청 7번 | 정답 ⑤ | 문제편 90p

출제 의도 체액성 면역 중 1차 면역 반응과 2차 면역 반응에 대해 알고 있는지 묻는 문항이다.

그림 (가)는 어떤 사람이 항원 X에 감염되었을 때 일어나는 방어 작용의 일부를, (나)는 이 사람에서 X의 침입에 의해 생성되는 X에 대한 혈중 항체 농도 변화를 나타낸 것이다. 세포 ㉠과 ㉡은 형질 세포와 B 림프구를 순서 없이 나타낸 것이다.

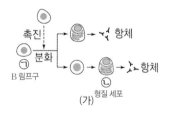 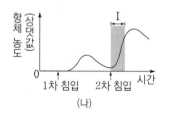

이에 대한 설명으로 옳은 것만을 〈보기〉에서 있는 대로 고른 것은? [3점]

보기
ㄱ. ㉠은 B 림프구이다.
　㉠은 B 림프구, ㉡은 형질 세포이다.
ㄴ. 구간 Ⅰ에는 X에 대한 기억 세포가 있다.
ㄷ. ㉡에서 분비되는 항체에 의한 방어 작용은 체액성 면역에 해당한다.　형질 세포(㉡)에서 분비되는 항체에 의한 방어 작용은 체액성 면역에 해당한다.

① ㄱ　② ㄴ　③ ㄱ, ㄷ　④ ㄴ, ㄷ　⑤ ㄱ, ㄴ, ㄷ

✔ 자료 해석

• ㉠은 B 림프구, ㉡은 형질 세포이다.
• 항원 X의 1차 침입 시에는 B 림프구가 형질 세포와 기억 세포로 분화된 후 형질 세포에서 항체가 분비되며, 항원 X의 2차 침입 시에는 기억 세포가 형질 세포로 분화된 후 형질 세포에서 항체가 분비된다.

⭕ 보기풀이 ㄱ. 항체를 분비하는 ㉡은 형질 세포이므로 ㉠은 B 림프구이다. B 림프구(㉠)는 형질 세포(㉡)와 기억 세포로 분화된다.
ㄴ. 항원 X의 2차 침입 시 기억 세포가 형질 세포로 분화한 후 형질 세포에서 항체가 빠르게 형성되는 2차 면역 반응이 일어나므로 구간 Ⅰ에는 기억 세포가 있다.
ㄷ. 체액성 면역은 항원에 대한 항체를 형성하여 항원 항체 반응을 통해 항원을 제거하는 것이므로, 형질 세포(㉡)에서 분비되는 항체에 의한 방어 작용은 체액성 면역에 해당한다.

문제풀이 Tip

1차 면역 반응에서는 B 림프구가 형질 세포로 분화하여 형질 세포에서 항체가 분비되고, 2차 면역 반응에서는 기억 세포가 형질 세포로 분화하여 형질 세포에서 항체가 빠르게 분비된다는 것을 알고 자료에 적용하는 것이 중요하다.

**3** 방어 작용

출제 의도 체액성 면역 반응에 대한 자료를 분석하여 각 생쥐의 체내에서 일어나는 방어 작용에 대해 알 수 있는지 묻는 문항이다.

**다음은 병원체 P에 대한 백신을 개발하기 위한 실험이다.**

[실험 과정 및 결과]

(가) P로부터 백신 후보 물질 ⊙을 얻는다.

(나) P와 ⊙에 노출된 적이 없고, 유전적으로 동일한 생쥐 I ~ V를 준비한다.

(다) I과 II에게 각각 ⊙을 주사한다. I에서 ⊙에 대한 혈중 항체 농도 변화는 그림과 같다.

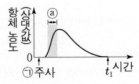

(라) $t_1$일 때 I에서 혈장과 ⊙에 대한 B 림프구가 분화한 기억 세포를 분리한다. 표와 같이 주사액을 II~V에게 주사하고 일정 시간이 지난 후, 생쥐의 생존 여부를 확인한다.

| 생쥐 | 주사액 조성 | 생존 여부 |
|---|---|---|
| II | P | 산다 |
| III | P | 죽는다 |
| IV | I의 혈장＋P | 죽는다 |
| V | I의 기억 세포＋P | 산다 |

**이에 대한 설명으로 옳은 것만을 〈보기〉에서 있는 대로 고른 것은? (단, 제시된 조건 이외는 고려하지 않는다.)**

보기

ㄱ. ⊙은 (다)의 I에서 항원으로 작용하였다.
　I에서 ⊙에 대한 혈중 항체 농도가 증가하였으므로 ⊙은 I에서 항원으로 작용하였다.

ㄴ. 구간 ⓐ에서 체액성 면역 반응이 일어났다.

ㄷ. (라)의 V에서 형질 세포가 기억 세포로 분화되었다.
　형질 세포는 분화가 완료된 세포이므로 다른 세포로 분화되지 않는다.

① ㄱ　　② ㄷ　　③ ㄱ, ㄴ　　④ ㄴ, ㄷ　　⑤ ㄱ, ㄴ, ㄷ

---

✓ 자료 해석

• 생쥐 II : ⊙에 대한 기억 세포가 형성되어 P를 주사하였을 때 ⊙에 대한 항체가 생성되어 살았다. ⊙은 P의 백신으로 적합하다.

• 생쥐 III : P와 ⊙에 노출된 적이 없으므로 P를 주사하였을 때 ⊙에 대한 항체가 생성되지 않아 죽었다.

• 생쥐 IV : $t_1$일 때 분리한 I의 혈장과 P를 함께 주사하였을 때 I의 혈장에는 항체가 없으므로 죽었다.

• 생쥐 V : $t_1$일 때 분리한 I의 기억 세포와 P를 함께 주사하였을 때 I의 기억 세포가 형질 세포로 분화하고 형질 세포에서 항체가 생성되므로 살았다.

○ 보기풀이　ㄱ. I과 II에게 각각 ⊙을 주사하였을 때, I에서 ⊙에 대한 혈중 항체 농도가 증가하였으므로 ⊙은 I에서 항원으로 작용하였다.

ㄴ. 구간 ⓐ에서 혈중 항체 농도가 증가하고 있으므로 항원 항체 반응이 일어나 항원을 제거하는 체액성 면역 반응이 일어났다.

✕ 매력적 오답　ㄷ. (라)의 V에서 I의 기억 세포와 P를 함께 주사하였을 때 I의 기억 세포가 형질 세포로 분화하고 형질 세포에서 항체가 생성되므로 항원 항체 반응이 일어나 항원을 제거하는 체액성 면역 반응이 일어나 살았다. 형질 세포는 분화가 완료된 세포이므로 다른 세포로 분화되지 않는다.

문제풀이 **Tip**

면역 반응에서 혈장과 기억 세포를 분리하였을 때 혈장에는 항체가 들어 있는데, 항체는 일정 시간 지나면 소멸되므로 항체의 농도는 자료의 시점에 따라 다름을 파악해야 하며, 기억 세포는 형질 세포로 분화되고 형질 세포가 항체를 생성한다. 형질 세포는 분화가 완료된 세포이므로 다른 세포로 분화되지 않는다는 것도 알아둔다.

**출제 의도** 방어 작용을 나타낸 자료를 분석하여 방어 작용의 종류와 2차 면역 반응 시 일어나는 세포의 분화 과정을 알고 있는지 묻는 문항이다.

그림 (가)는 항원 X와 Y에 노출된 적이 없는 생쥐 A에게 @를 주사했을 때 일어나는 면역 반응의 일부를, (나)는 일정 시간이 지난 후 A에게 X와 Y를 함께 주사했을 때 A에서 X와 Y에 대한 혈중 항체 농도 변화를 나타낸 것이다. @는 X와 Y 중 하나이고, ㉠~㉢은 각각 항체, 기억 세포, 형질 세포 중 하나이다.

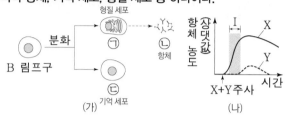

(가)  (나)

이에 대한 옳은 설명만을 〈보기〉에서 있는 대로 고른 것은? [3점]

보기
ㄱ. ㉡에 의한 방어 작용은 체액성 면역에 해당한다.
ㄴ. @는 X이다.
　(나)에서 X에 대한 2차 면역 반응이 일어났으므로 @는 X이다.
ㄷ. ~~구간 I에서 ㉠에 ㉢으로 분화한다.~~
　형질 세포(㉠)는 기억 세포(㉢)로 분화하지 않는다.

① ㄱ　② ㄴ　③ ㄷ　④ ㄱ, ㄴ　⑤ ㄴ, ㄷ

✔ **자료 해석**
- ㉠은 형질 세포, ㉡은 항체, ㉢은 기억 세포이다.
- (나)에서 X에 대한 2차 면역 반응이 일어났고, Y에 대한 1차 면역 반응이 일어났다. → @는 X이다.

○ **보기 풀이** ㄱ. 체액성 면역은 형질 세포에 의해 생성된 항체로 항원의 병원성을 무력화시키는 면역 반응이다. 따라서 항체(㉡)에 의한 방어 작용은 체액성 면역에 해당한다.

ㄴ. (나)에서 X에 대한 2차 면역 반응이 일어났으므로 @는 X이다.

✕ **매력적 오답** ㄷ. X를 2차로 주사하였으므로 구간 I에서 X에 대한 기억 세포(㉢)가 형질 세포(㉠)로 분화하였다. 형질 세포(㉠)는 항체(㉡)를 분비한다.

**문제풀이 Tip**
1차 면역 반응 시에는 B 림프구가 형질 세포로 분화하고 2차 면역 반응 시에는 기억 세포가 형질 세포로 분화한다는 것을 알아둔다. 또, 형질 세포는 분화가 완료된 세포로 다른 세포로 분화하지 않는다는 것도 알아둔다.

---

**출제 의도** 방어 작용 중 비특이적 방어 작용과 특이적 방어 작용에 대해 알고 있는지 묻는 문항이다.

다음은 사람의 몸에서 일어나는 방어 작용에 대한 자료이다. 세포 @~ⓒ는 대식세포, B 림프구, 보조 T 림프구를 순서 없이 나타낸 것이다.

(가) 위의 점막에서 위산이 분비되어 외부에서 들어온 세균을 제거한다. 비특이적 방어 작용

(나) @가 제시한 항원 조각을 인식하여 활성화된 ⓑ가 ⓒ의
　대식세포
　　　　　　　　　　　　보조 T 림프구　　B 림프구
증식과 분화를 촉진한다. ⓒ는 형질 세포로 분화하여 항
　　　　　　　　　　　　　　　　ⓒ B 림프구
체를 생성한다. 특이적 방어 작용

이에 대한 설명으로 옳은 것만을 〈보기〉에서 있는 대로 고른 것은?
[3점]

보기
ㄱ. (가)는 비특이적 방어 작용에 해당한다.
ㄴ. ~~ⓑ는 B 림프구이다.~~
　　보조 T 림프구
ㄷ. ~~ⓒ는 가슴샘에서 성숙한다.~~
　　골수

① ㄱ　② ㄴ　③ ㄱ, ㄷ　④ ㄴ, ㄷ　⑤ ㄱ, ㄴ, ㄷ

✔ **자료 해석**
- (가)는 비특이적 방어 작용, (나)는 특이적 방어 작용에 해당한다.
- @는 대식세포, ⓑ는 보조 T 림프구, ⓒ는 B 림프구이다. 보조 T 림프구는 가슴샘에서, B 림프구는 골수에서 성숙한다.

○ **보기 풀이** ㄱ. (가)는 병원체의 종류에 관계없이 일어나는 비특이적 방어 작용에 해당하고, (나)는 병원체의 종류에 따라 특이적으로 일어나는 특이적 방어 작용에 해당한다.

✕ **매력적 오답** ㄴ. 대식세포가 병원체를 삼킨 후 분해하여 항원 조각을 제시하므로 @는 대식세포이며, 보조 T 림프구가 항원 조각을 인식하여 활성화되므로 ⓑ는 보조 T 림프구이다. 활성화된 보조 T 림프구(ⓑ)가 B 림프구의 증식과 분화를 촉진하므로 ⓒ는 B 림프구이다.

ㄷ. B 림프구(ⓒ)는 골수에서 생성되어 골수에서 성숙하는 세포이다. 가슴샘에서 성숙하는 세포는 보조 T 림프구(ⓑ)이다.

**문제풀이 Tip**
방어 작용에 관여하는 대식세포, B 림프구, 기억 세포, T 림프구, 형질 세포의 특징에 대해 알아둔다.

Part I
교육청

## **6** 방어 작용

출제 의도 방어 작용 중 1차 면역 반응과 2차 면역 반응에 대해 알고 있는지 묻는 문항이다.

**다음은 병원체 P와 Q에 대한 생쥐의 방어 작용 실험이다.**

---

• Q에 항원 ㉠과 ㉡이 있다.

[실험 과정 및 결과]

(가) 유전적으로 동일하고, P와 Q에 노출된 적이 없는 생쥐 Ⅰ~Ⅴ를 준비한다.

(나) Ⅰ에게 P를, Ⅱ에게 Q를 각각 주사하고 일정 시간이 지난 후, 생쥐의 생존 여부를 확인한다.

| 생쥐 | 생존 여부 |
|---|---|
| Ⅰ | 죽는다 |
| Ⅱ | 산다 |

└ 1차 면역 반응 일어남

(다) (나)의 Ⅱ에서 혈청, ㉠에 대한 B 림프구가 분화한 기억 세포 ⓐ, ㉡에 대한 B 림프구가 분화한 기억 세포 ⓑ를 분리한다. ← 항체 있음

(라) Ⅲ에게 (다)의 혈청을, Ⅳ에게 (다)의 ⓐ를, Ⅴ에게 (다)의 ⓑ를 주사한다.

P와 항원 항체 반응 일어남

(마) (라)의 Ⅲ~Ⅴ에게 P를 각각 주사하고 일정 시간이 지난 후, 생쥐의 생존 여부를 확인한다.

| 생쥐 | 생존 여부 |
|---|---|
| Ⅲ | 산다 |
| Ⅳ | 죽는다 |
| Ⅴ | 산다 |

2차 면역 반응 일어남
ⓑ → 형질 세포 분화
→ ㉡에 대한 항체 형성

---

**이에 대한 옳은 설명만을 〈보기〉에서 있는 대로 고른 것은? (단, 제시된 조건 이외는 고려하지 않는다.) [3점]**

보기
ㄱ. (나)의 Ⅱ에서 1차 면역 반응이 일어났다.
ㄴ. (마)의 Ⅲ에서 P와 항체의 결합이 일어났다.
　　　　　　　　 항원 항체 반응
ㄷ. (마)의 Ⅴ에서 ⓑ가 형질 세포로 분화했다.
　　 기억 세포

① ㄱ　　② ㄷ　　③ ㄱ, ㄴ　　④ ㄴ, ㄷ　　⑤ ㄱ, ㄴ, ㄷ

---

✔ **자료 해석**

• (나)의 Ⅱ에서 1차 면역 반응이 일어났고, (마)의 Ⅴ에서 2차 면역 반응이 일어났다.

• (마)에서 Ⅳ는 죽었고, Ⅴ는 생존하였으므로 P는 ㉠에 대한 항체와는 항원 항체 반응을 하지 않고 ㉡에 대한 항체와는 항원 항체 반응을 한다.

○ 보기 풀이 ㄱ. (나)에서 Ⅱ가 생존했으므로 Ⅱ에서 항원이 처음 침입했을 때 B 림프구가 형질 세포로 분화하고 형질 세포에서 항체가 형성되었다. 따라서 항체가 항원과 결합하여 항원을 제거하는 1차 면역 반응이 일어났다.

ㄴ. (마)에서 Ⅲ이 생존했으므로 Ⅲ에게 주사한 Ⅱ의 혈청에 있던 항체와 P 사이에 항원 항체 반응이 일어났다.

ㄷ. ㉠에 대한 B 림프구가 분화한 기억 세포 ⓐ는 ㉠이 재침입 시 형질 세포로 분화하며 형질 세포에서 ㉠에 대한 항체를 형성한다. ㉡에 대한 B 림프구가 분화한 기억 세포 ⓑ는 ㉡이 재침입 시 형질 세포로 분화하며 형질 세포에서 ㉡에 대한 항체를 형성한다. (마)에서 Ⅴ가 생존했으므로 Ⅴ에서 기억 세포 ⓑ가 분화한 형질 세포로부터 ㉡에 대한 항체가 생성되었다.

**문제풀이 Tip**

1차 면역 반응에서는 B 림프구가 형질 세포로 분화하여 항체를 형성하고, 2차 면역 반응에서는 기억 세포가 형질 세포로 분화하여 신속히 다량의 항체를 형성하며 항체가 항원과 결합하여 항원을 제거하는 항원 항체 반응이 일어남을 알고 있어야 한다.

## 7 방어 작용

**출제 의도** 방어 작용에 대한 자료를 분석하여 1차 면역 반응과 2차 면역 반응에 대해 알고 있는지 묻는 문항이다.

그림 (가)는 어떤 사람이 항원 X에 감염되었을 때 일어나는 방어 작용의 일부를, (나)는 이 사람에서 X의 침입에 의해 생성되는 X에 대한 혈중 항체 농도 변화를 나타낸 것이다. ㉠과 ㉡은 기억 세포와 보조 T 림프구를 순서 없이 나타낸 것이다.

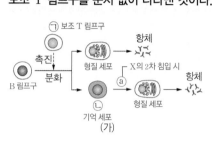
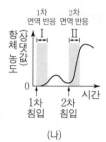

(가)       (나)

이에 대한 설명으로 옳은 것만을 〈보기〉에서 있는 대로 고른 것은?

**보기**

ㄱ. ㉠은 보조 T 림프구이다.
ㄴ. 구간 Ⅰ에서 비특이적 방어 작용이 일어난다.
    1차 면역 반응
ㄷ. 구간 Ⅱ에서 과정 ⓐ가 일어난다.
    2차 면역 반응    기억 세포 → 형질 세포로 분화

① ㄱ     ② ㄷ     ③ ㄱ, ㄴ     ④ ㄴ, ㄷ     ⑤ ㄱ, ㄴ, ㄷ

**✓ 자료 해석**

• ㉠은 보조 T 림프구, ㉡은 기억 세포이다.
• 구간 Ⅰ은 1차 면역 반응에 해당하며, 구간 Ⅱ는 2차 면역 반응에 해당한다. 2차 면역 반응에서는 기억 세포가 형질 세포로 분화된다.

**○ 보기 풀이** ㄱ. ㉠은 B 림프구가 형질 세포와 기억 세포로 분화되는 것을 촉진하므로 보조 T 림프구이며, ㉡은 형질 세포로 분화되므로 기억 세포이다.
ㄴ. 방어 작용에는 병원체의 종류에 관계없이 일어나는 비특이적 방어 작용과 병원체의 종류에 따라 특이적으로 일어나는 특이적 방어 작용이 있다. 구간 Ⅰ에서 항원 X가 침입하였으므로 비특이적 방어 작용이 일어난다.
ㄷ. 구간 Ⅱ는 2차 면역 반응에 해당하며, Ⅱ에서 기억 세포가 형질 세포로 전환되는 과정 ⓐ가 일어난다.

**문제풀이 Tip**

항원이 침입하면 항상 비특이적 방어 작용이 먼저 일어나며, 1차 면역 반응에서는 B 림프구가 형질 세포로 분화되고, 2차 면역 반응에서는 기억 세포가 형질 세포로 분화됨을 알고 있어야 한다.

---

## 8 방어 작용

**출제 의도** 방어 작용에 대한 자료를 분석하여 체액성 면역 반응에 대해 알고 있는지 묻는 문항이다.

그림은 항원 X에 노출된 적이 없는 어떤 생쥐에 ㉠을 1회, X를 2회 주사했을 때 X에 대한 혈중 항체 농도의 변화를 나타낸 것이다. ㉠은 X에 대한 항체가 포함된 혈청과 X에 대한 기억 세포 중 하나이다.

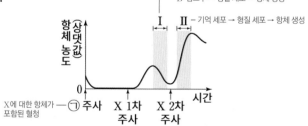

이에 대한 옳은 설명만을 〈보기〉에서 있는 대로 고른 것은? [3점]

**보기**

ㄱ. ㉠은 X에 대한 기억 세포이다.
          항체가 포함된 혈청
ㄴ. 구간 Ⅰ에서 X에 대한 형질 세포가 기억 세포로 분화했다.
          B 림프구
ㄷ. 구간 Ⅱ에서 체액성 면역 반응이 일어났다.

① ㄱ     ② ㄴ     ③ ㄷ     ④ ㄱ, ㄷ     ⑤ ㄴ, ㄷ

**✓ 자료 해석**

• ㉠은 X에 대한 항체가 포함된 혈청이다.
• 1차 면역 반응에서는 B 림프구가 X에 대한 형질 세포와 기억 세포로 분화된다.
• 체액성 면역 반응은 형질 세포가 생성하는 항체가 항원과 결합하여 항원을 제거하는 면역 반응이다.

**○ 보기 풀이** ㄷ. Ⅱ에서는 X에 대한 항체가 생성되었으므로 체액성 면역 반응이 일어났다.

**✗ 매력적 오답** ㄱ. ㉠을 주사한 생쥐에 X에 대한 항체가 있으므로 ㉠은 X에 대한 항체가 포함된 혈청이다.
ㄴ. Ⅰ은 1차 면역 반응에 해당하며, Ⅰ에서 X에 대한 형질 세포는 기억 세포로 분화되지 않는다. X에 대한 형질 세포는 더 이상 분화되지 않는 세포이며, 항체를 생성한다.

**문제풀이 Tip**

1차 면역 반응에서는 B 림프구가 기억 세포와 형질 세포로 분화되고, 형질 세포는 더 이상 분화되지 않는 세포임을 알고 있어야 한다.

## 9 방어 작용

출제 의도 방어 작용에 대한 자료를 분석하여 체액성 면역 반응에 대해 알고 있는지 묻는 문항이다.

**다음은 병원체 ㉠에 대한 생쥐의 방어 작용 실험이다.**

[실험 과정 및 결과]

(가) 유전적으로 같고 ㉠에 노출된 적이 없는 생쥐 I ~ V를 준비한다.

(나) I 에는 생리식염수를, Ⅱ에는 죽은 ㉠을 각각 주사한다.

(다) 2주 후 I 에서는 혈장을, Ⅱ에서는 혈장과 기억 세포를 분리하여 표와 같이 살아 있는 ㉠과 함께 Ⅲ~V에게 각각 주사하고, 일정 시간이 지난 후 생쥐의 생존 여부를 확인한다.

㉠에 대한 항체가 없다.

| 생쥐 | 주사액의 조성 | 생존 여부 |
|---|---|---|
| Ⅲ | ⓐ I 의 혈장 + ㉠ | 죽는다 |
| Ⅳ | ㉠에 대한 항체가 있다. Ⅱ의 혈장 + ㉠ | 산다 |
| V | Ⅱ의 기억 세포 + ㉠ | 산다 |

형질 세포로 분화 → ㉠에 대한 항체가 생성된다.

**이에 대한 옳은 설명만을 〈보기〉에서 있는 대로 고른 것은? (단, 제시된 조건 이외는 고려하지 않는다.) [3점]**

보기
ㄱ. ⓐ에는 ㉠에 대한 항체가 있었다.
　없다
ㄴ. (나)의 Ⅱ에서 체액성 면역 반응이 일어났다.
　㉠에 대한 항체가 생성되어 항원 항체 반응이 일어났다.
ㄷ. (다)의 V에서 ㉠에 대한 기억 세포로부터 형질 세포로의 분화가 일어났다. 형질 세포에서 ㉠에 대한 항체가 생성되었다.

① ㄱ　② ㄴ　③ ㄷ　④ ㄱ, ㄷ　⑤ ㄴ, ㄷ

---

✓ 자료 해석

• Ⅲ이 죽은 것은 I 의 혈장에 ㉠에 대한 항체가 없기 때문이다.
• Ⅳ가 생존한 것은 Ⅱ의 혈장에 ㉠에 대한 항체가 있기 때문이다.
• V가 생존한 것은 Ⅱ의 ㉠에 대한 기억 세포가 형질 세포로 분화하여 형질 세포에서 ㉠에 대한 항체가 생성되었기 때문이다.

◯ 보기풀이　ㄴ. Ⅳ가 생존한 것은 Ⅱ의 혈장에 ㉠에 대한 항체가 있기 때문이다. 따라서 죽은 ㉠을 주사한 Ⅱ에서 ㉠에 대한 항체가 생성되어 항원 항체 반응이 일어나므로 체액성 면역 반응이 일어났음을 알 수 있다.
ㄷ. V가 생존한 것은 Ⅱ의 ㉠에 대한 기억 세포가 형질 세포로 분화하여 형질 세포에서 ㉠에 대한 항체가 생성되었기 때문이다. 즉, 2차 면역 반응이 일어났기 때문이다.

✕ 매력적 오답　ㄱ. Ⅲ이 죽은 것을 통해 I 의 혈장(ⓐ)에 ㉠에 대한 항체가 없다는 것을 알 수 있다.

문제풀이 **Tip**

방어 작용 중 체액성 면역 반응에 대해 알아두며 특히 2차 면역 반응에서는 기억 세포가 형질 세포로 분화되고 형질 세포에서 항체가 생성됨을 알고 있어야 한다.

# 10 방어 작용

2022년 7월 교육청 9번 | 정답 ④ | 문제편 93p

출제 의도 방어 작용에 대한 자료를 분석하여 세포성 면역과 체액성 면역에 대해 알고 있는지 묻는 문항이다.

**다음은 병원체 P와 Q에 대한 쥐의 방어 작용 실험이다.**

[실험 과정]

(가) 유전적으로 동일하고 P와 Q에 노출된 적이 없는 쥐 ㉠과 ㉡을 준비한다.

(나) ㉠에 P를, ㉡에 Q를 주사한 후 $t_1$일 때 ㉠과 ㉡의 혈액에서 병원체 수, 세포독성 T림프구 수, 항체 농도를 측정한다. ┈ 형질 세포에서 생성된다.

(다) 일정 기간이 지난 후 $t_2$일 때 ㉠과 ㉡의 혈액에서 병원체 수, 세포독성 T림프구 수, 항체 농도를 측정한다. ┈ 병원체에 감염된 세포를 제거한다.

[실험 결과]

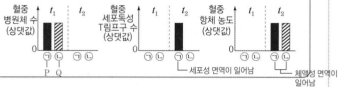

이 자료에 대한 설명으로 옳은 것만을 〈보기〉에서 있는 대로 고른 것은? (단, $t_1$과 $t_2$ 사이에 P와 Q에 대한 림프구와 항체는 모두 면역 반응에 관여하였다.) [3점]

보기

ㄱ. 세포독성 T림프구에서 항체가 생성된다.
   └ 형질 세포
ㄴ. ㉠에서 P가 제거되는 과정에 세포성 면역이 일어났다.
ㄷ. $t_2$ 이전에 ㉡에서 Q에 대한 특이적 방어 작용이 일어났다.
                            └ 체액성 면역

① ㄱ   ② ㄷ   ③ ㄱ, ㄴ   ④ ㄴ, ㄷ   ⑤ ㄱ, ㄴ, ㄷ

✓ 자료 해석

• ㉠에서 $t_1$일 때에 비해 $t_2$일 때 혈중 병원체 수가 감소하고 혈중 세포독성 T림프구 수와 혈중 항체 농도가 모두 증가하였으므로 P에 대한 체액성 면역과 세포성 면역이 모두 일어났다.

• ㉡에서 $t_1$일 때에 비해 $t_2$일 때 혈중 병원체 수가 감소하고 혈중 항체 농도가 증가하였으므로 Q에 대한 체액성 면역이 일어났다.

○ 보기 풀이   ㄴ. ㉠에서 $t_1$일 때에 비해 $t_2$일 때 혈중 병원체 수가 감소하고 혈중 세포독성 T림프구 수가 증가하였으므로 P에 대한 세포성 면역이 일어났다.
ㄷ. ㉡에서 $t_1$일 때에 비해 $t_2$일 때 혈중 병원체 수가 감소하고 혈중 항체 농도가 증가하였으므로 $t_2$ 이전에 ㉡에서 Q에 대한 특이적 방어 작용이 일어났다.

✗ 매력적 오답   ㄱ. ㉡에서 세포독성 T림프구가 없는데 혈중 항체 농도가 증가하였으므로 세포독성 T림프구에서 항체가 생성되지 않음을 알 수 있다. 항체는 B 림프구에서 분화된 형질 세포에서 생성되며, 세포독성 T림프구는 병원체에 감염된 세포를 제거한다.

문제풀이 Tip

세포독성 T림프구가 병원체에 감염된 세포를 제거하는 면역 반응인 세포성 면역과 형질 세포가 생성하는 항체가 항원과 결합하여 항원을 제거하는 면역 반응인 체액성 면역에 대해 알고 있어야 한다.

Part I
교육청

# 11 방어 작용

출제 의도 방어 작용에 대한 자료를 분석하여 세포성 면역 반응과 체액성 면역 반응에 대해 알고 있는지 묻는 문항이다.

그림 (가)와 (나)는 사람의 면역 반응의 일부를 나타낸 것이다. (가)와 (나)는 각각 세포성 면역과 체액성 면역 중 하나이고, ㉠과 ㉡은 각각 세포독성 T림프구와 형질 세포 중 하나이다.

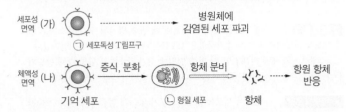

이에 대한 설명으로 옳은 것만을 〈보기〉에서 있는 대로 고른 것은?

보기
ㄱ. ㉠은 세포독성 T림프구이다. ㉡은 형질 세포이다.
ㄴ. (나)는 2차 면역 반응에 해당한다.
　기억 세포로부터 형질 세포가 증식, 분화되었으므로 2차 면역 반응이다.
ㄷ. (가)와 (나)는 모두 특이적 방어 작용에 해당한다.
　세포성 면역과 체액성 면역은 모두 특이적 방어 작용이다.

① ㄱ　② ㄴ　③ ㄱ, ㄷ　④ ㄴ, ㄷ　⑤ ㄱ, ㄴ, ㄷ

✓ 자료 해석
• (가)는 세포성 면역, (나)는 체액성 면역이다.
• 병원체에 감염된 세포를 직접 파괴하는 ㉠은 세포독성 T림프구이고, 항체를 분비하는 ㉡은 형질 세포이다.

○ 보기 풀이 ㄱ. ㉠은 세포독성 T림프구이고, ㉡은 형질 세포이다.
ㄴ. 2차 면역 반응은 동일 항원의 재침입 시 그 항원에 대한 기억 세포가 빠르게 분화하여 기억 세포와 형질 세포를 만들며 형질 세포가 항체를 생산하는 면역 반응이다. 따라서 기억 세포로부터 증식, 분화된 형질 세포(㉡)가 분비하는 항체에 의해 항원 항체 반응이 일어나는 (나)는 2차 면역 반응에 해당한다.
ㄷ. 특이적 방어 작용은 특정 항원을 인식하여 제거하는 방어 작용이며, T 림프구와 B 림프구에 의해 이루어진다. 세포성 면역(가)과 체액성 면역(나)은 모두 특이적 방어 작용에 해당한다.

문제풀이 Tip
방어 작용에 관여하는 세포독성 T림프구, 형질 세포, 기억 세포, B 림프구의 특징에 대해 알아둔다.

---

# 12 방어 작용

출제 의도 방어 작용에 대한 자료를 분석하여 1차 면역 반응과 2차 면역 반응에 대해 알고 있는지 묻는 문항이다.

다음은 병원체 X가 사람에 침입했을 때의 방어 작용에 대한 자료이다.

1차 면역 반응
2차 면역 반응
　기억 세포
　형질 세포
(가) X가 1차 침입했을 때 B 림프구가 ㉠과 ㉡으로 분화한다. ㉠과 ㉡은 각각 기억 세포와 형질 세포 중 하나이다.
(나) X에 대한 항체와 X가 항원 항체 반응을 한다.
(다) X가 2차 침입했을 때 ㉠이 ㉡으로 분화한다.

이에 대한 옳은 설명만을 〈보기〉에서 있는 대로 고른 것은?

보기
ㄱ. B 림프구는 가슴샘에서 성숙한 세포이다.
　골수
ㄴ. ㉠은 기억 세포이다. ㉡은 형질 세포이다.
ㄷ. X에 대한 체액성 면역 반응에서 (나)가 일어난다.

① ㄱ　② ㄷ　③ ㄱ, ㄴ　④ ㄴ, ㄷ　⑤ ㄱ, ㄴ, ㄷ

✓ 자료 해석
• X가 1차 침입했을 때 B 림프구가 ㉠과 ㉡으로 분화하고, X가 2차 침입했을 때 ㉠이 ㉡으로 분화한다고 하였으므로 ㉠은 기억 세포, ㉡은 형질 세포이다.

○ 보기 풀이 ㄴ. ㉠은 기억 세포, ㉡은 형질 세포이다.
ㄷ. 체액성 면역 반응은 형질 세포가 생성하는 항체가 항원과 결합하여 항원을 제거하는 면역 반응이므로, X에 대한 체액성 면역 반응에서 X에 대한 항체와 X가 항원 항체 반응을 한다.

✗ 매력적 오답 ㄱ. B 림프구는 골수에서 생성되어 골수에서 성숙한 세포이다. 가슴샘에서 성숙한 세포는 T 림프구이다.

문제풀이 Tip
1차 면역 반응에서는 B 림프구가 기억 세포와 형질 세포로 분화되고, 2차 면역 반응에서는 기억 세포가 기억 세포와 형질 세포로 분화됨을 알고 있어야 한다.

## 13 사람의 방어 작용

출제 의도 특이적 방어 작용(후천성 면역) 중 체액성 면역 반응에 대해 묻는 문항이다.

그림은 어떤 병원체가 사람의 몸속에 침입했을 때 일어나는 방어 작용의 일부를 나타낸 것이다. ㉠~㉢은 보조 T 림프구, 형질 세포, B 림프구를 순서 없이 나타낸 것이다.

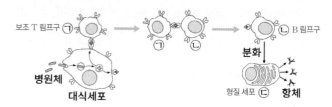

이에 대한 옳은 설명만을 〈보기〉에서 있는 대로 고른 것은?

┌─ 보기 ─────────────────────────────┐
ㄱ. ㉠은 보조 T 림프구이다.
　㉠은 보조 T 림프구, ㉡은 B 림프구, ㉢은 형질 세포이다.
ㄴ. ㉡은 가슴샘에서 성숙한다.
　B 림프구(㉡)는 골수에서 성숙한다.
ㄷ. ㉢은 체액성 면역 반응에 관여한다.
　형질 세포(㉢)는 체액성 면역 반응에 관여한다.
└────────────────────────────────┘

① ㄱ　② ㄷ　③ ㄱ, ㄴ　④ ㄱ, ㄷ　⑤ ㄴ, ㄷ

✔ 자료 해석

• 병원체가 몸속에 침입하면 대식세포에 의한 비특이적 방어 작용이 먼저 일어난다. 대식세포가 병원체를 삼킨 후 분해하여 세포 표면에 항원 조각을 제시하면 보조 T 림프구가 이를 인식하여 활성화되며, 이후 활성화된 보조 T 림프구에 의해 B 림프구가 형질 세포와 기억 세포로 분화된다. 이때 형질 세포는 항체를 생산한다. 따라서 ㉠은 보조 T 림프구, ㉡은 B 림프구, ㉢은 형질 세포이다.
• 골수에서 만들어진 림프구 중 일부는 골수에서 B 림프구로 성숙(분화)하고, 다른 일부는 가슴샘으로 이동하여 T 림프구로 성숙(분화)한다.
• 형질 세포(㉢)가 생산하는 항체가 항원과 결합함으로써 더 효율적으로 항원을 제거하는 체액성 면역 반응이 일어난다.

○ 보기 풀이 ㄱ. ㉠은 대식세포로부터 항원 정보를 받는 보조 T 림프구, ㉡은 골수에서 성숙하는 B 림프구, ㉢은 체액성 면역 반응에 관여하는 형질 세포이다.
ㄷ. 체액성 면역 반응은 형질 세포(㉢)가 생산하는 항체의 의해 항원(병원체)이 제거되는 반응이다.

✕ 매력적 오답 ㄴ. 골수에서 만들어진 림프구 중 일부는 골수에 남아 B 림프구(㉡)로 성숙하고, 일부는 가슴샘으로 이동하여 T 림프구로 성숙한다.

문제풀이 Tip
체액성 면역 반응을 묻는 문항으로, 보조 T 림프구, B 림프구, 형질 세포에 의한 체액성 면역 과정을 알고 있어야 한다. 림프구에 의한 체액성 면역 과정 외에 세포성 면역과 체액성 면역 과정의 차이, 1차 면역 반응과 2차 면역 반응의 차이 등도 학습해 두도록 하자.

---

## 14 인체의 방어 작용

출제 의도 1차 면역 반응과 2차 면역 반응에서 각각 세포가 분화되어 항체가 생성되는 과정에 대해 묻는 문항이다.

그림 (가)와 (나)는 사람의 체내에 항원 X가 침입했을 때 일어나는 방어 작용 중 일부를 나타낸 것이다. ㉠과 ㉡은 각각 기억 세포와 형질 세포 중 하나이다.

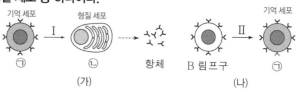

이에 대한 설명으로 옳은 것만을 〈보기〉에서 있는 대로 고른 것은?
[3점]

┌─ 보기 ─────────────────────────────┐
ㄱ. ㉠은 형질 세포이다.
　㉠은 기억 세포, ㉡은 형질 세포이다.
ㄴ. 과정 Ⅰ은 X에 대한 1차 면역 반응에서 일어난다.
　과정 Ⅰ은 X에 대한 2차 면역 반응에서 일어난다.
ㄷ. 보조 T 림프구는 과정 Ⅱ를 촉진한다.
　보조 T 림프구는 B 림프구가 기억 세포로 분화하는 과정을 촉진한다.
└────────────────────────────────┘

① ㄱ　② ㄴ　③ ㄷ　④ ㄱ, ㄷ　⑤ ㄴ, ㄷ

✔ 자료 해석

• 항체는 형질 세포가 생성하여 분비하므로 ㉡은 형질 세포이고, ㉠은 기억 세포이다.
• 과정 Ⅰ에서는 기억 세포(㉠)가 형질 세포(㉡)로 분화되고 있다. 1차 면역 반응에서는 항원의 1차 침입으로 활성화된 보조 T 림프구의 도움을 받은 B 림프구가 기억 세포와 형질 세포로 분화되며, 이 형질 세포로부터 항체가 생산된다. 반면 2차 면역 반응에서는 동일 항원의 재침입 시 그 항원에 대한 기억 세포가 빠르게 분화되어 기억 세포와 형질 세포를 만들고, 이 형질 세포로부터 항체가 생산된다. 따라서 과정 Ⅰ은 X에 대한 2차 면역 반응에서 일어난다.
• 1차 면역 반응에서 활성화된 보조 T 림프구는 B 림프구가 형질 세포와 기억 세포로 분화되는 과정을 돕는다.

○ 보기 풀이 ㄷ. 보조 T 림프구는 B 림프구가 형질 세포와 기억 세포로 분화하는 과정을 촉진한다.

✕ 매력적 오답 ㄱ. ㉠은 기억 세포, ㉡은 형질 세포이다.
ㄴ. 기억 세포(㉠)가 형질 세포(㉡)로 분화하는 과정은 2차 면역 반응에서 일어난다.

문제풀이 Tip
인체의 방어 작용에 대해 묻는 문항으로, 체내에 항원 X가 침입했을 때 일어나는 특이적 방어 작용을 이해하고 있어야 한다. 기억 세포와 형질 세포 중 항체를 생성하는 세포가 형질 세포임을 알고 있다면 문제를 쉽게 해결할 수 있다.

## 15 방어 작용

출제 의도 특이적 방어 작용과 비특이적 방어 작용에 대해 묻는 문항이다.

### 다음은 항원 A와 B의 면역학적 특성을 알아보기 위한 자료이다.

- A에 노출된 적이 없는 생쥐 X에게 A를 2회에 걸쳐 주사하였고, B에 노출된 적이 없는 생쥐 Y에게 B를 2회에 걸쳐 주사하였다.
- 그림은 X의 A에 대한 혈중 항체 농도 변화와 Y의 B에 대한 혈중 항체 농도 변화를 각각 나타낸 것이다.

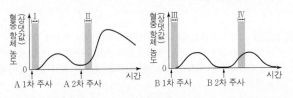

<생쥐 X>                <생쥐 Y>

- X에서 A에 대한 기억 세포는 형성되었고, Y에서 B에 대한 기억 세포는 형성되지 않았다.

### 이에 대한 설명으로 옳은 것만을 〈보기〉에서 있는 대로 고른 것은?

보기
ㄱ. 구간 Ⅰ과 Ⅲ에서 모두 비특이적 방어 작용이 일어났다.
 Ⅰ과 Ⅲ에서 비특이적 방어 작용이 일어났다.
ㄴ. 구간 Ⅱ에서 A에 대한 ~~형질 세포가 기억 세포로 분화되~~
 ~~었다.~~ 형질 세포는 기억 세포로 분화되지 않는다.
ㄷ. 구간 Ⅳ에서 B에 대한 체액성 면역 반응이 일어났다.
 Ⅳ에서 B에 대한 항체가 생성되었으므로 체액성 면역 반응이 일어났다.

① ㄱ   ② ㄴ   ③ ㄱ, ㄷ   ④ ㄴ, ㄷ   ⑤ ㄱ, ㄴ, ㄷ

---

✔ 자료 해석

- 비특이적 방어 작용은 병원체의 종류나 감염 경험의 유무와 관계없이 감염 발생 시 신속하게 일어나는 방어 작용이다. 따라서 구간 Ⅰ과 구간 Ⅲ에서 모두 비특이적 방어 작용이 일어났다.
- 동일한 항원의 재침입 시 그 항원에 대한 기억 세포가 빠르게 분화하여 기억 세포와 형질 세포를 만들며 형질 세포가 항체를 생산하는 2차 면역 반응이 일어난다. 이때 형질 세포는 기억 세포로 분화되지 않는다.
- 체액성 면역 반응은 형질 세포가 생산하는 항체가 항원과 결합함으로써 효율적으로 항원을 제거하는 면역 반응이다. 구간 Ⅳ에서 B에 대한 혈중 항체가 존재하므로 B에 대한 항원 항체 반응이 일어나는 체액성 면역 반응이 일어났다.

○ 보기 풀이  ㄱ. 항원 A와 B를 체내에 주사하면 비특이적 방어 작용이 일어난다.
ㄷ. 구간 Ⅳ에서 B에 대한 체액성 면역 반응이 일어났다.

✕ 매력적 오답  ㄴ. 구간 Ⅱ에서 A에 대한 형질 세포는 기억 세포로 분화되지 않는다.

### 문제풀이 Tip

생쥐의 방어 작용에 대해 묻는 문항으로, 특이적 방어 작용에 대해 이해하고 있어야 한다. 생쥐의 방어 작용에 대해 묻는 문항은 실험을 통해 결과를 분석하는 형태로 자주 출제되고 있으므로 기출 문항을 많이 풀어두고, 1차 면역 반응과 2차 면역 반응을 비교하여 자세하게 알아두도록 하자.

# 16 방어 작용

출제 의도 | 생쥐의 방어 작용 실험을 통해 체액성 면역 반응에 대해 묻는 문항이다.

**다음은 항원 X와 Y에 대한 생쥐의 방어 작용 실험이다.**

[실험 과정]

(가) 유전적으로 동일하고, X와 Y에 노출된 적이 없는 생쥐 ㉠~㉢을 준비한다.

(나) ㉠에 X와 Y 중 하나를 주사한다.

(다) 2주 후, ㉠에 주사한 항원에 대한 기억 세포를 분리하여 ㉡에 주사한다.

(라) 1주 후, ㉡과 ㉢에 X를 주사하고, 일정 시간이 지난 후 Y를 주사한다. — 기억 세포에 의해 X에 대한 2차 면역 반응이 일어난다.

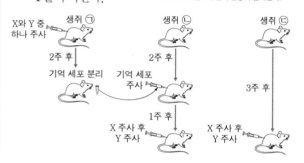

[실험 결과]

㉡과 ㉢에서 X와 Y에 대한 혈중 항체 농도의 변화는 그림과 같다.

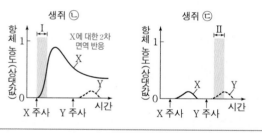

**이에 대한 옳은 설명만을 〈보기〉에서 있는 대로 고른 것은? [3점]**

보기

ㄱ. ~~(나)에서 ㉠에 주사한 항원은 Y이다.~~
　(나)에서 ㉠에 주사한 항원은 X이다.

ㄴ. ~~구간 I에서 X에 대한 형질 세포가 기억 세포로 분화된다.~~
　형질 세포는 기억 세포로 분화되지 않는다.

ㄷ. 구간 II에서 Y에 대한 체액성 면역이 일어난다.
　구간 II에서 Y에 대한 항체에 의한 체액성 면역이 일어난다.

① ㄱ　② ㄷ　③ ㄱ, ㄴ　④ ㄱ, ㄷ　⑤ ㄴ, ㄷ

---

✔ 자료 해석

• 실험 결과 ㉡에 X를 주사했을 때 항체가 생성되기까지의 시간이 짧고 항체 생성도 빠르고 생성되는 항체의 농도가 높았다. 따라서 이 기억 세포는 X에 대한 기억 세포이며, (나)에서 ㉠에 주사한 항원은 X이다.

• 체액성 면역 : 형질 세포가 생산하는 항체가 항원과 결합함으로써 더 효율적으로 항원을 제거할 수 있는 면역 반응이다.

• 1차 면역 반응 : 항원의 1차 침입 시 활성화된 보조 T 림프구의 도움을 받은 B 림프구가 기억 세포와 형질 세포로 분화되며, 이때 형질 세포는 침입한 항원에 대한 항체를 생산한다.

• 2차 면역 반응 : 동일 항원의 재침입 시 그 항원에 대한 기억 세포가 빠르게 분화하여 기억 세포와 형질 세포를 만들며, 이때 형질 세포가 항체를 생산한다.

○ 보기 풀이 | ㉡에 X를 주사했을 때 X에 대한 2차 면역 반응이 일어났으며, Y를 주사했을 때 Y에 대한 1차 면역 반응이 일어났다. 또한 ㉢에 X와 Y를 각각 주사했을 때는 모두 1차 면역 반응이 일어났다.

ㄷ. 구간 II에서는 Y에 대한 항체가 생성되어 체액성 면역이 일어난다.

✕ 매력적 오답 | ㄱ. ㉡에 X를 주사했을 때 2차 면역 반응이, Y를 주사했을 때 1차 면역 반응이 일어났으므로, (나)에서 ㉠에 주사한 항원은 X이다.

ㄴ. 형질 세포는 기억 세포로 분화되지 못한다.

**문제풀이 Tip**

면역 반응에 대해 묻는 문항으로, 체액성 면역 반응을 이해하고 있어야 한다. 기출에서 자주 출제되는 유형이며, 앞으로도 수능에서 출제 가능성이 높으므로 꼼꼼하게 분석해 두어야 한다. 체액성 면역 반응 중 1차 면역 반응과 2차 면역 반응을 구분지어 자세하게 알아두도록 하자.

## 17 방어 작용

**출제 의도** 사람의 방어 작용에 관여하는 형질 세포, 보조 T 림프구, 대식 세포의 특징을 이해하는지 확인하는 문항이다.

표는 세균 X가 사람에 침입했을 때의 방어 작용에 관여하는 세포 I ~ Ⅲ의 특징을 나타낸 것이다. I ~ Ⅲ은 대식 세포, 형질 세포, 보조 T 림프구를 순서 없이 나타낸 것이다.

| 세포 | 특징 |
|---|---|
| 형질 세포 I | ㉠X에 대한 항체를 분비한다. |
| 보조 T 림프구 Ⅱ | B 림프구의 분화를 촉진한다. |
| 대식 세포 Ⅲ | X를 세포 안으로 끌어들여 분해한다. |

이에 대한 옳은 설명만을 〈보기〉에서 있는 대로 고른 것은? [3점]

〈보기〉
ㄱ. ㉠에 의한 방어 작용은 체액성 면역에 해당한다.
ㄴ. Ⅱ는 골수에서 성숙되었다.
　보조 T 림프구(Ⅱ)는 가슴샘에서 성숙된다.
ㄷ. Ⅲ은 비특이적 방어 작용에 관여한다.

① ㄱ　② ㄴ　③ ㄱ, ㄷ　④ ㄴ, ㄷ　⑤ ㄱ, ㄴ, ㄷ

✓ **자료 해석**
• 비특이적 방어 작용(선천적 방어 작용) : 병원체의 종류를 구분하지 않고 동일한 방식으로 일어나며, 광범위하고 신속하게 일어난다. 피부 점막 등의 장벽을 이용한 방어와 식균 작용, 염증 반응 등의 내부 방어가 있다.
• 체액성 면역 : B 림프구로부터 분화된 형질 세포가 생성하여 분비하는 항체가 항원을 제거하는 면역 반응이다.

○ **보기 풀이** ㄱ. 체액성 면역은 형질 세포에서 생성·분비된 항체에 의해 항원을 제거하는 면역 반응이다. 따라서 X에 대한 항체(㉠)에 의한 방어 작용은 체액성 면역에 해당한다.
ㄷ. 식균 작용을 하는 대식 세포(Ⅲ)는 비특이적 방어 작용(선천적 방어 작용)에 관여한다.

✕ **매력적 오답** ㄴ. B 림프구의 분화를 촉진하는 보조 T 림프구(Ⅱ)는 가슴샘에서 성숙된다.

**문제풀이 Tip**
사람의 방어 작용에 관여하는 각 세포의 특징을 이해하고 있는지를 묻는 개념형 문항이다. 앞으로도 개념형 문항이 출제될 수 있으므로 지엽적인 내용도 알아 두어야 한다.

---

## 18 인체의 방어 작용

**출제 의도** 병원체 X가 침입했을 때 일어나는 특이적 방어 작용 중 체액성 면역 반응을 이해하는지 확인하는 문항이다.

그림 (가)는 어떤 사람의 체내에 병원균 X가 처음 침입하였을 때 일어나는 방어 작용의 일부를, (나)는 이 사람에서 X의 침입에 의해 생성되는 X에 대한 혈중 항체의 농도 변화를 나타낸 것이다. ㉠과 ㉡은 각각 기억 세포와 형질 세포 중 하나이다.

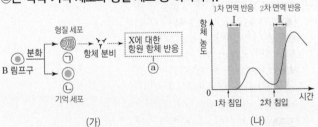

(가)　　　　(나)

이에 대한 설명으로 옳은 것만을 〈보기〉에서 있는 대로 고른 것은?
[3점]

〈보기〉
ㄱ. ⓐ는 세포성 면역에 해당한다.
　ⓐ는 체액성 면역에 해당한다.
ㄴ. 구간 Ⅱ에서 ㉠이 ㉡으로 분화한다.
　구간 Ⅱ에서 기억 세포(㉡)가 형질 세포(㉠)로 분화한다.
ㄷ. 구간 I에서 비특이적 방어 작용이 일어난다.
　구간 I에서 비특이적 방어 작용, 특이적 방어 작용이 모두 일어난다.

① ㄱ　② ㄷ　③ ㄱ, ㄴ　④ ㄴ, ㄷ　⑤ ㄱ, ㄴ, ㄷ

✓ **자료 해석**
• 비특이적 방어 작용 : 병원체의 감염 경험의 유무와 관계없이 일어나며, 광범위하고 신속하게 일어난다.
• 특이적 방어 작용 : 병원체의 종류에 따라 선별적으로 일어나며, 병원체의 종류를 인식하고 반응하는 데 시간이 걸린다.

○ **보기 풀이** ㉠은 형질 세포, ㉡은 기억 세포이다.
ㄷ. 구간 I에서 병원체의 종류를 구분하지 않는 비특이적 방어 작용과 병원체의 종류에 따라 선별적으로 일어나는 특이적 방어 작용이 모두 일어난다.

✕ **매력적 오답** ㄱ. ⓐ는 형질 세포(㉠)에서 생성·분비된 항체에 의해 항원을 제거하는 체액성 면역에 해당한다.
ㄴ. X의 2차 침입 시 기억 세포가 빠르게 증식하고 분화하여 만들어진 형질 세포에서 많은 양의 항체를 생성하는 2차 면역 반응이 일어난다. 즉 구간 Ⅱ에서 기억 세포(㉡)가 형질 세포(㉠)로 분화한다.

**문제풀이 Tip**
형질 세포, 기억 세포, 세포성 면역, 비특이적 면역 반응, 특이적 면역 반응, 1차 면역 반응, 2차 면역 반응 등의 개념을 알고 있어야 한다. 각각의 개념은 인체의 방어 작용에 관한 문항에서 반복되어 제시되므로, 의미를 정확히 파악해 두도록 하자.

# 19 방어 작용

2020년 4월 교육청 18번 | 정답 ③ | 문제편 95p

출제 의도 항원에 대한 생쥐의 방어 작용 실험을 통해 1차 면역 반응과 2차 면역 반응을 파악하는지 확인하는 문항이다.

## 다음은 항원 A와 B에 대한 생쥐의 방어 작용 실험이다.

[실험 과정]
(가) A와 B에 노출된 적이 없는 생쥐 X를 준비한다.
(나) X에게 A를 1차 주사하고, 일정 시간이 지난 후 X에게 A를 2차, B를 1차 주사한다.

[실험 결과]
X에서 A와 B에 대한 혈중 항체 농도 변화는 그림과 같다.

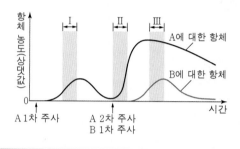

이에 대한 설명으로 옳은 것만을 〈보기〉에서 있는 대로 고른 것은?

┌─ 보기 ─┐
ㄱ. 구간 Ⅰ에서 A에 대한 1차 면역 반응이 일어났다.
ㄴ. 구간 Ⅱ에서 A에 대한 형질 세포가 기억 세포로 분화되었다. 구간 Ⅱ에서 A에 대한 기억 세포가 형질 세포로 분화되었다.
ㄷ. 구간 Ⅲ에서 B에 대한 특이적 방어 작용이 일어났다. 구간 Ⅲ에서 B에 대해 특이적으로 일어나는 특이적 방어 작용이 일어났다.

① ㄱ   ② ㄴ   ③ ㄱ, ㄷ   ④ ㄴ, ㄷ   ⑤ ㄱ, ㄴ, ㄷ

✓ 자료 해석
• 1차 면역 반응 : 항원이 처음 침입하였을 때 일어나는 면역 반응으로, B 림프구가 보조 T 림프구의 도움을 받아 형질 세포와 기억 세포로 분화하며, 형질 세포로부터 항체가 생성된다.
• 2차 면역 반응 : 동일한 항원이 재침입하면 침입한 항원에 대한 기억 세포가 빠르게 증식하고 형질 세포와 기억 세포로 분화하며, 형질 세포로부터 항체가 생성된다.

○ 보기 풀이   ㄱ. A 1차 주사 후 구간 Ⅰ에서 우리 몸에 처음 침입한 A에 대한 B 림프구가 활성화되어 형질 세포와 기억 세포로 분화하고 형질 세포가 A에 대한 항체를 생성하는 1차 면역 반응이 일어났다.
ㄷ. B 1차 주사 후 구간 Ⅲ에서 B에 대해 특이적으로 일어나는 특이적 방어 작용이 일어났다.

✕ 매력적 오답   ㄴ. A 2차 주사 후 구간 Ⅱ에서 2차 면역 반응이 일어났다. 2차 면역 반응에서 A에 대한 기억 세포가 형질 세포로 분화된다.

문제풀이 Tip
1차 면역 반응과 2차 면역 반응에 대한 문항이다. 1차 면역 반응과 2차 면역 반응의 차이점에 대한 문항은 자주 출제되고 있으므로, 관련 개념을 정확히 알아두자.

Part I

교육청

# 20 면역 반응

출제 의도 항원 A에 대한 1차 면역 반응과 2차 면역 반응을 이해하는지 확인하는 문항이다.

그림 (가)는 어떤 생쥐에 항원 A를 1차로 주사하였을 때 일어나는 면역 반응의 일부를, (나)는 A를 주사하였을 때 이 생쥐에서 생성되는 A에 대한 혈중 항체의 농도 변화를 나타낸 것이다. ㉠~㉢은 기억 세포, 형질 세포, 보조 T 림프구를 순서 없이 나타낸 것이다.

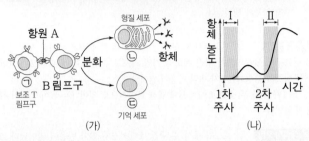

(가)　　　　　　　　(나)

이에 대한 옳은 설명만을 〈보기〉에서 있는 대로 고른 것은? [3점]

보기
ㄱ. ㉠은 보조 T 림프구이다.
　㉠은 보조 T 림프구, ㉡은 형질 세포, ㉢은 기억 세포이다.
ㄴ. 구간 Ⅰ에서 ㉡이 형성된다.
　구간 Ⅰ에서 형질 세포(㉡)가 형성되어 항체가 분비된다.
ㄷ. 구간 Ⅱ에서 ㉡이 ㉢으로 분화된다.
　구간 Ⅱ에서 기억 세포(㉢)가 형질 세포(㉡)로 분화된다.

① ㄱ　　② ㄴ　　③ ㄷ　　④ ㄱ, ㄴ　　⑤ ㄱ, ㄷ

## ✔ 자료 해석

• 체액성 면역 반응 : 대식 세포가 제시한 항원 조각을 인식 → 보조 T 림프구가 인식 → 활성화된 보조 T 림프구가 B 림프구 자극 → B 림프구가 증식하여 형질 세포와 기억 세포로 분화 → 형질 세포가 항원에 결합하는 항체를 생성 → 항원 항체 반응에 의해 병원체 제거

## ○ 보기 풀이

ㄱ. ㉠은 B 림프구의 분화를 촉진하는 보조 T 림프구이고, ㉡은 항체를 분비하는 형질 세포이며, ㉢은 기억 세포이다.

ㄴ. 구간 Ⅰ에서 항원 A에 특이적으로 반응하는 B 림프구가 분화·증식하여 형질 세포(㉡)가 형성된다. 그 결과 A에 대한 항체가 분비되어 항체 농도가 증가한다.

## ✕ 매력적 오답

ㄷ. 구간 Ⅱ에서는 A에 대한 기억 세포(㉢)가 형질 세포(㉡)로 분화되어 2차 면역 반응이 일어난다. 그 결과 1차 면역 반응에서보다 신속하게 많은 양의 항체가 생성된다.

## 문제풀이 Tip

특이적 면역 반응 중 체액성 면역에서 항원의 1차 침입과 재침입에 따라 1차 면역 반응과 2차 면역 반응이 있다. 각 개념을 유기적으로 이해하고 공통점과 차이점을 파악해 두자.

# 01 생태계의 구성과 기능

## 1 생물 사이의 상호 작용

2024년 10월 교육청 14번 | 정답 ⑤ |    문제편 101 p

출제 의도 생물 사이의 상호 작용에 대해 알고 있는지 묻는 문항이다.

표는 종 사이의 상호 작용을 나타낸 것이다. ㉠과 ㉡은 경쟁과 기생을 순서 없이 나타낸 것이다.

| 상호 작용 | 종 1 | 종 2 |
|---|---|---|
| 경쟁 ㉠ | 손해 | ? 손해 |
| 기생 ㉡ | 이익 | ⓐ 손해 |

이에 대한 옳은 설명만을 〈보기〉에서 있는 대로 고른 것은?

보기
ㄱ. ㉠은 경쟁이다. ㉠은 경쟁, ㉡은 기생이다.
ㄴ. ⓐ는 '손해'이다.
ㄷ. '촌충은 숙주의 소화관에 서식하며 영양분을 흡수한다.'는 ㉡의 예에 해당한다.

① ㄱ   ② ㄷ   ③ ㄱ, ㄴ   ④ ㄴ, ㄷ   ⑤ ㄱ, ㄴ, ㄷ

✔ 자료 해석
• 경쟁 : 생태적 지위가 유사한 개체군이 같은 장소에 서식하게 되면 한정된 먹이와 서식 공간 등의 자원을 두고 서로 다투게 된다. 두 개체군의 생태적 지위가 겹칠수록 경쟁의 정도도 증가한다.
• 기생 : 두 개체군이 함께 살며 손해를 입는 종과 이익을 얻는 종이 구분되는 것으로 두 개체군 중 이익을 얻는 생물은 기생 생물, 손해를 입는 생물은 숙주라고 한다.

○ 보기풀이 ㄱ. 경쟁 관계에서는 두 개체군 모두 손해를 보며, 기생에서는 한 종은 이익, 다른 한 종은 손해를 보게 된다. 따라서 ㉠은 경쟁, ㉡은 기생이다.
ㄴ. 기생에서 종 1이 이익이라면 종 2는 손해이다. 따라서 ⓐ는 '손해'이다.
ㄷ. '촌충은 숙주의 소화관에 서식하며 영양분을 흡수한다.'는 기생에 해당하므로 ㉡의 예에 해당한다.

문제풀이 Tip
개체군 사이의 '이익'과 '손해'를 통해 군집 내 개체군 사이의 상호 작용을 구분하는 문항이다. 개체군 사이의 경쟁, 공생, 기생, 포식과 피식, 분서 등의 의미를 이해하고 이와 관련된 예를 살펴둔다.

## 2 개체군 간의 상호 작용

2024년 7월 교육청 12번 | 정답 ⑤ |    문제편 101 p

출제 의도 개체군 간의 상호 작용에 대해 알고 있는지 묻는 문항이다.

표 (가)는 종 사이의 상호 작용을 나타낸 것이고, (나)는 ㉠에 대한 자료이다. I ~ III은 경쟁, 상리 공생, 포식과 피식을 순서 없이 나타낸 것이고, ㉠은 I ~ III 중 하나이다.

| 상호 작용 | 종 1 | 종 2 |
|---|---|---|
| 상리 공생 I | ⓐ 이익 | ? 이익 |
| 경쟁 II | ? 손해 | 손해 |
| 포식과 피식 III | 손해 | 이익 |

(가)

┌ 경쟁(II)
㉠은 하나의 군집 내에서 동일한 먹이 등 한정된 자원을 서로 차지하기 위해 두 종 사이에서 일어나는 상호 작용으로, 생태적 지위가 비슷할수록 일어나기 쉽다.

(나)

이에 대한 설명으로 옳은 것만을 〈보기〉에서 있는 대로 고른 것은?

보기
ㄱ. ㉠은 II이다. ㉠은 경쟁(II)이다.
ㄴ. ⓐ는 '손해'이다.
        이익
ㄷ. 스라소니가 눈신토끼를 잡아먹는 것은 III의 예에 해당한다.

① ㄱ   ② ㄴ   ③ ㄷ   ④ ㄱ, ㄴ   ⑤ ㄱ, ㄷ

✔ 자료 해석
• 종 사이의 상호 작용을 나타내면 표와 같다.

| 상호 작용 | 종 1 | 종 2 |
|---|---|---|
| 상리 공생(I) | 이익 | 이익 |
| 경쟁(II) | 손해 | 손해 |
| 포식과 피식(III) | 손해 | 이익 |

○ 보기풀이 ㄱ. III은 종 1은 손해, 종 2는 이익이므로 포식과 피식이며, 상리 공생은 손해를 보는 종이 없으므로 II는 경쟁이고, 나머지 I은 상리 공생이다. I에서 종 1과 종 2는 모두 이익을 얻으므로 ⓐ는 이익이다. ㉠은 한정된 자원을 서로 차지하기 위해 두 종 사이에서 일어나는 상호 작용으로, 생태적 지위가 비슷할수록 일어나기 쉬우므로 경쟁(II)이다.
ㄷ. 포식자인 스라소니가 피식자인 눈신토끼를 잡아먹는 것은 포식과 피식(III)의 예에 해당한다.

✕ 매력적 오답 ㄴ. ⓐ는 이익이다.

문제풀이 Tip
개체군 간의 상호 작용에서 두 종의 손해와 이익으로 나타낸 자료는 많이 알려진 자료이므로 정리해 둔다.

## 3 군집 조사

출제 의도 식물 군집을 조사한 자료를 분석하여 우점종을 파악할 수 있는지를 묻는 문항이다.

표 (가)는 어떤 지역에 방형구를 설치하여 식물 군집을 조사한 자료의 일부를, (나)는 이 자료를 바탕으로 종 A와 ㉠의 상대 밀도, 상대 빈도, 상대 피도를 구한 결과를 나타낸 것이다. ㉠은 종 B~D 중 하나이다.

(가)

| 구분 | A | Ⓑ | C | D |
|---|---|---|---|---|
| 개체 수 | 42 | 120 | ?48 | 90 |
| 출현한 방형구 수 | ?18 | 24 | 16 | 22 |

우점종 ← Ⓑ

(나)

| 구분 | A | ㉠ B |
|---|---|---|
| 상대 밀도(%) | 14.0 | 40.0 |
| 상대 빈도(%) | 22.5 | 30.0 |
| 상대 피도(%) | 17.0 | 41.0 |

이 자료에 대한 설명으로 옳은 것만을 〈보기〉에서 있는 대로 고른 것은? (단, A~D 이외의 종은 고려하지 않는다.) [3점]

보기
ㄱ. C의 개체 수는 48이다.
ㄴ. 이 지역의 우점종은 B이다.
　상대 밀도, 상대 빈도, 상대 피도를 더한 값이 가장 큰 B가 이 지역의 우점종이다.
ㄷ. A가 출현한 방형구 수는 3̶8̶이다.
　(22.5×24)÷30=18

① ㄱ　② ㄷ　③ ㄱ, ㄴ　④ ㄴ, ㄷ　⑤ ㄱ, ㄴ, ㄷ

### ✔ 자료 해석
• 이 지역의 상대 밀도, 상대 빈도, 상대 피도, 중요치를 구하면 표와 같다.

| 구분 | A | B | C | D |
|---|---|---|---|---|
| 상대 밀도(%) | 14.0 | 40.0 | 16 | 30 |
| 상대 빈도(%) | 22.5 | 30.0 | 20 | 27.5 |
| 상대 피도(%) | 17.0 | 41.0 | 42 | |
| 중요치 | 53.5 | 111 | 최대 78 | 최대 99.5 |

### ○ 보기 풀이
ㄱ. 개체 수가 42인 A의 상대 밀도가 14 %이므로, B의 상대 밀도는 40 %, D의 상대 밀도는 30 %이고, C의 상대 밀도는 100 − (14+40+30)=16 %이다. 따라서 상대 밀도가 40 %인 ㉠은 B이다. C의 개체 수는 상대 밀도를 통해 구할 수 있으므로 48(=(42×16)÷14)이다.

ㄴ. A~D 중 상대 밀도, 상대 빈도, 상대 피도를 더한 값이 가장 큰 B가 이 지역의 우점종이다.

### ✖ 매력적 오답
ㄷ. A가 출현한 방형구 수는 상대 빈도를 통해 구할 수 있으므로 18(=(22.5×24)÷30)이다.

### 문제풀이 Tip
㉠이 무엇인지 파악하는 것이 중요하다. A의 개체 수와 상대 밀도를 통해 나머지 B~D의 개체 수와 상대 밀도를 유추할 수 있으며, 이를 통해 ㉠이 B임을 파악할 수 있어야 한다.

---

## 4 군집의 천이

출제 의도 군집의 천이에 대해 알고 있는지 묻는 문항이다.

다음은 어떤 지역 X의 식물 군집에 대한 자료이다.

• 그림은 X에서 산불이 일어나기 전과 일어난 후 천이 과정의 일부를 나타낸 것이다. A~C는 양수림, 음수림, 초원을 순서 없이 나타낸 것이다.

산불
관목림 → A → 관목림 → B → 혼합림 → C
　　　　초원　　　　　양수림　　　　음수림

• X에서의 ⓐ종 다양성은 천이 중기에서 가장 높게 나타났고, 이후에 다시 감소하였다.

이에 대한 설명으로 옳은 것만을 〈보기〉에서 있는 대로 고른 것은?

보기
ㄱ. A는 초원이다.
　A는 초원, B는 양수림, C는 음수림이다.
ㄴ. X의 식물 군집은 양̶수̶림̶에서 극상을 이룬다.
　음수림(C)에서
ㄷ. ⓐ는 동일한 생물 종이라도 형질이 각 개체 간에 다르게 나̶타̶나̶는̶ ̶것̶을̶ ̶의̶미̶한̶다̶.
　동일한 생물종이라도 형질이 각 개체 간에 다르게 나타나는 것은 유전적 다양성이다.

① ㄱ　② ㄴ　③ ㄷ　④ ㄱ, ㄴ　⑤ ㄱ, ㄷ

### ✔ 자료 해석
• A는 초원, B는 양수림, C는 음수림이다.
• 종 다양성은 특정 지역에 얼마나 많은 종이 균등하게 분포하여 살고 있는지를 나타낸다.

### ○ 보기 풀이
ㄱ. 그림은 산불이 일어난 이후이므로 2차 천이에 해당하며, A는 초원, B는 양수림, C는 음수림이다.

### ✖ 매력적 오답
ㄴ. 극상은 천이의 마지막 단계로, 이 지역의 식물 군집은 음수림(C)에서 극상을 이룬다.

ㄷ. 종 다양성(ⓐ)은 한 생태계 내에 존재하는 생물종의 다양한 정도이다. 동일한 생물종이라도 형질이 각 개체 간에 다르게 나타나는 것은 유전적 다양성이다.

### 문제풀이 Tip
산불이 일어난 이후의 천이 과정을 2차 천이라고 하며, 2차 천이는 초원에서 시작된다는 것을 알고 자료에 적용하면 된다.

## 5 군집 조사

출제 의도 식물 군집을 조사한 자료를 분석하여 우점종을 파악할 수 있는지 묻는 문항이다.

표는 방형구법을 이용하여 어떤 지역의 식물 군집을 조사한 결과를 나타낸 것이다.

| 종 | 상대 밀도(%) | 상대 빈도(%) | 상대 피도(%) | 중요치 |
|---|---|---|---|---|
| A | 18 | ㉠25 | ?30 | 73 |
| B | 38 | ㉠25 | ㉡20 | 83 |
| C | ?14 | 15 | ㉡20 | ?49 |
| D | 30 | ?35 | 30 | ?95 |

이 자료에 대한 설명으로 옳은 것만을 〈보기〉에서 있는 대로 고른 것은? (단, A~D 이외의 종은 고려하지 않는다.) [3점]

보기
ㄱ. C의 상대 밀도는 14 %이다.
  100-(18+38+30)=14 %
ㄴ. A가 출현한 방형구의 수는 D가 출현한 방형구의 수보다
  많다.
  적다.
ㄷ. 우점종은 B이다.
  D

① ㄱ  ② ㄷ  ③ ㄱ, ㄴ  ④ ㄱ, ㄷ  ⑤ ㄴ, ㄷ

✔ 자료 해석

• 이 지역의 식물 군집을 조사한 결과는 표와 같다.

| 종 | 상대 밀도(%) | 상대 빈도(%) | 상대 피도(%) | 중요치 |
|---|---|---|---|---|
| A | 18 | 25 | 30 | 73 |
| B | 38 | 25 | 20 | 83 |
| C | 14 | 15 | 20 | 49 |
| D | 30 | 35 | 30 | 95 |

○ 보기 풀이  방형구법을 이용하여 어떤 지역의 식물 군집에서 우점종을 알아내기 위해 구하는 중요치는 상대 밀도, 상대 빈도, 상대 피도의 값을 모두 더한 것이다. 중요치는 B가 A보다 10만큼 크다. A와 B의 상대 빈도 값은 ㉠으로 같고, 상대 밀도 값은 B가 A보다 20만큼 크므로 A의 상대 피도 값은 ㉡+10이다. A~D의 상대 피도 값의 합이 100이므로 (㉡+10)+㉡+㉡+30=100, 따라서 ㉡은 20이다. B의 중요치 값을 통해 38+㉠+20(㉡)=83이므로 ㉠은 25이다.

ㄱ. C의 상대 밀도는 14 %(=100-(18+38+30))이다.

✖ 매력적 오답  ㄴ. A의 상대 빈도는 25 %이고, D의 상대 빈도는 35 %이므로 A가 출현한 방형구의 수는 D가 출현한 방형구의 수보다 적다.

ㄷ. A~D 중 중요치가 가장 큰 종은 D이므로 우점종은 D이다.

문제풀이 Tip

중요치는 B가 A보다 10만큼 크며, A와 B의 상대 빈도 값은 ㉠으로 같고, 상대 밀도 값은 B가 A보다 20만큼 크므로 A의 상대 피도 값은 ㉡+10임을 파악하는 것이 중요하다.

---

## 6 생태계의 구성 요소

출제 의도 생태계를 구성하는 요소 사이의 상호 관계와 생장 곡선을 나타낸 자료를 분석할 수 있는지 묻는 문항이다.

그림 (가)는 생태계를 구성하는 요소 사이의 상호 관계를, (나)는 영양염류를 이용하는 종 X를 배양했을 때 시간에 따른 X의 개체 수와 영양염류의 농도를 나타낸 것이다.

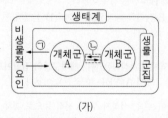

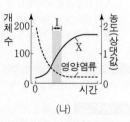

(가)                    (나)

이에 대한 설명으로 옳은 것만을 〈보기〉에서 있는 대로 고른 것은?

보기
ㄱ. 개체군 A는 동일한 종으로 구성된다.
ㄴ. 구간 Ⅰ에서 X에 환경 저항이 작용한다.
ㄷ. X에 의해 영양염류의 농도가 감소하는 것은 ㉡에 해당한다.
  생물적 요인  비생물적 요인              ㉠에

① ㄱ  ② ㄴ  ③ ㄷ  ④ ㄱ, ㄴ  ⑤ ㄱ, ㄷ

✔ 자료 해석

• ㉠은 생물적 요인이 비생물적 요인에 영향을 주는 것이고, ㉡은 생물적 요인 사이에 서로 영향을 주고받는 것이다.
• X의 생장 곡선은 S자형으로 실제 생장 곡선이므로 환경 저항이 항상 작용한다.

○ 보기 풀이  ㄱ. 개체군은 일정한 지역에서 같은 종의 개체들이 무리를 이루어 생활하는 집단이다. 따라서 개체군은 동일한 종으로 구성된다.

ㄴ. 환경 저항은 개체군의 생장을 억제하는 요인이다. X의 생장 곡선이 S자형으로 실제 생장 곡선이므로 구간 Ⅰ에서 X에 환경 저항이 작용한다.

✖ 매력적 오답  ㄷ. X에 의해 영양염류의 농도가 감소하는 것은 생물적 요인이 비생물적 요인에 영향을 주는 것(㉠)에 해당한다.

문제풀이 Tip

X는 생물적 요인이고 영양염류는 비생물적 요인이므로 X에 의해 영양염류의 농도가 감소하는 것은 ㉠에 해당한다는 것을 파악할 수 있어야 한다.

## 7 군집 조사

**출제 의도** 방형구법을 이용한 자료를 분석하여 각각의 값을 유추하고, 우점종을 파악할 수 있는지 묻는 문항이다.

표는 어떤 지역에 면적이 $1\,m^2$인 방형구를 200개 이용한 식물 군집 조사 결과를 나타낸 것이다.

| 종 | 개체 수 | 1개체당 지표를 덮는 면적($m^2$) | 상대 빈도(%) | 상대 밀도(%) |
|---|---|---|---|---|
| A | 30 | 0.8 | 30 | 15 |
| B | 60 | 0.4 | ㉠ 15 | 30 |
| C | 40 | 0.6 | 35 | 20 |
| D | 70 | 0.4 | 20 | 35 |

이에 대한 옳은 설명만을 〈보기〉에서 있는 대로 고른 것은? (단, 각 개체는 서로 겹쳐 있지 않으며, A~D 이외의 종은 고려하지 않는다.) [3점]

〈보기〉
ㄱ. ㉠은 15이다.
ㄴ. A의 상대 밀도는 ~~D의 상대 피도보다 크다.~~
　　A의 상대 밀도(15 %)는 D의 상대 피도(28 %)보다 작다.
ㄷ. 우점종은 ~~C~~이다.
　　　　　　 D

① ㄱ　　② ㄷ　　③ ㄱ, ㄴ　　④ ㄱ, ㄷ　　⑤ ㄴ, ㄷ

✔ **자료 해석**

• A~D의 상대 밀도, 상대 피도, 상대 빈도, 중요치(중요도)는 표와 같고, D가 우점종이다.

| 종 | 상대 밀도(%) | 상대 피도(%) | 상대 빈도(%) | 중요치(중요도) |
|---|---|---|---|---|
| A | 15 | 24 | 30 | 69 |
| B | 30 | 24 | 15(㉠) | 69 |
| C | 20 | 24 | 35 | 79 |
| D | 35 | 28 | 20 | 83 |

○ **보기 풀이** ㄱ. A~D의 상대 빈도를 모두 더한 값은 100이므로 ㉠은 $100-(30+35+20)=15$이다.

✕ **매력적 오답** ㄴ. A의 상대 밀도는 $\frac{30}{200}\times100=15\,\%$이고, D의 상대 피도는 $\frac{70\times0.4}{30\times0.8+60\times0.4+40\times0.6+70\times0.4}\times100=28\,\%$이다. 따라서 A의 상대 밀도(15 %)는 D의 상대 피도(28 %)보다 작다.

ㄷ. 중요치는 상대 밀도+상대 피도+상대 빈도이므로 A는 15+24+30=69, B는 30+24+15=69, C는 20+24+35=79, D는 35+28+20=83이다. 따라서 중요치가 가장 큰 우점종은 D이다.

**문제풀이 Tip**

방형구법을 이용한 군집 조사에서 중요치를 구하는 것을 알아둔다. 상대 밀도, 상대 피도, 상대 빈도 각각을 더한 값은 100이고, 모든 종의 중요치를 더한 값은 300이라는 것을 알아두면 각각의 값을 계산할 때 도움이 된다.

---

## 8 개체군 간의 상호 작용

**출제 의도** 개체군의 생장 곡선을 나타낸 자료를 분석하여 개체군 간의 상호 작용을 파악할 수 있는지 묻는 문항이다.

그림은 동일한 배양 조건에서 종 A와 B를 혼합 배양했을 때와 B를 단독 배양했을 때 시간에 따른 B의 개체 수를 나타낸 것이다.
이에 대한 옳은 설명만을 〈보기〉에서 있는 대로 고른 것은?

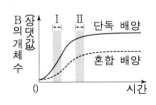

〈보기〉
ㄱ. 혼합 배양했을 때 구간 Ⅰ에서 A와 B는 한 군집을 이룬다.
ㄴ. 구간 Ⅱ에서 B에 작용하는 환경 저항은 단독 배양했을 때가 혼합 배양했을 때보다 ~~크다.~~
　　　　　　　　　　　　　　　　　　작다.
ㄷ. A와 B 사이의 상호 작용은 ~~상리 공생이다.~~
　　　　　　　　　　　　　　상리 공생이 아니다.

① ㄱ　② ㄴ　③ ㄱ, ㄷ　④ ㄴ, ㄷ　⑤ ㄱ, ㄴ, ㄷ

✔ **자료 해석**

• A와 B를 혼합 배양했을 때 A와 B는 한 군집을 이룬다.
• A와 B를 혼합 배양했을 때가 B를 단독 배양했을 때보다 B의 개체군 생장이 억제되므로 환경 저항이 더 크다.

○ **보기 풀이** ㄱ. 군집은 일정한 지역에서 서식하는 여러 개체군들의 집합이므로, A와 B를 혼합 배양했을 때 구간 Ⅰ에서 A와 B는 한 군집을 이룬다.

✕ **매력적 오답** ㄴ. 환경 저항은 먹이 부족, 서식지 부족, 천적 등으로 개체군의 생장을 억제하는 요인이다. 구간 Ⅱ에서 B에 작용하는 환경 저항은 A와 B를 혼합 배양했을 때가 단독 배양했을 때보다 B의 개체군 생장이 억제되므로 환경 저항이 더 크다.

ㄷ. A와 B를 혼합 배양했을 때가 단독 배양했을 때보다 B의 개체군 생장이 억제되므로 A와 B 사이의 상호 작용은 상리 공생이 아니다.

**문제풀이 Tip**

개체군 간의 상호 작용에서는 용어를 잘 정리해 둘 필요가 있다. 개체군, 군집, 환경 저항이 무엇을 뜻하는지 알아둔다.

## 9 생태계 구성 요소

2023년 10월 교육청 4번 | 정답 ② | 문제편 103 p

출제의도 생태계 구성 요소 사이의 상호 관계에 대해 알고 있는지 묻는 문항이다.

그림은 생태계 구성 요소 사이의 상호 관계를 나타낸 것이다. 이에 대한 옳은 설명만을 〈보기〉에서 있는 대로 고른 것은? [3점]

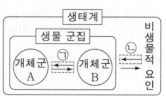

보기
ㄱ. A는 여러 종으로 구성되어 있다.
　　하나의
ㄴ. 분서(생태 지위 분화)는 ㉠의 예이다.
　　　　　개체군 간의 상호 작용
ㄷ. 음수림에서 층상 구조의 발달이 높이에 따른 빛의 세기에 영향을 주는 것은 ㉡에 해당한다.
　　　　　　㉡에 해당하지 않는다

① ㄱ　　② ㄴ　　③ ㄱ, ㄷ　　④ ㄴ, ㄷ　　⑤ ㄱ, ㄴ, ㄷ

✔ 자료 해석
- ㉠은 서로 다른 개체군 간의 상호 작용, ㉡은 비생물적 환경 요인이 생물에 영향을 주는 것이다.
- 개체군 간의 상호 작용(㉠)에는 기생, 포식과 피식, 종간 경쟁, 분서, 공생이 있다.

○ 보기풀이 ㄴ. 분서는 생태적 지위가 비슷한 개체군들이 서식지, 먹이, 활동 시기 등을 달리하여 경쟁을 피하는 현상이다. 분서(생태 지위 분화)는 군집 내 개체군 간의 상호 작용인 ㉠의 예이다.

✖ 매력적오답 ㄱ. 같은 종의 개체들이 모인 집단을 개체군이라고 한다. 따라서 A는 한 종으로 구성된다.

ㄷ. 음수림에서 층상 구조의 발달이 높이에 따른 빛의 세기에 영향을 주는 것은 생물적 요인(식물 군집)이 비생물적 요인(빛의 세기)에 영향을 주는 것으로 ㉡에 해당하지 않는다.

문제풀이 **Tip**
생태계를 구성하는 요소 사이의 상호 관계와 이에 해당하는 예에 대해 알아둔다.

---

## 10 군집 조사

2023년 10월 교육청 14번 | 정답 ③ | 문제편 103 p

출제의도 여러 식물 종의 군집을 조사한 자료를 분석할 수 있는지 묻는 문항이다.

다음은 학생 A와 B가 면적이 서로 다른 방형구를 이용해 어떤 지역에서 같은 식물 군집을 각각 조사한 자료이다.

- 이 지역에는 토끼풀, 민들레, 꽃잔디가 서식한다.
- 그림 (가)는 A가 면적이 같은 8개의 방형구를, (나)는 B가 면적이 같은 2개의 방형구를 설치한 모습을 나타낸 것이다.

방형구 수가 다르므로 A와 B가 구한 빈도는 다르다.

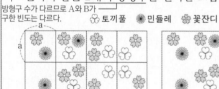 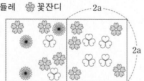
😀 토끼풀　⬤ 민들레　🌸 꽃잔디

- 표는 B가 구한 각 종의 상대 피도를 나타낸 것이다.

| 종 | 토끼풀 | 민들레 | 꽃잔디 |
|---|---|---|---|
| 상대 피도(%) | 27 | ?21 | 52 |

이에 대한 옳은 설명만을 〈보기〉에서 있는 대로 고른 것은? (단, 방형구에 나타낸 각 도형은 식물 1개체를 의미하며, 제시된 종 이외의 종은 고려하지 않는다.) [3점]

보기
ㄱ. A가 구한 꽃잔디의 상대 밀도는 50 %이다. $\frac{9}{18} \times 100 = 50\,\%$
ㄴ. B가 구한 민들레의 상대 피도는 21 %이다. $100 - (27 + 52) = 21\,\%$
ㄷ. A와 B가 구한 토끼풀의 상대 빈도는 서로 같다.
　　┗ $\frac{2}{5} \times 100 = 40\,\%$　　다르다
　　┗ $\frac{6}{16} \times 100 = 37.5\,\%$

① ㄱ　② ㄴ　③ ㄱ, ㄴ　④ ㄴ, ㄷ　⑤ ㄱ, ㄴ, ㄷ

✔ 자료 해석
- 이 식물 군집에서 상대 피도, 상대 밀도, 상대 빈도를 일부 구하면 표와 같다.

| 종 | 토끼풀 | 민들레 | 꽃잔디 |
|---|---|---|---|
| A가 구한 상대 밀도(%) | $\frac{6}{18} \times 100$ =약 33 | $\frac{3}{18} \times 100$ =약 17 | $\frac{9}{18} \times 100 = 50$ |
| A가 구한 상대 빈도(%) | $\frac{6}{16} \times 100$ =37.5 | $\frac{3}{16} \times 100$ =18.75 | $\frac{7}{16} \times 100$ =43.75 |
| B가 구한 상대 빈도(%) | $\frac{2}{5} \times 100 = 40$ | $\frac{1}{5} \times 100 = 20$ | $\frac{2}{5} \times 100 = 40$ |
| B가 구한 상대 피도(%) | 27 | 21 | 52 |

○ 보기풀이 ㄱ. A가 구한 꽃잔디의 상대 밀도는 $\frac{\text{꽃잔디의 개체 수}}{\text{총개체 수}} \times 100$ $= \frac{9}{18} \times 100 = 50\,\%$이다.

ㄴ. 모든 종의 상대 피도의 합은 100 %이므로 민들레의 상대 피도는 $100 - (27 + 52) = 21\,\%$이다.

ㄷ. A와 B가 구한 토끼풀의 상대 빈도는 각각 $\frac{6}{16} \times 100 = 37.5\,\%$와 $\frac{2}{5} \times 100 = 40\,\%$이므로 서로 다르다.

문제풀이 **Tip**
식물 종의 개체 수와 면적이 같으므로 A와 B가 구한 식물 종의 상대 밀도와 상대 피도는 같고, 방형구의 수가 다르므로 A와 B가 구한 상대 빈도는 서로 다르다는 것을 알고 자료에 적용하면 쉽게 문제를 해결할 수 있다.

2023년 7월 교육청 5번 | 정답 ④ | 문제편 103p

출제 의도 생물 사이의 상호 작용에 대한 자료를 분석할 수 있는지 묻는 문항이다.

다음은 식물 종 A, B와 토양 세균 X의 상호 작용을 알아보기 위한 실험이다.

- A와 X 사이의 상호 작용은 ㉠, B와 X 사이의 상호 작용 은 ㉡이다. ㉠과 ㉡은 각각 기생과 상리 공생 중 하나이다.
  (상리 공생 / 기생)

[실험 과정 및 결과]

(가) ⓐ멸균된 토양을 넣은 화분 I ~ IV에 표와 같 이 III과 IV에만 X를 접종한 후 I과 III에 는 A의 식물을 심고, II와 IV에는 B의 식물 을 심는다.

| 화분 | X의 접종 여부 | 식물 종 |
|---|---|---|
| I | 접종 안 함 | A |
| II | 접종 안 함 | B |
| III | 접종함 | A |
| IV | 접종함 | B |

(나) 일정 시간이 지난 후, I ~ IV 에서 식물의 증가한 질량을 측정한 결과는 그림과 같다.

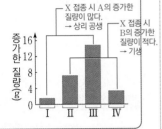

X 접종 시 A의 증가한 질량이 많다. → 상리 공생
X 접종 시 B의 증가한 질량이 적다. → 기생

이에 대한 설명으로 옳은 것만을 〈보기〉에서 있는 대로 고른 것은? (단, 제시된 조건 이외는 고려하지 않는다.) [3점]

보기
ㄱ. ㉠은 상리 공생이다.
ㄴ. ⓐ는 생태계의 구성 요소 중 비생물적 요인에 해당한다. (환경)
ㄷ. (나)의 IV에서 B와 X는 한 개체군을 이룬다. (다른)

① ㄱ    ② ㄴ    ③ ㄷ    ④ ㄱ, ㄴ    ⑤ ㄴ, ㄷ

✓ 자료 해석
- ㉠은 상리 공생, ㉡은 기생이다.
- 토양과 같이 생물을 둘러싼 환경은 비생물적 요인이다.

○ 보기 풀이 ㄱ. X를 접종한 III에서 A의 증가한 질량이 X를 접종하지 않은 I에서 A의 증가한 질량보다 더 많으므로 A와 X 사이의 상호 작용(㉠)은 상리 공생이다. X를 접종한 IV에서 B의 증가한 질량이 X를 접종하지 않은 II에서 B의 증가한 질량보다 더 적으므로 B와 X 사이의 상호 작용(㉡)은 기생이다.
ㄴ. 멸균된 토양(ⓐ)은 생태계의 구성 요소 중 비생물적 요인에 해당한다.

✕ 매력적 오답 ㄷ. 개체군은 일정 지역 내에 서식하는 동일 종의 집단을 의미한다. 따라서 (나)의 IV에서 B와 X는 한 개체군이 아니다.

문제풀이 Tip
개체군은 같은 종의 개체들로 구성되어 있으므로 서로 다른 종은 한 개체군을 이룰 수 없으며, 상리 공생과 기생에 대해 알고 있어야 한다.

# 12 군집의 천이

출제 의도 군집의 천이 과정에 대해 알고 있는지 묻는 문항이다.

다음은 어떤 지역에서 일어나는 식물 군집의 1차 천이 과정을 순서대로 나타낸 자료이다. ⊙~ⓒ은 음수림, 양수림, 관목림을 순서 없이 나타낸 것이다.

> (가) 용암 대지에서 지의류에 의해 암석의 풍화가 촉진되어 토양이 형성되었다. ┗━ 건성 천이
> (나) 식물 군집의 천이가 진행됨에 따라 초원에서 ⊙을 거쳐 ⓒ이 형성되었다. ┗━관목림 ┗━양수림
> (다) 이 지역에 ⓒ이 형성된 후 식물 군집의 변화 없이 안정적으로 ⓒ이 유지되고 있다. ┗━음수림 극상

이에 대한 설명으로 옳은 것만을 〈보기〉에서 있는 대로 고른 것은?

> **보기**
> ㄱ. ⓒ은 관목림이다. 음수림
> ㄴ. 이 지역의 천이는 건성 천이이다.
> ㄷ. 이 지역의 식물 군집은 ⓒ에서 극상을 이룬다. ⓒ(음수림)

① ㄱ  ② ㄴ  ③ ㄱ, ㄷ  ④ ㄴ, ㄷ  ⑤ ㄱ, ㄴ, ㄷ

✔ 자료 해석
- 1차 건성 천이 과정: 지의류 → 초원 → 관목림(⊙) → 양수림(ⓒ) → 혼합림 → 음수림(ⓒ)
- 극상은 천이의 마지막 단계로 일반적으로 음수림에서 극상을 이룬다.

○ 보기 풀이 ㄴ. ⊙은 관목림, ⓒ은 양수림, ⓒ은 음수림이다. 용암 대지에서 일어나는 식물 군집의 천이 과정은 건성 천이이다.

✘ 매력적 오답 ㄱ. ⓒ은 음수림이다.
ㄷ. (다)에서 식물 군집의 변화 없이 안정적으로 음수림(ⓒ)이 유지되고 있으므로 지역의 식물 군집은 음수림(ⓒ)에서 극상을 이룬다.

문제풀이 **Tip**
극상의 뜻을 알고 군집의 천이 과정에 대해 정리해 둔다.

---

# 13 군집 조사

출제 의도 식물 군집을 조사한 자료를 분석할 수 있는지 묻는 문항이다.

표는 방형구법을 이용하여 어떤 지역의 식물 군집을 조사한 결과를 나타낸 것이다. A~C의 개체 수의 합은 100이고, 순위 1, 2, 3은 값이 큰 것부터 순서대로 나타낸 것이다.

| 종 | 상대 밀도(%) 값 | 순위 | 상대 빈도(%) 값 | 순위 | 상대 피도(%) 값 | 순위 | 중요치(중요도) 값 | 순위 |
|---|---|---|---|---|---|---|---|---|
| A | 32 | 2 | 38 | 1 | ?39 | ?1 | ?109 | ?1 |
| B | ⊙37 | 1 | ?25 | 3 | ?35 | ?2 | 97 | ?2 |
| C | ?31 | 3 | ⊙37 | 2 | 26 | ?3 | ?94 | ?3 |
|  | 100 |  | 100 |  | 100 |  | 300 |  |

이에 대한 설명으로 옳은 것만을 〈보기〉에서 있는 대로 고른 것은? (단, A~C 이외의 종은 고려하지 않는다.) [3점]

> **보기**
> ┌── 상대 피도 값이 가장 큰 종
> ㄱ. 지표를 덮고 있는 면적이 가장 큰 종은 A이다.
> ㄴ. B의 상대 빈도 값은 26이다. 100-(38+37)=25 / 25
> ㄷ. C의 중요치(중요도) 값은 96이다. 31+37+26=94 / 94

① ㄱ  ② ㄴ  ③ ㄷ  ④ ㄱ, ㄴ  ⑤ ㄴ, ㄷ

✔ 자료 해석
- 이 식물 군집의 상대 밀도, 상대 빈도, 상대 피도, 중요치를 나타내면 표와 같다.

| 종 | 상대 밀도(%) | 상대 빈도(%) | 상대 피도(%) | 중요치 |
|---|---|---|---|---|
| A | 32 | 38 | 39 | 109 |
| B | 37 | 25 | 35 | 97 |
| C | 31 | 37 | 26 | 94 |

○ 보기 풀이 ㄱ. C의 상대 밀도 값은 100-(32+⊙)이고, 순위는 3이므로 ⊙은 36보다 크다. C의 상대 빈도 값은 ⊙이고, 순위는 2이므로 ⊙은 38보다 작다. 따라서 ⊙은 37이며 C의 상대 밀도 값은 100-(32+37)=31이다. B의 상대 빈도 값은 100-(38+37)=25이다. B의 상대 피도 값은 97-(37+25)=35이므로 A의 상대 피도 값은 100-(35+26)=39이다. 지표를 덮고 있는 면적이 가장 큰 종은 상대 피도 값이 가장 큰 종인 A이다.

✘ 매력적 오답 ㄴ. B의 상대 빈도 값은 25이다.
ㄷ. A의 중요치(중요도) 값은 32+38+39=109이고, C의 중요치(중요도) 값은 31+37+26=94이다.

문제풀이 **Tip**
방형구법에서 모든 종의 상대 밀도 값(상대 빈도 값, 상대 피도 값)을 더한 값이 100이라는 것과 모든 종의 중요치를 더한 값이 300이라는 것을 알고 자료에 적용하면 된다.

## 14 생태계의 구성 요소

출제 의도 생태계 구성 요소 사이의 상호 관계에 대해 알고 있는지 묻는 문항이다.

표는 생태계를 구성하는 요소 사이의 상호 관계 (가)~(다)의 예를 나타낸 것이다.

비생물적 요인 → 생물적 요인

| 상호 관계 | 예 |
|---|---|
| (가) | ㉠물 부족은 식물의 생장에 영향을 준다. |
| (나) | ㉡스라소니가 ㉢눈신토끼를 잡아먹는다. 포식과 피식 |
| (다) | 같은 종의 큰뿔양은 뿔 치기를 통해 먹이를 먹는 순위를 정한다.순위제 |

이에 대한 설명으로 옳은 것만을 〈보기〉에서 있는 대로 고른 것은?

보기
ㄱ. ㉠은 비생물적 요인에 해당한다.
ㄴ. ㉡과 ㉢의 상호 작용은 포식과 피식에 해당한다.
ㄷ. (다)는 개체군 내의 상호 작용에 해당한다.
  순위제

① ㄱ　② ㄷ　③ ㄱ, ㄴ　④ ㄴ, ㄷ　⑤ ㄱ, ㄴ, ㄷ

✔ 자료 해석
• (가)는 비생물적 요인이 생물적 요인에 영향을 주는 것, (나)는 군집 내 개체군 간의 상호 작용인 포식과 피식, (다)는 개체군 내의 상호 작용인 순위제에 해당한다.

○ 보기 풀이 ㄱ. (가)는 물(비생물적 요인)이 식물(생물적 요인)의 생장에 영향을 주는 것으로 물(㉠)은 비생물적 요인에 해당한다.
ㄴ. 스라소니(㉡)가 눈신토끼(㉢)를 잡아먹는 것은 포식과 피식에 해당하고, 포식과 피식은 개체군 간의 상호 작용에 해당한다.
ㄷ. 같은 종의 큰뿔양이 뿔 치기를 통해 먹이를 먹는 순위를 정하는 것은 순위제에 해당하고, 순위제는 개체군 내의 상호 작용에 해당한다.

문제풀이 Tip
생태계를 구성하는 요소 사이의 상호 관계에 해당하는 예에 대해 알아둔다.

---

## 15 식물 군집의 천이와 총생산량

출제 의도 식물 군집에서 총생산량, 순생산량, 호흡량을 나타낸 자료를 분석할 수 있는지 묻는 문항이다.

그림 (가)는 어떤 식물 군집에서 총생산량, 순생산량, 생장량의 관계를, (나)는 이 식물 군집에서 시간에 따른 A와 B를 나타낸 것이다. A와 B는 총생산량과 호흡량을 순서 없이 나타낸 것이다.

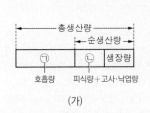

(가)

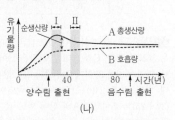

(나)

이에 대한 설명으로 옳은 것만을 〈보기〉에서 있는 대로 고른 것은?

보기
ㄱ. B는 ㉡에 해당한다.
   호흡량 ㉠
ㄴ. 구간 Ⅰ에서 이 식물 군집은 극상을 이룬다.
   음수림
ㄷ. 구간 Ⅱ에서 순생산량은 시간에 따라 감소한다.

① ㄱ　② ㄴ　③ ㄷ　④ ㄱ, ㄴ　⑤ ㄱ, ㄷ

✔ 자료 해석
• A는 총생산량, B는 호흡량이고, ㉠은 호흡량, ㉡은 순생산량에서 생장량을 제외한 유기물량(피식량+고사·낙엽량)이다.
• 순생산량은 총생산량(A)에서 호흡량(B)을 뺀 값이다.

○ 보기 풀이 ㄷ. 순생산량은 총생산량(A)에서 호흡량(B)을 제외한 유기물량(피식량+고사·낙엽량)이므로, 구간 Ⅱ에서 순생산량은 시간에 따라 감소한다.

✗ 매력적 오답 ㄱ. ㉠은 호흡량, ㉡은 순생산량에서 생장량을 제외한 유기물량(피식량+고사·낙엽량)이다. 호흡량(B)은 ㉠에 해당한다.
ㄴ. 음수림에서 극상을 이루므로 구간 Ⅰ에서 이 식물 군집은 극상을 이루지 않는다. 극상에 가까워질수록 호흡량(B)은 증가한다.

문제풀이 Tip
군집의 시간에 따른 총생산량, 순생산량, 호흡량 변화에 대해 알아둔다. 특히, 극상에 가까워질수록 호흡량은 증가하고 순생산량은 감소함을 알아야 한다.

## 16 군집 조사

출제 의도 여러 식물 종의 군집을 조사한 자료를 분석할 수 있는지 묻는 문항이다.

표는 어떤 지역에 면적이 1 m²인 방형구를 10개 설치한 후 식물 군집을 조사한 결과를 나타낸 것이다.

밀도 = 종 개체수 / 전체 개체 수
피도 = 종의 점유 면적 / 전체 방형구 면적

| 종 | 개체 수 | 출현한 방형구 수 | 점유한 면적(m²) |
|---|---|---|---|
| A | 30 | 5 | 0.5 |
| B | 20 | 6 | 1.5 |
| C | 40 | 4 | 2.0 |
| D | 10 | 5 | 1.0 |

빈도 = 종이 출현한 방형구 수 / 전체 방형구 수

이에 대한 설명으로 옳은 것만을 〈보기〉에서 있는 대로 고른 것은? (단, A~D 이외의 종은 고려하지 않는다.) [3점]

보기
ㄱ. B의 빈도는 0.6이다. $\frac{6}{10}$

ㄴ. A는 D와 한 개체군을 이룬다.
A와 D는 다른 종이므로 다른 개체군이다.
ㄷ. 중요치가 가장 큰 종은 C이다.

① ㄱ  ② ㄴ  ③ ㄷ  ④ ㄱ, ㄷ  ⑤ ㄴ, ㄷ

✓ 자료 해석

이 식물 군집의 상대 밀도, 상대 빈도, 상대 피도, 중요치를 나타내면 표와 같다.

| 종 | 상대 밀도(%) | 상대 빈도(%) | 상대 피도(%) | 중요치 |
|---|---|---|---|---|
| A | 30 | 25 | 10 | 65 |
| B | 20 | 30 | 30 | 80 |
| C | 40 | 20 | 40 | 100 |
| D | 10 | 25 | 20 | 55 |

○ 보기 풀이 ㄱ. 빈도는 전체 방형구 수에 대한 특정 종이 출현한 방형구 수이다. 따라서 B의 빈도는 $\frac{6}{10}=0.6$이다.

ㄷ. 중요치는 상대 밀도, 상대 빈도, 상대 피도를 더한 값이다. 중요치는 A가 65, B가 80, C가 100, D가 55이므로 중요치가 가장 큰 종은 C이다.

✗ 매력적 오답 ㄴ. 같은 종의 개체들이 모인 집단을 개체군이라고 한다. A는 D와 다른 종이므로 한 개체군을 이루지 않는다.

문제풀이 Tip
상대 밀도는 개체 수가 많을수록, 상대 빈도는 출현한 방형구 수가 많을수록, 상대 피도는 점유한 면적이 클수록 크다. 이를 통해 상대 밀도, 상대 빈도, 상대 피도를 정확하게 구하지 않고도 중요치를 종끼리 비교하여 유추할 수 있다.

---

## 17 군집 조사

출제 의도 방형구법을 이용하여 식물 군집을 조사한 자료를 분석할 수 있는지 묻는 문항이다.

표는 방형구법을 이용하여 어떤 지역의 식물 군집을 조사한 결과를 나타낸 것이다.

| 종 | 개체 수 | 빈도 | 상대 피도(%) | 중요치(중요도) |
|---|---|---|---|---|
| A | 36 | 0.8 | 38 | 138 ? =60+40+38 |
| B | 12 ? | 0.5 | 27 | 72 =20+25+27 |
| C | 12 | 0.7 | 35 | 90 =20+35+35 |

이에 대한 옳은 설명만을 〈보기〉에서 있는 대로 고른 것은? (단, A~C 이외의 종은 고려하지 않는다.) [3점]

보기
ㄱ. A의 상대 빈도는 40 %이다. $\frac{0.8}{2}\times100=40$

ㄴ. B의 개체 수는 20이다. $\frac{x}{36+x+12}\times100=20$ → 12

ㄷ. 우점종은 C이다. 60+40+38=138 → A

① ㄱ  ② ㄴ  ③ ㄷ  ④ ㄱ, ㄴ  ⑤ ㄴ, ㄷ

✓ 자료 해석

• 식물 군집의 개체 수, 빈도, 상대 밀도, 상대 빈도, 상대 피도, 중요치는 표와 같다.

| 종 | 개체 수 | 빈도 | 상대 밀도(%) | 상대 빈도(%) | 상대 피도(%) | 중요치 |
|---|---|---|---|---|---|---|
| A | 36 | 0.8 | 60 | 40 | 38 | 138 |
| B | 12 | 0.5 | 20 | 25 | 27 | 72 |
| C | 12 | 0.7 | 20 | 35 | 35 | 90 |

○ 보기 풀이 ㄱ. A의 상대 빈도는 $\frac{\text{A의 빈도}}{\text{A, B, C의 빈도의 합}}\times100$이므로 $\frac{0.8}{0.8+0.5+0.7}\times100=40$ %이다.

✗ 매력적 오답 ㄴ. B의 상대 빈도는 $\frac{0.5}{0.8+0.5+0.7}\times100=25$ %이다. B의 상대 밀도는 중요치−(상대 피도+상대 빈도)이므로 72−(27+25)=20 %이다. 따라서 $\frac{x}{36+x+12}\times100=20$ %이므로 B의 개체 수($x$)는 12이다.

ㄷ. 중요치=상대 밀도+상대 빈도+상대 피도이며, A의 중요치는 138(=60+40+38)로 가장 크다. 중요치가 가장 큰 종이 우점종이므로 우점종은 A이다.

문제풀이 Tip
개체 수를 이용하여 상대 밀도를, 빈도를 이용하여 상대 빈도를 계산할 수 있어야 하며, 상대 밀도, 상대 빈도, 상대 피도를 이용하여 우점종을 파악해야 한다.

# 18 생태계에서의 상호 작용

출제 의도 개체군 내의 상호 작용과 군집 내 개체군 간의 상호 작용에 대해 알고 있는지 묻는 문항이다.

다음은 상호 작용 (가)와 (나)에 대한 자료이다. (가)와 (나)는 텃세와 종간 경쟁을 순서 없이 나타낸 것이다.

> (가) 은어 개체군에서 한 개체가 일정한 생활 공간을 차지하면서 다른 개체의 접근을 막았다. 텃세 → 개체군 내의 상호 작용
> (나) 같은 곳에 서식하던 ㉠애기짚신벌레와 ㉡짚신벌레 중 애기짚신벌레만 살아남았다. 종간 경쟁 → 개체군 간의 상호 작용

이에 대한 옳은 설명만을 〈보기〉에서 있는 대로 고른 것은?

> **보기**
> ㄱ. (가)는 종간 경쟁이다.
> 　　　　텃세
> ㄴ. ㉠은 ㉡과 다른 종이다.
> ㄷ. (나)가 일어나 ㉠과 ㉡이 모두 이익을 얻는다.
> 　└ 종간 경쟁　　　　　　　　　손해

① ㄱ　② ㄴ　③ ㄷ　④ ㄱ, ㄴ　⑤ ㄴ, ㄷ

✔ **자료 해석**
- (가)는 개체군 내의 상호 작용인 텃세이고, (나)는 군집 내 개체군 간의 상호 작용인 종간 경쟁이다.

○ **보기 풀이** ㄴ. (나)는 군집 내 개체군 간의 상호 작용인 종간 경쟁이므로 ㉠과 ㉡은 서로 다른 종이다.

✕ **매력적 오답** ㄱ. (가)는 텃세, (나)는 종간 경쟁이다.
ㄷ. 종간 경쟁(나)이 일어나 ㉠과 ㉡은 모두 손해를 얻었다. 두 종이 모두 이익을 얻는 상호 작용은 상리 공생이다.

**문제풀이 Tip**
개체군 내의 상호 작용과 군집 내 개체군 간의 상호 작용에 해당하는 것을 알아 둔다.

---

# 19 개체군 사이의 상호 작용

출제 의도 개체 수 변화를 나타낸 자료를 분석하여 포식자와 피식자를 파악할 수 있는지 묻는 문항이다.

그림은 동물 종 A와 B를 같은 공간에서 혼합 배양하였을 때 개체수 변화를 나타낸 것이다. A와 B 중 하나는 다른 하나를 잡아먹는 포식자이다.

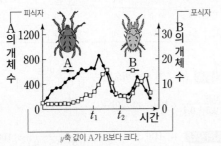

y축 값이 A가 B보다 크다.

이에 대한 옳은 설명만을 〈보기〉에서 있는 대로 고른 것은?

> **보기**
> ㄱ. B는 포식자이다. A는 피식자이다.
> ㄴ. $t_1$일 때 A는 환경 저항을 받지 않는다.
> 　　　　　　　　　　　　　　받는다
> ㄷ. $t_1$일 때 B의 개체군 밀도는 $t_2$일 때 A의 개체군 밀도보다 크다.
> 　작다

① ㄱ　② ㄴ　③ ㄱ, ㄴ　④ ㄱ, ㄷ　⑤ ㄴ, ㄷ

✔ **자료 해석**
- A의 개체 수가 B의 개체 수보다 많고 A의 개체 수 증감에 따라 B의 개체 수가 증감하므로 A는 피식자, B는 포식자이다.
- 개체군 밀도는 개체군이 서식하는 공간의 단위 면적당 개체 수이다.

○ **보기 풀이** ㄱ. A는 피식자, B는 포식자이다.

✕ **매력적 오답** ㄴ. 환경 저항은 개체군의 생장을 억제하는 요인으로, 자원의 제한이 있는 실제 환경에서는 항상 작용한다. 따라서 $t_1$일 때 A는 환경 저항을 받는다.
ㄷ. $t_1$일 때 B의 개체 수는 $t_2$일 때 A의 개체 수보다 작다. 따라서 $t_1$일 때 포식자인 B의 개체군 밀도는 $t_2$일 때 피식자인 A의 개체군 밀도보다 작다.

**문제풀이 Tip**
개체군 밀도는 개체군이 서식하는 공간의 단위 면적당 개체 수인데, y축 값이 A의 개체 수와 B의 개체 수가 다르다는 것을 주의 깊게 봐야 한다.

## 20 군집 조사

출제 의도 여러 식물 종의 개체 수를 나타낸 자료를 분석하여 시기별 특정 종의 개체 수를 파악할 수 있는 지 묻는 문항이다.

표 (가)는 어떤 지역에서 시점 $t_1$과 $t_2$일 때 서식하는 식물 종 A~C 의 개체 수를 나타낸 것이고, (나)는 C에 대한 설명이다. $t_1$일 때 A~C의 개체 수의 합과 B의 상대 밀도는 $t_2$일 때와 같고, $t_1$과 $t_2$일 때 이 지역의 면적은 변하지 않았다.

| 구분 | 개체 수 | | | 합 |
|---|---|---|---|---|
| | A | B | C | |
| $t_1$ | 16 | 17 | ? 17 | 50 |
| $t_2$ | 28 | ㉠ 17 | 5 | 50 |

(가)

C는 대기 중 오염 물질의 농도가 높아지면 개체 수가 감소하므로, C의 개체 수를 통해 대기 오염 정도를 알 수 있다.

(나)

이에 대한 설명으로 옳은 것만을 〈보기〉에서 있는 대로 고른 것은? (단, A~C 이외의 다른 종은 고려하지 않고, 대기 오염 외에 C의 개체 수 변화에 영향을 주는 요인은 없다.) [3점]

보기
ㄱ. ㉠은 17이다. $\frac{17}{33+\text{C의 개체 수}} \times 100 = \frac{㉠}{33+㉠} \times 100$

ㄴ. 식물의 종 다양성은 $t_1$일 때가 $t_2$일 때보다 높다.

ㄷ. 대기 중 오염 물질의 농도는 $t_1$일 때가 $t_2$일 때보다 높다. 낮다

① ㄱ  ② ㄷ  ③ ㄱ, ㄴ  ④ ㄴ, ㄷ  ⑤ ㄱ, ㄴ, ㄷ

✓ 자료 해석

• B의 상대 밀도는 $\frac{\text{B의 개체 수}}{\text{A~C의 총 개체 수}} \times 100(\%)$이다.

• $t_1$일 때 C의 개체 수와 $t_2$일 때 B의 개체 수는 17로 같다.

• C의 개체 수가 적을수록 대기 중 오염 물질의 농도가 높다.

○ 보기 풀이 ㄱ. B의 상대 밀도는 $\frac{\text{B의 개체 수}}{\text{A~C의 총 개체 수}} \times 100(\%)$이므로 $t_1$

일 때 B의 상대 밀도는 $\frac{17}{33+\text{C의 개체수}} \times 100(\%)$이고 $t_2$일 때 B의 상대 밀

도는 $\frac{㉠}{33+㉠} \times 100(\%)$이므로 ㉠은 17이다.

ㄴ. 종 다양성은 종의 수가 많을수록, 종의 분포 비율이 균등할수록 높으므로 $t_1$ 일 때가 $t_2$일 때보다 종 다양성이 높다.

✕ 매력적 오답 ㄷ. C의 개체 수는 $t_1$일 때가 17, $t_2$일 때가 5이므로 대기 중 오 염 물질의 농도는 $t_2$일 때가 $t_1$일 때보다 높다.

문제풀이 Tip
$t_1$일 때와 $t_2$일 때 B의 상대 밀도가 같다는 것을 통해 B와 C의 개체 수를 파악해 야 하며, 종의 수가 많을수록, 종의 분포 비율이 균등할수록 종 다양성이 높다는 것을 알고 시점별 종 다양성을 비교해야 한다.

## 21 군집의 천이

출제 의도 식물 군집의 천이 과정과 식물 군집의 시간에 따른 총생산량, 호흡량을 나타낸 자료를 분석할 수 있는지 묻는 문항이다.

그림 (가)는 산불이 난 지역의 식물 군집에서 천이 과정을, (나)는 식 물 군집의 시간에 따른 총생산량과 호흡량을 나타낸 것이다. A~C 는 음수림, 양수림, 초원을 순서 없이 나타낸 것이다.

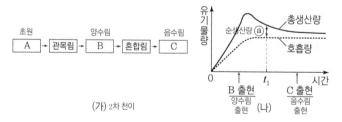

(가) 2차 천이

(나)

이에 대한 설명으로 옳은 것만을 〈보기〉에서 있는 대로 고른 것은? [3점]

보기
ㄱ. (가)는 2차 천이를 나타낸 것이다.

ㄴ. $t_1$일 때 ⓐ는 순생산량이다. 순생산량(ⓐ)=총생산량-호흡량

ㄷ. 이 식물 군집의 호흡량은 양수림이 출현했을 때가 음수림 이 출현했을 때보다 크다. 작다

① ㄱ  ② ㄷ  ③ ㄱ, ㄴ  ④ ㄴ, ㄷ  ⑤ ㄱ, ㄴ, ㄷ

✓ 자료 해석

• 2차 천이 과정: 초원(A) → 관목림 → 양수림(B) → 혼합림 → 음수림(C)

• 총생산량=순생산량(ⓐ)+호흡량이며, 양수림(B)이 출현했을 때보다 음수림(C)이 출현했을 때 순생산량은 작고 호흡량은 크다.

○ 보기 풀이 ㄱ. 산불이 난 후 기존에 남아 있던 토양에서 진행되는 식물 군집 의 천이 과정은 2차 천이이다.

ㄴ. 순생산량은 총생산량에서 호흡량을 뺀 값이다. 따라서 $t_1$일 때 ⓐ는 순생산 량이다.

✕ 매력적 오답 ㄷ. (나)에서 양수림(B)이 출현했을 때의 호흡량이 음수림(C) 이 출현했을 때의 호흡량보다 작다.

문제풀이 Tip
주로 초본이 개척자로 시작하는 경우는 2차 천이임을 알아두고, 순생산량은 총 생산량에서 호흡량을 제외한 유기물의 양임을 알고 있어야 한다.

## 22 군집의 천이

출제 의도 식물 군집의 천이 과정에 대해 알고 있는지 묻는 문항이다.

그림은 빙하가 사라져 맨땅이 드러난 어떤 지역에서 일어나는 식물 군집 X의 천이 과정에서 A~C의 피도 변화를 나타낸 것이다. A~C는 관목, 교목, 초본을 순서 없이 나타낸 것이다.

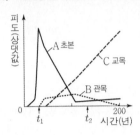

이 자료에 대한 설명으로 옳은 것만을 〈보기〉에서 있는 대로 고른 것은? [3점]

보기
ㄱ. A는 초본이다. B는 관목, C는 교목이다.

ㄴ. $t_1$일 때 X는 극상을 이룬다. 음수림에서 극상을 이룬다.

ㄷ. X의 평균 높이는 $t_1$일 때가 $t_2$일 때보다 높다.
낮다

① ㄱ　② ㄴ　③ ㄱ, ㄷ　④ ㄴ, ㄷ　⑤ ㄱ, ㄴ, ㄷ

✔ 자료 해석
• A는 초본, B는 관목, C는 교목이다.
• 삼림의 층상 구조를 낮은 것에서 높은 것 순으로 배열하면 지표층 → 초본층 → 관목층 → 아교목층 → 교목층이다.

○ 보기 풀이 ㄱ. 군집의 천이 과정에서 관목, 교목, 초본 중 가장 먼저 피도가 높아지는 식물은 초본이며, 그 다음 관목, 교목 순이다. 따라서 A는 초본, B는 관목, C는 교목이다.

✕ 매력적 오답 ㄴ. 극상은 천이의 마지막 단계로 일반적으로 음수림에서 극상을 이룬다. 따라서 초본의 피도가 가장 높은 시기인 $t_1$일 때 X는 극상을 이루지 않는다.

ㄷ. X의 평균 높이는 교목의 피도가 높은 $t_2$일 때가 초본의 피도가 높은 $t_1$일 때보다 높다.

문제풀이 Tip
군집의 천이 과정에 대해 알아두고 군집의 높이는 초본 → 관목 → 교목 순으로 높다는 것을 알아야 한다.

---

## 23 생장 곡선과 생존 곡선

출제 의도 생장 곡선과 생존 곡선을 나타낸 자료를 분석할 수 있는지 묻는 문항이다.

그림 (가)는 동물 종 A의 시간에 따른 개체 수를, (나)는 A의 상대 수명에 따른 생존 개체 수를 나타낸 것이다. 특정 구간의 사망률은 그 구간 동안 사망한 개체 수를 그 구간이 시작된 시점의 총개체 수로 나눈 값이다.

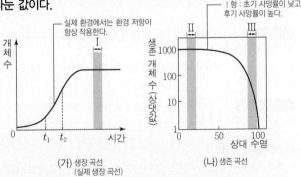

(가) 생장 곡선
(실제 생장 곡선)　　(나) 생존 곡선

이에 대한 설명으로 옳은 것만을 〈보기〉에서 있는 대로 고른 것은? (단, 이입과 이출은 없으며, 서식지의 면적은 일정하다.)

보기
ㄱ. 구간 Ⅰ에서 A에게 환경 저항이 작용하지 않는다.
작용한다

ㄴ. A의 개체군 밀도는 $t_1$일 때가 $t_2$일 때보다 작다.

ㄷ. A의 사망률은 구간 Ⅱ에서가 구간 Ⅲ에서보다 높다.
낮다

① ㄱ　② ㄴ　③ ㄷ　④ ㄱ, ㄴ　⑤ ㄴ, ㄷ

✔ 자료 해석
• 환경 저항은 개체군의 생장을 억제하는 요인으로 자원의 제한이 있는 실제 환경에서는 항상 작용한다.
• 개체군의 생존 곡선 중 Ⅰ형 : 출생 수는 적지만 부모의 보호를 받아 초기 사망률이 낮고 대부분의 개체가 생리적 수명을 다하고 죽어 후기 사망률이 높다.

○ 보기 풀이 ㄴ. 개체군 밀도는 개체군이 서식하는 공간의 단위 면적당 개체 수이므로 A의 개체군 밀도는 $t_1$일 때가 $t_2$일 때보다 작다.

✕ 매력적 오답 ㄱ. (가)는 실제 생장 곡선인 S자형 생장 곡선이므로 구간 Ⅰ에서 A에게 환경 저항이 작용한다.

ㄷ. A의 생존 개체 수 감소 비율이 구간 Ⅲ에서가 구간 Ⅱ에서보다 크므로 A의 사망률은 구간 Ⅲ에서가 구간 Ⅱ에서보다 높다.

문제풀이 Tip
실제 환경에서는 환경 저항이 항상 작용한다는 것을 알고, 생존 곡선의 유형에 따른 사망률을 분석할 수 있어야 한다.

## 24 생장 곡선

출제의도 생장 곡선을 나타낸 자료를 분석할 수 있는지 묻는 문항이다.

그림은 어떤 식물 개체군의 시간에 따른 개체 수를 나타낸 것이다.

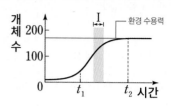

이에 대한 옳은 설명만을 〈보기〉에서 있는 대로 고른 것은? (단, 이입과 이출은 없으며, 서식지의 면적은 일정하다.)

보기
ㄱ. 환경 저항은 $t_1$일 때가 $t_2$일 때보다 크다. (작다)
ㄴ. 구간 I에서 개체군 밀도는 시간에 따라 증가한다.
  (개체군 밀도는 개체 수에 비례한다.)
ㄷ. 환경 수용력은 100보다 크다.

① ㄱ  ② ㄴ  ③ ㄱ, ㄷ  ④ ㄴ, ㄷ  ⑤ ㄱ, ㄴ, ㄷ

✓ 자료 해석

• 환경 저항 : 먹이 부족, 서식 공간 부족, 노폐물 축적, 질병 등과 같이 개체군의 생장을 억제하는 요인이다.
• 환경 수용력 : 주어진 환경 조건에서 서식할 수 있는 개체군의 최대 크기이다.

○ 보기 풀이  ㄴ. 서식지의 면적이 일정한데 구간 I에서 시간에 따라 개체 수가 증가하므로 개체군 밀도는 증가한다.

ㄷ. 환경 수용력은 주어진 환경 조건에서 서식할 수 있는 최대 개체 수이므로 100보다 크다.

✕ 매력적 오답  ㄱ. 개체군 밀도가 증가할수록 환경 저항이 커지므로 환경 저항은 $t_2$일 때가 $t_1$일 때보다 크다.

문제풀이 Tip

일반적으로 실제 환경에서 개체 수가 증가할수록 환경 저항이 커지며, 환경 수용력은 주어진 환경 조건에서 서식할 수 있는 최대 개체 수에 해당한다는 것을 알아둔다.

## 25 군집 조사

출제의도 여러 식물 종의 군집을 조사한 자료를 분석할 수 있는지 묻는 문항이다.

다음은 어떤 지역에서 방형구를 이용해 식물 군집을 조사한 자료이다.

• 면적이 같은 4개의 방형구 A~D를 설치하여 조사한 질경이, 토끼풀, 강아지풀의 분포는 그림과 같으며, D에서의 분포는 나타내지 않았다.

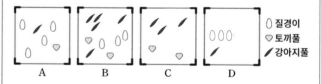

  ◖ 질경이
  ♡ 토끼풀
  ╱ 강아지풀

• 토끼풀의 빈도는 $\frac{3}{4}$이다.
• 질경이의 밀도는 강아지풀의 밀도와 같고, 토끼풀의 밀도의 2배이다.
  (10) (5)
• 중요치가 가장 큰 종은 질경이다.

이에 대한 옳은 설명만을 〈보기〉에서 있는 대로 고른 것은? (단, 방형구에 나타낸 각 도형은 식물 1개체를 의미하며, 제시된 종 이외의 종은 고려하지 않는다.) [3점]

보기
ㄱ. D에 질경이가 있다. (질경이와 강아지풀이 있다.)
ㄴ. 토끼풀의 상대 밀도는 20%이다. $\frac{5}{25} \times 100 = 20\%$
ㄷ. 상대 피도는 질경이가 강아지풀보다 크다.
  질경이 중요치 : 40+30+상대 피도 > 강아지풀 중요치 : 40+40+상대 피도

① ㄱ  ② ㄷ  ③ ㄱ, ㄴ  ④ ㄴ, ㄷ  ⑤ ㄱ, ㄴ, ㄷ

✓ 자료 해석

• 식물 군집의 개체 수, 빈도, 상대 밀도, 상대 빈도는 다음과 같다.

| 구분 | 질경이 | 토끼풀 | 강아지풀 |
|---|---|---|---|
| 개체 수 | 10 | 5 | 10 |
| 빈도 | $\frac{3}{4}$ | $\frac{3}{4}$ | $\frac{4}{4}$ |
| 상대 밀도 | 40% | 20% | 40% |
| 상대 빈도 | 30% | 30% | 40% |

○ 보기 풀이  ㄱ. 토끼풀의 빈도가 $\frac{3}{4}$이므로 D에는 토끼풀이 없다. 따라서 토끼풀의 개체 수는 5이며, 질경이와 강아지풀의 밀도가 토끼풀의 밀도의 2배이므로 질경이와 강아지풀의 개체 수는 각각 10이다. 따라서 A~C에서 질경이의 개체 수가 7이므로 D에 질경이가 있으며, 개체 수는 3이다.

ㄴ. 토끼풀의 개체 수는 5, 질경이와 강아지풀의 개체 수는 각각 10이므로 토끼풀의 상대 밀도는 $\frac{5}{10+5+10} \times 100 = 20\%$이다.

✕ 매력적 오답  ㄷ. 질경이의 상대 밀도(40%)와 상대 빈도(30%)의 합은 강아지풀의 상대 밀도(40%)와 상대 빈도(40%)의 합보다 작다. 그런데 중요치가 가장 큰 종은 질경이이므로 상대 피도는 질경이가 강아지풀보다 크다.

문제풀이 Tip

토끼풀의 빈도를 통해 D에 토끼풀이 없고 토끼풀의 총개체 수를 파악할 수 있으며, 이를 통해 질경이와 강아지풀의 총개체 수도 유추할 수 있다. 중요치는 상대 밀도, 상대 빈도, 상대 피도를 모두 합한 것이므로 중요치가 가장 큰 종이 질경이인 것을 통해 상대 피도의 크기를 유추할 수 있어야 한다.

## 26 개체군 사이의 상호 작용

출제의도 개체군 사이의 상호 작용에 대해 알고 있는지 묻는 문항이다.

그림 (가)는 영양염류를 이용하는 종 A와 B를 각각 단독 배양했을 때 시간에 따른 개체 수와 영양염류의 농도를, (나)는 (가)와 같은 조건에서 A와 B를 혼합 배양했을 때 시간에 따른 개체 수를 나타낸 것이다.

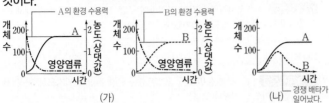

이에 대한 옳은 설명만을 〈보기〉에서 있는 대로 고른 것은?

보기
ㄱ. (가)에서 영양염류의 농도 감소는 환경 저항에 해당한다.
ㄴ. (가)에서 환경 수용력은 B가 A보다 크다. (작다)
ㄷ. (나)에서 경쟁 배타가 일어났다.

① ㄱ    ② ㄴ    ③ ㄱ, ㄷ    ④ ㄴ, ㄷ    ⑤ ㄱ, ㄴ, ㄷ

✓ 자료 해석
• (가)에서 A의 환경 수용력이 B의 환경 수용력보다 크다.
• (나)에서 경쟁 배타가 일어났다.

○ 보기 풀이 ㄱ. 환경 저항은 개체군의 생장을 억제하는 환경 요인(먹이 부족, 서식지 부족, 질병 등)이다. 따라서 A와 B가 이용하는 영양염류의 농도 감소는 환경 저항에 해당한다.
ㄷ. (나)에서 B의 개체 수가 0이 되므로 경쟁 배타가 일어났다.

✕ 매력적 오답 ㄴ. 환경 수용력은 한 서식지에서 수용할 수 있는 개체군의 최대 크기이다. 따라서 (가)에서 환경 수용력은 A가 B보다 크다.

문제풀이 Tip
개체군 사이의 상호 작용과 개체군의 생장 곡선에서 환경 저항과 환경 수용력에 대해 잘 정리해 둔다.

---

## 27 천이

출제의도 2차 천이 과정에 대해 알고 있는지 묻는 문항이다.

그림은 어떤 지역의 식물 군집에 산불이 일어나기 전과 후 천이 과정의 일부를 나타낸 것이다. A~C는 초원(초본), 양수림, 음수림을 순서 없이 나타낸 것이다.

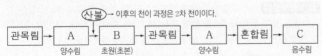

이에 대한 설명으로 옳은 것만을 〈보기〉에서 있는 대로 고른 것은?

보기
ㄱ. B는 초원(초본)이다.
ㄴ. 이 지역의 식물 군집은 A에서 극상을 이룬다. (C(음수림))
ㄷ. 산불이 일어난 후 진행되는 식물 군집의 천이 과정은 1차 천이이다. (2차)

① ㄱ    ② ㄴ    ③ ㄱ, ㄷ    ④ ㄴ, ㄷ    ⑤ ㄱ, ㄴ, ㄷ

✓ 자료 해석
• A는 양수림, B는 초원(초본), C는 음수림이다.
• 산불이 일어난 후 진행되는 식물 군집의 천이 과정은 2차 천이이며, 2차 천이의 경우 개척자는 주로 초본이다.

○ 보기 풀이 ㄱ. B는 산불이 일어난 후에 개척자로 들어오는 것으로 초원(초본)이다.

✕ 매력적 오답 ㄴ. 극상은 천이의 마지막 단계로 음수림(C)에서 극상을 이룬다.
ㄷ. 산불이 일어난 후 진행되는 식물 군집의 천이 과정은 2차 천이이다. 2차 천이는 기존의 식물 군집이 있었던 곳에 군집이 파괴된 후 기존에 남아 있던 토양에서 시작되는 천이이다.

문제풀이 Tip
1차 천이와 2차 천이 과정에 대해 알아둔다.

## 28 개체군 간의 상호 작용

2021년 7월 교육청 12번 | 정답 ① | 문제편 108 p

**출제 의도** 개체군 간의 상호 작용에 대해 알고 있는지 묻는 문항이다.

그림 (가)는 고도에 따른 지역 Ⅰ~Ⅲ에 서식하는 종 A와 B의 분포를 나타낸 것이다. 그림 (나)는 (가)에서 A를, (다)는 (가)에서 B를 각각 제거했을 때 A와 B의 분포를 나타낸 것이다.

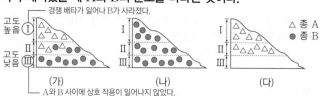

이에 대한 설명으로 옳은 것만을 〈보기〉에서 있는 대로 고른 것은? [3점]

**보기**

ㄱ. (가)의 Ⅱ에서 A는 B와 한 군집을 이룬다.

ㄴ. (가)의 Ⅲ에서 A와 B 사이에 경쟁 배타가 일어났다.
　　　　　　　　　　상호 작용이 일어나지 않았다.

ㄷ. (나)의 Ⅰ에서 B는 환경 저항을 받지 않는다.
　　　　　　　실제 환경에서 개체군은 환경 저항을 항상 받는다.

① ㄱ　　② ㄴ　　③ ㄷ　　④ ㄱ, ㄴ　　⑤ ㄱ, ㄷ

**✔ 자료 해석**

• (가)의 Ⅰ에서 A와 B 사이에 경쟁 배타가 일어났다.
• (가)의 Ⅲ에서 A와 B 사이에 상호 작용이 일어나지 않았다.
• A와 B는 서로 다른 종이므로 각각 다른 개체군을 형성하며, 한 군집을 이룬다.

**○ 보기풀이** ㄱ. 군집은 같은 지역에 모여 생활하는 모든 개체군의 집합이므로 (가)의 Ⅱ에서 A는 B와 한 군집을 이룬다.

**✕ 매력적 오답** ㄴ. A는 B가 없을 때에도 Ⅲ에 서식하지 못하므로 (가)의 Ⅲ에서 A와 B 사이에 상호 작용은 일어나지 않았다. (가)의 Ⅰ에서 A와 B 사이에 경쟁 배타가 일어나 A만 살아남았다.

ㄷ. 환경 저항은 개체군의 생장을 억제하는 요인으로 실제 환경에서 개체군은 항상 환경 저항을 받는다. 따라서 (나)의 Ⅰ에서 B는 환경 저항을 받는다.

**문제풀이 Tip**

(가)와 (나)의 Ⅰ에서 A와 B의 분포를 비교하면 (가)의 Ⅰ에서는 A와 B 사이에 경쟁 배타가 일어나 A만 분포함을 알 수 있고, (가)와 (다)의 Ⅲ에서 A와 B의 분포를 비교하면 (가)의 Ⅲ에서는 환경 요인 때문에 A가 분포하지 않음을 알 수 있다.

---

## 29 군집의 조사

2021년 7월 교육청 17번 | 정답 ② | 문제편 108 p

**출제 의도** 식물 군집을 조사한 자료를 분석할 수 있는지 묻는 문항이다.

표 (가)는 어떤 지역의 식물 군집을 조사한 결과를 나타낸 것이고, (나)는 종 A와 B의 상대 피도와 상대 빈도에 대한 자료이다.

같은 면적에서는 개체 수가 밀도이다.

| 종 | 개체 수 | 빈도 |
|---|---|---|
| A | 240 | 0.20 |
| B | 60 | ㉠ 0.28 |
| C | 200 | 0.32 |

(가)

• A의 상대 피도는 55 %이다.
• B의 상대 빈도는 35 %이다.

(나)

A~C의 상대 피도를 모두 더한 값이 100 %이다. 따라서 B와 C의 상대 피도를 더한 값은 45 %이다.

이에 대한 설명으로 옳은 것만을 〈보기〉에서 있는 대로 고른 것은? (단, A~C 이외의 종은 고려하지 않는다.)

**보기**

ㄱ. ㉠은 0.35이다.　$\frac{㉠}{0.20+㉠+0.32}\times100=35$이므로 ㉠은 0.28이다.

ㄴ. B의 상대 밀도는 12 %이다.　$\frac{60}{240+60+200}\times100=12\%$

ㄷ. 중요치는 A가 C보다 낮다.
　　　　　　　　　　　　　　높다

① ㄱ　　② ㄴ　　③ ㄷ　　④ ㄱ, ㄴ　　⑤ ㄴ, ㄷ

**✔ 자료 해석**

• 상대 밀도 : A-48 %, B-12 %, C-40 %
• 상대 빈도 : A-25 %, B-35 %, C-40 %
• 상대 피도 : A-55 %, B+C-45 %

**○ 보기풀이** ㄴ. 상대 밀도는 $\frac{특정 종의 밀도}{모든 종의 밀도의 합}\times100(\%)$이므로 B의 상대 밀도는 $\frac{60}{240+60+200}\times100(\%)=12\%$이다. 따라서 B의 상대 밀도는 12 %이다.

**✕ 매력적 오답** ㄱ. 상대 빈도는 $\frac{특정 종의 빈도}{모든 종의 빈도의 합}\times100(\%)$이므로 B의 상대 빈도는 $\frac{㉠}{0.20+㉠+0.32}\times100(\%)=35\%$이다. 따라서 ㉠은 0.28이다.

ㄷ. 중요치는 상대 밀도, 상대 빈도, 상대 피도를 더한 값이므로 A의 중요치는 128(48+25+55)이다. C의 상대 피도는 45 % 미만이므로 A의 중요치는 C의 중요치보다 높다.

**문제풀이 Tip**

각 종의 상대 빈도를 모두 더한 값과 각 종의 상대 밀도를 모두 더한 값은 각각 100 %이다. 같은 면적에서는 각종의 개체 수로 밀도를 파악할 수 있다.

## 30 생태계의 구성 요소

출제 의도 생태계를 구성하는 요소 사이의 상호 관계에 대해 알고 있는지 묻는 문항이다.

그림은 생태계를 구성하는 요소 사이의 상호 관계를, 표는 상호 관계 (가)와 (나)의 예를 나타낸 것이다. (가)와 (나)는 ㉠과 ㉡을 순서 없이 나타낸 것이다.

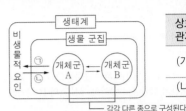

| 상호 관계 | 예 |
|---|---|
| (가) ㉡ | 빛의 파장에 따라 해조류의 분포가 달라진다. |
| (나) ㉠ | ? |

각각 다른 종으로 구성된다.

이에 대한 설명으로 옳은 것만을 〈보기〉에서 있는 대로 고른 것은? [3점]

보기
ㄱ. 개체군 A는 동일한 종으로 구성된다.
ㄴ. (가)는 ㉠이다.
　(가)는 ㉡이고, (나)는 ㉠이다.
ㄷ. 지렁이에 의해 토양의 통기성이 증가하는 것은 (나)의 예
　　　　　　　　　　　　　　　　　　　　㉠
　에 해당한다.

① ㄱ　② ㄴ　③ ㄱ, ㄷ　④ ㄴ, ㄷ　⑤ ㄱ, ㄴ, ㄷ

✓ 자료 해석
• ㉠은 생물적 요인이 비생물적 요인에 영향을 주는 것이고, ㉡은 비생물적 요인이 생물적 요인에 영향을 주는 것이다.
• (가)는 ㉡, (나)는 ㉠이다.

○ 보기 풀이 ㄱ. 같은 종의 개체들이 모인 집단을 개체군이라고 한다. 따라서 개체군 A는 동일한 종으로 구성된다.
ㄷ. 지렁이에 의해 토양의 통기성이 증가하는 것은 생물적 요인이 비생물적 요인에 영향을 주는 (나)(㉠)의 예에 해당한다.

✕ 매력적 오답 ㄴ. (가)의 예인 빛의 파장에 따라 해조류의 분포가 달라지는 것은 비생물적 요인이 생물적 요인에 영향을 주는 ㉡이다.

문제풀이 **Tip**
생태계를 구성하는 요소 사이의 상호 관계와 예에 대해 알아둔다.

---

## 31 군집의 조사

출제 의도 식물 군집을 조사한 자료를 분석할 수 있는지 묻는 문항이다.

표는 서로 다른 지역 (가)와 (나)의 식물 군집을 조사한 결과를 나타낸 것이다. (가)의 면적은 (나)의 면적의 2배이다.

| 지역 | 종 | 개체 수 | 상대 빈도(%) | 총개체 수 |
|---|---|---|---|---|
| | | 2S | S | A~C의 상대 빈도를 모두 더한 값은 100이다. |
| (가) | A | ? 40 | 29 | |
| | B | 33 | 41 | 100 |
| | C | 27 | ? 30 | |
| (나) | A | 25 | 32 | |
| | B | ? 31 | 35 | 100 |
| | C | 44 | ? 33 | |

이에 대한 설명으로 옳은 것만을 〈보기〉에서 있는 대로 고른 것은? (단, A~C 이외의 종은 고려하지 않는다.) [3점]

보기
ㄱ. A의 개체군 밀도는 (가)에서가 (나)에서보다 크다.
　　　　　　　　　　　40　　　　　25　　작다
　　　　　　　　　　　2S　　　　　 S
ㄴ. (나)에서 B의 상대 밀도는 31 %이다.
ㄷ. C의 상대 빈도는 (가)에서가 (나)에서보다 작다.
　　　　　　　　　　　30　　　　 33

① ㄱ　② ㄷ　③ ㄱ, ㄴ　④ ㄴ, ㄷ　⑤ ㄱ, ㄴ, ㄷ

✓ 자료 해석
• 상대 밀도 = $\dfrac{\text{특정 종의 밀도}}{\text{모든 종의 밀도의 합}}$ × 100(%) : (가) A-40 %, B-33 %, C-27 % / (나) A-25 %, B-31 %, C-44 %
• 상대 빈도 = $\dfrac{\text{특정 종의 빈도}}{\text{모든 종의 빈도의 합}}$ × 100(%) : (가) C-30 %, (나) C-33 %

○ 보기 풀이
ㄴ. (나)에서 B의 개체 수는 31(=100-25-44)이고, B의 상대 밀도는 $\dfrac{31}{100}$ × 100(%)=31 %이다.
ㄷ. C의 상대 빈도는 (가)에서 30 %(=100-29-41), (나)에서 33 %(100-32-35)이다.

✕ 매력적 오답 ㄱ. (가)에서 A의 개체 수는 40(=100-33-47)이다. 개체군 밀도는 단위 면적당 서식하는 개체 수이다. (가)의 면적은 (나)의 면적의 2배이므로 A의 개체군 밀도는 (가)에서가 (나)에서보다 작다.

문제풀이 **Tip**
각 종의 상대 빈도를 모두 더한 값은 100 %이므로 C의 상대 빈도는 100 %에서 A와 B의 상대 빈도를 더한 값을 빼면 된다.

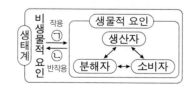

## 32 생물 사이의 상호 작용

출제 의도 생물 사이의 상호 작용에 대해 알고 있는지 묻는 문항이다.

표는 생물 사이의 상호 작용을 (가)와 (나)로 구분하여 나타낸 것이다.

| 구분 | | 상호 작용 |
| --- | --- | --- |
| 개체군 사이의 상호 작용 | (가) | ㉠기생, 포식과 피식 |
| 개체군 내의 상호 작용 | (나) | 순위제, ㉡사회생활 |

이에 대한 옳은 설명만을 〈보기〉에서 있는 대로 고른 것은?

보기
ㄱ. (가)는 개체군 사이의 상호 작용이다. (나)는 개체군 내의 상호 작용이다.
ㄴ. ㉠의 관계인 두 종에서는 손해를 입는 종이 있다.
　　기생의 관계에서 한 종은 이익을 얻고, 다른 한 종은 손해를 본다.
ㄷ. 꿀벌이 일을 분담하며 협력하는 것은 ㉡의 예이다.

① ㄱ　② ㄴ　③ ㄱ, ㄷ　④ ㄴ, ㄷ　⑤ ㄱ, ㄴ, ㄷ

✔ 자료 해석
• (가)는 개체군 사이의 상호 작용, (나)는 개체군 내의 상호 작용이다.
• 개체군 사이의 상호 작용 : 기생, 포식과 피식, 종간 경쟁, 분서, 공생
• 개체군 내의 상호 작용 : 텃세, 순위제, 리더제, 사회생활, 가족생활

◯ 보기풀이 ㄱ. (가)는 군집 내의 개체군 사이의 상호 작용, (나)는 개체군 내의 개체 사이의 상호 작용이다.
ㄴ. 기생(㉠) 관계인 두 종에서 한 종은 이익을 얻고, 나머지 한 종은 손해를 입는다.
ㄷ. 꿀벌이 일을 분담하며 협력하는 것은 사회생활(㉡)의 예이다.

문제풀이 Tip
군집 내 개체군 사이의 상호 작용과 개체군 내의 개체 사이의 상호 작용에 대해 정리해 둔다.

---

## 33 생태계 구성 요소 사이의 관계

출제 의도 생태계를 구성하는 요소 사이의 상호 관계에 대해 알고 있는지 묻는 문항이다.

그림은 생태계를 구성하는 요소 사이의 상호 관계를 나타낸 것이다.

비생물적 요인
생태계
작용 ㉠ →
㉡ ← 반작용
생물적 요인
생산자
분해자 ↔ 소비자

이에 대한 옳은 설명만을 〈보기〉에서 있는 대로 고른 것은?

보기
ㄱ. 소나무는 생산자에 해당한다.
ㄴ. 소비자에서 분해자로 유기물이 이동한다.
ㄷ. 질소 고정 세균에 의해 토양의 암모늄 이온이 증가하는 것은 ㉡에 해당한다.

① ㄱ　② ㄷ　③ ㄱ, ㄴ　④ ㄴ, ㄷ　⑤ ㄱ, ㄴ, ㄷ

✔ 자료 해석
• ㉠은 작용(비생물적 요인이 생물적 요인에 영향을 주는 것), ㉡은 반작용(생물적 요인이 비생물적 요인에 영향을 주는 것)에 해당한다.
• 질소 고정 세균에 의해 대기 중의 질소가 암모늄 이온으로 고정되는데, 생물적 요인에 의해 비생물적 요인인 토양의 암모늄 이온이 증가하는 것은 반작용에 해당한다.

◯ 보기풀이 ㄱ. 광합성을 하는 소나무는 생산자에 해당한다.
ㄴ. 소비자의 사체나 배설물의 유기물이 분해자로 이동한다.

✖ 매력적오답 ㄷ. 질소 고정 세균에 의해 토양의 암모늄 이온이 증가하는 것은 반작용(㉡)에 해당한다.

문제풀이 Tip
생태계의 구성 요소와 구성 요소 사이의 상호 관계에 대해 알아둔다.

## 34 개체군 간의 상호 작용

출제 의도 개체군 간의 상호 작용에 대해 알고 있는지 묻는 문항이다.

그림 (가)~(다)는 동물 종 A와 B의 시간에 따른 개체 수를 나타낸 것이다. (가)는 고온 다습한 환경에서 단독 배양한 결과이고, (나)는 (가)와 같은 환경에서 혼합 배양한 결과이며, (다)는 저온 건조한 환경에서 혼합 배양한 결과이다.

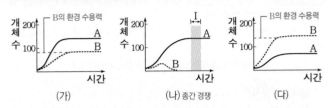

(가)　　　　(나) 종간 경쟁　　　　(다)

이에 대한 옳은 설명만을 〈보기〉에서 있는 대로 고른 것은? [3점]

> 보기
> ㄱ. 구간 Ⅰ에서 A는 환경 저항을 받는다.
> ㄴ. (나)에서 A와 B 사이에 상리 공생이 일어났다. 종간 경쟁
> ㄷ. B에 대한 환경 수용력은 (가)에서가 (다)에서보다 작다.

① ㄱ　② ㄴ　③ ㄷ　④ ㄱ, ㄷ　⑤ ㄴ, ㄷ

✔ 자료 해석
• (나)에서 종간 경쟁이 일어났고, (다)에서 저온 건조한 환경에서는 A보다 B가 더 많이 살아남았다.

○ 보기 풀이 ㄱ. 실제 생장 곡선에서는 항상 환경 저항이 작용하므로 구간 Ⅰ에서 A는 환경 저항을 받는다.
ㄷ. 환경 수용력은 한 서식지에서 수용할 수 있는 개체군의 최대 개체 수이다. 따라서 B에 대한 환경 수용력은 (가)에서가 (다)에서보다 작다.

✕ 매력적 오답 ㄴ. (나)에서 B의 개체 수가 감소하여 0이 되었으므로 A와 B 사이에 종간 경쟁이 일어났다.

문제풀이 **Tip**
개체군 간의 상호 작용과 생장 곡선에 대해 알아둔다. 환경이 다를 경우 생장 곡선 형태가 달라질 수 있음을 파악해야 한다.

---

## 35 군집 조사

출제 의도 개체 수를 나타낸 자료를 분석하여 밀도와 상대 밀도를 계산할 수 있는지 묻는 문항이다.

표는 지역 (가)와 (나)에 서식하는 식물 종 A~C의 개체 수를 나타낸 것이다. 면적은 (나)가 (가)의 2배이다.

| 지역＼종 | A | B | C |
|---|---|---|---|
| (가) | 11 | 24 | 15 |
| (나) | 46 | 24 | 30 |

이에 대한 옳은 설명만을 〈보기〉에서 있는 대로 고른 것은? (단, A~C 이외의 종은 고려하지 않는다.)

> 보기
> ㄱ. (가)에서 A는 B와 한 개체군을 이룬다.
> ㄴ. B의 밀도는 (가)에서가 (나)에서의 2배이다. ─ (가)의 면적을 $x$라면 (가)의 밀도는 $\dfrac{24}{x}$
> ㄷ. C의 상대 밀도는 (나)에서가 (가)에서의 2배이다. (나)의 밀도는 $\dfrac{24}{2x}$ 이다.
>  　　　　　　　30　　　30

① ㄱ　② ㄴ　③ ㄷ　④ ㄱ, ㄴ　⑤ ㄴ, ㄷ

✔ 자료 해석
• 면적이 (나)가 (가)의 2배이므로 (가)와 (나)에서 개체 수가 같은 B의 밀도는 (가)에서가 (나)에서의 2배이다.
• (나)에서의 개체 수가 (가)에서의 2배인 C의 밀도는 (가)와 (나)에서 같다.

○ 보기 풀이 ㄱ. 개체군은 하나의 종으로 구성된다. A와 B는 다른 종이므로 A는 B와 한 개체군을 이루지 않는다.
ㄴ. 면적은 (나)가 (가)의 2배이고, (가)와 (나)에 서식하는 B의 개체 수가 같으므로 B의 밀도는 (가)에서가 (나)에서의 2배이다.
ㄷ. (가)에서 C의 상대 밀도는 $\dfrac{15}{50} \times 100 = 30$ %이고, (나)에서 C의 상대 밀도는 $\dfrac{30}{100} \times 100 = 30$ %이다.

문제풀이 **Tip**
면적이 같을 때 개체 수가 많은 종일수록 밀도가 높으며, 개체 수가 일정할 때 나머지 종들의 개체 수 합이 적을수록 상대 밀도가 높다.

## 36 천이

출제 의도 건성 천이 과정과 습성 천이 과정에 대해 알고 있는지 묻는 문항이다.

그림 (가)와 (나)는 서로 다른 두 지역에서 일어나는 천이 과정의 일부를 나타낸 것이다. A~C는 초원, 양수림, 지의류를 순서 없이 나타낸 것이다.

(가) 용암 대지 → A → B → 관목림
건성 천이          지의류   초원

(나) 호수 → 습지(습원) → B → 관목림 → C
습성 천이                초원          양수림

이에 대한 설명으로 옳은 것만을 〈보기〉에서 있는 대로 고른 것은?

보기
ㄱ. C는 양수림이다.
ㄴ. (가)의 개척자는 지의류이다.
ㄷ. (나)는 습성 천이 과정의 일부이다.

① ㄱ      ② ㄴ      ③ ㄱ, ㄷ      ④ ㄴ, ㄷ      ⑤ ㄱ, ㄴ, ㄷ

✔ 자료 해석
• A는 지의류, B는 초원, C는 양수림이다.
• (가)는 건성 천이 과정의 일부, (나)는 습성 천이 과정의 일부이다.

보기 풀이 ㄱ. 습성 천이 과정 중 관목림 다음인 C는 양수림이다.
ㄴ. 건성 천이 과정의 개척자는 지의류이다. 건성 천이는 용암 대지 → 지의류 (A) → 초원(B) → 관목림 → 양수림 → 혼합림 → 음수림 순서로 진행된다.
ㄷ. (나)는 호수에서 시작되므로 습성 천이 과정의 일부이다. 습성 천이는 습지 (습원) → 초원(B) → 관목림 → 양수림(C) → 혼합림 → 음수림 순서로 진행된다.

문제풀이 Tip
건성 천이 과정과 습성 천이 과정에 대해 알아둔다.

---

## 37 개체군 간의 상호 작용

출제 의도 개체군 간의 상호 작용에 대해 알고 있는지 묻는 문항이다.

표는 종 사이의 상호 작용과 예를 나타낸 것이다. (가)~(다)는 기생, 상리 공생, 포식과 피식을 순서 없이 나타낸 것이다. ⓐ와 ⓑ는 각각 '손해'와 '이익' 중 하나이다.

| 구분 | (가) 상리 공생 | | (나) 기생 | | (다) 포식과 피식 | |
|---|---|---|---|---|---|---|
| 상호 작용 | 종 Ⅰ | 종 Ⅱ | 종 Ⅰ | 종 Ⅱ | 종 Ⅰ | 종 Ⅱ |
| | 이익 | ? 이익 | ⓐ 이익 | 손해 | ⓑ 이익 | 손해 |
| 예 | 흰동가리는 말미잘의 보호를 받고, 말미잘은 흰동가리로부터 먹이를 얻는다. | | 겨우살이는 숙주 식물로부터 영양소와 물을 흡수하여 살아간다. | | ? | |

이에 대한 설명으로 옳은 것만을 〈보기〉에서 있는 대로 고른 것은?

보기
ㄱ. (가)는 기생이다.
      상리 공생
ㄴ. ⓐ와 ⓑ는 모두 '이익'이다.
ㄷ. '스라소니는 눈신토끼를 잡아먹는다.'는 (다)의 예이다.
      포식자      피식자

① ㄱ      ② ㄴ      ③ ㄱ, ㄷ      ④ ㄴ, ㄷ      ⑤ ㄱ, ㄴ, ㄷ

✔ 자료 해석
• (가)는 상리 공생, (나)는 기생, (다)는 포식과 피식이다.
• 상리 공생은 두 개체군이 모두 이익을 얻는 상호 작용이다. 기생, 포식과 피식은 한 개체군은 이익을 얻고, 다른 개체군은 손해를 보는 상호 작용이다.

보기 풀이 ㄴ. 겨우살이와 숙주 식물 사이의 관계는 기생에 해당하므로, (나)는 기생이다. 따라서 나머지 (다)는 포식과 피식이다. 기생, 포식과 피식은 한 개체군은 이익을 얻고, 다른 개체군은 손해를 보는 상호 작용이다.
ㄷ. (다)는 포식과 피식이므로 스라소니와 눈신토끼의 관계는 (다)의 예에 해당한다.

✕ 매력적 오답 ㄱ. 흰동가리와 말미잘 사이의 관계는 서로 이익을 얻는 상리 공생에 해당하므로, (가)는 상리 공생이다.

문제풀이 Tip
개체군 간의 상호 작용과 그 예에 해당하는 것에 대해 알아둔다.

## 38 천이

출제 의도 1차 천이 과정과 2차 천이 과정에 대해 알고 있는지 묻는 문항이다.

그림 (가)와 (나)는 1차 천이 과정과 2차 천이 과정을 순서 없이 나타낸 것이다. ㉠~㉢은 양수림, 지의류, 초원을 순서 없이 나타낸 것이다.

(가) 2차 천이 ㉠ 초원 → 관목림 → ㉡ 양수림

(나) 1차 천이 용암 대지 → ㉢ 지의류 → ㉠ 초원

이에 대한 설명으로 옳은 것만을 〈보기〉에서 있는 대로 고른 것은? [3점]

보기
ㄱ. (가)에서 개척자는 자의류이다. 초본
ㄴ. (나)는 1차 천이를 나타낸 것이다.
ㄷ. ㉡은 양수림이다.

① ㄱ  ② ㄷ  ③ ㄱ, ㄴ  ④ ㄴ, ㄷ  ⑤ ㄱ, ㄴ, ㄷ

### ✔ 자료 해석
• ㉠은 초원, ㉡은 양수림, ㉢은 지의류이다.
• (가)는 2차 천이 과정, (나)는 1차 천이 과정이다.

### ○ 보기풀이
ㄴ. (나)는 용암 대지에서 시작되므로 1차 천이 과정을 나타낸 것이다.
ㄷ. (가)는 2차 천이 과정을 나타낸 것이므로 관목림 다음인 ㉡은 양수림이다.

### ✗ 매력적 오답
ㄱ. (가)는 2차 천이 과정을 나타낸 것이므로 개척자는 지의류가 아니다.

### 문제풀이 Tip
1차 천이 과정과 2차 천이 과정의 차이점, 특히 개척자에 대해 알아둔다.

---

## 39 생태계 구성 요소 사이의 관계

출제 의도 생태계를 구성하는 요소 사이의 상호 관계에 대해 알고 있는지 묻는 문항이다.

그림은 생태계를 구성하는 요소 사이의 상호 관계를 나타낸 것이다.

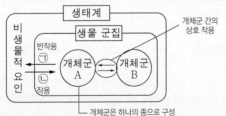

이에 대한 설명으로 옳은 것만을 〈보기〉에서 있는 대로 고른 것은?

보기
ㄱ. 개체군 A는 동일한 종으로 구성된다.
ㄴ. 수온이 돌말의 개체 수에 영향을 미치는 것은 ㉠에 해당한다.
ㄷ. 식물의 낙엽으로 인해 토양이 비옥해지는 것은 ㉢에 해당한다.

① ㄱ  ② ㄷ  ③ ㄱ, ㄴ  ④ ㄴ, ㄷ  ⑤ ㄱ, ㄴ, ㄷ

### ✔ 자료 해석
• 생태계의 구성 요소에는 비생물적 요인과 생물 군집(생물적 요인)이 있다.
• ㉠은 생물 군집(생물적 요인)이 비생물적 요인에 영향을 주는 반작용이고, ㉡은 비생물적 요인이 생물 군집(생물적 요인)에 영향을 주는 작용이다.

### ○ 보기풀이
ㄱ. 같은 지역에서 생활하는 같은 종의 개체들이 모인 집단을 개체군이라고 한다. 따라서 개체군 A는 동일한 종으로 구성된다.

### ✗ 매력적 오답
ㄴ. 수온이 돌말의 개체 수에 영향을 주는 것은 작용(㉡)에 해당한다.
ㄷ. 식물의 낙엽으로 인해 토양이 비옥해지는 것은 반작용(㉠)에 해당한다.

### 문제풀이 Tip
생태계의 구성 요소와 구성 요소 사이의 상호 관계에 대해 알아둔다.

## 40 개체군 간의 상호 작용

2020년 4월 교육청 20번 | 정답 ⑤ | 문제편 111 p

출제 의도 개체군 간의 상호 작용에 대해 알고 있는지 묻는 문항이다.

표는 종 사이의 상호 작용을 나타낸 것이다. ㉠과 ㉡은 상리 공생, 포식과 피식을 순서 없이 나타낸 것이다.

| 상호 작용 | 종 1 | 종 2 |
|---|---|---|
| 포식과 피식 ㉠ | 손해 | ? 이익 |
| 상리 공생 ㉡ | ⓐ 이익 | 이익 |

이에 대한 설명으로 옳은 것만을 〈보기〉에서 있는 대로 고른 것은?

보기
ㄱ. ⓐ는 '이익'이다.
ㄴ. ㉠은 포식과 피식이다.
ㄷ. 뿌리혹박테리아와 콩과식물 사이의 상호 작용은 ㉡에 해당한다.

① ㄱ    ② ㄷ    ③ ㄱ, ㄴ    ④ ㄴ, ㄷ    ⑤ ㄱ, ㄴ, ㄷ

✔ 자료 해석
• ㉠은 포식과 피식, ㉡은 상리 공생이다. ⓐ는 '이익'이다.
• 상리 공생은 두 종 모두 이익을 얻으며, 포식과 피식은 한 종은 이익을 얻고 다른 한 종은 손해를 본다.

○ 보기 풀이 ㄱ. 상리 공생은 종 1과 종 2 모두 이익을 얻으므로 ㉡은 상리 공생이며, ⓐ는 '이익'이다.
ㄴ. 상리 공생과 포식과 피식 중 한 종이 손해를 보는 것은 포식과 피식이므로 ㉠은 포식과 피식이다.
ㄷ. 뿌리혹박테리아와 콩과식물 사이의 상호 작용은 상리 공생이므로 ㉡에 해당한다.

문제풀이 **Tip**
개체군 간의 상호 작용 중 상리 공생, 기생, 종간 경쟁, 포식과 피식에서 두 종 간의 손해와 이익 관계에 대해 알아둔다.

## 41 생태계 구성 요소 사이의 관계

2020년 3월 교육청 17번 | 정답 ② | 문제편 111 p

출제 의도 생태계 구성 요소 사이의 상호 관계에 대해 알고 있는지 묻는 문항이다.

그림은 생태계 구성 요소 사이의 상호 관계와 물질 이동의 일부를 나타낸 것이다. A와 B는 생산자와 소비자를 순서 없이 나타낸 것이다.

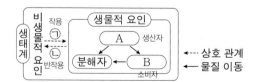

이에 대한 옳은 설명만을 〈보기〉에서 있는 대로 고른 것은?

보기
ㄱ. 사람은 A에 속한다.
  　 B
ㄴ. A에서 B로 유기물 형태의 탄소가 이동한다.
ㄷ. 지렁이에 의해 토양의 통기성이 증가하는 것은 ㉠에 해당한다.
  　　　　　　　　　　　　　　　　　　　　　　㉡

① ㄱ    ② ㄴ    ③ ㄷ    ④ ㄱ, ㄴ    ⑤ ㄴ, ㄷ

✔ 자료 해석
• A는 생산자, B는 소비자이다.
• ㉠은 작용(비생물적 요인이 생물적 요인에 영향을 주는 것), ㉡은 반작용(생물적 요인이 비생물적 요인에 영향을 주는 것)이다.

○ 보기 풀이
ㄴ. 생산자(A)에서 소비자(B)로 유기물 형태의 탄소가 이동한다.

✕ 매력적 오답 ㄱ. 사람은 소비자(B)에 속한다.
ㄷ. 지렁이에 의해 토양의 통기성이 증가하는 것은 생물적 요인이 비생물적 요인에 영향을 주는 반작용(㉡)에 해당한다.

문제풀이 **Tip**
생태계의 구성 요소와 구성 요소 사이의 상호 관계에 대해 정리해 둔다.

**42** 군집 내의 상호 작용

출제 의도 군집 내의 상호 작용에 대해 알고 있는지 묻는 문항이다.

다음은 하와이 주변의 얕은 바다에 서식하는 하와이짧은꼬리오징어에 대한 자료이다.

> ㉠하와이짧은꼬리오징어는 주로 밤에 활동하는데, 달빛이 비치면 그림자가 생겨 ㉡포식자의 눈에 잘 띄게 된다. 하지만 오징어의 몸에 사는 ㉢발광 세균이 달빛과 비슷한 빛을 내면 그림자가 사라져 포식자에게 쉽게 발견되지 않는다. 이렇게 오징어에게 도움을 주는 발광 세균은 오징어로부터 영양분을 얻는다. ─ 상리 공생

하와이짧은 꼬리오징어

이에 대한 옳은 설명만을 〈보기〉에서 있는 대로 고른 것은?

┌─ 보기 ──────────────────────────┐
ㄱ. ㉠과 ㉡은 같은 군집에 속한다.
　　　　　여러 종으로 구성된다.
ㄴ. ㉠과 ㉢ 사이의 상호 작용은 상리 공생이다.
ㄷ. ㉡을 제거하면 ㉠의 개체군 밀도가 일시적으로 증가한다.
└──────────────────────────────┘

① ㄱ    ② ㄴ    ③ ㄱ, ㄷ    ④ ㄴ, ㄷ    ⑤ ㄱ, ㄴ, ㄷ

✔ 자료 해석

• 군집은 일정한 지역에 모여 생활하는 여러 개체들의 집합이다.
• 상리 공생은 두 개체군이 서로 이익을 얻는 경우이다.

○ 보기 풀이   ㄱ. ㉠과 ㉡은 한 지역에 서식하는 서로 다른 종이므로 같은 군집에 속한다.

ㄴ. ㉢은 ㉠을 포식자로부터 보호하고 ㉠으로부터 영양분을 얻으므로 ㉠과 ㉢ 사이의 상호 작용은 상리 공생이다.

ㄷ. 포식자(㉡)를 제거하면 피식자(㉠)의 개체군 밀도가 일시적으로 증가한다.

문제풀이 **Tip**

개체군과 군집의 정의에 대해 알아두고, 군집 내 개체군 간의 상호 작용에 대해 알아둔다.

# 02 에너지 흐름과 물질 순환, 생물 다양성

## 1 질소 순환

2024년 10월 교육청 8번 | 정답 ① | 문제편 114p

출제 의도 질소 순환 과정에 대해 알고 있는지 묻는 문항이다.

그림은 생태계에서 일어나는 질소 순환 과정의 일부를 나타낸 것이다. Ⅰ과 Ⅱ는 질산화 작용과 질소 고정 작용을 순서 없이 나타낸 것이고, ㉠과 ㉡은 암모늄 이온($NH_4^+$)과 질산 이온($NO_3^-$)을 순서 없이 나타낸 것이다.

질소 고정 작용          질산화 작용

질소 기체($N_2$) ──Ⅰ──▶ [ ㉠ ] ──Ⅱ──▶ [ ㉡ ]
                      암모늄 이온($NH_4^+$)   질산 이온($NO_3^-$)

이에 대한 옳은 설명만을 〈보기〉에서 있는 대로 고른 것은?

─ 보기 ─
ㄱ. 뿌리혹박테리아는 Ⅰ에 관여한다.
ㄴ. Ⅱ는 질소 고정 작용이다.
   질산화 작용
ㄷ. ㉡은 암모늄 이온($NH_4^+$)이다.
   질산 이온($NO_3^-$)

① ㄱ  ② ㄴ  ③ ㄱ, ㄷ  ④ ㄴ, ㄷ  ⑤ ㄱ, ㄴ, ㄷ

### ✔ 자료 해석
• 질소 고정 작용은 대기 중의 질소 기체가 질소 고정 세균(뿌리혹테리아)에 의해 질소 이온($NH_4^+$)으로 전환되거나, 공중 방전에 의해 질산 이온($NO_3^-$)으로 전환되는 과정이다.
• 질산화 작용은 토양 속의 암모늄 이온($NH_4^+$)이 질산화 세균에 의해 질산 이온($NO_3^-$)으로 전환되는 과정이다.

### ⭕ 보기 풀이
ㄱ. 뿌리혹박테리아는 질소 고정 작용에 관여하는 세균이다.

### ❌ 매력적 오답
ㄴ. Ⅰ은 질소 고정 작용, Ⅱ는 질산화 작용이다.
ㄷ. ㉠은 암모늄 이온($NH_4^+$), ㉡은 질산 이온($NO_3^-$)이다.

### 문제풀이 Tip
질소 순환 과정 중 질소 고정, 질산화 작용, 탈질산화 작용에서 일어나는 단계와 이때 물질의 전환을 빠르게 찾을 수 있어야 한다.

## 2 식물 군집의 총생산량

2024년 10월 교육청 16번 | 정답 ② | 문제편 114p

출제 의도 식물 군집에서 총생산량, 호흡량에 대한 자료를 분석할 수 있는지 묻는 문항이다.

그림은 식물 군집 A의 시간에 따른 총생산량과 호흡량을 나타낸 것이다.

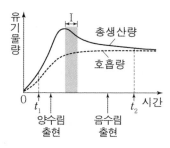

이에 대한 옳은 설명만을 〈보기〉에서 있는 대로 고른 것은?

─ 보기 ─
ㄱ. A의 생장량은 호흡량에 포함된다.
   포함되지 않는다.
ㄴ. A에서 우점종의 평균 키는 $t_2$일 때가 $t_1$일 때보다 크다.
ㄷ. 구간 Ⅰ에서 A의 순생산량은 시간에 따라 증가한다.
   감소한다.

① ㄱ  ② ㄴ  ③ ㄱ, ㄷ  ④ ㄴ, ㄷ  ⑤ ㄱ, ㄴ, ㄷ

### ✔ 자료 해석
• 총생산량＝호흡량＋순생산량(피식량＋고사·낙엽량＋생장량)
• 순생산량＝총생산량－호흡량

### ⭕ 보기 풀이
ㄴ. 우점종은 $t_1$일 때 초본 또는 관목이고, $t_2$일 때 음수 교목이므로 우점종의 평균 키는 $t_2$일 때가 $t_1$일 때보다 크다.

### ❌ 매력적 오답
ㄱ. 생장량은 호흡량에 포함되지 않는다.
ㄷ. 순생산량은 총생산량에서 호흡량을 뺀 값이다. 따라서 구간 Ⅰ에서 A의 순생산량은 시간에 따라 감소한다.

### 문제풀이 Tip
식물 군집의 천이가 진행됨에 따라 총생산량, 순생산량, 호흡량이 변화하는 과정을 이해해야 한다.

## 3 질소 순환

출제 의도 질소 순환 과정에서 일어나는 물질의 전환에 대해 알고 있는지 묻는 문항이다.

표는 생태계의 질소 순환 과정에서 일어나는 물질의 전환을 나타낸 것이다. I∼III은 질산화 작용, 질소 고정 작용, 탈질산화 작용을 순서 없이 나타낸 것이고, ⓐ와 ⓑ는 암모늄 이온($NH_4^+$)과 대기 중의 질소 기체($N_2$)를 순서 없이 나타낸 것이다.

| 구분 | 물질의 전환 |
|---|---|
| 질소 고정 I | $N_2$ ⓐ → ⓑ $NH_4^+$ |
| 질산화 작용 II | $NH_4^+$ ⓑ → 질산 이온($NO_3^-$) |
| 탈질산화 작용 III | 질산 이온($NO_3^-$) → ⓐ $N_2$ |

이에 대한 설명으로 옳은 것만을 〈보기〉에서 있는 대로 고른 것은?

보기
ㄱ. II는 질소 고정 작용이다.
   질산화 작용
ㄴ. ⓐ는 암모늄 이온($NH_4^+$)이다.
   질소 기체($N_2$)
ㄷ. 탈질산화 세균은 III에 관여한다.
   I에는 질소 고정 세균이, II에는 질산화 세균이, III에는 탈질산화 세균이 관여한다.

① ㄱ   ② ㄷ   ③ ㄱ, ㄴ   ④ ㄴ, ㄷ   ⑤ ㄱ, ㄴ, ㄷ

✔ 자료 해석
- I(질소 고정 작용) : 질소 기체($N_2$, ⓐ) → 암모늄 이온($NH_4^+$, ⓑ)
- II(질산화 작용) : 암모늄 이온($NH_4^+$, ⓑ) → 질산 이온($NO_3^-$)
- III(탈질산화 작용) : 질산 이온($NO_3^-$) → 질소 기체($N_2$, ⓐ)

◯ 보기 풀이 ㄷ. I(질소 고정 작용)에는 질소 고정 세균이, II(질산화 작용)에는 질산화 세균이, III(탈질산화 작용)에는 탈질산화 세균이 관여한다.

✕ 매력적 오답 ㄱ, ㄴ. ⓑ가 질소 기체($N_2$)라면 II에서 질소 기체($N_2$)가 질산 이온($NO_3^-$)으로 되는 것은 공중 방전에 의한 질소 고정이므로, 조건을 만족하지 않는다. 따라서 ⓑ는 암모늄 이온($NH_4^+$)이며, 암모늄 이온($NH_4^+$, ⓑ)이 질산 이온($NO_3^-$)으로 되는 II는 질산화 작용이다. ⓐ는 대기 중의 질소 기체($N_2$)이며, 질소 기체($N_2$, ⓐ)가 암모늄 이온($NH_4^+$, ⓑ)으로 되는 I은 질소 고정 작용이고, 질산 이온($NO_3^-$)이 질소 기체($N_2$, ⓐ)로 되는 III은 탈질산화 작용이다.

문제풀이 Tip
질소 순환 과정 중 질소 고정, 질산화 작용, 탈질산화 작용에 관여하는 세균의 종류와 물질의 전환에 대해 정리해 둔다.

## 4 생물 다양성

출제 의도 자료를 분석하여 개체군 내의 상호 작용과 유전적 다양성에 대해 알고 있는지 묻는 문항이다.

다음은 어떤 꿀벌 종에 대한 자료이다.

(가) 꿀벌은 여왕벌, 수벌, 일벌이 서로 일을 분담하여 협력한다. 사회 생활
(나) 꿀벌이 벌집을 만들기 위해 분비하는 물질인 밀랍은 광택제, 모형 제작, 방수제, 화장품 등에 사용된다. 생물 자원의 예
(다) 환경이 급격하게 변화하였을 때 ㉠유전적 다양성이 높은 집단에서가 낮은 집단에서보다 더 많은 수의 개체가 살아남았다.

이에 대한 설명으로 옳은 것만을 〈보기〉에서 있는 대로 고른 것은? [3점]

보기
ㄱ. (가)는 개체군 내의 상호 작용의 예에 해당한다.
ㄴ. (나)에서 생물 자원이 활용되었다.
ㄷ. 동일한 종의 무당벌레에서 반점 무늬가 다양하게 나타나는 것은 ㉠의 예에 해당한다.
   동일한 종의 무당벌레에서 반점 무늬가 다양하게 나타나는 것은 유전적 다양성(㉠)의 예에 해당한다.

① ㄱ   ② ㄴ   ③ ㄱ, ㄷ   ④ ㄴ, ㄷ   ⑤ ㄱ, ㄴ, ㄷ

✔ 자료 해석
- 꿀벌의 사회생활은 개체군 내의 상호 작용의 예에 해당한다.
- 유전적 다양성은 같은 종이라도 개체군 내의 개체들이 유전자의 변이로 인해 다양한 형질이 나타나는 것을 의미하며, 대표적 예로 무당벌레에서 반점 무늬가 다양한 것, 얼룩말의 털 무늬가 다양한 것 등이 있다.

◯ 보기 풀이 ㄱ. 동일한 종의 꿀벌에서 서로 일을 분담하여 협력하는 것(가)은 개체군 내의 상호 작용의 예에 해당한다.
ㄴ. 밀랍이 광택제, 방수제, 화장품 등에 사용되었으므로 (나)에서 생물 자원이 활용되었다.
ㄷ. 동일한 종의 무당벌레에서 반점 무늬가 다양하게 나타나는 것은 유전적 다양성(㉠)의 예에 해당한다.

문제풀이 Tip
개체군 내의 상호 작용의 예에 해당하는 것과 유전적 다양성의 예에 해당하는 것을 알아둔다.

## 5 물질 생산과 소비

출제 의도 생산자의 물질 생산과 소비의 관계에 대해 알고 있는지 묻는 문항이다.

그림은 어떤 생태계의 식물 군집에서 물질 생산과 소비의 관계를 나타낸 것이다. ㉠과 ㉡은 각각 순생산량과 피식량 중 하나이다.

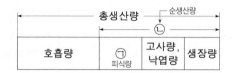

이에 대한 옳은 설명만을 〈보기〉에서 있는 대로 고른 것은?

┌─ 보기 ─────────────────────────┐
ㄱ. 식물 군집의 광합성량이 증가하면 총생산량이 증가한다.

ㄴ. 1차 소비자의 생장량은 ㉠과 같다.
     1차 소비자의 생장량은 피식량보다 작다.

ㄷ. 분해자의 호흡량은 ㉡에 포함된다.
     분해자의 호흡량은 생산자의 순생산량(㉡)에 포함된다.
└────────────────────────────────┘

① ㄱ   ② ㄴ   ③ ㄷ   ④ ㄱ, ㄷ   ⑤ ㄴ, ㄷ

✔ 자료 해석

• 순생산량(㉡)은 총생산량에서 생산자의 호흡량을 제외한 유기물의 양이므로, 피식량(㉠)＋고사량, 낙엽량＋생장량이다.
• 생산자의 피식량(㉠)은 1차 소비자의 섭식량과 같다.

○ 보기 풀이  ㄱ. 총생산량은 생산자가 일정 기간 동안 광합성을 통해 생산한 유기물의 총량이므로, 식물 군집의 광합성량이 증가하면 총생산량이 증가한다.
ㄷ. 생산자의 고사량, 낙엽량은 분해자에게 전달되는 유기물의 양이며, 분해자의 호흡량은 분해자에게 전달되는 유기물의 양에 포함된다. 따라서 분해자의 호흡량은 생산자의 순생산량(㉡)에 포함된다.

✕ 매력적 오답  ㄴ. 생산자의 피식량(㉠)은 1차 소비자의 섭식량과 같으므로, 1차 소비자의 생장량은 생산자의 피식량(㉠)보다 작다. 즉, 1차 소비자의 생장량은 생산자의 피식량(㉠)에 포함된다.

문제풀이 Tip
1차 소비자의 생장량과 호흡량은 생산자의 피식량에 포함되며, 분해자의 호흡량은 생산자의 고사량, 낙엽량에 포함된다는 것을 알아둔다.

---

## 6 탄소 순환

출제 의도 탄소 순환 과정에 대해 알고 있는지 묻는 문항이다.

다음은 생태계에서 일어나는 탄소 순환 과정에 대한 자료이다. ㉠과 ㉡은 생산자와 소비자를 순서 없이 나타낸 것이고, @와 ⓑ는 유기물과 $CO_2$를 순서 없이 나타낸 것이다.

┌─────────────────────────────────┐
•  탄소는 먹이 사슬을 따라 ㉠에서 ㉡으로 이동한다.
          생산자      소비자

•  식물은 광합성을 통해 대기 중 @로부터 ⓑ를 합성한다.
                            $CO_2$      유기물
└─────────────────────────────────┘

이에 대한 옳은 설명만을 〈보기〉에서 있는 대로 고른 것은?

┌─ 보기 ─────────────────────────┐
ㄱ. 식물은 ㉠에 해당한다.
        생산자

ㄴ. 대기에서 탄소는 주로 @의 형태로 존재한다.
                        $CO_2$

ㄷ. 분해자는 사체나 배설물에 포함된 ⓑ를 분해한다.
                                   유기물
└────────────────────────────────┘

① ㄱ   ② ㄷ   ③ ㄱ, ㄴ   ④ ㄴ, ㄷ   ⑤ ㄱ, ㄴ, ㄷ

✔ 자료 해석

• ㉠은 생산자, ㉡은 소비자이고, @는 $CO_2$, ⓑ는 유기물이다.
• 대기 중의 $CO_2$는 생산자의 광합성을 통해 유기물로 합성된 후 먹이 사슬을 따라 소비자에게 전달된다.

○ 보기 풀이  ㄱ. 유기물로 합성된 탄소는 먹이 사슬을 따라 생산자(㉠)에서 소비자(㉡)로 이동한다. 따라서 식물은 ㉠에 해당한다.
ㄴ. 대기에서 탄소는 주로 $CO_2$(@) 형태로 존재하며, 식물은 광합성을 통해 대기 중 $CO_2$(@)로부터 유기물을 합성한다.
ㄷ. 분해자는 사체나 배설물에 포함된 유기물(ⓑ)을 분해하여 $CO_2$(@)를 방출한다.

문제풀이 Tip
대기 중의 $CO_2$는 생산자의 광합성을 통해 유기물로 합성된 후 먹이 사슬을 따라 소비자에게 전달되는 탄소 순환 과정에 대해 알아둔다.

**7** 질소 순환

출제 의도 질소 순환에 대해 알고 있는지 묻는 문항이다.

그림은 생태계에서 일어나는 질소 순환 과정 일부를 나타낸 것이다. ㉠~㉢은 암모늄 이온($NH_4^+$), 질소 기체($N_2$), 질산 이온($NO_3^-$)을 순서 없이 나타낸 것이고, 과정 I과 II는 각각 질소 고정 작용과 탈질산화 작용 중 하나이다.

이에 대한 설명으로 옳은 것만을 〈보기〉에서 있는 대로 고른 것은?

탈질산화 작용
| ㉠ | → I → | ㉡ |
질산 이온 · 질소 기체

II
| ㉡ | → 질소 → | ㉢ |
질소 기체 · 고정 · 암모늄 이온

보기
ㄱ. ㉡은 암모늄 이온($NH_4^+$)이다.
          └ 질소 기체($N_2$)
ㄴ. 뿌리혹박테리아에 의해 II가 일어난다.
              └ 질소 고정
ㄷ. 식물은 ㉠을 이용하여 단백질과 같은 질소 화합물을 합성할 수 있다.
      └ 질산 이온

① ㄱ   ② ㄴ   ③ ㄱ, ㄷ   ④ ㄴ, ㄷ   ⑤ ㄱ, ㄴ, ㄷ

✔ 자료 해석

• ㉠은 질산 이온($NO_3^-$), ㉡은 질소 기체($N_2$), ㉢은 암모늄 이온($NH_4^+$)이며, I은 탈질산화 작용, II는 질소 고정이다.
• 질소 순환과 관련된 과정

| 구분 | 과정 | 관여 생물 |
|---|---|---|
| 질소 고정 | $N_2 → NH_4^+$ | 뿌리혹박테리아 |
| 질산화 작용 | $NH_4^+ → NO_3^-$ | 질산화 세균 |
| 질소 동화 작용 | $NH_4^+, NO_3^- →$ 단백질, 핵산 | 생산자 |
| 탈질산화 작용 | $NO_3^- → N_2$ | 탈질산화 세균 |

○ 보기 풀이 ㄴ. 질산 이온($NO_3^-$)(㉠)이 질소 기체($N_2$)(㉡)로 전환되는 과정은 탈질산화 작용이고, 질소 기체($N_2$)(㉡)가 암모늄 이온($NH_4^+$)(㉢)으로 전환되는 과정은 질소 고정이다. 뿌리혹박테리아에 의해 질소 고정(II)이 일어난다. I은 탈질산화 작용으로 탈질산화 세균에 의해 일어난다.
ㄷ. 식물은 암모늄 이온($NH_4^+$) 또는 질산 이온($NO_3^-$)(㉠)을 이용하여 단백질과 같은 질소 화합물을 합성한다. 이를 질소 동화 작용이라고 한다.

✘ 매력적 오답 ㄱ. ㉡은 질소 기체($N_2$)이다.

문제풀이 **Tip**
질소 순환 과정에서 질소 고정, 질소 동화 작용, 탈질산화 작용에 대해 화학식을 포함하여 알아둔다.

---

**8** 생물 다양성

출제 의도 생물 다양성에 대해 알고 있는지 묻는 문항이다.

생물 다양성에 대한 설명으로 옳은 것만을 〈보기〉에서 있는 대로 고른 것은?

보기
ㄱ. 한 생태계 내에 존재하는 생물종의 다양한 정도를 생태계 다양성이라고 한다.
                                              종
ㄴ. 남획은 생물 다양성을 감소시키는 원인에 해당한다.
ㄷ. 서식지 단편화에 의한 피해를 줄이기 위한 방법에 생태 통로 설치가 있다.

① ㄱ   ② ㄴ   ③ ㄱ, ㄷ   ④ ㄴ, ㄷ   ⑤ ㄱ, ㄴ, ㄷ

✔ 자료 해석

• 생물 다양성은 유전적 다양성, 종 다양성, 생태계 다양성을 포함한다.
• 생물 다양성을 파괴하는 요인에는 서식지 파괴 및 단편화, 외래종 도입, 불법 포획과 남획, 환경 오염과 기후 변화 등이 있다.

○ 보기 풀이 ㄴ. 생물 다양성의 감소 원인에는 남획, 서식지 단편화 등이 있다.
ㄷ. 동물들이 이동할 수 있는 생태 통로를 설치하면 서식지 단편화로 인한 피해를 줄일 수 있다.

✘ 매력적 오답 ㄱ. 한 생태계 내에 존재하는 생물종의 다양한 정도를 종 다양성이라고 한다. 생태계 다양성은 어떤 지역에서 다양한 생태계가 존재함을 의미한다.

문제풀이 **Tip**
생물 다양성에 포함되는 유전적 다양성, 종 다양성, 생태계 다양성에 대한 정의에 대해 알아둔다.

# 9  에너지 흐름

출제 의도 생태계에서 일어나는 에너지 흐름에 대해 알고 있는지 묻는 문항이다.

다음은 생태계에서 일어나는 에너지 흐름에 대한 학생 A~C의 발표 내용이다.

제시한 내용이 옳은 학생만을 있는 대로 고른 것은?

① A    ② B    ③ A, C    ④ B, C    ⑤ A, B, C

## ✓ 자료 해석

• 1차 소비자의 생장량은 생산자의 피식량에 포함된다.
• 각 영양 단계가 가지는 화학 에너지의 일부만 유기물 형태로 먹이 사슬을 따라 상위 영양 단계로 이동한다.

## O 보기 풀이
A. 빛에너지는 생산자의 광합성에 의해 유기물의 화학 에너지로 전환된다.
C. 먹이 사슬을 따라 1차 소비자에서 2차 소비자로 유기물에 저장된 에너지의 일부가 이동한다.

## ✕ 매력적 오답
B. 생산자가 호흡에 사용한 유기물은 1차 소비자로 이동하지 않으므로, 1차 소비자의 생장량은 생산자의 호흡량에 포함되지 않는다.

## 문제풀이 Tip
1차 소비자의 생장량과 호흡량은 생산자의 피식량에 포함되며 생산자의 호흡량에 포함되지 않는다는 것을 알아둔다.

---

# 10  탄소 순환과 에너지 피라미드

출제 의도 탄소 순환 과정과 에너지 피라미드를 나타낸 자료를 분석할 수 있는지 묻는 문항이다.

그림 (가)는 어떤 생태계에서 탄소 순환 과정의 일부를, (나)는 이 생태계에서 각 영양 단계의 에너지양을 상댓값으로 나타낸 생태 피라미드를 나타낸 것이다. Ⅰ~Ⅲ은 각각 1차 소비자, 3차 소비자, 생산자 중 하나이고, A와 B는 각각 생산자와 소비자 중 하나이다.

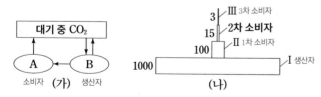

이에 대한 옳은 설명만을 〈보기〉에서 있는 대로 고른 것은? [3점]

보기
ㄱ. Ⅲ은 B에 해당한다.
　　 $\underset{A}{}$
ㄴ. Ⅰ에서 Ⅱ로 유기물 형태의 탄소가 이동한다.
　　 먹이 사슬을 따라 유기물이 이동한다.
ㄷ. (나)에서 1차 소비자의 에너지 효율은 10 %이다. $\frac{100}{1000} \times 100 = 10\%$

① ㄱ    ② ㄴ    ③ ㄱ, ㄴ    ④ ㄱ, ㄷ    ⑤ ㄴ, ㄷ

## ✓ 자료 해석
• A는 소비자, B는 생산자이다.
• Ⅰ은 생산자, Ⅱ는 1차 소비자, Ⅲ은 3차 소비자이다.
• 1차 소비자의 에너지 효율(%)은
$\frac{1차 소비자(Ⅱ)가 가진 에너지양}{생산자(Ⅰ)가 가진 에너지양} \times 100$ 이다.

## O 보기 풀이
ㄴ. 1차 소비자(Ⅱ)와 3차 소비자(Ⅲ)는 A(소비자)에 해당하고, 생산자(Ⅰ)는 B(생산자)에 해당한다. 대기 중 $CO_2$는 생산자의 광합성을 통해 유기물로 합성되며, 유기물 중 일부는 먹이 사슬을 따라 생산자에서 소비자로 이동한다. 따라서 유기물 형태의 탄소가 생산자(Ⅰ)에서 1차 소비자(Ⅱ)로 이동한다.

ㄷ. 1차 소비자(Ⅱ)의 에너지 효율은 $\frac{100}{1000} \times 100 = 10(\%)$이다.

## ✕ 매력적 오답
ㄱ. Ⅲ은 A에 해당한다.

## 문제풀이 Tip
영양 단계가 가진 에너지는 유기물의 형태로 먹이 사슬을 따라 상위 영양 단계로 이동한다는 것과 탄소 순환 과정에 대해 알고 있어야 한다.

## 11 물질의 생산과 소비

출제의도 탄소 순환 과정과 에너지 피라미드를 나타낸 자료를 분석할 수 있는지 묻는 문항이다.

그림은 식물 군집 A의 60년 전과 현재의 ㉠과 ㉡을 나타낸 것이다. ㉠과 ㉡은 각각 총생산량과 호흡량 중 하나이다.

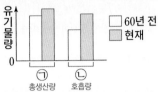

이에 대한 옳은 설명만을 〈보기〉에서 있는 대로 고른 것은?

보기
ㄱ. ㉠은 총생산량이다. ㉡은 호흡량이다.
ㄴ. A의 생장량은 ㉡에 포함된다.
    포함되지 않는다.
ㄷ. A의 순생산량은 현재가 60년 전보다 많다.
    ㉠-㉡                        적다

① ㄱ   ② ㄴ   ③ ㄱ, ㄷ   ④ ㄴ, ㄷ   ⑤ ㄱ, ㄴ, ㄷ

✓ 자료 해석
• ㉠은 총생산량, ㉡은 호흡량이다.
• 순생산량은 총생산량에서 호흡량을 제외한 유기물의 양이므로 ㉠-㉡ 이다.

○ 보기 풀이 ㄱ. 총생산량은 호흡량보다 많으므로 ㉠은 총생산량, ㉡은 호흡량이다.

✕ 매력적 오답 ㄴ. A의 생장량은 총생산량(㉠)에서 호흡량(㉡)을 뺀 순생산량에 포함되므로 호흡량(㉡)에 포함되지 않는다.
ㄷ. A의 순생산량(㉠-㉡)은 현재가 60년 전보다 적다.

문제풀이 **Tip**
총생산량, 호흡량, 순생산량에 대해 정리해 두어야 하고 생장량은 순생산량에 포함된다는 것을 알아둔다.

---

## 12 생태계 구성 요소와 질소 순환

출제의도 생태계 구성 요소 사이의 상호 관계와 질소 순환 과정에 대해 알고 있는지 묻는 문항이다.

그림은 생태계를 구성하는 요소 사이의 상호 관계를, 표는 세균 ⓐ와 ⓑ에 의해 일어나는 물질 전환 과정의 일부를 나타낸 것이다. ⓐ와 ⓑ는 탈질소 세균과 질소 고정 세균을 순서 없이 나타낸 것이다.

| 세균 | 물질 전환 과정 |
|---|---|
| 질소 고정 세균 ⓐ | $N_2 \rightarrow NH_4^+$ |
| 탈질소 세균 ⓑ | $NO_3^- \rightarrow N_2$ |

이에 대한 설명으로 옳은 것만을 〈보기〉에서 있는 대로 고른 것은?

보기
ㄱ. 순위제는 ㉢에 해당한다.
            해당하지 않는다
ㄴ. ⓑ는 탈질소 세균이다. ⓐ는 질소 고정 세균이다.
ㄷ. ⓐ에 의해 토양의 $NH_4^+$ 양이 증가하는 것은 ㉡에 해당한다.
                                              ㉠

① ㄱ   ② ㄴ   ③ ㄷ   ④ ㄱ, ㄴ   ⑤ ㄴ, ㄷ

✓ 자료 해석
• ㉠은 생물적 요인이 비생물적 환경 요인에 영향을 주는 것, ㉡은 비생물적 환경 요인이 생물적 요인에 영향을 주는 것, ㉢은 서로 다른 개체군 사이의 상호 작용이다.
• ⓐ는 질소 기체($N_2$)가 암모늄 이온($NH_4^+$)으로 고정되는 과정에 관여하는 질소 고정 세균, ⓑ는 질산 이온($NO_3^-$)이 질소 기체($N_2$)로 전환되는 과정에 관여하는 탈질소 세균이다.

○ 보기 풀이 ㄴ. ⓐ는 질소 고정 세균, ⓑ는 탈질소 세균이다.

✕ 매력적 오답 ㄱ. ㉢은 서로 다른 개체군 사이의 상호 작용인데 순위제는 개체군 내 개체들 사이의 상호 작용이므로 순위제는 ㉢에 해당하지 않는다.
ㄷ. 질소 고정 세균(ⓐ)에 의해 토양의 $NH_4^+$ 양이 증가하는 것은 생물적 요인이 비생물적 환경 요인에 영향을 주는 ㉠에 해당한다.

문제풀이 **Tip**
생태계를 구성하는 요소들 사이의 상호 작용과 질소 순환에서 물질의 전환 과정에 대해 정리해 두어야 한다.

## 13 포식과 피식 및 에너지 흐름

2022년 7월 교육청 13번 | 정답 ③ | 문제편 116p

출제 의도 개체군의 시간에 따른 개체 수와 영양 단계에 따른 에너지양을 나타낸 자료를 분석할 수 있는지 묻는 문항이다.

그림은 어떤 안정된 생태계에서 포식과 피식 관계인 개체군 ㉠과 ㉡의 시간에 따른 개체 수를, 표는 이 생태계에서 각 영양 단계의 에너지양을 나타낸 것이다. ㉠과 ㉡은 각각 1차 소비자와 2차 소비자 중 하나이고, A~C는 각각 1차 소비자, 2차 소비자, 3차 소비자 중 하나이다. 1차 소비자의 에너지 효율은 15 %이다.

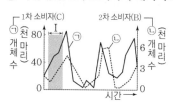

| 구분 | 에너지양(상댓값) |
|---|---|
| A 3차 소비자 | 5 |
| B 2차 소비자 | 15 |
| C 1차 소비자 | ? 75 |
| 생산자 | 500 |

이에 대한 설명으로 옳은 것만을 〈보기〉에서 있는 대로 고른 것은?

보기
ㄱ. ㉡은 B이다. ㉠은 C이다.
ㄴ. Ⅰ 시기 동안 ㉠에 환경 저항이 작용하지 않았다. 환경 저항은 항상 작용한다.
ㄷ. 이 생태계에서 2차 소비자의 에너지 효율은 20 %이다. $\frac{15}{75} \times 100 = 20 \%$

① ㄱ  ② ㄴ  ③ ㄱ, ㄷ  ④ ㄴ, ㄷ  ⑤ ㄱ, ㄴ, ㄷ

### ✔ 자료 해석
• ㉠은 1차 소비자, ㉡은 2차 소비자이고, A는 3차 소비자, B는 2차 소비자, C는 1차 소비자이다.
• 에너지 효율은 다음과 같다.
  1차 소비자(C) : 15 %, 2차 소비자(B) : 20 %, 3차 소비자(A) : 약 33 %

### ◯ 보기 풀이
ㄱ. ㉠과 ㉡이 포식과 피식 관계인데, ㉠이 증가하면 ㉡이 따라 증가하고 ㉠이 감소하면 ㉡이 따라 감소하므로 ㉠은 1차 소비자(C), ㉡은 2차 소비자(B)이다.
ㄷ. 1차 소비자의 에너지 효율이 15 %이므로 1차 소비자의 에너지양은 75이다. 따라서 2차 소비자의 에너지 효율은 $\frac{15}{75} \times 100 = 20(\%)$이다.

### ✕ 매력적 오답
ㄴ. 실제 환경에서는 자원의 제한이 있으므로 개체군에 환경 저항이 항상 작용한다. 따라서 Ⅰ 시기 동안 ㉠(1차 소비자)에 환경 저항이 작용한다.

### 문제풀이 Tip
포식과 피식 관계에 있는 개체군의 개체 수 변화를 통해 1차 소비자와 2차 소비자를 파악해야 하고, 에너지양을 통해 영양 단계를 유추해야 한다.

---

## 14 질소 순환

2022년 4월 교육청 9번 | 정답 ④ | 문제편 117p

출제 의도 질소 순환에 대해 알고 있는지 묻는 문항이다.

다음은 생태계에서 일어나는 질소 순환 과정에 대한 자료이다. ㉠~㉢은 암모늄 이온($NH_4^+$), 질산 이온($NO_3^-$), 질소 기체($N_2$)를 순서 없이 나타낸 것이다.

(가) 뿌리혹박테리아의 질소 고정 작용에 의해 ㉠이 ㉡으로 전환된다. – 질소 고정
  질소 기체($N_2$) 암모늄 이온($NH_4^+$)
(나) 생산자는 ㉡, ㉢을 이용하여 단백질과 같은 질소 화합물을 합성한다. – 질소 동화 작용
  암모늄 이온($NH_4^+$) 질산 이온($NO_3^-$)
(다) 탈질산화 세균에 의해 ㉢이 ㉠으로 전환된다. – 탈질산화 작용
  질산 이온($NO_3^-$) 질소 기체($N_2$)

이에 대한 설명으로 옳은 것만을 〈보기〉에서 있는 대로 고른 것은?

보기
ㄱ. ㉠은 질산 이온이다. 질소 기체($N_2$)
ㄴ. (나)는 질소 동화 작용에 해당한다.
ㄷ. 질산화 세균은 ㉡이 ㉢으로 전환되는 과정에 관여한다.
  암모늄 이온($NH_4^+$) 질산 이온($NO_3^-$)

① ㄱ  ② ㄴ  ③ ㄱ, ㄷ  ④ ㄴ, ㄷ  ⑤ ㄱ, ㄴ, ㄷ

### ✔ 자료 해석
• ㉠은 질소 기체($N_2$), ㉡은 암모늄 이온($NH_4^+$), ㉢은 질산 이온($NO_3^-$)이다.
• 질소 순환과 관련된 과정

| 구분 | 과정 | 관여 생물 |
|---|---|---|
| 질소 고정 | $N_2 \rightarrow NH_4^+$ | 뿌리혹박테리아 |
| 질산화 작용 | $NH_4^+ \rightarrow NO_3^-$ | 질산화 세균 |
| 질소 동화 작용 | $NH_4^+, NO_3^- \rightarrow$ 단백질, 핵산 등 | 생산자 |
| 탈질산화 작용 | $NO_3^- \rightarrow N_2$ | 탈질산화 세균 |

### ◯ 보기 풀이
ㄴ. 생산자가 암모늄 이온($NH_4^+$)(㉡), 질산 이온($NO_3^-$)(㉢)을 이용하여 질소 화합물을 합성하는 것은 질소 동화 작용에 해당한다.
ㄷ. 질산화 세균은 암모늄 이온($NH_4^+$)(㉡)이 질산 이온($NO_3^-$)(㉢)으로 전환되는 과정에 관여한다.

### ✕ 매력적 오답
ㄱ. 뿌리혹박테리아의 질소 고정에 의해 질소 기체($N_2$)(㉠)가 암모늄 이온($NH_4^+$)(㉡)으로, 탈질산화 세균에 의해 질산 이온($NO_3^-$)(㉢)이 질소 기체($N_2$)(㉠)로 전환되므로 ㉠은 질소 기체($N_2$)이다.

### 문제풀이 Tip
질소 순환 과정에서 질소 고정, 질소 동화 작용, 탈질산화 작용에 대해 화학식을 포함하여 알아둔다.

## 15 생물 다양성

출제 의도 위도와 온도에 따른 종 수를 나타낸 자료를 분석할 수 있는지 묻는 문항이다.

그림 (가)는 서대서양에서 위도에 따른 해양 달팽이의 종 수를, (나)는 이 해양에서 평균 해수면 온도에 따른 해양 달팽이의 종 수를 나타낸 것이다.

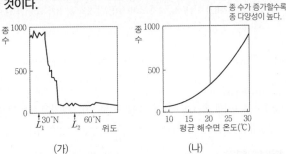

(가)          (나)

이에 대한 설명으로 옳은 것만을 〈보기〉에서 있는 대로 고른 것은?
[3점]

> 보기
> ㄱ. 해양 달팽이의 종 수는 위도 $L_2$에서가 $L_1$에서보다 많다.
>   (적다)
> ㄴ. (나)에서 평균 해수면 온도가 높을수록 해양 달팽이의 종 수가 증가하는 것은 비생물적 요인이 생물에 영향을 미치는 예에 해당한다.
>   (온도)  (해양 달팽이)
> ㄷ. 종 다양성이 높을수록 생태계가 안정적으로 유지된다.

① ㄱ    ② ㄷ    ③ ㄱ, ㄴ    ④ ㄴ, ㄷ    ⑤ ㄱ, ㄴ, ㄷ

✔ 자료 해석
• 종 다양성 : 한 지역에서 종의 다양한 정도를 의미한다.
– 종의 수가 많을수록, 종의 비율이 균등할수록 종 다양성이 높다.
– 종 다양성이 높을수록 생태계가 안정적으로 유지된다.

○ 보기 풀이 ㄴ. 평균 해수면 온도가 높을수록 해양 달팽이의 종 수가 증가하는 것은 비생물적 요인인 온도가 생물적 요인에 영향을 미치는 예에 해당한다.
ㄷ. 종의 수가 많을수록, 종의 비율이 균등할수록 종 다양성이 높으며, 종 다양성이 높을수록 생태계가 안정적으로 유지된다.

✕ 매력적 오답 ㄱ. 해양 달팽이의 종 수는 $L_1$에서가 $L_2$에서보다 많다.

문제풀이 **Tip**
비생물적 요인이 생물적 요인에 영향을 미치는 것의 예와 종 다양성에 대해 알아둔다.

---

## 16 에너지 흐름

출제 의도 에너지 흐름을 나타낸 자료를 분석할 수 있는지 묻는 문항이다.

그림은 어떤 안정된 생태계의 에너지 흐름을 나타낸 것이다. A~C는 각각 생산자, 1차 소비자, 2차 소비자 중 하나이며, 에너지양은 상댓값이다.

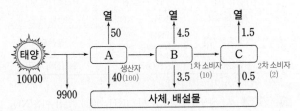

이에 대한 옳은 설명만을 〈보기〉에서 있는 대로 고른 것은?

> 보기
> ㄱ. 곰팡이는 A에 속한다.
>   (분해자에)
> ㄴ. B에서 C로 유기물이 이동한다.
> ㄷ. A에서 B로 이동한 에너지양은 B에서 C로 이동한 에너지양보다 적다.
>   (10)        (2)
>   (많다)

① ㄱ    ② ㄴ    ③ ㄷ    ④ ㄱ, ㄴ    ⑤ ㄴ, ㄷ

✔ 자료 해석
• A는 생산자, B는 1차 소비자, C는 2차 소비자이다.
• 생산자(A)의 에너지양 : 100, 1차 소비자(B)의 에너지양 : 10, 2차 소비자(C)의 에너지양 : 2

○ 보기 풀이 ㄴ. 에너지가 포함된 유기물이 먹이 사슬을 따라 1차 소비자(B)에서 2차 소비자(C)로 이동한다.

✕ 매력적 오답 ㄱ. A는 생산자이며, 곰팡이는 분해자에 해당한다.
ㄷ. 생산자(A)에서 1차 소비자(B)로 이동한 에너지양은 10이고, 1차 소비자(B)에서 2차 소비자(C)로 이동한 에너지양은 2이다.

문제풀이 **Tip**
하위 영양 단계가 가진 에너지는 유기물의 형태로 먹이 사슬을 따라 상위 영양 단계로 이동하고, 상위 영양 단계로 갈수록 각 영양 단계의 생물이 사용할 수 있는 에너지양은 감소한다는 것을 알아둔다.

## 17 질소 순환

출제 의도 질소 순환에 대해 알고 있는지 묻는 문항이다.

그림은 식물 X의 뿌리혹에 서식하는 세균 Y를 나타낸 것이다. Y는 $N_2$를 이용해 합성한 $NH_4^+$을 X에게 제공하며, X는 양분을 Y에게 제공한다. — 상호 작용을 통해 모두 이익을 얻으므로 X와 Y 사이의 상호 작용은 상리 공생이다.

세균 Y
식물 X
뿌리혹

이에 대한 옳은 설명만을 〈보기〉에서 있는 대로 고른 것은? [3점]

보기

ㄱ. X는 단백질 합성에 $NH_4^+$을 이용한다.
X에서 질소 동화 작용이 일어난다.
ㄴ. Y에서 질소 고정이 일어난다.
질소($N_2$) 기체가 암모늄 이온($NH_4^+$)으로 고정된다.
ㄷ. X와 Y 사이의 상호 작용은 상리 공생이다.
상호 작용을 통해 모두 이익을 얻는다.

① ㄱ  ② ㄷ  ③ ㄱ, ㄴ  ④ ㄴ, ㄷ  ⑤ ㄱ, ㄴ, ㄷ

✓ 자료 해석

• Y의 질소 고정으로 합성된 암모늄 이온($NH_4^+$)은 X의 단백질 합성에 이용된다.
• X와 Y는 상호 작용을 통해 모두 이익을 얻으므로 X와 Y 사이의 상호 작용은 상리 공생에 해당한다.

○ 보기 풀이  ㄱ. X에서 뿌리를 통해 흡수한 암모늄 이온($NH_4^+$)을 단백질 합성에 이용되는 질소 동화 작용이 일어난다.

ㄴ. 질소 고정은 대기 중 질소($N_2$) 기체가 질소 고정 세균에 의해 암모늄 이온($NH_4^+$)으로 고정되는 것으로, Y에서 질소 고정이 일어난다.

ㄷ. 상리 공생 관계의 두 종은 상호 작용을 통해 모두 이익을 얻는다. X는 Y에게 양분을 제공하고 Y는 X에서 암모늄 이온($NH_4^+$)을 제공하므로 X와 Y 사이의 상호 작용은 상리 공생에 해당한다.

문제풀이 Tip

질소 순환에 속하는 질소 고정, 질소 동화 작용, 질산화 작용, 탈질산화 작용에 대해 정리해 둔다.

---

## 18 에너지 흐름

출제 의도 생태계에서 에너지 흐름과 에너지 효율에 대해 알고 있는지 묻는 문항이다.

표는 어떤 생태계에서 각 영양 단계의 에너지양을 나타낸 것이다. 에너지 효율은 3차 소비자가 1차 소비자의 2배이다.

20 %                    10 %

| 영양 단계 | 에너지양(상댓값) |
|---|---|
| 생산자 | 1000 |
| 1차 소비자 | ⓐ 100 |
| 2차 소비자 | 15 |
| 3차 소비자 | 3 |

이에 대한 옳은 설명만을 〈보기〉에서 있는 대로 고른 것은? [3점]

보기

ㄱ. ⓐ는 100이다. $\frac{3}{15} \times 100\% = \frac{ⓐ}{1000} \times 100\% \times 2$이므로 ⓐ는 100이다.

ㄴ. 1차 소비자의 에너지는 모두 2차 소비자에게 전달된다.
에너지의 일부만
ㄷ. 소비자에서 상위 영양 단계로 갈수록 에너지 효율은 증가한다.

① ㄱ  ② ㄴ  ③ ㄱ, ㄷ  ④ ㄴ, ㄷ  ⑤ ㄱ, ㄴ, ㄷ

✓ 자료 해석

• 1차 소비자의 에너지 효율은 10 %, 2차 소비자의 에너지 효율은 15 %, 3차 소비자의 에너지 효율은 20 %이다.
• 각 영양 단계에서 전달받은 에너지의 일부는 세포 호흡을 통해 열에너지로 전환되고, 일부 에너지만 상위 영양 단계로 전달된다.

○ 보기 풀이  ㄱ. 3차 소비자의 에너지 효율이 1차 소비자의 에너지 효율의 2배인데, 3차 소비자의 에너지 효율이 20 %이므로 1차 소비자의 에너지 효율은 10 %이다. 따라서 $\frac{ⓐ}{1000} \times 100 = 10$이므로 ⓐ는 100이다.

ㄷ. 1차 소비자의 에너지 효율은 10 %, 2차 소비자의 에너지 효율은 15 %, 3차 소비자의 에너지 효율은 20 %이므로 소비자에서 상위 영양 단계로 갈수록 에너지 효율은 증가한다.

✗ 매력적 오답  ㄴ. 1차 소비자의 에너지 중 일부는 생명 활동에 이용되고, 일부만 2차 소비자에게 전달된다.

문제풀이 Tip

생태계에서의 에너지 흐름과 에너지 효율에 대해 정리해 둔다.

Part I

교육청

## 19 물질 순환

출제 의도 질소 순환 과정과 탄소 순환 과정에 대해 알고 있는지 묻는 문항이다.

표는 생태계에서 일어나는 질소 순환 과정과 탄소 순환 과정의 일부를 나타낸 것이다. (가)~(다)는 세포 호흡, 질산화 작용, 질소 고정 작용을 순서 없이 나타낸 것이다.

| | 구분 | 과정 |
|---|---|---|
| 질소 고정 작용 | (가) | $N_2 \rightarrow NH_4^+$ |
| 질산화 작용 | (나) | $NH_4^+ \rightarrow NO_3^-$ |
| 세포 호흡 | (다) | 유기물 $\rightarrow CO_2$ |

이에 대한 설명으로 옳은 것만을 〈보기〉에서 있는 대로 고른 것은?

보기
ㄱ. 뿌리혹박테리아에 의해 (가)가 일어난다.
ㄴ. (나)는 질소 고정 작용이다.
　　　　　 질산화 작용
ㄷ. (다)에 효소가 관여한다.

① ㄱ　② ㄴ　③ ㄱ, ㄷ　④ ㄴ, ㄷ　⑤ ㄱ, ㄴ, ㄷ

✔ 자료 해석
• (가)는 질소 고정 작용, (나)는 질산화 작용, (다)는 세포 호흡이다.
• 질소 고정 작용은 뿌리혹박테리아와 같은 질소 고정 세균에 의해 일어난다.

○ 보기풀이 ㄱ. (가)는 뿌리혹박테리아와 같은 질소 고정 세균에 의해 질소($N_2$) 기체가 암모늄 이온($NH_4^+$)으로 전환되는 과정으로 질소 고정 작용이다.
ㄷ. (다)는 세포 호흡으로, 세포 호흡과 같이 생명체 내에서 일어나는 물질대사에는 효소가 관여한다.

✕ 매력적 오답 ㄴ. (나)는 질산화 세균에 의해 암모늄 이온($NH_4^+$)이 질산 이온($NO_3^-$)으로 전환되는 질산화 작용이다.

문제풀이 Tip
질소 순환 과정에서 질소 고정 작용, 질소 동화 작용, 질산화 작용에 대해 알아둔다.

---

## 20 생물 다양성

출제 의도 생물 다양성에 대해 알고 있는지 묻는 문항이다.

생물 다양성에 대한 설명으로 옳은 것만을 〈보기〉에서 있는 대로 고른 것은?

보기
ㄱ. 불법 포획과 남획에 의한 멸종은 생물 다양성 감소의 원인이 된다.
ㄴ. 생태계 다양성은 ~~어느 한 군집에 서식하는 생물종의 다양한 정도를 의미한다.~~ 특정 지역에 존재하는 생태계의 다양한 정도를 의미한다.
ㄷ. 같은 종의 기린에서 털 무늬가 다양하게 나타나는 것은 유전적 다양성에 해당한다.

① ㄱ　② ㄴ　③ ㄱ, ㄷ　④ ㄴ, ㄷ　⑤ ㄱ, ㄴ, ㄷ

✔ 자료 해석
• 생물 다양성에는 유전적 다양성, 종 다양성, 생태계 다양성이 있다.
• 생물 다양성을 파괴하는 요인에는 서식지 파괴 및 단편화, 외래종 도입, 불법 포획과 남획, 환경 오염과 기후 변화 등이 있다.

○ 보기풀이 ㄱ. 불법 포획과 남획에 의한 멸종으로 생물종 수가 감소하여 생물 다양성이 감소한다.
ㄷ. 같은 종에서 유전 형질의 다양한 정도를 의미하는 것은 유전적 다양성이므로, 같은 종의 기린에서 털 무늬가 다양하게 나타나는 것은 유전적 다양성에 해당한다.

✕ 매력적 오답 ㄴ. 한 군집에 서식하는 생물종의 다양한 정도를 의미하는 것은 종 다양성이다. 생태계 다양성은 특정 지역에 존재하는 생태계의 다양한 정도를 의미한다.

문제풀이 Tip
생물 다양성에 포함되는 유전적 다양성, 종 다양성, 생태계 다양성에 대한 정의와 예에 대해 알아둔다.

## 21 생물 다양성

출제 의도 생물 다양성에 대해 알고 있는지 묻는 문항이다.

**다음은 생물 다양성에 대한 학생 A~C의 발표 내용이다.**

제시한 내용이 옳은 학생만을 있는 대로 고른 것은?

① A  ② B  ③ A, C  ④ B, C  ⑤ A, B, C

✔ 자료 해석

• 생물 다양성은 유전적 다양성, 종 다양성, 생태계 다양성을 포함한다.

○ 보기풀이 A. 종 다양성은 한 생태계 내에 존재하는 생물종의 다양한 정도를 의미한다.
B. 유전적 다양성은 동일한 종 내에서 나타나는 유전자의 변이가 다양한 정도를 의미한다.
C. 삼림, 초원, 사막, 습지 등과 같이 생태계가 다양하게 나타날수록 생물 다양성은 증가한다.

문제풀이 **Tip**

생물 다양성에 포함되는 유전적 다양성, 종 다양성, 생태계 다양성에 대해 알아둔다.

---

## 22 질소 순환

출제 의도 질소 순환에 대해 알고 있는지 묻는 문항이다.

그림은 생태계에서 일어나는 질소 순환 과정의 일부를 나타낸 것이다. (가)와 (나)는 질소 고정과 탈질산화 작용을 순서 없이 나타낸 것이고, ⓐ와 ⓑ는 각각 암모늄 이온과 질산 이온 중 하나이다.

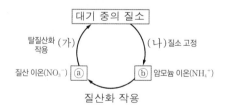

이에 대한 설명으로 옳은 것만을 〈보기〉에서 있는 대로 고른 것은?

보기
ㄱ. ⓑ는 질산 이온이다. 암모늄 이온($NH_4^+$)
ㄴ. (가)는 탈질산화 작용이다. (나)는 질소 고정이다.
ㄷ. 뿌리혹박테리아는 (나)에 관여한다.

① ㄱ  ② ㄴ  ③ ㄱ, ㄷ  ④ ㄴ, ㄷ  ⑤ ㄱ, ㄴ, ㄷ

✔ 자료 해석

• 질산 이온이 질소 기체로 전환되는 과정인 (가)는 탈질산화 작용, 질소 기체가 암모늄 이온으로 고정되는 과정인 (나)는 질소 고정이다.
• 질산화 작용은 암모늄 이온이 질산 이온으로 전환되는 과정이므로 ⓐ는 질산 이온, ⓑ는 암모늄 이온이다.

○ 보기풀이 ㄴ. 질산화 작용은 질산화 세균에 의해 암모늄 이온이 질산 이온으로 전환되는 과정이므로 ⓐ는 질산 이온, ⓑ는 암모늄 이온이다. (가)는 질산 이온이 질소 기체로 전환되는 과정으로 탈질산화 작용이다.
ㄷ. (나)는 질소 기체가 암모늄 이온으로 고정되는 과정으로 질소 고정이다. 뿌리혹박테리아는 질소 고정에 관여한다.

✖ 매력적 오답 ㄱ. ⓑ는 암모늄이온($NH_4^+$)이다.

문제풀이 **Tip**

질소 순환 과정인 질소 고정, 질산화 작용, 질소 동화 작용, 탈질산화 작용에 대해 알아둔다.

**23** 물질 생산과 소비

출제 의도 군집의 천이에 따른 총생산량과 순생산량을 나타낸 자료를 분석할 수 있는지 묻는 문항이다.

그림은 어떤 식물 군집의 시간에 따른 총생산량과 순생산량을 나타낸 것이다. ㉠과 ㉡은 각각 양수림과 음수림 중 하나이다.

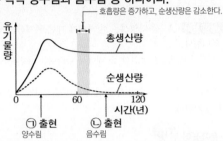

호흡량은 증가하고, 순생산량은 감소한다.

이에 대한 옳은 설명만을 〈보기〉에서 있는 대로 고른 것은? [3점]

보기
ㄱ. ㉠은 음수림이다.
  ㉠은 양수림, ㉡은 음수림이다.
ㄴ. 구간 Ⅰ에서 호흡량은 시간에 따라 증가한다.
ㄷ. 순생산량은 생산자가 광합성으로 생산한 유기물의 총량
  총생산량
  이다.

① ㄱ  ② ㄴ  ③ ㄷ  ④ ㄱ, ㄴ  ⑤ ㄴ, ㄷ

✔ 자료 해석
• ㉠은 양수림, ㉡은 음수림이다.
• 호흡량＝총생산량－순생산량이다. 극상에 가까워질수록 호흡량은 증가하고 순생산량은 감소한다.

○ 보기 풀이 ㄴ. 호흡량은 총생산량에서 순생산량을 뺀 값이므로, 구간 Ⅰ에서 호흡량은 시간에 따라 증가한다.

✕ 매력적 오답 ㄱ. 식물 군집은 양수림에서 음수림으로 천이가 일어나므로 ㉠은 양수림, ㉡은 음수림이다.
ㄷ. 순생산량은 총생산량에서 생산자의 호흡량을 제외한 유기물의 양이다. 총생산량이 생산자가 광합성으로 생산한 유기물의 총량이다.

문제풀이 **Tip**
군집의 천이에 따른 총생산량, 순생산량, 호흡량의 변화에 대해 알아둔다.

---

**24** 탄소 순환

출제 의도 탄소 순환에 대해 알고 있는지 묻는 문항이다.

그림은 생태계에서 탄소 순환 과정의 일부를 나타낸 것이다. A와 B는 각각 분해자와 생산자 중 하나이다.

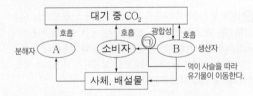

이에 대한 옳은 설명만을 〈보기〉에서 있는 대로 고른 것은?

보기
ㄱ. A는 생산자이다.
  A는 분해자, B는 생산자이다.
ㄴ. B는 호흡을 통해 $CO_2$를 방출한다.
ㄷ. 과정 ㉠에서 유기물이 이동한다.

① ㄱ  ② ㄴ  ③ ㄱ, ㄷ  ④ ㄴ, ㄷ  ⑤ ㄱ, ㄴ, ㄷ

✔ 자료 해석
• A는 분해자, B는 생산자이다.
• 생산자, 소비자, 분해자는 호흡을 통해 $CO_2$를 방출하며, 먹이 사슬을 따라 유기물이 이동한다.

○ 보기 풀이 ㄴ. A는 사체, 배설물의 유기물을 분해하여 $CO_2$를 방출하는 호흡을 하므로 분해자이다. B는 광합성을 통해 $CO_2$를 흡수하고 호흡을 통해 $CO_2$를 방출하므로 생산자이다. 생산자(B)는 호흡을 통해 $CO_2$를 방출한다.
ㄷ. 먹이 사슬의 과정 ㉠을 따라 생산자에서 소비자로 유기물이 이동한다.

✕ 매력적 오답 ㄱ. A는 분해자이다.

문제풀이 **Tip**
대기 중의 $CO_2$는 생산자의 광합성을 통해 유기물로 합성된 후 먹이 사슬을 따라 소비자에게 전달되며, 생산자, 소비자, 분해자는 호흡을 통해 $CO_2$를 방출하는 탄소 순환 과정에 대해 알아둔다.

## 25 생물 다양성

출제 의도 생물 다양성에 대해 알고 있는지 묻는 문항이다.

**다음은 생물 다양성에 대한 학생 A~C의 대화 내용이다.**

제시한 내용이 옳은 학생만을 있는 대로 고른 것은?

① A    ② C    ③ A, B    ④ B, C    ⑤ A, B, C

✓ 자료 해석

- 생물 다양성을 감소시키는 원인에는 서식지 파괴 및 단편화, 외래종 도입, 불법 포획과 남획, 환경 오염과 기후 변화 등이 있다.
- 생물 다양성 보전 방법에는 서식지 보전 및 연결, 국립공원 지정, 멸종 위기종 지정 및 복원, 국제 협약 제정, 종자 은행 등이 있다.

○ 보기 풀이 B. 서식지 파괴, 불법 포획, 남획 등은 생물 다양성 감소의 원인이다.
C. 생물 다양성 보전을 위한 방안으로 국립공원 지정, 생태 통로 설치 등이 있다.

✕ 매력적 오답 A. 한 생태계에 있는 생물종의 다양한 정도를 의미하는 것은 종 다양성이다. 생태계 다양성은 특정 지역에 존재하는 생태계의 다양한 정도를 의미한다.

문제풀이 **Tip**

생물 다양성에 포함되는 유전적 다양성, 종 다양성, 생태계 다양성에 대한 정의와 생물 다양성의 감소 원인 및 보전 방안에 대해 알아둔다.

---

## 26 종 다양성

출제 의도 여러 식물 종의 개체 수를 나타낸 자료를 분석하여 개체군 밀도와 상대 밀도 및 종 다양성을 비교할 수 있는지 묻는 문항이다.

**표 (가)는 면적이 동일한 서로 다른 지역 Ⅰ과 Ⅱ에 서식하는 식물 종 A~E의 개체수를, (나)는 Ⅰ과 Ⅱ 중 한 지역에서 ㉠과 ㉡의 상대 밀도를 나타낸 것이다. ㉠과 ㉡은 각각 A~E 중 하나이다.**

| 종수 | 구분 | A | B | C | D | E |
|---|---|---|---|---|---|---|
| 5 | Ⅰ | 9 | 10 | 12 | 8 | 11 |
| 4 | Ⅱ | 18 | 10 | 20 | 0 | 2 |

(가)

| 구분 | 상대 밀도(%) |
|---|---|
| Ⅰ의 A ㉠ | 18 |
| Ⅰ의 B ㉡ | 20 |

(나)

이에 대한 설명으로 옳은 것만을 〈보기〉에서 있는 대로 고른 것은? (단, A~E 이외의 종은 고려하지 않는다.) [3점]

보기 — $\frac{12}{50} \times 100 = 24\%$

ㄱ. ㉡은 ⓒ이다.

ㄴ. B의 개체군 밀도는 Ⅰ과 Ⅱ에서 같다.

ㄷ. 식물의 종 다양성은 Ⅰ에서가 Ⅱ에서보다 ~~낮다~~. 높다

① ㄱ    ② ㄴ    ③ ㄷ    ④ ㄱ, ㄴ    ⑤ ㄱ, ㄷ

✓ 자료 해석

- 개체군 밀도는 서식지 면적에 대한 개체 수이며, 상대 밀도는 전체 개체 수에 대한 특정 종의 개체 수이다.
- (나)의 ㉠과 ㉡은 각각 Ⅰ의 A와 B이다.

○ 보기 풀이 ㄴ. Ⅰ과 Ⅱ의 면적이 동일하므로 Ⅰ과 Ⅱ에서 B의 개체군 밀도는 B의 개체 수를 비교하면 된다. 따라서 B의 개체군 밀도는 Ⅰ과 Ⅱ에서 같다.

✕ 매력적 오답 ㄱ. ㉠은 $\frac{9}{50} \times 100 = 18\%$이므로 Ⅰ의 A이고, ㉡은 $\frac{10}{50} \times 100 = 20\%$이므로 Ⅰ의 B이다.

ㄷ. 종 다양성은 종 수가 많을수록, 전체 개체 수에서 각 종이 차지하는 비율이 균등할수록 높으므로 식물의 종 다양성은 Ⅰ에서가 Ⅱ에서보다 높다.

문제풀이 **Tip**

면적이 같은 지역에서 개체군 밀도와 상대 밀도를 파악할 때 개체 수가 많은 종일수록 개체군 밀도가 높으며, 개체 수가 일정할 때 나머지 종들의 개체 수 합이 적을수록 상대 밀도가 높다는 것을 알아두면 자료를 빨리 분석할 수 있다.

## 27 질소 순환

2020년 7월 교육청 12번 | 정답 ② | 문제편 120p

출제 의도 질소 순환 과정에 대해 알고 있는지 묻는 문항이다.

그림은 생태계에서 일어나는 질소 순환 과정의 일부를 나타낸 것이다.

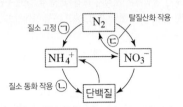

이에 대한 설명으로 옳은 것만을 〈보기〉에서 있는 대로 고른 것은?

보기
ㄱ. 과정 ㉠은 <s>탈질산화 작용</s>이다.
　　　　　　　질소 고정
ㄴ. 과정 ㉡에서 동화 작용이 일어난다.
ㄷ. 과정 ㉢은 <s>질소 고정 작용</s>이다.
　　　　　　　탈질산화 작용

① ㄱ　　② ㄴ　　③ ㄱ, ㄷ　　④ ㄴ, ㄷ　　⑤ ㄱ, ㄴ, ㄷ

### ✔ 자료 해석
• ㉠은 질소 고정, ㉡은 질소 동화 작용, ㉢은 탈질산화 작용이다.
• 질소 순환과 관련된 과정

| 질소 고정 | 질소 기체($N_2$) → 암모늄 이온($NH_4^+$) |
|---|---|
| 공중 방전 | 질소 기체($N_2$) → 질산 이온($NO_3^-$) |
| 질산화 작용 | 암모늄 이온($NH_4^+$) → 질산 이온($NO_3^-$) |
| 질소 동화 작용 | 암모늄 이온($NH_4^+$), 질산 이온($NO_3^-$) → 단백질, 핵산 |
| 탈질산화 작용 | 질산 이온($NO_3^-$) → 질소 기체($N_2$) |

○ 보기 풀이 ㄴ. ㉡은 식물체 내에서 암모늄 이온($NH_4^+$)이 단백질로 합성되는 질소 동화 작용이다.

✕ 매력적 오답 ㄱ. ㉠은 뿌리혹박테리아와 같은 질소 고정 세균에 의해 질소 기체($N_2$)가 암모늄 이온($NH_4^+$)으로 전환되는 과정으로 질소 고정이다.
ㄷ. ㉢은 탈질산화 세균에 의해 질산 이온($NO_3^-$)이 질소 기체($N_2$)로 전환되는 탈질산화 작용이다.

문제풀이 Tip
질소 순환 과정에서 질소 고정, 질소 동화 작용, 질산화 작용, 탈질산화 작용에 대해 화학식을 포함하여 알아둔다.

## 28 에너지 흐름

2020년 4월 교육청 14번 | 정답 ① | 문제편 120p

출제 의도 에너지양과 에너지 효율을 나타낸 자료를 분석할 수 있는지 묻는 문항이다.

그림은 어떤 생태계에서 생산자와 A~C의 에너지양을 나타낸 생태 피라미드이고, 표는 이 생태계를 구성하는 영양 단계에서 에너지양과 에너지 효율을 나타낸 것이다. A~C는 각각 1차 소비자, 2차 소비자, 3차 소비자 중 하나이고, Ⅰ~Ⅲ은 A~C를 순서 없이 나타낸 것이다. 에너지 효율은 C가 A의 2배이다.

| 영양 단계 | 에너지양 (상댓값) | 에너지 효율(%) |
|---|---|---|
| Ⅰ C | 3 | ? 20 |
| Ⅱ A | ? 100 | 10 |
| Ⅲ B | ㉠ 15 | 15 |
| 생산자 | 1000 | ? |

이에 대한 설명으로 옳은 것만을 〈보기〉에서 있는 대로 고른 것은? [3점]

보기
ㄱ. Ⅱ는 A이다.
ㄴ. ㉠은 <s>150</s>이다.
　　　　　15
ㄷ. C의 에너지 효율은 <s>30</s> %이다.
　　　　　　　　　　20

① ㄱ　　② ㄴ　　③ ㄷ　　④ ㄱ, ㄷ　　⑤ ㄴ, ㄷ

### ✔ 자료 해석
• A는 1차 소비자, B는 2차 소비자, C는 3차 소비자이다.
• 1차 소비자의 에너지 효율은 10 %, 2차 소비자의 에너지 효율은 15 %, 3차 소비자의 에너지 효율은 20 %이다. 따라서 Ⅰ은 C, Ⅱ는 A, Ⅲ은 B이다.

○ 보기 풀이 ㄱ. 에너지 효율은 C가 A의 2배라고 하였는데, 표에서 Ⅱ의 에너지 효율이 10 %, Ⅲ의 에너지 효율이 15 %이다. 1차 소비자인 A의 에너지 효율이 10 %일 경우 3차 소비자인 C의 에너지 효율이 20 %가 되므로 Ⅰ은 C, Ⅱ는 A, Ⅲ은 B이다.

✕ 매력적 오답 ㄴ. 1차 소비자인 A(Ⅱ)의 에너지 효율이 10 %이므로 A(Ⅱ)의 에너지양은 100이며, 2차 소비자인 B(Ⅲ)의 에너지 효율이 15 %이므로 ㉠은 15이다.
ㄷ. 3차 소비자인 C(Ⅰ)의 에너지 효율은 1차 소비자인 A(Ⅱ)의 2배이므로 20 %이다.

문제풀이 Tip
생태 피라미드에서 영양 단계에 따른 에너지양과 에너지 효율을 계산할 수 있어야 한다.

## 29 질소 순환

출제 의도 질소 순환에 대해 알고 있는지 묻는 문항이다.

그림은 생태계에서 일어나는 질소 순환 과정의 일부를 나타낸 것이다.

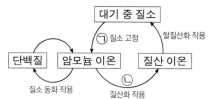

이에 대한 옳은 설명만을 〈보기〉에서 있는 대로 고른 것은?

보기
ㄱ. 뿌리혹박테리아는 ㉠에 관여한다.
ㄴ. ㉡은 탈질산화 작용이다.
　　　　　　　질산화 작용
ㄷ. 식물은 암모늄 이온을 이용하여 단백질을 합성한다.

① ㄱ　　② ㄴ　　③ ㄱ, ㄴ　　④ ㄱ, ㄷ　　⑤ ㄴ, ㄷ

✔ 자료 해석
• ㉠은 질소 고정으로 뿌리혹박테리아가 관여하고, ㉡은 질산화 작용으로 질산화 세균이 관여한다.

○ 보기 풀이 ㄱ. ㉠은 뿌리혹박테리아가 관여하는 질소 고정이다.
ㄷ. 식물은 암모늄 이온을 이용하여 단백질을 합성하는 질소 동화 작용을 한다.

✕ 매력적 오답 ㄴ. ㉡은 질산화 작용이다. 탈질산화 작용은 질산 이온이 질소 기체로 전환되는 것이다.

문제풀이 Tip
질소 순환 과정에서 질소 고정, 질산화 작용, 질소 동화 작용, 탈질산화 작용에 대해 알아둔다.

---

## 30 생물 다양성

출제 의도 생물 다양성에 대해 알고 있는지 묻는 문항이다.

생물 다양성에 대한 옳은 설명만을 〈보기〉에서 있는 대로 고른 것은? [3점]

보기
ㄱ. 생물 다양성이 낮을수록 생태계의 평형이 깨지기 쉽다.
ㄴ. 사람의 눈동자 색깔이 다양한 것은 유전적 다양성에 해당한다.
ㄷ. 한 지역에서 종의 수가 일정할 때, 각 종의 개체 수 비율이 균등할수록 종 다양성이 낮다.
　　　　　　　　　　　　　　　　　　　　　　　　　높다

① ㄱ　　② ㄷ　　③ ㄱ, ㄴ　　④ ㄴ, ㄷ　　⑤ ㄱ, ㄴ, ㄷ

✔ 자료 해석
• 생물 다양성은 생태계의 기능 및 안정성 유지에 중요하다.
• 유전적 다양성은 같은 종이라도 서로 다른 유전자를 가지고 있어 다양한 형질이 나타나는 것을 의미한다.

○ 보기 풀이 ㄱ. 생물 다양성 중 종 다양성이 높을수록 생태계 평형이 쉽게 깨지지 않는다.
ㄷ. 종 다양성은 한 생태계에 존재하는 생물종의 다양한 정도이므로, 종의 수가 많고 각 종의 개체 수 비율이 균등할수록 종 다양성이 높다.

✕ 매력적 오답 ㄴ. 사람의 눈동자 색깔은 유전적 차이에 의해 다양하게 나타난다.

문제풀이 Tip
유전적 다양성, 종 다양성, 생태계 다양성의 의미와 해당하는 예에 대해 알아둔다.

# 01 생명 과학의 이해

선택지 비율 ① 0% ② 0% ③ 0% ④ 0% ❺ 97%

## 1 생물의 특성

2025학년도 수능 1번 | 정답 ⑤ | 문제편 122p

출제 의도 넓적부리도요가 나타내는 생물의 특성에 대해 알고 있는지를 묻는 문항이다.

**다음은 넓적부리도요에 대한 자료이다.**

넓적부리도요는 겨울을 따뜻한 남쪽 지역에서 보내고 봄에는 북쪽 지역으로 이동하여 ㉠번식한다. 이 새는 작은 해양 생물을 많이 먹어 ㉡장거리 비행에 필요한 에너지를 얻으며, ㉢갯벌에서 먹이를 잡기에 적합한 숟가락 모양의 부리를 갖는다.

**이에 대한 옳은 설명만을 〈보기〉에서 있는 대로 고른 것은?**

〈보기〉
ㄱ. ㉠ 과정에서 유전 물질이 자손에게 전달된다.
　번식 과정에서 자손이 어버이의 유전 형질을 물려받는다.
ㄴ. ㉡ 과정에서 물질대사가 일어난다.
　생물은 물질대사를 통해 에너지를 얻는다.
ㄷ. ㉢은 적응과 진화의 예에 해당한다.

① ㄱ　② ㄴ　③ ㄱ, ㄷ　④ ㄴ, ㄷ　⑤ ㄱ, ㄴ, ㄷ

✓ **자료 해석**
• 자신과 닮은 자손을 만드는 것(번식)은 생식과 유전에 해당한다.
• 생물은 세포 호흡과 같은 이화 작용으로 에너지를 얻는다.
• 적응과 진화는 생물이 서식 환경에 알맞은 몸의 형태, 기능 등을 가지고 여러 세대에 걸쳐 새로운 종으로 분화되는 것이다.

○ **보기풀이** ㄱ. 번식(㉠)은 생물이 생식을 통해 자손의 수를 늘리는 과정으로, 이 과정에서 유전 물질이 자손에게 전달된다.

ㄴ. 넓적부리도요가 먹이를 먹고 장거리 비행에 필요한 에너지를 얻는 과정(㉡)에서 소화, 세포 호흡 등의 물질대사가 일어난다.

ㄷ. 넓적부리도요가 갯벌에서 먹이를 잡기에 적합한 모양의 부리를 갖는 것(㉢)은 생존과 번식에 유리하도록 변화한 것이므로 적응과 진화의 예에 해당한다.

**문제풀이 Tip**
모든 생물은 세포로 되어 있고, 물질대사를 한다는 것을 꼭 알아두고, 종간 경쟁, 기생, 상리 공생과 같은 개체군 간의 상호 작용에 대해 알아두어야 한다.

---

선택지 비율 ① 0% ❷ 68% ③ 3% ④ 1% ⑤ 25%

## 2 생명 과학의 탐구

2025학년도 수능 4번 | 정답 ② | 문제편 122p

출제 의도 개체군 간의 상호 작용을 탐구한 자료를 분석할 수 있는지를 묻는 문항이다.

**다음은 숲 F에서 새와 박쥐가 곤충 개체 수 감소에 미치는 영향을 알아보기 위한 탐구이다.**

(가) F를 동일한 조건의 구역 ⓐ~ⓒ로 나눈 후, ⓐ에는 새와 박쥐의 접근을 차단하지 않았고, ⓑ에는 새의 접근만 차단하였으며, ⓒ에는 박쥐의 접근만 차단하였다. 탐구 설계 및 수행

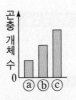

(나) 일정 시간이 지난 후, ⓐ~ⓒ에서 곤충 개체 수를 조사한 결과는 그림과 같다. 결과 분석

**이 자료에 대한 설명으로 옳은 것만을 〈보기〉에서 있는 대로 고른 것은? (단, 제시된 조건 이외는 고려하지 않는다.) [3점]**

〈보기〉
ㄱ. 조작 변인은 곤충 개체 수이다.
　　새 또는 박쥐의 접근 차단 여부
ㄴ. ⓒ에서 곤충에 환경 저항이 작용하였다.
ㄷ. 곤충 개체 수 감소에 미치는 영향은 새가 박쥐보다 크다.
　　　　　　　　　　　　　　　　　　　　작다

① ㄱ　② ㄴ　③ ㄷ　④ ㄱ, ㄷ　⑤ ㄴ, ㄷ

✓ **자료 해석**
• 탐구에서 조작 변인은 새 또는 박쥐의 접근 차단 여부이며, 종속변인은 곤충 개체 수 변화이다.
• 환경 저항은 곤충 개체 수 증가를 억제하는 여러 가지 요인으로 먹이 경쟁, 서식지 공간 부족, 천적, 질병 등이 해당한다.

○ **보기풀이** ㄴ. ⓒ에서 박쥐의 접근만 차단하고 새의 접근은 허용하였으므로 곤충에 환경 저항이 작용하였다.

✕ **매력적 오답** ㄱ. 곤충 개체 수는 종속변인이다. 조작 변인은 새 또는 박쥐의 접근 차단 여부이다.

ㄷ. 박쥐의 접근이 허용된 ⓑ에서의 곤충 개체 수가 새의 접근이 허용된 ⓒ에서의 곤충 개체 수보다 적으므로 곤충 개체 수 감소에 미치는 영향은 박쥐가 새보다 크다.

**문제풀이 Tip**
개체군 간의 상호 작용 중 새와 박쥐는 곤충에 대해 포식과 피식에 해당하고, 곤충 개체 수가 종속변인임을 파악할 수 있어야 한다.

## 3  생물의 특성

출제 의도  생물의 특성에 대해 알고 있는지 묻는 문항이다.

### 다음은 생물의 특성에 대한 자료이다.

- ㉠발생 과정에서 포식자를 감지한 물벼룩 A는 머리와 꼬리에 뾰족한 구조를 형성하여 방어에 적합한 몸의 형태를 갖는다.
- ㉡메뚜기 B는 주변 환경과 유사하게 몸의 색을 변화시켜 포식자의 눈에 띄지 않는다. 적응과 진화의 예

이에 대한 설명으로 옳은 것만을 〈보기〉에서 있는 대로 고른 것은? [3점]

보기
ㄱ. ㉠ 과정에서 세포 분열이 일어난다.
ㄴ. ㉡은 생물적 요인이 비생물적 요인에 영향을 미치는 예에 해당한다. ㉡은 비생물적 요인이 생물적 요인에 영향을 미치는 예에 해당한다.
ㄷ. '펭귄은 물속에서 빠른 속도로 움직이는 데 적합한 몸의 형태를 갖는다.'는 적응과 진화의 예에 해당한다.

① ㄱ   ② ㄴ   ③ ㄷ   ④ ㄱ, ㄷ   ⑤ ㄴ, ㄷ

✔ 자료 해석
- 발생과 생장 : 수정란이 세포 분열과 분화를 통해 새로운 개체로 되고, 어린 개체가 세포 분열을 통해 자라나는 과정이다.
- 적응과 진화 : 생물이 서식 환경에 알맞은 몸의 형태, 기능 등을 갖고, 생물이 여러 세대를 거치면서 새로운 종으로 분화되는 과정이다.

○ 보기 풀이  ㄱ. 발생(㉠) 과정에서 세포 분열이 일어나 물벼룩 A는 방어에 적합한 몸의 형태를 갖는다.

ㄷ. '펭귄은 물속에서 빠른 속도로 움직이는 데 적합한 몸의 형태를 갖는다.'는 생물이 서식 환경에 적합한 몸의 형태, 기능 등을 갖게 된다는 것으로 적응과 진화의 예에 해당한다.

✘ 매력적 오답  ㄴ. 메뚜기 B가 주변 환경과 유사하게 몸의 색을 변화시키는 것(㉡)은 비생물적 요인이 생물적 요인에 영향을 미치는 예에 해당한다.

문제풀이 **Tip**
생물의 특성인 발생과 생장, 적응과 진화의 예에 대해 잘 알아둔다.

---

## 4  생명 과학의 탐구 방법

출제 의도  연역적 탐구 방법을 나타낸 자료를 분석하여 조작 변인을 파악할 수 있는지 묻는 문항이다.

### 다음은 어떤 연못에 서식하는 동물 종 ㉠~㉢ 사이의 상호 작용에 대한 실험이다.

- ㉠과 ㉡은 같은 먹이를 두고 경쟁하며, ㉢은 ㉠과 ㉡의 천적이다.
[실험 과정 및 결과]
(가) 인공 연못 A와 B 각각에 같은 개체 수의 ㉠과 ㉡을 넣고, A에만 ㉢을 추가한다.
(나) 일정 시간이 지난 후, A와 B 각각에서 ㉠과 ㉡의 개체 수를 조사한 결과는 그림과 같다.

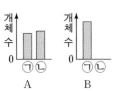

이 자료에 대한 설명으로 옳은 것만을 〈보기〉에서 있는 대로 고른 것은? (단, 제시된 조건 이외는 고려하지 않는다.)

보기
ㄱ. 조작 변인은 ㉢의 추가 여부이다.
　　조작 변인은 실험군에서 의도적으로 변화시키는 변인이다.
ㄴ. A에서 ㉠은 ㉡과 한 개체군을 이룬다.
　　㉠과 ㉡은 서로 다른 개체군을 이룬다.
ㄷ. B에서 ㉠과 ㉡ 사이에 경쟁 배타가 일어났다.

① ㄱ   ② ㄴ   ③ ㄷ   ④ ㄱ, ㄴ   ⑤ ㄱ, ㄷ

✔ 자료 해석
- A에서 ㉠과 ㉡은 각각 다른 개체군이며, 하나의 군집을 이룬다.
- 조작 변인은 천적인 ㉢의 추가 여부이다.

○ 보기 풀이  ㄱ. 조작 변인은 실험군에서 의도적으로 변화시키는 변인으로, ㉢의 추가 여부이다.

ㄷ. 경쟁 배타 결과 한 개체군만 생존하고 다른 개체군은 사라진다. B에서 ㉡의 개체 수는 0이 되었으므로 ㉠과 ㉡ 사이에 경쟁 배타가 일어났다.

✘ 매력적 오답  ㄴ. 개체군은 일정한 지역에서 같은 종의 개체들이 무리를 이루어 생활하는 집단이다. A에서 ㉠과 ㉡은 서로 다른 종이므로 서로 다른 개체군을 이룬다.

문제풀이 **Tip**
연역적 탐구 방법과 개체군 간의 상호 작용을 통합한 문항으로 조작 변인을 파악할 수 있어야 하며, 개체군과 경쟁 배타에 대해 알고 있어야 한다.

2025학년도 6월 **평가원** 1번 | 정답 ⑤ | 문제편 **123 p**

**출제 의도** 생물의 특성에 대해 알고 있는지 묻는 문항이다.

표는 생물의 특성의 예를 나타낸 것이다. (가)와 (나)는 발생과 생장, 항상성을 순서 없이 나타낸 것이다.

| 생물의 특성 | 예 |
|---|---|
| 항상성 (가) | 사람은 더울 때 땀을 흘려 체온을 일정하게 유지한다. |
| 발생과 생장 (나) | 달걀은 병아리를 거쳐 닭이 된다. |
| 적응과 진화 | ⓐ |

이에 대한 설명으로 옳은 것만을 〈보기〉에서 있는 대로 고른 것은?

─〈보기〉─
ㄱ. (가)는 항상성이다.
　(가)는 항상성, (나)는 발생과 생장.
ㄴ. (나) 과정에서 세포 분열이 일어난다.
　발생과 생장(나) 과정에서 세포 분열이 일어나 세포 수가 증가한다.
ㄷ. '더운 지역에 사는 사막여우는 열 방출에 효과적인 큰 귀를 갖는다.'는 ⓐ에 해당한다. 적응과 진화의 예

① ㄱ　② ㄷ　③ ㄱ, ㄴ　④ ㄴ, ㄷ　⑤ ㄱ, ㄴ, ㄷ

**✓ 자료 해석**

- (가)는 항상성, (나)는 발생과 생장이다.
- 적응과 진화의 예 : 사막에 사는 선인장은 잎이 가시로 변하였다. 사막여우는 귀가 크고 몸집이 작으며, 북극여우는 귀가 작고 몸집이 크다.

**○ 보기 풀이** ㄱ. 더울 때 땀을 흘려 체온을 일정하게 유지하는 것은 항상성 (가)의 예에 해당한다.

ㄴ. 달걀이 병아리를 거쳐 닭이 되는 것은 발생과 생장(나)의 예에 해당하며, 발생과 생장(나) 과정에서 세포 분열이 일어나 세포 수가 증가한다.

ㄷ. 더운 지역에 사는 사막여우가 열 방출에 효과적인 큰 귀를 갖는 것은 적응과 진화의 예(ⓐ)에 해당한다.

**문제풀이 Tip**

생물의 특성인 발생과 생장, 항상성, 적응과 진화의 예에 대해 잘 알아둔다.

**6** 생명 과학의 탐구

2025학년도 6월 **평가원** 6번 | 정답 ⑤ | 문제편 **123 p**

**출제 의도** 연역적 탐구에 대한 자료를 분석하여 조작 변인과 종속변인을 파악할 수 있는지 묻는 문항이다.

다음은 어떤 과학자가 수행한 탐구이다.

(가) 암이 있는 생쥐에서 면역 세포가 암세포를 인식하지 못해 암세포를 제거하지 못하는 것을 관찰하고, 면역 세포가 암세포를 인식하도록 도우면 암세포의 수가 줄어들 것이라고 생각했다. 문제 인식 및 가설 설정

(나) 동일한 암이 있는 생쥐 집단 Ⅰ과 Ⅱ를 준비하고, Ⅱ에만 ㉠면역 세포가 암세포를 인식하도록 돕는 물질을 주사했다. 탐구 설계 및 수행

(다) 일정 시간이 지난 후 Ⅰ과 Ⅱ에서 암세포의 수를 측정한 결과, ⓐ에서만 암세포의 수가 줄어들었다. ⓐ는 Ⅰ과 Ⅱ 중 하나이다. 결과 정리 및 분석
　　　　Ⅱ

(라) 암이 있는 생쥐에서 면역 세포가 암세포를 인식하도록 도우면 암세포의 수가 줄어든다는 결론을 내렸다. 결론 도출

이 자료에 대한 설명으로 옳은 것만을 〈보기〉에서 있는 대로 고른 것은? [3점]

─〈보기〉─
ㄱ. 조작 변인은 ㉠의 주사 여부이다.
　㉠을 주사한 Ⅱ(ⓐ)에서만 암세포의 수가 줄어들었다.
ㄴ. ⓐ는 Ⅱ이다.
ㄷ. (라)는 탐구 과정 중 결론 도출 단계에 해당한다.

① ㄱ　② ㄴ　③ ㄱ, ㄷ　④ ㄴ, ㄷ　⑤ ㄱ, ㄴ, ㄷ

**✓ 자료 해석**

- 조작 변인은 면역 세포가 암세포를 인식하도록 돕는 물질(㉠)의 주사 여부이고, 종속변인은 암세포의 수이다.
- ⓐ는 면역 세포가 암세포를 인식하도록 돕는 물질(㉠)을 주사한 Ⅱ이다.

**○ 보기 풀이** ㄱ. 집단 Ⅰ과 Ⅱ에서 Ⅱ에만 ㉠을 주사하였으므로 조작 변인은 ㉠의 주사 여부이다.

ㄴ. 면역 세포가 암세포를 인식하도록 도우면 암세포의 수가 줄어든다는 결론을 내렸으므로 ㉠을 주사한 Ⅱ에서만 암세포의 수가 줄어들었음을 알 수 있다. 따라서 ⓐ는 Ⅱ이다.

ㄷ. (가)는 문제 인식 및 가설 설정, (나)는 탐구 설계 및 수행, (다)는 결과 정리 및 분석, (라)는 결론 도출 단계에 해당한다.

**문제풀이 Tip**

연역적 탐구에서 탐구 과정 단계를 알고, 조작 변인과 종속변인을 파악할 수 있어야 한다.

# 7 생명 과학의 탐구 방법

**출제 의도** 플랑크톤에서 분비되는 독소 ㉠과 세균 S에 대해 어떤 과학자가 수행한 연역적 탐구에 대해 분석할 수 있는지 묻는 문항이다.

다음은 플랑크톤에서 분비되는 독소 ㉠과 세균 S에 대해 어떤 과학자가 수행한 탐구이다.

> (가) S의 밀도가 낮은 호수에서보다 높은 호수에서 ㉠의 농도가 낮은 것을 관찰하고, S가 ㉠을 분해할 것이라고 생각했다. 관찰 및 가설 설정
>
> (나) 같은 농도의 ㉠이 들어 있는 수조 Ⅰ과 Ⅱ를 준비하고 한 수조에만 S를 넣었다. 일정 시간이 지난 후 Ⅰ과 Ⅱ 각각에 남아 있는 ㉠의 농도를 측정했다. 탐구 설계 및 수행
>
> (다) 수조에 남아 있는 ㉠의 농도는 Ⅰ에서가 Ⅱ에서보다 높았다. 결과 분석
> <u>S 없음</u>   <u>S 있음</u>
>
> (라) S가 ㉠을 분해한다는 결론을 내렸다. 결론 도출

이 자료에 대한 설명으로 옳은 것만을 〈보기〉에서 있는 대로 고른 것은? [3점]

> **〈보기〉**
> ㄱ. (나)에서 대조 실험이 수행되었다.
>    (나)에서 실험군과 대조군 실험이 수행되었다.
> ㄴ. 조작 변인은 수조에 남아 있는 ㉠의 농도이다.
> ㄷ. S를 넣은 수조는 ~~Ⅰ~~이다.
>    Ⅱ

① ㄱ   ② ㄴ   ③ ㄱ, ㄷ   ④ ㄴ, ㄷ   ⑤ ㄱ, ㄴ, ㄷ

---

**✓ 자료 해석**

- 연역적 탐구 방법 : 자연 현상을 관찰하면서 인식한 문제를 설명하기 위한 가설을 세우고, 설계된 실험(탐구)을 수행하여 가설의 옳고 그름을 검증하는 탐구 방법
- 대조 실험 : 탐구를 수행할 때 대조군을 설정하고 실험군과 비교하는 대조 실험을 실시하여 실험 결과의 타당성을 높인다.
  - 조작 변인 : 실험에서 일정하게 유지해야 하는 변인
  - 종속 변인 : 조작 변인의 영향을 받아서 달라지는 요인으로 실험 결과에 해당한다.

**O 보기풀이** ㄱ. (나)에서 수조 Ⅰ과 Ⅱ를 준비하고 S의 유무만 달리한 채 각각에 남아 있는 ㉠의 농도를 측정해 비교하였으므로 (나)에서 수행한 탐구 활동은 대조 실험이다.

**✗ 매력적 오답** ㄴ. 조작 변인은 대조군과 실험군에서 서로 달리 처리한 변인이다. 수조 Ⅰ과 Ⅱ에서 서로 달리 처리한 변인은 S의 유무이므로 조작 변인은 S의 유무이다.

ㄷ. S가 ㉠을 분해한다는 결론을 내렸으므로 S를 넣은 수조에서는 ㉠의 농도가 S를 넣지 않은 수조에서보다 낮아야 한다. 따라서 S를 넣은 수조는 Ⅱ이다.

**문제풀이 Tip**
연역적 탐구 방법에 대해 알아두고, 탐구에서 조작 변인과 종속 변인을 구분할 수 있어야 한다.

## 8 생물의 특성

출제 의도 식물 X에 나타난 생물의 특성에 대해 알고 있는지 묻는 문항이다.

**다음은 식물 X에 대한 자료이다.**

X는 ⑦잎에 있는 털에서 달콤한 점액을 분비하여 곤충을 유인한다. ⓒX는 털에 곤충이 닿으면 잎을 구부려 곤충을 잡는다. X는 효소를 분비하여 곤충을 분해하고 영양분을 얻는다.
　　　　　　　　　　　　　　　　　　└자극에 대한 반응의 예

**이 자료에 대한 설명으로 옳은 것만을 〈보기〉에서 있는 대로 고른 것은?**

보기
ㄱ. ⑦은 세포로 구성되어 있다.
　　식물의 잎(⑦)은 세포로 구성되어 있다.
ㄴ. ⓒ은 자극에 대한 반응의 예에 해당한다.
ㄷ. X와 곤충 사이의 상호 작용은 상리 공생에 해당한다.
　　　　　　　　　　　　　　　　　　해당하지 않는다

① ㄱ　　② ㄷ　　③ ㄱ, ㄴ　　④ ㄴ, ㄷ　　⑤ ㄱ, ㄴ, ㄷ

✔ 자료 해석
• 모든 생물은 세포로 이루어져 있으므로 잎도 세포로 구성되어 있다.
• 자극에 대한 반응 : 생물은 환경 변화를 자극으로 받아들이고, 그 자극에 적절히 반응하여 생명을 유지한다.

○ 보기 풀이 ㄱ. 식물과 같은 생물은 모두 세포로 구성되어 있다. 따라서 X의 잎은 세포로 구성되어 있다.
ㄴ. X의 털에 곤충이 닿는 자극이 주어지면 잎을 구부려 곤충을 잡는 반응이 일어나므로 ⓒ은 자극에 대한 반응의 예에 해당한다.

✕ 매력적 오답 ㄷ. X는 곤충을 분해하여 영양분을 얻는 이익을 얻지만, 잡아먹힌 곤충은 이익을 얻지 않으므로 X와 곤충 사이의 상호 작용은 상리 공생에 해당하지 않는다.

**문제풀이 Tip**
모든 생물은 세포로 이루어져 있고, 물질대사를 하며, 자극에 대한 반응, 항상성, 발생과 생장, 생식과 유전, 적응과 진화와 같은 생물의 특성을 나타냄을 알아둔다.

---

## 9 생물의 특성

출제 의도 생물의 특성 중 생식과 유전, 적응과 진화, 자극에 대한 반응에 대해 알고 있는지를 묻는 문항이다.

**표는 생물의 특성의 예를 나타낸 것이다. (가)와 (나)는 생식과 유전, 적응과 진화를 순서 없이 나타낸 것이다.**

| 생물의 특성 | 예 |
|---|---|
| 생식과 유전 (가) | 아메바는 분열법으로 번식한다. |
| 적응과 진화 (나) | ⑦뱀은 큰 먹이를 먹기에 적합한 몸의 구조를 갖는다. |
| 자극에 대한 반응 | ⓐ |

**이에 대한 설명으로 옳은 것만을 〈보기〉에서 있는 대로 고른 것은?** [3점]

보기
ㄱ. (가)는 생식과 유전이다.
ㄴ. ⑦은 세포로 구성되어 있다.
ㄷ. '뜨거운 물체에 손이 닿으면 반사적으로 손을 뗀다.'는 ⓐ에 해당한다.
　　　　　　　　　　　　└자극에 대한 반응의 예

① ㄱ　　② ㄷ　　③ ㄱ, ㄴ　　④ ㄴ, ㄷ　　⑤ ㄱ, ㄴ, ㄷ

✔ 자료 해석
• 생식과 유전 : 생식은 자신과 닮은 자손을 만드는 것이고, 유전은 생식을 통해 어버이의 유전 물질이 자손에게 전달되어 자손이 어버이의 유전 형질을 물려받는 것이다.
• 적응과 진화 : 적응은 자신이 살아가는 환경에 적합한 몸의 형태와 기능, 생활 습성 등을 갖게 되는 것이고, 진화는 여러 세대에 걸쳐 환경에 적응한 결과 집단의 유전적 구성이 변하고, 형질이 달라져 새로운 종이 나타나는 것이다.
• 자극에 대한 반응 : 생물이 환경 변화를 자극으로 받아들이고, 그 자극에 적절히 반응하여 생명을 유지하는 것이다.

○ 보기 풀이 ㄱ. (가)는 생식과 유전, (나)는 적응과 진화이다.
ㄴ. 뱀은 세포로 구성되어 있는 생물이다.
ㄷ. '뜨거운 물체에 손이 닿으면 반사적으로 손을 뗀다.'는 자극에 대한 반응의 예(ⓐ)이다.

**문제풀이 Tip**
생물의 특성 중 생식과 유전, 적응과 진화, 자극에 대한 반응에 대해 이해하고 있어야 한다. 쉽게 출제되고 있으므로 기본 개념을 다시 한 번 살펴두도록 하자.

출제의도 생물의 특성에 대해 알고 있는지 묻는 문항이다.

**다음은 어떤 기러기에 대한 자료이다.**

- 화산섬에 서식하는 이 기러기는 풀과 열매를 섭취하여 ㉠활동에 필요한 에너지를 얻는다. 물질대사
- 이 기러기는 ㉡발생과 생장 과정에서 물갈퀴가 완전하게 발달하지는 않지만, ㉢길고 강한 발톱과 두꺼운 발바닥을 가져 화산섬에 서식 하기에 적합하다. 적응과 진화

**이에 대한 설명으로 옳은 것만을 〈보기〉에서 있는 대로 고른 것은?**

┌─ 보기 ─
ㄱ. ㉠ 과정에서 물질대사가 일어난다.
ㄴ. ㉡ 과정에서 세포 분열이 일어난다.
ㄷ. ㉢은 적응과 진화의 예에 해당한다.
└─

① ㄱ    ② ㄷ    ③ ㄱ, ㄴ    ④ ㄴ, ㄷ    ⑤ ㄱ, ㄴ, ㄷ

✔ 자료 해석
- 물질대사 : 생물체 내에서 생명 현상을 유지하기 위해 일어나는 모든 화학 반응이다.
- 발생과 생장 : 수정란이 세포 분열과 분화를 통해 새로운 개체로 되고, 어린 개체가 세포 분열을 통해 자라나는 과정이다.
- 적응과 진화 : 생물이 서식 환경에 알맞은 몸의 형태, 기능 등을 갖고, 생물이 여러 세대를 거치면서 새로운 종으로 분화되는 과정이다.

○ 보기 풀이 ㄱ. 기러기는 소화, 세포 호흡 등의 물질대사를 통해 활동에 필요한 에너지(㉠)를 얻는다.
ㄴ. 다세포 생물은 발생과 생장(㉡) 과정에서 세포 분열이 일어나 세포 수가 증가한다.
ㄷ. 기러기가 화산섬에 서식하기에 적합한 발톱과 발바닥을 가진 것(㉢)은 적응과 진화의 예에 해당한다.

문제풀이 Tip

생물의 특성인 물질대사, 발생과 생장, 항상성, 생식과 유전, 자극에 대한 반응, 적응과 진화에 대해 잘 알아둔다.

---

출제의도 연역적 탐구를 나타낸 자료를 분석할 수 있는지 묻는 문항이다.

**다음은 동물 종 A에 대해 어떤 과학자가 수행한 탐구이다.**

(가) A의 수컷 꼬리에 긴 장식물이 있는 것을 관찰하고, ㉠A의 암컷은 꼬리 장식물의 길이가 긴 수컷을 배우자로 선호할 것이라는 가설을 세웠다. 가설 설정
(나) 꼬리 장식물의 길이가 긴 수컷 집단 Ⅰ과 꼬리 장식물의 길이가 짧은 수컷 집단 Ⅱ에서 각각 한 마리씩 골라 암컷 한 마리와 함께 두고, 암컷이 어떤 수컷을 배우자로 선택하는지 관찰하였다. 탐구 설계 및 수행
(다) (나)의 과정을 반복하여 얻은 결과, Ⅰ의 개체가 선택된 비율이 Ⅱ의 개체가 선택된 비율보다 높았다. 결과 정리 및 분석
(라) A의 암컷은 꼬리 장식물의 길이가 긴 수컷을 배우자로 선호한다는 결론을 내렸다. 결론 도출

**이 자료에 대한 설명으로 옳은 것만을 〈보기〉에서 있는 대로 고른 것은? [3점]**

┌─ 보기 ─
ㄱ. ㉠은 관찰한 현상을 설명할 수 있는 <u>잠정적인 결론</u>(잠정적인 답)에 해당한다. 가설
ㄴ. <u>조작 변인</u>은 암컷이 Ⅰ의 개체를 선택한 비율이다. 종속변인
ㄷ. (라)는 탐구 과정 중 결론 도출 단계에 해당한다.
└─

① ㄱ    ② ㄴ    ③ ㄱ, ㄷ    ④ ㄴ, ㄷ    ⑤ ㄱ, ㄴ, ㄷ

✔ 자료 해석
- (가)는 가설 설정, (나)는 탐구 설계 및 수행, (다)는 결과 정리 및 분석, (라)는 결론 도출이다.
- 수컷의 꼬리 장식물의 길이는 조작 변인, 암컷의 배우자 선택 비율은 종속변인이다.

○ 보기 풀이 ㄱ. 'A의 암컷은 꼬리 장식물의 길이가 긴 수컷을 배우자로 선호할 것'(㉠)은 관찰한 현상을 설명할 수 있는 잠정적인 결론(잠정적인 답)으로 가설에 해당한다.
ㄷ. (라)에서 A의 암컷은 꼬리 장식물의 길이가 긴 수컷을 배우자로 선호한다고 결론을 내렸으므로 (라)는 탐구 과정 중 결론 도출 단계에 해당한다.

✘ 매력적 오답 ㄴ. 수컷의 꼬리 장식물의 길이에 따라 암컷이 선택하는 배우자의 비율이 달라지므로 수컷의 꼬리 장식물의 길이가 조작 변인이다.

문제풀이 Tip

연역적 탐구 과정 및 종속변인과 조작 변인에 대해 알아두고 자료에 적용할 수 있어야 한다.

Part Ⅱ 수능 평가원

출제 의도 어떤 과학자가 수행한 탐구를 분석할 수 있는지를 묻는 문항이다.

## 다음은 어떤 과학자가 수행한 탐구이다.

(가) 갑오징어가 먹이의 많고 적음을 구분하여 먹이가 더 많은 곳으로 이동할 것이라고 생각했다.

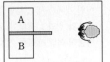

(나) 그림과 같이 대형 수조 안에 서로 다른 양의 먹이가 들어 있는 수조 A와 B를 준비했다.

(다) 갑오징어 1마리를 대형 수조에 넣고 A와 B 중 어느 수조로 이동하는지 관찰했다.

(라) 여러 마리의 갑오징어로 (다)의 과정을 반복하여 ⓐA와 B 각각으로 이동한 갑오징어 개체의 빈도를 조사한 결과는 그림과 같다. ─ 종속변인

(마) 갑오징어가 먹이의 많고 적음을 구분하여 먹이가 더 많은 곳으로 이동한다는 결론을 내렸다.

## 이 자료에 대한 설명으로 옳은 것만을 〈보기〉에서 있는 대로 고른 것은?

**보기**

ㄱ. ⓐ는 조작 변인이다.
　　　　 종속변인이다.
ㄴ. 먹이의 양은 B에서가 A에서보다 많다.
　　　　 A에서가 B에서보다 많다.
ㄷ. (마)는 탐구 과정 중 결론 도출 단계에 해당한다.

① ㄱ　　② ㄷ　　③ ㄱ, ㄴ　　④ ㄱ, ㄷ　　⑤ ㄴ, ㄷ

✔ **자료 해석**

• (가)는 문제 인식 및 가설 설정 단계, (나)와 (다)는 탐구 설계 및 수행 단계, (라)는 결과 정리 및 분석 단계, (마)는 결론 도출 단계이다.

• 과학자가 수행한 탐구에는 가설 설정 단계와 탐구 수행 단계 등이 있으므로 연역적 탐구 방법이 이용되었다.

• 이 탐구의 조작 변인은 수조 A와 B에 들어 있는 먹이의 양이고, 종속변인은 A와 B 각각으로 이동한 갑오징어 개체의 빈도(ⓐ)이다.

○ **보기풀이** ㄷ. (라)의 결과는 가설을 지지하므로 (마)에서 갑오징어가 먹이의 많고 적음을 구분하여 먹이가 더 많은 곳으로 이동한다는 결론을 내릴 수 있었다. 따라서 (마)는 탐구 과정 중 결론 도출 단계에 해당한다.

✕ **매력적 오답** ㄱ. A와 B 각각으로 이동한 갑오징어 개체의 빈도(ⓐ)는 종속변인이다.

ㄴ. (마)에서 갑오징어가 먹이가 더 많은 곳으로 이동한다는 결론을 내렸고, 갑오징어가 이동한 개체의 빈도는 A에서 B에서보다 크므로 먹이의 양은 A에서가 B에서보다 많다.

**문제풀이 Tip**

(가)~(마)가 탐구 단계 중 어떤 단계에 해당하는지, 그리고 이 탐구의 조작 변인과 종속변인이 무엇인지를 파악할 수 있어야 한다. 어렵게 출제되지 않는 경향이 있으므로 탐구 관련 문항을 많이 풀어두도록 하자.

## 13 생물의 특성

출제 의도 해파리가 나타내는 생물의 특성에 대해 이해할 수 있는지를 묻는 문항이다.

**다음은 어떤 해파리에 대한 자료이다.**

이 해파리의 유생은 ㉠발생과 생장 과정을 거쳐 성체가 된다. 성체의 촉수에는 독이 있는 세포 ⓐ가 분포하는데, ㉡촉수에 물체가 닿으면 ⓐ에서 독이 분비된다.
자극에 대한 반응

**이 자료에 대한 설명으로 옳은 것만을 〈보기〉에서 있는 대로 고른 것은? [3점]**

보기
ㄱ. ㉠ 과정에서 세포 분열이 일어난다.
　　세포 분열을 통해 발생과 생장(㉠)을 한다.
ㄴ. ⓐ에서 물질대사가 일어난다.
　　ⓐ에서 독이 합성될 때 물질대사가 일어난다.
ㄷ. ㉡은 자극에 대한 반응의 예에 해당한다.

① ㄱ　② ㄴ　③ ㄱ, ㄷ　④ ㄴ, ㄷ　⑤ ㄱ, ㄴ, ㄷ

✓ 자료 해석

• 발생과 생장 : 다세포 생물은 발생과 생장을 통해 구조적·기능적으로 완전한 개체가 된다.
• 발생은 하나의 수정란이 세포 분열을 하여 세포 수가 늘어나고, 세포의 종류와 기능이 다양해지면서 개체가 되는 것이고, 생장은 어린 개체가 세포 분열을 통해 몸이 커지며 성체로 자라는 것이다.
• 물질대사 : 생명을 유지하기 위해 생물체에서 일어나는 모든 화학 반응으로, 물질대사 과정이 일어날 때 물질의 전환과 에너지의 출입이 일어난다.

○ 보기 풀이 ㄱ. 발생과 생장(㉠) 과정에서 세포 분열이 일어나 세포의 수가 증가한다.
ㄴ. 세포(ⓐ)에서 물질대사가 일어난다.
ㄷ. '촉수에 물체가 닿으면 ⓐ에서 독이 분비된다.'는 자극에 대한 반응의 예에 해당한다.

문제풀이 **Tip**

특정 개체에서 나타나는 생물의 특성을 파악하는 문항이 자주 출제되고 있다. 어렵지 않게 출제되는 만큼 생물의 특성의 의미와 예에 대해 다시 한번 살펴두도록 하자.

---

## 14 생명 과학의 탐구

출제 의도 어떤 과학자가 수행한 탐구의 과정과 결과를 분석할 수 있는지를 묻는 문항이다.

**다음은 어떤 과학자가 수행한 탐구이다.**

(가) 물질 X가 살포된 지역에서 비정상적인 생식 기관을 갖는 수컷 개구리가 많은 것을 관찰하고, X가 수컷 개구리의 생식 기관에 기형을 유발할 것이라고 생각했다. 문제 인식 및 가설 설정
(나) X에 노출된 적이 없는 올챙이를 집단 A와 B로 나눈 후 A에만 X를 처리했다. 탐구 설계 및 수행
(다) 일정 시간이 지난 후, ㉠과 ㉡ 각각의 수컷 개구리 중 비정상적인 생식 기관을 갖는 개체의 빈도를 조사한 결과는 그림과 같다. ㉠과 ㉡은 A와 B를 순서 없이 나타낸 것이다. 결과 정리 및 분석
(라) X가 수컷 개구리의 생식 기관에 기형을 유발한다는 결론을 내렸다. 결론 도출

**이 자료에 대한 설명으로 옳은 것만을 〈보기〉에서 있는 대로 고른 것은? [3점]**

보기
ㄱ. ㉠은 B이다.
　　A이다.
ㄴ. 연역적 탐구 방법이 이용되었다.
　　가설을 설정한 후 대조 실험을 하였으므로 연역적 탐구 방법이 이용되었다.
ㄷ. (나)에서 조작 변인은 X의 처리 여부이다.

① ㄱ　② ㄴ　③ ㄱ, ㄷ　④ ㄴ, ㄷ　⑤ ㄱ, ㄴ, ㄷ

✓ 자료 해석

• 연역적 탐구 방법 : 자연 현상을 관찰하면서 생긴 의문에 대한 답을 찾기 위해 가설을 세우고, 이를 실험적으로 검증해 결론을 이끌어내는 탐구 방법이다.
• 과학자가 수행한 탐구에는 가설 설정 단계와 탐구 수행 단계 등이 있으므로 연역적 탐구 방법이 이용되었다.
• 이 탐구의 조작 변인은 X의 처리 여부이고, 종속변인은 비정상적인 생식 기관을 갖는 수컷 개구리 개체의 빈도이다.

○ 보기 풀이 ㄴ. 가설을 설정하고 대조 실험을 통해 가설을 검증하는 연역적 탐구 방법이 이용되었다.
ㄷ. (나)에서 조작 변인은 X의 처리 여부이다.

✗ 매력적 오답 ㄱ. (라)에서 X가 수컷 개구리 생식 기관에 기형을 유발한다는 결론을 내렸으므로 X를 처리한 A에서 비정상적인 생식 기관을 갖는 개체의 빈도가 높다. 따라서 ㉠은 A이고, ㉡은 B이다.

문제풀이 **Tip**

연역적 탐구 방법에 대한 이해를 바탕으로 과학자가 수행한 탐구를 분석할 수 있는지를 묻는 문항으로, (가)~(라)가 각각 연역적 탐구 과정 중 어느 단계에 해당하는지 파악할 수 있어야 한다.

## 15 생물의 특성

출제 의도 소가 갖는 생물의 특성에 대해 이해할 수 있는지를 묻는 문항이다.

**다음은 소가 갖는 생물의 특성에 대한 자료이다.**

소는 식물의 섬유소를 직접 분해할 수 없지만 소화 기관에 섬유소를 분해하는 세균이 있어 세균의 대사산물을 에너지원으로 이용한다. ㉠세균에 의한 섬유소 분해 과정은 소의 되새김질에 의해 촉진된다. 되새김질은 삼킨 음식물을 위에서 입으로 토해내 씹고 삼키는 것을 반복하는 것으로, ㉡소는 되새김질에 적합한 구조의 소화 기관을 갖는다.

물질대사 (㉠ 옆)

적응과 진화 (㉡ 옆)

**이 자료에 대한 설명으로 옳은 것만을 〈보기〉에서 있는 대로 고른 것은?**

보기

ㄱ. ㉠에 효소가 이용된다.
　생물의 물질대사 과정(㉠)에서는 효소가 이용된다.
ㄴ. ㉡은 적응과 진화의 예에 해당한다.
ㄷ. 소는 세균과의 상호 작용을 통해 이익을 얻는다.
　상리 공생

① ㄱ　　② ㄷ　　③ ㄱ, ㄴ　　④ ㄴ, ㄷ　　⑤ ㄱ, ㄴ, ㄷ

✔ 자료 해석

• 세균은 생물의 특성을 나타내는 생명체이며, 생명체의 물질대사 과정에서 효소가 이용된다.
• 생물은 환경에 적응해 나가면서 새로운 종으로 진화한다. 소가 식물의 섬유소를 직접 분해할 수 없어 음식물의 되새김질에 적합한 구조의 소화 기관을 갖게 된 것은 적응과 진화의 예에 해당한다.

○ 보기 풀이 ㄱ. 세균에 의해 섬유소를 구성하는 당으로 분해되는 물질대사 과정에는 효소가 이용된다.

ㄴ. 되새김질에 적합한 구조의 소화 기관을 가짐으로써 섬유소에 있는 에너지를 효과적으로 이용할 수 있게 되었으므로 이는 적응과 진화의 예에 해당한다.

ㄷ. 세균은 소의 소화 기관에 서식하며 섬유소를 공급받고, 소는 분해할 수 없는 섬유소를 세균이 분해하여 분해된 영양소를 공급받으므로 둘은 모두 상호 작용을 통해 이익을 얻는다.

**문제풀이 Tip**

생물의 특성에 대한 문항은 어렵게 출제되고 있지 않으므로 기본적인 생물의 특성의 의미와 이와 관련된 예에 대해 다시 한번 살펴두도록 하자.

---

## 16 생물의 특성

출제 의도 생물의 특성에 대해 이해하고 있는지를 묻는 문항이다.

**다음은 곤충 X에 대한 자료이다.**

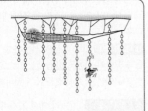

(가) 암컷 X는 짝짓기 후 알을 낳는다. 생식과 유전
(나) 알에서 깨어난 애벌레는 동굴 천장에 둥지를 짓고 끈적끈적한 실을 늘어뜨려 덫을 만든다.
(다) 애벌레는 ATP를 분해하여 얻은 에너지로 청록색 빛을 낸다. 물질대사
(라) 빛에 유인된 먹이가 덫에 걸리면 애벌레는 움직임을 감지하여 실을 끌어 올린다. 자극에 대한 반응

**이에 대한 설명으로 옳은 것만을 〈보기〉에서 있는 대로 고른 것은?**

보기

ㄱ. (가)에서 유전 물질이 자손에게 전달된다.
　유전 물질은 부모로부터 자손에게 전달되어 유전 현상을 일으키는 물질이다.
ㄴ. (다)에서 물질대사가 일어난다.
　물질대사가 일어날 때 에너지 출입이 일어난다.
ㄷ. (라)는 자극에 대한 반응의 예에 해당한다.

① ㄱ　　② ㄴ　　③ ㄱ, ㄷ　　④ ㄴ, ㄷ　　⑤ ㄱ, ㄴ, ㄷ

✔ 자료 해석

• 생물은 생식과 유전을 통해 종족을 유지하는데, 생식은 생물이 자신과 닮은 자손을 만드는 것이고, 유전은 생식을 통해 어버이의 유전 물질이 자손에게 전달되어 자손이 어버이의 유전 형질을 이어받는 것이다.
• 물질대사는 생명을 유지하기 위해 생물체에서 일어나는 모든 화학 반응으로, 물질대사가 일어날 때 물질의 전환과 에너지의 출입이 일어난다.
• 생물은 환경 변화를 자극으로 받아들이고, 그 자극에 적절하게 반응하여 생명체를 보호한다.

○ 보기 풀이 ㄱ. 암컷 X가 짝짓기 후 알을 낳는 것(가)은 생식과 유전의 예에 해당하며, 이때 생식을 통해 어버이의 유전 물질이 자손에게 전달된다.

ㄴ. (다)에서 ATP가 분해되면서 에너지가 방출되므로 물질대사가 일어난다.

ㄷ. 애벌레가 움직임을 감지하여 실을 끌어 올리는 것(라)은 자극에 대한 반응의 예에 해당한다.

**문제풀이 Tip**

곤충 X의 자료에서 나타나는 생물의 특성을 이해하고 있는지를 묻고 있다. 생식과 유전, 물질대사, 자극에 대한 반응의 개념을 이해하고 있다면 쉽게 풀 수 있었을 것이다.

## 17 생명 과학의 탐구

2023학년도 6월 평가원 18번 | 정답 ③ | 문제편 126 p

출제 의도 연역적 탐구 방법이 이용된 특정 탐구 사례를 분석하여 대조 실험과 변인 간의 관계를 파악할 수 있는지를 묻는 문항이다.

**다음은 어떤 과학자가 수행한 탐구이다.**

(가) 벼가 잘 자라지 못하는 논에 벼를 갉아먹는 왕우렁이의 개체 수가 많은 것을 관찰하고, 왕우렁이의 포식자인 자라를 논에 넣어주면 벼의 생물량이 증가할 것이라고 생각했다. 관찰 및 가설 설정

(나) 같은 지역의 면적이 동일한 논 A와 B에 각각 같은 수의 왕우렁이를 넣은 후, A에만 자라를 풀어놓았다. 탐구 설계 및 수행

(다) 일정 시간이 지난 후 조사한 왕우렁이의 개체 수는 ㉠에서가 ㉡에서보다 적었고, 벼의 생물량은 ㉠에서가 ㉡에서보다 많았다. ㉠과 ㉡은 A와 B를 순서 없이 나타낸 것이다. 결과 정리 및 분석

(라) 자라가 왕우렁이의 개체 수를 감소시켜 벼의 생물량이 증가한다는 결론을 내렸다. 결론 도출

**이 자료에 대한 설명으로 옳은 것만을 〈보기〉에서 있는 대로 고른 것은?**

〈보기〉

ㄱ. ㉡은 B이다.
　　㉠은 A, ㉡은 B이다.
ㄴ. 조작 변인은 벼의 생물량이다.
　　　　자라의 유무이다.
ㄷ. ㉠에서 왕우렁이 개체군에 환경 저항이 작용하였다.
　　환경 저항은 살아 있는 생물에게 항상 작용한다.

① ㄱ　② ㄴ　③ ㄱ, ㄷ　④ ㄴ, ㄷ　⑤ ㄱ, ㄴ, ㄷ

✔ 자료 해석

- 변인에는 가설을 검증하기 위해 의도적으로 변화시키는 조작 변인, 대조군과 실험군에서 같게 설정하는 통제 변인, 조작 변인의 영향을 받아 변하는 종속변인이 있다.
- (나)에서 논 A와 B에 같은 왕우렁이를 각각 넣은 후, A에만 자라를 풀어놓았으므로 조작 변인은 자라의 유무이다.
- (라)에서 자라가 왕우렁이의 개체 수를 감소시켜 벼의 생물량이 증가한다는 결론을 내렸으므로 종속변인은 벼의 생물량 변화와 왕우렁이의 개체 수 변화이다.

○ 보기풀이 ㄱ. (다)에서 왕우렁이의 개체 수는 ㉠에서가 ㉡에서보다 적었고, 벼의 생물량은 ㉠에서가 ㉡에서보다 많았다. 또한 (라)에서 자라가 왕우렁이의 개체 수를 감소시켜 벼의 생물량이 증가한다는 결론을 내렸으므로 ㉠은 자라를 풀어놓은 A, ㉡은 자라를 풀어놓지 않은 B이다.

ㄷ. 환경 저항은 개체군의 생장을 억제하는 요인으로 ㉠(A)에서 왕우렁이 개체군에 환경 저항이 작용하였다.

✖ 매력적오답 ㄴ. 조작 변인은 자라의 유무이고, 종속변인은 왕우렁이의 개체 수 변화와 벼의 생물량 변화이다.

문제풀이 **Tip**

연역적 탐구 방법에 대해 묻는 문항으로, 대조 실험에서 대조군과 실험군을 찾을 수 있어야 하며, 변인 관계에 대해 이해할 수 있어야 한다.

## 18 생물의 특성

2022학년도 수능 1번 | 정답 ⑤ | 문제편 126 p

출제의도 벌새가 나타내는 생물의 특성에 대해 묻는 문항이다.

**다음은 벌새가 갖는 생물의 특성에 대한 자료이다.**

(가) 벌새의 날개 구조는 공중에서 정지한
상태로 꿀을 빨아먹기에 적합하다.

(나) 벌새는 자신의 체중보다 많은 양의
꿀을 섭취하여 ㉠활동에 필요한 에너지를 얻는다.

(다) 짝짓기 후 암컷이 낳은 알은 ㉡발생과 생장 과정을 거쳐
성체가 된다.

**이에 대한 설명으로 옳은 것만을 〈보기〉에서 있는 대로 고른 것은?**

┌─ 보기 ─────────────────────────────┐
ㄱ. (가)는 적응과 진화의 예에 해당한다.
 벌새의 날개 구조는 환경에 적응하여 진화한 것이다.
ㄴ. ㉠ 과정에서 물질대사가 일어난다.
 생물체는 물질대사를 통해 활동에 필요한 에너지를 얻는다.
ㄷ. '개구리알은 올챙이를 거쳐 개구리가 된다.'는 ㉡의 예에
 해당한다.
 개구리알은 발생과 생장을 통해 개구리가 된다.
└──────────────────────────────────┘

① ㄱ  ② ㄷ  ③ ㄱ, ㄴ  ④ ㄴ, ㄷ  ⑤ ㄱ, ㄴ, ㄷ

### ✔ 자료 해석

• 적응과 진화는 생물이 환경에 적응해 나가면서 새로운 종으로 진화하는 것이다. 벌새의 날개 구조가 먹이를 먹기 적합하도록 진화한 것은 적응과 진화의 예이다.

• 물질대사는 생명을 유지하기 위해 생물체에서 일어나는 모든 화학 반응이다. 생물체는 물질대사를 통해 생명 활동에 필요한 물질과 에너지를 얻는다.

• 다세포 생물은 발생과 생장을 통해 구조적·기능적으로 완전한 개체가 된다. 개구리알이 올챙이를 거쳐 개구리가 되는 것은 발생과 생장의 예이다.

○ 보기풀이 ㄱ. 벌새의 날개 구조가 꿀을 빨아 먹기에 적합한 것은 생물의 특성 중 적응과 진화의 예에 해당한다.

ㄴ. 생물은 활동에 필요한 에너지를 물질대사를 통해 얻는다.

ㄷ. 개구리알이 올챙이를 거쳐 개구리가 되는 것은 발생과 생장(㉡)의 예에 해당한다.

**문제풀이 Tip**

생물의 특성에 대한 문항으로, 생물의 특성 중 적응과 진화, 물질대사, 발생과 생장에 대해 이해하고 있어야 한다. 생물의 특성에 대한 문항은 쉽게 출제되는 만큼 기본 개념과 더불어 관련된 예를 살펴두도록 하자.

---

## 19 생명 과학의 탐구 방법

2022학년도 수능 6번 | 정답 ③ | 문제편 126 p

출제의도 연역적 탐구 방법이 이용된 탐구 과정을 분석할 수 있는지를 묻는 문항이다.

**다음은 어떤 과학자가 수행한 탐구이다.**

(가) 바다 달팽이가 갉아 먹던 갈조류를 다 먹지 않고 이동하여 다른 갈조류를 먹는 것을 관찰하였다.

(나) ㉠바다 달팽이가 갉아 먹은 갈조류에서 바다 달팽이가 기피하는 물질 X의 생성이 촉진될 것이라는 가설을 세웠다.

(다) 갈조류를 두 집단 ⓐ와 ⓑ로 나눠 한 집단만 바다 달팽이가 갉아 먹도록 한 후, ⓐ와 ⓑ 각각에서 X의 양을 측정하였다.

(라) 단위 질량당 X의 양은 ⓑ에서가 ⓐ에서보다 많았다.

(마) 바다 달팽이가 갉아 먹은 갈조류에서 X의 생성이 촉진된다는 결론을 내렸다.

**이 자료에 대한 설명으로 옳은 것만을 〈보기〉에서 있는 대로 고른 것은? [3점]**

┌─ 보기 ─────────────────────────────┐
ㄱ. ㉠은 (가)에서 관찰한 현상을 설명할 수 있는 잠정적인 결론(잠정적인 답)에 해당한다.
 ㉠은 잠정적인 결론인 가설이다.
ㄴ. (다)에서 대조 실험이 수행되었다.
 (다)에서 대조군과 실험군을 설정하여 대조 실험이 수행되었다.
ㄷ. (라)의 ⓐ는 바다 달팽이가 갉아 먹은 갈조류 집단이다.
 (라)의 ⓑ가 바다 달팽이가 갉아 먹은 갈조류 집단이다.
└──────────────────────────────────┘

① ㄱ  ② ㄷ  ③ ㄱ, ㄴ  ④ ㄴ, ㄷ  ⑤ ㄱ, ㄴ, ㄷ

### ✔ 자료 해석

• (가)는 관찰 및 문제 인식, (나)는 가설 설정, (다)는 탐구 설계 및 수행, (라)는 결과 분석 및 해석, (마)는 결론 도출이다.

• ㉠은 탐구의 가설이다.

• 대조 실험은 탐구를 수행할 때 대조군을 설정한 후 실험군과 비교하는 과정이다. 이때 대조군은 실험군과 비교하기 위해 아무 요인도 변화시키지 않은 집단이며, 실험군은 가설을 검증하기 위해 의도적으로 어떤 요인을 변화시킨 집단이다.

• (라)에서 단위 질량당 X의 양이 ⓑ에서가 ⓐ에서보다 많았으며, (마)에서 바다 달팽이가 갉아 먹은 갈조류에서 X의 생성이 촉진된다는 결론을 내렸다. 따라서 ⓐ는 바다 달팽이가 갉아 먹지 않은 갈조류 집단이고, ⓑ는 바다 달팽이가 갉아 먹은 갈조류 집단이다.

○ 보기풀이 ㄱ. ㉠은 과학자가 세운 가설이다. 가설은 관찰한 현상을 설명할 수 있는 잠정적인 결론(잠정적인 답)이다.

ㄴ. (다)에서 갈조류를 두 집단으로 나누고 한 집단에만 바다 달팽이가 갉아 먹도록 하였으므로 (다)에서 수행한 실험은 대조 실험이다.

✕ 매력적 오답 ㄷ. 바다 달팽이가 갉아 먹은 갈조류에서 X가 촉진된다는 결론을 내렸으므로 바다 달팽이가 갉아 먹은 갈조류 집단은 ⓑ이다.

**문제풀이 Tip**

연역적 탐구 방법에 대해 묻는 문항으로, 연역적 탐구 과정의 각 절차에 대해 알아야 한다. 최근 기출에서 생명 과학의 탐구 방법에 대한 문항이 꾸준히 출제되고 있으므로 가설, 대조 실험, 대조군, 실험군, 변인 등의 개념을 정확하게 이해해 두도록 하자.

## 20 생명 과학의 탐구 방법

출제의도 연역적 탐구 과정에서 대조 실험과 변인에 대해 묻는 문항이다.

**다음은 어떤 과학자가 수행한 탐구이다.**

(가) 초파리는 짝짓기 상대로 서로 다른 종류의 먹이를 먹고 자란 개체보다 같은 먹이를 먹고 자란 개체를 선호할 것이라고 생각했다.

(나) 초파리를 두 집단 A와 B로 나눈 후 A는 먹이 ⓐ를, B는 먹이 ⓑ를 주고 배양했다. ⓐ와 ⓑ는 서로 다른 종류의 먹이다.

(다) 여러 세대를 배양한 후, ㉠같은 먹이를 먹고 자란 초파리 사이에서의 짝짓기 빈도와 ㉡서로 다른 종류의 먹이를 먹고 자란 초파리 사이에서의 짝짓기 빈도를 관찰했다.

(라) (다)의 결과, Ⅰ이 Ⅱ보다 높게 나타났다. Ⅰ과 Ⅱ는 ㉠과 ㉡을 순서 없이 나타낸 것이다.

(마) 초파리는 짝짓기 상대로 서로 다른 종류의 먹이를 먹고 자란 개체보다 같은 먹이를 먹고 자란 개체를 선호한다는 결론을 내렸다.

**이 자료에 대한 설명으로 옳은 것만을 〈보기〉에서 있는 대로 고른 것은? [3점]**

보기
ㄱ. 연역적 탐구 방법이 이용되었다.
　　가설 설정과 대조 실험이 있으므로 연역적 탐구 방법이 이용되었다.
ㄴ. 조작 변인은 짝짓기 빈도이다.
　　조작 변인은 먹이의 종류이며, 종속변인은 짝짓기 빈도이다.
ㄷ. ㉠은 ㉡이다.
　　Ⅰ은 ㉠이고, Ⅱ는 ㉡이다.

① ㄱ　　② ㄴ　　③ ㄷ　　④ ㄱ, ㄴ　　⑤ ㄱ, ㄷ

### ✔ 자료 해석

- (가)는 가설 설정, (나)와 (다)는 탐구 설계 및 수행, (라)는 결과 정리 및 분석, (마)는 결론 도출 단계이다. 즉, 과학자가 수행한 탐구는 가설을 세우고 대조 실험을 통해 검증하는 과정을 거쳤으므로 연역적 탐구 방법이 이용되었다.

- 조작 변인은 가설을 검증하기 위해 의도적으로 변화시키는 변인이며, 종속변인은 조작 변인의 영향을 받아 변하는 요인으로 탐구에서 결과에 해당한다. (나)에서 두 집단에게 서로 다른 종류의 먹이를 주었으며, 이후 (다)에서 같은 먹이를 먹고 자란 초파리 사이에서의 짝짓기 빈도와 서로 다른 종류의 먹이를 먹고 자란 초파리 사이에서의 짝짓기 빈도를 관찰하였다. 따라서 조작 변인은 먹이의 종류이며, 종속변인은 짝짓기 빈도이다.

- (라)에서 (다)의 결과 Ⅰ이 Ⅱ보다 높게 나타났으며, (마)에서 서로 다른 종류의 먹이를 먹고 자란 개체보다 같은 먹이를 먹고 자란 개체를 선호한다는 결론을 내렸다. 따라서 Ⅰ은 같은 먹이를 먹고 자란 초파리 사이에서의 짝짓기 빈도(㉠)이고, Ⅱ는 서로 다른 종류의 먹이를 먹고 자란 초파리 사이에서의 짝짓기 빈도(㉡)이다.

○ 보기풀이 ㄱ. 문제에 대한 잠정적 결론인 가설을 세우고 대조 실험을 통해 검증하는 과정을 거쳤으므로 이 탐구에는 연역적 탐구 방법이 이용되었다.

✕ 매력적오답 ㄴ. 조작 변인은 먹이의 종류이고, 종속변인은 짝짓기 빈도이다.
ㄷ. Ⅰ이 Ⅱ보다 높다라는 결과로부터 초파리는 짝짓기 상대로 서로 다른 종류의 먹이를 먹고 자란 개체보다 같은 먹이를 먹은 개체를 선호한다는 결론을 내릴 수 있었으므로 Ⅰ은 같은 먹이를 먹고 자란 초파리 사이에서의 짝짓기 빈도(㉠)이고, Ⅱ는 서로 다른 종류의 먹이를 먹고 자란 초파리 사이에서의 짝짓기 빈도(㉡)이다.

**문제풀이 Tip**

생명 과학의 탐구 방법에 대한 문항으로, 연역적 탐구 과정의 절차를 이해하고 있어야 한다. 생명 과학의 탐구 방법은 다른 단원의 내용과 연관지어 출제될 가능성이 높으므로 관련 기출 문제를 찾아 모두 풀어두도록 하자.

Part Ⅱ

수능평가원

## 21 생물의 특성

출제 의도 생물의 특성 중 항상성, 생식과 유전, 적응과 진화에 대해 묻는 문항이다.

표는 생물의 특성의 예를 나타낸 것이다. (가)와 (나)는 생식과 유전, 항상성을 순서 없이 나타낸 것이다.

| 생물의 특성 | 예 |
|---|---|
| 항상성 (가) | 혈중 포도당 농도가 증가하면 ⓐ인슐린의 분비가 촉진된다. |
| 생식과 유전 (나) | 짚신벌레는 분열법으로 번식한다. |
| 적응과 진화 | 고산 지대에 사는 사람은 낮은 지대에 사는 사람보다 적혈구 수가 많다. |

이에 대한 설명으로 옳은 것만을 〈보기〉에서 있는 대로 고른 것은?

보기
ㄱ. ⓐ는 이자의 $\beta$세포에서 분비된다.
　인슐린(ⓐ)은 이자의 $\beta$세포에서 분비된다.
ㄴ. (나)는 생식과 유전이다.
　(나)는 생식과 유전에 해당한다.
ㄷ. '더운 지역에 사는 사막여우는 열 방출에 효과적인 큰 귀를 갖는다.'는 적응과 진화의 예에 해당한다.
　사막여우의 큰 귀는 적응과 진화의 예에 해당한다.

① ㄱ　② ㄴ　③ ㄱ, ㄷ　④ ㄴ, ㄷ　⑤ ㄱ, ㄴ, ㄷ

✓ 자료 해석
• 항상성 : 체내・외의 환경 변화에 대해 생물이 체내 환경을 정상 범위로 유지하려는 성질이다.
• 생식과 유전 : 생물은 생식과 유전을 통해 종족을 유지한다.
• 적응과 진화 : 생물은 환경에 적응해 나가면서 새로운 종으로 진화한다.

○ 보기 풀이　ㄱ. 인슐린(ⓐ)은 이자의 $\beta$세포에서 분비되는 호르몬이다.
ㄴ. 짚신벌레가 분열법으로 번식하는 것은 생식과 유전의 예에 해당한다.
ㄷ. 더운 지역에 사는 사막여우는 체온을 유지하기 위해 효율적으로 열을 방출할 수 있는 형질을 갖는데, 이 중 대표적인 것이 큰 귀이다. 이는 적응과 진화의 예에 해당한다.

문제풀이 Tip
생물의 특성에 대한 문항으로, 생식과 유전, 항상성, 적응과 진화의 개념과 이와 관련된 예를 알고 있어야 한다. 생물의 특성에 대한 문항은 개념 이해형으로 주로 출제되고 있으므로 생물의 특성과 관련된 예에 대해 자세하게 살펴두도록 하자.

---

## 22 생명 과학의 탐구 방법

출제 의도 연역적 탐구 과정이 이용된 특정 탐구 사례를 분석할 수 있는지를 묻는 문항이다.

다음은 초식 동물 종 A와 식물 종 P의 상호 작용에 대해 어떤 과학자가 수행한 탐구이다.

가시

(가) P가 사는 지역에 A가 유입된 후 P의 가시의 수가 많아진 것을 관찰하고, A가 P를 뜯어 먹으면 P의 가시의 수가 많아질 것이라고 생각했다.
(나) 같은 지역에 서식하는 P를 집단 ㉠과 ㉡으로 나눈 후, ㉠에만 A의 접근을 차단하여 P를 뜯어 먹지 못하도록 했다.
(다) 일정 시간이 지난 후, P의 가시의 수는 Ⅰ에서가 Ⅱ에서보다 많았다. Ⅰ과 Ⅱ는 ㉠과 ㉡을 순서 없이 나타낸 것이다.
(라) A가 P를 뜯어 먹으면 P의 가시의 수가 많아진다는 결론을 내렸다.

이 자료에 대한 설명으로 옳은 것만을 〈보기〉에서 있는 대로 고른 것은? [3점]

보기
ㄱ. Ⅱ는 ㉠이다.
　Ⅰ은 ㉡이고, Ⅱ는 ㉠이다.
ㄴ. 연역적 탐구 방법이 이용되었다.
　가설 설정과 대조 실험이 이루어졌으므로 연역적 탐구 방법이 이용되었다.
ㄷ. 조작 변인은 P의 가시의 수이다.
　조작 변인은 A의 접근 차단 여부이다.

① ㄱ　② ㄷ　③ ㄱ, ㄴ　④ ㄴ, ㄷ　⑤ ㄱ, ㄴ, ㄷ

✓ 자료 해석
• (라)에서 A가 P를 뜯어 먹으면 P의 가시의 수가 많아진다는 결론을 내렸으므로, A의 접근을 차단하여 P를 뜯어 먹지 못하게 한 ㉠에서보다 A의 접근이 차단되지 않아 P를 뜯어 먹게 한 ㉡에서 P의 가시의 수가 많다는 대조 실험 결과를 유추할 수 있다. 따라서 P의 가시의 수가 보다 많은 Ⅰ은 A가 P를 뜯어 먹게 한 ㉡이고, 가시의 수가 보다 적은 Ⅱ는 A가 P를 뜯어 먹지 못하게 한 ㉠이다.
• 연역적 탐구 방법은 가설을 세우고 이를 실험적으로 검증해 결론을 이끌어내는 탐구 방법이다. (가)에서 관찰 및 가설을 설정하고, (나)에서 탐구 설계 및 수행, (다)에서 결과 정리 및 분석이 이루어졌으며, (라)에서 결론 도출이 일어났으므로, 이 탐구에는 연역적 탐구 방법이 이용되었다.
• 대조 실험에서 의도적으로 변화시키는 변인인 조작 변인은 A의 접근을 차단한 여부이며, P의 가시 수의 변화가 종속변인이다.

○ 보기 풀이　ㄱ. P의 가시의 수는 Ⅰ에서가 Ⅱ에서보다 많았으므로 Ⅰ은 A가 P를 뜯어 먹게 한 ㉡이고, Ⅱ는 A가 P를 뜯어 먹지 못하게 한 ㉠이다.
ㄴ. 자연 현상에 대한 관찰 후 가설을 설정하고 대조 실험을 통해 가설을 검증하였으므로 이 탐구에서는 연역적 탐구 방법이 이용되었다.

✕ 매력적 오답　ㄷ. 조작 변인은 A의 접근 차단 여부이다.

문제풀이 Tip
연역적 탐구 방법에 대해 묻는 문항으로, 연역적 탐구 방법의 절차를 정확하게 이해하고 있어야 한다. 기출 문제를 풀어보면서 각각의 변인들을 파악하고, 조작 변인, 통제 변인, 종속변인이 무엇인지 구별할 수 있도록 연습을 많이 해 두자.

## 23 생명 과학의 탐구 방법

2021학년도 수능 18번 | 정답 ④ | 문제편 127 p

출제 의도 연역적 탐구 과정의 특징과 개체군 사이의 상호 작용을 파악하는지 확인하는 문항이다.

**다음은 어떤 과학자가 수행한 탐구이다.**

(가) 딱총새우가 서식하는 산호의 주변에는 산호의 천적인 불가사리가 적게 관찰되는 것을 보고, 딱총새우가 산호를 불가사리로부터 보호해 줄 것이라고 생각했다.

(나) 같은 지역에 있는 산호들을 집단 A와 B로 나눈 후, A에서는 딱총새우를 그대로 두고, B에서는 딱총새우를 제거하였다.

(다) 일정 시간 동안 불가사리에게 잡아먹힌 산호의 비율은 ㉠에서가 ㉡에서보다 높았다. ㉠과 ㉡은 A와 B를 순서 없이 나타낸 것이다.

(라) 산호에 서식하는 딱총새우가 산호를 불가사리로부터 보호해 준다는 결론을 내렸다.

**이 자료에 대한 설명으로 옳은 것만을 〈보기〉에서 있는 대로 고른 것은? [3점]**

보기
ㄱ. ㉠은 A이다. ㉠은 B, ㉡은 A이다.
ㄴ. (나)에서 조작 변인은 딱총새우의 제거 여부이다.
ㄷ. (다)에서 불가사리와 산호 사이의 상호 작용은 포식과 피식에 해당한다.

① ㄱ  ② ㄷ  ③ ㄱ, ㄴ  ④ ㄴ, ㄷ  ⑤ ㄱ, ㄴ, ㄷ

✔ 자료 해석
• 조작 변인(실험에서 의도적으로 변화시키는 변인) : 딱총새우의 제거 여부
• 종속변인(조작 변인의 영향을 받아서 달라지는 변인) : 불가사리에게 잡아먹힌 산호의 비율
• 포식과 피식(두 종류의 개체군이 서로 먹고 먹히는 관계에 있는 것) : 불가사리는 잡아먹는 쪽인 포식자이고, 산호는 잡아먹히는 쪽인 피식자이다.

○ 보기풀이 ㄴ. 조작 변인은 대조 실험에서 대조군과 실험군을 설정하기 위해 의도적으로 변화시키는 변인이다. (나)에서 집단 A와 B는 딱총새우의 제거 여부 이외에는 모두 같은 조건으로 처리하였으므로 (나)에서 조작 변인은 딱총새우의 제거 여부이다.
ㄷ. 불가사리가 산호를 잡아먹으므로 불가사리와 산호 사이의 상호 작용은 포식과 피식이다.

✕ 매력적 오답 ㄱ. 산호에 서식하는 딱총새우가 산호를 불가사리로부터 보호해 준다는 결론을 내리기 위해서는 딱총새우를 제거한 B에서가 딱총새우를 그대로 둔 A에서보다 산호가 많이 잡아먹혀야 한다. 일정 시간 동안 불가사리에게 잡아먹힌 산호의 비율이 ㉠에서가 ㉡에서보다 높았으므로 ㉠은 B이다.

**문제풀이 Tip**
생명 과학의 탐구 방법 중 연역적 탐구 방법이 적용된 문항으로, 생태계 단원의 내용을 함께 묻고 있다. 앞으로 탐구 관련 문항이 자주 출제될 것으로 예측되므로 탐구 관련 기출 문항을 모두 찾아 풀어보자.

---

## 24 생명 과학의 탐구 방법

2021학년도 9월 평가원 1번 | 정답 ④ | 문제편 127 p

출제 의도 생명 과학의 탐구 방법과 생물의 특성을 파악할 수 있는지를 묻는 문항이다.

**다음은 어떤 과학자가 수행한 탐구이다.**

(가) 서식 환경과 비슷한 털색을 갖는 생쥐가 포식자의 눈에 잘 띄지 않아 생존에 유리할 것이라고 생각했다.

(나) ㉠갈색 생쥐 모형과 ㉡흰색 생쥐 모형을 준비해서 지역 A와 B 각각에 두 모형을 설치했다. A와 B는 각각 갈색 모래 지역과 흰색 모래 지역 중 하나이다.

(다) A에서는 ㉠이 ㉡보다, B에서는 ㉡이 ㉠보다 포식자로부터 더 많은 공격을 받았다. A는 흰색 모래 지역, B는 갈색 모래 지역

(라) ⓐ서식 환경과 비슷한 털색을 갖는 생쥐가 생존에 유리하다는 결론을 내렸다. 서식 환경에 맞게 적응하면서 진화하였음

**이 자료에 대한 설명으로 옳은 것만을 〈보기〉에서 있는 대로 고른 것은?**

보기
ㄱ. A는 갈색 모래 지역이다. A는 흰색 모래 지역이다.
ㄴ. 연역적 탐구 방법이 이용되었다. 가설 설정 단계와 탐구 설계 및 수행 단계가 있으므로 연역적 탐구 방법이 이용되었다.
ㄷ. ⓐ는 생물의 특성 중 적응과 진화의 예에 해당한다.

① ㄱ  ② ㄴ  ③ ㄱ, ㄷ  ④ ㄴ, ㄷ  ⑤ ㄱ, ㄴ, ㄷ

✔ 자료 해석
• 적응 : 생물이 서식 환경에 알맞은 몸의 형태나 기능, 생활 습성 등을 갖게 되는 과정이나 결과이다.
• 진화 : 생물이 여러 세대를 거치면서 집단 내의 유전자 구성이 변하는 과정이나 결과이며, 이를 통해 새로운 종으로 분화되기도 한다. 생물이 다양한 환경에 적응하며 살아감으로써 오늘날의 다양한 생물종으로 진화하였다.

○ 보기풀이 ㄴ. 관찰 사실로부터 문제를 인식하고 그에 대한 잠정적 결론인 가설을 세우고 대조 실험을 통해 가설을 검증하는 과정을 거쳤으므로 이 탐구에는 연역적 탐구 방법이 이용되었다.
ㄷ. 환경에 적응한 생물이 생존에 유리한 것은 생물의 특성 중 적응과 진화의 예에 해당한다.

✕ 매력적 오답 ㄱ. 서식 환경과 비슷한 털색을 갖는 생쥐가 생존에 유리하다고 결론을 내렸고, A에서 ㉠이 ㉡보다 포식자로부터 더 많은 공격을 받았으므로 A는 흰색 모래 지역이다.

**문제풀이 Tip**
생물의 특성과 생명 과학의 탐구 방법을 함께 다룬 문항이다. 생물의 특성에 대한 문항은 난이도가 쉽게 출제되는 편이나 출제 가능성이 높으므로 기본 개념을 꼼꼼히 익혀두자. 또한 연역적 탐구 방법과 귀납적 탐구 방법을 비교하는 문항도 출제될 수 있으니 차이점에 대해 알아두도록 하자.

Part II 수능 평가원

## 25 생물의 특성

출제 의도 생물의 특성에 해당하는 예를 찾을 수 있는지를 묻는 문항이다.

표는 생물의 특성의 예를 나타낸 것이다. (가)와 (나)는 물질대사, 발생과 생장을 순서 없이 나타낸 것이다.

| 생물의 특성 | 예 |
|---|---|
| 발생과 생장 (가) | 개구리 알은 올챙이를 거쳐 개구리가 된다. |
| 물질대사 (나) | ⓐ식물은 빛에너지를 이용하여 포도당을 합성한다. |
| 적응과 진화 | ㉠ |

이에 대한 설명으로 옳은 것만을 〈보기〉에서 있는 대로 고른 것은?

┌─ 보기 ─────────────────────────────┐
ㄱ. (가)는 발생과 생장이다.
ㄴ. ⓐ에서 효소가 이용된다. 빛에너지를 이용하여 포도당을 합성하는 식물의
　　광합성에는 효소가 이용된다.
ㄷ. '가랑잎벌레의 몸의 형태가 주변의 잎과 비슷하여 포식자
　　의 눈에 띄지 않는다.'는 ㉠에 해당한다.
　　서식 환경에 적합한 몸의 형태를 가지도록 변화하였다. → 적응과 진화
└────────────────────────────────┘

① ㄱ　　② ㄷ　　③ ㄱ, ㄴ　　④ ㄴ, ㄷ　　⑤ ㄱ, ㄴ, ㄷ

✔ 자료 해석

· 발생 : 다세포 생물에서 생식세포의 수정으로 생성된 수정란이 하나의 개체가 되는 과정이다.
· 생장 : 다세포 생물에서 어린 개체가 체세포 분열을 통해 세포 수를 늘리면서 자라는 과정이다.

◯ 보기 풀이 ㄱ. 개구리 알이 올챙이를 거쳐 개구리가 되는 것은 세포 분열과 분화가 일어나면서 조직과 기관이 형성되고, 개체의 크기와 무게가 증가하는 현상이므로 (가)는 발생과 생장이다.

ㄴ. ⓐ는 식물에서 일어나는 물질대사(광합성)이다. 생물의 물질대사에는 효소가 이용된다.

ㄷ. 가랑잎벌레의 몸의 형태가 주변의 잎과 비슷하여 포식자의 눈에 띄지 않는 것은 가랑잎벌레가 적응하고 진화한 결과이므로 ㉠에 해당한다.

문제풀이 Tip

최근 생물의 특성에 대한 문항이 자주 출제되고 있다. 따라서 각 생물의 특성에 해당하는 예를 알아두도록 하자.

---

## 26 생명 과학의 탐구 방법

출제 의도 생명 과학의 탐구 방법에서 대조 실험과 변인 통제에 대해 이해할 수 있는지를 묻는 문항이다.

다음은 먹이 섭취량이 동물 종 ⓐ의 생존에 미치는 영향을 알아보기 위한 실험이다.

[실험 과정]
(가) 유전적으로 동일하고 같은 시기에 태어난 ⓐ의 수컷 개체 200마리를 준비하여, 100마리씩 집단 A와 B로 나눈다.
(나) A에는 충분한 양의 먹이를 제공하고, B에는 먹이 섭취량을 제한하면서 배양한다. 한 개체당 먹이 섭취량은 A
　　의 개체가 B의 개체보다 많다. 조작 변인
(다) A와 B에서 시간에 따른 ⓐ의 생존 개체 수를 조사한다.

[실험 결과]
그림은 A와 B에서 시간에 따른 ⓐ의 생존 개체 수를 나타낸 것이다. 종속변인

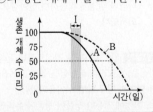

이 자료에 대한 설명으로 옳은 것만을 〈보기〉에서 있는 대로 고른 것은? (단, 제시된 조건 이외는 고려하지 않는다.) [3점]

┌─ 보기 ─────────────────────────────┐
ㄱ. 이 실험에서의 조작 변인은 ⓐ의 생존 개체 수이다.
　　조작 변인은 먹이 섭취량
ㄴ. 구간 Ⅰ에서 사망한 ⓐ의 개체 수는 A에서가 B에서보다 많다.
　　구간 Ⅰ에서 감소한 ⓐ의 생존 개체 수=사망한 ⓐ의 개체 수
ㄷ. 각 집단에서 ⓐ의 생존 개체 수가 50마리가 되는 데 걸린
　　시간은 A에서가 B에서보다 길다.
　　　　　　　　B에서가 A에서보다 길다.
└────────────────────────────────┘

① ㄱ　　② ㄴ　　③ ㄷ　　④ ㄱ, ㄴ　　⑤ ㄴ, ㄷ

✔ 자료 해석

실험 결과의 타당성과 신뢰도를 높이기 위한 방법
· 대조 실험 실시 : 대조군을 설정하고 실험군과 비교하는 대조 실험을 실시하여 실험 결과의 타당성을 높인다.
　－ 대조군 : 실험 결과를 비교하는 기준이 되는 집단
　－ 실험군 : 실험 조건을 인위적으로 변화시킨 집단
· 실험을 할 때 실험 결과에 영향을 미치는 변인을 적절히 통제하고, 실험을 반복하여 실험 결과의 신뢰도를 높인다.

◯ 보기 풀이 ㄴ. 구간 Ⅰ에서 A가 B보다 생존 개체 수가 더 많이 줄어들었으므로 구간 Ⅰ에서 사망한 ⓐ의 개체 수는 A에서가 B에서보다 많다.

✕ 매력적 오답 ㄱ. 조작 변인은 실험 결과에 영향을 미칠 수 있는 독립변인 중 실험자가 의도적으로 다르게 처리한 변인이다. 그러므로 이 실험에서의 조작 변인은 먹이 섭취량이며, ⓐ의 생존 개체 수는 종속변인이다.

ㄷ. 각 집단에서 ⓐ의 생존 개체 수가 50마리가 되는 데 걸린 시간은 A에서가 B에서보다 짧다.

문제풀이 Tip

생명 과학의 탐구 방법에 관한 문항은 탐구 과정이 복잡해 보여도 과정과 결과를 해석하면 쉽게 해결할 수 있는 경우가 많다. 따라서 탐구와 관련된 유사한 문항을 많이 접해보도록 하자.

# 01 생명 활동과 에너지

선택지 비율 ① 1% ② 0% ③ 2% ④ 1% ❺ 93%

2025학년도 수능 11번 | 정답 ⑤ | 문제편 130p

## 1 물질대사

출제 의도 사람에서 일어나는 물질대사 과정에 대해 이해하고 있는지 묻는 문항이다.

사람에서 일어나는 물질대사에 대한 설명으로 옳은 것만을 〈보기〉에서 있는 대로 고른 것은?

보기
ㄱ. 녹말이 포도당으로 분해되는 과정에서 이화 작용이 일어난다. 녹말의 분해 과정은 이화 작용에 해당한다.
ㄴ. 암모니아가 요소로 전환되는 과정에서 효소가 이용된다. 물질대사 과정에서는 효소가 이용된다.
ㄷ. 지방이 세포 호흡에 사용된 결과 생성되는 노폐물에는 물과 이산화 탄소가 있다.

① ㄱ  ② ㄴ  ③ ㄱ, ㄷ  ④ ㄴ, ㄷ  ⑤ ㄱ, ㄴ, ㄷ

✓ 자료 해석
- 물질대사에는 저분자 물질로부터 고분자 물질을 합성하는 동화 작용과 고분자 물질로부터 저분자 물질을 생성하는 이화 작용이 있으며, 각 과정에서 효소가 이용된다.
- 녹말이 소화 과정을 거쳐 포도당으로 분해되는 과정은 이화 작용이다.
- 단백질 분해 과정에서 생성된 암모니아는 간으로 운반되어 비교적 독성이 약한 요소로 전환된다.

○ 보기 풀이 ㄱ. 녹말이 포도당으로 분해되는 과정은 이화 작용이다.
ㄴ. 단백질 분해 과정에서 생성된 암모니아는 간에서 상대적으로 독성이 약한 요소로 전환되며, 이 과정에 효소가 이용된다.
ㄷ. 지방이 세포 호흡에 사용된 결과 생성되는 노폐물에는 물과 이산화 탄소가 있다.

문제풀이 **Tip**
생물체 내에서 일어나는 물질대사 과정을 알고 있어야 한다. 또한 물질대사에서는 대부분 효소가 관여한다는 것을 알고 있어야 한다.

선택지 비율 ① 1% ② 0% ③ 3% ④ 0% ❺ 93%

2025학년도 6월 평가원 2번 | 정답 ⑤ | 문제편 130p

## 2 물질대사

출제 의도 포도당과 아미노산이 분해되는 물질대사에 대해 알고 있는지 묻는 문항이다.

그림은 사람에서 일어나는 물질대사 과정 Ⅰ과 Ⅱ를 나타낸 것이다. ㉠과 ㉡은 암모니아와 이산화 탄소를 순서 없이 나타낸 것이다.

포도당 ──Ⅰ──▶ 물, ㉠

아미노산 ──Ⅱ──▶ 물, ㉠, ㉡

㉠은 이산화 탄소
㉡은 암모니아

이에 대한 설명으로 옳은 것만을 〈보기〉에서 있는 대로 고른 것은?

보기
ㄱ. ㉠은 이산화 탄소이다. ㉠은 이산화 탄소, ㉡은 암모니아이다.
ㄴ. 간에서 ㉡이 요소로 전환된다. 간에서 암모니아(㉡)가 요소로 전환된다.
ㄷ. Ⅰ과 Ⅱ에서 모두 이화 작용이 일어난다.

① ㄱ  ② ㄷ  ③ ㄱ, ㄴ  ④ ㄴ, ㄷ  ⑤ ㄱ, ㄴ, ㄷ

✓ 자료 해석
- Ⅰ과 Ⅱ에서 모두 이화 작용이 일어난다.
- ㉠은 이산화 탄소, ㉡은 암모니아이다.

○ 보기 풀이 ㄱ. 포도당이 과정 Ⅰ을 통해 분해된 결과 물과 이산화 탄소가 생성되고, 아미노산이 과정 Ⅱ를 통해 분해된 결과 물, 이산화 탄소, 암모니아가 생성된다. 따라서 Ⅰ과 Ⅱ에서 공통적으로 생성되는 ㉠은 이산화 탄소이고, Ⅱ에서만 생성되는 ㉡은 암모니아이다.
ㄴ. 간에서 암모니아(㉡)가 요소로 전환된다.
ㄷ. Ⅰ과 Ⅱ에서 고분자 물질이 저분자 물질로 분해되므로 모두 이화 작용이 일어난다.

문제풀이 **Tip**
물질대사의 특징에 대해 알고, 세포 호흡 결과 생성되는 노폐물 종류에 대해 알아둔다.

## 3 물질대사

출제 의도 사람에서 일어나는 물질대사에 대해 알고 있는지 묻는 문항이다.

**다음은 사람에서 일어나는 물질대사에 대한 자료이다.**

(가) 녹말이 소화 과정을 거쳐 ㉠포도당으로 분해된다. 이화 작용

(나) 포도당이 세포 호흡을 통해 물과 이산화 탄소로 분해된다. 이화 작용

(다) ㉡포도당이 글리코젠으로 합성된다. 동화 작용 / 인슐린의 작용

**이에 대한 설명으로 옳은 것만을 〈보기〉에서 있는 대로 고른 것은?**

보기
ㄱ. 소화계에서 ㉠이 흡수된다.
　포도당(㉠)은 소화계인 소장에서 흡수된다.
ㄴ. (가)와 (나)에서 모두 이화 작용이 일어난다.
ㄷ. 글루카곤은 간에서 ㉡을 촉진한다.
　억제한다

① ㄱ　② ㄷ　③ ㄱ, ㄴ　④ ㄴ, ㄷ　⑤ ㄱ, ㄴ, ㄷ

✔ 자료 해석
• 녹말은 소화 과정을 거쳐 최종 포도당으로 분해되며, 포도당은 소화계인 소장에서 흡수된다.
• 녹말의 소화와 세포 호흡은 모두 이화 작용의 예에 해당한다.
• 인슐린은 간에서 포도당이 글리코젠으로 합성되는 과정을 촉진하고, 글루카곤은 간에서 글리코젠이 포도당으로 분해되는 것을 촉진한다.

○ 보기 풀이 ㄱ. 소화계에서는 음식물 속에 포함된 녹말과 같은 큰 영양분이 포도당과 같은 흡수가 가능한 작은 영양분으로 분해되며, 이렇게 분해된 영양분이 소장에서 흡수된다. 따라서 소화계에서는 ㉠이 흡수된다.
ㄴ. 녹말이 포도당으로 분해되는 것과 포도당이 세포 호흡을 통해 물과 이산화 탄소로 분해되는 것은 모두 상대적으로 크기가 크고 복잡한 물질이 크기가 작고 간단한 물질로 바뀌는 물질대사이므로 (가)와 (나)에서 모두 이화 작용이 일어난다.

✕ 매력적 오답 ㄷ. 이자에서 분비된 글루카곤은 간에서 글리코젠이 포도당으로 분해되는 것을 촉진한다.

문제풀이 **Tip**
물질대사에서 물질을 합성하는 동화 작용과 물질을 분해하는 이화 작용에 대해 알아두고, 물질대사의 종류에 따른 예에 대해 알아둔다.

---

## 4 물질대사

출제 의도 사람에서 일어나는 물질대사에 대해 알고 있는지를 묻는 문항이다.

**다음은 사람에서 일어나는 물질대사에 대한 자료이다.**

(가) 암모니아가 ㉠요소로 전환된다.

(나) 지방은 세포 호흡을 통해 물과 이산화 탄소로 분해된다.

**이에 대한 설명으로 옳은 것만을 〈보기〉에서 있는 대로 고른 것은?**

보기
ㄱ. 간에서 (가)가 일어난다.
　요소의 합성은 간에서 일어난다.
ㄴ. (나)에서 효소가 이용된다.
　생물체에서 물질대사가 일어날 때 효소가 이용된다.
ㄷ. 배설계를 통해 ㉠이 몸 밖으로 배출된다.

① ㄱ　② ㄷ　③ ㄱ, ㄴ　④ ㄴ, ㄷ　⑤ ㄱ, ㄴ, ㄷ

✔ 자료 해석
• 단백질의 분해 과정에서 생성된 암모니아는 간으로 운반되어 비교적 독성이 약한 요소로 전환된 다음, 배설계에 속하는 콩팥으로 운반되고 이후 오줌을 통해 배설된다.
• 생물체 내에서 일어나는 화학 반응(물질대사)에는 대부분 효소가 관여한다.

○ 보기 풀이 ㄱ. 간에서 암모니아가 요소로 전환되는 반응이 일어난다.
ㄴ. 물질대사인 (가)와 (나)에서 모두 효소가 이용된다.
ㄷ. 요소(㉠)는 배설계를 통해 몸 밖으로 배출된다.

문제풀이 **Tip**
요소는 간에서 합성되고, 콩팥으로 이동한 후 오줌을 통해 배설됨을 알고 있어야 한다. 그리고 생물체에서 물질대사가 일어날 때 효소가 대부분 관여한다는 것도 알고 있어야 한다.

## 5 생명 활동과 에너지

출제 의도 소화와 세포 호흡을 포함한 물질대사에 대해 알고 있는지 묻는 문항이다.

**다음은 사람에서 일어나는 물질대사에 대한 자료이다.**

(가) 단백질은 소화 과정을 거쳐 아미노산으로 분해된다. 이화 작용
소화

(나) 포도당이 세포 호흡을 통해 분해된 결과 생성되는 노폐
세포 호흡 물에는 ⑤이 있다. 이화 작용
$CO_2$, $H_2O$

**이에 대한 설명으로 옳은 것만을 〈보기〉에서 있는 대로 고른 것은?**
[3점]

보기
ㄱ. (가)에서 이화 작용이 일어난다.
ㄴ. 이산화 탄소는 ⑤에 해당한다.
ㄷ. (가)와 (나)에서 모두 효소가 이용된다. 물질대사에는 효소가 관여한다.

① ㄱ  ② ㄷ  ③ ㄱ, ㄴ  ④ ㄴ, ㄷ  ⑤ ㄱ, ㄴ, ㄷ

✓ 자료 해석
• (가)는 복잡하고 큰 물질을 간단하고 작은 물질로 분해하는 반응으로 이화 작용에 해당한다.
• 포도당이 세포 호흡을 통해 분해된 결과 생성되는 노폐물에는 물과 이산화 탄소가 있다.

보기 풀이 ㄱ. 고분자 물질인 단백질이 소화 과정에서 단위체인 아미노산으로 분해되는 (가)에서 이화 작용이 일어난다.
ㄴ. 탄소, 수소, 산소로 이루어진 포도당이 세포 호흡을 통해 분해된 결과 이산화 탄소와 물이 생성된다.
ㄷ. 물질대사 과정에는 효소가 관여하므로 소화(가)와 세포 호흡 과정(나)에서는 모두 효소가 이용된다.

문제풀이 **Tip**
동화 작용과 이화 작용을 포함하는 물질대사의 특징에 대해 알고, 세포 호흡 결과 생성되는 노폐물에 대해 알아둔다.

---

## 6 물질대사

출제 의도 세포 호흡과 세포 호흡 결과 생성된 에너지의 이용에 대해 이해할 수 있는지를 묻는 문항이다.

**다음은 세포 호흡에 대한 자료이다. ⑤과 ⑥은 각각 ADP와 ATP 중 하나이다.**

(가) 포도당은 세포 호흡을 통해 물과 이산화 탄소로 분해된다.
(나) 세포 호흡 과정에서 방출된 에너지의 일부는 ⑤에 저장되며, ⑤이 ⑥과 무기 인산($P_i$)으로 분해될 때 방출된 에너지는 생명 활동에 사용된다.
ADP    ATP

**이에 대한 설명으로 옳은 것만을 〈보기〉에서 있는 대로 고른 것은?**
[3점]

보기
ㄱ. (가)에서 이화 작용이 일어난다. 이화 작용의 예 : 세포 호흡, 소화
ㄴ. 미토콘드리아에서 ⑥이 ⑤으로 전환된다.
ㄷ. 포도당이 분해되어 생성된 에너지의 일부는 체온 유지에 사용된다. 체온 유지, 근육 운동, 생장 등에 사용된다.

① ㄱ  ② ㄴ  ③ ㄱ, ㄷ  ④ ㄴ, ㄷ  ⑤ ㄱ, ㄴ, ㄷ

✓ 자료 해석
• 이화 작용 : 복잡하고 큰 물질을 간단하고 작은 물질로 분해하는 반응이며, 이화 작용이 일어날 때 에너지가 방출(발열 반응)된다.
• 세포 호흡 : 세포 내에서 영양소를 분해하여 생명 활동에 필요한 에너지를 얻는 과정으로, 대표적인 이화 작용의 예에 해당한다.

보기 풀이 ㄱ. (가)에서 포도당이 물과 이산화 탄소로 분해되므로, 이화 작용이 일어난다.
ㄴ. 세포 호흡 과정에서 방출된 에너지의 일부는 ATP에 저장되므로 ⑤은 ATP, ⑥은 ADP이다. 미토콘드리아에서 ADP(⑥)가 ATP(⑤)로 전환된다.
ㄷ. 포도당이 분해되어 생성된 에너지의 일부는 ATP에 저장되고, 나머지는 열에너지로 방출된다. 방출된 열에너지는 체온 유지에 사용된다. ATP가 분해될 때 방출된 에너지는 화학 에너지, 기계적 에너지, 열에너지 등으로 전환되어 근육 운동, 물질 합성, 체온 유지 등 다양한 생명 활동에 사용된다.

문제풀이 **Tip**
물질대사는 광합성과 세포 호흡 관련 문항이 자주 출제되고 있다. 따라서 동화 작용의 대표적인 광합성 과정과 이화 작용의 대표적인 세포 호흡 과정을 비교하여 잘 살펴두도록 하자.

# 7 물질대사

출제 의도 사람에서 일어나는 물질대사 과정에 대해 알고 있는지를 묻는 문항이다.

사람에서 일어나는 물질대사에 대한 설명으로 옳은 것만을 〈보기〉에서 있는 대로 고른 것은?

**보기**

ㄱ. 지방이 분해되는 과정에서 이화 작용이 일어난다.
이화 작용 : 고분자 물질 → 저분자 물질
ㄴ. 단백질이 합성되는 과정에서 에너지의 흡수가 일어난다.
동화 작용의 예 : 단백질 합성, 광합성 등
ㄷ. 포도당이 세포 호흡에 사용된 결과 생성되는 노폐물에는 이산화 탄소가 있다.

① ㄱ  ② ㄴ  ③ ㄱ, ㄷ  ④ ㄴ, ㄷ  ⑤ ㄱ, ㄴ, ㄷ

✓ **자료 해석**

• 동화 작용 : 간단하고 작은 물질을 복잡하고 큰 물질로 합성하는 반응으로, 에너지가 흡수되는 흡열 반응이다.
• 이화 작용 : 복잡하고 큰 물질을 간단하고 작은 물질로 분해하는 반응으로, 에너지가 방출되는 발열 반응이다.

○ **보기 풀이** ㄱ. 지방이 분해되는 과정에서는 에너지가 방출되는 이화 작용이 일어난다.

ㄴ. 단백질이 합성되는 동화 작용에서는 에너지의 흡수가 일어난다.

ㄷ. 포도당이 세포 호흡에 사용되어 생성되는 노폐물에는 이산화 탄소와 물이 있다.

**문제풀이 Tip**

지방의 분해 과정은 이화 작용에 해당하고, 단백질의 합성 과정은 동화 작용에 해당한다. 포도당이 세포 호흡에 사용되면 노폐물로 이산화 탄소와 물이 생성된다는 것을 알고 있었다면 문제를 쉽게 풀 수 있었다.

# 8 세포 호흡과 에너지 이용

출제 의도 세포 호흡에 대한 이해와 세포 호흡을 통해 생성된 에너지가 생명 활동에 이용되는 예를 알고 있는지를 묻는 문항이다.

그림은 사람에서 세포 호흡을 통해 포도당으로부터 생성된 에너지가 생명 활동에 사용되는 과정을 나타낸 것이다. ⓐ와 ⓑ는 $H_2O$와 $O_2$를 순서 없이 나타낸 것이고, ㉠과 ㉡은 각각 ADP와 ATP 중 하나이다.

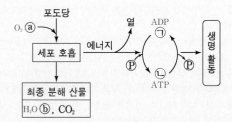

이에 대한 설명으로 옳은 것만을 〈보기〉에서 있는 대로 고른 것은?

**보기**

ㄱ. 세포 호흡에서 이화 작용이 일어난다.
고분자 물질이 저분자 물질로 분해되는 반응
ㄴ. 호흡계를 통해 ⓑ가 몸 밖으로 배출된다.
ⓑ는 $H_2O$이며, $H_2O$은 호흡계를 통해 몸 밖으로 배출된다.
ㄷ. 근육 수축 과정에는 ㉡에 저장된 에너지가 사용된다.
ATP

① ㄱ  ② ㄴ  ③ ㄱ, ㄷ  ④ ㄴ, ㄷ  ⑤ ㄱ, ㄴ, ㄷ

✓ **자료 해석**

• 세포 호흡 : 세포 내에서 영양소를 분해하여 생명 활동에 필요한 에너지를 얻는 반응이다.
• 세포 호흡 장소 : 주로 미토콘드리아에서 일어나며, 일부 과정은 세포질에서 진행된다.
• 세포 호흡 과정 : 포도당과 같은 영양소가 산소(ⓐ)와 반응하여 물(ⓑ)과 이산화 탄소로 분해되고, 그 결과 에너지를 방출한다.

○ **보기 풀이** ⓐ는 $O_2$, ⓑ는 $H_2O$이고, ㉠은 ADP, ㉡은 ATP이다.

ㄱ. 세포 호흡에서 고분자 물질인 포도당이 저분자 물질인 $H_2O$(ⓑ)과 $CO_2$로 분해되므로 이화 작용이 일어난다.

ㄴ. 호흡계를 통해 $H_2O$(ⓑ)과 $CO_2$가 몸 밖으로 배출된다.

ㄷ. ATP(㉡)에 저장된 화학 에너지는 다양한 형태의 에너지로 전환되어 여러 생명 활동(근육 수축, 체온 유지, 생장 등)에 사용된다.

**문제풀이 Tip**

세포 호흡에 산소($O_2$)가 필요하고, 세포 호흡 결과 물($H_2O$)과 이산화 탄소($CO_2$)와 같은 최종 분해 산물이 생성되며, 에너지가 방출된다는 점을 알아두자.

# 9 물질대사

출제 의도 사람에서 일어나는 물질대사 과정에 대해 묻는 문항이다.

그림은 사람에서 일어나는 물질대사 과정 (가)와 (나)를 나타낸 것이다.

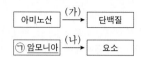

이에 대한 설명으로 옳은 것만을 〈보기〉에서 있는 대로 고른 것은?

보기

ㄱ. (가)에서 동화 작용이 일어난다.
아미노산이 단백질로 합성되는 과정은 동화 작용이다.
ㄴ. 간에서 (나)가 일어난다.
암모니아가 요소로 전환되는 과정은 간에서 일어난다.
ㄷ. 포도당이 세포 호흡에 사용된 결과 생성되는 노폐물에는 ㉠이 있다. 포도당은 세포 호흡을 통해 물과 이산화 탄소로 분해된다.

① ㄱ  ② ㄴ  ③ ㄷ  ④ ㄱ, ㄴ  ⑤ ㄴ, ㄷ

✔ 자료 해석

- (가)는 아미노산이 단백질로 합성되는 과정이며, (나)는 독성이 강한 암모니아가 독성이 약한 요소로 전환되는 과정이다.
- 동화 작용은 간단하고 작은 물질을 복잡하고 큰 물질로 합성하는 반응이며, 이화 작용은 복잡하고 큰 물질을 간단하고 작은 물질로 분해하는 반응이다.
- 암모니아는 단백질의 분해 과정에서 생성된다. 생성된 암모니아는 간으로 운반되어 요소로 전환된 후, 대부분 콩팥으로 운반되어 오줌으로 배설된다. 포도당의 분해 과정에서는 이산화 탄소와 물이 생성된다.

○ 보기 풀이 ㄱ. 단백질의 기본 단위(단위체)인 아미노산이 반복 연결되어 단백질을 형성하는 과정에서 동화 작용이 일어난다.
ㄴ. 간에서는 독성이 강한 암모니아가 독성이 약한 요소로 전환된다.

✕ 매력적 오답 ㄷ. 포도당이 세포 호흡에 사용되면 이산화 탄소와 물로 완전히 분해되며, 암모니아는 발생하지 않는다.

문제풀이 Tip

물질대사에 대한 문항으로, 물질대사의 종류 및 암모니아의 전환 과정을 알고 있어야 한다. 물질대사의 종류에 따른 에너지 출입 및 영양소가 분해되었을 때 생성되는 노폐물의 종류와 분비 과정에 대해 정확하게 알아두도록 하자.

# 10 세포 호흡과 물질 대사

출제 의도 녹말이 포도당으로 분해되는 과정과 세포 호흡에 이용되는 물질대사 과정에 대해 묻는 문항이다.

그림 (가)는 사람에서 녹말(다당류)이 포도당으로 되는 과정을, (나)는 미토콘드리아에서 일어나는 세포 호흡을 나타낸 것이다.

(가)                    (나)

이에 대한 설명으로 옳은 것만을 〈보기〉에서 있는 대로 고른 것은? [3점]

보기

ㄱ. (가)에서 이화 작용이 일어난다.
녹말이 포도당으로 분해되는 과정은 이화 작용에 해당한다.
ㄴ. (나)에서 생성된 노폐물에는 $CO_2$가 있다.
(나)에서 생성된 노폐물에는 $H_2O$과 $CO_2$가 있다.
ㄷ. (가)와 (나)에서 모두 효소가 이용된다.
녹말의 분해 과정과 포도당의 세포 호흡 과정에서는 모두 효소가 이용된다.

① ㄱ  ② ㄷ  ③ ㄱ, ㄴ  ④ ㄴ, ㄷ  ⑤ ㄱ, ㄴ, ㄷ

✔ 자료 해석

- 이화 작용은 복잡하고 큰 물질을 간단하고 작은 물질로 분해하는 반응이다. 녹말이 포도당으로 분해되는 과정은 이화 작용에 해당한다.
- 포도당이 세포 호흡을 통해 분해되는 과정에서는 물($H_2O$)과 이산화 탄소($CO_2$)와 같은 노폐물이 생성된다.
- 효소는 생물체 내에서 일어나는 화학 반응 과정에서 활성화 에너지를 낮추어 줌으로써 반응 속도를 빠르게 해주는 생체 촉매이다. 녹말이 포도당으로 되는 과정과 미토콘드리아에서 일어나는 세포 호흡 과정에서는 모두 효소가 이용된다.

○ 보기 풀이 ㄱ. 녹말은 복잡하고 큰 물질이고, 포도당은 간단하고 작은 물질이다. 따라서 녹말이 포도당으로 분해되는 과정인 (가)에서 이화 작용이 일어난다.
ㄴ. 미토콘드리아에서 일어나는 세포 호흡에서 $H_2O$과 $CO_2$와 같은 노폐물이 생성된다.
ㄷ. 녹말이 포도당으로 분해되는 과정과 미토콘드리아에서 일어나는 세포 호흡에서는 모두 효소가 이용된다.

문제풀이 Tip

물질대사에 대한 문항으로, 이화 작용의 의미와 이화 작용의 예에 대해 알고 있어야 한다. 엽록체에서 일어나는 물질대사 과정도 자주 출제되므로 이화 작용과 동화 작용을 비교하여 자세하게 알아두도록 하자.

출제 의도  사람에서 일어나는 탄수화물과 단백질의 물질대사 과정을 이해하는지 확인하는 문항이다.

그림은 사람에서 일어나는 영양소의 물질대사 과정 일부를 나타낸 것이다. ㉠과 ㉡은 암모니아와 이산화 탄소를 순서 없이 나타낸 것이다.

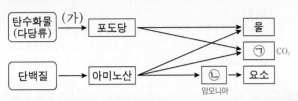

이에 대한 설명으로 옳은 것만을 〈보기〉에서 있는 대로 고른 것은? [3점]

┌─ 보기 ─────────────────────────────┐
│ ㄱ. 과정 (가)에서 이화 작용이 일어난다. │
│    (가)에서 탄수화물이 포도당으로 분해되는 이화 작용이 일어난다. │
│ ㄴ. 호흡계를 통해 ㉠이 몸 밖으로 배출된다. │
│ ㄷ. 간에서 ㉡이 요소로 전환된다. │
│    간에서 독성이 강한 암모니아(㉡)가 요소로 전환된다. │
└────────────────────────────────┘

① ㄱ  ② ㄷ  ③ ㄱ, ㄴ  ④ ㄴ, ㄷ  ⑤ ㄱ, ㄴ, ㄷ

✓ 자료 해석
• 탄수화물, 단백질, 지방이 세포 호흡을 통해 분해되는 과정에서 물, 이산화 탄소(㉠), 암모니아(㉡)와 같은 노폐물이 생성된다.
• 이산화 탄소(㉠)는 폐에서 날숨으로 배출되고, 물은 주로 콩팥에서 오줌으로 배설된다.
• 단백질 분해 과정에서 생성된 암모니아(㉡)는 독성이 강하기 때문에 간에서 독성이 약한 요소로 전환된 후 콩팥에서 오줌으로 배설된다.

○ 보기풀이  ㄱ. 과정 (가)는 크고 복잡한 물질인 탄수화물(다당류)이 작고 간단한 물질인 포도당으로 분해되는 과정이므로 과정 (가)에서 이화 작용이 일어난다.
ㄴ. 포도당이 세포 호흡을 통해 완전히 분해되면 물과 이산화 탄소로 분해된다. 아미노산이 분해되는 과정에서는 암모니아가 발생한다. 따라서 ㉠은 호흡계를 통해 몸 밖으로 배출되는 이산화 탄소($CO_2$)이다.
ㄷ. 간에서는 암모니아(㉡)가 요소로 전환되는 반응이 일어난다.

문제풀이  Tip
사람의 물질대사 및 노폐물의 생성과 배설에 관한 문항으로 자주 출제되고 있는 내용이다. 배점은 3점이지만, 어렵지 않아 실수하지 않으면 쉽게 해결할 수 있다.

---

출제 의도  ATP와 ADP 사이의 전환 과정을 이해하고, 이 과정에서의 에너지의 저장과 방출을 파악하고 있는지를 묻는 문항이다.

그림은 ATP와 ADP 사이의 전환을 나타낸 것이다.

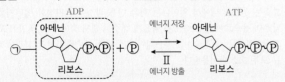

이에 대한 설명으로 옳은 것만을 〈보기〉에서 있는 대로 고른 것은?

┌─ 보기 ─────────────────────────────┐
│ ㄱ. ㉠은 A̶T̶P̶이다. │
│       ADP │
│ ㄴ. 미토콘드리아에서 과정 Ⅰ이 일어난다. 과정 Ⅰ : ATP 합성 과정 │
│ ㄷ. 과정 Ⅱ에서 인산 결합이 끊어진다. │
│    과정 Ⅱ에서 ATP의 고에너지 인산 결합이 끊어지며 에너지가 방출된다. │
└────────────────────────────────┘

① ㄱ  ② ㄷ  ③ ㄱ, ㄴ  ④ ㄴ, ㄷ  ⑤ ㄱ, ㄴ, ㄷ

✓ 자료 해석
• ATP는 생명 활동에 직접 이용되는 에너지 저장 물질이다.
• ATP의 구조 : 아데닌(염기)과 리보스(당)에 3개의 인산기가 결합한 구조이다.
• ATP의 2번째와 3번째 인산기 사이에 있는 고에너지 인산 결합이 끊어져 ATP가 ADP와 무기 인산($P_i$)으로 분해될 때 에너지가 방출된다.
• 미토콘드리아에서 세포 호흡이 일어나는 과정에서 에너지가 방출되며, 이 과정에서 방출된 에너지의 일부는 ATP에 저장된다.

○ 보기풀이  ㄴ. 미토콘드리아에서는 ADP와 무기 인산($P_i$)이 결합하여 ATP가 합성되는 반응이 일어난다.
ㄷ. 인산과 인산 사이의 결합을 고에너지 인산 결합이라고 한다. 과정 Ⅱ에서는 3개의 인산기 중 하나가 분리되었으므로 과정 Ⅱ에서 인산 결합이 끊어졌다.

✕ 매력적 오답  ㄱ. ㉠은 아데닌과 리보스가 결합한 물질에 2개의 인산이 결합되어 있으므로 ADP이다.

문제풀이  Tip
ATP와 ADP 사이의 전환 과정에서 에너지 전환과 이용에 대해 묻는 문항으로, 자주 출제되는 내용이니 정확히 알아두도록 하자.

# 02 물질대사와 건강

| 선택지 비율 | ❶ 93% | ② 1% | ③ 3% | ④ 0% | ⑤ 0% |

## 1 에너지 대사와 균형

2025학년도 수능 2번 | 정답 ① | 문제편 134p

출제 의도 에너지 섭취와 소비에 따른 에너지 균형에 대해 이해하고 있는지 묻는 문항이다.

그림 (가)는 정상인 A와 B에서 시간에 따라 측정한 체중을, (나)는 시점 $t_1$과 $t_2$일 때 A와 B에서 측정한 혈중 지질 농도를 나타낸 것이다. A와 B는 '규칙적으로 운동을 한 사람'과 '운동을 하지 않은 사람'을 순서 없이 나타낸 것이다.

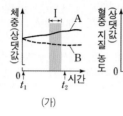

(가)        (나)

이 자료에 대한 설명으로 옳은 것만을 〈보기〉에서 있는 대로 고른 것은? (단, 제시된 조건 이외의 다른 조건은 동일하다.) [3점]

보기
ㄱ. B는 '규칙적으로 운동을 한 사람'이다.
ㄴ. 구간 I에서 $\dfrac{에너지\ 섭취량}{에너지\ 소비량}$은 A에서가 B에서보다 작다.
　　　　　　　　　　　　　　　　　　　크다.
ㄷ. $t_2$일 때 혈중 지질 농도는 A에서가 B에서보다 낮다.
　　　　　　　　　　　　　　　　　　　높다.

① ㄱ　② ㄷ　③ ㄱ, ㄴ　④ ㄴ, ㄷ　⑤ ㄱ, ㄴ, ㄷ

✓ 자료 해석
• 규칙적으로 운동을 한 사람은 운동을 하지 않은 사람에 비해 에너지 소비량이 높으므로 상대적으로 체중과 혈중 지질 농도가 낮다. 따라서 체중과 혈중 지질 농도가 시간에 따라 낮아지는 B가 '규칙적으로 운동을 한 사람'이고, A가 '운동을 하지 않은 사람'이다.

○ 보기 풀이 ㄱ. A는 체중과 혈중 지질 농도가 시간에 따라 증가하므로 '운동을 하지 않은 사람'이고, B는 체중과 혈중 지질 농도가 시간에 따라 낮아지므로 '규칙적으로 운동을 한 사람'이다.

✕ 매력적 오답 ㄴ. 구간 I에서 A와 B의 에너지 섭취량이 같을 때, 운동을 하지 않은 A는 규칙적으로 운동을 한 B보다 에너지 소비량이 적으므로 $\dfrac{에너지\ 섭취량}{에너지\ 소비량}$은 A에서가 B에서보다 크다.

ㄷ. $t_2$일 때 혈중 지질 농도는 A에서가 B에서보다 높다.

문제풀이 **Tip**
에너지 섭취량과 에너지 소비량에 따라 체중과 혈중 지질 농도 같이 에너지 균형이 변화하는 것을 알아두어야 한다.

| 선택지 비율 | ① 0% | ❷ 93% | ③ 0% | ④ 4% | ⑤ 1% |

## 2 노폐물의 생성과 배설

2025학년도 9월 평가원 2번 | 정답 ② | 문제편 134p

출제 의도 영양소의 세포 호흡에 사용된 결과 생성되는 노폐물에 대해 알고 있는지 묻는 문항이다.

표는 사람에서 영양소 (가)와 (나)가 세포 호흡에 사용된 결과 생성되는 노폐물을 나타낸 것이다. (가)와 (나)는 단백질과 탄수화물을 순서 없이 나타낸 것이고, ㉠과 ㉡은 암모니아와 이산화 탄소를 순서 없이 나타낸 것이다.

| 영양소 | 노폐물 |
|---|---|
| 탄수화물(가) | 물, ㉠ $CO_2$ |
| 단백질(나) | 물, ㉠, ㉡ 암모니아 |
|  | ㉠ $CO_2$ |

이에 대한 설명으로 옳은 것만을 〈보기〉에서 있는 대로 고른 것은?

보기
ㄱ. (가)는 단백질이다.
　　　　탄수화물이다.
ㄴ. 호흡계를 통해 ㉠이 몸 밖으로 배출된다.
　　호흡계를 통해 이산화 탄소(㉠)가 몸 밖으로 배출된다.
ㄷ. 사람에서 지방이 세포 호흡에 사용된 결과 생성되는 노폐물에는 ㉡이 있다.
　　　　　　　　　　㉡(암모니아)이 없다.

① ㄱ　② ㄴ　③ ㄷ　④ ㄱ, ㄴ　⑤ ㄱ, ㄷ

✓ 자료 해석
• (가)는 탄수화물, (나)는 단백질이며, ㉠은 이산화 탄소, ㉡은 암모니아이다.
• 지방이 세포 호흡에 사용된 결과 생성되는 노폐물에는 물과 이산화 탄소가 있다.

○ 보기 풀이 단백질과 탄수화물이 세포 호흡에 사용된 결과 생성되는 공통된 노폐물 ㉠은 이산화 탄소이다. 따라서 ㉡은 암모니아이고, (가)는 탄수화물, (나)는 단백질이다.
ㄴ. 호흡계를 통해 이산화 탄소(㉠)가 몸 밖으로 배출된다.

✕ 매력적 오답 ㄱ. (가)는 탄수화물이다.
ㄷ. 지방이 세포 호흡에 사용된 결과 생성되는 노폐물에는 물과 이산화 탄소(㉠)가 있고, 암모니아(㉡)는 없다.

문제풀이 **Tip**
영양소의 세포 호흡 결과 생성되는 노폐물의 종류에 대해 알아둔다.

## **3** 에너지 대사

**출제 의도** 체중 변화와 체지방량 변화를 나타낸 자료를 분석할 수 있는지 묻는 문항이다.

그림 (가)는 같은 종의 동물 A와 B 중 A에게는 충분히 먹이를 섭취하게 하고, B에게는 구간 Ⅰ에서만 적은 양의 먹이를 섭취하게 하면서 측정한 체중의 변화를, (나)는 시점 $t_1$과 $t_2$일 때 A와 B에서 측정한 체지방량을 나타낸 것이다. ㉠과 ㉡은 A와 B를 순서 없이 나타낸 것이다.

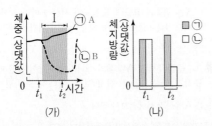

(가)                (나)

이 자료에 대한 설명으로 옳은 것만을 〈보기〉에서 있는 대로 고른 것은? (단, 제시된 조건 이외는 고려하지 않는다.) [3점]

**보기**

ㄱ. ㉠은 A이다. ㉠은 A, ㉡은 B이다.

ㄴ. 구간 Ⅰ에서 ㉡은 에너지 소비량이 에너지 섭취량보다 많다.
구간 Ⅰ에서 B(㉡)의 체중이 감소하고 있다.

ㄷ. B의 체지방량은 $t_1$일 때가 $t_2$일 때보다 적다.
많다.

① ㄱ      ② ㄴ      ③ ㄷ      ④ ㄱ, ㄴ      ⑤ ㄱ, ㄷ

**✓ 자료 해석**
- ㉠은 A, ㉡은 B이다.
- A(㉠)의 체지방량은 $t_1$일 때가 $t_2$일 때보다 조금 적고, B(㉡)의 체지방량은 $t_1$일 때가 $t_2$일 때보다 많다.

**⭕ 보기 풀이** ㄱ. 구간 Ⅰ에서 B에게만 적은 양의 먹이를 섭취하게 했으므로 체중이 감소하는 ㉡이 B이고, ㉠은 A이다.

ㄴ. 구간 Ⅰ에서 B(㉡)의 체중이 감소하고 있으므로 B(㉡)는 에너지 소비량이 에너지 섭취량보다 많다.

**✗ 매력적 오답** ㄷ. B(㉡)의 체지방량은 $t_1$일 때가 $t_2$일 때보다 많다.

**문제풀이 Tip**
체중이 감소할 경우 에너지 소비량이 에너지 섭취량보다 많다는 것을 알고 자료에 적용하면 된다.

---

## **4** 기관계의 통합적 작용

**출제 의도** 기관계의 통합적 작용에 대해 알고 있는지 묻는 문항이다.

다음은 사람 몸을 구성하는 기관계에 대한 자료이다. A와 B는 배설계와 소화계를 순서 없이 나타낸 것이다.

소화계
- A에서 음식물을 분해하여 영양소를 흡수한다.
- B에서 오줌을 통해 노폐물을 몸 밖으로 내보낸다.
배설계

이에 대한 설명으로 옳은 것만을 〈보기〉에서 있는 대로 고른 것은? [3점]

**보기**

ㄱ. A는 소화계이다. A는 소화계, B는 배설계이다.

ㄴ. 소장은 B에 속한다.
소화계(A)에 속한다.

ㄷ. A에서 흡수된 영양소의 일부는 순환계를 통해 조직 세포로 운반된다.

① ㄱ      ② ㄴ      ③ ㄱ, ㄷ      ④ ㄴ, ㄷ      ⑤ ㄱ, ㄴ, ㄷ

**✓ 자료 해석**
- A는 소화계, B는 배설계이다.
- 소화계(A)에는 위, 소장, 대장 등이 속하고, 배설계(B)에는 콩팥, 방광 등이 속한다.

**⭕ 보기 풀이** ㄱ. 음식물을 분해하여 영양소를 흡수하는 A는 소화계, 오줌을 통해 노폐물을 몸 밖으로 내보내는 B는 배설계이다.

ㄷ. 소화계(A)에서 흡수된 영양소의 일부는 순환계를 통해 조직 세포로 운반되어 세포 호흡에 이용된다.

**✗ 매력적 오답** ㄴ. 소장은 소화계(A)에 속한다. 콩팥, 방광 등은 배설계에 속한다.

**문제풀이 Tip**
여러 기관계의 통합적 작용을 이해하고 있어야 하며, 각 기관계에 속하는 기관들을 알고 있어야 한다.

# 5 에너지 균형과 대사성 질환

출제 의도 에너지 섭취와 소비에 따른 에너지 균형과 대사성 질환에 대해 알고 있는지 묻는 문항이다.

## 다음은 에너지 섭취와 소비에 대한 실험이다.

(가) 유전적으로 동일하고 체중이 같은 생쥐 A~C를 준비한다.

(나) A와 B에게 고지방 사료를, C에게 일반 사료를 먹이면서 시간에 따른 A~C의 체중을 측정한다. $t_1$일 때부터 B에게만 운동을 시킨다.

(다) $t_1$일 때 A~C의 혈중 지질 농도를 측정한다.

(라) (나)와 (다)에서 측정한 결과는 그림과 같다. ㉠과 ㉡은 A와 B를 순서 없이 나타낸 것이다.

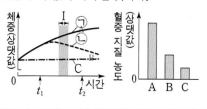

이에 대한 설명으로 옳은 것만을 〈보기〉에서 있는 대로 고른 것은? (단, 제시된 조건 이외는 고려하지 않는다.) [3점]

보기
ㄱ. ㉠은 A이다.
  ㉠은 A, ㉡은 B이다.
ㄴ. 구간 Ⅰ에서 B는 에너지 소비량이 에너지 섭취량보다 많다.
ㄷ. 대사성 질환 중에는 고지혈증이 있다.
  당뇨병, 고혈압, 고지혈증

① ㄱ   ② ㄴ   ③ ㄱ, ㄷ   ④ ㄴ, ㄷ   ⑤ ㄱ, ㄴ, ㄷ

---

✓ 자료 해석

• 에너지 섭취량이 소비량보다 많아지면 사용하고 남은 에너지가 체내에 축적되어 비만이 될 수 있고, 에너지 소비량이 섭취량보다 많아지면 체중이 감소하고 영양 부족 상태가 된다.

• 대사성 질환은 우리 몸에서 물질대사 장애에 의해 발생하는 질환으로, 당뇨병, 고혈압, 고지혈증 등이 이에 해당한다.

○ 보기 풀이 ㄱ. 고지방 사료를 먹은 생쥐는 일반 사료를 먹은 생쥐에 비해 에너지 섭취량이 많아 체중이 증가한다. A와 B 중 B만 $t_1$일 때부터 운동하였으므로 실험에서 체중 증가는 A가 B보다 크다. 따라서 ㉠은 A이다.

ㄴ. 구간 Ⅰ에서 B의 체중이 감소하고 있으므로 에너지 소비량이 에너지 섭취량보다 많다.

ㄷ. 고혈압, 당뇨병, 고지혈증 등은 물질대사에 이상으로 발병하는 대사성 질환의 예이다.

문제풀이 Tip

에너지 섭취량과 소비량에 따른 에너지 과잉 상태와 에너지 부족 상태를 비교할 수 있어야 한다. 그리고 대사성 질환의 예에 대해 알아둔다.

## 6 기관계의 통합적 작용

2023학년도 **수능** 4번 | 정답 ⑤ | 문제편 135 p

출제 의도 사람 기관계의 통합적 작용에 대해 이해할 수 있는지를 묻는 문항이다.

**사람의 몸을 구성하는 기관계에 대한 설명으로 옳은 것만을 〈보기〉에서 있는 대로 고른 것은?**

┌ 보기 ┐
ㄱ. 소화계에서 흡수된 영양소의 일부는 순환계를 통해 폐로 운반된다. 순환계는 다른 모든 기관과 연결되어 있어 소장에서 흡수된 영양소의 일부를 폐로 운반한다.
ㄴ. 간에서 생성된 노폐물의 일부는 배설계를 통해 몸 밖으로 배출된다. 요소
ㄷ. 호흡계에서 기체 교환이 일어난다. 호흡계는 기체 교환이 일어나는 장소이다.
└───────┘

① ㄱ  ② ㄷ  ③ ㄱ, ㄴ  ④ ㄴ, ㄷ  ⑤ ㄱ, ㄴ, ㄷ

✓ **자료 해석**
• 순환계는 심장, 혈관, 혈액 등으로 구성되고, 호흡계는 코, 기관, 기관지, 폐 등으로 구성된다.
• 순환계는 소화계(소장)를 통해 흡수한 영양소와 호흡계(폐)를 통해 흡수한 산소를 온몸의 조직 세포로 운반한다.

○ **보기 풀이** ㄱ. 소화계에서 흡수된 영양소의 일부는 순환계를 통해 폐를 포함한 모든 기관으로 운반된다.
ㄴ. 간에서 생성된 노폐물인 요소의 일부는 배설계를 통해 몸 밖으로 배출된다.
ㄷ. 호흡계에서 산소와 이산화 탄소의 교환이 일어난다.

**문제풀이 Tip**
순환계, 호흡계, 배설계, 소화계 등 각 기관계의 특징을 이해해 두고, 기관계의 통합적 작용이 어떻게 이루어지는지 자세하게 살펴두도록 하자.

---

## 7 기관계의 통합적 작용

2024학년도 9월 **평가원** 4번 | 정답 ⑤ | 문제편 135 p

출제 의도 소화계, 순환계의 통합적 작용에 대해 알고 있는지를 묻는 문항이다.

**다음은 사람의 몸을 구성하는 기관계에 대한 자료이다. A와 B는 소화계와 순환계를 순서 없이 나타낸 것이고, ㉠은 인슐린과 글루카곤 중 하나이다.**

┌────────────┐
소화계
• A는 음식물을 분해하여 포도당을 흡수한다. 그 결과 혈중 포도당 농도가 증가하면 ㉠의 분비가 촉진된다.
• B를 통해 ㉠이 표적 기관으로 운반된다.
  순환계       인슐린
└────────────┘

**이에 대한 설명으로 옳은 것만을 〈보기〉에서 있는 대로 것은?**
[3점]

┌ 보기 ┐
ㄱ. A에서 이화 작용이 일어난다.
   소화계(A)에 음식물이 분해되므로 이화 작용이 일어난다.
ㄴ. 심장은 B에 속한다.
   심장은 순환계(B)를 구성하는 기관이다.
ㄷ. ㉠은 세포로의 포도당 흡수를 촉진한다.
   └─ 혈당량을 감소시키는 호르몬(인슐린)
└───────┘

① ㄱ  ② ㄷ  ③ ㄱ, ㄴ  ④ ㄴ, ㄷ  ⑤ ㄱ, ㄴ, ㄷ

✓ **자료 해석**
• 소화계(A)에서 영양소의 소화와 흡수가 이루어지고, 흡수된 영양소는 순환계(B)를 통해 이동한다.
• 이자의 $\beta$세포에서 분비되는 인슐린(㉠)은 간에서 포도당이 글리코젠으로 전환되는 과정을 촉진하고, 조직 세포로의 포도당 흡수를 촉진하여 혈당량을 감소시킨다. 반면 이자의 $\alpha$세포에서 분비되는 글루카곤은 간에서 글리코젠이 포도당으로 전환되는 과정을 촉진하여 혈당량을 증가시킨다.

○ **보기 풀이** ㄱ. A는 음식물을 분해하고 분해된 영양소를 흡수하는 소화계이다. 소화계에서는 영양소가 분해되는 반응이나 세포 호흡과 같은 이화 작용이 일어난다.
ㄴ. B는 호르몬을 운반하는 순환계이다. 심장은 순환계에 속한다.
ㄷ. 혈중 포도당의 농도가 증가하면 분비가 촉진되는 ㉠은 인슐린이다. 인슐린은 세포로의 포도당 흡수를 촉진한다.

**문제풀이 Tip**
소화계와 순환계의 통합적 작용을 묻는 문항은 쉽게 출제되므로 기본 내용을 다시 한번 살펴두도록 하자.

## 8  기관계의 통합적 작용

출제 의도 사람 몸을 구성하는 기관의 기능과 혈액 순환 경로를 이해하고 있는지를 묻는 문항이다.

그림은 사람의 혈액 순환 경로를 나타낸 것이다. ㉠~㉢은 각각 간, 콩팥, 폐 중 하나이다.

이에 대한 설명으로 옳은 것만을 〈보기〉에서 있는 대로 고른 것은?

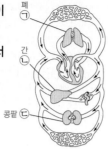

폐 ㉠
간 ㉡
콩팥 ㉢

보기
ㄱ. ㉠으로 들어온 산소 중 일부는 순환계를 통해 운반된다.
　폐
ㄴ. ㉡에서 암모니아가 요소로 전환된다.
　암모니아는 간(㉡)에서 독성이 약한 요소로 전환된다.
ㄷ. ㉢은 소화계에 속한다.
　콩팥(㉢)은 배설계에 속한다.

① ㄱ　② ㄷ　③ ㄱ, ㄴ　④ ㄴ, ㄷ　⑤ ㄱ, ㄴ, ㄷ

### ✔ 자료 해석

- 폐(㉠) : 호흡계에 속하는 기관 중 하나로, 공기 중의 산소를 얻어 혈액에 공급해 주고, 혈액을 통해 운반된 이산화 탄소를 몸 밖으로 내보내는 기능을 한다.
- 간(㉡) : 소화계에 속하는 기관 중 하나로, 해독 작용을 하며, 단백질을 합성하고, 양분을 저장한다. 독성이 강한 암모니아를 독성이 약한 요소로 전환하는 기능도 있다.
- 콩팥(㉢) : 배설계에 속하는 기관 중 하나로, 노폐물을 배설하고, 체내 항상성을 유지하는 기능을 한다.

### ○ 보기 풀이

ㄱ. ㉠은 폐이다. 폐(㉠)로 들어온 산소 중 일부는 순환계를 통해 운반된다.
ㄴ. ㉡은 간이다. 간(㉡)에서 암모니아가 요소로 전환된다.

### ✕ 매력적 오답

ㄷ. ㉢은 콩팥이다. 콩팥(㉢)은 배설계에 속한다.

### 문제풀이 Tip

기관계의 통합적 작용을 묻는 문항은 개별적인 각 기관의 기능을 묻거나, 연관된 각 기관계의 통합적인 작용을 묻는 문항이 자주 출제되고 있으므로 이와 관련된 유형들을 많이 풀어두도록 하자.

---

## 9  기관계의 통합적 작용

출제 의도 호흡계, 순환계, 배설계, 소화계의 통합적 작용에 대해 묻는 문항이다.

그림은 사람 몸에 있는 각 기관계의 통합적 작용을 나타낸 것이다. A와 B는 배설계와 소화계를 순서 없이 나타낸 것이다.

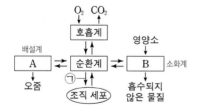

$O_2$　$CO_2$
호흡계
　　　　　영양소
배설계
A ⇄ 순환계 ⇄ B 소화계
오줌　　㉠↓↑　흡수되지 않은 물질
　조직 세포

이에 대한 설명으로 옳은 것만을 〈보기〉에서 있는 대로 고른 것은?

보기
ㄱ. 콩팥은 A에 속한다.
　콩팥은 배설계(A)에 속한다.
ㄴ. B에는 부교감 신경이 작용하는 기관이 있다.
　소화계(B)에 속하는 위, 소장 등은 부교감 신경과 연결되어 있다.
ㄷ. ㉠에는 $O_2$의 이동이 포함된다.
　호흡계를 통해 흡수된 $O_2$가 순환계에서 조직 세포로 이동한다.

① ㄱ　② ㄴ　③ ㄱ, ㄷ　④ ㄴ, ㄷ　⑤ ㄱ, ㄴ, ㄷ

### ✔ 자료 해석

- A는 조직 세포에서 세포 호흡 결과 생성된 노폐물을 오줌의 형태로 몸 밖으로 내보내는 배설계이고, B는 음식물 속의 영양소를 세포가 흡수할 수 있도록 크기가 작은 영양소로 분해하고 흡수하는 소화계이다.
- 교감 신경과 부교감 신경은 심장근, 내장근, 분비샘 등의 반응 기관에 연결되어 이들을 조절하는 역할을 한다. 부교감 신경은 위와 소장 등과 연결되어 소화 작용을 촉진한다.
- 순환계는 소화계를 통해 흡수된 영양소와 호흡계를 통해 흡수된 $O_2$를 조직 세포로 운반한다.

### ○ 보기 풀이

ㄱ. A는 오줌이 생성되고 배설되는 배설계이다. 콩팥은 배설계에 속하는 기관이다.
ㄴ. B는 영양소를 흡수하고 흡수되지 않은 물질은 배출하는 소화계이다. 소화계에는 위나 소장 등 부교감 신경이 작용하는 기관이 있다.
ㄷ. 순환계에서 조직 세포로 이동하는 여러 가지 물질 중 $O_2$가 있다.

### 문제풀이 Tip

기관계의 통합적 작용에 대한 문항으로, 호흡계, 배설계, 소화계, 순환계의 기능을 알고 있어야 한다. 각 기관계의 기능과 함께 순환계와 다른 기관계의 상호 작용에 대해 자주 출제되고 있으므로 관련 개념에 대해 살펴두도록 하자.

Part II  수능 평가원

2022학년도 9월 평가원 4번 | 정답 ⑤ | 문제편 136 p

출제 의도 기관계 중 배설계, 소화계, 신경계의 특징 및 이들의 통합적 작용에 대해 묻는 문항이다.

표는 사람 몸을 구성하는 기관계의 특징을 나타낸 것이다. A~C는 배설계, 소화계, 신경계를 순서 없이 나타낸 것이다.

| 기관계 | 특징 |
|---|---|
| 배설계 A | 오줌을 통해 노폐물을 몸 밖으로 내보낸다. |
| 신경계 B | 대뇌, 소뇌, 연수가 속한다. |
| 소화계 C | ㉠ |

이에 대한 설명으로 옳은 것만을 〈보기〉에서 있는 대로 고른 것은? [3점]

보기
ㄱ. A는 배설계이다.
　A는 배설계, B는 신경계, C는 소화계이다.
ㄴ. '음식물을 분해하여 영양소를 흡수한다.'는 ㉠에 해당한다.
　소화계(C)는 음식물을 분해하여 영양소를 흡수한다.
ㄷ. C에는 B의 조절을 받는 기관이 있다.
　소화계(C)의 위, 소장 등은 신경계(B)의 조절을 받는다.

① ㄱ ② ㄷ ③ ㄱ, ㄴ ④ ㄴ, ㄷ ⑤ ㄱ, ㄴ, ㄷ

✓ 자료 해석

• 배설계는 조직 세포의 세포 호흡 결과 생성된 노폐물을 오줌을 통해 몸 밖으로 내보내며, 신경계는 몸 안과 밖의 정보를 받아들여 통합하고 처리하여 전달하고, 소화계는 음식물 속의 영양소를 세포가 흡수할 수 있는 작은 크기의 영양소로 분해하고 흡수한다. 따라서 A는 배설계, B는 신경계, C는 소화계이다.

• 소화계(C)에 속하는 기관인 위, 소장, 대장 등은 신경계(B)의 조절을 받는다. 신경계 중 말초 신경계에 속하는 자율 신경은 심장근, 내장근, 분비샘에 명령을 전달하며, 그 결과 소화 작용의 촉진과 억제, 글리코젠 합성 촉진 및 분해 촉진 등이 이루어진다.

○ 보기 풀이 ㄱ. A의 특징이 '오줌을 통해 노폐물을 몸 밖으로 내보낸다.'이므로 A는 배설계이다.
ㄴ. B의 특징이 '대뇌, 소뇌, 연수가 속한다.'이므로 B는 신경계이고, C는 소화계이다. '음식물을 분해하여 영양소를 흡수한다.'는 소화계(C)의 특징인 ㉠에 해당한다.
ㄷ. 소화계(C)에 속하는 기관인 간, 위, 소장, 대장 등은 신경계(B)의 조절을 받는다.

문제풀이 **Tip**
기관계의 통합적 작용에 대해 묻는 문항으로, 배설계, 소화계, 신경계 사이의 통합적 작용에 알고 있어야 한다. 기관계의 통합적 작용에 대해 묻는 문항은 각 기관의 기능에 대해 묻는 경우가 많으므로 기출 문제를 풀면서 각 기관계의 특징을 잘 파악해 두도록 하자.

---

2022학년도 6월 평가원 2번 | 정답 ⑤ | 문제편 136 p

출제 의도 3대 영양소의 분해 과정에서 생성되는 노폐물에 대해 묻는 문항이다.

표는 영양소 (가), (나), 지방이 세포 호흡에 사용된 결과 생성되는 노폐물을 나타낸 것이다. (가)와 (나)는 단백질과 탄수화물을 순서 없이 나타낸 것이다.

| 영양소 | 노폐물 |
|---|---|
| 탄수화물 (가) | 물, 이산화 탄소 |
| 단백질 (나) | 물, 이산화 탄소, ⓐ암모니아 |
| 지방 | ? |

이에 대한 설명으로 옳은 것만을 〈보기〉에서 있는 대로 고른 것은? [3점]

보기
ㄱ. (가)는 탄수화물이다.
　(가)는 탄수화물, (나)는 단백질이다.
ㄴ. 간에서 ⓐ가 요소로 전환된다.
　간에서 암모니아(ⓐ)는 독성이 약한 요소로 전환된다.
ㄷ. 지방의 노폐물에는 이산화 탄소가 있다.
　지방의 노폐물에는 이산화 탄소와 물이 있다.

① ㄱ ② ㄴ ③ ㄱ, ㄷ ④ ㄴ, ㄷ ⑤ ㄱ, ㄴ, ㄷ

✓ 자료 해석

• 탄수화물과 지방의 분해 과정에서는 이산화 탄소와 물이 생성되고, 단백질의 분해 과정에서는 이산화 탄소, 물, 암모니아가 생성된다. 따라서 (가)는 탄수화물, (나)는 단백질이다.

• 단백질의 분해 과정에서 생성된 암모니아는 간에서 독성이 약한 요소로 전환된 후 콩팥으로 운반되어 오줌으로 배설된다.

○ 보기 풀이 ㄱ. (가)는 세포 호흡 결과 물과 이산화 탄소로 분해되는 탄수화물이다.
ㄴ. 간에서 암모니아(ⓐ)는 해독 작용에 의해 요소로 전환된다.
ㄷ. 탄수화물, 단백질, 지방은 모두 탄소 화합물이므로 이들이 분해되어 생성되는 노폐물에는 이산화 탄소가 있다.

문제풀이 **Tip**
노폐물의 생성과 배설에 대해 묻는 문항으로, 각 영양소의 분해 과정에서 생성된 노폐물의 종류에 대해 알고 있어야 한다. 3대 영양소로부터 공통으로 생성되는 노폐물은 이산화 탄소와 물이다. 이산화 탄소는 폐에서 날숨을 통해 배출되며, 물은 폐에서 날숨을 통해 배출되거나 콩팥에서 오줌으로 배설된다는 점을 알아두도록 하자.

## 12 에너지의 균형

출제 의도 에너지 섭취량과 에너지 소비량에 따른 체중 변화에 대해 문항이다.

그림은 사람 Ⅰ~Ⅲ의 에너지 소비량과 에너지 섭취량을, 표는 Ⅰ ~Ⅲ의 에너지 소비량과 에너지 섭취량이 그림과 같이 일정 기간 동안 지속되었을 때 Ⅰ~Ⅲ의 체중 변화를 나타낸 것이다. ㉠과 ㉡ 은 에너지 소비량과 에너지 섭취량을 순서 없이 나타낸 것이다.

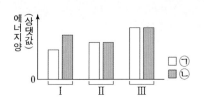

| 사람 | 체중 변화 |
|---|---|
| Ⅰ | 증가함 |
| Ⅱ | 변화 없음 |
| Ⅲ | 변화 없음 |

이에 대한 설명으로 옳은 것만을 〈보기〉에서 있는 대로 고른 것은?

보기
ㄱ. ㉠은 에너지 섭취량이다.
　㉠은 에너지 소비량, ㉡은 에너지 섭취량이다.
ㄴ. Ⅲ은 에너지 소비량과 에너지 섭취량이 균형을 이루고 있
다. Ⅲ은 에너지 소비량과 에너지 섭취량이 같아 균형을 이루고 있다.
ㄷ. 에너지 섭취량이 에너지 소비량보다 적은 상태가 지속되
면 체중이 증가한다. 체중이 감소한다.

① ㄱ　　② ㄴ　　③ ㄷ　　④ ㄱ, ㄷ　　⑤ ㄴ, ㄷ

✔ 자료 해석
• 에너지 소비량은 다양한 물질대사와 활동으로 인해 소비하는 에너지양
이며, 에너지 섭취량은 음식물을 통해 섭취하는 에너지양이다.
• 에너지 섭취량과 에너지 소비량이 같으면 에너지 균형 상태이다.
• 에너지 섭취량이 에너지 소비량보다 많을 때는 사용하고 남은 에너지가
체내에 축적되어 비만이 될 수 있다. Ⅰ은 체중이 증가하였으므로 에너
지 섭취량이 에너지 소비량보다 많은 상태가 지속된 것이다. 따라서 ㉠
은 에너지 소비량, ㉡은 에너지 섭취량이다.
• 에너지 소비량이 에너지 섭취량보다 많을 때 에너지가 부족하면 우리
몸에 저장된 지방이나 단백질로부터 에너지를 얻게 된다. 그 결과 체중
이 감소하고 영양 부족 상태가 될 수 있다.

O 보기풀이 　사람 Ⅰ의 체중이 증가하므로 에너지 섭취량이 에너지 소비량보
다 많다. 그러므로 ㉠은 에너지 소비량, ㉡은 에너지 섭취량이다.
ㄴ. Ⅲ은 에너지 소비량과 에너지 섭취량이 같아 균형을 이루고 있다.

✕ 매력적 오답 　ㄱ, ㄷ. ㉠은 에너지 소비량이며, 에너지 섭취량이 에너지 소비
량보다 적은 상태가 지속되면 체중은 감소한다.

문제풀이 Tip
에너지 소비와 섭취에 대해 묻는 문항으로, 에너지 소비량과 에너지 섭취량의
균형에 따라 나타나는 체중 변화에 대해 이해하고 있어야 한다. 에너지 섭취량
이 에너지 소비량보다 많으면 체중이 증가할 수 있고, 에너지 섭취량이 에너지
소비량보다 적으면 체중이 감소할 수 있다는 사실을 알아두자.

## 13 대사성 질환

출제 의도 체질량 지수에 따른 고지혈증을 나타내는 사람의 비율 자료를 분석하고 고지혈증의 특징을 파
악하는지 확인하는 문항이다.

표는 성인의 체질량 지수에 따른 분류를, 그림은 이 분류에 따른 고
지혈증을 나타내는 사람의 비율을 나타낸 것이다.

| 체질량 지수* | 분류 |
|---|---|
| 18.5 미만 | 저체중 |
| 18.5 이상 23.0 미만 | 정상 체중 |
| 23.0 이상 25.0 미만 | 과체중 |
| 25.0 이상 | 비만 |

$$*체질량 지수 = \frac{몸무게(kg)}{키의 제곱(m^2)}$$

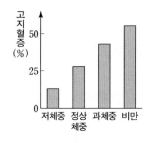

이에 대한 설명으로 옳은 것만을 〈보기〉에서 있는 대로 고른 것은?

보기
ㄱ. 체질량 지수가 20.0인 성인은 정상 체중으로 분류된다.
　체질량 지수가 18.5 이상, 23.0 미만인 경우 정상 체중으로 분류된다.
ㄴ. 고지혈증을 나타내는 사람의 비율은 비만인 사람 중에서
가 정상 체중인 사람 중에서보다 높다.
ㄷ. 대사성 질환 중에는 고지혈증이 있다.
　고지혈증은 당뇨병, 고혈압 등과 함께 대사성 질환에 속한다.

① ㄱ　② ㄷ　③ ㄱ, ㄴ　④ ㄴ, ㄷ　⑤ ㄱ, ㄴ, ㄷ

✔ 자료 해석
• 고지혈증 : 혈액 속에 콜레스테롤이나 중성 지방이 많은 상태로 동맥 경
화 등 심혈관계 질환의 원인이 된다.
• 비만 : 에너지 소비량에 비해 에너지 섭취량이 지나치게 많을 경우 체지
방이 쌓여 비만이 된다. 고혈압, 당뇨병, 고지혈증, 뇌졸중 등 질병을 야
기할 수 있다.

O 보기풀이 　ㄱ. 체질량 지수가 18.5 이상이고, 23.0 미만인 사람을 정상 체중
으로 분류하므로 체질량 지수가 20.0인 성인은 정상 체중으로 분류된다.
ㄴ. 고지혈증을 나타낸 사람의 비율은 비만인 사람에서는 50 %가 넘고, 정상
체중인 사람에서는 50 % 미만이므로, 고지혈증을 나타내는 사람의 비율은 비
만인 사람 중에서가 정상 체중인 사람 중에서보다 높다.
ㄷ. 고지혈증은 대표적인 대사성 질환이다.

문제풀이 Tip
대사성 질환의 대한 문항은 최근 자주 출제되고 있으므로 대사성 질환인 고지혈
증, 당뇨병, 고혈압 등에 대해서 자세하게 알아두자.

## 14 소화계와 호흡계

2021학년도 9월 평가원 2번 | 정답 ⑤ | 문제편 137 p

출제의도 소화계와 호흡계의 기능을 이해하고 있는지를 묻는 문항이다.

그림 (가)와 (나)는 각각 사람의 소화계와 호흡계를 나타낸 것이다. A와 B는 각각 간과 폐 중 하나이다.

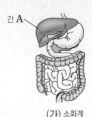
간 A

B 폐

(가) 소화계        (나) 호흡계

이에 대한 설명으로 옳은 것만을 〈보기〉에서 있는 대로 고른 것은? [3점]

보기
ㄱ. A에서 동화 작용이 일어난다.
　간(A)에서 글리코겐 합성과 같은 동화 작용이 일어난다
ㄴ. B에서 기체 교환이 일어난다.
　폐(B)에서 산소와 이산화 탄소의 교환이 일어난다
ㄷ. (가)에서 흡수된 영양소 중 일부는 (나)에서 사용된다.
　소화계 (가)에서 흡수된 영양소의 일부는 호흡계 (나)에서 사용된다

① ㄱ    ② ㄷ    ③ ㄱ, ㄴ    ④ ㄴ, ㄷ    ⑤ ㄱ, ㄴ, ㄷ

✔ 자료 해석
• 소화계 : 음식물 속의 영양소를 분해하고 몸속으로 흡수하는 역할을 한다. 소화 기관으로 입, 식도, 위, 간, 소장, 대장, 쓸개 등이 있다.
• 호흡계 : 세포 호흡에 필요한 산소를 몸속으로 흡수하고, 세포 호흡 결과 발생한 이산화 탄소를 몸 밖으로 내보내는 역할을 한다. 호흡 기관으로 코, 기관, 기관지, 폐 등이 있다.
• 동화 작용 : 간단하고 작은 물질을 복잡하고 큰 물질로 합성하는 반응이다. 예 단백질 합성, 글리코겐 합성, DNA 합성, 광합성
• 이화 작용 : 복잡하고 큰 물질을 간단하고 작은 물질로 분해하는 반응이다. 예 세포 호흡, 소화

○ 보기 풀이 　ㄱ. A는 간이다. 간에서는 여러 분자의 포도당이 글리코겐으로 전환되는 반응과 같은 동화 작용이 일어난다.
ㄴ. B는 폐이다. 폐에서는 폐포와 모세 혈관 사이에서 산소와 이산화 탄소가 이동하는 기체 교환이 일어난다.
ㄷ. 소화계에서 흡수된 영양소는 온몸의 세포에서 이용되므로 (가)에서 흡수된 영양소 중 일부는 (나)에서 사용된다.

문제풀이 Tip
기관계 중 소화계와 호흡계에 대한 이해를 묻는 기본 문항이다. 소화계에 속하는 간에서는 글리코겐의 합성과 암모니아가 요소로 전환되는 과정이 일어난다는 것을 알아두자.

---

## 15 대사성 질환

2021학년도 9월 평가원 4번 | 정답 ③ | 문제편 137 p

출제의도 정상인과 고혈압 환자의 수축기 혈압과 이완기 혈압 자료를 분석하여 대사성 질환에 속하는 고혈압의 특징을 이해하고 있는지를 묻는 문항이다.

그림 (가)와 (나)는 각각 사람 A와 B의 수축기 혈압과 이완기 혈압의 변화를 나타낸 것이다. A와 B는 정상인과 고혈압 환자를 순서 없이 나타낸 것이다.

수축기 혈압, 이완기 혈압 모두 B가 A보다 높다.
→ A는 정상인, B는 고혈압 환자

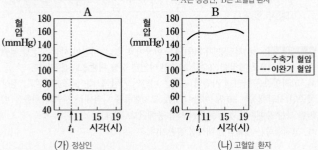

(가) 정상인        (나) 고혈압 환자

이에 대한 설명으로 옳은 것만을 〈보기〉에서 있는 대로 고른 것은?

보기
ㄱ. 대사성 질환 중에는 고혈압이 있다.
ㄴ. $t_1$일 때 수축기 혈압은 A가 B보다 높다.
　$t_1$일 때 수축기 혈압과 이완기 혈압 모두 A보다 B가 높다.
ㄷ. B는 고혈압 환자이다.
　A는 정상인, B는 고혈압 환자이다.

① ㄱ    ② ㄴ    ③ ㄱ, ㄷ    ④ ㄴ, ㄷ    ⑤ ㄱ, ㄴ, ㄷ

✔ 자료 해석
• 대사성 질환 : 체내 물질대사 이상에 의해 발생하는 질환으로, 비만이나 운동 부족, 영양 과다 등의 생활 습관이 원인이 되어 나타나는 질환이다. 예 고혈압, 당뇨병, 고지혈증
• 고혈압 : 스트레스, 식사 습관 등 환경적 요소와 유전적 요소의 상호 작용으로 발생한다. 혈압이 정상 범위보다 높으며, 두통, 어지럼증, 코피 등이 나타날 수 있다. 심혈관계 질환 및 뇌혈관계 질환의 원인이 된다.

○ 보기 풀이 　ㄱ. 고혈압은 대사성 질환의 대표적인 예이다.
ㄷ. 수축기 혈압과 이완기 혈압이 모두 B가 A보다 높으므로 B는 고혈압 환자이다.

✖ 매력적 오답 　ㄴ. $t_1$일 때 A의 수축기 혈압은 약 120 mmHg이고, B의 수축기 혈압은 약 160 mmHg이다.

문제풀이 Tip
대사성 질환 중 고혈압에 관한 문항이다. 대사성 질환 중 고혈압은 자주 출제되는 소재는 아니지만 당뇨병의 경우 출제될 가능성이 있으므로, 이에 대해 잘 이해해 두자.

# 01 자극의 전달

## 1 흥분 전도와 전달

2025학년도 수능 12번 | 정답 ④ | 문제편 140 p

출제 의도 흥분의 전도와 전달에 대한 자료를 분석하여 흥분 전달 속도와 특정 지점에서의 시냅스의 유무를 추론할 수 있는지 묻는 문장이다.

**다음은 민말이집 신경 A~C의 흥분 전도와 전달에 대한 자료이다.**

- 그림은 A~C의 지점 $d_1 \sim d_5$의 위치를, 표는 ㉮A와 B의 P에, C의 Q에 역치 이상의 자극을 동시에 1회 주고 경과된 시간이 4 ms일 때 $d_1$, $d_3$, $d_5$에서의 막전위를 나타낸 것이다. P와 Q는 각각 $d_2$, $d_3$, $d_4$ 중 하나이고, ㉠~㉺ 중 세 곳에만 시냅스가 있다.

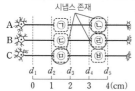

시냅스 존재

| 신경 | 4 ms일 때 막전위(mV) | | |
|---|---|---|---|
| | $d_1$ | $d_3$ | $d_5$ |
| A | +30 | -70 | -60 |
| B | ⓐ+80 | ?-70 | +30 |
| C | -70 | -80 | -80 |

- A를 구성하는 모든 뉴런의 흥분 전도 속도는 1 cm/ms로 같다. B를 구성하는 모든 뉴런의 흥분 전도 속도는 $x$로 같고, C를 구성하는 모든 뉴런의 흥분 전도 속도는 $y$로 같다. $x$와 $y$는 1 cm/ms와 2 cm/ms를 순서 없이 나타낸 것이다.

- A~C 각각에서 활동 전위가 발생하였을 때, 각 지점에서의 막전위 변화는 그림과 같다.

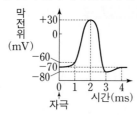

이에 대한 설명으로 옳은 것만을 〈보기〉에서 있는 대로 고른 것은? (단, A~C에서 흥분의 전도는 각각 1회 일어났고, 휴지 전위는 -70 mV이다.) [3점]

보기
ㄱ. ⓐ는 +30이다. (-80)
ㄴ. ㉺에 시냅스가 있다.
ㄷ. ㉮가 3 ms일 때, B의 $d_5$에서 탈분극이 일어나고 있다.

① ㄱ  ② ㄴ  ③ ㄱ, ㄷ  ④ ㄴ, ㄷ  ⑤ ㄱ, ㄴ, ㄷ

### ✓ 자료 해석

- 민말이집 신경 A~C 각각에서 활동 전위가 발생하였을 때, 자극을 준 후 4 ms가 지난 시점의 지점 P의 막전위는 -70 mV이다. 즉 ㉮가 4 ms일 때 A의 $d_3$에서의 막전위가 -70 mV이므로 P는 $d_3$이다.

- A의 ㉠과 ㉡에 모두 시냅스가 없다면 ㉮가 4 ms일 때 A의 흥분 전도 속도가 1 cm/ms이므로 $d_1$과 $d_5$의 막전위는 모두 자극 도착 후 2 ms가 지났을 때의 막전위인 +30 mV이어야 한다. 하지만 $d_5$의 막전위가 -60 mV이므로 ㉠에 시냅스가 없고, ㉡에 시냅스가 있다.

- ㉮가 4 ms일 때 C의 $d_3$과 $d_5$에서의 막전위가 모두 흥분 도착 후 3 ms가 지났을 때의 막전위인 -80 mV로 같으므로 Q는 $d_4$이고, C의 흥분 전도 속도는 1 cm/ms이며, ㉺에 시냅스가 없다. 이때 ㉺에 시냅스가 없다면 C의 $d_1$의 막전위는 자극 도착 후 1 ms가 지났을 때의 막전위인 -60 mV이어야 하지만, -70 mV이므로 ㉻에는 시냅스가 있다. 또한 C의 흥분 전도 속도가 1 cm/ms이므로 B의 흥분 전도 속도는 2 cm/ms이다. B의 $d_3$에 자극을 준 후 ㉣에 시냅스가 없다면 $d_5$의 막전위는 흥분 도착 후 3 ms가 지났을 때의 막전위인 -80 mV이어야 하지만, 2 ms가 흘렀을 때의 막전위인 +30 mV이므로 ㉣에 시냅스가 있다. 따라서 시냅스는 ㉡, ㉣, ㉻에 있다.

### ○ 보기풀이
ㄴ. 시냅스는 ㉡, ㉣, ㉻에 있다.

ㄷ. ㉮가 3 ms일 때 B의 $d_5$는 흥분 도착 후 1 ms가 지난 시점이므로 탈분극에 의한 막전위가 나타나고 있다.

### ✗ 매력적 오답
ㄱ. ⓐ는 -80이다.

### 문제풀이 **Tip**

A의 $d_3$에서의 막전위가 -70 mV이므로 P가 $d_3$이라는 것을 먼저 찾을 수 있어야 한다. 그 후 막전위를 분석하여 시냅스가 어디에 위치하는지 찾을 수 있어야 한다.

Part II

수능 평가원

## 2 흥분의 전도와 전달

출제 의도 흥분의 전도와 전달에 대한 자료를 분석하여 특정 지점에서의 막전위와 시냅스가 위치하는 곳을 파악할 수 있는지 묻는 문항이다.

**다음은 민말이집 신경 A~C의 흥분 전도와 전달에 대한 자료이다.**

---

• 그림은 A~C의 지점 $d_1$~$d_5$의 위치를, 표는 ㉠A와 B의 P에, C의 Q에 역치 이상의 자극을 동시에 1회 주고 경과된 시간이 $t_1$일 때 $d_1$~$d_5$에서의 막전위를 나타낸 것이다 P와 Q는 각각 $d_1$~$d_5$ 중 하나이고, ㉮와 ㉯ 중 한 곳에만 시냅스가 있다.

• Ⅰ~Ⅲ은 A~C를 순서 없이 나타낸 것이고, ⓐ~ⓒ는 −80, −70, +30을 순서 없이 나타낸 것이다.

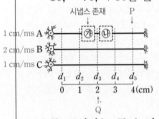

| 신경 | $t_1$일 때 막전위(mV) | | | | |
|---|---|---|---|---|---|
| | $d_1$ | $d_2$ | $d_3$ | $d_4$ | $d_5$ |
| CⅠ | ? | ⓑ | ⓒ | ⓑ | ? |
| BⅡ | ⓐ | ? | ⓑ | ? | ⓒ |
| AⅢ | ? | ⓒ | ⓐ | ⓑ | ⓒ |

ⓐ: +30
ⓑ: −80
ⓒ: −70

• A를 구성하는 두 뉴런의 흥분 전도 속도는 1 cm/ms로 같고, B와 C의 흥분 전도 속도는 각각 1 cm/ms와 2 cm/ms 중 하나이다.

• A~C 각각에서 활동 전위가 발생하였을 때, 각 지점에서의 막전위 변화는 그림과 같다.

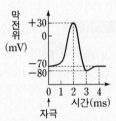

---

이에 대한 설명으로 옳은 것만을 〈보기〉에서 있는 대로 고른 것은? (단, A~C에서 흥분의 전도는 각각 1회 일어났고, 휴지 전위는 −70 mV이다.) [3점]

보기
ㄱ. ⓐ는 ~~−70~~이다.
　　　　+30
ㄴ. ㉮에 시냅스가 있다.
ㄷ. ㉠이 3 ms일 때, B의 $d_2$에서 ~~재분극이~~ 일어나고 있다.
　　　　　　　　　　　　　　　탈분극이

① ㄱ　② ㄴ　③ ㄱ, ㄷ　④ ㄴ, ㄷ　⑤ ㄱ, ㄴ, ㄷ

---

✔ 자료 해석

• Ⅰ은 C, Ⅱ는 B, Ⅲ은 A이며, P는 $d_5$, Q는 $d_3$이다.
• ⓐ는 +30, ⓑ는 −80, ⓒ는 70이며, ㉮에 시냅스가 있다.
• Ⅱ(B)의 흥분 전도 속도는 2 cm/ms이고, Ⅰ(C)의 흥분 전도 속도는 1 cm/ms이다.

○ 보기 풀이　Ⅲ에서 $t_1$일 때 $d_2$에서의 막전위와 $d_5$에서의 막전위가 ⓒ로 같다. ⓒ가 −80이거나 +30이라면 P나 Q 중 하나가 $d_1$~$d_5$ 중 하나일 수 없다. 따라서 ⓒ는 −70이다. Ⅰ에서 $t_1$일 때 $d_2$에서의 막전위와 $d_4$에서의 막전위가 ⓑ로 같으므로 Ⅰ에서 역치 이상의 자극을 준 지점은 $d_3$이며, $d_2$와 $d_3$ 사이나, $d_3$와 $d_4$ 사이에 시냅스가 없다. 따라서 Ⅰ은 B와 C 중 하나이다. Ⅰ이 B라면 P는 $d_3$이고, Ⅱ와 Ⅲ 하나는 $t_1$일 때 $d_3$의 막전위가 ⓒ이어야 한다. 그런데 ⓒ가 아니므로 Ⅰ이 C이고, Q는 $d_3$이다. Ⅱ와 Ⅲ은 A와 B 중 하나이므로 역치 이상의 자극을 준 지점인 P에서 $t_1$일 때 막전위는 ⓒ(−70)로 같아야 한다. 따라서 P는 $d_5$이다. A의 $d_5$에 역치 이상의 자극을 주더라도 시냅스가 있으므로 흥분이 A의 $d_1$에 도달하지 않아 $t_1$일 때 A의 $d_1$에서의 막전위는 −70(ⓒ)mV이다. Ⅱ에서 $t_1$일 때 $d_1$에서의 막전위가 ⓐ이므로 Ⅱ는 시냅스가 없는 B이고, Ⅲ은 시냅스가 있는 A이다.

ㄴ. ㉯에 시냅스가 있으면 $d_5$에 역치 이상의 자극을 주더라도 흥분이 $d_1$~$d_3$에 모두 전달되지 못하므로 $t_1$일 때 $d_1$~$d_3$에서의 막전위는 모두 −70(ⓒ)mV이어야 하는데 그렇지 않다. Ⅲ(A)에서 $t_1$일 때 $d_3$에서의 막전위가 ⓐ이므로 시냅스는 ㉮에 있다.

✕ 매력적 오답　ㄱ. ⓒ가 −70이므로 ⓐ와 ⓑ는 각각 −80과 +30 중 하나이다. Ⅲ(A)에서 역치 이상의 자극을 받은 후 $d_4$에서가 $d_3$에서보다 먼저 활동 전위가 발생하였고, $t_1$일 때 $d_3$에서의 막전위가 ⓐ이고, $d_4$에서의 막전위가 ⓑ이므로 ⓐ는 +30이고, ⓑ는 −80이다.

ㄷ. B(Ⅱ)에서 $t_1$일 때 $d_1$에서의 막전위가 +30(ⓐ)mV이고, $d_1$으로부터 2 cm가 떨어진 $d_3$에서의 막전위가 −80(ⓑ)mV이므로 B에서의 흥분 전도 속도는 2 cm/ms이다. $d_5$에 역치 이상의 자극을 주었을 때 흥분이 3 cm가 떨어진 $d_2$까지 전도되는 데 걸리는 시간이 1.5 ms이므로 ㉠이 3 ms일 때, B의 $d_2$에서는 탈분극이 일어나고 있다.

문제풀이 **Tip**
먼저 자극을 준 지점을 파악하는 것이 중요하다. A와 B의 P에 동시에 자극을 주었으므로 두 곳의 막전위 값이 서로 같은 것이 P이며, C의 $d_3$에서의 막전위가 −70 mV이고, 같은 거리에 있는 $d_2$와 $d_4$에서의 막전위가 서로 같으므로 Q는 $d_3$이라는 것을 파악해야 한다.

# 3 흥분의 전도와 전달

**출제 의도** 흥분 전도와 전달에 대한 자료를 분석하여 특정 지점의 막전위 상태를 유추할 수 있는지 묻는 문항이다.

## 다음은 민말이집 신경의 흥분 전도와 전달에 대한 자료이다.

- 그림은 뉴런 A~C의 지점 P, Q와 $d_1$~$d_6$의 위치를, 표는 P와 Q에 역치 이상의 자극을 동시에 1회 주고 경과된 시간이 3 ms일 때 $d_1$과 $d_2$, 6 ms일 때 $d_3$과 $d_4$, 7 ms일 때 $d_5$와 $d_6$의 막전위를 나타낸 것이다. $t_1$과 $t_2$는 3 ms와 7 ms를 순서 없이 나타낸 것이고, ㉠~㉣은 $d_1$, $d_2$, $d_5$, $d_6$을 순서 없이 나타낸 것이다.
- P와 $d_1$ 사이의 거리는 1 cm이다.

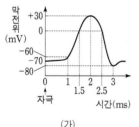

| 시간 | 6 ms | $t_1$ 3 ms | $t_2$ 7 ms | | |
|---|---|---|---|---|---|
| 지점 | $d_3$ | $d_4$ | ㉠ | ㉡ | ㉢ | ㉣ |
| 막전위 (mV) | $x$ | $y$ | −80 | $y$ | $y$ | 0 |

+30 ─┘ └─ −60

- $x$와 $y$는 +30과 −60을 순서 없이 나타낸 것이다.
- A와 B의 흥분 전도 속도는 1 cm/ms이고, C의 흥분 전도 속도는 2 cm/ms이다.
- A와 C 각각에서 활동 전위가 발생하였을 때, A의 각 지점에서의 막전위 변화는 그림 (가)와 (나) 중 하나이고, C의 각 지점에서의 막전위 변화는 나머지 하나이다.

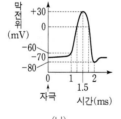

(가) C의 각 지점에서의 막전위 변화     (나) A의 각 지점에서의 막전위 변화

이에 대한 설명으로 옳은 것만을 〈보기〉에서 있는 대로 고른 것은? (단, A~C에서 흥분의 전도는 각각 1회 일어났고, 휴지 전위는 −70 mV이다.) [3점]

〈보기〉
ㄱ. $x$는 +30이다.
     $x$는 +30, $y$는 −60이다.
ㄴ. ㉣은 ~~$d_6$~~ $d_5$ 이다.
ㄷ. Q에 역치 이상의 자극을 1회 주고 경과된 시간이 6 ms일 때 $d_5$에서 탈분극이 일어나고 있다.

① ㄱ    ② ㄴ    ③ ㄷ    ④ ㄱ, ㄷ    ⑤ ㄴ, ㄷ

---

**✔ 자료 해석**

- $x$는 +30, $y$는 −60이다.
- P에 자극을 1회 주고 경과된 시간이 3 ms($t_1$)일 때 $d_1$(㉠)에서의 막전위는 −80 mV, $d_2$(㉡)에서의 막전위는 −60($y$)mV이다. Q에 자극을 1회 주고 경과된 시간이 7 ms($t_2$)일 때 $d_6$에서보다 $d_5$에서 막전위 변화가 더 진행되고 $d_5$와 $d_6$ 사이의 거리가 3 cm이므로 막전위 사이의 시간 간격이 1.5 ms이어야 한다. 따라서 $d_5$(㉣)에서의 막전위는 0 mV(재분극)이고 $d_6$(㉢)에서의 막전위는 −60($y$)mV이다.

**○ 보기풀이** P에 자극을 1회 주고 경과된 시간이 6 ms일 때 $d_3$과 $d_4$에서 막전위가 각각 +30 mV와 −60 mV 중 하나이고, $d_3$과 $d_4$ 사이의 거리가 0.5 cm이므로 막전위 +30 mV와 −60 mV일 때 시간 간격이 0.5 ms이어야 한다. 따라서 A의 각 지점에서의 막전위 변화는 (나)이고, C의 각 지점에서의 막전위 변화는 (가)이다. P에 자극을 주고 6 ms일 때 $d_4$에서보다 $d_3$에서 막전위 변화가 더 진행되므로 $x$는 +30, $y$는 −60이다.

ㄱ. $x$는 +30, $y$는 −60이다.

ㄷ. Q에 자극을 1회 주고 경과된 시간이 6 ms일 때 $d_5$(㉣)에서의 막전위는 7 ms($t_2$)일 때의 0 mV(재분극)보다 1 ms 늦게 막전위가 진행되었을 때이므로 탈분극(0 mV)이 일어나고 있다.

**✕ 매력적 오답** ㄴ. ㉠은 $d_1$, ㉡은 $d_2$, ㉢은 $d_6$, ㉣은 $d_5$이다.

**문제풀이 Tip**
P에 자극을 주고 경과된 시간이 6 ms일 때 $d_3$과 $d_4$에서 막전위가 각각 +30 mV와 −60 mV 중 하나이고, $d_3$과 $d_4$ 사이의 거리가 0.5 cm인 것을 통해 A의 각 지점에서의 막전위 변화를 파악할 수 있으며, $d_4$에서보다 $d_3$에서 막전위 변화가 더 진행되어야 하는 것을 통해 $x$와 $y$의 값을 파악할 수 있다.

Part II 수능 평가원

# 4 흥분 전도와 전달

출제 의도 민말이집 신경 A의 흥분 전도와 전달에 대한 제시된 자료를 분석하여 A의 흥분 전도 속도와 2 ms, 4 ms, 8 ms일 때 각 지점에서의 막전위를 유추할 수 있는지를 묻는 문항이다.

**다음은 민말이집 신경 A의 흥분 전도와 전달에 대한 자료이다.**

- A는 2개의 뉴런으로 구성되고, 각 뉴런의 흥분 전도 속도는 ⑦로 같다. 그림은 A의 지점 $d_1$~$d_5$의 위치를, 표는 ⊙ $d_1$에 역치 이상의 자극을 1회 주고 경과된 시간이 2 ms, 4 ms, 8 ms일 때 $d_1$~$d_5$에서의 막전위를 나타낸 것이다. I ~ III은 2 ms, 4 ms, 8 ms를 순서 없이 나타낸 것이다.

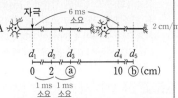

| 시간 | 막전위(mV) | | | | |
|---|---|---|---|---|---|
| | $d_1$ | $d_2$ | $d_3$ | $d_4$ | $d_5$ |
| 8 ms I | ? | −70 | ? | (+30) | 0 |
| 2 ms II | (+30) | ? | −70 | ? | ? |
| 4 ms III | ? | −80 | (+30) | ? | ? |

I의 $d_1$까지 가는 데 더 오래 시간이 걸림

── 2 ms일 때의 막전위

- A에서 활동 전위가 발생하였을 때, 각 지점에서의 막전위 변화는 그림과 같다.

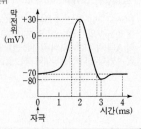

**이에 대한 설명으로 옳은 것만을 〈보기〉에서 있는 대로 고른 것은?**
**(단, A에서 흥분의 전도는 1회 일어났고, 휴지 전위는 −70 mV이다.)**

보기
ㄱ. ⑦는 2 cm/ms이다.
ㄴ. ⓐ는 4이다.
ㄷ. ⊙이 9 ms일 때 $d_5$에서 재분극이 일어나고 있다.
　　활동 전위가 발생하고 2.6이 지난 시점: 재분극

① ㄱ　② ㄷ　③ ㄱ, ㄴ　④ ㄴ, ㄷ　⑤ ㄱ, ㄴ, ㄷ

✓ **자료 해석**

- ⊙이 II일 때 $d_1$의 막전위가 +30 mV이므로 II는 2 ms이다.
- ⊙이 I 일 때 $d_4$에서의 막전위와 III일 때 $d_3$에서의 막전위가 각각 +30 mV이고, $d_1$에서 발생한 흥분은 $d_4$보다 $d_3$에 먼저 전도되므로 I 은 8 ms, III은 4 ms이다.
- ⊙이 4 ms(III)일 때 $d_2$에서의 막전위가 −80 mV이므로 $d_2$에서의 막전위 변화는 3 ms 동안 일어났고, $d_1$에서 $d_2$까지 이동하는 데 걸린 시간은 1 ms이므로 A의 흥분 전도 속도는 2 cm/ms이다.

○ **보기풀이** ⊙이 II일 때 $d_1$의 막전위가 +30 mV이므로 II는 2 ms이다. III이 8 ms라면 ⊙이 III(8 ms)일 때 $d_2$의 막전위가 −80 mV이므로 흥분이 $d_1$에서 $d_2$까지 이동하는 데 걸린 시간은 5 ms이다. 따라서 ⊙이 I 일 때 모든 지점에서 막전위는 −70 mV이어야 하는데 $d_4$의 막전위가 +30 mV이므로 I 은 8 ms이고, III은 4 ms이다.

ㄱ. ⊙이 4 ms일 때 자극 지점에서 2 cm 떨어진 $d_2$의 막전위가 −80 mV이므로 흥분이 $d_1$에서 $d_2$까지 이동하는 데 걸린 시간이 1 ms이다. 따라서 ⑦는 2 cm/ms이다.

ㄴ. ⊙이 4 ms일 때 $d_3$의 막전위가 +30 mV이므로 흥분이 $d_1$에서 $d_3$까지 이동하는 데 걸린 시간은 2 ms이다. ⑦가 2 cm/ms이므로 ⓐ는 4이다.

ㄷ. ⊙이 8 ms일 때 $d_4$의 막전위가 +30 mV이므로 흥분이 $d_1$에서 $d_4$까지 이동하는 데 걸린 시간은 6 ms이다. ⊙이 8 ms일 때 $d_5$에서 막전위가 0 mV이므로 흥분이 $d_1$에서 $d_5$까지 이동하는 데 걸린 시간은 약 6.4 ms이다. 따라서 ⊙이 9 ms일 때 $d_5$는 활동 전위가 일어나고 2.6 ms 정도가 지난 시점의 상태이므로 재분극이 일어나고 있다.

**문제풀이 Tip**

흥분의 전도 속도는 특정 지점에 흥분이 도달하는 데 걸리는 시간과 흥분이 도달한 후 일정 시간이 지났을 때의 막전위를 이용하여 찾을 수 있다. 막전위 중 +30 mV와 −80 mV인 지점은 한 곳만 있으므로 이를 이용하여 문제를 해결해야 한다.

# 5 흥분의 전도와 전달

**출제 의도** 민말이집 신경 A~C의 흥분 전도와 전달에 대한 제시된 자료를 분석하여 각 신경의 흥분 전도 속도와 4 ms일 때 각 지점에서의 막전위를 유추할 수 있는지를 묻는 문항이다.

## 다음은 민말이집 신경 A~C의 흥분 전도와 전달에 대한 자료이다.

- 그림은 A~C의 지점 $d_1$~$d_5$의 위치를, 표는 ㉠A~C의 P에 역치 이상의 자극을 동시에 1회 주고 경과된 시간이 4 ms일 때 $d_1$~$d_5$에서의 막전위를 나타낸 것이다. P는 $d_1$~$d_5$ 중 하나이고, (가)~(다) 중 두 곳에만 시냅스가 있다. Ⅰ~Ⅲ은 $d_2$~$d_4$를 순서 없이 나타낸 것이다.

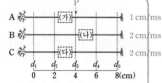

| 신경 | 4 ms일 때 막전위(mV) | | | | |
|---|---|---|---|---|---|
| | $d_1$ | Ⅰ $d_3$ | Ⅱ $d_2$ | Ⅲ $d_4$ | $d_5$ |
| A | ? | ? | +30 | +30 | −70 |
| B | +30 | −70 | ? | +30 | ? |
| C | ? | ? | ? | −80 | +30 |

- A~C 중 2개의 신경은 각각 두 뉴런으로 구성되고, 각 뉴런의 흥분 전도 속도는 ⓐ로 같다. 나머지 1개의 신경의 흥분 전도 속도는 ⓑ이다. ⓐ와 ⓑ는 서로 다르다.

- A~C 각각에서 활동 전위가 발생하였을 때, 각 지점에서의 막전위 변화는 그림과 같다.

4 ms일 때 A~C의 P에서의 막전위는 −70 mV로 같아야 하므로 Ⅰ이 P임.

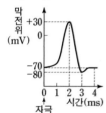

이에 대한 설명으로 옳은 것만을 〈보기〉에서 있는 대로 고른 것은? (단, A~C에서 흥분의 전도는 각각 1회 일어났고, 휴지 전위는 −70 mV이다.) [3점]

보기
ㄱ. Ⅱ는 $d_2$이다.
ㄴ. ⓐ는 ~~1 cm/ms~~이다.  2 cm/ms
ㄷ. ㉠이 5 ms일 때 B의 $d_5$에서의 막전위는 ~~−80 mV이다.~~  +30 mV이다.

① ㄱ   ② ㄴ   ③ ㄱ, ㄷ   ④ ㄴ, ㄷ   ⑤ ㄱ, ㄴ, ㄷ

---

✔ **자료 해석**

- A~C의 P에 역치 이상의 자극을 동시에 1회 주고 4 ms일 때 P에서 막전위는 모두 −70 mV이어야 하므로 자극을 준 지점 P는 Ⅰ이다.

- 4 ms일 때 A에서 Ⅱ와 Ⅲ에서의 막전위가 +30 mV로 같으므로 Ⅱ와 Ⅲ은 Ⅰ에서부터 거리가 서로 같다. 만약 Ⅰ이 $d_2$이면 A의 $d_3$과 $d_4$(Ⅱ와 Ⅲ)에서 모두 +30 mV가 나올 수 없고, Ⅰ이 $d_4$이면 거리가 같은 $d_3$과 $d_5$에서의 막전위가 같아야 하는데, 그렇지 않으므로 모순된다. 따라서 Ⅰ은 $d_3$이고, Ⅱ와 Ⅲ은 $d_2$와 $d_4$ 중 하나이며 (가)에는 시냅스가 없다.

- (가)에 시냅스가 없으므로 (나)와 (다)에 시냅스가 있으며, B와 C를 구성하는 뉴런의 흥분 전도 속도는 같다.

🔵 **보기 풀이** A~C의 P에 역치 이상의 자극을 동시에 1회 주었으므로 4 ms일 때 P에서의 막전위는 A~C에서 모두 −70 mV로 같아야 한다. 따라서 자극을 준 지점은 Ⅰ이다.

ㄱ. 4 ms일 때 A에서 Ⅱ와 Ⅲ에서의 막전위가 +30 mV로 같으므로 Ⅱ와 Ⅲ은 Ⅰ에서부터 거리가 서로 같다. 따라서 Ⅰ은 $d_3$이고, Ⅱ와 Ⅲ은 $d_2$와 $d_4$ 중 하나이며 (가)에는 시냅스가 없다. A에서 흥분이 2 cm 이동하는 데 걸린 시간이 2 ms이므로 A의 흥분 전도 속도는 1 cm/ms이다. (다)에 시냅스가 있으므로 4 ms일 때 C의 $d_1$과 $d_2$의 막전위는 모두 −70 mV이다. 따라서 Ⅱ는 $d_2$이고, Ⅲ은 $d_4$이다.

❌ **매력적 오답** ㄴ. C에서 흥분이 2 cm 이동하는 데 걸린 시간이 1 ms이므로 B와 C를 구성하는 뉴런의 흥분 전도 속도는 2 cm/ms이다. 따라서 ⓐ는 2 cm/ms이다.

ㄷ. 4 ms일 때 B의 $d_4$에서의 막전위가 +30 mV이므로 $d_3$에서 $d_4$까지 흥분이 이동하는 데 걸린 시간은 2 ms이다. 그리고 $d_4$에서 $d_5$까지 흥분이 이동하는 데 걸리는 시간은 1 ms이다. 따라서 ㉠이 5 ms일 때 B의 $d_5$에서의 막전위는 흥분이 도착한 후 2 ms가 지난 시점이므로 +30 mV이다.

**문제풀이 Tip**

㉠이 4 ms일 때 A~C의 P에서의 막전위는 모두 70 mV이어야 하므로 Ⅰ~Ⅲ 중 어떤 것이 P에 해당하는지 찾을 수 있어야 한다. 그런 후 4 ms일 때 막전위를 분석하여 Ⅰ~Ⅲ이 각각 $d_2$~$d_4$ 중 어디에 해당하는지 찾을 수 있어야 한다.

**6** 활동 전위

출제의도 자료를 분석하여 탈분극과 재분극 시 이온 통로를 통한 이온의 이동을 알고 있는지 묻는 문항이다.

그림은 조건 I ~ III에서 뉴런 P의 한 지점에 역치 이상의 자극을 주고 측정한 시간에 따른 막전위를 나타낸 것이고, 표는 I ~ III에 대한 자료이다. ㉠과 ㉡은 $Na^+$과 $K^+$을 순서 없이 나타낸 것이다.

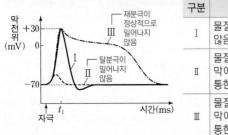

| 구분 | 조건 |
|---|---|
| I | 물질 A와 B를 처리하지 않음 |
| II | 물질 A를 처리하여 세포막에 있는 이온 통로를 통한 ㉠의 이동을 억제함 $\underline{Na^+}$ |
| III | 물질 B를 처리하여 세포막에 있는 이온 통로를 통한 ㉡의 이동을 억제함 $\underline{K^+}$ |

이에 대한 설명으로 옳은 것만을 〈보기〉에서 있는 대로 고른 것은? (단, 제시된 조건 이외는 고려하지 않는다.) [3점]

보기
ㄱ. ㉠은 $Na^+$이다.
ㄴ. $t_1$일 때, I에서 ㉡의 $\dfrac{\text{세포 안의 농도}}{\text{세포 밖의 농도}}$는 1보다 ~~작다.~~ 크다
 $K^+$
ㄷ. 막전위가 $+30\,mV$에서 $-70\,mV$가 되는 데 걸리는 시간은 III에서가 I에서보다 ~~짧다.~~ 길다 재분극

① ㄱ　② ㄴ　③ ㄷ　④ ㄱ, ㄴ　⑤ ㄴ, ㄷ

✔ 자료 해석
• II에서는 탈분극이 정상적으로 일어나지 않았으므로 A는 이온 통로를 통한 $Na^+$(㉠)의 이동을 억제하였다.
• III에서는 재분극이 정상적으로 일어나지 않았으므로 B는 이온 통로를 통한 $K^+$(㉡)의 이동을 억제하였다.

○ 보기풀이 ㄱ. II에서 ㉠의 이동을 억제하였더니 탈분극이 정상적으로 일어나지 않았으므로 ㉠은 $Na^+$이고, III에서 ㉡의 이동을 억제하였더니 재분극이 정상적으로 일어나지 않았으므로 ㉡은 $K^+$이다.

✘ 매력적오답 ㄴ. A와 B가 처리되지 않은 I에서 $t_1$일 때 $K^+$(㉡)의 농도는 세포 안에서가 세포 밖에서보다 높다. 따라서 $t_1$일 때 $K^+$(㉡)의 $\dfrac{\text{세포 안의 농도}}{\text{세포 밖의 농도}}$는 1보다 크다.

ㄷ. 막전위가 $+30\,mV$에서 $-70\,mV$가 되는 재분극 과정은 이온 통로를 통한 $K^+$(㉡)의 이동이 억제된 III에서가 I에서보다 느리게 일어난다.

문제풀이 **Tip**
자극을 주었을 때 $Na^+$ 통로를 통해 $Na^+$이 세포 안으로 유입되면서 막전위가 상승하는 탈분극이 일어나고, $K^+$ 통로를 통해 $K^+$이 세포 밖으로 유출되면서 막전위가 하강하는 재분극이 일어남을 알아둔다.

## 7 흥분 전도와 전달

**출제 의도** 민말이집 신경 Ⅰ~Ⅲ의 흥분 전도와 전달에 대한 자료를 분석하여 각 신경의 흥분 전도 속도와 각 지점에서의 막전위를 구할 수 있는지를 묻는 문항이다.

### 다음은 민말이집 신경 Ⅰ~Ⅲ의 흥분 전도와 전달에 대한 자료이다.

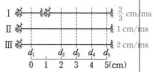

- 그림은 Ⅰ~Ⅲ의 지점 $d_1$~$d_5$의 위치를, 표는 ㉠Ⅰ과 Ⅱ의 P에, Ⅲ의 Q에 역치 이상의 자극을 동시에 1회 주고 경과된 시간이 4 ms일 때 $d_1$~$d_5$에서의 막전위를 나타낸 것이다. P와 Q는 각각 $d_1$~$d_5$ 중 하나이다.

| 신경 | 4 ms일 때 막전위(mV) | | | | |
|---|---|---|---|---|---|
| | $d_1$ | $d_2$ | $d_3$ | $d_4$ | $d_5$ |
| Ⅰ | −70 | ⓐ −70 | ? | ⓑ | ? |
| Ⅱ | ⓒ | ⓐ −70 | ? | ⓒ | ⓑ |
| Ⅲ | ⓒ | −80 | ? | ⓐ −70 | ? |

- Ⅰ을 구성하는 두 뉴런의 흥분 전도 속도는 $2v$로 같고, Ⅱ와 Ⅲ의 흥분 전도 속도는 각각 $3v$와 $6v$이다.
- Ⅰ~Ⅲ 각각에서 활동 전위가 발생하였을 때, 각 지점에서의 막전위 변화는 그림과 같다.

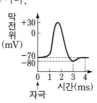

이에 대한 설명으로 옳은 것만을 〈보기〉에서 있는 대로 고른 것은? (단, Ⅰ~Ⅲ에서 흥분의 전도는 각각 1회 일어났고, 휴지 전위는 −70 mV이다.) [3점]

**보기**

ㄱ. Q는 $d_4$이다.
   ~~P는 $d_2$, Q는 $d_4$이다.~~

ㄴ. Ⅱ의 흥분 전도 속도는 ~~2 cm/ms~~이다.
   1 cm/ms

ㄷ. ㉠이 5 ms일 때 ~~Ⅰ의 $d_5$에서 재분극이~~ 일어나고 있다.
   Ⅰ의 $d_5$에서 탈분극이 일어나고 있다.

① ㄱ  ② ㄴ  ③ ㄱ, ㄷ  ④ ㄴ, ㄷ  ⑤ ㄱ, ㄴ, ㄷ

### ✔ 자료 해석

- P와 Q에 역치 이상의 자극을 동시에 주고 4 ms일 때 P와 Q에서의 막전위는 모두 −70 mV이어야 한다.
- Ⅰ과 Ⅱ의 $d_2$에서의 막전위가 모두 ⓐ이고, Ⅰ의 $d_4$($d_2$에서 2 cm 떨어진 지점)에서의 막전위와 Ⅱ의 $d_5$($d_2$에서 3 cm 떨어진 지점)에서의 막전위가 모두 ⓑ이므로 P는 $d_2$이고 ⓐ는 −70이다.
- 흥분 전도 속도는 Ⅰ이 Ⅱ의 2배이므로 Q는 $d_4$이다. ㉠이 4 ms일 때 $d_1$~$d_5$에서의 막전위는 그림과 같다.

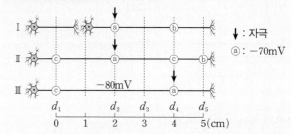

- Ⅲ의 $d_4$(Q)에 자극을 주고 4 ms일 때 Ⅲ의 $d_2$에서의 막전위가 −80 mV이므로 Ⅲ의 흥분 전도 속도는 2 cm/ms이다. 흥분 전도 속도는 Ⅰ이 $2v$, Ⅱ가 $3v$, Ⅲ이 $6v$이므로, Ⅱ의 흥분 전도 속도는 1 cm/ms, Ⅰ의 흥분 전도 속도는 $\frac{2}{3}$ cm/ms이다.

**○ 보기풀이** ㄱ. Ⅰ과 Ⅱ에 역치 이상의 자극을 준 지점 P는 $d_2$이고, Ⅲ에 역치 이상의 자극을 준 지점 Q는 $d_4$이다.

**✕ 매력적 오답** ㄴ. Ⅱ의 흥분 전도 속도는 1 cm/ms, Ⅲ의 흥분 전도 속도는 2 cm/ms이다.

ㄷ. ㉠이 5 ms일 때 Ⅰ의 $d_5$에서의 막전위는 흥분이 도달한 후 0.5 ms가 지난 후의 막전위가 같다. 따라서 ㉠이 5 ms일 때 Ⅰ의 $d_5$에서 탈분극이 일어나고 있다.

**문제풀이 Tip**

제시된 자료가 기존 기출과 조금 다르게 제시되었을 뿐인데, 정답률이 많이 낮았다. 흥분 전도와 관련하여 속도, 거리, 시간의 개념을 정확하게 이해할 수 있도록 관련 유형의 문제를 많이 풀어두어 문제 응용력을 높이도록 하자.

**8** 흥분의 전도

출제 의도 민말이집 신경 A와 B의 흥분 전도에 대한 자료를 분석하여 각 신경의 흥분 전도 속도와 자극을 준 후 3 ms일 때 각 지점에서의 막전위를 구할 수 있는지를 묻는 문항이다.

### 다음은 민말이집 신경 A와 B의 흥분 전도에 대한 자료이다.

• 그림은 A와 B의 지점 $d_1{\sim}d_4$의 위치를, 표는 A의 ㉠과 B의 ㉡에 역치 이상의 자극을 동시에 1회 주고 경과된 시간이 3 ms일 때 $d_1{\sim}d_4$에서의 막전위를 나타낸 것이다. ㉠과 ㉡은 각각 $d_1{\sim}d_4$ 중 하나이다.

흥분 전도 속도가 2 cm/s인 신경의 $d_1$ 또는 $d_4$에 자극을 주고 3 ms일 때 $d_2$에서 나올 수 있는 막전위임

| 신경 | 3 ms일 때 막전위(mV) | | | |
|---|---|---|---|---|
| | $d_1$ | $d_2$ | $d_3$ | $d_4$ |
| A | ⓒ | (+10) | ⓐ | ⓑ |
| B | ⓑ | ⓐ | ⓒ | ⓐ |

ⓐ : 약 −60, ⓑ : −70, ⓒ : −80

• A와 B의 흥분 전도 속도는 각각 1 cm/ms와 2 cm/ms 중 하나이다.
• A와 B 각각에서 활동 전위가 발생 하였을 때, 각 지점에서의 막전위 변화는 그림과 같다

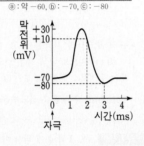

이에 대한 설명으로 옳은 것만을 〈보기〉에서 있는 대로 고른 것은? (단, A와 B에서 흥분의 전도는 각각 1회 일어났고, 휴지 전위는 −70 mV이다.) [3점]

보기
ㄱ. ㉡은 ~~$d_1$~~이다. $d_3$
ㄴ. A의 흥분 전도 속도는 2 cm/ms이다.
　　흥분 전도 속도는 A가 2 cm/ms, B가 1 cm/ms이다.
ㄷ. 3 ms일 때 B의 $d_2$에서 ~~재분극~~이 일어나고 있다.
　　탈분극이 일어나고 있다.

① ㄱ　　② ㄴ　　③ ㄷ　　④ ㄱ, ㄷ　　⑤ ㄴ, ㄷ

---

✓ **자료 해석**
• 역치 이상의 자극을 주고 경과된 시간이 3 ms일 때 A와 B에 각각 자극을 준 지점인 ㉠과 ㉡에서의 막전위는 모두 −80 mV가 되어야 한다.
• 3 ms일 때 A의 $d_2$에서의 막전위가 +10이므로 A의 흥분 전도 속도는 2 cm/ms이고, B의 흥분 전도 속도는 1 cm/ms이다.
• 흥분 전도 속도가 2 cm/ms일 때 $d_2$에서의 막전위가 +10 mV이므로 자극을 준 지점은 $d_1$과 $d_3$ 중 하나가 될 수 있는데, 만약 A에서 자극을 준 지점이 $d_3$이면 ⓐ가 −80이 되므로 B에서 자극을 준 지점은 두 군데 ($d_2$, $d_4$)가 되어 모순된다. 따라서 A에서 자극을 준 지점(㉠)은 $d_1$이고, ㉡가 −80이 되므로 B에서 자극을 준 지점(㉡)은 $d_3$이다.

○ **보기 풀이** ㄴ. 자극을 주고 경과된 시간이 3 ms일 때 A의 $d_2$에서 막전위가 +10이므로 A의 흥분 전도 속도는 2 cm/ms이고, A에서 자극을 준 지점은 $d_1$과 $d_3$ 중 하나이다. 만약 A에서 자극을 준 지점이 $d_3$이면 ⓐ는 −80이고, B에서 자극을 준 지점은 $d_2$와 $d_4$ 두 군데가 되므로 모순된다. 따라서 A에서 자극을 준 지점(㉠)은 $d_1$이고, ㉡가 −80이 되므로 B에서 자극을 준 지점(㉡)은 $d_3$이다. B의 $d_2$와 $d_4$는 흥분이 도착한 후 1 ms가 지난 시점으로, 막전위는 약 −60이므로 ⓐ는 약 −60, ⓑ는 −70이다.

✗ **매력적 오답** ㄱ. ㉡은 $d_3$이다.
ㄷ. B에서 자극을 준 지점(㉡)은 $d_3$이므로 B의 $d_3$에 자극을 주고 경과된 시간이 3 ms일 때 B의 $d_2$에서는 흥분이 도착한 후 1 ms가 지난 시점이므로 탈분극이 일어나고 있다.

문제풀이 **Tip**
속도, 거리, 시간 간의 관계를 이해하고 있어야 한다. 특정 시점일 때의 막전위 값을 이용하여 각 신경의 흥분 전도 속도와 자극을 준 지점을 빠르게 찾는 연습을 많이 해 두도록 하자.

**출제 의도** 민말이집 신경 A와 B의 흥분 전도와 전달에 대한 자료를 분석하여 흥분 전도 속도와 자극을 준 후 3 ms일 때 각 지점에서의 막전위 값을 구할 수 있는지를 묻는 문항이다.

## 다음은 민말이집 신경 A와 B의 흥분 전도와 전달에 대한 자료이다.

- 그림은 A와 B의 지점 $d_1 \sim d_4$의 위치를, 표는 ㉠A와 B의 지점 X에 역치 이상의 자극을 동시에 1회 주고 경과된 시간이 3 ms일 때 $d_1 \sim d_4$에서의 막전위를 나타낸 것이다. X는 $d_1 \sim d_4$ 중 하나이고, Ⅰ~Ⅳ는 $d_1 \sim d_4$를 순서 없이 나타낸 것이다.

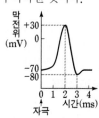

자극을 준 지점 X

A　1 cm/ms

B　2 cm/ms

$d_1$　$d_2$　$d_3$　$d_4$　(cm)
0　2　3　6

㉠이 3 ms일 때 자극을 준 지점 X의 막전위는 A와 B에서 모두 −80 mV가 되어야 함

| 신경 | 3 ms일 때 막전위(mV) | | | |
|---|---|---|---|---|
| | Ⅰ($d_3$) | Ⅱ($d_2$) | Ⅲ($d_4$) | Ⅳ($d_1$) |
| A | +30 | ?　−80 | −70 | ㉮ −70 |
| B | ? | −80 | ? | +30 |

- A를 구성하는 두 뉴런의 흥분 전도 속도는 ⓐ로 같고, B를 구성하는 두 뉴런의 흥분 전도 속도는 ⓑ로 같다. ⓐ와 ⓑ 는 1 cm/ms와 2 cm/ms를 순서 없이 나타낸 것이다.

- A와 B 각각에서 활동 전위가 발생하였을 때, 각 지점에서의 막전위 변화는 그림과 같다.

막전위 (mV)
+30
0
−70
−80
0 1 2 3 4
자극　시간(ms)

## 이에 대한 설명으로 옳은 것만을 〈보기〉에서 있는 대로 고른 것은? (단, A와 B에서 흥분의 전도는 각각 1회 일어났고, 휴지 전위는 −70 mV이다.)

〈보기〉

ㄱ. X는 ~~$d_3$~~ $d_2$ 이다.

ㄴ. ㉮는 −70이다.

ㄷ. ㉠이 5 ms일 때 A의 Ⅲ에서 ~~재분극~~이 일어나고 있다.
　　Ⅲ($d_4$)에서 탈분극이 일어나고 있다.

① ㄱ　② ㄴ　③ ㄷ　④ ㄱ, ㄴ　⑤ ㄴ, ㄷ

---

✔ **자료 해석**

- ㉠이 3 ms일 때 자극을 준 지점인 X의 막전위는 모두 −80 mV이어야 하므로 Ⅱ가 자극을 준 지점이다.

- A의 Ⅰ과 B의 Ⅳ에서의 막전위가 각각 +30 mV인데, ㉠이 3 ms일 때 막전위가 +30 mV가 되는 지점은 자극의 전도 속도가 1 cm/ms인 경우에는 X에서 1 cm 떨어진 지점이 되고, 자극의 전도 속도가 2 cm/ms인 경우에는 X에서 2 cm 떨어진 지점이 된다. 이를 만족하는 경우는 A를 구성하는 두 뉴런의 흥분 전도 속도가 1 cm/ms, B를 구성하는 두 뉴런의 흥분 전도 속도가 2 cm/ms이고, X는 $d_2$(Ⅱ)이며, Ⅰ이 $d_3$, Ⅳ가 $d_1$일 때 가능하다. 따라서 Ⅲ은 $d_4$이다.

🔘 **보기 풀이**　ㄴ. A의 $d_1$과 $d_2$ 사이에 시냅스가 있으므로 A의 $d_2$(Ⅱ)에서 $d_1$(Ⅳ)으로 흥분이 전달되지 않는다. 따라서 ㉮는 −70이다.

❌ **매력적 오답**　ㄱ. X가 $d_1$이라면 흥분 전도 속도가 1 cm/ms인 신경에서의 $d_1 \sim d_4$ 모두에서 +30 mV의 막전위가 나올 수 없다. X가 $d_3$이라면 흥분 전도 속도가 2 cm/ms인 신경에서의 $d_1 \sim d_4$ 모두에서 +30 mV의 막전위가 나올 수 없다. X가 $d_4$라면 A와 B의 $d_1 \sim d_4$ 모두에서 +30 mV의 막전위가 나올 수 없다. 따라서 X는 $d_2$이다.

ㄷ. ㉠이 5 ms일 때 A의 $d_4$(Ⅲ)에서의 막전위는 흥분이 도달한 후 1 ms가 지난 후의 막전위이다. 따라서 ㉠이 5 ms일 때 $d_4$(Ⅲ)에서 탈분극이 일어나고 있다.

**문제풀이 Tip**

흥분의 전도와 전달에 관한 문항은 거리, 속도, 시간의 개념을 이해하고 있어야 어렵지 않게 해결할 수 있다. 특히 2024학년도 수능에서 조금 더 어렵게 출제될 수 있으므로 관련된 유형을 많이 풀어두도록 하자.

Part Ⅱ

수능 평가원

**10** 흥분 전도

출제 의도 민말이집 신경 A~C에 역치 이상의 자극을 각각 준 후, 특정 지점에서 막전위 변화를 파악할 수 있는지를 묻는 문항이다.

다음은 민말이집 신경 A~C의 흥분 전도에 대한 자료이다.

- 그림은 A~C의 지점 $d_1$~$d_4$의 위치를 나타낸 것이다. A~C의 흥분 전도 속도는 각각 서로 다르다.

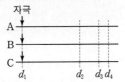

- 그림은 A~C 각각에서 활동 전위가 발생하였을 때 각 지점에서의 막전위 변화를, 표는 ⓐA~C의 $d_1$에 역치 이상의 자극을 동시에 1회 주고 경과된 시간이 4 ms일 때 $d_2$~$d_4$에서의 막전위가 속하는 구간을 나타낸 것이다. Ⅰ~Ⅲ은 $d_2$~$d_4$를 순서 없이 나타낸 것이고, ⓐ일 때 각 지점에서의 막전위는 구간 ㉠~㉢ 중 하나에 속한다.

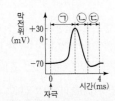

| 신경 | 4 ms일 때 측정한 막전위(mV) | | |
|---|---|---|---|
| | Ⅰ $d_4$ | Ⅱ $d_2$ | Ⅲ $d_3$ |
| A | ㉡ | ? ㉢ | ㉢ |
| B | ? ㉠ | ㉠ | ? ㉠ |
| C | ㉡ | ㉢ | ㉡ |

이에 대한 설명으로 옳은 것만을 〈보기〉에서 있는 대로 고른 것은? (단, A~C에서 흥분의 전도는 각각 1회 일어났고, 휴지 전위는 −70 mV이다.) [3점]

보기
ㄱ. ⓐ일 때 A의 Ⅱ에서의 막전위는 ㉢에 속한다.
   ⓐ일 때 A의 $d_2$(Ⅱ)에서의 막전위는 ㉢에 속한다.
ㄴ. ⓐ일 때 B의 $d_3$에서 재분극이 일어나고 있다.
   ⓐ일 때 B의 $d_3$(Ⅲ)에서의 막전위는 ㉠에 속한다.
ㄷ. A~C 중 C의 흥분 전도 속도가 가장 빠르다.
   흥분 전도 속도는 A가 가장 빠르고, B가 가장 느리다.

① ㄱ   ② ㄴ   ③ ㄷ   ④ ㄱ, ㄴ   ⑤ ㄱ, ㄷ

✓ 자료 해석

- A~C의 $d_1$에 역치 이상의 자극을 주었으므로 흥분은 $d_2 → d_3 → d_4$ 순으로 전도된다. 따라서 $d_2 → d_3 → d_4$ 순으로 활동 전위가 발생한다.
- ⓐ일 때 C의 Ⅰ과 Ⅲ에서 막전위는 ㉡에 속하지만, C의 Ⅱ에서 막전위는 ㉢에 속하므로 Ⅰ과 Ⅲ보다 Ⅱ에 흥분이 빨리 전도되었다는 것을 알 수 있다. 따라서 Ⅱ는 $d_1$에 가장 가까운 지점인 $d_2$이다. 또한, A의 Ⅰ에서 막전위는 ㉡에 속하지만, A의 Ⅲ에서 막전위는 ㉢에 속하므로 Ⅰ보다 Ⅲ에 흥분이 빨리 전도되었다는 것을 알 수 있다. 따라서 Ⅲ은 $d_3$, Ⅰ은 $d_4$이다.
- ⓐ일 때 B의 $d_2$(Ⅱ)에서의 막전위는 ㉠에 속하지만 C의 $d_2$(Ⅱ)에서의 막전위는 ㉢에 속한다. 즉 C에서가 B에서보다 흥분이 빨리 전도된 것이므로 흥분 전도 속도는 C가 B보다 빠르다는 것을 알 수 있다. 마찬가지로 A의 $d_3$(Ⅲ)에서의 막전위는 ㉢에 속하지만 C의 $d_3$(Ⅲ)에서의 막전위는 ㉡에 속하므로, 흥분 전도 속도는 A가 C보다 빠르다는 것을 알 수 있다.

🔵 보기 풀이 ㄱ. $d_2$~$d_4$ 중 $d_2$에서 가장 먼저 활동 전위가 발생하고 $d_4$에서 가장 나중에 활동 전위가 발생한다. A에서 Ⅰ의 막전위가 ㉡에 속하고 Ⅲ의 막전위가 ㉢에 속하므로 Ⅲ에서가 Ⅰ에서보다 먼저 활동 전위가 발생했다. C에서 Ⅱ의 막전위가 ㉢에 속하고 Ⅲ의 막전위가 ㉡에 속하므로 Ⅱ에서가 Ⅲ에서보다 먼저 활동 전위가 발생했다. 따라서 Ⅱ는 $d_2$, Ⅲ은 $d_3$, Ⅰ은 $d_4$이다. ⓐ일 때 A의 Ⅲ에서 막전위가 ㉢에 속하고 활동 전위는 Ⅱ에서가 Ⅲ에서보다 먼저 일어났으므로 A의 Ⅱ에서의 막전위는 ㉢에 속한다.

❌ 매력적 오답 ㄴ. B에서 Ⅰ~Ⅲ 중 Ⅱ에서 가장 먼저 활동 전위가 발생하고 Ⅱ의 막전위가 ㉠에 속하므로 Ⅰ과 Ⅲ의 막전위도 모두 ㉠에 속한다. 따라서 ⓐ일 때 B의 $d_3$에서는 재분극이 아닌 탈분극이 일어나고 있다.
ㄷ. Ⅱ에서 B의 막전위가 ㉠에 속할 때 C의 막전위는 ㉢에 속하므로 흥분 전도 속도는 C가 B보다 빠르다. 또한, Ⅲ에서 A의 막전위가 ㉢에 속할 때 C의 막전위는 ㉡에 속하므로 흥분 전도 속도는 A가 C보다 빠르다. 따라서 흥분 전도 속도가 가장 빠른 민말이집 신경은 A이다.

**문제풀이 Tip**
흥분 전도에 대한 문항으로, 자극이 주어졌을 때 흥분의 전도 과정에 대해 알아야 한다. 기존 기출 문제에서는 역치 이상의 자극 후 각 지점의 정확한 막전위 값을 이용하여 문제를 풀어야 하는 방식이었다면, 해당 문항에서는 막전위가 속하는 구간의 정보로 문제를 풀어야 한다는 점이 새로웠다.

## 11 흥분 전도와 전달

출제 의도 두 민말이집 신경에서 흥분 전도와 전달을 통한 막전위에 대해 묻는 문항이다.

**다음은 민말이집 신경 A와 B의 흥분 전도와 전달에 대한 자료이다.**

- 그림은 A와 B의 지점 $d_1$~$d_4$의 위치를 나타낸 것이다. B는 2개의 뉴런으로 구성되어 있고, ㉠~㉢ 중 한 곳에만 시냅스가 있다.
- 표는 A와 B의 $d_3$에 역치 이상의 자극을 동시에 1회 주고 경과된 시간이 $t_1$일 때 $d_1$~$d_4$에서의 막전위를 나타낸 것이다. Ⅰ~Ⅳ는 $d_1$~$d_4$를 순서 없이 나타낸 것이다.

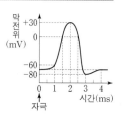

| 신경 | $t_1$일 때 막전위(mV) | | | |
|---|---|---|---|---|
| | Ⅰ $d_4$ | Ⅱ $d_2$ | Ⅲ $d_3$ | Ⅳ $d_1$ |
| A | −80 | 0 | ? | 0 |
| B | 0 | −60 | ? | ? −70 |

- B를 구성하는 두 뉴런의 흥분 전도 속도는 1 cm/ms로 같다.
- A와 B 각각에서 활동 전위가 발생하였을 때, 각 지점에서의 막전위 변화는 그림과 같다.

**이에 대한 설명으로 옳은 것만을 〈보기〉에서 있는 대로 고른 것은?** (단, A와 B에서 흥분의 전도는 각각 1회 일어났고, 휴지 전위는 −70 mV이다.) [3점]

보기
ㄱ. ~~$t_1$은 5 ms이다.~~ $t_1$은 4 ms이다.

ㄴ. 시냅스는 ㉢에 있다.
　B의 $d_4$(Ⅰ)에서의 막전위가 0 mV이므로, 시냅스는 ㉢에 있다.

ㄷ. $t_1$일 때, ~~A의 Ⅱ에서 탈분극이 일어나고 있다.~~
　$t_1$(4 ms)일 때, A의 Ⅱ($d_2$)에서 재분극이 일어나고 있다.

① ㄱ  　② ㄴ  　③ ㄱ, ㄷ  　④ ㄴ, ㄷ  　⑤ ㄱ, ㄴ, ㄷ

✔ **자료 해석**

- $t_1$일 때 A와 B의 자극을 준 지점인 $d_3$에서 측정한 막전위는 같아야 하므로, Ⅰ과 Ⅱ는 $d_3$이 아니다. 또한 자극을 준 지점은 자극이 주어진 후 소요된 시간이 가장 긴데, $t_1$일 때 A의 Ⅰ에서의 막전위가 −80 mV이므로 0 mV인 Ⅳ는 $d_3$이 아니다. 따라서 Ⅲ이 $d_3$이다.
- A에서 $t_1$일 때 Ⅰ에서의 막전위가 −80 mV이고 Ⅱ와 Ⅳ에서의 막전위는 0 mV이므로 Ⅰ이 Ⅲ($d_3$)에 가장 가까운 $d_4$이다. $d_3$과 $d_4$ 사이의 거리는 2 cm이며, 두 지점에 각각 흥분이 전도된 후 소요된 시간의 차는 1 ms이다. 따라서 A에서 흥분 전도 속도는 $\frac{2\,cm}{1\,ms}=2\,cm/ms$이다. 또한 $d_3$(Ⅲ)에 자극이 주어진 후 $d_4$(Ⅰ)까지 흥분이 전도되는 데 1 ms가 소요되었고, $d_4$(Ⅰ)에 흥분이 전도된 후 3 ms가 지났으므로, $t_1$은 1 ms＋3 ms＝4 ms이다.
- ㉡에 시냅스가 있다면 흥분은 항상 시냅스 이전 뉴런의 축삭 돌기 말단에서 시냅스 이후 뉴런의 가지 돌기나 신경 세포체로만 전달되므로 B의 $d_1$과 $d_2$에서 4 ms일 때의 막전위는 모두 −70 mV이어야 한다. 이는 자료에서 제시된 값과 같지 않으므로 ㉡에는 시냅스가 없다. 또한 B를 구성하는 두 뉴런의 흥분 전도 속도는 1 cm/ms이고, 4 ms일 때 $d_2$에서의 막전위는 −60 mV이므로 Ⅱ가 $d_2$이고, Ⅳ가 $d_1$이다.
- ㉠에 시냅스가 있다면 4 ms일 때 B의 $d_4$(Ⅰ)에서의 막전위는 ＋30 mV이어야 하는데, 이는 자료에서 제시된 값과 같지 않으므로 시냅스는 ㉢에 있다.

○ **보기 풀이** ㄴ. Ⅲ은 자극을 준 지점인 $d_3$이다. B의 흥분 전도 속도는 1 cm/ms이고, $d_4$(Ⅰ)에서의 막전위가 0 mV이므로 ㉢에 시냅스가 있다.

✕ **매력적 오답** ㄱ. A에서 $t_1$일 때 Ⅰ에서의 막전위가 −80 mV이고 Ⅱ와 Ⅳ에서의 막전위는 0 mV이므로 Ⅰ이 Ⅲ($d_3$)에 가장 가까운 $d_4$이다. $d_3$과 $d_4$ 사이의 거리는 2 cm이며, 두 지점에 각각 흥분이 전도된 후 소요된 시간의 차는 1 ms이다. 따라서 A에서 흥분 전도 속도는 $\frac{2\,cm}{1\,ms}=2\,cm/ms$이다. 또한 $d_3$(Ⅲ)에 자극이 주어진 후 $d_4$(Ⅰ)까지 흥분이 전도되는 데 1 ms가 소요되었고, $d_4$(Ⅰ)에 흥분이 전도된 후 3 ms가 지났으므로, $t_1$은 1 ms＋3 ms＝4 ms이다. ㄷ. B의 Ⅱ에서의 막전위가 −60 mV이므로 Ⅱ는 $d_2$, Ⅳ는 $d_1$이다. 따라서 $t_1$(4 ms)일 때, A의 Ⅱ($d_2$)의 막전위는 Ⅱ($d_2$)에 흥분이 도달한 후 2.5 ms가 지난 후의 막전위인 0 mV이다. 따라서 $t_1$(4 ms)일 때, A의 Ⅱ($d_2$)에서 재분극이 일어나고 있다.

**문제풀이 Tip**

흥분 전도와 전달에 대해 묻는 문항으로 자극을 주고 동일한 시간에 각 지점에서의 막전위 값을 구할 수 있어야 한다. 흥분의 전도 속도와 막전위 값을 구하는 문항은 준킬러 문제로 자주 출제되는 만큼 기출 문제를 많이 풀어 보면서 문제 해결력을 높여야 한다.

Part Ⅱ

수능 평가원

## 12 흥분 전도

출제 의도 역치 이상의 자극이 주어졌을 때 뉴런에서의 흥분 전도에 대해 묻는 문항이다.

**다음은 민말이집 신경 A의 흥분 전도에 대한 자료이다.**

---

- 그림은 A의 지점 $d_1$로부터 네 지점 $d_2$~$d_5$까지의 거리를, 표는 $d_1$과 $d_5$ 중 한 지점에 역치 이상의 자극을 1회 주고 경과된 시간이 4 ms, 5 ms, 6 ms일 때 I과 II에서의 막전위를 나타낸 것이다. I과 II는 각각 $d_2$와 $d_4$ 중 하나이다.

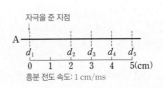

| 시간 | 막전위(mV) | |
|---|---|---|
| | I $d_4$ | II $d_2$ |
| 4 ms | ? | +30 |
| 5 ms | −60 | ⓐ |
| 6 ms | +30 | −70 |

- A에서 활동 전위가 발생하였을 때, 각 지점에서의 막전위 변화는 그림과 같다.

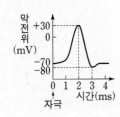

---

**이에 대한 설명으로 옳은 것만을 〈보기〉에서 있는 대로 고른 것은?** (단, A에서 흥분의 전도는 1회 일어났고, 휴지 전위는 −70 mV이다.) [3점]

보기
ㄱ. A의 흥분 전도 속도는 2 cm/ms이다.
　A의 흥분 전도 속도는 1 cm/ms이다.
ㄴ. ⓐ는 −80이다.
　ⓐ는 3 ms일 때의 막전위인 −80이다.
ㄷ. 4 ms일 때 $d_3$에서 탈분극이 일어나고 있다.
　4 ms일 때 $d_3$에는 흥분이 전도된 지 1 ms가 지난 시점으로 탈분극이 일어나고 있다.

① ㄱ　② ㄴ　③ ㄱ, ㄷ　④ ㄴ, ㄷ　⑤ ㄱ, ㄴ, ㄷ

---

✔ 자료 해석

- 4 ms일 때 II에서의 막전위가 +30 mV이고 이후 6 ms일 때 I에서의 막전위가 +30 mV이므로, 자극을 준 흥분이 I보다 II에 먼저 도착했다는 것을 알 수 있다. I과 II는 각각 $d_2$와 $d_4$ 중 하나이며, 두 지점 사이의 거리는 2 cm이고 두 지점 사이 흥분이 전도된 시간의 차가 2 ms이다. 따라서 흥분 전도 속도는 $\frac{2\,cm}{2\,ms}$ = 1 cm/ms이다.

- 자극을 준 지점이 $d_5$인 경우 흥분 전도 속도가 1 cm/ms이므로 $d_2$와 $d_4$ 모두 4 ms일 때 막전위가 +30 mV가 될 수 없다. 따라서 자극을 준 지점은 $d_1$이며, 흥분이 빨리 전도된 II가 $d_2$, 늦게 전도된 I이 $d_4$이다.

- $d_1$에 자극을 준 후 $d_2$까지 흥분이 전도되는 데 2 ms가 소요되므로, 5 ms일 때는 $d_2$(II)에 흥분이 도달한 지 3 ms가 지난 시점이다. 따라서 ⓐ는 −80이다.

- $d_1$에 자극을 준 후 $d_3$까지 흥분이 전도되는 데 3 ms가 소요므로, 4 ms일 때는 $d_3$에 흥분이 도달한 지 1 ms가 지난 시점이다. 따라서 이때 $d_3$에서는 탈분극이 일어나고 있다.

---

🔘 보기풀이 4 ms일 때 II에서 +30 mV의 막전위가 나타난 후 6 ms일 때 I에서 +30 mV의 막전위가 나타나므로 활동 전위는 II에서 I에서보다 먼저 발생하였다. 두 지점은 각각 $d_2$와 $d_4$ 중 하나이므로 흥분 전도 속도는 1 cm/ms이다. 따라서 역치 이상의 자극을 준 지점은 $d_1$이고 II는 $d_2$, I은 $d_4$이다.

ㄴ. II는 $d_2$이므로 ⓐ는 활동 전위가 발생하고 3 ms가 지났을 때의 막전위이다. 따라서 ⓐ는 −80이다.

ㄷ. $d_1$에서 $d_3$까지 흥분이 전도되는 데 3 ms가 걸리므로 4 ms일 때 $d_3$에서 탈분극이 일어나고 있다.

❌ 매력적 오답 ㄱ. A의 흥분 전도 속도는 1 cm/ms이다.

문제풀이 **Tip**
흥분 전도에 대해 묻는 문항으로, 자극을 준 지점과 4 ms, 5 ms, 6 ms일 때 막전위 값을 모두 구할 수 있어야 한다. 제시된 자료가 복잡해 보이지만 하나하나 차근하게 풀이를 하면 어렵지 않게 해결할 수 있다. 자극을 준 후 자극을 준 지점을 기준으로 보다 가까운 지점은 탈분극 후 재분극이, 먼 곳에는 탈분극이 일어나 자극의 전도됨을 이해하고 있어야 한다.

# 13 막 투과도

출제의도 $Na^+$과 $K^+$의 막 투과도를 통해 두 이온의 이동과 분포에 따른 흥분 발생을 파악하는지 확인하는 문항이다.

그림은 어떤 뉴런에 역치 이상의 자극을 주었을 때, 이 뉴런 세포막의 한 지점 P에서 측정한 이온 ㉠과 ㉡의 막 투과도를 시간에 따라 나타낸 것이다. ㉠과 ㉡은 각각 $Na^+$과 $K^+$ 중 하나이다.

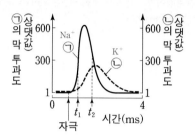

이에 대한 설명으로 옳은 것만을 〈보기〉에서 있는 대로 고른 것은?

─〈보기〉─

ㄱ. $t_1$일 때, P에서 탈분극이 일어나고 있다.

ㄴ. $t_2$일 때, ㉡의 농도는 세포 안에서가 세포 밖에서보다 높다.
$K^+$(㉡)의 농도는 항상 세포 안에서가 세포 밖에서보다 높다.

ㄷ. 뉴런 세포막의 이온 통로를 통한 ㉠의 이동을 차단하고 역치 이상의 자극을 주었을 때, 활동 전위가 생성되지 않는다. $Na^+$(㉠)의 이동을 차단하면 탈분극이 일어나지 않는다.

① ㄱ  ② ㄴ  ③ ㄱ, ㄷ  ④ ㄴ, ㄷ  ⑤ ㄱ, ㄴ, ㄷ

✓ **자료 해석**

- 역치 이상의 자극이 주어졌을 때 빠르고 급격하게 막 투과도가 상승하는 ㉠이 $Na^+$이고, 느리고 완만하게 막 투과도가 상승하는 ㉡이 $K^+$이다.
- 탈분극은 역치 이상의 자극이 가해진 뉴런의 부위에서 안정적으로 유지되던 막전위가 상승하는 현상이다. 따라서 뉴런 세포막의 이온 통로를 통한 $Na^+$(㉠)의 이동을 차단하면 역치 이상의 자극이 주어져도 탈분극이 일어나지 않아 활동 전위가 생성되지 않는다.

○ **보기 풀이** ㄱ. $t_1$일 때 P에서 $Na^+$(㉠)의 막 투과도가 상승하며 탈분극이 일어나고 있다.

ㄴ. 살아있는 뉴런에서 $K^+$(㉡)의 농도는 항상 세포 안에서가 세포 밖에서보다 높다.

ㄷ. 뉴런의 세포막을 통한 $Na^+$(㉠)의 이동을 차단하고, 역치 이상의 자극을 주면 $Na^+$의 이동에 의한 탈분극이 일어나지 않아 활동 전위가 생성되지 않는다.

문제풀이 **Tip**

흥분의 전도와 전달에 관한 문항 중 난이도가 쉬운 편에 속하는 문항이다. 흥분의 발생과 전도 과정은 매년 수능에서 출제되는 소재이므로 자세하게 알아두도록 하자.

Part II

수능 평가원

## 14 흥분의 전도와 전달

**출제 의도** 민말이집 신경 A~D에서의 막전위 값을 통해 각 신경의 흥분 전도 속도를 분석하고, 특정 시점에서의 막전위를 파악하는지 확인하는 문항이다.

### 다음은 민말이집 신경 A~D의 흥분 전도와 전달에 대한 자료이다.

- 그림은 A, C, D의 지점 $d_1$으로부터 두 지점 $d_2$, $d_3$까지의 거리를, 표는 ⊙A, C, D의 $d_1$에 역치 이상의 자극을 동시에 1회 주고 경과된 시간이 5 ms일 때 $d_2$와 $d_3$에서의 막전위를 나타낸 것이다.

B와 C의 흥분 전도 속도=2 cm/ms
D의 흥분 전도 속도=$\frac{2}{3}$ cm/ms

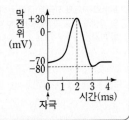

| 신경 | 5 ms일 때 막전위(mV) | |
| --- | --- | --- |
| | $d_2$ | $d_3$ |
| B | −80 | ⓐ |
| C | ? | −80 |
| D | +30 | ? |

- B와 C의 흥분 전도 속도는 같다.
- A~D 각각에서 활동 전위가 발생 하였을 때, 각 지점에서의 막전위의 변화는 그림과 같다.

2 ms일 때의 막전위 : +30 mV
3 ms일 때의 막전위 : −80 mV

이에 대한 설명으로 옳은 것만을 〈보기〉에서 있는 대로 고른 것은? (단, A~D에서 흥분의 전도는 각각 1회 일어났고, 휴지 전위는 −70 mV이다.) [3점]

┌─ 보기 ─
ㄱ. 흥분의 전도 속도는 C에서가 D에서보다 빠르다.
   흥분의 전도 속도는 C에서 2 cm/ms이고, D에서 $\frac{2}{3}$ cm/ms이다.
ㄴ. ⓐ는 +30이다.
   B에서 흥분 전도 속도는 2 cm/ms이므로 ⓐ는 +30이다.
ㄷ. ⊙이 3 ms일 때 C의 $d_3$에서 탈분극이 일어나고 있다.
   ⊙이 3 ms일 때 C의 $d_3$에는 흥분이 전도된 지 1 ms 지났으므로 탈분극이 일어나고 있다.
└─

① ㄱ    ② ㄷ    ③ ㄱ, ㄴ    ④ ㄴ, ㄷ    ⑤ ㄱ, ㄴ, ㄷ

✔ **자료 해석**

- ⊙이 5 ms일 때 B의 $d_2$에서의 막전위는 −80 mV이고, 그래프에서 −80 mV는 자극이 전도되고 3 ms가 지났을 때의 막전위이므로 A의 $d_1$으로부터 B의 $d_2$까지 흥분이 이동하는 데 걸린 시간은 2 ms이다.
- ⊙이 5 ms일 때 C의 $d_3$에서의 막전위는 −80 mV이므로 C의 $d_1$으로부터 $d_3$까지 흥분이 이동하는 데 걸린 시간은 2 ms이다. 즉 C의 흥분 전도 속도는 2 cm/ms이다.
- ⊙이 5 ms일 때 D의 $d_2$에서의 막전위는 +30 mV이고, 그래프에서 +30 mV는 자극이 전도되고 2 ms가 지났을 때의 막전위이므로 D의 $d_1$으로부터 $d_2$까지 흥분이 이동하는 데 걸린 시간은 3 ms이다. 즉 D의 흥분 전도 속도는 $\frac{2}{3}$ cm/ms이다.

○ **보기 풀이** ㄱ. 5 ms일 때 C의 $d_3$에서 막전위가 −80 mV이므로 C의 흥분 전도 속도는 2 cm/ms이다. 5 ms일 때 D의 $d_2$에서 막전위가 +30 mV이므로 D의 흥분 전도 속도는 $\frac{2}{3}$ cm/ms이다. 따라서 흥분의 전도 속도는 C에서가 D에서보다 빠르다.

ㄴ. B와 C의 흥분 전도 속도는 같으므로 B의 흥분 전도 속도는 2 cm/ms이다. A의 $d_1$에서 발생한 흥분이 B의 $d_2$까지 도달하는 데 2 ms가 걸리고, B의 $d_2$에서 B의 $d_3$까지 흥분이 전도되는 데 1 ms가 걸리므로 5 ms일 때 B의 $d_3$에서 막전위는 +30 mV이다.

ㄷ. C의 $d_1$에서 발생한 흥분이 C의 $d_3$까지 전도되는 데 2 ms가 걸리므로 ⊙이 3 ms일 때 C의 $d_3$에서는 탈분극이 일어나고 있다.

**문제풀이 Tip**
흥분의 전도와 전달에 대한 문항으로, 자주 출제되는 유형이다. 해당 문항의 난이도는 어렵지 않은 편이므로, 유사한 유형의 문항을 대비하는 데 기본이 되는 문항이라 생각하고 반복적으로 풀어두자.

# 15 흥분의 전도와 전달

**출제 의도** 시냅스에서 신경 전달 물질에 의해 한 뉴런의 흥분이 다른 뉴런으로 전달되는 과정을 파악하는지 확인하는 문항이다.

그림 (가)는 시냅스로 연결된 두 뉴런 A와 B를, (나)는 A와 B 사이의 시냅스에서 일어나는 흥분 전달 과정을 나타낸 것이다. X와 Y는 A의 가지 돌기와 B의 축삭 돌기 말단을 순서 없이 나타낸 것이다.

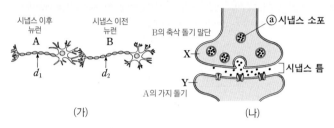

(가)                         (나)

이에 대한 설명으로 옳은 것만을 〈보기〉에서 있는 대로 고른 것은? [3점]

┌─ 보기 ─────────────────────────────┐
│ ㄱ. ⓐ에 신경 전달 물질이 들어 있다.          │
│                                              │
│ ㄴ. X는 B의 축삭 돌기 말단이다.              │
│   X는 B의 축삭 돌기 말단, Y는 A의 가지 돌기이다. │
│ ㄷ. 지점 $d_1$에 역치 이상의 자극을 주면 지점 $d_2$에서 활동 전 │
│   위가 발생한다.                              │
│   $d_1$에 역치 이상의 자극을 주더라도 $d_2$에서 활동 전위가 발생하지 않는다. │
└──────────────────────────────────┘

① ㄱ   ② ㄷ   ③ ㄱ, ㄴ   ④ ㄴ, ㄷ   ⑤ ㄱ, ㄴ, ㄷ

---

**✔ 자료 해석**

• 신경 전달 물질 : 뉴런의 축삭 돌기 말단에서 분비되어 이웃한 뉴런이나 반응기에 신호를 전달하는 화학 물질이다.

• 흥분 전달 과정 : 시냅스 이전 뉴런의 축삭 돌기 말단에 흥분이 도달 → 신경 전달 물질이 들어 있는 시냅스 소포가 세포막과 융합 → 신경 전달 물질이 시냅스 틈으로 분비되어 확산 → 신경 전달 물질이 시냅스 이후 뉴런의 수용체와 결합 → 시냅스 이후 뉴런에서 $Na^+$이 유입되어 탈분극이 일어나 활동 전위가 발생

• 흥분 이동의 방향성 : 신경 전달 물질이 들어 있는 시냅스 소포는 축삭 돌기 말단에 있기 때문에 흥분은 시냅스 이전 뉴런의 축삭 돌기 말단에서 시냅스 이후 뉴런의 가지 돌기나 신경 세포체 쪽으로만 전달된다.

**◯ 보기 풀이** ㄱ. 시냅스 소포는 신경 전달 물질을 담고 있는 소포로 세포막과 융합되면 소포 내 신경 전달 물질이 시냅스 틈으로 분비된다.

ㄴ. 신경 전달 물질이 담긴 시냅스 소포는 시냅스 이전 뉴런의 축삭 돌기 말단에 있다. 그러므로 시냅스 소포가 있는 X는 시냅스 이전 뉴런인 B의 축삭 돌기 말단이다.

**✕ 매력적 오답** ㄷ. 흥분의 전달은 시냅스 이전 뉴런에서 시냅스 이후 뉴런으로만 일어난다. 그러므로 $d_1$에 역치 이상의 자극을 주더라도 $d_2$에서 활동 전위가 발생하지 않는다.

**문제풀이 Tip**
흥분 전달 과정과 흥분의 이동 방향성을 묻는 문항이다. 흥분의 전달 방향을 파악하는 문항도 자주 출제되고 있으므로 이에 대해 자세하게 알아두자.

Part II

수능 평가원

# 02 근수축

| 선택지 비율 | ① 5% | ❷ 65% | ③ 10% | ④ 10% | ⑤ 8% |

## 1 골격근의 수축

2025학년도 수능 13번 | 정답 ② | 문제편 150 p

출제 의도 골격근의 수축 과정에 대한 자료를 분석하여 특정 부분의 길이를 유추할 수 있는지 묻는 문항이다.

**다음은 골격근의 수축 과정에 대한 자료이다.**

---

• 그림은 근육 원섬유 마디 X 의 구조를 나타낸 것이다. X 는 좌우 대칭이고, $Z_1$과 $Z_2$ 는 X의 Z선이다.

• 구간 ㉠은 액틴 필라멘트만 있는 부분이고, ㉡은 액틴 필라멘트와 마이오신 필라멘트가 겹치는 부분이며, ㉢은 마이오신 필라멘트만 있는 부분이다.

• 표는 골격근 수축 과정의 세 시점 $t_1$, $t_2$, $t_3$일 때, ㉠의 길이 에서 ㉡의 길이를 뺀 값을 ㉢의 길이로 나눈 값($\frac{㉠-㉡}{㉢}$) 과 X의 길이를 나타낸 것이다.

| 시점 | $\frac{㉠-㉡}{㉢}$ | X의 길이 |
|---|---|---|
| $t_1$ | $\frac{5}{8}$ | 3.4 $\mu$m |
| $t_2$ | $\frac{1}{2}$ | ? 3.2 $\mu$m |
| $t_3$ | $\frac{1}{4}$ | L 3.0 $\mu$m |

• $t_3$일 때 A대의 길이는 1.6 $\mu$m이다.

---

**이에 대한 설명으로 옳은 것만을 〈보기〉에서 있는 대로 고른 것은?**

┌ 보기 ┐

ㄱ. H대의 길이는 $t_3$일 때가 $t_1$일 때보다 0.2 $\mu$m 짧다. (0.4)

ㄴ. $t_2$일 때 ㉠의 길이는 $t_1$일 때 ㉡의 길이의 2배이다.

ㄷ. $t_3$일 때 $Z_1$로부터 $Z_2$ 방향으로 거리가 $\frac{1}{4}$ L인 지점은 ㉠에(㉡에) 해당한다.

① ㄱ   ② ㄴ   ③ ㄷ   ④ ㄱ, ㄴ   ⑤ ㄴ, ㄷ

---

### ✔ 자료 해석

• A대(마이오신 필라멘트)의 길이는 시점에 따라 달라지지 않으므로 $t_1$~$t_3$일 때 모두 같다.

• $t_1$일 때 X의 길이는 $2㉠+2㉡+㉢=3.4$ $\mu$m이고, $2㉡+㉢=1.6$ $\mu$m 이므로 $t_1$일 때 ㉠은 0.9 $\mu$m이다. $t_1$일 때 $\frac{(0.9)-㉡}{㉢}=\frac{5}{8}$이므로 $7.2-8㉡=5㉢$이고, $8㉡+5㉢=7.2$ $\mu$m이다. $2㉡+㉢=1.6$ $\mu$m이므 로 ㉡과 ㉢을 각각 구하면 ㉡은 0.4 $\mu$m, ㉢은 0.8 $\mu$m이다.

• $t_1$에서 $t_2$로 진행될 때 X의 길이가 $2d$만큼 감소하면 ㉠의 길이는 $d$만 큼 감소하고, ㉡의 길이는 $d$만큼 증가하며, ㉢의 길이는 $2d$만큼 감소한 다. 따라서 각 시점의 ㉠~㉢과 X의 길이를 정리하면 표와 같다.

| 시점 | ㉠ | ㉡ | ㉢ | X의 길이 |
|---|---|---|---|---|
| $t_1$ | 0.9 $\mu$m | 0.4 $\mu$m | 0.8 $\mu$m | 3.4 $\mu$m |
| $t_2$ | 0.8 $\mu$m | 0.5 $\mu$m | 0.6 $\mu$m | ?(3.2) $\mu$m |
| $t_3$ | 0.7 $\mu$m | 0.6 $\mu$m | 0.4 $\mu$m | L(3.0) $\mu$m |

○ 보기풀이 ㄴ. $t_2$일 때 ㉠의 길이는 0.8 $\mu$m, $t_1$일 때 ㉡의 길이는 0.4 $\mu$m이 므로 $t_2$일 때 ㉠의 길이는 $t_1$일 때 ㉡의 길이의 2배이다.

✖ 매력적 오답 ㄱ. H대의 길이(㉢의 길이)는 $t_3$일 때(0.4 $\mu$m)가 $t_1$일 때 (0.8 $\mu$m)보다 0.4 $\mu$m 짧다.

ㄷ. $t_3$일 때 $Z_1$로부터 $Z_2$ 방향으로 거리가 $\frac{1}{4}$ L인 지점($\frac{1}{4}×3.0=0.75$ $\mu$m)은 ㉡에 해당한다.

### 문제풀이 Tip

A대의 길이는 근수축과 상관없이 항상 일정하다는 것을 알고, $t_1$일 때 X의 길 이는 $2㉠+2㉡+㉢=3.4$ $\mu$m이라는 것을 이용하여 각 시점에서의 ㉠~㉢의 길 이를 알아낼 수 있어야 한다.

## 2 골격근의 수축

출제 의도 골격근의 수축 과정을 나타낸 자료를 분석하여 특정 시점에서의 길이를 파악할 수 있는지 묻는 문항이다.

### 다음은 골격근의 수축 과정에 대한 자료이다.

- 그림은 근육 원섬유 마디 X의 구조를 나타낸 것이다. X는 좌우 대칭이고, $Z_1$과 $Z_2$는 X의 Z선이다.

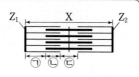

- 구간 ㉠은 액틴 필라멘트만 있는 부분이고, ㉡은 액틴 필라멘트와 마이오신 필라멘트가 겹치는 부분이며, ㉢은 마이오신 필라멘트만 있는 부분이다.

- 표는 골격근 수축 과정의 두 시점 $t_1$과 $t_2$일 때 ⓐ의 길이를 ⓑ의 길이로 나눈 값 ($\frac{ⓐ}{ⓑ}$), H대의 길이, X의 길이를 나타낸 것이다. ⓐ와 ⓑ는 ㉠과 ㉡을 순서 없이 나타낸 것이고, $d$는 0보다 크다.

| 시점 | $\dfrac{ⓐ}{ⓑ}$ | H대의 길이 | X의 길이 |
|---|---|---|---|
| $t_1$ | 2 | $2d$ | $8d$ |
| $t_2$ | 1 | $d$ | ?$7d$ |

이에 대한 설명으로 옳은 것만을 〈보기〉에서 있는 대로 고른 것은?

┌─ 보기 ─────────────────────────
ㄱ. ⓐ는 ㉠이다. ⓐ는 ㉠, ⓑ는 ㉡이다.

ㄴ. $t_1$일 때, ㉠의 길이와 ㉢의 길이는 서로 같다.
ㄱ(ⓐ)의 길이와 ㉢(H대)의 길이는 모두 $2d$이다.

ㄷ. $t_2$일 때, $Z_1$로부터 $Z_2$ 방향으로 거리가 $2d$인 지점은 ㉡에 해당한다.
└──────────────────────────────

① ㄱ   ② ㄷ   ③ ㄱ, ㄴ   ④ ㄴ, ㄷ   ⑤ ㄱ, ㄴ, ㄷ

---

### ✔ 자료 해석

- $t_1$일 때와 $t_2$일 때 각 부분의 길이를 나타내면 표와 같다.

| 시점 | ㉠(ⓐ)의 길이 | ㉡(ⓑ)의 길이 | ㉢(H대)의 길이 | X의 길이 |
|---|---|---|---|---|
| $t_1$ | $2d$ | $d$ | $2d$ | $8d$ |
| $t_2$ | $1.5d$ | $1.5d$ | $d$ | $7d$ |

○ 보기 풀이  $t_1$일 때 H대(㉢)의 길이가 $2d$이고, X의 길이가 $8d$이므로 액틴 필라멘트의 길이(2(㉠+㉡))는 $8d-2d=6d$이다. 따라서 ㉠+㉡$=3d$이다. $t_2$일 때 H대(㉢)의 길이가 $d$인데, $t_1$일 때가 $t_2$일 때보다 X의 길이는 $d$만큼 더 길므로 $t_2$일 때의 X의 길이는 $7d$이다. $t_1$일 때가 $t_2$일 때보다 ㉠의 길이는 $0.5d$ 더 길고, ㉡의 길이는 $0.5d$ 더 짧다. 따라서 $t_1$일 때 ㉠의 길이는 $2d$이고, ㉡의 길이는 $d$이므로 ⓐ는 ㉠이고, ⓑ는 ㉡이다.

ㄱ. ⓐ는 ㉠이고, ⓑ는 ㉡이다.

ㄴ. $t_1$일 때, ㉠(ⓐ)의 길이와 ㉢(H대)의 길이는 모두 $2d$로 같다.

ㄷ. $t_2$일 때, ㉠(ⓐ)의 길이가 $1.5d$이므로 $Z_1$로부터 $Z_2$ 방향으로 거리가 $2d$인 지점은 ㉡(ⓑ)이다.

### 문제풀이 Tip

두 시점에서 H대의 길이 변화 값($d$)만큼 X의 길이가 변한다는 것을 알고 자료에 적용하면 된다.

Part II 수능 평가원

**출제 의도** 골격근의 수축 과정에 대한 자료를 분석하여 시점에 따른 각 부분의 길이를 파악할 수 있는지 묻는 문항이다.

**다음은 골격근의 수축 과정에 대한 자료이다.**

- 그림은 근육 원섬유 마디 X의 구조를 나타낸 것이다. X는 좌우 대칭이고, $Z_1$과 $Z_2$는 X의 Z선이다.

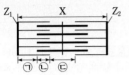

- 구간 ㉠은 액틴 필라멘트만 있는 부분이고, ㉡은 액틴 필라멘트와 마이오신 필라멘트가 겹치는 부분이며, ㉢은 마이오신 필라멘트만 있는 부분이다.

- 표는 골격근 수축 과정의 두 시점 $t_1$과 $t_2$일 때, ㉠의 길이와 ㉢의 길이를 더한 값(㉠+㉢), ㉡의 길이와 ㉢의 길이를 더한 값(㉡+㉢), X의 길이를 나타낸 것이다.

| 시점 | ㉠+㉢ | ㉡+㉢ | X의 길이 |
|---|---|---|---|
| $t_1$ | ? 2.2 | 1.4 | ? 3.2 |
| $t_2$ | 1.4 | ? 1.2 | 2.8 |

(단위: $\mu$m)

- $t_1$일 때 X의 길이는 L이고, A대의 길이는 1.6 $\mu$m이다.
  (L = 3.2 $\mu$m)

**이에 대한 설명으로 옳은 것만을 〈보기〉에서 있는 대로 고른 것은?**

보기
ㄱ. X의 길이는 $t_1$일 때가 $t_2$일 때보다 ~~0.2 $\mu$m~~ 길다. (0.4 $\mu$m)

ㄴ. $t_1$일 때 ㉡의 길이와 $t_2$일 때 ㉢의 길이를 더한 값은 1.0 $\mu$m이다. ($t_1$일 때 ㉡의 길이는 0.2 $\mu$m, $t_2$일 때 ㉢의 길이는 0.8 $\mu$m이다.)

ㄷ. $t_1$일 때 X의 $Z_1$로부터 $Z_2$ 방향으로 거리가 $\frac{3}{8}$ L인 지점은 ㉢에 해당한다.

① ㄱ    ② ㄴ    ③ ㄱ, ㄷ    ④ ㄴ, ㄷ    ⑤ ㄱ, ㄴ, ㄷ

---

**✔ 자료 해석**

- 시점 $t_1$과 $t_2$일 때 ㉠, ㉡, ㉢, X의 길이를 나타내면 표와 같다.

| 시점 | ㉠의 길이 | ㉡의 길이 | ㉢의 길이 | X의 길이 |
|---|---|---|---|---|
| $t_1$ | 0.8 | 0.2 | 1.2 | 3.2 |
| $t_2$ | 0.6 | 0.4 | 0.8 | 2.8 |

(단위: $\mu$m)

**○ 보기풀이** $t_2$일 때 ㉠+㉢=1.4 $\mu$m, X의 길이(2(㉠+㉡)+㉢)=2.8 $\mu$m, A대의 길이는 시점에 상관없이 일정하므로 2㉡+㉢=1.6 $\mu$m이다. 따라서 $t_2$일 때 ㉠의 길이는 0.6 $\mu$m, ㉡의 길이는 0.4 $\mu$m, ㉢의 길이는 0.8 $\mu$m이다. $t_1$일 때 ㉡+㉢=1.4 $\mu$m이고, $t_2$일 때 ㉡+㉢=1.2 $\mu$m이므로 두 시점 $t_1$과 $t_2$일 때 X의 길이 변화량(2d)은 0.4 $\mu$m이다.

ㄴ. $t_1$일 때 ㉡의 길이는 0.2 $\mu$m이고 $t_2$일 때 ㉢의 길이는 0.8 $\mu$m이므로 둘을 더한 값은 1.0 $\mu$m이다.

ㄷ. $t_1$일 때 X의 $Z_1$로부터 $Z_2$ 방향으로 거리가 $\frac{3}{8}$×3.2 $\mu$m(L)은 1.2 $\mu$m이며, 이 길이는 액틴 필라멘트의 길이의 절반인 ㉠+㉡=1.0 $\mu$m보다 길다. 따라서 $t_1$일 때 X의 $Z_1$로부터 $Z_2$ 방향으로 거리가 $\frac{3}{8}$ L인 지점은 ㉢에 해당한다.

**✕ 매력적 오답** ㄱ. X의 길이는 $t_1$일 때가 3.2 $\mu$m이고, $t_2$일 때가 2.8 $\mu$m이므로 $t_1$일 때가 $t_2$일 때보다 0.4 $\mu$m 길다.

**문제풀이 Tip**

$t_1$일 때 ㉡+㉢의 길이와 $t_2$일 때 ㉡+㉢의 길이의 변화량은 두 시점에서의 X의 길이 변화량의 $\frac{1}{2}$임을 알고 자료에 적용하면 두 시점에서의 각 길이를 구할 수 있다.

# 4 근수축

출제의도 골격근의 수축 과정에 대한 제시된 자료를 분석하여 $t_1$과 $t_2$일 때 각각 $l_1$, $l_2$, $l_3$인 세 지점이 ㉠ ~㉢ 중 어느 구간에 해당하는지 찾을 수 있는지를 묻는 문항이다.

다음은 골격근의 수축 과정에 대한 자료이다.

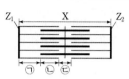

- 그림은 근육 원섬유 마디 X의 구조를 나타낸 것이다. X는 좌우 대칭이고, $Z_1$과 $Z_2$는 X의 Z선이다.
- 구간 ㉠은 액틴 필라멘트만 있는 부분이고, ㉡은 액틴 필라멘트와 마이오신 필라멘트가 겹치는 부분이며, ㉢은 마이오신 필라멘트만 있는 부분이다.
- 표는 골격근 수축 과정의 두 시점 $t_1$과 $t_2$일 때 각 시점의 $Z_1$로부터 $Z_2$ 방향으로 거리가 각각 $l_1$, $l_2$, $l_3$인 세 지점이 ㉠~㉢ 중 어느 구간에 해당하는지를 나타낸 것이다. ⓐ~ⓒ는 ㉠~㉢을 순서 없이 나타낸 것이다.

| 거리 | 지점이 해당하는 구간 | |
|---|---|---|
| | $t_1$ 수축 | $t_2$ |
| $l_1$ | ⓐ ㉡ | ㉡ |
| $l_2$ | ⓑ ㉢ | ? |
| $l_3$ | ? | ⓒ ㉠ |

- $t_1$일 때 ⓐ~ⓒ의 길이는 순서 없이 $5d$, $6d$, $8d$이고, $t_2$일 때 ⓐ~ⓒ의 길이는 순서 없이 $2d$, $6d$, $7d$이다. $d$는 0보다 크다.
- $t_1$일 때, A대의 길이는 ㉢의 길이의 2배이다. ─㉢=㉠
- $t_1$과 $t_2$일 때 각각 $l_1$~$l_3$은 모두 $\dfrac{X의 길이}{2}$보다 작다.

이에 대한 설명으로 옳은 것만을 〈보기〉에서 있는 대로 고른 것은? [3점]

**보기**

ㄱ. $l_2 > l_1$이다.

ㄴ. $t_1$일 때, $Z_1$로부터 $Z_2$ 방향으로 거리가 $l_3$인 지점은 ~~㉡에~~ ㉠ 해당한다.

ㄷ. $t_2$일 때, ⓐ의 길이는 H대의 길이의 3배이다.
  ㉡의 길이: $7d$   ㉢의 길이: $2d$   3.5배

① ㄱ   ② ㄴ   ③ ㄷ   ④ ㄱ, ㄴ   ⑤ ㄱ, ㄷ

## ✔ 자료 해석

- ㉠과 ㉡의 길이를 더한 값은 시점에 관계없이 일정하므로 $t_1$일 때와 $t_2$일 때 ㉠과 ㉡의 길이를 더한 값은 $13d$이고, ㉢의 길이는 $t_1$일 때 $6d$, $t_2$일 때 $2d$이다.
- $t_1$에서 $t_2$로 될 때 X의 길이는 $4d$ 감소하였으므로 ㉠의 길이는 $2d$만큼 감소, ㉡의 길이는 $2d$만큼 증가, ㉢의 길이는 $4d$만큼 감소한다. 따라서 $t_1$과 $t_2$일 때 ㉠~㉢의 길이를 정리하면 표와 같다.

| 시점 | ㉠(㉢)의 길이 | ㉡의 길이 | ㉢의 길이 | A대의 길이 | X의 길이 |
|---|---|---|---|---|---|
| $t_1$ | $8d$ | $5d$ | $6d$ | $16d$ | $32d$ |
| $t_2$ | $6d$ | $7d$ | $2d$ | $16d$ | $28d$ |

- $t_1$일 때 A대의 길이는 ㉡의 길이의 2배와 ㉢의 길이를 더한 값이므로 $16d$이다. 따라서 ㉢의 길이는 $8d$이고, ㉢는 ㉠이다.

## ○ 보기 풀이

ⓐ~ⓒ의 길이를 모두 더한 값은 $t_1$일 때 $19d$이고, $t_2$일 때 $15d$이므로 $t_1$에서 $t_2$로 될 때 X의 길이는 $4d$만큼 감소하였고, ㉠의 길이는 $2d$, ㉢의 길이는 $4d$만큼 감소하였으며, ㉡의 길이는 $2d$만큼 증가하였다. 따라서 ㉢의 길이는 $t_1$일 때 $6d$, $t_2$일 때 $2d$이고, ㉠의 길이는 $t_1$일 때 $8d$, $t_2$일 때 $6d$이며, ㉡의 길이는 $t_1$일 때 $5d$, $t_2$일 때 $7d$이다. $t_1$일 때 A대의 길이는 ㉡의 길이의 2배와 ㉢의 길이를 더한 값이므로 $16d$이다. 따라서 ㉢의 길이는 $8d$이고, ㉢는 ㉠이다. $t_2$일 때 거리가 $l_1$인 지점이 ㉡에 해당하므로 $t_1$일 때 거리가 $l_1$인 지점은 ㉠ 혹은 ㉡에 해당한다. 따라서 ⓐ는 ㉡이고, ⓑ는 ㉢이다.

ㄱ. $t_1$일 때 거리가 $l_1$인 지점은 ㉡에 해당하고 거리가 $l_2$인 지점은 ㉢에 해당하므로 $l_2 > l_1$이다.

## ✕ 매력적 오답

ㄴ. $t_2$일 때 거리가 $l_3$인 지점이 ㉠에 해당하므로 X의 거리가 더 긴 $t_1$일 때 거리가 $l_3$인 지점도 ㉠에 해당한다.

ㄷ. H대의 길이는 ㉢의 길이와 같다. 따라서 $t_2$일 때 ㉢의 길이는 $2d$이므로 H대의 길이도 $2d$이다. $t_2$일 때, ⓐ(㉡)의 길이는 $7d$이므로 $t_2$일 때, ⓐ의 길이는 H대의 길이의 3배가 아니다.

### 문제풀이 Tip

액틴 필라멘트의 길이(㉠+㉡)와 마이오신 필라멘트의 길이(A대의 길이)는 근수축과 상관없이 항상 일정하다. 그리고 X의 길이가 $2d$만큼 감소하면 ㉠의 길이는 $d$만큼 감소, ㉡의 길이는 $d$만큼 증가, ㉢의 길이는 $2d$만큼 감소한다는 것을 알아둔다.

출제의도 골격근 수축 과정이 일어나는 원리에 대해 알고 있는지를 묻는 문항이다.

## 다음은 골격근의 수축과 이완 과정에 대한 자료이다.

• 그림 (가)는 팔을 구부리는 과정의 두 시점 $t_1$과 $t_2$일 때 팔의 위치와 이 과정에 관여하는 골격근 P와 Q를, (나)는 P와 Q 중 한 골격근의 근육 원섬유 마디 X의 구조를 나타낸 것이다. X는 좌우 대칭이고, $Z_1$과 $Z_2$는 X의 Z선이다.

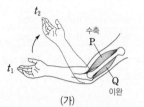
(가)

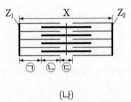
(나)

• 구간 ㉠은 액틴 필라멘트만 있는 부분이고, ㉡은 액틴 필라멘트와 마이오신 필라멘트가 겹치는 부분이며, ㉢은 마이오신 필라멘트만 있는 부분이다.

• 표는 $t_1$과 $t_2$일 때 각 시점의 $Z_1$로부터 $Z_2$ 방향으로 거리가 각각 $l_1$, $l_2$, $l_3$인 세 지점이 ㉠~㉢ 중 어느 구간에 해당하는지를 나타낸 것이다. ⓐ~ⓒ는 ㉠~㉢을 순서 없이 나타낸 것이다.

| 거리 | 지점이 해당하는 구간 | |
| --- | --- | --- |
| | $t_1$ | $t_2$ |
| $l_1$ | ⓐ(㉠) | ?(㉠) |
| $l_2$ | ⓑ(㉡) | ⓐ(㉠) |
| $l_3$ | ⓒ(㉢) | ㉢ |

• ⓒ의 길이는 $t_1$일 때가 $t_2$일 때보다 짧다. $t_1 \rightarrow t_2$: 이완
  ⓒ의 길이

• $t_1$과 $t_2$일 때 각각 $l_1$~$l_3$은 모두 $\dfrac{X의\ 길이}{2}$ 보다 작다.

### 이에 대한 설명으로 옳은 것만을 〈보기〉에서 있는 대로 고른 것은?

┌─ 보기 ────────────────────────┐
ㄱ. $t_1 > t_2$이다. ($l_2 > l_1$)

ㄴ. X는 P의 근육 원섬유 마디이다. (Q의)

ㄷ. $t_2$일 때 $Z_1$로부터 $Z_2$ 방향으로 거리가 $l_1$인 지점은 ㉠에 해당한다.
└─────────────────────────────┘

① ㄱ   ② ㄴ   ③ ㄷ   ④ ㄱ, ㄴ   ⑤ ㄱ, ㄷ

---

✓ **자료 해석**

• Z선과 Z선 사이를 근육 원섬유 마디라고 하며, 근육 원섬유 마디는 마이오신 필라멘트가 존재하는 부분인 A대, 액틴 필라멘트만 존재하는 I대, 근육 원섬유 마디의 중앙에 마이오신 필라멘트만 존재하는 H대 등이 있다.

• $t_1$에서 $t_2$로 될 때 P에서는 근육 원섬유 마디가 수축되고, Q에서는 근육 원섬유 마디가 이완된다.

○ **보기 풀이** $Z_1$으로부터 $Z_2$ 방향으로 거리가 액틴 필라멘트의 길이보다 긴 경우에는 시점에 상관없이 이 지점은 ㉢에 해당한다. $t_2$일 때 $l_3$에 해당하는 구간이 ㉢이므로 ⓒ도 ㉢이며, ⓒ(㉢)의 길이가 $t_1$일 때가 $t_2$일 때보다 짧으므로 X의 길이도 $t_1$일 때가 $t_2$일 때보다 짧다. $l_2$에 해당하는 구간이 $t_1$일 때는 ⓑ이고, $t_2$일 때는 ⓐ이므로 ⓐ는 ㉠, ⓑ는 ㉡이다.

ㄷ. $Z_1$으로부터 $Z_2$ 방향으로 거리가 $l_1$인 지점은 $t_1$일 때 ㉠에 해당하므로 $t_2$일 때도 ㉠에 해당한다.

✕ **매력적 오답** ㄱ. $t_1$일 때 $l_1$은 ㉠(ⓐ)에 해당하고, $l_2$는 ㉡(ⓑ)에 해당하므로 $l_1 < l_2$이다.

ㄴ. $t_1$에서 $t_2$로 시간이 흐를 때 X의 길이가 길어졌으므로 X는 Q의 근육 원섬유 마디이다.

**문제풀이 Tip**

㉢에 해당하는 지점은 $Z_1$로부터 거리가 가장 멀기 때문에 $l_3$ 지점은 $t_1$과 $t_2$일 때 모두 ㉢에 해당한다는 것을 먼저 찾은 후, $l_2$ 지점에 해당하는 구간이 $t_1$과 $t_2$일 때 다르다는 점을 이용해 해당 구간을 찾을 수 있어야 한다.

# 6 골격근의 수축

출제 의도 골격근의 수축 과정에 대한 자료를 분석하여 특정 부분의 길이를 유추할 수 있는지 묻는 문항이다.

## 다음은 골격근의 수축 과정에 대한 자료이다.

---

- 그림은 근육 원섬유 마디 X 의 구조를 나타낸 것이다. X 는 좌우 대칭이다.
- 구간 ㉠은 액틴 필라멘트만 있는 부분이고, ㉡은 액틴 필라멘트와 마이오신 필라멘트가 겹치는 부분이며, ㉢은 마이오신 필라멘트만 있는 부분이다.
- 골격근 수축 과정의 두 시점 $t_1$과 $t_2$ 중 $t_1$일 때 ㉠의 길이와 ㉡의 길이를 더한 값은 $1.0~\mu$m이고, X의 길이는 $3.2~\mu$m 이다.
- $t_1$일 때 $\dfrac{㉠,\,0.8~\mu m \text{의 길이}}{㉢ \text{의 길이}}=\dfrac{2}{3}$이고, $t_2$일 때 $\dfrac{㉠,\,0.4~\mu m \text{의 길이}}{㉢ \text{의 길이}}=1$이며, $\dfrac{t_1\text{일 때 ⓑ의 길이}}{t_2\text{일 때 ⓑ의 길이}}=\dfrac{1}{3}$이다. $\dfrac{1.2~\mu m}{}$ ⓐ와 ⓑ는 ㉠과 ㉡을 순서 없이 나타낸 것이다. ㉡, $0.4~\mu m$

---

## 이에 대한 설명으로 옳은 것만을 〈보기〉에서 있는 대로 고른 것은?

┌ 보기 ┐
ㄱ. ⓑ는 ㉠이다. ㉡
ㄴ. $t_1$일 때 A대의 길이는 $1.6~\mu$m이다. $2\times0.2+1.2=1.6~\mu m$
ㄷ. X의 길이는 $t_1$일 때가 $t_2$일 때보다 $0.8~\mu$m 길다.

① ㄱ  ② ㄷ  ③ ㄱ, ㄴ  ④ ㄴ, ㄷ  ⑤ ㄱ, ㄴ, ㄷ

---

### ✔ 자료 해석

- ⓐ는 ㉠이고, ⓑ는 ㉡이다. $t_1$에서 $t_2$로 될 때 ⓑ(㉡)의 길이는 $0.4~\mu$m증가하였다.
- $t_1$과 $t_2$일 때 X의 길이, ㉠~㉢의 길이를 나타내면 표와 같다.

| 시점 | X의 길이 | ㉠(ⓐ)의 길이 | ㉡(ⓑ)의 길이 | ㉢의 길이 |
|---|---|---|---|---|
| $t_1$ | $3.2~\mu$m | $0.8~\mu$m | $0.2~\mu$m | $1.2~\mu$m |
| $t_2$ | $2.4~\mu$m | $0.4~\mu$m | $0.6~\mu$m | $0.4~\mu$m |

**○ 보기 풀이** ㄴ. $t_1$일 때 A대의 길이는 ㉡(ⓑ)의 길이×2+㉢의 길이와 같으므로 $0.2\times2+1.2=1.6~\mu$m이다.

ㄷ. X의 길이는 $t_1$일 때가 $3.2~\mu$m, $t_2$일 때가 $2.4~\mu$m이므로 $t_1$일 때가 $t_2$일 때보다 $0.8~\mu$m 길다.

**✕ 매력적 오답** ㄱ. $t_1$일 때 ㉠과 ㉡의 길이를 더한 값이 $1.0~\mu$m이고, X의 길이는 $3.2~\mu$m이므로 H대(㉢)의 길이는 $3.2-2.0=1.2~\mu$m이다. $t_1$일 때 $\dfrac{ⓐ\text{의 길이}}{㉢\text{의 길이}}=\dfrac{2}{3}$이므로 $t_1$일 때 ⓐ의 길이는 $0.8~\mu$m이다. $t_2$일 때 $\dfrac{ⓐ\text{의 길이}}{㉢\text{의 길이}}=1$이므로 ⓐ는 ㉠이고, ⓑ는 ㉡이다. $\dfrac{t_1\text{일 때 ⓑ(㉡)의 길이}}{t_2\text{일 때 ⓑ(㉡)의 길이}}=\dfrac{1}{3}$이므로 $t_1$에서 $t_2$로 될 때 ⓑ(㉡)의 길이는 $0.4~\mu$m 증가하였다.

### 문제풀이 Tip

$t_2$일 때 $\dfrac{ⓐ\text{의 길이}}{㉢\text{의 길이}}=\dfrac{0.8-d}{1.2-2d}=1$인 것을 통해 $d$는 $0.4~\mu$m이며, ⓐ는 ㉠이고, X의 길이는 $t_1$일 때가 $t_2$일 때보다 $0.8~\mu$m($2d$) 길다는 것을 동시에 파악할 수 있다.

출제 의도 골격근의 구조와 근수축이 일어나는 원리에 대해 알고 있는지를 묻는 문항이다.

**다음은 골격근의 수축 과정에 대한 자료이다.**

- 그림은 근육 원섬유 마디 X
의 구조를 나타낸 것이다. X
는 좌우 대칭이고, $Z_1$과 $Z_2$
는 X의 Z선이다.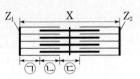

- 구간 ㉠은 액틴 필라멘트만 있는 부분이고, ㉡은 액틴 필라멘트와 마이오신 필라멘트가 겹치는 부분이며, ㉢은 마이오신 필라멘트만 있는 부분이다.

- 골격근 수축 과정의 두 시점 $t_1$과 $t_2$ 중, $t_1$일 때 X의 길이는 L이고, $t_2$일 때만 ㉠~㉢의 길이가 모두 같다.

- $\dfrac{t_2일 때 ⓐ의 길이}{t_1일 때 ⓐ의 길이}$ 와 $\dfrac{t_1일 때 ㉡의 길이}{t_2일 때 ㉡의 길이}$ 는 서로 같다. ⓐ 는 ㉠과 ㉢ 중 하나이다. ⓐ는 ㉢이다.

**이에 대한 설명으로 옳은 것만을 〈보기〉에서 있는 대로 고른 것은?**

보기
ㄱ. ⓐ는 ㉢이다.

ㄴ. H대의 길이는 $t_1$일 때가 $t_2$일 때보다 ~~짧다.~~ 길다.

ㄷ. $t_1$일 때, X의 $Z_1$로부터 $Z_2$ 방향으로 거리가 $\dfrac{3}{10}$ L인 지점은 ㉡에 해당한다. $t_1$일 때, ㉠의 길이가 $3d$이므로 $\dfrac{3}{10}$L(3.6$d$)인 지점은 ㉡에 해당한다.

① ㄱ   ② ㄴ   ③ ㄱ, ㄷ   ④ ㄴ, ㄷ   ⑤ ㄱ, ㄴ, ㄷ

---

✔ **자료 해석**

- $t_1$에서 $t_2$로 될 때 근수축이 일어났다고 가정하고 문제를 풀어 보자.
- $t_2$일 때 ㉠~㉢의 길이를 $x$라고 하면, $t_2$일 때 X의 길이는 $5x$이다.
- 근수축 시 X의 길이가 $2d$만큼 감소하면, ㉠은 $d$만큼 감소하고, ㉡은 $d$만큼 증가하며, ㉢은 $2d$만큼 감소한다. $t_1$과 $t_2$일 때 X의 길이 차가 $2d$라고 하면, $t_1$일 때 ㉠의 길이는 $x+d$, ㉡의 길이는 $x-d$, ㉢의 길이는 $x+2d$가 된다.

- 만약 ⓐ가 ㉠이라면 $\dfrac{t_2일 때 ⓐ의 길이}{t_1일 때 ⓐ의 길이}$ 와 $\dfrac{t_1일 때 ㉡의 길이}{t_2일 때 ㉡의 길이}$ 는 서로 같다고 하였으므로 $\dfrac{x}{x+d}=\dfrac{x-d}{x}$ 이다. 이 식을 풀면 $d$가 0이 되어야 하는데, 근수축 시 $d$가 0이 될 수 없으므로 ⓐ는 ㉢이다.

- ⓐ가 ㉢일 때 $\dfrac{x}{x+2d}=\dfrac{x-d}{x}$ 에서 $x=2d$이다. 이를 통해 $t_1$과 $t_2$일 때 ㉠~㉢의 길이와 X의 길이를 구하면 표와 같다.

| 구분 | 길이 | | | |
|---|---|---|---|---|
| | ㉠ | ㉡ | ㉢ | X |
| $t_1$ | $3d$ | $d$ | $4d$ | L($=12d$) |
| $t_2$ | $2d$ | $2d$ | $2d$ | $\dfrac{5}{6}$L($=10d$) |

○ **보기 풀이** ㄱ. ⓐ는 ㉢이다.

ㄷ. $t_1$일 때 X의 $Z_1$로부터 $Z_2$ 방향으로 거리가 $\dfrac{3}{10}$L인 지점은 $12d$($t_1$일 때 X의 길이)$\times\dfrac{3}{10}=3.6d$인 지점이다. $t_1$일 때 ㉠의 길이가 $3d$이므로 $t_1$일 때 X의 $Z_1$로부터 $Z_2$ 방향으로 거리가 $\dfrac{3}{10}$L($=3.6d$)인 지점은 ㉡에 해당한다.

✖ **매력적 오답** ㄴ. $t_1$에서 $t_2$로 될 때 근수축이 일어나고 있으므로 H대(㉢)의 길이는 $t_1$일 때가 $t_2$일 때보다 길다.

**문제풀이 Tip**
근수축 원리에 대한 이해를 바탕으로 ⓐ가 ㉠인 경우일 때 빠르게 모순된 점을 찾고, ⓐ가 ㉢인 경우일 때 $t_1$과 $t_2$일 때 ㉠~㉢의 길이와 X의 길이를 찾을 수 있어야 한다.

# 8 골격근 수축

출제 의도 근육 원섬유 마디의 구조와 ⓐ가 $F_1$과 $F_2$일 때 근육 원섬유 마디 각 구간의 길이를 구할 수 있는지를 묻는 문항이다.

**다음은 골격근 수축 과정에 대한 자료이다.**

- 그림 (가)는 근육 원섬유 마디 X의 구조를, (나)는 구간 ⓛ의 길이에 따른 ⓐX가 생성할 수 있는 힘을 나타낸 것이다. X는 좌우 대칭이고, ⓐ가 $F_1$일 때 A대의 길이는 1.6 $\mu$m이다.
  > ⓐ는 ⓛ의 길이가 길어질수록 커진다.

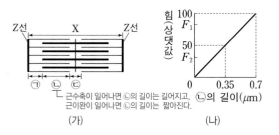

근수축이 일어나면 ⓛ의 길이는 길어지고, 근이완이 일어나면 ⓛ의 길이는 짧아진다.

(가)　　　　　　　(나)

- 구간 ⓗ은 액틴 필라멘트만 있는 부분이고, ⓛ은 액틴 필라멘트와 마이오신 필라멘트가 겹치는 부분이며, ⓓ은 마이오신 필라멘트만 있는 부분이다.
- 표는 ⓐ가 $F_1$과 $F_2$일 때 ⓓ의 길이를 ⓗ의 길이로 나눈 값($\frac{ⓓ}{ⓗ}$)과 X의 길이를 ⓛ의 길이로 나눈 값($\frac{X}{ⓛ}$)을 나타낸 것이다.

| 힘 | $\frac{ⓓ}{ⓗ}$ | $\frac{X}{ⓛ}$ |
|---|---|---|
| 수축 $F_1$ | 1 | 4 |
| 이완 $F_2$ | $\frac{3}{2}$ | ? |

**이 자료에 대한 설명으로 옳은 것만을 〈보기〉에서 있는 대로 고른 것은? [3점]**

보기

ㄱ. ⓐ는 H대의 길이가 0.3 $\mu$m일 때가 0.6 $\mu$m일 때보다 ~~작다.~~ 크다.

ㄴ. $F_1$일 때 ⓗ의 길이와 ⓓ의 길이를 더한 값은 1.0 $\mu$m이다.
　$F_1$일 때 ⓗ의 길이는 0.4 $\mu$m, ⓓ의 길이는 0.6 $\mu$m이다.

ㄷ. $F_2$일 때 X의 길이는 3.2 $\mu$m이다.

① ㄱ　② ㄴ　③ ㄷ　④ ㄱ, ㄴ　⑤ ㄴ, ㄷ

---

✔ **자료 해석**

ⓐ가 $F_1$과 $F_2$일 때 ⓗ~ⓓ의 길이, X의 길이는 다음 표와 같다.

| 힘 | ⓗ의 길이 | ⓛ의 길이 | ⓓ의 길이 | X의 길이 |
|---|---|---|---|---|
| $F_1$ | 0.4 $\mu$m | 0.6 $\mu$m | 0.4 $\mu$m | 2.4 $\mu$m |
| $F_2$ | 0.8 $\mu$m | 0.2 $\mu$m | 1.2 $\mu$m | 3.2 $\mu$m |

○ 보기 풀이 $F_1$일 때 ⓗ의 길이와 ⓓ의 길이가 같으므로 이 값을 각각 a라고 하고, ⓛ의 길이를 b라고 하자. $F_1$일 때 X의 길이는 2(ⓗ의 길이+ⓛ의 길이)+ⓓ의 길이이고, $\frac{X}{ⓛ}$=4이므로 3a+2b=4b이다. 그리고 $F_1$일 때 A대의 길이가 2(ⓛ의 길이)+ⓓ의 길이이므로 2b+a=1.6이라는 식이 성립된다. 이 두 식을 풀면 a는 0.4, b는 0.6이다. 따라서 $F_1$일 때 ⓗ의 길이와 ⓓ의 길이는 각각 0.4 $\mu$m이고, ⓛ의 길이는 0.6 $\mu$m이다.

ㄴ. $F_1$일 때 ⓗ의 길이는 0.4 $\mu$m이고, ⓓ의 길이는 0.6 $\mu$m이므로 ⓗ의 길이와 ⓓ의 길이를 더한 값은 1.0 $\mu$m이다.

ㄷ. $F_2$일 때가 $F_1$일 때보다 $\frac{ⓓ}{ⓗ}$이 더 증가하였으므로 $F_1$일 때는 수축하였을 때이고, $F_2$일 때는 이완하였을 때이다. $F_2$일 때가 $F_1$일 때보다 ⓗ의 길이가 X만큼 증가한다고 하면 ⓓ의 길이는 2X만큼 증가하므로 $\frac{ⓓ}{ⓗ}=\frac{0.4+2X}{0.4+X}=\frac{3}{2}$이다. 따라서 X는 0.4이므로 $F_2$일 때 ⓗ의 길이는 0.8 $\mu$m, ⓓ의 길이는 1.2 $\mu$m이고, X의 길이는 3.2 $\mu$m이다.

✗ **매력적 오답** ㄱ. X가 생성할 수 있는 힘(ⓐ)은 ⓛ의 길이가 길어질수록 커진다. ⓛ의 길이는 근수축이 일어날 때 길어지므로 X가 생성할 수 있는 힘(ⓐ)은 H대의 길이가 더 짧은 0.3 $\mu$m일 때가 0.6 $\mu$m일 때보다 크다.

문제풀이 **Tip**

6월 모의평가에 이어 새로운 형태로 출제되어 많이 당황한 나머지 오답률이 높은 문항 중 하나이다. 유형만 안다면 어렵지 않게 풀 수 있으므로 근수축이 일어날 때 특정 값을 분수식으로 제시된 문항들을 많이 풀어두도록 하자.

Part II 수능 평가원

# 9 근수축

**출제 의도** 골격근의 구조와 골격근 수축 과정에서 근육 원섬유 마디의 변화를 파악할 수 있는지를 묻는 문항이다.

## 다음은 골격근의 수축 과정에 대한 자료이다.

• 그림은 근육 원섬유 마디 X의 구조를, 표는 골격근 수축 과정의 두 시점 $t_1$과 $t_2$일 때 ㉠의 길이에서 ㉢의 길이를 뺀 값을 ㉡의 길이로 나눈 값($\frac{㉠-㉢}{㉡}$)과 X의 길이를 나타낸 것이다. X는 좌우 대칭이고, $t_1$일 때 A대의 길이는 1.6 $\mu$m 이다.

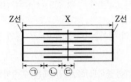

| 시점 | $\frac{㉠-㉢}{㉡}$ | X의 길이 |
|---|---|---|
| $t_1$ | $\frac{1}{4}$ | ? 3.4 $\mu$m |
| $t_2$ | $\frac{1}{2}$ | 3.0 $\mu$m |

• 구간 ㉠은 액틴 필라멘트만 있는 부분이고, ㉡은 액틴 필라멘트와 마이오신 필라멘트가 겹치는 부분이며, ㉢은 마이오신 필라멘트만 있는 부분이다.

## 이에 대한 설명으로 옳은 것만을 〈보기〉에서 있는 대로 고른 것은?

┌─ 보기 ┐
ㄱ. 근육 원섬유는 근육 섬유로 구성되어 있다.
　근육 섬유가 근육 원섬유로 구성되어 있다.
ㄴ. $t_2$일 때 H대의 길이는 0.4 $\mu$m이다.
　㉢의 길이
ㄷ. X의 길이는 $t_1$일 때가 $t_2$일 때보다 0.2 $\mu$m 길다.
　X의 길이는 $t_1$일 때가 3.4 $\mu$m, $t_2$일 때가 3.0 $\mu$m이다.
└─────────────┘

① ㄱ　　② ㄴ　　③ ㄱ, ㄷ　　④ ㄴ, ㄷ　　⑤ ㄱ, ㄴ, ㄷ

---

✔ **자료 해석**

• $t_1$과 $t_2$일 때 ㉠의 길이, ㉡의 길이, ㉢의 길이, X의 길이를 구하면 다음 표와 같다.

| 시점 | ㉠의 길이 | ㉡의 길이 | ㉢의 길이 | X의 길이 |
|---|---|---|---|---|
| $t_1$ | 0.9 $\mu$m | 0.4 $\mu$m | 0.8 $\mu$m | 3.4 $\mu$m |
| $t_2$ | 0.7 $\mu$m | 0.6 $\mu$m | 0.4 $\mu$m | 3.0 $\mu$m |

○ **보기풀이** ㄴ. 근수축에 관계없이 A대의 길이는 변하지 않으므로 $t_2$일 때도 A대의 길이는 1.6 $\mu$m이다. $t_2$일 때 X의 길이가 3.0 $\mu$m이므로 ㉠의 길이는 0.7 $\mu$m이다. 따라서 $\frac{0.7\ \mu\text{m}-㉢}{㉡}=\frac{1}{2}$, 2㉡+㉢=1.6 $\mu$m이다. 두 식을 풀면 $t_2$일 때 ㉡의 길이는 0.6 $\mu$m, ㉢의 길이는 0.4 $\mu$m이다. 따라서 $t_2$일 때 H대(㉢)의 길이는 0.4 $\mu$m이다.

✕ **매력적 오답** ㄱ. 근육 섬유는 근육 원섬유로 구성되어 있다.
ㄷ. $t_1$일 때가 $t_2$일 때보다 X의 길이가 $2d$만큼 길다면 $t_1$일 때 $\frac{(0.7\ \mu\text{m}+d)-(0.4\ \mu\text{m}+2d)}{0.6\ \mu\text{m}-d}=\frac{1}{4}$에서 $d$는 0.2 $\mu$m이므로 $t_1$일 때 ㉠의 길이는 0.9 $\mu$m, ㉡의 길이는 0.4 $\mu$m, ㉢의 길이는 0.8 $\mu$m이며, X의 길이는 3.4 $\mu$m이다. 따라서 X의 길이는 $t_1$일 때가 $t_2$일 때보다 0.4 $\mu$m 길다.

**문제풀이 Tip**
근수축 시 X의 길이가 $2d$만큼 증가하면 ㉠의 길이는 $d$만큼 증가하고, ㉡의 길이는 $d$만큼 감소하며, ㉢의 길이는 $2d$만큼 증가한다는 사실은 꼭 알아두도록 하자.

# 10 골격근의 수축과 이완

출제 의도 골격근 수축 과정에서 각 지점의 길이 변화에 대해 묻는 문항이다.

**다음은 골격근의 수축과 이완 과정에 대한 자료이다.**

- 그림 (가)는 팔을 구부리는 과정의 세 시점 $t_1$, $t_2$, $t_3$일 때 팔의 위치와 이 과정에 관여하는 골격근 P와 Q를, (나)는 P와 Q 중 한 골격근의 근육 원섬유 마디 X의 구조를 나타낸 것이다. X는 좌우 대칭이다.

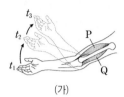
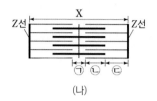

(가)          (나)

- 구간 ㉠은 마이오신 필라멘트만 있는 부분이고, ㉡은 액틴 필라멘트와 마이오신 필라멘트가 겹치는 부분이며, ㉢은 액틴 필라멘트만 있는 부분이다.

- 표는 $t_1$~$t_3$일 때 ㉠의 길이와 ㉡의 길이를 더한 값(㉠+㉡), ㉢의 길이, X의 길이를 나타낸 것이다.

| 시점 | ㉠+㉡ | ㉢의 길이 | X의 길이 |
|---|---|---|---|
| $t_1$ | 1.2 | ⓐ 0.9 | ? 3.4 |
| $t_2$ | ? 1.0 | 0.7 | 3.0 |
| $t_3$ | ⓐ 0.9 | 0.6 | ? 2.8 |

(단위 : $\mu$m)

**이에 대한 설명으로 옳은 것만을 〈보기〉에서 있는 대로 고른 것은?**

보기
ㄱ. X는 P의 근육 원섬유 마디이다.
　X의 길이가 짧아지므로 X는 P의 근육 원섬유 마디이다.
ㄴ. X에서 A대의 길이는 $t_1$일 때가 $t_3$일 때보다 길다.
　X에서 A대의 길이는 변하지 않는다.
ㄷ. $t_1$일 때 ㉡의 길이와 ㉢의 길이를 더한 값은 1.3 $\mu$m이다.
　$t_1$일 때 ㉡의 길이+㉢의 길이=0.4+0.9=1.3 $\mu$m이다.

① ㄱ　② ㄴ　③ ㄷ　④ ㄱ, ㄴ　⑤ ㄱ, ㄷ

✔ 자료 해석

- 팔을 굽힐 때 이두박근(P)은 수축하고, 삼두박근(Q)은 이완한다. $t_2$일 때 ㉢의 길이는 0.7 $\mu$m이고, $t_3$일 때 ㉢의 길이는 0.6 $\mu$m이므로 $t_2$에서 $t_3$으로 진행될 때 골격근이 수축한다는 것을 알 수 있다. 따라서 X는 P의 근육 원섬유 마디이다.

- 마이오신 필라멘트의 길이와 같은 A대의 길이는 시점에 관계없이 변하지 않는다.

- X의 길이가 $2d$만큼 짧아질 때, ㉠의 길이는 $2d$만큼 짧아지고 ㉡의 길이는 $d$만큼 길어지며 ㉢의 길이는 $d$만큼 짧아지므로, ㉠의 길이, ㉡의 길이, ㉢의 길이를 모두 더한 값(㉠+㉡+㉢)은 $2d$만큼 짧아진다. $t_1$일 때 ㉠의 길이, ㉡의 길이, ㉢의 길이를 모두 더한 값은 1.2+ⓐ이고, $t_3$일 때는 0.6+ⓐ이다. 따라서 $t_1$에서 $t_3$으로 진행될 때 X의 길이는 0.6 $\mu$m 짧아진다는 것을 알 수 있다. 또한 $t_2$에서 $t_3$으로 진행될 때 ㉢의 길이가 0.1 $\mu$m 짧아졌으므로 $t_3$일 때 X의 길이는 2.8 $\mu$m이다. 즉 $t_1$일 때 X의 길이는 3.4 $\mu$m이다.

- $t_1$일 때 ㉠+㉡=1.2 $\mu$m이고 X의 길이(㉠+2㉡+2㉢)은 3.4 $\mu$m이므로, 이 두 식을 풀이하면 ㉡의 길이는 0.4 $\mu$m, ㉢의 길이는 0.9 $\mu$m이다.

○ 보기 풀이　ㄱ. $t_2$에서 $t_3$으로 진행될 때 ㉢의 길이가 감소하였으므로 X의 길이도 감소하였다. 따라서 X는 팔을 구부리는 과정에서 수축하는 P의 근육 원섬유 마디이다.

ㄷ. $t_1$일 때 ㉠의 길이+㉡의 길이+㉢의 길이는 1.2+ⓐ $\mu$m이고, $t_3$일 때 ㉠의 길이+㉡의 길이+㉢의 길이는 0.6+ⓐ $\mu$m이므로 $t_1$에서 $t_3$로 진행되면서 X의 길이와 ㉠의 길이는 0.6 $\mu$m 감소하였다. $t_2$에서 $t_3$으로 진행되면서 ㉢의 길이가 0.1 $\mu$m 감소하였으므로 $t_3$일 때 X의 길이는 2.8 $\mu$m이며, 따라서 $t_1$일 때 X의 길이는 3.4 $\mu$m이다. $t_2$일 때 X의 길이가 3.0 $\mu$m이고 ㉢의 길이가 0.7 $\mu$m이므로 A대의 길이는 1.6 $\mu$m이다. 따라서 $t_1$일 때 ㉠의 길이는 0.8 $\mu$m, ㉡의 길이는 0.4 $\mu$m, ㉢의 길이는 0.9 $\mu$m이므로 ㉡의 길이와 ㉢의 길이를 더한 값은 1.3 $\mu$m이다.

✘ 매력적 오답　ㄴ. X에서 A대의 길이는 $t_1$일 때와 $t_3$일 때 같다.

**문제풀이 Tip**

골격근의 수축과 이완에 대한 문항으로, 골격근 수축 시 각 구간의 길이 변화를 구할 수 있어야 한다. 기존 기출의 유형에서 크게 벗어나지 않은 형태로 출제되었으므로 문제를 다시 한 번 풀어두도록 하자.

출제 의도 근수축 과정에서 시점에 따른 각 구간의 길이를 구할 수 있는지를 묻는 문항이다.

## 다음은 골격근의 수축 과정에 대한 자료이다.

- 그림은 근육 원섬유 마디 X의 구조를 나타낸 것이다. X는 M선을 기준으로 좌우 대칭이다.

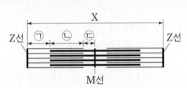

- 구간 ㉠은 액틴 필라멘트만 있는 부분이고, ㉡은 액틴 필라멘트와 마이오신 필라멘트가 겹치는 부분이며, ㉢은 마이오신 필라멘트만 있는 부분이다.
- 골격근 수축 과정의 시점 $t_1$일 때 ⓐ의 길이는 시점 $t_2$일 때 ⓑ의 길이와 ㉢의 길이를 더한 값과 같다. ⓐ와 ⓑ는 ㉠과 ㉡을 순서 없이 나타낸 것이다.
- ⓐ의 길이와 ⓑ의 길이를 더한 값은 1.0 $\mu$m이다.
- $t_1$일 때 ⓑ의 길이는 0.2 $\mu$m이고, $t_2$일 때 ⓐ의 길이는 0.7 $\mu$m이다. X의 길이는 $t_1$과 $t_2$ 중 한 시점일 때 3.0 $\mu$m이고, 나머지 한 시점일 때 3.0 $\mu$m보다 길다.

이에 대한 설명으로 옳은 것만을 〈보기〉에서 있는 대로 고른 것은?

보기
ㄱ. ⓐ는 ㉠이다.
  ⓐ는 ㉠이고, ⓑ는 ㉡이다.
ㄴ. $t_1$일 때 H대의 길이는 1.2 $\mu$m이다.
  $t_1$일 때 H대의 길이는 2×(㉢의 길이)=1.2 $\mu$m이다.
ㄷ. X의 길이는 $t_1$일 때가 $t_2$일 때보다 짧다.
  X의 길이는 $t_1$일 때 3.2 $\mu$m이고 $t_1$일 때 3.0 $\mu$m이다.

① ㄱ  ② ㄴ  ③ ㄷ  ④ ㄱ, ㄴ  ⑤ ㄴ, ㄷ

---

✔ **자료 해석**

- ⓐ와 ⓑ는 ㉠과 ㉡을 순서 없이 나타낸 것이며 ⓐ의 길이와 ⓑ의 길이를 더한 값이 1.0 $\mu$m이다. ㉠과 ㉡을 더한 값은 액틴 필라멘트의 길이와 같으므로 근수축이 일어나는 과정에서 변하지 않는다. 즉 $t_1$과 $t_2$일 때 모두 1.0 $\mu$m이다. 따라서 $t_1$일 때 ⓐ의 길이는 0.8 $\mu$m이고, $t_2$일 때 ⓑ의 길이는 0.3 $\mu$m이다.
- $t_1$일 때 ⓐ의 길이(=0.8 $\mu$m)는 $t_2$일 때 ⓑ의 길이(=0.3 $\mu$m)와 ㉢의 길이를 더한 값과 같다고 하였으므로, $t_2$일 때 ㉢의 길이는 0.5 $\mu$m이다. 또한 X의 길이는 1.0×2 $\mu$m+㉢의 길이×2이므로 $t_2$일 때 X의 길이는 3.0 $\mu$m이다. 따라서 $t_1$일 때 X의 길이는 3.0 $\mu$m보다 길다.
- 근수축이 일어나는 과정에서 ㉠의 길이는 짧아지고 ㉡의 길이는 길어지므로, ⓐ는 ㉠이고, ⓑ는 ㉡이다. 각 시점별 구간의 길이는 표와 같다.

| 시점 | 길이( $\mu$m) | | | |
|---|---|---|---|---|
| | ㉠(ⓐ) | ㉡(ⓑ) | ㉢ | X |
| $t_1$ | 0.8 | 0.2 | 0.6 | 3.2 |
| $t_2$ | 0.7 | 0.3 | 0.5 | 3.0 |

○ **보기풀이** ⓐ의 길이와 ⓑ의 길이를 더한 값이 1.0 $\mu$m이므로 $t_1$일 때 ⓐ의 길이는 0.8 $\mu$m, $t_2$일 때 ⓑ의 길이는 0.3 $\mu$m이다. 시점 $t_1$일 때 ⓐ의 길이는 시점 $t_2$일 때 ⓑ의 길이와 ㉢의 길이를 더한 값과 같으므로 시점 $t_2$일 때 ㉢의 길이는 0.5 $\mu$m이고, X의 길이는 3.0 $\mu$m이다. $t_1$일 때 X의 길이는 3.0 $\mu$m보다 길므로 ⓐ는 ㉠, ⓑ는 ㉡이고, $t_1$일 때 X의 길이는 3.2 $\mu$m이다.

ㄱ. ⓐ는 ㉠이다.

ㄴ. $t_1$일 때 ㉢의 길이가 0.6 $\mu$m이므로 H대의 길이는 1.2 $\mu$m이다.

✗ **매력적 오답** ㄷ. X의 길이는 $t_1$일 때가 $t_2$일 때보다 길다.

**문제풀이** Tip

골격근의 수축 과정에 대해 묻는 문항으로, $t_1$과 $t_2$일 때 각 구간의 길이를 구할 수 있어야 한다. 골격근이 수축하면 근육 원섬유 마디 X가 수축한 길이만큼 H대의 길이도 감소하며, ㉠의 길이는 X가 수축한 길이의 절반만큼 감소한다. 하지만 액틴 필라멘트와 마이오신 필라멘트가 겹치는 부분인 ㉡의 길이는 X가 수축한 길이의 절반만큼 증가한다는 사실을 꼭 알아두자.

# 12 근수축

출제 의도 골격근의 구조 및 근수축의 에너지원에 대해 묻는 문항이다.

그림은 골격근 수축 과정의 두 시점 (가)와 (나)일 때 관찰된 근육 원섬유를, 표는 (가)와 (나)일 때 ㉠의 길이와 ㉡의 길이를 나타낸 것이다. ⓐ와 ⓑ는 근육 원섬유에서 각각 어둡게 보이는 부분(암대)과 밝게 보이는 부분(명대)이고, ㉠과 ㉡은 ⓐ와 ⓑ를 순서 없이 나타낸 것이다.

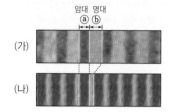

| 시점 | 암대(ⓐ)<br>㉠의 길이 | 명대(ⓑ)<br>㉡의 길이 |
|---|---|---|
| (가) | 1.6 $\mu$m | 0.8 $\mu$m |
| (나) | 1.6 $\mu$m | 0.6 $\mu$m |

이에 대한 설명으로 옳은 것만을 〈보기〉에서 있는 대로 고른 것은?

┌─ 보기 ┐

ㄱ. (가)일 때 ⓑ에 Z선이 있다.
　명대(ⓑ)에 Z선이 있다.
ㄴ. (나)일 때 ㉠에 액틴 필라멘트가 있다.
　㉠(암대)에는 액틴 필라멘트와 마이오신 필라멘트가 겹쳐진 부분이 있다.
ㄷ. (가)에서 (나)로 될 때 ATP에 저장된 에너지가 사용된다.
　근육 원섬유가 수축할 때 ATP에 저장된 에너지가 사용된다.

└─────────────┘

① ㄱ　　② ㄴ　　③ ㄱ, ㄷ　　④ ㄴ, ㄷ　　⑤ ㄱ, ㄴ, ㄷ

---

## ✔ 자료 해석

- 근육 원섬유에서 어둡게 보이는 부분인 암대는 마이오신 필라멘트 길이에 해당하는 A대와 같고, 밝게 보이는 부분인 명대는 액틴 필라멘트만 존재하는 부분인 I대와 같다. 근수축이 일어나는 과정에서 A대의 길이는 변하지 않고 I대의 길이는 짧아지므로, ㉠은 암대(ⓐ)이고 ㉡은 명대(ⓑ)이다.

- ㉠(암대, ⓐ)에는 마이오신 필라멘트와 액틴 필라멘트가 겹쳐진 부분과 마이오신 필라멘트만 존재하는 H대가 있다. 따라서 (나)일 때 ㉠에 액틴 필라멘트가 있다.

- ㉡(명대, ⓑ)의 길이가 (가)에서 (나)로 될 때 짧아지므로 (가)에서 (나)로 될 때 근수축이 일어나고 있다. 근육 원섬유가 수축하는 과정에는 ATP가 분해될 때 방출되는 에너지가 액틴 필라멘트가 마이오신 필라멘트 사이로 미끄러져 들어가는 데 사용된다.

### ○ 보기 풀이

ㄱ. Z선은 명대에 포함되어 있으므로 (가)일 때 명대인 ⓑ에 Z선이 있다.

ㄴ. 골격근의 수축 과정의 두 시점 (가)와 (나)에서 ㉠의 길이는 1.6 $\mu$m로 같으므로 ㉠은 암대이고, ㉡은 명대이다. 암대에는 액틴 필라멘트와 마이오신 필라멘트가 겹쳐진 부분이 있으므로 (나)일 때 ㉠에 액틴 필라멘트가 있다.

ㄷ. (가)에서 (나)로 될 때 명대가 짧아지는 것은 액틴 필라멘트가 마이오신 필라멘트 사이로 미끄러져 들어가는 활주가 일어났기 때문이다. 이 활주가 일어나는 데 사용되는 에너지는 ATP에 저장된 에너지이다.

### 문제풀이 Tip

근수축 시 각 구간의 길이 변화와 골격근의 구조 및 근수축의 에너지원에 대해 묻는 문항이다. 하나의 개념에 대해 여러 가지 유형의 문항이 출제될 수 있으므로 기출 문항을 풀어보면서 다양한 유형을 접해두도록 하자.

Part II

수능평가원

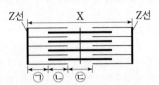
| 선택지 비율 | ① 5% | ❷ 52% | ③ 11% | ④ 17% | ⑤ 12% |
|---|---|---|---|---|---|

출제 의도 골격근 수축 과정의 두 시점에서 근육 원섬유 마디의 각 구간별 길이의 변화를 파악하는지 확인하는 문항이다.

**다음은 골격근의 수축 과정에 대한 자료이다.**

- 그림은 근육 원섬유 마디 X의 구조를 나타낸 것이다. X는 좌우 대칭이다.

- 구간 ㉠은 액틴 필라멘트만 있는 부분이고, ㉡은 액틴 필라멘트와 마이오신 필라멘트가 겹치는 부분이며, ㉢은 마이오신 필라멘트만 있는 부분이다.

- 골격근 수축 과정의 시점 $t_1$일 때 ㉠~㉢의 길이는 순서 없이 ⓐ, $3d$, $10d$이고, 시점 $t_2$일 때 ㉠~㉢의 길이는 순서 없이 ⓐ, $2d$, $3d$이다. $d$는 0보다 크다.

**이에 대한 설명으로 옳은 것만을 〈보기〉에서 있는 대로 고른 것은?** [3점]

┌ 보기 ┐
- ㄱ. 근육 원섬유는 근육 섬유로 구성되어 있다.
  하나의 근육 섬유는 여러 가닥의 근육 원섬유로 구성된다.
- ㄴ. H대의 길이는 $t_1$일 때가 $t_2$일 때보다 길다.
- ㄷ. $t_2$일 때 ㉠의 길이는 ~~$2d$이다.~~ $t_2$일 때 ㉠의 길이는 $3d$이다.

① ㄱ　　② ㄴ　　③ ㄷ　　④ ㄱ, ㄴ　　⑤ ㄴ, ㄷ

✓ **자료 해석**

- 골격근의 구조 : 골격근의 여러 개의 근육 섬유 다발로 구성되어 있고, 각 근육 섬유 다발은 여러 개의 근육 섬유로 구성되어 있다. 각 근육 섬유는 여러 개의 근육 원섬유로 구성되어 있고, 근육 원섬유는 가는 액틴 필라멘트와 굵은 마이오신 필라멘트 등으로 구성되어 있다.

  ┌─────────────────────────────────────────┐
  │ 골격근⊃근육 섬유 다발⊃근육 섬유⊃근육 원섬유⊃필라멘트 │
  └─────────────────────────────────────────┘

- 근육 수축 시 액틴 필라멘트의 길이에 해당하는 ㉠의 길이와 ㉡의 길이의 합은 변화 없지만 ㉠, ㉡, ㉢의 길이의 합은 줄어든다. ㉠~㉢의 합은 $t_1$일 때 ⓐ+$13d$이며, $t_2$일 때 ⓐ+$5d$이므로, $t_1$에서 $t_2$로 될 때 X는 수축한다.

○ **보기풀이** ㄴ. ㉠의 길이, ㉡의 길이, ㉢의 길이의 합이 $t_1$일 때가 $t_2$일 때보다 길므로 $t_1$에서 $t_2$로 될 때 X는 수축되었으며, H대의 길이는 $t_1$일 때가 $t_2$일 때보다 길다.

✕ **매력적 오답** ㄱ. 골격근은 여러 개의 근육 섬유 다발로 구성되어 있고, 각 근육 섬유 다발은 근육 섬유로 구성되어 있으며, 근육 섬유는 근육 원섬유로 구성되어 있다.

ㄷ. ㉠의 길이와 ㉡의 길이의 합이 일정하므로 $t_1$일 때 ㉠의 길이, ㉡의 길이, ㉢의 길이의 합에서 $t_2$일 때 ㉠의 길이, ㉡의 길이, ㉢의 길이의 합을 뺀 값인 $8d$는 ㉢의 길이의 변화량과 같다. 따라서 $t_1$에서 $t_2$로 될 때 ㉠의 길이는 $4d$만큼 짧아지고, ㉡의 길이는 $4d$만큼 길어진다. 따라서 $t_1$일 때 ㉠의 길이는 $7d$(ⓐ)이고, $t_2$일 때 ㉠의 길이는 $3d$이다.

**문제풀이** Tip

각 구간의 길이를 수치로 나타내지 않아 자칫 당황할 수 있는 문항이지만, 근육 수축 시 각 구간의 합을 따져서 풀면 어렵지 않게 해결할 수 있다. 골격근의 구조에 대한 내용도 자주 묻고 있으므로 꼭 알아두도록 하자.

## 14 골격근 수축

**출제의도** 골격근 수축 과정의 두 시점일 때 특정 지점에서 관찰되는 단면을 통해 근육의 수축 원리를 파악하고 있는지를 묻는 문항이다.

### 다음은 골격근의 수축 과정에 대한 자료이다.

- 그림 (가)는 근육 원섬유 마디 X의 구조를, (나)의 ㉠~㉢은 X를 ㉮ 방향으로 잘랐을 때 관찰되는 단면의 모양을 나타낸 것이다. X는 좌우 대칭이다.

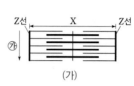

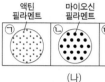

(가)                    (나)

- 표는 골격근 수축 과정의 두 시점 $t_1$과 $t_2$일 때 각 시점의 한 쪽 Z선으로부터의 거리가 각각 $l_1$, $l_2$, $l_3$인 세 지점에서 관찰되는 단면의 모양을 나타낸 것이다. ⓐ~ⓒ는 ㉠~㉢을 순서 없이 나타낸 것이며, X의 길이는 $t_2$일 때가 $t_1$일 때보다 짧다.

  <u>=$t_2$일 때는 $t_1$일 때보다 수축된 상태이다.</u>

| 거리 | 단면의 모양 | |
|---|---|---|
|  | $t_1$ 이완 | $t_2$ 수축 |
| $l_1$ | ⓐ =㉠ | ⓑ =㉢ |
| $l_2$ | ㉡ | ⓒ =㉡ |
| $l_3$ | ⓑ =㉢ | ? ㉢ |

- $l_1$~$l_3$은 모두 $\dfrac{t_2일\ 때\ X의\ 길이}{2}$ 보다 작다.

### 이에 대한 설명으로 옳은 것만을 〈보기〉에서 있는 대로 고른 것은? [3점]

**보기**

ㄱ. 마이오신 필라멘트의 길이는 $t_1$일 때가 $t_2$일 때보다 길다.
  마이오신 필라멘트의 길이는 시점과 관계없이 같다.
ㄴ. ⓐ는 ㉠이다.
  ⓐ는 ㉠, ⓑ는 ㉢, ⓒ는 ㉡이다.
ㄷ. $l_3 < l_1$이다.
  $l_1 < l_3 < l_2$이다.

① ㄱ   ② ㄴ   ③ ㄷ   ④ ㄱ, ㄴ   ⑤ ㄴ, ㄷ

### ✔ 자료 해석

- X의 길이는 $t_2$일 때가 $t_1$일 때보다 짧으므로 $t_2$일 때는 $t_1$일 때보다 수축된 상태이다.
- 골격근 수축 과정에서는 마이오신 필라멘트가 액틴 필라멘트를 끌어당겨 액틴 필라멘트가 마이오신 필라멘트 사이로 미끄러져 들어간다. 그 결과 액틴 필라멘트와 마이오신 필라멘트가 겹치는 부분이 증가한다.
- $t_1$일 때 ㉠이 관찰되는 지점에서는 X가 수축하면 $t_2$일 때 ㉠ 또는 ㉢이 관찰될 수 있다. 반면 $t_1$일 때 ㉡이 관찰되는 지점에서는 $t_2$일 때도 ㉡만 관찰되며, $t_1$일 때 ㉢이 관찰되는 지점에서는 $t_2$일 때도 ㉢만 관찰된다.
- Z선으로부터 거리가 $l_1$인 지점에서, $t_1$일 때 ⓐ가, $t_2$일 때 ⓑ가 관찰되므로 ⓐ는 ㉠, ⓑ는 ㉢이며, ⓒ는 ㉡이다.
- $l_1$인 지점에서는 X가 수축하여 단면의 모양이 ㉠에서 ㉢으로 변하였지만 $l_2$와 $l_3$인 지점에서는 각각 ㉡만, ㉢만 관찰되었다. 또한 세 지점은 모두 $t_2$일 때 X의 길이의 절반보다 작으므로 M선으로부터 한 쪽 Z선 사이에 있다. 따라서 $l_1 < l_3 < l_2$이다.

### ○ 보기풀이

ㄴ. X의 길이는 $t_2$일 때가 $t_1$일 때보다 짧고, Z선으로부터 거리가 $l_1$인 지점에서 단면의 모양이 $t_1$일 때가 ⓐ이고 $t_2$일 때가 ⓑ로 바뀌었으므로 ⓐ는 ㉠이고, ⓑ는 ㉢이다.

### ✕ 매력적오답

ㄱ. 마이오신 필라멘트의 길이는 $t_1$일 때와 $t_2$일 때 같다.
ㄷ. $t_1$일 때 Z선으로부터의 거리가 $l_1$인 지점의 단면은 ㉠이고, $l_3$인 단면은 ㉢이므로 $l_3$이 $l_1$보다 길다.

### 문제풀이 **Tip**

골격근 수축 과정에 대한 문항으로 기출 자료를 변형한 문항이다. 자료 변형 문항의 경우 어렵지 않은 수준의 문항이라도 자료가 주는 신선함 때문에 당황하여 주어진 시간 내에 풀이하지 못하는 경우가 많다. 이를 해결하기 위한 방법은 기출 문항을 많이 풀어 보는 것이 좋다.

## 15 골격근의 수축 과정

출제 의도 골격근 수축 과정의 두 시점에서 근육 원섬유 마디의 각 구간별 길이의 변화를 파악하는지 확인하는 문항이다.

**다음은 골격근의 수축 과정에 대한 자료이다.**

- 그림은 근육 원섬유 마디 X의 구조를, 표는 골격근 수축 과정의 두 시점 $t_1$과 $t_2$일 때 X의 길이와 ㉠의 길이를 나타낸 것이다. X는 좌우 대칭이다.

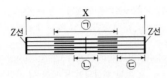

| 시점 | X의 길이 | ㉠의 길이 |
|---|---|---|
| $t_1$ | 3.0 $\mu m$ | 1.6 $\mu m$ |
| $t_2$ | 2.6 $\mu m$ | ?1.6 $\mu m$ |

- 구간 ㉠은 마이오신 필라멘트가 있는 부분이고, ㉡은 마이오신 필라멘트만 있는 부분이며, ㉢은 액틴 필라멘트만 있는 부분이다.

**이에 대한 설명으로 옳은 것만을 〈보기〉에서 있는 대로 고른 것은?**

┌─ 보기 ─────────────────────────┐
ㄱ. $t_1$에서 $t_2$로 될 때 ATP에 저장된 에너지가 사용된다.
  근육 원섬유가 수축하는 과정에 필요한 에너지는 ATP로부터 공급받는다.
ㄴ. ㉠의 길이에서 ㉡의 길이를 뺀 값은 $t_2$일 때가 $t_1$일 때보다 ~~0.2 $\mu m$ 크다.~~ $t_2$일 때가 $t_1$일 때보다 0.4 $\mu m$ 크다.
ㄷ. $t_2$일 때 ㉢의 길이는 ~~0.3 $\mu m$이다.~~ $t_1$일 때 ㉢의 길이는 0.5 $\mu m$이다.
└──────────────────────────────┘

① ㄱ　② ㄴ　③ ㄷ　④ ㄱ, ㄴ　⑤ ㄱ, ㄷ

✓ **자료 해석**

- 활주설 : 마이오신 필라멘트가 ATP를 소모하여 액틴 필라멘트를 끌어당겨 액틴 필라멘트가 마이오신 필라멘트 사이로 미끄러져 들어가며 골격근이 수축한다.
- 골격근 수축 시 근육 원섬유 마디의 길이는 짧아진다. → A대의 길이는 변화 없지만 H대와 I대의 길이는 짧아진다. 이때 근육 원섬유 마디의 길이가 $d$만큼 짧아지면, H대의 길이와 I대의 길이는 $d$만큼 짧아진다.
- X의 길이가 $d$만큼 짧아지면 ㉡의 길이도 $d$만큼 짧아지고, ㉠의 길이에서 ㉡의 길이를 뺀 값은 $d$만큼 길어진다.
- X의 길이＝A대의 길이＋I대의 길이＝㉠의 길이＋(㉢의 길이)×2

○ **보기 풀이** ㄱ. 근육 원섬유 마디가 수축하는 데 필요한 에너지는 ATP에서 공급된다. $t_1$에서 $t_2$로 될 때 근육 원섬유 마디의 수축이 일어났으므로 이때 ATP에 저장된 에너지가 사용되었다.

✕ **매력적 오답** ㄴ. X의 길이가 $p$만큼 감소할 때 ㉠의 길이에서 ㉡의 길이를 뺀 값은 $p$만큼 증가한다. 그러므로 ㉠의 길이에서 ㉡의 길이를 뺀 값은 $t_2$일 때가 $t_1$일 때보다 0.4 $\mu m$ 크다.

ㄷ. ㉠의 길이는 A대의 길이이므로 $t_1$과 $t_2$일 때 길이가 같다. 그러므로 $t_2$일 때 ㉠의 길이는 1.6 $\mu m$이다. $t_2$일 때 X의 길이가 2.6 $\mu m$이고 ㉠의 길이는 1.6 $\mu m$이므로 ㉢의 길이는 0.5 $\mu m$이다.

**문제풀이 Tip**

골격근의 수축 과정에 관한 문항은 기본 개념도 중요하지만 과학적 사고와 계산력이 필요하다. 차근차근 풀이 과정을 한 단계씩 복기해보며 풀이해 보도록 하자.

# 03 신경계

## 1 중추 신경계

선택지 비율 ① 0% ② 4% ③ 0% ❹ 88% ⑤ 3%

**출제 의도** 중추 신경계의 구조와 특징에 대해 이해하고 있는지 묻는 문항이다.

표는 사람의 중추 신경계에 속하는 구조 A~C에서 특징의 유무를 나타낸 것이다. A~C는 간뇌, 소뇌, 연수를 순서 없이 나타낸 것이다.

| 특징 \ 구조 | 연수 A | 간뇌 B | 소뇌 C |
|---|---|---|---|
| 시상 하부가 있다. | × | ○ | × |
| 뇌줄기를 구성한다. | ○ | ? × | ⓐ × |
| (가) | ○ | × | × |

(○: 있음, ×: 없음)

이에 대한 설명으로 옳은 것만을 〈보기〉에서 있는 대로 고른 것은?

**보기**

ㄱ. ⓐ는 '○'이다. (×로 수정)

ㄴ. B는 간뇌이다.

ㄷ. '심장 박동을 조절하는 부교감 신경의 신경절 이전 뉴런의 신경 세포체가 있다.'는 (가)에 해당한다.

① ㄱ  ② ㄴ  ③ ㄱ, ㄷ  ④ ㄴ, ㄷ  ⑤ ㄱ, ㄴ, ㄷ

**✓ 자료 해석**

- 중간뇌, 연수를 포함하여 뇌줄기라고 하므로 표에서 뇌줄기를 구성하는 A는 연수이다.
- 간뇌는 대뇌와 중간뇌 사이에 위치하며, 간뇌의 시상 하부는 자율 신경과 내분비샘의 조절 중추이다.
- 소뇌는 대뇌 뒤쪽 아래에 위치하며, 몸의 평형 유지 중추이다.

**○ 보기 풀이** ㄴ. 간뇌에 시상과 시상 하부가 있으므로 B는 간뇌이고, C는 소뇌이다.

ㄷ. 심장 박동을 억제하는 부교감 신경의 신경절 이전 뉴런의 신경 세포체는 연수에 있다. 따라서 '심장 박동을 조절하는 부교감 신경의 신경절 이전 뉴런의 신경 세포체가 있다.'는 (가)에 해당한다.

**✕ 매력적 오답** ㄱ. 뇌줄기는 중간뇌, 뇌교, 연수로 구성된다. 따라서 간뇌, 소뇌, 연수 중 뇌줄기를 구성하는 것은 연수이므로 A가 연수이고, ⓐ는 '×'이다.

**문제풀이 Tip**
중추 신경계의 구조와 기능은 자주 출제되는 문제이므로 중추 신경계에 속하는 간뇌, 소뇌, 연수, 중간뇌, 대뇌의 구조와 기능을 알아둔다.

---

## 2 자율 신경

선택지 비율 ① 4% ② 2% ❸ 84% ④ 2% ⑤ 5%

**출제 의도** 자율 신경이 연결된 경로를 나타낸 자료를 분석하여 교감 신경과 부교감 신경에 대해 알고 있는지 묻는 문항이다.

그림 (가)는 중추 신경계로부터 자율 신경이 심장에 연결된 경로를, (나)는 정상인에서 운동에 의한 심장 박동 수 변화를 나타낸 것이다.

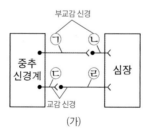
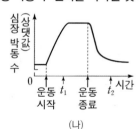

(가)                    (나)

이에 대한 설명으로 옳은 것만을 〈보기〉에서 있는 대로 고른 것은? [3점]

**보기**

ㄱ. ㉠의 신경 세포체는 연수에 있다.
   심장에 연결된 부교감 신경을 구성하는 신경절 이전 뉴런(㉠)의 신경 세포체는 연수에 있다.

ㄴ. ㉡과 ㉢의 말단에서 아세틸콜린이 분비된다.

ㄷ. ㉣의 말단에서 분비되는 신경 전달 물질의 양은 $t_2$일 때가 $t_1$일 때보다 많다.
   적다.

① ㄱ  ② ㄷ  ③ ㄱ, ㄴ  ④ ㄴ, ㄷ  ⑤ ㄱ, ㄴ, ㄷ

**✓ 자료 해석**

- ㉠과 ㉡은 부교감 신경을 구성하는 뉴런이며, ㉠의 신경 세포체는 연수에 있다. 그리고 ㉠과 ㉡의 말단에서 아세틸콜린이 분비된다.
- ㉢과 ㉣은 교감 신경을 구성하는 뉴런이며, ㉢의 신경 세포체는 척수에 있다. 그리고 ㉢의 말단에서는 아세틸콜린이, ㉣의 말단에서 노르에피네프린이 분비된다.

**○ 보기 풀이** ㄱ. ㉠과 ㉡은 부교감 신경을 구성하는 뉴런이며, ㉢과 ㉣은 교감 신경을 구성하는 뉴런이다. 심장과 연결되어 있는 부교감 신경을 구성하는 신경절 이전 뉴런(㉠)의 신경 세포체는 연수에 있다.

ㄴ. 부교감 신경을 구성하는 신경절 이후 뉴런(㉡)의 말단과 교감 신경을 구성하는 신경절 이전 뉴런(㉢)의 말단에서 모두 아세틸콜린이 분비된다.

**✕ 매력적 오답** ㄷ. 교감 신경을 구성하는 신경절 이후 뉴런(㉣)의 말단에서 분비되는 신경 전달 물질인 노르에피네프린의 양은 심장 박동 수가 큰 $t_1$일 때가 심장 박동 수가 작은 $t_2$일 때보다 많다.

**문제풀이 Tip**
교감 신경과 부교감 신경에 연결된 기관에 따라 신경절 이전 뉴런의 신경 세포체가 위치하는 중추 신경계 및 신경절 이전 뉴런과 신경절 이후 뉴런의 말단에서 분비되는 물질에 대해 알고 있어야 한다.

Part II 수능 평가원

## 3 자율 신경

2025학년도 6월 평가원 7번 | 정답 ⑤ | 문제편 158 p

출제 의도 자율 신경인 교감 신경과 부교감 신경에 대해 알고 있는지 묻는 문항이다.

그림은 중추 신경계로부터 자율 신경 A와 B가 방광에 연결된 경로를, 표는 A와 B가 각각 방광에 작용할 때의 반응을 나타낸 것이다.

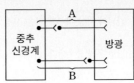

| 자율 신경 | 반응 |
|---|---|
| 교감 신경 A | 방광 확장(이완) |
| 부교감 신경 B | 방광 수축 |

이에 대한 설명으로 옳은 것만을 〈보기〉에서 있는 대로 고른 것은? [3점]

보기
ㄱ. A의 신경절 이후 뉴런의 축삭 돌기 말단에서 노르에피네프린이 분비된다.
ㄴ. B의 신경절 이전 뉴런의 신경 세포체는 척수에 있다.
　　방광과 연결된 부교감 신경(B)의 신경절 이전 뉴런의 신경 세포체는 척수의 속질에 있다.
ㄷ. A와 B는 모두 말초 신경계에 속한다.
　　교감 신경(A)과 부교감 신경(B)은 모두 말초 신경계에 속한다.

① ㄱ  ② ㄴ  ③ ㄱ, ㄷ  ④ ㄴ, ㄷ  ⑤ ㄱ, ㄴ, ㄷ

✔ 자료 해석
• A는 교감 신경, B는 부교감 신경이다.
• 방광과 연결된 자율 신경인 교감 신경(A)과 부교감 신경(B)의 신경절 이전 뉴런의 신경 세포체는 모두 척수에 있다.

○ 보기 풀이  ㄱ. A는 신경절 이전 뉴런의 길이가 신경절 이후 뉴런의 길이보다 짧으므로 교감 신경이다. 교감 신경(A)의 신경절 이후 뉴런의 축삭 돌기 말단에서는 노르에피네프린이 분비된다.
ㄴ. B는 신경절 이전 뉴런의 길이가 신경절 이후 뉴런의 길이보다 길므로 부교감 신경이다. 방광과 연결된 부교감 신경(B)의 신경절 이전 뉴런의 신경 세포체는 척수의 속질에 있다.
ㄷ. 자율 신경인 교감 신경(A)과 부교감 신경(B)은 모두 말초 신경계에 속한다.

문제풀이 Tip
방광에 연결된 자율 신경인 교감 신경과 부교감 신경의 신경절 이전 뉴런의 신경 세포체는 모두 척수에 있으며, 교감 신경과 부교감 신경의 신경절 이후 뉴런의 축삭 돌기 말단에서는 각각 노르에피네프린과 아세틸콜린이 분비됨을 알고 있어야 한다.

---

## 4 신경계

2024학년도 수능 7번 | 정답 ⑤ | 문제편 158 p

출제 의도 자율 신경의 구조와 기능에 대해 알고 있는지 묻는 문항이다.

표는 사람의 자율 신경 Ⅰ~Ⅲ의 특징을 나타낸 것이다. (가)와 (나)는 척수와 뇌줄기를 순서 없이 나타낸 것이고, ㉠은 아세틸콜린과 노르에피네프린 중 하나이다.

| 자율 신경 | | 신경절 이전 뉴런의 신경 세포체 위치 | 신경절 이후 뉴런의 축삭 돌기 말단에서 분비되는 신경 전달 물질 | 연결된 기관 |
|---|---|---|---|---|
| 부교감 신경 | Ⅰ | 뇌줄기(가) 연수 | 아세틸콜린 | 위 |
| | Ⅱ | 뇌줄기(가) 연수 | ㉠ 아세틸콜린 | 심장 |
| | Ⅲ | 척수 (나) | ㉠ 아세틸콜린 | 방광 |

이에 대한 설명으로 옳은 것만을 〈보기〉에서 있는 대로 고른 것은? [3점]

보기
ㄱ. (가)는 뇌줄기이다.
　　중간뇌＋뇌교＋연수
ㄴ. ㉠은 노르에피네프린이다.
　　아세틸콜린
ㄷ. Ⅲ은 부교감 신경이다.

① ㄱ  ② ㄴ  ③ ㄷ  ④ ㄱ, ㄴ  ⑤ ㄱ, ㄷ

✔ 자료 해석
• 교감 신경은 신경절 이전 뉴런의 신경 세포체가 모두 척수에 존재하고, 부교감 신경은 신경절 이전 뉴런의 신경 세포체가 중간뇌, 연수, 척수에 존재한다.
• 신경절 이후 뉴런의 축삭 돌기 말단에서 분비되는 신경 전달 물질은 교감 신경의 경우 노르에피네프린이고, 부교감 신경의 경우 아세틸콜린이다.
• 중간뇌, 뇌교, 연수를 합쳐 뇌줄기라고 하며, 심장 박동, 소화 운동, 호흡 운동, 소화액 분비의 중추는 연수이다.

○ 보기 풀이  ㄱ. Ⅰ의 신경절 이후 뉴런의 축삭 돌기 말단에서 아세틸콜린이 분비되므로 Ⅰ은 위와 연결된 부교감 신경이다. 위와 연결된 부교감 신경의 신경절 이전 뉴런의 신경 세포체는 연수에 있다. 연수와 중간뇌는 뇌줄기를 구성하므로 (가)는 뇌줄기이다.
ㄷ. Ⅲ의 신경절 이후 뉴런의 축삭 돌기 말단에서도 아세틸콜린이 분비되므로 Ⅲ은 방광과 연결된 부교감 신경이다.

✖ 매력적 오답  ㄴ. Ⅱ의 신경절 이전 뉴런의 신경 세포체가 뇌줄기에 있으므로 Ⅱ는 심장과 연결된 부교감 신경이다. 부교감 신경의 신경절 이후 뉴런의 축삭 돌기 말단에서 분비되는 ㉠은 아세틸콜린이다.

문제풀이 Tip
중추 신경계와 반응 기관 사이에 하나의 신경절이 존재하고 있는 교감 신경과 부교감 신경의 구조와 기능을 비교할 수 있어야 한다.

## 5 자율 신경과 동공 크기 조절

2024학년도 9월 평가원 5번 | 정답 ④ | 문제편 159p

출제 의도 신경계의 구조와 기능에 대해 이해하고 있는지를 묻는 문항이다.

그림은 동공의 크기 조절에 관여하는 자율 신경 X가 중추 신경계에 연결된 경로를 나타낸 것이다. A~C는 대뇌, 연수, 중간뇌를 순서 없이 나타낸 것이고, ㉠에 하나의 신경절이 있다.

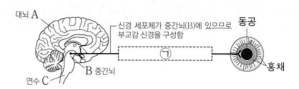

대뇌 A

신경 세포체가 중간뇌(B)에 있으므로 부교감 신경을 구성함

동공

㉠

연수 C    B 중간뇌

홍채

이에 대한 설명으로 옳은 것만을 〈보기〉에서 있는 대로 고른 것은?

보기

ㄱ. X는 신경절 이전 뉴런이 신경절 이후 뉴런보다 짧다.
        길다.
ㄴ. A의 겉질은 회색질이다.

ㄷ. B와 C는 모두 뇌줄기에 속한다.
    중간뇌(B)+뇌교+연수(C)

① ㄱ    ② ㄷ    ③ ㄱ, ㄴ    ④ ㄴ, ㄷ    ⑤ ㄱ, ㄴ, ㄷ

✔ 자료 해석
• 대뇌(A)는 고등 정신 활동과 감각, 수의 운동의 중추이고, 대뇌 겉질은 뉴런의 신경 세포체가 모인 회색질이다.
• 중간뇌(B)는 소뇌와 함께 몸의 평형을 조절하고, 동공의 크기 조절과 안구 운동의 중추이다.
• 연수(C)는 심장 박동, 호흡 운동, 소화액 분비 등을 조절하는 중추이며, 중간뇌, 뇌교와 함께 뇌줄기를 구성한다.

◯ 보기 풀이 A는 대뇌, B는 중간뇌, C는 연수이다.
ㄴ. 대뇌(A)의 겉질은 신경 세포체가 밀집되어 있는 회색질이다.
ㄷ. 중간뇌(B)와 연수(C)는 모두 뇌줄기에 속한다.

✕ 매력적 오답 ㄱ. X는 중간뇌와 연결되어 있으므로 신경절 이전 뉴런이 신경절 이후 뉴런보다 긴 부교감 신경이다.

문제풀이 Tip
뇌의 구조와 기능, 자율 신경계의 구조와 기능은 자주 출제되므로 꼭 자세하게 알아두도록 하자.

---

## 6 중추 신경계

2024학년도 6월 평가원 10번 | 정답 ③ | 문제편 159p

출제 의도 중추 신경계의 특징에 대해 알고 있는지 묻는 문항이다.

그림은 중추 신경계의 구조를 나타낸 것이다. ㉠~㉢은 간뇌, 소뇌, 연수, 중간뇌를 순서 없이 나타낸 것이다.

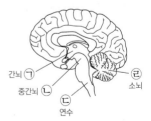

간뇌 ㉠
                ㉣
중간뇌 ㉡        소뇌
        ㉢
        연수

이에 대한 설명으로 옳은 것만을 〈보기〉에서 있는 대로 고른 것은?

보기

ㄱ. ㉠에 시상 하부가 있다.
    간뇌
ㄴ. ㉡과 ㉣은 모두 뇌줄기에 속한다. 중간뇌(㉡), 뇌교, 연수(㉢)가 뇌줄기에
                                        속한다.
                ㉢
ㄷ. ㉢은 호흡 운동을 조절한다.
    연수

① ㄱ    ② ㄴ    ③ ㄱ, ㄷ    ④ ㄴ, ㄷ    ⑤ ㄱ, ㄴ, ㄷ

✔ 자료 해석
• ㉠은 간뇌, ㉡은 중간뇌, ㉢은 연수, ㉣은 소뇌이다.
• 뇌줄기는 중간뇌(㉡), 뇌교, 연수(㉢)로 구성된다.

◯ 보기 풀이 ㄱ. 간뇌(㉠)는 시상과 시상 하부로 구성된다. 시상 하부는 자율 신경과 내분비샘의 조절 중추로 체온 조절, 혈당량 조절, 혈중 삼투압 조절 등 항상성 유지에 중요한 역할을 한다.
ㄷ. 연수(㉢)는 호흡 운동, 소화 운동, 심장 박동을 조절한다.

✕ 매력적 오답 ㄴ. 중간뇌(㉡)는 뇌줄기에 속하지만 소뇌(㉣)는 뇌줄기에 속하지 않는다. 뇌줄기는 무의식적 활동에 관여하는 주요 중추이다.

문제풀이 Tip
중추 신경계에 속하는 간뇌, 소뇌, 연수, 중간뇌, 대뇌의 특징을 알아둔다. 특히, 뇌줄기에 속하는 중추 신경계에 대해 알아둔다.

# 7 신경계와 흥분 전달 경로

출제 의도 신경계의 구조와 자극에 의한 흥분 전달 경로를 이해할 수 있는지를 묻는 문항이다.

그림은 자극에 의한 반사가 일어날 때 흥분 전달 경로를 나타낸 것이다.

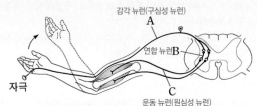

감각 뉴런(구심성 뉴런)
A
연합 뉴런B
자극
운동 뉴런(원심성 뉴런)
C

이에 대한 설명으로 옳은 것만을 〈보기〉에서 있는 대로 고른 것은?

> **보기**
> ㄱ. A는 운동 뉴런이다.
> 　　감각 뉴런이다.
> ㄴ. C의 신경 세포체는 척수에 있다.
> 　　운동 뉴런(C)의 신경 세포체는 척수에 있다.
> ㄷ. 이 반사 과정에서 A에서 B로 흥분의 전달이 일어난다.

① ㄱ　　② ㄴ　　③ ㄱ, ㄷ　　④ ㄴ, ㄷ　　⑤ ㄱ, ㄴ, ㄷ

✓ 자료 해석

• 자극에 의해 감각 기관에서 발생한 흥분은 감각 뉴런(구심성 뉴런)을 거쳐 연합 뉴런으로 전달되고, 연합 뉴런에서 정보를 처리하여 발생한 흥분은 운동 뉴런(원심성 뉴런)으로 전달된 후 근육 등의 반응 기관으로 전달된다.

• 자극의 전달 경로 : 자극 → 감각 기관 → 감각 뉴런(구심성 뉴런) → 연합 뉴런 → 운동 뉴런(원심성 뉴런) → 반응 기관 → 반응

• 감각 뉴런의 신경 세포체는 축삭 돌기 중간 부위에 존재하는 반면, 운동 뉴런의 신경 세포체는 축삭 돌기의 끝인 척수에 있다.

○ 보기 풀이 ㄴ. C는 운동 뉴런으로 C의 신경 세포체는 척수에 있다.
ㄷ. 이 반사 과정에서 감각 뉴런(A)에서 연합 뉴런(B)로 흥분의 전달이 일어난다.

✕ 매력적 오답 ㄱ. A는 자극을 척수의 연합 뉴런(B)으로 전달하는 감각 뉴런이다.

문제풀이 **Tip**
자극에 의한 반사가 일어날 때 흥분 전달 경로를 이해할 수 있어야 하며, 기본적인 뉴런의 구조에 대해서도 알고 있어야 한다.

---

# 8 중추 신경계

출제 의도 중추 신경계의 구조와 특징에 대해 알고 있는지를 묻는 문항이다.

표는 사람의 중추 신경계에 속하는 A~C의 특징을 나타낸 것이다. A~C는 간뇌, 연수, 척수를 순서 없이 나타낸 것이다.

| 구분 | 특징 |
|---|---|
| 연수 A | 뇌줄기를 구성한다. 뇌줄기 : 중간뇌, 뇌교, 연수 |
| 간뇌 B | ㉠체온 조절 중추가 있다. |
| 척수 C | 교감 신경의 신경절 이전 뉴런의 신경 세포체가 있다. |

이에 대한 설명으로 옳은 것만을 〈보기〉에서 있는 대로 고른 것은?

> **보기**
> ㄱ. A는 호흡 운동을 조절한다.
> 　　연수(A)는 호흡 운동, 심장 박동, 소화 운동 등을 조절한다.
> ㄴ. ㉠은 시상 하부이다.
> 　　㉠은 체온 조절 중추인 간뇌의 시상 하부이다.
> ㄷ. C는 척수이다.

① ㄱ　　② ㄴ　　③ ㄱ, ㄷ　　④ ㄴ, ㄷ　　⑤ ㄱ, ㄴ, ㄷ

✓ 자료 해석

• 뇌에서 중간뇌, 뇌교, 연수를 합하여 뇌줄기라고 하므로 A는 연수이다.

• 체온 변화 감지와 조절의 중추는 간뇌의 시상 하부이므로 B는 간뇌이다.

• A가 연수, B가 간뇌이므로 C는 척수이다. 척수(C)에는 교감 신경의 신경절 이전 뉴런의 신경 세포체가 있다.

○ 보기 풀이 ㄱ. 뇌줄기를 구성하는 A는 연수이다. 연수(A)는 호흡 운동 등을 조절한다.
ㄴ. 체온 조절 중추가 있는 B는 간뇌이다. 체온 조절 중추는 간뇌의 시상 하부이다.
ㄷ. 교감 신경의 신경절 이전 뉴런의 신경 세포체가 있는 C는 척수이다.

문제풀이 **Tip**
중추 신경계의 구조와 기능에 대한 문제는 기본 개념을 묻는 문항이 자주 출제되므로 교과서나 수능 교재에 나와 있는 중추 신경계에 대한 개념을 다시 한 번 살펴두도록 하자.

# 9 심장 박동 조절

출제 의도 자율 신경 A에 의한 심장 박동 조절 실험 결과를 분석할 수 있는지를 묻는 문항이다.

## 다음은 자율 신경 A에 의한 심장 박동 조절 실험이다.

[실험 과정]

(가) 같은 종의 동물로부터 심장 Ⅰ과 Ⅱ를 준비하고, Ⅱ에서만 자율 신경을 제거한다.

(나) Ⅰ과 Ⅱ를 각각 생리식염수가 담긴 용기 ㉠과 ㉡에 넣고, ㉠에서 ㉡으로 용액이 흐르도록 두 용기를 연결한다.

(다) Ⅰ에 연결된 A에 자극을 주고 Ⅰ과 Ⅱ의 세포에서 활동 전위 발생 빈도를 측정한다. A는 교감 신경과 부교감 신경 중 하나이다.

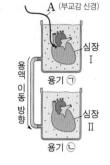

A (부교감 신경)
심장 Ⅰ
용기 ㉠
용액 이동 방향
심장 Ⅱ
용기 ㉡

자극 후 활동 전위 빈도 감소 : 부교감 신경에서 아세틸콜린 분비
→ 심장 박동 억제

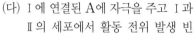

자극
막 전위
심장 전위 Ⅰ (mV)
0 시간
막 전위
심장 전위 Ⅱ (mV)
0 시간

[실험 결과]

• A의 신경절 이후 뉴런의 축삭 돌기 말단에서 물질 ㉮가 분비되었다. ㉮는 아세틸콜린과 노르에피네프린 중 하나이다.

• Ⅰ과 Ⅱ의 세포에서 측정한 활동 전위 발생 빈도는 그림과 같다.

이 자료에 대한 설명으로 옳은 것만을 〈보기〉에서 있는 대로 고른 것은? (단, 제시된 조건 이외는 고려하지 않는다.)

보기

ㄱ. A는 말초 신경계에 속한다.

ㄴ. ㉮는 노르에피네프린이다.
　　　　　아세틸콜린이다.

ㄷ. (나)의 ㉡에 아세틸콜린을 처리하면 Ⅱ의 세포에서 활동 전위 발생 빈도가 증가한다.
　　　　　　　　　　　　　　　　감소한다.

① ㄱ　② ㄴ　③ ㄱ, ㄴ　④ ㄱ, ㄷ　⑤ ㄴ, ㄷ

---

✔ 자료 해석

• 심장 박동은 교감 신경의 작용에 의해 촉진되고, 부교감 신경의 작용에 의해 억제된다.

• Ⅰ에 연결된 A에 자극을 주고 Ⅰ의 세포에서 활동 전위 발생 빈도가 감소하였으므로 A는 심장 박동을 억제하는 데 관여하는 부교감 신경이다. 부교감 신경(A)의 신경절 이후 뉴런의 축삭 돌기 말단에서 분비된 아세틸콜린은 ㉡으로 이동하여 Ⅱ에도 영향을 주었다.

• 부교감 신경(A)의 신경절 이후 뉴런의 축삭 돌기 말단에서는 아세틸콜린이 분비되며, 교감 신경의 신경절 이후 뉴런의 축삭 돌기 말단에서는 노르에피네프린이 분비된다.

○ 보기 풀이　ㄱ. 심장과 연결된 부교감 신경(A)은 말초 신경계에 속한다.

✕ 매력적 오답　ㄴ. 자극이 주어진 후 심장 박동이 억제되었으므로 ㉮는 아세틸콜린이다.

ㄷ. 아세틸콜린은 심장 세포에서 활동 전위 발생 빈도를 감소시킨다.

### 문제풀이 Tip

자율 신경에 의한 심장 박동 조절 과정을 이해하고 있어야 한다. Ⅰ에 연결된 A에 자극을 주고 Ⅰ과 Ⅱ의 세포에서 활동 전위 발생 빈도 감소한 결과를 통해 A가 심장 박동을 억제하는 부교감 신경이라는 것을 유추할 수 있어야 한다.

# 10 중추 신경계

출제 의도 대뇌, 소뇌, 중간뇌, 간뇌의 구조와 기능에 대해 묻는 문항이다.

그림은 중추 신경계의 구조를 나타낸 것이다. ㉠~㉣은 간뇌, 대뇌, 소뇌, 중간뇌를 순서 없이 나타낸 것이다.

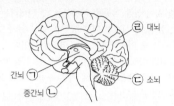

이에 대한 설명으로 옳은 것만을 〈보기〉에서 있는 대로 고른 것은?
[3점]

보기
ㄱ. ㉠은 중간뇌이다.
　　㉠은 간뇌이고, ㉡이 중간뇌이다.
ㄴ. ㉢은 몸의 평형(균형) 유지에 관여한다.
　　소뇌(㉢)는 몸의 평형 유지 중추이다.
ㄷ. ㉣에는 시각 기관으로부터 오는 정보를 받아들이는 영역
　　이 있다. 대뇌(㉣)의 후두엽은 시각 기관으로부터 오는 정보를 받아들인다.

① ㄱ　② ㄴ　③ ㄱ, ㄷ　④ ㄴ, ㄷ　⑤ ㄱ, ㄴ, ㄷ

## ✔ 자료 해석

- 대뇌는 고등 정신 활동과 감각, 수의(의식적) 운동의 중추이다. 대뇌 겉질은 부위에 따라 기능이 분업화되어 있다. 글자를 볼 때와 같은 시각 활동을 하는 경우에는 후두엽 부분의 시각 영역이 활성화된다.
- 소뇌는 대뇌 뒤쪽 아래에 위치하며, 평형 감각 기관으로부터 오는 정보에 따라 몸의 자세와 균형 유지를 담당하는 몸의 평형 유지 중추이다.
- 간뇌는 대뇌와 중간뇌 사이, 소뇌 앞에 위치한다. 간뇌의 시상 하부는 자율 신경과 내분비샘의 조절 중추이다.
- 중간뇌는 간뇌의 아래쪽과 뇌교의 위쪽 사이에 위치한다. 동공의 크기 조절과 안구 운동의 중추이며, 뇌교, 연수와 함께 뇌줄기를 구성한다.

○ 보기 풀이 ㄴ. ㉢은 몸의 평형(균형) 유지에 관여하는 소뇌이다.
ㄷ. ㉣은 시각 기관으로부터 오는 정보를 받아들이는 후두엽이 있는 대뇌이다.

✕ 매력적 오답 ㄱ. ㉠은 간뇌, ㉡은 중간뇌이다.

문제풀이 Tip
중추 신경계에 대한 문항으로, 대뇌, 소뇌, 간뇌, 중간뇌의 구조와 기능을 알고 있어야 한다. 중추 신경계의 기능보다 말초 신경계의 기능을 묻는 문제가 자주 출제되고 있다. 따라서 중추 신경계와 더불어 말초 신경계에 대해서도 자세하게 알아두도록 하자.

---

# 11 신경계

출제 의도 무릎 반사가 일어날 때 흥분 전달에 대해 묻는 문항이다.

그림은 무릎 반사가 일어날 때 흥분 전달 경로를 나타낸 것이다. A와 B는 감각 뉴런과 운동 뉴런을 순서 없이 나타낸 것이다.

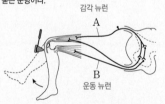

이에 대한 설명으로 옳은 것만을 〈보기〉에서 있는 대로 고른 것은?

보기
ㄱ. A는 감각 뉴런이다. A는 감각 뉴런이고, B는 운동 뉴런이다.
ㄴ. B는 자율 신경계에 속한다.
　　운동 뉴런(B)은 체성 신경에 속한다.
ㄷ. 이 반사의 중추는 뇌줄기를 구성한다.
　　무릎 반사의 중추는 척수이다.

① ㄱ　② ㄴ　③ ㄱ, ㄴ　④ ㄱ, ㄷ　⑤ ㄴ, ㄷ

## ✔ 자료 해석

- A는 가지 돌기가 비교적 긴 편이고 신경 세포체가 축삭 돌기의 끝부분이 아닌 중간 부분에 있으며, B는 축삭 돌기의 말단이 길게 발달되어 있다. 따라서 A는 감각 뉴런이고, B는 운동 뉴런이다.
- 자율 신경계는 대뇌의 직접적인 지배를 받지 않으며 중간뇌, 연수, 척수의 명령을 심장근, 내장근, 분비샘으로 전달하는 교감 신경과 부교감 신경으로 구성된다. 무릎 반사에 관여하는 운동 신경(B)은 체성 신경에 속한다.
- 무릎 반사의 중추는 척수이다. 중간뇌, 뇌교, 연수가 함께 뇌줄기를 구성한다.

○ 보기 풀이 ㄱ. 흥분이 A에서 B로 전달되므로 A는 감각 뉴런, B는 운동 뉴런이다.

✕ 매력적 오답 ㄴ. 다리 근육의 수축에 관여하는 신경은 체성 신경에 속한다.
ㄷ. 무릎 반사의 중추는 척수이다. 척수는 뇌줄기에 포함되지 않는다.

문제풀이 Tip
무조건 반사 중 척수 반사에 대한 문항이다. 신경계의 구성 및 중추 신경계를 구성하는 뇌와 척수에 대한 문항은 개념 이해형의 문항으로 주로 출제되고 있다. 자주 출제되지 않는 내용도 묻고 있으므로 교과서를 통해 관련 내용을 꼼꼼히 학습해 두도록 하자.

# 12 신경계

출제 의도 심장 박동 조절에 관여하는 교감 신경과 부교감 신경의 특징에 대해 묻는 문항이다.

그림 (가)는 심장 박동을 조절하는 자율 신경 A와 B 중 A를 자극했을 때 심장 세포에서 활동 전위가 발생하는 빈도의 변화를, (나)는 물질 ㉠의 주사량에 따른 심장 박동 수를 나타낸 것이다. ㉠은 심장 세포에서의 활동 전위 발생 빈도를 변화시키는 물질이며, A와 B는 교감 신경과 부교감 신경을 순서 없이 나타낸 것이다.

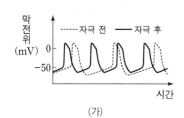
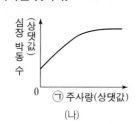

(가)　　　　　(나)

이에 대한 설명으로 옳은 것만을 〈보기〉에서 있는 대로 고른 것은? [3점]

보기

ㄱ. A의 신경절 이후 뉴런의 축삭 돌기 말단에서 분비되는 신경 전달 물질은 ~~아세틸콜린이다.~~
　　노르에피네프린이다.

ㄴ. ㉠이 작용하면 ~~심장 세포에서의 활동 전위 발생 빈도가 감소한다.~~
　　심장 세포에서의 활동 전위 발생 빈도가 증가한다.

ㄷ. A와 B는 심장 박동 조절에 길항적으로 작용한다.
　　교감 신경(A)과 부교감 신경(B)은 심장 박동 조절에 길항적으로 작용한다.

① ㄱ　② ㄴ　③ ㄷ　④ ㄱ, ㄷ　⑤ ㄴ, ㄷ

✔ 자료 해석

• A를 자극했을 때 심장 세포에서 활동 전위가 발생하는 빈도가 높게 나타났다. 즉 A는 심장 박동을 촉진하는 데 관여하는 교감 신경이다. 교감 신경의 신경절 이전 뉴런의 축삭 돌기 말단에서는 아세틸콜린이 분비되고, 신경절 이후 뉴런의 축삭 돌기 말단에서는 노르에피네프린이 분비된다.

• ㉠의 주사량이 증가할수록 심장 박동 수가 증가한다. 즉 ㉠이 작용하면 심장 세포에서의 활동 전위 발생 빈도가 증가하여 심장 박동 수가 늘어난 것임을 알 수 있다.

• 심장 박동은 교감 신경(A)에 의해 촉진되고, 부교감 신경(B)에 의해 억제된다. 교감 신경과 부교감 신경에 의한 심장 박동 조절 및 인슐린과 글루카곤에 의한 혈당량 조절 등이 길항 작용의 예에 해당한다.

○ 보기 풀이 ㄷ. A는 교감 신경이고, B는 부교감 신경이다. 심장과 연결된 교감 신경과 부교감 신경은 심장 박동 조절에 길항적으로 작용한다.

✕ 매력적 오답 ㄱ. A를 자극했을 때 심장 세포에서 활동 전위가 발생하는 빈도가 증가하였으므로 A는 교감 신경이다. 교감 신경의 신경절 이후 뉴런의 축삭 돌기 말단에서 분비되는 신경 전달 물질은 노르에피네프린이다.

ㄴ. ㉠의 주사량이 증가할수록 심장 박동 수가 증가하므로 ㉠은 교감 신경의 신경절 이후 뉴런의 축삭 돌기 말단에서 분비되는 노르에피네프린이다. ㉠이 작용하면 심장 세포에서의 활동 전위 발생 빈도가 증가한다.

문제풀이 Tip

자율 신경에 의한 심장 박동 조절에 대한 문항으로, 교감 신경과 부교감 신경의 기능을 알고 있어야 한다. 교감 신경과 부교감 신경에 각각 전기 자극을 준 후 심장 세포에서의 활동 전위 발생 빈도를 묻는 문항도 출제될 수 있으니, 자율 신경의 길항 작용에 대해 자세하게 살펴두도록 하자.

# 13 신경계

출제 의도 동공 크기 조절에 관여하는 자율 신경계과 무릎 반사에 관여하는 체성 운동 신경의 특징을 이해하는지 확인하는 문항이다.

그림 (가)는 동공의 크기 조절에 관여하는 말초 신경이 중추 신경계에 연결된 경로를, (나)는 무릎 반사에 관여하는 말초 신경이 중추 신경계에 연결된 경로를 나타낸 것이다.

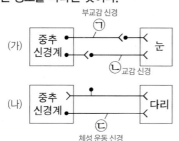

이에 대한 설명으로 옳은 것만을 〈보기〉에서 있는 대로 고른 것은?

보기

ㄱ. ~~㉠~㉢은 모두 자율 신경계에 속한다.~~
　　㉠, ㉡은 자율 신경계에, ㉢은 체성 신경계에 속한다.

ㄴ. ~~㉠과 ㉡의 말단에서 분비되는 신경 전달 물질은 같다.~~
　　㉠의 말단에서는 아세틸콜린이, ㉡의 말단에서는 노르에피네프린이 분비된다.

ㄷ. 무릎 반사의 중추는 척수이다.

① ㄱ　② ㄷ　③ ㄱ, ㄴ　④ ㄴ, ㄷ　⑤ ㄱ, ㄴ, ㄷ

✔ 자료 해석

• 말초 신경계 중 중추 신경계의 명령을 반응 기관으로 전달하는 원심성 신경(운동 신경)에는 체성 신경과 자율 신경이 있다.

• 체성 신경은 주로 대뇌의 지배를 받으며, 골격근에 아세틸콜린을 분비하여 골격근의 반응을 조절한다.

• 자율 신경은 대뇌의 직접적인 조절을 받지 않는 교감 신경과 부교감 신경으로 구성된다.

○ 보기 풀이 ㄷ. 무릎 반사의 중추는 척수이다.

✕ 매력적 오답 ㄱ. ㉠은 부교감 신경의 신경절 이전 뉴런이며, ㉡은 교감 신경의 신경절 이후 뉴런이므로 ㉠과 ㉡은 모두 자율 신경계에 속한다. ㉢은 중추 신경계와 다리의 근육을 연결하는 체성 운동 뉴런이므로 ㉢은 체성 신경계에 속한다.

ㄴ. ㉠의 말단에서는 아세틸콜린이 분비되고, ㉡의 말단에서는 노르에피네프린이 분비된다.

문제풀이 Tip

말초 신경계은 해부학적 또는 기능적으로 구분된다. 이중 원심성 신경(운동 신경)은 골격근에 명령을 전달하는 체성 신경과 내장 기관, 심장, 분비샘에 명령을 전달하는 자율 신경으로 구분된다.

## 14 신경계

출제의도 동공의 크기 조절에 관여하는 교감 신경과 부교감 신경의 특징을 이해하고 있는지를 묻는 문항이다.

그림 (가)는 동공의 크기 조절에 관여하는 교감 신경과 부교감 신경이 중추 신경계에 연결된 경로를, (나)는 빛의 세기에 따른 동공의 크기를 나타낸 것이다. ⓐ와 ⓑ에 각각 하나의 신경절이 있으며, ㉠과 ㉣의 말단에서 분비되는 신경 전달 물질은 같다.

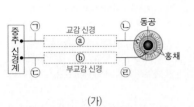

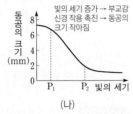

빛의 세기 증가 → 부교감 신경 작용 촉진 → 동공의 크기 작아짐

(가)                    (나)

이에 대한 설명으로 옳은 것만을 〈보기〉에서 있는 대로 고른 것은?

보기
ㄱ. ㉠의 신경 세포체는 척수의 회색질에 있다.
　교감 신경의 신경절 이전 뉴런(㉠)의 신경 세포체는 척수의 회색질에 있다.
ㄴ. ㉡의 말단에서 분비되는 신경 전달 물질의 양은 P₂일 때가 P₁일 때보다 ~~많다.~~ 적다.
ㄷ. ㉣의 말단에서 분비되는 신경 전달 물질은 ~~노르에피네프린이다.~~
　부교감 신경의 신경절 이후 뉴런(㉣)에서 분비되는 물질은 아세틸콜린이다.

① ㄱ　② ㄷ　③ ㄱ, ㄴ　④ ㄴ, ㄷ　⑤ ㄱ, ㄴ, ㄷ

✓ 자료 해석
• 교감 신경은 척수 가운데 부분에서 뻗어 나오며, 신경절 이전 뉴런이 신경절 이후 뉴런보다 짧다. 신경절 이전 뉴런의 말단에서는 아세틸콜린이, 신경절 이후 뉴런의 말단에서는 노르에피네프린이 분비된다.
• 부교감 신경은 중간뇌, 연수, 척수의 끝부분에서 뻗어 나오며, 신경절 이전 뉴런이 신경절 이후 뉴런보다 길다. 신경절 이전 뉴런과 신경절 이후 뉴런의 말단에서 모두 아세틸콜린이 분비된다.
• 교감 신경이 흥분하면 동공이 확대되고, 부교감 신경이 흥분하면 동공이 축소된다.

○ 보기 풀이 ㄱ. ㉠과 ㉣의 말단에서 분비되는 신경 전달 물질이 같으므로 ㉠은 교감 신경의 신경절 이전 뉴런이고, ㉣은 부교감 신경의 신경절 이후 뉴런이다. 그러므로 ㉠의 신경 세포체는 척수의 회색질에 있다.

✗ 매력적 오답 ㄴ. ㉡은 노르에피네프린이 분비되는 교감 신경의 신경절 이후 뉴런이다. 빛의 세기가 강할수록 교감 신경의 신경절 이후 뉴런에서 분비되는 신경 전달 물질이 감소하므로 ㉡의 말단에서 분비되는 신경 전달 물질의 양은 P₂일 때가 P₁일 때보다 적다.
ㄷ. ㉣의 말단에서 분비되는 신경 전달 물질은 아세틸콜린이다.

문제풀이 Tip
교감 신경과 부교감 신경의 특징 및 작용을 묻는 문항은 기출에서 자주 출제되고 있다. 대부분 어렵지 않은 수준으로 출제되고 있으나 자세한 내용을 묻고 있으므로 기본 개념을 잘 이해해 두도록 하자.

---

## 15 자율 신경계

출제의도 교감 신경과 부교감 신경의 형태적, 기능적 차이점을 파악하는지 확인하는 문항이다.

그림은 중추 신경계로부터 자율 신경을 통해 심장과 위에 연결된 경로를, 표는 ㉠이 심장에, ㉡이 위에 각각 작용할 때 나타나는 기관의 반응을 나타낸 것이다. ⓐ는 '억제됨'과 '촉진됨' 중 하나이다.

| 기관 | 반응 |
|---|---|
| 심장 | 심장 박동 촉진됨 |
| 위 | 소화 작용 ( ⓐ ) 촉진됨 |

이에 대한 설명으로 옳은 것만을 〈보기〉에서 있는 대로 고른 것은?
[3점]

보기
ㄱ. ㉠은 신경절 이전 뉴런이 신경절 이후 뉴런보다 짧다.
　교감 신경은 신경절 이전 뉴런이 신경절 이후 뉴런보다 짧다.
ㄴ. ㉡은 ~~감각 신경이다.~~
　운동 신경이다.
ㄷ. ⓐ는 ~~'억제됨'이다.~~
　위에 연결된 부교감 신경이 작용하면 위에서 소화 작용이 촉진된다.

① ㄱ　② ㄴ　③ ㄷ　④ ㄴ, ㄷ　⑤ ㄱ, ㄷ

✓ 자료 해석
• 자율 신경계 : 대뇌의 직접적인 조절을 받지 않고, 소화, 순환, 호흡, 호르몬 분비 등 생명 유지에 필수적인 기능을 자율적으로 조절한다. 교감 신경과 부교감 신경으로 구분된다.
• 교감 신경 : 척수 가운데 부분에서 뻗어 나오며, 신경절 이전 뉴런이 신경절 이후 뉴런보다 짧다.
• 부교감 신경 : 중간뇌, 연수, 척수의 끝부분에서 뻗어 나오며, 신경절 이전 뉴런이 신경절 이후 뉴런보다 길다.

○ 보기 풀이 ㄱ. 교감 신경은 신경절 이전 뉴런이 신경절 이후 뉴런보다 짧고, 부교감 신경은 신경절 이전 뉴런이 신경절 이후 뉴런보다 길다.

✗ 매력적 오답 ㄴ. ㉡은 중추 신경계의 명령을 위에 전달하는 신경이므로 감각 신경이 아닌 운동 신경이다.
ㄷ. 위에 연결된 부교감 신경이 활성화되어 작용하면 위에서 소화 작용이 촉진된다.

문제풀이 Tip
교감 신경과 부교감 신경의 형태적, 기능적인 차이점을 알면 그리 어렵지 않았다. 교감 신경과 부교감 신경이 동일한 기관에 대해 서로 길항 작용을 하는 다양한 예에 대한 문항이 출제될 수 있으니 준비해 두자.

# 04 호르몬과 항상성

## 1 혈장 삼투압 조절

2025학년도 수능 5번 | 정답 ① | 문제편 164p

출제 의도 항이뇨 호르몬에 의한 혈액의 삼투압 조절에 대해 알고 있는지 묻는 문항이다.

그림은 동물 종 X에서 ㉠ 섭취량에 따른 혈장 삼투압을 나타낸 것이다. ㉠은 물과 소금 중 하나이고, Ⅰ과 Ⅱ는 '항이뇨 호르몬(ADH)이 정상적으로 분비되는 개체'와 '항이뇨 호르몬(ADH)이 정상보다 적게 분비되는 개체'를 순서 없이 나타낸 것이다.

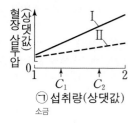

이에 대한 설명으로 옳은 것만을 〈보기〉에서 있는 대로 고른 것은? (단, 제시된 조건 이외는 고려하지 않는다.) [3점]

보기
ㄱ. 콩팥은 ADH의 표적 기관이다.
ㄴ. ~~Ⅰ~~은 'ADH가 정상적으로 분비되는 개체'이다.
  Ⅱ가
ㄷ. Ⅱ에서 단위 시간당 오줌 생성량은 $C_1$일 때가 $C_2$일 때보다 ~~적다.~~
                                            많다.

① ㄱ   ② ㄴ   ③ ㄱ, ㄷ   ④ ㄴ, ㄷ   ⑤ ㄱ, ㄴ, ㄷ

### ✓ 자료 해석
- ㉠의 섭취량이 증가함에 따라 Ⅰ과 Ⅱ에서 모두 혈장 삼투압이 증가하였으므로 ㉠은 소금이다.
- 항이뇨 호르몬(ADH)은 콩팥에 작용하여 물의 재흡수를 촉진하고 혈장 삼투압을 감소시킨다. 따라서 ADH가 정상보다 적게 분비되는 개체에서는 콩팥에서의 물의 재흡수가 정상보다 적게 일어나 혈장 삼투압은 높게 나타난다.

### ○ 보기 풀이
ㄱ. 항이뇨 호르몬(ADH)의 표적 기관은 콩팥이다.

### ✗ 매력적 오답
ㄴ. 소금(㉠) 섭취량이 동일할 때 ADH가 정상보다 적게 분비되는 개체에서는 콩팥에서의 물의 재흡수가 정상보다 적게 일어나, 혈장 삼투압이 높게 나타난다. 따라서 Ⅰ은 'ADH가 정상보다 적게 분비되는 개체'이며, Ⅱ는 'ADH가 정상적으로 분비되는 개체'이다.
ㄷ. ADH가 정상적으로 분비되는 개체(Ⅱ)에서 단위 시간당 오줌 생성량은 소금(㉠) 섭취량이 적어 혈장 삼투압이 낮은 $C_1$일 때가 소금(㉠) 섭취량이 많아 혈장 삼투압이 높은 $C_2$일 때보다 많다.

### 문제풀이 Tip
항이뇨 호르몬(ADH) 농도에 따른 오줌 생성량, 오줌 삼투압, 혈장 삼투압 등의 변화를 알고 있어야 한다.

## 2 혈당량 조절

2025학년도 수능 10번 | 정답 ② | 문제편 164p

출제 의도 혈당량 조절 과정에 대해 이해하고 있는지 묻는 문항이다.

그림은 어떤 동물에게 호르몬 X를 투여한 후 시간에 따른 @와 ⓑ를 나타낸 것이다. X는 글루카곤과 인슐린 중 하나이고, @와 ⓑ는 '간에서 단위 시간당 글리코젠으로부터 생성되는 포도당의 양'과 '혈중 포도당 농도'를 순서 없이 나타낸 것이다.

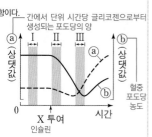

이 자료에 대한 설명으로 옳은 것만을 〈보기〉에서 있는 대로 고른 것은? (단, 제시된 조건 이외는 고려하지 않는다.) [3점]

보기
ㄱ. 혈중 포도당 농도는 구간 Ⅰ에서가 구간 Ⅲ에서보다 ~~낮다.~~
                                                    높다.
ㄴ. 혈중 인슐린 농도는 구간 Ⅰ에서가 구간 Ⅱ에서보다 낮다.
ㄷ. 혈중 글루카곤 농도는 구간 Ⅱ에서가 구간에서 Ⅲ보다 ~~높다.~~
                                                    낮다.

① ㄱ   ② ㄴ   ③ ㄷ   ④ ㄱ, ㄴ   ⑤ ㄴ, ㄷ

### ✓ 자료 해석
- 호르몬 X를 투여한 후 시간에 따라 '간에서 단위 시간당 글리코젠으로부터 생성되는 포도당의 양'과 '혈중 포도당 농도'가 모두 감소하였다. 따라서 X는 혈당량 감소에 관여하는 인슐린이다.
- 그래프에서 @가 상승한 후에 ⓑ가 상승하므로 @는 '간에서 단위 시간당 글리코젠으로부터 생성되는 포도당의 양'이고, ⓑ는 '혈중 포도당 농도'이다.

### ○ 보기 풀이
ㄴ. 혈중 인슐린 농도는 혈중 포도당 농도(ⓑ)가 상대적으로 높은 구간 Ⅰ에서가 혈중 포도당 농도(ⓑ)가 감소하고 있는 구간 Ⅱ에서보다 낮다.

### ✗ 매력적 오답
ㄱ. 혈중 포도당 농도(ⓑ)는 구간 Ⅰ에서가 구간 Ⅲ에서보다 높다.
ㄷ. 혈중 글루카곤 농도는 인슐린(X)을 투여하여 @와 ⓑ가 모두 감소하는 구간 Ⅱ에서가 간에서 단위 시간당 글리코젠으로부터 생성되는 포도당의 양(@)이 증가하는 구간 Ⅲ에서보다 낮다.

### 문제풀이 Tip
혈당량 조절 과정 중 인슐린과 글루카곤의 작용에 대해 알고 있어야 한다.

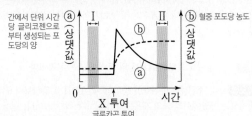
## 3 혈당량 조절

출제 의도 혈당량 조절에서 글루카곤에 대한 자료를 분석할 수 있는지 묻는 문항이다.

그림은 어떤 동물에게 호르몬 X를 투여한 후 시간에 따른 ⓐ와 ⓑ를 나타낸 것이다. X는 글루카곤과 인슐린 중 하나이고, ⓐ와 ⓑ는 '간에서 단위 시간당 글리코젠으로부터 생성되는 포도당의 양'과 '혈중 포도당 농도'를 순서 없이 나타낸 것이다.

이에 대한 설명으로 옳은 것만을 〈보기〉에서 있는 대로 고른 것은? (단, 제시된 조건 이외는 고려하지 않는다.)

┌─ 보기 ┐
ㄱ. ⓑ는 '혈중 포도당 농도'이다.
ㄴ. 혈중 인슐린 농도는 구간 Ⅰ에서가 구간 Ⅱ에서보다 높다.
   낮다.
ㄷ. 혈중 포도당 농도가 증가하면 X의 분비가 촉진된다.
   글루카곤(X)의 분비는 억제된다.
└──────┘

① ㄱ   ② ㄴ   ③ ㄷ   ④ ㄱ, ㄴ   ⑤ ㄴ, ㄷ

✓ 자료 해석

• X는 혈당량을 증가시키는 글루카곤이며, ⓐ는 '간에서 단위 시간당 글리코젠으로부터 생성되는 포도당의 양'이고, ⓑ는 '혈중 포도당 농도'이다.

○ 보기 풀이  ㄱ. 글루카곤은 간에서 글리코젠으로부터 포도당의 생성을 촉진함으로써 혈당량을 증가시키고, 인슐린은 간에서 포도당으로부터 글리코젠의 합성을 촉진함으로써 혈당량을 감소시킨다. 따라서 X는 글루카곤이며, 글루카곤(X)을 투여했을 때 급격하게 증가하는 ⓐ는 '간에서 단위 시간당 글리코젠으로부터 생성되는 포도당의 양'이고, 완만하게 증가는 ⓑ는 '혈중 포도당 농도'이다.

✗ 매력적 오답  ㄴ. 혈중 인슐린 농도는 혈중 포도당 농도가 낮은 구간 Ⅰ에서가 혈중 포도당 농도가 높은 구간 Ⅱ에서보다 낮다.
ㄷ. 혈중 포도당 농도가 증가하면 글루카곤(X)의 분비는 억제되며, 인슐린의 분비는 촉진된다.

문제풀이 Tip
혈당량 조절에서 글루카곤과 인슐린의 작용을 알고 자료에 적용할 수 있어야 한다.

---

## 4 호르몬 분비 조절

출제 의도 TSH와 티록신의 농도를 나타낸 자료를 분석할 수 있는지 묻는 문항이다.

그림 (가)는 사람에서 시간에 따른 혈중 호르몬 ㉠과 ㉡의 농도를, (나)는 혈중 ㉡의 농도에 따른 물질대사량을 나타낸 것이다. ㉠과 ㉡은 티록신과 TSH를 순서 없이 나타낸 것이다.

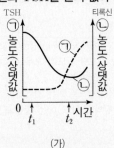 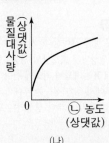

(가)          (나)

이에 대한 설명으로 옳은 것만을 〈보기〉에서 있는 대로 고른 것은? (단, 제시된 조건 이외는 고려하지 않는다.) [3점]

┌─ 보기 ┐
ㄱ. ㉠은 티록신이다.
   TSH
ㄴ. ㉡의 분비는 음성 피드백에 의해 조절된다.
ㄷ. 물질대사량 / 혈중 TSH 농도 은 $t_1$일 때가 $t_2$일 때보다 크다.
└──────┘

① ㄱ   ② ㄴ   ③ ㄱ, ㄷ   ④ ㄴ, ㄷ   ⑤ ㄱ, ㄴ, ㄷ

✓ 자료 해석

• ㉠은 TSH, ㉡은 티록신이다.
• 뇌하수체 전엽에서 분비되는 TSH(㉠)는 표적 기관인 갑상샘에 작용하여 갑상샘에서 티록신(㉡)이 분비되는 것을 촉진하며, 티록신은 간이나 근육에서 물질대사를 높이는 작용을 한다.

○ 보기 풀이  ㄴ. 혈중 티록신(㉡)의 농도가 높아지면 티록신(㉡)에 의해 뇌하수체 전엽에서 분비되는 TSH(㉠) 분비가 억제되어 티록신(㉡)의 농도가 감소하게 된다. 이와 같이 티록신(㉡)의 분비는 음성 피드백에 의해 조절된다.
ㄷ. $t_1$일 때 혈중 티록신(㉡)의 농도가 높아 물질대사량이 많고 혈중 TSH(㉠)의 농도는 낮다. $t_2$일 때 혈중 티록신(㉡)의 농도가 낮아 물질대사량이 적고 혈중 TSH(㉠)의 농도는 높다. 따라서 물질대사량 / 혈중 TSH 농도 는 $t_1$일 때가 $t_2$일 때보다 크다.

✗ 매력적 오답  ㄱ. (나)에서 ㉡ 농도가 증가할수록 물질대사량이 증가하므로 ㉡은 티록신이다. 따라서 ㉠은 TSH이다.

문제풀이 Tip
TSH와 티록신의 분비샘과 표적 기관을 알고, 음성 피드백에 의해 조절됨을 이해하고 있어야 한다.

## 5 호르몬의 종류와 특징

2025학년도 6월 평가원 4번 | 정답 ④ | 문제편 165p

출제 의도 호르몬의 종류와 특징에 대해 알고 있는지 묻는 문항이다.

표는 사람의 내분비샘 ⊙과 ⊙에서 분비되는 호르몬과 표적 기관을 나타낸 것이다. ⊙과 ⊙은 뇌하수체 전엽과 뇌하수체 후엽을 순서 없이 나타낸 것이다.

| 내분비샘 | 호르몬 | 표적 기관 |
|---|---|---|
| 뇌하수체 전엽 ⊙ | 갑상샘 자극 호르몬(TSH) | 갑상샘 |
| 뇌하수체 후엽 ⊙ | 항이뇨 호르몬(ADH) | ? 콩팥 |

이에 대한 설명으로 옳은 것만을 〈보기〉에서 있는 대로 고른 것은? [3점]

보기
ㄱ. ⊙은 <del>뇌하수체 후엽</del>이다.
　　　뇌하수체 전엽
ㄴ. ADH는 콩팥에서 물의 재흡수를 촉진한다.
ㄷ. TSH와 ADH는 모두 혈액을 통해 표적 기관으로 운반된다.

① ㄱ　② ㄷ　③ ㄱ, ㄴ　④ ㄴ, ㄷ　⑤ ㄱ, ㄴ, ㄷ

✓ 자료 해석
• 갑상샘 자극 호르몬(TSH)은 뇌하수체 전엽(⊙)에서 분비되어 표적 기관인 갑상샘에 작용하여 갑상샘에서 티록신의 분비를 촉진한다.
• 항이뇨 호르몬(ADH)은 뇌하수체 후엽(⊙)에서 분비되어 표적 기관인 콩팥에 작용하여 콩팥에서 물의 재흡수를 촉진한다.

○ 보기 풀이 갑상샘 자극 호르몬(TSH)을 분비하는 내분비샘인 ⊙은 뇌하수체 전엽이고, 항이뇨 호르몬(ADH)을 분비하는 내분비샘인 ⊙은 뇌하수체 후엽이다.
ㄴ. ADH는 표적 기관인 콩팥에서 물의 재흡수를 촉진한다.
ㄷ. TSH와 ADH는 호르몬으로 모두 혈액을 통해 각각 표적 기관인 갑상샘과 콩팥으로 운반된다.

✕ 매력적 오답 ㄱ. ⊙은 뇌하수체 전엽이다.

문제풀이 Tip
호르몬이 분비되는 내분비샘과 표적 기관 및 호르몬의 작용에 대해 잘 정리해 두어야 한다.

## 6 혈당량 조절

2025학년도 6월 평가원 11번 | 정답 ① | 문제편 165p

출제 의도 자료를 분석하여 혈당량 조절에 대해 알고 있는지 묻는 문항이다.

그림은 정상인이 탄수화물을 섭취한 후 시간에 따른 혈중 호르몬 ⊙과 ⊙의 농도를 나타낸 것이다. ⊙과 ⊙은 글루카곤과 인슐린을 순서 없이 나타낸 것이다.

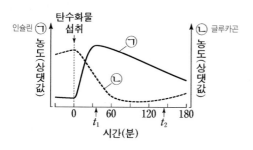

이에 대한 설명으로 옳은 것만을 〈보기〉에서 있는 대로 고른 것은?

보기
ㄱ. ⊙은 세포로의 포도당 흡수를 촉진한다.
　　인슐린(⊙)은 세포로의 포도당 흡수를 촉진하여 혈당량을 낮춘다.
ㄴ. 혈중 포도당 농도는 $t_2$일 때가 $t_1$일 때보다 <del>높다</del>.
　　　　　　　　　　　　　　　　　　　　낮다.
ㄷ. ⊙과 ⊙의 분비를 조절하는 중추는 <del>중간뇌</del>이다.
　　　　　　　　　　　　　　　　　　간뇌

① ㄱ　② ㄴ　③ ㄱ, ㄷ　④ ㄴ, ㄷ　⑤ ㄱ, ㄴ, ㄷ

✓ 자료 해석
• 탄수화물 섭취 후 농도가 증가하는 ⊙은 인슐린이고, 농도가 감소하는 ⊙은 글루카곤이다.
• 혈당량 조절 중추는 간뇌이다.

○ 보기 풀이 ㄱ. ⊙은 인슐린, ⊙은 글루카곤이다. 인슐린(⊙)은 간에서 포도당을 글리코젠으로 합성하는 과정을 촉진하거나 세포로의 포도당 흡수를 촉진하여 혈당량을 낮춘다.

✕ 매력적 오답 ㄴ. 혈중 포도당 농도는 인슐린 농도가 높은 $t_1$일 때가 인슐린 농도가 낮은 $t_2$일 때보다 높다.
ㄷ. 인슐린(⊙)과 글루카곤(⊙)의 분비를 조절하는 중추는 간뇌이다.

문제풀이 Tip
인슐린과 글루카곤에 의한 혈당량 조절에 대해 알아둔다. 특히 인슐린은 간에서 글리코젠의 합성을 촉진하거나 세포로의 포도당 흡수를 촉진하여 혈당량을 낮춘다는 것은 자주 나오는 보기이므로 꼭 알아둔다.

# 7 혈장 삼투압 조절

출제 의도 항이뇨 호르몬에 의해 혈중 삼투압이 조절되는 과정에 대해 알고 있는지 묻는 문항이다.

그림 (가)는 정상인에서 갈증을 느끼는 정도를 ⓐ의 변화량에 따라 나타낸 것이다. 그림 (나)는 정상인 A에게는 소금과 수분을, 정상인 B에게는 소금만 공급하면서 측정한 ⓐ를 시간에 따라 나타낸 것이다. ⓐ는 전체 혈액량과 혈장 삼투압 중 하나이다.

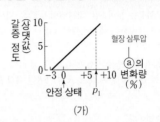
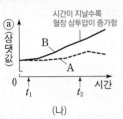

이에 대한 설명으로 옳은 것만을 〈보기〉에서 있는 대로 고른 것은? (단, 제시된 조건 이외는 고려하지 않는다.)

┌─ 보기 ─────────────────────────────┐
ㄱ. 생성되는 오줌의 삼투압은 안정 상태일 때가 $p_1$일 때보다
  ~~높다.~~ 생성되는 오줌의 삼투압은 혈장 삼투압(ⓐ)이 클수록 커진다.
  낮다
ㄴ. $t_2$일 때 갈증을 느끼는 정도는 B에서가 A에서보다 크다.
ㄷ. B의 혈중 항이뇨 호르몬(ADH) 농도는 $t_1$일 때가 $t_2$일 때
  ~~보다 높다.~~ 혈장 삼투압(ⓐ)이 증가할수록 혈중 항이뇨 호르몬의 분비가 촉진된다.
  낮다
└────────────────────────────────┘

① ㄱ  ② ㄴ  ③ ㄷ  ④ ㄱ, ㄴ  ⑤ ㄴ, ㄷ

✓ 자료 해석

• 혈장 삼투압은 뇌하수체 후엽에서 분비되는 항이뇨 호르몬(ADH)에 의해 조절된다.
• 항이뇨 호르몬(ADH)은 콩팥에서 물의 재흡수를 촉진하여 혈장 삼투압을 감소시킨다.
• 혈장 삼투압이 정상보다 높을 때 : 항이뇨 호르몬(ADH)의 분비량 증가 → 콩팥에서 물의 재흡수량 증가 → 혈장 삼투압 감소(오줌양 감소, 오줌 삼투압 증가)
• 혈장 삼투압이 정상보다 낮을 때 : 항이뇨 호르몬(ADH)의 분비량 감소 → 콩팥에서 물의 재흡수량 감소 → 혈장 삼투압 증가(오줌양 증가, 오줌 삼투압 감소)

○ 보기 풀이 ㄴ. 갈증을 느끼는 정도는 혈장 삼투압이 높을수록 높다. 따라서 $t_2$일 때 갈증을 느끼는 정도는 혈장 삼투압이 더 높은 B에서가 더 낮은 A에서보다 크다.

✗ 매력적 오답 ㄱ. 소금과 수분을 모두 공급받은 A에서는 ⓐ가 시간이 지나도 크게 변하지 않지만, 소금만 공급된 B에서는 ⓐ가 시간이 지나면서 증가하므로 ⓐ는 혈장 삼투압이다. 혈장 삼투압이 높으면 혈중 ADH 농도가 증가하고 이로 인해 수분 재흡수가 촉진되어 오줌의 삼투압도 증가한다. 따라서 생성되는 오줌의 삼투압은 $p_1$일 때가 안정 상태일 때보다 높다.
ㄷ. 혈중 항이뇨 호르몬(ADH)의 농도는 혈장 삼투압이 높을수록 높다. 따라서 B의 혈중 항이뇨 호르몬(ADH) 농도는 혈장 삼투압이 높은 $t_2$일 때가 혈장 삼투압이 낮은 $t_1$일 때보다 높다.

문제풀이 Tip

소금만 공급된 B에서 ⓐ는 시간이 지나면서 증가하므로 ⓐ가 혈장 삼투압이라는 것을 빨리 찾을 수 있어야 한다. 삼투압 조절 관련 문항은 수능에서 매년 출제되고 있으므로 삼투압 조절 과정에 대해 자세하게 알아두자.

**출제 의도** 음성 피드백에 의해 조절되는 티록신 분비 조절에 대해 알고 있는지 묻는 문항이다.

사람 A~C는 모두 혈중 티록신 농도가 정상적이지 않다. 표 (가)는 A~C의 혈중 티록신 농도가 정상적이지 않은 원인을, (나)는 사람 ㉠~㉢의 혈중 티록신과 TSH의 농도를 나타낸 것이다. ㉠~㉢은 A~C를 순서 없이 나타낸 것이고, ⓐ는 '+'와 '−' 중 하나이다.

| 사람 | 원인 |
|---|---|
| A | 뇌하수체 전엽에 이상이 생겨 TSH 분비량이 정상보다 적음 |
| B | 갑상샘에 이상이 생겨 티록신 분비량이 정상보다 많음 |
| C | 갑상샘에 이상이 생겨 티록신 분비량이 정상보다 적음 |

(가)

| 사람 | 혈중 농도 | |
|---|---|---|
| | 티록신 | TSH |
| C ㉠ | − | + |
| B ㉡ | + | ⓐ − |
| A ㉢ | − | − |

(+: 정상보다 높음, −: 정상보다 낮음)

(나)

이에 대한 설명으로 옳은 것만을 〈보기〉에서 있는 대로 고른 것은? (단, 제시된 조건 이외는 고려하지 않는다.) [3점]

〈보기〉
ㄱ. ⓐ는 '−'이다. ~~B는 ㉢이고, ⓐ는 '−'이다.~~

ㄴ. ㉠에게 티록신을 투여하면 투여 전보다 TSH의 분비가 ~~촉진된다.~~
   억제된다

ㄷ. 정상인에서 뇌하수체 전엽에 TRH의 표적 세포가 있다.

① ㄱ   ② ㄴ   ③ ㄷ   ④ ㄱ, ㄷ   ⑤ ㄴ, ㄷ

### ✔ 자료 해석

- 티록신은 갑상샘에서 분비되며, 물질대사를 촉진하는 호르몬이다.
- 혈중 티록신 농도가 높아지면 티록신에 의해 시상 하부의 TRH 분비와 뇌하수체 전엽의 TSH 분비가 각각 억제되어 혈중 티록신의 농도를 감소시킨다.
- 혈중 티록신 농도가 낮아지면 시상 하부의 TRH 분비와 뇌하수체 전엽의 TSH 분비가 각각 촉진되어 혈중 티록신의 농도를 증가시킨다.

### 🄾 보기 풀이

ㄱ. A에서 TSH의 분비량이 정상보다 적으므로 티록신의 분비량도 정상보다 적다. 따라서 A는 ㉢이다. B에서 티록신 분비량이 정상보다 많으므로 음성 피드백으로 TSH 분비량은 정상보다 적다. 따라서 B는 ㉡이고, ⓐ는 '−'이다.

ㄷ. 시상 하부에서 분비된 TRH는 TRH 수용체가 있는 뇌하수체 전엽 세포에 결합하여 작용하므로 정상인의 뇌하수체 전엽에는 TRH의 표적 세포가 있다.

### ✖ 매력적 오답 ㄴ. 혈중 티록신 농도가 증가하면 TSH의 분비는 억제된다.

### 문제풀이 **Tip**

뇌하수체 전엽에 이상이 생겨 TSH 분비량이 정상보다 적으면 TSH와 티록신의 분비가 모두 적어진다. 그리고 티록신의 분비량이 정상보다 많으면 음성 피드백에 의해 TSH 분비가 억제되고, 티록신의 분비량이 정상보다 낮으면 음성 피드백에 의해 TSH 분비가 촉진됨을 알아둔다.

Part II

수능 평가원

## 9 삼투압 조절

출제의도 삼투압이 조절되는 원리에 대한 이해를 바탕으로 제시된 자료를 분석할 수 있는지를 묻는 문항이다.

그림은 어떤 동물 종의 개체 A와 B를 고온 환경에 노출시켜 같은 양의 땀을 흘리게 하면서 측정한 혈장 삼투압을 시간에 따라 나타낸 것이다. A와 B는 '항이뇨 호르몬(ADH)이 정상적으로 분비되는 개체'와 '항이뇨 호르몬(ADH)이 정상보다 적게 분비되는 개체'를 순서 없이 나타낸 것이다.

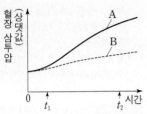

이에 대한 설명으로 옳은 것만을 〈보기〉에서 있는 대로 고른 것은? (단, 제시된 조건 이외는 고려하지 않는다.) [3점]

보기
ㄱ. ADH는 콩팥에서 물의 재흡수를 촉진한다.
  └ 뇌하수체 후엽에서 분비됨
ㄴ. A는 'ADH가 정상적으로 분비되는 개체'이다.
  └ B는
ㄷ. B에서 생성되는 오줌의 삼투압은 $t_1$일 때가 $t_2$일 때보다 높다.
  └ 낮다.

① ㄱ  ② ㄴ  ③ ㄷ  ④ ㄱ, ㄴ  ⑤ ㄱ, ㄷ

✓ 자료 해석
• 항이뇨 호르몬(ADH)은 뇌하수체 후엽에서 분비되며, 콩팥에 작용하여 물의 재흡수를 촉진시킨다.
• 땀을 많이 흘리면 시간이 지날수록 혈장 삼투압은 증가한다. 그리고 ADH가 정상적으로 분비되는 개체는 ADH가 정상보다 적게 분비되는 개체보다 혈장 삼투압 증가가 적게 일어나므로 A는 ADH가 정상보다 적게 분비되는 개체, B는 ADH가 정상적으로 분비되는 개체이다.

○ 보기풀이 ㄱ. ADH는 콩팥에서 물의 재흡수를 촉진하는 호르몬으로, 뇌하수체 후엽에서 분비된다.

✕ 매력적오답 ㄴ. ADH는 콩팥에서 물의 재흡수를 촉진하므로 ADH가 정상적으로 분비되는 개체는 ADH가 적게 분비되는 개체보다 혈장 삼투압 증가가 적게 일어난다. 따라서 A는 ADH가 정상보다 적게 분비되는 개체이고, B는 ADH가 정상적으로 분비되는 개체이다.
ㄷ. 혈장 삼투압이 높을수록 콩팥에서 물의 재흡수가 촉진되며, 물의 재흡수가 촉진될수록 오줌의 삼투압은 높아진다. 따라서 B에서 생성되는 오줌의 삼투압은 $t_1$일 때가 $t_2$일 때보다 낮다.

문제풀이 Tip
삼투압 조절에 대한 문항으로, 혈장 삼투압이 조절되는 원리와 항이뇨 호르몬(ADH)의 기능에 대해 이해하고 있어야 문제를 쉽게 해결할 수 있다.

---

## 10 티록신 분비 조절

출제의도 음성 피드백에 의해 조절되는 티록신의 분비 조절에 대해 알고 있는지를 묻는 문항이다.

사람 A와 B는 모두 혈중 티록신 농도가 정상보다 낮다. 표 (가)는 A와 B의 혈중 티록신 농도가 정상보다 낮은 원인을, (나)는 사람 ㉠과 ㉡의 TSH 투여 전과 후의 혈중 티록신 농도를 나타낸 것이다. ㉠과 ㉡은 A와 B를 순서 없이 나타낸 것이다.

| 사람 | 원인 |
|---|---|
| A | TSH가 분비되지 않음 |
| B | TSH의 표적 세포가 TSH에 반응하지 못함 |

(가)

| 사람 | 티록신 농도 | |
|---|---|---|
| | TSH 투여 전 | TSH 투여 후 |
| A ㉠ | 정상보다 낮음 | 정상 |
| B ㉡ | 정상보다 낮음 | 정상보다 낮음 |

(나)

이에 대한 설명으로 옳은 것만을 〈보기〉에서 있는 대로 고른 것은? (단, 제시된 조건 이외는 고려하지 않는다.)

보기
ㄱ. ㉠은 B이다.
  └ A이다.
ㄴ. TSH 투여 후, A의 갑상샘에서 티록신이 분비된다.
  └ TSH가 분비되지 않을 뿐 갑상샘은 정상이므로 티록신이 분비된다.
ㄷ. 정상인에서 혈중 티록신 농도가 증가하면 TSH의 분비가 촉진된다.
  └ 억제된다.

① ㄱ  ② ㄴ  ③ ㄷ  ④ ㄱ, ㄴ  ⑤ ㄴ, ㄷ

✓ 자료 해석
• 어떤 과정의 산물이 그 과정을 억제하는 조절을 음성 피드백이라고 한다.
• 시상 하부에서는 갑상샘 자극 호르몬 방출 호르몬(TRH)이 분비되고, 뇌하수체 전엽에서는 갑상샘 자극 호르몬(TSH)이 분비되며, 갑상샘에서는 티록신이 분비된다.
• 혈중 티록신의 농도가 높아지면 음성 피드백에 의해 시상 하부의 TRH 분비와 뇌하수체 전엽의 TSH 분비가 각각 억제되어 혈중 티록신의 농도가 감소한다.
• 혈중 티록신의 농도가 낮아지면 음성 피드백에 의해 시상 하부의 TRH 분비와 뇌하수체 전엽의 TSH 분비가 각각 촉진되어 혈중 티록신의 농도가 증가한다.

○ 보기풀이 ㄴ. B는 TSH의 표적 세포가 TSH에 반응하지 못하므로 TSH 투여 전과 후의 티록신 농도에는 변화가 없다. 따라서 ㉠은 A이고, ㉡은 B이다. TSH의 표적 세포는 갑상샘을 구성하는 세포이다. A(㉠)에 TSH를 투여한 후 티록신 농도가 정상으로 나타나는 것은 A의 갑상샘에서 티록신이 분비되었기 때문이다.

✕ 매력적오답 ㄱ. ㉠은 A이다.
ㄷ. 정상인에서 혈중 티록신 농도가 증가하면 음성 피드백에 의해 TRH와 TSH의 분비가 모두 억제된다.

문제풀이 Tip
티록신의 분비 조절이 음성 피드백에 의해 조절되는 원리를 이해하고 있어야 한다. A는 TSH가 분비되지 않지만 갑상샘이 정상이므로 TSH를 투여했을 때 갑상샘에서 티록신이 분비된다. 따라서 ㉠이 A라는 것을 유추할 수 있어야 한다.

## 11 혈당량 조절 호르몬

출제 의도 혈당량 조절 호르몬인 인슐린에 대해 알고 있는지 묻는 문항이다.

다음은 호르몬 X에 대한 자료이다.

> ┌── 인슐린
> X는 이자의 β세포에서 분비되며, 세포로의 ⓐ포도당 흡수를 촉진한다. X가 정상적으로 생성되지 못하거나 X의 표적 세포가 X에 반응하지 못하면, 혈중 포도당 농도가 정상적으로 조절되지 못한다.

이에 대한 설명으로 옳은 것만을 〈보기〉에서 있는 대로 고른 것은?

> ┌ 보기 ┐
> ㄱ. X는 간에서 ⓐ가 글리코젠으로 전환되는 과정을 촉진한다.
> ㄴ. 순환계를 통해 X가 표적 세포로 운반된다.
> ㄷ. 혈중 포도당 농도가 증가하면 X의 분비가 역재된다.
>                                      촉진

① ㄱ   ② ㄷ   ③ ㄱ, ㄴ   ④ ㄴ, ㄷ   ⑤ ㄱ, ㄴ, ㄷ

✔ 자료 해석
- 이자의 β세포에서 분비되는 X는 인슐린이다.
- 인슐린(X)은 포도당이 글리코젠으로 합성되는 과정과 세포로의 포도당 흡수를 촉진하여 혈당량을 낮춘다.

○ 보기 풀이 ㄱ. 인슐린(X)은 간에서 포도당(ⓐ)이 글리코젠으로 전환되는 과정을 촉진한다.
ㄴ. 인슐린(X)과 같은 호르몬은 순환계를 통해 표적 기관이나 표적 세포로 운반된다.

✕ 매력적 오답 ㄷ. 혈중 포도당 농도가 증가하면 혈당량 감소시키는 인슐린(X)의 분비가 촉진된다.

문제풀이 **Tip**
혈당량 조절 호르몬인 인슐린의 특징에 대해 알아둔다.

---

## 12 티록신 분비

출제 의도 자료를 분석하여 티록신의 특징에 대해 알고 있는지 묻는 문항이다.

그림은 사람에서 혈중 티록신 농도에 따른 물질대사량을, 표는 갑상샘 기능에 이상이 있는 사람 A와 B의 혈중 티록신 농도, 물질대사량, 증상을 나타낸 것이다. ⊙과 ⓒ은 '정상보다 높음'과 '정상보다 낮음'을 순서 없이 나타낸 것이다.

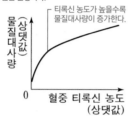

티록신 농도가 높을수록 물질대사량이 증가한다.

| 사람 | 티록신 농도 | 물질대사량 | 증상 |
|---|---|---|---|
| A | ⊙ 정상보다 높음 | 정상보다 증가함 | 심장 박동 수가 증가하고 더위에 약함 |
| B | ⓒ 정상보다 낮음 | 정상보다 감소함 | 체중이 증가하고 추위를 많이 탐 |

이에 대한 설명으로 옳은 것만을 〈보기〉에서 있는 대로 고른 것은? (단, 제시된 조건 이외는 고려하지 않는다.)

> ┌ 보기 ┐
> ㄱ. 갑상샘에서 티록신이 분비된다.
> ㄴ. ⊙은 '정상보다 높음'이다.
> ㄷ. B에게 티록신을 투여하면 투여 전보다 물질대사량이 감소한다.
>                                              증가

① ㄱ   ② ㄷ   ③ ㄱ, ㄴ   ④ ㄱ, ㄷ   ⑤ ㄴ, ㄷ

✔ 자료 해석
- 갑상샘에서 티록신이 분비되며 티록신은 물질대사를 촉진시킨다.
- 티록신의 농도가 높을수록 물질대사량이 증가하므로 ⊙은 '정상보다 높음', ⓒ은 '정상보다 낮음'이다.

○ 보기 풀이 ㄱ. 티록신의 내분비샘은 갑상샘이다.
ㄴ. 티록신의 농도가 높을수록 물질대사량이 증가하므로 물질대사량이 정상보다 증가한 A의 티록신 농도는 '정상보다 높음'(⊙)이며, 물질대사량이 정상보다 감소한 B의 티록신 농도는 '정상보다 낮음'(⊙)이다.

✕ 매력적 오답 ㄷ. 티록신 농도가 '정상보다 낮음'(ⓒ)인 B에게 티록신을 투여하면 투여 전보다 물질대사량이 증가한다.

문제풀이 **Tip**
티록신이 분비되는 내분비샘과 티록신의 작용에 대해 알고 자료에 적용할 수 있어야 한다.

Part II
수능 평가원

2024학년도 6월 평가원 11번 | 정답 ② | 문제편 **167 p**

**출제 의도** 자료를 분석하여 항이뇨 호르몬(ADH)에 의한 혈중의 삼투압 조절에 대해 알고 있는지 묻는 문항이다.

그림 (가)는 정상인의 혈중 항이뇨 호르몬(ADH) 농도에 따른 ㉠을, (나)는 정상인 A와 B 중 한 사람에게만 수분 공급을 중단하고 측정한 시간에 따른 ㉠을 나타낸 것이다. ㉠은 오줌 삼투압과 단위 시간당 오줌 생성량 중 하나이다.

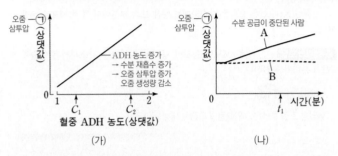

(가)                    (나)

이에 대한 설명으로 옳은 것만을 〈보기〉에서 있는 대로 고른 것은? (단, 제시된 조건 이외는 고려하지 않는다.) [3점]

〔보기〕
ㄱ. 단위 시간당 오줌 생성량은 $C_2$일 때가 $C_1$일 때보다 많다. <sub>적다</sub>
ㄴ. $t_1$일 때 $\dfrac{\text{B의 혈중 ADH 농도}}{\text{A의 혈중 ADH 농도}}$ 는 1보다 크다. <sub>작다</sub>
  수분 공급이 중단된 사람(A)의 혈중 ADH 농도>B의 혈중 ADH 농도
ㄷ. 콩팥은 ADH의 표적 기관이다.

① ㄱ　② ㄷ　③ ㄱ, ㄴ　④ ㄴ, ㄷ　⑤ ㄱ, ㄴ, ㄷ

---

**✓ 자료 해석**

• 혈중 ADH 농도가 높을수록 오줌 삼투압은 증가하고, 단위 시간당 오줌 생성량은 감소하므로 ㉠은 오줌 삼투압이다.
• A는 오줌 삼투압(㉠)이 증가하므로 수분 공급이 중단된 사람이다.

**○ 보기 풀이** ㄷ. ADH는 콩팥에 작용하여 수분 재흡수를 촉진하므로 ADH의 표적 기관은 콩팥이다.

**✕ 매력적 오답** ㄱ. 혈중 ADH 농도가 높을수록 단위 시간당 오줌 생성량은 감소하므로 단위 시간당 오줌 생성량은 혈중 ADH 농도가 낮은 $C_1$일 때가 $C_2$일 때보다 많다.

ㄴ. 수분 공급이 중단되면 혈중 ADH 농도가 증가하여 오줌 삼투압(㉠)이 증가한다. 따라서 오줌 삼투압(㉠)이 증가하는 A가 수분 공급이 중단된 사람이다. $t_1$일 때 A(수분 공급이 중단된 사람)의 혈중 ADH 농도는 B의 혈중 ADH 농도보다 높다.

**문제풀이 Tip**

ADH 농도에 따른 오줌 생성량, 오줌 삼투압, 혈장 삼투압 등의 변화를 알고 자료에 적용할 수 있어야 한다.

# 14 삼투압 조절

**출제 의도** 항이뇨 호르몬에 의한 삼투압 조절 과정에 대해 이해할 수 있는지를 묻는 문항이다.

그림은 사람 Ⅰ과 Ⅱ에서 전체 혈액량의 변화량에 따른 혈중 항이뇨 호르몬(ADH) 농도를 나타낸 것이다. Ⅰ과 Ⅱ는 'ADH가 정상적으로 분비되는 사람'과 'ADH가 과다하게 분비되는 사람'을 순서 없이 나타낸 것이다.

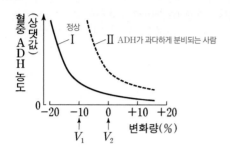

이에 대한 설명으로 옳은 것만을 〈보기〉에서 있는 대로 고른 것은? (단, 제시된 조건 이외는 고려하지 않는다.)

보기
ㄱ. ADH는 혈액을 통해 표적 세포로 이동한다.
ㄴ. ~~Ⅱ는 'ADH가 정상적으로 분비되는 사람'이다.~~ Ⅰ이 'ADH가 정상적으로 분비되는 사람'이다.
ㄷ. Ⅰ에서 단위 시간당 오줌 생성량은 $V_1$일 때가 $V_2$일 때보~~다 많다.~~ 혈중 ADH가 낮은 $V_2$일 때가 $V_1$일 때보다 많다.

① ㄱ   ② ㄴ   ③ ㄱ, ㄷ   ④ ㄴ, ㄷ   ⑤ ㄱ, ㄴ, ㄷ

---

**✔ 자료 해석**

- 혈장 삼투압을 조절하는 중추는 간뇌의 시상 하부이며, 혈장 삼투압이 달라지면 뇌하수체 후엽에서 항이뇨 호르몬(ADH) 분비량을 변화시켜 혈장 삼투압을 조절한다.
- 항이뇨 호르몬(ADH)은 콩팥에서 수분의 재흡수를 촉진하여 혈장 삼투압을 감소시키는 기능을 한다.
- 혈장 삼투압이 높을 때 : 간뇌의 시상 하부 자극 → 뇌하수체 후엽에서 항이뇨 호르몬(ADH)의 분비량 증가 → 콩팥에서 수분 재흡수 촉진 → 오줌 생성량 감소, 오줌 삼투압 증가 → 혈액량 증가, 높아진 혈장 삼투압을 정상으로 감소시킴
- 혈장 삼투압이 낮을 때 : 간뇌의 시상 하부 자극 억제 → 뇌하수체 후엽에서 항이뇨 호르몬(ADH)의 분비량 감소 → 콩팥에서 수분 재흡수 억제 → 오줌 생성량 증가, 오줌 삼투압 감소 → 혈액량 감소, 낮아진 혈장 삼투압을 정상으로 증가시킴

**○ 보기 풀이** ㄱ. 항이뇨 호르몬(ADH)은 뇌하수체 후엽(내분비샘)에서 생성되고, 혈액을 통해 표적 세포로 이동한 후 작용한다.

**✕ 매력적 오답** ㄴ. $V_2$일 때 혈중 ADH의 농도는 Ⅱ에서가 Ⅰ에서보다 높으므로 Ⅱ는 'ADH가 과다하게 분비되는 사람'이다.
ㄷ. Ⅰ에서 혈중 ADH 농도는 $V_1$일 때가 $V_2$일 때보다 높으므로 단위 시간당 오줌 생성량은 $V_1$일 때가 $V_2$일 때보다 적다.

**문제풀이 Tip**
혈장 삼투압이 높을 때와 낮을 때 항이뇨 호르몬(ADH)에 의한 삼투압 조절 과정을 자세하게 알아두고, 자료 분석 문항이 자주 출제되므로 관련 유형을 많이 풀어두도록 하자.

Part II

수능 평가원

## 15 혈당량 조절

**출제 의도** 혈당량 조절 과정에 대해 이해할 수 있는지를 묻는 문항이다.

그림 (가)와 (나)는 정상인 Ⅰ과 Ⅱ에서 ㉠과 ㉡의 변화를 각각 나타낸 것이다. $t_1$일 때 Ⅰ과 Ⅱ 중 한 사람에게만 인슐린을 투여하였다. ㉠과 ㉡은 각각 혈중 글루카곤 농도와 혈중 포도당 농도 중 하나이다.

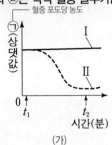

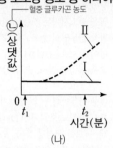

이에 대한 설명으로 옳은 것만을 〈보기〉에서 있는 대로 고른 것은? (단, 제시된 조건 이외는 고려하지 않는다.) [3점]

보기
ㄱ. 인슐린은 세포로의 포도당 흡수를 촉진한다.
　인슐린은 세포로의 포도당 흡수를 촉진하며 혈당량을 감소시킨다.
ㄴ. ㉡은 혈중 포도당 농도이다.
　㉠이 혈중 포도당 농도이다.
ㄷ. $\dfrac{Ⅰ의\ 혈중글루카곤농도}{Ⅱ의\ 혈중글루카곤농도}$ 는 $t_2$일 때가 $t_1$일 때보다 크다.
　작다.

① ㄱ　　② ㄴ　　③ ㄷ　　④ ㄱ, ㄴ　　⑤ ㄱ, ㄷ

✓ **자료 해석**

• 혈당량의 조절 중추는 간뇌이며, 혈당량은 자율 신경과 호르몬에 의해 일정하게 유지된다.
• 이자에서 분비되는 글루카곤과 인슐린의 길항 작용, 음성 피드백에 의해 혈당량이 일정하게 조절된다.
• 글루카곤은 이자의 $\alpha$세포에서 분비되어 간에서 글리코젠을 포도당으로 전환하는 과정을 촉진하여 혈당량을 증가시킨다.
• 인슐린은 이자의 $\beta$세포에서 분비되어 간에서 포도당을 글리코젠으로 전환하는 과정을 촉진하고, 세포로의 포도당 흡수를 촉진하여 혈당량을 감소시킨다.

○ **보기 풀이** 정상인 Ⅰ은 ㉠과 ㉡의 농도에 변화가 없으므로 인슐린은 Ⅱ에게 투여하였다. 정상인 Ⅱ에게 인슐린을 투여하면 포도당이 글리코젠으로 전환되는 과정이 촉진되므로 혈중 포도당 농도는 감소한다. 따라서 농도가 낮아지는 ㉠은 혈중 포도당 농도이다. 인슐린 투여 후 낮아진 혈당량을 높이기 위해 글루카곤의 농도가 증가하므로 ㉡은 혈중 글루카곤 농도이다.
ㄱ. 인슐린은 세포로의 포도당 흡수를 촉진하고, 간에서 포도당이 글리코젠으로 전환되는 과정을 촉진한다.

✕ **매력적 오답** ㄴ. 인슐린을 투여하면 혈중 포도당 농도가 감소하며, 낮아진 혈당량을 높이기 위해 혈중 글루카곤 농도가 증가한다. 따라서 ㉠은 혈중 포도당 농도, ㉡은 혈중 글루카곤 농도이다.
ㄷ. $t_1$일 때 혈중 글루카곤 농도(㉡)는 Ⅰ과 Ⅱ에서 같고, $t_2$일 때 혈중 글루카곤 농도(㉡)는 Ⅱ에서가 Ⅰ에서보다 높다. 따라서 $\dfrac{Ⅰ\ 혈중\ 글루카곤\ 농도}{Ⅱ\ 혈중\ 글루카곤\ 농도}$ 는 $t_1$일 때가 $t_2$일 때보다 작다.

**문제풀이 Tip**
혈당량이 높을 때와 낮을 때의 자율 신경과 호르몬에 의한 조절 과정에 대해 자세하게 살펴두자. 혈당량 조절 관련 문항도 자료 분석 문항이 자주 출제되고 있으므로 관련 유형을 많이 풀어두도록 하자.

## 16 삼투압 조절

2023학년도 9월 평가원 5번 | 정답 ① | 문제편 167p

출제 의도 뇌하수체 후엽에서 분비되는 항이뇨 호르몬에 의한 삼투압 조절 과정에 대해 이해하고 있는지를 묻는 문항이다.

그림은 어떤 동물 종에서 ㉠이 제거된 개체 Ⅰ과 정상 개체 Ⅱ에 각각 자극 ⓐ를 주고 측정한 단위 시간당 오줌 생성량을 시간에 따라 나타낸 것이다. ㉠은 뇌하수체 전엽과 뇌하수체 후엽 중 하나이고, ⓐ는 ㉠에서 호르몬 X의 분비를 촉진한다.
항이뇨 호르몬

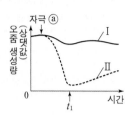

이에 대한 설명으로 옳은 것만을 〈보기〉에서 있는 대로 고른 것은? (단, 제시된 조건 이외는 고려하지 않는다.) [3점]

보기
ㄱ. ㉠은 뇌하수체 후엽이다.
　㉠에서 항이뇨 호르몬(X)이 분비되므로 ㉠은 뇌하수체 후엽이다.
ㄴ. $t_1$일 때 콩팥에서의 단위 시간당 수분 재흡수량은 Ⅰ에서가 Ⅱ에서보다 많다.
　적다.
ㄷ. $t_1$일 때 Ⅰ에게 항이뇨 호르몬(ADH)을 주사하면 생성되는 오줌의 삼투압이 감소한다.
　증가한다.

① ㄱ　② ㄴ　③ ㄷ　④ ㄱ, ㄴ　⑤ ㄱ, ㄷ

✔ 자료 해석
• 뇌하수체 후엽에서 분비되는 항이뇨 호르몬(ADH)은 콩팥에서 물의 재흡수를 촉진하여 혈장 삼투압을 감소시킨다.
• 혈장 삼투압이 정상보다 높을 때 : 항이뇨 호르몬 분비 증가 → 콩팥에서 물의 재흡수량 증가 → 혈액 내 물의 양 증가, 오줌 내 물의 양 감소 → 혈장 삼투압 감소, 오줌의 삼투압 증가
• 혈장 삼투압이 정상보다 낮을 때 : 항이뇨 호르몬 분비 감소 → 콩팥에서 물의 재흡수량 감소 → 혈액 내 물의 양 감소, 오줌 내 물의 양 증가 → 혈장 삼투압 증가, 오줌의 삼투압 감소

ⓞ 보기 풀이　ㄱ. 오줌 생성량에 영향을 미치는 X는 뇌하수체 후엽에서 분비되는 항이뇨 호르몬(ADH)이다. 따라서 ㉠은 뇌하수체 후엽이다.

✖ 매력적 오답　ㄴ. $t_1$일 때 오줌 생성량이 많은 Ⅰ에서가 오줌 생성량이 적은 Ⅱ에서보다 콩팥에서의 단위 시간당 수분 재흡수량이 적다.
ㄷ. 항이뇨 호르몬(ADH)은 콩팥에서의 수분 재흡수를 촉진하므로 혈중 항이뇨 호르몬(ADH)의 농도가 높을수록 오줌의 삼투압은 증가한다.

문제풀이 Tip
정상 개체 Ⅱ에 자극 ⓐ를 주었을 때 오줌 생성량이 감소하므로 ㉠은 뇌하수체 후엽이고, 호르몬 X는 뇌하수체 후엽에서 콩팥에서 물의 재흡수를 촉진하는 항이뇨 호르몬임을 알 수 있어야 한다. 혈장 삼투압이 정상보다 높거나 낮을 때의 조절 과정에 대해 살펴두도록 하자.

## 17 호르몬과 항상성

2023학년도 9월 평가원 7번 | 정답 ① | 문제편 168p

출제 의도 티록신의 조절 과정과 체온 조절 과정에 대해 이해하고 있는지를 묻는 문항이다.

다음은 사람의 항상성에 대한 자료이다.

(가) 티록신은 음성 피드백으로 ㉠에서의 TSH 분비를 조절한다.
　뇌하수체 전엽
　간뇌의 시상 하부
(나) ㉡체온 조절 중추에 ⓐ를 주면 피부 근처 혈관이 수축된다. ⓐ는 고온 자극과 저온 자극 중 하나이다. 저온 자극이 주어졌을 때의 반응

이에 대한 설명으로 옳은 것만을 〈보기〉에서 있는 대로 고른 것은?

보기
ㄱ. 티록신은 혈액을 통해 표적 세포로 이동한다.
ㄴ. ㉠과 ㉡은 모두 뇌줄기에 속한다.
　속하지 않는다.
ㄷ. ⓐ는 고온 자극이다.
　저온 자극이다.

① ㄱ　② ㄴ　③ ㄱ, ㄴ　④ ㄱ, ㄷ　⑤ ㄴ, ㄷ

✔ 자료 해석
• 티록신과 같은 호르몬은 내분비샘에서 생성되어 혈액을 통해 이동하다가 표적 기관(표적 세포)에 작용한다.
• 혈중 티록신 농도가 높아지면 음성 피드백에 의해 시상 하부의 TRH 분비와 뇌하수체 전엽의 TSH 분비가 각각 억제되어 혈중 티록신의 농도가 감소한다. 반면, 혈중 티록신 농도가 낮아지면 음성 피드백에 의해 시상 하부의 TRH 분비와 뇌하수체 전엽의 TSH 분비가 각각 촉진되어 혈중 티록신의 농도가 증가한다.
• 체온 조절 중추는 간뇌의 시상 하부이며, 저온 자극이 주어지면 피부 근처 혈관이 수축하므로 ⓐ는 저온 자극이다.

ⓞ 보기 풀이　ㄱ. 티록신과 같은 호르몬은 혈액을 통해 이동하다가 특정 호르몬 수용체를 가진 표적 세포에 작용한다.

✖ 매력적 오답　ㄴ. TSH를 분비하는 ㉠은 뇌하수체 전엽이고, 체온 조절 중추인 ㉡은 간뇌이다. 뇌하수체 전엽과 간뇌는 모두 뇌줄기에 속하지 않는다.
ㄷ. 피부 근처 혈관이 수축되는 반응은 저온 자극에서 일어나므로 ⓐ는 저온 자극이다.

문제풀이 Tip
음성 피드백에 의한 호르몬 분비 조절 및 신경과 호르몬에 의한 체온 조절 과정을 모두 알고 있어야 한다. 뇌줄기는 몸에서 일어나는 무의식적인 활동에 관여하는 주요 중추로, 중간뇌, 뇌교, 연수가 이에 해당한다.

## 18 혈당량 조절

2023학년도 9월 평가원 10번 | 정답 ② | 문제편 168p

출제 의도 혈당량 조절 과정에 대해 알고 있는지를 묻는 문항이다.

그림은 정상인이 Ⅰ과 Ⅱ일 때 혈중 글루카곤 농도의 변화를 나타낸 것이다. Ⅰ과 Ⅱ는 '혈중 포도당 농도가 높은 상태'와 '혈중 포도당 농도가 낮은 상태'를 순서 없이 나타낸 것이다.

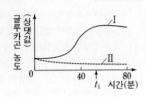

이에 대한 설명으로 옳은 것만을 〈보기〉에서 있는 대로 고른 것은? (단, 제시된 조건 이외는 고려하지 않는다.)

보기
ㄱ. Ⅰ은 '혈중 포도당 농도가 높은 상태'이다.
   '혈중 포도당 농도가 높은 상태'는 Ⅱ이다.
ㄴ. 이자의 α세포에서 글루카곤이 분비된다.
ㄷ. $t_1$일 때 $\dfrac{혈중\ 인슐린\ 농도}{혈중\ 글루카곤\ 농도}$ 는 Ⅰ에서가 Ⅱ에서보다 크다.
   Ⅱ에서가 Ⅰ에서보다 크다.

① ㄱ   ② ㄴ   ③ ㄷ   ④ ㄱ, ㄴ   ⑤ ㄴ, ㄷ

✓ 자료 해석
• 글루카곤은 이자의 α세포에서 분비되며, 간에서 글리코젠이 포도당으로 전환되는 과정을 촉진하여 혈당량을 증가시킨다.
• 인슐린은 이자의 β세포에서 분비되며, 간에서 포도당이 글리코젠으로 전환되는 과정과 조직 세포로의 포도당 흡수를 촉진하여 혈당량을 감소시킨다.
• 글루카곤은 혈중 포도당 농도가 낮은 상태에서 분비가 촉진되므로 Ⅰ은 '혈중 포도당 농도가 낮은 상태'이고, Ⅱ는 '혈중 포도당 농도가 높은 상태'이다.

○ 보기 풀이 ㄴ. 이자의 α세포에서 글루카곤이 분비되고, 이자의 β세포에서 인슐린 분비된다.

✕ 매력적오답 ㄱ. 글루카곤 분비가 촉진되면 혈중 포도당 농도가 증가한다. 따라서 혈중 글루카곤 농도를 상승시키는 Ⅰ은 '혈중 포도당 농도가 낮은 상태'이다.

ㄷ. 혈당량에 대해 길항 작용을 하는 인슐린과 글루카곤은 하나의 호르몬 농도가 증가하는 조건에서는 다른 호르몬의 농도는 감소한다. 따라서 $t_1$일 때 글루카곤 농도는 Ⅰ에서가 Ⅱ에서보다 높으므로 인슐린의 농도는 Ⅰ에서가 Ⅱ에서보다 낮다. 따라서 $t_1$일 때 $\dfrac{혈중\ 인슐린\ 농도}{혈중\ 글루카곤\ 농도}$ 는 Ⅰ에서가 Ⅱ에서보다 작다.

문제풀이 **Tip**
혈당량이 높을 때와 낮을 때 이자에서 분비되는 혈당량 조절 호르몬의 변화에 대해 이해할 수 있어야 한다. 글루카곤은 이자의 α세포에서 분비되어 혈당량을 증가시키고, 인슐린은 이자의 β세포에서 분비되어 혈당량을 감소시키는 호르몬이라는 것을 알아두자.

---

## 19 혈당량 조절

2023학년도 6월 평가원 16번 | 정답 ① | 문제편 168p

출제 의도 이자에서 분비되는 혈당량 조절 호르몬의 종류와 특징에 대해 이해하고 있는지를 묻는 문항이다.

그림 (가)는 정상인이 탄수화물을 섭취한 후 시간에 따른 혈중 호르몬 ㉠과 ㉡의 농도를, (나)는 이자의 세포 X와 Y에서 분비되는 ㉠과 ㉡을 나타낸 것이다. ㉠과 ㉡은 글루카곤과 인슐린을 순서 없이 나타낸 것이고, X와 Y는 α세포와 β세포를 순서 없이 나타낸 것이다.

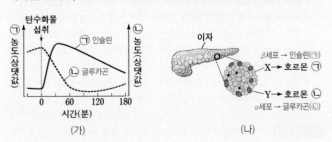

(가)                (나)

이에 대한 설명으로 옳은 것만을 〈보기〉에서 있는 대로 고른 것은?

보기
ㄱ. ㉠과 ㉡은 혈중 포도당 농도 조절에 길항적으로 작용한다.
ㄴ. ㉡은 간에서 포도당이 글리코젠으로 전환되는 과정을 촉진한다.
   인슐린(㉠)이 포도당이 글리코젠으로 전환되는 과정을 촉진한다.
ㄷ. X는 α세포이다.
   β세포

① ㄱ   ② ㄴ   ③ ㄱ, ㄷ   ④ ㄴ, ㄷ   ⑤ ㄱ, ㄴ, ㄷ

✓ 자료 해석
• 인슐린과 글루카곤은 각각 간에 작용하여 서로의 효과를 줄이는 과정을 거치면서 혈당량에 대해 길항적으로 작용한다.
• 인슐린은 이자의 β세포에서 분비되며, 간에 작용하여 포도당이 글리코젠으로 합성되는 과정을 촉진하고, 혈액에서 조직 세포로의 포도당 흡수를 촉진한다.
• 글루카곤은 이자의 α세포서 분비되며, 간에 작용하여 글리코젠이 포도당으로 전환되는 과정을 촉진하여 포도당을 혈액으로 방출한다.

○ 보기 풀이 탄수화물 섭취 후 ㉠의 농도가 증가하고, ㉡의 농도가 감소하므로 ㉠은 인슐린, ㉡은 글루카곤이다.
ㄱ. 이자에서 분비되는 인슐린(㉠)과 글루카곤(㉡)은 혈중 포도당 농도 조절에 길항적으로 작용한다.

✕ 매력적오답 ㄴ. 글루카곤(㉡)은 간에서 글리코젠이 포도당으로 전환되는 과정을 촉진한다.
ㄷ. X는 β세포, Y은 α세포이다.

문제풀이 **Tip**
혈당량 조절 관련 문항은 매년 수능에서 출제 가능성이 높으므로 자율 신경과 호르몬에 의해 혈당량이 일정하게 조절되는 원리에 대해 이해하고 있어야 한다.

## 20 호르몬과 내분비샘

출제 의도 호르몬의 종류와 특징에 대해 알고 있는지를 묻는 문항이다.

표는 사람의 호르몬과 이 호르몬이 분비되는 내분비샘을 나타낸 것이다. A와 B는 티록신과 항이뇨 호르몬(ADH)을 순서 없이 나타낸 것이다.

| 호르몬 | 내분비샘 |
|---|---|
| A 티록신 | 갑상샘 |
| B 항이뇨 호르몬 | 뇌하수체 후엽 |
| 갑상샘 자극 호르몬(TSH) | ㉠ 뇌하수체 전엽 |

이에 대한 설명으로 옳은 것만을 〈보기〉에서 있는 대로 고른 것은?

> 보기
> ㄱ. A는 티록신이다.
>   갑상샘에서 티록신(A)이 분비된다.
> ㄴ. B는 콩팥에서 물의 재흡수를 촉진한다.
>   뇌하수체 후엽에서 항이뇨 호르몬(B)이 분비된다.
> ㄷ. ㉠은 뇌하수체 전엽이다.

① ㄱ  ② ㄷ  ③ ㄱ, ㄴ  ④ ㄴ, ㄷ  ⑤ ㄱ, ㄴ, ㄷ

✔ 자료 해석

• 티록신(A)은 갑상샘에서 분비되는 호르몬으로, 물질대사를 촉진하는 기능을 한다.
• 항이뇨 호르몬(B)은 뇌하수체 후엽에서 분비되는 호르몬으로, 콩팥에서 물의 재흡수를 촉진하는 기능을 한다.
• 뇌하수체 전엽(㉠)에서는 생장 호르몬, 갑상샘 자극 호르(TSH), 부신 겉질 자극 호르몬(ACTH), 생식샘 자극 호르몬이 분비된다.

○ 보기 풀이 ㄱ. A는 갑상샘에서 분비되므로 티록신이다.
ㄴ. B는 뇌하수체 후엽에서 분비되므로 항이뇨 호르몬(ADH)이다. 항이뇨 호르몬(ADH, B)은 콩팥에서 물의 재흡수를 촉진한다.
ㄷ. 갑상샘 자극 호르몬(TSH)은 뇌하수체 전엽에서 분비된다.

문제풀이 Tip

우리 몸의 주요 내분비샘과 각 내분비샘에서 분비되는 호르몬의 종류와 기능에 대해 알고 있으면 쉽게 해결할 수 있는 수준으로 출제되었다.

## 21 체온 조절

출제 의도 간뇌의 시상 하부에 의한 체온 조절의 원리에 대해 묻는 문항이다.

그림 (가)와 (나)는 정상인이 서로 다른 온도의 물에 들어갔을 때 체온의 변화와 A, B의 변화를 각각 나타낸 것이다. A와 B는 땀 분비량과 열 발생량(열 생산량)을 순서 없이 나타낸 것이고, ㉠과 ㉡은 '체온보다 낮은 온도의 물에 들어갔을 때'와 '체온보다 높은 온도의 물에 들어갔을 때'를 순서 없이 나타낸 것이다.

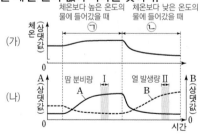

이에 대한 설명으로 옳은 것만을 〈보기〉에서 있는 대로 고른 것은?
[3점]

> 보기
> ㄱ. ㉠은 '체온보다 낮은 온도의 물에 들어갔을 때'이다.
>   ㉠은 '체온보다 높은 온도의 물에 들어갔을 때'이다.
> ㄴ. 열 발생량은 구간 Ⅰ에서가 구간 Ⅱ에서보다 많다.
>   열 발생량은 구간 Ⅰ에서가 구간 Ⅱ에서보다 적다.
> ㄷ. 시상 하부가 체온보다 높은 온도를 감지하면 땀 분비량은 증가한다.
>   시상 하부가 체온보다 높은 온도를 감지하면 땀 분비량은 증가하고, 열 발생량은 감소한다.

① ㄱ  ② ㄷ  ③ ㄱ, ㄴ  ④ ㄴ, ㄷ  ⑤ ㄴ, ㄷ

✔ 자료 해석

• ㉠에서 체온이 상승하므로 ㉠은 체온보다 높은 온도의 물에 들어갔을 때이고, ㉡에서 체온이 하강하므로 ㉡은 체온보다 낮은 온도의 물에 들어갔을 때이다.
• 체온 변화 감지와 조절의 중추는 간뇌의 시상 하부이다. 간뇌의 시상 하부는 자율 신경과 호르몬의 작용으로 열 발생량과 열 발산량을 조절함으로써 체온을 일정하게 유지시킨다.
• 체온보다 높은 온도의 물에 들어갔을 때는 체온을 정상 수준으로 낮추기 위해 열 발생량(열 생산량)을 감소시키고, 땀 분비량을 증가시킨다. 반대로 체온보다 낮은 온도의 물에 들어갔을 때는 체온을 정상 수준으로 높이기 위해 열 발생량(열 생산량)을 증가시키고, 땀 분비량을 감소시킨다. 따라서 A는 땀 분비량이고, B는 열 발생량(열 생산량)이다.

○ 보기 풀이 ㄷ. 시상 하부가 체온보다 높은 온도를 감지하면 높아진 온도를 낮추기 위한 땀의 분비량이 증가한다.

✕ 매력적 오답 ㄱ. ㉠의 초반부에서 체온이 상승하므로 ㉠은 '체온보다 높은 온도의 물에 들어갔을 때'이다.
ㄴ. ㉠에서 상승하는 A는 땀 분비량이고, ㉡에서 상승하는 B는 열 발생량이다. 따라서 열 발생량은 구간 Ⅱ에서가 구간 Ⅰ에서보다 많다.

문제풀이 Tip

체온 조절에 대한 문항으로, 간뇌의 시상 하부에서의 체온 조절 원리를 알아야 한다. 신경계와 내분비계의 조절 작용을 통한 체온 조절에 대해 자세한 과정이 출제될 수 있으므로, 관련 개념을 자세히 숙지해 두어야 한다.

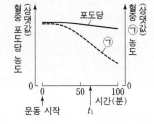
## 22 혈당량 조절

출제 의도 운동 시 호르몬에 의한 혈당량 조절 과정에 대해 묻는 문항이다.

그림은 정상인이 운동을 하는 동안 혈중 포도당 농도와 혈중 ㉠ 농도의 변화를 나타낸 것이다. ㉠은 글루카곤과 인슐린 중 하나이다.

이에 대한 설명으로 옳은 것만을 〈보기〉에서 있는 대로 고른 것은? (단, 제시된 조건 이외는 고려하지 않는다.)

보기
ㄱ. 이자의 α세포에서 글루카곤이 분비된다.
　　이자의 α세포에서 글루카곤이, β세포에서 인슐린이 분비된다.
ㄴ. ㉠은 세포로의 포도당 흡수를 촉진한다.
　　인슐린(㉠)은 조직 세포로의 포도당 흡수를 촉진한다.
ㄷ. 간에서 단위 시간당 생성되는 포도당의 양은 운동 시작 시점일 때가 t₁일 때보다 많다.
　　　　　　　　　　　　　　　　　　적다.

① ㄱ　② ㄷ　③ ㄱ, ㄴ　④ ㄴ, ㄷ　⑤ ㄱ, ㄴ, ㄷ

✓ 자료 해석
• 운동 시작 이후 혈중 ㉠ 농도가 감소하므로 ㉠은 인슐린이다. 인슐린은 혈액에서 조직 세포로의 포도당 흡수를 촉진한다.
• 글루카곤에 의해 간에서 글리코젠이 포도당으로 전환되는 과정이 촉진된다. 따라서 간에서 단위 시간당 생성되는 포도당의 양은 운동 시작 시점일 때가 $t_1$일 때보다 적다.

○ 보기 풀이 ㄱ. 이자의 α세포에서는 글루카곤이 분비된다.
ㄴ. 정상인이 운동을 하는 동안에는 운동을 하지 않을 때보다 포도당 소비가 증가한다. 그럼에도 불구하고 혈중 포도당 농도가 거의 일정하게 유지되는 것은 인슐린의 농도가 감소하고 글루카곤의 농도가 증가하기 때문이다. ㉠은 포도당의 흡수를 촉진하는 인슐린이다.

✕ 매력적 오답 ㄷ. 간에서 글리코젠의 분해로 단위 시간당 생성되는 포도당의 양은 인슐린의 농도가 상대적으로 낮고, 글루카곤의 농도가 상대적으로 높은 $t_1$일 때가 인슐린의 농도가 상대적으로 높고 글루카곤의 농도가 상대적으로 낮은 시점인 운동 시작 시점보다 많다.

문제풀이 **Tip**
혈당량 조절에 대한 문항으로, 운동 시작 후 글루카곤과 인슐린에 의한 혈당량 조절 과정을 알아야 한다. 운동 시작 후 혈중 글루카곤 농도 변화 그래프와 함께 관련 원리를 알아두도록 하자.

---

## 23 혈당량 조절

출제 의도 인슐린과 글루카곤에 의한 혈당량 조절 과정에 대해 묻는 문항이다.

그림 (가)는 정상인이 탄수화물을 섭취한 후 시간에 따른 혈중 호르몬 ㉠과 ㉡의 농도를, (나)는 간에서 ㉡에 의해 촉진되는 물질 A에서 B로의 전환을 나타낸 것이다. ㉠과 ㉡은 인슐린과 글루카곤을 순서 없이 나타낸 것이고, A와 B는 포도당과 글리코젠을 순서 없이 나타낸 것이다.

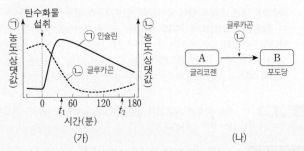

(가)　　　　　　　　　(나)

이에 대한 설명으로 옳은 것만을 〈보기〉에서 있는 대로 고른 것은?
[3점]

보기
ㄱ. B는 글리코젠이다. A는 글리코젠, B는 포도당이다.
ㄴ. 혈중 포도당 농도는 t₁일 때가 t₂일 때보다 낮다.
　　혈중 포도당 농도는 t₁일 때가 t₂일 때보다 높다.
ㄷ. ㉠과 ㉡은 혈중 포도당 농도 조절에 길항적으로 작용한다.
　　인슐린(㉠)과 글루카곤(㉡)은 혈당 조절에 대해 길항적으로 작용한다.

① ㄱ　② ㄴ　③ ㄱ, ㄴ　④ ㄱ, ㄷ　⑤ ㄴ, ㄷ

✓ 자료 해석
• 탄수화물을 섭취한 후 혈당량이 증가하면 인슐린의 농도가 증가하고 글루카곤의 농도는 감소하여 혈당량이 점차 낮아진다. 따라서 ㉠은 인슐린, ㉡은 글루카곤이며, 혈중 포도당의 농도는 $t_1$일 때가 $t_2$일 때보다 높다.
• 인슐린(㉠)은 포도당이 글리코젠으로 합성되는 과정을 촉진하여 혈당량을 정상 범위까지 낮추며, 글루카곤(㉡)은 글리코젠이 포도당으로 분해되는 과정을 촉진하여 혈당량을 정상 범위까지 높인다. 따라서 A는 글리코젠이고, B는 포도당이다.
• 길항 작용은 두 가지 요인이 같은 기관에 대해 서로 반대되는 작용을 하여 서로의 효과를 줄이는 것을 말한다. 인슐린(㉠)과 글루카곤(㉡)은 각각 간에 작용하여 혈중 포도당 농도 조절에 대해 길항적으로 작용하여 혈당량을 일정하게 유지되게 한다.

○ 보기 풀이 탄수화물 섭취 후 혈중 ㉠의 농도가 증가하고, 혈중 ㉡의 농도가 감소하므로 ㉠은 인슐린, ㉡은 글루카곤이다. 글루카곤은 간에서 글리코젠이 포도당으로 분해되는 과정을 촉진하므로 A는 글리코젠, B는 포도당이다.
ㄷ. 이자에서 분비되는 인슐린(㉠)과 글루카곤(㉡)은 혈중 포도당 농도 조절에 대해 길항적으로 작용한다.

✕ 매력적 오답 ㄱ. B는 포도당이다.
ㄴ. 혈중 인슐린(㉠)의 농도는 $t_1$일 때가 $t_2$일 때보다 높으므로 혈중 포도당 농도는 $t_1$일 때가 $t_2$일 때보다 높다.

문제풀이 **Tip**
혈당량 조절에 대한 문항으로, 인슐린과 글루카곤에 의한 혈당량 조절 과정을 알고 있어야 한다. 식사를 하거나 운동을 한 후 혈중 포도당 농도, 인슐린과 글루카곤의 농도 변화를 비교하는 문항이 자주 출제되므로 관련 문제를 풀면서 개념을 정확하게 이해해 두도록 하자.

## 24 호르몬

출제 의도 호르몬의 특징과 음성 피드백의 원리에 대해 묻는 문항이다.

표는 사람 몸에서 분비되는 호르몬 ㉠과 ㉡의 기능을 나타낸 것이다. ㉠과 ㉡은 항이뇨 호르몬(ADH)과 갑상샘 자극 호르몬(TSH)을 순서 없이 나타낸 것이다.

| 호르몬 | 기능 |
|---|---|
| ㉠ ADH | 콩팥에서 물의 재흡수를 촉진한다. |
| ㉡ TSH | 갑상샘에서 티록신의 분비를 촉진한다. |

이에 대한 설명으로 옳은 것만을 〈보기〉에서 있는 대로 고른 것은?

─ 보기 ─
ㄱ. ㉠은 혈액을 통해 콩팥으로 이동한다.
　호르몬인 ADH(㉠)는 혈액을 통해 콩팥으로 이동한다.
ㄴ. 뇌하수체에서는 ㉠과 ㉡이 모두 분비된다.
　뇌하수체 후엽에서 ADH(㉠)가, 뇌하수체 전엽에서 TSH(㉡)가 분비된다.
ㄷ. 혈중 티록신 농도가 증가하면 ㉡의 분비가 촉진된다.
　혈중 티록신 농도가 증가하면 TSH(㉡)의 분비가 억제된다.

① ㄱ　② ㄷ　③ ㄱ, ㄴ　④ ㄴ, ㄷ　⑤ ㄱ, ㄴ, ㄷ

✓ 자료 해석
• 호르몬은 분비관이 없는 내분비샘에서 생성되어 혈액이나 조직액으로 분비된다. 이후 혈액을 따라 이동하다가 특정 호르몬 수용체를 가진 표적 세포(기관)에 작용한다.
• 혈중 티록신의 농도가 증가하면 음성 피드백 작용을 통해 시상 하부의 TRH 분비와 뇌하수체 전엽의 TSH 분비가 각각 억제되어 혈중 티록신의 농도가 감소한다.

○ 보기 풀이 ㄱ. ㉠은 콩팥에서 물의 재흡수를 촉진하므로 항이뇨 호르몬(ADH)이고, ㉡은 갑상샘에서 티록신의 분비를 촉진하므로 갑상샘 자극 호르몬(TSH)이다. 항이뇨 호르몬(㉠)은 혈액을 통해 표적 기관인 콩팥으로 이동하여 수분 재흡수를 촉진한다.
ㄴ. 항이뇨 호르몬(㉠)은 뇌하수체 후엽에서, 갑상샘 자극 호르몬(㉡)은 뇌하수체 전엽에서 분비된다.

✗ 매력적 오답 ㄷ. 티록신은 갑상샘 자극 호르몬 방출 호르몬(TRH)과 갑상샘 자극 호르몬(TSH)의 분비를 억제한다. 따라서 혈중 티록신 농도가 증가하면 갑상샘 자극 호르몬(㉡)의 분비가 억제된다.

문제풀이 Tip
호르몬의 종류와 특징에 대해 묻는 문항으로, 항이뇨 호르몬과 갑상샘 자극 호르몬의 기능을 알고 있어야 한다. 이외에도 호르몬과 신경의 작용 비교, 사람의 내분비샘과 호르몬, 음성 피드백과 길항 작용 등이 출제될 수 있으므로 관련 문항을 풀어두도록 하자.

## 25 체온 조절

출제 의도 시상 하부에 의한 체온 조절 과정에 대해 묻는 문항이다.

그림은 사람의 시상 하부에 설정된 온도가 변화함에 따른 체온 변화를 나타낸 것이다. 시상 하부에 설정된 온도는 열 발산량(열 방출량)과 열 발생량(열 생산량)을 변화시켜 체온을 조절하는 데 기준이 되는 온도이다.

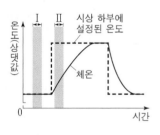

이에 대한 설명으로 옳은 것만을 〈보기〉에서 있는 대로 고른 것은?

─ 보기 ─
ㄱ. 시상 하부에 설정된 온도가 체온보다 낮아지면 체온이 내려간다.
ㄴ. 열 발생량 / 열 발산량 은 구간 Ⅱ에서가 구간 Ⅰ에서보다 크다.
　열 발생량은 Ⅱ > Ⅰ이고 열 발산량은 Ⅱ < Ⅰ이다.
ㄷ. 피부 근처 혈관을 흐르는 단위 시간당 혈액량이 증가하면 열 발산량이 감소한다.
　피부 근처 혈관을 흐르는 혈액량이 증가하면 열 발산량이 증가한다.

① ㄱ　② ㄴ　③ ㄷ　④ ㄱ, ㄴ　⑤ ㄴ, ㄷ

✓ 자료 해석
• 체온 변화 감지와 조절의 중추는 간뇌의 시상 하부이다. 자율 신경과 호르몬의 작용으로 열 발생량(열 생산량)과 열 발산량(열 방출량)을 조절함으로써 체온을 일정하게 유지한다.
• 문제의 그래프에서 시상 하부에 설정된 온도(점선)가 체온(실선)보다 높아지면 체온이 올라가고, 반대로 시상 하부에 설정된 온도(점선)가 체온(실선)보다 낮아지면 체온이 내려간다는 것을 알 수 있다.
• 시상 하부에 설정된 온도가 높아지면 체온이 올라가는데, 이는 물질대사가 촉진되어 열 발생량이 증가하고 피부 근처 혈관의 수축으로 피부 근처 혈관을 흐르는 혈액량이 감소하여 열 발산량이 감소한 결과이다.

○ 보기 풀이 ㄱ. 체온 조절의 중추는 시상 하부이다. 그래프를 통해 시상 하부에 설정된 온도가 체온보다 높아지면 체온이 올라가고, 시상 하부에 설정된 온도가 체온보다 낮아지면 체온이 내려간다는 것을 알 수 있다.
ㄴ. 구간 Ⅰ에서는 체온 변화가 없고 구간 Ⅱ에서는 체온이 올라가므로 열 발생량은 구간 Ⅰ에서가 구간 Ⅱ에서보다 적고, 열 발산량은 구간 Ⅰ에서가 구간 Ⅱ에서보다 많다. 따라서 열 발생량 / 열 발산량 은 구간 Ⅱ에서가 구간 Ⅰ에서보다 크다.

✗ 매력적 오답 ㄷ. 피부 근처 혈관을 흐르는 단위 시간당 혈액량이 증가하면 열 발산량이 증가한다.

문제풀이 Tip
체온 조절 과정에 대한 문항으로, 체온 조절 과정에서 시상 하부와 체온과의 관계를 이해하고 있어야 한다. 수능에서 항상성에 대한 문항은 주로 혈당량과 혈장 삼투압에 대한 문항이 출제되고 있었으나, 작년부터 체온 조절에 관한 문항도 출제되고 있으므로 자세하게 알아두도록 하자.

## 26 삼투압 조절

출제 의도 혈중 항이뇨 호르몬(ADH) 농도에 따른 오줌 삼투압과 단위 시간당 오줌 생성량에 대해 묻는 문항이다.

그림은 정상인의 혈중 항이뇨 호르몬(ADH) 농도에 따른 ㉠을 나타낸 것이다. ㉠은 오줌 삼투압과 단위 시간당 오줌 생성량 중 하나이다.

이에 대한 설명으로 옳은 것만을 〈보기〉에서 있는 대로 고른 것은? (단, 제시된 자료 이외에 체내 수분량에 영향을 미치는 요인은 없다.)

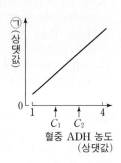

┌─ 보기 ─────────────────────────┐
ㄱ. ADH는 뇌하수체 후엽에서 분비된다.
   항이뇨 호르몬(ADH)은 뇌하수체 후엽에서 분비된다.
ㄴ. ㉠은 단위 시간당 오줌 생성량이다.
   ㉠은 오줌 삼투압이다.
ㄷ. 콩팥에서의 단위 시간당 수분 재흡수량은 $C_1$일 때가 $C_2$일 때보다 많다. $C_1$일 때가 $C_2$일 때보다 적다.
└────────────────────────────┘

① ㄱ　② ㄴ　③ ㄷ　④ ㄱ, ㄴ　⑤ ㄱ, ㄷ

### ✔ 자료 해석

• 항이뇨 호르몬(ADH)은 뇌하수체 후엽에서 분비되며, 콩팥에서 물의 재흡수를 촉진하여 혈장 삼투압을 감소시킨다.

• 혈중 ADH 농도가 증가하면 콩팥에서 물의 재흡수량이 증가한다. 그 결과 혈액 내 수분의 양은 증가하고 오줌 내 물의 양은 감소하여, 혈장 삼투압은 감소, 오줌의 삼투압은 증가, 단위 시간당 오줌 생성량은 감소한다. 따라서 ㉠은 오줌 삼투압이다.

• 혈중 AHD 농도가 증가할수록 콩팥에서 물의 재흡수량이 증가하므로, 콩팥에서의 단위 시간당 수분 재흡수량은 $C_1$일 때가 $C_2$일 때보다 적다.

### ○ 보기 풀이

ㄱ. ADH는 뇌하수체 후엽에서 분비되어 콩팥에 작용한다.

### ✕ 매력적 오답

ㄴ. 혈중 ADH 농도가 증가할수록 ㉠이 증가하므로 ㉠은 오줌 삼투압이다.

ㄷ. 콩팥에서 단위 시간당 수분 재흡수량은 ADH의 농도가 높을수록 증가하므로 $C_1$일 때가 $C_2$일 때보다 적다.

### 문제풀이 Tip

삼투압 조절에 대한 문항으로, 혈중 삼투압 농도에 따른 오줌 생성량 및 오줌 삼투압과의 관계를 이해하고 있어야 한다. 혈장 삼투압이 정상 범위보다 높을 때와 낮을 때 각각의 변화 양상에 대한 조절 과정의 이해와 함께 혈장 삼투압에 따른 혈중 ADH 농도 그래프, 전체 혈액량에 따른 혈중 ADH 농도 그래프도 익혀두도록 하자.

---

## 27 체온 조절

출제 의도 고온 자극과 저온 자극이 주어졌을 때의 체온 조절 과정에 대해 묻는 문항이다.

그림은 어떤 동물의 체온 조절 중추에 ㉠ 자극과 ㉡ 자극을 주었을 때 시간에 따른 체온을 나타낸 것이다. ㉠과 ㉡은 고온과 저온을 순서 없이 나타낸 것이다.

이에 대한 설명으로 옳은 것만을 〈보기〉에서 있는 대로 고른 것은? [3점]

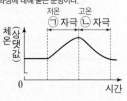

┌─ 보기 ─────────────────────────┐
ㄱ. ㉠은 고온이다. ㉠은 저온, ㉡은 고온이다.
ㄴ. 사람의 체온 조절 중추에 ㉡ 자극을 주면 피부 근처 혈관이 수축된다. 고온(㉡) 자극을 주면 피부 근처 혈관이 확장된다.
ㄷ. 사람의 체온 조절 중추는 시상 하부이다.
└────────────────────────────┘

① ㄱ　② ㄴ　③ ㄷ　④ ㄱ, ㄴ　⑤ ㄱ, ㄷ

### ✔ 자료 해석

• 고온 자극이 주어졌을 때는 열 발생량이 감소하고 열 발산량이 증가하여 체온을 정상 범위로 낮춘다. 반대로 저온 자극이 주어졌을 때는 열 발생량이 증가하고 열 발산량이 감소하여 체온을 정상 범위로 높인다. 따라서 ㉠은 저온, ㉡은 고온이다.

• 사람의 체온 조절 중추에 고온(㉡) 자극을 주면 피부 근처 혈관이 확장되어 피부 근처를 흐르는 혈액의 양이 증가함으로써 열 발산량을 증가시킨다.

• 체온 변화 감지와 조절의 중추는 간뇌의 시상 하부이다. 체온은 자율 신경과 호르몬의 작용으로 열 발생량과 열 발산량을 조절함으로써 일정하게 유지된다.

### ○ 보기 풀이

ㄷ. 사람의 체온 조절 중추는 시상 하부이다.

### ✕ 매력적 오답

ㄱ. 체온 조절 중추에 ㉠ 자극을 주었을 때 체온이 상승하였으므로 ㉠은 저온, ㉡은 고온이다.

ㄴ. 사람의 체온 조절 중추에 고온 자극을 주면 피부 근처 혈관이 확장된다.

### 문제풀이 Tip

체온 조절 과정에 대한 문항으로, 체온 조절 중추(간뇌의 시상 하부)와 체온과의 관계를 이해하고 있어야 한다. 고온 자극을 주었을 때와 저온 자극을 주었을 때 체내에서 일어나는 신경계와 호르몬에 의한 체온 조절 과정을 자세하게 알아두도록 하자.

## 28 당뇨병과 혈당량 조절

출제 의도 탄수화물과 인슐린을 주사했을 때 두 당뇨병 환자의 혈중 포도당 농도 변화를 통해 당뇨병의 원인을 파악하는지 확인하는 문항이다.

그림은 당뇨병 환자 A와 B가 탄수화물을 섭취한 후 인슐린을 주사하였을 때 시간에 따른 혈중 포도당 농도를, 표는 당뇨병 (가)와 (나)의 원인을 나타낸 것이다. A와 B의 당뇨병은 각각 (가)와 (나) 중 하나에 해당한다. ㉠은 α세포와 β세포 중 하나이다.

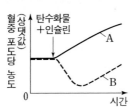

| 당뇨병 | 원인 |
|---|---|
| (가) | 이자의 ㉠이 파괴되어 인슐린이 생성되지 못함. |
| (나) | 인슐린의 표적 세포가 인슐린에 반응하지 못함. |

이에 대한 설명으로 옳은 것만을 〈보기〉에서 있는 대로 고른 것은? (단, 제시된 조건 이외는 고려하지 않는다.) [3점]

보기
ㄱ. ㉠은 β세포이다.
ㄴ. B의 당뇨병은 (나)에 해당한다.
　A의 당뇨병은 (나)에, B의 당뇨병은 (가)에 해당한다.
ㄷ. 정상인에서 혈중 포도당 농도가 증가하면 인슐린의 분비가 억제된다. 인슐린의 분비가 촉진된다.

① ㄱ　② ㄴ　③ ㄷ　④ ㄱ, ㄴ　⑤ ㄴ, ㄷ

✔ 자료 해석
• 탄수화물을 섭취한 후 인슐린을 주사하였을 때 A는 혈중 포도당 농도가 증가하였고, B는 혈중 포도당 농도가 감소 후 원상태로 복귀하였다. 즉, A는 주사한 인슐린의 영향이 미치지 않지만 B는 인슐린에 의한 혈당량 감소 효과가 나타난 것이다. 따라서 A는 인슐린의 표적 세포가 인슐린에 반응하지 못하는 (나)에 해당하며, B는 이자의 β세포(㉠)가 파괴되어 인슐린이 생성되지 못하는 (가)에 해당한다.

○ 보기 풀이 ㄱ. 인슐린은 이자의 β세포(㉠)에서 분비된다.

✕ 매력적 오답 ㄴ. B의 당뇨병은 (가)에, A의 당뇨병은 (나)에 해당한다.
ㄷ. 정상인에서 혈중 포도당 농도가 증가하면 이자에서 인슐린의 분비가 촉진한다.

문제풀이 Tip
당뇨병은 (가)와 같이 인슐린 분비량이 부족하여 발병하는 인슐린 의존성 당뇨병과 (나)와 같이 인슐린에 대한 표적 세포의 반응성이 감소하여 발병하는 인슐린 비의존성 당뇨병이 있다. 혈당량 조절 및 대사성 질환과 함께 출제될 수 있으니 연관 있는 단원의 내용끼리 함께 공부해 두자.

## 29 삼투압 조절

출제 의도 정상인에서 혈장 삼투압에 따른 ADH 농도 변화 및 갈증 정도를 파악하는지 확인하는 문항이다.

그림 (가)와 (나)는 정상인에서 ㉠의 변화량에 따른 혈중 항이뇨 호르몬(ADH) 농도와 갈증을 느끼는 정도를 각각 나타낸 것이다. ㉠은 혈장 삼투압과 전체 혈액량 중 하나이다.

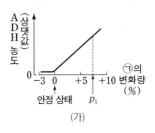
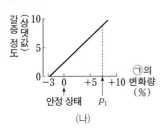

이에 대한 설명으로 옳은 것만을 〈보기〉에서 있는 대로 고른 것은? (단, 제시된 자료 이외에 체내 수분량에 영향을 미치는 요인은 없다.) [3점]

보기
ㄱ. ㉠은 혈장 삼투압이다.
ㄴ. 생성되는 오줌의 삼투압은 안정 상태일 때가 $p_1$일 때보다 크다. 안정 상태일 때가 $p_1$일 때보다 작다.
ㄷ. 갈증을 느끼는 정도는 안정 상태일 때가 $p_1$일 때보다 크다.
　갈증을 느끼는 정도는 안정 상태일 때가 $p_1$일 때보다 작다.

① ㄱ　② ㄴ　③ ㄷ　④ ㄱ, ㄴ　⑤ ㄱ, ㄷ

✔ 자료 해석
• 항이뇨 호르몬(ADH)은 콩팥에서 수분의 재흡수를 촉진하여 혈장 삼투압을 감소시키는 기능을 한다.
• 혈장 삼투압이 정상 범위보다 높을 때 : 간뇌의 시상 하부가 감지하여 뇌하수체 후엽에서 항이뇨 호르몬(ADH)의 분비량을 증가시키면 콩팥에서 물의 재흡수량이 증가한다. 그 결과 혈액 내 물의 수분의 양이 증가하고 오줌의 양이 감소하여, 혈장 삼투압은 감소하고 오줌의 삼투압은 증가한다.

○ 보기 풀이 ㄱ. ㉠의 변화량이 증가함에 따라 혈중 항이뇨 호르몬(ADH) 농도가 증가하므로 ㉠은 혈장 삼투압이다.

✕ 매력적 오답 ㄴ. $p_1$일 때가 안정 상태일 때보다 ADH 농도가 높으므로 오줌의 삼투압은 $p_1$일 때가 안정 상태일 때보다 크다.
ㄷ. 갈증을 느끼는 정도는 혈장 삼투압(㉠)이 높을수록 크다. 따라서 갈증을 느끼는 정도는 $p_1$일 때가 안정 상태일 때보다 크다.

문제풀이 Tip
혈장 삼투압 및 전체 혈액량에 따른 혈중 ADH 농도를 묻는 문항은 자주 출제되고 있다. 따라서 교과서를 통해 관련 개념을 확실히 암기해 두고, 기출 문항을 통해 여러 형태의 그래프를 익혀가며 학습해 두자.

Part II 수능 평가원

# 30 티록신 분비 조절

출제의도 티록신의 분비 조절 과정에 대한 실험을 분석하여 음성 피드백에 의한 티록신의 분비 조절 과정을 파악하는지 확인하는 문항이다.

**다음은 티록신의 분비 조절 과정에 대한 실험이다.**

> • ㉠과 ㉡은 각각 티록신과 TSH 중 하나이다.
> [실험 과정 및 결과]
> (가) 유전적으로 동일한 생쥐 A, B, C를 준비한다.
> (나) B와 C의 갑상샘을 각각 제거한 후, A~C에서 혈중 ㉠의 농도를 측정한다.
> (다) (나)의 B와 C 중 한 생쥐에만 ㉠을 주사한 후, A~C에서 혈중 ㉡의 농도를 측정한다.
> (라) (나)와 (다)에서 측정한 결과는 그림과 같다.
>
> 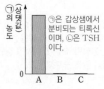 ㉠은 갑상샘에서 분비되는 티록신이며, ㉡은 TSH이다.
>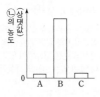

이에 대한 설명으로 옳은 것만을 〈보기〉에서 있는 대로 고른 것은? (단, 제시된 조건 이외는 고려하지 않는다.)

> [보기]
> ㄱ. 갑상샘은 ㉡의 표적 기관이다.
> 　TSH(㉡)는 갑상샘을 자극하여 티록신의 분비를 촉진한다.
> ㄴ. (다)에서 ㉠을 주사한 생쥐는 ~~B~~이다.
> 　　　　　　　　　　　　　　　　C이다.
> ㄷ. 티록신의 분비는 음성 피드백에 의해 조절된다.

① ㄱ　② ㄴ　③ ㄱ, ㄷ　④ ㄴ, ㄷ　⑤ ㄱ, ㄴ, ㄷ

✓ 자료 해석
• 티록신의 분비 : 시상 하부에서 분비된 TRH(갑상샘 자극 호르몬 방출 호르몬)가 뇌하수체 전엽을 자극하여 TSH(갑상샘 자극 호르몬)의 분비를 촉진하면 TSH에 의해 갑상샘에서 티록신의 분비가 촉진된다.
• 음성 피드백 : 혈중 티록신의 농도가 정상 범위보다 증가하면 티록신에 의해 시상 하부의 TRH와 뇌하수체 전엽의 TSH 분비가 각각 억제되어 혈중 티록신의 농도가 감소한다.

○ 보기 풀이 ㄱ. 갑상샘을 제거한 쥐에서는 티록신의 농도는 낮으며, 낮은 티록신 농도로 인해 TRH와 TSH의 농도는 높게 유지된다. 따라서 ㉠은 티록신이고, ㉡은 TSH이다. 갑상샘은 갑상샘 자극 호르몬(TSH)의 표적 기관이다.
ㄷ. 티록신의 분비가 과다하면 시상 하부에서 TRH의 분비와 뇌하수체 전엽에서 TSH의 분비가 억제되고, 티록신의 분비가 부족하면 반대로 시상 하부에서 TRH의 분비와 뇌하수체 전엽에서 TSH의 분비가 촉진된다. 이와 같이 최종 결과물인 티록신이 초기 단계를 억제하는 조절을 음성 피드백이라고 한다.

✕ 매력적 오답 ㄴ. ㉠을 주사하면 음성 피드백 작용에 의해 TSH의 농도가 감소하므로 ㉠을 주사한 생쥐는 C이다.

문제풀이 **Tip**
티록신의 분비 조절 경로와 음성 피드백 원리를 이해하고 있다면 어렵지 않게 해결할 수 있는 문항이다. 음성 피드백은 티록신뿐만 아니라 다른 호르몬 분비에도 적용되어 조절되는 방식임을 이해해 두고, 티록신 분비 조절에 이상이 생겨 발병하는 갑상샘종에 대해서도 알아두도록 하자.

---

# 31 티록신 분비 조절

출제의도 호르몬의 특성 및 음성 피드백에 의한 티록신의 분비 조절 과정을 파악하고 있는지를 묻는 문항이다.

**그림은 티록신 분비 조절 과정의 일부를 나타낸 것이다. ㉠과 ㉡은 각각 TRH와 TSH 중 하나이다.**

**이에 대한 설명으로 옳은 것만을 〈보기〉에서 있는 대로 고른 것은?**

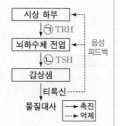

> [보기]
> ㄱ. ㉠은 혈액을 통해 표적 세포로 이동한다.
> 　호르몬(㉠, ㉡)은 혈액을 통해 표적 세포로 이동한다.
> ㄴ. ㉡은 ~~TRH~~이다.
> 　　　　TSH이다.
> ㄷ. 티록신의 분비는 음성 피드백에 의해 조절된다.
> 　티록신의 분비는 음성 피드백에 의해 조절되어 항상성을 유지한다.

① ㄱ　② ㄴ　③ ㄷ　④ ㄱ, ㄷ　⑤ ㄴ, ㄷ

✓ 자료 해석
• 음성 피드백에 의한 티록신의 분비 조절 : 혈액 중 티록신의 농도가 정상 수준보다 높아지면, 티록신이 간뇌의 시상 하부와 뇌하수체 전엽의 활동을 억제하여 TRH와 TSH의 분비를 억제하며, 그 결과 갑상샘에서 티록신의 생성량이 감소한다.

○ 보기 풀이 ㄱ. ㉠은 TRH이다. TRH는 혈액을 통해 표적 세포로 이동하는 호르몬이다.
ㄷ. 티록신의 분비가 증가하면 분비된 티록신에 의해 시상 하부와 뇌하수체 전엽에서의 TRH와 TSH의 분비를 억제하여 티록신의 농도가 일정 수준 이상으로 증가하지 않고 유지되게 한다. 이와 같은 조절을 음성 피드백이라고 한다.

✕ 매력적 오답 ㄴ. ㉡은 뇌하수체 전엽에서 분비되어 갑상샘에 작용하는 TSH이다.

문제풀이 **Tip**
음성 피드백에 의한 티록신의 분비 조절에 대한 문항이다. 티록신을 포함하여 대부분의 호르몬 분비는 음성 피드백으로 조절됨을 이해하고, 음성 피드백과 함께 길항 작용을 통해 항상성이 유지된다는 점을 알아두자.

## 32 체온 조절과 삼투압 조절

**출제 의도** 저온 자극이 주어질 때 체온 조절 과정과 정상 범위보다 높은 혈장 삼투압일 때 삼투압 조절 과정을 이해하고 있는지를 묻는 문항이다.

그림 (가)는 자율 신경 X에 의한 체온 조절 과정을, (나)는 항이뇨 호르몬(ADH)에 의한 체내 삼투압 조절 과정을 나타낸 것이다. ㉠은 '피부 근처 혈관 수축'과 '피부 근처 혈관 확장' 중 하나이다.

(가) 저온 자극 ----→ [간뇌의 시상 하부 조절 중추] ─X 교감 신경→ ㉠ 피부 근처 혈관 수축

(나) 정상 범위 보다 높은 혈장 삼투압 ----→ [간뇌의 시상 하부 조절 중추] ──→ 내분비샘 뇌하수체 후엽 ─ADH→ 콩팥에서의 수분 재흡수량 증가

이에 대한 설명으로 옳은 것만을 〈보기〉에서 있는 대로 고른 것은?

보기
ㄱ. ㉠은 '피부 근처 혈관 수축'이다.
ㄴ. 혈중 ADH의 농도가 증가하면, 생성되는 오줌의 삼투압이 감소한다. 증가한다.
ㄷ. (가)와 (나)에서 조절 중추는 모두 연수이다. 간뇌이다.

① ㄱ    ② ㄴ    ③ ㄷ    ④ ㄱ, ㄴ    ⑤ ㄱ, ㄷ

**✔ 자료 해석**
- 체온 조절 : 체온 변화 감지와 조절의 중추는 간뇌의 시상 하부이다.
- 저온 자극이 주어질 때 : 교감 신경의 작용이 강화되어 피부 근처의 혈관이 수축된다. 그 결과 피부 근처를 흐르는 혈액의 양이 감소하여 피부를 통한 열 발산량이 감소한다. 또한 체성 신경의 작용으로 골격근을 수축시킴으로써 몸의 떨림으로 체내 열 발생량을 증가시킨다.
- 삼투압 조절 : 혈장 삼투압을 조절하는 중추는 간뇌의 시상 하부이다.
- 정상 범위보다 높은 혈장 삼투압일 때 : 뇌하수체 후엽에서 항이뇨 호르몬(ADH)의 분비량이 증가하여 콩팥에서 수분 재흡수가 촉진된다. 그 결과 오줌 생성량이 감소(오줌 삼투압 증가)하며, 혈장 삼투압이 정상 수준으로 감소한다.

**○ 보기풀이** ㄱ. 피부 근처 혈관이 확장되면 열 발산량이 증가하고, 피부 근처 혈관이 수축되면 열 발산량이 감소한다. 저온 자극을 받았을 때 나타나는 반응인 ㉠은 '피부 근처 혈관 수축'이다.

**✕ 매력적 오답** ㄴ. 혈중 ADH 농도가 증가하면, 콩팥에서 수분 재흡수가 증가하며 생성되는 오줌의 삼투압은 증가한다.
ㄷ. (가)와 (나)에서 조절 중추는 모두 간뇌이다.

**문제풀이 Tip**
저온 자극이 주어질 때의 체온 조절 과정과 정상 범위보다 높은 혈장 삼투압일 때의 삼투압 조절 과정을 이해하고 있는지를 묻는 문항이다. 이와 반대로, 고온 자극이 주어질 때와 정상 범위보다 낮은 혈장 삼투압일 때의 체내 변화에 대해서도 알아두도록 하자.

## 33 혈당량 조절과 당뇨병

**출제 의도** 인슐린의 작용과 인슐린 분비 이상으로 발병한 당뇨병 환자의 특징을 이해하고 있는지를 묻는 문항이다.

그림은 정상인과 당뇨병 환자 A가 탄수화물을 섭취한 후 시간에 따른 혈중 인슐린 농도를, 표는 당뇨병 (가)와 (나)의 원인을 나타낸 것이다. A의 당뇨병은 (가)와 (나) 중 하나에 해당한다.

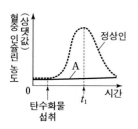

| 당뇨병 | 원인 |
|---|---|
| (가) 1형 당뇨병 | 이자의 β세포가 파괴되어 인슐린이 정상적으로 생성되지 못함 |
| (나) 2형 당뇨병 | 인슐린은 정상적으로 분비되나 표적 세포가 인슐린에 반응하지 못함 |

이에 대한 설명으로 옳은 것만을 〈보기〉에서 있는 대로 고른 것은? (단, 제시된 조건 이외는 고려하지 않는다.) [3점]

보기
ㄱ. A의 당뇨병은 (가)에 해당한다.
혈중 인슐린 농도가 증가하지 않는 A는 (가)에 해당한다.
ㄴ. 인슐린은 세포로의 포도당 흡수를 촉진한다.
인슐린은 세포로의 포도당 흡수를 촉진, 글리코젠 합성을 촉진한다.
ㄷ. $t_1$일 때 혈중 포도당 농도는 A가 정상인보다 낮다.
A가 정상인보다 높다.

① ㄱ    ② ㄷ    ③ ㄱ, ㄴ    ④ ㄴ, ㄷ    ⑤ ㄱ, ㄴ, ㄷ

**✔ 자료 해석**
- 인슐린 : 간에서 포도당을 글리코젠으로 합성, 저장하는 반응을 촉진하며, 체세포로의 포도당 흡수를 촉진한다. 포도당의 혈중 농도를 낮춘다.
- 정상인에서 식사 후와 운동 후 혈당량 조절
  - 식사 후 혈당량이 증가하면 인슐린 농도는 증가하고 글루카곤 농도는 감소하여 혈당량이 점차 낮아진다. 식사 후 1시간이 지나 혈당량이 감소하면 인슐린 농도도 감소한다.
  - 운동 시 평소보다 많은 양의 포도당이 필요하여 혈당량이 빠르게 감소한다. 이를 보충하기 위해 글루카곤의 분비량이 증가한다.
- 당뇨병 : 혈액 내 포도당 농도가 높아서 나타나는 질병으로, 인슐린 분비 이상 또는 표적 세포가 인슐린에 반응하지 못해 발병한다.

**○ 보기풀이** ㄱ. 탄수화물을 섭취한 후에도 혈중 인슐린 농도가 증가하지 않는 A는 이자의 β세포가 파괴되어 인슐린이 정상적으로 생성되지 못하는 당뇨병 환자이다.
ㄴ. 인슐린은 세포로의 포도당 흡수를 촉진하고, 간에서 글리코젠의 합성을 촉진함으로써 혈당량을 감소시킨다.

**✕ 매력적 오답** ㄷ. 인슐린의 분비가 충분한 정상인은 탄수화물 섭취로 인해 상승한 혈중 포도당 농도가 충분히 감소되지만 인슐린 분비가 부족한 당뇨병 환자 A는 상승한 혈중 포도당 농도가 충분히 감소되지 못하므로 혈중 포도당 농도는 A가 정상인보다 높다.

**문제풀이 Tip**
인슐린과 글루카곤의 작용에 의한 혈당량 조절은 종종 출제되는 소재이며, 앞으로 출제 가능성이 높으므로 자세하게 알아두도록 하자.

## 34 체온 조절

**출제 의도** 정상인에서 저온 자극과 고온 자극에 따른 체온 조절 과정을 파악하는지 확인하는 문항이다.

그림은 정상인에게 저온 자극과 고온 자극을 주었을 때 ㉠의 변화를 나타낸 것이다. ㉠은 근육에서의 열 발생량(열 생산량)과 피부 근처 모세 혈관을 흐르는 단위 시간당 혈액량 중 하나이다.

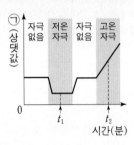

이에 대한 설명으로 옳은 것만을 〈보기〉에서 있는 대로 고른 것은?

┌─ 보기 ─────────────────────────────┐
ㄱ. ㉠은 근육에서의 열 발생량이다.
   ㉠은 피부 근처 모세 혈관을 흐르는 단위 시간당 혈액량이다.
ㄴ. 피부 근처 모세 혈관을 흐르는 단위 시간당 혈액량은 $t_2$일
   때가 $t_1$일 때보다 많다.
   피부 근처 모세 혈관을 흐르는 단위 시간당 혈액량(㉠) : $t_2$일 때 > $t_1$일 때
ㄷ. 체온 조절 중추는 시상 하부이다.
└────────────────────────────────┘

① ㄱ    ② ㄴ    ③ ㄷ    ④ ㄱ, ㄷ    ⑤ ㄴ, ㄷ

### ✓ 자료 해석
- 체온 변화를 감지하여 조절하는 중추는 간뇌의 시상 하부이며, 시상 하부는 체내의 열 발생량과 피부 표면을 통한 열 발산량을 조절하여 체온을 일정하게 유지한다.
- 체온이 정상보다 높아질 때 열 발생량이 감소하고, 열 발산량이 증가한다.

### ○ 보기 풀이
ㄴ. 피부 근처 모세 혈관을 흐르는 단위 시간당 혈액량이 증가할수록 열 발산량은 증가한다. 그러므로 저온 자극을 받을 때는 혈액량이 감소하고, 고온 자극을 받을 때는 혈액량이 증가한다. 따라서 피부 근처 모세 혈관을 흐르는 단위 시간당 혈액량은 $t_2$일 때가 $t_1$일 때보다 많다.
ㄷ. 시상 하부에서 몸의 중심부와 주변부의 온도 정보를 받아들이고 이에 대한 적절한 명령을 내린다.

### ✕ 매력적 오답
ㄱ. 저온 자극으로 체온이 낮아지려고 할 때는 열 발생량을 증가시키고 열 발산량을 감소시킨다. 고온 자극으로 체온이 상승하려고 할 때는 열 발생량을 감소시키고 열 발산량을 증가시킨다. ㉠은 저온 자극에서 감소하고 고온 자극에서 증가하므로 피부 근처 모세 혈관을 흐르는 단위 시간당 혈액량이다.

### 문제풀이 **Tip**
고온 자극 시 열 발생량(열 생산량)을 감소시키고 피부 근처 모세 혈관을 흐르는 단위 시간당 혈액량을 증가시키는 체온 조절의 기본 원리를 자세하게 알아두도록 하자.

---

## 35 혈당량 조절

**출제 의도** 정상인과 당뇨병 환자에서 탄수화물 섭취 시 혈중 포도당 농도와 인슐린 농도의 차이를 파악하는지 확인하는 문항이다.

그림 (가)와 (나)는 탄수화물을 섭취한 후 시간에 따른 A와 B의 혈중 포도당 농도와 혈중 X 농도를 각각 나타낸 것이다. A와 B는 정상인과 당뇨병 환자를 순서 없이 나타낸 것이고, X는 인슐린과 글루카곤 중 하나이다.

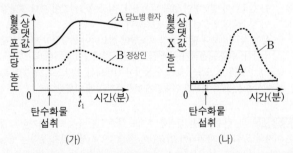

이에 대한 설명으로 옳은 것만을 〈보기〉에서 있는 대로 고른 것은? (단, 제시된 조건 이외는 고려하지 않는다.)

┌─ 보기 ─────────────────────────────┐
ㄱ. B는 당뇨병 환자이다.
   A는 당뇨병 환자, B가 정상인이다.
ㄴ. X는 이자의 $\beta$세포에서 분비된다.
   X는 이자의 $\beta$세포에서 분비되는 인슐린이다.
ㄷ. 정상인에서 혈중 글루카곤의 농도는 탄수화물 섭취 시점
   에서가 $t_1$에서보다 낮다.
                              높다.
└────────────────────────────────┘

① ㄱ    ② ㄴ    ③ ㄷ    ④ ㄱ, ㄷ    ⑤ ㄴ, ㄷ

### ✓ 자료 해석
- 당뇨병 : 혈당량 조절에 필요한 인슐린의 분비량이 부족하거나 인슐린이 제대로 작용하지 못해 발생하는 대사성 질환으로, 혈당량이 너무 높아 오줌 속에 포도당이 섞여 나온다. A는 당뇨병 환자, B는 정상인이며, X는 인슐린이다.
- 고혈당일 때 : 이자의 $\beta$세포에서 인슐린 분비가 촉진 → 간에서 포도당을 글리코젠으로 합성하여 저장하는 과정이 촉진, 체세포로의 포도당 흡수가 촉진 → 혈당량이 정상 수준으로 감소

### ○ 보기 풀이
ㄴ. 탄수화물 섭취 후 혈당이 매우 느리게 감소하는 A에서는 X가 거의 분비되지 않았고, B에서는 분비량이 증가한 이후 다시 감소하였으므로 X는 $\beta$세포에서 분비되는 인슐린이다.

### ✕ 매력적 오답
ㄱ. 당뇨병 환자는 혈중 포도당 농도를 낮추는 호르몬의 분비나 작용에 이상이 생겨 탄수화물 섭취 후 혈중 포도당 농도가 정상보다 높게 유지된다. 그러므로 A가 당뇨병 환자이고, B는 정상인이다.
ㄷ. 탄수화물 섭취 시점부터 시점 $t_1$까지 정상인에서 혈당을 상승시키는 글루카곤의 농도는 감소한다. 그러므로 정상인에서 혈중 글루카곤의 농도는 탄수화물 섭취 시점에서가 $t_1$에서보다 높다.

### 문제풀이 **Tip**
대사성 질환 중 당뇨병과 관련된 문항이 많이 출제되고 있다. 이외에도 고혈압, 고지혈증 등이 출제될 수 있으니 준비해 두자.

# 36 삼투압 조절

출제 의도 혈장 삼투압과 전체 혈액량에 따른 혈중 항이뇨 호르몬(ADH)의 농도 차이를 이해하는지 확인하는 문항이다.

그림 (가)와 (나)는 정상인에서 각각 ㉠과 ㉡의 변화량에 따른 혈중 항이뇨 호르몬(ADH)의 농도를 나타낸 것이다. ㉠과 ㉡은 각각 혈장 삼투압과 전체 혈액량 중 하나이다.

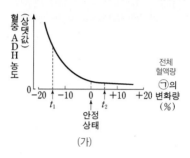
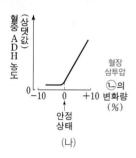

(가)                         (나)

이에 대한 설명으로 옳은 것만을 〈보기〉에서 있는 대로 고른 것은? (단, 제시된 자료 이외에 체내 수분량에 영향을 미치는 요인은 없다.)

보기
ㄱ. ㉡은 혈장 삼투압이다. ㉠은 전체 혈액량이고, ㉡은 혈장 삼투압이다.

ㄴ. 콩팥은 ADH의 표적 기관이다.
ADH는 콩팥에 작용하여 수분 재흡수를 촉진시킨다.

ㄷ. (가)에서 단위 시간당 오줌 생성량은 $t_1$에서가 $t_2$에서보다 많다. 단위 시간당 오줌 생성량 : $t_1$일 때 < $t_2$일 때

① ㄱ   ② ㄷ   ③ ㄱ, ㄴ   ④ ㄴ, ㄷ   ⑤ ㄱ, ㄴ, ㄷ

✔ 자료 해석
• 혈장 삼투압이 높을 때 : 간뇌의 시상 하부 자극 → 뇌하수체 후엽에서 항이뇨 호르몬(ADH)의 분비량 증가 → 콩팥에서 수분 재흡수 촉진 → 오줌 생성량 감소, 혈장 삼투압 감소
• 혈장 삼투압이 낮을 때 : 간뇌의 시상 하부 자극 억제 → 뇌하수체 후엽에서 항이뇨 호르몬(ADH)의 분비량 감소 → 콩팥에서 수분 재흡수 억제 → 오줌 생성량 증가, 혈장 삼투압 증가

○ 보기 풀이 ㄱ. 콩팥에서 수분 재흡수를 촉진하는 항이뇨 호르몬은 혈장 삼투압이 높을수록 혈액량이 적을수록 많이 분비된다. 그러므로 ㉠은 전체 혈액량이고, ㉡은 혈장 삼투압이다.

ㄴ. 뇌하수체 후엽에서 분비되는 항이뇨 호르몬(ADH)은 콩팥에 작용하여 콩팥의 수분 재흡수를 촉진시킨다.

✕ 매력적 오답 ㄷ. 항이뇨 호르몬(ADH)이 콩팥에 작용하면 수분 재흡수가 촉진되어 오줌 생성량은 감소한다. 그러므로 단위 시간당 오줌 생성량은 혈중 항이뇨 호르몬(ADH) 농도가 높을수록 적다. 따라서 (가)에서 단위 시간당 오줌 생성량은 $t_1$에서가 $t_2$에서보다 적다.

문제풀이 Tip
삼투압 조절에 관한 문항은 기출에서 자주 출제되고 있으므로 교과서를 통해 기본 원리를 파악하고 기출을 통해 유형을 익히도록 하자.

# 05 질병과 병원체, 혈액형

## 1 질병과 병원체

2025학년도 수능 7번 | 정답 ③ | 문제편 174p

**출제 의도** 후천성 면역 결핍증(AIDS)과 결핵의 병원체 특징을 이해하고 있는지 묻는 문항이다.

그림은 사람 면역 결핍 바이러스(HIV)에 감염된 사람에서 체내 HIV의 수(ⓐ)와 HIV에 감염된 사람이 결핵의 병원체에 노출되었을 때 결핵 발병 확률(ⓑ)을 시간에 따라 각각 나타낸 것이다.

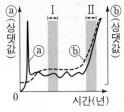

이에 대한 설명으로 옳은 것만을 〈보기〉에서 있는 대로 고른 것은?

> **보기**
> ㄱ. 결핵의 치료에 항생제가 사용된다.
> ㄴ. HIV는 살아 있는 숙주 세포 안에서만 증식할 수 있다.
> ㄷ. ⓑ는 구간 Ⅰ에서가 구간 Ⅱ에서보다 높다.
> 낮다.

① ㄱ  ② ㄷ  ③ ㄱ, ㄴ  ④ ㄴ, ㄷ  ⑤ ㄱ, ㄴ, ㄷ

✓ **자료 해석**
- 결핵의 병원체는 세균이며, 세균의 치료에는 항생제가 사용된다.
- 사람 면역 결핍 바이러스(HIV)의 병원체는 바이러스이며, 바이러스는 스스로 물질대사를 하지 못하므로 살아 있는 숙주 세포 안에서 증식한 후 방출될 때 숙주 세포를 파괴한다.
- 사람 면역 결핍 바이러스(HIV)에 감염된 사람에서는 시간이 지남에 따라 체내의 세포 면역 기능이 뚜렷하게 떨어져 후천성 면역 결핍증(AIDS)이 나타난다.

○ **보기 풀이** ㄱ. 결핵의 병원체는 세균이므로, 치료에 항생제가 사용된다.
ㄴ. HIV는 바이러스이므로 살아 있는 숙주 세포 안에서만 증식할 수 있다.

✕ **매력적 오답** ㄷ. HIV에 감염된 사람이 결핵의 병원체에 노출되었을 때 결핵 발병 확률(ⓑ)은 구간 Ⅰ에서가 구간 Ⅱ에서보다 낮다.

**문제풀이 Tip**
후천성 면역 결핍증과 결핵의 각 병원체 특징에 대해 이해하고 있어야 하며, 세균과 바이러스에 의한 질병 외에 다른 병원체에 의한 질병도 알아둔다.

## 2 감염성 질병과 비감염성 질병

2025학년도 9월 평가원 4번 | 정답 ③ | 문제편 174p

**출제 의도** 말라리아와 낫 모양 적혈구 빈혈증의 특징에 대해 알고 있는지 묻는 문항이다.

그림은 같은 수의 정상 적혈구 R와 낫 모양 적혈구 S를 각각 말라리아 병원체와 혼합하여 배양한 후, 말라리아 병원체에 감염된 R와 S의 빈도를 나타낸 것이다.
이에 대한 설명으로 옳은 것만을 〈보기〉에서 있는 대로 고른 것은? (단, 제시된 조건 이외는 고려하지 않는다.)

> **보기**
> ㄱ. 말라리아 병원체는 원생생물이다.
>   말라리아 병원체는 말라리아원충으로 원생생물이다.
> ㄴ. 낫 모양 적혈구 빈혈증은 비감염성 질병에 해당한다.
> ㄷ. 말라리아 병원체에 노출되었을 때, S를 갖는 사람은 R만 갖는 사람보다 말라리아가 발병할 확률이 높다.
>   낮다.

① ㄱ  ② ㄷ  ③ ㄱ, ㄴ  ④ ㄴ, ㄷ  ⑤ ㄱ, ㄴ, ㄷ

✓ **자료 해석**
- 말라리아는 감염성 질병, 낫 모양 적혈구 빈혈증은 비감염성 질병이다.
- 말라리아 병원체에 감염된 빈도는 정상 적혈구(R)가 낫 모양 적혈구(S)보다 높다.

○ **보기 풀이** ㄱ. 말라리아는 감염성 질병이며, 말라리아 병원체는 말라리아원충으로 원생생물이다.
ㄴ. 낫 모양 적혈구 빈혈증은 유전자 돌연변이에 의해 발생하는 비감염성 질병에 해당한다.

✕ **매력적 오답** ㄷ. 말라리아 병원체에 감염된 빈도는 정상 적혈구(R)가 낫 모양 적혈구(S)보다 높으므로 말라리아 병원체에 노출되었을 때, 낫 모양 적혈구(S)를 갖는 사람은 정상 적혈구(R)만 갖는 사람보다 말라리아가 발병할 확률이 낮다.

**문제풀이 Tip**
말라리아와 낫 모양 적혈구 빈혈증의 특징에 대해 알고 자료를 분석해야 한다.

## 3 질병의 종류

2025학년도 6월 평가원 10번 | 정답 ② | 문제편 174p

출제의도 질병의 종류에 따른 병원체의 특징에 대해 알고 있는지 묻는 문항이다.

표는 사람의 질병 A~C의 병원체에서 특징의 유무를 나타낸 것이다. A~C는 결핵, 독감, 말라리아를 순서 없이 나타낸 것이다.

| 특징 \ 병원체 | A의 병원체 (결핵) | B의 병원체 (말라리아) | C의 병원체 (독감) |
|---|---|---|---|
| 유전 물질을 갖는다. | ㉠○ | ?○ | ○ |
| 스스로 물질대사를 한다. | ○ | ?○ | × |
| 원생생물에 속한다. | × | ○ | × |

(○: 있음, ×: 없음)

이에 대한 설명으로 옳은 것만을 〈보기〉에서 있는 대로 고른 것은?

보기
ㄱ. ㉠은 '×'이다. → ○
ㄴ. B는 비감염성 질병이다. → 감염성 질병
ㄷ. C의 병원체는 바이러스이다. → 독감(C)의 병원체는 바이러스이다.

① ㄱ ② ㄷ ③ ㄱ, ㄴ ④ ㄴ, ㄷ ⑤ ㄱ, ㄴ, ㄷ

✔ 자료 해석
• A는 결핵, B는 말라리아, C는 독감이다.
• A의 병원체는 세균, B의 병원체는 원생생물, C의 병원체는 바이러스이다.

○ 보기풀이 B의 병원체는 원생생물에 속하므로 B는 말라리아이고, C의 병원체는 스스로 물질대사를 하지 못하므로 C는 독감이다. 나머지 A는 결핵이다.
ㄷ. 독감(C)의 병원체는 바이러스이다.

✕ 매력적 오답 ㄱ. 결핵(A)의 병원체는 세균이며 유전 물질을 가지므로 ㉠은 '○'이다.
ㄴ. 말라리아(B)는 원생생물인 병원체에 의해 발생하는 감염성 질병이다.

문제풀이 Tip
질병의 종류와 병원체에 따른 특징에 대해 알아둔다. 모든 병원체는 유전 물질을 가지며, 원핵생물인 세균과 진핵생물인 원생생물은 스스로 물질대사를 한다는 것을 알고 자료에 적용하면 된다.

---

## 4 ABO식 혈액형

2024학년도 수능 16번 | 정답 ③ | 문제편 174p

출제의도 사람 Ⅰ~Ⅲ 사이의 ABO식 혈액형에 대한 응집 반응 결과를 분석할 수 있는지를 묻는 문항이다.

표는 사람 Ⅰ~Ⅲ 사이의 ABO식 혈액형에 대한 응집 반응 결과를 나타낸 것이다. ㉠~㉢은 Ⅰ~Ⅲ의 혈장을 순서 없이 나타낸 것이다. Ⅰ~Ⅲ의 ABO식 혈액형은 각각 서로 다르며, A형, AB형, O형 중 하나이다.

| 혈장 \ 적혈구 | ㉠ (Ⅲ) | ㉡ (Ⅰ) | ㉢ (Ⅱ) |
|---|---|---|---|
| (A형) Ⅰ의 적혈구 | ? − | − | + |
| (O형) Ⅱ의 적혈구 | − | ? − | − |
| (AB형) Ⅲ의 적혈구 | ? − | + | ? + |

(+: 응집됨, −: 응집 안 됨)

이에 대한 설명으로 옳은 것만을 〈보기〉에서 있는 대로 고른 것은?

보기
ㄱ. Ⅰ의 ABO식 혈액형은 A형이다. → Ⅰ은 A형, Ⅱ은 O형, Ⅲ은 AB형이다.
ㄴ. ㉡은 Ⅲ의 혈장이다. → Ⅰ의
ㄷ. Ⅲ의 적혈구와 ㉢을 섞으면 항원 항체 반응이 일어난다. → 응집원 A와 B, 응집소 $\alpha$와 $\beta$

① ㄱ ② ㄴ ③ ㄱ, ㄷ ④ ㄴ, ㄷ ⑤ ㄱ, ㄴ, ㄷ

문제풀이 Tip
O형의 적혈구에는 응집원이 없으므로 ㉠~㉢의 혈장과 섞였을 때 응집 반응이 모두 일어나지 않아야 하며, AB형 사람의 혈장에는 응집소가 없으므로 Ⅰ~Ⅲ의 적혈구와 섞였을 때 모두 응집될 수 없다. 따라서 Ⅱ의 적혈구가 O형의 적혈구이고, ㉠이 AB형인 사람의 혈장임을 먼저 찾을 수 있어야 한다.

✔ 자료 해석

| 혈장 \ 적혈구 | ㉠ (AB형의 혈장) | ㉡ (A형의 혈장) | ㉢ (O형의 혈장) |
|---|---|---|---|
| Ⅰ의 적혈구 (A형의 적혈구) | ? (−) | − | + |
| Ⅱ의 적혈구 (O형의 적혈구) | − | ? (−) | − |
| Ⅲ의 적혈구 (AB형의 적혈구) | ? (−) | + | ? (+) |

○ 보기풀이 ㄱ. ABO식 혈액형이 O형인 사람의 적혈구는 응집원 A와 응집원 B가 모두 없으므로 ㉠~㉢ 중 어떤 혈장과도 응집될 수 없다. Ⅰ의 적혈구와 Ⅲ의 적혈구는 각각 응집되는 혈장이 있으므로 Ⅱ의 ABO식 혈액형이 O형이다. ABO식 혈액형이 AB형인 사람의 혈장에는 응집소 $\alpha$와 응집소 $\beta$가 모두 없으므로 Ⅰ~Ⅲ의 어떤 적혈구와도 응집될 수 없다. ㉡과 ㉢은 응집되는 적혈구가 있으므로 ㉠이 AB형인 사람의 혈장이다. AB형에는 응집원 A와 응집원 B가 모두 있으므로 AB형인 사람의 적혈구는 A형인 사람의 혈장과도 응집되고, O형인 사람과의 혈장과도 응집한다. 따라서 Ⅰ의 ABO식 혈액형은 A형이고, Ⅲ의 ABO식 혈액형은 AB형이다.
ㄷ. 응집 반응은 항원인 응집원과 항체인 응집소가 항원 항체 반응을 하여 나타나는 것이다. Ⅲ의 적혈구에는 응집원 A와 응집원 B가 모두 있고, Ⅱ의 혈장인 ㉢에서는 응집소 $\alpha$와 응집소 $\beta$가 모두 있다. 따라서 Ⅲ의 적혈구와 ㉢을 섞으면 항원 항체 반응이 일어난다.

✕ 매력적 오답 ㄴ. ㉡과 ㉢은 각각 Ⅰ(A형)의 혈장과 Ⅱ(O형)의 혈장 중 하나이다. ABO식 혈액형이 A형인 사람의 혈장에는 응집소 $\beta$가 있고, ABO식 혈액형이 O형인 사람의 혈장에는 응집소 $\alpha$와 응집소 $\beta$가 모두 있다. Ⅰ의 적혈구와 ㉡을 섞었을 때 응집 반응이 일어나지 않으므로 ㉡에는 응집소 $\alpha$가 없다. 따라서 ㉡은 Ⅰ의 혈장이고, Ⅱ의 혈장은 ㉢이다.

# 5 질병과 병원체

**출제 의도** 사람의 세 가지 질병을 병원체의 특징에 따라 구분할 수 있는지를 묻는 문항이다.

표는 사람의 질병 A~C의 병원체에서 특징의 유무를 나타낸 것이다. A~C는 결핵, 무좀, 후천성 면역 결핍증(AIDS)을 순서 없이 나타낸 것이다. B  A  C

| 병원체<br>특징 | A의 병원체<br>무좀—곰팡이 | B의 병원체<br>결핵—세균 | C의 병원체<br>AIDS—바이러스 |
|---|---|---|---|
| 스스로 물질대사를 한다. | ○ | ○ | × |
| 세균에 속한다. | × | ○ | × |

(○: 있음, ×: 없음)

이에 대한 설명으로 옳은 것만을 〈보기〉에서 있는 대로 고른 것은?

┌ 보기 ┐
ㄱ. A는 후천성 면역 결핍증이다.
　　　　무좀이다.
ㄴ. B의 치료에 항생제가 사용된다.
　　결핵(B)의 병원체는 세균이므로 결핵의 치료에 항생제가 사용된다.
ㄷ. C의 병원체는 유전 물질을 갖는다.
　　A~C의 병원체는 모두 유전 물질을 갖는다.
└──────────────┘

① ㄱ　② ㄷ　③ ㄱ, ㄴ　④ ㄴ, ㄷ　⑤ ㄱ, ㄴ, ㄷ

**✓ 자료 해석**
• 결핵의 병원체는 세균, 무좀의 병원체는 곰팡이, 후천성 면역 결핍증(AIDS)의 병원체는 바이러스이다.
• 세균, 곰팡이, 바이러스 중 스스로 물질대사를 할 수 있는 병원체는 세균과 곰팡이이다.

**○ 보기 풀이** ㄴ. B의 병원체는 스스로 물질대사를 하고 세균에 속하므로 결핵의 병원체인 세균(결핵균)이다. 따라서 B는 결핵이다. 결핵의 치료에는 세균을 죽이거나 생장을 억제하는 항생제가 사용된다.
ㄷ. C의 병원체는 스스로 물질대사를 하지 못하므로 후천성 면역 결핍증(AIDS)의 병원체인 바이러스(인간 면역 결핍 바이러스)이다. 바이러스는 유전 물질을 갖는다.

**✕ 매력적 오답** ㄱ. A의 병원체는 스스로 물질대사를 하고 세균이 아니므로 무좀의 병원체인 곰팡이(무좀균)이다. 따라서 A는 무좀이다.

**문제풀이 Tip**
질병의 종류와 병원체의 특징을 묻는 문항으로, 결핵, 무좀, 후천성 면역 결핍증을 일으키는 병원체와 그 특징을 이해하고 있어야 한다.

---

# 6 질병의 종류

**출제 의도** 질병의 종류와 특징에 대해 알고 있는지 묻는 문항이다.

사람의 질병에 대한 설명으로 옳은 것만을 〈보기〉에서 있는 대로 고른 것은?

┌ 보기 ┐
ㄱ. 독감의 병원체는 바이러스이다.

ㄴ. 결핵의 병원체는 독립적으로 물질대사를 한다.
　　　　세균
ㄷ. 낫 모양 적혈구 빈혈증은 비감염성 질병에 해당한다.
　　유전자 돌연변이에 의한 유전병
└──────────────┘

① ㄱ　② ㄴ　③ ㄱ, ㄷ　④ ㄴ, ㄷ　⑤ ㄱ, ㄴ, ㄷ

**✓ 자료 해석**
• 감염성 질병인 독감의 병원체는 바이러스이고, 결핵의 병원체는 세균이다. 낫 모양 적혈구 빈혈증은 비감염성 질병이다.

**○ 보기 풀이** ㄱ. 감염성 질병인 독감의 병원체는 바이러스이다.
ㄴ. 결핵의 병원체인 세균은 독립적으로 물질대사를 한다.
ㄷ. 낫 모양 적혈구 빈혈증은 유전자 돌연변이에 의한 유전병으로 비감염성 질병에 해당한다.

**문제풀이 Tip**
질병의 종류와 질병의 특징에 대해 잘 정리해 둔다.

## 7  질병과 병원체

출제의도 사람의 5가지 질병을 병원체의 특징에 따라 구분할 수 있는지를 묻는 문항이다.

표는 사람의 5가지 질병을 병원체의 특징에 따라 구분하여 나타낸 것이다.

|  |  | ┌세균 ┌곰팡이 ┌원생생물 |
| --- | --- | --- |
| 병원체의 특징 | 질병 | |
| 세포 구조로 되어 있다. | 결핵 무좀 말라리아 | |
| (가) | 독감, 후천성 면역 결핍증(AIDS) — 바이러스 | |

이에 대한 설명으로 옳은 것만을 〈보기〉에서 있는 대로 고른 것은?

> **보기**
> ㄱ. '스스로 물질대사를 하지 못한다.'는 (가)에 해당한다.
>  바이러스의 특징
> ㄴ. 무좀과 말라리아의 병원체는 모두 곰팡이다.
>  무좀의 병원체만 곰팡이다.
> ㄷ. 결핵과 독감은 모두 감염성 질병이다.
>  5가지 질병은 모두 감염성 질병이다.

① ㄱ  ② ㄴ  ③ ㄱ, ㄷ  ④ ㄴ, ㄷ  ⑤ ㄱ, ㄴ, ㄷ

✔ **자료 해석**

• 결핵의 병원체는 세균, 무좀의 병원체는 곰팡이(균류), 말라리아의 병원체는 원생생물이다.
• 독감과 후천성 면역 결핍증(AIDS)의 병원체는 모두 바이러스이다.
• 바이러스는 세포로 이루어져 있지 않아 스스로 물질대사를 하지 못하며, 살아 있는 숙주 세포 내에서 증식한 후 방출될 때 숙주 세포를 파괴한다.

○ **보기 풀이** ㄱ. 독감과 후천성 면역 결핍증(AIDS)의 병원체는 바이러스이므로 '스스로 물질대사를 하지 못한다.'는 (가)에 해당한다.
ㄷ. 결핵과 독감은 모두 감염성 질병이다.

✗ **매력적 오답** ㄴ. 무좀의 병원체는 곰팡이이고, 말라리아의 병원체는 원생생물이다.

**문제풀이 Tip**
감염성 질병을 일으키는 병원체의 종류와 특징에 대해 알아두어야 한다. 기본 수준의 문항으로 자주 출제되고 있으므로 질병을 일으키는 병원체의 종류와 특징에 대해 다시 한번 살펴두도록 하자.

---

## 8  질병과 병원체

출제의도 감염성 질병과 비감염성 질병의 특징을 이해하고 있는지를 묻는 문항이다.

표는 사람의 질병 A와 B의 특징을 나타낸 것이다. A와 B는 후천성 면역 결핍증(AIDS)과 헌팅턴 무도병을 순서 없이 나타낸 것이다.

| 질병 | 특징 |
| --- | --- |
| 헌팅턴 무도병 A | 신경계가 점진적으로 파괴되면서 몸의 움직임이 통제되지 않으며, 자손에게 유전될 수 있다. |
| AIDS B | 면역력이 약화되어 세균과 곰팡이에 쉽게 감염된다. |

이에 대한 설명으로 옳은 것만을 〈보기〉에서 있는 대로 고른 것은?

> **보기**
> ㄱ. A는 헌팅턴 무도병이다.
> ㄴ. B의 병원체는 바이러스이다.
> ㄷ. A와 B는 모두 감염성 질병이다.
>  A와 B 중 A만 감염성 질병이다.

① ㄱ  ② ㄷ  ③ ㄱ, ㄴ  ④ ㄴ, ㄷ  ⑤ ㄱ, ㄴ, ㄷ

✔ **자료 해석**

• 후천성 면역 결핍증(AIDS) : HIV 바이러스에 감염되어 시간이 지나면서 발병하면 체내의 세포 면역 기능이 뚜렷하게 떨어져서 희귀한 각종 감염증이 발생하고, 이것이 전신에 퍼지는 질환으로 에이즈(AIDS)라고도 한다.
• 헌팅턴 무도병 : 신경계가 점진적으로 파괴되면서 몸의 움직임이 통제되지 않고 지적 장애가 나타나는 유전병으로, 우성 형질이다.

○ **보기 풀이** ㄱ. A는 신경계에 이상을 나타내고, 자손에게 유전되는 질병이므로 헌팅턴 무도병이다.
ㄴ. B는 후천성 면역 결핍증(AIDS)이다. 후천성 면역 결핍증(AIDS)을 일으키는 병원체는 바이러스이다.

✗ **매력적 오답** ㄷ. 후천성 면역 결핍증(AIDS)은 바이러스 감염에 의해 발병하는 감염성 질병이고, 헌팅턴 무도병은 특정 유전자를 물려받았을 때 발병하는 비감염성 질병이다.

**문제풀이 Tip**
후천성 면역 결핍증은 병원체인 바이러스에 의해 감염되는 질병이고, 헌팅턴 무도병은 유전자 돌연변이에 의한 유전병으로 비감염성 질병임을 알아야 한다.

**출제 의도** 무좀, 독감과 같은 감염성 질병과 낫 모양 적혈구 빈혈증과 같은 비감염성 질병의 특징을 알고 있는지를 묻는 문항이다.

표는 사람 질병의 특징을 나타낸 것이다.

| 질병 | 특징 |
|---|---|
| 무좀 | 병원체는 독립적으로 물질대사를 한다. |
| 독감 | (가) |
| ⓐ 낫 모양 적혈구 빈혈증 | 비정상적인 헤모글로빈이 적혈구 모양을 변화시킨다. |

이에 대한 설명으로 옳은 것만을 〈보기〉에서 있는 대로 고른 것은?

┌ 보기 ┐
ㄱ. 무좀의 병원체는 세균이다.
　　무좀균(곰팡이)이다.
ㄴ. '병원체는 살아 있는 숙주 세포 안에서만 증식할 수 있다.'
　　는 (가)에 해당한다.
　　바이러스의 특징
ㄷ. 유전자 돌연변이에 의한 질병 중에는 ⓐ가 있다.
　　낫 모양 적혈구 빈혈증(ⓐ)는 유전자 돌연변이에 의해 나타난다.

① ㄱ　　② ㄴ　　③ ㄱ, ㄷ　　④ ㄴ, ㄷ　　⑤ ㄱ, ㄴ, ㄷ

**✓ 자료 해석**
- 무좀과 독감은 모두 감염성 질병으로, 무좀의 병원체는 무좀균(곰팡이)이고, 독감의 병원체는 바이러스이다.
- 낫 모양 적혈구 빈혈증은 비감염성 질병으로, 헤모글로빈 유전자의 염기 하나가 바뀌어 헤모글로빈을 구성하는 아미노산 중 하나가 달라지고, 이로 인해 적혈구가 낫 모양으로 변해 나타나는 질병이다.

**○ 보기 풀이** ㄴ. 독감의 병원체는 바이러스이다. 바이러스는 살아 있는 숙주 세포 안에서만 증식할 수 있다.
ㄷ. 낫 모양 적혈구 빈혈증(ⓐ)은 유전자 돌연변이에 의한 질병이다.

**✕ 매력적 오답** ㄱ. 무좀의 병원체는 무좀균(곰팡이)이다.

**문제풀이 Tip**
세균에 의한 질병, 바이러스에 의한 질병, 원생생물에 의한 질병, 균류에 의한 질병의 예를 잘 알아두고, 감염성 질병과 비감염성 질병을 구분할 수 있어야 한다.

---

**출제 의도** 사람의 세 가지 질병의 특징에 대해 묻는 문항이다.

표는 사람 질병의 특징을 나타낸 것이다.

| 질병 | 기능 |
|---|---|
| 말라리아 | 모기를 매개로 전염된다. |
| 결핵 | (가) |
| 헌팅턴 무도병 | 신경계의 손상(퇴화)이 일어난다. |

이에 대한 설명으로 옳은 것만을 〈보기〉에서 있는 대로 고른 것은?

┌ 보기 ┐
ㄱ. 말라리아의 병원체는 바이러스이다.
　　말라리아의 병원체는 원생생물이다.
ㄴ. '치료에 항생제가 사용된다.'는 (가)에 해당한다.
　　결핵의 병원체는 세균이며, 결핵은 항생제를 이용하여 치료한다.
ㄷ. 헌팅턴 무도병은 유전병으로, 비감염성 질병이다.
　　헌팅턴 무도병은 비감염성 질병이다.

① ㄱ　　② ㄷ　　③ ㄱ, ㄴ　　④ ㄴ, ㄷ　　⑤ ㄱ, ㄴ, ㄷ

**✓ 자료 해석**
- 말라리아의 병원체는 원생생물이고, 결핵의 병원체는 세균이다. 세균에 의한 질병은 항생제를 이용하여 치료한다.
- 헌팅턴 무도병은 신경계가 점진적으로 파괴되면서 몸의 움직임이 통제되지 않고 지적 장애가 나타나는 유전병이다. 즉, 헌팅턴 무도병은 병원체에 감염되지 않아도 나타나는 질병으로 전염이 되지 않는 비감염성 질병이다.

**○ 보기 풀이** ㄴ. 결핵의 병원체는 세균이며, 세균은 항생제에 의해 죽거나 생장이 억제된다. 따라서 '치료에 항생제가 사용된다.'는 (가)에 해당한다.
ㄷ. 헌팅턴 무도병은 유전자의 이상으로 신경계 손상이 일어나는 질병으로 비감염성 질병이다.

**✕ 매력적 오답** ㄱ. 말라리아의 병원체는 말라리아원충으로 바이러스가 아닌 원생생물이다.

**문제풀이 Tip**
질병과 병원체에 대해 묻는 문항으로, 말라리아, 결핵, 헌팅턴 무도병을 알고 있어야 한다. 비감염성 질병으로 주로 고혈압, 혈우병 등이 출제되었으나 유전병인 헌팅턴 무도병, 낫 모양 적혈구 빈혈증, 알비노증 등도 출제될 수 있음을 알고 이에 대해 정리해 두어야 한다.

# 11 질병과 병원체

**출제 의도** 결핵의 병원체와 후천성 면역 결핍증(AIDS)의 병원체의 특징에 대해 묻는 문항이다.

그림 (가)와 (나)는 결핵의 병원체와 후천성 면역 결핍증 (AIDS)의 병원체를 순서 없이 나타낸 것이다. (나)는 세포 구조로 되어 있다.

(가) (나)
AIDS의 병원체 결핵의 병원체

이에 대한 설명으로 옳은 것만을 〈보기〉에서 있는 대로 고른 것은?

┌─ 보기 ─────────────────────────────┐
ㄱ. (가)는 결핵의 병원체이다.
　　(가)는 AIDS의 병원체이고, (나)는 결핵의 병원체이다.
ㄴ. (나)는 원생생물이다.
　　(가)는 바이러스이고, (나)는 세균이다.
ㄷ. (가)와 (나)는 모두 단백질을 갖는다.
　　바이러스와 세균 모두 단백질을 갖는다.
└──────────────────────────────────┘

① ㄱ　② ㄷ　③ ㄱ, ㄴ　④ ㄴ, ㄷ　⑤ ㄱ, ㄴ, ㄷ

✔ **자료 해석**

• (나)는 세포 구조로 되어 있다고 하였으므로, (나)는 세균인 결핵의 병원체이고, (가)는 바이러스인 후천성 면역 결핍증(AIDS)의 병원체이다.
• 원생생물은 핵을 가지고 있는 진핵생물로 대부분 열대 지역에서 매개 곤충을 통하여 사람 몸 안으로 들어와 질병을 일으킨다. 원생생물에 의한 질병에는 말라리아와 수면병 등이 있다.
• 결핵의 병원체인 세균과 후천성 면역 결핍증(AIDS)의 병원체인 바이러스는 모두 단백질을 갖는다.

○ **보기 풀이** (가)는 후천성 면역 결핍증(AIDS)의 병원체인 바이러스, (나)는 결핵의 병원체인 세균이다.
ㄷ. 세균과 바이러스는 모두 단백질을 갖는다.

✕ **매력적 오답** ㄱ. (가)는 후천성 면역 결핍증(AIDS)의 병원체이다.
ㄴ. (나)는 원핵생물인 세균이다.

**문제풀이 Tip**
질병과 병원체에 대한 문항으로, 결핵과 후천성 면역 결핍증의 병원체와 각 병원체의 특징에 대해 이해하고 있어야 한다. 질병과 병원체에 대한 문항은 주로 세균과 바이러스에 의한 질병이 출제되고 있지만, 균류, 원생생물, 변형된 프라이온에 의한 질병도 출제될 수 있으므로 함께 공부해 두도록 하자.

# 12 질병과 병원체

**출제 의도** 사람의 세 가지 질병을 일으키는 병원체의 특징에 대해 묻는 문항이다.

표 (가)는 병원체의 3가지 특징을, (나)는 (가)의 특징 중 사람의 질병 A~C의 병원체가 갖는 특징의 개수를 나타낸 것이다. A~C는 독감, 무좀, 말라리아를 순서 없이 나타낸 것이다.

| 특징 | 질병 | 병원체가 갖는 특징의 개수 |
|---|---|---|
| • 독립적으로 물질대사를 한다. | 무좀 A | 3 |
| • ㉠ 단백질을 갖는다. | 독감 B | ? 1 |
| • 곰팡이에 속한다. | 말라리아 C | 2 |
| (가) | | (나) |

이에 대한 설명으로 옳은 것만을 〈보기〉에서 있는 대로 고른 것은?

┌─ 보기 ─────────────────────────────┐
ㄱ. A는 무좀이다. A는 무좀, B는 독감, C는 말라리아이다.
ㄴ. B의 병원체는 특징 ㉠을 갖는다.
　　독감(B)의 병원체인 바이러스는 단백질을 갖는다.
ㄷ. C는 모기를 매개로 전염된다.
　　말라리아(C)는 모기를 매개로 전염된다.
└──────────────────────────────────┘

① ㄱ　② ㄴ　③ ㄱ, ㄴ　④ ㄴ, ㄷ　⑤ ㄱ, ㄴ, ㄷ

✔ **자료 해석**

• 독감의 병원체는 바이러스, 무좀의 병원체는 균류, 말라리아의 병원체는 원생생물이다. 세포로 이루어져 있지 않은 바이러스는 독립적으로 물질대사를 하지 못하고, 단백질을 가지며, 곰팡이에 속하지 않는다. 진핵생물인 원생생물과 균류는 독립적으로 물질대사를 하며, 단백질을 갖는다. 곰팡이에 속하는 것은 무좀의 병원체만 가지는 특징이다. 따라서 A는 무좀, B는 독감, C는 말라리아이다.
• 독감(B)의 병원체인 바이러스는 단백질 껍질 속에 유전 물질인 핵산(DNA 또는 RNA)이 들어 있는 구조이다. 따라서 단백질을 갖는다.
• 말라리아의 병원체는 원생생물이며, 모기를 통해 병원체가 사람 몸 안으로 들어와 질병을 일으킨다.

○ **보기 풀이** ㄱ. A는 무좀, B는 독감, C는 말라리아이다.
ㄴ. A~C의 병원체는 모두 단백질을 갖는다.
ㄷ. 말라리아인 C는 모기를 매개로 전염된다.

**문제풀이 Tip**
질병과 병원체에 대한 문항으로, 무좀, 독감, 말라리아의 병원체와 각 병원체의 특징에 대해 이해하고 있어야 한다. 바이러스에 의한 질병과 세균에 의한 질병을 비교하는 문제가 자주 출제되고 있으므로 각 질병의 종류와 병원체의 특징에 대해 자세하게 알아두도록 하자.

Part II 수능 평가원

## 13 질병과 병원체

출제 의도 사람의 5가지 질병을 일으키는 병원체의 특징을 이해하는지 확인하는 문항이다.

표 (가)는 사람의 5가지 질병을 A~C로 구분하여 나타낸 것이고, (나)는 병원체의 3가지 특징을 나타낸 것이다.

| 구분 | 질병 | 특징 |
|------|------|------|
| A | 말라리아 | • 유전 물질을 갖는다. |
| B | 독감, 홍역 | • 세포 구조로 되어 있다. |
| C | 결핵, 탄저병 | • 독립적으로 물질대사를 한다. |
| | (가) | (나) |

이에 대한 설명으로 옳은 것만을 〈보기〉에서 있는 대로 고른 것은?

보기
ㄱ. 말라리아의 병원체는 곰팡이다.
　　말라리아의 병원체는 원생생물이다.
ㄴ. 독감의 병원체는 세포 구조로 되어 있다.
　　독감의 병원체인 바이러스는 비세포 구조이다.
ㄷ. C의 병원체는 (나)의 특징을 모두 갖는다.
　　C의 병원체인 세균은 (나)의 특징을 모두 갖는다.

① ㄱ　　② ㄷ　　③ ㄱ, ㄴ　　④ ㄴ, ㄷ　　⑤ ㄱ, ㄴ, ㄷ

✔ 자료 해석
• 말라리아의 병원체 ─ 원생생물 : 대부분 단세포 진핵생물이다. 유전 물질을 가지며, 세포 구조로 되어 있고, 독립적으로 물질대사를 한다.
• 독감, 홍역의 병원체 ─ 바이러스 : 핵산과 단백질 껍질로 구성된 간단한 구조이다. 유전 물질을 가지지만 비세포 구조이고, 스스로 물질대사를 하지 못한다.
• 결핵, 탄저병의 병원체 ─ 세균 : 핵이 없는 단세포 원핵생물이다. 유전 물질을 가지며, 세포 구조로 되어 있고, 독립적으로 물질대사를 한다.

⊙ 보기 풀이 ㄷ. C의 병원체는 세균이다. 세균은 유전 물질을 갖고, 세포 구조로 되어 있으며, 독립적으로 물질대사를 한다.

✖ 매력적 오답 ㄱ. 말라리아의 병원체는 곰팡이가 아니라 원생생물이다.
ㄴ. 독감의 병원체는 바이러스이므로 세포 구조로 되어 있지 않다.

문제풀이 Tip
질병과 병원체에 관한 문항은 제시하는 형태가 다소 달라도 묻는 내용은 유사하므로 자주 출제되는 질병의 특징과 예들을 살펴두자.

---

## 14 감염성 질병

출제 의도 바이러스에 의한 질병과 세균에 의한 질병의 특징을 이해하고 있는지를 묻는 문항이다.

표는 사람의 4가지 질병을 A와 B로 구분하여 나타낸 것이다.

| 구분 | 질병 |
|------|------|
| 바이러스에 의한 질병 A | 천연두, 홍역 |
| 세균에 의한 질병 B | 결핵, 콜레라 |

이에 대한 설명으로 옳은 것만을 〈보기〉에서 있는 대로 고른 것은?

보기
ㄱ. A의 병원체는 원생생물이다.
　　바이러스이다.
ㄴ. 결핵의 치료에는 항생제가 사용된다.
　　세균에 의한 질병(결핵, 콜레라)의 치료에는 항생제가 사용된다.
ㄷ. A와 B는 모두 감염성 질병이다.
　　A와 B는 모두 병원체에 의한 감염성 질병이다.

① ㄱ　　② ㄴ　　③ ㄱ, ㄷ　　④ ㄴ, ㄷ　　⑤ ㄱ, ㄴ, ㄷ

✔ 자료 해석
• 감염성 질병 : 병원체가 원인이 되어 발생하는 질병이다. 세균, 바이러스, 원생생물, 곰팡이, 변형 프라이온에 의한 질병은 모두 감염성 질병에 해당한다.
• 세균에 의한 질병 : 결핵, 콜레라, 파상풍, 탄저병, 위궤양, 세균성 이질 등이 있으며, 항생제를 이용하여 치료한다.
• 바이러스에 의한 질병 : 천연두, 홍역, 감기, 독감, 소아마비, 후천성 면역 결핍증(AIDS), B형 간염 등이 있으며, 항바이러스제를 이용하여 치료하지만 돌연변이로 인해 치료가 어렵다.

⊙ 보기 풀이 ㄴ. 결핵의 병원체는 세균인 결핵균이다. 세균에 의해 발병한 질병에는 세균을 억제하는 항생제가 사용된다.
ㄷ. A는 바이러스에 감염되어 발병하는 질병이고, B는 세균에 감염되어 발병하는 질병이다.

✖ 매력적 오답 ㄱ. A의 병원체는 바이러스이다.

문제풀이 Tip
질병과 병원체에 대한 문항은 빈번히 출제되는 소재이며 난이도는 쉽게 출제되는 경향이 있다. 해당 문항에서는 그동안 자주 출제되었던 결핵, 홍역과 함께 이에 비해 출제 빈도가 적었던 천연두, 콜레라를 함께 제시하였다. 즉 세균, 바이러스에 의한 질병의 예에 대해서도 폭넓게 알아두는 것이 필요하다.

## 15  질병과 병원체

출제 의도  감염성 질병을 일으키는 병원체의 종류와 특성을 파악하는지 확인하는 문항이다.

### 다음은 사람의 질병에 대한 학생 A~C의 대화 내용이다.

무좀의 병원체는 곰팡이야.

말라리아는 모기를 매개로 전염돼.

독감의 병원체는 세포 분열을 통해 스스로 증식해.

학생 A    학생 B    학생 C

### 제시한 내용이 옳은 학생만을 있는 대로 고른 것은?

① A    ② C    ③ A, B    ④ B, C    ⑤ A, B, C

---

✓ 자료 해석

• 무좀의 병원체인 곰팡이 : 피부에서 번식하거나 소화 기관이나 호흡 기관을 통해 포자가 침입하여 질병을 일으킨다.

• 말라리아 : 말라리아원충에 감염되어 발생하는 질병으로, 말라리아 원충이 모기를 매개로 사람에게 들어와 적혈구 속에서 증식하고, 적혈구를 파괴하여 질병을 일으킨다.

• 독감의 병원체인 바이러스 : 스스로 물질대사를 하지 못하며, 살아 있는 숙주 세포 내에서만 증식할 수 있다.

보기 풀이  A. 무좀은 곰팡이인 무좀균에 의해 발병하는 질병이다.

B. 말라리아는 말라리아 원충을 가진 모기와 같은 매개 곤충에 의해 전염된다.

✕ 매력적 오답  C. 독감의 병원체는 바이러스이다. 바이러스는 세포 구조가 아니며, 세포 분열을 통해 스스로 증식하지 않는다.

문제풀이  Tip

감염성 질병을 일으키는 병원체의 종류와 특성에 관한 문항은 자주 출제되고 있지만 난이도는 쉽게 출제되는 경향이 있다. 기출에서 자주 출제되는 소재를 중심으로 알아두도록 하자.

# 06 우리 몸의 방어 작용

## 1 방어 작용

선택지 비율 ① 1% ② 6% ③ 2% ❹ 86% ⑤ 2%

2025학년도 수능 9번 | 정답 ④ | 문제편 178p

출제 의도 생쥐의 방어 작용에 대한 실험 과정과 결과를 분석할 수 있는지 묻는 문항이다.

**다음은 병원체 ㉠과 ㉡에 대한 생쥐의 방어 작용 실험이다.**

[실험 과정 및 결과]

(가) 유전적으로 동일하고 가슴샘이 없는 생쥐 Ⅰ~Ⅵ을 준비한다. Ⅰ~Ⅵ은 ㉠과 ㉡에 노출된 적이 없다.

(나) Ⅰ과 Ⅱ에 ㉠을, Ⅲ과 Ⅳ에 ㉡을, Ⅴ와 Ⅵ에 ㉠과 ㉡ 모두를 감염시키고, Ⅱ, Ⅳ, Ⅵ에 ⓐ에 대한 보조 T 림프구를 각각 주사한다. ⓐ는 ㉠과 ㉡ 중 하나이다. └T 림프구에 의한 체액성 면역 반응 일어남

(다) 일정 시간이 지난 후, Ⅰ~Ⅵ에서 ⓐ에 대한 항원 항체 반응 여부와 생존 여부를 확인한 결과는 표와 같다.

| 생쥐 | Ⅰ | Ⅱ | Ⅲ | Ⅳ | Ⅴ | Ⅵ |
|---|---|---|---|---|---|---|
| 항원 항체 반응 여부 | 일어나지 않음 | 일어나지 않음 | ? 일어나지 않음 | 일어남 | ? 일어나지 않음 | 일어남 |
| 생존 여부 | 죽는다 | ? 죽는다 | 죽는다 | 산다 | 죽는다 | 죽는다 |

**이에 대한 설명으로 옳은 것만을 〈보기〉에서 있는 대로 고른 것은? (단, 제시된 조건 이외는 고려하지 않는다.) [3점]**

보기
ㄱ. ⓐ는 ㉡이다.
ㄴ. (다)의 Ⅳ에서 B 림프구로부터 형질 세포로의 분화가 일어났다.
ㄷ. (다)의 Ⅵ에서 ㉡에 대한 특이적 방어 작용이 일어났다.

① ㄱ  ② ㄴ  ③ ㄱ, ㄷ  ④ ㄴ, ㄷ  ⑤ ㄱ, ㄴ, ㄷ

✓ 자료 해석

• 방어 작용 중 병원체의 종류에 관계없이 일어나는 것은 비특이적 방어 작용에 해당하고 병원체의 종류에 따라 항원 항체 반응이 일어나는 것은 특이적 방어 작용이다.
• 생쥐 Ⅳ는 병원체 ㉡에 감염된 후 ⓐ에 대한 보조 T 림프구를 주사했으므로 ⓐ에 대한 보조 T 림프구에 의해 B 림프구로부터 형질 세포로의 분화가 일어나고, ㉡에 특이적 방어 작용인 항원 항체 반응이 일어나 생존한다. 따라서 ⓐ는 ㉡이다.
• 병원체 ㉠에 감염된 생쥐 Ⅱ에 ⓐ(㉡)에 대한 보조 T 림프구를 주사하면 Ⅱ는 죽는다. 병원체 ㉡에 감염된 생쥐 Ⅲ은 항원 항체 반응이 일어나지 않으며, 병원체 ㉠과 ㉡에 모두 감염된 생쥐 Ⅵ은 ⓐ(㉡)에 대한 보조 T 림프구를 주사하였으므로 ⓐ(㉡)에 대한 항원 항체 반응이 일어나지만 ㉠에 의해 죽는다.

○ 보기 풀이 가슴샘이 없는 생쥐 Ⅰ~Ⅵ은 모두 T 림프구에 의한 체액성 면역 반응이 일어날 수 없지만, ⓐ에 대한 보조 T 림프구를 주사한 경우(Ⅱ, Ⅳ, Ⅵ)에서는 T 림프구에 의한 체액성 면역 반응이 일어날 수 있다. ㉡에 감염시킨 후 ⓐ에 대한 보조 T 림프구를 주사한 (다)의 Ⅳ에서 항원 항체 반응이 일어나 생쥐가 살았으므로 Ⅳ는 ㉡에 대한 특이적 방어 작용이 일어났다. 따라서 ⓐ는 ㉡이다. ㉠과 ㉡에 모두 감염시킨 후 ⓐ(㉡)에 대한 보조 T 림프구를 주사한 (다)의 Ⅵ에서는 ⓐ(㉡)에 대한 항원 항체 반응은 일어났지만, ㉠에 대한 항체가 생성되지 않아 생쥐가 죽었다.
ㄴ. (다)의 Ⅳ에서 항원 항체 반응이 일어났으므로 B 림프구로부터 형질 세포로의 분화가 일어났음을 알 수 있다.
ㄷ. (다)의 Ⅵ은 ㉠과 ㉡에 모두 감염되었고, ⓐ(㉡)에 대한 보조 T 림프구를 주사했으므로 ⓐ(㉡)에 대한 보조 T 림프구에 의해 B 림프구로부터 형질 세포로의 분화가 일어나 ㉡에 대한 특이적 방어 작용인 항원 항체 반응이 일어났다.

✕ 매력적 오답 ㄱ. ⓐ는 ㉡이다.

문제풀이 Tip
특이적 방어 작용 중 세포성 면역과 체액성 면역이 일어나는 과정을 자세하게 알아두어야 한다.

## 2 방어 작용

2025학년도 9월 평가원 18번 | 정답 ⑤ | 문제편 178 p

출제 의도 비특이적 방어 작용을 나타낸 자료를 분석할 수 있는지 묻는 문항이다.

다음은 사람의 방어 작용에 대한 실험이다.

• 침과 눈물에는 ㉠세균의 증식을 억제하는 물질이 있다.
  라이소자임

[실험 과정 및 결과]

(가) 사람의 침과 눈물을 각각 표와 같은 농도로 준비한다.

(나) (가)에서 준비한 침과 눈물에 같은 양의 세균 G를 각각 넣고 일정 시간 동안 배양한 후, G의 증식 여부를 확인한 결과는 표와 같다.

| 농도 (상댓값) | 침 | 눈물 |
|---|---|---|
| 1 | ⓐ × | × |
| 0.1 | × | ? × |
| 0.01 | ○ | × |

(○ : 증식됨, × : 증식 안 됨)

이에 대한 설명으로 옳은 것만을 〈보기〉에서 있는 대로 고른 것은? (단, 제시된 조건 이외는 고려하지 않는다.) [3점]

보기
ㄱ. 라이소자임은 ㉠에 해당한다.
  침과 눈물에는 세균의 증식을 억제하는 라이소자임(㉠)이 들어 있다.
ㄴ. ⓐ는 '×'이다.
ㄷ. 사람의 침과 눈물은 비특이적 방어 작용에 관여한다.

① ㄱ  ② ㄷ  ③ ㄱ, ㄴ  ④ ㄴ, ㄷ  ⑤ ㄱ, ㄴ, ㄷ

✓ 자료 해석

• 비특이적 방어 작용 : 병원체의 종류나 감염 경험의 유무와 관계없이 일어난다. 침과 눈물에 들어 있는 라이소자임에 의한 세균의 증식 억제, 대식세포에 의한 식세포 작용, 염증 반응 등이 이에 해당한다.

○ 보기 풀이 ㄱ. 침과 눈물에는 세균의 증식을 억제하는 물질(㉠)인 라이소자임이 들어 있다.

ㄴ. 침의 농도가 0.1일 때 세균 G가 증식하지 않았으므로 이보다 농도가 높은 침의 농도가 1일 때에도 세균 G가 증식하지 않으므로 ⓐ는 '×'이다.

ㄷ. 침과 눈물은 병원체의 종류나 감염 경험의 유무와 관계없이 일어나는 비특이적 방어 작용에 관여한다.

문제풀이 **Tip**

침과 눈물에 들어 있는 라이소자임에 의한 세균의 증식은 병원체의 종류와 상관없이 일어나는 비특이적 방어 작용임을 알고 자료에 적용하면 된다.

## 3 항원 항체 반응

2025학년도 6월 평가원 3번 | 정답 ③ | 문제편 178 p

출제 의도 항체의 구조와 항원 항체 반응에 대해 알고 있는지 묻는 문항이다.

그림 (가)는 어떤 사람이 병원체 X에 감염되었을 때 생성된 X에 대한 항체 Y의 구조를, (나)는 X와 Y의 항원 항체 반응을 나타낸 것이다. ㉠과 ㉡ 중 하나는 항원 결합 부위이다.

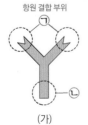
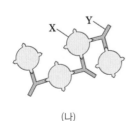

항원 결합 부위

(가)          (나)

이에 대한 설명으로 옳은 것만을 〈보기〉에서 있는 대로 고른 것은? [3점]

보기
ㄱ. Y는 형질 세포로부터 생성된다.
  형질 세포는 X에 대한 항체 Y를 생성한다.
ㄴ. ㉡은 X에 특이적으로 결합하는 부위이다.
  ㉠이 X에 특이적으로 결합하는 부위이다.
ㄷ. X에 대한 체액성 면역 반응에서 (나)가 일어난다.

① ㄱ  ② ㄴ  ③ ㄱ, ㄷ  ④ ㄴ, ㄷ  ⑤ ㄱ, ㄴ, ㄷ

✓ 자료 해석

• ㉠은 X에 특이적으로 결합하는 부위인 항원 결합 부위이다.
• (나)에서 항원 항체 반응은 체액성 면역 반응에 해당한다.

○ 보기 풀이 ㄱ. 병원체 X에 감염되었을 때 보조 T 림프구에 의해 B 림프구가 활성화되어 형질 세포로 분화되며, 형질 세포는 X에 대한 항체 Y를 생성한다.

ㄷ. X에 대한 체액성 면역 반응에서 X와 Y의 항원 항체 결합 반응(나)이 일어난다.

✕ 매력적 오답 ㄴ. ㉠과 ㉡ 중 ㉠이 항원 결합 부위이며, 항원 결합 부위(㉠)는 X에 특이적으로 결합하는 부위이다.

문제풀이 **Tip**

체액성 면역 반응인 항원 항체 반응과 항체의 구조에 대해 알아둔다.

# 4 방어 작용

출제 의도 생쥐의 방어 작용에 대한 실험을 분석할 수 있는지를 묻는 문항이다.

다음은 항원 X에 대한 생쥐의 방어 작용 실험이다.

---

[실험 과정 및 결과]

(가) 정상 생쥐 A와 <u>가슴샘이 없는 생쥐 B</u>를 준비한다. A와 B는 유전적으로 동일하고 X에 노출된 적이 없다. ── T 림프구가 성숙이 안 됨

(나) A와 B에 X를 각각 2회에 걸쳐 주사한다. A와 B에서 X에 대한 혈중 항체 농도 변화는 그림과 같다.

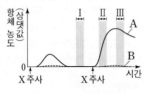

---

이에 대한 설명으로 옳은 것만을 〈보기〉에서 있는 대로 고른 것은? (단, 제시된 조건 이외는 고려하지 않는다.) [3점]

보기
ㄱ. 구간 Ⅰ의 A에는 X에 대한 기억 세포가 있다.
ㄴ. 구간 Ⅱ의 A에서 X에 대한 2차 면역 반응이 일어났다.
ㄷ. 구간 Ⅲ의 A에서 X에 대한 항체는 세포독성 T 림프구에서 생성된다. ── 형질 세포에서

① ㄱ  ② ㄴ  ③ ㄱ, ㄴ  ④ ㄱ, ㄷ  ⑤ ㄴ, ㄷ

---

✔ 자료 해석

• 정상 생쥐인 A에 X를 1차 주사하고 일정 시간 후 2차 주사하면 체내에 있던 기억 세포가 빠르게 분화하여 기억 세포와 형질 세포를 만들며, 형질 세포에서는 X에 대한 항체가 생성된다.

• B는 가슴샘이 없으므로 B 림프구의 촉진을 돕는 T 림프구의 성숙이 일어나지 않는다. 따라서 B는 X에 노출되더라도 X에 대한 항체를 거의 생성하지 못한다.

○ 보기풀이 ㄱ, ㄴ. A에 X를 첫 번째 주사하였을 때와 두 번째 주사하였을 때 생성되는 항체의 양이 서로 다르므로 두 번째 주사하였을 때의 면역 반응이 2차 면역 반응이다. 2차 면역 반응은 X를 첫 번째 주사하였을 때 생성된 기억 세포가 형질 세포로 빠르게 분화하기 때문에 나타난다. 따라서 구간 Ⅰ의 A에는 X에 대한 기억 세포가 있다.

✕ 매력적 오답 ㄷ. 항체의 생성과 분비는 세포독성 T 림프구가 아닌 형질 세포에서 일어난다.

📝 문제풀이 Tip

세포성 면역과 체액성 면역에 대해 이해하고 있어야 하며, 특히 1차 면역 반응과 2차 면역 반응을 구분지어 알아두도록 하자.

| 선택지 비율 | ① 1% | ② 2% | ③ 7% | ④ 5% | ❺ 83% |
|---|---|---|---|---|---|

## 5 방어 작용

2024학년도 수능 18번 | 정답 ⑤ | 문제편 179p

**출제 의도** 바이러스 X에 대한 생쥐의 방어 작용 실험을 통해 세포성 면역에 대해 이해하고 있는지를 묻는 문항이다.

**다음은 바이러스 X에 대한 생쥐의 방어 작용 실험이다.**

(가) 유전적으로 동일하고 X에 노출된 적이 없는 생쥐 A~D를 준비한다. A와 B는 ㉠이고, C와 D는 ㉡이다. ㉠과 ㉡은 '정상 생쥐'와 '가슴샘이 없는 생쥐'를 순서 없이 나타낸 것이다.

(나) A~D 중 B와 D에 X를 각각 주사 후 A~D에서 ⓐ X에 감염된 세포의 유무를 확인한 결과, B와 D에서만 ⓐ가 있었다.

(다) 일정 시간이 지난 후, 각 생쥐에 대해 조사한 결과는 표와 같다.

| 구분 | ㉠ 정상 생쥐 | | ㉡ 가슴샘이 없는 생쥐 | |
|---|---|---|---|---|
| | A | B | C | D |
| X에 대한 세포성 면역 반응 여부 | 일어나지 않음 | 일어남 | 일어나지 않음 | 일어나지 않음 |
| 생존 여부 | 산다 | 산다 | 산다 | 죽는다 |

**이에 대한 설명으로 옳은 것만을 〈보기〉에서 있는 대로 고른 것은? (단, 제시된 조건 이외는 고려하지 않는다.)** [3점]

보기

ㄱ. X는 유전 물질을 갖는다. X는 핵산과 같은 유전 물질을 갖는다.

ㄴ. ㉡은 '가슴샘이 없는 생쥐'이다.

ㄷ. (다)의 B에서 세포독성 T 림프구가 ⓐ를 파괴하는 면역 반응이 일어났다. B에서 X에 대한 세포성 면역 반응이 일어났으므로 세포독성 T 림프구가 ⓐ를 파괴하는 면역 반응이 일어났다.

① ㄱ ② ㄷ ③ ㄱ, ㄴ ④ ㄴ, ㄷ ⑤ ㄱ, ㄴ, ㄷ

**✓ 자료 해석**

- 세포성 면역 : 활성화된 세포독성 T 림프구가 병원체에 감염된 세포를 직접 제거하는 면역 반응이다.
- 세포성 면역 과정 : 병원체의 침입 → 대식세포가 병원체를 삼킨 후 분해하여 항원 조각을 제시함 → 보조 T 림프구가 이를 인식하여 활성화됨 → 세포독성 T 림프구가 활성화됨 → 활성화된 세포독성 T 림프구가 병원체에 감염된 세포를 제거함

**○ 보기풀이** ㄱ. 바이러스에는 유전 물질이 있으므로 X는 유전 물질을 갖는다.
ㄴ. 가슴샘에서는 T 림프구가 성숙하며, 세포성 면역에는 보조 T 림프구와 세포독성 T 림프구가 모두 관여한다. X에 대한 세포성 면역 반응이 B에서는 일어났고, D에서는 일어나지 않으므로 ㉠은 '정상 생쥐'이고, ㉡은 '가슴샘이 없는 생쥐'이다.
ㄷ. X에 대한 세포성 면역 반응은 세포독성 T 림프구가 ⓐ를 파괴하는 면역 반응이다. 따라서 (다)의 B에서 세포독성 T 림프구가 ⓐ를 파괴하는 면역 반응이 일어났다.

**문제풀이 Tip**

A~D 중 B와 D에 X를 각각 주사한 후 B에서는 X에 대한 세포성 면역 반응이 일어났고, D는 일어나지 않았으므로 ㉠은 정상 생쥐, ㉡은 가슴샘이 없는 생쥐임을 빠르게 찾을 수 있어야 한다.

**6** 항원 항체 반응

출제의도 검사 키트를 나타낸 자료를 분석할 수 있는지 묻는 문항이다.

다음은 검사 키트를 이용하여 병원체 P와 Q의 감염 여부를 확인하기 위한 실험이다.

- 사람으로부터 채취한 시료를 검사 키트에 떨어뜨리면 시료는 물질 ⓐ와 함께 이동한다. ⓐ는 P와 Q에 각각 결합할 수 있고, 색소가 있다.

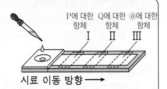

P에 대한 항체 ⅠI   Q에 대한 항체 Ⅱ   ⓐ에 대한 항체 Ⅲ

시료 이동 방향 →

- 검사 키트의 Ⅰ에는 'P에 대한 항체'가, Ⅱ에는 'Q에 대한 항체'가, Ⅲ에는 'ⓐ에 대한 항체'가 각각 부착되어 있다. Ⅰ~Ⅲ의 항체에 각각 항원이 결합하면, ⓐ의 색소에 의해 띠가 나타난다.

[실험 과정 및 결과]

(가) 사람 A와 B로부터 시료를 각각 준비한 후, 검사 키트에 각 시료를 떨어뜨린다.

(나) 일정 시간이 지난 후 검사 키트를 확인한 결과는 표와 같다.

(다) A는 P와 Q에 모두 감염되지 않았고, B는 Q에만 감염되었다.

감염 여부에 상관없이 항상 띠가 나타남

| 사람 | 검사 결과 |
|---|---|
| A |  |
| B | ? |

B의 검사 결과로 가장 적절한 것은? (단, 제시된 조건 이외는 고려하지 않는다.) [3점]

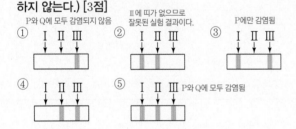

① P와 Q에 모두 감염되지 않음

② Ⅲ에 띠가 없으므로 잘못된 실험 결과이다.

③ P에만 감염됨

④

⑤ P와 Q에 모두 감염됨

✔ 자료 해석

- ⓐ는 P, Q와 각각 결합할 수 있으므로 P와 결합된 ⓐ는 Ⅰ과 Ⅲ에서, Q와 결합된 ⓐ는 Ⅱ와 Ⅲ에서, P와 Q가 모두 결합하지 않은 ⓐ는 Ⅲ에서만 색소에 의한 띠를 나타낸다. 따라서 검사 결과 Ⅲ에서는 항상 띠가 나타나야 한다.

○ 보기 풀이 ④ A는 P와 Q에 모두 감염되지 않았는데, 검사 키트 결과 Ⅲ에서만 띠가 나타났으므로 P, Q에 대한 항원이 없고 ⓐ만 있다. B는 Q에만 감염되었으므로 Q에 대한 항체와 ⓐ에 대한 항체가 있는 Ⅱ와 Ⅲ에서만 띠가 나타난다.

✗ 매력적 오답 ②는 Ⅲ에 띠가 나타나지 않았으므로 잘못된 검사 키트 결과이며, ③은 Ⅰ과 Ⅲ에서만 띠가 나타났으므로 P에만 감염되었을 경우이고, ⑤는 Ⅰ, Ⅱ, Ⅲ 모두에서 띠가 나타났으므로 P와 Q에 모두 감염되었을 경우이다.

문제풀이 Tip

특정 항원에 대해서만 특정 항체가 결합한다는 것을 알고 자료에 적용하면 된다.

# 7 생쥐의 방어 작용

**출제 의도** 생쥐의 방어 작용 실험 과정과 결과를 분석할 수 있는지를 묻는 문항이다.

**다음은 병원체 X와 Y에 대한 생쥐의 방어 작용 실험이다.**

- X와 Y에 모두 항원 ㉮가 있다.

[실험 과정 및 결과]

(가) 유전적으로 동일하고 X와 Y에 노출된 적이 없는 생쥐 I ~ Ⅳ를 준비한다.

(나) I 에게 X를, Ⅱ에게 Y를 주사하고 일정 시간이 지난 후, 생쥐의 생존 여부를 확인한다.

| 생쥐 | 생존 여부 |
|---|---|
| I | 산다 |
| Ⅱ | 죽는다 |

(다) (나)의 I 에서 ㉮에 대한 B 림프구가 분화한 기억 세포를 분리한다.

(라) Ⅲ에게 X를, Ⅳ에게 (다)의 기억 세포를 주사한다.

(마) 일정 시간이 지난 후, Ⅲ과 Ⅳ에게 Y를 각각 주사한다. Ⅲ과 Ⅳ에서 ㉮에 대한 혈중 항체 농도 변화는 그림과 같다.

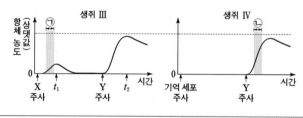

이에 대한 설명으로 옳은 것만을 〈보기〉에서 있는 대로 고른 것은? (단, 제시된 조건 이외는 고려하지 않는다.) [3점]

보기

ㄱ. Ⅲ에서 ㉮에 대한 혈중 항체 농도는 $t_1$일 때가 $t_2$일 때보다 ~~높다.~~ 낮다.

ㄴ. 구간 ㉠에서 ㉮에 대한 특이적 방어 작용이 일어났다.

ㄷ. 구간 ㉡에서 ~~형질 세포가 기억 세포로 분화되었다.~~ 형질 세포는 기억 세포로 분화하지 않는다.

① ㄱ  ② ㄴ  ③ ㄱ, ㄷ  ④ ㄴ, ㄷ  ⑤ ㄱ, ㄴ, ㄷ

✓ **자료 해석**

- 특이적 방어 작용(후천성 면역) : 특정 항원을 인식하여 제거하는 방어 작용이며, T 림프구와 B 림프구에 의해 이루어진다.
- 항원이 우리 몸에 처음 침입하면 B 림프구가 활성화되어 형질 세포와 기억 세포로 분화하고 형질 세포가 항체를 생성하는데, 이를 1차 면역 반응이라고 한다. 1차 면역 반응 후 체내에서 항원이 사라진 뒤에도 그 항원에 대한 기억 세포는 남아 있다.
- 동일한 항원이 다시 침입하면 기억 세포가 빠르게 증식하고 분화하여 만들어진 형질 세포에서 많은 양의 항체를 생성하는데, 이를 2차 면역 반응이라고 한다. 2차 면역 반응은 1차 면역 반응보다 빠르고 많은 양의 항체를 생성한다.

○ **보기 풀이** ㄴ. 구간 ㉠에서 ㉮에 대한 혈중 항체가 생성되었으므로 특이적 방어 작용이 일어났다.

✗ **매력적 오답** ㄱ. Ⅲ에서 ㉮에 대한 혈중 항체 농도는 $t_1$일 때가 $t_2$일 때보다 낮다.

ㄷ. 형질 세포는 기억 세포로 분화되지 않으므로 구간 ㉡에서 형질 세포가 기억 세포로 분화되지 않았다.

**문제풀이 Tip**

우리 몸의 방어 작용 중 특이적 방어 작용에서는 세포성 면역과 체액성 면역, 그리고 1차 면역 반응과 2차 면역 반응이 일어나는 과정을 자세하게 알아두어야 한다. 특히 실험을 통해 그래프를 분석하는 문제도 자주 출제되므로 관련 유형을 많이 풀어두도록 하자.

Part Ⅱ 수능 평가원

**8** 항원 항체 반응

출제 의도 검사 키트를 이용하여 병원체 X의 감염 여부를 확인하는 실험 과정과 결과를 분석할 수 있는 지를 묻는 문항이다.

다음은 검사 키트를 이용하여 병원체 X의 감염 여부를 확인하기 위한 실험이다.

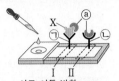

- 사람으로부터 채취한 시료를 검사 키트에 떨어뜨리면 시료는 물질 ⓐ와 함께 이동한다. ⓐ는 X에 결합할 수 있고, 색소가 있다.
- 검사 키트의 Ⅰ에는 ㉠이, Ⅱ에는 ㉡이 각각 부착되어 있다. ㉠과 ㉡ 중 하나는 'X에 대한 항체'이고, 나머지 하나는 'ⓐ에 대한 항체'이다.
- ㉠과 ㉡에 각각 항원이 결합하면, ⓐ의 색소에 의해 띠가 나타난다.

시료 이동 방향 →

[실험 과정 및 결과]

(가) 사람 A와 B로부터 시료를 각각 준비한 후, 검사 키트에 각 시료를 떨어뜨린다.

(나) 일정 시간이 지난 후 검사 키트를 확인한 결과는 그림과 같고, A와 B 중 한 사람만 X에 감염되었다.

Ⅰ에서 ⓐ의 색소에 의해 띠가 나타났으므로 B는 X에 감염되었음

이 자료에 대한 설명으로 옳은 것만을 〈보기〉에서 있는 대로 고른 것은? (단, 제시된 조건 이외는 고려하지 않는다.) [3점]

보기
ㄱ. ㉡은 'ⓐ에 대한 항체'이다.

ㄴ. B는 X에 감염되었다.
  B는 Ⅰ에서 띠가 나타났으므로 X에 감염되었다.

ㄷ. 검사 키트에는 항원 항체 반응의 원리가 이용된다.

① ㄱ  ② ㄴ  ③ ㄱ, ㄷ  ④ ㄴ, ㄷ  ⑤ ㄱ, ㄴ, ㄷ

✓ 자료 해석

- 특정 항체는 항원의 특정 부위에 결합하여 작용하는데, 이를 항원 항체 반응의 특이성이라 한다.
- 검사 키트의 시료에 들어 있는 ⓐ는 병원체 X와 결합할 수 있고, 항체 ㉡과도 결합할 수 있다. 따라서 사람으로부터 채취한 시료를 검사 키트에 떨어뜨리면 일정 시간 후 Ⅱ에서는 ⓐ와 ㉡이 결합하여 ⓐ의 색소에 의해 띠가 나타난다. 이때 X에 감염되지 않았다면 ⓐ와 X의 결합이 일어나지 않아 ㉠에 결합하지 못하므로 Ⅰ에서는 띠가 나타나지 않는 반면, X에 감염되었다면 ⓐ와 X의 결합이 일어나 ㉠에 결합하므로 Ⅰ에서 ⓐ의 색소에 의해 띠가 나타난다.

○ 보기 풀이  ㄱ. ㉡은 ⓐ와 항원 항체 반응을 하므로 ㉡은 'ⓐ에 대한 항체'이고, ㉠은 X와 항원 항체 반응을 하므로 'X에 대한 항체'이다.

ㄴ. B는 Ⅰ과 Ⅱ에서 모두 ⓐ의 색소에 의해 띠가 나타났으므로 B는 X에 감염되었다.

ㄷ. 검사 키트에서 색소에 의해 띠가 나타나는 것은 항원 항체 반응의 유무에 따라 결정된다. 따라서 이 키트에는 항원 항체 반응의 원리가 이용되었다.

문제풀이 Tip

최근 코로나19 검사와 관련한 시사 관련 문항이다. 제시된 자료가 새롭지만, 항원 항체 반응 원리를 이해하고 있었다면 어렵지 않게 해결할 수 있었을 것이다.

## 9  세포성 면역

출제 의도 세포성 면역 반응에 대해 알고 있는지를 묻는 문항이다.

그림은 사람 P가 병원체 X에 감염되었을 때 일어난 방어 작용의 일부를 나타낸 것이다. ㉠과 ㉡은 보조 T 림프구와 세포독성 T 림프구를 순서 없이 나타낸 것이다.

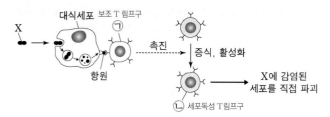

이에 대한 설명으로 옳은 것만을 〈보기〉에서 있는 대로 고른 것은?

보기
ㄱ. ㉠은 대식세포가 제시한 항원을 인식한다.
ㄴ. ㉡은 형질 세포로 분화된다.
　　세포독성 T림프구(㉡)는 형질 세포로 분화되지 않는다.
ㄷ. P에서 세포성 면역 반응이 일어났다.

① ㄱ   ② ㄴ   ③ ㄱ, ㄷ   ④ ㄴ, ㄷ   ⑤ ㄱ, ㄴ, ㄷ

✓ 자료 해석
• 세포성 면역 : 보조 T 림프구에 의해 활성화된 세포독성 T림프구가 병원체에 감염된 세포를 직접 제거하는 면역 반응이다.
• ㉠은 대식세포가 제시한 항원을 인식하므로 보조 T 림프구이고, ㉡은 보조 T 림프구에 의해 증식, 활성화되어 X에 감염된 세포를 직접 파괴하므로 세포독성 T림프구이다.

○ 보기 풀이 ㄱ. ㉠은 보조 T 림프구이다. 보조 T 림프구(㉠)는 대식세포가 제시한 항원을 인식한다.
ㄷ. 세포독성 T림프구(㉡)가 X에 감염된 세포를 직접 파괴하므로 P에서 세포성 면역 반응이 일어났다.

✕ 매력적 오답 ㄴ. ㉡은 세포독성 T림프구이다. 세포독성 T림프구(㉡)는 형질 세포로 분화되지 않는다. B 림프구가 보조 T 림프구(㉠)의 자극으로 형질 세포와 기억 세포로 분화된다.

문제풀이 Tip
세포성 면역 반응과 체액성 면역 반응을 비교하는 문항 및 2차 면역 반응과 관련한 문항이 자주 출제되므로 관련 내용을 다시 한번 살펴두도록 하자.

---

## 10  방어 작용

출제 의도 세포성 면역과 체액성 면역에 대해 묻는 문항이다.

다음은 어떤 사람이 병원체 X에 감염되었을 때 나타나는 방어 작용에 대한 자료이다.

(가) ㉠형질 세포에서 X에 대한 항체가 생성된다.
(나) 세포독성 T 림프구가 X에 감염된 세포를 파괴한다.

이에 대한 설명으로 옳은 것만을 〈보기〉에서 있는 대로 고른 것은?
[3점]

보기
ㄱ. X에 대한 체액성 면역 반응에서 (가)가 일어난다.
　　체액성 면역 반응에서 항체에 의한 항원 제거 반응이 일어난다.
ㄴ. (나)는 특이적 방어 작용에 해당한다.
　　세포성 면역 반응 (나)는 특이적 방어 작용에 해당한다.
ㄷ. 이 사람이 X에 다시 감염되었을 때 ㉠이 기억 세포로 분화한다. 형질 세포(㉠)는 기억 세포로 분화하지 않는다.

① ㄱ   ② ㄷ   ③ ㄱ, ㄴ   ④ ㄴ, ㄷ   ⑤ ㄱ, ㄴ, ㄷ

✓ 자료 해석
• 체액성 면역은 형질 세포가 생산하는 항체가 항원과 결합함으로써 더 효율적으로 항원을 제거할 수 있는 면역 반응이다.
• 세포성 면역은 활성화된 세포독성 T 림프구가 병원체에 감염된 세포를 제거하는 면역 반응이다.
• 특이적 방어 작용(후천성 면역)은 특정 항원을 인식하여 제거하는 방어 작용으로, 세포성 면역과 체액성 면역이 이에 속한다.
• 2차 면역 반응에서는 동일한 항원에 대한 기억 세포가 빠르게 분화하여 기억 세포와 형질 세포를 만들고, 그 형질 세포가 항체를 생산하여 항원을 제거한다.

○ 보기 풀이 ㄱ. X에 대한 체액성 면역 반응에서는 형질 세포에서 항체 생성과 분비가 일어난다.
ㄴ. (나)는 세포독성 T 림프구에 의해 X에 감염된 세포가 파괴되는 특이적 방어 작용이다.

✕ 매력적 오답 ㄷ. 기억 세포로 분화하는 세포는 형질 세포가 아닌 B 림프구이며, X에 다시 감염되었을 때는 기억 세포가 형질 세포로 분화한다.

문제풀이 Tip
특이적 방어 작용을 묻는 문항으로, 체액성 면역과 세포성 면역을 알고 있어야 한다. 비특이적 방어 작용의 식세포 작용과 염증 반응 및 세포성 면역 과정에 대해서도 출제될 가능성이 있으므로 자세히 숙지해 두도록 하자.

# 11 방어 작용과 백신

출제의도 1차 면역 반응과 2차 면역 반응의 특징에 대해 묻는 문항이다.

**다음은 병원체 P에 대한 백신을 개발하기 위한 실험이다.**

[실험 과정 및 결과]

(가) P로부터 두 종류의 백신 후보 물질 ㉠과 ㉡을 얻는다.

(나) P, ㉠, ㉡에 노출된 적이 없고, 유전적으로 동일한 생쥐 Ⅰ~Ⅴ를 준비한다.

(다) 표와 같이 주사액을 Ⅰ~Ⅳ에게 주사하고 일정 시간이 지난 후, 생쥐의 생존 여부를 확인한다.

| 생쥐 | 주사액 조성 | 생존 여부 |
|---|---|---|
| Ⅰ | ㉠ | 산다 |
| Ⅱ, Ⅲ | ㉡ | 산다 |
| Ⅳ | P | 죽는다 |

(라) (다)의 Ⅲ에서 ㉡에 대한 B 림프구가 분화한 기억 세포를 분리하여 Ⅴ에게 주사한다.

(마) (다)의 Ⅰ과 Ⅱ, (라)의 Ⅴ에게 각각 P를 주사하고 일정 시간이 지난 후, 생쥐의 생존 여부를 확인한다.

| 생쥐 | 생존 여부 |
|---|---|
| Ⅰ | 죽는다 |
| Ⅱ | 산다 |
| Ⅴ | 산다 |

**이에 대한 설명으로 옳은 것만을 〈보기〉에서 있는 대로 고른 것은? (단, 제시된 조건 이외는 고려하지 않는다.) [3점]**

〈보기〉

ㄱ. P에 대한 백신으로 ㉠이 ㉡보다 적합하다.
  P에 대한 백신으로 ㉡이 ㉠보다 적합하다.

ㄴ. (다)의 Ⅱ에서 ㉡에 대한 1차 면역 반응이 일어났다.

ㄷ. (마)의 Ⅴ에서 기억 세포로부터 형질 세포로의 분화가 일어났다. (마)에서 Ⅴ가 살았으므로 (마)의 Ⅴ에서 2차 면역 반응이 일어났다.

① ㄱ  ② ㄴ  ③ ㄱ, ㄷ  ④ ㄴ, ㄷ  ⑤ ㄱ, ㄴ, ㄷ

---

✔ **자료 해석**

• 백신은 면역 반응을 일으키기 위해 체내에 주입하는 항원을 포함하는 물질을 말한다. 백신을 주사하면 주입한 항원에 대한 기억 세포가 형성되어 동일한 항원의 재침입 시 2차 면역 반응에 의해 보다 신속하게 다량의 항체가 생산되어 항원을 무력화시킨다.

• (다)에서 ㉠을 주사한 Ⅰ은 (마)에서 P를 주사하였을 때 죽었다. 이는 ㉠에 의한 백신 효과가 떨어지기 때문이다. 반면 (다)에서 ㉡을 주사한 Ⅱ는 (마)에서 P를 주사하였을 때 살았다. 이는 Ⅱ에 ㉡을 주사하였을 때 ㉡에 대한 1차 면역 반응 결과 기억 세포가 형성되었고, 이후 P가 침입하였을 때 2차 면역 반응이 잘 이루어졌다는 것을 의미한다.

• (라)에서 Ⅴ에게 Ⅲ으로부터 분리된 ㉡에 대한 기억 세포를 주사한 후 (마)에서 Ⅴ에게 P를 주사하였을 때 Ⅴ는 살았다. 이는 (라)에서 주사한 ㉡에 대한 기억 세포가 빠르게 분화하여 형질 세포로의 분화가 일어났고, 그 형질 세포가 P에 대한 많은 양의 항체를 빠르게 생성하였다는 것을 의미한다.

---

O 보기풀이 ㄴ. (마)의 생쥐 Ⅱ가 살았으므로 (다)의 Ⅱ에서 ㉡에 대한 1차 면역 반응이 일어나 기억 세포가 형성되었으며, 이후 (마)의 Ⅱ에서 P에 대한 2차 면역 반응이 일어났다.

ㄷ. (마)의 생쥐 Ⅴ가 살았으므로 (마)의 Ⅴ에서 2차 면역 반응이 일어났다. 즉, 기억 세포로부터 형질 세포로의 분화가 일어났다.

---

✕ 매력적오답 ㄱ. (마)의 생쥐 Ⅰ이 죽고 생쥐 Ⅱ와 Ⅴ가 살았으므로 P에 대한 백신으로 ㉡이 ㉠보다 적합하다.

---

문제풀이 **Tip**

면역 반응과 백신에 대한 문항으로, 1차 면역 반응과 2차 면역 반응을 비교할 수 있어야 하며, 백신의 원리에 대해서도 알고 있어야 한다. 수능에서 해당 문항과 같이 백신을 통한 면역 과정의 원리에 대한 문항이 출제될 가능성이 있으므로 관련 문항을 풀어보면서 개념을 정확하게 이해해 두도록 하자.

# 12 방어 작용

**출제 의도** 생쥐의 방어 작용 실험을 통해 1차 면역 반응과 2차 면역 반응의 원리를 묻는 문항이다.

## 다음은 항원 X에 대한 생쥐의 방어 작용 실험이다.

[실험 과정 및 결과]

(가) 유전적으로 동일하고 X에 노출된 적이 없는 생쥐 A~D 를 준비한다.

(나) A와 B에 X를 각각 2 회에 걸쳐 주사한 후, A와 B에서 특이적 방 어 작용이 일어났는지 확인한다.

| 생쥐 | 특이적 방어 작용 |
|------|------------------|
| A | ○ |
| B | ⓐ |

(○: 일어남, ×: 일어나지 않음)

(다) 일정 시간이 지난 후, (나)의 A에서 ㉠을 분리하여 C에, (나)의 B에서 ㉡을 분리하여 D에 주사한다. ㉠과 ㉡은 혈장과 기억 세포를 순서 없이 나타낸 것이다.

(라) 일정 시간이 지난 후, C와 D에 X를 각각 주사한다. C 와 D에서 X에 대한 혈중 항체 농도 변화는 그림과 같다.

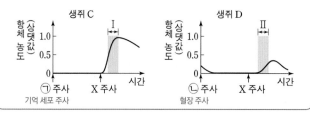

이에 대한 설명으로 옳은 것만을 〈보기〉에서 있는 대로 고른 것은? [3점]

보기

ㄱ. ⓐ는 '○'이다.
   B에서 X에 대한 특이적 방어 작용이 일어났다.

ㄴ. 구간 Ⅰ에서 X에 대한 항체가 형질 세포로부터 생성되었 다. Ⅰ에서 X에 대한 형질 세포로부터 생성된 항체에 의한 2차 면역 반응이 일어났다.

ㄷ. 구간 Ⅱ에서 X에 대한 1차 면역 반응이 일어났다.
   Ⅱ에서 X에 대한 항체에 의한 1차 면역 반응이 일어났다.

① ㄱ    ② ㄷ    ③ ㄱ, ㄴ    ④ ㄴ, ㄷ    ⑤ ㄱ, ㄴ, ㄷ

✓ **자료 해석**

• A에서 분리한 ㉠을 C에 주사한 후 다시 C에 X를 주사했을 때 항체가 생성되기까지의 시간이 짧고 항체 생성 속도가 빠르며 생성되는 항체의 농도가 높았다. 이는 C에서 기억 세포에 의한 2차 면역 반응이 일어났 기 때문이다. 따라서 ㉠은 기억 세포이다.

• B에서 분리한 ㉡을 D에 주사했을 때 항체 농도가 일시적으로 증가하였 고, 이후 X를 주사했을 때 항체가 생성되기까지 시간이 길고 항체 생성 속도가 느리며 생성되는 항체의 농도가 낮았다. 이는 D에서 1차 면역 반응이 일어났기 때문이다. 따라서 ㉡은 혈장이다.

• B에서 X에 대한 혈장(㉡)을 분리하였으므로 B에서 항체가 생성되었다 는 것을 알 수 있다. 따라서 B에서 X에 대한 특이적 방어 작용이 일어 났다.

**보기 풀이**   ㄱ. ㉠을 주사한 C에서 2차 면역 반응이 일어났고, ㉡을 주사한 D에서 항체의 농도가 즉시 증가하였다. 따라서 A와 B에서는 모두 특이적 방어 작용이 일어났고, ㉠은 기억 세포, ㉡은 혈장이다.

ㄴ. 구간 Ⅰ에서 항체 농도가 증가하는 것은 항체가 형질 세포로부터 생성되었 기 때문이다.

ㄷ. X를 주사한 D에서 항체의 증가 시점과 항체 생성량이 C에 비해 늦고 적은 것은 D에서는 1차 면역 반응이, C에서는 2차 면역 반응이 일어났기 때문이다.

**문제풀이 Tip**

면역 반응에 대한 문항으로, 특이적 반응과 비특이적 반응을 이해하고 있어야 한다. 유전적으로 동일하고 항원에 노출된 적이 없는 생쥐를 대상으로 혈장과 기억 세포를 주사한 후 항체 농도 변화 그래프를 분석하는 생쥐의 방어 작용 실 험 문항은 기출에서 자주 출제되고 있으므로 관련 문항을 많이 풀어두도록 하자.

Part Ⅱ

수능 평가원

## 13 방어 작용

출제 의도 생쥐의 방어 작용 실험을 통해 체액성 면역 반응 원리를 파악하는지 확인하는 문항이다.

다음은 병원체 ㉠과 ㉡에 대한 생쥐의 방어 작용 실험이다.

[실험 과정 및 결과]

(가) 유전적으로 동일하고, ㉠과 ㉡에 노출된 적이 없는 생쥐 Ⅰ~Ⅵ을 준비한다.

(나) Ⅰ에는 생리 식염수를, Ⅱ에는 죽은 ㉠을, Ⅲ에는 죽은 ㉡을 각각 주사한다. Ⅱ에서는 ㉠에 대한, Ⅲ에서는 ㉡에 대한 항체가 각각 생성되었다.

(다) 2주 후 (나)의 Ⅰ~Ⅲ에서 각각 혈장을 분리하여 표와 같이 살아 있는 ㉠과 함께 Ⅳ~Ⅵ에게 주사하고, 1일 후 생쥐의 생존 여부를 확인한다.

| 생쥐 | 주사액의 조성 | 생존 여부 |
|---|---|---|
| Ⅳ | Ⅰ의 혈장+㉠ | 죽는다 |
| Ⅴ | Ⅱ의 혈장+㉠ | 산다 |
| Ⅵ | ⓐⅢ의 혈장+㉠ | 죽는다 |

이에 대한 설명으로 옳은 것만을 〈보기〉에서 있는 대로 고른 것은? (단, 제시된 조건 이외는 고려하지 않는다.) [3점]

보기

ㄱ. (나)의 Ⅱ에서 ㉠에 대한 특이적 방어 작용이 일어났다.

ㄴ. (다)의 Ⅴ에서 ㉠에 대한 2차 면역 반응이 일어났다.
   (다)의 Ⅴ에서 ㉠에 대한 2차 면역 반응은 일어나지 않았다.

ㄷ. ⓐ에는 ㉡에 대한 형질 세포가 있다.
   혈장 ⓐ에는 ㉡에 대한 항체가 있다.

① ㄱ　② ㄴ　③ ㄱ, ㄷ　④ ㄴ, ㄷ　⑤ ㄱ, ㄴ, ㄷ

✓ 자료 해석

• 죽은 ㉠을 주사한 Ⅱ에서는 ㉠에 대한 체액성 면역 반응 결과 ㉠에 대한 항체가 생성되었고, 죽은 ㉡을 주사한 Ⅲ에서는 ㉡에 대한 체액성 면역 반응 결과 ㉡에 대한 항체가 생성되었다.

• Ⅱ의 혈장에는 ㉠에 대한 항체가 포함되므로, Ⅴ에게 Ⅱ의 혈장과 ㉠을 주사했을 때 Ⅴ는 살았다. 반면 Ⅲ의 혈장에는 ㉡에 대한 항체만 포함되어 있으므로 Ⅵ에게 Ⅲ의 혈장과 ㉠을 주사했을 때 Ⅵ는 죽었다.

○ 보기풀이 ㄱ. 죽은 ㉠을 주사한 Ⅱ에서 ㉠에 대한 항체가 생성되었으므로 (나)의 Ⅱ에서 ㉠에 대한 특이적 방어 작용이 일어났다.

✕ 매력적 오답 ㄴ. Ⅴ에 주사한 Ⅱ의 혈장에는 ㉠에 대한 항체가 들어 있고, ㉠과 ㉡에 대한 기억 세포는 없다. 따라서 (다)의 Ⅴ에서 ㉠에 대한 2차 면역 반응이 일어나지 않는다.

ㄷ. Ⅲ의 혈장(ⓐ)에는 ㉡에 대한 항체가 있으며, ㉡에 대한 형질 세포는 없다.

문제풀이 Tip

생쥐를 이용한 방어 작용 실험을 분석해 보는 문항이다. 혈액 중 혈구를 제외한 혈장에서 혈액 응고 인자를 제거한 성분이 혈청이므로 혈장과 혈청에는 모두 기억 세포가 존재하지 않고 항체가 존재한다는 점을 알아두자.

---

## 14 방어 작용

출제 의도 세포성 면역과 체액성 면역의 차이점을 이해하고 하고 있는지를 묻는 문항이다.

그림 (가)와 (나)는 사람의 면역 반응을 나타낸 것이다. (가)와 (나)는 각각 세포성 면역과 체액성 면역 중 하나이며, ㉠~㉢은 기억 세포, 세포독성 T 림프구, B 림프구를 순서 없이 나타낸 것이다.

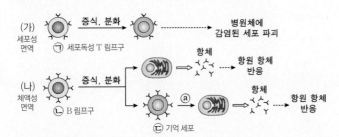

이에 대한 설명으로 옳은 것만을 〈보기〉에서 있는 대로 고른 것은? [3점]

보기

ㄱ. (가)는 체액성 면역이다.
   (가)는 세포성 면역, (나)는 체액성 면역이다.

ㄴ. 보조 T 림프구는 ㉡에서 ㉢으로의 분화를 촉진한다.
   보조 T 림프구는 B 림프구(㉡)에서 기억 세포(㉢)로의 분화를 촉진한다.

ㄷ. 2차 면역 반응에서 과정 ⓐ가 일어난다.
   2차 면역 과정에서 기억 세포(㉢)가 형질 세포로 분화되는 ⓐ가 일어난다.

① ㄱ　② ㄴ　③ ㄱ, ㄷ　④ ㄴ, ㄷ　⑤ ㄱ, ㄴ, ㄷ

✓ 자료 해석

• 세포성 면역 : 세포독성 T 림프구가 병원체에 감염된 세포를 직접 제거하는 면역 반응이다.

• 체액성 면역 : 형질 세포에서 생성, 분비된 항체에 의해 항원을 제거하는 면역 반응이다.

○ 보기풀이 ㄴ. 보조 T 림프구는 B 림프구(㉡)에서 기억 세포(㉢)로의 분화를 촉진한다.

ㄷ. 2차 면역 반응에서 기억 세포(㉢)가 형질 세포로 분화되는 과정 ⓐ가 일어난다.

✕ 매력적 오답 ㄱ. (가)는 세포독성 T 림프구에 의해 병원체에 감염된 세포가 파괴되는 방어 작용이므로 체액성 면역이 아닌 세포성 면역이다.

문제풀이 Tip

특이적 방어 작용의 중요 개념이 모두 적용된 문항이다. 방어 작용에 대한 문항은 그래프 자료가 주어지는 경우가 많은데, 해당 문항처럼 개념을 이해하고 있는지를 평가하는 문항도 출제되므로 관련 개념을 자세하게 알아두도록 하자.

# 15 방어 작용

출제의도 방어 작용에 관여하는 보조 T 림프구, 세포독성 T 림프구, 형질 세포의 특징을 파악하는지 확인하는 문항이다.

표 (가)는 세포 I∼Ⅲ에서 특징 ㉠∼㉢의 유무를 나타낸 것이고, (나)는 ㉠∼㉢을 순서 없이 나타낸 것이다. I∼Ⅲ은 각각 보조 T 림프구, 세포독성 T 림프구, 형질 세포 중 하나이다.

| 특징<br>세포 | ㉠ | ㉡ | ㉢ |
|---|---|---|---|
| 세포독성 T 림프구 I | ○ | ○ | ○ |
| 형질 세포 Ⅱ | × | ○ | × |
| 보조 T 림프구 Ⅲ | ○ | ○ | × |

(○ : 있음, × : 없음)

(가)

특징(㉠∼㉢)

㉡ • 특이적 방어 작용에 관여한다.
㉠ • 가슴샘에서 성숙된다.
㉢ • 병원체에 감염된 세포를 직접 파괴한다.

(나)

이에 대한 설명으로 옳은 것만을 〈보기〉에서 있는 대로 고른 것은? [3점]

보기

ㄱ. ~~I은 보조 T 림프구이다.~~
　I은 세포독성 T 림프구이다
ㄴ. Ⅱ에서 항체가 분비된다.
　형질 세포(Ⅱ)에서 항원에 결합할 수 있는 항체가 생성되어 분비된다.
ㄷ. ㉢은 '병원체에 감염된 세포를 직접 파괴한다.'이다.
　㉢은 세포독성 T 림프구(I)만 갖는 특징에 해당한다.

① ㄱ　② ㄴ　③ ㄱ, ㄷ　④ ㄴ, ㄷ　⑤ ㄱ, ㄴ, ㄷ

✓ 자료 해석

• 보조 T 림프구, 세포독성 T 림프구, 형질 세포는 모두 특이적 방어 작용에 관여한다. 보조 T 림프구와 세포독성 T 림프구는 골수에서 생성되어 가슴샘에서 성숙된다. 세포독성 T 림프구는 병원체에 감염된 세포를 제거하는 세포성 면역을 담당한다.

• ㉠은 '가슴샘에서 성숙된다.', ㉡은 '특이적 방어 작용에 관여한다.', ㉢은 '병원체에 감염된 세포를 직접 파괴한다.'이며, I은 세포독성 T 림프구, Ⅱ는 형질 세포, Ⅲ은 보조 T 림프구이다.

○ 보기풀이 특이적 방어 작용에 관여하는 세포는 보조 T 림프구, 세포독성 T 림프구, 형질 세포이고, 가슴샘에서 성숙되는 세포는 보조 T 림프구, 세포독성 T 림프구이며, 병원체에 감염된 세포를 직접 파괴하는 세포는 세포독성 T 림프구이다.

ㄴ. Ⅱ는 특징 ㉡만 갖는 형질 세포이다. 형질 세포에서는 항체가 분비된다.

ㄷ. 3가지 세포가 모두 갖는 특징인 ㉡은 '특이적 방어 작용에 관여한다.'이고, 2가지 세포가 갖는 특징인 ㉠은 '가슴샘에서 성숙된다.'이며, 1가지 세포가 갖는 특징인 ㉢은 '병원체에 감염된 세포를 직접 파괴한다.'이다.

✕ 매력적 오답 ㄱ. I은 가슴샘에서 성숙되어 병원체에 감염된 세포를 직접 파괴함으로서 특이적 방어 작용에 관여하는 세포독성 T 림프구이다.

문제풀이 Tip

면역 반응에 관여하는 림프구에 대한 이해를 묻는 문항이다. 특이적 방어 작용에 관여하는 각각의 세포의 특징에 대해 출제될 수 있으니 준비해 두자.

Part Ⅱ

수능 평가원

# 01 생태계의 구성과 기능

## 1 생태계의 구성 요소

2025학년도 수능 6번 | 정답 ③ | 문제편 186p

출제 의도 생태계의 구성 요소 사이의 상호 관계와 개체군 내의 상호 작용에 대해 알고 있는지 묻는 문항이다.

그림은 생태계를 구성하는 요소 사이의 상호 관계를, 표는 상호 작용의 예를 나타낸 것이다. (가)와 (나)는 순위제의 예와 텃세의 예를 순서 없이 나타낸 것이다.

(가) 갈색벌새는 꿀을 확보하기 위해 다른 갈색 벌새가 서식 공간에 접근하는 것을 막는다. 텃세
(나) 유럽산비둘기 무리에서는 서열이 높은 개체일수록 무리의 가운데 위치를 차지한다. 순위제

이에 대한 설명으로 옳은 것만을 〈보기〉에서 있는 대로 고른 것은?

【보기】
ㄱ. (가)는 텃세의 예이다.
ㄴ. (나)의 상호 작용은 ㉠에 해당한다.
　　순위제는 개체군 내의 상호 작용에 해당한다.
ㄷ. 거북이의 성별이 발생 시기 알의 주변 온도에 의해 결정되는 것은 ㉢의 예에 해당한다.
　　　　　　　　　　　　　　　　㉢의

① ㄱ　② ㄷ　③ ㄱ, ㄴ　④ ㄴ, ㄷ　⑤ ㄱ, ㄴ, ㄷ

✓ 자료 해석
• ㉠은 개체군 내의 상호 작용이고, ㉡은 군집 내 개체군 사이의 상호 작용이다.
• ㉢은 비생물적 요인이 생물 군집에 미치는 영향이고, ㉣은 생물 군집이 비생물적 요인에 미치는 영향이다.
• 개체군 내의 상호 작용(㉠)으로는 텃세, 순위제, 리더제 등이 있으며, 군집 내 개체군 사이의 상호 작용(㉡)으로는 기생, 포식과 피식, 종간 경쟁 등이 있다.

○ 보기 풀이 ㄱ. 갈색벌새가 꿀을 확보하기 위해 다른 갈색벌새가 서식 공간에 접근하는 것을 막는 것(가)은 텃세의 예이다.
ㄴ. 유럽산비둘기 무리에서 서열이 높은 개체일수록 무리의 가운데 위치를 차지하는 것(나)은 순위제의 예이며, 이는 개체군 내의 상호 작용이다. 따라서 (나)는 ㉠에 해당한다.

✕ 매력적 오답 ㄷ. 거북이의 성별이 발생 시기 알의 주변 온도에 의해 결정되는 것은 비생물적 요인인 온도가 생물 군집에 영향을 미친 것이므로 비생물적 요인이 생물 군집에 미치는 영향(㉢)의 예에 해당한다.

문제풀이 Tip
생태계를 구성하는 요소 사이의 상호 관계와 종 사이의 상호 작용에 해당하는 예에 대해 알아두어야 한다.

---

## 2 군집의 천이

2025학년도 수능 16번 | 정답 ④ | 문제편 186p

출제 의도 식물 군집의 2차 천이 과정에 대해 알고 있는지 묻는 문항이다.

그림은 어떤 식물 군집의 천이 과정 일부를, 표는 이 과정 중 ㉠에서 방형구법을 이용하여 식물 군집을 조사한 결과를 나타낸 것이다. ㉠은 A와 B 중 하나이고, A와 B는 양수림과 음수림을 순서 없이 나타낸 것이다. 종 Ⅰ과 Ⅱ는 침엽수(양수)에 속하고, 종 Ⅲ과 Ⅳ는 활엽수(음수)에 속한다. ㉠에서 Ⅳ의 상대 밀도는 5%이다.

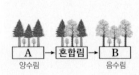

A 양수림 → 혼합림 → B 음수림

| 구분 | Ⅰ | Ⅱ | Ⅲ | Ⅳ |
|---|---|---|---|---|
| 빈도 | 0.39 | 0.32 | 0.22 | 0.07 |
| 개체 수 | ⓐ 60 | 36 | 18 | 6 |
| 상대 피도(%) | 37 | 53 | ⓑ 5 | 5 |
| 중요치 | 126 | 115 | | |

이 자료에 대한 설명으로 옳은 것만을 〈보기〉에서 있는 대로 고른 것은? (단, Ⅰ~Ⅳ 이외의 종은 고려하지 않는다.) [3점]

【보기】
ㄱ. ㉠은 B이다.
　　　　A
ㄴ. ⓐ+ⓑ=65이다.
ㄷ. ㉠에서 중요치(중요도)가 가장 큰 종은 Ⅰ이다.

① ㄱ　② ㄴ　③ ㄱ, ㄷ　④ ㄴ, ㄷ　⑤ ㄱ, ㄴ, ㄷ

✓ 자료 해석
• 식물 군집의 천이 과정에서 A는 양수림, B는 음수림이다.
• ㉠에서 Ⅳ의 상대 밀도가 5%이므로 표를 이용하여 계산하면
$$\frac{6}{ⓐ+36+18+6} \times 100 = 5\%$$ 이며, ⓐ는 60이다.
• 각 식물 종의 상대 피도를 모두 더한 값이 100%이므로 ⓑ는 (100−37−53−5=)5이다.
• 중요치=상대 밀도(%)+상대 빈도(%)+상대 피도(%)

○ 보기 풀이 ㄴ. ㉠에서 Ⅳ의 상대 밀도가 5%이므로 표를 이용하여 계산하면
$$\frac{6}{ⓐ+36+18+6} \times 100 = 5\%$$ 에서, ⓐ는 60이다. 각 식물 종의 상대 피도를 모두 더한 값이 100%이므로 ⓑ는 5이다. 따라서 ⓐ+ⓑ=65이다.
ㄷ. ㉠에서 중요치(중요도)가 가장 큰 종은 Ⅰ이다.

✕ 매력적 오답 ㄱ. ㉠에서 Ⅰ, Ⅱ(양수)가 Ⅲ, Ⅳ(음수)보다 개체 수가 많으므로 ㉠은 A(양수림)이다.

문제풀이 Tip
식물 군집 조사에서 방형구법을 이용한 각 식물 종의 상대 밀도, 상대 빈도, 상대 피도, 중요치를 구할 수 있어야 한다.

## 3 천이 과정

출제 의도 천이 과정에 대해 알고 있는지 묻는 문항이다.

그림은 어떤 지역에서 호수(습지)로부터 시작된 식물 군집의 1차 천이 과정을 나타낸 것이다. A와 B는 관목림과 혼합림을 순서 없이 나타낸 것이다.

관목림                    혼합림
호수(습지) → 초원 → A → 양수림 → B → 음수림

이에 대한 설명으로 옳은 것만을 〈보기〉에서 있는 대로 고른 것은? [3점]

보기
ㄱ. A는 관목림이다.
　　A는 관목림, B는 혼합림이다.
ㄴ. 이 지역에서 일어난 천이는 습성 천이이다.
ㄷ. 이 식물 군집은 B에서 극상을 이룬다.
　　음수림에서 극상을 이룬다.

① ㄱ　② ㄴ　③ ㄷ　④ ㄱ, ㄴ　⑤ ㄴ, ㄷ

✔ 자료 해석
• 식물 군집의 1차 천이(습성 천이) 과정은 호수(습지) → 초원 → 관목림(A) → 양수림 → 혼합림(B) → 음수림(극상)이다.

○ 보기 풀이 ㄱ. 호수(습지)에서 시작된 식물 군집의 1차 천이 과정은 호수(습지) → 초원 → 관목림(A) → 양수림 → 혼합림(B) → 음수림이다. 따라서 A는 관목림, B는 혼합림이다.
ㄴ. 호수(습지)에서 시작되었으므로 이 지역에서 일어난 천이는 습성 천이이다.

✕ 매력적 오답 ㄷ. 이 식물 군집은 음수림에서 극상을 이룬다.

문제풀이 Tip
1차 천이 과정과 음수림에서 극상을 이룬다는 것을 잘 알아둔다.

## 4 개체군 간의 상호 작용

출제 의도 개체군 간의 상호 작용에 대해 알고 있는지 묻는 문항이다.

다음은 종 사이의 상호 작용에 대한 자료이다. (가)와 (나)는 분서와 상리 공생의 예를 순서 없이 나타낸 것이다.

(가) 꿀잡이새는 꿀잡이오소리를 벌집으로 유도해 꿀을 얻도록 돕고, 자신은 벌의 공격에서 벗어나 먹이인 벌집을 얻는다. 상리 공생의 예
(나) 붉은뺨솔새와 밤색가슴솔새는 서로 ⊙경쟁을 피하기 위해 한 나무에서 서식 공간을 달리하여 산다. 분서의 예

이에 대한 설명으로 옳은 것만을 〈보기〉에서 있는 대로 고른 것은?

보기
ㄱ. (가)는 상리 공생의 예이다.
ㄴ. (나)의 결과 붉은뺨솔새에 환경 저항이 작용하지 않는다.
　　환경 저항이 작용한다.
ㄷ. '서로 다른 종의 새가 번식 장소를 차지하기 위해 서로 다툰다.'는 ⊙의 예에 해당한다.

① ㄱ　② ㄴ　③ ㄱ, ㄷ　④ ㄴ, ㄷ　⑤ ㄱ, ㄴ, ㄷ

✔ 자료 해석
• (가) : 상리 공생은 두 개체군이 모두 이익을 얻는다.
• (나) : 분서는 두 개체군의 생태적 지위가 비슷할 때 먹이, 생활 공간, 활동 시기, 산란 시기 등을 다르게 하여 경쟁을 피한다.

○ 보기 풀이 ㄱ. 꿀잡이새와 꿀잡이오소리가 모두 이익을 얻으므로 (가)는 상리 공생의 예이다.
ㄷ. 경쟁은 생태적 지위가 비슷한 개체군 사이에서 일어나는 먹이, 서식지에 대한 다툼이므로, '서로 다른 종의 새가 번식 장소를 차지하기 위해 서로 다툰다.'는 경쟁(⊙)의 예에 해당한다.

✕ 매력적 오답 ㄴ. 자연 상태에서는 먹이 부족, 서식지 부족, 천적 등과 같은 환경 저항이 항상 작용하므로 (나)의 결과 붉은뺨솔새에 환경 저항이 작용한다.

문제풀이 Tip
종 사이의 상호 작용을 나타낸 자료를 분석하여 개체군 간의 상호 작용의 종류를 파악해야 한다.

## 5 생태계를 구성하는 요소

출제의도 생태계를 구성하는 요소 사이의 상호 관계에 대해 알고 있는지 묻는 문항이다.

그림은 생태계를 구성하는 요소 사이의 상호 관계를 나타낸 것이다.

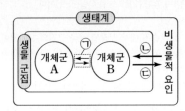

이에 대한 설명으로 옳은 것만을 〈보기〉에서 있는 대로 고른 것은?

**[보기]**

ㄱ. 늑대가 말코손바닥사슴을 잡아먹는 것은 ㉠의 예에 해당
한다. 포식과 피식은 ㉠의 예에 해당한다.

ㄴ. 지의류에 의해 암석의 풍화가 촉진되어 토양이 형성되는
것은 ㉢의 예에 해당한다. ㉢의 예에

ㄷ. 분해자는 ~~비생물적 요인~~에 해당한다. 생물 요인에

① ㄱ ② ㄷ ③ ㄱ, ㄴ ④ ㄴ, ㄷ ⑤ ㄱ, ㄴ, ㄷ

### ✓ 자료 해석

• 개체군 간의 상호 작용(㉠)의 예 : 경쟁, 공생, 기생, 분서, 포식과 피식 등
• 비생물적 요인이 생물적 요인에 영향을 주는 것(㉡)의 예 : 빛의 세기가 세어지면 잎의 두께가 두꺼워진다.
• 생물적 요인이 비생물적 요인에 영향을 주는 것(㉢)의 예 : 지의류에 의해 암석의 풍화가 촉진된다.

### ○ 보기 풀이

ㄱ. 늑대가 말코손바닥사슴을 잡아먹는 것은 개체군 간의 상호 작용인 포식과 피식에 해당하므로 ㉠의 예에 해당한다.

### ✕ 매력적 오답

ㄴ. 지의류에 의해 암석의 풍화가 촉진되어 토양이 형성되는 것은 ㉢의 예에 해당한다.

ㄷ. 분해자는 생물적 요인에 해당한다. 비생물적 요인에는 빛, 온도, 물, 토양, 공기 등이 있다.

### 문제풀이 Tip

생태계를 구성하는 요소 사이의 상호 관계에 해당하는 예에 대해 잘 정리해 둔다.

---

## 6 군집 조사

출제의도 식물 종의 분포를 나타낸 자료를 분석하여 우점종을 파악할 수 있는지 묻는 문항이다.

다음은 서로 다른 지역 Ⅰ과 Ⅱ의 식물 군집에서 우점종을 알아보기 위한 탐구이다.

(가) Ⅰ과 Ⅱ 각각에 방형구를 설치하여 식물 종 A~C의 분포를 조사했다.
(나) 조사한 자료를 바탕으로 각각의 지역에서 A~C의 개체 수와 상대 빈도, 상대 피도, 중요치(중요도)를 구한 결과는 표와 같다.

| 지역 | 종 | 개체 수 | 상대 빈도(%) | 상대 피도(%) | 중요치 |
| --- | --- | --- | --- | --- | --- |
| Ⅰ | A | 10 | ?20 | 30 | ?100 |
| | B | 5 | 40 | 25 | 90 |
| | C | ?5 | 40 | 45 | 110 |
| Ⅱ | A | 30 | 40 | ?25 | 125 |
| | B | 15 | 30 | ?40 | ?100 |
| | C | ? | ?30 | 35 | 75 |

이 자료에 대한 설명으로 옳은 것만을 〈보기〉에서 있는 대로 고른 것은? (단, A~C 이외의 종은 고려하지 않는다.) [3점]

**[보기]**

ㄱ. Ⅰ에서 C의 상대 밀도는 25 %이다.
110−(40+45)=25 %

ㄴ. Ⅱ에서 지표를 덮고 있는 면적이 가장 큰 종은 B이다.
상대 피도

ㄷ. ~~Ⅰ에서의 우점종과 Ⅱ에서의 우점종은 모두 A이다.~~
Ⅰ에서 우점종은 C이고, Ⅱ에서 우점종은 A이다.

① ㄱ ② ㄷ ③ ㄱ, ㄴ ④ ㄴ, ㄷ ⑤ ㄱ, ㄴ, ㄷ

### ✓ 자료 해석

• 지역 Ⅰ과 Ⅱ에서 A~C의 상대 밀도, 상대 빈도, 상대 피도, 중요치를 나타내면 표와 같다.

| 지역 | 종 | 상대 밀도(%) | 상대 피도(%) | 상대 피도(%) | 중요치 |
| --- | --- | --- | --- | --- | --- |
| Ⅰ | A | 50 | 20 | 30 | 100 |
| | B | 25 | 40 | 25 | 90 |
| | C | 25 | 40 | 45 | 110 |
| Ⅱ | A | 60 | 40 | 25 | 125 |
| | B | 30 | 30 | 40 | 100 |
| | C | 10 | 30 | 35 | 75 |

### ○ 보기 풀이

ㄱ. 중요치는 상대 밀도, 상대 빈도, 상대 피도를 모두 더한 값이므로 Ⅰ에서 C의 상대 밀도는 $110-(40+45)=25$ %이다.

ㄴ. Ⅱ에서 C의 상대 빈도는 $100-(40+30)=30$ %이며 C의 상대 밀도는 $75-(30+35)=10$ %이다. C의 개체 수를 $x$라고 표시하면 $\frac{x}{45+x}\times100=10$ %이므로 $x$는 5이다. Ⅱ에서 B의 중요치는 $300-(125+75)=100$이며, B의 상대 피도는 $100-(30+30)=40$ %이고 A의 상대 피도는 $100-(40+35)=25$ %이다. 따라서 지표를 덮고 있는 면적이 가장 큰 종은 상대 피도가 가장 큰 종이므로 B이다.

### ✕ 매력적 오답

ㄷ. Ⅰ에서 우점종은 중요치가 가장 큰 C이고, Ⅱ에서 우점종은 중요치가 가장 큰 A이다.

### 문제풀이 Tip

각 종의 상대 밀도(상대 빈도, 상대 피도)를 더한 값은 100이며, 중요치를 더한 값은 300이라는 것을 알고 자료에 적용하면 간단하게 답을 구할 수 있다.

## 7 생태계 구성 요소

**출제의도** 생태계를 구성하는 요소 사이의 상호 관계에 대해 알고 있는지 묻는 문항이다.

그림은 생태계를 구성하는 요소 사이의 상호 관계를 나타낸 것이다.

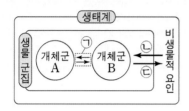

이에 대한 설명으로 옳은 것만을 〈보기〉에서 있는 대로 고른 것은?

**보기**

ㄱ. 곰팡이는 생물 군집에 속한다.
　분해자
ㄴ. 같은 종의 개미가 일을 분담하며 협력하는 것은 ㉠의 예에 해당한다.
　　해당하지 않는다　　개체군 내의 상호 작용
ㄷ. 빛의 세기가 참나무의 생장에 영향을 미치는 것은 ㉡의 예에 해당한다.

① ㄱ　② ㄴ　③ ㄷ　④ ㄱ, ㄷ　⑤ ㄴ, ㄷ

### ✔ 자료 해석

- ㉠은 군집 내 개체군 간의 상호 작용에 해당한다.
- ㉡은 비생물적 요인이 생물적 요인(생물 군집)에 영향을 주는 것이다.
- ㉢은 생물적 요인(생물 군집)이 비생물적 요인에 영향을 주는 것이다.

### ○ 보기풀이
ㄱ. 곰팡이는 분해자로 생물 군집에 속한다.
ㄷ. 빛은 비생물적 요인이고, 참나무는 생물 군집을 이루는 개체군이므로 빛의 세기가 참나무의 생장에 영향을 미치는 것은 ㉡의 예에 해당한다.

### ✕ 매력적 오답
ㄴ. 같은 종의 개미가 일을 분담하여 협력하는 것은 개체군 내의 상호 작용(종내 상호 작용)이므로 개체군 간의 상호 작용(종 사이의 상호 작용)인 ㉠의 예에 해당하지 않는다.

### 문제풀이 **Tip**
생태계 구성 요소인 생물적 요인과 비생물적 요인의 특징을 알고, 이들 사이의 상호 관계에 대해 알아둔다.

---

## 8 식물 군집의 천이

**출제의도** 식물 군집의 천이 과정에 대해 알고 있는지 묻는 문항이다.

그림 (가)는 천이 A와 B의 과정 일부를, (나)는 식물 군집 K의 시간에 따른 총생산량과 호흡량을 나타낸 것이다. A와 B는 1차 천이와 2차 천이를 순서 없이 나타낸 것이고, ㉠과 ㉡은 양수림과 지의류를 순서 없이 나타낸 것이다.

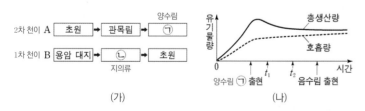

이에 대한 설명으로 옳은 것만을 〈보기〉에서 있는 대로 고른 것은?

**보기**

ㄱ. B는 2차 천이이다.
　　　1차
ㄴ. ㉠은 양수림이다.
ㄷ. K의 $\dfrac{순생산량}{호흡량}$ 은 $t_2$일 때가 $t_1$일 때보다 크다.
　순생산량: $t_1 > t_2$, 호흡량: $t_2 > t_1$　　적다

① ㄱ　② ㄴ　③ ㄱ, ㄷ　④ ㄴ, ㄷ　⑤ ㄱ, ㄴ, ㄷ

### ✔ 자료 해석

- 초원에서 시작하는 A는 2차 천이이고, 용암 대지에서 시작하는 B는 1차 천이이다.
- 관목림 이후 강한 빛에서 빠르게 자라는 양수가 우점하는 양수림이 형성되므로 ㉠은 양수림이고, ㉡은 지의류이다.
- 총생산량은 생산자가 일정 기간 동안 광합성을 통해 합성한 유기물의 총량으로, 호흡량과 순생산량을 합한 값이다.

### ○ 보기풀이
ㄴ. A에서 관목림이 출현한 이후에 ㉠이 출현하였으므로 ㉠은 양수림이다.

### ✕ 매력적 오답
ㄱ. B는 토양이 형성되어 있지 않은 불모지인 용암 대지에서 시작되는 천이이므로 1차 천이이다.
ㄷ. 순생산량은 총생산량에서 호흡량을 뺀 값이다. K의 호흡량은 $t_2$일 때가 $t_1$일 때보다 많고, 순생산량은 $t_1$일 때가 $t_2$일 때보다 많다. 따라서 $\dfrac{순생산량}{호흡량}$ 은 $t_1$일 때가 $t_2$일 때보다 크다.

### 문제풀이 **Tip**
식물 군집의 천이 과정 중 1차 천이와 2차 천이 과정에 대해 이해하고 있어야 하며, 식물과 초식 동물의 물질 생산과 소비에 대해 서로 알아둔다.

## 9 종 사이의 상호 작용

출제 의도 종 사이의 상호 작용에 대해 알고 있는지를 묻는 문항이다.

다음은 종 사이의 상호 작용에 대한 자료이다. (가)와 (나)는 경쟁과 상리 공생의 예를 순서 없이 나타낸 것이다.

(가) 캥거루쥐와 주머니쥐는 같은 종류의 먹이를 두고 서로 다툰다. – 경쟁

(나) 꽃은 벌새에게 꿀을 제공하고, 벌새는 꽃의 수분을 돕는다. – 상리 공생

이에 대한 설명으로 옳은 것만을 〈보기〉에서 있는 대로 고른 것은?

보기
ㄱ. (가)에서 캥거루쥐는 주머니쥐와 한 개체군을 이룬다. → 서로 다른 개체군이다.
ㄴ. (나)는 상리 공생의 예이다.
ㄷ. 스라소니가 눈신토끼를 잡아먹는 것은 경쟁의 예에 해당한다. → 포식과 피식

① ㄱ    ② ㄴ    ③ ㄷ    ④ ㄱ, ㄴ    ⑤ ㄴ, ㄷ

✔ 자료 해석
• 경쟁 : 생태적 지위가 유사한 두 개체군이 같은 장소에 서식하게 되면 한정된 먹이와 서식 공간 등의 자원을 차지하기 위한 경쟁이 일어나며, 두 개체군의 생태적 지위가 중복될수록 경쟁의 정도가 심해진다.
• 상리 공생 : 두 개체군이 서로 이익을 얻는 경우이다.

O 보기 풀이  ㄴ. (가)는 서로 다른 종이 같은 종류의 먹이를 두고 서로 다투는 상호 작용이므로 경쟁의 예이고, (나)는 서로 다른 종이 서로에게 이익을 주는 상호 작용이므로 상리 공생의 예이다.

✗ 매력적 오답  ㄱ. 캥거루쥐와 주머니쥐는 서로 다른 종이므로 한 개체군을 이루지 않는다.
ㄷ. 스라소니가 눈신토끼를 잡아먹는 것은 포식과 피식의 예에 해당한다.

문제풀이 Tip
경쟁은 하나의 종이 이익을, 다른 하나의 종이 손해를 입는 것이고, 상리 공생은 두 종 모두가 이익을 얻는 것이므로 (가)는 경쟁, (나)는 상리 공생임을 유추할 수 있어야 한다.

---

## 10 생태계 구성 요소

출제 의도 생태계를 구성하는 요소 사이의 상호 관계와 생물 다양성에 대해 알고 있는지를 묻는 문항이다.

그림은 생태계를 구성하는 요소 사이의 상호 관계를 나타낸 것이고, 표는 습지에 서식하는 식물 종 X에 대한 자료이다.

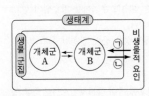

• ⓐX는 그늘을 만들어 수분 증발을 감소시켜 토양 속 염분 농도를 낮춘다.
• X는 습지의 토양 성분을 변화시켜 습지에 서식하는 생물의 ⓑ종 다양성을 높인다.

이에 대한 설명으로 옳은 것만을 〈보기〉에서 있는 대로 고른 것은? [3점]

보기
ㄱ. X는 생물 군집에 속한다.
ㄴ. ⓐ는 ㉠에 해당한다. → ㉡에
ㄷ. ⓑ는 동일한 생물 종이라도 형질이 각 개체 간에 다르게 나타나는 것을 의미한다. → 유전적 다양성

① ㄱ    ② ㄴ    ③ ㄷ    ④ ㄱ, ㄴ    ⑤ ㄱ, ㄷ

✔ 자료 해석
• ㉠은 비생물적 요인이 생물적 요인(생물 군집)에 영향을 주는 것이고, ㉡는 생물적 요인(생물 군집)이 비생물적 요인에 영향을 주는 것이다.
• X는 습지에 서식하는 식물 종이므로 생물 군집에 속한다.
• 종 다양성은 한 지역에서 종의 다양한 정도를 의미하고, 유전적 다양성은 같은 종이라도 개체군 내의 개체들이 유전자의 변이로 인해 다양한 형질이 나타나는 것을 의미한다.

O 보기 풀이  ㄱ. X는 식물이므로 생물 군집에 속한다.

✗ 매력적 오답  ㄴ. ⓐ는 생물적 요인이 비생물적 요인에 영향을 미친 사례이므로 ㉡에 해당한다.
ㄷ. 동일한 생물 종이라도 형질이 각 개체 간에 다르게 나타나는 것은 유전적 다양성이다.

문제풀이 Tip
생태계 구성 요소 사이의 상호 관계 문제가 자주 출제되는 관련 예들에 대해 살펴두고, 생물 다양성 중 유전적 다양성, 종 다양성, 생태계 다양성의 의미도 알아 두자.

## 11 식물 군집 조사

출제 의도 방형구법을 이용한 식물 군집 조사 방법에 대해 알고 있는지를 묻는 문항이다.

**다음은 어떤 지역의 식물 군집에서 우점종을 알아보기 위한 탐구이다.**

(가) 이 지역에 방형구를 설치하여 식물 종 A~E의 분포를 조사했다. 표는 조사한 자료 중 A~E의 개체 수와 A~E가 출현한 방형구 수를 나타낸 것이다.

| 구분 | A | B | C | D | E |
|---|---|---|---|---|---|
| 개체 수 | 96 | 48 | 18 | 48 | 30 |
| 출현한 방형구 수 | 22 | 20 | 10 | 16 | 12 |

(나) 표는 A~E의 분포를 조사한 자료를 바탕으로 각 식물 종의 ㉠~㉢을 구한 결과를 나타낸 것이다. ㉠~㉢은 상대 밀도, 상대 빈도, 상대 피도를 순서 없이 나타낸 것이다.

| 구분 | A | B | C | D | E |
|---|---|---|---|---|---|
| 상대 빈도㉠(%) | 27.5 | ? 25 | ⓐ 12.5 | 20 | 15 |
| 상대 밀도㉡(%) | 40 | ? 20 | 7.5 | 20 | 12.5 |
| 상대 피도㉢(%) | 36 | 17 | 13 | ? 24 | 10 |

**이 자료에 대한 설명으로 옳은 것만을 〈보기〉에서 있는 대로 고른 것은? (단, A~E 이외의 종은 고려하지 않는다.) [3점]**

보기
ㄱ. ⓐ는 12.5이다.
ㄴ. 지표를 덮고 있는 면적이 가장 작은 종은 E이다.
　　　　　　　상대 피도㉢
ㄷ. 우점종은 A이다.

① ㄱ ② ㄴ ③ ㄱ, ㄷ ④ ㄴ, ㄷ ⑤ ㄱ, ㄴ, ㄷ

### ✓ 자료 해석

- 상대 밀도(%) = $\dfrac{\text{특정 종의 밀도(수)}}{\text{조사한 모든 종의 밀도(수)의 합}} \times 100$
- 상대 빈도(%) = $\dfrac{\text{특정 종의 빈도}}{\text{조사한 모든 종의 빈도의 합}} \times 100$
- A~C의 상대 밀도의 합, 상대 빈도의 합, 상대 피도의 합은 각각 100 %이다.

○ 보기 풀이 전체 개체 수가 240이고, A의 개체 수가 96이므로 A의 상대 밀도는 40 %이다. 따라서 ㉡이 상대 밀도이다. 출현한 방형구 수가 B가 C의 2배인데 ㉢은 B가 C의 2배가 아니므로 ㉠이 상대 빈도이고, ㉢이 상대 피도이다.

| 구분 | A | B | C | D | E |
|---|---|---|---|---|---|
| 상대 빈도(%) | 27.5 | 25 | 12.5(ⓐ) | 20 | 15 |
| 상대 밀도(%) | 40 | 20 | 7.5 | 20 | 12.5 |
| 상대 피도(%) | 36 | 17 | 13 | 24 | 10 |

ㄱ. 조사한 모든 종의 방형구 수(빈도)의 합이 80이고, C가 출현한 방형구 수(빈도)가 10이므로 C의 상대 빈도는 12.5(ⓐ)%이다.

ㄴ. 상대 피도(%)의 총 합은 100 %이므로 D의 상대 피도는 24이다. 따라서 지표를 덮고 있는 면적이 가장 작은 종은 E이다.

ㄷ. B의 출현한 방형구 수(빈도)가 20이므로 B의 상대 빈도(㉠)은 25이다. B의 개체 수는 48이므로 B의 상대 밀도(㉡)은 20이다. 중요치(중요도)는 A가 103.5, B가 62, C가 33, D는 64, E는 37.5이므로 중요치(중요도)가 가장 큰 우점종은 A이다.

### 문제풀이 **Tip**

상대 빈도와 상대 밀도를 구하는 공식을 알고 있어야 ㉠~㉢이 상대 밀도, 상대 빈도, 상대 피도 중 어디에 해당하는지 쉽게 찾을 수 있다.

Part II 수능 평가원

## 12 군집의 천이

출제의도 2차 천이 과정에 대해 알고 있는지 묻는 문항이다.

그림은 어떤 지역의 식물 군집에서 산불이 난 후의 천이 과정 일부
를, 표는 이 과정 중 ⊙에서 방형구법을 이용하여 식물 군집을 조사
한 결과를 나타낸 것이다. ⊙은 A와 B 중 하나이고, A와 B는 양
수림과 음수림을 순서 없이 나타낸 것이다. 종 Ⅰ과 Ⅱ는 침엽수(양
수)에 속하고, 종 Ⅲ과 Ⅳ는 활엽수(음수)에 속한다.

> 2차 천이

양수의 중요치가 음수의
중요치보다 크다.
→ 양수가 우점종이다.

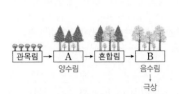

관목림 → A(양수림) → 혼합림 → B(음수림) → 극상

| 구분 | 침엽수 | | 활엽수 | |
|---|---|---|---|---|
| | Ⅰ | Ⅱ | Ⅲ | Ⅳ |
| 상대 밀도(%) | 30 | 42 | 12 | 16 |
| 상대 빈도(%) | 32 | 38 | 16 | 14 |
| 상대 피도(%) | 34 | 38 | 17 | 11 |

이에 대한 설명으로 옳은 것만을 〈보기〉에서 있는 대로 고른 것은?
(단, Ⅰ~Ⅳ 이외의 종은 고려하지 않는다.) [3점]

┌─ 보기 ─────────────────────┐
ㄱ. ⊙은 B이다.　A(양수림)
ㄴ. 이 지역에서 일어난 천이는 2차 천이이다.
ㄷ. 이 식물 군집은 혼합림에서 극상을 이룬다.
　　　　　　　　　음수림(B)
└────────────────────────┘

① ㄱ　② ㄴ　③ ㄷ　④ ㄱ, ㄴ　⑤ ㄱ, ㄷ

✔ 자료 해석
- A는 양수림, B는 음수림이다.
- 산불이 일어난 후 진행되는 식물 군집의 천이 과정은 2차 천이이다.

○ 보기 풀이 ㄴ. 산불이 난 후 기존에 남아 있던 토양에서 진행되는 식물 군집
의 천이 과정은 2차 천이이다.

✗ 매력적 오답 ㄱ. 중요치는 상대 밀도, 상대 빈도, 상대 피도를 모두 더한 값
으로 중요치가 큰 종이 우점종이다. 표에서 침엽수(양수) Ⅰ과 Ⅱ의 중요치가 활
엽수(음수) Ⅲ과 Ⅳ의 중요치보다 크므로 ⊙은 양수가 우점종인 양수림(A)이다.
ㄷ. 이 지역에서 식물 군집의 천이는 음수림(B)까지 진행되므로 음수림(B)에서
극상을 이룬다.

문제풀이 **Tip**
산불이 난 후 2차 천이 과정이 초원 → 관목림 → 양수림 → 혼합림 → 음수림으
로 진행됨을 알고 자료에 적용하면 된다.

---

## 13 생존 곡선

출제의도 생존 곡선을 나타낸 자료를 분석할 수 있는지 묻는 문항이다.

그림은 생존 곡선 Ⅰ형, Ⅱ형, Ⅲ형을, 표는 동물 종 ⊙, ⊙, ⊙의 특
징과 생존 곡선 유형을 나타낸 것이다. ⓐ와 ⓑ는 Ⅰ형과 Ⅲ형을 순
서 없이 나타낸 것이며, 특정 시기의 사망률은 그 시기 동안 사망한
개체 수를 그 시기가 시작된 시점의 총개체 수로 나눈 값이다.

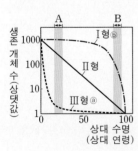

| 종 | 특징 | 유형 |
|---|---|---|
| ⊙ | 한 번에 많은 수의 자손을 낳으며 초기 사망률이 후기 사망률보다 높다. | ⓐ Ⅲ형 |
| ⊙ | 한 번에 적은 수의 자손을 낳으며 초기 사망률이 후기 사망률보다 낮다. | ⓑ Ⅰ형 |
| ⊙ | ? | Ⅱ형 |

이에 대한 설명으로 옳은 것만을 〈보기〉에서 있는 대로 고른 것은?

┌─ 보기 ─────────────────────┐
ㄱ. ⓑ는 Ⅰ형이다.
ㄴ. ⊙에서 (A 시기 동안 사망한 개체 수) / (B 시기 동안 사망한 개체 수) 는 1이다.
　　　　　　　　1보다 크다.
　A 시기 동안 사망한 개체 수＞B 시기 동안 사망한 개체 수
ㄷ. 대형 포유류와 같이 대부분의 개체가 생리적 수명을 다하
　　고 죽는 종의 생존 곡선 유형은 Ⅲ형에 해당한다.
　　　　　　　　　　　　　　　　Ⅰ형
└────────────────────────┘

① ㄱ　② ㄴ　③ ㄷ　④ ㄱ, ㄴ　⑤ ㄴ, ㄷ

✔ 자료 해석
- Ⅰ형은 어릴 때 사망률이 낮고, Ⅱ형은 각 연령대의 사망률이 일정하며,
Ⅲ형은 어릴 때 사망률이 매우 높다.
- ⓐ는 Ⅲ형, ⓑ는 Ⅰ형이다.

○ 보기 풀이 ㄱ. 초기 사망률이 후기 사망률보다 높은 ⓐ는 Ⅲ형, 초기 사망률
이 후기 사망률보다 낮은 ⓑ는 Ⅰ형이다.

✗ 매력적 오답 ㄴ. 생존 곡선 유형이 Ⅱ형인 ⊙은 연령대별 사망률이 일정하
지만 개체 수가 많은 A 시기 동안 사망한 개체 수는 개체 수가 적은 B 시기 동
안 사망한 개체 수보다 많다.
ㄷ. 초기 사망률이 낮아 생리적 수명을 다하고 죽는 대형 포유류와 같은 종의 생
존 곡선 유형은 Ⅰ형에 해당한다.

문제풀이 **Tip**
생존 곡선 그래프를 분석할 때 사망률이 일정하다는 것을 사망한 개체 수가 같
다고 해석하지 않도록 한다.

# 14 생물 사이의 상호 작용

**출제 의도** 생물 사이의 상호 작용을 나타낸 자료를 분석할 수 있는지 묻는 문항이다.

## 다음은 동물 종 A와 B 사이의 상호 작용에 대한 자료이다.

- <u>A와 B 사이의 상호 작용은 경쟁과 상리 공생 중 하나에 해당한다.</u>
  └─ 경쟁
- A와 B가 함께 서식하는 지역을 ㉠과 ㉡으로 나눈 후, ㉠에서만 A를 제거하였다. 그림은 지역 ㉠과 ㉡에서 B의 개체 수 변화를 나타낸 것이다.

A를 제거 시 B의 개체 수가 증가한다.
→ A와 B는 경쟁 관계이다.

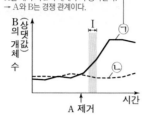

이 자료에 대한 설명으로 옳은 것만을 〈보기〉에서 있는 대로 고른 것은? (단, 제시된 조건 이외는 고려하지 않는다.) [3점]

┌─ 보기 ─────────────────────────┐
ㄱ. A와 B 사이의 상호 작용은 경쟁에 해당한다.
ㄴ. ㉡에서 A는 B와 한 개체군을 이룬다.
    └─ 다른 개체군이다
ㄷ. 구간 Ⅰ에서 B에 작용하는 환경 저항은 ㉠에서가 ㉡에서
    보다 크다.
    └─ 작다
└──────────────────────────────┘

① ㄱ   ② ㄷ   ③ ㄱ, ㄴ   ④ ㄴ, ㄷ   ⑤ ㄱ, ㄴ, ㄷ

---

✓ **자료 해석**

- A와 B 사이의 상호 작용은 경쟁이다.
- 환경 저항은 개체군의 생장을 억제하는 요인으로 경쟁 관계에 있는 종이 있으면 환경 저항이 크다.

○ **보기풀이** ㄱ. A가 제거된 ㉠에서가 A가 제거되지 않은 ㉡에서보다 B의 개체 수가 더 증가하므로 A와 B 사이의 상호 작용은 경쟁이다.

✕ **매력적 오답** ㄴ. 같은 종의 개체들이 모인 집단을 개체군이라고 한다. 서로 다른 종인 A와 B는 한 개체군을 이루지 않는다.

ㄷ. 구간 Ⅰ에서 B에 작용하는 환경 저항은 A가 제거된 ㉠에서가 A가 제거되지 않은 ㉡에서보다 작다.

**문제풀이 Tip**

개체군은 하나의 종으로 구성된다는 것과 경쟁 관계에 있는 종이 있으면 환경 저항이 커진다는 것을 알고 자료에 적용하면 된다.

Part Ⅱ 수능 평가원

## 15 식물 군집 조사

출제의도 식물 군집을 조사하는 방법을 알고 있는지를 묻는 문항이다.

표는 방형구법을 이용하여 어떤 지역의 식물 군집을 두 시점 $t_1$과 $t_2$일 때 조사한 결과를 나타낸 것이다.

| 시점 | 종 | 개체 수 | 상대 빈도(%) | 상대 피도(%) | 중요치(중요도) |
|---|---|---|---|---|---|
| $t_1$ | A | 9 | ?20 | 30 | 68 |
| | B | 19 | 20 | 20 | ?78 |
| | C | ?7 | 20 | 15 | 49 |
| | D | 15 | 40 | ?35 | ?105 |
| $t_2$ | A | 0 | ?0 | ?0 | ?0 |
| | B | 33 | ?40 | 39 | ?134 |
| | C | ?6 | 20 | 24 | ?54 |
| | D | 21 | 40 | ?37 | 112 |

이 자료에 대한 설명으로 옳은 것만을 〈보기〉에서 있는 대로 고른 것은? (단, A~D 이외의 종은 고려하지 않는다.) [3점]

**보기**

ㄱ. $t_1$일 때 우점종은 D이다.

ㄴ. $t_2$일 때 지표를 덮고 있는 면적이 가장 큰 종은 B이다.

ㄷ. C의 상대 밀도는 $t_1$일 때가 $t_2$일 때보다 작다.
<br>상대 피도
<br>$t_1$일 때가 14, $t_3$일 때가 10이다.

① ㄱ ② ㄷ ③ ㄱ, ㄴ ④ ㄴ, ㄷ ⑤ ㄱ, ㄴ, ㄷ

✔ **자료 해석**

• 우점종은 식물 군집에서 중요치가 가장 높은 종이며, 중요치는 상대 밀도, 상대 빈도, 상대 피도를 모두 더한 값이다.

• 상대 밀도(%) = $\dfrac{\text{특정 종의 밀도}}{\text{조사한 모든 종의 밀도의 합}} \times 100$

• 상대 빈도(%) = $\dfrac{\text{특정 종의 빈도}}{\text{조사한 모든 종의 빈도의 합}} \times 100$

○ **보기 풀이** $t_1$일 때 C의 상대 밀도가 14 %이므로 C의 개체 수는 7이다. $t_2$일 때 A의 개체 수가 0이므로 상대 피도는 0이고, D의 상대 피도는 37 %이다. 따라서 $t_2$일 때 D의 상대 밀도는 35 %이고, 조사 결과를 나타내면 표와 같다.

| 시점 | 종 | 개체 수 | 상대 밀도(%) | 상대 빈도(%) | 상대 피도(%) | 중요치 (중요도) |
|---|---|---|---|---|---|---|
| $t_1$ | A | 9 | 18 | 20 | 30 | 68 |
| | B | 19 | 38 | 20 | 20 | 78 |
| | C | 7 | 14 | 20 | 15 | 49 |
| | D | 15 | 30 | 40 | 35 | 105 |
| $t_2$ | A | 0 | 0 | 0 | 0 | 0 |
| | B | 33 | 55 | 40 | 39 | 134 |
| | C | 6 | 10 | 20 | 24 | 54 |
| | D | 21 | 35 | 40 | 37 | 112 |

ㄱ. $t_1$일 때 우점종은 중요치가 가장 큰 종인 D이다.

ㄴ. $t_2$일 때 상대 피도가 가장 큰 종은 B이다.

✘ **매력적 오답** ㄷ. C의 개체 수는 $t_1$일 때가 $t_2$일 때보다 크므로 C의 상대 밀도는 $t_1$일 때가 $t_2$일 때보다 크다.

---

## 16 개체군 간의 상호 작용

출제의도 개체군 간의 상호 작용을 이해할 수 있는지를 묻는 문항이다.

표는 종 사이의 상호 작용 (가)~(다)의 예를, 그림은 동일한 배양 조건에서 종 A와 B를 각각 단독 배양했을 때와 혼합 배양했을 때 시간에 따른 개체 수를 나타낸 것이다. (가)~(다)는 경쟁, 상리 공생, 포식과 피식을 순서 없이 나타낸 것이고, A와 B 사이의 상호 작용은 (가)~(다) 중 하나에 해당한다.
<br>상리 공생

| 상호 작용 | 예 |
|---|---|
| 포식과 피식(가) | ⓐ늑대는 말코손바닥사슴을 잡아먹는다. |
| 경쟁 (나) | 캥거루쥐와 주머니쥐는 같은 종류의 먹이를 두고 서로 다툰다. |
| 상리 공생(다) | 딱총새우는 산호를 천적으로부터 보호하고, 산호는 딱총새우에게 먹이를 제공한다. |

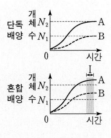

이에 대한 설명으로 옳은 것만을 〈보기〉에서 있는 대로 고른 것은?

**보기**

ㄱ. ⓐ에서 늑대는 말코손바닥사슴과 한 개체군을 이룬다.
<br>늑대와 말코손바닥사슴은 서로 다른 종이다.

ㄴ. 구간 I에서 A에 환경 저항이 작용한다.

ㄷ. A와 B 사이의 상호 작용은 (다)에 해당한다.
<br>상리 공생

① ㄱ ② ㄷ ③ ㄱ, ㄴ ④ ㄴ, ㄷ ⑤ ㄱ, ㄴ, ㄷ

✔ **자료 해석**

• 포식과 피식(가) : 두 개체군 사이의 먹고 먹히는 상호 작용이다.

• 경쟁(나) : 생태적 지위가 유사한 두 개체군이 같은 장소에서 한정된 먹이와 서식 공간 등의 자원을 차지하기 위해 일어나는 상호 작용으로, 두 개체군의 생태적 지위가 중복될수록 경쟁의 정도가 심해진다.

• 상리 공생(다) : 두 개체군이 서로 이익을 얻는 상호 작용이다.

○ **보기 풀이** (가)는 포식과 피식, (나)는 경쟁, (다)는 상리 공생이다.

ㄴ. A와 B를 혼합 배양했을 때 시간에 따라 A의 개체 수가 S자형을 나타내므로 구간 I에서 환경 저항이 작용한다.

ㄷ. A와 B 모두 단독 배양했을 때보다 혼합 배양했을 때 최대 개체 수가 모두 증가하므로 A와 B 사이의 상호 작용은 상리 공생(다)에 해당한다.

✘ **매력적 오답** ㄱ. 개체군은 동일한 종으로 이루어져 있다. 늑대와 말코손바닥사슴은 서로 다른 종이므로 ⓐ에서 늑대는 말코손바닥사슴과 한 개체군을 이루지 않는다.

**문제풀이 Tip**

하나의 개체군과 다른 하나의 개체군 사이의 '이익'과 '손해'를 통해 군집 내 개체군 사이의 상호 작용을 구분하는 문항이 자주 출제되고 있다. 종간 경쟁, 분서, 포식과 피식, 공생, 기생 등의 의미를 이해하고, 이와 관련된 예에 대해 살펴두도록 하자.

## 17 생태계의 구성과 상호 관계

**출제 의도** 생태계를 구성하는 요소 사이의 상호 관계에 대해 알고 있는지를 묻는 문항이다.

그림은 생태계를 구성하는 요소 사이의 상호 관계를, 표는 상호 관계 (가)~(다)의 예를 나타낸 것이다. (가)~(다)는 ㉠~㉢을 순서 없이 나타낸 것이다.

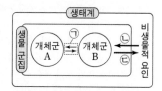

| 상호 관계 | 예 |
|---|---|
| (가) ㉢ | 식물의 광합성으로 대기의 산소 농도가 증가한다.<br>생물적 요인 → 비생물적 요인 |
| (나) ㉡ | ⓐ영양염류의 유입으로 식물성 플랑크톤의 개체 수가 증가한다. |
| (다) ㉠ | 비생물적 요인 ? 생물적 요인 |

이 자료에 대한 설명으로 옳은 것만을 〈보기〉에서 있는 대로 고른 것은?

보기
ㄱ. (가)는 ㉡이다. (㉢이다.)
ㄴ. ⓐ는 비생물적 요인에 해당한다.
ㄷ. 생태적 지위가 비슷한 서로 다른 종의 새가 경쟁을 피해 활동 영역을 나누어 살아가는 것은 (다)의 예에 해당한다. (분서)

① ㄱ  ② ㄷ  ③ ㄱ, ㄴ  ④ ㄴ, ㄷ  ⑤ ㄱ, ㄴ, ㄷ

✓ **자료 해석**
- 식물의 광합성으로 대기의 산소 농도가 증가하는 것은 생물적 요인이 비생물적 요인에 영향을 주는 것이므로 (가)는 ㉢이다.
- 영양염류의 유입으로 식물성 플랑크톤의 개체 수가 증가하는 것은 비생물적 요인이 생물적 요인에 영향을 주는 것이므로 (나)는 ㉡이다. 따라서 (다)는 ㉠이다.

○ **보기 풀이** ㄴ. 영양염류는 비생물적 요인에 해당한다.
ㄷ. (가)는 ㉢, (나)는 ㉡이므로 (다)는 ㉠이다. 따라서 생태적 지위가 비슷한 서로 다른 종의 새가 경쟁을 피해서 활동 영역을 나누어 살아가는 것은 (다)의 예에 해당한다.

✕ **매력적 오답** ㄱ. 식물은 생물 군집에 속하고 대기의 산소 농도는 비생물적 요인에 해당하므로 (가)는 ㉢이다.

**문제풀이 Tip**
생태계를 구성하는 요소 사이의 상호 관계에 대해 묻고 있으며, 개체군 간의 상호 작용 및 생물적 요인이 비생물적 요인에 영향을 주는 예, 비생물적 요인이 생물적 요인에 영향을 주는 예에 대해 알아두도록 하자.

---

## 18 식물 군집 조사

**출제 의도** 방형구법을 이용한 식물 군집 조사 결과를 분석할 수 있는지를 묻는 문항이다.

표는 방형구법을 이용하여 어떤 지역의 식물 군집을 조사한 결과를 나타낸 것이다.

| 종 | 개체 수 | 상대 밀도(%) | 빈도 | 상대 빈도(%) | 상대 피도(%) |
|---|---|---|---|---|---|
| A | ? 24 | 20 | 0.4 | 20 | 16 |
| B | 36 | 30 | 0.7 | ? 35 | 24 |
| C | 12 | ? 10 | 0.2 | 10 | ? 30 |
| D | ㉠ 48 | ? 40 | ? 0.7 | ? 35 | 30 |

이 자료에 대한 설명으로 옳은 것만을 〈보기〉에서 있는 대로 고른 것은? (단, A~D 이외의 종은 고려하지 않는다.) [3점]

보기
ㄱ. ㉠은 24이다. (48이다)
ㄴ. 지표를 덮고 있는 면적이 가장 작은 종은 A이다. (상대 피도)
ㄷ. 우점종은 B이다. (D이다.)

① ㄱ  ② ㄴ  ③ ㄷ  ④ ㄱ, ㄴ  ⑤ ㄴ, ㄷ

✓ **자료 해석**
- 방형구법을 이용하여 어떤 지역의 식물 군집을 조사한 결과는 표와 같다.

| 종 | 개체 수 | 상대 밀도(%) | 빈도 | 상대 빈도(%) | 상대 피도(%) | 중요치 |
|---|---|---|---|---|---|---|
| A | ?(24) | 20 | 0.4 | 20 | 16 | 56 |
| B | 36 | 30 | 0.7 | ?(35) | 24 | 89 |
| C | 12 | ?(10) | 0.2 | 10 | ?(30) | 50 |
| D | ㉠(48) | ?(40) | ?(0.7) | ?(35) | 30 | 105 |

○ **보기 풀이** ㄴ. 지표를 덮고 있는 면적은 상대 피도가 클수록 크다. C의 상대 피도는 30이고, A의 상대 피도는 16이므로 지표를 덮고 있는 면적이 가장 작은 종은 A이다.

✕ **매력적 오답** ㄱ. B의 개체 수가 C의 개체 수의 3배이므로 상대 밀도는 B가 C의 3배이다. 따라서 C의 상대 밀도는 10 %이고, D의 상대 밀도는 40 %이다. D의 상대 밀도가 C의 상대 밀도보다 4배가 크므로 D의 개체 수는 C의 개체 수의 4배가 되어야 한다. 따라서 ㉠은 48이다.
ㄷ. 우점종은 상대 밀도, 상대 빈도, 상대 피도를 모두 더한 값인 중요치(중요도)가 가장 큰 종이다. 따라서 우점종은 D이다.

**문제풀이 Tip**
방형구법을 이용한 식물 군집 조사와 관련한 문항으로, 표의 군집 조사 결과를 통해 상대 밀도와 상대 빈도를 구한 후 상대 밀도와 상대 빈도를 통해 각각 밀도와 빈도를 역으로 유추할 수 있어야 한다.

# 19 개체군 간의 상호 작용

출제의도 군집 내 개체군 간의 상호 작용에 대해 알고 있는지를 묻는 문항이다.

표는 종 사이의 상호 작용과 예를 나타낸 것이다. (가)와 (나)는 기생과 상리 공생을 순서 없이 나타낸 것이다.

| 상호 작용 | 종 1 | 종 2 | 예 |
|---|---|---|---|
| 기생 (가) | 손해 | ? | 촌충은 숙주의 소화관에 서식하며 영양분을 흡수한다. |
| 상리 공생 (나) | 이익 | 이익 | ? |
| 경쟁 | ㉠ 손해 | 손해 | 캥거루쥐와 주머니쥐는 같은 종류의 먹이를 두고 서로 다툰다. |

이에 대한 설명으로 옳은 것만을 〈보기〉에서 있는 대로 고른 것은?

보기
ㄱ. (가)는 상리 공생이다.　기생이다.
ㄴ. ㉠은 '이익'이다.　손해'이다.
ㄷ. '꽃은 벌새에게 꿀을 제공하고, 벌새는 꽃의 수분을 돕는다.'는 (나)의 예에 해당한다.

① ㄱ　② ㄷ　③ ㄱ, ㄴ　④ ㄴ, ㄷ　⑤ ㄱ, ㄴ, ㄷ

✔ 자료 해석
· 기생 : 한 개체군이 다른 개체군에 피해를 주면서 생활하는 것으로, (가)가 기생이다.
· 상리 공생 : 두 개체군이 서로 이익을 얻는 경우로, (나)가 상리 공생이다.
· 경쟁 : 생태적 지위가 유사한 두 개체군이 같은 장소에 서식하게 되면 한정된 먹이와 서식 공간 등의 자원을 차지하기 위한 종간 경쟁이 일어나므로 두 종은 모두 손해이다.

○ 보기 풀이 ㄷ. '꽃은 벌새에게 꿀을 제공하고, 벌새는 꽃의 수분을 돕는다.'는 상리 공생(나)의 예에 해당한다.

✕ 매력적 오답 ㄱ. (가)에서 종 1은 손해를 보므로 (가)는 기생, (나)는 상리 공생이다.
ㄴ. 경쟁하는 두 종은 모두 손해를 보므로 ㉠은 '손해'이다.

문제풀이 Tip
군집 내 개체군 사이의 상호 작용인 종간 경쟁, 분서, 포식과 피식, 공생, 기생의 의미와 관련 예에 대해 알아두도록 하자.

---

# 20 생태계의 구성 요소 사이의 상호 관계

출제의도 생태계의 구성 요소와 생태계를 구성하는 요소 사이의 상호 관계에 대해 알고 있는지를 묻는 문항이다.

그림은 생태계를 구성하는 요소 사이의 상호 관계를 나타낸 것이다.

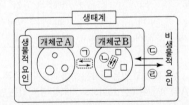

이에 대한 설명으로 옳은 것만을 〈보기〉에서 있는 대로 고른 것은?

보기
ㄱ. 같은 종의 기러기가 무리를 지어 이동할 때 리더를 따라 이동하는 것은 ㉠에 해당한다.　개체군 내의 상호 작용에 해당한다.
ㄴ. 빛의 세기가 소나무의 생장에 영향을 미치는 것은 ㉢에 해당한다.　비생물적 요인　생물적 요인
ㄷ. 군집에는 비생물적 요인이 포함된다.　생물적 요인만 포함된다.

① ㄱ　② ㄴ　③ ㄷ　④ ㄱ, ㄴ　⑤ ㄱ, ㄷ

✔ 자료 해석
· 생태계는 생물적 요인과 비생물적 요인으로 구성된다.
· 생물적 요인에는 역할에 따라 생산자, 소비자, 분해자로 구분되고, 비생물적 요인에는 빛, 온도, 물, 토양, 공기 등 생물을 둘러싼 환경이 이에 해당한다.
· 생태계 구성 요소 사이의 상호 관계에는 생물적 요인 사이에 서로 영향을 주고받는 것(㉠, ㉡), 비생물적 요인이 생물적 요인에 영향을 주는 것(㉢), 생물적 요인이 비생물적 요인에 영향을 주는 것(㉣) 등이 있다.

○ 보기 풀이 ㄴ. 빛의 세기가 소나무의 생장에 영향을 미치는 것은 비생물적 요인이 생물적 요인에 영향을 주는 것이므로 ㉢에 해당한다.

✕ 매력적 오답 ㄱ. ㉠은 군집 내 개체군 간의 상호 작용이다. 같은 종의 기러기가 무리를 지어 이동할 때 리더를 따라 이동하는 것은 개체군 내의 상호 작용에 해당한다.
ㄷ. 군집은 일정한 지역에 여러 종류의 개체군이 모여 생활하는 집단으로, 군집에는 비생물적 요인이 포함되지 않는다.

문제풀이 Tip
생태계를 구성하는 요소들이 무엇이 있는지 살펴두고, 생태계를 구성하는 생물적 요인과 비생물적 요인의 상호 작용을 이해할 수 있도록 관련 유형의 문항을 많이 풀어두도록 하자.

## 21 개체군 사이의 상호 작용

출제 의도 생물의 생물량 변화를 나타낸 자료를 분석할 수 있는지 묻는 문항이다.

그림은 어떤 지역에서 늑대의 개체 수를 인위적으로 감소시켰을 때 늑대, 사슴의 개체 수와 식물 군집의 생물량 변화를, 표는 (가)와 (나) 시기 동안 이 지역의 사슴과 식물 군집 사이의 상호 작용을 나타낸 것이다. (가)와 (나)는 Ⅰ과 Ⅱ를 순서 없이 나타낸 것이다.

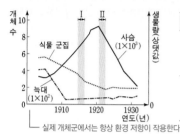

| 시기 | 상호 작용 |
|---|---|
| (가) Ⅱ | 식물 군집의 생물량이 감소하여 사슴의 개체 수가 감소한다. |
| (나) Ⅰ | 사슴의 개체 수가 증가하여 식물 군집의 생물량이 감소한다. |

— 실제 개체군에서는 항상 환경 저항이 작용한다.

이 자료에 대한 설명으로 옳은 것만을 〈보기〉에서 있는 대로 고른 것은? [3점]

─〔보기〕─
ㄱ. (가)는 Ⅱ이다. (가)는 Ⅱ, (나)는 Ⅰ이다.
ㄴ. Ⅰ 시기 동안 사슴 개체군에 환경 저항이 작용하였다.
ㄷ. 사슴의 개체 수는 포식자에 의해서만 조절된다.
   사슴의 개체 수는 포식자, 식물 군집의 생물량 등 다양한 요인에 의해 조절된다.

① ㄱ  ② ㄴ  ③ ㄷ  ④ ㄱ, ㄴ  ⑤ ㄱ, ㄷ

✔ 자료 해석
• (가)는 Ⅱ, (나)는 Ⅰ이다.
• (가)를 통해 사슴의 개체 수는 포식자 외에 식물 군집의 생물량에 의해 조절됨을 알 수 있다.

○ 보기 풀이 ㄱ. Ⅰ에서는 사슴의 개체 수가 증가하고 Ⅱ에서는 사슴의 개체 수가 감소하므로 (가)는 Ⅱ이다.
ㄴ. 환경 저항은 개체군의 개체 수 증가를 억제하는 여러 요인이다. 따라서 실제 환경에서 사슴 개체군에는 환경 저항이 항상 작용하므로 Ⅰ 시기 동안에도 환경 저항이 작용하였다.

✕ 매력적 오답 ㄷ. 사슴의 개체 수는 포식자 이외에도 먹이인 식물 군집의 생물량 등 다양한 요인에 의해 조절된다.

문제풀이 **Tip**
개체군은 항상 환경 저항을 받음을 알아 두고, 다양한 개체군 사이의 상호 작용에 대한 자료를 분석해 보도록 한다.

---

## 22 생존 곡선

출제 의도 생존 곡선을 나타낸 자료를 분석할 수 있는지 묻는 문항이다.

그림은 생존 곡선 Ⅰ형, Ⅱ형, Ⅲ형을, 표는 동물 종 ㉠의 특징을 나타낸 것이다. 특정 시기의 사망률은 그 시기 동안 사망한 개체 수를 그 시기가 시작된 시점의 총개체 수로 나눈 값이다.

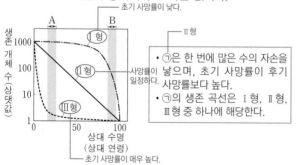

• ㉠은 한 번에 많은 수의 자손을 낳으며, 초기 사망률이 후기 사망률보다 높다.
• ㉠의 생존 곡선은 Ⅰ형, Ⅱ형, Ⅲ형 중 하나에 해당한다.

이에 대한 설명으로 옳은 것만을 〈보기〉에서 있는 대로 고른 것은?

─〔보기〕─
ㄱ. Ⅰ형의 생존 곡선을 나타내는 종에서 A 시기의 사망률은 B 시기의 사망률보다 높다.
   낮다.
ㄴ. Ⅱ형의 생존 곡선을 나타내는 종에서 A 시기 동안 사망한 개체 수는 B 시기 동안 사망한 개체 수와 같다.
   사망률이 일정하므로 사망한 개체 수는 A 시기가 B 시기보다 많다.
ㄷ. ㉠의 생존 곡선은 Ⅲ형에 해당한다.

① ㄱ  ② ㄴ  ③ ㄷ  ④ ㄱ, ㄴ  ⑤ ㄱ, ㄷ

✔ 자료 해석
• 생존 곡선은 동시에 출생한 개체들의 상대 연령에 따른 생존 개체 수를 나타낸 그래프이다.
• Ⅰ형은 어릴 때 사망률이 낮고, Ⅱ형은 각 연령대의 사망률이 일정하며, Ⅲ형은 어릴 때 사망률이 매우 높다.

○ 보기 풀이 ㄷ. ㉠은 한 번에 많은 수의 자손을 낳으며, 초기 사망률이 후기 사망률보다 높으므로 ㉠의 생존 곡선은 Ⅲ형에 해당한다.

✕ 매력적 오답 ㄱ. Ⅰ형의 생존 곡선에서 A 시기 기울기의 절대값이 B 시기 기울기의 절대값보다 작으므로 Ⅰ형의 생존 곡선을 나타내는 종에서 A 시기의 사망률은 B 시기의 사망률보다 낮다.
ㄴ. Ⅱ형의 생존 곡선에서 기울기가 일정하므로 전 연령대에서 사망률이 일정하다. 따라서 Ⅱ형의 생존 곡선을 나타내는 종에서 A 시기의 시작 지점의 총 개체 수가 B 시기의 시작 지점의 총 개체수보다 많으므로 A 시기 동안 사망한 개체 수는 B 시기 동안 사망한 개체 수보다 많다.

문제풀이 **Tip**
특정 시기의 사망률은 그 시기 동안 사망한 개체 수를 그 시기가 시작된 시점의 총개체 수로 나눈 값이므로, 생존 곡선 그래프에서 특정 수명에서의 기울기의 절대값이 사망률을 나타낸다.

## 23 생태계의 구성 요소

출제 의도 생태계의 구성 요소에 대해 알고 있는지 묻는 문항이다.

**다음은 생태계의 구성 요소에 대한 학생 A~C의 발표 내용이다.**

생물적 요인에는 생산자, 소비자, 분해자가 있습니다. — 학생 A

영양염류는 비생물적 요인입니다. — 환경 요인 — 학생 B

지의류에 의해 암석의 풍화가 촉진되어 토양이 형성되는 것은 생물적 요인이 비생물적 요인에 영향을 미치는 예입니다. — 학생 C

**제시한 내용이 옳은 학생만을 있는 대로 고른 것은?**

① A    ② C    ③ A, B    ④ B, C    ⑤ A, B, C

✔ **자료 해석**

· 생태계의 생물적 요인에는 생산자, 소비자, 분해자가 있다.
· 비생물적 요인에는 빛, 온도, 물, 토양, 공기, 영양염류 등 생물을 둘러싼 환경 요인이 속한다.

○ **보기 풀이**   A. 생물적 요인에는 스스로 유기물을 합성하는 생산자, 다른 생물을 먹어 유기물을 얻는 소비자, 사체나 배설물에 들어 있는 유기물을 분해하여 에너지를 얻는 분해자가 있다.
B. 영양염류는 생태계의 비생물적 요인이다.
C. 지의류에 의해 암석의 풍화가 촉진되어 토양이 형성되는 것은 생물적 요인이 비생물적 요인에 영향을 미치는 예이다.

**문제풀이 Tip**

생태계의 구성 요소와 생태계 구성 요소 사이의 관계에 해당하는 예에 대해 알아둔다.

---

## 24 개체군 사이의 상호 작용

출제 의도 개체군 사이의 상호 작용에 대해 알고 있는지 묻는 문항이다.

**다음은 어떤 섬에 서식하는 동물 종 A~C 사이의 상호 작용에 대한 자료이다.**

· A와 B는 같은 먹이를 먹고, C는 A와 B의 천적이다.
· 그림은 I~IV 시기에 서로 다른 영역 (가)와 (나) 각각에 서식하는 종의 분포 변화를 나타낸 것이다.

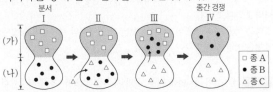

분서 — 종간 경쟁
I   II   III   IV
(가)
(나)

□ 종 A
● 종 B
△ 종 C

· I 시기에 ㉠A와 B는 서로 경쟁을 피하기 위해 A는 (가)에, B는 (나)에 서식하였다. 분서
· II 시기에 C가 (나)로 유입되었고, C가 B를 포식하였다.
· III 시기에 B는 C를 피해 (가)로 이주하였다. C와 B는 서로 다른 개체군이다.
· IV 시기에 (가)에서 A와 B 사이의 경쟁의 결과로 A가 사라졌다. 경쟁 배타가 일어났다.

**이 자료에 대한 설명으로 옳은 것만을 〈보기〉에서 있는 대로 고른 것은? (단, 제시된 조건 이외는 고려하지 않는다.) [3점]**

┌ 보기 ┐
ㄱ. ㉠에서 A와 B 사이의 상호 작용은 분서에 해당한다.
ㄴ. II 시기에 (나)에서 C는 B와 한 개체군을 이루었다.
   B와 C는 서로 다른 종이므로 서로 다른 개체군을 이룬다.
ㄷ. IV 시기에 (가)에서 A와 B 사이에 경쟁 배타가 일어났다.

① ㄱ    ② ㄴ    ③ ㄱ, ㄷ    ④ ㄴ, ㄷ    ⑤ ㄱ, ㄴ, ㄷ

✔ **자료 해석**

· 분서는 생태적 지위가 비슷한 개체군들이 서식지, 먹이, 활동 시기 등을 달리하며 종간 경쟁을 피하는 현상이다.
· 경쟁 배타의 결과 종간 경쟁에서 이긴 개체군은 살아남고, 종간 경쟁에서 진 개체군은 사라진다.

○ **보기 풀이**   ㄱ. I 시기에 같은 먹이를 먹는 A와 B가 서로 종간 경쟁을 피하기 위해 (가)와 (나) 영역에 나누어 서식하는 것은 생태적 지위가 비슷한 두 개체군이 서식지를 달리하는 분서에 해당한다.
ㄷ. IV 시기에 (가)에서 A와 B 사이의 종간 경쟁의 결과로 A가 사라졌으므로 A와 B 사이에 경쟁 배타가 일어났다.

✖ **매력적 오답**   ㄴ. B와 C는 서로 다른 종이므로 II 시기에 (나)에서 C는 B와 한 개체군을 이루지 않는다.

**문제풀이 Tip**

개체군은 같은 종의 개체들로 구성되어 있으므로 서로 다른 종은 한 개체군을 이룰 수 없으며, 분서에 대해 알고 있어야 한다.

# 25 먹이 사슬과 생물량

출제 의도 생물량 변화와 먹이 사슬을 나타낸 자료를 분석할 수 있는지 묻는 문항이다.

그림 (가)는 어떤 지역에서 일정 기간 동안 조사한 종 A~C의 단위 면적당 생물량(생체량) 변화를, (나)는 A~C 사이의 먹이 사슬을 나타낸 것이다. A~C는 생산자, 1차 소비자, 2차 소비자를 순서 없이 나타낸 것이다.

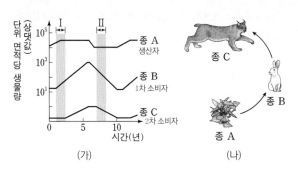

(가)                    (나)

이 자료에 대한 설명으로 옳은 것만을 〈보기〉에서 있는 대로 고른 것은?

〈보기〉

ㄱ. Ⅰ 시기 동안 $\dfrac{\text{B의 생물량}}{\text{C의 생물량}}$ 은 증가했다.

ㄴ. ~~C는 1차 소비자이다.~~ C는 2차 소비자, B가 1차 소비자이다.

ㄷ. ~~Ⅱ 시기에 A와 B 사이에 경쟁 배타가 일어났다.~~
경쟁 배타는 생태적 지위가 비슷한 두 개체군에서 일어난다.

① ㄱ  ② ㄷ  ③ ㄱ, ㄴ  ④ ㄴ, ㄷ  ⑤ ㄱ, ㄴ, ㄷ

✓ 자료 해석

• A는 생산자, B는 1차 소비자, C는 2차 소비자이다.
• 경쟁 배타는 생태적 지위가 비슷한 두 개체군의 종간 경쟁 결과, 한 개체군이 사라지는 것이다.

○ 보기 풀이  ㄱ. Ⅰ 시기 동안 C의 생물량은 큰 변화가 없고 B의 생물량은 증가했으므로 Ⅰ 시기 동안 $\dfrac{\text{B의 생물량}}{\text{C의 생물량}}$ 은 증가했다.

✕ 매력적 오답  ㄴ. C는 2차 소비자이다.
ㄷ. 경쟁 배타는 생태적 지위가 유사한 두 종 사이에서 일어나는 현상이므로 A와 B 사이에서 일어나지 않는다.

문제풀이 Tip
종간 경쟁은 생태적 지위가 비슷한 개체군 사이에서 일어나는 상호 작용임을 알아둔다.

Part Ⅱ

수능 평가원

**26** 군집 조사

2022학년도 6월 평가원 18번 | 정답 ④ | 문제편 192p

출제의도 식물 군집 조사를 나타낸 자료를 분석할 수 있는지 묻는 문항이다.

다음은 어떤 지역의 식물 군집에서 우점종을 알아보기 위한 탐구이다.

(가) 이 지역에 방형구를 설치하여 식물 종 A~E의 분포를 조사했다.

(나) 표는 조사한 자료를 바탕으로 각 식물 종의 상대 밀도, 상대 빈도, 상대 피도를 구한 결과를 나타낸 것이다.

| 종 | 상대 밀도(%) | 상대 빈도(%) | 상대 피도(%) | 중요치 |
|---|---|---|---|---|
| A | 30 | 20 | 20 | 70 |
| B | 5 | 24 | 26 | 55 |
| C | 25 | 25 | 10 | 60 |
| D | 10 | 26 | 24 | 60 |
| E | 30 | 5 | 20 | 55 |

(다) 이 지역의 우점종이 A임을 확인했다.

이 자료에 대한 설명으로 옳은 것만을 〈보기〉에서 있는 대로 고른 것은? (단, A~E 이외의 종은 고려하지 않는다.) [3점]

보기
ㄱ. 중요치(중요도)가 가장 큰 종은 A이다.
ㄴ. 지표를 덮고 있는 면적이 가장 큰 종은 B이다.
  상대 피도가 가장 높은 종인 B이다.
ㄷ. E가 출현한 방형구의 수는 D가 출현한 방형구의 수보다 많다. 상대 빈도가 높은 D가 E보다 출현한 방형구 수가 많다.

① ㄱ  ② ㄴ  ③ ㄷ  ④ ㄱ, ㄴ  ⑤ ㄱ, ㄷ

✓ 자료 해석
• 우점종은 군집을 대표할 수 있는 종으로 중요치가 가장 높다.
• 중요치=상대 밀도+상대 빈도+상대 피도이므로 중요치는 A가 가장 크다.

보기 풀이 ㄱ. 우점종은 중요치(중요도)가 가장 큰 종이므로 A이다.
ㄴ. 지표를 덮고 있는 면적은 상대 피도에 비례하므로 가장 큰 종은 B이다.

✗ 매력적 오답 ㄷ. 출현한 방형구의 수는 상대 빈도에 비례하므로 E가 출현한 방형구의 수는 D가 출현한 방형구의 수보다 적다.

문제풀이 Tip
밀도와 빈도 그리고 피도가 나타내는 의미에 대해 정리해 둔다. 빈도는 전체 방형구의 수에 대한 특정 종이 출현한 방형구의 수이며, 피도는 전체 방형구의 면적에 대한 특정 종의 점유 면적이다.

## 27 생물과 환경

출제 의도 온도에 따른 순생산량을 나타낸 자료를 분석할 수 있는지 묻는 문항이다.

그림은 평균 기온이 서로 다른 계절 Ⅰ과 Ⅱ에 측정한 식물 A의 온도에 따른 순생산량을 나타낸 것이다.

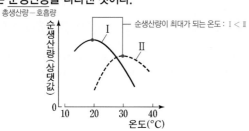

이에 대한 설명으로 옳은 것만을 〈보기〉에서 있는 대로 고른 것은? [3점]

┌─ 보기 ─────────────────────────────
ㄱ. 순생산량은 총생산량에서 호흡량을 제외한 양이다.

ㄴ. A의 순생산량이 최대가 되는 온도는 Ⅰ일 때가 Ⅱ일 때 보다 높다.
     낮다.
ㄷ. 계절에 따라 A의 순생산량이 최대가 되는 온도가 달라 지는 것은 비생물적 요인이 생물에 영향을 미치는 예에 해당한다.
└────────────────────────────────────

① ㄱ    ② ㄴ    ③ ㄱ, ㄷ    ④ ㄴ, ㄷ    ⑤ ㄱ, ㄴ, ㄷ

✔ 자료 해석
• 순생산량은 식물의 총생산량에서 호흡으로 소모되는 양을 뺀 값이다.
• 비생물적 요인인 온도가 생물적 요인인 식물에 영향을 주는 것이다.

◯ 보기 풀이   ㄱ. 순생산량은 총생산량에서 호흡량을 제외한 양이다.
ㄷ. 온도는 비생물적 요인이며, 식물은 생물적 요인이므로 계절에 따라 A의 순생산량이 최대가 되는 온도가 달라지는 것은 비생물적 요인이 생물에 영향을 미치는 예에 해당한다.

✕ 매력적 오답   ㄴ. A의 순생산량이 최대가 되는 온도는 Ⅰ일 때가 약 19 ℃이고, Ⅱ일 때가 약 30 ℃이므로 A의 순생산량이 최대가 되는 온도는 Ⅱ일 때가 Ⅰ일 때보다 높다.

문제풀이 Tip
비생물적 요인인 빛, 온도, 물, 토양 등에 의해 생물적 요인이 영향을 받는 예에 대해 알아둔다.

---

## 28 개체군 간의 상호 작용

출제 의도 개체군 간의 상호 작용에 대해 알고 있는지 묻는 문항이다.

다음은 종 사이의 상호 작용에 대한 자료이다. (가)와 (나)는 기생과 상리 공생의 예를 순서 없이 나타낸 것이다.

┌────────────────────────────────────
(가) 겨우살이는 다른 식물의 줄기에 뿌리를 박아 물과 양분을 빼앗는다. ─ 기생

(나) 뿌리혹박테리아는 콩과식물에게 질소 화합물을 제공하고, 콩과식물은 뿌리혹박테리아에게 양분을 제공한다.
                                              ─ 상리 공생
└────────────────────────────────────

이에 대한 설명으로 옳은 것만을 〈보기〉에서 있는 대로 고른 것은?

┌─ 보기 ─────────────────────────────
ㄱ. (가)는 기생의 예이다.

ㄴ. (가)와 (나) 각각에는 이익을 얻는 종이 있다.
        겨우살이, 뿌리혹박테리아, 콩과식물
ㄷ. 꽃이 벌새에게 꿀을 제공하고, 벌새가 꽃의 수분을 돕는 것은 상리 공생의 예에 해당한다.
└────────────────────────────────────

① ㄱ    ② ㄷ    ③ ㄱ, ㄴ    ④ ㄴ, ㄷ    ⑤ ㄱ, ㄴ, ㄷ

✔ 자료 해석
• (가)는 기생의 예이고, (나)는 상리 공생의 예이다.

◯ 보기 풀이   ㄱ. 군집 내 개체군 간의 상호 작용 중 (가)는 기생의 예이고, (나)는 상리 공생의 예이다.
ㄴ. (가)에서 겨우살이가 이익을 얻고, (나)에서 뿌리혹박테리아와 콩과식물이 이익을 얻는다.
ㄷ. 꽃과 벌새가 모두 이익을 얻는 개체군 간의 상호 작용이므로 상리 공생의 예에 해당한다.

문제풀이 Tip
개체군 간의 상호 작용의 종류와 그 예에 대해 알아둔다.

## 29 개체군 간의 상호 작용

출제의도 개체군 간의 상호 작용을 나타낸 자료를 분석할 수 있는지 묻는 문항이다.

그림은 서로 다른 종으로 구성된 개체군 A와 B를 각각 단독 배양했을 때와 혼합 배양했을 때, A와 B가 서식하는 온도의 범위를 나타낸 것이다. 혼합 배양했을 때 온도의 범위가 $T_1 \sim T_2$인 구간에서 A와 B 사이의 경쟁이 일어났다.

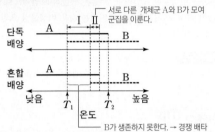

이에 대한 설명으로 옳은 것만을 〈보기〉에서 있는 대로 고른 것은? (단, 제시된 조건 이외는 고려하지 않는다.) [3점]

보기
ㄱ. A가 서식하는 온도의 범위는 단독 배양했을 때가 혼합 배양했을 때보다 넓다.
ㄴ. 혼합 배양했을 때, 구간 Ⅰ에서 B가 생존하지 못한 것은 경쟁 배타의 결과이다.
ㄷ. 혼합 배양했을 때, 구간 Ⅱ에서 A는 B와 군집을 이룬다.

① ㄱ    ② ㄷ    ③ ㄱ, ㄴ    ④ ㄴ, ㄷ    ⑤ ㄱ, ㄴ, ㄷ

✔ 자료 해석
• 구간 Ⅰ에서는 경쟁 배타가 일어나고, 구간 Ⅱ에서는 A와 B가 공존하므로 서로 다른 개체군인 A와 B가 모여 군집을 이룬다.

○ 보기 풀이 ㄱ. A가 서식하는 온도의 범위는 단독 배양했을 때가 혼합 배양했을 때보다 넓다.
ㄴ. 혼합 배양했을 때 $T_1 \sim T_2$인 구간에서 A와 B 사이의 경쟁이 일어났고, 이로 인해 구간 Ⅰ에서 B가 생존하지 못하므로 혼합 배양했을 때 두 개체군 사이에서 일어난 개체군 간의 상호 작용은 경쟁 배타이다.
ㄷ. 혼합 배양했을 때, 구간 Ⅱ에서 A와 B는 함께 서식하므로 A는 B와 군집을 이룬다.

문제풀이 **Tip**
개체군, 군집의 정의와 개체군 간의 상호 작용 중 종간 경쟁에 대해 알아둔다.

---

## 30 천이

출제의도 천이 과정에 대해 알고 있는지 묻는 문항이다.

그림 (가)는 어떤 식물 군집의 천이 과정 일부를, (나)는 이 과정 중 ㉠에서 조사한 침엽수(양수)와 활엽수(음수)의 크기(높이)에 따른 개체 수를 나타낸 것이다. ㉠은 A와 B 중 하나이며, A와 B는 양수림과 음수림을 순서 없이 나타낸 것이다.

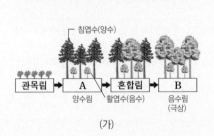

이에 대한 설명으로 옳은 것만을 〈보기〉에서 있는 대로 고른 것은? [3점]

보기
ㄱ. ㉠은 양수림이다.
ㄴ. ㉠에서 $h_1$보다 작은 활엽수는 없다.
   활엽수는 모두 $h_1$보다 작다.
ㄷ. 이 식물 군집은 혼합림에서 극상을 이룬다.
   음수림에서

① ㄱ    ② ㄴ    ③ ㄷ    ④ ㄱ, ㄴ    ⑤ ㄱ, ㄷ

✔ 자료 해석
• A는 양수림, B는 음수림이다.
• ㉠은 양수림이다.

○ 보기 풀이 ㄱ. ㉠은 크기가 큰 침엽수와 크기가 작은 활엽수로 구성되어 있으므로 ㉠은 양수림이다.

✕ 매력적 오답 ㄴ. ㉠에서 활엽수는 모두 $h_1$보다 작으며, $h_1$보다 큰 활엽수가 없다.
ㄷ. 이 식물 군집은 음수림에서 극상을 이룬다.

문제풀이 **Tip**
양수림에는 양수만 있는 것이 아니라 크기가 큰 양수와 크기가 작은 음수가 함께 있음을 알고 있어야 한다.

## 31 군집 조사

출제 의도 군집 조사 결과를 나타낸 자료를 분석할 수 있는지 묻는 문항이다.

표 **(가)**는 어떤 지역의 식물 군집을 조사한 결과를 나타낸 것이고, **(나)**는 우점종에 대한 자료이다.

| 종 | 개체 수 | 빈도 | 상대 피도(%) |
|---|---|---|---|
| A | 198 | 0.32 | ㉠ 32 |
| B | 81 | 0.16 | 23 |
| C | 171 | 0.32 | 45 |

(가)

• 어떤 군집의 우점종은 중요치가 가장 높아 그 군집을 대표할 수 있는 종을 의미하며, 각 종의 중요치는 상대 밀도, 상대 빈도, 상대 피도를 더한 값이다.

(나)

이에 대한 설명으로 옳은 것만을 〈보기〉에서 있는 대로 고른 것은? (단, A∼C 이외의 종은 고려하지 않는다.) [3점]

보기

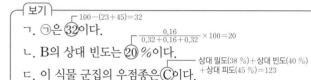

ㄱ. ㉠은 ⑫이다. ← 100−(23+45)=32

ㄴ. B의 상대 빈도는 ⑳ %이다. ← $\frac{0.16}{0.32+0.16+0.32} \times 100 = 20$

ㄷ. 이 식물 군집의 우점종은 ⓒ이다. ← 상대 밀도(38 %)+상대 빈도(40 %)+상대 피도(45 %)=123

① ㄱ ② ㄷ ③ ㄱ, ㄴ ④ ㄴ, ㄷ ⑤ ㄱ, ㄴ, ㄷ

✔ 자료 해석

• 각 식물 종의 상대 밀도, 상대 빈도, 상대 피도를 계산하여 중요치를 구하면 다음과 같다.

| 종 | 개체 수 | 빈도 | 상대 밀도(%) | 상대 빈도(%) | 상대 피도(%) | 중요치 |
|---|---|---|---|---|---|---|
| A | 198 | 0.32 | 44 | 40 | 32 | 116 |
| B | 81 | 0.16 | 18 | 20 | 23 | 61 |
| C | 171 | 0.32 | 38 | 40 | 45 | 123 |

○ 보기 풀이 ㄱ. A, B, C의 상대 피도의 합은 100 %이므로 ㉠은 32이다.

ㄴ. 상대 빈도는 모든 종의 빈도를 합한 값에 대한 특정 종의 빈도이다. 모든 종의 빈도를 합한 값이 0.8이고, B의 빈도가 0.16이므로 B의 상대 빈도는 20 %이다.

ㄷ. A의 중요치는 116, B의 중요치는 61, C의 중요치는 123이다. 따라서 중요치가 가장 높은 C가 이 식물 군집의 우점종이다.

문제풀이 **Tip**

군집 조사에서 상대 밀도, 상대 빈도, 상대 피도, 중요치를 계산하는 방법에 대해 알아둔다.

## 32 개체군 간의 상호 작용

출제 의도 개체군 간의 상호 작용에 대해 알고 있는지 묻는 문항이다.

표 **(가)**는 종 사이의 상호 작용을 나타낸 것이고, **(나)**는 바다에 서식하는 산호와 조류 간의 상호 작용에 대한 자료이다. Ⅰ과 Ⅱ는 경쟁과 상리 공생을 순서 없이 나타낸 것이다.

| 상호 작용 | 종 1 | 종 2 |
|---|---|---|
| 상리 공생 Ⅰ | 이익 | ⓐ 이익 |
| 종간 경쟁 Ⅱ | ⓑ 손해 | 손해 |

(가)

• 산호와 함께 사는 조류는 산호에게 산소와 먹이를 공급하고, 산호는 조류에게 서식지와 영양소를 제공한다. ─ 상리 공생

(나)

이 자료에 대한 설명으로 옳은 것만을 〈보기〉에서 있는 대로 고른 것은?

보기

ㄱ. ⓐ와 ⓑ는 모두 '손해'이다. ← ⓐ는 '이익', ⓑ는 '손해'이다.

ㄴ. (나)의 상호 작용은 Ⅰ의 예에 해당한다.

ㄷ. (나)에서 산호는 조류와 한 <del>캐체군</del>을 이룬다. ← 군집을

① ㄱ ② ㄴ ③ ㄷ ④ ㄱ, ㄷ ⑤ ㄴ, ㄷ

✔ 자료 해석

• Ⅰ은 상리 공생, Ⅱ는 종간 경쟁이다.

• (나)는 상리 공생의 예에 해당한다.

○ 보기 풀이 ㄴ. 산호와 조류는 함께 서식하며 서로에게서 이익을 얻으므로 (나)의 상호 작용은 상리 공생(Ⅰ)의 예에 해당한다.

✕ 매력적 오답 ㄱ. 상리 공생하는 두 종은 모두 이익을 얻고, 종간 경쟁하는 두 종은 모두 손해를 보므로 ⓐ는 '이익'이고 ⓑ는 '손해'이다.

ㄷ. (나)에서 산호와 조류는 서로 다른 종이므로, 산호끼리 하나의 개체군을 이루고, 조류끼리 다른 하나의 개체군을 이룬다.

문제풀이 **Tip**

개체군 간의 상호 작용에 해당하는 예와 개체군의 정의에 대해 알아둔다. 또한 한 개체군은 하나의 종으로만 구성된다는 것을 알아둔다.

# 02 에너지 흐름과 물질 순환, 생물 다양성

| 선택지 비율 | ① 1% | ② 4% | ③ 3% | ④ 6% | ❺ 83% |

## 1 질소 순환

2025학년도 수능 20번 | 정답 ⑤ | 문제편 196p

출제 의도 질소 순환 과정에 대해 알고 있는지 묻는 문항이다.

표 (가)는 질소 순환 과정에서 나타나는 두 가지 특징을, (나)는 (가)의 특징 중 A와 B가 갖는 특징의 개수를 나타낸 것이다. A와 B는 질소 고정 작용과 탈질산화 작용을 순서 없이 나타낸 것이다.

| 특징 |
| --- |
| • 세균이 관여한다. – 질, 탈 |
| • 대기 중의 질소 기체가 ㉠ 암모늄 이온 $(NH_4^+)$으로 전환된다. – 탈 |

(가)

| 구분 | 특징의 개수 |
| --- | --- |
| 질소 고정 작용 A | 2 |
| 탈질산화 작용 B | 1 |

(나)

이에 대한 설명으로 옳은 것만을 〈보기〉에서 있는 대로 고른 것은?

보기
ㄱ. B는 탈질산화 작용이다.
ㄴ. 뿌리혹박테리아는 A에 관여한다. (질소 고정 작용)
ㄷ. 질산화 세균은 ㉠이 질산 이온$(NO_3^-)$으로 전환되는 과정에 관여한다. (질산화 작용)

① ㄱ  ② ㄴ  ③ ㄱ, ㄷ  ④ ㄴ, ㄷ  ⑤ ㄱ, ㄴ, ㄷ

✔ 자료 해석
• 대기 중의 질소 기체가 질소 고정 세균에 의해 암모늄 이온$(NH_4^+)$이 되거나, 공중 방전에 의해 질산 이온$(NO_3^-)$으로 고정되는 작용을 질소 고정 작용이라고 한다.
• 토양 속 질산 이온$(NO_3^-)$이 탈질산화 세균에 의해 질소 기체로 전환되어 대기로 돌아가는 작용을 탈질산화 작용이라고 한다.

○ 보기 풀이 ㄱ. B는 (가)의 특징 중 1개만 가지므로 탈질산화 작용이며, '세균이 관여한다.'라는 특징을 갖는다.
ㄴ. 뿌리혹박테리아는 질소 고정 세균으로, 질소 고정 작용(A)에 관여한다.
ㄷ. 암모늄 이온$(NH_4^+)$이 질산 이온$(NO_3^-)$으로 전환되는 과정은 질산화 작용이며, 질산화 세균이 관여한다.

문제풀이 Tip
질소 순환 과정에서 질산화 작용, 질소 고정 작용, 탈질산화 작용의 특징을 알고 빠르게 구별할 수 있어야 한다.

---

| 선택지 비율 | ① 1% | ② 1% | ❸ 92% | ④ 1% | ⑤ 31% |

## 2 생물 다양성

2025학년도 6월 평가원 20번 | 정답 ③ | 문제편 196p

출제 의도 생물 다양성에 대해 알고 있는지 묻는 문항이다.

다음은 생물 다양성에 대한 자료이다. A와 B는 유전적 다양성과 종 다양성을 순서 없이 나타낸 것이다.

• A는 한 생태계 내에 존재하는 생물종의 다양한 정도를 의미한다. (종 다양성)
• 같은 종의 개체들이 서로 다른 대립유전자를 가져 형질이 다양하게 나타나는 것은 B에 해당한다. (유전적 다양성)

이에 대한 설명으로 옳은 것만을 〈보기〉에서 있는 대로 고른 것은?

보기
ㄱ. A는 종 다양성이다.
  (A는 종 다양성, B는 유전적 다양성이다.)
ㄴ. A가 감소하는 원인 중에는 서식지 파괴가 있다.
ㄷ. B가 높은 종은 환경이 급격히 변했을 때 멸종될 확률이 높다.
  (낮다.)

① ㄱ  ② ㄷ  ③ ㄱ, ㄴ  ④ ㄴ, ㄷ  ⑤ ㄱ, ㄴ, ㄷ

✔ 자료 해석
• 종 다양성(A) : 특정 지역에 얼마나 많은 종이 균등하게 분포하여 살고 있는지를 나타낸다.
• 유전적 다양성(B) : 집단 내 같은 종 사이의 유전자가 다양한 정도이다. 유전적 다양성이 높은 종은 환경 조건이 급격하게 변했을 때 살아남을 확률이 높다.

○ 보기 풀이 ㄱ. A는 종 다양성, B는 유전적 다양성이다.
ㄴ. 종 다양성(A)이 감소하는 원인 중에는 서식지 파괴가 있다.

✕ 매력적 오답 ㄷ. 유전적 다양성(B)이 높은 종은 환경이 급격히 변했을 때 멸종될 확률이 낮다.

문제풀이 Tip
생물 다양성에 해당하는 유전적 다양성, 종 다양성의 특징에 대해 알아둔다.

**3** 생태 피라미드와 생태계 평형

출제 의도 생태계 평형이 일시적으로 깨졌을 때 평형이 회복되는 과정에 대해 알고 있는지 묻는 문항이다.

그림은 평형 상태인 생태계 S에서 1차 소비자의 개체 수가 일시적으로 증가한 후 평형 상태로 회복되는 과정의 시점 $t_1 \sim t_5$에서의 개체 수 피라미드를, 표는 구간 I ~ IV에서의 생산자, 1차 소비자, 2차 소비자의 개체 수 변화를 나타낸 것이다. ㉠은 증가와 감소 중 하나이다.

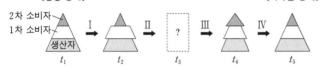

| 구간<br>영양 단계 | I | II | III | IV |
|---|---|---|---|---|
| 2차 소비자 | 변화 없음 | 증가 | ? | ㉠ 감소 |
| 1차 소비자 | 증가 | ? | 감소 | ? |
| 생산자 | 변화 없음 | 감소 | ? | 증가 |

이에 대한 설명으로 옳은 것만을 〈보기〉에서 있는 대로 고른 것은? (단, 제시된 조건 이외는 고려하지 않는다.)

보기
ㄱ. ㉠은 '감소'이다.

ㄴ. $\dfrac{\text{2차 소비자의 개체 수}}{\text{생산자의 개체 수}}$ 는 $t_2$일 때가 $t_3$일 때보다 크다. <sub>작다.</sub>

ㄷ. $t_5$일 때, 상위 영양 단계로 갈수록 각 영양 단계의 에너지양은 증가한다. <sub>감소한다.</sub>

① ㄱ ② ㄴ ③ ㄷ ④ ㄱ, ㄴ ⑤ ㄱ, ㄷ

✔ 자료 해석

• 생태계 평형이 깨진 후 평형 상태로 회복되는 과정 : 1차 소비자 증가(I) → 2차 소비자 증가, 생산자 감소(II) → 1차 소비자 감소(III) → 2차 소비자 감소, 생산자 증가(IV) → 회복된 상태

○ 보기풀이 ㄱ. III에서 1차 소비자의 개체 수가 감소하였으므로 IV에서는 1차 소비자를 먹이로 하는 2차 소비자의 개체 수 또한 감소하게 된다. 따라서 ㉠은 '감소'이다.

✗ 매력적 오답 ㄴ. II에서 2차 소비자의 개체 수가 증가하고 생산자의 개체 수가 감소하므로 $\dfrac{\text{2차 소비자의 개체 수}}{\text{생산자의 개체 수}}$ 는 $t_3$일 때가 $t_2$일 때보다 크다.

ㄷ. $t_5$일 때, 생태계 평형이 회복되었으므로 상위 영양 단계로 갈수록 영양 단계의 에너지양은 감소한다.

문제풀이 **Tip**

1차 소비자가 증가하여 일시적으로 평형이 깨어졌을 때 평형이 회복되는 단계를 알고 자료에 적용하면 된다.

Part II 수능 평가원

## 4 물질 순환

출제의도 질소 순환 과정과 탄소 순환 과정을 이해하고 있는지를 묻는 문항이다.

표는 생태계의 물질 순환 과정 (가)와 (나)에서 특징의 유무를 나타낸 것이다. (가)와 (나)는 질소 순환 과정과 탄소 순환 과정을 순서 없이 나타낸 것이다.

| 특징 \ 물질 순환 과정 | (가) 탄소 순환 과정 | (나) 질소 순환 과정 |
|---|---|---|
| 토양 속의 ㉠ 암모늄 이온($NH_4^+$)이 질산 이온($NO_3^-$)로 전환된다. | × | ○ |
| 식물의 광합성을 통해 대기 중의 이산화 탄소($CO_2$)가 유기물로 합성된다. | ○ | × |
| ⓐ | ○ | ○ |

(○: 있음, ×: 없음)

이에 대한 설명으로 옳은 것만을 〈보기〉에서 있는 대로 고른 것은? [3점]

보기
ㄱ. (나)는 ~~탄소 순환 과정~~이다. (질소 순환 과정)
ㄴ. 질산화 세균은 ㉠에 관여한다. (질산화 세균은 $NH_4^+$이 $NO_3^-$으로 전환되는 데 관여한다.)
ㄷ. '물질이 생산자에서 소비자로 먹이 사슬을 따라 이동한다.'는 ⓐ에 해당한다.

① ㄱ  ② ㄷ  ③ ㄱ, ㄴ  ④ ㄴ, ㄷ  ⑤ ㄱ, ㄴ, ㄷ

✓ 자료 해석
• 토양 속의 암모늄 이온($NH_4^+$)이 질산 이온($NO_3^-$)로 전환되는 과정은 질소 순환 과정 중 하나이므로 (나)는 질소 순환 과정이다.
• 식물의 광합성을 통해 대기 중의 이산화 탄소($CO_2$)가 유기물로 합성되는 것은 탄소 순환 과정 중 하나이므로 (가)는 탄소 순환 과정이다.

○ 보기 풀이 (가)는 탄소 순환 과정, (나)는 질소 순환 과정이다.
ㄴ. 질산화 세균에서 암모늄 이온($NH_4^+$)이 질산 이온($NO_3^-$)으로 전환되는 과정이 일어난다.
ㄷ. 물질에 포함된 탄소와 질소는 생산자에서 소비자로 먹이 사슬을 따라 이동하므로 '물질이 생산자에서 소비자로 먹이 사슬을 따라 이동한다.'는 ⓐ에 해당한다.

✗ 매력적 오답 ㄱ. (나)에서 암모늄 이온($NH_4^+$)이 질산 이온($NO_3^-$)으로 전환되는 과정이 일어나므로 (나)는 질소 순환 과정이다.

문제풀이 Tip
탄소 순환 과정과 질소 순환 과정에 대해 자세하게 알아두고, 각각의 과정에 관여하는 생물적 요인에 대해서도 살펴두자.

---

## 5 질소 순환

출제의도 질소 순환 과정에 대해 알고 있는지를 묻는 문항이다.

표는 생태계의 질소 순환 과정에서 일어나는 물질의 전환을 나타낸 것이다. Ⅰ과 Ⅱ는 탈질산화 작용과 질소 고정 작용을 순서 없이 나타낸 것이고, ㉠과 ㉡은 질산 이온($NO_3^-$)과 암모늄 이온($NH_4^+$)을 순서 없이 나타낸 것이다.

| 구분 | 물질의 전환 |
|---|---|
| 질산화 작용 | $NH_4^+$ ㉠ → ㉡ $NO_3^-$ |
| 질소 고정 작용 Ⅰ | 대기 중의 질소($N_2$) → ㉠ $NH_4^+$ |
| 탈질산화 작용 Ⅱ | $NO_3^-$ ㉡ → 대기 중의 질소($N_2$) |

이에 대한 설명으로 옳은 것만을 〈보기〉에서 있는 대로 고른 것은?

보기
ㄱ. ㉠은 ~~질산 이온($NO_3^-$)~~이다. (암모늄 이온($NH_4^+$)이다.)
ㄴ. Ⅰ은 질소 고정 작용이다.
ㄷ. 탈질산화 세균은 Ⅱ에 관여한다.

① ㄱ  ② ㄴ  ③ ㄱ, ㄷ  ④ ㄴ, ㄷ  ⑤ ㄱ, ㄴ, ㄷ

✓ 자료 해석
• 질소 고정 : 대기 중의 질소 기체($N_2$)가 질소 고정 세균에 의해 암모늄 이온($NH_4^+$)으로 전환되거나, 공중 방전에 의해 질산 이온($NO_3^-$)으로 전환되는 과정
• 질산화 작용 : 토양 속의 암모늄 이온($NH_4^+$)이 질산화 세균에 의해 질산 이온($NO_3^-$)으로 전환되는 과정
• 탈질산화 작용 : 토양 속 질산 이온($NO_3^-$)이 탈질산화 세균에 의해 질소 기체($N_2$)로 전환되어 대기로 돌아가는 과정

○ 보기 풀이 ㄴ. ㉠은 암모늄 이온($NH_4^+$)이고, ㉡은 질산 이온($NO_3^-$)이다. Ⅰ은 대기 중의 질소($N_2$)가 암모늄 이온($NH_4^+$)으로 전환되는 과정이므로 질소 고정 작용이다.
ㄷ. Ⅱ는 탈질산화 작용이므로 탈질산화 세균은 Ⅱ에 관여한다.

✗ 매력적 오답 ㄱ. 질산화 작용은 암모늄 이온($NH_4^+$)이 질산 이온($NO_3^-$)로 전환되는 작용이다. 따라서 ㉠은 암모늄 이온($NH_4^+$)이다.

문제풀이 Tip
질산화 작용은 암모늄 이온($NH_4^+$)이 질산화 세균에 의해 질산 이온($NO_3^-$)으로 전환되는 과정이므로 ㉠은 암모늄 이온($NH_4^+$), ㉡은 질산 이온($NO_3^-$)임을 빠르게 찾을 수 있어야 한다.

**6** 식물 군집의 생물량과 천이

2023학년도 수능 12번 | 정답 ② | 문제편 197p

출제 의도 식물 군집의 생물량과 식물 군집의 천이 과정을 알고 있는지를 묻는 문항이다.

그림은 어떤 생태계를 구성하는 생물 군집의 단위 면적당 생물량(생체량)의 변화를 나타낸 것이다. $t_1$일 때 이 군집에 산불에 의한 교란이 일어났고, $t_2$일 때 이 생태계의 평형이 회복되었다. ㉠은 1차 천이와 2차 천이 중 하나이다.

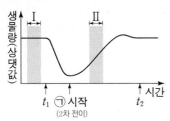

이 자료에 대한 설명으로 옳은 것만을 〈보기〉에서 있는 대로 고른 것은? [3점]

〈보기〉
ㄱ. ㉠은 ~~1차~~ 천이이다.
    <sub>2차</sub>
ㄴ. Ⅰ 시기에 이 생물 군집의 호흡량은 ~~0이다.~~
    <sub>0이 아니다.</sub>
ㄷ. Ⅱ 시기에 생산자의 총생산량은 순생산량보다 크다.
    <sub>총생산량=호흡량+순생산량</sub>

① ㄱ    ② ㄷ    ③ ㄱ, ㄴ    ④ ㄴ, ㄷ    ⑤ ㄱ, ㄴ, ㄷ

✔ 자료 해석
• 총생산량 : 생산자가 일정 기간 동안 광합성을 통해 합성한 유기물의 총량
• 호흡량 : 생물이 자신의 생활에 필요한 에너지를 얻기 위해 호흡에 소비한 유기물의 양
• 순생산량 : 총생산량에서 호흡량을 제외한 유기물의 양
• 생장량 : 생물의 생장에 이용된 유기물의 총량으로, 순생산량 중에서 피식량, 고사 낙엽량을 제외하고 생물체에 남아 있는 유기물의 양

○ 보기 풀이 ㄷ. 총생산량은 순생산량과 호흡량의 합이므로, Ⅱ 시기에 생산자의 총생산량은 순생산량보다 크다.

✗ 매력적 오답 ㄱ. 산불에 의한 교란 이후에 ㉠이 일어났으므로 ㉠은 2차 천이이다.
ㄴ. 생물 군집의 식물은 호흡을 통해 에너지를 얻으므로 Ⅰ 시기에 이 생물 군집의 호흡량은 0이 아니다.

문제풀이 Tip
제시된 자료가 새롭지만, 묻는 내용은 어렵지 않아 쉽게 해결할 수 있었다. 1차 천이와 2차 천이, 총생산량, 호흡량, 순생산량의 의미를 다시 한번 살펴두도록 하자.

---

**7** 질소 순환

2023학년도 9월 평가원 9번 | 정답 ③ | 문제편 197p

출제 의도 질소 순환 과정에 대해 알고 있는지를 묻는 문항이다.

표 (가)는 질소 순환 과정의 작용 A와 B에서 특징 ㉠과 ㉡의 유무를 나타낸 것이고, (나)는 ㉠과 ㉡을 순서 없이 나타낸 것이다. A와 B는 질산화 작용과 질소 고정 작용을 순서 없이 나타낸 것이다.

| 특징\작용 | ㉠ | ㉡ |
| --- | --- | --- |
| 질소 고정 작용 A | ○ | × |
| 질산화 작용 B | ○ | ? |

(○: 있음, ×: 없음)

(가)

특징(㉠, ㉡)
• ㉡ 암모늄 이온($NH_4^+$)이 ⓐ질산 이온($NO_3^-$)으로 전환된다.
• ㉠ 세균이 관여한다.

(나)

이에 대한 설명으로 옳은 것만을 〈보기〉에서 있는 대로 고른 것은? [3점]

〈보기〉
ㄱ. B는 질산화 작용이다.
    <sub>A는 질소 고정 작용, B는 질산화 작용이다.</sub>
ㄴ. ㉡은 ~~'세균이 관여한다.'이다.~~
    <sub>㉠이 '세균이 관여한다.'이다</sub>
ㄷ. 탈질산화 세균은 ⓐ가 질소 기체로 전환되는 과정에 관여한다.

① ㄱ    ② ㄴ    ③ ㄱ, ㄷ    ④ ㄴ, ㄷ    ⑤ ㄱ, ㄴ, ㄷ

✔ 자료 해석
• 질소 고정 : 대기 중의 질소 기체는 질소 고정 세균(뿌리혹박테리아, 아조토박터 등)에 의해 암모늄 이온($NH_4^+$)이 되거나, 공중 방전에 의해 질산 이온($NO_3^-$)으로 고정되어 생물에 이용된다.
• 질산화 작용 : 토양 속의 암모늄 이온($NH_4^+$)은 질산화 세균에 의해 질산 이온($NO_3^-$)으로 전환된다.

○ 보기 풀이 ㄱ. 질산화 작용과 질소 고정 작용에는 모두 세균이 관여하며, 암모늄 이온이 질산 이온으로 전환되는 과정은 질산화 작용에서만 일어난다. 따라서 A는 질소 고정 작용이고, B는 질산화 작용이다.
ㄷ. 탈질산화 세균은 질산 이온(ⓐ)이 질소 기체로 전환되는 탈질산화 작용에 관여한다.

✗ 매력적 오답 ㄴ. 질산화 작용과 질소 고정 작용에 모두 세균이 관여하므로 '세균이 관여한다.'는 ㉠이다.

문제풀이 Tip
대기 중의 질소는 식물이 직접 이용할 수 없으므로 암모늄 이온과 질산 이온의 형태로 뿌리를 통해 흡수되어 이용된다. 질소 고정 작용, 질산화 작용, 질소 동화 작용, 탈질산화 작용 등이 일어나는 과정에 대해 자세하게 알아두도록 하자.

## 8　생물 다양성

출제 의도 생물 다양성의 의미에 대해 알고 있는지를 묻는 문항이다.

### 다음은 생물 다양성에 대한 학생 A~C의 대화 내용이다

> 같은 종의 무당벌레에서 색과 무늬가 다양하게 나타나는 것은 유전적 다양성에 해당해.

> 한 생태계 내에 존재하는 생물 종의 다양한 정도를 생태계 다양성이라고 해.
> ㅡ 종

> 종 수가 같을 때 전체 개체 수에서 각 종이 차지하는 비율이 균등할수록 종 다양성은 낮아져.
> 높아져.

학생 A　　학생 B　　학생 C

### 제시한 내용이 옳은 학생만을 있는 대로 고른 것은?

① A　② B　③ A, C　④ B, C　⑤ A, B, C

✔ 자료 해석

- 유전적 다양성 : 같은 종이라도 개체군 내의 개체들이 유전자의 변이로 인해 다양한 형질이 나타나는 것을 의미하며, 종 내에 다양한 대립유전자가 있으면 유전적 다양성이 높다.
- 종 다양성 : 한 지역에서 종의 다양한 정도를 의미하며, 종의 수가 많을수록, 전체 개체 수에서 각 종이 차지하는 비율이 고를수록 종 다양성이 높다.
- 생태계 다양성 : 어떤 지역에서 강, 산, 바다, 호수, 습지, 삼림, 초원 등 다양한 생태계가 존재함을 의미하며, 생태계를 구성하는 생물과 환경 사이의 관계에 관한 다양성을 포함한다.

○ 보기 풀이　A. 같은 종의 무당벌레에서 색과 무늬가 다양하게 나타나는 것은 유전적 다양성의 예에 해당한다.

✕ 매력적 오답　B. 한 생태계 내에 존재하는 생물 종의 다양한 정도를 종 다양성이라고 한다.

C. 종 수가 같을 때 전체 개체 수에서 각 종이 차지하는 비율이 균등할수록 종 다양성은 높아진다.

문제풀이 Tip

생물 다양성 관련 문항은 기본 개념을 묻는 문항이 많으므로 생물 다양성의 의미(유전적 다양성, 종 다양성, 생태계 다양성)를 다시 한 번 살펴두도록 하자.

---

## 9　질소 순환

출제 의도 질소 순환 과정에 대해 알고 있는지 묻는 문항이다.

### 다음은 생태계에서 일어나는 질소 순환 과정에 대한 자료이다. ㉠과 ㉡은 질소 고정 세균과 탈질산화 세균을 순서 없이 나타낸 것이다.

> 탈질산화 세균
> (가) 토양 속 ⓐ질산 이온($NO_3^-$)의 일부는 ㉠에 의해 질소 기체로 전환되어 대기 중으로 돌아간다. 탈질산화 작용
> 질소 고정 세균
> (나) ㉡에 의해 대기 중의 질소 기체가 ⓑ암모늄 이온($NH_4^+$)으로 전환된다. 질소 고정

### 이에 대한 설명으로 옳은 것만을 〈보기〉에서 있는 대로 고른 것은?

─ 보기 ─
ㄱ. (가)는 질소 고정 작용이다.
　　　　　탈질산화 작용
ㄴ. 질산화 세균은 ⓑ가 ⓐ로 전환되는 과정에 관여한다.
　　ⓑ → ⓐ : 질산화 작용
ㄷ. ㉠과 ㉡은 모두 생태계의 구성 요소 중 비생물적 요인에
　　　　　　　　　　　　　　　　　생물적 요인
해당한다.

① ㄱ　② ㄴ　③ ㄷ　④ ㄱ, ㄴ　⑤ ㄱ, ㄷ

✔ 자료 해석

- (가)는 탈질산화 작용, (나)는 질소 고정이다.
- ㉠은 탈질산화 세균, ㉡은 질소 고정 세균이다.

○ 보기 풀이　ㄴ. ⓑ($NH_4^+$)가 ⓐ($NO_3^-$)로 전환되는 과정은 질산화 작용이다. 질산화 세균은 ⓑ($NH_4^+$)가 ⓐ($NO_3^-$)로 전환되는 질산화 작용에 관여한다.

✕ 매력적 오답　ㄱ. 질산 이온($NO_3^-$)이 질소 기체로 전환되는 과정은 질소 고정 작용이 아닌 탈질산화 작용이다.

ㄷ. ㉠과 ㉡은 모두 세균으로 생태계의 구성 요소 중 생물적 요인에 해당한다.

문제풀이 Tip

질소 순환 과정인 질소 고정, 질산화 작용, 탈질산화 작용, 질소 동화 작용에 대해 잘 정리해 둔다.

## 10 생물 다양성

출제 의도 식물 군집을 조사한 결과를 나타낸 자료를 분석할 수 있는지 묻는 문항이다.

그림 (가)는 어떤 숲에 사는 새 5종 ㉠~㉤이 서식하는 높이 범위를, (나)는 숲을 이루는 나무 높이의 다양성에 따른 새의 종 다양성을 나타낸 것이다. 나무 높이의 다양성은 숲을 이루는 나무의 높이가 다양할수록, 각 높이의 나무가 차지하는 비율이 균등할수록 높아진다.

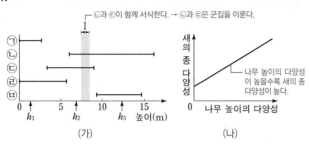

(가) ㉡과 ㉢이 함께 서식한다. → ㉡과 ㉢은 군집을 이룬다.
$h_1$, $h_2$, $h_3$ 높이(m)

(나) 나무 높이의 다양성이 높을수록 새의 종 다양성이 높다.

이 자료에 대한 설명으로 옳은 것만을 〈보기〉에서 있는 대로 고른 것은?

┌ 보기 ┐
ㄱ. ㉠이 서식하는 높이는 ㉤이 서식하는 높이보다 낮다.
ㄴ. 구간 I 에서 ㉡은 ㉢과 한 개체군을 이루어 서식한다.
  ㉡과 ㉢은 서로 다른 종이므로 한 개체군을 이루지 않는다.
ㄷ. 새의 종 다양성은 높이가 $h_3$인 나무만 있는 숲에서가 높이가 $h_1$, $h_2$, $h_3$인 나무가 고르게 분포하는 숲에서보다 높다.
  낮다.
└─────────────────────────────────┘

① ㄱ  ② ㄴ  ③ ㄷ  ④ ㄱ, ㄴ  ⑤ ㄴ, ㄷ

✔ 자료 해석
• ㉡과 ㉢은 서로 다른 종이므로 서로 다른 개체군을 이룬다. → ㉡과 ㉢은 같은 공간에 함께 서식하므로 군집을 이룬다.
• 나무 높이의 다양성이 높을수록 새의 종 다양성이 높다.

○ 보기풀이 ㄱ. ㉠이 서식하는 높이는 0~3 m 정도이고, ㉤이 서식하는 높이는 9~14 m 정도이다.

✕ 매력적 오답 ㄴ. ㉡과 ㉢은 서로 다른 종이므로 ㉡은 ㉢과 한 개체군을 이루지 않는다.
ㄷ. 나무 높이의 다양성이 높을수록 새의 종 다양성도 높으므로 새의 종 다양성은 높이가 $h_3$인 나무만 있는 숲에서가 높이가 $h_1$, $h_2$, $h_3$인 나무가 고르게 분포하는 숲에서보다 낮다.

문제풀이 Tip
종 다양성에 대해 정리해 두고, 서로 다른 종은 같은 개체군을 이루지 않는다는 것을 알아둔다.

## 11 물질 순환

출제 의도 생태계에서 물질의 순환에 대해 알고 있는지 묻는 문항이다.

다음은 생태계에서 물질의 순환에 대한 학생 A~C의 발표 내용이다.
생태계에서 물질은 순환한다.

생태계에서 질소는 순환하지 않습니다.

탈질산화 작용에 세균이 관여합니다.
$NO_3^- \rightarrow N_2$

식물의 광합성에 이산화 탄소가 이용됩니다.

학생 A   학생 B   학생 C

제시한 내용이 옳은 학생만을 있는 대로 고른 것은?
① A  ② C  ③ A, B  ④ B, C  ⑤ A, B, C

✔ 자료 해석
• 생태계에서 질소, 탄소와 같은 물질은 순환한다.
• 탈질산화 작용은 토양 속 질산 이온의 일부가 탈질산화 세균에 의해 질소 기체가 되어 대기 중으로 돌아가는 것이다.

○ 보기풀이 B. 탈질산화 세균은 질산 이온($NO_3^-$)이 질소($N_2$) 기체로 되는 탈질산화 작용에 관여한다.
C. 식물은 광합성에 이산화 탄소와 물을 이용한다.

✕ 매력적 오답 A. 생태계에서 질소는 질소($N_2$) 기체, 암모늄 이온($NH_4^+$), 질산 이온($NO_3^-$) 등으로 전환되며 순환한다.

문제풀이 Tip
물질 순환 중 질소 순환과 탄소 순환 과정에 대해 알아둔다.

출제 의도 식물 군집을 조사한 결과를 나타낸 자료를 분석할 수 있는지 묻는 문항이다.

표 (가)는 면적이 동일한 서로 다른 지역 Ⅰ과 Ⅱ의 식물 군집을 조사한 결과를 나타낸 것이고, (나)는 우점종에 대한 자료이다.

| 지역 | 종 | 상대 밀도(%) | 상대 빈도(%) | 상대 피도(%) | 총 개체 수 |
|---|---|---|---|---|---|
| Ⅰ | A | 30 | ? 45 | 19 | |
| | B | ? 41 | 24 | 22 | 100 |
| | C | 29 | 31 | ? 59 | |
| Ⅱ | A | 5 | ? 45 | 13 | |
| | B | ? 25 | 13 | 25 | 120 |
| | C | 70 | 42 | ? 62 | |

(가)

- 어떤 군집의 우점종은 중요치가 가장 높아 그 군집을 대표할 수 있는 종을 의미하며, 각 종의 중요치는 상대 밀도, 상대 빈도, 상대 피도를 더한 값이다.

(나)

이에 대한 설명으로 옳은 것만을 〈보기〉에서 있는 대로 고른 것은? (단, A~C 이외의 종은 고려하지 않는다.)

보기
ㄱ. Ⅰ의 식물 군집에서 우점종은 C이다.
　A : 94, B : 87, C : 119
ㄴ. 개체군 밀도는 Ⅰ의 A가 Ⅱ의 B보다 크다.
　　　　　　　　 30　　　 30
ㄷ. 종 다양성은 Ⅰ에서가 Ⅱ에서보다 높다.

① ㄱ　　② ㄴ　　③ ㄱ, ㄷ　　④ ㄴ, ㄷ　　⑤ ㄱ, ㄴ, ㄷ

✓ 자료 해석
- 지역 Ⅰ에서 A의 상대 빈도는 45 %이고, B의 상대 밀도는 41 %이며, C의 상대 피도는 59 %이다.
- 지역 Ⅱ에서 A의 상대 빈도는 45 %이고, B의 상대 밀도는 25 %이며, C의 상대 피도는 62 %이다.

○ 보기풀이 ㄱ. 우점종은 상대 밀도, 상대 빈도, 상대 피도를 더한 값인 중요치가 가장 높은 종이다. A~C 각각의 상대 밀도의 합, 상대 빈도의 합, 상대 피도의 합은 100 %이다. 그러므로 Ⅰ에서 A의 상대 빈도는 45 %이고, B의 상대 밀도는 41 %이며, C의 상대 피도는 59 %이다. 따라서 Ⅰ의 식물 군집에서 중요치가 가장 높은 종은 C이므로 우점종은 C이다.

ㄷ. 종 다양성은 종의 수가 많을수록, 군집을 구성하는 각 종이 전체 개체 수에서 차지하는 비율이 균등할수록 높다. Ⅰ과 Ⅱ에서 종의 수는 같고, 각 종의 밀도는 Ⅰ에서가 더 균등하므로 종 다양성은 Ⅰ에서가 Ⅱ에서보다 높다.

✕ 매력적 오답 ㄴ. Ⅰ에서 A의 개체 수는 30이고, Ⅱ에서 B의 개체 수도 30이다. Ⅰ과 Ⅱ의 면적을 $x$라고 하면 Ⅰ에서 A의 개체군 밀도는 $\frac{30}{x}$이고, Ⅱ에서 B의 개체군 밀도도 $\frac{30}{x}$이다. 따라서 개체군 밀도는 Ⅰ의 A와 Ⅱ의 B가 같다.

문제풀이 Tip

밀도는 $\frac{\text{개체 수}}{\text{서식지 면적}}$이며, 상대 밀도는 $\frac{\text{특정 종의 개체 수}}{\text{전체 개체 수}} \times 100$로 나타낸 것이다. Ⅰ에서 A의 개체 수는 $100 \times 0.3 = 30$이고 Ⅱ에서 B의 개체 수는 $120 \times 0.25 = 30$이다. 서식지 면적이 같은 경우 개체 수가 같으면 개체군 밀도도 같으므로 개체군 밀도는 Ⅰ의 A와 Ⅱ의 B가 같다.

**13** 에너지 흐름 및 물질과 소비

출제 의도 자료를 분석하여 에너지 효율과 1차 소비자의 생체량을 파악할 수 있는지 묻는 문항이다.

그림 (가)는 어떤 생태계에서 영양 단계의 생체량(생물량)과 에너지양을 상댓값으로 나타낸 생태 피라미드를, (나)는 이 생태계에서 생산자의 총생산량, 순생산량, 생장량의 관계를 나타낸 것이다.

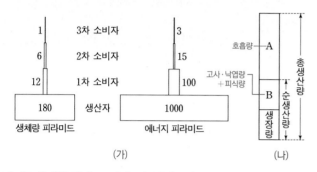

(가)     (나)

이 자료에 대한 설명으로 옳은 것만을 〈보기〉에서 있는 대로 고른 것은?

┌─ 보기 ┐
ㄱ. 1차 소비자의 생체량은 A에 ~~포함된다.~~ 포함되지 않는다.
ㄴ. 2차 소비자의 에너지 효율은 ~~20 %~~이다. $\frac{15}{100} \times 100 = 15 \%$
ㄷ. 상위 영양 단계로 갈수록 에너지양은 감소한다.
└──────────┘

① ㄱ   ② ㄷ   ③ ㄱ, ㄴ   ④ ㄴ, ㄷ   ⑤ ㄱ, ㄴ, ㄷ

✔ 자료 해석

• A는 호흡량, B는 고사 · 낙엽량+피식량이다.
• 식물의 피식량은 1차 소비자의 섭식량과 같으며, 1차 소비자의 생체량은 섭식량에서 배출량을 제외한 유기물의 양이다.

○ 보기 풀이   ㄷ. 상위 영양 단계로 갈수록 1000 → 100 → 15 → 3으로 에너지양이 감소한다.

✕ 매력적 오답   ㄱ. A는 총생산량에서 순생산량을 뺀 생산자의 호흡량이다. 그러므로 1차 소비자의 생체량은 호흡량(A)에 포함되지 않는다.
ㄴ. 특정 영양 단계의 에너지 효율은 이전 영양 단계의 에너지양에 대한 현 영양 단계의 에너지양의 비율이다. 그러므로 2차 소비자의 에너지 효율$=\frac{15}{100}$ $\times 100 = 15 \%$이다.

문제풀이 **Tip**

에너지 효율은 에너지양을 나타낸 에너지 피라미드를 이용하여 계산해야 하며, 1차 소비자의 생체량은 식물의 피식량에 포함됨을 알아둔다.

Memo

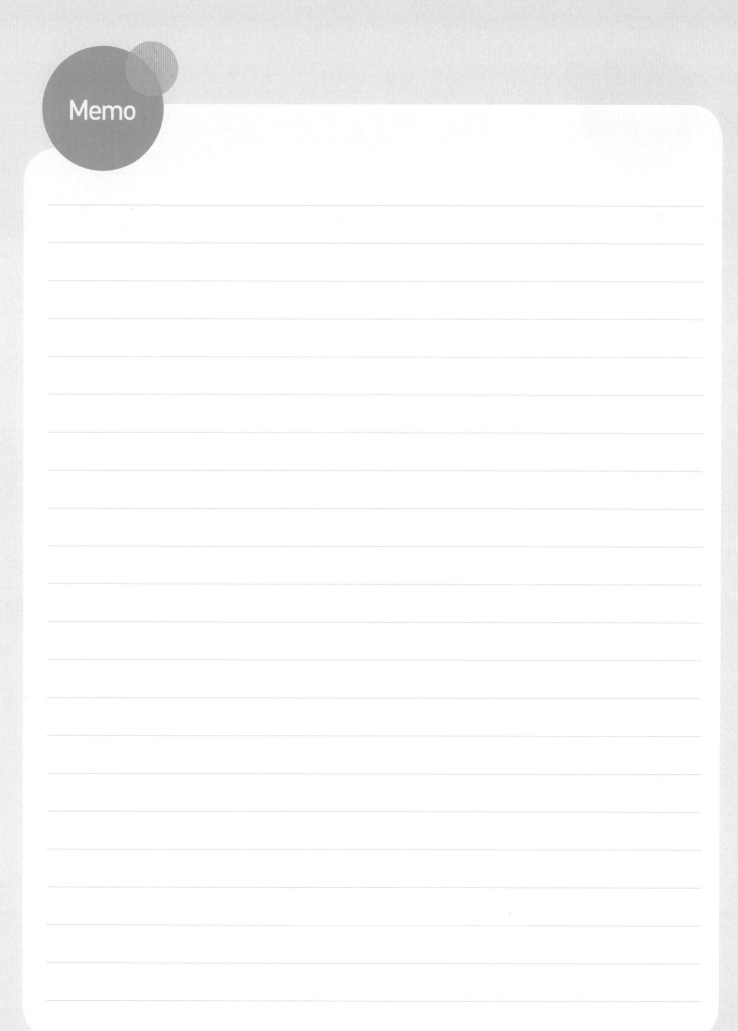

Memo

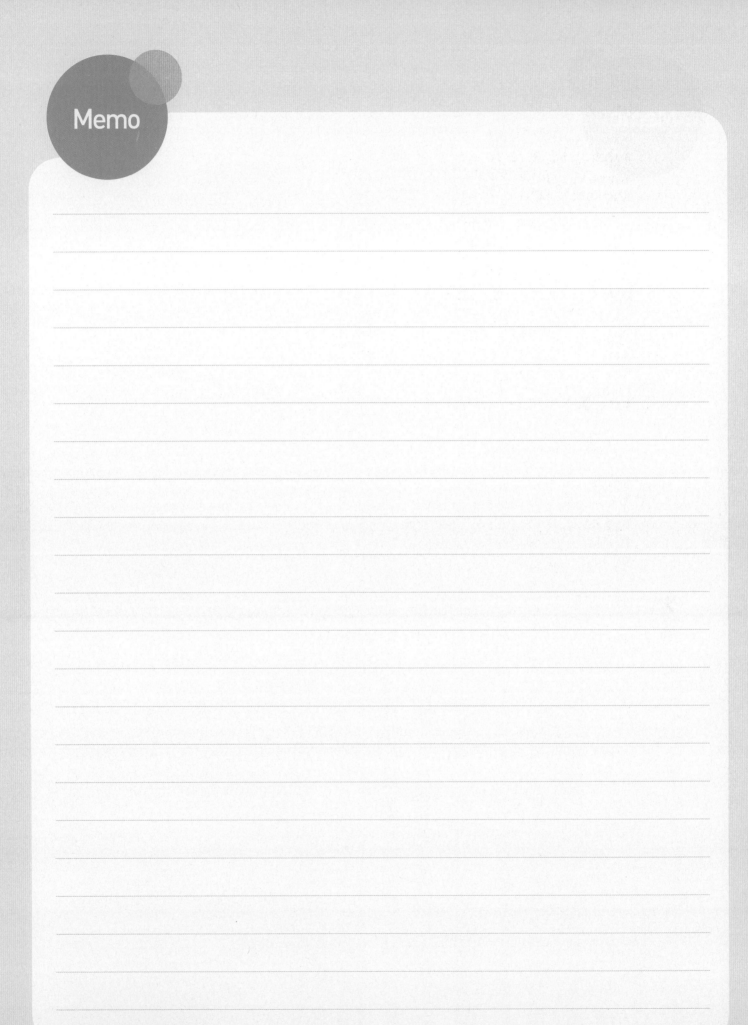

Memo

Bible of Science

생명과학 I

# 기출의 바이블

 **3**권 고난도편

# 목차 & 학습 계획

## Part I 교육청

# Part II 수능 평가원

| 대단원 | 중단원 | 쪽수 | 문항수 | 학습 계획일 |
|---|---|---|---|---|
| **I**<br>생명 과학의 이해 | **01.** 생명 과학의 이해 | 1권, 2권에서 학습 | | |
| **II**<br>사람의 물질대사 | **01.** 생명 활동과 에너지 | 1권, 2권에서 학습 | | |
| | **02.** 물질대사와 건강 | 1권, 2권에서 학습 | | |
| **III**<br>항상성과<br>몸의 조절 | **01.** 자극의 전달 | 1권, 2권에서 학습 | | |
| | **02.** 근수축 | 1권, 2권에서 학습 | | |
| | **03.** 신경계 | 1권, 2권에서 학습 | | |
| | **04.** 호르몬과 항상성 | 1권, 2권에서 학습 | | |
| | **05.** 질병과 병원체, 혈액형 | 1권, 2권에서 학습 | | |
| | **06.** 우리 몸의 방어 작용 | 1권, 2권에서 학습 | | |
| **IV**<br>유전 | **01.** 염색체와 세포 분열 | 3권 문제편　54쪽<br>3권 해설편　178쪽 | 45문항 | 월　　일 |
| | **02.** 사람의 유전 | 3권 문제편　68쪽<br>3권 해설편　207쪽 | 45문항 | 월　　일 |
| **V**<br>생태계와<br>상호 작용 | **01.** 생태계의 구성과 기능 | 1권, 2권에서 학습 | | |
| | **02.** 에너지 흐름과 물질 순환, 생물 다양성 | 1권, 2권에서 학습 | | |

# IV

# 유전

# 염색체와 세포 분열

**염색체와 유전자**

염색체의 구조, 유전자가 위치하는 염색체와 대립유전자 관계인 유전자를 파악하는 문제가 자주 출제된다.

**염색체 상의 유전자**

하나의 염색체에는 많은 수의 유전자가 함께 있다.

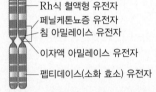

- Rh식 혈액형 유전자
- 페닐케톤뇨증 유전자
- 침 아밀레이스 유전자
- 이자액 아밀레이스 유전자
- 펩티데이스(소화 효소) 유전자

▲ 사람의 1번 염색체 상의 유전자 일부

**핵형 분석**

체세포 분열 중기 세포의 염색체 사진을 이용하여 염색체 쌍을 큰 것부터 작은 순서대로 번호를 붙여 나열하며, 성염색체 쌍은 맨 끝에 나열한다.

**체세포와 생식세포의 핵상**

상동 염색체

체세포($2n=8$)　　생식세포($n=4$)

- 체세포는 상동 염색체가 쌍을 이루고 있으므로 $2n$으로 표시한다.
- 생식세포는 상동 염색체 중 1개씩만 있어 $n$으로 표시한다.

## Ⓐ 유전자와 염색체

### 1. 유전자, DNA, 염색체, 유전체

**(1) 유전자**

① 생물의 형질을 결정하는 유전 정보의 단위로, DNA의 특정 부위에 있다.

② 하나의 DNA에는 많은 수의 유전자가 각각 정해진 위치에 존재한다.

**(2) DNA** : 유전 정보를 저장하고 있는 유전 물질로, 폴리뉴클레오타이드 2가닥이 나선 모양으로 꼬인 구조로 되어 있다.

**(3) 염색체** : DNA와 단백질로 구성되어 있으며, 분열하지 않는 세포에서는 핵 속에 실처럼 풀어져 있다가 세포가 분열할 때 응축되어 막대 모양으로 관찰된다.

**(4) 유전체** : 한 개체가 가지고 있는 모든 유전 정보이다.

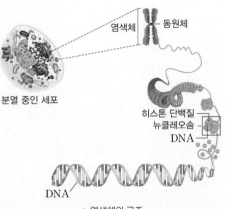

염색체　　동원체

히스톤 단백질
뉴클레오솜
DNA

분열 중인 세포

DNA

▲ 염색체의 구조

### 2. 염색체의 구조

**(1)** DNA가 히스톤 단백질을 감아 뉴클레오솜을 형성한다.

**(2)** 세포 분열 시 나타나는 1개의 염색체는 2개의 염색 분체로 이루어져 있으며, 2개의 염색 분체는 동원체에서 서로 연결되어 있다.

### 3. 핵형

**(1) 핵형**

① 체세포에 들어 있는 염색체의 수, 모양, 크기와 같은 염색체의 외형적인 특성이다.

② 생물종에 따라 핵형이 다르며, 같은 종에서 성별이 같으면 핵형이 같다.

③ 핵형을 분석할 때에는 체세포 분열 중기의 염색체 사진을 이용한다.

④ 핵형 분석을 통해 성별, 염색체 이상 등을 알 수 있다.

**(2) 사람의 핵형 분석**

① 사람의 체세포에는 총 23쌍(46개)의 염색체가 있다.

② 상염색체와 성염색체

| 상염색체 | • 성별에 관계없이 공통으로 가지는 염색체이다.<br>• 1번부터 22번까지 22쌍(44개)의 상염색체를 가진다. |
|---|---|
| 성염색체 | • 여자와 남자가 서로 다른 구성으로 가지는 염색체이다.<br>• 남자의 체세포에는 X 염색체와 Y 염색체가 1개씩 있고, 여자의 체세포에는 X 염색체가 2개 있다. |

▲ 정상 남자의 핵형
($2n=44+XY$)

▲ 정상 여자의 핵형
($2n=44+XX$)

### 4. 상동 염색체와 대립유전자

**(1) 상동 염색체** : 체세포에 있는 모양과 크기가 같은 한 쌍의 염색체로, 부모로부터 각각 하나씩 물려받은 것이다.

**(2) 대립유전자** : 하나의 형질을 결정하는 유전자로, 상동 염색체의 같은 위치에 존재한다. 대립유전자는 동일한 형질을 결정하지만 나타내는 특성은 서로 다를 수 있다.

**(3) 핵상**

① 하나의 세포 속에 들어 있는 염색체의 상대적인 수로, 염색체의 조합 상태를 나타낸 것이다.

② 상동 염색체가 쌍을 이루고 있으면 $2n$, 상동 염색체 중 1개씩만 있으면 $n$으로 표시한다.

## 5. 염색 분체의 형성과 분리

| 염색 분체의<br>형성 | 1개의 염색체를 이루고 있는 2개의 염색 분체는 간기 때 복제되어 동일한 유전 정보를 갖고 있는<br>DNA가 각각 응축되어 형성된 것이다. |
|---|---|
| 염색 분체의<br>분리 | • 염색 분체는 세포 분열 시 분리되어 서로 다른 딸세포로 들어간다.<br>• 염색 분체는 유전 정보가 같으므로 딸세포의 유전 정보는 모세포와 같다. |

## B 생식세포의 형성과 유전적 다양성

### 1. 세포 주기와 체세포 분열

(1) **세포 주기** : 세포 분열로 생긴 딸세포가 생장
하여 다시 세포 분열을 마칠 때까지의 기간
으로, 간기와 분열기(M기)로 나뉜다.
  ① 간기 : 분열기와 분열기 사이의 기간으로
  $G_1$기, S기, $G_2$기로 구분된다.
  ② 분열기(M기) : 간기에 비해 짧으며, 핵분
  열과 세포질 분열이 일어난다.

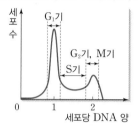

▲ 세포 주기

(2) **체세포 분열** : 세포 분열을 통해 체세포 수가
증가하는 과정으로, 모세포와 동일한 유전 물질을 가진 2개의 딸세포가 형성된다.
  ① 핵분열 : 염색체의 모양과 이동에 따라 전기, 중기, 후기, 말기로 구분한다.

| 간기 | 핵막과 인이 관찰되며, 염색체는 핵 속에 실처럼 풀어져 있다. |
|---|---|
| 전기 | 염색체가 응축되고 핵막과 인이 사라지며, 방추사가 형성되어 동원체에 붙는다. |
| 중기 | 염색체가 세포 중앙에 배열된다. |
| 후기 | 염색 분체가 분리되어 방추사에 의해 세포의 양극으로 이동한다. |
| 말기 | 염색체가 풀어지고 핵막이 형성되며, 방추사가 사라지고 세포질 분열이 시작된다. |

  ② 염색체 수와 핵상의 변화가 없다($2n \rightarrow 2n$).

### 2. 생식세포 분열(감수 분열)
유성 생식을 하는 생물의 생식 기관에서 생식세포를 형성할 때 일어나는
분열로, 간기 이후에 감수 1분열과 2분열이 연속적으로 일어난다.

(1) **감수 1분열** : 상동 염색체가 분리되어 각각의 딸세포로 들어가므로 염색체 수와 DNA 양이 모두 절
반으로 줄어든다(핵상 변화 : $2n \rightarrow n$).

| 간기 | 핵막과 인이 관찰되며, 염색체는 핵 속에 실처럼 풀어져 있다. |
|---|---|
| 전기 | • 염색체가 응축되고 핵막과 인이 사라지며, 방추사가 형성되어 동원체에 붙는다.<br>• 상동 염색체끼리 접합하여 2가 염색체를 형성한다. |
| 중기 | 2가 염색체가 세포 중앙에 배열된다. |
| 후기 | 상동 염색체가 분리되어 방추사에 의해 세포의 양극으로 이동한다. |
| 말기 | 핵막이 형성되며, 방추사가 사라지고 세포질 분열이 시작된다. |

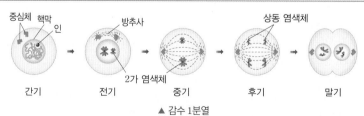

▲ 감수 1분열

(2) **감수 2분열** : DNA 복제 없이 염색 분체가 분리되어 각각의 딸세포로 들어가므로 염색체 수에는 변
화가 없지만 DNA 양이 절반으로 줄어든다(핵상 변화 없음 : $n \rightarrow n$).

▲ 감수 2분열

### 출제 tip

체세포의 세포당 DNA 양에 따른 세포
수와 세포 주기별 특징을 묻는 문제가 자
주 출제된다.

**세포당 DNA 양에서 구간별 세포 주기**

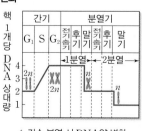

세포당 DNA 상대량이 2인 세포는 $G_2$
기와 M기의 세포이고, 세포당 DNA 상
대량이 1인 세포는 $G_1$기의 세포이며, 세
포당 DNA 상대량이 1~2인 세포는 S
기의 세포이다.

**2가 염색체**

한 쌍의 상동 염색체가 접합해 4개의 염
색 분체로 이루어져 있으므로 4분 염색
체라고도 한다.

**감수 분열에서 핵 1개당 DNA 양
변화**

▲ 감수 분열 시 DNA양 변화

**감수 분열**

감수 분열 과정에서 특정 시기 세포의 대립유전자 DNA 상대량과 염색 분체 수를 파악하는 문제가 자주 출제된다.

**감수 분열과 유전적 다양성**

• $x$ 쌍의 상동 염색체를 가진 생물 $(2n=2x)$로부터 염색체 조합(대립유전자 조합)이 서로 다른 $2^x$가지의 생식세포가 형성된다.
• 사람은 $2^{23}$가지의 정자와 $2^{23}$가지의 난자가 임의로 수정되면 태어나는 자손의 염색체 조합은 $2^{46}$가지(약 70조 가지)가 가능하므로 감수 분열은 생물의 유전적 다양성 증가에 크게 기여한다.

**대립유전자와 핵상**

대립유전자 쌍이 있는 세포는 핵상이 $2n$이며, 핵상이 $2n$인 세포에는 핵상이 $n$인 세포보다 더 많은 종류의 대립유전자가 있다.

## 3. 체세포 분열과 감수 분열의 비교

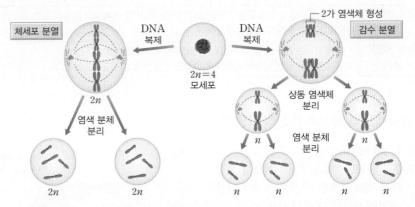

| 구분 | 체세포 분열 | 감수 분열 |
|---|---|---|
| DNA 복제 | \multicolumn{2}{} 간기(S기)에 1회 일어난다. | |
| 핵분열 횟수 | 1회 일어나며, 염색 분체가 분리된다. | 2회 일어나며, 상동 염색체가 분리된 후 염색 분체가 분리된다. |
| 상동 염색체의 접합 | 일어나지 않는다. | 접합이 일어나 2가 염색체가 형성된다. |
| 딸세포의 수와 핵상 변화 | 2개, $2n \rightarrow 2n$ | 4개, $2n \rightarrow n$ |

## 4. 유전적 다양성

(1) 감수 1분열 중기에 상동 염색체(2가 염색체)가 무작위로 배열되고, 각각의 상동 염색체는 독립적으로 분리되기 때문에 유전적으로 다양한 생식세포가 만들어진다.

(2) 암수 생식세포가 무작위로 수정하여 수정란이 형성되면 유전적으로 다양한 자손이 생긴다.

### 실전 자료 유전자의 DNA 상대량과 감수 분열

어떤 동물 종($2n=6$)의 특정 형질은 2쌍의 대립유전자 H와 h, T와 t에 의해 결정된다. 표는 이 동물 종의 개체 I의 세포 ㉠~㉢이 갖는 H, h, T, t의 DNA 상대량을, 그림은 I의 세포 P를 나타낸 것이다. P는 ㉠~㉢ 중 하나이다.

| 세포 | DNA 상대량 | | | |
|---|---|---|---|---|
| | H | h | T | t |
| ㉠ | 1 | ? | 1 | 1 |
| ㉡ | 2 | 2 | ⓐ | 2 |
| ㉢ | 2 | 0 | 0 | ? |
| ㉣ | 1 | ⓑ | 1 | 0 |

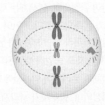

❶ **세포 ㉠~㉣의 핵상 파악**
• ㉠에 T와 t가 모두 있으므로 ㉠의 핵상은 $2n$이며, ㉡에 H와 h가 모두 있으므로 ㉡의 핵상은 $2n$이다.
• ㉢에는 H와 h 중 하나만 있으므로 핵상이 $n$이고, ㉣에는 T와 t 중 하나만 있으므로 핵상이 $n$이다.

❷ **세포 ㉠~㉣에서 유전자의 DNA 상대량 파악**
• I의 유전자형은 HhTt인데 ㉡에서 H, h, t의 DNA 상대량이 모두 2이므로 ⓐ도 2이다. ➡ ㉡은 DNA 복제가 이루어진 후의 세포이다.
• ㉣의 핵상은 $n$인데 H의 DNA 상대량이 1이므로 ⓑ는 0이다. ➡ ㉣은 감수 2분열이 완료된 세포(생식세포)이다.

❸ **세포 ㉠~㉣의 단계와 P가 해당하는 세포 파악**
㉠은 $G_1$기 세포, ㉡은 $G_2$기 또는 감수 1분열 중인 세포, ㉢은 감수 2분열 중인 세포, ㉣은 감수 2분열이 완료된 세포(생식세포)이다. ➡ P는 상동 염색체가 없고 각 염색체가 2개의 염색 분체로 이루어져 있으므로 감수 2분열 중기의 세포이다. 따라서 ㉢에 해당한다.

## 1 ★☆☆
| 2024년 10월 교육청 7번 |

그림은 사람 체세포의 세포 주기를 나타낸 것이다. ㉠~㉣은 각각 G₁기, G₂기, M기, S기 중 하나이다. 핵 1개당 DNA 양은 ㉣ 시기 세포가 ㉡ 시기 세포의 2배이다.

이 자료에 대한 옳은 설명만을 〈보기〉에서 있는 대로 고른 것은?

┌─ 보기 ─────────────────────────────┐
ㄱ. ㉠ 시기에 2가 염색체가 형성된다.
ㄴ. ㉢ 시기에 DNA 복제가 일어난다.
ㄷ. ㉡ 시기 세포와 ㉣ 시기 세포는 핵상이 서로 다르다.
└───────────────────────────────────┘

① ㄱ     ② ㄴ     ③ ㄱ, ㄷ
④ ㄴ, ㄷ     ⑤ ㄱ, ㄴ, ㄷ

## 2 ★★☆
| 2024년 10월 교육청 9번 |

사람의 유전 형질 (가)는 대립유전자 A와 a에 의해, (나)는 대립유전자 B와 b에 의해 결정된다. (가)와 (나)의 유전자는 서로 다른 염색체에 있다. 그림은 어떤 남자의 G₁기 세포 Ⅰ로부터 정자가 형성되는 과정과, 세포 Ⅲ으로부터 형성된 정자가 난자와 수정되어 만들어진 수정란을 나타낸 것이다. 표는 세포 ㉠~㉣이 갖는 A, a, B, b의 DNA 상대량을 나타낸 것이다. ㉠~㉣은 Ⅰ~Ⅳ를 순서 없이 나타낸 것이고, Ⅱ와 Ⅳ는 모두 중기의 세포이다.

| 세포 | DNA 상대량 | | | |
|---|---|---|---|---|
| | A | a | B | b |
| ㉠ | 2 | ⓐ | ? | 2 |
| ㉡ | 0 | ? | 1 | 0 |
| ㉢ | ? | 1 | 1 | ? |
| ㉣ | ? | 2 | 0 | 2 |

이에 대한 옳은 설명만을 〈보기〉에서 있는 대로 고른 것은? (단, 돌연변이와 교차는 고려하지 않으며, A, a, B, b 각각의 1개당 DNA 상대량은 1이다.) [3점]

┌─ 보기 ─────────────────────────────┐
ㄱ. ㉡은 Ⅲ이다.
ㄴ. ⓐ는 2이다.
ㄷ. $\dfrac{\text{Ⅱ의 염색 분체 수}}{\text{Ⅳ의 X 염색체 수}}$ =46이다.
└───────────────────────────────────┘

① ㄱ     ② ㄴ     ③ ㄱ, ㄴ
④ ㄱ, ㄷ     ⑤ ㄴ, ㄷ

## 3 ★★★
| 2024년 7월 교육청 8번 |

사람의 유전 형질 (가)는 대립유전자 A와 a, (나)는 대립유전자 B와 b에 의해 결정된다. 그림은 어떤 사람의 G₁기 세포 Ⅰ로부터 정자가 형성되는 과정을, 표는 세포 ⓐ~ⓒ에서 대립유전자 ㉠~㉢의 유무, A와 B의 DNA 상대량을 더한 값(A+B), a와 b의 DNA 상대량을 더한 값(a+b)을 나타낸 것이다. ⓐ~ⓒ는 Ⅰ~Ⅲ을 순서 없이 나타낸 것이고, ㉠~㉢은 A, a, B를 순서 없이 나타낸 것이다.

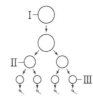

| 세포 | 대립유전자 | | | A+B | a+b |
|---|---|---|---|---|---|
| | ㉠ | ㉡ | ㉢ | | |
| ⓐ | ○ | ○ | × | ? | ㉮ |
| ⓑ | × | ? | × | 1 | 1 |
| ⓒ | ? | × | ? | ㉯ | 2 |

(○: 있음, ×: 없음)

이에 대한 설명으로 옳은 것만을 〈보기〉에서 있는 대로 고른 것은? (단, 돌연변이와 교차는 고려하지 않으며, A, a, B, b 각각의 1개당 DNA 상대량은 1이다. Ⅱ는 중기의 세포이다.)

┌─ 보기 ─────────────────────────────┐
ㄱ. ㉠은 B이다.
ㄴ. Ⅱ에는 b가 있다.
ㄷ. ㉮와 ㉯를 더한 값은 2이다.
└───────────────────────────────────┘

① ㄱ     ② ㄴ     ③ ㄷ
④ ㄱ, ㄴ     ⑤ ㄱ, ㄷ

## 4 ★☆☆
| 2024년 5월 교육청 4번 |

표는 사람의 체세포 세포 주기 Ⅰ~Ⅲ에서 특징의 유무를 나타낸 것이다. Ⅰ~Ⅲ은 G₁기, M기, S기를 순서 없이 나타낸 것이다.

| 특징 \ 세포 주기 | Ⅰ | Ⅱ | Ⅲ |
|---|---|---|---|
| 핵막이 소실된다. | × | ? | × |
| 뉴클레오솜이 있다. | ○ | ○ | ⓐ |
| 핵에서 DNA 복제가 일어난다. | ○ | × | ? |

(○: 있음, ×: 없음)

이에 대한 설명으로 옳은 것만을 〈보기〉에서 있는 대로 고른 것은?

┌─ 보기 ─────────────────────────────┐
ㄱ. ⓐ는 '×'이다.
ㄴ. Ⅱ 시기에 염색 분체의 분리가 일어난다.
ㄷ. Ⅰ과 Ⅲ 시기는 모두 간기에 속한다.
└───────────────────────────────────┘

① ㄱ     ② ㄴ     ③ ㄱ, ㄷ
④ ㄴ, ㄷ     ⑤ ㄱ, ㄴ, ㄷ

**5** ★★☆

사람의 유전 형질 ㉮는 2쌍의 대립유전자 A와 a, B와 b에 의해 결정된다. 그림은 어떤 사람의 $G_1$기 세포로부터 생식세포가 형성되는 과정의 일부를, 표는 이 사람의 세포 (가)~(다)에서 A와 a의 DNA 상대량을 더한 값(A+a)과 B와 b의 DNA 상대량을 더한 값(B+b)을 나타낸 것이다. (가)~(다)는 Ⅰ~Ⅲ을 순서 없이 나타낸 것이고, ㉠~㉢은 1, 2, 4를 순서 없이 나타낸 것이다.

| 세포 | DNA 상대량을 더한 값 | |
|---|---|---|
| | A+a | B+b |
| (가) | ㉠ | ㉠ |
| (나) | ㉡ | ㉡ |
| (다) | ㉢ | ㉠ |

이에 대한 설명으로 옳은 것만을 〈보기〉에서 있는 대로 고른 것은? (단, 돌연변이와 교차는 고려하지 않으며, A, a, B, b 각각의 1개당 DNA 상대량은 1이다. Ⅰ과 Ⅱ는 중기의 세포이다.) [3점]

〈보기〉
ㄱ. ㉠은 2이다.
ㄴ. (나)는 Ⅱ이다.
ㄷ. $\dfrac{\text{(다)의 염색체 수}}{\text{(가)의 염색 분체 수}}=\dfrac{1}{2}$이다.

① ㄱ
② ㄴ
③ ㄷ
④ ㄱ, ㄷ
⑤ ㄴ, ㄷ

**6** ★★☆

어떤 동물 종($2n=6$)의 유전 형질 는 2쌍의 대립유전자 A와 a, B와 b에 의해 결정된다. 표는 이 동물 종의 개체 P와 Q의 세포 Ⅰ~Ⅳ에서 대립유전자 ㉠~㉣의 DNA 상대량을, 그림은 세포 (가)와 (나) 각각에 들어 있는 모든 염색체를 나타낸 것이다. (가)와 (나)는 각각 Ⅰ~Ⅳ 중 하나이고, ㉠~㉣은 A, a, B, b를 순서 없이 나타낸 것이다. P는 수컷이고 성염색체는 XY이며, Q는 암컷이고 성염색체는 XX이다.

| 세포 | DNA 상대량 | | | |
|---|---|---|---|---|
| | ㉠ | ㉡ | ㉢ | ㉣ |
| Ⅰ | 0 | 0 | ? | 1 |
| Ⅱ | 1 | ? | 0 | 0 |
| Ⅲ | 0 | 0 | 4 | 2 |
| Ⅳ | ? | 1 | 1 | 0 |

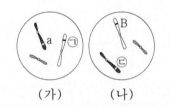

(가)        (나)

이에 대한 설명으로 옳은 것만을 〈보기〉에서 있는 대로 고른 것은? (단, 돌연변이와 교차는 고려하지 않으며, A, a, B, b 각각의 1개당 DNA 상대량은 1이다.)

〈보기〉
ㄱ. (가)는 P의 세포이다.
ㄴ. Ⅳ에 B가 있다.
ㄷ. Ⅲ과 Ⅳ의 핵상은 같다.

① ㄱ
② ㄷ
③ ㄱ, ㄴ
④ ㄴ, ㄷ
⑤ ㄱ, ㄴ, ㄷ

## 7 ★★☆ | 2024년 3월 교육청 4번 |

그림은 어떤 동물의 체세포를 배양한 후 세포당 DNA 양에 따른 세포 수를 나타낸 것이다.

이에 대한 옳은 설명만을 〈보기〉에서 있는 대로 고른 것은? [3점]

┌─ 보기 ─────────────────────────────┐
ㄱ. 구간 Ⅰ에는 간기의 세포가 있다.
ㄴ. 구간 Ⅱ에는 염색 분체가 분리되는 세포가 있다.
ㄷ. 핵막이 소실된 세포는 구간 Ⅱ에서가 구간 Ⅰ에서보다 많다.
└────────────────────────────────────┘

① ㄱ      ② ㄷ      ③ ㄱ, ㄴ
④ ㄴ, ㄷ      ⑤ ㄱ, ㄴ, ㄷ

## 8 ★★★ | 2024년 3월 교육청 12번 |

사람의 유전 형질 (가)는 Y 염색체에 있는 대립유전자 A와 a에 의해, (나)는 X 염색체에 있는 대립유전자 B와 b에 의해 결정된다. 그림은 어떤 남자와 여자의 $G_1$기 세포로부터 생식세포가 형성되는 과정을, 표는 세포 ⊙~ⓒ에서 A와 b의 DNA 상대량을 나타낸 것이다. ⊙~ⓒ은 Ⅰ~Ⅲ을 순서 없이 나타낸 것이다.

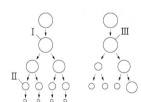

| 세포 | DNA 상대량 | |
| --- | --- | --- |
| | A | b |
| ⊙ | ? | 4 |
| ⓒ | ⓐ | 2 |
| ⓒ | 1 | 0 |

이에 대한 옳은 설명만을 〈보기〉에서 있는 대로 고른 것은? (단, 돌연변이와 교차는 고려하지 않으며, A, a, B, b 각각의 1개당 DNA 상대량은 1이다. Ⅰ과 Ⅲ은 중기의 세포이다.) [3점]

┌─ 보기 ─────────────────────────────┐
ㄱ. ⓐ는 2이다.
ㄴ. ⊙에 2가 염색체가 있다.
ㄷ. Ⅱ에서 상염색체 수와 X 염색체 수를 더한 값은 23이다.
└────────────────────────────────────┘

① ㄱ      ② ㄷ      ③ ㄱ, ㄴ
④ ㄴ, ㄷ      ⑤ ㄱ, ㄴ, ㄷ

## 9 ★☆☆ | 2024년 3월 교육청 15번 |

그림은 어떤 사람에서 세포 A의 핵형 분석 결과 관찰된 10번 염색체와 성염색체를 나타낸 것이다.

10번 염색체    성염색체

이에 대한 옳은 설명만을 〈보기〉에서 있는 대로 고른 것은? (단, 돌연변이와 교차는 고려하지 않는다.)

┌─ 보기 ─────────────────────────────┐
ㄱ. 이 사람은 여자이다.
ㄴ. A는 22쌍의 상염색체를 가진다.
ㄷ. ⊙과 ⓒ의 유전 정보는 서로 다르다.
└────────────────────────────────────┘

① ㄱ      ② ㄴ      ③ ㄷ
④ ㄱ, ㄴ      ⑤ ㄱ, ㄷ

## 10 ★★★ | 2023년 10월 교육청 6번 |

그림은 사람 체세포의 세포 주기를, 표는 시기 ⊙~ⓒ에서 핵 1개당 DNA 양을 나타낸 것이다. ⊙~ⓒ은 $G_1$기, $G_2$기, S기를 순서 없이 나타낸 것이고, ⓐ는 1과 2 중 하나이다.

| 시기 | DNA 양(상댓값) |
| --- | --- |
| ⊙ | 1~2 |
| ⓒ | ⓐ |
| ⓒ | ? |

이에 대한 옳은 설명만을 〈보기〉에서 있는 대로 고른 것은? (단, 돌연변이는 고려하지 않는다.) [3점]

┌─ 보기 ─────────────────────────────┐
ㄱ. ⓐ는 2이다.
ㄴ. ⊙의 세포에서 염색 분체의 분리가 일어난다.
ㄷ. ⓒ의 세포와 ⓒ의 세포는 핵상이 같다.
└────────────────────────────────────┘

① ㄱ      ② ㄴ      ③ ㄷ
④ ㄱ, ㄷ      ⑤ ㄴ, ㄷ

## 11 ★★☆

| 2023년 10월 교육청 9번 |

어떤 동물 종($2n=?$)의 특정 형질은 3쌍의 대립유전자 E와 e, F와 f, G와 g에 의해 결정된다. 그림은 이 동물 종의 개체 A와 B의 세포 (가)~(라) 각각에 있는 염색체 중 X 염색체를 제외한 나머지 모든 염색체와 일부 유전자를 나타낸 것이다. (가)는 A의 세포이고, (나)~(라) 중 2개는 B의 세포이다. 이 동물 종의 성염색체는 암컷이 XX, 수컷이 XY이다. ㉠~㉢은 F, f, G, g 중 서로 다른 하나이다.

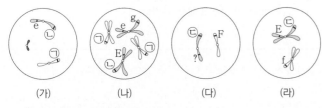

(가)          (나)          (다)          (라)

이에 대한 옳은 설명만을 〈보기〉에서 있는 대로 고른 것은? (단, 돌연변이와 교차는 고려하지 않는다.) [3점]

보기
ㄱ. (가)의 염색체 수는 4이다.
ㄴ. (다)는 B의 세포이다.
ㄷ. ㉢은 g이다.

① ㄱ          ② ㄴ          ③ ㄱ, ㄷ
④ ㄴ, ㄷ          ⑤ ㄱ, ㄴ, ㄷ

## 12 ★★☆

| 2023년 10월 교육청 16번 |

사람의 유전 형질 (가)는 대립유전자 E와 e에 의해, (나)는 대립유전자 F와 f에 의해, (다)는 대립유전자 G와 g에 의해 결정되며, (가)~(다)의 유전자 중 2개는 서로 다른 상염색체에, 나머지 1개는 X 염색체에 있다. 표는 어떤 사람의 세포 Ⅰ~Ⅲ에서 E, e, G, g의 유무를, 그림은 ㉠~㉢에서 F와 g의 DNA 상대량을 더한 값($F+g$)을 나타낸 것이다. ㉠~㉢은 Ⅰ~Ⅲ을 순서 없이 나타낸 것이고, ㉡에는 X 염색체가 있다.

| 세포 | 대립유전자 | | | |
|---|---|---|---|---|
| | E | e | G | g |
| Ⅰ | × | ⓐ | × | ? |
| Ⅱ | ? | ○ | × | ? |
| Ⅲ | ○ | ? | ? | × |

(○: 있음, ×: 없음)

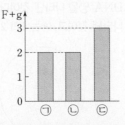

이에 대한 옳은 설명만을 〈보기〉에서 있는 대로 고른 것은? (단, 돌연변이와 교차는 고려하지 않으며, E, e, F, f, G, g 각각의 1개당 DNA 상대량은 1이다.) [3점]

보기
ㄱ. ⓐ는 '○'이다.
ㄴ. ㉡은 Ⅲ이다.
ㄷ. Ⅱ에서 e, F, g의 DNA 상대량을 더한 값은 3이다.

① ㄱ          ② ㄴ          ③ ㄱ, ㄷ
④ ㄴ, ㄷ          ⑤ ㄱ, ㄴ, ㄷ

## 13 ★☆☆

| 2023년 7월 교육청 3번 |

그림은 같은 종인 동물($2n=6$) Ⅰ의 세포 (가)와 Ⅱ의 세포 (나) 각각에 들어 있는 모든 염색체를 나타낸 것이다. 이 동물의 성염색체는 암컷이 XX, 수컷이 XY이다.

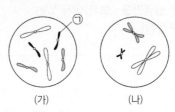

(가)          (나)

이에 대한 설명으로 옳은 것만을 〈보기〉에서 있는 대로 고른 것은? (단, 돌연변이는 고려하지 않는다.)

보기
ㄱ. Ⅱ는 수컷이다.
ㄴ. ㉠은 상염색체이다.
ㄷ. (가)와 (나)의 핵상은 같다.

① ㄱ          ② ㄴ          ③ ㄱ, ㄷ
④ ㄴ, ㄷ          ⑤ ㄱ, ㄴ, ㄷ

## 14 ★☆☆

| 2023년 7월 교육청 16번 |

그림은 사람 체세포의 세포 주기를 나타낸 것이다. ㉠~㉢은 G₂기, M기(분열기), S기를 순서 없이 나타낸 것이다.

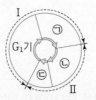

이에 대한 설명으로 옳은 것만을 〈보기〉에서 있는 대로 고른 것은? (단, 돌연변이는 고려하지 않는다.)

보기
ㄱ. ㉠은 G₂기이다.
ㄴ. 구간 Ⅰ에는 핵막이 소실되는 시기가 있다.
ㄷ. 구간 Ⅱ에는 염색 분체가 분리되는 시기가 있다.

① ㄱ          ② ㄷ          ③ ㄱ, ㄴ
④ ㄴ, ㄷ          ⑤ ㄱ, ㄴ, ㄷ

## 15 ★☆☆

그림은 같은 종인 동물($2n=?$) A와 B의 세포 (가)~(다) 각각에 들어 있는 모든 상염색체와 ⓐ를 나타낸 것이다. (가)~(다) 중 1개는 A의, 나머지 2개는 B의 세포이며, 이 동물의 성염색체는 암컷이 XX, 수컷이 XY이다. ⓐ는 X 염색체와 Y 염색체 중 하나이다.

(가)       (나)       (다)

이에 대한 설명으로 옳은 것만을 〈보기〉에서 있는 대로 고른 것은? (단, 돌연변이는 고려하지 않는다.) [3점]

┌─── 보기 ───
ㄱ. A는 암컷이다.
ㄴ. (나)와 (다)의 핵상은 같다.
ㄷ. $\dfrac{\text{(다)의 염색 분체 수}}{\text{(가)의 상염색체 수}} = \dfrac{3}{4}$ 이다.
└──────────

① ㄱ          ② ㄴ          ③ ㄷ
④ ㄱ, ㄷ       ⑤ ㄴ, ㄷ

## 16 ★★☆

다음은 세포 주기에 대한 실험이다.

┌────────────────────────────
[실험 과정 및 결과]
(가) 어떤 동물의 체세포를 배양하여 집단 A~C로 나눈다.
(나) B에는 S기에서 $G_2$기로의 전환을 억제하는 물질 X를, C에는 $G_1$기에서 S기로의 전환을 억제하는 물질 Y를 각각 처리하고, A~C를 동일한 조건에서 일정 시간 동안 배양한다.
(다) 세 집단에서 같은 수의 세포를 동시에 고정한 후, 각 집단의 세포당 DNA 양에 따른 세포 수를 나타낸 결과는 그림과 같다.

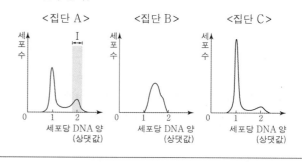

└────────────────────────────

이에 대한 설명으로 옳은 것만을 〈보기〉에서 있는 대로 고른 것은? [3점]

┌─── 보기 ───
ㄱ. 구간 Ⅰ에 간기의 세포가 있다.
ㄴ. (다)에서 S기 세포 수는 A에서가 B에서보다 많다.
ㄷ. (다)에서 $\dfrac{G_2\text{기 세포 수}}{G_1\text{기 세포 수}}$ 는 A에서가 C에서보다 크다.
└──────────

① ㄱ          ② ㄴ          ③ ㄷ
④ ㄱ, ㄷ       ⑤ ㄴ, ㄷ

## 17 ★★☆

사람의 유전 형질 ㉮는 대립유전자 T와 t에 의해 결정된다. 그림 (가)는 남자 P의, (나)는 여자 Q의 $G_1$기 세포로부터 생식세포가 형성되는 과정을 나타낸 것이다. 표는 세포 ㉠~㉣의 8번 염색체 수와 X 염색체 수를 더한 값, T의 DNA 상대량을 나타낸 것이다. ㉮의 유전자형은 P에서가 TT이고, Q에서가 Tt이다. ㉠~㉣은 Ⅰ~Ⅳ를 순서 없이 나타낸 것이고, ⓐ~ⓓ는 1, 2, 3, 4를 순서 없이 나타낸 것이다.

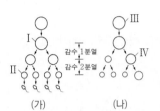

| 세포 | 8번 염색체 수와 X 염색체 수를 더한 값 | T의 DNA 상대량 |
|---|---|---|
| ㉠ | ⓐ | ⓓ |
| ㉡ | ⓑ | ⓑ |
| ㉢ | ⓒ | ⓒ |
| ㉣ | ⓓ | ⓑ |

이에 대한 설명으로 옳은 것만을 〈보기〉에서 있는 대로 고른 것은? (단, 돌연변이는 고려하지 않으며, T와 t 각각의 1개당 DNA 상대량은 1이다. Ⅰ과 Ⅳ는 중기의 세포이다.) [3점]

〈보기〉
ㄱ. ㉣은 Ⅲ이다.
ㄴ. ⓐ+ⓒ=4이다.
ㄷ. Ⅱ에 Y 염색체가 있다.

① ㄱ          ② ㄴ          ③ ㄱ, ㄷ
④ ㄴ, ㄷ      ⑤ ㄱ, ㄴ, ㄷ

## 18 ★☆☆

그림은 어떤 동물($2n=4$)의 체세포 X를 나타낸 것이다. 이 동물에서 특정 유전 형질의 유전자형은 Tt이다. X는 간기의 세포와 분열기의 세포 중 하나이다.

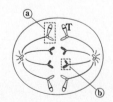

이에 대한 옳은 설명만을 〈보기〉에서 있는 대로 고른 것은? (단, 돌연변이는 고려하지 않는다.)

〈보기〉
ㄱ. X는 분열기의 세포이다.
ㄴ. ⓐ에 t가 있다.
ㄷ. ⓑ에 동원체가 있다.

① ㄱ          ② ㄴ          ③ ㄱ, ㄴ
④ ㄱ, ㄷ      ⑤ ㄴ, ㄷ

## 19 ★★☆

그림은 어떤 남자 P의 $G_1$기 세포 Ⅰ로부터 정자가 형성되는 과정을, 표는 세포 ㉠~㉢에서 a와 B의 DNA 상대량을 나타낸 것이다. A는 a, B는 b와 각각 대립유전자이며 모두 상염색체에 있다. ㉠~㉢은 Ⅰ~Ⅲ을 순서 없이 나타낸 것이고, ⓐ와 ⓑ는 0과 2를 순서 없이 나타낸 것이다.

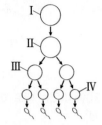

| 세포 | DNA 상대량 | |
|---|---|---|
| | a | B |
| ㉠ | 2 | ⓑ |
| ㉡ | ⓐ | 1 |
| ㉢ | 4 | ? |

이에 대한 옳은 설명만을 〈보기〉에서 있는 대로 고른 것은? (단, 돌연변이와 교차는 고려하지 않으며, A, a, B, b 각각의 1개당 DNA 상대량은 1이다. Ⅱ와 Ⅲ은 중기의 세포이다.) [3점]

〈보기〉
ㄱ. ㉠은 Ⅲ이다.
ㄴ. P의 유전자형은 aaBb이다.
ㄷ. 세포 Ⅳ에 B가 있다.

① ㄱ          ② ㄷ          ③ ㄱ, ㄴ
④ ㄴ, ㄷ      ⑤ ㄱ, ㄴ, ㄷ

## 20 ★★☆

그림은 동물 A($2n=8$)와 B($2n=6$)의 세포 (가)~(다) 각각에 있는 염색체 중 ㉠을 제외한 나머지를 모두 나타낸 것이다. A와 B는 성이 다르고, A와 B의 성염색체는 암컷이 XX, 수컷이 XY이다. ㉠은 X 염색체와 Y 염색체 중 하나이다.

(가)          (나)          (다)

이에 대한 옳은 설명만을 〈보기〉에서 있는 대로 고른 것은? (단, 돌연변이는 고려하지 않는다.)

〈보기〉
ㄱ. ㉠은 X 염색체이다.
ㄴ. (가)에서 상염색체의 수는 3이다.
ㄷ. (나)는 수컷의 세포이다.

① ㄱ          ② ㄴ          ③ ㄱ, ㄴ
④ ㄱ, ㄷ      ⑤ ㄴ, ㄷ

## 21 ★☆☆ | 2022년 10월 교육청 4번 |

그림은 사람 체세포의 세포 주기를 나타낸 것 이다. ㉠~㉢은 각각 G₂기, M기(분열기), S기 중 하나이다.

이에 대한 옳은 설명만을 〈보기〉에서 있는 대로 고른 것은? (단, 돌연변이는 고려하지 않는다.)

G₁기

보기
ㄱ. ㉠의 세포에서 핵막이 관찰된다.
ㄴ. ㉡은 간기에 속한다.
ㄷ. ㉢의 세포에서 2가 염색체가 형성된다.

① ㄱ     ② ㄷ     ③ ㄱ, ㄴ
④ ㄴ, ㄷ     ⑤ ㄱ, ㄴ, ㄷ

## 22 ★★☆ | 2022년 10월 교육청 9번 |

사람의 특정 유전 형질은 2쌍의 대립유전자 A와 a, B와 b에 의해 결정된다. 표는 사람 P와 Q의 세포 Ⅰ~Ⅲ에서 대립유전자 ⓐ~ⓓ 의 유무를, 그림은 P와 Q 중 한 명의 생식세포에 있는 일부 염색체 와 유전자를 나타낸 것이다. ⓐ~ⓓ는 A, a, B, b를 순서 없이 나 타낸 것이고, P는 남자이다.

| 세포 | 대립유전자 | | | |
|---|---|---|---|---|
| | ⓐ | ⓑ | ⓒ | ⓓ |
| Ⅰ | ○ | ○ | × | ○ |
| Ⅱ | ○ | × | ○ | ○ |
| Ⅲ | × | × | ○ | × |

(○: 있음, ×: 없음)

이에 대한 옳은 설명만을 〈보기〉에서 있는 대로 고른 것은? (단, 돌연변이는 고려하지 않는다.) [3점]

보기
ㄱ. Ⅱ는 P의 세포이다.
ㄴ. ⓑ는 ⓒ의 대립유전자이다.
ㄷ. Q는 여자이다.

① ㄱ     ② ㄷ     ③ ㄱ, ㄴ
④ ㄱ, ㄷ     ⑤ ㄴ, ㄷ

## 23 ★★☆ | 2022년 10월 교육청 17번 |

어떤 동물 종($2n=6$)의 유전 형질 ㉮는 2쌍의 대립유전자 A와 a, B와 b에 의해 결정된다. 그림은 이 동물 종의 암컷 Ⅰ과 수컷 Ⅱ 의 세포 (가)~(라) 각각에 있는 염색체 중 X 염색체를 제외한 나머 지 염색체와 일부 유전자를 나타낸 것이다. (가)~(라) 중 2개는 Ⅰ 의 세포이고, 나머지 2개는 Ⅱ의 세포이다. 이 동물 종의 성염색체 는 암컷이 XX, 수컷이 XY이다. ㉠~㉣은 A, a, B, b를 순서 없 이 나타낸 것이다.

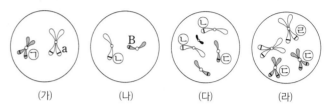

(가)      (나)      (다)      (라)

이에 대한 옳은 설명만을 〈보기〉에서 있는 대로 고른 것은? (단, 돌연변이는 고려하지 않는다.)

보기
ㄱ. (가)는 Ⅰ의 세포이다.
ㄴ. ㉢은 B이다.
ㄷ. Ⅱ는 ㉮의 유전자형이 aaBB이다.

① ㄱ     ② ㄴ     ③ ㄷ
④ ㄱ, ㄴ     ⑤ ㄴ, ㄷ

## 24 ★★☆ | 2022년 7월 교육청 7번 |

그림 (가)는 어떤 동물 체세포의 세포 주기를, (나)는 이 동물의 체세 포 분열 과정에서 관찰되는 세포 ㉠과 ㉡을 나타낸 것이다. Ⅰ~Ⅲ 은 각각 G₁기, G₂기, M기 중 하나이고, ㉠과 ㉡은 Ⅱ 시기의 세포 와 Ⅲ 시기의 세포를 순서 없이 나타낸 것이다.

S기

Ⅲ Ⅱ Ⅰ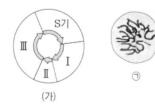

(가)        ㉠     ㉡
           (나)

이에 대한 설명으로 옳은 것만을 〈보기〉에서 있는 대로 고른 것은? (단, 돌연변이는 고려하지 않는다.)

보기
ㄱ. Ⅰ은 G₁기이다.
ㄴ. ㉠은 Ⅱ 시기의 세포이다.
ㄷ. 세포 1개당 DNA의 양은 ㉡에서가 ㉠에서의 2배이다.

① ㄱ     ② ㄴ     ③ ㄷ
④ ㄱ, ㄷ     ⑤ ㄴ, ㄷ

## 25 ★★☆ | 2022년 7월 교육청 14번 |

어떤 동물 종($2n=6$)의 유전 형질 ㉠은 2쌍의 대립유전자 H와 h, R와 r에 의해 결정된다. 그림은 이 동물 종의 수컷 P와 암컷 Q의 세포 (가)~(다) 각각에 들어 있는 모든 염색체를, 표는 (가)~(다)가 갖는 H와 h의 DNA 상대량을 나타낸 것이다. (가)~(다) 중 2개는 P의 세포이고 나머지 1개는 Q의 세포이며, 이 동물의 성염색체는 암컷이 XX, 수컷이 XY이다. ⓐ~ⓒ는 0, 1, 2를 순서 없이 나타낸 것이다.

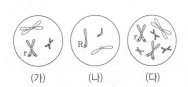

| 세포 | DNA 상대량 | |
|---|---|---|
| | H | h |
| (가) | ⓐ | ⓑ |
| (나) | ⓒ | ⓐ |
| (다) | ⓑ | ⓐ |

이에 대한 설명으로 옳은 것만을 〈보기〉에서 있는 대로 고른 것은? (단, 돌연변이는 고려하지 않으며, H, h, R, r 각각의 1개당 DNA 상대량은 1이다.) [3점]

보기
ㄱ. ⓒ는 1이다.
ㄴ. (가)는 Q의 세포이다.
ㄷ. 세포 1개당 $\dfrac{\text{H의 DNA 상대량}}{\text{R의 DNA 상대량}}$ 은 (나)와 (다)가 같다.

① ㄱ    ② ㄷ    ③ ㄱ, ㄴ
④ ㄴ, ㄷ    ⑤ ㄱ, ㄴ, ㄷ

## 26 ★★☆ | 2022년 4월 교육청 6번 |

그림은 같은 종인 동물($2n=?$) 개체 Ⅰ과 Ⅱ의 세포 (가)~(다) 각각에 들어 있는 모든 염색체를 나타낸 것이다. 이 동물의 성염색체는 암컷이 XX, 수컷이 XY이고, 유전 형질 ㉠은 대립유전자 A와 a에 의해 결정된다. (가)~(다) 중 1개는 암컷의, 나머지 2개는 수컷의 세포이고, Ⅰ의 ㉠의 유전자형은 aa이다.

(가)    (나)    (다)

이에 대한 설명으로 옳은 것만을 〈보기〉에서 있는 대로 고른 것은? (단, 돌연변이는 고려하지 않는다.) [3점]

보기
ㄱ. Ⅰ은 수컷이다.
ㄴ. Ⅱ의 ㉠의 유전자형은 Aa이다.
ㄷ. (나)의 염색체 수는 (다)의 염색 분체 수와 같다.

① ㄱ    ② ㄷ    ③ ㄱ, ㄴ
④ ㄴ, ㄷ    ⑤ ㄱ, ㄴ, ㄷ

## 27 ★★☆ | 2022년 4월 교육청 7번 |

그림은 어떤 사람의 체세포 Q를 배양한 후 세포당 DNA 양에 따른 세포 수를, 표는 Q의 체세포 분열 과정에서 나타나는 세포 (가)와 (나)의 핵막 소실 여부를 나타낸 것이다. (가)와 (나)는 $G_1$기 세포와 M기의 중기 세포를 순서 없이 나타낸 것이다.

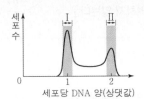

| 세포 | 핵막 소실 여부 |
|---|---|
| (가) | 소실됨 |
| (나) | 소실 안 됨 |

이에 대한 설명으로 옳은 것만을 〈보기〉에서 있는 대로 고른 것은? (단, 돌연변이는 고려하지 않는다.)

보기
ㄱ. (가)와 (나)의 핵상은 같다.
ㄴ. 구간 Ⅰ의 세포에는 뉴클레오솜이 있다.
ㄷ. 구간 Ⅱ에서 (가)가 관찰된다.

① ㄱ    ② ㄷ    ③ ㄱ, ㄴ
④ ㄴ, ㄷ    ⑤ ㄱ, ㄴ, ㄷ

## 28 ★★★ | 2022년 4월 교육청 11번 |

사람의 유전 형질 ㉮는 2쌍의 대립유전자 A와 a, B와 b에 의해 결정된다. 그림은 어떤 사람의 $G_1$기 세포 Ⅰ로부터 정자가 형성되는 과정을, 표는 이 과정에서 나타나는 세포 (가)와 (나)에서 대립유전자 A, B, ㉠, ㉡ 중 2개의 DNA 상대량을 더한 값을 나타낸 것이다. (가)와 (나)는 Ⅱ와 Ⅲ을 순서 없이 나타낸 것이고, ㉠과 ㉡은 a와 b를 순서 없이 나타낸 것이다.

| 세포 | DNA 상대량을 더한 값 | | |
|---|---|---|---|
| | A+B | B+㉠ | ㉠+㉡ |
| (가) | 0 | 2 | 2 |
| (나) | ? | 2 | 1 |

이에 대한 설명으로 옳은 것만을 〈보기〉에서 있는 대로 고른 것은? (단, 돌연변이와 교차는 고려하지 않으며, A, a, B, b 각각의 1개당 DNA 상대량은 1이다.) [3점]

보기
ㄱ. (나)는 Ⅲ이다.
ㄴ. ㉠은 성염색체에 있다.
ㄷ. Ⅰ에서 A와 b의 DNA 상대량을 더한 값은 1이다.

① ㄱ    ② ㄴ    ③ ㄱ, ㄷ
④ ㄴ, ㄷ    ⑤ ㄱ, ㄴ, ㄷ

## 29 ★☆

|2022년 3월 교육청 6번|

그림은 서로 다른 종인 동물 A(2n=8)와 B(2n=6)의 세포 (가)~(다) 각각에 들어 있는 모든 염색체를 나타낸 것이다. A와 B의 성염색체는 암컷이 XX, 수컷이 XY이다.

(가)          (나)          (다)

이에 대한 옳은 설명만을 〈보기〉에서 있는 대로 고른 것은? (단, 돌연변이는 고려하지 않는다.)

보기
ㄱ. (가)는 A의 세포이다.
ㄴ. A와 B는 모두 암컷이다.
ㄷ. (나)의 상염색체 수와 (다)의 염색체 수는 같다.

① ㄱ          ② ㄴ          ③ ㄱ, ㄷ
④ ㄴ, ㄷ          ⑤ ㄱ, ㄴ, ㄷ

## 31 ★★☆

|2022년 3월 교육청 14번|

사람의 유전 형질 (가)는 대립유전자 A와 a에 의해 결정된다. 그림은 어떤 남자의 $G_1$기 세포 Ⅰ로부터 정자가 형성되는 과정을, 표는 세포 ㉠~㉢과 Ⅳ에서 A와 a의 DNA 상대량을 더한 값을 나타낸 것이다. ㉠~㉢은 각각 Ⅰ~Ⅲ 중 하나이다.

| 세포 | A와 a의 DNA 상대량을 더한 값 |
|---|---|
| ㉠ | 1 |
| ㉡ | 0 |
| ㉢ | 2 |
| Ⅳ | ⓐ |

이에 대한 옳은 설명만을 〈보기〉에서 있는 대로 고른 것은? (단, 돌연변이와 교차는 고려하지 않으며, A와 a 각각의 1개당 DNA 상대량은 1이다. Ⅱ와 Ⅲ은 중기의 세포이다.) [3점]

보기
ㄱ. ㉡은 Ⅲ이다.
ㄴ. ⓐ는 1이다.
ㄷ. (가)의 유전자는 상염색체에 있다.

① ㄱ          ② ㄷ          ③ ㄱ, ㄴ
④ ㄴ, ㄷ          ⑤ ㄱ, ㄴ, ㄷ

## 30 ★★☆

|2022년 3월 교육청 8번|

그림은 어떤 동물(2n=4)의 세포 분열 과정에서 관찰되는 세포 (가)를 나타낸 것이다. 이 동물의 특정 형질의 유전자형은 Aa이다.

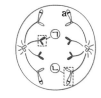

이에 대한 옳은 설명만을 〈보기〉에서 있는 대로 고른 것은? (단, 돌연변이와 교차는 고려하지 않는다.)

보기
ㄱ. (가)는 감수 분열 과정에서 관찰된다.
ㄴ. ㉠에 뉴클레오솜이 있다.
ㄷ. ㉡에 A가 있다.

① ㄱ          ② ㄴ          ③ ㄷ
④ ㄱ, ㄴ          ⑤ ㄴ, ㄷ

## 32 ★☆☆

|2021년 10월 교육청 5번|

그림은 어떤 동물의 체세포 (가)를 일정 시간 동안 배양한 세포 집단에서 세포당 DNA 양에 따른 세포 수를 나타낸 것이다.

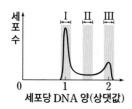

이에 대한 옳은 설명만을 〈보기〉에서 있는 대로 고른 것은?

보기
ㄱ. 구간 Ⅰ에 핵막을 갖는 세포가 있다.
ㄴ. (가)의 세포 주기에서 $G_2$기가 $G_1$기보다 길다.
ㄷ. 동원체에 방추사가 결합한 세포 수는 구간 Ⅱ에서가 구간 Ⅲ에서보다 많다.

① ㄱ          ② ㄴ          ③ ㄱ, ㄷ
④ ㄴ, ㄷ          ⑤ ㄱ, ㄴ, ㄷ

## 33 ★★☆

사람의 특정 형질은 상염색체에 있는 3쌍의 대립유전자 D와 d, E와 e, F와 f에 의해 결정된다. 그림은 하나의 $G_1$기 세포로부터 정자가 형성될 때 나타나는 세포 Ⅰ~Ⅳ가 갖는 D, E, F의 DNA 상대량을, 표는 세포 ㉠~㉣이 갖는 d, e, f의 DNA 상대량을 나타낸 것이다. ㉠~㉣은 Ⅰ~Ⅳ를 순서 없이 나타낸 것이다.

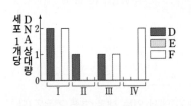

| 세포 | DNA 상대량 | | |
|---|---|---|---|
| | d | e | f |
| ㉠ | ? | ? | 1 |
| ㉡ | 2 | ? | ⓐ |
| ㉢ | ? | 2 | 0 |
| ㉣ | 1 | ⓑ | 1 |

이에 대한 옳은 설명만을 〈보기〉에서 있는 대로 고른 것은? (단, 돌연변이는 고려하지 않으며, D, d, E, e, F, f 각각의 1개당 DNA 상대량은 1이다.) [3점]

**보기**
ㄱ. ㉢은 Ⅰ이다.
ㄴ. ⓐ+ⓑ=4이다.
ㄷ. ㉠과 ㉡의 핵상은 같다.

① ㄱ        ② ㄴ        ③ ㄱ, ㄷ
④ ㄴ, ㄷ        ⑤ ㄱ, ㄴ, ㄷ

## 34 ★☆☆

그림은 동물 A($2n=6$)와 B($2n=6$)의 세포 (가)~(라) 각각에 들어 있는 모든 염색체를 나타낸 것이다. A와 B의 성염색체는 암컷이 XX, 수컷이 XY이고, (가)는 A의 세포이다.

  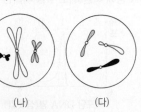 

(가)        (나)        (다)        (라)

이에 대한 옳은 설명만을 〈보기〉에서 있는 대로 고른 것은? (단, 돌연변이는 고려하지 않는다.) [3점]

**보기**
ㄱ. A는 암컷이다.
ㄴ. A와 B는 같은 종이다.
ㄷ. (나)와 (다)의 핵상은 같다.

① ㄱ        ② ㄴ        ③ ㄷ
④ ㄱ, ㄴ        ⑤ ㄴ, ㄷ

## 35 ★☆☆

표는 유전체와 염색체의 특징을, 그림은 뉴클레오솜의 구조를 나타낸 것이다. ㉠과 ㉡은 유전체와 염색체를 순서 없이 나타낸 것이고, ⓐ와 ⓑ는 각각 DNA와 히스톤 단백질 중 하나이다.

| 구분 | 특징 |
|---|---|
| ㉠ | 세포 주기의 분열기에만 관찰됨 |
| ㉡ | ? |

이에 대한 설명으로 옳은 것만을 〈보기〉에서 있는 대로 고른 것은?

**보기**
ㄱ. ㉠에 ⓐ가 있다.
ㄴ. ⓑ는 이중 나선 구조이다.
ㄷ. ㉡은 한 생명체의 모든 유전 정보이다.

① ㄱ        ② ㄴ        ③ ㄱ, ㄷ
④ ㄴ, ㄷ        ⑤ ㄱ, ㄴ, ㄷ

## 36 ★☆☆

그림은 사람에서 체세포의 세포 주기를, 표는 세포 주기 중 각 시기 Ⅰ~Ⅲ의 특징을 나타낸 것이다. ㉠~㉢은 각각 $G_1$기, S기, 분열기 중 하나이며, Ⅰ~Ⅲ은 ㉠~㉢을 순서 없이 나타낸 것이다.

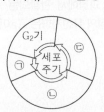

| 시기 | 특징 |
|---|---|
| Ⅰ | ? |
| Ⅱ | 방추사가 관찰된다. |
| Ⅲ | DNA 복제가 일어난다. |

이에 대한 설명으로 옳은 것만을 〈보기〉에서 있는 대로 고른 것은? (단, 돌연변이는 고려하지 않는다.)

**보기**
ㄱ. Ⅲ은 ㉠이다.
ㄴ. Ⅰ 시기의 세포에서 핵막이 관찰된다.
ㄷ. 체세포 1개당 DNA 양은 ㉡ 시기 세포가 Ⅱ 시기 세포보다 많다.

① ㄱ        ② ㄴ        ③ ㄷ
④ ㄱ, ㄴ        ⑤ ㄴ, ㄷ

## 37 ★☆☆
| 2021년 4월 교육청 3번 |

그림은 같은 종인 동물(2n=?) Ⅰ과 Ⅱ의 세포 (가)~(라) 각각에 들어 있는 모든 염색체를 나타낸 것이다. (가)~(라) 중 3개는 Ⅰ의 세포이고, 나머지 1개는 Ⅱ의 세포이다. 이 동물의 성염색체는 암컷이 XX, 수컷이 XY이다.

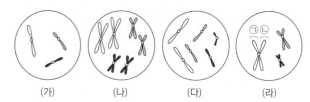

(가)        (나)        (다)        (라)

이에 대한 설명으로 옳은 것만을 〈보기〉에서 있는 대로 고른 것은? (단, 돌연변이는 고려하지 않는다.)

보기
ㄱ. (가)는 Ⅰ의 세포이다.
ㄴ. ⊙은 ⓛ의 상동 염색체이다.
ㄷ. Ⅱ의 감수 1분열 중기 세포 1개당 염색 분체 수는 12이다.

① ㄱ        ② ㄴ        ③ ㄱ, ㄷ
④ ㄴ, ㄷ        ⑤ ㄱ, ㄴ, ㄷ

## 38 ★☆☆
| 2021년 4월 교육청 7번 |

그림 (가)는 사람에서 체세포의 세포 주기를, (나)는 사람의 체세포에 있는 염색체의 구조를 나타낸 것이다. ⊙~ⓒ은 각각 G₁기, G₂기, S기 중 하나이고, ⓐ와 ⓑ는 각각 DNA와 히스톤 단백질 중 하나이다.

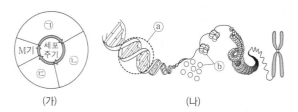

(가)                (나)

이에 대한 설명으로 옳은 것만을 〈보기〉에서 있는 대로 고른 것은?

보기
ㄱ. ⊙은 G₂기이다.
ㄴ. ⓛ 시기에 ⓐ가 복제된다.
ㄷ. 뉴클레오솜의 구성 성분에는 ⓑ가 포함된다.

① ㄱ        ② ㄴ        ③ ㄷ
④ ㄱ, ㄴ        ⑤ ㄴ, ㄷ

## 39 ★★★
| 2021년 4월 교육청 11번 |

표는 사람 A의 세포 ⓐ와 ⓑ, 사람 B의 세포 ⓒ와 ⓓ에서 유전자 ⊙~ⓔ의 유무를 나타낸 것이고, 그림 (가)와 (나)는 각각 정자 형성 과정과 난자 형성 과정을 나타낸 것이다. 사람의 특정 형질은 2쌍의 대립유전자 E와 e, F와 f에 의해 결정되며, ⊙~ⓔ은 E, e, F, f를 순서 없이 나타낸 것이다. Ⅰ~Ⅳ는 ⓐ~ⓓ를 순서 없이 나타낸 것이다.

| 유전자 | A의 세포 | | B의 세포 | |
|---|---|---|---|---|
| | ⓐ | ⓑ | ⓒ | ⓓ |
| ⊙ | ○ | ○ | × | ○ |
| ⓛ | × | ○ | × | × |
| ⓒ | ○ | ○ | ○ | ○ |
| ⓔ | × | × | × | ○ |

(○: 있음, ×: 없음)

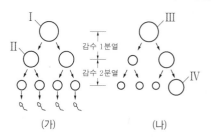

(가)                (나)

이에 대한 설명으로 옳은 것만을 〈보기〉에서 있는 대로 고른 것은? (단, 돌연변이와 교차는 고려하지 않는다.) [3점]

보기
ㄱ. ⓓ는 Ⅰ이다.
ㄴ. ⓔ은 X 염색체에 있다.
ㄷ. ⊙은 ⓒ의 대립유전자이다.

① ㄱ        ② ㄷ        ③ ㄱ, ㄴ
④ ㄴ, ㄷ        ⑤ ㄱ, ㄴ, ㄷ

**40** ★★☆ | 2021년 3월 교육청 8번 |

그림은 어떤 동물 종($2n=6$)의 개체 Ⅰ과 Ⅱ의 세포 (가)~(다)에 들어 있는 모든 염색체를 나타낸 것이다. Ⅰ의 유전자형은 AaBb 이고, Ⅱ의 유전자형은 AAbb이며, (나)와 (다)는 서로 다른 개체의 세포이다. 이 동물 종의 성염색체는 수컷이 XY, 암컷이 XX이다.

  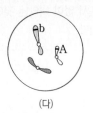

(가)         (나)         (다)

이에 대한 옳은 설명만을 〈보기〉에서 있는 대로 고른 것은? (단, 돌연 변이는 고려하지 않는다.) [3점]

보기
ㄱ. Ⅰ은 수컷이다.
ㄴ. (다)는 Ⅱ의 세포이다.
ㄷ. Ⅱ의 체세포 분열 중기의 세포 1개당 염색 분체 수는 12 이다.

① ㄱ          ② ㄴ          ③ ㄱ, ㄷ
④ ㄴ, ㄷ          ⑤ ㄱ, ㄴ, ㄷ

---

**41** ★★★ | 2021년 3월 교육청 6번 |

그림 (가)는 어떤 사람 체세포의 세포 주기를, (나)는 이 체세포를 배양한 후 세포당 DNA 양에 따른 세포 수를 나타낸 것이다. ⊙과 ⓒ은 각각 G₁기와 G₂기 중 하나이다.

 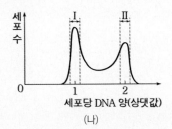

(가)         (나)

이에 대한 옳은 설명만을 〈보기〉에서 있는 대로 고른 것은? (단, 돌연 변이는 고려하지 않는다.)

보기
ㄱ. ⓒ은 G₁기이다.
ㄴ. 구간 Ⅰ에는 ⊙ 시기의 세포가 있다.
ㄷ. 구간 Ⅱ에는 2가 염색체를 갖는 세포가 있다.

① ㄱ          ② ㄴ          ③ ㄱ, ㄷ
④ ㄴ, ㄷ          ⑤ ㄱ, ㄴ, ㄷ

---

**42** ★★☆ | 2021년 3월 교육청 12번 |

사람의 유전 형질 ⊙은 서로 다른 상염색체에 있는 3쌍의 대립유전자 E와 e, F와 f, G와 g에 의해 결정된다. 표는 어떤 사람의 세포 Ⅰ~Ⅲ에서 E, f, g의 유무와, F와 G의 DNA 상대량을 더한 값 (F+G)을 나타낸 것이다.

| 세포 | 대립유전자 | | | F+G |
|---|---|---|---|---|
| | E | f | g | |
| Ⅰ | × | ○ | × | 2 |
| Ⅱ | ○ | ○ | ○ | 1 |
| Ⅲ | ○ | ○ | × | 1 |

(○: 있음, ×: 없음)

이에 대한 옳은 설명만을 〈보기〉에서 있는 대로 고른 것은? (단, 돌연 변이와 교차는 고려하지 않으며, E, e, F, f, G, g 각각의 1개당 DNA 상대량은 1이다.) [3점]

보기
ㄱ. 이 사람의 ⊙에 대한 유전자형은 EeffGg이다.
ㄴ. Ⅰ에서 e의 DNA 상대량은 1이다.
ㄷ. Ⅱ와 Ⅲ의 핵상은 같다.

① ㄱ          ② ㄷ          ③ ㄱ, ㄴ
④ ㄱ, ㄷ          ⑤ ㄴ, ㄷ

---

**43** ★☆☆ | 2020년 10월 교육청 6번 |

그림은 사람의 어떤 체세포를 배양하여 얻은 세포 집단에서 세포당 DNA 양에 따른 세포 수를 나타낸 것이다.

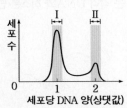

이에 대한 옳은 설명만을 〈보기〉에서 있는 대로 고른 것은? [3점]

보기
ㄱ. 구간 Ⅱ의 세포 중 방추사가 형성된 세포가 있다.
ㄴ. 이 체세포의 세포 주기에서 G₁기가 G₂기보다 길다.
ㄷ. 핵막이 소실된 세포는 구간 Ⅰ에서가 구간 Ⅱ에서보다 많다.

① ㄱ          ② ㄷ          ③ ㄱ, ㄴ
④ ㄴ, ㄷ          ⑤ ㄱ, ㄴ, ㄷ

## 44 ★☆☆
| 2020년 10월 교육청 8번 |

사람의 유전 형질 (가)는 대립유전자 H와 h에 의해, (나)는 대립 유전자 T와 t에 의해 결정된다. 그림은 어떤 사람에서 $G_1$기 세포 I 로부터 정자가 형성되는 과정을, 표는 세포 ㉠~㉢이 갖는 H, h, T, t의 DNA 상대량을 나타낸 것이다. ㉠~㉢은 세포 I~III을 순서 없이 나타낸 것이다.

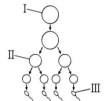

| 세포 | DNA 상대량 | | | |
|---|---|---|---|---|
| | H | h | T | t |
| ㉠ | 2 | ? | 0 | ⓐ |
| ㉡ | 0 | ⓑ | 1 | 0 |
| ㉢ | ? | 0 | ? | 1 |

이에 대한 옳은 설명만을 〈보기〉에서 있는 대로 고른 것은? (단, 돌연 변이와 교차는 고려하지 않으며, H, h, T, t 각각의 1개당 DNA 상대량은 1이다.) [3점]

보기
ㄱ. ㉢은 I이다.
ㄴ. ⓐ+ⓑ=2이다.
ㄷ. ㉠에서 H는 성염색체에 있다.

① ㄱ  ② ㄷ  ③ ㄱ, ㄴ
④ ㄴ, ㄷ  ⑤ ㄱ, ㄴ, ㄷ

## 45 ★☆☆
| 2020년 10월 교육청 14번 |

어떤 동물(2n=6)의 유전 형질 ⓐ는 대립유전자 R와 r에 의해 결정 된다. 그림 (가)와 (나)는 이 동물의 암컷 I의 세포와 수컷 II의 세포를 순서 없이 나타낸 것이다. I과 II를 교배하여 III과 IV가 태어 났으며, III은 R와 r 중 R만, IV는 r만 갖는다. 이 동물의 성염색체 는 암컷이 XX, 수컷이 XY이다.

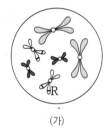
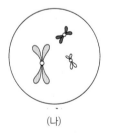

(가)                    (나)

이에 대한 옳은 설명만을 〈보기〉에서 있는 대로 고른 것은? (단, 돌연 변이는 고려하지 않는다.)

보기
ㄱ. (나)는 II의 세포이다.
ㄴ. I의 ⓐ의 유전자형은 Rr이다.
ㄷ. III과 IV는 모두 암컷이다.

① ㄱ  ② ㄷ  ③ ㄱ, ㄴ
④ ㄴ, ㄷ  ⑤ ㄱ, ㄴ, ㄷ

## 46 ★★☆
| 2020년 7월 교육청 9번 |

그림은 같은 종인 동물(2n=6) I과 II의 세포 (가)~(다) 각각에 들 어 있는 모든 염색체를, 표는 세포 A~C가 갖는 유전자 H, h, T, t의 유무를 나타낸 것이다. H는 h와 대립유전자이며, T는 t와 대립유전자이다. I은 수컷, II는 암컷이며, 이 동물의 성염색체는 수컷이 XY, 암컷이 XX이다. A~C는 (가)~(다)를 순서 없이 나타낸 것이다.

(가)          (나)          (다)

| 세포 유전자 | A | B | C |
|---|---|---|---|
| H | ○ | × | ○ |
| h | × | ○ | ○ |
| T | × | × | ○ |
| t | × | ○ | × |

(○ : 있음, × : 없음)

이에 대한 설명으로 옳은 것만을 〈보기〉에서 있는 대로 고른 것은? (단, 돌연변이는 고려하지 않는다.) [3점]

보기
ㄱ. (다)는 II의 세포이다.
ㄴ. A와 B의 핵상은 같다.
ㄷ. I과 II 사이에서 자손($F_1$)이 태어날 때, 이 자손이 H와 t를 모두 가질 확률은 $\frac{3}{8}$이다.

① ㄱ  ② ㄴ  ③ ㄱ, ㄷ
④ ㄴ, ㄷ  ⑤ ㄱ, ㄴ, ㄷ

## 47 ★★☆
| 2020년 7월 교육청 17번 |

그림 (가)는 어떤 동물(2n=?)의 $G_1$기 세포로부터 생식세포가 형성되 는 동안 핵 1개당 DNA 상대량을, (나)는 이 세포 분열 과정 중 일부를 나타낸 것이다. 이 동물의 특정 형질에 대한 유전자형은 Aa 이며, A는 a와 대립유전자이다. ⓐ와 ⓑ의 핵상은 다르다.

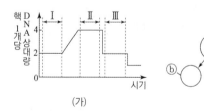

(가)                    (나)

이에 대한 설명으로 옳은 것만을 〈보기〉에서 있는 대로 고른 것은? (단, 돌연변이는 고려하지 않는다.)

보기
ㄱ. ⓐ는 구간 III에서 관찰된다.
ㄴ. ⓑ와 ⓒ의 유전자 구성은 동일하다.
ㄷ. 구간 I에는 핵막을 가진 세포가 있다.

① ㄱ  ② ㄷ  ③ ㄱ, ㄴ
④ ㄴ, ㄷ  ⑤ ㄱ, ㄴ, ㄷ

# 48 ★☆☆

그림은 같은 종인 동물($2n=6$) Ⅰ과 Ⅱ의 세포 (가)~(다) 각각에 들어 있는 모든 염색체를 나타낸 것이다. (가)는 Ⅰ의 세포이고, 이 동물의 성염색체는 암컷이 XX, 수컷이 XY이다.

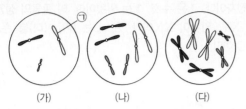

(가)　　　　　(나)　　　　　(다)

이에 대한 설명으로 옳은 것만을 〈보기〉에서 있는 대로 고른 것은? (단, 돌연변이는 고려하지 않는다.)

┌ 보기 ┐
ㄱ. Ⅱ는 수컷이다.
ㄴ. (나)와 (다)의 핵상은 같다.
ㄷ. ㉠에는 히스톤 단백질이 있다.
└──────┘

① ㄱ　　　　② ㄴ　　　　③ ㄷ
④ ㄱ, ㄷ　　　⑤ ㄴ, ㄷ

# 49 ★★☆

그림은 어떤 동물의 체세포 집단 A의 세포 주기를, 표는 물질 X의 작용을 나타낸 것이다. ㉠~㉢은 각각 G₁기, G₂기, M기 중 하나이다.

| 물질 | 작용 |
|---|---|
| X | G₁기에서 S기로의 진행을 억제한다. |

이에 대한 설명으로 옳은 것만을 〈보기〉에서 있는 대로 고른 것은?

┌ 보기 ┐
ㄱ. ㉡ 시기에 2가 염색체가 관찰된다.
ㄴ. 세포 1개당 DNA 양은 ㉠ 시기의 세포가 ㉢ 시기의 세포보다 적다.
ㄷ. A에 X를 처리하면 ㉢ 시기의 세포 수는 처리하기 전보다 증가한다.
└──────┘

① ㄱ　　　　② ㄴ　　　　③ ㄷ
④ ㄱ, ㄴ　　　⑤ ㄴ, ㄷ

# 50 ★★☆

표는 유전자형이 Tt인 어떤 사람의 세포 P가 생식세포로 되는 과정에서 관찰되는 서로 다른 시기의 세포 ㉠~㉢의 염색체 수와 t의 DNA 상대량을 나타낸 것이다. T와 t는 서로 대립유전자이다.

| 세포 | 염색체 수 | t의 DNA 상대량 |
|---|---|---|
| ㉠ | ? | 2 |
| ㉡ | 23 | 1 |
| ㉢ | 46 | 2 |

이에 대한 설명으로 옳은 것만을 〈보기〉에서 있는 대로 고른 것은? (단, 돌연변이와 교차는 고려하지 않으며, ㉠과 ㉢은 중기의 세포이다. T, t 각각의 1개당 DNA 상대량은 1이다.) [3점]

┌ 보기 ┐
ㄱ. ㉠의 염색체 수는 23이다.
ㄴ. ㉢에서 T의 DNA 상대량은 2이다.
ㄷ. ㉠이 ㉡으로 되는 과정에서 염색 분체가 분리된다.
└──────┘

① ㄱ　　　　② ㄴ　　　　③ ㄱ, ㄷ
④ ㄴ, ㄷ　　　⑤ ㄱ, ㄴ, ㄷ

# 51 ★☆☆

표는 어떤 동물($2n=6$)의 감수 분열 과정에서 형성되는 세포 (가)와 (나)의 세포 1개당 DNA 상대량과 염색체 수를 나타낸 것이다. (가)와 (나)는 모두 중기 세포이다.

| 세포 | 세포 1개당 DNA 상대량 | 세포 1개당 염색체 수 |
|---|---|---|
| (가) | 2 | 3 |
| (나) | 4 | 6 |

이에 대한 옳은 설명만을 〈보기〉에서 있는 대로 고른 것은? (단, 돌연변이는 고려하지 않는다.) [3점]

┌ 보기 ┐
ㄱ. (가)의 핵상은 $n$이다.
ㄴ. (나)에 2가 염색체가 있다.
ㄷ. 이 동물의 G₁기 세포 1개당 DNA 상대량은 4이다.
└──────┘

① ㄱ　　　　② ㄷ　　　　③ ㄱ, ㄴ
④ ㄴ, ㄷ　　　⑤ ㄱ, ㄴ, ㄷ

## 52 ☆☆☆

그림은 염색체의 구조를 나타낸 것이다.

이에 대한 옳은 설명만을 〈보기〉에서 있는 대로 고른 것은? (단, 돌연변이와 교차는 고려하지 않는다.)

보기
ㄱ. Ⅰ과 Ⅱ에 저장된 유전 정보는 같다.
ㄴ. ㉠에 단백질이 있다.
ㄷ. ㉡은 뉴클레오타이드로 구성된다.

① ㄱ        ② ㄷ        ③ ㄱ, ㄴ
④ ㄴ, ㄷ        ⑤ ㄱ, ㄴ, ㄷ

## 53 ☆☆☆

그림 (가)는 어떤 동물($2n=4$)의 세포 주기를, (나)는 이 동물의 분열 중인 세포를 나타낸 것이다. ㉠과 ㉡은 각각 $G_1$기와 $G_2$기 중 하나이며, 이 동물의 특정 형질에 대한 유전자형은 Rr이다.

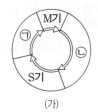 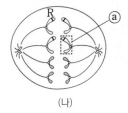

(가)                 (나)

이에 대한 옳은 설명만을 〈보기〉에서 있는 대로 고른 것은? (단, 돌연변이와 교차는 고려하지 않는다.)

보기
ㄱ. ㉠은 $G_2$기이다.
ㄴ. (나)가 관찰되는 시기는 ㉡이다.
ㄷ. 염색체 ⓐ에 R가 있다.

① ㄱ        ② ㄴ        ③ ㄷ
④ ㄱ, ㄷ        ⑤ ㄴ, ㄷ

**가계도 분석**

가계도를 분석하여 각 유전자가 위치하는 염색체의 종류와 가족 구성원의 유전자형을 파악하는 문제가 자주 출제된다.

## A 사람의 유전

### 1. 사람의 유전 연구 방법

| 가계도 조사 | 특정 유전 형질을 가진 집안의 가계도를 조사하여 그 형질의 우열 관계, 유전자의 전달 경로, 유전자형 등을 알아낼 수 있다. |
|---|---|
| 쌍둥이 연구 | 1란성 쌍둥이와 2란성 쌍둥이의 성장 환경과 형질 발현의 일치율 등을 조사하여 형질의 차이가 유전에 의한 것인지, 환경에 의한 것인지를 확인할 수 있다. |
| 집단 조사 | 여러 가계를 포함하는 집단에서 유전 형질이 나타나는 빈도를 조사하고, 그 자료를 통계 처리하여 특정 유전 형질의 특징과 분포 등을 알아낼 수 있다. |
| 염색체 및 유전자 연구 | 핵형 분석을 통해 염색체 이상에 의한 유전병을 알아내거나, DNA에서 특정 유전자의 염기 서열을 분석하여 특정 유전병의 여부를 알아낼 수 있다. |

**사람의 유전 연구가 어려운 까닭**

• 한 세대가 길다.
• 자손의 수가 적다.
• 임의 교배가 불가능하다.
• 형질이 복잡하고 유전자의 수가 많다.
• 형질 발현에 환경적 요인의 영향을 많이 받는다.

### 2. 상염색체 유전 상염색체에 있는 유전자에 의해 형질이 결정되며, 성별에 따라 형질이 발현되는 빈도에 차이가 없다.

(1) **대립유전자의 종류가 2가지인 경우**

① 일반적으로 우성과 열성이 뚜렷하게 구분되며, 형질이 성별에 관계없이 나타난다.

② 눈꺼풀, 보조개, 혀 말기, 귓불 모양, 이마선, PTC 미맹 등이 있다.

(2) **대립유전자의 종류가 3가지 이상인 경우(복대립 유전)**

① 하나의 형질을 결정하는 대립유전자가 3가지 이상인 경우로, 단일 인자 유전이므로 한 쌍의 대립유전자에 의해 형질이 결정된다.

② ABO식 혈액형 유전

• 대립유전자 : A, B, O 3가지가 있다.

• 대립유전자 사이의 우열 관계 : A와 B는 각각 O에 대해 우성이고, A와 B 사이에는 우열 관계가 없다.

• ABO식 혈액형의 표현형과 유전자형

**가계도 분석**

① 우열 관계 판단 : 부모 세대에 없던 형질이 자손 세대에 나타나면 자손 세대에 나타난 형질이 열성이고, 부모 세대의 형질이 우성이다.

② 유전자의 위치 판단 : 유전병 유전자가 열성이라고 판단되었을 때, 유전병 유전자가 성염색체(X 염색체)에 존재한다면 다음과 같은 조건을 따르게 된다.

• 어머니가 유전병이면 아들은 반드시 유전병이다.

• 아들이 정상이면 어머니도 반드시 정상이다.

• 아버지가 정상이면 딸은 반드시 정상이다.

• 딸이 유전병이면 아버지는 반드시 유전병이다.

| 표현형 | A형 | B형 | AB형 | O형 |
|---|---|---|---|---|
| 유전자형 | AA, AO | BB, BO | AB | OO |

### 3. 성염색체 유전 성염색체에 있는 유전자에 의해 형질이 결정되며, 남녀의 성염색체 구성이 다르기 때문에 성별에 따라 발현되는 빈도가 다르다.

(1) **사람의 성 결정** : 감수 분열 시 한 쌍의 성염색체는 분리되어 서로 다른 생식세포로 들어가는데, 그 결과 난자는 X 염색체를 가진 것만 생성되고, 정자는 X 염색체를 가진 것과 Y 염색체를 가진 것이 생성된다. ➡ 자녀의 성별은 정자와 난자의 수정에 의해 결정된다.

(2) **X 염색체 유전** : 형질을 결정하는 유전자가 성염색체인 X 염색체에 있는 유전이다.

① 남자의 경우 X 염색체에 있는 대립유전자는 어머니에게서 물려받으며, X 염색체가 1개만 있으므로 표현형이 곧 유전자형을 의미한다.

② 여자의 경우 X 염색체에 있는 대립유전자는 부모로부터 하나씩 물려받은 것이다.

③ 적록 색맹 : 빨간색과 초록색을 구분하지 못하는 유전 형질로, 유전자는 X 염색체에 있다.

• 정상 대립유전자($X^R$)가 우성이고, 적록 색맹 대립유전자($X^r$)가 열성이다.

• 성별에 따른 적록 색맹 유전자형과 표현형

**여러 가지 형질이 동시에 유전되는 경우**

• 유전병 유전자가 ABO식 혈액형 유전자와 같은 염색체에 있으면 상염색체 유전이다.

• 남자와 여자가 각각 대립유전자 쌍 중 한 가지만 가지고 있는데, 형질이 서로 다를 경우 성염색체 유전이다.

• 정상인 부모 사이에서 유전병을 가진 딸이 태어났다면 이 유전병은 상염색체에 의한 유전이며 열성인 형질이다.

| 성별 | 남자 | | 여자 | | |
|---|---|---|---|---|---|
| 유전자형 | $X^R Y$ | $X^r Y$ | $X^R X^R$ | $X^R X^r$ | $X^r X^r$ |
| 표현형 | 정상 | 적록 색맹 | 정상 | 정상 | 적록 색맹 |

• 적록 색맹은 여자보다 남자에게 더 많이 나타난다. ➡ 여자는 X 염색체 2개에 모두 적록 색맹 대립유전자가 있어야 적록 색맹이 나타나지만, 남자는 X 염색체 1개에 적록 색맹 대립유전자가 있으면 적록 색맹이 나타나기 때문이다.

## 4. 다인자 유전

(1) **다인자 유전** : 여러 쌍의 대립유전자에 의해 하나의 형질이 결정되는 유전 현상으로, 표현형이 다양하게 나타나며 환경의 영향을 받는다. 예 피부색, 키, 몸무게 등

(2) **단일 인자 유전과 다인자 유전 비교**

| 구분 | 단일 인자 유전 | 다인자 유전 |
|---|---|---|
| 형질 결정 | 한 쌍의 대립유전자에 의해 결정된다. | 여러 쌍의 대립유전자에 의해 결정된다. |
| 형질 분포 | 대부분 대립 형질이 뚜렷하다.<br>➡ 불연속적 변이<br> | 표현형이 다양하게 나타난다.<br>➡ 정상 분포 곡선<br> |

# B 사람의 유전병

## 1. 유전자 이상

(1) **유전자 돌연변이** : DNA의 염기 서열에 이상이 생겨 나타나는 돌연변이이다.

(2) **유전자 돌연변이에 의한 유전병의 종류**

| 유전병 | 특징 |
|---|---|
| 낫 모양 적혈구 빈혈증 | 헤모글로빈 유전자의 염기 1개가 바뀌어 아미노산 1개가 달라진 결과 구조가 변형된 돌연변이 헤모글로빈이 만들어지며, 돌연변이 헤모글로빈이 만들어지면 낮은 산소 농도에서 적혈구가 낫 모양이 된다. |
| 페닐케톤뇨증 | 유전자 이상으로 특정 효소가 결핍되어 페닐알라닌이 타이로신으로 전환되지 못한다. |
| 알비노증 (백색증) | 유전자 이상으로 멜라닌 색소를 합성하는 데 관여하는 효소가 결핍되어 멜라닌 색소가 합성되지 않는다. |
| 낭성 섬유증 (낭포성 섬유증) | 상피 세포의 세포막에서 물질 수송을 담당하는 단백질의 유전자에 돌연변이가 생겨 점액의 점성을 조절하지 못하는 유전병이다. |
| 헌팅턴 무도병 | 신경계가 점진적으로 파괴되면서 머리와 팔다리의 움직임이 통제되지 않고, 기억력과 판단력이 없어지는 등 지적 장애가 생긴다. |

## 2. 염색체 이상

(1) **염색체 구조 이상**

① 염색체 구조 이상의 원인

| 결실 | 염색체의 일부가 없어진 경우 | |
|---|---|---|
| 중복 | 염색체의 일부가 중복된 경우 | |
| 역위 | 염색체의 일부가 거꾸로 붙은 경우 | |
| 전좌 | 염색체의 일부가 상동 염색체가 아닌 다른 염색체에 붙은 경우 | |

② 염색체 구조 이상 유전병의 종류

| 유전병 | 특징 |
|---|---|
| 고양이 울음 증후군 | • 5번 염색체의 일부가 결실되어 나타난다.<br>• 어릴 때의 울음소리가 고양이 울음소리와 비슷하며, 안면 기형, 심장 기형, 발달 지연 등이 나타난다. |
| 만성 골수성 백혈병 | • 조혈 모세포에서 9번 염색체와 22번 염색체 사이에 전좌가 일어나 나타난다.<br>• 조혈 모세포가 암세포로 변해 비정상적으로 과도하게 증식하여 백혈병이 나타난다. |

## 출제 tip

**다인자 유전**

다인자 유전의 특징과 태어날 자손에서 특정 표현형이 나타날 확률을 계산하는 문제가 자주 출제된다.

**다인자 유전에서 자손의 표현형 가짓수**

어떤 유전 형질이 3쌍의 대립유전자 A와 a, B와 b, D와 d에 의해 결정되고 부모의 유전자형이 AaBbDd이며, 유전자형에서 대문자로 표시되는 대립유전자의 수에 의해서만 표현형이 결정될 때 자손에서 나타날 수 있는 표현형의 가짓수는 다음과 같다.

① A/a, B/b, D/d가 모두 다른 염색체에 있을 경우 : 7가지
② A/a, B/b, D/d가 모두 같은 염색체에 있을 경우 : 3가지
③ A/a와 B/b는 같은 염색체에 있고 D/d는 다른 염색체에 있을 경우
• 부모가 모두 AB/ab일 때 : 7가지
• 부모 중 한쪽은 AB/ab이고 다른 한쪽은 Ab/aB일 때 : 5가지
• 부모가 모두 Ab/aB일 때 : 3가지

**유전자 돌연변이**

유전자 돌연변이는 핵형 분석으로 확인하기 어려우며, 유전자 분석이나 선천적 대사 이상 검사와 같은 생화학적 분석을 통해 알아낼 수 있다.

**염색체 비분리**

생식세포 형성 과정과 유전자의 DNA 상대량을 나타낸 자료를 분석하여 염색체 비분리가 일어난 시기를 파악하는 문제가 자주 출제된다.

**성염색체 비분리**

① 감수 1분열 과정에서 비분리가 일어날 경우
· 정자의 염색체 구성 : 22+XY, 22(성염색체 없음)
· 난자의 염색체 구성 : 22+XX, 22(성염색체 없음)
② 감수 2분열 과정에서 비분리가 일어날 경우
· 정자의 염색체 구성 : 22+XX, 22(성염색체 없음), 22+Y 또는 22+YY, 22(성염색체 없음), 22+X
· 난자의 염색체 구성 : 22+X, 22+XX, 22(성염색체 없음)

**우성과 열성 파악**

우성 대립유전자를 가진 사람은 항상 우성 형질을 나타내지만, 열성 대립유전자를 가진 사람은 우성과 열성 중 어느 한 형질을 나타낸다.

---

**(2) 염색체 수 이상**

① 염색체 수 이상의 원인 : 감수 분열 과정에서 염색체 비분리 현상에 의해 일어난다.

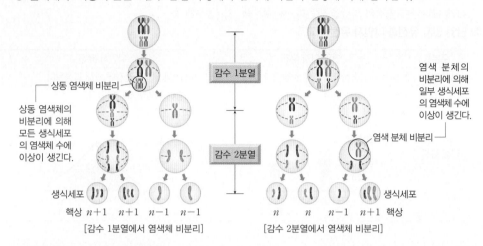

② 염색체 수 이상 유전병의 종류

| 구분 | 유전병 | 염색체 구성 | 특징 |
|---|---|---|---|
| 상염색체 돌연변이 | 다운 증후군 | 45+XY 45+XX | · 21번 염색체가 3개<br>· 양쪽 눈 사이에 멀며, 지적 장애와 심장 기형 등이 나타난다. |
| 성염색체 돌연변이 | 터너 증후군 | 44+X | · X 염색체가 1개<br>· 외관상 여자이지만, 생식 기관이 발달하지 않아 불임이다. |
| | 클라인펠터 증후군 | 44+XXY | · X 염색체가 2개, Y 염색체가 1개<br>· 외관상 남자이지만, 정소가 비정상적으로 작고 불임이다. |

---

**실전 자료**　**가계도 분석**

**다음은 어떤 집안의 유전 형질 (가)와 (나)에 대한 자료이다.**

· (가)는 대립유전자 H와 H*에 의해, (나)는 대립유전자 R와 R*에 의해 결정된다. H는 H*에 대해, R는 R*에 대해 각각 완전 우성이다.
· (나)를 결정하는 유전자는 X 염색체에 존재한다.
· 가계도는 구성원 ⓐ를 제외한 나머지 구성원에게서 (가)와 (나)의 발현 여부를 나타낸 것이다.
· 표는 구성원 ㉠~㉢에서 체세포 1개당 H와 H*의 DNA 상대량을 나타낸 것이다. ㉠~㉢은 각각 1, 2, 4 중 하나이다.

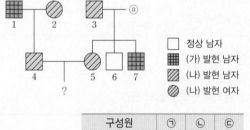

□ 정상 남자
▦ (가) 발현 남자
▨ (나) 발현 남자
◐ (나) 발현 여자

| 구성원 | ㉠ | ㉡ | ㉢ |
|---|---|---|---|
| DNA 상대량 H | 1 | ? | 2 |
| H* | ? | 1 | ? |

❶ **(가)를 결정하는 유전자가 위치하는 염색체의 종류 파악** 　대립유전자 H와 H*가 상염색체에 존재한다면 ㉠과 ㉡의 유전자형은 HH*이고 ㉢의 유전자형은 HH이다. H가 H*에 대해 우성이므로 ㉠, ㉡, ㉢(1, 2, 4)은 모두 (가)에 대해 동일한 표현형을 나타내야 하는데 그렇지 않으므로 H와 H*는 X 염색체에 존재한다.

❷ **구성원 ㉠~㉢이 1, 2, 4 중 누구인지 파악** 　대립유전자 H와 H*는 X 염색체에 존재하므로 H의 DNA 상대량이 2인 ㉢은 (가)에 대해 정상 여자인 2, ㉡은 (가) 발현 남자인 1, ㉠은 정상 남자인 4이다. 따라서 H는 정상 대립유전자, H*는 (가) 발현 대립유전자이다.

❸ **(나)를 결정하는 유전자의 우열 관계를 파악** 　R는 R*에 대해 우성이며 X 염색체에 존재한다고 하였으므로 3으로부터 R를 물려받은 5의 표현형이 (나) 발현인 것으로 보아 R는 (나) 발현 대립유전자, R*는 정상 대립유전자이다.

❹ **구성원 ⓐ의 유전자형 파악** 　1과 7의 유전자형은 $X^{H^*R^*}Y$이고, 3과 4의 유전자형은 $X^{HR}Y$이며, 6의 유전자형은 $X^{HR^*}Y$이다. 6과 7에게 X 염색체를 물려준 ⓐ의 유전자형은 $X^{HR^*}X^{H^*R^*}$이다.

## 1 ★★☆

다음은 어떤 집안의 유전 형질 (가)와 (나)에 대한 자료이다.

- (가)는 대립유전자 H와 h에 의해, (나)는 대립유전자 T와 t에 의해 결정된다. H는 h에 대해, T는 t에 대해 각각 완전 우성이다.
- (가)의 유전자와 (나)의 유전자는 서로 다른 염색체에 있다.
- 가계도는 구성원 1~7에게서 (가)와 (나)의 발현 여부를, 표는 구성원 1, 2, 5에서 체세포 1개당 H와 t의 DNA 상대량을 나타낸 것이다. ㉠~㉢은 0, 1, 2를 순서 없이 나타낸 것이다.

| 구성원 | DNA 상대량 | |
|---|---|---|
| | H | t |
| 1 | ㉠ | ㉢ |
| 2 | ㉡ | ? |
| 5 | ㉢ 1 | ? |

○ 정상 여자
▨ (가) 발현 남자
▦ (나) 발현 남자
▦ (나) 발현 여자
▨ (가), (나) 발현 남자
● (가), (나) 발현 여자

이에 대한 옳은 설명만을 〈보기〉에서 있는 대로 고른 것은? (단, 돌연변이와 교차는 고려하지 않으며, H, h, T, t 각각의 1개당 DNA 상대량은 1이다.) [3점]

보기
ㄱ. ㉢은 1이다.
ㄴ. (가)와 (나)는 모두 우성 형질이다.
ㄷ. 이 가계도 구성원 중 (가)와 (나)의 유전자형이 모두 동형접합성인 사람은 1명이다.

① ㄱ        ② ㄴ        ③ ㄱ, ㄷ
④ ㄴ, ㄷ        ⑤ ㄱ, ㄴ, ㄷ

## 2 ★★★

다음은 어떤 가족의 유전 형질 (가)와 (나)에 대한 자료이다.

- (가)는 대립유전자 A와 a에 의해, (나)는 대립유전자 B와 b에 의해 결정된다. A는 a에 대해, B는 b에 대해 각각 완전 우성이다.
- (가)와 (나)의 유전자 중 하나는 상염색체에 있고, 나머지 하나는 X 염색체에 있다.
- 표는 이 가족 구성원의 성별, (가)와 (나)의 발현 여부, 체세포 1개당 A와 B의 DNA 상대량을 더한 값(A+B)을 나타낸 것이다.

| 구성원 | 성별 | (가) | (나) | A+B |
|---|---|---|---|---|
| 아버지 | 남 | ? | × | 0 |
| 어머니 | 여 | ○ | ? | 2 |
| 자녀 1 | 남 | × | ○ | ? |
| 자녀 2 | 여 | ? | ○ | 1 |
| 자녀 3 | 남 | ○ | ? | 3 |

(○: 발현됨, ×: 발현 안 됨)

- 부모 중 한 명의 생식세포 형성 과정에서 성염색체 비분리가 1회 일어나 생식세포 P가 형성되었고, 나머지 한 명의 생식세포 형성 과정에서 대립유전자 ㉠이 대립유전자 ㉡으로 바뀌는 돌연변이가 1회 일어나 ㉡을 갖는 생식세포 Q가 형성되었다. ㉠과 ㉡은 (가)와 (나) 중 한 가지 형질을 결정하는 서로 다른 대립유전자이다.
- P와 정상 생식세포가 수정되어 자녀 2가, Q와 정상 생식세포가 수정되어 자녀 3이 태어났다.
- 자녀 2는 터너 증후군의 염색체 이상을 보이고, 자녀 2를 제외한 이 가족 구성원의 핵형은 모두 정상이다.

이에 대한 옳은 설명만을 〈보기〉에서 있는 대로 고른 것은? (단, 제시된 돌연변이 이외의 돌연변이와 교차는 고려하지 않으며, A, a, B, b 각각의 1개당 DNA 상대량은 1이다.) [3점]

보기
ㄱ. (가)의 유전자는 상염색체에 있다.
ㄴ. ㉡은 B이다.
ㄷ. 자녀 1의 체세포 1개당 a와 b의 DNA 상대량을 더한 값은 2이다.

① ㄱ        ② ㄴ        ③ ㄱ, ㄷ
④ ㄴ, ㄷ        ⑤ ㄱ, ㄴ, ㄷ

사람의 유전 형질 (가)는 2쌍의 대립유전자 H와 h, R와 r에 의해, (나)는 대립유전자 T와 t에 의해 결정된다. (가)의 유전자는 7번 염색체에, (나)의 유전자는 X 염색체에 있다. 표는 남자 P의 세포 I ~ IV에서 대립유전자 ㉠~㉣의 유무를 나타낸 것이다.

| 세포 | 대립유전자 | | | |
|---|---|---|---|---|
| | ㉠ | ㉡ | ㉢ | ㉣ |
| I | ○ | × | ○ | × |
| II | × | ? | ○ | ○ |
| III | ? | × | × | ○ |
| IV | ○ | × | ○ | ○ |

(○: 있음, ×: 없음)

㉠~㉣은 H, h, R, t를 순서 없이 나타낸 것이다. 이에 대한 옳은 설명만을 〈보기〉에서 있는 대로 고른 것은? (단, 돌연변이와 교차는 고려하지 않는다.) [3점]

보기
ㄱ. ㉡은 t이다.
ㄴ. III과 IV에는 모두 Y 염색체가 있다.
ㄷ. P의 (가)의 유전자형은 HhRr이다.

① ㄱ     ② ㄴ     ③ ㄷ
④ ㄱ, ㄴ     ⑤ ㄴ, ㄷ

다음은 사람의 유전 형질 (가)와 (나)에 대한 자료이다.

- (가)는 1쌍의 대립유전자에 의해 결정되며, 대립유전자에는 A, B, D가 있다. ㉠은 ㉡, ㉢에 대해, ㉡은 ㉢에 대해 각각 완전 우성이다. ㉠~㉢은 각각 A, B, D 중 하나이다.
- (나)는 서로 다른 3개의 상염색체에 있는 3쌍의 대립유전자 E와 e, F와 f, G와 g에 의해 결정된다.
- (나)의 표현형은 유전자형에서 대문자로 표시되는 대립유전자의 수에 의해서만 결정되며, 이 대립유전자의 수가 다르면 표현형이 다르다.
- (가)와 (나)의 유전자는 서로 다른 상염색체에 있다.
- P의 유전자형은 ABEeFfGg이고, P와 Q는 (나)의 표현형이 서로 같다.
- P와 Q 사이에서 ⓐ가 태어날 때, ⓐ가 (가)의 유전자형이 BD인 사람과 (가)의 표현형이 같을 확률은 $\frac{3}{4}$이다.
- ⓐ가 유전자형이 DDEeffGg인 사람과 (가)와 (나)의 표현형이 모두 같을 확률은 $\frac{1}{16}$이다.

이에 대한 옳은 설명만을 〈보기〉에서 있는 대로 고른 것은? (단, 돌연변이는 고려하지 않는다.) [3점]

보기
ㄱ. ㉢은 A이다.
ㄴ. ⓐ에게서 나타날 수 있는 (나)의 표현형은 최대 5가지이다.
ㄷ. ⓐ의 (가)와 (나)의 표현형이 모두 P와 같을 확률은 $\frac{9}{32}$이다.

① ㄱ     ② ㄷ     ③ ㄱ, ㄴ
④ ㄴ, ㄷ     ⑤ ㄱ, ㄴ, ㄷ

## 5 ★★★

다음은 사람의 유전 형질 (가)~(다)에 대한 자료이다.

- (가)는 대립유전자 A와 a에 의해 결정되며, A는 a에 대해 완전 우성이다.
- (나)는 대립유전자 B와 b에 의해 결정되며, 유전자형이 다르면 표현형이 다르다.
- (다)는 1쌍의 대립유전자에 의해 결정되며, 대립유전자에는 D, E, F가 있다. D는 E, F에 대해, E는 F에 대해 각각 완전 우성이다.
- Ⅰ과 Ⅱ는 (가)와 (나)의 표현형이 서로 같고, (다)의 표현형은 서로 다르다.
- Ⅰ과 Ⅱ 사이에서 @가 태어날 때, @의 (가)~(다)의 표현형이 모두 Ⅱ와 같을 확률은 0이고, @의 (가)~(다)의 표현형이 모두 Ⅲ과 같을 확률과 @의 (가)~(다)의 유전자형이 모두 Ⅲ과 같을 확률은 각각 $\frac{1}{16}$이다.
- 그림은 Ⅲ의 체세포에 들어 있는 일부 상염색체와 유전자를 나타낸 것이다.

@에게서 나타날 수 있는 (가)~(다)의 표현형의 최대 가짓수는? (단, 돌연변이와 교차는 고려하지 않는다.) [3점]

① 6      ② 8      ③ 9
④ 12      ⑤ 16

## 6 ★★★

다음은 어떤 가족의 유전 형질 (가)와 (나)에 대한 자료이다.

- (가)는 대립유전자 A와 a에 의해 결정되며, A는 a에 대해 완전 우성이다.
- (나)는 2쌍의 대립유전자 B와 b, D와 d에 의해 결정된다. (나)의 표현형은 유전자형에서 대문자로 표시되는 대립유전자의 수에 의해서만 결정되며, 이 대립유전자의 수가 다르면 표현형이 다르다.
- 표는 이 가족 구성원에게서 (가)의 발현 여부와 (나)의 표현형을 나타낸 것이고, 그림은 자녀 1~3 중 한 명의 체세포에 들어 있는 일부 상염색체와 유전자를 나타낸 것이다. @~@는 서로 다른 4가지 표현형이다.

| 구성원 | 유전 형질 | |
|---|---|---|
| | (가) | (나) |
| 아버지 | 발현 안 됨 | @ |
| 어머니 | ? | ⓑ |
| 자녀 1 | 발현 안 됨 | ⓒ |
| 자녀 2 | 발현 안 됨 | ⓓ |
| 자녀 3 | 발현됨 | @ |

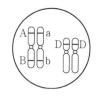

- 어머니와 자녀 2의 (나)에 대한 유전자형에서 대립유전자 D의 수는 서로 같다.
- 아버지의 생식세포 형성 과정에서 대립유전자 ㉠이 대립유전자 ㉡으로 바뀌는 돌연변이가 1회 일어나 ㉡을 갖는 정자가 형성되었다. 이 정자가 정상 난자와 수정되어 자녀 3이 태어났다. ㉠과 ㉡은 각각 A와 a 중 하나이다.

이에 대한 설명으로 옳은 것만을 〈보기〉에서 있는 대로 고른 것은? (단, 제시된 돌연변이 이외의 돌연변이와 교차는 고려하지 않는다.)

[3점]

---
보기

ㄱ. ㉠은 a이다.
ㄴ. (가)는 열성 형질이다.
ㄷ. 어머니는 A, B, d를 모두 갖는다.

---

① ㄱ      ② ㄴ      ③ ㄱ, ㄷ
④ ㄴ, ㄷ      ⑤ ㄱ, ㄴ, ㄷ

사람의 유전 형질 (가)는 대립유전자 H와 H*에 의해, (나)는 대립유전자 T와 T*에 의해 결정된다. (가)의 유전자와 (나)의 유전자 중 하나만 X 염색체에 있다. 표는 어떤 가족 구성원의 성별과 체세포 1개당 대립유전자 H와 T의 DNA 상대량을 나타낸 것이다. ⊙~ⓒ은 0, 1, 2를 순서 없이 나타낸 것이다.

| 구성원 | 성별 | DNA 상대량 | |
|---|---|---|---|
| | | H | T |
| 아버지 | 남 | ⊙ | ⓒ |
| 어머니 | 여 | ⓒ | ⓒ |
| 자녀 1 | 남 | 2 | 0 |
| 자녀 2 | 여 | 1 | ? |

이에 대한 설명으로 옳은 것만을 〈보기〉에서 있는 대로 고른 것은? (단, 돌연변이와 교차는 고려하지 않으며, H, H*, T, T* 각각의 1개당 DNA 상대량은 1이다.) [3점]

〈보기〉
ㄱ. ⊙은 2이다.
ㄴ. 자녀 2는 H를 아버지로부터 물려받았다.
ㄷ. 어머니의 (나)의 유전자형은 동형 접합성이다.

① ㄱ          ② ㄴ          ③ ㄱ, ㄷ
④ ㄴ, ㄷ       ⑤ ㄱ, ㄴ, ㄷ

다음은 어떤 집안의 유전 형질 (가)와 (나)에 대한 자료이다.

- (가)는 대립유전자 A와 a에 의해, (나)는 대립유전자 B와 b에 의해 결정된다. A는 a에 대해, B는 b에 대해 각각 완전 우성이다.
- (가)의 유전자와 (나)의 유전자는 서로 다른 염색체에 있다.
- 가계도는 구성원 1~7에게서 (가)와 (나)의 발현 여부를, 표는 구성원 3, 5, 6에서 체세포 1개당 a와 b의 DNA 상대량을 더한 값(a+b)을 나타낸 것이다. ⊙, ⓒ, ⓒ을 모두 더한 값은 5이다.

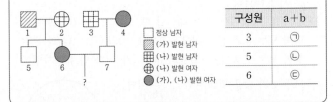

| 구성원 | a+b |
|---|---|
| 3 | ⊙ |
| 5 | ⓒ |
| 6 | ⓒ |

정상 남자 / (가) 발현 남자 / (나) 발현 남자 / (나) 발현 여자 / (가), (나) 발현 여자

이에 대한 설명으로 옳은 것만을 〈보기〉에서 있는 대로 고른 것은? (단, 돌연변이와 교차는 고려하지 않으며, A, a, B, b 각각의 1개당 DNA 상대량은 1이다.) [3점]

〈보기〉
ㄱ. ⊙은 1이다.
ㄴ. (가)의 유전자는 상염색체에 있다.
ㄷ. 6과 7 사이에서 아이가 태어날 때, 이 아이에게서 (가)와 (나)가 모두 발현될 확률은 $\frac{1}{4}$이다.

① ㄱ          ② ㄴ          ③ ㄱ, ㄷ
④ ㄴ, ㄷ       ⑤ ㄱ, ㄴ, ㄷ

**9** ★★☆ | 2024년 5월 교육청 11번 |

다음은 사람의 유전 형질 (가)~(다)에 대한 자료이다.

- (가)는 대립유전자 A와 a에 의해, (나)는 대립유전자 B와 b에 의해, (다)는 대립유전자 D와 d에 의해 결정된다.
- (가)~(다)의 유전자 중 2개는 5번 염색체에, 나머지 1개는 7번 염색체에 있다.
- 표는 세포 Ⅰ~Ⅲ에서 대립유전자 A, a, B, b, D, d의 유무를 나타낸 것이다. Ⅰ~Ⅲ 중 2개는 남자 P의, 나머지 1개는 여자 Q의 세포이다.

| 세포 | 대립유전자 | | | | | |
|---|---|---|---|---|---|---|
| | A | a | B | b | D | d |
| Ⅰ | × | ○ | ○ | × | × | ○ |
| Ⅱ | ○ | × | ○ | ○ | ○ | × |
| Ⅲ | × | ○ | ○ | ○ | ○ | ○ |

(○: 있음, ×: 없음)

- P와 Q 사이에서 ⓐ가 태어날 때, ⓐ가 가질 수 있는 (가)~(다)의 유전자형은 최대 4가지이다.

이에 대한 설명으로 옳은 것만을 〈보기〉에서 있는 대로 고른 것은? (단, 돌연변이와 교차는 고려하지 않는다.) [3점]

보기
ㄱ. Ⅰ에서 B와 d는 모두 5번 염색체에 있다.
ㄴ. Ⅱ는 P의 세포이다.
ㄷ. ⓐ가 (가)~(다) 중 적어도 2가지 형질의 유전자형을 이형접합성으로 가질 확률은 $\frac{3}{4}$이다.

① ㄱ ② ㄴ ③ ㄷ
④ ㄱ, ㄷ ⑤ ㄴ, ㄷ

**10** ★★☆ | 2024년 5월 교육청 15번 |

다음은 어떤 가족의 유전 형질 (가)와 (나)에 대한 자료이다.

- (가)는 2쌍의 대립유전자 H와 h, R와 r에 의해 결정된다. (가)의 표현형은 유전자형에서 ㉠대문자로 표시되는 대립유전자의 수에 의해서만 결정되며, 이 대립유전자의 수가 다르면 표현형이 다르다.
- (나)는 대립유전자 T와 t에 의해 결정되며, T는 t에 대해 완전 우성이다.
- 아버지와 어머니 사이에서 아이가 태어날 때, 이 아이의 (가)와 (나)의 유전자형이 HHrrTt일 확률은 $\frac{1}{8}$이다.
- 그림은 아버지의 체세포에 들어 있는 일부 염색체와 유전자를, 표는 아버지를 제외한 나머지 가족 구성원의 (가)의 유전자형에서 ㉠과 (나)의 발현 여부를 나타낸 것이다.

| 구성원 | (가)의 유전자형에서 ㉠ | (나) |
|---|---|---|
| 어머니 | 3 | 발현됨 |
| 자녀 1 | 3 | 발현됨 |
| 자녀 2 | 2 | 발현 안 됨 |
| 자녀 3 | 1 | 발현 안 됨 |

- 아버지의 생식세포 형성 과정에서 대립유전자 ㉯가 포함된 염색체의 일부가 결실된 정자 P가 형성되었다. ㉯는 H, h, R, r 중 하나이다.
- P와 정상 난자가 수정되어 ⓐ가 태어났다. ⓐ는 자녀 1~3 중 하나이다. ⓐ를 제외한 이 가족 구성원의 핵형은 모두 정상이다.

이에 대한 설명으로 옳은 것만을 〈보기〉에서 있는 대로 고른 것은? (단, 제시된 돌연변이 이외의 돌연변이와 교차는 고려하지 않는다.)

보기
ㄱ. (나)는 우성 형질이다.
ㄴ. ㉯는 H이다.
ㄷ. 자녀 2는 R를 갖는다.

① ㄱ ② ㄴ ③ ㄷ
④ ㄱ, ㄴ ⑤ ㄱ, ㄷ

**11** ☆☆☆ |2024년 5월 교육청 19번|

다음은 어떤 집안의 유전 형질 (가)와 (나)에 대한 자료이다.

- (가)는 대립유전자 A와 a에 의해 결정되며, A는 a에 대해 완전 우성이다.
- (나)는 상염색체에 있는 1쌍의 대립유전자에 의해 결정되며, 대립유전자에는 D, E, F가 있다. D는 E와 F에 대해, E는 F에 대해 각각 완전 우성이다.
- 가계도는 구성원 ⓐ를 제외한 구성원 1~5에게서 (가)의 발현 여부를 나타낸 것이다. ⓐ는 남자이다.

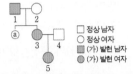

□ 정상 남자
○ 정상 여자
■ (가) 발현 남자
● (가) 발현 여자

- 1, 2, ⓐ는 (나)의 표현형이 각각 서로 다르며, 3, 4, 5는 (나)의 표현형이 각각 서로 다르다.
- 표는 1, ⓐ, 3, 5에서 체세포 1개당 A와 E의 DNA 상대량을 더한 값을 나타낸 것이다.

| 구성원 | 1 | ⓐ | 3 | 5 |
|---|---|---|---|---|
| A와 E의 DNA 상대량을 더한 값 | 1 | 1 | 2 | 2 |

이에 대한 설명으로 옳은 것만을 〈보기〉에서 있는 대로 고른 것은? (단, 돌연변이와 교차는 고려하지 않으며, A, a, D, E, F 각각의 1개당 DNA 상대량은 1이다.) [3점]

[보기]
ㄱ. ⓐ에게서 (가)가 발현되었다.
ㄴ. 1과 4의 (나)의 유전자형은 같다.
ㄷ. 5의 동생이 태어날 때, 이 아이의 (가)와 (나)의 표현형이 모두 3과 같을 확률은 $\frac{1}{4}$이다.

① ㄱ        ② ㄴ        ③ ㄷ
④ ㄱ, ㄷ     ⑤ ㄴ, ㄷ

**12** ☆☆☆ |2024년 3월 교육청 13번|

다음은 사람의 유전 형질 (가)와 (나)에 대한 자료이다.

- (가)는 서로 다른 3개의 상염색체에 있는 3쌍의 대립유전자 A와 a, B와 b, D와 d에 의해 결정된다.
- (가)의 표현형은 유전자형에서 대문자로 표시되는 대립유전자의 수에 의해서만 결정되며, 이 대립유전자의 수가 다르면 표현형이 다르다.
- (나)는 대립유전자 E와 e에 의해 결정되며, 유전자형이 다르면 표현형이 다르다. (나)의 유전자는 (가)의 유전자와 서로 다른 상염색체에 있다.
- P의 유전자형은 AaBbDDEe이고, P와 Q는 (가)의 표현형이 서로 같다.
- P와 Q 사이에서 ⓐ가 태어날 때, ⓐ가 유전자형이 AABbDdEE인 사람과 (가)와 (나)의 표현형이 모두 같을 확률은 $\frac{1}{8}$이다.

ⓐ가 유전자형이 AaBbDdEe인 사람과 (가)와 (나)의 표현형이 모두 같을 확률은? (단, 돌연변이는 고려하지 않는다.)

① $\frac{1}{16}$        ② $\frac{1}{8}$        ③ $\frac{3}{16}$

④ $\frac{1}{4}$        ⑤ $\frac{3}{8}$

## 13 ★★☆

다음은 어떤 집안의 유전 형질 (가)에 대한 자료이다.

- (가)는 상염색체에 있는 1쌍의 대립유전자에 의해 결정되며, 대립유전자에는 D, E, F가 있다. E는 D와 F에 대해 각각 완전 우성이다.
- (가)의 표현형은 3가지이고, ㉠, ㉡, ㉢이다.
- 가계도는 구성원 ⓐ와 ⓑ를 제외한 구성원 1~7에서 (가)의 표현형을, 표는 3, 6, 7에서 체세포 1개당 D의 DNA 상대량을 나타낸 것이다.

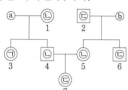

| 구성원 | D의 DNA 상대량 |
|---|---|
| 3 | 2 |
| 6 | 1 |
| 7 | 0 |

이에 대한 옳은 설명만을 〈보기〉에서 있는 대로 고른 것은? (단, 돌연변이와 교차는 고려하지 않으며, D, E, F 각각의 1개당 DNA 상대량은 1이다.) [3점]

보기
ㄱ. D는 F에 대해 완전 우성이다.
ㄴ. ⓑ의 표현형은 ㉡이다.
ㄷ. 7의 동생이 태어날 때, 이 아이가 ⓐ와 표현형이 같을 확률은 $\frac{1}{4}$이다.

① ㄱ      ② ㄴ      ③ ㄱ, ㄷ
④ ㄴ, ㄷ      ⑤ ㄱ, ㄴ, ㄷ

## 14 ★★☆

다음은 어떤 가족의 ABO식 혈액형과 유전 형질 (가)에 대한 자료이다.

- ABO식 혈액형을 결정하는 유전자는 9번 염색체에 있다.
- (가)는 2쌍의 대립유전자 R와 r, T와 t에 의해 결정된다. (가)의 표현형은 유전자형에서 대문자로 표시되는 대립유전자의 수에 의해서만 결정되며, 이 대립유전자의 수가 다르면 표현형이 다르다.
- R와 r는 9번 염색체에, T와 t는 X 염색체에 있다.
- 아버지의 정자 형성 과정과 ㉠어머니의 난자 형성 과정에서 각각 9번 염색체 비분리가 1회 일어나 형성된 정자와 난자가 수정되어 핵형이 정상인 ⓐ아들이 태어났다.
- 표는 모든 구성원의 ABO식 혈액형과 체세포 1개당 R와 T의 DNA 상대량을 더한 값을 나타낸 것이다.

| 구성원 | 아버지 | 어머니 | 아들 |
|---|---|---|---|
| ABO식 혈액형 | AB형 | B형 | O형 |
| R와 T의 DNA 상대량을 더한 값 | 3 | 1 | 2 |

이에 대한 옳은 설명만을 〈보기〉에서 있는 대로 고른 것은? (단, 제시된 염색체 비분리 이외의 돌연변이와 교차는 고려하지 않으며, R, r, T, t 각각의 1개당 DNA 상대량은 1이다.) [3점]

보기
ㄱ. ㉠의 감수 1분열에서 염색체 비분리가 발생했다.
ㄴ. 어머니에서 (가)의 유전자형은 $RrX^tX^t$이다.
ㄷ. ⓐ의 동생이 태어날 때, 이 아이가 아버지와 (가)의 표현형이 같을 확률은 $\frac{1}{2}$이다.

① ㄱ      ② ㄴ      ③ ㄷ
④ ㄱ, ㄷ      ⑤ ㄴ, ㄷ

다음은 사람의 유전 형질 (가)와 (나)에 대한 자료이다.

- (가)는 서로 다른 3개의 상염색체에 있는 3쌍의 대립유전자 A와 a, B와 b, D와 d에 의해 결정된다.
- (가)의 표현형은 유전자형에서 대문자로 표시되는 대립유전자의 수에 의해서만 결정되며, 이 대립유전자의 수가 다르면 표현형이 다르다.
- (나)는 대립유전자 E, F, G에 의해 결정되고, 표현형은 4가지이다. 유전자형이 EE인 사람과 EG인 사람의 표현형은 같고, 유전자형이 FF인 사람과 FG인 사람의 표현형은 같다.
- (가)와 (나)의 유전자는 서로 다른 상염색체에 있다.
- P의 유전자형은 AaBbDdEF이고 P와 Q 사이에서 ⓐ가 태어날 때, ⓐ에게서 나타날 수 있는 (가)와 (나)의 표현형은 최대 8가지이다.
- ⓐ가 유전자형이 AABBDDEG인 사람과 같은 표현형을 가질 확률과 AABBDDFG인 사람과 같은 표현형을 가질 확률은 각각 0보다 크다.

ⓐ가 유전자형이 AaBBDdFG인 사람과 (가)와 (나)의 표현형이 모두 같을 확률은? (단, 돌연변이는 고려하지 않는다.)

① $\dfrac{1}{16}$  ② $\dfrac{1}{8}$  ③ $\dfrac{3}{16}$

④ $\dfrac{1}{4}$  ⑤ $\dfrac{3}{8}$

사람의 특정 형질은 1번 염색체에 있는 3쌍의 대립유전자 A와 a, B와 b, D와 d에 의해 결정된다. 그림은 어떤 사람의 $G_1$기 세포 I 로부터 생식세포가 형성되는 과정을, 표는 세포 ㉠~㉤에서 A, a, B, b, D의 DNA 상대량을 나타낸 것이다. 이 생식세포 형성 과정에서 염색체 비분리가 1회 일어났다. ㉠~㉤은 I~V를 순서 없이 나타낸 것이고, Ⅱ와 Ⅲ은 중기 세포이다.

| 세포 | DNA 상대량 | | | | |
|---|---|---|---|---|---|
| | A | a | B | b | D |
| ㉠ | 2 | 0 | 0 | 2 | ⓐ |
| ㉡ | ? | ⓑ | 1 | 1 | ? |
| ㉢ | 0 | 2 | 2 | 0 | ? |
| ㉣ | ? | ? | ? | ? | 4 |
| ㉤ | ? | 1 | 1 | ? | 1 |

이에 대한 옳은 설명만을 〈보기〉에서 있는 대로 고른 것은? (단, 제시된 염색체 비분리 이외의 돌연변이와 교차는 고려하지 않으며, A, a, B, b, D, d 각각의 1개당 DNA 상대량은 1이다.) [3점]

보기
ㄱ. ㉠은 Ⅲ이다.
ㄴ. ⓐ+ⓑ=3이다.
ㄷ. V의 염색체 수는 24이다.

① ㄱ  ② ㄴ  ③ ㄷ
④ ㄱ, ㄴ  ⑤ ㄴ, ㄷ

## 17 ★★☆

| 2023년 10월 교육청 20번 |

다음은 어떤 집안의 유전 형질 (가)와 (나)에 대한 자료이다.

- (가)는 대립유전자 A와 a에 의해, (나)는 대립유전자 B와 b에 의해 결정된다. A는 a에 대해, B는 b에 대해 각각 완전 우성이다.
- (가)와 (나)의 유전자 중 1개는 상염색체에 있고, 나머지 1개는 X 염색체에 있다.
- 가계도는 구성원 1~7에게서 (가)와 (나)의 발현 여부를 나타낸 것이다.

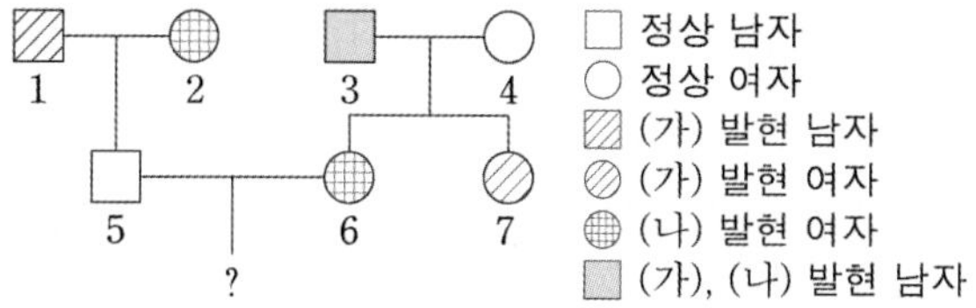

1
2
3
4
5
6
7
?
정상 남자
정상 여자
(가) 발현 남자
(가) 발현 여자
(나) 발현 여자
(가), (나) 발현 남자


- 표는 구성원 2, 3, 5, 7의 체세포 1개당 A와 b의 DNA 상대량을 더한 값을 나타낸 것이다. ⓐ~ⓒ는 1, 2, 3을 순서 없이 나타낸 것이다.

| 구성원 | 2 | 3 | 5 | 7 |
|---|---|---|---|---|
| A와 b의 DNA 상대량을 더한 값 | ⓐ | ⓑ | ⓒ | ⓐ |

이에 대한 옳은 설명만을 〈보기〉에서 있는 대로 고른 것은? (단, 돌연변이와 교차는 고려하지 않으며, A, a, B, b 각각의 1개당 DNA 상대량은 1이다.) [3점]

보기
ㄱ. (나)는 우성 형질이다.
ㄴ. 1의 체세포 1개당 a와 B의 DNA 상대량을 더한 값은 ⓐ이다.
ㄷ. 5와 6 사이에서 아이가 태어날 때, 이 아이에게서 (가)와 (나) 중 (가)만 발현될 확률은 $\frac{1}{4}$이다.

① ㄱ　② ㄴ　③ ㄱ, ㄷ　④ ㄴ, ㄷ　⑤ ㄱ, ㄴ, ㄷ

## 18 ★★☆

| 2023년 7월 교육청 10번 |

다음은 어떤 가족의 유전 형질 (가)와 (나)에 대한 자료이다.

- (가)는 2쌍의 대립유전자 A와 a, B와 b에 의해 결정되며, (가)의 유전자는 서로 다른 2개의 상염색체에 있다.
- (가)의 표현형은 유전자형에서 대문자로 표시되는 대립유전자 수에 의해서만 결정되며, 이 대립유전자의 수가 다르면 표현형이 다르다.
- (나)는 대립유전자 D와 d에 의해 결정되며, D는 d에 대해 완전 우성이다. (나)의 유전자는 (가)의 유전자와 서로 다른 상염색체에 있다.
- 어머니와 자녀 1은 (가)와 (나)의 표현형이 모두 같고, 아버지와 자녀 2는 (가)와 (나)의 표현형이 모두 같다.
- 표는 자녀 2를 제외한 나머지 가족 구성원의 체세포 1개당 대립유전자 ㉠~㉥의 DNA 상대량을 나타낸 것이다. ㉠~㉥은 A, a, B, b, D, d를 순서 없이 나타낸 것이다.

| 구성원 | DNA 상대량 | | | | | |
|---|---|---|---|---|---|---|
| | ㉠ | ㉡ | ㉢ | ㉣ | ㉤ | ㉥ |
| 아버지 | 2 | 0 | 1 | 0 | 2 | 1 |
| 어머니 | 0 | 1 | 0 | 2 | 1 | 2 |
| 자녀 1 | 1 | 1 | 1 | 1 | 1 | 1 |

- 자녀 2의 유전자형은 AaBBDd이다.

이에 대한 설명으로 옳은 것만을 〈보기〉에서 있는 대로 고른 것은? (단, 돌연변이와 교차는 고려하지 않으며, A, a, B, b, D, d 각각의 1개당 DNA 상대량은 1이다.) [3점]

보기
ㄱ. ㉠은 A이다.
ㄴ. ㉡과 ㉤은 (나)의 대립유전자이다.
ㄷ. 자녀 2의 동생이 태어날 때, 이 아이의 (가)와 (나)의 표현형이 모두 어머니와 같을 확률은 $\frac{1}{4}$이다.

① ㄱ　② ㄷ　③ ㄱ, ㄴ　④ ㄴ, ㄷ　⑤ ㄱ, ㄴ, ㄷ

## 19 ☆☆☆

다음은 어떤 집안의 유전 형질 (가)와 (나)에 대한 자료이다.

- (가)는 대립유전자 H와 h에 의해 결정되며, H는 h에 대해 완전 우성이다.
- (나)는 대립유전자 T와 t에 의해 결정되며, 유전자형이 다르면 표현형이 다르다. (나)의 표현형은 3가지이고, ㉠, ㉡, ㉢이다.
- (가)와 (나)의 유전자는 같은 상염색체에 있다.
- 그림은 구성원 1~9의 가계도를, 표는 1~9를 (가)와 (나)의 표현형에 따라 분류한 것이다. ⓐ~ⓓ는 2, 3, 4, 7을 순서 없이 나타낸 것이다.

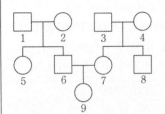

| 표현형 | | (가) | |
|---|---|---|---|
| | | 발현됨 | 발현 안 됨 |
| (나) | ㉠ | 6, ⓐ | 8, ⓑ |
| | ㉡ | 1, ⓒ | 5 |
| | ㉢ | ⓓ | 9 |

- 3과 6은 각각 h와 T를 모두 갖는 생식세포를 형성할 수 있다.

이에 대한 설명으로 옳은 것만을 〈보기〉에서 있는 대로 고른 것은? (단, 돌연변이와 교차는 고려하지 않는다.) [3점]

〈보기〉
ㄱ. ⓐ는 7이다.
ㄴ. (나)의 표현형이 ㉠인 사람의 유전자형은 TT이다.
ㄷ. 9의 동생이 태어날 때, 이 아이의 (가)와 (나)의 표현형이 모두 3과 같을 확률은 $\frac{1}{4}$이다.

① ㄱ　　　　② ㄴ　　　　③ ㄷ
④ ㄱ, ㄴ　　　⑤ ㄱ, ㄷ

## 20 ☆☆☆

다음은 어떤 가족의 유전 형질 (가)~(다)에 대한 자료이다.

- (가)는 대립유전자 A와 a에 의해, (나)는 대립유전자 B와 b에 의해, (다)는 대립유전자 D와 d에 의해 결정된다.
- 그림은 아버지와 어머니의 체세포에 들어 있는 일부 염색체와 유전자를 나타낸 것이다. ㉮~㉱는 각각 ㉮'~㉱'의 상동 염색체이다.

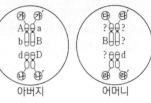

- 표는 이 가족 구성원의 세포 Ⅰ~Ⅳ에서 염색체 ㉠~㉣의 유무와 A, b, D의 DNA 상대량을 더한 값(A+b+D)을 나타낸 것이다. ㉠~㉣은 ㉮~㉱를 순서 없이 나타낸 것이다.

| 구성원 | 세포 | 염색체 | | | | A+b+D |
|---|---|---|---|---|---|---|
| | | ㉠ | ㉡ | ㉢ | ㉣ | |
| 아버지 | Ⅰ | ○ | × | × | × | 0 |
| 어머니 | Ⅱ | × | ○ | × | ○ | 3 |
| 자녀 1 | Ⅲ | ○ | × | ○ | ○ | 3 |
| 자녀 2 | Ⅳ | ○ | × | × | ○ | 3 |

(○: 있음, ×: 없음)

- 감수 분열 시 부모 중 한 사람에게서만 염색체 비분리가 1회 일어나 염색체 수가 비정상적인 생식세포 ⓐ가 형성되었다. ⓐ와 정상 생식세포가 수정되어 자녀 2가 태어났다.
- 자녀 2를 제외한 이 가족 구성원의 핵형은 모두 정상이다.

이에 대한 설명으로 옳은 것만을 〈보기〉에서 있는 대로 고른 것은? (단, 제시된 돌연변이 이외의 돌연변이와 교차는 고려하지 않으며, A, a, B, b, D, d 각각의 1개당 DNA 상대량은 1이다.) [3점]

〈보기〉
ㄱ. ㉡은 ㉱이다.
ㄴ. 어머니의 (가)~(다)에 대한 유전자형은 AABBDd이다.
ㄷ. ⓐ는 감수 2분열에서 염색체 비분리가 일어나 형성된 난자이다.

① ㄱ　　　　② ㄷ　　　　③ ㄱ, ㄴ
④ ㄴ, ㄷ　　　⑤ ㄱ, ㄴ, ㄷ

# 21 ☆☆☆

다음은 사람의 유전 형질 (가)와 (나)에 대한 자료이다.

- (가)와 (나)의 유전자는 서로 다른 상염색체에 있다.
- (가)는 1쌍의 대립유전자에 의해 결정되며, 대립유전자에는 A, B, D가 있다. A는 B와 D에 대해, B는 D에 대해 각각 완전 우성이다.
- (나)는 서로 다른 상염색체에 있는 2쌍의 대립유전자 E와 e, F와 f에 의해 결정된다. (나)의 표현형은 유전자형에서 대문자로 표시되는 대립유전자의 수에 의해서만 결정되며, 이 대립유전자의 수가 다르면 표현형이 다르다.
- 표는 사람 I~IV에서 성별, (가)와 (나)의 유전자형을 나타낸 것이다.

  | 사람 | 성별 | 유전자형 |
  |------|------|----------|
  | I | 남 | ABEeFf |
  | II | 남 | ADEeFf |
  | III | 여 | BDEEff |
  | IV | 여 | DDEeFF |

- P와 Q 사이에서 ⓐ가 태어날 때, ⓐ에게서 나타날 수 있는 (가)와 (나)의 표현형은 최대 9가지이다.
- R와 S 사이에서 ⓑ가 태어날 때, ⓑ에게서 나타날 수 있는 (가)와 (나)의 표현형은 최대 ㉠가지이다.
- P와 R는 I과 II를 순서 없이 나타낸 것이고, Q와 S는 III과 IV를 순서 없이 나타낸 것이다.

이에 대한 설명으로 옳은 것만을 〈보기〉에서 있는 대로 고른 것은? (단, 돌연변이는 고려하지 않는다.)

┌ 보기 ┐
ㄱ. (가)의 유전은 단일 인자 유전이다.
ㄴ. ㉠은 6이다.
ㄷ. ⓑ의 (가)와 (나)의 표현형이 모두 R와 같을 확률은 $\frac{3}{8}$이다.

① ㄱ  　　② ㄴ  　　③ ㄱ, ㄷ
④ ㄴ, ㄷ  　　⑤ ㄱ, ㄴ, ㄷ

# 22 ☆☆☆

다음은 어떤 가족의 유전 형질 (가)~(다)에 대한 자료이다.

- (가)는 대립유전자 A와 a에 의해, (나)는 대립유전자 B와 b에 의해, (다)는 대립유전자 D와 d에 의해 결정된다.
- (가)~(다)의 유전자 중 2개는 7번 염색체에, 나머지 1개는 X 염색체에 있다.
- 표는 이 가족 구성원 ㉠~㉤의 성별, 체세포 1개에 들어 있는 A, b, D의 DNA 상대량을 나타낸 것이다. ㉠~㉤은 아버지, 어머니, 자녀 1, 자녀 2, 자녀 3을 순서 없이 나타낸 것이다.

  | 구성원 | 성별 | DNA 상대량 A | b | D |
  |--------|------|---|---|---|
  | ㉠ | 여 | 1 | 1 | 1 |
  | ㉡ | 여 | 2 | 2 | 0 |
  | ㉢ | 남 | 1 | 0 | 2 |
  | ㉣ | 남 | 2 | 0 | 2 |
  | ㉤ | 남 | 2 | 1 | 1 |

- ㉠~㉤의 핵형은 모두 정상이다. 자녀 1과 2는 각각 정상 정자와 정상 난자가 수정되어 태어났다.
- 자녀 3은 염색체 수가 비정상적인 정자 ⓐ와 염색체 수가 비정상적인 난자 ⓑ가 수정되어 태어났으며, ⓐ와 ⓑ의 형성 과정에서 각각 염색체 비분리가 1회 일어났다.

이에 대한 설명으로 옳은 것만을 〈보기〉에서 있는 대로 고른 것은? (단, 제시된 염색체 비분리 이외의 돌연변이와 교차는 고려하지 않으며, A, a, B, b, D, d 각각의 1개당 DNA 상대량은 1이다.)

[3점]

┌ 보기 ┐
ㄱ. (나)의 유전자는 X 염색체에 있다.
ㄴ. 어머니에게서 A, b, d를 모두 갖는 난자가 형성될 수 있다.
ㄷ. ⓐ의 형성 과정에서 염색체 비분리는 감수 1분열에서 일어났다.

① ㄱ  　　② ㄷ  　　③ ㄱ, ㄴ
④ ㄴ, ㄷ  　　⑤ ㄱ, ㄴ, ㄷ

다음은 어떤 집안의 유전 형질 (가)와 (나)에 대한 자료이다.

- (가)는 대립유전자 H와 h에 의해, (나)는 대립유전자 T와 t에 의해 결정된다. H는 h에 대해, T는 t에 대해 각각 완전 우성이다.
- (가)와 (나)의 유전자는 서로 다른 상염색체에 있다.
- 가계도는 구성원 1~6에게서 (가)와 (나)의 발현 여부를 나타낸 것이다.

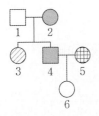

□ 정상 남자
○ 정상 여자
⊘ (가) 발현 여자
⊞ (나) 발현 여자
■ (가), (나) 발현 남자
● (가), (나) 발현 여자

- 표는 구성원 3, 4, 5에서 체세포 1개당 H와 T의 DNA 상대량을 더한 값을 나타낸 것이다. ㉠~㉢은 0, 1, 2를 순서 없이 나타낸 것이다.

| 구성원 | 3 | 4 | 5 |
|---|---|---|---|
| H와 T의 DNA 상대량을 더한 값 | ㉠ | ㉡ | ㉢ |

이에 대한 설명으로 옳은 것만을 〈보기〉에서 있는 대로 고른 것은? (단, 돌연변이는 고려하지 않으며, H, h, T, t 각각의 1개당 DNA 상대량은 1이다.)

보기
ㄱ. (가)는 우성 형질이다.
ㄴ. 1에서 체세포 1개당 h의 DNA 상대량은 ㉡이다.
ㄷ. 6의 동생이 태어날 때, 이 아이에게서 (가)와 (나)가 모두 발현될 확률은 $\frac{1}{8}$이다.

① ㄱ          ② ㄴ          ③ ㄷ
④ ㄱ, ㄴ       ⑤ ㄴ, ㄷ

다음은 사람의 유전 형질 (가)에 대한 자료이다.

- 상염색체에 있는 1쌍의 대립유전자에 의해 결정된다. 대립유전자에는 A, B, D가 있으며, 표현형은 4가지이다.
- 유전자형이 AA인 사람과 AB인 사람은 표현형이 같고, 유전자형이 AD인 사람과 DD인 사람은 표현형이 다르다.
- 유전자형이 AB인 아버지와 BD인 어머니 사이에서 ㉠이 태어날 때, ㉠의 표현형이 아버지와 같을 확률과 어머니와 같을 확률은 각각 $\frac{1}{4}$이다.
- 유전자형이 BD인 아버지와 AD인 어머니 사이에서 ㉡이 태어날 때, ㉡에서 나타날 수 있는 표현형은 최대 ⓐ가지이다.

이에 대한 옳은 설명만을 〈보기〉에서 있는 대로 고른 것은? (단, 돌연변이는 고려하지 않는다.) [3점]

보기
ㄱ. (가)는 복대립 유전 형질이다.
ㄴ. A는 D에 대해 완전 우성이다.
ㄷ. ⓐ는 3이다.

① ㄱ          ② ㄷ          ③ ㄱ, ㄴ
④ ㄱ, ㄷ       ⑤ ㄴ, ㄷ

## 25 ☆☆☆ | 2023년 3월 교육청 17번 |

다음은 어떤 집안의 유전 형질 (가)와 (나)에 대한 자료이다.

- (가)는 1쌍의 대립유전자 A와 a에 의해 결정되며, A는 a에 대해 완전 우성이다.
- (나)는 1쌍의 대립유전자에 의해 결정되며, 대립유전자에는 E, F, G가 있다. E는 F와 G에 대해, F는 G에 대해 각각 완전 우성이며, (나)의 표현형은 3가지이다.
- 가계도는 구성원 1~8에서 (가)의 발현 여부를 나타낸 것이다.

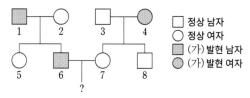

□ 정상 남자
○ 정상 여자
■ (가) 발현 남자
● (가) 발현 여자

- 표는 5~8에서 체세포 1개당 F의 DNA 상대량을 나타낸 것이다.

| 구성원 | 5 | 6 | 7 | 8 |
|---|---|---|---|---|
| F의 DNA 상대량 | 1 | 2 | 0 | 2 |

- 5와 7에서 (나)의 표현형은 같다.
- 5, 6, 7 각각의 체세포 1개당 A의 DNA 상대량을 더한 값은 5, 6, 7 각각의 체세포 1개당 G의 DNA 상대량을 더한 값과 같다.

이에 대한 옳은 설명만을 〈보기〉에서 있는 대로 고른 것은? (단, 돌연변이와 교차는 고려하지 않으며, A, a, E, F, G 각각의 1개당 DNA 상대량은 1이다.) [3점]

보기
ㄱ. (가)는 우성 형질이다.
ㄴ. (가)의 유전자는 (나)의 유전자와 같은 염색체에 있다.
ㄷ. 6과 7 사이에서 아이가 태어날 때, 이 아이에서 (가)와 (나)의 표현형이 모두 7과 같을 확률은 $\frac{1}{4}$이다.

① ㄱ          ② ㄴ          ③ ㄷ
④ ㄱ, ㄷ       ⑤ ㄴ, ㄷ

## 26 ☆☆☆ | 2023년 3월 교육청 19번 |

다음은 사람의 유전 형질 (가)에 대한 자료이다.

- 서로 다른 3개의 상염색체에 있는 3쌍의 대립유전자 A와 a, B와 b, D와 d에 의해 결정된다.
- 표는 사람 P의 세포 I~III 각각에 들어 있는 A, a, B, b, D, d의 DNA 상대량을 나타낸 것이다. ㉠과 ㉡은 1과 2를 순서 없이 나타낸 것이다.

| 세포 | DNA 상대량 | | | | | |
|---|---|---|---|---|---|---|
| | A | a | B | b | D | d |
| I | ㉠ | 1 | 0 | 2 | ? | ㉠ |
| II | 1 | 0 | ? | ㉡ | ㉠ | 0 |
| III | ? | ㉡ | 0 | ? | 0 | ㉡ |

- I~III 중 2개에는 돌연변이가 일어난 염색체가 없고, 나머지에는 중복이 일어나 대립유전자 ⓐ의 DNA 상대량이 증가한 염색체가 있다. ⓐ는 A와 b 중 하나이다.

이에 대한 옳은 설명만을 〈보기〉에서 있는 대로 고른 것은? (단, 제시된 돌연변이 이외의 돌연변이와 교차는 고려하지 않으며, A, a, B, b, D, d 각각의 1개당 DNA 상대량은 1이다.) [3점]

보기
ㄱ. ㉠은 2이다.
ㄴ. ⓐ는 b이다.
ㄷ. P에서 (가)의 유전자형은 AaBbDd이다.

① ㄱ          ② ㄴ          ③ ㄷ
④ ㄱ, ㄴ       ⑤ ㄴ, ㄷ

다음은 사람의 유전 형질 (가)와 (나)에 대한 자료이다.

- (가)는 3쌍의 대립유전자 A와 a, B와 b, D와 d에 의해 결정된다.
- (가)의 표현형은 유전자형에서 대문자로 표시되는 대립유전자의 수에 의해서만 결정되고, 이 대립유전자의 수가 다르면 표현형이 다르다.
- (나)는 1쌍의 대립유전자에 의해 결정되고, 대립유전자에는 E, F, G가 있다. 각 대립유전자 사이의 우열 관계는 분명하고, (나)의 유전자형이 FF인 사람과 FG인 사람은 (나)의 표현형이 같다.
- 그림은 남자 ㉠과 여자 ㉡의 세포에 있는 일부 염색체와 유전자를 나타낸 것이다.

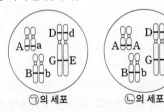
㉠의 세포   ㉡의 세포

- ㉠과 ㉡ 사이에서 ⓐ가 태어날 때, ⓐ에게서 (가)와 (나)의 표현형이 모두 ㉠과 같을 확률은 $\frac{3}{32}$이다.

ⓐ에게서 (가)와 (나)의 표현형이 모두 ㉡과 같을 확률은? (단, 돌연변이와 교차는 고려하지 않는다.)

① $\frac{1}{32}$   ② $\frac{1}{16}$   ③ $\frac{3}{32}$

④ $\frac{1}{8}$   ⑤ $\frac{3}{16}$

다음은 어떤 가족의 ABO식 혈액형과 적록 색맹에 대한 자료이다.

- 표는 구성원의 성별과 각각의 혈청을 자녀 1의 적혈구와 혼합했을 때 응집 여부를 나타낸 것이다. ⓐ와 ⓑ는 각각 '응집됨'과 '응집 안 됨' 중 하나이다.

| 구성원 | 성별 | 응집 여부 |
|---|---|---|
| 아버지 | 남 | ⓐ |
| 어머니 | 여 | ⓐ |
| 자녀 1 | 남 | 응집 안 됨 |
| 자녀 2 | 여 | ⓑ |
| 자녀 3 | 여 | ⓑ |

- 아버지, 어머니, 자녀 2, 자녀 3의 ABO식 혈액형은 서로 다르고, 자녀 1의 ABO식 혈액형은 A형이다.
- 구성원의 핵형은 모두 정상이다.
- 구성원 중 자녀 2만 적록 색맹이 나타난다.
- 자녀 2는 정자 Ⅰ과 난자 Ⅱ가 수정되어 태어났고, 자녀 3은 정자 Ⅲ과 난자 Ⅳ가 수정되어 태어났다. Ⅰ~Ⅳ가 형성될 때 각각 염색체 비분리가 1회 일어났다.
- 세포 1개당 염색체 수는 Ⅰ과 Ⅲ이 같다.

이에 대한 옳은 설명만을 〈보기〉에서 있는 대로 고른 것은? (단, ABO식 혈액형 이외의 혈액형은 고려하지 않으며, 제시된 돌연변이 이외의 돌연변이는 고려하지 않는다.) [3점]

보기
ㄱ. 세포 1개당 X 염색체 수는 Ⅲ이 Ⅰ보다 크다.
ㄴ. 아버지의 ABO식 혈액형은 A형이다.
ㄷ. Ⅳ가 형성될 때 염색체 비분리는 감수 2분열에서 일어났다.

① ㄱ   ② ㄴ   ③ ㄱ, ㄷ
④ ㄴ, ㄷ   ⑤ ㄱ, ㄴ, ㄷ

## 29 ☆☆☆ | 2022년 10월 교육청 19번 |

다음은 어떤 집안의 유전 형질 (가)~(다)에 대한 자료이다.

- (가)는 대립유전자 A와 a에 의해, (나)는 대립유전자 B와 b에 의해, (다)는 대립유전자 D와 d에 의해 결정된다. A는 a에 대해, B는 b에 대해, D는 d에 대해 각각 완전 우성이다.
- (가)~(다)의 유전자 중 2개는 X 염색체에, 나머지 1개는 상염색체에 있다.
- 가계도는 구성원 ⓐ와 ⓑ를 제외한 구성원 1~6에게서 (가)~(다)의 발현 여부를 나타낸 것이다.

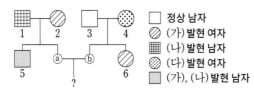

정상 남자
⊘ (가) 발현 여자
▦ (나) 발현 남자
⊛ (다) 발현 여자
▨ (가), (나) 발현 남자

- 표는 5, ⓐ, ⓑ, 6에서 체세포 1개당 대립유전자 ⊙~ⓒ의 DNA 상대량을 나타낸 것이다. ⊙~ⓒ은 각각 A, B, d 중 하나이다.

| 구성원 | | 5 | ⓐ | ⓑ | 6 |
|---|---|---|---|---|---|
| DNA 상대량 | ⊙ | 1 | 2 | 0 | 2 |
| | ⓛ | 0 | 1 | 1 | 0 |
| | ⓒ | 0 | 1 | 1 | 1 |

이에 대한 옳은 설명만을 〈보기〉에서 있는 대로 고른 것은? (단, 돌연변이와 교차는 고려하지 않으며, A, a, B, b, D, d 각각의 1개당 DNA 상대량은 1이다.) [3점]

보기
ㄱ. (다)는 우성 형질이다.
ㄴ. 3은 ⓛ과 ⓒ을 모두 갖는다.
ㄷ. ⓐ와 ⓑ 사이에서 아이가 태어날 때, 이 아이에게서 (가)~(다) 중 (가)만 발현될 확률은 $\frac{1}{16}$이다.

① ㄱ   ② ㄷ   ③ ㄱ, ㄴ
④ ㄴ, ㄷ   ⑤ ㄱ, ㄴ, ㄷ

## 30 ☆☆☆ | 2022년 7월 교육청 10번 |

다음은 사람의 유전 형질 ⊙에 대한 자료이다.

- ⊙을 결정하는 3개의 유전자는 각각 대립유전자 A와 a, B와 b, D와 d를 갖는다.
- ⊙의 유전자 중 A와 a, B와 b는 상염색체에, D와 d는 X 염색체에 있다.
- ⊙의 표현형은 유전자형에서 대문자로 표시되는 대립유전자의 수에 의해서만 결정되며, 이 대립유전자의 수가 다르면 표현형이 다르다.
- 그림은 철수네 가족에서 아버지의 생식세포에 들어 있는 일부 염색체와 유전자를, 표는 이 가족의 ⊙의 유전자형에서 대문자로 표시되는 대립유전자의 수를 나타낸 것이다. ⓐ~ⓒ는 아버지, 어머니, 누나를 순서 없이 나타낸 것이다.

| 구성원 | ⊙의 유전자형에서 대문자로 표시되는 대립유전자의 수 |
|---|---|
| ⓐ | 4 |
| ⓑ | 3 |
| ⓒ | 2 |
| 철수 | 0 |

이에 대한 설명으로 옳은 것만을 〈보기〉에서 있는 대로 고른 것은? (단, 돌연변이는 고려하지 않는다.) [3점]

보기
ㄱ. 어머니는 ⓑ이다.
ㄴ. 누나의 체세포에는 a와 b가 모두 있다.
ㄷ. 철수의 동생이 태어날 때, 이 아이의 ⊙에 대한 표현형이 아버지와 같을 확률은 $\frac{5}{16}$이다.

① ㄱ   ② ㄴ   ③ ㄱ, ㄷ
④ ㄴ, ㄷ   ⑤ ㄱ, ㄴ, ㄷ

다음은 어떤 집안의 유전 형질 (가)와 (나)에 대한 자료이다.

- (가)는 대립유전자 A와 a에 의해, (나)는 대립유전자 B와 b에 의해 결정된다. A는 a에 대해, B는 b에 대해 각각 완전 우성이다.
- 가계도는 구성원 1~8에게서 (가)와 (나)의 발현 여부를 나타낸 것이다.

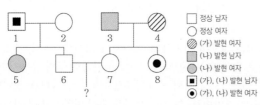

정상 남자 □
정상 여자 ○
(가) 발현 여자 ▨
(나) 발현 남자 ▦
(나) 발현 여자 ●(회색)
(가), (나) 발현 남자 ■
(가), (나) 발현 여자 ◉

- 표는 구성원 Ⅰ~Ⅲ에서 체세포 1개당 ㉠과 ㉢, ㉡과 ㉣의 DNA 상대량을 각각 더한 값을 나타낸 것이다. Ⅰ~Ⅲ은 3, 6, 8을 순서 없이 나타낸 것이고, ㉠과 ㉡은 A와 a를, ㉢과 ㉣은 B와 b를 각각 순서 없이 나타낸 것이다.

| 구성원 | Ⅰ | Ⅱ | Ⅲ |
|---|---|---|---|
| ㉠과 ㉢의 DNA 상대량을 더한 값 | 3 | 1 | 2 |
| ㉡과 ㉣의 DNA 상대량을 더한 값 | 0 | 3 | 1 |

이에 대한 설명으로 옳은 것만을 〈보기〉에서 있는 대로 고른 것은? (단, 돌연변이와 교차는 고려하지 않으며, A, a, B, b 각각의 1개당 DNA 상대량은 1이다.) [3점]

보기
ㄱ. (가)는 우성 형질이다.
ㄴ. 1과 5의 체세포 1개당 b의 DNA 상대량은 같다.
ㄷ. 6과 7 사이에서 아이가 태어날 때, 이 아이에게서 (가)와 (나) 중 한 형질만 발현될 확률은 $\frac{3}{4}$이다.

① ㄱ          ② ㄴ          ③ ㄱ, ㄷ
④ ㄴ, ㄷ      ⑤ ㄱ, ㄴ, ㄷ

다음은 어떤 가족의 유전 형질 (가)와 (나)에 대한 자료이다.

- (가)는 대립유전자 A와 a에 의해 결정되며, 유전자형이 다르면 표현형이 다르다.
- (나)는 1쌍의 대립유전자에 의해 결정되며 대립유전자에는 B, D, E, F가 있다. B, D, E, F 사이의 우열 관계는 분명하다.
- (나)의 표현형은 4가지이며, ㉠, ㉡, ㉢, ㉣이다.
- (나)에서 유전자형이 BF, DF, EF, FF인 개체의 표현형은 같고, 유전자형이 BE, DE, EE인 개체의 표현형은 같고, 유전자형이 BD, DD인 개체의 표현형은 같다.
- (가)와 (나)의 유전자는 같은 상염색체에 있다.
- 표는 아버지, 어머니, 자녀 Ⅰ~Ⅳ에서 (나)에 대한 표현형과 체세포 1개당 A의 DNA 상대량을 나타낸 것이다.

| 구분 | 아버지 | 어머니 | 자녀 Ⅰ | 자녀 Ⅱ | 자녀 Ⅲ | 자녀 Ⅳ |
|---|---|---|---|---|---|---|
| (나)에 대한 표현형 | ㉠ | ㉡ | ㉠ | ㉠ | ㉢ | ㉣ |
| A의 DNA 상대량 | ? | 1 | 2 | ? | 1 | 0 |

- 자녀 Ⅳ는 생식세포 형성 과정에서 대립유전자 @가 결실된 염색체를 가진 정자와 정상 난자가 수정되어 태어났다. @는 B, D, E, F 중 하나이다.

이에 대한 설명으로 옳은 것만을 〈보기〉에서 있는 대로 고른 것은? (단, 제시된 돌연변이 이외의 돌연변이와 교차는 고려하지 않으며, A, a 각각의 1개당 DNA 상대량은 1이다.) [3점]

보기
ㄱ. @는 E이다.
ㄴ. 자녀 Ⅱ의 (가)에 대한 유전자형은 aa이다.
ㄷ. 자녀 Ⅳ의 동생이 태어날 때, 이 아이의 (가)와 (나)에 대한 표현형이 모두 아버지와 같을 확률은 $\frac{1}{4}$이다.

① ㄱ          ② ㄴ          ③ ㄷ
④ ㄱ, ㄴ      ⑤ ㄱ, ㄷ

## 33 ☆☆☆ | 2022년 4월 **교육청** 13번 |

다음은 사람의 유전 형질 (가)에 대한 자료이다.

- (가)는 서로 다른 2개의 상염색체에 있는 3쌍의 대립유전자 A와 a, B와 b, D와 d에 의해 결정되며, A, a, B, b는 7번 염색체에 있다.
- (가)의 표현형은 ㉠ 유전자형에서 대문자로 표시되는 대립유전자의 수에 의해서만 결정되며, 이 대립유전자의 수가 다르면 표현형이 다르다.
- 남자 P의 ㉠과 여자 Q의 ㉠의 합은 6이다. P는 d를 갖는다.
- P와 Q 사이에서 ⓐ가 태어날 때, ⓐ에게서 나타날 수 있는 표현형은 최대 3가지이고, ⓐ가 가질 수 있는 ㉠은 1, 3, 5 중 하나이다.

이에 대한 설명으로 옳은 것만을 〈보기〉에서 있는 대로 고른 것은? (단, 돌연변이와 교차는 고려하지 않는다.)

┌ 보기 ┐
ㄱ. (가)의 유전은 다인자 유전이다.
ㄴ. $\dfrac{\text{P의 ㉠}}{\text{Q의 ㉠}}$ 은 2이다.
ㄷ. ⓐ의 ㉠이 3일 확률은 $\dfrac{1}{4}$ 이다.
└──────┘

① ㄱ      ② ㄴ      ③ ㄱ, ㄷ
④ ㄴ, ㄷ      ⑤ ㄱ, ㄴ, ㄷ

## 34 ☆☆☆ | 2022년 4월 **교육청** 18번 |

다음은 어떤 집안의 유전 형질 (가), (나), ABO식 혈액형에 대한 자료이다.

- (가)는 대립유전자 G와 g에 의해, (나)는 대립유전자 H와 h에 의해 결정된다. G는 g에 대해, H는 h에 대해 각각 완전 우성이다.
- (가), (나), ABO식 혈액형의 유전자 중 2개는 9번 염색체에, 나머지 1개는 X 염색체에 있다.
- 가계도는 구성원 ⓐ를 제외한 구성원 1~9에게서 (가)와 (나)의 발현 여부를 나타낸 것이다.

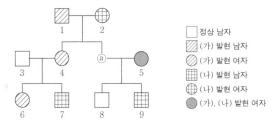

정상 남자 □
(가) 발현 남자 ▨
(가) 발현 여자 ◪
(나) 발현 남자 ▦
(나) 발현 여자 ⊞
(가), (나) 발현 여자 ●

- ⓐ, 5, 8, 9의 혈액형은 각각 서로 다르다.
- 1, 5, 6은 모두 A형이고, 3과 7의 혈액형은 8과 같다.

이에 대한 설명으로 옳은 것만을 〈보기〉에서 있는 대로 고른 것은? (단, 돌연변이와 교차는 고려하지 않는다.) [3점]

┌ 보기 ┐
ㄱ. (가)의 유전자는 X 염색체에 있다.
ㄴ. ⓐ는 1과 (나)의 유전자형이 같다.
ㄷ. 7의 동생이 태어날 때, 이 아이의 (가), (나), ABO식 혈액형의 표현형이 모두 4와 같을 확률은 $\dfrac{1}{4}$ 이다.
└──────┘

① ㄱ      ② ㄴ      ③ ㄷ
④ ㄱ, ㄴ      ⑤ ㄱ, ㄷ

다음은 어떤 가족의 유전 형질 (가)에 대한 자료이다.

- (가)는 상염색체에 있는 한 쌍의 대립유전자에 의해 결정되며, 대립유전자에는 D, E, F가 있다.
- D는 E, F에 대해, E는 F에 대해 각각 완전 우성이다.
- 표는 이 가족 구성원의 (가)의 3가지 표현형 ⓐ~ⓒ와 체세포 1개당 ㉠~㉢의 DNA 상대량을 나타낸 것이다. ㉠, ㉡, ㉢은 D, E, F를 순서 없이 나타낸 것이다.

| 구성원 | | 아버지 | 어머니 | 자녀 1 | 자녀 2 | 자녀 3 |
|---|---|---|---|---|---|---|
| 표현형 | | ⓐ | ⓑ | ⓐ | ⓑ | ⓒ |
| DNA 상대량 | ㉠ | 1 | 1 | 0 | 2 | 2 |
| | ㉡ | 1 | 0 | ? | 0 | ? |
| | ㉢ | 0 | ? | 1 | ? | 0 |

- 정상 난자와 생식세포 형성 과정에서 염색체 비분리가 1회 일어나 형성된 정자 P가 수정되어 자녀 ㉮가 태어났다. ㉮는 자녀 1~3 중 하나이다.

이에 대한 설명으로 옳은 것만을 〈보기〉에서 있는 대로 고른 것은? (단, 제시된 염색체 비분리 이외의 돌연변이와 교차는 고려하지 않으며, D, E, F 각각의 1개당 DNA 상대량은 1이다.) [3점]

보기
ㄱ. ㉡은 D이다.
ㄴ. 자녀 2에서 체세포 1개당 ㉢의 DNA 상대량은 0이다.
ㄷ. P가 형성될 때 염색체 비분리는 감수 1분열에서 일어났다.

① ㄱ      ② ㄴ      ③ ㄱ, ㄷ
④ ㄴ, ㄷ      ⑤ ㄱ, ㄴ, ㄷ

다음은 사람의 유전 형질 (가)에 대한 자료이다.

- (가)는 서로 다른 상염색체에 있는 2쌍의 대립유전자 D와 d, E와 e에 의해 결정된다.
- (가)의 표현형은 유전자형에서 대문자로 표시되는 대립유전자의 수에 의해서만 결정되며, 이 대립유전자의 수가 다르면 표현형이 다르다.
- 그림은 남자 P의 체세포와 여자 Q의 체세포에 들어 있는 일부 염색체와 유전자를 나타낸 것이다. ㉠은 E와 e 중 하나이다.

P의 체세포            Q의 체세포

- P와 Q 사이에서 ⓐ가 태어날 때, ⓐ가 유전자형이 DdEe인 사람과 (가)의 표현형이 같을 확률은 $\frac{1}{4}$이다.

이에 대한 옳은 설명만을 〈보기〉에서 있는 대로 고른 것은? (단, 돌연변이는 고려하지 않는다.)

보기
ㄱ. (가)는 다인자 유전 형질이다.
ㄴ. ㉠은 E이다.
ㄷ. ⓐ의 (가)의 표현형이 P와 같을 확률은 $\frac{1}{4}$이다.

① ㄱ      ② ㄷ      ③ ㄱ, ㄴ
④ ㄴ, ㄷ      ⑤ ㄱ, ㄴ, ㄷ

# 37 ★★☆

다음은 어떤 집안의 유전 형질 (가)와 (나)에 대한 자료이다.

- (가)는 대립유전자 H와 h에 의해, (나)는 대립유전자 T와 t에 의해 결정된다. H는 h에 대해, T는 t에 대해 각각 완전 우성이다.
- (가)와 (나) 중 하나는 우성 형질이고, 다른 하나는 열성 형질이다.
- (가)의 유전자와 (나)의 유전자 중 하나는 상염색체에 있고, 다른 하나는 X 염색체에 있다.
- 가계도는 구성원 1~8에게서 (가)와 (나)의 발현 여부를 나타낸 것이다.

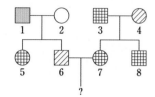

- ○ 정상 여자
- ▨ (가) 발현 남자
- ◪ (가) 발현 여자
- ▦ (나) 발현 남자
- ⊕ (나) 발현 여자
- ▩ (가), (나) 발현 남자

이에 대한 옳은 설명만을 〈보기〉에서 있는 대로 고른 것은? (단, 돌연변이는 고려하지 않는다.) [3점]

보기
ㄱ. (가)는 우성 형질이다.
ㄴ. (나)의 유전자는 상염색체에 있다.
ㄷ. 6과 7 사이에서 아이가 태어날 때, 이 아이에게서 (가)와 (나)가 모두 발현될 확률은 $\frac{1}{2}$이다.

① ㄱ      ② ㄴ      ③ ㄱ, ㄷ
④ ㄴ, ㄷ      ⑤ ㄱ, ㄴ, ㄷ

# 38 ★★☆

다음은 어떤 가족의 유전 형질 (가)와 (나)에 대한 자료이다.

- (가)는 대립유전자 A와 a에 의해, (나)는 대립유전자 B와 b에 의해 결정된다. A는 a에 대해, B는 b에 대해 각각 완전 우성이다.
- (가)와 (나)의 유전자는 모두 X 염색체에 있다.
- 표는 가족 구성원의 성별, (가)와 (나)의 발현 여부를 나타낸 것이다.

| 구분 | 아버지 | 어머니 | 자녀 1 | 자녀 2 | 자녀 3 |
|------|--------|--------|--------|--------|--------|
| 성별 | 남 | 여 | 여 | 남 | 남 |
| (가) | ? | × | ○ | ○ | × |
| (나) | ○ | × | ○ | × | ○ |

(○: 발현됨, ×: 발현 안 됨)

- 성염색체 비분리가 1회 일어나 형성된 생식세포 ⊙과 정상 생식세포가 수정되어 자녀 3이 태어났다.

이에 대한 옳은 설명만을 〈보기〉에서 있는 대로 고른 것은? (단, 제시된 돌연변이 이외의 돌연변이와 교차는 고려하지 않는다.) [3점]

보기
ㄱ. 아버지에게서 (가)가 발현되었다.
ㄴ. (나)는 우성 형질이다.
ㄷ. ⊙의 형성 과정에서 성염색체 비분리는 감수 1분열에서 일어났다.

① ㄱ      ② ㄷ      ③ ㄱ, ㄴ
④ ㄴ, ㄷ      ⑤ ㄱ, ㄴ, ㄷ

다음은 어떤 집안의 유전 형질 (가)와 (나)에 대한 자료이다.

- (가)는 대립유전자 A와 a에 의해, (나)는 대립유전자 B와 b에 의해 결정된다. A는 a에 대해, B는 b에 대해 각각 완전 우성이다.
- 가계도는 구성원 1~10에게서 (가)와 (나)의 발현 여부를 나타낸 것이다.

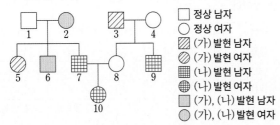

| | |
|---|---|
| □ | 정상 남자 |
| ○ | 정상 여자 |
| ▨ | (가) 발현 남자 |
| ◪ | (가) 발현 여자 |
| ▦ | (나) 발현 남자 |
| ⊕ | (나) 발현 여자 |
| ■ | (가), (나) 발현 남자 |
| ● | (가), (나) 발현 여자 |

- 1, 2, 3, 4 각각의 체세포 1개당 a의 DNA 상대량을 더한 값은 1, 2, 3, 4 각각의 체세포 1개당 b의 DNA 상대량을 더한 값과 같다.

이에 대한 옳은 설명만을 〈보기〉에서 있는 대로 고른 것은? (단, 돌연변이는 고려하지 않으며, a와 b 각각의 1개당 DNA 상대량은 1이다.)

┌─ 보기 ─
ㄱ. (가)는 열성 형질이다.
ㄴ. 4는 (가)와 (나)의 유전자형이 모두 이형 접합성이다.
ㄷ. 10의 동생이 태어날 때, 이 아이가 (가)와 (나)에 대해 모두 정상일 확률은 $\frac{1}{4}$이다.
└──────

① ㄱ　　　　② ㄴ　　　　③ ㄱ, ㄷ
④ ㄴ, ㄷ　　　⑤ ㄱ, ㄴ, ㄷ

다음은 어떤 가족의 유전 형질 (가)와 (나)에 대한 자료이다.

- (가)는 대립유전자 H와 h에 의해, (나)는 대립유전자 R와 r에 의해 결정된다. H는 h에 대해, R는 r에 대해 각각 완전 우성이다.
- (가)와 (나)의 유전자는 모두 X 염색체에 있다.
- (가)는 아버지와 아들 ⓐ에게서만, (나)는 ⓐ에게서만 발현되었다.
- 그림은 아버지의 $G_1$기 세포 Ⅰ로부터 정자가 형성되는 과정을, 표는 세포 ㉠~㉣에서 세포 1개당 H와 R의 DNA 상대량을 나타낸 것이다. ㉠~㉣은 Ⅰ~Ⅳ를 순서 없이 나타낸 것이다.

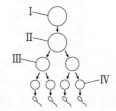

| 세포 | DNA 상대량 | |
|---|---|---|
| | H | R |
| ㉠ | 1 | 0 |
| ㉡ | ? | 1 |
| ㉢ | 2 | ? |
| ㉣ | 0 | ? |

- 그림과 같이 Ⅱ에서 전좌가 일어나 X 염색체에 있는 2개의 ㉮ 중 하나가 22번 염색체로 옮겨졌다. ㉮는 H와 R 중 하나이다.

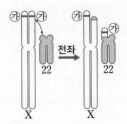

- ⓐ는 Ⅲ으로부터 형성된 정자와 정상 난자가 수정되어 태어났다.

이에 대한 옳은 설명만을 〈보기〉에서 있는 대로 고른 것은? (단, 제시된 돌연변이 이외의 돌연변이와 교차는 고려하지 않으며, H와 R 각각의 1개당 DNA 상대량은 1이다.) [3점]

┌─ 보기 ─
ㄱ. ㉠은 Ⅲ이다.
ㄴ. ㉮는 R이다.
ㄷ. ⓐ는 H와 h를 모두 갖는다.
└──────

① ㄱ　　　　② ㄴ　　　　③ ㄷ
④ ㄱ, ㄷ　　　⑤ ㄴ, ㄷ

## 41 ★★☆　　　　　　　　　| 2021년 7월 교육청 16번 |

다음은 사람의 유전 형질 ㉠과 ㉡에 대한 자료이다.

- ㉠은 2쌍의 대립유전자 A와 a, B와 b에 의해 결정된다.
- ㉠의 표현형은 유전자형에서 대문자로 표시되는 대립유전자의 수에 의해서만 결정되며, 이 대립유전자의 수가 다르면 표현형이 다르다.
- ㉡은 1쌍의 대립유전자에 의해 결정되며, 대립유전자에는 E, F, G가 있다.
- 그림 (가)는 남자 P의, (나)는 여자 Q의 체세포에 들어 있는 일부 염색체와 유전자를 나타낸 것이다.

(가)　　　　　　(나)

- P와 Q 사이에서 ⓐ가 태어날 때, ⓐ에게서 나타날 수 있는 표현형은 최대 20가지이다.

이에 대한 설명으로 옳은 것만을 〈보기〉에서 있는 대로 고른 것은? (단, 돌연변이는 고려하지 않는다.) [3점]

보기
ㄱ. ㉠의 유전은 다인자 유전이다.
ㄴ. 유전자형이 EF인 사람과 FG인 사람의 표현형은 같다.
ㄷ. ⓐ에서 ㉠과 ㉡의 표현형이 모두 P와 같을 확률은 $\frac{3}{16}$ 이다.

① ㄱ　　　　② ㄴ　　　　③ ㄱ, ㄷ
④ ㄴ, ㄷ　　　　⑤ ㄱ, ㄴ, ㄷ

## 42 ★★☆　　　　　　　　　| 2021년 7월 교육청 18번 |

다음은 어떤 가족의 유전 형질 (가)와 (나)에 대한 자료이다.

- (가)는 대립유전자 A와 a에 의해, (나)는 대립유전자 B와 b에 의해 결정된다. A는 a에 대해, B는 b에 대해 각각 완전 우성이다.
- (가)와 (나)를 결정하는 유전자 중 1개는 X 염색체에, 나머지 1개는 상염색체에 존재한다.
- 표는 이 가족 구성원의 성별과 체세포 1개당 A와 B의 DNA 상대량을 나타낸 것이다.

| 구성원 | 성별 | A | B |
|--------|------|---|---|
| 아버지 | 남 | ? | 1 |
| 어머니 | 여 | 0 | ? |
| 자녀 1 | 남 | ? | 1 |
| 자녀 2 | 여 | ? | 0 |
| 자녀 3 | 남 | 2 | 2 |

- 부모의 생식세포 형성 과정 중 한 명에게서 대립유전자 ㉠이 대립유전자 ㉡으로 바뀌는 돌연변이가 1회 일어나 ㉡을 갖는 생식세포가, 나머지 한 명에게서 ⓐ염색체 비분리가 1회 일어나 염색체 수가 비정상적인 생식세포가 형성되었다. 이 두 생식세포가 수정되어 클라인펠터 증후군을 나타내는 자녀 3이 태어났다. ㉠과 ㉡은 각각 A, a, B, b 중 하나이다.

이에 대한 설명으로 옳은 것만을 〈보기〉에서 있는 대로 고른 것은? (단, 제시된 돌연변이 이외의 돌연변이는 고려하지 않으며, A, a, B, b 각각의 1개당 DNA 상대량은 1이다.) [3점]

보기
ㄱ. ㉡은 A이다.
ㄴ. ⓐ가 형성될 때 염색체 비분리는 감수 2분열에서 일어났다.
ㄷ. 체세포 1개당 $\frac{\text{a의 DNA 상대량}}{\text{b의 DNA 상대량}}$ 은 자녀 1이 자녀 2보다 크다.

① ㄴ　　　　② ㄷ　　　　③ ㄱ, ㄴ
④ ㄱ, ㄷ　　　　⑤ ㄱ, ㄴ, ㄷ

다음은 어떤 집안의 유전 형질 (가)~(다)에 대한 자료이다.

- (가)는 대립유전자 H와 h에 의해, (나)는 대립유전자 R와 r에 의해, (다)는 대립유전자 T와 t에 의해 결정된다. H는 h에 대해, R는 r에 대해, T는 t에 대해 각각 완전 우성이다.
- (가)~(다)를 결정하는 유전자 중 2가지는 같은 염색체에 있다.
- 가계도는 구성원 1~10에서 (가)~(다) 중 (가)와 (나)의 발현 여부를 나타낸 것이다.

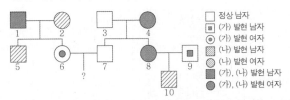

- □ 정상 남자
- ▣ (가) 발현 남자
- ◉ (가) 발현 여자
- ▨ (나) 발현 남자
- ▧ (나) 발현 여자
- ■ (가), (나) 발현 남자
- ● (가), (나) 발현 여자

- 구성원 1~10 중 2, 3, 5, 10에서만 (다)가 발현되었다.
- 표는 구성원 1~10에서 체세포 1개당 H, R, t 개수의 합을 나타낸 것이다.

| 대립유전자 | H | R | t |
|---|---|---|---|
| 대립유전자 개수의 합 | ⓐ | ⓑ | ⓑ |

이에 대한 설명으로 옳은 것만을 〈보기〉에서 있는 대로 고른 것은? (단, 돌연변이와 교차는 고려하지 않는다.) [3점]

보기
- ㄱ. (가)를 결정하는 유전자는 성염색체에 있다.
- ㄴ. 4의 (다)에 대한 유전자형은 이형 접합성이다.
- ㄷ. 6과 7 사이에서 아이가 태어날 때, 이 아이에게서 (가)~(다) 중 1가지 형질만 발현될 확률은 $\frac{3}{4}$이다.

① ㄱ　　　　② ㄴ　　　　③ ㄷ
④ ㄱ, ㄴ　　　⑤ ㄱ, ㄷ

다음은 어떤 집안의 유전 형질 (가)와 (나)에 대한 자료이다.

- (가)는 대립유전자 R와 r에 의해, (나)는 대립유전자 T와 t에 의해 결정된다. R는 r에 대해, T는 t에 대해 각각 완전 우성이다.
- (가)의 유전자와 (나)의 유전자는 모두 X 염색체에 있다.
- 가계도는 구성원 ⓐ와 ⓑ를 제외한 구성원 1~7에게서 (가)와 (나)의 발현 여부를 나타낸 것이다.

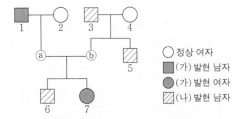

- ○ 정상 여자
- ■ (가) 발현 남자
- ● (가) 발현 여자
- ▨ (나) 발현 남자

- 2와 7의 (가)의 유전자형은 모두 동형 접합성이다.

이에 대한 설명으로 옳은 것만을 〈보기〉에서 있는 대로 고른 것은? (단, 돌연변이와 교차는 고려하지 않는다.) [3점]

보기
- ㄱ. (가)는 우성 형질이다.
- ㄴ. ⓐ는 여자이다.
- ㄷ. ⓑ에게서 (가)와 (나) 중 (가)만 발현되었다.

① ㄱ　　　　② ㄴ　　　　③ ㄷ
④ ㄱ, ㄴ　　　⑤ ㄴ, ㄷ

## 45 ★★★
| 2021년 4월 교육청 19번 |

다음은 어떤 집안의 유전 형질 (가)와 (나)에 대한 자료이다.

- (가)는 21번 염색체에 있는 대립유전자 A와 a에 의해 결정되며, A는 a에 대해 완전 우성이다.
- (나)는 7번 염색체에 있는 1쌍의 대립유전자에 의해 결정되며, 대립유전자에는 E, F, G가 있다. E는 F, G에 대해, F는 G에 대해 각각 완전 우성이다.
- 가계도는 구성원 1~7에게서 (가)의 발현 여부를 나타낸 것이다.

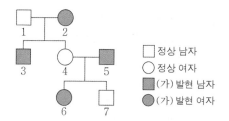

□ 정상 남자
○ 정상 여자
■ (가) 발현 남자
● (가) 발현 여자

- 1, 2, 4, 5, 6, 7의 (나)의 유전자형은 모두 다르다.
- 1, 7의 (나)의 표현형은 다르고, 2, 4, 6의 (나)의 표현형은 같다.
- $\dfrac{1,\ 7\ \text{각각의 체세포 1개당 a의 DNA 상대량을 더한 값}}{3,\ 7\ \text{각각의 체세포 1개당 E의 DNA 상대량을 더한 값}}=1$이다.
- 7은 염색체 수가 비정상적인 난자 ㉠과 염색체 수가 비정상적인 정자 ㉡이 수정되어 태어났으며, ㉠과 ㉡의 형성 과정에서 각각 염색체 비분리가 1회 일어났다. 1~7의 핵형은 모두 정상이다.

이에 대한 설명으로 옳은 것만을 <보기>에서 있는 대로 고른 것은? (단, 제시된 염색체 비분리 이외의 돌연변이는 고려하지 않으며, A, a, E, F, G 각각의 1개당 DNA 상대량은 1이다.) [3점]

보기
ㄱ. (가)는 열성 형질이다.
ㄴ. 5의 (나)의 유전자형은 동형 접합성이다.
ㄷ. ㉠의 형성 과정에서 염색체 비분리는 감수 2분열에서 일어났다.

① ㄱ
② ㄷ
③ ㄱ, ㄴ
④ ㄴ, ㄷ
⑤ ㄱ, ㄴ, ㄷ

## 46 ★★☆
| 2021년 4월 교육청 16번 |

다음은 사람의 유전 형질 ㉠과 ㉡에 대한 자료이다.

- ㉠을 결정하는 2개의 유전자는 각각 대립유전자 A와 a, B와 b를 가진다. ㉠의 표현형은 유전자형에서 대문자로 표시되는 대립유전자의 수에 의해서만 결정되며, 이 대립유전자의 수가 다르면 표현형이 다르다.
- ㉡은 대립유전자 H와 H*에 의해 결정된다.
- 그림 (가)는 남자 P의, (나)는 여자 Q의 체세포에 들어 있는 일부 염색체와 유전자를 나타낸 것이다.

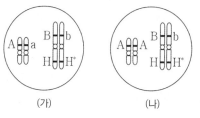

(가)          (나)

- P와 Q 사이에서 ⓐ가 태어날 때, ⓐ에게서 나타날 수 있는 표현형은 최대 6가지이다.

ⓐ에서 ㉠과 ㉡의 표현형이 모두 Q와 같을 확률은? (단, 돌연변이와 교차는 고려하지 않는다.)

① $\dfrac{1}{16}$
② $\dfrac{1}{8}$
③ $\dfrac{3}{16}$
④ $\dfrac{1}{4}$
⑤ $\dfrac{3}{8}$

**47** ☆☆☆

다음은 사람의 유전 형질 (가)에 대한 자료이다.

- (가)는 상염색체에 있는 1쌍의 대립유전자에 의해 결정된다. 대립유전자에는 A, B, C가 있으며, 각 대립유전자 사이의 우열 관계는 분명하다.
- 유전자형이 BC인 아버지와 AB인 어머니 사이에서 ㉠이 태어날 때, ㉠의 (가)에 대한 표현형이 아버지와 같을 확률은 $\frac{3}{4}$이다.
- 유전자형이 AB인 아버지와 AC인 어머니 사이에서 ㉡이 태어날 때, ㉡에게서 나타날 수 있는 (가)에 대한 표현형은 최대 3가지이다.

이에 대한 옳은 설명만을 〈보기〉에서 있는 대로 고른 것은? (단, 돌연변이는 고려하지 않는다.) [3점]

보기
ㄱ. (가)는 다인자 유전 형질이다.
ㄴ. B는 A에 대해 완전 우성이다.
ㄷ. ㉡의 (가)에 대한 표현형이 어머니와 같을 확률은 $\frac{1}{2}$이다.

① ㄱ      ② ㄴ      ③ ㄷ
④ ㄱ, ㄷ      ⑤ ㄴ, ㄷ

---

**48** ☆☆☆

그림 (가)는 유전자형이 Tt인 어떤 남자의 정자 형성 과정을, (나)는 세포 Ⅲ에 있는 21번 염색체를 모두 나타낸 것이다. (가)에서 염색체 비분리가 1회 일어났고, Ⅰ은 중기의 세포이다.

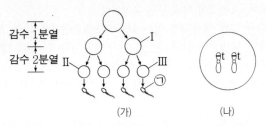

(가)            (나)

이에 대한 옳은 설명만을 〈보기〉에서 있는 대로 고른 것은? (단, 제시된 염색체 비분리 이외의 돌연변이와 교차는 고려하지 않는다.)

보기
ㄱ. Ⅰ과 Ⅱ의 성염색체 수는 같다.
ㄴ. (가)에서 염색체 비분리는 감수 1분열에서 일어났다.
ㄷ. ㉠과 정상 난자가 수정되어 아이가 태어날 때, 이 아이는 다운 증후군의 염색체 이상을 보인다.

① ㄱ      ② ㄴ      ③ ㄱ, ㄷ
④ ㄴ, ㄷ      ⑤ ㄱ, ㄴ, ㄷ

## 49 ☆☆☆ | 2021년 3월 교육청 19번 |

다음은 어떤 집안의 유전 형질 (가)와 (나)에 대한 자료이다.

- (가)는 대립유전자 A와 a에 의해, (나)는 대립유전자 B와 b에 의해 결정된다. A는 a에 대해, B는 b에 대해 각각 완전 우성이다.
- (가)와 (나)의 유전자 중 하나는 상염색체에, 나머지 하나는 X 염색체에 있다.
- 가계도는 구성원 ㉠을 제외한 구성원 1~8에게서 (가)와 (나)의 발현 여부를 나타낸 것이다.

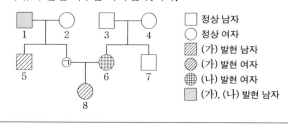

□ 정상 남자
○ 정상 여자
▨ (가) 발현 남자
◪ (가) 발현 여자
⬢ (나) 발현 여자
▨ (가), (나) 발현 남자

이에 대한 옳은 설명만을 〈보기〉에서 있는 대로 고른 것은? (단, 돌연변이는 고려하지 않는다.) [3점]

보기
ㄱ. (나)의 유전자는 상염색체에 있다.
ㄴ. ㉠에게서 (가)가 발현되었다.
ㄷ. 8의 동생이 태어날 때, 이 아이에게서 (가)와 (나)가 모두 발현될 확률은 $\frac{1}{4}$이다.

① ㄱ
② ㄷ
③ ㄱ, ㄴ
④ ㄴ, ㄷ
⑤ ㄱ, ㄴ, ㄷ

## 50 ☆☆☆ | 2020년 10월 교육청 16번 |

다음은 사람의 유전 형질 (가)에 대한 자료이다.

- (가)는 3쌍의 대립유전자 A와 a, B와 b, D와 d에 의해 결정된다. 이 중 1쌍의 대립유전자는 7번 염색체에, 나머지 2쌍의 대립유전자는 9번 염색체에 있다.
- (가)의 표현형은 ⓐ유전자형에서 대문자로 표시된 대립유전자의 수에 의해서만 결정된다.
- ⓐ가 3인 남자 Ⅰ과 ⓐ가 4인 여자 Ⅱ 사이에서 ⓐ가 6인 아이 Ⅲ이 태어났다.
- Ⅱ에서 난자가 형성될 때, 이 난자가 a, b, D를 모두 가질 확률은 $\frac{1}{2}$이다.
- Ⅰ과 Ⅱ 사이에서 Ⅲ의 동생이 태어날 때, 이 아이에게서 나타날 수 있는 표현형은 최대 ㉠ 가지이고, 이 아이의 ⓐ가 5일 확률은 ㉡ 이다.

이에 대한 옳은 설명만을 〈보기〉에서 있는 대로 고른 것은? (단, 돌연변이와 교차는 고려하지 않는다.) [3점]

보기
ㄱ. Ⅲ에서 A와 B는 모두 9번 염색체에 있다.
ㄴ. ㉠은 6이다.
ㄷ. ㉡은 $\frac{1}{8}$이다.

① ㄱ
② ㄷ
③ ㄱ, ㄴ
④ ㄴ, ㄷ
⑤ ㄱ, ㄴ, ㄷ

## 51 ★★★
| 2020년 10월 교육청 18번 |

다음은 어떤 집안의 유전 형질 (가)와 (나)에 대한 자료이다.

- (가)는 대립유전자 E와 e에 의해 결정되고, E는 e에 대해 완전 우성이다.
- (나)는 대립유전자 H, R, T에 의해 결정된다. H는 R와 T에 대해 각각 완전 우성이고, R는 T에 대해 완전 우성이다.
- (나)의 표현형은 3가지이고, ㉠, ㉡, ㉢이다.
- (가)와 (나)의 유전자는 모두 X 염색체에 있다.
- 가계도는 구성원 ⓐ와 ⓑ를 제외한 구성원 1~11에게서 (가)의 발현 여부를 나타낸 것이다.

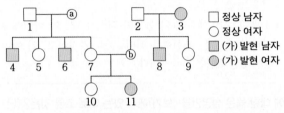

정상 남자 / ○ 정상 여자 / (가) 발현 남자 / (가) 발현 여자

- 1의 (나)의 표현형은 ㉠이고, 2와 11의 (나)의 표현형은 ㉡이며, 3의 (나)의 표현형은 ㉢이다.
- 4, 6, 10의 (나)의 표현형은 모두 다르고, ⓑ, 8, 9의 (나)의 표현형도 모두 다르다.
- 9의 (나)의 유전자형은 RT이다.

이에 대한 옳은 설명만을 〈보기〉에서 있는 대로 고른 것은? (단, 돌연변이와 교차는 고려하지 않는다.) [3점]

〈보기〉
ㄱ. (가)는 열성 형질이다.
ㄴ. ⓐ와 8의 (나)의 표현형은 다르다.
ㄷ. 이 집안에서 E와 T를 모두 갖는 구성원은 4명이다.

① ㄱ      ② ㄴ      ③ ㄱ, ㄷ
④ ㄴ, ㄷ      ⑤ ㄱ, ㄴ, ㄷ

## 52 ★★☆
| 2020년 10월 교육청 20번 |

다음은 어떤 가족의 유전 형질 (가)와 (나)에 대한 자료이다.

- (가)는 대립유전자 A와 A*에 의해, (나)는 대립유전자 B와 B*에 의해 결정되며, 각 대립유전자 사이의 우열 관계는 분명하다.
- (가)와 (나)의 유전자 중 하나는 상염색체에, 나머지 하나는 X 염색체에 있다.
- 표는 이 가족 구성원의 (가)와 (나)의 발현 여부와 A, A*, B, B*의 유무를 나타낸 것이다.

| 구성원 | 형질 | | 대립유전자 | | | |
|---|---|---|---|---|---|---|
| | (가) | (나) | A | A* | B | B* |
| 아버지 | − | + | × | ○ | ○ | × |
| 어머니 | + | − | ○ | ? | ? | ○ |
| 형 | + | − | ? | ○ | × | ○ |
| 누나 | − | + | × | ○ | ○ | ? |
| ㉠ | + | + | ○ | ? | ? | ○ |

(+ : 발현됨, − : 발현 안 됨, ○ : 있음, × : 없음)

- 감수 분열 시 부모 중 한 사람에게서만 염색체 비분리가 1회 일어나 ⓐ염색체 수가 비정상적인 생식세포가 형성되었다. ⓐ가 정상 생식세포와 수정되어 태어난 ㉠에게서 클라인펠터 증후군이 나타난다. ㉠을 제외한 나머지 구성원의 핵형은 모두 정상이다.

이에 대한 옳은 설명만을 〈보기〉에서 있는 대로 고른 것은? (단, 제시된 염색체 비분리 이외의 돌연변이와 교차는 고려하지 않는다.)

〈보기〉
ㄱ. (가)의 유전자는 X 염색체에 있다.
ㄴ. ⓐ는 감수 1분열에서 성염색체 비분리가 일어나 형성된 정자이다.
ㄷ. ㉠의 동생이 태어날 때, 이 아이에게서 (가)와 (나)가 모두 발현될 확률은 $\frac{1}{4}$이다.

① ㄱ      ② ㄴ      ③ ㄱ, ㄷ
④ ㄴ, ㄷ      ⑤ ㄱ, ㄴ, ㄷ

## 53 ★★★  | 2020년 7월 교육청 10번 |

다음은 사람의 유전 형질 ㉠에 대한 자료이다.

- ㉠은 서로 다른 4개의 상염색체에 있는 4쌍의 대립유전자 A와 a, B와 b, D와 d, E와 e에 의해 결정된다.
- ㉠의 표현형은 ㉠에 대한 유전자형에서 대문자로 표시되는 대립유전자의 수에 의해서만 결정된다.
- 표는 사람 (가)~(마)의 ㉠에 대한 유전자형에서 대문자로 표시되는 대립유전자의 수와 동형접합을 이루는 대립유전자 쌍의 수를 나타낸 것이다.

| 사람 | 대문자로 표시되는 대립유전자 수 | 동형접합을 이루는 대립유전자 쌍의 수 |
|---|---|---|
| (가) | 2 | ? |
| (나) | 4 | 2 |
| (다) | 3 | 1 |
| (라) | 7 | ? |
| (마) | 5 | 3 |

- (가)~(라) 중 2명은 (마)의 부모이다.
- (가)~(마)는 B와 b 중 한 종류만 갖는다.
- (가)와 (나)는 e를 갖지 않고, (라)는 e를 갖는다.

이에 대한 설명으로 옳은 것만을 〈보기〉에서 있는 대로 고른 것은? (단, 돌연변이는 고려하지 않는다.) [3점]

보기
ㄱ. (마)의 부모는 (나)와 (다)이다.
ㄴ. (가)에서 생성될 수 있는 생식세포의 ㉠에 대한 유전자형은 최대 2가지이다.
ㄷ. (마)의 동생이 태어날 때, 이 아이의 ㉠에 대한 표현형이 (나)와 같을 확률은 $\frac{3}{16}$ 이다.

① ㄱ          ② ㄴ          ③ ㄷ
④ ㄱ, ㄷ      ⑤ ㄴ, ㄷ

## 54 ★★☆  | 2020년 7월 교육청 15번 |

다음은 어떤 집안의 유전 형질 (가)~(다)에 대한 자료이다.

- (가)는 대립유전자 H와 H*에 의해, (나)는 대립유전자 R와 R*에 의해, (다)는 대립유전자 T와 T*에 의해 결정된다. H는 H*에 대해, R는 R*에 대해, T는 T*에 대해 각각 완전 우성이다.
- (가)~(다)의 유전자는 모두 서로 다른 염색체에 있고, (가)와 (나) 중 한 형질을 결정하는 유전자는 X 염색체에 존재한다.
- 가계도는 (가)~(다) 중 (가)의 발현 여부를 나타낸 것이다.

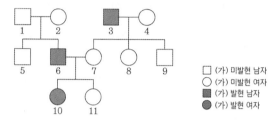

□ (가) 미발현 남자
○ (가) 미발현 여자
■ (가) 발현 남자
● (가) 발현 여자

- 구성원 1~11 중 (가)만 발현된 사람은 6이고, (나)만 발현된 사람은 5, 8, 9이고, (다)만 발현된 사람은 7이다.
- 1과 11에서만 (나)와 (다)가 모두 발현되었다.
- 4와 10은 (나)에 대한 유전자형이 서로 다르며 두 사람에서 모두 (나)가 발현되지 않았다.
- 2와 3은 (다)에 대한 유전자형이 서로 다르며 각각 T와 T* 중 한 종류만 갖는다.

이에 대한 설명으로 옳은 것만을 〈보기〉에서 있는 대로 고른 것은? (단, 돌연변이는 고려하지 않는다.) [3점]

보기
ㄱ. (가)를 결정하는 유전자는 X 염색체에 있다.
ㄴ. 1~11 중 R*와 T*를 모두 갖는 사람은 총 9명이다.
ㄷ. 6과 7 사이에서 남자 아이가 태어날 때, 이 아이에게서 (가)와 (다)만 발현될 확률은 $\frac{3}{8}$ 이다.

① ㄴ          ② ㄷ          ③ ㄱ, ㄴ
④ ㄱ, ㄷ      ⑤ ㄱ, ㄴ, ㄷ

다음은 어떤 가족의 유전 형질 (가)와 (나)에 대한 자료이다.

- (가)는 대립유전자 A와 a에 의해, (나)는 대립유전자 B와 b에 의해 결정된다. A는 a에 대해, B는 b에 대해 각각 완전 우성이다.
- (가)를 결정하는 유전자와 (나)를 결정하는 유전자 중 하나 는 X 염색체에 존재한다.
- 표는 이 가족 구성원의 성별, 체세포 1개에 들어 있는 대립 유전자 A와 b의 DNA 상대량, 유전 형질 (가)와 (나)의 발현 여부를 나타낸 것이다. ㉠~㉤은 아버지, 어머니, 자녀 1, 자녀 2, 자녀 3을 순서 없이 나타낸 것이다.

| 구성원 | 성별 | DNA 상대량 | | 유전 형질 | |
|---|---|---|---|---|---|
| | | A | b | (가) | (나) |
| ㉠ | 남 | 2 | 1 | × | ○ |
| ㉡ | 여 | 1 | 2 | × | × |
| ㉢ | 남 | 1 | 0 | × | ○ |
| ㉣ | 여 | 2 | 1 | × | ○ |
| ㉤ | 남 | 0 | 1 | ○ | × |

(○: 발현됨, ×: 발현 안 됨)

- 감수 분열 시 부모 중 한 사람에게서만 염색체 비분리가 1회 일어나 ⓐ 염색체 수가 비정상적인 생식세포가 형성 되었다. ⓐ가 정상 생식세포와 수정되어 자녀 3이 태어났다. 자녀 3을 제외한 나머지 구성원의 핵형은 모두 정상이다.

이에 대한 설명으로 옳은 것만을 〈보기〉에서 있는 대로 고른 것은? (단, 제시된 염색체 비분리 이외의 돌연변이와 교차는 고려하지 않으며, A, a, B, b 각각의 1개당 DNA 상대량은 1이다.) [3점]

> 보기
> ㄱ. 아버지와 어머니는 (가)에 대한 유전자형이 같다.
> ㄴ. 자녀 3은 터너 증후군을 나타낸다.
> ㄷ. ⓐ가 형성될 때 감수 1분열에서 염색체 비분리가 일어났다.

① ㄱ      ② ㄴ      ③ ㄱ, ㄷ
④ ㄴ, ㄷ      ⑤ ㄱ, ㄴ, ㄷ

다음은 어떤 사람의 유전 형질 (가)와 (나)에 대한 자료이다.

- (가)와 (나)를 결정하는 유전자는 서로 다른 상염색체에 있다.
- (가)는 1쌍의 대립유전자에 의해 결정되고, 대립유전자에 는 A, B, D가 있으며, (가)의 표현형은 3가지이다.
- (나)를 결정하는 데 관여하는 3개의 유전자는 서로 다른 상염색체에 있으며, 3개의 유전자는 각각 대립유전자 E와 e, F와 f, G와 g를 가진다.
- (나)의 표현형은 유전자형에서 대문자로 표시되는 대립 유전자의 수에 의해서만 결정되며, 이 대립유전자의 수가 다르면 표현형이 다르다.
- 유전자형이 ㉠ABEeFfGg인 아버지와 ㉡BDEeFfGg인 어머니 사이에서 아이가 태어날 때, 이 아이에게서 (가)와 (나)의 표현형이 모두 ㉠과 같을 확률은 $\frac{5}{64}$이다.

이에 대한 설명으로 옳은 것만을 〈보기〉에서 있는 대로 고른 것은? (단, 돌연변이와 교차는 고려하지 않는다.) [3점]

> 보기
> ㄱ. ㉠과 ㉡의 (가)에 대한 표현형은 같다.
> ㄴ. ㉠에서 생성될 수 있는 (가)와 (나)에 대한 생식세포의 유전자형은 16가지이다.
> ㄷ. 유전자형이 AAEeFFGg인 아버지와 BDeeffgg인 어머니 사이에서 아이가 태어날 때, 이 아이에게서 나타날 수 있는 (가)와 (나)의 표현형은 최대 6가지이다.

① ㄱ      ② ㄴ      ③ ㄱ, ㄷ
④ ㄴ, ㄷ      ⑤ ㄱ, ㄴ, ㄷ

## 57 ☆☆☆
| 2020년 4월 교육청 17번 |

다음은 사람 P의 정자 형성 과정에 대한 자료이다.

- 그림은 P의 세포 I로부터 정자가 형성되는 과정을, 표는 세포 ㉠~㉣에서 세포 1개당 대립유전자 A, a, B, b, D, d의 DNA 상대량을 나타낸 것이다. A는 a와, B는 b와, D는 d와 각각 대립유전자이고, ㉠~㉣은 I~Ⅳ를 순서 없이 나타낸 것이다.

| 세포 | DNA 상대량 | | | | | |
|---|---|---|---|---|---|---|
| | A | a | B | b | D | d |
| ㉠ | 0 | ? | ⓐ | 0 | 0 | 0 |
| ㉡ | ⓑ | 2 | 0 | 1 | ? | 1 |
| ㉢ | ? | 1 | 2 | ⓒ | ? | 1 |
| ㉣ | 0 | ? | 4 | ? | 2 | ⓓ |

- I은 G₁기 세포이며, I에는 중복이 일어난 염색체가 1개만 존재한다. I이 Ⅱ가 되는 과정에서 DNA는 정상적으로 복제되었다.
- 이 정자 형성 과정의 감수 1분열에서는 상염색체에서 비분리가 1회, 감수 2분열에서는 성염색체에서 비분리가 1회 일어났다.

이에 대한 설명으로 옳은 것만을 〈보기〉에서 있는 대로 고른 것은? (단, 제시된 중복과 염색체 비분리 이외의 돌연변이와 교차는 고려하지 않으며, Ⅱ와 Ⅲ은 중기의 세포이다. A, a, B, b, D, d 각각의 1개당 DNA 상대량은 1이다.) [3점]

보기
ㄱ. ⓐ+ⓑ+ⓒ+ⓓ=5이다.
ㄴ. P에서 a는 성염색체에 있다.
ㄷ. Ⅳ에는 중복이 일어난 염색체가 있다.

① ㄱ  ② ㄴ  ③ ㄱ, ㄷ
④ ㄴ, ㄷ  ⑤ ㄱ, ㄴ, ㄷ

## 58 ☆☆☆
| 2020년 4월 교육청 19번 |

다음은 어떤 집안의 유전 형질 (가)~(다)에 대한 자료이다.

- (가)는 대립유전자 H와 h에 의해, (나)는 대립유전자 R와 r에 의해, (다)는 대립유전자 T와 t에 의해 각각 결정된다. H는 h에 대해, R는 r에 대해, T는 t에 대해 각각 완전 우성이다.
- (가)~(다) 중 1가지 형질을 결정하는 유전자는 상염색체에, 나머지 2가지 형질을 결정하는 유전자는 성염색체에 존재한다.
- 가계도는 구성원 1~9에게서 (가)와 (나)의 발현 여부를 나타낸 것이다.

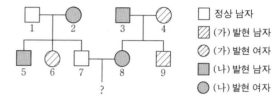

□ 정상 남자
▨ (가) 발현 남자
◪ (가) 발현 여자
▧ (나) 발현 남자
● (나) 발현 여자

- 5~9 중 7, 9에서만 (다)가 발현되었고, 5~9 중 4명만 t를 가진다.
- $\dfrac{3, 4 \text{ 각각의 체세포 1개당 T의 상대량을 더한 값}}{5, 7 \text{ 각각의 체세포 1개당 H의 상대량을 더한 값}} = 1$이다.

이에 대한 설명으로 옳은 것만을 〈보기〉에서 있는 대로 고른 것은? (단, 돌연변이와 교차는 고려하지 않으며, H, h, R, r, T, t 각각의 1개당 DNA 상대량은 1이다.) [3점]

보기
ㄱ. (나)와 (다)는 모두 열성 형질이다.
ㄴ. 1과 5에서 (가)의 유전자형은 같다.
ㄷ. 7과 8 사이에서 아이가 태어날 때, 이 아이에게서 (가)~(다) 중 (가)와 (나)만 발현될 확률은 $\dfrac{1}{8}$이다.

① ㄱ  ② ㄴ  ③ ㄷ
④ ㄱ, ㄴ  ⑤ ㄴ, ㄷ

**59** ☆☆☆

| 2020년 3월 교육청 12번 |

그림은 어떤 사람에서 정자가 형성되는 과정과 각 정자의 핵상을 나타낸 것이다. 감수 1분열에서 성염색체의 비분리가 1회 일어났다.

이에 대한 옳은 설명만을 〈보기〉에서 있는 대로 고른 것은? (단, 제시된 염색체 비분리 이외의 돌연변이는 고려하지 않는다.) [3점]

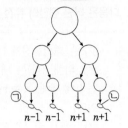

$n-1$ $n-1$ $n+1$ $n+1$

보기
ㄱ. ㉠에 X 염색체가 있다.
ㄴ. ㉡에 22개의 상염색체가 있다.
ㄷ. ㉡과 정상 난자가 수정되어 태어난 아이에게서 터너 증후군이 나타난다.

① ㄱ    ② ㄴ    ③ ㄱ, ㄴ    ④ ㄱ, ㄷ    ⑤ ㄴ, ㄷ

---

**60** ★★☆

| 2020년 3월 교육청 16번 |

다음은 어떤 집안의 유전 형질 (가)와 ABO식 혈액형에 대한 자료이다.

- (가)는 대립유전자 T와 t에 의해 결정되며, T는 t에 대해 완전 우성이다.
- 가계도는 구성원 1~10에게서 (가)의 발현 여부를 나타낸 것이다.

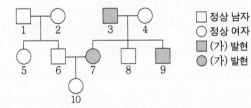

□ 정상 남자
○ 정상 여자
▨ (가) 발현 남자
● (가) 발현 여자

- 7, 8, 9 각각의 체세포 1개당 t의 DNA 상대량을 더한 값은 4의 체세포 1개당 t의 DNA 상대량의 3배이다.
- 1, 2, 5, 6의 혈액형은 서로 다르며, 1의 혈액과 항 A 혈청을 섞으면 응집 반응이 일어난다.
- 1과 10의 혈액형은 같으며, 6과 7의 혈액형은 같다.

이에 대한 옳은 설명만을 〈보기〉에서 있는 대로 고른 것은? (단, 돌연변이와 교차는 고려하지 않는다.) [3점]

보기
ㄱ. (가)는 우성 형질이다.
ㄴ. 2의 ABO식 혈액형에 대한 유전자형은 이형 접합성이다.
ㄷ. 10의 동생이 태어날 때, 이 아이에게서 (가)가 발현되고 이 아이의 ABO식 혈액형이 10과 같을 확률은 $\frac{1}{4}$이다.

① ㄱ    ② ㄴ    ③ ㄷ    ④ ㄱ, ㄴ    ⑤ ㄴ, ㄷ

---

**61** ★★☆

| 2020년 3월 교육청 15번 |

다음은 어떤 동물의 피부색 유전에 대한 자료이다.

- 피부색은 서로 다른 상염색체에 있는 3쌍의 대립유전자 A와 a, B와 b, D와 d에 의해 결정된다.
- 피부색은 유전자형에서 대문자로 표시되는 대립유전자의 수에 의해서만 결정되며, 이 수가 다르면 피부색이 다르다.
- 개체 Ⅰ의 유전자형은 aabbDD이다.
- 개체 Ⅰ과 Ⅱ 사이에서 ㉠자손($F_1$)이 태어날 때, ㉠의 유전자형이 AaBbDd일 확률은 $\frac{1}{8}$이다.

이에 대한 옳은 설명만을 〈보기〉에서 있는 대로 고른 것은? (단, 돌연변이는 고려하지 않는다.) [3점]

보기
ㄱ. Ⅰ과 Ⅱ는 피부색이 서로 다르다.
ㄴ. Ⅱ에서 A, B, D가 모두 있는 생식세포가 형성된다.
ㄷ. ㉠의 피부색이 Ⅰ과 같을 확률은 $\frac{3}{8}$이다.

① ㄱ              ② ㄷ              ③ ㄱ, ㄴ
④ ㄴ, ㄷ          ⑤ ㄱ, ㄴ, ㄷ

# 01

# 염색체와 세포 분열

## 2026학년도 수능 출제 예측

**2025학년도 수능, 평가원 분석**

2025학년도 6월 모의평가, 9월 모의평가, 수능에서는 모두 체세포 분열과 세포 주기, 핵형 분석, 생식세포 분열과 유전적 다양성 문제가 각각 3문항씩 출제되었다. 체세포 분열과 세포 주기 문제는 어렵지 않게 출제되었고, 핵형 분석, 생식세포 분열과 유전적 다양성 문제는 난이도 높은 문제로 출제되었다.

**2026학년도 수능 예측**

매년 3문제가 출제되고 있다. 2025학년도 수능에서도 체세포와 세포 주기, 핵상 분석, 생식세포 분열과 유전적 다양성 문제가 출제될 것으로 보인다. 이 중 여러 세포에서 염색체 유무와 대립유전자의 DNA 상대량을 분석하여 각 세포의 핵상과 유전자형을 찾는 문제가 어렵게 출제될 가능성이 높다.

**1** ★☆☆

그림은 사람의 체세포 세포 주기를, 표는 이 사람의 체세포 세포 주기의 ㉠~㉢에서 나타나는 특징을 나타낸 것이다. ㉠~㉢은 G₂기, M기(분열기), S기를 순서 없이 나타낸 것이다.

| 구분 | 특징 |
|------|------|
| ㉠ | ? |
| ㉡ | 핵에서 DNA 복제가 일어난다. |
| ㉢ | 핵막이 관찰된다. |

이에 대한 설명으로 옳은 것만을 〈보기〉에서 있는 대로 고른 것은?

┌─ 보기 ─────────────────────────┐
ㄱ. 세포 주기는 I 방향으로 진행된다.
ㄴ. ㉠ 시기에 상동 염색체의 접합이 일어난다.
ㄷ. ㉡과 ㉢은 모두 간기에 속한다.
└──────────────────────────────┘

① ㄱ      ② ㄷ      ③ ㄱ, ㄴ
④ ㄴ, ㄷ      ⑤ ㄱ, ㄴ, ㄷ

---

**2** ★★★

사람의 유전 형질 ㉮는 서로 다른 3개의 상염색체에 있는 3쌍의 대립유전자 A와 a, B와 b, D와 d에 의해 결정된다. 표는 사람 P의 세포 (가)~(라)에서 대립유전자 ㉠~㉣의 유무와 a, B, D의 DNA 상대량을 더한 값(a+B+D)을 나타낸 것이고, 그림은 정자가 형성되는 과정을 나타낸 것이다. (가)~(라)는 생식세포 형성 과정에서 나타나는 세포이고, (가)~(라) 중 2개는 G₁기 세포 I로부터 형성되었으며, 나머지 2개는 각각 G₁기 세포 II와 III으로부터 형성되었다. ㉠~㉣은 A, a, b, D를 순서 없이 나타낸 것이고, ⓐ와 ⓑ는 II로부터 형성된 중기의 세포이며, ⓐ는 (가)~(라) 중 하나이다.

| 세포 | DNA 상대량 | | | | a+B+D |
|------|:--:|:--:|:--:|:--:|:--:|
| | ㉠ | ㉡ | ㉢ | ㉣ | |
| (가) | × | ○ | × | × | 4 |
| (나) | × | ? | ○ | × | 3 |
| (다) | ○ | × | ○ | × | 2 |
| (라) | × | ? | ? | ○ | 1 |

(○: 있음, ×: 없음)

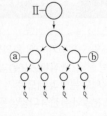

이에 대한 설명으로 옳은 것만을 〈보기〉에서 있는 대로 고른 것은? (단, 돌연변이와 교차는 고려하지 않으며, A, a, B, b, D, d 각각의 1개당 DNA 상대량은 1이다.) [3점]

┌─ 보기 ─────────────────────────┐
ㄱ. ㉣은 A이다.
ㄴ. I로부터 (다)가 형성되었다.
ㄷ. ⓑ에서 a, b, D의 DNA 상대량을 더한 값은 4이다.
└──────────────────────────────┘

① ㄱ      ② ㄴ      ③ ㄷ
④ ㄱ, ㄴ      ⑤ ㄴ, ㄷ

---

**3** ★★★

어떤 동물 종($2n=6$)의 유전 형질 ㉮는 2쌍의 대립유전자 H와 h, T와 t에 의해 결정된다. 표는 이 동물 종의 개체 P와 Q의 세포 I~IV에서 H와 t의 DNA 상대량을 더한 값(H+t)과 h와 t의 DNA 상대량을 더한 값(h+t)을, 그림은 세포 (가)와 (나) 각각에 들어 있는 모든 염색체를 나타낸 것이다. (가)와 (나)는 각각 I~IV 중 하나이고, ㉠과 ㉡은 X 염색체와 Y 염색체를 순서 없이 나타낸 것이며, ㉠과 ㉡의 모양과 크기는 나타내지 않았다. P는 수컷이고 성염색체는 XY이며, Q는 암컷이고 성염색체는 XX이다.

| 세포 | H+t | h+t |
|------|:--:|:--:|
| I | 3 | 1 |
| II | 0 | 2 |
| III | ? | 0 |
| IV | 4 | ? |

(가)        (나)

이에 대한 설명으로 옳은 것만을 〈보기〉에서 있는 대로 고른 것은? (단, 돌연변이와 교차는 고려하지 않으며, H, h, T, t각각의 1개당 DNA 상대량은 1이다.)

┌─ 보기 ─────────────────────────┐
ㄱ. (나)는 P의 세포이다.
ㄴ. I과 III의 핵상은 같다.
ㄷ. T의 DNA 상대량은 II에서와 IV에서가 서로 같다.
└──────────────────────────────┘

① ㄱ      ② ㄴ      ③ ㄱ, ㄷ
④ ㄴ, ㄷ      ⑤ ㄱ, ㄴ, ㄷ

## 4 ★☆☆

| 2025학년도 9월 평가원 7번 |

표 (가)는 특정 형질의 유전자형이 RR인 어떤 사람의 세포 I ~ III에서 핵막 소실 여부를, (나)는 I ~ III 중 2개의 세포에서 R의 DNA 상대량을 더한 값을 나타낸 것이다. I ~ III은 체세포의 세포 주기 중 M기(분열기)의 중기, $G_1$기, $G_2$기에 각각 관찰되는 세포를 순서 없이 나타낸 것이다. ⊙은 '소실됨'과 '소실 안 됨' 중 하나이다.

| 세포 | 핵막 소실 여부 |
|---|---|
| I | ? |
| II | 소실됨 |
| III | ⊙ |

(가)

| 구분 | R의 DNA 상대량을 더한 값 |
|---|---|
| I, II | 8 |
| I, III | ? |
| II, III | ? |

(나)

이에 대한 설명으로 옳은 것만을 〈보기〉에서 있는 대로 고른 것은? (단, 돌연변이는 고려하지 않으며, R의 1개당 DNA 상대량은 1 이다.)

보기
ㄱ. ⊙은 '소실 안 됨'이다.
ㄴ. I은 $G_1$기의 세포이다.
ㄷ. R의 DNA 상대량은 II에서와 III에서가 서로 같다.

① ㄱ      ② ㄴ      ③ ㄷ
④ ㄱ, ㄴ      ⑤ ㄴ, ㄷ

## 5 ★☆☆

| 2025학년도 9월 평가원 13번 |

그림은 세포 (가)~(다) 각각에 들어 있는 모든 염색체를 나타낸 것이다. (가)~(다)는 개체 A~C의 세포를 순서 없이 나타낸 것이고, A~C의 핵상은 모두 2n이다. A와 B는 서로 같은 종이고, B와 C는 서로 다른 종이다. A~C 중 B만 암컷이고, A~C의 성염색체는 암컷이 XX, 수컷이 XY이다. 염색체 ⊙과 ⓛ 중 하나는 성염색체이고, 나머지 하나는 상염색체이다. ⊙과 ⓛ의 모양과 크기는 나타내지 않았다.

(가)        (나)        (다)

이에 대한 설명으로 옳은 것만을 〈보기〉에서 있는 대로 고른 것은? (단, 돌연변이는 고려하지 않는다.)

보기
ㄱ. ⊙은 X 염색체이다.
ㄴ. (나)와 (다)의 핵상은 같다.
ㄷ. (가)의 $\dfrac{\text{염색 분체 수}}{\text{X 염색체 수}} = 6$이다.

① ㄱ      ② ㄴ      ③ ㄱ, ㄷ
④ ㄴ, ㄷ      ⑤ ㄱ, ㄴ, ㄷ

Part II
수능 평가원

**6** ★★★

사람의 유전 형질 ㉮는 서로 다른 3개의 상염색체에 있는 3쌍의 대립유전자 A와 a, B와 b, D와 d에 의해 결정된다. 표는 사람 P의 세포 (가)~(다)에서 대립유전자 ㉠~㉢의 유무와 A와 B의 DNA 상대량을 나타낸 것이다. (가)~(다)는 생식세포 형성 과정에서 나타나는 중기의 세포이고, (가)~(다) 중 2개는 G₁기 세포 Ⅰ로부터 형성되었으며, 나머지 1개는 G₁기 세포 Ⅱ로부터 형성되었다. ㉠~㉢은 A, a, b, D를 순서 없이 나타낸 것이다.

| 세포 | 대립유전자 | | | | DNA 상대량 | |
|---|---|---|---|---|---|---|
| | ㉠ | ㉡ | ㉢ | ㉣ | A | B |
| (가) | × | ? | ○ | ○ | ? | 2 |
| (나) | ○ | × | ? | × | ? | 2 |
| (다) | × | × | ○ | × | 2 | ? |

(○: 있음, ×: 없음)

이에 대한 설명으로 옳은 것만을 〈보기〉에서 있는 대로 고른 것은? (단, 돌연변이와 교차는 고려하지 않으며, A, a, B, b, D, d 각각의 1개당 DNA 상대량은 1이다.) [3점]

보기
ㄱ. ㉡은 b이다.
ㄴ. Ⅰ로부터 (다)가 형성되었다.
ㄷ. P의 ㉮의 유전자형은 AaBbDd이다.

① ㄱ   ② ㄷ   ③ ㄱ, ㄴ
④ ㄴ, ㄷ   ⑤ ㄱ, ㄴ, ㄷ

---

**7** ★☆☆

그림은 핵상이 2n인 식물 P의 체세포 분열 과정에서 관찰되는 세포 Ⅰ~Ⅲ을 나타낸 것이다. Ⅰ~Ⅲ은 분열기의 전기, 중기, 후기의 세포를 순서 없이 나타낸 것이다.

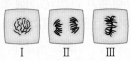

Ⅰ   Ⅱ   Ⅲ

이에 대한 설명으로 옳은 것만을 〈보기〉에서 있는 대로 고른 것은?

보기
ㄱ. Ⅰ은 전기의 세포이다.
ㄴ. Ⅲ에서 상동 염색체의 접합이 일어났다.
ㄷ. Ⅰ~Ⅲ에는 모두 히스톤 단백질이 있다.

① ㄱ   ② ㄴ   ③ ㄱ, ㄷ
④ ㄴ, ㄷ   ⑤ ㄱ, ㄴ, ㄷ

---

**8** ★★☆

그림은 핵상이 2n인 동물 A~C의 세포 (가)~(라) 각각에 들어 있는 모든 상염색체와 ㉠을 나타낸 것이다. A~C는 2가지 종으로 구분되고, ㉠은 X 염색체와 Y 염색체 중 하나이다. (가)~(라) 중 2개는 A의 세포이고, A와 C의 성은 같다. A~C의 성염색체는 암컷이 XX, 수컷이 XY이다.

(가)   (나)   (다)   (라)

이에 대한 설명으로 옳은 것만을 〈보기〉에서 있는 대로 고른 것은? (단, 돌연변이는 고려하지 않는다.)

보기
ㄱ. ㉠은 X 염색체이다.
ㄴ. (가)는 A의 세포이다.
ㄷ. 체세포 분열 중기의 세포 1개당 $\dfrac{X \text{ 염색체 } 수}{\text{상염색체 } 수}$ 는 B가 C보다 작다.

① ㄱ   ② ㄴ   ③ ㄷ
④ ㄱ, ㄴ   ⑤ ㄴ, ㄷ

## 9 ★★☆

사람의 유전 형질 (가)는 같은 염색체에 있는 3쌍의 대립유전자 A와 a, B와 b, D와 d에 의해 결정된다. 표는 어떤 가족 구성원의 세포 Ⅰ~Ⅳ가 갖는 A, a, B, b, D, d의 DNA 상대량을 나타낸 것이다. Ⅰ은 $G_1$기 세포이고, Ⅱ~Ⅳ는 감수 1분열 중기 세포, 감수 2분열 중기 세포, 생식세포를 순서 없이 나타낸 것이다.

| 세포 | DNA 상대량 | | | | | |
|---|---|---|---|---|---|---|
| | A | a | B | b | D | d |
| 아버지의 세포 Ⅰ | 1 | 0 | 1 | ? | ? | 1 |
| 어머니의 세포 Ⅱ | 2 | 2 | ⓐ | 0 | ? | 2 |
| 아들의 세포 Ⅲ | ? | 1 | 1 | 0 | 0 | ? |
| ㉠딸의 세포 Ⅳ | ⓑ | 0 | 2 | ? | ? | 0 |

이에 대한 설명으로 옳은 것만을 〈보기〉에서 있는 대로 고른 것은? (단, 돌연변이와 교차는 고려하지 않으며, A, a, B, b, D, d 각각의 1개당 DNA 상대량은 1이다.) [3점]

> **보기**
> ㄱ. ⓐ+ⓑ=4이다.
> ㄴ. $\dfrac{\text{Ⅱ의 염색 분체 수}}{\text{Ⅳ의 염색 분체 수}}=2$이다.
> ㄷ. ㉠의 (가)의 유전자형은 AABBDd이다.

① ㄱ      ② ㄴ      ③ ㄷ
④ ㄱ, ㄴ      ⑤ ㄴ, ㄷ

## 10 ★☆☆

그림 (가)는 사람 P의 체세포 세포 주기를, (나)는 P의 핵형 분석 결과의 일부를 나타낸 것이다. ㉠~㉢은 $G_1$기, $G_2$기, M기(분열기)를 순서 없이 나타낸 것이다.

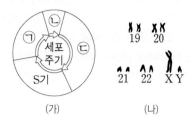

(가)            (나)

이에 대한 설명으로 옳은 것만을 〈보기〉에서 있는 대로 고른 것은?

> **보기**
> ㄱ. ㉠은 $G_2$기이다.
> ㄴ. ㉡ 시기에 상동 염색체의 접합이 일어난다.
> ㄷ. ㉢ 시기에 (나)의 염색체가 관찰된다.

① ㄱ      ② ㄷ      ③ ㄱ, ㄴ
④ ㄴ, ㄷ      ⑤ ㄱ, ㄴ, ㄷ

## 11 ★★☆

사람의 유전 형질 (가)는 서로 다른 상염색체에 있는 2쌍의 대립유전자 H와 h, T와 t에 의해 결정된다. 표는 어떤 사람의 세포 ㉠~㉢에서 H와 t의 유무를, 그림은 ㉠~㉢에서 대립유전자 ⓐ~ⓓ의 DNA 상대량을 나타낸 것이다. ⓐ~ⓓ는 H, h, T, t를 순서 없이 나타낸 것이다.

| 대립유전자 | 세포 | | |
|---|---|---|---|
| | ㉠ | ㉡ | ㉢ |
| H | ○ | ? | × |
| t | ? | × | × |

(○: 있음, ×: 없음)

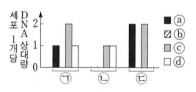

이에 대한 설명으로 옳은 것만을 〈보기〉에서 있는 대로 고른 것은? (단, 돌연변이와 교차는 고려하지 않으며, H, h, T, t 각각의 1개당 DNA 상대량은 1이다.)

> **보기**
> ㄱ. ⓐ는 ⓒ와 대립유전자이다.
> ㄴ. ⓓ는 H이다.
> ㄷ. 이 사람에게서 h와 t를 모두 갖는 생식세포가 형성될 수 있다.

① ㄱ      ② ㄴ      ③ ㄷ
④ ㄱ, ㄴ      ⑤ ㄴ, ㄷ

어떤 동물 종($2n=6$)의 유전 형질 ⊙은 대립유전자 A와 a에 의해, ⓒ은 대립유전자 B와 b에 의해, ⓒ은 대립유전자 D와 d에 의해 결정된다. ⊙~ⓒ의 유전자 중 2개는 서로 다른 상염색체에, 나머지 1개는 X 염색체에 있다. 표는 이 동물 종의 개체 P와 Q의 세포 I~IV에서 A, a, B, b, D, d의 DNA 상대량을, 그림은 세포 (가)와 (나) 각각에 들어 있는 모든 염색체를 나타낸 것이다. (가)와 (나)는 각각 I~IV 중 하나이다. P는 수컷이고 성염색체는 XY이며, Q는 암컷이고 성염색체는 XX이다.

| 세포 | DNA 상대량 | | | | | |
|---|---|---|---|---|---|---|
| | A | a | B | b | D | d |
| I | 0 | ⓐ | ? | 2 | 4 | 0 |
| II | 2 | 0 | ⓑ | 2 | ? | 2 |
| III | 0 | 0 | 1 | ? | 1 | ⓒ |
| IV | 0 | 2 | ? | 1 | 2 | 0 |

(가)　　　　(나)

이에 대한 설명으로 옳은 것만을 〈보기〉에서 있는 대로 고른 것은? (단, 돌연변이와 교차는 고려하지 않으며, A, a, B, b, D, d 각각의 1개당 DNA 상대량은 1이다.) [3점]

〈보기〉
ㄱ. (가)는 I이다.
ㄴ. IV는 Q의 세포이다.
ㄷ. ⓐ+ⓑ+ⓒ=6이다.

① ㄱ　　　　② ㄴ　　　　③ ㄱ, ㄷ
④ ㄴ, ㄷ　　　　⑤ ㄱ, ㄴ, ㄷ

그림 (가)는 동물 P($2n=4$)의 체세포가 분열하는 동안 핵 1개당 DNA양을, (나)는 P의 체세포 분열 과정의 어느 한 시기에서 관찰되는 세포를 나타낸 것이다.

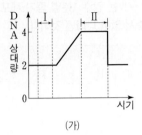 

(가)　　　　(나)

이에 대한 설명으로 옳은 것만을 〈보기〉에서 있는 대로 고른 것은? (단, 돌연변이는 고려하지 않는다.)

〈보기〉
ㄱ. 구간 I의 세포는 핵상이 $2n$이다.
ㄴ. 구간 II에는 (나)가 관찰되는 시기가 있다.
ㄷ. (나)에서 상동 염색체의 접합이 일어났다.

① ㄱ　　　　② ㄷ　　　　③ ㄱ, ㄴ
④ ㄴ, ㄷ　　　　⑤ ㄱ, ㄴ, ㄷ

사람의 유전 형질 (가)는 대립유전자 A와 a에 의해, (나)는 대립유전자 B와 b에 의해 결정된다. (가)의 유전자와 (나)의 유전자는 서로 다른 염색체에 있다. 그림은 어떤 사람의 $G_1$기 세포 I로부터 정자가 형성되는 과정을, 표는 세포 ⊙~@에서 A, a, B, b의 DNA 상대량을 더한 값(A+a+B+b)을 나타낸 것이다. ⊙~@은 I~IV를 순서 없이 나타낸 것이고, ⓐ는 ⓑ보다 작다.

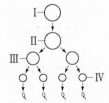

| 세포 | A+a+B+b |
|---|---|
| ⊙ | ⓐ |
| ⓒ | ⓑ |
| ⓒ | 1 |
| @ | 4 |

이에 대한 설명으로 옳은 것만을 〈보기〉에서 있는 대로 고른 것은? (단, 돌연변이는 고려하지 않으며, A, a, B, b 각각의 1개당 DNA 상대량은 1이다. II와 III은 중기의 세포이다.) [3점]

〈보기〉
ㄱ. ⓐ는 3이다.
ㄴ. ⓒ은 III이다.
ㄷ. @의 염색체 수는 46이다.

① ㄱ　　　　② ㄴ　　　　③ ㄷ
④ ㄱ, ㄴ　　　　⑤ ㄱ, ㄷ

## 15 ★★☆

다음은 핵상이 $2n$인 동물 A~C의 세포 (가)~(다)에 대한 자료이다.

- A와 B는 서로 같은 종이고, B와 C는 서로 다른 종이며, B와 C의 체세포 1개당 염색체 수는 서로 다르다.
- B는 암컷이고, A~C의 성염색체는 암컷이 XX, 수컷이 XY이다.
- 그림은 세포 (가)~(다) 각각에 들어 있는 모든 상염색체와 ㉠을 나타낸 것이다. (가)~(다)는 각각 서로 다른 개체의 세포이고, ㉠은 X 염색체와 Y 염색체 중 하나이다.

(가)      (나)      (다)

이에 대한 설명으로 옳은 것만을 〈보기〉에서 있는 대로 고른 것은? (단, 돌연변이는 고려하지 않는다.)

┌─ 보기 ─────────────────────────────┐
ㄱ. ㉠은 X 염색체이다.
ㄴ. (가)와 (나)는 모두 암컷의 세포이다.
ㄷ. C의 체세포 분열 중기의 세포 1개당 $\dfrac{\text{상염색체 수}}{\text{X 염색체 수}} = 3$이다.
└───────────────────────────────────┘

① ㄱ      ② ㄷ      ③ ㄱ, ㄴ
④ ㄴ, ㄷ      ⑤ ㄱ, ㄴ, ㄷ

## 16 ★☆☆

그림 (가)는 사람 H의 체세포 세포 주기를, (나)는 H의 핵형 분석 결과의 일부를 나타낸 것이다. ㉠~㉢은 $G_1$기, M기(분열기), S기를 순서 없이 나타낸 것이다.

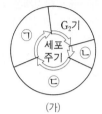

(가)             (나)

이에 대한 설명으로 옳은 것만을 〈보기〉에서 있는 대로 고른 것은?

┌─ 보기 ─────────────────────────────┐
ㄱ. ㉠ 시기에 DNA 복제가 일어난다.
ㄴ. ㉢ 시기에 (나)의 염색체가 관찰된다.
ㄷ. (나)에서 다운 증후군의 염색체 이상이 관찰된다.
└───────────────────────────────────┘

① ㄱ      ② ㄴ      ③ ㄷ
④ ㄱ, ㄴ      ⑤ ㄱ, ㄷ

## 17 ★★☆

표는 특정 형질에 대한 유전자형이 RR인 어떤 사람의 세포 (가)~(라)에서 핵막 소실 여부, 핵상, R의 DNA 상대량을 나타낸 것이다. (가)~(라)는 $G_1$기 세포, $G_2$기 세포, 감수 1분열 중기 세포, 감수 2분열 중기 세포를 순서 없이 나타낸 것이다. ㉠은 '소실됨'과 '소실 안 됨' 중 하나이다.

| 세포 | 핵막 소실 여부 | 핵상 | R의 DNA 상대량 |
|------|----------------|------|----------------|
| (가) | 소실됨 | $n$ | 2 |
| (나) | 소실 안 됨 | $2n$ | ? |
| (다) | ? | $2n$ | 2 |
| (라) | ㉠ | ? | 4 |

이에 대한 설명으로 옳은 것만을 〈보기〉에서 있는 대로 고른 것은? (단, 돌연변이는 고려하지 않으며, R의 1개당 DNA 상대량은 1이다.)

┌─ 보기 ─────────────────────────────┐
ㄱ. (가)에서 2가 염색체가 관찰된다.
ㄴ. (나)는 $G_2$기 세포이다.
ㄷ. ㉠은 '소실됨'이다.
└───────────────────────────────────┘

① ㄱ      ② ㄴ      ③ ㄱ, ㄷ
④ ㄴ, ㄷ      ⑤ ㄱ, ㄴ, ㄷ

Part II 수능 평가원

## 18 ★★☆

어떤 동물 종($2n=6$)의 유전 형질 ㉮는 2쌍의 대립유전자 A와 a, B와 b에 의해 결정된다. 그림은 이 동물 종의 개체 Ⅰ과 Ⅱ의 세포 (가)~(라) 각각에 들어 있는 모든 염색체를, 표는 (가)~(라)에서 A, a, B, b의 유무를 나타낸 것이다. (가)~(라) 중 2개는 Ⅰ의 세포이고, 나머지 2개는 Ⅱ의 세포이다. Ⅰ은 암컷이고 성염색체는 XX이며, Ⅱ는 수컷이고 성염색체는 XY이다.

(가)    (나)    (다)    (라)

| 세포 | 대립유전자 | | | |
|---|---|---|---|---|
| | A | a | B | b |
| (가) | ○ | ? | ? | ? |
| (나) | ? | ○ | ○ | × |
| (다) | ○ | × | × | ○ |
| (라) | ? | ○ | × | × |

(○: 있음, ×: 없음)

이에 대한 설명으로 옳은 것만을 〈보기〉에서 있는 대로 고른 것은? (단, 돌연변이와 교차는 고려하지 않는다.) [3점]

보기
ㄱ. (가)는 Ⅱ의 세포이다.
ㄴ. Ⅰ의 유전자형은 AaBB이다.
ㄷ. (다)에서 b는 상염색체에 있다.

① ㄱ      ② ㄴ      ③ ㄷ
④ ㄱ, ㄴ      ⑤ ㄴ, ㄷ

## 19 ★★★

다음은 핵상이 $2n$인 동물 A~C의 세포 (가)~(라)에 대한 자료이다.

- A와 B는 서로 같은 종이고, B와 C는 서로 다른 종이며, B와 C의 체세포 1개당 염색체 수는 서로 다르다.
- (가)~(라) 중 2개는 암컷의, 나머지 2개는 수컷의 세포이다. A~C의 성염색체는 암컷이 XX, 수컷이 XY이다.
- 그림은 (가)~(라) 각각에 들어 있는 모든 상염색체와 ㉠을 나타낸 것이다. ㉠은 X 염색체와 Y 염색체 중 하나이다.

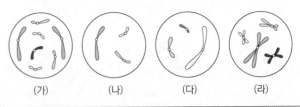

(가)    (나)    (다)    (라)

이에 대한 설명으로 옳은 것만을 〈보기〉에서 있는 대로 고른 것은? (단, 돌연변이는 고려하지 않는다.)

보기
ㄱ. ㉠은 Y 염색체이다.
ㄴ. (가)와 (라)는 서로 다른 개체의 세포이다.
ㄷ. C의 체세포 분열 중기의 세포 1개당 상염색체의 염색 분체 수는 8이다.

① ㄱ    ② ㄴ    ③ ㄱ, ㄷ    ④ ㄴ, ㄷ    ⑤ ㄱ, ㄴ, ㄷ

## 20 ★★☆

사람의 유전 형질 ㉮는 2쌍의 대립유전자 A와 a, B와 b에 의해 결정된다. 그림은 사람 P의 $G_1$기 세포 Ⅰ로부터 정자가 형성되는 과정을, 표는 세포 (가)~(라)에서 대립유전자 ㉠~㉢의 유무와 a와 B의 DNA 상대량을 나타낸 것이다. (가)~(라)는 Ⅰ~Ⅳ를 순서 없이 나타낸 것이고, ㉠~㉢은 A, a, b를 순서 없이 나타낸 것이다.

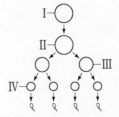

| 세포 | 대립유전자 | | | DNA 상대량 | |
|---|---|---|---|---|---|
| | ㉠ | ㉡ | ㉢ | a | B |
| (가) | × | × | ○ | ? | 2 |
| (나) | ○ | ? | ○ | 2 | ? |
| (다) | ? | ? | × | 1 | 1 |
| (라) | ○ | ? | ? | 1 | ? |

(○: 있음, ×: 없음)

이에 대한 설명으로 옳은 것만을 〈보기〉에서 있는 대로 고른 것은? (단, 돌연변이와 교차는 고려하지 않으며, A, a, B, b 각각의 1개당 DNA 상대량은 1이다. Ⅱ와 Ⅲ은 중기의 세포이다.) [3점]

보기
ㄱ. Ⅳ에 ㉠이 있다.
ㄴ. (나)의 핵상은 $2n$이다.
ㄷ. P의 유전자형은 AaBb이다.

① ㄱ    ② ㄴ    ③ ㄷ    ④ ㄱ, ㄴ    ⑤ ㄴ, ㄷ

## 21 ★☆☆

| 2023학년도 수능 6번 |

표 (가)는 사람의 체세포 세포 주기에서 나타나는 4가지 특징을, (나)는 (가)의 특징 중 사람의 체세포 세포 주기의 ⊙~⊜에서 나타나는 특징의 개수를 나타낸 것이다. ⊙~⊜은 $G_1$기, $G_2$기, M기(분열기), S기를 순서 없이 나타낸 것이다.

| 특징 |
| --- |
| • 핵막이 소실된다. |
| • 히스톤 단백질이 있다. |
| • 방추사가 동원체에 부착된다. |
| • ⓐ핵에서 DNA 복제가 일어난다. |

(가)

| 구분 | 특징의 개수 |
| --- | --- |
| ⊙ | 2 |
| ⊙ | ? |
| ⊙ | 3 |
| ⊜ | 1 |

(나)

이에 대한 설명으로 옳은 것만을 〈보기〉에서 있는 대로 고른 것은?

보기
ㄱ. ⊙ 시기에 특징 ⓐ가 나타난다.
ㄴ. ⊙ 시기에 염색 분체의 분리가 일어난다.
ㄷ. 핵 1개당 DNA 양은 ⊙ 시기의 세포와 ⊜ 시기의 세포가 서로 같다.

① ㄱ          ② ㄷ          ③ ㄱ, ㄴ
④ ㄴ, ㄷ          ⑤ ㄱ, ㄴ, ㄷ

## 22 ★☆☆

| 2023학년도 9월 평가원 6번 |

다음은 세포 주기에 대한 실험이다.

[실험 과정 및 결과]
(가) 어떤 동물의 체세포를 배양하여 집단 A와 B로 나눈다.
(나) A와 B 중 B에만 $G_1$기에서 S기로의 전환을 억제하는 물질을 처리하고, 두 집단을 동일한 조건에서 일정 시간 동안 배양한다.
(다) 두 집단에서 같은 수의 세포를 동시에 고정한 후, 각 집단의 세포당 DNA 양에 따른 세포 수를 나타낸 결과는 그림과 같다.

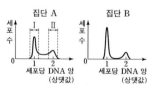

이에 대한 설명으로 옳은 것만을 〈보기〉에서 있는 대로 고른 것은?

보기
ㄱ. (다)에서 $\dfrac{\text{S기의 세포 수}}{G_1\text{기 세포 수}}$ 는 A에서가 B에서보다 작다.
ㄴ. 구간 Ⅰ에는 뉴클레오솜을 갖는 세포가 있다.
ㄷ. 구간 Ⅱ에는 핵막을 갖는 세포가 있다.

① ㄱ          ② ㄷ          ③ ㄱ, ㄴ
④ ㄴ, ㄷ          ⑤ ㄱ, ㄴ, ㄷ

## 23 ★★★

| 2023학년도 9월 평가원 8번 |

사람의 유전 형질 ㉮는 1쌍의 대립유전자 A와 a에 의해, ㉯는 2쌍의 대립유전자 B와 b, D와 d에 의해 결정된다. ㉮의 유전자는 상염색체에, ㉯의 유전자는 X 염색체에 있다. 표는 남자 P의 세포 (가)~(다)와 여자 Q의 세포 (라)~(바)에서 대립유전자 ⊙~⊞의 유무를 나타낸 것이다. ⊙~⊞은 A, a, B, b, D, d를 순서 없이 나타낸 것이다.

| 대립유전자 | P의 세포 | | | Q의 세포 | | |
| --- | --- | --- | --- | --- | --- | --- |
| | (가) | (나) | (다) | (라) | (마) | (바) |
| ⊙ | × | ? | ○ | ? | ○ | × |
| ⊙ | × | × | × | ○ | ○ | × |
| ⊙ | ? | ○ | ○ | ○ | ○ | ○ |
| ⊜ | × | ⓐ | ○ | ○ | × | ○ |
| ⊕ | ○ | ○ | × | × | × | × |
| ⊞ | × | × | × | ? | × | ○ |

(○: 있음, ×: 없음)

이에 대한 설명으로 옳은 것만을 〈보기〉에서 있는 대로 고른 것은? (단, 돌연변이와 교차는 고려하지 않는다.)

보기
ㄱ. ⊙은 ⊞과 대립유전자이다.
ㄴ. ⓐ는 '×'이다.
ㄷ. Q의 ㉯의 유전자형은 BbDd이다.

① ㄱ          ② ㄴ          ③ ㄱ, ㄷ
④ ㄴ, ㄷ          ⑤ ㄱ, ㄴ, ㄷ

사람의 어떤 유전 형질은 2쌍의 대립유전자 H와 h, T와 t에 의해 결정된다. 그림 (가)는 사람 Ⅰ의, (나)는 사람 Ⅱ의 감수 분열 과정의 일부를, 표는 Ⅰ의 세포 ⓐ와 Ⅱ의 세포 ⓑ에서 대립유전자 ㉠, ㉡, ㉢, ㉣ 중 2개의 DNA 상대량을 더한 값을 나타낸 것이다. ㉠~㉣은 H, h, T, t를 순서 없

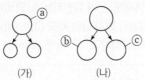

(가)          (나)

이 나타낸 것이고, Ⅰ의 유전자형은 HHtt이며, Ⅱ의 유전자형은 hhTt이다.

| 세포 | DNA 상대량을 더한 값 | | | |
|---|---|---|---|---|
| | ㉠+㉡ | ㉠+㉢ | ㉡+㉢ | ㉢+㉣ |
| ⓐ | 0 | ? | 2 | ㉮ |
| ⓑ | 2 | 4 | ㉯ | 2 |

이에 대한 설명으로 옳은 것만을 〈보기〉에서 있는 대로 고른 것은? (단, 돌연변이와 교차는 고려하지 않으며, H, h, T, t 각각의 1개당 DNA 상대량은 1이다. ⓐ~ⓒ는 중기의 세포이다.) [3점]

〈보기〉
ㄱ. ㉮+㉯=6이다.
ㄴ. ⓐ의 $\dfrac{\text{염색 분체 수}}{\text{성염색체 수}}$=46이다.
ㄷ. ⓒ에는 t가 있다.

① ㄱ          ② ㄷ          ③ ㄱ, ㄴ
④ ㄴ, ㄷ          ⑤ ㄱ, ㄴ, ㄷ

어떤 동물 종(2n)의 유전 형질 (가)는 대립유전자 A와 a에 의해, (나)는 대립유전자 B와 b에 의해, (다)는 대립유전자 D와 d에 의해 결정된다. 표는 이 동물 종의 개체 ㉠과 ㉡의 세포 Ⅰ~Ⅳ 각각에 들어 있는 A, a, B, b, D, d의 DNA 상대량을 나타낸 것이다. Ⅰ~Ⅳ 중 2개는 ㉠의 세포이고, 나머지 2개는 ㉡의 세포이다. ㉠은 암컷이고 성염색체가 XX이며, ㉡은 수컷이고 성염색체가 XY이다.

| 세포 | DNA 상대량 | | | | | |
|---|---|---|---|---|---|---|
| | A | a | B | b | D | d |
| Ⅰ | 0 | ? | 2 | ? | 4 | 0 |
| Ⅱ | 0 | 2 | 0 | 2 | ? | 2 |
| Ⅲ | ? | 1 | 1 | 1 | 2 | ? |
| Ⅳ | ? | 0 | 1 | ? | 1 | 0 |

이에 대한 설명으로 옳은 것만을 〈보기〉에서 있는 대로 고른 것은? (단, 돌연변이와 교차는 고려하지 않으며, A, a, B, b, D, d 각각의 1개당 DNA 상대량은 1이다.)

〈보기〉
ㄱ. Ⅳ의 핵상은 2n이다.
ㄴ. (가)의 유전자는 X 염색체에 있다.
ㄷ. ㉠의 (나)와 (다)에 대한 유전자형은 BbDd이다.

① ㄱ          ② ㄴ          ③ ㄱ, ㄷ
④ ㄴ, ㄷ          ⑤ ㄱ, ㄴ, ㄷ

## 26 ★☆☆ | 2023학년도 6월 평가원 4번 |

그림 (가)는 동물 P(2n=4)의 체세포가 분열하는 동안 핵 1개당 DNA 양을, (나)는 P의 체세포 분열 과정의 어느 한 시기에서 관찰되는 세포를 나타낸 것이다.

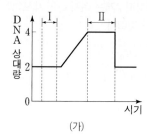
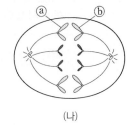

(가)                    (나)

이에 대한 설명으로 옳은 것만을 〈보기〉에서 있는 대로 고른 것은? (단, 돌연변이는 고려하지 않는다.)

보기
ㄱ. 구간 I에는 2개의 염색 분체로 구성된 염색체가 있다.
ㄴ. 구간 II에는 (나)가 관찰되는 시기가 있다.
ㄷ. ⓐ와 ⓑ는 부모에게서 각각 하나씩 물려받은 것이다.

① ㄱ          ② ㄴ          ③ ㄱ, ㄷ
④ ㄴ, ㄷ      ⑤ ㄱ, ㄴ, ㄷ

## 28 ★★☆ | 2022학년도 수능 3번 |

그림 (가)는 식물 P(2n)의 체세포가 분열하는 동안 핵 1개당 DNA 양을, (나)는 P의 체세포 분열 과정에서 관찰되는 세포 ⓐ와 ⓑ를 나타낸 것이다. ⓐ와 ⓑ는 분열기의 전기 세포와 중기 세포를 순서 없이 나타낸 것이다.

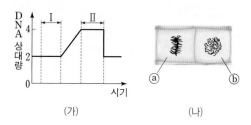

(가)                    (나)

이에 대한 설명으로 옳은 것만을 〈보기〉에서 있는 대로 고른 것은?

보기
ㄱ. I과 II 시기의 세포에는 모두 뉴클레오솜이 있다.
ㄴ. ⓐ에서 상동 염색체의 접합이 일어났다.
ㄷ. ⓑ는 I 시기에 관찰된다.

① ㄱ          ② ㄷ          ③ ㄱ, ㄴ
④ ㄴ, ㄷ      ⑤ ㄱ, ㄴ, ㄷ

## 27 ★★☆ | 2023학년도 6월 평가원 13번 |

그림은 동물 세포 (가)~(라) 각각에 들어 있는 모든 염색체를 나타낸 것이다. (가)~(라)는 각각 서로 다른 개체 A, B, C의 세포 중 하나이다. A와 B는 같은 종이고, A와 C의 성은 같다. A~C의 핵상은 모두 2n이며, A~C의 성염색체는 암컷이 XX, 수컷이 XY이다.

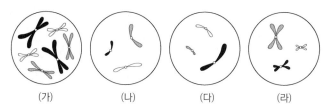

(가)      (나)      (다)      (라)

이에 대한 설명으로 옳은 것만을 〈보기〉에서 있는 대로 고른 것은? (단, 돌연변이는 고려하지 않는다.)

보기
ㄱ. (가)는 B의 세포이다.
ㄴ. (다)를 갖는 개체와 (라)를 갖는 개체의 핵형은 같다.
ㄷ. C의 감수 1분열 중기 세포 1개당 염색 분체 수는 6이다.

① ㄱ          ② ㄴ          ③ ㄷ
④ ㄱ, ㄴ      ⑤ ㄴ, ㄷ

## 29 ★☆☆ | 2022학년도 수능 11번 |

그림은 서로 다른 종인 동물(2n=?) A~C의 세포 (가)~(라) 각각에 들어 있는 모든 염색체를 나타낸 것이다. (가)~(라) 중 2개는 A의 세포이고, A와 B의 성은 서로 다르다. A~C의 성염색체는 암컷이 XX, 수컷이 XY이다.

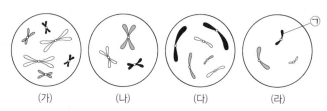

(가)      (나)      (다)      (라)

이에 대한 설명으로 옳은 것만을 〈보기〉에서 있는 대로 고른 것은? (단, 돌연변이는 고려하지 않는다.)

보기
ㄱ. (가)는 C의 세포이다.
ㄴ. ㉠은 상염색체이다.
ㄷ. $\dfrac{\text{(다)의 성염색체 수}}{\text{(나)의 염색 분체 수}} = \dfrac{2}{3}$ 이다.

① ㄱ          ② ㄴ          ③ ㄷ
④ ㄱ, ㄷ      ⑤ ㄴ, ㄷ

## 30 ★★★

사람의 유전 형질 (가)는 2쌍의 대립유전자 H와 h, R와 r에 의해 결정되며, (가)의 유전자는 7번 염색체와 8번 염색체에 있다. 그림은 어떤 사람의 7번 염색체와 8번 염색체를, 표는 이 사람의 세포 I ~ IV에서 염색체 ⊙~ⓒ의 유무와 H와 r의 DNA 상대량을 나타낸 것이다. ⊙~ⓒ은 염색체 ⓐ~ⓒ를 순서 없이 나타낸 것이다.

7번 염색체    8번 염색체

| 세포 | 염색체 | | | DNA 상대량 | |
|---|---|---|---|---|---|
| | ⊙ | ⓛ | ⓒ | H | r |
| I | × | ○ | ? | 1 | 1 |
| II | ? | ○ | ○ | ? | 1 |
| III | ○ | × | ○ | 2 | 0 |
| IV | ○ | ○ | × | ? | 2 |

(○ : 있음, × : 없음)

이에 대한 설명으로 옳은 것만을 〈보기〉에서 있는 대로 고른 것은? (단, 돌연변이와 교차는 고려하지 않으며, H, h, R, r 각각의 1개당 DNA 상대량은 1이다.) [3점]

보기
ㄱ. I과 II의 핵상은 같다.
ㄴ. ⓛ과 ⓒ은 모두 7번 염색체이다.
ㄷ. 이 사람의 유전자형은 HhRr이다.

① ㄱ        ② ㄴ        ③ ㄷ
④ ㄱ, ㄴ     ⑤ ㄴ, ㄷ

## 31 ★☆☆

표는 어떤 사람의 세포 (가)~(다)에서 핵막 소실 여부와 DNA 상대량을 나타낸 것이다. (가)~(다)는 체세포의 세포 주기 중 M기(분열기)의 중기, $G_1$기, $G_2$기에 각각 관찰되는 세포를 순서 없이 나타낸 것이다. ⊙은 '소실됨'과 '소실 안 됨' 중 하나이다.

| 세포 | 핵막 소실 여부 | DNA 상대량 |
|---|---|---|
| (가) | ⊙ | 1 |
| (나) | 소실됨 | ? |
| (다) | 소실 안 됨 | 2 |

이에 대한 설명으로 옳은 것만을 〈보기〉에서 있는 대로 고른 것은? (단, 돌연변이는 고려하지 않는다.)

보기
ㄱ. ⊙은 '소실 안 됨'이다.
ㄴ. (나)는 간기의 세포이다.
ㄷ. (다)에는 히스톤 단백질이 없다.

① ㄱ        ② ㄴ        ③ ㄷ
④ ㄱ, ㄴ     ⑤ ㄱ, ㄷ

## 32 ★★☆

사람의 유전 형질 (가)는 상염색체에 있는 대립유전자 H와 h에 의해, (나)는 X 염색체에 있는 대립유전자 T와 t에 의해 결정된다. 표는 세포 I ~ IV가 갖는 H, h, T, t의 DNA 상대량을 나타낸 것이다. I ~ IV 중 2개는 남자 P의, 나머지 2개는 여자 Q의 세포이다. ⊙~ⓒ은 0, 1, 2를 순서 없이 나타낸 것이다.

| 세포 | DNA 상대량 | | | |
|---|---|---|---|---|
| | H | h | T | t |
| I | ⓒ | 0 | ⊙ | ? |
| II | ⓛ | ⊙ | 0 | ⓛ |
| III | ? | ⓒ | ⊙ | ⓛ |
| IV | 4 | 0 | 2 | ⊙ |

이에 대한 설명으로 옳은 것만을 〈보기〉에서 있는 대로 고른 것은? (단, 돌연변이와 교차는 고려하지 않으며, H, h, T, t 각각의 1개당 DNA 상대량은 1이다.) [3점]

보기
ㄱ. ⓛ은 2이다.
ㄴ. II는 Q의 세포이다.
ㄷ. I이 갖는 t의 DNA 상대량과 III이 갖는 H의 DNA 상대량은 같다.

① ㄱ        ② ㄷ        ③ ㄱ, ㄴ
④ ㄴ, ㄷ     ⑤ ㄱ, ㄴ, ㄷ

## 33 ★☆☆

그림은 동물($2n=6$) I ~ III의 세포 (가)~(라) 각각에 들어 있는 모든 염색체를 나타낸 것이다. I ~ III은 2가지 종으로 구분되고, (가)~(라) 중 2개는 암컷의, 나머지 2개는 수컷의 세포이다. I ~ III의 성염색체는 암컷이 XX, 수컷이 XY이다. 염색체 ⓐ와 ⓑ 중 하나는 상염색체이고, 나머지 하나는 성염색체이다. ⓐ와 ⓑ의 모양과 크기는 나타내지 않았다.

(가)        (나)        (다)        (라)

이에 대한 설명으로 옳은 것만을 〈보기〉에서 있는 대로 고른 것은? (단, 돌연변이는 고려하지 않는다.)

보기
ㄱ. ⓑ는 X 염색체이다.
ㄴ. (나)는 암컷의 세포이다.
ㄷ. (가)를 갖는 개체와 (다)를 갖는 개체의 핵형은 같다.

① ㄱ        ② ㄴ        ③ ㄷ
④ ㄱ, ㄴ     ⑤ ㄴ, ㄷ

## 34 ★☆☆
| 2022학년도 6월 평가원 3번 |

그림 (가)는 동물 A(2n=4) 체세포의 세포 주기를, (나)는 A의 체세포 분열 과정 중 어느 한 시기에 관찰되는 세포를 나타낸 것이다. ㉠~㉢은 각각 G₂기, M기(분열기), S기 중 하나이다.

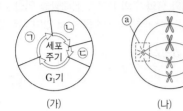

(가) (나)

이에 대한 설명으로 옳은 것만을 〈보기〉에서 있는 대로 고른 것은?

보기
ㄱ. ㉠ 시기에 DNA 복제가 일어난다.
ㄴ. ⓐ에 동원체가 있다.
ㄷ. (나)는 ㉢ 시기에 관찰되는 세포이다.

① ㄱ  ② ㄴ  ③ ㄷ
④ ㄱ, ㄷ  ⑤ ㄴ, ㄷ

## 35 ★★★
| 2022학년도 6월 평가원 16번 |

다음은 사람 P의 세포 (가)~(다)에 대한 자료이다.

• 유전 형질 ⓐ는 2쌍의 대립유전자 H와 h, T와 t에 의해 결정되며, ⓐ의 유전자는 서로 다른 2개의 염색체에 있다.
• (가)~(다)는 생식세포 형성 과정에서 나타나는 중기의 세포이다. (가)~(다) 중 2개는 G₁기 세포 Ⅰ로부터 형성되었고, 나머지 1개는 G₁기 세포 Ⅱ로부터 형성되었다.
• 표는 (가)~(다)에서 대립유전자 ㉠~㉣의 유무를 나타낸 것이다. ㉠~㉣은 H, h, T, t를 순서 없이 나타낸 것이다.

| 대립유전자 | 세포 | | |
|---|---|---|---|
| | (가) | (나) | (다) |
| ㉠ | × | × | ○ |
| ㉡ | ○ | ○ | × |
| ㉢ | × | × | × |
| ㉣ | × | ○ | ○ |

(○ : 있음, × : 없음)

이에 대한 설명으로 옳은 것만을 〈보기〉에서 있는 대로 고른 것은? (단, 돌연변이와 교차는 고려하지 않는다.) [3점]

보기
ㄱ. P에게서 ㉠과 ㉢을 모두 갖는 생식세포가 형성될 수 있다.
ㄴ. (가)와 (다)의 핵상은 같다.
ㄷ. Ⅰ로부터 (나)가 형성되었다.

① ㄱ  ② ㄴ  ③ ㄷ
④ ㄱ, ㄷ  ⑤ ㄴ, ㄷ

## 36 ★★☆
| 2022학년도 6월 평가원 19번 |

어떤 동물 종(2n=4)의 유전 형질 ㉮는 2쌍의 대립유전자 A와 a, B와 b에 의해 결정된다. 그림은 이 동물 종의 개체 Ⅰ의 세포 (가)와 개체 Ⅱ의 세포 (나) 각각에 들어 있는 모든 염색체를, 표는 (가)와 (나)에서 대립유전자 ㉠, ㉡, ㉢, ㉣ 중 2개의 DNA 상대량을 더한 값을 나타낸 것이다. ㉠~㉣은 A, a, B, b를 순서 없이 나타낸 것이고, Ⅰ과 Ⅱ의 ㉮의 유전자형은 각각 AaBb와 Aabb 중 하나이다.

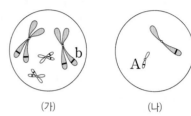

(가) (나)

| 세포 | DNA 상대량을 더한 값 | | | |
|---|---|---|---|---|
| | ㉠+㉡ | ㉠+㉢ | ㉡+㉢ | ㉢+㉣ |
| (가) | 6 | ⓐ | 6 | ? |
| (나) | ? | 1 | ⓑ | 2 |

이에 대한 설명으로 옳은 것만을 〈보기〉에서 있는 대로 고른 것은? (단, 돌연변이는 고려하지 않으며, A, a, B, b 각각의 1개당 DNA 상대량은 1이다.)

보기
ㄱ. Ⅰ의 유전자형은 AaBb이다.
ㄴ. ⓐ+ⓑ=5이다.
ㄷ. (나)에 b가 있다.

① ㄱ  ② ㄴ  ③ ㄱ, ㄷ
④ ㄴ, ㄷ  ⑤ ㄱ, ㄴ, ㄷ

Part Ⅱ
수능 평가원

## 37 ★★☆
|2021학년도 수능 6번|

그림은 서로 다른 종인 동물 A($2n=?$)와 B($2n=?$)의 세포 (가)~(다) 각각에 들어 있는 염색체 중 X 염색체를 제외한 나머지 염색체를 모두 나타낸 것이다. (가)~(다) 중 2개는 A의 세포이고, 나머지 1개는 B의 세포이다. A와 B는 성이 다르고, A와 B의 성염색체는 암컷이 XX, 수컷이 XY이다.

  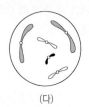

(가)          (나)          (다)

이에 대한 설명으로 옳은 것만을 〈보기〉에서 있는 대로 고른 것은? (단, 돌연변이는 고려하지 않는다.)

┌─ 보기 ────────────────────────────┐
│ ㄱ. (가)와 (다)의 핵상은 같다.                      │
│ ㄴ. A는 수컷이다.                                │
│ ㄷ. B의 체세포 분열 중기의 세포 1개당 염색 분체 수는 16 │
│    이다.                                        │
└──────────────────────────────────┘

① ㄱ          ② ㄴ          ③ ㄱ, ㄷ
④ ㄴ, ㄷ      ⑤ ㄱ, ㄴ, ㄷ

## 38 ★☆☆
|2021학년도 수능 9번|

그림 (가)는 사람 A의 체세포를 배양한 후 세포당 DNA 양에 따른 세포 수를, (나)는 A의 체세포 분열 과정 중 ㉠ 시기의 세포로부터 얻은 핵형 분석 결과의 일부를 나타낸 것이다.

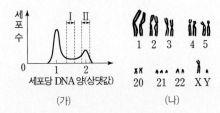

(가)              (나)

이에 대한 설명으로 옳은 것만을 〈보기〉에서 있는 대로 고른 것은?

┌─ 보기 ────────────────────────────┐
│ ㄱ. 구간 Ⅰ에는 핵막을 갖는 세포가 있다.              │
│ ㄴ. (나)에서 다운 증후군의 염색체 이상이 관찰된다.     │
│ ㄷ. 구간 Ⅱ에는 ㉠ 시기의 세포가 있다.               │
└──────────────────────────────────┘

① ㄱ          ② ㄴ          ③ ㄱ, ㄷ
④ ㄴ, ㄷ      ⑤ ㄱ, ㄴ, ㄷ

## 39 ★★☆
|2021학년도 수능 10번|

사람의 유전 형질 ⓐ는 3쌍의 대립유전자 H와 h, R와 r, T와 t에 의해 결정되며, ⓐ의 유전자는 서로 다른 3개의 상염색체에 있다. 표는 사람 (가)의 세포 Ⅰ~Ⅲ에서 h, R, t의 유무를, 그림은 세포 ㉠~㉢의 세포 1개당 H와 T의 DNA 상대량을 더한 값(H+T)을 각각 나타낸 것이다. ㉠~㉢은 Ⅰ~Ⅲ을 순서 없이 나타낸 것이다.

| 세포 | 대립유전자 | | |
|---|---|---|---|
| | h | R | t |
| Ⅰ | ? | ○ | × |
| Ⅱ | ○ | × | ? |
| Ⅲ | × | × | ? |

(○: 있음, ×: 없음)

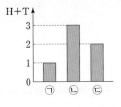

이에 대한 설명으로 옳은 것만을 〈보기〉에서 있는 대로 고른 것은? (단, 돌연변이는 고려하지 않으며, H, h, R, r, T, t 각각의 1개당 DNA 상대량은 1이다.) [3점]

┌─ 보기 ────────────────────────────┐
│ ㄱ. (가)에는 h, R, t를 모두 갖는 세포가 있다.        │
│ ㄴ. Ⅱ는 ㉠이다.                                 │
│ ㄷ. Ⅲ의 $\dfrac{\text{T의 DNA 상대량}}{\text{H의 DNA 상대량}+\text{r의 DNA 상대량}}=1$이다. │
└──────────────────────────────────┘

① ㄱ          ② ㄴ          ③ ㄱ, ㄷ
④ ㄴ, ㄷ      ⑤ ㄱ, ㄴ, ㄷ

## 40 ★★☆
|2021학년도 9월 평가원 6번|

그림은 어떤 사람의 핵형 분석 결과를 나타낸 것이다. ⓐ는 세포 분열 시 방추사가 부착되는 부분이다.

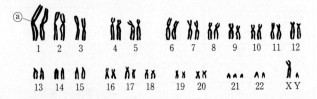

이에 대한 설명으로 옳은 것만을 〈보기〉에서 있는 대로 고른 것은?

┌─ 보기 ────────────────────────────┐
│ ㄱ. ⓐ는 동원체이다.                               │
│ ㄴ. 이 사람은 다운 증후군의 염색체 이상을 보인다.      │
│ ㄷ. 이 핵형 분석 결과에서 $\dfrac{\text{상염색체의 염색 분체 수}}{\text{성염색체 수}}=\dfrac{45}{2}$ │
│    이다.                                        │
└──────────────────────────────────┘

① ㄱ          ② ㄷ          ③ ㄱ, ㄴ
④ ㄴ, ㄷ      ⑤ ㄱ, ㄴ, ㄷ

## 41 ★☆☆  | 2021학년도 9월 평가원 13번 |

그림 (가)는 어떤 동물의 체세포 Q를 배양한 후 세포당 DNA 양에 따른 세포 수를, (나)는 Q의 체세포 분열 과정 중 ㉠ 시기에서 관찰되는 세포를 나타낸 것이다.

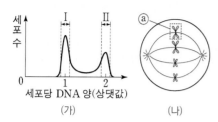

이에 대한 설명으로 옳은 것만을 〈보기〉에서 있는 대로 고른 것은?

> [보기]
> ㄱ. ⓐ에는 히스톤 단백질이 있다.
> ㄴ. 구간 Ⅱ에는 ㉠ 시기의 세포가 있다.
> ㄷ. $G_1$기의 세포 수는 구간 Ⅱ에서가 구간 Ⅰ에서보다 많다.

① ㄱ      ② ㄷ      ③ ㄱ, ㄴ
④ ㄴ, ㄷ      ⑤ ㄱ, ㄴ, ㄷ

## 42 ★★☆  | 2021학년도 9월 평가원 18번 |

그림은 유전자형이 Aa인 어떤 동물($2n=$?)의 $G_1$기 세포 Ⅰ로부터 생식세포가 형성되는 과정을, 표는 세포 ㉠~㉣의 상염색체 수와 대립유전자 A와 a의 DNA 상대량을 더한 값을 나타낸 것이다. ㉠~㉣은 Ⅰ~Ⅳ를 순서 없이 나타낸 것이고, 이 동물의 성염색체는 XX이다.

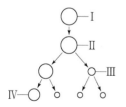

| 세포 | 상염색체 수 | A와 a의 DNA 상대량을 더한 값 |
|---|---|---|
| ㉠ | 8 | ? |
| ㉡ | 4 | 2 |
| ㉢ | ⓐ | ⓑ |
| ㉣ | ? | 4 |

이에 대한 설명으로 옳은 것만을 〈보기〉에서 있는 대로 고른 것은? (단, 돌연변이는 고려하지 않으며, A와 a 각각의 1개당 DNA 상대량은 1이다. Ⅱ와 Ⅲ은 중기의 세포이다.) [3점]

> [보기]
> ㄱ. ㉠은 Ⅰ이다.
> ㄴ. ⓐ+ⓑ=5이다.
> ㄷ. Ⅱ의 2가 염색체 수는 5이다.

① ㄱ      ② ㄷ      ③ ㄱ, ㄴ
④ ㄴ, ㄷ      ⑤ ㄱ, ㄴ, ㄷ

## 43 ★★☆  | 2021학년도 6월 평가원 9번 |

그림은 세포 (가)와 (나) 각각에 들어 있는 모든 염색체를 나타낸 것이다. (가)와 (나)는 각각 동물 A($2n=6$)와 동물 B($2n=$?)의 세포 중 하나이다.

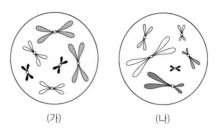

이에 대한 설명으로 옳은 것만을 〈보기〉에서 있는 대로 고른 것은? (단, 돌연변이는 고려하지 않는다.) [3점]

> [보기]
> ㄱ. (가)는 A의 세포이다.
> ㄴ. (가)와 (나)의 핵상은 같다.
> ㄷ. B의 체세포 분열 중기의 세포 1개당 염색 분체 수는 12이다.

① ㄱ      ② ㄴ      ③ ㄱ, ㄷ
④ ㄴ, ㄷ      ⑤ ㄱ, ㄴ, ㄷ

## 44 ★★☆  | 2021학년도 6월 평가원 19번 |

그림은 유전자형이 AaBbDD인 어떤 사람의 $G_1$기 세포 Ⅰ로부터 생식세포가 형성되는 과정을, 표는 세포 (가)~(라)가 갖는 대립유전자 A, B, D의 DNA 상대량을 나타낸 것이다. (가)~(라)는 Ⅰ~Ⅳ를 순서 없이 나타낸 것이고, ㉠+㉡+㉢=4이다.

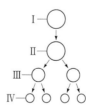

| 세포 | DNA 상대량 | | |
|---|---|---|---|
| | A | B | D |
| (가) | 2 | ㉠ | ? |
| (나) | 2 | ㉡ | ㉢ |
| (다) | ? | 1 | 2 |
| (라) | ? | 0 | ? |

이에 대한 설명으로 옳은 것만을 〈보기〉에서 있는 대로 고른 것은? (단, 돌연변이와 교차는 고려하지 않으며, A, a, B, b, D 각각의 1개당 DNA 상대량은 1이다. Ⅱ와 Ⅲ은 중기의 세포이다.)

> [보기]
> ㄱ. (가)는 Ⅱ이다.
> ㄴ. ㉡은 2이다.
> ㄷ. 세포 1개당 a의 DNA 상대량은 (다)와 (라)가 같다.

① ㄱ      ② ㄴ      ③ ㄱ, ㄷ
④ ㄴ, ㄷ      ⑤ ㄱ, ㄴ, ㄷ

## 45 ★☆☆

| 2021학년도 6월 평가원 10번 |

그림은 사람 체세포의 세포 주기를 나타낸 것이다. ㉠~㉢은 각각 G₂기, M기(분열기), S기 중 하나이다.

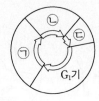

이에 대한 설명으로 옳은 것만을 〈보기〉에서 있는 대로 고른 것은?

**보기**

ㄱ. ㉠ 시기에 DNA가 복제된다.
ㄴ. ㉡은 간기에 속한다.
ㄷ. ㉢ 시기에 상동 염색체의 접합이 일어난다.

① ㄱ          ② ㄴ          ③ ㄷ
④ ㄱ, ㄴ      ⑤ ㄱ, ㄷ

# 02

# 사람의 유전

## 2026학년도 수능 출제 예측

**2025학년도 수능, 평가원 분석**

2025학년도 6월 모의평가에서는 복대립 유전과 다인자 유전, 사람의 유전과 돌연변이, 가계도 분석 문제가, 9월 모의평가에서는 사람의 유전과 돌연변이, 가계도 분석, 상염색체 유전 문제가 각각 3문항씩 출제되었다. 2025학년도 수능에서는 단일 인자 유전과 복대립 유전, 사람의 유전과 돌연변이, 가계도 분석 문제가 3문항 출제되었다.

**2026학년도 수능 예측**

매년 3문제가 출제되고 있다. 2026학년도 수능에서는 2~3개의 유전 형질 자료와 가계도를 분석하여 각 유전 형질의 우열 관계와 염색체에서 각 유전자의 위치, 가계도 구성원들의 유전자형을 찾는 문제가 출제될 가능성이 높다. 복대립 유전, 다인자 유전, 돌연변이 문제도 꾸준하게 출제되므로 관련 기출 문항을 모두 풀어두도록 하자.

# 1 ☆☆☆

다음은 사람의 유전 형질 (가)와 (나)에 대한 자료이다.

- (가)는 1쌍의 대립유전자에 의해 결정되며, 대립유전자에는 D, E, F가 있다. (가)의 표현형은 3가지이며, 각 대립유전자 사이의 우열 관계는 분명하다.
- (나)는 1쌍의 대립유전자에 의해 결정되며, 대립유전자에는 H, R, T가 있다. (나)의 표현형은 3가지이며, 각 대립유전자 사이의 우열 관계는 분명하다.
- 그림은 남자 Ⅰ, Ⅱ와 여자 Ⅲ, Ⅳ의 체세포 각각에 들어 있는 일부 염색체와 유전자를 나타낸 것이다. ㉠~㉢은 D, E, F를 순서 없이 나타낸 것이고, ㉣과 ㉤은 각각 H, R, T 중 하나이다.

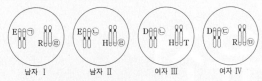

남자 Ⅰ    남자 Ⅱ    여자 Ⅲ    여자 Ⅳ

- Ⅰ과 Ⅱ 사이에서 아이가 태어날 때, 이 아이가 유전자형이 DDTT인 사람과 (가)와 (나)의 표현형이 모두 같을 확률은 $\frac{9}{16}$이다.
- Ⅱ와 Ⅳ 사이에서 ⓐ가 태어날 때, ⓐ에게서 나타날 수 있는 (가)와 (나)의 표현형은 최대 9가지이다.

이에 대한 설명으로 옳은 것만을 〈보기〉에서 있는 대로 고른 것은? (단, 돌연변이와 교차는 고려하지 않는다.)

보기
ㄱ. ㉠은 D이다.
ㄴ. H는 R에 대해 완전 우성이다.
ㄷ. ⓐ의 (가)와 (나)의 표현형이 모두 Ⅱ와 같을 확률은 $\frac{1}{4}$이다.

① ㄱ          ② ㄴ          ③ ㄱ, ㄷ
④ ㄴ, ㄷ       ⑤ ㄱ, ㄴ, ㄷ

# 2 ☆☆☆

다음은 어떤 가족의 유전 형질 (가)~(다)에 대한 자료이다.

- (가)~(다)의 유전자 중 2개는 X 염색체에 있고, 나머지 1개는 상염색체에 있다.
- (가)는 대립유전자 A와 a에 의해, (나)는 대립유전자 B와 b에 의해, (다)는 대립유전자 D와 d에 의해 결정된다.
- 표는 이 가족 구성원 ㉠~㉫의 성별과 체세포 1개당 a, B, D의 DNA 상대량을 나타낸 것이다. ㉠~㉫은 아버지, 어머니, 자녀 1, 자녀 2, 자녀 3, 자녀 4를 순서 없이 나타낸 것이다.
- 어머니의 난자 형성 과정에서 성염색체 비분리가 1회 일어나 염색체 수가 비정상적인 난자 P가 형성되었다. P가 정상 정자와 수정되어 자녀 4가 태어났으며, 자녀 4는 클라인펠터 증후군의 염색체 이상을 보인다.

| 구성원 | 성별 | DNA 상대량 | | |
|---|---|---|---|---|
| | | a | B | D |
| ㉠ | 여 | 1 | 0 | 1 |
| ㉡ | 여 | 1 | 1 | 1 |
| ㉢ | 남 | 1 | 2 | 0 |
| ㉣ | 남 | 0 | 1 | 1 |
| ㉤ | 남 | 1 | 1 | 1 |
| ㉥ | 남 | 0 | 0 | 1 |

- 자녀 4를 제외한 이 가족 구성원의 핵형은 모두 정상이다.

이에 대한 설명으로 옳은 것만을 〈보기〉에서 있는 대로 고른 것은? (단, 제시된 염색체 비분리 이외의 돌연변이와 교차는 고려하지 않으며, A, a, B, b, D, d 각각의 1개당 DNA 상대량은 1이다.) [3점]

보기
ㄱ. ㉤은 아버지이다.
ㄴ. 염색체 비분리는 감수 1분열에서 일어났다.
ㄷ. ㉠에게서 a, b, D를 모두 갖는 생식세포가 형성될 수 있다.

① ㄱ          ② ㄴ          ③ ㄷ
④ ㄱ, ㄴ       ⑤ ㄴ, ㄷ

## 3 ☆☆☆

다음은 어떤 집안의 유전 형질 (가)와 (나)에 대한 자료이다.

- (가)의 유전자와 (나)의 유전자는 같은 염색체에 있다.
- (가)는 대립유전자 A와 a에 의해, (나)는 대립유전자 B와 b에 의해 결정된다. A는 a에 대해, B는 b에 대해 각각 완전 우성이다.
- 가계도는 구성원 ⓐ~ⓒ를 제외한 구성원 1~6에게서 (가)와 (나)의 발현 여부를 나타낸 것이다. ⓒ는 남자이다.

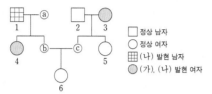

□ 정상 남자
○ 정상 여자
▦ (나) 발현 남자
● (가), (나) 발현 여자

- 표는 구성원 ⓐ, 2, 4, 5에서 체세포 1개당 a와 B의 DNA 상대량을 나타낸 것이다. ㉠~㉢은 0, 1, 2를 순서 없이 나타낸 것이다.

| 구성원 | | ⓐ | 2 | 4 | 5 |
|---|---|---|---|---|---|
| DNA 상대량 | a | ? | ? | ? | ㉠ |
| | B | ㉡ | 1 | ㉡ | ㉢ |

- ⓐ~ⓒ 중 한 사람은 (가)와 (나) 중 (가)만 발현되었고, 다른 한 사람은 (가)와 (나) 중 (나)만 발현되었으며, 나머지 한 사람은 (가)와 (나)가 모두 발현되었다.

이에 대한 설명으로 옳은 것만을 〈보기〉에서 있는 대로 고른 것은? (단, 돌연변이와 교차는 고려하지 않으며, A, a, B, b 각각의 1개당 DNA 상대량은 1이다.) [3점]

〔보기〕
ㄱ. (가)는 우성 형질이다.
ㄴ. 이 가계도 구성원 중 체세포 1개당 b의 DNA 상대량이 ㉠인 사람은 4명이다.
ㄷ. 6의 동생이 태어날 때, 이 아이에게서 (가)와 (나)가 모두 발현될 확률은 $\frac{1}{2}$이다.

① ㄱ  ② ㄴ  ③ ㄷ
④ ㄱ, ㄴ  ⑤ ㄱ, ㄷ

## 4 ☆☆☆

다음은 어떤 가족의 유전 형질 (가)~(다)에 대한 자료이다.

- (가)~(다)의 유전자 중 2개는 X 염색체에 있고, 나머지 1개는 상염색체에 있다.
- (가)는 대립유전자 A와 a에 의해, (나)는 대립유전자 B와 b에 의해, (다)는 대립유전자 D와 d에 의해 결정된다.
- 표는 이 가족 구성원에서 체세포 1개당 A, b, d의 DNA 상대량을 나타낸 것이다.

| 구성원 | DNA 상대량 | | |
|---|---|---|---|
| | A | b | d |
| 아버지 | 1 | 1 | 1 |
| 어머니 | 0 | 1 | 1 |
| 자녀 1 | ? | 1 | 0 |
| 자녀 2 | 0 | 1 | 1 |
| 자녀 3 | 1 | 0 | 2 |
| 자녀 4 | 2 | 3 | 2 |

- 부모 중 한 명의 생식세포 형성 과정에서 염색체 비분리가 1회 일어나 염색체 수가 비정상적인 생식세포 P가 형성되었고, 나머지 한 명의 생식세포 형성 과정에서 대립유전자 ㉠이 대립유전자 ㉡으로 바뀌는 돌연변이가 1회 일어나 ㉡을 갖는 생식세포 Q가 형성되었다. ㉠과 ㉡은 (가)~(다) 중 한 가지 형질을 결정하는 서로 다른 대립유전자이다.
- P와 Q가 수정되어 자녀 4가 태어났다. 자녀 4를 제외한 이 가족 구성원의 핵형은 모두 정상이다.

이에 대한 설명으로 옳은 것만을 〈보기〉에서 있는 대로 고른 것은? (단, 제시된 돌연변이 이외의 돌연변이와 교차는 고려하지 않으며, A, a, B, b, D, d각각의 1개당 DNA 상대량은 1이다.)

〔보기〕
ㄱ. 자녀 1~3 중 여자는 2명이다.
ㄴ. Q는 어머니에게서 형성되었다.
ㄷ. 자녀 3에게서 A, B, d를 모두 갖는 생식세포가 형성될 수 있다.

① ㄱ  ② ㄴ  ③ ㄷ
④ ㄱ, ㄴ  ⑤ ㄴ, ㄷ

다음은 어떤 집안의 유전 형질 (가)~(다)에 대한 자료이다.

- (가)의 유전자는 9번 염색체에 있고, (나)와 (다)의 유전자 중 하나는 X 염색체에, 나머지 하나는 9번 염색체에 있다.
- (가)는 대립유전자 H와 h에 의해, (나)는 대립유전자 R와 r에 의해, (다)는 대립유전자 T와 t에 의해 결정된다. H는 h에 대해, R는 r에 대해, T는 t에 대해 각각 완전 우성이다.
- 가계도는 구성원 1~8에서 (가)와 (나)의 발현 여부를 나타낸 것이다.

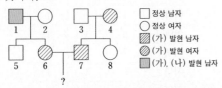

　□ 정상 남자
　○ 정상 여자
　▨ (가) 발현 남자
　◪ (가) 발현 여자
　■ (가), (나) 발현 남자

- 표는 구성원 2, 3, 5, 7, 8에서 체세포 1개당 H와 r의 DNA 상대량을 더한 값(H+r)과 체세포 1개당 R와 t의 DNA 상대량을 더한 값(R+t)을 나타낸 것이다.

| 구성원 | | 2 | 3 | 5 | 7 | 8 |
|---|---|---|---|---|---|---|
| DNA 상대량을 더한 값 | H+r | 1 | 0 | 1 | 1 | 1 |
| | R+t | 3 | 2 | 2 | 2 | 2 |

- 2와 5에서 (다)가 발현되었고, 4와 6의 (다)의 유전자형은 서로 같다.

이에 대한 설명으로 옳은 것만을 〈보기〉에서 있는 대로 고른 것은? (단, 돌연변이와 교차는 고려하지 않으며, H, h, R, r, T, t 각각의 1개당 DNA 상대량은 1이다.) [3점]

〔보기〕
ㄱ. (다)의 유전자는 X 염색체에 있다.
ㄴ. 4의 (가)~(다)의 유전자형은 모두 이형 접합성이다.
ㄷ. 6과 7 사이에서 아이가 태어날 때, 이 아이의 (가)~(다)의 표현형이 모두 6과 같을 확률은 $\frac{3}{16}$이다.

① ㄱ　　② ㄷ　　③ ㄱ, ㄴ
④ ㄴ, ㄷ　　⑤ ㄱ, ㄴ, ㄷ

다음은 사람의 유전 형질 (가)~(다)에 대한 자료이다.

- (가)~(다)의 유전자는 서로 다른 2개의 상염색체에 있으며, (가)의 유전자는 (다)의 유전자와 서로 다른 상염색체에 있다.
- (가)는 대립유전자 A와 a에 의해 결정되며, 유전자형이 다르면 표현형이 다르다.
- (나)는 대립유전자 B와 b에 의해, (다)는 대립유전자 D와 d에 의해 결정된다.
- (나)와 (다) 중 하나는 대문자로 표시되는 대립유전자가 소문자로 표시되는 대립유전자에 대해 완전 우성이고, 나머지 하나는 유전자형이 다르면 표현형이 다르다.
- 유전자형이 AaBbDD인 남자 P와 AaBbDd인 여자 Q 사이에서 ⓐ가 태어날 때, ⓐ에게서 나타날 수 있는 (가)~(다)의 표현형은 최대 8 가지이다.

유전자형이 AabbDd인 아버지와 AaBBDd인 어머니 사이에서 아이가 태어날 때, 이 아이의 (가)~(다)의 표현형이 모두 Q와 같을 확률은? (단, 돌연변이와 교차는 고려하지 않는다.) [3점]

① $\frac{1}{16}$　　　　② $\frac{1}{8}$　　　　③ $\frac{3}{16}$

④ $\frac{1}{4}$　　　　⑤ $\frac{3}{8}$

## 7 ★★☆

| 2025학년도 6월 평가원 14번 |

다음은 사람의 유전 형질 (가)와 (나)에 대한 자료이다.

- (가)의 유전자는 6번 염색체에, (나)의 유전자는 7번 염색체에 있다.
- (가)는 1쌍의 대립유전자에 의해 결정되며, 대립유전자에는 A, B, D가 있다. (가)의 표현형은 4가지이며, (가)의 유전자형이 AA인 사람과 AB인 사람의 표현형은 같고, 유전자형이 BD인 사람과 DD인 사람의 표현형은 같다.
- (나)는 2쌍의 대립유전자 E와 e, F와 f에 의해 결정된다.
- (나)의 표현형은 유전자형에서 대문자로 표시되는 대립유전자의 수에 의해서만 결정되며, 이 대립유전자의 수가 다르면 표현형이 다르다.
- P의 유전자형은 ABEeFf이고, P와 Q는 (나)의 표현형이 서로 같다.
- P와 Q 사이에서 ⓐ가 태어날 때, ⓐ에게서 나타날 수 있는 (가)와 (나)의 표현형은 최대 12가지이다.

ⓐ의 (가)와 (나)의 표현형이 모두 Q와 같을 확률은? (단, 돌연변이와 교차는 고려하지 않는다.)

① $\frac{3}{8}$   ② $\frac{1}{4}$   ③ $\frac{3}{16}$

④ $\frac{1}{8}$   ⑤ $\frac{1}{16}$

## 8 ★★☆

| 2025학년도 6월 평가원 17번 |

다음은 어떤 가족의 유전 형질 (가)~(다)에 대한 자료이다.

- (가)~(다)의 유전자 중 2개는 13번 염색체에, 나머지 1개는 X 염색체에 있다.
- (가)는 대립유전자 H와 h에 의해, (나)는 대립유전자 R와 r에 의해, (다)는 대립유전자 T와 t에 의해 결정된다. H는 h에 대해, R는 r에 대해, T는 t에 대해 각각 완전 우성이다.
- (가)~(다) 중 2개는 우성 형질이고, 나머지 1개는 열성 형질이다.
- 표는 이 가족 구성원의 성별과 (가)~(다)의 발현 여부를 나타낸 것이다.

| 구성원 | 성별 | (가) | (나) | (다) |
|---|---|---|---|---|
| 아버지 | 남 | ○ | × | × |
| 어머니 | 여 | ○ | ○ | ○ |
| 자녀 1 | 남 | ○ | ○ | ○ |
| 자녀 2 | 여 | × | × | × |
| 자녀 3 | 남 | × | × | ○ |
| 자녀 4 | 여 | × | ○ | ○ |

(○: 발현됨, ×: 발현 안 됨)

- 이 가족 구성원의 핵형은 모두 정상이다.
- 염색체 수가 22인 생식세포 ㉠과 염색체 수가 24인 생식세포 ㉡이 수정되어 자녀 4가 태어났다. ㉠과 ㉡의 형성 과정에서 각각 13번 염색체 비분리가 1회 일어났다.

이에 대한 설명으로 옳은 것만을 〈보기〉에서 있는 대로 고른 것은? (단, 제시된 염색체 비분리 이외의 돌연변이와 교차는 고려하지 않는다.) [3점]

〈보기〉
ㄱ. (나)는 우성 형질이다.
ㄴ. 아버지에게서 h, R, t를 모두 갖는 정자가 형성될 수 있다.
ㄷ. ㉡은 감수 1분열에서 염색체 비분리가 일어나 형성된 난자이다.

① ㄱ   ② ㄴ   ③ ㄷ

④ ㄱ, ㄴ   ⑤ ㄴ, ㄷ

다음은 어떤 집안의 유전 형질 (가)와 (나)에 대한 자료이다.

- (가)의 유전자와 (나)의 유전자 중 하나만 X 염색체에 있다.
- (가)는 대립유전자 A와 a에 의해, (나)는 대립유전자 B와 b에 의해 결정된다. A는 a에 대해, B는 b에 대해 각각 완전 우성이다.
- 가계도는 구성원 @를 제외한 구성원 1~6에게서 (가)와 (나)의 발현 여부를 나타낸 것이다.

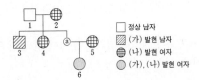

| | 정상 남자 |
|---|---|
| ▨ | (가) 발현 남자 |
| ⊞ | (나) 발현 여자 |
| ◯ | (가), (나) 발현 여자 |

- 표는 구성원 3, 4, @, 6에서 체세포 1개당 a, B, b의 DNA 상대량을 나타낸 것이다. ㉠~㉢은 0, 1, 2를 순서 없이 나타낸 것이다.

| 구성원 | | 3 | 4 | @ | 6 |
|---|---|---|---|---|---|
| DNA 상대량 | a | ? | ㉠ | ? | ? |
| | B | ㉠ | ? | ㉠ | ㉡ |
| | b | ? | ㉢ | ㉠ | ? |

이에 대한 설명으로 옳은 것만을 〈보기〉에서 있는 대로 고른 것은? (단, 돌연변이와 교차는 고려하지 않으며, A, a, B, b 각각의 1개당 DNA 상대량은 1이다.) [3점]

〈보기〉
ㄱ. (가)의 유전자는 X 염색체에 있다.
ㄴ. 이 가계도 구성원 중 체세포 1개당 a의 DNA 상대량이 ㉢인 사람은 3명이다.
ㄷ. 6의 동생이 태어날 때, 이 아이에게서 (가)와 (나) 중 (나)만 발현될 확률은 $\frac{1}{8}$이다.

① ㄱ        ② ㄴ        ③ ㄱ, ㄷ
④ ㄴ, ㄷ        ⑤ ㄱ, ㄴ, ㄷ

다음은 사람의 유전 형질 (가)~(다)에 대한 자료이다.

- (가)~(다)의 유전자는 서로 다른 3개의 상염색체에 있다.
- (가)는 대립유전자 A와 a에 의해 결정되며, A는 a에 대해 완전 우성이다.
- (나)는 대립유전자 B와 b에 의해 결정되며, 유전자형이 다르면 표현형이 다르다.
- (다)는 1쌍의 대립유전자에 의해 결정되며, 대립유전자에는 D, E, F가 있다. D는 E, F에 대해, E는 F에 대해 각각 완전 우성이다.
- P의 유전자형은 AaBbDF이고, P와 Q는 (나)의 표현형이 서로 다르다.
- P와 Q 사이에서 @가 태어날 때, @가 P와 (가)~(다)의 표현형이 모두 같을 확률은 $\frac{3}{16}$이다.
- @가 유전자형이 AAbbFF인 사람과 (가)~(다)의 표현형이 모두 같을 확률은 $\frac{3}{32}$이다.

@의 유전자형이 aabbDF일 확률은? (단, 돌연변이는 고려하지 않는다.) [3점]

① $\frac{1}{4}$        ② $\frac{1}{8}$        ③ $\frac{1}{16}$

④ $\frac{1}{32}$        ⑤ $\frac{1}{64}$

## 11 ★★★ | 2024학년도 수능 17번 |

다음은 어떤 가족의 유전 형질 (가)~(다)에 대한 자료이다.

- (가)는 대립유전자 A와 a에 의해, (나)는 대립유전자 B와 b에 의해, (다)는 대립유전자 D와 d에 의해 결정된다. A는 a에 대해, B는 b에 대해, D는 d에 대해 각각 완전 우성이다.
- (가)와 (나)는 모두 우성 형질이고, (다)는 열성 형질이다.
- (가)의 유전자는 상염색체에 있고, (나)와 (다)의 유전자는 모두 X 염색체에 있다.
- 표는 이 가족 구성원의 성별과 ㉠~㉢의 발현 여부를 나타낸 것이다. ㉠~㉢은 각각 (가)~(다) 중 하나이다.

| 구성원 | 성별 | ㉠ | ㉡ | ㉢ |
|---|---|---|---|---|
| 아버지 | 남 | ○ | × | × |
| 어머니 | 여 | × | ○ | ⓐ |
| 자녀 1 | 남 | × | ○ | ○ |
| 자녀 2 | 여 | ○ | ○ | × |
| 자녀 3 | 남 | ○ | × | ○ |
| 자녀 4 | 남 | × | × | × |

(○: 발현됨, ×: 발현 안 됨)

- 부모 중 한 명의 생식세포 형성 과정에서 성염색체 비분리가 1회 일어나 염색체 수가 비정상적인 생식세포 G가 형성되었다. G가 정상 생식세포와 수정되어 자녀 4가 태어났으며, 자녀 4는 클라인펠터 증후군의 염색체 이상을 보인다.
- 자녀 4를 제외한 이 가족 구성원의 핵형은 모두 정상이다.

이에 대한 설명으로 옳은 것만을 〈보기〉에서 있는 대로 고른 것은? (단, 제시된 염색체 비분리 이외의 돌연변이와 교차는 고려하지 않는다.)

보기
ㄱ. ⓐ는 '○'이다.
ㄴ. 자녀 2는 A, B, D를 모두 갖는다.
ㄷ. G는 아버지에게서 형성되었다.

① ㄱ        ② ㄴ        ③ ㄱ, ㄷ
④ ㄴ, ㄷ        ⑤ ㄱ, ㄴ, ㄷ

## 12 ★★★ | 2024학년도 수능 19번 |

다음은 어떤 집안의 유전 형질 (가)와 (나)에 대한 자료이다.

- (가)의 유전자와 (나)의 유전자는 같은 염색체에 있다.
- (가)는 대립유전자 H와 h에 의해, (나)는 대립유전자 T와 t에 의해 결정된다. H는 h에 대해, T는 t에 대해 각각 완전 우성이다.
- 가계도는 구성원 ⓐ~ⓒ를 제외한 구성원 1~6에게서 (가)와 (나)의 발현 여부를 나타낸 것이다. ⓑ는 남자이다.

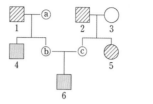

○ 정상 여자
▨ (가) 발현 남자
◕ (가) 발현 여자
■ (가), (나) 발현 남자

- ⓐ~ⓒ 중 (가)가 발현된 사람은 1명이다.
- 표는 ⓐ~ⓒ에서 체세포 1개당 h의 DNA 상대량을 나타낸 것이다. ㉠~㉢은 0, 1, 2를 순서 없이 나타낸 것이다.

| 구성원 | ⓐ | ⓑ | ⓒ |
|---|---|---|---|
| h의 DNA 상대량 | ㉠ | ㉡ | ㉢ |

- ⓐ와 ⓒ의 (나)의 유전자형은 서로 같다.

이에 대한 설명으로 옳은 것만을 〈보기〉에서 있는 대로 고른 것은? (단, 돌연변이와 교차는 고려하지 않으며, H, h, T, t 각각의 1개당 DNA 상대량은 1이다.) [3점]

보기
ㄱ. (가)는 열성 형질이다.
ㄴ. ⓐ~ⓒ 중 (나)가 발현된 사람은 2명이다.
ㄷ. 6의 동생이 태어날 때, 이 아이에게서 (가)와 (나)가 모두 발현될 확률은 $\frac{1}{4}$이다.

① ㄱ        ② ㄴ        ③ ㄱ, ㄷ
④ ㄴ, ㄷ        ⑤ ㄱ, ㄴ, ㄷ

다음은 사람의 유전 형질 (가)~(다)에 대한 자료이다.

- (가)~(다)의 유전자는 서로 다른 2개의 상염색체에 있다.
- (가)는 대립유전자 A와 a에 의해 결정되며, A는 a에 대해 완전 우성이다.
- (나)는 대립유전자 B와 b에 의해 결정되며, 유전자형이 다르면 표현형이 다르다.
- (다)는 1쌍의 대립유전자에 의해 결정되며, 대립유전자에는 D, E, F가 있다. D는 E, F에 대해, E는 F에 대해 각각 완전 우성이다.
- (가)와 (나)의 유전자형이 AaBb인 남자 P와 AaBB인 여자 Q 사이에서 ⓐ가 태어날 때, ⓐ에게서 나타날 수 있는 (가)와 (나)의 표현형은 최대 3가지이고, ⓐ가 가질 수 있는 (가)~(다)의 유전자형 중 AABBFF가 있다.
- ⓐ의 (가)~(다)의 표현형이 모두 Q와 같을 확률은 $\frac{1}{8}$이다.

ⓐ의 (가)~(다)의 표현형이 모두 P와 같을 확률은? (단, 돌연변이와 교차는 고려하지 않는다.) [3점]

① $\frac{1}{16}$  ② $\frac{1}{8}$  ③ $\frac{3}{16}$

④ $\frac{1}{4}$  ⑤ $\frac{3}{8}$

다음은 어떤 가족의 유전 형질 (가)에 대한 자료이다.

- (가)는 21번 염색체에 있는 2쌍의 대립유전자 H와 h, T와 t에 의해 결정된다. (가)의 표현형은 유전자형에서 대문자로 표시되는 대립유전자의 수에 의해서만 결정되며, 이 대립 유전자의 수가 다르면 표현형이 다르다.
- 어머니의 난자 형성 과정에서 21번 염색체 비분리가 1회 일어나 염색체 수가 비정상적인 난자 Q가 형성되었다. Q와 아버지의 정상 정자가 수정되어 ⓐ가 태어났으며, 부모의 핵형은 모두 정상이다.
- 어머니의 (가)의 유전자형은 HHTt이고, ⓐ의 (가)의 유전자형에서 대문자로 표시되는 대립유전자의 수는 4이다.
- ⓐ의 동생이 태어날 때, 이 아이에게서 나타날 수 있는 (가)의 표현형은 최대 2가지이고, ㉠이 아이가 가질 수 있는 (가)의 유전자형은 최대 4가지이다.

이에 대한 설명으로 옳은 것만을 〈보기〉에서 있는 대로 고른 것은? (단, 제시된 염색체 비분리 이외의 돌연변이와 교차는 고려하지 않는다.) [3점]

보기
ㄱ. 아버지의 (가)의 유전자형에서 대문자로 표시되는 대립유전자의 수는 2이다.
ㄴ. ㉠ 중에는 HhTt가 있다.
ㄷ. 염색체 비분리는 감수 1분열에서 일어났다.

① ㄱ  ② ㄷ  ③ ㄱ, ㄴ
④ ㄴ, ㄷ  ⑤ ㄱ, ㄴ, ㄷ

## 15 ★★★

다음은 어떤 집안의 유전 형질 (가)와 (나)에 대한 자료이다.

- (가)는 대립유전자 A와 a에 의해, (나)는 대립유전자 B와 b에 의해 결정된다. A는 a에 대해, B는 b에 대해 각각 완전 우성이다.
- (가)의 유전자와 (나)의 유전자는 서로 다른 염색체에 있다.
- 가계도는 구성원 1~7에게서 (가)와 (나)의 발현 여부를, 표는 구성원 1, 3, 6에서 체세포 1개당 ㉠과 B의 DNA 상대량을 더한 값(㉠+B)을 나타낸 것이다. ㉠은 A와 a 중 하나이다.

| 구성원 | ㉠+B |
|---|---|
| 1 | 2 |
| 3 | 1 |
| 6 | 2 |

⬚ (가) 발현 남자
▦ (나) 발현 남자
◻ (가), (나) 발현 남자
◯ (가), (나) 발현 여자

이에 대한 설명으로 옳은 것만을 〈보기〉에서 있는 대로 고른 것은? (단, 돌연변이와 교차는 고려하지 않으며, A, a, B, b 각각의 1개당 DNA 상대량은 1이다.)

보기
ㄱ. ㉠은 A이다.
ㄴ. (나)의 유전자는 상염색체에 있다.
ㄷ. 7의 동생이 태어날 때, 이 아이에게서 (가)와 (나)가 모두 발현될 확률은 $\frac{3}{8}$이다.

① ㄱ       ② ㄴ       ③ ㄱ, ㄷ
④ ㄴ, ㄷ       ⑤ ㄱ, ㄴ, ㄷ

## 16 ★★☆

다음은 어떤 집안의 유전 형질 (가)와 (나)에 대한 자료이다.

- (가)는 대립유전자 A와 a에 의해, (나)는 대립유전자 B와 b에 의해 결정된다. A는 a에 대해, B는 b에 대해 각각 완전 우성이다.
- (가)와 (나)는 모두 우성 형질이고, (가)의 유전자와 (나)의 유전자는 서로 다른 염색체에 있다.
- 가계도는 구성원 1~8에게서 (가)와 (나)의 발현 여부를 나타낸 것이다.

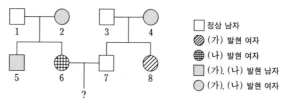

◻ 정상 남자
▨ (가) 발현 여자
⊕ (나) 발현 여자
◼ (가), (나) 발현 남자
◯ (가), (나) 발현 여자

- 표는 구성원 1, 2, 5, 8에서 체세포 1개당 a와 B의 DNA 상대량을 나타낸 것이다. ㉠~㉢은 0, 1, 2를 순서 없이 나타낸 것이다.

| 구성원 | | 1 | 2 | 5 | 8 |
|---|---|---|---|---|---|
| DNA 상대량 | a | 1 | ㉠ | ㉡ | ? |
| | B | ? | ㉢ | ㉠ | ㉡ |

이에 대한 설명으로 옳은 것만을 〈보기〉에서 있는 대로 고른 것은? (단, 돌연변이와 교차는 고려하지 않으며, A, a, B, b 각각의 1개당 DNA 상대량은 1이다.) [3점]

보기
ㄱ. (가)의 유전자는 X 염색체에 있다.
ㄴ. ㉢은 2이다.
ㄷ. 6과 7 사이에서 아이가 태어날 때, 이 아이에게서 (가)와 (나) 중 (나)만 발현될 확률은 $\frac{1}{2}$이다.

① ㄱ       ② ㄷ       ③ ㄱ, ㄴ
④ ㄴ, ㄷ       ⑤ ㄱ, ㄴ, ㄷ

다음은 어떤 가족의 유전 형질 (가)~(다)에 대한 자료이다.

- (가)는 대립유전자 A와 a에 의해, (나)는 대립유전자 B와 b에 의해, (다)는 대립유전자 D와 d에 의해 결정된다.
- (가)와 (나)의 유전자는 7번 염색체에, (다)의 유전자는 13번 염색체에 있다.
- 그림은 어머니와 아버지의 체세포 각각에 들어 있는 7번 염색체, 13번 염색체와 유전자를 나타낸 것이다.

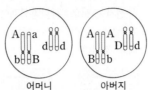

어머니      아버지

- 표는 이 가족 구성원 중 자녀 1~3에서 체세포 1개당 A, b, D의 DNA 상대량을 더한 값(A+b+D)과 체세포 1개당 a, b, d의 DNA 상대량을 더한 값(a+b+d)을 나타낸 것이다.

| 구성원 | | 자녀 1 | 자녀 2 | 자녀 3 |
|---|---|---|---|---|
| DNA 상대량을 더한 값 | A+b+D | 5 | 3 | 4 |
| | a+b+d | 3 | 3 | 1 |

- 자녀 1~3은 (가)의 유전자형이 모두 같다.
- 어머니의 생식세포 형성 과정에서 ㉠이 1회 일어나 형성된 난자 P와 아버지의 생식세포 형성 과정에서 ㉡이 1회 일어나 형성된 정자 Q가 수정되어 자녀 3이 태어났다. ㉠과 ㉡은 7번 염색체 결실과 13번 염색체 비분리를 순서 없이 나타낸 것이다.
- 자녀 3의 체세포 1개당 염색체 수는 47이고, 자녀 3을 제외한 이 가족 구성원의 핵형은 모두 정상이다.

이에 대한 설명으로 옳은 것만을 〈보기〉에서 있는 대로 고른 것은? (단, 제시된 돌연변이 이외의 돌연변이와 교차는 고려하지 않으며, A, a, B, b, D, d 각각의 1개당 DNA 상대량은 1이다.) [3점]

보기
ㄱ. 자녀 2에게서 A, B, D를 모두 갖는 생식세포가 형성될 수 있다.
ㄴ. ㉠은 7번 염색체 결실이다.
ㄷ. 염색체 비분리는 감수 2분열에서 일어났다.

① ㄱ      ② ㄴ      ③ ㄱ, ㄷ
④ ㄴ, ㄷ      ⑤ ㄱ, ㄴ, ㄷ

다음은 사람의 유전 형질 (가)와 (나)에 대한 자료이다.

- (가)는 서로 다른 3개의 상염색체에 있는 3쌍의 대립유전자 A와 a, B와 b, D와 d에 의해 결정된다.
- (가)의 표현형은 유전자형에서 대문자로 표시되는 대립유전자의 수에 의해서만 결정되며, 이 대립유전자의 수가 다르면 표현형이 다르다.
- (나)는 대립유전자 E와 e에 의해 결정되며, 유전자형이 다르면 표현형이 다르다. (나)의 유전자는 (가)의 유전자와 서로 다른 상염색체에 있다.
- P의 유전자형은 AaBbDdEe이고, P와 Q는 (가)의 표현형이 서로 같다.
- P와 Q 사이에서 ⓐ가 태어날 때, ⓐ에게서 나타날 수 있는 (가)와 (나)의 표현형은 최대 15가지이다.

ⓐ가 유전자형이 AabbDdEe인 사람과 (가)와 (나)의 표현형이 모두 같을 확률은? (단, 돌연변이는 고려하지 않는다.)

① $\frac{1}{16}$      ② $\frac{1}{8}$      ③ $\frac{3}{16}$

④ $\frac{1}{4}$      ⑤ $\frac{5}{16}$

## 19 ☆☆☆  | 2023학년도 수능 9번 |

다음은 사람의 유전 형질 (가)~(라)에 대한 자료이다.

- (가)는 대립유전자 A와 a에 의해, (나)는 대립유전자 B와 b에 의해, (다)는 대립유전자 D와 d에 의해, (라)는 대립유전자 E와 e에 의해 결정된다. A는 a에 대해, B는 b에 대해, D는 d에 대해, E는 e에 대해 각각 완전 우성이다.
- (가)~(라)의 유전자는 서로 다른 2개의 상염색체에 있고, (가)~(다)의 유전자는 (라)의 유전자와 다른 염색체에 있다.
- (가)~(라)의 표현형이 모두 우성인 부모 사이에서 ⓐ가 태어날 때, ⓐ의 (가)~(라)의 표현형이 모두 부모와 같을 확률은 $\frac{3}{16}$이다.

ⓐ가 (가)~(라) 중 적어도 2가지 형질의 유전자형을 이형 접합성으로 가질 확률은? (단, 돌연변이와 교차는 고려하지 않는다.)

① $\frac{7}{8}$  ② $\frac{3}{4}$  ③ $\frac{5}{8}$

④ $\frac{1}{2}$  ⑤ $\frac{3}{8}$

## 20 ☆☆☆  | 2023학년도 수능 17번 |

다음은 어떤 가족의 유전 형질 (가)에 대한 자료이다.

- (가)는 서로 다른 상염색체에 있는 2쌍의 대립유전자 H와 h, T와 t에 의해 결정된다. (가)의 표현형은 유전자형에서 대문자로 표시되는 대립유전자의 수에 의해서만 결정되며, 이 대립유전자의 수가 다르면 표현형이 다르다.
- 표는 이 가족 구성원의 체세포에서 대립유전자 ⓐ~ⓓ의 유무와 (가)의 유전자형에서 대문자로 표시되는 대립유전자의 수를 나타낸 것이다. ⓐ~ⓓ는 H, h, T, t를 순서 없이 나타낸 것이고, ㉠~㉤은 0, 1, 2, 3, 4를 순서 없이 나타낸 것이다.

| 구성원 | 대립유전자 | | | | 대문자로 표시되는 대립유전자의 수 |
|---|---|---|---|---|---|
| | ⓐ | ⓑ | ⓒ | ⓓ | |
| 아버지 | ○ | ○ | × | ○ | ㉠ |
| 어머니 | ○ | ○ | ○ | ○ | ㉡ |
| 자녀 1 | ? | × | × | ○ | ㉢ |
| 자녀 2 | ○ | ○ | ? | × | ㉣ |
| 자녀 3 | ○ | ? | ○ | × | ㉤ |

(○: 있음, ×: 없음)

- 아버지의 정자 형성 과정에서 염색체 비분리가 1회 일어나 염색체 수가 비정상적인 정자 P가 형성되었다. P와 정상 난자가 수정되어 자녀 3이 태어났다.
- 자녀 3을 제외한 이 가족 구성원의 핵형은 모두 정상이다.

이에 대한 설명으로 옳은 것만을 〈보기〉에서 있는 대로 고른 것은? (단, 제시된 염색체 비분리 이외의 돌연변이와 교차는 고려하지 않는다.) [3점]

> 보기
> ㄱ. 아버지는 t를 갖는다.
> ㄴ. ⓐ는 ⓒ와 대립유전자이다.
> ㄷ. 염색체 비분리는 감수 1분열에서 일어났다.

① ㄱ  ② ㄴ  ③ ㄷ

④ ㄱ, ㄴ  ⑤ ㄱ, ㄷ

## 21 ☆☆☆　　　　　　| 2023학년도 **수능** 19번 |

다음은 어떤 집안의 유전 형질 (가)와 (나)에 대한 자료이다.

- (가)의 유전자와 (나)의 유전자는 같은 염색체에 있다.
- (가)는 대립유전자 A와 a에 의해 결정되며, A는 a에 대해 완전 우성이다.
- (나)는 대립유전자 E, F, G에 의해 결정되며, E는 F, G에 대해, F는 G에 대해 각각 완전 우성이다. (나)의 표현형은 3가지이다.
- 가계도는 구성원 @를 제외한 구성원 1~5에서 (가)의 발현 여부를 나타낸 것이다.

1 ■ — 2 ○
3 ○ — @ ○ — 4 □
5 ■

□ 정상 남자
○ 정상 여자
■ (가) 발현 남자

- 표는 구성원 1~5와 @에서 체세포 1개당 E와 F의 DNA 상대량을 더한 값 (E+F)과 체세포 1개당 F와 G의 DNA 상대량을 더한 값 (F+G)을 나타낸 것이다. ㉠~㉢은 0, 1, 2를 순서 없이 나타낸 것이다.

| 구성원 | | 1 | 2 | 3 | @ | 4 | 5 |
|---|---|---|---|---|---|---|---|
| DNA 상대량을 더한 값 | E+F | ? | ? | 1 | ㉡ | 0 | 1 |
| | F+G | ㉠ | ? | 1 | 1 | 1 | ㉢ |

이에 대한 설명으로 옳은 것만을 〈보기〉에서 있는 대로 고른 것은? (단, 돌연변이와 교차는 고려하지 않으며, E, F, G 각각의 1개당 DNA 상대량은 1이다.) [3점]

〈보기〉
ㄱ. @의 (가)의 유전자형은 동형 접합성이다.
ㄴ. 이 가계도 구성원 중 A와 G를 모두 갖는 사람은 2명이다.
ㄷ. 5의 동생이 태어날 때, 이 아이의 (가)와 (나)의 표현형이 모두 2와 같을 확률은 $\frac{1}{2}$이다.

① ㄱ　　　② ㄴ　　　③ ㄱ, ㄷ
④ ㄴ, ㄷ　　　⑤ ㄱ, ㄴ, ㄷ

## 22 ☆☆☆　　　　　　| 2023학년도 9월 **평가원** 16번 |

다음은 어떤 집안의 유전 형질 (가)와 (나)에 대한 자료이다.

- (가)의 유전자와 (나)의 유전자 중 하나만 X 염색체에 있다.
- (가)는 대립유전자 H와 h에 의해, (나)는 대립유전자 T와 t에 의해 결정된다. H는 h에 대해, T는 t에 대해 각각 완전 우성이다.
- 가계도는 구성원 1~6에게서 (가)와 (나)의 발현 여부를 나타낸 것이다.

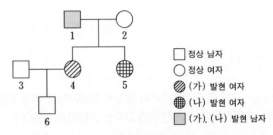

□ 정상 남자
○ 정상 여자
▨ (가) 발현 여자
⊕ (나) 발현 여자
■ (가), (나) 발현 남자

- 표는 구성원 Ⅰ~Ⅲ에서 체세포 1개당 H와 ㉠의 DNA 상대량을 나타낸 것이다.

| 구성원 | Ⅰ | Ⅱ | Ⅲ |
|---|---|---|---|
| DNA 상대량 | H | ⓑ | ⓒ | ⓑ |
| | ㉠ | ⓒ | ⓒ | ⓐ |

Ⅰ~Ⅲ은 각각 구성원 1, 2, 5 중 하나이고, ㉠은 T와 t 중 하나이며, ⓐ~ⓒ는 0, 1, 2를 순서 없이 나타낸 것이다.

이에 대한 설명으로 옳은 것만을 〈보기〉에서 있는 대로 고른 것은? (단, 돌연변이와 교차는 고려하지 않으며, H, h, T, t 각각의 1개당 DNA 상대량은 1이다.) [3점]

〈보기〉
ㄱ. (가)는 열성 형질이다.
ㄴ. Ⅲ의 (가)와 (나)의 유전자형은 모두 동형 접합성이다.
ㄷ. 6의 동생이 태어날 때, 이 아이에게서 (가)와 (나)가 모두 발현될 확률은 $\frac{1}{4}$이다.

① ㄱ　　　② ㄴ　　　③ ㄱ, ㄴ
④ ㄱ, ㄷ　　　⑤ ㄴ, ㄷ

## 23 ☆☆☆ | 2023학년도 9월 평가원 17번 |

다음은 사람의 유전 형질 ㉠~㉢에 대한 자료이다.

- ㉠~㉢의 유전자는 서로 다른 3개의 상염색체에 있다.
- ㉠은 1쌍의 대립유전자에 의해 결정되며, 대립유전자에는 A, B, D가 있다. ㉠의 표현형은 4가지이며, ㉠의 유전자형이 AD인 사람과 AA인 사람의 표현형은 같고, 유전자형이 BD인 사람과 BB인 사람의 표현형은 같다.
- ㉡은 대립유전자 E와 E*에 의해 결정되며, 유전자형이 다르면 표현형이 다르다.
- ㉢은 대립유전자 F와 F*에 의해 결정되며, F는 F*에 대해 완전 우성이다.
- 표는 사람 Ⅰ~Ⅳ의 ㉠~㉢의 유전자형을 나타낸 것이다.

| 사람 | Ⅰ | Ⅱ | Ⅲ | Ⅳ |
|---|---|---|---|---|
| 유전자형 | ABEEFF* | ADE*E*FF | BDEE*FF | BDEE*F*F* |

- 남자 P와 여자 Q 사이에서 ⓐ가 태어날 때, ⓐ에게서 나타날 수 있는 ㉠~㉢의 표현형은 최대 12가지이다. P와 Q는 각각 Ⅰ~Ⅳ 중 하나이다.

ⓐ의 ㉠~㉢의 표현형이 모두 Ⅰ과 같을 확률은? (단, 돌연변이는 고려하지 않는다.)

① $\frac{1}{16}$  ② $\frac{1}{8}$  ③ $\frac{3}{16}$

④ $\frac{1}{4}$  ⑤ $\frac{3}{8}$

## 24 ☆☆☆ | 2023학년도 9월 평가원 18번 |

다음은 어떤 가족의 유전 형질 (가)~(다)에 대한 자료이다.

- (가)는 대립유전자 A와 A*에 의해, (나)는 대립유전자 B와 B*에 의해, (다)는 대립유전자 D와 D*에 의해 결정된다.
- (가)와 (나)의 유전자는 7번 염색체에, (다)의 유전자는 9번 염색체에 있다.
- 표는 이 가족 구성원의 세포 Ⅰ~Ⅴ 각각에 들어 있는 A, A*, B, B*, D, D*의 DNA 상대량을 나타낸 것이다.

| 구분 | 세포 | A | A* | B | B* | D | D* |
|---|---|---|---|---|---|---|---|
| 아버지 | Ⅰ | ? | ? | 1 | 0 | 1 | ? |
| 어머니 | Ⅱ | 0 | ? | ? | 0 | 0 | 2 |
| 자녀 1 | Ⅲ | 2 | ? | ? | 1 | ? | 0 |
| 자녀 2 | Ⅳ | 0 | ? | 0 | ? | ? | 2 |
| 자녀 3 | Ⅴ | ? | 0 | ? | 2 | ? | 3 |

- 아버지의 생식세포 형성 과정에서 7번 염색체에 있는 대립유전자 ㉠이 9번 염색체로 이동하는 돌연변이가 1회 일어나 9번 염색체에 ㉠이 있는 정자 P가 형성되었다. ㉠은 A, A*, B, B* 중 하나이다.
- 어머니의 생식세포 형성 과정에서 염색체 비분리가 1회 일어나 염색체 수가 비정상적인 난자 Q가 형성되었다.
- P와 Q가 수정되어 자녀 3이 태어났다. 자녀 3을 제외한 나머지 구성원의 핵형은 모두 정상이다.

이에 대한 설명으로 옳은 것만을 〈보기〉에서 있는 대로 고른 것은? (단, 제시된 돌연변이 이외의 돌연변이와 교차는 고려하지 않으며, A, A*, B, B*, D, D* 각각의 1개당 DNA 상대량은 1이다.)

[3점]

〈보기〉
ㄱ. ㉠은 B*이다.
ㄴ. 어머니에게서 A, B, D를 모두 갖는 난자가 형성될 수 있다.
ㄷ. 염색체 비분리는 감수 2분열에서 일어났다.

① ㄱ  ② ㄷ  ③ ㄱ, ㄴ
④ ㄱ, ㄷ  ⑤ ㄴ, ㄷ

다음은 사람의 유전 형질 (가)~(다)에 대한 자료이다.

- (가)~(다)의 유전자는 서로 다른 3개의 상염색체에 있다.
- (가)는 대립유전자 A와 a에 의해, (나)는 대립유전자 B와 b에 의해, (다)는 대립유전자 D와 d에 의해 결정된다. A, B, D는 a, b, d에 대해 각각 완전 우성이며, (가)~(다)는 모두 열성 형질이다.
- 표는 남자 P와 여자 Q의 유전자형에서 B, D, d의 유무를 나타낸 것이고, 그림은 P와 Q 사이에서 태어난 자녀 Ⅰ~Ⅲ에서 체세포 1개당 A, B, D의 DNA 상대량을 더한 값(A+B+D)을 나타낸 것이다.

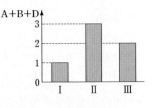

| 사람 | 대립유전자 | | |
|---|---|---|---|
| | B | D | d |
| P | × | × | ○ |
| Q | ? | ○ | × |

(○: 있음, ×: 없음)

- (가)와 (나) 중 한 형질에 대해서만 P와 Q의 유전자형이 서로 같다.
- 자녀 Ⅱ와 Ⅲ은 (가)~(다)의 표현형이 모두 같다.

이에 대한 설명으로 옳은 것만을 〈보기〉에서 있는 대로 고른 것은? (단, 돌연변이는 고려하지 않으며, A, a, B, b, D, d 각각의 1개당 DNA 상대량은 1이다.)

─ 보기 ─
ㄱ. P와 Q는 (나)의 유전자형이 서로 같다.
ㄴ. Ⅱ의 (가)~(다)에 대한 유전자형은 AAbbDd이다.
ㄷ. Ⅲ의 동생이 태어날 때, 이 아이의 (가)~(다)의 표현형이 모두 Ⅲ과 같을 확률은 $\frac{3}{8}$이다.

① ㄱ ② ㄴ ③ ㄱ, ㄷ
④ ㄴ, ㄷ ⑤ ㄱ, ㄴ, ㄷ

다음은 어떤 집안의 유전 형질 (가)와 (나)에 대한 자료이다.

- (가)는 대립유전자 E와 e에 의해 결정되며, 유전자형이 다르면 표현형이 다르다. (가)의 3가지 표현형은 각각 ㉠, ㉡, ㉢이다.
- (나)는 3쌍의 대립유전자 H와 h, R와 r, T와 t에 의해 결정된다. (나)의 표현형은 유전자형에서 대문자로 표시되는 대립유전자의 수에 의해서만 결정되며, 이 대립유전자의 수가 다르면 표현형이 다르다.
- 가계도는 구성원 1~8에게서 발현된 (가)의 표현형을, 표는 구성원 1, 2, 3, 6, 7에서 체세포 1개당 E, H, R, T의 DNA 상대량을 더한 값(E+H+R+T)을 나타낸 것이다.

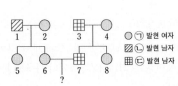

○ ㉠ 발현 여자
◫ ㉡ 발현 남자
▦ ㉢ 발현 남자

| 구성원 | E+H+R+T |
|---|---|
| 1 | 6 |
| 2 | ⓐ |
| 3 | 2 |
| 6 | 5 |
| 7 | 3 |

- 구성원 1에서 e, H, R는 7번 염색체에 있고, T는 8번 염색체에 있다.
- 구성원 2, 4, 5, 8은 (나)의 표현형이 모두 같다.

이에 대한 설명으로 옳은 것만을 〈보기〉에서 있는 대로 고른 것은? (단, 돌연변이와 교차는 고려하지 않으며, E, e, H, h, R, r, T, t 각각의 1개당 DNA 상대량은 1이다.)

─ 보기 ─
ㄱ. ⓐ는 4이다.
ㄴ. 구성원 4에서 E, h, r, T를 모두 갖는 생식세포가 형성될 수 있다.
ㄷ. 구성원 6과 7 사이에서 아이가 태어날 때, 이 아이에게서 나타날 수 있는 (나)의 표현형은 최대 5가지이다.

① ㄱ ② ㄷ ③ ㄱ, ㄴ
④ ㄴ, ㄷ ⑤ ㄱ, ㄴ, ㄷ

## 27 ☆☆☆

다음은 어떤 가족의 ABO식 혈액형과 유전 형질 (가), (나)에 대한 자료이다.

- (가)는 대립유전자 H와 h에 의해, (나)는 대립유전자 T와 t에 의해 결정된다. H는 h에 대해, T는 t에 대해 각각 완전 우성이다.
- (가)의 유전자와 (나)의 유전자 중 하나는 ABO식 혈액형 유전자와 같은 염색체에 있고, 나머지 하나는 X 염색체에 있다.
- 표는 구성원의 성별, ABO식 혈액형과 (가), (나)의 발현 여부를 나타낸 것이다.

| 구성원 | 성별 | 혈액형 | (가) | (나) |
|--------|------|--------|------|------|
| 아버지 | 남 | A형 | × | × |
| 어머니 | 여 | B형 | × | ○ |
| 자녀 1 | 남 | AB형 | ○ | × |
| 자녀 2 | 여 | B형 | ○ | × |
| 자녀 3 | 여 | A형 | × | ○ |

(○: 발현됨, ×: 발현 안 됨)

- 아버지와 어머니 중 한 명의 생식세포 형성 과정에서 대립유전자 ㉠이 대립유전자 ㉡으로 바뀌는 돌연변이가 1회 일어나 ㉡을 갖는 생식세포가 형성되었다. 이 생식세포가 정상 생식세포와 수정되어 자녀 1이 태어났다. ㉠과 ㉡은 (가)와 (나) 중 한 가지 형질을 결정하는 서로 다른 대립유전자이다.

이에 대한 설명으로 옳은 것만을 〈보기〉에서 있는 대로 고른 것은? (단, 제시된 돌연변이 이외의 돌연변이와 교차는 고려하지 않는다.)

보기
ㄱ. (나)는 열성 형질이다.
ㄴ. ㉠은 H이다.
ㄷ. 자녀 3의 동생이 태어날 때, 이 아이의 혈액형이 O형이면서 (가)와 (나)가 모두 발현되지 않을 확률은 $\frac{1}{8}$이다.

① ㄱ  ② ㄴ  ③ ㄷ
④ ㄱ, ㄴ  ⑤ ㄴ, ㄷ

## 28 ☆☆☆

다음은 사람의 유전 형질 ㉠~㉢에 대한 자료이다.

- ㉠은 대립유전자 A와 a에 의해, ㉡은 대립유전자 B와 b에 의해 결정된다.
- 표 (가)와 (나)는 ㉠과 ㉡에서 유전자형이 서로 다를 때 표현형의 일치 여부를 각각 나타낸 것이다.

| ㉠의 유전자형 | | 표현형 |
|------|------|------|
| 사람 1 | 사람 2 | 일치 여부 |
| AA | Aa | ? |
| AA | aa | × |
| Aa | aa | × |

(○: 일치함, ×: 일치하지 않음)
(가)

| ㉡의 유전자형 | | 표현형 |
|------|------|------|
| 사람 1 | 사람 2 | 일치 여부 |
| BB | Bb | ? |
| BB | bb | × |
| Bb | bb | × |

(○: 일치함, ×: 일치하지 않음)
(나)

- ㉢은 1쌍의 대립유전자에 의해 결정되며, 대립유전자에는 D, E, F가 있다.
- ㉢의 표현형은 4가지이며, ㉢의 유전자형이 DE인 사람과 EE인 사람의 표현형은 같고, 유전자형이 DF인 사람과 FF인 사람의 표현형은 같다.
- 여자 P는 남자 Q와 ㉠~㉢의 표현형이 모두 같고, P의 체세포에 들어 있는 일부 상염색체와 유전자는 그림과 같다.

- P와 Q 사이에서 ⓐ가 태어날 때, ⓐ의 ㉠~㉢의 표현형 중 한 가지만 부모와 같을 확률은 $\frac{3}{8}$이다.

이에 대한 설명으로 옳은 것만을 〈보기〉에서 있는 대로 고른 것은? (단, 돌연변이와 교차는 고려하지 않는다.) [3점]

보기
ㄱ. ㉡의 표현형은 BB인 사람과 Bb인 사람이 서로 다르다.
ㄴ. Q에서 A, B, D를 모두 갖는 정자가 형성될 수 있다.
ㄷ. ⓐ에게서 나타날 수 있는 표현형은 최대 12가지이다.

① ㄱ  ② ㄴ  ③ ㄷ
④ ㄱ, ㄴ  ⑤ ㄱ, ㄷ

다음은 사람의 유전 형질 (가)~(다)에 대한 자료이다.

- (가)~(다)의 유전자는 서로 다른 2개의 상염색체에 있다.
- (가)는 대립유전자 A와 a에 의해, (나)는 대립유전자 B와 b에 의해, (다)는 대립유전자 D와 d에 의해 결정된다.
- P의 유전자형은 AaBbDd이고, Q의 유전자형은 AabbDd 이며, P와 Q의 핵형은 모두 정상이다.
- 표는 P의 세포 I~III과 Q의 세포 IV~VI 각각에 들어 있는 A, a, B, b, D, d의 DNA 상대량을 나타낸 것이다. ㉠~㉢은 0, 1, 2를 순서 없이 나타낸 것이다.

| 사람 | 세포 | DNA 상대량 | | | | | |
|---|---|---|---|---|---|---|---|
| | | A | a | B | b | D | d |
| P | I | 0 | 1 | ? | ㉢ | 0 | ㉡ |
| | II | ㉠ | ㉡ | ㉠ | ? | ㉠ | ? |
| | III | ? | ㉡ | 0 | ㉢ | ㉢ | ㉡ |
| Q | IV | ㉢ | ? | ? | 2 | ㉢ | ㉢ |
| | V | ㉡ | ㉢ | 0 | ㉠ | ㉢ | ? |
| | VI | ㉠ | ? | ? | ㉠ | ㉡ | ㉠ |

- 세포 ⓐ와 ⓑ 중 하나는 염색체의 일부가 결실된 세포이고, 나머지 하나는 염색체 비분리가 1회 일어나 형성된 염색체 수가 비정상적인 세포이다. ⓐ는 I~III 중 하나이고, ⓑ는 IV~VI 중 하나이다.
- I~VI 중 ⓐ와 ⓑ를 제외한 나머지 세포는 모두 정상 세포 이다.

이에 대한 설명으로 옳은 것만을 〈보기〉에서 있는 대로 고른 것은? (단, 제시된 돌연변이 이외의 돌연변이와 교차는 고려하지 않으며, A, a, B, b, D, d 각각의 1개당 DNA 상대량은 1이다.)

보기
ㄱ. (가)의 유전자와 (다)의 유전자는 같은 염색체에 있다.
ㄴ. IV는 염색체 수가 비정상적인 세포이다.
ㄷ. ⓐ에서 a의 DNA 상대량은 ⓑ에서 d의 DNA 상대량과 같다.

① ㄱ  ② ㄴ  ③ ㄷ
④ ㄱ, ㄴ  ⑤ ㄱ, ㄷ

다음은 어떤 집안의 유전 형질 (가)와 (나)에 대한 자료이다.

- (가)는 대립유전자 H와 h에 의해, (나)는 대립유전자 T와 t에 의해 결정된다. H는 h에 대해, T는 t에 대해 각각 완전 우성이다.
- 가계도는 구성원 ⓐ를 제외한 구성원 1~7에게서 (가)와 (나)의 발현 여부를 나타낸 것이다.

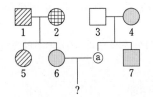

□ 정상 남자
▨ (가) 발현 남자
◪ (가) 발현 여자
⊕ (나) 발현 여자
▧ (가), (나) 발현 남자
● (가), (나) 발현 여자

- 표는 구성원 1, 3, 6, ⓐ에서 체세포 1개당 ㉠과 ㉡의 DNA 상대량을 더한 값을 나타낸 것이다. ㉠은 H와 h 중 하나이고, ㉡은 T와 t 중 하나이다.

| 구성원 | 1 | 3 | 6 | ⓐ |
|---|---|---|---|---|
| ㉠과 ㉡의 DNA 상대량을 더한 값 | 1 | 0 | 3 | 1 |

이에 대한 설명으로 옳은 것만을 〈보기〉에서 있는 대로 고른 것은? (단, 돌연변이와 교차는 고려하지 않으며, H, h, T, t 각각의 1개당 DNA 상대량은 1이다.) [3점]

보기
ㄱ. (나)의 유전자는 X 염색체에 있다.
ㄴ. 4에서 체세포 1개당 ㉡의 DNA 상대량은 1이다.
ㄷ. 6과 ⓐ 사이에서 아이가 태어날 때, 이 아이에게서 (가)와 (나)가 모두 발현될 확률은 $\frac{1}{2}$이다.

① ㄱ  ② ㄴ  ③ ㄱ, ㄷ
④ ㄴ, ㄷ  ⑤ ㄱ, ㄴ, ㄷ

# 31 ★★☆ | 2022학년도 9월 평가원 15번 |

다음은 사람의 유전 형질 (가)와 (나)에 대한 자료이다.

- (가)는 서로 다른 3개의 상염색체에 있는 3쌍의 대립유전자 A와 a, B와 b, D와 d에 의해 결정된다.
- (가)의 표현형은 유전자형에서 대문자로 표시되는 대립유전자의 수에 의해서만 결정되며, 이 대립유전자의 수가 다르면 표현형이 다르다.
- (나)는 대립유전자 E와 e에 의해 결정되며, 유전자형이 다르면 표현형이 다르다. (나)의 유전자는 (가)의 유전자와 서로 다른 상염색체에 있다.
- P와 Q는 (가)의 표현형이 서로 같고, (나)의 표현형이 서로 다르다.
- P와 Q 사이에서 ⓐ가 태어날 때, ⓐ의 표현형이 P와 같을 확률은 $\frac{3}{16}$이다.
- ⓐ는 유전자형이 AABBDDEE인 사람과 같은 표현형을 가질 수 있다.

ⓐ에게서 나타날 수 있는 표현형의 최대 가짓수는? (단, 돌연변이는 고려하지 않는다.) [3점]

① 5    ② 6    ③ 7

④ 10    ⑤ 14

# 32 ★★★ | 2022학년도 9월 평가원 17번 |

다음은 어떤 집안의 유전 형질 (가)와 (나)에 대한 자료이다.

- (가)는 대립유전자 A와 a에 의해, (나)는 대립유전자 B와 b에 의해 결정된다. A는 a에 대해, B는 b에 대해 각각 완전 우성이다.
- 가계도는 구성원 1~8에게서 (가)와 (나)의 발현 여부를 나타낸 것이다.

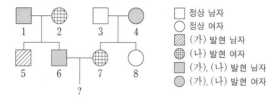

□ 정상 남자
○ 정상 여자
▨ (가) 발현 남자
⊕ (나) 발현 여자
■ (가), (나) 발현 남자
● (가), (나) 발현 여자

- 표는 구성원 ㉠~㉑에서 체세포 1개당 A와 b의 DNA 상대량을 더한 값을 나타낸 것이다. ㉠~㉢은 1, 2, 5를 순서 없이 나타낸 것이고, ㉣~㉑은 3, 4, 8을 순서 없이 나타낸 것이다.

| 구성원 | ㉠ | ㉡ | ㉢ | ㉣ | ㉤ | ㉥ |
|---|---|---|---|---|---|---|
| A와 b의 DNA 상대량을 더한 값 | 0 | 1 | 2 | 1 | 2 | 3 |

이에 대한 설명으로 옳은 것만을 〈보기〉에서 있는 대로 고른 것은? (단, 돌연변이와 교차는 고려하지 않으며, A, a, B, b 각각의 1개당 DNA 상대량은 1이다.) [3점]

보기
ㄱ. (가)의 유전자는 상염색체에 있다.
ㄴ. 8은 ㉥이다.
ㄷ. 6과 7 사이에서 아이가 태어날 때, 이 아이의 (가)와 (나)의 표현형이 모두 ㉡과 같을 확률은 $\frac{1}{8}$이다.

① ㄱ    ② ㄴ    ③ ㄱ, ㄷ
④ ㄴ, ㄷ    ⑤ ㄱ, ㄴ, ㄷ

다음은 어떤 가족의 유전 형질 (가)~(다)에 대한 자료이다.

- (가)는 대립유전자 H와 h에 의해, (나)는 대립유전자 R와 r에 의해, (다)는 대립유전자 T와 t에 의해 결정된다. H는 h에 대해, R는 r에 대해, T는 t에 대해 각각 완전 우성이다.
- (가)~(다)의 유전자는 모두 X 염색체에 있다.
- 표는 어머니를 제외한 나머지 가족 구성원의 성별과 (가) ~(다)의 발현 여부를 나타낸 것이다. 자녀 3과 4의 성별은 서로 다르다.

| 구성원 | 성별 | (가) | (나) | (다) |
|---|---|---|---|---|
| 아버지 | 남 | ○ | ○ | ? |
| 자녀 1 | 여 | × | ○ | ○ |
| 자녀 2 | 남 | × | × | × |
| 자녀 3 | ? | ○ | × | ○ |
| 자녀 4 | ? | × | × | ○ |

(○: 발현됨, ×: 발현 안 됨)

- 이 가족 구성원의 핵형은 모두 정상이다.
- 염색체 수가 22인 생식세포 ㉠과 염색체 수가 24인 생식세포 ㉡이 수정되어 ⓐ가 태어났으며, ⓐ는 자녀 3과 4 중 하나이다. ㉠과 ㉡의 형성 과정에서 각각 성염색체 비분리가 1회 일어났다.

이에 대한 설명으로 옳은 것만을 〈보기〉에서 있는 대로 고른 것은? (단, 제시된 염색체 비분리 이외의 돌연변이와 교차는 고려하지 않는다.)

┌─ 보기 ─
ㄱ. ⓐ는 자녀 4이다.
ㄴ. ㉡은 감수 1분열에서 염색체 비분리가 일어나 형성된 난자이다.
ㄷ. (나)와 (다)는 모두 우성 형질이다.
└─

① ㄱ        ② ㄷ        ③ ㄱ, ㄴ
④ ㄴ, ㄷ    ⑤ ㄱ, ㄴ, ㄷ

다음은 사람의 유전 형질 (가)에 대한 자료이다.

- (가)는 서로 다른 2개의 상염색체에 있는 3쌍의 대립유전자 A와 a, B와 b, D와 d에 의해 결정되며, A, a, B, b는 7번 염색체에 있다.
- (가)의 표현형은 유전자형에서 대문자로 표시되는 대립유전자의 수에 의해서만 결정되며, 이 대립유전자의 수가 다르면 표현형이 다르다.
- (가)의 표현형이 서로 같은 P와 Q 사이에서 ⓐ가 태어날 때, ⓐ에게서 나타날 수 있는 표현형은 최대 5가지이고, ⓐ의 표현형이 부모와 같을 확률은 $\frac{3}{8}$이며, ⓐ의 유전자형이 AABbDD일 확률은 $\frac{1}{8}$이다.

ⓐ가 유전자형이 AaBbDd인 사람과 동일한 표현형을 가질 확률은? (단, 돌연변이와 교차는 고려하지 않는다.)

① $\frac{1}{8}$        ② $\frac{1}{4}$        ③ $\frac{3}{8}$

④ $\frac{1}{2}$        ⑤ $\frac{5}{8}$

## 35 ☆☆☆

다음은 어떤 가족의 유전 형질 (가)에 대한 자료이다.

- (가)를 결정하는 데 관여하는 3개의 유전자는 모두 상염색체에 있으며, 3개의 유전자는 각각 대립유전자 H와 H*, R와 R*, T와 T*를 갖는다.
- 그림은 아버지와 어머니의 체세포 각각에 들어 있는 일부 염색체와 유전자를 나타낸 것이다. 아버지와 어머니의 핵형은 모두 정상이다.

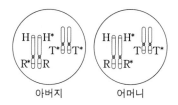
아버지          어머니

- 아버지의 생식세포 형성 과정에서 ㉠이 1회 일어나 형성된 정자 P와 어머니의 생식세포 형성 과정에서 ㉡이 1회 일어나 형성된 난자 Q가 수정되어 자녀 ⓐ가 태어났다. ㉠과 ㉡은 염색체 비분리와 염색체 결실을 순서 없이 나타낸 것이다.
- 그림은 ⓐ의 체세포 1개당 H*, R, T, T*의 DNA 상대량을 나타낸 것이다.

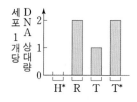

이에 대한 설명으로 옳은 것만을 〈보기〉에서 있는 대로 고른 것은? (단, 제시된 돌연변이 이외의 돌연변이와 교차는 고려하지 않으며, H, H*, R, R*, T, T* 각각의 1개당 DNA 상대량은 1이다.) [3점]

보기
ㄱ. 난자 Q에는 H가 있다.
ㄴ. 생식세포 형성 과정에서 염색체 비분리는 감수 2분열에서 일어났다.
ㄷ. ⓐ의 체세포 1개당 상염색체 수는 43이다.

① ㄱ      ② ㄴ      ③ ㄷ
④ ㄱ, ㄴ      ⑤ ㄱ, ㄷ

## 36 ☆☆☆

다음은 어떤 집안의 유전 형질 (가)~(다)에 대한 자료이다.

- (가)는 대립유전자 A와 a에 의해, (나)는 대립유전자 B와 b에 의해, (다)는 대립유전자 D와 d에 의해 결정된다. A는 a에 대해, B는 b에 대해, D는 d에 대해 각각 완전 우성이다.
- (가)~(다)의 유전자 중 2개는 X 염색체에, 나머지 1개는 상염색체에 있다.
- 가계도는 구성원 ⓐ를 제외한 구성원 1~7에게서 (가)~(다) 중 (가)와 (나)의 발현 여부를 나타낸 것이다.

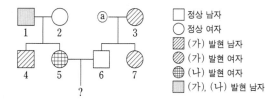

□ 정상 남자
○ 정상 여자
▨ (가) 발현 남자
◪ (가) 발현 여자
⊞ (나) 발현 여자
▦ (가), (나) 발현 남자

- 표는 ⓐ와 1~3에서 체세포 1개당 대립유전자 ㉠~㉢의 DNA 상대량을 나타낸 것이다. ㉠~㉢은 A, B, d를 순서 없이 나타낸 것이다.

| 구성원 | | 1 | 2 | ⓐ | 3 |
|---|---|---|---|---|---|
| DNA 상대량 | ㉠ | 0 | 1 | 0 | 1 |
| | ㉡ | 0 | 1 | 1 | 0 |
| | ㉢ | 1 | 1 | 0 | 2 |

- 3, 6, 7 중 (다)가 발현된 사람은 1명이고, 4와 7의 (다)의 표현형은 서로 같다.

이에 대한 설명으로 옳은 것만을 〈보기〉에서 있는 대로 고른 것은? (단, 돌연변이와 교차는 고려하지 않으며, A, a, B, b, D, d 각각의 1개당 DNA 상대량은 1이다.) [3점]

보기
ㄱ. ㉠은 B이다.
ㄴ. 7의 (가)~(다)의 유전자형은 모두 이형 접합성이다.
ㄷ. 5와 6 사이에서 아이가 태어날 때, 이 아이에게서 (가)~(다) 중 한 가지 형질만 발현될 확률은 $\frac{1}{2}$이다.

① ㄱ      ② ㄴ      ③ ㄷ
④ ㄱ, ㄷ      ⑤ ㄴ, ㄷ

다음은 사람의 유전 형질 (가)~(다)에 대한 자료이다.

- (가)~(다)의 유전자는 서로 다른 3개의 상염색체에 있다.
- (가)는 대립유전자 A와 A*에 의해 결정되며, A는 A*에 대해 완전 우성이다.
- (나)는 대립유전자 B와 B*에 의해 결정되며, 유전자형이 다르면 표현형이 다르다.
- (다)는 1쌍의 대립유전자에 의해 결정되며, 대립유전자에는 D, E, F가 있고, 각 대립유전자 사이의 우열 관계는 분명하다.
- (나)와 (다)의 유전자형이 BB*DF인 아버지와 BB*EF인 어머니 사이에서 ㉠이 태어날 때, ㉠에게서 나타날 수 있는 (가)~(다)의 표현형은 최대 12가지이고, (가)~(다)의 표현형이 모두 아버지와 같을 확률은 $\frac{3}{16}$이다.
- 유전자형이 AA*BBDE인 아버지와 A*A*BB*DF인 어머니 사이에서 ㉡이 태어날 때, ㉡의 (가)~(다)의 표현형이 모두 어머니와 같을 확률은 $\frac{1}{16}$이다.

이에 대한 설명으로 옳은 것만을 〈보기〉에서 있는 대로 고른 것은? (단, 돌연변이는 고려하지 않는다.)

보기

ㄱ. D는 E에 대해 완전 우성이다.
ㄴ. ㉠이 가질 수 있는 (가)의 유전자형은 최대 3가지이다.
ㄷ. ㉡의 (가)~(다)의 표현형이 모두 아버지와 같을 확률은 $\frac{1}{8}$이다.

① ㄱ      ② ㄴ      ③ ㄱ, ㄷ
④ ㄴ, ㄷ      ⑤ ㄱ, ㄴ, ㄷ

---

다음은 어떤 집안의 유전 형질 (가)~(다)에 대한 자료이다.

- (가)는 대립유전자 H와 h에 의해, (나)는 대립유전자 R와 r에 의해, (다)는 대립유전자 T와 t에 의해 결정된다. H는 h에 대해, R는 r에 대해, T는 t에 대해 각각 완전 우성이다.
- (가)~(다)의 유전자 중 2개는 X 염색체에, 나머지 1개는 상염색체에 있다.
- 가계도는 구성원 ⓐ를 제외한 구성원 1~8에게서 (가)~(다) 중 (가)와 (나)의 발현 여부를 나타낸 것이다.

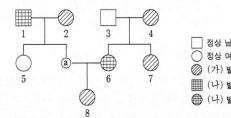

정상 남자
정상 여자
(가) 발현 여자
(나) 발현 남자
(나) 발현 여자

- 2, 7에서는 (다)가 발현되었고, 4, 5, 8에서는 (다)가 발현되지 않았다.

이에 대한 설명으로 옳은 것만을 〈보기〉에서 있는 대로 고른 것은? (단, 돌연변이와 교차는 고려하지 않는다.) [3점]

보기

ㄱ. (나)의 유전자는 X 염색체에 있다.
ㄴ. 4의 (가)~(다)의 유전자형은 모두 이형 접합성이다.
ㄷ. 8의 동생이 태어날 때, 이 아이에게서 (가)~(다) 중 (가)만 발현될 확률은 $\frac{1}{4}$이다.

① ㄱ      ② ㄴ      ③ ㄷ
④ ㄱ, ㄴ      ⑤ ㄴ, ㄷ

## 39 ★★★　|2021학년도 수능 17번|

다음은 어떤 집안의 유전 형질 (가)에 대한 자료이다.

- (가)는 상염색체에 있는 1쌍의 대립유전자에 의해 결정되며, 대립유전자에는 D, E, F, G가 있다.
- D는 E, F, G에 대해, E는 F, G에 대해, F는 G에 대해 각각 완전 우성이다.
- 그림은 구성원 1~8의 가계도를, 표는 1, 3, 4, 5의 체세포 1개당 G의 DNA 상대량을 나타낸 것이다. 가계도에 (가)의 표현형은 나타내지 않았다.

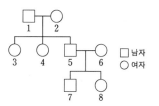

| 구성원 | G의 DNA 상대량 |
|---|---|
| 1 | 1 |
| 3 | 0 |
| 4 | 1 |
| 5 | 0 |

□ 남자　○ 여자

- 1~8의 유전자형은 각각 서로 다르다.
- 3, 4, 5, 6의 표현형은 모두 다르고, 2와 8의 표현형은 같다.
- 5와 6 중 한 명의 생식세포 형성 과정에서 ⓐ대립유전자 ㉠이 대립유전자 ㉡으로 바뀌는 돌연변이가 1회 일어나 ㉡을 갖는 생식세포가 형성되었다. 이 생식세포가 정상 생식세포와 수정되어 8이 태어났다. ㉠과 ㉡은 각각 D, E, F, G 중 하나이다.

이에 대한 설명으로 옳은 것만을 〈보기〉에서 있는 대로 고른 것은? (단, 제시된 돌연변이 이외의 돌연변이는 고려하지 않으며, D, E, F, G 각각의 1개당 DNA 상대량은 1이다.) [3점]

보기
ㄱ. 5와 7의 표현형은 같다.
ㄴ. ⓐ는 5에서 형성되었다.
ㄷ. 2~8 중 1과 표현형이 같은 사람은 2명이다.

① ㄱ　　② ㄴ　　③ ㄷ
④ ㄱ, ㄴ　　⑤ ㄱ, ㄷ

## 40 ★☆☆　|2021학년도 9월 평가원 11번|

다음은 사람의 유전 형질 (가)~(다)에 대한 자료이다.

- (가)~(다)의 유전자는 서로 다른 3개의 상염색체에 있다.
- (가)는 대립유전자 A와 A*에 의해 결정되며, A는 A*에 대해 완전 우성이다.
- (나)는 대립유전자 B와 B*에 의해 결정되며, 유전자형이 다르면 표현형이 다르다.
- (다)는 1쌍의 대립유전자에 의해 결정되며, 대립유전자에는 D, E, F, G가 있고, 각 대립유전자 사이의 우열 관계는 분명하다. (다)의 표현형은 4가지이다.
- 유전자형이 ㉠AA*BB*DE인 아버지와 AA*BB*FG인 어머니 사이에서 아이가 태어날 때, 이 아이에게서 나타날 수 있는 표현형은 최대 12가지이다.
- 유전자형이 AABB*DF인 아버지와 AA*BBDE인 어머니 사이에서 아이가 태어날 때, 이 아이의 표현형이 어머니와 같을 확률은 $\frac{3}{8}$이다.

유전자형이 AA*BB*DF인 아버지와 AA*BB*EG인 어머니 사이에서 아이가 태어날 때, 이 아이의 표현형이 ㉠과 같을 확률은? (단, 돌연변이는 고려하지 않는다.)

① $\frac{1}{8}$　　② $\frac{3}{16}$　　③ $\frac{1}{4}$

④ $\frac{9}{32}$　　⑤ $\frac{5}{16}$

Part II
수능 평가원

# 41 ★★★

다음은 어떤 가족의 유전 형질 (가)~(다)에 대한 자료이다.

- (가)는 대립유전자 A와 a에 의해, (나)는 대립유전자 B와 b에 의해, (다)는 대립유전자 D와 d에 의해 결정된다.
- (가)~(다)의 유전자 중 2개는 서로 다른 상염색체에, 나머지 1개는 X 염색체에 있다.
- 표는 아버지의 정자 Ⅰ과 Ⅱ, 어머니의 난자 Ⅲ과 Ⅳ, 딸의 체세포 Ⅴ가 갖는 A, a, B, b, D, d의 DNA 상대량을 나타낸 것이다.

| 구분 | 세포 | DNA 상대량 | | | | | |
|------|------|---|---|---|---|---|---|
| | | A | a | B | b | D | d |
| 아버지의 정자 | Ⅰ | 1 | 0 | ? | 0 | 0 | ? |
| | Ⅱ | 0 | 1 | 0 | 0 | ? | 1 |
| 어머니의 난자 | Ⅲ | ? | 1 | 0 | ? | ㉠ | 0 |
| | Ⅳ | 0 | ? | 1 | ? | 0 | ? |
| 딸의 체세포 | Ⅴ | 1 | ? | ? | ㉡ | ? | 0 |

- Ⅰ과 Ⅱ 중 하나는 염색체 비분리가 1회 일어나 형성된 ⓐ염색체 수가 비정상적인 정자이고, 나머지 하나는 정상 정자이다. Ⅲ과 Ⅳ 중 하나는 염색체 비분리가 1회 일어나 형성된 ⓑ염색체 수가 비정상적인 난자이고, 나머지 하나는 정상 난자이다.
- Ⅴ는 ⓐ와 ⓑ가 수정되어 태어난 딸의 체세포이며, 이 가족 구성원의 핵형은 모두 정상이다.

이에 대한 설명으로 옳은 것만을 〈보기〉에서 있는 대로 고른 것은? (단, 제시된 염색체 비분리 이외의 돌연변이는 고려하지 않으며, A, a, B, b, D, d 각각의 1개당 DNA 상대량은 1이다.) [3점]

〈보기〉
ㄱ. (나)의 유전자는 X 염색체에 있다.
ㄴ. ㉠+㉡=2이다.
ㄷ. $\dfrac{\text{아버지의 체세포 1개당 B의 DNA 상대량}}{\text{어머니의 체세포 1개당 D의 DNA 상대량}}=\dfrac{1}{2}$ 이다.

① ㄱ　　　　② ㄴ　　　　③ ㄱ, ㄷ
④ ㄴ, ㄷ　　　⑤ ㄱ, ㄴ, ㄷ

# 42 ★★☆

다음은 어떤 집안의 유전 형질 (가)와 (나)에 대한 자료이다.

- (가)는 대립유전자 H와 h에 의해, (나)는 대립유전자 R와 r에 의해 결정된다. H는 h에 대해, R는 r에 대해 각각 완전 우성이다.
- (가)와 (나)의 유전자는 모두 X 염색체에 있다.
- 가계도는 구성원 ⓐ와 ⓑ를 제외한 구성원 1~9에게서 (가)와 (나)의 발현 여부를 나타낸 것이다.

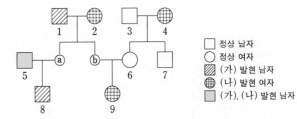

□ 정상 남자
○ 정상 여자
▨ (가) 발현 남자
⊕ (나) 발현 여자
■ (가), (나) 발현 남자

- ⓐ와 ⓑ 중 한 사람은 (가)와 (나)가 모두 발현되었고, 나머지 한 사람은 (가)와 (나)가 모두 발현되지 않았다.

이에 대한 설명으로 옳은 것만을 〈보기〉에서 있는 대로 고른 것은? (단, 돌연변이와 교차는 고려하지 않는다.) [3점]

〈보기〉
ㄱ. ⓐ에게서 (가)와 (나)가 모두 발현되었다.
ㄴ. 2의 (가)에 대한 유전자형은 이형 접합성이다.
ㄷ. 8의 동생이 태어날 때, 이 아이에게서 나타날 수 있는 표현형은 최대 4가지이다.

① ㄱ　　　　② ㄴ　　　　③ ㄱ, ㄷ
④ ㄴ, ㄷ　　　⑤ ㄱ, ㄴ, ㄷ

## 43 ☆☆☆

다음은 사람의 유전 형질 ㉠과 ㉡에 대한 자료이다.

- ㉠은 대립유전자 A와 a에 의해 결정되며, 유전자형이 다르면 표현형이 다르다.
- ㉡을 결정하는 3개의 유전자는 각각 대립유전자 B와 b, D와 d, E와 e를 갖는다.
- ㉡의 표현형은 유전자형에서 대문자로 표시되는 대립유전자의 수에 의해서만 결정되며, 이 대립유전자의 수가 다르면 표현형이 다르다.
- 그림 (가)는 남자 P의, (나)는 여자 Q의 체세포에 들어 있는 일부 염색체와 유전자를 나타낸 것이다.

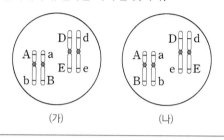

(가)                    (나)

P와 Q 사이에서 아이가 태어날 때, 이 아이에게서 나타날 수 있는 표현형의 최대 가짓수는? (단, 돌연변이와 교차는 고려하지 않는다.)

① 5　　　　　　② 6　　　　　　③ 7

④ 8　　　　　　⑤ 9

## 44 ☆☆☆

다음은 영희네 가족의 유전 형질 (가)~(다)에 대한 자료이다.

- (가)는 대립유전자 A와 A*에 의해, (나)는 대립유전자 B와 B*에 의해, (다)는 대립유전자 D와 D*에 의해 결정된다.
- (가)와 (나)의 유전자는 7번 염색체에, (다)의 유전자는 X 염색체에 있다.
- 그림은 영희네 가족 구성원 중 어머니, 오빠, 영희, ⓐ남동생의 세포 Ⅰ~Ⅳ가 갖는 A, B, D*의 DNA 상대량을 나타낸 것이다.

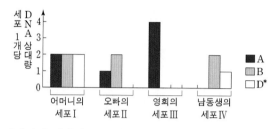

- 어머니의 생식세포 형성 과정에서 대립유전자 ㉠이 대립유전자 ㉡으로 바뀌는 돌연변이가 1회 일어나 ㉡을 갖는 생식세포가 형성되었다. 이 생식세포가 정상 생식세포와 수정되어 ⓐ가 태어났다. ㉠과 ㉡은 (가)~(다) 중 한 가지 형질을 결정하는 서로 다른 대립유전자이다.

이에 대한 설명으로 옳은 것만을 〈보기〉에서 있는 대로 고른 것은? (단, 제시된 돌연변이 이외의 돌연변이와 교차는 고려하지 않으며, A, A*, B, B*, D, D* 각각의 1개당 DNA 상대량은 1이다.) [3점]

보기
ㄱ. Ⅰ은 $G_1$기 세포이다.
ㄴ. ㉠은 A이다.
ㄷ. 아버지에서 A*, B, D를 모두 갖는 정자가 형성될 수 있다.

① ㄱ　　　　　　② ㄴ　　　　　　③ ㄷ

④ ㄱ, ㄷ　　　　　⑤ ㄴ, ㄷ

## 45 ☆☆☆　| 2021학년도 6월 평가원 17번 |

다음은 어떤 집안의 유전 형질 (가)와 (나)에 대한 자료이다.

- (가)는 대립유전자 R와 r에 의해 결정되며, R는 r에 대해 완전 우성이다.
- (나)는 상염색체에 있는 1쌍의 대립유전자에 의해 결정되며, 대립유전자에는 E, F, G가 있다.
- (나)의 표현형은 4가지이며, (나)의 유전자형이 EG인 사람과 EE인 사람의 표현형은 같고, 유전자형이 FG인 사람과 FF인 사람의 표현형은 같다.
- 가계도는 구성원 1~9에게서 (가)의 발현 여부를 나타낸 것이다.

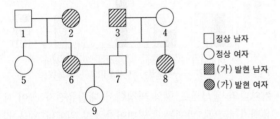

□ 정상 남자
○ 정상 여자
▨ (가) 발현 남자
◕ (가) 발현 여자

- $\dfrac{1, 2, 5, 6 \text{ 각각의 체세포 1개당 E의 DNA 상대량을 더한 값}}{3, 4, 7, 8 \text{ 각각의 체세포 1개당 r의 DNA 상대량을 더한 값}}$ $= \dfrac{3}{2}$ 이다.
- 1, 2, 3, 4의 (나)의 표현형은 모두 다르고, 2, 6, 7, 9의 (나)의 표현형도 모두 다르다.
- 3과 8의 (나)의 유전자형은 이형 접합성이다.

이에 대한 설명으로 옳은 것만을 〈보기〉에서 있는 대로 고른 것은? (단, 돌연변이와 교차는 고려하지 않으며, E, F, G, R, r 각각의 1개당 DNA 상대량은 1이다.) [3점]

┌─ 보기 ┐
ㄱ. (가)의 유전자는 상염색체에 있다.
ㄴ. 7의 (나)의 유전자형은 동형 접합성이다.
ㄷ. 9의 동생이 태어날 때, 이 아이의 (가)와 (나)의 표현형이 8과 같을 확률은 $\dfrac{1}{8}$ 이다.
└─────┘

① ㄱ　　　② ㄴ　　　③ ㄷ
④ ㄱ, ㄴ　　　⑤ ㄴ, ㄷ

생명과학 I

Bible of Science

# 기출의 바이블

**3권** 고난도편 정답 및 해설

# 01 염색체와 세포 분열

## 1 세포 주기

2024년 10월 교육청 7번 | 정답 ② | 문제편 9 p

출제 의도 사람 체세포의 세포 주기를 이해하고 있는지 묻는 문항이다.

그림은 사람 체세포의 세포 주기를 나타낸 것이다. ⊙~㉣은 각각 $G_1$기, $G_2$기, M기, S기 중 하나이다. 핵 1개당 DNA 양은 ㉣ 시기 세포가 ㉡ 시기 세포의 2배이다.

이 자료에 대한 옳은 설명만을 〈보기〉에서 있는 대로 고른 것은?

보기
ㄱ. ⊙ 시기에 2가 염색체가 형성된다.
  체세포 분열 과정에서는 2가 염색체가 형성되지 않는다.
ㄴ. ㉢ 시기에 DNA 복제가 일어난다.
ㄷ. ㉡ 시기 세포와 ㉣ 시기 세포는 핵상이 서로 다르다.
  ㉡ 시기 세포와 ㉣ 시기 세포의 핵상은 서로 같다.

① ㄱ    ② ㄴ    ③ ㄱ, ㄷ    ④ ㄴ, ㄷ    ⑤ ㄱ, ㄴ, ㄷ

✓ 자료 해석
• 핵 1개당 DNA 양은 ㉣ 시기 세포가 ㉡ 시기 세포의 2배이므로 ㉡은 $G_1$기, ㉢은 S기, ㉣은 $G_2$기, ⊙은 M기이다.
• $G_1$기에는 세포 소기관의 수가 증가하고 단백질 합성이 일어난다. S기에는 DNA 복제가 일어나 DNA 양이 두 배로 늘어난다. $G_2$기에는 중심체가 2개로 늘어나며 방추사 형성에 필요한 단백질이 합성된다. M기에는 핵분열과 세포질 분열이 일어난다.

○ 보기 풀이 ㄴ. ㉢ 시기(S기)에 DNA 복제가 일어나 DNA 양이 두 배로 늘어난다.

✕ 매력적 오답 ㄱ. ⊙ 시기는 체세포 분열에서 일어나는 M기이고, 2가 염색체는 감수 분열 과정에서 형성된다.
ㄷ. ㉡ 시기와 ㉣ 시기의 세포는 핵상이 $2n$으로 동일하다.

문제풀이 Tip
체세포의 세포 주기를 이해하고, 세포 분열 과정에서 DNA 양의 변화를 알고 있어야 한다.

---

## 2 생식세포 형성

2024년 10월 교육청 9번 | 정답 ④ | 문제편 9 p

출제 의도 사람의 생식세포 형성 과정과 유전 형질에 대해 알고 있는지 묻는 문항이다.

사람의 유전 형질 (가)는 대립유전자 A와 a에 의해, (나)는 대립유전자 B와 b에 의해 결정된다. (가)와 (나)의 유전자는 서로 다른 염색체에 있다. 그림은 어떤 남자의 $G_1$기 세포 Ⅰ로부터 정자가 형성되는 과정과, 세포 Ⅲ으로부터 형성된 정자가 난자와 수정되어 만들어진 수정란을 나타낸 것이다. 표는 세포 ⊙~㉣이 갖는 A, a, B, b의 DNA 상대량을 나타낸 것이다. ⊙~㉣은 Ⅰ~Ⅳ를 순서 없이 나타낸 것이고, Ⅱ와 Ⅳ는 모두 중기의 세포이다.

정자 난자

| 세포 | DNA 상대량 | | | |
|---|---|---|---|---|
| | A | a | B | b |
| ⊙ Ⅳ | 2 | ⓐ 0 | ? 2 | 2 |
| ㉡ Ⅲ | 0 | ? 0 | 1 | 0 |
| ㉢ Ⅰ | ? | 1 | 1 | ? 1 |
| ㉣ Ⅱ | ? | 2 | 0 | 2 |

이에 대한 옳은 설명만을 〈보기〉에서 있는 대로 고른 것은? (단, 돌연변이와 교차는 고려하지 않으며, A, a, B, b 각각의 1개당 DNA 상대량은 1이다.) [3점]

보기
ㄱ. ㉡은 Ⅲ이다.
ㄴ. ⓐ는 2이다. Ⅲ에는 A와 a 모두 없으므로 ⓐ는 0이다.
ㄷ. $\dfrac{\text{Ⅱ의 염색 분체 수}}{\text{Ⅳ의 X 염색체 수}}$ =46이다.

① ㄱ    ② ㄴ    ③ ㄱ, ㄴ    ④ ㄱ, ㄷ    ⑤ ㄴ, ㄷ

✓ 자료 해석
• 사람의 생식세포 형성 과정에서 S기에 DNA가 복제되어 DNA 양이 두 배가 된 후 2가 염색체를 형성하였다가 생식세포로 분열한다.
• ㉡과 ㉢에는 DNA 상대량이 1인 유전자가 있으므로 이 두 세포는 Ⅰ 또는 Ⅲ이다. ㉡이 Ⅰ이라면 Ⅱ와 Ⅲ에는 모두 b가 없어야 하는데, ⊙과 ㉣에 b가 있으므로 ㉡은 Ⅲ, ㉢은 Ⅰ이다. Ⅲ에는 B가 있으므로 ⊙은 Ⅳ, ㉣은 Ⅱ이다.
• Ⅳ에 A가 있으므로 (가)의 유전자는 X 염색체에 있고, Ⅳ의 성염색체는 XY이다.

○ 보기 풀이 ㄱ. DNA 상대량으로 보아 ㉡은 세포 Ⅰ 또는 Ⅲ이다. ㉡이 Ⅰ이라면 Ⅱ와 Ⅲ에는 모두 b가 없어야 하는데, ⊙과 ㉣에 b가 있으므로 ㉡은 Ⅲ, ㉢은 Ⅰ이다.
ㄷ. 세포 Ⅱ의 염색 분체 수는 46개이며, 세포 Ⅳ의 성염색체는 XY이므로 X 염색체의 수는 1이다. 따라서 $\dfrac{46}{1}$=46이다.

✕ 매력적 오답 ㄴ. Ⅲ에는 A와 a가 모두 없으므로 ⓐ는 0이다.

문제풀이 Tip
사람의 생식세포 형성 과정에서의 감수 분열을 이해하고, 염색체 상에서 유전 형질의 전달 과정을 유추할 수 있어야 한다.

## 3  생식세포 형성

출제 의도 정자 형성 과정과 유전자의 DNA 상대량을 더한 값을 나타낸 자료를 분석하여 세포의 유전자형을 파악할 수 있는지 묻는 문항이다.

A와 a− 상염색체에 있다.  B와 b−X 염색체에 있다.

사람의 유전 형질 (가)는 대립유전자 A와 a, (나)는 대립유전자 B와 b에 의해 결정된다. 그림은 어떤 사람의 $G_1$기 세포 Ⅰ로부터 정자가 형성되는 과정을, 표는 세포 ⓐ~ⓒ에서 대립유전자 ㉠~㉢의 유무, A와 B의 DNA 상대량을 더한 값(A+B), a와 b의 DNA 상대량을 더한 값(a+b)을 나타낸 것이다. ⓐ~ⓒ는 Ⅰ~Ⅲ을 순서 없이 나타낸 것이고, ㉠~㉢은 A, a, B를 순서 없이 나타낸 것이다.

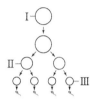

| 세포 | 대립유전자 | | | A+B | a+b |
|---|---|---|---|---|---|
| | ㉠a | ㉡A | ㉢B | | |
| ⓐ Ⅰ | ○ | ○ | × | ? 1 | ㉮2 |
| ⓑ Ⅲ | × | ?○ | × | 1 | 1 |
| ⓒ Ⅱ | ?○ | × | ?× | ㉯0 | 2 |

(○: 있음, ×: 없음)

이에 대한 설명으로 옳은 것만을 〈보기〉에서 있는 대로 고른 것은? (단, 돌연변이와 교차는 고려하지 않으며, A, a, B, b 각각의 1개당 DNA 상대량은 1이다. Ⅱ는 중기의 세포이다.)

보기
ㄱ. ㉠은 B이다.
　㉠은 a, ㉡은 A, ㉢은 B이다.
ㄴ. Ⅱ에는 b가 있다.
　Ⅱ(ⓒ)에는 X 염색체가 없으므로 b가 없다.
ㄷ. ㉮와 ㉯를 더한 값은 2이다.
　a+b(㉮)는 2이고, A+B(㉯)는 0이다.

① ㄱ  ② ㄴ  ③ ㄷ  ④ ㄱ, ㄴ  ⑤ ㄱ, ㄷ

✔ 자료 해석
• A와 a는 상염색체에 있고, B와 b는 X 염색체에 있다.
• Ⅰ(ⓐ): 2n, AabY／Ⅱ(ⓒ): n, aaYY／Ⅲ(ⓑ): n, Ab

○ 보기 풀이  ⓑ에는 ㉠이, ⓒ에는 ㉡이 없으므로 ⓑ와 ⓒ의 핵상은 모두 n이고, ⓐ는 핵상이 2n인 $G_1$기 세포 Ⅰ이다. ⓑ에서 A+B와 a+b가 각각 1이고 ⓑ는 A, a, B 중 하나만 가지므로 ㉡은 A이고, ⓑ는 Ⅲ이며, ⓑ의 (가)와 (나)의 유전자형은 Ab이다. 나머지 ⓒ는 Ⅱ인데, ⓑ와 ⓒ 중 하나는 ㉠을 가져야 하므로 ㉠은 a, ㉢은 B이다. 따라서 ⓒ의 (가)와 (나)의 유전자형은 aaYY이다. 종합하면 $G_1$기 세포인 ⓐ의 (가)와 (나)의 유전자형은 AabY이다.

ㄷ. Ⅰ(ⓐ)의 (가)와 (나)의 유전자형은 AabY이므로 a+b(㉮)는 2이며, Ⅱ(ⓒ)의 (가)와 (나)의 유전자형은 aaYY이므로 A+B(㉯)는 0이다. 따라서 a+b(㉮)와 A+B(㉯)를 더한 값은 2이다.

✘ 매력적 오답  ㄱ. ㉠은 a, ㉡은 A, ㉢은 B이다.
ㄴ. Ⅱ(ⓒ)의 (가)와 (나)의 유전자형은 aaYY이다. Ⅱ(ⓒ)에는 X 염색체가 없으므로 b가 없다.

문제풀이 Tip
$G_1$기 세포(Ⅰ)의 (가)와 (나)의 유전자형은 감수 2분열 중기 세포(Ⅱ)의 (가)와 (나)의 유전자형에서 유전자의 DNA 상대량의 절반(aY)과 생식세포(Ⅲ)의 (가)와 (나)의 유전자형(Ab)을 합한 것(AabY)과 같음을 알고 자료에 적용하는 것이 중요하다.

---

## 4  세포 주기

출제 의도 세포 주기의 각 시기에 대한 특징을 알고 있는지 묻는 문항이다.

표는 사람의 체세포 세포 주기 Ⅰ~Ⅲ에서 특징의 유무를 나타낸 것이다. Ⅰ~Ⅲ은 $G_1$기, M기, S기를 순서 없이 나타낸 것이다.

| 특징＼세포 주기 | ⅠS기 | ⅡM기 | Ⅲ$G_1$기 |
|---|---|---|---|
| 핵막이 소실된다. | × | ? | × |
| 뉴클레오솜이 있다. | ○ | ○ | ⓐ |
| 핵에서 DNA 복제가 일어난다. | ○ | × | ? |

(○: 있음, ×: 없음)

이에 대한 설명으로 옳은 것만을 〈보기〉에서 있는 대로 고른 것은?

보기
ㄱ. ⓐ는 '×'이다.
　$G_1$기(Ⅲ)의 세포에 뉴클레오솜이 있으므로 ⓐ는 '○'이다.
ㄴ. Ⅱ 시기에 염색 분체의 분리가 일어난다.
　M기(Ⅱ)의 후기에 염색 분체의 분리가 일어난다.
ㄷ. Ⅰ과 Ⅲ 시기는 모두 간기에 속한다.
　S기(Ⅰ)와 $G_1$기(Ⅲ)는 모두 간기에 속한다.

① ㄱ  ② ㄴ  ③ ㄱ, ㄷ  ④ ㄴ, ㄷ  ⑤ ㄱ, ㄴ, ㄷ

✔ 자료 해석
• Ⅰ은 S기, Ⅱ는 M기, Ⅲ은 $G_1$기이다.
• 뉴클레오솜은 염색체를 구성하는 기본 단위로, 모든 세포 주기에서 관찰된다.

○ 보기 풀이  핵에서 DNA 복제가 일어나는 것은 S기에 해당하므로 Ⅰ은 S기이다. M기에는 핵막이 소실되므로 Ⅱ는 M기이며, 나머지 Ⅲ은 $G_1$기이다.
ㄴ. M기(Ⅱ)의 후기에 염색 분체의 분리가 일어난다.
ㄷ. S기(Ⅰ)와 $G_1$기(Ⅲ)는 모두 간기에 속한다.

✘ 매력적 오답  ㄱ. $G_1$기(Ⅲ)의 세포에 뉴클레오솜이 있으므로 ⓐ는 '○'이다.

문제풀이 Tip
세포 주기를 구성하는 각 주기의 특징에 대해 알아둔다. 특히 세포 주기 중 뉴클레오솜의 유무, 핵막의 소실 유무는 자주 물어보는 보기이므로 꼭 알아둔다.

선택지 비율 ❶ 47% ② 18% ③ 7% ④ 21% ⑤ 4%

2024년 5월 **교육청** 14번 | 정답 ① | **문제편 10p**

**출제 의도** 감수 분열 과정 중 특정 유전자의 DNA 상대량을 더한 값을 나타낸 자료를 분석하여 각 세포에 해당하는 단계를 파악할 수 있는지 묻는 문항이다.

사람의 유전 형질 ㉮는 2쌍의 대립유전자 A와 a, B와 b에 의해 결정된다. 그림은 어떤 사람의 $G_1$기 세포로부터 생식세포가 형성되는 과정의 일부를, 표는 이 사람의 세포 (가)~(다)에서 A와 a의 DNA 상대량을 더한 값(A+a)과 B와 b의 DNA 상대량을 더한 값(B+b)을 나타낸 것이다. (가)~(다)는 Ⅰ~Ⅲ을 순서 없이 나타낸 것이고, ㉠~㉢은 1, 2, 4를 순서 없이 나타낸 것이다.

A와 a – 상염색체에 있다. B와 b – 성염색체에 있다.

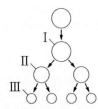

| 세포 | DNA 상대량을 더한 값 | |
|---|---|---|
| | A+a | B+b |
| (가)Ⅱ | ㉠ 2 | ㉠ 2 |
| (나)Ⅲ | ㉡ 1 | ㉡ 1 |
| (다)Ⅰ | ㉢ 4 | ㉠ 2 |

이에 대한 설명으로 옳은 것만을 〈보기〉에서 있는 대로 고른 것은? (단, 돌연변이와 교차는 고려하지 않으며, A, a, B, b 각각의 1개당 DNA 상대량은 1이다. Ⅰ과 Ⅱ는 중기의 세포이다.) [3점]

**보기**

ㄱ. ㉠은 2이다. ㉠은 2, ㉡은 1, ㉢은 4이다.

ㄴ. (나)는 Ⅱ이다. (가)는 Ⅱ, (나)는 Ⅲ, (다)는 Ⅰ이다.

ㄷ. $\dfrac{(다)의 염색체 수}{(가)의 염색 분체 수} = \dfrac{1}{2}$이다. $\dfrac{(다)(Ⅰ)의 염색체 수}{(가)(Ⅱ)의 염색 분체 수} = 1$

① ㄱ  ② ㄴ  ③ ㄷ  ④ ㄱ, ㄷ  ⑤ ㄴ, ㄷ

---

**✓ 자료 해석**

• (가)는 Ⅱ(감수 2분열 중기 세포), (나)는 Ⅲ(생식세포), (다)는 Ⅰ(감수 1분열 중기 세포)이며, ㉠은 2, ㉡은 1, ㉢은 4이다.

• A와 a는 상염색체에, B와 b는 성염색체에 있다.

**○ 보기풀이** ㉠이 4라면 (가)는 감수 1분열 중기 세포인 Ⅰ이 되며, A와 a, B와 b 모두 상염색체에 있다. 이 경우 (다)에서 B와 b의 DNA 상대량을 더한 값이 4일 수 없으므로 조건을 만족하지 않는다. ㉠이 1이라면 (가)는 생식세포인 Ⅲ이 되며, (다)는 감수 1분열 중기 세포와 감수 2분열 중기 세포 중 하나이어야 하는데, 이 경우 B와 b의 DNA 상대량이 1일 수 없으므로 조건을 만족하지 않는다. 따라서 ㉠은 2이며, (가)는 감수 2분열 중기 세포인 Ⅱ이다. (다)에서 B와 b의 DNA 상대량을 더한 값이 2이므로 (다)는 감수 1분열 중기 세포인 Ⅰ이어야 하며, 나머지 (나)는 생식세포이다. 따라서 ㉢은 4이고, ㉡은 1이다. 감수 1분열 중기 세포인 Ⅰ(다)에서 A와 a의 DNA 상대량을 더한 값이 4이고, B와 b의 DNA 상대량을 더한 값이 2이므로 A와 a는 상염색체에 있고, B와 b는 성염색체에 있다.

ㄱ. ㉠은 2, ㉡은 1, ㉢은 4이다.

**✕ 매력적 오답** ㄴ. (가)는 Ⅱ, (나)는 Ⅲ, (다)는 Ⅰ이다.

ㄷ. $\dfrac{(다)(Ⅰ)의 염색체 수}{(가)(Ⅱ)의 염색분체 수} = \dfrac{46}{23 \times 2} = 1$이다.

**문제풀이 Tip**

A와 a, B와 b가 모두 상염색체에 있다면 A와 a의 DNA 상대량을 더한 값과 B와 b의 DNA 상대량을 더한 값이 (가)~(다) 각각의 세포에서 값이 같아야 하는데, (다)에서 값이 ㉢, ㉠으로 값이 다르므로 2쌍의 대립유전자 중 한 쌍의 대립유전자는 성염색체에 있음을 파악하는 것이 중요하다.

2024년 5월 교육청 16번 | 정답 ② | 문제편 10p

출제 의도 대립유전자의 DNA 상대량과 염색체를 나타낸 자료를 분석하여 각각의 세포의 핵상과 유전자형을 파악할 수 있는지 묻는 문항이다.

어떤 동물 종($2n=6$)의 유전 형질 ㉮는 2쌍의 대립유전자 A와 a, B와 b에 의해 결정된다. 표는 이 동물 종의 개체 P와 Q의 세포 I ～Ⅳ에서 대립유전자 ㉠～㉣의 DNA 상대량을, 그림은 세포 (가)와 (나) 각각에 들어 있는 모든 염색체를 나타낸 것이다. (가)와 (나)는 각각 I～Ⅳ 중 하나이고, ㉠～㉣은 A, a, B, b를 순서 없이 나타낸 것이다. P는 수컷이고 성염색체는 XY이며, Q는 암컷이고 성염색체는 XX이다.

| 세포 | DNA 상대량 | | | |
|---|---|---|---|---|
| | ㉠ b | ㉡ a | ㉢ A | ㉣ B |
| I P | 0 | 0 | ?1 | 1 |
| Ⅱ Q | 1 | ?1 | 0 | 0 |
| Ⅲ P | 0 | 0 | 4 | 2 |
| Ⅳ Q | ?2 | 1 | 1 | 0 |

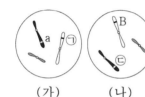

(가) – Ⅱ, Q의 세포
(나) – I, P의 세포

(가)　　　　(나)

이에 대한 설명으로 옳은 것만을 〈보기〉에서 있는 대로 고른 것은? (단, 돌연변이와 교차는 고려하지 않으며, A, a, B, b 각각의 1개당 DNA 상대량은 1이다.)

보기
ㄱ. (가)는 P의 세포이다.
　　(가)는 Q의 세포, (나)는 P의 세포이다.
ㄴ. Ⅳ에 B가 있다.
　　Ⅳ의 유전자형은 Aabb이므로 Ⅳ에 B가 없다.
ㄷ. Ⅲ과 Ⅳ의 핵상은 같다.
　　Ⅲ의 핵상은 $2n$, Ⅳ의 핵상은 $2n$이다.

① ㄱ　② ㄷ　③ ㄱ, ㄴ　④ ㄴ, ㄷ　⑤ ㄱ, ㄴ, ㄷ

✔ 자료 해석

• 세포 I～Ⅳ에서 핵상과 유전자형 및 어떤 개체의 세포인지를 나타내면 표와 같다.

| 세포 | 핵상 | 유전자형 | 개체 |
|---|---|---|---|
| I | $n$ | AB | P |
| Ⅱ | $n$ | ab | Q |
| Ⅲ | $2n$ | AAAABBYY | P |
| Ⅳ | $2n$ | Aabb | Q |

• ㉠은 b, ㉡은 a, ㉢은 A, ㉣은 B이다.

○ 보기 풀이 　세포 Ⅲ에서 ㉢의 DNA 상대량은 4이고, ㉣의 DNA 상대량은 2이므로 Ⅲ의 핵상은 $2n$이며, 수컷의 세포이다. 따라서 Ⅲ은 P의 세포이며, ㉢과 ㉣은 서로 대립유전자가 아니다. 세포 Ⅱ와 Ⅳ는 Ⅲ이 갖지 않는 ㉠과 ㉡을 각각 갖고 있으므로 Ⅱ와 Ⅳ는 Q의 세포이다. 따라서 Ⅱ의 핵상은 $n$, Ⅳ의 핵상은 $2n$이다. Ⅱ의 ㉠의 DNA 상대량은 1이고, ㉠은 a이다. I은 P의 세포이고 핵상은 $n$이므로 ㉢은 A이고, ㉣은 B이다. 따라서 ㉠은 b이다. A(㉢)와 a(㉡)는 상염색체에 있고, B(㉣)와 b(㉠)는 X 염색체에 있다.

ㄷ. Ⅲ의 핵상은 $2n$, Ⅳ의 핵상은 $2n$이므로 Ⅲ과 Ⅳ의 핵상은 같다.

✕ 매력적 오답 　ㄱ. (가)는 유전자형이 ab(㉠)로 Ⅱ이며 Q의 세포이다. (나)는 유전자형이 A(㉢)B로 I이며 P의 세포이다.

ㄴ. Ⅳ의 유전자형은 Aabb이므로 Ⅳ에 B가 없다.

문제풀이 **Tip**

Ⅲ에서 ㉠과 ㉡의 DNA 상대량은 0이고, ㉢의 DNA 상대량은 4이며, ㉣의 DNA 상대량은 2인 것을 통해 핵상은 $2n$이고, 한 쌍의 대립유전자는 상염색체에 있으며, 다른 한 쌍의 대립유전자는 X 염색체에 있음을 파악하는 것이 중요하다.

## 7 세포 주기와 체세포 분열

출제 의도 세포당 DNA 양에 대한 세포 수를 나타낸 자료를 분석하여 세포 주기의 각 시기에 해당하는 특징을 알고 있는지 묻는 문항이다.

그림은 어떤 동물의 체세포를 배양한 후 세포당 DNA 양에 따른 세포 수를 나타낸 것이다.

이에 대한 옳은 설명만을 〈보기〉에서 있는 대로 고른 것은? [3점]

Ⅰ - G₁기 세포 Ⅱ - G₂기 세포와 분열기 세포

**〈보기〉**
ㄱ. 구간 Ⅰ에는 간기의 세포가 있다.
　구간 Ⅰ에는 G₁기 세포가 있다.
ㄴ. 구간 Ⅱ에는 염색 분체가 분리되는 세포가 있다.
　구간 Ⅱ에는 G₂기 세포와 분열기 세포가 있다.
ㄷ. 핵막이 소실된 세포는 구간 Ⅱ에서가 구간 Ⅰ에서보다 많다.
　핵막이 소실된 세포는 분열기 세포가 있는 구간 Ⅱ에서가 구간 Ⅰ에서보다 많다.

① ㄱ　② ㄷ　③ ㄱ, ㄴ　④ ㄴ, ㄷ　⑤ ㄱ, ㄴ, ㄷ

### ✓ 자료 해석
- 구간 Ⅰ에는 G₁기 세포, 구간 Ⅱ에는 G₂기 세포와 분열기 세포가 있다.
- 염색 분체가 분리되는 것은 분열기의 후기에 일어나고, 핵막이 소실되는 것은 분열기의 전기~후기에 일어난다.

### ○ 보기 풀이
ㄱ. 간기에는 G₁기, S기, G₂기가 있으며, 구간 Ⅰ에는 G₁기 세포가 있으므로 간기의 세포가 있다.

ㄴ. 구간 Ⅱ에는 G₂기 세포와 분열기 세포가 있다. 염색 분체가 분리되는 것은 분열기의 후기에 일어나므로 구간 Ⅱ에는 염색 분체가 분리되는 세포가 있다.

ㄷ. 핵막이 소실되는 것은 분열기의 전기~후기에 일어나므로 핵막이 소실된 세포는 분열기 세포가 있는 구간 Ⅱ에서가 구간 Ⅰ에서보다 많다.

### 문제풀이 Tip
세포 주기의 각 시기에 해당하는 특징에 대해 알아둔다. 특히 핵막이 소실되는 것과 염색 분체가 분리되는 것은 모두 분열기에 일어남을 알아둔다.

---

## 8 감수 분열

출제 의도 생식세포 형성 과정에서 유전자의 DNA 상대량을 나타낸 자료를 분석하여 각 세포의 염색체 수와 유전자형을 파악할 수 있는지 묻는 문항이다.

사람의 유전 형질 (가)는 Y 염색체에 있는 대립유전자 A와 a에 의해, (나)는 X 염색체에 있는 대립유전자 B와 b에 의해 결정된다. 그림은 어떤 남자와 여자의 G₁기 세포로부터 생식세포가 형성되는 과정을, 표는 세포 ㉠~㉢에서 A와 b의 DNA 상대량을 나타낸 것이다. ㉠~㉢은 Ⅰ~Ⅲ을 순서 없이 나타낸 것이다.

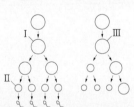

| 세포 | DNA 상대량 | |
| --- | --- | --- |
| | A | b |
| ㉠ Ⅲ | ? 0 | 4 |
| ㉡ Ⅰ | ⓐ 2 | 2 |
| ㉢ Ⅱ | 1 | 0 |

Ⅰ - XᵇXᵇYᴬYᴬ　Ⅱ - YᴬYᴬ　Ⅲ - XᵇXᵇXᵇXᵇ

이에 대한 옳은 설명만을 〈보기〉에서 있는 대로 고른 것은? (단, 돌연변이와 교차는 고려하지 않으며, A, a, B, b 각각의 1개당 DNA 상대량은 1이다. Ⅰ과 Ⅲ은 중기의 세포이다.) [3점]

**〈보기〉**
ㄱ. ⓐ는 2이다. 감수 1분열 중기 세포인 ㉡(Ⅰ)의 A의 DNA 상대량인 ⓐ는 2이다.

ㄴ. ㉠에 2가 염색체가 있다.
　감수 1분열 중기 세포인 ㉠(Ⅲ)에 상동 염색체가 접합한 2가 염색체가 있다.

ㄷ. Ⅱ에서 상염색체 수와 X 염색체 수를 더한 값은 23이다.
　㉢(Ⅱ)에서 상염색체 수와 X 염색체 수를 더한 값은 22+0=22이다.

① ㄱ　② ㄷ　③ ㄱ, ㄴ　④ ㄴ, ㄷ　⑤ ㄱ, ㄴ, ㄷ

### ✓ 자료 해석
- ㉡(Ⅰ)과 ㉠(Ⅲ)은 모두 감수 1분열 중기 세포이고, ㉡(Ⅰ)의 유전자 구성은 XᵇXᵇYᴬYᴬ이며, ㉠(Ⅲ)의 유전자 구성은 XᵇXᵇXᵇXᵇ이다.
- ㉢(Ⅱ)은 남자의 생식세포이며, ㉢(Ⅱ)의 유전자 구성은 Yᴬ이다. ㉢(Ⅱ)에는 X 염색체가 없으며, 22개의 상염색체와 1개의 Y 염색체가 있다.

### ○ 보기 풀이
ㄱ. ㉠에서 b의 DNA 상대량이 4이므로 ㉠은 감수 1분열 중기 세포이며, b가 있는 X 염색체를 2개 갖는 여자의 생식세포 형성 과정에 해당하는 Ⅲ이다. ㉡에서 b의 DNA 상대량이 2이므로 생식세포가 될 수 없다. 따라서 ㉡은 Ⅰ이며, 나머지 ㉢은 Ⅱ이다. ㉢(Ⅱ)에서 A의 DNA 상대량이 1이므로 A가 있는 Y 염색체가 1개 있다. 따라서 남자의 생식세포 형성 과정 중 감수 1분열 중기 세포에 해당하는 ㉡(Ⅰ)의 A의 DNA 상대량인 ⓐ는 2이다.

ㄴ. ㉠(Ⅲ)은 여자의 생식세포 형성 과정 중 감수 1분열 중기 세포에 해당하므로 상동 염색체가 접합한 2가 염색체가 있다.

### ✕ 매력적 오답
ㄷ. ㉢(Ⅱ)에는 22개의 상염색체와 1개의 Y 염색체가 있으므로 ㉢(Ⅱ)에서 상염색체 수와 X 염색체 수를 더한 값은 22+0=22이다.

### 문제풀이 Tip
감수 1분열 중기 세포인 Ⅰ과 Ⅲ은 돌연변이가 일어나지 않았을 때 유전자의 DNA 상대량은 짝수이며, b의 DNA 상대량이 4인 것은 성염색체 구성이 XX인 여자이고, b의 DNA 상대량이 2인 것은 성염색체 구성이 XY인 남자임을 파악하는 것이 중요하다. 성염색체에 유전자가 있는 경우 남자의 생식세포 형성 과정 중 감수 1분열 중기 세포에서 유전자의 DNA 상대량이 4가 될 수 없다.

## 9 핵형 분석

출제 의도 사람의 핵형을 분석할 수 있는지 묻는 문항이다.

그림은 어떤 사람에서 세포 A의 핵형 분석 결과 관찰된 10번 염색체와 성염색체를 나타낸 것이다.

10번 염색체    성염색체

이에 대한 옳은 설명만을 〈보기〉에서 있는 대로 고른 것은? (단, 돌연변이와 교차는 고려하지 않는다.)  ㉠㉡—염색 분체 성염색체—XY A—남자

보기
ㄱ. 이 사람은 여자이다.
  A는 X와 Y 염색체를 가지므로 이 사람은 남자이다.
ㄴ. A는 22쌍의 상염색체를 가진다.
  A는 22쌍의 상염색체와 1쌍의 성염색체를 가진다.
ㄷ. ㉠과 ㉡의 유전 정보는 서로 다르다.
  ㉠과 ㉡은 염색 분체이므로 유전 정보는 같다.

① ㄱ    ② ㄴ    ③ ㄷ    ④ ㄱ, ㄴ    ⑤ ㄱ, ㄷ

✔ 자료 해석
• 이 사람의 체세포 A는 22쌍의 상염색체와 XY의 성염색체 구성을 가지므로 남자이다.
• ㉠과 ㉡은 염색 분체이므로 유전 정보가 같다.

⭘ 보기 풀이 ㄴ. A는 체세포이므로 22쌍(44개)의 상염색체와 1쌍(2개)의 성염색체를 가진다.

✖ 매력적 오답 ㄱ. 10번 염색체에 상동 염색체 쌍이 있으며, 각 염색체는 염색 분체로 되어 있으므로 A는 체세포이다. A는 X와 Y 염색체를 가지므로 이 사람은 남자이다.

ㄷ. ㉠과 ㉡은 염색 분체이다. 염색 분체는 간기에 DNA가 복제된 결과 만들어지며, 각 염색 분체의 DNA에 저장되어 있는 유전 정보는 서로 같다.

문제풀이 **Tip**
사람의 염색체 구성 및 염색 분체에서의 유전 정보와 상동 염색체에서의 유전 정보에 대해 알아둔다.

---

## 10 세포 주기

출제 의도 체세포의 세포 주기에 대해 알고 있는지 묻는 문항이다.

그림은 사람 체세포의 세포 주기를, 표는 시기 ㉠~㉢에서 핵 1개당 DNA 양을 나타낸 것이다. ㉠~㉢은 $G_1$기, $G_2$기, S기를 순서 없이 나타낸 것이고, ⓐ는 1과 2 중 하나이다.

| 시기 | DNA 양(상댓값) |
|---|---|
| S기 ㉠ | 1~2 |
| $G_2$기 ㉡ | ⓐ 2 |
| $G_1$기 ㉢ | ? 1 |

이에 대한 옳은 설명만을 〈보기〉에서 있는 대로 고른 것은? (단, 돌연변이는 고려하지 않는다.) [3점]

보기
ㄱ. ⓐ는 2이다.
ㄴ. ㉠의 세포에서 염색 분체의 분리가 일어난다.
  M기
ㄷ. ㉡의 세포와 ㉢의 세포는 핵상이 같다.
  $G_2$기    $G_1$기    모두 2n

① ㄱ    ② ㄴ    ③ ㄷ    ④ ㄱ, ㄷ    ⑤ ㄴ, ㄷ

✔ 자료 해석
• ㉠은 S기, ㉡은 $G_2$기, ㉢은 $G_1$기이다.
• 핵 1개당 DNA 양은 S기(㉠)가 1~2, $G_2$기(㉡)가 2, $G_1$기(㉢)가 1이며, 핵상은 S기(㉠), $G_2$기(㉡), $G_1$기(㉢)가 모두 2n이다.

⭘ 보기 풀이 ㄱ. ㉠에서 핵 1개당 DNA 양이 1~2이므로 DNA 복제가 일어나는 ㉠은 S기이다. S기(㉠) 다음 단계인 ㉡은 $G_2$기이며, 핵 1개당 DNA 양은 2이므로 ⓐ는 2이다. S기(㉠) 전 단계인 ㉢은 $G_1$기이며 핵 1개당 DNA 양은 1이다.

ㄷ. $G_2$기(㉡)와 $G_1$기(㉢) 세포의 핵상은 모두 2n으로 같다. 체세포 분열에서는 핵상의 변화가 없다.

✖ 매력적 오답 ㄴ. S기(㉠) 세포에서 염색 분체의 분리가 일어나지 않는다. 염색 분체의 분리는 M기 세포에서 일어난다.

문제풀이 **Tip**
세포 주기는 $G_1$기 → S기 → $G_2$기 → M기 순으로 진행되며, 각 시기에 해당하는 세포에서의 핵 1개당 DNA 양과 핵상 변화를 알아야 한다. 체세포 분열에서는 핵상 변화가 없음을 잊지 않도록 한다.

# 11 염색체와 유전자

**출제 의도** 염색체와 유전자의 구성을 분석하여 세포가 어떤 개체에 해당하는지 파악할 수 있는지 묻는 문항이다.

어떤 동물 종($2n=?$)의 특정 형질은 3쌍의 대립유전자 E와 e, F와 f, G와 g에 의해 결정된다. 그림은 이 동물 종의 개체 A와 B의 세포 (가)~(라) 각각에 있는 염색체 중 X 염색체를 제외한 나머지 모든 염색체와 일부 유전자를 나타낸 것이다. (가)는 A의 세포이고, (나)~(라) 중 2개는 B의 세포이다. 이 동물 종의 성염색체는 암컷이 XX, 수컷이 XY이다. ㉠~㉢은 F, f, G, g 중 서로 다른 하나이다.

(위 $2n$에 작게 6 표기)

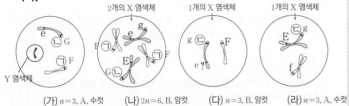

(가) $n=3$, A, 수컷    (나) $2n=6$, B, 암컷    (다) $n=3$, B, 암컷    (라) $n=3$, A, 수컷

이에 대한 옳은 설명만을 〈보기〉에서 있는 대로 고른 것은? (단, 돌연변이와 교차는 고려하지 않는다.) [3점]

**보기**
ㄱ. (가)의 염색체 수는 4이다. (4에 취소선, 아래 3)
ㄴ. (다)는 B의 세포이다. (아래 암컷)
ㄷ. ㉢은 g이다.

① ㄱ　② ㄴ　③ ㄱ, ㄷ　④ ㄴ, ㄷ　⑤ ㄱ, ㄴ, ㄷ

---

✓ **자료 해석**
- (가) : $n=3$, A의 세포, 수컷, eG(㉡) F(㉠)
- (나) : $2n=6$, B의 세포, 암컷, eg/EG(㉡) F(㉠)/F(㉠)
- (다) : $n=3$, B의 세포, 암컷, eg(㉢) F
- (라) : $n=3$, A의 세포, 수컷, Eg(㉢) f

○ **보기 풀이**　ㄴ. (가)는 A의 세포이고 유전자 구성이 e㉡㉠인데, 핵상이 $n$인 (다)와 (라)의 염색체 수는 2이고 (가)의 염색체 수는 3이므로 (가)에서 가장 작은 염색체는 Y 염색체이고 (가)는 수컷인 A의 세포이다. (나)는 핵상이 $2n$인데 염색체 수가 4이므로 암컷인 B의 세포이고 유전자 구성이 eg/E㉡ ㉠/㉠이다. (라)에서 유전자 구성이 E㉢f인데, B의 세포의 경우 E는 ㉡과 같은 염색체에 있으므로 (라)는 B의 세포일 수 없다. 따라서 (라)는 A의 세포이며, (다)는 B의 세포이다.

ㄷ. (가)와 (라)는 A의 세포, (나)와 (다)는 B의 세포인데, B의 세포에서는 생식세포가 ㉠인 경우만 형성되므로 ㉠은 F이다. 따라서 B의 유전자 구성은 eg/E㉡ F(㉠)/F(㉠)인데, B의 세포에서는 생식세포가 e와 g가 같은 염색체에 있거나 E와 ㉡이 같은 염색체에 있을 수 있고, (다)에서 ㉢이 있는 염색체가 있으므로 ㉢은 g이고, 대립유전자 관계인 ㉡은 G이다.

✗ **매력적 오답**　ㄱ. 핵상과 염색체 수는 (가), (다), (라)는 $n=3$, (나)는 $2n=6$이다.

**문제풀이 Tip**

X 염색체를 제외한 나머지 모든 염색체를 나타낸 것이므로 홀수인 세포는 핵상이 $n$이며 수컷의 세포임을 알고 자료를 분석하면 된다. 또한 (나)와 (라)를 통해 ㉡과 ㉢은 대립유전자 관계이므로 각각 G와 g 중 하나임을 파악할 수 있어야 한다.

## 12 감수 분열과 대립 유전자

2023년 10월 교육청 16번 | 정답 ① | 문제편 12p

출제 의도 여러 세포에서 유전자의 유무와 유전자의 DNA 상대량을 더한 값을 나타낸 자료를 분석하여 세포의 유전자 구성을 파악할 수 있는지 묻는 문항이다.

사람의 유전 형질 (가)는 대립유전자 E와 e에 의해, (나)는 대립유전자 F와 f에 의해, (다)는 대립유전자 G와 g에 의해 결정되며, (가)~(다)의 유전자 중 2개는 서로 다른 상염색체에, 나머지 1개는 X 염색체에 있다. 표는 어떤 사람의 세포 Ⅰ~Ⅲ에서 E, e, G, g 의 유무를, 그림은 ㉠~㉢에서 F와 g의 DNA 상대량을 더한 값 (F+g)을 나타낸 것이다. ㉠~㉢은 Ⅰ~Ⅲ을 순서 없이 나타낸 것이고, ㉡에는 X 염색체가 있다.

| 세포 | 상염색체 대립유전자 |  |  | X 염색체 |
|---|---|---|---|---|
|  | E | e | G | g |
| $n$ Ⅰ㉡ | × | ⓐ○ | × | ?○ |
| $2n$ Ⅱ㉢ | ?○ | ○ | × | ?○ |
| $n$ Ⅲ㉠ | ○ | ?× | ?× | × |

(○: 있음, ×: 없음)

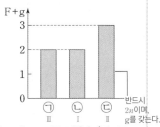

반드시 $2n$이며, $g$를 갖는다.

이에 대한 옳은 설명만을 〈보기〉에서 있는 대로 고른 것은? (단, 돌연변이와 교차는 고려하지 않으며, E, e, F, f, G, g 각각의 1개당 DNA 상대량은 1이다.) [3점]

보기
ㄱ. ⓐ는 '○'이다.
ㄴ. ㉡은 <del>Ⅲ</del> 이다.
      Ⅰ
ㄷ. Ⅱ에서 e, F, g의 DNA 상대량을 더한 값은 <del>3</del>이다. EeFFX^gY
                                              4

① ㄱ  ② ㄴ  ③ ㄱ, ㄷ  ④ ㄴ, ㄷ  ⑤ ㄱ, ㄴ, ㄷ

✔ 자료 해석
• (가)와 (나)는 상염색체에, (다)는 X 염색체에 있다.
• ㉠: Ⅲ−EEFFYY(감수 2분열 중기 세포), ㉡: Ⅰ−eFX$^g$, ㉢: Ⅱ−EeFFX$^g$Y

○ 보기 풀이 ㄱ. F+g=3인 ㉢의 핵상은 $2n$이고, 이 사람은 남자이다. Ⅱ와 Ⅲ에서 각각 e와 E가 있으므로 ㉢에서 (가)의 유전자형은 Ee이다. Ⅰ에서 E가 없으므로 핵상은 $n$이며, Ⅲ에서 g가 없으므로 핵상은 $n$이다. 따라서 핵상이 $2n$인 ㉢이 Ⅱ이다. (나)와 (다)의 유전자 중 하나가 X 염색체에 있을 수 있으므로 ㉢(Ⅱ)의 유전자형은 EeFFX$^g$Y와 EeggX$^F$Y가 가능한데 (나)의 유전자가 X 염색체에 있다면 Ⅲ에서 g가 있어야 하는데 그렇지 않으므로 조건을 만족시키지 못한다. 따라서 (다)의 유전자가 X 염색체에 있으며 ㉢(Ⅱ)의 유전자형은 EeFFX$^g$Y이다. ㉡에는 X 염색체가 있다고 하였으므로 ㉡은 Ⅰ이고, 나머지 ㉠은 Ⅲ이다. E와 e는 상염색체에 있으므로 Ⅰ(㉡)에 e가 있다. 따라서 ⓐ는 '○'이다.

✕ 매력적 오답 ㄴ. ㉡은 Ⅰ이다.
ㄷ. Ⅱ(㉢)의 유전자형은 EeFFX$^g$Y이다. 따라서 Ⅱ(㉢)에서 e, F, g의 DNA 상대량을 더한 값은 1+2+1=4이다.

문제풀이 **Tip**
㉢이 어떤 세포인지 먼저 파악하는 것이 중요하다. F+g=3인 ㉢의 핵상은 $2n$이고, 반드시 g가 있으므로 Ⅲ이 될 수 없다. 따라서 ㉢은 Ⅰ과 Ⅱ 중 하나인데 핵상이 $2n$이므로 Ⅰ이 될 수 없다. 따라서 ㉢은 Ⅱ임을 파악할 수 있어야 한다.

## 13 핵형 분석

2023년 7월 교육청 3번 | 정답 ① | 문제편 12p

출제 의도 염색체의 구성을 분석하여 개체의 성별과 핵상을 파악할 수 있는지 묻는 문항이다.

그림은 같은 종인 동물($2n=6$) Ⅰ의 세포 (가)와 Ⅱ의 세포 (나) 각각에 들어 있는 모든 염색체를 나타낸 것이다. 이 동물의 성염색체는 암컷이 XX, 수컷이 XY이다.

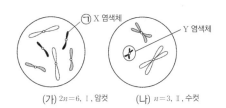

(가) $2n=6$, Ⅰ, 암컷    (나) $n=3$, Ⅱ, 수컷

이에 대한 설명으로 옳은 것만을 〈보기〉에서 있는 대로 고른 것은? (단, 돌연변이는 고려하지 않는다.)

보기
ㄱ. Ⅱ는 수컷이다.
ㄴ. ㉠은 <del>상염색체</del>이다.
        X 염색체
ㄷ. (가)와 (나)의 핵상은 <del>같다</del>.
     $2n$    $n$         다르다

① ㄱ  ② ㄴ  ③ ㄱ, ㄷ  ④ ㄴ, ㄷ  ⑤ ㄱ, ㄴ, ㄷ

✔ 자료 해석
• (가) : $2n=6$, Ⅰ의 세포, 암컷
• (나) : $n=3$, Ⅱ의 세포, 수컷

○ 보기 풀이 ㄱ. Ⅰ의 세포 (가)는 모양과 크기가 같은 3쌍의 상동 염색체로 이루어져 있으므로 암컷의 세포이다. 따라서 Ⅰ은 암컷이다. Ⅱ의 세포 (나)에서 (가)의 X 염색체(㉠)와 모양과 크기가 다른 염색체가 있으므로 Ⅱ는 수컷이다.

✕ 매력적 오답 ㄴ. ㉠은 X 염색체로 성염색체이다.
ㄷ. (가)는 상동 염색체가 쌍을 이루고 있으므로 (가)의 핵상은 $2n$, (나)는 상동 염색체 쌍이 없으므로 (나)의 핵상은 $n$이다.

문제풀이 **Tip**
핵형 분석 시 수컷과 암컷을 구분할 수 있어야 한다. 상동 염색체 쌍이 모두 모양과 크기가 같으면 성염색체가 XX인 암컷임을 알고 자료에 적용하면 된다.

## 14 세포 주기

| 선택지 비율 | ① 2% | ❷ 75% | ③ 3% | ④ 13% | ⑤ 5% |
|---|---|---|---|---|---|

2023년 7월 교육청 16번 | 정답 ② | 문제편 12 p

출제 의도 세포 주기에 대해 알고 있는지 묻는 문항이다.

그림은 사람 체세포의 세포 주기를 나타낸 것이다. ㉠~㉢은 $G_2$기, M기(분열기), S기를 순서 없이 나타낸 것이다.

이에 대한 설명으로 옳은 것만을 〈보기〉에서 있는 대로 고른 것은? (단, 돌연변이는 고려하지 않는다.)

보기
ㄱ. ㉠은 ~~$G_2$기~~ 이다. (S기)
ㄴ. 구간 Ⅰ에는 핵막이 소실되는 시기가 ~~있다.~~ (없다)
  ㉢(M기)
ㄷ. 구간 Ⅱ에는 염색 분체가 분리되는 시기가 있다. (없다)
  ㉢(M기)

① ㄱ  ② ㄷ  ③ ㄱ, ㄴ  ④ ㄴ, ㄷ  ⑤ ㄱ, ㄴ, ㄷ

✓ 자료 해석
• ㉠은 S기, ㉡은 $G_2$기, ㉢은 M기(분열기)이다.
• M기(분열기)에 핵막이 소실되고 염색 분체가 분리된다.

○ 보기 풀이 ㄷ. M기에 염색 분체가 분리되므로 구간 Ⅱ($G_2$기(㉡), M기(㉢))에는 염색 분체가 분리되는 시기가 있다.

✕ 매력적 오답 ㄱ. ㉠은 S기, ㉡은 $G_2$기, ㉢은 M기(분열기)이다.
ㄴ. 핵막이 소실되는 시기는 M기의 전기일 때이므로 구간 Ⅰ($G_1$기, S기(㉠))에는 핵막이 소실되는 시기가 없다.

문제풀이 Tip
세포 주기의 각 시기별 특징에 대해 알아두며, 특히 핵막의 소실과 염색 분체가 분리되는 시기는 모두 M기라는 것을 알고 있어야 한다.

## 15 핵형 분석

| 선택지 비율 | ❶ 76% | ② 5% | ③ 8% | ④ 7% | ⑤ 2% |
|---|---|---|---|---|---|

2023년 4월 교육청 7번 | 정답 ① | 문제편 13 p

출제 의도 염색체의 구성을 분석하여 세포가 어떤 개체에 해당하는지 파악할 수 있는지 묻는 문항이다.

그림은 같은 종인 동물($2n=?$) A와 B의 세포 (가)~(다) 각각에 들어 있는 모든 상염색체와 ⓐ를 나타낸 것이다. (가)~(다) 중 1개는 A의, 나머지 2개는 B의 세포이며, 이 동물의 성염색체는 암컷이 XX, 수컷이 XY이다. ⓐ는 X 염색체와 Y 염색체 중 하나이다.

(가) $2n=6$, B, 수컷    (나) $2n=6$, A, 암컷    (다) $n=3$, B, 수컷

이에 대한 설명으로 옳은 것만을 〈보기〉에서 있는 대로 고른 것은? (단, 돌연변이는 고려하지 않는다.) [3점]

보기
ㄱ. A는 암컷이다.
ㄴ. (나)와 (다)의 핵상은 ~~같다.~~ (다르다)
  $2n$
ㄷ. $\dfrac{(다)의\ 염색\ 분체\ 수}{(가)의\ 상염색체\ 수}=\dfrac{3}{4}$ 이다. $\left(\dfrac{6}{4}=\dfrac{3}{2}\right)$

① ㄱ  ② ㄴ  ③ ㄷ  ④ ㄱ, ㄷ  ⑤ ㄴ, ㄷ

✓ 자료 해석
• (가) : $2n=6$, B(수컷)의 세포
• (나) : $2n=6$, A(암컷)의 세포
• (다) : $n=3$, B(수컷)의 세포

○ 보기 풀이 ㄱ. (가)는 핵상이 $2n$이며 상염색체와 ⓐ를 합한 염색체 수가 홀수이므로 수컷이며 $2n=6$이다. (다)는 핵상이 $n$이며 상염색체와 ⓐ를 합한 염색체 수가 3이므로 $n=3$이며 ⓐ는 Y 염색체임을 알 수 있다. (가)~(다) 중 1개는 A의, 나머지 2개는 B의 세포이므로 (가)와 (다)가 수컷인 B의 세포이며 (나)가 암컷인 A의 세포이다. (나)는 상염색체와 Y 염색체(ⓐ)를 합한 염색체 수가 4이므로 Y 염색체는 없고 4개의 상염색체만 나타낸 것이다.

✕ 매력적 오답 ㄴ. (나)는 상동 염색체가 쌍으로 있으므로 핵상은 $2n$, (다)는 상동 염색체가 없으므로 핵상은 $n$이다.
ㄷ. (가)의 상염색체 수는 4이고, (다)의 염색 분체 수는 6이므로 $\dfrac{(다)의\ 염색\ 분체\ 수}{(가)의\ 상염색체\ 수}=\dfrac{3}{2}$ 이다.

문제풀이 Tip
핵형 분석 시 수컷과 암컷을 구분할 수 있어야 한다. 핵상이 $2n$인 경우 상염색체와 어떤 성염색체 수를 합한 염색체 수가 홀수이면 반드시 수컷임을 알고 자료에 적용하면 된다.

2023년 4월 교육청 11번 | 정답 ④ | 문제편 13p

출제 의도 세포 주기에 대한 실험을 통해 세포당 DNA양에 따른 세포 수에서 어떤 세포 주기에 해당하는 세포가 있는지 묻는 문항이다.

다음은 세포 주기에 대한 실험이다.

[실험 과정 및 결과]

(가) 어떤 동물의 체세포를 배양하여 집단 A~C로 나눈다.

(나) B에는 S기에서 $G_2$기로의 전환을 억제하는 물질 X를, C에는 $G_1$기에서 S기로의 전환을 억제하는 물질 Y를 각각 처리하고, A~C를 동일한 조건에서 일정 시간 동안 배양한다.

(다) 세 집단에서 같은 수의 세포를 동시에 고정한 후, 각 집단의 세포당 DNA 양에 따른 세포 수를 나타낸 결과는 그림과 같다.

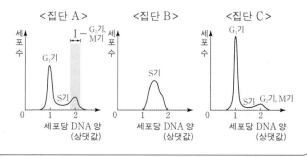

이에 대한 설명으로 옳은 것만을 〈보기〉에서 있는 대로 고른 것은? [3점]

보기
ㄱ. 구간 Ⅰ에 간기의 세포가 있다.
ㄴ. (다)에서 S기 세포 수는 A에서가 B에서보다 ~~많다.~~ 적다
ㄷ. (다)에서 $\dfrac{G_2기\ 세포\ 수}{G_1기\ 세포\ 수}$ 는 A에서가 C에서보다 크다
$G_2$기 세포 수: A > C
$G_1$기 세포 수: C > A

① ㄱ  ② ㄴ  ③ ㄷ  ④ ㄱ, ㄷ  ⑤ ㄴ, ㄷ

✔ 자료 해석

• 구간 Ⅰ에는 $G_2$기 세포와 M기 세포가 있다.
• B에서는 A에서보다 S기 세포 수가 많고 C에서는 A에서보다 $G_1$기 세포 수가 많다.

○ 보기 풀이 ㄱ. 간기에서는 $G_1$기, $G_2$기, S기가 있으며, 구간 Ⅰ에는 $G_2$기 세포가 있으므로 Ⅰ에 간기의 세포가 있다.

ㄷ. (다)에서 $G_1$기 세포 수는 C에서가 A에서보다 많고, $G_2$기 세포 수는 A에서가 C에서보다 많다. 따라서 (다)에서 $\dfrac{G_2기\ 세포\ 수}{G_1기\ 세포\ 수}$ 는 A에서가 C에서보다 크다.

✕ 매력적 오답 ㄴ. S기는 세포당 DNA 양이 1~2에 해당하는 부분이므로 (다)에서 S기 세포 수는 A에서가 B에서보다 적다.

문제풀이 **Tip**

세포당 DNA 양이 2인 세포는 $G_2$기와 M기 세포이고, 세포당 DNA 양이 1인 세포는 $G_1$기 세포이다. 그리고 세포당 DNA 양이 1~2인 세포는 S기 세포임을 알고 자료에 적용하면 된다.

## 17 감수 분열

2023년 4월 교육청 18번 | 정답 ③ | 문제편 14 p

출제 의도 생식세포 형성 과정 시 염색체 수의 합과 유전자의 DNA 상대량을 나타낸 자료를 분석하여 세포의 유전자형을 파악할 수 있는지 묻는 문항이다.

사람의 유전 형질 ㉮는 대립유전자 T와 t에 의해 결정된다. 그림 (가)는 남자 P의, (나)는 여자 Q의 $G_1$기 세포로부터 생식세포가 형성되는 과정을 나타낸 것이다. 표는 세포 ㉠~㉣의 8번 염색체 수와 X 염색체 수를 더한 값, T의 DNA 상대량을 나타낸 것이다. ㉮의 유전자형은 P에서가 TT이고, Q에서가 Tt이다. ㉠~㉣은 Ⅰ~Ⅳ를 순서 없이 나타낸 것이고, ⓐ~ⓓ는 1, 2, 3, 4를 순서 없이 나타낸 것이다.

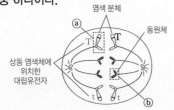

3이 될 수 없다. → ⓐ는 3이다.

| 세포 | 8번 염색체 수와 X 염색체 수를 더한 값 | T의 DNA 상대량 |
|---|---|---|
| Ⅰ ㉠ | ⓐ 3 | ⓓ 4 |
| Ⅱ ㉡ | ⓑ 1 | ⓑ 1 |
| Ⅳ ㉢ | ⓒ 2 | ⓒ 2 |
| Ⅲ ㉣ | ⓓ 4 | ⓐ 1 |

이에 대한 설명으로 옳은 것만을 〈보기〉에서 있는 대로 고른 것은? (단, 돌연변이는 고려하지 않으며, T와 t 각각의 1개당 DNA 상대량은 1이다. Ⅰ과 Ⅳ는 중기의 세포이다.) [3점]

보기
ㄱ. ㉣은 Ⅲ이다.
ㄴ. $\frac{ⓐ}{3} + \frac{ⓒ}{2} = 4$이다. (5)
ㄷ. Ⅱ에 Y 염색체가 있다. (ⓒ)

① ㄱ  ② ㄴ  ③ ㄱ, ㄷ  ④ ㄴ, ㄷ  ⑤ ㄱ, ㄴ, ㄷ

### 자료 해석
• 세포 ㉠~㉣의 8번 염색체 수, X 염색체 수, ㉮의 유전자형 구성을 나타내면 표와 같다.

| 세포 | 8번 염색체 수 | X 염색체 수 | ㉮의 유전자 구성 |
|---|---|---|---|
| ㉠(Ⅰ) | 2 | 1 | TTTT |
| ㉡(Ⅱ) | 1 | 0 | T |
| ㉢(Ⅳ) | 1 | 1 | TT |
| ㉣(Ⅲ) | 2 | 2 | Tt |

### 보기 풀이
ㄱ. ㉠~㉣에서 T의 DNA 상대량은 3이 될 수 없으므로 ⓐ는 3이다. 8번 염색체 수와 X 염색체 수를 더한 값이 4인 경우는 Ⅲ($G_1$기 세포)만 가능하고 T의 DNA 상대량이 4인 경우는 Ⅰ(감수 1분열 중기 세포)만 가능하므로 ⓓ가 4이며 ㉠은 Ⅰ, ㉣은 Ⅲ이다. T의 DNA 상대량이 Ⅱ와 Ⅳ의 경우 모두 1이므로 ⓑ는 1이고 나머지 ⓒ는 2이다. T의 DNA 상대량이 1인 ㉡은 Ⅱ이고 T의 DNA 상대량이 2인 ㉢은 Ⅳ이다.
ㄷ. Ⅱ(㉡)는 8번 염색체 수와 X 염색체 수를 더한 값이 1(ⓑ)이므로 Ⅱ(㉡)에 X 염색체가 없다. 따라서 Ⅱ(㉡)에 Y 염색체가 있다.

### 매력적 오답
ㄴ. ⓐ는 3, ⓑ는 1, ⓒ는 2, ⓓ는 4이므로 ⓐ+ⓒ=5이다.

### 문제풀이 Tip
T의 DNA 상대량은 1, 2, 4만 가능한데 T의 DNA 상대량을 나타낸 기호가 ⓑ, ⓒ, ⓓ 3가지만 있으므로 ⓐ가 3임을 파악해야 한다. 또한 8번 염색체 수와 X 염색체 수를 더한 값이 4인 경우는 여자 Q의 $G_1$기 세포에서만 가능하다는 것을 알고 자료에 적용하면 된다.

---

## 18 체세포 분열

2023년 3월 교육청 10번 | 정답 ④ | 문제편 14 p

출제 의도 체세포 분열 과정에 대해 알고 있는지 묻는 문항이다.

그림은 어떤 동물(2n=4)의 체세포 X를 나타낸 것이다. 이 동물에서 특정 유전 형질의 유전자형은 Tt이다. X는 간기의 세포와 분열기의 세포 중 하나이다.

M기 중 후기

염색 분체
ⓐ  T  T
동원체
상동 염색체에 위치한 대립유전자
t  t
ⓑ

이에 대한 옳은 설명만을 〈보기〉에서 있는 대로 고른 것은? (단, 돌연변이는 고려하지 않는다.)

보기
ㄱ. X는 분열기의 세포이다.
ㄴ. ⓐ에 t가 있다. (T)
ㄷ. ⓑ에 동원체가 있다.
  방추사가 부착하는 곳

① ㄱ  ② ㄴ  ③ ㄱ, ㄷ  ④ ㄱ, ㄷ  ⑤ ㄴ, ㄷ

### 자료 해석
• X는 분열기의 세포이다.
• ⓐ에는 T가 있고, ⓑ에는 방추사가 부착하는 동원체가 있다.

### 보기 풀이
ㄱ. 염색 분체가 분리된 X는 분열기의 세포이다. 간기의 세포는 염색체가 풀려진 상태로 핵막에 둘러싸여 있다.
ㄷ. 동원체는 염색체의 잘록한 부분으로 세포 분열 시 방추사가 부착되는 곳이다. 따라서 ⓑ에 동원체가 있다.

### 매력적 오답
ㄴ. ⓐ는 T가 있는 염색체가 복제되어 형성된 것이므로 ⓐ에는 T가 있다.

### 문제풀이 Tip
상동 염색체가 있고, 염색 분체가 나누어져 양극으로 이동하는 것은 체세포 분열 과정이다. 염색 분체에는 복제된 같은 유전자가 있고 상동 염색체에는 대립 유전자가 있다는 것을 알아둔다.

## 19 감수 분열

출제 의도 정자 형성 과정 시 유전자의 DNA 상대량을 나타낸 자료를 분석하여 각 세포의 유전자형을 파악할 수 있는지 묻는 문항이다.

그림은 어떤 남자 P의 $G_1$기 세포 I로부터 정자가 형성되는 과정을, 표는 세포 ㉠~㉢에서 a와 B의 DNA 상대량을 나타낸 것이다. A는 a, B는 b와 각각 대립유전자이며 모두 상염색체에 있다. ㉠~㉢은 I~III을 순서 없이 나타낸 것이고, ⓐ와 ⓑ는 0과 2를 순서 없이 나타낸 것이다.

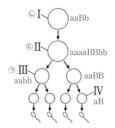

| 세포 | DNA 상대량 | |
|---|---|---|
| | a | B |
| ㉠ III | 2 | ⓑ 0 |
| ㉡ I | ⓐ 2 | ① - $G_1$기 세포임을 알 수 있다. |
| ㉢ II | ④ | ? 2 |

└ 감수 1분열 중기 세포임을 알 수 있다.

이에 대한 옳은 설명만을 〈보기〉에서 있는 대로 고른 것은? (단, 돌연변이와 교차는 고려하지 않으며, A, a, B, b 각각의 1개당 DNA 상대량은 1이다. II와 III은 중기의 세포이다.) [3점]

<보기>
ㄱ. ㉠은 III이다. ㉡은 I, ㉢은 II
ㄴ. P의 유전자형은 aaBb이다.
ㄷ. 세포 IV에 B가 있다.
　유전자형: aB

① ㄱ　② ㄷ　③ ㄱ, ㄴ　④ ㄴ, ㄷ　⑤ ㄱ, ㄴ, ㄷ

✔ 자료 해석
• ㉠은 III(감수 2분열 중기 세포), ㉡은 I($G_1$기 세포), ㉢은 II(감수 1분열 중기 세포)이며, ⓐ는 2, ⓑ는 0이다.
• I(㉡)의 유전자형은 aaBb, II(㉢)의 유전자 구성은 aaaaBBbb, III(㉠)의 유전자 구성은 aabb, IV의 유전자형은 aB이다.

○ 보기 풀이 ㄱ. a의 DNA 상대량이 4인 ㉢은 감수 1분열 중기 세포에서만 가능하므로 II이고, B의 DNA 상대량이 1인 ㉡은 홀수이므로 I~III 중 $G_1$기 세포에서만 가능하여 I이며, 나머지 ㉠은 III이다.

ㄴ. 감수 1분열 중기 세포인 II(㉢)에서 a의 DNA 상대량이 4이므로 $G_1$기 세포인 I(㉡)에서 a의 DNA 상대량은 절반인 2이다. 따라서 ⓐ는 2, ⓑ는 0이며, P의 유전자형은 aaBb이다.

ㄷ. III(㉠)에 B가 없으므로 III(㉠)의 유전자 구성은 aabb이다. 따라서 IV의 유전자형은 aB이므로 IV에 B가 있다.

문제풀이 Tip
유전자의 DNA 상대량이 1로 가능한 것은 $G_1$기 세포와 생식세포이고, 유전자의 DNA 상대량이 4로 가능한 것은 감수 1분열 중기 세포라는 것을 알고 자료에 적용하면 된다.

---

## 20 핵형 분석

출제 의도 염색체의 구성을 분석하여 세포가 어떤 개체에 해당하는지 파악할 수 있는지 묻는 문항이다.

그림은 동물 A($2n=8$)와 B($2n=6$)의 세포 (가)~(다) 각각에 있는 염색체 중 ㉠을 제외한 나머지를 모두 나타낸 것이다. A와 B는 성이 다르고, A와 B의 성염색체는 암컷이 XX, 수컷이 XY이다. ㉠은 X 염색체와 Y 염색체 중 하나이다.

(가) $n=3$, B, 수컷　(나) $n=4$, A, 암컷　(다) $2n=6$, B, 수컷

이에 대한 옳은 설명만을 〈보기〉에서 있는 대로 고른 것은? (단, 돌연변이는 고려하지 않는다.)

<보기>
ㄱ. ㉠은 X 염색체이다.
ㄴ. (가)에서 상염색체의 수는 3이다. 상염색체(2)+X 염색체(1)
　　　　　　　　　　　　　　　　　　　 2
ㄷ. (나)는 수컷의 세포이다.
　　암컷

① ㄱ　② ㄴ　③ ㄱ, ㄴ　④ ㄱ, ㄷ　⑤ ㄴ, ㄷ

✔ 자료 해석
• (가) : $n=3$, B의 세포, 수컷
• (나) : $n=4$, A의 세포, 암컷
• (다) : $2n=6$, B의 세포, 수컷

○ 보기 풀이 ㄱ. 크기와 모양이 같은 염색체가 (가)와 (다)에 있으므로 (가)와 (다)는 한 개체의 세포이다. 핵상이 $2n$인 (다)에서 ㉠을 제외한 염색체 수가 홀수인 5이므로 (다)는 수컷인 B($2n=6$)의 세포이다. (나)는 (가), (다)와 염색체의 크기와 모양이 다르므로 암컷인 A의 세포이다. 따라서 핵상이 $n$인 (나)는 암컷인 A($2n=8$)의 세포이고, ㉠을 제외한 염색체 수가 3이므로 ㉠은 X 염색체이다.

✘ 매력적 오답 ㄴ. (가)의 핵상과 염색체 수는 $n=3$이므로 상염색체의 수는 2이다.

ㄷ. (가)와 (다)는 수컷인 B의 세포, (나)는 암컷인 A의 세포이다.

문제풀이 Tip
핵형 분석 시 염색체의 모양과 크기를 통해 수컷과 암컷을 구분할 수 있어야 한다. 핵상이 $2n$인 경우 어떤 염색체를 제외한 염색체 수가 홀수이면 반드시 수컷임을 알고 자료에 적용하면 된다.

# 21 세포 주기

**출제 의도** 체세포의 세포 주기별 특징에 대해 알고 있는지 묻는 문항이다.

그림은 사람 체세포의 세포 주기를 나타낸 것이다. ㉠~㉢은 각각 $G_2$기, M기(분열기), S기 중 하나이다.

이에 대한 옳은 설명만을 〈보기〉에서 있는 대로 고른 것은? (단, 돌연변이는 고려하지 않는다.)

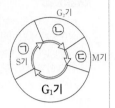

보기

ㄱ. ㉠의 세포에서 핵막이 관찰된다.
　　㉠(S기), ㉡($G_2$기), $G_1$기의 세포에서 핵막이 관찰된다.
ㄴ. ㉡은 간기에 속한다. ㉠(S기), ㉡($G_2$기), $G_1$기는 간기에 속한다.
ㄷ. ㉢의 세포에서 2가 염색체가 형성된다.
　　　　　　　　　　└ 감수 분열에서 형성된다.

① ㄱ　② ㄷ　③ ㄱ, ㄴ　④ ㄴ, ㄷ　⑤ ㄱ, ㄴ, ㄷ

✓ **자료 해석**

• ㉠은 $G_1$기 다음 단계이므로 S기, ㉡은 S기 다음 단계이므로 $G_2$기, ㉢은 $G_2$기 다음 단계이므로 M기(분열기)이다.

○ **보기 풀이** ㄱ. 핵막은 $G_1$기, S기, $G_2$기의 세포에서 관찰되므로 ㉠(S기)의 세포에서는 핵막이 관찰된다.
ㄴ. 간기에는 $G_1$기, S기, $G_2$기가 포함되므로 ㉡($G_2$기)은 간기에 속한다.

✗ **매력적 오답** ㄷ. 2가 염색체는 감수 분열에서 형성되므로 체세포의 세포 주기 중 ㉢(M기(분열기))의 세포에서 2가 염색체가 형성되지 않는다.

**문제풀이** Tip

핵막은 $G_1$기, S기, $G_2$기에서 관찰될 수 있고 체세포의 세포 주기 중 M기(분열기)에서는 2가 염색체가 형성되지 않음을 알아둔다.

---

# 22 감수 분열

**출제 의도** 여러 세포의 대립유전자 구성을 분석하여 각각의 세포가 어떤 개체의 것인지를 파악할 수 있는지 묻는 문항이다.

사람의 특정 유전 형질은 2쌍의 대립유전자 A와 a, B와 b에 의해 결정된다. 표는 사람 P와 Q의 세포 Ⅰ~Ⅲ에서 대립유전자 ⓐ~ⓓ의 유무를, 그림은 P와 Q 중 한 명의 생식세포에 있는 일부 염색체와 유전자를 나타낸 것이다. ⓐ~ⓓ는 A, a, B, b를 순서 없이 나타낸 것이고, P는 남자이다.

|  | 대립유전자 | | | |
|---|---|---|---|---|
| 세포 | ⓐ | ⓑ | ⓒ | ⓓ |
| Q Ⅰ 2n | ○ | ○ | × | ○ |
| P Ⅱ 2n | ○ | × | ○ | ○ |
| P Ⅲ n | × | × | ○ | × |

(○: 있음, ×: 없음)

ⓒ는 상염색체에 있음을 알 수 있다.

(ⓐ, ⓓ → X 염색체에 있다. / ⓒ → 상염색체에 있다. / 그림: ⓐ → X 염색체에 있다, ⓒ → 상염색체에 있다. P의 생식세포)

이에 대한 옳은 설명만을 〈보기〉에서 있는 대로 고른 것은? (단, 돌연변이는 고려하지 않는다.) [3점]

보기

ㄱ. Ⅱ는 P의 세포이다. Ⅰ은 Q의 세포, Ⅲ은 P의 세포이다.
ㄴ. ⓑ는 ⓒ의 대립유전자이다. ⓐ는 ⓑ의, ⓒ는 ⓓ의 대립유전자이다.
ㄷ. Q는 여자이다. P는 남자이다.

① ㄱ　② ㄷ　③ ㄱ, ㄴ　④ ㄱ, ㄷ　⑤ ㄴ, ㄷ

✓ **자료 해석**

• Ⅲ에 ⓒ만 있으므로 ⓒ는 상염색체에 있고, 다른 1쌍의 대립유전자는 X 염색체에 있으며, Ⅲ을 갖는 사람은 남자이다.
• Ⅱ와 Ⅲ은 한 사람의 세포이고, ⓐ는 X 염색체에 있으므로 ⓒ는 ⓓ의 대립유전자이고, ⓐ는 ⓑ의 대립유전자이다.
• ⓐ와 ⓑ를 모두 갖는 Q는 여자이므로 Ⅰ은 Q의 세포이고, Ⅱ와 Ⅲ은 P의 세포이다.

○ **보기 풀이** ㄱ, ㄷ. Ⅰ에는 ⓐ, ⓑ, ⓓ가 있으므로 핵상은 2n이고, Ⅱ에는 ⓐ, ⓒ, ⓓ가 있으므로 핵상은 2n이다. Ⅲ에는 ⓒ만 있으므로 핵상은 n이며, ⓒ는 상염색체에 있다.
ⓒ가 있는 Ⅱ와 Ⅲ은 같은 사람의 세포이며, Ⅲ에는 ⓒ만 있으므로 Ⅱ와 Ⅲ은 남자(P)의 세포이다.
ⓒ가 없는 Ⅰ은 다른 사람의 세포이며, ⓐ와 ⓑ가 모두 있으므로 Ⅰ은 여자(Q)의 세포이다.

✗ **매력적 오답** ㄴ. 그림에서 ⓐ와 ⓒ가 있으므로 ⓐ와 ⓒ는 대립유전자가 아니며 ⓐ는 X 염색체에 있고, ⓒ는 상염색체에 있다. Ⅱ와 Ⅲ은 남자인 P의 세포인데 Ⅱ에 ⓐ, ⓒ, ⓓ가 있으므로 ⓒ와 ⓓ가 상염색체에 있으며 ⓒ는 ⓓ의 대립유전자임을 알 수 있다. 여자인 Q의 세포 Ⅰ에 ⓐ, ⓑ, ⓓ가 있으므로, ⓐ와 ⓑ가 X 염색체에 있으며, ⓐ는 ⓑ의 대립유전자임을 알 수 있다.

**문제풀이** Tip

2쌍의 대립유전자 중 대립유전자가 3개 있으면 핵상이 2n, 대립유전자가 1개 있으면 핵상이 n이고, 대립유전자가 1개 있는 것은 남자의 생식세포이며 이 대립유전자가 위치하는 곳은 상염색체임을 알아야 한다.

## 23 염색체와 유전자

---

## 23 염색체와 유전자

**출제 의도** 염색체의 구성을 분석하여 각각의 세포가 어떤 개체의 것인지를 파악할 수 있는지 묻는 문항이다.

어떤 동물 종($2n=6$)의 유전 형질 ㉮는 2쌍의 대립유전자 A와 a, B와 b에 의해 결정된다. 그림은 이 동물 종의 암컷 I과 수컷 II의 세포 (가)~(라) 각각에 있는 염색체 중 X 염색체를 제외한 나머지 염색체와 일부 유전자를 나타낸 것이다. (가)~(라) 중 2개는 I의 세포이고, 나머지 2개는 II의 세포이다. 이 동물 종의 성염색체는 암컷이 XX, 수컷이 XY이다. ㉠~㉢은 A, a, B, b를 순서 없이 나타낸 것이다.

(가) II, $n=3$   (나) I, $n=3$   (다) II, $2n=6$   (라) I, $2n=6$

이에 대한 옳은 설명만을 〈보기〉에서 있는 대로 고른 것은? (단, 돌연변이는 고려하지 않는다.)

**보기**

ㄱ. ㉮는 I의 세포이다.
 (가)는 II의 세포, (나)는 I의 세포이다.
ㄴ. ㉢은 B이다. ㉠은 b, ㉡은 a, ㉣은 A이다.
ㄷ. II는 ㉮의 유전자형이 ~~aaBB~~이다.
 aaBb

① ㄱ   ② ㄴ   ③ ㄷ   ④ ㄱ, ㄴ   ⑤ ㄴ, ㄷ

### ✔ 자료 해석

- (가) : $n=3$, II(수컷)의 세포
 (나) : $n=3$, I(암컷)의 세포
 (다) : $2n=6$, II(수컷)의 세포
 (라) : $2n=6$, I(암컷)의 세포
- I의 ㉮의 유전자형은 AaBB, II의 ㉮의 유전자형은 aaBb이다.

### ⭕ 보기 풀이

ㄴ. (다)와 (라)의 핵상은 $2n$이고, (다)에는 5개의 염색체가, (라)에는 4개의 염색체가 있으므로 (다)는 수컷인 II의 세포, (라)는 암컷인 I의 세포이다. 핵상이 $n$인 (가)에 ㉠이 있는데 (라)에 ㉠이 없으므로 (가)는 II(수컷)의 세포이다. 따라서 (나)는 I(암컷)의 세포이다. I(암컷)의 세포인 (나)에 B가 있으므로 I(암컷)의 세포인 (라)에 있는 ㉢은 B이다. 따라서 ㉢(B)의 대립유전자인 ㉠은 b이다. II(수컷)의 세포인 (가)에 a가 있으므로 II(수컷)의 세포인 (다)에 있는 ㉡은 a이다. 따라서 ㉡(a)의 대립유전자인 ㉣은 A이다.

### ❌ 매력적 오답

ㄱ. (가)는 II의 세포이다.

ㄷ. I의 ㉮의 유전자형은 AaBB, II의 ㉮의 유전자형이 aaBb이다.

**문제풀이 Tip**

핵상이 $n$이며 X 염색체가 있는 세포의 경우 암컷과 수컷의 세포 모두 가능하므로 자료를 분석하여 (가)와 (나)가 암컷의 세포인지 또는 수컷의 세포인지 파악하는 것이 중요하다. ㉠은 (가)에 있고 (라)에 없으므로 (가)는 암컷의 세포가 될 수 없기 때문에 (가)는 수컷의 세포임을 유추할 수 있어야 한다.

---

## 24 세포 주기와 체세포 분열

**출제 의도** 세포 주기와 염색체의 형태를 통해 어떤 시기의 세포 주기에 해당하는지 묻는 문항이다.

그림 (가)는 어떤 동물 체세포의 세포 주기를, (나)는 이 동물의 체세포 분열 과정에서 관찰되는 세포 ㉠과 ㉡을 나타낸 것이다. I~III은 각각 $G_1$기, $G_2$기, M기 중 하나이고, ㉠과 ㉡은 II 시기의 세포와 III 시기의 세포를 순서 없이 나타낸 것이다.

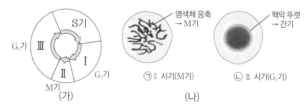

(가)   (나)

이에 대한 설명으로 옳은 것만을 〈보기〉에서 있는 대로 고른 것은? (단, 돌연변이는 고려하지 않는다.)

**보기**

ㄱ. I은 ~~$G_1$기~~이다.
 $G_2$기
ㄴ. ㉠은 ~~II 시기~~의 세포이다.
 M기
ㄷ. 세포 1개당 DNA의 양은 ~~㉡에서가 ㉠에서의~~ 2배이다.
 ㉠에서가 ㉡에서의

① ㄱ   ② ㄴ   ③ ㄷ   ④ ㄱ, ㄷ   ⑤ ㄴ, ㄷ

### ✔ 자료 해석

- I은 $G_2$기, II는 M기, III은 $G_1$기이다.
- ㉠은 염색체가 응축된 상태로 M기 중 전기에 해당하므로 II 시기의 세포이며, ㉡은 핵막이 뚜렷하게 관찰되고 염색체가 풀어진 상태이므로 간기에 포함되는 III 시기의 세포이다.

### ⭕ 보기 풀이

ㄴ. ㉠은 II 시기(M기)의 세포이며, ㉡은 III 시기($G_1$기)의 세포이다.

### ❌ 매력적 오답

ㄱ. I은 S기 다음 단계에 해당하므로 $G_2$기이고, II는 $G_2$기 다음 단계에 해당하므로 M기이며, III은 M기 다음 단계에 해당하므로 $G_1$기이다.

ㄷ. S기에 DNA 복제가 일어나므로 세포 1개당 DNA의 양은 M기 세포(㉠, II 시기)에서가 $G_1$기 세포(㉡, III 시기)에서보다 많다.

**문제풀이 Tip**

염색체의 형태와 핵막의 유무를 통해 세포 시기를 파악해야 한다. 염색체가 응축된 상태는 M기에서만 관찰될 수 있고 핵막은 $G_1$기, S기, $G_2$기에서 관찰될 수 있음을 알아둔다.

2022년 7월 교육청 14번 | 정답 ⑤ | 문제편 16p

출제 의도 염색체의 구성과 대립유전자의 DNA 상대량을 분석하여 각각의 세포가 어떤 개체의 것인지를 파악할 수 있는지 묻는 문항이다.

어떤 동물 종($2n=6$)의 유전 형질 ㉠은 2쌍의 대립유전자 H와 h, R와 r에 의해 결정된다. 그림은 이 동물 종의 수컷 P와 암컷 Q의 세포 (가)~(다) 각각에 들어 있는 모든 염색체를, 표는 (가)~(다)가 갖는 H와 h의 DNA 상대량을 나타낸 것이다. (가)~(다) 중 2개는 P의 세포이고 나머지 1개는 Q의 세포이며, 이 동물의 성염색체는 암컷이 XX, 수컷이 XY이다. ⓐ~ⓒ는 0, 1, 2를 순서 없이 나타낸 것이다.

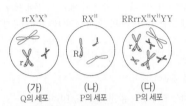

| 세포 | DNA 상대량 | |
|---|---|---|
| | H | h |
| $n$(가) | ⓐ 0 | ⓑ 2 |
| $n$(나) | ⓒ 1 | ⓐ 0 |
| $2n$(다) | ⓑ 2 | ⓐ 0 |

H+h의 값이 4가 아니므로 H와 h는 X 염색체에 있다.

이에 대한 설명으로 옳은 것만을 〈보기〉에서 있는 대로 고른 것은? (단, 돌연변이는 고려하지 않으며, H, h, R, r 각각의 1개당 DNA 상대량은 1이다.) [3점]

보기
ㄱ. ⓒ는 1이다. ⓐ는 0, ⓑ는 2이다.
ㄴ. (가)는 Q의 세포이다. (나)와 (다)는 P의 세포이다.
ㄷ. 세포 1개당 $\dfrac{\text{H의 DNA 상대량}}{\text{R의 DNA 상대량}}$ 은 (나)와 (다)가 같다.
$\underset{\frac{1}{1}}{}$ $\underset{\frac{2}{2}}{}$

① ㄱ    ② ㄷ    ③ ㄱ, ㄴ    ④ ㄴ, ㄷ    ⑤ ㄱ, ㄴ, ㄷ

---

✔ 자료 해석
- (다)는 핵상이 $2n$이고 Y 염색체를 가지므로 P의 세포이며, R와 r는 상염색체에 있고 H와 h는 X 염색체에 있다.
- P의 세포는 h를 가질 수 없으므로 (가)는 Q의 세포, (나)는 P의 세포이고, P의 ㉠의 유전자형은 $RrX^HY$이다.

○ 보기 풀이 ㄱ. (다)는 핵상이 $2n$이고 Y 염색체를 가지므로 P의 세포이다. (다)에서 r가 상염색체에 있으므로 R와 r는 상염색체에 있다. 표에서 H와 h가 상염색체에 있다면 (다)에서 H와 h의 DNA 상대량을 합한 값이 4가 되어야 하는데 4가 될 수 없으므로 H와 h는 X 염색체에 있다. (가)와 (다)에서 H와 h의 DNA 상대량은 0 또는 2가 가능하고 (나)에서 H와 h의 DNA 상대량은 0 또는 1이 가능하므로 ⓐ는 0, ⓑ는 2, ⓒ는 1이다.

ㄴ. (가)는 Q의 세포, (나)와 (다)는 P의 세포이다.

ㄷ. 세포 1개당 $\dfrac{\text{H의 DNA 상대량}}{\text{R의 DNA 상대량}}$ 은 (나)에서 $\dfrac{1}{1}$, (다)에서 $\dfrac{2}{2}$ 이다.

문제풀이 Tip
ⓐ~ⓒ에 해당하는 수를 파악하는 것이 중요한데, 염색 분체로 구성된 염색체는 대립유전자의 DNA 상대량이 1이 될 수 없다는 것과 핵상이 $2n$인 세포에서 대립유전자의 DNA 상대량을 합한 값이 4가 될 수 없다는 것을 통해 H와 h는 X 염색체에 있음을 유추할 수 있어야 한다.

# 26 염색체와 유전자

출제 의도 염색체의 구성을 분석하여 각각의 세포가 어떤 개체의 것인지를 파악할 수 있는지 묻는 문항이다.

그림은 같은 종인 동물($2n=?$) 개체 Ⅰ과 Ⅱ의 세포 (가)~(다) 각 각에 들어 있는 모든 염색체를 나타낸 것이다. 이 동물의 성염색체 는 암컷이 XX, 수컷이 XY이고, 유전 형질 ㉠은 대립유전자 A와 a에 의해 결정된다. (가)~(다) 중 1개는 암컷의, 나머지 2개는 수컷 의 세포이고, Ⅰ의 ㉠의 유전자형은 aa이다.

(가) Ⅱ (수컷)의 세포

(나) Ⅰ (암컷)의 세포

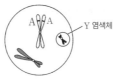
Y 염색체
(다) Ⅱ (수컷)의 세포

이에 대한 설명으로 옳은 것만을 〈보기〉에서 있는 대로 고른 것은? (단, 돌연변이는 고려하지 않는다.) [3점]

보기
ㄱ. Ⅰ은 수컷이다.  <u>암컷</u>
ㄴ. Ⅱ의 ㉠의 유전자형은 Aa이다.  (가)와 (다)에 각각 a와 A가 있다.
ㄷ. (나)의 염색체 수는 (다)의 염색 분체 수와 같다.
   <u>6</u>       <u>6</u>

① ㄱ　② ㄷ　③ ㄱ, ㄴ　④ ㄴ, ㄷ　⑤ ㄱ, ㄴ, ㄷ

✔ 자료 해석
- (가) : $n=3$, Ⅱ(수컷)의 세포
- (나) : $2n=6$, Ⅰ(암컷)의 세포
- (다) : $n=3$, Ⅱ(수컷)의 세포
- Ⅰ의 ㉠의 유전자형은 aa, Ⅱ의 ㉠의 유전자형은 Aa이다.

○ 보기 풀이 ㄴ. (나)는 모양과 크기가 같은 3쌍의 상동 염색체로 이루어져 있 으므로 암컷의 세포이다. (다)에는 (나)에 없는 검은색 작은 Y 염색체가 존재하 므로 (다)는 수컷의 세포이다. (가)~(다) 중 1개만 암컷의 세포이므로 나머지 (가)는 수컷의 세포이며, (가)와 (다)에는 각각 a와 A가 있으므로 ㉠의 유전자형 이 aa인 Ⅰ의 세포가 될 수 없다. 따라서 (가)와 (다)는 Ⅱ(수컷)의 세포이며, Ⅱ (수컷)의 ㉠의 유전자형은 Aa이다. 나머지 (나)는 ㉠의 유전자형이 aa인 Ⅰ(암 컷)의 세포이다.
ㄷ. (나)의 핵상은 $2n$, 염색체 수는 6이고, (다)의 핵상은 $n$, 염색 분체 수는 6이다.

✕ 매력적 오답 ㄱ. Ⅰ은 암컷이다.

문제풀이 **Tip**
핵상이 $n$이며 X 염색체가 있는 세포의 경우 암컷과 수컷의 세포가 모두 가능하 므로 자료를 분석하여 (가)가 암컷의 세포인지 수컷의 세포인지 파악하는 것이 중요하다. (나)는 암컷의 세포가 확실한데, 자료에서 암컷의 세포는 1개라고 하 였으므로 (가)는 수컷의 세포임을 유추할 수 있어야 한다.

# 27 세포 주기

출제 의도 체세포의 세포 주기별 특징에 대해 알고 있는지 묻는 문항이다.

그림은 어떤 사람의 체세포 Q를 배양한 후 세포당 DNA 양에 따 른 세포 수를, 표는 Q의 체세포 분열 과정에서 나타나는 세포 (가) 와 (나)의 핵막 소실 여부를 나타낸 것이다. (가)와 (나)는 $G_1$기 세포 와 M기의 중기 세포를 순서 없이 나타낸 것이다.

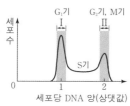

| 세포 | 핵막 소실 여부 |
|---|---|
| (가) | 소실됨 – M기의 중기 세포 |
| (나) | 소실 안 됨 – $G_1$기 세포 |

이에 대한 설명으로 옳은 것만을 〈보기〉에서 있는 대로 고른 것은? (단, 돌연변이는 고려하지 않는다.)

보기
ㄱ. (가)와 (나)의 핵상은 같다.
   <u>2n</u>
ㄴ. 구간 Ⅰ의 세포에는 뉴클레오솜이 있다.  뉴클레오솜은 모든 구간의 세포에 있다.
ㄷ. 구간 Ⅱ에서 (가)가 관찰된다.  구간 Ⅰ에서 (나)가 관찰된다.

① ㄱ　② ㄷ　③ ㄱ, ㄴ　④ ㄴ, ㄷ　⑤ ㄱ, ㄴ, ㄷ

✔ 자료 해석
- (가) : M기의 중기 세포, (나) : $G_1$기 세포
- 구간 Ⅰ에 $G_1$기 세포가 있으며, 구간 Ⅱ에는 $G_2$기 세포와 M기 세포가 있다.

○ 보기 풀이 ㄱ. 체세포 분열에서는 핵상의 변화가 없다. (가)와 (나)는 체세포 분열 과정에서 나타나는 세포이므로, (가)와 (나)의 핵상은 $2n$이다.
ㄴ. 구간 Ⅰ에 $G_1$기 세포가 있으며, $G_1$기 세포에는 뉴클레오솜이 있다. 뉴클레 오솜은 염색체를 구성하는 단위이므로 모든 구간의 세포에 있다.
ㄷ. (가)는 핵막이 소실되므로 M기의 중기 세포이고, (나)는 핵막이 소실되지 않으므로 $G_1$기의 세포이다. 구간 Ⅱ에는 $G_2$기 세포와 M기 세포가 있으므로 구간 Ⅱ에서 M기의 중기 세포(가)가 관찰된다.

문제풀이 **Tip**
핵막이 소실되는 시기는 M기의 전기일 때이므로 핵막이 소실된 세포를 관찰할 수 있는 시기는 세포 주기 중 M기뿐임을 알고 있어야 한다.

Part I

교육청

## 28 생식세포의 형성 과정

출제 의도 정자 형성 과정 시 대립유전자의 DNA 상대량을 더한 값을 나타낸 자료를 분석하여 세포의 유전자형을 파악할 수 있는지 묻는 문항이다.

사람의 유전 형질 ㉮는 2쌍의 대립유전자 A와 a, B와 b에 의해 결정된다. 그림은 어떤 사람의 $G_1$기 세포 Ⅰ로부터 정자가 형성되는 과정을, 표는 이 과정에서 나타나는 세포 (가)와 (나)에서 대립유전자 A, B, ㉠, ㉡ 중 2개의 DNA 상대량을 더한 값을 나타낸 것이다. (가)와 (나)는 Ⅱ와 Ⅲ을 순서 없이 나타낸 것이고, ㉠과 ㉡은 a와 b를 순서 없이 나타낸 것이다.

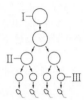

| 세포 | DNA 상대량을 더한 값 | | |
|---|---|---|---|
| | A+B | B+㉠a | ㉠+㉡ |
| Ⅱ (가) | 0(0+0) | 2(0+2) | 2(2+0) |
| Ⅲ (나) | ?1(0+1) | 2(1+1) | 1(1+0) |

이에 대한 설명으로 옳은 것만을 〈보기〉에서 있는 대로 고른 것은? (단, 돌연변이와 교차는 고려하지 않으며, A, a, B, b 각각의 1개당 DNA 상대량은 1이다.) [3점]

보기
ㄱ. (나)는 Ⅲ이다. (가)는 Ⅱ이다.
ㄴ. ㉠은 성염색체에 있다.
  ㉠(a)은 상염색체에, ㉡(b)은 성염색체에 있다.
ㄷ. Ⅰ에서 A와 b의 DNA 상대량을 더한 값은 ~~1~~이다.
  0

① ㄱ    ② ㄴ    ③ ㄱ, ㄷ    ④ ㄴ, ㄷ    ⑤ ㄱ, ㄴ, ㄷ

✓ 자료 해석
• (가) : Ⅱ, (나) : Ⅲ
• (나)에서 B와 ㉠의 DNA 상대량을 더한 값이 2이므로 ㉠은 a이고, ㉡은 b이다.
• A와 a(㉠)는 상염색체에, B와 b(㉡)는 성염색체에 있다.

○ 보기 풀이 ㄱ. (나)에서 ㉠+㉡의 값이 1이므로 (나)는 Ⅲ이고, (가)는 Ⅱ이다.

✕ 매력적 오답 ㄴ. (가)(Ⅱ)에 B와 b가 모두 없고, (나)(Ⅲ)에 B가 있으므로 B와 b(㉡)는 성염색체에 있다. (가)(Ⅱ)와 (나)(Ⅲ)에 모두 a가 있으므로 a(㉠)는 상염색체에 있다.

ㄷ. Ⅱ에는 2개의 a가 있고, Ⅲ에는 1개의 a와 1개의 B가 있으므로 Ⅰ에는 2개의 a와 1개의 B가 있다. 따라서 Ⅰ에서 A와 b의 DNA 상대량을 더한 값은 0이다.

문제풀이 Tip
㉠과 ㉡이 위치하는 염색체의 종류를 파악하는 것이 중요하다. (가)에서 B가 없는데 B+㉠과 ㉠(a)+㉡(b)이 모두 2인 것을 통해 B와 b(㉡)는 성염색체에 있음을 파악해야 한다.

---

## 29 핵형 분석

출제 의도 염색체의 구성을 분석하여 각각의 세포가 어떤 개체의 것인지를 파악할 수 있는지 묻는 문항이다.

그림은 서로 다른 종인 동물 A($2n=8$)와 B($2n=6$)의 세포 (가)~(다) 각각에 들어 있는 모든 염색체를 나타낸 것이다. A와 B의 성염색체는 암컷이 XX, 수컷이 XY이다.

  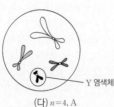
Y 염색체

(가) $n=4$, A    (나) $2n=6$, B    (다) $n=4$, A

이에 대한 옳은 설명만을 〈보기〉에서 있는 대로 고른 것은? (단, 돌연변이는 고려하지 않는다.)

보기
ㄱ. (가)는 A의 세포이다. (나)는 B의 세포, (다)는 A의 세포이다.
ㄴ. A와 B는 모두 암컷이다.
  A는 수컷, B는 암컷이다.
ㄷ. (나)의 상염색체 수와 (다)의 염색체 수는 같다.
  4         4

① ㄱ    ② ㄴ    ③ ㄱ, ㄷ    ④ ㄴ, ㄷ    ⑤ ㄱ, ㄴ, ㄷ

✓ 자료 해석
• (가) : $n=4$, A(수컷)의 세포
• (나) : $2n=6$, B(암컷)의 세포
• (다) : $n=4$, A(수컷)의 세포

○ 보기 풀이 ㄱ. 핵상과 염색체 수는 (가)와 (다)가 $n=4$이고, (나)가 $2n=6$이므로 (가)와 (다)는 A의 세포, (나)는 B의 세포이다.

ㄷ. (나)의 상염색체 수는 4, (다)의 염색체 수는 4로 같다.

✕ 매력적 오답 ㄴ. (나)(B의 세포)의 성염색체는 XX이므로 B는 암컷이다. (다)(A의 세포)에 Y 염색체가 있으므로 A는 수컷이다.

문제풀이 Tip
핵형 분석 시 수컷과 암컷을 구분할 수 있어야 한다. 핵상이 $n$이며, X 염색체가 있는 경우 이 세포는 수컷의 세포일 수도 있고 암컷의 세포일 수도 있으므로 자료를 분석하여 수컷인지 암컷인지 판단해야 한다.

# 30 체세포 분열

**출제 의도** 체세포 분열 과정에 대해 알고 있는지 묻는 문항이다.

그림은 어떤 동물($2n=4$)의 세포 분열 과정에서 관찰되는 세포 (가)를 나타낸 것이다. 이 동물의 특정 형질의 유전자형은 Aa이다.

상동 염색체 쌍이 있으며, 염색 분체가 나누어진다.
→ 체세포 분열 후기

이에 대한 옳은 설명만을 〈보기〉에서 있는 대로 고른 것은? (단, 돌연변이와 교차는 고려하지 않는다.)

**보기**
ㄱ. (가)는 감수 분열 과정에서 관찰된다.
 ~~체세포 분열~~
ㄴ. ㉠에 뉴클레오솜이 있다.
ㄷ. ㉡에 A가 있다.

① ㄱ ② ㄴ ③ ㄷ ④ ㄱ, ㄴ ⑤ ㄴ, ㄷ

**✓ 자료 해석**
• 4개의 염색체를 이루던 각각의 염색 분체가 분리되어 양극으로 이동하므로 (가)는 체세포 분열 후기의 세포이다.
• 이 동물의 특정 형질의 유전자형이 Aa이므로 ㉡에 A가 있다.

**○ 보기 풀이** ㄴ. 뉴클레오솜은 DNA가 히스톤 단백질을 감고 있는 구조로, 하나의 염색체는 수많은 뉴클레오솜으로 이루어져 있다. 따라서 염색체인 ㉠에는 뉴클레오솜이 있다.

ㄷ. 이 동물의 특정 형질의 유전자형이 Aa인데, ㉡은 a가 있는 염색체의 상동 염색체이므로 ㉡에 A가 있다.

**✗ 매력적 오답** ㄱ. 상동 염색체가 있으며 염색 분체가 분리되어 양극으로 이동하므로 (가)는 체세포 분열 과정에서 관찰된다.

**문제풀이 Tip**
상동 염색체가 있으며 염색 분체가 분리되어 양극으로 이동하는 것은 체세포 분열 과정이다. 감수 1분열의 경우 상동 염색체가 분리되어 양극으로 이동하고 감수 2분열의 경우 상동 염색체가 없고 염색 분체가 분리되어 양극으로 이동한다.

---

# 31 감수 분열

**출제 의도** 정자 형성 과정 시 대립유전자의 DNA 상대량을 더한 값을 나타낸 자료를 분석하여 대립유전자가 위치하는 염색체의 종류를 파악할 수 있는지 묻는 문항이다.

사람의 유전 형질 (가)는 대립유전자 A와 a에 의해 결정된다. 그림은 어떤 남자의 $G_1$기 세포 I로부터 정자가 형성되는 과정을, 표는 세포 ㉠~㉢과 IV에서 A와 a의 DNA 상대량을 더한 값을 나타낸 것이다. ㉠~㉢은 각각 I~III 중 하나이다.

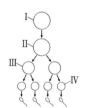

| 세포 | A와 a의 DNA 상대량을 더한 값 |
|---|---|
| I | ㉠ | 1 |
| III | ㉡ | ⓪ A와 a는 성염색체에 있음을 알 수 있다. |
| II | ㉢ | 2 |
| IV | ⓐ 1 |

이에 대한 옳은 설명만을 〈보기〉에서 있는 대로 고른 것은? (단, 돌연변이와 교차는 고려하지 않으며, A와 a 각각의 1개당 DNA 상대량은 1이다. II와 III은 중기의 세포이다.) [3점]

**보기**
ㄱ. ㉡은 III이다. ㉠은 I, ㉢은 II이다.
ㄴ. ⓐ는 1이다.
ㄷ. (가)의 유전자는 상염색체에 있다.
 ~~성염색체~~

① ㄱ ② ㄷ ③ ㄱ, ㄴ ④ ㄴ, ㄷ ⑤ ㄱ, ㄴ, ㄷ

**✓ 자료 해석**
• ㉠은 I($G_1$기 세포), ㉡은 III(감수 2분열 중기 세포), ㉢은 II(감수 1분열 중기 세포)이다.
• ㉡(감수 2분열 중기 세포)에 A와 a가 모두 없고 ㉠($G_1$기 세포)에서 A와 a의 DNA 상대량을 더한 값이 1이므로 (가)의 유전자는 성염색체에 있다.

**○ 보기 풀이** ㄱ. ㉡에서 A와 a의 DNA 상대량을 더한 값이 0이므로 ㉡에는 A 또는 a가 있는 염색체가 없음을 알 수 있다. 이를 통해 (가)의 유전자는 성염색체에 있고 ㉡은 감수 2분열 중기 세포인 III임을 알 수 있다. I~III 중 A와 a의 DNA 상대량을 더한 값이 1이 가능한 것은 $G_1$기 세포 뿐이므로 ㉠은 $G_1$기 세포인 I이다. 나머지 ㉢은 감수 1분열 중기 세포인 II이다.

ㄴ. III에 A와 a 모두 없으므로 IV에 A와 a 중 하나가 있다. 따라서 ⓐ는 1이다.

**✗ 매력적 오답** ㄷ. (가)의 유전자는 성염색체에 있다.

**문제풀이 Tip**
A와 a의 DNA 상대량을 더한 값이 1이 가능한 것은 $G_1$기 세포와 생식세포이고, 감수 2분열 중기 세포에서 A와 a의 DNA 상대량을 더한 값이 0이라는 것을 통해 A와 a가 성염색체에 있다는 것을 파악해야 한다.

## 32 세포 주기

출제 의도 세포 주기에 대해 알고 있는지 묻는 문항이다.

그림은 어떤 동물의 체세포 (가)를 일정 시간 동안 배양한 세포 집단에서 세포 당 DNA 양에 따른 세포 수를 나타낸 것이다.

이에 대한 옳은 설명만을 〈보기〉에서 있는 대로 고른 것은?

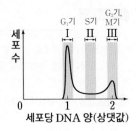

보기

ㄱ. 구간 Ⅰ에 핵막을 갖는 세포가 있다.
　　　　　　　　　간기의 세포
ㄴ. (가)의 세포 주기에서 $G_2$기가 $G_1$기보다 길다.
　　　　　　　　　　　　　　　　짧다
ㄷ. 동원체에 방추사가 결합한 세포 수는 구간 Ⅱ에서가 구간 Ⅲ에서보다 많다.
　　　　　　　　　　적다

① ㄱ　　② ㄴ　　③ ㄱ, ㄷ　　④ ㄴ, ㄷ　　⑤ ㄱ, ㄴ, ㄷ

✓ 자료 해석

· 구간 Ⅰ에는 $G_1$기 세포, Ⅱ에는 S기, Ⅲ에는 $G_2$기 세포와 분열기(M기) 세포가 있다.
· 해당하는 구간의 세포 수가 많다는 것은 그 구간에 해당하는 세포 주기가 길다는 것을 의미한다.
· 분열기(M기) 중 전기에 동원체에 방추사가 결합한다.

○ 보기 풀이　ㄱ. 간기($G_1$기, S기, $G_2$기)의 세포에는 핵막이 있다. 구간 Ⅰ에는 $G_1$기 세포가 있으므로 핵막을 갖는 세포가 있다.

✕ 매력적 오답　ㄴ. 구간 Ⅰ에 해당하는 세포가 구간 Ⅱ에 해당하는 세포보다 더 많으므로 (가)의 세포 주기에서 $G_1$기가 $G_2$기보다 길다.
ㄷ. 분열기(M기) 중 전기에 동원체에 방추사가 결합한 후 후기에 방추사에 의해 염색 분체가 분리된다. 즉 동원체에 방추사가 결합한 세포는 분열기(M기)의 세포로, 구간 Ⅲ에서가 구간 Ⅱ에서보다 많다.

문제풀이 Tip

세포 주기에서 핵막의 유무와 동원체에 방추사가 결합한 세포가 있는 시기를 묻는 보기가 자주 출제된다.

---

## 33 감수 분열

출제 의도 생식세포 형성 과정에서 대립유전자의 DNA 상대량을 나타낸 자료를 분석할 수 있는지 묻는 문항이다.

사람의 특정 형질은 상염색체에 있는 3쌍의 대립유전자 D와 d, E와 e, F와 f에 의해 결정된다. 그림은 하나의 $G_1$기 세포로부터 정자가 형성될 때 나타나는 세포 Ⅰ~Ⅳ가 갖는 D, E, F의 DNA 상대량을, 표는 세포 ㉠~㉣이 갖는 d, e, f의 DNA 상대량을 나타낸 것이다. ㉠~㉣은 Ⅰ~Ⅳ를 순서 없이 나타낸 것이다.

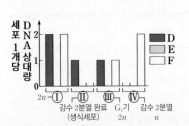

| 세포 | DNA 상대량 | | |
|---|---|---|---|
| | d | e | f |
| ㉠ Ⅱ | ? 0 | ? 1 | 1 |
| ㉡ Ⅰ | 2 | ? 4 | ⓐ 2 |
| ㉢ Ⅳ | ? 2 | 2 | 0 |
| ㉣ Ⅲ | 1 | ⓑ 2 | 1 |

이에 대한 옳은 설명만을 〈보기〉에서 있는 대로 고른 것은? (단, 돌연변이는 고려하지 않으며, D, d, E, e, F, f 각각의 1개당 DNA 상대량은 1이다.) [3점]

보기

ㄱ. ㉢은 Ⅰ이다. ㉠은 Ⅱ, ㉡은 Ⅰ, ㉢은 Ⅳ, ㉣은 Ⅲ이다.
ㄴ. ⓐ+ⓑ=4이다.
ㄷ. ㉠과 ㉡의 핵상은 같다. ㉠(Ⅱ)의 핵상은 $n$, ㉡(Ⅰ)의 핵상은 $2n$이다.

① ㄱ　　② ㄴ　　③ ㄱ, ㄷ　　④ ㄴ, ㄷ　　⑤ ㄱ, ㄴ, ㄷ

✓ 자료 해석

· 유전자 구성은 Ⅰ(㉡)은 DDddeeeeFFff, Ⅱ(㉠)가 Def, Ⅲ(㉣)이 DdeeFf, Ⅳ(㉢)가 ddeeFF이다.
· 핵상은 Ⅰ(㉡)이 $2n$, Ⅱ(㉠)가 $n$, Ⅲ(㉣)이 $2n$, Ⅳ(㉢)가 $n$이다.

○ 보기 풀이　ㄴ. Ⅰ~Ⅳ에 D와 F가 있고 E가 없으며 ㉠~㉣에 d, e, f가 있으므로 이 사람의 특정 형질의 유전자형은 DdeeFf이다. Ⅲ은 D와 F의 DNA 상대량이 각각 1이므로 ㉠과 ㉣ 중 하나인데 $G_1$기 세포인 경우 유전자 구성은 DdeeFf이므로 ㉣이며 ⓑ는 2이다. ㉠은 D의 DNA 상대량이 1인 Ⅱ로 유전자 구성은 Def이다. Ⅰ은 D와 F의 DNA 상대량이 각각 2이므로 ㉡과 ㉢ 중 하나이다. ㉢의 경우 f의 DNA 상대량이 0이므로 대립유전자 하나만 존재하는 경우이므로 ㉡이 Ⅰ이며 ⓐ는 2이다. 따라서 나머지 Ⅳ는 ㉢이다.

✕ 매력적 오답　ㄱ. ㉢은 Ⅳ이다.
ㄷ. Ⅰ(㉡)과 Ⅲ(㉣)은 대립유전자 쌍이 있으므로 핵상이 $2n$이고, Ⅱ(㉠)와 Ⅳ(㉢)는 대립유전자 하나만 존재하므로 핵상이 $n$이다.

문제풀이 Tip

감수 1분열 중기 세포와 감수 2분열 중기 세포에서 대립유전자의 DNA 상대량은 짝수이거나 0이다. 감수 2분열이 완료된 세포(생식세포)에서 대립유전자의 DNA 상대량은 홀수이거나 0이며, $G_1$기 세포에서 대립유전자의 DNA 상대량은 짝수, 홀수, 0 모두 가능하다.

**34** 핵형 분석

선택지 비율　① 4%　② 4%　❸ 84%　④ 3%　⑤ 3%

2021년 10월 교육청 6번 | 정답 ③ |　문제편 18p

출제 의도 여러 세포의 염색체를 나타낸 자료를 분석할 수 있는지 묻는 문항이다.

그림은 동물 A($2n=6$)와 B($2n=6$)의 세포 (가)~(라) 각각에 들어 있는 모든 염색체를 나타낸 것이다. A와 B의 성염색체는 암컷이 XX, 수컷이 XY이고, (가)는 A의 세포이다.

Y 염색체　(가) A, 수컷　(나) B, 암컷　(다) A, 수컷　(라) B, 암컷
　　　　　　$n$　　　　　$n$　　　　　$n$　　　　　$2n$

이에 대한 옳은 설명만을 〈보기〉에서 있는 대로 고른 것은? (단, 돌연 변이는 고려하지 않는다.) [3점]

보기
ㄱ. A는 암컷이다.
　A는 수컷, B는 암컷이다.
ㄴ. A와 B는 같은 종이다.
　염색체의 모양과 크기가 다르므로 다른 종이다.
ㄷ. (나)와 (다)의 핵상은 같다.

① ㄱ　② ㄴ　③ ㄷ　④ ㄱ, ㄴ　⑤ ㄴ, ㄷ

✔ 자료 해석
• (가)와 (다)는 A(수컷)의 세포, (나)와 (라)는 B(암컷)의 세포이다.
• 핵상은 (가)~(다)가 $n$이고, (라)가 $2n$이다.

○ 보기 풀이　ㄷ. (나)와 (다)에는 상동 염색체 쌍이 없으므로 핵상이 $n$으로 같다.

✕ 매력적 오답　ㄱ. 염색체의 크기와 모양이 같은 것이 있는 (가)와 (다)가 A의 세포이고, (나)와 (라)가 B의 세포이다. (가)와 (다)에 크기와 모양이 다른 성염색체가 있으므로 A는 수컷이다.
ㄴ. (라)에는 크기와 모양이 같은 1쌍의 성염색체가 있으므로 B는 암컷이다. A와 B는 체세포 1개당 염색체 수는 6으로 같지만 염색체의 모양과 크기가 다르므로 A와 B는 서로 다른 종이다.

문제풀이 **Tip**

핵형 분석 시 같은 종에서 성별이 같으면 체세포의 핵형은 동일하다는 것과 성염색체를 먼저 찾는 것이 중요하다. 한 세포에서 크기와 모양이 다른 염색체가 한 쌍이 있고, 나머지는 모두 모양과 크기가 같은 염색체가 쌍을 이루고 있을 경우, 이 한 쌍이 성염색체이다.

---

**35** 유전체와 염색체

선택지 비율　① 1%　② 5%　③ 3%　④ 8%　❺ 81%

2021년 7월 교육청 14번 | 정답 ⑤ |　문제편 18p

출제 의도 유전체와 염색체에 대해 알고 있는지 묻는 문항이다.

표는 유전체와 염색체의 특징을, 그림은 뉴클레오솜의 구조를 나타낸 것이다. ㉠과 ㉡은 유전체와 염색체를 순서 없이 나타낸 것이고, ⓐ와 ⓑ는 각각 DNA와 히스톤 단백질 중 하나이다.

| 구분 | 특징 |
|---|---|
| 염색체㉠ | 세포 주기의 분열기에만 관찰됨 |
| 유전체㉡ | ? |

ⓐ 히스톤 단백질
ⓑ DNA

이에 대한 설명으로 옳은 것만을 〈보기〉에서 있는 대로 고른 것은?

보기
ㄱ. ㉠에 ⓐ가 있다.
ㄴ. ⓑ는 이중 나선 구조이다.
ㄷ. ㉡은 한 생명체의 모든 유전 정보이다.

① ㄱ　② ㄴ　③ ㄱ, ㄷ　④ ㄴ, ㄷ　⑤ ㄱ, ㄴ, ㄷ

✔ 자료 해석
• ㉠은 염색체, ㉡은 유전체이고, ⓐ는 히스톤 단백질, ⓑ는 DNA이다.
• 하나의 염색체는 많은 수의 뉴클레오솜으로 이루어져 있으며, 뉴클레오솜은 DNA가 히스톤 단백질을 휘감고 있는 구조이다.

○ 보기 풀이　ㄱ. ㉠은 세포 주기의 분열기에만 관찰되므로 염색체이며, 염색체(㉠)에는 히스톤 단백질(ⓐ)이 있다.
ㄴ. 뉴클레오솜을 구성하는 성분인 ⓐ는 히스톤 단백질이고, ⓑ는 DNA이다. DNA(ⓑ)는 이중 나선 구조이다.
ㄷ. ㉡은 유전체로 한 개체가 가진 모든 염색체를 구성하는 DNA에 저장된 유전 정보 전체이다.

문제풀이 **Tip**

유전체와 염색체의 특징에 대해 알아두고, 염색체를 구성하는 단위인 뉴클레오솜에 대해 정리해 둔다.

Part I

교육청

## 36 세포 주기

출제의도 세포 주기와 각 시기별 특징을 알고 있는지 묻는 문항이다.

그림은 사람에서 체세포의 세포 주기를, 표는 세포 주기 중 각 시기 I~Ⅲ의 특징을 나타낸 것이다. ㉠~㉢은 각각 $G_1$기, S기, 분열기 중 하나이며, I~Ⅲ은 ㉠~㉢을 순서 없이 나타낸 것이다.

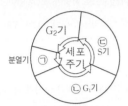

| 시기 | 특징 |
|---|---|
| I ㉢ | ? |
| Ⅱ ㉠ | 방추사가 관찰된다. |
| Ⅲ ㉢ | DNA 복제가 일어난다. |

이에 대한 설명으로 옳은 것만을 〈보기〉에서 있는 대로 고른 것은? (단, 돌연변이는 고려하지 않는다.)

보기
ㄱ. Ⅲ은 ㉠이다.　（㉢ 표기）
ㄴ. I 시기의 세포에서 핵막이 관찰된다.　（㉢ 표기）
ㄷ. 체세포 1개당 DNA 양은 ㉢ 시기 세포가 Ⅱ 시기 세포보다 많다.　많다 → 적다
　　$G_1$기　　　　분열기

① ㄱ　② ㄴ　③ ㄷ　④ ㄱ, ㄴ　⑤ ㄴ, ㄷ

✔ 자료 해석
• ㉠(Ⅱ)은 $G_2$기 다음이므로 분열기, ㉢(I)은 분열기 다음이므로 $G_1$기, ㉢(Ⅲ)은 $G_1$기 다음이므로 S기이다.
• 방추사가 관찰되는 시기는 분열기(㉠)이며, DNA 복제가 일어나는 시기는 S기(㉢)이다.

○ 보기 풀이　ㄴ. 핵막은 $G_1$기(I, ㉢) 세포에서 관찰된다.

✕ 매력적 오답　ㄱ. DNA 복제가 일어나는 시기는 S기이므로 Ⅲ은 ㉢이다. 방추사가 관찰되는 시기는 분열기이므로 Ⅱ가 ㉠이다.
ㄷ. S기에 DNA 복제가 일어나므로 체세포 1개당 DNA 양은 $G_1$기(I, ㉢) 세포보다 분열기(Ⅱ, ㉠) 세포가 더 많다.

문제풀이 Tip
세포 주기는 $G_1$기 → S기 → $G_2$기 → 분열기(M기) 순으로 진행되며, 방추사와 핵막이 관찰되는 시기를 묻는 보기가 자주 출제된다.

---

## 37 핵형 분석

출제의도 여러 세포의 염색체를 나타낸 자료를 분석할 수 있는지 묻는 문항이다.

그림은 같은 종인 동물($2n=\overset{6}{?}$) I과 Ⅱ의 세포 (가)~(라) 각각에 들어 있는 모든 염색체를 나타낸 것이다. (가)~(라) 중 3개는 I의 세포이고, 나머지 1개는 Ⅱ의 세포이다. 이 동물의 성염색체는 암컷이 XX, 수컷이 XY이다.

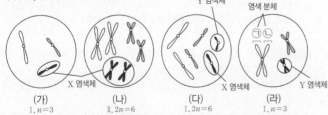

| (가) | (나) | (다) | (라) |
|---|---|---|---|
| I, $n=3$ | Ⅱ, $2n=6$ | I, $2n=6$ | I, $n=3$ |

이에 대한 설명으로 옳은 것만을 〈보기〉에서 있는 대로 고른 것은? (단, 돌연변이는 고려하지 않는다.)

보기
ㄱ. (가)는 I의 세포이다. X 염색체 하나를 갖는 수컷의 생식세포이다.
ㄴ. ㉠은 ㉢의 상동 염색체이다.　염색 분체
ㄷ. Ⅱ의 감수 1분열 중기 세포 1개당 염색 분체 수는 $\underset{=6\times2}{12}$이다.

① ㄱ　② ㄴ　③ ㄱ, ㄷ　④ ㄴ, ㄷ　⑤ ㄱ, ㄴ, ㄷ

✔ 자료 해석
• (가), (다), (라)는 I (수컷)의 세포이고, (나)는 Ⅱ (암컷)의 세포이다.
• 핵상과 염색체 수는 (가)는 $n=3$, (나)는 $2n=6$, (다)는 $2n=6$, (라)는 $n=3$이다.
• 감수 1분열 중기 세포에서 염색체는 2개의 염색 분체로 구성되어 있으므로 염색 분체 수는 12이다.

○ 보기 풀이　ㄱ. (다)와 (라)에는 모두 Y 염색체가 있으므로 (다)와 (라)는 모두 수컷 개체의 세포이다. (가)~(라) 중 3개가 I의 세포라고 했으므로 I은 수컷이며, X 염색체가 2개 있는 (나)는 I의 세포가 될 수 없다. 따라서 (가), (다), (라)는 모두 수컷인 I의 세포이고, (나)는 암컷인 Ⅱ의 세포이다.
ㄷ. Ⅱ의 핵상과 염색체 수는 $2n=6$이므로 감수 1분열 중기 세포 1개당 염색 분체 수는 $6\times2=12$이다.

✕ 매력적 오답　ㄴ. ㉠과 ㉢은 하나의 염색체를 이루는 염색 분체이다.

문제풀이 Tip
(가)는 수컷과 암컷 모두 가능한 세포이며 (다)와 (라)는 Y 염색체가 있으므로 수컷의 세포이다. 문제에서 3개의 세포가 I의 세포라고 하였으므로 (가)는 수컷인 I의 세포이다. X 염색체가 하나 있는 (가)와 같은 세포의 경우 수컷과 암컷 모두 가능한 경우임을 알아둔다.

**출제 의도** 세포 주기와 염색체의 구조를 나타낸 자료를 분석할 수 있는지 묻는 문항이다.

그림 (가)는 사람에서 체세포의 세포 주기를, (나)는 사람의 체세포에 있는 염색체의 구조를 나타낸 것이다. ㉠~㉢은 각각 $G_1$기, $G_2$기, S기 중 하나이고, ⓐ와 ⓑ는 각각 DNA와 히스톤 단백질 중 하나이다.

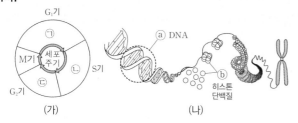

(가)                              (나)

이에 대한 설명으로 옳은 것만을 〈보기〉에서 있는 대로 고른 것은?

보기
ㄱ. ㉠은 ~~$G_2$기~~이다.
　　　$G_1$기
ㄴ. ㉡ 시기에 ⓐ가 복제된다.
ㄷ. 뉴클레오솜의 구성 성분에는 ⓑ가 포함된다.
　　뉴클레오솜=DNA(ⓐ)+히스톤 단백질(ⓑ)

① ㄱ    ② ㄴ    ③ ㄷ    ④ ㄱ, ㄴ    ⑤ ㄴ, ㄷ

✔ **자료 해석**

• ㉠은 $G_1$기, ㉡은 S기, ㉢은 $G_2$기이며, ⓐ는 DNA, ⓑ는 히스톤 단백질이다.

• 뉴클레오솜은 DNA가 히스톤 단백질을 감싸고 있는 구조로, 염색체의 기본 단위이다.

○ **보기 풀이**  ㄴ. S기(㉡)에 DNA(ⓐ)가 복제된다.
ㄷ. 뉴클레오솜의 구성 성분에는 DNA(ⓐ)와 히스톤 단백질(ⓑ)이 포함된다.

✕ **매력적 오답**  ㄱ. ㉠은 M기 다음 단계이므로 $G_1$기이고, ㉡은 $G_1$기 다음 단계이므로 S기이며, ㉢은 S기 다음 단계이므로 $G_2$기이다.

문제풀이 **Tip**

세포 주기를 구성하는 시기와 각 시기별 특징에 대해 정리해 두고 뉴클레오솜을 구성하는 성분을 알아둔다.

Part I

교육청

## 39 감수 분열

**출제 의도** 정자 형성 과정과 난자 형성 과정에서 유전자의 유무를 나타낸 자료를 분석할 수 있는지 묻는 문항이다.

표는 사람 A의 세포 ⓐ와 ⓑ, 사람 B의 세포 ⓒ와 ⓓ에서 유전자 ㉠~㉣의 유무를 나타낸 것이고, 그림 (가)와 (나)는 각각 정자 형성 과정과 난자 형성 과정을 나타낸 것이다. 사람의 특정 형질은 2쌍의 대립유전자 E와 e, F와 f에 의해 결정되며, ㉠~㉣은 E, e, F, f를 순서 없이 나타낸 것이다. Ⅰ~Ⅳ는 ⓐ~ⓓ를 순서 없이 나타낸 것이다.

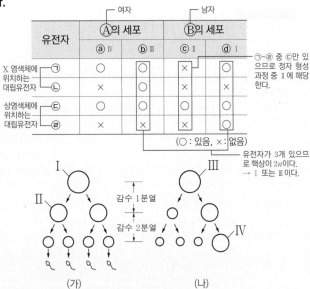

| 유전자 | A의 세포 (여자) | | B의 세포 (남자) | |
|---|---|---|---|---|
| | ⓐ Ⅳ | ⓑ Ⅲ | ⓒ Ⅱ | ⓓ Ⅰ |
| X 염색체에 위치하는 대립유전자 ㉠ | ○ | ○ | ✕ | ○ |
| X 염색체에 위치하는 대립유전자 ㉡ | ✕ | ○ | ✕ | ✕ |
| 상염색체에 위치하는 대립유전자 ㉢ | ○ | ○ | ○ | ✕ |
| 상염색체에 위치하는 대립유전자 ㉣ | ✕ | ✕ | ✕ | ○ |

(○ : 있음, ✕ : 없음)

㉠~㉣ 중 ㉢만 있으므로 정자 형성 과정 중 Ⅱ에 해당한다.

유전자가 3개 있으므로 핵상이 2n이다. → Ⅰ 또는 Ⅲ이다.

(가) (나)

Ⅰ / Ⅱ / 감수 1분열 / 감수 2분열 / Ⅲ / Ⅳ

이에 대한 설명으로 옳은 것만을 〈보기〉에서 있는 대로 고른 것은? (단, 돌연변이와 교차는 고려하지 않는다.) [3점]

보기
ㄱ. ⓓ는 Ⅰ이다.
ㄴ. ㉣은 ~~X 염색채~~ 상염색체 에 있다.
ㄷ. ㉠은 ㉢의 대립유전자이다. ㉠과 ㉡, ㉢과 ㉣이 각각 대립유전자이다.

① ㄱ ② ㄷ ③ ㄱ, ㄴ ④ ㄴ, ㄷ ⑤ ㄱ, ㄴ, ㄷ

### ✔ 자료 해석

- ㉠~㉣ 중 ㉢만 있는 ⓒ가 형성되는 B가 남자이고, A는 여자이다. ⓐ는 Ⅳ, ⓑ는 Ⅲ, ⓒ는 Ⅱ, ⓓ는 Ⅰ이다.
- ㉠과 ㉡은 X 염색체에 있으며 서로 대립유전자이고, ㉢과 ㉣은 상염색체에 있으며 서로 대립유전자이다.

### ○ 보기 풀이

ⓒ에 ㉠~㉣ 중 ㉢만 있으므로 2쌍의 대립유전자 중 1쌍은 상염색체에 있고, 다른 1쌍은 성염색체에 있으며, ㉢은 상염색체에 있다. 그리고 ⓒ에는 Y 염색체가 있고, B는 남자이다. 따라서 ⓒ는 핵상이 n인 Ⅱ, ⓓ는 핵상이 2n인 Ⅰ이다. A는 여자이며 ㉠, ㉡, ㉢이 모두 있는 ⓑ는 핵상이 2n인 Ⅲ이며, 나머지 ⓐ는 핵상이 n인 Ⅳ이다.

ⓐ에 ㉠과 ㉢이 함께 있으므로 ㉠은 성염색체에 있다. 핵상이 2n인 ⓓ에 ㉠, ㉢, ㉣이 있으므로 ㉣은 상염색체에, ㉡은 성염색체에 있다. 상염색체에 있는 ㉢은 ㉣의 대립유전자이고, 성염색체에 있는 ㉠은 ㉡의 대립유전자이다.

ㄱ. ⓐ는 Ⅳ, ⓑ는 Ⅲ, ⓒ는 Ⅱ, ⓓ는 Ⅰ이다.

### ✕ 매력적 오답

ㄴ. ㉣은 상염색체에 있다. ㉠과 ㉡이 X 염색체에 있다.
ㄷ. ㉠은 ㉡의 대립유전자이고, ㉢은 ㉣의 대립유전자이다.

### 문제풀이 Tip

유전자의 유무를 나타낸 자료에서는 대립유전자 관계인 유전자를 찾는 것이 중요하다. 2쌍의 대립유전자를 구성하는 4가지 유전자 중 3가지 유전자가 있으면 핵상이 2n이고, 1가지 유전자만 있으면 핵상이 n이며 4가지 유전자 중 1쌍의 대립유전자는 성염색체에 있다.

## 40 핵형 분석

출제 의도 염색체의 구성을 분석하여 각 세포가 어떤 개체의 것인지 묻는 문항이다.

그림은 어떤 동물 종($2n=6$)의 개체 Ⅰ과 Ⅱ의 세포 (가)~(다)에 들어 있는 모든 염색체를 나타낸 것이다. Ⅰ의 유전자형은 AaBb 이고, Ⅱ의 유전자형은 AAbb이며, (나)와 (다)는 서로 다른 개체의 세포이다. 이 동물 종의 성염색체는 수컷이 XY, 암컷이 XX이다.

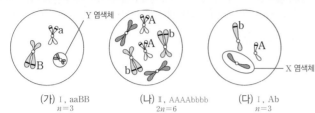

(가) Ⅰ, aaBB  $n=3$   (나) Ⅱ, AAAAbbbb  $2n=6$   (다) Ⅰ, Ab  $n=3$

이에 대한 옳은 설명만을 〈보기〉에서 있는 대로 고른 것은? (단, 돌연변이는 고려하지 않는다.) [3점]

보기
ㄱ. Ⅰ은 수컷이다. Ⅰ은 수컷, Ⅱ는 암컷이다.
ㄴ. (다)는 Ⅱ의 세포이다.
         Ⅰ
ㄷ. Ⅱ의 체세포 분열 중기의 세포 1개당 염색 분체 수는 12 이다.  $=6 \times 2$

① ㄱ   ② ㄴ   ③ ㄱ, ㄷ   ④ ㄴ, ㄷ   ⑤ ㄱ, ㄴ, ㄷ

✔ 자료 해석
• (가)는 Y 염색체가 있고 유전자형이 aaBB이므로 Ⅰ의 세포이고, Ⅰ은 수컷이다. (나)와 (다)는 서로 다른 개체의 세포이므로 X 염색체 2개가 있는 (나)는 Ⅱ의 세포이고, Ⅱ는 암컷이며 (다)는 수컷인 Ⅰ의 세포이다.
• Ⅰ과 Ⅱ 모두 $2n=6$이므로 체세포 1개당 염색체 수는 6, 생식세포 1개당 염색체 수는 3이다.

○ 보기 풀이 ㄱ. Ⅰ의 유전자형이 AaBb이므로 a가 있는 (가)는 Ⅰ의 세포이고, Ⅱ의 유전자형이 AAbb이므로 a가 없고 핵상이 $2n$인 (나)는 Ⅱ의 세포이다. 따라서 (나)와 서로 다른 개체의 세포인 (다)는 Ⅰ의 세포이다.
ㄷ. Ⅱ의 체세포 분열 중기의 세포 1개당 염색 분체 수는 $6 \times 2=12$이다.

✕ 매력적 오답 ㄴ. Ⅰ은 XY를 가지므로 수컷이고 Ⅱ는 XX를 가지므로 암컷이다. (가)와 (다)는 Ⅰ의 세포, (나)는 Ⅱ의 세포이다.

문제풀이 **Tip**
어떤 동물의 체세포 1개당 염색체 수가 $x$이면 이 동물의 체세포 분열 중기 세포 1개당 염색 분체 수는 $2x$이고, 감수 2분열 중기 세포 1개당 염색 분체 수는 $x$이다.

---

## 41 세포 주기

출제 의도 체세포의 세포 주기별 특징에 대해 알고 있는지 묻는 문항이다.

그림 (가)는 어떤 사람 체세포의 세포 주기를, (나)는 이 체세포를 배양한 후 세포당 DNA 양에 따른 세포 수를 나타낸 것이다. ⊙과 ⓒ은 각각 G₁기와 G₂기 중 하나이다.

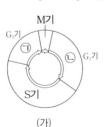
(가)

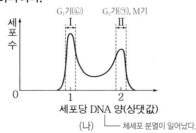
(나) ── 체세포 분열이 일어났다.

이에 대한 옳은 설명만을 〈보기〉에서 있는 대로 고른 것은? (단, 돌연변이는 고려하지 않는다.)

보기
ㄱ. ⓒ은 G₁기이다.
ㄴ. 구간 Ⅰ에는 ⊙시기의 세포가 있다.
              ⓒ(G₁기) 시기
ㄷ. 구간 Ⅱ에는 2가 염색체를 갖는 세포가 있다.
         감수 분열에서만 관찰된다.

① ㄱ   ② ㄴ   ③ ㄱ, ㄷ   ④ ㄴ, ㄷ   ⑤ ㄱ, ㄴ, ㄷ

✔ 자료 해석
• ⊙은 S기 다음이므로 G₂기, ⓒ은 M기 다음이므로 G₁기이다.
• 구간 Ⅰ에는 G₁기 세포가 있고, 구간 Ⅱ에는 G₂기 세포와 M기의 세포가 있다.

○ 보기 풀이 ㄱ. ⊙은 S기 다음 M기 전이므로 G₂기, ⓒ은 M기 다음 S기 전이므로 G₁기이다.

✕ 매력적 오답 ㄴ. 구간 Ⅰ에는 G₁기(ⓒ) 세포가 있다. 구간 Ⅱ에는 G₂기(⊙) 세포가 있다.
ㄷ. 구간 Ⅱ에는 G₂기 세포와 M기의 세포가 있는데, 세포당 DNA 양이 1과 2만 있으므로 체세포 분열이 일어났다. 따라서 구간 Ⅱ에는 감수 분열에서 관찰되는 2가 염색체를 갖는 세포가 없다.

문제풀이 **Tip**
세포당 DNA 양이 1과 2만 있으므로 체세포 분열이 일어나고, 감수 분열이 일어나지 않음을 파악해야 한다.

## 42 감수 분열

출제 의도 대립유전자의 유무와 대립유전자의 DNA 상대량을 더한 값을 나타낸 자료를 분석하여 유전 자형과 핵상을 파악할 수 있는지 묻는 문항이다.

사람의 유전 형질 ㉠은 서로 다른 상염색체에 있는 3쌍의 대립유전자 E와 e, F와 f, G와 g에 의해 결정된다. 표는 어떤 사람의 세포 I~III에서 E, f, g의 유무와, F와 G의 DNA 상대량을 더한 값 (F+G)을 나타낸 것이다.

E, f, g가 있는 데 f, g와 각각 대립유전자 관계인 F+G의 값이 1이므로 핵상은 2n이며, f와 g 중 1쌍은 동형 접합성이다.(ff 또는 gg)

| 세포 | 대립유전자 | | | F+G | 핵상, 유전자형 |
|---|---|---|---|---|---|
| | E | f | g | | |
| I | × | ○ | × | 2 | n, eeff$\underline{GG}$ |
| ⑪ | ○ | ○ | ○ | 1 | 2n, EeffGg |
| III | ○ | ○ | × | 1 | n, Ef$\underline{G}$ |

(○ : 있음, × : 없음)

이에 대한 옳은 설명만을 〈보기〉에서 있는 대로 고른 것은? (단, 돌연변이와 교차는 고려하지 않으며, E, e, F, f, G, g 각각의 1개당 DNA 상대량은 1이다.) [3점]

보기
ㄱ. 이 사람의 ㉠에 대한 유전자형은 EeffGg이다.
ㄴ. I에서 e의 DNA 상대량은 $\frac{1}{2}$이다.
ㄷ. $\frac{II}{2n}$와 $\frac{III}{n}$의 핵상은 같다.

① ㄱ  ② ㄷ  ③ ㄱ, ㄴ  ④ ㄱ, ㄷ  ⑤ ㄴ, ㄷ

✔ 자료 해석
• I은 n, eeffGG, II는 2n, EeffGg, III은 n, EfG이다.
• I은 감수 2분열기 세포에, II는 G₁기 세포에, III은 감수 2분열을 완료한 세포(생식세포)에 해당한다.

○ 보기풀이 ㄱ. E, f, g가 있는 II에서 F+G가 1이고, I은 e와 G가 있으므로 이 사람의 유전자형은 EeffGg이다.

✗ 매력적 오답 ㄴ. I에서 e, f, G가 있는데 F+G가 2이므로 G의 DNA 상대량이 2이다. 즉 복제된 대립유전자가 있으므로 e와 f 또한 DNA 상대량은 각각 2이다.

ㄷ. II에서 E, f, g가 있는데 F+G가 1이므로 F 또는 G가 있어 대립유전자 쌍이 있으므로 II는 핵상이 2n이다. III에서 g가 없는데 F+G가 1이므로 G의 DNA 상대량이 1이며, E와 f가 있으므로 III은 핵상이 n이다.

문제풀이 Tip
세포에서 형질을 결정하는 각각의 대립유전자가 대립유전자 쌍으로 있으면 핵상이 2n이며, 핵상이 n인 세포의 대립유전자 구성을 합한 것이 ㉠에 대한 유전자형에 해당한다.

---

## 43 세포 주기

출제 의도 세포당 DNA 양에 따른 세포 수를 나타낸 자료를 분석할 수 있는지 묻는 문항이다.

그림은 사람의 어떤 체세포를 배양하여 얻은 세포 집단에서 세포당 DNA 양에 따른 세포 수를 나타낸 것이다.

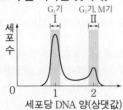

이에 대한 옳은 설명만을 〈보기〉에서 있는 대로 고른 것은? [3점]

보기
ㄱ. 구간 II의 세포 중 방추사가 형성된 세포가 있다.
ㄴ. 이 체세포의 세포 주기에서 $\overset{M기}{G_1}$기가 G₂기보다 길다.
ㄷ. 핵막이 소실된 세포는 구간 I에서가 구간 II에서보다 많다.

① ㄱ  ② ㄷ  ③ ㄱ, ㄴ  ④ ㄴ, ㄷ  ⑤ ㄱ, ㄴ, ㄷ

✔ 자료 해석
• 구간 I에는 G₁기의 세포, II에는 G₂기의 세포와 M기의 세포가 있다.
• 해당하는 구간의 세포 수가 많다는 것은 세포 주기에서 그 구간에 해당하는 시기가 길다는 것을 의미한다.

○ 보기풀이 ㄱ. M기에 방추사가 형성되고 구간 II에는 G₂기의 세포와 M기의 세포가 있으므로, 구간 II의 세포 중 방추사가 형성된 세포가 있다.

ㄴ. G₁기의 세포(구간 I)가 G₂기의 세포(구간 II)보다 많으므로, 이 체세포의 세포 주기에서 G₁기가 G₂기보다 길다.

ㄷ. 핵막은 M기 전기에 소실되었다가 말기에 생성되므로 핵막이 소실된 세포는 M기에서만 관찰된다. 따라서 핵막이 소실된 세포는 구간 I에서가 구간 II에서보다 적다.

문제풀이 Tip
세포당 DNA 상대량이 2인 세포는 G₂기와 M기의 세포이고, 세포당 DNA 상대량이 1인 세포는 G₁기의 세포이며, 세포당 DNA 상대량이 1~2인 세포는 S기의 세포이다.

## 44 감수 분열

출제의도 생식 세포 형성 과정과 유전자의 DNA 상대량을 나타낸 자료를 분석할 수 있는지 묻는 문항이다.

사람의 유전 형질 (가)는 대립유전자 H와 h에 의해, (나)는 대립유전자 T와 t에 의해 결정된다. 그림은 어떤 사람에서 $G_1$기 세포 Ⅰ로부터 정자가 형성되는 과정을, 표는 세포 ㉠~㉢이 갖는 H, h, T, t의 DNA 상대량을 나타낸 것이다. ㉠~㉢은 세포 Ⅰ~Ⅲ을 순서 없이 나타낸 것이다.

| 세포 | DNA 상대량 | | | |
|---|---|---|---|---|
| | H (성염색체에 위치) | h | T (상염색체에 위치) | t |
| ㉠ Ⅱ | 2 | ?0 | 0 | ⓐ 2 |
| ㉡ Ⅲ | 0 | ⓑ 0 | 1 | 0 |
| ㉢ Ⅰ | ?1 | 0 | ?1 | 1 |

이에 대한 옳은 설명만을 〈보기〉에서 있는 대로 고른 것은? (단, 돌연변이와 교차는 고려하지 않으며, H, h, T, t 각각의 1개당 DNA 상대량은 1이다.) [3점]

보기
ㄱ. ㉢은 Ⅰ이다.
ㄴ. ⓐ+ⓑ=2이다.
ㄷ. ㉠에서 H는 성염색체에 있다.

① ㄱ    ② ㄷ    ③ ㄱ, ㄴ    ④ ㄴ, ㄷ    ⑤ ㄱ, ㄴ, ㄷ

✓ 자료 해석
• 세포 Ⅰ은 ㉢, 세포 Ⅱ는 ㉠, 세포 Ⅲ은 ㉡이다.
• H와 h는 성염색체에 있고, T와 t는 상염색체에 있다.

○ 보기 풀이 ㄱ. ㉡에 T의 DNA 상대량이 1이고, ㉢에 t의 DNA 상대량이 1이며, ㉠에 T의 DNA 상대량이 0이므로 ㉢은 Ⅰ이다. ㉠에 H의 DNA 상대량이 2이고, ㉡에 T의 DNA 상대량이 1이므로 ㉠은 Ⅱ, ㉡은 Ⅲ이다.

ㄴ. $G_1$기 세포(㉢)에 h가 없고, T와 t가 있으므로 감수 2분열 중인 세포(㉠)에서 t의 DNA 상대량인 ⓐ는 짝수인 2이며, 생식세포(㉡)에서 h의 DNA 상대량인 ⓑ는 0이다.

ㄷ. ㉡에 H와 h가 없으므로 ㉠에서 H는 성염색체에 있다.

문제풀이 Tip
각 대립유전자의 DNA 상대량은 감수 2분열 중인 세포에서 2이거나 0이고, 생식세포에서 1이거나 0이며, $G_1$기 세포에서 2, 1, 0 모두 가능하다.

---

## 45 핵형 분석

출제의도 여러 세포의 염색체를 나타낸 자료를 분석할 수 있는지 묻는 문항이다.

어떤 동물($2n=6$)의 유전 형질 ⓐ는 대립유전자 R와 r에 의해 결정된다. 그림 (가)와 (나)는 이 동물의 암컷 Ⅰ의 세포와 수컷 Ⅱ의 세포를 순서 없이 나타낸 것이다. Ⅰ과 Ⅱ를 교배하여 Ⅲ과 Ⅳ가 태어났으며, Ⅲ은 R와 r 중 R만, Ⅳ는 r만 갖는다. 이 동물의 성염색체는 암컷이 XX, 수컷이 XY이다.

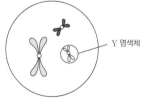

(가) Ⅰ의 세포          (나) Ⅱ의 세포

이에 대한 옳은 설명만을 〈보기〉에서 있는 대로 고른 것은? (단, 돌연변이는 고려하지 않는다.)

보기
ㄱ. (나)는 Ⅱ의 세포이다.
ㄴ. Ⅰ의 ⓐ의 유전자형은 Rr이다.
ㄷ. Ⅲ과 Ⅳ는 모두 암컷이다.

① ㄱ    ② ㄷ    ③ ㄱ, ㄴ    ④ ㄴ, ㄷ    ⑤ ㄱ, ㄴ, ㄷ

✓ 자료 해석
• (가)는 Ⅰ의 세포이고 ⓐ의 유전자형은 Rr이며, (나)는 Ⅱ의 세포이고 ⓐ의 유전자형은 RY와 rY 모두 가능하다.

○ 보기 풀이 ㄱ. (가)는 모양과 크기가 같은 염색체가 2개씩 쌍을 이루고 있으므로 암컷인 Ⅰ의 세포이며, 나머지 Ⅱ의 세포인 (나)에는 (가)에는 없는 작은 염색체인 Y 염색체가 있으므로 (나)는 수컷인 Ⅱ의 세포이다.

ㄴ. Ⅳ가 r만 가지므로 Ⅰ로부터 r를 물려받아야 한다. 따라서 Ⅰ의 ⓐ의 유전자형은 Rr이다.

✕ 매력적 오답 ㄷ. R와 r는 X 염색체에 있어 Ⅱ는 암컷 자손에게 R와 r 중 하나만 물려주므로 Ⅲ과 Ⅳ가 모두 암컷일 수는 없다.

문제풀이 Tip
핵형 분석 시 같은 종에서 성별이 같으면 체세포의 핵형은 동일하다는 것과 성염색체를 먼저 찾는 것이 중요하다. Ⅰ의 ⓐ의 유전자형은 Rr로 정확하게 확정지을 수 있지만 Ⅱ의 ⓐ의 유전자형은 정확하게 알 수 없다.

## 46 유전자와 염색체

**출제 의도** 세포의 염색체와 유전자의 유무를 나타낸 자료를 분석할 수 있는지 묻는 문항이다.

그림은 같은 종인 동물($2n=6$) I과 Ⅱ의 세포 (가)~(다) 각각에 들어 있는 모든 염색체를, 표는 세포 A~C가 갖는 유전자 H, h, T, t의 유무를 나타낸 것이다. H는 h와 대립유전자이며, T는 t와 대립유전자이다. I은 수컷, Ⅱ는 암컷이며, 이 동물의 성염색체는 수컷이 XY, 암컷이 XX이다. A~C는 (가)~(다)를 순서 없이 나타낸 것이다.

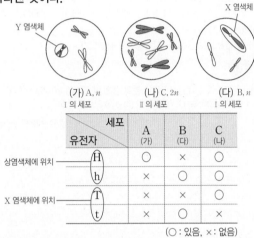

(가) A, $n$          (나) C, $2n$          (다) B, $n$
I 의 세포          Ⅱ 의 세포          I 의 세포

| 유전자 \ 세포 | A (가) | B (다) | C (나) |
|---|---|---|---|
| 상염색체에 위치 H | ○ | × | ○ |
| h | × | ○ | ○ |
| X 염색체에 위치 T | × | × | ○ |
| t | × | ○ | × |

(○ : 있음, × : 없음)

이에 대한 설명으로 옳은 것만을 〈보기〉에서 있는 대로 고른 것은? (단, 돌연변이는 고려하지 않는다.) [3점]

**보기**

ㄱ. (다)는 $\underset{I}{Ⅱ}$의 세포이다.

ㄴ. $\underset{n}{A}$와 $\underset{n}{B}$의 핵상은 같다.

ㄷ. I과 Ⅱ 사이에서 자손($F_1$)이 태어날 때, 이 자손이 H와 t를 모두 가질 확률은 $\frac{3}{8}$이다.

① ㄱ  ② ㄴ  ③ ㄱ, ㄷ  ④ ㄴ, ㄷ  ⑤ ㄱ, ㄴ, ㄷ

---

**✓ 자료 해석**

- (가)는 A, (나)는 C, (다)는 B이며, (가)와 (다)는 I 의 세포, (나)는 Ⅱ 의 세포이다.
- 대립유전자 H와 h는 상염색체에, T와 t는 X 염색체에 존재한다.

**○ 보기 풀이** ㄴ. (가)는 Y 염색체가 있으므로 I 의 세포이고 (나)는 X 염색체가 2개이므로 Ⅱ 의 세포이다. T와 t는 세포 A에 없으므로 A는 수컷의 세포이며, T와 t는 X 염색체에 있다는 것을 알 수 있다. T와 t가 모두 있는 C는 핵상이 $2n$인 (나)이며 나머지 B가 (다)인데 C의 X 염색체에는 T만 있으므로 C는 B처럼 t가 있는 X 염색체를 가진 세포를 형성할 수 없다. 따라서 (다)는 수컷인 I 의 세포이다. A와 B에는 대립유전자 쌍이 없으므로 A와 B의 핵상은 $n$으로 같다.

ㄷ. I ($HhX^tY$)과 Ⅱ ($HhX^TX^T$) 사이에서 자손이 태어날 때, 이 자손이 H와 t를 모두 가질 확률은 $\frac{3}{4} \times \frac{1}{2} = \frac{3}{8}$이다.

**✗ 매력적 오답** ㄱ. (다)는 I 의 세포이다.

**문제풀이 Tip**

대립유전자 쌍이 모두 있는 경우 세포의 핵상은 $2n$이다. 수컷은 상염색체에 의한 유전 형질에 대해서는 한 쌍의 대립유전자를 가지지만, X 염색체에 의한 유전 형질에 대해서는 1개의 대립유전자만 가진다.

# 47 감수 분열

2020년 7월 교육청 17번 | 정답 ② | 문제편 21 p

출제 의도 생식세포 형성 시 DNA 상대량 변화와 세포 분열 과정을 나타낸 자료를 분석할 수 있는지 묻는 문항이다.

그림 (가)는 어떤 동물($2n=?$)의 $G_1$기 세포로부터 생식세포가 형성되는 동안 핵 1개당 DNA 상대량을, (나)는 이 세포 분열 과정 중 일부를 나타낸 것이다. 이 동물의 특정 형질에 대한 유전자형은 Aa 이며, A는 a와 대립유전자이다. ⓐ와 ⓑ의 핵상은 다르다.

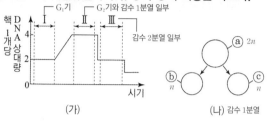

(가)     (나) 감수 1분열

이에 대한 설명으로 옳은 것만을 〈보기〉에서 있는 대로 고른 것은? (단, 돌연변이는 고려하지 않는다.)

보기
ㄱ. ⓐ는 구간 Ⅲ에서 관찰된다.
       Ⅱ
ㄴ. ⓑ와 ⓒ의 유전자 구성은 동일하다.
                        다르다
ㄷ. 구간 Ⅰ에는 핵막을 가진 세포가 있다.

① ㄱ   ② ㄷ   ③ ㄱ, ㄴ   ④ ㄴ, ㄷ   ⑤ ㄱ, ㄴ, ㄷ

✓ 자료 해석
• 구간 Ⅰ은 $G_1$기, Ⅱ는 $G_2$기와 감수 1분열의 일부, Ⅲ은 감수 2분열의 일부에 해당한다.
• ⓐ와 ⓑ의 핵상이 다르므로 ⓐ의 핵상은 $2n$, ⓑ의 핵상은 $n$이다. 따라서 (나)는 감수 1분열 과정을 나타낸 것이다.

○ 보기 풀이  ㄷ. 구간 Ⅰ은 $G_1$기이므로 구간 Ⅰ에는 핵막을 가진 세포가 있다.

✕ 매력적 오답  ㄱ. (나)는 감수 1분열 과정을 나타낸 것이므로 ⓐ는 구간 Ⅱ에서 관찰된다.
ㄴ. 감수 1분열에서 상동 염색체가 분리되므로 ⓑ와 ⓒ의 유전자 구성은 다르다.

문제풀이 Tip
감수 1분열과 감수 2분열의 특징과 차이점에 대해 정리해 둔다.

---

# 48 핵형 분석

2020년 4월 교육청 3번 | 정답 ⑤ | 문제편 22 p

출제 의도 여러 세포의 염색체를 나타낸 자료를 분석할 수 있는지 묻는 문항이다.

그림은 같은 종인 동물($2n=6$) Ⅰ과 Ⅱ의 세포 (가)~(다) 각각에 들어 있는 모든 염색체를 나타낸 것이다. (가)는 Ⅰ의 세포이고, 이 동물의 성염색체는 암컷이 XX, 수컷이 XY이다.

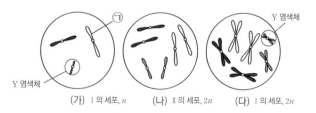

(가) Ⅰ의 세포, $n$     (나) Ⅱ의 세포, $2n$     (다) Ⅰ의 세포, $2n$

이에 대한 설명으로 옳은 것만을 〈보기〉에서 있는 대로 고른 것은? (단, 돌연변이는 고려하지 않는다.)

보기
ㄱ. Ⅱ는 수컷이다.
         암컷
ㄴ. (나)와 (다)의 핵상은 같다.
   $2n$    $2n$
ㄷ. ㉠에는 히스톤 단백질이 있다.

① ㄱ   ② ㄴ   ③ ㄷ   ④ ㄱ, ㄷ   ⑤ ㄴ, ㄷ

✓ 자료 해석
• Ⅰ은 수컷, Ⅱ는 암컷이다.
• (가)와 (다)는 Ⅰ의 세포이고, (나)는 Ⅱ의 세포이다.

○ 보기 풀이  ㄴ. (나)와 (다)에는 상동 염색체가 존재하므로 핵상은 모두 $2n$이다.
ㄷ. 염색체(㉠)에는 히스톤 단백질이 있다.

✕ 매력적 오답  ㄱ. Ⅰ의 세포인 (가)와 (다)에는 염색체의 크기가 작은 Y 염색체가 있으므로 Ⅰ은 수컷이며, 나머지 Ⅱ의 세포인 (나)에는 모양과 크기가 같은 3쌍의 염색체가 있으므로 Ⅱ는 암컷이다.

문제풀이 Tip
핵형 분석 시 같은 종에서 성별이 같으면 체세포의 핵형은 동일하다는 것과 성염색체를 먼저 찾는 것이 중요하다. 다양한 핵형이 제시된 문제를 많이 풀어 보도록 한다.

## 49 세포 주기

2020년 4월 교육청 7번 | 정답 ③ | 문제편 22 p

출제 의도 세포 주기와 세포 주기에 영향을 주는 물질을 나타낸 자료를 분석할 수 있는지 묻는 문항이다.

그림은 어떤 동물의 체세포 집단 A의 세포 주기를, 표는 물질 X의 작용을 나타낸 것이다. ㉠~㉢은 각각 $G_1$기, $G_2$기, M기 중 하나이다.

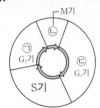

| 물질 | 작용 |
|---|---|
| X | $G_1$기에서 S기로의 진행을 억제한다. ─ $G_1$기에 해당하는 세포 수가 증가한다. |

이에 대한 설명으로 옳은 것만을 〈보기〉에서 있는 대로 고른 것은?

보기
ㄱ. ㉡ 시기에 2가 염색체가 관찰된다.
   감수 분열에서 관찰된다.
ㄴ. 세포 1개당 DNA 양은 ㉠ 시기의 세포가 ㉢ 시기의 세포보다 적다.
   많다
ㄷ. A에 X를 처리하면 ㉢ 시기의 세포 수는 처리하기 전보다 증가한다.

① ㄱ  ② ㄴ  ③ ㄷ  ④ ㄱ, ㄴ  ⑤ ㄴ, ㄷ

✓ 자료 해석
• ㉠은 $G_2$기, ㉡은 M기, ㉢은 $G_1$기이다.
• 물질 X는 $G_1$기에서 S기로의 진행을 억제하므로, A에 X를 처리하면 $G_1$기의 세포 수가 증가한다.

○ 보기 풀이 ㄷ. 물질 X는 $G_1$기에서 S기로의 진행을 억제하므로, A에 X를 처리하면 ㉢ 시기($G_1$기)의 세포 수는 처리하기 전보다 증가한다.

✕ 매력적 오답 ㄱ. 2가 염색체는 감수 1분열 전기와 중기에 관찰할 수 있으므로 체세포 분열의 ㉡ 시기(M기)에 2가 염색체가 관찰되지 않는다.
ㄴ. S기에 DNA가 복제되므로 세포 1개당 DNA 양은 ㉠ 시기($G_2$기)의 세포가 ㉢ 시기($G_1$기)의 세포보다 많다.

문제풀이 Tip
세포 주기의 각 시기별 특징에 대해 정리해 두고, 세포 주기 중 특정 시기의 진행을 억제하는 물질을 처리했을 때의 시기별 세포 수 변화를 알아둔다. 이러한 물질에는 방추사 형성을 억제하는 물질, DNA 복제를 억제하는 물질 등이 있다.

---

## 50 감수 분열

2020년 4월 교육청 13번 | 정답 ⑤ | 문제편 22 p

출제 의도 생식세포 형성 시 염색체 수와 DNA 상대량을 나타낸 자료를 분석할 수 있는지 묻는 문항이다.

표는 유전자형이 Tt인 어떤 사람의 세포 P가 생식세포로 되는 과정에서 관찰되는 서로 다른 시기의 세포 ㉠~㉢의 염색체 수와 t의 DNA 상대량을 나타낸 것이다. T와 t는 서로 대립유전자이다.

| 시기 | 세포 | 염색체 수 | t의 DNA 상대량 | T의 DNA 상대량 |
|---|---|---|---|---|
| 감수 2분열 중기 세포 | ㉠ | ?23 | 2 | 0 |
| 감수 2분열 완료 세포 | ㉡ | 23 | 1 | 0 |
| 감수 1분열 중기 세포 | ㉢ | 46 | 2 | 2 |

이에 대한 설명으로 옳은 것만을 〈보기〉에서 있는 대로 고른 것은? (단, 돌연변이와 교차는 고려하지 않으며, ㉠과 ㉢은 중기의 세포이다. T, t 각각의 1개당 DNA 상대량은 1이다.) [3점]

보기
ㄱ. ㉠의 염색체 수는 23이다.
ㄴ. ㉢에서 T의 DNA 상대량은 2이다.
ㄷ. ㉠이 ㉡으로 되는 과정에서 염색 분체가 분리된다.
   감수 2분열

① ㄱ  ② ㄴ  ③ ㄱ, ㄷ  ④ ㄴ, ㄷ  ⑤ ㄱ, ㄴ, ㄷ

✓ 자료 해석
• ㉠은 감수 2분열 중기 세포, ㉡은 감수 2분열 완료 세포(생식세포), ㉢은 감수 1분열 중기 세포이다.
• ㉢이 ㉠으로 되는 과정은 감수 1분열로 상동 염색체가 분리되고, ㉠이 ㉡으로 되는 과정은 감수 2분열로 염색 분체가 분리된다.

○ 보기 풀이 ㄱ. ㉠은 감수 2분열 중기 세포로, ㉠의 염색체 수는 23이다.
ㄴ. ㉢은 감수 1분열 중기 세포이므로 T의 DNA 상대량은 2이다.
ㄷ. ㉠이 ㉡으로 되는 과정은 감수 2분열이다. 감수 1분열에서 상동 염색체가 분리되고, 감수 2분열에서 염색 분체가 분리된다.

문제풀이 Tip
감수 1분열과 2분열 중기 세포는 유전자의 DNA 상대량이 짝수이다. 감수 1분열 중기 세포는 모든 대립유전자 쌍의 DNA 상대량이 짝수이고, 감수 2분열 중기 세포는 대립유전자 하나의 DNA 상대량이 짝수이다.

## 51 감수 분열

출제의도 감수 분열 과정의 특징에 대해 알고 있는지 묻는 문항이다.

표는 어떤 동물($2n=6$)의 감수 분열 과정에서 형성되는 세포 (가)와 (나)의 세포 1개당 DNA 상대량과 염색체 수를 나타낸 것이다. (가)와 (나)는 모두 중기 세포이다.

| 시기 | 세포 | 세포 1개당 DNA 상대량 | 세포 1개당 염색체 수 | 핵상 |
|---|---|---|---|---|
| 감수 2분열 중기 세포 | (가) | 2 | 3 | $n$ |
| 감수 1분열 중기 세포 | (나) | 4 | 6 | $2n$ |

이에 대한 옳은 설명만을 〈보기〉에서 있는 대로 고른 것은? (단, 돌연변이는 고려하지 않는다.) [3점]

보기

ㄱ. (가)의 핵상은 $n$이다.

ㄴ. (나)에 2가 염색체가 있다.

ㄷ. 이 동물의 $G_1$기 세포 1개당 DNA 상대량은 4이다.

① ㄱ    ② ㄷ    ③ ㄱ, ㄴ    ④ ㄴ, ㄷ    ⑤ ㄱ, ㄴ, ㄷ

✔ 자료 해석

• (가)는 감수 2분열 중기 세포, (나)는 감수 1분열 중기 세포이다.
• 어떤 체세포의 염색체 수가 $x$이면, 감수 1분열 중기 세포의 2가 염색체 수와 감수 2분열 중기 세포의 염색체 수는 각각 $\frac{x}{2}$이다.

○ 보기 풀이   ㄱ. (가)는 감수 2분열 중기 세포이므로 핵상이 $n$이고, (나)는 감수 1분열 중기 세포이므로 핵상이 $2n$이다.

ㄴ. 2가 염색체는 감수 1분열 전기와 중기에서 관찰된다. (나)는 감수 1분열 중기 세포이므로 3개의 2가 염색체를 관찰할 수 있다.

✖ 매력적 오답   ㄷ. 이 동물의 $G_1$기 세포 1개당 DNA 상대량은 감수 2분열 중기 세포의 세포 1개당 DNA 상대량과 같으므로 2이다.

문제풀이 Tip

감수 분열 과정에서의 핵상 변화, 염색체 수 변화, 염색 분체 수 변화, DNA 상대량 변화 및 2가 염색체의 유무와 수를 잘 정리해 둔다.

---

## 52 염색체의 구조

출제의도 염색체의 구조에 대해 알고 있는지 묻는 문항이다.

그림은 염색체의 구조를 나타낸 것이다.

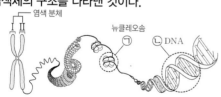

이에 대한 옳은 설명만을 〈보기〉에서 있는 대로 고른 것은? (단, 돌연변이와 교차는 고려하지 않는다.)

보기

ㄱ. Ⅰ과 Ⅱ에 저장된 유전 정보는 같다.

ㄴ. ㉠에 단백질이 있다.

ㄷ. ㉡은 뉴클레오타이드로 구성된다.

① ㄱ    ② ㄷ    ③ ㄱ, ㄴ    ④ ㄴ, ㄷ    ⑤ ㄱ, ㄴ, ㄷ

✔ 자료 해석

• Ⅰ과 Ⅱ는 염색 분체로 저장된 유전 정보가 동일하다.
• ㉠은 뉴클레오솜, ㉡은 DNA이다.

○ 보기 풀이   ㄱ. Ⅰ과 Ⅱ는 DNA가 복제되어 만들어진 염색 분체이므로 저장된 유전 정보는 같다.

ㄴ. ㉠은 히스톤 단백질을 DNA가 감고 있는 구조인 뉴클레오솜이다.

ㄷ. ㉡은 뉴클레오타이드로 구성된 DNA이다.

문제풀이 Tip

염색체의 구조 중 염색 분체에 저장된 유전 정보, 염색체를 구성하는 기본 단위인 뉴클레오솜에 대해 알아둔다.

## 53 세포 주기와 세포 분열

출제 의도 세포 주기와 세포 분열 중인 세포를 나타낸 자료를 분석할 수 있는지 묻는 문항이다.

그림 (가)는 어떤 동물($2n=4$)의 세포 주기를, (나)는 이 동물의 분열 중인 세포를 나타낸 것이다. ㉠과 ㉡은 각각 $G_1$기와 $G_2$기 중 하나이며, 이 동물의 특정 형질에 대한 유전자형은 Rr이다.

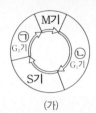

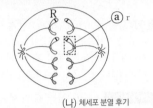

(가)          (나) 체세포 분열 후기

이에 대한 옳은 설명만을 〈보기〉에서 있는 대로 고른 것은? (단, 돌연변이와 교차는 고려하지 않는다.)

┌─ 보기 ┐
ㄱ. ㉠은 $G_2$기이다.

ㄴ. (나)가 관찰되는 시기는 ㉡이다.
　　　　　　　　　　　 M기

ㄷ. 염색체 ⓐ에 R가 있다.
　　　　　　　　 r
└─────────┘

① ㄱ　② ㄴ　③ ㄷ　④ ㄱ, ㄷ　⑤ ㄴ, ㄷ

---

✓ 자료 해석

• 세포 주기는 $G_1$기(세포 생장) → S기(DNA 복제) → $G_2$기(세포 분열 준비) → M기(분열기) 순으로 진행된다.
• ㉠은 $G_2$기, ㉡은 $G_1$기이며, (나)는 체세포 분열 후기 세포이다.

〇 보기 풀이　ㄱ. ㉠은 $G_2$기, ㉡은 $G_1$기이다.

✕ 매력적 오답　ㄴ. 체세포 분열 후기 세포인 (나)는 M기에서 관찰된다. $G_1$기 (㉡)에는 세포가 단백질을 비롯한 세포 구성 물질을 합성하면서 생장한다.

ㄷ. 염색체 ⓐ는 R가 있는 염색체와 상동 염색체이므로 염색체 ⓐ에는 R의 대립유전자인 r가 있다.

문제풀이 **Tip**

세포 주기의 각 시기별 특징에 대해 정리해 두며, 상동 염색체와 대립유전자의 관계에 대해서도 알아둔다.

## 1 가계도 분석

2024년 10월 교육청 15번 | 정답 ① | 문제편 27 p

출제 의도 가계도와 유전 형질에 대한 자료를 통해 유전 현상을 이해하고 있는지 묻는 문항이다.

**다음은 어떤 집안의 유전 형질 (가)와 (나)에 대한 자료이다.**

- (가)는 대립유전자 H와 h에 의해, (나)는 대립유전자 T와 t에 의해 결정된다. H는 h에 대해, T는 t에 대해 각각 완전 우성이다.
- (가)의 유전자와 (나)의 유전자는 서로 다른 염색체에 있다.
- 가계도는 구성원 1~7에게서 (가)와 (나)의 발현 여부를, 표는 구성원 1, 2, 5에서 체세포 1개당 H와 t의 DNA 상대량을 나타낸 것이다. ⊙~ⓒ은 0, 1, 2를 순서 없이 나타낸 것이다.

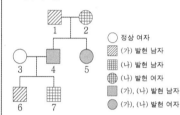

| 정상 여자
| (가) 발현 남자
| (나) 발현 남자
| (나) 발현 여자
| (가), (나) 발현 남자
| (가), (나) 발현 여자

| 구성원 | DNA 상대량 | |
|---|---|---|
| | H | t |
| 1 | ⊙ 2 | ⓒ 1 |
| 2 | ⓛ 0 | ? |
| 5 | ⓒ 1 | ? |

이에 대한 옳은 설명만을 〈보기〉에서 있는 대로 고른 것은? (단, 돌연변이와 교차는 고려하지 않으며, H, h, T, t 각각의 1개당 DNA 상대량은 1이다.) [3점]

보기
ㄱ. ⓒ은 1이다.
ㄴ. (가)와 (나)는 모두 우성 형질이다.
　(가)는 우성 형질, (나)는 열성 형질이다.
ㄷ. 이 가계도 구성원 중 (가)와 (나)의 유전자형이 모두 동형 접합성인 사람은 1명이다.
　(가)와 (나)의 유전자형이 모두 동형 접합성인 사람은 2와 7로 2명이다.

① ㄱ　② ㄴ　③ ㄱ, ㄷ　④ ㄴ, ㄷ　⑤ ㄱ, ㄴ, ㄷ

✔ **자료 해석**
- 1, 2, 5에서 체세포 1개당 H의 DNA 상대량이 모두 서로 다르므로 (가)는 상염색체 우성 유전 형질이고, ⊙은 2, ⓛ은 0, ⓒ은 1이다.
- 1은 (나)가 발현되지 않았고, 5는 (나)가 발현되었으므로 (나)는 X 염색체 열성 유전 형질이 아니다. 3은 (나)가 발현되지 않았고, 7은 (나)가 발현되었으므로 (나)는 X 염색체 우성 유전 형질이 아니다. 따라서 (나)의 유전자는 상염색체에 있다.
- 1은 (나)가 발현되지 않았고, 1의 (나)의 유전자형은 Tt이므로 (나)는 열성 형질이다.

○ **보기 풀이** ㄱ. ⊙은 2, ⓛ은 0, ⓒ은 1이다.

✕ **매력적 오답** ㄴ. (가)는 우성 형질, (나)는 열성 형질이다.
ㄷ. 가계도 구성원의 유전자형은 1에서 HHTt, 2에서 hhtt이고, 3에서 hhTt, 4에서 Hhtt이며, 5에서 Hhtt, 6에서 HhTt, 7에서 hhtt이다. 따라서 구성원 중 (가)와 (나)의 유전자형이 모두 동형 접합성인 사람은 2와 7로 2명이다.

**문제풀이 Tip**

가계도를 분석하여 우성 형질과 열성 형질을 구분하고 유전자형을 유추할 수 있어야 한다. 또한 대립 유전자가 성염색체와 상염색체 중 어디에 있는지 확정할 수 있어야 한다.

## 2　돌연변이

출제 의도　사람의 유전 형질에 대한 자료를 분석하여 돌연변이에 대해 이해하고 있는지 묻는 문항이다.

### 다음은 어떤 가족의 유전 형질 (가)와 (나)에 대한 자료이다.

- (가)는 대립유전자 A와 a에 의해, (나)는 대립유전자 B와 b에 의해 결정된다. A는 a에 대해, B는 b에 대해 각각 완전 우성이다.
- (가)와 (나)의 유전자 중 하나는 상염색체에 있고, 나머지 하나는 X 염색체에 있다.
- 표는 이 가족 구성원의 성별, (가)와 (나)의 발현 여부, 체세포 1개당 A와 B의 DNA 상대량을 더한 값(A+B)을 나타낸 것이다.

| 구성원 | 성별 | (가) | (나) | A+B |
|---|---|---|---|---|
| 아버지 | 남 | ? | × | 0 (0+0) |
| 어머니 | 여 | ○ | ? | 2 (1+1) |
| 자녀 1 | 남 | × | ○ | ? |
| 자녀 2 | 여 | ? | ○ | 1 (0+1) |
| 자녀 3 | 남 | ○ | ? | 3 (1+2) |

(○: 발현됨, ×: 발현 안 됨)

- 부모 중 한 명의 생식세포 형성 과정에서 성염색체 비분리가 1회 일어나 생식세포 P가 형성되었고, 나머지 한 명의 생식세포 형성 과정에서 대립유전자 ㉠이 대립유전자 ㉡으로 바뀌는 돌연변이가 1회 일어나 ㉡을 갖는 생식세포 Q가 형성되었다. ㉠과 ㉡은 (가)와 (나) 중 한 가지 형질을 결정하는 서로 다른 대립유전자이다. ㉠은 b, ㉡은 B이다.
- P와 정상 생식세포가 수정되어 자녀 2가, Q와 정상 생식세포가 수정되어 자녀 3이 태어났다.
- 자녀 2는 터너 증후군의 염색체 이상을 보이고, 자녀 2를 제외한 이 가족 구성원의 핵형은 모두 정상이다.

이에 대한 옳은 설명만을 〈보기〉에서 있는 대로 고른 것은? (단, 제시된 돌연변이 이외의 돌연변이와 교차는 고려하지 않으며, A, a, B, b 각각의 1개당 DNA 상대량은 1이다.) [3점]

〈보기〉
ㄱ. (가)의 유전자는 상염색체에 있다. (가)의 유전자는 X 염색체에 있다.
ㄴ. ㉡은 B이다.
ㄷ. 자녀 1의 체세포 1개당 a와 b의 DNA 상대량을 더한 값은 2이다.

① ㄱ　② ㄴ　③ ㄱ, ㄷ　④ ㄴ, ㄷ　⑤ ㄱ, ㄴ, ㄷ

✓ 자료 해석
- A+B는 아버지가 0, 자녀 3이 3이므로 (가)와 (나)는 모두 우성 형질이다.
- (나)의 유전자형은 아버지가 bb, 자녀 3이 BB이므로 아버지의 생식세포 형성 과정에서 b가 B로 바뀌는 돌연변이가 일어났다.
- (가)의 유전자(A, a)는 X 염색체에 있으며, (나)의 유전자(B, b)는 상염색체에 있다.

◯ 보기 풀이　ㄴ. ㉡은 B이다.
ㄷ. 자녀 1의 체세포 1개당 a와 b의 DNA 상대량을 더한 값은 2이다.

✕ 매력적 오답　ㄱ. (가)의 유전자가 상염색체에 있다면 ㉡은 A이고, Q는 정자이며, P는 성염색체가 없는 난자이다. 이때 아버지는 (나)가 발현되지 않고, 자녀 2는 (나)가 발현되므로 모순이다. 따라서 (가)의 유전자는 X 염색체에 있다.

문제풀이 Tip
염색체 비분리와 교차 등의 돌연변이에 대해 이해하고, 각각의 돌연변이에서 유전 형질이 발현되는 양상을 파악하는 것이 중요하다.

**3** 사람의 유전

2024년 10월 교육청 19번 | 정답 ② | 문제편 28p

출제 의도 각 세포에서 유전자 유무에 대한 자료를 분석하여 유전자형과 유전자의 위치를 찾아낼 수 있는지 묻는 문항이다.

사람의 유전 형질 (가)는 2쌍의 대립유전자 H와 h, R와 r에 의해, (나)는 대립유전자 T와 t에 의해 결정된다. (가)의 유전자는 7번 염색체에, (나)의 유전자는 X 염색체에 있다. 표는 남자 P의 세포 Ⅰ~Ⅳ에서 대립유전자 ㉠~㉣의 유무를 나타낸 것이다. ㉠~㉣은 H, h, R, t를 순서 없이 나타낸 것이다.

| 세포 | 대립유전자 | | | |
|---|---|---|---|---|
| | ㉠ | ㉡ | ㉢ | ㉣ |
| Ⅰ | ○ | × | ○ | × |
| Ⅱ | × | ? × | ○ | ○ |
| Ⅲ | ? × | × | × | ○ |
| Ⅳ | ○ | × | ○ | ○ |

(○: 있음, ×: 없음)

이에 대한 옳은 설명만을 〈보기〉에서 있는 대로 고른 것은? (단, 돌연변이와 교차는 고려하지 않는다.) [3점]

보기
ㄱ. ㉡은 t이다. ㉢은 R이다.
ㄴ. Ⅲ과 Ⅳ에는 모두 Y 염색체가 있다.
ㄷ. P의 (가)의 유전자형은 HhRr이다. P의 (가)의 유전자형은 Hhrr이다.

① ㄱ   ② ㄴ   ③ ㄷ   ④ ㄱ, ㄴ   ⑤ ㄴ, ㄷ

✓ 자료 해석
• Ⅰ~Ⅲ의 핵상은 $n$이고, Ⅰ~Ⅲ에는 H와 h 중 하나가 있다.
• Ⅰ에는 ㉠, ㉢이 있고, Ⅱ에는 ㉢, ㉣이 있으므로 ㉢은 ㉠, ㉣과 대립유전자가 아니다. ㉢이 H(h)이면 ㉠이 h(H)인데, Ⅲ에는 ㉠, ㉢이 없으므로 ㉢은 H와 h가 아니다. 따라서 ㉢은 R와 t 중 하나이고, ㉠, ㉣ 중 하나는 H, 나머지 하나는 h이며, Ⅳ의 핵상은 $2n$이다.
• ㉢이 R이면 Ⅰ과 Ⅱ 중 하나에는 H와 R가 있고, 다른 하나에는 h와 R가 있으므로 Ⅲ에는 R가 있어야 하는데, ㉢이 없으므로 모순이다. 즉 ㉡은 R, ㉢은 t이다. 따라서 P의 (가)의 유전자형은 Hhrr이다.

○ 보기 풀이  ㄴ. Ⅲ과 Ⅳ에는 모두 Y 염색체가 있다.

✗ 매력적 오답  ㄱ. ㉢은 R이다.
ㄷ. P의 (가)의 유전자형은 Hhrr이다.

문제풀이 Tip
각 세포에서 유전자 유무에 대한 자료를 분석하여 대립유전자 관계인 유전자를 우선적으로 파악하는 것이 중요하다.

# 4 사람의 유전

**출제 의도** 여러 유전 형질에 대한 자료를 분석하여 복대립 유전과 다인자 유전에 대해 파악할 수 있는지 묻는 문항이다.

## 다음은 사람의 유전 형질 (가)와 (나)에 대한 자료이다.

- (가)는 1쌍의 대립유전자에 의해 결정되며, 대립유전자에는 A, B, D가 있다. ㉠은 ㉡, ㉢에 대해, ㉡은 ㉢에 대해 각각 완전 우성이다. ㉠~㉢은 각각 A, B, D 중 하나이다.
- (나)는 서로 다른 3개의 상염색체에 있는 3쌍의 대립유전자 E와 e, F와 f, G와 g에 의해 결정된다.
- (나)의 표현형은 유전자형에서 대문자로 표시되는 대립유전자의 수에 의해서만 결정되며, 이 대립유전자의 수가 다르면 표현형이 다르다.
- (가)와 (나)의 유전자는 서로 다른 상염색체에 있다.
- P의 유전자형은 ABEeFfGg이고, P와 Q는 (나)의 표현형이 서로 같다.
- P와 Q 사이에서 ⓐ가 태어날 때, ⓐ가 (가)의 유전자형이 BD인 사람과 (가)의 표현형이 같을 확률은 $\frac{3}{4}$이다.
  <br>B가 D와 A에 대해 우성임을 알 수 있다.
- ⓐ가 유전자형이 DDEeffGg인 사람과 (가)와 (나)의 표현형이 모두 같을 확률은 $\frac{1}{16}$이다.

## 이에 대한 옳은 설명만을 〈보기〉에서 있는 대로 고른 것은? (단, 돌연변이는 고려하지 않는다.) [3점]

**〈보기〉**

ㄱ. ㉢은 A이다.

ㄴ. ⓐ에게서 나타날 수 있는 (나)의 표현형은 최대 5가지이다.

ㄷ. ⓐ의 (가)와 (나)의 표현형이 모두 P와 같을 확률은 $\frac{9}{32}$이다.

① ㄱ　② ㄷ　③ ㄱ, ㄴ　④ ㄴ, ㄷ　⑤ ㄱ, ㄴ, ㄷ

---

### ✔ 자료 해석

- P의 (가)의 유전자형은 AB이고, P와 Q 사이에서 태어난 ⓐ가 (가)의 유전자형이 BD인 사람과 (가)의 표현형이 같을 확률은 $\frac{3}{4}$이므로 (가)의 대립유전자의 우열 관계는 B(㉠)>D(㉡)>A(㉢)이다.
- 생식세포가 가질 수 있는 대문자로 표시되는 대립유전자는 P에서 0~3개, Q에서 1~2개이므로 (나)의 표현형은 최대 5가지이다.

### ○ 보기 풀이

ㄱ. (가)에 대한 대립유전자의 우열 관계는 B>D>A이므로 ㉢은 A이다.

ㄴ. ⓐ에게서 나타날 수 있는 (나)의 표현형은 최대 5가지이다.

ㄷ. ⓐ가 P와 (가)의 표현형이 같을 확률은 $\frac{3}{4}$이고, (나)의 표현형이 같을 확률은 $\frac{3}{8}$이므로 구하고자 하는 확률은 $\frac{3}{4} \times \frac{3}{8} = \frac{9}{32}$이다.

### 문제풀이 **Tip**

복대립 유전에서 대립유전자의 우열 관계를 파악한 후 유전자형에 따른 표현형의 차이를 확인할 수 있어야 한다. 또한 다인자 유전을 동시에 고려하여 확률을 계산할 수 있어야 한다.

# 5 복대립 유전

출제 의도 여러 유전 형질을 나타낸 자료를 분석하여 특정 사람에게서 나타날 수 있는 표현형의 가짓수를 유추할 수 있는지 묻는 문항이다.

## 다음은 사람의 유전 형질 (가)~(다)에 대한 자료이다.

- (가)는 대립유전자 A와 a에 의해 결정되며, A는 a에 대해 완전 우성이다.
- (나)는 대립유전자 B와 b에 의해 결정되며, 유전자형이 다르면 표현형이 다르다.
- (다)는 1쌍의 대립유전자에 의해 결정되며, 대립유전자에는 D, E, F가 있다. D는 E, F에 대해, E는 F에 대해 각각 완전 우성이다.
- Ⅰ과 Ⅱ는 (가)와 (나)의 표현형이 서로 같고, (다)의 표현형은 서로 다르다. Ⅰ−AaDE/Bb Ⅱ−AaFF/Bb
- Ⅰ과 Ⅱ 사이에서 ⓐ가 태어날 때, ⓐ의 (가)~(다)의 표현형이 모두 Ⅱ와 같을 확률은 0이고, ⓐ의 (가)~(다)의 표현형이 모두 Ⅲ과 같을 확률과 ⓐ의 (가)~(다)의 유전자형이 모두 Ⅲ과 같을 확률은 각각 $\frac{1}{16}$이다.
- 그림은 Ⅲ의 체세포에 들어 있는 일부 상염색체와 유전자를 나타낸 것이다.

ⓐ−(가)와 (다)의 유전자형: AAEF, AaEF, AaDF, aaDF, (나)의 유전자형: BB, Bb, bb

## ⓐ에게서 나타날 수 있는 (가)~(다)의 표현형의 최대 가짓수는? (단, 돌연변이와 교차는 고려하지 않는다.) [3점]

① 6  ② 8  ③ 9  ④ 12  ⑤ 16

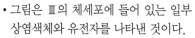
Ⅰ(AaDE/Bb) × Ⅱ(AaFF/Bb) → (AAEF, AaEF, AaDF, aaDF)(BB, Bb, bb) 3×3=9

---

### ✓ 자료 해석

- Ⅰ과 Ⅱ의 체세포에 들어 있는 일부 상염색체와 유전자는 그림과 같다.

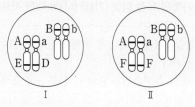

- Ⅰ과 Ⅱ 사이에서 ⓐ가 태어날 때, ⓐ에게서 나타날 수 있는 (가)와 (다)의 유전자형은 AAEF, AaEF, AaDF, aaDF이고 (나)의 유전자형은 BB, Bb, bb이다.

○ 보기 풀이 ⓐ의 (가)~(다)의 유전자형이 모두 Ⅲ과 같을 확률이 $\frac{1}{16}$이므로 ⓐ의 (나)의 유전자형이 Ⅲ과 같을 확률과 ⓐ의 (가)와 (다)의 유전자형이 모두 Ⅲ과 같을 확률은 각각 $\frac{1}{4}$이다. Ⅲ의 (나)의 유전자형은 bb이고, Ⅰ과 Ⅱ의 (나)의 표현형은 서로 같으므로 Ⅰ과 Ⅱ의 (나)의 유전자형은 Bb이다. ⓐ의 (나)의 표현형이 Ⅱ와 같을 확률은 $\frac{1}{2}$이고, ⓐ의 (가)~(다)의 표현형이 모두 Ⅱ와 같을 확률은 0이므로 ⓐ의 (가)와 (다)의 표현형이 모두 Ⅱ와 같을 확률은 0이다. 이때 Ⅰ과 Ⅱ의 (가)의 표현형이 서로 같으므로 결국 ⓐ의 (다)의 표현형이 Ⅱ와 같을 확률은 0이다. 따라서 Ⅱ의 (다)의 유전자형은 FF이고, ⓐ에서 DF가 나타날 수 있으므로 Ⅰ의 (다)의 유전자형은 DD 또는 DE이다. Ⅰ의 (다)의 유전자형이 DD인 경우, ⓐ에서 DF가 $\frac{1}{2}$의 확률로 나타나므로 조건을 만족하지 않는다. 따라서 Ⅰ의 (다)의 유전자형은 DE이다. 즉 Ⅰ의 (가)~(다)의 유전자형은 AaDE/Bb이고, Ⅱ의 (가)~(다)의 유전자형은 AaFF/Bb이다. ⓐ에게서 나타날 수 있는 (가)와 (다)의 유전자형은 AAEF, AaEF, AaDF, aaDF이고, (나)의 유전자형은 BB, Bb, bb이므로 ⓐ에게서 나타날 수 있는 (가)~(다)의 표현형의 최대 가짓수는 3×3=9이다.

### 문제풀이 Tip

ⓐ의 (가)와 (다)의 유전자형이 모두 Ⅲ과 같을 확률이 $\frac{1}{4}$이고, ⓐ의 (다)의 표현형이 Ⅱ와 같을 확률이 0이므로 ⓐ는 Ⅱ로부터 F를 물려받을 수 있으며, Ⅱ의 (다)의 유전자형이 FF임을 파악하는 것이 중요하다.

**출제 의도** 여러 유전 형질을 나타낸 자료를 분석하여 돌연변이가 일어난 대립유전자와 가족 구성원의 유전자형을 파악할 수 있는지 묻는 문항이다.

다음은 어떤 가족의 유전 형질 (가)와 (나)에 대한 자료이다.

- (가)는 대립유전자 A와 a에 의해 결정되며, A는 a에 대해 완전 우성이다.
- (나)는 2쌍의 대립유전자 B와 b, D와 d에 의해 결정된다. (나)의 표현형은 유전자형에서 대문자로 표시되는 대립유전자의 수에 의해서만 결정되며, 이 대립유전자의 수가 다르면 표현형이 다르다.
- 표는 이 가족 구성원에게서 (가)의 발현 여부와 (나)의 표현형을 나타낸 것이고, 그림은 자녀 1~3 중 한 명의 체세포에 들어 있는 일부 상염색체와 유전자를 나타낸 것이다. ⓐ~ⓓ는 서로 다른 4가지 표현형이다.

| 구성원 | 유전 형질 | |
|---|---|---|
| | (가) 우성 형질 | (나) |
| 아버지 | 발현 안 됨 | ⓐ 대문자 대립 유전자 수: 3 |
| 어머니 | ? 발현 안 됨 | ⓑ 대문자 대립 유전자 수: 2 |
| 자녀 1 | 발현 안 됨 | ⓒ 대문자 대립 유전자 수: 4 |
| 자녀 2 | 발현 안 됨 | ⓓ 대문자 대립 유전자 수: 1 |
| 자녀 3 | 발현됨 | ⓐ 대문자 대립 유전자 수: 3 |

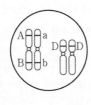

- 어머니와 자녀 2의 (나)에 대한 유전자형에서 대립유전자 D의 수는 서로 같다.
- 아버지의 생식세포 형성 과정에서 대립유전자 ㉠이 대립유전자 ㉡으로 바뀌는 돌연변이가 1회 일어나 ㉡을 갖는 정자가 형성되었다. 이 정자가 정상 난자와 수정되어 자녀 3이 태어났다. ㉠과 ㉡은 각각 A와 a 중 하나이다. ㉠-a ㉡-A

이에 대한 설명으로 옳은 것만을 〈보기〉에서 있는 대로 고른 것은? (단, 제시된 돌연변이 이외의 돌연변이와 교차는 고려하지 않는다.) [3점]

〈보기〉
ㄱ. ㉠은 a이다. 대립유전자 a(㉠)가 A(㉡)로 바뀌는 돌연변이가 1회 일어나 형성된 정자와 정상 난자가 수정되어 자녀 3이 태어났다.
ㄴ. (가)는 열성 형질이다. (가)는 우성 형질이다.
ㄷ. 어머니는 A, B, d를 모두 갖는다. 어머니의 (가)와 (나)의 유전자형은 aaBbDd이다.

① ㄱ　② ㄴ　③ ㄱ, ㄷ　④ ㄴ, ㄷ　⑤ ㄱ, ㄴ, ㄷ

---

✓ **자료 해석**

- 가족 구성원의 (가)와 (나)의 유전자형을 나타내면 표와 같다.

| 구성원 | 유전 형질 | |
|---|---|---|
| | (가) | (나)(표현형) |
| 아버지 | aa | BbDD(ⓐ) |
| 어머니 | aa | BbDd(ⓑ) |
| 자녀 1 | aa | BBDD(ⓒ) |
| 자녀 2 | aa | bbDd(ⓓ) |
| 자녀 3 | Aa | BbDD(ⓐ) |

○ **보기풀이** 아버지, 어머니, 자녀 1, 자녀 2의 (나)의 표현형이 서로 다르므로 아버지와 어머니 중 한 명의 (나)의 유전자형은 BbDd이고, 나머지 한 명의 (나)의 유전자형은 BBDd, BbDD, Bbdd, bbDd 중 하나이다. 유전자형이 Bbdd일 경우 DD인 자녀가 태어날 수 없고, bbDd일 경우 어머니와 자녀 2의 (나)에 대한 유전자형에서 D의 수가 서로 같을 수 없다. 따라서 그림은 자녀 3의 체세포에 들어 있는 일부 상염색체와 유전자를 나타낸 것이다. 자녀 3과 아버지의 (나)의 표현형이 동일하므로 아버지의 (나)의 유전자형은 BBDd 또는 BbDD이고, 어머니의 (나)의 유전자형은 BbDd이다. 자녀 1의 (나)의 유전자형은 BBDD, 자녀 2의 (나)의 유전자형은 bbDd이다. 따라서 (가)와 (나)의 유전자형은 아버지가 aaBbDD, 어머니가 aaBbDd이다.

ㄱ. 아버지의 (가)와 (나)의 유전자형은 aaBbDD, 어머니의 (가)와 (나)의 유전자형은 aaBbDd이다. 이 부모 사이에서는 자녀 3과 같이 (가)가 발현된 자녀가 태어날 수 없으므로 아버지의 생식세포 형성 과정에서 대립유전자 a(㉠)가 A(㉡)로 바뀌는 돌연변이가 1회 일어나 형성된 정자와 정상 난자가 수정되어 자녀 3이 태어났다.

✕ **매력적 오답** ㄴ. 그림은 자녀 3의 체세포에 들어 있는 일부 상염색체와 유전자를 나타낸 것이다. 자녀 3의 (가)의 유전자형은 Aa인데 (가)가 발현되었으므로 (가)는 우성 형질이다.
ㄷ. 어머니의 (가)와 (나)의 유전자형은 aaBbDd이다. 따라서 어머니는 A를 갖지 않는다.

**문제풀이 Tip**
아버지와 어머니의 (나)의 유전자형을 파악하는 것이 중요하다. 아버지, 어머니, 자녀 1, 자녀 2의 (나)의 표현형이 서로 다르므로 아버지와 어머니 중 한 명의 (나)의 유전자형은 BbDd(대문자로 표시되는 대립유전자의 수 2)이며, 나머지 가족 3명은 대문자로 표시되는 대립유전자의 수가 4, 3, 1임을 파악하여 유전자형을 유추하면 된다.

## 7  염색체와 유전자

출제 의도 여러 유전 형질의 특정 유전자의 DNA 상대량을 나타낸 자료를 분석하여 가족 구성원의 유전자형을 파악할 수 있는지 묻는 문항이다.

H와 H*—상염색체에 있다.  T와 T*— X 염색체에 있다.

사람의 유전 형질 (가)는 대립유전자 H와 H*에 의해, (나)는 대립유전자 T와 T*에 의해 결정된다. (가)의 유전자와 (나)의 유전자 중 하나만 X 염색체에 있다. 표는 어떤 가족 구성원의 성별과 체세포 1개당 대립유전자 H와 T의 DNA 상대량을 나타낸 것이다. ①~ⓒ은 0, 1, 2를 순서 없이 나타낸 것이다.

| 구성원 | 성별 | DNA 상대량 H | DNA 상대량 T |
|---|---|---|---|
| 아버지 | 남 | ① 2 | ⓒ 1 |
| 어머니 | 여 | ⓒ 1 | ⓒ 0 |
| 자녀 1 | 남 | 2 | 0 |
| 자녀 2 | 여 | 1 | ? 1 |

이에 대한 설명으로 옳은 것만을 〈보기〉에서 있는 대로 고른 것은? (단, 돌연변이와 교차는 고려하지 않으며, H, H*, T, T* 각각의 1개당 DNA 상대량은 1이다.) [3점]

보기
ㄱ. ①은 2이다.  ①은 2, ⓒ은 1, ⓒ은 0이다.

ㄴ. 자녀 2는 H를 아버지로부터 물려받았다.  자녀 2의 (가)의 유전자형은 HH*이며, 아버지의 (가)의 유전자형은 HH이므로 자녀 2는 H를 아버지로부터 물려받았다.

ㄷ. 어머니의 (나)의 유전자형은 동형 접합성이다.  어머니의 (나)의 유전자형은 T*T*이다.

① ㄱ  ② ㄴ  ③ ㄱ, ㄷ  ④ ㄴ, ㄷ  ⑤ ㄱ, ㄴ, ㄷ

✔ 자료 해석

• 가족 구성원의 (가)와 (나)의 유전자형은 표와 같다.

| 구성원 | (가)의 유전자형 | (나)의 유전자형 |
|---|---|---|
| 아버지 | HH | TY |
| 어머니 | HH* | T*T* |
| 자녀 1 | HH | T*Y |
| 자녀 2 | HH* | TT* |

○ 보기 풀이  남자인 자녀 1의 H의 DNA 상대량이 2이므로 H와 H*은 상염색체에 있으며, T와 T*은 X 염색체에 있다. 따라서 ⓒ은 1과 0 중 하나이다. 자녀 1의 H의 DNA 상대량이 2이므로 어머니의 H의 DNA 상대량은 0일 수 없다. 즉 ⓒ은 1이다. 또한 자녀 1의 H의 DNA 상대량은 2이므로 아버지의 H의 DNA 상대량은 0일 수 없다. 즉 ①은 2이며, 나머지 ⓒ은 0이다.

ㄱ. ①은 2, ⓒ은 1, ⓒ은 0이다.

ㄴ. 자녀 2의 (가)의 유전자형은 HH*이며, 아버지의 (가)의 유전자형은 HH이므로 자녀 2는 H를 아버지로부터 물려받았다.

ㄷ. 어머니의 (나)의 유전자형은 T*T*이므로 (나)의 유전자형은 동형 접합성이다.

문제풀이 **Tip**

남자인 자녀 1의 H의 DNA 상대량이 2인 것을 통해 (가)의 유전자는 상염색체에 있음을 파악하고, 어머니의 H의 DNA 상대량은 0이 될 수 없음을 파악하는 것이 중요하다.

출제 의도 여러 유전 형질을 나타낸 자료를 분석하여 유전 형질을 결정하는 유전자가 있는 염색체와 가족 구성원의 유전자형을 파악할 수 있는지 묻는 문항이다.

**다음은 어떤 집안의 유전 형질 (가)와 (나)에 대한 자료이다.**

- (가)는 대립유전자 A와 a에 의해, (나)는 대립유전자 B와 b에 의해 결정된다. A는 a에 대해, B는 b에 대해 각각 완전 우성이다. A와 a−상염색체에 있다. B와 b−X 염색체에 있다.
- (가)의 유전자와 (나)의 유전자는 서로 다른 염색체에 있다.
- 가계도는 구성원 1~7에게서 (가)와 (나)의 발현 여부를, 표는 구성원 3, 5, 6에서 체세포 1개당 a와 b의 DNA 상대량을 더한 값(a+b)을 나타낸 것이다. ㉠, ㉡, ㉢을 모두 더한 값은 5이다. (가)−열성 형질 (나)−우성 형질

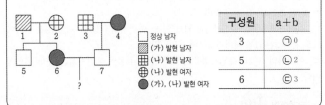

| | 정상 남자 |
|---|---|
| | (가) 발현 남자 |
| | (나) 발현 남자 |
| | (나) 발현 여자 |
| | (가), (나) 발현 여자 |

| 구성원 | a+b |
|---|---|
| 3 | ㉠ 0 |
| 5 | ㉡ 2 |
| 6 | ㉢ 3 |

**이에 대한 설명으로 옳은 것만을 〈보기〉에서 있는 대로 고른 것은? (단, 돌연변이와 교차는 고려하지 않으며, A, a, B, b 각각의 1개당 DNA 상대량은 1이다.) [3점]**

보기
ㄱ. ㉠은 1이다.
　㉠은 0, ㉡은 2, ㉢은 3이다.
ㄴ. (가)의 유전자는 상염색체에 있다.
　(가)의 유전자는 상염색체에, (나)의 유전자는 X 염색체에 있다.
ㄷ. 6과 7 사이에서 아이가 태어날 때, 이 아이에게서 (가)와 (나)가 모두 발현될 확률은 $\frac{1}{4}$이다.
　6(aaBb)×7(AabY) → (가)가 발현(aa)될 확률($\frac{1}{2}$)×(나)가 발현(Bb, BY)될 확률($\frac{1}{2}$)=$\frac{1}{4}$

① ㄱ　② ㄴ　③ ㄱ, ㄷ　④ ㄴ, ㄷ　⑤ ㄱ, ㄴ, ㄷ

---

✔ **자료 해석**

- 이 집안의 가족 구성원의 (가)와 (나) 유전자형을 나타내면 그림과 같다.

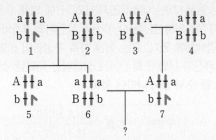

🅞 **보기 풀이** (나) 발현인 3과 4로부터 (나) 미발현인 7이 태어났으므로 (나)는 우성 형질이다. 따라서 (나) 발현 대립유전자는 B, (나) 미발현 대립유전자는 b이다. 만일 (가)가 우성 형질이라면 3의 a+b는 2~3, 5의 a+b는 3~4, 6의 a+b는 2이므로 조건을 만족하지 않는다. 따라서 (가)는 열성 형질이며, (가) 발현 대립유전자는 a, (가) 미발현 대립유전자는 A이다. 6의 a+b는 (나)의 유전자가 상염색체에 있거나, X 염색체에 있거나, 반드시 3이다. 이때 (나)의 유전자가 상염색체에 있다면, 5의 a+b는 3이므로 조건을 만족시키지 않는다. 따라서 (나)의 유전자는 X 염색체에 있으며, 3의 a+b는 0(㉠), 5의 a+b는 2(㉡), 6의 a+b는 3(㉢)이다.

ㄴ. (가)의 유전자는 상염색체에, (나)의 유전자는 X 염색체에 있으며, (가)는 열성 형질, (나)는 우성 형질이다.

ㄷ. 6(aaBb)과 7(AabY) 사이에서 아이가 태어날 때, 이 아이에게서 (가)가 발현(aa)될 확률은 $\frac{1}{2}$이며, (나)가 발현(Bb, BY)될 확률은 $\frac{1}{2}$이다. 따라서 구하고자 하는 확률은 $\frac{1}{2} \times \frac{1}{2} = \frac{1}{4}$이다.

✖ **매력적 오답** ㄱ. ㉠은 0, ㉡은 2, ㉢은 3이다.

**문제풀이 Tip**
가계도를 통해 (나)가 우성 형질임을 먼저 파악한 후 (가)가 우성 형질 또는 열성 형질일 때 자료의 조건을 만족하는지 확인하여 가족 구성원의 유전자형을 분석하면 된다.

# 9 단일 인자 유전

출제 의도 여러 유전 형질에 대한 자료를 분석하여 유전자가 위치하는 염색체의 종류와 유전자형을 파악할 수 있는지 묻는 문항이다.

## 다음은 사람의 유전 형질 (가)~(다)에 대한 자료이다.

- (가)는 대립유전자 A와 a에 의해, (나)는 대립유전자 B와 b에 의해, (다)는 대립유전자 D와 d에 의해 결정된다.
- (가)~(다)의 유전자 중 2개는 5번 염색체에, 나머지 1개는 7번 염색체에 있다. (가)의 유전자—7번 염색체 (나)와 (다)의 유전자—5번 염색체
- 표는 세포 I~III에서 대립유전자 A, a, B, b, D, d의 유무를 나타낸 것이다. I~III 중 2개는 남자 P의, 나머지 1개는 여자 Q의 세포이다.

| 세포 | 대립유전자 | | | | | |
|---|---|---|---|---|---|---|
| | A | a | B | b | D | d |
| I | × | ○ | ○ | × | × | ○ |
| II | ○ | × | ○ | ○ | ○ | × |
| III | × | ○ | ○ | ○ | ○ | ○ |

I —P의 세포  II —Q의 세포  III —P의 세포    (○: 있음, ×: 없음)

- P와 Q 사이에서 @가 태어날 때, @가 가질 수 있는 (가)~(다)의 유전자형은 최대 4가지이다.
  @—AaBBDd, AaBbDD, AaBbDd, AabbDD

## 이에 대한 설명으로 옳은 것만을 〈보기〉에서 있는 대로 고른 것은? (단, 돌연변이와 교차는 고려하지 않는다.) [3점]

보기
ㄱ. I에서 B와 d는 모두 5번 염색체에 있다.
   I 에서 a는 7번 염색체에 있고, B와 d는 모두 5번 염색체에 있다.
ㄴ. II는 P의 세포이다.
   II 는 Q의 세포이다.
ㄷ. @가 (가)~(다) 중 적어도 2가지 형질의 유전자형을 이형접합성으로 가질 확률은 $\frac{3}{4}$이다.
   AaBBDd, AaBbDD, AaBbDd, AabbDD

① ㄱ  ② ㄴ  ③ ㄷ  ④ ㄱ, ㄷ  ⑤ ㄴ, ㄷ

---

✔ 자료 해석

- (가)~(다)의 유전자 구성이 I은 a[Bd], II는 A/A[BD]/[bd], III은 a/a[Bd]/[bD]이다. (가)의 유전자는 7번 염색체에, (나)와 (다)의 유전자는 모두 5번 염색체에 있다.
- I과 III은 모두 P의 세포이고, II는 Q의 세포이다.
- @가 가질 수 있는 (가)~(다)의 유전자 구성은 A/a[BD]/[Bd], A/a[BD]/[bD], A/a[BD]/[bd], A/a[bD]/[bD]이다.

○ 보기 풀이  II와 III은 각각 B와 b를 모두 가지므로 핵상이 $2n$인 세포이며, (가)~(다)의 유전자형은 II가 AABbDD이고, III이 aaBbDd이다. I은 핵상이 $n$인 세포이며, (가)~(다)의 유전자형은 aBd인데, II로부터는 형성될 수 없는 유전자형이다. 따라서 I은 III으로부터 형성된 세포이므로 I과 III은 모두 P의 세포이고, II는 Q의 세포이다. (나)가 7번 염색체에 있고, (가)와 (다)가 모두 5번 염색체에 있다면 @가 가질 수 있는 (가)~(다)의 유전자형은 최대 6가지이므로 조건을 만족하지 않는다. (다)가 7번 염색체에 있고, (가)와 (나)가 모두 5번 염색체에 있다면 @가 가질 수 있는 (가)~(다)의 유전자형은 최대 6가지이므로 조건을 만족하지 않는다. 따라서 (가)의 유전자는 7번 염색체에 있고, (나)와 (다)의 유전자는 모두 5번 염색체에 있다.

ㄱ. I에서 a는 7번 염색체에 있고, B와 d는 모두 5번 염색체에 있다.

ㄷ. @가 가질 수 있는 (가)~(다)의 유전자형은 AaBBDd, AaBbDD, AaBbDd, AabbDD이므로 이 중 적어도 2가지 형질의 유전자형을 이형 접합성으로 가질 확률은 $\frac{3}{4}$이다.

✕ 매력적 오답  ㄴ. I과 III은 모두 P의 세포이고, II는 Q의 세포이다.

### 문제풀이 Tip

(가)의 유전자형이 AA인 II로부터 (가)의 유전자형이 a인 I이 형성될 수 없으므로 I은 III으로부터 형성된 것이며, a는 7번 염색체에 있고, B와 d는 모두 5번 염색체에 있으므로 III의 5번 염색체 상의 유전자 구성이 Bd/bD임을 파악하는 것이 중요하다.

# 10 다인자 유전과 돌연변이

**출제 의도** 여러 유전 형질을 나타낸 자료를 분석하여 유전 형질의 우열 관계와 결실이 일어난 대립유전자를 파악할 수 있는지 묻는 문항이다.

## 다음은 어떤 가족의 유전 형질 (가)와 (나)에 대한 자료이다.

- (가)는 2쌍의 대립유전자 H와 h, R와 r에 의해 결정된다. (가)의 표현형은 유전자형에서 ㉠대문자로 표시되는 대립유전자의 수에 의해서만 결정되며, 이 대립유전자의 수가 다르면 표현형이 다르다.
- (나)는 대립유전자 T와 t에 의해 결정되며, T는 t에 대해 완전 우성이다.
- 아버지와 어머니 사이에서 아이가 태어날 때, 이 아이의 (가)와 (나)의 유전자형이 HHrrTt일 확률은 $\frac{1}{8}$이다.
- 그림은 아버지의 체세포에 들어 있는 일부 염색체와 유전자를, 표는 아버지를 제외한 나머지 가족 구성원의 (가)의 유전자형에서 ㉠과 (나)의 발현 여부를 나타낸 것이다.

| 구성원 | (가)의 유전자형에서 ㉠ | (나) 열성 형질 |
|---|---|---|
| 어머니 | 3 | 발현됨 |
| 자녀 1 | 3 | 발현됨 |
| 자녀 2 | 2 | 발현 안 됨 |
| 자녀 3 ⓐ | 1 | 발현 안 됨 |

- 아버지의 생식세포 형성 과정에서 대립유전자 ㉣가 포함된 염색체의 일부가 결실된 정자 P가 형성되었다. ㉣는 H, h, R, r 중 하나이다. ㉣-H
- P와 정상 난자가 수정되어 ⓐ가 태어났다. ⓐ는 자녀 1~3 중 하나이다. ⓐ를 제외한 이 가족 구성원의 핵형은 모두 정상이다. P-rT 정상 난자-HrT ⓐ-자녀 3

## 이에 대한 설명으로 옳은 것만을 〈보기〉에서 있는 대로 고른 것은? (단, 제시된 돌연변이 이외의 돌연변이와 교차는 고려하지 않는다.)

**보기**

ㄱ. (나)는 우성 형질이다. (나)는 열성 형질이다.

ㄴ. ㉣는 H이다.

ㄷ. 자녀 2는 R를 갖는다.
자녀 2는 (가)와 (나)의 유전자형이 HHrrTt이므로 R를 갖지 않는다.

① ㄱ  ② ㄴ  ③ ㄷ  ④ ㄱ, ㄴ  ⑤ ㄱ, ㄷ

---

✔ **자료 해석**

- 가족 구성원의 (가)와 (나)의 유전자형을 나타내면 표와 같다.

| 구성원 | (가)와 (나)의 유전자형 |
|---|---|
| 아버지 | HT/ht, R/r |
| 어머니 | Ht/Ht, R/r |
| 자녀 1 | ht/Ht, R/R |
| 자녀 2 | HT/Ht, r/r |
| 자녀 3 | (H 결실)T/Ht, r/r |

- 정자 P (H 결실)rT + 정상 난자 Hrt → 자녀 3: HrrTt

○ **보기 풀이** ㄴ. 자녀 3에게서 (나)가 발현되지 않았으므로 아버지로부터 T를 물려받았다. 자녀 3의 (가)의 유전자형에서 ㉠이 1이 되기 위해서는 H가 포함된 염색체의 일부가 결실되어 T와 r를 갖는 정자 P와 H, r, t를 갖는 정상 난자가 수정되어야 한다.

✗ **매력적 오답** ㄱ. 아버지에서 생성될 수 있는 정자의 (가)와 (나)의 유전자형은 HTR($\frac{1}{4}$), HTr($\frac{1}{4}$), htR($\frac{1}{4}$), htr($\frac{1}{4}$)이며, 아버지와 어머니 사이에서 아이가 태어날 때, 이 아이의 유전자형이 HHrrTt가 되려면 정자의 (가)와 (나)의 유전자형은 HTr($\frac{1}{4}$)이어야 한다. 따라서 난자의 (가)와 (나)의 유전자형은 Htr($\frac{1}{2}$)이고, (가)의 유전자형에서 ㉠이 3이므로 어머니의 (가)와 (나)의 유전자형은 HHRrtt이다. 어머니의 (나)의 유전자형이 tt인데 (나)가 발현되었으므로 (나)는 열성 형질이다.

ㄷ. 자녀 2는 (가)와 (나)의 유전자형이 HHrrTt이므로 R를 갖지 않는다.

**문제풀이 Tip**

어머니의 (가)와 (나)의 유전자형을 파악하는 것이 중요하다. 아버지의 정자의 (가)와 (나)의 유전자형과 생성되는 확률을 알 수 있으므로 아이의 유전자형이 HHrrTt일 확률이 $\frac{1}{8}$인 것을 통해 어머니의 난자의 (가)와 (나)의 유전자형을 유추하고 (가)의 유전자형에서 ㉠이 3인 것을 통해 어머니의 (가)와 (나)의 유전자형을 파악해야 한다.

# 11 사람의 유전

출제 의도 여러 유전 형질을 나타낸 자료를 분석하여 우열 관계와 가족 구성원의 유전자형을 파악할 수 있는지 묻는 문항이다.

## 다음은 어떤 집안의 유전 형질 (가)와 (나)에 대한 자료이다.

- (가)는 대립유전자 A와 a에 의해 결정되며, A는 a에 대해 완전 우성이다. (가)는 우성 형질

- (나)는 상염색체에 있는 1쌍의 대립유전자에 의해 결정되며, 대립유전자에는 D, E, F가 있다. D는 E와 F에 대해, E는 F에 대해 각각 완전 우성이다. D>E>F

- 가계도는 구성원 ⓐ를 제외한 구성원 1~5에게서 (가)의 발현 여부를 나타낸 것이다. ⓐ는 남자이다.

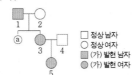

□ 정상 남자
○ 정상 여자
▨ (가) 발현 남자
● (가) 발현 여자

- 1, 2, ⓐ는 (나)의 표현형이 각각 서로 다르며, 3, 4, 5는 (나)의 표현형이 각각 서로 다르다.

- 표는 1, ⓐ, 3, 5에서 체세포 1개당 A와 E의 DNA 상대량을 더한 값을 나타낸 것이다.

| 구성원 | 1 | ⓐ | 3 | 5 |
|---|---|---|---|---|
| A와 E의 DNA 상대량을 더한 값 | 1 | 1 | 2 | 2 |

1-AaDF ⓐ-AaFF 3-AaDE 5-AaEF

이에 대한 설명으로 옳은 것만을 〈보기〉에서 있는 대로 고른 것은? (단, 돌연변이와 교차는 고려하지 않으며, A, a, D, E, F 각각의 1개당 DNA 상대량은 1이다.) [3점]

보기
ㄱ. ⓐ에게서 (가)가 발현되었다.
    ⓐ의 (가)의 유전자형은 Aa이므로 ⓐ에게서 (가)가 발현되었다.
ㄴ. 1과 4의 (나)의 유전자형은 같다.
    1의 (나)의 유전자형은 DF, 4의 (나)의 유전자형은 FF이다.
ㄷ. 5의 동생이 태어날 때, 이 아이의 (가)와 (나)의 표현형이
    모두 3과 같을 확률은 $\frac{1}{4}$이다.
    3(AaDE) 4(aaFF) → Aa일 확률($\frac{1}{2}$)×[D]일 확률($\frac{1}{2}$)=$\frac{1}{4}$

① ㄱ   ② ㄴ   ③ ㄷ   ④ ㄱ, ㄷ   ⑤ ㄴ, ㄷ

---

✔ 자료 해석

- 가계도에 집안 구성원의 (가)와 (나)의 유전자형을 나타내면 그림과 같다.

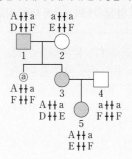

○ 보기 풀이  (가)가 발현된 3과 (가)가 발현되지 않은 4로부터 (가)가 발현된 5가 태어났고, 3과 5에서 A와 E의 DNA 상대량을 더한 값이 모두 2이므로 (가)는 우성 형질이다. 3, 4, 5는 (나)의 표현형이 각각 서로 다르므로 [D], [E], [F] 중 하나이다. 3과 5의 (가)의 유전자형이 모두 Aa인데 A와 E의 DNA 상대량을 더한 값이 모두 2이므로 3과 5는 모두 E의 DNA 상대량이 1이다. 따라서 3의 (나)의 유전자형은 DE, 5의 (나)의 유전자형은 EF, 4의 (나)의 유전자형은 FF이다. 1, 2, ⓐ는 (나)의 표현형이 각각 서로 다르므로 [D], [E], [F] 중 하나이다. 3의 (나)의 유전자형이 DE이므로 1과 2는 각각 D와 E 중 하나를 갖는다. 1의 A와 E의 DNA 상대량을 더한 값이 1이므로 1은 E를 가질 수 없어 D를 갖고, 2는 E를 갖는다. 따라서 ⓐ는 (나)의 유전자형이 FF이며, 1의 (나)의 유전자형은 DF, 2의 (나)의 유전자형은 EF이다. 2는 (가)가 발현되지 않았고, ⓐ의 A와 E의 DNA 상대량을 더한 값이 1인 조건을 만족하려면 (가)의 유전자는 상염색체에 있어야 한다.
ㄱ. ⓐ의 (가)의 유전자형은 Aa이므로 ⓐ에게서 (가)가 발현되었다.
ㄷ. 5의 동생이 태어날 때, 이 아이의 (가)와 (나)의 표현형이 모두 3과 같을 확률은 Aa일 확률($\frac{1}{2}$)×[D]일 확률($\frac{1}{2}$)=$\frac{1}{4}$이다.

✕ 매력적 오답  ㄴ. 1의 (나)의 유전자형은 DF이고, 4의 (나)의 유전자형은 FF이므로 1과 4의 (나)의 유전자형은 서로 다르다.

문제풀이 Tip
먼저 3, 4, 5를 통해 (가)가 우성 형질임을 파악한 후 3, 4, 5의 (나)의 표현형이 각각 다르고, 3과 5는 E를 가지므로 각각 (나)의 유전자형이 DE와 EF 중 하나이며, 4의 (나)의 유전자형이 FF임을 파악하는 것이 중요하다.

## 12 다인자 유전과 중간 유전

출제 의도 여러 유전 형질을 나타낸 자료를 분석하여 어떤 가족 구성원에서 나타날 수 있는 표현형을 유추할 수 있는지 묻는 문항이다.

**다음은 사람의 유전 형질 (가)와 (나)에 대한 자료이다.**

- (가)는 서로 다른 3개의 상염색체에 있는 3쌍의 대립유전자 A와 a, B와 b, D와 d에 의해 결정된다.
- (가)의 표현형은 유전자형에서 대문자로 표시되는 대립유전자의 수에 의해서만 결정되며, 이 대립유전자의 수가 다르면 표현형이 다르다. 다인자 유전
- (나)는 대립유전자 E와 e에 의해 결정되며, 유전자형이 다르면 표현형이 다르다. (나)의 유전자는 (가)의 유전자와 서로 다른 상염색체에 있다.
- P의 유전자형은 AaBbDDEe이고, P와 Q는 (가)의 표현형이 서로 같다.
- P와 Q 사이에서 ⓐ가 태어날 때, ⓐ가 유전자형이 AABbDdEE인 사람과 (가)와 (나)의 표현형이 모두 같을 확률은 $\frac{1}{8}$이다. Q-(가)의 유전자형: 2쌍은 우성 동형 접합성이고 1쌍은 열성 동형 접합성(AABBdd, AAbbDD, aaBBDD) (나)의 유전자형: Ee

**ⓐ가 유전자형이 AaBbDdEe인 사람과 (가)와 (나)의 표현형이 모두 같을 확률은? (단, 돌연변이는 고려하지 않는다.)**

① $\frac{1}{16}$  ② $\frac{1}{8}$  ③ $\frac{3}{16}$  ④ $\frac{1}{4}$  ⑤ $\frac{3}{8}$

대문자로 표시되는 대립유전자 수 3($\frac{1}{4}$)×Ee($\frac{1}{2}$)=$\frac{1}{8}$

### ✔ 자료 해석

- (가)에 대해 ⓐ와 유전자형이 AABbDd인 사람의 표현형이 같을 확률은 Q의 유전자형이 2쌍은 우성 동형 접합성이고 1쌍은 열성 동형 접합성(AABBdd, AAbbDD, aaBBDD)일 때 $\frac{1}{2}$, 1쌍만 우성 동형 접합성(AABbDd, AaBBDd, AaBbDD)일 때 $\frac{3}{8}$이다.
- (나)에 대해 ⓐ의 유전자형이 EE일 확률은 Q의 유전자형이 EE일 때 $\frac{1}{2}$, Ee일 때 $\frac{1}{4}$이다.

### ○ 보기 풀이

ⓐ가 유전자형이 AABbDdEE인 사람과 표현형이 모두 같을 확률이 $\frac{1}{8}$이 되는 경우는 Q에서 (가)의 유전자형은 2쌍은 우성 동형 접합성이고, 1쌍은 열성 동형 접합성(AABBdd, AAbbDD, aaBBDD)이며, (나)의 유전자형은 Ee일 때이다. ⓐ에서 가능한 (가)의 표현형은 다음과 같다.

*Q의 (가)의 유전자형이 AABBdd일 경우

| P의 생식세포<br>유전자형<br>Q의 생식세포<br>유전자형 | ABD(대문자로<br>표시되는 대립<br>유전자 수 3) | AbD(대문자로<br>표시되는 대립<br>유전자 수 2) | aBD(대문자로<br>표시되는 대립<br>유전자 수 2) | abD(대문자로<br>표시되는 대립<br>유전자 수 1) |
|---|---|---|---|---|
| ABd(대문자로<br>표시되는 대립<br>유전자 수 2) | 대문자로 표시<br>되는 대립유전<br>자 수 5 | 대문자로 표시<br>되는 대립유전<br>자 수 4 | 대문자로 표시<br>되는 대립유전<br>자 수 4 | 대문자로 표시<br>되는 대립유전<br>자 수 3 |

ⓐ에서 가능한 (나)의 표현형은 EE($\frac{1}{4}$), Ee($\frac{1}{2}$), ee($\frac{1}{4}$)이다. 따라서 ⓐ가 유전자형이 AaBbDdEe인 사람과 (가)와 (나)의 표현형이 모두 같을 확률은 $\frac{1}{4} \times \frac{1}{2} = \frac{1}{8}$이다.

### 문제풀이 Tip

Q의 (가)의 유전자형을 파악하는 것이 중요하다. 대문자로 표시되는 대립유전자의 수가 4인 경우는 2쌍이 우성 동형 접합성인 경우와 1쌍만 우성 동형 접합성인 경우가 있을 수 있다. 2쌍이 우성 동형 접합성인 경우, ⓐ와 유전자형이 AABbDd인 사람과 (가)의 표현형이 같을 확률은 $\frac{1}{2}$이고, 1쌍만 우성 동형 접합성인 경우 $\frac{3}{8}$임을 유추하여 Q의 (가)의 유전자형을 파악하면 된다.

# 13 사람의 유전

출제의도 여러 유전 형질을 나타낸 자료를 분석하여 우열 관계와 가족 구성원의 유전자형을 파악할 수 있는지 묻는 문항이다.

## 다음은 어떤 집안의 유전 형질 (가)에 대한 자료이다.

- (가)는 상염색체에 있는 1쌍의 대립유전자에 의해 결정되며, 대립유전자에는 D, E, F가 있다. E는 D와 F에 대해 각각 완전 우성이다. E>F>D

- (가)의 표현형은 3가지이고, ㉠, ㉡, ㉢이다. ㉠: DD ㉡: EE, EF, DE ㉢: FF, DF

- 가계도는 구성원 ⓐ와 ⓑ를 제외한 구성원 1~7에서 (가)의 표현형을, 표는 3, 6, 7에서 체세포 1개당 D의 DNA 상대량을 나타낸 것이다.

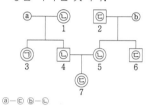

| 구성원 | D의 DNA 상대량 |
|---|---|
| 3 | 2 |
| 6 | 1 |
| 7 | 0 |

ⓐ-㉢ ⓑ-㉡

## 이에 대한 옳은 설명만을 〈보기〉에서 있는 대로 고른 것은? (단, 돌연변이와 교차는 고려하지 않으며, D, E, F 각각의 1개당 DNA 상대량은 1이다.) [3점]

보기

ㄱ. D는 F에 대해 완전 우성이다.
　F는 D에 대해 완전 우성이다.

ㄴ. ⓑ의 표현형은 ㉡이다.
　ⓑ의 유전자형은 EF이며, 표현형은 ㉡이다.

ㄷ. 7의 동생이 태어날 때, 이 아이가 ⓐ와 표현형이 같을 확률은 $\frac{1}{4}$이다. 4(EF) 5(EF) → EE, 2EF, FF($\frac{1}{4}$)

① ㄱ　　② ㄴ　　③ ㄱ, ㄷ　　④ ㄴ, ㄷ　　⑤ ㄱ, ㄴ, ㄷ

## ✓ 자료 해석

- 유전자의 우열 관계: E>F>D
- ㉡: EE, EF, DE, ㉢: FF, DF, ㉠: DD
- 가계도에 가족 구성원의 (가)의 유전자형을 나타내면 그림과 같다.

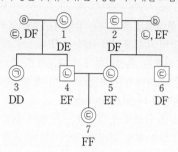

○ 보기 풀이　ㄴ. 7의 D의 DNA 상대량이 0이고, 표현형이 ㉢이므로 7의 유전자형은 FF이다. 5는 7에게 F를 물려주었으며 표현형이 ㉡이므로 5의 유전자형은 EF이다. 5와 6의 유전자형이 각각 EF, DF이고, 2의 표현형이 ㉢이므로 2의 유전자형은 DF이다. 또한 ⓑ는 5에게 E를 물려주고, 6에게 F를 물려주었으므로 ⓑ의 유전자형은 EF이며, 표현형은 ㉡이다.

ㄷ. 4는 7에게 F를 물려주었으며 표현형이 ㉡이므로 4의 유전자형은 EF이다. 3과 4의 유전자형이 각각 DD, EF이므로 1의 유전자형은 DE이고, ⓐ의 유전자형은 DF이며, 표현형은 ㉢이다.
4(EF)와 5(EF) 사이에서 7의 동생이 태어날 때, 이 아이에서 나타날 수 있는 유전자형은 EE, 2EF, FF이므로 표현형이 ㉢인 ⓐ와 표현형이 같을 확률은 $\frac{1}{4}$이다.

✗ 매력적 오답　ㄱ. 유전자형이 DD인 3의 표현형은 ㉠이므로 D가 나타내는 표현형은 ㉠이다. 각각 표현형이 ㉡인 4와 5 사이에서 표현형이 ㉢인 7이 태어났으므로 ㉡이 ㉢에 대해 우성 형질이고, ㉡은 E가 나타내는 표현형이며, ㉢은 F가 나타내는 표현형이다. 6은 D의 DNA 상대량이 1이며, 표현형이 ㉢이므로 6의 유전자형은 DF이며, F는 D에 대해 완전 우성이다.

## 문제풀이 Tip

표현형에 따른 유전자형을 파악하는 것이 중요하다. 3에서 D의 DNA 상대량이 2인데 표현형이 ㉠이므로 ㉠은 D가 나타내는 표현형이고, 4, 5, 7의 표현형을 통해 ㉡이 ㉢에 대해 우성 형질임을 알 수 있으므로 ㉡은 E가 나타내는 표현형이며, ㉢은 F가 나타내는 표현형이다. 6의 D의 DNA 상대량이 1이고 표현형이 ㉢이므로 6의 유전자형은 DF이며, 유전자의 우열 관계는 E>F>D이다.

# 14 염색체 비분리

출제 의도 염색체의 구성을 분석하여 세포가 어떤 개체에 해당하는지 파악할 수 있는지 묻는 문항이다.

다음은 어떤 가족의 ABO식 혈액형과 유전 형질 (가)에 대한 자료이다.

---

- ABO식 혈액형을 결정하는 유전자는 9번 염색체에 있다.
- (가)는 2쌍의 대립유전자 R와 r, T와 t에 의해 결정된다. (가)의 표현형은 유전자형에서 대문자로 표시되는 대립유전자의 수에 의해서만 결정되며, 이 대립유전자의 수가 다르면 표현형이 다르다. **다인자 유전**
- R와 r는 9번 염색체에, T와 t는 X 염색체에 있다. ⊙─감수 2분열 염색체 비분리
- 아버지의 정자 형성 과정과 ⊙어머니의 난자 형성 과정에서 각각 9번 염색체 비분리가 1회 일어나 형성된 정자와 난자가 수정되어 핵형이 정상인 @아들이 태어났다.
- 표는 모든 구성원의 ABO식 혈액형과 체세포 1개당 R와 T의 DNA 상대량을 더한 값을 나타낸 것이다.

| 구성원 | 아버지 | 어머니 | 아들 |
|---|---|---|---|
| ABO식 혈액형 | AB형 | B형 | O형 |
| R와 T의 DNA 상대량을 더한 값 | 3 | 1 | 2 |

아버지─$RI^A/RI^B X^TY$　어머니─$Ri/rI^B X^tX^t$　아들─$Ri/RiX^tY$

---

이에 대한 옳은 설명만을 〈보기〉에서 있는 대로 고른 것은? (단, 제시된 염색체 비분리 이외의 돌연변이와 교차는 고려하지 않으며, R, r, T, t 각각의 1개당 DNA 상대량은 1이다.) [3점]

┌─ 보기 ─────────────────────────┐
ㄱ. ⊙의 감수 1분열에서 염색체 비분리가 발생했다.
　감수 2분열에서 염색체 비분리가 일어나 9번 염색체를 2개 갖는 난자가 형성되었다.
ㄴ. 어머니에서 (가)의 유전자형은 $RrX^tX^t$이다.
　어머니의 ABO식 혈액형과 (가)의 유전자형은 $Ri/rI^B X^tX^t$이다.
ㄷ. @의 동생이 태어날 때, 이 아이가 아버지와 (가)의 표현
　형이 같을 확률은 $\frac{1}{2}$이다. → $RI^A/Ri, RI^B/Ri, RI^A/rI^B, RI^B/rI^B X^TY,$
　아버지($RI^A/RI^B X^TY$)×어머니($Ri/rI^B X^tX^t$)　$X^TX^t (\frac{1}{2} \times \frac{1}{2} = \frac{1}{4})$
└──────────────────────────────┘

① ㄱ　② ㄴ　③ ㄷ　④ ㄱ, ㄷ　⑤ ㄴ, ㄷ

---

### ✔ 자료 해석

- 아버지의 ABO식 혈액형과 (가)의 유전자형: $RI^A/RI^B X^TY$, 어머니의 ABO식 혈액형과 (가)의 유전자형: $Ri/rI^B X^tX^t$
- 난자의 ABO식 혈액형과 (가)의 유전자형: $Ri/RiX^t$＋정자의 ABO식 감수 2분열 염색체 비분리
  혈액형과 (가)의 유전자형: (9번 염색체 없음)Y → 아들의 ABO식 혈액형과 (가)의 유전자형: $Ri/Ri X^tY$

### ○ 보기 풀이

ㄴ. 아들(@)은 감수 2분열에서 염색체 비분리가 일어나 9번 염색체를 2개 갖는 난자와 9번 염색체가 없는 정자가 수정되어 태어났으므로 9번 염색체 유전자 구성은 $Ri/Ri$이며, R와 T의 DNA 상대량을 더한 값이 2이므로 성염색체 유전자 구성은 $X^tY$이다. 따라서 어머니의 R와 T의 DNA 상대량을 더한 값이 1이므로 어머니의 ABO식 혈액형과 (가)의 유전자형은 $Ri/rI^B X^tX^t$이다.

### ✗ 매력적 오답

ㄱ. AB형인 아버지와 B형인 어머니 사이에서 O형인 아들(@)이 태어났으므로 난자 형성 과정 중 감수 2분열에서 염색체 비분리가 일어나 9번 염색체를 2개 갖는 난자와 염색체 비분리가 일어나 9번 염색체가 없는 정자가 수정되어 핵형이 정상인 아들(@)이 태어났다. 따라서 아들(@)은 9번 염색체를 모두 어머니에게서 받았다.

ㄷ. 아버지($RI^A/RI^B X^TY$)와 어머니($Ri/rI^B X^tX^t$) 사이에서 @의 동생이 태어날 때, 이 아이에게서 나타날 수 있는 유전자형은 $RI^A/Ri, RI^B/Ri, RI^A/rI^B, RI^B/rI^B$이고 $X^TY, X^tX^t$이므로 R와 T의 DNA 상대량을 더한 값이 3인 아버지와 (가)의 표현형이 같을 확률은 $\frac{1}{2} \times \frac{1}{2} = \frac{1}{4}$이다.

### 문제풀이 Tip

아들의 혈액형이 O형인 것을 통해 9번 염색체를 모두 어머니에게서만 물려받음을 알 수 있다. 어머니의 R와 T의 DNA 상대량을 더한 값이 1인데 아들의 R와 T의 DNA 상대량을 더한 값이 2이므로 어머니에서 9번 염색체에 R와 i가 함께 있음을 알 수 있고, 아들은 어머니에게서 R와 i가 함께 있는 9번 염색체(염색 분체 비분리)를 2개 물려받음을 알 수 있다.

# 15 다인자 유전과 복대립 유전

2023년 10월 교육청 13번 | 정답 ③ | 문제편 34 p

출제 의도 여러 유전 형질을 나타낸 자료를 분석하여 가족 구성원의 유전자형과 특정 표현형이 나타날 확률을 구할 수 있는지 묻는 문항이다.

## 다음은 사람의 유전 형질 (가)와 (나)에 대한 자료이다.

- (가)는 서로 다른 3개의 상염색체에 있는 3쌍의 대립유전자 A와 a, B와 b, D와 d에 의해 결정된다.

- (가)의 표현형은 유전자형에서 대문자로 표시되는 대립유전자의 수에 의해서만 결정되며, 이 대립유전자의 수가 다르면 표현형이 다르다. 다인자 유전

- (나)는 대립유전자 E, F, G에 의해 결정되고, 표현형은 4가지이다. 유전자형이 EE인 사람과 EG인 사람의 표현형은 같고, 유전자형이 FF인 사람과 FG인 사람의 표현형은 같다. 복대립 유전 E=F>G

- (가)와 (나)의 유전자는 서로 다른 상염색체에 있다. ─AABBDDGG

- P의 유전자형은 AaBbDdEF이고 P와 Q 사이에서 @가 태어날 때, @에게서 나타날 수 있는 (가)와 (나)의 표현형은 최대 8가지이다. (가) 4가지×(나) 2가지

- @가 유전자형이 <u>AABBDDEG</u>인 사람과 같은 표현형을 가질 확률과 <u>AABBDDFG</u>인 사람과 같은 표현형을 가질 확률은 각각 0보다 크다.
  Q는 G를 갖는다.
  Q는 A, B, D를 갖는다.

@가 유전자형이 AaBBDdFG인 사람과 (가)와 (나)의 표현형이 모두 같을 확률은? (단, 돌연변이는 고려하지 않는다.)

① $\frac{1}{16}$  ② $\frac{1}{8}$  ③ $\frac{3}{16}$  ④ $\frac{1}{4}$  ⑤ $\frac{3}{8}$

(가) 표현형 $\frac{3}{8}$ ×(나) 표현형 $\frac{1}{2}$

## ✔ 자료 해석

- @에게서 나타날 수 있는 (가)의 표현형은 4가지, (나)의 표현형은 2가지이므로 Q에게서 형성되는 생식세포의 유전자형은 1가지이다.
- Q가 A, B, D를 모두 갖고, @의 표현형이 EG인 사람, FG인 사람과 같을 확률이 각각 0보다 크므로 Q는 G만 갖는다. 따라서 Q의 (가)와 (나)의 유전자형은 AABBDDGG이다.

보기풀이 P의 (가)와 (나)의 유전자형은 AaBbDdEF이고, P와 Q 사이에서 @가 태어날 때, @에게서 나타날 수 있는 (가)와 (나)의 표현형은 최대 8가지이므로 @에게서 나타날 수 있는 (가)의 표현형은 4가지, (나)의 표현형은 2가지이다. P에서 생성되는 생식세포에서 (가)의 유전자형에서 대문자로 표시되는 대립유전자의 수는 3, 2, 1, 0으로 (가)의 표현형은 4가지이며, (나)의 유전자형은 E, F로 (나)의 표현형은 2가지이므로 Q에게서 형성되는 생식세포의 유전자형은 1가지임을 알 수 있다. @가 유전자형이 AABBDDEG인 사람과 같은 표현형을 가질 확률과 AABBDDFG인 사람과 같은 표현형을 가질 확률은 각각 0보다 크다고 하였으므로 Q에서 생성되는 생식세포에서 (가)의 유전자형은 ABD 1가지, (나)의 유전자형은 G로 1가지이어야 한다. 따라서 Q의 (가)와 (나)의 유전자형은 AABBDDGG이다.

@는 Q로부터 ABD(대문자로 표시되는 대립유전자 수가 3)G를 물려받으므로 @가 유전자형이 AaBBDd(대문자로 표시되는 대립유전자 수가 4)FG인 사람과 같은 표현형을 가지려면 P에게서 A, B, D 중 하나(대문자로 표시되는 대립유전자의 수가 1)와 F를 갖는 생식세포가 형성되어야 하므로 구하고자 하는 확률은 $(\frac{1}{2} × \frac{1}{2} × \frac{1}{2} × 3) × \frac{1}{2} = \frac{3}{16}$ 이다.

### 문제풀이 Tip

@에게서 나타날 수 있는 (가)의 표현형은 4가지, (나)의 표현형은 2가지인데 P에서 생성되는 생식세포의 (가)의 표현형이 4가지, (나)의 표현형이 2가지이므로 Q에서 생성되는 생식세포의 유전자형은 1가지임을 파악하는 것이 중요하다.

## 16 생식세포 분열과 염색체 비분리

출제의도 생식세포가 형성되는 과정과 유전자의 DNA 상대량을 나타낸 자료를 분석하여 염색체 비분리가 일어난 시기를 파악할 수 있는지 묻는 문항이다.

사람의 특정 형질은 1번 염색체에 있는 3쌍의 대립유전자 A와 a, B와 b, D와 d에 의해 결정된다. 그림은 어떤 사람의 $G_1$기 세포 I 로부터 생식세포가 형성되는 과정을, 표는 세포 ㉠~㉭에서 A, a, B, b, D의 DNA 상대량을 나타낸 것이다. 이 생식세포 형성 과정에서 염색체 비분리가 1회 일어났다. ㉠~㉭은 I~V를 순서 없이 나타낸 것이고, II와 III은 중기 세포이다.

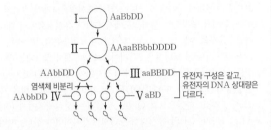

| 세포 | DNA 상대량 | | | | |
|---|---|---|---|---|---|
| | A | a | B | b | D |
| IV ㉠ | 2 | 0 | 0 | 2 | ⓐ2 |
| I ㉡ | ?1 | ⓑ1 | 1 | 1 | ?2 |
| III ㉢ | 0 | 2 | 2 | 0 | ?2 |
| II ㉣ | ?2 | ?2 | ?2 | ?2 | ④ |
| V ㉤ | ?0 | 1 | 1 | ?0 | 1 |

④ ─ 감수 1분열 중기 세포임을 알 수 있다.

이에 대한 옳은 설명만을 〈보기〉에서 있는 대로 고른 것은? (단, 제시된 염색체 비분리 이외의 돌연변이와 교차는 고려하지 않으며, A, a, B, b, D, d 각각의 1개당 DNA 상대량은 1이다.) [3점]

보기
ㄱ. ㉠은 III이다. (IV)
ㄴ. ⓐ+ⓑ=3이다. (2 1)
ㄷ. V의 염색체 수는 24이다. (㉤ 23)

① ㄱ  ② ㄴ  ③ ㄷ  ④ ㄱ, ㄴ  ⑤ ㄴ, ㄷ

✔ 자료 해석

- ㉠: IV─AbDAbD, 염색체 수: 24
- ㉡: I─AbD/aBD, 염색체 수: 46
- ㉢: III─aBDaBD, 염색체 수: 23
- ㉣: II─AbDAbD/aBDaBD, 염색체 수: 46
- ㉤: V─aBD, 염색체 수: 23
- ㉠(IV)이 형성될 때 감수 2분열에서 염색 분체의 비분리가 일어났다.

○ 보기 풀이 ㄴ. D의 DNA 상대량이 4인 ㉣은 감수 1분열 중기 세포인 II이므로 $G_1$기 세포 I은 ㉡과 ㉤ 중 하나이다. B와 b의 DNA 상대량이 1인 ㉡이 I이므로, ㉤은 생식세포인 IV와 V 중 하나이다. 염색체 비분리가 일어나지 않았을 경우 III이 감수 2분열을 하여 V가 형성되므로 V의 유전자의 DNA 상대량은 III의 절반이다. 따라서 a와 B의 DNA 상대량이 2인 ㉢이 III이며, a와 B의 DNA 상대량이 1인 ㉤이 V이다. 나머지 ㉠은 IV이며, 염색체 비분리가 일어나지 않았을 경우 ㉠(IV)에서 각 유전자의 DNA 상대량은 1이어야 하는데 2이므로 ㉠(IV)이 형성될 때 감수 2분열에서 염색 분체의 비분리가 일어났다. 염색 분체의 비분리 결과 형성된 ㉠(IV)은 A와 b의 DNA 상대량이 2이므로 D의 DNA 상대량 또한 2이다. 따라서 ⓐ는 2이다. ㉡(I)은 $G_1$기 세포인데 ㉠(IV)에서 A가 있고 ㉢(III)에서 a가 있으므로 A와 a의 DNA 상대량은 모두 1이다. 따라서 ⓑ는 1이다. 따라서 ⓐ+ⓑ=2+1=3이다.

✕ 매력적 오답 ㄱ. ㉠은 IV이다.
ㄷ. V(㉤)는 정상적으로 염색체 분리가 일어나 형성된 생식세포이므로 V(㉤)의 염색체 수는 23이다. IV(㉠)의 염색체 수가 24이다.

문제풀이 Tip
A와 b의 DNA 상대량이 2인 것을 통해 ㉠이 감수 2분열 중기 세포인 III이라고 잘못 분석할 수 있다. 유전자 구성이 다른 a와 B의 DNA 상대량이 2인 ㉢ 또한 III이 될 수 있는데, V는 III이 감수 2분열을 통해 형성된 생식세포이므로 V와 III의 유전자 구성은 같아야 한다. 유전자 구성이 ㉢과 ㉤이 같으므로 ㉢이 III임을 파악할 수 있어야 한다.

출제 의도 여러 유전 형질을 나타낸 자료와 가계도를 분석하여 가족 구성원의 유전자형을 구할 수 있는지 묻는 문항이다.

다음은 어떤 집안의 유전 형질 (가)와 (나)에 대한 자료이다.

- (가)는 대립유전자 A와 a에 의해, (나)는 대립유전자 B와 b에 의해 결정된다. A는 a에 대해, B는 b에 대해 각각 완전 우성이다.
- (가)와 (나)의 유전자 중 1개는 상염색체에 있고, 나머지 1개는 X 염색체에 있다. (나) - 우성
- 가계도는 구성원 1~7에게서 (가)와 (나)의 발현 여부를 나타낸 것이다. (나)가 상염색체 유전 형질임을 알 수 있다.

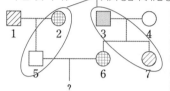

□ 정상 남자
○ 정상 여자
▨ (가) 발현 남자
▧ (가) 발현 여자
⊕ (나) 발현 여자
■ (가), (나) 발현 남자

- 표는 구성원 2, 3, 5, 7의 체세포 1개당 A와 b의 DNA 상대량을 더한 값을 나타낸 것이다. ⓐ~ⓒ는 1, 2, 3을 순서 없이 나타낸 것이다.

| | A:1<br>b:1 | A:0<br>b:1 | A:1<br>b:2 | A:0<br>b:2 |
|---|---|---|---|---|
| 구성원 | 2 | 3 | 5 | 7 |
| A와 b의 DNA 상대량을 더한 값 | ⓐ 2 | ⓑ 1 | ⓒ 3 | ⓐ 2 |

이에 대한 옳은 설명만을 〈보기〉에서 있는 대로 고른 것은? (단, 돌연변이와 교차는 고려하지 않으며, A, a, B, b 각각의 1개당 DNA 상대량은 1이다.) [3점]

─ 보기 ─
ㄱ. (나)는 우성 형질이다.
ㄴ. 1의 체세포 1개당 a와 B의 DNA 상대량을 더한 값은 ⓒ 이다. b(1)
ㄷ. 5와 6 사이에서 아이가 태어날 때, 이 아이에게서 (가)와 (나) 중 (가)만 발현될 확률은 $\frac{1}{4}$이다. (가) 발현 $\frac{1}{4}$ × (나) 미발현 $\frac{1}{2}$ → $\frac{1}{8}$

① ㄱ  ② ㄴ  ③ ㄱ, ㄷ  ④ ㄴ, ㄷ  ⑤ ㄱ, ㄴ, ㄷ

---

✔ **자료 해석**

- 가계도에 가족 구성원 1~7의 (가)와 (나)의 유전자형을 나타내면 그림과 같다.

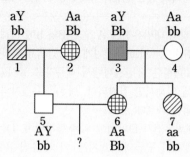

○ **보기 풀이** ㄱ. (나)가 X 염색체 우성 형질이라면 3이 (나)가 발현되었으므로 7에게서 (나)가 발현되어야 하며, (나)가 X 염색체 열성 형질이라면 2가 (나)가 발현되었으므로 5에게서 (나)가 발현되어야 하는데 가계도의 조건을 만족시키지 못하므로 (나)는 상염색체 유전 형질이다. 따라서 (가)는 X 염색체 유전 형질이다. 3은 (가) 발현인데 6은 (가)가 발현되지 않았으므로 (가)는 열성 형질이다. (나)가 열성 형질이라면 3에서 A와 b의 DNA 상대량을 더한 값은 2(A: 0, b: 2)이고, 5에서 A와 b의 DNA 상대량을 더한 값 또한 2(A: 1, b: 1)가 되므로 표의 조건을 만족시키지 못한다. 따라서 (나)는 우성 형질이다.

✕ **매력적 오답** ㄴ. 유전자형이 1은 $X^aYbb$, 2는 $X^AX^aBb$, 3은 $X^aYBb$, 4는 $X^AX^abb$, 5는 $X^AYbb$, 6은 $X^AX^aBb$, 7은 $X^aX^abb$이므로 ⓐ는 2, ⓑ는 1, ⓒ는 3이다. 1의 체세포 1개당 a와 B의 DNA 상대량을 더한 값은 1(ⓑ)이다.
ㄷ. 5($X^AYbb$)와 6($X^AX^aBb$) 사이에서 아이가 태어날 때, 이 아이에게서 (가)가 발현($X^aY$)될 확률은 $\frac{1}{4}$이고 (나)가 발현되지 않을(bb) 확률은 $\frac{1}{2}$이므로 (가)와 (나) 중 (가)만 발현될 확률은 $\frac{1}{8}$이다.

**문제풀이 Tip**

X 염색체 열성 형질이라면 형질이 발현된 여자에게서 형질이 발현되지 않은 아들이 태어날 수 없으며, X 염색체 우성 형질이라면 형질이 발현된 남자에게서 형질이 발현되지 않은 딸이 태어날 수 없다는 것을 알고 가계도에 적용하면 된다.

# 18 다인자 유전과 단일 인자 유전

**출제 의도** 유전 형질을 나타낸 자료를 분석하여 가족 구성원의 유전자형과 가족 구성원의 특정 표현형이 나타날 확률을 구할 수 있는지 묻는 문항이다.

**다음은 어떤 가족의 유전 형질 (가)와 (나)에 대한 자료이다.**

- (가)는 2쌍의 대립유전자 A와 a, B와 b에 의해 결정되며, (가)의 유전자는 서로 다른 2개의 상염색체에 있다.
- (가)의 표현형은 유전자형에서 대문자로 표시되는 대립유전자 수에 의해서만 결정되며, 이 대립유전자의 수가 다르면 표현형이 다르다. **다인자 유전**
- (나)는 대립유전자 D와 d에 의해 결정되며, D는 d에 대해 완전 우성이다. (나)의 유전자는 (가)의 유전자와 서로 다른 상염색체에 있다. **단일 인자 유전** ┌─ (가): 대문자 대립유전자 수: 2 └─ (나): [D]
- 어머니와 자녀 1은 (가)와 (나)의 표현형이 모두 같고, 아버지와 자녀 2는 (가)와 (나)의 표현형이 모두 같다. (가): 대문자 대립유전자수: 3 (나): [D]
- 표는 자녀 2를 제외한 나머지 가족 구성원의 체세포 1개당 대립유전자 ㉠~㉺의 DNA 상대량을 나타낸 것이다. ㉠~㉺은 A, a, B, b, D, d를 순서 없이 나타낸 것이다.

| 구성원 | DNA 상대량 | | | | | |
| --- | --- | --- | --- | --- | --- | --- |
| | ㉠A | ㉡d | ㉢b | ㉣a | ㉤D | ㉥B |
| 아버지 | 2 | 0 | 1 | 0 | 2 | 1 |
| 어머니 | 0 | 1 | 0 | 2 | 1 | 2 |
| 자녀 1 | 1 | 1 | 1 | 1 | 1 | 1 |

- 자녀 2의 유전자형은 AaBBDd이다.

**이에 대한 설명으로 옳은 것만을 〈보기〉에서 있는 대로 고른 것은?**
(단, 돌연변이와 교차는 고려하지 않으며, A, a, B, b, D, d 각각의 1개당 DNA 상대량은 1이다.) [3점]

┌─ **보기** ─────────────────
ㄱ. ㉠은 A이다.

ㄴ. ㉡과 ㉤은 (나)의 대립유전자이다.
　　d　D

ㄷ. 자녀 2의 동생이 태어날 때, 이 아이의 (가)와 (나)의 표현
　　형이 모두 어머니와 같을 확률은 $\frac{1}{4}$이다. (가): $\frac{1}{2}$ × (나): 1
　　　　　　　　　　　　　　　　　　　$\frac{1}{2}$
└──────────────────────

① ㄱ　② ㄷ　③ ㄱ, ㄴ　④ ㄴ, ㄷ　⑤ ㄱ, ㄴ, ㄷ

---

✓ **자료 해석**

- 1쌍의 대립유전자의 DNA 상대량을 더한 값은 2가 되어야 하므로 ㉠과 ㉣, ㉡과 ㉤, ㉢과 ㉥은 각각 대립유전자이다.
- ㉠은 A, ㉡은 d, ㉢은 b, ㉣은 a, ㉤은 D, ㉥은 B이다.
- (가)와 (나)의 유전자형은 아버지는 AABbDD, 어머니는 aaBBDd, 자녀 1은 AaBbDd이다.

○ **보기 풀이** ㄱ, ㄴ. 자녀 2의 (가)와 (나)의 유전자형은 AaBBDd인데 아버지와 자녀 2의 (가)와 (나)의 표현형이 같다고 하였으므로 아버지의 (가)의 유전자형에서 대문자로 표시되는 대립유전자의 수가 3이고, D의 DNA 상대량은 1 또는 2이다. 자녀 1의 (가)와 (나)의 유전자형은 AaBbDd인데 어머니와 자녀 1의 (가)와 (나)의 표현형이 같다고 하였으므로 어머니의 (가)의 유전자형에서 대문자로 표시되는 대립유전자의 수가 2이고, D의 DNA 상대량은 1 또는 2이다. 체세포 1개당 1쌍의 대립유전자의 DNA 상대량을 더한 값은 2이므로 ㉠과 ㉣, ㉡과 ㉤, ㉢과 ㉥은 각각 대립유전자이다. 어머니는 ㉡과 ㉤의 DNA 상대량이 각각 1이므로 만약 ㉡과 ㉤이 (가)를 결정하는 1쌍의 대립유전자라면 어머니는 (가)의 유전자형에서 대문자로 표시되는 대립유전자의 수가 2가 될 수 없다. 따라서 ㉡과 ㉤이 (나)를 결정하는 1쌍의 대립유전자이고, ㉠과 ㉣, ㉢과 ㉥이 (가)를 결정하는 2쌍의 대립유전자이다. 이때 아버지와 어머니는 모두 우성 표현형인 (나)가 발현되어야 하므로 ㉤이 D, ㉡이 d이다.
자녀 2는 BB를 가지므로 아버지와 어머니는 B를 동일하게 가지고 있어야 한다. 따라서 아버지와 어머니가 공통적으로 갖고 있는 ㉥이 B이고, ㉢이 b이다. 아버지는 (가)의 유전자형에서 대문자로 표시되는 대립유전자의 수가 3이므로 ㉠이 A이고, ㉣은 a이다.

✗ **매력적 오답** ㄷ. 아버지의 (가)와 (나)의 유전자형은 AABbDD, 어머니의 (가)와 (나)의 유전자형은 aaBBDd이므로 자녀 2의 동생이 태어날 때, 이 아이의 (가)의 표현형이 어머니와 같을(AaBb) 확률은 $\frac{1}{2}$이고, (나)의 표현형이 어머니와 같을(DD, Dd) 확률은 1이다. 따라서 이 아이의 (가)와 (나)의 표현형이 모두 어머니와 같을 확률은 $\frac{1}{2}$이다.

**문제풀이 Tip**
서로 대립유전자 관계에 있는 것을 파악하는 것이 중요하다. 1쌍의 대립유전자의 DNA 상대량을 더한 값이 2라는 것을 알고 아버지와 어머니의 DNA 상대량에 적용하면 ㉠과 ㉣, ㉡과 ㉤, ㉢과 ㉥이 각각 대립유전자임을 알 수 있다.

# 19 사람의 유전

**출제 의도** 여러 유전 형질을 나타낸 자료와 가계도를 분석하여 각 구성원들의 유전자형을 파악할 수 있는지 묻는 문항이다.

다음은 어떤 집안의 유전 형질 (가)와 (나)에 대한 자료이다.

- (가)는 대립유전자 H와 h에 의해 결정되며, H는 h에 대해 완전 우성이다. (가) 발현 대립유전자: H, (가) 미발현 대립유전자: h
- (나)는 대립유전자 T와 t에 의해 결정되며, 유전자형이 다르면 표현형이 다르다. (나)의 표현형은 3가지이고, ㉠, ㉡, ㉢이다. 우열 관계가 명확하지 않다. TT Tt tt
- (가)와 (나)의 유전자는 같은 상염색체에 있다.
- 그림은 구성원 1~9의 가계도를, 표는 1~9를 (가)와 (나)의 표현형에 따라 분류한 것이다. ⓐ~ⓓ는 2, 3, 4, 7을 순서 없이 나타낸 것이다.

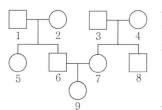

| 표현형 | | (가) | |
|---|---|---|---|
| | | 발현됨 | 발현 안 됨—hh |
| (나) | ㉠Tt | 6, ⓐ7 | 8, ⓑ2 |
| | ㉡tt | 1, ⓒ4 | 5 |
| | ㉢TT | ⓓ3 | 9 |

— 우성 형질

- 3과 6은 각각 h와 T를 모두 갖는 생식세포를 형성할 수 있다.

이에 대한 설명으로 옳은 것만을 〈보기〉에서 있는 대로 고른 것은? (단, 돌연변이와 교차는 고려하지 않는다.) [3점]

**보기**
ㄱ. ⓐ는 7이다.
ㄴ. (나)의 표현형이 ㉠인 사람의 유전자형이 ~~TT~~ 이다. Tt
ㄷ. 9의 동생이 태어날 때, 이 아이의 (가)와 (나)의 표현형이 모두 3과 같을 확률은 $\frac{1}{4}$이다. 0

① ㄱ　② ㄴ　③ ㄷ　④ ㄱ, ㄴ　⑤ ㄱ, ㄷ

✔ **자료 해석**

- 가계도에 가족 구성원 1~9의 (가), (나)의 유전자형을 나타내면 그림과 같다.

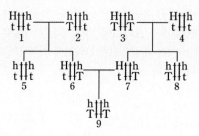

○ **보기 풀이** ㄱ. ⓑ가 2이면 ⓐ, ⓒ, ⓓ는 각각 3, 4, 7 중 하나이고, ⓑ가 7이면 ⓐ, ⓒ, ⓓ는 각각 2, 3, 4 중 하나인데, 어느 경우라도 (가)가 발현된 부모 사이에서 (가)가 발현되지 않는 자녀가 태어나는 경우가 있으므로 (가)는 우성 형질이며, (가) 발현 대립유전자는 H, (가) 미발현 대립유전자는 h이다. 2, 3, 4, 7 중 (가)가 발현되지 않는 ⓑ를 먼저 찾아 보면 (가)가 발현되지 않는 ⓑ가 2일 경우에만 조건을 만족시키므로 3, 4, 7의 (가)의 유전자형은 모두 Hh이다. 9의 (가)의 유전자형은 hh인데, 6으로부터 hT를 물려받으므로 (나)의 유전자형은 TT 또는 Tt이다. (나)의 표현형이 ㉢인 사람의 유전자형이 Tt일 경우 조건을 만족시키지 못하므로 (나)의 표현형이 ㉢인 사람의 유전자형은 TT이다. 따라서 9의 (가)와 (나)의 유전자형은 hT/hT이며 7로부터도 hT를 물려받으므로 7의 (가)와 (나)의 유전자형은 Ht/hT이다. 이를 통해 (나)의 표현형이 ㉠인 사람의 유전자형은 Tt, ⓐ는 7임을 알 수 있고 6의 (가)와 (나)의 유전자형은 Ht/hT이다. 8의 (가)와 (나)의 유전자형은 hT/ht인데 8은 4에게서 ht를 물려받아야 하므로 4의 (가)와 (나)의 유전자형은 Ht/ht이다. 따라서 (나)의 표현형이 ㉡인 사람의 유전자형은 tt, ⓒ는 4임을 알 수 있고 나머지 ⓓ는 3이며, 3의 (가)와 (나)의 유전자형은 hT/HT이다.

✕ **매력적 오답** ㄴ. (나)의 표현형이 ㉠인 사람의 유전자형은 Tt이다.
ㄷ. 6의 (가)와 (나)의 유전자형은 Ht/hT, 7의 (가)와 (나)의 유전자형은 Ht/hT이다. 9의 동생이 태어날 때, 이 아이의 (가)와 (나)의 표현형이 모두 3((가) 발현(HH, Hh), ㉢(TT))과 같을 확률은 0이다.

**문제풀이 Tip**
5, 8, 9는 모두 (가)가 발현되지 않았는데 (나)의 표현형이 ㉡, ㉠, ㉢으로 각각 다르다. 이를 통해 (가)의 유전자형은 모두 hh로 표시하고 (나)의 유전자형이 TT, Tt, tt인 경우를 대입하여 문제를 해결하면 된다.

## 20　염색체 비분리

**출제 의도** 여러 유전 형질을 나타낸 자료를 분석하여 가족 구성원의 유전자형과 염색체 비분리가 일어난 시기를 파악할 수 있는지 묻는 문항이다.

**다음은 어떤 가족의 유전 형질 (가)~(다)에 대한 자료이다.**

- (가)는 대립유전자 A와 a에 의해, (나)는 대립유전자 B와 b에 의해, (다)는 대립유전자 D와 d에 의해 결정된다.

- 그림은 아버지와 어머니의 체세포에 들어 있는 일부 염색체와 유전자를 나타낸 것이다. ㉮~㉱는 각각 ㉮'~㉱'의 상동 염색체이다.

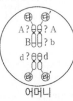

아버지　　어머니

- 표는 이 가족 구성원의 세포 Ⅰ~Ⅳ에서 염색체 ㉠~㉣의 유무와 A, b, D의 DNA 상대량을 더한 값(A+b+D)을 나타낸 것이다. ㉠~㉣은 ㉮~㉱를 순서 없이 나타낸 것이다.

| 구성원 | 세포 | 염색체 | | | | A+b+D |
|---|---|---|---|---|---|---|
| | | ㉠㉴ | ㉡㉱ | ㉢㉮ | ㉣㉳ | |
| 아버지 | Ⅰ n | ○ | × | × | × | 0 ㉮/㉴ |
| 어머니 | Ⅱ 2n | × | ○ | × | ○ | 3 ㉱/㉱'/㉳㉳' |
| 자녀 1 | Ⅲ 2n | ○ | × | ○ | ○ | 3 ㉮㉮/㉴㉴' |
| 자녀 2 | Ⅳ 2n | ○ | × | × | ○ | 3 ㉮'㉮㉮/㉴㉴' |

(○: 있음, ×: 없음)

- 감수 분열 시 부모 중 한 사람에게서만 염색체 비분리가 1회 일어나 염색체 수가 비정상적인 생식세포 ⓐ가 형성되었다. ⓐ와 정상 생식세포가 수정되어 자녀 2가 태어났다. ~~감수 1분열~~ ~~난자~~

- 자녀 2를 제외한 이 가족 구성원의 핵형은 모두 정상이다.

ⓐ(난자): ㉳㉳'/㉱' + 정자: ㉮/㉴

**이에 대한 설명으로 옳은 것만을 〈보기〉에서 있는 대로 고른 것은? (단, 제시된 돌연변이 이외의 돌연변이와 교차는 고려하지 않으며, A, a, B, b, D, d 각각의 1개당 DNA 상대량은 1이다.) [3점]**

━━ 보기 ━━
ㄱ. ㉡은 ㉱이다.
ㄴ. 어머니의 (가)~(다)에 대한 유전자형은 ~~AABBDd~~이다. AABbdd
ㄷ. ⓐ는 감수 ~~2분열~~에서 염색체 비분리가 일어나 형성된 난자이다. 1분열
━━━━━━━

① ㄱ　② ㄷ　③ ㄱ, ㄴ　④ ㄴ, ㄷ　⑤ ㄱ, ㄴ, ㄷ

---

**✔ 자료 해석**

- ㉠은 ㉴, ㉡은 ㉱, ㉢은 ㉮, ㉣은 ㉳이다.
- 그림은 세포 Ⅰ~Ⅳ에 들어 있는 일부 염색체와 유전자를 나타낸 것이다.

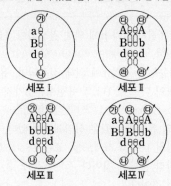

세포 Ⅰ　　　세포 Ⅱ

세포 Ⅲ　　　세포 Ⅳ

**○ 보기 풀이**　ㄱ. ㉮와 ㉴ 중 1가지를 가지는 세포 Ⅰ의 핵상은 n이고 A+b+D가 0이므로 ㉠은 ㉴, ㉢은 ㉮이다. 세포 Ⅲ의 핵상은 2n이고 A+b+D가 3이므로 ㉡은 ㉱, ㉣은 ㉳이며 ㉳에는 A가 있다.

**✕ 매력적 오답**　ㄴ. 세포 Ⅱ는 핵상이 2n이고 ㉡(㉱)과 ㉣(㉳)이 있으므로 ㉱'과 ㉳'도 있으며, A+b+D가 3이므로 ㉱는 AB, ㉱'은 Ab, ㉳는 d이다. 따라서 어머니의 (가)~(다)의 유전자형은 AABbdd이다.

ㄷ. 세포 Ⅳ는 ㉠(㉴)과 ㉣(㉳)을 갖고 ㉡(㉱)과 ㉢(㉮)을 갖지 않으므로 ㉮'과 ㉳' 을 갖는다. 정상적인 경우 A+b+D가 2이어야 하는데 A+b+D가 3이므로 Ⅳ는 A와 b가 있는 ㉱'을 가져야 한다. 자녀 2가 ㉣(㉳)과 ㉱'을 모두 가지므로 ⓐ는 감수 1분열에서 염색체 비분리가 일어나 형성된 난자이다.

**문제풀이 Tip**

자녀의 경우 부모로부터 상동 염색체를 각각 하나씩 물려받는다는 것을 알고 자료에 적용하면 된다. 자녀 1의 경우 ㉠, ㉢, ㉣이 있으므로 ㉠과 ㉢은 아버지로부터, ㉣은 어머니로부터 물려받았음을 파악하여 염색체를 추론하면 된다.

## 21 복대립 유전과 다인자 유전

출제 의도 여러 유전 형질을 나타낸 자료를 분석하여 가족 구성원의 최대 표현형의 가짓수와 특정 표현형이 나타날 확률을 구할 수 있는지 묻는 문항이다.

**다음은 사람의 유전 형질 (가)와 (나)에 대한 자료이다.**

- (가)와 (나)의 유전자는 서로 다른 상염색체에 있다.
- (가)는 1쌍의 대립유전자에 의해 결정되며, 대립유전자에는 A, B, D가 있다. A는 B와 D에 대해, B는 D에 대해 각각 완전 우성이다. A>B>D – 단일 인자 유전(복대립 유전)
- (나)는 서로 다른 상염색체에 있는 2쌍의 대립유전자 E와 e, F와 f에 의해 결정된다. (나)의 표현형은 유전자형에서 대문자로 표시되는 대립유전자의 수에 의해서만 결정되며, 이 대립유전자의 수가 다르면 표현형이 다르다. 다인자 유전
- 표는 사람 Ⅰ~Ⅳ에서 성별, (가)와 (나)의 유전자형을 나타낸 것이다.

| 사람 | 성별 | 유전자형 |
|---|---|---|
| Ⅰ R | 남 | ABEeFf |
| Ⅱ P | 남 | ADEeFf |
| Ⅲ Q | 여 | BDEEff |
| Ⅳ S | 여 | DDEeFF |

- P와 Q 사이에서 ⓐ가 태어날 때, ⓐ에게서 나타날 수 있는 (가)와 (나)의 표현형은 최대 9가지이다. Ⅱ (가) 3가지 × (나) 3가지, Ⅲ
- R와 S 사이에서 ⓑ가 태어날 때, ⓑ에게서 나타날 수 있는 (가)와 (나)의 표현형은 최대 ㉠가지이다. (가) 2가지 × (나) 4가지 8
- P와 R는 Ⅰ과 Ⅱ를 순서 없이 나타낸 것이고, Q와 S는 Ⅲ과 Ⅳ를 순서 없이 나타낸 것이다.

**이에 대한 설명으로 옳은 것만을 〈보기〉에서 있는 대로 고른 것은? (단, 돌연변이는 고려하지 않는다.)**

보기
ㄱ. (가)의 유전은 단일 인자 유전이다. 복대립 유전
ㄴ. ㉠은 6이다. (가)의 표현형: 2가지 × (나)의 표현형 4가지 = 8
ㄷ. ⓑ의 (가)와 (나)의 표현형이 모두 R와 같을 확률은 $\frac{3}{8}$이다. (가): $\frac{1}{2}$ × (나): $\frac{3}{8}$ = $\frac{3}{16}$

① ㄱ   ② ㄴ   ③ ㄱ, ㄷ   ④ ㄴ, ㄷ   ⑤ ㄱ, ㄴ, ㄷ

---

✔ 자료 해석

- (가)의 유전은 단일 인자 유전 중 복대립 유전, (나)의 유전은 다인자 유전이다.
- P와 Q 사이에서 ⓐ가 태어날 때, ⓐ에게서 나타날 수 있는 (가)와 (나)의 표현형은 최대 9가지이므로 P는 Ⅱ, Q는 Ⅲ이다. 따라서 나머지 R는 Ⅰ, S는 Ⅳ이다.

○ 보기 풀이 ㄱ. (가)는 1쌍의 대립유전자에 의해 형질이 결정되므로 (가)의 유전은 단일 인자 유전이다. 또한, 형질을 결정하는 대립유전자의 종류가 3가지이므로 복대립 유전이다. (나)는 2쌍의 대립유전자에 의해 형질이 결정되므로 (나)의 유전은 다인자 유전이다.

✕ 매력적 오답 ㄴ. 만일 P가 Ⅰ, Q가 Ⅲ이라면 ⓐ에게서 (가)의 표현형은 최대 2가지, P가 Ⅰ, Q가 Ⅳ라면 ⓐ에게서 (가)의 표현형은 최대 2가지, P가 Ⅱ, Q가 Ⅳ라면 ⓐ에게서 (가)의 표현형은 최대 2가지이므로 (가)와 (나)의 표현형은 최대 9가지가 될 수 없다. 따라서 P는 Ⅱ, Q는 Ⅲ이며, 나머지 R는 Ⅰ, S는 Ⅳ이다. ⓑ에게서 (가)의 표현형은 최대 2가지, (나)의 표현형은 최대 4가지이므로 ㉠은 8이다.

ㄷ. ⓑ에게서 가능한 (가)의 유전자형은 AD, BD이므로 ⓑ의 (가)의 표현형이 R(AB)와 같을 확률은 $\frac{1}{2}$이다. ⓑ에게서 가능한 (나)의 유전자형은 표와 같다 (숫자는 대문자로 표시되는 대립유전자의 수를 나타낸다.).

| S의 생식세포 \ R의 생식세포 | EF(2) | eF(1) | Ef(1) | ef(0) |
|---|---|---|---|---|
| EF(2) | 4 | 3 | 3 | 2 |
| eF(1) | 3 | 2 | 2 | 1 |

ⓑ의 (나)의 표현형이 R(대문자로 표시되는 대립유전자의 수: 2)와 같을 확률은 $\frac{3}{8}$이다. 따라서 ⓑ의 (가)와 (나)의 표현형이 모두 R와 같을 확률은 $\frac{3}{16}$이다.

문제풀이 **Tip**

ⓐ에게서 나타날 수 있는 (가)와 (나)의 표현형은 최대 9가지이므로 (가)의 표현형은 최대 3가지만 가능한 것을 통해 P는 Ⅱ, Q는 Ⅲ임을 파악하는 것이 중요하다.

Part I
교육청

선택지 비율　① 12%　② 15%　❸ 45%　④ 15%　⑤ 10%

출제 의도 여러 유전 형질을 나타낸 자료를 분석하여 가족 구성원의 유전자형과 염색체 비분리가 일어난 시기를 파악할 수 있는지 묻는 문항이다.

**다음은 어떤 가족의 유전 형질 (가)~(다)에 대한 자료이다.**

- (가)는 대립유전자 A와 a에 의해, (나)는 대립유전자 B와 b에 의해, (다)는 대립유전자 D와 d에 의해 결정된다.
- (가)~(다)의 유전자 중 2개는 7번 염색체에, 나머지 1개는 X 염색체에 있다. <sub>(가), (다)</sub>
- 표는 <sub>(나)</sub> 이 가족 구성원 ㉠~㉤의 성별, 체세포 1개에 들어 있는 A, b, D의 DNA 상대량을 나타낸 것이다. ㉠~㉤은 아버지, 어머니, 자녀 1, 자녀 2, 자녀 3을 순서 없이 나타낸 것이다.

| 구성원 | 성별 | A | b | D |
|---|---|---|---|---|
| 어머니 ㉠ | 여 | 1 | 1 | 1 — X 염색체 |
| 자녀 1 또는 자녀 2 ㉡ | 여 | 2 | 2 | 0 |
| 자녀 2 또는 자녀 1 ㉢ | 남 | 1 | 0 | 2 |
| 자녀 3 ㉣ | 남 | 2 | 0 | 2 |
| 아버지 ㉤ | 남 | 2 | 1 | 1 |

(DNA 상대량 / 7번 염색체)

- ㉠~㉤의 핵형은 모두 정상이다. 자녀 1과 2는 각각 정상 정자와 정상 난자가 수정되어 태어났다. ┌ 24(7번 염색체 2개)
- 자녀 3은 염색체 수가 비정상적인 정자 ⓐ와 염색체 수가 비정상적인 난자 ⓑ가 수정되어 태어났으며, ⓐ와 ⓑ의 형성 과정에서 각각 염색체 비분리가 1회 일어났다. ┌ 감수 2분열　22(7번 염색체 없음)

**이에 대한 설명으로 옳은 것만을 〈보기〉에서 있는 대로 고른 것은?** (단, 제시된 염색체 비분리 이외의 돌연변이와 교차는 고려하지 않으며, A, a, B, b, D, d 각각의 1개당 DNA 상대량은 1이다.) **[3점]**

〈보기〉
ㄱ. (나)의 유전자는 X 염색체에 있다. <sub>(가), (다)의 유전자 → 7번 염색체</sub>
ㄴ. 어머니에게서 A, b, d를 모두 갖는 난자가 형성될 수 있다.
ㄷ. ⓐ의 형성 과정에서 염색체 비분리는 ~~1분열~~<sub>2분열</sub>에서 일어났다. <sub>ⓐ(7번 염색체 2개, AD/AD)+ⓑ(7번 염색체 없음) → 자녀 3</sub>

① ㄱ　② ㄷ　③ ㄱ, ㄴ　④ ㄴ, ㄷ　⑤ ㄱ, ㄴ, ㄷ

---

✔ 자료 해석

- 가족 구성원의 (가)~(다)의 유전자형을 나타내면 표와 같다.

| 구성원 | (가)~(다)의 유전자형 |
|---|---|
| ㉠(어머니) | Ad/aD X^B X^b |
| ㉡(자녀 1 또는 자녀 2) | Ad/Ad X^B X^b |
| ㉢(자녀 2 또는 자녀 1) | AD/aD X^B Y |
| ㉣(자녀 3) | AD/AD X^B Y |
| ㉤(아버지) | AD/Ad X^b Y |

- 자녀 3: 비정상적인 정자 ⓐ(7번 염색체 2개 — 감수 2분열 비분리)＋비정상적인 난자 ⓑ(7번 염색체 없음)

🅞 보기 풀이 　ㄱ. 여자에서는 b의 상대량이 1 또는 2가 있고 남자에서는 b의 상대량이 0 또는 1만 있으므로 (나)의 유전자는 X 염색체에 있고, (가)와 (다)의 유전자는 7번 염색체에 있다. ㉡이 어머니일 경우 남자인 자녀는 반드시 b의 상대량이 1이어야 하는데, 남자인 ㉢과 ㉣에서 모두 b의 상대량이 0이 되어 조건을 만족시키지 못한다. 따라서 ㉠이 어머니이며 ㉡이 자녀이다. 남자 중 ㉤만 b의 상대량이 1이므로 ㉤이 아버지이다. ㉤(아버지)의 (가)~(다)의 유전자형은 AD/Ad X^b Y이고 ㉡(자녀 1 또는 자녀 2)의 (가)~(다)의 유전자형은 Ad/Ad X^B X^b이므로 ㉠(어머니)의 (가)~(다)의 유전자형은 Ad/aD X^B X^b이다. 정상적인 경우 ㉢과 같이 AD/AD인 경우는 나타날 수 없으므로 ㉣이 자녀 3이다.
ㄴ. 어머니는 A와 d가 같은 7번 염색체에, a와 D가 같은 7번 염색체에 있으므로 A, b, d를 모두 갖는 난자가 형성될 수 있다.

✖ 매력적 오답 　ㄷ. 자녀 3은 A와 D가 있는 7번 염색체 2개를 모두 아버지에게서 물려받았으므로 ⓐ가 형성되는 과정에서 염색체 비분리는 감수 2분열에서 일어났다.

🔵 문제풀이 **Tip**
㉠~㉤ 중 어머니, 아버지, 자녀 3을 파악하는 것이 중요하다. 먼저 X 염색체에 있는 유전자를 먼저 파악한 후 어머니와 아버지를 찾아야 한다. 그런 후 정상적인 경우 나타날 수 없는 유전자형을 가진 것이 자녀 3임을 파악하면 된다.

출제 의도 여러 유전 형질을 나타낸 자료를 분석하여 우열 관계와 가족 구성원의 유전자형을 파악할 수 있는지 묻는 문항이다.

## 다음은 어떤 집안의 유전 형질 (가)와 (나)에 대한 자료이다.

- (가)는 대립유전자 H와 h에 의해, (나)는 대립유전자 T와 t에 의해 결정된다. H는 h에 대해, T는 t에 대해 각각 완전 우성이다.
- (가)와 (나)의 유전자는 서로 다른 상염색체에 있다.
- 가계도는 구성원 1~6에게서 (가)와 (나)의 발현 여부를 나타낸 것이다.

(나)는 우성 형질→4, 5 모두 Tt

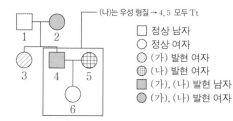

□ 정상 남자
○ 정상 여자
◨ (가) 발현 여자
⊕ (나) 발현 여자
■ (가), (나) 발현 남자
● (가), (나) 발현 여자

- 표는 구성원 3, 4, 5에서 체세포 1개당 H와 T의 DNA 상대량을 더한 값을 나타낸 것이다. ㉠~㉢은 0, 1, 2를 순서 없이 나타낸 것이다.

| 구성원 | 3 | 4 | 5 |
|---|---|---|---|
| H와 T의 DNA 상대량을 더한 값 | ㉠ 0 | ㉡ 1 | ㉢ 2 |

이에 대한 설명으로 옳은 것만을 〈보기〉에서 있는 대로 고른 것은? (단, 돌연변이는 고려하지 않으며, H, h, T, t 각각의 1개당 DNA 상대량은 1이다.)

4, 5는 모두 Tt이므로 ㉠은 0이다. → 3의 (가)의 유전자형은 hh인데, (가) 발현이므로 (가)는 열성 형질이다.

**보기**

ㄱ. (가)는 우성 형질이다. 열성
ㄴ. 1에서 체세포 1개당 h의 DNA 상대량은 ㉡이다. 1
ㄷ. 6의 동생이 태어날 때, 이 아이에게서 (가)와 (나)가 모두 발현될 확률은 $\frac{1}{8}$이다. (가) 발현: $\frac{1}{2}$×(나) 발현: $\frac{3}{4}$ → $\frac{3}{8}$

① ㄱ   ② ㄴ   ③ ㄷ   ④ ㄱ, ㄴ   ⑤ ㄴ, ㄷ

✔ **자료 해석**

- 가계도에 가족 구성원의 (가)와 (나)의 유전자형을 나타내면 그림과 같다.

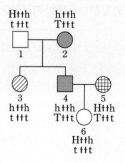

○ **보기 풀이** ㄴ. (나)가 발현된 4와 5 사이에서 태어난 6이 정상이므로 (나)는 우성 형질이고, (나)의 유전자형은 4와 5에서 모두 이형 접합성이다. 따라서 (나)의 유전자형은 3은 tt, 4와 5는 모두 Tt이다. 만약 (가)가 우성 형질이라면 1의 (가)의 유전자형은 hh이므로 3과 4의 (가)의 유전자형은 모두 Hh이고, 5의 (가)의 유전자형은 hh이다. 하지만 3~5 중 H와 T의 DNA 상대량을 더한 값에서 0이 나올 수 없어 모순되므로 (가)는 열성 형질이다. 4와 5의 (가)의 유전자형은 모두 hh, 5의 (가)의 유전자형은 Hh이고, 1은 3과 4에게 각각 h를 하나씩 물려주므로 (가)의 유전자형은 Hh이다. 따라서 1에서 체세포 1개당 h의 DNA 상대량은 1(㉡)이다.

✗ **매력적 오답** ㄱ. (가)는 열성 형질, (나)는 우성 형질이다.

ㄷ. 6의 동생이 태어날 때, 이 아이에게서 (가)가 발현(hh)될 확률은 $\frac{1}{2}$, (나)가 발현될 확률은 $\frac{3}{4}$(TT, Tt)이다. 따라서 이 아이에게서 (가)와 (나)가 모두 발현될 확률은 $\frac{3}{8}$이다.

**문제풀이 Tip**

4, 5, 6을 통해 (나)가 우성 형질임을 파악한 후 3~5의 (나)의 유전자형을 찾아야 한다. 그런 후 (가)가 우성 형질인 경우의 모순점을 찾으면 문제를 해결할 수 있다.

Part I
생명과학

선택지 비율　① 8%　② 8%　③ 20%　❹ 54%　⑤ 8%

출제의도 사람의 유전 형질 (가)에 대한 제시된 자료를 분석하여 대립유전자 사이의 우열 관계와 자녀에게 나타날 수 있는 표현형의 가짓 수를 찾을 수 있는지를 묻는 문항이다.

## 다음은 사람의 유전 형질 (가)에 대한 자료이다.

─ 2가지 대립유전자 사이에 우열 관계 없다.

- 상염색체에 있는 1쌍의 대립유전자에 의해 결정된다. 대립 유전자에는 A, B, D가 있으며, 표현형은 4가지이다.
  └ 3가지 ─ ─ 4가지 ─
- 유전자형이 AA인 사람과 AB인 사람은 표현형이 같고, A>B 유전자형이 AD인 사람과 DD인 사람은 표현형이 다르다. A≠D
- 유전자형이 AB인 아버지와 BD인 어머니 사이에서 ㉠이 태어날 때, ㉠의 표현형이 아버지와 같을 확률과 어머니와 같을 확률은 각각 $\frac{1}{4}$이다.
  └ AB, AD, BB, BD
- 유전자형이 BD인 아버지와 AD인 어머니 사이에서 ㉡이 태어날 때, ㉡에서 나타날 수 있는 표현형은 최대 ⓐ가지이다.
  └ AB, AD, BD, DD　　　　　└ 3
  　[A] [AD] [D] [D]

이에 대한 옳은 설명만을 〈보기〉에서 있는 대로 고른 것은? (단, 돌 연변이는 고려하지 않는다.) [3점]

보기
ㄱ. (가)는 복대립 유전 형질이다.
ㄴ. A는 ~~D~~에 대해 완전 우성이다. A와 D의 우열 관계는 명확하지 않다.
　　　B
ㄷ. ⓐ는 3이다.

① ㄱ　② ㄷ　③ ㄱ, ㄴ　④ ㄱ, ㄷ　⑤ ㄴ, ㄷ

✓ 자료 해석

- (가)는 복대립 유전 형질이며, 대립유전자는 3가지인데 표현형은 4가지이므로 두 가지 대립유전자 사이의 우열 관계는 명확하지 않다.
- A는 B에 대해 완전 우성이고, D는 B에 대해 완전 우성이며, A와 D의 우열 관계는 명확하지 않다. → D=A>B

○ 보기 풀이 ㄱ. 하나의 형질을 결정하는 데 세 개 이상의 대립 유전자가 관여하는 경우를 복대립 유전이라고 한다. (가)는 1쌍의 대립유전자에 의해 형질이 결정되며, 대립유전자에는 3가지가 있으므로 복대립 유전 형질이다.

ㄷ. ㉡의 유전자형이 AB, AD, BD, DD 중 하나이므로 ㉡에서 나타날 수 있는 표현형은 [A], [AD], [D]이다. 따라서 ⓐ는 3이다.

✕ 매력적 오답 ㄴ. 유전자형이 AB, AD, BB, BD 중 하나인 ㉠의 표현형이 아버지와 같을 확률과 어머니와 같을 확률이 각각 $\frac{1}{4}$이므로 A와 D의 우열 관계는 명확하지 않고, A와 D는 각각 B에 대해 완전 우성이다.

문제풀이 **Tip**

㉠의 유전자형이 AB, AD, BB, BD 중 하나인데, ㉠의 표현형이 아버지와 같을 확률과 어머니와 같을 확률이 각각 $\frac{1}{4}$이므로 AB[A], AD[AD], BB[B], BD[D] 각각의 표현형이 모두 다르다는 것을 통해 A, B, D 간의 우열 관계를 파악해야 한다.

# 25 사람의 유전

출제 의도 여러 유전 형질을 나타낸 자료를 분석하여 우열 관계와 가족 구성원의 유전자형을 파악할 수 있는지 묻는 문항이다.

**다음은 어떤 집안의 유전 형질 (가)와 (나)에 대한 자료이다.**

- (가)는 1쌍의 대립유전자 A와 a에 의해 결정되며, A는 a에 대해 완전 우성이다.
- (나)는 1쌍의 대립유전자에 의해 결정되며, 대립유전자에는 E, F, G가 있다. E는 F와 G에 대해, F는 G에 대해 각각 완전 우성이며, (나)의 표현형은 3가지이다. E>F>G
- 가계도는 구성원 1~8에서 (가)의 발현 여부를 나타낸 것이다. ┌ (가)가 상염색체 유전 형질임을 알 수 있다.

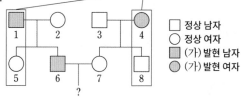

　□ 정상 남자
　○ 정상 여자
　■ (가) 발현 남자
　● (가) 발현 여자

- 표는 5~8에서 체세포 1개당 F의 DNA 상대량을 나타낸 것이다.
　┌ 남자에 2가 나오므로 (나)가 상염색체 유전형질임을 알 수 있다.

| 구성원 | 5 | ⑥ | 7 | 8 |
|---|---|---|---|---|
| F의 DNA 상대량 | 1 | 2 | 0 | 2 |
| | EF | FF | EG | FF |

- 5와 7에서 (나)의 표현형은 같다.
- 5, 6, 7 각각의 체세포 1개당 <u>A의 DNA 상대량을 더한 값</u>은 5, 6, 7 각각의 체세포 1개당 <u>G의 DNA 상대량을 더한 값</u>과 같다.
　┌1　┌1

**이에 대한 옳은 설명만을 〈보기〉에서 있는 대로 고른 것은? (단, 돌연변이와 교차는 고려하지 않으며, A, a, E, F, G 각각의 1개당 DNA 상대량은 1이다.) [3점]**

【보기】
ㄱ. (가)는 우성 형질이다.
ㄴ. (가)의 유전자는 (나)의 유전자와 같은 염색체에 있다.
　　　　　　　　　　　　서로 다른
ㄷ. 6과 7 사이에서 아이가 태어날 때, 이 아이에서 (가)와 (나)의 표현형이 모두 7과 같을 확률은 $\frac{1}{4}$ 이다. 6(AaFF)×7(aaEG)→ AaEF, AaFG, <u>aaEF</u>, aaFG

①ㄱ　②ㄴ　③ㄷ　④ㄱ, ㄷ　⑤ㄴ, ㄷ

---

✔ **자료 해석**

- 가계도에 가족 구성원의 (가)와 (나)의 유전자형을 나타내면 그림과 같다.

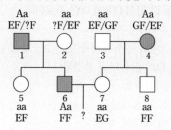

Aa　aa　aa　Aa
EF/?F　?F/EF　EF/GF　GF/EF
1　2　3　4

aa　Aa　aa　aa
EF　FF　EG　FF
5　6　7　8
　　　?

○ **보기 풀이** ㄱ. 1에서 5가, 4에서 8이 태어났으므로 (가)의 유전자는 상염색체에 있다. 남자인 6에서 (나)의 유전자형이 FF이므로 (나)의 유전자도 상염색체에 있다. F는 G에 대해 완전 우성이고, (나)의 표현형이 같은 5와 7 중 5에만 F가 있으므로 (나)의 유전자형은 5가 EF, 7이 EE 또는 EG이다. 7의 (나)의 유전자형이 EE이면 5, 6, 7에 G가 없고, 5, 6, 7에서 체세포 1개당 G의 DNA 상대량을 더한 값과 A의 DNA 상대량을 더한 값이 같아서 5, 6, 7에서 (가)의 유전자형과 표현형이 aa, (가) 미발현으로 모두 같아야 하는데 6의 (가)의 표현형이 (가) 발현이므로 조건을 만족시키지 못한다. 따라서 7의 (나)의 유전자형은 EG이다. 5, 6, 7에서 체세포 1개당 G의 DNA 상대량을 더한 값과 A의 DNA 상대량을 더한 값이 각각 1이므로 (가)가 발현된 6의 (가)의 유전자형이 Aa이며, (가)는 우성 형질이다.

ㄷ. 6(AaFF)과 7(aaEG) 사이에서 아이가 태어날 때, 이 아이에게서 나타날 수 있는 유전자형은 AaEF, AaFG, <u>aaEF</u>, aaFG이므로 7과 같이 (가)의 표현형이 (가) 미발현이면서 (나)의 표현형으로 E가 발현[E]될 확률은 $\frac{1}{4}$ 이다.

✗ **매력적 오답** ㄴ. (가)의 유전자형이 Aa인 4로부터 8은 a와 F를, 7은 a와 E 또는 a와 G를 받았으므로 (가)와 (나)의 유전자는 서로 다른 염색체에 있다.

**문제풀이 Tip**
7의 (나)의 유전자형을 파악하는 것이 중요하다. 7의 (나)의 유전자형은 EE 또는 EG인데, EE이면 5, 6, 7 각각의 체세포 1개당 G의 DNA 상대량을 더한 값이 0이므로, 5, 6, 7 각각의 체세포 1개당 A의 DNA 상대량을 더한 값 또한 0이 되어 5, 6, 7에서 (가)의 유전자형과 표현형이 같아야 하는데 가계도에서 6의 (가)의 표현형이 다르므로 7의 (나)의 유전자형은 EG이다.

Part I

유전

## 26 염색체 구조 이상

출제 의도 사람의 유전 형질을 나타낸 자료를 분석하여 각 세포의 유전자형과 중복이 일어난 염색체가 있는 세포를 파악할 수 있는지 묻는 문항이다.

**다음은 사람의 유전 형질 (가)에 대한 자료이다.**

- 서로 다른 3개의 상염색체에 있는 3쌍의 대립유전자 A와 a, B와 b, D와 d에 의해 결정된다.
- 표는 사람 P의 세포 Ⅰ~Ⅲ 각각에 들어 있는 A, a, B, b, D, d의 DNA 상대량을 나타낸 것이다. ⊙과 ⓛ은 1과 2를 순서 없이 나타낸 것이다.

| 세포 | DNA 상대량 | | | | | |
|---|---|---|---|---|---|---|
| | A | a | B | b | D | d |
| $G_1$-2nⅠ | ⊙1 | 1 | 0 | 2 | ?1 | ⊙1 |
| 감수 2분열 완료 -nⅡ | 1 | 0 | ?0 | ⓛ2 | ⊙1 | 0 → bb 중복이 일어난 염색체가 있는 세포 |
| 감수 2분열 중기 -nⅢ | ?0 | ⓛ2 | 0 | ?2 | 0 | ⓛ2 |

- Ⅰ~Ⅲ 중 2개에는 돌연변이가 일어난 염색체가 없고, 나머지에는 중복이 일어나 대립유전자 ⓐ의 DNA 상대량이 증가한 염색체가 있다. ⓐ는 A와 b 중 하나이다. 
  (표시: Ⅰ, Ⅲ / Ⅱ / b)

이에 대한 옳은 설명만을 〈보기〉에서 있는 대로 고른 것은? (단, 제시된 돌연변이 이외의 돌연변이와 교차는 고려하지 않으며, A, a, B, b, D, d 각각의 1개당 DNA 상대량은 1이다.) [3점]

**보기**

ㄱ. ⊙은 2이다. (1)
ㄴ. ⓐ는 b이다.
ㄷ. P에서 (가)의 유전자형은 AaBbDd이다. (AabbDd)

① ㄱ   ② ㄴ   ③ ㄷ   ④ ㄱ, ㄴ   ⑤ ㄴ, ㄷ

---

✔ **자료 해석**

- Ⅰ($G_1$기 세포): AabbDd
- Ⅱ(감수 2분열 완료 세포): AbbD → 중복이 일어난 염색체가 있는 세포
- Ⅲ(감수 2분열 중기 세포): aabbdd

○ **보기 풀이** ㄴ. ⊙이 2, ⓛ이 1이라면 (가)의 유전자형이 Ⅰ이 AAabbdd, Ⅱ가 AbDD, Ⅲ이 abd이므로 돌연변이가 일어난 염색체가 있는 세포가 Ⅰ과 Ⅱ 2개가 되므로 조건을 만족시키지 못한다. 따라서 ⊙이 1, ⓛ이 2이다. ⊙이 1, ⓛ이 2이므로 (가)의 유전자형이 Ⅰ이 AabbDd, Ⅱ가 AbbD(중복이 일어난 염색체가 있는 세포), Ⅲ이 aabbdd이므로 ⓐ는 Ⅱ의 b이다. Ⅱ와 Ⅲ에서 모두 b의 DNA 상대량이 2인데, Ⅱ의 경우 다른 유전자의 DNA 상대량이 1이므로 b가 있는 염색체가 중복이 일어난 세포이며, Ⅲ의 경우 다른 유전자의 DNA 상대량이 2이므로 염색 분체가 분리되기 전인 감수 2분열 중기 세포이다.

✘ **매력적 오답** ㄱ. ⊙은 1이다.

ㄷ. A와 a가 모두 있는 Ⅰ의 핵상이 2n이므로 P에서 (가)의 유전자형은 AabbDd이다.

**문제풀이 Tip**

Ⅰ~Ⅲ 중 1개의 세포에만 중복이 일어난 염색체가 있다는 것을 통해 ⊙이 1, ⓛ이 2이며, Ⅱ가 b의 DNA 상대량이 증가한 염색체가 있는 세포임을 파악하는 것이 중요하다.

## 27 다인자 유전과 복대립 유전

출제의도 유전 형질을 나타낸 자료를 분석하여 대립유전자 사이의 우열 관계를 파악하고 가족 구성원의 특정 표현형이 나타날 확률을 구할 수 있는지 묻는 문항이다.

**다음은 사람의 유전 형질 (가)와 (나)에 대한 자료이다.**

- (가)는 3쌍의 대립유전자 A와 a, B와 b, D와 d에 의해 결정된다.
- (가)의 표현형은 유전자형에서 대문자로 표시되는 대립유전자의 수에 의해서만 결정되고, 이 대립유전자의 수가 다르면 표현형이 다르다. — 다인자 유전
- (나)는 1쌍의 대립유전자에 의해 결정되고, 대립유전자에는 E, F, G가 있다. 각 대립유전자 사이의 우열 관계는 분명하고, (나)의 유전자형이 FF인 사람과 FG인 사람은 (나)의 표현형이 같다. — 복대립 유전, F>E>G
- 그림은 남자 ㉠과 여자 ㉡의 세포에 있는 일부 염색체와 유전자를 나타낸 것이다.

[F] : FF, FE, FG
[E] : EE, EG
[G] : GG

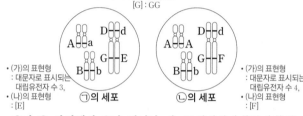

- (가)의 표현형 : 대문자로 표시되는 대립유전자 수 3, (나)의 표현형 : [E] ㉠의 세포

- (가)의 표현형 : 대문자로 표시되는 대립유전자 수 4, (나)의 표현형 : [F] ㉡의 세포

- ㉠과 ㉡ 사이에서 ⓐ가 태어날 때, ⓐ에게서 (가)와 (나)의 표현형이 모두 ㉠과 같을 확률은 $\frac{3}{32}$ 이다. $\frac{3}{8} \times \frac{1}{4}$

**ⓐ에게서 (가)와 (나)의 표현형이 모두 ㉡과 같을 확률은? (단, 돌연변이와 교차는 고려하지 않는다.)**

① $\frac{1}{32}$   ② $\frac{1}{16}$   ③ $\frac{3}{32}$   ④ $\frac{1}{8}$   ⑤ $\frac{3}{16}$

$\longmapsto (\frac{3}{8} \times \frac{1}{4}) + (\frac{1}{8} \times \frac{1}{4})$

✔ **자료 해석**

- ㉠과 ㉡ 사이에서 ⓐ가 태어날 때, ⓐ의 유전자형에서 A와 B의 수를 더한 값(대문자로 표시되는 대립유전자의 수)을 나타내면 표와 같다.

| ㉡ \ ㉠ | AB(2) | Ab(1) | aB(1) | ab(0) |
|---|---|---|---|---|
| AB(2) | 4 | 3 | 3 | 2 |
| Ab(1) | 3 | 2 | 2 | 1 |

- ⓐ의 유전자형에서 D의 수(대문자로 표시되는 대립유전자의 수)와 (나)의 유전자형은 (2)GG, (1)FG, (1)EG, (0)EF이다.
- E, F, G 사이의 우열 관계는 F>E>G이다.

◉ **보기풀이** ⓐ의 유전자형에서 A와 B의 수를 더한 값이 4일 확률과 1일 확률은 각각 $\frac{1}{8}$, 3일 확률과 2일 확률은 각각 $\frac{3}{8}$ 이다. D의 수와 (나)의 유전자형은 (2)GG, (1)FG, (1)EG, (0)EF 중 하나로 각각의 확률은 $\frac{1}{4}$ 이다.

G가 E에 대해 우성이면 ⓐ의 표현형이 ㉠과 같을 확률은 {$\frac{1}{8}$(A와 B의 수를 더한 값이 1)$\times \frac{1}{4}$(DDGG)} + {$\frac{3}{8}$(A와 B의 수를 더한 값이 2)$\times \frac{1}{4}$(DdEG)} = $\frac{4}{32}$ 인데 조건에 맞지 않으므로 E는 G에 대해 우성이다.

E가 F에 대해 우성이면 ⓐ의 표현형이 ㉠과 같을 확률은 {$\frac{3}{8}$(A와 B의 수를 더한 값이 2)$\times \frac{1}{4}$(DdEG)} + {$\frac{3}{8}$(A와 B의 수를 더한 값이 3)$\times \frac{1}{4}$(ddEF)} = $\frac{6}{32}$ 인데 조건에 맞지 않으므로 F는 E에 대해 우성이다.

따라서 ⓐ의 표현형이 ㉡과 같을 확률은 {$\frac{3}{8}$(A와 B의 수를 더한 값이 3)$\times \frac{1}{4}$(DdFG)} + {$\frac{1}{8}$(A와 B의 수를 더한 값이 4)$\times \frac{1}{4}$(ddEF)} = $\frac{4}{32}$ = $\frac{1}{8}$ 이다.

**문제풀이** Tip

E, F, G 사이의 우열 관계를 파악하는 것이 중요하다. F>E>G일 경우에만 ⓐ에게서 (가)와 (나)의 표현형이 모두 ㉠과 같을 확률이 {$\frac{3}{8}$(A와 B의 수를 더한 값이 2)$\times \frac{1}{4}$(DdEG)} = $\frac{3}{32}$ 이 될 수 있다.

## 28 사람의 유전과 염색체 비분리

2022년 10월 교육청 18번 | 정답 ③ | 문제편 40p

출제 의도 여러 유전 형질을 나타낸 자료를 분석하여 가족 구성원의 유전자형과 염색체 비분리가 일어난 시기를 파악할 수 있는지 묻는 문항이다.

**다음은 어떤 가족의 ABO식 혈액형과 적록 색맹에 대한 자료이다.**

- 표는 구성원의 성별과 각각의 혈청을 자녀 1의 적혈구와 혼합했을 때 응집 여부를 나타낸 것이다. ⓐ와 ⓑ는 각각 '응집됨'과 '응집 안 됨' 중 하나이다.

| 구성원 | 성별 | 응집 여부 |
|---|---|---|
| 아버지 | 남 | ⓐ 응집 안 됨(AB형) |
| 어머니 | 여 | ⓐ 응집 안 됨(A형) |
| 자녀 1 | 남 | 응집 안 됨(A형) |
| 자녀 2 | 여 | ⓑ 응집됨(B형) |
| 자녀 3 | 여 | ⓑ 응집됨(O형) |

- 아버지, 어머니, 자녀 2, 자녀 3의 ABO식 혈액형은 서로 다르고, 자녀 1의 ABO식 혈액형은 A형이다.
- 구성원의 핵형은 모두 정상이다.
- 구성원 중 자녀 2만 적록 색맹이 나타난다.
- 자녀 2는 정자 $I$과 난자 $II$가 수정되어 태어났고, 자녀 3은 정자 $III$과 난자 $IV$가 수정되어 태어났다. $I \sim IV$가 형성될 때 각각 염색체 비분리가 1회 일어났다.
  $\underset{21+X}{I}$ $\underset{22}{II}$ $\underset{22+X'X'}{III}$ $\underset{23+X}{IV}$
- 세포 1개당 염색체 수는 $I$과 $III$이 같다.

이에 대한 옳은 설명만을 〈보기〉에서 있는 대로 고른 것은? (단, ABO식 혈액형 이외의 혈액형은 고려하지 않으며, 제시된 돌연변이 이외의 돌연변이는 고려하지 않는다.) [3점]

〈보기〉
ㄱ. 세포 1개당 X 염색체 수는 $III$이 $I$ 보다 크다.
  세포 1개당 X 염색체 수는 $III$이 1, $I$이 0이다.
ㄴ. 아버지의 ABO식 혈액형은 ~~A형~~이다.
  AB형
ㄷ. $IV$가 형성될 때 염색체 비분리는 감수 2분열에서 일어났다.
  $III$(혈액형 대립유전자가 있는 상염색체가 하나 없음) + $IV$($ii$ : 감수 2분열 비분리) → 자녀 3(O형($ii$))

① ㄱ   ② ㄴ   ③ ㄱ, ㄷ   ④ ㄴ, ㄷ   ⑤ ㄱ, ㄴ, ㄷ

---

✓ 자료 해석

- 가족 구성원의 ABO식 혈액형과 적록 색맹의 유전자형을 나타내면 표와 같다.

| 구성원 | 성별 | 혈액형(유전자형) | 색맹 유전자형 |
|---|---|---|---|
| 아버지 | 남 | AB($I^A I^B$) | XY |
| 어머니 | 여 | A($I^A i$) | XX' |
| 자녀 1 | 남 | A($I^A I^A$ 또는 $I^A i$) | XY |
| 자녀 2 | 여 | B($I^B i$) | X'X' |
| 자녀 3 | 여 | O($ii$) | XX' 또는 XX |

- 자녀 2 : 정자 $I$(성염색체 없음 : 22개) + 난자 $II$(성염색체 X'X' − 감수 2분열 성염색체 비분리 : 24개)
- 자녀 3 : 정자 $III$(상염색체 하나 없음 : 22개) + 난자 $IV$((상염색체 하나 더 있음($ii$ : 감수 2분열 상염색체 비분리) : 24개))

○ 보기풀이 ㄱ. 부모 중 최소 한 명은 자녀 1과 공통의 응집원을 가지므로 ⓐ는 '응집 안 됨', ⓑ는 '응집됨'이다. 적록 색맹이 나타나지 않는 부모로부터 적록 색맹이 나타나는 여자인 자녀 2가 태어났으므로 어머니는 자녀 2에게 2개의 X 염색체를 물려주었으며 $I$에는 X 염색체가 없다. $III$이 형성될 때 염색체 비분리가 상염색체에서 일어났고 자녀 3은 여자이므로 $III$에는 1개의 X 염색체가 있다.

ㄴ, ㄷ. 어머니가 ABO식 혈액형을 결정하는 유전자를 2개 물려주어 O형인 자녀 3이 태어났으므로 $IV$가 형성될 때 염색체 비분리는 감수 2분열에서 일어났다. 따라서 어머니는 A형, 아버지는 AB형이다.

**문제풀이 Tip**
가족 구성원의 혈액형을 파악하는 것이 중요하다. 세포 1개당 염색체 수는 $I$과 $III$이 같다는 조건을 통해 $I$의 염색체 수가 정상 정자보다 하나 적으므로 $III$은 자녀 3에게 혈액형 유전자를 물려주지 않아야 한다. 이를 통해 아버지의 혈액형이 AB형임을 유추할 수 있어야 한다.

출제의도 여러 유전 형질을 나타낸 자료를 분석하여 유전자가 위치하는 염색체의 종류와 가족 구성원의 유전자형을 파악할 수 있는지 묻는 문항이다.

## 다음은 어떤 집안의 유전 형질 (가)~(다)에 대한 자료이다.

- (가)는 대립유전자 A와 a에 의해, (나)는 대립유전자 B와 b에 의해, (다)는 대립유전자 D와 d에 의해 결정된다. A는 a에 대해, B는 b에 대해, D는 d에 대해 각각 완전 우성이다.

- (가)~(다)의 유전자 중 2개는 X 염색체에, 나머지 1개는 상염색체에 있다.

- 가계도는 구성원 ⓐ와 ⓑ를 제외한 구성원 1~6에게서 (가)~(다)의 발현 여부를 나타낸 것이다.

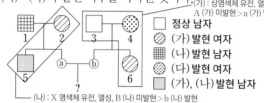

(가) : 상염색체 유전, 열성, A (가) 미발현>a (가) 발현

□ 정상 남자
◪ (가) 발현 여자
▦ (나) 발현 남자
⦂ (다) 발현 여자
▨ (가), (나) 발현 남자

(나) : X 염색체 유전, 열성, B (나) 미발현>b (나) 발현

- 표는 5, ⓐ, ⓑ, 6에서 체세포 1개당 대립유전자 ㉠~㉢의 DNA 상대량을 나타낸 것이다. ㉠~㉢은 각각 A, B, d 중 하나이다.

(다) : X 염색체 유전, 우성, D (다) 발현>d (다) 미발현

| 구성원 | | 5 | ⓐ | ⓑ | 6 |
|---|---|---|---|---|---|
| DNA 상대량 | ㉠d | ① | 2 | 0 | 2 |
| | ㉡A | 0 | 1 | 1 | ⓪ ←㉢이 A임을 알 수 있다. |
| | ㉢B | 0 | 1 | 1 | 1 |

이에 대한 옳은 설명만을 〈보기〉에서 있는 대로 고른 것은? (단, 돌연변이와 교차는 고려하지 않으며, A, a, B, b, D, d 각각의 1개당 DNA 상대량은 1이다.) [3점]

┌─ 보기 ─────────────────────────┐
ㄱ. (다)는 우성 형질이다. (가)와 (나)는 열성 형질이다.

ㄴ. 3은 ㉡과 ㉢을 모두 갖는다. 3의 유전자형은 Aa, X^Bd Y이다.
   ㉡ A   ㉢ B

ㄷ. ⓐ와 ⓑ 사이에서 아이가 태어날 때, 이 아이에게서 (가)~(다) 중 (가)만 발현될 확률은 $\frac{1}{16}$이다.
   $\frac{1}{4}$(aa일 확률)×$\frac{1}{4}$(X^Bd Y일 확률)=$\frac{1}{16}$
└──────────────────────────────┘

① ㄱ    ② ㄷ    ③ ㄱ, ㄴ    ④ ㄴ, ㄷ    ⑤ ㄱ, ㄴ, ㄷ

---

✔ **자료 해석**

- 가계도에 가족 구성원의 (가), (나), (다)의 유전자형을 나타내면 그림과 같다.

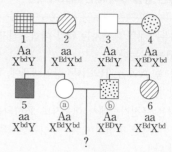

○ **보기 풀이** ㄱ. 3과 4는 (가) 미발현인데 (가) 발현인 딸 6이 태어났으므로 (가)의 유전자는 상염색체에 있으며 (가)는 열성 형질이다. 따라서 (나)와 (다)의 유전자는 X 염색체에 있다. 6에서 체세포 1개당 ㉡의 DNA 상대량이 0이므로 ㉡은 A이다. 5는 (나) 발현인데 어머니인 2가 (나) 미발현이므로 (나)는 열성 형질이다. 5에서 체세포 1개당 ㉢의 DNA 상대량이 0이므로 ㉢은 B이다. 따라서 나머지 ㉠은 d이다. 5에서 체세포 1개당 d(㉠)의 DNA 상대량이 1인데 (다) 미발현이므로 (다)는 우성 형질이다.

ㄴ. 3은 (가) 미발현이며, 자손 중에 (가) 발현인 딸 6이 있으므로 3의 (가)의 유전자형은 Aa이다. 따라서 ㉡(A)을 갖는다. (나)는 열성 형질인데 3은 (나) 미발현이므로 3의 (나)의 유전자형은 X^B Y이다. 따라서 ㉢(B)을 갖는다.

ㄷ. ⓐ는 체세포 1개당 d의 DNA 상대량이 2이므로 여자이고, ⓑ는 남자이다. ⓐ(Aa,X^Bd X^bd)와 ⓑ(Aa, X^BD Y) 사이에서 아이가 태어날 때, 이 아이에게서 나타날 수 있는 (가)의 유전자형은 AA, 2Aa, aa이고 (가)와 (나)의 유전자형은 X^BD X^Bd, X^BD X^bd, X^Bd Y, X^bd Y이므로 (가)만 발현될 확률은 $\frac{1}{4} \times \frac{1}{4}$ = $\frac{1}{16}$이다.

**문제풀이 Tip**

먼저 3, 4, 6을 통해 (가)의 유전자가 상염색체에 있다는 것을 파악한 후 (나)와 (다)의 유전자가 X 염색체에 있으며 ㉠~㉢이 나타내는 유전자를 유추하면 된다.

출제 의도 유전 형질을 나타낸 자료를 분석하여 가족 구성원의 유전자형과 가족 구성원의 특정 표현형이 나타날 확률을 구할 수 있는지 묻는 문항이다.

**다음은 사람의 유전 형질 ㉠에 대한 자료이다.**

- ㉠을 결정하는 3개의 유전자는 각각 대립유전자 A와 a, B와 b, D와 d를 갖는다.
- ㉠의 유전자 중 A와 a, B와 b는 상염색체에, D와 d는 X 염색체에 있다.
- ㉠의 표현형은 유전자형에서 대문자로 표시되는 대립유전자의 수에 의해서만 결정되며, 이 대립유전자의 수가 다르면 표현형이 다르다. – 다인자 유전
- 그림은 철수네 가족에서 아버지의 생식세포에 들어 있는 일부 염색체와 유전자를, 표는 이 가족의 ㉠의 유전자형에서 대문자로 표시되는 대립유전자의 수를 나타낸 것이다. ⓐ~ⓒ는 아버지, 어머니, 누나를 순서 없이 나타낸 것이다.

| 구성원 | ㉠의 유전자형에서 대문자로 표시되는 대립유전자의 수 |
| --- | --- |
| 누나 ⓐ | 4 |
| 어머니 ⓑ | 3 |
| 아버지 ⓒ | 2 |
| 철수 | ⓪ – 난자 abX^d + 정자 abY |

아버지 : ABX^d + abY → AaBbX^dY → ⓒ
어머니 : abX^d + ABX^D → AaBbX^DX^d → ⓑ

**이에 대한 설명으로 옳은 것만을 〈보기〉에서 있는 대로 고른 것은?**
**(단, 돌연변이는 고려하지 않는다.) [3점]**

보기
ㄱ. 어머니는 ⓑ이다. 누나는 ⓐ, 아버지는 ⓒ이다.
ㄴ. 누나의 체세포에는 a와 b가 모두 있다. a와 b가 모두 있을 수 없다.
ㄷ. 철수의 동생이 태어날 때, 이 아이의 ㉠에 대한 표현형이 아버지와 같을 확률은 $\frac{5}{16}$이다.

A와 B 중 2개를 가질 확률 : $\frac{6}{16}$, X^dY, X^dX^d일 확률 : $\frac{1}{2}$
/ A와 B 중 1개를 가질 확률 : $\frac{4}{16}$, X^DY, X^DX^d일 확률 : $\frac{1}{2}$
→ $(\frac{6}{16} \times \frac{1}{2}) + (\frac{4}{16} \times \frac{1}{2}) = \frac{5}{16}$

① ㄱ  ② ㄴ  ③ ㄱ, ㄷ  ④ ㄴ, ㄷ  ⑤ ㄱ, ㄴ, ㄷ

---

✔ **자료 해석**
- ⓐ : 누나, 유전자형 – AABBX^dX^d 또는 AABbX^DX^d 또는 AaBBX^DX^d
- ⓑ : 어머니, 유전자형 – AaBbX^DX^d
- ⓒ : 아버지, 유전자형 – AaBbX^dY
- 철수 : 유전자형 – aabbX^dY

○ **보기 풀이** ㄱ. 철수의 ㉠의 유전자형에서 대문자로 표시되는 대립유전자의 수가 0이므로 아버지는 a와 b를, 어머니는 a, b, d를 모두 가지고 있어야 한다. 따라서 ㉠의 유전자형은 아버지가 AaBbX^dY, 어머니가 AaBbX^DX^d이며, ⓑ는 어머니, ⓒ는 아버지이다. 따라서 누나는 ⓐ이며, ㉠의 유전자형은 AABBX^dX^d 또는 AABbX^DX^d 또는 AaBBX^DX^d이다.

ㄷ. 철수의 동생이 A와 B 중 2개를 갖고 D는 갖지 않을 확률은 $\frac{3}{8} \times \frac{1}{2} = \frac{3}{16}$ 이고, A와 B 중 1개를 갖고 D를 1개 가질 확률은 $\frac{1}{4} \times \frac{1}{2} = \frac{1}{8}$이므로 철수의 동생이 ㉠의 표현형이 아버지와 같을 확률은 $\frac{3}{16} + \frac{1}{8} = \frac{5}{16}$이다.

✘ **매력적 오답** ㄴ. 누나는 ㉠의 유전자형에서 대문자로 표시되는 대립유전자의 수가 4인데 어머니 또는 아버지로부터 d 하나를 반드시 물려받으므로 6개의 유전자 중 나머지 5개에서 4개가 대문자로 표시되는 대립유전자가 되어야 한다. 따라서 a와 b가 모두 있을 수 없다.

**문제풀이 Tip**
철수의 ㉠의 유전자형에서 대문자로 표시되는 대립유전자의 수가 0인 것을 통해 어머니와 아버지의 ㉠의 유전자형을 파악하는 것이 중요하다. 어머니와 아버지에게 모두 a, b, d가 있으므로 아버지는 ㉠의 유전자형에서 대문자로 표시되는 대립유전자의 수가 2이고 어머니는 ㉠의 유전자형에서 대문자로 표시되는 대립유전자의 수가 4가 될 수 없으므로 3임을 유추해야 한다.

출제 의도 여러 유전 형질을 나타낸 자료를 분석하여 우열 관계와 가족 구성원의 유전자형을 파악할 수 있는지 묻는 문항이다.

## 다음은 어떤 집안의 유전 형질 (가)와 (나)에 대한 자료이다.

- (가)는 대립유전자 A와 a에 의해, (나)는 대립유전자 B와 b에 의해 결정된다. A는 a에 대해, B는 b에 대해 각각 완전 우성이다. (가) 발현 : A, (가) 미발현 : a – 상염색체 유전 (나) 발현 : b, (나) 미발현 : B – X 염색체 유전

- 가계도는 구성원 1~8에게서 (가)와 (나)의 발현 여부를 나타낸 것이다.

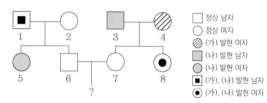

| | 정상 남자 |
|---|---|
| ○ | 정상 여자 |
| ◪ | (가) 발현 여자 |
| ▨ | (나) 발현 남자 |
| ■ | (가), (나) 발현 남자 |
| ● | (가), (나) 발현 여자 |

- 표는 구성원 Ⅰ~Ⅲ에서 체세포 1개당 ㉠과 ㉢, ㉡과 ㉣의 DNA 상대량을 각각 더한 값을 나타낸 것이다. Ⅰ~Ⅲ은 3, 6, 8을 순서 없이 나타낸 것이고, ㉠과 ㉡은 A와 a를, ㉢과 ㉣은 B와 b를 각각 순서 없이 나타낸 것이다.

| 구성원 | Ⅰ 6 | Ⅱ 8 | Ⅲ 3 |
|---|---|---|---|
| a  B<br>㉠과 ㉢의 DNA 상대량을 더한 값 | 3 | 1 | 2 |
| ㉡과 ㉣의 DNA 상대량을 더한 값<br>A  b | 0 | 3 | 1 |

합이 3이다. → (가)와 (나) 중 하나는 X 염색체 유전 형질이다.

## 이에 대한 설명으로 옳은 것만을 〈보기〉에서 있는 대로 고른 것은? (단, 돌연변이와 교차는 고려하지 않으며, A, a, B, b 각각의 1개당 DNA 상대량은 1이다.) [3점]

보기
- ㄱ. (가)는 우성 형질이다. (나)는 열성 형질이다.
- ㄴ. 1과 5의 체세포 1개당 b의 DNA 상대량은 같다. 1은 1, 5는 2이다.
- ㄷ. 6과 7 사이에서 아이가 태어날 때, 이 아이에게서 (가)와 (나) 중 한 형질만 발현될 확률은 ~~3/4~~ 이다. 1/4

① ㄱ  ② ㄴ  ③ ㄱ, ㄷ  ④ ㄴ, ㄷ  ⑤ ㄱ, ㄴ, ㄷ

---

✔ **자료 해석**

- 가계도에 가족 구성원의 (가)와 (나)의 유전자형을 나타내면 그림과 같다.

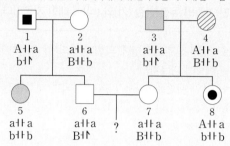

○ **보기 풀이**  Ⅰ~Ⅲ 중 체세포 1개당 ㉠~㉣의 DNA 상대량을 더한 값이 3인 사람이 있으므로 (가)와 (나) 중 하나는 X 염색체 유전 형질이다.

ㄱ. (가)가 X 염색체 유전이며 우성 형질이라면 우성 형질인 (가) 발현인 아버지 1로부터 열성 형질인 (가) 미발현(정상)인 딸 5가 태어날 수 없으므로 조건에 모순된다. (가)가 X 염색체 유전이며 열성 형질이라면 우성 형질인 (가) 미발현(정상)인 아버지 3으로부터 열성 형질인 (가) 발현인 딸 8이 태어날 수 없으므로 조건에 모순된다. 따라서 (가)의 유전자는 상염색체에 있으며, (나)의 유전자는 X 염색체에 있음을 알 수 있다.

(나)가 우성 형질이라면 우성 형질인 (나) 발현인 아버지 3으로부터 열성 형질인 (나) 미발현(정상)인 딸 7이 태어날 수 없으므로 (나)는 열성 형질이다. 따라서 (나)의 유전자형이 3은 $X^bY$, 6은 $X^BY$, 8은 $X^bX^b$이다. 이를 통해 ㉢이 B, ㉣이 b이며 Ⅲ은 3이고 Ⅰ은 6임을 알 수 있다.

㉠이 A라면 3(Ⅲ)의 (가)의 유전자형이 AA이므로 8은 3으로부터 A를 물려받아 3과 마찬가지로 (가)가 미발현(정상)이어야 하는데 (가) 발현이므로 ㉠이 a, ㉡이 A이다. 따라서 8(Ⅱ)의 (가)의 유전자형은 Aa이며 (가) 발현이므로 (가)는 우성 형질임을 알 수 있다.

✕ **매력적 오답**  ㄴ. 체세포 1개당 b의 DNA 상대량은 1에서 1, 5에서 2이다.
ㄷ. 6과 7 사이에서 아이가 태어날 때, 이 아이에게서 나타날 수 있는 (가)와 (나)의 유전자형은 $aaX^BX^B$, $aaX^BX^b$, $aaX^BY$, $\underline{aaX^bY}$이므로 (가)와 (나) 중 한 형질만 발현될 확률은 $\dfrac{1}{4}$이다.

**문제풀이 Tip**

(가)와 (나)의 유전자가 상염색체에 있는지 X 염색체에 있는지 파악하는 것이 중요하다. ㉠, ㉡, ㉢, ㉣을 모두 합한 값이 Ⅰ과 Ⅲ은 3이고 Ⅱ는 4인 것을 통해 (가)와 (나)의 유전자 중 하나는 X 염색체에 있고 나머지 하나는 상염색체에 있음을 유추할 수 있어야 한다.

Part I

교육청

**32** 복대립 유전과 돌연변이　　2022년 7월 교육청 20번 | 정답 ⑤ | 문제편 **42p**

**출제 의도** 여러 유전 형질을 나타낸 자료를 분석하여 가족 구성원의 유전자형과 결실이 일어난 유전자를 파악할 수 있는지 묻는 문항이다.

다음은 어떤 가족의 유전 형질 (가)와 (나)에 대한 자료이다.

- (가)는 대립유전자 A와 a에 의해 결정되며, 유전자형이 다르면 표현형이 다르다.
- (나)는 1쌍의 대립유전자에 의해 결정되며 대립유전자에는 B, D, E, F가 있다. B, D, E, F 사이의 우열 관계는 분명하다. ― 복대립 유전
- (나)의 표현형은 4가지이며, ㉠, ㉡, ㉢, ㉣이다. ―BB
- (나)에서 유전자형이 <u>BF, DF, EF, FF</u>인 개체의 표현형은 같고, 유전자형이 <u>BE, DE, EE</u>인 개체의 표현형은 같고, 유전자형이 <u>BD, DD</u>인 개체의 표현형은 같다. ― 우열 관계: ㉢ F>E>D>B
- (가)와 (나)의 유전자는 같은 상염색체에 있다.
- 표는 아버지, 어머니, 자녀 Ⅰ~Ⅳ에서 (나)에 대한 표현형과 체세포 1개당 A의 DNA 상대량을 나타낸 것이다.

| 구분 | 아버지 | 어머니 | 자녀 Ⅰ | 자녀 Ⅱ | 자녀 Ⅲ | 자녀 Ⅳ |
|---|---|---|---|---|---|---|
| (나)에 대한 표현형 | ㉠ | ㉡ | ㉠ | ㉠ | ㉢ | ㉣ |
| A의 DNA 상대량 | ? | 1 | 2 | ? | 1 | 0 |

aB/a(결실)
난자 정자

- 자녀 Ⅳ는 생식세포 형성 과정에서 대립유전자 ⓐ가 결실된 염색체를 가진 정자와 정상 난자가 수정되어 태어났다. ⓐ는 B, D, E, F 중 하나이다.

―E
AF/AD 정자 난자
a ―aB
AD/aE 난자 정자
어머니 AD/aB
아버지 AF/aE

이에 대한 설명으로 옳은 것만을 〈보기〉에서 있는 대로 고른 것은? (단, 제시된 돌연변이 이외의 돌연변이와 교차는 고려하지 않으며, A, a 각각의 1개당 DNA 상대량은 1이다.) [3점]

보기
ㄱ. ⓐ는 E이다.
ㄴ. 자녀 Ⅱ의 (가)에 대한 유전자형은 <s>aa</s>이다.
　　AA 또는 Aa
ㄷ. 자녀 Ⅳ의 동생이 태어날 때, 이 아이의 (가)와 (나)에 대한 표현형이 모두 아버지와 같을 확률은 $\frac{1}{4}$이다.
AF/aE × AD/aB → AF/AD, <u>AF/aB</u>, AD/aE, aE/aB

① ㄱ　② ㄴ　③ ㄷ　④ ㄱ, ㄴ　⑤ ㄱ, ㄷ

---

✓ **자료 해석**

- 가계도에 가족 구성원의 (가)와 (나)의 유전자형을 나타내면 그림과 같다.

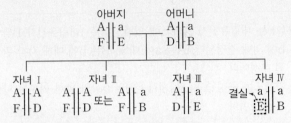

- ㉠ : 유전자형이 BF, DF, EF, FF인 표현형
- ㉡ : 유전자형이 BD, DD인 표현형
- ㉢ : 유전자형이 BE, DE, EE인 표현형
- ㉣ : 유전자형이 BB인 표현형

○ **보기 풀이**　(가)의 유전자형은 자녀 Ⅰ이 AA이고, 자녀 Ⅳ가 aa이므로 아버지와 어머니의 (가)의 유전자형은 Aa이다. 자녀 1의 (가)의 유전자형이 AA인데 (나)의 표현형이 ㉠이므로 AF/A□이며 자녀 Ⅳ의 (가)의 유전자형이 aa인데 (나)의 표현형이 ㉣이므로 aB/a(결실)이다. aB는 어머니에게서 물려받은 것이므로 어머니의 유전자형은 A□/aB이고 아버지의 유전자형은 AF/a□이다. 어머니의 (나)의 표현형을 [D], 자녀 Ⅲ의 (나)의 표현형을 [E]라고 하면 어머니의 유전자형은 AD/aB, 자녀 Ⅲ의 (가)의 유전자형은 Aa인데 (나)의 표현형이 ㉢[E]이므로 유전자형이 AD/aE이다. aE는 아버지에게서 물려받은 것이므로 아버지의 유전자형은 AF/aE이다.

ㄱ. (나)에서 대립유전자 간의 우열 관계는 F>E>D>B이며, 유전자형이 BF, DF, EF, FF인 개체의 표현형은 ㉠이고, 유전자형이 BE, DE, EE인 개체의 표현형은 ㉢이며, 유전자형이 BD, DD인 개체의 표현형은 ㉡이고, 유전자형이 BB인 개체의 표현형은 ㉣이다. 자녀 Ⅳ는 a와 같은 염색체에 있는 E(ⓐ)가 결실된 정자와 정상 난자가 수정되어 태어났다.

ㄷ. 자녀 Ⅳ의 동생이 태어날 때, 이 아이에게서 나타날 수 있는 유전자형은 AF/AD, <u>AF/aB</u>, AD/aE, aE/aB이므로 (가)와 (나)에 대한 표현형이 모두 아버지와 같을 확률은 $\frac{1}{4}$이다.

✕ **매력적 오답**　ㄴ. 자녀 Ⅱ의 (나)의 표현형이 ㉠이므로 유전자형이 AF/AD 또는 AF/aB이다. 따라서 자녀 Ⅱ의 (가)의 유전자형은 AA 또는 Aa이다.

**문제풀이** Tip
자료를 분석하여 ㉠, ㉡, ㉢, ㉣이 어떤 표현형인지 파악하는 것이 중요하다. (나)의 표현형이 ㉠과 ㉡ 사이에서 ㉠과 ㉢인 자녀가 태어난 것으로 보아 아버지와 어머니의 (나)의 유전자형은 이형 접합성이며 ㉠은 [F], ㉢은 [E], ㉡은 [D]이고, ㉣은 [B]이다.

## 33 다인자 유전

출제의도 유전 형질을 나타낸 자료를 분석하여 유전 방식과 염색체에서 유전자의 배열 형태를 파악할 수 있는지 묻는 문항이다.

### 다음은 사람의 유전 형질 (가)에 대한 자료이다.

- (가)는 서로 다른 2개의 상염색체에 있는 3쌍의 대립유전자 A와 a, B와 b, D와 d에 의해 결정되며, A, a, B, b는 7번 염색체에 있다.
- (가)의 표현형은 ㉠ 유전자형에서 대문자로 표시되는 대립유전자의 수에 의해서만 결정되며, 이 대립유전자의 수가 다르면 표현형이 다르다. – 다인자 유전
- 남자 P의 $\frac{㉠}{2}$과 여자 Q의 $\frac{㉠}{4}$의 합은 6이다. P는 d를 갖는다.
- P와 Q 사이에서 ⓐ가 태어날 때, ⓐ에게서 나타날 수 있는 표현형은 최대 3가지이고, ⓐ가 가질 수 있는 ㉠은 1, 3, 5 중 하나이다.

### 이에 대한 설명으로 옳은 것만을 〈보기〉에서 있는 대로 고른 것은? (단, 돌연변이와 교차는 고려하지 않는다.)

보기
ㄱ. (가)의 유전은 다인자 유전이다.
ㄴ. $\frac{\text{P의 } ㉠}{\text{Q의 } ㉠}$은 ~~2~~이다. $\frac{2}{4}=\frac{1}{2}$
ㄷ. ⓐ의 ㉠이 3일 확률은 $\frac{1}{\cancel{4}}$이다. $\frac{1}{2}$

① ㄱ   ② ㄴ   ③ ㄱ, ㄷ   ④ ㄴ, ㄷ   ⑤ ㄱ, ㄴ, ㄷ

### ✔ 자료 해석

- P : AB/ab, d/d, Q : AB/ab, D/D
- ⓐ에게서 나타날 수 있는 유전자형과 표현형

| Q의 생식세포 \ P의 생식세포 | ABd(2) | abd(0) |
|---|---|---|
| ABD(3) | AABBDd(5) | AaBbDd(3) |
| abD(1) | AaBbDd(3) | aabbDd(1) |

보기풀이 **ㄱ.** (가)는 3쌍의 대립유전자에 의해 표현형이 결정되므로 (가)의 유전은 다인자 유전이다.

매력적오답 **ㄴ.** (가)의 유전자형에서 대문자로 표시되는 대립유전자의 수는 ㉠이다. P의 ㉠과 Q의 ㉠의 합이 6이고, P와 Q 사이에서 ⓐ가 태어날 때 ⓐ의 (가)의 표현형은 최대 3가지이고, ⓐ가 가질 수 있는 ㉠은 1, 3, 5 중 하나이므로, P의 (가)의 유전자형은 AaBbdd이며 A와 B가 같은 염색체에 있고, Q의 (가)의 유전자형은 AaBbDD이며 A와 B가 같은 염색체에 있다. 따라서 P의 ㉠은 2이고 Q의 ㉠은 4이므로, $\frac{\text{P의 } ㉠}{\text{Q의 } ㉠}$은 $\frac{1}{2}$이다.

**ㄷ.** ⓐ의 ㉠이 3일 확률은 $\frac{2}{4}=\frac{1}{2}$이다. ⓐ의 ㉠이 1일 확률은 $\frac{1}{4}$, ⓐ의 ㉠이 5일 확률은 $\frac{1}{4}$이다.

### 문제풀이 Tip

P의 ㉠이 3이고 Q의 ㉠이 3이면 ⓐ에게서 나타날 수 있는 표현형이 최대 3가지이므로 P와 Q의 유전자 구성은 모두 Ab/aB, D/d인데, 이 경우 ⓐ가 가질 수 있는 ㉠은 4, 3, 2 중 하나이다. 이것은 조건에 모순되므로 P의 ㉠이 2이고, Q의 ㉠이 4임을 유추해야 한다.

Part I

교육청

# 34  사람의 유전

출제 의도 여러 유전 형질을 나타낸 자료를 분석하여 유전자가 위치하는 염색체의 종류와 가족 구성원의 유전자형을 파악할 수 있는지 묻는 문항이다.

**다음은 어떤 집안의 유전 형질 (가), (나), ABO식 혈액형에 대한 자료이다.**

- (가)는 대립유전자 G와 g에 의해, (나)는 대립유전자 H와 h에 의해 결정된다. G는 g에 대해, H는 h에 대해 각각 완전 우성이다. (가) 발현 : G, (가) 미발현 : g → X 염색체 유전 (나) 발현 : h, (나) 미발현 : H → 상염색체 유전
- (가), (나), ABO식 혈액형의 유전자 중 2개는 9번 염색체에, 나머지 1개는 X 염색체에 있다.
- 가계도는 구성원 ⓐ를 제외한 구성원 1~9에게서 (가)와 (나)의 발현 여부를 나타낸 것이다.

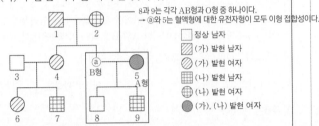

8과 9는 각각 AB형과 O형 중 하나이다.
→ ⓐ와 5는 혈액형에 대한 유전자형이 모두 이형 접합성이다.

□ 정상 남자
▨ (가) 발현 남자
▧ (가) 발현 여자
▦ (나) 발현 남자
⊞ (나) 발현 여자
● (가), (나) 발현 여자

- ⓐ, 5, 8, 9의 혈액형은 각각 서로 다르다.
- 1, 5, 6은 모두 A형이고, 3과 7의 혈액형은 8과 같다.

**이에 대한 설명으로 옳은 것만을 <보기>에서 있는 대로 고른 것은? (단, 돌연변이와 교차는 고려하지 않는다.) [3점]**

┌─ 보기 ─────────────────────────────┐
ㄱ. (가)의 유전자는 X 염색체에 있다. (나)와 ABO식 혈액형의 유전자는 9번 염색체에 있다.

ㄴ. ⓐ는 1과 (나)의 유전자형이 같다.
   1은 HH, ⓐ는 Hh이다.

ㄷ. 7의 동생이 태어날 때, 이 아이의 (가), (나), ABO식 혈액형의 표현형이 모두 4와 같을 확률은 $\frac{1}{4}$ 이다.
   ((가) 발현($X^GX^g$, $X^GY$) : $\frac{1}{2}$) × ((나) 미발현, A형(AH/OH, AH/Oh) : $\frac{1}{2}$)= $\frac{1}{4}$
└────────────────────────────────────┘

① ㄱ  ② ㄴ  ③ ㄷ  ④ ㄱ, ㄴ  ⑤ ㄱ, ㄷ

---

✔ **자료 해석**

- 가계도에 가족 구성원의 (가), (나), ABO식 혈액형의 유전자형을 나타내면 그림과 같다.

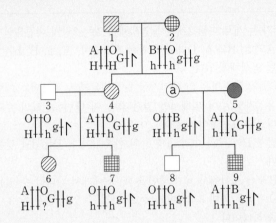

ㅇ **보기풀이** ㄱ. (나) 미발현(정상)인 3과 4 사이에서 (나) 발현인 남자 7이 태어났으므로 (나)는 열성 형질이다. (나)의 유전자가 X 염색체에 있다면 (나) 발현인 여자 5에서 (나) 미발현(정상)인 남자 8이 태어날 수 없으므로 (나)의 유전자는 9번 염색체에 있다. 따라서 (가)의 유전자는 X 염색체에 있고, (나)와 ABO식 혈액형의 유전자는 9번 염색체에 있다.

ㄷ. 7의 동생이 태어날 때, 이 아이에게서 (가)가 발현($X^GX^g$, $X^GY$)될 확률은 $\frac{1}{2}$, (나)가 발현되지 않으며 A형(AH/OH, AH/Oh)일 확률은 $\frac{1}{2}$이다. 따라서 이 아이의 (가), (나), ABO식 혈액형의 표현형이 모두 4와 같을 확률은 $\frac{1}{4}$이다.

✕ **매력적 오답** ㄴ. ⓐ, 5, 8, 9의 혈액형은 각각 서로 다르고 5의 혈액형이 A형이므로 ⓐ는 B형, 8과 9는 각각 O형과 AB형 중 하나이다. 5는 A형이면서 (나) 발현이므로 5의 유전자형은 Ah/Oh이다. 1이 A형인데 ⓐ는 B형이므로 2는 B형이며 (나) 발현이므로 2의 유전자형은 Bh/Oh이다. ⓐ는 2로부터 Bh를 물려받고 9는 ⓐ로부터 Bh, 5로부터 Ah를 물려받아 9의 유전자형은 Bh/Ah이다. 8은 (나) 미발현(정상), O형이므로 ⓐ로부터 OH, 5로부터 Oh를 물려받아 8의 유전자형은 OH/Oh이다. 따라서 ⓐ의 유전자형은 OH/Bh이다. 1은 ⓐ에게 OH를 물려주었고 3과 7이 8과 같은 O형이므로 4는 6에게 A를 물려주었다. 따라서 4는 A형이며 2로부터 Oh를 물려받았는데 (나) 미발현(정상)이므로 유전자형은 Oh/AH이다. 4의 AH는 1에게서 물려받은 것이므로 1의 유전자형은 AH/OH이다. 따라서 (나)의 유전자형은 1은 HH, ⓐ는 Hh이므로 ⓐ는 1과 (나)의 유전자형이 다르다.

**문제풀이 Tip**

먼저 (가)와 (나)의 유전자 중 X 염색체에 있는 유전자를 찾고 5의 혈액형이 A형이므로 ⓐ는 B형, 8과 9는 각각 O형과 AB형 중 하나임을 파악하는 것이 중요하다.

## 35 복대립 유전과 염색체 비분리

출제 의도 유전 형질을 나타낸 자료를 분석하여 가족 구성원의 유전자형과 염색체 비분리가 일어난 시기를 파악할 수 있는지 묻는 문항이다.

다음은 어떤 가족의 유전 형질 (가)에 대한 자료이다.

- (가)는 상염색체에 있는 한 쌍의 대립유전자에 의해 결정되며, 대립유전자에는 D, E, F가 있다. — 복대립 유전
- D는 E, F에 대해, E는 F에 대해 각각 완전 우성이다. — 우열 관계: D>E>F
- 표는 이 가족 구성원의 (가)의 3가지 표현형 ⓐ~ⓒ와 체세포 1개당 ㉠~㉢의 DNA 상대량을 나타낸 것이다. ㉠, ㉡, ㉢은 D, E, F를 순서 없이 나타낸 것이다.

| 구성원 | | 아버지 | 어머니 | 자녀1 | 자녀2 | 자녀3 |
|---|---|---|---|---|---|---|
| 표현형 | | ⓐ | ⓑ | ⓐ | ⓑ | ⓒ |
| DNA 상대량 | ㉠ F | 1 | 1 | 0 | 2 | 2 |
| | ㉡ D | 1 | 0 | ?₁ | 0 | ?₀ |
| | ㉢ E | 0 | ?₁ | 1 | ?₁ | 0 |

- 정상 난자와 생식세포 형성 과정에서 염색체 비분리가 1회 일어나 형성된 정자 P가 수정되어 자녀 ㉮가 태어났다. ㉮는 자녀 1~3 중 하나이다. (E) (FF) 자녀2

이에 대한 설명으로 옳은 것만을 〈보기〉에서 있는 대로 고른 것은? (단, 제시된 염색체 비분리 이외의 돌연변이와 교차는 고려하지 않으며, D, E, F 각각의 1개당 DNA 상대량은 1이다.) [3점]

보기
ㄱ. ㉡은 D이다. ㉠은 F, ㉢은 E이다.
ㄴ. 자녀 2에서 체세포 1개당 ㉢의 DNA 상대량은 0이다. E ㅣ1
ㄷ. P가 형성될 때 염색체 비분리는 감수 1분열에서 일어났다. 감수 2분열: 정상 난자(E)+정자 P(FF) → ㉮(EFF)

① ㄱ   ② ㄴ   ③ ㄱ, ㄷ   ④ ㄴ, ㄷ   ⑤ ㄱ, ㄴ, ㄷ

### ✓ 자료 해석

- 이 가족 구성원의 (가)의 3가지 표현형과 체세포 1개당 D, E, F의 DNA 상대량은 표와 같다.

| 구성원 | | 아버지 | 어머니 | 자녀1 | 자녀2 | 자녀3 |
|---|---|---|---|---|---|---|
| 표현형 | | ⓐ | ⓑ | ⓐ | ⓑ | ⓒ |
| DNA 상대량 | F | 1 | 1 | 0 | 2 | 2 |
| | D | 1 | 0 | 1 | 0 | 0 |
| | E | 0 | 1 | 1 | 1 | 0 |

- ⓐ : 유전자형이 DD, DE, DF인 표현형
- ⓑ : 유전자형이 EE, EF인 표현형
- ⓒ : 유전자형이 FF인 표현형

### ○ 보기 풀이

ㄱ. 유전자형이 DD, DE, DF인 개체의 표현형은 ⓐ, 유전자형이 EE, EF인 개체의 표현형은 ⓑ, 유전자형이 FF인 개체의 표현형은 ⓒ이다. 따라서 ㉠은 F, ㉡은 D, ㉢은 E이다.

### ✕ 매력적 오답

ㄴ. 자녀 2와 자녀 3에서 F의 DNA 상대량이 모두 2인데 자녀 2의 표현형은 ⓑ이고 자녀 3의 표현형은 ⓒ인 것으로 보아 자녀 2에는 F 이외에 어머니에게서 물려받은 E가 있음을 알 수 있다. 따라서 자녀 2의 (가)의 유전자형은 EFF이므로 체세포 1개당 E(㉢)의 DNA 상대량은 1이다.

ㄷ. 정상 난자(E)와 생식세포 형성 과정 중 감수 2분열에서 염색체 비분리가 일어나 형성된 정자 P(FF)가 수정되어 자녀 2(자녀 ㉮)가 태어났다.

### 문제풀이 Tip

우선 자녀 3에서 부모에게는 없던 형질인 ⓒ가 나타난 것으로 보아 ⓒ는 가장 열성 형질이며, 유전자형이 FF인 개체의 표현형임을 파악해야 한다. 자녀 2의 경우 F의 DNA 상대량이 2인데 표현형이 어머니와 같은 표현형인 ⓑ인 것으로 보아 어머니에게서 E를 물려받고 아버지에게서 FF를 물려받았음을 유추해야 한다.

**36** 다인자 유전

출제 의도 유전 형질을 나타낸 자료를 분석하여 유전 방식과 염색체에서 특정한 유전자를 파악할 수 있는 지 묻는 문항이다.

## 다음은 사람의 유전 형질 (가)에 대한 자료이다.

---

- (가)는 서로 다른 상염색체에 있는 2쌍의 대립유전자 D와 d, E와 e에 의해 결정된다. ─ 다인자 유전

- (가)의 표현형은 유전자형에서 대문자로 표시되는 대립유전자의 수에 의해서만 결정되며, 이 대립유전자의 수가 다르면 표현형이 다르다.

- 그림은 남자 P의 체세포와 여자 Q의 체세포에 들어 있는 일부 염색체와 유전자를 나타낸 것이다. ㉠은 E와 e 중 하나이다.

**P의 체세포**

**Q의 체세포**

- P와 Q 사이에서 ⓐ가 태어날 때, ⓐ가 유전자형이 DdEe 인 사람과 (가)의 표현형이 같을 확률은 $\frac{1}{4}$이다.

  P의 생식세포(1)×Q의 생식세포(1)=$\frac{1}{2}$×$\frac{1}{2}$=$\frac{1}{4}$

---

이에 대한 옳은 설명만을 〈보기〉에서 있는 대로 고른 것은? (단, 돌연변이는 고려하지 않는다.)

보기
ㄱ. (가)는 다인자 유전 형질이다.

ㄴ. ㉠은 E이다.

ㄷ. ⓐ의 (가)의 표현형이 P와 같을 확률은 ~~$\frac{1}{4}$~~ $\frac{1}{2}$이다.
　　DdEE×DDEe → DDEE, DDEe, DdEE, DdEe

① ㄱ　　② ㄷ　　③ ㄱ, ㄴ　　④ ㄴ, ㄷ　　⑤ ㄱ, ㄴ, ㄷ

---

✓ 자료 해석

- (가)의 유전자형에서 대문자로 표시되는 대립유전자의 수가 2일 확률
  ─㉠이 e인 경우 (단, 괄호 안의 숫자는 (가)의 유전자형에서 대문자로 표시되는 대립유전자의 수를 나타낸다.)

  P의 생식세포(1)×Q의 생식세포(1) : $\frac{1}{2}$×1=$\frac{1}{2}$

  ─㉠이 E인 경우

  P의 생식세포(1)×Q의 생식세포(1) : $\frac{1}{2}$×$\frac{1}{2}$=$\frac{1}{4}$

---

○ 보기 풀이 ㄱ. (가)는 2쌍의 대립유전자에 의해 형질이 결정되므로 다인자 유전 형질이다.

ㄴ. ㉠이 e라면 P에서 유전자형이 DE, De, dE, de인 생식세포가 형성되고, Q에서는 De인 생식세포가 형성된다. 이 경우에 ⓐ의 (가)의 유전자형은 DDEe, DDee, DdEe, Ddee 중 하나이며, ⓐ가 DdEe인 사람과 (가)의 표현형이 같을 확률은 $\frac{1}{2}$이므로 조건에 모순된다. 따라서 ㉠은 E이다.

✕ 매력적 오답 ㄷ. ⓐ의 (가)의 유전자형은 DDEE, DDEe, DdEE, DdEe 중 하나이며, ⓐ의 (가)의 표현형이 P와 같을 확률은 $\frac{1}{2}$이다.

문제풀이 **Tip**
Q의 체세포에서 DD이므로 ㉠이 E 또는 e에 상관없이 생식세포에서는 (가)의 유전자형에서 대문자로 표시되는 대립유전자의 수가 0인 경우는 나타나지 않는다. 따라서 P와 Q의 생식세포를 고려할 때 (가)의 유전자형에서 대문자로 표시되는 대립유전자의 수가 1인 경우만 파악하면 된다.

# 37 사람의 유전

2022년 3월 교육청 17번 | 정답 ① | 문제편 45p

출제의도 여러 유전 형질을 나타낸 자료를 분석하여 유전자가 위치하는 염색체의 종류와 우열 관계를 파악할 수 있는지 묻는 문항이다.

**다음은 어떤 집안의 유전 형질 (가)와 (나)에 대한 자료이다.**

- (가)는 대립유전자 H와 h에 의해, (나)는 대립유전자 T와 t에 의해 결정된다. H는 h에 대해, T는 t에 대해 각각 완전 우성이다.
- (가)와 (나) 중 하나는 우성 형질이고, 다른 하나는 열성 형질이다. <sup>(가) 발현 : H, (가) 미발현 : h → 상염색체 유전</sup> <sup>(나) 발현 : t, (나) 미발현 : T → X 염색체 유전</sup>
- (가)의 유전자와 (나)의 유전자 중 하나는 상염색체에 있고, 다른 하나는 X 염색체에 있다.
- 가계도는 구성원 1~8에게서 (가)와 (나)의 발현 여부를 나타낸 것이다.

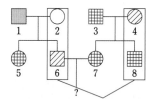

○ 정상 여자
▨ (가) 발현 남자 (빗금)
◐ (가) 발현 여자 (빗금)
▦ (나) 발현 남자 (격자)
⊕ (나) 발현 여자 (격자)
▨ (가), (나) 발현 남자 (회색)

(가)가 X 염색체 유전이면 (가)는 열성, 우성 형질 모두 불가능하다. → (가)는 상염색체 유전이다.

**이에 대한 옳은 설명만을 〈보기〉에서 있는 대로 고른 것은? (단, 돌연변이는 고려하지 않는다.) [3점]**

┌─ 보기 ─┐
ㄱ. (가)는 우성 형질이다. (나)는 열성 형질이다.
ㄴ. (나)의 유전자는 ~~상염색체~~에 있다. X 염색체
ㄷ. 6과 7 사이에서 아이가 태어날 때, 이 아이에게서 (가)와 (나)가 모두 발현될 확률은 $\frac{1}{2}$이다. $\frac{1}{4}$
└────────┘

① ㄱ   ② ㄴ   ③ ㄱ, ㄷ   ④ ㄴ, ㄷ   ⑤ ㄱ, ㄴ, ㄷ

---

✔ 자료 해석

- 가계도에 가족 구성원의 (가)와 (나)의 유전자형을 나타내면 그림과 같다.

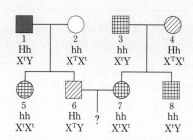

1 Hh $X^tY$   2 $X^TX^t$   3 hh $X^tY$   4 Hh $X^TX^t$
5 hh $X^tX^t$   6 Hh $X^TY$   ?   7 hh $X^tX^t$   8 hh $X^tY$

○ 보기 풀이 ㄱ. (가)의 유전자가 X 염색체에 있다면 (가) 미발현(정상)인 여자 2에게서 (가) 발현인 남자 6이 태어났으므로 (가)는 우성 형질이 아니고, (가) 발현인 여자 4에게서 (가) 미발현(정상)인 남자 8이 태어났으므로 (가)는 열성 형질도 아니다. 따라서 (가)의 유전자는 상염색체에, (나)의 유전자는 X 염색체에 있다. (나) 미발현(정상)인 여자 4에게서 (나) 발현인 남자 8이 태어났으므로 (나)는 열성 형질이며, (가)는 우성 형질이다.

✗ 매력적 오답 ㄴ. (나)의 유전자는 X 염색체에 있다.

ㄷ. 6(Hh$X^TY$)과 7(hh$X^tX^t$) 사이에서 아이가 태어날 때, 이 아이에게서 나타날 수 있는 유전자형은 Hh$X^TX^t$, Hh$X^tY$, hh$X^TX^t$, hh$X^tY$이므로 (가)와 (나)가 모두 발현(Hh$X^tY$)될 확률은 $\frac{1}{4}$이다.

**문제풀이 Tip**

(가)의 유전자와 (나)의 유전자가 어떤 염색체에 있는지 파악하는 것이 중요하다. X 염색체에 유전자가 있을 경우 형질이 미발현된 어머니에게서 형질이 발현된 아들이 태어나면 열성 형질이며, 형질이 발현된 어머니에게서 형질이 미발현된 아들이 태어나면 우성 형질이다.

## 38 염색체 비분리

출제 의도 여러 유전 형질을 나타낸 자료를 분석하여 가족 구성원의 유전자형과 염색체 비분리가 일어난 시기를 파악할 수 있는지 묻는 문항이다.

**다음은 어떤 가족의 유전 형질 (가)와 (나)에 대한 자료이다.**

- (가)는 대립유전자 A와 a에 의해, (나)는 대립유전자 B와 b에 의해 결정된다. A는 a에 대해, B는 b에 대해 각각 완전 우성이다. (가) 발현 : a, (가) 미발현 : A　(나) 발현 : B, (나) 미발현 : b
- (가)와 (나)의 유전자는 모두 X 염색체에 있다.
- 표는 가족 구성원의 성별, (가)와 (나)의 발현 여부를 나타낸 것이다.

| 구분 | 아버지 | 어머니 | 자녀 1 | 자녀 2 | 자녀 3 |
|------|--------|--------|--------|--------|--------|
| 성별 | 남 | 여 | 여 | 남 | 남 |
| (가) | ?○ | ⊗ | ○ | ○ | × |
| (나) | ○ | × | ○ | × | ○ |

(가)는 열성 형질임을 알 수 있다.

(○: 발현됨, ×: 발현 안 됨)

- 성염색체 비분리가 1회 일어나 형성된 생식세포 ㉠과 정상 생식세포가 수정되어 자녀 3이 태어났다. 정자($X^{aB}Y$)　난자($X^{Ab}$)

**이에 대한 옳은 설명만을 〈보기〉에서 있는 대로 고른 것은? (단, 제시된 돌연변이 이외의 돌연변이와 교차는 고려하지 않는다.) [3점]**

보기

ㄱ. 아버지에게서 (가)가 발현되었다.

ㄴ. (나)는 우성 형질이다. (가)는 열성 형질이다.

ㄷ. ㉠의 형성 과정에서 성염색체 비분리는 감수 1분열에서 일어났다. ㉠ : $X^{aB}Y$ → X 염색체와 Y 염색체를 모두 갖는다. → 감수 1분열에서 성염색체가 비분리

① ㄱ　② ㄷ　③ ㄱ, ㄴ　④ ㄴ, ㄷ　⑤ ㄱ, ㄴ, ㄷ

✔ 자료 해석

- 가족 구성원의 (가)와 (나)의 유전자형은 다음과 같다.
  아버지 : $X^{aB}Y$, 어머니 : $X^{Ab}X^{ab}$, 자녀 1 : $X^{aB}X^{ab}$, 자녀 2 : $X^{aB}Y$, 자녀 3 : $X^{Ab}X^{aB}Y$
- 정상 난자($X^{Ab}$)＋ 생식세포 ㉠($X^{aB}Y$ : 감수 1분열에서 비분리) → 자녀 3

○ 보기 풀이 ㄱ, ㄴ. (가)와 (나)의 유전자가 모두 X 염색체에 있는데, (가) 미발현(정상)인 어머니에게서 (가) 발현 남자인 자녀 2가 태어났으므로 (가)는 열성 형질이다. (나)가 열성 형질이라면 자녀 1의 유전자형은 $X^{ab}X^{ab}$이고, 어머니의 유전자형은 $X^{AB}X^{ab}$이므로 유전자형이 $X^{aB}Y$인 자녀 2가 태어날 수 없다. 따라서 (나)는 우성 형질이다. 어머니의 유전자형이 $X^{Ab}X^{ab}$이고 자녀 1은 어머니에게서 $X^{ab}$, 아버지에게서 $X^{aB}$를 물려받았으므로 아버지에게서 (가)가 발현되었다.

ㄷ. 남자인 자녀 3은 아버지에게서 a와 B가 있는 X 염색체와 Y 염색체를 모두 물려받았으므로 ㉠의 형성 과정에서 성염색체 비분리는 감수 1분열에서 일어났다.

문제풀이 **Tip**

X 염색체 유전에서 형질의 우열 관계에 따른 가족 구성원의 발현 유무를 알고 있어야 한다. 유전자가 X 염색체에 있으며 우성 형질일 경우 어머니에게서 형질이 발현되지 않으면 아들에게서도 반드시 형질이 발현되지 않고 유전자가 X 염색체에 있으며 열성 형질일 경우 딸에게서 형질이 발현되었으면 반드시 아버지에게서도 형질이 발현된다.

# 39 가계도 분석

출제 의도 여러 유전 형질을 나타낸 자료를 분석하여 가족 구성원의 유전자형을 파악할 수 있는지 묻는 문항이다.

**다음은 어떤 집안의 유전 형질 (가)와 (나)에 대한 자료이다.**

- (가)는 대립유전자 A와 a에 의해, (나)는 대립유전자 B와 b에 의해 결정된다. A는 a에 대해, B는 b에 대해 각각 완전 우성이다.
- 가계도는 구성원 1~10에게서 (가)와 (나)의 발현 여부를 나타낸 것이다.

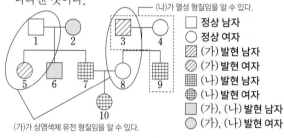

(나)가 열성 형질임을 알 수 있다.

□ 정상 남자
○ 정상 여자
▨ (가) 발현 남자
◩ (가) 발현 여자
⊞ (나) 발현 남자
⊕ (나) 발현 여자
▦ (가), (나) 발현 남자
⬤ (가), (나) 발현 여자

(가)가 상염색체 유전 형질임을 알 수 있다.

- 1, 2, 3, 4 각각의 체세포 1개당 a의 DNA 상대량을 더한 값은 1, 2, 3, 4 각각의 체세포 1개당 b의 DNA 상대량을 더한 값과 같다. (가)는 열성 형질, (나)는 상염색체 유전 형질이다.

**이에 대한 옳은 설명만을 〈보기〉에서 있는 대로 고른 것은?** (단, 돌연변이는 고려하지 않으며, a와 b 각각의 1개당 DNA 상대량은 1이다.)

보기
ㄱ. (가)는 열성 형질이다.
ㄴ. 4는 (가)와 (나)의 유전자형이 모두 이형 접합성이다.
　　　　　　AABb, (가)의 유전자형은 동형 접합성이다.
ㄷ. 10의 동생이 태어날 때, 이 아이가 (가)와 (나)에 대해 모두
　　정상일 확률은 $\frac{1}{4}$이다.
　　　(가)가 정상일 확률 $(\frac{3}{4})$×(나)가 정상일 확률 $(\frac{1}{2})=\frac{3}{8}$

① ㄱ　　② ㄴ　　③ ㄱ, ㄷ　　④ ㄴ, ㄷ　　⑤ ㄱ, ㄴ, ㄷ

---

✓ 자료 해석

- 가계도에 가족 구성원의 유전 형질 (가)와 (나)에 대한 유전자형을 나타내면 그림과 같다.

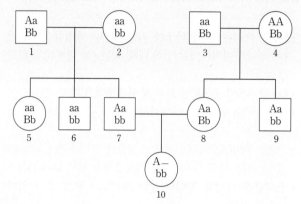

보기 풀이　ㄱ. 정상인 남자 1로부터 (가)가 발현된 딸 5가 태어났고 (가)가 발현된 남자 3으로부터 정상인 딸 8이 태어났으므로, (가)는 상염색체 유전 형질이다. (나)에 대해 정상인 3과 4로부터 (나)가 발현된 9가 태어났으므로 (나)는 열성 형질이다. 1~4 각각의 체세포 1개당 a의 DNA 상대량을 더한 값과 b의 DNA 상대량을 더한 값이 같으므로 (가)는 열성 형질이고 (나)는 상염색체 유전 형질이다.

✗ 매력적오답　ㄴ. 4로부터 (나)가 발현된 9가 태어났으므로 (나)의 유전자형은 이형 접합성인 Bb이다. (가)의 경우 4는 정상이므로 유전자형이 AA와 Aa가 가능한데, 1~4 각각의 체세포 1개당 b의 DNA 상대량을 더한 값이 5이므로 1~4 각각의 체세포 1개당 a의 DNA 상대량을 더한 값 또한 5이어야 한다. 따라서 4의 (가)의 유전자형은 동형 접합성인 AA이다.

ㄷ. (가)와 (나)의 유전자는 서로 다른 상염색체에 있으므로 7(Aabb)과 8(AaBb) 사이에서 10의 동생이 태어날 때, 이 아이가 (가)와 (나)에 대해 모두 정상일 확률은 (가)가 정상(AA, Aa)일 확률 $(\frac{3}{4})$×(나)가 정상(Bb)일 확률 $(\frac{1}{2})$ $=\frac{3}{8}$이다.

문제풀이 **Tip**
(나)의 경우 정상인 3과 4로부터 (나)가 발현된 9가 태어났으므로 (나)는 열성 형질인데, 이때 상염색체 유전 형질과 X 염색체 유전 형질이 모두 가능하다. 그런데 1~4 각각의 체세포 1개당 a의 DNA 상대량을 더한 값과 b의 DNA 상대량을 더한 값이 같다고 하였으므로 (나)는 상염색체 유전 형질임을 파악할 수 있어야 한다.

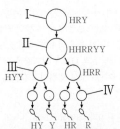
출제 의도 여러 유전 형질을 나타낸 자료를 분석하여 가족 구성원의 유전자형과 전좌가 일어난 유전자를 파악할 수 있는지 묻는 문항이다.

**다음은 어떤 가족의 유전 형질 (가)와 (나)에 대한 자료이다.**

- (가)는 대립유전자 H와 h에 의해, (나)는 대립유전자 R와 r에 의해 결정된다. H는 h에 대해, R는 r에 대해 각각 완전 우성이다.
- (가)와 (나)의 유전자는 모두 X 염색체에 있다.
- (가)는 아버지와 아들 ⓐ에게서만, (나)는 ⓐ에게서만 발현되었다.
- 그림은 아버지의 $G_1$기 세포 I로부터 정자가 형성되는 과정을, 표는 세포 ㉠~㉣에서 세포 1개당 H와 R의 DNA 상대량을 나타낸 것이다. ㉠~㉣은 I~IV를 순서 없이 나타낸 것이다.

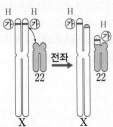

| 세포 | DNA 상대량 | |
| --- | --- | --- |
| | H | R |
| ㉠ III | 1 | 0 |
| ㉡ I | ? 1 | 1 |
| ㉢ II | 2 | ? 2 |
| ㉣ IV | 0 | ? 1 |

- 그림과 같이 II에서 전좌가 일어나 X 염색체에 있는 2개의 ㉮ 중 하나가 22번 염색체로 옮겨졌다. ㉮는 H와 R 중 하나이다.

H㉮ [전좌 그림: H H → H H 전좌 22  22 X  X]

- ⓐ는 III으로부터 형성된 정자와 정상 난자가 수정되어 태어났다.

이에 대한 옳은 설명만을 〈보기〉에서 있는 대로 고른 것은? (단, 제시된 돌연변이 이외의 돌연변이와 교차는 고려하지 않으며, H와 R 각각의 1개당 DNA 상대량은 1이다.) [3점]

보기
ㄱ. ㉠은 III이다. ㉠은 III, ㉡은 I, ㉢은 II, ㉣은 IV이다.
ㄴ. ㉮는 R이다.  H (취소선)
ㄷ. ⓐ는 H와 h를 모두 갖는다. H(22번 염색체에 위치)X^hrY

① ㄱ  ② ㄴ  ③ ㄷ  ④ ㄱ, ㄷ  ⑤ ㄴ, ㄷ

✔ **자료 해석**

- 가족 구성원의 (가)와 (나)에 대한 유전자형은 표와 같다.

| 구성원 | (가)와 (나)의 유전자형 |
| --- | --- |
| 아버지 | $X^{HR}Y$ |
| 어머니 | $X^{hR}X^{hr}$ |
| ⓐ | H(22번 염색체에 위치)$X^{hr}Y$ |

- I은 ㉡(HR), II는 ㉢(HHRR), III은 ㉠(H), IV는 ㉣(R)이다.

○ **보기 풀이** ㄱ. X 염색체에 H와 R가 모두 있는 아버지에게서 (가)만 발현되었으므로 (가)는 우성 형질, (나)는 열성 형질이다. 어머니에게서 (가)와 (나)가 모두 발현되지 않았고, ⓐ에게서 (가)와 (나)가 모두 발현되었으므로, 어머니의 (가)와 (나)의 유전자형은 $X^{hR}X^{hr}$이다. ㉡은 $G_1$기 세포이므로 I이고, ㉢은 ㉡이 DNA 복제가 일어나 형성된 II이다. ⓐ는 (가)와 (나)가 발현되었으므로 아버지로부터 Y 염색체와 H를 물려받았으므로 ㉠은 III이며, 나머지 ㉣은 IV이다.

ㄷ. ⓐ의 유전자형은 HX^hrY로 22번 염색체에 H가 있고 X 염색체에 h와 r가 있으므로 ⓐ는 H와 h를 모두 갖는다.

✕ **매력적 오답** ㄴ. ⓐ는 어머니로부터 h와 r가 있는 X 염색체를 물려받았고 아버지로부터 Y 염색체와 H를 물려받았으므로, 전좌로 인해 X 염색체에서 22번 염색체로 옮겨진 ㉮는 H이다.

**문제풀이 Tip**

ⓐ는 남자이므로 어머니로부터 h와 r가 있는 X 염색체를 물려받아 (나)만 발현되어야 하는데, (가)도 발현되었으므로 아버지로부터 Y 염색체와 H를 물려받았음을 파악할 수 있어야 한다.

# 41 다인자 유전과 복대립 유전

2021년 7월 교육청 16번 | 정답 ① | 문제편 **47 p**

출제 의도 여러 유전 형질을 나타낸 자료를 분석하여 유전의 종류와 특정 표현형이 나타날 확률을 구할 수 있는지 묻는 문항이다.

## 다음은 사람의 유전 형질 ㉠과 ㉡에 대한 자료이다.

- ㉠은 2쌍의 대립유전자 A와 a, B와 b에 의해 결정된다.
- ㉠의 표현형은 유전자형에서 대문자로 표시되는 대립유전자의 수에 의해서만 결정되며, 이 대립유전자의 수가 다르면 표현형이 다르다. – 다인자 유전
- ㉡은 1쌍의 대립유전자에 의해 결정되며, 대립유전자에는 E, F, G가 있다. – 복대립 유전
- 그림 (가)는 남자 P의, (나)는 여자 Q의 체세포에 들어 있는 일부 염색체와 유전자를 나타낸 것이다.

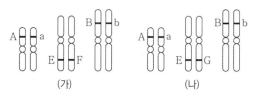

(가)　　　(나)

- P와 Q 사이에서 ⓐ가 태어날 때, ⓐ에게서 나타날 수 있는 표현형은 최대 20가지이다.┐ ㉠의 표현형은 대문자로 표시되는 대립유전자의 수가 0~4이므로 5가지이고, 따라서 ㉡의 표현형은 4가지이다. =5×4

이에 대한 설명으로 옳은 것만을 〈보기〉에서 있는 대로 고른 것은? (단, 돌연변이는 고려하지 않는다.) [3점]

보기
ㄱ. ㉠의 유전은 다인자 유전이다.
ㄴ. 유전자형이 EF인 사람과 FG인 사람의 표현형은 같다. 다르다
ㄷ. ⓐ에서 ㉠과 ㉡의 표현형이 모두 P와 같을 확률은 $\frac{3}{16}$ 이다.

① ㄱ　② ㄴ　③ ㄱ, ㄷ　④ ㄴ, ㄷ　⑤ ㄱ, ㄴ, ㄷ

$\frac{3}{8}$(㉠의 유전자형에서 대문자로 표시되는 대립유전자의 수 : 2)$\times \frac{1}{4}$(㉡의 유전자형이 EF)$=\frac{3}{32}$

✔ 자료 해석
- ㉠의 유전은 다인자 유전, ㉡의 유전은 복대립 유전이다.
- ⓐ에게서 나타날 수 있는 ㉠의 표현형은 최대 5가지(대문자로 표시되는 대립유전자의 수 0~4)이며, ㉡의 표현형은 최대 4가지(EE, EG, EF, FG)이다.

🅞 보기풀이 ㄱ. ㉠의 유전은 2쌍의 대립유전자에 의해 결정되므로 다인자 유전이다. ㉡의 유전은 1쌍의 대립유전자에 의해 결정되며, 3가지의 대립유전자가 있으므로 복대립 유전이다.

❌ 매력적 오답 ㄴ. ⓐ에게서 나타날 수 있는 ㉠의 표현형은 대문자로 표시되는 대립유전자의 수가 0~4이므로 최대 5가지이다. 따라서 ㉡의 표현형은 최대 4가지이므로 유전자형이 EE, EG, EF, FG인 사람의 표현형은 모두 다르다.

ㄷ. ⓐ가 태어날 때 ㉠의 유전자형에서 대문자로 표시되는 대립유전자의 수가 2일 확률은 $\frac{3}{8}$, ㉡의 유전자형이 EF일 확률은 $\frac{1}{4}$이므로 ⓐ가 P와 ㉠과 ㉡의 표현형이 모두 같을 확률은 $\frac{3}{8} \times \frac{1}{4} = \frac{3}{32}$이다.

문제풀이 **Tip**
ⓐ에게서 나타날 수 있는 ㉡의 표현형의 가지 수를 파악하는 것이 이 문항에서 가장 중요하다. ⓐ에게서 나타날 수 있는 표현형은 최대 20가지인데, ㉠의 표현형은 최대 5가지이므로 ㉡의 표현형은 최대 4가지가 된다. 따라서 E, F, G 중 두 가지 대립유전자 사이에서는 우열 관계가 없다.

## 42 사람의 돌연변이

출제 의도 여러 유전 형질을 나타낸 자료를 분석하여 가족 구성원의 유전자형과 돌연변이가 일어난 대립 유전자 및 염색체 비분리가 일어난 시기를 파악할 수 있는지 묻는 문항이다.

**다음은 어떤 가족의 유전 형질 (가)와 (나)에 대한 자료이다.**

- (가)는 대립유전자 A와 a에 의해, (나)는 대립유전자 B와 b에 의해 결정된다. A는 a에 대해, B는 b에 대해 각각 완전 우성이다.
- (가)와 (나)를 결정하는 유전자 중 1개는 X 염색체에, 나머지 1개는 상염색체에 존재한다. ┌B와 b ... A와 a
- 표는 이 가족 구성원의 성별과 체세포 1개당 A와 B의 DNA 상대량을 나타낸 것이다.

| 구성원 | 성별 | A | B | 유전자형 |
|---|---|---|---|---|
| 아버지 | 남 | ?1 | 1 | $X^A YBb$ |
| 어머니 | 여 | 0 | ?1 | $X^a X^a Bb$ |
| 자녀 1 | 남 | ?0 | 1 | $X^a YBb$ |
| 자녀 2 | 여 | ?1 | 0 | $X^A X^a bb$ |
| 자녀 3 | 남 | 2 | 2 | $X^A X^A YBB$ |

- 부모의 생식세포 형성 과정 중 한 명에게서 대립유전자 ㉠이 대립유전자 ㉡으로 바뀌는 돌연변이가 1회 일어나 ㉡을 갖는 생식세포가, 나머지 한 명에게서 ⓐ염색체 비분리가 1회 일어나 염색체 수가 비정상적인 생식세포가 형성되었다. 이 두 생식세포가 수정되어 클라인펠터 증후군을 나타내는 자녀 3이 태어났다. ㉠과 ㉡은 각각 A, a, B, b 중 하나이다. ┌$X^A Y$(정자)+$X^A$(난자) ㉠=a ㉡=A

**이에 대한 설명으로 옳은 것만을 〈보기〉에서 있는 대로 고른 것은?**
(단, 제시된 돌연변이 이외의 돌연변이는 고려하지 않으며, A, a, B, b 각각의 1개당 DNA 상대량은 1이다.) [3점]

보기
ㄱ. ㉡은 A이다. 어머니의 생식세포 형성 과정 중 a(㉠)가 A(㉡)로 바뀌는 돌연변이가 일어났다.
ㄴ. ⓐ가 형성될 때 염색체 비분리는 감수 2분열에서 일어났다. 아버지의 생식세포 형성 과정 중 감수 1분열에서 일어났다.
ㄷ. 체세포 1개당 $\dfrac{\text{a의 DNA 상대량}}{\text{b의 DNA 상대량}}$ 은 자녀 1이 $\dfrac{1}{1}$ 자녀 2보다 $\dfrac{1}{2}$ 크다.

① ㄴ   ② ㄷ   ③ ㄱ, ㄴ   ④ ㄱ, ㄷ   ⑤ ㄱ, ㄴ, ㄷ

✓ **자료 해석**

- 가족 구성원의 유전 형질 (가)와 (나)에 대한 유전자형은 다음과 같다.
  아버지 : $X^A YBb$, 어머니 : $X^a X^a Bb$, 자녀 1 : $X^a YBb$, 자녀 2 : $X^A X^a bb$, 자녀 3 : $X^A X^A YBB$
- 자녀 3은 아버지로부터 $X^A Y$(감수 1분열에서 염색체 비분리)와 B를, 어머니로부터 $X^A$(a → A로 바뀌는 돌연변이가 일어남)와 B를 물려받았다.

○ **보기 풀이** 자녀 2의 (나)의 유전자형이 bb이므로 아버지의 (나)의 유전자형은 Bb이고, (나)의 유전자는 상염색체에 있다. 따라서 (가)의 유전자는 X 염색체에 있다.

ㄱ, ㄴ. 어머니의 (가)의 유전자형이 $X^a X^a$인데 자녀 3이 A를 가지므로 아버지의 (가)의 유전자형은 $X^A Y$이다. 자녀 3의 체세포 1개당 A의 DNA 상대량이 2이고 클라인펠터 증후군을 나타내기 때문에 자녀 3은 아버지로부터 $X^A Y$, 어머니로부터 $X^A$를 받아야 한다. 따라서 아버지의 생식세포 형성 과정 중 감수 1분열에서 염색체 비분리가 일어나 $X^A Y$인 정자가 형성되었고, 어머니의 생식세포 형성 과정 중 a(㉠)가 A(㉡)로 바뀌는 돌연변이가 일어나 $X^A$인 난자가 형성되었다.

ㄷ. (가)와 (나)에 대한 유전자형은 자녀 1이 $X^a YBb$, 자녀 2가 $X^A X^a bb$이므로 체세포 1개당 $\dfrac{\text{a의 DNA 상대량}}{\text{b의 DNA 상대량}}$ 은 자녀 1($\dfrac{1}{1}$)이 자녀 2($\dfrac{1}{2}$)보다 크다.

**문제풀이 Tip**

먼저 유전자가 위치하는 염색체의 종류를 파악하는 것이 가장 중요하다. 여자인 자녀 2는 B를 갖지 않는데 아버지가 B를 가지므로 B와 b는 상염색체에 있음을 알 수 있다. 아버지의 X 염색체와 Y 염색체를 모두 물려받기 위해서는 감수 1분열에서 염색체 비분리가 일어나야 함을 알고 있어야 한다.

**출제 의도** 여러 유전 형질을 나타낸 자료를 분석하여 유전자가 위치하는 염색체의 종류와 가족 구성원의 유전자형을 파악할 수 있는지 묻는 문항이다.

## 다음은 어떤 집안의 유전 형질 (가)~(다)에 대한 자료이다.

- (가)는 대립유전자 H와 h에 의해, (나)는 대립유전자 R와 r에 의해, (다)는 대립유전자 T와 t에 의해 결정된다. H는 h에 대해, R는 r에 대해, T는 t에 대해 각각 완전 우성이다.
- (가)~(다)를 결정하는 유전자 중 2가지는 같은 염색체에 있다.
- 가계도는 구성원 1~10에서 (가)~(다) 중 (가)와 (나)의 발현 여부를 나타낸 것이다.

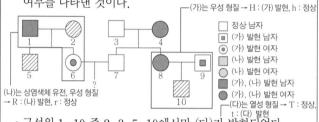

(가)는 우성 형질 → H : (가) 발현, h : 정상

□ 정상 남자
■ (가) 발현 남자
◉ (가) 발현 여자
▨ (나) 발현 남자
◪ (나) 발현 여자
■ (가), (나) 발현 남자
● (가), (나) 발현 여자

(나)는 상염색체 유전, 우성 형질
→ R : (나) 발현, r : 정상

(다)는 열성 형질 → T : 정상, t : (다) 발현

- 구성원 1~10 중 2, 3, 5, <u>10</u>에서만 (다)가 발현되었다.
- 표는 구성원 1~10에서 체세포 1개당 H, R, t 개수의 합을 나타낸 것이다.

(나)와 (다)는 같은 염색체에 있을 수 없다.

| 대립유전자 | H | R | t |
|---|---|---|---|
| 대립유전자 개수의 합 | ⓐ 5 | ⓑ 7 | ⓑ 7 |

이에 대한 설명으로 옳은 것만을 〈보기〉에서 있는 대로 고른 것은? (단, 돌연변이와 교차는 고려하지 않는다.) [3점]

〈보기〉
ㄱ. (가)를 결정하는 유전자는 <s>성염색체</s> 에 있다.
　　　　　　　　　　　　　X 염색체
ㄴ. 4의 (다)에 대한 유전자형은 <s>이형</s> 접합성이다.
　　　　　　　　　　　동형 접합성($X^TX^T$)
ㄷ. 6과 7 사이에서 아이가 태어날 때, 이 아이에게서 (가)~(다) 중 1가지 형질만 발현될 확률은 $\frac{3}{4}$ 이다.

① ㄱ　② ㄴ　③ ㄷ　④ ㄱ, ㄴ　⑤ ㄱ, ㄷ

---

**✓ 자료 해석**

- 가계도에 가족 구성원의 (가)~(다)에 대한 유전자형을 나타내면 그림과 같다.

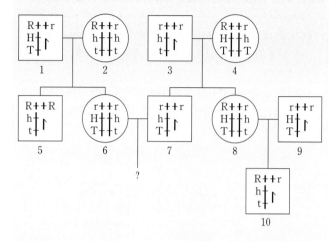

**○ 보기풀이** (가)가 발현된 부모(8과 9) 사이에서 정상인 남자 아이(10)가 태어났으므로 (가)는 우성 형질이며, H는 (가) 발현 대립유전자, h는 정상 대립유전자이다.

(나)가 발현된 부모(1과 2) 사이에서 정상인 여자 아이(6)가 태어났으므로 (나)의 유전자는 상염색체에 있고 (나)는 우성 형질이며, R는 (나) 발현 대립유전자, r는 정상 대립유전자이다. 만일 (나)와 (다)가 같은 염색체에 있다면 1~10에서 체세포 1개당 R와 t 개수의 합이 같을 수가 없으므로 (나)와 (다)는 다른 염색체에 있다. (가)와 (나)가 같은 상염색체에 있다면 7이 정상 남자로 유전자 구성이 rh/rh이므로 4는 7에게 rh를 물려주어야 한다. 따라서 4의 유전자 구성은 RH/rh이며, 8은 4로부터 RH를 물려받아 유전자 구성이 RH/rh이다. 10은 8로부터 R와 H가 함께 있는 유전자를 물려받아 (가), (나)가 발현되어야 하는데, 제시된 자료는 (나)만 발현되므로 모순이다. 따라서 (가)와 (다)가 같은 염색체에 있다.

정상인 부모(8과 9) 사이에서 (다)가 발현된 남자 아이가 태어났으므로 (다)는 열성 형질이며, T는 정상 대립유전자, t는 (다) 발현 대립유전자이다. 만일 (다)의 유전자가 상염색체에 있다면 1~10에서 체세포 1개당 R와 t 개수의 합이 같을 수가 없으므로 (다)의 유전자는 X 염색체에 있다. 따라서 (가)의 유전자도 X 염색체에 있다.

ㄱ. (가)의 유전자는 X 염색체에 있고, (가)는 우성 형질이다. (나)의 유전자는 상염색체에 있고, (나)는 우성 형질이다. (다)의 유전자는 X 염색체에 있고, (다)는 열성 형질이다.

ㄷ. 6과 7 사이에서 아이가 태어날 때, 이 아이에게서 나타날 수 있는 유전자형은 $rrX^{HT}X^{hT}$((가) 발현 여자), $rrX^{HT}Y$((가) 발현 남자), $rrX^{hT}X^{hT}$(정상 여자), $rrX^{hT}Y$((다) 발현 남자)이므로 (가)~(다) 중 1가지 형질만 발현될 확률은 $\frac{3}{4}$ 이다.

**✕ 매력적 오답** ㄴ. 4의 (다)에 대한 유전자형은 $X^TX^T$이므로 동형 접합성이다.

**문제풀이 Tip**

(가)~(다)의 유전자가 위치하는 염색체의 종류를 파악하는 것이 중요하다. (나)가 발현된 부모 사이에서 정상인 딸이 태어났으므로 (나)는 상염색체 유전되며 우성인 형질이다. 정상인 부모 사이에서 (다)가 발현된 아들이 태어났으므로 (다)는 열성 형질이며, 상염색체 유전 형질 또는 성염색체 유전 형질 모두 가능하다. (다)의 경우 대립유전자 개수의 합을 나타낸 자료를 통해 성염색체 유전 형질임을 유추해야 한다.

**출제 의도** 여러 유전 형질을 나타낸 자료를 분석하여 대립유전자의 우열 관계와 가족 구성원의 유전자형을 파악할 수 있는지 묻는 문항이다.

## 다음은 어떤 집안의 유전 형질 (가)와 (나)에 대한 자료이다.

- (가)는 대립유전자 R와 r에 의해, (나)는 대립유전자 T와 t에 의해 결정된다. R는 r에 대해, T는 t에 대해 각각 완전 우성이다.
- (가)의 유전자와 (나)의 유전자는 모두 X 염색체에 있다.
- 가계도는 구성원 ⓐ와 ⓑ를 제외한 구성원 1~7에게서 (가)와 (나)의 발현 여부를 나타낸 것이다.

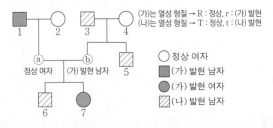

(가)는 열성 형질 → R : 정상, r : (가) 발현
(나)는 열성 형질 → T : 정상, t : (나) 발현

○ 정상 여자
■ (가) 발현 남자
● (가) 발현 여자
▨ (나) 발현 남자

정상 여자
(가) 발현 남자

- 2와 7의 (가)의 유전자형은 모두 동형 접합성이다.
  $X^R X^R$　$X^r X^r$

## 이에 대한 설명으로 옳은 것만을 〈보기〉에서 있는 대로 고른 것은? (단, 돌연변이와 교차는 고려하지 않는다.) [3점]

〈보기〉

ㄱ. (가)는 우성 형질이다.
　(가)와 (나) 모두 열성 형질
ㄴ. ⓐ는 여자이다.
　$X^r X^{Rt}$ (정상 여자)
ㄷ. ⓑ에게서 (가)와 (나) 중 (가)만 발현되었다. $X^{rT}Y$((가) 발현 남자)

① ㄱ　② ㄴ　③ ㄷ　④ ㄱ, ㄴ　⑤ ㄴ, ㄷ

### ✓ 자료 해석

- 가계도에 가족 구성원의 (가)와 (나)에 대한 유전자형을 나타내면 그림과 같다.

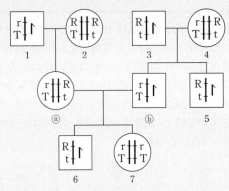

**○ 보기 풀이**　2와 7의 (가)의 유전자형은 모두 동형 접합성이라고 하였는데, 2는 정상 여자이고 7은 (가)가 발현된 여자이므로, 유전자형은 각각 $X^R X^R$와 $X^r X^r$ 중 하나이다. (가)가 우성 형질이라면 2의 유전자형은 $X^r X^r$이고, 7의 유전자형은 $X^R X^R$이다. 7의 R는 각각 ⓐ와 ⓑ로부터 물려받아야 하는데, ⓐ가 남자일 경우 $X^r Y$만 가능하므로 ⓐ는 여자이며 유전자형은 $X^R X^r$이고 ⓑ는 남자가 되며 유전자형은 $X^R Y$여야 한다. 그런데 3과 4 모두 정상이므로 R를 가지지 않아 ⓑ의 유전자형은 $X^R Y$일 수 없다. 따라서 조건에 맞지 않으므로 (가)는 열성 형질이며, 2의 유전자형은 $X^R X^R$이고 7의 유전자형은 $X^r X^r$이다.

ㄴ, ㄷ. ⓐ는 1과 2로부터 R를 물려받아 $X^R X^r$인 정상 여자이며, ⓑ는 4로부터 r를 물려받아 $X^r Y$인 남자이다. (나)는 정상인 4로부터 (나)가 발현된 5가 태어났으므로 (나)는 열성 형질이다. ⓐ는 6에게 R와 t를 물려주고 7에게 r와 T를 물려주어야 하므로 유전자형은 $X^{Rt} X^{rT}$이고, 정상 여자이다. 5는 (나)가 발현된 남자이므로 유전자형이 $X^{Rt} Y$인데, 4는 정상 여자이고 ⓑ에게 r를 물려주어야 하므로 4의 유전자형은 $X^{Rt} X^{rT}$이며, ⓑ의 유전자형은 $X^{rT} Y$로 (가)가 발현된 남자이다.

**✗ 매력적 오답**　ㄱ. (가)는 열성 형질이다.

### 문제풀이 **Tip**

유전 형질이 열성이며 유전 형질을 결정하는 대립유전자가 X 염색체에 있는 경우 딸에게서 유전 형질이 발현되었다면 아버지에게서도 반드시 유전 형질이 발현되었으며, 아들이 정상이면 어머니도 반드시 정상임을 잘 적용해야 한다.

# 45 염색체 비분리와 가계도 분석

출제의도 여러 유전 형질을 나타낸 자료를 분석하여 가족 구성원의 유전자형과 염색체 비분리가 일어난 시기를 파악할 수 있는지 묻는 문항이다.

## 다음은 어떤 집안의 유전 형질 (가)와 (나)에 대한 자료이다.

- (가)는 21번 염색체에 있는 대립유전자 A와 a에 의해 결정되며, A는 a에 대해 완전 우성이다.
- (나)는 7번 염색체에 있는 1쌍의 대립유전자에 의해 결정되며, 대립유전자에는 E, F, G가 있다. E는 F, G에 대해, F는 G에 대해 각각 완전 우성이다. — E>F>G
- 가계도는 구성원 1~7에게서 (가)의 발현 여부를 나타낸 것이다.

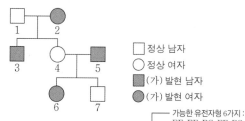

□ 정상 남자
○ 정상 여자
■ (가) 발현 남자
● (가) 발현 여자

가능한 유전자형 6가지 :
EE, EF, EG, FF, FG, GG

- 1, 2, 4, 5, 6, 7의 (나)의 유전자형은 모두 다르다.
- 1, 7의 (나)의 표현형은 다르고, 2, 4, 6의 (나)의 표현형은 같다.
  - 유전자형은 각각 F_와 GG 중 하나이다.
  - 유전자형은 각각 EE, EF, EG 중 하나이다.
- <u>1, 7 각각의 체세포 1개당 a의 DNA 상대량을 더한 값</u> / <u>3, 7 각각의 체세포 1개당 E의 DNA 상대량을 더한 값</u> =1이다. $\frac{1}{1}$ → (가)는 열성 형질 → A : 정상, a : (가) 발현
- 7은 염색체 수가 비정상적인 난자 ㉠과 염색체 수가 비정상적인 정자 ㉡이 수정되어 태어났으며, ㉠과 ㉡의 형성 과정에서 각각 염색체 비분리가 1회 일어났다. 1~7의 핵형은 모두 정상이다. — ㉠(21번 염색체 2개 AA)+㉡(21번 염색체 없음)

이에 대한 설명으로 옳은 것만을 〈보기〉에서 있는 대로 고른 것은? (단, 제시된 염색체 비분리 이외의 돌연변이는 고려하지 않으며, A, a, E, F, G 각각의 1개당 DNA 상대량은 1이다.) [3점]

보기
ㄱ. (가)는 열성 형질이다.
ㄴ. 5의 (나)의 유전자형은 동형 접합성이다.
ㄷ. ㉠의 형성 과정에서 염색체 비분리는 감수 2분열에서 일어 났다. FF
  21번 염색체 2개(AA)

① ㄱ    ② ㄷ    ③ ㄱ, ㄴ    ④ ㄴ, ㄷ    ⑤ ㄱ, ㄴ, ㄷ

---

### ✔ 자료 해석

- 가계도에 가족 구성원의 (가)와 (나)에 대한 유전자형을 나타내면 그림과 같다.

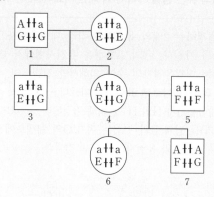

○ 보기 풀이 ㄱ. (가)가 우성 형질이라면 1과 7의 유전자형은 aa이므로 1, 7 각각의 체세포 1개당 a의 DNA 상대량을 더한 값은 4이며, 3, 7 각각의 체세포 1개당 E의 DNA 상대량을 더한 값도 4가 되어야 한다. 이 경우 7의 (나)에 대한 유전자형이 EE가 되어야 하므로 4와 5는 모두 E를 가져 4, 5, 7이 모두 같은 표현형을 나타내야 하는데, 조건에 맞지 않으므로 (가)는 열성 형질이다.
ㄴ. 가능한 (나)의 유전자형은 EE, EF, EG, FF, FG, GG인데, 2, 4, 6의 (나)의 표현형이 같다고 하였으므로 2, 4, 6의 (나)의 유전자형은 각각 EE, EF, EG 중 하나이다. 4와 6이 EE라면 1과 2 모두 E를 갖고, 4와 5 모두 E를 가지므로 모두 같은 표현형을 나타내야 하는데, 조건에 맞지 않으므로 2가 EE이다. 4가 EF이고 6이 EG라면 1은 FF이고 7은 FG가 되는데, 이 경우 1과 7의 표현형이 같으므로 조건에 맞지 않다. 따라서 4가 EG이고 6이 EF이며, 7은 FG이므로 5는 FF이다. 따라서 5의 (나)의 유전자형은 동형 접합성이다.
ㄷ. 3은 EG, 7은 FG이므로 3, 7 체세포 1개당 E의 DNA 상대량을 더한 값은 1이다. 1, 7 각각의 체세포 1개당 a의 DNA 상대량을 더한 값 또한 1이 되어야 하므로 7의 (가)의 유전자형은 AA이다. 따라서 7의 핵형이 정상이면서 AA를 가지려면, 4의 생식세포 형성 과정에서 21번 염색체 비분리가 감수 2분열에서 일어나 AA를 갖는 난자 ㉠과 5의 생식세포 형성 과정에서 21번 염색체 비분리가 일어나 (가)의 유전자를 갖지 않는 정자 ㉡이 수정되어야 한다.

### 문제풀이 Tip

유전 형질을 결정하는 데 3가지 대립유전자가 관여하며, 대립유전자 간에 우열 관계가 명확할 경우 가능한 유전자형은 6가지이고 표현형은 3가지이다. 가능한 유전자형 6가지 중에 3가지가 표현형이 같다는 것은 다른 두 대립유전자에 완전 우성인 대립유전자가 포함된 유전자형을 나타내므로 EE, EG, EF임을 유추해야 한다.

Part I

교육청

## 46 다인자 유전과 단일 인자 유전

출제 의도 여러 유전 형질을 나타낸 자료를 분석하여 가족 구성원에서 특정 표현형이 나타날 확률을 구할 수 있는지 묻는 문항이다.

**다음은 사람의 유전 형질 ㉠과 ㉡에 대한 자료이다.**

- ㉠을 결정하는 2개의 유전자는 각각 대립유전자 A와 a, B와 b를 가진다. ㉠의 표현형은 유전자형에서 대문자로 표시되는 대립유전자의 수에 의해서만 결정되며, 이 대립 유전자의 수가 다르면 표현형이 다르다. – 다인자 유전
- ㉡은 대립유전자 H와 H*에 의해 결정된다. – 단일 인자 유전
- 그림 (가)는 남자 P의, (나)는 여자 Q의 체세포에 들어 있는 일부 염색체와 유전자를 나타낸 것이다.

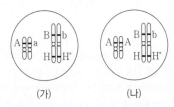

(가)          (나)

- P와 Q 사이에서 ⓐ가 태어날 때, ⓐ에게서 나타날 수 있는 표현형은 최대 6가지이다.
  (4)HH, (3)HH*, (3)HH, (2)HH*, (2)H*H*, (1)H*H*

**ⓐ에서 ㉠과 ㉡의 표현형이 모두 Q와 같을 확률은? (단, 돌연변이와 교차는 고려하지 않는다.)** ㉠ : 대문자로 표시되는 대립유전자의 수가 3, ㉡ : HH*

① $\frac{1}{16}$    ② $\frac{1}{8}$    ③ $\frac{3}{16}$    ④ $\frac{1}{4}$    ⑤ $\frac{3}{8}$

✓ **자료 해석**

- ㉠은 다인자 유전, ㉡은 단일 인자 유전이다.
- H와 H* 사이의 우열 관계가 뚜렷하지 않아 ㉡의 유전자형에 따라 표현형이 달라지는 경우에, ⓐ에게서 나타날 수 있는 ㉠과 ㉡의 표현형은 최대 6가지이다.

○ **보기 풀이** ⓐ에게서 나타날 수 자녀의 유전자형을 나타내면 다음과 같다.

|  | ABH | AbH* | aBH | abH* |
|---|---|---|---|---|
| ABH | (4)HH | (3)HH* | (3)HH | (2)HH* |
| AbH* | (3)HH* | (2)H*H* | (2)HH* | (1)H*H* |

(※ 괄호 안의 숫자는 대문자로 표시되는 대립유전자의 수이다.)

H가 H*에 대해 완전 우성일 경우 또는 H*가 H에 대해 완전 우성일 경우 ⓐ에게서 나타날 수 있는 ㉠과 ㉡의 표현형은 최대 5가지이고, H와 H* 사이의 우열 관계가 뚜렷하지 않아 ㉡의 유전자형에 따라 표현형이 달라지는 경우에 ⓐ에게서 나타날 수 있는 ㉠과 ㉡의 표현형은 최대 6가지이다.

Q는 ㉠의 유전자형에서 대문자로 표시되는 대립유전자의 수가 3이고, ㉡의 유전자형이 HH*이므로 ⓐ에서 ㉠과 ㉡의 표현형이 모두 Q와 같을 확률은 $\frac{1}{4}$이다.

**문제풀이 Tip**

㉡에서 대립유전자의 우열 관계를 파악하는 것이 중요하다. H와 H* 사이의 우열 관계가 뚜렷할 경우 ㉠과 ㉡의 표현형은 최대 5가지가 되므로 H와 H* 사이의 우열 관계가 뚜렷하지 않음을 유추할 수 있다.

## 47 복대립 유전

출제 의도 유전 형질에 대한 자료를 분석하여 대립유전자 간의 우열 관계를 파악하고 특정 개체의 표현형을 파악할 수 있는지 묻는 문항이다.

**다음은 사람의 유전 형질 (가)에 대한 자료이다.**

- (가)는 상염색체에 있는 1쌍의 대립유전자에 의해 결정된다. 대립유전자에는 A, B, C가 있으며, 각 대립유전자 사이의 우열 관계는 분명하다. – 복대립 유전
- 유전자형이 BC인 아버지와 AB인 어머니 사이에서 ㉠이 태어날 때, ㉠의 (가)에 대한 표현형이 아버지와 같을 확률은 $\frac{3}{4}$이다. AB, BB, BC, AC → B>A, B>C
  같은 표현형
- 유전자형이 AB인 아버지와 AC인 어머니 사이에서 ㉡이 태어날 때, ㉡에게서 나타날 수 있는 (가)에 대한 표현형은 최대 3가지이다. AA, AC, AB, BC → B>C>A
  다른 표현형 / 같은 표현형

**이에 대한 옳은 설명만을 〈보기〉에서 있는 대로 고른 것은? (단, 돌연변이는 고려하지 않는다.) [3점]**

〈보기〉
ㄱ. (가)는 다인자 유전 형질이다.
  복대립 유전
ㄴ. B는 A에 대해 완전 우성이다. B>C>A
ㄷ. ㉡의 (가)에 대한 표현형이 어머니와 같을 확률은 $\frac{1}{2}$이다.
  AC / $\frac{1}{4}$

① ㄱ  ② ㄴ  ③ ㄷ  ④ ㄱ, ㄷ  ⑤ ㄴ, ㄷ

✔ **자료 해석**
- (가)는 복대립 유전 형질이다.
- AB, BB, BC가 모두 같은 표현형을 나타내며, AA와 AC의 표현형이 서로 달라야 하므로 A, B, C 사이의 우열 관계는 B>C>A이다.

○ **보기 풀이** ㄷ. ㉡이 가질 수 있는 유전자형은 AA, AC, AB, BC인데 ㉡에게서 나타날 수 있는 (가)에 대한 표현형은 최대 3가지이므로 AA와 AC는 서로 다른 표현형을 나타내야 한다. 따라서 C는 A에 대해 완전 우성이며 ㉡의 (가)에 대한 표현형이 어머니와 같을 확률은 $\frac{1}{4}$이다.

✕ **매력적 오답** ㄱ. (가)는 1쌍의 대립유전자에 의해 결정되므로 단일 인자 유전 형질이고, 대립유전자가 3가지이므로 복대립 유전 형질이다.
ㄴ. ㉠이 가질 수 있는 유전자형은 AB, BB, AC, BC이다. ㉠의 (가)에 대한 표현형이 아버지와 같을 확률이 $\frac{3}{4}$이므로 AB, BB, BC는 모두 같은 표현형을 나타내야 한다. 따라서 B는 A와 C에 대해 각각 완전 우성이다.

**문제풀이 Tip**
자료를 분석하여 대립유전자 간의 우열 관계를 파악하는 것이 가장 중요하다. 두 번째 블릿을 통해 AB, BB, BC가 같은 표현형을 나타냄을, 세 번째 블릿을 통해 AA와 AC가 서로 다른 표현형을 나타냄을 파악할 수 있어야 한다.

Part I

교육청

## 48 염색체 비분리

출제 의도 정자 형성 과정을 나타낸 자료를 분석하여 염색체 비분리가 일어난 시기를 파악할 수 있는지 묻는 문항이다.

그림 (가)는 유전자형이 Tt인 어떤 남자의 정자 형성 과정을, (나)는 세포 Ⅲ에 있는 21번 염색체를 모두 나타낸 것이다. (가)에서 염색체 비분리가 1회 일어났고, Ⅰ은 중기의 세포이다.

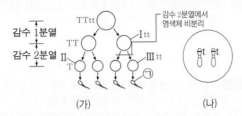

(가)                    (나)

이에 대한 옳은 설명만을 〈보기〉에서 있는 대로 고른 것은? (단, 제시된 염색체 비분리 이외의 돌연변이와 교차는 고려하지 않는다.)

보기
ㄱ. Ⅰ과 Ⅱ의 성염색체 수는 같다.
ㄴ. (가)에서 염색체 비분리는 감수 1분열에서 일어났다.
　　　　　　　　　　　　　　　감수 2분열
ㄷ. ㉠과 정상 난자가 수정되어 아이가 태어날 때, 이 아이는 다운 증후군의 염색체 이상을 보인다.
㉠(21번 염색체 2개) + 정상 난자(21번 염색체 1개) → 다운 증후군

① ㄱ    ② ㄴ    ③ ㄱ, ㄷ    ④ ㄴ, ㄷ    ⑤ ㄱ, ㄴ, ㄷ

✔ 자료 해석
• Ⅰ에서 Ⅲ이 형성될 때 21번 염색체의 염색 분체가 비분리되어 t를 2개 갖는 Ⅲ이 형성되었다.
• 21번 염색체에서 비분리가 일어났으므로 Ⅰ~Ⅲ에서 성염색체 수에는 이상이 없다.

O 보기 풀이 ㄱ. 21번 염색체가 비분리되어 Ⅲ이 형성되었으므로 Ⅰ과 Ⅱ의 성염색체 수는 이상이 없다. Ⅰ은 감수 2분열 중기 세포이고 Ⅱ는 감수 2분열이 완료된 세포이므로 Ⅰ과 Ⅱ의 성염색체 수는 각각 1이다.
ㄷ. 21번 염색체를 2개 갖는 ㉠과 정상 난자가 수정되어 태어난 아이는 다운 증후군의 염색체 이상을 보인다.

✘ 매력적 오답 ㄴ. t를 2개 갖는 Ⅲ이 형성되었으므로 염색 분체가 비분리되었음을 알 수 있다. 따라서 감수 2분열에서 21번 염색체의 비분리가 일어났다.

문제풀이 Tip
유전자형이 Tt인 경우 감수 2분열에서 염색 분체가 비분리되어 형성된 생식세포의 유전자 구성은 TT 또는 tt이고 감수 1분열에서 상동 염색체가 비분리되어 형성된 생식세포의 유전자 구성은 Tt이다.

# 49 가계도 분석

출제 의도 여러 유전 형질을 나타낸 자료를 분석하여 유전자가 위치하는 염색체의 종류와 가족 구성원의 유전자형을 파악할 수 있는지 묻는 문항이다.

## 다음은 어떤 집안의 유전 형질 (가)와 (나)에 대한 자료이다.

- (가)는 대립유전자 A와 a에 의해, (나)는 대립유전자 B와 b에 의해 결정된다. A는 a에 대해, B는 b에 대해 각각 완전 우성이다.

- (가)와 (나)의 유전자 중 하나는 상염색체에, 나머지 하나는 X 염색체에 있다.

- 가계도는 구성원 ㉠을 제외한 구성원 1~8에게서 (가)와 (나)의 발현 여부를 나타낸 것이다.

— (나)는 상염색체 유전, 열성 형질
→ B : 정상, b : (나) 발현

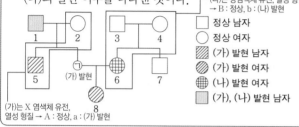

□ 정상 남자
○ 정상 여자
▨ (가) 발현 남자
◍ (가) 발현 여자
⊞ (나) 발현 여자
▥ (가), (나) 발현 남자

(가)는 X 염색체 유전,
열성 형질 → A : 정상, a : (가) 발현

이에 대한 옳은 설명만을 〈보기〉에서 있는 대로 고른 것은? (단, 돌연변이는 고려하지 않는다.) [3점]

보기
ㄱ. (나)의 유전자는 상염색체에 있다. (가)의 유전자는 X 염색체에 있다.

ㄴ. ㉠에게서 (가)가 발현되었다. ㉠: $X^aYBb$, (가) 발현 남자

ㄷ. 8의 동생이 태어날 때, 이 아이에게서 (가)와 (나)가 모두 발현될 확률은 $\frac{1}{4}$이다.
(가)가 발현될 확률($\frac{1}{2}$) × (나)가 발현될 확률($\frac{1}{2}$)

① ㄱ    ② ㄷ    ③ ㄱ, ㄴ    ④ ㄴ, ㄷ    ⑤ ㄱ, ㄴ, ㄷ

---

✓ 자료 해석

- 가계도에 가족 구성원의 (가)와 (나)에 대한 유전자형을 나타내면 그림과 같다.

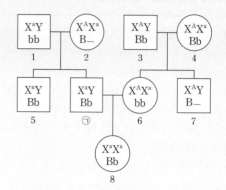

○ 보기 풀이 ㄱ. 정상인 3과 4 사이에서 (나)가 발현된 여자 6이 태어났으므로 (나)는 상염색체 열성 형질이다.

ㄴ. B는 정상 대립유전자, b는 (나) 발현 대립유전자이며, (가)의 유전자는 X 염색체에 있다. 정상인 2로부터 (가)가 발현된 남자 5가 태어났으므로 A는 정상 대립유전자, a는 (가) 발현 대립유전자이다. 8의 (가)에 대한 유전자형이 $X^aX^a$이므로 6의 (가)에 대한 유전자형은 $X^AX^a$이고, ㉠의 (가)에 대한 유전자형은 $X^aY$이며, ㉠에게서 (가)가 발현되었다.

ㄷ. 6의 (나)에 대한 유전자형은 bb, 8의 (나)에 대한 유전자형은 Bb이므로 ㉠은 B를 갖는다. ㉠의 아버지인 1은 (나)에 대한 유전자형이 bb이므로 ㉠의 (나)에 대한 유전자형은 Bb이다. 8의 동생이 태어날 때, 이 아이에게서 (가)가 발현될($X^aX^a$, $X^aY$) 확률은 $\frac{1}{2}$, (나)가 발현될(bb) 확률은 $\frac{1}{2}$이므로 구하고자 하는 확률은 $\frac{1}{4}$이다.

문제풀이 Tip

정상인 부모 사이에서 유전병을 가진 딸이 태어났다면 이 유전병은 상염색체 유전되며 열성인 형질이다. 정상인 부모 사이에서 유전병을 가진 아들이 태어났다면 이 유전병은 열성이며, 상염색체 유전 형질 또는 성염색체 유전 형질 모두 가능하다.

## 50 다인자 유전

출제 의도 유전 형질을 나타낸 자료를 분석하여 유전자형과 염색체 상의 유전자 배열을 파악할 수 있는지 묻는 문항이다.

**다음은 사람의 유전 형질 (가)에 대한 자료이다.**

- (가)는 3쌍의 대립유전자 A와 a, B와 b, D와 d에 의해 결정된다. 이 중 1쌍의 대립유전자는 7번 염색체에, 나머지 2쌍의 대립유전자는 9번 염색체에 있다.
- (가)의 표현형은 ⓐ유전자형에서 대문자로 표시된 대립유전자의 수에 의해서만 결정된다. ─ 다인자 유전
- ⓐ가 3인 남자 Ⅰ과 ⓐ가 4인 여자 Ⅱ 사이에서 ⓐ가 6인 아이 Ⅲ이 태어났다.　*AaBbDd*　*AaBbDD*
- Ⅱ에서 난자가 형성될 때, 이 난자가 a, b, D를 모두 가질 확률은 $\frac{1}{2}$이다.　Ⅰ: $\underset{9번}{AB/ab}, \underset{7번}{D/d}$, Ⅱ: $\underset{9번}{AB/ab}, \underset{7번}{D/D}$
- Ⅰ과 Ⅱ 사이에서 Ⅲ의 동생이 태어날 때, 이 아이에게서 나타날 수 있는 표현형은 최대 ⓐ⃝6 가지이고, 이 아이의 ⓐ가 5일 확률은 ⓑ⃝$\frac{1}{8}$이다.

**이에 대한 옳은 설명만을 〈보기〉에서 있는 대로 고른 것은? (단, 돌연변이와 교차는 고려하지 않는다.) [3점]**

보기
ㄱ. Ⅲ에서 A와 B는 모두 9번 염색체에 있다.
ㄴ. ⓐ⃝은 6이다.
ㄷ. ⓑ⃝은 $\frac{1}{8}$이다.

① ㄱ　② ㄷ　③ ㄱ, ㄴ　④ ㄴ, ㄷ　⑤ ㄱ, ㄴ, ㄷ

✔ 자료 해석

- Ⅰ의 염색체 상의 유전자 배열은 AB/ab, D/d이고 Ⅱ의 염색체 상의 유전자 배열은 AB/ab, D/D이다.
- Ⅰ과 Ⅱ 사이에서 태어나는 아이의 표현형은 유전자형에서 대문자로 표시된 대립유전자의 수가 6, 5, 4, 3, 2, 1로 최대 6가지가 가능하다.

○ 보기 풀이　ㄱ. Ⅰ이 Ⅲ에게 A, B, D를 물려주었고, Ⅱ에서 난자가 형성될 때 이 난자가 a, b, D를 모두 가질 확률은 $\frac{1}{2}$이므로 Ⅲ에서 A와 B는 9번 염색체에 있다.

ㄴ. Ⅰ에서는 ⓐ가 0, 1, 2, 3인 정자가, Ⅱ에서는 ⓐ가 1, 3인 난자가 형성될 수 있으므로 Ⅲ의 동생에게서 나타날 수 있는 표현형은 최대 6가지이다.

ㄷ. Ⅲ의 동생의 ⓐ가 5일 확률은 ⓐ가 2인 정자와 ⓐ가 3인 난자가 수정될 확률과 같으므로 $\frac{1}{8}$이다.

Ⅰ과 Ⅱ 사이에서 태어나는 아이의 표현형을 나타내면 다음과 같다.

| Ⅱ의 생식세포 ＼ Ⅰ의 생식세포 | ABD(3) | ABd(2) | abD(1) | abd(0) |
|---|---|---|---|---|
| ABD(3) | (6) | (5) | (4) | (3) |
| abD(1) | (4) | (3) | (2) | (1) |

### 문제풀이 Tip

9번 염색체에 함께 있는 유전자를 파악하는 것이 이 문항에서 가장 중요하다. 여자 Ⅱ는 대문자로 표시되는 대립유전자의 수가 4이므로 한 쌍은 우성 동형 접합성을 이룬다는 것을 알 수 있으며, a, b, D를 모두 가질 확률이 $\frac{1}{2}$이다. 따라서 D가 우성 동형 접합성(DD)을 이루고 나머지 A(a)와 B(b)는 이형 접합성을 이루므로 A와 B는 한 염색체, 즉 9번 염색체에 있음을 알 수 있다.

# 51 가계도 분석

출제 의도 여러 유전 형질을 나타낸 자료를 분석하여 가족 구성원의 유전자형을 파악할 수 있는지 묻는 문항이다.

**다음은 어떤 집안의 유전 형질 (가)와 (나)에 대한 자료이다.**

- (가)는 대립유전자 E와 e에 의해 결정되고, E는 e에 대해 완전 우성이다.
- (나)는 대립유전자 H, R, T에 의해 결정된다. H는 R와 T에 대해 각각 완전 우성이고, R는 T에 대해 완전 우성이다.    H>R>T
- (나)의 표현형은 3가지이고, ㉠, ㉡, ㉢이다.   [T] [R] [H]
- (가)와 (나)의 유전자는 모두 X 염색체에 있다.
- 가계도는 구성원 ⓐ와 ⓑ를 제외한 구성원 1~11에게서 (가)의 발현 여부를 나타낸 것이다.

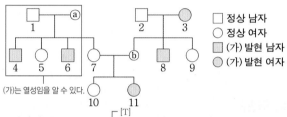

정상 남자 ☐
정상 여자 ○
(가) 발현 남자 ■
(가) 발현 여자 ●

(가)는 열성임을 알 수 있다.

- 1의 (나)의 표현형은 ㉠이고, 2와 11의 (나)의 표현형은 ㉡이며, 3의 (나)의 표현형은 ㉢이다.  ㉠ [T] ㉡ [R]
- 4, 6, 10의 (나)의 표현형은 모두 다르고, ⓑ, 8, 9의 (나)의 표현형도 모두 다르다.  [H] 또는 [R] / [H] [T]
- 9의 (나)의 유전자형은 RT이다.  — 표현형 [R]
   [R] 또는 [H]

**이에 대한 옳은 설명만을 〈보기〉에서 있는 대로 고른 것은? (단, 돌연변이와 교차는 고려하지 않는다.) [3점]**

〈보기〉
ㄱ. (가)는 열성 형질이다.
ㄴ. ⓐ와 8의 (나)의 표현형은 다르다.
ㄷ. 이 집안에서 E와 T를 모두 갖는 구성원은 4명이다.
   1, 5, 7, 9, 10

① ㄱ    ② ㄴ    ③ ㄱ, ㄷ    ④ ㄴ, ㄷ    ⑤ ㄱ, ㄴ, ㄷ

---

✓ **자료 해석**

- 가계도에 가족 구성원의 유전 형질 (가)와 (나)에 대한 유전자형을 나타내면 다음과 같다.

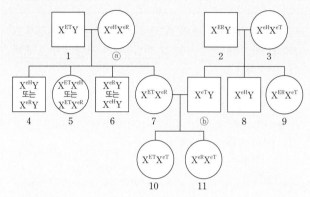

○ **보기 풀이** ㄱ. 4와 6에게서 (가)가 발현되었는데, 4와 6의 (나)의 표현형이 다르므로 ⓐ의 (가)는 (가) 발현 대립유전자를 2개 가지고 있다. 따라서 5는 (가)의 유전자형이 이형 접합성인데 정상이므로 (가)는 열성 형질이다.

✗ **매력적 오답** ㄴ. 2가 T를 가지면 ⓑ, 8, 9의 (나)의 표현형이 모두 다를 수 없으므로 2는 R를 가지며, 3의 (나)의 유전자형은 HT이다. 3의 (나)의 표현형이 ㉢(HT)이고, 11의 (나)의 표현형이 ㉡(RT)이므로 ⓑ의 (나)의 표현형은 ㉠(TY)이다. 7은 E와 T를, ⓑ는 e와 T를 10에게 물려주었으므로 10의 (나)의 표현형은 ㉠(TT)이다. 따라서 ⓐ(HR)와 8(HY)의 (나)의 표현형은 ㉢이다. 자료를 종합하면 ㉠은 [T](TT, TY), ㉡은 [R](RR, RT, RY), ㉢은 [H](HH, HR, HT, HY)이다.

ㄷ. 이 집안에서 E와 T를 모두 갖는 구성원은 1, 5, 7, 9, 10으로 5명이다.

🔵 **문제풀이 Tip**

자료를 분석하여 (나)의 표현형 3가지 ㉠, ㉡, ㉢이 어떤 대립유전자의 구성으로 가능한지 파악하는 것이 중요하다. X 염색체 유전에서 아들의 표현형은 곧 유전자형을 의미하며, 자손 중 아들 둘의 표현형이 서로 다를 경우 이 아들 둘의 유전자형을 모두 합하면 어머니의 유전자형이 된다.

## 52 염색체 비분리

**출제 의도** 여러 유전 형질을 나타낸 자료를 분석하여 가족 구성원의 유전자형과 염색체 비분리가 일어난 시기를 파악할 수 있는지 묻는 문항이다.

**다음은 어떤 가족의 유전 형질 (가)와 (나)에 대한 자료이다.**

- (가)는 대립유전자 A와 A*에 의해, (나)는 대립유전자 B와 B*에 의해 결정되며, 각 대립유전자 사이의 우열 관계는 분명하다.
  (가) 발현(A) > 정상(A*), (나) 발현(B) > 정상(B*)

- (가)와 (나)의 유전자 중 하나는 상염색체에, 나머지 하나는 X 염색체에 있다.
  (가)

- 표는 이 가족 구성원의 (가)와 (나)의 발현 여부와 A, A*, B, B*의 유무를 나타낸 것이다.

상염색체에 위치 ── A  A*  B ── X 염색체에 위치 B*

| 구성원 | 형질 | | 대립유전자 | | | |
|---|---|---|---|---|---|---|
| | (가) | (나) | A | A* | B | B* |
| 아버지 | − | + | × | ○ | ○ | × |
| 어머니 | + | − | ○ | ?○ | ?× | ○ |
| 형 | + | − | ?○ | ○ | × | ○ |
| 누나 | − | + | × | ○ | ○ | ?○ |
| ㉠ | + | + | ○ | ?○ | ?○ | ○ |

(+ : 발현됨, − : 발현 안 됨, ○ : 있음, × : 없음)

- 감수 분열 시 부모 중 한 사람에게서만 염색체 비분리가 1회 일어나 ⓐ염색체 수가 비정상적인 생식세포가 형성되었다. ⓐ가 정상 생식세포와 수정되어 태어난 ㉠에게서 클라인펠터 증후군이 나타난다. ㉠을 제외한 나머지 구성원의 핵형은 모두 정상이다.
  └ XY

**이에 대한 옳은 설명만을 〈보기〉에서 있는 대로 고른 것은? (단, 제시된 염색체 비분리 이외의 돌연변이와 교차는 고려하지 않는다.)**

**보기**

ㄱ. (가)의 유전자는 ~~X 염색채~~에 있다.
                      상염색체
ㄴ. ⓐ는 감수 1분열에서 성염색체 비분리가 일어나 형성된 정자이다.
ㄷ. ㉠의 동생이 태어날 때, 이 아이에게서 (가)와 (나)가 모두 발현될 확률은 $\frac{1}{4}$이다.

① ㄱ  ② ㄴ  ③ ㄱ, ㄷ  ④ ㄴ, ㄷ  ⑤ ㄱ, ㄴ, ㄷ

---

**✓ 자료 해석**

- 가족 구성원의 (가)와 (나)에 대한 유전자형은 다음과 같다.

| 구성원 | (가)의 유전자형 | (나)의 유전자형 |
|---|---|---|
| 아버지 | A*A* | X^B Y |
| 어머니 | AA* | X^{B*} X^{B*} |
| 형 | AA* | X^{B*} Y |
| 누나 | A*A* | X^B X^{B*} |
| ㉠ | AA* | X^B Y^{B*} Y |

**○ 보기풀이** ㄴ. (가)의 유전자가 상염색체에 있으므로 (나)의 유전자는 X 염색체에 있다. B만 갖는 아버지에게서 (나)가 발현되었으므로 B는 (나) 발현 대립유전자, B*는 정상 대립유전자이다. 성염색체 구성이 XXY인 ㉠은 B*를 가지고 있는데 ㉠에게서 (나)가 발현되었으므로 ㉠은 아버지에게서 B가 있는 X 염색체와 Y 염색체를 물려받았다. 따라서 (나)는 우성 형질이며, ⓐ는 감수 1분열에서 성염색체 비분리가 일어나 형성된 정자이다.

ㄷ. 아버지의 유전자형은 A*A*X^BY이고, 어머니의 유전자형은 AA*X^{B*}X^{B*}이므로 ㉠의 동생에게서 (가)가 발현(AA*)될 확률은 $\frac{1}{2}$이고, (나)가 발현(BB*)될 확률도 $\frac{1}{2}$이므로 (가)와 (나)가 모두 발현될 확률은 $\frac{1}{4}$이다.

**✕ 매력적 오답** ㄱ. (가)가 발현되지 않은 아버지가 A*만 가지므로 A는 (가) 발현 대립유전자, A*는 정상 대립유전자이며 (가)가 발현된 형은 A를 가진다. 형이 A와 A*를 가지므로 (가)의 유전자는 상염색체에 있으며, (가)는 우성 형질이다.

**문제풀이 Tip**
X 염색체 유전 형질에서 어머니가 열성 형질일 경우 태어나는 아들은 열성 형질만 가능하다. 따라서 ㉠은 (나)가 발현되지 않아야 하는데 발현되었으므로 아버지에게서도 X 염색체를 물려받았음을 파악해야 한다.

# 53 다인자 유전

출제의도 유전 형질을 나타낸 자료를 분석하여 유전자형을 파악할 수 있는지 묻는 문항이다.

## 다음은 사람의 유전 형질 ㉠에 대한 자료이다.

- ㉠은 서로 다른 4개의 상염색체에 있는 4쌍의 대립유전자 A와 a, B와 b, D와 d, E와 e에 의해 결정된다.
- ㉠의 표현형은 ㉠에 대한 유전자형에서 대문자로 표시되는 대립유전자의 수에 의해서만 결정된다.
- 표는 사람 (가)~(마)의 ㉠에 대한 유전자형에서 대문자로 표시되는 대립유전자의 수와 동형접합을 이루는 대립유전자 쌍의 수를 나타낸 것이다.

| 사람 | 대문자로 표시되는 대립유전자 수 | 동형접합을 이루는 대립유전자 쌍의 수 |
|------|------|------|
| (가) | 2 | ? 4 |
| (나) | 4 | 2 |
| (다) | 3 | 1 |
| (라) | 7 | ? 3 |
| (마) | 5 | 3 |

- (가)~(라) 중 2명은 (마)의 부모이다. (나와 다)
- (가)~(마)는 B와 b 중 한 종류만 갖는다. — BB 또는 bb
- (가)와 (나)는 e를 갖지 않고, (라)는 e를 갖는다.
  EE (가)와(나) / Ee (라)

이에 대한 설명으로 옳은 것만을 〈보기〉에서 있는 대로 고른 것은? (단, 돌연변이는 고려하지 않는다.) [3점]

보기
ㄱ. (마)의 부모는 (나)와 (다)이다.
ㄴ. (가)에서 생성될 수 있는 생식세포의 ㉠에 대한 유전자형은 최대 2가지이다. 1
ㄷ. (마)의 동생이 태어날 때, 이 아이의 ㉠에 대한 표현형이 (나)와 같을 확률은 $\frac{3}{16}$ 이다.

① ㄱ   ② ㄴ   ③ ㄷ   ④ ㄱ, ㄷ   ⑤ ㄴ, ㄷ

✔ 자료 해석

- ㉠에 대한 유전자형은 (가)에서 aabbddEE, (나)에서 AabbDdEE, (다)에서 AabbDdEe, (라)에서 AABBDDEe이다. (마)의 ㉠에 대한 유전자형은 AAbbDDEe, AAbbDdEE, AabbDDEE 중 하나이다.

O 보기 풀이 ㄱ. (마)의 ㉠에 대한 유전자형은 AAbbDDEe, AAbbDdEE, AabbDDEE 중 하나이다. 따라서 (마)의 부모는 (나)와 (다)이다.

✕ 매력적 오답 ㄴ. (가)의 ㉠에 대한 유전자형은 aabbddEE이다. 따라서 (가)에서는 ㉠에 대한 유전자형이 abdE인 생식세포만 생성된다.
ㄷ. (나)와 (다)에서 생성되는 생식세포의 유전자형(대문자로 표시되는 대립유전자의 수)과 자손의 유전자형에서 대문자로 표시되는 대립유전자의 수는 다음과 같다.

| (다) \ (나) | AbDE(3) | AbdE(2) | abDE(2) | abdE(1) |
|------|------|------|------|------|
| AbDE(3) | (6) | (5) | (5) | (4) |
| AbDe(2) | (5) | (4) | (4) | (3) |
| AbdE(2) | (5) | (4) | (4) | (3) |
| Abde(1) | (4) | (3) | (3) | (2) |
| abDE(2) | (5) | (4) | (4) | (3) |
| abDe(1) | (4) | (3) | (3) | (2) |
| abdE(1) | (4) | (3) | (3) | (2) |
| abde(0) | (3) | (2) | (2) | (1) |

(마)의 동생이 태어날 때, 이 아이의 ㉠에 대한 표현형이 (나)와 같을 확률은 $\frac{10}{32} = \frac{5}{16}$ 이다.

문제풀이 Tip

(마)의 부모를 찾는 것이 이 문항에서 가장 중요하다. 동형 접합성을 이루는 대립유전자 쌍의 수가 3인 자손이 나오려면 부모는 각각 같은 유전자형을 갖는 생식세포가 3개 형성되어야 한다.

**출제 의도** 여러 유전 형질을 나타낸 자료를 분석하여 가족 구성원의 유전자형을 파악할 수 있는지 묻는 문항이다.

다음은 어떤 집안의 유전 형질 (가)~(다)에 대한 자료이다.

- (가)는 대립유전자 H와 H*에 의해, (나)는 대립유전자 R와 R*에 의해, (다)는 대립유전자 T와 T*에 의해 결정된다. H는 H*에 대해, R는 R*에 대해, T는 T*에 대해 각각 완전 우성이다.
- (가)~(다)의 유전자는 모두 서로 다른 염색체에 있고, (가)와 (나) 중 한 형질을 결정하는 유전자는 X 염색체에 존재 <u>(가) 유전자</u> 한다.
- 가계도는 (가)~(다) 중 (가)의 발현 여부를 나타낸 것이다. <u>(가) 발현(H*) < 정상(H)임을 알 수 있다.</u>

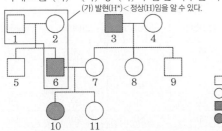

　　□ (가) 미발현 남자
　　○ (가) 미발현 여자
　　■ (가) 발현 남자
　　● (가) 발현 여자

- 구성원 1~11 중 (가)만 발현된 사람은 6이고, (나)만 발현된 사람은 5, 8, 9이고, (다)만 발현된 사람은 7이다.
- 1과 11에서만 (나)와 (다)가 모두 발현되었다.
- 4와 10은 (나)에 대한 유전자형이 서로 다르며 두 사람에서 모두 (나)가 발현되지 않았다. — (나) 발현(R*) < 정상(R)
- 2와 3은 (다)에 대한 유전자형이 서로 다르며 각각 T와 T* 중 한 종류만 갖는다. — (다) 발현(T*) < 정상(T)

이에 대한 설명으로 옳은 것만을 〈보기〉에서 있는 대로 고른 것은? (단, 돌연변이는 고려하지 않는다.) [3점]

〈보기〉
ㄱ. (가)를 결정하는 유전자는 X 염색체에 있다.
ㄴ. 1~11 중 R*와 T*를 모두 갖는 사람은 총 9명이다.
ㄷ. 6과 7 사이에서 남자 아이가 태어날 때, 이 아이에게서 (가)와 (다)만 발현될 확률은 $\frac{3}{8}$이다.

① ㄴ　② ㄷ　③ ㄱ, ㄴ　④ ㄱ, ㄷ　⑤ ㄱ, ㄴ, ㄷ

---

✓ **자료 해석**

- 가계도에 가족 구성원의 유전 형질 (가)~(다)에 대한 유전자형을 나타내면 다음과 같다.

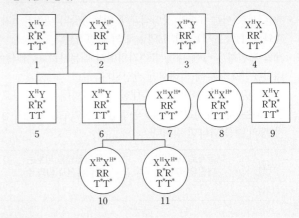

○ **보기 풀이**　4와 10은 (나)에 대한 유전자형이 서로 다르며 두 사람에서 모두 (나)가 발현되지 않았으므로 (나)는 열성 형질이다. (나)가 발현되지 않은 6과 7 사이에서 (나)가 발현된 11이 태어났으므로 (나)를 결정하는 유전자는 상염색체에 존재한다. 따라서 (가)를 결정하는 유전자는 X 염색체에 존재한다.

2와 3은 (다)에 대한 유전자형이 서로 다르며 각각 T와 T* 중 한 종류만 가지므로 (다)가 우성 형질이고 2의 유전자형이 TT라면 5에서 (다)가 발현되어야 하며, 3의 유전자형이 TT라면 8과 9에서 (다)가 발현되어야 한다. 또한 (다)가 열성 형질이고 2의 유전자형이 T*T*라면 5와 6에서 (다)가 발현되어야 한다. 따라서 (다)는 열성 형질이며 (다)에 대한 유전자형은 2에서 TT, 3에서 T*T* 이다.

ㄱ. (나)를 결정하는 유전자는 상염색체에 존재하므로 (가)를 결정하는 유전자는 X 염색체에 존재한다.

ㄴ. 1~11 중 R*와 T*를 모두 갖는 사람은 1, 3, 4, 5, 6, 7, 8, 9, 11로 총 9명 이다.

✗ **매력적 오답**　ㄷ. 6(X^H*YRR*TT*)과 7(X^H X^H*RR*T*T*) 사이에서 남자 아이가 태어날 때, 이 아이에게서 (가)와 (다)만 발현될 확률은 $\frac{1}{2} \times \frac{3}{4} \times \frac{1}{2}$ $= \frac{3}{16}$이다.

**문제풀이 Tip**
제시된 형질 중 하나가 X 염색체에 의한 유전이라고 나타낸 자료가 있을 경우 가장 유용한 핵심은 정상인 부모 사이에서 유전병을 가진 딸이 태어났는지를 확인하는 것이다. (나)에 대해 정상인 6과 7 사이에서 (나)가 발현된 딸 11이 태어났으므로 (나)는 상염색체에 의한 유전이며, 열성 형질이다.

## 55 염색체 비분리

출제 의도 여러 유전 형질을 나타낸 자료를 분석하여 가족 구성원의 유전자형과 염색체 비분리가 일어난 시기를 파악할 수 있는지 묻는 문항이다.

**다음은 어떤 가족의 유전 형질 (가)와 (나)에 대한 자료이다.**

- (가)는 대립유전자 A와 a에 의해, (나)는 대립유전자 B와 b에 의해 결정된다. A는 a에 대해, B는 b에 대해 각각 완전 우성이다.

- (가)를 결정하는 유전자와 (나)를 결정하는 유전자 중 하나는 X 염색체에 존재한다.

- 표는 이 가족 구성원의 성별, 체세포 1개에 들어 있는 대립유전자 A와 b의 DNA 상대량, 유전 형질 (가)와 (나)의 발현 여부를 나타낸 것이다. ㉠~㉤은 아버지, 어머니, 자녀 1, 자녀 2, 자녀 3을 순서 없이 나타낸 것이다.

| 구성원 | 성별 | DNA 상대량 유전 상염색체 A | b | 유전 형질 (가) | X 염색체 유전 (나) |
|---|---|---|---|---|---|
| 자녀 3 ㉠ | 남 | 2 | 1 | × | ○ |
| 어머니 ㉡ | 여 | 1 | 2 | × | × |
| 아버지 ㉢ | 남 | 1 | 0 | × | ○ |
| 자녀 ㉣ | 여 | 2 | 1 | × | ○ |
| 자녀 ㉤ | 남 | 0 | 1 | ○ | × |

(○ : 발현됨, × : 발현 안 됨)

- 감수 분열 시 부모 중 한 사람에게서만 염색체 비분리가 1회 일어나 ⓐ 염색체 수가 비정상적인 생식세포가 형성되었다. ⓐ가 정상 생식세포와 수정되어 자녀 3이 태어났다. 자녀 3을 제외한 나머지 구성원의 핵형은 모두 정상이다.
  ─ 클라인펠터 증후군 ── 정자(XᵇY)

**이에 대한 설명으로 옳은 것만을 〈보기〉에서 있는 대로 고른 것은?** (단, 제시된 염색체 비분리 이외의 돌연변이와 교차는 고려하지 않으며, A, a, B, b 각각의 1개당 DNA 상대량은 1이다.) [3점]

┌─ 보기 ─────────────────────┐
ㄱ. 아버지와 어머니는 (가)에 대한 유전자형이 같다.
ㄴ. 자녀 3은 ~~터너~~ 클라인펠터 증후군을 나타낸다.
ㄷ. ⓐ가 형성될 때 감수 1분열에서 염색체 비분리가 일어났다.
└───────────────────────────┘

① ㄱ　　② ㄴ　　③ ㄱ, ㄷ　　④ ㄴ, ㄷ　　⑤ ㄱ, ㄴ, ㄷ

---

✔ **자료 해석**

- 가족 구성원 ㉠~㉤의 유전 형질 (가)와 (나)에 대한 유전자형은 다음과 같다.

| 구성원 | 성별 | 관계 | (가)에 대한 유전자형 | (나)에 대한 유전자형 |
|---|---|---|---|---|
| ㉠ | 남 | 자녀 3 | AA | XᴮXᵇY |
| ㉡ | 여 | 어머니 | Aa | XᵇXᵇ |
| ㉢ | 남 | 아버지 | Aa | XᴮY |
| ㉣ | 여 | 자녀 | AA | XᴮXᵇ |
| ㉤ | 남 | 자녀 | aa | XᵇY |

○ **보기 풀이** ㉣과 ㉤에서 b의 DNA 상대량이 1로 같은데 (나)의 발현 여부가 다르므로 B와 b는 X 염색체에 있음을 알 수 있다. 따라서 (가)를 결정하는 A와 a는 상염색체에 있다. ㉠에서 b의 DNA 상대량이 1인데 (나)가 발현되므로 ㉠은 자녀 3으로 성염색체 구성이 XXY인 클라인펠터 증후군이며 B가 있는 X 염색체를 아버지에게서 물려받고 b가 있는 X 염색체를 어머니에게서 물려받았음을 알 수 있다. 따라서 ㉢이 아버지이다. 딸은 아버지에게서 B가 있는 X 염색체를 물려받기 때문에 ㉡과 같이 b의 DNA 상대량이 2일 수는 없다. 따라서 ㉡은 어머니, ㉣은 자녀이다.

ㄱ. ㉡은 어머니, ㉢은 아버지이므로, 아버지와 어머니의 (가)에 대한 유전자형은 Aa로 같다.

ㄷ. 감수 1분열에서 염색체 비분리가 일어나 형성된 정자(XᴮY)와 정상 난자(Xᵇ)가 수정되어 태어난 자녀 3은 클라인펠터 증후군을 나타낸다.

✗ **매력적 오답** ㄴ. ㉠은 성염색체 구성이 XXY이므로 클라인펠터 증후군을 나타낸다.

**문제풀이 Tip**

남녀에서 유전 형질 대립유전자의 DNA 상대량이 같지만 표현형이 다를 경우 이 유전 형질 대립유전자는 X 염색체에 존재하며, 정자 형성 시 감수 1분열에서 염색체 비분리가 일어날 경우에만 X 염색체와 Y 염색체가 함께 있는 정자가 형성된다.

# 56 다인자 유전과 복대립 유전

출제 의도 여러 유전 형질을 나타낸 자료를 분석하여 가족 구성원의 표현형을 파악할 수 있는지 묻는 문항이다.

**다음은 어떤 사람의 유전 형질 (가)와 (나)에 대한 자료이다.**

- (가)와 (나)를 결정하는 유전자는 서로 다른 상염색체에 있다.
- (가)는 1쌍의 대립유전자에 의해 결정되고, 대립유전자에는 A, B, D가 있으며, (가)의 표현형은 3가지이다. — 복대립 유전
- (나)를 결정하는 데 관여하는 3개의 유전자는 서로 다른 상염색체에 있으며, 3개의 유전자는 각각 대립유전자 E와 e, F와 f, G와 g를 가진다.
- (나)의 표현형은 유전자형에서 대문자로 표시되는 대립유전자의 수에 의해서만 결정되며, 이 대립유전자의 수가 다르면 표현형이 다르다. — 다인자 유전
- 유전자형이 ㉠ABEeFfGg인 아버지와 ㉡BDEeFfGg인 어머니 사이에서 아이가 태어날 때, 이 아이에게서 (가)와 (나)의 표현형이 모두 ㉠과 같을 확률은 $\left(\dfrac{5}{64}\right)$이다.

$\frac{1}{4}$
$\frac{5}{16}$
$\frac{5}{16}\times\frac{1}{4}$

**이에 대한 설명으로 옳은 것만을 〈보기〉에서 있는 대로 고른 것은? (단, 돌연변이와 교차는 고려하지 않는다.) [3점]**

보기
ㄱ. ㉠과 ㉡의 (가)에 대한 표현형은 같다.
　[A]　[D]
ㄴ. ㉠에서 생성될 수 있는 (가)와 (나)에 대한 생식세포의 유전자형은 16가지이다.
ㄷ. 유전자형이 AAEeFFGg인 아버지와 BDeeffgg인 어머니 사이에서 아이가 태어날 때, 이 아이에게서 나타날 수 있는 (가)와 (나)의 표현형은 최대 6가지이다.
　　　　　　　　　　　2가지　3가지

① ㄱ　② ㄴ　③ ㄱ, ㄷ　④ ㄴ, ㄷ　⑤ ㄱ, ㄴ, ㄷ

---

✔ **자료 해석**

- (가)의 유전은 복대립 유전, (나)의 유전은 다인자 유전이다.
- ㉠과 ㉡ 사이에서 아이가 태어날 때, 이 아이에게서 (나)의 표현형이 ㉠과 같을 확률은 $\dfrac{5}{16}$이므로 (가)의 표현형이 ㉠과 같을 확률은 $\dfrac{1}{4}$이다. 이를 통해 D는 A와 B에 대해 우성이고, A는 B에 대해 우성임을 알 수 있다.

○ **보기 풀이**　ㄴ. (가)와 (나)의 유전자가 서로 다른 상염색체에 존재하므로 ㉠에서 생성될 수 있는 생식세포의 유전자형은 16가지이다.

ㄷ. (가)에 대한 유전자형이 AA와 BD인 부모 사이에서 아이가 태어날 때, 이 아이에게서 나타날 수 있는 표현형은 2가지([A], [D])이고, (나)에 대한 유전자형이 EeFFGg와 eeffgg인 부모 사이에서 아이가 태어날 때, 이 아이에게서 나타날 수 있는 표현형은 3가지(대문자로 표시되는 대립유전자의 수가 3, 2, 1)이다. 따라서 유전자형이 AAEeFFGg인 아버지와 BDeeffgg인 어머니 사이에서 아이가 태어날 때, 이 아이에게서 나타날 수 있는 (가)와 (나)의 표현형은 최대 6가지이다.

✕ **매력적 오답**　ㄱ. D는 A와 B에 대해 우성이고 A는 B에 대해 우성이므로, ㉠의 (가)에 대한 표현형은 [A]이고 ㉡의 (가)에 대한 표현형은 [D]이다.

**문제풀이 Tip**

(가)에서 유전자의 우열 관계를 파악하는 것이 중요하다. (가)의 표현형이 3가지라고 했으므로 대립유전자 A, B, D 사이의 우열 관계는 명확하다. (가)에 대한 유전자형이 각각 AB와 BD인 부모 사이에서는 유전자형이 AB, AD, BB, BD인 자녀가 태어날 수 있는데, 태어난 아이의 표현형이 ㉠(유전자형 AB)과 같을 확률이 $\dfrac{1}{4}$이므로 D＞A＞B임을 파악할 수 있다.

## 57 염색체 이상

출제 의도 정자 형성 과정을 나타낸 자료를 분석하여 중복이 일어난 염색체와 유전자가 위치하는 염색체의 종류를 파악할 수 있는지 묻는 문항이다.

**다음은 사람 P의 정자 형성 과정에 대한 자료이다.**

- 그림은 P의 세포 Ⅰ로부터 정자가 형성되는 과정을, 표는 세포 ㉠~㉣에서 세포 1개당 대립유전자 A, a, B, b, D, d의 DNA 상대량을 나타낸 것이다. A는 a와, B는 b와, D는 d와 각각 대립유전자이고, ㉠~㉣은 Ⅰ~Ⅳ를 순서 없이 나타낸 것이다.

성염색체(X 염색체)에 위치 · 상염색체에 위치

| 세포 | DNA 상대량 | | | | | |
|---|---|---|---|---|---|---|
| | A | a | B | b | D | d |
| ㉠ Ⅲ | 0 | ?⁰ | ⓐ4 | 0 | 0 | 0 |
| ㉡ Ⅳ | ⓑ0 | 2 | 0 | 1 | ?1 | 1 |
| ㉢ Ⅰ | ?⁰ | 1 | 2 | ⓒ1 | ?1 | 1 |
| ㉣ Ⅱ | 0 | ?2 | 4 | ?2 | 2 | ⓓ2 |

— X 염색체 비분리 결과 · 상염색체 비분리 결과

- Ⅰ은 G₁기 세포이며, Ⅰ에는 중복이 일어난 염색체가 1개만 존재한다. Ⅰ이 Ⅱ가 되는 과정에서 DNA는 정상적으로 복제되었다.
- 이 정자 형성 과정의 감수 1분열에서는 상염색체에서 비분리가 1회, 감수 2분열에서는 성염색체에서 비분리가 1회 일어났다.

그림 왼쪽 라벨: ㉢Ⅰ, Ⅱ㉣, 상염색체 비분리 Ⅲ, X 염색체 비분리, ㉠, Ⅳ㉡

**이에 대한 설명으로 옳은 것만을 〈보기〉에서 있는 대로 고른 것은?** (단, 제시된 중복과 염색체 비분리 이외의 돌연변이와 교차는 고려하지 않으며, Ⅱ와 Ⅲ은 중기의 세포이다. A, a, B, b, D, d 각각의 1개당 DNA 상대량은 1이다.) [3점]

〈보기〉

ㄱ. ⓐ+ⓑ+ⓒ+ⓓ=5이다. (7)

ㄴ. P에서 a는 성염색체에 있다.

ㄷ. Ⅳ에는 중복이 일어난 염색체가 있다. (없다)

① ㄱ    ② ㄴ    ③ ㄱ, ㄷ    ④ ㄴ, ㄷ    ⑤ ㄱ, ㄴ, ㄷ

---

✔ **자료 해석**

- Ⅰ은 ㉢, Ⅱ는 ㉣, Ⅲ은 ㉠, Ⅳ는 ㉡이다.
- A와 a는 성염색체에 있고, B와 b, D와 d는 상염색체에 있다.
- B가 있는 염색체에서 중복이 일어났으며, Ⅲ이 형성될 때 상염색체에서 비분리가 일어났고, Ⅳ가 형성될 때 성염색체에서 비분리가 일어났다.

○ **보기 풀이** ㉣에서 B의 DNA 상대량이 ㉢의 2배이며, ㉡에서는 B가 없고 b의 DNA 상대량이 1인 것으로 보아 ㉢은 G₁기 세포인 Ⅰ, ㉣은 감수 1분열 중기 세포인 Ⅱ, ㉡은 감수 2분열이 완료된 세포인 Ⅳ이며, 나머지 ㉠은 감수 2분열 중기 세포인 Ⅲ이다.

ㄴ. ㉢에 a가 있는데 ㉣에 A가 없으므로 P에서 a는 성염색체에 있다는 것을 알 수 있다.

✕ **매력적 오답** ㄱ. ㉣(Ⅱ)이 감수 1분열을 통해 ㉠(Ⅲ)이 될 때 대립유전자 쌍은 분리되므로 ⓐ는 4이다. 감수 1분열 중기 세포인 ㉣(Ⅱ)에서 A의 DNA 상대량이 0이므로 ⓑ는 0이다. ㉡(Ⅳ)에서 b의 DNA 상대량이 1이므로 ⓒ는 1이다. ㉢(Ⅰ)이 DNA 복제를 통해 ㉣(Ⅱ)이 되므로 ⓓ는 2이다. 따라서 ⓐ+ⓑ+ⓒ+ⓓ=7이다.

ㄷ. ㉣에서 B가 4이고, ㉡에서 B가 0이므로 Ⅳ에는 중복이 일어난 염색체가 없다.

문제풀이 **Tip**

염색체 구조 이상 중 중복이 일어난 유전자를 파악하는 것이 중요하다. 정상적인 경우 대립유전자 쌍의 DNA 상대량 합이 G₁기 세포에서는 2를 넘을 수 없고 감수 1분열 중기 세포에서는 4를 넘을 수 없다는 것을 알고 분석하면 중복이 일어난 염색체는 B가 위치한 염색체임을 알 수 있다.

Part I 교육청

# 58 가계도 분석

출제 의도 여러 유전 형질을 나타낸 자료를 분석하여 유전자가 위치하는 염색체의 종류와 가족 구성원의 유전자형을 파악할 수 있는지 묻는 문항이다.

## 다음은 어떤 집안의 유전 형질 (가)~(다)에 대한 자료이다.

- (가)는 대립유전자 H와 h에 의해, (나)는 대립유전자 R와 r에 의해, (다)는 대립유전자 T와 t에 의해 결정된다. H 는 h에 대해, R는 r에 대해, T는 t에 대해 각각 완전 우성 이다.

- (가)~(다) 중 1가지 형질을 결정하는 유전자는 상염색체 ⎫(가) 에, 나머지 2가지 형질을 결정하는 유전자는 성염색체에 존재한다. ⎭(나), (다)

- 가계도는 구성원 1~9에게서 (가)와 (나)의 발현 여부를 나타낸 것이다.

(가)의 유전자는 상염색체에 있으며,
열성 형질임을 알 수 있다.

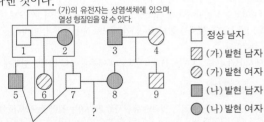

□ 정상 남자
▨ (가) 발현 남자
◪ (가) 발현 여자
■ (나) 발현 남자
● (나) 발현 여자

(나)의 표현형이 다르므로 (나)는 우성 형질이다.

- 5~9 중 7, 9에서만 (다)가 발현되었고, 5~9 중 4명만 t를 가진다. ― (다)는 열성 형질

- $\dfrac{\text{3, 4 각각의 체세포 1개당 T의 상대량을 더한 값}}{\text{5, 7 각각의 체세포 1개당 H의 상대량을 더한 값}} = \dfrac{2}{2} = 1$이다.

## 이에 대한 설명으로 옳은 것만을 〈보기〉에서 있는 대로 고른 것은? (단, 돌연변이와 교차는 고려하지 않으며, H, h, R, r, T, t 각각의 1개당 DNA 상대량은 1이다.) [3점]

보기
ㄱ. (나)와 (다)는 모두 열성 형질이다.
　　우성　　열성
ㄴ. 1과 5에서 (가)의 유전자형은 같다.
　　Hh　Hh
ㄷ. 7과 8 사이에서 아이가 태어날 때, 이 아이에게서 (가)~
　　(다) 중 (가)와 (나)만 발현될 확률은 $\dfrac{1}{8}$이다.

① ㄱ　② ㄴ　③ ㄷ　④ ㄱ, ㄴ　⑤ ㄴ, ㄷ

---

### ✔ 자료 해석

- 가계도에 가족 구성원의 유전 형질 (가)~(다)에 대한 유전자 배열 형태를 나타내면 다음과 같다.

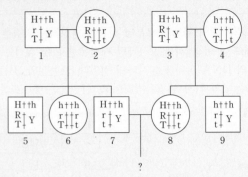

◯ 보기 풀이 ㄴ. 1과 2 사이에서 6이 태어났으므로 (가)를 결정하는 유전자는 상염색체에 있고, (가)는 열성 형질이다. 1과 5에서 (가)의 유전자형은 Hh이다. ㄷ. 7(HhX$^{rT}$Y)과 8(HhX$^{RT}$X$^{rt}$) 사이에서 아이가 태어날 때, 이 아이에게서 (가)~(다) 중 (가)와 (나)만 발현될 확률은 $\dfrac{1}{4} \times \dfrac{1}{2} = \dfrac{1}{8}$이다.

✕ 매력적 오답 ㄱ. (가)에 대해 정상인 1과 2 사이에서 (가)가 발현된 딸 6이 태어났으므로 (가)의 유전자는 상염색체에 있다. 따라서 (나)와 (다)를 결정하는 유전자는 성염색체에 있다. 2로부터 (나)의 표현형이 다른 5와 7이 태어났으므로 (나)는 우성 형질이다. 5~9 중 7, 9에서만 (다)가 발현되었고, 5~9 중 4명만 t를 가지므로 (다)는 열성 형질이다.

### 문제풀이 Tip

정상인 부모(1과 2) 사이에서 특정 형질이 발현된 딸(6)이 태어났다면 이 유전 형질은 상염색체 유전이며 열성 형질이라는 것을 알아두면 가계도를 빨리 분석할 수 있다.

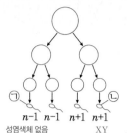
| 선택지 비율 | ① 5% | ❷ 71% | ③ 7% | ④ 6% | ⑤ 8% |
|---|---|---|---|---|---|

2020년 3월 **교육청** 12번 | 정답 ② | 문제편 **56 p**

**출제 의도** 정자 형성 과정을 나타낸 자료를 분석하여 특정 정자의 염색체 구성을 파악할 수 있는지 묻는 문항이다.

그림은 어떤 사람에서 정자가 형성되는 과정과 각 정자의 핵상을 나타낸 것이다. 감수 1분열에서 성염색체의 비분리가 1회 일어났다.

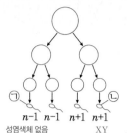

$n-1$ $n-1$ $n+1$ $n+1$
성염색체 없음 　　　　 XY

이에 대한 옳은 설명만을 〈보기〉에서 있는 대로 고른 것은? (단, 제시된 염색체 비분리 이외의 돌연변이는 고려하지 않는다.) [3점]

┌ 보기 ┐
ㄱ. ㉠에 X 염색체가 있다.
　　　　　　　　　　없음
ㄴ. ㉡에 22개의 상염색체가 있다.
ㄷ. ㉡과 정상 난자가 수정되어 태어난 아이에게서 <del>터너</del> 증후군이 나타난다.
　　　　　　　　　　클라인펠터
└─────────────────────────┘

① ㄱ　　② ㄴ　　③ ㄱ, ㄴ　　④ ㄱ, ㄷ　　⑤ ㄴ, ㄷ

**✓ 자료 해석**

- ㉠은 ㉡보다 염색체 수가 적으므로 ㉠에는 성염색체가 없으며, ㉡에는 X 염색체와 Y 염색체가 모두 있다. ㉠에는 22개의 상염색체만 있고, ㉡에는 22개의 상염색체와 2개의 성염색체가 있다.
- 정자 형성 시 감수 1분열 과정에서 성염색체 비분리가 일어날 경우 생성되는 정자는 성염색체 구성이 XY이거나 성염색체가 없다.

**○ 보기풀이** ㄴ. 감수 1분열에서 성염색체 비분리가 1회 일어났고 ㉡은 핵상이 $n+1$이므로 ㉡에는 22개의 상염색체와 2개의 성염색체가 있다.

**✕ 매력적 오답** ㄱ. 감수 1분열에서 성염색체 비분리가 1회 일어났고 ㉠은 핵상이 $n-1$이므로 ㉠에는 X 염색체가 없다.
ㄷ. ㉡(22+XY)과 정상 난자(22+X)가 수정되어 태어난 아이는 클라인펠터 증후군(44+XXY)의 염색체 이상을 보인다.

**문제풀이 Tip**
정자 형성 시 감수 1분열에서 염색체 비분리가 일어날 경우와 감수 2분열에서 염색체 비분리가 일어날 경우 생성되는 정자의 염색체 구성에 대해 알아둔다. 특히 X 염색체와 Y 염색체가 모두 있는 정자는 감수 1분열 시 염색체 비분리에 의해 형성됨을 알아둔다.

## 60 가계도 분석

출제 의도 유전 형질과 ABO식 혈액형을 나타낸 자료를 분석하여 가족 구성원의 유전자형을 파악할 수 있는지 묻는 문항이다.

다음은 어떤 집안의 유전 형질 (가)와 ABO식 혈액형에 대한 자료이다.

- (가)는 대립유전자 T와 t에 의해 결정되며, T는 t에 대해 완전 우성이다.
- 가계도는 구성원 1~10에게서 (가)의 발현 여부를 나타낸 것이다.

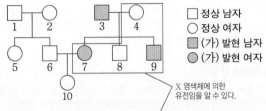

□ 정상 남자
○ 정상 여자
■ (가) 발현 남자
● (가) 발현 여자

X 염색체에 의한 유전임을 알 수 있다.

- 7, 8, 9 각각의 체세포 1개당 t의 DNA 상대량을 더한 값은 4의 체세포 1개당 t의 DNA 상대량의 3배이다. └─3
- 1, 2, 5, 6의 혈액형은 서로 다르며, 1의 혈액과 항 A 혈청을 섞으면 응집 반응이 일어난다. └1은 A형 또는 AB형이다.
- 1과 10의 혈액형은 같으며, 6과 7의 혈액형은 같다.

이에 대한 옳은 설명만을 〈보기〉에서 있는 대로 고른 것은? (단, 돌연변이와 교차는 고려하지 않는다.) [3점]

보기
ㄱ. (가)는 우성 형질이다. (열성)
ㄴ. 2의 ABO식 혈액형에 대한 유전자형은 이형 접합성이다.
ㄷ. 10의 동생이 태어날 때, 이 아이에게서 (가)가 발현되고 이 아이의 ABO식 혈액형이 10과 같을 확률은 $\frac{1}{4}$이다.

① ㄱ ② ㄴ ③ ㄷ ④ ㄱ, ㄴ ⑤ ㄴ, ㄷ

✔ 자료 해석

- 가계도에 가족 구성원의 유전 형질 (가)와 ABO식 혈액형에 대한 유전자형을 나타내면 다음과 같다.

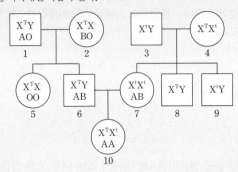

○ 보기 풀이 ㄴ. 1의 혈액에 응집원 A가 있으므로 1은 A형(AO) 또는 AB형(AB)이다. 1이 AB형이면 6은 A형 또는 B형이므로 혈액형이 같은 6과 7 사이에서 태어난 10이 AB형일 수 없다. 따라서 1은 A형(AO), 2는 B형(BO)이다.

✕ 매력적 오답 ㄱ. 8과 9의 (가)에 대한 표현형이 서로 다르므로 7, 8, 9 각각의 체세포 1개당 t의 수를 더한 값은 3이다. 따라서 (가)는 X 염색체에 의한 유전 형질이며, 4의 유전자형이 Tt인데 정상이므로 (가)는 열성 형질이다.

ㄷ. 6($X^TY$, AB)과 7($X^tX^t$, AB) 사이에서 10의 동생이 태어날 때, 이 아이에게서 (가)가 발현될 확률은 $\frac{1}{2}$이고, 이 아이의 혈액형이 10과 같은 A형일 확률은 $\frac{1}{4}$이다. 따라서 구하고자 하는 확률은 $\frac{1}{2} \times \frac{1}{4} = \frac{1}{8}$이다.

문제풀이 Tip

4의 체세포 1개당 t의 DNA 상대량은 0, 1, 2가 가능하므로 7, 8, 9 각각의 체세포 1개당 t의 수를 더한 값은 3 또는 6이 가능하다. 그런데 8과 9의 표현형이 다르므로 6이 될 수 없어 3이며, 4의 체세포 1개당 t의 DNA 상대량은 1이 된다. 이 과정만 파악하면 (가)의 유전 방식을 유추할 수 있다.

| 선택지 비율 | ① 10% | ② 6% | ③ 16% | ④ 7% | ⑤ 59% |
|---|---|---|---|---|---|

## 61 다인자 유전

2020년 3월 교육청 15번 | 정답 ⑤ | 문제편 56 p

출제 의도 피부색 유전에 대한 자료를 분석하여 특정 개체의 유전자형을 파악할 수 있는지 묻는 문항이다.

**다음은 어떤 동물의 피부색 유전에 대한 자료이다.**

- 피부색은 서로 다른 상염색체에 있는 3쌍의 대립유전자 A와 a, B와 b, D와 d에 의해 결정된다.
- 피부색은 유전자형에서 대문자로 표시되는 대립유전자의 수에 의해서만 결정되며, 이 수가 다르면 피부색이 다르다. └ 다인자 유전
- 개체 Ⅰ의 유전자형은 aabbDD이다.
- 개체 Ⅰ과 Ⅱ(AaBbDd) 사이에서 ㉠자손($F_1$)이 태어날 때, ㉠의 유전자형이 AaBbDd일 확률은 $\frac{1}{8}$이다. └ abD(1) × ABd($\frac{1}{8}$)

**이에 대한 옳은 설명만을 〈보기〉에서 있는 대로 고른 것은? (단, 돌연변이는 고려하지 않는다.) [3점]**

〈보기〉

ㄱ. Ⅰ과 Ⅱ는 피부색이 서로 다르다.

ㄴ. Ⅱ에서 A, B, D가 모두 있는 생식세포가 형성된다.

ㄷ. ㉠의 피부색이 Ⅰ과 같을 확률은 $\frac{3}{8}$이다. └ abD(1) × Abd, aBd, abD($\frac{3}{8}$)

① ㄱ　② ㄷ　③ ㄱ, ㄴ　④ ㄴ, ㄷ　⑤ ㄱ, ㄴ, ㄷ

✓ 자료 해석

- Ⅰ의 유전자형이 aabbDD이므로 생성되는 생식세포의 유전자형은 abD뿐이며, Ⅰ과 Ⅱ 사이에서 태어난 자손의 유전자형이 AaBbDd일 확률은 $\frac{1}{8}$이므로 Ⅱ에서 생성되는 생식세포의 유전자형이 ABd일 확률이 $\frac{1}{8}$이다. 따라서 Ⅱ의 유전자형은 AaBbDd이다.

○ 보기 풀이 ㄱ. Ⅱ의 유전자형은 AaBbDd이므로 Ⅰ과 Ⅱ는 피부색이 서로 다르다.

ㄴ. Ⅱ의 유전자형은 AaBbDd이므로 Ⅱ에서 생성되는 생식세포의 유전자형은 ABD, abd, ABd, abD, Abd, aBD, AbD, aBd이다. 따라서 Ⅱ에서 A, B, D가 모두 있는 생식세포가 형성된다.

ㄷ. ㉠의 피부색이 Ⅰ과 같을 확률은 Ⅱ에서 형성된 생식세포의 유전자형이 Abd, aBd, abD 중 하나일 확률과 같은 $\frac{3}{8}$이다.

문제풀이 Tip

다인자 유전의 가장 기초적인 문제에 해당된다. 다양한 다인자 유전에 대한 문제를 접해 보는 것이 중요하다.

# 01 염색체와 세포 분열

| 선택지 비율 | ① 3% | ❷ 81% | ③ 2% | ④ 10% | ⑤ 1% |

## 1 세포 주기

2025학년도 수능 8번 | 정답 ② | 문제편 58 p

출제 의도 체세포 분열에서 세포 주기의 순서와 각 주기의 특징을 이해하고 있는지를 묻는 문항이다.

그림은 사람의 체세포 세포 주기를, 표는 이 사람의 체세포 세포 주기의 ㉠~㉢에서 나타나는 특징을 나타낸 것이다. ㉠~㉢은 $G_2$기, M기(분열기), S기를 순서 없이 나타낸 것이다.

| 구분 | 특징 |
|---|---|
| ㉠ | ? |
| ㉡ | 핵에서 DNA 복제가 일어난다. |
| ㉢ | 핵막이 관찰된다. |

㉠ – M기 ㉡ – S기 ㉢ – $G_2$기

이에 대한 설명으로 옳은 것만을 〈보기〉에서 있는 대로 고른 것은?

보기
ㄱ. 세포 주기는 Ⅰ 방향으로 진행된다.
　세포 주기는 Ⅱ 방향으로 진행된다.
ㄴ. ㉠ 시기에 상동 염색체의 접합이 일어난다.
　상동 염색체의 접합은 생식세포 분열에서 일어난다.
ㄷ. ㉡과 ㉢은 모두 간기에 속한다.

① ㄱ　② ㄷ　③ ㄱ, ㄴ　④ ㄴ, ㄷ　⑤ ㄱ, ㄴ, ㄷ

✓ 자료 해석
• 세포 주기는 $G_1$기 → S기 → $G_2$기 → M기(분열기) 순서로 일어난다.
• ㉡의 특징이 '핵에서 DNA 복제가 일어난다.'이므로 ㉡은 S기이다. 따라서 ㉢은 $G_2$기, ㉠은 M기이다.

○ 보기 풀이 ㄷ. 간기에는 $G_1$기, S기, $G_2$기기가 포함되므로 ㉡(S기)과 ㉢($G_2$기)은 모두 간기에 속한다.

✕ 매력적 오답 ㄱ. 세포 주기는 $G_1$기 → S기 → $G_2$기 → M기(분열기) 순서로 일어나므로 진행 방향은 Ⅱ이다.
ㄴ. 상동 염색체의 접합은 생식세포 분열 중 감수 1분열에서 일어나며, 체세포 세포 주기에서는 일어나지 않는다.

문제풀이 Tip
체세포 분열의 세포 주기와 특징을 이해하고 감수 분열과의 차이점을 알아두어야 한다.

# 2  감수 분열

**출제 의도** 감수 분열에서 생식세포가 형성되는 과정과 그 과정에서 대립유전자가 이동하는 경로를 이해하고 있는지를 묻는 문항이다.

사람의 유전 형질 ㉮는 서로 다른 3개의 상염색체에 있는 3쌍의 대립유전자 A와 a, B와 b, D와 d에 의해 결정된다. 표는 사람 P의 세포 (가)~(라)에서 대립유전자 ㉠~㉣의 유무와 a, B, D의 DNA 상대량을 더한 값(a+B+D)을 나타낸 것이고, 그림은 정자가 형성되는 과정을 나타낸 것이다. (가)~(라)는 생식세포 형성 과정에서 나타나는 세포이고, (가)~(라) 중 2개는 $G_1$기 세포 Ⅰ로부터 형성되었으며, 나머지 2개는 각각 $G_1$기 세포 Ⅱ와 Ⅲ으로부터 형성되었다. ㉠~㉣은 A, a, b, D를 순서 없이 나타낸 것이고, ⓐ와 ⓑ는 Ⅱ로부터 형성된 중기의 세포이며, ⓐ는 (가)~(라) 중 하나이다.

| 세포 | DNA 상대량 | | | | a+B+D |
|---|---|---|---|---|---|
| | ㉠ | ㉡ | ㉢ | ㉣ | |
| Ⅱ (가) | × | ○ | × | × | 4 |
| Ⅲ (나) | × | ?○ | ○ | × | 3 |
| Ⅰ (다) | ○ | × | ○ | × | 2 |
| Ⅰ (라) | × | ?○ | ?× | ○ | 1 |

(○: 있음, ×: 없음)

그림: Ⅱ → (가) → ⓐ(aaBbdd), ⓑ(AAbbDD)

이에 대한 설명으로 옳은 것만을 〈보기〉에서 있는 대로 고른 것은? (단, 돌연변이와 교차는 고려하지 않으며, A, a, B, b, D, d 각각의 1개당 DNA 상대량은 1이다.) [3점]

---
보기
---
ㄱ. ㉣은 A이다.
~~㉣은 b와 D중 하나이다.~~

ㄴ. Ⅰ로부터 (다)가 형성되었다.

ㄷ. ⓑ에서 a, b, D의 DNA 상대량을 더한 값은 4이다.

---

① ㄱ  ② ㄴ  ③ ㄷ  ④ ㄱ, ㄴ  ⑤ ㄴ, ㄷ

---

✓ **자료 해석**

• 표에서 사람 P의 세포 (가)~(라)에 ㉠~㉣이 각각 1개 이상 있으므로 P는 ㉠~㉣(A, a, b, D)을 모두 가진다. 이때 세포 (가)~(라)에 ㉠~㉣이 없는 경우도 있으므로 P의 ㉮에 대한 유전자형은 AaBbDd이다. (가)~(다)는 모두 ㉠~㉣ 중 1개 또는 2개의 대립유전자만 가지므로 핵상은 모두 $n$인데, 핵상이 $n$인 세포는 2개의 대립유전자 중 1개만 가지므로 표를 통해 ㉠과 ㉡이 서로 대립유전자 관계이고, 각각 A와 a 중 하나이며, ㉢과 ㉣은 각각 b와 D 중 하나임을 알 수 있다. (라)는 A를 갖지 않으므로 핵상이 $n$이다.

• (가)~(라) 중 2개의 세포는 $G_1$기 세포 Ⅰ로부터 형성된 핵상이 $n$인 세포이고, 이 세포는 서로 다른 대립유전자 구성을 가진다. 즉 (가)~(라) 중 ㉠이 있는 (다)는 Ⅰ로부터 형성된 세포이다. 또한 ⓐ는 $G_1$기 세포 Ⅱ로부터 형성된 중기의 세포이고, a+B+D의 값으로 0 또는 짝수를 가지므로 (가)이다. 따라서 (나)와 (다)는 각각 Ⅰ과 Ⅲ 중 하나이며, (나)는 Ⅰ로부터 형성된 (다)가 갖는 ㉢을 가지므로 Ⅲ이고, 나머지 (다)는 Ⅰ이다.

○ **보기 풀이** ㄴ. Ⅰ로부터 (다)와 (라)가 형성되었다.
ㄷ. ⓑ에서 a, b, D의 DNA 상대량을 더한 값은 4이다.

✕ **매력적 오답** ㄱ. ㉣은 b와 D 중 하나이다.

**문제풀이 Tip**

생식세포 형성 과정에서 대립유전자의 유무와 DNA 상대량을 통해 각 세포가 어느 시기에 해당하는지를 유추할 수 있어야 한다.

출제 의도 두 개체의 세포에서 유전자의 DNA 상대량의 합을 분석하여 (가)와 (나)가 Ⅰ~Ⅳ중 어느 세포에 해당하는지 찾을 수 있는지를 묻는 문항이다.

어떤 동물 종($2n=6$)의 유전 형질 ㉮는 2쌍의 대립유전자 H와 h, T와 t에 의해 결정된다. 표는 이 동물 종의 개체 P와 Q의 세포 Ⅰ~Ⅳ에서 H와 t의 DNA 상대량을 더한 값(H+t)과 h와 t의 DNA 상대량을 더한 값(h+t)을, 그림은 세포 (가)와 (나) 각각에 들어 있는 모든 염색체를 나타낸 것이다. (가)와 (나)는 각각 Ⅰ~Ⅳ 중 하나이고, ㉠과 ㉡은 X 염색체와 Y 염색체를 순서 없이 나타낸 것이며, ㉠과 ㉡의 모양과 크기는 나타내지 않았다. P는 수컷이고 성염색체는 XY이며, Q는 암컷이고 성염색체는 XX이다.

| 세포 | H+t | h+t |
|---|---|---|
| Ⅰ P | 3 | 1 |
| Ⅱ Q | 0 | 2 |
| (나)Ⅲ P | ?1 | 0 |
| (가)Ⅳ Q | 4 | ?4 |

(가)

(나)

이에 대한 설명으로 옳은 것만을 〈보기〉에서 있는 대로 고른 것은? (단, 돌연변이와 교차는 고려하지 않으며, H, h, T, t각각의 1개당 DNA 상대량은 1이다.)

┌─ 보기 ┐
ㄱ. (나)는 P의 세포이다.
ㄴ. Ⅰ과 Ⅲ의 핵상은 같다. Ⅰ의 핵상은 $2n$이고, Ⅲ의 핵상은 $n$이다.
ㄷ. T의 DNA 상대량은 Ⅱ에서와 Ⅳ에서 서로 같다.
└────────────────────────┘

① ㄱ    ② ㄴ    ③ ㄱ, ㄷ    ④ ㄴ, ㄷ    ⑤ ㄱ, ㄴ, ㄷ

✔ 자료 해석

• (가)는 상동 염색체가 존재하므로 체세포이고, (나)는 상동 염색체가 존재하지 않으므로 생식세포이다. 이때 (나)에 H가 1개 있고, t는 0개 또는 1개이므로 (나)의 H+t는 1 또는 2가 되어 (나)는 Ⅲ이 된다. 또한 DNA가 복제된 상태인 (가)의 H+t는 짝수여야 하므로 Ⅰ은 (가)가 아니다. Ⅱ의 H+t가 0이므로 Ⅱ에는 H와 t가 모두 없고, h+t가 2이므로 h가 2개 있다.

• (가)에서 2개의 검은색 염색체가 상동 염색체이고, T는 흰색 염색체에 있으므로 2개의 t는 ㉠에 있다. ㉠은 흰색 염색체와 상동 염색체인 X 염색체이며, ㉡은 Y 염색체이다. 즉 (가)는 암컷 Q의 체세포이고, Q의 유전자형은 HhX^TX^t이며, (나)는 수컷 P의 생식세포이다.

• Ⅰ에서 H+t가 3인 것은 (H 2개, t 1개) 또는 (H 1개, t 2개)임을 의미하는데, Q에서 이러한 세포는 형성될 수 없으므로 Ⅰ은 P의 세포이다. 따라서 Ⅰ에는 H가 2개, t가 1개 있고, Ⅰ은 P의 $G_1$기 세포이며, P의 ㉮의 유전자형은 HHX^tY이다. Ⅱ에 h가 2개 있으므로 Ⅱ는 Q의 세포이고, H와 t가 없으므로 T가 2개 있으며, Ⅱ는 Q의 감수 2분열 중기 세포이다. Ⅲ(나)에 h와 t는 없고 H 1개와 Y 염색체가 있으므로 Ⅲ의 H+t는 1이다. (가)에 있는 2개의 회색 염색체는 상동 염색체인데, Ⅲ가 (가)라면 H가 없고 h만 2개 있는 것은 모순이다. 따라서 Ⅳ는 (가)이다. (가)에 h가 2개 있으므로 H는 4개가 될 수 없고, T는 2개 있어서 t는 4개가 될 수 없으므로 Ⅳ(가)에는 H와 t가 각각 2개씩, h와 T가 각각 2개씩 있다. 즉 Ⅳ에서 h+t는 4이다.

○ 보기 풀이 ㄱ. (가)는 Q의 체세포이고, (나)는 P의 생식세포이다.
ㄷ. T의 DNA 상대량은 Ⅱ에서와 Ⅳ에서가 모두 2로 같다.

✗ 매력적 오답 ㄴ. Ⅰ은 P의 $G_1$기 세포에 해당하므로 핵상은 $2n$이고, Ⅲ은 P의 생식세포에 해당하므로 핵상은 $n$이다. 따라서 Ⅰ과 Ⅲ의 핵상은 서로 다르다.

문제풀이 **Tip**
각 세포에 들어 있는 염색체의 모양을 통해 상동 염색체를 판별하고, DNA 상대량에 대한 자료를 분석하여 각 세포가 어느 개체를 구성하는 세포인지 파악할 수 있어야 한다.

출제 의도 여러 세포의 핵막 소실 여부와 유전자의 DNA 상대량을 더한 값을 나타낸 자료를 분석할 수 있는지 묻는 문항이다.

표 (가)는 특정 형질의 유전자형이 RR인 어떤 사람의 세포 I ~ Ⅲ에서 핵막 소실 여부를, (나)는 I ~ Ⅲ 중 2개의 세포에서 R의 DNA 상대량을 더한 값을 나타낸 것이다. I ~ Ⅲ은 체세포의 세포 주기 중 M기(분열기)의 중기, $G_1$기, $G_2$기에 각각 관찰되는 세포를 순서 없이 나타낸 것이다. ㉠은 '소실됨'과 '소실 안 됨' 중 하나이다.

| 세포 | 핵막 소실 여부 |
|---|---|
| I $G_2$기 | ? 소실 안 됨 |
| Ⅱ M기 | 소실됨 |
| Ⅲ $G_1$기 | ㉠ 소실 안 됨 |

(가)

| 구분 | R의 DNA 상대량을 더한 값 |
|---|---|
| I, Ⅱ | 8 |
| I, Ⅲ | ? 6 |
| Ⅱ, Ⅲ | ? 6 |

(나)

이에 대한 설명으로 옳은 것만을 〈보기〉에서 있는 대로 고른 것은? (단, 돌연변이는 고려하지 않으며, R의 1개당 DNA 상대량은 1이다.)

보기

ㄱ. ㉠은 '소실 안 됨'이다.
　　$G_1$기에 관찰되는 세포에서는 핵막이 소실되지 않는다.
ㄴ. I은 $G_1$기의 세포이다.
　　I은 $G_2$기에 관찰되는 세포, Ⅲ은 $G_1$기에 관찰되는 세포이다.
ㄷ. R의 DNA 상대량은 Ⅱ에서와 Ⅲ에서가 서로 같다.
　　Ⅱ에서 R의 DNA 상대량은 4이고, Ⅲ에서 R의 DNA 상대량은 2이다.

① ㄱ　② ㄴ　③ ㄷ　④ ㄱ, ㄴ　⑤ ㄴ, ㄷ

---

✔ 자료 해석

- I은 $G_2$기에 관찰되는 세포, Ⅱ는 M기의 중기에 관찰되는 세포, Ⅲ은 $G_1$기에 관찰되는 세포이다.
- $G_2$기에 관찰되는 세포(I)에서 R의 DNA 상대량은 4, M기의 중기에 관찰되는 세포(Ⅱ)에서 R의 DNA 상대량은 4, $G_1$기에 관찰되는 세포(Ⅲ)에서 R의 DNA 상대량은 2이다.

○ 보기풀이 ㄱ. M기의 중기, $G_1$기, $G_2$기에 관찰되는 세포 중 핵막이 소실된 것은 M기의 중기에 관찰되는 세포이므로 Ⅱ는 M기의 중기에 관찰되는 세포이다. $G_1$기와 $G_2$기에 관찰되는 세포에서는 모두 핵막이 소실되지 않으므로 ㉠은 '소실 안 됨'이다.

✕ 매력적 오답 ㄴ. I과 M기의 중기에 관찰되는 세포(Ⅱ)에서 R의 DNA 상대량을 더한 값이 8인데, M기의 중기에 관찰되는 세포(Ⅱ)에서 R의 DNA 상대량이 4이므로 I도 R의 DNA 상대량이 4이다. 따라서 I은 $G_2$기에 관찰되는 세포이다. 나머지 Ⅲ은 $G_1$기에 관찰되는 세포이다.
ㄷ. M기의 중기에 관찰되는 세포(Ⅱ)에서 R의 DNA 상대량은 4이고, $G_1$기에 관찰되는 세포(Ⅲ)에서 R의 DNA 상대량은 2이다.

문제풀이 **Tip**

체세포 분열의 세포 주기 중에서 핵막이 소실되는 시기는 M기일 때 뿐이며, 유전자의 DNA 상대량은 M기의 중기와 $G_2$기가 같다는 것을 알고 자료에 적용하면 된다.

Part Ⅱ

수능 평가원

출제 의도 여러 세포의 염색체를 나타낸 자료를 분석하여 각 세포가 해당하는 개체를 파악할 수 있는지 묻는 문항이다.

그림은 세포 (가)~(다) 각각에 들어 있는 모든 염색체를 나타낸 것이다. (가)~(다)는 개체 A~C의 세포를 순서 없이 나타낸 것이고, A~C의 핵상은 모두 $2n$이다. A와 B는 서로 같은 종이고, B와 C는 서로 다른 종이다. A~C 중 B만 암컷이고, A~C의 성염색체는 암컷이 XX, 수컷이 XY이다. 염색체 ㉠과 ㉡ 중 하나는 성염색체이고, 나머지 하나는 상염색체이다. ㉠과 ㉡의 모양과 크기는 나타내지 않았다.

　　(가)　　　　　(나)　　　　　(다)

(가)-A의 세포 (나)-C의 세포 (다)-B의 세포 ㉠-Y 염색체 ㉡-상염색체

이에 대한 설명으로 옳은 것만을 〈보기〉에서 있는 대로 고른 것은? (단, 돌연변이는 고려하지 않는다.)

보기
ㄱ. ㉠은 X 염색체이다. ㉠은 Y 염색체, ㉡은 상염색체이다.
ㄴ. (나)와 (다)의 핵상은 같다. (나)와 (다)의 핵상은 모두 $2n$이다.
ㄷ. (가)의 $\dfrac{\text{염색 분체 수}}{\text{X 염색체 수}} = 6$이다. 염색 분체 수／X 염색체 수 $= \dfrac{12}{1} = 12$

① ㄱ　② ㄴ　③ ㄱ, ㄷ　④ ㄴ, ㄷ　⑤ ㄱ, ㄴ, ㄷ

---

✓ 자료 해석
• (가): A의 세포, $2n=6(4+XY)$
• (나): C의 세포, $2n=6(4+XY)$
• (다): B의 세포, $2n=6(4+XX)$

○ 보기 풀이　(가)와 (다)에는 염색체의 모양과 크기가 같은 것이 있으므로 (가)와 (다)는 서로 같은 종이며, (나)에는 (가), (다)와 같은 모양과 크기의 염색체가 없으므로 (나)는 (가), (다)와 다른 종이다. 따라서 (나)는 C의 세포이다. 이때 (나)(C의 세포)에서 모양과 크기가 다른 한 쌍의 염색체가 있으므로 수컷이며, (나)(C의 세포)의 핵상과 염색체 수는 $2n=6(4+XY)$이다. (가)와 (다)는 각각 A와 B 중 하나인데, (다)에서 ㉡이 성염색체라면 (가)와 (다)의 성별은 서로 같다. 이는 조건을 만족하지 않으므로 ㉡은 상염색체이고, ㉠은 성염색체(Y 염색체)이다. (가)(A의 세포)의 핵상과 염색체 수는 $2n=6(4+XY)$이고 (다)(B의 세포)의 핵상과 염색체 수는 $2n=6(4+XX)$이다.

ㄴ. (나)(C의 세포)와 (다)(B의 세포)의 핵상은 $2n$으로 같다.

✕ 매력적 오답　ㄱ. ㉠은 성염색체(Y 염색체)이다.

ㄷ. (가) (A의 세포)의 $\dfrac{\text{염색 분체 수}}{\text{X 염색체 수}} = \dfrac{12}{1} = 12$이다.

문제풀이 Tip
㉠과 ㉡이 어떤 염색체를 나타내는지 파악하는 것이 중요하다. (가)와 (다)는 각각 A와 B 중 하나인데, (다)에서 ㉡이 성염색체라면 (가)와 (다)의 성별이 같아져 B만 암컷이라는 조건을 만족하지 않는다. 따라서 ㉡은 상염색체이고, ㉠은 Y 염색체임을 파악해야 한다.

## 6  감수 분열과 유전적 다양성

출제 의도 세포의 유전자 유무와 유전자의 DNA 상대량을 나타낸 자료를 분석할 수 있는지 묻는 문항이다.

사람의 유전 형질 ㉮는 서로 다른 3개의 상염색체에 있는 3쌍의 대립유전자 A와 a, B와 b, D와 d에 의해 결정된다. 표는 사람 P의 세포 (가)~(다)에서 대립유전자 ㉠~㉣의 유무와 A와 B의 DNA 상대량을 나타낸 것이다. (가)~(다)는 생식세포 형성 과정에서 나타나는 중기의 세포이고, (가)~(다) 중 2개는 $G_1$기 세포 Ⅰ로부터 형성되었으며, 나머지 1개는 $G_1$기 세포 Ⅱ로부터 형성되었다. ㉠~㉣은 A, a, b, D를 순서 없이 나타낸 것이다.

(가)와 (나) − Ⅰ로부터 형성 (다) − Ⅱ로부터 형성

| 세포 | 대립유전자 | | | | DNA 상대량 | |
|---|---|---|---|---|---|---|
| | ㉠ a | ㉡ b | ㉢ A | ㉣ D | A | B |
| (가) | × | ? × | ○ | ○ | ? 2 | 2 |
| (나) | ○ | × | ? × | × | ? 0 | 2 |
| (다) | × | × | ○ | × | 2 | ? 2 |

(○: 있음, ×: 없음)

이에 대한 설명으로 옳은 것만을 〈보기〉에서 있는 대로 고른 것은? (단, 돌연변이와 교차는 고려하지 않으며, A, a, B, b, D, d 각각의 1개당 DNA 상대량은 1이다.) [3점]

보기
ㄱ. ㉡은 b이다.
　㉠은 a, ㉡은 b, ㉢은 A, ㉣은 D이다.
ㄴ. Ⅰ로부터 (다)가 형성되었다.
　Ⅱ로부터 (다)가 형성되었다.
ㄷ. P의 ㉮의 유전자형은 AaBbDd이다.
　P의 ㉮의 유전자형은 AaBBDd이다.

① ㄱ　② ㄷ　③ ㄱ, ㄴ　④ ㄴ, ㄷ　⑤ ㄱ, ㄴ, ㄷ

✔ 자료 해석
- (가): $G_1$기 세포 Ⅰ로부터 형성, AABBDD
- (나): $G_1$기 세포 Ⅰ로부터 형성, aaBBdd
- (다): $G_1$기 세포 Ⅱ로부터 형성, AABBdd

○ 보기 풀이 (가)~(다)는 모두 감수 2분열 중기의 세포에 해당하며, (다)에서 A의 DNA 상대량이 2인데 대립유전자 ㉢만 있으므로 ㉢은 A이다. 따라서 (가)는 ㉢(A)이 있으므로 (가)의 유전자형은 AABBDD 또는 AABBdd가 가능한데, ㉣이 있으므로 AABBDD이며 ㉣은 D이다. (다)는 a, b, D가 모두 없으므로 (다)의 유전자형은 AABBdd이다. (가)의 유전자형이 AABBDD이고, (다)의 유전자형은 AABBdd이므로 (가)와 (다)는 각각 다른 $G_1$기 세포로부터 형성되었다. (다)가 $G_1$기 세포 Ⅰ로부터 형성된 것이라면 (나)의 유전자형은 aaBBDD이어야 하며, 이 경우 (나)는 ㉣(D)이 있어야 하는데, 조건을 만족하지 않는다. 따라서 (가)가 $G_1$기 세포 Ⅰ로부터 형성된 것이며, (나)의 유전자형은 aaBBdd이다. (나)는 ㉠은 있고, ㉡은 없으므로 ㉠은 a, ㉡은 b이다.
ㄱ. ㉠은 a, ㉡은 b, ㉢은 A, ㉣은 D이다.

✕ 매력적 오답 ㄴ. Ⅰ로부터 (가)와 (나)가 형성되었고, Ⅱ로부터 (다)가 형성되었다.
ㄷ. Ⅰ로부터 (가)와 (나)가 형성되었으므로 (가)와 (나)의 유전자형을 합친 것은 감수 1분열 중기의 세포의 유전자형에 해당하며, 유전자형은 AAaaBBBBDDdd이다. 따라서 P의 ㉮의 유전자형은 AaBBDd이다.

문제풀이 Tip
(가)~(다)가 어떤 $G_1$기 세포로부터 형성되었는지 파악하는 것이 중요하다. 이형접합성일 경우 같은 $G_1$기 세포로부터 형성된 감수 2분열 중기의 세포에서 두 세포의 대립유전자가 서로 다르다는 것을 알고 자료에 적용하면 된다.

---

## 7  체세포 분열

출제 의도 체세포 분열에 대해 알고 있는지 묻는 문항이다.

그림은 핵상이 $2n$인 식물 P의 체세포 분열 과정에서 관찰되는 세포 Ⅰ~Ⅲ을 나타낸 것이다. Ⅰ~Ⅲ은 분열기의 전기, 중기, 후기의 세포를 순서 없이 나타낸 것이다.

Ⅰ　　Ⅱ　　Ⅲ
Ⅰ −전기 세포  Ⅱ −후기 세포  Ⅲ −중기 세포

이에 대한 설명으로 옳은 것만을 〈보기〉에서 있는 대로 고른 것은?

보기
ㄱ. Ⅰ은 전기의 세포이다.
　Ⅰ은 전기의 세포, Ⅱ는 후기의 세포, Ⅲ은 중기의 세포이다.
ㄴ. Ⅲ에서 상동 염색체의 접합이 일어났다.
　체세포 분열 과정이므로 상동 염색체의 접합이 일어나지 않는다.
ㄷ. Ⅰ~Ⅲ에는 모두 히스톤 단백질이 있다.
　Ⅰ~Ⅲ에는 뉴클레오솜이 있으며, 뉴클레오솜은 DNA가 히스톤 단백질을 감고 있는 구조이다.

① ㄱ　② ㄴ　③ ㄱ, ㄷ　④ ㄴ, ㄷ　⑤ ㄱ, ㄴ, ㄷ

✔ 자료 해석
- Ⅰ은 전기의 세포, Ⅱ는 후기의 세포, Ⅲ은 중기의 세포이다.
- 전기 세포(Ⅰ), 후기 세포(Ⅱ), 중기 세포(Ⅲ)에는 염색체를 구성하는 뉴클레오솜(DNA+히스톤 단백질)이 있다.

○ 보기 풀이 ㄱ. Ⅰ은 응축된 염색체가 관찰되므로 전기 세포, Ⅱ는 염색체가 양극으로 분리되고 있으므로 후기 세포, Ⅲ은 염색체가 세포의 중앙에 배열되어 있으므로 중기 세포이다.
ㄷ. 전기 세포(Ⅰ), 후기 세포(Ⅱ), 중기 세포(Ⅲ)에는 염색체를 구성하는 뉴클레오솜이 있으며, 뉴클레오솜은 DNA가 히스톤 단백질을 감고 있는 구조이다.

✕ 매력적 오답 ㄴ. 체세포 분열 과정이므로 중기 세포(Ⅲ)에서 상동 염색체의 접합이 일어나지 않는다. 상동 염색체의 접합은 감수 1분열에서 일어난다.

문제풀이 Tip
체세포 분열 과정의 특징에 대해 알고 있어야 하며, 체세포 분열 과정에 상관없이 염색체에는 DNA가 히스톤 단백질을 감고 있는 구조인 뉴클레오솜이 있다.

## 8 핵형 분석

출제 의도 여러 세포의 염색체를 분석하여 각 세포가 어떤 동물의 세포에 속하는지를 파악할 수 있는지 묻는 문항이다.

그림은 핵상이 $2n$인 동물 A~C의 세포 (가)~(라) 각각에 들어 있는 모든 상염색체와 ㉠을 나타낸 것이다. A~C는 2가지 종으로 구분되고, ㉠은 X 염색체와 Y 염색체 중 하나이다. (가)~(라) 중 2개는 A의 세포이고, A와 C의 성은 같다. A~C의 성염색체는 암컷이 XX, 수컷이 XY이다.

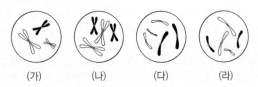

(가)    (나)    (다)    (라)

이에 대한 설명으로 옳은 것만을 〈보기〉에서 있는 대로 고른 것은? (단, 돌연변이는 고려하지 않는다.)

(가)－$n=3(2+Y)$, A   (나)－$2n=6(4+XX)$, B
(다)－$2n=6(4+XY)$, C   (라)－$2n=6(4+XY)$, A

보기
ㄱ. ㉠은 X 염색체이다. ㉠은 Y 염색체이다.

ㄴ. (가)는 A의 세포이다.
   (가)와 (라)는 A의 세포, (나)는 B의 세포, (다)는 C의 세포이다.

ㄷ. 체세포 분열 중기의 세포 1개당 $\dfrac{\text{X 염색체 수}}{\text{상염색체 수}}$ 는 B가 C보다 작다. B가 $\dfrac{2}{4}$, C가 $\dfrac{1}{4}$이므로 B가 C보다 크다.

① ㄱ    ② ㄴ    ③ ㄷ    ④ ㄱ, ㄴ    ⑤ ㄴ, ㄷ

✔ 자료 해석
• (가)와 (라)는 A의 세포, (나)는 B의 세포, (다)는 C의 세포이다.
• 핵상과 염색체 수는 (가)가 $n=3(2+Y)$, (나)가 $2n=6(4+XX)$, (다)가 $2n=6(4+XY)$, (라)가 $2n=6(4+XY)$이다.

○ 보기풀이 (다)는 (가), (나), (라)와 다른 형태의 염색체를 가지므로 다른 종의 세포이며, (가), (나), (라)는 같은 종의 세포이다. ㉠이 X 염색체라면 (나)의 핵상과 염색체 수는 $2n=2+XX$이고, (라)의 핵상과 염색체 수는 $2n=4+XY$이며, 염색체 수가 서로 다르므로 같은 종의 세포가 될 수 없다. 따라서 ㉠은 Y 염색체이다. (가)의 핵상과 염색체 수는 $n=2+Y$, (나)는 $2n=4+XX$, (다)는 $2n=4+XY$, (라)는 $2n=4+XY$이며, (가)와 (라)는 A의 세포, (나)는 B의 세포, (다)는 C의 세포이다.

ㄴ. (가)와 (라)는 A의 세포이다.

✕ 매력적 오답 ㄱ. ㉠은 Y 염색체이다.

ㄷ. 체세포 분열 중기의 세포 1개당 $\dfrac{\text{X 염색체 수}}{\text{상염색체 수}}$ 는 B가 $\dfrac{2}{4}$, C가 $\dfrac{1}{4}$이므로 B가 C보다 크다.

문제풀이 Tip
(가), (나), (라)는 같은 종의 세포이고, (다)는 다른 종의 세포인 것을 통해 ㉠이 Y 염색체임을 파악하는 것이 중요하다.

**9** 감수 분열과 유전적 다양성 　　　　　　2025학년도 6월 평가원 12번 | 정답 ⑤ | 　문제편 61p

출제 의도 가족 구성원의 세포의 유전자 DNA 상대량을 나타낸 자료를 분석할 수 있는지 묻는 문항이다.

사람의 유전 형질 (가)는 같은 염색체에 있는 3쌍의 대립유전자 A와 a, B와 b, D와 d에 의해 결정된다. 표는 어떤 가족 구성원의 세포 Ⅰ~Ⅳ가 갖는 A, a, B, b, D, d의 DNA 상대량을 나타낸 것이다. Ⅰ은 $G_1$기 세포이고, Ⅱ~Ⅳ는 감수 1분열 중기 세포, 감수 2분열 중기 세포, 생식세포를 순서 없이 나타낸 것이다.

| 세포 | DNA 상대량 | | | | | |
|---|---|---|---|---|---|---|
| | A | a | B | b | D | d |
| 아버지의 세포 Ⅰ $G_1$기 세포 | 1 | 0 | 1 | ?⁰ | ?⁰ | 1 |
| 어머니의 세포 Ⅱ 감수 1분열 중기 세포 | 2 | 2 | ⓐ⁴ | 0 | ?² | 2 |
| 아들의 세포 Ⅲ 생식세포 | ?⁰ | 1 | 1 | 0 | 0 | ?¹ |
| ⓖ딸의 세포 Ⅳ 감수 2분열 중기 세포 | ⓑ² | 0 | 2 | ?⁰ | ?² | 0 |

이에 대한 설명으로 옳은 것만을 〈보기〉에서 있는 대로 고른 것은? (단, 돌연변이와 교차는 고려하지 않으며, A, a, B, b, D, d 각각의 1개당 DNA 상대량은 1이다.) [3점]

보기
ㄱ. ⓐ+ⓑ=4이다. 4(ⓐ)+2(ⓑ)=6
ㄴ. $\dfrac{Ⅱ의 염색 분체 수}{Ⅳ의 염색 분체 수}$=2이다. $\dfrac{92}{46}=2$
ㄷ. ⓖ의 (가)의 유전자형은 AABBDd이다.
　아버지로부터 ABd를 물려받았고, 어머니로부터 ABD를 물려받았다.

① ㄱ　② ㄴ　③ ㄷ　④ ㄱ, ㄴ　⑤ ㄴ, ㄷ

✔ 자료 해석
• 가족 구성원의 세포의 종류와 유전자 구성을 나타내면 표와 같다.

| 세포 | 세포의 종류 | 유전자 구성 |
|---|---|---|
| 아버지의 세포 Ⅰ | $G_1$기 세포 | ABd/Y |
| 어머니의 세포 Ⅱ | 감수 1분열 중기 세포 | AABBDD/aaBBdd |
| 아들의 세포 Ⅲ | 생식세포 | aBd |
| 딸의 세포 Ⅳ | 감수 2분열 중기 세포 | AABBDD |

🔘 보기 풀이 　아버지의 세포 Ⅰ은 $G_1$기 세포인데 A의 DNA 상대량이 1이고 a의 DNA 상대량이 0이므로 A와 a는 X 염색체에 있으며, B와 b, D와 d 모두 같은 염색체에 있다고 하였으므로 Ⅰ의 유전자 구성은 ABd/Y이다. 어머니의 세포 Ⅱ는 A와 a의 DNA 상대량이 각각 2이므로 감수 1분열 중기 세포이다. 따라서 b의 DNA상대량이 0이므로 B의 DNA 상대량인 ⓐ는 4이며, d의 DNA 상대량이 2이므로 D의 DNA 상대량도 2이다. 즉 Ⅱ의 유전자 구성은 AABBDD/aaBBdd이다. 아들의 세포 Ⅲ은 B의 DNA 상대량이 1이고, b의 DNA 상대량이 0이므로 생식세포이며, 아들은 어머니로부터 X 염색체를 물려받으므로 Ⅲ의 유전자 구성은 aBd이다. 나머지 딸의 세포 Ⅳ는 감수 2분열 중기 세포이며, a의 DNA 상대량이 0이므로 A의 DNA 상대량인 ⓑ는 2이고, Ⅳ의 유전자 구성은 AABBDD이다.

ㄴ. $\dfrac{Ⅱ의 염색 분체 수}{Ⅳ의 염색분체 수} = \dfrac{92}{46} = 2$이다.

ㄷ. 딸(ⓖ)은 아버지로부터 ABd가 있는 X 염색체를 물려받았고, 어머니로부터 ABD가 있는 X 염색체를 물려받았으므로 딸(ⓖ)의 (가)의 유전자형은 AABBDd이다.

❌ 매력적 오답 　ㄱ. 4(ⓐ)+2(ⓑ)=6이다.

문제풀이 Tip
$G_1$기 세포인 아버지의 세포 Ⅰ에서 A의 DNA 상대량이 1이고, a의 DNA 상대량이 0인 것을 통해 A와 a, B와 b, D와 d가 모두 X 염색체에 있다는 것을 파악하는 것이 중요하다.

**출제 의도** 체세포의 세포 주기 특징을 알고 있는지 묻는 문항이다.

그림 (가)는 사람 P의 체세포 세포 주기를, (나)는 P의 핵형 분석 결과의 일부를 나타낸 것이다. ㉠~㉢은 $G_1$기, $G_2$기, M기(분열기)를 순서 없이 나타낸 것이다.

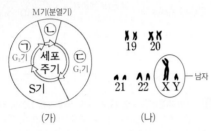

(가)                    (나)

이에 대한 설명으로 옳은 것만을 〈보기〉에서 있는 대로 고른 것은?

┌─ 보기 ─────────────────────────┐
ㄱ. ㉠은 $G_2$기이다.

ㄴ. ㉡ 시기에 상동 염색체의 접합이 일어난다.
　　　　　　　　　　　　　　　일어나지 않는다

ㄷ. ㉢ 시기에 (나)의 염색체가 관찰된다.
　　 ㉡ 시기에
└──────────────────────────────┘

① ㄱ　　② ㄷ　　③ ㄱ, ㄴ　　④ ㄴ, ㄷ　　⑤ ㄱ, ㄴ, ㄷ

**✔ 자료 해석**

- 세포 주기는 간기($G_1$기, S기, $G_2$기)와 분열기(M기)로 나뉘며, $G_1$기 → S기 → $G_2$기 → M기(분열기)로 진행된다. 따라서 ㉠은 $G_2$기, ㉡는 M기(분열기), ㉢은 $G_1$기이다.
- (나)의 염색체가 나타나는 시기는 체세포 분열 중기이다.

**○ 보기 풀이** ㄱ. ㉠은 S기 직후이므로 $G_2$기이다.

**✕ 매력적 오답** ㄴ. 상동 염색체의 접합은 감수 분열 시에서 일어나고 체세포 분열에서 일어나지 않으므로 ㉡ 시기에 상동 염색체의 접합은 일어나지 않는다.

ㄷ. ㉢은 $G_1$기이다. 이 시기의 염색체는 풀어진 형태로 광학 현미경으로는 관찰하기 어렵다. (나)의 염색체가 나타나는 시기는 M기(분열기)인 ㉡ 시기이다.

**문제풀이 Tip**

간기($G_1$기, S기, $G_2$기)의 특징과 분열기(M기)에서 전기, 중기, 후기 때 염색체의 행동과 특징을 알아둔다.

---

**출제 의도** 어떤 사람의 세포 ㉠~㉢에서 H와 t의 유무와 대립유전자 @~ⓓ의 DNA 상대량을 통해 대립유전자의 관계와 이 사람의 유전자형을 찾을 수 있는지를 묻는 문항이다.

사람의 유전 형질 (가)는 서로 다른 상염색체에 있는 2쌍의 대립유전자 H와 h, T와 t에 의해 결정된다. 표는 어떤 사람의 세포 ㉠~㉢에서 H와 t의 유무를, 그림은 ㉠~㉢에서 대립유전자 @~ⓓ의 DNA 상대량을 나타낸 것이다. @~ⓓ는 H, h, T, t를 순서 없이 나타낸 것이다.

| 대립 | 세포 | | |
|------|----|----|----|
| 유전자 | ㉠ | ㉡ | ㉢ |
| H | ○ | ? | × |
| t | ? | × | × |

(○: 있음, ×: 없음)

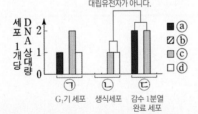

㉡에서 ⓒ와 ⓓ, ㉢에서 @와 ⓒ는 대립유전자가 아니다.

$G_1$기 세포　　생식세포　　감수 1분열 완료 세포

이에 대한 설명으로 옳은 것만을 〈보기〉에서 있는 대로 고른 것은? (단, 돌연변이와 교차는 고려하지 않으며, H, h, T, t 각각의 1개당 DNA 상대량은 1이다.)

┌─ 보기 ─────────────────────────┐
ㄱ. @는 ㉢와 대립유전자이다.
　　　　　ⓓ와

ㄴ. ⓓ는 H이다.

ㄷ. 이 사람에게서 h와 t를 모두 갖는 생식세포가 형성될 수
　　 있다.　　 유전자형: HhTT
　　 없다
└──────────────────────────────┘

① ㄱ　　② ㄴ　　③ ㄷ　　④ ㄱ, ㄴ　　⑤ ㄴ, ㄷ

**✔ 자료 해석**

- 핵상이 $n$인 ㉡에 ⓒ와 ⓓ가 함께 있으므로 ㉢는 ⓓ와 대립유전자가 아니고, 핵상인 $n$인 ㉢에 @와 ⓒ가 함께 있으므로 @는 ㉢와 대립유전자가 아니다. 따라서 @는 ⓓ와 대립유전자이고, ⓑ는 ㉢와 대립유전자이다.
- ㉢에서는 H와 t가 모두 없으므로 @와 ㉢는 각각 h와 T 중 하나이다. ㉡에 t가 없으므로 ㉢와 ⓓ 중 하나는 T이다. 따라서 ㉢가 T이고, @는 h이다. ㉢와 대립유전자인 ⓑ는 t이고, @와 대립유전자인 ⓓ는 H이다.

**○ 보기 풀이** ㄴ. ㉠에 @~ⓓ 중 3가지 대립유전자가 있으므로 ㉠의 핵상은 $2n$이고, ㉡과 ㉢의 핵상은 $n$이다. 핵상이 $n$인 ㉡에 ㉢와 ⓓ가 함께 있으므로 ㉢는 ⓓ와 대립유전자가 아니고, 핵상인 $n$인 ㉢에 @와 ㉢가 함께 있으므로 @는 ㉢와 대립유전자가 아니다. 따라서 @는 ⓓ와 대립유전자이고, ⓑ는 ㉢와 대립유전자이다. ㉢에서는 H와 t가 모두 없으므로 @와 ㉢는 각각 h와 T 중 하나이다. ㉡에 t가 없으므로 ㉢와 ⓓ 중 하나는 T이다. 따라서 ㉢가 T이고, @는 h이다. ㉢와 대립유전자인 ⓑ는 t이고, @와 대립유전자인 ⓓ는 H이다.

**✕ 매력적 오답** ㄱ. @는 ⓓ와 대립유전자이다.

ㄷ. ㉠에 ⓑ가 없으므로 이 사람은 t를 갖지 않는다. 따라서 이 사람에게서 h와 t를 모두 갖는 생식세포는 형성될 수 없다.

**문제풀이 Tip**

핵상이 $n$인 ㉡에 있는 ㉢와 ⓓ, 핵상인 $n$인 ㉢에 있는 @와 ㉢가 대립유전자 관계가 아님을 먼저 찾고, 이후 세포 ㉠~㉢에서 H와 t의 유무와 세포 1개당 DNA 상대량을 통해 @~ⓓ가 각각 H, h, T, t 중 어떤 것에 해당하는지 찾을 수 있어야 한다.

## 12 핵형 분석

**출제의도** 두 개체의 세포에서 각 유전자의 DNA 상대량 분석을 통해 각 유전자가 위치한 염색체와 (가)와 (나)가 Ⅰ~Ⅳ 중 어떤 세포에 해당하는지 찾을 수 있는지를 묻는 문항이다.

어떤 동물 종($2n=6$)의 유전 형질 ㉠은 대립유전자 A와 a에 의해, ㉡은 대립유전자 B와 b에 의해, ㉢은 대립유전자 D와 d에 의해 결정된다. ㉠~㉢의 유전자 중 2개는 서로 다른 상염색체에, 나머지 1개는 X 염색체에 있다. 표는 이 동물 종의 개체 P와 Q의 세포 Ⅰ~Ⅳ에서 A, a, B, b, D, d의 DNA 상대량을, 그림은 세포 (가)와 (나) 각각에 들어 있는 모든 염색체를 나타낸 것이다. (가)와 (나)는 각각 Ⅰ~Ⅳ 중 하나이다. P는 수컷이고 성염색체는 XY이며, Q는 암컷이고 성염색체는 XX이다.

|  세 포 | X 염색체 존재 | | 상염색체 존재 | | | DNA 상대량 |
|---|---|---|---|---|---|---|
|  | A | a | B | b | D | d |
| Q Ⅰ | 0 | ⓐ₄ | ? | 2 | 4 | 0 |
| P Ⅱ | 2 | 0 | ⓑ₂ | 2 | ? | 2 |
| P Ⅲ | 0 | 0 | 1 | ? | 1 | ⓒ₀ |
| Q Ⅳ | 0 | 2 | ? | 1 | 2 | 0 |

Ⅱ(2n) 수컷 P (가) / Ⅳ(2n) 암컷 Q (나)

이에 대한 설명으로 옳은 것만을 〈보기〉에서 있는 대로 고른 것은? (단, 돌연변이와 교차는 고려하지 않으며, A, a, B, b, D, d 각각의 1개당 DNA 상대량은 1이다.) [3점]

**보기**

ㄱ. (가)는 ~~Ⅰ~~Ⅱ이다.

ㄴ. Ⅳ는 Q의 세포이다.

ㄷ. ⓐ+ⓑ+ⓒ=6이다.
    4+2+0

① ㄱ ② ㄴ ③ ㄱ, ㄷ ④ ㄴ, ㄷ ⑤ ㄱ, ㄴ, ㄷ

### ✔ 자료 해석

- 상동 염색체가 쌍으로 있는 (가)와 (나)의 핵상은 모두 $2n$인데, Y 염색체를 가지는 (가)는 수컷인 P의 세포이고, (나)는 암컷인 Q의 세포이다.
- Ⅲ에는 A와 a가 모두 없으므로 ㉠의 유전자(A, a)는 X 염색체에 있다. 따라서 ㉡의 유전자(B, b)와 ㉢의 유전자(D, d)는 상염색체 있다.
- Ⅰ과 Ⅳ는 Q의 세포, Ⅱ와 Ⅲ은 P의 세포이고, (가)는 Ⅱ의 세포, (나)는 Ⅳ의 세포이다.

|  세포 | X 염색체 존재 | | 상염색체 존재 | | | DNA 상대량 |
|---|---|---|---|---|---|---|
|  | A | a | B | b | D | d |
| Ⅰ(Q, 2n) | 0 | ⓐ(4) | ?(2) | 2 | 4 | 0 |
| Ⅱ(P, 2n) | 2 | 0 | ⓑ(2) | 2 | ?(2) | 2 |
| Ⅲ(P, n) | 0 | 0 | 1 | ?(0) | 1 | ⓒ(0) |
| Ⅳ(Q, 2n) | 0 | 2 | ?(1) | 1 | 2 | 0 |

### ○ 보기 풀이

ㄱ. (가)에는 3쌍의 상동 염색체 쌍이 있고, 1쌍의 상동 염색체의 크기와 모양이 서로 다르므로 (가)는 수컷 P의 세포이다. (나)는 3쌍의 상동 염색체 쌍이 있고, 모든 상동 염색체 쌍의 크기와 모양이 서로 같으므로 암컷 Q의 세포이다.

ㄴ. Ⅲ에는 A와 a가 모두 없으므로 Ⅲ은 핵상은 $n$인 수컷 P의 세포이고, ㉠의 유전자인 A와 a는 X 염색체에 있다. 따라서 ㉡의 유전자인 B와 b, ㉢의 유전자인 D와 d는 상염색체에 있다. Ⅳ에서 a와 D의 DNA 상대량은 각각 2이고, b의 DNA 상대량은 1이므로 Ⅳ의 핵상은 $2n$이며, a를 2개 가지므로 X 염색체가 2개 있다. 따라서 Ⅳ는 암컷 Q의 세포이다. Ⅳ에는 A가 없으므로 A를 갖는 Ⅱ가 수컷 P의 세포이고, Ⅰ의 D의 DNA 상대량이 4이므로 Ⅰ은 암컷 Q의 세포이다. 따라서 (가)는 Ⅱ이다.

ㄷ. Ⅳ는 Q의 $G_1$기 세포이고, Ⅰ은 DNA 복제가 완료된 Q의 세포이므로 ⓐ는 4이다. Ⅱ의 핵상은 $2n$이므로 ⓑ는 2이다. Ⅲ의 핵상은 $n$이므로 ⓒ는 0이다. 따라서 ⓐ+ⓑ+ⓒ=6이다.

### ✘ 매력적 오답

ㄱ. (가)는 Ⅱ이다.

### 문제풀이 **Tip**

남자는 X 염색체와 Y 염색체를 가지고, 여자는 X 염색체 2개를 가지므로 X 염색체에 특정 대립유전자 1쌍이 존재하는 경우 남자는 $G_1$기 세포에서 대립유전자의 수가 1이고, 여자는 $G_1$기 세포에서 대립유전자의 수가 2가 나올 수 있음을 알아둔다.

Part II 수능 평가원

## 13 체세포 분열

출제의도 체세포 분열이 일어날 때 DNA 상대량 변화와 염색체의 이동 양상에 대해 알고 있는지를 묻는 문항이다.

그림 (가)는 동물 $P(2n=4)$의 체세포가 분열하는 동안 핵 1개당 DNA양을, (나)는 P의 체세포 분열 과정의 어느 한 시기에서 관찰되는 세포를 나타낸 것이다.

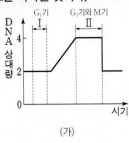

(가)　　(나)

이에 대한 설명으로 옳은 것만을 〈보기〉에서 있는 대로 고른 것은? (단, 돌연변이는 고려하지 않는다.)

〈보기〉
ㄱ. 구간 Ⅰ의 세포는 핵상이 $2n$이다.
　　　$G_1$기 세포
ㄴ. 구간 Ⅱ에는 (나)가 관찰되는 시기가 있다.
　　　중기의 세포(나)는 M기에 관찰된다.
ㄷ. (나)에서 상동 염색체의 접합이 일어났다.
　　　상동 염색체의 접합은 감수 1분열 시 일어난다.

① ㄱ　② ㄷ　③ ㄱ, ㄴ　④ ㄴ, ㄷ　⑤ ㄱ, ㄴ, ㄷ

✔ 자료 해석
• 체세포 분열 과정에서는 상동 염색체가 분리되지 않고, 염색 분체만 분리되므로 체세포 분열 결과 형성된 두 딸세포의 염색체 수는 모세포와 같다.
• 체세포 분열 중기는 방추사가 부착된 염색체가 세포 중앙(적도판)에 배열되므로 (나)는 체세포 분열 중기의 세포이다.

○ 보기풀이　ㄱ. 체세포 분열 과정에서는 핵상의 변화가 일어나지 않으므로 구간 Ⅰ을 포함한 모든 시기에서 세포의 핵상은 $2n$이다.
ㄴ. (나)는 체세포 분열 중기 세포이다. DNA 상대량이 4인 시기의 세포는 $G_2$기 세포와 분열기(M기) 세포이므로 구간 Ⅱ에는 (나)가 관찰되는 시기가 있다.

✕ 매력적 오답
ㄷ. 상동 염색체의 접합은 감수 1분열에서 일어나고, 체세포 분열 중기인 (나)에서는 일어나지 않는다.

문제풀이 Tip
체세포 분열이 일어날 때 핵상의 변화는 일어나지 않고 염색 분체만 분리된다는 것과, 상동 염색체의 접합은 감수 1분열에서 일어난다는 것을 알아두도록 하자.

---

## 14 감수 분열

출제의도 생식세포 분열 과정에서 염색체와 대립유전자의 이동 양상에 대해 알고 있는지를 묻는 문항이다.

사람의 유전 형질 (가)는 대립유전자 A와 a에 의해, (나)는 대립유전자 B와 b에 의해 결정된다. (가)의 유전자와 (나)의 유전자는 서로 다른 염색체에 있다. 그림은 어떤 사람의 $G_1$기 세포 Ⅰ로부터 정자가 형성되는 과정을, 표는 세포 ㉠~㉣에서 A, a, B, b의 DNA 상대량을 더한 값(A+a+B+b)을 나타낸 것이다. ㉠~㉣은 Ⅰ~Ⅳ를 순서 없이 나타낸 것이고, ⓐ는 ⓑ보다 작다.

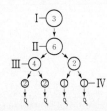

| 세포 | A+a+B+b |
|------|---------|
| Ⅰ ㉠ | ⓐ (3) |
| Ⅱ ㉡ | ⓑ (6) |
| Ⅳ ㉢ | 1 ← 대립유전자의 DNA 상대량을 더한 값이 1이므로 Ⅳ(생식세포)에 해당함 |
| Ⅲ ㉣ | 4 |

이에 대한 설명으로 옳은 것만을 〈보기〉에서 있는 대로 고른 것은? (단, 돌연변이는 고려하지 않으며, A, a, B, b 각각의 1개당 DNA 상대량은 1이다. Ⅱ와 Ⅲ은 중기의 세포이다.) [3점]

〈보기〉
ㄱ. ⓐ는 3이다.
ㄴ. ㉡은 Ⅲ이다.
　　　Ⅱ이다.
ㄷ. ㉣의 염색체 수는 46이다.
　　감수 2분열 중기세포 / 23이다.

① ㄱ　② ㄴ　③ ㄷ　④ ㄱ, ㄴ　⑤ ㄱ, ㄷ

✔ 자료 해석
• 2쌍의 대립유전자가 상염색체에 모두 있으면 $G_1$기 세포 1개당 대립유전자의 DNA 상대량을 더한 값은 4이고, 2쌍의 대립유전자가 상염색체와 X 염색체에 각각 있으면 남자의 경우 $G_1$기 세포 1개당 대립유전자의 DNA 상대량을 더한 값은 3이다.
• Ⅰ에서 감수 1분열 과정을 거쳐 Ⅱ가 되므로 Ⅱ는 Ⅰ보다 DNA 상대량이 2배이다. 이후 Ⅱ에서 감수 2분열 거쳐 Ⅲ이 되므로 Ⅲ은 Ⅱ보다 대립유전자의 DNA 상대량이 적다.

○ 보기풀이　㉢에서 A+a+B+b가 1이므로 (가)의 유전자와 (나)의 유전자 중 하나는 상염색체에 있고, 다른 하나는 성염색체에 있다. 따라서 A+a+B+b는 Ⅰ에서 3이고, Ⅱ에서 6, Ⅲ에서 4, Ⅳ에서 1이다.
ㄱ. ⓐ가 ⓑ보다 작으므로 ⓐ는 3, ⓑ는 6이다.

✕ 매력적 오답　ㄴ. ㉡은 A+a+B+b가 6이므로 Ⅱ이다.
ㄷ. ㉣은 Ⅲ이며, 핵상이 $n$이므로 ㉣의 염색체 수는 23이다.

문제풀이 Tip
㉢에서 A, a, B, b의 DNA 상대량을 더한 값이 1이므로 ㉢은 Ⅳ이며, (가)의 유전자와 (나)의 유전자 중 하나는 상염색체에, 다른 하나는 성염색체에 있다는 것을 먼저 찾을 수 있어야 한다.

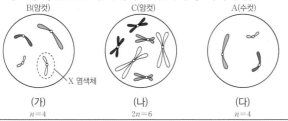
## 15 핵형 분석

**출제 의도** 핵상을 분석하여 세포 (가)~(다)가 각각 동물 A~C 중 어떤 동물의 세포인지 찾을 수 있는지를 묻는 문항이다.

다음은 핵상이 $2n$인 동물 A~C의 세포 (가)~(다)에 대한 자료이다.

- A와 B는 서로 같은 종이고, B와 C는 서로 다른 종이며, B와 C의 체세포 1개당 염색체 수는 서로 다르다.
- B는 암컷이고, A~C의 성염색체는 암컷이 XX, 수컷이 XY이다.
- 그림은 세포 (가)~(다) 각각에 들어 있는 모든 상염색체와 ㉠을 나타낸 것이다. (가)~(다)는 각각 서로 다른 개체의 세포이고, ㉠은 X 염색체와 Y 염색체 중 하나이다.

B(암컷)     C(암컷)     A(수컷)

X 염색체

(가)         (나)         (다)
$n=4$       $2n=6$      $n=4$

이에 대한 설명으로 옳은 것만을 〈보기〉에서 있는 대로 고른 것은? (단, 돌연변이는 고려하지 않는다.)

〈보기〉
ㄱ. ㉠은 X 염색체이다.
ㄴ. (가)와 (나)는 모두 암컷의 세포이다.
    B와 C
ㄷ. C의 체세포 분열 중기의 세포 1개당 $\dfrac{\text{상염색체 수}}{\text{X 염색체 수}} =$
    ~~3이다.~~ $\frac{4}{2}$이다.

① ㄱ    ② ㄷ    ③ ㄱ, ㄴ    ④ ㄴ, ㄷ    ⑤ ㄱ, ㄴ, ㄷ

---

✔ **자료 해석**

- (가)와 (다)는 동일한 염색체가 있으므로 서로 같은 종의 세포이다. 따라서 (가)와 (다)는 각각 A와 B의 세포 중 하나이고, (나)는 C의 세포이다.
- (나)는 상동 염색체 쌍이 있고, 각 상동 염색체 쌍의 크기와 모양이 모두 같으므로 암컷의 세포이다.

○ **보기 풀이**   ㄱ. (나)에 상동 염색체 쌍이 있고, 각 상동 염색체 쌍의 크기와 모양이 모두 같으며, 염색체 수가 짝수이다. 따라서 ㉠은 X 염색체이고, (나)는 암컷의 세포이다.

ㄴ. (나)에 있는 염색체는 (가)와 (다)에 없고, (가)에 있는 염색체와 상동인 염색체가 (다)에 있으므로 (나)는 C의 세포, (가)와 (다)는 각각 A의 세포와 B의 세포 중 하나이다. (가)에 있는 염색체가 4개이고, (다)에 있는 염색체가 3개이므로 (가)에는 X 염색체가 있으며, (다)에는 X 염색체가 없고 Y 염색체가 있다. B가 암컷이므로 (가)는 B의 세포이고, (다)는 A의 세포이다. 따라서 (가)와 (나)는 모두 암컷의 세포이다.

✕ **매력적 오답**   ㄷ. C의 체세포 분열 중기에 X 염색체 수는 2이고, 상염색체 수는 4이므로 체세포 분열 중기의 세포 1개당 $\dfrac{\text{상염색체 수}}{\text{X 염색체 수}}=2$이다.

**문제풀이 Tip**

핵상을 분석하여 (가)와 (다)는 각각 A와 B의 세포 중 하나이고, (나)는 C의 세포임을 먼저 찾을 수 있어야 하며, 3쌍의 상동 염색체 쌍을 갖는 (나)가 암컷의 세포이므로 ㉠이 X 염색체임을 파악할 수 있어야 한다.

Part II 수능 평가원

# 16 세포 주기

출제 의도 세포 주기에서 각 시기의 특징에 대해 알고 있는지 묻는 문항이다.

그림 (가)는 사람 H의 체세포 세포 주기를, (나)는 H의 핵형 분석 결과의 일부를 나타낸 것이다. ㉠~㉢은 $G_1$기, M기(분열기), S기를 순서 없이 나타낸 것이다.

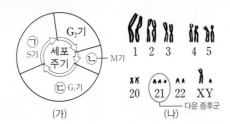

(가)
(나)
다운 증후군

이에 대한 설명으로 옳은 것만을 〈보기〉에서 있는 대로 고른 것은?

### 보기

ㄱ. ㉠ 시기에 DNA 복제가 일어난다.
   S기
ㄴ. ㉢ 시기에 (나)의 염색체가 관찰된다.
   ㉡(M기)
ㄷ. (나)에서 다운 증후군의 염색체 이상이 관찰된다.
   21번 염색체 3개

① ㄱ   ② ㄴ   ③ ㄷ   ④ ㄱ, ㄴ   ⑤ ㄱ, ㄷ

### ✔ 자료 해석

• ㉠은 S기, ㉡은 M기(분열기), ㉢은 $G_1$기이다.
• H는 21번 염색체가 3개이므로 다운 증후군의 염색체 이상이 관찰된다.

### ○ 보기 풀이

ㄱ. DNA 복제는 ㉠(S기) 시기에 일어난다.

ㄷ. H의 핵형 분석 결과 21번 염색체가 3개이므로 다운 증후군의 염색체 이상이 관찰된다.

### ✗ 매력적 오답

ㄴ. 핵형 분석은 M기 중기의 세포를 이용하므로 ㉡(M기) 시기에 (나)의 염색체가 관찰된다. ㉢($G_1$기) 시기에는 핵막이 소실되지 않아 (나)의 염색체가 관찰되지 않는다.

### 문제풀이 Tip

세포 주기는 $G_1$기 → S기 → $G_2$기 → M기 순으로 진행되며, 염색체가 응축된 상태는 M기에서만 관찰될 수 있음을 알아둔다.

---

# 17 감수 분열

출제 의도 감수 분열을 통한 핵상과 유전자의 DNA 상대량 변화에 대해 알고 있는지 묻는 문항이다.

표는 특정 형질에 대한 유전자형이 RR인 어떤 사람의 세포 (가)~(라)에서 핵막 소실 여부, 핵상, R의 DNA 상대량을 나타낸 것이다. (가)~(라)는 $G_1$기 세포, $G_2$기 세포, 감수 1분열 중기 세포, 감수 2분열 중기 세포를 순서 없이 나타낸 것이다. ㉠은 '소실됨'과 '소실 안 됨' 중 하나이다.

| 세포 | 핵막 소실 여부 | 핵상 | R의 DNA 상대량 |
|---|---|---|---|
| 감수 2분열 중기 (가) | 소실됨 | $n$ | 2 |
| $G_2$기 (나) | 소실 안 됨 | $2n$ | ? 4 |
| $G_1$기 (다) | ? 소실 안 됨 | $2n$ | 2 |
| 감수 1분열 중기 (라) | ㉠ 소실됨 | ? $2n$ | 4 |

$G_2$기 세포는 DNA 복제가 일어난 이후이므로 감수 1분열 중기 세포와 DNA 상대량이 같다.

이에 대한 설명으로 옳은 것만을 〈보기〉에서 있는 대로 고른 것은? (단, 돌연변이는 고려하지 않으며, R의 1개당 DNA 상대량은 1이다.)

### 보기

ㄱ. (가)에서 2가 염색체가 관찰된다.
   (라) 2가 염색체는 감수 1분열 중기 세포(라)에서 관찰된다.
ㄴ. (나)는 $G_2$기 세포이다.
ㄷ. ㉠은 '소실됨'이다.

① ㄱ   ② ㄴ   ③ ㄱ, ㄷ   ④ ㄴ, ㄷ   ⑤ ㄱ, ㄴ, ㄷ

### ✔ 자료 해석

• 세포당 R의 DNA 상대량은 $G_1$기 세포가 2, $G_2$기 세포와 감수 1분열 중기 세포는 4, 감수 2분열 중기 세포는 2이다.
• 핵상이 $n$인 (가)는 감수 2분열 중기 세포, R의 DNA 상대량이 2이고 핵상이 $2n$인 (다)는 $G_1$기 세포이다. 핵막이 소실되지 않고 핵상이 $2n$인 (나)는 $G_2$기 세포, 나머지 (라)는 감수 1분열 중기 세포이다.

### ○ 보기 풀이

ㄴ. (가)는 감수 2분열 중기 세포, (나)는 $G_2$기 세포, (다)는 $G_1$기 세포, (라)는 감수 1분열 중기 세포이다.

ㄷ. 감수 1분열 중기 세포(라)에서 핵막은 소실되어 관찰되지 않는다. 따라서 ㉠은 '소실됨'이다.

### ✗ 매력적 오답

ㄱ. 2가 염색체는 상동 염색체가 접합한 상태의 염색체로 감수 1분열 중기 세포(라)에서 관찰된다. 감수 1분열 결과 상동 염색체가 분리되므로 감수 2분열 중기 세포(가)에서는 2가 염색체가 관찰되지 않는다.

### 문제풀이 Tip

$G_2$기 세포와 감수 1분열 중기 세포는 모두 핵상이 $2n$이고, 유전자의 DNA 상대량이 4이다. 그런데 $G_2$기 세포에는 핵막이 있지만 감수 1분열 중기 세포에는 핵막이 소실됨을 알고 있어야 한다.

출제 의도 염색체와 대립유전자의 유무를 나타낸 자료를 분석할 수 있는지 묻는 문항이다.

어떤 동물 종($2n=6$)의 유전 형질 ㉮는 2쌍의 대립유전자 A와 a, B와 b에 의해 결정된다. 그림은 이 동물 종의 개체 Ⅰ과 Ⅱ의 세포 (가)~(라) 각각에 들어 있는 모든 염색체를, 표는 (가)~(라)에서 A, a, B, b의 유무를 나타낸 것이다. (가)~(라) 중 2개는 Ⅰ의 세포이고, 나머지 2개는 Ⅱ의 세포이다. Ⅰ은 암컷이고 성염색체는 XX이며, Ⅱ는 수컷이고 성염색체는 XY이다.

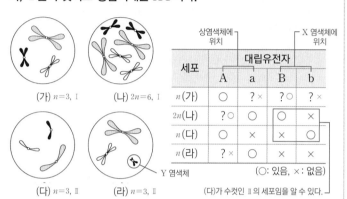

(가) $n=3$, Ⅰ　　(나) $2n=6$, Ⅰ

(다) $n=3$, Ⅱ　　(라) $n=3$, Ⅱ

|  | 대립유전자 | | | |
|---|---|---|---|---|
| 세포 | A | a | B | b |
| $n$(가) | ○ | ?× | ?○ | ?× |
| $2n$(나) | ?○ | ○ | ○ | × |
| $n$(다) | ○ | × | × | ○ |
| $n$(라) | ?× | ○ | × | × |

(○: 있음, ×: 없음)

상염색체에 위치 / X 염색체에 위치 / Y 염색체

(다)가 수컷인 Ⅱ의 세포임을 알 수 있다.

이에 대한 설명으로 옳은 것만을 〈보기〉에서 있는 대로 고른 것은? (단, 돌연변이와 교차는 고려하지 않는다.) [3점]

　보기
ㄱ. (가)는 Ⅱ의 세포이다.
　　　　Ⅰ(암컷)
ㄴ. Ⅰ의 유전자형은 AaBB이다.
ㄷ. (다)에서 b는 상염색채에 있다.
　　　　　　　　X 염색체

① ㄱ　② ㄴ　③ ㄷ　④ ㄱ, ㄴ　⑤ ㄴ, ㄷ

✓ 자료 해석
• (가) : $n=3$, Ⅰ(암컷)의 세포
　(나) : $2n=6$, Ⅰ(암컷)의 세포
　(다) : $n=3$, Ⅱ(수컷)의 세포
　(라) : $n=3$, Ⅱ(수컷)의 세포
• Ⅰ의 ㉮의 유전자형은 AaBB, Ⅱ의 유전자형은 AabY이다.

○ 보기풀이 　ㄴ. (가), (다), (라)의 핵상은 $n$이고, (나)의 핵상과 염색체 구성은 $2n=4+XX$이다. (라)에는 (나)에 없는 Y 염색체가 있으므로 (나)는 Ⅰ의 세포, (라)는 Ⅱ의 세포이다. 수컷인 Ⅱ의 세포 (라)에는 B와 b가 모두 없으므로 B와 b는 X 염색체에 있다. 핵상이 $2n$인 Ⅰ(암컷)의 세포 (나)에는 B만 있으므로 b가 있는 (다)는 Ⅱ(수컷)의 세포, 나머지 (가)는 Ⅰ(암컷)의 세포이다. (가)와 (나)로부터 Ⅰ은 A, a, B를 갖고, b를 갖지 않으므로 Ⅰ의 유전자형은 AaBB이다.

✕ 매력적 오답 　ㄱ. (가)는 Ⅰ(암컷)의 세포이다.
ㄷ. Ⅱ의 세포 (다)에서 A는 상염색체에 있고, b는 X 염색체에 있다.

문제풀이 **Tip**
핵상이 $n$인 (다)에는 b가 있는데, 암컷이고 핵상이 $2n$인 (나)에는 b가 없으므로 (다)가 암컷이 될 수 없다. 따라서 (다)가 수컷, 나머지 (가)가 암컷의 세포임을 파악해야 한다.

Part Ⅱ 수능 평가원

# 19 핵상과 염색체

**출제 의도** 핵상을 분석하여 (가)~(라)가 각각 동물 A~C 중 어떤 동물의 세포인지 찾을 수 있는지를 묻는 문항이다.

**다음은 핵상이 $2n$인 동물 A~C의 세포 (가)~(라)에 대한 자료이다.**

- A와 B는 서로 같은 종이고, B와 C는 서로 다른 종이며, B와 C의 체세포 1개당 염색체 수는 서로 다르다.

- (가)~(라) 중 2개는 암컷의, 나머지 2개는 수컷의 세포이다. A~C의 성염색체는 암컷이 XX, 수컷이 XY이다.

- 그림은 (가)~(라) 각각에 들어 있는 모든 상염색체와 ㉠을 나타낸 것이다. ㉠은 X 염색체와 Y 염색체 중 하나이다.

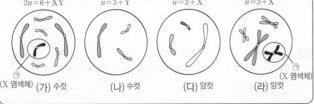

$2n=6+XY$    $n=3+Y$    $n=2+X$    $n=3+X$

(X 염색체) (가) 수컷    (나) 수컷    (다) 암컷    (라) 암컷 (X 염색체)

**이에 대한 설명으로 옳은 것만을 〈보기〉에서 있는 대로 고른 것은?**
**(단, 돌연변이는 고려하지 않는다.)**

**보기**

ㄱ. ㉠은 ~~Y 염색체이다.~~ X 염색체이다.

ㄴ. (가)와 (라)는 서로 다른 개체의 세포이다.

ㄷ. C의 체세포 분열 중기의 세포 1개당 상염색체의 염색 분체 수는 8이다. C의 체세포 염색체 수는 $2n=60$므로 체세포 중기 세포 1개당 상염색체의 염색 분체 수는 8이다.

① ㄱ    ② ㄴ    ③ ㄱ, ㄷ    ④ ㄴ, ㄷ    ⑤ ㄱ, ㄴ, ㄷ

✓ **자료 해석**

- (가), (나), (라)는 크기와 모양이 동일한 3개의 상염색체를 가지므로 같은 종의 세포이다. 따라서 (가), (나), (라)는 각각 A와 B 중 하나이고, (다)가 C의 세포이다.

- (가)의 핵상은 $2n$이고, (나)~(라)의 핵상은 모두 $n$이다.

- (가)에서 쌍을 이루는 3쌍의 염색체가 상염색체이고, 쌍을 이루지 않는 가장 어두운 염색체(㉠)가 성염색체이다. 핵상이 $2n$인 (가)에서 성염색체가 하나만 있으므로 (가)는 수컷이다.

- 만약 ㉠이 Y 염색체라면 (가)와 (라)는 모두 Y 염색체(㉠)를 가지므로 수컷이다. 이때 (다)는 A, B와 다른 C의 종이므로 염색체 수가 A, B와 같을 수 없다. 따라서 (다)는 상염색체 2개와 ㉠(Y 염색체)을 모두 나타낸 수컷의 핵상이 되며, 이는 (가)~(라) 중 2개는 암컷의, 나머지 2개는 수컷의 세포라는 조건에 위배되므로 ㉠은 X 염색체이다.

- (나)는 X 염색체(㉠)를 가지고 있지 않으므로 수컷의 세포가 된다. 따라서 (가)와 (나)가 수컷의 세포, (다)와 (라)가 암컷의 세포이다.

🅞 **보기 풀이** ㄴ. (가)는 수컷의 세포, (라)는 암컷의 세포이므로 (가)와 (라)는 서로 다른 개체의 세포이다.

ㄷ. C의 세포 (다)에는 X 염색체(㉠)가 있으므로 C의 체세포에는 4개의 상염색체와 2개의 성염색체가 있다. 따라서 C의 체세포 분열 중기의 세포 1개당 상염색체의 염색 분체 수는 8이다.

❌ **매력적 오답** ㄱ. (가)~(라) 중 2개는 암컷, 나머지 2개는 수컷의 세포이므로 ㉠이 X 염색체이고, (가)와 (라)에서 검은색 염색체가 ㉠이다.

**문제풀이 Tip**

핵상 분석 문제 중 특정 염색체를 가리고 핵상과 염색체 수를 찾을 수 있는지를 묻고 있다. 틀렸다면 다시 한번 풀어두고, 성염색체 중 X 염색체와 Y 염색체 하나만 가린 후 핵상과 염색체 수를 찾는 유형의 문제를 많이 풀어두도록 하자.

## 20 생식세포 분열과 대립유전자

출제 의도 생식세포 분열 시 염색체의 분리 양상과 대립유전자의 이동에 대해 이해할 수 있는지를 묻는 문항이다.

사람의 유전 형질 ㉮는 2쌍의 대립유전자 A와 a, B와 b에 의해 결정된다. 그림은 사람 P의 $G_1$기 세포 I로부터 정자가 형성되는 과정을, 표는 세포 (가)~(라)에서 대립유전자 ㉠~㉢의 유무와 a와 B의 DNA 상대량을 나타낸 것이다. (가)~(라)는 I~IV를 순서 없이 나타낸 것이고, ㉠~㉢은 A, a, b를 순서 없이 나타낸 것이다.

중기 세포는 0 또는 짝수만 가짐

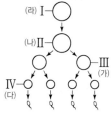

| 세포 | 대립유전자 | | | DNA 상대량 | |
|---|---|---|---|---|---|
| | a㉠ | b㉡ | A㉢ | a | B |
| (가) III | × | × | ○ | ? 0 | 2 |
| (나) II | ○ | ? × | ○ | 2 | ? 4 |
| (다) IV | ? ○ | ? × | × | 1 | 1 |
| (라) I | ○ | ? × | ? ○ | 1 | ? 2 |

(○: 있음, ×: 없음)

이에 대한 설명으로 옳은 것만을 〈보기〉에서 있는 대로 고른 것은? (단, 돌연변이와 교차는 고려하지 않으며, A, a, B, b 각각의 1개당 DNA 상대량은 1이다. II와 III은 중기의 세포이다.) [3점]

보기
ㄱ. IV에 ㉠이 있다.
　　IV(다)에는 ㉠가 있다.
ㄴ. (나)의 핵상은 $2n$이다.
　　(나)는 감수 1분열 중기 세포이므로 핵상은 $2n$이다.
ㄷ. P의 유전자형은 AaBb이다.
　　　　　　　　AaBB

① ㄱ　② ㄴ　③ ㄷ　④ ㄱ, ㄴ　⑤ ㄴ, ㄷ

### ✔ 자료 해석

- II와 III은 중기의 세포이므로 대립유전자의 DNA 상대량이 0 또는 짝수만 가능하다. 따라서 (가)와 (나)가 각각 II와 III 중 하나이다. (가)에는 ㉠이 없고, (나)에는 ㉠이 있으므로 (가)가 III, (나)가 II이다.
- (다)와 (라)는 각각 I과 IV 중 하나인데, (나)에는 ㉢이 있고, (다)에는 ㉢이 없으므로 (다)가 생식세포인 IV이고, (라)가 $G_1$기 세포인 I이다.
- 감수 1분열 중기 세포인 II(나)의 a의 DNA 상대량이 2이므로 P의 유전자형은 Aa이다. IV(다)의 a의 DNA 상대량이 1이므로 III(가)의 a의 DNA 상대량이 0이고, A의 DNA 상대량이 2이다. 따라서 ㉢은 A이다.
- 감수 2분열 중기 세포인 III(가)의 B의 DNA 상대량이 2, 생식세포인 IV(다)의 B의 DNA 상대량이 1이므로 P의 유전자형은 BB이다. III(가)의 B의 DNA 상대량이 2이고, IV(다)의 B의 DNA 상대량이 1이므로 ㉠은 a, ㉡은 b이다.

O 보기 풀이 ㄱ. IV(다)의 유전자 구성은 aB이다. 따라서 IV(다)에는 a(㉠)가 있다.
ㄴ. II(나)는 감수 1분열 중기 세포로, 핵상은 $2n$이다.

✕ 매력적 오답 ㄷ. P의 유전자형은 AaBB이다.

문제풀이 **Tip**

생식세포 분열 과정을 이해하고 있어야 하며, 특히 감수 1분열과 감수 2분열이 일어날 때 염색체와 대립유전자의 이동 양상에 대해 파악할 수 있어야 한다. 감수 1분열 중기 세포와 감수 2분열 중기 세포는 특정 대립유전자의 DNA 상대량이 0 또는 짝수 밖에 나오지 않는다는 점도 꼭 알아두자.

Part II

수능 평가원

## 21 체세포 분열과 세포 주기

출제 의도 체세포 분열과 세포 주기의 특징에 대해 이해할 수 있는지를 묻는 문항이다.

표 (가)는 사람의 체세포 세포 주기에서 나타나는 4가지 특징을, (나)는 (가)의 특징 중 사람의 체세포 세포 주기의 ㉠~㉣에서 나타나는 특징의 개수를 나타낸 것이다. ㉠~㉣은 G₁기, G₂기, M기(분열기), S기를 순서 없이 나타낸 것이다.

| 특징 | 구분 | 특징의 개수 |
|---|---|---|
| • 핵막이 소실된다. – M기 | ㉠ S기 | 2 |
| • 히스톤 단백질이 있다. – G₁기, G₂기, M기, S기 | ㉡ | ? 1 |
| • 방추사가 동원체에 부착된다. – M기 | ㉢ M기 | 3 |
| • ⓐ 핵에서 DNA 복제가 일어난다. – S기 | ㉣ | 1 |
| (가) | (나) | |

이에 대한 설명으로 옳은 것만을 〈보기〉에서 있는 대로 고른 것은?

보기
ㄱ. ㉠ 시기에 특징 ⓐ가 나타난다. ─ S기
ㄴ. ㉢ 시기에 염색 분체의 분리가 일어난다. ─ M기
ㄷ. 핵 1개당 DNA 양은 ㉡ 시기의 세포와 ㉣ 시기의 세포가 서로 같다. 핵 1개당 DNA 양은 G₂기의 세포가 G₁기의 세포의 2배이다.

① ㄱ ② ㄷ ③ ㄱ, ㄴ ④ ㄴ, ㄷ ⑤ ㄱ, ㄴ, ㄷ

✔ 자료 해석
• 체세포 분열은 크게 간기와 M기(분열기)로 구분하며, 간기는 다시 G₁기, G₂기, S기로 나뉜다. S기 때 DNA가 복제된다.
• 체세포 분열 과정의 M기(분열기)는 염색체의 행동에 따라 분열기(M기)가 전기, 중기, 후기, 말기로 나뉜다.

○ 보기 풀이 핵막이 소실되고, 방추사가 동원체에 부착되는 시기는 M기이며, 핵에서 DNA 복제가 일어나는 시기는 S기이다. 그리고 히스톤 단백질은 G₁기, S기, G₂기, M기에 모두 있다. 따라서 G₁기, S기, G₂기, M기 중 (가)에서 3가지 특징을 가지는 ㉢은 M기, 2가지 특징을 가지는 ㉠은 S기이고, ㉡과 ㉣은 각각 G₁기와 G₂기 중 하나이다.
ㄱ. S기(㉠)에 특징 ⓐ(핵에서 DNA 복제가 일어난다.)가 나타난다.
ㄴ. M기(㉢)에 염색 분체의 분리가 일어난다.

✕ 매력적 오답 ㄷ. ㉡과 ㉣은 각각 G₁기와 G₂기 중 하나인데, 핵 1개당 DNA 양은 G₂기가 G₁기의 2배이다.

문제풀이 Tip
세포 주기와 체세포 분열의 특징을 이해하고 있어야 한다. 체세포 분열 과정에서는 염색체의 분리와 이동 양상에 맞춰 이해해 두도록 하자.

---

## 22 세포 주기

출제 의도 체세포를 배양한 후 세포당 DNA 상대량에 따른 세포 수의 관계를 파악할 수 있는지를 묻는 문항이다.

다음은 세포 주기에 대한 실험이다.

[실험 과정 및 결과]
(가) 어떤 동물의 체세포를 배양하여 집단 A와 B로 나눈다.
(나) A와 B 중 B에만 G₁기에서 S기로의 전환을 억제하는 물질을 처리하고, 두 집단을 동일한 조건에서 일정 시간 동안 배양한다.
(다) 두 집단에서 같은 수의 세포를 동시에 고정한 후, 각 집단의 세포당 DNA 양에 따른 세포 수를 나타낸 결과는 그림과 같다.

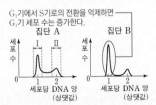

G₁기에서 S기로의 전환을 억제하면 G₁기 세포 수는 증가한다.

이에 대한 설명으로 옳은 것만을 〈보기〉에서 있는 대로 고른 것은?

보기
ㄱ. (다)에서 $\dfrac{\text{S기의 세포 수}}{\text{G₁기 세포 수}}$ 는 A에서가 B에서보다 작다. 크다.
ㄴ. 구간 Ⅰ에는 뉴클레오솜을 갖는 세포가 있다. 뉴클레오솜은 세포 주기의 모든 세포에 있다.
ㄷ. 구간 Ⅱ에는 핵막을 갖는 세포가 있다.

① ㄱ ② ㄷ ③ ㄱ, ㄴ ④ ㄴ, ㄷ ⑤ ㄱ, ㄴ, ㄷ

✔ 자료 해석
• 세포 주기는 크게 간기와 분열기로 나뉘며, 간기는 다시 G₁기, S기, G₂기로 나뉜다.
• 간기의 S기에 DNA가 복제되므로 S기가 끝나면 세포당 DNA 양이 2배로 증가한다. 따라서 세포당 DNA 양이 1인 구간 Ⅰ에는 G₁기 세포가 존재하고, 세포당 DNA 양이 2인 구간 Ⅱ에는 G₂기와 M기의 세포가 존재한다.
• 핵막은 체세포 분열기의 전기에 사라졌다가 말기에 다시 나타난다.

○ 보기 풀이 ㄴ. DNA가 히스톤 단백질에 감겨 형성된 뉴클레오솜은 염색체를 구성하므로 구간 Ⅰ에서 뉴클레오솜을 갖는 세포가 있다.
ㄷ. 구간 Ⅱ에는 G₂기의 세포와 분열기(M기)의 세포가 있다. G₂기의 세포에는 핵막이 있다.

✕ 매력적 오답 ㄱ. G₁기의 세포 수는 A가 B보다 적고, S기의 세포 수는 A가 B보다 많으므로 $\dfrac{\text{S기의 세포 수}}{\text{G₁기 세포 수}}$ 는 A에서가 B에서보다 크다.

문제풀이 Tip
세포당 DNA 양이 1인 구간 Ⅰ에는 G₁기 세포가 존재하고, 세포당 DNA 양이 2인 구간 Ⅱ에는 G₂기와 M기의 세포가 존재한다는 것을 알고 있어야 한다. G₁기에서 S기로의 전환을 억제하는 물질을 처리하면 G₁기 세포의 수는 증가하고, S기, G₂기, M기의 세포의 수는 감소한다.

## 23 염색체와 유전자

**출제의도** P와 Q의 각 세포에 들어 있는 대립유전자의 DNA 상대량을 분석하여 P와 Q의 유전자형을 파악할 수 있는지를 묻는 문항이다.

사람의 유전 형질 ㉮는 1쌍의 대립유전자 A와 a에 의해, ㉯는 2쌍의 대립유전자 B와 b, D와 d에 의해 결정된다. ㉮의 유전자는 상염색체에, ㉯의 유전자는 X 염색체에 있다. 표는 남자 P의 세포 (가)~(다)와 여자 Q의 세포 (라)~(바)에서 대립유전자 ㉠~㉶의 유무를 나타낸 것이다. ㉠~㉶은 A, a, B, b, D, d를 순서 없이 나타낸 것이다.

| 대립유전자 | P의 세포 | | | Q의 세포 | | |
|---|---|---|---|---|---|---|
| | (가) $n$ | (나) $2n$ | (다) $n$ | (라) $2n$ | (마) $n$ | (바) $n$ |
| ㉠ | × | ?○ | ○ | ?○ | ○ | × |
| ㉡ | × | × | × | ○ | ○ | × |
| ㉢ | ?× | ○ | ○ | ○ | ○ | ○ |
| ㉣ | × | ⓐ○ | ○ | ○ | × | ○ |
| ㉤ | ○ | ○ | × | × | × | × |
| ㉥ | × | × | × | ?○ | × | ○ |

(○: 있음, ×: 없음)

(대립유전자 ㉠—㉥ 대립유전자 / 대립유전자 ㉢—㉣ 대립유전자 / 대립유전자 ㉡—㉣)

이에 대한 설명으로 옳은 것만을 〈보기〉에서 있는 대로 고른 것은? (단, 돌연변이와 교차는 고려하지 않는다.)

**〈보기〉**

ㄱ. ㉠은 ㉥과 대립유전자이다.

ㄴ. ⓐ는 '×'이다.
핵상이 $n$인 (다)에 ㉣이 있으므로 핵상이 $2n$인 (나)에도 ㉣이 있다.

ㄷ. Q의 ㉯의 유전자형은 BbDd이다.

① ㄱ  ② ㄴ  ③ ㄱ, ㄷ  ④ ㄴ, ㄷ  ⑤ ㄱ, ㄴ, ㄷ

---

**✓ 자료 해석**

- 핵상이 $n$인 세포는 대립유전자 쌍 중 하나의 대립유전자만 가진다. (다)에 있는 ㉠이 (가)에 없으므로 (가)의 핵상은 $n$, (가)에 있는 ㉤이 (다)에 없으므로 (다)의 핵상도 $n$이다. 또한, (라)에 있는 ㉣이 (마)에 없으므로 (마)의 핵상은 $n$, (마)에 있는 ㉡이 (바)에 없으므로 (바)의 핵상도 $n$이다.

- 핵상이 $n$인 (다)에 ㉠, ㉢, ㉣이 있으므로 ㉠, ㉢, ㉣은 서로 대립유전자가 아니고, 핵상이 $n$인 (마)에 ㉠, ㉡, ㉢이 있으므로 ㉠, ㉡, ㉢도 서로 대립유전자가 아니며, 핵상이 $n$인 (바)에 ㉢, ㉣, ㉥이 있으므로 ㉢, ㉣, ㉥도 서로 대립유전자가 아니다. 이를 통해 ㉠은 ㉥과 대립유전자이고, ㉡은 ㉣과 대립유전자이며, ㉢은 ㉤과 대립유전자임을 알 수 있다.

- 남자인 P의 세포 (가)에 ㉤만 있으므로 ㉤과 대립유전자인 ㉢은 상염색체에 존재하며, 각각 A와 a 중 하나이다. 따라서 ㉠, ㉡, ㉣, ㉥은 X 염색체에 존재하며, 각각 B, b, D, d 중 하나이다.

**🄞 보기풀이** ㄱ. 핵상이 $n$인 세포에서는 대립유전자 쌍이 함께 있을 수 없다. (다)에 ㉠, ㉢, ㉣이 있으므로 ㉢과 ㉣은 ㉠과 대립유전자가 아니고, (마)에서 ㉠과 ㉡이 함께 있으므로 ㉡은 ㉠과 대립유전자가 아니다. 따라서 ㉠의 대립유전자는 ㉤과 ㉥ 중 하나인데, (바)에서 ㉠과 ㉤이 모두 없으므로 ㉤은 ㉠과 대립유전자가 아니고, ㉥이 ㉠과 대립유전자이다. (마)와 (바)에서 ㉡은 ㉢과 대립유전자가 아님을 알 수 있으며, ㉢은 ㉤과 대립유전자가 아님을 알 수 있으므로 ㉡은 ㉣과 대립유전자이고, ㉢은 ㉤과 대립유전자이다.

ㄷ. Q는 X 염색체에 있는 ㉠, ㉡, ㉣, ㉥을 모두 가지므로 Q의 ㉯의 유전자형은 BbDd이다.

**✗ 매력적 오답** ㄴ. (나)에 대립유전자 ㉢과 ㉣이 모두 있으므로 (나)의 핵상은 $2n$이며, (가)에 있는 유전자와 (다)에 있는 유전자가 모두 (나)에도 있어야 하므로 ⓐ는 '○'이다.

**문제풀이 Tip**

남자 P의 세포 (가)~(다)와 여자 Q의 세포 (라)~(바)에서 대립유전자 ㉠~㉥의 유무를 통해 (가)~(바)의 핵상과 ㉠~㉥ 사이에서 대립유전자 쌍을 찾을 수 있어야 한다.

출제의도 감수 분열 과정 일부를 나타낸 자료를 분석할 수 있는지를 묻는 문항이다.

사람의 어떤 유전 형질은 2쌍의 대립유전자 H와 h, T와 t에 의해 결정된다. 그림 (가)는 사람 I의, (나)는 사람 II의 감수 분열 과정의 일부를, 표는 I의 세포 ⓐ와 II의 세포 ⓑ에서 대립유전자 ㉠, ㉡, ㉢, ㉣ 중 2개의 DNA 상대량을 더한 값을 나타낸 것이다. ㉠~㉣은 H, h, T, t를 순서 없이 나타낸 것이고, I의 유전자형은 HHtt이며, II의 유전자형은 hhTt이다.

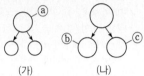

(가)　　　(나)

| 세포 | DNA 상대량을 더한 값 | | | |
|---|---|---|---|---|
| | ㉠+㉡ | ㉠+㉢ | ㉡+㉢ | ㉢+㉣ |
| 감수 2분열<br>중기 세포 ⓐ | 0 | ? 2 | 2 | ㉮ 4 |
| ⓑ | 2 | 4 | ㉯ 2 | 2 |

이에 대한 설명으로 옳은 것만을 〈보기〉에서 있는 대로 고른 것은? (단, 돌연변이와 교차는 고려하지 않으며, H, h, T, t 각각의 1개당 DNA 상대량은 1이다. ⓐ~ⓒ는 중기의 세포이다.) [3점]

─── 보기 ───
ㄱ. ㉮+㉯=6이다.
　㉮는 4, ㉯는 2이다.
ㄴ. ⓐ의 $\dfrac{\text{염색 분체 수}}{\text{성염색체 수}}$=46이다. ⓐ의 염색 분체 수는 46, 성염색체 수는 1이다.
ㄷ. ⓒ에는 t가 있다.
　h와 T가 있다.
─────────────

① ㄱ　② ㄷ　③ ㄱ, ㄴ　④ ㄴ, ㄷ　⑤ ㄱ, ㄴ, ㄷ

✔ **자료 해석**

• 사람 I의 유전자형은 HHtt인데, ⓐ가 감수 1분열 중기 세포라면 ⓐ의 유전자 구성은 HHHHtttt가 되고, ⓐ가 감수 2분열 중기 세포라면 ⓐ의 유전자 구성은 HHtt가 된다. 그런데 ⓐ에서 ㉠과 ㉡의 DNA 상대량이 0이고, ㉡(0)+㉢의 DNA 상대량은 2이므로 ⓐ는 감수 2분열 중기 세포이고, ㉠과 ㉡은 각각 h와 T 중 하나이며, ㉢과 ㉣은 각각 H와 t 중 하나이다.

• ⓑ에서 ㉠과 ㉡의 DNA 상대량을 더한 값(h+T)이 2이므로 ⓑ도 감수 2분열 중기 세포이다.

◯ **보기 풀이** ㄱ. 유전자형이 HHtt인 I의 세포 ⓐ에서 ㉠과 ㉡의 DNA 상대량이 0이고, ㉡(0)+㉢의 DNA 상대량은 2이다. 따라서 ⓐ는 감수 2분열 중기 세포이고, ㉠과 ㉡은 각각 h와 T 중 하나이며, ㉢과 ㉣은 각각 H와 t 중 하나이다. 따라서 ㉮는 4이다. 유전자형이 hhTt인 II의 세포 ⓑ에서 h와 T의 DNA 상대량을 더한 값(㉠+㉡)이 2이므로 ⓑ도 감수 2분열 중기 세포이다. 감수 2분열 중기 세포인 ⓑ는 h와 T 또는 h와 t만을 가지는데, ㉠과 ㉡의 DNA 상대량이 2이고, ㉠과 ㉢의 DNA 상대량이 4이므로 ㉠은 h, ㉡은 T, ㉢은 t, ㉣은 H이다. 따라서 ㉯는 2이다.

ㄴ. ⓐ는 감수 2분열 중기의 세포이므로 성염색체 수는 1이고, 염색 분체 수는 46이다.

✕ **매력적 오답** ㄷ. ⓑ에 h와 t가 있으므로 ⓒ에는 h와 T가 있다.

**문제풀이 Tip**

I의 세포 ⓐ와 II의 세포 ⓑ에서 대립유전자 ㉠, ㉡, ㉢, ㉣ 중 2개의 DNA 상대량을 더한 값을 분석하여 ⓐ와 ⓑ가 각각 감수 1분열 중기 세포와 감수 2분열 중기 세포 중 어느 세포에 해당하는지 찾을 수 있어야 한다.

# 25 염색체와 유전자

**출제 의도** 각 세포에 들어 있는 대립유전자의 DNA 상대량을 분석하여 대립유전자의 관계 및 개체의 유전자형, (가)~(다)의 유전자가 어떤 염색체에 있는지 파악할 수 있는지를 묻는 문항이다.

어떤 동물 종($2n$)의 유전 형질 (가)는 대립유전자 A와 a에 의해, (나)는 대립유전자 B와 b에 의해, (다)는 대립유전자 D와 d에 의해 결정된다. 표는 이 동물 종의 개체 ㉠과 ㉡의 세포 I~IV 각각에 들어 있는 A, a, B, b, D, d의 DNA 상대량을 나타낸 것이다. I~IV 중 2개는 ㉠의 세포이고, 나머지 2개는 ㉡의 세포이다. ㉠은 암컷이고 성염색체가 XX이며, ㉡은 수컷이고 성염색체가 XY이다.

X 염색체에 존재 — | $2n$인 세포에서 나타나는 DNA 상대량 — | 상염색체에 존재 —

| 세포 | A | a | B | b | D | d |
|---|---|---|---|---|---|---|
| I $2n$ | 0 | ? | 2 | ? | 4 | 0 |
| II $n$ (㉡의 세포) | 0 | 2 | 0 | 2 | ? | 2 |
| III $2n$ (㉠의 세포) | ? | 1 | 1 | 1 | 2 | ? |
| IV $n$ | ? | 0 | 1 | ? | 1 | 0 |

— $2n$인 세포에서 나타나는 DNA 상대량

이에 대한 설명으로 옳은 것만을 〈보기〉에서 있는 대로 고른 것은? (단, 돌연변이와 교차는 고려하지 않으며, A, a, B, b, D, d 각각의 1개당 DNA 상대량은 1이다.)

─ 보기 ─
ㄱ. IV의 핵상은 $2n$이다. ($n$이다.)
ㄴ. (가)의 유전자는 X 염색체에 있다.
ㄷ. ㉠의 (나)와 (다)에 대한 유전자형은 BbDd이다.

① ㄱ ② ㄴ ③ ㄱ, ㄷ ④ ㄴ, ㄷ ⑤ ㄱ, ㄴ, ㄷ

---

✔ **자료 해석**

- I은 D의 DNA 상대량이 4이므로 DNA가 복제된 상태의 $2n$인 개체의 세포이고, II는 B와 b의 DNA 상대량이 각각 1이므로 DNA가 복제되기 전의 상태의 $2n$인 개체의 세포이다.
- II에서 d의 DNA 상대량이 2이고, I에서 D의 DNA 상대량이 4이므로 I과 III이 같은 개체의 세포이거나 I과 IV가 같은 개체의 세포인데, II는 d의 DNA 상대량이 2이므로 핵상이 $2n$인 III과 같은 개체의 세포일 수 없으므로 I과 III이 같은 개체의 세포이다. 따라서 II와 IV가 같은 개체의 세포이다.
- 핵상이 $2n$인 I의 A의 DNA 상대량이 0이고, III의 a의 DNA 상대량이 1이므로 I과 III은 모두 수컷인 ㉡의 세포이고, (가)의 유전자는 X 염색체에 있다. 따라서 II와 IV는 암컷인 ㉠의 세포이고, (나)와 (다)의 유전자는 상염색체에 있다.

○ **보기 풀이** ㄴ. I의 D의 DNA 상대량이 4이므로 I의 핵상은 $2n$이다. III과 IV가 D를 가지므로 I과 III이 같은 개체의 세포이거나 I과 IV가 같은 개체의 세포이다. III의 B와 b의 DNA 상대량이 각각 1이므로 III의 핵상은 $2n$이다. II의 d의 DNA 상대량이 2이고, III의 D의 DNA 상대량이 2이므로 II와 III이 같은 개체의 세포일 수 없다. 따라서 I과 III이 같은 개체의 세포이고, II와 IV가 같은 개체의 세포이다. 핵상이 $2n$인 I의 A의 DNA 상대량이 0이고, III의 a의 DNA 상대량이 1이므로 I과 III은 모두 수컷인 ㉡의 세포이고, (가)의 유전자는 X 염색체에 있다. 따라서 II와 IV는 모두 암컷인 ㉠의 세포이고, (나)와 (다)의 유전자는 상염색체에 있다.
ㄷ. II와 IV는 모두 암컷인 ㉠의 세포이므로 ㉠의 (가)~(다)의 유전자형은 $X^A X^a BbDd$이다.

✖ **매력적 오답** ㄱ. II와 IV의 핵상은 모두 $n$이다.

**문제풀이 Tip**
감수 분열과 관련하여 자주 출제되는 유형이므로 대립유전자가 상염색체 존재하는 경우와 X 염색체에 존재하는 경우의 특징 및 감수 분열 시 핵상의 변화와 대립유전자의 DNA 상대량 변화에 대해 이해하고 있어야 한다.

**26** 체세포 분열

출제 의도 체세포 분열 과정 시 핵 1개당 DNA 상대량 변화와 체세포 분열 과정에서 염색체 변화에 대해 알고 있는지를 묻는 문항이다.

그림 (가)는 동물 P($2n=4$)의 체세포가 분열하는 동안 핵 1개당 DNA 양을, (나)는 P의 체세포 분열 과정의 어느 한 시기에서 관찰되는 세포를 나타낸 것이다.

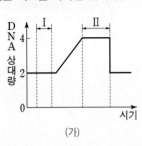
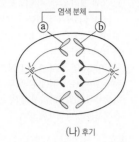

(가)                    (나) 후기

이에 대한 설명으로 옳은 것만을 〈보기〉에서 있는 대로 고른 것은? (단, 돌연변이는 고려하지 않는다.)

보기
ㄱ. 구간 Ⅰ에는 2개의 염색 분체로 구성된 염색체가 있다.
　복제되지 않은 상태의 G₁기 세포이므로 염색 분체가 없다.
ㄴ. 구간 Ⅱ에는 (나)가 관찰되는 시기가 있다.
ㄷ. ⓐ와 ⓑ는 부모에게서 각각 하나씩 물려받은 것이다.
　ⓐ와 ⓑ는 염색 분체로, 부모 중 한명으로부터 물려받은 것이다.

① ㄱ　② ㄴ　③ ㄱ, ㄷ　④ ㄴ, ㄷ　⑤ ㄱ, ㄴ, ㄷ

✔ 자료 해석
• 세포 주기는 크게 간기와 분열기(M기)로 나뉘며, 간기는 다시 G₁기, S기, G₂기로 나뉜다. 구간 Ⅰ에는 G₁기 세포가 있고, 구간 Ⅱ에는 G₂기의 세포와 체세포 분열기의 전기부터 말기까지의 세포가 있다.
• 체세포 분열기(M)는 염색체의 행동에 따라 전기, 중기, 후기, 말기로 나뉜다. (나)는 P의 체세포 분열 후기의 세포의 모습을 나타낸 것이다.
• 체세포 분열 과정에서 상동 염색체는 분리되지 않고, 염색 분체만 분리되므로 체세포 분열 결과 형성된 두 딸세포는 대립유전자 구성이 같다.

○ 보기 풀이 ㄴ. 구간 Ⅱ에는 G₂기의 세포와 체세포 분열기의 전기부터 말기까지의 세포가 있다. (나)는 염색 분체가 분리되어 양극으로 이동하고 있으므로 체세포 분열 후기의 세포이다. 따라서 구간 Ⅱ에는 (나)가 관찰되는 시기가 있다.

✕ 매력적 오답 ㄱ. 구간 Ⅰ의 DNA 상대량이 2이므로 구간 Ⅰ에는 G₁기의 세포가 있다. 따라서 구간 Ⅰ에는 2개의 염색 분체로 구성된 염색체가 없다.
ㄷ. ⓐ는 하나의 염색체를 이루던 염색 분체이므로 ⓐ와 ⓑ는 부모 중 한 명에게서 물려받은 것이다.

문제풀이 **Tip**
체세포 분열에서는 상동 염색체가 분리되지 않고 염색 분체가 분리되므로 염색체 수와 DNA 양이 모두 모세포와 같은 딸세포가 형성되며, 하나의 모세포로부터 형성된 두 딸세포는 대립유전자의 구성이 같다는 것을 알고 있어야 한다.

---

**27** 핵형 분석

출제 의도 여러 개체의 세포에서 나타난 염색체 모양과 크기를 분석하여 각 세포에 해당하는 개체를 파악할 수 있는지를 묻는 문항이다.

그림은 동물 세포 (가)~(라) 각각에 들어 있는 모든 염색체를 나타낸 것이다. (가)~(라)는 각각 서로 다른 개체 A, B, C의 세포 중 하나이다. A와 B는 같은 종이고, A와 C의 성은 같다. A~C의 핵상은 모두 $2n$이며, A~C의 성염색체는 암컷이 XX, 수컷이 XY이다.

(가) B의 세포(암컷)　(나) C의 세포(수컷)　(다) A의 세포(수컷)　(라) C의 세포(수컷)

이에 대한 설명으로 옳은 것만을 〈보기〉에서 있는 대로 고른 것은? (단, 돌연변이는 고려하지 않는다.)

보기
ㄱ. (가)는 B의 세포이다.
　(가)는 B의 세포, (나)와 (라)는 C의 세포, (다)는 A의 세포이다.
ㄴ. (다)를 갖는 개체와 (라)를 갖는 개체의 핵형은 같다.
　(다)와 (라)를 갖는 개체는 서로 다른 종이므로 핵형이 다르다.
ㄷ. C의 감수 1분열 중기 세포 1개당 염색 분체 수는 6이다.
　12이다.

① ㄱ　② ㄴ　③ ㄷ　④ ㄱ, ㄴ　⑤ ㄴ, ㄷ

✔ 자료 해석
• 핵형 : 한 생물이 가진 염색체의 수, 모양, 크기 등과 같이 관찰할 수 있는 염색체의 형태적인 특징으로, 생물종의 고유한 특징이다. 생물은 종에 따라 핵형이 서로 다르며, 같은 종의 생물에서는 성별이 같으면 핵형이 같다.
• 핵상 : 한 세포에 들어 있는 염색체의 구성 상태로 염색체의 상대적인 수로 표시한다. 사람의 체세포 핵상과 염색체는 $2n=46$으로 표시한다.
• 상동 염색체 : 사람의 체세포를 핵형 분석하면 모양과 크기가 같은 염색체가 2개씩 있는 것을 알 수 있는데, 이렇게 형태적 특징이 같은 염색체를 상동 염색체라고 한다.

○ 보기 풀이 ㄱ. (가)의 핵상은 $2n$이고, (가)에는 모양과 크기가 같은 염색체가 3쌍 있으므로 (가)는 암컷의 세포이다. (가)와 (다)에 있는 상염색체의 모양과 크기는 같고, 성염색체의 모양과 크기가 다르므로 (다)는 수컷의 세포이다. (나)와 (라)에 있는 상염색체의 모양과 크기는 같고, 성염색체의 모양과 크기가 다르므로 (나)와 (라)는 수컷의 세포이다. 따라서 (가)는 암컷인 B의 세포, (다)는 수컷인 A의 세포, (나)와 (라)는 수컷인 C의 세포이다.

✕ 매력적 오답 ㄴ. (다)를 갖는 개체와 (라)를 갖는 개체는 서로 다른 종이다. 따라서 (다)를 갖는 개체와 (라)를 갖는 개체의 핵형은 다르다.
ㄷ. C의 체세포 1개당 염색체 수는 6이므로 C의 감수 1분열 중기 세포 1개당 염색 분체 수는 12이다.

문제풀이 **Tip**
핵형 분석 결과 나타난 세포의 염색체의 모양과 크기를 비교하여 각 세포가 어떤 개체의 세포인지를 찾는 문항은 염색체의 모양과 크기를 하나하나 비교하면서 풀면 어렵지 않게 해결되므로 꼼꼼하게 푸는 연습을 하도록 하자.

## 28 체세포 분열

2022학년도 수능 3번 | 정답 ① | 문제편 67p

출제 의도 체세포 분열 과정에 대해 알고 있는지 묻는 문항이다.

그림 (가)는 식물 P(2n)의 체세포가 분열하는 동안 핵 1개당 DNA 양을, (나)는 P의 체세포 분열 과정에서 관찰되는 세포 ⓐ와 ⓑ를 나타낸 것이다. ⓐ와 ⓑ는 분열기의 전기 세포와 중기 세포를 순서 없이 나타낸 것이다.

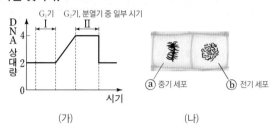

(가)          (나)

이에 대한 설명으로 옳은 것만을 〈보기〉에서 있는 대로 고른 것은?

보기
ㄱ. Ⅰ과 Ⅱ 시기의 세포에는 모두 뉴클레오솜이 있다.
ㄴ. ⓐ에서 상동 염색체의 접합이 일어났다.
　　　　　　　　감수 1분열에서 일어난다.
ㄷ. ⓑ는 ~~Ⅰ 시기~~에 관찰된다.
　　　　Ⅱ 시기

① ㄱ　　② ㄷ　　③ ㄱ, ㄴ　　④ ㄴ, ㄷ　　⑤ ㄱ, ㄴ, ㄷ

### ✔ 자료 해석

- Ⅰ 시기는 G₁기, Ⅱ 시기는 G₂기와 분열기 중 일부 시기에 해당한다.
- ⓐ는 분열기의 중기 세포, ⓑ는 분열기의 전기 세포이다.
- 상동 염색체의 접합은 감수 분열 과정에서 관찰할 수 있다.

### ○ 보기 풀이
ㄱ. 뉴클레오솜은 간기와 분열기의 세포에 모두 존재하므로 Ⅰ과 Ⅱ 시기의 세포에 모두 있다.

### ✕ 매력적 오답
ㄴ. ⓐ는 염색체가 세포 중앙에 배열되어 있으므로 분열기의 중기 세포이다. 상동 염색체의 접합은 감수 1분열에서 일어나므로 ⓐ에서는 상동 염색체의 접합이 일어나지 않는다.

ㄷ. Ⅰ 시기는 DNA 복제가 일어나기 전이므로 G₁기이다. ⓑ는 염색체가 응축되어 나타났으므로 분열기의 전기 세포이며 Ⅰ 시기에 관찰되지 않는다.

### 문제풀이 Tip
상동 염색체의 접합은 감수 분열 과정에서 일어나며, 염색체의 기본 단위인 뉴클레오솜은 간기와 분열기의 세포에 모두 있음을 알아둔다.

---

## 29 핵형 분석

2022학년도 수능 11번 | 정답 ② | 문제편 67p

출제 의도 여러 세포에 들어 있는 염색체를 나타낸 자료를 분석할 수 있는지 묻는 문항이다.

그림은 서로 다른 종인 동물(2n=?) A~C의 세포 (가)~(라) 각각에 들어 있는 모든 염색체를 나타낸 것이다. (가)~(라) 중 2개는 A의 세포이고, A와 B의 성은 서로 다르다. A~C의 성염색체는 암컷이 XX, 수컷이 XY이다.

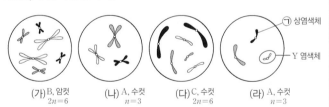

(가) B, 암컷　(나) A, 수컷　(다) C, 수컷　(라) A, 수컷
2n=6　　　n=3　　　2n=6　　　n=3

이에 대한 설명으로 옳은 것만을 〈보기〉에서 있는 대로 고른 것은? (단, 돌연변이는 고려하지 않는다.)

보기
ㄱ. (가)는 ~~C~~의 세포이다.
　　　　B
ㄴ. ㉠은 상염색체이다.
ㄷ. $\dfrac{\text{(다)의 성염색체 수}~2}{\text{(나)의 염색 분체 수}~6} = \dfrac{\cancel{2}\,1}{\cancel{3}\,3}$이다.

① ㄱ　　② ㄴ　　③ ㄷ　　④ ㄱ, ㄴ　　⑤ ㄴ, ㄷ

### ✔ 자료 해석

- (가)는 B의 세포(암컷, 2n=6), (나)는 A의 세포(수컷, n=3), (다)는 C의 세포(수컷, 2n=6), (라)는 A의 세포(수컷, n=3)이다.
- (나)와 (라)가 A의 세포인데 흰색 염색체가 모양과 크기가 다르므로 흰색 염색체가 성염색체이고 ㉠은 상염색체이다.

### ○ 보기 풀이
(가)~(라) 중 2개는 A의 세포이며, (가)~(라) 중 크기와 모양이 같은 상동 염색체가 있는 세포는 (나)와 (라)이므로 (나)와 (라)가 A의 세포이다. (나)와 (라)의 세포에서 각각 하나의 염색체만 크기와 모양이 서로 다르므로 A는 수컷이고, A와 B의 성이 서로 다르므로 B는 암컷이다. (다)에서 한 쌍의 상동 염색체가 크기와 모양이 서로 다르므로 (다)는 수컷인 C의 세포이고, (가)는 B의 세포이다.

ㄴ. (나)에 ㉠과 크기와 모양이 같은 상동 염색체가 있으므로 ㉠은 상염색체이다.

### ✕ 매력적 오답
ㄱ. (가)는 B의 세포이다.

ㄷ. (나)의 염색 분체 수는 6이고, (다)의 성염색체 수는 2이다.

### 문제풀이 Tip
쌍을 이루는 염색체 중 모양과 크기가 다른 것이 성염색체임을 알고 자료를 분석하면 되는데, 주로 검은색 염색체가 성염색체인 자료가 자주 출제되어 (다)와 (라)를 비교하여 검은색 염색체를 성염색체로 분석하지 않도록 한다.

## 30 유전적 다양성

출제 의도 여러 세포에서 염색체 유무와 DNA 상대량을 나타낸 자료를 분석하여 각 세포의 핵상과 유전자형을 파악할 수 있는지 묻는 문항이다.

사람의 유전 형질 (가)는 2쌍의 대립유전자 H와 h, R와 r에 의해 결정되며, (가)의 유전자는 7번 염색체와 8번 염색체에 있다. 그림은 어떤 사람의 7번 염색체와 8번 염색체를, 표는 이 사람의 세포 I ~ IV에서 염색체 ㉠~㉢의 유무와 H와 r의 DNA 상대량을 나타낸 것이다. ㉠~㉢은 염색체 ⓐ~ⓒ를 순서 없이 나타낸 것이다.

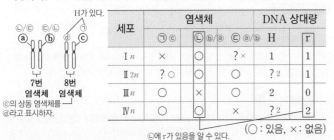

7번 염색체 · 8번 염색체
ⓒ의 상동 염색체를 ⓓ라고 표시하자.

| 세포 | 염색체 ㉠(ⓒ) | 염색체 ㉡(ⓑ/ⓐ) | 염색체 ㉢(ⓐ/ⓑ) | H | r |
|---|---|---|---|---|---|
| I n | × | ○ | ? × | 1 | 1 |
| II 2n | ? ○ | ○ | ○ | ? 2 | 1 |
| III n | ○ | × | ○ | 2 | 0 |
| IV n | ○ | ○ | × | ? 2 | 2 |

(○: 있음, ×: 없음)

㉡에 r가 있음을 알 수 있다.

이에 대한 설명으로 옳은 것만을 〈보기〉에서 있는 대로 고른 것은? (단, 돌연변이와 교차는 고려하지 않으며, H, h, R, r 각각의 1개당 DNA 상대량은 1이다.) [3점]

보기
ㄱ. ~~I과 II의 핵상은 같다.~~ I의 핵상은 n, II의 핵상은 2n이다.
ㄴ. ~~㉡과 ㉢은 모두 7번 염색체이다.~~ ㉠은 8번 염색체이다.
ㄷ. 이 사람의 유전자형은 ~~HhRr~~이다.  HHRr

① ㄱ   ② ㄴ   ③ ㄷ   ④ ㄱ, ㄴ   ⑤ ㄴ, ㄷ

### 자료 해석
- I에는 염색체 ⓑ, ⓓ가, II에는 염색체 ⓐ, ⓑ, ⓒ, ⓓ가, III에는 염색체 ⓐ, ⓒ가, IV에는 염색체 ⓑ, ⓒ가 있다. (*ⓒ의 상동 염색체를 ⓓ라고 표시한다.)
- I의 핵상과 유전자형은 n, Hr, II의 핵상과 유전자형은 2n, HHRr, III의 핵상과 유전자형은 n, HHRR, IV의 핵상과 유전자형은 n, HHrr이다.

### 보기 풀이
핵상이 2n인 세포에는 ㉠~㉢이 모두 있다. 핵상이 n인 세포에는 ㉠~㉢ 중 1개나 2개만 있는데, 이 중 1개만 있는 세포에는 ⓒ가 없고 2개가 있는 세포에는 ⓒ가 반드시 있다. III과 IV에 ㉠~㉢ 중 2개가 있고 모두 ㉠이 있으므로 ㉠은 ⓒ이다. II에 ㉡과 ㉢이 모두 있으므로 II의 핵상은 2n이고, I에 ㉠이 없으므로 I의 핵상은 n이다.

ㄴ. ㉠은 8번 염색체인 ⓒ이고 ㉡과 ㉢은 모두 7번 염색체인 ⓐ와 ⓑ 중 하나이다.

### 매력적 오답
ㄱ. I과 II의 핵상은 다르다.

ㄷ. III에 r가 없고 IV에 r가 있으므로 이 사람은 R와 r를 모두 가지며, III의 ㉠에 H가 있으므로 ⓒ에 H가 있다. ⓒ(㉠)가 없는 I에도 H가 있으므로 이 사람의 유전자형은 HHRr이다.

### 문제풀이 Tip
㉠~㉢에 해당하는 염색체 ⓐ~ⓒ를 파악하고 H와 r가 위치하는 염색체를 파악하는 것이 중요하다. III에 ㉠과 ㉢이 함께 있고, IV에 ㉠과 ㉡이 함께 있으므로 ㉡과 ㉢이 상동 염색체이며, ㉡과 ㉢은 각각 ⓐ와 ⓑ 중 하나임을 파악해야 한다. ㉡의 유무와 r의 상대량 분포가 동일하므로 ㉡에 r가 있음을 파악하면 문제를 쉽게 해결할 수 있다.

---

## 31 세포 주기

출제 의도 세포 주기의 각 주기에 대한 특징을 알고 있는지 묻는 문항이다.

표는 어떤 사람의 세포 (가)~(다)에서 핵막 소실 여부와 DNA 상대량을 나타낸 것이다. (가)~(다)는 체세포의 세포 주기 중 M기(분열기)의 중기, G₁기, G₂기에 각각 관찰되는 세포를 순서 없이 나타낸 것이다. ㉠은 '소실됨'과 '소실 안 됨' 중 하나이다.

| | 세포 | 핵막 소실 여부 | DNA 상대량 |
|---|---|---|---|
| G₁기 | (가) | ㉠ 소실 안 됨 | 1 |
| M기(분열기)의 중기 | (나) | 소실됨 | ? 2 |
| G₂기 | (다) | 소실 안 됨 | 2 |

이에 대한 설명으로 옳은 것만을 〈보기〉에서 있는 대로 고른 것은? (단, 돌연변이는 고려하지 않는다.)

보기
ㄱ. ㉠은 '소실 안 됨'이다.
ㄴ. (나)는 ~~간기~~의 세포이다.  M기(분열기)의 중기
ㄷ. (다)에는 히스톤 단백질이 ~~없다.~~ 세포 주기에 해당하는 모든 세포에 히스톤 단백질이 있다.

① ㄱ   ② ㄴ   ③ ㄷ   ④ ㄱ, ㄴ   ⑤ ㄱ, ㄷ

### 자료 해석
- (가)는 G₁기에 관찰되는 세포, (나)는 M기(분열기)의 중기에 관찰되는 세포, (다)는 G₂기에 관찰되는 세포이다.

### 보기 풀이
(나)는 핵막이 소실된 세포이므로 M기(분열기)의 중기에 관찰되는 세포이다. DNA 상대량이 (다)가 (가)의 2배이므로 (가)는 G₁기, (다)는 G₂기에 관찰되는 세포이다.

ㄱ. (가)는 G₁기에 관찰되는 세포이므로 ㉠은 '소실 안 됨'이다.

### 매력적 오답
ㄴ. (나)는 M기(분열기)의 중기 세포이다. 간기의 세포는 G₁기, S기, G₂기에 해당하는 세포이다.

ㄷ. (다)는 G₂기에 관찰되는 세포이므로 (다)에는 히스톤 단백질이 있다.

### 문제풀이 Tip
세포당 DNA 상대량이 2인 세포는 G₂기와 M기의 세포이고, 세포당 DNA 상대량이 1인 세포는 G₁기의 세포이며, M기의 전기에 핵막이 소실되었다가 M기의 말기에 다시 형성되므로 핵막이 소실된 세포는 M기의 세포이다.

출제의도 여러 세포의 대립유전자의 DNA 상대량을 나타낸 자료를 분석할 수 있는지 묻는 문항이다.

사람의 유전 형질 (가)는 상염색체에 있는 대립유전자 H와 h에 의해, (나)는 X 염색체에 있는 대립유전자 T와 t에 의해 결정된다. 표는 세포 Ⅰ~Ⅳ가 갖는 H, h, T, t의 DNA 상대량을 나타낸 것이다. Ⅰ~Ⅳ 중 2개는 남자 P의, 나머지 2개는 여자 Q의 세포이다. ㉠~㉢은 0, 1, 2를 순서 없이 나타낸 것이다.

| 세포 | DNA 상대량 | | | | 유전자형 |
| --- | --- | --- | --- | --- | --- |
| | H | h | T | t | |
| Ⅰ $n$ | ㉢ 1 | 0 | ㉠ 0 | ? 0 | HY |
| Ⅱ $n$ | ㉡ 2 | ㉠ 0 | 0 | ㉡ 2 | HHX$^t$X$^t$ |
| Ⅲ $2n$ | ? 1 | ㉢ 1 | ㉠ 0 | ㉡ 2 | HhX$^t$X$^t$ |
| Ⅳ $2n$ | 4 | 0 | 2 | ㉠ 0 | HHHHX$^T$X$^T$YY |

(P 괄호: Ⅰ, Q 괄호: Ⅱ, Ⅲ, Ⅳ)

이에 대한 설명으로 옳은 것만을 〈보기〉에서 있는 대로 고른 것은? (단, 돌연변이와 교차는 고려하지 않으며, H, h, T, t 각각의 1개당 DNA 상대량은 1이다.) [3점]

**보기**

ㄱ. ㉡은 2이다. ㉠은 0, ㉡은 2, ㉢은 1이다.

ㄴ. Ⅱ는 Q의 세포이다. Ⅰ과 Ⅳ는 P의 세포, Ⅱ와 Ⅲ은 Q의 세포이다.

ㄷ. Ⅰ이 갖는 t의 DNA 상대량과 Ⅲ이 갖는 H의 DNA 상대량은 같다. (0 / 1) 다르다.

① ㄱ  ② ㄷ  ③ ㄱ, ㄴ  ④ ㄴ, ㄷ  ⑤ ㄱ, ㄴ, ㄷ

✔ **자료 해석**

• P의 (가)와 (나)의 유전자형은 HHX$^T$Y이고, Ⅰ과 Ⅳ는 P의 세포이다.
• Q의 (가)와 (나)의 유전자형은 HhX$^t$X$^t$이고, Ⅱ와 Ⅲ이 Q의 세포이다.
• Ⅰ(감수 2분열 완료 세포) : HY, Ⅱ(감수 2분열 세포) : HHX$^t$X$^t$, Ⅲ (G$_1$기 세포) : HhX$^t$X$^t$, Ⅳ : HHHHX$^T$X$^T$YY

○ **보기 풀이** ㄱ. (가)는 상염색체에 있는 대립유전자에 의해 결정되므로 ㉢은 1 또는 2이다. Ⅳ의 H의 DNA 상대량이 4이므로 ㉠은 0 또는 2이다. ㉠이 2, ㉢이 1이라면 Ⅰ의 DNA 상대량을 갖는 세포는 있을 수 없다. 또한 ㉠이 0, ㉢이 2라면 Ⅰ과 Ⅳ가 P의 세포, Ⅱ와 Ⅲ이 Q의 세포이어야 하는데 Ⅲ의 DNA 상대량을 갖는 세포가 있을 수 없다. 따라서 ㉠은 0, ㉡은 2, ㉢은 1이다.

ㄴ. P의 (가)와 (나)의 유전자형은 HHX$^T$Y이고, Ⅰ과 Ⅳ는 P의 세포이다. Q의 (가)와 (나)의 유전자형은 HhX$^t$X$^t$이고, Ⅱ와 Ⅲ이 Q의 세포이다.

✕ **매력적 오답** ㄷ. Ⅰ이 갖는 t의 DNA 상대량은 0이고, Ⅲ이 갖는 H의 DNA 상대량은 1이다.

**문제풀이 Tip**

세포 Ⅰ~Ⅳ가 각각 남자 P와 여자 Q의 세포 중 어느 것에 해당하는지 파악하는 것이 중요하다. Ⅳ에서 H의 DNA 상대량이 4이므로 Ⅳ가 P의 세포라면 ㉠이 0이고 Ⅳ가 Q의 세포라면 ㉠이 2여야 하는데, ㉠이 2라면 Ⅰ이 성립할 수 없다. 따라서 ㉠은 0이며 Ⅰ과 Ⅳ는 P의 세포이고, 나머지 Ⅱ와 Ⅲ이 Q의 세포임을 파악해야 한다.

## 33  핵형 분석

출제 의도  여러 세포의 염색체를 나타낸 자료를 분석할 수 있는지 묻는 문항이다.

그림은 동물($2n=6$) Ⅰ~Ⅲ의 세포 (가)~(라) 각각에 들어 있는 모든 염색체를 나타낸 것이다. Ⅰ~Ⅲ은 2가지 종으로 구분되고, (가)~(라) 중 2개는 암컷의, 나머지 2개는 수컷의 세포이다. Ⅰ~Ⅲ의 성염색체는 암컷이 XX, 수컷이 XY이다. 염색체 ⓐ와 ⓑ 중 하나는 상염색체이고, 나머지 하나는 성염색체이다. ⓐ와 ⓑ의 모양과 크기는 나타내지 않았다.

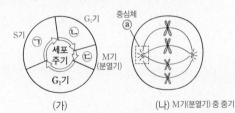

(가) $2n=6$, 암컷   (나) $n=3$, 수컷   (다) $2n=6$, 암컷   (라) $2n=6$, 수컷

이에 대한 설명으로 옳은 것만을 〈보기〉에서 있는 대로 고른 것은? (단, 돌연변이는 고려하지 않는다.)

┌─ 보기 ─────────────────────────┐
ㄱ. ⓑ는 X 염색체이다.
ㄴ. (나)는 암컷의 세포이다.
      수컷
ㄷ. (가)를 갖는 개체와 (다)를 갖는 개체의 핵형은 같다.
                        다른 종이므로 핵형이 다르다.
└──────────────────────────────┘

① ㄱ   ② ㄴ   ③ ㄷ   ④ ㄱ, ㄴ   ⑤ ㄴ, ㄷ

✓ 자료 해석
• 염색체의 모양과 크기가 같은 것이 있는 (가), (나), (라)가 같은 종의 세포이고, (다)만 다른 종의 세포이다.
• (가)와 (다)는 모두 핵상이 $2n$이고 암컷의 세포이며, (나)는 핵상이 $n$이고 수컷의 세포이다. (라)는 핵상이 $2n$이고 수컷의 세포이다.

○ 보기 풀이  (가), (다), (라)의 염색체는 모두 6개이므로 (가), (다), (라)의 핵상은 $2n$이고, (나)의 염색체는 모두 3개이므로 (나)의 핵상은 $n$이다. (다)에서 상동 염색체 쌍은 모두 모양과 크기가 같으므로 (다)는 암컷의 세포이다.
ㄱ. (가), (나), (라)는 모양과 크기가 같은 염색체(중간 크기의 흰색 염색체)를 갖고 있으므로 (가), (나), (라)는 같은 종의 세포이다. (가)에는 큰 검은색 염색체, (라)에는 작은 검은색 염색체가 있으므로 작은 검은색 염색체가 Y 염색체이고, ⓑ가 큰 검은색 염색체이며 X 염색체이다.

✕ 매력적 오답  ㄴ. (나)는 Y 염색체를 갖고 있으므로 수컷의 세포이다.
ㄷ. (가)와 (다)는 서로 다른 모양과 크기의 염색체가 있으므로 (가)를 갖는 개체와 (다)를 갖는 개체는 서로 다른 종이다. 따라서 (가)를 갖는 개체와 (다)를 갖는 개체의 핵형은 서로 다르다.

문제풀이 Tip
핵형 분석 시 먼저 성염색체를 찾는 것이 중요하다. 염색체의 모양과 크기가 같은 것이 있는 (가), (나), (라)가 같은 종의 세포이고, (가), (나), (라)에서 검은색 염색체의 크기가 다른 것이 있으므로 검은색 염색체가 성염색체이다. 핵상이 $n$인 (나)에서 검은색 염색체가 있으므로 ⓐ는 상염색체이고, 나머지 ⓑ는 성염색체이다.

---

## 34  세포 주기와 세포 분열

출제 의도  세포 주기별 각 시기에 대한 특징과 세포 분열에 대해 알고 있는지 묻는 문항이다.

그림 (가)는 동물 A($2n=4$) 체세포의 세포 주기를, (나)는 A의 체세포 분열 과정 중 어느 한 시기에 관찰되는 세포를 나타낸 것이다. ㉠~㉢은 각각 $G_2$기, M기(분열기), S기 중 하나이다.

(가)

(나) M기(분열기) 중 중기

이에 대한 설명으로 옳은 것만을 〈보기〉에서 있는 대로 고른 것은?

┌─ 보기 ─────────────────────────┐
ㄱ. ㉠ 시기에 DNA 복제가 일어난다.
ㄴ. ⓐ에 동원체가 있다. ⓐ는 방추사의 형성에 관여하는 중심체이다.
ㄷ. (나)는 ㉢ 시기에 관찰되는 세포이다.
└──────────────────────────────┘

① ㄱ   ② ㄴ   ③ ㄷ   ④ ㄱ, ㄷ   ⑤ ㄴ, ㄷ

✓ 자료 해석
• ㉠은 S기, ㉡은 $G_2$기, ㉢은 M기(분열기)이다.
• ⓐ는 방추사의 형성에 관여하는 중심체이다.

○ 보기 풀이  ㄱ. ㉠ 시기인 S기에 DNA 복제가 일어난다.
ㄷ. (나)는 염색체가 세포 중앙에 배열되는 M기(분열기, ㉢) 중 중기 시기에 관찰된 세포이다.

✕ 매력적 오답  ㄴ. 동원체는 염색체에서 방추사가 결합하는 부위이므로 중심체(ⓐ)에 동원체는 없다.

문제풀이 Tip
세포 주기의 각 시기별 특징에 대해 알아두며, 동원체는 방추사가 결합하는 부위이고 중심체는 방추사의 형성에 관여하는 것임을 구분하여 알아둔다.

# 35 감수 분열

**출제 의도** 여러 세포에서 대립유전자의 유무를 나타낸 자료를 분석하여 세포의 핵상과 감수 분열 단계에 따른 유전자형을 추론할 수 있는지 묻는 문항이다.

## 다음은 사람 P의 세포 (가)~(다)에 대한 자료이다.

- 유전 형질 @는 2쌍의 대립유전자 H와 h, T와 t에 의해 결정되며, @의 유전자는 서로 다른 2개의 염색체에 있다.
- (가)~(다)는 생식세포 형성 과정에서 나타나는 중기의 세포이다. (가)~(다) 중 2개는 $G_1$기 세포 I로부터 형성되었고, 나머지 1개는 $G_1$기 세포 II로부터 형성되었다. ┬(가)와 (다)
                                                                              └(나)
- 표는 (가)~(다)에서 대립유전자 ㉠~㉣의 유무를 나타낸 것이다. ㉠~㉣은 H, h, T, t를 순서 없이 나타낸 것이다.

| 대립유전자 | | 세포 | | |
|---|---|---|---|---|
| | | (가) | (나) | (다) | |
| 상염색체에 위치하는 대립유전자 | ㉠ | × | × | ○ | 감수 2분열 중기 세포 (n) |
| | ㉡ | ○ | ○ | × | |
| 성염색체에 위치하는 대립유전자 | ㉢ | × | × | × | |
| | ㉣ | × | ○ | ○ | |

(○ : 있음, × : 없음)

이에 대한 설명으로 옳은 것만을 〈보기〉에서 있는 대로 고른 것은? (단, 돌연변이와 교차는 고려하지 않는다.) [3점]

┌ 보기 ┐
- ㄱ. P에게서 ㉠과 ㉢을 모두 갖는 생식세포 형성될 수 있다.
   P는 ㉢을 갖지 않으므로 P에게서 ㉠과 ㉢을 모두 갖는 생식세포가 형성될 수 없다.
- ㄴ. (가)와 (다)의 핵상은 같다.
       n      n
- ㄷ. I로부터 (나)가 형성되었다.
   I로부터 (가)와 (다)가 형성, II로부터 (나)가 형성되었다.
└─────┘

① ㄱ  ② ㄴ  ③ ㄷ  ④ ㄱ, ㄷ  ⑤ ㄴ, ㄷ

## ✔ 자료 해석

- ㉠과 ㉡이 서로 대립유전자이고 상염색체에 있으며, ㉢과 ㉣이 서로 대립유전자이고 X 염색체에 있다.
- (가)~(다) 모두 핵상이 $n$인 감수 2분열 중기 세포이다.
- $G_1$기 세포 I로부터 (가)와 (다)가 형성되었고, $G_1$기 세포 II로부터 (나)가 형성되었다.

## ○ 보기 풀이
ㄴ. (가)와 (다)는 모두 핵상은 $n$이다.

## ✕ 매력적 오답
ㄱ. (가)~(다) 중 어떤 세포도 ㉠, ㉡, ㉣을 모두 갖지 않으므로 (가)~(다)는 모두 감수 2분열 중기 세포이다. (나)에 ㉡과 ㉣이 함께 있고, (다)에는 ㉠과 ㉣이 함께 있으므로 ㉢과 ㉣이 서로 대립유전자이고, ㉠과 ㉡이 서로 대립유전자이다. (가)에 ㉢과 ㉣이 모두 없으므로 ㉢과 ㉣은 성염색체에 있으며 P는 ㉢을 갖지 않는 남자이다. 따라서 P에게서 ㉠과 ㉢을 모두 갖는 생식세포는 형성될 수 없다.

ㄷ. 하나의 $G_1$기 세포로부터 ㉡을 공통으로 갖는 감수 2분열 중기의 세포 (가)와 (나)가 함께 형성될 수 없고, ㉣을 공통으로 갖는 감수 2분열 중기의 세포 (나)와 (다)가 함께 형성될 수 없다. 따라서 I로부터 형성된 세포는 (가)와 (다)이고, II로부터 형성된 세포는 (나)이다.

### 문제풀이 Tip

대립유전자 관계에 있는 것을 파악하고, (가)~(다)가 각각 어떤 $G_1$기 세포로부터 형성되었는지를 파악하는 것이 중요하다. ㉠을 T, ㉡을 t, ㉢을 H, ㉣을 h라고 하고, ㉢과 ㉣이 성염색체 중 X 염색체에 있다고 가정하면 사람 P의 @의 유전자형은 $TtX^h Y$이다. 따라서 ㉠(T)과 ㉢(H)을 모두 갖는 생식세포가 형성될 수 없으며, I로부터 (가)$(ttYY)$와 (다)$(TTX^h X^h)$가 형성되고 II로부터 (나)$(ttX^h X^h)$와 TTYY가 형성된다.

Part II
수능 평가원

## 36 핵형 분석

출제 의도 염색체와 대립유전자의 DNA 상대량을 더한 값을 나타낸 자료를 분석할 수 있는지 묻는 문항이다.

어떤 동물 종($2n=4$)의 유전 형질 ㉮는 2쌍의 대립유전자 A와 a, B와 b에 의해 결정된다. 그림은 이 동물 종의 개체 Ⅰ의 세포 (가)와 개체 Ⅱ의 세포 (나) 각각에 들어 있는 모든 염색체를, 표는 (가)와 (나)에서 대립유전자 ㉠, ㉡, ㉢, ㉣ 중 2개의 DNA 상대량을 더한 값을 나타낸 것이다. ㉠~㉣은 A, a, B, b를 순서 없이 나타낸 것이고, Ⅰ과 Ⅱ의 ㉮의 유전자형은 각각 AaBb와 Aabb 중 하나이다.

Ⅰ : Aabb                Ⅱ : AaBb

(가) AAaabbbb          (나) AB

| 세포 | DNA 상대량을 더한 값 | | | |
|------|:---:|:---:|:---:|:---:|
| | a  b ㉠+㉡ | a  A ㉠+㉢ | b  A ㉡+㉢ | A  B ㉢+㉣ |
| (가) | ⑥ | ⓐ 4 | ⑥ | ? 2 |
| (나) | ? 0 | 1 | ⓑ 1 | 2 |

(가)에서 ㉢이 포함된 유전자형은 동형 접합성이며, ㉡은 b임을 알 수 있다.

이에 대한 설명으로 옳은 것만을 〈보기〉에서 있는 대로 고른 것은? (단, 돌연변이는 고려하지 않으며, A, a, B, b 각각의 1개당 DNA 상대량은 1이다.)

[보기]
ㄱ. Ⅰ의 유전자형은 ~~AaBb~~ 이다.
        Aabb
ㄴ. ⓐ+ⓑ=5이다.
ㄷ. (나)에 ~~b~~ 가 있다.
        B

① ㄱ  ② ㄴ  ③ ㄱ, ㄷ  ④ ㄴ, ㄷ  ⑤ ㄱ, ㄴ, ㄷ

✓ 자료 해석
• Ⅰ의 ㉮의 유전자형은 Aabb, Ⅱ의 ㉮의 유전자형은 AaBb이다.
• ㉠은 a, ㉡은 b, ㉢은 A, ㉣은 B이며 (가)의 ㉮의 유전자형은 AAaabbbb, (나)의 ㉮의 유전자형은 AB이다.

○ 보기 풀이  (가)에서 ㉠과 ㉡을 더한 값과 ㉡과 ㉢을 더한 값이 6이므로 ㉠~㉢ 중 하나는 DNA 상대량이 4이다. DNA 상대량이 4이면 이 대립유전자가 포함된 유전자형은 동형 접합성이어야 한다. 따라서 Ⅰ의 유전자형은 Aabb이고, ㉡은 b이며, ㉠과 ㉢은 각각 A와 a 중 하나이다. (나)에서 ㉢과 ㉣을 더한 값이 2이므로 ㉢은 A, ㉣은 B이다. 따라서 나머지 ㉠은 a이다.
ㄴ. ⓐ는 4, ⓑ는 1이다.

✕ 매력적 오답  ㄱ. Ⅰ의 유전자형은 Aabb이다.
ㄷ. (나)에는 A와 B만 있다.

문제풀이 Tip
㉠~㉣이 각각 어떤 대립유전자에 해당되는지 파악하는 것이 중요하다. (가)에서 ㉠+㉡(2+4)과 ㉡+㉢(4+2)이 각각 6이므로 ㉡이 4이며, ㉡이 포함된 유전자형은 동형 접합성이어야 하므로 ㉡이 b이고, Ⅰ의 ㉮의 유전자형은 Aabb임을 파악해야 한다.

**37** 핵형 분석

2021학년도 **수능** 6번 | 정답 ④ | **문제편 70 p**

출제의도 여러 세포에 들어 있는 염색체를 나타낸 자료를 분석할 수 있는지 묻는 문항이다.

그림은 서로 다른 종인 동물 A(2n＝?)와 B(2n＝?)의 세포 (가)~(다) 각각에 들어 있는 염색체 중 X 염색체를 제외한 나머지 염색체를 모두 나타낸 것이다. (가)~(다) 중 2개는 A의 세포이고, 나머지 1개는 B의 세포이다. A와 B는 성이 다르고, A와 B의 성염색체는 암컷이 XX, 수컷이 XY이다.

 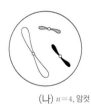 

(가) $n=3$, 수컷　　(나) $n=4$, 암컷　　(다) $2n=6$, 수컷

이에 대한 설명으로 옳은 것만을 〈보기〉에서 있는 대로 고른 것은? (단, 돌연변이는 고려하지 않는다.)

보기
ㄱ. (가)와 (다)의 핵상은 <del>같다.</del>  다르다.
　　$\frac{}{n}$ 　$\frac{}{2n}$
ㄴ. A는 수컷이다.
ㄷ. B의 체세포 분열 중기의 세포 1개당 염색 분체 수는 16 이다.

① ㄱ　　② ㄴ　　③ ㄱ, ㄷ　　④ ㄴ, ㄷ　　⑤ ㄱ, ㄴ, ㄷ

✔ **자료 해석**
- 모양과 크기가 같은 염색체가 있는 (가)와 (다)는 A의 세포이고, (나)는 B의 세포이다.
- (가)는 $n=3$, (나)는 $n=4$, (다)는 $2n=6$이다.

○ **보기 풀이** ㄴ. 염색체의 모양과 크기를 비교해 보면 (가)와 (다)가 A의 세포이고, (나)가 B의 세포인 것을 알 수 있다. A의 세포인 (다)는 핵상이 $2n$이고, X 염색체를 제외한 염색체 수가 홀수이므로 A는 수컷이다.
ㄷ. B의 세포인 (나)는 핵상이 $n$이고, B는 암컷이므로 (나)의 염색체 수는 4이다. 따라서 B의 체세포 분열 중기의 세포 1개당 염색 분체 수는 16이다.

✗ **매력적 오답** ㄱ. (가)와 (나)는 핵상이 $n$이고, (다)는 핵상이 $2n$이다.

문제풀이 **Tip**
생식세포의 염색체 수를 $x$라고 했을 때 체세포의 염색체 수는 $2x$, 체세포 분열 중기의 염색 분체 수는 $4x$이다. (나)는 암컷인 B의 세포이며, (나)는 그림에 제시되지 않은 X 염색체를 포함하여 염색체 수가 4임을 파악할 수 있어야 한다.

---

**38** 세포 주기와 핵형 분석

2021학년도 **수능** 9번 | 정답 ⑤ | **문제편 70 p**

출제의도 세포당 DNA 양에 따른 세포 수와 핵형 분석 결과를 나타낸 자료를 분석할 수 있는지 묻는 문항이다.

그림 (가)는 사람 A의 체세포를 배양한 후 세포당 DNA 양에 따른 세포 수를, (나)는 A의 체세포 분열 과정 중 ㉠ 시기의 세포로부터 얻은 핵형 분석 결과의 일부를 나타낸 것이다.  M기 중기

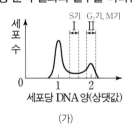 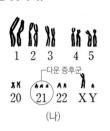

(가)　　　　　(나)

이에 대한 설명으로 옳은 것만을 〈보기〉에서 있는 대로 고른 것은?

보기
ㄱ. 구간 Ⅰ에는 핵막을 갖는 세포가 있다.
ㄴ. (나)에서 다운 증후군의 염색체 이상이 관찰된다.
ㄷ. 구간 Ⅱ에는 ㉠ 시기의 세포가 있다.

① ㄱ　　② ㄴ　　③ ㄱ, ㄷ　　④ ㄴ, ㄷ　　⑤ ㄱ, ㄴ, ㄷ

✔ **자료 해석**
- Ⅰ은 S기, Ⅱ는 $G_2$기와 M기이다.
- (나)는 21번 염색체가 3개인 다운 증후군의 핵형이다.

○ **보기 풀이** ㄱ. 세포 주기의 S기에 해당하는 구간 Ⅰ의 세포는 핵막을 갖는다.
ㄴ. 다운 증후군의 염색체 이상은 21번 염색체를 3개 가진 것을 말한다.
ㄷ. 핵형 분석을 할 때에는 염색체가 가장 뚜렷이 관찰되는 M기의 중기(㉠) 세포를 이용한다. 구간 Ⅱ에는 $G_2$기와 M기에 해당하는 세포가 있으므로 구간 Ⅱ에는 ㉠ 시기의 세포가 있다.

문제풀이 **Tip**
핵형을 분석할 때에는 체세포 분열 중기의 염색체 사진을 이용하므로 세포 주기 중 M기에 해당하는 구간 핵형 분석을 한 시기의 세포가 있다.

## 39 생식세포의 유전적 다양성

2021학년도 <u>수능</u> 10번 | 정답 ② | 문제편 70 p

**출제 의도** 여러 세포에서 유전자의 유무와 유전자의 DNA 상대량을 더한 값을 나타낸 자료를 분석할 수 있는지 묻는 문항이다.

사람의 유전 형질 ⓐ는 3쌍의 대립유전자 H와 h, R와 r, T와 t에 의해 결정되며, ⓐ의 유전자는 서로 다른 3개의 상염색체에 있다. 표는 사람 (가)의 세포 Ⅰ~Ⅲ에서 h, R, t의 유무를, 그림은 세포 ㉠~㉢의 세포 1개당 H와 T의 DNA 상대량을 더한 값(H+T)을 각각 나타낸 것이다. ㉠~㉢은 Ⅰ~Ⅲ을 순서 없이 나타낸 것이다.

| 핵상,<br>유전자형 | 세포 | 대립유전자 | | |
|---|---|---|---|---|
| | | h | R | t |
| $2n$,<br>HhRrTT | Ⅰ ㉡ | ? ○ | ○ | × |
| $n$, hrT | Ⅱ ㉠ | ○ | × | ? × |
| $n$, HrT | Ⅲ ㉢ | × | × | ? × |

(○ : 있음, × : 없음)

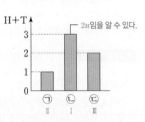

2n임을 알 수 있다.

㉠ ㉡ ㉢
Ⅱ Ⅰ Ⅲ

이에 대한 설명으로 옳은 것만을 〈보기〉에서 있는 대로 고른 것은? (단, 돌연변이는 고려하지 않으며, H, h, R, r, T, t 각각의 1개당 DNA 상대량은 1이다.) [3점]

**보기**
ㄱ. (가)에는 h, R, t를 모두 갖는 세포가 있다.  → 없다.
ㄴ. Ⅱ는 ㉠이다.
ㄷ. Ⅲ의 $\dfrac{\text{T의 DNA 상대량}}{\text{H의 DNA 상대량} + \text{r의 DNA 상대량}} = \dfrac{1}{2}$ 이다.  → $\dfrac{1}{2}$

① ㄱ ② ㄴ ③ ㄱ, ㄷ ④ ㄴ, ㄷ ⑤ ㄱ, ㄴ, ㄷ

**✔ 자료 해석**
- Ⅰ은 ㉡(2n, HhRrTT), Ⅱ는 ㉠(n, hrT), Ⅲ은 ㉢(n, HrT)이다.
- (가)의 ⓐ에 대한 유전자형은 HhRrTT이다.

**○ 보기 풀이** (가)에 있는 세포 중 h가 있는 세포와 h가 없는 세포가 있고, R가 있는 세포와 R가 없는 세포가 있으며, t가 없는 세포가 있으므로 (가)의 ⓐ에 대한 유전자형은 HhRrTT 또는 HhRrTt이다. H+T의 값이 ㉡에서 3이므로 (가)의 ⓐ에 대한 유전자형은 HhRrTT이다. Ⅱ는 h를 갖고 R를 갖지 않으므로 핵상이 n인 세포이고, 유전자형은 hrT이다. 따라서 H+T의 값이 1이므로 ㉠이 Ⅱ이다. Ⅲ은 h와 R를 모두 갖지 않으므로 핵상이 n인 세포이고, 유전자형은 HrT이다. 따라서 H+T의 값이 2인 ㉢이 Ⅲ이고, ㉡이 Ⅰ이다. Ⅰ에서 H+T의 값이 3이므로 Ⅰ은 핵상이 2n이다.
ㄴ. Ⅰ은 ㉡, Ⅱ는 ㉠, Ⅲ은 ㉢이다.

**✘ 매력적 오답** ㄱ. (가)는 대립유전자 t를 갖지 않으므로 h, R, t를 갖는 세포가 없다.
ㄷ. Ⅲ의 유전자형은 HrT이므로 $\dfrac{\text{T의 DNA 상대량}}{\text{H의 DNA 상대량} + \text{r의 DNA 상대량}} = \dfrac{1}{2}$ 이다.

**문제풀이 Tip**
대립유전자 관계가 아닌 두 유전자의 합이 3이라는 것은 한 유전자는 쌍으로 존재한다는 것을 의미하므로 핵상이 2n인 체세포임을 유추할 수 있어야 한다.

---

## 40 핵형 분석

2021학년도 9월 <u>평가원</u> 6번 | 정답 ③ | 문제편 70 p

**출제 의도** 핵형 분석 결과를 나타낸 자료를 분석할 수 있는지 묻는 문항이다.

그림은 어떤 사람의 핵형 분석 결과를 나타낸 것이다. ⓐ는 세포 분열 시 방추사가 부착되는 부분이다.

동원체 ⓐ

1 2 3 4 5 6 7 8 9 10 11 12
13 14 15 16 17 18 19 20 21 22 X Y

상염색체 수 : 45
성염색체 수 : 2

다운 증후군

이에 대한 설명으로 옳은 것만을 〈보기〉에서 있는 대로 고른 것은?

**보기**
ㄱ. ⓐ는 동원체이다.
ㄴ. 이 사람은 다운 증후군의 염색체 이상을 보인다.
ㄷ. 이 핵형 분석 결과에서 $\dfrac{\text{상염색체의 염색 분체 수}^{90}}{\text{성염색체 수}^2} = \dfrac{45}{2}$ 이다.

① ㄱ ② ㄷ ③ ㄱ, ㄴ ④ ㄴ, ㄷ ⑤ ㄱ, ㄴ, ㄷ

**✔ 자료 해석**
- 다운 증후군의 염색체 구성은 45개의 상염색체와 2개의 성염색체로 되어 있다.
- 하나의 염색체는 2개의 염색 분체로 되어 있으므로 염색 분체 수는 염색체 수의 2배이다.

**○ 보기 풀이** ㄱ. ⓐ는 세포 분열 시 방추사가 부착되는 동원체이다.
ㄴ. 이 사람의 세포에는 21번 염색체를 제외한 나머지 염색체는 모두 1쌍씩 있고 21번 염색체가 3개 있으므로, 이 사람은 다운 증후군의 염색체 이상을 보인다.

**✘ 매력적 오답** ㄷ. 핵형 분석 결과에서 성염색체 수는 2이고, 상염색체의 염색 분체 수는 90이다. 따라서 $\dfrac{\text{상염색체의 염색 분체 수}}{\text{성염색체 수}} = \dfrac{90}{2} = 45$ 이다.

**문제풀이 Tip**
염색체 수 돌연변이에서 여러 종류의 상염색체 수 돌연변이와 성염색체 수 돌연변이에 대해 잘 정리해 둔다.

## 41 세포 주기와 세포 분열

출제 의도 세포 주기와 체세포 분열에 대해 알고 있는지 묻는 문항이다.

그림 (가)는 어떤 동물의 체세포 Q를 배양한 후 세포당 DNA 양에 따른 세포 수를, (나)는 Q의 체세포 분열 과정 중 ㉠ 시기에서 관찰되는 세포를 나타낸 것이다.

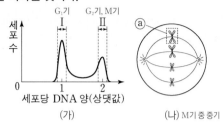

(가)                    (나) M기 중 중기

이에 대한 설명으로 옳은 것만을 〈보기〉에서 있는 대로 고른 것은?

보기
ㄱ. ⓐ에는 히스톤 단백질이 있다.
ㄴ. 구간 Ⅱ에는 ㉠ 시기의 세포가 있다.
ㄷ. G₁기의 세포 수는 구간 Ⅱ에서가 구간 Ⅰ에서보다 ~~많다.~~ 적다.

① ㄱ    ② ㄷ    ③ ㄱ, ㄴ    ④ ㄴ, ㄷ    ⑤ ㄱ, ㄴ, ㄷ

✓ 자료 해석
• 구간 Ⅰ에는 G₁기의 세포가 있고, 구간 Ⅱ에는 G₂기의 세포와 M기의 세포가 있다.
• ㉠ 시기는 M기 중 중기이다.

○ 보기 풀이 ㄱ. 염색체 ⓐ에는 DNA와 히스톤 단백질이 있다.
ㄴ. 응축된 염색체가 세포 중앙에 배열되어 있으므로 ㉠ 시기는 M기 중 중기이다. 구간 Ⅱ에는 세포당 DNA 상대량이 2인 세포가 있으므로, 이 구간에는 G₂기의 M기의 세포가 있다.

✗ 매력적 오답 ㄷ. G₁기의 세포는 세포당 DNA 상대량이 1이므로 G₁기의 세포 수는 구간 Ⅰ에서가 구간 Ⅱ에서보다 많다.

문제풀이 **Tip**
세포당 DNA 상대량이 2인 세포는 G₂기와 M기의 세포이고, 세포당 DNA 상대량이 1인 세포는 G₁기의 세포이며, 세포당 DNA 상대량이 1~2인 세포는 S기의 세포임을 알아둔다.

---

## 42 감수 분열

출제 의도 생식세포 형성 과정에서 상염색체 수와 유전자의 DNA 상대량을 더한 값을 나타낸 자료를 분석할 수 있는지 묻는 문항이다.

그림은 유전자형이 Aa인 어떤 동물($2n=\overset{10}{?}$)의 G₁기 세포 Ⅰ로부터 생식세포가 형성되는 과정을, 표는 세포 ㉠~㉣의 상염색체 수와 대립유전자 A와 a의 DNA 상대량을 더한 값을 나타낸 것이다. ㉠~㉣은 Ⅰ~Ⅳ를 순서 없이 나타낸 것이고, 이 동물의 성염색체는 XX이다.

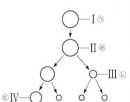

DNA가 복제된 이후이므로 감수 1분열 중기 세포임을 알 수 있다.

| 세포 | 상염색체 수 | A와 a의 DNA 상대량을 더한 값 |
|---|---|---|
| ㉠ Ⅰ | 8 | ? 2 |
| ㉡ Ⅲ | 4 | 2 |
| ㉢ Ⅳ | ⓐ 4 | ⓑ 1 |
| ㉣ Ⅱ | ? 8 | ④ |

이에 대한 설명으로 옳은 것만을 〈보기〉에서 있는 대로 고른 것은? (단, 돌연변이는 고려하지 않으며, A와 a 각각의 1개당 DNA 상대량은 1이다. Ⅱ와 Ⅲ은 중기의 세포이다.) [3점]

보기
ㄱ. ㉠은 Ⅰ이다.
ㄴ. ⓐ+ⓑ=5이다.
ㄷ. Ⅱ의 2가 염색체 수는 5이다.

① ㄱ    ② ㄷ    ③ ㄱ, ㄴ    ④ ㄴ, ㄷ    ⑤ ㄱ, ㄴ, ㄷ

✓ 자료 해석
• ㉠은 Ⅰ, ㉡은 Ⅲ, ㉢은 Ⅳ, ㉣은 Ⅱ이다. ⓐ는 4이고, ⓑ는 1이다.
• 어떤 체세포의 염색체 수가 $x$이면 감수 1분열 중기 세포의 2가 염색체 수는 $\frac{1}{2}x$이다.

○ 보기 풀이 ㄱ. Ⅰ은 상염색체가 8개 있고, A와 a의 DNA 상대량을 더한 값이 2이며, Ⅱ는 상염색체가 8개 있고, A와 a의 DNA 상대량을 더한 값이 4이다. Ⅲ은 상염색체가 4개 있고, A와 a의 DNA 상대량을 더한 값이 2이고, Ⅳ는 상염색체가 4개 있고, A와 a의 DNA 상대량을 더한 값이 1이다. 그러므로 ㉠은 Ⅰ, ㉡은 Ⅲ, ㉢은 Ⅳ, ㉣은 Ⅱ이다.
ㄴ. ㉢(Ⅳ)의 상염색체 수(ⓐ)는 4이고, ㉢(Ⅳ)에는 A와 a 중 하나만 있으므로 ㉢(Ⅳ)의 A와 a의 DNA 상대량을 더한 값(ⓑ)은 1이다. 따라서 ⓐ+ⓑ=5이다.
ㄷ. 이 동물의 체세포에는 8개의 상염색체와 2개의 성염색체가 있으므로 Ⅱ의 2가 염색체 수는 5이다.

문제풀이 **Tip**
대립유전자 쌍의 DNA 상대량을 더한 값은 최고는 4이고 이때는 감수 1분열 중기이며, 최저는 1이고 이때는 감수 2분열이 완료된 생식세포이다.

## 43 핵형 분석

출제 의도 여러 세포의 염색체를 나타낸 자료를 분석할 수 있는지 묻는 문항이다.

그림은 세포 (가)와 (나) 각각에 들어 있는 모든 염색체를 나타낸 것이다. (가)와 (나)는 각각 동물 $A(2n=6)$와 동물 $B(2n=?)$의 세포 중 하나이다.
<sub>12</sub>

상동 염색체가 없으므로 감수 2분열 전기 세포이다.

(가) A의 세포($2n=6$)　　(나) B의 세포($n=6$)

이에 대한 설명으로 옳은 것만을 〈보기〉에서 있는 대로 고른 것은? (단, 돌연변이는 고려하지 않는다.) [3점]

보기
ㄱ. (가)는 A의 세포이다.
ㄴ. (가)와 (나)의 핵상은 <del>같다.</del> 다르다.
　　　　$2n$　　$n$
ㄷ. B의 체세포 분열 중기의 세포 1개당 염색 분체 수는 <del>12</del> 24 이다.

① ㄱ　② ㄴ　③ ㄱ, ㄷ　④ ㄴ, ㄷ　⑤ ㄱ, ㄴ, ㄷ

✓ 자료 해석
• (가)의 핵상은 $2n$, (나)의 핵상은 $n$이다.
• (가)는 체세포의 염색체 수가 6인 A의 세포이고, (나)는 체세포의 염색체 수가 12인 B의 세포이다.

○ 보기 풀이　ㄱ. (가)와 (나)에 모두 6개의 염색체가 있으며, (가)의 핵상은 $2n$, (나)의 핵상은 $n$이다. 그러므로 (가)는 A의 세포이다.

✕ 매력적 오답　ㄴ. (가)의 핵상은 $2n$, (나)의 핵상은 $n$으로 서로 같지 않다.
ㄷ. 체세포 분열 중기에는 2개의 염색 분체로 된 염색체가 존재한다. 그러므로 B의 체세포 분열 중기의 세포 1개당 염색체 수는 12, 염색 분체 수는 24이다.

문제풀이 Tip
어떤 체세포의 염색체 수가 $x$이면 체세포 분열 중기 세포의 염색 분체 수는 $2x$임을 알아둔다. (나)의 경우 상동 염색체가 없으므로 감수 2분열 전기 세포에 해당한다.

---

## 44 감수 분열

출제 의도 생식세포 형성 시 유전자의 DNA 상대량을 나타낸 자료를 분석할 수 있는지 묻는 문항이다.

그림은 유전자형이 AaBbDD인 어떤 사람의 $G_1$기 세포 Ⅰ로부터 생식세포가 형성되는 과정을, 표는 세포 (가)~(라)가 갖는 대립유전자 A, B, D의 DNA 상대량을 나타낸 것이다. (가)~(라)는 Ⅰ~Ⅳ를 순서 없이 나타낸 것이고, ㉠+㉡+㉢=4이다.

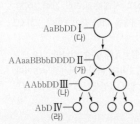

AaBbDD Ⅰ ◯
(다)

AAaaBBbbDDDD Ⅱ ◯
(가)

AAbbDD Ⅲ ◯ ◯
(나)

AbD Ⅳ ◯ ◯ ◯ ◯
(라)

| 세포 | DNA 상대량 | | |
|---|---|---|---|
| | A | B | D |
| (가) Ⅱ | 2 | ㉠2 | ?4 |
| (나) Ⅲ | 2 | ㉡0 | ㉢2 |
| (다) Ⅰ | ?1 | 1 | 2 |
| (라) Ⅳ | ?1 | 0 | ?1 |

최고는 4, 최저는 1이 가능하다.

이에 대한 설명으로 옳은 것만을 〈보기〉에서 있는 대로 고른 것은? (단, 돌연변이와 교차는 고려하지 않으며, A, a, B, b, D 각각의 1개당 DNA 상대량은 1이다. Ⅱ와 Ⅲ은 중기의 세포이다.)

보기
ㄱ. (가)는 Ⅱ이다.
ㄴ. ㉡은 <del>2이다.</del> 0이다.
ㄷ. 세포 1개당 a의 DNA 상대량은 (다)와 (라)가 <del>같다.</del> 다르다.
　　　　　　　　　　　　　　　　　　　1　　0

① ㄱ　② ㄴ　③ ㄱ, ㄷ　④ ㄴ, ㄷ　⑤ ㄱ, ㄴ, ㄷ

✓ 자료 해석
• (가)는 Ⅱ, (나)는 Ⅲ, (다)는 Ⅰ, (라)는 Ⅳ이다.
• (가)의 유전자 구성은 AAaaBBbbDDDD, (나)의 유전자 구성은 AAbbDD, (다)의 유전자 구성은 AaBbDD, (라)의 유전자 구성은 AbD이다.

○ 보기 풀이　ㄱ. Ⅰ에서 A, B, D의 DNA 상대량은 1, 1, 2이고 Ⅱ에서 A, B, D의 DNA 상대량은 2, 2, 4이므로 (다)는 Ⅰ이고, (가)는 Ⅱ이다. Ⅳ는 A의 DNA 상대량이 1이므로 (나)는 Ⅲ, (라)는 Ⅳ이다.

✕ 매력적 오답　ㄴ. (라)(Ⅳ)에서 B의 DNA 상대량이 0이므로, (나)(Ⅲ)에서 B의 DNA 상대량(㉡)도 0이다.
ㄷ. (다)는 Ⅰ이므로 세포 1개당 a의 DNA 상대량은 1이다. (라)(Ⅳ)는 (나)(Ⅲ)가 감수 2분열하여 형성된 세포이다. (나)(Ⅲ)에서 세포 1개당 A의 DNA 상대량이 2이고 세포 1개당 a의 DNA 상대량이 0이므로, (라)(Ⅳ)에서 a의 DNA 상대량은 0이다. 그러므로 세포 1개당 a의 DNA 상대량은 (다)(Ⅰ)와 (라)(Ⅳ)가 다르다.

문제풀이 Tip
감수 1분열 중기 세포에는 모든 대립유전자의 DNA 상대량이 짝수, 감수 2분열 중기 세포에는 대립유전자 쌍 중 하나의 대립유전자의 DNA 상대량이 짝수이다. 대립유전자의 DNA 상대량이 홀수인 경우는 $G_1$기 세포이거나 생식세포인 경우임을 알아둔다.

# 45 세포 주기

출제 의도 세포 주기의 각 시기별 특징에 대해 알고 있는지 묻는 문항이다.

그림은 사람 체세포의 세포 주기를 나타낸 것이다. ㉠~㉢은 각각
                                              ┗━━ 체세포 분열
G₂기, M기(분열기), S기 중 하나이다.

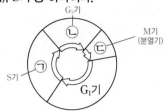

이에 대한 설명으로 옳은 것만을 〈보기〉에서 있는 대로 고른 것은?

┌─ 보기 ─────────────────────────────┐
ㄱ. ㉠ 시기에 DNA가 복제된다.
   S기
ㄴ. ㉡은 간기에 속한다.
ㄷ. ㉢ 시기에 상동 염색체의 접합이 일어난다.
      감수 분열에서 일어난다.     일어나지 않는다.
└─────────────────────────────────┘

① ㄱ   ② ㄴ   ③ ㄷ   ④ ㄱ, ㄴ   ⑤ ㄱ, ㄷ

---

✓ 자료 해석

• ㉠은 S기, ㉡은 G₂기, ㉢은 M기(분열기)이다.
• 세포 주기는 G₁기(세포 생장) → S기(DNA 복제) → G₂기(세포 분열 준비) → M기(분열기) 순으로 진행된다.

○ 보기 풀이   ㄱ. DNA 복제는 S기에 일어나므로 ㉠(S기) 시기에 DNA가 복제된다.

ㄴ. 간기는 G₁기, S기, G₂기로 구성된다. 그러므로 ㉡(G₂기)은 간기에 속한다.

✗ 매력적 오답   ㄷ. 상동 염색체의 접합은 감수 1분열 전기에 일어나므로 ㉢(체세포 분열 M기) 시기에 일어나지 않는다.

문제풀이 Tip

세포 주기의 각 시기별 특징에 대해 정리해 둔다. 상동 염색체의 접합 또는 2가 염색체의 관찰은 모두 감수 분열에서 일어나므로, 체세포의 세포 주기 중 M기에는 일어나지 않는다.

# 02 사람의 유전

선택지 비율 ❶ 40%  ② 9%  ③ 28%  ④ 12%  ⑤ 9%

## 1 사람의 유전

2025학년도 수능 15번 | 정답 ① | 문제편 74p

출제의도 유전 형질에 대한 자료를 분석하여 사람의 유전을 이해하고 있는지 묻는 문항이다.

**다음은 사람의 유전 형질 (가)와 (나)에 대한 자료이다.**

- (가)는 1쌍의 대립유전자에 의해 결정되며, 대립유전자에는 D, E, F가 있다. (가)의 표현형은 3가지이며, 각 대립유전자 사이의 우열 관계는 분명하다. (가)의 우열 관계 – D>F>E
- (나)는 1쌍의 대립유전자에 의해 결정되며, 대립유전자에는 H, R, T가 있다. (나)의 표현형은 3가지이며, 각 대립유전자 사이의 우열 관계는 분명하다. (나)의 우열 관계 – T>R>H
- 그림은 남자 Ⅰ, Ⅱ와 여자 Ⅲ, Ⅳ의 체세포 각각에 들어 있는 일부 염색체와 유전자를 나타낸 것이다. ㉠~㉢은 D, E, F를 순서 없이 나타낸 것이고, ㉣과 ㉤은 각각 H, R, T 중 하나이다. ㉠–D ㉡–F ㉢–E ㉣–T ㉤–H

남자 Ⅰ  남자 Ⅱ  여자 Ⅲ  여자 Ⅳ

- Ⅰ과 Ⅱ 사이에서 아이가 태어날 때, 이 아이가 유전자형이 DDTT인 사람과 (가)와 (나)의 표현형이 모두 같을 확률은 $\frac{9}{16}$이다.
- Ⅱ와 Ⅳ 사이에서 ⓐ가 태어날 때, ⓐ에게서 나타날 수 있는 (가)와 (나)의 표현형은 최대 9가지이다.

**이에 대한 설명으로 옳은 것만을 〈보기〉에서 있는 대로 고른 것은? (단, 돌연변이와 교차는 고려하지 않는다.)**

〈보기〉
ㄱ. ㉠은 D이다.
ㄴ. H는 R에 대해 완전 우성이다.
　(나)의 대립유전자 H, R, T의 우열 관계는 T>R>H이다.
ㄷ. ⓐ의 (가)와 (나)의 표현형이 모두 Ⅱ와 같을 확률은 $\frac{1}{4}$이다.
　ⓐ의 (가)와 (나)의 표현형이 모두 Ⅱ와 같을 확률은 ($\frac{1}{4} \times \frac{1}{2} = )\frac{1}{8}$이다.

① ㄱ　② ㄴ　③ ㄱ, ㄷ　④ ㄴ, ㄷ　⑤ ㄱ, ㄴ, ㄷ

✔ 자료 해석

- (가)와 (나)의 유전자형이 DDTT인 사람의 (가)의 표현형은 [D], (나)의 표현형은 [T]이다.
- Ⅰ과 Ⅲ 사이에서 아이가 태어날 때, 이 아이가 유전자형이 DDTT인 사람과 (가)와 (나)의 표현형이 모두 같을 확률은 $\frac{9}{16}$이므로 유전자형이 DDTT인 사람과 (가)의 표현형이 같을 확률은 $\frac{3}{4}$이고, (나)의 표현형이 같을 확률도 $\frac{3}{4}$이다. 이때 Ⅰ과 Ⅲ 중 한 명이라도 (가) 또는 (나)의 유전자형이 동형 접합성이라면 아이가 유전자형이 DDTT인 사람과 (가)와 (나)의 표현형이 같을 확률이 각각 $\frac{3}{4}$이라는 조건을 만족할 수 없다. 따라서 Ⅰ과 Ⅲ의 (가)의 유전자형과 (나)의 유전자형은 모두 이형 접합성이다. 즉 ㉠과 ㉡은 각각 D와 F 중 하나이고, 나머지 ㉢은 E이다. 이때 아이의 (나)의 표현형이 [T]일 확률은 $\frac{3}{4}$이므로 ㉣은 T이고, T는 R와 H에 대해 완전 우성이다.
- Ⅱ와 Ⅳ 사이에서 ⓐ가 태어날 때, ⓐ에게서 나타날 수 있는 (가)와 (나)의 표현형은 최대 9가지이므로 ⓐ에게서 나타날 수 있는 (가)와 (나)의 표현형은 각각 3가지이다. (가)의 유전자형으로 Ⅱ는 E㉡, Ⅳ는 D㉢(DE)을 갖고, ⓐ의 (가)의 표현형이 최대 3가지가 나타나기 위해서는 ㉡은 F이어야 하며, 나머지 ㉠은 D이다. (가)의 유전자형으로 Ⅰ은 E㉠(ED), Ⅲ은 D㉡(DF)을 갖고, 아이의 (가)의 표현형이 [D]일 확률이 $\frac{3}{4}$이라는 조건에서 D는 E와 F에 대해 완전 우성임을 알 수 있다.
- (가)의 유전자형으로 Ⅱ는 E㉡(EF), Ⅳ는 D㉢(DE)을 갖고, ⓐ에서 나타날 수 있는 (가)의 표현형이 최대 3가지라는 조건에서 F는 E에 대해 완전 우성이다. 즉 (가)의 대립유전자 D, E, F의 우열 관계는 D>F>E이다. (나)의 유전자형으로 Ⅱ는 H㉣(HT), Ⅳ는 R㉤을 갖고, ⓐ의 (나)의 표현형은 최대 3가지므로 ㉤은 H이며, R는 H에 대해 완전 우성이다. 따라서 (나)의 대립유전자 H, R, T의 우열 관계는 T>R>H이다.

○ 보기풀이 ㄱ. ㉠은 D, ㉡은 F, ㉢은 E, ㉣은 T, ㉤은 H이다.

✘ 매력적오답 ㄴ. (나)의 대립유전자 H, R, T의 우열 관계는 T>R>H이므로 H는 R에 대해 열성이다.

ㄷ. ⓐ의 (가)와 (나)의 표현형이 모두 Ⅱ[FT]와 같을 확률은 ($\frac{1}{4} \times \frac{1}{2} = )\frac{1}{8}$이다.

문제풀이 Tip
각 부모에서 태어나는 아이의 유전자 조합과 가질 수 있는 표현형의 확률 및 가짓수를 통해 복대립 유전을 구성하는 대립유전자의 우열 관계를 분석하고 가려진 대립유전자를 파악해야 한다.

## 2 돌연변이



**출제 의도** 유전 형질에 대한 자료를 분석하여 돌연변이에 대해 이해하고 있는지 묻는 문항이다.

**다음은 어떤 가족의 유전 형질 (가)~(다)에 대한 자료이다.**

- (가)~(다)의 유전자 중 2개는 X 염색체에 있고, 나머지 1개는 상염색체에 있다.
- (가)는 대립유전자 A와 a에 의해, (나)는 대립유전자 B와 b에 의해, (다)는 대립유전자 D와 d에 의해 결정된다.
- 표는 이 가족 구성원 ㉠~㉥의 성별과 체세포 1개당 a, B, D의 DNA 상대량을 나타낸 것이다. ㉠~㉥은 아버지, 어머니, 자녀 1, 자녀 2, 자녀 3, 자녀 4를 순서 없이 나타낸 것이다.
- 어머니의 난자 형성 과정에서 성염색체 비분리가 1회 일어나 염색체 수가 비정상적인 난자 P가 형성되었다. P가 정상 정자와 수정되어 자녀 4가 태어났으며, 자녀 4는 클라인펠터 증후군의 염색체 이상을 보인다.

감수 1분열 염색체 비분리

| 구성원 | 성별 | DNA 상대량 | | |
|---|---|---|---|---|
| | | a | B | D |
| ㉠ | 여 | 1 | 0 | 1 |
| ㉡ | 여 | 1 | 1 | 1 |
| ㉢ | 남 | 1 | 2 | 0 |
| ㉣ | 남 | 0 | 1 | 1 |
| ㉤ | 남 | 1 | 1 | 1 |
| ㉥ | 남 | 0 | 0 | 1 |

㉠ – 딸 ㉡ – 어머니 ㉢ – 정상 아들 ㉣ – 아버지
㉤ – 클라인펠터 증후군 아들 ㉥ – 정상 아들

- 자녀 4를 제외한 이 가족 구성원의 핵형은 모두 정상이다.

**이에 대한 설명으로 옳은 것만을 〈보기〉에서 있는 대로 고른 것은? (단, 제시된 염색체 비분리 이외의 돌연변이와 교차는 고려하지 않으며, A, a, B, b, D, d 각각의 1개당 DNA 상대량은 1이다.)** [3점]

보기

ㄱ. ㉤은 아버지이다. ㉤은 클라인펠터 증후군인 자녀 4이다.

ㄴ. 염색체 비분리는 감수 1분열에서 일어났다.

ㄷ. ㉠에게서 a, b, D를 모두 갖는 생식세포가 형성될 수 있다.
㉠(딸)의 유전자형은 bb/$X^A_DX^a_d$이다.

① ㄱ ② ㄴ ③ ㄷ ④ ㄱ, ㄴ ⑤ ㄴ, ㄷ

**✓ 자료 해석**

- ㉠과 ㉡은 여자이므로 각각 어머니와 딸 중 하나이며, ㉠의 유전자형은 AabbDd, ㉡의 유전자형은 AaBbDd이다. ㉢이 아버지라면 표에서 아버지의 체세포에 B가 2개 있으므로 B는 상염색체에 있고, 이는 자녀에게 유전되므로 자녀는 B를 적어도 1개 가져야 한다. 그러나 자녀 ㉥에서 B의 DNA 상대량이 0이므로 ㉢은 아버지가 아니다.
- ㉢이 클라인펠터 증후군인 자녀 4이고 B가 X 염색체에 있다면, B를 갖는 ㉡은 어머니이고 ㉠은 딸이다. 즉 ㉢의 체세포에서 B의 DNA 상대량이 2인 것은 어머니의 난자 형성 과정 중 감수 2분열에서 염색체 비분리가 일어나 난자 P가 $X^BX^B$를 갖게 된 것이다. 또한 ㉢의 체세포에서 a의 DNA 상대량이 1이고 D의 DNA 상대량이 0인 것은 a는 상염색체에 있고 ㉢이 B와 d를 갖는 X 염색체 2개($X^B_dX^B_d$)를 가짐을 의미한다. 따라서 어머니는 $X^B_dX^b_D$를 가지며, 딸은 어머니로부터 $X^b_D$를 물려받고, 아버지로부터 $X^b_d$를 물려받아야 한다. 즉 아버지는 성염색체로 $X^b_dY$를 가져야 하는데 ㉣~㉥은 모두 해당하지 않는다.
- ㉢이 클라인펠터 증후군인 자녀 4이고 B가 상염색체에 있다면, B를 갖는 ㉡은 어머니이고 ㉠은 딸이다. 이때 ㉢의 체세포에서 a의 DNA 상대량이 1이고 D의 DNA 상대량이 0인 것은 어머니의 난자 형성 과정 중 감수 1분열에서 염색체 비분리가 일어난 난자 P가 $X^A_DX^a_d$를 갖게 된 것이다. 그러나 어머니(㉡)의 (가)와 (다)의 유전자형은 $X^A_DX^a_d$ (또는 $X^A_dX^a_D$)이므로 모순이 되어 ㉢은 정상인 아들이다.
- ㉢의 체세포에서 B의 DNA 상대량이 2인 것은 B가 상염색체에 있음을 의미하며, a의 DNA 상대량이 1이고 D의 DNA 상대량이 0이므로 성염색체로 $X^a_dY$를 가진다. 따라서 B를 갖는 ㉡은 어머니이고, ㉠은 딸이며, 어머니는 $X^A_DX^a_d$를 가진다. 이때 자녀 ㉤이 a와 D를 모두 갖는 것은 어머니의 난자 형성 과정 중 감수 1분열에서 염색체 비분리가 일어난 난자 P가 $X^A_DX^a_d$를 갖게 된 것이므로 ㉤은 클라인펠터 증후군인 자녀 4이다. ㉢의 (나)의 유전자형은 BB이므로 아버지는 B를 갖는 ㉣이고, ㉥은 정상인 아들이다.

**○ 보기 풀이** ㄴ. 클라인펠터 증후군인 자녀 4(㉤)는 어머니의 난자 형성 과정 중 감수 1분열에서 염색체 비분리가 일어나 a와 D를 모두 갖는 난자( $X^A_DX^a_d$) P가 Y 염색체를 갖는 정상 정자와 수정되어 태어났다.

**× 매력적 오답** ㄱ. ㉤은 클라인펠터 증후군인 자녀 4이다.
ㄷ. ㉠(딸)의 유전자형은 bb/$X^A_DX^a_d$이므로 딸에게서 a, b, D를 모두 갖는 생식세포가 형성될 수 없다.

**문제풀이 Tip**

성염색체에 있는 형질과 상염색체에 있는 형질을 구분하고, 구성원 중 어머니와 아버지가 누구인지 판단해야 한다. 또한 DNA 상대량을 분석하여 유전자형을 유추하고 감수 분열 중 어느 과정에서 일어난 돌연변이인지 파악해야 한다.

# 3  가계도

출제 의도  가계도를 분석하여 사람의 유전에 대해 알고 있는지 묻는 문항이다.

## 다음은 어떤 집안의 유전 형질 (가)와 (나)에 대한 자료이다.

- (가)의 유전자와 (나)의 유전자는 같은 염색체에 있다.
- (가)는 대립유전자 A와 a에 의해, (나)는 대립유전자 B와 b에 의해 결정된다. A는 a에 대해, B는 b에 대해 각각 완전 우성이다. (가) – 상염색체 우성 유전  (나) – 상염색체 열성 유전
- 가계도는 구성원 ⓐ~ⓒ를 제외한 구성원 1~6에게서 (가)와 (나)의 발현 여부를 나타낸 것이다. ⓒ는 남자이다.

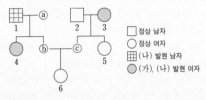

□ 정상 남자
○ 정상 여자
⊞ (나) 발현 남자
◐ (가), (나) 발현 여자

- 표는 구성원 ⓐ, 2, 4, 5에서 체세포 1개당 a와 B의 DNA 상대량을 나타낸 것이다. ㉠~㉢은 0, 1, 2를 순서 없이 나타낸 것이다.

| 구성원 | | ⓐ | 2 | 4 | 5 |
|---|---|---|---|---|---|
| DNA 상대량 | a | ? 1 | ? 2 | ? 1 | ㉠ 2 |
| | B | ㉢ 0 | 1 | ㉢ 0 | ㉢ 1 |

- ⓐ~ⓒ 중 한 사람은 (가)와 (나) 중 (가)만 발현되었고, 다른 한 사람은 (가)와 (나) 중 (나)만 발현되었으며, 나머지 한 사람은 (가)와 (나)가 모두 발현되었다.

이에 대한 설명으로 옳은 것만을 〈보기〉에서 있는 대로 고른 것은? (단, 돌연변이와 교차는 고려하지 않으며, A, a, B, b 각각의 1개당 DNA 상대량은 1이다.) [3점]

보기
ㄱ. (가)는 우성 형질이다.
ㄴ. 이 가계도 구성원 중 체세포 1개당 b의 DNA 상대량이 ㉠인 사람은 4명이다.
  체세포 1개당 b의 DNA 상대량이 2(㉠)인 사람은 1, 3, 4, ⓐ, ⓑ로 5명이다.
ㄷ. 6의 동생이 태어날 때, 이 아이에게서 (가)와 (나)가 모두 발현될 확률은 $\frac{1}{2}$이다.
  6의 동생에게서 (가)와 (나)가 모두 발현되는 경우는 $1 \times \frac{1}{2} = \frac{1}{2}$이다.

① ㄱ  ② ㄴ  ③ ㄷ  ④ ㄱ, ㄴ  ⑤ ㄱ, ㄷ

---

✔ 자료 해석

- ⓐ는 구성원 1과 부부이므로 여자이고, ⓑ도 남자인 ⓒ와 부부이므로 여자이다. 이때 (가)가 발현되지 않은 구성원 1로부터 (가)가 발현된 구성원 4가 태어났으므로 (가)는 X 염색체 열성 형질이 아니다. 이때 구성원 2에서 B의 DNA 상대량은 1인데 (나)가 발현되지 않았으므로 (나)는 열성 형질이다. 즉 (가)와 (나)의 유전자가 X 염색체에 있다면 (가)는 X 염색체 우성 형질, (나)는 X 염색체 열성 형질이어야 한다. 즉 (나)만 발현된 구성원 1의 유전자형은 $X^a_B Y$이고, (가)와 (나)가 모두 발현된 구성원 4의 유전자형은 $X^a_b X^A_b$이며, 구성원 4는 B를 갖지 않으므로 ㉢은 0이다. 따라서 ⓐ도 B를 갖지 않는다. 이때 (가)가 발현되지 않은 구성원 5의 (가)의 유전자형이 $X^a X^a$이므로 (가)와 (나)가 모두 발현된 구성원 3의 유전자형은 $X^a_b X^A_b$이다. 따라서 (가)와 (나)가 모두 발현되지 않은 구성원 5의 유전자형은 $X^a_B X^a_b$이다. 그러므로 ㉠은 2, ㉢은 1이다. 그러나 이 경우 ⓑ에게서 (가)와 (나)가 모두 발현되지 않으므로 모순이며, (가)와 (나)의 유전자는 상염색체에 있고, (나)는 상염색체 열성 형질이다.
- (나)가 발현된 구성원 4의 (나)의 유전자형은 bb이므로 ㉢은 0이고, 따라서 ⓐ도 B를 갖지 않는다. (나)가 발현된 구성원 3의 (나)의 유전자형은 bb이고 (나)가 발현되지 않은 구성원 5의 (나)의 유전자형은 Bb이므로 ㉢은 1, ㉠은 2이다. 이때 구성원 5의 (가)의 유전자형은 aa인데 (가)가 발현되지 않았으므로 (가)는 상염색체 우성 형질이다. ⓐ에게서 (가)와 (나)가 모두 발현되었으므로 ⓑ에게서는 (나)만 발현되고, ⓒ에게서는 (가)만 발현되어야 한다. 즉 ⓑ의 유전자형은 aabb, ⓒ의 유전자형은 AaBb, ⓐ의 유전자형은 Aabb이다.

○ 보기 풀이  ㄱ. (가)는 상염색체 우성 형질이며, (나)는 상염색체 열성 형질이다.

✕ 매력적 오답  ㄴ. 이 가계도 구성원 중 체세포 1개당 b의 DNA 상대량이 2(㉠)인 사람은 1, 3, 4, ⓐ, ⓑ로 5명이다.
ㄷ. ⓑ(aabb)와 ⓒ(AaBb) 사이에서 6의 동생이 태어날 때, 이 아이에게서 (가)와 (나)가 모두 발현되는 경우는 ⓑ에서 ab를 갖는 난자와 ⓒ에서 Ab를 갖는 정자가 수정되는 경우이므로 확률은 $1 \times \frac{1}{2} = \frac{1}{2}$이다.

### 문제풀이 Tip
가계도와 제시된 표를 분석하여 대립유전자가 상염색체와 성염색체 중 어디에 있는지를 판단하고, 우성 형질인지 열성 형질인지 가려야 한다. 이를 토대로 각 구성원의 유전자형을 분석하여 보기에 적용시킬 수 있어야 한다.

# 4  사람의 유전과 돌연변이

출제 의도  여러 유전 형질을 나타낸 자료를 분석하여 가족 구성원의 유전자형과 돌연변이가 일어난 생식 세포를 파악할 수 있는지 묻는 문항이다.

**다음은 어떤 가족의 유전 형질 (가)~(다)에 대한 자료이다.**

- (가)~(다)의 유전자 중 2개는 X 염색체에 있고, 나머지 1 개는 상염색체에 있다. (가)와 (다)의 유전자─X 염색체에 있다.
- (가)는 대립유전자 A와 a에 의해, (나)는 대립유전자 B와 b에 의해, (다)는 대립유전자 D와 d에 의해 결정된다.
- 표는 이 가족 구성원에서 체세포 1개당 A, b, d의 DNA 상대량을 나타낸 것이다.

| 구성원 | DNA 상대량 | | |
|---|---|---|---|
| | A | b | d |
| 아버지 | 1 | 1 | 1 |
| 어머니 | 0 | 1 | 1 |
| 자녀 1 | ?0 | 1 | 0 |
| 자녀 2 | 0 | 1 | 1 |
| 자녀 3 | 1 | 0 | 2 |
| 자녀 4 | 2 | 3 | 2 |

- 부모 중 한 명의 생식세포 형성 과정에서 염색체 비분리가 1회 일어나 염색체 수가 비정상적인 생식세포 P가 형성되 었고, 나머지 한 명의 생식세포 형성 과정에서 대립유전자 ㉠이 대립유전자 ㉡으로 바뀌는 돌연변이가 1회 일어나 ㉡ 을 갖는 생식세포 Q가 형성되었다. ㉠과 ㉡은 (가)~(다) 중 한 가지 형질을 결정하는 서로 다른 대립유전자이다.
- P와 Q가 수정되어 자녀 4가 태어났다. 자녀 4를 제외한 이 가족 구성원의 핵형은 모두 정상이다.
  ㉠─a ㉡─A  P─Ad/bb(정자) Q─Ad/b(난자)

**이에 대한 설명으로 옳은 것만을 〈보기〉에서 있는 대로 고른 것은?**
(단, 제시된 돌연변이 이외의 돌연변이와 교차는 고려하지 않으며, A, a, B, b, D, d각각의 1개당 DNA 상대량은 1이다.)

보기
- ㄱ. 자녀 1~3 중 여자는 2명이다.
  여자는 자녀 3으로 1명이다.
- ㄴ. Q는 어머니에게서 형성되었다. 대립유전자 a(㉠)가 대립유전자 A(㉡)로 바뀌는 돌연변이가 일어나 어머니의 생식 세포 Q가 형성되었다.
- ㄷ. 자녀 3에게서 A, B, d를 모두 갖는 생식세포가 형성될 수 있다. A, B, d를 모두 갖는 생식세포와 a, B, d를 모두 갖는 생식세포가 형성될 수 있다.

① ㄱ　　② ㄴ　　③ ㄷ　　④ ㄱ, ㄴ　　⑤ ㄴ, ㄷ

---

✔ 자료 해석

- 가족 구성원의 (가)~(다)의 유전자형을 나타내면 표와 같다.

| 구성원 | (가)와 (다)의 유전자형 | (나)의 유전자형 |
|---|---|---|
| 아버지 | Ad/Y | Bb |
| 어머니 | aD/ad | Bb |
| 자녀 1 | aD/Y | Bb |
| 자녀 2 | ad/Y | Bb |
| 자녀 3 | Ad/ad | BB |
| 자녀 4 | Ad/ad | bbb |

○ 보기 풀이  (가)의 유전자가 상염색체에 있고, (나)와 (다)의 유전자가 X 염색 체에 있다면 아버지의 (나)와 (다)의 유전자형은 bd/Y, 어머니의 (나)와 (다)의 유전자형은 BD/bd 또는 Bd/bD이다. 이 부모 사이에서 여자이며 (나)와 (다) 의 유전자형이  Bd/Bd인 자녀 3은 태어날 수 없으므로 조건을 만족하지 않는 다. (다)의 유전자가 상염색체에 있고, (가)와 (나)의 유전자가 X 염색체에 있다 면 아버지의 (가)와 (나)의 유전자형은 Ab/Y, 어머니의 (가)와 (나)의 유전자형 은 aB/ab이다. 이 부모 사이에서 남자이며 (가)와 (나)의 유전자형이 AB/Y인 경우와, 여자이며 (가)와 (나)의 유전자형은 AB/aB인 경우가 가능한 자녀 3이 태어날 수 없으므로 조건을 만족하지 않는다. 따라서 (나)의 유전자가 상염색체 에 있고, (가)와 (다)의 유전자가 X 염색체에 있다. 가족 구성원의 유전자형은 아버지는 Ad/Y Bb, 어머니는 aD/ad Bb, 자녀 1은 aD/Y Bb, 자녀 2는 ad/Y Bb, 자녀 3은 Ad/ad BB, 자녀 4는 Ad/Ad bbb이다.
ㄴ. 자녀 4는 아버지의 정상 생식세포의 X 염색체에 있는 Ad와 어머니의 생식 세포 Q의 X 염색체에 있는 Ad가 수정되어 태어났으므로 대립유전자 a(㉠)가 대립유전자 A(㉡)로 바뀌는 돌연변이가 일어나 생식세포 Q가 형성되었다.
ㄷ. 자녀 3에게서 A, B, d를 모두 갖는 생식세포와 a, B, d를 모두 갖는 생식 세포가 형성될 수 있다.

✘ 매력적 오답  ㄱ. 자녀 1~3 중 여자는 자녀 3으로 1명이다.

문제풀이 Tip
(가)~(다)의 유전자 중 X 염색체에 있는 것과 상염색체에 있는 것을 파악해야 한다. 또한 자녀 4에서 어머니는 A가 없는데 자녀 4는 A의 DNA 상대량이 2 인 것을 통해 어머니에서 대립유전자 a가 A로 바뀌는 돌연변이가 일어났음을 파악해야 한다.

Part II 수능 평가원

**출제 의도** 여러 유전 형질을 나타낸 자료를 분석하여 유전자가 있는 염색체의 종류와 가족 구성원의 유전 자형을 파악할 수 있는지 묻는 문항이다.

**다음은 어떤 집안의 유전 형질 (가)~(다)에 대한 자료이다.**

- (가)의 유전자는 9번 염색체에 있고, (나)와 (다)의 유전자 중 하나는 X 염색체에, 나머지 하나는 9번 염색체에 있다.
  (나)의 유전자─9번 염색체에 있다. (다)의 유전자─X 염색체에 있다.
- (가)는 대립유전자 H와 h에 의해, (나)는 대립유전자 R와 r에 의해, (다)는 대립유전자 T와 t에 의해 결정된다. H는 h에 대해, R는 r에 대해, T는 t에 대해 각각 완전 우성이 다.
- 가계도는 구성원 1~8에게서 (가)와 (나)의 발현 여부를 나타낸 것이다.
  (가) 발현─우성 형질 (나) 발현─열성 형질 (다) 발현─열성 형질

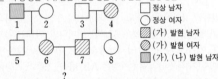

□ 정상 남자
○ 정상 여자
▨ (가) 발현 남자
▧ (가) 발현 여자
▦ (가), (나) 발현 남자

- 표는 구성원 2, 3, 5, 7, 8에서 체세포 1개당 H와 r의 DNA 상대량을 더한 값(H+r)과 체세포 1개당 R와 t의 DNA 상대량을 더한 값(R+t)을 나타낸 것이다.

| 구성원 | | 2 | 3 | 5 | 7 | 8 |
|---|---|---|---|---|---|---|
| DNA 상대량을 더한 값 | H+r | 1 | 0 | 1 | 1 | 1 |
| | R+t | 3 | 2 | 2 | 2 | 2 |

- 2와 5에서 (다)가 발현되었고, 4와 6의 (다)의 유전자형은 서로 같다.

**이에 대한 설명으로 옳은 것만을 〈보기〉에서 있는 대로 고른 것은?** (단, 돌연변이와 교차는 고려하지 않으며, H, h, R, r, T, t 각각의 1개당 DNA 상대량은 1이다.) [3점]

**보기**
ㄱ. (다)의 유전자는 X 염색체에 있다.
  (나)의 유전자는 9번 염색체에 있다.
ㄴ. 4의 (가)~(다)의 유전자형은 모두 이형 접합성이다.
  4의 (가)~(다)의 유전자형은 HhRrTt이다.
ㄷ. 6과 7 사이에서 아이가 태어날 때, 이 아이의 (가)~(다) 의 표현형이 모두 6과 같을 확률은 $\frac{3}{16}$이다.

① ㄱ　② ㄷ　③ ㄱ, ㄴ　④ ㄴ, ㄷ　⑤ ㄱ, ㄴ, ㄷ

6의 (가)~(다)의 유전자형은 Hr/hR, Tt이고, 7의 (가)~(다)의 유전자형은 HR/hR, TY이므로 이 아이에게서 (가)가 발현되고 (나)가 미발현될 확률(r/HR, Hr/hR, hR/HR, $\frac{3}{4}$)

×(다)가 미발현될 확률(TT, Tt, TY, $\frac{3}{4}$)=$\frac{9}{16}$이다.

---

**✔ 자료 해석**
- 이 가족 구성원의 (가)~(다)의 유전자형을 나타내면 그림과 같다.

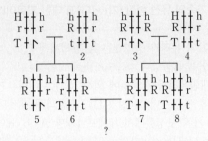

**○ 보기 풀이** 3의 H와 r의 DNA 상대량을 더한 값(H+r)이 0인데, 3의 (가) 와 (나)가 모두 미발현이므로 (가)는 우성 형질, (나)는 열성 형질이다. 5의 (가) 의 유전자형은 hh인데, H+r가 1이므로 5의 (나)의 유전자형은 (나)의 유전자 가 X 염색체에 있다면 rY이다. 이 경우 5는 (나) 발현이어야 하는데 조건을 만 족하지 않는다. 따라서 (나)의 유전자는 9번 염색체에 있고, (다)의 유전자는 X 염색체에 있다. 5에서 (다)가 발현되었는데, 5의 R+t가 2이므로 5의 (다)의 유 전자형은 tY이다. 따라서 (다)는 열성 형질이다.
ㄱ. (가)와 (나)의 유전자는 9번 염색체에 있고, (다)의 유전자는 X 염색체에 있다.
ㄴ. 4의 (가)~(다)의 유전자형은 HhRrTt이므로 모두 이형 접합성이다.

**✕ 매력적 오답** ㄷ. (가)~(다)의 유전자형은 6이 Hr/hR Tt, 7이 HR/hR TY이므로 6과 7 사이에서 아이가 태어날 때, 이 아이에게서 6과 같이 (가)~(다) 중 (가)만 발현될 확률은 (가)가 발현되고 (나)가 미발현될 확률 (r/HR, Hr/hR, hR/HR, $\frac{3}{4}$)×(다)가 미발현될 확률(TT, Tt, TY, $\frac{3}{4}$) =$\frac{9}{16}$이다.

**문제풀이 Tip**
3의 H와 r의 DNA 상대량을 더한 값이 0인데, 3의 (가)와 (나)가 모두 미발현 이므로 (가) 발현은 우성 형질, (나) 발현은 열성 형질임을 먼저 파악해야 한다.

**6  완전 우성과 불완전 우성 유전**

출제의도 여러 유전 형질을 나타낸 자료를 분석하여 가족 구성원의 특정 표현형이 나타날 확률을 구할 수 있는지 묻는 문항이다.

## 다음은 사람의 유전 형질 (가)~(다)에 대한 자료이다.

- (가)~(다)의 유전자는 서로 다른 2개의 상염색체에 있으며, (가)의 유전자는 (다)의 유전자와 서로 다른 상염색체에 있다. (가)와 (나)의 유전자가 같은 상염색체에 있다.

- (가)는 대립유전자 A와 a에 의해 결정되며, 유전자형이 다르면 표현형이 다르다.

- (나)는 대립유전자 B와 b에 의해, (다)는 대립유전자 D와 d에 의해 결정된다.

- (나)와 (다) 중 하나는 대문자로 표시되는 대립유전자가 소문자로 표시되는 대립유전자에 대해 완전 우성이고, 나머지 하나는 유전자형이 다르면 표현형이 다르다. (나)-완전 우성 (다)-불완전 우성

- 유전자형이 AaBbDD인 남자 P와 AaBbDd인 여자 Q 사이에서 ⓐ가 태어날 때, ⓐ에게서 나타날 수 있는 (가)~(다)의 표현형은 최대 8 가지이다. (가)와 (나)의 표현형: 4가지 (다)의 표현형: 2가지

유전자형이 AabbDd인 아버지와 AaBBDd인 어머니 사이에서 아이가 태어날 때, 이 아이의 (가)~(다)의 표현형이 모두 Q와 같을 확률은? (단, 돌연변이와 교차는 고려하지 않는다.) [3점]

① $\frac{1}{16}$   ② $\frac{1}{8}$   ③ $\frac{3}{16}$   ④ $\frac{1}{4}$   ⑤ $\frac{3}{8}$

(가)와 (나)의 표현형이 Q와 같을 확률(Ab/aB, ab/AB, $\frac{1}{2}$) × (다)의 표현형이 Q와 같을 확률(Dd, $\frac{1}{2}$) = $\frac{1}{4}$

### ✔ 자료 해석

- (다)에서 D가 d에 대해 완전 우성이라면 유전자형이 DD인 남자 P와 유전자형이 Dd인 여자 Q 사이에서 태어난 ⓐ에게서 (다)의 표현형은 1가지이므로 (가)와 (나)의 표현형이 8가지이어야 하는데, 최대 4가지만 가능하므로 조건을 만족하지 않는다. 따라서 (다)에서 유전자형이 DD, Dd, dd인 경우 모두 표현형이 서로 다르며, (나)에서 B는 b에 대해 완전 우성이다.

**○ 보기 풀이**  유전자형이 Ab/ab D/d인 아버지와 AB/aB, D/d인 어머니 사이에서 아이가 태어날 때, 이 아이의 (가)~(다)의 표현형이 모두 Q와 같을 확률은 (가)와 (나)의 표현형이 Q와 같을 확률($\frac{1}{2}$, Ab/AB, Ab/aB, ab/AB, ab/aB) × (다)의 표현형이 Q와 같을 확률($\frac{1}{2}$, DD, 2Dd, dd) = $\frac{1}{4}$ 이다.

### 문제풀이 Tip

ⓐ에게서 나타날 수 있는 (가)~(다)의 표현형이 최대 8가지인 것을 통해 (다)에서 유전자형이 DD, Dd, dd인 경우 모두 표현형이 서로 다르다는 것을 파악해야 한다.

## 7 복대립 유전과 다인자 유전

출제 의도 여러 유전 형질을 나타낸 자료를 분석하여 특정한 사람의 표현형을 파악할 수 있는지 묻는 문항이다.

**다음은 사람의 유전 형질 (가)와 (나)에 대한 자료이다.**

- (가)의 유전자는 6번 염색체에, (나)의 유전자는 7번 염색체에 있다.
- (가)는 1쌍의 대립유전자에 의해 결정되며, 대립유전자에는 A, B, D가 있다. (가)의 표현형은 4가지이며, (가)의 유전자형이 AA인 사람과 AB인 사람의 표현형은 같고, 유전자형이 BD인 사람과 DD인 사람의 표현형은 같다. A=D>B
- (나)는 2쌍의 대립유전자 E와 e, F와 f에 의해 결정된다.
- (나)의 표현형은 유전자형에서 대문자로 표시되는 대립유전자의 수에 의해서만 결정되며, 이 대립유전자의 수가 다르면 표현형이 다르다.
- P의 유전자형은 ABEeFf이고, P와 Q는 (나)의 표현형이 서로 같다. Q의 유전자형-BDEeFf
- P와 Q 사이에서 ⓐ가 태어날 때, ⓐ에게서 나타날 수 있는 (가)와 (나)의 표현형은 최대 12가지이다.
  (가)의 표현형이 최대 4가지×(나)의 표현형은 최대 3가지

ⓐ의 (가)와 (나)의 표현형이 모두 Q와 같을 확률은? (단, 돌연변이와 교차는 고려하지 않는다.)

① $\frac{3}{8}$  ② $\frac{1}{4}$  ③ $\frac{3}{16}$  ④ $\frac{1}{8}$  ⑤ $\frac{1}{16}$

(가)의 표현형이 같을 확률(BD, $\frac{1}{4}$)
×(나)의 표현형이 같을 확률(유전자형에서 대문자로 표시되는 대립유전자의 수 2, $\frac{1}{2}$)=$\frac{1}{8}$

---

✓ **자료 해석**

- (가)를 결정하는 대립유전자가 A, B, D로 3가지인데, (가)의 표현형은 4가지이므로 A, B, D 중 2가지 대립유전자 사이의 우열 관계가 분명하지 않다. (가)의 유전자형이 AA인 사람과 AB인 사람의 표현형이 서로 같으므로 A는 B에 대해 완전 우성이고, (가)의 유전자형이 BD인 사람과 DD인 사람의 표현형이 서로 같으므로 D는 B에 대해 완전 우성이다. 따라서 A, B, D의 우열 관계는 A=D>B이다. P의 유전자형이 ABEeFf이고, Q는 (나)의 표현형이 P와 같으므로 유전자형에서 대문자로 표시되는 대립유전자의 수가 2이다. P와 Q 사이에서 ⓐ가 태어날 때 ⓐ에게서 나타날 수 있는 (가)와 (나)의 표현형은 최대 12가지인데, (나)의 표현형은 최대 3가지(유전자형에서 대문자로 표시되는 대립유전자의 수 4, 2, 0)이므로 (가)의 표현형은 최대 4가지이다. ⓐ에게서 (나)의 표현형이 최대 3가지가 되기 위해서는 P와 Q에서 모두 유전자 구성이 EF/ef이어야 한다. ⓐ에게서 (가)의 표현형이 최대 4가지([A], [D], [B], [AD])가 되기 위해서는 Q의 (가)의 유전자형은 BD이다. 따라서 Q의 유전자형은 BDEeFf이다.

---

○ **보기 풀이** ⓐ의 (가)와 (나)의 표현형이 모두 Q와 같을 확률은 (가)의 표현형이 같을 확률($\frac{1}{4}$, AD, AB, BD, BB)×(나)의 표현형이 같을 확률($\frac{1}{2}$, 유전자형에서 대문자로 표시되는 대립유전자의 수 4($\frac{1}{4}$), 유전자형에서 대문자로 표시되는 대립유전자의 수 2($\frac{1}{2}$), 유전자형에서 대문자로 표시되는 대립유전자의 수 0($\frac{1}{4}$))=$\frac{1}{8}$이다.

**문제풀이 Tip**

대립유전자의 종류는 3가지인데 표현형이 4가지인 경우는, 3가지 대립유전자 중 2가지 대립유전자 사이의 우열 관계가 분명하지 않다는 것임을 알고 자료에 적용하여 대립유전자 사이의 우열 관계를 파악해야 한다.

# 8 사람의 유전과 돌연변이

출제 의도 여러 유전 형질을 나타낸 자료를 분석하여 가족 구성원의 유전자형과 염색체 비분리가 일어난 시기를 파악할 수 있는지 묻는 문항이다.

다음은 어떤 가족의 유전 형질 (가)~(다)에 대한 자료이다.

- (가)~(다)의 유전자 중 2개는 13번 염색체에, 나머지 1개는 X 염색체에 있다.
- (가)는 대립유전자 H와 h에 의해, (나)는 대립유전자 R와 r에 의해, (다)는 대립유전자 T와 t에 의해 결정된다. H는 h에 대해, R는 r에 대해, T는 t에 대해 각각 완전 우성이다.
- (가)~(다) 중 2개는 우성 형질이고, 나머지 1개는 열성 형질이다.
- 표는 이 가족 구성원의 성별과 (가)~(다)의 발현 여부를 나타낸 것이다. (가)-우성 형질, 13번 염색체에 있다. (나)-열성 형질, 13번 염색체에 있다. (다)-우성 형질, X 염색체에 있다.

| 구성원 | 성별 | (가) | (나) | (다) |
|--------|------|------|------|------|
| 아버지 | 남 | ○ | × | × |
| 어머니 | 여 | ○ | ○ | ○ |
| 자녀 1 | 남 | ○ | ○ | ○ |
| 자녀 2 | 여 | × | × | × |
| 자녀 3 | 남 | × | × | ○ |
| 자녀 4 | 여 | × | ○ | ○ |

(○: 발현됨, ×: 발현 안 됨)

- 이 가족 구성원의 핵형은 모두 정상이다.
- 염색체 수가 22인 생식세포 ㉠과 염색체 수가 24인 생식세포 ㉡이 수정되어 자녀 4가 태어났다. ㉠과 ㉡의 형성 과정에서 각각 13번 염색체 비분리가 1회 일어났다.
㉠-정자 ㉡-난자(hr/hr)

이에 대한 설명으로 옳은 것만을 〈보기〉에서 있는 대로 고른 것은? (단, 제시된 염색체 비분리 이외의 돌연변이와 교차는 고려하지 않는다.) [3점]

〈보기〉
ㄱ. (나)는 우성 형질이다.
(가)와 (다)는 우성 형질, (나)는 열성 형질이다.
ㄴ. 아버지에게서 h, R, t를 모두 갖는 정자가 형성될 수 있다.
아버지에게서 형성될 수 있는 정자의 (가)~(다)의 유전자형은 Hrt, Hr, hRt, hR이다.
ㄷ. ㉡은 감수 1분열에서 염색체 비분리가 일어나 형성된 난자이다. ㉡은 감수 2분열에서 염색체 비분리가 일어나 형성된 난자이다.

① ㄱ  ② ㄴ  ③ ㄷ  ④ ㄱ, ㄴ  ⑤ ㄴ, ㄷ

## ✓ 자료 해석

- 가족 구성원의 (가)~(다)의 유전자형을 나타내면 표와 같다.

| 구성원 | (가)의 유전자형 | (나)의 유전자형 | (다)의 유전자형 |
|--------|------|------|------|
| 아버지 | Hh | Rr | tY |
| 어머니 | Hh | rr | Tt |
| 자녀 1 | H_ | rr | TY |
| 자녀 2 | hh | Rr | tt |
| 자녀 3 | hh | Rr | TY |
| 자녀 4 | hh | rr | Tt |

🔾 보기 풀이 (가) 발현인 아버지와 어머니 사이에서 (가) 미발현인 자녀 2(여자)가 태어났으므로 (가)는 우성 형질이고, (가)의 유전자는 13번 염색체에 있다. (나)가 열성 형질이고, (나)의 유전자가 X 염색체에 있다면 (나) 발현인 어머니에서 (나) 미발현인 자녀 3(남자)이 태어날 수 없으므로 모순이다. (나)가 우성 형질이고, (나)의 유전자가 X 염색체에 있다면 (다)는 열성 형질이고, (다)의 유전자는 13번 염색체에 있다. 이 경우 아버지의 (가)와 (다)의 유전자 구성은 HT/ht 또는 Ht/hT이고, 어머니의 (가)와 (다)의 유전자 구성은 Ht/ht이며, 자녀 2와 3에서 (가)와 (다)의 발현 여부가 서로 같아야 하므로 모순이다. 따라서 (다)의 유전자가 X 염색체에 있다. (다)가 열성 형질이라면 (다) 미발현인 아버지에서 (다) 발현인 자녀 4(여자)가 태어날 수 없으므로 모순이다. 따라서 (다)가 우성 형질이므로 나머지 (나)는 열성 형질이고, (나)의 유전자는 13번 염색체에 있다. 가족 구성원의 (가)~(다)의 유전자 구성은 아버지는 Hr/hR tY, 어머니는 Hr/hr Tt, 자녀 1은 Hr/Hr TY 또는 Hr/hr TY, 자녀 2는 hR/hr tt, 자녀 3은 hR/hr TY, 자녀 4는 hr/hr Tt이다.

ㄴ. 아버지에게서 형성될 수 있는 정자의 (가)~(다)의 유전자형은 Hrt, Hr, hRt, hR이다.

❌ 매력적 오답 ㄱ. (가)와 (다)는 우성 형질, (나)는 열성 형질이다.

ㄷ. 자녀 4는 어머니에게서만 h와 r가 있는 13번 염색체를 물려받았으므로 ㉡은 감수 2분열에서 염색체 비분리가 일어나 형성된 난자이다.

### 문제풀이 Tip

(가)의 유전자는 13번 염색체에 있으며, (가)는 우성 형질임을 표를 통해 알 수 있다. 따라서 나머지 (나)와 (다)의 유전자 중 어떤 유전자가 X 염색체에 있는지를 파악하고 우열 관계를 판단하면 된다.

## 9 가계도 분석

**출제 의도** 여러 유전 형질을 나타낸 자료를 분석하여 가족 구성원의 유전자형과 특정 표현형이 나타날 확률을 구할 수 있는지 묻는 문항이다.

다음은 어떤 집안의 유전 형질 (가)와 (나)에 대한 자료이다.

> (가)의 유전자 – X 염색체에 있다.
> - (가)의 유전자와 (나)의 유전자 중 하나만 X 염색체에 있다.
> - (가)는 대립유전자 A와 a에 의해, (나)는 대립유전자 B와 b에 의해 결정된다. A는 a에 대해, B는 b에 대해 각각 완전 우성이다.
> - 가계도는 구성원 ⓐ를 제외한 구성원 1~6에게서 (가)와 (나)의 발현 여부를 나타낸 것이다. (가) – 열성 형질 (나) – 열성 형질
>
>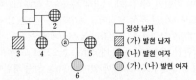
>
> □ 정상 남자
> ▨ (가) 발현 남자
> ⊕ (나) 발현 여자
> ⬤ (가), (나) 발현 여자
>
> - 표는 구성원 3, 4, ⓐ, 6에서 체세포 1개당 a, B, b의 DNA 상대량을 나타낸 것이다. ⊙~ⓒ은 0, 1, 2를 순서 없이 나타낸 것이다.

| 구성원 | | 3 | 4 | ⓐ | 6 |
|---|---|---|---|---|---|
| DNA 상대량 | a | ? 1 | ⊙ 1 | ? 1 | ? 2 |
| | B | ⊙ 1 | ? 0 | ⊙ 1 | ⓒ 0 |
| | b | ? 1 | ⓒ 2 | ⊙ 1 | ? 2 |

이에 대한 설명으로 옳은 것만을 〈보기〉에서 있는 대로 고른 것은? (단, 돌연변이와 교차는 고려하지 않으며, A, a, B, b 각각의 1개당 DNA 상대량은 1이다.) [3점]

> **보기**
> ㄱ. (가)의 유전자는 X 염색체에 있다.
>  (가)의 유전자는 X 염색체에 있으며, (가)는 열성 형질이다.
> ㄴ. 이 가계도 구성원 중 체세포 1개당 a의 DNA 상대량이 ⓒ인 사람은 3명이다.
>  체세포 1개당 a의 DNA 상대량이 2(ⓒ)인 사람은 구성원 6으로 1명이다.
> ㄷ. 6의 동생이 태어날 때, 이 아이에게서 (가)와 (나) 중 (나)만 발현될 확률은 $\frac{1}{8}$이다.
>  ⓐ(aYBb)×5(Aabb) → (가)가 미발현될 확률(Aa, AY, $\frac{1}{2}$)×(나)가 발현될 확률(bb, $\frac{1}{2}$)=$\frac{1}{4}$

① ㄱ  ② ㄴ  ③ ㄱ, ㄷ  ④ ㄴ, ㄷ  ⑤ ㄱ, ㄴ, ㄷ

---

✓ **자료 해석**

- 가족 구성원의 유전자형을 가계도로 나타내면 그림과 같다.

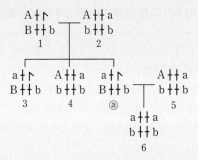

◯ **보기 풀이** ⓐ에서 B와 b의 DNA 상대량이 ⊙으로 같으므로 ⊙은 1이다. ⓐ는 남자인데 B와 b의 DNA 상대량이 각각 1(⊙)이므로 (나)의 유전자는 상염색체에 있다. 따라서 (가)의 유전자는 X 염색체에 있으며, (가) 미발현인 1과 2로부터 (가) 발현인 3이 태어났으므로 (가)는 열성 형질이다. 3에서 B의 DNA 상대량이 1(⊙)이므로 3의 (나)의 유전자형은 Bb이고, (나) 미발현이므로 (나)는 열성 형질이다. 4에서 b의 DNA 상대량이 ⓒ인데, (나) 발현이므로 ⓒ은 2이고, 나머지 ⓒ은 0이다.

ㄱ. (가)의 유전자는 X 염색체에 있으며, (가)는 열성 형질이다.

✕ **매력적 오답** ㄴ. 체세포 1개당 a의 DNA 상대량이 2(ⓒ)인 사람은 6으로 1명이다.

ㄷ. (가)와 (나)의 유전자형이 ⓐ는 aYBb, 5는 Aabb이므로 6의 동생이 태어날 때, 이 아이에게서 (가)와 (나) 중 (나)만 발현될 확률은 (가)가 미발현될 확률($\frac{1}{2}$, Aa, AY, aa, aY)×(나)가 발현될 확률($\frac{1}{2}$, Bb, bb)=$\frac{1}{4}$이다.

**문제풀이 Tip**

ⓐ에서 B와 b의 DNA 상대량이 ⊙으로 같으므로 ⊙은 1이라는 것과 (나)의 유전자가 상염색체에 있다는 두 가지를 한꺼번에 파악할 수 있다. 따라서 (가)의 유전자는 X 염색체에 있으며, 나머지 ⓒ과 ⓒ이 무엇인지 파악하면 가계도를 쉽게 분석할 수 있다.

# 10 사람의 유전

**출제 의도** 사람의 유전 형질 (가)~(다)에 대한 제시된 자료를 분석하여 Q의 유전자형을 찾은 후, ⓐ의 유전자형이 aabbDF일 확률을 구할 수 있는지를 묻는 문항이다.

## 다음은 사람의 유전 형질 (가)~(다)에 대한 자료이다.

- (가)~(다)의 유전자는 서로 다른 3개의 상염색체에 있다.
- (가)는 대립유전자 A와 a에 의해 결정되며, A는 a에 대해 완전 우성이다. (가)의 표현형: 2가지(A_, aa)
- (나)는 대립유전자 B와 b에 의해 결정되며, 유전자형이 다르면 표현형이 다르다. (나)의 표현형: 3가지(BB, Bb, bb)
- (다)는 1쌍의 대립유전자에 의해 결정되며, 대립유전자에는 D, E, F가 있다. D는 E, F에 대해, E는 F에 대해 각각 완전 우성이다. (다)의 표현형: 3가지(D_, E_, FF)
- P의 유전자형은 AaBbDF이고, P와 Q는 (나)의 표현형이 서로 다르다. → (나)는 BB와 bb 중 하나이다.
- P와 Q 사이에서 ⓐ가 태어날 때, ⓐ가 P와 (가)~(다)의 표현형이 모두 같을 확률은 $\frac{3}{16}$이다.
- ⓐ가 유전자형이 AAbbFF인 사람과 (가)~(다)의 표현형이 모두 같을 확률은 $\frac{3}{32}$이다.

ⓐ의 유전자형이 aabbDF일 확률은? (단, 돌연변이는 고려하지 않는다.) [3점]

① $\frac{1}{4}$  ② $\frac{1}{8}$  ③ $\frac{1}{16}$  ④ $\frac{1}{32}$  ⑤ $\frac{1}{64}$

aa일 확률($\frac{1}{4}$) × bb일 확률($\frac{1}{2}$) × DF일 확률($\frac{1}{4}$)

## ✔ 자료 해석

- (가)의 표현형은 2가지(A_, aa)이고, (나)의 표현형은 3가지(BB, Bb, bb)이며, (다)의 표현형은 3가지(D_, E_, FF)이다.
- Q는 (나)의 표현형이 P와 다르므로 BB와 bb 중 하나인데, ⓐ가 유전자형이 AAbbFF인 사람과 (나)의 표현형이 같을 확률이 0보다 크므로 Q의 (나)의 유전자형은 bb이다.
- ⓐ의 (가)의 유전자형이 AA이면 ⓐ가 유전자형이 AAbbFF인 사람과 (가)와 (나)의 표현형이 같을 확률이 $\frac{1}{2}$이고, (가)의 유전자형이 aa이면 ⓐ가 유전자형이 AAbbFF인 사람과 (가)와 (나)의 표현형이 같을 확률이 $\frac{1}{4}$이 되고, 이러면 ⓐ가 유전자형이 AAbbFF인 사람과 (다)의 표현형이 같을 확률이 $\frac{3}{16}$이나 $\frac{3}{8}$이 되어야 하는데, 이는 불가능하므로 Q의 (가)의 유전자형은 Aa이다.
- ⓐ가 유전자형인 AAbbFF인 사람과 (가)와 (나)의 표현형이 같을 확률은 $\frac{3}{8}$이고, (다)의 표현형이 같을 확률은 $\frac{1}{4}$이므로 Q는 F를 1개 갖는다. ⓐ가 P와 (가)와 (나)의 표현형이 같을 확률이 $\frac{3}{8}$이고, (다)의 표현형이 같을 확률이 $\frac{1}{2}$이므로 Q의 (다)의 유전자형은 EF이다.

**○ 보기 풀이** P와 Q의 (나)의 표현형이 서로 다르므로 Q의 (나)의 유전자형은 BB이거나 bb이다. Q의 (나)의 유전자형이 BB이면 ⓐ가 유전자형이 AAbbFF인 사람과 (가)~(다)의 표현형이 모두 같을 확률이 0이므로 Q의 (나)의 유전자형은 bb이다. ⓐ의 (가)의 유전자형이 AA이면 ⓐ가 유전자형이 AAbbFF인 사람과 (가)와 (나)의 표현형이 같을 확률이 $\frac{1}{2}$이고, (가)의 유전자형이 aa이면 ⓐ가 유전자형이 AAbbFF인 사람과 (가)와 (나)의 표현형이 같을 확률이 $\frac{1}{4}$이다. 그러면 ⓐ가 유전자형이 AAbbFF인 사람과 (다)의 표현형이 같을 확률이 $\frac{3}{16}$이나 $\frac{3}{8}$이 되어야 하는데, 이는 불가능하므로 Q의 (가)의 유전자형은 Aa이다. ⓐ가 유전자형인 AAbbFF인 사람과 (가)와 (나)의 표현형이 같을 확률은 $\frac{3}{8}$이고, (다)의 표현형이 같을 확률은 $\frac{1}{4}$이므로 Q는 F를 1개 갖는다. ⓐ가 P와 (가)와 (나)의 표현형이 같을 확률이 $\frac{3}{8}$이고, (다)의 표현형이 같을 확률이 $\frac{1}{2}$이므로 Q의 (다)의 유전자형은 EF이다. 따라서 ⓐ의 유전자형이 aabbDF일 확률은 $\frac{1}{32}$이다.

### 문제풀이 Tip

Q의 (나)의 유전자형이 bb임을 먼저 찾은 후, (가)의 유전자형이 AA와 aa일 때의 모순점을 찾아 (가)의 유전자형 확정해야 한다. 그런 후 제시된 조건에 맞춰 (다)의 유전자형을 찾으면 된다.

# 11 사람의 유전과 돌연변이

**출제의도** 어떤 가족의 유전 형질 (가)~(다)에 대한 제시된 자료를 분석하여 각 구성원들의 유전자형과 성염색체 비분리가 일어난 시기를 찾을 수 있는지를 묻는 문항이다.

## 다음은 어떤 가족의 유전 형질 (가)~(다)에 대한 자료이다.

- (가)는 대립유전자 A와 a에 의해, (나)는 대립유전자 B와 b에 의해, (다)는 대립유전자 D와 d에 의해 결정된다. A는 a에 대해, B는 b에 대해, D는 d에 대해 각각 완전 우성이다.
- (가)와 (나)는 모두 우성 형질이고, (다)는 열성 형질이다.
- (가)의 유전자는 상염색체에 있고, (나)와 (다)의 유전자는 모두 X 염색체에 있다. <sub>(가): 상염색체 우성 형질, (나): X 염색체 우성 형질</sub> <sub>(다): X 염색체 우성 형질</sub>
- 표는 이 가족 구성원의 성별과 ㉠~㉢의 발현 여부를 나타낸 것이다. ㉠~㉢은 각각 (가)~(다) 중 하나이다.

X 염색체 우성 형질이 아님 · 상염색체 · X 염색체

| 구성원 | 성별 | ㉠ (가) | ㉡ (나) | ㉢ (다) |
|---|---|---|---|---|
| 아버지 | 남 | ○ | × | × |
| 어머니 | 여 | × | ◎ | ⓐ ○ |
| 자녀 1 | 남 | × | ○ | ○ |
| 자녀 2 | 여 | ○ | ○ | × |
| 자녀 3 | 남 | ◎ | × | ○ |
| 자녀 4 | 남 | × | × | × |

X 염색체 열성 형질이 아님 (○: 발현됨, ×: 발현 안 됨)

- 부모 중 한 명의 생식세포 형성 과정에서 성염색체 비분리가 1회 일어나 염색체 수가 비정상적인 생식세포 G가 형성되었다. G가 정상 생식세포와 수정되어 자녀 4가 태어났으며, 자녀 4는 클라인펠터 증후군의 염색체 이상을 보인다.
- 자녀 4를 제외한 이 가족 구성원의 핵형은 모두 정상이다. <sub>$X^{bd}X^{bD}Y$</sub>

이에 대한 설명으로 옳은 것만을 〈보기〉에서 있는 대로 고른 것은? (단, 제시된 염색체 비분리 이외의 돌연변이와 교차는 고려하지 않는다.)

┌─ 보기 ─────────────────
ㄱ. ⓐ는 '○'이다.

ㄴ. 자녀 2는 A, B, D를 모두 갖는다. <sub>자녀 2의 유전형: $Aa, X^{Bd}X^{bD}$</sub>

ㄷ. G는 아버지에게서 형성되었다.
　<sub>G는 정자 형성 시 감수 1분열에서 염색체 비분리가 일어나 형성되었다.</sub>
────────────────────────

① ㄱ　② ㄴ　③ ㄱ, ㄷ　④ ㄴ, ㄷ　⑤ ㄱ, ㄴ, ㄷ

---

### ✓ 자료 해석

| 구성원 | 성별 | ㉠(상염색체 우성 형질) | ㉡(X 염색체 우성 형질) | ㉢(X 염색체 열성 형질) | 유전자형 |
|---|---|---|---|---|---|
| 아버지 | 남 | ○ | × | × | $Aa, X^{bD}$ |
| 어머니 | 여 | × | ○ | ⓐ(○) | $aa, X^{Bd}X^{bd}$ |
| 자녀 1 | 남 | × | ○ | ○ | $aa, X^{Bd}Y$ |
| 자녀 2 | 여 | ○ | ○ | × | $Aa, X^{Bd}X^{bD}$ |
| 자녀 3 | 남 | ○ | × | ○ | $Aa, X^{bd}Y$ |
| 자녀 4 | 남 | × | × | × | $aa, X^{bd}X^{bD}Y$ |

(○: 발현됨, ×: 발현 안 됨)

**보기 풀이** ㉠이 발현되지 않은 어머니로부터 ㉠이 발현된 남자 자녀 3이 태어났으므로 ㉠은 X 염색체 우성 형질은 아니다. ㉡이 발현된 어머니로부터 ㉡이 발현되지 않은 남자 자녀 3이 태어났으므로 ㉡은 X 염색체 열성 형질은 아니다. ∴㉢이 X 염색체 열성 형질이고, ㉡이 X 염색체 우성 형질이면 (나)와 (다)의 대립유전자 구성은 아버지와 자녀 3이 각각 bd/Y이고, 자녀 1이 BD/Y이다. 자녀 1과 자녀 3에게 서로 다른 X 염색체를 물려준 어머니의 (나)와 (다)의 대립유전자 구성은 BD/bd인데, 이 경우 ㉠과 ㉡이 모두 발현되는 자녀 2가 태어날 수 없으므로 ㉠의 유전자와 ㉡의 유전자 중 하나만 상염색체에 있으며 ㉢의 유전자는 X 염색체에 있다.

ㄱ. 자녀 1과 자녀 3은 각각 어머니로부터 서로 다른 X 염색체를 물려받았는데, 자녀 1과 자녀 3이 모두 ㉢이 발현되었으므로 어머니에게도 ㉢이 발현되었다. 따라서 ⓐ는 '○'이다.

ㄴ. 클라인펠터 증후군의 염색체 이상을 보이는 남자인 자녀 4에서 ㉢이 발현되지 않았으므로 ㉢은 X 염색체 열성 형질이다. 따라서 ㉢은 (다)이다. ㉠은 X 염색체 우성 형질이 아니므로 ㉡이 X 염색체 우성 형질인 (나)이고, ㉠은 상염색체 우성 형질인 (가)이다. (가)가 발현되지 않은 어머니와 자녀 1의 (가)의 유전자형은 aa이므로 아버지, 자녀 2, 자녀 3의 (가)의 유전자형은 모두 Aa이다. (나)와 (다)의 대립유전자 구성은 아버지가 bD/Y, 자녀 1이 Bd/Y, 자녀 3이 bd/Y이다. 따라서 어머니의 (나)와 (다)의 대립유전자 구성은 Bd/bd이며, 자녀 2의 (나)와 (다)의 대립유전자 구성은 Bd/bD이다. 따라서 자녀 2는 A, B, D를 모두 갖는다.

ㄷ. 자녀 4에서 (다)가 발현되지 않으므로 자녀 4는 아버지로부터 X 염색체를 물려받아야 한다. 따라서 G는 아버지에게서 형성되었다.

### 문제풀이 Tip

(가)~(다)의 우열 관계와 (가)~(다)의 유전자가 어떤 염색체에 존재하는지 알려주었으므로 상염색체와 X 염색체 유전 형질의 특징을 이용하고, ㉠~㉢의 발현 여부를 통해 ㉠~㉢이 각각 (가)~(다) 중 어디에 해당하는지 빠르게 찾을 수 있어야 한다.

# 12 사람의 유전

**출제 의도** 어떤 집안의 유전 형질 (가)와 (나)에 대한 제시된 자료와 가계도를 분석하여 각 유전 형질의 유전자의 염색체 위치, 구성원들의 유전자형을 유추할 수 있는지를 묻는 문항이다.

## 다음은 어떤 집안의 유전 형질 (가)와 (나)에 대한 자료이다.

모두 X 염색체 열성 형질

- (가)의 유전자와 (나)의 유전자는 같은 염색체에 있다.
- (가)는 대립유전자 H와 h에 의해, (나)는 대립유전자 T와 t에 의해 결정된다. H는 h에 대해, T는 t에 대해 각각 완전 우성이다. (가): H>h, (나): T>t
- 가계도는 구성원 ⓐ~ⓒ를 제외한 구성원 1~6에게서 (가)와 (나)의 발현 여부를 나타낸 것이다. ⓑ는 남자이다.

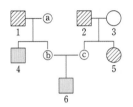

○ 정상 여자
▨ (가) 발현 남자
▧ (가) 발현 여자
▦ (가), (나) 발현 남자

- ⓐ~ⓒ 중 (가)가 발현된 사람은 1명이다.
- 표는 ⓐ~ⓒ에서 체세포 1개당 h의 DNA 상대량을 나타낸 것이다. ⊙~ⓒ은 0, 1, 2를 순서 없이 나타낸 것이다.

| 구성원 | ⓐ | ⓑ | ⓒ |
|---|---|---|---|
| h의 DNA 상대량 | ⊙ | ⓛ | ⓒ |
| | 1 | 0 | 2 |

- ⓐ와 ⓒ의 (나)의 유전자형은 서로 같다.
  Tt

이에 대한 설명으로 옳은 것만을 〈보기〉에서 있는 대로 고른 것은? (단, 돌연변이와 교차는 고려하지 않으며, H, h, T, t 각각의 1개당 DNA 상대량은 1이다.) [3점]

보기
ㄱ. (가)는 열성 형질이다.
   (가)와 (나)는 모두 열성 형질이다.
ㄴ. ⓐ~ⓒ 중 (나)가 발현된 사람은 2명이다.
   0명
ㄷ. 6의 동생이 태어날 때, 이 아이에게서 (가)와 (나)가 모두
   X^ht Y
   발현될 확률은 $\frac{1}{4}$이다.

① ㄱ    ② ㄴ    ③ ㄱ, ㄷ    ④ ㄴ, ㄷ    ⑤ ㄱ, ㄴ, ㄷ

---

✓ **자료 해석**

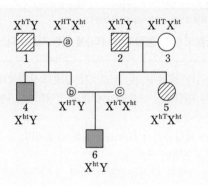

X^hT Y   X^HT X^ht   X^hT Y   X^HT X^ht
  1         ⓐ          2         3

ⓑ        ⓒ
X^ht Y   X^HT Y   X^hT X^ht   X^hT X^ht
  4                   5

  6
X^ht Y

**○ 보기 풀이** ㄱ. (가)의 유전자가 상염색체에 있다면 ⊙~ⓒ은 0, 1, 2를 순서 없이 나타낸 것이므로 ⓐ~ⓒ 중 2명은 H를 갖는다. 그런데 (가)가 상염색체 우성 형질이라면 ⓐ~ⓒ 중 2명에게서 (가)가 발현되어야 하는데 1명에게서만 (가)가 발현되었으므로 (가)는 상염색체 우성 형질은 아니다. (가)가 상염색체 열성 형질이라면 6의 (가)의 유전자형은 hh이고, ⓑ와 ⓒ는 h를 갖는다. 따라서 ⓐ의 (가)의 유전자형은 HH인데 이 경우 (가)의 유전자형인 hh인 4가 태어날 수 없으므로 (가)와 (나)의 유전자는 모두 X 염색체에 있다. (가)가 X 염색체 우성 형질이라면 2의 (가)의 유전자형은 HY이고, 3의 (가)의 유전자형은 hh이므로 ⓒ의 (가)의 유전자형은 Hh이다. 4의 (가)의 유전자형은 HY이므로 ⓐ는 H를 가져야 하는데 이 경우 ⓐ~ⓒ 중 h가 2개인 사람이 없으므로 모순된다. 따라서 (가)는 X 염색체 열성 형질이다.

ㄷ. 6의 동생이 태어날 때, 이 아이에게서 (가)와 (나)가 모두 발현되려면 ⓑ에게서 Y 염색체를 물려받고, ⓒ에게서 ht를 물려받아야 한다. 따라서 구하고자 하는 확률은 $\frac{1}{4}$이다.

**✗ 매력적 오답** ㄴ. (나)가 X 염색체 우성 형질이라면 2와 3에서 모두 (나)가 발현되지 않았으므로 ⓒ의 (나)의 유전자형은 tt이다. ⓐ와 ⓒ의 (나)의 유전자형이 서로 같으므로 ⓐ의 (나)의 유전자형도 tt인데 이 경우 (나)가 발현된 4가 태어날 수 없다. 따라서 (나)는 열성 형질이다. (가)만 발현된 남자 1과 2의 (가)와 (나)의 대립유전자 구성은 hT/Y이고, (가)와 (나)가 모두 발현된 남자 4와 6의 대립유전자 구성은 ht/Y이다. ⓐ는 4에게 ht를 물려주고, ⓒ는 6에게 ht를 물려주었으므로 ⓐ와 ⓒ는 h의 DNA 상대량이 0일 수 없다. 따라서 ⓑ의 (가)의 유전자형은 HY이고, ⓐ는 ⓑ에게 H를 물려주었으므로 ⓐ의 (가)의 유전자형은 Hh, ⓒ의 (가)의 유전자형은 hh이다. ⓒ는 2에게서 T를 물려받았고, 6에게 t를 물려주었으므로 ⓒ의 (나)의 유전자형은 Tt이다. ⓐ와 ⓒ의 (나)의 유전자형이 서로 같으므로 ⓐ의 (나)의 유전자형도 Tt이다. ⓐ의 (가)와 (나)의 대립유전자 구성은 HT/ht이고, ⓑ의 (가)와 (나)의 대립유전자 구성은 HT/Y이며, ⓒ의 (가)와 (나)의 대립유전자 구성은 hT/ht이다. 따라서 ⓐ~ⓒ 중 (나)가 발현된 사람은 없다.

**문제풀이 Tip**

ⓐ~ⓒ에서 체세포 1개당 h의 DNA 상대량이 각각 0, 1, 2가 나오는 경우의 수를 하나씩 따져보면서 (가)의 유전자가 X 염색체에 있음을 먼저 찾아야 한다. 이후 (가)와 (나)가 열성 형질인지, 우성 형질인지 제시된 자료와 가계도를 분석하면서 해결해야 한다.

Part II

수능 평가원

출제 의도 사람의 유전 형질 (가)~(다)에 대한 제시된 자료를 분석하여 자손 ⓐ가 (가)~(다)의 표현형이 모두 P와 같을 확률을 계산할 수 있는지를 묻는 문항이다.

## 다음은 사람의 유전 형질 (가)~(다)에 대한 자료이다.

- (가)~(다)의 유전자는 서로 다른 2개의 상염색체에 있다.
- (가)는 대립유전자 A와 a에 의해 결정되며, A는 a에 대해 완전 우성이다. A>a
- (나)는 대립유전자 B와 b에 의해 결정되며, 유전자형이 다르면 표현형이 다르다.
- (다)는 1쌍의 대립유전자에 의해 결정되며, 대립유전자에는 D, E, F가 있다. D는 E, F에 대해, E는 F에 대해 각각 완전 우성이다. D>E>F
- (가)와 (나)의 유전자형이 AaBb인 남자 P와 AaBB인 여자 Q 사이에서 ⓐ가 태어날 때, ⓐ에게서 나타날 수 있는 (가)와 (나)의 표현형은 최대 3가지이고, ⓐ가 가질 수 있는 (가)~(다)의 유전자형 중 AABBFF가 있다.
  └ (가)와 (나)의 유전자가 서로 다른 염색체에 있으면 표현형은 최대 4가지가 나옴.
- ⓐ의 (가)~(다)의 표현형이 모두 Q와 같을 확률은 $\frac{1}{8}$이다.

ⓐ의 (가)~(다)의 표현형이 모두 P와 같을 확률은? (단, 돌연변이와 교차는 고려하지 않는다.) [3점]

① $\frac{1}{16}$   ② $\frac{1}{8}$   ③ $\frac{3}{16}$   ④ $\frac{1}{4}$   ⑤ $\frac{3}{8}$

### ✔ 자료 해석

- (가)는 대립유전자 A와 a에 의해 결정되며, A는 a에 대해 완전 우성이므로 나올 수 있는 표현형의 최대 가짓수는 2가지(A_, aa)이다.
- (나)는 대립유전자 B와 b에 의해 결정되며, 유전자형이 다르면 표현형이 다르므로 나올 수 있는 표현형의 최대 가짓수는 3가지(BB, Bb, bb)이다.
- (다)는 1쌍의 대립유전자에 의해 결정되며, D는 E, F에 대해, E는 F에 대해 각각 완전 우성이므로 나올 수 있는 표현형의 최대 가짓수는 3가지(D_, E_, FF)이다.

### ○ 보기 풀이

(가)의 유전자와 (나)의 유전자가 서로 다른 염색체에 있다면 (가)와 (나)의 유전자형이 AaBb인 남자 P와 AaBB인 여자 Q 사이에서 ⓐ가 태어날 때, ⓐ에게서 나타날 수 있는 (가)와 (나)의 표현형은 최대 4가지이어야 한다. 그러나 ⓐ에게서 나타날 수 있는 (가)와 (나)의 표현형이 최대 3가지이므로 (가)의 유전자와 (나)의 유전자는 같은 염색체에 있다. ⓐ가 가질 수 있는 (가)~(다)의 유전자형 중 AABBFF가 있으므로 P에서 대립유전자 구성은 AB/ab, F_이고, Q에서 대립유전자 구성은 AB/aB, F_이다. ⓐ의 (가)와 (나)의 표현형이 Q와 같을 확률은 $\frac{1}{2}$이므로 ⓐ의 (다)의 표현형이 Q과 같을 확률은 $\frac{1}{4}$이어야 한다. 따라서 P의 대립유전자 구성은 AB/ab, DF이고, Q의 대립유전자 구성은 AB/aB, EF이다. ⓐ의 (가)와 (나)의 표현형이 P와 같을 확률은 $\frac{1}{4}$이고, ⓐ의 (다)의 표현형이 P와 같을 확률은 $\frac{1}{2}$이므로 구하고자 하는 확률은 $\frac{1}{8}$이다.

### 문제풀이 **Tip**

(가)와 (나)의 유전자가 서로 다른 염색체에 존재하는 경우 ⓐ에게서 나타날 수 있는 (가)와 (나)의 표현형은 최대 4가지이므로 제시된 자료와 모순됨을 먼저 인식한 후, 문제 조건을 하나씩 따져보면서 해결하면 어렵지 않게 풀 수 있다.

## 14 사람의 유전과 돌연변이

**출제 의도** 다인자 유전과 염색체 비분리에 대한 이해를 바탕으로 어떤 가족의 유전 형질 (가)에 대한 제시된 자료를 분석할 수 있는지를 묻는 문항이다.

### 다음은 어떤 가족의 유전 형질 (가)에 대한 자료이다.

- (가)는 21번 염색체에 있는 2쌍의 대립유전자 H와 h, T와 t에 의해 결정된다. (가)의 표현형은 유전자형에서 대문자로 표시되는 대립유전자의 수에 의해서만 결정되며, 이 대립 유전자의 수가 다르면 표현형이 다르다. **– 다인자 유전**
- 어머니의 난자 형성 과정에서 21번 염색체 비분리가 1회 일어나 염색체 수가 비정상적인 난자 Q가 형성되었다. Q와 아버지의 정상 정자가 수정되어 ⓐ가 태어났으며, 부모의 핵형은 모두 정상이다. **아버지의 (가)의 유전자 구성 Ht/hT임.**
- 어머니의 (가)의 유전자형은 HHTt이고, ⓐ의 (가)의 유전자형에서 대문자로 표시되는 대립유전자의 수는 4이다.
- ⓐ의 동생이 태어날 때, 이 아이에게서 나타날 수 있는 (가)의 표현형은 최대 2가지이고, ㉠이 아이가 가질 수 있는 (가)의 유전자형은 최대 4가지이다.

이에 대한 설명으로 옳은 것만을 〈보기〉에서 있는 대로 고른 것은? (단, 제시된 염색체 비분리 이외의 돌연변이와 교차는 고려하지 않는다.) [3점]

**보기**
- ㄱ. 아버지의 (가)의 유전자형에서 대문자로 표시되는 대립유전자의 수는 2이다.
- ㄴ. ㉠ 중에는 HhTt가 있다.
- ㄷ. 염색체 비분리는 감수 1분열에서 일어났다.

① ㄱ　　② ㄷ　　③ ㄱ, ㄴ　　④ ㄴ, ㄷ　　⑤ ㄱ, ㄴ, ㄷ

---

✔ **자료 해석**

- (가)는 2쌍의 대립유전자에 의해 형질이 결정되므로 다인자 유전이다.
- 어머니의 (가)의 유전자형은 HT/Ht이고, ⓐ의 (가)의 유전자형에서 대문자로 표시되는 대립유전자의 수는 4이므로 아버지의 (가)의 유전자형은 Ht/hT이다.
- 아버지의 (가)의 유전자형은 Ht/hT이고, 어머니의 (가)의 유전자형은 HT/Ht이므로 ⓐ에게 물려줄 수 있는 대문자로 표시되는 대립유전자의 수는 아버지가 1개이고, 어머니가 3개이어야 하므로 염색체 비분리는 어머니의 난자 형성 과정 중 감수 1분열에서 일어났다.

○ **보기 풀이** ⓐ의 동생은 어머니로부터 대문자로 표시되는 대립유전자 2개를 받거나 1개를 받을 수 있다. 그리고 이 아이에게서 나타날 수 있는 (가)의 표현형이 최대 2가지이므로 아버지로부터 물려받을 수 있는 대문자로 표시되는 대립유전자의 수는 한 가지이어야 한다. 아버지의 대립유전자 구성은 ht/ht, HT/HT, Ht/Ht, hT/hT, Ht/hT 중 하나가 될 수 있는데, ⓐ의 동생이 가질 수 있는 (가)의 유전자형이 최대 4가지이므로 아버지의 대립유전자 구성은 Ht/hT이다.

ㄱ. 아버지의 (가)의 유전자형은 HhTt이므로 대문자로 표시되는 대립유전자의 수는 2이다.

ㄴ. 아버지의 대립유전자 구성은 Ht/hT이고, 어머니의 대립유전자 구성은 HT/Ht이므로 ㉠으로 가능한 것은 HHTt, HhTT, HHtt, HhTt가 있다.

ㄷ. 아버지는 ⓐ에게 물려줄 수 있는 대문자로 표시되는 대립유전자의 수가 1이므로 어머니는 ⓐ에게 대문자로 표시되는 대립유전자를 3개 물려주었다. 따라서 Q의 형성 과정에서 염색체 비분리는 감수 1분열에서 일어났다.

**문제풀이 Tip**

(가)는 21번 염색체에 있는 2쌍의 대립유전자에 의해 결정되므로 대립유전자는 서로 함께 움직인다는 것을 인지해야 한다. 어머니의 (가)의 유전자형이 HHTt이고, ⓐ의 (가)의 유전자형에서 대문자로 표시되는 대립유전자의 수는 4이므로 아버지의 (가)의 유전자형이 ht/ht, HT/HT, Ht/Ht, hT/hT, Ht/hT 중 어떤 것에 해당하는지 빠르게 찾을 수 있어야 한다.

## 15 가계도 분석

출제의도 어떤 집안의 유전 형질 (가)와 (나)에 대한 제시된 자료와 가계도를 분석하여 각 유전자가 위치하는 염색체의 종류와 구성원들의 (가)와 (나)의 유전자형을 찾을 수 있는지를 묻는 문항이다.

**다음은 어떤 집안의 유전 형질 (가)와 (나)에 대한 자료이다.**

- (가)는 대립유전자 A와 a에 의해, (나)는 대립유전자 B와 b에 의해 결정된다. A는 a에 대해, B는 b에 대해 각각 완전 우성이다.
- (가)의 유전자와 (나)의 유전자는 서로 다른 염색체에 있다.
- 가계도는 구성원 1~7에게서 (가)와 (나)의 발현 여부를, 표는 구성원 1, 3, 6에서 체세포 1개당 ㉠과 B의 DNA 상대량을 더한 값(㉠+B)을 나타낸 것이다. ㉠은 A와 a 중 하나이다.

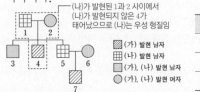

(나)가 발현된 1과 2 사이에서
(나)가 발현되지 않은 4가
태어났으므로 (나)는 우성 형질임

| 구성원 | a㉠+B |
|---|---|
| 1 | 2 |
| 3 | 1 |
| 6 | 2 |

▨ (가) 발현 남자
▥ (나) 발현 남자
■ (가), (나) 발현 남자
● (가), (나) 발현 여자

**이에 대한 설명으로 옳은 것만을 〈보기〉에서 있는 대로 고른 것은? (단, 돌연변이와 교차는 고려하지 않으며, A, a, B, b 각각의 1개당 DNA 상대량은 1이다.)**

보기
ㄱ. ㉠은 A이다. a이다.
ㄴ. (나)의 유전자는 상염색체에 있다.
ㄷ. 7의 동생이 태어날 때, 이 아이에게서 (가)와 (나)가 모두 발현될 확률은 $\frac{3}{8}$이다. (가)가 발현될 확률×(나)가 발현될 확률 $=\frac{1}{2}×\frac{3}{4}$

① ㄱ   ② ㄴ   ③ ㄱ, ㄷ   ④ ㄴ, ㄷ   ⑤ ㄱ, ㄴ, ㄷ

✔ **자료 해석**

- 부모인 1과 2는 모두 (나)가 발현되었지만, 아들인 4는 (나)가 발현되지 않았으므로 (나)는 우성 형질이다.
- 1과 2는 B를 1개 가지므로 ㉠+B=2인 구성원 1은 ㉠이 1개 있다. 그러나 (나)가 발현된 3은 ㉠+B=1이므로 ㉠이 없다. 만약 ㉠이 A이면 (가)는 열성 형질이며, 6의 (가)와 (나)의 유전자형은 aaBB가 된다. 이때 6으로부터 태어나는 자녀는 모두 (나)가 발현되어야 하지만, 7에게서 (나)가 발현되지 않아 모순되므로 ㉠은 a이다.
- a가 없는 3에게서 (가)가 발현되었으므로 (가)는 우성 형질이다. (가)의 유전자가 상염색체에 있다면 3의 (가)의 유전자형이 AA이므로 1과 2에게서 모두 (가)가 발현되어야 하는데 1에게서 (가)가 발현되지 않았으므로 (가)의 유전자는 X 염색체에 있다.
- (가)의 유전자는 X 염색체에 있으므로 (나)의 유전자는 상염색체에 있다.

○ **보기 풀이** ㄴ. a가 없는 3에게서 (가)가 발현되었으므로 (가)는 우성 형질이다. (가)의 유전자가 상염색체에 있다면 3의 (가)의 유전자형이 AA이므로 1과 2에게서 모두 (가)가 발현되어야 하는데 1에게서 (가)가 발현되지 않았으므로 (가)의 유전자는 X 염색체에 있다. 따라서 (나)의 유전자는 상염색체에 있다.
ㄷ. (가)가 발현되지 않은 5의 (가)의 유전자형은 aY이며, 7에게서 (나)가 발현되지 않았고, 5에게서 (나)가 발현되었으므로 5의 (나)의 유전자형은 Bb이다. 6의 a+B가 2이고, 6에게서 (가)와 (나)가 모두 발현되었으므로 6의 유전자형은 AaBb이다. 따라서 7의 동생이 태어날 때, 이 아이에게서 (가)와 (나)가 모두 발현될 확률은 $\frac{3}{8}$이다.

✕ **매력적 오답** ㄱ. (나)가 발현된 1과 2로부터 (나)가 발현되지 않은 4가 태어났으므로 (나)는 우성 형질이며, 1과 2는 각각 B를 1개 갖는다. 1에는 ㉠이 1개 있고, (나)가 발현된 3에는 B가 있으므로 ㉠이 없다. ㉠이 A이면 (가)는 열성 형질이므로 6의 (가)와 (나)의 유전자형은 aaBB이며, 6으로부터 태어나는 자녀는 모두 (나)가 발현되어야 한다. 그런데 7에게서 (나)가 발현되지 않았으므로 ㉠은 a이다.

**문제풀이 Tip**
부모에서 유전 형질이 모두 발현되었는데, 자녀에서 유전 형질이 발현되지 않았으면 이 유전 형질은 우성 형질임을 알고 문제를 해결해야 한다.

출제 의도 여러 유전 형질을 나타낸 자료를 분석하여 유전자가 위치하는 염색체의 종류와 가족 구성원의 유전자형을 파악할 수 있는지 묻는 문항이다.

## 다음은 어떤 집안의 유전 형질 (가)와 (나)에 대한 자료이다.

- (가)는 대립유전자 A와 a에 의해, (나)는 대립유전자 B와 b에 의해 결정된다. A는 a에 대해, B는 b에 대해 각각 완전 우성이다.
- (가)와 (나)는 모두 우성 형질이고, (가)의 유전자와 (나)의 유전자는 서로 다른 염색체에 있다.
- 가계도는 구성원 1~8에게서 (가)와 (나)의 발현 여부를 나타낸 것이다.

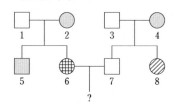

| | |
|---|---|
| ☐ | 정상 남자 |
| ▨ | (가) 발현 여자 |
| ⊕ | (나) 발현 여자 |
| ▦ | (가), (나) 발현 남자 |
| ◗ | (가), (나) 발현 여자 |

- 표는 구성원 1, 2, 5, 8에서 체세포 1개당 a와 B의 DNA 상대량을 나타낸 것이다. ㉠~㉢은 0, 1, 2를 순서 없이 나타낸 것이다.

┌── a 하나만 있는데 열성 형질인 (가) 미발현이므로
│    (가)는 X 염색체 유전 형질이다.

| 구성원 | | 1 | 2 | 5 | 8 |
|---|---|---|---|---|---|
| DNA 상대량 | a | ⎣1⎦ | ㉠ 1 | ㉡ 0 | ? 1 |
| | B | ? 0 | ㉢ 2 | ㉠ 1 | ⎣㉡⎦ 0 |

8은 열성 형질인 (나) 미발현이므로 bb이다.

이에 대한 설명으로 옳은 것만을 〈보기〉에서 있는 대로 고른 것은? (단, 돌연변이와 교차는 고려하지 않으며, A, a, B, b 각각의 1개당 DNA 상대량은 1이다.) [3점]

┌─ 보기 ─────────────────────────────┐
│ ㄱ. (가)의 유전자는 X 염색체에 있다.
│ ㄴ. ㉢은 2이다.
│ ㄷ. 6과 7 사이에서 아이가 태어날 때, 이 아이에게서 (가)와
│    (나) 중 (나)만 발현될 확률은 $\frac{1}{2}$이다.
└────────────────────────────────────┘
                              (가) 미발현: $1 \times$ (나) 발현: $\frac{1}{2} = \frac{1}{2}$

① ㄱ  ② ㄷ  ③ ㄱ, ㄴ  ④ ㄴ, ㄷ  ⑤ ㄱ, ㄴ, ㄷ

---

✔ 자료 해석

- 가계도에 가족 구성원 1~8의 (가)와 (나)의 유전자형을 나타내면 그림과 같다.

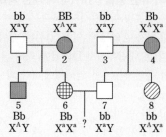

```
  bb        BB        bb        Bb
  X^aY      X^AX^a    X^aY      X^AX^a
  [1]       (2)       [3]       (4)
       │                   │
   ┌───┴───┐         ┌─────┴─────┐
  Bb      Bb        bb          bb
  X^AY    X^aX^a    X^aY        X^AX^a
  [5]     (6)       [7]         (8)
           │
           ?
```

○ 보기 풀이  ㄱ. (가)와 (나)는 모두 우성 형질이고, (나)가 발현된 2와 5의 B의 DNA 상대량 ㉠과 ㉡은 0일 수 없으므로 ㉡이 0이다. a의 DNA 상대량이 0인 5에게서 (가)가 발현되고, a의 DNA 상대량이 1인 1에게서 (가)가 발현되지 않았으므로 (가)의 유전자는 X 염색체에 있고, (나)의 유전자는 상염색체에 있다. 2에게서 (가)가 발현되었으므로 2는 A를 가지고, 2의 a의 DNA 상대량인 ㉠은 1이며, 나머지 ㉢은 2이다.

ㄴ. ㉠은 1, ㉡은 0, ㉢은 2이다.

ㄷ. 6($X^AX^aBb$)과 7($X^aYbb$) 사이에서 아이가 태어날 때, 이 아이에게서 (가)가 발현되지 않을 확률($X^aX^a$, $X^aY$)은 1이고, (나)가 발현될 확률(Bb)은 $\frac{1}{2}$이므로 구하고자 하는 확률은 $1 \times \frac{1}{2} = \frac{1}{2}$이다.

문제풀이 Tip
(가)가 우성 형질인데 a의 DNA 상대량이 1인 1에게서 (가)가 발현되지 않았으므로 1의 (가)의 유전자형은 $X^aY$이며 (가)의 유전자는 X 염색체에 있다는 것을 파악하는 것이 중요하다.

Part II 수능 평가원

출제 의도 여러 유전 형질을 나타낸 자료를 분석하여 가족 구성원의 유전자형 및 결실과 염색체 비분리가 일어난 시기를 파악할 수 있는지 묻는 문항이다.

**다음은 어떤 가족의 유전 형질 (가)~(다)에 대한 자료이다.**

- (가)는 대립유전자 A와 a에 의해, (나)는 대립유전자 B와 b에 의해, (다)는 대립유전자 D와 d에 의해 결정된다.
- (가)와 (나)의 유전자는 7번 염색체에, (다)의 유전자는 13번 염색체에 있다.
- 그림은 어머니와 아버지의 체세포 각각에 들어 있는 7번 염색체, 13번 염색체와 유전자를 나타낸 것이다.

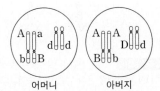

어머니　　　아버지

- 표는 이 가족 구성원 중 자녀 1~3에서 체세포 1개당 A, b, D의 DNA 상대량을 더한 값(A+b+D)과 체세포 1개당 a, b, d의 DNA 상대량을 더한 값(a+b+d)을 나타낸 것이다.

| | | 자녀 1 | 자녀 2 | 자녀 3 |
|---|---|---|---|---|
| | | AAbbDd | AABbdd | AABDDd |
| 구성원 | | 자녀 1 | 자녀 2 | 자녀 3 |
| DNA 상대량을 더한 값 | A+b+D | 5 | 3 | 4 |
| | a+b+d | 3 | 3 | 1 |

- 자녀 1~3은 (가)의 유전자형이 모두 같다. AA
- 어머니의 생식세포 형성 과정에서 ㉠이 1회 일어나 형성된 난자 P와 아버지의 생식세포 형성 과정에서 ㉡이 1회 일어나 형성된 정자 Q가 수정되어 자녀 3이 태어났다. ㉠과 ㉡은 7번 염색체 결실과 13번 염색체 비분리를 순서 없이 나타낸 것이다.　7번 염색체 결실(b 결실)　감수 2분열에서 13번 염색체 비분리(DD)
- 자녀 3의 체세포 1개당 염색체 수는 47이고, 자녀 3을 제외한 이 가족 구성원의 핵형은 모두 정상이다.

**이에 대한 설명으로 옳은 것만을 〈보기〉에서 있는 대로 고른 것은? (단, 제시된 돌연변이 이외의 돌연변이와 교차는 고려하지 않으며, A, a, B, b, D, d 각각의 1개당 DNA 상대량은 1이다.) [3점]**
a+b+d가 1이므로 d는 1보다 클 수 없다.
→ 반드시 어머니에게서 d를 물려받으므로 아버지에게서 DD를 물려받아야 한다.

〈보기〉
ㄱ. 자녀 2에게서 A, B, D를 모두 갖는 생식세포가 형성될 수 있다.　생식세포: A, b, d와 A, B, d
　　　　없다
ㄴ. ㉠은 7번 염색체 결실이다.
ㄷ. 염색체 비분리는 감수 2분열에서 일어났다.

① ㄱ　② ㄴ　③ ㄱ, ㄷ　④ ㄴ, ㄷ　⑤ ㄱ, ㄴ, ㄷ

---

✓ **자료 해석**

- 자녀 1의 유전자형은 Ab/Ab, D/d, 2의 유전자형은 Ab/AB, d/d, 3의 유전자형은 A/AB, DD/d이다.
- ㉠: 7번 염색체 결실−A(b 결실)d+㉡: 감수 2분열에서 13번 염색체 비분리−ABDD → AABDDd

○ **보기 풀이** 자녀 1과 2가 가질 수 있는 D의 DNA 상대량의 최댓값은 1이고, A와 b의 DNA 상대량을 더한 값의 최댓값은 4이다. 따라서 자녀 1의 유전자형은 AAbbDd이다. 자녀 1~3은 (가)의 유전자형이 모두 같으므로 자녀 2의 (가)의 유전자형은 자녀 1과 같은 AA이며, 어머니로부터 A와 b가 함께 있는 염색체를 물려받아야 한다. 또, A+b+D=3인 자녀 2는 어머니와 아버지로부터 각각 d를 물려받아야 하므로 자녀 2의 유전자형은 AABbdd이다. 자녀 3의 (가)의 유전자형은 AA이므로 자녀 3의 체세포 1개당 b와 D의 DNA 상대량을 더한 값(b+D)은 2, b와 d의 DNA 상대량을 더한 값(b+d)은 1이다. 이 경우 b의 DNA 상대량은 2가 될 수 없다. DNA 상대량이 b가 1이면 D는 1, d는 0이고, b가 0이면 D는 2, d는 1이다. b의 DNA 상대량이 1이라면 자녀 3의 체세포에서 D와 d의 DNA 상대량을 더한 값이 1이므로 어머니의 감수 분열 과정에서 13번 염색체를 갖지 않아 염색체 수가 22인 난자 Q가 염색체 수가 23인 정자 P와 수정되므로 염색체 수가 47인 자녀 3이 태어날 수 없다. 따라서 자녀 3에서 DNA 상대량은 b가 0, D는 2, d는 1이다. 자녀 3은 어머니로부터 A와 b가 함께 있는 염색체에서 결실이 일어나 b가 없는 염색체와 d가 있는 염색체를, 아버지로부터 A와 B가 함께 있는 염색체와 감수 2분열 과정에서 염색체 비분리가 일어나 D가 있는 염색체 2개를 물려받았으므로 유전자형이 AABDDd이다.

ㄴ. 어머니의 생식세포 형성 과정에서 7번 염색체의 결실(㉠)이 일어나 b가 없는 난자 P가 형성되었다.

ㄷ. 아버지의 생식세포 형성 과정에서 D를 2개 갖는 정자 Q가 형성되었으므로 감수 2분열에서 염색체 비분리가 일어났다.

✗ **매력적 오답** ㄱ. 자녀 2는 어머니로부터 A와 b가 함께 있는 염색체를, 아버지로부터 A와 B가 함께 있는 염색체와 d가 있는 염색체를 물려받았으므로 A, B, D를 모두 갖는 생식세포는 형성될 수 없다.

**문제풀이 Tip**
자녀 3의 (가)의 유전자형은 AA이므로 b의 DNA 상대량은 2가 될 수 없으며, DNA 상대량이 b가 1이면 염색체 수가 47인 자녀 3이 태어날 수 없다. 따라서 자녀 3에서 DNA 상대량은 b가 0, D는 2, d는 1임을 파악하는 것이 중요하다.

# 18 단일 인자 유전과 다인자 유전

출제 의도 유전 형질을 나타낸 자료를 분석하여 가족 구성원의 특정 표현형이 나타날 확률을 구할 수 있는지 묻는 문항이다.

## 다음은 사람의 유전 형질 (가)와 (나)에 대한 자료이다.

- (가)는 서로 다른 3개의 상염색체에 있는 3쌍의 대립유전자 A와 a, B와 b, D와 d에 의해 결정된다.
- (가)의 표현형은 유전자형에서 대문자로 표시되는 대립유전자의 수에 의해서만 결정되며, 이 대립유전자의 수가 다르면 표현형이 다르다. 다인자 유전
- (나)는 대립유전자 E와 e에 의해 결정되며, 유전자형이 다르면 표현형이 다르다. (나)의 유전자는 (가)의 유전자와 서로 다른 상염색체에 있다.
- P의 유전자형은 AaBbDdEe이고, P와 Q는 (가)의 표현형이 서로 같다. └(가)에서 대문자로 표시되는 대립유전자 수: 3
- P와 Q 사이에서 ⓐ가 태어날 때, ⓐ에게서 나타날 수 있는 (가)와 (나)의 표현형은 최대 15가지이다. (가): 5가지×(나): 3가지 └Q의 유전자형은 Ee이다.

ⓐ가 유전자형이 AabbDdEe인 사람과 (가)와 (나)의 표현형이 모두 같을 확률은? (단, 돌연변이는 고려하지 않는다.)

① $\frac{1}{16}$　② $\frac{1}{8}$　③ $\frac{3}{16}$　④ $\frac{1}{4}$　⑤ $\frac{5}{16}$

(가)의 표현형(대문자로 표시되는 대립유전자 수(2)): $\frac{1}{4}$
(나)의 표현형(Ee): $\frac{1}{2}$

✔ 자료 해석

- ⓐ에게서 나타날 수 있는 (가)와 (나)의 표현형은 최대 15가지이고, (나)는 유전자형이 다르면 표현형이 다른 형질이므로 ⓐ에게서 나타날 수 있는 (나)의 표현형은 2가지가 될 수 없고, P와 Q의 (가)의 유전자형이 모두 이형 접합성인 경우 ⓐ에게서 나타날 수 있는 (가)의 표현형은 최대 7가지이므로 ⓐ에게서 나타날 수 있는 (나)의 표현형은 3가지, (가)의 표현형은 5가지가 되어야 한다. 따라서 Q의 (나)의 유전자형은 Ee이고, Q의 (가)의 유전자형에서 두 대립유전자 쌍은 동형 접합성(1쌍은 대문자 대립유전자, 나머지 1쌍은 소문자 대립유전자)이며, 나머지 대립유전자 쌍은 이형 접합성이다.

○ 보기 풀이 Q의 (가)의 유전자형을 AABbdd라고 할 때 ⓐ가 가질 수 있는 (가)의 유전자형에서 대문자로 표시되는 대립유전자 수는 표와 같다.

| P의 생식세포 ＼ Q의 생식세포 | ABd(2) | Abd(1) |
|---|---|---|
| ABD(3) | 5 | 4 |
| ABd(2) | 4 | 3 |
| AbD(2) | 4 | 3 |
| Abd(1) | 3 | 2 |
| aBD(2) | 4 | 3 |
| aBd(1) | 3 | 2 |
| abD(1) | 3 | 2 |
| abd(0) | 2 | 1 |

ⓐ가 유전자형이 AabbDdEe인 사람과 (가)의 표현형(대문자로 표시되는 대립유전자 수가 2)이 같을 확률은 $\frac{1}{4}$, (나)의 표현형(Ee)이 같을 확률은 $\frac{1}{2}$이므로 구하고자 하는 확률은 $\frac{1}{4} \times \frac{1}{2} = \frac{1}{8}$이다.

### 문제풀이 Tip

ⓐ에게서 나타날 수 있는 (가)와 (나)의 표현형은 최대 15가지이므로 5((가)의 표현형의 최대 가짓수)×3((나)의 표현형의 최대 가짓수)임을 먼저 파악하는 것이 중요하다.

## 19 사람의 유전

**출제 의도** 사람의 유전 형질 (가)~(라)의 자료를 분석하여 특정 형질의 유전자형을 이형 접합성으로 가질 확률을 구할 수 있는지를 묻는 문항이다.

**다음은 사람의 유전 형질 (가)~(라)에 대한 자료이다.**

- (가)는 대립유전자 A와 a에 의해, (나)는 대립유전자 B와 b에 의해, (다)는 대립유전자 D와 d에 의해, (라)는 대립유전자 E와 e에 의해 결정된다. A는 a에 대해, B는 b에 대해, D는 d에 대해, E는 e에 대해 각각 완전 우성이다.
- (가)~(라)의 유전자는 서로 다른 2개의 상염색체에 있고, (가)~(다)의 유전자는 (라)의 유전자와 다른 염색체에 있다. <u>A_B_D_E_ × A_B_D_E_</u>
- (가)~(라)의 표현형이 모두 우성인 부모 사이에서 ⓐ가 태어날 때, ⓐ의 (가)~(라)의 표현형이 모두 부모와 같을 확률은 $\frac{3}{16}$ 이다. (가)~(다)의 표현형이 모두 부모와 같을 확률($\frac{1}{4}$) × (라)의 표현형이 부모와 같을 확률($\frac{3}{4}$)

**ⓐ가 (가)~(라) 중 적어도 2가지 형질의 유전자형을 이형 접합성으로 가질 확률은? (단, 돌연변이와 교차는 고려하지 않는다.)**

① $\frac{7}{8}$　② $\frac{3}{4}$　③ $\frac{5}{8}$　④ $\frac{1}{2}$　⑤ $\frac{3}{8}$

### ✔ 자료 해석

- (가)~(라)의 유전자형이 부모 중 한 명에게서라도 우성 동형 접합성이라면 ⓐ의 (가)~(라)의 표현형이 모두 부모와 같을 확률은 $\frac{3}{16}$ 이 될 수 없다. 따라서 부모 모두 (가)~(라)의 유전자형은 이형 접합성(AaBbDdEe)이다.
- 부모는 (라)의 유전자형이 이형 접합성(Ee)이므로 ⓐ의 (라)의 표현형이 부모와 같을 확률이 $\frac{3}{4}$ 이 된다. 따라서 ⓐ의 (가)~(다)의 표현형이 부모와 같을 확률은 $\frac{1}{4}$ 이어야 한다. 만약 부모의 (가)~(다)의 유전자 중 A, B, D(a, b, d)가 하나의 염색체에 존재하는 경우와 부모의 (가)~(다)의 유전자 구성이 같은 경우(예 부모 모두 ABd/abD인 경우) 모두 ⓐ의 (가)~(다)의 표현형이 부모와 같을 확률이 $\frac{1}{4}$ 이 나올 수 없으므로 부모 모두 (가)~(다)의 유전자 구성이 서로 달라야 한다.
- ⓐ의 (가)~(다)의 표현형이 부모와 같을 확률이 $\frac{1}{4}$ 이 나오기 위해서는 부모의 (가)~(다)의 유전자 구성 중 하나는 다음 표와 같다.

| 부모의 (가)~(다)의 유전자 구성 중 하나 | | 아버지(ABd/abD) | |
| --- | --- | --- | --- |
| | | ABd | abD |
| 어머니(AbD/aBd) | AbD | AABbDd | AabbDD |
| | aBd | AaBBdd | aaBbDd |

**○ 보기 풀이** (가)~(다)의 유전자 구성이 ABd/abD인 아버지와 AbD/aBd인 어머니 사이에서 태어난 경우 ⓐ는 4가지의 유전자형(AABbDd, AabbDD, AaBBdd, aaBbDd)을 가질 수 있다. 이중 ⓐ가 (가)~(다) 중 2가지 형질의 유전자형을 이형 접합성으로 가질 확률은 $\frac{1}{2}$ 이고, (가)~(다) 중 1가지 형질의 유전자형을 이형 접합성으로 가질 확률은 $\frac{1}{2}$ 이다. 따라서 ⓐ가 (가)~(라) 중 적어도 2가지 형질의 유전자형을 이형 접합성으로 가질 확률은 (가)~(다) 중 2가지 형질의 유전자형을 이형 접합성으로 가질 확률+[(가)~(다) 중 1가지 형질의 유전자형을 이형 접합성으로 가질 확률×(라)의 유전자형이 이형 접합성일 확률]= $\frac{1}{2} + \left[ \frac{1}{2} \times \frac{1}{2} \right] = \frac{3}{4}$ 이다.

### 문제풀이 Tip

(라)의 유전자가 하나의 염색체에 존재하므로 먼저 (라)에서 경우의 수를 따진 후, (가)~(다)의 유전자가 하나의 염색체에 존재하는 경우를 살펴봐야 한다. 많이 어렵지는 않았지만, 각각의 경우를 모두 살펴보면서 풀면 시간 안에 풀 수 없으므로 기술적으로 문제 풀이에 빠른 판단이 필요한 문항이다.

## 20 다인자 유전과 돌연변이

출제 의도 다인자 유전에 대한 이해를 바탕으로 유전 형질 (가)에 대한 자료와 가계도를 분석할 수 있는지를 묻는 문항이다.

**다음은 어떤 가족의 유전 형질 (가)에 대한 자료이다.**

- (가)는 서로 다른 상염색체에 있는 2쌍의 대립유전자 H와 h, T와 t에 의해 결정된다. (가)의 표현형은 유전자형에서 대문자로 표시되는 대립유전자의 수에 의해서만 결정되며, 이 대립유전자의 수가 다르면 표현형이 다르다. − 다인자 유전
- 표는 이 가족 구성원의 체세포에서 대립유전자 @~ⓓ의 유무와 (가)의 유전자형에서 대문자로 표시되는 대립유전자의 수를 나타낸 것이다. @~ⓓ는 H, h, T, t를 순서 없이 나타낸 것이고, ㉠~㉤은 0, 1, 2, 3, 4를 순서 없이 나타낸 것이다.

| 구성원 | 대립유전자 | | | | 대문자로 표시되는 대립유전자의 수 |
|---|---|---|---|---|---|
| | @ 소 | ⓑ 대 | ⓒ 대 | ⓓ 소 | |
| 아버지 | ○ | ○ | × | ○ | ㉠ 1 |
| 어머니 | ○ | ○ | ○ | ○ | HhTt ㉡ 2 |
| 자녀 1 | ?○ | × | × | ○ | hhtt ㉢ 0 |
| 자녀 2 | ○ | ○ | ?○ | × | ㉣ 3 |
| 자녀 3 | ○ | ?○ | ○ | × | HHTT ㉤ 4 |

@와 ⓒ가 대립유전자, ⓑ와 ⓓ가 대립유전자임　(○: 있음, ×: 없음)

- 아버지의 정자 형성 과정에서 염색체 비분리가 1회 일어나 염색체 수가 비정상적인 정자 P가 형성되었다. P와 정상 난자가 수정되어 자녀 3이 태어났다.
- 자녀 3을 제외한 이 가족 구성원의 핵형은 모두 정상이다.

**이에 대한 설명으로 옳은 것만을 〈보기〉에서 있는 대로 고른 것은? (단, 제시된 염색체 비분리 이외의 돌연변이와 교차는 고려하지 않는다.) [3점]**

보기

ㄱ. 아버지는 t를 갖는다.
　㉠이 1이므로 t와 h를 가진다.
ㄴ. @는 ⓒ와 대립유전자이다.
ㄷ. 염색체 비분리는 감수 ~~1분열~~에서 일어났다.
　　　　　　　　　　2분열

① ㄱ　② ㄴ　③ ㄷ　④ ㄱ, ㄴ　⑤ ㄱ, ㄷ

---

✔ **자료 해석**

- 아버지는 @, ⓑ, ⓓ가 모두 있고, ⓒ가 없으므로 1쌍의 대립유전자는 이형 접합이고, 다른 1쌍의 대립유전자는 동형 접합이다. 따라서 ㉠은 1 또는 3이다.
- 어머니는 @~ⓓ가 모두 있으므로 유전자형은 HhTt이며, ㉡은 2이다.
- 자녀 1의 체세포에는 @~ⓓ 중 적어도 2개가 있어야 하므로 @는 '있음'이고, 2쌍의 대립유전자는 모두 동형 접합이다.
- 만약 (가)의 유전자형에서 대문자로 표시되는 대립유전자의 수가 아버지는 3, 어머니는 2인 경우, 자녀에게 절대 나올 수 없는 대문자로 표시되는 대립유전자의 수는 0이며, 이는 비정상 정자 P와 정상 난자가 수정되어 태어난 자녀 3만이 가질 수 있다. 따라서 ㉤이 0이면, 자녀 1은 2쌍의 대립유전자가 모두 동형 접합이므로 ㉢은 4, 나머지 ㉣은 1이 된다. 이때 ㉢이 4이므로 @와 ⓓ는 각각 H와 T 중 하나가 되는데, 자녀 3은 @가 '있음'이므로 ㉤이 0이 나올 수 없어 모순된다. 따라서 ㉠은 1이다.
- (가)의 유전자형에서 대문자로 표시되는 대립유전자의 수가 아버지는 1, 어머니는 2인 경우, 자녀에게 절대 나올 수 없는 대문자로 표시되는 대립유전자의 수는 4이며, 이는 비정상 정자 P와 정상 난자가 수정되어 태어난 자녀 3만이 가질 수 있다. 따라서 ㉤이 4이면, 자녀 1은 2쌍의 대립유전자가 모두 동형 접합이므로 ㉢은 0, 나머지 ㉣은 3이 된다.
- ㉢이 0이므로 자녀 1의 유전자형은 hhtt이며, @와 ⓓ는 각각 h와 t 중 하나가 된다. 따라서 ⓑ와 ⓒ는 각각 H와 T 중 하나이다.
- ㉤이 4이므로 아버지로부터 대문자로 표시되는 대립유전자 2개를, 어머니로부터 대문자로 표시되는 대립유전자 2개를 받아야 한다. 아버지는 대문자로 표시되는 대립유전자를 1개만 가지고 있으므로 감수 2분열 시 염색체 비분리로 인해 대문자로 표시되는 대립유전자 2개를 가진 정자 P가 형성되었다. 이 비정상 P가 정상 난자와 결합하여 자녀 3이 태어났다.

🅞 **보기풀이** ㄱ. 아버지의 체세포에서 대문자로 표시되는 대립유전자의 수 (㉠)가 1이므로 아버지는 h와 t를 모두 가진다.

ㄴ. @가 ⓑ와 대립유전자이고, @가 h인 경우 아버지의 (가)의 유전자형은 Hhtt(@ⓑⓓⓓ)이다. 이때 1쌍의 대립유전자 tt 중 하나는 반드시 자녀에게 전달되어야 하는데, 자녀 2와 자녀 3은 t(ⓓ)가 '없음'이므로 모순된다. 따라서 @가 ⓒ와 대립유전자이다.

✘ **매력적 오답** ㄷ. 염색체 비분리는 감수 2분열에서 일어났다.

**문제풀이 Tip**

다인자 유전에 대한 이해를 바탕으로 가족 구성원의 체세포에서 대립유전자 @~ⓓ의 유무와 (가)의 유전자형에서 대문자로 표시되는 대립유전자의 수를 구할 수 있어야 한다. 대문자로 표시되는 대립유전자의 수 중 ㉠이 1인 경우와 3인 경우를 꼼꼼하게 따지면서 풀어보도록 하자.

## 21 사람의 유전

출제 의도 (가)와 (나)에 대한 자료와 가계도를 분석하여 각 유전 형질의 유전자의 위치 및 가족 구성원들의 유전자형을 찾을 수 있는지를 묻는 문항이다.

**다음은 어떤 집안의 유전 형질 (가)와 (나)에 대한 자료이다.**

- (가)의 유전자와 (나)의 유전자는 같은 염색체에 있다.
- (가)는 대립유전자 A와 a에 의해 결정되며, A는 a에 대해 완전 우성이다.
- (나)는 대립유전자 E, F, G에 의해 결정되며, E는 F, G에 대해, F는 G에 대해 각각 완전 우성이다. (나)의 표현형은 3가지이다.
- 가계도는 구성원 ⓐ를 제외한 구성원 1~5에게서 (가)의 발현 여부를 나타낸 것이다.

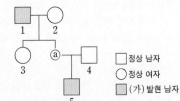

□ 정상 남자
○ 정상 여자
▨ (가) 발현 남자

- 표는 구성원 1~5와 ⓐ에서 체세포 1개당 E와 F의 DNA 상대량을 더한 값 (E+F)과 체세포 1개당 F와 G의 DNA 상대량을 더한 값 (F+G)을 나타낸 것이다. ㉠~㉢은 0, 1, 2를 순서 없이 나타낸 것이다.

남자인 4는 G를 1개만 가지므로 ──┐
(나)는 X 염색체 유전 형질임

| 구성원 | | 1 | 2 | 3 | ⓐ | 4 | 5 |
|---|---|---|---|---|---|---|---|
| DNA 상대량을 더한 값 | E+F | ?1 | ?1 | 1 | 2 ㉢ | ⓪ | 1 |
| | F+G | ㉠0 | ?2 | 1 | 1 | ① | ㉢1 |

**이에 대한 설명으로 옳은 것만을 〈보기〉에서 있는 대로 고른 것은? (단, 돌연변이와 교차는 고려하지 않으며, E, F, G 각각의 1개당 DNA 상대량은 1이다.) [3점]**

보기
ㄱ. ⓐ의 (가)의 유전자형은 동형 접합성이다.
 ⓐ의 (가)의 유전자형은 $X^aX^a$이다.
ㄴ. 이 가계도 구성원 중 A와 G를 모두 갖는 사람은 2̶명̶이다.
 3명
ㄷ. 5의 동생이 태어날 때, 이 아이의 (가)와 (나)의 표현형이 모두 2와 같을 확률은 1̶/̶2̶이다.
 $\frac{1}{4}$

① ㄱ    ② ㄴ    ③ ㄱ, ㄷ    ④ ㄴ, ㄷ    ⑤ ㄱ, ㄴ, ㄷ

---

✓ **자료 해석**

- 가계도에 (가)와 (나)의 유전자형을 나타내면 그림과 같다.

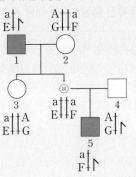

○ **보기 풀이** 4에서 체세포 1개당 E와 F의 DNA 상대량을 더한 값(E+F)이 0이고, 체세포 1개당 F와 G의 DNA 상대량을 더한 값(F+G)이 1이므로 남자인 4의 체세포에는 1개의 G만 있다. 따라서 (나)의 유전자는 X 염색체에 있다. 1과 5는 모두 남자이므로 ㉠과 ㉢은 모두 2가 될 수 없으므로 ㉢은 2이고, ⓐ의 (나)의 유전자형은 $X^EX^F$이다. 3은 여자이고, E+F의 DNA 상대량과 F+G의 DNA 상대량이 모두 1이므로 3의 (나)의 유전자형은 $X^EX^G$이다. (나)의 유전자형은 3이 $X^EX^G$, ⓐ가 $X^EX^F$이므로 1은 $X^EY$, 2가 $X^FX^G$이다. 따라서 ㉠은 0, ㉢은 1이고, 5의 (나)의 유전자형은 $X^FY$이다. (나)의 유전자가 X 염색체에 있으므로 (가)의 유전자도 X 염색체에 있다. 1에서 (가)가 발현되었지만 딸인 3에서 (가)가 발현되지 않았으므로 (가)는 열성 형질이다.

ㄱ. ⓐ의 (가)의 유전자형은 동형 접합성($X^aX^a$)이다.

✗ **매력적 오답** ㄴ. 이 가계도 구성원 중 A와 G를 모두 갖는 사람은 2, 3, 4로 모두 3명이다.

ㄷ. (가)와 (나)의 유전자형은 ⓐ가 $X^{aE}X^{aF}$, 4가 $X^{AG}Y$이므로 5의 동생이 태어날 때 5의 동생의 유전자형은 $X^{aE}X^{AG}$, $X^{aF}X^{AG}$, $X^{aE}Y$, $X^{aF}Y$ 중 하나이다. 따라서 5의 동생이 태어날 때, 이 아이의 (가)와 (나)의 표현형이 모두 2($X^{AG}X^{aF}$)와 같을 확률은 $\frac{1}{4}$이다.

**문제풀이 Tip**
구성원 4에서 체세포 1개당 E와 F의 DNA 상대량을 더한 값(E+F)과 체세포 1개당 F와 G의 DNA 상대량을 더한 값(F+G)을 통해 각 유전자가 X 염색체에 있음을 빠르게 찾을 수 있어야 한다.

## 22 사람의 유전

출제 의도 유전 형질 (가)와 (나)에 대한 자료를 분석하여 각 유전 형질의 우열 관계 및 유전자의 위치, 구성원들의 유전자형을 구할 수 있는지를 묻는 문항이다.

**다음은 어떤 집안의 유전 형질 (가)와 (나)에 대한 자료이다.**

- (가)의 유전자와 (나)의 유전자 중 하나만 X 염색체에 있다.
- (가)는 대립유전자 H와 h에 의해, (나)는 대립유전자 T와 t에 의해 결정된다. H는 h에 대해, T는 t에 대해 각각 완전 우성이다. (가)의 유전자는 상염색체에, (나)의 유전자는 X 염색체에 있다.
- 가계도는 구성원 1~6에게서 (가)와 (나)의 발현 여부를 나타낸 것이다.

(가)가 X 염색체 우성 형질이라면 (가)가 발현된 1로부터 정상인 딸 5가 태어날 수 없음

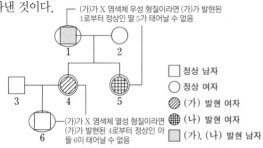

□ 정상 남자
○ 정상 여자
▨ (가) 발현 여자
⊞ (나) 발현 여자
▧ (가), (나) 발현 남자

(가)가 X 염색체 열성 형질이라면 (가)가 발현된 4로부터 정상인 아들 6이 태어날 수 없음

- 표는 구성원 Ⅰ~Ⅲ에서 체세포 1개당 H와 ㉠의 DNA 상대량을 나타낸 것이다.

| 구성원 | Ⅰ 2 | Ⅱ 1 | Ⅲ 5 |
|---|---|---|---|
| DNA 상대량 H | ⓑ 0 | ⓒ 1 | ⓑ 0 |
| ㉠ t | ㉠ 1 | ⓒ 1 | ⓐ 2 |

Ⅰ~Ⅲ은 각각 구성원 1, 2, 5 중 하나이고, ㉠은 T와 t 중 하나이며, ⓐ~ⓒ는 0, 1, 2를 순서 없이 나타낸 것이다.

**이에 대한 설명으로 옳은 것만을 〈보기〉에서 있는 대로 고른 것은? (단, 돌연변이와 교차는 고려하지 않으며, H, h, T, t 각각의 1개당 DNA 상대량은 1이다.) [3점]**

〈보기〉
ㄱ. ~~(가)는 열성 형질이다.~~ 우성 형질이다.
ㄴ. Ⅲ의 (가)와 (나)의 유전자형은 모두 동형 접합성이다.
ㄷ. 6의 동생이 태어날 때, 이 아이에게서 (가)와 (나)가 모두 발현될 확률은 ~~1/4~~ 이다.
$\frac{1}{2} \times \frac{1}{4} = \frac{1}{16}$ (가)가 발현될 확률: $\frac{1}{2}$ (나)가 발현될 확률: $\frac{1}{4}$

① ㄱ  ② ㄴ  ③ ㄱ, ㄴ  ④ ㄱ, ㄷ  ⑤ ㄴ, ㄷ

✓ **자료 해석**

- (가)는 상염색체 우성 형질이고, (나)는 X 염색체 열성 형질이다.
- 구성원 1~6에게서 (가)와 (나)의 유전자형을 가계도에 나타내면 그림과 같다.

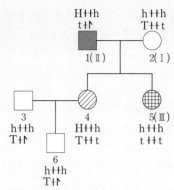

○ **보기 풀이** (가)가 열성 형질이라면 1, 2, 5 중 1에게서만 (가)가 발현되었으므로 ⓒ는 0이고, Ⅱ가 1이다. (가)에 대해 정상인 5는 1로부터 H를 물려받을 수 없으므로 ⓑ는 1이고, ⓐ는 2이다. Ⅰ이 2라면 Ⅰ과 Ⅱ에 모두 ㉠이 없는데 Ⅲ에 ㉠의 DNA 상대량이 2일 수 없다. Ⅲ이 2라면 Ⅰ(5)에 ㉠의 DNA 상대량이 0일 수 없다. 따라서 (가)는 우성 형질이다.

(가)가 우성 형질이고, 1에게서만 (가)가 발현되었으므로 Ⅱ는 1이고, ⓒ는 1, ⓑ는 0, ⓐ는 2이다. (가)의 유전자가 X 염색체에 있으면 5는 1로부터 H를 물려받아 (가)가 발현되어야 하지만, 그렇지 않으므로 (가)의 유전자는 상염색체에 있고, (나)의 유전자는 X 염색체에 있다. ㉠이 T라면 Ⅰ~Ⅲ이 모두 우성 대립유전자인 T를 가져 Ⅰ~Ⅲ의 (나)에 대한 표현형이 같아야 하는데 같지 않으므로 ㉠은 t이다.

ㄴ. Ⅲ은 ㉠(t)의 DNA 상대량이 2이므로 (나)가 발현된 5이고, Ⅲ의 (나)의 유전자형은 tt이다. 그리고 Ⅲ(5)은 H의 DNA 상대량이 0이므로 (가)의 유전자형은 hh이다. 따라서 Ⅲ의 (가)와 (나)의 유전자형은 모두 동형 접합성이다.

✗ **매력적 오답** ㄱ. (가)는 우성 형질이다.

ㄷ. (가)와 (나)의 유전자형이 3은 hhTY이고, 4는 HhTt이므로 6의 동생이 태어날 때, 이 아이에게서 (가)와 (나)가 모두 발현될 확률은 $\frac{1}{8}$ 이다.

문제풀이 **Tip**
(가)와 (나)의 유전자가 상염색체 있는지, X 염색체에 있는지 제시된 단서와 가계도를 분석하여 빠르게 찾고, 각 유전 형질의 우열 관계 및 구성원들의 유전자형을 유추할 수 있어야 한다.

## 23 복대립 유전

**출제 의도** 사람의 유전 형질 ㉠~㉢에 대한 자료를 분석하여 각 유전 형질의 유전 방식과 우열 관계, 특정 형질의 자손이 태어날 확률을 구할 수 있는지를 묻는 문항이다.

### 다음은 사람의 유전 형질 ㉠~㉢에 대한 자료이다.

- ㉠~㉢의 유전자는 서로 다른 3개의 상염색체에 있다.
- ㉠은 1쌍의 대립유전자에 의해 결정되며, 대립유전자에는 A, B, D가 있다. ㉠의 표현형은 4가지이며, ㉠의 유전자형이 AD인 사람과 AA인 사람의 표현형은 같고, 유전자형이 BD인 사람과 BB인 사람의 표현형은 같다. — 복대립 유전
- ㉡은 대립유전자 E와 E*에 의해 결정되며, 유전자형이 다르면 표현형이 다르다. — 불완전 우성
- ㉢은 대립유전자 F와 F*에 의해 결정되며, F는 F*에 대해 완전 우성이다.
- 표는 사람 Ⅰ~Ⅳ의 ㉠~㉢의 유전자형을 나타낸 것이다.

| 사람 | Ⅰ | Ⅱ | Ⅲ | Ⅳ |
|---|---|---|---|---|
| 유전자형 | ABEEFF* | ADE*E*FF | BDEE*FF | BDEE*F*F* |

- 남자 P와 여자 Q 사이에서 ⓐ가 태어날 때, ⓐ에게서 나타날 수 있는 ㉠~㉢의 표현형은 최대 12가지이다. P와 Q는 각각 Ⅰ~Ⅳ 중 하나이다. P와 Q는 각각 Ⅰ과 Ⅳ 중 하나이다.

ⓐ의 ㉠~㉢의 표현형이 모두 Ⅰ과 같을 확률은? (단, 돌연변이는 고려하지 않는다.)

① $\frac{1}{16}$　② $\frac{1}{8}$　③ $\frac{3}{16}$　④ $\frac{1}{4}$　⑤ $\frac{3}{8}$

✔ **자료 해석**

- ㉠의 유전자형이 AD인 사람과 AA인 사람의 표현형은 같고, 유전자형이 BD인 사람과 BB인 사람의 표현형은 같으므로 A와 B는 각각 D에 대해 우성이고, A와 B 사이에 우열 관계가 분명하지 않다. 따라서 ㉠의 표현형은 (AA, AD)인 경우, (BB, BD)인 경우, (AB)인 경우, (DD)인 경우로 총 4가지이다.
- ㉡은 대립유전자 E와 E*에 의해 결정되며, 유전자형이 다르면 표현형이 다르므로 E와 E* 사이에 우열 관계가 분명하지 않다. 따라서 ㉡의 표현형은 (EE)인 경우, (EE*)인 경우, (E*E*)인 경우로 총 3가지이다.
- ㉢은 대립유전자 F와 F*에 의해 결정되며, F는 F*에 대해 완전 우성이므로 ㉢의 표현형은 (FF, FF*)인 경우, (F*F*)인 경우로 총 2가지이다.

○ **보기 풀이**　Ⅰ~Ⅳ 중 두 사람 사이에서 아이가 태어날 때, 이 아이에게서 나타날 수 있는 ㉠~㉢의 표현형의 최대 가짓수는 Ⅰ과 Ⅱ 사이에서가 3, Ⅰ과 Ⅲ 사이에서가 6, Ⅰ과 Ⅳ 사이에서가 12, Ⅱ와 Ⅲ 사이에서가 8, Ⅱ와 Ⅳ 사이에서가 8, Ⅲ과 Ⅳ 사이에서가 6이다. 따라서 P와 Q는 각각 Ⅰ과 Ⅳ 중 하나이다. P와 Q가 각각 Ⅰ과 Ⅳ 중 하나이므로 P와 Q 사이에서 ⓐ가 태어날 때, ⓐ의 ㉠~㉢의 표현형이 모두 Ⅰ과 같을 확률은 $\frac{1}{4} \times \frac{1}{2} \times \frac{1}{2} = \frac{1}{16}$이다.

**문제풀이** Tip

㉠~㉢의 각 대립유전자 간의 우열 관계와 표현형을 파악한 후, Ⅰ~Ⅳ 사이에서 태어나는 아이에게서 나타날 수 있는 아이의 표현형의 최대 가짓수를 빠르게 구할 수 있어야 한다. 많이 어렵지 않았으나, 모든 경우를 다 확인한 후 문제를 해결해야 하므로 꼼꼼하게 확인하는 노력이 필요하다.

# 24 사람의 유전과 돌연변이

출제의도 유전 형질 (가)~(다)에 대한 제시된 자료를 분석하여 각 유전자의 위치와 우열 관계, 가족 구성원의 유전자형을 찾을 수 있는지를 묻는 문항이다.

**다음은 어떤 가족의 유전 형질 (가)~(다)에 대한 자료이다.**

- (가)는 대립유전자 A와 A*에 의해, (나)는 대립유전자 B와 B*에 의해, (다)는 대립유전자 D와 D*에 의해 결정된다.
- (가)와 (나)의 유전자는 7번 염색체에, (다)의 유전자는 9번 염색체에 있다.
- 표는 이 가족 구성원의 세포 I ~ V 각각에 들어 있는 A, A*, B, B*, D, D*의 DNA 상대량을 나타낸 것이다.

| 구분 | 세포 | DNA 상대량 | | | | | |
|---|---|---|---|---|---|---|---|
| | | A | A* | B | B* | D | D* |
| 아버지 | I $n$ | ? | ? | 1 | 0 | 1 | ? |
| 어머니 | II $n$ | 0 | ? | ? | 0 | 0 | 2 |
| 자녀 1 | III $2n$ | 2 | ? | ? | 1 | ? | 0 |
| 자녀 2 | IV $n$ | 0 | ? | 0 | ? | ? | 2 |
| 자녀 3 | V $2n$ | ? | 0 | ? | 2 | ? | 3 |

- 아버지의 생식세포 형성 과정에서 7번 염색체에 있는 대립유전자 ⊙이 9번 염색체로 이동하는 돌연변이가 1회 일어나 9번 염색체에 ⊙이 있는 정자 P가 형성되었다. ⊙은 A, A*, B, B* 중 하나이다.
- 어머니의 생식세포 형성 과정에서 염색체 비분리가 1회 일어나 염색체 수가 비정상적인 난자 Q가 형성되었다.
- P와 Q가 수정되어 자녀 3이 태어났다. 자녀 3을 제외한 나머지 구성원의 핵형은 모두 정상이다.

**이에 대한 설명으로 옳은 것만을 〈보기〉에서 있는 대로 고른 것은?** (단, 제시된 돌연변이 이외의 돌연변이와 교차는 고려하지 않으며, A, A*, B, B*, D, D* 각각의 1개당 DNA 상대량은 1이다.)

[3점]

┌─ 보기 ┐
ㄱ. ⊙은 B*이다.
ㄴ. 어머니에게서 A, B, D를 모두 갖는 난자가 형성될 수 있다.
  어머니의 (가)와 (나)의 유전자 구성은 A*B/AB*이므로 A와 B를 갖는 난자가 형성되지 않는다.
ㄷ. 염색체 비분리는 감수 2분열에서 일어났다.
└──────┘

① ㄱ  ② ㄷ  ③ ㄱ, ㄴ  ④ ㄱ, ㄷ  ⑤ ㄴ, ㄷ

---

✔ 자료 해석

- 가족 구성원의 세포 I ~ V 각각에 들어 있는 A, A*, B, B*, D, D*의 DNA 상대량과 핵상을 나타내면 표와 같다.

| 구분 | 세포 | DNA 상대량 | | | | | | 핵상 |
|---|---|---|---|---|---|---|---|---|
| | | A | A* | B | B* | D | D* | |
| 아버지 | I | ? | ? | 1 | 0 | 1 | ?(0) | $n$ |
| 어머니 | II | 0 | ?(2) | ?(2) | 0 | 0 | 2 | $n$ |
| 자녀 1 | III | 2 | ?(0) | ?(1) | 1 | ?(2) | 0 | $2n$ |
| 자녀 2 | IV | 0 | ?(2) | 0 | ?(2) | ?(0) | 2 | $n$ |
| 자녀 3 | V | ?(2) | 0 | ? | 2 | ?(0) | 3 | $2n$ |

○ 보기풀이 ㄱ. 자녀 1의 세포인 III은 A의 DNA 상대량이 2이고 B*의 DNA 상대량이 1이므로 III의 핵상은 $2n$이다. 따라서 III에는 A와 B가 함께 있는 7번 염색체와 A와 B*가 함께 있는 7번 염색체가 있고, 9번 염색체에는 모두 D가 있다. 자녀 1은 어머니로부터 D를 물려받았는데, II에 D가 없으므로 II의 핵상은 $n$이다. 핵상이 $n$인 II는 A와 B*의 DNA 상대량이 모두 0이므로 II에는 A*와 B가 있는 7번 염색체와 D*가 있는 9번 염색체가 있다. I에는 B와 B* 중 하나만 있으므로 I의 핵상은 $n$이다. IV는 A와 B의 DNA 상대량이 모두 0이므로 IV에는 A*와 B*가 함께 있는 7번 염색체가 있는데, IV는 A*와 B*가 함께 있는 7번 염색체를 어머니로부터 받지 않았으므로 A*와 B*가 함께 있는 7번 염색체를 아버지로부터 물려받았다. 따라서 아버지의 (가)와 (나)의 유전자 구성은 AB/A*B*이고, 어머니의 (가)와 (나)의 유전자 구성은 A*B/AB*이다.

자녀 1의 (나)의 유전자형이 DD인데, V에서 B*의 DNA 상대량이 2이고, D*의 DNA 상대량이 3이므로 아버지와 어머니의 (나)의 유전자형은 모두 DD*이다. V에서 B*의 DNA 상대량이 2이고, D*의 DNA 상대량이 3이므로 V의 핵상은 $2n$이며, V에 A*가 없으므로 3은 아버지로부터 A와 B를, 어머니로부터 A와 B*를 물려받았다. 하지만 V에 B*의 DNA 상대량이 2이므로 ⊙은 B*이다.

ㄷ. V에서 D*의 DNA 상대량이 3이므로 어머니에게서 일어나는 염색체 비분리는 감수 2분열에서 일어났다.

✘ 매력적 오답 ㄴ. 어머니의 (가)와 (나)의 유전자 구성은 A*B/AB*이므로 어머니에게서 A와 B를 모두 갖는 난자가 형성될 수 없다.

문제풀이 **Tip**
자녀 3을 제외한 나머지 구성원의 핵형은 정상이므로 V를 제외한 I ~ IV 각각에 들어 있는 A, A*, B, B*, D, D*의 DNA 상대량을 우선 분석한 후, 각 세포의 핵상과 DNA 상대량을 찾을 수 있어야 한다. (가)~(다)의 유전자가 상염색체 있으므로 생식세포는 각 대립유전자 쌍 중 하나는 무조건 가져야 한다는 것을 알고 있어야 한다. 또한, 자녀 1의 세포 III과 같이 A의 DNA 상대량이 2인데, B*의 DNA 상대량이 1인 경우 핵상이 $2n$인 세포라는 것을 알아두자.

출제 의도 사람의 유전 형질 (가)~(다)에 대한 자료를 분석하여 부모 P, Q 및 자녀 Ⅰ~Ⅲ의 유전자형을 찾을 수 있는지를 묻는 문항이다.

## 다음은 사람의 유전 형질 (가)~(다)에 대한 자료이다.

- (가)~(다)의 유전자는 서로 다른 3개의 상염색체에 있다.
- (가)는 대립유전자 A와 a에 의해, (나)는 대립유전자 B와 b에 의해, (다)는 대립유전자 D와 d에 의해 결정된다. A, B, D는 a, b, d에 대해 각각 완전 우성이며, (가)~(다)는 모두 열성 형질이다.
- 표는 남자 P와 여자 Q의 유전자형에서 B, D, d의 유무를 나타낸 것이고, 그림은 P와 Q 사이에서 태어난 자녀 Ⅰ~Ⅲ에서 체세포 1개당 A, B, D의 DNA 상대량을 더한 값 (A+B+D)을 나타낸 것이다.

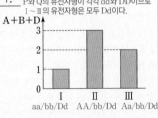

P와 Q의 유전자형이 각각 dd와 DD이므로 Ⅰ~Ⅲ의 유전자형은 모두 Dd이다.

| 사람 | 대립유전자 | | |
|---|---|---|---|
| | B | D | d |
| Aa/bb/dd P | × | × | ○ |
| Aa/Bb/DD Q | ? | ○ | × |

(○: 있음, ×: 없음)

- (가)와 (나) 중 한 형질에 대해서만 P와 Q의 유전자형이 서로 같다. — (가)에 대해서만 P와 Q의 유전자형이 서로 같다.
- 자녀 Ⅱ와 Ⅲ은 (가)~(다)의 표현형이 모두 같다.

**이에 대한 설명으로 옳은 것만을 〈보기〉에서 있는 대로 고른 것은? (단, 돌연변이는 고려하지 않으며, A, a, B, b, D, d 각각의 1개당 DNA 상대량은 1이다.)**

〈보기〉
ㄱ. P와 Q는 (나)의 유전자형이 서로 같다.
　(나)의 유전자형은 P가 bb이고, Q가 Bb이다.
ㄴ. Ⅱ의 (가)~(다)에 대한 유전자형은 AAbbDd이다.
ㄷ. Ⅲ의 동생이 태어날 때, 이 아이의 (가)~(다)의 표현형이 모두 Ⅲ과 같을 확률은 $\frac{3}{8}$이다.

① ㄱ　② ㄴ　③ ㄱ, ㄷ　④ ㄴ, ㄷ　⑤ ㄱ, ㄴ, ㄷ

---

✔ **자료 해석**

- P와 Q, 그리고 이들 사이에서 태어난 자녀 Ⅰ~Ⅲ의 유전자형은 그림과 같다.

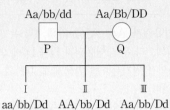

○ **보기 풀이** P의 유전자형에서는 d만 있고, Q의 유전자형에서는 D만 있으므로 Ⅰ~Ⅲ의 (다)의 유전자형은 모두 Dd이다. 따라서 Ⅰ의 (가)~(다)의 유전자형은 aabbDd이다. 자녀 Ⅱ와 Ⅲ은 (가)~(다)의 표현형이 모두 같으므로 (가)~(다)의 유전자형이 Ⅱ는 AAbbDd, Ⅲ은 AabbDd이거나 Ⅱ는 aaBBDd, Ⅲ은 aaBbDd이다. (가)~(다)의 유전자형이 Ⅱ는 aaBBDd, Ⅲ은 aaBbDd인 경우 P와 Q의 (나)의 유전자형은 모두 Bb이어야 하지만, P의 (가)~(다)의 유전자형에서 B는 없으므로 조건을 만족하지 못한다. 따라서 (가)~(다)의 유전자형은 Ⅱ는 AAbbDd, Ⅲ은 AabbDd이다. 이에 따라 (가)~(다)의 유전자형은 P가 Aabbdd, Q가 AaBbDD이다.

ㄴ. Ⅱ의 (가)~(다)에 대한 유전자형은 AAbbDd이다.

ㄷ. Ⅲ의 동생이 태어날 때, 이 아이의 (가)의 표현형이 Ⅲ과 같을 확률은 $\frac{3}{4}$, (나)의 표현형이 Ⅲ과 같을 확률은 $\frac{1}{2}$, (다)의 표현형이 Ⅲ과 같을 확률은 1이다.

따라서 이 아이의 (가)~(다)의 표현형이 모두 Ⅲ과 같을 확률은 $\frac{3}{8}(=\frac{3}{4}\times\frac{1}{2}\times 1)$이다.

✖ **매력적 오답** ㄱ. P와 Q의 (나)의 유전자형은 서로 다르다.

**문제풀이 Tip**

(가)~(다)의 유전자가 서로 다른 3개의 상염색체에 있으므로 독립적으로 유전된다는 점을 인식하고, 제시된 단서 자료를 통해 P와 Q, 그리고 이들 사이에서 태어난 자녀 Ⅰ~Ⅲ의 유전자형을 구할 수 있어야 한다. P와 Q의 유전자형에서 D와 d의 유무가 모두 제시되었기 때문에 P와 Q, 자녀 Ⅰ~Ⅲ의 (다)의 유전자형을 먼저 구한 후, (가)와 (나)의 유전자형을 순차적으로 구하면 된다.

## 26 사람의 유전

출제의도 유전 형질 (가)와 (나)에 대한 자료를 분석하여 각 구성원들의 (가)와 (나)의 유전자형을 찾을 수 있는지를 묻는 문항이다.

**다음은 어떤 집안의 유전 형질 (가)와 (나)에 대한 자료이다.**

- (가)는 대립유전자 E와 e에 의해 결정되며, 유전자형이 다르면 표현형이 다르다. (가)의 3가지 표현형은 각각 ㉠, ㉡, ㉢이다. — 불완전 우성(㉠ : Ee, ㉡ : ee, ㉢ : EE)

- (나)는 3쌍의 대립유전자 H와 h, R와 r, T와 t에 의해 결정된다. (나)의 표현형은 유전자형에서 대문자로 표시되는 대립유전자의 수에 의해서만 결정되며, 이 대립유전자의 수가 다르면 표현형이 다르다. — 다인자 유전

- 가계도는 구성원 1~8에게서 발현된 (가)의 표현형을, 표는 구성원 1, 2, 3, 6, 7에서 체세포 1개당 E, H, R, T의 DNA 상대량을 더한 값(E+H+R+T)을 나타낸 것이다.

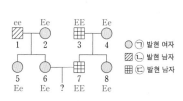

| 구성원 | E+H+R+T |
|---|---|
| 1 | 6 |
| 2 | ⓐ 4 |
| 3 | 2 |
| 6 | 5 |
| 7 | 3 |

○㉠ 발현 여자
◨㉡ 발현 남자
▦㉢ 발현 남자

- 구성원 1에서 e, H, R는 7번 염색체에 있고, T는 8번 염색체에 있다.

- 구성원 2, 4, 5, 8은 (나)의 표현형이 모두 같다.

**이에 대한 설명으로 옳은 것만을 〈보기〉에서 있는 대로 고른 것은?** (단, 돌연변이와 교차는 고려하지 않으며, E, e, H, h, R, r, T, t 각각의 1개당 DNA 상대량은 1이다.)

〈보기〉

ㄱ. ⓐ는 4이다.

ㄴ. 구성원 4에서 E, h, r, T를 모두 갖는 생식세포가 형성될 수 있다.
　　4의 유전자형은 Ehr/eHR Tt이므로 E, h, r, T를 모두 갖는 생식세포가 형성될 수 있다.

ㄷ. 구성원 6과 7 사이에서 아이가 태어날 때, 이 아이에게서 나타날 수 있는 (나)의 표현형은 최대 ~~5가지~~이다.
　　　　　　　4가지이다.

① ㄱ　② ㄷ　③ ㄱ, ㄴ　④ ㄴ, ㄷ　⑤ ㄱ, ㄴ, ㄷ

✔ 자료 해석

- 구성원 1~8의 (가)와 (나)에 대한 유전자형을 염색체에 나타내면 그림과 같다.

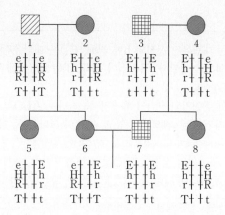

○ 보기 풀이 구성원 2의 (가)의 유전자형이 EE라면 구성원 1과 3의 (가)의 유전자형이 Ee이어야 하고, 구성원 2의 (가)의 유전자형이 ee라면 구성원 1과 3의 (가)의 유전자형도 Ee이어야 한다. 이 두 가지 경우 모두 ㉠~㉢이 각각 EE, Ee, ee 중 서로 다른 하나라는 자료를 만족하지 못하므로 구성원 2의 (가)의 유전자형은 Ee(㉠ 발현)이다. 구성원 1은 e를 갖고 있으므로 (가)의 유전자형은 구성원 1이 ee(㉡ 발현), 구성원 3이 EE(㉢ 발현)이다.
체세포 1개당 E, H, R, T의 DNA 상대량을 더한 값은 구성원 1은 6, 구성원 3이 2이므로 (가)와 (나)의 유전자형은 구성원 1이 eHR/eHR TT, 구성원 3이 Ehr/Ehr tt이다. 구성원 5의 (나)의 유전자형에서 대문자로 표시되는 대립유전자의 수는 3, 4, 5, 6 중 하나이고, 구성원 8의 (나)의 유전자형에서 대문자로 표시되는 대립유전자의 수는 0, 1, 2, 3 중 하나이다. 구성원 2, 4, 5, 8의 (나)의 표현형이 모두 같으므로 구성원 2, 4, 5, 8의 (나)의 유전자형에서 대문자로 표시되는 대립유전자의 수는 3이어야 한다.
(가)와 (나)의 유전자형은 구성원 2가 Ehr/eHR Tt, 구성원 4가 Ehr/eHR Tt, 구성원 5가 eHR/Ehr Tt, 구성원 6이 eHR/Ehr TT, 구성원 7이 Ehr/Ehr Tt, 구성원 8이 Ehr/eHR Tt이다.
ㄱ. ⓐ는 4이다.
ㄴ. 구성원 4에서 E, h, r가 7번 염색체에, T가 8번 염색체에 존재하므로 E, h, r, T를 모두 갖는 생식세포가 형성될 수 있다.

✘ 매력적 오답 ㄷ. 구성원 6과 7 사이에서 아이가 태어날 때, 이 아이의 (나)의 유전자형에서 대문자로 표시되는 대립유전자의 수는 (1), (2), (3), (4) 중 하나이다. 따라서 이 아이에게서 나타날 수 있는 (나)의 표현형은 최대 4가지이다.

**문제풀이 Tip**

구성원 1~8 중 (가)의 표현형이 가장 많이 나타난 경우(㉠ 발현)를 기준으로 각 표현형을 대입하여 가계도를 분석한 후 ㉠~㉢이 EE, Ee, ee 중 어디에 해당하는지 찾을 수 있어야 한다. 그런 후 7번 염색체에 연관되어 있는 (가)와 (나)의 유전자형을 표의 E, H, R, T의 DNA 상대량을 더한 값(E+H+R+T)을 이용하여 찾을 수 있어야 한다.

Part II 수능 평가원

**27** 사람의 유전과 돌연변이                    2023학년도 6월 평가원 19번 | 정답 ⑤ |    문제편 87 p

출제 의도 ABO식 혈액형과 유전 형질 (가), (나)에 대한 자료를 분석하여 각 유전 형질의 우열 관계 및 구성원들의 유전자형을 찾을 수 있는지를 묻는 문항이다.

다음은 어떤 가족의 ABO식 혈액형과 유전 형질 (가), (나)에 대한 자료이다.

- (가)는 대립유전자 H와 h에 의해, (나)는 대립유전자 T와 t에 의해 결정된다. H는 h에 대해, T는 t에 대해 각각 완전 우성이다.
- (가)의 유전자와 (나)의 유전자 중 하나는 ABO식 혈액형 유전자와 같은 염색체에 있고, 나머지 하나는 X 염색체에 있다. (가)의 유전자가 ABO식 혈액형 유전자와 같은 염색체에 있다.
- 표는 구성원의 성별, ABO식 혈액형과 (가), (나)의 발현 여부를 나타낸 것이다. *부모는 모두 (가)가 발현되지 않았지만 2는 (가)가 발현되었으므로 (가)는 상염색체 열성 형질이다.*

| 구성원 | 성별 | 혈액형 | (가) | (나) |
|---|---|---|---|---|
| 아버지 | 남 | A형 | ✕ | ✕ |
| 어머니 | 여 | B형 | ✕ | ○ |
| 자녀 1 | 남 | AB형 | ○ | ✕ |
| 자녀 2 | 여 | B형 | ○ | ✕ |
| 자녀 3 | 여 | A형 | ✕ | ○ |

(○: 발현됨, ✕: 발현 안 됨)

- 아버지와 어머니 중 한 명의 생식세포 형성 과정에서 대립유전자 ㉠이 대립유전자 ㉡으로 바뀌는 돌연변이가 1회 일어나 ㉡을 갖는 생식세포가 형성되었다. 이 생식세포가 정상 생식세포와 수정되어 자녀 1이 태어났다. ㉠과 ㉡은 (가)와 (나) 중 한 가지 형질을 결정하는 서로 다른 대립유전자이다. *㉠은 H이고, ㉡은 h이다.*

이에 대한 설명으로 옳은 것만을 ⟨보기⟩에서 있는 대로 고른 것은? (단, 제시된 돌연변이 이외의 돌연변이와 교차는 고려하지 않는다.)

⟨보기⟩
ㄱ. (나)는 ~~열성~~ 형질이다. *우성 형질이다.*
ㄴ. ㉠은 H이다.
ㄷ. 자녀 3의 동생이 태어날 때, 이 아이의 혈액형이 O형이면서 (가)와 (나)가 모두 발현되지 않을 확률은 $\frac{1}{8}$이다. *O형이면서 (가)가 발현되지 않을 확률: $\frac{1}{4}$, (나)가 발현되지 않을 확률: $\frac{1}{2}$*

① ㄱ    ② ㄴ    ③ ㄷ    ④ ㄱ, ㄴ    ⑤ ㄴ, ㄷ

---

✔ 자료 해석

- 가족의 ABO식 혈액형과 유전 형질 (가), (나)에 대한 유전자형을 나타내면 그림과 같다.

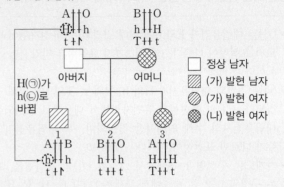

□ 정상 남자
▨ (가) 발현 남자
▧ (가) 발현 여자
▩ (나) 발현 여자

○ 보기 풀이 아버지와 어머니 모두에게서 (가)가 발현되지 않았지만 자녀 2에게서 (가)가 발현되었으므로 (가)는 상염색체 열성 형질이다. 따라서 (가)의 유전자는 ABO식 혈액형 유전자와 같은 염색체에 있다. 아버지와 어머니 모두에게서 (가)가 발현되지 않았고, ABO식 혈액형이 자녀 1은 AB형, 자녀 2는 B형, 자녀 3은 A형이므로 ABO식 혈액형과 (가)의 유전자형은 아버지가 AH/Oh, 어머니가 Bh/OH이다. 돌연변이가 일어나지 않았다면 자녀 1의 ABO식 혈액형과 (가)의 유전자형은 AH/Bh이어야 한다. 하지만 자녀 1에게서 (가)가 발현되었으므로 자녀 1의 ABO식 혈액형과 (가)의 유전자형은 Ah/Bh이고, ㉠은 H, ㉡은 h이다.
ㄴ. ㉠은 H이다.
ㄷ. 유전자형은 아버지가 AH/Oh X^tY, 어머니가 Bh/OH X^TX^t이다. 따라서 자녀 3의 동생이 태어날 때, 이 아이의 혈액형이 O형이면서 (가)가 발현되지 않을 확률은 $\frac{1}{4}$이고, (나)가 발현되지 않을 확률은 $\frac{1}{2}$이다. 따라서 이 아이의 혈액형이 O형이면서 (가)와 (나)가 모두 발현되지 않을 확률은 $\frac{1}{8}(=\frac{1}{4}\times\frac{1}{2})$이다.

✕ 매력적 오답 ㄱ. (나)의 유전자는 X 염색체에 있는데, 어머니에게서 (나)가 발현되었지만 자녀 1에게서 (나)가 발현되지 않았으므로 (나)는 X 염색체 우성 형질이다. (나)의 유전자형은 아버지가 X^tY, 어머니가 X^TX^t이다.

문제풀이 **Tip**
부모의 표현형이 같고, 아이의 표현형이 부모와 다른 경우, 부모의 표현형이 우성, 아이에게서 새로 나타난 표현형이 열성이라는 것을 알아야 한다. 상염색체에 의한 유전인지, X 염색체의 의한 유전인지 가계도를 통해 빠르게 분석하는 방법에 대해 알아두록 하자.

## 28 사람의 유전

2022학년도 **수능** 16번 | 정답 ⑤ | 문제편 **87 p**

**출제 의도** 여러 유전 형질을 나타낸 자료를 분석하여 유전자형과 유전자 간의 우열 관계 및 염색체 상의 유전자 배열 형태를 파악할 수 있는지 묻는 문항이다.

다음은 사람의 유전 형질 ㉠~㉢에 대한 자료이다.

- ㉠은 대립유전자 A와 a에 의해, ㉡은 대립유전자 B와 b에 의해 결정된다.
- 표 (가)와 (나)는 ㉠과 ㉡에서 유전자형이 서로 다를 때 표현형의 일치 여부를 각각 나타낸 것이다.

| ㉠의 유전자형 | | 표현형 일치 여부 |
|---|---|---|
| 사람 1 | 사람 2 | |
| AA | Aa | ? × |
| AA | aa | × |
| Aa | aa | × |

(○ : 일치함, × : 일치하지 않음)

(가)

| ㉡의 유전자형 | | 표현형 일치 여부 |
|---|---|---|
| 사람 1 | 사람 2 | |
| BB | Bb | ? × |
| BB | bb | × |
| Bb | bb | × |

(○ : 일치함, × : 일치하지 않음)

(나)

- ㉢은 1쌍의 대립유전자에 의해 결정되며, 대립유전자에는 D, E, F가 있다. ┌ E>D이고 표현형이 4가지이므로 우열 관계는 E=F>D
- ㉢의 표현형은 4가지이며, ㉢의 유전자형이 DE인 사람과 EE인 사람의 표현형은 같고, 유전자형이 DF인 사람과 FF인 사람의 표현형은 같다.
- 여자 P는 남자 Q와 ㉠~㉢의 표현형이 모두 같고, P의 체세포에 들어 있는 일부 상염색체와 유전자는 그림과 같다. └ AF/aD, Bb

- P와 Q 사이에서 ⓐ가 태어날 때, ⓐ의 ㉠~㉢의 표현형 중 한 가지만 부모와 같을 확률은 $\frac{3}{8}$ 이다.

이에 대한 설명으로 옳은 것만을 〈보기〉에서 있는 대로 고른 것은? (단, 돌연변이와 교차는 고려하지 않는다.) [3점]

**보기**
ㄱ. ㉡의 표현형은 BB인 사람과 Bb인 사람이 서로 다르다.

ㄴ. Q에서 A, B, D를 모두 갖는 정자가 형성될 수 있다. 가능한 정자의 유전자형 : ABF, AbF, aBD, abD

ㄷ. ⓐ에게서 나타날 수 있는 표현형은 최대 12가지이다. =4가지(AADF, AaFF, AaDD, aaDF)×3가지(BB, Bb, bb)

① ㄱ　② ㄴ　③ ㄷ　④ ㄱ, ㄴ　⑤ ㄱ, ㄷ

---

**✓ 자료 해석**

- ㉠의 유전자형이 AA인 사람과 Aa인 사람의 표현형은 서로 다르며, ㉡의 유전자형이 BB인 사람과 Bb인 사람의 표현형은 서로 다르다.
- Q의 유전자형이 AF/aD, Bb인 경우 P와 Q 사이에서 ⓐ가 태어날 때,
  AD/AF(㉢의 표현형이 같음), BB 또는 bb(㉡의 표현형이 다름)
  : $\frac{1}{4} \times \frac{1}{2} = \frac{1}{8}$
  AD/aD(㉠의 표현형이 같음), BB 또는 bb(㉡의 표현형이 다름)
  : $\frac{1}{4} \times \frac{1}{2} = \frac{1}{8}$
  aF/AF(㉠과 ㉢의 표현형이 같음) : ㉠~㉢ 중 두 가지 표현형이 부모와 같으므로 모순임.
  aF/aD(㉢의 표현형이 같음), BB 또는 bb(㉡의 표현형이 다름)
  : $\frac{1}{4} \times \frac{1}{2} = \frac{1}{8}$
  ⓐ의 ㉠~㉢의 표현형 중 한 가지만 부모와 같을 확률이 $\frac{1}{8}+\frac{1}{8}+\frac{1}{8}=\frac{3}{8}$ 이다.

**○ 보기 풀이** ㄱ. ㉢의 표현형은 유전자형이 (EF인 사람), 유전자형이 (DE, EE인 사람), 유전자형이 (DF, FF인 사람), 유전자형이 (DD인 사람)이 서로 다르므로 Q의 ㉢의 유전자형은 FF와 DF 중 하나이다. Q의 ㉢의 유전자형이 FF이면 ⓐ의 ㉢의 표현형이 부모와 같을 확률이 1이므로 Q의 ㉢의 유전자형은 FF가 아니며, Q의 ㉢의 유전자형은 DF이다. ㉠의 유전자형이 AA인 사람과 Aa인 사람의 표현형이 같다면 Q의 ㉠의 유전자형은 AA이거나 Aa이다. AA라면 ⓐ의 ㉠의 표현형이 부모와 같을 확률이 1이므로 Q의 ㉠의 유전자형은 AA가 아니다. Aa라면 ⓐ의 ㉠의 표현형이 부모와 다를 확률이 $\frac{1}{4}$ 이므로 ⓐ의 ㉠~㉢의 표현형 중 한 가지만 부모와 같을 확률이 $\frac{3}{8}$ 이 될 수 없다. 따라서 ㉠의 유전자형이 AA인 사람과 Aa인 사람의 표현형은 서로 다르며, Q의 ㉠의 유전자형은 Aa이다. ㉡의 유전자형이 BB인 사람과 Bb인 사람의 표현형이 같다면 Q의 ㉡의 유전자형은 BB이거나 Bb이다. BB라면 ⓐ의 ㉡의 표현형이 부모와 같을 확률이 1이므로 Q의 ㉡의 유전자형은 BB가 아니다. Bb라면 ⓐ의 ㉡의 표현형이 부모와 다를 확률이 $\frac{1}{4}$ 이므로 ⓐ의 ㉠~㉢의 표현형 중 한 가지만 부모와 같을 확률이 $\frac{3}{8}$ 이 될 수 없다. 따라서 ㉡의 유전자형이 BB인 사람과 Bb인 사람의 표현형은 서로 다르며, Q의 ㉡의 유전자형은 Bb이다. 그러므로 Q의 유전자형은 AF/aD, Bb이다.

ㄷ. ⓐ에게서 ㉠과 ㉢의 표현형으로 AADF, AaFF, AaDD, aaDF 4가지가 나타날 수 있고, ㉡의 표현형으로 BB, Bb, bb 3가지가 나타날 수 있다.

**✗ 매력적 오답** ㄴ. Q에서 A, B, D를 모두 갖는 정자는 형성되지 못한다.

**문제풀이 Tip**
Q에서 A(a)와 D(F)의 염색체 상의 배열 형태를 파악하는 것이 중요하다. Q의 유전자형이 AD/aF, Bb인 경우 ⓐ의 ㉠~㉢의 표현형 중 한 가지만 부모와 같을 확률이 $\frac{1}{4}$ 이므로 모순이다. 따라서 Q에서 A와 F가 같은 염색체에 있고 a와 D가 같은 염색체에 있다.

## 29 돌연변이

**출제 의도** 유전 형질을 나타낸 자료를 분석하여 돌연변이가 일어난 세포와 같은 염색체에 있는 유전자를 파악할 수 있는지 묻는 문항이다.

**다음은 사람의 유전 형질 (가)~(다)에 대한 자료이다.**

- (가)~(다)의 유전자는 서로 다른 2개의 상염색체에 있다.
- (가)는 대립유전자 A와 a에 의해, (나)는 대립유전자 B와 b에 의해, (다)는 대립유전자 D와 d에 의해 결정된다.
- P의 유전자형은 AaBbDd이고, Q의 유전자형은 AabbDd이며, P와 Q의 핵형은 모두 정상이다.
- 표는 P의 세포 Ⅰ~Ⅲ과 Q의 세포 Ⅳ~Ⅵ 각각에 들어 있는 A, a, B, b, D, d의 DNA 상대량을 나타낸 것이다. ㉠~㉢은 0, 1, 2를 순서 없이 나타낸 것이다.

> 값이 일치하므로 같은 염색체에 있다. (AD/ad)

| 사람 | 세포 | DNA 상대량 | | | | | |
|---|---|---|---|---|---|---|---|
| | | A | a | B | b | D | d |
| P | ⓐ Ⅰ n | 0 | 1 | ? 0 | ㉢1 | 0 | ㉡0—d가 결실 |
| | Ⅱ n | ㉠2 | ㉡0 | ㉠2 | ? 0 | ㉠2 | ? 0 |
| | Ⅲ n | ? 1 | ㉡0 | 0 | ㉢1 | ㉢1 | ㉡0 |
| Q | Ⅳ 2n | ㉢1 | ? 1 | ? 0 | 2 | ㉢1 | ㉢1 |
| | ⓑ Ⅴ n+1 | ㉡0 | ㉢1 | 0 | ㉠2 | ㉢1 | ? 0 |
| | Ⅵ n | ㉠2 | ? 0 | 0 | ㉠2 | ㉡0 | ㉠2 |

- 세포 ⓐ와 ⓑ 중 하나는 염색체의 일부가 결실된 세포이고, 나머지 하나는 염색체 비분리가 1회 일어나 형성된 염색체 수가 비정상적인 세포이다. ⓐ는 Ⅰ~Ⅲ 중 하나이고(ⓐ—Ⅰ), ⓑ는 Ⅳ~Ⅵ 중 하나이다(ⓑ—Ⅴ, 염색체 비분리가 일어났다).
- Ⅰ~Ⅵ 중 ⓐ와 ⓑ를 제외한 나머지 세포는 모두 정상 세포이다.

> 값이 일치하므로 같은 염색체에 있다. (Ad/aD)

**이에 대한 설명으로 옳은 것만을 〈보기〉에서 있는 대로 고른 것은?** (단, 제시된 돌연변이 이외의 돌연변이와 교차는 고려하지 않으며, A, a, B, b, D, d 각각의 1개당 DNA 상대량은 1이다.)

**〈보기〉**

ㄱ. (가)의 유전자와 (다)의 유전자는 같은 염색체에 있다.
  P : AD/ad, Q : Ad/aD
ㄴ. Ⅳ는 염색체 수가 비정상적인 세포이다.
ㄷ. ⓐ에서 a의 DNA 상대량은 ⓑ에서 d의 DNA 상대량과 같다. (1 / 0) 다르다.

① ㄱ   ② ㄴ   ③ ㄷ   ④ ㄱ, ㄴ   ⑤ ㄱ, ㄷ

---

**✔ 자료 해석**

- Ⅰ : n, ab(d 결실) 결실이 일어난 세포 ⓐ이다.
- Ⅱ : n, AABBDD
- Ⅲ : n, AbD
- Ⅳ : 2n, AabbDd
- Ⅴ : n+1, abbD 염색체 비분리가 일어나 형성된 세포 ⓑ이다.
- Ⅵ : n, AAbbdd

**◯ 보기 풀이** ㄱ. ㉢이 0이라면 Ⅳ에 D와 d가 모두 없으므로 Ⅳ는 돌연변이가 일어난 세포이고, Ⅵ에 D와 d가 모두 있는데 두 대립유전자의 DNA 상대량이 서로 다르므로 Ⅵ도 돌연변이가 일어난 세포이다. 따라서 ㉢은 0이 아니다. ㉠이 0이면 Ⅴ에 B와 b가 모두 없고, A와 a가 모두 있는데 두 대립유전자의 DNA 상대량이 서로 다르므로 Ⅴ에서 2번의 돌연변이가 일어나야 한다. 따라서 ㉠은 0이 아니고, ㉡이 0이다. ㉢이 2라면 Ⅳ에 b의 DNA 상대량이 2이므로 Ⅳ는 돌연변이가 일어난 세포이다. 또, Ⅴ에 b의 DNA 상대량이 1인데 a의 DNA 상대량과 D의 DNA 상대량이 모두 2이므로 Ⅴ도 돌연변이가 일어나야 한다. 따라서 ㉢은 1이고, ㉠은 2이다. Ⅰ에 D와 d가 모두 없으므로 ⓐ는 Ⅰ이다. Ⅴ에 b의 DNA 상대량이 2인데 A는 없고, a의 DNA 상대량이 1이므로 ⓑ는 Ⅴ이다. Ⅱ에 A와 B가 함께 있고, Ⅲ에 A와 b가 함께 있으므로 (가)와 (나)의 유전자는 다른 염색체에 있다. Ⅱ에 B와 D가 함께 있고, Ⅲ에 b와 D가 함께 있으므로 (나)와 (다)도 다른 염색체에 있다. 따라서 (가)의 유전자와 (다)의 유전자는 같은 염색체에 있다.

**✖ 매력적 오답** ㄴ. 돌연변이가 일어난 세포는 Ⅰ과 Ⅴ이며 나머지 세포는 염색체 수와 구조가 정상이다.

ㄷ. Ⅰ에 D와 d가 모두 없고 a가 있으므로 Ⅰ은 d가 있는 염색체가 결실된 세포(ⓐ)이고, Ⅴ는 b가 있는 염색체에서 비분리가 일어나 형성된 세포(ⓑ)이다. ⓐ(Ⅰ)에서 a의 DNA 상대량은 1이다. Q에서 A는 d와 같은 염색체에 있고, a는 D와 같은 염색체에 있다. 그런데 ⓑ(Ⅴ)에서 A의 DNA 상대량은 0이므로 d의 상대량도 0이다.

**문제풀이 Tip**

㉠~㉢의 값을 유추하여 표를 완성한 후 분석해 보면 P에서는 A와 D의 DNA 상대량 값이 일치함을 통해 A와 D가 같은 염색체에 있음을 알 수 있고 Q에서는 A와 d의 DNA 상대량 값, a와 D의 DNA 상대량 값이 일치함을 통해 A와 d가 같은 염색체에 있음을 알 수 있다. 이를 통해 (가)와 (다)의 유전자가 같은 염색체에 있음을 파악할 수 있어야 한다.

[출제 의도] 여러 유전 형질을 나타낸 자료를 분석하여 가족 구성원의 유전자형을 파악할 수 있는지 묻는 문항이다.

## 다음은 어떤 집안의 유전 형질 (가)와 (나)에 대한 자료이다.

- (가)는 대립유전자 H와 h에 의해, (나)는 대립유전자 T와 t에 의해 결정된다. H는 h에 대해, T는 t에 대해 각각 완전 우성이다.

- 가계도는 구성원 @를 제외한 구성원 1~7에게서 (가)와 (나)의 발현 여부를 나타낸 것이다.

(가): 열성(h) − X 염색체 유전
(나): 우성(T) − 상염색체 유전

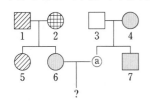

- □ 정상 남자
- ▨ (가) 발현 남자
- ▧ (가) 발현 여자
- ⊕ (나) 발현 여자
- ▦ (가), (나) 발현 남자
- ⬤ (가), (나) 발현 여자

- 표는 구성원 1, 3, 6, @에서 체세포 1개당 ㉠과 ㉡의 DNA 상대량을 더한 값을 나타낸 것이다. ㉠은 H와 h 중 하나이고, ㉡은 T와 t 중 하나이다.

| 구성원 | 1 | 3 | 6 | @ |
|---|---|---|---|---|
| ㉠과 ㉡의 DNA 상대량을 더한 값 | 1 | 0 | 3 | 1 |

h　　T　　　　Hhtt 또는 hhTt 중 하나이다.

이에 대한 설명으로 옳은 것만을 〈보기〉에서 있는 대로 고른 것은? (단, 돌연변이와 교차는 고려하지 않으며, H, h, T, t 각각의 1개당 DNA 상대량은 1이다.) [3점]

〔보기〕
ㄱ. (나)의 유전자는 ~~X 염색체~~ 에 있다.
　　　　　　　　상염색체
ㄴ. 4에서 체세포 1개당 ㉡의 DNA 상대량은 1이다.
　　　　　　　　　└ T
ㄷ. 6과 @ 사이에서 아이가 태어날 때, 이 아이에게서 (가)와 (나)가 모두 발현될 확률은 $\frac{1}{2}$이다.
(가)가 발현될 확률 : hh, hY − 1
(나)가 발현될 확률 : Tt − $\frac{1}{2}$

① ㄱ　　② ㄴ　　③ ㄱ, ㄷ　　④ ㄴ, ㄷ　　⑤ ㄱ, ㄴ, ㄷ

### ✓ 자료 해석

- 가계도에 가족 구성원의 유전 형질 (가)와 (나)에 대한 유전자형을 나타내면 그림과 같다.

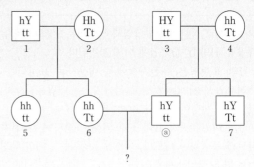

### ○ 보기 풀이
6에서 ㉠과 ㉡의 DNA 상대량을 더한 값이 3이므로 (가)와 (나)의 유전자 중 하나는 동형 접합성이고 다른 하나는 이형 접합성이다. 동형 접합성이 우성 대립유전자로 이루어져 있다면 1과 2도 같은 우성 표현형이 나타나야 하는데 1과 2의 표현형이 모두 서로 다르므로 동형 접합성은 열성 대립유전자로만 이루어져 있다. 따라서 6의 (가)와 (나)의 유전자형은 Hhtt이거나 hhTt이다. 6의 (가)와 (나)의 유전자형이 Hhtt라면 (가)는 우성 형질이고, (나)는 열성 형질이며 ㉡은 t이다. 6의 (나)의 유전자형이 tt이므로 1은 t를 가지고 1에게서 (가)가 발현되며, 1에서 ㉠과 ㉡의 DNA 상대량을 더한 값이 1이므로 1은 H와 h 중 H만 가진다. 따라서 ㉠은 h이다. 3에게서 (가)가 발현되지 않으므로 3은 h를 가져야 하는데 3에서 ㉠과 ㉡의 DNA 상대량을 더한 값이 0이므로 6의 (가)와 (나)의 유전자형은 Hhtt가 아니며, hhTt이다. 6의 (가)와 (나)가 모두 발현되었으므로 (가)는 열성 형질, (나)는 우성 형질이고, ㉠은 h이다. 3은 h가 없으므로 H만 가지는데 7에게서 (가)가 발현되었으므로 (가)의 유전자는 X 염색체에 있다. (나)의 유전자가 X 염색체에 있다고 하면 5의 (가)와 (나)의 유전자형은 hhtt이며, 1의 (가)와 (나)의 유전자형은 ht이다. 따라서 2의 (가)와 (나)의 유전자형은 hhTt이어야 하므로 2에게서 (가)가 발현되어야 하는데, 2에게서 (가)가 발현되지 않았으므로 모순이다. 그러므로 (나)의 유전자는 상염색체에 있다. 5와 6의 (나)의 표현형이 서로 다르므로 1의 (가)와 (나)의 유전자형은 hYtt이며 ㉡은 T이다.

ㄴ. (가)가 발현된 4의 (가)의 유전자형은 hh이므로 @는 h를 갖는다. @에서 ㉠(h)과 ㉡(T)의 DNA 상대량을 더한 값이 1이므로 @의 유전자형은 hYtt이다. 따라서 (나)가 발현된 4의 (나)의 유전자형은 Tt이며 체세포 1개당 ㉡(T)의 DNA 상대량은 1이다.

ㄷ. 6의 (가)와 (나)의 유전자형은 hhTt이고, @의 (가)와 (나)의 유전자형은 hYtt이다. 따라서 6과 @ 사이에서 아이가 태어날 때, 이 아이에게서 (가)와 (나)가 모두 발현될 확률은 $\frac{1}{2}$이다.

### ✗ 매력적 오답
ㄱ. (나)의 유전자는 상염색체에 있다.

### 문제풀이 **Tip**
6의 (가)와 (나)의 유전자형을 파악하는 것이 중요하다. 6의 유전자형은 Hhtt 또는 hhTt 중 하나이다. 6의 (가)와 (나)의 유전자형이 Hhtt라면 (가)는 우성 형질이고, (나)는 열성 형질이며 ㉡은 t이고 ㉠은 h이다. 그런데 3에게서 (가)가 발현되지 않으므로 3은 h를 가져야 하는데 3에서 ㉠과 ㉡의 DNA 상대량을 더한 값이 0이므로 6의 (가)와 (나)의 유전자형은 hhTt임을 파악할 수 있어야 한다.

## 31 다인자 유전과 단일 인자 유전

출제 의도 여러 유전 형질을 나타낸 자료를 분석하여 자손에게서 나타날 수 있는 표현형의 최대 가짓수를 구할 수 있는지 묻는 문항이다.

### 다음은 사람의 유전 형질 (가)와 (나)에 대한 자료이다.

- (가)는 서로 다른 3개의 상염색체에 있는 3쌍의 대립유전자 A와 a, B와 b, D와 d에 의해 결정된다.
- (가)의 표현형은 유전자형에서 대문자로 표시되는 대립 유전자의 수에 의해서만 결정되며, 이 대립유전자의 수가 다르면 표현형이 다르다. – 다인자 유전, 표현형은 최대 7가지
- (나)는 대립유전자 E와 e에 의해 결정되며, 유전자형이 다르면 표현형이 다르다. (나)의 유전자는 (가)의 유전자와 서로 다른 상염색체에 있다. └ 단일 인자 유전, 표현형이 최대 3가지
- P와 Q는 (가)의 표현형이 서로 같고, (나)의 표현형이 서로 다르다. └ 대문자로 표시되는 대립유전자의 수가 같다.
- P와 Q 사이에서 ⓐ가 태어날 때, ⓐ의 표현형이 P와 같을 확률은 $\frac{3}{16}$ 이다. └ $\frac{1}{2}$((나)의 표현형이 같을 확률) × $\frac{3}{8}$((가)의 표현형이 같을 확률)
- ⓐ는 유전자형이 AABBDDEE인 사람과 같은 표현형을 가질 수 있다. └ P와 Q는 EE와 Ee 중 하나이다.

**ⓐ에게서 나타날 수 있는 표현형의 최대 가짓수는? (단, 돌연변이는 고려하지 않는다.) [3점]**

① 5    ② 6    ③ 7    ④ 10    ⑤ 14

= 5((가)의 표현형이 최대 5가지) × 2((나)의 표현형이 최대 2가지)

---

### ✔ 자료 해석

- (가)는 다인자 유전 형질이며 표현형은 최대 7가지, (나)는 단일 인자 유전 형질이며 표현형은 최대 3가지이다.
- P와 Q의 (가)의 유전자형은 AaBbDD, AaBBDd, AABbDd 중 하나이고, (나)의 유전자형은 P와 Q 중 한 명이 EE, 다른 한 명이 Ee이다.

○ 보기 풀이   P와 Q 사이에서 ⓐ가 태어날 때 ⓐ의 표현형이 P와 같을 확률이 $\frac{3}{16}$ 이고, ⓐ의 유전자형이 AABBDDEE인 사람과 같은 표현형을 가질 수 있으므로 (나)의 유전자형은 P와 Q 중 한 명이 EE, 다른 한 명이 Ee이어야 한다. 또한 ⓐ의 (나)의 표현형이 P와 같을 확률이 $\frac{1}{2}$ 이므로 ⓐ의 (가)의 표현형이 P와 같을 확률이 $\frac{3}{8}$ 이어야 한다. ⓐ의 (가)의 표현형이 P와 같을 확률이 $\frac{3}{8}$ 이려면 P와 Q에서 (가)를 결정하는 3쌍의 대립유전자 중 2쌍의 대립유전자는 이형 접합성이고, 다른 1쌍은 동형 접합성(대문자로 표시되는 대립유전자 쌍)이어야 한다. 즉 P와 Q의 (가)의 유전자형은 AaBbDD, AaBBDd, AABbDd 중 하나이어야 한다. 표는 P와 Q의 유전자형인 AABbDd(대문자로 표시되는 대립유전자의 수 4)인 경우를 예시로 나타낸 것이다.

| | | P | | | |
|---|---|---|---|---|---|
| | | ABD(3) | ABd(2) | AbD(2) | Abd(1) |
| Q | ABD(3) | 6 | 5 | 5 | 4 |
| | ABd(2) | 5 | 4 | 4 | 3 |
| | AbD(2) | 5 | 4 | 4 | 3 |
| | Abd(1) | 4 | 3 | 3 | 2 |

ⓐ에게서 나타날 수 있는 (가)의 표현형은 최대 5가지(대문자로 표시되는 대립유전자의 수가 2~6인 경우)이고, (나)의 표현형은 최대 2가지(유전자형이 EE, Ee인 경우)이므로 ⓐ에게서 나타날 수 있는 표현형의 최대 가짓수는 10(=5×2)이다.

### 문제풀이 Tip

P와 Q에서 (가)의 유전자형을 파악하는 것이 중요하다. ⓐ에서 (나)의 표현형이 P와 같을 확률이 $\frac{1}{2}$ 이므로 (가)의 표현형이 P와 같을 확률은 $\frac{3}{8}$ 이다. P와 Q는 (가)의 표현형이 서로 같으므로 유전자형에서 대문자로 표시되는 대립유전 자의 수는 서로 같고, P와 Q의 유전자형에서 대문자로 표시되는 대립유전자의 수가 모두 4일 때, ⓐ에서 (가)의 표현형이 P와 같을 확률이 $\frac{3}{8}$ 이다.

# 32 가계도 분석

출제 의도 여러 유전 형질을 나타낸 자료를 분석하여 가족 구성원의 유전자형과 태어날 자손의 표현형을 파악할 수 있는지 묻는 문항이다.

## 다음은 어떤 집안의 유전 형질 (가)와 (나)에 대한 자료이다.

• (가)는 대립유전자 A와 a에 의해, (나)는 대립유전자 B와 b에 의해 결정된다. A는 a에 대해, B는 b에 대해 각각 완전 우성이다.

• 가계도는 구성원 1~8에게서 (가)와 (나)의 발현 여부를 나타낸 것이다. <sub>(가)는 열성 형질인데, 5와 6에서 모두 (가)가 발현되었으므로 (가)는 상염색체 유전 형질이다.</sub>

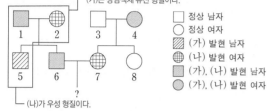

(가)는 열성 형질인데, 5와 6에서 모두 (가)가 발현되었으므로 (가)는 상염색체 유전 형질이다.

| | 정상 남자 |
| ○ | 정상 여자 |
| ▨ | (가) 발현 남자 |
| ⊕ | (나) 발현 여자 |
| ▦ | (가), (나) 발현 남자 |
| ⬤ | (가), (나) 발현 여자 |

(나)가 우성 형질이다.

• 표는 구성원 ㉠~㉧에서 체세포 1개당 A와 b의 DNA 상대량을 더한 값을 나타낸 것이다. ㉠~㉢은 1, 2, 5를 순서 없이 나타낸 것이고, ㉣~㉧은 3, 4, 8을 순서 없이 나타낸 것이다.

| | 1 | 5 | 2 | 4 | 3 | 8 |
| 구성원 | ㉠ | ㉡ | ㉢ | ㉣ | ㉤ | ㉧ |
| A와 b의 DNA 상대량을 더한 값 | 0 | 1 | 2 | 1 | 2 | 3 |

(나)가 X 염색체 유전 형질임을 알 수 있다.

이에 대한 설명으로 옳은 것만을 〈보기〉에서 있는 대로 고른 것은? (단, 돌연변이와 교차는 고려하지 않으며, A, a, B, b 각각의 1개당 DNA 상대량은 1이다.) [3점]

〈보기〉

ㄱ. (가)의 유전자는 상염색체에 있다. <sub>(나)의 유전자는 X 염색체에 있다.</sub>

ㄴ. ~~8은 ㉧이다.~~ 8은 ㉧이고, 3이 ㉤이다.

ㄷ. 6과 7 사이에서 아이가 태어날 때, 이 아이의 (가)와 (나)의 표현형이 모두 ㉡과 같을 확률은 $\frac{1}{8}$이다.

① ㄱ  ② ㄴ  ③ ㄱ, ㄷ  ④ ㄴ, ㄷ  ⑤ ㄱ, ㄴ, ㄷ

---

✓ 자료 해석

• 가계도에 가족 구성원의 유전 형질 (가)와 (나)에 대한 유전자형을 나타내면 그림과 같다.

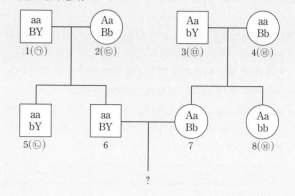

○ 보기 풀이 ㄱ. 1과 2 모두 (나)가 발현되었지만 5에서 (나)가 발현되지 않았으므로 (나)는 우성 형질이다. (나)의 유전자가 상염색체에 있다면 1, 2, 5 모두 b를 갖고 있어야 한다. 하지만 ㉠에서 A와 b의 DNA 상대량을 더한 값이 0이므로 (나)의 유전자는 X 염색체에 있으며 ㉠이 1이다. 또한 1(㉠)은 A를 갖고 있지 않으므로 (가)는 열성 형질이다. (가)가 발현되지 않은 2로부터 (가)가 발현된 5와 6이 태어났으므로 2의 (가)의 유전자형은 Aa이다. (나)의 유전자형은 2가 Bb, 5가 bY이므로 A와 b의 DNA 상대량을 더한 값이 2인 ㉢이 2이고, ㉡이 5이다. 만일 (가)의 대립유전자가 X 염색체에 있다면 5와 6에서 모두 (가)가 발현되었으므로 2로부터 같은 X 염색체를 물려받아야 하며, 5와 6의 (나)의 표현형은 서로 같아야 한다. 하지만 5와 6의 (나)의 표현형은 서로 다르므로 (가)의 대립유전자는 상염색체에 있다.

ㄷ. 6과 7 사이에서 아이가 태어날 때, 이 아이에게서 (가)가 발현(aa)될 확률은 $\frac{1}{2}$이고, (나)가 발현되지 않을(bY) 확률은 $\frac{1}{4}$이므로 (가)와 (나)의 표현형이 모두 ㉡(5)과 같을 확률은 $\frac{1}{8}(=\frac{1}{2}\times\frac{1}{4})$이다.

✗ 매력적 오답 ㄴ. 1은 ㉠, 2는 ㉢, 3은 ㉤, 4는 ㉣, 5는 ㉡, 8은 ㉧이다.

문제풀이 Tip

(가)와 (나)의 유전자가 위치하는 염색체의 종류와 우열 관계를 먼저 파악하는 것이 중요하다. (나)가 발현된 부모(1과 2) 사이에서 (나)가 발현되지 않은 남자 5가 태어났으므로 (나)는 우성 형질이며, (나)의 유전자가 상염색체에 있다면 표의 조건을 만족하지 못하므로 (나)의 유전자는 X 염색체에 있다. 일반적으로 부모와 다른 형질의 딸이 태어나면 이 형질은 반드시 상염색체 유전 형질이고, 부모와 다른 형질의 아들이 태어나면 이 형질은 X 염색체 유전 형질 또는 상염색체 유전 형질이 모두 가능하므로 문제의 다른 조건을 통해 X 염색체 유전 형질인지 상염색체 유전 형질인지를 파악해야 한다.

Part II  수능 평가원

## 33 염색체 비분리

출제 의도 여러 유전 형질을 나타낸 자료를 분석하여 가족 구성원의 유전자형과 염색체 비분리가 일어난 시기를 파악할 수 있는지 묻는 문항이다.

다음은 어떤 가족의 유전 형질 (가)~(다)에 대한 자료이다.

- (가)는 대립유전자 H와 h에 의해, (나)는 대립유전자 R와 r에 의해, (다)는 대립유전자 T와 t에 의해 결정된다. H는 h에 대해, R는 r에 대해, T는 t에 대해 각각 완전 우성이다.
- (가)~(다)의 유전자는 모두 X 염색체에 있다.
- 표는 어머니를 제외한 나머지 가족 구성원의 성별과 (가)~(다)의 발현 여부를 나타낸 것이다. 자녀 3과 4의 성별은 서로 다르다.

| 구성원 | 성별 | (가) 열성 | (나) 우성 | (다) 우성 |
|---|---|---|---|---|
| 아버지 | 남 | ○ | ○ | ?○ |
| 자녀 1 | 여 | × | ○ | ○ |
| 자녀 2 | 남 | × | × | × |
| 자녀 3 | ?남 | ○ | ○ | ○ |
| 자녀 4ⓐ | ?여 | × | × | ○ |

(○ : 발현됨, × : 발현 안 됨)

- 이 가족 구성원의 핵형은 모두 정상이다. 정자(성염색체 없음)
- 염색체 수가 22인 생식세포 ㉠과 염색체 수가 24인 생식세포 ㉡이 수정되어 ⓐ가 태어났으며, ⓐ는 자녀 3과 4 중 하나이다. ㉠과 ㉡의 형성 과정에서 각각 성염색체 비분리가 1회 일어났다. 난자(X^{Hrt}X^{hrT}), 감수 1분열에서 성염색체 비분리

이에 대한 설명으로 옳은 것만을 〈보기〉에서 있는 대로 고른 것은? (단, 제시된 염색체 비분리 이외의 돌연변이와 교차는 고려하지 않는다.)

보기
ㄱ. ⓐ는 자녀 4이다.
ㄴ. ㉡은 감수 1분열에서 염색체 비분리가 일어나 형성된 난자이다. 상동 염색체의 비분리가 일어나 형성된 난자($X^{Hrt}X^{hrT}$)이다.
ㄷ. (나)와 (다)는 모두 우성 형질이다.

① ㄱ　② ㄷ　③ ㄱ, ㄴ　④ ㄴ, ㄷ　⑤ ㄱ, ㄴ, ㄷ

✓ 자료 해석

- 표를 완성하고 가족 구성원의 유전자형을 나타내면 다음과 같다.

| 구성원 | 성별 | (가) | (나) | (다) | 유전자형 |
|---|---|---|---|---|---|
| 아버지 | 남 | ○ | ○ | ○ | $X^{hRT}Y$ |
| 어머니 | 여 | × | × | ○ | $X^{Hrt}X^{hrT}$ |
| 자녀 1 | 여 | × | ○ | ○ | $X^{Hrt}X^{hRT}$ |
| 자녀 2 | 남 | × | × | × | $X^{Hrt}Y$ |
| 자녀 3 | 남 | ○ | ○ | ○ | $X^{hrT}Y$ |
| 자녀 4(ⓐ) | 여 | × | × | ○ | $X^{Hrt}X^{hrT}$ |

(○ : 발현됨, × : 발현 안 됨)

○ 보기 풀이 ㄱ. ㉡이 아버지에게서 형성되었다면 ⓐ의 성별에 관계 없이 ⓐ의 (가)와 (나)의 표현형이 모두 아버지와 같아야 한다. 하지만 자녀 3과 자녀 4에서 (가)와 (나)의 표현형이 아버지와 다르므로 ⓐ의 성별은 여자이며, ㉡은 어머니에게서 형성되었다.

아버지에서 (가)가 발현되었지만 자녀 1에서 (가)가 발현되지 않았으므로 (가)는 열성 형질이다. ⓐ가 자녀 3이라면 어머니의 (가)의 유전자형은 $X^HX^h$이고, 자녀 3에서 (가)가 발현되었으므로 어머니로부터 $X^h$를 가진 X 염색체 2개를 물려받아야 한다. 또한 자녀 2와 자녀 3의 (가)의 표현형이 서로 다르므로 자녀 2와 자녀 3은 어머니로부터 서로 다른 X 염색체를 물려받아야 하며, 자녀 2와 자녀 4의 (가)의 표현형이 같으므로 자녀 2와 자녀 4는 어머니로부터 같은 X 염색체를 물려받아야 한다. 하지만 자녀 2와 자녀 4의 (다)의 표현형이 서로 다르므로 모순이 생긴다. 따라서 ⓐ는 자녀 4이다.

ㄴ, ㄷ. 자녀 2와 자녀 3의 (가)의 표현형이 서로 다르므로 어머니의 (가)의 유전자형은 $X^HX^h$이고, 자녀 2와 자녀 3은 어머니로부터 서로 다른 X 염색체를 물려받았다. 자녀 2와 자녀 3의 (나)의 표현형이 같으므로 어머니의 (나)의 유전자형은 동형 접합성이다. (나)가 열성 형질이라면 자녀 1, 자녀 2, 자녀 3의 (나)의 표현형이 모두 같아야 한다. 하지만 자녀 1과 자녀 2의 (나)의 표현형이 서로 다르므로 모순이 생긴다. 따라서 (나)는 우성 형질이다. (다)가 열성 형질이라면 자녀 1에서 (다)가 발현되었으므로 아버지의 유전자형은 $X^{hRT}Y$이다. 자녀 2에서 (가)~(다)가 모두 발현되지 않고, 자녀 3에서 (가)와 (다)가 발현되고 (나)가 발현되지 않았으므로 어머니의 유전자형은 $X^{Hrt}X^{hrt}$이다. 이 경우 (가)가 발현되지 않고, (나)와 (다)가 발현된 자녀 1이 태어날 수 없으므로 모순이 생긴다. 따라서 (다)는 우성 형질이고, 어머니의 유전자형은 $X^{Hrt}X^{hrT}$이다. 자녀 4에서 (가)와 (나)가 발현되지 않고, (다)가 발현되었으므로 자녀 4의 유전자형은 $X^{Hrt}X^{hrT}$이며 ㉡은 감수 1분열에서 염색체 비분리가 형성된 난자이다.

문제풀이 Tip

㉠은 염색체 수가 22이므로 ㉠은 성염색체가 없으며, ㉡은 염색체 수가 24이므로 성염색체가 2개 있는데, 이 가족 구성원의 핵형은 모두 정상이므로 ㉡은 성염색체로 XX 또는 XY를 갖는다. ㉡이 아버지로부터 형성된 생식세포라면 ⓐ의 (가)와 (나)의 표현형이 아버지와 같아야 하지만 같지 않으므로 ㉡은 어머니로부터 형성된 것이고, 자녀 4의 유전자형이 어머니의 유전자형과 같으므로 감수 1분열에서 염색체 비분리가 형성된 난자임을 파악해야 한다.

## 34 다인자 유전

출제 의도 유전 형질을 나타낸 자료를 분석하여 특정 표현형을 가진 자손이 태어날 확률을 구할 수 있는지 묻는 문항이다.

**다음은 사람의 유전 형질 (가)에 대한 자료이다.**

- (가)는 서로 다른 2개의 상염색체에 있는 3쌍의 대립유전자 A와 a, B와 b, D와 d에 의해 결정되며, A, a, B, b는 7번 염색체에 있다.
- (가)의 표현형은 유전자형에서 대문자로 표시되는 대립유전자의 수에 의해서만 결정되며, 이 대립유전자의 수가 다르면 표현형이 다르다. ─ 다인자 유전
- (가)의 표현형이 서로 같은 P와 Q 사이에서 ⓐ가 태어날 때, ⓐ에게서 나타날 수 있는 표현형은 최대 5가지이고, ⓐ의 표현형이 부모와 같을 확률은 $\frac{3}{8}$이며, ⓐ의 유전자형이 AABbDD일 확률은 $\frac{1}{8}$이다.
  $\frac{1}{2} \times \frac{1}{4}$ → P와 Q에서 모두 Dd이다.
  └ A와 B, A와 b가 7번 염색체에 함께 있다.

ⓐ가 유전자형이 AaBbDd인 사람과 동일한 표현형을 가질 확률은? (단, 돌연변이와 교차는 고려하지 않는다.)

① $\frac{1}{8}$ ② $\frac{1}{4}$ ③ $\frac{3}{8}$ ④ $\frac{1}{2}$ ⑤ $\frac{5}{8}$

### ✔ 자료 해석

- P와 Q에서 3쌍의 대립유전자 중 2쌍의 대립유전자는 이형 접합성이고, 다른 1쌍은 동형 접합성이다.
- P와 Q에서 1쌍의 동형 접합성 대립유전자와 1쌍의 이형 접합성 대립유전자가 같은 염색체에 있고, 나머지 1쌍의 이형 접합성 대립유전자가 다른 염색체에 있다. 예 AABb/Dd

### 🔍 보기 풀이

ⓐ의 유전자형이 AABbDD일 수 있으므로 P와 Q의 유전자형은 A_B_D_와 A_b_D_ 중 하나이다. ⓐ의 유전자형이 AABbDD일 확률이 $\frac{1}{8}$이므로 AABb일 확률이 $\frac{1}{4}$이라면 DD일 확률은 $\frac{1}{2}$이고, AABb일 확률이 $\frac{1}{2}$이라면 DD일 확률은 $\frac{1}{4}$이다. AABb일 확률은 $\frac{1}{4}$이고, DD일 확률은 $\frac{1}{2}$이라면 P의 유전자형이 DD라고 가정하고, 이 확률을 만족하는 P와 Q의 유전자형과 각각의 조건에서 ⓐ가 태어날 때, ⓐ에게서 나타날 수 있는 표현형, ⓐ의 표현형이 부모와 같을 확률은 표와 같다.

| P의 유전자형 | Q의 유전자형 | ⓐ에게서 나타날 수 있는 표현형 | ⓐ의 표현형이 부모와 같을 확률 |
|---|---|---|---|
| (AB)(ab)DD | (Ab)(AB)Dd | 5가지 | $\frac{1}{4}$ |
| (Ab)(aB)DD | (AB)(ab)Dd | 3가지 | $\frac{1}{2}$ |
| (Ab)(aB)DD | (AB)(Ab)Dd | 3가지 | $\frac{1}{2}$ |
| (Ab)(ab)DD | (AB)(ab)Dd | 5가지 | $\frac{1}{4}$ |

이 중 문제의 조건을 만족하는 경우가 없으므로 AABb일 확률이 $\frac{1}{2}$이고, DD일 확률이 $\frac{1}{4}$이다. 이 확률을 만족하는 P와 Q의 유전자형과 각각의 조건에서 ⓐ가 태어날 때, ⓐ에게서 나타날 수 있는 표현형, ⓐ의 표현형이 부모와 같을 확률은 표와 같다.

| P의 유전자형 | Q의 유전자형 | ⓐ에게서 나타날 수 있는 표현형 | ⓐ의 표현형이 부모와 같을 확률 |
|---|---|---|---|
| (AB)(Ab)Dd | (AB)(Ab)Dd | 5가지 | $\frac{3}{8}$ |
| (AB)(ab)Dd | (Ab)(Ab)Dd | 5가지 | $\frac{1}{4}$ |

따라서 P와 Q의 유전자형은 AABbDd이며, ⓐ가 유전자형이 AaBbDd인 사람과 동일한 표현형을 가질 확률은 $\frac{1}{4}$이다.

### 문제풀이 Tip

ⓐ에게서 나타날 수 있는 표현형이 5가지이고 ⓐ의 유전자형이 부모와 같을 확률이 $\frac{3}{8}$이려면 P와 Q에서 (가)를 결정하는 3쌍의 대립유전자 중 2쌍의 대립유전자는 이형 접합성이고, 다른 1쌍은 동형 접합성(대문자로 표시되는 대립유전자 쌍)이어야 한다. 즉 대문자로 표시되는 대립유전자의 수가 4이어야 한다.

Part II 수능 평가원

## 35 염색체 돌연변이

출제의도 유전 형질을 나타낸 자료를 분석하여 염색체 비분리와 결실이 일어난 과정을 파악할 수 있는지 묻는 문항이다.

**다음은 어떤 가족의 유전 형질 (가)에 대한 자료이다.**

- (가)를 결정하는 데 관여하는 3개의 유전자는 모두 상염색체에 있으며, 3개의 유전자는 각각 대립유전자 H와 H*, R와 R*, T와 T*를 갖는다.
- 그림은 아버지와 어머니의 체세포 각각에 들어 있는 일부 염색체와 유전자를 나타낸 것이다. 아버지와 어머니의 핵형은 모두 정상이다.

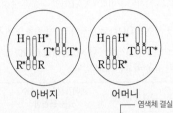

아버지          어머니

- 아버지의 생식세포 형성 과정에서 ㉠이 1회 일어나 형성된 <sub>염색체 결실</sub> 정자 P와 어머니의 생식세포 형성 과정에서 ㉡이 1회 일어나 형성된 난자 Q가 수정되어 자녀 ⓐ가 태어났다. ㉠과 <sub>염색체 비분리</sub> ㉡은 염색체 비분리와 염색체 결실을 순서 없이 나타낸 것이다. <sub>정자 P(RT*)</sub> <sub>+난자 Q(HRTT*)</sub>
- 그림은 ⓐ의 체세포 1개당 H*, R, T, T*의 DNA 상대량을 나타낸 것이다.

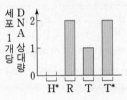

이에 대한 설명으로 옳은 것만을 〈보기〉에서 있는 대로 고른 것은? (단, 제시된 돌연변이 이외의 돌연변이와 교차는 고려하지 않으며, H, H*, R, R*, T, T* 각각의 1개당 DNA 상대량은 1이다.) [3점]

〈보기〉
ㄱ. 난자 Q에는 H가 있다. <sub>HRTT*(염색체 비분리)</sub>
ㄴ. ~~생식세포 형성 과정에서 염색체 비분리는 감수 2분열에서 일어났다.~~ <sub>상동 염색체의 비분리가 일어나 TT*를 갖는 생식세포가 형성되었다.</sub>
ㄷ. ~~ⓐ의 체세포 1개당 상염색체 수는 43이다.~~ <sub>상염색체 수 : 45 ⎤ 47<br>성염색체 수 : 2 ⎦</sub>

① ㄱ   ② ㄴ   ③ ㄷ   ④ ㄱ, ㄴ   ⑤ ㄱ, ㄷ

---

✔ **자료 해석**
- 정자 P : (H* 결실)RT*
- 난자 Q : HRTT*(감수 1분열 염색체 비분리)
- ⓐ : HRRTT*T* → 총염색체 수 : 47(상염색체 수 : 45, 성염색체 수 : 2)

O **보기 풀이** ㄱ. ⓐ의 체세포 1개당 T의 DNA 상대량이 1이고 T*의 DNA 상대량이 2이므로 T와 T*가 있는 염색체에서 염색체 비분리가 일어났다. ⓐ는 어머니로부터 T와 T*를 물려받고, 아버지로부터 T*를 물려받았거나 어머니로부터 T를 물려받고 아버지로부터 T*를 2개 물려받았다. 그런데 ⓐ의 체세포 1개당 R의 DNA 상대량이 2이고 H*가 없으므로 아버지에게서 생식세포가 형성될 때 H*의 결실이 일어났다. 아버지에게서 결실(㉠)이 일어났으므로 어머니에게서는 염색체 비분리(㉡)가 일어났으며, 난자 Q에는 H, R, T, T*가 있다.

✕ **매력적 오답** ㄴ. 어머니는 ⓐ에게 T와 T*를 물려주었으므로 생식세포 형성 과정에서 염색체 비분리는 감수 1분열에서 일어났다.
ㄷ. ⓐ의 체세포 1개당 상염색체의 수는 45이다.

**문제풀이 Tip**
자료에서 염색체 비분리는 정자 P와 난자 Q 형성 시 모두 가능하지만, 결실은 정자 P 형성 시에만 가능하므로 염색체 비분리는 난자 Q에서 일어남을 유추해야 한다. 난자 형성 과정 중 대립유전자 구성이 다른 염색체를 모두 물려받은 경우는 감수 1분열에서 염색체 비분리(상동 염색체 비분리)가 일어난 경우이다.

# 36 가계도 분석

출제의도 여러 유전 형질을 나타낸 자료를 분석하여 유전자가 위치하는 염색체의 종류와 가족 구성원의 유전자형을 파악할 수 있는지 묻는 문항이다.

**다음은 어떤 집안의 유전 형질 (가)~(다)에 대한 자료이다.**

- (가)는 대립유전자 A와 a에 의해, (나)는 대립유전자 B와 b에 의해, (다)는 대립유전자 D와 d에 의해 결정된다. A는 a에 대해, B는 b에 대해, D는 d에 대해 각각 완전 우성이다.
- (가)~(다)의 유전자 중 2개는 X 염색체에, 나머지 1개는 상염색체에 있다.
- 가계도는 구성원 ⓐ를 제외한 구성원 1~7에게서 (가)~(다) 중 (가)와 (나)의 발현 여부를 나타낸 것이다.

(가)와 (나)는 열성 형질, (가)는 상염색체 유전 형질, (나)와 (다)는 X 염색체 유전 형질

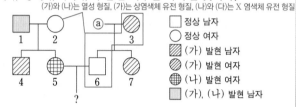

| | 정상 남자 |
|---|---|
| | 정상 여자 |
| | (가) 발현 남자 |
| | (가) 발현 여자 |
| | (나) 발현 여자 |
| | (가), (나) 발현 남자 |

- 표는 ⓐ와 1~3에서 체세포 1개당 대립유전자 ㉠~㉢의 DNA 상대량을 나타낸 것이다. ㉠~㉢은 A, B, d를 순서 없이 나타낸 것이다.

| 구성원 | | 1 | 2 | ⓐ | 3 |
|---|---|---|---|---|---|
| | | | 유전자형 AaBbDd | | |
| DNA 상대량 | ㉠ B | 0 | 1 | 0 | 1 |
| | ㉡ A | 0 | 1 | 1 | 0 |
| | ㉢ d | 1 | 1 | 0 | 2 |

- 3, 6, 7 중 (다)가 발현된 사람은 1명이고, 4와 7의 (다)의 표현형은 서로 같다.

**이에 대한 설명으로 옳은 것만을 〈보기〉에서 있는 대로 고른 것은?** (단, 돌연변이와 교차는 고려하지 않으며, A, a, B, b, D, d 각각의 1개당 DNA 상대량은 1이다.) [3점]

┌─ 보기 ─────────────────────────────┐
ㄱ. ㉠은 B이다. ㉡은 A, ㉢은 d이다.
ㄴ. 7의 (가)~(다)의 유전자형은 모두 이형 접합성이다. aaX^{bd}X^{bD}
ㄷ. 5와 6 사이에서 아이가 태어날 때, 이 아이에게서 (가)~(다) 중 한 가지 형질만 발현될 확률은 $\frac{1}{2}$이다.
$(\frac{1}{4} \times \frac{1}{2}) + (\frac{3}{4} \times \frac{1}{2}) = \frac{1}{2}$
└──────────────────────────────────┘

① ㄱ　② ㄴ　③ ㄷ　④ ㄱ, ㄷ　⑤ ㄴ, ㄷ

✓ 자료 해석

- 가계도에 가족 구성원의 (가)~(다)에 대한 유전자형을 나타내면 그림과 같다.

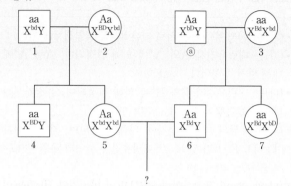

○ 보기 풀이 ㄱ. 여자인 2가 A, B, d를 각각 하나씩 가지므로 2의 유전자형은 AaBbDd이고 (가)와 (나)가 모두 발현되지 않았으므로 (가)와 (나)는 모두 열성 형질이다. (가)가 발현된 3으로부터 (가)가 발현되지 않은 6이 태어났으므로 (가)의 유전자는 상염색체에 있고, (나)와 (다)의 유전자는 X 염색체에 있다. ㉡이 d라면 3이 A와 B를 모두 갖는데 3에게서 (가)는 발현되었고, (나)는 발현되지 않았으므로 ㉡은 d가 아니고 A이다. 만약 ㉢이 B라면 1에게서 (나)가 발현되지 않아야 하는데, 1에게서 (나)가 발현되었으므로 ㉢은 d이다.

ㄷ. (가)가 발현된 1로부터 태어난 5에게서 (가)가 발현되지 않았으므로 5의 (가)의 유전자형은 Aa이다. (가)가 발현된 3으로부터 태어난 6에게서 (가)가 발현되지 않았으므로 6의 (가)의 유전자형도 Aa이다. (다)의 유전자형이 3은 dd, 6은 dY, 7은 Dd이므로 (다)가 발현된 사람은 7이고 (다)는 우성 형질이다. (나)와 (다)가 모두 발현되지 않은 6은 B와 d를 갖는다. 4와 7의 (다)의 표현형이 서로 같으므로 4는 B와 D를 2로부터 물려받았고, (가)가 발현된 5는 2에게 b와 d를, 1에게는 b와 d를 물려받았다. 5와 6 사이에서 아이가 태어날 때, 이 아이에게서 (가)가 발현(aa)될 확률은 $\frac{1}{4}$이고, (가)가 발현되지 않을(AA, Aa) 확률이 $\frac{3}{4}$이다. (나)가 발현되고 (다)가 발현되지 않을(X^{bd}Y) 확률이 $\frac{1}{2}$이고, (나)와 (다)가 모두 발현되지 않을(X^{bd}X^{Bd}) 확률이 $\frac{1}{2}$이다. 따라서 (가)만 발현될 확률이 $\frac{1}{8}$이고, (나)만 발현될 확률이 $\frac{3}{8}$이므로 (가)~(다) 중 한 가지 형질만 발현될 확률은 $\frac{1}{2}$이다.

✗ 매력적 오답 ㄴ. ⓐ에 b가 있고, 6과 7에게서 (나)가 발현되지 않았으므로 3은 6과 7에게 각각 B와 d를 물려주었다. ⓐ는 b와 D를 가지므로 7의 (나)와 (다)의 유전자형은 모두 이형 접합성이다. 3의 (가)의 유전자형은 aa이고, ⓐ의 (가)의 유전자형은 Aa이다. 7에게서 (가)가 발현되었으므로 7의 (가)의 유전자형은 aa이다.

문제풀이 Tip

2의 유전자형은 AaBbDd이고 (가)와 (나)가 모두 발현되지 않았으므로 (가)와 (나)는 모두 열성 형질인데, (가)가 발현된 3에서 (가)가 발현되지 않은 6이 태어났으므로 (가)의 유전자는 상염색체에 있고 1과 3에서 체세포 1개당 DNA 상대량이 모두 0인 ㉡이 A임을 추론해야 한다.

## 37 사람의 유전

출제의도 여러 유전 형질을 나타낸 자료를 분석하여 유전자형과 유전자 간의 우열 관계를 파악할 수 있는지 묻는 문항이다.

다음은 사람의 유전 형질 (가)~(다)에 대한 자료이다.

- (가)~(다)의 유전자는 서로 다른 3개의 상염색체에 있다.
- (가)는 대립유전자 A와 A*에 의해 결정되며, A는 A*에 대해 완전 우성이다. ─ 표현형 2가지
- (나)는 대립유전자 B와 B*에 의해 결정되며, 유전자형이 다르면 표현형이 다르다. ─ 표현형 3가지
- (다)는 1쌍의 대립유전자에 의해 결정되며, 대립유전자에는 D, E, F가 있고, 각 대립유전자 사이의 우열 관계는 분명하다. ─ 표현형 3가지
- (나)와 (다)의 유전자형이 BB*DF인 아버지와 BB*EF인 어머니 사이에서 ㉠이 태어날 때, ㉠에게서 나타날 수 있는 (가)~(다)의 표현형은 최대 12가지이고, (가)~(다)의 표현형이 모두 아버지와 같을 확률은 $\frac{3}{16}$이다.   $\frac{1}{2}$(가)×$\frac{1}{2}$(나)×$\frac{1}{4}$(다)
- 유전자형이 AA*BBDE인 아버지와 A*A*BB*DF인 어머니 사이에서 ㉡이 태어날 때, ㉡의 (가)~(다)의 표현형이 모두 어머니와 같을 확률은 $\frac{1}{16}$이다.

이에 대한 설명으로 옳은 것만을 〈보기〉에서 있는 대로 고른 것은? (단, 돌연변이는 고려하지 않는다.)

보기
ㄱ. D는 E에 대해 완전 우성이다. ─ E>F>D
ㄴ. ㉠이 가질 수 있는 (가)의 유전자형은 최대 3가지이다.
     AA, AA*, A*A*
ㄷ. ㉡의 (가)~(다)의 표현형이 모두 아버지와 같을 확률은 $\frac{1}{8}$이다.
     $\frac{1}{2}$(가)×$\frac{1}{2}$(나)×$\frac{1}{2}$(다)

① ㄱ  ② ㄴ  ③ ㄱ, ㄷ  ④ ㄴ, ㄷ  ⑤ ㄱ, ㄴ, ㄷ

### ✔ 자료 해석

- (가)~(다)에서 표현형의 종류는 각각 최대 2가지, 3가지, 3가지이다.
- ㉠의 아버지와 어머니의 (가)~(다)의 유전자형은 각각 AABB*DF와 AABB*EF이다.
- (다)를 결정하는 대립유전자 사이의 우열 관계는 E>F>D이다.

### ⊙ 보기 풀이

ㄴ. (나)와 (다)의 유전자형이 BB*DF인 아버지와 BB*EF인 어머니 사이에서 ㉠이 태어날 때, ㉠에게서 나타날 수 있는 (나)의 표현형은 최대 3가지이고, (다)의 표현형은 최대 2가지이므로 (가)의 표현형은 최대 2가지이다. 또한 ㉠의 (가)~(다)의 표현형이 모두 아버지와 같을 확률이 $\frac{3}{16}$인데, (나)의 표현형이 아버지와 같을 확률은 $\frac{1}{2}$이고 (다)의 표현형이 아버지와 같을 확률도 $\frac{1}{2}$이다.

따라서 ㉠의 (가)의 표현형이 아버지와 같을 확률은 $\frac{3}{4}$이므로 ㉠의 아버지와 어머니는 (가)에 대한 유전자형이 모두 AA*이다. 그러므로 ㉠이 가질 수 있는 (가)의 유전자형은 최대 3가지(AA, AA*, A*A*)이다.

ㄷ. ㉡이 아버지와 (가)의 표현형이 같을 확률은 $\frac{1}{2}$이고, (나)의 표현형이 같을 확률은 $\frac{1}{2}$이며, (다)의 표현형이 같을 확률은 $\frac{1}{2}$이다. 따라서 ㉡이 아버지와 (가)~(다)의 표현형이 모두 같을 확률은 $\frac{1}{2} \times \frac{1}{2} \times \frac{1}{2} = \frac{1}{8}$이다.

### ✘ 매력적 오답

ㄱ. 유전자형이 AA*BBDE인 아버지와 A*A*BB*DF인 어머니 사이에서 ㉡이 태어날 때, ㉡의 (가)에 대한 표현형이 어머니와 같을 확률은 $\frac{1}{2}$이고, (나)에 대한 표현형이 어머니와 같을 확률도 $\frac{1}{2}$이다. 따라서 (다)에 대한 표현형이 어머니와 같을 확률은 $\frac{1}{4}$이다. ㉡에게서 나타날 수 있는 (다)에 대한 유전자형은 DD, DE, DF, EF이다. D가 F에 대해 우성이라면 ㉡의 (다)에 대한 표현형이 어머니와 같을 확률이 $\frac{1}{4}$이 아니므로 F가 D에 대해 완전 우성이다. 만약 F가 E에 대해 완전 우성이라면 ㉡의 (다)에 대한 표현형이 어머니와 같을 확률이 $\frac{1}{4}$이 아니므로 E가 F에 대해 완전 우성이다. 따라서 (다)를 결정하는 대립유전자의 우열 관계는 E>F>D이다.

### 문제풀이 Tip

D, E, F 사이의 우열 관계를 파악하는 것이 가장 중요하다. ㉡이 가질 수 있는 (다)의 유전자형은 DD, DE, DF, EF인데 ㉡의 유전자형이 DF인 어머니와 (다)의 표현형이 같을 확률이 $\frac{1}{4}$이므로 D는 F와 E에 대해 열성이고 E는 F에 대해 우성임을 파악해야 한다.

# 38 가계도 분석

**출제의도** 여러 유전 형질을 나타낸 자료를 분석하여 가족 구성원의 유전자형을 파악할 수 있는지 묻는 문항이다.

다음은 어떤 집안의 유전 형질 (가)~(다)에 대한 자료이다.

- (가)는 대립유전자 H와 h에 의해, (나)는 대립유전자 R와 r에 의해, (다)는 대립유전자 T와 t에 의해 결정된다. H는 h에 대해, R는 r에 대해, T는 t에 대해 각각 완전 우성이다. — (가) 발현(H) > 정상(h), 정상(R) > (나) 발현(r), 정상(T) > (다) 발현(t)
- (가)~(다)의 유전자 중 <u>2개는 X 염색체</u>에, <u>나머지 1개는</u> 상염색체에 있다.   (가), (다)의 유전자 / (나)의 유전자
- 가계도는 구성원 @를 제외한 구성원 1~8에게서 (가)~(다) 중 (가)와 (나)의 발현 여부를 나타낸 것이다.

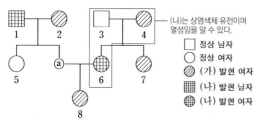

(나)는 상염색체 유전이며 열성임을 알 수 있다.

□ 정상 남자
○ 정상 여자
▨ (가) 발현 여자
▦ (나) 발현 남자
▩ (나) 발현 여자

- 2, 7에서는 (다)가 발현되었고, 4, 5, 8에서는 (다)가 발현되지 않았다.

이에 대한 설명으로 옳은 것만을 〈보기〉에서 있는 대로 고른 것은? (단, 돌연변이와 교차는 고려하지 않는다.) [3점]

〈보기〉
ㄱ. (나)의 유전자는 ~~X 염색체~~에 있다.  상염색체에 있다.
ㄴ. 4의 (가)~(다)의 유전자형은 모두 이형 접합성이다.
ㄷ. 8의 동생이 태어날 때, 이 아이에게서 (가)~(다) 중 (가)만 발현될 확률은 ~~$\frac{1}{4}$~~이다.  $\frac{1}{8}$

① ㄱ   ② ㄴ   ③ ㄷ   ④ ㄱ, ㄴ   ⑤ ㄴ, ㄷ

---

✔ **자료 해석**

- 가계도에 가족 구성원의 유전 형질 (가)~(다)에 대한 유전자 배열 형태를 나타내면 다음과 같다.

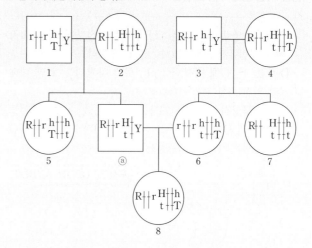

○ **보기 풀이**  ㄴ. (나)가 발현되지 않은 3과 4에서 (나)가 발현된 딸 6이 태어났으므로 (나)는 열성 형질이고, (나)를 결정하는 유전자는 상염색체에 있다. 따라서 (가)와 (다)를 결정하는 유전자는 X 염색체에 있다. (가)가 열성 형질이라면 정상인 3으로부터 (가)가 발현된 7이 태어날 수 없으므로 (가)는 우성 형질이다. (가)가 발현되지 않은 6으로부터 태어난 8에게서 (가)가 발현되었으므로 (가) 발현 대립유전자 H를 @가 8에게 물려주었다. 만약 (다)가 우성 형질이라면 5에서 (가)와 (다)가 모두 발현되지 않았으므로 (가)와 (다)가 모두 발현된 2는 (가) 발현 대립유전자 H와 (다) 발현 대립유전자 T가 함께 있는 염색체를 갖고, 이를 물려받은 @가 8에게 H와 T를 물려주었다면 8에게서 (다)가 발현되어야 하는데 발현되지 않았으므로 (다)는 열성 형질이다. 따라서 H는 (가) 발현 대립유전자, h는 정상 대립유전자이고, R는 정상 대립유전자, r는 (나) 발현 대립유전자이며, T는 정상 대립유전자, t는 (다) 발현 대립유전자이다. 4의 (가)~(다)에 대한 유전자형은 $RrX^{Ht}X^{hT}$이므로 모두 이형 접합성이다.

✖ **매력적 오답**  ㄱ. (나)의 유전자는 상염색체에 있다.

ㄷ. 8의 동생이 태어날 때, 이 아이에게서 (가)가 발현될 확률은 $\frac{1}{2}$이고, (나)와 (다)가 모두 발현되지 않을 확률은 $\frac{1}{4}$이다. 따라서 8의 동생이 태어날 때, 이 아이에게서 (가)만 발현될 확률은 $\frac{1}{2} \times \frac{1}{4} = \frac{1}{8}$이다.

**문제풀이 Tip**
먼저 상염색체에 위치하는 유전 형질을 파악하는 것이 중요하다. (나)가 발현되지 않은 부모(3과 4)에게서 (나)가 발현된 딸(6)이 태어났으므로 (나)는 열성 형질이고, (나)를 결정하는 유전자는 상염색체에 있다.

Part II
수능 평가원

# 39 돌연변이

출제 의도 유전 형질을 나타낸 자료를 분석하여 가족 구성원의 유전자형과 돌연변이가 일어난 구성원을 파악할 수 있는지 묻는 문항이다.

**다음은 어떤 집안의 유전 형질 (가)에 대한 자료이다.**

- (가)는 상염색체에 있는 1쌍의 대립유전자에 의해 결정되며, 대립유전자에는 D, E, F, G가 있다.
- D는 E, F, G에 대해, E는 F, G에 대해, F는 G에 대해 각각 완전 우성이다. ─ D>E>F>G
- 그림은 구성원 1~8의 가계도를, 표는 1, 3, 4, 5의 체세포 1개당 G의 DNA 상대량을 나타낸 것이다. 가계도에 (가)의 표현형은 나타내지 않았다.

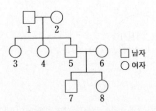

| 구성원 | G의 DNA 상대량 |
|---|---|
| 1 | 1 EG |
| 3 | 0 EF |
| 4 | 1 FG |
| 5 | 0 DE |

□남자　○여자

- 1~8의 유전자형은 각각 서로 다르다.
- 3, 4, 5, 6의 표현형은 모두 다르고, 2와 8의 표현형은 같다. ┌[D]
- 5와 6 중 한 명의 생식세포 형성 과정에서 ⓐ대립유전자 G─㉠이 대립유전자 ㉡으로 바뀌는 돌연변이가 1회 일어나 ㉡┌[D] 을 갖는 생식세포가 형성되었다. 이 생식세포가 정상 생식세포와 수정되어 8이 태어났다. ㉠과 ㉡은 각각 D, E, F, G 중 하나이다. └ⓐ는 구성원 6에서 형성되었다.

**이에 대한 설명으로 옳은 것만을 〈보기〉에서 있는 대로 고른 것은? (단, 제시된 돌연변이 이외의 돌연변이는 고려하지 않으며, D, E, F, G 각각의 1개당 DNA 상대량은 1이다.) [3점]**

보기
ㄱ. 5와 7의 표현형은 같다. ─[D]
ㄴ. ⓐ는 5에서 형성되었다.
　　6에서
ㄷ. 2~8 중 1과 표현형이 같은 사람은 2명이다.
　　[E]　　　　　　　　　　　　　　1명

① ㄱ　② ㄴ　③ ㄷ　④ ㄱ, ㄴ　⑤ ㄱ, ㄷ

---

✓ 자료 해석

- 가족 구성원의 유전 형질 (가)에 대한 유전자형과 표현형은 다음과 같다.

| 구성원 | 유전자형 | 표현형 |
|---|---|---|
| 1 | EG | [E] |
| 2 | DF | [D] |
| 3 | EF | [E] |
| 4 | FG | [F] |
| 5 | DE | [D] |
| 6 | GG | [G] |
| 7 | DG | [D] |
| 8 | DD | [D] |

○ 보기풀이 ㄱ. 3, 4, 5의 유전자형이 각각 서로 다르므로 1과 2의 유전자형은 모두 이형 접합성이다. 3, 4, 5가 모두 GG가 아니므로 6의 유전자형은 GG이고, 3, 4, 5의 표현형은 [D], [E], [F] 중 서로 다른 하나이다. 따라서 1 또는 2에 D, E, F가 있다. 만약 1의 유전자형이 DG라면 3과 5가 모두 G를 갖지 않으므로 3과 5는 모두 D를 물려받아 표현형이 같게 된다. 그러므로 1의 유전자형은 DG가 아니다. 만약 1의 유전자형이 FG라면 2의 유전자형은 DE이어야 하는데 이러한 유전자형을 갖는 부모에게서는 표현형이 [F]인 자손이 태어날 수 없다. 그러므로 1의 유전자형은 EG이고, 2의 유전자형은 DF이다. 이들로부터 태어날 수 있는 자손의 유전자형은 DE, DG, EF, FG이다. 그러므로 4의 유전자형은 FG이며, 3과 5의 유전자형은 각각 DE, EF 중 하나이다. 6의 유전자형이 GG이고, 1의 유전자형이 EG, 4의 유전자형이 FG이므로 5의 유전자형이 EF일 수는 없다. 따라서 3의 유전자형은 EF이고, 5의 유전자형은 DE이다. 1의 유전자형이 EG이므로 7의 유전자형은 DG이다. 따라서 5와 7의 표현형은 [D]로 같다.

✕ 매력적 오답 ㄴ. 2와 8의 표현형이 같으므로 8은 D를 갖는다. 2의 유전자형이 DF, 5의 유전자형이 DE, 7의 유전자형이 DG이므로 표현형이 [D]인 8이 가질 수 있는 유전자형은 DD뿐이다. 따라서 5와 6으로부터 D를 하나씩 물려받아야 하므로 6의 유전자형이 GG에서 DG로 바뀐 것이다. 즉 ⓐ는 6에서 형성되었다.

ㄷ. 1의 표현형은 [E]이다. 2~8 중 1과 표현형이 같은 사람은 유전자형이 EF인 3으로 1명이다.

### 문제풀이 Tip

5의 유전자형을 파악하는 것이 중요하다. 5의 유전자형은 DE와 EF 중 하나인데 만약 5의 유전자형이 EF라면 5와 유전자형이 GG인 6 사이에서 태어난 자녀의 유전자형은 EG와 FG만 가능하다. 이 경우 1 또는 4와 유전자형이 같으므로 문제의 조건에 부합하지 않는다. 따라서 5의 유전자형은 DE임을 파악할 수 있다.

# 40 유전의 원리

출제 의도 여러 유전 형질을 나타낸 자료를 분석하여 특정 표현형의 자손이 태어날 확률을 계산할 수 있는지 묻는 문항이다.

## 다음은 사람의 유전 형질 (가)~(다)에 대한 자료이다.

- (가)~(다)의 유전자는 서로 다른 3개의 상염색체에 있다.
- (가)는 대립유전자 A와 A*에 의해 결정되며, A는 A*에 대해 완전 우성이다. —표현형 2가지
- (나)는 대립유전자 B와 B*에 의해 결정되며, 유전자형이 다르면 표현형이 다르다. —표현형 3가지
- (다)는 1쌍의 대립유전자에 의해 결정되며, 대립유전자에는 D, E, F, G가 있고, 각 대립유전자 사이의 우열 관계는 분명하다. (다)의 표현형은 4가지이다. —D>E>F,G
- 유전자형이 ㉠AA*BB*DE인 아버지와 AA*BB*FG인 어머니 사이에서 아이가 태어날 때, 이 아이에게서 나타날 수 있는 표현형은 최대 12가지이다. $_{2\times3\times2}$
- 유전자형이 AABB*DF인 아버지와 AA*BBDE인 어머니 사이에서 아이가 태어날 때, 이 아이의 표현형이 어머니와 같을 확률은 $\frac{3}{8}$이다. $_{1\times\frac{1}{2}\times\frac{3}{4}}$

유전자형이 AA*BB*DF인 아버지와 AA*BB*EG인 어머니 사이에서 아이가 태어날 때, 이 아이의 표현형이 ㉠과 같을 확률은? (단, 돌연변이는 고려하지 않는다.)

① $\frac{1}{8}$
② $\frac{3}{16}$
③ $\frac{1}{4}$
④ $\frac{9}{32}$
⑤ $\frac{5}{16}$

## ✓ 자료 해석

- (가)의 표현형은 2가지, (나)의 표현형은 3가지이다.
- D는 E, F, G에 대해 모두 완전 우성이다. E는 F와 G에 대해 완전 우성이다. F와 G 중 어떤 유전자가 우성인지 알 수 없다.

## 🔾 보기 풀이

유전자형이 AABB*DF인 아버지와 AA*BBDE인 어머니 사이에서 아이가 태어날 때, 이 아이의 (가)에 대한 표현형이 어머니와 같을 확률은 1이고, (나)에 대한 표현형이 어머니와 같을 확률이 $\frac{1}{2}$이므로 (다)에 대한 표현형이 어머니와 같을 확률은 $\frac{3}{4}$이다. 이 아이가 가질 수 있는 (다)에 대한 유전자형이 DD, DE, DF, EF이므로 D는 E와 F에 대해 모두 완전 우성이다. 유전자형이 AA*BB*DE인 아버지(㉠)와 AA*BB*FG인 어머니 사이에서 아이가 태어날 때, 이 아이에게서 나타날 수 있는 (가)의 표현형이 최대 2가지이고, (나)의 표현형은 최대 3가지이므로 (다)의 표현형은 최대 2가지이다. (다)의 유전자형으로 DF, DG, EF, EG가 가능하며, D가 E와 F에 대해 완전 우성이므로 D는 G에 대해 완전 우성이며, E도 F와 G에 대해 완전 우성이다. 따라서 유전자형이 AA*BB*DF인 아버지와 AA*BB*EG인 어머니 사이에서 아이가 태어날 때, 이 아이의 (가)에 대한 표현형이 ㉠과 같을 확률은 $\frac{3}{4}$이고, (나)에 대한 표현형이 ㉠과 같을 확률은 $\frac{1}{2}$이며, (다)에 대한 표현형이 ㉠과 같을 확률은 $\frac{1}{2}$이다. 그러므로 구하고자 하는 확률은 $\frac{3}{4}\times\frac{1}{2}\times\frac{1}{2}=\frac{3}{16}$이다.

### 문제풀이 Tip

유전 형질 (가)와 (나)는 표현형의 가짓수가 명확하므로 자료를 분석하여 유전 형질 (다)를 결정하는 대립유전자 사이의 우열 관계를 파악하는 것이 중요하다. 우성 대립유전자를 가진 사람은 항상 우성 형질을 나타내지만, 열성 대립유전자를 가진 사람은 우성과 열성 중 어느 한 형질을 나타낸다.

## 41 사람의 유전과 염색체 돌연변이

출제 의도 여러 유전 형질을 나타낸 자료를 분석하여 가족 구성원의 유전자형과 염색체 수가 비정상적인 정자와 난자를 파악할 수 있는지 묻는 문항이다.

**다음은 어떤 가족의 유전 형질 (가)~(다)에 대한 자료이다.**

- (가)는 대립유전자 A와 a에 의해, (나)는 대립유전자 B와 b에 의해, (다)는 대립유전자 D와 d에 의해 결정된다.
- (가)~(다)의 유전자 중 2개는 서로 다른 상염색체에, 나머지 1개는 X 염색체에 있다.
- 표는 아버지의 정자 I과 II, 어머니의 난자 III과 IV, 딸의 체세포 V가 갖는 A, a, B, b, D, d의 DNA 상대량을 나타낸 것이다.

X 염색체에 위치

| 구분 | 세포 | DNA 상대량 | | | | | |
|------|------|----|----|----|----|----|----|
| | | A | a | (B) | b | D | d |
| 비정상적인 정자 아버지의 정자 | ⓘ ⓐ | 1 | 0 | ? 1 | 0 | 0 | ? 0 |
| | II | 0 | 1 | 0 | 0 | ? 0 | 1 |
| 비정상적인 난자 어머니의 난자 | ⓘⓘ ⓑ | ? 0 | 1 | 0 | ? 1 | ㉠ 2 | 0 |
| | IV | 0 | ? 1 | 1 | ? 0 | 0 | ? 1 |
| 딸의 체세포 | V | 1 | ? 1 | ? 1 | ㉡ 1 | ? 2 | 0 |

- I과 II 중 하나는 염색체 비분리가 1회 일어나 형성된 ⓐ 염색체 수가 비정상적인 정자이고, 나머지 하나는 정상 정자이다. III과 IV 중 하나는 염색체 비분리가 1회 일어나 형성된 ⓑ 염색체 수가 비정상적인 난자이고, 나머지 하나는 정상 난자이다.
- V는 ⓐ와 ⓑ가 수정되어 태어난 딸의 체세포이며, 이 가족 구성원의 핵형은 모두 정상이다.

**이에 대한 설명으로 옳은 것만을 〈보기〉에서 있는 대로 고른 것은? (단, 제시된 염색체 비분리 이외의 돌연변이는 고려하지 않으며, A, a, B, b, D, d 각각의 1개당 DNA 상대량은 1이다.) [3점]**

〈보기〉

ㄱ. (나)의 유전자는 X 염색체에 있다.

ㄴ. ㉠+㉡=~~2~~이다.
$\underset{2}{}\ \underset{1}{}\ \underset{3}{}$

ㄷ. $\dfrac{\text{아버지의 체세포 1개당 B의 DNA 상대량}}{\text{어머니의 체세포 1개당 D의 DNA 상대량}}=\underset{1}{\cancel{\dfrac{1}{2}}}$이다.

① ㄱ   ② ㄴ   ③ ㄱ, ㄷ   ④ ㄴ, ㄷ   ⑤ ㄱ, ㄴ, ㄷ

### ✓ 자료 해석

- I은 비정상적인 정자(AX$^B$), II는 정상 정자(adY), III은 비정상적인 난자(aDDX$^b$), IV는 정상 난자(adX$^B$)이다.
- 어머니의 유전자형은 aaDdX$^B$X$^b$, 아버지의 유전자형은 AaDdX$^B$Y, 딸의 유전자형은 AaDDX$^B$X$^b$이다.

○ 보기 풀이  ㄱ. 딸의 체세포에 d가 없고, II에 d가 있으므로 ⓐ는 I이며, I에는 d가 없다. II가 정상적인 정자인데, B와 b가 모두 없으므로 (나)의 유전자는 X 염색체에 있다.

✕ 매력적 오답  ㄴ. 딸의 핵형이 정상이고, d가 없으므로 딸의 체세포에서 D의 DNA 상대량은 2이다. IV에 D가 없으므로 ⓑ는 III이며, ㉠은 2이다. I에 b가 없고, III에 B가 없으므로 ㉡은 1이다. 따라서 ㉠+㉡=3이다.

ㄷ. I에 b가 없으므로 아버지의 체세포 1개당 B의 DNA 상대량은 1이고, IV에 D가 없으므로 어머니의 체세포 1개당 D의 DNA 상대량도 1이다.

### 문제풀이 Tip

X 염색체에 있는 유전자를 먼저 파악하는 것이 중요하다. X 염색체에 유전자가 있을 경우 남자에서는 대립유전자의 DNA 상대량 합이 1만 가능하고 여자에서는 대립유전자의 DNA 상대량 합이 2만 가능하다.

## 42 가계도 분석

**출제 의도** 여러 유전 형질을 나타낸 자료를 분석하여 가족 구성원의 유전자형을 파악할 수 있는지 묻는 문항이다.

**다음은 어떤 집안의 유전 형질 (가)와 (나)에 대한 자료이다.**

- (가)는 대립유전자 H와 h에 의해, (나)는 대립유전자 R와 r에 의해 결정된다. H는 h에 대해, R는 r에 대해 각각 완전 우성이다.
- (가)와 (나)의 유전자는 모두 X 염색체에 있다.
- 가계도는 구성원 ⓐ와 ⓑ를 제외한 구성원 1~9에게서 (가)와 (나)의 발현 여부를 나타낸 것이다.

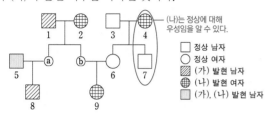

(나)는 정상에 대해 우성임을 알 수 있다.

　□ 정상 남자
　○ 정상 여자
　▨ (가) 발현 남자
　⊕ (나) 발현 남자
　▥ (가), (나) 발현 남자

- ⓐ와 ⓑ 중 한 사람은 (가)와 (나)가 모두 발현되었고, 나머지 한 사람은 (가)와 (나)가 모두 발현되지 않았다.

**이에 대한 설명으로 옳은 것만을 〈보기〉에서 있는 대로 고른 것은? (단, 돌연변이와 교차는 고려하지 않는다.) [3점]**

**〈보기〉**
ㄱ. ⓐ에게서 (가)와 (나)가 모두 발현되었다. ~~발현되지 않았다~~
ㄴ. 2의 (가)에 대한 유전자형은 이형 접합성이다.
ㄷ. 8의 동생이 태어날 때, 이 아이에게서 나타날 수 있는 표현형은 최대 4가지이다.

① ㄱ　② ㄴ　③ ㄱ, ㄷ　④ ㄴ, ㄷ　⑤ ㄱ, ㄴ, ㄷ

### ✔ 자료 해석

- 가계도에 가족 구성원의 유전 형질 (가)와 (나)에 대한 유전자형을 나타내면 다음과 같다.

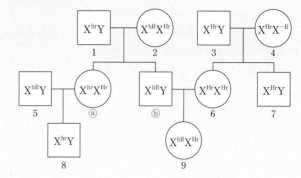

### ○ 보기풀이

ㄴ. ⓑ에게서 (가)가 발현되었고, 2에게서 (가)가 발현되지 않았으므로 2의 (가)에 대한 유전자형은 이형 접합성이다.

ㄷ. (가)와 (나)가 모두 발현된 5의 유전자형은 $X^{hR}Y$이다. (가)만 발현된 1이 ⓐ에게 hr를 물려주었고, ⓐ에게서 (가)와 (나)가 모두 발현되지 않았으므로 ⓐ의 유전자형은 $X^{Hr}X^{hr}$이다. 따라서 8의 동생이 태어날 때, 이 아이에게서 나타날 수 있는 표현형은 최대 4가지이다.

| | |
|---|---|
| $X^{hR}X^{hr}$ | (가), (나) 발현 |
| $X^{hR}X^{Hr}$ | (나) 발현 |
| $X^{hr}Y$ | (가) 발현 |
| $X^{Hr}Y$ | 정상 |

### ✘ 매력적 오답
ㄱ. (나)가 발현된 4로부터 (나)가 발현되지 않은 7이 태어났으므로 (나)는 정상에 대해 우성이다. 6에게서 (나)가 발현되지 않았는데 9에게서 (나)가 발현되었으므로 ⓑ는 (가)와 (나)가 모두 발현되는 남자이다. (가)가 발현된 ⓑ의 어머니인 2에게서 (가)가 발현되지 않았으므로 (가)는 정상에 대해 열성이다. 따라서 ⓐ에게서는 (가)와 (나)가 모두 발현되지 않았다.

### 문제풀이 **Tip**

ⓐ와 ⓑ 중 누가 (가)와 (나)가 모두 발현되는지 파악하는 것이 중요하다. 6에게서 (나)가 발현되지 않았는데 9에게서 (나)가 발현되었으므로 9는 R를 가지며, R는 아버지인 ⓑ에게서 물려받았음을 알 수 있다. 따라서 ⓑ는 R가 있으므로 (나)가 발현되며, ⓑ가 (가)와 (나)가 모두 발현된 사람임을 파악해야 한다.

Part II
수능 평가원

# 43 다인자 유전

출제 의도 여러 유전 형질을 나타낸 자료를 분석하여 태어날 자손에게서 나타날 수 있는 표현형 가짓수를 파악할 수 있는지 묻는 문항이다.

## 다음은 사람의 유전 형질 ㉠과 ㉡에 대한 자료이다.

- ㉠은 대립유전자 A와 a에 의해 결정되며, 유전자형이 다르면 표현형이 다르다. — 단일 인자 유전
- ㉡을 결정하는 3개의 유전자는 각각 대립유전자 B와 b, D와 d, E와 e를 갖는다. — 다인자 유전
- ㉡의 표현형은 유전자형에서 대문자로 표시되는 대립유전자의 수에 의해서만 결정되며, 이 대립유전자의 수가 다르면 표현형이 다르다.
- 그림 (가)는 남자 P의, (나)는 여자 Q의 체세포에 들어 있는 일부 염색체와 유전자를 나타낸 것이다.

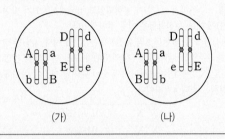

(가)          (나)

P와 Q 사이에서 아이가 태어날 때, 이 아이에게서 나타날 수 있는 표현형의 최대 가짓수는? (단, 돌연변이와 교차는 고려하지 않는다.)

① 5        ② 6        ③ 7        ④ 8        ⑤ 9

### ✔ 자료 해석

- ㉠의 유전은 단일 인자 유전, ㉡의 유전은 다인자 유전이다.
- 남자 P에서 형성될 수 있는 정자의 유전자형은 AbDE, Abde, aBDE, aBde이고, 여자 Q에서 형성될 수 있는 난자의 유전자형은 ABDe, ABdE, abDe, abdE이다.

### ○ 보기 풀이
정자와 난자의 수정으로 태어나는 아이가 가질 수 있는 표현형은 다음과 같다. 괄호 안의 숫자는 ㉡의 유전자형에서 대문자로 표시되는 대립유전자의 수이다.

| 난자＼정자 | AbDE(2) | Abde(0) | aBDE(3) | aBde(1) |
|---|---|---|---|---|
| ABDe(2) | AA(4) | AA(2) | Aa(5) | Aa(3) |
| ABdE(2) | AA(4) | AA(2) | Aa(5) | Aa(3) |
| abDe(1) | Aa(3) | Aa(1) | aa(4) | aa(2) |
| abdE(1) | Aa(3) | Aa(1) | aa(4) | aa(2) |

이 아이에게서 나타날 수 있는 표현형은 AA(4), AA(2), Aa(5), Aa(3), Aa(1), aa(4), aa(2)이므로 최대 가짓수는 7이다.

### 문제풀이 Tip
다인자 유전의 경우 유전자가 다른 염색체에 있을 경우와 같은 염색체에 있을 경우 나타날 수 있는 표현형의 가짓수가 다르다. 또 다른 유전 형질과 같은 염색체에 있을 경우 나타날 수 있는 표현형의 가짓수가 다를 수 있으므로 다양한 문제를 풀어 보도록 한다.

## 44 염색체 돌연변이

출제 의도 여러 유전 형질을 나타낸 자료를 분석하여 돌연변이가 일어난 대립유전자와 가족 구성원의 유전자형을 파악할 수 있는지 묻는 문항이다.

다음은 영희네 가족의 유전 형질 (가)~(다)에 대한 자료이다.

- (가)는 대립유전자 A와 A*에 의해, (나)는 대립유전자 B와 B*에 의해, (다)는 대립유전자 D와 D*에 의해 결정된다.
- (가)와 (나)의 유전자는 7번 염색체에, (다)의 유전자는 X 염색체에 있다.
- 그림은 영희네 가족 구성원 중 어머니, 오빠, 영희, ⓐ남동생의 세포 Ⅰ~Ⅳ가 갖는 A, B, D*의 DNA 상대량을 나타낸 것이다.

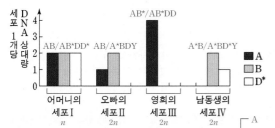

- 어머니의 생식세포 형성 과정에서 대립유전자 ㉠이 대립유전자 ㉡으로 바뀌는 돌연변이가 1회 일어나 ㉡을 갖는 생식세포가 형성되었다. 이 생식세포가 정상 생식세포와 수정되어 ⓐ가 태어났다. ㉠과 ㉡은 (가)~(다) 중 한 가지 형질을 결정하는 서로 다른 대립유전자이다.

이에 대한 설명으로 옳은 것만을 〈보기〉에서 있는 대로 고른 것은? (단, 제시된 돌연변이 이외의 돌연변이와 교차는 고려하지 않으며, A, A*, B, B*, D, D* 각각의 1개당 DNA 상대량은 1이다.) [3점]

보기
ㄱ. Ⅰ은 G₁기 세포이다.
  ~~감수 2분열 중인 세포이다.~~
ㄴ. ㉠은 A이다.
ㄷ. 아버지에서 A*, B, D를 모두 갖는 정자가 형성될 수 있다.
  유전자형 : AB*/A*BDY

① ㄱ  ② ㄴ  ③ ㄷ  ④ ㄱ, ㄷ  ⑤ ㄴ, ㄷ

✔ 자료 해석

- 오빠의 세포 Ⅱ에서 A의 DNA 상대량은 1이고 B의 DNA 상대량은 2이므로 Ⅱ의 핵상은 2n이다. 그러므로 오빠의 유전자형은 AA*BBDY이다. 영희의 세포 Ⅲ에서 A의 DNA 상대량이 4이므로 Ⅲ의 핵상은 2n이다. 그러므로 영희의 유전자형은 AAB*B*DD이다. 남동생의 세포 Ⅳ에서 D*의 DNA 상대량은 1이고, B의 DNA 상대량은 2이므로 Ⅳ의 핵상은 2n이다. 그러므로 남동생의 유전자형은 A*A*BBD*Y이다.
- (가)와 (나)에서 오빠의 유전자형은 AB/A*B, 영희의 유전자형은 AB*/AB*, 남동생의 유전자형은 A*B/A*B이며, 어머니의 생식세포 중 유전자형이 AB인 경우가 있으므로 어머니의 유전자형은 AB/AB* 이고 아버지의 유전자형은 A*B/AB*임을 알 수 있다.

🔘 보기 풀이 ㄴ. 영희는 아버지에게서 A와 B*를 함께 물려받았고, 어머니에게서 A와 B*를 함께 물려받았다. 오빠는 A와 B를 부모 중 한 사람에게서 함께 물려받았고, A*와 B를 다른 한 사람에게서 함께 물려받았다. 남동생은 아버지에게서 A*와 B를 함께 물려받았고, 어머니에게서 A*와 B를 함께 물려받았다. 돌연변이가 어머니에게서 일어났으므로 오빠는 아버지에게서 A*와 B를 함께 물려받았고, 어머니에게서 A와 B를 함께 물려받았다. 아버지는 남동생에게 A*와 B를 함께 물려주었고, 어머니는 A가 A*로 돌연변이가 일어난 후 이 유전자를 B와 함께 남동생에게 물려주었다. 그러므로 ㉠은 A, ㉡은 A*이다.
ㄷ. 아버지는 A와 B*가 한 염색체에 같이 있고, A*와 B가 한 염색체에 같이 있으며 X 염색체에는 D가 있으므로 아버지에서 A*, B, D를 모두 갖는 정자가 형성될 수 있다.

❌ 매력적 오답 ㄱ. 어머니는 영희에게 B*를 물려주었으므로 어머니의 세포 Ⅰ은 G₁기의 세포가 아닌 감수 2분열 중인 세포이다.

문제풀이 Tip
7번 염색체에 함께 있는 (가)와 (나)의 유전자 배열 형태를 파악하는 것이 중요하다. 유전자의 DNA 상대량이 모두 짝수로 나타나는 경우는 감수 1분열 중인 세포 또는 감수 2분열 중인 세포이다.

Part Ⅱ
수능 평가원

# 45 가계도 분석

**출제 의도** 여러 유전 형질을 나타낸 자료를 분석하여 유전자가 위치하는 염색체의 종류와 가족 구성원의 유전자형을 파악할 수 있는지 묻는 문항이다.

**다음은 어떤 집안의 유전 형질 (가)와 (나)에 대한 자료이다.**

- (가)는 대립유전자 R와 r에 의해 결정되며, R는 r에 대해 완전 우성이다. —X 염색체에 위치, (가) 발현＞정상

- (나)는 상염색체에 있는 1쌍의 대립유전자에 의해 결정되며, 대립유전자에는 E, F, G가 있다.

- (나)의 표현형은 4가지이며, (나)의 유전자형이 EG인 사람과 EE인 사람의 표현형은 같고, 유전자형이 FG인 사람과 FF인 사람의 표현형은 같다. —E=F＞G

- 가계도는 구성원 1~9에게서 (가)의 발현 여부를 나타낸 것이다.

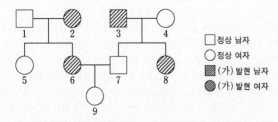

□ 정상 남자
○ 정상 여자
▨ (가) 발현 남자
◪ (가) 발현 여자

- $\dfrac{1,\ 2,\ 5,\ 6\ 각각의\ 체세포\ 1개당\ E의\ DNA\ 상대량을\ 더한\ 값\ 6}{3,\ 4,\ 7,\ 8\ 각각의\ 체세포\ 1개당\ r의\ DNA\ 상대량을\ 더한\ 값\ 4} = \dfrac{3}{2}$ 이다.

- 1, 2, 3, 4의 (나)의 표현형은 모두 다르고, 2, 6, 7, 9의 (나)의 표현형도 모두 다르다.

- 3과 8의 (나)의 유전자형은 이형 접합성이다.
FG

**이에 대한 설명으로 옳은 것만을 〈보기〉에서 있는 대로 고른 것은?** (단, 돌연변이와 교차는 고려하지 않으며, E, F, G, R, r 각각의 1개당 DNA 상대량은 1이다.) [3점]

**보기**

ㄱ. (가)의 유전자는 ~~상염색체~~에 있다.
                              X 염색체
ㄴ. 7의 (나)의 유전자형은 동형 접합성이다.
ㄷ. 9의 동생이 태어날 때, 이 아이의 (가)와 (나)의 표현형이 8과 같을 확률은 ~~$\dfrac{1}{8}$~~이다.
                                              $\dfrac{1}{4}$

① ㄱ   ② ㄴ   ③ ㄷ   ④ ㄱ, ㄴ   ⑤ ㄴ, ㄷ

## 문제풀이 Tip

$\dfrac{1,\ 2,\ 5,\ 6\ 각각의\ 체세포\ 1개당\ E의\ DNA\ 상대량을\ 더한\ 값}{3,\ 4,\ 7,\ 8\ 각각의\ 체세포\ 1개당\ r의\ DNA\ 상대량을\ 더한\ 값} = \dfrac{3}{2}$에서 가능한 조합은 $\dfrac{3}{2}$과 $\dfrac{6}{4}$ 중 하나인데 (가)가 상염색체에 있으면 r의 DNA 상대량을 더한 값이 2나 4가 나올 수 없으므로 성염색체에 있으며 r의 DNA 상대량을 더한 값이 4임을 유추해야 한다.

---

✔ **자료 해석**

- 가계도에 가족 구성원의 유전 형질 (가)와 (나)에 대한 유전자 배열 형태를 나타내면 다음과 같다.

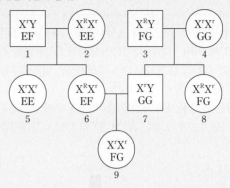

○ **보기 풀이** 만약 (가)의 유전자가 상염색체에 있고, (가)가 발현되는 것이 발현되지 않는 것에 대해 우성이라면 4와 7의 유전자형은 rr이고, 3과 8의 유전자형은 Rr이어서 3, 4, 7, 8 각각의 체세포 1개당 r의 DNA 상대량을 더한 값은 6이다.

만약 (가)의 유전자가 상염색체에 있고, (가)가 발현되는 것이 발현되지 않는 것에 대해 열성이라면 3과 8의 유전자형은 rr이고, 4와 7의 유전자형은 Rr이어서 3, 4, 7, 8 각각의 체세포 1개당 r의 DNA 상대량을 더한 값은 6이다. 만약 (가)의 유전자가 X 염색체에 있고, (가)가 발현되는 것이 발현되지 않는 것에 대해 우성이라면 3의 유전자형은 $X^R Y$, 4의 유전자형은 $X^r X^r$, 7의 유전자형은 $X^r Y$, 8의 유전자형은 $X^R X^r$이어서 3, 4, 7, 8 각각의 체세포 1개당 r의 DNA 상대량을 더한 값은 4이다.

만약 (가)의 유전자가 X 염색체에 있고, (가)가 발현되는 것이 발현되지 않는 것에 대해 열성이라면 (가)가 발현된 6의 아버지인 1도 (가)가 발현되어야 하는데 발현되지 않았으므로 (가)의 유전자가 X 염색체에 있고, (가)가 발현되는 것이 발현되지 않는 것에 대해 열성일 수는 없다.

만약 3, 4, 7, 8 각각의 체세포 1개당 r의 DNA 상대량을 더한 값이 6이고, 주어진 조건을 만족하려면 1, 2, 5, 6 각각의 체세포 1개당 E의 DNA 상대량을 더한 값은 9이어야 한다. 하지만 1, 2, 5, 6 각각의 체세포 1개당 E의 DNA 상대량을 더한 값은 최대 8까지 가능하므로 (가)의 유전자는 X 염색체에 있고 (가)가 발현되는 것이 발현되지 않는 것에 대해 우성이다.

ㄴ. (나)의 표현형은 4가지이므로 유전자형인 EE이거나 EG인 사람, FG이거나 FF인 사람, GG인 사람, EF인 사람이 서로 다른 표현형을 나타낸다. 1, 2, 5, 6 각각의 체세포 1개당 E의 DNA 상대량을 더한 값이 6이므로 1, 2, 5, 6 중 2명의 유전자형은 EE이고, 나머지 2명은 E를 1개씩 갖는다. 1과 2가 (나)의 표현형이 서로 다르므로 1과 2 중 하나의 유전자형은 EE이고 다른 하나는 EF이다. 1, 2, 3, 4의 (나)의 표현형이 모두 다르고, 3에서 (나)의 유전자형이 이형 접합성이므로 3의 유전자형은 FG, 4의 유전자형은 GG이다. 2, 6, 7, 9의 (나)의 표현형이 모두 다르므로 7의 유전자형은 GG이고 9의 유전자형은 FG이며, 6의 유전자형은 EF이고 2의 유전자형은 EE이다. 따라서 7의 (나)의 유전자형은 동형 접합성이다.

✕ **매력적 오답** ㄱ. (가)의 유전자는 X 염색체에 있다.

ㄷ. 6의 (가)의 유전자형은 $X^R X^r$이고 7의 (가)의 유전자형은 $X^r Y$이므로 9의 동생이 태어날 때, 이 아이의 (가)의 표현형이 8과 같을 확률은 $\dfrac{1}{2}$이다. 6의 (나)의 유전자형은 EF이고, 7의 (나)의 유전자형은 GG이므로 9의 동생이 태어날 때, 이 아이의 (나)의 표현형이 8과 같을 확률은 $\dfrac{1}{2}$이다. 따라서 구하고자 하는 확률은 $\dfrac{1}{2} \times \dfrac{1}{2} = \dfrac{1}{4}$이다.

Memo

Memo

Memo

Memo

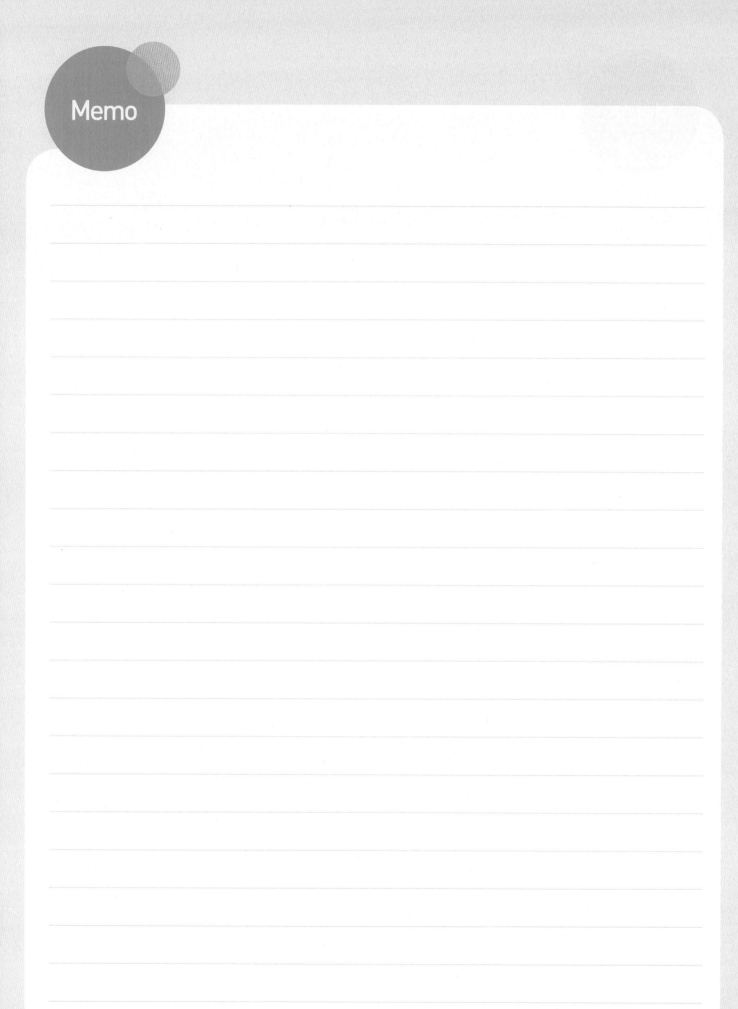

Memo

Memo